소방시설
관리사 1차

한권으로 끝내기

1권 **핵심이론 + 예상문제**

PART 01   소방안전관리론 및 화재역학
PART 02   소방수리학, 약제화학 및 소방전기
PART 03   위험물의 성질 · 상태 및 시설기준
PART 04   소방시설의 구조원리
PART 05   소방관계법령

시대에듀

소방시설관리사 1차
한권으로 끝내기

Always with you

사람이 길에서 우연하게 만나거나 함께 살아가는 것만이 인연은 아니라고 생각합니다.
책을 펴내는 출판사와 그 책을 읽는 독자의 만남도 소중한 인연입니다.
시대에듀는 항상 독자의 마음을 헤아리기 위해 노력하고 있습니다.
늘 독자와 함께하겠습니다.

일러두기

본 도서는 저자의 다년간의 소방과 위험물 강의 경력을 토대로 집필하였으며 소방시설관리사의 출제기준을 토대로 예상문제를 다양하게 수록하였고, 최근 개정된 소방관계법령 및 화재안전기준에 맞게 수정·보완하였습니다. 내용 중 "고딕체" 부분은 과년도 기출문제로서 중요성을 강조하였습니다.

또한, 수험생분들께서는 본 도서의 인쇄일(2024.07.25) 이후부터 발행일(2024.10.05)까지 개정되는 사항은 네이버 카페(진격의 소방)에 게재할 계획이므로, 학습하시는 데 참고 바랍니다.

가장 최신 법령은 법제처(https://www.moleg.go.kr), 국가법령정보센터(https://www.law.go.kr) 또는 대한민국 전자관보(https://www.gwanbo.go.kr)를 통해서 확인이 가능합니다.

현대 문명의 발전은 물질적인 풍요와 안락한 삶을 추구하게 하는 반면, 급속한 변화를 보이는 현실 때문에 어느 때보다도 소방안전의 필요성을 더 절실히 느끼게 합니다.

발전하는 산업구조와 복잡해지는 도시의 생활 속에서 화재로 인한 재해는 대형화될 수 밖에 없으므로 소방설비의 자체점검 강화, 홍보의 다양화, 소방인력의 고급화로 화재를 사전에 예방하여 재해를 최소화하는 것이 무엇보다 중요합니다.

2024년 하반기 기준으로 소방시설관리사는 역대 2,204명의 합격자를 배출하였습니다. 하지만 2012년 7월 소방 점검인력 배치 신고, 초고층건축물의 신축 등으로 소방시설 점검대상물이 증가하였고, 이에 따라 한 사업장에 2명 이상의 소방시설관리사를 채용하기 시작하면서 총 2,000명이 넘는 합격자 수에도 불구하고 소방시설관리사가 턱없이 부족한 것이 현실입니다.

그래서 저자는 소방시설관리사의 수험생 및 소방설비업계에 종사하는 실무자를 위한 소방 관련 서적의 필요성을 절실히 느끼고 본 도서를 집필하게 되었습니다. 또한, 외국의 소방 관련 자료와 국내의 소방 관련 자료를 입수하여 정리하였고, 다년간 쌓아온 저자의 소방 학원의 강의 경험과 실무 경험을 토대로 도서를 편찬하였습니다.

부족한 점에 대해서는 꾸준히 수정 · 보완하여 좋은 수험서가 되도록 노력하겠습니다.
이 한 권의 책이 수험생 여러분의 합격에 작은 발판이 될 수 있기를 기원합니다.

편저자 드림

이 책의 구성과 특징

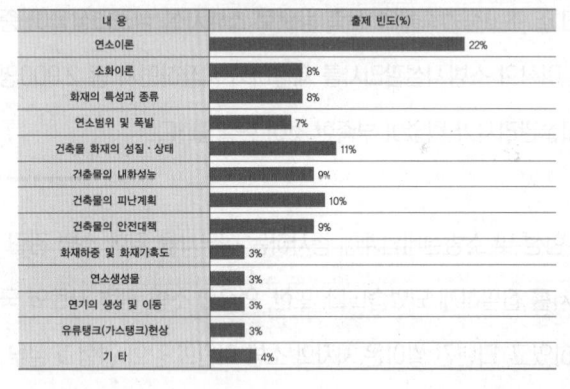

기출문제 분석표

다년간의 기출문제를 분석하여 이론별 출제 빈도를 막대그래프 형식으로 제시하였습니다. 본격적인 이론 학습 전 제시된 분석표를 파악하고 시작한다면, 방대한 양의 이론을 그 누구보다 효율적으로 학습할 수 있습니다.

CHAPTER
PART 01 소방안전관리론 및 화재역학

01 연소 및 소화

제1절 연소이론

1 연 소

(1) 연소의 정의
가연물이 공기 중에서 산소와 반응하여 열과 빛을 동반하는 급격한 산화현상

(2) 연소 시 불꽃온도와 색상

색 상	담암적색	암적색	적 색	휘적색(주황색)	황적색	백색(백적색)	휘백색
온도[℃]	520	700	850	950	1,100	1,300	1,500 이상

(3) 연소의 3요소
① 가연물
목재, 종이, 석탄, 가스(LPG, LNG) 등과 같이 산소와 반응하여 발열반응을 하는 물질
㉠ 가연물의 구비조건 **10년 출제**
• 열전도율이 작을 것(기체<액체<고체)　• 발열량이 클 것

핵심이론

소방시설관리사라면 누구나 알아야 할 기본 이론뿐만 아니라 기출문제 분석을 통해 시험 합격에 꼭 필요한 내용을 수록하였습니다. 특히, 빈출 키워드나 이론은 고딕체로 강조하여 중요도를 높였습니다.

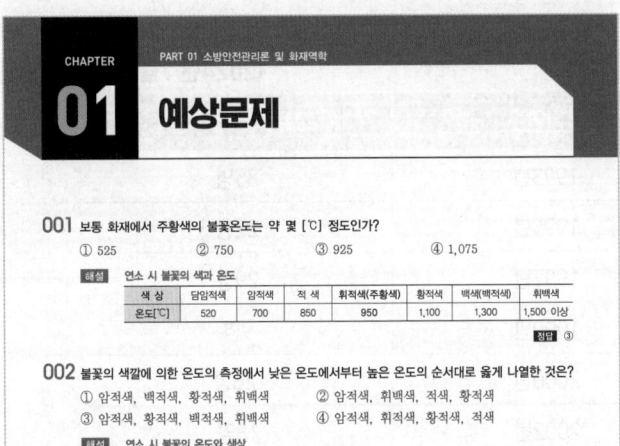

예상문제

과년도 기출문제 중 가장 기본적이며, 반복적으로 출제되는 문제들을 수록하였습니다. 저자의 오랜 노하우를 바탕으로 가장 적절하고 명쾌한 해설을 달아 단시간에 효과적인 학습이 될 수 있도록 하였습니다.

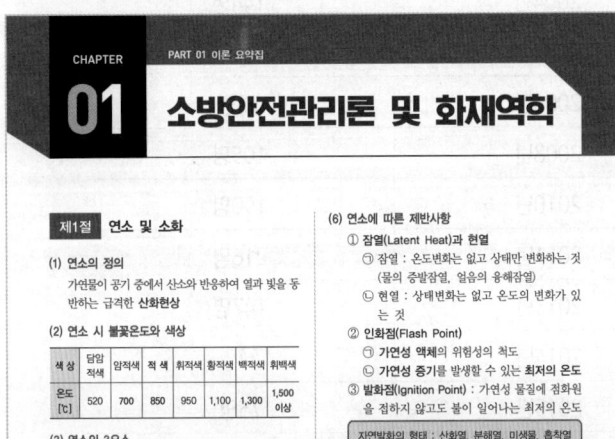

이론 요약집

본문의 이론 중 반드시 알아야 할 가장 기초적이고도 중요한 이론들만 추려서 요약집을 구성하였습니다. 과년도 기출문제와 함께 별권으로 분리하여 다시 한 번 복습할 수 있도록 하였습니다.

과년도+최근 기출문제

기출문제는 모든 시험에서 학습의 기초이자 자신의 실력을 재점검할 수 있는 지표가 됩니다. 과년도 기출문제를 통해 시험의 경향성을 파악하고 최근 기출문제로 최신 유형의 문제까지 대비할 수 있습니다.

합격자 현황

(2024년 7월 기준)

회 차	시험연도	최종 합격자 수
제1회	1993년	85명
제2회	1995년	22명
제3회	1997년	29명
제4회	1999년	9명
제5회	2000년	26명
제6회	2002년	18명
제7회	2004년	144명
제8회	2005년	100명
제9회	2006년	72명
제10회	2008년	105명
제11회	2010년	190명
제12회	2011년	216명
제13회	2013년	147명
제14회	2014년	44명
제15회	2015년	75명
제16회	2016년	122명
제17회	2017년	70명
제18회	2018년	67명
제19회	2019년	283명
제20회	2020년	65명
제21회	2021년	104명
제22회	2022년	172명
제23회	2023년	39명
총합격자		2,204명

소방시설관리사 시험안내

▶ 응시원서 접수

❶ **접수 방법** : 큐넷 소방시설관리사 자격시험 홈페이지(www.q-net.or.kr)를 통한 인터넷 접수

❷ **시험 일부(과목) 면제자의 접수 방법**

  ㉠ 일반응시자 및 제1차 시험 면제자(2024년 제24회 제1차 시험 합격자)는 별도의 제출서류 없이 큐넷 홈페이지
  에서 바로 원서접수 가능

  ㉡ 제1차 시험 및 제2차 시험 일부(과목) 면제에 해당하는 소방기술사 자격취득 후 소방실무경력자, 건축사
  자격 취득자, 소방공무원은 면제 근거 서류를 시행기관에 제출하여 심사 및 승인을 받은 후 원서접수 가능

▶ 시험과목(소방시설법 시행령 부칙 제6조)

❶ **시험일정**

구 분	원서접수	시행지역	시험일자	합격자 발표
제1차 시험	4월 초순	서울, 부산, 대구, 인천, 광주, 대전	5월 중순	6월 중순
제2차 시험	7월 하순		9월 중순	12월 중순

※ 상기 시험일정은 시행처의 사정에 따라 변경될 수 있으니, www.q-net.or.kr에서 확인하시기 바랍니다.

❷ **시험과목**

구 분	과목명

제1차 시험	1. **소방안전관리론**(연소 및 소화·화재예방관리·건축물소방안전기준·인원수용 및 피난계획에 관한 부분으로 한정) **및 화재역학**(화재의 성질·상태·화재하중·열전달·화염확산·연소속도·구획화재·연소생성물 및 연기의 생성 및 이동에 관한 부분에 한정)
	2. **소방수리학·약제화학 및 소방전기**(소방 관련 전기공사 재료 및 전기제어에 관한 부분으로 한정)
	3. 다음의 소방 관련 법령
	  ① 소방기본법, 같은 법 시행령 및 같은 법 시행규칙
	  ② 소방시설공사업법, 같은 법 시행령 및 같은 법 시행규칙
	  ③ 소방시설 설치 및 관리에 관한 법률, 같은 법 시행령 및 같은 법 시행규칙
	  ④ 화재의 예방 및 안전관리에 관한 법률, 같은 법 시행령 및 같은 법 시행규칙
	  ⑤ 위험물안전관리법, 같은 법 시행령 및 같은 법 시행규칙
	  ⑥ 다중이용업소의 안전관리에 관한 특별법, 같은 법 시행령 및 같은 법 시행규칙
	4. 위험물의 성질·상태 및 시설기준
	5. 소방시설의 구조원리(고장진단 및 정비를 포함)

제2차 시험	1. 소방시설의 점검실무행정(점검절차 및 점검기구 사용법을 포함) 2. 소방시설의 설계 및 시공

시험시간 및 문항수

구 분		시험과목	시험시간	문항수	시험방법
제1차 시험		5개 과목	09 : 30 ~ 11 : 35(125분)	과목별 25문항 (총 125문항)	4지 택일형
		4개 과목(일부 면제자)	09 : 30 ~ 11 : 10(100분)		
제2차 시험	1교시	소방시설의 점검실무행정	09 : 30 ~ 11 : 00(90분)	과목별 3문항 (총 6문항)	논문형 원칙 (기입형 포함 가능)
	2교시	소방시설의 설계 및 시공	11 : 50 ~ 13 : 20(90분)		

응시자격(소방시설법 시행령 부칙 제6조)

❶ 소방기술사 · 위험물기능장 · 건축사 · 건축기계설비기술사 · 건축전기설비기술사 또는 공조냉동기계기술사

❷ **소방설비기사** 자격을 취득한 후 **2년 이상** 소방청장이 정하여 고시하는 소방에 관한 실무경력(이하 "소방실무경력") 이 있는 사람

❸ **소방설비산업기사** 자격을 취득한 후 **3년 이상** 소방실무경력이 있는 사람

❹ 국가과학기술 경쟁력 강화를 위한 이공계지원 특별법 제2조 제1호에 따른 이공계(이하 "이공계") 분야를 전공한 사람으로서 다음의 어느 하나에 해당하는 사람
　㉠ 이공계 분야의 박사학위를 취득한 사람
　㉡ 이공계 분야의 석사학위를 취득한 후 2년 이상 소방실무경력이 있는 사람
　㉢ 이공계 분야의 학사학위를 취득한 후 3년 이상 소방실무경력이 있는 사람

❺ **소방안전공학**(소방방재공학, 안전공학을 포함) 분야를 전공한 후 다음의 어느 하나에 해당하는 사람
　㉠ 해당 분야의 석사학위 이상을 취득한 사람
　㉡ 2년 이상 소방실무경력이 있는 사람

❻ 위험물산업기사 또는 위험물기능사 자격을 취득한 후 3년 이상 소방실무경력이 있는 사람

❼ 소방공무원으로 5년 이상 근무한 경력이 있는 사람

❽ **소방안전 관련 학과**의 학사학위를 취득한 후 **3년 이상** 소방실무경력이 있는 사람

❾ **산업안전기사** 자격을 취득한 후 **3년 이상** 소방실무경력이 있는 사람

❿ 다음의 어느 하나에 해당하는 사람
　㉠ 특급 소방안전관리대상물의 소방안전관리자로 2년 이상 근무한 실무경력이 있는 사람
　㉡ 1급 소방안전관리대상물의 소방안전관리자로 3년 이상 근무한 실무경력이 있는 사람
　㉢ 2급 소방안전관리대상물의 소방안전관리자로 5년 이상 근무한 실무경력이 있는 사람
　㉣ 3급 소방안전관리대상물의 소방안전관리자로 7년 이상 근무한 실무경력이 있는 사람
　㉤ 10년 이상 소방실무경력이 있는 사람

시험의 일부(과목) 면제사항

❶ 과목 일부 면제자[26.12.31까지 적용]

번호	자격	1차 시험 면제 과목	2차 시험 면제 과목
1	소방기술사 자격을 취득한 후 15년 이상 소방실무경력이 있는 자	소방수리학·약제화학 및 소방전기(소방 관련 전기공사 재료 및 전기제어에 관한 부분에 한함)	
2	소방공무원으로 15년 이상 근무한 경력이 있는 사람으로서 5년 이상 소방청장이 정하여 고시하는 소방 관련 업무 경력이 있는 자	소방 관련 법령	
3	소방기술사·위험물기능장·건축사·건축기계설비기술사·건축전기설비기술사·공조냉동기계기술사 자격 취득자		소방시설의 설계 및 시공
4	소방공무원으로 5년 이상 근무한 경력이 있는 자		소방시설의 점검실무행정

※ 둘 이상의 면제 요건이 해당하는 경우 본인이 선택한 한 과목만 면제

❷ 전년도 제1차 시험 합격에 의한 면제자 : 제1차 시험에 합격한 자에 대하여는 다음 회의 시험에 한하여 제1차 시험을 면제함

❸ 제출 기관 : 서울·부산·대구·광주·대전지역본부, 인천지사

❹ 면제 대상별 제출서류

　㉠ 소방기술사 자격을 취득한 후 15년 이상 소방실무경력이 있는 사람
　　• 서류심사 신청서(공단 소정양식) 1부
　　• 경력(재직)증명서 1부
　　• 4대 보험 가입증명서 중 선택하여 1부
　　• 소방실무경력 관련 입증 서류

　㉡ 소방공무원으로 15년 이상 근무한 경력이 있는 사람으로서 5년 이상 소방청장이 정하여 고시하는 소방 관련 업무 경력이 있는 사람
　　• 서류심사 신청서(공단 소정양식) 1부
　　• 소방공무원 재직(경력)증명서 1부
　　• 5년 이상 소방 업무가 명기된 경력(재직)증명원 1부

　㉢ 소방기술사·위험물기능장·건축사·건축기계설비기술사·건축전기설비기술사 또는 공조냉동기계기술사
　　• 서류심사 신청서(공단 소정양식) 1부
　　• 건축사 자격증 사본(원본 지참 제시) 1부

　㉣ 소방공무원으로 5년 이상 근무한 사람
　　• 서류심사 신청서(공단 소정양식) 1부
　　• 재직증명서 또는 경력증명서 원본 1부

❺ 제출 방법 : 방문 또는 우편 접수(우편접수는 서류제출 마감일 17:00까지 도착분에 한하며, 우편접수 시에는 등기우편을 이용하고 봉투에는 반드시 "소방시설관리사 시험과목 면제서류 재중"을 표기하여야 함)

소방실무경력의 인정범위(소방실무경력 인정범위에 관한 기준 고시)

❶ 소방 관련 업체에 근무 중이거나 근무한 경력
- ㉠ 소방시설공사업체에서 소방시설의 공사 또는 정비업무를 담당한 경력
- ㉡ 소방시설관리업체에서 소방시설의 점검 또는 정비업무를 담당한 경력
- ㉢ 소방시설설계업체에서 소방시설의 설계업무를 담당한 경력
- ㉣ 소방시설공사감리업체에서 소방공사감리업무를 담당한 경력
- ㉤ 위험물탱크안전성능시험업체에서 안전성능시험 또는 점검업무를 담당한 경력
- ㉥ 위험물안전관리업무대행기관에서 안전관리업무를 담당한 경력
- ㉦ 소방용 기계·기구 제조업체에서 소방용 기계·기구의 설계·시험 또는 제조업무를 담당한 경력

❷ 소방관계자로 근무 중이거나 근무한 경력
- ㉠ 소방안전관리대상물의 소방안전관리자 및 소방안전관리보조자 또는 건설현장 소방안전관리자로 선임되어 근무한 경력
- ㉡ 위험물제조소 등의 위험물안전관리자로 근무한 경력(선임된 경력에 한정)
- ㉢ 위험물제조소 등의 위험물시설안전원으로 근무한 경력
- ㉣ 위험물안전관리법 제19조에 규정된 자체소방대에서 소방대원으로 근무한 경력
- ㉤ 의용소방대원으로 근무한 경력
- ㉥ 의무소방원으로 근무한 경력
- ㉦ 청원소방원으로 근무한 경력
- ㉧ 소방공무원으로 근무한 경력
- ㉨ 군(軍) 소방대원으로 근무한 경력
- ㉩ 시·도 소방본부 또는 소방서에서 화재안전특별 조사원으로 근무한 경력

❸ 산하·관련 단체에서 근무 중이거나 근무한 경력
- ㉠ 한국소방안전원에서 교육·진단·점검·홍보업무를 담당한 경력
- ㉡ 한국소방산업기술원에서 교육·검정·시험·연구업무를 담당한 경력
- ㉢ 한국화재보험협회에서 교육·점검·시험·연구업무를 담당한 경력
- ㉣ 실무교육기관에서 교육업무를 담당한 경력
- ㉤ 성능시험기관에서 성능시험업무를 담당한 경력
- ㉥ 한국소방시설협회 또는 사단법인 한국소방시설관리협회에서 소방청 위탁업무, 소방 관련 법령 지원 및 연구업무를 담당한 경력

❹ 기타 근무경력
- ㉠ 손해보험회사의 소방점검부서에서 근무한 경력
- ㉡ 건설업·전기공사업체에서 소방시설공사 및 설계·감리부서에서 근무한 경력(소방기술사, 소방설비기사·소방설비산업기사의 자격을 취득한 자에 한함)
- ㉢ 국가·지방자치단체, 공공기관의 운영에 관한 법률에 따른 공공기관, 지방공기업법에 따른 지방공사 또는 지방공단, 국공립학교 및 사립학교법에 따른 사립학교에서 그 소속공무원 또는 직원으로 소방시설의 설계·공사·감리 또는 소방안전관리 부서에서 안전 관련 업무를 수행한 경력(소방기술사, 소방설비기사·소방설비산업기사의 자격을 취득한 사람으로 한정)

❺ **실무경력 산정방법**

ㄱ 국가기술자격자의 실무경력 기간은 자격취득 후 경력에 한정하며 법령에 의한 자격정지 중의 처분기간은 경력 산정기간에서 제외한다.

ㄴ 1개월 미만의 잔여경력 중 15일 이상은 1개월로 계산한다.

ㄷ 응시자격 경력환산은 제1차 시험일을 기준으로 하여 계산한다.

ㄹ 2가지 이상의 경력이 동기간 내에 같이 이루어진 경우에는 이 중 1가지만 인정하며, 중복되지 않는 기간의 경력은 각 경력기간을 해당 인정하는 경력 기준기간으로 나누어 합산한 수치가 1 이상이면 응시자격이 있는 것으로 본다.

❻ **소방에 관한 실무경력의 증명 등**

경력인정을 받고자 하는 자는 소방시설 설치 및 관리에 관한 법률 시행규칙 별지 제19호 서식의 경력·재직증명서에 그 내용을 사실대로 기재 후 시험 실시권자에게 제출하여 증명을 받아야 한다. 다만, 한국소방시설협회에서 경력관리를 하고 있는 자의 경우는 한국소방시설협회장이 발행하는 경력증명서를 제출하여 경력증명을 받을 수 있다.

▶ 합격자 기준(소방시설법 시행령 제44조)

❶ **제1차 시험** : 과목당 100점 만점 기준, 모든 과목 40점 이상, 전 과목 평균 60점 이상 득점한 사람

❷ **제2차 시험** : 과목당 100점 만점 기준, 채점 점수 중 최고점수와 최저점수를 제외한 점수가 모든 과목에서 40점 이상, 전 과목 평균 60점 이상 득점한 사람

▶ 합격자 발표

구 분	발표일자	발표내용	발표방법
제1차 시험	6월 중순	– 개인별 합격 여부 – 과목별 득점 및 총점	– 소방시설관리사 홈페이지[60일간] – ARS(1600-0100, 유료)[4일간]
제2차 시험	12월 중순		

▶ 자격증 발급 신청

❶ **신청 기관** : (사)한국소방시설관리협회

❷ **신청 방법** : 우편 및 내방 접수

※ 발급신청서 및 안내 사항은 (사)한국소방시설관리협회 홈페이지 참조

CONTENTS

합격의 공식 Formula of pass | 시대에듀 www.sdedu.co.kr

PART 01 소방안전관리론 및 화재역학

CHAPTER 01 연소 및 소화

제1절 연소이론

1. 연 소   1-3
2. 연소의 형태   1-4
3. 연소 현황   1-5
4. 연소에 따른 제반사항   1-6
5. 열에너지(열원)의 종류   1-9
6. 연소의 이상현상   1-9

제2절 소화이론

1. 소 화   1-10
2. 소화기의 종류 및 특성   1-11

예상문제   1-16

CHAPTER 02 화재예방관리

제1절 화재의 특성과 종류

1. 화재의 특성   1-45
2. 화재의 종류   1-45
3. 화재의 피해 및 소실 정도   1-46
4. 화상의 종류   1-47

제2절 연소범위 및 폭발

1. 연소범위(폭발범위, 연소한계, 폭발한계)   1-47
2. 폭 발   1-48

예상문제   1-52

CHAPTER 03 건축물의 소방안전

제1절 건축물 화재의 성질·상태

1. 목조건축물의 화재   1-66
2. 내화건축물의 화재   1-68
3. 고분자물질(플라스틱)의 화재   1-68
4. 화재성장속도   1-69

제2절 건축물의 내화성능

1. 건축물의 내화구조 등   1-70
2. 건축물의 방화벽, 방화문 등   1-71
3. 건축물의 주요구조부, 불연재료 등   1-77
4. 건축물의 방화계획   1-77
5. 방재센터   1-78

예상문제   1-80

CHAPTER 04 피난계획 및 인원수용

제1절 건축물의 피난계획

1. 피난행동의 성격   1-96
2. 피난대책   1-96

제2절 건축물의 안전대책

1. 피난방향 및 안전구획   1-97
2. 피난시설의 안전구획   1-98
3. 피난허용시간   1-98
4. 피난방향 및 경로   1-98

예상문제   1-99

CHAPTER 05 화재역학

제1절 열전달
1. 전 도   1-105
2. 대 류   1-105
3. 복 사   1-106
4. 열 유속   1-106

제2절 화재하중 및 화재가혹도
1. 화재하중   1-106
2. 화재가혹도(화재심도)   1-107

제3절 연소생성물
1. 일산화탄소   1-107
2. 이산화탄소   1-108
3. 주요 연소생성물   1-108

제4절 연기의 생성 및 이동
1. 연 기   1-108
2. 연기의 흐름   1-109
3. 연기의 이동속도   1-109
4. 연기유동에 영향을 미치는 요인   1-109
5. 연기가 인체에 미치는 영향   1-109
6. 연기로 인한 투시거리에 영향을 주는 요인   1-109
7. 연기의 제어방법   1-110
8. 중성대 및 굴뚝효과   1-110
9. 연기농도와 피난한계   1-111
10. 연기의 농도표시법   1-111
11. 불(열)의 성상   1-112
12. 롤 오버   1-113
13. 백드래프트   1-113
14. 훈 소   1-114
15. 연료지배형 화재와 환기지배형 화재   1-114

제5절 유류탱크(가스탱크)에서 발생하는 현상
1. 유류탱크   1-114
2. 가스탱크   1-115

예상문제   1-116

CONTENTS

PART 02 소방수리학, 약제화학 및 소방전기

CHAPTER 01 소방수리학

제1절 유체의 일반적 성질

1. 유체의 정의   2-3
2. 유체의 단위와 차원   2-3
3. 힘의 단위   2-5
4. 뉴턴의 점성법칙   2-6
5. 열역학의 법칙   2-7
6. 엔트로피   2-7
7. 엔탈피   2-7
8. 특성치   2-8

제2절 유체의 운동 및 압력

1. 유체의 연속방정식   2-8
2. 베르누이 방정식   2-9
3. 유체의 운동량 방정식   2-9
4. 오일러의 운동방정식 적용 조건   2-10
5. 유선, 유적선, 유맥선   2-10
6. 토리첼리의 식   2-10
7. 파스칼의 원리   2-11
8. 모세관 현상   2-11
9. 표면장력   2-11
10. 이상기체 상태방정식   2-11
11. 완전기체   2-12
12. 보일의 법칙   2-12
13. 샤를의 법칙   2-12
14. 보일-샤를의 법칙   2-13
15. 체적탄성계수   2-13
16. 유체의 압력   2-13

제3절 유체의 유동(流動) 및 측정

1. 유체의 마찰손실   2-14
2. 레이놀즈수   2-14
3. 유체흐름의 종류   2-15
4. 직관에서 마찰손실   2-15
5. 관의 상당길이   2-16
6. 무차원수   2-16
7. 수력반지름   2-17
8. 유체의 측정   2-17

제4절 유체의 배관 및 펌프

1. 배 관   2-22
2. 펌프 및 펌프에서 발생하는 현상   2-23

  예상문제   2-30

CHAPTER 02 약제화학

제1절 물(水, H_2O)소화약제

1. 물소화약제의 성상   2-104
2. 물소화약제의 장단점   2-105
3. 물소화약제의 방사방법 및 소화효과   2-105
4. 물의 첨가제   2-106
5. 강화액   2-106

제2절 포소화약제

1. 포소화약제의 장단점   2-106
2. 포소화약제의 구비조건   2-107
3. 포소화약제의 종류 및 성상   2-107

제3절 이산화탄소소화약제

1. 이산화탄소소화약제의 성상   2-109
2. 이산화탄소의 품질기준   2-110
3. 약제량 측정법   2-110
4. 이산화탄소소화약제의 소화효과   2-110

제4절 할론소화약제

1. 할론소화약제의 개요   2-111
2. 할론소화약제의 성상   2-112
3. 할론소화약제의 소화효과   2-114
4. 관련 용어   2-114

제5절 할로겐화합물 및 불활성기체소화약제

1. 소화약제의 개요   2-115
2. 소화약제의 종류   2-116
3. 소화약제의 명명법   2-116
4. 소화효과   2-118

제6절 분말소화약제

1. 분말소화약제의 성상   2-118
2. 분말소화약제의 조건   2-118
3. 열분해반응식   2-118
4. 분말소화약제의 품질기준   2-119
5. 분말소화약제의 소화효과   2-120
   예상문제   2-121

CHAPTER 03 소방전기

제1절 직류회로

1. 전기의 본질   2-149
2. 전압과 전류   2-149
3. 전력과 열량   2-152
4. 전기저항   2-153
5. 전류의 화학작용과 전지   2-153

제2절 정전용량과 자기회로

1. 콘덴서의 정전용량   2-155
2. 전계와 자계   2-157
3. 자기회로   2-160
4. 전자력과 전자유도   2-161

제3절 교류회로

1. 교류회로의 기초   2-163
2. 교류 전류에 대한 $R-L-C$ 회로   2-164
3. 교류 전력   2-170
4. 3상 교류   2-172
5. 비정현파(비사인파) 교류   2-173

제4절 전기계측

1. 측정 일반   2-174
2. 계측기의 구조와 원리   2-175

제5절 자동 제어

1. 제어의 기초   2-180
2. 시퀀스 제어   2-184
3. 제어기기의 응용   2-187
4. 전자 소자   2-188

제6절 한국전기설비규정

1. 전압의 구분   2-189
2. 접 지   2-190
3. 전압강하   2-190
4. 동력설비   2-191
   예상문제   2-192

CONTENTS

PART 03 위험물의 성질·상태 및 시설기준

CHAPTER 01 위험물의 성질·상태

제1절 제1류 위험물
1. 제1류 위험물 특성 3-3
2. 각 위험물의 종류 및 특성 3-5

제2절 제2류 위험물
1. 제2류 위험물의 특성 3-14
2. 각 위험물의 종류 및 특성 3-16

제3절 제3류 위험물
1. 제3류 위험물의 특성 3-21
2. 각 위험물의 종류 및 특성 3-22

제4절 제4류 위험물
1. 제4류 위험물의 특성 3-28
2. 각 위험물의 종류 및 특성 3-30

제5절 제5류 위험물
1. 제5류 위험물의 특성 3-43
2. 각 위험물의 종류 및 특성 3-44

제6절 제6류 위험물
1. 제6류 위험물의 특성 3-48
2. 각 위험물의 종류 및 특성 3-49

예상문제 3-52

CHAPTER 02 위험물의 시설기준

제1절 위험물안전관리법령(법, 영, 규칙)에 관한 일반적인 사항
1. 위험물 3-134
2. 제조소 등 3-134
3. 위험물의 취급 3-135
4. 제조소 등에 선임해야 하는 안전관리자의 자격 3-136
5. 탱크의 용량 3-137

제2절 위험물제조소
1. 제조소의 안전거리(제6류 위험물은 제외) 3-139
2. 제조소의 보유공지 3-139
3. 제조소의 표지 및 게시판 3-139
4. 건축물의 구조 3-140
5. 채광·조명 및 환기설비 3-141
6. 옥외시설의 바닥(옥외에서 액체 위험물을 취급하는 경우) 3-142
7. 제조소에 설치해야 하는 기타 설비 및 장치 3-142
8. 위험물 취급탱크(용량이 지정수량 1/5 미만은 제외) 3-143
9. 위험물제조소의 배관 3-143
10. 정 의 3-144
11. 고인화점위험물제조소의 특례 3-144
12. 알킬알루미늄 등, 아세트알데하이드 등을 취급하는 제조소의 특례 3-145
13. 하이드록실아민 등을 취급하는 제조소의 특례 3-145
14. 방화상 유효한 담의 높이 3-145

CONTENTS

제3절 위험물저장소

1. 옥내저장소(규칙 별표 5)   3-147
2. 옥외탱크저장소(규칙 별표 6)   3-151
3. 옥내탱크저장소(규칙 별표 7)   3-155
4. 지하탱크저장소(규칙 별표 8)   3-157
5. 간이탱크저장소(규칙 별표 9)   3-159
6. 이동탱크저장소(규칙 별표 10)   3-160
7. 옥외저장소(규칙 별표 11)   3-161

제4절 위험물취급소

1. 주유취급소(규칙 별표 13)   3-163
2. 판매취급소(규칙 별표 14)   3-166
3. 이송취급소(규칙 별표 15)   3-167
4. 일반취급소(규칙 별표 16)   3-170

제5절 제조소 등의 소화난이도, 저장, 운반기준

1. 제조소 등의 소화난이도등급   3-170
   (규칙 별표 17)
2. 소화설비(규칙 별표 17)   3-174
3. 경보설비(규칙 별표 17)   3-176
4. 위험물의 저장 및 취급기준   3-177
   (규칙 별표 18)
5. 위험물의 운반기준(규칙 별표 19)   3-179

   예상문제   3-182

CONTENTS

PART 04 소방시설의 구조원리

CHAPTER 01 소화설비

제1절 소화기구 및 자동소화장치(NFTC 101)

1. 정 의 4-3
2. 소화기구의 설치기준 4-5
3. 소화기의 감소 4-9
4. 소화기의 유지관리 4-9

제2절 옥내소화전설비(NFTC 102)

1. 옥내소화전설비의 개요 4-11
2. 옥내소화전설비의 종류 4-11
3. 옥내소화전설비의 계통도 4-12
4. 펌프의 토출량 및 수원 4-13
5. 펌프에 의한 가압송수장치 4-14
6. 고가수조에 의한 가압송수장치 4-19
7. 압력수조에 의한 가압송수장치 4-19
8. 가압수조에 의한 가압송수장치 4-20
9. 배 관 4-20
10. 옥내소화전함 등 4-23
11. 전원 및 비상전원 4-25
12. 제어반 4-26
13. 수원 및 가압송수장치의 펌프 등의 겸용 4-28
14. 점검 및 작동방법 4-28

제3절 옥외소화전설비(NFTC 109)

1. 옥외소화전설비의 개요 4-29
2. 옥외소화전설비의 계통도 4-30
3. 수 원 4-30
4. 가압송수장치 4-31
5. 배관 등 4-33
6. 옥외소화전함 등 4-34
7. 제어반, 점검 및 작동 방법 4-35

제4절 스프링클러설비(NFTC 103)

1. 스프링클러설비의 개요 4-35
2. 스프링클러설비의 특징 4-36
3. 스프링클러설비의 종류 4-36
4. 스프링클러헤드의 종류 4-37
5. 스프링클러설비의 구성 부분 4-38
6. 스프링클러설비에 사용되는 스위치 및 밸브 4-40
7. RDD, ADD 및 RTI의 정의 4-41
8. 펌프의 토출량 및 수원 4-42
9. 가압송수장치 4-44
10. 방호구역 및 방수구역 등 4-46
11. 스프링클러설비의 배관 4-47
12. 음향장치 및 기동장치 4-50
13. 스프링클러헤드의 배치 4-52
14. 스프링클러설비의 송수구 4-55
15. 전원 및 비상전원 4-55
16. 전동기의 용량 4-56
17. 제어반 4-56
18. 드렌처설비 4-56

제5절 간이스프링클러설비(NFTC 103A)

1. 정 의 4-57
2. 설치장소 4-57
3. 수 원 4-57
4. 가압송수장치 4-57
5. 방호구역, 유수검지장치 4-59
6. 배관 및 밸브 4-60
7. 간이헤드의 설치기준 4-61
8. 음향장치 및 기동장치 4-62
9. 송수구 4-62
10. 비상전원 4-63
11. 기 타 4-63

시대에듀에서 만든 도서는 책, 그 이상의 감동입니다.

제6절 화재조기진압용 스프링클러설비(NFTC 103B)
1. 설치장소의 구조   4-63
2. 수 원   4-63
3. 가압송수장치   4-65
4. 방호구역 · 유수검지장치   4-65
5. 배 관   4-66
6. 음향장치 및 기동장치   4-66
7. 헤 드   4-67
8. 저장물의 간격 및 환기구   4-67
9. 송수구   4-67
10. 화재조기진압용 스프링클러 설치 제외   4-68
11. 제어반   4-68

제7절 물분무소화설비(NFTC 104)
1. 물분무소화설비의 개요   4-68
2. 물분무헤드   4-69
3. 가압송수장치   4-69
4. 배관 등   4-70
5. 송수구   4-71
6. 제어밸브 및 배수설비의 설치기준   4-72
7. 물분무헤드의 설치 제외   4-72
8. 기 타   4-72

제8절 미분무소화설비(NFTC 104A)
1. 정 의   4-72
2. 수원 및 수조   4-73
3. 가압송수장치   4-73
4. 배관 등   4-74
5. 헤 드   4-76
6. 기 타   4-76

제9절 포소화설비(NFTC 105)
1. 포소화설비의 개요   4-76
2. 포소화설비의 특징   4-76
3. 포소화설비의 계통도   4-77
4. 수원 및 소화약제량   4-77
5. 가압송수장치   4-79
6. 배관 등   4-80
7. 저장탱크   4-81

8. 기동장치   4-82
9. 포헤드 및 고정포방출구   4-83
10. 포소화설비의 기준   4-85
11. 포소화약제의 혼합장치   4-86
12. 제어반   4-87

제10절 이산화탄소소화설비(NFTC 106)
1. 이산화탄소소화설비의 개요   4-88
2. 이산화탄소소화약제의 특징   4-89
3. 이산화탄소소화설비의 종류   4-89
4. 이산화탄소소화설비의 계통도   4-90
5. 가스계 소화설비의 사용부품   4-90
6. 저장용기 등   4-91
7. 소화약제 저장량   4-93
8. 기동장치   4-95
9. 제어반 등   4-96
10. 배관 등   4-96
11. 선택밸브   4-97
12. 분사헤드   4-98
13. 화재 시 현저하게 연기가 찰 우려가 없는 장소로서 호스릴 이산화탄소소화설비를 설치할 수 있는 장소   4-98
14. 분사헤드 설치 제외   4-98
15. 음향경보장치   4-99
16. 자동폐쇄장치   4-99
17. 비상전원   4-99
18. 배출설비, 과압배출구   4-100
19. 안전시설 등   4-100

제11절 할론소화설비(NFTC 107)
1. 할론소화설비의 특징   4-101
2. 할론소화설비의 종류   4-101
3. 저장용기, 가압용 가스용기   4-101
4. 소화약제 저장량   4-102
5. 배 관   4-103
6. 분사헤드   4-103
7. 기동장치   4-104
8. 기 타   4-104

CONTENTS

제12절 할로겐화합물 및 불활성기체소화설비(NFTC 107A)

1. 할로겐화합물 및 불활성기체   4-105
   소화설비의 개요
2. 할로겐화합물 및 불활성기체   4-105
   소화설비의 정의
3. 할로겐화합물 및 불활성기체의 종류   4-105
4. 할로겐화합물 및 불활성기체의 설치   4-106
   제외 장소
5. 할로겐화합물 및 불활성기체의 저장용기   4-106
6. 할로겐화합물 및 불활성기체의 저장량   4-107
7. 기동장치   4-108
8. 배 관   4-109
9. 분사헤드   4-110
10. 기 타   4-111

제13절 분말소화설비(NFTC 108)

1. 분말소화설비의 개요   4-111
2. 계통도   4-111
3. 분말소화설비의 동작순서   4-112
4. 분말소화설비의 종류   4-112
5. 저장용기의 설치기준   4-112
6. 가압용 가스용기   4-113
7. 소화약제 산출량   4-113
8. 분사헤드   4-114
9. 정압작동장치   4-115
10. 배 관   4-115
11. 기 타   4-116

제14절 고체에어로졸소화설비(NFTC 110)

1. 정 의   4-116
2. 고체에어로졸소화설비의 설치제외   4-116
3. 고체에어로졸발생기의 설치기준   4-116
4. 고체에어로졸화합물의 소화약제량   4-117
5. 기 동   4-117
6. 제어반의 설치기준   4-117
7. 음향장치   4-118
8. 고체에어로졸소화설비에 설치할 수   4-118
   있는 감지기
9. 방호구역의 자동폐쇄장치 기준   4-118

10. 비상전원   4-118
    예상문제   4-120

CHAPTER 02 경보설비

제1절 자동화재탐지설비(NFTC 203)

1. 경보설비의 개요   4-198
2. 자동화재탐지설비의 개요   4-198
3. 자동화재탐지설비의 구성도   4-199
4. 감지기   4-199
5. 수신기   4-213
6. 발신기   4-218
7. 중계기   4-220
8. 부속기기   4-221
9. 경계구역   4-223

제2절 자동화재속보설비(NFTC 204)

1. 자동화재속보설비의 개요   4-224
2. 자동화재속보설비의 기능   4-225
3. 자동화재속보설비의 특징   4-225
4. 설치 시 주의사항   4-225
5. 설치기준   4-225
6. 자동화재속보설비의 속보기의 성능   4-226
   인증 및 제품검사의 기술기준

제3절 비상경보설비 및 단독경보형감지기(NFTC 201)

1. 개 요   4-229
2. 종 류   4-229
3. 구조 및 기능   4-230
4. 설치기준   4-230

제4절 비상방송설비(NFTC 202)

1. 개 요   4-231
2. 구성요소   4-231
3. 음향장치의 설치기준   4-232
4. 음향장치의 구조 및 성능 기준   4-232
5. 배선의 설치기준   4-233
6. 상용전원의 설치기준   4-233

CONTENTS

제5절 누전경보기(NFTC 205)

1. 개 요   4-233
2. 구 성   4-233
3. 구조 및 기능   4-234
4. 설치기준   4-236
5. 누전경보기의 형식승인 및   4-236
   제품검사의 기술기준

제6절 가스누설경보기(NFTC 206)

1. 개 요   4-238
2. 정 의   4-238
3. 종 류   4-238
4. 가연성가스 경보기   4-239
5. 일산화탄소 경보기   4-239
6. 분리형경보기의 탐지부 및 단독형   4-240
   감지기를 설치할 수 없는 장소
7. 가스누설경보기의 형식승인 및   4-240
   제품검사의 기술기준

제7절 화재알림설비(NFTC 207)

1. 정 의   4-242
2. 화재알림형 수신기   4-242
3. 화재알림형 중계기, 감지기   4-243
4. 화재알림형 비상경보장치   4-243
5. 원격감시서버   4-245
   예상문제   4-246

CHAPTER 03 피난구조설비

제1절 피난기구(NFTC 301)

1. 피난구조설비의 개요   4-291
2. 피난구조설비의 종류   4-291
3. 피난기구의 종류   4-292
4. 피난기구의 설치기준   4-294

제2절 인명구조기구(NFTC 302)

1. 정 의   4-296
2. 설치기준   4-297

제3절 유도등 및 유도표지(NFTC 303)

1. 개 요   4-298
2. 유도등의 분류   4-299
3. 피난구유도등   4-299
4. 통로유도등   4-300
5. 객석유도등   4-301
6. 유도표지   4-301
7. 피난유도선   4-302
8. 유도등의 전원   4-303
9. 유도등의 형식승인 및 제품검사의   4-304
   기술기준

제4절 비상조명등(NFTC 304)

1. 비상조명등의 개요   4-305
2. 설치기준   4-305
3. 설치 제외   4-306
4. 비상조명등의 형식승인 및 제품검사의   4-306
   기술기준
   예상문제   4-308

CHAPTER 04 소화용수설비

제1절 상수도소화용수설비(NFTC 401)

1. 정 의   4-320
2. 설치기준   4-320

제2절 소화수조 및 저수조(NFTC 402)

1. 소화수조의 개요   4-320
2. 소화수조 등   4-320
3. 가압송수장치   4-321
   예상문제   4-323

CONTENTS

合격의 공식 Formula of pass | 시대에듀 www.sdedu.co.kr

CHAPTER 05 소화활동설비

제1절 제연설비(NFTC 501)
1. 제연설비의 개요 및 정의   4-327
2. 제연설비의 종류   4-327
3. 제연구획   4-328
4. 배출량 및 배출방식   4-328
5. 배출구   4-329
6. 공기 유입방식 및 유입구   4-330
7. 배출기 및 배출풍도   4-331
8. 제연설비의 구조 및 전원   4-331
9. 배출기의 용량   4-332
10. 피난로의 급기풍량 계산방법   4-332

제2절 특별피난계단의 계단실 및 부속실의 제연설비 (NFTC 501A)
1. 정 의   4-333
2. 제연방식   4-333
3. 제연구역의 선정   4-334
4. 차압 등   4-334
5. 급기량   4-334
6. 누설량   4-334
7. 보충량   4-334
8. 방연풍속   4-334
9. 과압방지조치   4-335
10. 누설틈새의 면적 등   4-335
11. 유입공기의 배출   4-335
12. 수직풍도에 따른 배출   4-336
13. 배출구에 따른 배출   4-336
14. 급기구의 설치기준   4-337
15. 급기풍도의 설치기준   4-337
16. 수동기동장치   4-338
17. 제어반   4-338
18. 시험, 측정 및 조정 등   4-339

제3절 연결송수관설비(NFTC 502)
1. 연결송수관설비의 개요   4-340
2. 연결송수관설비의 종류   4-340
3. 송수구의 설치기준   4-340

4. 배 관   4-341
5. 방수구   4-342
6. 연결송수관설비의 방수기구함   4-342
7. 가압송수장치   4-343
8. 전원 등   4-344

제4절 연결살수설비(NFTC 503)
1. 연결살수설비의 개요   4-345
2. 송수구 등   4-345
3. 연결살수설비의 배관   4-345
4. 연결살수설비의 헤드   4-347
5. 헤드의 설치 제외   4-348

제5절 비상콘센트설비(NFTC 504)
1. 개 요   4-349
2. 특 징   4-349
3. 설치기준   4-349

제6절 무선통신보조설비(NFTC 505)
1. 개 요   4-351
2. 정 의   4-351
3. 종 류   4-351
4. 구성 및 원리   4-351
5. 설치기준   4-352

제7절 소방시설용 비상전원수전설비(NFTC 602)
1. 정 의   4-353
2. 특별고압 또는 고압으로 수전하는 경우   4-353
3. 저압으로 수전하는 경우   4-355

제8절 도로터널(NFTC 603)
1. 정 의   4-356
2. 소화기의 설치기준   4-357
3. 옥내소화전설비의 설치기준   4-357
4. 비상경보설비의 설치기준   4-358
5. 자동화재탐지설비의 설치기준   4-358
6. 비상조명등의 설치기준   4-359
7. 제연설비의 설치기준   4-359
8. 연결송수관설비의 설치기준   4-360
9. 무선통신보조설비의 설치기준   4-360
10. 비상콘센트설비의 설치기준   4-360

제9절 고층건축물(NFTC 604)

1. 옥내소화전설비의 설치기준 ··········· 4-360
2. 스프링클러설비의 설치기준 ··········· 4-361
3. 비상방송설비의 설치기준 ··········· 4-362
4. 자동화재탐지설비의 설치기준 ··········· 4-362
5. 특별피난계단의 계단실 및 부속실
   제연설비의 설치기준 ··········· 4-362
6. 연결송수관설비의 설치기준 ··········· 4-363
7. 피난안전구역의 소방시설 ··········· 4-363

제10절 지하구(NFTC 605)

1. 정 의 ··········· 4-364
2. 소화기구 및 자동소화장치 ··········· 4-364
3. 자동화재탐지설비 ··········· 4-364
4. 연소방지설비 ··········· 4-365
5. 방화벽의 설치기준 ··········· 4-366

제11절 건설현장(NFTC 606)

1. 정 의 ··········· 4-366
2. 소화기의 설치기준 ··········· 4-366
3. 간이소화장치의 설치기준 ··········· 4-367
4. 비상경보장치의 설치기준 ··········· 4-367
5. 가스누설경보기의 설치기준 ··········· 4-367
6. 간이피난유도선의 설치기준 ··········· 4-367
7. 비상조명등의 설치기준 ··········· 4-367
8. 방화포의 설치기준 ··········· 4-367

제12절 전기저장시설(NFTC 607)

1. 정 의 ··········· 4-368
2. 스프링클러설비의 설치기준 ··········· 4-368
3. 배터리용 소화장치 ··········· 4-368
4. 배출설비 ··········· 4-368
5. 전기저장장치의 설치장소 ··········· 4-369
6. 방화구획 ··········· 4-369

제13절 공동주택

1. 정 의 ··········· 4-369
2. 소화기구 및 자동소화장치의 설치기준 ··········· 4-369
3. 옥내소화전설비의 설치기준 ··········· 4-370

4. 스프링클러설비의 설치기준 ··········· 4-370
5. 물분무소화설비의 설치기준 ··········· 4-371
6. 포소화설비의 설치기준 ··········· 4-371
7. 옥외소화전설비의 설치기준 ··········· 4-371
8. 자동화재탐지설비의 설치기준 ··········· 4-371
9. 비상방송설비의 설치기준 ··········· 4-371
10. 피난기구의 설치기준 ··········· 4-371
11. 유도등의 설치기준 ··········· 4-372
12. 비상조명등의 설치기준 ··········· 4-372
13. 연결송수관설비의 설치기준 ··········· 4-372
14. 비상콘센트의 설치기준 ··········· 4-373

제14절 창고시설(NFTC 609)

1. 정 의 ··········· 4-373
2. 소화기구 및 자동소화장치의 설치기준 ··········· 4-373
3. 옥내소화전설비의 설치기준 ··········· 4-373
4. 스프링클러설비의 설치기준 ··········· 4-374
5. 비상방송설비의 설치기준 ··········· 4-375
6. 자동화재탐지설비의 설치기준 ··········· 4-375
7. 유도등의 설치기준 ··········· 4-376
8. 소화수조 및 저수조의 설치기준 ··········· 4-376

제15절 소방시설의 내진설계기준

1. 정 의 ··········· 4-376
2. 공통 적용사항 ··········· 4-377
3. 수 원 ··········· 4-378
4. 가압송수장치 ··········· 4-378
5. 지진분리이음의 설치위치 ··········· 4-378
6. 지진분리장치 ··········· 4-379
7. 흔들림 방지 버팀대 설치기준 ··········· 4-379
8. 수평직선배관 흔들림 방지 버팀대 ··········· 4-379
9. 수직직선배관 흔들림 방지 버팀대 ··········· 4-381
10. 가지배관 고정장치 및 헤드 ··········· 4-381
11. 제어반 등 ··········· 4-382
12. 소화전함 ··········· 4-382

예상문제 ··········· 4-383

CONTENTS

합격의 공식 Formula of pass | 시대에듀 www.sdedu.co.kr

PART 05 소방관계법령

CHAPTER 01 소방기본법, 영, 규칙

1. 목 적   5-3
2. 정 의   5-3
3. 소방기관의 설치   5-3
4. 119종합상황실   5-4
5. 소방정보통신망   5-4
6. 소방기술민원센터   5-5
7. 소방박물관 등   5-5
8. 소방업무에 관한 종합계획의 수립 · 시행 등   5-5
9. 소방력의 기준   5-6
10. 소방장비 등에 대한 국고보조   5-6
11. 소방용수시설 및 비상소화장치의 설치 및 관리 등   5-7
12. 소방업무의 응원   5-8
13. 소방활동 등   5-9
14. 소방교육 · 훈련   5-9
15. 소방안전교육사   5-10
16. 소방신호   5-11
17. 소방자동차 우선통행, 전용구역   5-12
18. 소방활동 등   5-13
19. 소방산업의 육성 · 진흥 및 지원 등   5-14
20. 한국소방안전원(안전원)   5-15
21. 손실보상 등   5-16
22. 벌 칙   5-17
23. 과태료 부과기준   5-19
예상문제   5-20

CHAPTER 02 소방시설공사업법, 영, 규칙

1. 목 적   5-40
2. 정 의   5-40
3. 소방시설업   5-40
4. 소방시설업의 업종별 등록기준 및 영업범위   5-44
5. 소방시설공사 등   5-46
6. 소방공사감리   5-49
7. 소방시설공사업의 도급   5-54
8. 소방기술자   5-56
9. 소방시설업자협회   5-58
10. 감 독   5-58
11. 벌 칙   5-59
12. 소방시설업에 대한 행정처분   5-60
13. 과태료의 부과기준   5-63
예상문제   5-65

CHAPTER 03 소방시설 설치 및 관리에 관한 법률, 영, 규칙

1. 목적 및 정의	5-86
2. 소방시설의 종류	5-87
3. 특정소방대상물	5-89
4. 건축허가 등의 동의 등	5-95
5. 소화설비의 설치대상	5-98
6. 경보설비의 설치대상	5-102
7. 피난구조설비, 소화용수설비의 설치대상	5-105
8. 소화활동설비의 설치대상	5-106
9. 특정소방대상물에 설치하는 소방시설의 관리 등	5-107
10. 방 염	5-113
11. 소방시설등의 자체점검 Ⅰ	5-115
12. 소방시설등의 자체점검 Ⅱ	5-119
13. 소방시설관리사	5-120
14. 소방시설관리업	5-123
15. 소방용품의 형식승인 등	5-126
16. 소방용품의 성능인증 등	5-128
17. 청문, 위탁 등	5-128
18. 벌 칙	5-129
19. 과태료	5-131
20. 행정처분기준	5-133
예상문제	5-135

CHAPTER 04 화재의 예방 및 안전관리에 관한 법률, 영, 규칙

1. 목적 및 정의	5-174
2. 화재의 예방 및 안전관리 기본계획 등의 수립·시행	5-174
3. 실태조사	5-176
4. 화재안전조사	5-176
5. 화재안전조사단, 화재안전조사위원회	5-178
6. 화재의 예방조치 등	5-180
7. 화재예방강화지구 지정 등	5-183
8. 특정소방대상물의 소방안전관리	5-185
9. 관리의 권원이 분리된 특정소방대상물의 소방안전관리	5-192
10. 피난계획의 수립 및 시행	5-193
11. 소방훈련 및 소방안전교육	5-193
12. 특별관리시설물의 소방안전관리	5-194
13. 보 칙	5-196
14. 벌 칙	5-197
15. 과태료	5-199
예상문제	5-200

CONTENTS

CHAPTER 05 위험물안전관리법, 영, 규칙

1. 목 적   5-224
2. 정 의   5-224
3. 취급소의 구분   5-225
4. 위험물의 저장 및 취급의 제한   5-225
5. 위험물시설의 설치 및 변경 등   5-225
6. 위험물탱크 안전성능시험   5-229
7. 완공검사   5-231
8. 제조소 등의 지위승계, 용도폐지신고, 취소, 사용정지 등   5-231
9. 위험물안전관리   5-233
10. 예방규정   5-237
11. 정기점검 및 정기검사   5-238
12. 자체소방대   5-239
13. 제조소 등에서의 흡연 금지   5-240
14. 위험물의 운반, 운송   5-240
15. 감독 및 조치명령 등   5-241
16. 업무의 위탁   5-242
17. 벌 칙   5-243
18. 위험물 및 지정수량   5-247

    예상문제   5-248

CHAPTER 06 다중이용업소의 안전관리에 관한 특별법, 영, 규칙

1. 정 의   5-269
2. 다중이용업의 종류   5-269
3. 다중이용업의 안전시설 등   5-272
4. 다중이용업의 안전시설 등의 설치·유지기준   5-274
5. 피난안내도 비치대상 등   5-276
6. 다중이용업소의 안전관리 기본계획   5-277
7. 허가청의 통보 등   5-278
8. 다중이용업주의 화재배상책임보험의 의무가입 등   5-282
9. 다중이용업소에 대한 화재위험평가 등   5-283
10. 화재안전조사   5-284
11. 안전관리우수업소   5-285
12. 벌 칙   5-287
13. 과태료 부과기준   5-288

    예상문제   5-291

소방시설관리사 1차

PART 01

소방안전관리론 및 화재역학

CHAPTER 01 연소 및 소화
CHAPTER 02 화재예방관리
CHAPTER 03 건축물의 소방안전
CHAPTER 04 피난계획 및 인원수용
CHAPTER 05 화재역학

소방시설관리사 1차 기출문제 분석

[소방안전관리론 및 화재역학]

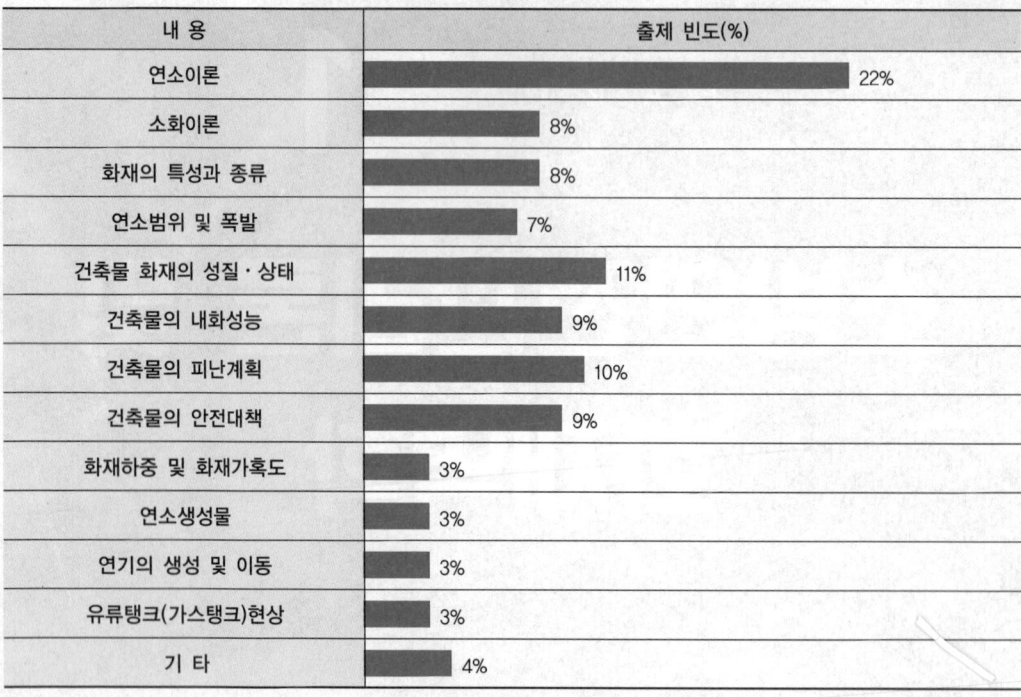

내 용	출제 빈도(%)
연소이론	22%
소화이론	8%
화재의 특성과 종류	8%
연소범위 및 폭발	7%
건축물 화재의 성질·상태	11%
건축물의 내화성능	9%
건축물의 피난계획	10%
건축물의 안전대책	9%
화재하중 및 화재가혹도	3%
연소생성물	3%
연기의 생성 및 이동	3%
유류탱크(가스탱크)현상	3%
기 타	4%

용어 변경

IUPAC 명명법에 따라 일부 용어를 다음과 같이 변경하였습니다. 학습 시 참고 바랍니다.

- 과망간 → 과망가니즈
- 디(Di) → 다이
- 요오드, 옥소 → 아이오딘
- 이소(Iso) → 아이소
- 취소 → 브로민
- 티탄 → 타이타늄
- 크세논 → 제논
- 히(Hy) → 하이
- 에스터 → 에터

- 니트로(Nitro) → 나이트로
- 불소 → 플루오린
- 요오드포름 → 아이오도폼
- 중크롬 → 다이크로뮴
- 트리(Tri) → 트라이
- 크산토프로테인 → 잔토프로테인
- 포름(Form) → 폼
- 에스테르 → 에스터

연소 및 소화

연소이론

1 연 소

(1) 연소의 정의
가연물이 공기 중에서 산소와 반응하여 열과 빛을 동반하는 급격한 산화현상

(2) 연소 시 불꽃온도와 색상

색 상	담암적색	암적색	적 색	휘적색(주황색)	황적색	백색(백적색)	휘백색
온도[℃]	520	700	850	950	1,100	1,300	1,500 이상

(3) 연소의 3요소

① 가연물

목재, 종이, 석탄, 가스(LPG, LNG) 등과 같이 산소와 반응하여 발열반응을 하는 물질

㉠ 가연물의 구비조건 **10 년 출제**

- **열전도율**이 **작을 것**(기체<액체<고체)
- **표면적**이 **넓을 것**(기체>액체>고체)
- 활성화에너지(점화에너지)가 작을 것
- **발열량**이 **클 것**
- 산소와 친화력이 좋을 것

㉡ 가연물이 될 수 없는 물질

- 산소와 더 이상 반응하지 않는 물질(CO_2, H_2O, Al_2O_3 등)
- **질소** 또는 질소산화물(산소와 반응은 하나 **흡열반응**을 하기 때문)
- 0족 원소(불활성기체 : 화학적으로 안전하나 반응은 하지 않는다) **23 년 출제**

> 헬륨(He), 네온(Ne), 아르곤(Ar), 크립톤(Kr), 제논(크세논, Xe), 라돈(Rn)

② 산소공급원

산소, 공기, **제1류 위험물**, 제5류 위험물(자기반응성 물질), 제6류 위험물

㉠ 공기의 조성

조성비 \ 성 분	산 소	질 소	아르곤	이산화탄소
[vol%]	20.99	78.03	0.95	0.03
[wt%]	23.15	75.51	1.3	0.04

㉡ 산화제 : 제1류 위험물(산화성 고체), 제6류 위험물(산화성 액체)와 같이 분자 내 산소를 함유하고 있는 물질

ⓒ 자기반응(자기연소)성 물질 : 나이트로글리세린, 셀룰로이드 등 제5류 위험물로서 가연물과 산소를 동시에 가지고 있는 물질

③ 점화원

전기 불꽃, 정전기 불꽃, 충격·마찰의 불꽃, 단열압축, 복사열, 자연발화, 나화 및 고온표면 등

- 연소의 3요소 : 가연물, 산소공급원, 점화원
- 연소의 4요소 : 가연물, 산소공급원, 점화원, **순조로운 연쇄반응**

2 연소의 형태

(1) 고체의 연소 `14` `19` `22` 년 출제

① **표면연소** : **목탄, 코크스, 숯, 금속분** 등이 열분해에 의하여 가연성 가스는 발생하지 않고 그 물질 자체가 연소하는 현상

② **분해연소** : **석탄, 종이, 목재, 플라스틱** 등의 연소 시 열분해에 의해 발생된 가스와 공기가 혼합하여 연소하는 현상

③ **증발연소** : **황, 나프탈렌**, 왁스, 파라핀 등과 같이 고체를 가열하면 열분해는 일어나지 않고 고체가 액체로 되어 일정온도가 되면 액체가 기체로 변화하여 기체가 연소하는 현상

④ **자기연소**(내부연소) : 제5류 위험물인 나이트로셀룰로오스, 질화면 등 가연물과 산소를 동시에 가지고 있는 가연물이 연소하는 현상

[불꽃연소와 표면연소의 비교] `11` `16` 년 출제

구 분	불꽃연소	작열연소(표면연소)
화재구분	표면화재	심부화재
연소형태	아세틸렌, 수소, 메테인, 프로페인 등의 가연성 가스	코크스, 연탄, 짚, 목탄(숯) 등 고체의 연소
불꽃여부	불꽃을 발생한다.	불꽃을 발생하지 않는다.
연소속도	빠르다.	느리다.
발열량	크다.	작다.
연쇄반응	일어난다.	일어나지 않는다.
적응화재	B, C급 화재 적응	A급 화재 적응
소화방법	CO_2로 34[%] 질식소화	CO_2로 34[%] 질식소화 및 냉각소화

(2) 액체의 연소

① **증발연소** : 아세톤, **휘발유, 등유, 경유**와 같이 액체를 가열하면 증기가 되어 증기가 연소하는 현상

② **분해연소** : **벙커C유**와 같이 휘발성이 적은 가연물의 열분해 반응 시 생성되는 가연성 가스가 공기와 혼합하여 연소하는 현상

(3) 기체의 연소 `14` 년 출제

① **확산연소** : **수소, 아세틸렌**, 프로페인, 뷰테인 등 화염의 **안정 범위**가 넓고 조작이 용이하여 **역화의 위험이 없는 연소**로서 발염연소 또는 **불꽃연소**라 한다.

Plus one 확산화염의 특징 **21** **년 출제**
- 연료가스와 산소의 농도 차이에 따라 반응영역으로 이동하는 연소과정이다.
- 대부분 자연화재이며 **액면화재의 화염, 산림화재의 화염, 양초화염** 등이 있다.
- 층류확산화염은 양초화염으로, 분자확산에 의해 지배되는 화염이다.
- 난류확산화염은 산림화재의 화염으로, 화염 내에서의 가시성 와류에 의한 유체의 기계적인 불안정성에 따라 일어나는 화염이다.

② **예혼합연소** : 밀폐된 용기에 기체연료를 미리 공기와 혼합시켜 놓고 점화하여 연소하는 현상으로 전1차 공기식 연소법, 분젠식 연소법, 세미분젠식 연소법이 있다.

Plus one 예혼합화염의 특징 **20** **년 출제**
- 기체연료와 공기를 인위적으로 조정할 수 있다.
- 화염면의 전파가 수반되며, 밀폐된 공간에서는 압력이 충분히 전파되는 화염 다음에 축적되어 화염면에 충격파를 형성할 수 있다.
- 예혼합화염은 휘발유 엔진의 화염, 아세틸렌과 산소용접기의 토치의 화염, 분젠식 가스버너의 화염 등이 있다.
- 예혼합연소는 확산연소보다 열방출속도가 빠르다.

3 연소 현황

(1) 연소온도

① **완전연소의 구비조건**
  - ㉠ 적절한 혼합
  - ㉡ 충분한 온도
  - ㉢ 충분한 연소시간
  - ㉣ 연소실의 용적

② **연소온도에 영향을 미치는 요인**
  - ㉠ 공기비
  - ㉡ 산소의 농도
  - ㉢ 연료의 발열량
  - ㉣ 화염의 열손실
  - ㉤ 연소 상태

(2) 연소속도

① **연소속도에 영향을 미치는 요인** **22** **년 출제**
  - ㉠ 가연물의 온도
  - ㉡ 가연물의 종류
  - ㉢ 가연물의 입자
  - ㉣ 산소의 농도
  - ㉤ 압 력
  - ㉥ 발열량
  - ㉦ 활성화에너지

② **층류연소속도** **17** **년 출제**
  - ㉠ 비중, 압력, 비열, 분자량이 작을수록 연소속도가 커진다.
  - ㉡ 열전도율이 클수록 연소속도가 커진다.

4 연소에 따른 제반사항

(1) 비열(Specific Heat)

① 1[cal] : 1[g]의 물체를 1[℃] 올리는 데 필요한 열량

② 1[BTU] : 1[lb]의 물체를 1[℉] 올리는 데 필요한 열량

> 물의 비열 : $1[\text{cal/g} \cdot ℃] = 1[\text{kcal/kg} \cdot ℃]$

(2) 잠열(Latent Heat) 16 20 년 출제

어떤 물질이 온도는 변하지 않고 상태만 변화할 때 필요한 열량($Q = \gamma \cdot m$)

① 증발잠열 : 액체가 기체로 될 때 출입하는 열량(물의 **증발잠열 : 539[cal/g]**)

② 융해잠열 : 고체가 액체로 될 때 출입하는 열량(물의 **융해잠열 : 80[cal/g]**)

> 현열 : 어떤 물질이 상태는 변화하지 않고 온도만 변화할 때 필요한 열량($Q = m C \Delta t$)

(3) 인화점(Flash Point) 22 년 출제

① 휘발성 물질에 불꽃을 접하여 발화될 수 있는 최저의 온도

② **가연성 증기**를 발생할 수 있는 **최저의 온도**

> 여름철에 온도가 높으면 휘발유의 유증기가 발생하는데, 이때 가연성 증기가 불꽃에 의하여 연소가 일어날 때의 최저의 온도를 인화점이라 한다.

(4) 발화점(Ignition Point)

가연성 물질에 점화원을 접하지 않고 불이 일어나는 최저의 온도

① 자연발화의 형태

   ㉠ **산화열**에 의한 발화 : **석탄, 건성유**, 고무분말

   ㉡ 분해열에 의한 발화 : 나이트로셀룰로오스, 셀룰로이드

   ㉢ **미생물**에 의한 발화 : **퇴비, 먼지**

   ㉣ 흡착열에 의한 발화 : 목탄, 활성탄

   ㉤ 중합열에 의한 발화 : 사이안화수소

② 자연발화의 조건

   ㉠ 주위의 **온도**가 **높을 것**

   ㉡ **열전도율**이 **작을 것**

   ㉢ **발열량**이 **클 것**

   ㉣ 표면적이 넓을 것

③ 자연발화의 영향을 주는 요인

   ㉠ 열축적 : 열축적이 많으면 자연발화가 일어나기 쉽다.

   ㉡ 열전도율 : 열전도율이 작을수록 자연발화가 일어나기 쉽다.

   ㉢ 발열량 : 발열량이 클수록 자연발화가 일어나기 쉽다.

② 퇴적방법 : 열축적이 많으면 자연발화가 일어나기 쉽다.

　　⑩ 공기의 유통 : 공기의 유통이 잘 안되면 자연발화가 일어나기 쉽다.

④ 자연발화의 방지대책 `18` `년 출제`

　　㉠ 습도를 낮게 할 것(습도를 낮게 해야 발화 지점의 열의 확산을 잘 시킨다)

　　㉡ 주위(저장실)의 온도를 낮출 것

　　㉢ 통풍을 잘 시킬 것

　　㉣ 불활성 가스를 주입하여 공기와 접촉을 피할 것

⑤ 발화점이 낮아지는 이유 `14` `15` `년 출제`

　　㉠ **분자구조가 복잡할 때**　　　　　　㉡ 산소와 친화력이 좋을 때

　　㉢ 열전도율이 작을 때(기체<액체<고체)　㉣ 습도가 낮을 때

　　㉤ 압력, 발열량, 화학적 활성도가 클 때

(5) 연소점(Fire Point)

어떤 물질이 연소가 지속될 때 인화점을 제거해도 연소를 지속할 수 있는 온도로서 **인화점**보다 10[℃] **높다.**

> 인화점 < 연소점 < 발화점 `23` `년 출제`

(6) 증기비중(Vapor Gravity)

$$증기비중 = \frac{분자량}{공기의\ 평균분자량} = \frac{분자량}{29}$$

(7) 최소착화(발화)에너지(Minimum Ignition Energy)

① 정의 : 어떤 물질이 공기와 혼합하였을 때 점화원으로 발화하기 위하여 최소 에너지

> $$MIE = \frac{1}{2}CV^2$$

　　　　여기서, MIE : 최소착화(발화)에너지[J]　　　C : 콘덴서 용량[F]
　　　　　　　　V : 전압[V]

※ 최소착화에너지는 작아서 $[\text{mJ}]\left(\frac{1}{1,000}[\text{J}]\right)$로 나타낸다.

위험물의 종류	메테인	아세틸렌	수 소	이황화탄소	에틸렌
최소착화에너지 [mJ]	0.28	0.019	0.019	0.019	0.096
가연성 가스농도 [vol%]	8.5	-	28~30	-	-

② 위험성 `11` `17` `19` `21` `년 출제`

　　㉠ 아세틸렌, 수소, 이황화탄소는 작은 착화원에도 폭발이 용이하다.

　　㉡ **온도, 압력이 높으면 최소착화에너지가 낮아지므로 위험도는 증가**한다.

　　㉢ 연소속도가 클수록 MIE값은 작다.

　　㉣ 가연성 가스의 조성이 완전연소 조성농도의 부근일 경우 MIE는 최저가 된다.

③ 최소착화에너지에 영향을 주는 요인

㉠ 온 도
㉡ 압 력
㉢ 농도(조성)
㉣ 혼입물

④ 최소착화에너지가 커지는 현상

㉠ 압력이나 온도가 낮을 때
㉡ 질소, 이산화탄소 등 불연성 가스를 투입할 때
㉢ 가연물의 농도가 감소할 때

(8) 소염거리(Quenching Distance)

① 정의 : 전기불꽃을 가해도 점화되지 않는 전극 간의 최대거리
② 전극 간 거리가 짧아지면 최소착화에너지는 초기에는 저하되지만 소염거리의 값에 도달하면 갑자기 무한대로 되고, 그 소염거리 이하에서는 아무리 큰 전기에너지를 가해도 인화하지 않는다.
③ **최소발화에너지**는 소염거리의 제곱에 비례하고 화염온도와 미연가스온도의 차에 비례하며 연소속도에 반비례한다.

$$H = \lambda \cdot l^2 \frac{(T_f - T_u)}{U}$$

여기서, H : 화염면 전체에서 얻어지는 에너지 U : 연소속도
λ : 화염 평균 전달률 l : 소염거리
T_f : 화염온도 T_u : 미연가스온도

(9) 한계산소지수(Limited Oxygen Index)

① 정의 : 가연물을 수직으로 한 상태에서 가장 윗부분에 점화하여 연소를 계속 유지할 수 있는 산소의 최저 농도[vol%]로서 섬유류에 열원을 제거한 후 연소를 지속할 수 있는 가능성을 측정하는 척도이다.
② 섬유류에서는 LOI가 높아질수록 열원이 제거된 후에 연소가 중단될 가능성이 높아진다.
③ LOI의 값

$$LOI = \frac{O_2}{O_2 + N_2} \times 100$$

(10) 아레니우스(Arrhenius)의 반응속도식 20 23 년 출제

$$V = C \times e^{-\frac{E_a}{RT}}$$

여기서, V : 반응속도 C : 충돌빈도계수
E_a : 활성화에너지 R : 기체상수
T : 절대온도
$e^{-\frac{E_a}{RT}}$: 온도 T에서 에너지 E_a 이상을 가진 충돌의 분율

① 활성화에너지가 작을수록 반응속도는 증가한다.
② 기체상수가 클수록 반응속도는 증가한다.

③ 온도나 압력이 높을수록 반응속도는 증가한다.

④ 분자 간의 충돌빈도수가 증가할수록 반응속도는 증가한다.

⑤ 시간 변화량에 대한 농도 변화량이 클수록 반응속도는 증가한다.

(11) 가스의 허용농도 `13` `14` `23` 년 출제

가스종류	포스겐	아크롤레인	염 소	염화수소	황화수소	사이안화수소	일산화질소	암모니아	벤 젠	이산화탄소
화학식	$COCl_2$	CH_2CHCHO	Cl_2	HCl	H_2S	HCN	NO	NH_3	C_6H_6	CO_2
허용농도	0.1[ppm]	0.1[ppm]	1[ppm]	5[ppm]	10[ppm]	10[ppm]	25[ppm]	25[ppm]	50[ppm]	5,000[ppm]

5 열에너지(열원)의 종류

(1) 화학열 `16` `18` `21` 년 출제

① 연소열 : 어떤 물질이 완전히 산화되는 과정에서 발생하는 열(물과 이산화탄소가 생성되는 열)

② 분해열 : 어떤 화합물이 **분해될 때** 발생하는 열

③ 용해열 : 어떤 물질이 액체에 용해될 때 발생하는 열(예 질산과 물의 혼합)

④ 자연발열 : 어떤 물질이 외부열의 공급 없이 온도가 상승하는 현상

(2) 전기열

① 저항열 : 도체에 전류가 흐르면 전기저항 때문에 전기에너지의 일부가 열로 변할 때 발생하는 열(예 백열전구에서 열이 발생하는 것은 전구 내 필라멘트의 저항에 기인한다)

② 유전열 : 누설전류에 의해 절연물질이 가열하여 절연이 파괴되어 발생하는 열

③ 유도열 : 도체 주위에 변화하는 자장이 존재하면 전위차를 발생하고 이 전위차로 전류의 흐름이 일어나 도체의 저항 때문에 열이 발생하는 것

④ 정전기열 : 정전기가 방전할 때 발생하는 열

⑤ 아크열 : **보통 전류가 흐르는 회로가 나이프스위치에 의하여** 또는 **우발적인 접촉**이나 **접점이 느슨하여 전류가 끊어질 때 발생하는 열**(아크의 온도는 매우 높기 때문에 인화성 물질을 점화시킬 수 있다)

(3) 기계열 `17` `18` 년 출제

① 마찰열 : 두 물체를 맞대고 마찰시킬 때 발생하는 열

② 압축열 : 기체를 압축할 때 발생하는 열로서 디젤엔진을 압축하면 발생되는 열로 인하여 연료와 공기의 혼합가스가 점화되는 경우

③ 마찰 스파크열 : 금속과 고체 물체가 충돌할 때 발생하는 열로서 철제공구를 콘크리트 바닥에 떨어뜨리면 마찰 스파크가 발생하는 경우

6 연소의 이상현상

(1) 불완전연소

연소 시 공기와 가스의 혼합이 적절하지 않아 그을음이 발생하는 현상

> **Plus one** 불완전연소의 발생 원인
> • 산소(공기)가 부족할 때   • 연료의 공급상태가 불충분할 때
> • 연소온도가 낮을 때   • 가스량이 과다하게 공급될 때

(2) 역화(Back Fire)

연료가스의 **분출속도**가 **연소속도보다 느릴 때** 불꽃이 연소기의 내부로 들어가 혼합관 속에서 연소하는 현상

Plus one 역화의 원인 `18` 년 출제
- 버너가 과열될 때
- 노즐의 부식으로 분출 구멍이 커진 경우
- 압력이 높을 때
- 연료의 분출속도가 연소속도보다 느릴 때
- 혼합가스량이 너무 적을 때

(3) 선화(Lifting)

연료가스의 **분출속도**가 **연소속도보다 빠를 때** 불꽃이 버너의 노즐에서 떨어져 나가서 연소하는 현상으로 완전연소가 이루어지지 않으며 역화의 반대현상

(4) 블로오프(Blow-off) 현상 `16` `22` 년 출제

선화상태에서 연료가스의 분출속도가 증가하거나 주위 공기의 유동이 심하면 화염이 노즐에서 연소하지 못하고 떨어져서 화염이 꺼지는 현상

(5) Yellow Tip `16` 년 출제

탄화수소가 열분해되어 탄소입자가 생기고 미연소상태로 적열되어 적황색이 되는 현상으로 1차 공기가 부족할 때 발생한다.

제2절 **소화이론**

1 소 화

(1) 소화의 원리

연소의 3요소 중 어느 하나를 없애주어 소화하는 방법

(2) 소화의 종류 `11` `15` `16` `18` `21` 년 출제

① 냉각소화 : 화재 현장에 물을 주수하여 **발화점 이하**로 온도를 낮추어 소화하는 방법
② 질식소화 : 공기 중의 산소의 농도를 21[%]에서 15[%] **이하**로 낮추어 소화하는 방법

> **질식소화 시 산소의 유효 한계농도 : 10~15[%]**

③ 제거소화 : 화재 현장에서 가연물을 없애주어 소화하는 방법

> **표면연소는 불꽃연소보다 연소속도가 매우 느리다.**

④ 화학소화(부촉매효과) : 연쇄반응을 차단하여 소화하는 방법

화학소화(부촉매효과) 21 년 출제
- 화학소화방법은 불꽃연소에만 한한다.
- 화학소화제는 **연쇄반응을 억제**하면서 동시에 **냉각, 산소 희석, 연료 제거** 등의 작용을 한다.
- 화학소화제는 불꽃연소에는 매우 효과적이나 표면연소에는 효과가 없다.

⑤ 희석소화 : **알코올**, 에터, 에스터, 케톤류 등 **수용성 물질**에 다량의 물을 방사하여 가연물의 농도를 낮추어 소화하는 방법

⑥ 유화효과 : 물분무소화설비를 **중유**에 방사하는 경우 유류표면에 엷은 막으로 유화층을 형성하여 화재를 소화하는 방법

⑦ 피복효과 : 이산화탄소소화약제 방사 시 가연물의 구석까지 침투하여 피복하므로 연소를 차단하여 소화하는 방법

소화효과 20 년 출제
- 물
  - 봉상주수(옥내·외소화전설비) : 냉각효과
  - 적상주수(스프링클러설비) : 냉각효과
  - **무상주수 : 질식, 냉각, 희석, 유화효과**
- 포 : 질식, 냉각효과
- **이산화탄소 : 질식, 냉각, 피복 효과**
- **할론, 분말 : 질식, 냉각, 부촉매효과**
- 할로겐화합물 및 불활성기체 : 질식, 냉각, 부촉매효과

2 소화기의 종류 및 특성

(1) 소화기의 분류

① 가압방식에 의한 분류

  ㉠ **축압식** : 항상 소화기의 용기 내부에 소화약제와 압축공기 또는 불연성 가스(질소, CO_2)를 축압시켜 그 압력에 의해 약제가 방출되며, CO_2소화기 외에는 모두 **지시압력계**가 **부착**되어 있으며 **녹색**의 지시가 **정상 상태**이다.

  ㉡ 가압식 : 소화약제의 방출을 위한 가압가스 용기를 소화기의 내부나 외부에 따로 부설하여 가압가스의 압력에서 소화약제가 방출된다.

② 소화능력 단위에 의한 분류

  ㉠ 소형소화기 : 능력단위 1단위 이상으로 대형소화기의 능력단위 미만인 소화기 10 년 출제

  ㉡ **대형소화기** : 능력단위가 **A급 화재**는 10단위 이상, **B급 화재**는 **20단위** 이상인 것으로서 소화약제 충전량은 아래 표에 기재한 충전량 이상인 소화기 10 14 년 출제

[대형소화기의 소화약제 충전량]

종 별	포	강화액	물	분 말	할 론	이산화탄소
소화약제의 충전량	20[L]	60[L]	80[L]	20[kg]	30[kg]	50[kg]

(2) 소화기의 종류

소화기명	소화약제	종 류	적응화재	소화효과
산·알칼리소화기	H_2SO_4, $NaHCO_3$	파병식, 전도식	A급(무상 : C급)	냉 각
강화액소화기	H_2SO_4, K_2CO_3	축압식, 화학반응식, 가스가압식	A급 (무상 : A, B, C급)	냉각 (무상 : 질식, 부촉매)
이산화탄소소화기	CO_2	고압가스용기	B, C급	질식, 냉각, 피복
할론소화기	할론1301, 할론1211, 할론2402	축압식	B, C급	질식, 냉각, 부촉매(억제)
분말소화기	제1종, 제2종, 제3종, 제4종	축압식, 가스가압식	A, B, C급	질식, 냉각, 부촉매(억제)
포말소화기	$Al_2(SO_4)_3 \cdot 18H_2O$, $NaHCO_3$	보통전도식, 내통밀폐식, 내통밀봉식	A, B급	질식, 냉각

① 물소화기

㉠ 종 류
- 수동펌프식 : 수조에 공기실을 가진 수동펌프를 설치하여 물을 상하로 움직여서 방사하는 방식
- 축압식 : 수조(본체 용기)에 압력공기와 함께 충전되어 물과 공기를 축압시킨 것을 방사하는 방식
- 가압식 : 본체 용기와는 별도로 가압용 가스(탄산가스)를 이용하여 그 가스압력으로 물을 방출하는 방식으로 대형소화기에 사용

㉡ 소화원리
냉각작용에 의한 소화효과가 가장 크며, 증발 시 수증기가 되므로 원래 물의 용적의 **약 1,700배**의 불연성 기체로 되기 때문에 가연성 혼합기체의 희석작용도 하게 된다.

> **Plus one** 물의 질식효과
> - 물의 성상
>   - 물의 밀도 : 1[g/cm^3]
>   - 화학식 : H_2O(분자량 : 18)
>   - 부피 : 22.4[L](표준상태에서 1[g-mol]이 차지하는 부피)
> - 계 산
>
> 물 1[g]일 때 몰수를 구하면 $\dfrac{1[g]}{18[g]} = 0.05555[mol]$이고,
>
> 0.05555[mol]을 부피로 환산하면 $0.05555[mol] \times 22.4[L] = 1.244[L] = 1,244[cm^3]$이며
>
> 온도 100[℃]를 보정하면 $1,244[cm^3] \times \dfrac{(273+100)[K]}{273[K]} ≒ 1,700[cm^3]$이다.
>
> ∴ 물 1[g]이 100[%] 수증기로 증발하였을 때 체적은 약 1,700배가 된다.

② 산·알칼리소화기

㉠ 종 류
- 전도식 : 내부의 상부에 있는 합성 수지용기에 황산을 넣고 용기 본체에는 탄산수소나트륨 수용액을 넣어 사용할 때 황산 용기의 마개가 자동적으로 열려 혼합되면 화학반응을 일으켜서 방출구로 방사하는 방식
- 파병식 : 용기 본체의 중앙부 상단에 황산이 든 앰플을 파열시켜 용기 본체 내부의 탄산수소나트륨 수용액과 화합하여 반응 시 생성되는 탄산가스의 압력으로 약제를 방출하는 방식

ⓛ 소화원리

$$H_2SO_4 + 2NaHCO_3 \rightarrow Na_2SO_4 + 2H_2O + 2CO_2\uparrow$$

> 산·알칼리소화기가 무상일 때 : C급 화재에 사용 가능

③ 강화액소화기

　　ⓖ 종 류
- 축압식 : 강화액소화약제(탄산칼륨 수용액)를 정량적으로 충전시킨 소화기로서, 압력을 용이하게 확인할 수 있도록 압력지시계가 부착되어 있으며 방출방식은 봉상 또는 무상인 소화기이다.
- 가스가압식 : 축압식과 동일하나 압력지시계가 없으며 안전밸브와 액면 표시가 되어 있는 소화기이다.
- 화학반응식 : 용기의 재질과 구조는 산·알칼리소화기의 파병식과 동일하며 탄산칼륨 수용액의 소화약제가 충전되어 있는 소화기이다.

　　ⓛ 소화원리

> $$H_2SO_4 + K_2CO_3 \rightarrow K_2SO_4 + H_2O + CO_2\uparrow$$

강화액은 −20[℃]에서도 동결하지 않으므로 한랭지에서도 보온의 필요가 없을 뿐만 아니라 탈수, 탄화작용으로 목재, 종이 등을 불연화하고 재연방지의 효과도 있다.

> 강화액소화기가 무상일 때 : A, B, C급 화재

④ 이산화탄소소화기

　　ⓖ 소화약제(액화탄산가스)
- 탄산가스의 함량 : **99.5[wt%] 이상**
- 수분 : 0.05[wt%] 이하

> 수분 0.05[wt%] 이상 : 수분이 결빙하여 노즐 폐쇄

　　ⓛ 소화원리
질식, 냉각, 피복작용에 의해 소화된다. CO_2 가스가 방출되어 드라이아이스 상태가 될 때 온도는 −78.5[℃]까지 급격히 냉각된다. CO_2 소화기는 유류화재 및 전기절연성이 아주 좋기 때문에 전기화재에도 효과가 있다.

⑤ 할론소화기

　　ⓖ 종 류
수동펌프식, 수동축압식, 축압식

　　ⓛ 소화원리
- 질식소화 : 연소물의 주위에 체류하여 소화
- 억제작용(부촉매작용) : 활성 물질에 작용하여 그 활성을 빼앗아 연쇄반응을 차단하는 효과

• 냉각효과

[이산화탄소소화기]

[할론소화기]

⑥ 분말소화기

분말소화기는 소화약제로 건조한 미분말을 방습제 및 분산제로 처리하여 방습과 유동성을 부여한 것이다.

㉠ 종 류

• 축압식 : 용기의 재질은 철제로서 본체 내부를 내식 가공 처리한 것으로 용기에 분말 약제를 채우고 약제를 질소(N_2) 가스로 충전되어 있으며 **압력지시계**가 **부착된 소화기**이다. <u>14</u> 년 출제

충전압력(정상) : 0.7 ~ 0.98[MPa]

• 가스가압식 : 용기는 철제이고 용기 본체의 내부 또는 외부에 설치된 봄베 속에 충전되어 있는 탄산가스(CO_2)를 압력원으로 사용하는 소화기이다.

㉡ 소화약제의 적응화재 및 착색 <u>20</u> <u>21</u> 년 출제

종 별	주성분	약제의 착색	적응화재	열분해반응식
제1종 분말	$NaHCO_3$ (탄산수소나트륨, 중탄산나트륨)	백 색	B, C급	$2NaHCO_3 \rightarrow Na_2CO_3 + CO_2 + H_2O$
제2종 분말	$KHCO_3$ (탄산수소칼륨, 중탄산칼륨)	담회색	B, C급	$2KHCO_3 \rightarrow K_2CO_3 + CO_2 + H_2O$
제3종 분말	$NH_4H_2PO_4$ (인산암모늄, 제일인산암모늄)	담홍색, 황색	A, B, C급	$NH_4H_2PO_4 \rightarrow HPO_3 + NH_3 + H_2O$
제4종 분말	탄산수소칼륨+요소 $[KHCO_3 + (NH_2)_2CO]$	회 색	B, C급	$2KHCO_3 + (NH_2)_2CO$ $\rightarrow K_2CO_3 + 2NH_3 + 2CO_2$

⑦ 포소화기

㉠ 종류(화학포)

• 보통전도식

• 내통밀폐식

• 내통밀봉식

ⓛ 포의 조건
- 기름보다 가벼우며, 화재면과의 부착성이 좋아야 한다.
- 바람 등에 견디는 응집성과 안정성이 있어야 한다.
- 열에 대한 센 막을 가지며 유동성이 좋아야 한다.

ⓒ 반응식 및 소화원리 **14** 년 출제
- 반응식

$$6NaHCO_3 + Al_2(SO_4)_3 \cdot 18H_2O \rightarrow 3Na_2SO_4 + 2Al(OH)_3 + 6CO_2 + 18H_2O$$

- 소화효과 : 질식효과, 냉각효과

(3) 간이소화제

① 건조된 모래(만능 소화제)

Plus one 건조된 모래의 보관방법
- 반드시 건조되어 있을 것
- 가연물이 함유되어 있지 않을 것
- 부속 기구로서 삽과 양동이를 비치할 것

② 팽창질석, 팽창진주암
발화점이 낮은 **알킬알루미늄** 등의 화재에 사용되는 불연성 고체로서 비중이 아주 작다.

Plus one 알킬알루미늄과 물과 접촉 시 반응식
- $(CH_3)_3Al + 3H_2O \rightarrow Al(OH)_3 + 3CH_4 \uparrow$
- $(C_2H_5)_3Al + 3H_2O \rightarrow Al(OH)_3 + 3C_2H_6 \uparrow$

예상문제

001 보통 화재에서 주황색의 불꽃온도는 약 몇 [℃] 정도인가?

① 525　　　　　　② 750　　　　　　③ 925　　　　　　④ 1,075

해설　연소 시 불꽃의 색과 온도

색 상	담암적색	암적색	적 색	휘적색(주황색)	황적색	백색(백적색)	휘백색
온도[℃]	520	700	850	950	1,100	1,300	1,500 이상

정답 ③

002 불꽃의 색깔에 의한 온도의 측정에서 낮은 온도에서부터 높은 온도의 순서대로 옳게 나열한 것은?

① 암적색, 백적색, 황적색, 휘백색　　　② 암적색, 휘백색, 적색, 황적색

③ 암적색, 황적색, 백적색, 휘백색　　　④ 암적색, 휘적색, 황적색, 적색

해설　연소 시 불꽃의 온도와 색상
- 암적색 : 700[℃]
- 백적색 : 1,300[℃]
- 황적색 : 1,100[℃]
- 휘백색 : 1,500[℃] 이상

정답 ③

003 다음 중 가연물은 어느 것인가?

① CO_2　　　　　　② CO　　　　　　③ N_2　　　　　　④ H_2O

해설　CO(**일산화탄소**)는 산소와 반응하고 발열반응을 하므로 **가연물**이 될 수 있다.

$$CO + \frac{1}{2}O_2 \rightarrow CO_2 + Q[kcal]$$

정답 ②

004 연소의 3요소와 관계가 없는 것은?

① 가연물질　　　② 점화원　　　③ 산소공급원　　　④ 연소점

해설　연 소
- 연소의 3요소 : 가연물, 산소공급원, 점화원
- 연소의 4요소 : 가연물, 산소공급원, 점화원, 연쇄반응

정답 ④

005 다음 기체 중 불연성 가스는 어느 것인가?

① 프레온　　　② 암모니아　　　③ 일산화탄소　　　④ 메테인

해설　불연성 가스 : 프레온, 질소, 이산화탄소

정답 ①

006 가연물인 동시에 산소공급원을 가지고 있는(자기연소) 위험물은?

① 제1류 위험물　　② 제2류 위험물　　③ 제5류 위험물　　④ 제6류 위험물

해설　　제5류 위험물 : 자기연소성 물질(산소 + 가연물)

정답 ③

007 가연물질의 구비조건이 아닌 것은?

① 열전도율이 커야 한다.　　　　　② 발열량이 커야 한다.

③ 산소와 친화력이 좋아야 한다.　　④ 산소와의 표면적이 넓어야 한다.

해설　　**가연물의 구비조건**
- 열전도율이 작을 것
- 표면적이 넓을 것
- 활성화에너지가 작을 것
- 발열량이 클 것
- 산소와 친화력이 좋을 것

정답 ①

008 잘고 엷은 가연물이 두텁고 큰 가연물보다 더 잘 탈 수 있는 이유로 옳은 것은?

① 표면적이 작기 때문이다.
② 공기와의 접촉 부분이 적기 때문이다.
③ 입자표면에서 전도열의 방출이 적기 때문이다.
④ 마찰열이 발생하기 때문이다.

해설　　잘고 엷은 가연물은 공기와의 접촉 부분이 많고 입자표면에서 전도열의 방출이 적기 때문에 연소가 잘된다.

정답 ③

009 산소와 흡열반응을 하며 연료에 함유량이 많을수록 발열량을 감소시키는 것은?

① 황　　　　　　　② 수 소　　　　　　③ 탄 소　　　　　　④ 질 소

해설　　**질소**는 산소와 반응은 하나 **흡열반응**을 하기 때문에 발열량을 감소시킨다.

정답 ④

010 다음의 반응식은 무엇을 설명하는가?

$$N_2 + \frac{1}{2}O_2 \rightarrow N_2O - Q[kcal]$$

① 산화반응을 하고 발열반응을 갖는 물질
② 산화반응을 하고 흡열반응을 갖는 물질
③ 산화반응을 하지 않고 발열반응을 갖는 물질
④ 산화반응, 환원반응이 동시에 일어나는 물질

해설 질소 또는 질소산화물은 산소와 반응은 하지만 흡열반응(반응식에서 −Q[kcal])을 하므로 가연물이 아니다.

> • 발열반응 : 반응식에 붙어 있을 때는 +, ΔH : −
> • 흡열반응 : 반응식에 붙어 있을 때는 −, ΔH : +

정답 ②

011 점화원이 될 수 없는 것은?

① 나화 및 고온표면　　　　　② 불 꽃
③ 화학열　　　　　　　　　　④ 기화열

해설 기화열, 액화열은 점화원이 아니다.

정답 ④

012 불꽃연소의 기본 4요소라 할 수 없는 것은?

① 가연물질　　② 인화점　　③ 산 소　　④ 연쇄반응

해설 **불꽃연소의 4요소** : 가연물, 산소, 점화원, 연쇄반응

정답 ②

013 그림은 불꽃연소의 기본 요소이다. (　) 안에 알맞은 것은?

① 열분해 증발 고체
② 기 체
③ 순조로운 연쇄반응
④ 풍 속

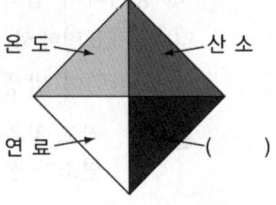

해설 **불꽃연소** : 가연물, 산소, 점화원, 순조로운 연쇄반응

정답 ③

014 산소의 유량이 2.12[L/min], 질소의 유량이 8.48[L/min]일 때 한계산소지수(LOI)는?

① 10[%]　　② 20[%]　　③ 30[%]　　④ 40[%]

해설
$$LOI = \frac{O_2}{O_2 + N_2} \times 100 = \frac{2.12[\text{L/min}]}{2.12[\text{L/min}] + 8.48[\text{L/min}]} \times 100 = 20.0[\%]$$

정답 ②

015 고분자 물질의 한계산소지수(Limited Oxygen Index)가 가장 큰 것은?

① 폴리프로필렌　　② 폴리염화바이닐　　③ 폴리스타이렌　　④ 폴리에틸렌

해설 **한계산소지수**
• 폴리프로필렌 : 19[%]　　　　　• 폴리염화바이닐 : 45[%]
• 폴리스타이렌 : 18.1[%]　　　　• 폴리에틸렌 : 17.4[%]

정답 ②

016 소염현상에 대한 설명 중 잘못된 것은?

① 가연성 기체와 산화제의 농도가 현저하게 저하될 때 일어난다.

② 불활성기체의 농도가 피크치 농도 이상일 때 소염된다.

③ 연소반응의 활성기가 미연소 물질로 Feedback 될 때 일어난다.

④ 열의 손실에 의한 열 방출속도가 열 발생속도보다 커질 때 소염된다.

해설 **소 염**
연소가 계속되지 않고 화염이 없어지는 현상으로, 연소반응의 활성기가 미연소 물질로 Feedback 되지 않을 때 일어난다.

정답 ③

017 연소의 형태로 볼 때 목탄, 코크스, 숯 등은 표면연소로 분류된다. 특히 코크스의 연소는 그 온도에 따라 반응식이 서로 상이하다. 다음 중 코크스의 0차 반응 시 그에 상응하는 온도 및 반응식으로 맞는 것은?

① 1,000[℃], $4C + 3O_2 \rightarrow 2CO_2 + 2CO$

② 1,500[℃], $3C + 2O_2 \rightarrow CO_2 + 2CO$

③ 1,300[℃], $4C + 3O_2 \rightarrow 2CO_2 + 2CO$

④ 1,100[℃], $3C + 2O_2 \rightarrow CO_2 + 2CO$

해설 **코크스의 반응**
• 0차 반응(1,500[℃]) : $3C + 2O_2 \rightarrow CO_2 + 2CO$
• 1차 반응(1,300[℃]) : $4C + 3O_2 \rightarrow 2CO_2 + 2CO$

정답 ②

018 수소 등의 가연성 가스가 공기 중에서 산소와 혼합하면서 발염연소하는 연소 형태를 무엇이라고 하는가?

① 분해연소   ② 확산연소

③ 자기연소   ④ 증발연소

해설 **기체의 연소는 확산연소**(발염연소)라 하고 수소, 일산화탄소, 메테인, 아세틸렌 등의 가스가 있다.

정답 ②

019 응축상태의 연소를 무엇이라 하는가?

① 작열연소   ② 불꽃연소

③ 폭발연소   ④ 분해연소

해설 **응축상태의 연소** : 작열연소

정답 ①

020 액면연소에 해당되지 않는 것은?

① 경계층연소　　② 포트(Pot)연소　　③ 전파화염　　④ 분무연소

해설　액면연소는 등유의 Pot Burner의 연소로서 경계층의 연소, 포트(Pot)연소, 전파화염이 해당된다.

정답 ④

021 고체 가연물질(용융물질)의 연소과정에서 일반적으로 거치는 4단계의 순서는?

① 용융 – 열분해 – 기화 – 연소　　　② 열분해 – 용융 – 기화 – 연소

③ 기화 – 용융 – 열분해 – 연소　　　④ 열분해 – 기화 – 용융 – 연소

해설　**고체의 연소 과정** : 용융 – 열분해 – 기화 – 연소

정답 ①

022 숯, 코크스가 연소하는 형태는 다음 중 어느 것인가?

① 표면연소　　② 자기연소　　③ 증발연소　　④ 분해연소

해설　**표면연소** : 숯, 코크스

정답 ①

023 작열연소의 형태를 보여주지 않는 물질은?

① 목 재　　② 경 유　　③ 숯　　④ 종 이

해설　**경유** : 증발연소

정답 ②

024 표면연소에 적합하지 못한 소화방법은?

① 냉각소화　　　　　　　　② 산소희석에 의한 소화

③ 연료제거에 의한 소화　　　④ 연쇄반응의 억제에 의한 소화

해설　표면연소는 연소 시 열분해에 의해 가연성 가스는 발생하지 않고 그 물질 자체가 연소하는 현상(작열연소)으로, 연쇄반응의 억제에 의한 소화로는 부적합하다.

정답 ④

025 분해연소를 하는 물질은?

① 가솔린　　② 종 이　　③ 뷰테인　　④ 프로페인 가스

해설　석탄·**종이**·플라스틱·목재 등의 연소 시 열분해에 의해 발생된 가스와 공기가 혼합하는 연소를 하는 것을 **분해연소**라 한다.

정답 ②

026 자체에서 산소를 함유하고 있어 공기 중의 산소를 필요로 하지 않고 자기연소하는 것은 어느 것인가?

① 카바이드   ② 생석회

③ 초산에스터류   ④ 셀룰로이드

> **해설** 자기연소를 하는 것은 **제5류 위험물**(셀룰로이드)이다.

정답 ④

027 불꽃연소와 작열연소에 관한 설명으로서 옳은 것은?

① 불꽃연소는 작열연소에 비해 대개 발열량이 크다.

② 작열연소에는 연쇄반응이 동반된다.

③ 분해연소는 작열연소의 한 형태이다.

④ 작열연소는 불완전연소 시에, 불꽃연소는 완전연소 시에 나타난다.

> **해설** **불꽃연소**는 연소 시 연소속도가 빨라 **작열연소**에 비해 발열량이 크다.

정답 ①

028 화염의 안정범위가 넓고 조작이 용이하며 역화의 위험이 없는 연소는?

① 분무연소   ② 확산연소   ③ 분해연소   ④ 예혼합연소

> **해설** **연소의 종류**
> • 분무연소 : 물질의 입자를 분무상으로 분산시켜 산소와 혼합하여 연소하는 현상
> • **확산연소** : 화염의 **안정범위가 넓고** 조작이 용이하며 **역화의 위험이 없는** 연소현상
> • 분해연소 : 열분해에 의하여 가스가 연소하는 현상
> • 예혼합연소 : 가연성 기체와 공기 중의 산소를 미리 혼합하여 연소하는 현상

정답 ②

029 기체연료를 미리 공기와 혼합시켜 놓고 점화해서 연소하는 것으로 혼합기만으로도 연소할 수 있는 연소방식은?

① 확산연소   ② 예혼합연소   ③ 증발연소   ④ 분해연소

> **해설** **예혼합연소** : 기체연료를 미리 공기와 혼합시켜 놓고 점화해서 연소하는 것으로 혼합기만으로도 연소할 수 있는 연소

정답 ②

030 유황의 연소 형태는?

① 확산연소   ② 증발연소   ③ 분해연소   ④ 자기연소

> **해설** **증발연소** : 황, 나프탈렌, 파라핀 등과 같이 고체를 가열하면 액체가 되고 액체를 가열하면 기체가 되어 기체가 연소하는 현상

정답 ②

031 작열연소에 관련된 설명으로 옳지 않은 것은?

① 솜뭉치가 서서히 타는 것은 작열연소에 속한다.
② 작열연소에는 연쇄반응이 존재하지 않는다.
③ 순수한 숯이 타는 것은 작열연소이다.
④ 작열연소는 불꽃연소에 비하여 발열량이 크지 않다.

해설　솜뭉치가 서서히 연소하는 것은 불꽃연소이다.

Plus one　**작열연소의 특성**
• 숯이 연소하는 것이다.
• 작열연소는 연쇄반응하지 않는다.
• 응축상태의 연소
• 불꽃연소에 비해 발열량이 크지 않다.

정답 ①

032 연소속도의 영향 요인이 아닌 것은?

① 가연물의 종류　　② 반응계 온도　　③ 화염온도　　④ 인화점

해설　**연소속도의 영향 요인** : 가연물의 종류, 반응계 온도, 화염온도, 압력, 발열량, 활성화에너지 등

정답 ④

033 층류연소속도에 대한 설명으로 옳은 것은?

① 비열이 클수록 층류연소속도는 크게 된다.
② 분자량이 클수록 층류연소속도는 크게 된다.
③ 비중이 클수록 층류연소속도는 크게 된다.
④ 열전도율이 클수록 층류연소속도는 크게 된다.

해설　**층류연소속도**
• 비중, 압력, 비열, 분자량이 작을수록 연소속도가 커진다.
• 열전도율이 클수록 연소속도가 커진다.

정답 ④

034 화재로 인한 연소생성물 CO_2, N_2 등의 농도가 높아지면 연소속도에 미치는 영향은?

① 연소속도가 빨라진다.　　　　　　② 연소속도가 저하한다.
③ 연소속도에는 변화가 없다.　　　　④ 처음에는 저하되나 나중에는 빨라진다.

해설　CO_2나 N_2의 **농도가 높아지면** 산소의 농도가 줄어들어 **연소속도**는 **저하**된다.

정답 ②

035 물체의 열전도와 가장 밀접한 관계를 가지고 있는 요소가 아닌 것은?

① 온 도　　　　② 열전도율　　　　③ 질 량　　　　④ 비 열

해설　**열전도와 관련 사항** : 온도, 열전도율, 비열, 열전달면적, 열저항 등

정답 ③

036 15[℃]의 물 1[g]을 1[℃] 상승시키는 데 필요한 열량은?

① 1[cal]　　　　② 1[BTU]　　　　③ 1[J]　　　　④ 1[kcal]

> 해설　1[cal] : 15[℃]의 물 1[g]을 1[℃] 상승시키는 데 필요한 열량

정답 ①

037 60[°F]에서 1[lb]의 물을 1[°F] 만큼 온도 상승시키는 데 필요한 열량을 어떻게 정하여 사용하는가?

① 1[BTU]　　　　② 1[cal]　　　　③ 1[J]　　　　④ 1[kW]

> 해설　1[BTU] : 60[°F]에서 1[lb]의 물을 1[°F]만큼 온도 상승시키는 데 필요한 열량

정답 ①

038 다음 중 상온·상압에서 연소 시 [g-mol]당 연소열이 가장 많이 발생하는 가스는?

① n-뷰테인　　　　② 에테인　　　　③ 메테인　　　　④ 프로페인

> 해설　연소열
>
> | 종류 | n-뷰테인 | 에테인 | 메테인 | 프로페인 |
> |---|---|---|---|---|
> | 발열량(연소열) | 30,690[kcal/m^3] | 16,630[kcal/m^3] | 9,494[kcal/m^3] | 23,670[kcal/m^3] |

정답 ①

039 0[℃]의 물 1[g]이 100[℃]의 수증기가 되려면 몇 [cal]가 필요한가?

① 539　　　　② 639　　　　③ 719　　　　④ 819

> 해설　$Q = mC\Delta t + \gamma \cdot m$
> $= 1[g] \times 1[cal/g \cdot ℃] \times (100-0)[℃] + (539[cal/g] \times 1[g]) = 639[cal]$
> - 현열 : 상태는 변화하지 않고 온도만 변화할 때의 열량
> - 잠열 : 온도는 변화하지 않고 상태만 변화할 때의 열량
> - 물의 증발잠열 : 539[cal/g]

정답 ②

040 비열이 0.9[cal/g·℃]인 500[g]의 가연물을 50[℃]에서 300[℃]까지 올리려고 한다. 이 물질의 열용량은 얼마인가?(단, 단위는 [kcal]이다)

① 22.5[kcal]　　② 112.5[kcal]　　③ 135[kcal]　　④ 155[kcal]

> 해설　$Q = mC\Delta t = 500[g] \times 0.9[cal/g \cdot ℃] \times (300-50)[℃] = 112,500[cal] = 112.5[kcal]$
> (여기서, m : 질량[g], C : 비열, Δt : 온도차)

정답 ②

041 휘발성 물질에 불꽃을 접하여 발화될 수 있는 최저온도를 무엇이라 하는가?

① 인화점　　　　② 발화점　　　　③ 자연발화점　　　　④ 연소점

> 해설　인화점 : 휘발성 물질에 불꽃을 접하여 발화될 수 있는 최저온도(점화원이 있을 때)

정답 ①

042 가연성 증기 발생 시 연소범위의 하한계에 이르는 최저의 온도를 무엇이라 하는가?

① 발화점   ② 착화점   ③ 인화점   ④ 비 점

해설   **인화점** : 가연성 증기 발생 시 연소범위의 하한계에 이르는 최저온도

정답 ③

043 인화점에 관한 설명 중 틀린 것은?

① 인화점은 액체의 발화와 깊은 관계가 있다.
② 인화점은 반드시 착화점과 관계가 있다.
③ 연소를 계속할 수 있는 최저온도이다.
④ 인화점은 반드시 점화원을 필요로 한다.

해설   **연소점** : 연소는 지속할 수 있는 온도로서 인화점보다 10[℃] 높다.

정답 ③

044 가연성 액체가 개방된 상태에서 증기를 계속 발생시키면서 연소가 지속될 수 있는 최저온도를 무엇이라고 하는가?

① 인화점   ② 연소점   ③ 발화점   ④ 기화점

해설   **연소점** : 가연성 액체가 개방된 상태에서 증기를 계속 발생시키면서 연소가 지속될 수 있는 최저 온도

정답 ②

045 밀폐용기 속의 액화 이산화탄소를 가열하여 액체와 기체의 밀도가 서로 같아질 때의 온도를 무엇이라고 하는가?

① 임계점   ② 표준 비점   ③ 삼중점온도   ④ 평형온도

해설   **임계점** : 액화 CO_2를 가열하여 액체와 기체의 밀도가 같아질 때의 온도(임계온도 31.35[℃]일 때 액체와 기체의 밀도가 0.464[g/mL]이다)

정답 ①

046 가연물이 서서히 산화되어 산화열이 축적, 발열, 발화하는 현상을 무엇이라 하는가?

① 분해연소   ② 자기연소
③ 자연발화   ④ 폭 굉

해설   • **자연발화** : 가연물이 서서히 산화되어 산화열이 축적, 발열, 발화하는 현상
         • **자연발화의 형태**
           – 산화열에 의한 발화 : 석탄, 건성유, 고무분말
           – 분해열에 의한 발화 : 나이트로셀룰로오스, 셀룰로이드
           – 미생물에 의한 발화 : 퇴비, 먼지
           – 흡착열에 의한 발화 : 목탄, 활성탄
           – 중합열에 의한 발화 : 사이안화수소

- 자연발화의 조건
  - 주위의 온도가 높을 것
  - 열전도율이 작을 것
  - 발열량이 클 것
  - 표면적이 넓을 것
- 자연발화의 방지대책
  - 습도를 낮게 할 것(습도를 낮게 해야 한 지점의 열의 확산을 잘 시킨다)
  - 주위(저장실)의 온도를 낮출 것
  - 통풍을 잘 시킬 것
  - 불활성 가스를 주입하여 공기와 접촉을 피할 것

정답 ③

047 다음 중 자연발화의 형태로 옳지 않은 것은?

① 분해열　　　　② 산화열　　　　③ 복사열　　　　④ 미생물

해설　자연발화의 형태는 **분해열, 산화열, 미생물, 흡착열**에 의한 발열이 있다.

정답 ③

048 다음 중 자연발화의 형태로 옳지 않은 것은?

① 산화열에 의한 발화 – 건성유　　　　② 분해열에 의한 발화 – 나이트로셀룰로오스
③ 미생물에 의한 발화 – 먼 지　　　　④ 흡착열에 의한 발화 – 사이안화수소

해설　흡착열에 의한 발화 : 목탄, 활성탄

중합열에 의한 발화 : 사이안화수소

정답 ④

049 다음 중 자연발화의 조건으로 옳지 않은 것은?

① 주위의 온도가 높을 것　　　　② 열전도율이 클 것
③ 발열량이 클 것　　　　④ 표면적이 넓을 것

해설　**자연발화의 조건**
- 주위의 온도가 높을 것　　　　• 열전도율이 작을 것
- 발열량이 클 것　　　　• 표면적이 넓을 것

정답 ②

050 다음 중 자연발화에 영향을 주는 요인이 아닌 것은?

① 열축적　　　　② 열전도율　　　　③ 촉 매　　　　④ 수 분

해설　자연발화에 영향을 주는 요인 : 열축적, 열전도율, 발열량, 퇴적방법, 공기의 유통, 수분

정답 ③

051 자연발화의 방지대책으로 옳지 않은 것은?

① 습도를 높게 할 것

② 주위의 온도를 낮출 것

③ 통풍을 잘 시킬 것

④ 불활성 가스를 주입하여 공기와 접촉을 피할 것

해설 습도를 낮게 해야 한 지점의 온도가 상승하지 않아 자연발화를 방지할 수 있다.

정답 ①

052 자연발화에 대한 예방대책이 아닌 것은?

① 통풍이나 환기 방법 등을 고려하여 열의 축적을 방지한다.

② 활성이 강한 황린은 물속에 저장한다.

③ 반응속도가 온도에 좌우되므로 주위온도를 낮게 유지한다.

④ 가능한 한 물질을 분말상태로 저장한다.

해설 **자연발화의 예방대책**
- 통풍이나 환기 방법 등을 고려하여 열의 축적을 방지한다.
- 황린은 물속에 저장한다.
- 저장실 및 주위의 온도를 낮게 유지한다.
- 가능한 **입자를 크게** 하여 **공기와의 접촉 표면적을 적게** 한다.

정답 ④

053 햇볕에 방치한 기름걸레가 자연발화하였다. 가장 관계가 깊은 것은?

① 산소공급원   ② 산화열 축적   ③ 점화원   ④ 단열·압축

해설 **기름걸레의 자연발화** : 산화열 축적

정답 ②

054 다음 중 자연발화의 위험이 없는 것은?

① 석 탄   ② 팽창질석   ③ 목 탄   ④ 퇴 비

해설 **팽창질석** : 알킬알루미늄의 **소화약제**

정답 ②

055 가연성 물질이 공기와 혼합되었을 경우 최소발화에너지가 가장 작을 것으로 추정되는 물질은?

① 아세틸렌   ② 에테인   ③ 벤 젠   ④ 헥세인

해설 **최소발화에너지** : 가연성 가스 및 공기와의 혼합가스에 착화원으로 점화 시에 발화하기 위하여 필요한 최소에너지

종 류	아세틸렌	수 소	이황화탄소	에테인	벤 젠	헥세인	메테인	프로페인
최소발화 에너지	0.019[mJ]	0.019[mJ]	0.019[mJ]	0.25[mJ]	0.20[mJ]	0.24[mJ]	0.28[mJ]	0.26[mJ]

정답 ①

056 수소의 최소착화에너지는 일반적으로 몇 [mJ] 정도 되는가?

① 0.01   ② 0.02   ③ 0.2   ④ 0.3

해설   수소, 이황화탄소, 아세틸렌의 최소착화에너지 : 0.019[mJ]

정답 ②

057 다음 중 최소착화에너지에 영향을 주는 요인이 아닌 것은?

① 온 도   ② 농 도   ③ 압 력   ④ 촉 매

해설   최소착화에너지에 영향을 주는 요인 : 온도, 압력, 농도(조성), 혼입물

정답 ④

058 최소발화에너지(MIE)에 대한 설명으로 틀린 것은?

① 수소, 이황화탄소는 작은 착화원에도 폭발이 용이하다.
② 온도, 압력이 높으면 최소발화에너지가 낮아지므로 위험도는 증가한다.
③ 연소속도가 클수록 MIE값은 크다.
④ 가연성 가스의 조성이 완전연소 조성농도의 부근일 경우 MIE는 최저가 된다.

해설   연소속도가 클수록 MIE값은 작다.

정답 ③

059 등유의 공기 중 완전연소 조성농도를 구하면?(단, C_5H_{12}, C_6H_{14}, $C_{10}H_{22}$ 중 등유의 분자식을 찾아 적용하시오)

① 3.22   ② 1.33   ③ 4.37   ④ 2.55

해설   완전연소 조성농도

$$C_{st} = \frac{100}{1+4.773\left(a+\dfrac{b-d-2c}{4}\right)}[\text{vol\%}]$$

여기서, a : 탄소의 수 b : 수소의 수
        c : 산소의 수 d : 할로겐원소의 수(F, Cl, Br, I)

문제에서 등유의 분자식은 $C_{10}H_{22}$이므로 $a=10$, $b=22$, $c=0$, $d=0$이다.

$$\therefore \; C_{st} = \frac{100}{1+4.773\left(10+\dfrac{22-0-2\times0}{4}\right)} = 1.33[\text{vol\%}]$$

정답 ②

060 착화 온도(착화점)가 가장 높은 물질은?

① 석 탄   ② 프로페인   ③ 메테인   ④ 셀룰로이드

해설   착화점

종 류	석 탄	프로페인	메테인	셀룰로이드
착화점	약 400[℃]	460~520[℃]	537[℃]	180[℃]

정답 ③

061 정전기에 의한 발화과정이 옳은 것은?

① 전하의 축적 – 방전 – 전하의 발생 – 발화

② 방전 – 전하의 축적 – 전하의 발생 – 발화

③ 전하의 발생 – 전하의 축적 – 방전 – 발화

④ 전하의 발생 – 방전 – 전화의 축적 – 발화

해설 정전기의 발화과정 : 전하의 발생 → 전하의 축적 → 방전 → 발화

정답 ③

062 25[℃]에서 증기압이 76[mmHg]이고, 증기밀도가 2인 인화성 액체가 있다. 25[℃]에서 증기–공기의 밀도는?(단, 대기압은 760[mmHg]이다)

① 0.9

② 1.0

③ 1.1

④ 1.2

해설
- 증기–공기밀도 $= \dfrac{P_2 d}{P_1} + \dfrac{P_1 - P_2}{P_1} = \dfrac{76 \times 2}{760} + \dfrac{760 - 76}{760} = 1.1$

여기서, P_1 : 대기압, P_2 : 주변온도에서의 증기압, d : 증기밀도이다.

- 25[℃] 공기밀도 $= 1 - \dfrac{76}{760} = 0.9$

∴ 증기–공기밀도 $= 2 - 0.9 = 1.1$

정답 ③

063 22[℃]에서 증기압이 60[mmHg]이고 증기밀도가 2.0인 인화성 액체의 22[℃]에서의 증기–공기밀도는 약 얼마인가?(단, 대기압은 760[mmHg]로 한다)

① 0.54

② 1.08

③ 1.84

④ 2.17

해설 22[℃] 공기밀도 $= 1 - \dfrac{60}{760} = 0.92$

∴ 증기–공기밀도 $= 2 - 0.92 = 1.08$

정답 ②

064 증기비중 $= \dfrac{\text{분자량}}{\boxed{}}$ 이다. $\boxed{}$ 속에 알맞은 숫자는?

① 15

② 17

③ 25

④ 29

해설 증기비중 $= \dfrac{\text{분자량}}{\text{공기의 평균분자량}} = \dfrac{\text{분자량}}{29}$

정답 ④

065 다음 항목 중 화학열이라고 할 수 없는 것은?

① 연소열   ② 분해열   ③ 압축열   ④ 용해열

해설   **열에너지(열원)의 종류**

- 화학열
  - 연소열 : 어떤 물질이 완전히 산화되는 과정에서 발생하는 열
  - 분해열 : 어떤 화합물이 분해될 때 발생하는 열
  - 용해열 : 어떤 물질이 액체에 용해될 때 발생하는 열
  - 자연발열 : 어떤 물질이 외부열의 공급없이 온도가 상승하는 현상
- 전기열
  - 저항열   - 유전열
  - 유도열   - 아크열
  - 정전기열 : 정전기가 방전할 때 발생하는 열
- **기계열**
  - 마찰열 : 두 물체를 마주대고 마찰시킬 때 발생하는 열
  - **압축열** : 기체를 압축할 때 발생하는 열
  - 마찰스파크열 : 금속과 고체 물체가 충돌할 때 발생하는 열

정답 ③

066 백열전구에서 발열하는 것은 무엇 때문인가?

① 아크열   ② 정전기열   ③ 저항열   ④ 유도열

해설   **백열전구**에서 열이 발생하는 것은 전구 내 필라멘트의 **저항열**에 기인한다.

정답 ③

067 다음 용어 설명 중 적합하지 않은 것은?

① 자연발열이란 어떤 물질이 외부로부터 열의 공급을 받지 않고 온도가 상승하는 현상이다.
② 분해열이란 화합물이 분해할 때 발생하는 열을 말한다.
③ 용해열이란 어떤 물질이 분해될 때 발생하는 열을 말한다.
④ 연소열은 어떤 물질이 완전히 산화되는 과정에서 발생하는 열을 말한다.

해설   **용해열** : 어떤 물질(고체)이 용해할 때 발생하는 열량

정답 ③

068 다음 중 정전기 방지법 중 틀린 것은?

① 접지한다.   ② 공기를 이온화한다.
③ 상대습도를 70[%] 이상으로 한다.   ④ 열의 부도체를 사용한다.

해설   **정전기 방지법**

- 접지한다.
- 공기를 이온화한다.
- 상대습도를 70[%] 이상으로 한다.

정답 ④

069 정전기에 대한 설명으로 옳은 것은?

① 정전기방전은 시간이 많이 소요된다.

② 습도가 높으면 잘 발생한다.

③ 많은 열을 발생시킨다.

④ 두 물질이 접촉하여 떨어질 때 양쪽 모두 전하가 축적되는 전기이다.

> **해설** 정전기는 방전시간이 짧고 많은 열이 발생하지 않으며, 습도가 낮을 때 발생한다.

정답 ④

070 석유류 제품 취급 시 정전기 발생이 증가하는 경우가 아닌 것은?

① 필터를 통과할 때   ② 유속이 높을 때

③ 비전도성 부유물질이 적을 때   ④ 와류가 형성될 때

> **해설** **정전기의 발생이 증가하는 경우**
> • 필터를 통과할 때
> • 유속이 높을 때
> • 비전도성 부유물질이 많을 때
> • 와류가 형성될 때

정답 ③

071 다음 중 액체 탄화수소 수송 시 정전기에 의한 화재발생을 억제하기 위한 조치로서 적합하지 않은 것은?

① 유속을 1[m/s] 이하로 낮게 한다.

② 배관을 와류가 생성되지 않게 설계한다.

③ 정전기를 일으키지 않으므로 접지할 필요가 없다.

④ 수송·이송 시 낙차를 작게 한다.

> **해설** 유체를 수송하면서 유속, 낙차 등은 정전기를 일으키는 요인이 되므로 접지를 해야 한다.

정답 ③

072 정전기의 발생이 가장 적은 것은?

① 자동차를 장시간 주행하는 경우

② 위험물 옥외탱크에 석유류를 주입하는 경우

③ 공기 중의 습도가 높은 경우

④ 부도체를 마찰시키는 경우

> **해설** 정전기 방지대책으로 공기 중의 상대습도를 70[%] 이상으로 하는 것이 있다.

정답 ③

073 버너의 화염에서 혼합기의 유출속도가 연소속도를 상회할 때 일어나는 연소현상은?

① 역화(Back Fire) ② 선화(Lifting) ③ 분젠화염 ④ 천이영역

연소 시 이상현상
- **불완전연소** : 연소 시 공기와 가스의 혼합이 적절하지 않아 그을음이 발생하는 현상

  `Plus one` **불완전연소의 발생 원인**
  - 산소(공기)가 부족할 때
  - 연소온도가 낮을 때
  - 연료의 공급 상태가 불충분할 때

- **역화(Back Fire)** : 연료가스의 **분출속도가 연소속도보다 느릴 때** 불꽃이 연소기의 내부로 들어가 혼합관 속에서 연소하는 현상

  `Plus one` **역화의 원인**
  - 버너가 과열될 때
  - 혼합가스량이 너무 적을 때
  - 연료의 분출속도가 연소속도보다 느릴 때
  - 압력이 높을 때
  - 노즐의 부식으로 분출 구멍이 커진 경우

- **선화(Lifting)** : 연료가스의 **분출속도가 연소속도보다 빠를 때** 불꽃이 버너의 노즐에서 떨어져 나가서 연소하는 현상으로 완전연소가 이루어지지 않으며 역화의 반대현상
- **블로오프(Blow-off) 현상** : 선화상태에서 연료가스의 분출속도가 증가하거나 주위 공기의 유동이 심하면 화염이 노즐에서 연소하지 못하고 떨어져서 화염이 꺼지는 현상

정답 ②

074 소화의 원리로 옳지 않은 것은?

① 산화제의 농도를 낮추어 연소가 지속될 수 없도록 한다.
② 가연성 물질을 발화점 이하로 냉각시킨다.
③ 가열원을 계속 공급한다.
④ 화학적인 방법으로 화재를 억제시킨다.

가열원을 계속 공급하면 연소가 확대된다.

정답 ③

075 다음 중 제거소화에 해당하지 않는 것은?

① 목재의 화재 ② 주택의 화재 ③ 유류의 화재 ④ 촛 불

제거소화는 연소구역에서 가연물을 없애 주는 것이다.

정답 ③

076 다음 화재 중 제거소화법이 활용될 수 없는 것은?

① 산 불
② 화학공정의 반응기화재
③ 컴퓨터 화재
④ 상품 야적장의 화재

컴퓨터 화재(전기화재) : 질식소화

정답 ③

077 소화방법 중 제거소화에 해당하지 않는 것은?

① 액체 연료탱크에 화재발생 시 다른 빈 탱크로 이송한다.

② 산림의 화재 시 불의 진행 방향을 앞질러 벌목하여 진화한다.

③ 불타고 있는 액체나 고체 표면을 물로 덮어씌운다.

④ 가정의 방에 화재발생 시 담요로 화재면을 덮어씌운다.

> **해설** ④의 소화는 질식소화이다.

정답 ④

078 포로 연소물을 감싸거나 불연성 기체, 고체 등으로 연소물을 감싸 산소공급을 차단하는 소화방법은?

① 질식소화   ② 냉각소화

③ 피난소화   ④ 희석소화

> **해설** **질식소화** : 포, **불연성 기체**로 연소물을 감싸 산소의 공급을 차단하는 소화

정답 ①

079 질식소화를 할 경우 공기 중의 산소의 농도는?

① 1~5[%]   ② 5~10[%]

③ 10~15[%]   ④ 15~20[%]

> **해설** **질식소화** 시 산소의 유효 한계농도는 **10~15[%]**이다.

정답 ③

080 화재 초기에 연소가 활발하지 않고 연기가 많이 발생한 단계에서 연소에 참여하는 공기 중의 산소농도는 용적으로 몇 [%] 정도인가?

① 5~7[%]   ② 8~10[%]

③ 16~19[%]   ④ 20~30[%]

> **해설** **화재 초기의 산소농도** : 8~10[%]

정답 ②

081 화재의 소화방법에 대한 설명으로 적당하지 않은 것은?

① 폭풍에 가까운 기류를 일으켜서 연소가 중단되게 한다.

② 물은 불에 닿을 때 증발하면서 열을 다량으로 흡수하여 소화하는 것이다.

③ 분말소화약제는 화재표면을 냉각해서 소화하는 것이다.

④ 할론가스는 독특한 화재 억제작용으로 소화작용을 한다.

> **해설** **분말소화약제**는 화재표면을 덮어 **질식소화**한다.

정답 ③

082 주수소화 시 소화효과를 높이기 위한 방법은?

① 물줄기를 높은 곳에서 낮은 곳으로 방사

② 압력을 세게 하여 방사

③ 다량의 물을 한 번에 방사

④ 안개모양으로 분무하여 방사

해설 안개모양으로 분무하여 방사하면 소화효과를 높일 수 있다.

> • 봉상주수 : 냉각효과
> • 무상주수 : 질식, 냉각, 희석, 유화효과

정답 ④

083 목재화재 시 다량의 물을 뿌려 소화하고자 한다. 이때 가장 기대되는 소화효과는?

① 질식소화효과 ② 냉각소화효과

③ 부촉매소화효과 ④ 희석소화효과

해설 냉각효과 : 목재화재 시 **주수소화**하여 연소온도를 발화점 이하로 낮추어 소화하는 효과

정답 ②

084 화재를 소화하는 방법 중 물리적 방법에 의한 소화라고 볼 수 없는 것은?

① 연쇄반응의 억제작용에 의한 방법

② 냉각에 의한 방법

③ 혼합기체의 조성 변화에 의한 방법

④ 화염의 불안정화에 의한 방법

해설 연쇄반응의 **억제작용**은 **화학적 소화방법**이다.

정답 ①

085 주방에서 조리를 하던 중 식용유화재가 발생하면 신선한 야채를 연소유(燃燒油) 속에 넣어 소화한다. 이와 같은 소화방법은?

① 희석소화 ② 냉각소화 ③ 부촉매효과소화 ④ 질식소화

해설 **식용유화재**에 신선한 야채를 연소유 속에 넣어 연쇄반응을 억제시켜 소화하는 **냉각소화**이다.

정답 ②

086 유전지대의 화재는 질소폭약을 투하해서 소화를 한다. 이렇게 소화하는 효과는?

① 제거효과 ② 부촉매효과 ③ 냉각효과 ④ 유화효과

해설 제거효과 : 유전지대의 화재 시 **질소폭약 투하**

정답 ①

087 경유화재가 발생할 때 주수소화가 부적당한 이유는?

① 경유는 물보다 비중이 가벼워 물 위에 떠서 화재확대의 우려가 있으므로
② 경유는 물과 반응하여 유독가스를 발생하므로
③ 경유의 연소열로 인하여 산소가 방출되어 연소를 돕기 때문에
④ 경유가 연소할 때 수소가스를 발생하여 연소를 돕기 때문에

해설 경유는 물보다 가벼워서 주수소화하면 화재면의 확대 우려 때문에 부적당하다.

정답 ①

088 물의 소화효과(작용)와 가장 거리가 먼 것은?

① 냉 각   ② 희 석   ③ 억 제   ④ 유 화

해설 물을 사용하는 주수소화효과는 질식, 냉각, 희석, 유화효과가 있으며 억제효과는 연쇄반응을 억제시키는 부촉매효과와 같은 것이다.

정답 ③

089 화재의 소화원리에 따른 소화방법의 적용이 잘못된 것은?

① 냉각소화 – 스프링클러설비   ② 질식소화 – 이산화탄소소화설비
③ 제거소화 – 포소화설비   ④ 억제소화 – 할론소화설비

해설 **소화효과**
• 물
 – 봉상주수(옥내·외소화전설비) : 냉각효과
 – 적상주수(스프링클러설비) : 냉각효과
 – 무상주수 : 질식, 냉각, 희석, 유화효과
• 포 : 질식, 냉각효과
• 이산화탄소 : 질식, 냉각, 피복효과
• 할론, 분말 : 질식, 냉각, 부촉매효과
• 할로겐화합물 및 불활성기체 : 질식, 냉각, 부촉매효과

정답 ③

090 질식효과가 있는 소화기가 아닌 것은?

① 포소화기   ② 분말소화기   ③ CO_2소화기   ④ 산·알칼리소화기

해설 **질식소화기** : 포, 분말, CO_2, 할론소화기 등

정답 ④

091 물이 냉각소화제로 효과가 가장 큰 이유는?

① 비열과 비점   ② 비열과 증발잠열   ③ 기화열과 비점   ④ 융점과 비열

해설 물은 **비열**과 **증발잠열**이 크므로 냉각의 경제적인 효과를 얻을 수 있다.

정답 ②

092 가연성 액체의 화재나 유류화재 시 물로 소화할 수 없는 이유로서 옳은 것은?

① 인화점이 강하다.   ② 연소면을 확대한다.

③ 수용성으로 인해 인화점이 상승한다.   ④ 발화점이 강하다.

> **해설** 유류화재 시 **주수소화**를 하게 되면 유류가 물과 섞이지 않기 때문에 유류표면이 분산되어 **화재면**(연소면)을 **확대**하므로 금지하고 있다.

정답 ②

093 물의 소화능력에 관한 설명 중 틀린 것은?

① 다른 물질보다 비열이 크다.

② 다른 물질보다 융해잠열이 크다.

③ 밀폐된 장소에서 증발가열하면 산소희석작용을 한다.

④ 다른 물질보다 증발잠열이 크다.

> **해설** **물을 소화약제로 주로 쓰는 이유** : **비열**과 **증발잠열**이 크고 구하기 쉽기 때문에

정답 ②

094 소화기의 소화능력 시험에 관한 기준 중 옳은 것은?

① A급 화재용 소화기의 소화능력 시험을 목재와 휘발유를 대상으로 한다.

② B급 화재용 소화기의 소화능력 시험을 휘발유와 중유를 대상으로 한다.

③ 소화기를 조작하는 사람은 안전을 위해서 방화복을 착용한다.

④ 소화기의 소화능력 시험은 무풍상태에서 실시한다.

> **해설** A급, B급 화재용 소화기의 소화능력 시험은 **무풍상태**(풍속 0.5[m/s] 이하)에서 실시해야 한다.

정답 ④

095 소화기의 가압 방식에 의한 분류 중 축압식의 충전가스는?

① N_2 ② C_3H_8 ③ O_2 ④ H_2

> **해설** **축압식 소화기의 충전가스** : 질소(N_2)

정답 ①

096 가연물의 소화에 관한 설명으로 옳지 않은 것은?

① 물 1[g]은 약 1,700배의 수증기를 발산시키므로 수증기에 의한 질식효과를 소화한다.

② 물의 증발로 인한 열의 흡수효과로 소화한다.

③ 가연물의 발화점 이하로 주수냉각소화시킨다.

④ 물을 주수하는 방법에는 직사주수, 분무주수로 대별한다.

> **해설**
> • 물은 1,700배에 수증기를 발산하여 가연성 혼합기체의 질식작용을 한다.
> • 물은 적외선을 흡수한다(15[℃]의 물이 전부 증발하여 250[℃]의 과열 수증기가 될 때 물 1[L]마다 약 700[kcal]의 열을 흡수한다).
> • 물을 주수하는 방법에는 봉상주수, 적상주수, 분무주수로 대별한다.

정답 ④

097 소화약제인 물을 소화제로 사용하는 가장 큰 이유는?

① 용해열로 가연물을 냉각시킬 수 있으므로

② 기화열로 가연물을 냉각시킬 수 있으므로

③ 손쉽게 구할 수 없고 사용 시 인체에 해가 없기 때문에

④ 가격이 싸기 때문에

해설 가장 큰 이유는 물의 기화열이 539[cal]로 크기 때문이다.

정답 ②

098 물의 소화효과를 크게 하기 위한 방법으로 가장 타당한 것은?

① 강한 압력으로 방사한다.   ② 대량의 물을 단시간에 방사한다.

③ 안개처럼 분무상으로 방사한다. ④ 분무상과 봉상을 교대로 방사한다.

해설 물의 소화효과를 크게 하려면 안개처럼 무상주수를 하여 질식·냉각·희석·유화효과를 나타낼
수 있다.

정답 ③

099 소화기 중 대형소화기에 충전하는 소화약제의 양이 잘못 연결된 것은?

① 물소화기 : 80[L] 이상   ② 강화액소화기 : 60[L] 이상

③ 이산화탄소소화기 : 40[kg] 이상 ④ 할론소화기 : 30[kg] 이상

해설 **대형소화기의 소화약제 충전량**

종 별	포	강화액	물	분 말	할 론	이산화탄소
소화약제의 충전량	20[L]	60[L]	80[L]	20[kg]	30[kg]	50[kg]

정답 ③

100 소화기 분류 중 대형소화기일 때 A급 화재의 능력단위는 몇 단위 이상인가?

① 10단위   ② 20단위   ③ 30단위   ④ 40단위

해설 **대형소화기의 능력단위**

화재 종류	A급 화재	B급 화재
능력단위	10단위 이상	20단위 이상

정답 ①

101 대형소화기의 충전된 소화약제의 양으로 옳지 않은 것은?

① 포 : 20[L]   ② 강화액 : 60[L]

③ 할론 : 30[kg]   ④ 이산화탄소 : 20[kg]

해설 이산화탄소소화기 : 50[kg] 이상

정답 ④

102 물분무소화설비가 적용되지 않는 소방대상물은 어느 것인가?

① 알칼리금속 　② 질산나트륨 　③ 아세톤 　④ 질산에스터류

해설　**알칼리금속**, 칼륨, 나트륨 등 제3류 위험물(황린 제외)은 **주수소화**는 **금물**이다.

정답 ①

103 산 · 알칼리소화기의 화학반응식은?

① $6NaHCO_3 + Al_2(SO_4)_3 \cdot 18H_2O \rightarrow 3Na_2SO_4 + 2Al(OH)_3 + 18H_2O + 6CO_2 \uparrow$

② $H_2SO_4 + 2NaHCO_3 \rightarrow Na_2SO_4 + 2H_2O + 2CO_2 \uparrow$

③ $2NaHCO_3 \rightarrow Na_2CO_3 + H_2O + CO_2 \uparrow$

④ $H_2SO_4 + H_2O + K_2CO_3 \rightarrow K_2SO_4 + 2H_2O + CO_2 \uparrow$

해설　① 화학포소화기 　③ 제1종 분말소화기
　　　④ 강화액소화기

정답 ②

104 강화액소화기의 적용되는 화재가 아닌 것은?

① A급 　② B급 　③ C급 　④ D급

해설　강화액소화기의 적응화재(무상) : A급, B급, C급 화재

정답 ④

105 다음 중 강화액소화기의 사용온도 범위로 가장 적합한 것은?

① −20[℃] 이상 40[℃] 이하 　② −30[℃] 이상 40[℃] 이하
③ −10[℃] 이상 50[℃] 이하 　④ 0[℃] 이상 50[℃] 이하

해설　강화액소화기의 사용온도 범위 : −20[℃] 이상 40[℃] 이하

정답 ①

106 강화액소화약제는 응고점이 최대 몇 도 미만이어야 하는가?

① −5[℃] 　② −10[℃] 　③ −15[℃] 　④ −20[℃]

해설　강화액소화약제의 응고점 : −20[℃] 미만

> 강화액소화기의 사용온도 범위 : −20[℃] 이상 40[℃] 이하

정답 ④

107 물분무소화설비를 제4류 위험물에 소화 시 기대할 수 없는 소화작용은?

① 질식작용 　② 냉각작용 　③ 희석작용 　④ 유화작용

해설　제4류 위험물은 유류(기름)로서 대부분 물과 섞이지 않으므로 희석작용은 기대할 수 없다.

정답 ③

108 다음은 포소화설비의 소화작용에 대한 것이다. 주된 소화작용은?

① 질식작용　　　② 희석작용　　　③ 유화작용　　　④ 피복작용

해설　**포소화설비의 소화작용 : 질식, 냉각작용**

정답　①

109 다음 소화약제 중 소화작용으로 틀린 것은?

① 분말 – 질식, 부촉매작용　　　② 할론 – 질식, 부촉매작용
③ 포 – 질식, 부촉매작용　　　　④ 물 – 냉각작용

해설　**포 : 질식, 냉각작용**

정답　③

110 포소화약제로 사용할 수 없는 것은 어느 것인가?

① 내알코올포소화약　　　　　② 합성계면활성제포소화약제
③ 수성막포소화약제　　　　　④ 이산화탄소소화약제

해설　**이산화탄소소화약제 : 가스소화약제**

정답　④

111 포소화기의 사용온도 범위는?

① 0~20[℃]　　　② 0~30[℃]　　　③ 0~40[℃]　　　④ 5~40[℃]

해설　**포소화기의 사용온도 범위 : 0[℃] 이상 40[℃] 이하**

정답　③

112 변전실 화재의 소화제로 적당하지 않은 것은?

① 이산화탄소　　　② 포　　　③ 분 말　　　④ 할 론

해설　**변전실 등 전기설비 : 수계소화약제 부적합**

정답　②

113 화학포소화기의 반응식은?

① $6NaHCO_3 + Al_2(SO_4)_3 \cdot 18H_2O \rightarrow 2Al(OH)_3 + 3Na_2SO_4 + 6CO_2 + 18H_2O$

② $2NaHCO_3 \rightarrow Na_2CO_3 + CO_2 + H_2O$

③ $NH_4H_2PO_4 \rightarrow HPO_3 + NH_3 + H_2O$

④ $2NaHCO_3 + H_2SO_4 \rightarrow Na_2SO_4 + CO_2 + H_2O$

해설　② 제1종 분말소화기의 열분해반응식
　　　③ 제3종 분말소화기의 열분해반응식
　　　④ 산·알칼리소화기의 반응식

정답　①

114 다음 설명 중 옳지 않은 것은?

① 지방산 화재 시의 소화약제로는 탄산수소나트륨이 효과적이다.

② 금속분의 화재 시에 대한 소화로 주수에 의한 방법은 오히려 위험하다.

③ 제4류 위험물 화재 시 소화방법으로는 분무주수나 수용성의 액체로는 화학포소화약제가 적당하다.

④ 이산화탄소가스는 부촉매효과와 관련이 없다.

> **해설** 제4류 위험물은 유류화재로서 봉상주수나 적상주수는 부적합하고 분무주수(중유에 적합)나 **수용성 액체로는 알코올형 포소화약제**가 적당하다.

정답 ③

115 이산화탄소소화설비의 소화작용이 아닌 것은?

① 질식작용　　　② 냉각작용　　　③ 피복작용　　　④ 부촉매작용

> **해설** **이산화탄소의 소화작용**
> • 이산화탄소에 의한 **질식작용**
> • 가스 방출 시 기화열에 의한 **냉각작용**
> • 공기보다 무겁기 때문에 **피복작용**

정답 ④

116 CO_2소화기의 구조에 대한 설명 중 틀린 것은?

① CO_2가스를 가압하여 고압·기상의 상태로 저장되어 있다.

② 제5류 위험물에는 적응성이 없다.

③ 본체 용기는 고압가스 취급법에 따라 용기증명이 있는 것을 사용해야 한다.

④ 용기 보관은 직사일광을 피해서 저장, 배치하는 것이 좋다.

> **해설** **CO_2의 저장 상태** : 고압·액상으로 저장

정답 ①

117 탄산가스소화기의 소화약제에 함유된 수분의 양은 얼마를 초과하지 말아야 하는가?

① 0.05[%]　　　② 0.5[%]　　　③ 0.1[%]　　　④ 1[%]

> **해설** 줄-톰슨효과에 의하여 수분이 0.05[%] 이상이면 노즐의 구멍이 막히기 때문이다.

정답 ①

118 다음 중 여과망을 설치하지 않아도 되는 것은?

① 가압식 물소화기　　　　　② Halon1301소화기

③ 포소화기　　　　　　　　④ 산·알칼리소화기

> **해설** 수동펌프에 의하여 작동하는 물소화기, 산·알칼리소화기, 강화액소화기 또는 포소화기에는 소화약제 방사관으로 통하는 본체 용기(소화약제 방사관이 없는 소화기는 노즐)의 열려진 부분에 여과망을 설치해야 한다.

정답 ②

119 할론소화약제의 특성으로 옳지 않은 것은?

① 전기 절연성이 크다.

② 무색무취이다.

③ 독성이 없다.

④ 매우 안정한 화합물로서 변색, 분해, 부식에 대해서도 우수하다.

해설 할론소화약제는 F, Cl, Br로 이루어져 있어 독성이 있다.

정답 ③

120 할론소화기는 연소의 어느 요소를 제거함으로써 소화작용을 하는가?

① 점화에너지   ② 가연물   ③ 산화제   ④ 연쇄반응

해설 할론소화기는 연쇄반응을 억제하여 소화시키는 부촉매효과가 있다.

정답 ④

121 할론소화기의 소화효과가 아닌 것은?

① 질 식   ② 냉 각   ③ 부촉매   ④ 희 석

해설 할론소화기의 소화효과 : 질식, 냉각, 부촉매효과

정답 ④

122 통신기기실의 소화설비에 가장 적합한 것은?

① 스프링클러설비   ② 옥내소화전설비
③ 분말소화설비   ④ 할론소화설비

해설 통신기기실 : 가스계 소화설비

정답 ④

123 부촉매소화효과를 나타낼 수 있는 소화기는?

① 분말소화기   ② CO_2소화기
③ 산·알칼리소화기   ④ 포소화기

해설 부촉매효과 : 분말, 할론소화기

정답 ①

124 다음 소화약제 중 부촉매효과를 기대할 수 없는 소화약제는 어느 것인가?

① 포소화약제   ② 제1종 분말소화약제
③ 제3종 분말소화약제   ④ 할론소화약제

해설 포소화약제 : 질식, 냉각효과

정답 ①

125 제2종 분말소화약제인 탄산수소칼륨($KHCO_3$)은 어떤 색상으로 착색되어 있는가?

① 백 색   ② 담회색   ③ 담홍색   ④ 회 색

해설 • 제1종 분말 : 백색   • **제2종 분말 : 담회색**
　　 • 제3종 분말 : 담홍색, 황색   • 제4종 분말 : 회색

정답 ②

126 제1종 분말인 탄산수소나트륨(중조, 중탄산나트륨)의 열분해 시 생성되는 가스는?

① CO   ② CO_2 ③ NH_3 ④ N_2

해설 탄산수소나트륨의 열분해반응식 : $2NaHCO_3 \rightarrow Na_2CO_3 + CO_2 + H_2O$

정답 ②

127 가스가압식 분말소화기의 봄베에 충전하는 가스는?

① 질 소   ② 이산화탄소   ③ 공 기   ④ 일산화탄소

해설 분말소화기의 충전가스
　　 • 축압식 : 질소
　　 • 가스가압식 : 이산화탄소

정답 ②

128 다음 중 소화기 가압용 가스용기를 검정받을 때 실시하는 시험 종류가 아닌 것은?

① 수압시험   ② 파괴압력시험
③ 압괴시험   ④ 작동봉판의 강도시험

해설 소화기 가압용 가스용기의 시험 종류
　　 • 기밀시험   • 내압시험
　　 • 파괴압력시험   • 압괴시험
　　 • 작동봉판 및 안전작동봉판의 강도시험

정답 ①

129 축압식 분말소화기에는 소화기 내부에 축압된 압력을 확인할 수 있도록 지시압력계가 부착되어 있다. 국내에서 제조되는 축압식 분말소화기의 지시 압력계에 표시된 정상 사용압력 범위의 상한값은 얼마인가?

① 0.68[MPa]   ② 0.78[MPa]   ③ 0.88[MPa]   ④ 0.98[MPa]

해설 축압식 분말소화기의 정상압력 범위 : 0.70~0.98[MPa]

정답 ④

130 A, B, C급 분말소화기의 주성분은?

① $NaHCO_3$ ② $KHCO_3$ ③ $NH_4H_2PO_4$ ④ $KHCO_3+(NH_2)_2CO$

해설   제3종 분말 : A, B, C급 화재에 적합

> A, B, C급 분말(제3종 분말)의 주성분 : $NH_4H_2PO_4$

정답 ③

131 다음 중 관계가 옳지 않은 것은?

① 제1종 분말 : B, C급 화재   ② 제2종 분말 : B, C급 화재
③ 제3종 분말 : B, C급 화재   ④ 제4종 분말 : B, C급 화재

해설   약제의 적응화재 및 착색

종 별	주성분	적응화재	착 색
제1종 분말	$NaHCO_3$	B, C급	백 색
제2종 분말	$KHCO_3$	B, C급	담회색
제3종 분말	$NH_4H_2PO_4$	A, B, C급	담홍색, 황색
제4종 분말	$KHCO_3 + (NH_2)_2CO$	B, C급	회 색

정답 ③

132 제1종 분말소화약제의 열분해반응식은?

① $2NaHCO_3 \rightarrow Na_2CO_3 + CO_2 + H_2O$

② $2KHCO_3 \rightarrow K_2CO_3 + CO_2 + H_2O$

③ $NH_4H_2PO_4 \rightarrow HPO_3 + NH_3 + H_2O$

④ $2KHCO_3 + (NH_2)_2CO \rightarrow K_2CO_3 + 2NH_3 + 2CO_2$

해설   열분해반응식

종 별	열분해반응식
제1종 분말	$2NaHCO_3 \rightarrow Na_2CO_3 + H_2O \uparrow + CO_2 \uparrow$
제2종 분말	$2KHCO_3 \rightarrow K_2CO_3 + H_2O \uparrow + CO_2 \uparrow$
제3종 분말	$NH_4H_2PO_4 \rightarrow HPO_3 + NH_3 \uparrow + H_2O \uparrow$
제4종 분말	$2KHCO_3 + (NH_2)_2CO \rightarrow K_2CO_3 + 2NH_3 \uparrow + 2CO_2 \uparrow$

정답 ①

133 분말소화기의 사용온도 범위는?

① 0~40[℃]   ② 5~40[℃]   ③ 10~40[℃]   ④ −20~40[℃]

해설   소화기의 사용온도 범위

종 류	강화액소화기	분말소화기	그 밖의 소화기
사용온도	−20[℃] 이상 40[℃] 이하	−20[℃] 이상 40[℃] 이하	0[℃] 이상 40[℃] 이하

정답 ④

134 다음 설명 중 옳지 않은 것은?

① 포 또는 무상의 강화액소화약제는 유화 소화작용을 갖는다.

② LNG는 LPG에 비해 연소열이 높아 청정연료로 많이 사용되고 있다.

③ 고무류, 면화류 등의 특수가연물 화재에 적합한 소화약제로는 제1종 분말, 할론소화약제가 효과적이다.

④ 철근콘크리트조 또는 철골철근콘크리트조로 된 계단은 건축물의 내화구조와 관계가 있다.

해설 　고무류, 면화류 등의 특수가연물 화재에는 **제3종 분말소화약제**가 적당하다.

정답 ③

135 자동차용 소화기로 설치할 수 없는 소화기는?

① 분말소화기　　② 산·알칼리소화기　③ 포소화기　　　④ 할론소화기

해설 　**자동차용 소화기**
- 강화액소화기(무상주수)　　　　• 포소화기
- 할론소화기　　　　　　　　　　• 이산화탄소소화기
- 분말소화기

정답 ②

136 밀폐된 공간에 화재발생 시 사용하는 소화약제로 유독가스를 발생하는 것은?

① 분 말　　　　　② 이산화탄소　　　③ 강화액　　　　④ 사염화탄소

해설 　**사염화탄소(CCl₄)의 화학반응식**
- 공기 중에서의 반응 : $2CCl_4 + O_2 \rightarrow 2COCl_2 + 2Cl_2$
- 수분과의 반응 : $CCl_4 + H_2O \rightarrow COCl_2 + 2HCl$
- 산화철과의 반응 : $3CCl_4 + Fe_2O_3 \rightarrow 3COCl_2 + 2FeCl_3$
- 탄산가스와의 반응 : $CCl_4 + CO_2 \rightarrow 2COCl_2$

정답 ④

137 사염화탄소(CCl_4)를 소화제로 사용하지 않게 된 주요 이유는?

① 물질에 대한 부식성　　　　　② 유독가스 발생
③ 전기전도성　　　　　　　　　④ 공기보다 비중이 큼

해설 　사염화탄소는 **포스겐**($COCl_2$)이란 **유독성 가스를 발생**하므로 소화약제로 부적합하다.

정답 ②

138 소화기 사용방법 중 잘못된 것은?

① 적응화재에만 사용한다.

② 성능에 따라서 불에서 떨어져서 사용한다.

③ 바람을 등지고 풍상에서 풍하로 사용한다.

④ 양옆으로 비로 쓸듯이 골고루 사용한다.

해설 ②는 성능에 따라서 불 가까이에 접근하여 사용해야 한다.

정답 ②

139 소화기 설치장소 중 바르지 않은 것은?

① 통행 또는 피난에 지장을 주지 않는 장소

② 사용 시 방출이 용이한 장소

③ 장난을 방지하기 위하여 사람들의 눈에 띄지 않는 장소

④ 위험물 등 각 부분으로부터 규정된 거리 이내의 장소

해설 소화기는 남녀노소가 사용할 수 있도록 바닥으로부터 1.5[m] 이하의 위치에 피난 및 통행에 지장을
주지 않는 잘 보이는 곳에 설치해야 한다.

정답 ③

140 이산화탄소에 의한 질식소화를 시킬 때 소화를 위한 한계 산소량은 최대 몇 [%] 이하 정도인가?

① 5[%]

② 7[%]

③ 11[%]

④ 14[%]

해설 질식소화시킬 때 34[%] 이상의 이산화탄소의 농도로 설계하면 이때 산소의 농도는 14[%] 이하가
된다.

정답 ④

02 화재예방관리

제1절 화재의 특성과 종류

1 화재의 특성

(1) 화재의 정의 13 년 출제

① 자연 또는 인위적인 원인에 의해 물체를 연소시키고 인간의 신체, 재산, 생명의 손실을 초래하는 재난

② 사람의 의도에 반하여 출화 또는 방화에 의해 불이 발생하고 확대되는 현상

③ 불을 사용하는 사람의 부주의와 불안정한 상태에서 발생하는 현상

④ 불이 그 사용목적을 넘어 다른 곳으로 연소하여 사람들이 예기치 않는 경제상의 손실을 가져오는 현상

(2) 화재의 발생현황

① 원인별 화재발생현황 : 부주의 > 전기 > 실화 > 방화

② 장소별 화재발생현황 : 주택, 아파트 > 차량 > 임야 > 위험물 제조소 등

③ 계절별 화재발생현황 : 겨울 > 봄 > 가을 > 여름

2 화재의 종류 13 14 16 18 22 년 출제

급 수 구 분	A급	B급	C급	D급	K급
화재의 종류	일반화재	유류화재	전기화재	금속화재	주방화재
표시색	백 색	황 색	청 색	무 색	–

(1) 일반화재

나무, 섬유, 종이, 고무, 플라스틱류와 같은 일반 가연물이 타고 나서 재가 남는 화재

(2) 유류화재

인화성 액체, 가연성 액체, 석유 그리스, 타르, 오일, 유성도료, 솔벤트, 래커, 알코올 및 인화성 가스와 같은 유류가 타고 나서 재가 남지 않는 화재

(3) 전기화재

전류가 흐르고 있는 전기기기, 배선과 관련된 화재

> **Plus one** 전기화재의 발생 원인
> 합선(단락), 과부하, 누전, 스파크, 배선불량, 전열기구의 과열

(4) 금속화재 `15` `19` `21` `년 출제`

① 제1류 위험물 : 알칼리금속의 무기과산화물(Na_2O_2, K_2O_2)

② 제2류 위험물 : 마그네슘(Mg), 철분(Fe), 금속분(Al, Zn)

③ 제3류 위험물 : 칼륨(K), 나트륨(Na), 황린(P_4), 카바이드(CaC_2) 등이 물과 반응하여 가연성 가스(수소, 아세틸렌, 메테인, 포스핀)를 발생하는 물질의 화재

> • 금수성 물질과 물의 반응식
> $$2K + 2H_2O \rightarrow 2KOH + H_2\uparrow \qquad\qquad 2Na + 2H_2O \rightarrow 2NaOH + H_2\uparrow$$
> • 금속화재 시 주수소화를 금지하는 이유 : **수소(H_2)가스** 발생
> • **알킬알루미늄**은 공기나 물과 반응하면 **발화**한다.
> $$(C_2H_5)_3Al + 3H_2O \rightarrow Al(OH)_3 + 3C_2H_6\uparrow \qquad (CH_3)_3Al + 3H_2O \rightarrow Al(OH)_3 + 3CH_4\uparrow$$

(5) 가스화재

가연성 가스, 압축가스, 액화가스 등의 화재

(6) 주방화재 `20` `21` `23` `년 출제`

① 주방에서 동식물유를 취급하는 조리기구에서 일어나는 화재

② 비누화현상을 일으키는 중탄산나트륨(제1종 분말) 성분의 소화약제가 적응성이 있다.

③ 인화점과 발화점의 차이가 작아 재발화의 우려가 큰 식용유화재를 말한다.

④ K급 화재용 소화기의 소화능력시험은 K급 화재용 소화기의 소화성능시험에 적합해야 하며 K급 화재에 대한 능력단위는 지정하지 않는다.

(7) 산불화재 `19` `년 출제`

① **지표화(地表火)** : 산림 지면에 떨어져 있는 낙엽, 마른풀 등이 연소하는 형태

② **수관화(樹冠火)** : 나뭇가지부터 연소하는 형태

③ **수간화(樹幹火)** : 나무기둥부터 연소하는 형태

④ **지중화(地中火)** : 바닥의 썩은 나무에서 발생하는 유기물이 연소하는 형태

3 화재의 피해 및 소실 정도

(1) 화재의 소실 정도 `23` `년 출제`

① **전소화재** : 건물의 70[%] 이상(입체 면적에 대한 비율)이 소실되었거나 또는 그 미만이라도 잔존부분을 보수해도 재사용이 불가능한 것

② **반소화재** : 건물의 30[%] 이상 70[%] 미만이 소실된 것

③ **부분소화재** : 전소, 반소화재에 해당되지 않는 것

(2) 인명피해의 종류

① **사상자** : 화재현장에서 사망 또는 부상을 당한 사람

② **사망자** : 화재현장에서 부상을 당한 후 **72시간 이내**에 사망한 경우

③ **중상자** : 의사의 진단을 기초로 하여 3주 이상의 입원치료를 필요로 하는 부상

④ **경상자** : 중상 이외의(입원치료를 필요로 하지 않는 것도 포함) 부상

(3) 위험물과 화재위험의 상호관계

제반사항	온도, 압력	인화점, 착화점, 융점, 비점	연소범위	연소속도, 증기압, 연소열
위험성	높을수록 위험	낮을수록 위험	넓을수록 위험	클수록 위험

4 화상의 종류 13 14 21 년 출제

화상은 표피, 진피, 피하조직, 근조직으로 깊어지는 것에 따라 1도 화상, 2도 화상, 3도 화상, 4도 화상으로 구분할 수 있다.

(1) 1도 화상(홍반성)

최외각의 피부가 손상되어 그 부위가 분홍색이 되며 심한 통증을 느끼는 상태로 여름철에 주로 발생하는 일광화상으로 물집이 잡히지 않는 정도

(2) 2도 화상(수포성)

① 표재성 2도 화상 : 진피의 일부가 손상되는 정도
② 심재성 2도 화상 : 진피의 대부분이 손상되는 정도

(3) 3도 화상(괴사성)

화상 부위가 벗겨지고 열이 깊숙이 침투하여 검게 되는 현상
① 3도 경증화상 : 체표면적 2[%] 미만의 3도 화상
② 3도 중증화상 : 체표면적 10[%] 이상의 3도 화상

(4) 4도 화상

흑색화상으로 근육, 뼈까지 손상을 입는 탄화현상

제2절 연소범위 및 폭발

1 연소범위(폭발범위, 연소한계, 폭발한계)

(1) 공기 중의 연소범위 15 16 20 23 년 출제

종 류	하한값[%]	상한값[%]	종 류	하한값[%]	상한값[%]
아세틸렌(C_2H_2)	2.5	81.0	아이소프로필아민[$(CH_3)_2CHNH_2$]	2.3	10.0
수소(H_2)	4.0	75.0	펜타보레인(B_5H_9)	0.42	98.0
일산화탄소(CO)	12.5	74.0	사이안화수소(HCN)	5.6	40.0
암모니아(NH_3)	15.0	28.0	산화에틸렌(C_2H_4O)	3.0	80.0
메테인(CH_4)	5.0	15.0	헥세인(C_6H_{14})	1.1	7.5
에테인(C_2H_6)	3.0	12.4	아세톤(CH_3COCH_3)	2.5	12.8

종 류	하한값[%]	상한값[%]	종 류	하한값[%]	상한값[%]
프로페인(C_3H_8)	2.1	9.5	**휘발유(C_5H_{12}~C_9H_{20})**	1.2	7.6
뷰테인(C_4H_{10})	1.8	8.4	벤젠(C_6H_6)	1.4	8.0
황화수소(H_2S)	4.3	45.0	톨루엔($C_6H_5CH_3$)	1.27	7.0
이황화탄소(CS_2)	1.0	50.0	메틸에틸케톤($CH_3COC_2H_5$)	1.8	10.0
에터($C_2H_5OC_2H_5$)	1.7	48.0	피리딘(C_5H_5N)	1.8	12.4
아세트알데하이드(CH_3CHO)	4.0	60.0	메틸알코올(CH_3OH)	6.0	36.0
산화프로필렌(CH_3CHCH_2O)	2.8	37.0	**에틸알코올(C_2H_5OH)**	3.1	27.7

(2) 폭발범위

가연성 물질이 기체상태에서 공기와 혼합하여 일정농도 범위 내에서 연소가 일어나는 범위

① 하한값(하한계) : 연소가 계속되는 최저의 용량비

② 상한값(상한계) : 연소가 계속되는 최대의 용량비

> **Plus one** 가연성 가스의 폭발범위와 화재의 위험성 `10` `15` 년 출제
> - 하한값이 낮을수록 위험하다.
> - 상한값이 높을수록 위험하다.
> - 연소범위가 넓을수록 위험하다.
> - 온도(압력)가 상승할수록 위험하다[압력이 상승하면 하한값은 불변, 상한값은 증가(단, **일산화탄소는 압력 상승 시 연소범위가 감소**)].

(3) 위험도(Degree of Hazards) `11` `15` `18` `22` 년 출제

$$위험도 \ H = \frac{U-L}{L}$$

여기서, U : 폭발상한값 L : 폭발하한값

(4) 혼합가스의 폭발한계(Le Chatelier 공식) `14` `17` `23` 년 출제

$$L_m = \frac{100}{\dfrac{V_1}{L_1} + \dfrac{V_2}{L_2} + \dfrac{V_3}{L_3} + \cdots + \dfrac{V_n}{L_n}}$$

여기서, L_m : 혼합가스의 폭발한계(하한값, 상한값의 [vol%])

V_1, V_2, V_3, …, V_n : 가연성 가스의 용량[vol%]

L_1, L_2, L_3, …, L_n : 가연성 가스의 하한값 또는 상한값[vol%]

2 폭 발

(1) 폭발의 개요

① 폭발(Explosion)

밀폐된 용기에서 갑자기 압력상승으로 인하여 외부로 순간적인 많은 압력을 방출하는 것으로, 폭발 속도는 0.1~10[m/s]이다.

② 폭굉(Detonation)

  ㉠ 정의 : **발열반응**으로서 연소의 전파속도가 **음속보다 빠른 현상**으로 속도는 1,000~ 3,500[m/s]이다.

  ㉡ 폭굉유도거리(DID) : 최초의 완만한 연소가 격렬한 폭굉으로 발전할 때까지의 거리

> **Plus one** 폭굉유도거리가 짧아지는 요인 `15` `17` `21` 년 출제
> - 압력이 높을수록
> - 관경이 작을수록
> - 관 속에 장애물이 있는 경우
> - 점화원의 에너지가 강할수록
> - 정상연소속도가 큰 혼합물일수록

③ 폭연(Deflagration) : **발열반응**으로서 연소의 전파속도가 **음속보다 느린 현상**

[폭연과 폭굉의 비교] `16` `18` `22` 년 출제

구 분	폭 연	폭 굉
전파속도	0.1~10[m/s]로서 음속 이하	1,000~3,500[m/s]로서 음속 이상
전파에 필요한 에너지	전도, 대류, 복사	충격에너지
폭발압력	초기압력의 10배 이하	10배 이상(충격파 발생)
화재파급효과	크다.	작다.
충격파발생	발생하지 않는다.	발생한다.

(2) 폭발의 분류

① 물리적인 폭발 `19` 년 출제

  ㉠ 화산의 폭발

  ㉡ 은하수 충돌에 의한 폭발

  ㉢ 진공용기의 파손에 의한 폭발

  ㉣ 과열액체의 비등에 의한 증기폭발

  ㉤ 고압용기의 과압 및 과충전

② 화학적인 폭발 `13` `18` `23` 년 출제

  ㉠ 산화폭발 : 가스가 공기 중에 누설 또는 인화성 액체탱크에 공기가 유입된 경우 탱크 내에 점화원이 유입되어 폭발하는 현상

  ㉡ **분해폭발** : **아세틸렌, 산화에틸렌, 하이드라진**과 같이 분해하면서 폭발하는 현상

> 아세틸렌 희석제 : 질소, 일산화탄소, 메테인

  ㉢ **중합폭발** : **사이안화수소**와 같이 단량체가 일정 온도와 압력으로 반응이 진행되어 분자량이 큰 중합체가 되어 폭발하는 현상

③ 가스폭발

  인화성 액체의 증기가 산소와 반응하여 점화원에 의해 폭발하는 현상

> 가스폭발 : 메테인, 에테인, 프로페인, 뷰테인, 수소, 아세틸렌

④ **분진폭발** `16` `18` 년 출제

  공기 속을 떠다니는 아주 작은 고체 알갱이(분진 : 75[μm] 이하의 고체입자로서 공기 중에 떠 있는 분체)가 적당한 농도 범위에 있을 때 불꽃이나 점화원으로 인하여 폭발하는 현상

ⓐ 분진폭발의 조건
　　　　• 가연성일 것
　　　　• 미분상태일 것
　　　　• 지연성 가스(공기) 중에서 교반과 유동될 것
　　　　• 점화원이 존재하고 있을 것
　　　ⓑ 분진폭발의 특성 `20` `22` `년 출제`
　　　　• 가스폭발에 비해 일산화탄소(CO)의 양이 많이 발생한다.
　　　　• 발화에 필요한 에너지가 크다.
　　　　• 초기의 폭발은 작지만 2차, 3차폭발로 확대된다.
　　　　• 연소속도와 폭발압력은 가스폭발에 비해 작지만 발생에너지와 파괴력은 더 크다.
　　　　• 폭발압력의 전파속도는 300[m/s]이다.
　　　　• 폭발온도는 2,000~3,000[℃] 정도이다.
　　　　• 입자표면에 열에너지가 주어져서 온도가 상승한다.
　　　　• 폭발의 입자가 비산하므로 이것에 접촉되는 가연물은 국부적으로 심한 탄화를 일으킨다.
　　　　• 분진의 입자와 밀도가 작을수록 표면적이 커져서 폭발이 잘 일어난다.
　　　ⓒ 분진폭발의 순서 : 퇴적분진 → 비산 → 분산 → 발화원 → 전면폭발 → 2차폭발
　　　ⓓ 종류 : 알루미늄분말, 마그네슘분말, 아연분말, 농산물, 플라스틱, 석탄, 황
　　　ⓔ **분진폭발(Bartknecth) 3승 법칙** : 폭연지수(폭연상수 : K_{st})란 밀폐계 폭발의 폭발특성을 나타내는 함수로서, 최대압력 상승속도와 용기 부피와는 일정한 관계가 성립한다. 이것을 Cubic-Root 법 또는 **3승근 법칙**이라 한다.

(3) 방폭구조 `11` `16` `년 출제`

① **내압(耐壓)방폭구조** : 폭발성 가스가 용기 내부에서 폭발하였을 때 용기가 그 압력에 견디거나 외부의 폭발성 가스에 인화되지 않도록 된 구조

② **압력(壓力)방폭구조** : **공기나 질소**와 같이 **불연성 가스**를 용기 내부에 압입시켜 내부압력을 유지함으로써 외부의 폭발성 가스가 용기 내부에 침입하지 못하게 하는 구조

③ **유입(油入)방폭구조** : 용기 내부에 절연유를 주입하여 불꽃·아크 또는 고온발생 부분이 기름 속에 잠기게 함으로써 기름면 위에 존재하는 가연성 가스에 인화되지 않도록 한 구조

④ **안전증방폭구조** : 폭발성 가스나 증기에 점화원의 발생을 방지하기 위하여 기계적, 전기적 구조상 또는 온도상승에 대해 안전도를 증가시키는 구조

⑤ **본질안전방폭구조** : 전기불꽃, 아크 또는 고온에 의하여 폭발성 가스나 증기에 점화되지 않는 것이 점화시험, 기타에 의하여 확인된 구조

(4) 최대안전틈새범위(안전간극)

① 정의 : 내용적이 8[L]이고 틈새 깊이가 25[mm]인 표준용기 안에서 가스가 폭발할 때 **발생한 화염이 용기 밖으로 전파하여 가연성 가스에 점화되지 않는 최댓값**

② 가연성 가스의 폭발등급 및 이에 대응하는 **내압방폭구조의 폭발등급** `17` 년 출제

폭발등급 \ 구 분	최대안전틈새범위	대상 물질
A	0.9[mm] 이상	메테인, 에테인, 뷰테인, 일산화탄소, 암모니아
B	0.5[mm] 초과 0.9[mm] 미만	에틸렌, 사이안화수소, 산화에틸렌
C	0.5[mm] 이하	수소, 아세틸렌

(5) 위험장소의 분류

① 위험장소

폭발성 가스 또는 증기에 따라 위험분위기가 조성될 가능성이 있는 장소

② **위험장소의 분류**

㉠ 0종 장소 : 통상 상태에서 위험분위기가 장시간 지속되는 장소(가연성 가스의 용기, 탱크나 봄베 등의 내부)

㉡ 1종 장소 : 통상 상태에서 위험분위기를 생성할 우려가 있는 장소(플랜트 장치 등에 운전이 계속 허용되는 상태)

㉢ **2종 장소** : 이상 상태에서 **위험분위기를 생성할 우려가 있는 장소**(플랜트 장치, 기기 등의 운전에 이상 또는 운전 잘못으로 위험분위기를 생성하는 경우)

(6) **최소산소농도(MOC ; Minimum Oxygen Concentration)**

① 정의 : 화염을 전파하기 위하여 요구되는 최소한의 산소농도로서, 공기와 연료의 혼합기 중 산소의 부피를 나타내며 [%]의 단위를 갖는다.

② MOC의 값

$$MOC = 하한값 \times \frac{산소의\ 몰수}{연료의\ 몰수}\ [\%]$$

01 화재의 정의라고 할 수 없는 것은?

① 인간이 이를 제어하여 인류의 문화, 문명의 발달을 가져오게 한 근본적인 존재를 말한다.

② 불이 그 사용목적을 넘어 다른 곳으로 연소하여 사람들의 예기치 않은 경제상의 손해를 발생하는 현상을 말한다.

③ 자연 또는 인위적인 원인에 의하여 불이 물체를 연소시키고 인명과 재산의 손해를 주는 현상을 말한다.

④ 사람의 의도에 반(反)하여 출화(出火) 또는 방화에 의해 불이 발생하고 확대하는 현상을 말한다.

해설   ①은 불의 정의이다.

정답 ①

02 다음은 화재의 원인에 대한 설명이다. 틀린 것은?

① 열전도율이 좋을수록 화재가 잘 일어난다.

② 화학적 친화력이 클수록 화재가 잘 일어난다.

③ 온도가 높을 때에는 화재가 잘 일어난다.

④ 산소의 농도가 16[%] 이상일 때 연소가 잘 된다.

해설   열전도율이 좋을수록 열이 한 곳에 쌓이지 않기 때문에 연소가 일어나지 않는다.

정답 ①

03 화재예방을 위해 위험성 평가(안전성 평가), 예방진단, 안전관리 등을 실시하고 있는데, 이는 다음 중 어느 것의 사전대책에 해당되는가?

① 원인계(原因系)   ② 현상계(現像系)

③ 결과계(結果系)   ④ 방호계(防護系)

해설   화재예방을 위해 위험성 평가(안전성 평가), 예방진단, 안전관리 등을 실시하는 것은 원인계이다.

정답 ①

04 화재의 분류 중 틀린 것은?

① A급 화재는 타서 재가 남는 일반화재를 말한다.
② B급 화재는 석유류화재를 말한다.
③ C급 화재는 가스화재를 말한다.
④ D급 화재는 금속분말화재를 말한다.

해설 **화재의 분류**

구 분 \ 등 급	A급	B급	C급	D급
화재의 종류	일반화재	유류화재	전기화재	금속화재
표시색상	백 색	황 색	청 색	무 색

정답 ③

05 산불화재의 유형이 아닌 것은?

① 지표화(地表火)   ② 지면화(地面火)   ③ 수관화(樹冠火)   ④ 수간화(樹幹火)

해설 **산불화재의 유형**
• 지표화 : 바닥의 낙엽이 연소하는 형태
• 수관화 : 나뭇가지부터 연소하는 형태
• 수간화 : 나무기둥부터 연소하는 형태
• 지중화 : 바닥의 썩은 나무에서 발생하는 유기물이 연소하는 형태

정답 ②

06 화재의 종류에 따른 가연물로 틀린 것은?

① 일반화재 - 목재, 고무, 섬유, 종이
② 유류화재 - 등유, 가솔린, 에틸알코올, 사이안화수소
③ 금속화재 - 나트륨, 칼륨, 마그네슘, 유황
④ 가스화재 - LNG, LPG, 도시가스, 메테인

해설 **화재의 종류**
• A급(일반) 화재 : 목재, 종이, 고무, 섬유, 특수가연물 등
• B급(유류) 화재 : 특수인화물, 등유, 경유, 가솔린, 알코올 등
• C급(전기) 화재 : 전기실, 발전실, 변전실, 컴퓨터실, 전산실 등
• **D급(금속) 화재** : 나트륨, 칼륨, 마그네슘 등의 분말
• 가스화재 : 가연성 가스, 압축가스, 액화가스 등

정답 ③

07 연소물에 의한 분류에서 A급 화재에 속하는 것은?

① 유 류   ② 목 재   ③ 전 기   ④ 가 스

해설 A급 화재 : 일반화재(**목재**, 종이)

정답 ②

08 유류화재를 일으키는 물질이 아닌 것은?

① 가솔린   ② 에 터
③ 나트륨   ④ 페 놀

> 해설   **나트륨** : 금속화재

정답 ③

09 알코올화재에 대한 설명으로 옳지 않은 것은?

① 연소 시 발열량이 비교적 크다.   ② 포소화약제로 소화가 가능하다.
③ 물분무로 소화가 가능하다.   ④ 화염이 없고 화재가 급격히 진행된다.

> 해설   알코올은 인화성 액체로서 화재 시 화염이 있고 급격히 진행된다.

정답 ④

10 전기화재는 몇 급 화재인가?

① A급   ② B급   ③ C급   ④ D급

> 해설   **화재의 종류**

구 분 급 수	A급	B급	C급	D급
화재의 종류	일반화재	유류화재	전기화재	금속화재
표시색상	백 색	황 색	청 색	무 색

정답 ③

11 전기화재의 원인으로 볼 수 없는 것은?

① 승압에 의한 발화   ② 과전류에 의한 발화
③ 누전에 의한 발화   ④ 단락에 의한 발화

> 해설   **전기화재의 원인** : 단락, 과부하(과전류), 누전, 전열기구의 과열 등

정답 ①

12 D급 화재란 다음 중 어느 것을 의미하는가?

① A · B급 화재 또는 A · C급 화재 등의 복합화재
② 모든 화재 중 인명 손실이 있는 화재
③ 선박화재 또는 임야화재 등의 특수화재
④ 가연성 금속화재

> 해설   **D급 화재** : 가연성 금속화재

정답 ④

13 금속화재를 일으킬 수 있는 금속, 분진의 양으로 적합한 것은?

① 30~80[mg/L] ② 25~180[mg/L]

③ 60~80[mg/L] ④ 40~160[mg/L]

> 해설 금속화재(D급 화재)를 일으킬 수 있는 금속, 분진의 양 : 30~80[mg/L]

정답 ①

14 금속화재 시 물과 반응하면 주로 발생하는 가스는?

① 질 소 ② 수 소

③ 이산화탄소 ④ 일산화탄소

> 해설 금수성 물질의 물과 반응식
> • $2K + 2H_2O \rightarrow 2KOH + H_2\uparrow$
> • $2Na + 2H_2O \rightarrow 2NaOH + H_2\uparrow$

정답 ②

15 화재로 인한 피해는 직접피해와 간접피해로 나눌 수 있다. 간접피해에 속하는 것은?

① 소화수에 의한 설비피해 ② 인명피해

③ 업무중지에 의한 피해 ④ 내장재료의 피해

> 해설 간접피해는 직접적으로 주는 피해가 아닌 것으로 **업무중지**에 의한 **피해**는 이에 해당한다.

정답 ③

16 다음 중 화재와 관계없는 것은?

① 전기용접 온도 : 3,000~4,000[℃] ② 촛불 : 1,400[℃]

③ 목재화재 : 1,200~1,300[℃] ④ 기화온도 : 100[℃]

> 해설 액체가 기체로 될 때를 기화라 하는데 이때의 온도를 기화온도라 하며, 100[℃]는 물의 기화온도이
> 므로 화재와는 관계가 없다.

정답 ④

17 주간 화재 시의 현상이 아닌 것은?

① 연기는 대개 백색이며 폭발적인 강한 세력으로 상승한다.

② 연기는 급속으로 퍼지며 끊임없이 상승한다.

③ 연기는 상승함에 따라 흑갈색이 되며 동요가 심하다.

④ 바람이 강할 때는 연기가 지상에 감돌기 때문에 단절하며 급속도로 상승한다.

> 해설 연기는 산소의 농도에 따라 백색 또는 흑갈색이 된다.

정답 ①

18 다음 설명 중 옳은 것은?

① PVC나 폴리에틸렌의 저장창고에서 발생한 화재는 D급 화재이다.

② 탄화칼슘은 물과 반응하여 가연성 가스인 수소를 발생하며, 발열한다.

③ 가연물질의 연소 색상 중 가장 낮은 온도는 일반적으로 담암적색이다.

④ 우리나라의 화재발생 건수를 발생 장소별로 구분할 때 그 빈도수가 가장 높은 곳은 사무실 건물이다.

해설 ③ 연소 색상 중 담암적색은 520[℃] 정도로 가장 낮다.
① PVC나 폴리에틸렌의 저장창고에서 발생하는 화재는 **A급 화재**이다.
② **탄화칼슘**은 물과 반응하면 **아세틸렌**(C_2H_2) 가스를 발생한다($CaC_2 + 2H_2O \rightarrow Ca(OH)_2 + C_2H_2$).
④ 발생 장소별 화재발생건수는 **주택**(아파트)이 가장 높다.

정답 ③

19 인화성, 가연성 물질의 취급 장소에 대한 화재와 폭발의 방지방법이 아닌 것은?

① 발화원을 없앤다.

② 취급장소 주위의 공기 대신 불활성기체로 바꾼다.

③ 밀폐된 용기 내에 보관한다.

④ 환기시설을 하지 않는다.

해설 **화재와 폭발의 방지방법**
• 화기, 불꽃 등 발화원을 제거한다.
• 취급장소 주위의 공기 대신 불활성기체(질소, 이산화탄소)로 바꾼다.
• 밀폐된 용기 내에 보관한다.
• 인화성 액체는 증기가 공기보다 무거워 바닥에 체류하므로 환기시설을 설치해 빨리 환기를 시켜야 한다.

정답 ④

20 화재의 소실 정도에 의한 화재분류로 건물의 30[%] 이상 70[%] 미만이 소손됐을 경우에 해당하는 것은?

① 부분소화재
② 반소화재
③ 전소화재
④ 즉소화재

해설 **반소화재** : 건물의 30[%] 이상 70[%] 미만이 소손된 경우

정답 ②

21 소손 정도에 의한 분류기준 중 부분소화재는 약 몇 [%] 정도가 연소된 것을 말하는가?

① 10[%] 미만 소손된 경우
② 30[%] 미만 소손된 경우
③ 30~70[%] 미만 소손된 경우
④ 70[%] 이상 소손된 경우

해설 **부분소화재** : 전체의 **30[%] 미만**이 소손된 경우

정답 ②

22 사망자 정의에 관한 설명 중 맞는 것은?

① 화재현장에서 사망 또는 부상을 당한 사람
② 화재현장에서 부상을 당한 후 72시간 이내에 사망한 경우
③ 화재현장에서 부상을 당한 후 48시간 이내에 사망한 경우
④ 화재현장에서 부상을 당한 후 24시간 이내에 사망한 경우

> 해설 **인명피해의 종류**
> • 사상자 : 화재현장에서 사망 또는 부상을 당한 사람
> • 사망자 : 화재현장에서 부상을 당한 후 72시간 이내에 사망한 경우
> • 중상자 : 의사의 진단을 기초로 하여 3주 이상의 입원치료를 필요로 하는 부상
> • 경상자 : 중상 이외의(입원치료를 필요로 하지 않는 것도 포함) 부상

정답 ②

23 화상의 부위가 분홍색으로 되고 분비액이 많이 분비되는 화상의 정도는?

① 1도 화상   ② 2도 화상   ③ 3도 화상   ④ 4도 화상

> 해설 **화상의 종류**
> • 1도 화상(홍반성) : 최외각의 피부가 손상되어 그 부위가 빨갛게 되며 심한 통증을 느끼는 화상
> • **2도 화상(수포성)** : 화상의 부위가 **분홍색**으로 되고 수포(**물집**)가 생기는 화상
> • 3도 화상(괴사성) : 화상 부분에 피부가 벗겨지고 흑색으로 되는 화상

정답 ②

24 화재의 위험에 관한 사항으로 옳지 않은 것은?

① 인화점, 착화점이 낮을수록 위험하다.
② 연소범위(폭발한계)는 넓을수록 위험하다.
③ 착화에너지는 작을수록 위험하다.
④ 증기압이 클수록, 비점, 융점이 높을수록 위험하다.

> 해설 • 비점(Boiling Point) : 끓는점
> • **비점, 융점이 낮을수록, 증기압이 클수록** 화재 위험성은 **크다.**

정답 ④

25 위험물질의 위험성을 나타내는 성질에 대한 설명으로 틀린 것은?

① 비등점이 낮아지면 인화의 위험성이 높다.
② 융점이 낮아질수록 위험성은 높다.
③ 점성이 낮아질수록 위험성은 높다.
④ 비중의 값이 클수록 위험성은 높다.

> 해설 비중은 물에 대한 용해도와 관계가 있으며, 물보다 작은 것은 물과 섞이지 않으므로 주수소화 시
> 연소면(화재면)을 확대할 우려가 있다.

정답 ④

26 가연성 기체 또는 액체의 연소범위에 대한 설명 중 틀린 것은?

① 하한이 낮을수록 발화위험이 높다.

② 연소범위가 넓을수록 발화위험이 크다.

③ 상한이 높을수록 발화위험이 적다.

④ 연소범위는 주위온도와 관계가 깊다.

해설 하한이 낮을수록, 연소범위가 넓을수록, 주위의 온도가 높을수록 발화위험이 크다.

정답 ③

27 화재의 연소한계에 관한 설명 중 옳지 않은 것은?

① 가연성 가스와 공기의 혼합가스에는 연소에 도달할 수 있는 농도의 범위가 있다.

② 농도가 낮은 편을 연소하한계라 하고, 농도가 높은 편을 연소상한계라고 한다.

③ 휘발유의 연소상한계는 10.5[%]이고 연소하한계는 2.7[%]이다.

④ 혼합가스가 농도의 범위를 벗어날 때에는 연소하지 않는다.

해설 휘발유의 연소범위 : 1.2~7.6[%]

정답 ③

28 연료로 사용하는 가스에 관한 설명 중 옳지 않은 것은?

① 도시가스, LPG는 모두 공기보다 무겁다.

② 1[m³]의 도시가스를 완전연소시키는 데 이론공기량은 9.52[m³]이다.

③ 메테인의 폭발범위는 공기 중의 농도 5~15[%]이다.

④ 뷰테인의 폭발범위는 공기 중의 농도 1.8~8.4[%]이다.

해설 ① 도시가스의 주성분은 메테인(CH_4)이므로 증기비중은 16/29=0.55로서 공기보다 0.55배 가볍고, LPG는 액화석유가스로 주원료는 프로페인(C_3H_8)과 뷰테인(C_4H_{10})이며, 프로페인은 44/29 = 1.52, 뷰테인은 58/29 = 2로, 공기보다 프로페인은 1.52배, 뷰테인은 2배가 무겁다.

② 도시가스의 주연료는 LNG이고 LNG의 주성분은 메테인이다.

$$CH_4 \ + \ 2O_2 \ \rightarrow \ CO_2 + 2H_2O$$

$$22.4[m^3] \diagdown \!\!\!\!\diagup 2 \times 22.4[m^3]$$

$$1[m^3] \diagup\!\!\!\!\diagdown \ x$$

• 이론산소량 $x = \dfrac{(2 \times 22.4[m^3]) \times 1[m^3]}{22.4[m^3]} = 2[m^3]$

• 이론공기량 $= \dfrac{2[m^3]}{0.21} = 9.52[m^3]$

정답 ①

29 액화석유가스(LPG)에 대한 설명 중 틀린 것은?

① 무색무취이다.

② 물에는 녹지 않으나 유기용매에 용해된다.

③ 공기 중에서 쉽게 연소·폭발하지 않는다.

④ 천연고무를 잘 녹인다.

> **해설** LPG(액화석유가스, Liquefied Petroleum Gas)의 특성
> • 무색무취이다.
> • 물에는 불용, 유기용매에 용해된다.
> • 석유류, 동식물유류, 천연고무를 잘 녹인다.
> • 공기 중에서 쉽게 연소·폭발한다.
> • 액체상태에서 기체로 될 때 체적은 약 250배로 된다.
> • 액체상태에서는 물보다 가볍고(약 0.5배), 기체상태는 공기보다 무겁다(약 1.5~2.0배).
>
> > **Plus one** 공기 중에서의 연소식
> > • $C_3H_8 + 5O_2 \rightarrow 3CO_2 + 4H_2O$
> > • $2C_4H_{10} + 13O_2 \rightarrow 8CO_2 + 10H_2O$

정답 ③

30 가연성 가스를 사용하는 공정에서 연소·폭발을 예방하기 위하여 연소범위가 중요하다. 연소범위가 5.0~15%에 해당하는 것은?

① 암모니아　　　② 수 소　　　③ 일산화탄소　　　④ 메테인

> **해설** 연소(폭발)범위
>
> | 종 류 | 암모니아(NH_3) | 수소(H_2) | 일산화탄소(CO) | 메테인(CH_4) |
> |---|---|---|---|---|
> | 연소범위 | 15.0~28.0[%] | 4.0~75.0[%] | 12.5~74.0[%] | 5.0~15.0[%] |

정답 ④

31 아세틸렌의 폭발한계는 얼마인가?

① 4.0~75.0[%]　　　　　　② 4.3~45.0[%]

③ 2.5~81.0[%]　　　　　　④ 1.8~8.4[%]

> **해설** 아세틸렌의 폭발한계 : 2.5~81.0[%]

정답 ③

32 수소의 폭발한계는 얼마인가?

① 4.0~75.0[%]　　　　　　② 4.3~45.0[%]

③ 2.5~81.0[%]　　　　　　④ 1.8~8.4[%]

> **해설** ① 수소의 폭발한계　　　② 황화수소의 폭발한계
> 　　　 ③ 아세틸렌의 폭발한계　④ 뷰테인의 폭발한계

정답 ①

33 다음 가스 중 폭발한계가 넓은 순서대로 나열된 것 중 맞는 것은?

> ⊙ 수 소   ⓛ 아세틸렌
> ⓒ 황화수소   ② 일산화탄소

① ⊙ - ⓛ - ⓒ - ②   ② ⓛ - ② - ⊙ - ⓒ

③ ② - ⓒ - ⊙ - ⓛ   ④ ⓛ - ⊙ - ② - ⓒ

해설   공기 중의 폭발범위

종 류	수소(H_2)	아세틸렌(C_2H_2)	황화수소(H_2S)	일산화탄소(CO)
연소범위	4.0~75.0[%]	2.5~81.0[%]	4.3~45.0[%]	12.5~74.0[%]

정답 ④

34 다음 물질의 증기가 공기와 혼합기체를 형성하였을 때 연소범위가 가장 넓은 혼합비를 형성하는 물질은?

① 수소(H_2)   ② 이황화탄소(CS_2)

③ 아세틸렌(C_2H_2)   ④ 에터[$(C_2H_5)_2O$]

해설   연소범위

종 류	수 소	이황화탄소	아세틸렌	에 터
연소범위	4.0~75.0[%]	1.0~50.0[%]	2.5~81.0[%]	1.7~48.0[%]

정답 ③

35 다이에틸에터(에터)의 연소범위는 1.7~48[%]이다. 이것에 대한 설명으로 틀린 것은?

① 공기 중 에터 증기가 48[%] 이상일 때 연소한다.

② 공기 중 에터 증기가 1.7[%]일 때 폭발위험이 있다.

③ 공기 중 에터 증기가 용적비율로 1.7~48[%] 사이에 있을 때만 연소한다.

④ 연소범위의 하한점이 1.7[%]이다.

해설   다이에틸에터의 연소범위가 1.7~48[%]란 것은 1.7~48[%] 사이의 범위에서만 연소가 일어난다는 의미이다. 그러므로 48[%] 이상일 때에는 연소가 일어나지 않는다.

정답 ①

36 황화수소의 폭발한계는 얼마인가?(상온, 상압)

① 4.0~75.0[%]   ② 4.3~45.0[%]

③ 2.5~81.0[%]   ④ 2.1~9.5[%]

해설   황화수소의 폭발한계 : 4.3~45.0[%]

정답 ②

37 다음 중 공기와 혼합되었을 때 공기보다 무거운 가스는?

① CO

② CO₂

③ CH₄

④ H₂

> **해설** 분자량은 $CO = 28$, $CO_2 = 44$, $CH_4 = 16$, $H_2 = 2$이므로 29로 나누어 1보다 크면 공기보다 무거워서 바닥으로 내려온다.

정답 ②

38 다음의 기체 가연물 중 가장 위험성이 큰 것은?

① 수 소

② 아세틸렌

③ 뷰테인

④ 일산화탄소

> **해설** 위험성이 큰 것은 위험도가 크다는 것이다.
>
> $$위험도(H) = \frac{U-L}{L} = \frac{폭발상한값 - 폭발하한값}{폭발하한값}$$
>
> ① 수소 $H = \dfrac{75.0 - 4.0}{4.0} = 17.75$
>
> ② 아세틸렌 $H = \dfrac{81.0 - 2.5}{2.5} = 31.4$
>
> ③ 뷰테인 $H = \dfrac{8.4 - 1.8}{1.8} = 3.67$
>
> ④ 일산화탄소 $H = \dfrac{74.0 - 12.5}{12.5} = 4.92$

정답 ②

39 암모니아의 위험도는 얼마인가?(단, 암모니아 공기 중의 폭발한계는 15.0~28.0[%]이다)

① 17.75

② 31.4

③ 3.67

④ 0.867

> **해설** $위험도 = \dfrac{폭발상한값 - 폭발하한값}{폭발하한값} = \dfrac{28.0 - 15.0}{15.0} = 0.867$

정답 ④

40 부피의 비율로 아세틸렌 50[%], 프로페인 30[%], 뷰테인 20[%]의 혼합가스가 존재할 경우 폭발범위는 얼마인가?

① 3.0~12.0[%]

② 2.2~9.5[%]

③ 2.20~16.2[%]

④ 4.1~77.2[%]

해설 **혼합가스의 폭발범위**

$$L_m = \frac{100}{\dfrac{V_1}{L_1} + \dfrac{V_2}{L_2} + \dfrac{V_3}{L_3}}$$

Plus one **폭발범위**
- 아세틸렌 : 2.5~81.0[%]
- 프로페인 : 2.1~9.5[%]
- 뷰테인 : 1.8~8.4[%]

- 하한값 $L_m = \dfrac{100}{\dfrac{50}{2.5} + \dfrac{30}{2.1} + \dfrac{20}{1.8}} = 2.20[\%]$

- 상한값 $L_m = \dfrac{100}{\dfrac{50}{81.0} + \dfrac{30}{9.5} + \dfrac{20}{8.4}} = 16.2[\%]$

∴ 혼합가스의 폭발범위는 2.20~16.2[%]이다.

정답 ③

41 폭연(Deflagration)에 대한 설명으로 옳은 것은?

① 발열반응으로 연소의 전파속도가 음속보다 느린 현상

② 중요한 가열기구는 충격파에 의한 충격 압력

③ 혼합비가 연소범위 상한보다 약간 높은 곳에서 발생

④ 발열반응으로 연소의 전파속도가 음속보다 빠른 현상

해설 • **폭연**(Deflagration) : 발열반응으로서 연소의 전파속도가 **음속보다 느린 것**
    • **폭굉**(Detonation) : 물질 내에 충격파가 생겨 반응을 일으키는 것으로 음속보다 빠른 것

정답 ①

42 연소반응의 디토네이션(Detonation)현상에서의 열에너지 공급원은?

① 전 도   ② 대 류

③ 복 사   ④ 충격파

해설 **디토네이션**은 물질 내 **충격파**가 발생하여 반응을 일으키고 또한 그 반응을 유지하는 현상으로, 전파속도는 음속보다 빠르다.

정답 ④

43 디토네이션(Detonation)과 관계없는 것은?

① 충격파에 의한 폭발의 진행   ② 초음속의 반응확산

③ 핵 폭발   ④ 초대형 산림화재

> **해설**   디토네이션(Detonation) 관련 사항
> - 충격파에 의한 폭발의 진행
> - 초음속의 반응확산
> - 핵 폭발
>
> | 디토네이션(Detonation) : 연소의 전파속도가 음속보다 빠른 경우 |
> | --- |

정답 ④

44 다음 중 폭굉유도거리가 짧아지는 요인이 아닌 것은?

① 압력이 높을수록

② 관경이 클수록

③ 관 속에 장애물이 있는 경우

④ 점화원의 에너지가 강할수록

> **해설**   폭굉유도거리가 짧아지는 요인
> - 압력이 높을수록
> - 관 속에 장애물이 있는 경우
> - 정상연소속도가 큰 혼합물일수록
> - 관경이 작을수록
> - 점화원의 에너지가 강할수록

정답 ②

45 분진폭발의 위험이 없는 것은?

① 알루미늄분   ② 황   ③ 생석회   ④ 적 린

> **해설**   **생석회**(CaO), 시멘트분은 분진폭발의 위험이 없다.

정답 ③

46 분진폭발을 일으킬 수 없는 것은?

① 유황가루   ② 알루미늄분말   ③ 플라스틱   ④ 석회석분말

> **해설**   **분진폭발을 일으키는 물질** : 유황가루, 알루미늄분말, 마그네슘분말, 아연분말, 플라스틱 등

정답 ④

47 저장 시 분해되어 폭발을 일으킬 수 있는 위험물은?

① 과산화칼륨   ② 사이안화수소   ③ 산화에틸렌   ④ 염소산칼륨

> **해설**   • 산화에틸렌 : 분해폭발   • 사이안화수소(HCN) : 중합폭발

정답 ③

48 다음 중 중합폭발을 하는 물질은?

① 하이드라진　　② 셀룰로이드　　③ 사이안화수소　　④ 염소산나트륨

> 해설　중합폭발 : 사이안화수소

정답 ③

49 공기나 질소와 같이 불연성 가스를 용기 내부에 압입시켜 내부압력을 유지함으로써 외부의 폭발성 가스가 용기 내부에 침입하지 못하게 하는 구조를 무엇이라 하는가?

① 유입방폭구조　　② 안전증방폭구조　　③ 압력방폭구조　　④ 본질안전방폭구조

> 해설　압력방폭구조 : 공기나 질소와 같이 불연성 가스를 용기 내부에 압입시켜 내부압력을 유지함으로써 외부의 폭발성 가스가 용기 내부에 침입하지 못하게 하는 구조

정답 ③

50 최대안전틈새범위에 대한 설명으로 틀린 것은?

① 내용적이 8[L]이고 틈새 깊이가 25[mm]인 표준용기 안에서 가스가 폭발할 때 발생한 화염이 용기 밖으로 전파하여 가연성 가스에 점화되지 않는 최댓값을 말한다.
② 메테인, 에테인의 최대안전틈새범위는 0.9[mm] 이상이다.
③ 사이안화수소, 산화에틸렌의 최대안전틈새범위는 0.5[mm] 초과 0.9[mm] 미만이다.
④ 수소나 아세틸렌의 최대안전틈새범위는 0.5[mm] 이상이다.

> 해설　**최대안전틈새범위(안전간극)**
> • 정의 : 내용적이 8[L]이고 틈새 깊이가 25[mm]인 표준용기 안에서 가스가 폭발할 때 발생한 화염이 용기 밖으로 전파하여 가연성 가스에 점화되지 않는 최댓값
> • 가연성 가스의 폭발등급 및 이에 대응하는 내압방폭구조의 폭발등급

폭발등급　구 분	최대안전틈새범위	대상 물질
A	0.9[mm] 이상	메테인, 에테인, 석탄가스, 일산화탄소, 암모니아
B	0.5[mm] 초과 0.9[mm] 미만	에틸렌, 사이안화수소, 산화에틸렌
C	0.5[mm] 이하	수소, 아세틸렌

정답 ④

51 위험장소의 분류에서 제2종 장소에 해당하는 것은?

① 위험분위기가 통상 상태에서 장시간 지속되는 장소
② 통상 상태에서 위험분위기를 생성할 우려가 있는 장소
③ 예상사고로 폭발성 가스가 대량 유출되어 위험분위기가 되는 장소
④ 이상 상태에서 위험분위기를 생성할 우려가 있는 장소

> 해설　**2종 장소** : 이상 상태에서 위험분위기를 생성할 우려가 있는 장소(플랜트 장치, 기기 등의 운전에 이상 또는 운전 잘못으로 위험분위기를 생성하는 경우)

정답 ④

52 프로페인이 연소할 때 필요한 최소산소농도를 구하면 다음 중 어느 것인가?(단, 프로페인의 연소범위는 2.1~9.5[%]이다)

① 1.05

② 10.5

③ 1.5

④ 15.5

해설 **최소산소농도(MOC ; Minimum Oxygen Concentration)**

$$MOC = 하한값 \times \frac{산소의\ 몰수}{연료의\ 몰수}\ [\%]$$

• 프로페인의 연소반응식

$$C_3H_8 + 5O_2 \rightarrow 3CO_2 + 4H_2O$$

• $MOC = 하한값 \times \dfrac{산소의\ 몰수}{연료의\ 몰수} = 2.1 \times \dfrac{5}{1} = 10.5[\%]$

정답 ②

제1절 건축물 화재의 성질 · 상태

1 목조건축물의 화재

(1) 외 관 `17` **년 출제**

잘고 엷은 가연물이 두텁고 큰 것보다 더 잘 탄다(이유 : 표면적이 커서 공기와 접촉 면적이 많고 입자표면에서 열전도율의 방출이 적으므로).

> `Plus one` **목재의 주성분** : 셀룰로오스, 반셀룰로오스, 리그닌
> • 셀룰로오스 : 가열하면 5[%] 정도의 숯을 남긴다.
> • 리그닌 : 가열하면 50[%] 정도의 숯을 남긴다.

(2) 열전도율 `13` **년 출제**

목재의 열전도율은 콘크리트나 철재보다 작다.

건축재료	콘크리트	철 재	목 재
열전도율[cal/cm · s · ℃]	4.10×10^{-3}	0.15	0.41×10^{-3}

(3) 열팽창률

열팽창은 건물붕괴의 주 인자가 된다. 목재의 열팽창률은 철재, 벽돌, 콘크리트보다 작고 철재, 벽돌, 콘크리트는 열팽창률이 대체적으로 비슷하다.

물 질	목 재	철 재	벽 돌	콘크리트
선팽창계수	4.92×10^{-5}	1.15×10^{-3}	9.50×10^{-5}	$1.0 \sim 1.4 \times 10^{-4}$

(4) 목재연소의 영향 인자

① 목재의 비표면적   ② 온 도
③ 수분함유량   ④ 가열시간
⑤ 열전도율   ⑥ 열팽창
⑦ 공급 상태

(5) 목재의 연소과정

목재가열 100[℃] (갈색) ⇒ 수분의 증발 160[℃] (흑갈색) ⇒ 목재의 분해 220~260[℃] 급격한 분해 ⇒ 탄화종료 300~350[℃] ⇒ 발 화 420~470[℃]

(6) 목재발화의 4단계

온 도	상 태
200[℃]	탈수가 완료되는 단계로서 수증기, CO_2, 개미산, 초산, 기타 가연성 가스가 발생한다.
200~280[℃]	수증기의 발생이 적고 가연성 가스(일산화탄소)와 증기가 발생하기 시작한다. 또 색깔이 변하고 숯이 생성된다. 1차적인 흡열반응
280~500[℃]	가연성 가스와 산소가 반응하여 발열이 시작되고 탄화된 물질로 2차 반응이 일어난다.
500[℃] 이상	현저한 촉매활동으로 목탄이 생성된다.

(7) 목조건축물의 화재진행과정

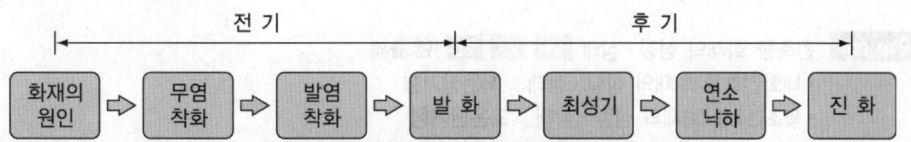

- **무염착화** : 가연물이 연소하면서 재로 덮힌 숯불모양으로 **불꽃 없이** 착화하는 현상
- **발염착화** : 무염상태의 가연물에 바람을 주어 불꽃이 발생되면서 착화하는 현상

(8) 목조건축물 화재의 표준온도곡선

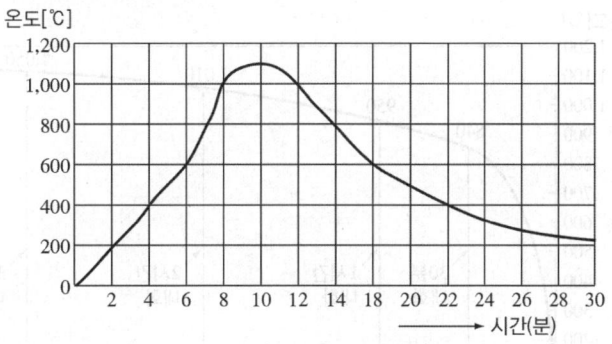

(9) 목조건축물 화재발생 후 경과시간

풍속[m/s]＼화재진화과정	발화 → 최성기	최성기 → 연소낙하	발화 → 연소낙하
0~3	5~15분	6~19분	13~24분

(10) 출화의 종류

① 옥내 출화
　㉠ 천장 및 벽 속 등에서 발염착화할 때
　㉡ 불연천장인 경우 실내에서는 그 뒤판에 발염착화할 때
　㉢ 가옥구조일 때 천장판에서 발염착화할 때
② 옥외 출화
　㉠ 창, 출입구 등에서 발염착화할 때
　㉡ 목재가옥에서는 벽, 추녀 밑의 판자나 목재에 발염착화할 때

(11) 목조건축물의 화재 원인 `18` `년 출제`

① **접염** : 화염 또는 열의 접촉에 의하여 불이 옮겨 붙는 것
② **복사열** : 복사파에 의하여 열이 고온에서 저온으로 이동하는 것
③ **비화** : 화재현장에서 불꽃이 날아가 먼 지역까지 발화하는 현상

2 내화건축물의 화재

(1) 내화건축물 화재의 성질·상태 `18` `년 출제`

내화건축물의 화재 성상은 저온장기형이다.

> `Plus one` 건축물 화재의 성질·상태 `21` `22` `23` `년 출제`
> • 내화건축물 화재의 성질·상태 : 저온장기형
> • 목조건축물 화재의 성질·상태 : 고온단기형

(2) 내화건축물의 화재진행과정 `21` `년 출제`

초 기 ⇒ 성장기(대류) ⇒ 최성기(복사) ⇒ 종 기

(3) 내화건축물 화재의 표준온도곡선 `14` `년 출제`

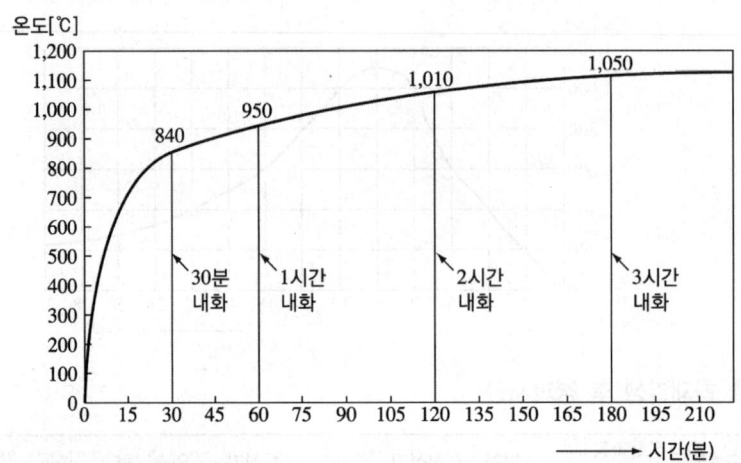

3 고분자물질(플라스틱)의 화재

(1) 고분자물질의 종류

① **열가소성 수지** : 열에 의하여 **변형되는 수지**(폴리에틸렌 수지, 폴리스타이렌 수지, **PVC 수지** 등)
② **열경화성 수지** : 열에 의하여 굳어지는 수지(**페놀 수지**, 요소 수지, **멜라민 수지**)

(2) 고분자물질(PVC)의 연소생성물

① 분해생성물 : 휘발성 물질 및 탄소를 포함하는 물질로서 기체(일산화탄소, 이산화탄소, 에틸렌), 액체(폼알데하이드, 아세톤, 방향족 탄화수소), 고체(타르, 탄화물) 등이 있다.
② 연소생성물 : 완전연소생성물(물, 이산화탄소), 불완전연소생성물(일산화탄소, 사이안화수소)

(3) 플라스틱의 연소과정

> 초기연소 → 연소증강 → 플래시오버 → 최성기 → 화재확산

① 초기연소 : 분해온도, 점화의 용이성, 노출 정도, 플라스틱의 크기에 따라 좌우된다.
② 연소증강
    ㉠ 축적된 열은 대류, 복사, 전도의 방법으로 전달하여 온도를 상승시켜 화재 확대 단계가 일어난다.
    ㉡ 연기로 인한 인명대피와 화재진압이 어려운 단계이다.
    ㉢ 인화의 용이성, 표면가연성, 열 확산, 연기 발생, 플라스틱의 양, 연소가스의 양에 따라 영향을 받는다.
③ 플래시오버(Flash Over) : 화재현장 내의 가연물이 동시에 인화점에 도달하는 단계이다.
④ 최성기 : 가연물이 이 단계에서 연소하여 극도의 피해가 발생하며 발열량이 최고가 된다.
⑤ 화재확산 : 최성기에서 발생한 열량은 **인접한 가연물을 연소시켜 화재가 확산**된다.

(4) 플라스틱의 연소생성물 `14` 년 출제

플라스틱의 종류	연소생성물	플라스틱의 종류	연소생성물
일반 플라스틱	CO, CO_2	PVC	HCl
황을 함유한 플라스틱	SO_2, H_2S, NO_2, NH_3	폴리스타이렌, 폴리에스터	벤젠(C_6H_6)
질소를 함유한 플라스틱	HCN, NO, NO_2, NH_3	페놀수지	페놀, 알데하이드

(5) 고분자 재료의 난연화 방법

① 재료의 **열분해 속도**를 제어하는 방법
② 재료의 **열분해 생성물**을 제어하는 방법
③ 재료의 **표면에 열전달**을 제어하는 방법
④ 재료의 **기상반응**을 제어하는 방법

4 화재성장속도 `16` `19` `23` 년 출제

(1) 화재성장곡선

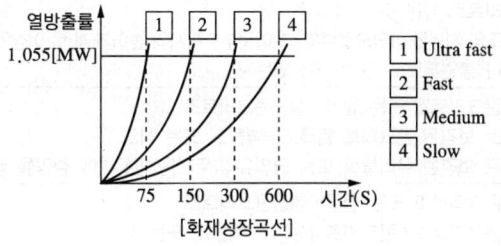

[화재성장곡선]

(2) 1[MW]의 열량에 도달하는 시간

화재성장속도	Slow	Medium	Fast	Ultrafast
시간[s]	600	300	150	75

1 건축물의 내화구조 등

(1) 내화구조(건피방 제3조) `17` `22` `23` `년 출제`

철근콘크리트조, 연와조, 석조 그리고 표와 같이 내화성능을 가진 것

내화구분		내화구조의 기준
벽	모든 벽	• **철근콘크리트조** 또는 철골·철근콘크리트조로서 두께가 10[cm] 이상인 것 • 골구를 철골조로 하고 그 양면을 두께 4[cm] 이상의 철망모르타르(그 바름바탕을 불연재료로 한 것으로 한정) 또는 두께 5[cm] 이상의 콘크리트 블록·벽돌 또는 석재로 덮은 것 • 철재로 보강된 콘크리트 블록조·벽돌조 또는 석조로서 철재에 덮은 콘크리트 블록 등의 두께가 5[cm] 이상인 것 • 벽돌조로서 두께가 19[cm] 이상인 것 • 고온·고압의 증기로 양생된 경량기포 콘크리트 패널 또는 경량기포 콘크리트 블록조로서 두께가 10[cm] 이상인 것
	외벽 중 비내력벽	• **철근콘크리트조** 또는 철골·철근콘크리트조로서 두께가 7[cm] 이상인 것 • 골구를 철골조로 하고 그 양면을 두께 3[cm] 이상의 철망모르타르 또는 두께 4[cm] 이상의 콘크리트 블록·벽돌 또는 석재로 덮은 것 • 철재로 보강된 콘크리트 블록조·벽돌조 또는 석조로서 철재에 덮은 콘크리트 블록 등의 두께가 4[cm] 이상인 것 • 무근콘크리트조·콘크리트 블록조·벽돌조 또는 석조로서 두께가 7[cm] 이상인 것
기 둥		작은 지름이 25[cm] 이상인 것. 다만, 고강도 콘크리트(설계기준강도가 50[MPa] 이상인 콘크리트)를 사용하는 경우에는 국토교통부장관이 정하여 고시하는 고강도 콘크리트 내화성능 관리기준에 적합해야 한다. • 철근콘크리트조 또는 철골·철근콘크리트조 • 철골을 두께 6[cm](경량골재를 사용하는 경우 5[cm]) 이상의 철망모르타르 또는 두께 7[cm] 이상의 콘크리트 블록·벽돌 또는 석재로 덮은 것 • 철골을 두께 5[cm] 이상의 콘크리트로 덮은 것
바 닥		• 철근콘크리트조 또는 철골·철근콘크리트조로서 두께가 10[cm] 이상인 것 • 철재로 보강된 콘크리트 블록조·벽돌조 또는 석조로서 철재에 덮은 콘크리트 블록 등의 두께가 5[cm] 이상인 것 • 철재의 양면을 두께 5[cm] 이상의 철망모르타르 또는 콘크리트로 덮은 것
보		지붕틀을 포함한다. 다만, 고강도 콘크리트를 사용하는 경우에는 국토교통부장관이 정하여 고시하는 고강도 콘크리트 내화성능 관리기준에 적합해야 한다. • 철근콘크리트조 또는 철골·철근콘크리트조 • 철골을 두께 6[cm](경량 골재를 사용하는 경우에는 5[cm]) 이상의 철망모르타르 또는 두께 5[cm] 이상의 콘크리트로 덮은 것 • 철골조의 지붕틀(바닥으로부터 그 아랫부분까지의 높이가 4[m] 이상인 것에 한한다)로서 바로 아래에 반자가 없거나 불연재료로 된 반자가 있는 것
지 붕		• 철근콘크리트조 또는 철골·철근콘크리트조 • 철재로 보강된 콘크리트 블록조·벽돌조 또는 석조 • 철재로 보강된 유리블록 또는 망입유리(두꺼운 판유리에 철망을 넣은 것을 말한다)로 된 것
계 단		• 철근콘크리트조 또는 철골·철근콘크리트조 • 무근콘크리트조·콘크리트 블록조·벽돌조 또는 석조 • 철재로 보강된 콘크리트 블록조·벽돌조 또는 석조 • 철골조

(2) 방화구조(건피방 제4조) 10 14 년 출제

구조 내용	방화구조의 기준
철망모르타르 바르기	바름 두께가 2[cm] 이상인 것
• 석고판 위에 **시멘트모르타르** 또는 **회반죽**을 바른 것 • 시멘트모르타르 위에 타일을 붙인 것	두께의 합계가 2.5[cm] 이상인 것
심벽에 흙으로 맞벽치기한 것	그대로 모두 인정됨

2 건축물의 방화벽, 방화문 등

(1) 방화벽(건피방 제21조)

화재 시 연소의 확산을 막고 피해를 줄이기 위해 주로 목조건축물에 설치하는 벽

대상 건축물	구획단지	방화벽의 구조
주요구조부가 내화구조 또는 불연재료가 아닌 연면적 1,000[m²] 이상인 건축물	연면적 1,000[m²] 미만마다 구획	• 내화구조로서 홀로 설 수 있는 구조일 것 • 방화벽의 양쪽 끝과 위쪽 끝을 건축물의 외벽면 및 지붕면으로부터 0.5[m] 이상 튀어 나오게 할 것 • 방화벽에 설치하는 출입문의 너비 및 높이는 각각 2.5[m] 이하로 하고, 해당 출입문에는 60분+방화문 또는 60분 방화문을 설치할 것

(2) 방화문(건축법 시행령 제64조)

구 분	정 의
60분+방화문	연기 및 불꽃을 차단할 수 있는 시간이 60분 이상이고, 열을 차단할 수 있는 시간이 30분 이상인 방화문
60분 방화문	연기 및 불꽃을 차단할 수 있는 시간이 60분 이상인 방화문
30분 방화문	연기 및 불꽃을 차단할 수 있는 시간이 30분 이상 60분 미만인 방화문

(3) 방화구획의 설치기준

① 설치대상(건축법 시행령 제46조) 15 년 출제

주요구조부가 내화구조 또는 불연재료로 된 건축물로서 연면적이 1,000[m²]를 넘는 것은 다음 각호의 구조물로 방화구획을 해야 한다.

㉠ 내화구조로 된 바닥 및 벽

㉡ 방화문 또는 자동방화셔터(국토교통부령으로 정하는 기준에 적합한 것을 말한다)

② ①을 적용하지 않거나 그 사용에 지장이 없는 범위에서 ①을 완화하여 적용할 수 있는 경우(건축법 시행령 제46조) 17 년 출제

㉠ 문화 및 집회시설(동·식물원은 제외한다), 종교시설, 운동시설 또는 장례시설의 용도로 쓰는 거실로서 시선 및 활동공간의 확보를 위하여 불가피한 부분

㉡ 물품의 제조·가공 및 운반 등(보관은 제외한다)에 필요한 고정식 대형 기기(器機) 또는 설비의 설치를 위하여 불가피한 부분. 다만, 지하층인 경우에는 지하층의 외벽 한쪽 면(지하층의 바닥면에서 지상층 바닥 아래면까지의 외벽 면적 중 1/4 이상이 되는 면을 말한다) 전체가 건물 밖으로 개방되어 보행과 자동차의 진입·출입이 가능한 경우로 한정한다.

㉢ 계단실·복도 또는 승강기의 승강장 및 승강로로서 그 건축물의 다른 부분과 방화구획으로 구획된 부분. 다만, 해당 부분에 위치하는 설비배관 등이 바닥을 관통하는 부분은 제외한다.

② 건축물의 최상층 또는 피난층으로서 대규모 회의장·강당·스카이라운지·로비 또는 피난안전 구역 등의 용도로 쓰는 부분으로서 그 용도로 사용하기 위하여 불가피한 부분

⑩ 복층형 공동주택의 세대별 층간 바닥 부분

⑭ 주요구조부가 내화구조 또는 불연재료로 된 주차장

⑰ 단독주택, 동물 및 식물 관련 시설 또는 국방·군사시설(집회, 체육, 창고 등의 용도로 사용되는 시설만 해당한다)로 쓰는 건축물

⑱ 건축물의 1층과 2층의 일부를 동일한 용도로 사용하며 그 건축물의 다른 부분과 방화구획으로 구획된 부분(바닥면적의 합계가 500[m²] 이하인 경우로 한정한다)

③ 방화구획의 기준(건피방 제14조) 10 14 년 출제

구획종류	구획기준		구획부분의 구조
면적별 구획	10층 이하의 층	• 바닥면적 1,000[m²] 이내마다 구획 • 자동식 소화설비(스프링클러설비) 설치 시 바닥면적 3,000[m²] 이내마다 구획	내화구조의 바닥 및 벽, 방화문 또는 자동방화셔터로 구획
	11층 이상의 층	• 바닥면적 200[m²] 이내마다 구획 • 자동식 소화설비(스프링클러설비) 설치 시 바닥면적 600[m²] 이내마다 구획 • 벽 및 반자의 실내에 접하는 마감이 불연재료인 경우 바닥면적 500[m²] 이내마다 구획 • 벽 및 반자의 실내에 접하는 마감이 불연재료면서 자동식 소화설비(스프링클러설비) 설치 시 바닥면적 1,500[m²] 이내마다 구획	
층별 구획	매 층마다 구획(단, 지하 1층에서 지상으로 직접 연결하는 경사로 부위는 제외)		
기 타	필로티나 그 밖에 이와 비슷한 구조(벽면적의 1/2 이상의 그 층의 바닥면에서 위층바닥 아래면까지 공간으로 된 것만 해당한다)의 부분을 주차장으로 사용하는 경우 그 부분은 건축물의 다른 부분과 구획할 것		

④ 자동방화셔터의 설치기준(건피방 제14조)

㉠ 피난이 가능한 60분+방화문 또는 60분 방화문으로부터 3[m] 이내에 별도로 설치할 것

㉡ 전동방식이나 수동방식으로 개폐할 수 있을 것

㉢ 불꽃감지기 또는 연기감지기 중 하나와 열감지기를 설치할 것

㉣ 불꽃이나 연기를 감지한 경우 일부 폐쇄되는 구조일 것

㉤ 열을 감지한 경우 완전 폐쇄되는 구조일 것

⑤ 4층 이상인 아파트의 발코니에 대피공간을 설치하지 않아도 되는 경우(건축법 시행령 제46조)

㉠ 발코니와 인접 세대와의 경계벽이 파괴하기 쉬운 경량구조 등인 경우

㉡ 발코니의 경계벽에 피난구를 설치한 경우

㉢ 발코니의 바닥에 국토교통부령으로 정하는 하향식 피난구를 설치한 경우

㉣ 국토교통부장관이 규정에 따른 대피공간과 동일하거나 그 이상의 성능이 있다고 인정하여 고시하는 구조 또는 시설을 갖춘 경우

(4) 피난안전구역

① 피난안전구역의 설치대상(건축법 시행령 제34조) `13` `22` 년 출제

   ㉠ 초고층 건축물에는 피난층 또는 지상으로 통하는 직통계단과 직접 연결되는 피난안전구역(건축물의 피난·안전을 위하여 건축물 중간층에 설치하는 대피공간을 말한다)을 지상층으로부터 최대 30개 층마다 1개소 이상 설치해야 한다.

   ㉡ 준초고층 건축물에는 피난층 또는 지상으로 통하는 직통계단과 직접 연결되는 피난안전구역을 해당 건축물 전체 층수의 1/2에 해당하는 층으로부터 상하 5개층 이내에 1개소 이상 설치해야 한다. 다만, 국토교통부령으로 정하는 기준에 따라 피난층 또는 지상으로 통하는 직통계단을 설치하는 경우에는 그렇지 않다.

② 피난안전구역의 설치기준(건피방 제8조의2) `19` `23` 년 출제

   ㉠ 피난안전구역은 해당 건축물의 1개층을 대피공간으로 하며, 대피에 장애가 되지 않는 범위에서 기계실, 보일러실, 전기실 등 건축설비를 설치하기 위한 공간과 같은 층에 설치할 수 있다. 이 경우 피난안전구역은 건축설비가 설치되는 공간과 내화구조로 구획해야 한다.

   ㉡ 피난안전구역에 연결되는 특별피난계단은 피난안전구역을 거쳐서 상·하층으로 갈 수 있는 구조로 설치해야 한다.

   ㉢ 피난안전구역의 구조 및 설비는 다음 각 호의 기준에 적합해야 한다.
   - 피난안전구역의 바로 아래층 및 위층은 녹색건축물 조성 지원법 제15조 제1항에 따라 국토교통부장관이 정하여 고시한 기준에 적합한 단열재를 설치할 것. 이 경우 아래층은 최상층에 있는 거실의 반자 또는 지붕 기준을 준용하고, 위층은 최하층에 있는 거실의 바닥 기준을 준용할 것
   - 피난안전구역의 내부마감재료는 불연재료로 설치할 것
   - 건축물의 내부에서 피난안전구역으로 통하는 계단은 특별피난계단의 구조로 설치할 것
   - 비상용 승강기는 피난안전구역에서 승하차할 수 있는 구조로 설치할 것
   - 피난안전구역에는 식수공급을 위한 급수전을 1개소 이상 설치하고 예비전원에 의한 조명설비를 설치할 것
   - 관리사무소 또는 방재센터 등과 긴급연락이 가능한 경보 및 통신시설을 설치할 것
   - 별표 1의2에서 정하는 기준에 따라 산정한 면적 이상일 것
   - 피난안전구역의 높이는 2.1[m] 이상일 것
   - 건축물의 설비기준 등에 관한 규칙 제14조에 따른 배연설비를 설치할 것
   - 그 밖에 소방청장이 정하는 소방 등 재난관리를 위한 설비를 갖출 것

(5) 피난계단 및 특별피난계단의 구조 설치기준(건피방 제9조)

① 건축물의 내부에 설치하는 피난계단의 구조 `14` `20` 년 출제

   ㉠ 계단실은 창문·출입구 기타 개구부(이하 "창문등"이라 한다)를 제외한 해당 건축물의 다른 부분과 내화구조의 벽으로 구획할 것

   ㉡ 계단실의 실내에 접하는 부분(바닥 및 반자 등 실내에 면한 모든 부분을 말한다)의 마감(마감을 위한 바탕을 포함한다)은 불연재료로 할 것

   ㉢ 계단실에는 예비전원에 의한 조명설비를 할 것

② 계단실의 바깥쪽과 접하는 창문등(망이 들어 있는 유리의 붙박이창으로서 그 면적이 각각 1[m²] 이하인 것을 제외한다)은 해당 건축물의 다른 부분에 설치하는 창문 등으로부터 2[m] 이상의 거리를 두고 설치할 것

⑩ 건축물의 내부와 접하는 계단실의 창문 등(출입구를 제외한다)은 망이 들어 있는 유리의 붙박이창으로서 그 면적을 각각 1[m²] 이하로 할 것

⑭ 건축물의 내부에서 계단실로 통하는 출입구의 유효너비는 0.9[m] 이상으로 하고, 그 출입구에는 피난의 방향으로 열 수 있는 것으로서 언제나 닫힌 상태를 유지하거나 화재로 인한 연기 또는 불꽃을 감지하여 자동적으로 닫히는 구조로 된 영 제64조 제1항 제1호의 60+방화문(이하 "60+방화문"이라 한다) 또는 같은 항 제2호의 방화문(이하 "60분방화문"이라 한다)을 설치할 것. 다만, 연기 또는 불꽃을 감지하여 자동적으로 닫히는 구조로 할 수 없는 경우에는 온도를 감지하여 자동적으로 닫히는 구조로 할 수 있다.

◎ 계단은 내화구조로 하고 피난층 또는 지상까지 직접 연결되도록 할 것

② **건축물의 바깥쪽에 설치하는 피난계단의 구조** `13` `23` 년 출제
  ㉠ 계단은 그 계단으로 통하는 출입구 외의 창문 등(망이 들어 있는 유리의 붙박이창으로서 그 면적이 각각 1[m²] 이하인 것을 제외한다)으로부터 2[m] 이상의 거리를 두고 설치할 것
  ㉡ 건축물의 내부에서 계단으로 통하는 출입구에는 60+방화문 또는 60분 방화문을 설치할 것
  ㉢ 계단의 유효너비는 0.9[m] 이상으로 할 것
  ㉣ 계단은 내화구조로 하고 지상까지 직접 연결되도록 할 것

③ **특별피난계단의 구조** `21` `22` 년 출제
  ㉠ 건축물의 내부와 계단실은 노대를 통하여 연결하거나 외부를 향하여 열 수 있는 면적 1[m²] 이상인 창문(바닥으로부터 1[m] 이상의 높이에 설치한 것에 한한다) 또는 건축물의 설비기준 등에 관한 규칙 제14조의 규정에 적합한 구조의 배연설비가 있는 면적 3[m²] 이상인 부속실을 통하여 연결할 것
  ㉡ 계단실・노대 및 부속실(비상용승강기의 승강장을 겸용하는 부속실을 포함한다)은 창문 등을 제외하고는 내화구조의 벽으로 각각 구획할 것
  ㉢ 계단실 및 부속실의 실내에 접하는 부분(바닥 및 반자 등 실내에 면한 모든 부분을 말한다)의 마감(마감을 위한 바탕을 포함한다)은 불연재료로 할 것
  ㉣ 계단실에는 예비전원에 의한 조명설비를 할 것
  ㉤ 계단실・노대 또는 부속실에 설치하는 건축물의 바깥쪽에 접하는 창문 등(망이 들어 있는 유리의 붙박이창으로서 그 면적이 각각 1[m²] 이하인 것을 제외한다)은 계단실・노대 또는 부속실 외의 해당 건축물의 다른 부분에 설치하는 창문 등으로부터 2[m] 이상의 거리를 두고 설치할 것
  ㉥ 계단실에는 노대 또는 부속실에 접하는 부분 외에는 건축물의 내부와 접하는 창문 등을 설치하지 않을 것
  ㉦ 계단실의 노대 또는 부속실에 접하는 창문 등(출입구를 제외한다)은 망이 들어 있는 유리의 붙박이창으로서 그 면적을 각각 1[m²] 이하로 할 것
  ◎ 노대 및 부속실에는 계단실 외의 건축물의 내부와 접하는 창문 등(출입구를 제외한다)을 설치하지 않을 것

ⓩ 건축물의 내부에서 노대 또는 부속실로 통하는 출입구에는 60+방화문 또는 60분 방화문을 설치하고, 노대 또는 부속실로부터 계단실로 통하는 출입구에는 60+방화문, 60분 방화문 또는 영 제64조 제1항 제3호의 30분 방화문을 설치할 것. 이 경우 방화문은 언제나 닫힌 상태를 유지하거나 화재로 인한 연기 또는 불꽃을 감지하여 자동적으로 닫히는 구조로 해야 하고, 연기 또는 불꽃으로 감지하여 자동적으로 닫히는 구조로 할 수 없는 경우에는 온도를 감지하여 자동적으로 닫히는 구조로 할 수 있다.

ⓩ 계단은 내화구조로 하되, 피난층 또는 지상까지 직접 연결되도록 할 것

ⓚ 출입구의 유효너비는 0.9[m] 이상으로 하고 피난의 방향으로 열 수 있을 것

(6) 회전문의 설치기준(건피방 제12조) 18 년 출제

① 계단이나 에스컬레이터로부터 2[m] 이상의 거리를 둘 것

② 회전문과 문틀 사이 및 바닥 사이는 다음에서 정하는 간격을 확보하고 틈 사이를 고무와 고무펠트의 조합체 등을 사용하여 신체나 물건 등에 손상이 없도록 할 것

　㉠ 회전문과 문틀 사이는 5[cm] 이상

　㉡ 회전문과 바닥 사이는 3[cm] 이하

③ 출입에 지장이 없도록 일정한 방향으로 회전하는 구조로 할 것

④ 회전문의 중심축에서 회전문과 문틀 사이의 간격을 포함한 회전문 날개 끝부분까지의 길이는 140[cm] 이상이 되도록 할 것

⑤ 회전문의 회전속도는 분당회전수가 8회를 넘지 않도록 할 것

⑥ 자동회전문은 충격이 가하여지거나 사용자가 위험한 위치에 있는 경우에는 전자감지장치 등을 사용하여 정지하는 구조로 할 것

(7) 하향식피난구의 설치기준(건피방 제14조) 22 년 출제

① 피난구의 덮개(덮개와 사다리, 승강식피난기 또는 경보시스템이 일체형으로 구성된 경우에는 그 사다리, 승강식피난기 또는 경보시스템을 포함한다)는 품질시험을 실시한 결과 비차열 1시간 이상의 내화성능을 가져야 하며, 피난구의 유효 개구부 규격은 직경 60[cm] 이상일 것

② 상층·하층 간 피난구의 수평거리는 15[cm] 이상 떨어져 있을 것

③ 아래층에서는 바로 위층의 피난구를 열 수 없는 구조일 것

④ 사다리는 바로 아래층의 바닥면으로부터 50[cm] 이하까지 내려오는 길이로 할 것

⑤ 덮개가 개방될 경우에는 건축물관리시스템 등을 통하여 경보음이 울리는 구조일 것

⑥ 피난구가 있는 곳에는 예비전원에 의한 조명설비를 설치할 것

(8) 소방관진입창의 설치기준(건피방 제18조의2) 20 년 출제

① 2층 이상 11층 이하인 층에 각각 1개소 이상 설치할 것. 이 경우 소방관이 진입할 수 있는 창의 가운데에서 벽면 끝까지의 수평거리가 40[m] 이상인 경우에는 40[m] 이내마다 소방관이 진입할 수 있는 창을 추가로 설치해야 한다.

② 소방차 진입로 또는 소방차 진입이 가능한 공터에 면할 것

③ 창문의 가운데에 지름 20[cm] 이상의 역삼각형을 야간에도 알아볼 수 있도록 빛 반사 등으로 붉은색으로 표시할 것

④ 창문의 한쪽 모서리에 타격지점을 지름 3[cm] 이상의 원형으로 표시할 것

⑤ 창문의 크기는 폭 90[cm] 이상, 높이 1.2[m] 이상으로 하고, 실내 바닥면으로부터 창의 아랫부분까지의 높이는 80[cm] 이내로 할 것

⑥ 다음의 어느 하나에 해당하는 유리를 사용할 것

   ㉠ 플로트판유리로서 그 두께가 6[mm] 이하인 것

   ㉡ 강화유리 또는 배강도유리로서 그 두께가 5[mm] 이하인 것

   ㉢ ㉠ 또는 ㉡에 해당하는 유리로 구성된 이중 유리로서 그 두께가 24[mm] 이하인 것

(9) 비상탈출구의 설치기준(건피방 제25조) `15` 년 출제

① 비상탈출구의 유효너비는 0.75[m] 이상으로 하고, 유효높이는 1.5[m] 이상으로 할 것

② 비상탈출구의 문은 피난방향으로 열리도록 하고, 실내에서 항상 열 수 있는 구조로 해야 하며, 내부 및 외부에는 비상탈출구의 표시를 할 것

③ 비상탈출구는 출입구로부터 3[m] 이상 떨어진 곳에 설치할 것

④ 지하층의 바닥으로부터 비상탈출구의 아랫부분까지의 높이가 1.2[m] 이상이 되는 경우에는 벽체에 발판의 너비가 20[cm] 이상인 사다리를 설치할 것

⑤ 비상탈출구는 피난층 또는 지상으로 통하는 복도나 직통계단에 직접 접하거나 통로 등으로 연결될 수 있도록 설치해야 하며, 피난층 또는 지상으로 통하는 복도나 직통계단까지 이르는 피난통로의 유효너비는 0.75[m] 이상으로 하고, 피난통로의 실내에 접하는 부분의 마감과 그 바탕은 불연재료로 할 것

⑥ 비상탈출구의 진입부분 및 피난통로에는 통행에 지장이 있는 물건을 방치하거나 시설물을 설치하지 않을 것

⑦ 비상탈출구의 유도등과 피난통로의 비상조명등의 설치는 소방법령이 정하는 바에 의할 것

(10) 피난용승강기의 설치기준(건피방 제30조) `16` 년 출제

① 피난용승강기 승강장의 구조

   ㉠ 승강장의 출입구를 제외한 부분은 해당 건축물의 다른 부분과 내화구조의 바닥 및 벽으로 구획할 것

   ㉡ 승강장은 각 층의 내부와 연결될 수 있도록 하되, 그 출입구에는 60+방화문 또는 60분 방화문을 설치할 것. 이 경우 방화문은 언제나 닫힌 상태를 유지할 수 있는 구조이어야 한다.

   ㉢ 실내에 접하는 부분(바닥 및 반자 등 실내에 면한 모든 부분을 말한다)의 마감(마감을 위한 바탕을 포함한다)은 불연재료로 할 것

   ㉣ 건축물의 설비기준 등에 관한 규칙 제14조에 따른 배연설비를 설치할 것. 다만, 소방시설 설치 및 관리에 법률 시행령 별표 5에 따른 제연설비를 설치한 경우에는 배연설비를 설치하지 않을 수 있다.

② 피난용승강기 승강로의 구조

   ㉠ 승강로는 해당 건축물의 다른 부분과 내화구조로 구획할 것

   ㉡ 승강로 상부에 건축물의 설비기준 등에 관한 규칙 제14조에 따른 배연설비를 설치할 것

③ 피난용승강기 기계실의 구조
　　㉠ 출입구를 제외한 부분은 해당 건축물의 다른 부분과 내화구조의 바닥 및 벽으로 구획할 것
　　㉡ 출입구에는 60+방화문 또는 60분 방화문을 설치할 것
④ 피난용승강기 전용 예비전원
　　㉠ 정전시 피난용승강기, 기계실, 승강장 및 폐쇄회로 텔레비전 등의 설비를 작동할 수 있는 별도의
　　　예비전원 설비를 설치할 것
　　㉡ ㉠에 따른 예비전원은 초고층 건축물의 경우에는 2시간 이상, 준초고층 건축물의 경우에는 1시
　　　간 이상 작동이 가능한 용량일 것
　　㉢ 상용전원과 예비전원의 공급을 자동 또는 수동으로 전환이 가능한 설비를 갖출 것
　　㉣ 전선관 및 배선은 고온에 견딜 수 있는 내열성 자재를 사용하고, 방수조치를 할 것

3 건축물의 주요구조부, 불연재료 등

(1) 주요구조부 `10` `년 출제`

내력벽, 기둥, 바닥, 보, 지붕틀, 주계단

> 주요구조부 제외 : **사잇벽**, 사잇기둥, 최하층의 바닥, 작은 보, 차양, **옥외계단**

(2) 불연재료 등

① **불연재료** : 콘크리트, 석재, 벽돌, 기와, 석면판, 철강, **유리**, 알루미늄, 시멘트모르타르, 회 등
　불에 타지 않는 성질을 가진 재료(난연 1급)
② 준불연재료 : 불연재료에 준하는 성질을 가진 재료(난연 2급)
③ 난연재료 : 불에 잘 타지 않는 성질을 가진 재료(난연 3급)

4 건축물의 방화계획

(1) 방재계획의 안전성 대응

① 공간적 대응 `11` `13` `15` `17` `년 출제`
　㉠ 대항성 : 건축물의 내화, 방연성능, 방화구획의 성능, 화재방어의 대응성, 초기소화의 대응성
　　등의 화재의 사상에 대응하는 성능과 항력
　㉡ 회피성 : 난연화, 불연화, 내장제한, 방화구획의 세분화, 방화훈련 등 화재의 발화, 확대 등
　　저감시키는 예방적 조치 또는 상황
　㉢ 도피성 : 화재발생 시 사상과 공간적 대응 관계에서 화재로부터 피난할 수 있는 공간성과 시스템
　　등의 성상

> 공간적 대응 : 대항성, 회피성, 도피성

② 설비적 대응
　대항성의 방연성능 현상으로 제연설비, 방화문, 방화셔터, 자동화재탐지설비, 스프링클러설비 등
　에 의한 대응

(2) 건축물 전체의 불연화

① 내장재의 불연화

② 일반설비의 배관, 기자재, 보냉재의 불연화

③ 가연물의 적재 및 가연물의 양 규제

(3) 건축물의 방재계획

① 부지선정 및 배치계획 : 소화활동 및 구조활동을 위해서 충분한 광장 확보

② 단면계획 **11** 년 출제

㉠ 화염이 다른 층으로 이동하지 못하도록 구획

㉡ 상하층 간의 배관 및 장치 등의 관통으로 발생되는 공간 : 내화재료로 메꾸어 줄 것

㉢ 상하층을 관통하는 계단 : 명확한 2방향의 피난 원칙 적용

③ 재료계획

㉠ 내장재, 외장재, 마감재 등 : 불연성능, 내화성능

㉡ 장식물 등 : 불연성능

④ 평면계획 **21** 년 출제

㉠ 화재에 의한 피해를 작은 범위로 한정하기 위한 것(방화구획을 작게 한다)

㉡ 방화벽, 방화문 등을 방화구획의 경계 부분에 설치하여 화재를 차단

㉢ 소방대의 진입, 통로, 피난 : 명확한 2방향 이상의 피난 동선을 확보

⑤ 입면계획

㉠ 벽과 개구부가 가장 큰 요소 : 화재예방, 소화, 구출, 피난, 연소방지 등의 계획 수립

㉡ 이웃 건물과 접해 있는 개구부 : 방화셔터, 방화문 등을 설치

㉢ 진입구 확보 : 원활한 소화 및 구출 활동

㉣ 발코니 또는 옥외계단 설치 : 원활한 피난

(4) 건축물의 연소확대 방지

① 수직구획

② 수평구획

③ 용도구획

5 방재센터

(1) 방재센터의 정의

① 건물 내의 화재정보를 총괄·집중 감시하는 기능을 가지고 화재의 진전상황을 파악하는 곳

② **방재센터**는 **피난층**으로부터 가능한 **같은 위치**에 설치해야 한다.

(2) 방재센터의 설비

① 화재의 탐지 및 감시

② 화재의 확인, 판단, 지령, 통보

③ 초기소화

④ 연소방지

⑤ 피난유도

⑥ 본격적인 소화

⑦ 방범관리

(3) 방재센터의 기능

① 소방관서 및 관계인에게 화재발생통보기능

② 자동화재탐지설비의 수신기능

③ 비상방송설비의 연동기능

④ 방범감시반과의 연동기능

⑤ 건물관리 시스템과의 연동기능

⑥ 시스템의 자가진단기능

⑦ 제연댐퍼의 감시제어기능

⑧ 습식, 준비작동식스프링클러설비 등의 감시제어기능

⑨ 소방펌프의 감시제어기능

⑩ 제연팬의 감시제어기능

⑪ 헬리포트의 감시제어기능

⑫ 엘리베이터(일반용, 비상용)의 운행 감시기능

⑬ 방화문, 방화셔터 및 방연 커튼의 제어기능

⑭ 할론 및 이산화탄소설비의 가스 방출 감시기능

⑮ 비상발전기의 운전감시기능

⑯ 물탱크의 수위감시기능

⑰ 비상전화 통화기능

⑱ 방재 기기장치의 작동기록기능

⑲ 방재관련 장비의 전원감시

(4) 인명구조활동의 주의사항

① 필요한 장비 장착

② 요(要) 구조자 위치 확인

③ 세심한 주의로 명확한 판단

④ 용기와 정확한 판단

03 예상문제

01 목조건물화재의 일반 현상이 아닌 것은?

① 처음에는 흑색연기가 창, 환기구 등으로 분출된다.

② 차차 연기량이 많아지고 지붕, 처마 등에서 연기가 새어 나온다.

③ 옥내에서 탈 때, 타는 소리가 요란하다.

④ 결국은 화염이 외부에 나타난다.

해설   목조건축물의 처음 화재에는 백색연기가 분출된다.

정답 ①

02 목재가 탈 때 불꽃이 발생하는 주된 이유로 옳은 것은?

① 목재의 주된 구성원소인 탄소성분이 급격히 연소하기 때문이다.

② 목재를 구성하는 고분자물질이 열분해하여 목재표면에서 가스 상태로 방출되어 연소하기 때문이다.

③ 목재 내부에 존재하는 응축물(타르)이 목재표면 밖으로 증발하여 연소하기 때문이다.

④ 목재의 표면에는 목재마다 정도의 차이는 있으나 소나무의 송진과 유사한 불꽃연소성을 가진 물질이 항상 존재하기 때문이다.

해설   목재의 고분자물질이 열분해하여 목재표면에서 가스 상태로 방출되어 연소하기 때문에 불꽃이 발생한다.

정답 ②

03 건축물 화재의 진행과정을 나열한 것 중 올바른 것은?

① 화원 → 최성기 → 성장기 → 감쇠기   ② 화원 → 감쇠기 → 성장기 → 최성기

③ 화원 → 성장기 → 최성기 → 감쇠기   ④ 화원 → 감쇠기 → 최성기 → 성장기

해설   건축물 화재의 진행과정 : 화원 → 성장기 → 최성기 → 감쇠기

정답 ③

04 목조건축물에서 화재가 발생하였을 때 화재진행상황 중 전기 상태의 순서로 옳은 것은?

① 원인 – 무염착화 – 발염착화 – 화재출화   ② 무염착화 – 발염착화 – 화재출화 – 원인

③ 발염착화 – 화재출화 – 원인 – 무염착화   ④ 화재출화 – 무염착화 – 발염착화 – 원인

해설   **목조건축물의 화재진행과정**

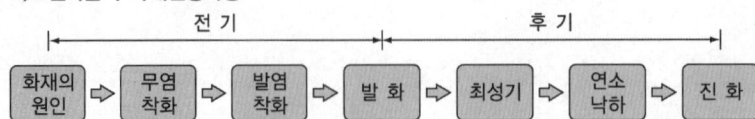

정답 ①

05 목재로 된 건축물이 화재가 발생하여 진화될 때까지의 과정을 설명하였다. 그중 알맞은 것은?

① 무염착화 – 발염착화 – 최성기 – 연소낙하

② 발화 – 무염착화 – 연소낙하 – 진화

③ 무염착화 – 연소낙하 – 최성기 – 진화

④ 발염착화 – 무염착화 – 발화 – 진화

> 해설　**목조건축물의 화재진행과정** : 화재의 원인 → 무염착화 → 발염착화 → 발화 → 최성기 → 연소낙하
> → 진화

정답　①

06 목재를 가열할 때 가열온도 160~360[℃]에서 많이 발생되는 기체는?

① 일산화탄소　　　② 수소가스　　　③ 아세틸렌가스　　　④ 유화수소가스

> 해설　목재의 화재는 약 500[℃] 이상에서 완전연소가 되는데, 200~300[℃]에서는 불완전연소가 일어나
> 일산화탄소가 생성된다.

정답　①

07 목재인 가연물이 착화에너지가 충분하지 못하여 연소하지 못하고 분해가스만 방출하는 현상을 무엇이라
하는가?

① 탄화현상　　　② 경화현상　　　③ 조해현상　　　④ 풍해현상

> 해설　**탄화현상** : 가연물이 착화에너지가 충분하지 못하여 연소하지 못하고 분해가스만 방출하는 현상

정답　①

08 화재 시 위험성이 가장 적은 부분은?

① 바 닥　　　② 벽　　　③ 천 장　　　④ 지 붕

> 해설　지붕은 화재 위험성이 가장 적다.

정답　④

09 화재의 진행상황을 시간에 대한 온도의 변화로 나타낼 때 Flash Over는 다음 중 어느 시기에서
발생하는가?

① 성장기에서 최성기로 넘어가는 분기점

② 제1성장기에서 제2성장기로 넘어가는 분기점

③ 최성기에서 감쇄기로 넘어가는 분기점

④ 최성기의 어느 시점이라도 조건만 형성되면 발생

> 해설　**성장기**에서 **최성기**로 넘어가는 분기점에서 Flash Over가 나타난다.

정답　①

10 목조건축물의 화재 원인에 맞지 않는 것은?

① 접 염

② 복사열

③ 비 화

④ 전 도

해설 목조건축물의 화재 원인 : 접염, 복사열, 비화

정답 ④

11 목재화재 시 초기의 연소속도가 매분 평균 0.75~1[m]씩 원형으로 확대한다면 발화 5분 후 연소된 면적은 약 몇 [m²] 정도 되는가?

① 38~70[m²]

② 38~78.5[m²]

③ 40~65[m²]

④ 44~78.5[m²]

해설 화재의 연소속도

• 화재 초기 : 원형의 모양으로 0.75~1[m/min]씩 원형으로 확대

• 화재 중기 : 타원형의 모양으로 1~1.5[m/min]씩 타원형으로 확대

> 원형의 모양으로 0.75~1[m/min]씩 원형으로 확대하면 발화 5분 후 연소된 면적은 약 44~78.5[m²] 정도
> 가 된다.

정답 ④

12 목조건물의 화재가 발생하여 최성기에 도달할 때, 연소온도는 약 몇 [℃] 정도 되는가?

① 300[℃]

② 800[℃]

③ 1,200[℃]

④ 1,800[℃]

해설 건축물 화재의 성질·상태

• 목조건축물

  - 화재형태 : 고온단기형

  - 최성기 때 온도 : 약 1,200[℃]

• 내화건축물

  - 화재형태 : 저온장기형

  - 최성기 때 온도 : 약 1,000[℃]

정답 ③

13 목조건축물의 화재에 대한 설명으로 잘못된 것은?

① 최성기를 지나면 지붕과 벽이 무너진다.

② 최성기까지의 소요시간은 평균 20분이다.

③ 최성기에 이르면 최고 1,200[℃]까지 온도가 오른다.

④ 최성기에 이르면 연기의 색깔은 흑색으로 변한다.

해설 목조건축물의 화재소요시간

풍속[m/s] \ 화재진행과정	발화 → 최성기	최성기 → 연소낙하	발화 → 연소낙하
0~3	5~15분	6~19분	13~24분

정답 ②

14 목조건축물의 화재 시 최성기에서 연소낙하까지의 시간은?

① 5~10분　　　② 5~15분　　　③ 6~19분　　　④ 13~24분

해설　목조건축물의 화재소요시간

화재진행과정 풍속[m/s]	발화 → 최성기	최성기 → 연소낙하	발화 → 연소낙하
0~3	5~15분	6~19분	13~24분

정답 ③

15 일반 목조건물의 지붕 속, 천장, 벽 등에 불이 착화한 후 화재의 최성기까지의 소요시간으로 가장 적합한 것은?

① 1~5분　　　② 5~15분　　　③ 20~30분　　　④ 35~40분

해설　발화에서 최성기까지 화재소요시간 : 5~15분

정답 ②

16 목재와 목재연소의 과정에 대한 다음 설명 중 적합하지 않은 것은?

① 목재는 자연 건조한 상태에서도 보통 10~20[%]의 수분을 함유하고 있다.

② 목재를 가열하면 함유되어 있는 수분은 증발·기화되고 160[℃] 정도에서 분해되기 시작한다.

③ 분해를 시작한 목재는 300~350[℃] 정도에서 탄화를 종료한다.

④ 탄화가 종료된 목재는 800~1,000[℃] 정도에서 발화한다.

해설　목재의 연소과정

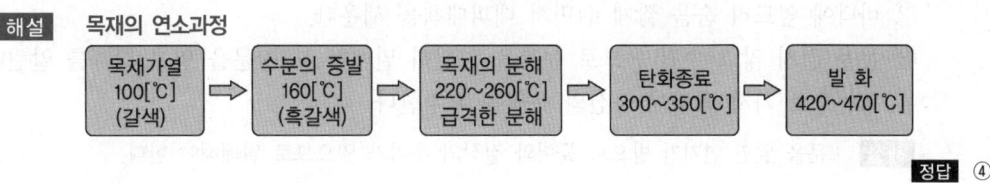

정답 ④

17 목재가 고온에 장기간 접촉해도 착화하기 어려운 수분 함유량은 최소 몇 [%] 이상인가?

① 10[%]　　　② 15[%]　　　③ 20[%]　　　④ 25[%]

해설　목재류의 수분함유량이 15[%] 이상이면, 고온·장기간 접촉해도 착화하기 어렵다.

정답 ②

18 가연물질이 재로 덮힌 숯불모양으로 불꽃 없이 착화하는 것을 나타내고 있는 것은?

① 무염착화　　　② 발염착화　　　③ 맹 화　　　④ 진 화

해설　• **무염착화** : 가연물이 연소하면서 재로 덮힌 숯불 모양으로 **불꽃 없이** 착화하는 현상
　　　• 발염착화 : 무염상태의 가연물에 바람을 주어 불꽃이 발생되면서 착화하는 현상

정답 ①

19 일반 가연물의 비화연소(飛火燃燒)현상은 풍향의 어느 쪽으로 발전하는가?

① 풍상(風上)   ② 풍하(風下)

③ 풍상 및 풍하   ④ 화점을 중심으로 하는 원주방향

> 해설   비화는 화재의 발생장소에서 불꽃이 날아가 먼 지역까지 발화하는 현상으로, 화점으로부터 풍하방향의 약 30° 범위 내로 분포한다.

정답 ②

20 목조건물에 화재가 발생하여 잔화정리를 할 때의 주의사항으로 잘못된 것은?

① 타서 떨어지기 쉬운 물건에 주의한다.

② 불티가 남기 쉬운 천장 속을 주의한다.

③ 도괴된 건물 밑은 위험하므로 살피지 않는다.

④ 연소된 인접건물의 지붕 등의 잔화정리에도 주의한다.

> 해설   화재발생 후 잔화정리할 때는 무너진 건물 주위와 밑을 잘 살펴야 한다.

정답 ③

21 문틈으로 연기가 새어 들어오는 화재를 발견할 때의 안전대책으로 잘못된 것은?

① 빨리 문을 열고 복도로 대피한다.

② 바닥에 엎드려 숨을 짧게 쉬면서 대피대책을 세운다.

③ 문을 열지 않고 수건 등으로 문틈을 완전히 밀폐한 후 창문을 열고 화재를 알린다.

④ 창문으로 가서 외부에 자신의 구원을 요청한다.

> 해설   문을 열면 연기가 방으로 들어와 질식의 우려가 있으므로 밀폐해야 한다.

정답 ①

22 목재표면에 남겨진 흔적은?

① 완소흔   ② 강연흔

③ 열소흔   ④ 훈소흔

> 해설   **균열흔**
> - 완소흔 : 700~800[℃] 정도의 삼각 또는 사각형태의 수열흔
> - 강연흔 : 900[℃] 정도의 홈이 깊은 요철이 형성된 수열흔
> - 열소흔 : 홈이 아주 깊은 1,000[℃] 정도의 대형 목조건물화재 시 나타나는 현상
> - 훈소흔 : 목재표면에 남겨진 흔적으로 출화부 부근에 훈소흔이 남아 있으며 그 부분이 발화부로 추정한다.

정답 ④

23 출화 가옥의 기둥, 벽 등은 발화부를 향하여 도괴되는 경향이 있다. 이때 출화부로 추정하는 이것을 무엇이라 하는가?

① 접염비교법　　　② 탄화심도비교법　　　③ 도괴방향법　　　④ 연소비교법

　해설　**도괴방향법** : 출화 가옥의 기둥, 벽 등은 발화부를 향하여 도괴되는 경향이 있다. 이때 출화부로 추정하는 것

정답 ③

24 목조건축물과 내화구조건축물 화재의 성질·상태에 대한 설명 중 옳지 않은 것은?

① 내화구조건축물의 화재진행상황은 초기 → 성장기 → 최성기 → 종기의 순서로 진행된다.

② 목조건축물은 공기의 유통이 좋아 순식간에 플래시오버에 도달하고 온도는 약 1,000[℃] 이상에 달한다.

③ 내화구조건축물은 견고하여 공기의 유통조건이 거의 일정하고 최고온도는 목조의 경우보다 낮다.

④ 목조건축물은 최성기를 지나면 급속히 타버리고, 공기의 유통이 좋으므로 장시간 고온을 유지한다.

　해설　**목조건축물** : 고온단기형

정답 ④

25 내화건축물 화재의 표준온도곡선에 있어서 화재발생 후 1시간이 경과할 경우 내부 온도는 대략 어느 정도인가?

① 950[℃]　　　② 1,200[℃]　　　③ 800[℃]　　　④ 600[℃]

　해설　내화건축물 화재의 표준온도곡선

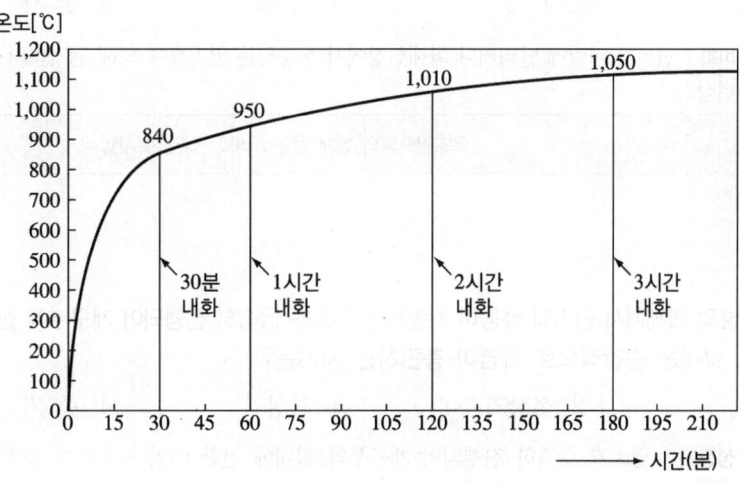

정답 ①

26 내화구조건물의 표준온도곡선에서 화재발생 후 30분 경과 시의 내부 온도는 약 몇 [℃]인가?

① 500[℃]　　　　② 840[℃]　　　　③ 950[℃]　　　　④ 1,010[℃]

해설 내화건축물 화재의 표준온도곡선

시 간	30분 후	1시간 후	2시간 후	3시간 후
온 도	약 840[℃]	약 950[℃]	약 1,010[℃]	약 1,050[℃]

정답 ②

27 다음 섬유 중 화재 위험성이 가장 낮은 것은?

① 식물성 섬유　　② 동물성 섬유　　③ 합성 섬유　　④ 레이온

해설 레이온이나 아세테이트는 합성섬유로서 식물성 섬유와 화학적으로 비슷하므로 동물성 섬유보다 화재 위험이 크다.

정답 ②

28 플라스틱 재료와 그 특성에 관한 대비로 옳은 것은?

① PVC 수지 – 열가소성　　　　　② 페놀 수지 – 열가소성
③ 폴리에틸렌 수지 – 열경화성　　④ 멜라민 수지 – 열가소성

해설 • **열가소성 수지** : 열에 의하여 변형되는 수지로서 **폴리에틸렌 수지, PVC 수지**, 폴리스타이렌 수지 등
• **열경화성 수지** : 열에 의하여 굳어지는 수지로서 **페놀 수지, 요소 수지**, 멜라민 수지

정답 ①

29 불티가 바람에 날리거나 또는 화재 현장에서 상승하는 열기류 중심에 휩쓸려 원거리 가연물에 착화하는 현상을 무엇이라 하는가?

① 비 화　　　　② 전 도　　　　③ 대 류　　　　④ 복 사

해설 **비화** : 불티가 바람에 날리거나 화재현장에서 상승하는 열기류에 의해 원거리의 가연물에 착화하는 현상

목조건축물의 화재 원인 : 비화, 접염, 복사열

정답 ①

30 내화건축물의 화재에서 공기의 유동이 원활하면 연소는 급속히 진행되어 개구부에 진한 매연과 화염이 분출하고 실내는 순간적으로 화염이 충만하는 시기는?

① 초 기　　　　② 성장기　　　　③ 최성기　　　　④ 중 기

해설 **성장기** : 연소가 급격히 진행되어 개구부와 실내에 진한 매연과 화염이 충만한 시기

정답 ②

31 화재의 최성기 상태가 아닌 것은?

① 건물 전체에 검은 연기가 돌고 있다.

② 온도는 국부적으로 1,200~1,300[℃] 정도가 된다.

③ 상층으로 완전히 연소되고 농연은 건물 전체에 충만하다.

④ 유리가 타서 녹아 떨어지는 상태가 목격된다.

해설 **화재의 최성기 상태** : 건물 전체에 검은 연기와 화염 그리고 불가루를 불어 올리는 강한 복사현상이 나타나며, 온도는 1,300[℃] 정도가 된다.

정답 ④

32 그림에서 내화건물의 화재 표준온도곡선은 어느 것인가?

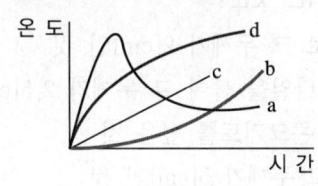

① a ② b ③ c ④ d

해설 **내화구조 건축물** : **저온장기형**으로 시간이 지나면 온도는 서서히 상승한다.

정답 ④

33 황을 함유한 플라스틱이 연소할 때 연소생성물이 아닌 것은?

① 아황산가스 ② 염화수소 ③ 황화수소 ④ 이산화질소

해설 **황을 함유한 플라스틱의 연소생성물** : 아황산가스(SO_2), 황화수소(H_2S), 이산화질소(NO_2), 암모니아(NH_3)

정답 ②

34 화재에 견딜 수 있는 성능을 가진 구조로서 국토교통부령이 정하는 기준에 적합한 구조로 전소한다 하더라도 수리하여 재사용할 수 있는 구조는 무엇인가?

① 방화구조 ② 내화구조 ③ 난연구조 ④ 불연구조

해설 **내화구조** : 전소한다하더라도 수리하여 재사용할 수 있는 구조

정답 ②

35 내화구조에 대한 설명으로 옳지 않은 것은?

① 철근콘크리트조, 연와조, 기타 이와 유사한 구조를 말한다.

② 화재 시 쉽게 연소가 되지 않는 구조를 말한다.

③ 화재에 대하여 상당한 시간 동안 구조상 내력이 감소되지 않아야 한다.

④ 보통 방화구획 밖에서 진화되어 인접부분에 화기의 전달이 되어야 한다.

해설 내화구조는 화재 시 연소되지 않는 구조이다.

정답 ④

36 특수 건축물의 외벽 중 모든 벽에 대한 내화구조의 기준으로 옳은 것은?

① 철근콘크리트조로서 두께가 5[cm] 이상
② 철근콘크리트조로서 두께가 7[cm] 이상
③ 철근콘크리트조로서 두께가 10[cm] 이상
④ 철근콘크리트조로서 두께가 12[cm] 이상

해설 외벽 중 내력벽의 **철근콘크리트조** 또는 철골·철근 콘크리크조로서 두께가 **10[cm] 이상**일 때 내화구조이다.

정답 ③

37 다음 중 내화구조에 해당되는 것은?

① 철망모르타르 바르기로 그 두께가 2[cm]인 것
② 시멘트모르타르 위에 타일을 붙여 그 두께가 2.5[cm]
③ 철골에 두께 5[cm]의 콘크리트를 덮은 것
④ 무근콘크리트조로서 그 두께가 5[cm]인 것

해설 ① 철망모르타르 바르기로 그 두께가 3[cm] 이상(외벽 중 비내력벽)
② 방화구조의 기준임
④ 무근콘크리트조로서 그 두께가 7[cm] 이상인 것(외벽 중 비내력벽)

정답 ③

38 다음 중 내화구조라고 볼 수 없는 것은?

① 철근콘크리트조　　　　　② 유 리
③ 석 조　　　　　　　　　　④ 기 와

해설 내화구조는 **철근콘크리트조**, 철골·철근콘크리트조, **석조, 연와조**를 말한다.

정답 ②

39 내력벽, 기둥, 바닥, 보, 지붕틀 및 주계단은?

① 내화구조부　　　　　　　② 건축설비부
③ 보조구조부　　　　　　　④ 주요구조부

해설 **주요구조부** : 내력벽, 기둥, 바닥, 보, 지붕틀 및 주계단

정답 ④

40 건축물에서 내화구조물로 하지 않아도 되는 것은?

① 건축물의 옥외계단　　　　② 건축물의 벽체
③ 건축물의 기둥　　　　　　④ 건축물의 보

해설 화재 시 건물 내부에는 내화구조물로 해야 한다.

정답 ①

41 철근콘크리트조로서 외벽 중 비내력벽의 내화구조에 해당하는 것은?

① 두께 7[cm] 이상
② 두께 10[cm] 이상
③ 두께 15[cm] 이상
④ 두께 20[cm] 이상

해설　외벽 중 비내력벽은 **철근콘크리트조** 또는 철골·철근콘크리트조로서 두께가 **7[cm]** 이상이면 내화구조이다.

정답 ①

42 내화구조의 철근콘크리트조 기둥은 그 작은 지름을 최소 몇 [cm] 이상으로 하는가?

① 10[cm]
② 15[cm]
③ 20[cm]
④ 25[cm]

해설　내화구조의 **기둥**은 작은 **지름**이 **25[cm] 이상**이어야 한다.

정답 ④

43 다음 내화구조의 기준 중 바닥에 대해서 맞지 않는 것은?

① 철근콘크리트조 또는 철골콘크리트조로서 두께가 10[cm] 이상인 것
② 철재로 보강된 콘크리트 블록조, 벽돌조로서 철재에 덮은 두께가 5[cm] 이상인 것
③ 철재의 양면을 두께 5[cm] 이상의 철망모르타르 또는 콘크리트로 덮은 것
④ 무근콘크리트, 콘크리트 블록조, 벽돌조 또는 석조로서 두께가 7[cm] 이상인 것

해설　④ 외벽 중 비내력벽의 내화구조의 기준에 대한 설명이다.

정답 ④

44 건축물의 내화구조라고 할 수 없는 것은?

① 철골조의 계단
② 철재로 보강된 벽돌조의 지붕
③ 철근콘크리트조로서 두께 10[cm] 이상의 벽
④ 철골·철근콘크리트조로서 두께 5[cm] 이상의 바닥

해설　내화구조의 바닥은 철근콘크리트조 또는 **철골·철근콘크리트조**로서 두께가 **10[cm] 이상**이다.

정답 ④

45 내장재의 발화시간에 영향을 주는 요소가 아닌 것은?

① 열전도율
② 발화점
③ 화염확산 속도
④ 복사플럭스

해설　**발화시간의 영향 인자**
• 열전도율
• 발화점
• 복사플럭스

정답 ③

46 방화구조 기준을 올바르게 나타낸 것은?

① 석고판 위 회반죽 바름두께 2[cm]

② 석고판 위 시멘트모르타르 바름두께 1.5[cm]

③ 시멘트모르타르 위 타일 붙임두께 2[cm]

④ 시멘트모르타르 위 타일 붙임두께 2.5[cm]

해설 **방화구조의 기준**
- 철망모르타르 바름두께는 2[cm] 이상
- 석고판 위 **시멘트모르타르** 또는 회반죽 바름두께 2.5[cm] 이상
- 시멘트모르타르 위에 타일 붙임두께 2.5[cm] 이상

정답 ④

47 골재를 사용한 콘크리트 중 내화성이 가장 좋지 못한 것은?

① 화강암   ② 현무암   ③ 인공경량 골재   ④ 안산암

해설 화강암은 500~600[℃]에서 급격히 팽창하므로 내화성이 가장 나쁘다.

정답 ①

48 목조건축물에 설치하는 방화벽의 구조로서 적당하지 않은 것은?

① 방화구조이어야 한다.

② 자립할 수 있는 구조이어야 한다.

③ 방화벽의 양쪽 끝과 위쪽 끝은 지붕면으로부터 0.5[m] 이상 튀어나오게 한다.

④ 방화벽을 관통하는 틈은 불연재료로 메워야 한다.

해설 **방화벽의 설치기준**

대상 건축물	주요구조부가 내화구조 또는 불연재료가 아닌 연면적 1,000[m²] 이상인 건축물
구획단지	연면적 1,000[m²] 미만마다 구획
방화벽의 구조	• 내화구조로서 홀로 설 수 있는 구조일 것 • 방화벽의 양쪽 끝과 위쪽 끝을 건축물의 외벽면 및 지붕면으로부터 0.5[m] 이상 튀어 나오게 할 것 • 방화벽에 설치하는 출입문의 너비 및 높이는 각각 2.5[m] 이하로 하고 60분 + 방화문 또는 60분 방화문을 설치할 것

정답 ①

49 대규모 건축물의 방화벽에 관한 구조로 옳지 않은 것은?

① 방화벽에 설치하는 출입문의 너비는 3[m] 이하로 할 것

② 방화벽에 설치하는 출입문의 높이는 2.5[m] 이하로 할 것

③ 내화구조이고 자립할 수 있는 구조로 할 것

④ 방화벽의 양쪽 끝과 위쪽 끝은 건축물의 외벽면으로부터 0.5[m] 이하로 할 것

해설 방화벽에 설치하는 출입문의 너비 : 2.5[m] 이하

정답 ①

50 다음 중 방화문의 구조로서 옳지 않은 것은?

① 60분+방화문은 연기 및 불꽃을 차단할 수 있는 시간이 60분 이상이고, 열을 차단할 수 있는 시간이 30분 이상인 방화문

② 60분 방화문은 연기 및 불꽃을 차단할 수 있는 시간이 60분 이상인 방화문

③ 60분+방화문은 연기 및 불꽃을 차단할 수 있는 시간이 60분 이상이고, 열을 차단할 수 있는 시간이 60분 이상인 방화문

④ 30분 방화문은 연기 및 불꽃을 차단할 수 있는 시간이 30분 이상 60분 미만인 방화문

해설   60분+방화문 : 연기 및 불꽃은 60분 이상 차단, 열은 30분 이상 차단 방화문

정답 ③

51 화재 시 상당한 시간 동안 연소를 차단할 수 있도록 하기 위하여 방화구획선상 또는 방화벽의 개구부 부분에 설치하는 것은?

① 덕 트   ② 경계벽   ③ 셔 터   ④ 방화문

해설   방화문
• 설치 이유 : 화재 시 상당한 시간 동안 연소를 차단하기 위하여 설치
• 설치 장소 : 방화구획선상 또는 방화벽의 개구부 부분

정답 ④

52 60분 방화문은 연기 및 불꽃을 몇 분 이상 차단해야 하는가?

① 10분   ② 20분   ③ 30분   ④ 60분

해설   60분 방화문 : 연기 및 불꽃 차단 시간이 60분 이상인 방화문

정답 ④

53 30분 방화문은 연기 및 불꽃을 몇 분을 차단할 수 있어야 하는가?

① 10분   ② 20분
③ 30분   ④ 30분 이상 60분 미만

해설   30분 방화문 : 연기 및 불꽃 차단 시간이 30분 이상 60분 미만인 방화문

정답 ④

54 방화지구 내에 있는 건축물의 외벽의 개구부로서 연소의 우려가 있는 부분의 방화설비가 아닌 것은?

① 60분+방화문   ② 30분 방화문   ③ 드렌처설비   ④ 연결살수설비

해설   방화설비 : 60분+방화문, 60분 방화문, 30분 방화문
　　　Plus one   소화활동설비
　　　연결살수설비, 연결송수관설비, 제연설비, 비상콘센트설비, 무선통신보조설비, 연소방지설비

정답 ④

55 방화상 유효한 구획 중 일정규모 이상이면 건축물에 적용되는 방화구획을 해야 한다. 다음 중에서 구획 종류가 아닌 것은?

① 면적단위   ② 층단위
③ 용도단위   ④ 수용인원단위

해설 방화구획상 구획 종류 : 면적단위, 층단위, 용도단위

정답 ④

56 방화구획 면적을 작게 할 경우의 특징이 아닌 것은?

① 정보를 전달하기 쉽다.   ② 화재성장의 억제가 유리하다.
③ 시각적 장애를 일으킨다.   ④ 연기의 평면적 확대를 억제한다.

해설 방화구획은 1,000[m²] 이내마다 구획하는데 면적을 작게 할 경우
• 정보 전달이 어렵다.
• 화재가 성장하기가 어렵다.
• 시각적인 장애를 일으킨다.
• 연기의 평면적 확대를 억제한다.

정답 ①

57 다음의 방화재료의 구분이 잘못된 것은?

① 불연재료 – 철판   ② 불연재료 – 석면 슬레이트
③ 준불연재료 – 목모, 시멘트판   ④ 준불연재료 – 유리

해설 • 불연재료 : 콘크리트, 석재, 벽돌, 기와, 석면판, 철강, 알루미늄, **유리**, 시멘트모르타르, 회 등
      • 준불연재료 : 목모, 시멘트판

정답 ④

58 난연재료에 대한 설명으로 옳은 것은?

① 철근콘크리트조, 연와조, 기타 이와 유사한 성능의 재료
② 불연재료에 준하는 방화성능을 가진 건축재료
③ 철망모르타르로서 바름두께가 2[cm] 이상인 것
④ 불에 잘 타지 않는 성능을 가진 건축재료

해설 • 불연재료 : 콘크리트, 석재, 벽돌, 기와, 석면판, 철강, 알루미늄, 유리, 시멘트모르타르, 회 등의
      불연성 재료
      • 준불연재료 : 불연재료에 준하는 방화성능을 가진 재료
      • **난연재료** : 불에 잘 타지 않는 성능을 가진 재료
      ※ 문제에서 ①은 내화구조, ③은 방화구조이다.

정답 ④

59 건축방재의 계획에 있어서 건축의 설비적 대응과 공간적 대응이 있다. 공간적 대응 중 대항성에 대한 설명으로 맞는 것은 어느 것인가?

① 불연화, 난연화, 내장제한, 구획의 세분화로 예방 조치강구

② 방화훈련(소방훈련), 불조심 등 출화유발, 대응을 저감시키는 조치

③ 화재가 발생한 경우보다 안전하게 계단으로부터 피난할 수 있는 공간성 시스템

④ 내화성능, 방연성능, 초기소화대응 등의 화재사상의 저항능력

> **해설** 건축물의 방화계획에서 공간적 대응
> • **대항성** : 건축물의 내화, 방연성능, 방화구획의 성능, 화재방어의 대응성, 초기소화의 대응성 등의 화재의 사상에 대응하는 성능과 항력
> • **회피성** : 난연화, 불연화, 내장제한, 방화구획의 세분화, 방화훈련, 불조심 등 화재의 발화, 확대 등을 저감시키는 예방적 조치 또는 상황
> • **도피성** : 화재발생 시 사상과 공간적 대응 관계에서 화재로부터 피난할 수 있는 공간성과 시스템 등의 성상

> **정답** ④

60 다음 중 건축물의 방화계획에서 공간적 대응에 해당하지 않는 것은?

① 대항성   ② 회피성   ③ 도피성   ④ 피난성

> **해설** 공간적 대응이란 불꽃이나 연기에 대응하거나 사람이 재해를 포함한 공간에서 안전한 공간으로 조기에 이탈하고자 하는 대응이며 **대항성, 회피성, 도피성**으로 구분한다.

> **정답** ④

61 건축방화계획에서 건축구조 및 재료를 불연화함으로써 화재를 미연에 방지하고자 하는 공간적 대응은?

① 회피성 대응(回避性 對應)   ② 도피성 대응(逃避性 對應)

③ 대항성 대응(對抗性 對應)   ④ 설비적 대응(設備的 對應)

> **해설** 회피성 대응 : 건축구조 및 재료를 불연화함으로서 화재를 미연에 방지하는 공간적 대응

> **정답** ①

62 공간적 대응에서 방재계획에 해당되지 않는 것은?

① 방화구획 및 피난계단의 위치와 구성

② 안전구획의 위치와 구성

③ 화재발생 시 방화셔터의 연동

④ 기준층, 특수층에 대한 피난시설의 위치 및 피난로 선정

> **해설** ③은 설비적 대응이다.

> **정답** ③

63 다음은 설비적 대응의 내용과 관련 방재계획서에 작성한 내용이 아닌 것은?

① 화재의 탐지와 통보　　　　　② 부지, 도로
③ 피난, 배열　　　　　　　　　④ 소화설비

> 해설　부지, 도로는 공간적 대응의 해당사항이다.

정답 ②

64 연소(燃燒)확대의 방지대책으로 볼 수 없는 것은?

① 방화구획　　② 방연구획　　③ 특별피난계단　　④ 방화문

> 해설　연소확대의 방지대책
> • 방화구획　　　　• 방연구획　　　　• 방화문

정답 ③

65 건축물에 화재가 발생할 때 연소확대를 방지하기 위한 계획에 해당되지 않는 것은?

① 수직계획　　② 입면계획　　③ 수평계획　　④ 용도계획

> 해설　• 연소확대 방지계획 : 수직, 수평, 용도계획
> • 건축물의 방재계획 : 입면, 단면, 평면, 재료계획

정답 ②

66 건축물의 방화대책 중 건물 전체의 불연화에 맞지 않는 것은?

① 내장재의 불연화　　　　　　② 보온재의 불연화
③ 가연물의 적재 및 가연물의 양을 규제　　④ 보냉재의 불연화

> 해설　건물 전체의 불연화
> • 내장재의 불연화　　　　　　• 보냉재의 불연화
> • 가연물의 적재 및 가연물의 양을 규제

정답 ②

67 실내 피난계단의 구조는 내화구조로 하고, 어디까지 직접 연결되도록 하는가?

① 피난층 또는 옥상　　　　　　② 피난층 또는 지상
③ 개구부 또는 옥상　　　　　　④ 개구부 또는 지상

> 해설　실내 피난계단의 구조는 내화구조로 하고 **피난층** 또는 **지상까지 직접 연결**되도록 한다.

정답 ②

68 화재 시 위험성이 가장 적은 내장재로 볼 수 있는 부분은?

① 천 장　　　　② 벽　　　　③ 바 닥　　　　④ 문

> 해설　화재 시 위험성이 적은 부분 : **지붕, 바닥**

정답 ③

69 옥외 피난계단의 계단폭은 최소 어느 폭 이상이 가장 적당한가?

① 70[cm]

② 80[cm]

③ 90[cm]

④ 100[cm]

해설 옥외 피난계단의 계단폭 : 0.9[m] 이상(**90[cm] 이상**)

정답 ③

70 제연 방법 중 모니터(Monitors)를 올바르게 나타낸 것은?

① 제연용 덕트

② 톱니 모양의 지붕창

③ 창살이나 엷은 유리창이 달린 지붕 위의 구조물

④ 외벽창

해설 **모니터** : 창살이나 엷은 유리창이 달린 지붕 위의 구조물

정답 ③

71 방재센터에 대한 설명 중 옳지 않은 것은?

① 방재센터는 피난인원의 유도를 위하여 피난층으로부터 가능한 한 높은 위치에 설치한다.

② 방재센터는 연소위험이 없도록 하고 충분한 면적을 갖도록 한다.

③ 자동화재탐지설비의 수신기에는 경계구역 부근에 대한 소방설비 등의 위치를 명시한다.

④ 소화설비 등의 기동에 대하여 감시제어기능을 갖추어야 한다.

해설 방재센터는 화재 시 진전상황을 파악하는 곳으로서 피난층으로부터 가능한 한 **같은** 위치의 안전한 **장소**에 설치해야 한다.

정답 ①

피난계획 및 인원수용

제1절 **건축물의 피난계획**

1 피난행동의 성격

(1) 계단보행속도

수평방향의 피난은 군집보행속도에 따라, 수직방향의 피난은 계단보행의 보행 수에 따라 다르다.

(2) 군집보행속도

① **자유보행** : 사람이 아무런 제약을 받지 않고 생각대로의 속도로 걷는 것으로 0.5~2[m/s]이다.

② **군집보행** : 후속보행자가 앞의 보행자의 보행속도에 동조하는 상태로서 1.0[m/s]이다.

③ **군집유동계수** : 협소한 출구에 통과시킬 수 있는 인원을 단위폭 1[m]과 단위시간(1[s])으로 나타낸 것으로 평균 1.33[人/m · s]로 하고 있다.

[피난 시 보행속도]

보행구분	군집보행	암중보행(旣知)	암중보행(未知)	자유보행
보행속도	1.0[m/s]	0.7[m/s]	0.3[m/s]	0.5~2.0[m/s]

2 피난대책

(1) 피난대책의 일반적인 원칙 `14` `18` `20` `22` 년 출제

① 피난경로는 간단명료하게 할 것

② 피난구조설비는 고정식 설비를 위주로 할 것

③ 피난수단은 **원시적 방법**에 의한 것을 **원칙**으로 할 것

④ 2방향 이상의 피난통로를 확보할 것

> `Plus one` • Fool Proof : 비상시 머리가 혼란하여 판단능력이 저하되는 상태로 누구나 알 수 있도록 **문자나 그림 등을 표시하여 직감적으로 작용하는 것** `10` `17` 년 출제
> • Fail Safe : 하나의 수단이 고장으로 실패해도 다른 수단에 의해 구제할 수 있도록 고려하는 것으로 **양방향 피난로의 확보**와 **예비전원**을 준비하는 것 `19` `20` 년 출제

(2) 건축물의 피난계획 `10` `13` `14` 년 출제

① 피난동선을 일상생활 동선과 같이 계획

② 평면계획에 대한 복잡성 지양

③ 2방향 이상의 피난로 확보

④ 막다른 골목 및 미로 지양

⑤ 피난경로의 내장재 불연화

⑥ 초고층 건축물의 체류 공간 확보

Plus one **피난동선의 특성**
 • 수평동선과 수직동선으로 구분한다.
 • 가급적 단순한 형태가 좋다.
 • 상호반대방향으로 다수의 출구와 연결되는 것이 좋다.
 • 어느 곳에서나 2개 이상의 방향으로 피난할 수 있으며 그 말단은 화재로부터 안전한 장소이어야 한다.

(3) 화재 시 인간의 피난 행동 특성 `10` `14` `16` `18` `20` `21` `22` `23` **년 출제**

① **귀소본능** : 평소에 사용하던 출입구나 통로 등 습관적으로 친숙해 있는 경로로 도피하려는 본능

② **지광본능** : 화재발생 시 연기나 정전 등으로 가시거리가 짧아져 시야가 흐리면 **밝은 방향으로 도피**하려는 본능

③ **추종본능** : 화재발생 시 최초로 행동을 개시한 사람에 따라 전체가 움직이는 본능(많은 사람들이 달아나는 방향이 무의식적으로 안전하다고 느껴 위험한 곳임에도 불구하고 따라가는 경향)

④ **퇴피본능** : 연기나 화염에 대한 공포감으로 화원의 반대방향으로 이동하려는 본능

⑤ **좌회본능** : **좌측으로 통행**하고 **시계의 반대방향**으로 회전하려는 본능

(4) 개구부에 따른 내화도

종 류	정 의	내화율
A급 개구부	건물과 건물 사이의 벽에서의 개구부	3시간 이상
B급 개구부	건물 내의 계단 및 엘리베이터 등 수직으로 통하는 개구부	1.5시간 이상
C급 개구부	복도와 복도, 거실과 거실, 복도와 거실 간의 개구부	45분 이상
D급 개구부	건물 외부의 화재로 영향을 받을 우려가 있는 개구부	1.5시간 이상
E급 개구부	건물 외부의 화재로 영향이 보통 정도인 개구부	45분 이상

제2절 **건축물의 안전대책**

1 피난방향 및 안전구획

① 수평방향의 피난 : 복도

② 수직방향의 피난 : 승강기(수직동선), 계단(보조수단)

> 화재발생 시 승강기는 1층에 정지시키고 사용하지 말아야 한다.

2 피난시설의 안전구획 10 20 년 출제

1차 안전구획	2차 안전구획	3차 안전구획
복 도	전실(계단부속실)	계 단

3 피난허용시간

① 거실허용 피난시간 $T = 2\sqrt{A}$
② 복도허용 피난시간 $T = 4\sqrt{A}$
③ 각층허용 피난시간 $T = 8\sqrt{A}$
여기서, A = 층의 거실연면적의 합 + 층의 복도면적의 합이다.

4 피난방향 및 경로

구 분	구 조	특 징
T형		
Y형		피난자에게 피난경로를 확실히 알려주는 형태
X형		양방향으로 피난할 수 있는 확실한 형태
H형		
CO형		중앙코어방식으로 피난자의 집중으로 패닉현상이 일어날 우려가 있는 형태
Z형		중앙복도형 건축물에서의 피난경로로서 코어식 중 제일 안전한 형태

01 피난시설의 안전구획을 설정하는 데 해당되지 않는 것은?

① 거 실
② 복 도
③ 계단 부속실(전실)
④ 계 단

해설 **피난시설의 안전구획**
- 1차 안전구획 : 복도
- 2차 안전구획 : 계단부속실(전실)
- 3차 안전구획 : 계단

정답 ①

02 피난을 위한 시설물이라고 볼 수 없는 것은?

① 객석유도등
② 내화구조
③ 방연 커튼
④ 특별피난계단 전실

해설 **내화구조**는 **피난시설**이 아니다.

정답 ②

03 피난계획에 관한 다음 기술 중 적합하지 않는 것은?

① 계단의 배치는 집중화를 피하고 분산한다.
② 피난동선에는 상용의 통로, 계단을 이용하도록 한다.
③ 방화구획은 단순·명확하게 하고 가능한 한 세분화한다.
④ 한 방향으로 피난로를 확보한다.

해설 2방향 이상의 피난로를 확보해야 한다.

정답 ④

04 건축물의 피난시설 계획 시 고려해야 할 일반 원칙 중 옳지 않은 것은?

① 피난경로는 간단명료해야 한다.
② 피난구조설비는 피난 시 쉽게 설치할 수 있는 기구나 장치에 의한다.
③ 피난경로에 따라서는 피난존(Zone)을 설정하는 것이 합리적이다.
④ 피난로는 패닉(Panic)현상이 일어나지 않도록 상호반대방향으로 대칭인 형태가 좋다.

해설 **피난대책의 일반적인 원칙**
- 피난경로는 간단명료하게 할 것
- 피난구조설비는 고정식 설비를 위주로 할 것
- 피난수단은 원시적 방법에 의한 것을 원칙으로 할 것
- 2방향 이상의 피난통로를 확보할 것

정답 ②

05 다음 중 건물 내 피난동선의 조건으로 적합한 것은?

① 피난동선은 그 말단이 갈수록 좋다.

② 피난동선의 한쪽은 막다른 통로와 연결되어 화재 시 연소(燃燒)가 되지 않도록 해야 한다.

③ 어느 곳에서나 2개 이상의 방향으로 피난할 수 있으며 그 말단은 화재로부터 안전한 장소이어야 한다.

④ 모든 피난동선은 건물 중심부 한곳으로 향하고 중심부에서 지면 등 안전한 장소로 피난할 수 있도록 해야 한다.

> **해설** **피난동선의 특성**
> • 수평동선과 수직동선으로 구분한다.
> • 가급적 단순한 형태가 좋다.
> • 상호반대방향으로 다수의 출구와 연결되는 것이 좋다.
> • 어느 곳에서나 2개 이상의 방향으로 피난할 수 있으며 그 말단은 화재로부터 안전한 장소이어야 한다.

정답 ③

06 다음 중 피난통로의 정의로서 옳지 않은 것은?

① 거실에서 나와 피난통로가 2개로 갈라져야 한다.

② 종단에서 충분한 공간이 있어야 한다.

③ 종단으로 가서 피난 시 직통계단으로 피난해야 한다.

④ 종단으로 가서 피난 시 피난계단을 이용하여 피난해야 한다.

> **해설** 피난통로는 건축물의 각 실로부터 직통계단, 피난계단, 특별피난계단으로 통하는 통로를 말한다.

정답 ①

07 고층 건축물의 피난계획을 수립할 때의 유의사항으로 적당하지 않은 것은?

① 피난동선은 일상생활의 동선과 일치시킨다.

② 평면계획에 대한 복잡성을 지양하고 단순성에 치중하여 피난동선을 단순화한다.

③ 막다른 복도를 만들지 않는다.

④ 2방향보다는 1방향의 단순한 피난로를 만든다.

> **해설** **피난로는 2방향 이상**으로 피난할 수 있어야 하며 그 말단은 화재로부터 안전한 장소이어야 한다.

정답 ④

08 피난대책의 일반적인 원칙으로 옳지 않은 것은?

① 피난경로는 간단명료하게 한다.

② 피난구조설비는 고정식 설비보다 이동식 설비를 위주로 설치한다.

③ 피난수단은 원시적 방법에 의한 것을 원칙으로 한다.

④ 2방향의 피난통로를 확보한다.

> **해설** **피난대책의 일반적인 원칙**
> • 피난경로는 간단명료하게 할 것
> • 피난구조설비는 고정식 설비를 위주로 할 것
> • 피난수단은 원시적 방법에 의한 것을 원칙으로 할 것
> • 2방향 이상의 피난통로를 확보할 것

정답 ②

09 화재 시 피난시간을 여러 가지 요소에 의해 영향을 받는다. 피난 시 체류를 일으키는 요인으로 볼 수 없는 것은?

① 출구폭의 협소   ② 복도폭의 협소

③ 가구 칸막이 등의 배치   ④ 전실의 협소

> **해설** **피난 체류 요인**
> • 출구폭의 협소
> • 복도폭의 협소
> • 가구 칸막이 등의 배치
>
> | 전실(계단부속실) : 2차 안전구획 |
> | --- |

정답 ④

10 건물의 피난동선에 대한 설명으로 옳지 않은 것은?

① 피난동선은 가급적 단순한 형태가 좋다.

② 피난동선은 가급적 상호반대방향으로 다수의 출구와 연결되는 것이 좋다.

③ 피난동선은 수평동선과 수직동선으로 구분된다.

④ 피난동선이라 함은 복도, 계단, 엘리베이터와 같은 피난전용의 통행구조를 말한다.

> **해설** **피난동선의 특성**
> • 가급적 단순한 형태가 좋다.
> • 가급적 상호반대방향으로 다수의 출구와 연결되는 것이 좋다.
> • 수평동선과 수직동선으로 구분한다.
>
> | 피난동선 : 복도(수평동선), 계단(수직동선)과 같은 피난전용의 통행구조 |
> | --- |

정답 ④

11 피난계획으로 부적합한 것은?

① 화재층의 피난을 최우선으로 고려한다.

② 피난동선은 2방향 피난을 가장 중시한다.

③ 피난시설 중 피난로는 출입구 및 계단을 가리킨다.

④ 인간의 본능적 행동을 무시하지 않도록 고려한다.

해설 피난로 : 복도와 거실

정답 ③

12 건물화재에 대비하는 것으로 가장 중요시하는 것은?

① 인명의 피난

② 시설의 보호

③ 소방대원의 진입

④ 화재부하의 대소

해설 건물화재 시 인명의 피난이 가장 중요하다.

정답 ①

13 건물 내부에서 화재가 발생하였을 때 피난 시의 군집보행속도는 약 몇 [m/s]로 보는가?

① 0.5[m/s]

② 1.0[m/s]

③ 1.5[m/s]

④ 150[m/s]

해설 피난 시 보행속도

보행종류	군집보행	암중보행(旣知)	암중보행(未知)	자유보행
보행속도[m/s]	1.0	0.7	0.3	0.5~2.0

정답 ②

14 불의의 화재발생 시 인간의 피난 특성으로 틀린 것은?

① 무의식 중에 평상시 사용하는 출입구나 통로를 사용한다.

② 화재의 공포감으로 인하여 빛을 피해 어두운 곳으로 몸을 숨긴다.

③ 화염, 연기에 대한 공포감으로 발화의 반대방향으로 이동한다.

④ 화재 시 최초로 행동을 개시한 사람을 따라 전체가 움직이는 경향이 있다.

해설 화재 시 인간의 피난 행동 특성

• 귀소본능(일상동선 지향형) : 평소에 사용하던 출입구나 통로 등 습관적으로 친숙해 있는 경로로 도피하려는 본능

• 지광본능[향광성(向光性)] : 밝은 방향으로 도피하려는 본능

• 추종본능(부하뇌동성) : 화재발생 시 최초로 행동을 개시한 사람에 따라 전체가 움직이는 본능(많은 사람들이 달아나는 방향이 무의식적으로 안전하다고 느껴 위험한 곳임에도 불구하고 따라가는 경향)

• 퇴피본능 : 연기나 화염에 대한 공포감으로 화원의 반대방향으로 이동하려는 본능

• 좌회본능 : 좌측으로 통행하고 시계의 반대방향으로 회전하려는 본능

정답 ②

15 화재발생 시 인간들의 본능적 피난행동 중 인간들이 밝은 곳으로 도피하려는 것은 어디에 속하는가?

① 지광본능   ② 귀소본능

③ 추종본능   ④ 토피본능

해설   **지광본능[향광성(向光性)]** : 밝은 방향으로 도피하려는 본능

정답 ①

16 건축물 화재 시 제2차 안전구획은?

① 복 도   ② 전 실

③ 지 상   ④ 계 단

해설   피난시설의 안전구획

1차 안전구획	2차 안전구획	3차 안전구획
복 도	전실(계단부속실)	계 단

정답 ②

17 다음 중 피난경로로 틀린 것은?

① X형   ② Y형

③ T형   ④ 중앙으로 집중

해설   **중앙으로 집중(H형)** : 패닉현상 발생으로 피난경로로 부적합

정답 ④

18 다음 중 확실한 피난로가 보장되는 피난형태는?

① Z형   ② H형

③ X형   ④ T형

해설   피난형태

구 분	구 조	특 징
T형		피난자에게 **피난경로를 확실히 알려주는 형태**
X형		양방향으로 피난할 수 있는 확실한 형태
H형		중앙코어방식으로 피난자의 집중으로 **패닉현상**이 일어날 우려가 있는 형태
Z형		중앙복도형 건축물에서의 피난경로로서 코어식 중 제일 안전한 형태

정답 ④

19 중앙코어방식으로 피난자의 집중으로 패닉현상이 일어날 우려가 있는 형태는 어떤 형인가?

① T형

② X형

③ Z형

④ H형

해설   H형 : 중앙코어방식으로 피난자의 집중으로 패닉현상이 일어날 우려가 있는 형태

정답 ④

20 다음 사항 중 건물 내부에서 연소확대 방지수단이 아닌 것은?

① 방화구획

② 날개벽 설치

③ 방화문 설치

④ 건축설비(Duct)의 연소방지 조치

해설   **건물 내부의 연소확대 방지수단**
- 방화구획
- 방화문 설치
- 건축설비(Duct)의 연소방지 조치

정답 ②

05 화재역학

제1절 열전달

1 전도(Conduction)

하나의 물체가 다른 물체와 직접 접촉하여 전달되는 현상 [10] 년 출제

(1) 열전도의 기본식 [13] [14] [19] [20] 년 출제

$$\text{푸리에의 법칙 } q = -kA\frac{dt}{dl}[\text{kcal/h}]$$

여기서, k : 열전도도[kcal/m·h·℃]　　　A : 열전달면적[m²]
　　　　dt : 온도차[℃]　　　　　　　　dl : 미소거리[m]

(2) 단면적이 일정한 도체의 열전도

$$q = \frac{\Delta t}{R}[\text{kcal/h}]$$

여기서, R : 열저항$\left(=\dfrac{l}{kA}\right)$　　　　　Δt : 온도차[℃]

전도열 : 화재 시 화원과 격리된 인접 가연물에 불이 옮겨 붙는 것

2 대류(Convection)

화로에 의해서 방 안이 더워지는 현상은 대류현상에 의한 것이다. [19] 년 출제

(1) 고체와 유체 사이의 열전달 속도

$$q = hA\Delta t$$

여기서, h : 열전달계수[kcal/m²·h·℃]　　　A : 열전달면적[m²]
　　　　Δt : 온도차[℃]

(2) 대류열유속 [17] [23] 년 출제

$$Q = h(T_2 - T_1)$$

여기서, Q : 대류열유속[W/m²]
　　　　h : 대류열전달계수[W/m²·℃]
　　　　$T_2 - T_1$: 온도차[℃]

3 복사(Radiation)

양지 바른 곳에 햇볕을 쬐면 따뜻함을 느끼는 현상(전자파의 형태)

(1) 슈테판 – 볼츠만 법칙 `21` `22` 년 출제

복사열은 **절대온도**의 **4제곱**에 **비례**하고 열전달면적에 비례한다.

$$Q = \sigma A F \left(\frac{T}{100} \right)^4 [\text{kcal/h}]$$

$$Q_1 : Q_2 = (T_1 + 273)^4 : (T_2 + 273)^4$$

(2) 복사열류 `15` 년 출제

$$\dot{Q} = \frac{X_r \times \dot{q}}{4\pi C^2}$$

여기서, X_r : 복사에너지 분율

$\dot{q}$: 열방출속도[kW]

C : 화염과 수열체의 거리[m]

4 열 유속(Heat Flux)

(1) 정 의

화재발생 시 열에 의하여 손상을 받을 수 있는 최솟값

(2) 열 유속값 `15` 년 출제

① 노출피부에 대한 통증 : $1.0[\text{kW/m}^2]$
② 노출피부에 대한 화상 : $4[\text{kW/m}^2]$
③ 물체의 점화 : $10 \sim 20[\text{kW/m}^2]$

> 태양에서 지구표면까지의 복사열 유속 : $1[\text{kW/m}^2]$

제2절 화재하중 및 화재가혹도

1 화재하중(Fire Load)

(1) 정 의

단위면적당 가연성 수용물의 양으로 건물화재 시 발열량 및 화재의 위험성을 나타내는 용어이고, 화재의 규모를 결정하는 데 사용된다.

(2) 화재하중 계산 `10` `11` `13` `14` `16` `17` `18` `20` `22` `23` 년 출제

$$화재하중\ Q = \frac{\sum(G_t \times H_t)}{H \times A} = \frac{Q_t}{4,500 \times A}[kg/m^2]$$

여기서, G_t : 가연물의 질량 H_t : 가연물의 단위발열량[kcal/kg]
H : 목재의 단위발열량(4,500[kcal/kg]) A : 화재실의 바닥면적[m²]
Q_t : 가연물의 전발열량[kcal]

(3) 화재하중 값

특정소방대상물	주택, 아파트	사무실	창 고	시 장	도서관	교 실
화재하중[kg/m²]	30~60	30~150	200~1,000	100~200	100~250	30~45

2 화재가혹도(화재심도, Fire Severity)

(1) 정 의 `22` 년 출제

① 발생한 화재가 해당 건물과 그 내부의 수용재산 등을 파괴하거나 손상을 입히는 능력의 정도로, 주수율[L/m²·min]을 결정하는 인자이다.

② 화재 시 최고온도와 그 때의 지속시간은 화재의 규모를 판단하는 중요한 요소가 된다.

화재가혹도 = 최고온도 × 지속시간

③ 화재강도는 단위시간당 축적되는 열량을 말하며 열축적율이 커지면 화재강도는 커진다.

④ 화재가혹도에 견디는 내력을 화재저항이라고 하며 건축물의 내화구조, 방화구조 등을 의미한다.

⑤ 화재가혹도를 낮추기 위해서는 가연물을 최소단위로 저장하고 불연성 밀폐용기에 보관한다.

(2) 미치는 영향 `11` 년 출제

화재가혹도가 크면 그만큼 건물과 기타 재산의 손실은 커지고, 화재가혹도가 작으면 그 손실은 작아지는 것이다.

제3절   연소생성물

1 일산화탄소(CO)

흡입에 의해 혈액 중에 헤모글로빈(Hb)과 결합하여 COHb가 되어 혈액 중의 산소 운반을 저해하고 뇌의 중추신경을 마비시켜 산소부족으로 사망한다.

농 도	600~700[ppm]	2,000[ppm](0.2[%])	4,000[ppm](0.4[%])
인체의 영향	1시간 노출로 영향을 인지	1시간 노출로 생명이 위험	1시간 이내에 치사

② 이산화탄소(CO_2)

연소가스 중에서 **가장 많은 양**을 차지하며 가스자체는 독성이 없으나 다량 존재하면 질식의 위험이
있다.

농 도	인체에 미치는 영향
0.1[%]	공중위생상의 상한선
2[%]	불쾌감 감지
3[%]	호흡수 증가
4[%]	두부에 압박감 감지
6[%]	두통, 현기증, 호흡곤란
10[%]	시력장애, 1분 이내에 의식불명 상태가 되어 방치 시 사망
20[%]	중추신경이 마비되어 사망

③ 주요 연소생성물 10 13 15 16 19 20 22 23 년 출제

가 스	현 상
CO_2(이산화탄소)	연소가스 중 가장 많은 양을 차지, **완전연소 시** 생성
CO(일산화탄소)	**불완전연소 시 다량 발생**, 혈액 중의 헤모글로빈(Hb)과 결합하여 혈액 중의 산소 운반을 저해시켜 사망
$COCl_2$(포스겐)	매우 독성이 강한 가스로서 연소 시에는 거의 발생하지 않으나 사염화탄소 약제 사용 시 발생
CH_2CHCHO(아크롤레인)	**석유제품**이나 유지류가 연소할 때 생성
SO_2(아황산가스)	**황을 함유**하는 유기화합물이 **완전연소 시** 생성
H_2S(황화수소)	**황을 함유**하는 유기화합물이 **불완전연소 시 발생**, 달걀 썩는 듯한 냄새가 나는 가스
HCl(염화수소)	PVC와 같이 염소가 함유된 물질의 연소 시 생성
NH_3(암모니아)	질소가 함유된 수지류의 연소할 때 생성

제4절 연기의 생성 및 이동

① 연 기 10 17 년 출제

① 완전연소되지 않는 가연물인 탄소 및 타르입자가 떠돌아다니는 상태
② 탄소나 타르입자에 의해 연소가스가 눈에 보이는 것
③ 연기입자의 크기는 0.01~10[μm] 정도이다.

> **Plus one** 연 기
> 습기가 많을 때 그 전달속도가 빨라져서 사람이 방호할 수 있는 능력을 떨어지게 하며 폐 속으로 급
> 히 흡입하면 혈압이 떨어져 혈액순환에 장애를 초래하게 되어 사망할 수 있는 화재의 연소생성물

2 연기의 흐름

① 화재발생 후 10분이 경과하면 약 100[m]까지 확산된다.
② 천장으로 상승하여 체류하면서 벽을 따라 하강하고 바닥에 체류한다.
③ 건물 내부온도 < 건물 외부온도 : 연기는 아래로 이동한다.
④ 건물 내부온도 > 건물 외부온도 : 연기는 위로 이동한다.

3 연기의 이동속도 13 17 년 출제

방 향	수평방향	수직방향	실내계단
이동속도	0.5~1.0[m/s]	2.0~3.0[m/s]	3.0~5.0[m/s]

① 연기층의 두께는 연도의 강하에 따라 달라진다.
② 연소에 필요한 신선한 공기는 연기의 유동방향과 같은 방향으로 유동한다.
③ 화재실로부터 분출한 연기는 공기보다 가벼워 통로의 상부를 따라 유동한다.
④ 연기는 발화층부터 위층으로 확산된다.

4 연기유동에 영향을 미치는 요인 18 년 출제

① 연돌(굴뚝)효과
② 외부에서의 풍력
③ 공기유동의 영향
④ 건물 내 기류의 강제이동
⑤ 비중차
⑥ 공조설비
⑦ 온도상승에 따른 증기 팽창

5 연기가 인체에 미치는 영향 19 년 출제

① 시각적 유해성 : 연기 발생에 의하여 가시도의 저하로 피난에 장해가 발생된다.
② 심리적 유해성 : 가시도의 저하, 연기 발생 등으로 발생하는 불안감, 공포로 이성적인 행동이 상실된다.
③ 생리적 유해성 : 일산화탄소와 기타 유해가스 발생, 이산화탄소 증가, 산소 감소로 인하여 인체에 치명적이다.

6 연기로 인한 투시거리에 영향을 주는 요인

① 연기의 농도
② 연기의 흐름속도
③ 보는 표시의 휘도, 형상, 색

7 연기의 제어방법 22 년 출제

① **희석** : 내부의 연기는 외부로 배출하고, 외부의 신선한 공기를 유입하여 위험 수준 이하로 희석시키는 방법
② **배기** : 스모크샤프트와 같이 내부의 연기를 외부로 배출시키는 방법
③ **차단** : 연기가 들어오지 못하도록 차단하는 것
  ㉠ 출입문, 벽, 댐퍼 등 차단물을 설치하는 방법
  ㉡ 방호대상물과 연기체류장소 사이의 압력차를 이용하는 방법

8 중성대 및 굴뚝효과 15 17 23 년 출제

(1) 중성대(Neutral Zone)

① **정의** : 화재가 발생하면 실내와 실외에 온도차가 생기는데 **실내와 실외의 압력이 같아지는 영역**
② **중성대의 위쪽**은 실내정압이 실외정압보다 높아 **내부에서 외부로 공기가 유출되고**, 중성대의 아래쪽에는 **외부에서 내부로 공기가 유입된다.**
③ 화재 시 **실온이 높아지면 높아질수록 중성대의 위치는 낮아지며**, 중성대가 낮아지면 외부로부터의 공기유입이 적어 연소가 활발하지 못하여 **실온이 내려가 중성대는 다시 높아진다.**
④ 중성대의 위치

$$\frac{H_2}{H_1} = 0.1762\, T^{\frac{1}{3}} \,,\ H_1 + H_2 = H$$

여기서, H_1 : 중성대에서 개구부 하단까지 거리
H_2 : 중성대에서 개구부 상단까지 거리
T : 화재에 의해 상승한 실온(온도)
H : 개구부 상단에서 하단까지의 거리

Plus one 연기의 하강시간[힌클리(Hinkley) 공식] 16 년 출제

$t = \dfrac{20A}{P\sqrt{g}}\left(\dfrac{1}{\sqrt{y}} - \dfrac{1}{\sqrt{h}}\right)$[s]

여기서, t : 연기하강시간(청결층 깊이 y가 될 때까지의 경과시간)[s]
A : 화재실의 바닥면적[m²]
P : 화염의 둘레길이[m]
g : 중력가속도(9.8[m/s²])
y : 청결층의 높이[m]
h : 화재실의 높이[m]

(2) 굴뚝효과(Stack Effect) 13 17 20 년 출제

① **정의** : 화재 시 실내·외 온도차가 커서 건물 내부와 외부의 압력 차이로 부력이 발생해 저층부에 공기가 유입되어 연기가 수직공간을 따라 상승하는 현상
② 연기이동의 특성 21 년 출제
  ㉠ 중성대 **하부층**에서 화재가 발생한 경우 **연기**는 건물의 심부로 침투하면서 **상부층**으로 이동하며, 연기 자체의 온도에 의한 **부력으로 상승속도가 더욱 증가**한다.

ⓛ 중성대의 **상부층**에서 화재가 발생한 경우 연기는 건물 외부로 누출되면서 상승하고 연기 **자체온도에 의한 부력으로 상승속도가 더욱 증가한다.**

③ 영향을 주는 요인 `21` `22` `년 출제`
  ㉠ 건물의 높이
  ㉡ 외벽의 기밀성
  ㉢ 건물의 층간 공기 누출
  ㉣ 누설틈새
  ㉤ 건물의 구획
  ㉥ 공조시설의 종류
  ㉦ 내·외부 온도차

9 연기농도와 피난한계

① 반사형 표지 및 문짝의 가시거리$(L) = \dfrac{2 \sim 4}{C_s}[\text{m}]$ (C_s : 감광계수)

② 발광형 표지 및 주간 창의 가시거리$(L) = \dfrac{5 \sim 10}{C_s}[\text{m}]$ (C_s : 감광계수)

③ 가시거리(L)와 감광계수(C_s)는 반비례한다.

④ 감광계수에 따른 가시거리 `11` `13` `20` `년 출제`

감광계수[m⁻¹]	가시거리[m]	상 황
0.1	20~30	**연기감지기가 작동할 때의 정도**
0.3	5	건물 내부에 익숙한 사람이 피난에 지장을 느낄 정도
0.5	3	어두침침한 것을 느낄 정도
1	1~2	거의 앞이 보이지 않을 정도
10	0.2~0.5	화재 최성기 때의 정도
30	–	출화실에서 연기가 분출될 때의 연기농도

⑤ 감광계수(C_s)는 입사된 광량에 대한 투과된 광량의 감쇄율로 단위는 [m⁻¹]이다.

10 연기의 농도표시법

(1) 절대농도

① 입자농도법 : 단위체적당 연기의 입자개수를 측정하는 방법[개/cm³]으로 크기, 색상과는 관계가 없다.

② 중량농도법 : 단위체적당 연기의 **입자무게**를 측정하는 방법[mg/m³]으로 입경, 입자의 색상과는 관계가 없다.

(2) 상대농도

① 투과율법 : 연기 속을 **투과하는 빛의 양을 측정**하는 방법(투과율)으로 감광계수[m⁻¹]를 사용한다.

② 산란광농도법 : **빛이 입자에 부딪혀서 산란하는 성질이나 감쇠** 또는 **전리전류의 감소** 등에 의하여 나타내는 방법

③ Lambert-Beer 법칙

$$I = I_0 e^{-C_s L}, \quad C_s = \frac{1}{L} \ln \frac{I_0}{I}$$

여기서, C_s : 감광계수[m^{-1}]
　　　　L : 광원과 수광체 간의 거리[m], 즉 연기두께
　　　　I : 연기가 있을 때의 빛의 세기[lx]
　　　　I_0 : 연기가 없을 때의 빛의 세기[lx]

감광계수 : 연기의 농도에 따른 빛의 투과량으로부터 계산한 농도 　15　년 출제

11 불(열)의 성상

(1) 플래시오버(FO ; Flash Over)

① 가연성 가스를 동반하는 연기와 유독가스가 방출하여 실내의 급격한 온도상승으로 실내 전체에 확산되어 연소하는 현상
② 옥내화재가 서서히 진행되어 열이 축적되었다가 일시에 화염이 크게 발생하는 상태
③ 발생시간 : 화재발생 후 6~7분경
④ 실내의 온도 : **800~900[℃]**
⑤ 산소의 농도 : 10[%]
⑥ CO_2/CO : 150
⑦ 발생시기 : **성장기**에서 **최성기**로 넘어가는 분기점

(2) 플래시오버에 영향을 미치는 요인

① 개구부의 크기(개구율)
② 내장재료
③ 화원의 크기
④ 가연물의 종류
⑤ 실내의 표면적
⑥ 건축물의 형태

(3) 플래시오버의 지연대책 　10　년 출제

① 두꺼운 내장재 사용
② 열전도율이 큰 내장재 사용
③ 실내에 가연물 분산 적재
④ 개구부 많이 설치

(4) 플래시오버 발생시간의 영향

① 가연재료가 **난연재료**보다 **빨리 발생한다.**
② 열전도율이 작은 내장재가 빨리 발생한다.

③ 내장재의 두께가 얇은 것이 빨리 발생한다.
④ 벽보다 천장재가 크게 영향을 받는다.

(5) 플래시오버 방지대책

① 내장재 불연화 : **천장이나 측벽**을 **불연화한다.**
② 개구부 : 개구부의 크기나 숫자를 늘린다.
③ 가연물의 양 : 가연물의 양을 줄인다.
④ 수용물의 불연화, 난연화

12 롤 오버(Roll Over)

화재발생 시 **천장 부근에 축적된 가연성 가스가 연소범위**에 도달하면 천장 전체의 연소가 시작하여 불덩어리가 천장을 굴러다니는 것처럼 뿜어져 나오는 현상

13 백드래프트(Back Draft)

(1) 정 의 `18` `년 출제`

밀폐된 공간에서 화재발생 시 산소 부족으로 불꽃을 내지 못하고 가연성 가스만 축적되어 있는 상태에서 갑자기 문을 개방하면 신선한 공기 유입으로 폭발적인 연소가 시작되는 현상으로 감쇠기에 발생한다.

(2) Back Draft의 발생현상

① 건물벽체의 도괴
② 농연 발생 및 분출
③ Fire Ball의 형성

(3) Back Draft와 Flash Over의 비교 `11` `15` `22` `년 출제`

항 목 \ 구 분	Back Draft	Flash Over
정 의	밀폐된 공간에서 소방대가 화재진압을 위하여 화재실의 문을 개방할 때 신선한 공기 유입으로 실내에 축적되었던 가연성 가스가 폭발적으로 연소함으로서 화재가 폭풍을 동반하여 실외로 분출되는 현상	가연성 가스를 동반하는 연기와 유독가스가 방출하여 실내의 급격한 온도상승으로 실내 전체에 확산되어 연소하는 현상
화재 형태	환기지배형	연료지배형
발생시기	감쇠기(3단계)	성장기(1단계)
조 건	실내가 충분히 가열되어 다량의 가연성 가스가 축적될 때	• 산소농도 : 10[%] • $CO_2 / CO = 150$
공급요인	산소의 공급	열의 공급
폭풍 혹은 충격파	수반한다.	수반하지 않는다.
피 해	• Fire Ball의 형성 • 농연의 분출	• 인접 건축물에 대한 연소확대 위험 • 개구부에서 화염 혹은 농연의 분출
방지대책	• 폭발력의 억제　　　• 격리 및 환기 • 소 화	• 가연물의 제한　　　• 개구부의 제한 • 천장의 불연화　　　• 화원의 억제

14 훈소(Smoldering)

(1) 정 의

물질이 착화하여 **불꽃없이 연기를 내면서 연소하다가 어느 정도 시간이 지나면서 발염될 때까지의 연소 상태**로서 훈소에 의하여 발생되는 연기는 액체미립자로 존재한다.

(2) 특 징 15 년 출제

① 거의 밀폐된 구조로 된 **실내에 많이 발생하고 화재초기에 나타나는 현상**이다.
② 산소와 고체 연료상에서 발생하는 느린 연소과정이다.
③ 느린 **연소과정으로 많은 공기는 필요하지 않아 훈소 속도는 0.001~0.01[m/min]**이다.
④ 고체표면은 불꽃없이 작열하고 숯이 생성되며 작열현상에 의해 1,000[℃] 이상이 된다.
⑤ 훈소과정에서는 주로 **일산화탄소(CO)가 생성**되므로 인체에 **치명적**이다.

15 연료지배형 화재와 환기지배형 화재 10 15 17 년 출제

항 목 \ 종 류	연료지배형 화재	환기지배형 화재
정 의	공기가 충분한 상태에서는 가연물의 양에 따라 제어되는 화재	연료가 충분해도 화재가 진행되면 산소가 소진되어 원활한 연소가 이루어지지 못하므로 산소의 유입량에 따라 제어되는 화재
지배조건	• 연료량에 의하여 지배 • 통기량이 많고 가연물이 제한됨 • 개방된 공간	• 환기량에 의하여 지배 • 통기량이 많고 가연물이 많음 • **지하 무창층**
발생장소	• 목조건물 • 큰 개방형 창문이 있는 건물	• 내화구조 • 극장이나 밀폐된 소규모 건물
연소속도	빠르다.	느리다.
화재의 성질·상태	• 개방된 공간의 화재양상 • 구획화재 시 플래시오버 이전 • 성장기 화재	• 화재 후 산소부족으로 훈소상태 유지 • 구획화재 시 플래시오버 이후
위험성	개구부를 통하여 상층 연소 확대	실내 공기 유입 시 **백드래프트 발생**
온 도	• 실내온도가 낮음 • 외부에서 쉽게 찬 공기 유입	• 실외로 열 방출이 없기 때문에 실내 온도가 높음 • 다량의 가연성 가스가 존재

제5절 **유류탱크(가스탱크)에서 발생하는 현상**

1 유류탱크

보일오버(Boil Over), 슬롭오버(Slop Over), 프로스오버(Froth Over) 등이 있다.
① **보일오버(Boil Over)** 10 년 출제
  ㉠ 중질유 탱크에서 장시간 조용히 연소하다가 탱크의 잔존 기름이 갑자기 분출(Over Flow)하는 현상
  ㉡ 유류탱크 바닥에 물 또는 물-기름 에멀션이 섞여 있을 때 화재가 발생하는 현상

ⓒ 연소유면으로부터 100[℃] 이상의 열파가 탱크저부에 고여 있는 물을 비등하게 하면서 연소유가 탱크 밖으로 비산하며 연소하는 현상

② 슬롭오버(Slop Over) 19 년 출제

화재발생 후 물이 **연소유의 뜨거운 표면에 들어갈 때 비등, 기화하여 위험물**이 탱크 밖으로 비산하는 현상

③ 프로스오버(Froth Over)

물이 뜨거운 **기름 표면 아래서 끓을 때 화재를 수반하지 않고 용기에서 넘쳐 흐르는 현상**

④ 오일오버(Oil Over) 22 년 출제

위험물 저장탱크 내에 저장된 양이 내용적 1/2(=50[%]) 이하로 충전된 경우 화재로 인하여 증기압력이 상승하고 저장탱크 내의 유류를 외부로 분출하면서 탱크가 파열되는 현상

2 가스탱크

가스저장탱크에서 발생하는 재해는 UVCE(Unconfined Vapor Cloud Explosion)와 BLEVE(Boiling Liquid Expanding Vapor Explosion)가 있다.

① 자유공간 증기운 폭발(UVCE ; Unconfined Vapor Cloud Explosion)

가스저장탱크에서 **유출된 가스가 대기 중의 공기와 혼합하여 구름을 형성하여 돌아다니다 점화원과 접촉하면 발생할 수 있는 격렬한 폭발사고**로 이를 **증기운 폭발**이라 한다. 이 중 **밀폐된 공간이 아닌 자유공간에서의 폭발**을 UVCE라고 한다.

> **Plus one** 증기운 폭발(VCE ; Vapor Cloud Explosion)의 발생 조건
> • 누출되는 물질이 가연성 물질일 때
> • 발화하기 전에 증기운의 형성이 좋을 때
> • 가연성 증기가 폭발 한계 내에 존재할 때
> • 증기운이 고립된 지역에서 형성되거나 증기운의 일부분이 난류성 혼합으로 존재할 때

② 블레비(BLEVE ; Boiling Liquid Expanding Vapor Explosion) 16 23 년 출제

㉠ 정의 : 액화가스 저장탱크 주위에 화재가 발생하여 기상부 탱크 상부가 국부적으로 가열되고, 강도 저하로 파열되어 내부의 가스가 분출되면서 화구를 형성하여 폭발하는 현상

㉡ 방지대책

• 주위의 화재 시 탱크 쪽으로 입열을 방지하기 위하여 수막설비나 물분무소화설비를 설치한다.

• 용기의 내압이 유지될 수 있도록 견고하게 탱크를 제작한다.

• 탱크 내벽에 열전도도가 큰 알루미늄 합금 박판을 설치한다.

• 입열에 의한 탱크의 과압이 생기지 않도록 안전밸브 등 과압에 따른 압력저하장치를 설치한다.

예상문제

01 화재 시 열의 이동방식에서 화염의 전자파가 가장 크게 작용하는 열의 이동방식은?

① 대 류   ② 복 사   ③ 전 도   ④ 비 화

해설   복사 : 화재 시 열의 이동방식에서 화염의 전자파가 가장 크게 작용하는 열의 이동방식

정답 ②

02 열전도율을 표시하는 단위는?

① $[\text{kcal/m}^2 \cdot \text{h} \cdot \text{℃}]$
② $[\text{kcal} \cdot \text{m}^2/\text{h} \cdot \text{℃}]$

③ $[\text{W/m} \cdot \text{deg}]$
④ $[\text{J/m}^2 \cdot \text{deg}]$

해설   **열전도율의 단위**

$[\text{W/m} \cdot \text{deg}] = [\text{J/m} \cdot \text{s} \cdot \text{℃}] = [\text{kcal}/4,184 \cdot \text{m} \cdot \text{s} \cdot \text{℃}]$

$$[\text{W}] = [\text{J/s}] \qquad 1[\text{cal}] = 4.184[\text{J}]$$

정답 ③

03 복사에 대한 설명으로 틀린 것은?

① 복사는 전자파의 형태로 에너지를 전달한다.
② 복사에너지의 전파속도는 빛과 같다.
③ 복사에너지의 파장이 가시광선대에 들어가면 빛을 발한다.
④ 진공 속에서는 복사에 의한 전열이 이루어지지 않는다.

해설   복사는 진공 속에서도 전열이 이루어진다.

정답 ④

04 난류화염으로부터 20[℃]의 벽으로 전달되는 대류열류는?(단, $h = 5[\text{W/m}^2 \cdot \text{℃}]$, 평균시간 최대 화염온도는 800[℃]이다)

① $1.9[\text{kW/m}^2]$
② $2.9[\text{kW/m}^2]$

③ $3.9[\text{kW/m}^2]$
④ $4.9[\text{kW/m}^2]$

해설   **대류열류**

$$Q = h(T_2 - T_1)$$

여기서, Q : 대류열류$[\text{W/m}^2]$ h : 전열계수$[\text{W/m}^2 \cdot \text{℃}]$ $T_2 - T_1$: 온도차

∴ $Q = 5[\text{W/m}^2 \cdot \text{℃}] \times (800 - 20)[\text{℃}] = 3,900[\text{W/m}^2] = 3.9[\text{kW/m}^2]$

정답 ③

05 복사열이 통과할 때 복사열이 흡수되지 않고 아무런 손실 없이 통과되는 것은?

① 질 소   ② 탄산가스   ③ 아황산가스   ④ 수증기

해설   질소(N_2)는 복사열을 흡수하지 않는다.

정답 ①

06 Stefan-Boltzmann의 법칙에서 복사열은 절대온도의 몇 제곱에 비례하는가?

① 2제곱   ② 3제곱   ③ 4제곱   ④ 5제곱

해설   복사열은 절대온도의 **4제곱**에 비례한다.

정답 ③

07 표면 온도가 350[℃]에서 전기 히터를 가열하여 750[℃]가 되었다. 복사열은 몇 배로 증가하였는가?

① 1.64배   ② 2배   ③ 4배   ④ 7.27배

해설   복사열은 절대온도의 **4제곱**에 비례한다.
350[℃]에서 열량을 Q_1, 750[℃]에서 열량을 Q_2

$$\frac{Q_2}{Q_1} = \frac{(750+273)^4 [\text{K}]}{(350+273)^4 [\text{K}]} = \frac{1.095 \times 10^{12}}{1.506 \times 10^{11}} = 7.27 \text{배}$$

정답 ④

08 가연물 등의 연소 시 건축물의 붕괴 등을 고려하여 무엇을 설계해야 하는가?

① 연소하중   ② 내화하중   ③ 화재하중   ④ 파괴하중

해설   **화재하중**은 단위 면적당 저장하는 가연물의 양을 계산하는 데 이용한다.

특정소방대상물	주택, 아파트	사무실	창 고	시 장
화재하중[kg/m²]	30~60	30~150	200~1,000	100~200

정답 ③

09 화재하중(Fire Load)과 직접적인 관련이 없는 것은?

① 단위면적   ② 온 도   ③ 발열량   ④ 가연물의 중량

해설   **화재하중**(Fire Load)은 단위면적당 가연물의 양[kg/m²]으로서 **단위면적**, 가연물의 **중량**, **발열량**과 직접적인 관련이 있다.

정답 ②

10 건물의 화재하중을 감소시키는 방법은?

① 방화구획의 세분화   ② 내장재 불연화
③ 소화시설의 증강   ④ 건물높이의 제한

해설   화재의 규모를 결정하는 것은 건물의 가연물의 총량이므로 **내장재 불연화**는 화재하중을 감소시키는 방법에 해당된다.

정답 ②

11 건축물 설계 시 화재하중에 대한 내화도의 계산으로서 적합한 것은?

① 50[kg/m²] : 1.5~2시간
② 100[kg/m²] : 2~3시간
③ 200[kg/m²] : 3~4시간
④ 300[kg/m²] : 4~6시간

해설 화재하중에 대한 내화도

화재하중	50[kg/m²]	100[kg/m²]	200[kg/m²]
내화도(시간)	1~1.5시간	1.5~3.0시간	3.0~4.0시간

정답 ③

12 일반적으로 실내의 화재하중이 가장 많은 곳은?

① 주 택   ② 호 텔   ③ 도서관   ④ 사무실

해설 화재하중은 단위면적당 가연물의 총량[kg/m²]이다.
• 주택(아파트) : 30~60
• 호텔(침실) : 25~40
• 도서관 : 100~250
• 사무실 : 30~150

정답 ③

13 화재실 혹은 화재공간의 단위바닥 면적에 대한 등가 가연물량의 값을 화재하중이라 하며 식으로 $Q = \Sigma(G_t \cdot H_t)/H \cdot A$와 같이 표현할 수 있다. 여기서 H는 무엇을 나타내는가?

① 목재의 단위발열량
② 가연물의 단위발열량
③ 화재실 내 가연물의 전발열량
④ 목재의 단위발열량과 가연물의 단위발열량을 합한 것

해설 화재하중

$$Q = \frac{\Sigma(G_t \times H_t)}{H \times A}$$

여기서, Q : 화재하중[kg/m²] G_t : 가연물의 질량[kg]
A : 화재실의 바닥면적[m²] H_t : 가연물의 단위발열량[kcal/kg]
H : **목재의 단위발열량**(4,500[kcal/kg])

정답 ①

14 화재강도(Fire Intensity)와 관계가 없는 것은?

① 가연물의 비표면적
② 점화원 또는 발화원의 온도
③ 화재실의 구조
④ 가연물의 배열상태

해설 화재강도에 영향을 미치는 인자
• 가연물의 비표면적
• 화재실의 구조
• 가연물의 배열상태

정답 ②

15 연소생성물이 아닌 것은?

① 불 꽃   ② 열   ③ 연 기   ④ 산 소

해설   **연소생성물** : 불꽃, 열, 연기, 연소가스 등

정답 ④

16 화재 시 발생하는 연소가스 중에서 유황분이 포함되어 있는 물질의 불완전연소에 의하여 발생하는 가스는?

① H_2SO_4 ② H_2S ③ SO_2 ④ $PbSO_4$

해설   **연소생성물**

구 분	완전연소	불완전연소
유기화합물	이산화탄소(CO_2)	일산화탄소(CO)
황화합물	아황산가스(SO_2)	황화수소(H_2S)

정답 ②

17 연소생성물 중 가장 독성이 큰 것은?

① CO   ② 포스겐   ③ CO_2 ④ 염화수소

해설   **독성의 크기** : **포스겐** > 염화수소 > CO > CO_2

정답 ②

18 CO가 생명에 위험을 주는 치사 농도는?

① 0.01[%]   ② 0.03[%]   ③ 0.2[%]   ④ 0.4[%]

해설   일산화탄소 0.4[%](4,000[ppm])의 농도 : 1시간 이내에 치사

정답 ④

19 목재와 같이 일반 가연물 연소 시 생성하는 가스 중 가스 자체는 인체에는 해가 없으나 공기보다 무겁고 많은 양을 흡입하면 질식의 우려가 있는 가스는?

① CO_2 ② 메테인   ③ CO   ④ HCN

해설   이산화탄소(CO_2)는 가스 자체는 인체에 대한 독성이 없으나 공기보다 $1.52\left(=\dfrac{44}{29}\right)$배 무겁고 실내에서 많은 양을 흡입하면 질식의 우려가 있다.

정답 ①

20 연소 시 생성물로서 인체에 유해한 영향을 미치는 것으로 옳게 설명된 것은?

① 암모니아는 냉매로 쓰이고 있으므로, 누출 시 동해의 위험은 있으나 자극성은 없다.

② 황화수소 가스는 무자극성이나, 조금만 호흡해도 감지능력을 상실케 한다.

③ 일산화탄소는 산소와의 결합력이 극히 강하여 질식작용에 의한 독성을 나타낸다.

④ 아크롤레인은 독성은 약하나 화학제품의 연소 시 다량 발생하므로 쉽게 치사농도로 이르게 한다.

> 해설 ① 암모니아(NH_3)는 냉매로 사용하며 자극성이 강하다.
> ② 황화수소(H_2S) 가스는 달걀 썩는 듯한 냄새가 나고 자극성이며 조금만 호흡해도 감지능력이 상실된다.
> ④ 아크롤레인(CH_2CHCHO)은 맹독성이며 석유제품의 연소 시 발생한다.

> 정답 ③

21 석유, 고무, 동물의 털, 가죽 등과 같이 황 성분을 함유하고 있는 물질이 불완전연소될 때 발생하는 연소가스로 계란 썩는 듯한 냄새가 나는 기체는?

① 아황산가스   ② 사이안화수소

③ 황화수소   ④ 암모니아

> 해설 **황화수소(H_2S)** : 계란 썩는 듯한 냄새

> 정답 ③

22 습기가 많을 때 그 전달속도가 빨라져서 사람이 방호할 수 있는 능력을 떨어지게 하며 폐 속으로 급히 흡입하면 혈압이 떨어져 혈액순환에 장애를 초래하게 되어 사망할 수 있는 화재의 생성물은?

① 수 분   ② 분 진   ③ 열   ④ 연 기

> 해설 **연기** : 습기가 많을 때 전달속도가 빨라져서 방호능력이 떨어져 혈액순환에 장애를 초래하여 사망하는 화재의 연소생성물

> 정답 ④

23 화재 시에 발생하는 연소생성물을 크게 분류하면 4가지로 분류할 수 있다. 이에 해당되지 않는 것은?

① 암모니아, 사이안화수소 등의 연소가스 및 연기

② 대기 중에서 물질이 탈 때 나타나는 화염

③ 열(Heat)

④ 점화원

> 해설 **연소생성물**
> • 연 기   • 화 염
> • 열   • 연소가스

> 정답 ④

24 에틸렌의 연소생성물에 속하지 않는 것은?

① 이산화탄소　　　② 일산화탄소　　　③ 수중기　　　④ 염화수소

해설　에틸렌($CH_2=CH_2$)의 연소생성물
　• 완전연소 : 이산화탄소(CO_2), 수증기(H_2O)　　• 불완전연소 : 일산화탄소(CO)

> PVC(폴리염화바이닐) 연소 시 : 염화수소(HCl) 발생

정답 ④

25 다음 기체 중 인체의 폐에 가장 큰 자극을 주는 것은?

① CO_2　　　② H_2　　　③ CO　　　④ N_2

해설　**일산화탄소**(CO)는 혈액 중에 헤모글로빈과 결합하여 폐에 자극을 주며, 뇌의 중추신경이 산소부족으로 사망하게 된다.

정답 ③

26 화재 시 발생되는 연소가스 중 많은 양으로 인체에 거의 해가 없으나 많은 양을 흡입하면 질식을 일으키며, 소화약제로도 사용되는 가스는?

① CO　　　② CO_2　　　③ H_2O　　　④ H_2

해설　**이산화탄소**(CO_2)는 연소가스 중 **가장 많은 양**을 차지하며 적은 양으로 거의 **인체에 해가 없으나** 다량이 존재할 때 호흡속도를 증가시켜 질식을 일으키며, 불연성 가스이므로 소화약제로도 사용한다.

정답 ②

27 독성이 매우 높은 가스로서 석유제품, 유지 등이 연소할 때 생성되는 가스는?

① 사이안화수소　　　② 암모니아　　　③ 포스겐　　　④ 아크롤레인

해설　**아크롤레인**(CH_2CHCHO)은 **석유제품, 유지류** 등이 연소 시 생성하는 가스로서 자극성이 크고 맹독성이다.

정답 ④

28 인체에 영향을 미치는 연소생성물이 아닌 것은?

① 사이안계 물질　　　　　　② 염화수소계 물질
③ 황화수소　　　　　　　　④ 이황화탄소

해설　인체에 영향을 미치는 연소생성물은 일산화탄소(CO), 이산화탄소(CO_2), 황화수소(H_2S), 아황산가스(SO_2), 암모니아(NH_3), 사이안화수소(HCN), 염화수소(HCl), 이산화질소(NO_2), 아크롤레인(CH_2CHCHO), 포스겐($COCl_2$) 등이며 **이황화탄소**(CS_2)는 **제4류 위험물**의 **특수인화물**이다.

정답 ④

29 화재 시 발생하는 연소가스에 포함되어 인체에서 혈액의 산소운반을 저해하고 두통, 근육조절의 장애를 일으키는 것은?

① CO_2　　　　　② CO　　　　　③ HCN　　　　　④ H_2S

해설　CO(일산화탄소)는 불완전연소 시에 생성되는 가스로서 혈액 중의 **산소가스** 운반을 **저해**한다.

정답 ②

30 인체에 노출될 때 가장 위험한 물질은?

① HCN　　　　　② NO　　　　　③ HCl　　　　　④ NH_3

해설　사이안화수소(HCN) : 0.03[%]만 공기 중에 노출되어도 거의 즉사하는 **맹독성 유독가스**

정답 ①

31 연소의 주요생성물을 분류하면 크게 4종류로 구분할 수 있다. 이에 해당되는 것은?

① 연소가스, 불꽃, 열, 연기　　　　② 연기, 불꽃, 열, 산소
③ 연소가스, 불꽃, 연기, 암모니아　④ 연소가스, 일산화탄소, 불꽃, 열

해설　**연소 시 주요생성물** : 연소가스, 불꽃, 열, 연기

정답 ①

32 연소 시 부식성 가스를 가장 많이 방출하는 물질은?

① 폴리에틸렌　　② PVC　　　　③ 폴리우레탄　　④ 폴리스타이렌

해설　PVC(폴리염화바이닐)은 연소 시 강산성인 **염화수소(HCl)**이 나오기 때문에 부식성이 크다.

정답 ②

33 상온에서 무색의 기체로서 암모니아와 유사한 냄새를 가지는 물질은?

① 에틸벤젠　　② 에틸아민　　③ 산화프로필렌　　④ 사이클로프로페인

해설　에틸아민($C_2H_5NH_2$) : 무색의 기체로서 암모니아와 유사한 냄새를 가지는 물질

정답 ②

34 어떤 입자에 의해서 연소가스가 눈에 보이는가?

① 아황산가스 및 타르입자　　　② 페놀 및 멜라민수지 입자
③ 탄소 및 타르입자　　　　　　④ 황화수소 및 수증기입자

해설　연소가스가 눈에 보이는 것
　• **탄소** 및 **타르입자**에 의해 연소가스가 눈에 보인다(이것을 연기라 한다).
　• 연소가스의 어떤 것(NO_2 등)과 수증기가 응축한 것
　• 기타 입자화된 액체

정답 ③

35 연기에 대한 설명 중 맞지 않는 것은?

① 가연물의 연소 시에 가열에 의해서 방출되는 열분해된 생성물을 말한다.

② 완전연소되지 않는 불완전연소에 많이 발생한다.

③ 연소 시 발생가스로서 산소공급이 부족할 때 적은 양이 발생한다.

④ 화재 시에 발생되는데 호흡기 장애 질식사를 유발한다.

해설 공기가 부족하면 불완전연소가 일어나 짙은 연기와 연소가스가 많이 발생한다.

정답 ③

36 화재 시 패닉(Panic)의 발생원인과 직접적인 관계가 없는 것은?

① 연기에 의한 시계의 제한   ② 유독가스에 의한 호흡장애

③ 외부와 단절되어 고립   ④ 건물의 가연 내장재

해설 건물의 가연 내장재는 관계가 없다.

정답 ④

37 연기의 수평방향에서의 이동속도는?

① 0.3~0.5[m/s]   ② 0.5~1.0[m/s]   ③ 0.7~1.0[m/s]   ④ 0.1~0.5[m/s]

해설 **연기의 이동속도**
 • **수평방향 : 0.5~1.0[m/s]**
 • 수직방향 : 2~3[m/s]
 • 실내계단 : 3~5[m/s]

정답 ②

38 연소 시 불완전연소하여 짙은 연기를 생성하게 될 때는 어떤 때인가?

① 온도가 낮을 때   ② 온도가 높을 때

③ 공기가 부족할 때   ④ 공기가 충분할 때

해설 **공기**가 **부족**하면 불완전연소하여 **짙은 연기**를 생성하게 된다.

정답 ③

39 화재 시 연기가 인체에 영향을 미치는 요인 중 가장 중요한 요인은?

① 연기 중의 미립자

② 일산화탄소의 증가와 산소의 감소

③ 탄산가스의 증가로 인한 산소의 희석

④ 연기 속에 포함된 수분의 양

해설 화재발생 시 **산소 부족**과 **일산화탄소의 증가**가 인체에 가장 큰 영향을 미친다.

정답 ②

40 가연물질의 연소생성물인 연기가 인체에 미치는 영향과 가장 관계가 없는 것은?

① 시력장애　　　　② 인지능력 감소　　③ 질 식　　　　④ 촉각의 둔화

> **해설**　연소생성물인 연기가 인체에 미치는 영향은 **시력장애, 질식, 인지능력 감소** 등이 있다.

정답 ④

41 화재 시 연기로 인한 사람의 투시거리에 영향을 주는 주된 인자가 아닌 것은?

① 연기농도　　　　　　　　　　　② 연기의 질
③ 보는 표식의 휘도, 형상, 색　　　④ 연기의 흐름속도

> **해설**　연기로 인한 투시거리에 영향을 주는 요인
> • 연기의 농도　　　　　　　　• 연기의 흐름속도
> • 보는 표시의 휘도, 형상, 색

정답 ②

42 화재 시 공기의 이동현상을 옳게 설명한 것은?

① 건물 외부의 온도가 내부의 온도보다 높으면 공기는 수직으로 이동한다.
② 건물 내·외부의 온도가 같을 경우 공기는 수평으로 이동한다.
③ 건물 외부의 온도가 내부의 온도보다 높으면 공기는 소용돌이를 치게 된다.
④ 건물 내부의 온도가 외부의 온도보다 높으면 공기는 수직으로 이동한다.

> **해설**　화재 시 건물 내부의 온도가 외부의 온도보다 높으면 공기는 수직으로 이동한다.

정답 ④

43 건물화재 시 연기가 건물 밖으로 이동하는 주된 요인이 아닌 것은?

① 굴뚝효과　　　　　　　　　　　② 건물 내부의 냉방 작동
③ 온도상승에 따른 기체의 팽창　　④ 기후조건

> **해설**　연기유동에 영향을 미치는 요인
> • 굴뚝(연돌)효과　　　　　　　• 외부에서의 풍력
> • 온도상승에 따른 기체의 팽창　　• 기후조건
> • 공기유동의 영향

정답 ②

44 굴뚝효과(Stack Effect)에서 나타나는 중성대에 관계되는 설명으로 틀린 것은?

① 건물 내의 기류는 항상 중성대의 하부에서 상부로 이동한다.
② 중성대는 상하의 기압이 일치하는 위치에 있다.
③ 중성대의 위치는 건물 내·외부의 온도차에 따라 변할 수 있다.
④ 중성대의 위치는 건물 내의 공조상태에 따라 달라질 수 있다.

> **해설**　중성대는 화재가 발생하여 상부에는 연기가, 하부에는 신선한 공기가 형성하고 있는 상하의 기압이 일치하는 중간층의 부분을 말하는데 중성대에서 연기의 기류는 상부에서 하부로 이동한다.

정답 ①

45 화재 시 발생하는 연기의 색이 검은 것은 무엇인가?

① 휘발성 알코올류
② 수분이 많은 물질
③ 건조된 가연물이나 종이류
④ 탄소를 많이 함유한 석유류

해설 **탄소**를 많이 **함유**하는 석유류의 연소 시에는 **검은 연기**가 발생한다.

정답 ④

46 연기에 의한 감광계수가 0.1, 가시거리가 20~30[m]일 때 상황을 바르게 설명한 것은?

① 건물 내부에 익숙한 사람이 피난에 지장을 느낄 정도
② 연기감지기가 작동할 정도
③ 어둠침침한 것을 느낄 정도
④ 거의 앞이 보이지 않을 정도

해설 감광계수에 따른 가시거리

감광계수[m⁻¹]	가시거리[m]	상 황
0.1	20~30	연기감지기가 작동할 때의 정도
0.3	5	건물 내부에 익숙한 사람이 피난에 지장을 느낄 정도
0.5	3	어둠침침한 것을 느낄 정도
1	1~2	거의 앞이 보이지 않을 정도
10	0.2~0.5	화재 최성기 때의 정도
30	–	출화실에서 연기가 분출될 때의 연기농도

정답 ②

47 건물 내부의 화재 시에 발생한 연기의 농도가 감광계수로 10일 때의 상황을 알맞게 설명한 것은?

① 화재 최성기 때의 농도
② 어두운 것을 느낄 정도의 농도
③ 연기감지기가 작동할 때의 농도
④ 출화실에서 연기가 분출할 때의 농도

해설 감광계수 10 : 화재의 최성기

정답 ①

48 연기의 농도표시방법 중 단위체적당 연기입자의 개수를 나타내는 방법은?

① 중량농도법
② 입자농도법
③ 투과율법
④ 상대농도법

해설 **입자농도법** : 단위체적당 연기입자의 개수를 나타내는 방법

정답 ②

49 다음 중 Flash Over를 바르게 나타낸 것은?

① 에너지가 느리게 집적되는 현상
② 가연성 가스가 방출되는 현상
③ 가연성 가스가 분해되는 현상
④ 폭발적인 착화현상

해설 Flash Over : **폭발적인 착화현상**

정답 ④

50 건물 화재의 성질·상태 중 플래시오버에 대한 설명으로 옳은 것은?

① 열원이 가연물에 인화되는 현상

② 실내의 가연물이 연소됨에 따라 생성되는 가연성 가스가 실내에 누적되어 폭발적으로 연소하여 실내 전체가 순간적으로 불길에 휩싸이는 현상

③ 불길이 상층으로 확대되는 과정

④ 건물화재가 커지는 과정

해설　Flash Over : 실내 전체가 가연성 가스와 화염이 순간적으로 불길에 휩싸이는 현상

정답 ②

51 플래시오버(Flash Over)란?

① 건물화재에서 가연물이 착화하여 연소하기 시작하는 단계이다.

② 건물화재에서 발생한 가연가스가 일시에 인화하여 화염이 충만하는 단계이다.

③ 건물화재에서 화재가 쇠퇴기에 이른 단계이다.

④ 건물화재에서 가연물의 연소가 끝난 단계이다.

해설　플래시오버(Flash Over)는 가연성 가스를 동반하는 연기와 유독가스가 방출하여 실내의 급격한 온도 상승으로 실내 전체에 확산되어 연소하는 현상으로 이때 실내 온도는 800~900[℃]이다.

정답 ②

52 플래시오버의 화재의 온도는 얼마인가?

① 600~800[℃]　　② 800~900[℃]　　③ 900~1,100[℃]　　④ 1,000~1,100[℃]

해설　플래시오버의 실내 온도 : 800~900[℃]

정답 ②

53 플래시오버에 대한 설명을 나타내고 있는 것은?

① 느리게 연소되어 점차적으로 온도가 올라간다.

② 무염착화와 동시에 일어난다.

③ 순발적인 연소확대 현상이다.

④ 목조 건물로서 연소온도는 100[℃]이다.

해설　플래시오버 : 순발적인 연소확대 현상

정답 ③

54 Flash Over에 영향을 미치지 않는 것은?

① 개구율　　　　② 내장재료　　　　③ 화원의 크기　　　④ 방화 구획

해설　플래시오버에 영향을 미치는 요인
- 개구부의 크기(개구율)
- 화원의 크기
- 실내의 표면적
- 내장재료
- 가연물의 종류
- 건축물의 형태

정답 ④

55 플래시오버의 발생시각에 대한 설명으로 틀린 것은?

① 건물의 개구부가 적으면 발생 시각이 늦다.

② 화원이 크면 발생 시각이 빠르다.

③ 가연 내장재료 중 벽재료보다 천장재가 발생시각에 큰 영향을 미친다.

④ 열전도율이 큰 내장재가 발생시각을 늦게 한다.

해설　**플래시오버(Flash Over)** : 화재의 최고도에 달하는 시점으로 건물의 개구부가 적으면 발생시각이 빠르다.

정답　①

56 내화건축물의 화재 시 플래시오버 현상은 어느 과정에서 주로 발생하는가?

① 화재의 초기　　② 화재의 성장기　　③ 화재의 최성기　　④ 화재의 종기

해설　**플래시오버(Flash Over)**는 **성장기**에서 최성기로 넘어가는 단계에서 발생하고 이때 실내 온도는 800~900[℃]이다.

정답　②

57 다음 중 백드래프트(Back Draft) 현상은 어느 시기에 나타나는가?

① 초 기　　　　② 성장기　　　　③ 최성기　　　　④ 감쇠기

해설　**백드래프트(Back Draft)** : 환기가 잘 되지 않는 실내에서 연소가 될 때 소화활동으로 출입문 개방 시 산소가 공급되면 폭발적인 연소와 폭풍을 동반하여 화염이 외부로 분출되는 현상으로 감쇠기에서 발생한다.

정답　④

58 중질유 탱크에서 장시간 조용히 연소하다 탱크 내의 잔존 기름이 갑자기 분출하는 현상을 무엇이라고 하는가?

① 보일오버(Boil Over)　　　　　　　② 플래시오버(Flash Over)

③ 슬롭오버(Slop Over)　　　　　　　④ 프로스오버(Froth Over)

해설　• **보일오버(Boil Over)** : 저유를 저장한 개방탱크의 화재발생 시에 자연히 발생하는 현상. 장시간 조용히 연소하다가 탱크 내의 잔존 기름이 갑자기 분출하는 현상이다. 급속히 팽창하는 증기-기름 거품을 형성하는 것은 끓는 물이 원인이다.

• **플래시오버(Flash Over)** : 가연물이 연소하여 다량의 가연성 가스를 동반하는 연기와 유독가스가 방출하여 실내의 급격한 온도상승으로 순간적으로 실내 전체에 확산되어 연소하는 현상

• **슬롭오버(Slop Over)** : 화재발생 후 물이 연소유의 뜨거운 표면에 들어갈 때 비등, 기화하여 위험물이 탱크 밖으로 비산하는 현상으로 그리 격렬하지는 않다.

• **프로스오버(Froth Over)** : 물이 뜨거운 기름표면 아래서 끓을 때 화재를 수반하지 않고 용기에서 넘쳐 흐르는 현상으로, 뜨거운 아스팔트를 물이 있는 탱크차에 넣을 때 이 현상이 나타난다.

정답　①

59 유류를 저장한 상부개방 탱크의 화재에서 일어날 수 있는 특수한 현상들에 속하지 않는 것은?

① 플래시오버(Flash Over)
② 보일오버(Boil Over)
③ 슬롭오버(Slop Over)
④ 프로스오버(Froth Over)

해설 플래시오버는 화재의 성장과정에서 나타나는 현상이고 보일오버, 슬롭오버, 프로스오버는 유류저장탱크의 화재 시 나타나는 현상이다.

정답 ①

60 유류저장탱크의 화재 중 열류층을 형성 화재의 진행과 더불어 열류층이 점차 탱크 바닥으로 도달해 탱크 저부에 물 또는 물–기름 에멀션이 수증기로 변해 부피 팽창에 의해 유류의 갑작스런 탱크 외부로의 분출을 발생시키면서 화재를 확대시키는 현상은?

① 보일오버(Boil Over)
② 슬롭오버(Slop Over)
③ 프로스오버(Froth Over)
④ 플래시오버(Flash Over)

해설 문제 58번 참조

정답 ①

61 액화 가연성 가스의 용기가 과열로 파손되어 가스가 분출된 후 불이 붙었다. 이러한 현상을 무엇이라고 하는가?

① 블레비 현상
② 보일오버 현상
③ 슬롭오버 현상
④ 파이어볼 현상

해설 블레비 현상 : 액화 가연성 가스의 용기가 과열로 파손되어 가스가 분출된 후 불이 붙는 현상

정답 ①

62 액화가스 저장탱크의 누설로 부유 또는 확산된 액화가스가 착화원과 접촉하여 액화가스가 공기 중으로 확산, 폭발하는 현상은?

① Slop Over
② Flash Over
③ Boil Over
④ BLEVE

해설 BLEVE(블레비) : 액화가스 저장탱크의 누설로 부유 또는 확산된 액화가스가 착화원과 접촉하여 액화가스가 공기 중으로 확산, 폭발하는 현상

정답 ④

PART 02

소방수리학, 약제화학 및 소방전기

CHAPTER 01 소방수리학

CHAPTER 02 약제화학

CHAPTER 03 소방전기

소방시설관리사 1차 기출문제 분석

[소방수리학, 약제화학 및 소방전기]

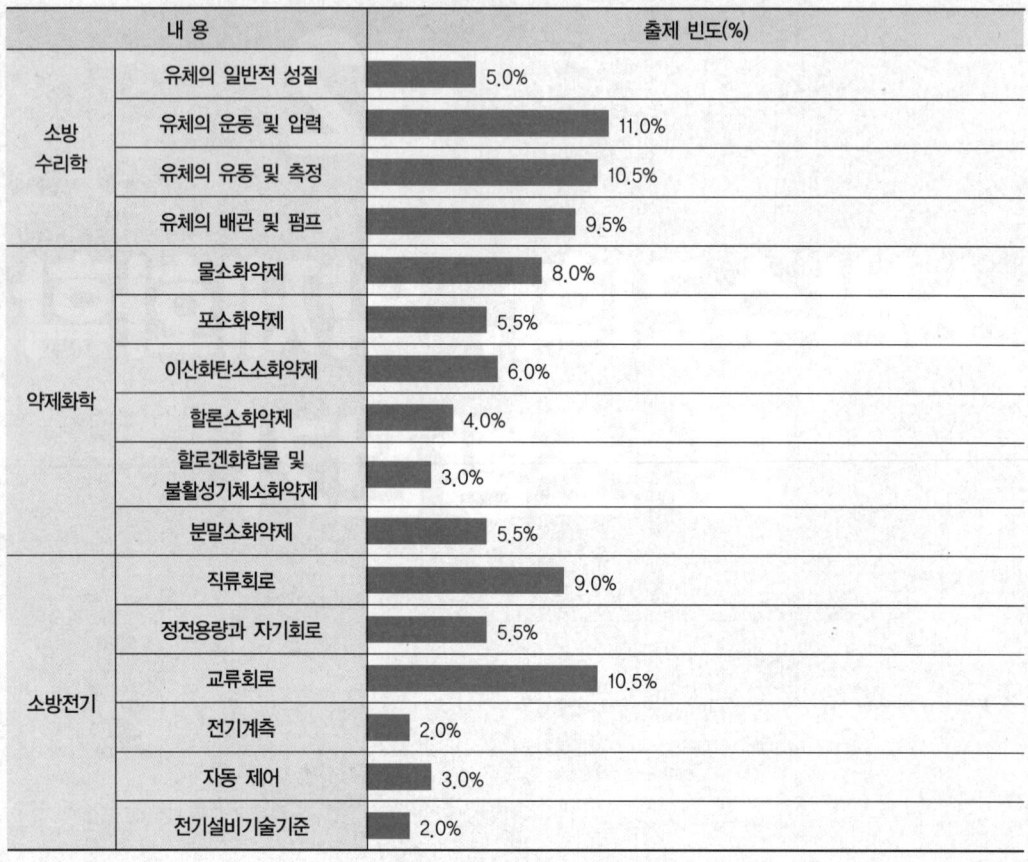

내용		출제 빈도(%)
소방수리학	유체의 일반적 성질	5.0%
	유체의 운동 및 압력	11.0%
	유체의 유동 및 측정	10.5%
	유체의 배관 및 펌프	9.5%
약제화학	물소화약제	8.0%
	포소화약제	5.5%
	이산화탄소소화약제	6.0%
	할론소화약제	4.0%
	할로겐화합물 및 불활성기체소화약제	3.0%
	분말소화약제	5.5%
소방전기	직류회로	9.0%
	정전용량과 자기회로	5.5%
	교류회로	10.5%
	전기계측	2.0%
	자동 제어	3.0%
	전기설비기술기준	2.0%

[소방수리학의 단위]

No	구 분	단 위	No	구 분	단 위
1	힘	$[kg_f]$, $[N]$	6	압력에너지	$[N \cdot m]$
2	밀 도	$[N \cdot s^2/m^4]$	7	기체상수(R)	$[N \cdot m/kg \cdot K]$
3	압 력	$[kg_f/cm^2]$, $[kg_f/m^2]$, $[N/m^2]$	8	체적탄성계수	$[N/cm^2]$
4	열 량	$1[cal] = 4.184[J] = 0.427[kg_f \cdot m]$	9	압축률	$[cm^2/N]$
5	비중량	$[kg_f/m^3]$, $[N/m^3]$	10	점성계수	$[N \cdot s/m^2]$

소방수리학

제1절 유체의 일반적 성질

1 유체의 정의

(1) 유체(流體) `23` `년 출제`

어떤 힘을 작용하면 움직이려는 액체와 기체상태의 물질

(2) 압축성 유체

기체와 같이 압력을 가하면 체적이 변하는 성질을 가지는 유체

(3) 비압축성 유체

액체와 같이 압력을 가해도 체적이 변하지 않는 성질을 가지는 유체

(4) 이상 유체

점성이 없는 비압축성 유체

(5) 실제 유체

점성이 있는 압축성 유체, 유동 시 마찰이 존재하는 유체

2 유체의 단위와 차원

구 분	중력단위[차원]	절대단위[차원]
길 이	m[L]	m[L]
시 간	s[T]	s[T]
질 량	N · s²/m[FL⁻¹T²]	kg[M]
힘	N[F]	kg · m/s²[MLT⁻²]
밀 도	N · s²/m⁴[FT²L⁻⁴]	kg/m³[ML⁻³]
압 력	N/m²[FL⁻²]	kg/m · s²[ML⁻¹T⁻²]
속 도	m/s[LT⁻¹]	m/s[LT⁻¹]
가속도	m/s²[LT⁻²]	m/s²[LT⁻²]

(1) 온 도 `19` `년 출제`

- $[\text{℃}] = \dfrac{5}{9}([\text{℉}] - 32)$

- $[\text{℉}] = 1.8[\text{℃}] + 32$

- $[\text{K}] = 273.16 + [\text{℃}]$

- $[\text{R}] = 460 + [\text{℉}]$

(2) 힘

① $[dyne] = [g \cdot cm/s^2]$

② $[N] = [kg \cdot m/s^2]$

③ $1[N] = 10^5[dyne]$

> • $1[kg중] = 1[kg_f] = 9.8[N] = 9.8 \times 10^5[dyne]$
> • $1[g중] = 1[g_f] = 980[dyne]$

(3) 열 량

① $1[BTU](British\ Thermal\ Unit) = 252[cal] = 778[lb_f \cdot ft]$

② $1[CHU](Centigrade\ Heating\ Unit) = 1.8[BTU]$

③ $1[kcal] = 3.968[BTU] = 2.205[CHU]$

④ $1[cal] = 4.184[J] = 0.427[kg_f \cdot m]$: 열의 일당량

(4) 압 력 15 년 출제

$1[atm] = 760[mmHg] = 76[cmHg] = 29.92[inHg]$(수은주 높이)

$\qquad = 1,033.2[cmH_2O] = 10.332[mH_2O]([mAq])$(물기둥의 높이)

$\qquad = 1.0332[kg_f/cm^2] = 10,332[kg_f/m^2] = 14.7[psi]([lb_f/in^2]) = 1.013[bar] = 1,013[mbar]$

$\qquad = 101,325[Pa]([N/m^2]) = 101.325[kPa]([kN/m^2]) = 0.101325[MPa]([MN/m^2])$

(5) 일 21 년 출제

① $[J] = [N \cdot m] = [kg \cdot m/s^2] \times [m]$

② $[erg] = [dyne \cdot cm] = [g \cdot cm/s^2] \times [cm]$

> • $1[J] = 10^7[erg]$ • $1[cal] = 4.184[J]$

(6) 부 피

① $1[gal] = 3.785[L]$, $1[barrel] = 42[gallon]$

② $1[m^3] = 1,000[L] = 1 \times 10^6[cm^3]$

(7) 점 도

① $1[P(poise)] = 1[g/cm \cdot s] = 1[dyne \cdot s/cm^2] = 100[cP] = 0.1[kg/m \cdot s]$

② $1[cP(centipoise)] = 0.01[g/cm \cdot s] = 0.001[kg/m \cdot s] = 2.42[lb/ft \cdot h]$

③ 물의 점도(25[℃]) = 1[cP]

④ 동점도 $1[stokes] = 1[cm^2/s]$

> 동점도 $\nu = \dfrac{\mu}{\rho}[cm^2/s]$ 17 21 22 23 년 출제

여기서, μ : 절대점도[g/cm · s] $\qquad \rho$: 밀도[g/cm³]

(8) 비중(Specific Gravity) <mark>21</mark> 년 출제

물 4[℃]를 기준으로 하였을 때 물체의 무게(액체의 경우)

① 비중(S) = $\dfrac{물체의\ 무게}{4[℃]의\ 동체적의\ 물의\ 무게}$ = $\dfrac{\gamma}{\gamma_w}$

② 액체의 비중량 : $\gamma = S \times 9,800[\text{N/m}^3]$

$$\gamma_w(물의\ 비중량) = 1[\text{g}_\text{f}/\text{cm}^3] = 1,000[\text{kg}_\text{f}/\text{m}^3] = 9,800[\text{N/m}^3] = 9.8[\text{kN/m}^3]$$

(9) 비중량(Specific Weight)

유체의 단위 체적에 대해 가해지는 중력에 의한 힘

$$\gamma = \frac{1}{V_s} = \frac{P}{RT} = \rho g$$

여기서, ρ : 밀도 g : 중력가속도 V_s : 비체적
        P : 절대압력 R : 기체상수 T : 절대온도

(10) 밀도(Density)

단위 체적당의 유체의 질량$\left(\rho = \dfrac{질량}{부피} = \dfrac{W}{V} \right)$

$$물의\ 밀도\ \rho = 1[\text{g/cm}^3] = 1,000[\text{kg/m}^3] = 1,000[\text{N} \cdot \text{s}^2/\text{m}^4] = 102[\text{kg}_\text{f} \cdot \text{s}^2/\text{m}^4]$$

(11) 비체적 <mark>20</mark> 년 출제

단위 질량당 체적(V/W)

$$V_s = \frac{1}{\rho}$$

3 힘의 단위

(1) 절대 단위

$$F = ma$$

여기서, m : 질량 a : 가속도

① CGS 단위([cm] · [g] · [s])
[dyne] : 1[g]의 물체에 $1[\text{cm/s}^2]$의 가속도를 주는 힘($[\text{dyne}] = [\text{g} \cdot \text{cm/s}^2]$)
② MKS 단위([m] · [kg] · [s])
[Newton] : 1[kg]의 물체에 $1[\text{m/s}^2]$의 가속도를 주는 힘($[\text{N}] = [\text{kg} \cdot \text{m/s}^2]$)

(2) 중력 단위

$$F = mg$$

여기서, g : 중력가속도($9.8[\text{m/s}^2]$)

① CGS 단위

1[g중]([g_f]) : 1[g]의 물체에 $980[\text{cm/s}^2]$의 중력가속도를 주는 힘

② MKS 단위

1[kg중]([kg_f]) : 1[kg]의 물체에 $9.8[\text{m/s}^2]$의 중력가속도를 주는 힘

4 뉴턴의 점성법칙

(1) 난류일 때 16 19 년 출제

전단응력은 점성계수와 속도구배에 비례한다.

$$\tau = \frac{F}{A} = \mu \frac{du}{dy}$$

여기서, τ : 전단응력[N/m²]　　　　　　　　μ : 점성계수[N·s/m²]

$\dfrac{du}{dy}$: 속도구배 $\left[\dfrac{\text{m/s}}{\text{m}} = \dfrac{1}{\text{s}}\right]$

(2) 층류일 때

수평 원통형 관 내에 유체가 흐를 때 **전단응력**은 **중심선**에서 **0**이고 **반지름**에 **비례**하면서 관 벽까지 직선적으로 증가한다.

$$\tau = \frac{dp}{dl} \cdot \frac{r}{2} = \frac{p_A - p_B}{l} \cdot \frac{r}{2}$$

여기서, p : 압력　　　　　　　　l : 길이
　　　　r : 반경

(3) 뉴턴 유체

뉴턴의 점성법칙을 만족하는 유체를 뉴턴 유체, 점성법칙을 만족하지 못한 유체를 비뉴턴 유체라 하며, 뉴턴 유체는 속도 구배에 관계없이 점성계수가 일정하다.

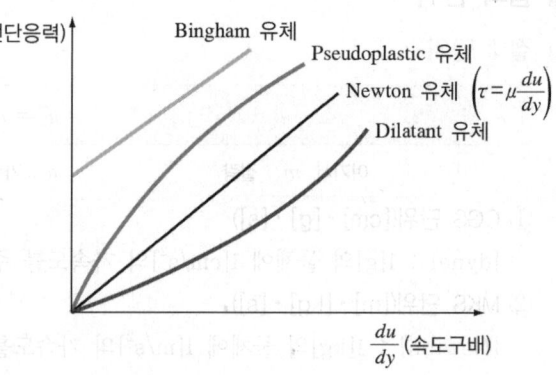

5 열역학의 법칙

(1) 열역학 제0법칙 13 년 출제

열적 평형이 된 상태를 설명하는 법칙이다.

(2) 열역학 제1법칙(에너지 보존의 법칙)

기체에 공급된 열에너지는 기체 내부에너지의 증가와 기체가 외부에 한 일의 합과 같다.

$$\text{공급된 열에너지 } Q = \Delta U + P\Delta V = \Delta U + \Delta W$$

여기서, U : 내부에너지 $P\Delta V$: 일
ΔW : 외부에 한 일

(3) 열역학 제2법칙

① 외부에서 열을 가하지 않는 한 항상 고온에서 저온으로 흐른다.
② 열을 완전히 일로 바꿀 수 있는 열기관을 만들 수 없다(열효율이 100[%]인 열기관은 만들 수 없다).
③ 자발적인 변화는 비가역적이다.
④ 엔트로피는 증가하는 방향으로 흐른다.

(4) 열역학 제3법칙

순수한 물질이 1[atm]하에서 완전히 결정상태이면 엔트로피는 0[K]에서 0이다.

6 엔트로피(Entropy) 14 년 출제

계(系)가 가역적으로 흡수한 열량을 그때의 절대온도로 나눈 값

$$\Delta S = \frac{\Delta Q}{T} [\text{cal/g} \cdot \text{K}]$$

여기서, ΔQ : 변화한 열량[cal/g] T : 절대온도[K]

① 가역과정에서 엔트로피는 0이다($\Delta S = 0$).
② 비가역과정에서 엔트로피는 증가한다($\Delta S > 0$).
③ 등엔트로피 과정은 단열가역과정이다.

Plus one 가역과정
항상 평형상태를 유지하면서 변화하는 과정

7 엔탈피(Enthalpy)

$$H = U + PV \qquad Q = \Delta H = C\Delta T$$

여기서, U : 내부에너지 P : 절대압력
V : 부피 Q : 열량
C : 비열 T : 온도

8 특성치

(1) 시량특성치(Extensive Property, 용량성 상태량)

양에 따라 변하는 값(부피, 엔탈피, 엔트로피, 내부에너지)

(2) 시강특성치(Intensive Property, 강도성 상태량)

양에 관계없이 일정한 값(온도, 압력, 밀도)

제2절　**유체의 운동 및 압력**

1 유체의 연속방정식 10 년 출제

연속방정식은 질량 보존의 법칙을 유체 유동에 적용한 방정식이다.

> **Plus one**　**유체의 흐름**
> • 정상류
> 임의의 한 점에서 속도, 온도, 압력, 밀도 등의 평균값이 시간에 따라 변하지 않는 흐름
> $$\frac{\partial u}{\partial t} = \frac{\partial \rho}{\partial t} = \frac{\partial p}{\partial t} = \frac{\partial T}{\partial t} = 0$$
> (여기서, u : 속도, ρ : 밀도, p : 압력, t : 시간, T : 온도)
> • 비정상류 : 임의의 한 점에서 속도, 온도, 압력, 밀도 등의 평균값이 시간에 따라 변하는 흐름

(1) 질량유량

$$\dot{m} = A_1 u_1 \rho_1 = A_2 u_2 \rho_2 [\text{kg/s}]$$

여기서, A : 단면적[m²]　　　　u : 유속[m/s]　　　ρ : 밀도[kg/m³]

(2) 중량유량

$$G = A_1 u_1 \gamma_1 = A_2 u_2 \gamma_2 [\text{N/s}]$$

여기서, γ : 비중량[N/m³]

(3) 체적유량(용량유량) 13 15 18 23 년 출제

$$Q = A_1 u_1 = A_2 u_2 [\text{m}^3/\text{s}]$$

(4) 비압축성 유체

유체의 유속은 단면적에 반비례하고 지름의 제곱에 반비례한다.

$$\frac{u_2}{u_1} = \frac{A_1}{A_2} = \left(\frac{D_1}{D_2}\right)^2$$

여기서, u : 유속[m/s]　　　　A : 단면적[m²]　　　D : 내경[m]

② 베르누이 방정식(Bernoulli's Equation)

① 그림과 같이 유체가 관의 단면 1과 2를 통해 정상적으로 유동하고 있다. 만약, 이상유체라 하면 에너지 보존의 법칙에 의해 다음과 같은 방정식이 성립된다. `10` `11` `13` `16` `18` `20` `21` `22` `23` **년 출제**

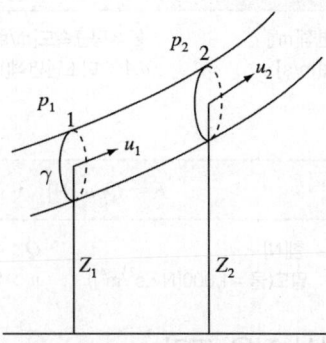

$$\frac{u_1^2}{2g} + \frac{p_1}{\gamma} + Z_1 = \frac{u_2^2}{2g} + \frac{p_2}{\gamma} + Z_2 = \text{Const.}$$

여기서, u : 평균속도[m/s] p : 압력[N/m²]
γ : 비중량[N/m³]

$\frac{u^2}{2g}$: 속도수두(Velocity Head)

$\frac{p}{\gamma}$: 압력수두(Pressure Head)

Z : 위치수두(Potential Head)
- 수력구배선(HGL) : 수력구배선은 임의의 위치에서의 압력수두와 위치수두의 합
- 에너지선 : 임의의 위치에서의 속도수두, 압력수두, 위치수두의 합

② 유체의 마찰을 고려하면, 즉 비압축성 유체일 때의 방정식은 다음과 같다.

$$\frac{u_1^2}{2g} + \frac{p_1}{\gamma} + Z_1 = \frac{u_2^2}{2g} + \frac{p_2}{\gamma} + Z_2 + \Delta H$$

여기서, ΔH : 에너지 손실수두(損失水頭)

③ 베르누이 방정식 적용조건 : 비점성 유체, 비압축성 유체, 정상류

③ 유체의 운동량 방정식

(1) 운동량 보정계수(β)

$$\beta = \frac{1}{AV^2} \int_A u^2 dA$$

여기서, A : 단면적[m²] V : 평균속도[m/s]
u : 유속[m/s] dA : 미소단면적[m²]

(2) 운동에너지 보정계수(α)

$$\alpha = \frac{1}{AV^3} \int_A u^3 dA$$

여기서, A : 단면적[m²] V : 평균속도[m/s]
        u : 유속[m/s] dA : 미소단면적[m²]

(3) 힘

$$F = Q\rho u \text{ [N]}$$

여기서, F : 힘[N] Q : 유량[m³/s]
        ρ : 밀도(물 = 1,000[N · s²/m⁴]) u : 유속[m/s]

4 오일러(Euler)의 운동방정식 적용 조건

① 정상 유동할 때
② 유선을 따라 입자가 운동할 때
③ 유체의 마찰이 없을 때

5 유선, 유적선, 유맥선

(1) 유선(流線) `10` 년 출제

유동장 내의 모든 점에서 속도 벡터의 방향과 일치하도록 그려진 가상곡선

$$\frac{dx}{u} = \frac{dy}{v} = \frac{dz}{w}$$

(2) 유적선(流跡線) `20` 년 출제

한 유체 입자가 일정기간 동안에 움직인 경로(유체입자의 실제 운동 경로)

(3) 유맥선(流脈線)

공간 내의 한 점을 지나는 모든 유체 입자들의 순간궤적

6 토리첼리의 식(Torricelli's Equation)

유체의 속도는 수두의 제곱근에 비례한다. `10` `14` `18` `20` `21` 년 출제

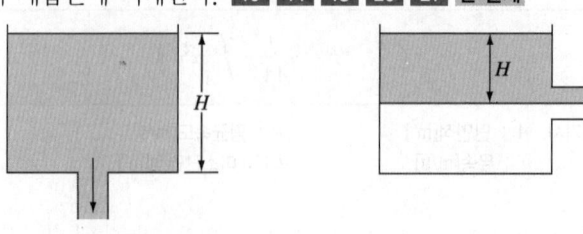

$u = \sqrt{2gH} = C_v\sqrt{2gH}$
(여기서, C_v : 속도계수)

$u = \sqrt{2gH}$

7 파스칼의 원리 <u>18</u> 년 출제

밀폐된 용기에 들어있는 유체에 작용하는 압력의 크기는 변하지 않고 모든 방향으로 전달된다. **수압기**는 **파스칼(Pascal)의 원리**를 이용한 것이다.

$$\frac{F_1}{A_1} = \frac{F_2}{A_2}, \; P_1 = P_2$$

여기서, F_1, F_2 : 가해진 힘 A_1, A_2 : 단면적

8 모세관 현상(Capillarity) <u>15</u> <u>19</u> <u>21</u> 년 출제

액체 속에 가는 관(모세관)을 넣으면 액체가 관을 따라 상승, 하강하는 현상으로 응집력이 부착력보다 크면 액면이 내려가고, 부착력이 응집력보다 크면 액면이 올라간다.

$$h = \frac{\Delta p}{\gamma} = \frac{4\sigma\cos\theta}{\gamma d}$$

여기서, σ : 표면장력([dyne/cm], [N/m]) θ : 접촉각
         γ : 비중량 d : 내경

9 표면장력(Surface Tension)

액체표면을 최소로 작게 하는 데 필요한 힘으로, 온도가 높고 농도가 크면 표면장력은 작아진다.

$$\sigma = \frac{\Delta P \cdot d}{4}$$

여기서, σ : 표면장력([dyne/cm], [N/m]) ΔP : 압력차
         d : 내경

10 이상기체 상태방정식

(1) 이상기체(Ideal Gas)

① 분자 상호 간의 인력을 무시한다.
② 분자가 차지하는 부피는 전 부피에 비하여 적어서 무시할 수 있다.
③ **점성이 없는 비압축성 유체이다.**

(2) 이상기체 상태방정식 <u>10</u> <u>11</u> <u>15</u> <u>16</u> 년 출제

$$PV = nRT = \frac{W}{M}RT, \; PM = \frac{W}{V}RT, \; \rho = \frac{PM}{RT}$$

여기서, P : 압력[atm] V : 부피[m³] n : 몰수(=무게/분자량)
         W : 무게 M : 분자량 R : 기체상수
         T : 절대온도(273 + [℃] = [K]) ρ : 밀도[kg/m³]

기체상수(R)의 값
- 0.08205[L · atm/g-mol · K]
- 1.987[cal/g-mol · K]
- 848.4[kg · m/kg-mol · K]
- 0.08205[m³ · atm/kg-mol · K]
- 0.7302[atm · ft³/lb-mol · R]
- 8.314 × 10⁷[erg/g-mol · K]

11 완전기체(Perfect Gas) 14 18 22 년 출제

$PV_s = RT$ 또는 $\dfrac{P}{\rho} = RT$를 만족시키는 기체

$$\frac{P}{\rho} = RT, \; \frac{P}{\frac{W}{V}} = RT, \; PV = WRT$$

여기서, P : 압력[Pa] V : 부피[m³] W : 무게[kg]
R : 기체상수 T : 절대온도[K] ρ : 밀도[kg/m³]

기체상수(R)와 분자량(M)과의 관계

$$R = \frac{848}{M} [\text{kg}_\text{f} \cdot \text{m/kg} \cdot \text{K}]$$

• 공기의 기체상수
$R = 29.27[\text{kg}_\text{f} \cdot \text{m/kg} \cdot \text{K}] = 286.8[\text{N} \cdot \text{m/kg} \cdot \text{K}] = 286.8[\text{J/kg} \cdot \text{K}]$
• 질소의 기체상수
$R = 296[\text{J/kg} \cdot \text{K}]$

12 보일의 법칙(Boyle's Law)

온도가 일정할 때 **기체의 부피**는 **압력**에 **반비례**한다.

$$T = 일정, \; PV = k$$

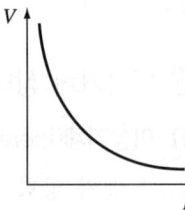

여기서, P : 압력[atm] V : 부피[m³] k : 비례상수

13 샤를의 법칙(Charles' Law)

압력이 일정할 때 **기체**가 차지하는 **부피**는 **절대온도**에 **비례**한다.

$$P = 일정, \; \frac{V_1}{T_1} = \frac{V_2}{T_2} = k$$

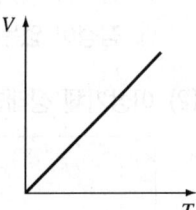

여기서, V : 부피[m³] T : 절대온도[K] k : 비례상수

14 보일 – 샤를의 법칙 ⬛13 년 출제

기체가 차지하는 **부피**는 **압력**에 **반비례**하고 **절대온도**에 **비례**한다.

$$\frac{P_1 V_1}{T_1} = \frac{P_2 V_2}{T_2}, \quad V_2 = V_1 \times \frac{P_1}{P_2} \times \frac{T_2}{T_1}$$

여기서, P : 압력[atm]　　V : 부피[m³]　　T : 절대온도[K]

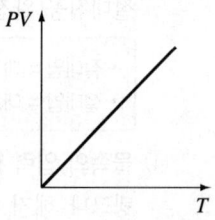

15 체적탄성계수

압력이 P일 때 체적 V인 유체에 압력을 ΔP만큼 증가시켰을 때 체적이 ΔV만큼 감소한다면 체적탄성계수(K)는 다음과 같다.

$$K = -\frac{\Delta P}{\Delta V / V}$$

여기서, P : 압력　　　　　　V : 체적
$\Delta V / V$: 체적변화(무차원)

Plus one
- 압축률 : $\beta = \dfrac{1}{K}[\text{m}^2/\text{N}]$
- 등온변화일 때 : $K = P$
- 단열변화일 때 : $K = kP$(여기서, k : 비열비)

16 유체의 압력

① 대기압(Atmospheric Pressure)

우리가 숨쉬고 있는 공기가 지구를 싸고 있는 압력을 대기압이라 한다. 0[℃], 1[atm]을 표준대기압이라 한다.

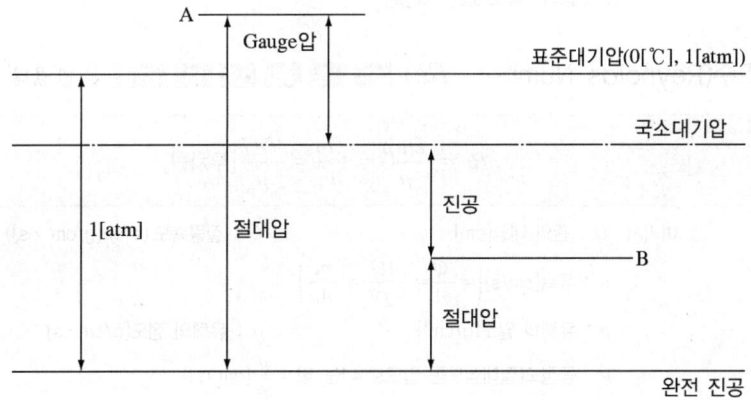

② 계기압력(Gauge Pressure)

국소대기압을 기준으로 해서 측정한 압력

③ 절대압력(Absolute Pressure) 18 년 출제

절대진공(완전 진공)을 기준으로 해서 측정한 압력

- 절대압 = 대기압 + 계기압(게이지압)
- 절대압 = 대기압 – 진공

④ 물속의 압력 13 년 출제

탱크나 해저 밑에서 받는 압력 P는 다음과 같다.

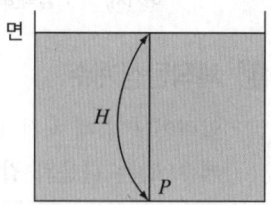

$$P = P_0 + \gamma H$$

여기서, P_0 : 대기압
γ : 물의 비중량(9,800[N/m³])
H : 수두[m]

제3절 **유체의 유동(流動) 및 측정**

1 유체의 마찰손실 11 15 18 19 22 23 년 출제

다르시-바이스바흐(Darcy-Weisbach)식 : 곧고 긴 배관에서의 손실수두 계산에 적용

$$H = \frac{\Delta P}{\gamma} = \frac{flu^2}{2gD}[\text{m}]$$

여기서, H : 마찰손실[m]　　　　　　　　ΔP : 압력차[N/m²]
γ : 유체의 비중량(물의 비중량 = 9,800[N/m³])
f : 관마찰계수　　　　　　　　　l : 관의 길이[m]
u : 유체의 유속[m/s]　　　　　　D : 관의 내경[m]
g : 중력가속도(9.8[m/s²])

2 레이놀즈수(Reynolds Number, Re) 11 16 18 19 21 22 23 년 출제

$$Re = \frac{Du\rho}{\mu} = \frac{Du}{\nu} = \frac{DG}{\mu}[\text{무차원}]$$

여기서, D : 관의 내경[cm]　　　　　　　G : 질량속도($= u\rho[\text{g/cm}^2 \cdot \text{s}]$)
u : 유속[cm/s]$\left(= \frac{Q}{A} = \frac{4Q}{\pi D^2} = \frac{\dot{m}}{A\rho}\right)$
ρ : 유체의 밀도[g/cm³]　　　　　μ : 유체의 점도[g/cm · s]
ν : 동점도(절대점도를 밀도로 나눈 값 $= \frac{\mu}{\rho}[\text{cm}^2/\text{s}]$)

Plus one 임계 레이놀즈수 14 년 출제

- 상임계 레이놀즈수 : 층류에서 난류로 변할 때의 레이놀즈수($Re = 4,000$)
- 하임계 레이놀즈수 : 난류에서 층류로 변할 때의 레이놀즈수($Re = 2,100$)
- 임계유속 $u = \dfrac{2,100\mu}{D\rho} = \dfrac{2,100\nu}{D}$ 20 년 출제

3 유체흐름의 종류

(1) 층류(Laminar Flow)

유체 입자가 질서정연하게 층과 층이 미끄러지면서 흐르는 흐름

(2) 난류(Turbulent Flow)

유체 입자들이 불규칙하게 운동하면서 흐르는 흐름

레이놀즈수	$Re \leq 2,100$	$2,100 < Re < 4,000$	$Re \geq 4,000$
유체의 흐름	층 류	천이영역(임계영역)	난 류

4 직관에서 마찰손실

(1) 층류(Laminar Flow) `10` `15` `21` 년 출제

매끈한 수평관 내를 층류로 흐를 때 Hagen-Poiseuille 법칙이 적용된다.

① 손실수두 $H = \dfrac{\Delta P}{\gamma} = \dfrac{128\mu l Q}{\gamma \pi d^4}$

② 압력강하 $\Delta P = \dfrac{128\mu l Q}{\pi d^4}$

$$\text{유량 } Q = \frac{\Delta P \pi d^4}{128\mu l}$$

여기서, ΔP : 압력차[N/m²] Q : 유량[m³/s]
　　　　γ : 유체의 비중량[N/m³] l : 관의 길이[m]
　　　　μ : 유체의 점도[N·s/m²] d : 관의 내경[m]

(2) 난류(Turbulent Flow)

유체의 흐름이 일정하지 않고 불규칙하게 흐르는 흐름으로, Fanning 법칙이 적용된다.

$$H = \frac{\Delta P}{\gamma} = \frac{2flu^2}{gD}$$

여기서, H : 손실수두[m] γ : 유체의 비중량[N/m³]
　　　　l : 관의 길이[m] D : 관의 내경[m]
　　　　ΔP : 압력차[N/m²] f : 관마찰계수
　　　　u : 관의 유속[m/s] g : 중력가속도(9.8[m/s²])

(3) 관마찰계수(f) `22` 년 출제

관마찰계수 : 상대조도와 레이놀즈수의 함수

① 층류 : 상대조도와 무관하며 레이놀즈수만의 함수이다.
② 임계영역 : 상대조도와 레이놀즈수의 함수이다.
③ 난류 : 상대조도와 무관하다.

(4) 속도 분포식

$$u = u_{max}\left[1 - \left(\frac{r}{r_o}\right)^2\right]$$

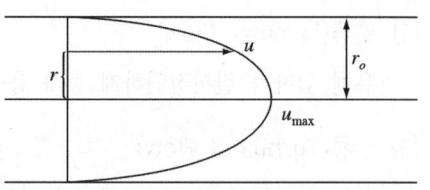

여기서, u_{max} : 중심유속

　　　r : 중심에서의 거리

　　　r_o : 중심에서 벽까지의 거리

[층류와 난류의 비교] 16 년 출제

구 분	층 류	난 류
Re	2,100 이하	4,000 이상
흐름 상태	정상류	비정상류
전단응력	$\tau = -\dfrac{dp}{dl}\cdot\dfrac{r}{2} = \dfrac{p_A - p_B}{l}\cdot\dfrac{r}{2}$	$\tau = \mu\dfrac{du}{dy} = \dfrac{F}{A}$
평균속도	$u = \dfrac{1}{2}u_{max}$	$u = 0.8u_{max}$
손실수두	Hagen-Poiseuille's Law $H = \dfrac{128\mu l Q}{\gamma\pi d^4}$	Fanning's Law $H = \dfrac{2flu^2}{gD}$
속도분포식	$u = u_{max}\left[1 - \left(\dfrac{r}{r_o}\right)^2\right]$	–
관마찰계수	$f = \dfrac{64}{Re}$	$f = 0.3164Re^{-\frac{1}{4}}$

5 관의 상당길이(Equivalent Length of Pipe)

$$\text{상당길이 } L_e = \frac{Kd}{f}$$

여기서, K : 부차적 손실계수　　　d : 내경

　　　f : 관마찰계수

6 무차원수 10 13 14 17 년 출제

명 칭	무차원식	물리적 의미	명 칭	무차원식	물리적 의미
레이놀즈수	$Re = \dfrac{Du\rho}{\mu} = \dfrac{Du}{\nu}$	$Re = \dfrac{관성력}{점성력}$	코시수	$Ca = \dfrac{\rho u^2}{K}$	$Ca = \dfrac{관성력}{탄성력}$
오일러수	$Eu = \dfrac{\Delta P}{\rho u^2}$	$Eu = \dfrac{압축력}{관성력}$	마하수	$M = \dfrac{u}{c}$	$M = \dfrac{유속}{음속}$
웨버수	$We = \dfrac{\rho L u^2}{\sigma}$	$We = \dfrac{관성력}{표면장력}$	프루드수	$Fr = \dfrac{u}{\sqrt{gL}}$	$Fr = \dfrac{관성력}{중력}$

여기서, D : 내경　　　u : 유속　　　ρ : 유체의 밀도　　　μ : 유체의 점도

　　　ν : 동점도　　　K : 체적탄성계수　　　P : 압력　　　c : 음속

　　　L : 길이　　　σ : 표면장력　　　g : 중력가속도

7 수력반지름(R_h) 15 17 년 출제

① 원관일 때 : $R_h = \dfrac{\dfrac{\pi d^2}{4}}{\pi d} = \dfrac{d}{4}, \ d = 4R_h$

② 정사각형 관일 때 : $R_h = \dfrac{가로 \times 세로}{(가로 \times 2) + (세로 \times 2)}$

③ 직사각형 수로일 때 : $R_h = \dfrac{폭 \times 깊이}{폭 + (깊이 \times 2)}$

> • 수력반지름 $R_h = \dfrac{A}{l}$ (여기서, A : 단면적, l : 길이)
>
> • 상대 조도 $\dfrac{e}{d} = \dfrac{e}{4R_h}$ (여기서, e : 조도계수)

8 유체의 측정

(1) 압력 측정

① U자관 Manometer

$$압력차 \ \Delta P = \dfrac{g}{g_c} R(\gamma_A - \gamma_B)$$

여기서, R : Manometer 읽음 γ_A : 유체의 비중량[N/m³] γ_B : 물의 비중량[N/m³]

② 피에조미터(Piezometer) 17 년 출제

탱크나 어떤 용기 속의 압력을 측정하기 위하여 수직으로 세운 투명관으로, 유동하고 있는 유체에서 교란되지 않는 유체의 정압을 측정한다.

> **피에조미터와 정압관** : 유동하고 있는 유체의 정압 측정

③ 피토-정압관(Pitot-Static Tube)

선단과 측면에 구멍이 뚫려있어 전압과 정압의 차이, 즉 동압을 측정하는 장치

④ 액주계

㉠ 수은 기압계 : 대기압을 측정하기 위한 기압계

$$P_o = P_v + \gamma h$$

여기서, P_o : 대기압 P_v : 수은의 증기압(작아서 무시할 정도임)
γ : 수은의 비중량 h : 수은의 높이

ⓛ 액주계 : $P_A = \gamma_2 h_2 - \gamma_1 h_1$

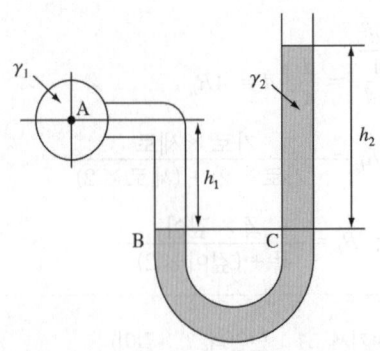

ⓒ 시차 액주계 : 두 개의 탱크의 지점 간의 압력을 측정하는 장치이다.

그림에서 $P_A + \gamma_1 h_1 = P_B + \gamma_2 h_2 + \gamma_3 h_3$ 이다.

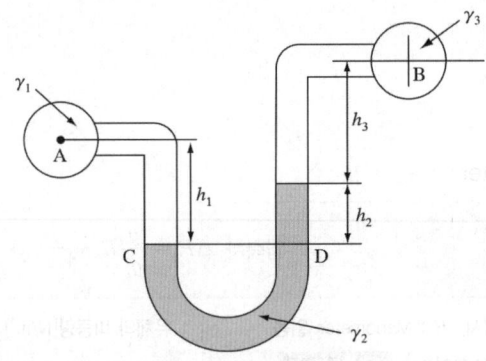

- A점의 압력(P_A) : $P_A = P_B + \gamma_2 h_2 + \gamma_3 h_3 - \gamma_1 h_1$
- B점의 압력(P_B) : $P_B = P_A + \gamma_1 h_1 - \gamma_2 h_2 - \gamma_3 h_3$
- 압력차(ΔP) : $P_A - P_B = \gamma_2 h_2 + \gamma_3 h_3 - \gamma_1 h_1$

(2) 유량 측정 11 19 년 출제

① 벤투리미터(Venturi Meter)

ⓐ 유량 측정이 정확하고 설치비가 많이 든다.

ⓛ 압력손실이 가장 작은 배관에 적합하다.

ⓒ 정확도가 높다.

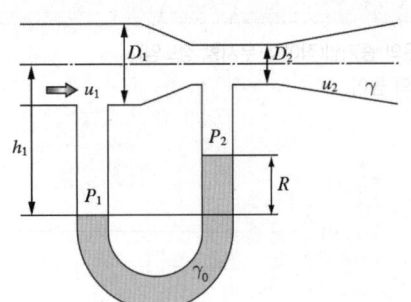

㉮ 베르누이 방정식을 정리하면 다음과 같다.

$\dfrac{P_1}{\gamma} + \dfrac{u_1^2}{2g} + Z_1 = \dfrac{P_2}{\gamma} + \dfrac{u_2^2}{2g} + Z_2$ 에서 $Z_1 = Z_2$ 이므로

$\dfrac{P_1}{\gamma} + \dfrac{u_1^2}{2g} = \dfrac{P_2}{\gamma} + \dfrac{u_2^2}{2g}$, $\dfrac{u_2^2 - u_1^2}{2g} = \dfrac{P_1 - P_2}{\gamma}$ ····· ⓐ

연속방정식 $Q = Au$ 에서 $Q = A_1 u_1 = A_2 u_2$ 이므로

$u_1 = \dfrac{A_2}{A_1} u_2$ ······································· ⓑ

ⓐ식에 ⓑ식을 대입하면,

$$\frac{u_2^2 - u_1^2}{2g} = \frac{P_1 - P_2}{\gamma} \text{ 에서 } \frac{u_2^2 - \left(\frac{A_2}{A_1}\right)^2 u_2^2}{2g} = \frac{P_1 - P_2}{\gamma}$$

$$u_2^2 - \left(\frac{A_2}{A_1}\right)^2 u_2^2 = 2g\frac{P_1 - P_2}{\gamma}, \quad u_2^2\left\{1 - \left(\frac{A_2}{A_1}\right)^2\right\} = 2g\frac{P_1 - P_2}{\gamma}, \quad u_2^2 = \frac{1}{1 - \left(\frac{A_2}{A_1}\right)^2} 2g\frac{P_1 - P_2}{\gamma}$$

$$u_2 = \frac{1}{\sqrt{1 - \left(\frac{A_2}{A_1}\right)^2}} \sqrt{2g\frac{P_1 - P_2}{\gamma}}$$

유속 u_2에 벤투리계수 C_v를 대입하면,

$$u_2 = \frac{C_v}{\sqrt{1 - \left(\frac{A_2}{A_1}\right)^2}} \sqrt{2g\frac{P_1 - P_2}{\gamma}} = \frac{C_v}{\sqrt{1 - \left(\frac{D_2}{D_1}\right)^4}} \sqrt{2g\frac{P_1 - P_2}{\gamma}} \quad \cdots\cdots\cdots\cdots\cdots ⓒ$$

㉯ 위의 그림에서 압력차를 구하면 다음과 같다.

$$P_1 + \gamma(h_1 + R) = P_2 + \gamma h_1 + \gamma_0 R$$

$$P_1 - P_2 = \gamma h_1 + \gamma_0 R - \gamma(h_1 + R) = \gamma h_1 + \gamma_0 R - \gamma h_1 - \gamma R = (\gamma_0 - \gamma)R \quad \cdots\cdots\cdots\cdots ⓓ$$

㉰ 연속방정식 $Q = Au$에서 유량을 구한다.

$$Q = \frac{C_v A_2}{\sqrt{1 - \left(\frac{A_2}{A_1}\right)^2}} \sqrt{2g\frac{P_1 - P_2}{\gamma}} = \frac{C_v A_2}{\sqrt{1 - \left(\frac{D_2}{D_1}\right)^4}} \sqrt{2g\frac{P_1 - P_2}{\gamma}}$$

압력차 $P_1 - P_2$ 대신 ⓓ식을 대입하면,

$$Q = \frac{C_v A_2}{\sqrt{1 - \left(\frac{A_2}{A_1}\right)^2}} \sqrt{2g\frac{(\gamma_0 - \gamma)R}{\gamma}} = \frac{C_v A_2}{\sqrt{1 - \left(\frac{D_2}{D_1}\right)^4}} \sqrt{2g\frac{(\gamma_0 - \gamma)R}{\gamma}}$$

$$= \frac{C_v A_2}{\sqrt{1 - \left(\frac{A_2}{A_1}\right)^2}} \sqrt{2gR\frac{\gamma_0 - \gamma}{\gamma}} = \frac{C_v A_2}{\sqrt{1 - \left(\frac{D_2}{D_1}\right)^4}} \sqrt{2gR\frac{\gamma_0 - \gamma}{\gamma}}$$

$$= \frac{C_v A_2}{\sqrt{1 - \left(\frac{A_2}{A_1}\right)^2}} \sqrt{2gR\left(\frac{\gamma_0}{\gamma} - 1\right)} = \frac{C_v A_2}{\sqrt{1 - \left(\frac{D_2}{D_1}\right)^4}} \sqrt{2gR\left(\frac{\gamma_0}{\gamma} - 1\right)}$$

- 유속 $u = \dfrac{C_v}{\sqrt{1 - \left(\dfrac{D_2}{D_1}\right)^4}} \sqrt{2g\dfrac{P_1 - P_2}{\gamma}}$ [m/s]

- 유량 $Q = \dfrac{C_u A_2}{\sqrt{1 - \left(\dfrac{D_2}{D_1}\right)^4}} \sqrt{2gR\left(\dfrac{\gamma_0}{\gamma} - 1\right)} = \dfrac{C_v A_2}{\sqrt{1 - \left(\dfrac{A_2}{A_1}\right)^2}} \sqrt{2gR}$ [m³/s]

② 오리피스미터(Orifice Meter)

　㉠ 설치하기는 쉽고, 가격이 싸다.

　㉡ 교체가 용이하고, 고압에 적당하다.

　㉢ 압력손실이 큰 배관에 적합하다.

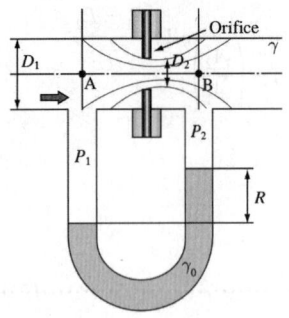

- 유속 $u = \dfrac{C_0}{\sqrt{1-\left(\dfrac{D_2}{D_1}\right)^4}}\sqrt{2g\dfrac{P_1-P_2}{\gamma}}$ [m/s]

- 유량 $Q = \dfrac{C_0 A_2}{\sqrt{1-\left(\dfrac{D_2}{D_1}\right)^4}}\sqrt{2gR\left(\dfrac{\gamma_0}{\gamma}-1\right)}$ [m³/s]

③ 위어(Weir)

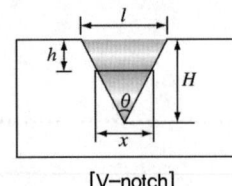

[V−notch]

위어는 개수로의 유량 측정으로 직각 3각위어, 4각위어, V−notch가 있으며 다량의 유량을 측정할 때 사용한다.

$$\text{V-notch 유량 } Q = \frac{8}{15}C\sqrt{2g}\,\tan\frac{\theta}{2}H^{5/2}$$

④ 로터미터(Rotameter)

유체 속에 부자(Float)를 띄워서 유량을 직접 눈으로 읽을 수 있도록 되어 있고, 측정범위가 넓게 분포되어 있으며 수두 손실이 작고 양이 일정하다.

로터미터 : 유량을 직접 눈으로 읽을 수 있는 장치

(3) 유속측정

① 피토관(Pitot Tube)

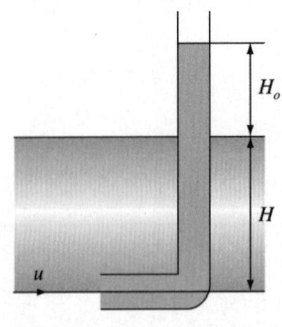

정압과 동압을 이용하여 유체의 국부속도를 측정하는 장치

$$u = k\sqrt{2gH}\,[\text{m/s}]$$

여기서, u : 유속[m/s]　　　　　　k : 속도정수
　　　　g : 중력가속도(9.8[m/s²])　H : 수두[m]

② 시차액주계

피에조미터와 피토관을 결합하여 유속을 측정하는 장치

$$u = \sqrt{2gR\left(\frac{\gamma_0}{\gamma}-1\right)}\,[\text{m/s}]$$

③ 피토-정압관(Pitot-Static Tube)

선단과 측면에 구멍이 뚫려져 있어 전압과 정압의 차이, 즉 동압을 이용하여 유속을 측정하는 장치

(4) 점성계수의 측정

① 낙구식 점도계

• 항력 $D = 3\pi\mu Vd$ • 점성계수 $\mu = \dfrac{d^2(\gamma_s - \gamma_l)}{18 V}$

여기서, γ_s : 강구의 비중량 γ_l : 액체의 비중량

② 세이볼트 점도계

용기에 액체를 채우고 하단부의 구멍을 열어 가는 모세관을 통하여 액체를 배출시키는 데 걸리는 시간을 측정하여 동점성계수를 계산한다.

$$V = 10^{-4} \times \left(0.002197t - \frac{1.798}{t} \right)$$

여기서, t : 액체를 배출시키는 데 걸리는 시간[s]

③ MacMichael 점도계

뉴턴의 점성법칙을 이용하여 점성계수를 구한다.

Plus one 점도계

• 맥마이클(MacMichael) 점도계, 스토머(Stomer) 점도계 : 뉴턴(Newton)의 점성법칙
• 오스트발트(Ostwald) 점도계, 세이볼트(Saybolt) 점도계 : 하겐-포아젤법칙
• 낙구식 점도계 : 스토크스법칙

(5) 비중량의 측정

① 비중병

액체의 비중량 $\gamma = \dfrac{W_2 - W_1}{V}$

여기서, W_1 : 비중병의 무게 W_2 : 비중병 + 액체의 무게
V : 액체의 체적

② 비중계

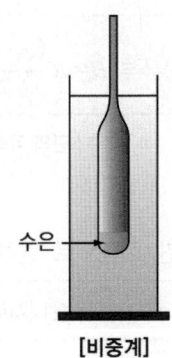

수은

[비중계]

1 배관(Pipe, Tube)

(1) 스케줄수

관의 강도를 표시하는 것으로 스케줄수가 클수록 배관의 관은 두껍다.

> • Schedule No. $= \dfrac{\text{내부 작업압력}[kg_f/m^2]}{\text{재료의 허용응력}[kg_f/m^2]} \times 1{,}000$
>
> • 재료의 허용응력 $= \dfrac{\text{인장강도}}{\text{안전율}}$

(2) 관부속품(Pipe Fitting)

① 2개의 관을 연결할 때
  ㉠ 관을 고정하면서 연결 : 플랜지(Flange), 유니언(Union)
  ㉡ 관을 회전하면서 연결 : 니플(Nipple), 소켓(Socket), 커플링(Coupling)
② 관선의 직경을 바꿀 때 : **리듀서**(Reducer), **부싱**(Bushing)
③ 관선의 방향을 바꿀 때 : 엘보(Elbow), Y자관, 티(Tee), 십자(Cross)
④ 유로(관선)를 차단할 때 : 플러그(Plug), 캡(Cap), 밸브(Valve)
⑤ 지선을 연결할 때 : 티(Tee), Y자관, 십자(Cross)

(3) 관마찰손실

① **주손실 : 관로마찰에 의한 손실**
② 부차적 손실 : 급격한 확대, 축소, 관부속품에 의한 손실
③ 손실수두
  ㉠ 축소관일 때

> 손실수두 $H = K \dfrac{u_2^2}{2g}[m]$

여기서, K : 축소손실계수 g : 중력가속도(9.8[m/s²]) u_2 : 축소관의 유속[m/s]

  ㉡ 확대관일 때 `14` 년 출제

> 손실수두 $H = K \dfrac{(u_1 - u_2)^2}{2g} = K' \dfrac{u_1^2}{2g}$

여기서, K : 확대손실계수 u_1 : 축소관의 유속[m/s] u_2 : 확대관의 유속[m/s]

(4) 수력도약

개수로에서 유체가 빠른 흐름에서 느린 흐름으로 변하면서 수심이 깊어지는 현상

> **수력도약** : 운동에너지가 위치에너지로 갑자기 변화할 때 발생

2 펌프 및 펌프에서 발생하는 현상

(1) 펌프의 종류

① **원심펌프(Centrifugal Pump)**

날개의 회전차(Impeller)에 의한 원심력에 의하여 압력의 변화를 일으켜 유체를 수송하는 펌프

㉠ 원심펌프의 분류

- **벌류트펌프**(Volute Pump)
  - 회전차(Impeller) 주위에 **안내깃이 없고**, 바깥둘레에 바로 접하여 와류실이 있는 펌프
  - 양정이 낮고 양수량이 많은 곳에 사용한다.
- **터빈펌프**(Turbine Pump)
  - 회전차(Impeller)의 바깥둘레에 **안내깃이 있는 펌프**
  - 원심력에 의한 속도에너지를 안내날개(안내깃)에 의해 압력에너지로 바꾸어 주기 때문에 양정이 높은 곳, 즉 방출압력이 높은 곳에 적절하다.

㉡ 원심펌프의 전효율

$\eta_p =$ 체적효율 × 기계효율 × 수력효율

② **왕복펌프(Reciprocating Pump)**

실린더에는 피스톤, 플런저 등 왕복운동에 의해 실린더 내를 진공으로 하여 액체를 흡입하여 소요압력을 가함으로서 액체의 정압력 에너지를 공급하여 수송하는 펌프

㉠ 피스톤의 형상에 의한 분류

- 피스톤펌프(Piston Pump) : 저압의 경우에 사용
- 플런저펌프(Plunger Pump) : 고압의 경우에 사용

㉡ 실린더 개수에 의한 분류

- 단식펌프
- 복식펌프

[원심펌프와 왕복펌프의 비교]

항목 종류	원심펌프	왕복펌프
구 분	벌류트펌프, 터빈펌프	피스톤펌프, 플런저펌프
구 조	간 단	복 잡
수송량	크다.	적다.
배출속도	연속적	불연속적
양정거리	작다.	크다.
운전속도	고 속	저 속

③ **축류펌프**

회전차(Impeller)의 날개를 회전시킴으로서 발생하는 힘에 의하여 압력에너지를 속도에너지로 변화시켜 유체를 수송하는 펌프

㉠ 비속도가 크다.
㉡ 형태가 작기 때문에 값이 싸다.
㉢ 설치면적이 적고 기초공사가 용이하다.
㉣ 구조가 간단하다.

④ 회전펌프 `22` `년 출제`

회전자를 이용하여 흡입·송출밸브 없이 유체를 수송하는 펌프로서 기어펌프, 베인펌프, 나사펌프, 스크루펌프가 있다.

㉠ 소용량, 고양정, 고점도 액체의 수송이 가능하다.

㉡ 송출량의 맥동이 없고 구조가 간단하다.

㉢ 흡입양정이 작다.

(2) 펌프의 성능 및 양정

① 펌프의 성능 `11` `15` `18` `년 출제`

펌프 2대 연결 방법 성 능	직렬 연결	병렬 연결
유량(Q)	Q	$2Q$
양정(H)	$2H$	H

② 펌프의 양정

㉠ 흡입양정 : 흡입수면에서 펌프의 중심까지의 거리

㉡ 토출양정 : 펌프의 중심에서 최상층의 송출수면까지의 수직거리

㉢ 실양정 : 흡입수면에서 최상층의 송출수면까지의 수직거리

> 실양정 = 흡입양정 + 토출양정

㉣ 전양정 : 실양정 + 관부속품의 마찰손실수두 + 직관의 마찰손실수두

(3) 송수 펌프의 동력계산

① 전동기의 용량 `11` `13` `17` `년 출제`

㉠ 방법 1

$$P[\text{kW}] = \frac{0.163 \times Q \times H}{\eta} \times K$$

여기서, 0.163 = 1,000 ÷ 60 ÷ 102
Q : 유량[m³/min] H : 전양정[m]
K : 전달계수(여유율) η : 펌프의 효율

㉡ 방법 2

$$P[\text{kW}] = \frac{\gamma \times Q \times H}{\eta} \times K$$

여기서, γ : 물의 비중량(9.8[kN/m³])
Q : 유량[m³/s]

• 9.8[kN/m³]을 대입하면 $\frac{[\text{kN}]}{[\text{m}^3]} \times \frac{[\text{m}^3]}{[\text{s}]} \times [\text{m}] = [\text{kN} \cdot \text{m/s}] = [\text{kJ/s}] = [\text{kW}]$

• 9,800[N/m³]을 대입하면 $\frac{[\text{N}]}{[\text{m}^3]} \times \frac{[\text{m}^3]}{[\text{s}]} \times [\text{m}] = [\text{N} \cdot \text{m/s}] = [\text{J/s}] = [\text{W}]$

② 내연기관의 용량

$$P[\text{HP}] = \frac{\gamma \times Q \times H}{745 \times \eta} \times K, \ P[\text{PS}] = \frac{\gamma \times Q \times H}{735 \times \eta} \times K$$

여기서, γ : 물의 비중량(9,800[N/m³])　　　Q : 유량[m³/s]
　　　　η : 펌프의 효율(만약 모터의 효율이 주어지면 나누어 준다)
　　　　H : 전양정
　　　　　• 옥내소화전설비 : $H = h_1 + h_2 + h_3 + 17[\text{m}]$
　　　　　• 옥외소화전설비 : $H = h_1 + h_2 + h_3 + 25[\text{m}]$
　　　　　• 스프링클러설비 : $H = h_1 + h_2 + 10[\text{m}]$
　　　　K : 전동기 전달계수

동력의 형식	전동기	전동기 이외의 것
전달계수(K)의 수치	1.1	1.15~1.2

1[HP] = 76[kg_f · m/s] = 76 × 9.8[N · m/s] = 745[N · m/s] = 745[J/s] = 745[W]
1[PS] = 75[kg_f · m/s] = 75 × 9.8[N · m/s] = 735[N · m/s] = 735[J/s] = 735[W]
1[kW] = 102[kg_f · m/s] = 102 × 9.8[N · m/s] = 1,000[J/s] = 1,000[W]

③ 펌프의 수동력

펌프 내의 Impeller의 회전차에 의해서 펌프를 통과하는 유체에 주어지는 동력으로, 전달계와 펌프의 효율을 고려하지 않는 것이다.

$$L_W = \frac{\gamma Q H}{745}[\text{HP}] = \frac{\gamma Q H}{1,000}[\text{kW}] = \frac{\gamma Q H}{735}[\text{PS}]$$

여기서, L_W : 수동력　　　　　γ : 유체의 비중량(9,800[N/m³])
　　　　Q : 유량[m³/s]　　　H : 전양정[m]

④ 펌프의 축동력　15　19　년 출제

외부에 있는 전동기로부터 펌프의 회전차를 구동하는 데 필요한 동력으로, 전달계수를 고려하지 않는 것이다.

$$L_s = \frac{\gamma Q H}{745 \times \eta}[\text{HP}] = \frac{\gamma Q H}{1,000 \times \eta}[\text{kW}] = \frac{\gamma Q H}{735 \times \eta}[\text{PS}]$$

여기서, γ : 물의 비중량(9,800[N/m³])

(4) 비교회전도(Specific Speed, 비속도)　14　20　년 출제

$$N_s = \frac{N \cdot \sqrt{Q}}{\left(\dfrac{H}{n}\right)^{3/4}}[\text{m}^3/\text{min} \cdot \text{rpm} \cdot \text{m}]$$

여기서, N : 회전수[rpm]　　　Q : 유량[m³/min]
　　　　H : 양정[m]　　　　n : 단수

(5) 펌프의 관련법칙

① 펌프의 상사법칙 `11` `13` `15` 년 출제

　㉠ 유량 : $Q_2 = Q_1 \times \dfrac{N_2}{N_1} \times \left(\dfrac{D_2}{D_1}\right)^3$

　㉡ 전양정 : $H_2 = H_1 \times \left(\dfrac{N_2}{N_1}\right)^2 \times \left(\dfrac{D_2}{D_1}\right)^2$

　㉢ 동력 : $P_2 = P_1 \times \left(\dfrac{N_2}{N_1}\right)^3 \times \left(\dfrac{D_2}{D_1}\right)^5$

　　여기서, N : 회전수[rpm]　　D : 내경[mm]

② 압축비 `18` 년 출제

$$r = \sqrt[\varepsilon]{\dfrac{P_2}{P_1}}$$

　여기서, ε : 단수　　　P_1 : 최초의 압력　　　P_2 : 최종의 압력

(6) 흡입양정(NPSH)

① 유효흡입양정(NPSHav ; Available Net Positive Suction Head)

펌프를 설치하여 사용할 때 펌프 자체와는 무관하게 흡입 측 배관 또는 시스템에 의하여 결정되는 양정이다. 유효흡입양정은 펌프 흡입구 중심으로 유입되는 압력을 절대압력으로 나타낸다.

　㉠ 흡입 NPSH(부압수조방식, 수면이 펌프 중심보다 낮을 경우)

$$\text{유효 NPSH} = H_a - H_p - H_s - H_L$$

　여기서, H_a : 대기압수두[m]　　　　H_p : 포화수증기압수두[m]
　　　　　H_s : 흡입실양정[m]　　　　H_L : 흡입 측 배관 내의 마찰손실수두[m]

　㉡ 압입 NPSH(정압수조방식, 수면이 펌프 중심보다 높을 경우)

$$\text{유효 NPSH} = H_a - H_p + H_s - H_L$$

② 필요흡입양정(NPSHre ; Required Net Positive Suction Head) `18` `22` 년 출제

펌프의 형식에 의하여 결정되는 양정으로, 펌프를 운전할 때 공동현상을 일으키지 않고 정상운전에 필요한 흡입양정이다.

　㉠ 비속도에 의한 양정

$$N_s = \dfrac{N\sqrt{Q}}{\left(\dfrac{H}{n}\right)^{3/4}} \qquad H(\text{필요흡입양정}) = \left(\dfrac{N\sqrt{Q}}{N_s}\right)^{\frac{4}{3}}$$

　㉡ Thoma의 캐비테이션 계수 이용법

$$\text{NPSH}_{re} = \sigma \times H$$

　여기서, σ : 캐비테이션 계수　　　H : 펌프의 전양정[m]

③ NPSHav와 NPSHre 관계식

  ㉠ 설계조건 : $\text{NPSH}_{av} \geqq \text{NPSH}_{re} \times 1.3$

  ㉡ 공동현상이 발생하는 조건 : $\text{NPSH}_{av} < \text{NPSH}_{re}$

  ㉢ 공동현상이 발생되지 않는 조건 : $\text{NPSH}_{av} > \text{NPSH}_{re}$

(7) Hazen−Williams 방정식 `13` `16` 년 출제

$$\Delta P_m = 6.053 \times 10^4 \times \frac{Q^{1.85}}{C^{1.85} \times d^{4.87}}$$

여기서, ΔP_m : 배관 1[m]당 압력손실[MPa/m] d : 관의 내경[mm]

Q : 관의 유량[L/min] C : 조도(Roughness)

(8) 펌프에서 발생하는 현상

① 공동현상(Cavitation) `23` 년 출제

Pump의 흡입 측 배관 내에서 발생하는 것으로, 배관 내의 수온 상승으로 물이 수증기로 변화하여 물이 Pump로 흡입되지 않는 현상

  ㉠ 공동현상의 **발생원인**

   • Pump의 **흡입 측 수두, 마찰손실, Impeller 속도가 클 때**

   • Pump의 **흡입관경이 작을 때**

   • Pump의 설치 위치가 수원보다 높을 때

   • 관 내의 유체가 고온일 때

   • Pump의 흡입압력이 유체의 증기압보다 낮을 때

   • 필요NPSH가 유효NPSH보다 클 때

   • 비교회전도가 클 때

  ㉡ 공동현상의 발생현상

   • 소음과 진동 발생

   • 관정 부식

   • Impeller의 손상

   • Pump의 성능 저하(토출량, 양정, 효율 감소)

  `Plus one` **공동현상의 방지대책** `10` `11` `16` 년 출제
   • Pump의 흡입 측 수두, 마찰손실, Impeller 속도를 작게 한다.
   • Pump 흡입관경을 크게 한다.
   • Pump의 설치 위치를 수원보다 낮게 해야 한다.
   • Pump 흡입압력을 유체의 증기압보다 높게 한다.
   • 양흡입 Pump를 사용해야 한다.
   • 양흡입 Pump로 부족한 경우 펌프를 2대로 나눈다.

② 수격현상(Water Hammering)

유체가 감속되어 운동에너지가 압력에너지로 변하여 유체 내의 고압이 발생하고 유속이 급변화하면서 압력 변화를 가져와 관로의 벽면을 타격하는 현상

ⓐ 수격현상의 **발생원인**
- Pump의 운전 중 정전에 의해서
- 밸브를 급히 개폐할 경우
- Pump가 정상 운전일 때 액체의 압력변동이 생길 때

ⓑ 수격현상의 **방지대책**
- 관로 내의 **관경**을 **크게** 하고 **유속**을 **낮게** 해야 한다.
- 압력강하의 경우 Flywheel을 설치해야 한다.
- 조압수조(Surge Tank) 또는 수격방지기(Water Hammering Cushion)를 설치한다.
- Pump의 송출구 가까이에 송출밸브를 설치하여 압력상승 시 압력을 제어해야 한다.

③ 맥동현상(Surging) 17 년 출제

Pump의 입구와 출구에 부착된 진공계와 압력계의 침이 흔들리고 동시에 토출유량에 변화를 가져오는 현상

ⓐ 맥동현상의 **발생원인**
- Pump의 양정곡선($Q-H$)이 산(山) 모양의 곡선으로 상승부에서 운전하는 경우
- 유량조절밸브가 배관 중 수조의 위치 후방에 있을 때
- 배관 중에 수조가 있을 때
- 배관 중에 기체상태의 부분(외부와 접촉할 수 있는 공기탱크)이 있을 때
- 운전 중인 Pump를 정지할 때
- 흐르는 배관의 개폐밸브가 잠겨 있을 때

ⓑ 맥동현상의 **방지대책**
- Pump 내의 양수량을 증가시키거나 Impeller의 회전수를 변화시킨다.
- 관로 내의 잔류공기 제거하고 관로의 단면적, 유속, 유량을 조절한다.
- 배관 내의 불필요한 수조를 제거한다.

④ 베이퍼로크(Vaporlock)현상

비점이 낮은 액체를 이송할 때 온도에 의하여 액체가 기화하는 현상으로 펌프의 흡입 측에서 발생한다.

ⓐ 베이퍼로크의 발생원인
- 흡입관경이 너무 작을 때
- 펌프의 설치 위치가 너무 높을 때
- 펌프의 회전수가 빠를 때
- 펌프의 냉각기가 정상 작동되지 않을 때

ⓑ 베이퍼로크의 방지대책
- 흡입관경을 크게 할 것
- 펌프의 설치 위치를 낮게 할 것
- 펌프의 회전수를 줄일 것

(9) 펌프의 운전 중 고장원인

　① 펌프의 진동 및 소음 발생원인

　　㉠ 공동현상 또는 맥동현상이 발생하였을 때

　　㉡ 공기나 이물질이 혼입하였을 때

　　㉢ 흡입배관이 막혔을 때

　　㉣ 베어링의 마모 및 파손되었을 때

　② 펌프의 토출량 감소원인

　　㉠ 공동현상이 발생하였을 때

　　㉡ 공기나 이물질이 혼입하였을 때

　　㉢ 임펠러의 부식 및 마모되었을 때

　　㉣ 관로 저항이 증대되었을 때

　③ 전동기의 과부하 원인

　　㉠ 펌프의 양정이 증가하였을 때

　　㉡ 펌프의 유량이 증가하였을 때

　　㉢ 액체의 점도가 증가하였을 때

예상문제

001 다음 중 비압축성 유체에 관하여 바르게 말한 것은?

① 유체 내의 모든 곳에서 압력이 일정하다.

② 유체의 속도나 압력의 변화에 관계없이 밀도가 일정하다.

③ 모든 실제 유체를 말한다.

④ 액체만을 말한다.

해설 물과 같이 비압축성 유체는 속도나 압력에 관계없이 밀도가 일정하다.

정답 ②

002 실제 유체란 어느 것인가?

① 이상 유체를 말한다. ② 유동 시 마찰이 존재하는 유체

③ 마찰 전단응력이 존재하지 않는 유체 ④ 비점성 유체를 말한다.

해설 **실제유체** : 유동 시 마찰이 존재하는 유체

정답 ②

003 다음 유체에 관한 사항 중 옳은 것은?

① 유체는 속도가 빠르면 압력이 작아진다.

② 유체의 속도는 압력과 관계없다.

③ 유체의 속도는 압력에 비례한다.

④ 유체의 속도는 직경과 관계없다.

해설
• 베르누이 방정식 $\dfrac{P_1}{\gamma}+\dfrac{u_1^2}{2g}+Z_1=\dfrac{P_2}{\gamma}+\dfrac{u_2^2}{2g}+Z_2$에서 유속 $u_1<u_2$이면 압력은 $P_1>P_2$이다.
∴ 유속이 빠르면 압력이 작아진다.
• 연속방정식 $Q=Au$에서 유량 $Q=\dfrac{\pi}{4}\times d_1^2\times u_1=\dfrac{\pi}{4}\times d_2^2\times u_2$이므로, 직경 $d_1>d_2$이면 유속은 $u_1<u_2$이다.
∴ 직경이 작아지면 유속은 느려진다.

정답 ①

004 이상 유체란 무엇을 가리키는가?

① 점성이 없고 비압축성인 유체 ② 점성이 없고 $PV=RT$를 만족시키는 유체

③ 비압축성 유체 ④ 점성이 없고 마찰손실이 없는 유체

해설 **이상 유체** : 점성이 없고 비압축성인 유체

정답 ①

005 이상기체에 대한 설명으로 틀린 것은?

① 아보가드로의 법칙을 만족하는 기체

② 기체 입자는 완전 탄성체이다.

③ 내부에너지는 체적에 무관하며 온도에 의해 변화한다.

④ 기체의 인력 및 기체 자신의 부피를 고려한 기체이다.

> **해설** **이상기체**
> • 아보가드로의 법칙을 만족하는 기체이다.
> • 분자 상호 간의 인력과 기체 자신의 부피를 무시한다.
> • 점성이 없는 비압축성 유체이다.
> • 내부에너지는 체적에 무관하며 온도에 의해 변화한다.

정답 ④

006 다음 설명 중 완전기체에 해당하는 것은?

① $P = \rho RT$ 를 만족하는 기체

② $PV = nRT$ 를 만족하는 기체

③ $PV = ZRT$ 를 만족하는 기체

④ 온도가 높고 압력이 낮아지면 완전기체의 성질이 나타난다.

> **해설** 완전기체는 $PV_s = RT$ 또는 $P = \rho RT$ 를 만족하는 기체이다.

정답 ①

007 다음 중 운동량의 단위는 어느 것인가?

① [N]   ② [J]   ③ [N·s²/m]   ④ [N·s]

> **해설** 운동량 = 질량 × 속도
> $$[N \cdot s] = \left[kg \cdot \frac{m}{s^2} \times s \right] = [kg \cdot m/s]$$

정답 ④

008 질량을 M, 길이 L, 시간 T로 표시할 때 운동량의 차원은 어느 것인가?

① [MLT]   ② [ML⁻¹T]   ③ [MLT⁻²]   ④ [MLT⁻¹]

> **해설** 운동량의 차원 = $N \times s = kg \cdot m/s^2 \times s = kg \cdot m/s[MLT^{-1}]$

정답 ④

009 다음 중 힘의 단위 [dyne]를 나타내는 단위는?

① [g·m/s²]   ② [g·cm/s²]   ③ [kg·m/s²]   ④ [kg/m⁴·s²]

> **해설** **[dyne]** : 1[g]의 물체에 1[cm/s²]의 가속도를 주는 힘으로서 [g·cm/s²]의 단위를 갖는다.

정답 ②

010 1[BTU]는 몇 [cal]인가?

① 152 ② 252 ③ 352 ④ 452

해설
- 1[BTU] = 252[cal] = 0.252[kcal]
- 1[CHU] = 1.8[BTU]
- 1[kcal] = 3.968[BTU] = 2.205[CHU]

정답 ②

011 열량단위 [cal]는 물 1[g]의 온도를 14.5[℃]에서 15.5[℃]까지 올리는 데 필요한 열량으로 정의된다. 1[cal]은 몇 [J]인가?

① 0.24 ② 1.00 ③ 2.38 ④ 4.18

해설 1[cal] = 4.184[J]

정답 ④

012 1[kW · h]는 몇 [kcal]인가?

① 843 ② 860 ③ 3,600 ④ 4,184

해설 [J/s] = [W], 1[kcal] = 4,184[J]

$$1[\text{kW} \cdot \text{h}] = 1,000[\text{W}] \times 3,600[\text{s}] = \dfrac{3.6 \times 10^6 [\text{J}]}{\dfrac{4,184[\text{J}]}{1[\text{kcal}]}} \fallingdotseq 860[\text{kcal}]$$

정답 ②

013 표준대기압 1[atm]의 표시방법 중 틀린 것은?

① 1.0332[kg/cm²] ② 10.332[mAq] ③ 760[mmHg] ④ 0.98[bar]

해설 표준대기압

$$
\begin{aligned}
1[\text{atm}] &= 760[\text{mmHg}] = 10.332[\text{mH}_2\text{O}]([\text{mAq}]) = 1,013[\text{mbar}] = 1.013[\text{bar}] = 1.0332[\text{kg}_\text{f}/\text{cm}^2] \\
&= 1.013 \times 10^3 [\text{dyne/cm}^2] = 101,325[\text{Pa}]([\text{N/m}^2]) = 101.325[\text{kPa}]([\text{kN/m}^2]) \\
&= 0.101325[\text{MPa}]([\text{MN/m}^2]) = 14.7[\text{psi}]([\text{lb/in}^2])
\end{aligned}
$$

정답 ④

014 다음의 단위 환산 중 옳지 않은 것은?

① 1[atm] = 1.013[bar] = 760[mmHg]
② 1[kg_f/cm²] = 10.0[mAq] = 735.6[mmHg]
③ 1[bar] = 1.02[kg_f/cm²] = 750[mmHg]
④ 1[Pa] = 0.102[kg_f/cm²] = 75[mmHg]

해설
$$
\begin{aligned}
④ \ 1[\text{Pa}] &= \dfrac{1[\text{Pa}]}{101,325[\text{Pa}]} \times 1.0332[\text{kg}_\text{f}/\text{cm}^2] = \dfrac{1[\text{Pa}]}{101,325[\text{Pa}]} \times 760[\text{mmHg}] \\
&= 1.02 \times 10^{-5}[\text{kg}_\text{f}/\text{cm}^2] = 7.50 \times 10^{-3}[\text{mmHg}]
\end{aligned}
$$

※ 1[atm] = 101,325[Pa] = 1.0332[kg_f/cm²] = 760[mmHg] = 1.013[bar]

정답 ④

015 압력의 단위환산에서 틀린 것은?

① $2.5[\text{kg}_f/\text{cm}^2 \cdot \text{abs}] = 2.5[\text{kg}_f/\text{cm}^2 \cdot \text{gauge}]$

② $0.8[\text{kg}_f/\text{cm}^2] = 588.5[\text{mmHg}]$

③ $0.55[\text{kg}_f/\text{cm}^2] = 405[\text{mmHg}]$

④ $3[\text{kg}_f/\text{cm}^2] = 30[\text{mAq}]$

해설 압력의 단위환산

> 절대압[abs] = 대기압 + 게이지압[gauge]
> $1[\text{atm}] = 1.0332[\text{kg}_f/\text{cm}^2] = 760[\text{mmHg}] = 10.332[\text{mAq}]$

$\therefore \ 3.5[\text{kg}_f/\text{cm}^2 \cdot \text{abs}] = 1[\text{kg}_f/\text{cm}^2] \ + \ 2.5[\text{kg}_f/\text{cm}^2 \cdot \text{gauge}]$

정답 ①

016 비중 S인 액체가 액면으로부터 $H[\text{cm}]$ 깊이에 있는 점의 압력은 수은주로 몇 [mmHg]인가?(단, 수은의 비중은 13.6이다)

① $13.6SH$ 　　　　　　　　② $1,000SH/13.6$

③ $1SH/13.6$ 　　　　　　　④ $10SH/13.6$

해설 압력 $P = 9,800SH[\text{N}/\text{m}^2]$

수은주의 수두 $H = \dfrac{P}{\gamma} = \dfrac{9,800S \times 0.01H[\text{N}/\text{m}^2]}{13.6 \times 9,800[\text{N}/\text{m}^3]} = \dfrac{0.01SH}{13.6}[\text{m}] = \dfrac{10SH}{13.6}[\text{mm}]$

정답 ④

017 완전 진공을 기준으로 한 압력은?

① 공업기압 　　　　　　　② 표준대기압

③ 국소대기압 　　　　　　④ 절대압

해설 • **절대압력** : 절대진공(**완전 진공**)을 기준으로 해서 측정한 압력
　　 • **계기압력** : **국소대기압**을 기준으로 해서 측정한 압력

정답 ④

018 240[mmHg]의 압력은 계기압력으로 몇 $[\text{kg}_f/\text{cm}^2]$인가?(단, 대기압의 크기는 760[mmHg]이고, 수은의 비중은 13.6이다)

① -0.3158 　　　　　　② -0.6842

③ -0.7069 　　　　　　④ -0.8565

해설 절대압 = 대기압 + 계기압
계기압 = 절대압 - 대기압 = $(240 - 760)[\text{mmHg}]$

$= \dfrac{-520[\text{mmHg}]}{760[\text{mmHg}]} \times 1.0332[\text{kg}_f/\text{cm}^2] = -0.7069[\text{kg}_f/\text{cm}^2]$

정답 ③

019 다음은 압력에 관한 설명이다. 적합하게 설명된 것은 어느 것인가?

① 대기압을 기준해서 나타내는 압력은 절대압력이다.

② 완전진공을 기준으로 해서 나타내는 압력은 계기압력이다.

③ 대기압은 절대압력에서 계기압력을 감한 것이다.

④ 대기압은 절대압력에서 계기압력을 더한 것이다.

해설 • 절대압 = 대기압 + 계기압
• 대기압 = 절대압 − 계기압

정답 ③

020 대기압 750[mmHg]인 곳에서 0.5[kg$_f$/cm^2 · abs]인 가스용기는 계기압력으로 얼마인가?(단, 수은의 비중은 13.6이다)

① 0.5[kg$_f$/cm^2]

② 0.52[kg$_f$/cm^2] 진공

③ 0.5[kg$_f$/cm^2] 진공

④ 0.52[kg$_f$/cm^2]

해설 절대압 = 대기압 + 계기압
계기압 = 절대압 − 대기압

$$= 0.5[\text{kg}_f/\text{cm}^2 \cdot \text{abs}] - \frac{750[\text{mmHg}]}{760[\text{mmHg}]} \times 1.0332[\text{kg}_f/\text{cm}^2]$$

$$= -0.52[\text{kg}_f/\text{cm}^2] = 0.52[\text{kg}_f/\text{cm}^2] \text{ 진공}$$

정답 ②

021 바다 속 어느 한 지점에서의 압력을 측정하였더니 15[kg$_f$/cm^2]이었다. 어느 한 점은 수면에서부터 얼마의 깊이[m]에 있는 곳인가?(단, 해수의 비중은 1.20이다)

① 96.4

② 106.4

③ 116.4

④ 101.4

해설 $P = P_0 + \gamma H$

$15 \times 10^4 [\text{kg}_f/\text{m}^2] = 1.0332 \times 10^4 [\text{kg}_f/\text{m}^2] + 1.20 \times 1,000 [\text{kg}_f/\text{m}^3] \times H$

$\therefore H = 116.4[\text{m}]$

정답 ③

022 20[℃]에서 비중량이 600[kg$_f$/m^3]이고, 증기압이 0.1[kg$_f$/cm^2]인 액체를 흡입할 수 있는 이론 최대높이는 몇 [m]인가?(단, 대기압은 1[kg$_f$/cm^2])

① 15

② 12

③ 8

④ 5

해설 $P = P_0 + \gamma H$

$$\therefore H = \frac{P - P_0}{\gamma} = \frac{0.1 \times 10^4 [\text{kg}_f/\text{m}^2] - 1 \times 10^4 [\text{kg}_f/\text{m}^2]}{600 [\text{kg}_f/\text{m}^3]} = -15[\text{m}] (15[\text{m}] \text{ 흡입})$$

정답 ①

023 액체산소탱크에 부분적으로 10[m] 깊이까지 −196[℃]의 액체산소가 들어 있다. 액면 위의 증기압력이 101.3[kPa]로 유지될 경우 탱크의 바닥에 작용하는 압력[kPa]은?(단, 액체산소의 비중량은 1,206 [kg_f/m^3]이다)

① 12,161.5   ② 227.5   ③ 219.5   ④ 1,216.1

해설   비중량 $\gamma = 1,206[\text{kg}_f/\text{m}^3] \times 9.8[\text{N/kg}_f] = 11,818.8[\text{N/m}^3]$
위치 압력 $P = \gamma H = 11,818.8[\text{N/m}^3] \times 10[\text{m}] = 118,188[\text{Pa}] = 118.2[\text{kPa}]$
탱크 바닥의 압력 $P_2 = P_1 + P = 101.3 + 118.2 = 219.5[\text{kPa}]$

정답 ③

024 진공계기압력이 0.18[kg_f/cm^2], 20[℃]인 기체가 계기압력 8[kg_f/cm^2]으로 등온 압축되었다면 처음 체적에 대한 최후의 체적비는 얼마인가?(단, 대기압은 730[mmHg]이다)

① $\dfrac{1}{11.1}$ ② $\dfrac{1}{9.8}$

③ $\dfrac{1}{8.4}$ ④ $\dfrac{1}{7.8}$

해설   • 절대압(P_1) = 대기압 − 진공
$$= \left(\frac{730[\text{mmHg}]}{760[\text{mmHg}]} \times 1.0332[\text{kg}_f/\text{cm}^2]\right) - 0.18[\text{kg}_f/\text{cm}^2] = 0.812[\text{kg}_f/\text{cm}^2]$$
• 절대압(P_2) = 대기압 + 게이지압
$$= \left(\frac{730[\text{mmHg}]}{760[\text{mmHg}]} \times 1.0332[\text{kg}_f/\text{cm}^2]\right) + 8[\text{kg}_f/\text{cm}^2] = 8.992[\text{kg}_f/\text{cm}^2]$$
∴ 등온 압축일 때 $V_2 = V_1 \times \dfrac{P_1}{P_2} = 1 \times \dfrac{0.812}{8.992} ≒ \dfrac{1}{11.1}$

정답 ①

025 다음 단위 중 점성계수의 단위가 아닌 것은?

① [stokes]   ② [kg/m · s]
③ [centipoise]   ④ [N · s/m^2]

해설   [stokes]는 동점도의 단위이다.
동점도 $\nu = \dfrac{\mu}{\rho} = [\text{cm}^2/\text{s}]([\text{stokes}])$

정답 ①

026 다음 중 물의 점도(25[℃])를 나타낸 수치로 맞는 것은?

① 1[g/cm · s]   ② 1[poise]
③ 0.1[kg/m · s]   ④ 1[cP]

해설   물의 점도(25[℃])
1[cP] = 0.01[g/cm · s](CGS단위) = 0.001[kg/m · s](MKS단위)

정답 ④

027 다음 중 점도의 단위가 아닌 것은?

① [g/cm · s] ② [poise] ③ [dyne · s/cm^2] ④ [dyne · s/cm]

해설 점도의 단위
- 1[poise] = 1[g/cm · s] = 100[cP] = 0.1[kg/m · s]
- 1[cP(centipoise)] = 0.01[g/cm · s] = 0.001[kg/m · s]
- 1[stokes] = 1[cm^2/s]

$$[dyne] = [g \cdot cm/s^2]$$

정답 ④

028 1[kg$_f$ · s/m^2]는 몇 [poise]인가?

① 9.8 ② 98 ③ 1/98 ④ 1/9.8

해설 1[kg$_f$] = 9.8[N], 1[poise] = 1[g/cm · s]

$$\therefore 1[kg_f \cdot s/m^2] = 9.8[N \cdot s/m^2] = \frac{9.8\left[kg \cdot \dfrac{m}{s^2} \cdot s\right]}{[m^2]}$$

$$= 9.8[kg/m \cdot s] \times \frac{10^3[g]}{1[kg]} \times \frac{1[m \cdot s]}{100[cm \cdot s]} = 98[g/cm \cdot s] = 98[poise]$$

정답 ②

029 비중 0.9인 유체의 동점도(ν)가 2[stokes]이면 절대점도[poise]는 얼마인가?

① 1.5 ② 1.8 ③ 0.15 ④ 0.18

해설 동점도 $\nu = \dfrac{\mu}{\rho}$

$\mu = \nu \cdot \rho = 2[cm^2/s] \times 0.9[g/cm^3] = 1.8[g/cm \cdot s] = 1.8[poise]$

$$[stokes] = [cm^2/s], \ [poise] = [g/cm \cdot s]$$

정답 ②

030 어떤 액체의 동점성계수가 2[stokes]이며, 비중량이 8×10^{-3}[N/cm^3]이다. 이 액체의 점성계수[N · s/cm^2]는 얼마인가?

① 1.633×10^{-5} ② 2.633×10^{-5}

③ 16.333×10^{-5} ④ 26.333×10^{-5}

해설 점성계수 $\mu = \nu \cdot \rho$
- ν(동점도) = 2[stokes] = 2[cm^2/s]
- $\gamma = \rho g$에서 ρ(밀도) $= \dfrac{\gamma}{g} = \dfrac{8 \times 10^{-3}[N/cm^3]}{980[cm/s^2]} = 8.163 \times 10^{-6}[N \cdot s^2/cm^4]$

$\therefore \mu = \nu \cdot \rho = 2[cm^2/s] \times 8.163 \times 10^{-6}[N \cdot s^2/cm^4] = 1.633 \times 10^{-5}[N \cdot s/cm^2]$

정답 ①

031
20[℃]에서 물의 점성계수는 1.008×10^{-3}[Pa·s]이었다. 상대밀도가 0.998이라면 동점성계수[m²/s]는 얼마인가?

① 1.01×10^{-3}

② 1.01×10^{-6}

③ 1.008×10^{-3}

④ 1.008×10^{-6}

해설 동점도

$$\nu = \frac{\mu}{\rho}$$

여기서, μ : 절대점도[g/cm·s] ρ : 밀도[g/cm³]
- 절대점도
  - 단위환산 : $[Pa] = \left[\dfrac{N}{m^2}\right]$, $[N] = \left[kg \cdot \dfrac{m}{s^2}\right]$
  - 1.008×10^{-3}[Pa·s] $= 1.008 \times 10^{-3}\left[\dfrac{N}{m_2} \cdot s\right] = 1.008 \times 10^{-3}\left[\dfrac{kg \cdot \dfrac{m}{s^2} \cdot s}{m^2}\right]$
    $= 1.008 \times 10^{-3}$[kg/m·s]
- 밀도 $= 0.998$[g/cm³]$= 998$[kg/m³]

∴ $\nu = \dfrac{\mu}{\rho} = \dfrac{1.008 \times 10^{-3}[\text{kg/m} \cdot \text{s}]}{998[\text{kg/m}^3]} = 1.01 \times 10^{-6}$[m²/s]

정답 ②

032
점성계수가 0.9[poise]이고 밀도가 95[kg_f·s²/m⁴]인 유체의 동점성계수는 몇 [stokes]인가?

① 9.66×10^{-2}

② 9.66×10^{-4}

③ 9.66×10^{-1}

④ 9.66×10^{-3}

해설 $\nu = \dfrac{\mu}{\rho}$

여기서, 밀도의 중력단위를 절대단위로 환산하면,
$95[kg_f \cdot s^2/m^4] \div 102[kg_f \cdot s^2/m^4] \times 1[g/cm^3] = 0.9314[g/cm^3]$이다.

∴ $\nu = \dfrac{0.9[\text{g/cm} \cdot \text{s}]}{0.9314[\text{g/cm}^3]} = 0.966$[cm²/s]$= 0.966$[stokes]

정답 ③

033
유체의 비중량 γ, 밀도 ρ 및 중력가속도 g와의 관계는?

① $\gamma = \rho/g$

② $\gamma = \rho g$

③ $\gamma = g/\rho$

④ $\gamma = \rho/g^2$

해설 비중량 $\gamma = \rho g$(여기서, g : 중력가속도, ρ : 밀도)

정답 ②

034 액체 속에 잠겨진 곡면에 작용하는 힘의 수평분력은?

① 곡면의 수직상방의 액체의 무게와 같다.

② 곡면에 의해서 지지된 액체의 무게와 같다.

③ 그 면심에서 압력에 면적을 곱한 것과 같다.

④ 곡면의 수직 투영면에 작용하는 힘과 같다.

해설   액체 속에 잠겨진 곡면에 작용하는 힘의 수평분력은 곡면의 수평투영면적에 작용하는 전압력과 같고 작용선은 투영면적의 압력중심과 일치한다.

정답 ④

035 호주에서 무게가 2[kg]인 어느 물체를 한국에서 재어보니 1.98[kg]이었다면 한국에서의 중력가속도 [m/s²]는?(단, 호주에서의 중력가속도는 9.82[m/s²])

① 9.80   ② 9.78

③ 9.75   ④ 9.72

해설 $1.98[\text{kg}] : 2[\text{kg}] = x : 9.82[\text{m/s}^2]$

$$\therefore\ x = \frac{1.98[\text{kg}] \times 9.82[\text{m/s}^2]}{2[\text{kg}]} = 9.72[\text{m/s}^2]$$

정답 ④

036 수면 15[m] 지점의 압력이 2.04[kgf/cm²]이다. 이 액체의 비중량[kgf/m³]은?

① 1,050

② 1,260

③ 1,360

④ 1,560

해설   **비중량**

$$H = \frac{P}{\gamma},\ \gamma = \frac{P}{H}$$

여기서, P : 압력[kgf/m²] γ : 비중량[kgf/m³]

$$\therefore\ \gamma = \frac{P}{H} = \frac{2.04 \times 10^4[\text{kg}_f/\text{m}^2]}{15[\text{m}]} = 1,360[\text{kg}_f/\text{m}^3]$$

정답 ③

037 공기 중에서 무게가 900[N]인 돌이 물속에서의 무게가 400[N]일 때 이 돌의 비중은?

① 1.4   ② 1.6

③ 1.8   ④ 2.25

해설   돌의 비중 $= \dfrac{\text{공기 중에서의 무게}}{\text{공기 중에서의 무게} - \text{물속에서의 무게}} = \dfrac{900}{900 - 400} = 1.8$

정답 ③

038 비중이 1.03인 바닷물에 전체 부피의 15[%]가 밖에 떠 있는 빙산이 있다. 이 빙산의 비중은 얼마인가?

① 0.876

② 0.297

③ 1.927

④ 0.155

해설
- 방법 1(간이법) : $1.03 \times 0.85 = 0.876$
- 방법 2
  - 부력 : $F = \gamma V = 1.03 \times 1{,}000 \times 85$
  - 빙산무게 : $W = S \times 1{,}000 \times 100 = 10^5 S$

  $F = W$이므로 $1.03 \times 1{,}000 \times 85 = 10^5 S$

  $\therefore S = 0.876$

정답 ①

039 물이 들어 있는 U자관 속에 기름을 넣었더니 기름 25[cm]와 물 15[cm]의 액주가 평형을 이루었다면 이 기름의 비중은 얼마인가?

① 0.3

② 0.6

③ 0.7

④ 1.7

해설 기름의 비중

$S_1 H_1 = S_2 H_2$(여기서, S : 비중)

$S_2 = S_1 \times \dfrac{H_1}{H_2} = 1 \times \dfrac{15}{25} = 0.6$

정답 ②

040 체적이 4.2[m³]인 유체의 무게가 3,402[kg]이면 비중과 비체적은 얼마인가?

① 8.1, 1.2×10^{-2}

② 0.81, 1.2×10^{-3}

③ 8.1, 810

④ 8.1, 0.81

해설

비중 $= \dfrac{W}{V} = \dfrac{3{,}402}{4.2} = 810 [\text{kg/m}^3] = 0.81 [\text{g/cm}^3] = 0.81$

비체적$(V_s) = \dfrac{1}{\rho} = \dfrac{4.2}{3{,}402} = 1.23 \times 10^{-3} [\text{m}^3/\text{kg}]$

Plus one
- 비중은 단위가 없고 밀도는 단위 [g/cm³]이다. 문제에서 유체가 물이 주어지면 물의 비중은 1이므로 밀도는 CGS의 단위인 1[g/cm³]을 대입해서 풀면 된다.
- 비체적은 밀도의 역수이다.

정답 ②

041
공기는 산소와 질소의 혼합가스로서 체적이 산소가 1/5이고 나머지는 질소이다. 표준상태(0[℃], 1[atm])에서 공기의 비중량[kg$_f$/m³]은 얼마인가?

① 약 24.4

② 약 1.29

③ 약 1.43

④ 약 1.25

해설

비중량 $= \dfrac{28.8[\mathrm{kg_f}]}{22.4[\mathrm{m^3}]} = 1.286[\mathrm{kg_f/m^3}]$

> 공기의 평균분자량 : $(32 \times 0.2) + (28 \times 0.8) = 28.8$

정답 ②

042
다음 중 밀도를 나타내는 단위는?

① [N/m]

② [kg$_f$/cm²]

③ [kg/m³]

④ [m/s²]

해설
① 표면장력의 단위
② 압력의 단위
④ 가속도의 단위

정답 ③

043
비중 0.88인 벤젠의 밀도[kg$_f$ · s²/m⁴]는 얼마인가?

① 88.0

② 89.8

③ 102

④ 880

해설 밀도 $= 0.88 \times 102[\mathrm{kg_f \cdot s^2/m^4}] = 89.76[\mathrm{kg_f \cdot s^2/m^4}]$

> 물의 밀도 $\rho = 1[\mathrm{g/cm^3}] = 1{,}000[\mathrm{kg/m^3}] = 1{,}000[\mathrm{N \cdot s^2/m^4}] = 102[\mathrm{kg_f \cdot s^2/m^4}]$(중력단위)

정답 ②

044
어떤 기름이 0.5[m³]의 무게가 400[kg$_f$]일 때 기름의 밀도는 몇 [kg$_f$ · s²/m⁴]인가?

① 980

② 81.63

③ 816.3

④ 98

해설

비중량 $\gamma = \dfrac{W}{V} = \dfrac{400[\mathrm{kg_f}]}{0.5[\mathrm{m^3}]} = 800[\mathrm{kg_f/m^3}]$

밀도 $\rho = \dfrac{\gamma}{g} = \dfrac{800[\mathrm{kg_f/m^3}]}{9.8[\mathrm{m/s^2}]} = 81.63[\mathrm{kg_f \cdot s^2/m^4}]$

정답 ②

045 수은의 비중은 13.55이다. 수은의 비체적[m³/kg]은?

① 13.55

② $\dfrac{1}{13.55} \times 10^{-3}$

③ $\dfrac{1}{13.55}$

④ 13.55×10^{-3}

해설 비체적(V_s)

$$V_s = \dfrac{1}{\rho} = \dfrac{1}{13,550[\text{kg/m}^3]} = \dfrac{1}{13.55} \times 10^{-3}[\text{m}^3/\text{kg}]$$

(∵ 비중이 13.55이면 밀도(ρ) = 13.55[g/cm³] = 13,550[kg/m³])

정답 ②

046 어떤 유체의 밀도가 86[kg·s²/m⁴]이다. 이 액체의 비체적은 몇 [m³/kg]인가?

① 1.187×10^{-5}

② 1.187×10^{-3}

③ 2.03×10^{-3}

④ 2.03×10^{-5}

해설 비체적 $V_s = \dfrac{1}{\rho}$ 에서 비체적의 단위가 절대단위이므로, 단위를 환산해야 한다.

$$V_s = \dfrac{1}{\rho} = \dfrac{1}{86[\text{kg}\cdot\text{s}^2/\text{m}^4] \times 9.8[\text{m/s}^2]} = 1.187 \times 10^{-3}[\text{m}^3/\text{kg}]$$

정답 ②

047 이산화탄소가 압력 2×10^5[Pa], 비체적 0.04[m³/kg] 상태로 저장되었다가, 온도가 일정한 상태로 압축되어 압력이 8×10^5[Pa]되었다면, 변화 후 비체적은 몇 [m³/kg]인가?

① 0.01

② 0.02

③ 0.16

④ 0.32

해설

$$\rho = \dfrac{PM}{RT}[\text{kg/m}^3], \quad \dfrac{1}{V_s} = \dfrac{PM}{RT}$$

여기서, 비체적은 압력에 반비례한다.

$$2 \times 10^5[\text{Pa}] : \dfrac{1}{0.04} = 8 \times 10^5[\text{Pa}] : \dfrac{1}{x}$$

∴ $x = 0.01$

정답 ①

048 다음 중 단위가 틀린 것은?

① 1[N] = 1[kg·m/s²]

② 1[J] = 1[N·m]

③ 1[W] = 1[J/s]

④ 1[dyne] = 1[kg·m]

해설 [dyne] = [g·cm/s²]

정답 ④

049 다음의 물리적인 양과 단위가 잘못 결합된 것은?

① $1[\text{Joule}] = 1[\text{N} \cdot \text{m}] = 1[\text{kg} \cdot \text{m}^2/\text{s}^2]$

② $1[\text{Watt}] = 1[\text{N} \cdot \text{m/s}] = 1[\text{kg} \cdot \text{m}^2/\text{s}^3]$

③ $1[\text{Newton}] = 9.8[\text{kg}_f] = 1[\text{kg} \cdot \text{m/s}^2]$

④ $1[\text{Pascal}] = 1[\text{N/m}^2] = 1[\text{kg/m} \cdot \text{s}^2]$

해설 $1[\text{kg}_f] = 9.8[\text{Newton}] = 9.8[\text{kg} \cdot \text{m/s}^2]$

정답 ③

050 [L·atm]은 무슨 단위인가?

① 일   ② 에너지
③ 압력   ④ 힘

해설 [L·atm] : 에너지 단위

$[\text{L} \cdot \text{atm}] = \frac{1}{10^3}[\text{m}^3] \times 1[\text{atm}] \times 1.0332[\text{kg}_f/\text{cm}^2] \times 10^4[\text{kg}_f/\text{m}^2] = 10.332[\text{kg}_f \cdot \text{m}]$

$= \frac{10.332[\text{kg}_f \cdot \text{m}]}{0.427} = 24.2[\text{cal}]$

$1[\text{cal}] = 0.427[\text{kg}_f \cdot \text{m}]$

정답 ②

051 수압 50[kgf/cm²]의 물 5[kg]이 갖는 압력에너지[kgf·m]는 얼마인가?(단, 게이지압력이 영(Zero)일 때 압력에너지는 없다고 한다)

① 25   ② 250
③ 2,500   ④ 25,000

해설 압력에너지 $= [\text{kg}_f \cdot \text{m}] = 5[\text{kg}_f] \times \left(\frac{50[\text{kg}_f/\text{cm}^2]}{1.0332[\text{kg}_f/\text{cm}^2]} \times 10.332[\text{m}] \right) = 2,500[\text{kg}_f \cdot \text{m}]$

정답 ③

052 수평으로 놓인 노즐에서 물이 분출되고 있을 때 이 노즐의 지름은 5[cm]이고, 압력이 20[kgf/cm²]이다. 노즐에 걸리는 힘은 몇 [kgf]인가?

① 255.3   ② 363.5
③ 392.7   ④ 455.3

해설 $F = PA = P \times \frac{\pi}{4}D^2 = 20[\text{kg}_f/\text{cm}^2] \times \frac{\pi}{4}(5[\text{cm}])^2 = 392.7[\text{kg}_f]$

정답 ③

053 다음 그림에서 물 탱크차가 받는 추력은 몇 [kgf]인가?

① 9.9
② 97.0
③ 3,069
④ 313

해설
$$u = \sqrt{2gH} = \sqrt{2 \times 9.8 \times 5} = 9.9[\text{m/s}]$$
$$Q = uA = 9.9[\text{m/s}] \times \frac{\pi}{4}(0.2[\text{m}])^2 = 0.31[\text{m}^3/\text{s}]$$
$$F = Q\rho u = 0.31[\text{m}^3/\text{s}] \times 102[\text{kg}_f \cdot \text{s}^2/\text{m}^4] \times 9.9[\text{m/s}] = 313[\text{kg}_f]$$

Plus one 힘을 계산하는 공식에서 밀도는 중력단위인 $102[\text{kg}_f \cdot \text{s}^2/\text{m}^4]$를 사용하고, $Q = uA$ 공식에서 u를 구해서 공식에 대입해야 한다.

정답 ④

054 분류관의 지름이 5[cm]이고 매분당 1.8[m³]의 물을 평면판에 직각으로 토출할 때 작용하는 힘[kgf]은 얼마인가?

① 0.4677
② 4.677
③ 46.77
④ 467.7

해설
$$F = \rho Q u = \rho \times Q \times \frac{Q}{A} = 102[\text{kg}_f \cdot \text{s}^2/\text{m}^4] \times \frac{1.8[\text{m}^3]}{60[\text{s}]} \times \frac{\dfrac{1.8[\text{m}^3]}{60[\text{s}]}}{\dfrac{\pi}{4}(0.05[\text{m}])^2} = 46.77[\text{kg}_f]$$

정답 ③

055 다음의 열역학적 법칙을 설명한 것 중 틀린 것은?

① 열적평형이 된 상태를 설명하는 것이 열역학 제0법칙이다.
② 에너지 보존의 법칙을 설명하는 것이 열역학 제1법칙이다.
③ 에너지 변환의 방향성이 제한(비가역성)됨을 나타내는 것이 열역학 제2법칙이다.
④ 열은 그 자신만으로 저온에서 고온으로 이동할 수 없다는 것이 열역학 제3법칙이다.

해설
• 열역학의 제2법칙 : 외부에서 열을 가하지 않는 한 항상 고온에서 저온으로 흐른다.
• 열역학의 제3법칙 : 순수한 물질이 1[atm] 하에서 완전히 결정상태이면 엔트로피는 0[K]에서 0이다.

정답 ④

056 Newton의 점성법칙과 관련되는 것은 어느 것인가?

① 전단응력, 속도, 점성계수
② 속도구배, 점성계수, 압력
③ 전단응력, 속도구배, 압력
④ 속도구배, 전단응력, 점성계수

해설 **Newton의 점성법칙**

$$\tau = \mu \frac{du}{dy}$$

여기서, τ : 전단응력 μ : 점성계수 $\dfrac{du}{dy}$: 속도구배

정답 ④

057 전단응력이 증가할 때 속도기울기는 어떻게 변화하는가?

① 비 례

② 반비례

③ 제곱에 비례

④ 제곱에 반비례

해설 전단응력 $\tau = \dfrac{F}{A} = \mu \dfrac{du}{dy}$

∴ $\dfrac{du}{dy}$ 는 속도기울기(속도구배)로서 전단응력에 비례한다.

정답 ①

058 원관에서 유체가 층류로 흐를 때 전단응력은?

① 전 단면에서 일정하다.

② 포물선 모양이다.

③ 관 중심에서 0이고, 관 벽까지 직선적으로 증가한다.

④ 관 벽에서 0이고, 중심까지 선형적으로 증가한다.

해설 층류일 때 전단응력은 관 중심에서 0이고 관 벽까지 직선적으로 증가한다.

$$\text{전단응력 } \tau = \frac{dp}{dl} \cdot \frac{r}{2}$$

정답 ③

059 직경 300[mm]인 수평 원관측에 물이 층류로 흐르고 있다. 관의 길이 50[m]에 대한 압력 강하가 100[kPa]이라면 관 벽에서 전단응력은 몇 [N/m²]인가?

① 100

② 150

③ 200

④ 250

해설 **층류일 때 전단응력**

$$\tau = \frac{p_A - p_B}{l} \cdot \frac{r}{2}$$

여기서, P : 압력 l : 길이 r : 반경

∴ $\tau = \dfrac{100 \times 1,000 [\text{N/m}^2]}{50[\text{m}]} \times \dfrac{0.15[\text{m}]}{2} = 150[\text{N/m}^2]$

정답 ②

060 다음 중 무차원인 것은?

① 체적탄성계수

② 레이놀즈수

③ 압 력

④ 비중량

해설 레이놀즈수는 무차원이다.

정답 ②

061 어떤 가스의 기체상수 $R = 2,077[\text{N} \cdot \text{m/kg} \cdot \text{K}]$을 $[\text{kcal/kg} \cdot \text{K}]$로 환산하면 얼마인가?

① 0.496 　　　　② 1.045 　　　　③ 2.517 　　　　④ 3.051

해설　$[\text{N} \cdot \text{m}] = [\text{J}]$, $1[\text{kcal}] = 4,184[\text{J}]$

∴ $2,077[\text{J/kg} \cdot \text{K}] \times \dfrac{1[\text{kcal}]}{4,184[\text{J}]} = 0.496[\text{kcal/kg} \cdot \text{K}]$

정답 ①

062 뉴턴 유체는 다음 어느 것을 만족시키는 유체인가?

① $PV_s = RT$ 　　② $F = ma$ 　　③ $\tau = \mu\dfrac{du}{dy}$ 　　④ $\tau = \mu\dfrac{du}{dg} + Z$

해설　뉴턴유체는 Newton의 점성법칙$\left(\tau = \mu\dfrac{du}{dy}\right)$에 따르는 유체를 말한다.

정답 ③

063 "어떤 방법으로도 어떤 계를 절대 0도에 이르게 할 수 없다"는 것과 가장 관련이 있는 것은?

① 열역학 제0법칙 　　　　　　　② 열역학 제1법칙
③ 열역학 제2법칙 　　　　　　　④ 열역학 제3법칙

해설　**열역학 제3법칙**
* 순수한 물질이 1[atm]하에서 완전히 결정 상태이면 엔트로피는 0[K]에서 0이다.
* 어떤 방법으로도 어떤 계를 절대 0도에 이르게 할 수 없다.

정답 ④

064 비중이 0.7인 물체를 물에 띄우면 전체 체적의 몇 [%]가 물속에 잠기는가?

① 30 　　　　② 65 　　　　③ 70 　　　　④ 75

해설　물체의 체적은 V, 물체가 물에 잠긴 체적은 V_1이라면, 물체의 무게 = 부력이므로
$1,000 \times 0.7 \times V = 1,000 \times V_1$이다.

∴ $\dfrac{V_1}{V} = 0.7 = 70[\%]$

정답 ③

065 유체 속에 잠겨진 물체에 작용되는 부력은?

① 물체의 중력과 같다.
② 물체의 중력보다 크다.
③ 그 물체에 의해서 배제된 액체의 무게와 같다.
④ 유체의 비중량과는 관계없다.

해설　유체 속에 잠겨진 물체에 작용되는 부력은 그 물체에 의해서 배제된 액체의 무게와 같다.

정답 ③

066 부유체에서 메타센터가 의미하는 것은?

① 부체의 무게중심이다.

② 부체가 기울어졌을 때의 부력 작용선이다.

③ 부체의 무게중심과 부체가 기울어졌을 때의 부심과의 거리이다.

④ 부체의 중립축과 부체가 기울어졌을 때의 부력작용선과의 교점이다.

해설 　경심(Metacenter)은 부체의 중립축과 부체가 기울어졌을 때의 부력작용선과의 교점

정답 ④

067 공기 중에서 941[N]인 돌이 물에 잠겨있다. 물에서의 무게가 500[N]이면 이 돌의 체적은 몇 [m³]인가?

① 0.045　　　　　　　　　　　② 0.034

③ 0.028　　　　　　　　　　　④ 0.012

해설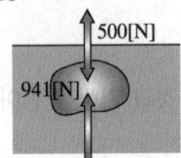
$500[\text{N}] + F = 941[\text{N}]$
$F = 441[\text{N}]$
$\therefore$ 체적 $V = \dfrac{441[\text{N}]}{9,800[\text{N/m}^3]} = 0.045[\text{m}^3]$

정답 ①

068 밑변 2[m] × 2[m], 높이 2[m]인 나무토막 위에 500[kgf]의 추를 올려놓고 물에 띄웠다. 나무의 비중을 0.65라 할 때 나무토막이 물속에 잠긴 부분의 부피는 몇 [m³]인가?

① 5　　　　　　　　　　　② 5.2

③ 5.7　　　　　　　　　　　④ 6

해설 　물에 잠긴 부피를 $V[\text{m}^3]$, 부력을 F라 할 때, $F = \gamma V = 1,000\,V[\text{kgf}]$이다.
나무토막의 무게 $W = 1,000[\text{kgf/m}^3] \times 0.65 \times (2 \times 2 \times 2)[\text{m}^3] = 5,200[\text{kgf}]$이므로, 힘의 평형을 고려하면 $F = 500 + W$이 된다.
$1,000\,V = 500 + 5,200$
$\therefore V = 5.7[\text{m}^3]$

정답 ③

069 그림과 같은 탱크에 물이 들어 있다. 밑면 AB에 작용하는 힘은 몇 [kgf]인가?(단, 탱크의 너비는 1.5[m]이다)

① 12,500　　　　　　　　　　② 14,500

③ 15,500　　　　　　　　　　④ 16,500

해설 　밑면 AB에 받는 압력
$P = \gamma h = 1,000[\text{kgf/m}^3] \times (1.5 + 4)[\text{m}] = 5,500[\text{kgf/m}^2]$
밑면 AB에 작용하는 힘 $F = P \cdot A = 5,500[\text{kgf/m}^2] \times (2 \times 1.5)[\text{m}^2] = 16,500[\text{kgf}]$

정답 ④

070 표준상태에서 60[m³]의 용적을 가진 이산화탄소 가스를 액화하여 얻을 수 있는 액화 탄산가스의 무게[kg]는 얼마인가?

① 110　　　　② 117.9　　　　③ 127　　　　④ 130

해설　표준상태(0[℃], 1[atm])에서
- 기체(가스) 1[g-mol]이 차지하는 부피 : 22.4[L]
- 기체(가스) 1[kg-mol]이 차지하는 부피 : 22.4[m³]

∴ 액화 탄산가스 무게 $= \dfrac{60[\text{m}^3]}{22.4[\text{m}^3]} \times 44[\text{kg}] = 117.9[\text{kg}]$

이산화탄소(CO_2) 분자량 : 44

정답 ②

071 어떤 용기에 CO_2가 88[g]이 들어있다. 이 CO_2를 표준상태로 했을 때 CO_2가 차지하는 부피[L]는?

① 22.4　　　　② 44.8　　　　③ 11.2　　　　④ 100

해설
- 몰수[mol] $= \dfrac{W}{M} = \dfrac{88[\text{g}]}{44[\text{g/mol}]} = 2[\text{mol}]$
- 부피 $= 2 \times 22.4[\text{L}] = 44.8[\text{L}]$

정답 ②

072 유체가 V[m/s]의 속도로 움직일 경우 이 유체 2[kg] 중량이 할 수 있는 운동에너지는 얼마인가?

① $\dfrac{2V^2}{g}$　　　　② $\dfrac{V^2}{2g}$　　　　③ $\dfrac{5V^2}{g}$　　　　④ $\dfrac{2V^2}{2g}$

해설　운동에너지

$E_K = \dfrac{1}{2}mV^2 = \dfrac{1}{2} \times 2\dfrac{[\text{kg}]}{g} \times V^2 = \dfrac{2V^2}{2g}$ (여기서, m은 $F = mg$이므로 $m = 2\dfrac{[\text{kg}]}{g}$)

정답 ④

073 완전기체의 엔탈피는?

① 마찰 때문에 항상 증가한다.　　　　② 압력만의 함수이다.
③ 온도만의 함수이다.　　　　④ 내부에너지가 감소하면 그만큼 증가한다.

해설　엔탈피 $h = (C_v + R)T$로서 온도만의 함수이다.

정답 ③

074 가역단열과정에서의 엔트로피의 변화는?

① $\Delta S = 1$　　　　② $\Delta S = 0$　　　　③ $\Delta S > 1$　　　　④ $0 < \Delta S < 1$

해설
- 가역단열과정일 때 : $\Delta S = 0$
- 비가역단열과정일 때 : $\Delta S > 0$

정답 ②

075 완전기체의 내부에너지는?

① 압력만의 함수이다.
② 마찰 때문에 항상 증가한다.
③ 온도만의 함수이다.
④ 정답이 없다.

해설 　내부에너지는 온도만의 함수이다.

정답 ③

076 밀폐된 기체를 피스톤으로 압축하였더니 3.2[kcal]의 열량이 방출되고 압축일은 2,200[kg_f · m]이었다. 이때 이 기체의 내부에너지[kcal] 증가는 얼마인가?

① 1.35
② 1.55
③ 8.35
④ 1.95

해설 　내부에너지 $U = H - PV$

$$\frac{2,200}{427} - 3.2 = 1.95[\text{kcal}] (1[\text{kcal}] = 427[\text{kg}_f \cdot \text{m}])$$

정답 ④

077 표준상태에서 1.5×10^{23}개의 산소분자가 들어있는 용기의 내용적은 몇 [L]인가?(단, 아보가드로의 수는 6.02×10^{23}이다)

① 3.824
② 4.695
③ 5.581
④ 6.306

해설 　1[mol]이 차지하는 기체의 부피 : 22.4[L]

$$22.4[\text{L}] : 6.02 \times 10^{23} = x : 1.5 \times 10^{23}$$

$$\therefore \ x = 5.581[\text{L}]$$

정답 ③

078 압력 2[MPa], 온도 250[℃]의 공기가 이상적인 단열팽창을 하여 압력이 0.2[MPa]로 변할 때 변화 후 온도는 몇 [K]인가?(공기의 비열비는 1.4이다)

① 265
② 271
③ 278
④ 283

해설 　단열팽창 시 온도

$$T_2 = T_1 \times \left(\frac{P_2}{P_1}\right)^{\frac{k-1}{k}} = (250 + 273)[\text{K}] \times \left(\frac{0.2}{2}\right)^{\frac{1.4-1}{1.4}} = 270.9[\text{K}]$$

정답 ②

079 완전가스의 상태변화 중 비가역 변화인 것은?

① 동적변화
② 폴리트로픽 변화
③ 교축변화
④ 단열변화

해설 　교축변화 : 비가역 변화

정답 ③

080 어느 용기에 3[g]의 수소가 채워졌다. 만일 같은 압력조건하에서 이 용기에 수소 대신 메테인(CH_4)을 채운다면 이 용기에 채운 메테인[g]의 무게는 얼마인가?

① 12 　　　　　② 18 　　　　　③ 24 　　　　　④ 30

> **해설** 수소의 몰수 $= \dfrac{W}{M} = \dfrac{3}{2} = 1.5[\text{mol}]$이므로
>
> 메테인 1.5[mol]일 때 메테인의 무게는 $1.5 \times 16[\text{g}] = 24[\text{g}]$이다.

　　　　　　　　　　　　　　　　　　　　　　　　　　　　　　　　　　　　정답 ③

081 계의 상태량은 강도성 상태량과 용량성 상태량으로 구분된다. 다음 중 강도성 상태량이 아닌 것은?

① 압 력 　　　　② 온 도 　　　　③ 밀 도 　　　　④ 질 량

> **해설** **강도성 상태량** : 온도, 압력, 밀도

　　　　　　　　　　　　　　　　　　　　　　　　　　　　　　　　　　　　정답 ④

082 유체의 유동상태 중 정상류(Steady Flow)의 설명으로 옳은 것은?

① 모든 점에서 유동특성이 시간에 따라 변하지 않는다.
② 모든 점에서 유체의 상태가 시간에 따라 일정한 비율로 변한다.
③ 유체의 입자들이 모두 열을 지어 질서있게 흐른다.
④ 어느 순간에 서로 이웃하는 입자들의 상태가 같다.

> **해설** **정상류** : 임의의 한 점에서 속도, 온도, 압력, 밀도 등의 평균값이 시간에 따라 변하지 않는 흐름
>
> $$\frac{\partial u}{\partial t} = \frac{\partial \rho}{\partial t} = \frac{\partial p}{\partial t} = \frac{\partial T}{\partial t} = 0$$
>
> 여기서, u : 속도 　　ρ : 밀도 　　p : 압력 　　t : 시간 　　T : 온도

　　　　　　　　　　　　　　　　　　　　　　　　　　　　　　　　　　　　정답 ①

083 연속방정식(Continuity Equation)의 설명에 대한 이론적 근거가 되는 것은?

① 에너지 보존의 법칙 　　　　　② 질량 보존의 법칙
③ 뉴턴의 운동 제2법칙 　　　　　④ 관성의 법칙

> **해설** **연속방정식** : 질량 보존의 법칙

　　　　　　　　　　　　　　　　　　　　　　　　　　　　　　　　　　　　정답 ②

084 유체흐름의 연속방정식과 관계없는 것은?

① 질량불변의 법칙 　　　　　　② $Q = Au$

③ $G = Aur$ 　　　　　　　　　④ $Re = \dfrac{D\rho u}{\mu}$

> **해설** 연속방정식은 질량 불변의 법칙이며 용량유량($Q = Au$), 중량유량($G = Aur$)과 관련이 있다. 그러
> 나 Re와는 관련이 없다.

　　　　　　　　　　　　　　　　　　　　　　　　　　　　　　　　　　　　정답 ④

085 다음 중 연속방정식이 아닌 것은 어느 것인가?

① $\dfrac{\partial}{\partial t}(\rho A) + \dfrac{\partial}{\partial s}(\rho A v) = 0$ 　　　　② $\rho_1 A_1 v_1 = \rho_2 A_2 v_2$

③ $\dfrac{\partial v}{\partial x} + \dfrac{\partial \rho}{\partial t} + \dfrac{\partial p}{\partial t} = 0$ 　　　　④ $\dfrac{dx}{u} = \dfrac{dy}{v} = \dfrac{dz}{w}$

해설 　$\dfrac{\partial v}{\partial t} = \dfrac{\partial \rho}{\partial t} = \dfrac{\partial p}{\partial t} = \dfrac{\partial T}{\partial t} = 0$

(여기서, v : 속도, ρ : 밀도, p : 압력, t : 시간, T : 온도)

정답 ④

086 냇물을 건널 때 안전을 위하여 일반적으로 물의 폭이 넓은 곳으로 건너간다. 그 이유는 어느 원리인가?

① 연속방정식　　　　　② 오일러의 운동방정식
③ 운동량방정식　　　　④ 베르누이의 방정식

해설 　폭이 넓으면 유속이 느린 원리는 연속방정식과 관련이 있다($Q = uA$).

정답 ①

087 질량유량(질량속도)이 50[kg/s]인 물이 100[mm]의 관에서 65[mm] 관으로 흐를 때 65[mm] 관에서의 평균 유속[m/s]은 얼마인가?

① 151　　　　② 15.1　　　　③ 1.51　　　　④ 0.15

해설 　$\dot{m} = Au\rho$

$50[\text{kg/s}] = \dfrac{\pi}{4}(0.065[\text{m}])^2 \times u \times 1{,}000[\text{kg/m}^3]$

$\therefore u = 15.07[\text{m/s}]$

정답 ②

088 질량유량 900[kg/s]의 물이 그림과 같이 관 내를 흐르고 있다. A와 B지점에서의 평균 유속[m/s]은 얼마인가?

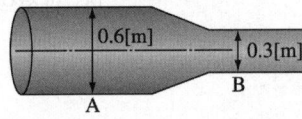

① 3.18, 12.73　　② 3.58, 1.273　　③ 31.8, 127.3　　④ 3.58, 12.73

해설 　질량유량 $\dot{m} = Au\rho$

• A지점 : $u = \dfrac{\dot{m}}{A\rho} = \dfrac{900[\text{kg/s}]}{\dfrac{\pi}{4}(0.6[\text{m}])^2 \times 1{,}000[\text{kg/m}^3]} = 3.18[\text{m/s}]$

• B지점 : $u = \dfrac{\dot{m}}{A\rho} = \dfrac{900[\text{kg/s}]}{\dfrac{\pi}{4}(0.3[\text{m}])^2 \times 1{,}000[\text{kg/m}^3]} = 12.73[\text{m/s}]$

정답 ①

089 그림과 같이 지름이 300[mm]에서 200[mm]로 축소된 관으로 물이 흐르고 있는데, 이때 중량유량을 130[kg_f/s]로 하면 작은 관의 평균속도[m/s]는 얼마인가?

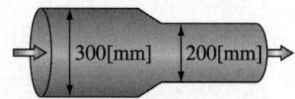

① 3.840   ② 4.140   ③ 6.240   ④ 18.3

해설 중량유량 $G = Au\gamma$

평균속도 $u = \dfrac{G}{A\gamma} = \dfrac{130[\text{kg}_\text{f}/\text{s}]}{\dfrac{\pi}{4}(0.2[\text{m}])^2 \times 1,000[\text{kg}_\text{f}/\text{m}^3]} = 4.14[\text{m/s}]$

정답 ②

090 안지름이 100[mm]인 파이프를 통하여 5[m/s]의 속도로 흐르는 물의 유량은 몇 [m³/min]인가?

① 23.56   ② 2.356   ③ 0.517   ④ 5.17

해설 $Q = uA = 5[\text{m/s}] \times 60[\text{s/min}] \times \dfrac{\pi}{4}(0.1[\text{m}])^2 = 2.356[\text{m}^3/\text{min}]$

정답 ②

091 내경 40[cm]인 관에 유속 0.5[m/s]로 물이 흐르고 있다면 유량(Q)[m³/s]은 얼마인가?

① 0.06   ② 0.6   ③ 1.5   ④ 16

해설 $Q = uA = u \times \dfrac{\pi}{4}D^2 = 0.5[\text{m/s}] \times \dfrac{\pi}{4}(0.4[\text{m}])^2 = 0.063[\text{m}^3/\text{s}]$

정답 ①

092 다음 그림과 같이 물이 단면 A에서 B로 흐르고 있다. A의 내경이 0.5[m]이고 평균 유속이 3[m/s]이다. B의 내경이 1[m]일 때 B의 유속은 몇 [m/s]인가?

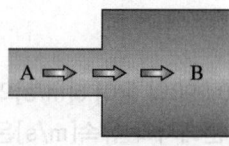

① 0.55   ② 0.75   ③ 0.95   ④ 1.05

해설 • $Q = u_1 A_1 = u_2 A_2$

$3[\text{m/s}] \times \dfrac{\pi}{4}(0.5[\text{m}])^2 = u_2 \times \dfrac{\pi}{4}(1[\text{m}])^2$

$u_2 = 0.75[\text{m/s}]$

• 비압축성 유체 : $\dfrac{u_2}{u_1} = \dfrac{A_1}{A_2} = \left(\dfrac{D_1}{D_2}\right)^2$

$u_2 = u_1 \left(\dfrac{D_1}{D_2}\right)^2 = 3[\text{m/s}] \times \left(\dfrac{0.5}{1}\right)^2 = 0.75[\text{m/s}]$

정답 ②

093 내경 20[cm]인 배관에 정상류로 흐르는 물의 동압은 0.1[kg_f/cm²]이었다. 이때 물의 유량[L/min]은? (단, 계산의 편의상 중력가속도는 10[m/s²], π의 값은 3, $\sqrt{20}$의 값은 4.5로 하며, 물의 밀도는 1[kg/L]이다)

① 2,400

② 6,300

③ 8,100

④ 9,800

해설
$$Q = uA = u \times \frac{\pi}{4}D^2 = 4.5[\text{m/s}] \times \frac{3}{4}(0.2[\text{m}])^2 = 0.135[\text{m}^3/\text{s}]$$
$$= 0.135 \times 10^3[\text{L/s}] \times 60[\text{s/min}] = 8,100[\text{L/min}]$$
(여기서, $u = \sqrt{2gH} = \sqrt{2 \times 10[\text{m/s}^2] \times 1[\text{m}]} = 4.5[\text{m/s}](0.1[\text{kg}_f/\text{cm}^2] = 1[\text{mH}_2\text{O}])$)

정답 ③

094 정상류에서 유체의 유속은?

① 관의 단면적에 비례

② 관의 지름에 비례

③ 관의 지름에 반비례

④ 관의 지름의 제곱에 반비례

해설
$$\frac{u_2}{u_1} = \frac{A_1}{A_2} = \left(\frac{D_1}{D_2}\right)^2$$

정답 ④

095 안지름 25[cm]의 관에 비중이 0.998의 물이 5[m/s]의 유속으로 흐른다. 하류에서 파이프의 내경이 10[cm]로 축소되었다면 이 부분에서의 유속[m/s]은 얼마인가?

① 25.0

② 12.5

③ 3.125

④ 31.25

해설
$$\frac{u_2}{u_1} = \left(\frac{D_1}{D_2}\right)^2$$
$$u_2 = u_1 \times \left(\frac{D_1}{D_2}\right)^2 = 5[\text{m/s}] \times \left(\frac{0.25[\text{m}]}{0.1[\text{m}]}\right)^2 = 31.25[\text{m/s}]$$

정답 ④

096 다음 그림과 같이 유체가 흐르고 있는데 B지점의 유속[m/s]은 얼마인가?

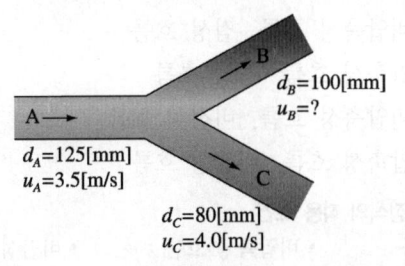

① 1.92   ② 2.92   ③ 3.92   ④ 4.92

> **해설**
> • A 지점에서의 유량(Q_A)
>
> $$Q_A = uA = 3.5[\text{m/s}] \times \frac{\pi}{4}(0.125[\text{m}])^2 = 0.04295[\text{m}^3/\text{s}]$$
>
> • C 지점에서의 유량(Q_C)
>
> $$Q_C = uA = 4.0[\text{m/s}] \times \frac{\pi}{4}(0.08[\text{m}])^2 = 0.02[\text{m}^3/\text{s}]$$
>
> • $Q_A = Q_B + Q_C$
>
> $$Q_B = Q_A - Q_C = 0.04295 - 0.02 = 0.02295[\text{m}^3/\text{s}]$$
> $$Q_B = u_B A_B$$
> $$\therefore u_B = \frac{Q_B}{A_B} = \frac{0.02295[\text{m}^3/\text{s}]}{\frac{\pi}{4}(0.1[\text{m}])^2} = 2.92[\text{m/s}]$$

정답 ②

097 다음 중 유선에 대한 설명으로 옳은 것은?

① 한 유체 입자가 일정한 기간 내에 움직여 간 경로를 말한다.
② 유동장의 모든 점에서 속도 벡터에 수직한 방향을 갖는 식이다.
③ 모든 유체 입자의 순간적인 부피를 말하며, 연소하는 물질의 체적 등을 말한다.
④ 유동장의 한 선상의 모든 점에서 그은 접선이 그 점에서 속도방향과 일치되는 선이다.

> **해설**   **유선** : 유동장의 한 선상의 모든 점에서 그은 접선이 그 점에서 속도방향과 일치되는 선

정답 ④

098 유체의 흐름에서 유적선이란 무엇인가?

① 한 유체 입자가 일정한 기간에 움직인 경로
② 모든 점에서 속도 벡터의 방향을 가지는 연속적인 선, 즉 유선과 일치한다.
③ 유동단면의 중심을 연결한 선
④ 유체 입자의 순간궤적

> **해설**   **유적선** : 한 유체의 입자가 일정한 기간에 움직인 경로

정답 ①

099 베르누이 방정식을 적용할 수 있는 조건만으로 구성된 항은 어느 것인가?

① 비정상 흐름, 비압축성 흐름, 점성 흐름

② 정상 흐름, 비압축성 흐름, 점성 흐름

③ 비정상 흐름, 비압축성 흐름, 비점성 흐름

④ 정상 흐름, 비압축성 흐름, 비점성 흐름

해설 베르누이 방정식의 적용 조건
- 정상 흐름
- 비압축성 흐름
- 비점성 흐름

정답 ④

100 베르누이 방정식 $\dfrac{u^2}{2g} + \dfrac{p}{\gamma} + Z = H$ 에서 각 항의 단위로서 옳은 것은?

① [m]　　② [kg·m/s]　　③ [dyne]　　④ [kg·m]

해설 수 두
- 속도수두 : $\dfrac{u^2}{2g}$[m]
- 압력수두 : $\dfrac{p}{\gamma}$[m]
- 위치수두 : Z[m]

정답 ①

101 베르누이의 식 $\dfrac{p}{\gamma} + \dfrac{u^2}{2g} + Z = C$ 에서 $\dfrac{u^2}{2g}$ 은 어떤 수두인가?

① 압력수두　　　　　　　② 속도수두

③ 위치수두　　　　　　　④ 중력수두

해설 속도수두 $= \dfrac{u^2}{2g}$, 압력수두 $= \dfrac{P}{\gamma}$, 위치수두 $= Z$

정답 ②

102 유효낙차가 150[m]이고, 수압관 내의 평균유속이 4[m/s]일 때 속도수두는 압력수두의 약 몇 [%]가 되는가?

① 0.35　　　　　　　　　② 0.44

③ 0.54　　　　　　　　　④ 4.4

해설
- 속도수두 $H = \dfrac{u^2}{2g} = \dfrac{(4[\text{m/s}])^2}{2 \times 9.8[\text{m/s}^2]} = 0.816[\text{m}]$

- 압력수두 $H = \dfrac{p}{\gamma} = \dfrac{\dfrac{150[\text{m}]}{10.332[\text{m}]} \times 101{,}325[\text{N/m}^2]}{9{,}800[\text{N/m}^3]} = 150[\text{m}]$

∴ $\dfrac{0.816[\text{m}]}{150[\text{m}]} \times 100 = 0.544[\%]$

정답 ③

103 베르누이 방정식이 아닌 것은?

① $\dfrac{dA}{A} + \dfrac{d\rho}{\rho} + \dfrac{dV}{V} = 0$

② $\dfrac{dp}{\gamma} + d\left(\dfrac{V^2}{2g}\right) + dZ = 0$

③ $\dfrac{p_1}{\gamma} + \dfrac{V_1^2}{2g} + Z_1 = \dfrac{p_2}{\gamma} + \dfrac{V_2^2}{2g} + Z_2$

④ $\dfrac{p}{\gamma} + \dfrac{V^2}{2g} + Z_1 = \text{const}.$

해설　① 연속방정식

정답　①

104 수면의 수직하부 H에 위치한 오리피스에서 유출하는 물의 속도 수두는 어떻게 표시되는가?
(단, 속도계수는 C_v이고, 오리피스에서 나온 직후의 유속은 $u = C_v\sqrt{2gH}$로 표시된다)

① $\dfrac{C_v}{H}$ 　　　　　　　　② $\dfrac{C_v^{\,2}}{H}$

③ $C_v^{\,2}H$ 　　　　　　　　④ $C_v H$

해설　베르누이 방정식

$$\dfrac{u_1^2}{2g} + \dfrac{p_1}{\gamma_1} + Z_1 = \dfrac{u_2^2}{2g} + \dfrac{p_2}{\gamma_2} + Z_2$$

$p_1 = p_2$, u_1은 무시한다.

$$\dfrac{u_2^2}{2g} = Z_1 - Z_2 = H$$

$$\therefore \ H = \dfrac{u_2^2}{2g} = \dfrac{\left(C_v\sqrt{2gH}\right)^2}{2g} = \dfrac{C_v^{\,2} \times 2gH}{2g} = C_v^{\,2}H$$

정답　③

105 물이 흐르는 파이프 안에 A점은 직경이 2[m], 압력은 2[kg$_f$/cm^2], 속도 2[m/s]이다. A점보다 2[m] 위에 있는 B점은 직경이 1[m], 압력 1[kg$_f$/cm^2]이다. 이때 물은 어느 방향으로 흐르는가?

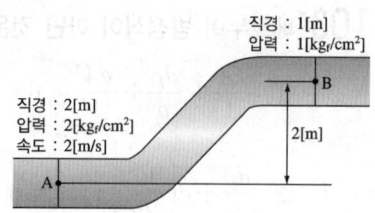

① B에서 A로 흐른다.　　② A에서 B로 흐른다.

③ 흐르지 않는다.　　　　④ 알 수 없다.

해설 • B점의 속도

$$\frac{u_B}{u_A} = \left(\frac{D_A}{D_B}\right)^2, \quad u_B = u_A\left(\frac{D_A}{D_B}\right)^2 = 2 \times \left(\frac{2}{1}\right)^2 = 8[\text{m/s}]$$

• A점에서의 에너지(전 에너지)

$$= \frac{u^2}{2g} + \frac{p}{\gamma} + Z = \frac{(2[\text{m/s}])^2}{2 \times 9.8[\text{m/s}^2]} + \frac{\dfrac{2[\text{kg}_f/\text{cm}^2]}{1.0332[\text{kg}_f/\text{cm}^2]} \times 101,325[\text{N/m}^2]}{9,800[\text{N/m}^3]} = 20.21[\text{m}]$$

• B점에서의 에너지(전 에너지)

$$= \frac{u^2}{2g} + \frac{p}{\gamma} + Z = \frac{(8[\text{m/s}])^2}{2 \times 9.8[\text{m/s}^2]} + \frac{\dfrac{1[\text{kg}_f/\text{cm}^2]}{1.0332[\text{kg}_f/\text{cm}^2]} \times 101,325[\text{N/m}^2]}{9,800[\text{N/m}^3]} + 2[\text{m}] = 15.27[\text{m}]$$

∴ A점의 에너지가 B점에서의 에너지보다 크므로 유체는 A에서 B로 흐른다.

정답 ②

106 다음 그림과 같이 탱크의 측면에서 설치된 노즐에서 물이 유출되고 있다. 노즐에서의 총손실수두는 $\dfrac{3u^2}{2g}$ 이다. 노즐로 유출되는 물의 유속 [m/s]은 얼마인가?

① 2.69　　　　　　② 4.90

③ 8.07　　　　　　④ 10.75

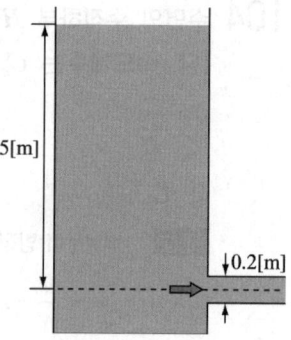

해설 베르누이 방정식

$$\frac{u_1^2}{2g} + \frac{p_1}{\gamma} + Z_1 = \frac{u_2^2}{2g} + \frac{p_2}{\gamma} + Z_2 + h_L = H$$

$u_1 = 0, \ p_1 = p_2 = 0, \ Z_1 = Z_2$이므로

$$\frac{u^2}{2g} + \frac{3u^2}{2g} = 5 - \frac{0.2}{2}$$

$$\frac{4u^2}{2g} = 4.9$$

$$\therefore \ u = \sqrt{\frac{2 \times 9.8 \times 4.9}{4}} = 4.9[\text{m/s}]$$

정답 ②

107 내경이 100[mm]의 수평배관 내로 물이 흐르고 있는데 이때 압력이 3[kg_f/cm²]이고 이때 전수두는 39[m]이다. 배관 내를 흐르는 물의 유속[m/s]은 얼마인가?

① 27.65

② 13.28

③ 15.4

④ 1.328

해설 베르누이 방정식

$$\frac{u^2}{2g} + \frac{p}{\gamma} + Z = H$$

$$\frac{u^2}{2 \times 9.8[\text{m/s}^2]} + \frac{\dfrac{3[\text{kg}_\text{f}/\text{cm}^2]}{1.0332[\text{kg}_\text{f}/\text{cm}^2]} \times 101,325[\text{N/m}^2]}{9,800[\text{N/m}^3]} = 39[\text{m}]$$

$$\therefore u = 13.28[\text{m/s}]$$

정답 ②

108 내경 100[mm]인 배관에 정상류의 물이 매분 900[L]의 유량으로 흐르고 있다면 속도수두는 몇 [m]인가?

① 1.9

② 1.3

③ 0.186

④ 0.05

해설
$$\text{속도수두} = \frac{u^2}{2g} = \frac{(1.91[\text{m/s}])^2}{2 \times 9.8[\text{m/s}^2]} = 0.186[\text{m}]$$

$$(\text{여기서, } u = \frac{Q}{A} = \frac{0.9[\text{m}^3]/60[\text{s}]}{\frac{\pi}{4}(0.1[\text{m}])^2} = 1.91[\text{m/s}])$$

정답 ③

109 내경 100[mm]의 수평배관 내로 물이 5[m/s]의 속도로 흐르고 있다. 배관 내에 작용하는 압력은 2.5[kg_f/cm²]이다. 이 배관 내의 전수두[mH₂O]는 얼마인가?

① 24.28

② 25.28

③ 26.28

④ 27.28

해설 베르누이 방정식에 따르면 다음과 같다.

• 속도수두 $= \dfrac{u^2}{2g} = \dfrac{(5[\text{m/s}])^2}{2 \times 9.8[\text{m/s}^2]} = 1.28[\text{m}]$

• 압력수두 $= \dfrac{p}{\gamma} = \dfrac{\dfrac{2.5[\text{kg}_\text{f}/\text{cm}^2]}{1.0332[\text{kg}_\text{f}/\text{cm}^2]} \times 101,325[\text{N/m}^2]}{9,800[\text{N/m}^3]} = 25.0[\text{m}]$

∴ 전수두 = 속도수두 + 압력수두 = 1.28[m] + 25[m] = 26.28[m]

정답 ③

110 베르누이 방정식을 실제기체에 적용시키려면?

① 실제유체에는 적용이 불가능하다.

② 베르누이 방정식의 위치수두를 수정해야 한다.

③ 손실수두의 항을 삽입시키면 된다.

④ 베르누이 방정식은 이상유체와 실제유체에 같이 적용된다.

해설 베르누이 방정식을 실제기체에 적용시키려면 손실수두의 항을 삽입시키면 된다.

정답 ③

111 2개의 가벼운 공이 천장에 매달려 있다. 공 사이로 공기를 불어 넣으면 2개의 공은 어떻게 되겠는가?

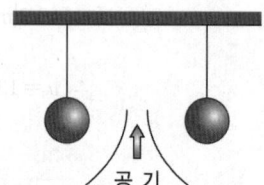

① 뉴턴의 법칙에 따라 벌어진다.

② 뉴턴의 법칙에 따라 달라붙는다.

③ 베르누이의 법칙에 따라 벌어진다.

④ 베르누이의 법칙에 따라 달라붙는다.

해설 베르누이의 법칙에 따르면 압력수두, 속도수두, 위치수두의 합은 일정하므로 2개의 공 사이에 속도가 증가하면 압력은 감소하여 2개의 공은 달라붙는다.

정답 ④

112 오일러 방정식을 유도하는 데 관계가 없는 가정은?

① 정상 유동할 때   ② 유선따라 입자가 운동할 때

③ 유체의 마찰이 없을 때   ④ 비압축성 유체일 때

해설 오일러 방정식의 유도 조건
- 정상 유동할 때
- 유선따라 입자가 운동할 때
- 유체의 마찰이 없을 때

정답 ④

113 단면 A를 흐르는 유체속도를 변수 u라 하며, 이때 미소 단면적을 dA라고 할 경우 운동량 보정계수(β)를 나타내는 식은 어느 것인가?

① $\beta = \dfrac{1}{AV^3}\displaystyle\int_A u^3 dA$

② $\beta = \dfrac{1}{A^3V^3}\displaystyle\int_A u^2 dA$

③ $\beta = \dfrac{1}{AV^2}\displaystyle\int_A u^2 dA$

④ $\beta = \dfrac{1}{A^2V^2}\displaystyle\int_A u^2 dA$

해설
- 운동량 보정계수 : $\beta = \dfrac{1}{AV^2}\displaystyle\int_A u^2 dA$
- 운동에너지 보정계수 : $a = \dfrac{1}{AV^3}\displaystyle\int_A u^3 dA$

정답 ③

114 유속 4.9[m/s]의 속도로 소방호스의 노즐로부터 물이 방사되고 있을 때 피토관인 흡입구를 Vena Contracta 위치에 갖다 대었다고 하자. 이때 피토관의 수직부에 나타나는 수주의 높이는 몇 [m]인가?(단, 중력가속도는 9.8[m/s²]이다)

① 1.225

② 1.767

③ 2.687

④ 3.696

해설 $u = \sqrt{2gH}$ (여기서, H : 수주의 높이)

$$H = \frac{u^2}{2g} = \frac{(4.9[\mathrm{m/s}])^2}{2 \times 9.8[\mathrm{m/s^2}]} = 1.225[\mathrm{m}]$$

정답 ①

115 지름이 75[mm]이고 수정계수가 0.96인 노즐이 지름이 200[mm]인 관에 부착되어 물을 분출시키고 있다. 200[mm]관의 수두가 8.4[m]일 때 노즐출구에서의 유속[m/s]은?

① 4.26

② 10.8

③ 12.3

④ 24.5

해설 유속 $u = C_v \sqrt{2gH} = 0.96 \times \sqrt{2 \times 9.8[\mathrm{m/s^2}] \times 8.4[\mathrm{m}]} = 12.31[\mathrm{m/s}]$

정답 ③

116 그림과 같이 큰 수조에서 관을 통하여 물을 분출시킬 때 관에 의한 수두손실이 1.50[m]라면 물의 분출속도는 몇 [m/s]인가?

① 8.85

② 11.3

③ 12.5

④ 14.7

해설 $u = \sqrt{2gH} = \sqrt{2 \times 9.8[\mathrm{m/s^2}] \times (8-1.5)[\mathrm{m}]} = 11.29[\mathrm{m/s}]$

정답 ②

117 다음 그림과 같이 물탱크 밑부분으로 물이 흐르고 있다. 이 구멍으로 유출되는 물의 유속[m/s]은 얼마인가?

① 5.0

② 8.8

③ 14.0

④ 15.2

해설 유속 $u = \sqrt{2gH} = \sqrt{2 \times 9.8[\mathrm{m/s^2}] \times 10[\mathrm{m}]} = 14[\mathrm{m/s}]$

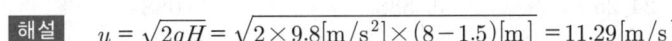

정답 ③

118 다음 그림과 같이 물탱크에 수면으로부터 6[m]되는 지점에서 직경 15[cm]가 되는 노즐을 부착하였을 경우 출구속도와 유량을 계산하면?

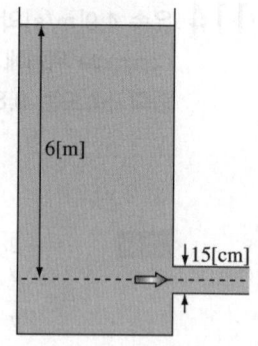

① 10.84[m/s], 0.766[m³/s]

② 7.67[m/s], 0.766[m³/s]

③ 10.84[m/s], 0.192[m³/s]

④ 7.67[m/s], 0.192[m³/s]

해설
- 유속 : $u = \sqrt{2gH} = \sqrt{2 \times 9.8[\text{m/s}^2] \times 6[\text{m}]} = 10.84[\text{m/s}]$
- 유량 : $Q = uA = 10.84[\text{m/s}] \times \dfrac{\pi}{4}(0.15[\text{m}])^2 = 0.192[\text{m}^3/\text{s}]$

정답 ③

119 다음 그림에서 유속 V(물의 흐름)[m/s]는 얼마인가?(단, 기름의 비중은 0.8이다)

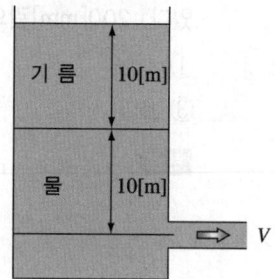

① 19.8　　　　　　　② 18.8

③ 39.6　　　　　　　④ 39.8

해설
- 기름이 받는 압력과 같은 압력의 물의 깊이(h_e)

  $0.8 \times 9,800[\text{N/m}^3] \times 10[\text{m}] = 1 \times 9,800[\text{N/m}^3] \times h_e$

  $h_e = 8[\text{m}]$
- 전체깊이 $H = 8[\text{m}] + 10[\text{m}] = 18[\text{m}]$

  $\therefore u = \sqrt{2gH} = \sqrt{2 \times 9.8[\text{m/s}^2] \times 18[\text{m}]} = 18.78[\text{m/s}]$

정답 ②

120 지상 30[m]의 창문으로부터 구조대용 유도로프의 모래주머니를 자연낙하시켰을 때 지상에 도착할 때의 속도는 몇 [m/s]인가?

① 14.25　　　　　② 24.25　　　　　③ 588　　　　　④ 688

해설　속도 $u = \sqrt{2gH} = \sqrt{2 \times 9.8[\text{m/s}^2] \times 30[\text{m}]} = 24.25[\text{m/s}]$

정답 ②

121 물이 노즐을 통해서 대기로 방출한다. 노즐입구에서의 압력이 계기압력으로 $P[\text{kg}_f/\text{cm}^2]$라면 방출속도는 몇 [m/s]인가?(단, 마찰손실은 전혀없고 속도수두는 무시하며, 중력가속도는 9.8[m/s²]이다)

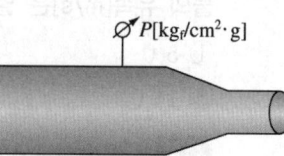

① $19.6P$　　　　　　　② $19.6\sqrt{P}$

③ $14P$　　　　　　　④ $14\sqrt{P}$

해설
$u = \sqrt{2gH}$

$H = P[\text{kg}_f/\text{cm}^2] \div 1.0332[\text{kg}_f/\text{cm}^2] \times 10.332[\text{m}] = 10P[\text{m}]$

$\therefore u = \sqrt{2 \times 9.8[\text{m/s}^2] \times 10P[\text{m}]} = (\sqrt{196} \times \sqrt{P})[\text{m/s}] = 14\sqrt{P}[\text{m/s}]$

정답 ④

122 흐르는 물속에 피토관을 삽입하여 압력을 측정하였더니 전압이 200[kPa], 정압이 100[kPa]이었다. 이 위치에서 유속은 몇 [m/s]인가?(단, 물의 밀도는 1,000[kg/m³]이다)

① 14.1   ② 10
③ 3.16   ④ 1.02

해설
$$u = \sqrt{2gH} = \sqrt{2 \times 9.8[\text{m/s}^2] \times \left(\frac{(200-100)[\text{kPa}]}{101.325[\text{kPa}]} \times 10.332[\text{m}]\right)} = 14.1[\text{m/s}]$$

정답 ①

123 관 내를 흐르는 공기의 유속을 측정하기 위해 피토관을 설치하여 마노미터의 높이가 0.05[mHg]이었다. 공기의 유속[m/s]은 얼마인가?(단, 공기의 비중량은 1.20[kgf/m³]이다)

① 95.4   ② 105.4   ③ 85.4   ④ 100.4

해설 $u = \sqrt{2gH}$ 공식에서 H는 [m]로 환산해서 공식에 대입해야 하므로 높이를 단위환산해야 한다.
$$H = \frac{0.05[\text{mHg}]}{0.76[\text{mHg}]} \times 1.0332[\text{kgf/cm}^2] \times 10^4[\text{cm}^2/\text{m}^2] \div 1.2[\text{kgf/m}^3] = 566.4[\text{m}]$$
$$\therefore \ u = \sqrt{2gH} = \sqrt{2 \times 9.8[\text{m/s}^2] \times 566.4[\text{m}]} = 105.4[\text{m/s}]$$

정답 ②

124 피토관(Pitot Tube)으로 물의 속도를 측정하였더니 수주의 지시차가 10[cm]이었다. 이때 물의 속도 [m/s]는 얼마인가?(단, 피토관의 측정계수 $C = 0.99$임)

① 1.386   ② 2.587   ③ 3.256   ④ 4.467

해설 $u = C\sqrt{2gH} = 0.99 \times \sqrt{2 \times 9.8[\text{m/s}^2] \times 0.1[\text{m}]} = 1.386[\text{m/s}]$

정답 ①

125 오리피스 헤드가 6[m]이고 실제 물의 유출속도가 9.7[m/s]일 때 손실수두[m]는?

① 0.6   ② 1.2   ③ 1.3   ④ 2.4

해설 $H = \dfrac{u^2}{2g} = \dfrac{(9.7[\text{m/s}])^2}{2 \times 9.8[\text{m/s}^2]} = 4.8[\text{m}]$
$\therefore$ 손실수두 $H = 6[\text{m}] - 4.8[\text{m}] = 1.2[\text{m}]$

정답 ②

126 수압기는 다음 어느 정리를 응용한 것인가?

① 토리첼리의 정리   ② 베르누이의 정리
③ 아르키메데스의 정리   ④ 파스칼의 정리

해설 **수압기** : 파스칼(Pascal)의 원리 이용

정답 ④

127 피스톤 A_2의 반지름이 A_1의 반지름의 2배일 때 힘 F_1과 F_2 사이의 관계가 옳은 것은 어느 것인가?

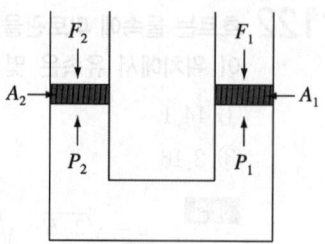

① $F_1 = 2F_2$

② $F_1 = 4F_2$

③ $F_2 = 2F_1$

④ $F_2 = 4F_1$

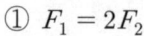 Pascal의 원리에서 피스톤 A_1의 반지름을 r_1, 피스톤 A_2의 반지름을 r_2라 하면

$$\frac{F_1}{A_1} = \frac{F_2}{A_2}, \quad \frac{F_1}{F_2} = \frac{A_1}{A_2} = \frac{\pi r_1^2}{\pi r_2^2} = \left(\frac{1}{2}\right)^2 = \frac{1}{4} \qquad \therefore \ F_2 = 4F_1$$

정답 ④

128 두 피스톤의 지름이 각각 25[cm]와 5[cm]이다. 큰 피스톤(25[cm])을 1[cm]만큼 움직이면 작은 피스톤(5[cm])은 몇 [cm]를 움직이겠는가?(단, 누설량과 압축은 무시한다)

① 15

② 20

③ 25

④ 5

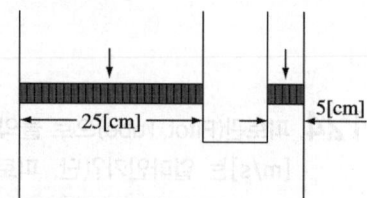

해설 $A_1 l_1 = A_2 l_2$

• l_1 : 큰 피스톤이 움직인 거리

• l_2 : 작은 피스톤이 움직인 거리

$$\therefore \ l_2 = l_1 \times \frac{A_1}{A_2} = 1[\text{cm}] \times \frac{\frac{\pi}{4} \times (25[\text{cm}])^2}{\frac{\pi}{4} \times (5[\text{cm}])^2} = 25[\text{cm}]$$

정답 ③

129 표면장력의 차원은 다음 중 어느 것인가?

① $[\text{FL}]$

② $[\text{FL}^{-1}]$

③ $[\text{FL}^{-2}]$

④ $[\text{FL}^{-3}]$

해설 표면장력의 단위는 $[\text{dyne/cm}]$, $[\text{N/m}]$ 등으로 차원은 $[\text{FL}^{-1}]$이다.

정답 ②

130 이상기체 상태방정식 $PV = nRT$에서 기체상수 R의 계수로서 맞는 것은?(단, R의 단위는 [J/kg-mol · K]이다)

① 8.2056×10^{-2}

② 8.3143×10^3

③ 8.3143

④ 8.2056

해설 **기체상수(R)의 값**

Plus one **기체상수 R**

- 0.08205[L · atm/g-mol · K]
- 0.08205[m^3 · atm/kg-mol · K]
- 1.987[cal/g-mol · K]
- 0.7302[atm · ft^3/lb-mol · R]
- 848.4[kg · m/kg-mol · K]
- 8.314×10^7[erg/g-mol · K]

여기서, 8.314×10^7[erg/g-mol · K]의 R을 단위 환산하면 1[J] = 10^7[erg]이 된다.

∴ 8.314×10^7[erg/g-mol · K] ÷ $10^7 \times 1,000 = 8.314 \times 10^3$[J/kg-mol · K]

정답 ②

131 이산화탄소소화약제가 대기 중으로 1.5[kg] 방출되었다. 대기의 온도가 25[℃]일 경우, 방출된 이산화탄소의 체적[L]은 얼마인가?

① 783

② 813

③ 833

④ 863

해설 **이상기체 상태방정식**

$$PV = nRT = \frac{W}{M}RT$$

여기서, P : 압력[atm] V : 부피[L]

W : 무게(1,500[g]) M : 분자량(CO_2 = 44)

T : 절대온도(273 + [℃] = [K]) R : 기체상수(0.08205[L · atm/g-mol · K])

∴ $V = \dfrac{WRT}{PM} = \dfrac{1,500 \times 0.08205 \times (273 + 25)}{1 \times 44} = 833.5$[L]

정답 ③

132 압력 8[kg_f/cm^2], 온도 20[℃]의 CO_2기체 8[kg]을 수용한 용기의 체적[m^3]은 얼마인가?(단, CO_2의 기체상수 R = 19.26[kg_f · m/kg · K])

① 0.34

② 0.56

③ 2.4

④ 19.3

해설 $PV = WRT$

∴ $V = \dfrac{WRT}{P} = \dfrac{8[kg] \times 19.26[kg_f \cdot m/kg \cdot K] \times (273 + 20)[K]}{8 \times 10^4[kg_f/m^2]} = 0.564[m^3]$

정답 ②

133 질소 3[kg]이 25[℃]에서 0.6[m³]의 용기에 들어있다. 이때 압력[Pa]은 얼마인가?(단, R = 296[J/kg · K])

① 440,040
② 441,040
③ 442,040
④ 443,040

> **해설** 보일-샤를의 법칙에서 완전기체식은 다음과 같다.
>
> $$P = \rho RT, \quad \frac{P}{\rho} = RT, \quad \frac{P}{\dfrac{W}{V}} = RT, \quad PV = WRT$$
>
> $$\therefore \ P = \frac{WRT}{V} = \frac{3[\text{kg}] \times 296[\text{N} \cdot \text{m/kg} \cdot \text{K}] \times 298[\text{K}]}{0.6[\text{m}^3]} = 441,040[\text{N/m}^2] = 441,040[\text{Pa}]$$
>
> **Plus one** 일의 단위
>
> - $[\text{J}] = [\text{N} \cdot \text{m}] = \left[\text{kg} \cdot \dfrac{\text{m}}{\text{s}^2} \times \text{m} \right] = [\text{kg} \cdot \text{m}^2/\text{s}^2]$
> - $\text{erg} = [\text{dyne} \cdot \text{cm}] = \left[\text{g} \cdot \dfrac{\text{cm}}{\text{s}^2} \times \text{cm} \right] = [\text{g} \cdot \text{cm}^2/\text{s}^2]$

정답 ②

134 1기압, 0[℃]에서의 공기밀도를 알고 있다. 자동차 타이어 속에 들어 있는 공기의 밀도를 알고자 하면 이 공기에 대한 어떤 물리량을 측정해야 하는가?

① 부피와 압력
② 부피와 온도
③ 압력과 온도
④ 질량과 압력

> **해설** $PV = \dfrac{W}{M}RT, \quad PM = \dfrac{W}{V}RT \left(\rho = \dfrac{W}{V} \right), \quad \rho = \dfrac{PM}{RT}$

정답 ③

135 이상기체 상태방정식에 포함되어 있는 기체상수와 관계가 없는 것은?

① 보일-샤를의 법칙을 만족한다.
② 1[kg]의 기체를 1[K]만큼 정압 가열했을 때 기체의 팽창에 따른 일의 양을 뜻한다.
③ 절대온도에 반비례하고 절대압력과 비체적에 비례한다.
④ 돌턴의 분압법칙을 만족한다.

> **해설** $V_s = \dfrac{1}{\rho} = \dfrac{1}{\dfrac{W}{V}} = \dfrac{V}{W}, \quad R = \dfrac{PVM}{WT}$
>
> - 기체상수(R)은 압력과 비체적에 비례, 절대온도에 반비례한다.
> - 기체상수는 돌턴의 분압법칙과 무관하다.

정답 ④

136 이상기체의 성질을 틀리게 나타낸 그래프는?

① 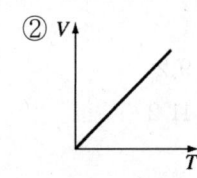   ② 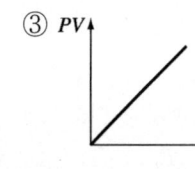   ③ 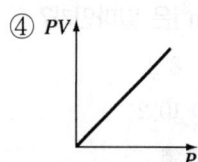   ④ PV↑ /⟍ P

해설 이상기체의 법칙

- 보일의 법칙(Boyle's Law)

  기체의 부피는 온도가 일정할 때 압력에 반비례한다.

$$T=일정, \quad PV=k$$

- 샤를의 법칙(Charle's Law)

  압력이 일정할 때 기체가 차지하는 부피는 절대온도에 비례한다.

$$P=일정, \quad \frac{V_1}{T_1}=\frac{V_2}{T_2}=k$$

- 보일-샤를의 법칙

  기체가 차지하는 부피는 압력에 반비례하고 절대온도에 비례한다.

$$\frac{P_1 V_1}{T_1}=\frac{P_2 V_2}{T_2}=k, \quad V_2=V_1\times\frac{P_1}{P_2}\times\frac{T_2}{T_1}$$

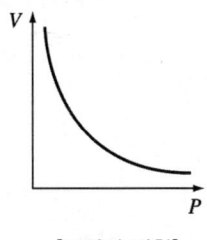   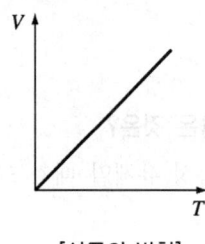   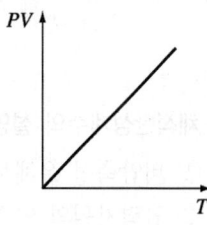

[보일의 법칙]   [샤를의 법칙]   [보일-샤를의 법칙]

정답 ④

137 25[℃], 4[L], 1[atm]의 공기를 같은 압력하에서 325[℃]로 하였을 때 부피는 몇 [L]인가?

① 4

② 8

③ 12

④ 16

해설 보일-샤를의 법칙

$$V_2 = V_1 \times \frac{P_1}{P_2} \times \frac{T_2}{T_1} = 4[L] \times \frac{1[atm]}{1[atm]} \times \frac{(273+325)[K]}{(273+25)[K]} = 8[L]$$

정답 ②

138 이산화탄소의 온도가 30[℃], 730[mmHg]에서 체적이 15[m³]일 때, 55[℃], 1.76[kg_f/cm²]에서의 체적 [m³]은 얼마인가?

① 8.2

② 9.2

③ 10.2

④ 11.2

해설

$$V_2 = V_1 \times \frac{P_1}{P_2} \times \frac{T_2}{T_1}$$

여기서, $P_2 = \frac{1.76[\mathrm{kg_f/cm^2}]}{1.0332[\mathrm{kg_f/cm^2}]} \times 760[\mathrm{mmHg}] = 1,295[\mathrm{mmHg}]$ 이다.

$$\therefore \ V_2 = 15[\mathrm{m^3}] \times \frac{730[\mathrm{mmHg}]}{1,295[\mathrm{mmHg}]} \times \frac{(273+55)[\mathrm{K}]}{(273+30)[\mathrm{K}]} = 9.2[\mathrm{m^3}]$$

정답 ②

139 유체에 대한 설명 중 부적합한 것은?

① 작은 전단력에도 저항하지 못하고 쉽게 변형한다.

② 유체에 작용하는 압력은 절대압력과 계기압력으로 구분할 수 있다.

③ 일반적으로 액체의 체적탄성계수는 압력이 일정할 때 온도의 증가에 따라 직선적으로 증가한다.

④ 유체가 정지상태에 있을때는 전단력을 받지 않는다.

해설 액체의 **체적탄성계수**는 **압력**에 따라 **증가**한다.

정답 ③

140 체적탄성계수의 설명으로 옳은 것은?

① 비압축성 유체보다 압축성 유체일 때가 크다.

② 압력차원의 역수이다.

③ 압력에 따라 증가한다.

④ 온도와 무관하다.

해설 체적탄성계수는 등온변화일 때 $K = P$, 단열변화일 때 $K = kP$이므로, 압력에 따라 증가하고 비압축성 유체일수록 체적탄성계수는 크다.

정답 ③

141 체적탄성계수와 차원이 같은 것은?

① 체 적

② 힘

③ 압 력

④ 레이놀즈수

해설 체적탄성계수 $K = -\dfrac{\Delta P}{\Delta V/V}$

$\Delta V/V$는 무차원으로 체적탄성계수의 단위는 압력 단위와 같다.

정답 ③

142 이상기체를 등온압축시킬 때 체적탄성계수는?(단, P : 절대압력, k : 비열비, V : 비체적)

① P ② V

③ kP ④ kV

해설   체적탄성계수
- 등온변화 : $K = P$
- 단열변화 : $K = kP$(여기서, k : 비열비)

정답 ①

143 압력이 P 일 때 체적 V 인 유체에 압력을 ΔP 만큼 증가시켰을 때 체적이 ΔV 만큼 감소되었다면 이 유체의 체적탄성계수(K)는 어떻게 표현할 수 있는가?

① $K = -\dfrac{\Delta V}{\Delta P/\Delta V}$

② $K = -\dfrac{\Delta P}{\Delta V/V}$

③ $K = -\dfrac{\Delta P}{\Delta P/V}$

④ $K = -\dfrac{V}{\Delta V/P}$

해설   체적탄성계수

$$K = -\frac{\Delta P}{\Delta V/V}$$

여기서, $\Delta V/V$는 무차원이므로 K는 압력 단위와 같다.

- 압축률 : $\beta = \dfrac{1}{K}$ • 등온변화 : $K = P$
- 단열변화 : $K = kP$(여기서, k : 비열비)

정답 ②

144 온도 20[℃], 압력 5[kg$_f$/cm^2 · abs]의 질소 10[m^3]을 등온압축하여 체적이 5[m^3]가 되었을 때 압축 후의 체적탄성계수[kg$_f$/cm^2]는 얼마인가?

① 2   ② 5

③ 10   ④ 20

해설 $P_2 = P_1 \times \dfrac{V_1}{V_2} = 5[\text{kg}_f/\text{cm}^2] \times \dfrac{10[\text{m}^3]}{5[\text{m}^3]} = 10[\text{kg}_f/\text{cm}^2]$

∴ 등온변화 시 체적탄성계수 $K = P$이므로 압축 후의 체적탄성계수도 $10[\text{kg}_f/\text{cm}^2]$이다.

정답 ③

145 상온, 상압의 물의 체적을 1[%] 축소시키는 데 요하는 압력은 몇 [kg$_f$/cm^2]인가?(단, 압축률의 값은 4.75×10^{-5}[cm^2/kg$_f$]이다)

① 200　　　　　　　　　　　　　　② 211

③ 2,100　　　　　　　　　　　　　④ 2,000

해설　압축률 : $\beta = \dfrac{1}{K}$

$K = \dfrac{1}{\beta} = \dfrac{1}{4.75 \times 10^{-5}} = 21,052.6 [\text{kg}_f/\text{cm}^2]$

$\therefore \Delta P = K\left(-\dfrac{\Delta V}{V}\right)$

여기서, $-\dfrac{\Delta V}{V} = 0.01$

$\Delta P = K\left(-\dfrac{\Delta V}{V}\right) = 21,052.6 \times 0.01 = 210.5 [\text{kg}_f/\text{cm}^2]$

정답 ②

146 체적탄성계수 $K = 2.086 \times 10^4$[kg$_f$/cm^2]의 기름을 상온에서 체적을 $\dfrac{1}{100}$로 압축하는 데 필요한 압력은 몇 [kg$_f$/cm^2]인가?

① 2.08×10^6　　　　　　　　　② 2.086×10^3

③ 2.086×10^2　　　　　　　　④ 2.086×10

해설　$K = -\dfrac{\Delta P}{\Delta V/V}$

$\Delta P = K\left(-\dfrac{\Delta V}{V}\right)$

여기서, $-\dfrac{\Delta V}{V} = 0.01$

$\Delta P = K\left(-\dfrac{\Delta V}{V}\right) = 2.086 \times 10^4 \times 0.01 = 2.086 \times 10^2 [\text{kg}_f/\text{cm}^2]$

정답 ③

147 배관 속의 물에 압력을 가했더니 물의 체적이 0.5[%] 감소하였다. 이때 가해진 압력[kg$_f$/cm^2]은 얼마인가?(단, 물의 압축률은 50×10^{-6}[cm^2/kg$_f$]이다)

① 100　　　　　　　　　　　　　　② 980

③ 10,000　　　　　　　　　　　　④ 9,800

해설　$K = -\dfrac{\Delta P}{\Delta V/V}$, 압축률 $\beta = \dfrac{1}{K}$

$\dfrac{1}{\beta} = -\dfrac{\Delta P}{\Delta V/V}$

$\Delta P = \dfrac{1}{\beta} \times -\Delta V/V = \dfrac{0.005}{50 \times 10^{-6}[\text{cm}^2/\text{kg}_f]} = 100 [\text{kg}_f/\text{cm}^2]$

정답 ①

148 상온, 상압의 물의 부피를 2[%] 압축하는 데 필요한 압력은 몇 [kg$_f$/cm^2]인가?(단, 상온, 상압 시의 물의 압축률은 4.75×10^{-5}[cm^2/kg$_f$])

① 198　　　　　　　　　　　　② 210

③ 396　　　　　　　　　　　　④ 421

해설　압축률 $\beta = \dfrac{1}{K}$ (여기서, K : 체적탄성계수)

$$K = \frac{1}{\beta} = \frac{1}{4.75 \times 10^{-5}} = 21{,}052.6 [\text{kg}_f/\text{cm}^2]$$

$$\therefore \; \Delta P = -K\frac{\Delta V}{V} = -21{,}052.6 \times (-0.02) = 421 [\text{kg}_f/\text{cm}^2]$$

정답 ④

149 열은 에너지의 한 형태로서 기계적 일이 열로, 열이 기계적인 일로 변화할 수 있는 바, 열량 Q는 JQ만한 기계적인 일과 동등하고, $J = 4.185$[kJ/kcal]인데 이 J를 무엇이라고 하는가?

① 열 량　　　　　　　　　　　② 열의 일당량

③ 내부에너지 증가량　　　　　　④ 에너지 변환량

해설　$Q = JQ$만한 기계적인 일(여기서, J : 열의 일당량 = 4.185[kJ/kcal])

정답 ②

150 수력구배선(H.G.L.)이란?

① 에너지선 E.L보다 위에 있어야 한다.

② 항상 수평이 된다.

③ 위치수두와 속도수두의 합을 나타내며 주로 에너지선 밑에 위치한다.

④ 위치수두와 압력수두와의 합을 나타내며 주로 에너지선보다 아래에 위치한다.

해설　수력구배선(Hydraulic Grade Line)은 항상 에너지선보다 속도수두 $\left(\dfrac{u^2}{2g}\right)$ 만큼 아래에 위치한다.

$$\text{수력구배선} = \frac{p}{\gamma} + Z$$

정답 ④

151 탄산가스 5[kg]을 일정한 압력하에 10[℃]에서 50[℃]까지 가열하는 데 필요한 열량[kcal]은?(이때 정압비열은 0.19[kcal/kg · ℃]이다)

① 9.5　　　　　　　　　　　　② 38

③ 47.4　　　　　　　　　　　　④ 58

해설　$Q = m C_p \Delta t$

　　　$= 5[\text{kg}] \times 0.19[\text{kcal/kg} \cdot ℃] \times (50-10)[℃] = 38[\text{kcal}]$

정답 ②

152 공기 1[kg]을 정적과정으로 40[℃]에서 120[℃]까지 가열하고 다음에 정압과정으로 120[℃]에서 220[℃]까지 가열한다면 전체 가열에 필요한 열량은 몇 [kJ]인가?(단, C_v : 0.71[kJ/kg·℃], C_p : 1.00[kJ/kg·℃]이다)

① 156

② 151.0

③ 127.8

④ 180.0

해설
• 정적과정에서의 열량
$Q_1 = mc_v\Delta t = 1[\text{kg}] \times 0.71[\text{kJ/kg·℃}] \times (120-40)[\text{℃}] = 56.8[\text{kJ}]$
• 정압과정에서의 열량
$Q_2 = mc_p\Delta t = 1[\text{kg}] \times 1[\text{kJ/kg·℃}] \times (220-120)[\text{℃}] = 100[\text{kJ}]$
∴ 전체 열량 $Q = Q_1 + Q_2 = 56.8 + 100 = 156.8[\text{kJ}]$

정답 ①

153 배관 내를 흐르는 유체의 마찰손실에 대한 설명 중 옳은 것은?

① 유속과 관 길이에 비례하고 지름에 반비례한다.

② 유속의 제곱과 관 길이에 비례하고 지름에 반비례한다.

③ 유속의 제곱근과 관 길이에 비례하고 지름에 반비례한다.

④ 유속의 제곱과 관 길이에 비례하고 지름의 제곱근에 반비례한다.

해설 Darcy-Weisbach 식

$$H = \frac{\Delta p}{\gamma} = \frac{flu^2}{2gD}$$

마찰손실은 유속의 제곱과 배관의 길이에 비례하고 지름에 반비례한다.

정답 ②

154 정상상태의 관유동에서 압력강하(ΔP)는 속도 V, 관 직경 D, 관 길이 L, 마찰계수 f, 유체의 밀도 ρ, 비중량 γ과 어떤 식으로 표시되는가?

① $\rho f \dfrac{L}{D} \dfrac{V^2}{2}$

② $\rho f \dfrac{D}{L} \dfrac{V^2}{2}$

③ $\gamma f \dfrac{L}{D} \dfrac{V^2}{2}$

④ $\gamma f \dfrac{D}{L} \dfrac{V^2}{2}$

해설 $H = \dfrac{\Delta P}{\gamma} = \dfrac{fLV^2}{2gD}$ 에서 $\Delta P = \dfrac{fLV^2 \cdot \gamma}{2gD} = \dfrac{fLV^2 \cdot \rho g}{2gD} = \dfrac{fLV^2 \cdot \rho}{2D} \, (\gamma = \rho g)$

정답 ①

155 0.02[m³/s]의 유량으로 직경 50[cm]인 주철관 속을 기름이 흐르고 있다. 길이 1,000[m]에 대한 손실수두는 몇 [m]인가?(기름의 점성계수 0.0105[kg$_f$ · s/m²], 비중 0.9)

① 0.15
② 0.3
③ 0.45
④ 0.5

해설 손실수두

$$H = \frac{flu^2}{2gD}$$

• 유속 $u = \dfrac{Q}{A} = \dfrac{0.02[\mathrm{m^3/s}]}{\dfrac{\pi}{4} \times (0.5[\mathrm{m}])^2} = 0.102[\mathrm{m/s}]$

• 관마찰계수(f)

$Re = \dfrac{Du\rho}{\mu} = \dfrac{0.5[\mathrm{m}] \times 0.102[\mathrm{m/s}] \times 0.9 \times 102[\mathrm{kg_f} \cdot \mathrm{s^2/m^4}]}{0.0105[\mathrm{kg_f} \cdot \mathrm{s/m^2}]} = 446$

$f = \dfrac{64}{Re} = \dfrac{64}{446} = 0.143$

∴ $H = \dfrac{flu^2}{2gD} = \dfrac{0.143 \times 1,000[\mathrm{m}] \times (0.102[\mathrm{m/s}])^2}{2 \times 9.8[\mathrm{m/s^2}] \times 0.5[\mathrm{m}]} = 0.152[\mathrm{m}]$

정답 ①

156 안지름이 305[mm], 길이가 500[m]인 주철관을 통하여 유속 2.5[m/s]로 흐를 때 압력수두손실은 몇 [m]인가?(단, 관마찰계수 f는 0.03이다)

① 5.47
② 13.6
③ 15.7
④ 30

해설 Darcy–Weisbach 식

$H = \dfrac{flu^2}{2gD} = \dfrac{0.03 \times 500[\mathrm{m}] \times (2.5[\mathrm{m/s}])^2}{2 \times 9.8[\mathrm{m/s^2}] \times 0.305[\mathrm{m}]} = 15.68[\mathrm{m}]$

정답 ③

157 관경 400[mm]의 원관으로 100[m] 떨어진 곳에 물을 수송하려고 한다. 2시간에 300[m³]의 물을 보내는 데 얼마의 압력[kgf/cm²]이 필요한가?(단, 관마찰계수는 0.02이다)

① 2.778×10^{-3}

② 2.778×10^{-4}

③ 2.778×10^{-2}

④ 27.78

해설 ・ 연속방정식

$Q = uA$

$u = \dfrac{Q}{A} = \dfrac{300[\text{m}^3]/7,200[\text{s}]}{\dfrac{\pi}{4} \times (0.4[\text{m}])^2} = 0.33[\text{m/s}]$

・ Darcy-Weisbach 식

$H = \dfrac{\Delta P}{\gamma} = \dfrac{flu^2}{2gD}$

$\Delta P = \dfrac{flu^2\gamma}{2gD} = \dfrac{0.02 \times 100[\text{m}] \times (0.33[\text{m/s}])^2 \times 1,000[\text{kg}_f/\text{m}^3]}{2 \times 9.8[\text{m/s}^2] \times 0.4[\text{m}]} = 27.78[\text{kg}_f/\text{m}^2]$

$= 0.002778[\text{kg}_f/\text{cm}^2]$

정답 ①

---

158 지름 10[cm], 길이 100[m]인 수평원관 속을 10[L/s]의 유량으로 기름($\nu = 1 \times 10^{-4}[\text{m}^2/\text{s}]$, $\rho = 0.8$)을 수송하기 위해서는 관 입구와 관 출구 사이에 얼마의 압력차[kgf/m²]를 주면 되는가?

① 3,292

② 1,027

③ 6,731

④ 10,591

해설 Darcy-Weisbach 식

$$H = \dfrac{\Delta P}{\gamma} = \dfrac{flu^2}{2gD} \qquad \therefore \ \Delta P = \dfrac{flu^2\gamma}{2gD}$$

・ 유속 $u = \dfrac{Q}{A} = \dfrac{0.01[\text{m}^3/\text{s}]}{\dfrac{\pi}{4}(0.1[\text{m}])^2} = 1.27[\text{m/s}]$

・ $Re = \dfrac{Du}{\nu} = \dfrac{0.1[\text{m}] \times 1.27[\text{m/s}]}{1 \times 10^{-4}[\text{m}^2/\text{s}]} = 1,270$

・ 관마찰계수 : 층류이므로 $f = \dfrac{64}{Re} = \dfrac{64}{1,270} = 0.05$

$\therefore \ \Delta P = \dfrac{0.05 \times 100[\text{m}] \times (1.27[\text{m/s}])^2 \times 0.8 \times 1,000[\text{kg}_f/\text{m}^3]}{2 \times 9.8[\text{m/s}^2] \times 0.1[\text{m}]} = 3,292[\text{kg}_f/\text{m}^2]$

정답 ①

159 유체의 흐름에서 층류에 대한 설명 중 틀린 것은?

① 유체 입자가 질서정연하게 층과 층이 미끄러지면서 흐르는 흐름이다.

② Reynolds 수가 4,000 이상인 유체의 흐름이다.

③ 관 내의 속도 분포가 정상포물선을 이룬다.

④ 평균 유속은 최대 유속의 약 1/2이다.

해설
- 층류는 Re 수가 2,100 이하이다.
- **난류는 Re 수가 4,000 이상**이다.

정답 ②

160 내경 40[mm]인 관 속의 유속 10[cm/s]이고 동점도가 0.01[cm²/s]인 유체가 흐를 때 Re 수는 얼마인가?

① 1,000   ② 2,000   ③ 3,000   ④ 4,000

해설 레이놀즈수

$$Re = \frac{Du}{\nu}$$

여기서, D : 내경[cm] u : 유속[m/s] ν : 동점도[cm²/s]

$$\therefore Re = \frac{Du}{\nu} = \frac{4[\text{cm}] \times 10[\text{cm/s}]}{0.01[\text{cm}^2/\text{s}]} = 4,000$$

정답 ④

161 20[℃]인 물이 직경 40[cm]인 관 속을 0.5[m³/s]로 흐르고 있을 때, 레이놀즈수는 얼마인가?(단, 20[℃]에서 물의 동점성계수는 $\nu = 1.2 \times 10^{-4}$[m²/s]이다)

① 13,000.5   ② 1,300.05   ③ 1,326.67   ④ 13,266.7

해설 $Q = uA$

$$u = \frac{Q}{A} = \frac{0.5[\text{m}^3/\text{s}]}{\frac{\pi}{4}(0.4[\text{m}])^2} = 3.98[\text{m/s}]$$

$$\therefore Re = \frac{Du}{\nu} = \frac{0.4[\text{m}] \times 3.98[\text{m/s}]}{1.2 \times 10^{-4}[\text{m}^2/\text{s}]} = 13,266.7$$

정답 ④

162 내경 100[mm]의 관 속을 유속 5[m/s], 동점도가 10[stokes]인 유체가 흐를 때 이때 흐름의 종류는?

① 층 류   ② 임계영역   ③ 난 류   ④ Plug Flow

해설 $Re = \dfrac{Du}{\nu} = \dfrac{10[\text{cm}] \times 500[\text{cm/s}]}{10[\text{cm}^2/\text{s}]} = 500$ (층류)

$$[\text{stokes}] = [\text{cm}^2/\text{s}]$$

정답 ①

163 관 속의 흐름에 대하여 레이놀즈수를 Q, d 및 ν의 함수로 표시하면 다음 중 어느 것인가?

① $N_R = \dfrac{Q}{4\pi d\nu}$ ② $N_R = \dfrac{4Q}{\pi d\nu}$

③ $N_R = \dfrac{dQ}{4\pi\nu}$ ④ $N_R = \dfrac{\pi d\nu}{4Q}$

> **해설** $Re = \dfrac{du}{\nu}\left(\text{여기서, } u = \dfrac{Q}{A} = \dfrac{Q}{\dfrac{\pi}{4}d^2} = \dfrac{4Q}{\pi d^2}\right)$
>
> $\qquad = \dfrac{d \times \dfrac{4Q}{\pi d^2}}{\nu} = \dfrac{4Qd}{\pi d^2 \nu} = \dfrac{4Q}{\pi d\nu}$

정답 ②

164 레이놀즈수에 대한 설명으로 타당한 것은?

① 등속류와 비등속류를 구별해주는 척도가 된다.
② 정상류와 비정상류를 구별하는 기준이 된다.
③ 층류와 난류를 구별하는 척도가 된다.
④ 이상유체와 실제유체의 차이를 구별해주는 기준이 된다.

> **해설** 레이놀즈수 : 층류와 난류를 구분하는 척도

레이놀즈수	$Re \leq 2,100$	$2,100 < Re < 4,000$	$Re \geq 4,000$
유체의 흐름	층 류	천이영역(임계영역)	난 류

정답 ③

165 다음 상임계 레이놀즈수를 옳게 설명한 것은?

① 난류에서 층류로 변할 때의 임계속도
② 층류에서 난류로 변할 때의 임계속도
③ 난류에서 층류로 변할 때의 레이놀즈수
④ 층류에서 난류로 변할 때의 레이놀즈수

> **해설** 레이놀즈수
> • 상임계 레이놀즈수 : 층류에서 난류로 변할 때의 레이놀즈수($Re = 4,000$)
> • 하임계 레이놀즈수 : 난류에서 층류로 변할 때의 레이놀즈수($Re = 2,100$)

정답 ④

166 직경 5[cm]의 원관에 10[℃] 물이 평균속도 0.6[m/s]로 흐르고 있다. 레이놀즈수를 구하고, 층류, 난류를 판별하면?(10[℃]일 때 물의 동점성계수는 0.013065[stokes]이다)

① 1,967(층류)   ② 1,967(난류)   ③ 22,962(층류)   ④ 22,962(난류)

> **해설** $Re = \dfrac{Du}{\nu} = \dfrac{5[\text{cm}] \times 60[\text{cm/s}]}{0.013065[\text{cm}^2/\text{s}]} = 22,962\,(\text{난류})$

정답 ④

167 $\nu = 1 \times 10^{-3}$[m²/s]인 물이 직경 20[cm]인 관 내를 임계유속으로 흐르고 있을 때 최대유속[m/s]은 얼마인가?

① 0.15   ② 1.05   ③ 10.5   ④ 1.95

해설 $Re = \dfrac{Du}{\nu}$ (임계유속은 Re가 2,100일 때이다)

$u = \dfrac{Re \times \nu}{D} = \dfrac{2,100 \times 1 \times 10^{-3}}{0.2} = 10.5[\text{m/s}]$

정답 ③

168 내경이 10[cm]의 원관 내를 비중이 0.9, 점도가 50[cP]의 비압축성 유체가 3.50[kg/s]의 유속으로 흐를 때 유체의 유속을 측정하기 위해 관 입구에서 얼마나 떨어져서 유량계를 설치해야 하는가?

① 1.96[m]   ② 2.96[m]   ③ 3.96[m]   ④ 4.46[m]

해설 $\dot{m} = Au\rho$

$u = \dfrac{\dot{m}}{A\rho} = \dfrac{3.5[\text{kg/s}]}{\dfrac{\pi}{4}(0.1[\text{m}])^2 \times 0.9 \times 1,000[\text{kg/m}^3]} = 0.495[\text{m/s}]$

$Re = \dfrac{Du\rho}{\mu} = \dfrac{10[\text{cm}] \times 49.5[\text{cm/s}] \times 0.9[\text{g/cm}^3]}{50 \times 0.01[\text{g/cm} \cdot \text{s}]} = 891$ (층류)

∴ 층류 $L_t = 0.05Re \cdot D = 0.05 \times 891 \times 10[\text{cm}] = 446[\text{cm}] = 4.46[\text{m}]$

정답 ④

169 밀도가 0.9[g/cm³], 점도 1[cP]인 비압축성 유체가 매초 5[cm]의 유속으로 원관 내를 통할 때 마찰계수가 0.04이 되는 원관의 내경[cm]은 얼마인가?(단, 이 흐름은 층류이다)

① 0.889   ② 3.56   ③ 35.6   ④ 889

해설 $f = \dfrac{64}{Re}$, $Re = \dfrac{64}{f} = \dfrac{64}{0.04} = 1,600$

$Re = \dfrac{Du\rho}{\mu}$, $1,600 = \dfrac{D \times 5[\text{cm/s}] \times 0.9[\text{g/cm}^3]}{0.01[\text{g/cm} \cdot \text{s}]}$

∴ $D = 3.56[\text{cm}]$

정답 ②

170 동점성계수가 1.15×10^{-6}[m²/s]인 물이 30[mm] 지름인 원관 속을 흐르고 있다. 층류가 기대될 수 있는 최대유량[m³/s]을 계산하면 얼마인가?

① 4.69×10^{-5} ② 5.69×10^{-5}
③ 4.69×10^{-7} ④ 5.69×10^{-7}

해설 $Re = \dfrac{Du}{\nu}$ (임계유속일 때 $Re = 2,100$)

$u = Re\dfrac{\nu}{D} = \dfrac{2,100 \times 1.15 \times 10^{-6}[\text{m}^2/\text{s}]}{0.03[\text{m}]} = 8.05 \times 10^{-2}[\text{m/s}]$

∴ $Q = uA = 8.05 \times 10^{-2}[\text{m/s}] \times \dfrac{\pi}{4}(0.03[\text{m}])^2 = 5.69 \times 10^{-5}[\text{m}^3/\text{s}]$

정답 ②

171 지름 4[cm]인 매끈한 원관에 물(동점성계수 $\nu = 1.15 \times 10^{-6}[\text{m}^2/\text{s}]$)이 2[m/s]의 속도로 흐르고 있다. 길이 50[m]에 대한 손실수두[m]는 얼마인가?

① 4.97

② 6.8

③ 8.7

④ 10.1

해설

$Re = \dfrac{Du}{\nu} = \dfrac{0.04[\text{m}] \times 2[\text{m/s}]}{1.15 \times 10^{-6}[\text{m}^2/\text{s}]} = 69,565.2$

Re가 4,000 이상이므로 난류이다.

이때 브라시우스 공식에 의해 f는 다음과 같다.

$f = 0.3164 Re^{-\frac{1}{4}} = 0.3164(69,565.2)^{-\frac{1}{4}} = 0.01948$

∴ 손실수두 $H = \dfrac{flu^2}{2gD} = \dfrac{0.01948 \times 50 \times 2^2}{2 \times 9.8 \times 0.04} = 4.97[\text{m}]$

정답 ①

172 비중 0.86, $\mu = 0.27$[poise]인 기름이 안지름 45[cm]의 파이프를 통하여 0.3[m³/s]의 유량으로 흐를 때의 레이놀즈수는 얼마인가?

① 19,038

② 21,123

③ 23,032

④ 27,033

해설

레이놀즈수 $Re = \dfrac{Du\rho}{\mu}$

• 점도 $\mu = 0.27$[poise] $= 0.27$[g/cm · s] $= 0.027$[kg/m · s]

• 내경 $D = 0.45$[m]

• 유속 $u = \dfrac{Q}{A} = \dfrac{0.3[\text{m}^3/\text{s}]}{\dfrac{\pi}{4}(0.45[\text{m}])^2} = 1.886$[m/s]

• 밀도 $\rho = 0.86$[g/cm³] $= 860$[kg/m³]

∴ $Re = \dfrac{0.45[\text{m}] \times 1.886[\text{m/s}] \times 860[\text{kg/m}^3]}{0.027[\text{kg/m · s}]} = 27,033$

정답 ④

173 직경 40[mm]인 관에서 $Re = 10,000$일 때, 직경이 80[mm]인 관에서 Re수는 얼마인가?(단, 모든 마찰손실은 무시한다)

① 5,000

② 40,000

③ 20,000

④ 50,000

해설

$Re_2 = Re_1 \times \dfrac{D_1}{D_2} = 10,000 \times \dfrac{40}{80} = 5,000$

정답 ①

174 내경 20[mm]인 관 내를 0.5[m/s]의 유속으로 물이 흐르고 있을 때 배관 1[m]당 압력 강하[kg$_f$/m²]는 얼마인가?(단, 물의 점도 : 1[cP], 마찰계수 : 0.020이다)

① 1.276 　　　　② 12.76 　　　　③ 127.6 　　　　④ 1,276

해설　다르시 – 바이스바흐 식

$$H = \frac{\Delta P}{\gamma} = \frac{flu^2}{2gD}$$

$$\therefore \ \Delta P = \frac{flu^2\gamma}{2gD} = \frac{0.02 \times 1[\text{m}] \times (0.5[\text{m/s}])^2 \times 1,000[\text{kg}_f/\text{m}^3]}{2 \times 9.8[\text{m/s}^2] \times 0.02[\text{m}]} = 12.76[\text{kg}_f/\text{m}^2]$$

정답 ②

175 원관 속을 액체가 층류로 흐를 때 최대 속도는 평균속도의 몇 배가 되는가?

① 같다. 　　　　② 2배 　　　　③ $\frac{2}{3}$ 배 　　　　④ $\frac{1}{2}$ 배

해설　층류일 때 : $u = 0.5u_{\text{max}}$

$$\therefore \ u_{\text{max}} = \frac{1}{0.5}u$$

정답 ②

176 원관 내를 중심유속이 50[m/s]이고 유체가 층류로 흐를 때 평균유속[m/s]은 얼마인가?

① 25 　　　　② 35 　　　　③ 45 　　　　④ 100

해설　층류 $u = 0.5u_{\text{max}} = 0.5 \times 50[\text{m/s}] = 25[\text{m/s}]$

정답 ①

177 온도 64[℃], 압력 50[kPa]인 산소가 지름 10[cm]인 관 속을 흐르고 있다. 하임계 레이놀즈수가 2,100일 때 층류로 흐를 수 있는 최대유량은 약 몇 [m³/s]인가?(단, 산소의 점성계수는 $\mu = 23.16 \times 10^{-6}$[kg/m·s]라 한다)

① 6.7×10^{-1} 　　② 6.7×10^{-2} 　　③ 6.7×10^{-3} 　　④ 6.7×10^{-4}

해설　• 밀도를 구하여 유속에 대입한다.

$$\rho = \frac{PM}{RT} = \frac{(50/101.325 \times 1[\text{atm}]) \times 32}{0.08025 \times (273 + 64)} = 0.571[\text{kg/m}^3]$$

• 레이놀즈수가 2,100일 때 유속은 다음과 같다.

$$Re(2,100) = \frac{Du\rho}{\mu}$$

$$u = \frac{2,100 \times \mu}{D\rho} = \frac{2,100 \times 23.16 \times 10^{-6}}{0.1 \times 0.571} = 0.8518[\text{m/s}]$$

$$\therefore \ Q = uA = u \times \frac{\pi}{4}D^2 = 0.8518 \times \frac{\pi}{4}(0.1[\text{m}])^2 = 6.69 \times 10^{-3}[\text{m}^3/\text{s}]$$

정답 ③

178 직경 5[cm]의 원관에 20[℃] 물이 흐르는데 층류로 흐를 수 있는 최대 유량에 제일 가까운 것은?(단, 20[℃] 물의 동점성계수는 $1.0064 \times 10^{-6}[m^2/s]$임)

① 1.25[L/분]　　② 2.55[L/분]　　③ 4.95[L/분]　　④ 5.55[L/분]

해설
$$Re(2,100) = \frac{Du}{\nu} = \frac{0.05[m] \times u}{1.0064 \times 10^{-6}[m^2/s]}$$

$$u = 0.042[m/s]$$

$$\therefore \ Q = uA = 0.042[m/s] \times \frac{\pi}{4}(0.05[m])^2 = 8.25 \times 10^{-5}[m^3/s]$$

$[m^3/s]$를 [L/min]으로 환산하면 다음과 같다.

$$8.25 \times 10^{-5}[m^3/s] \times 1,000[L/m^3] \times 60[s/min] = 4.95[L/min]$$

정답 ③

179 수평원관 내를 유체가 층류 흐름으로 흐를 경우 유량은?

① 직경의 4제곱에 비례한다.　　　② 관의 길이에 비례한다.

③ 압력 강하에 반비례한다.　　　④ 점도의 비례한다.

해설
유량 $Q = \dfrac{\Delta P \pi d^4}{128 \mu l}$

정답 ①

180 지름이 1[cm]인 원관에 어떤 액체가 흐르고 있다. 이때 레이놀즈수가 1,600이고 손실수두가 100[m]당 20[m]이었다. 유량은 몇 $[cm^3/s]$인가?

① 32.7　　　　② 77.8　　　　③ 46.8　　　　④ 26.8

해설
$Re = 1,600$은 층류이므로 $f = \dfrac{64}{1,600} = 0.04$이다.

Darcy-Weisbach 식을 이용해 유속을 구하면 다음과 같다.

$$H = \frac{flu^2}{2gD}$$

$$20 = \frac{0.04 \times 100[m] \times u^2}{2 \times 9.8[m/s^2] \times 0.01[m]}$$

$$u = 0.99[m/s]$$

$$\therefore \ Q = uA = 0.99[m/s] \times \frac{\pi}{4}(0.01[m])^2 = 7.78 \times 10^{-5}[m^3/s] = 77.8[cm^3/s]$$

정답 ②

181 유체가 난류로 흐를 때 마찰손실을 구하는 식은 어느 것인가?

① Darcy-Weisbach 식　　　　② Hagen-Poiseuille 식

③ Bernoulli 식　　　　　　　④ Fanning 식

해설
• Hagen-Poiseuille 식 : 층류일 때 마찰손실을 구하는 식
• Fanning 식 : 난류일 때 마찰손실을 구하는 식

정답 ④

182 관 내에서 유체가 흐를 경우 유체의 흐름이 빨라 난류로 되면 수두손실은?

① 난류의 수두손실은 대략 속도의 제곱에 비례한다.

② 난류의 수두손실은 대략 속도의 제곱에 반비례한다.

③ 난류의 수두손실은 대략 속도에 비례한다.

④ 난류의 수두손실은 대략 속도에 반비례한다.

> 해설   난류일 때 손실수두는 Fanning 공식을 이용한다.
> $H = \dfrac{2flu^2}{gD}$ 으로서 손실수두는 속도의 제곱에 비례한다.

정답 ①

183 파이프 내의 흐름에 있어서 마찰계수(f)에 대한 설명으로 옳은 것은?

① f는 파이프의 조도와 레이놀즈수에 관계가 있다.

② f는 파이프 내의 조도에는 전혀 관계가 없고 압력에만 관계있다.

③ 레이놀즈에는 전혀 관계없고 조도에만 관계있다.

④ 레이놀즈수와 마찰손실수두에 의하여 결정된다.

> 해설   관 내의 마찰계수(f)는 조도와 레이놀즈수에 관계가 있다.
> • 층류 : 관마찰계수는 상대조도와 무관하여 레이놀즈수만의 함수이다.
> • 임계영역 : 관마찰계수는 상대조도와 레이놀즈수의 함수이다.
> • 난류 : 관마찰계수는 상대조도와 무관하다.

정답 ①

184 완전 층류구역에서 관마찰계수(f)는?

① 단지 레이놀즈수의 함수이다.   ② 단지 상대조도의 함수이다.

③ 프루드수와 레이놀즈수의 함수이다.   ④ 프루드수와 상대조도의 함수이다.

> 해설   층류 영역에서 관마찰계수는 레이놀즈수만의 함수이다.
> $f = \dfrac{64}{Re}$

정답 ①

185 원관에서 유체가 층류로 흐를 때 속도분포는?

① 전단면에서 일정하다.

② 관 벽에서 0이고, 중심까지 선형적으로 증가한다.

③ 관 중심에서 0이고, 관 벽까지 직선적으로 증가한다.

④ 2차포물선으로 관 벽에서 속도는 0이고, 관 중심에서 속도는 최대속도이다.

> 해설   **속도분포식** : $u = u_{max}\left[1 - \left(\dfrac{r}{r_o}\right)^2\right]$

정답 ④

186 내경이 10[cm], 비중 0.9인 유체가 Plug Flow로 흐를 때 유체의 관 중심에서의 속도가 40[cm/s]라면 관 벽에서 2[cm] 떨어진 곳의 국부속도[cm/s]는 얼마인가?

① 13.6　　　　② 25.6　　　　③ 33.6　　　　④ 43.6

해설　속도분포식

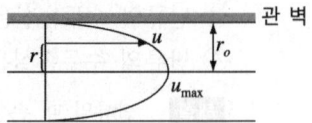

$$u = u_{\max}\left[1 - \left(\frac{r}{r_o}\right)^2\right]$$

(여기서, $u_{\max}$: 중심유속, r : 중심에서의 거리,
　　　　r_o : 중심에서 벽까지의 반경)

$$\therefore\ u = 40\left[1 - \left(\frac{5-2}{5}\right)^2\right] = 25.6[\text{cm/s}]$$

정답 ②

187 게이트밸브($K = 10$)와 Tee($K = 2.0$)이 부착되어 있는 내경 4[cm]의 관 속을 물이 흐르고 있을 때 이때 관의 상당길이는 몇 [m]인가?(단, 마찰계수 $f = 0.04$)

① 1.2　　　　② 12　　　　③ 1.0　　　　④ 10

해설　관의 상당길이

$$L_e = \frac{Kd}{f} = \frac{(10 + 2.0) \times 0.04[\text{m}]}{0.04} = 12[\text{m}]$$

정답 ②

188 항력에 관한 설명 중 틀린 것은 어느 것인가?

① 항력계수는 무차원수이다.
② 물체가 받는 항력은 마찰저항과 압력항력이 있다.
③ 항력은 유체의 밀도에 비례한다.
④ 항력은 유속에 비례한다.

해설　항력 $D = C\dfrac{Au^2\rho}{2g}$ (여기서, C : 항력계수)

∴ 항력은 유속의 제곱에 비례한다.

정답 ④

189 다음 중 수력반지름을 올바르게 나타낸 것은?

① 접수길이를 면적으로 나눈 것　　② 면적을 접수길이의 제곱으로 나눈 것
③ 면적의 제곱근　　　　　　　　　④ 면적을 접수길이로 나눈 것

해설　수력반지름(R_h)

$$R_h = \frac{A}{l}$$

여기서, A : 면적　　　l : 접수길이

정답 ④

190 내경이 d, 외경이 D인 동심 2중관에 액체가 가득 차 흐를 때 수력반지름 R_h는?

① $\dfrac{1}{6}(D-d)$ ② $\dfrac{1}{6}(D+d)$ ③ $\dfrac{1}{4}(D-d)$ ④ $\dfrac{1}{4}(D+d)$

해설

$$수력반지름(R_h) = \frac{단면적}{접수길이} = \frac{\dfrac{\pi D^2}{4} - \dfrac{\pi d^2}{4}}{(\pi D + \pi d)}$$

$$= \frac{\dfrac{\pi}{4}(D^2 - d^2)}{\pi(D+d)} = \frac{\pi(D^2 - d^2)}{4\pi(D+d)} = \frac{\pi(D-d)(D+d)}{4\pi(D+d)} = \frac{1}{4}(D-d)$$

정답 ③

191 다음의 무차원수 중 압축력과 관성력의 비로 표시되는 수는 무엇인가?

① 코시수(Cauchy Number)   ② 프란틀수(Prandtl Number)
③ 오일러수(Euler Number)   ④ 레이놀즈수(Reynolds Number)

해설   **오일러수** : 압축력/관성력(무차원수 참고)

정답 ③

192 지름이 d인 원 관의 수력반지름(Hydraulic Radius)은 얼마인가?

① $4d$ ② $\dfrac{d}{4}$ ③ $2d$ ④ $\dfrac{d}{2}$

해설   **원관일 때 수력반지름** : $R_h = \dfrac{d}{4}$

정답 ②

193 원관 유동에서 중요한 무차원수는 다음 중 어느 것인가?

① 레이놀즈수   ② 프루드수
③ 오일러수   ④ 코시수

해설   원관 유동에서 중요한 무차원수는 관성력과 점성력의 비로 표시되는 레이놀즈수이다.

정답 ①

194 유체가 어떤 힘으로 관 내를 흐르고 있는가?

① 중력과 관성력   ② 중력과 점성력
③ 점성력과 관성력   ④ 관성력과 부력

해설   레이놀즈수(관성력과 점성력)에 의하여 유체가 흐른다.

정답 ③

195 다음 그림과 같이 마노미터 읽음이 40[cm]일 때의 압력차(ΔP) [kgf/cm²]는 얼마인가?(단, 수은의 비중은 13.6이고, 물의 비중은 1이다)

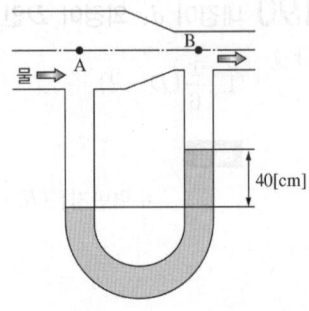

① 5.04

② 0.594

③ 0.504

④ 5.94

해설 　U자관 Manometer 압력 측정

$$\Delta P = \frac{g}{g_c} R(\gamma_A^{'} - \gamma_B)$$

$\Delta P = 0.4[\text{m}] \times (13.6 - 1) \times 9,800[\text{N/m}^3] = 49,392[\text{N/m}^2] = 49,392[\text{Pa}]$

여기서 $[\text{N/m}^2] \rightarrow [\text{kg}_f/\text{m}^2]$로 환산하면 다음과 같다.

$\dfrac{49,392[\text{Pa}]}{101,325[\text{Pa}]} \times 1.0332[\text{kg}_f/\text{cm}^2] = 0.504[\text{kg}_f/\text{cm}^2]$

정답 ③

---

196 개방된 물통에 깊이 2[m]로 물이 들어 있고, 이 물위에 깊이 2[m]의 기름이 떠있다. 기름의 비중이 0.5일 때, 물통 밑바닥에서의 압력은 몇 [N/m²]인가?(단, 유체 상부면에 작용하는 대기압은 무시한다)

① 14,500

② 16,280

③ 29,400

④ 34,200

해설　$P = \gamma_1 h_1 + \gamma_2 h_2$
　　$= 9,800[\text{N/m}^3] \times 2[\text{m}] + 0.5 \times 9,800[\text{N/m}^3] \times 2[\text{m}] = 29,400[\text{N/m}^2]$

정답 ③

---

197 다음과 같이 관로의 유량을 측정하기 위하여 오리피스를 설치한다. 유량을 오리피스에서 생기는 압력차[kPa]에 의하여 계산하면 얼마인가?(단, 액주계 액체의 비중은 2.5, 흐르는 유체의 비중은 0.85, 마노미터 읽음은 400[mm]이다)

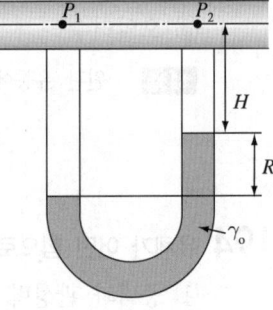

① 9.8

② 63.21

③ 6.47

④ 98.0

해설　$\Delta P = P_2 - P_1 = \frac{g}{g_c} R(\gamma_A - \gamma_B)$

　∴ $\Delta P = 0.4[\text{m}] \times (2.5 - 0.85) \times 9,800[\text{N/m}^3]$
　　　$= 6,468[\text{N/m}^2] = 6,468[\text{Pa}] = 6.47[\text{kPa}]$

정답 ③

198 그림과 같이 액주계에서 $\gamma_1 = 1,000[\text{kg}_\text{f}/\text{m}^3]$, $\gamma_2 = 13,600\ [\text{kg}_\text{f}/\text{m}^3]$이고 $h_1 = 500[\text{mm}]$, $h_2 = 800[\text{mm}]$일 때 관중심 A의 게이지압 [kPa]은 얼마인가?

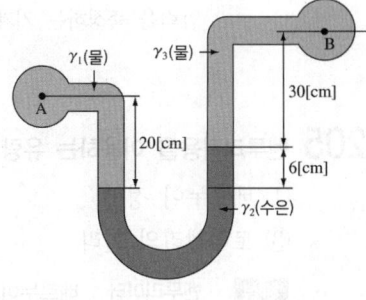

① 101.7   ② 109.6

③ 126.4   ④ 131.7

해설
$$P_A(\text{게이지압}) = \gamma_2 h_2 - \gamma_1 h_1$$
$$= 13.6[\text{g}_\text{f}/\text{cm}^3] \times 80[\text{cm}] - 1[\text{g}_\text{f}/\text{cm}^3] \times 50[\text{cm}] = 1,038[\text{g}_\text{f}/\text{cm}^2]$$
$[\text{g}_\text{f}/\text{cm}^2]$를 $[\text{kPa}]$로 환산하면 다음과 같다.
$$P_A = 1.038[\text{kg}_\text{f}/\text{cm}^2] \div 1.0332[\text{kg}_\text{f}/\text{cm}^2] \times 101.3[\text{kPa}] = 101.77[\text{kPa}]$$

정답 ①

199 Piezometer는 무엇을 측정하기 위한 것인가?

① 정지하고 있는 유체의 정압   ② 유동하고 있는 유체의 정압

③ 유동하고 있는 유체의 속도   ④ 정지하고 있는 유체의 속도

해설 **피에조미터, 정압관** : 유동하고 있는 유체의 정압을 측정

정답 ②

200 다음 그림과 같이 시차 액주계의 압력차(ΔP)$[\text{kg}_\text{f}/\text{cm}^2]$를 계산하면?

① 0.0916

② 0.916

③ 9.16

④ 91.6

해설
$$P_A + \gamma_1 h_1 = P_B + \gamma_2 h_2 + \gamma_3 h_3$$
$$P_A - P_B = \gamma_2 h_2 + \gamma_3 h_3 - \gamma_1 h_1$$
$$= (13.6 \times 1,000[\text{kg}_\text{f}/\text{m}^3] \times 0.06[\text{m}]) + (1 \times 1,000[\text{kg}_\text{f}/\text{m}^3] \times 0.3[\text{m}])$$
$$- (1 \times 1,000[\text{kg}_\text{f}/\text{m}^3] \times 0.2[\text{m}])$$
$$= 916[\text{kg}_\text{f}/\text{m}^2] = 0.0916[\text{kg}_\text{f}/\text{cm}^2]$$

정답 ①

201 피토 정압관(Pitot Static Tube)에서 측정되는 것은?

① 유동하고 있는 유체에 대한 정압과 동압의 차

② 유동하고 있는 유체에 대한 정압

③ 유동하고 있는 유체에 대한 동압

④ 유동하고 있는 유체에 대한 전압

해설 **피토 정압관** : 유동하고 있는 유체에 대한 동압 측정

정답 ③

202 피토-정압관은 무엇을 측정하는가?

① 정 압　　　　　② 동 압　　　　　③ 전 압　　　　　④ 전압과 동압의 차

해설　피토-정압관은 **동압**을 측정한다.

203 피토 - 정압관과 액주계를 이용하여 공기의 속도를 측정하였다. 비중이 1.0인 액주계의 차압은 10[mm]이고 공기비중량은 1.22[kg$_f$/m^3]이다. 공기의 속도는 몇 [m/s]인가?

① 2.1　　　　　② 12.7　　　　　③ 68.4　　　　　④ 160.2

해설

$$공기의\ 속도\ u = \sqrt{2gR\left(\frac{\gamma_0}{\gamma}-1\right)} = \sqrt{2\times 9.8\times 0.01\left(\frac{1,000}{1.22}-1\right)} = 12.67[m/s]$$

정답 ②

204 측정되는 압력에 의하여 생기는 금속의 탄성 변형을 기계적으로 확대 지시하여 유체의 압력을 재는 계기는?

① 마노미터(Manometer)　　　　　　② 시차액주계(Differential Manometer)
③ 부르동(Bourdon)관 압력계　　　　④ 기압계(Barometer)

해설　**부르동(Bourdon)관 압력계** : 측정되는 압력에 의해 생기는 금속의 탄성 변형을 기계적으로 지시하여 압력을 측정하는 기계

정답 ③

205 벤투리작용을 이용하는 유량계는 어떤 원리를 이용한 것인가?

① 베르누이 정리　　　　　　② 파스칼의 원리
③ 토리첼리의 원리　　　　　④ 아르키메데스의 원리

해설　**벤투리미터** : 베르누이 정리를 이용한 유량 측정장치

정답 ①

206 다음 보기 중에서 유량 측정과 관계가 없는 것은?

① 오리피스(Orifice)　　　　　② 벤투리(Venturi)미터
③ 피토(Pitot)관　　　　　　　④ 위어(Weir)

해설　**피토관** : 유속 측정

정답 ③

207 유량을 측정하는 장치가 아닌 것은?

① 오리피스　　　　② 위 어　　　　③ 벤투리미터　　　　④ 마노미터

해설　Manometer : **압력 측정**장치

정답 ④

208 유체의 국부속도를 측정하는 장치는?

① Orifice   ② Nozzle   ③ Pitot Tube   ④ Rotameter

> **해설**   Pitot Tube : 유체의 **국부속도** 측정

정답 ③

209 배관에 설치되어 있는 유량 측정장치 중 유량을 부자에 의해서 직접 눈으로 읽을 수 있는 장치는 어느 것인가?

① Orifice   ② Venturi Meter   ③ Nozzle   ④ Rotameter

> **해설**   Rotameter : 유량을 부자에 의해서 직접 눈으로 읽을 수 있는 장치

정답 ④

210 V-notch 위어를 통하여 흐르는 유량은?(단, H는 위어상봉으로부터 수면까지의 깊이이다)

① $H^{-\frac{1}{2}}$ 에 비례한다.   ② $H^{\frac{1}{2}}$ 에 비례한다.

③ $H^{\frac{3}{2}}$ 에 비례한다.   ④ $H^{\frac{5}{2}}$ 에 비례한다.

> **해설**   V-notch의 유량 : $Q = \dfrac{8}{15} C \sqrt{2g} \tan\dfrac{\theta}{2} H^{\frac{5}{2}}$

정답 ④

211 낙구식 점도계에서 측정되는 점성계수(μ)와 낙구의 속도(V)의 관계는?

① $\mu \propto V$ ② $\mu \propto V^2$ ③ $\mu \propto \dfrac{1}{V}$ ④ $\mu \propto \dfrac{1}{\sqrt{V}}$

> **해설**   **낙구식 점도계의 점성계수**
>
> $$점성계수 \quad \mu = \frac{d^2(\gamma_s - \gamma_l)}{18V}$$
>
> 여기서, d : 강구의 지름 γ_s : 강구의 비중량
> γ_l : 액체의 비중량 V : 낙하속도

정답 ③

212 낙구식 점도계는 어떤 법칙을 이론적 근거로 하는가?

① Stokes의 법칙   ② 열역학 제1법칙

③ Hagen-Poiseuille의 법칙   ④ Boyle의 법칙

> **해설**   **점도계**
> - 맥마이클(MacMichael) 점도계, **스토머(Stormer) 점도계** : **뉴턴(Newton)의 점성법칙**
> - 오스트발트(Ostwald) 점도계, 세이볼트(Saybolt) 점도계 : 하겐-포아젤 법칙
> - **낙구식 점도계 : 스토크스법칙**

정답 ①

213 뉴턴(Newton)의 점성법칙을 이용한 회전원통식 점도계는?

① 세이볼트(Saybolt) 점도계
② 오스트발트(Ostwald) 점도계
③ 레드우드(Redwood) 점도계
④ 스토머(Stormer) 점도계

해설 문제 212번 참조

정답 ④

214 스케줄 No.는 배관의 무엇을 나타내는 것인가?

① 배관의 길이
② 배관의 상태
③ 배관의 강도
④ 배관의 재질

해설 Schedule No.는 관의 강도를 나타내는 것이다.

정답 ③

215 스케줄 No.를 바르게 나타낸 것은?

① $Schedule\ No. = \dfrac{재료의\ 허용응력}{내부\ 작업압력} \times 1{,}000$

② $Schedule\ No. = \dfrac{내부\ 작업압력}{재료의\ 허용응력} \times 1{,}000$

③ $Schedule\ No. = \dfrac{재료의\ 허용응력}{내부\ 작업압력} \times 100$

④ $Schedule\ No. = \dfrac{내부\ 작업압력}{재료의\ 허용응력} \times 100$

해설 $Schedule\ No. = \dfrac{내부\ 작업압력[kg_f/cm^2]}{재료의\ 허용응력[kg_f/cm^2]} \times 1{,}000$

정답 ②

216 내부 작업압력이 20[kg$_f$/cm^2]이고 배관의 허용응력이 100[kg$_f$/cm^2]일 때 Schedule No.는 얼마인가?

① 50
② 100
③ 150
④ 200

해설 $Schedule\ No. = \dfrac{내부\ 작업압력}{재료의\ 허용응력} \times 1{,}000 = \dfrac{20}{100} \times 1{,}000 = 200$

정답 ④

217 다음은 스케줄수이다. 관이 가장 얇은 것은 어느 것인가?

① 50
② 100
③ 150
④ 200

해설 Schedule No.가 작을수록 관이 얇다.

정답 ①

218 다음 설명 중 배관의 지지 간격을 결정하는 조건이 아닌 것은?

① 배관 속을 흐르는 유체의 속도　　② 배관 속을 흐르는 유체의 압력
③ 접속하는 기기의 진동　　　　　　④ 사용하는 관의 자중

해설　배관 내의 유체의 속도는 배관의 지지 간격을 결정하는 요인이 아니다.

정답 ①

219 다음 중 2개의 관을 연결할 때 사용하지 않는 것은?

① Flange　　　　② Nipple　　　　③ Socket　　　　④ Reducer

해설　Reducer, Bushing : 관의 직경을 바꿀 때 사용

정답 ④

220 2개의 관을 연결할 때 회전하면서 연결하는 관 부속품이 아닌 것은?

① Nipple　　　　② Socket　　　　③ Flange　　　　④ Coupling

해설　두 개의 관을 고정하면서 연결할 때 : Flange, Union

> 배관을 회전하면서 연결할 때 : 니플, 소켓, 커플링

정답 ③

221 관경이 서로 다를 때 사용하는 관부속품은?

① Elbow　　　　② Socket　　　　③ Union　　　　④ Reducer

해설　관경이 다를 때 관부속품
• 리듀서(Reducer)　　　　　　• 부싱(Bushing)

정답 ④

222 다음은 유로를 차단할 때 사용되는 관부속품은?

① Cap　　　　② Nipple　　　　③ Elbow　　　　④ Union

해설　유로 차단 : Plug, Cap 등

정답 ①

223 다음의 밸브 중 스톱밸브가 아닌 것은?

① 글로브밸브(Glove Valve)　　　② 슬루스밸브(Sluice Valve)
③ 체크밸브(Check Valve)　　　　④ 안전밸브(Safety Valve)

해설　Check Valve는 Stop Valve가 아닌 **역류 방지밸브**이다.

정답 ③

224 유체를 한 방향으로만 흐르게 되어 있는 밸브가 아닌 것은?

① 스모렌스키밸브   ② 웨이퍼밸브   ③ Angle밸브   ④ 스윙밸브

> **해설** **체크밸브의 종류**
> • 스모렌스키 체크밸브 : 소화설비의 주배관상에 설치
> • 웨이퍼 체크밸브 : Pump 토출구로부터 10[m] 거리에 사용
> • 스윙 체크밸브 : 호수조와 같이 적은 배관에 사용
> > **Plus one** **Angle 밸브**
> > 옥내 · 외 소화전설비에 사용되는 밸브

정답 ③

225 다음은 배관의 마찰손실을 나타낸 것 중 주손실에 해당되는 것은 어느 것인가?

① 급격한 확대손실   ② 급격한 축소손실
③ 관부속품에 의한 손실   ④ 관로에 의한 마찰손실

> **해설** **관마찰손실**
> • 주손실 : 관로에 의한 마찰손실
> • 부차적 손실 : 급격한 확대, 축소 및 관부속품에 의한 손실

정답 ④

226 관로의 다음과 같은 변화 중 부차적 손실에 해당되지 않는 것은?

① 관벽의 마찰   ② 급격한 확대   ③ 급격한 축소   ④ 부속물 설치

> **해설** 문제 225번 참조

정답 ①

227 원관이 급격한 확대관일 때의 마찰손실수두는?

① 유량에 비례한다.   ② 압력에 비례한다.
③ 속도의 제곱에 비례한다.   ④ 속도의 제곱에 반비례한다.

> **해설**
> 급격한 확대관일 때 : $H = K \dfrac{u_1^2}{2g}$

정답 ③

228 부차 손실수두는?

① 유량의 제곱에 비례한다.   ② 속도의 제곱에 비례한다.
③ 점성계수에 반비례한다.   ④ 관의 길이에 반비례한다.

> **해설**
> 부차 손실수두 : $H = K \dfrac{u^2}{2g}$

정답 ②

229 축소, 확대 노즐의 확대 부분의 유속은?

① 언제나 아음속이다.　　　　　　② 언제나 음속이다.

③ 초음속이 불가능하다.　　　　　④ 초음속이 가능하다.

> **해설**　확대 부분의 유속 : 초음속이 가능하다.

④

230 유체가 관 속을 흐를 때 점진 확대관로에서 손실이 최대가 되는 최대각과 최소가 되는 확대각으로 적당한 것은?

① 65°, 2°　　　　　　　　　　② 65°, 6°

③ 95°, 12°　　　　　　　　　　④ 95°, 17°

> **해설**　점진 확대관의 손실계수
> - 최대각 : 65°
> - 최소각 : 6~7°

정답 ②

231 압력계수(K)가 0.8이고, 유체가 2.5[m/s]의 속도로 흐를 때 이때 손실수두[m]는 얼마인가?

① 0.255　　　　　　　　　　　② 0.55

③ 2.55　　　　　　　　　　　　④ 25.5

> **해설**　손실수두 : $H = K\dfrac{u^2}{2g} = 0.8 \times \dfrac{(2.5[\text{m}])^2}{2 \times 9.8[\text{m/s}^2]} = 0.255[\text{m}]$

정답 ①

232 지름 30[cm]인 원관과 지름 45[cm]인 원관이 직접 연결되어 있을 때 작은 관에서 큰 관쪽으로 매초 230[L]의 물을 보내면 연결부의 손실수두는 몇 [m]인가?

① 0.308　　　　　　　　　　　② 0.125

③ 0.135　　　　　　　　　　　④ 0.166

> **해설**　확대관의 손실수두
> $$H = K\frac{(u_1 - u_2)^2}{2g} = \frac{(3.255 - 1.447)^2}{2 \times 9.8[\text{m/s}]} = 0.166[\text{m}]$$
> 여기서, $Q = uA$
> $$u_1 = \frac{Q}{A} = \frac{0.23[\text{m}^3/\text{s}]}{\frac{\pi}{4}(0.3[\text{m}])^2} = 3.255[\text{m/s}]$$
> $$u_2 = \frac{Q}{A} = \frac{0.23[\text{m}^3/\text{s}]}{\frac{\pi}{4}(0.45[\text{m}])^2} = 1.447[\text{m/s}]$$

정답 ④

233 동일구경, 동일재질의 배관부속류 중 압력손실이 가장 큰 것은 어느 것인가?

① 티(측류)　　　② 45° 엘보　　　③ 게이트밸브　　　④ 유니언

해설　동일유량, 동일구경 등 동일재질의 마찰손실이 큰 것이 압력손실이 크다.

관부속품	측류티	45° 엘보	게이트밸브	유니언
마찰손실(100[mm])	8.3[m]	2.4[m]	0.81[m]	극히 적다.

정답 ①

234 수력도약이란?

① 아임계 흐름에서 초임계흐름으로 변하면서 일어나는 현상이다.

② 유체가 빠른 흐름에서 느린 흐름으로 변하면서 수심이 깊어지는 현상이다.

③ 비정상 균일 유동에서 흔히 일어나는 현상이다.

④ 흐르고 있는 유체 속에 있는 밸브를 급히 닫을 때 일어나는 현상이다.

해설　**수력도약** : 운동에너지가 위치에너지로 갑자기 변화할 때 발생하며, 개수로에서 유체가 빠른 흐름에서 느린 흐름으로 변하면서 수심이 깊어지는 현상이다.

정답 ②

235 강관배관의 절단기가 아닌 것은?

① 쇠 톱　　　　　　　　　　　② 리 머

③ 톱반(Sawing Machine)　　　④ 파이프 커터

해설　**리머(Reamer)** : 관 절단 후 거칠어진 면을 **매끄럽게 할 때** 사용한다.

정답 ②

236 전선배관을 절단하는데 파이프 커터를 사용하지 않는 이유는?

① 작업속도가 늦기 때문에　　　② 절단면이 안으로 오그라들기 때문에

③ 직각으로 절단되지 않기 때문에　　④ 넓은 작업장소를 필요로 하기 때문에

해설　전선배관 절단 시 파이프 커터(Pipe Cutter)를 사용하면 절단면이 안으로 오그라들기 때문에 사용하지 않는다.

정답 ②

237 강관의 나사 내기에 사용하는 공구와 관계없는 것은?

① 오스타형 또는 리드형 절삭기　　② 파이프 바이스

③ 파이프 렌치와 리머　　　　　　　④ 파이프 벤더

해설　**파이프 벤더(Pipe Bender)** : 배관을 **구부리는 데 사용**하는 공구

정답 ④

238 주철관의 연결 방법으로 기계식 이음의 특징이 아닌 것은?

① 기밀성이 좋고 고압에 대한 저항이 크다.

② 납물을 부어 넣어야 하므로 물속에서의 연결 작업이 불편하다.

③ 간단한 공구로 신속하게 작업할 수 있고, 숙련공이 필요하지 않다.

④ 작업이 간단하나 조잡한 이음은 누수의 원인이 된다.

해설　**주철관의 기계식 이음의 특징**
- 기밀성이 우수함
- 수중 작업이 가능함
- 고압력에 저항이 큼
- 간단한 공구로 신속작업이 가능함

정답 ②

239 배관의 연결 방법 중 용접이음의 특징이 아닌 것은?

① 이음부의 강도가 약하다.

② 유체의 압력 손실이 작다.

③ 배관 보온작업이 용이하고 보온재가 절약된다.

④ 배관의 중량이 비교적 가볍다.

해설　**용접이음의 특징**
- 강도가 높으며 용접구조물이 균질하다.
- 유체의 압력 손실이 작다.
- 배관의 중량이 비교적 가볍다.
- 기밀성이 우수하다.
- 배관 보온작업이 용이하고 보온재가 절약된다.

정답 ①

240 다음 중 소화수 펌프 특성에 가장 적합하며 소화수 펌프로 가장 많이 사용되는 것은?

① 원심펌프　　　　　　　　　② 수격펌프

③ 분사펌프　　　　　　　　　④ 왕복펌프

해설　소화용수펌프는 원심력을 이용한 원심펌프를 주로 사용한다.

정답 ①

241 왕복 피스톤펌프의 유량변동을 평균화하기 위하여 설치하는 것은?

① 서지탱크(Surge Tank)　　　② 체크밸브(Check Valve)

③ 공기실(Air Chamber)　　　④ 스트레이너(Strainer)

해설　왕복 피스톤펌프의 유량변동을 평균화하기 위하여 공기실을 설치한다.

정답 ③

242 다음 중 왕복식 펌프에 속하는 것은?

① 플런저펌프(Plunger Pump)　　　　　② 기어펌프(Gear Pump)

③ 벌류트펌프(Volute Pump)　　　　　④ 에어 리프트(Air Lift)

> **해설**　**펌프의 종류**
> - **왕복펌프** : 피스톤펌프, 플런저펌프
> - **원심펌프** : 벌류트펌프, 터빈펌프

정답 ①

243 일정한 용적의 액체를 흡입 측에서 송출 측으로 이동시키는 펌프의 명칭은?

① 원심펌프　　　　② 사류펌프　　　　③ 축류펌프　　　　④ 왕복펌프

> **해설**　**왕복펌프** : 실린더에는 피스톤, 플런저 등 왕복직선운동에 의해 실린더 내를 진공으로 하여 액체를 흡입하여 흡입 측에서 송출 측으로 이동시키는 펌프

정답 ④

244 회전펌프의 특징이 아닌 것은?

① 소유량, 고압의 양정을 요구하는 경우에 적합하다.

② 구조가 간단하고 취급이 용이하다.

③ 송출량의 맥동이 크다.

④ 비교적 점도가 높은 유체에도 성능이 좋다.

> **해설**　**회전펌프의 특징**
> - 회전펌프(Rotary Pump)는 회전운동을 하는 회전자로 바꾼 것이다.
> - 회전펌프는 Gear Pump(치차펌프), Vane Pump(베인펌프)가 있다.
> - 구조가 간단하고 취급이 용이하다.
> - 송출량의 변동이 적다.

정답 ③

245 다음 펌프 중 안내깃에 의해서 분류되는 펌프는 어느 것인가?

① 벌류트펌프　　　　② 피스톤펌프　　　　③ 플런저펌프　　　　④ 다이어프램펌프

> **해설**　**원심펌프의 안내깃에 의한 분류** : 벌류트펌프, 터빈펌프

정답 ①

246 펌프에 대한 설명 중 틀린 것은?

① 가이드베인이 있는 원심펌프를 벌류트펌프(Volute Pump)라 한다.

② 기어펌프는 회전식 펌프의 일종이다.

③ 플런저펌프는 왕복식 펌프이다.

④ 터빈펌프는 고양정, 양수량이 적을 때 사용하면 적합하다.

> **해설**　**벌류트펌프(Volute Pump)** : 가이드베인(안내깃)이 없는 것

정답 ①

247 다음 중 회전속도 범위가 가장 넓고, 효율이 가장 높은 펌프는 어느 것인가?

① 베인펌프
② 반지름 방향 피스톤펌프
③ 축방향 피스톤펌프
④ 내접기어펌프

해설 　베인펌프 : 회전속도 범위가 가장 넓고, 효율이 가장 높은 펌프

정답 ①

248 유독성 기체(가스)를 수송하는 데 적합한 Pump는 어느 것인가?

① Nash펌프
② Fan
③ 원심펌프
④ 왕복펌프

해설 　Nash펌프 : 유독성 기체를 수송하는 펌프

정답 ①

249 성능이 같은 두 대의 펌프(토출량 Q[L/min])를 직렬연결했을 때 전체 토출량은?

① Q
② $2Q$
③ $3Q$
④ $4Q$

해설 　펌프의 성능

성 능　펌프 2대 연결 방법	직렬연결	병렬연결
유량(Q)	Q	$2Q$
양정(H)	$2H$	H

정답 ①

250 펌프의 비속도(n_s)를 구하는 식으로 맞는 것은?(단, 기호는 Q : 유량, N : 회전수, H : 전양정)

① $n_s = N \dfrac{\sqrt{Q}}{H^{\frac{4}{3}}}$
② $n_s = N \dfrac{\sqrt{H}}{Q^{\frac{3}{4}}}$
③ $n_s = Q \dfrac{\sqrt{N}}{H^{\frac{3}{4}}}$
④ $n_s = N \dfrac{\sqrt{Q}}{H^{\frac{3}{4}}}$

해설 　펌프의 비속도 : $n_s = N \dfrac{\sqrt{Q}}{H^{\frac{3}{4}}}$

정답 ④

251 펌프의 비속도 값의 크기 배열이 가장 적합한 것은?

① 터빈펌프 > 벌류트펌프 > 사류펌프 > 축류펌프
② 터빈펌프 > 벌류트펌프 > 축류펌프 > 사류펌프
③ 축류펌프 > 사류펌프 > 벌류트펌프 > 터빈펌프
④ 사류펌프 > 터빈펌프 > 축류펌프 > 벌류트펌프

해설 　펌프의 비속도(비회전도)값

펌프 종류	터빈펌프	벌류트펌프	사류펌프	축류펌프
비속도 값	80~120	250~450	700~1,000	800~2,000

정답 ③

252

설계온도는 20[℃]이고, 20[℃]에서의 수증기압 0.15[kg/cm²], 펌프 흡입배관에서의 마찰손실수두 2[m]일 때 펌프의 유효흡입양정(NPSH)은 몇 [m]인가?

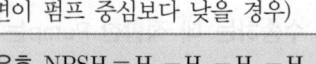

① 6.83
② 7.83
③ 8.83
④ 9.83

해설　NPSH(Net Positive Suction Head, 유효흡입양정)
- 흡입 NPSH(부압수조방식, 수면이 펌프 중심보다 낮을 경우)

$$유효\ NPSH = H_a - H_p - H_s - H_L$$

　여기서, H_a : 대기압수두[m]　　H_p : 포화수증기압수두[m]
　　　　　H_s : 흡입실양정[m]　　H_L : 흡입 측 배관 내의 마찰손실수두[m]

- 압입 NPSH(정압수조방식, 수면이 펌프 중심보다 높을 경우)

$$유효\ NPSH = H_a - H_p + H_s - H_L$$

　여기서, H_a : 대기압수두[m]　　H_p : 포화 수증기압수두[m]
　　　　　H_s : 흡입실양정[m]　　H_L : 흡입 측 배관 내의 마찰손실수두[m]

∴ 이 문제는 압입상이므로
　압입 $NPSH = H_a - H_p + H_s - H_L$
　　　　$= 10.332[m] - 1.5[m] + (1+2)[m] - 2[m] = 9.832[m]$

정답 ④

253 펌프에서 전양정이란 어느 것인가?

① 흡입수면에서 펌프의 중심까지의 수직거리
② 펌프의 중심에서 최상층의 송출수면까지의 수직거리
③ 실양정과 관부속품의 마찰손실수두, 직관의 마찰손실수두의 합
④ 실양정과 흡입양정의 합이다.

해설　③ 전양정 = 실양정 + 관부속품의 마찰손실수두 + 직관의 마찰손실수두
　　　① 흡입양정 : 흡입수면에서 펌프의 중심까지의 수직거리
　　　② 토출양정 : 펌프의 중심에서 최상층의 송출수면까지의 수직거리

정답 ③

254 Pump의 전동기 용량 계산식 $P = \dfrac{\gamma QH}{\eta}$ 에서 γ 는 무엇인가?

① 유 량
② 효 율
③ 비중량
④ 손 실

해설　전동기 용량

$$P = \frac{\gamma QH}{\eta}$$

　여기서, γ : 물의 비중량　　　Q : 유량
　　　　　H : 전양정[m]　　　η : 펌프의 효율

정답 ③

255 운전하고 있는 펌프의 압력계는 출구에서 3.5[kg$_\mathrm{f}$/cm²]이고 흡입구에서는 −0.2[kg$_\mathrm{f}$/cm²]이다. 펌프의 전양정[m]은?

① 37

② 35

③ 33

④ 31

해설 | 펌프의 전양정 = 0.2 + 3.5 = 3.7[kg$_\mathrm{f}$/cm²] = 37[m]

정답 ①

256 유효 NPSH가 6.2[m]일 때 설치 가능한 펌프의 최대 NPSH[m]는 얼마인가?(단, 대기압은 1.034[kg$_\mathrm{f}$/cm²]이다)

① 5.82

② 5.13

③ 4.68

④ 4.14

해설 | 펌프의 최대 NPSH = 대기압수두 − 유효 NPSH = 10.34[m] − 6.2[m] = 4.14[m]

정답 ④

257 유량 1[m³/min], 전양정이 25[m]인 원심펌프를 설계하고자 한다. 펌프의 축동력[kW]은?(단, 펌프의 효율은 75[%]이다)

① 1.567

② 5.444

③ 0.565

④ 4.447

해설 | **펌프의 축동력**

$$P = \frac{\gamma Q H}{\eta}[\mathrm{kW}]$$

여기서, γ : 물의 비중량(9,800[N/m³])　　　Q : 유량[m³/s]
　　　　H : 양정[m]　　　　　　　　　　η : 효율

∴ 축동력 $P = \dfrac{\gamma Q H}{\eta} = \dfrac{9,800[\mathrm{N/m^3}] \times 1/60[\mathrm{m^3/s}] \times 25[\mathrm{m}]}{0.75} = 5,444.44[\mathrm{W}] = 5.444[\mathrm{kW}]$

$$\left[\frac{\mathrm{N \cdot m}}{\mathrm{s}}\right] = \left[\frac{\mathrm{J}}{\mathrm{s}}\right] = [\mathrm{Watt}]$$

Plus one • 전동기의 용량[전달계수(K)와 펌프의 효율(η)이 포함한 동력] $P = \dfrac{\gamma Q H}{\eta} \times K[\mathrm{kW}]$

• 축동력(전달계수를 고려하지 않는 동력) : $P = \dfrac{\gamma Q H}{\eta}[\mathrm{kW}]$

• 수동력(전달계수와 효율을 고려하지 않는 동력) : $P = \gamma Q H[\mathrm{kW}]$

정답 ②

258 전양정이 80[m]이고 유량이 2.4[m³/min]이고 펌프의 전동기 효율은 60[%]이다. 이때 펌프의 수동력 [kW]은?

① 0.314

② 3.44

③ 31.4

④ 0.344

해설 $L_W = \gamma QH = 9.8[\text{kN/m}^3] \times 2.4/60[\text{m}^3/\text{s}] \times 80[\text{m}] = 31.36[\text{kW}]$

수동력은 Pump의 효율을 고려하지 않는다.

$$\left[\frac{\text{kN} \cdot \text{m}}{\text{s}}\right] = \left[\frac{\text{kJ}}{\text{s}}\right] = [\text{kW}]$$

정답 ③

259 다음 유량 $Q = 0.5[\text{m}^3/\text{s}]$, 길이 $l = 50[\text{m}]$, 관경 $D = 30[\text{cm}]$, 마찰손실계수 $f = 0.03$인 관을 통하여 높이 20[m]까지 양수할 경우 필요한 이론소요동력[HP]은 얼마인가?(단, 여유율 10[%]이다)

① 237

② 2.37×10^3

③ 12.76

④ 127.6

해설 **이론소요동력**

$$P[\text{HP}] = \frac{\gamma \times Q \times H}{745 \times \eta} \times K$$

여기서, γ : 물의 비중량(9,800[N/m³])

Q : 유량[m³/s] H : 전양정[m] K : 전달계수(여유율)

η : 펌프 효율

먼저 H를 구하려면 Darcy – Weisbach 식을 이용한다.

$$h = \frac{flu^2}{2gD}[\text{m}]$$

여기서, h : 마찰손실[m] f : 관의 마찰계수 l : 관의 길이[m]

u : 유체의 유속 $= \dfrac{Q}{A}[\text{m/s}] = \dfrac{0.5[\text{m}^3/\text{s}]}{\dfrac{\pi}{4}(0.3[\text{m}])^2} = 7.07[\text{m/s}]$

D : 관의 내경[m]

위의 공식에 따라 마찰손실 $h = \dfrac{flu^2}{2gD} = \dfrac{0.03 \times 50[\text{m}] \times (7.07[\text{m/s}])^2}{2 \times 9.8[\text{m/s}^2] \times 0.3[\text{m}]} = 12.75[\text{m}]$이다.

따라서 전양정 $H = 20[\text{m}] + 12.75[\text{m}] = 32.75[\text{m}]$이 된다.

∴ $P[\text{HP}] = \dfrac{\gamma \times Q \times H}{745 \times \eta} \times K = \dfrac{9,800 \times 0.5 \times 32.75}{745 \times 1} \times 1.1 = 236.94[\text{HP}]$

정답 ①

260 12층 사무실에 스프링클러소화설비를 설치하려고 한다. 전양정 80[m], Pump의 효율은 70[%], 전동기의 전달계수는 1.1일 때 Pump의 전동기 용량[kW]은 얼마인가?

① 4.918
② 49.28
③ 0.4018
④ 40.18

해설 전동기의 용량

• 방법 1

$$P[\text{kW}] = \frac{0.163 \times Q \times H}{\eta} \times K$$

스프링클러소화설비의 경우, 11층 이상은 30개이므로
$Q = 80[\text{L/min}] \times 30 = 2,400[\text{L/min}] = 2.4[\text{m}^3/\text{min}]$이다.

∴ $P[\text{kW}] = \dfrac{0.163 \times 2.4 \times 80}{0.7} \times 1.1 = 49.18[\text{kW}]$

• 방법 2

$$P[\text{kW}] = \frac{\gamma \times Q \times H}{\eta} \times K$$

여기서, Q(유량)의 단위는 $[\text{m}^3/\text{s}]$이다.

∴ $P[\text{kW}] = \dfrac{9.8[\text{kN/m}^3] \times 2.4[\text{m}^3]/60[\text{s}] \times 80[\text{m}]}{0.7} \times 1.1 = 49.28[\text{kW}]$

Plus one 위의 두 계산식에서 49.28 − 49.18 = 0.10의 차이는 1,000/60 × 10² = 0.163398로 방법 ①에서 0.163으로 계산했기 때문에 차이가 난다. 원칙은 방법 ②가 정확히 계산하는 방법이다.

정답 ②

261 건축물 내벽에 옥내소화전이 2개 설치되어 있으며 옥내소화전의 노즐구경은 13[mm], 총양정이 80[m], 펌프의 효율은 55[%], 이때 이곳에 설치하는 펌프의 전동기 용량[kW]은 얼마인가?(단, 전달계수는 1.1이다)

① 0.679
② 1.359
③ 6.79
④ 13.59

해설 전동기의 용량

$$P[\text{kW}] = \frac{\gamma \times Q \times H}{\eta} \times K = \frac{9.8 \times 0.26/60 \times 80}{0.55} \times 1.1 = 6.79[\text{kW}]$$

여기서, γ : 물의 비중량(9.8[kN/m³])
Q : 유량[m³/s](옥내소화전 130[L/min] × 2 = 260[L/min] = 0.26[m³]/60[s])
H : 전양정(80[m])
η : 펌프 효율(0.55)

정답 ③

262 단면적이 0.3[m²]인 원관 속을 유속 2.8[m/s], 압력 0.4[kg₁/cm²]의 물이 흐르고 있다. 수동력은 몇 [PS]인가?

① 44.8 　　　② 0.84 　　　③ 56 　　　④ 4,200

해설 　수동력은 효율과 전달계수(여유율)를 계산하지 않는다.

$$P[\text{PS}] = \frac{\gamma QH}{735}$$

여기서, γ : 물의 비중량(9,800[N/m³])
Q : 유량($Q = uA = 2.8[\text{m/s}] \times 0.3[\text{m}^2] = 0.84[\text{m}^3/\text{s}]$)
H : 전양정(0.4[kg₁/cm²] = 4[m])

$\therefore\ P = \dfrac{9,800[\text{N/m}^3] \times 0.84[\text{m}^3/\text{s}] \times 4[\text{m}]}{735} = 44.8[\text{PS}]$

정답 ①

263 펌프로서 지하 5[m]에 있는 물을 지상 50[m]의 물탱크까지 1분간에 1.8[m³]을 올리려면 몇 마력[PS]이 필요한가?(단, 펌프의 효율 $\eta = 0.6$, 관로의 전손실수두(全損失水頭)를 10[m], 동력전달계수를 1.10이라 한다)

① 47.7 　　　② 53.3 　　　③ 63.3 　　　④ 73.3

해설 　$P[\text{PS}] = \dfrac{\gamma \times Q \times H}{735 \times \eta} \times K$(여기서, 전양정 $H = 5 + 50 + 10 = 65[\text{m}]$)

$= \dfrac{9,800[\text{N/m}^3] \times 1.8[\text{m}^3]/60[\text{s}] \times 65[\text{m}]}{735 \times 0.6} \times 1.1 = 47.7[\text{PS}]$

정답 ①

264 물분무소화설비의 가압송수장치로서 전동기 구동형의 펌프를 사용하였다. 펌프의 토출량 800 [L/min], 양정 50[m], 효율 65[%], 전달계수 1.1인 경우 전동기 용량은 얼마가 적당한가?

① 10마력 　　　② 15마력 　　　③ 20마력 　　　④ 25마력

해설 　$P[\text{HP}] = \dfrac{\gamma QH}{745 \times \eta} \times K = \dfrac{9,800[\text{N/m}^3] \times 0.8[\text{m}^3]/60[\text{s}] \times 50[\text{m}]}{745 \times 0.65} \times 1.1 = 14.84[\text{HP}]$

정답 ②

265 수평배관의 길이가 25[m]이며 직경이 40[mm]인 배관에 유량 40[L/min]으로 흐른다고 하면 이때 배관의 손실압력[MPa]은 얼마인가?(단, 관조도는 110, Hazen-Williams식을 사용한다)

① 0.00367 　　　② 0.06165 　　　③ 0.07165 　　　④ 0.08165

해설 　Hazen-Williams식

$$\Delta P = 6.053 \times 10^4 \times \frac{Q^{1.85}}{C^{1.85} \times d^{4.87}} \times L[\text{MPa}]$$

여기서, ΔP : 압력손실, Q : 유량[L/min], C : 조도계수, d : 내경[mm], L : 길이[m]이다.

$\therefore\ \Delta P = 6.053 \times 10^4 \times \dfrac{40^{1.85}}{110^{1.85} \times 40^{4.87}} \times 25 = 0.00367[\text{MPa}]$

정답 ①

266 관 입구의 압력이 0.5[MPa]이고 내경 100[mm], 유량은 400[L/min], 관의 길이 40[m]되는 곳까지 물을 송수하려고 한다. 이때 관 출구(관 끝)의 압력[MPa]은 얼마인가?(단, 관의 조도는 100이고 $\Delta P_m = 6.053 \times 10^4 \times \dfrac{Q^{1.85}}{C^{1.85} \times d^{4.87}}$ [MPa])

① 0.404   ② 0.505   ③ 0.494   ④ 0.596

> **해설**　배관 1[m]당 압력 손실
> $\Delta P_m = 6.053 \times 10^4 \times \dfrac{400^{1.85}}{100^{1.85} \times 100^{4.87}} = 1.43 \times 10^{-4}$[MPa]
> 배관 40[m]에 대한 압력 손실 $= 1.43 \times 10^{-4} \times 40 = 0.00572$[MPa]
> ∴ 관 출구의 압력 $= 0.5$[MPa] $- 0.00572$[MPa] $= 0.494$[MPa]

정답 ③

267 제연급기 Fan의 풍량 $Q = 40,000$[CMH], 정압 $P_t = 60$[mmAq]일 때 동력[kW]은 얼마인가?(단, Fan의 효율은 60[%], 전달계수는 1.1로 한다)

① 10.9   ② 12.0   ③ 15.4   ④ 653.6

> **해설**
> 동력[kW] $= \dfrac{Q[\mathrm{m}^3/\min] \times P_t[\mathrm{mmAq}]}{6,120 \times \eta} \times K$
> $= \dfrac{40,000[\mathrm{m}^3]/60[\min] \times 60}{6,120 \times 0.6} \times 1.1 = 11.98$[kW]

정답 ②

268 그림과 같이 어느 고가수조와 연결된 배관 말단에 설치된 물분무 노즐로부터 쏟아지는 물을 5분 동안 용기에 받았더니 1,000[L]이었다. 물 흐름에 의한 마찰손실압이 0.05[MPa]이었다고 한다면 노즐 오리피스로부터 수조의 수면까지의 수직거리는 얼마인가?(단, K는 100이다)

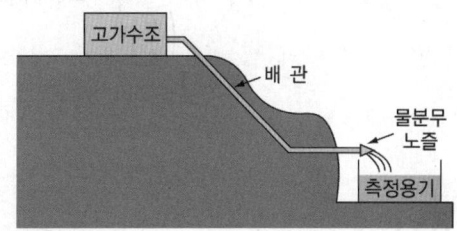

① 25[m]   ② 35[m]
③ 46[m]   ④ 56[m]

> **해설**　$Q = K\sqrt{10P}$ 식을 이용한다.
> $Q = 1,000[\mathrm{L}]/5[\min] = 200[\mathrm{L}/\min]$
> $K = 100$
> $10P = \left(\dfrac{Q}{K}\right)^2 = \left(\dfrac{200}{100}\right)^2 = 4$[MPa]
> $P = 0.4$[MPa]
> ∴ **전수두압 = 압력수두압 + 마찰손실압**
> $\qquad = 0.4 + 0.05 = 0.45$[MPa] $\to 45.9$[m]

정답 ③

269 Pump의 흡입 측 압력이 4[kgf/cm²]이고 토출 측의 압력이 50[kgf/cm²]이다. 펌프를 4단으로 압축할 경우 압축비는 얼마인가?

① 1.08
② 1.88
③ 1.48
④ 2.48

해설

$$r = \sqrt[n]{\frac{P_2}{P_1}} = \sqrt[4]{\frac{50}{4}} = \left(\frac{50}{4}\right)^{\frac{1}{4}} = 1.88$$

정답 ②

270 유량이 2[m³/min]인 5단의 다단펌프가 2,000[rpm]의 회전으로 50[m]의 양정이 필요하다면 비속도 [m³/min·rpm·m]는?

① 403
② 503
③ 425
④ 525

해설 비교회전도(비속도)

$$N_s = N\frac{\sqrt{Q}}{\left(\frac{H}{n}\right)^{\frac{3}{4}}}$$

여기서, N_s : 비교회전도 N : 회전수[rpm] Q : 유량[m³/min]
H : 양정[m] n : 단수

$$\therefore N_s = N\frac{\sqrt{Q}}{\left(\frac{H}{n}\right)^{\frac{3}{4}}} = 2{,}000[\text{rpm}] \times \frac{\sqrt{2[\text{m}^3/\text{min}]}}{\left(\frac{50[\text{m}]}{5}\right)^{\frac{3}{4}}} = 503[\text{m}^3/\text{min} \cdot \text{rpm} \cdot \text{m}]$$

정답 ②

271 캐비테이션(Cavitation)의 발생원인과 관계없는 것은 어느 것인가?

① 펌프의 설치 위치가 물탱크보다 높을 때
② 펌프의 흡입수두가 클 때
③ 펌프의 임펠러 속도가 클 때
④ 관 내의 물의 정압이 그 때의 증기압보다 클 때

해설 공동현상(Cavitation)의 발생원인

• Pump 흡입 측 수두가 클 때   • Pump 마찰손실이 클 때
• Pump 임펠러 속도가 클 때   • Pump 흡입관경이 작을 때
• Pump 설치 위치가 수원(물탱크)보다 높을 때
• **물의 정압**(Pump의 흡입압력)이 유체의 증기압보다 낮을 때

정답 ④

272 관의 서징(Surging)의 발생 조건으로 적당하지 않은 것은?

① 유량조절밸브가 배관 중 수조의 위치 후방에 있을 때

② 배관 중에 수조가 있을 때

③ 배관 중에 기체상태의 부분이 있을 때

④ 펌프의 입상곡선이 우향강하(右向降下)구배일 때

해설 **맥동현상의 발생원인**
- Pump의 양정곡선($Q-H$)이 산(山) 모양의 곡선으로 상승부에서 운전하는 경우
- 유량조절밸브가 배관 중 수조의 위치 후방에 있을 때
- 배관 중에 수조가 있을 때
- 배관 중에 기체상태의 부분이 있을 때
- 운전 중인 Pump를 정지할 때

정답 ④

273 공동현상(Cavitation)의 예방 대책이 아닌 것은?

① 펌프의 설치 위치를 수원보다 낮게 한다.

② 펌프의 임펠러 속도를 가속한다.

③ 펌프의 흡입 측을 가압한다.

④ 펌프의 흡입 측 관경을 크게 한다.

해설 **공동현상의 방지대책**
- Pump의 흡입 측 수두, 마찰손실, Impeller 속도를 작게 한다.
- Pump 흡입압력을 유체의 증기압보다 높게 한다.
- Pump 흡입관경을 크게 한다.
- Pump 설치 위치를 수원보다 낮게 해야 한다.
- 양흡입 Pump를 사용해야 한다.

정답 ②

274 펌프나 송풍기 운전 시 서징현상이 발생될 수 있는데 이 현상과 관계가 없는 것은?

① 서징이 일어나면 진동과 소음이 일어난다.

② 펌프에서는 워터 해머보다 더 빈번하게 발생한다.

③ 펌프의 특성곡선이 산 모양이고 운전점이 그 정상부일 때 발생하기 쉽다.

④ 풍량 또는 토출량을 줄여 서징을 방지할 수 있다.

해설 **맥동현상(Surging)**
- 서징이 일어나면 기계의 심한 진동과 소음이 일어난다.
- 펌프에서는 워터 해머보다 적게 발생한다.
- 펌프의 $Q-H$ 곡선이 산 모양의 곡선으로 이 곡선의 상승부에서 운전할 경우
- 풍량 또는 토출량을 줄여서 맥동현상을 방지할 수 있다.

정답 ②

275 배관 내를 흐르는 물에서 흔히 발생하는 서징(Surging)현상에 대한 설명 중 옳지 않은 것은?

① 정상류에서 물의 유동에 의한 압력파의 급격한 변화이다.

② 정지된 펌프를 가동할 때 발생할 수 있다.

③ 운전 중인 펌프를 정지할 때 발생할 수 있다.

④ 물이 흐르는 배관의 개폐밸브를 잠글 때 발생할 수 있다.

> **해설** 서징(Surging)은 운전 중인 펌프를 정지할 때 발생한다.

정답 ②

276 수격작용에 대한 설명이다. 알맞은 것은?

① 흐르는 물에 갑자기 정지시킬 때 수압이 급격히 변화하는 현상을 말한다.

② 물의 온도는 낮을 때 생긴다.

③ 물의 유속이 늦을 때 일어난다.

④ 물이 연속적으로 흐를 때 물의 온도가 상승하면 일어난다.

> **해설** **수격현상** : 흐르는 물을 갑자기 정지시킬 때 수압이 급격히 변화하는 현상

정답 ①

277 물의 압력파에 의한 수격작용을 방지하기 위한 방법으로 옳지 않은 것은?

① 관로의 관경을 크게 한다.

② 관로의 관경을 축소한다.

③ Surge Tank를 설치하여 적정압력을 유지한다.

④ 관로 내의 유속을 낮게 한다.

> **해설** **수격현상(Water Hammering)의 방지대책**
> • **관경을 크게** 하고 **유속을 낮게** 한다.
> • 압력강하의 경우 Flywheel을 설치한다.
> • Surge Tank(조압수조)를 설치하여 적정압력을 유지해야 한다.
> • Pump의 송출구 가까이에 송출밸브를 설치하여 압력 상승 시 압력을 제어해야 한다.
> • 에어체임버(Air Chamber)를 설치한다.

정답 ②

278 수격작용의 방지대책이 아닌 것은?

① 관 내 유속이 빠를수록 수격이 발생하므로 관경을 크게 하거나 유속을 조절한다.

② 에어체임버(Air Chamber)를 설치한다.

③ 펌프의 운전 중 각종 밸브를 급격히 개폐하여 충격을 최소화한다.

④ 펌프측에 Flywheel을 설치해야 한다.

> **해설** 펌프의 운전 중 각종 밸브를 급격히 개폐하면 공기가 차서 수격현상이 발생한다.

정답 ③

279 배관 내에 흐르는 물이 수격현상(Water Hammering)을 일으키는 수가 있는데 이를 방지하기 위한 조치와 관계없는 것은?

① 관 내 유속을 작게 한다.

② 펌프에 Flywheel 부착한다.

③ 에어체임버를 설치한다.

④ 흡수양정을 작게 한다.

> 해설 흡수양정을 작게 하면 **수격현상**이 발생한다.

정답 ④

280 수격작용 시 발생하는 충격압의 속도에 영향을 주는 요소가 아닌 것은?

① 유체의 탄성

② 유체의 밀도

③ 관의 탄성

④ 관의 밀도

> 해설 수격작용 시 발생하는 충격압의 속도에 영향을 주는 요인 : 유체의 탄성, 유체의 밀도, 관의 탄성

정답 ④

281 임펠러의 회전속도가 1,700[rpm]일 때 토출압 5[kg$_f$/cm^2], 토출량 1,000[L/min]의 성능을 보여주는 어떤 원심펌프를 3,400[rpm]으로 작동시켜 주었다고 하면 그 토출압과 토출량은 각각 얼마가 될 것인가?

① 20[kg$_f$/cm^2] 및 2,000[L/min]

② 10[kg$_f$/cm^2] 및 2,000[L/min]

③ 10[kg$_f$/cm^2] 및 1,000[L/min]

④ 5[kg$_f$/cm^2] 및 2,000[L/min]

> 해설 **토출압과 토출량**
>
> $$\bullet \ P_2(H_2) = P_1(H_1) \times \left(\frac{N_2}{N_1}\right)^2 = 5[\text{kg}_f/\text{cm}^2] \times \left(\frac{3,400}{1,700}\right)^2 = 20[\text{kg}_f/\text{cm}^2]$$
>
> $$\bullet \ Q_2 = Q_1 \times \frac{N_2}{N_1} = 1,000[\text{L/min}] \times \frac{3,400}{1,700} = 2,000[\text{L/min}]$$
>
> 압력(P)이나 양정(H)은 같은 공식을 사용한다.

정답 ①

02 약제화학

270

제1절 물(水, H₂O)소화약제

1 물소화약제의 성상

(1) 물의 3가지 형태 `10` `년 출제`

① 0[℃] 이하에서 고체상태인 얼음으로 존재하고 100[℃] 이상에서는 기체상태인 수증기가 되며, 또 액체상태인 물로 존재한다.

② 물을 소화약제로 사용하는 이유는 비열(1[cal/g · ℃])과 증발잠열(539[cal/g])이 크기 때문이다.

③ 물의 3상태의 변화도

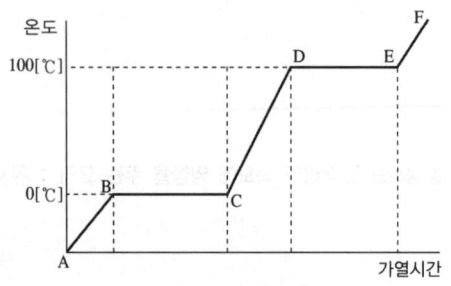

㉠ AB구간 : 얼음이 가열되는 부분으로 얼음이 존재한다.

㉡ BC구간 : 얼음이 융해되는 부분으로 얼음과 물이 존재한다.

㉢ CD구간 : 물이 가열되는 부분으로 물이 존재한다.

㉣ DE구간 : 물이 기화되는 부분으로 물과 수증기가 존재한다.

㉤ EF구간 : 수증기가 가열되는 부분이다.

(2) 물의 물성 `22` `23` `년 출제`

융 점	0[℃]	증발열	539.03[cal/g]
비 점	100[℃]	융해열	80[cal/g]
점 도(20[℃])	1[cp=centipoise]	비점상승계수	0.52[℃]
비 중	1	빙점강하계수	1.86[℃]
밀도(4[℃])	1[g/cm³]	표면장력	72.75[dyne/cm]
비 열	1[cal/g · ℃]	음파속도(20[℃])	1,482.9[m/s]

① 표면장력이 크다.

② 비열과 증발잠열이 크다.

③ 열전도계수와 열 흡수가 크다.

④ 점도가 낮고 비점은 높다.

⑤ 물은 극성공유결합을 한다.

Plus one 물의 동결방지제

물의 동결방지제

에틸렌글라이콜, 프로필렌글라이콜, 글리세린

(3) 1,700배 계산근거

물 1[g]일 때 몰수를 구하면 $\dfrac{1[g]}{18[g]} = 0.05555[\text{mol}]$

0.05555[mol]을 부피로 환산하면 $0.05555[\text{mol}] \times 22.4[\text{L}] = 1.244[\text{L}] = 1,244[\text{cm}^3]$

온도 100[℃]를 보정하면 $1,244[\text{cm}^3] \times \dfrac{(273+100)[\text{K}]}{273[\text{K}]} = 1,700[\text{cm}^3]$

∴ 물 1[g]이 100[%] 수증기로 증발하였을 때 체적은 약 1,700배가 된다.

> **물의 성상**
> • 물의 밀도 : 1[g/cm³]
> • 화학식 : H_2O(분자량 : 18)
> • 부피 : 22.4[L](표준상태에서 1[g-mol]이 차지하는 부피)

② 물소화약제의 장단점

(1) 장 점 `14` 년 출제

① 인체에 무해하여 다른 약제와 혼합하여 수용액으로 사용할 수 있다.

② 가격이 저렴하고 장기 보존이 가능하다.

③ 냉각의 효과가 우수하며 무상주수일 때는 질식, 유화효과가 있다.

(2) 단 점 `14` 년 출제

① 0[℃] 이하의 온도에서는 동파 및 응고현상이 나타나 소화효과가 작다.

② 방사 후 물에 의한 2차 피해의 우려가 있다.

③ 전기화재(C급)나 금속화재(D급)에는 적응성이 없다.

④ 유류화재 시 물소화약제를 방사하면 연소면 확대로 소화효과는 기대하기 어렵다.

> 유류화재 시 주수소화 금지 이유 : **연소면(화재면) 확대**

③ 물소화약제의 방사방법 및 소화효과

(1) 봉상주수

옥내소화전, 옥외소화전에서 방사하는 방법으로 물이 가늘고 긴 물줄기 모양을 형성하여 방사되는 것

(2) 적상주수 `22` 년 출제

스프링클러헤드와 같이 물방울을 형성하면서 방사되는 것으로 봉상주수보다 물방울의 입자가 작다.

> 봉상주수, 적상주수의 소화효과 : 냉각효과

(3) 무상주수 22 년 출제

물분무헤드와 같이 안개 또는 구름 모양을 형성하면서 방사되는 것

> 무상주수 : 질식, 냉각, 희석, 유화효과

Plus one B-C유(중유) : 물분무소화설비 가능

4 물의 첨가제 11 13 년 출제

(1) Viscosity Water

물의 점도(Viscosity)를 증가시키는 Viscosity Agents를 혼합한 수용액을 말하며, Thick Water라고도 한다. **산림화재**에 적합하다.

(2) Wet Water

① 물의 표면장력을 감소시켜 물의 침투성을 증가시키는 Wetting Agents를 혼합한 수용액으로, 물의 침투가 용이하지 않는 원면화재에 적합하다.

② **재연소 방지**와 **심부화재**에 적합하다.

③ 표면장력을 감소시켜 침투력을 향상시킨다.

(3) Antifreeze Solution

습식 설비의 동파 및 물의 응고 상태를 방지하기 위하여 물의 응고점을 0[℃] 이하로 낮추기 위하여 첨가시킨 수용액이다.

> 염화나트륨 : 0[℃] 이하로 낮출 수 있으나 부식성이 있어 부적합

5 강화액 15 21 년 출제

① 탄산칼륨 등 알칼리금속염류 등을 주성분으로 하는 수용액이다.

② -20[℃]에 응고하지 않도록 물의 침투능력을 향상시킨 소화약제이다.

③ 소화약제의 용액은 약알칼리성이다.

④ 전기화재 시 무상방사하는 경우라도 소화약제로 사용할 수 있다.

제2절 포소화약제

1 포소화약제의 장단점

(1) 장 점

① 인체에는 무해하고 약제 방사 후 독성 가스의 발생 우려가 없다.

② 가연성 액체 화재 시 질식, 냉각의 소화위력을 발휘한다.

(2) 단 점

① 동절기에는 유동성을 상실하여 소화효과가 저하된다.
② 단백포의 경우는 침전부패의 우려가 있어 정기적으로 교체·충전해야 한다.
③ 약제 방사 후 약제의 잔유물이 남는다.

> **포소화약제의 소화효과 : 질식, 냉각효과**

2 포소화약제의 구비조건

① 포의 안정성과 유동성이 좋을 것
② 독성이 적을 것
③ 유류와의 접착성이 좋을 것

3 포소화약제의 종류 및 성상

(1) 기계포소화약제(공기포소화약제)

① 혼합비율에 따른 분류

구 분	약제 종류	약제 농도
저발포용	단백포	3[%], 6[%]
	합성계면활성제포	3[%], 6[%]
	수성막포	3[%], 6[%]
	내알코올형포	3[%], 6[%]
	불화단백포	3[%], 6[%]
고발포용	합성계면활성제포	1[%], 1.5[%], 2[%]

> **단백포 3[%] :** 단백포약제 3[%]와 물 97[%]의 비율로 혼합한 약제

② 포의 팽창비에 따른 분류 `10` `11` `13` `17` `18` `19` `20` **년 출제**

구 분		팽창비
저발포용		20배 이하
고발포용	제1종 기계포	80배 이상 250배 미만
	제2종 기계포	250배 이상 500배 미만
	제3종 기계포	500배 이상 1,000배 미만

$$팽창비 = \frac{방출\ 후\ 포의\ 체적[L]}{방출\ 전\ 포수용액의\ 체적(포원액+물)[L]} = \frac{방출\ 후\ 포의\ 체적[L]}{\dfrac{원액의\ 양[L]}{농도[\%]}}$$

③ 포소화약제에 따른 분류

　　㉠ **단백포소화약제** : 소의 뿔, 발톱, 피 등 동물성 단백질 가수분해물에 염화제일철염($FeCl_2$염)의 안정제를 첨가해 물에 용해하여 수용액으로 제조된 소화약제로서 특이한 냄새가 나는 끈끈한 흑갈색 액체이다.

　　㉡ **합성계면활성제포소화약제** : 고급 알코올 황산에스터와 고급 알코올 황산염을 사용하여 포의 안정성을 위해 안정제를 첨가한 소화약제로, 저발포와 고발포를 임의로 발포할 수 있다.

　　㉢ **수성막포소화약제** : 미국의 3M사가 개발한 것으로 일명 Light Water라고 한다. 이 약제는 플루오린계통의 습윤제에 합성계면활성제가 첨가되어 있는 약제로서 물과 혼합하여 사용하며, 보존성이 좋고 독성이 없는 흑갈색의 원액이다. 성능은 단백포소화약제보다 약 300[%] 효과가 있으며, 필요한 소화약제의 양은 1/3 정도에 불과하다. 유류화재 진압용으로 가장 우수하며, 내약품성이 좋아 타약제와 겸용이 가능하다.

> AFFF(Aqueous Film Forming Foam) : 수성막포

　　㉣ **내알코올형포소화약제** : 단백질의 가수분해물에 합성세제를 혼합해서 제조한 소화약제로 **알코올류, 에스터류** 같이 **수용성인 용제**에 적합하다. 23 년 출제

> 내알코올포 : 알코올, 에스터 등 수용성 액체에 적합

　　㉤ **불화단백포소화약제** : 단백포에 플루오린(불소)계 계면활성제를 혼합하여 제조한 것으로서 플루오린(불소)의 소화효과는 포소화약제 중 우수하나 가격이 비싸 잘 유통되지 않고 있다. 20 년 출제

물성 \ 종류	단백포	합성계면활성제포	수성막포	내알코올형포
pH(20[℃])	6.0~7.5	6.5~8.5	6.0~8.5	6.0~8.5
비중(20[℃])	1.1~1.2	0.9~1.2	1.0~1.15	0.9~1.2
점도[cSt]	400 이하	200 이하	200 이하	3,500 이하
유동점[℃]	영하 7.5	영하 12.5	영하 22.5	영하 22.5
팽창비	6배 이상	저발포 6배 이상 고발포 80배 이상	5배 이상	6배 이상
침전원액량	0.1[%]([vol%]) 이하			

Plus one 25[%] 환원시간시험 21 년 출제

포소화약제의 종류	25[%] 환원시간시험[초]
단백포소화약제	60
수성막포소화약제	60
합성계면활성제포소화약제	180

① 발포배율이 커지면 환원시간은 짧아진다.
② 환원시간이 길수록 양호한 포소화약제이다.
③ 포의 막이 두꺼울수록 환원시간은 길어진다.
④ 발포배율이 작은 포는 직경이 작아서 막이 두껍다.

(2) 화학포소화약제

① 반응식 및 소화원리

㉠ 원 리

외약제인 탄산수소나트륨(중탄산나트륨, $NaHCO_3$)의 수용액과 내약제인 황산알루미늄[$Al_2(SO_4)_3$]의 수용액의 화학반응에 의해 발생된 이산화탄소를 이용하여 포(Foam)를 발생시킨 약제이다.

$$6NaHCO_3 + Al_2(SO_4)_3 \cdot 18H_2O \rightarrow 3Na_2SO_4 + 2Al(OH)_3 + 6CO_2 + 18H_2O$$

㉡ 기포안정제

외약제인 기포안정제 : 카세인, 젤라틴, 사포닌 등

② 소화효과 `13` `16` 년 출제

㉠ 질식효과(발생되는 이산화탄소에 의한 소화효과로 유류화재에 적합하다)

㉡ 냉각효과(물에 의한 효과로서 일반화재에 적합하다)

제3절   이산화탄소소화약제

1 이산화탄소소화약제의 성상

(1) 이산화탄소의 특성 `16` `17` 년 출제

① 상온에서 기체이며 증기비중(공기 = 1.0)은 1.517로 공기보다 무겁다.

② 무색·무취이며, 화학적으로 안정하고 가연성, 부식성도 없다.

③ 심부화재에 적합하고 고농도의 이산화탄소는 인체에 독성이 있다.

④ 액화가스로 저장하기 위하여 임계온도(31.35[℃]) 이하로 냉각시킨 후 가압한다.

⑤ 저온으로 고체화한 것을 드라이아이스라고 하며 냉각제로 사용한다.

(2) 이산화탄소의 물성 `17` 년 출제

구 분	화학식	분자량	비중(공기=1)	비 점	밀 도	삼중점
물성치	CO_2	44	1.517	-78[℃]	1.977[g/L]	-56.3[℃](0.42[MPa])

구 분	승화점	점도(20[℃])	임계압력	임계온도	증발잠열[kJ/kg]
물성치	-78.5[℃]	14.7[μPa·s]	72.75[atm]	31.35[℃]	576.5

• 이산화탄소의 3중점 : -56.3[℃](0.42[MPa])
• 이산화탄소의 허용농도 : 5,000[ppm](0.5[%])

(3) 이산화탄소의 상평형도

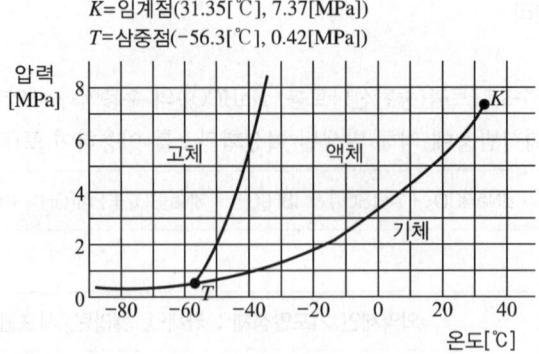

K=임계점(31.35[℃], 7.37[MPa])
T=삼중점(-56.3[℃], 0.42[MPa])

2 이산화탄소의 품질기준

열에 의해 부식성이나 독성이 없어야 하며 이산화탄소는 고압가스 안전관리법에 적용을 받으므로 **충전비**는 1.50 이상 되어야 한다.

종 별	함량[vol%]	수분[wt%]	특 성
1종	99.0 이상	–	무색무취
2종	99.5 이상	0.05 이하	–
3종	99.5 이상	0.005 이하	–

※ 주로 제2종(함량 99.5[%] 이상, 수분 0.05[%] 이하)을 사용하고 있다.

3 약제량 측정법

① 중량측정법
   용기밸브 개방장치 및 조작관 등을 떼어낸 후 저울을 사용하여 가스용기의 총중량을 측정한 후 용기에 부착된 중량표(명판)와 비교하여 충전량이 기재중량과 계량중량의 차이가 5[%] 이내가 되어야 한다.

② 액면측정법
   액화가스미터기로 액면의 높이를 측정하여 CO_2 약제량을 계산한다.

> 임계온도 : 액체의 밀도와 기체의 밀도가 같아지는 31.35[℃]

③ 비파괴검사법

4 이산화탄소소화약제의 소화효과 ▨ 15 년 출제

① 산소의 농도를 21[%]에서 15[%]로 낮추어 소화하는 질식효과
② 증기비중이 공기보다 1.517배로 무겁기 때문에 나타나는 피복효과
③ 이산화탄소 가스 방출 시 기화열에 의한 냉각효과

> 이산화탄소의 소화효과 : 질식, 피복, 냉각효과

1 할론소화약제의 개요 16 년 출제

할론이란 플루오린(F), 염소(Cl), 브로민(Br) 및 아이오딘(I) 등 할로겐족 원소를 하나 이상 함유한 화학물질을 말한다. 할로겐족 원소는 다른 원소에 비해 높은 반응성을 갖고 있어 할론은 독성이 적고 안정된 화합물을 형성한다.

(1) 할론소화약제의 특성

① 변질, 분해가 없고 전기부도체이다.
② 금속에 대한 부식성이 작다.
③ 연소 억제작용으로 부촉매 소화효과가 크다.
④ 값이 비싸다는 단점이 있다.

(2) 할론소화약제의 구비조건

① **기화**되기 쉬운 **저비점 물질**일 것
② **공기보다 무겁고 불연성**일 것
③ 증발 잔유물이 없어야 할 것

(3) 명명법

할론(Halon)이란 할로겐화 탄화수소(Halogenated Hydrocarbon)의 약칭으로 탄소 또는 탄화수소에 플루오린(F), 염소(Cl), 브로민(Br)이 함께 포함되어 있는 물질을 통칭하는 말이다. **예를 들면,** 할론 1211은 CF_2ClBr로서 1개의 탄소 원자, 2개의 플루오린 원자, 1개의 염소 원자 및 1개의 브로민 원자로 이루어진 화합물이다.

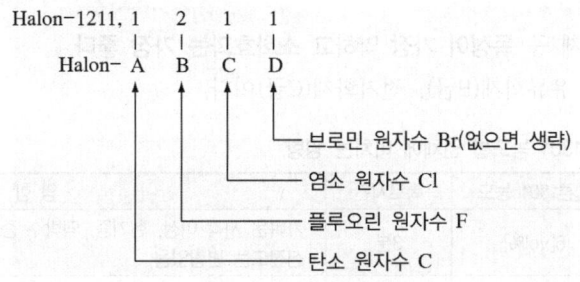

Halon-1211, 1 2 1 1
Halon- A B C D

— 브로민 원자수 Br(없으면 생략)
— 염소 원자수 Cl
— 플루오린 원자수 F
— 탄소 원자수 C

2 할론소화약제의 성상

(1) 할론소화약제의 물성 `11` `17` `19` `23` 년 출제

물 성 ＼ 종 류	할론1301	할론1211	할론2402	물 성 ＼ 종 류	할론1301	할론1211	할론2402
분자식	CF_3Br	CF_2ClBr	$C_2F_4Br_2$	상태(21[℃])	기 체	기 체	액 체
분자량	148.93	165.4	259.8	오존층파괴지수	14.1	2.4	6.6
임계온도[℃]	67.0	153.8	214.6	밀도[g/cm³]	1.57	1.83	2.18
임계압력[atm]	39.1	40.57	33.5	증기비중	5.1	5.7	9.0
임계밀도[g/cm³]	0.745	0.713	0.790	증발잠열[kJ/kg]	119	130.6	105

- 전기음성도 : F>Cl>Br>I   • 소화효과 : F<Cl<Br<I

(2) 할론소화약제의 종류

① 할론1301소화약제

  ㉠ 메테인(CH_4)에 플루오린(F) 3원자와 브로민(Br) 1원자가 치환되어 있는 약제이다.

> **구조식**
>
> $$Br-\overset{\displaystyle F}{\underset{\displaystyle F}{C}}-F$$

  ㉡ 분자식은 CF_3Br이며 분자량은 148.93이다.

  ㉢ **상온 21[℃]에서 기체**이며, 무색무취로 전기 전도성이 없으며 **공기보다 약 5.1배 무겁다.**

  ㉣ 21[℃]에서 약 1.4[MPa]의 압력을 가하면 액화될 수 있다.

  ㉤ **자체압력이 1.4[MPa]이므로 질소로 2.8[MPa]를 충전해 4.2[MPa]로 해야 전량 방출이 가능하다.**

  ㉥ 할론소화약제 중 **독성이 가장 약하고 소화효과는 가장 좋다.**

  ㉦ 적응화재는 유류화재(B급), 전기화재(C급)이다.

Plus one 할론1301 농도별 인체에 미치는 영향

할론1301 농도	폭로시간	영 향
6[vol%]	3분	• 가벼운 지각 이상, 현기증, 맥박수 증가 • 심전도는 변함없음
9[vol%]	3분	• 불쾌한 현기증, 맥박수 증가 • 심전도는 변화없음
10[vol%]	1분	• 가벼운 현기증과 지각 이상, 심전도 파고가 낮아진다. • 혈압이 내려간다. • 연이어 계속 폭로에 견딜 수 있음을 느낀다.
12 및 15[vol%]	1분	• 심한 현기증과 지각 이상, 심전도 파고가 낮아진다. • 1분 이상은 폭로에 견딜 수 없다. • 폭로 중지 후 1~5분 동안에 회복된다.

② 할론1211소화약제

  ㉠ 메테인(CH_4)에 플루오린(F) 2원자, 염소(Cl) 1원자, 브로민(Br) 1원자가 치환되어 있는 약제이다.

구조식

Cl
|
F − C − F
|
Br

  ㉡ 분자식은 CF_2ClBr이며 분자량은 165.4이다.

  ㉢ 상온에서 **기체**이며, 공기보다 약 5.7배 무겁고, 비점은 −4[℃]로서 이 온도에서 방출 시에는 액체 상태로 방사된다.

  ㉣ 적응화재는 유류화재, 전기화재이다.

③ 할론1011소화약제

  ㉠ 메테인(CH_4)에 염소(Cl) 1원자, 브로민(Br) 1원자가 치환되어 있는 약제이다.

구조식

H
|
Br − C − Cl
|
H

  ㉡ 분자식은 CH_2ClBr이며 분자량은 129.4이다.

  ㉢ 상온에서 **액체**이며, 증기비중(공기 = 1)은 4.5이고 기체의 밀도는 0.0058[g/cm^3]이다.

  ㉣ 독성이 심하여 현재 사용하지 않고 있다.

④ 할론2402소화약제 **23** 년 출제

  ㉠ 에테인(C_2H_6)에 플루오린(F) 4원자와 브로민(Br) 2원자를 치환한 약제이다.

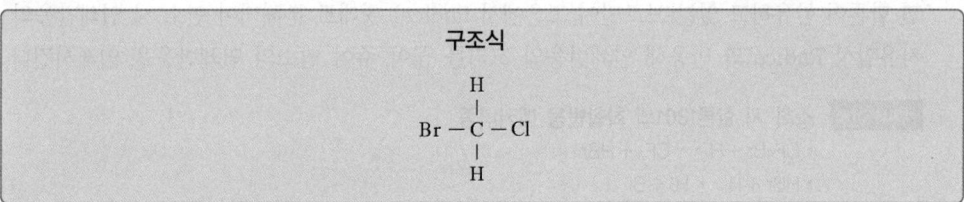

구조식

F F
| |
Br − C − C − Br
| |
F F

  ㉡ 분자식은 $C_2F_4Br_2$이며 분자량은 259.8이다.

  ㉢ 적응화재는 유류화재, 전기화재이다.

> **Plus one** • 휴대용 소형소화기 : 할론1011, 할론 2402
> • 상온에서 액체 : 할론1011, 할론2402

⑤ 할론104(사염화탄소)소화약제

  메테인(CH_4)에 염소 4원자를 치환시킨 약제로서 공기, 수분, 탄산가스와 반응하면 포스겐($COCl_2$)이라는 독가스를 발생하기 때문에 실내에 사용을 금지하고 있으며, CTC(Carbon Tetrachloride)라고도 한다. 사염화탄소는 무색투명한 휘발성 액체로서 특유한 냄새와 독성이 있다.

사염화탄소의 화학반응식
- 공기 중에서의 반응 : $2CCl_4 + O_2 \rightarrow 2COCl_2 + 2Cl_2$
- 수분과의 반응 : $CCl_4 + H_2O \rightarrow COCl_2 + 2HCl$
- 탄산가스와의 반응 : $CCl_4 + CO_2 \rightarrow 2COCl_2$
- 산화철과의 반응 : $3CCl_4 + Fe_2O_3 \rightarrow 3COCl_2 + 2FeCl_3$
- 발연황산과의 반응 : $2CCl_4 + H_2SO_4 + SO_3 \rightarrow 2COCl_2 + S_2O_5Cl_2 + 2HCl$

3 할론소화약제의 소화효과

(1) 물리적 효과

기체 및 액상 할론의 열 흡수, 액체 할론이 기화할 때와 할론이 분해할 때 주위의 열을 빼앗아 공기 중 산소 농도가 낮아지게 하는 희석효과로 공기 중의 산소 농도를 15[%] 이하로 낮추어 준다.

(2) 화학적 효과 13 년 출제

연소과정은 자유 Radical이 계속 이어지면서 연쇄반응이 이루어지는데, 이 과정에 할론소화약제가 접촉하면 할론이 함유하고 있는 브로민이 고온에서 Radical 형태로 분해되어 연소 시 연쇄반응의 원인물질인 자유활성 Radical과 반응해 연쇄반응의 꼬리를 끊어 주어 연소의 연쇄반응을 억제시킨다.

소화 시 할론1301의 화학반응 메커니즘
- $CF_3Br + H \rightarrow CF_3 + HBr$
- $HBr + H \rightarrow H_2 + Br$
- $Br + Br + M \rightarrow Br_2 + M$
- $Br_2 + H \rightarrow HBr + Br$

할론소화약제의 소화
- 소화효과 : 질식, 냉각, 부촉매효과
- 소화효과의 크기 : 사염화탄소 < 할론1011 < 할론2402 < 할론1211 < 할론1301

4 관련 용어

(1) 오존파괴지수(ODP) 11 23 년 출제

어떤 물질의 오존파괴능력을 상대적으로 나타내는 지표를 ODP(Ozone Depletion Potential, 오존파괴지수)라 한다. 기준물질 CFC-11($CFCl_3$)의 ODP를 1로 정하고 상대적으로 어떤 물질의 대기권에서의 수명, 물질의 단위질량당 염소나 브로민 질량의 비, 활성염소와 브로민의 오존파괴능력 등을 고려하여 그 물질의 ODP가 정해지는데 그 계산식은 다음과 같다.

$$ODP = \frac{\text{어떤 물질 1[kg]이 파괴하는 오존량}}{\text{CFC-11(CFCl}_3\text{) 1[kg]이 파괴하는 오존량}}$$

(2) 지구온난화지수(GWP) 23 년 출제

일정무게의 CO_2가 대기 중에 방출되어 지구온난화에 기여하는 정도를 1로 정하였을 때 같은 무게의 어떤 물질이 지구온난화에 기여하는 정도를 GWP(Global Warming Potential, 지구온난화지수)로 나타내며, 다음 식으로 정의된다.

$$GWP = \frac{\text{어떤 물질 1[kg]이 기여하는 온난화 정도}}{CO_2 \text{ 1[kg]이 기여하는 온난화 정도}}$$

(3) NOAEL(No Observed Adverse Effect Level) 11 년 출제

심장 독성시험 시 심장에 영향을 미치지 않는 최대허용농도

(4) LOAEL(Lowest Observed Adverse Effect Level) 18 년 출제

① 생물체의 성장기능, 신진대사 등에 영향에 주는 최소량으로 인체에 미치는 독성 최소 농도
② 심장 독성시험 시 심장에 영향을 미칠 수 있는 최소 허용농도
③ 이것보다 설계농도가 높은 소화약제는 사람이 없거나 30초 이내에 대피할 수 있는 장소에서만 사용할 수 있다.

제5절 할로겐화합물 및 불활성기체소화약제

1 소화약제의 개요

(1) 소화약제의 특성 10 년 출제

① 할론(할론1301, 할론2402, 할론1211은 제외) 및 불활성기체로, 전기적으로 비전도성이다.
② 휘발성이 있거나 증발 후 잔여물은 남기지 않는 액체이다.
③ 할론소화약제 대체용이다.

(2) 약제의 구비조건

① 독성이 낮고 설계농도는 NOAEL 이하일 것
② 오존파괴지수(ODP), 지구온난화지수(GWP)가 낮을 것
③ 소화효과는 할론소화약제와 유사할 것
④ 비전도성이고 소화 후 증발잔유물이 없을 것
⑤ 저장 시 분해되지 않고 용기를 부식시키지 않을 것

② 소화약제의 종류 <u>15</u> <u>23</u> 년 출제

소화약제	화학식
퍼플루오로뷰테인(이하 "FC-3-1-10"이라 한다)	C_4F_{10}
하이드로클로로플루오로카본혼화제(이하 "HCFC BLEND A"라 한다)	• HCFC-123($CHCl_2CF_3$) : 4.75[%] • HCFC-22($CHClF_2$) : 82[%] • HCFC-124($CHClFCF_3$) : 9.5[%] • $C_{10}H_{16}$: 3.75[%]
클로로테트라플루오로에테인(이하 "HCFC-124"라 한다)	$CHClFCF_3$
펜타플루오로에테인(이하 "HFC-125"라 한다)	CHF_2CF_3
헵타플루오로프로페인(이하 "HFC-227ea"라 한다)	CF_3CHFCF_3
트라이플루오로메테인(이하 "HFC-23"이라 한다)	CHF_3
헥사플루오로프로페인(이하 "HFC-236fa"라 한다)	$CF_3CH_2CF_3$
트라이플루오로아이오다이드(이하 "FIC-13I1"이라 한다)	CF_3I
불연성·불활성기체혼합가스(이하 "IG-01"이라 한다)	Ar
불연성·불활성기체혼합가스(이하 "IG-100"이라 한다)	N_2
불연성·불활성기체혼합가스(이하 "IG-541"이라 한다)	N_2 : 52[%], Ar : 40[%], CO_2 : 8[%]
불연성·불활성기체혼합가스(이하 "IG-55"라 한다)	N_2 : 50[%], Ar : 50[%]
도데카플루오로-2-메틸펜테인-3-원(이하 "FK-5-1-12"라 한다)	$CF_3CF_2C(O)CF(CF_3)_2$

③ 소화약제의 명명법

(1) 할로겐화합물 계열

① 분류 <u>22</u> 년 출제

계열	정의	해당 물질
HFC(Hydro Fluoro Carbons)계열	C(탄소)에 F(플루오린)와 H(수소)가 결합된 것	HFC-125, HFC-227ea, HFC-23, HFC-236fa
HCFC(Hydro Chloro Fluoro Carbons)계열	C(탄소)에 Cl(염소), F(플루오린), H(수소)가 결합된 것	HCFC-BLEND A, HCFC-124
FIC(Fluoro Iodo Carbons) 계열	C(탄소)에 F(플루오린)와 I(아이오딘)가 결합된 것	FIC-13I1
FC(PerFluoro Carbons)계열	C(탄소)에 F(플루오린)가 결합된 것	FC-3-1-10, FK-5-1-12

② 명명법

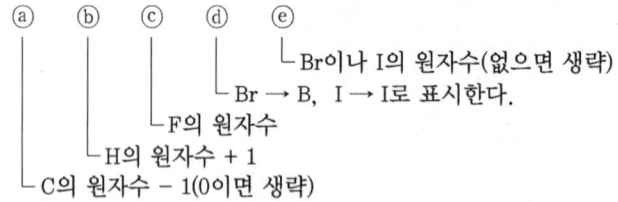

ⓐ C의 원자수 - 1(0이면 생략)
ⓑ H의 원자수 + 1
ⓒ F의 원자수
ⓓ Br → B, I → I로 표시한다.
ⓔ Br이나 I의 원자수(없으면 생략)

예 시

- HFC계열(HFC－227ea, CF_3CHFCF_3)
  - ⓐ → C의 원자수(3－1＝2)
  - ⓒ → F의 원자수(7)
- HCFC계열(HCFC－124, $CHCIFCF_3$)
  - ⓐ → C의 원자수(2－1＝1)
  - ⓒ → F의 원자수(4)
- FIC계열(FIC－13I1, CF_3I)
  - ⓐ → C의 원자수(1－1＝0, 생략)
  - ⓒ → F의 원자수(3)
  - ⓔ → I의 원자수(1)
- FC계열(FC－3－1－10, C_4F_{10})
  - ⓐ → C의 원자수(4－1＝3)
  - ⓒ → F의 원자수(10)

  ⓑ → H의 원자수(1＋1＝2)

  ⓑ → H의 원자수(1＋1＝2)

  ⓑ → H의 원자수(0＋1＝1)
  ⓓ → I로 표기

  ⓑ → H의 원자수(0＋1＝1)

(2) 불활성기체 계열

① 분 류 `10` `14` `21` **년 출제**

종 류	화학식
IG－01	Ar
IG－100	N_2
IG－55	N_2(50[%]), Ar(50[%])
IG－541	N_2(52[%]), Ar(40[%]), CO_2(8[%])

② 명명법

ⓧ　ⓨ　ⓩ
└─ CO_2의 농도[%] : 첫째자리 반올림(없으면 생략가능)
└─ Ar의 농도[%] : 첫째자리 반올림
└─ N_2의 농도[%] : 첫째자리 반올림

예 시

- IG－01
  - ⓧ → N_2의 농도(0[%]＝0)
  - ⓩ → CO_2의 농도(0[%]) : 생략
- IG－100
  - ⓧ → N_2의 농도(100[%]＝1)
  - ⓩ → CO_2의 농도(0[%]＝0)
- IG－55
  - ⓧ → N_2의 농도(50[%]＝5)
  - ⓩ → CO_2의 농도(0[%]) : 생략
- IG－541
  - ⓧ → N_2의 농도(52[%]＝5)
  - ⓩ → CO_2의 농도(8[%] → 10[%]＝1)

  ⓨ → Ar의 농도(100[%]＝1)

  ⓨ → Ar의 농도(0[%]＝0)

  ⓨ → Ar의 농도(50[%]＝5)

  ⓨ → Ar의 농도(40[%]＝4)

4 소화효과

(1) 할로겐화합물소화약제 `14` `년 출제`

① 억제(부촉매)효과

② 질식효과

③ 냉각효과

(2) 불활성기체소화약제 `14` `년 출제`

① 질식효과

② 냉각효과

제6절 분말소화약제

1 분말소화약제의 성상 `10` `13` `14` `16` `19` `23` `년 출제`

종 류	주성분	착 색	적응화재	열분해반응식
제1종 분말	탄산수소나트륨($NaHCO_3$)	백 색	B, C급	$2NaHCO_3 \rightarrow Na_2CO_3 + CO_2 + H_2O$
제2종 분말	탄산수소칼륨($KHCO_3$)	담회색	B, C급	$2KHCO_3 \rightarrow K_2CO_3 + CO_2 + H_2O$
제3종 분말	제일인산암모늄($NH_4H_2PO_4$)	담홍색, 황색	A, B, C급	$NH_4H_2PO_4 \rightarrow HPO_3 + NH_3 + H_2O$
제4종 분말	탄산수소칼륨 + 요소 $[KHCO_3 + (NH_2)_2CO]$	회 색	B, C급	$2KHCO_3 + (NH_2)_2CO \rightarrow K_2CO_3 + 2NH_3 + 2CO_2$

2 분말소화약제의 조건 `15` `년 출제`

① 분체의 안식각이 낮을수록 장기간 저장 및 취급이 용이하고 안전한 상태로 유지가 가능하고 유동성이 좋아진다.

② 시간경과에 따라 안정성이 높아야 한다.

③ 겉보기 비중값은 $0.82[g/mL]$ 이상이어야 한다.

④ 분말을 수면에 고르게 살포한 경우에 1시간 이내에 침강하지 않아야 한다.

3 열분해반응식

(1) 제1종 분말 `11` `17` `20` `년 출제`

① 1차 분해반응식(270[℃]) : $2NaHCO_3 \rightarrow Na_2CO_3 + CO_2 \uparrow + H_2O \uparrow - Q[kcal]$

② 2차 분해반응식(850[℃]) : $2NaHCO_3 \rightarrow Na_2O + 2CO_2 \uparrow + H_2O \uparrow - Q[kcal]$

> **Plus one** • 주방에서 발생한 식용유 화재의 소화 시 가연물과 반응하여 비누화 반응을 일으키므로 질식소화 및 재발 방지의 효과를 나타낸다.
> • 비누화 반응 : 알칼리의 작용으로 에스터가 가수분해되어 산의 알칼리염과 알코올이 생성되는 현상

(2) 제2종 분말

① 1차 분해반응식(190[℃]) : $2KHCO_3 \rightarrow K_2CO_3 + CO_2\uparrow + H_2O - Q[kcal]$

② 2차 분해반응식(590[℃]) : $2KHCO_3 \rightarrow K_2O + 2CO_2\uparrow + H_2O - Q[kcal]$

(3) 제3종 분말 `11` `17` 년 출제

① 190[℃]에서 분해 : $NH_4H_2PO_4 \rightarrow NH_3 + H_3PO_4 - Q[kcal]$(인산, 오쏘인산)

② 215[℃]에서 분해 : $2H_3PO_4 \rightarrow H_2O + H_4P_2O_7$(피로인산)

③ 300[℃]에서 분해 : $H_4P_2O_7 \rightarrow H_2O + 2HPO_3$(메타인산)

(4) 제4종 분말

$2KHCO_3 + (NH_2)_2CO \rightarrow K_2CO_3 + 2NH_3\uparrow + 2CO_2\uparrow - Q[kcal]$

4 분말소화약제의 품질기준

(1) 분말소화약제의 기준

항 목 　　　　　종 류	제1종 분말	제2종 분말	제3종 분말
순 도	90[%] 이상	92[%] 이상	75[%] 이상
첨가제	8[%] 이하	8[%] 이하	–
탄산나트륨 함량	2[%] 이하	–	–
물에 대한 용해성	–	–	• 용해분 : 20[wt%] 이하 • 불용해분 : 5[wt%] 이하
수분함유율 (상대습도 50[%] 이하)	0.2[wt%] 이하	0.2[wt%] 이하	0.2[wt%] 이하

$$수분함유율[\%] = \frac{원\ 시료\ 무게 - 건조\ 후\ 무게}{원\ 시료\ 무게} \times 100$$

(2) 분말소화약제의 입도 `10` 년 출제

분말약제의 입도가 너무 미세하거나 너무 커도 소화성능이 저하되므로, 미세도의 분포가 골고루 되어야 한다.

> **Plus one** 분말약제의 입도
> • 입도가 너무 적어도 커도 좋지 않다.
> • 입도는 골고루 분포되어 있어야 한다.
> • 입도의 크기 : **20~25미크론**

5 분말소화약제의 소화효과

(1) 제1종 분말과 제2종 분말

① 이산화탄소와 수증기에 의한 산소 차단으로 발생되는 **질식효과**

② 이산화탄소와 수증기의 발생 시 흡수열에 의한 **냉각효과**

③ 나트륨염과 칼륨염의 금속이온(Na^+, K^+)에 의한 **부촉매효과**

(2) 제3종 분말 `17` 년 출제

① 열분해 시 암모니아와 수증기에 의한 질식효과

② 열분해에 의한 냉각효과

③ 유리된 암모늄이온(NH_4^+)에 의한 부촉매효과

④ 메타인산(HPO_3)에 의한 방진작용(가연물이 숯불형태로 연소하는 것을 방지하는 작용)

⑤ 셀룰로오스에 의한 탈수효과

> **분말약제의 소화효과 : 질식, 냉각, 부촉매효과**

예상문제

001 물소화약제의 성질로 틀린 것은?

① 비열이 크다.

② 표면장력이 크다.

③ 점도가 낮다.

④ 열전도계수가 작다.

해설   물소화약제는 열전도계수가 크다.

정답   ④

002 물의 유체특성 중 바르지 않은 것은?

① 온도가 올라갈수록 물의 절대압도 높아진다.

② 온도가 올라갈수록 물의 증기압도 높아진다.

③ 압력을 가할 때 밀도의 변화가 크다.

④ 물은 극성 공유결합을 하고 있다.

해설   **물의 특성**
• 온도가 올라갈수록 물의 절대압과 증기압은 높아진다.
• 압력을 가할 때 밀도의 변화가 작다.
• 물은 극성 공유결합을 하고 있다.

정답   ③

003 물에 있어서 압력과 비등점과의 관계에 대해 옳게 설명된 것은?

① 압력이 증가하면 비등점은 높아진다.

② 압력이 증가하면 비등점은 낮아진다.

③ 압력과 비등점은 무관하다.

④ 압력과 비등점은 거의 같이 변한다.

해설   높은 산에 올라가서 밥을 지을 때 설익은 밥이 되는 것은 압력이 낮아져 비점이 낮아지기 때문이다.
그러므로 압력이 증가하면 비점이 높아진다.

정답   ①

004 물의 특성 중 옳지 않은 것은?

① 대기압하에서 100[℃]의 물이 수증기로 바뀔 때 체적은 1,000배 정도로 증가한다.
② 물의 기화잠열은 539[cal/g]이다.
③ 0[℃]의 물 1[g]이 100[℃]의 수증기로 되는 데 필요한 열량은 639[cal/g]이다.
④ 물의 융해잠열은 80[cal/g]이다.

해설　**물의 특성**
• 대기압하에서 100[℃]의 물이 수증기로 바뀔 때 체적은 1,700배 정도 증가한다(본문 참조).
• 물의 기화잠열 : 539[cal/g]
• 0[℃]의 물 1[g]이 100[℃]의 수증기로 되는 데 필요한 열량은 639[cal/g]이다.

$$Q = mc\Delta t + \gamma \cdot m$$
$$= 1[\text{g}] \times 1[\text{cal/g} \cdot \text{℃}] \times (100-0)[\text{℃}] + 539[\text{cal/g}] \times 1[\text{g}] = 639[\text{cal}]$$

• 물의 융해잠열 : 80[cal/g]

정답　①

005 냉각소화 시 소화약제로 물을 사용하는 것은 물의 어떤 성질을 이용한 것인가?

① 증발잠열　　　　　　　　② 용해열
③ 응고열　　　　　　　　　④ 응축열

해설　**물을 소화약제로 사용하는 이유** : 증발잠열과 비열이 크기 때문

정답　①

006 물의 기화열이 539[cal]란 어떤 의미인가?

① 0[℃]의 물 1[g]이 얼음으로 변화하는 데 539[cal]의 열량이 필요하다.
② 0[℃]의 얼음 1[g]이 물로 변화하는 데 539[cal]의 열량이 필요하다.
③ 0[℃]의 물 1[g]이 100[℃]의 물로 변화하는 데 539[cal]의 열량이 필요하다.
④ 100[℃]의 물 1[g]이 수증기로 변화하는 데 539[cal]의 열량이 필요하다.

해설　**기화열** : 100[℃]의 물 1[g]을 수증기로 변화시키는 데 필요한 열량(539[cal/g])

정답　④

007 소화약제 중 냉각효과가 가장 좋은 것은?

① 물소화약제　　　　　　　② 분말소화약제
③ 포소화약제　　　　　　　④ 할론소화약제

해설　**물소화약제** : 냉각효과

정답　①

008 물을 소화약제로 사용하는 경우 기대되는 소화효과와 관계가 없는 것은?

① 질 식 ② 냉 각 ③ 유 화 ④ 가연물의 분리

해설　**소화효과**
• 물 소화효과 : 질식, 냉각, 희석, 유화효과
• 제거효과 : 가연물의 분리

정답 ④

009 물의 소화성능을 향상시키기 위해 첨가하는 첨가제로 부적당한 것은?

① 침투제 ② 증점제 ③ 내유제 ④ 유화제

해설　물의 소화성능을 향상시키기 위해 첨가하는 첨가제 : 침투제, 증점제, 유화제
• 침투제 : 물의 침투성을 증가시키는 Wetting Agents
• 증점제 : 물의 점도를 증가시키는 Viscosity Agents
• 유화제 : 기름의 표면에 유화(에멀션)효과를 위한 첨가제(분무주수)

정답 ③

010 주수소화 시 물의 표면장력에 의해 연소물에 침투속도를 향상시키기 위해 첨가제를 사용한다. 적합한 것은?

① Ethylene Oxide ② Sodium Carboxy Methyl Cellulose
③ Wetting Agents ④ Viscosity Agents

해설　Wetting Agents : 주수소화 시 물의 표면장력을 감소시켜서 물의 침투성을 증가시키는 첨가제

Wetting Agents : 합성계면활성제

정답 ③

011 Wet Water에 대한 설명이다. 옳지 않은 것은?

① 물의 표면장력을 저하하여 침투력을 좋게 한다.
② 연소열의 흡수를 향상시킨다.
③ 다공질 표면 또는 심부화재에 적합하다.
④ 재연소 방지에는 부적합하다.

해설　Wet Water : 재연소 방지에 적합함

정답 ④

012 0[℃]의 물이 100[℃]의 수증기로 모두 기화하였을 경우 부피는 몇 배로 증가되어 질식효과가 있는가?

① 약 1,700배 ② 약 1,250배 ③ 약 1,000배 ④ 약 2,500배

해설　0[℃]의 물이 100[℃]의 수증기로 모두 기화하였을 경우 부피는 **약 1,700배**로 증가한다.

정답 ①

013 다음 중 소화용수로 사용되는 물의 동결방지제로 부적합한 것은?

① 글리세린　　　　② 염화나트륨　　　　③ 에틸렌글라이콜　　④ 프로필렌글라이콜

해설　**동결방지제** : 글리세린, 에틸렌글라이콜, 프로필렌글라이콜

> 염화나트륨(소금)은 온도를 낮출 수는 있지만 부식의 우려가 있다.

정답 ②

014 주수소화 시 주된 효과는 냉각효과이다. 냉각효과에 대한 설명으로 옳은 것은?

① 연소 과정에서 많은 열을 발생하면서 연소한다.
② 물의 기화열이 539[cal/g]으로 가연물의 연소에 필요한 에너지를 잃는다.
③ 가격이 싸기 때문에
④ 액화열을 이용한 냉각효과가 크기 때문에

해설　**주수소화 시 냉각효과** : 기화열이 크기 때문

정답 ②

015 물소화약제를 유류화재인 제4류 위험물 제3석유류인 중유 화재 시 사용하였을 경우의 소화효과와 관계가 없는 것은?

① 제 거　　　　② 유 화　　　　③ 냉 각　　　　④ 질 식

해설　**무상주수(중유에 적합)의 소화효과** : 냉각, 질식, 희석, 유화효과

정답 ①

016 제4류 위험물 화재 시 소화약제로 적합하지 않은 것은?

① 할론소화약제　　② 포소화약제　　③ 물(봉상)소화약제　④ 분말소화약제

해설　**제4류 위험물** : 봉상, 적상의 주수소화는 부적합

> 제4류 위험물 화재 시 봉상주수 : 연소면 확대로 부적합

정답 ③

017 강화액에 대한 설명으로 옳은 것은?

① 침투제가 첨가된 물을 말한다.
② 침투성을 높여 주기 위해서 첨가하는 계면활성제의 총칭이다.
③ 물이 저온에서 동결되는 단점을 보완하기 위해 첨가하는 액체이다.
④ 알칼리 금속염을 주성분으로 한 것으로 황색 또는 무색의 점성이 있는 수용액이다.

해설　**첨가제**
• 강화액 : 물이 저온에서 동결되는 단점을 보완하기 위해 첨가하는 액체
• 침투제 : 침투성을 높여 주기 위해서 첨가하는 계면활성제의 총칭

정답 ③

018 포소화약제 저장조에 약제의 주입과 교체 시에 주의사항으로 옳지 않은 것은?

① 충전 시는 밑부분에서 서서히 주입시킨다.

② 충전 시는 상부에서 흘려 넣는다.

③ 저장소는 청결히 한다.

④ 약제를 넣기 전에 완전 탈수한다.

해설 포소화약제를 저장조에 충전 시에는 상부로 주입하면 거품(Foam)이 발생하므로 하부로 서서히 주입해야 한다.

정답 ②

019 다음 중 포소화약제가 갖추어야 할 구비조건 중 틀린 것은?

① 유동성이 있어야 한다.　　　　② 비중이 커야 한다.

③ 바람에 견디는 힘이 커야 한다.　　④ 화재면에 부착하는 성질이 커야 한다.

해설 **포소화약제 특징(구비조건)**
- 포의 안전성이 좋아야 한다.　　　　• 독성이 적어야 한다.
- 유류와의 접착성이 좋아야 한다.　　• 포의 유동성이 좋아야 한다.
- 유류의 표면에 잘 분산되어야 한다.

정답 ②

020 기계포소화약제의 사용 시 소화의 작용과 관계가 먼 것은?

① 유류탱크의 화재 시 유면을 덮어 산소의 공급을 차단한다.

② 유동성이 있으나 접착력이 약해 일반화재에는 별 효과가 없다.

③ 질식, 냉각효과를 나타내므로 일반 유류화재에 적합하다.

④ 고압에 의해서 방사되므로 포 팽창비가 커 유류탱크의 화재에 적합하다.

해설 **기계포소화약제** : A급, B급 화재(냉각, 질식효과)

정답 ②

021 포소화약제가 가연성 액체 소화에 적합한 이유 중 옳지 않은 것은?

① 냉각 소화효과가 있기 때문이다.

② 질식 소화효과가 있기 때문이다.

③ 재연의 위험성이 적기 때문이다.

④ 연쇄반응의 억제효과가 있기 때문이다.

해설 **포소화약제** : A급, B급 화재(냉각, 질식효과)

분말, 할론소화약제 : 억제효과

정답 ④

022 공기포소화약제가 화학포소화약제보다 우수한 점으로 옳지 않은 것은?

① 혼합 기구가 복잡하지 않다.　　② 유동성이 크다.

③ 고체 표면에 점착성이 우수하다.　　④ 넓은 면적의 유류화재에 적합하다.

> 해설　공기포소화약제는 혼합 기구가 복잡하다.

정답 ①

023 화학포소화약제의 주성분으로서 다음 중 옳은 것은?

① 황산알루미늄과 탄산수소나트륨　　② 황산암모늄과 탄산수소나트륨

③ 황산나트륨과 탄산나트륨　　④ 황산알루미늄과 탄산나트륨

> 해설　화학포소화약제의 반응식
> $$6NaHCO_3 + Al_2(SO_4)_3 \cdot 18H_2O \rightarrow 3Na_2SO_4 + 2Al(OH)_3 + 6CO_2 + 18H_2O$$
>
> > 주성분 : 탄산수소나트륨($NaHCO_3$)과 황산알루미늄[$Al_2(SO_4)_3$]

정답 ①

024 포소화약제 중 화학포소화약제의 화학반응식은?

① $Al_2(SO_4)_3 \cdot 18H_2O + 6NaHCO_3 \rightarrow 3Na_2SO_4 + 2Al(OH)_3 + 6CO_2 + 18H_2O$

② $Al_2(SO_4)_3 \cdot 18H_2O + 3NaHCO_3 \rightarrow 3Na_2SO_4 + 2Al(OH)_3 + 3CO_2 + 18H_2O$

③ $Al_2(SO_4)_3 + 6NaHCO_3 \rightarrow 3Na_2SO_4 + 2Al(OH)_3 + 6CO_2$

④ $Al_2(SO_4)_3 \cdot 12H_2O + 3NaHCO_3 \rightarrow 3Na_2SO_4 + 2Al(OH)_3 + 3CO_2 + 12H_2O$

> 해설　문제 23번 참조

정답 ①

025 화학포소화약제에 관한 설명 중 옳지 않은 것은?

① A제에는 탄산수소나트륨을 사용한다.　　② B제에는 황산알루미늄을 사용한다.

③ 포안정제를 사용하여 포를 안정시킨다.　　④ 화학 반응된 물질은 침투성이 좋은 장점이 있다.

> 해설　화학포소화약제는 침투성은 좋지 않다.

정답 ④

026 화학포의 습식 혼합방식에서 물과 분말의 혼합비는 다음 중 어느 것인가?

① 물 1[L]에 분말 100[g]　　② 물 1[L]에 분말 120[g]

③ 물 1[L]에 분말 140[g]　　④ 물 1[L]에 분말 160[g]

> 해설　화학포소화액의 습식 혼합방식은 물 1[L]에 대하여 분말을 각각(A·B제) 120[g]씩 혼합하여 용해한다.

정답 ②

027 화학포의 방사원과 기계포의 방사원으로 옳게 짝지어진 것은?

① 이산화탄소-이산화탄소
② 이산화탄소-공기
③ 공기-공기
④ 공기-이산화탄소

> 해설 **포의 방사원**
> • 화학포의 방사원 : 이산화탄소
> • 기계포의 방사원 : 공기

정답 ②

028 그림은 공기포소화설비의 포(거품) 생성과정을 나타낸 것이다. 빈칸에 들어가야 할 사항들을 번호 순서대로 바르게 기재한 것은?

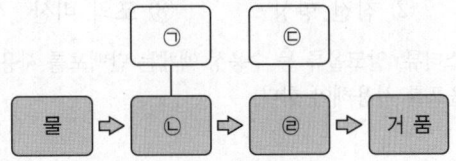

① ⓐ 포소화약제, ⓑ 혼합장치, ⓒ 공기, ⓓ 포방출구
② ⓐ 포소화약제, ⓑ 포방출구, ⓒ 물, ⓓ 혼합장치
③ ⓐ 포소화약제, ⓑ 혼합장치, ⓒ 물, ⓓ 포방출구
④ ⓐ 공기, ⓑ 포방출구, ⓒ 포소화약제, ⓓ 혼합장치

> 해설 물과 포소화약제가 혼합장치에서 혼합된 후 포방출구에 공기를 주입하여 거품을 일으켜 방출한다.

정답 ①

029 포소화약제에 대한 아래의 일반적 구성요소에서 (   )에 들어가는 물질은?

포소화약제의 구성 = 원액 + (   ) + 무기안정제

① 기포안정제
② 합성계면활성제
③ 경수(Light Water)
④ 아세톤

> 해설 포소화약제의 구성 = 원액 + 기포안정제 + 무기안정제
>
> | 기포안정제 : 계면활성제, 사포닌, 젤라틴, 가수분해단백질 |
> |---|

정답 ①

030 공기포에 관한 다음 설명 중 옳지 않은 것은?

① 공기포는 어느 가연성 액체보다 밀도가 작다.
② 공기포는 가연물과 공기와의 접촉차단에 의한 질식소화 기능을 가지고 있다.
③ 공기포는 수용성의 인화성 액체를 제외한 모든 가연성 액체의 화재에 탁월한 소화효과가 있다.
④ 공기포는 화원으로부터 방사되는 복사열을 차단하기 때문에 불의 확산을 예방하는 데도 유용하다.

> 해설 **공기포소화약제의 비중** : 0.9~1.2

정답 ①

031 포소화약제가 유류화재를 소화시킬 수 있는 능력과 관계가 없는 것은?

① 유류 표면으로부터 기포의 증발을 억제 또는 차단한다.
② 포가 유류 표면을 덮어 기름과 공기와의 접촉을 차단한다.
③ 수분의 증발잠열을 이용한다.
④ 포의 연쇄반응 차단효과를 이용한다.

> **해설** 포소화약제 : 질식, 냉각효과

정답 ④

032 수용성의 액체인화물에 단백포를 적용시킬 때 발생되는 문제점은?

① 악취 발생   ② 침전 형성   ③ 포의 비산   ④ 포의 소포

> **해설** 케톤류, 에스터류, 알코올류 등 수용성 액체는 단백포를 사용하면 소포(거품이 꺼짐)되므로 부적합하고 알코올포를 사용해야 한다.

정답 ④

033 다음은 수성막포(AFFF)의 장점을 설명한 것이다. 옳지 않은 것은?

① 석유류 표면장력을 현저히 증가시킨다.
② 석유류 표면에 신속히 피막을 형성하여 유류 증발을 억제한다.
③ 안전성이 좋아 장기보관이 가능하다.
④ 내약품성이 좋아 타약제와 겸용사용도 가능하다.

> **해설** **수성막포의 특징**
> • 석유류 화재에 적합
> • 장기보존 가능
> • 타약제와 겸용 가능

정답 ①

034 기름탱크에서 옥외로 유출된 기름으로 인하여 옥외에서 화재가 발생하였다면 화재의 소화에 가장 적합한 포소화약제는?

① 불화단백포소화약제   ② 단백포소화약제
③ 수성막포   ④ 합성계면활성제 포소화약제

> **해설** 수성막포는 유류화재 시 소화효과가 가장 크다.

정답 ③

035 포소화약제 중 항공기 격납고에 적합한 약제는?

① 단백포   ② 합성계면활성제포
③ 수성막포   ④ 내알코올포

> **해설** **수성막포** : 항공기 격납고에 적합한 포소화약제

정답 ③

036 수성막포가 가연성 기름의 표면에서 쉽게 퍼져 피막을 형성할 수 있는 것은 다음의 물리적 성질 중 어떤 성질 때문인가?

① 표면장력이 크기 때문이다.　　　　② 점성이 작기 때문이다.
③ 거품이 잘 깨어지기 때문이다.　　　④ 밀도가 작기 때문이다.

해설　수성막포는 표면장력이 크기 때문에 가연성 기름의 소화에 적합하다.

정답　①

037 공기포계면활성제가 첨가된 약제로서 일종 Light Water라고 불리는 약제는?

① 단백포소화약제　　　　　　　　　② 수성막포소화약제
③ 합성계면활성제포소화약제　　　　　④ 수용성 액체용포소화약제

해설　**수성막포** : 플루오린계통의 습윤제에 계면활성제가 첨가된 약제(Light Water)

정답　②

038 다음 포소화약제 중 기름탱크 주위에 흘러나온 기름에 소화효과가 가장 좋은 포약제는?

① 불화단백포　　　　　　　　　　② 단백포
③ 수성막포　　　　　　　　　　　④ 합성계면활성제포

해설　포소화약제 중 기름탱크 화재 시 수성막포가 소화효과가 가장 크다.

정답　③

039 내알코올포소화약제의 특성에 관한 설명 중 옳지 않은 것은?

① 물에 대해서는 화학반응이 있는 안정성을 갖는다.
② 수용성 위험물 화재에 대해 적합하다.
③ 단백질의 가수분해물에 합성세제를 혼합하여 만든 소화약제이다.
④ 사용 시 물과 오랫동안 섞여 있게 해서는 안 된다.

해설　내알코올포소화약제는 수용성 위험물 화재에 적합하므로 물과 혼합하여 지속성을 발휘해 소화효과가 나타난다.

정답　④

040 메탄올 저장 탱크의 소화설비에 가장 적합한 포소화약제는 다음 중 어느 것인가?

① 단백포소화약제　　　　　　　　　② 불화단백포소화약제
③ 수성막포소화약제　　　　　　　　④ 알코올포소화약제

해설　**알코올포소화약제** : 알코올, 에스터 등 수용성인 액체에 적합한 약제

정답　④

041 아세트알데하이드나 알코올과 같은 수용성인 화재에 적합한 포소화약제는?

① 단백포

② 불화단백포

③ 합성계면활성제포

④ 내알코올포

해설 아세트알데하이드(CH_3CHO), 알코올(CH_3OH, C_2H_5OH)과 같이 수용성인 물질은 내알코올포소화약제가 적합하다.

정답 ④

042 수용성 유류화재에 사용하는 포소화약제에 관련된 설명 중 옳지 않은 것은?

① 수용성 유류라함은 알코올류, 케톤류를 말한다.

② 수용성 유류라는 극성이 있는 액체라고 할 수 있다.

③ 석유류 화재에 적합한 것은 수용성 유류에도 일반적으로 적합하다.

④ 수용성 유류에는 내알코올형포소화약제가 적합하다.

해설 석유류(벤젠, 톨루엔) 화재에 적합한 것은 수용성 유류(아세톤, 알코올)에는 적합하지 않다.

정답 ③

043 다음의 합성계면활성제포 단점 중 옳지 않은 것은?

① 적열된 기름탱크 주위에는 효과가 작다.

② 가연물에 양이온이 있을 경우 발포성능이 저하된다.

③ 타약제와 겸용 시 소화효과가 좋지 않을 경우가 있다.

④ 유동성이 좋지 않다.

해설 합성계면활성제포 : 유동성이 좋다.

정답 ④

044 공기포(기계포)는 포의 팽창비에 따라 구분하는데 제2종 기계포의 팽창비는 얼마인가?

① 20배 이하

② 80배 이상 250배 미만

③ 250배 이상 500배 미만

④ 500배 이상 1,000배 미만

해설 포의 팽창비에 따른 분류

구 분		팽창비
저발포용		20배 이하
고발포용	제1종 기계포	80배 이상 250배 미만
	제2종 기계포	250배 이상 500배 미만
	제3종 기계포	500배 이상 1,000배 미만

정답 ③

045 다음 포의 소화약제 중 발포 노즐(Nozzle)에 저발포와 고발포를 임의로 발포할 수 있는 포소화약제는?

① 단백포소화약제
② 불화단백포소화약제
③ 합성계면활성제포소화약제
④ 수성막포소화약제

> **해설** **합성계면활성제포소화약제**
> • 저발포(3[%], 6[%])
> • 고발포(1[%], 1.5[%], 2[%]형)

정답 ③

046 단백포(3[%]) 소화약제 3[L]을 취하여 고정포방출구로 방출시켰더니 포의 체적이 3만[L]이였다. 고정포방출구로 방출된 포의 팽창비는 제 몇 종 기계포인가?

① 제1종 기계포
② 제2종 기계포
③ 제3종 기계포
④ 저발포(20배 이하)

> **해설**
> $$\text{팽창비} = \frac{\text{방출 후 포의 체적[L]}}{\text{방출 전 포수용액의 체적[L]}} = \frac{30,000[\text{L}]}{3/0.03} = 300\text{배}$$
>
> ∴ 팽창비가 300배이므로 제2종 기계포에 해당한다(팽창비 250배 이상 500배 미만).

정답 ②

047 내용적 2,000[mL]의 비커에 포를 가득 채웠더니 중량이 850[g]이었다. 그런데 비커 용기의 중량은 450[g]이었다. 이때 비커 속에 들어 있는 포의 팽창비는 얼마인가?(단, 포수용액의 비중은 1.15이다)

① 5배
② 6배
③ 7배
④ 8배

> **해설**
> $$\text{팽창비} = \frac{\text{방출 후 포의 체적[L]}}{\text{방출 전 포수용액의 체적(포원액 + 물)[L]}}$$
>
> • 방출 전 포수용액의 체적 $= \frac{(850-450)[\text{g}]}{1.15[\text{g/cm}^3]} = 347.8[\text{cm}^3]$
> • 방출 후의 포의 체적 $= 2,000[\text{mL}] = 2,000[\text{cm}^3]$
> ∴ 팽창비 $= \frac{2,000[\text{cm}^3]}{347.8[\text{cm}^3]} = 5.75 ≒ 6\text{배}$

정답 ②

048 3[%]의 단백포 15[L]를 취해서 포의 팽창비가 100이 되게 포 방출구로 방출하였다. 방출된 포의 체적[L]은 얼마인가?

① 5,000
② 15,000
③ 50,000
④ 55,000

> **해설**
> $$\text{팽창비} = \frac{\text{방출 후 포의 체적[L]}}{\text{방출 전 포수용액의 체적(원액의 양/농도)[L]}}$$
> 방출 후 포의 체적[L] = 팽창비 × 방출 전 포수용액의 체적
> $$= 100 \times (15/0.03) = 50,000[\text{L}]$$

정답 ③

049 공기포소화약제의 혼합방법 중 비례혼합방법의 경우 그 유량 허용범위는?

① 100~150[%]   ② 50~200[%]   ③ 50~100[%]   ④ 100~200[%]

해설   비례혼합방식의 유량 허용범위 : 50~200[%]

정답 ②

050 20[℃]에서 포소화약제의 비중을 측정하였을 경우 약제기준으로 옳지 않은 것은?

① 단백포소화약제 : 1.1 이상 1.2 이하

② 수성막포소화약제 : 1.0 이상 1.15 이하

③ 알코올형포소화약제 : 0.9 이상 1.2 이하

④ 합성계면활성제포소화약제 : 0.8 이상 1.1 이하

해설   포소화약제의 비중

물 성 \ 종 류	단백포	합성계면활성제포	수성막포	내알코올형포
pH(20[℃])	6.0~7.5	6.5~8.5	6.0~8.5	6.0~8.5
비중(20[℃])	1.1~1.2	0.9~1.2	1.0~1.15	0.9~1.2

정답 ④

051 이산화탄소소화약제의 설명 중 옳은 것은?

① 이산화탄소의 인체에 대한 허용 농도는 3,000[ppm]이다.

② 표준상태에서 액체 상태로 저장할 수 있다.

③ 액상을 유지하는 한계온도는 31.35[℃]로 이를 이산화탄소의 임계온도라 한다.

④ 이산화탄소의 농도가 20[%] 이상이 되면 호흡 곤란이 시작된다.

해설   이산화탄소소화약제의 특성
- 이산화탄소의 허용농도 : 5,000[ppm]
- 이산화탄소의 3중점 : -56.3[℃]
- 이산화탄소의 임계온도 : 31.35[℃]
- 이산화탄소의 농도가 20[%] 이상이 되면 중추신경이 마비되어 사망한다.

정답 ③

052 이산화탄소(CO_2)에 관한 설명으로 잘못된 것은?

① 기체 상태의 CO_2는 공기보다 무겁다.

② 액체 상태의 CO_2는 비중이 물보다 크다.

③ 대기압, 상온에서 CO_2는 무색무취의 기체이다.

④ 31.35[℃]에서 CO_2는 액체와 증기가 동일한 밀도를 갖는다.

해설 CO_2의 물성
- 대기압 상온에서 무색무취의 기체이다.
- 기체 상태의 CO_2는 증기비중은 1.52로서 공기보다 무겁다.
- 31.35[℃]에서 액체와 증기의 밀도는 0.464[g/mL]로서 동일하다.

정답 ②

053 불연성 가스 중 삼중점이 −56.3[℃]인 가스는?

① 질 소   ② 이산화탄소   ③ 아르곤   ④ 불 소

> **해설** CO_2 : 불연성 가스로, 삼중점이 −56.3[℃]이다.

정답 ②

054 다음의 4가지 상태조건 중 이산화탄소가 고체상태로 존재할 수 있는 조건은?

① −50[℃], 2기압   ② −60[℃], 2기압   ③ −70[℃], 1기압   ④ −80[℃], 1기압

> **해설**   이산화탄소가 고체상태로 존재할 수 있는 조건 : −80[℃], 1[atm]

정답 ④

055 이산화탄소의 삼중점은?

① 31[℃]   ② 60[℃]   ③ −56[℃]   ④ 0[℃]

> **해설** CO_2의 삼중점 : −56.3[℃]

> 삼중점 : 고체, 액체, 기체의 3상이 공존하는 온도

정답 ③

056 이산화탄소소화약제의 저장 취급 시 주의사항으로 틀린 것은?

① 주위 온도가 40[℃] 이하가 되게 해야 한다.
② 이산화탄소는 공기보다 가벼우므로 대기 중에 쉽게 확산된다.
③ 직사광선을 받지 않는 장소에 저장해야 한다.
④ 습기에 주의해야 한다.

> **해설**   이산화탄소(CO_2)는 분자량이 44이므로, 공기보다 1.51배(44/29) 무겁다.

정답 ②

057 탄산가스를 용기 내에 저장하는 경우 가스가 일부 방출되고 나면?

① 압력이 떨어진다.   ② 압력이 올라간다.
③ 압력은 변하지 않는다.   ④ 압력의 변화를 알 수 없다.

> **해설**   탄산가스는 저장 시 액체상태로 저장하므로 압력의 변화가 없다.

정답 ③

058 가스 중 소화약제로 쓰일 수 있는 가스는 어느 것인가?

① Cl_2 ② CO_2 ③ O_2 ④ CO

> **해설**   소화약제 : 이산화탄소(CO_2), 할론

정답 ②

059 이산화탄소소화약제의 소화효과에 대한 설명이다. 관계가 없는 것은?

① 냉각효과

② 질식효과

③ 피복작용

④ 희석작용

> **해설**　이산화탄소소화약제의 소화효과
> - 질식효과
> - 냉각효과
> - 피복작용
>
> | 물분무소화약제 : 질식, 냉각, 희석, 유화효과 |
> | --- |

정답 ④

060 다음 그림은 이산화탄소의 상태도이다. 그림 중 각 번호의 순서에 따라 상태를 옳게 기술한 것은 어느 것인가?

① ㉠ 고체, ㉡ 액체, ㉢ 기체

② ㉠ 액체, ㉡ 고체, ㉢ 기체

③ ㉠ 고체, ㉡ 기체, ㉢ 액체

④ ㉠ 고체, ㉡ 액체, ㉢ 고체

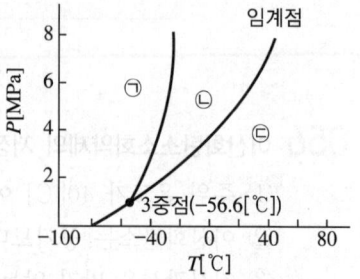

> **해설**　㉠ 고체, ㉡ 액체, ㉢ 기체

정답 ①

061 1[kg]의 이산화탄소가 기화하는 경우 체적은 약 몇 [L]인가?

① 22.4

② 224

③ 509

④ 535

> **해설**　표준상태에서 기체 1[g-mol]이 차지하는 부피 : 22.4[L]
>
> $$몰수 = \frac{W}{M} \, (W : 무게, \; M : 분자량)$$
>
> $$\therefore \; \frac{1,000[g]}{44[g]} \times 22.4[L] = 509[L]$$

정답 ③

062 1[kg]의 액화 이산화탄소가 15[℃]에서 대기 중으로 방출될 경우 몇 [L]가 되겠는가?

① 334   ② 537   ③ 734   ④ 934

해설 이상기체 상태방정식

$$PV = nRT, \quad V = \frac{nRT}{P}$$

여기서, P : 압력[atm] V : 부피[L] n : 몰수$\left(\dfrac{W}{M} = \dfrac{무게}{분자량} \right)$

R : 기체상수$\left(0.08205 \dfrac{[\text{L} \cdot \text{atm}]}{[\text{g} - \text{mol} \cdot \text{K}]} \right)$ T : 절대온도[K]

$$\therefore V = \frac{\frac{1{,}000[\text{g}]}{44} \times 0.08205 \times (273 + 15)}{1[\text{atm}]} = 537[\text{L}]$$

정답 ②

063 1기압 20[℃]에서 CO_2가스 2[kg]을 방출하였다. 방출된 이산화탄소의 체적[L]은 얼마나 되겠는가?

① 952   ② 1,018

③ 1,093   ④ 1,210

해설 $PV = nRT = \dfrac{W}{M} RT$

$$\therefore V = \frac{WRT}{PM} = \frac{2{,}000 \times 0.08205 \times (273 + 20)}{1 \times 44} = 1{,}093[\text{L}]$$

정답 ③

064 이산화탄소의 소요량의 계산식으로 맞는 것은?

① $CO_2[\%] = \dfrac{O_2 - 21}{21} \times 100$

② $CO_2[\%] = \dfrac{21 - O_2}{21} \times 100$

③ $CO_2[\%] = \dfrac{O_2 + 21}{21} \times 100$

④ $CO_2[\%] = \dfrac{21 + O_2}{O_2} \times 100$

해설 이산화탄소의 이론적 최소소화농도[%]

$$CO_2[\%] = \frac{21 - O_2[\%]}{21} \times 100$$

정답 ②

065 이산화탄소의 농도가 34[%]이면 산소의 연소한계 농도[%]를 얼마로 해야 하는가?

① 1.38

② 7.38

③ 13.86

④ 14.86

해설

$$CO_2 \text{ 농도}[\%] = \frac{21 - O_2}{21} \times 100$$

$$34[\%] = \frac{21 - O_2}{21} \times 100$$

$$\therefore O_2 = 13.86[\%]$$

혹은 O_2 농도 $= 21[\%] \times (1 - 0.34) = 13.86[\%]$

정답 ③

066 액화 이산화탄소 300[kg]이 가압용 가스용기에 충전되어 있을 때 용기의 내용적[L]은?

① 150

② 250

③ 350

④ 450

해설 충전비는 [L/kg]이므로

$$CO_2 \text{ 충전비 } 1.5 = \frac{\text{내용적[L]}}{300[kg]}$$

$$\therefore \text{내용적} = 1.5 \times 300 = 450[L]$$

정답 ④

067 다음의 가스소화약제 중 소화효과가 가장 떨어지는 것은?

① 수증기

② 이산화탄소

③ 질 소

④ 아르곤

해설 아르곤(Ar)은 불연성 가스이지만 소화약제로는 사용하지 않는다.

정답 ④

068 이산화탄소소화약제의 적용 시 운무현상이 발생하였다. 그 이유는?

① 이산화탄소의 소화작용으로 다량의 연소기체가 발생한다.

② 이산화탄소의 방사 시 주위의 온도가 내려가 고체탄산의 미세분말을 형성한다.

③ 이산화탄소의 방사 시 다량의 수증기가 발생한다.

④ 이산화탄소의 방사 시 주위의 온도가 내려가 대기 중의 수분이 응결한다.

해설 운무현상 : 이산화탄소의 방사 시 주위의 온도가 내려가 고체탄산의 미세분말을 형성하는 현상

이산화탄소소화약제 방출 시 실내의 온도는 −20[℃] 정도가 된다.

정답 ②

069 다음 중 이산화탄소소화약제의 주된 소화효과는?

① 연쇄반응 차단효과　　　　　　　② 제거효과

③ 질식효과　　　　　　　　　　　　④ 억제효과

해설　이산화탄소의 주된 소화효과 : 질식효과

정답 ③

070 다음의 소화약제 중 증발잠열[kJ/kg]이 가장 큰 것은 어느 것인가?

① 질 소　　　　② 할론1301　　　　③ 이산화탄소　　　④ 아르곤

해설　CO_2의 증발잠열은 576.5[kJ/kg]으로 가장 크다.

정답 ③

071 불연성 가스인 질소에 대한 설명 중 틀린 것은?

① 질소의 분자량은 28이고 공기 중에 79[%]가 함유되어 있다.

② 질소는 산소와 반응은 하나 발열반응이므로 불연성 가스로 취급한다.

③ 질소의 비점은 −195.6[℃]이고 산소의 비점은 −183[℃]이므로 산소가 먼저 기화된다.

④ 질소는 이산화탄소보다 증기비중이 작으며 인체에 대한 독성이 거의 없다.

해설　질소는 산화반응은 하나 **흡열반응**이므로 불연성 가스이다.

정답 ②

072 소화약제의 특성을 설명한 것 중 옳은 것은?

① 이산화탄소는 순도가 99.5[%] 이상인 것을 소화약제로 사용해야 한다.

② 이산화탄소소화약제가 할론소화약제보다 소화효과가 우수하다.

③ 할론소화약제의 분자량은 할론1301< 할론1211< 할론2402의 순서로 크다.

④ 할론2402는 상온에서 기체로 존재하므로 저장 시에는 고압으로 액화시켜 저장한다.

해설　**소화약제의 특성**

• 이산화탄소소화약제의 순도 : 99.0[%] 이상

• 소화효과 : 이산화탄소소화약제< 할론소화약제

• 할론소화약제의 분자량

할론 약제	할론1011	할론1301	할론1211	할론2402
분자량	129.4	148.93	165.4	259.8

∴ 분자량의 크기 : 할론1301< 할론1211< 할론2402

• 상온에서 약제의 상태

할론 약제	할론1011	할론2402	할론1211	할론1301
상 태	액 체		기 체	

정답 ③

073 다음 중 잘못된 것은?

① 할론1301 – 연쇄반응을 억제 또는 차단함으로써 연소를 중단시키므로 소화
② 할론2402 – 에테인(C_2H_6)의 유도체
③ 할론1211 – 할론소화약제 중 독성이 가장 적고, 생산가격도 저렴
④ 할론104 – 포스겐가스의 발생으로 현재 사용이 중지되었음

해설 할론1301은 인체에 대한 독성이 가장 약하다.

정답 ③

074 할론소화약제의 구비조건으로 옳지 않은 것은?

① 증발 잔유물이 없어야 한다.   ② 기화되기 쉬워야 한다.
③ 고비점 물질이어야 한다.   ④ 불연성이어야 한다.

해설 **할론소화약제의 구비조건**
• 저비점 물질로서 기화되기 쉬울 것 • 공기보다 무겁고 불연성일 것
• 증발 잔유물이 없을 것

정답 ③

075 연소의 연쇄반응을 차단하거나 억제하는 물질이 될 수 있는 가스 소화약제는?

① CO_2 ② CF_3Br
③ $NaHCO_3$ ④ $KHCO_3$

해설 **할론소화약제의 소화효과** : 질식효과, 냉각효과, 부촉매효과(연쇄반응을 차단)

종 류	할론1301	할론1211	할론1011	할론2402
화학식	CF_3Br	CF_2ClBr	CH_2ClBr	$C_2F_2Br_2$

정답 ②

076 다음 중 할론소화약제로 사용할 수 없는 것은?

① 할론1301   ② 할론1211
③ 할론2402   ④ 할론104

해설 할론104는 CCl_4이므로 독성이 심해 소화약제로 사용하지 않는다.

정답 ④

077 할론소화약제 중 오존파괴지수(ODP)가 가장 큰 것은?

① 할론1301   ② 할론1011   ③ 할론1211   ④ 할론2402

해설 **오존파괴지수(ODP ; Ozone Depletion Potential)**

약 제	할론1301	할론1211	할론2402
ODP	14.1	2.4	6.6

정답 ①

078 독성이 강하여 소화약제로 사용하지 않고 있는 할론소화약제는?

① 할론1301   ② 할론2402   ③ 할론1011   ④ 할론1211

해설 할론1011 : 독성이 강하여 사용하지 않고 있다.

정답 ③

079 독성이 강해서 지금은 사용하지 않는 것은?

① 할론1301   ② 할론1211   ③ 할론2402   ④ 할론104

해설 할론104(CCl_4)는 독성이 강하고 공기, 수분, 이산화탄소와 반응하면 포스겐이라는 맹독성 가스가 발생하므로 현재 사용하지 않는 약제이다.

정답 ④

080 할론소화약제 중 화학식이 틀린 것은?

① 할론1301 – CF_3Br ② 할론1211 – CF_2ClBr
③ 할론2402 – $C_2F_4Br_2$ ④ 할론1011 – $CHClBr$

해설 화학식

물 성 \ 종 류	할론1301	할론1211	할론2402	할론1011
분자식	CF_3Br	CF_2ClBr	$C_2F_4Br_2$	CH_2ClBr
분자량	148.93	165.4	259.8	129.4

정답 ④

081 할론1301소화약제의 화학식은?

① $C_2F_2Br_2$ ② CH_2ClBr ③ CF_3Br ④ CF_2ClBr

해설 할론1301 : CF_3Br

정답 ③

082 할론2402소화약제의 화학식은?

① CF_3Br ② CH_2ClBr ③ $C_2F_4Br_2$ ④ CF_2ClBr

해설 할론2402 : $C_2F_4Br_2$

정답 ③

083 다음 중 할론1301의 특징 중 틀린 것은?

① 이산화탄소에 비해 용기설치 용량은 1/3 이하이다.
② 이산화탄소에 비해 소화능력은 1.4배이다.
③ 금속에 대한 부식성이 작다.
④ 절연저항은 액상에서 $69.0 \times 10^6 [M\Omega/cm](20[℃])$이다.

해설 소화능력은 CO_2가 1일 때 할론1301은 3배이다.

정답 ②

084 다음 중 할론2402소화약제의 성상 중 틀린 것은?

① 임계온도 : 214.6[℃]
② 임계압력 : 3.40[MPa]
③ 임계밀도 : 790[kg/m³]
④ 증발잠열 : 194[kJ/kg]

> **해설** 할론2402의 물성
>
> | 물 성 | 분자식 | 분자량 | 임계온도
[℃] | 임계압력
[atm] | 오존층
파괴지수 | 임계밀도 | 증기비중 | 증발잠열
[kJ/kg] |
> |---|---|---|---|---|---|---|---|---|
> | 할론
2402 | $C_2F_4Br_2$ | 259.8 | 214.6 | 33.5 | 6.6 | 0.79[g/cm³]
(790[kg/m³]) | 9.0 | 105 |

정답 ④

085 할론소화약제 중 상온·상압에서 액체 상태인 것은 다음 중 어느 것인가?

① 할론2402
② 할론1301
③ 할론1211
④ 할론104

> **해설** • 할론2402, 1011 : 상온에서 액체   • 할론1301, 1211 : 상온에서 기체

정답 ①

086 다음의 할론소화약제 중 독성이 가장 약한 것은?

① 할론1211
② 할론1301
③ 할론1202
④ 할론1011

> **해설** 할론1301은 독성이 가장 약하고 소화효과가 가장 좋다.

정답 ②

087 할론1301 소화설비에서 다음의 조건이 주어졌을 때 방출오리피스의 분구면적은 얼마인가?(단, 단위 분구면적당의 방사량은 언제나 일정하다)

> [조 건]
> • 소요약제량 500[kg]
> • 약제방출시간 30초
> • 방출노즐 12개
> • 약제방출량 1.4[kg/s·cm²]

① 1[cm²]
② 11.9[cm²]
③ 0.86[cm²]
④ 0.59[cm²]

> **해설** Orifice 분구면적 = 소요약제량 ÷ 노즐수 ÷ 방출률 ÷ 방출시간
> = 500[kg] ÷ 12 ÷ 1.4[kg/s·cm²] ÷ 30[s] = 0.99[cm²] ≒ 1[cm²]

정답 ①

088 할론1301의 화학적 성질을 바르게 나타낸 것은?

① 무색무취의 비전도성이며 상온에서 기체이다.
② 연한 푸른색이 비전도성 기체이며 증기 밀도는 상온·상압에서 공기보다 5배 무겁다.
③ 무색 자극취가 있으며 상온에서 액체이다.
④ 비전도성의 기체이며 화염과 접촉하여 생긴 분해 생성물이 인체에 무해하다.

> **해설** 할론1301은 무색무취의 비전도성이며 상온에서 기체이다.

정답 ①

089 다음의 소화약제 중에서 분사헤드로부터 방출 시 액체의 분무상으로 방사되는 것은?

① 할론2402   ② 할론1301   ③ 할론1211   ④ 이산화탄소

> 해설   방출 시 액체의 분무상으로 방출되는 것 : 할론1011, 할론2402

정답 ①

090 할론1301(CF₃Br)소화약제가 열분해할 때 발생하는 기체로서 다음 중 틀린 것은?

① FBr   ② CF₃   ③ HBr   ④ Br₂

> 해설   할론1301 열분해 시 생성물 : HF, HBr, Br₂

정답 ①

091 소화능력이 가장 큰 할로겐 원소는 어느 것인가?

① F   ② Cl   ③ Br   ④ I

> 해설   할로겐 원소의 소화능력 : $F < Cl < Br < I$

정답 ④

092 할론1301소화기나 CO_2소화기의 소화약제는 소화기 내부에 어떤 상태로 보존되고 있는가?

① 할론1301 – 기체, CO_2 – 액체   ② 할론1301 – 액체, CO_2 – 기체
③ 할론1301 – 기체, CO_2 – 기체   ④ 할론1301 – 액체, CO_2 – 액체

> 해설   가스계(이산화탄소, 할론) 소화기는 내부에 소화약제 저장 시 액체로 저장한다.

정답 ④

093 할론1301의 소화효과의 주원리는?

① 냉각효과   ② 억제효과
③ 질식효과   ④ 산소의 희석효과

> 해설   **소화약제의 주된 소화효과**
> • 할론 : 부촉매(억제)효과
> • 이산화탄소, 분말 : 질식효과

정답 ②

094 할론1301소화약제 중 없는 할로겐원소는?

① 탄 소   ② 플루오린   ③ 염 소   ④ 브로민

> 해설   **할론1301소화약제의 명명법**
> 할론   1   3   0   1
>   탄소   플루오린   염소   브로민

정답 ③

095 할론1301소화약제의 측정방법 중 부적합한 것은?

① 압력측정법   ② 농도측정법   ③ 비중측정법   ④ 액위측정법

> 해설   **할론소화약제의 측정방법**
> - 압력측정법
> - 비중측정법
> - 액위측정법

정답 ②

096 기체 상태의 할론1301은 공기보다 몇 배 무거운가?(단, 할론1301의 분자량은 149이고 공기는 79[%]의 질소, 21[%]의 산소로만 구성되어 있다고 한다)

① 약 5.05배   ② 약 5.10배   ③ 약 5.17배   ④ 약 5.25배

> 해설   할론1301의 분자량이 149이고, 공기의 조성이 주어져 있으므로 공기의 평균 분자량을 구해야 한다.
> 공기의 평균 분자량 = $(28 \times 0.79) + (32 \times 0.21) = 28.84$
> ∴ $149 \div 28.84 = 5.17$배

정답 ③

097 질소가 용해되어 있는 50[kg]의 할론1211 용액에서 질소의 몰분율이 0.1이라면 용해된 질소의 양은 몇 [kg]인가?(단, 할론1211의 분자량은 165, 질소의 분자량은 28이다)

① 0.13   ② 0.93   ③ 1.93   ④ 2.13

> 해설   할론1211 50[kg]에 질소가 0.1[mol] 녹아있다면
> 질소의 양 $= 50[\text{kg}] \times \left[\dfrac{0.1 \times 28}{(0.1 \times 28) + (0.9 \times 165)} \right] = 0.93$이다.

정답 ②

098 공기 중 할론1301의 농도가 인체에 미치는 영향으로서 5분 정도 흡입하여 인체에 거의 해가 없는 기준치는 어느 정도인가?(단, 이 기준치는 유해 여부의 경계치를 말함)

① 7   ② 15   ③ 25   ④ 35

> 해설   할론1301은 7[%]의 농도로 5분 정도 흡입하더라도 인체에 해가 없다.

정답 ①

099 할론소화약제 중 수분과 반응하여 포스겐을 발생하는 것은?

① 할론1211   ② 할론1301   ③ 할론2402   ④ 할론104

> 해설   할론104(CCl_4)와 수분과의 반응식
> $CCl_4 + H_2O \rightarrow COCl_2 + 2HCl$

정답 ④

100 다음은 분말소화약제의 색상 중 틀린 것은?

① 제1종 분말 – 백색
② 제2종 분말 – 담회색
③ 제3종 분말 – 적자색
④ 제4종 분말 – 회색

해설　분말소화약제의 성상

종 류	주성분	착 색	적응 화재	열분해반응식
제1종 분말	탄산수소나트륨($NaHCO_3$)	백 색	B, C급	$2NaHCO_3 \rightarrow Na_2CO_3 + CO_2 + H_2O$
제2종 분말	탄산수소칼륨($KHCO_3$)	담회색	B, C급	$2KHCO_3 \rightarrow K_2CO_3 + CO_2 + H_2O$
제3종 분말	제일인산암모늄($NH_4H_2PO_4$)	담홍색, 황색	A, B, C급	$NH_4H_2PO_4 \rightarrow HPO_3 + NH_3 + H_2O$
제4종 분말	탄산수소칼륨 + 요소 $[KHCO_3+(NH_2)_2CO]$	회 색	B, C급	$2KHCO_3 + (NH_2)_2CO$ $\rightarrow K_2CO_3 + 2NH_3 + 2CO_2$

정답 ③

101 제1종 분말소화약제의 열분해반응식으로 옳은 것은?

① $2NaHCO_3 \rightarrow Na_2CO_3 + H_2O + CO_2 + Q[kcal]$
② $2NaHCO_3 \rightarrow Na_2CO_3 + H_2O + CO_2 - Q[kcal]$
③ $2KHCO_3 \rightarrow K_2CO_3 + H_2O + CO_2 + Q[kcal]$
④ $2KHCO_3 \rightarrow K_2CO_3 + H_2O + CO_2 - Q[kcal]$

해설　문제 100번 참조

정답 ②

102 탄산수소나트륨($NaHCO_3$)이 열과 반응하여 생기는 가스는 다음 중 어느 것인가?

① 일산화탄소
② 이산화탄소
③ 삼산화탄소
④ 질 소

해설　문제 100번 참조

정답 ②

103 제1종 소화분말인 탄산수소나트륨의 열분해 시 발생되는 물질과 관계가 없는 것은?

① 탄산나트륨
② 수증기
③ 탄산가스
④ 과산화수소

해설　제1종 분말소화약제의 열분해반응식
$2NaHCO_3 \rightarrow Na_2CO_3 + CO_2 + H_2O - Q[kcal]$

정답 ④

104 제1종 분말소화약제인 탄산수소나트륨의 함량[%]은 얼마 이상인가?

① 75
② 80
③ 90
④ 92

해설　제1종 분말의 탄산수소나트륨 : 90[%] 이상

정답 ③

105 다음 중 식용유 및 지방질유의 화재에 소화력이 가장 높은 것은?

① 탄산수소나트륨
② 탄산수소칼륨
③ 인산암모늄
④ 탄산수소칼슘

해설 식용유나 지방질유 화재에 적합한 분말소화약제 : 제1종 분말(탄산수소나트륨)

정답 ①

106 식용유 화재의 소화에는 제1종 분말소화약제가 제2종 분말소화약제보다 우수한 것으로 판명되었다. 그 이유로 가장 적합한 것은?

① 분말소화약제에 결합된 알칼리 금속은 분자량이 가벼울수록 식용유 화재에 대한 소화성능이 우수하다.
② 제1종 분말소화약제는 식용유와 비누화 반응을 일으켜 가연물의 가연성을 억제한다.
③ 연소의 연쇄반응을 일으키는 활성종의 흡착력이 제1종 분말소화약제가 더 크다.
④ 제2종 분말소화약제에 결합된 칼륨은 분자량이 무거워 식용유 밑으로 침전하여 소화력이 떨어진다.

해설 제1종 분말소화약제는 주방에서 발생한 식용유 화재의 소화 시 가연물과 반응하여 비누화 반응을 일으켜 가연물의 가연성을 억제한다.

정답 ②

107 제2종 소화분말의 색상은?

① 백 색
② 담회색
③ 담홍색
④ 회 색

해설 문제 100번 참조

정답 ②

108 제2종 분말소화약제의 방사 시 발생되는 물질과 관계가 없는 것은?

① CO_2
② H_2O
③ HPO_3
④ K_2CO_3

해설 제2종 분말소화약제의 열분해반응식
$$2KHCO_3 \rightarrow K_2CO_3 + CO_2 + H_2O - Q[kcal]$$

정답 ③

109 비중이 약 1.82로서 특히 A급 화재에 사용 시 효과가 큰 분말소화약제는?

① $NaHCO_3$
② $KHCO_3$
③ $KHCO_3 + (NH_2)_2CO$
④ $NH_4H_2PO_4$

해설 제3종 분말($NH_4H_2PO_4$) : A, B, C급 화재에 적합

정답 ④

110 다음은 분말소화약제 중 일반, 유류, 전기화재에 적합한 것은?

① $NaHCO_3$ ② $KHCO_3$ ③ $NH_4H_2PO_4$ ④ $KHCO_3 + (NH_2)_2CO$

> 해설   • 제1, 2, 4종 분말 : 유류, 전기화재
>   • 제3종 분말($NH_4H_2PO_4$) : 일반, 유류, 전기화재

정답 ③

111 제3종 분말소화약제의 주성분은 어느 것인가?

① 탄산수소나트륨($NaHCO_3$)   ② 탄산수소칼륨($KHCO_3$)
③ 제1인산암모늄($NH_4H_2PO_4$)   ④ 탄산수소칼륨과 요소[$KHCO_3 + (NH_2)_2CO$]

> 해설   문제 100번 참조

정답 ③

112 다음 분말소화약제 중 담홍색으로 착색하여 사용토록 되어 있는 약제는 어느 것인가?

① 탄산나트륨   ② 제일인산암모늄
③ 탄산수소나트륨   ④ 탄산수소칼슘

> 해설   문제 100번 참조

정답 ②

113 다음 분말소화약제 중 어느 종류의 화재에도 적응성이 있는 약제는 어느 것인가?

① $NaHCO_3$ ② $KHCO_3$ ③ $NH_4H_2PO_4$ ④ Na_2CO_3

> 해설   제3종 분말소화약제($NH_4H_2PO_4$)의 적응화재 : A급, B급, C급 화재

정답 ③

114 제3종 분말소화약제의 열분해반응식은?

① $NH_4H_2PO_4 \rightarrow NH_4 + H_2O + HPO_3 - Q$[kcal]
② $NH_4H_2PO_4 \rightarrow NH_3 + HPO_3 + H_2O - Q$[kcal]
③ $NH_4H_2PO_4 \rightarrow NH_3 + HPO_4 + H_2O - Q$[kcal]
④ $NH_4H_2PO_4 \rightarrow NH_4 + PO_3 + H_2O - Q$[kcal]

> 해설   제3종 분말소화약제 열분해반응식
> $NH_4H_2PO_4 \rightarrow NH_3 + HPO_3 + H_2O - Q$[kcal]

정답 ②

115 분말소화약제 중 이산화탄소를 발생하지 않는 것은?

① 제1종 분말   ② 제2종 분말   ③ 제3종 분말   ④ 제4종 분말

> 해설   문제 100번 참조

정답 ③

116 제4종 분말소화약제는?

① 탄산수소나트륨
② 탄산수소칼륨 + 요소
③ 탄산수소나트륨 + 요소
④ 제일인산암모늄

해설 문제 100번 참조

정답 ②

117 제3종 분말의 소화효과 중 부촉매 역할을 하는 것은?

① 이산화탄소   ② 암모니아   ③ 메타인산   ④ 암모늄이온(NH_4^+)

해설 **제3종 분말소화약제의 열분해반응식 및 소화효과**
- $NH_4H_2PO_4 \rightarrow HPO_3 + NH_3 + H_2O$
- 유리된 암모늄이온(NH_4^+)에 의한 부촉매효과가 있다.

정답 ④

118 인산암모늄을 기제로 한 분말소화약제의 소화작용과 직접 관련되지 않는 것은?

① 유리된 NH_4^+의 부촉매작용
② 열분해에 의한 냉각작용
③ 발생된 불연성 가스에 의한 질식작용
④ 수산기에 작용하여 연소의 계속에 필요한 연쇄반응 차단효과

해설 **인산암모늄을 기제로 한 분말소화약제(제3종 분말)의 소화작용**
- 열분해 시 암모니아와 수증기에 의한 질식작용
- 열분해에 의한 냉각작용
- 유리된 암모늄이온(NH_4^+)에 의한 부촉매작용
- 메타인산(HPO_3)에 의한 방진작용

정답 ④

119 제1인산암모늄계 분말약제가 A급 화재에도 좋은 소화효과를 보여주는 이유는 무엇인가?

① 인산암모늄계 분말약제가 열에 의해 분해되면서 생성되는 물질이 특수한 냉각효과를 보여주기 때문이다.
② 인산암모늄계 분말약제가 열에 의해 분해되면서 생성되는 다량의 불연성 가스가 질식효과를 보여주기 때문이다.
③ 인산 분말 암모늄계가 열에 의해 분해되면서 생성되는 불연성의 용융물질이 가연물의 표면에 부착되어 차단효과를 보여주기 때문이다.
④ 제1인산암모늄계 분말약제가 열에 의해 분해되어 생성되는 물질이 강력한 연쇄반응 차단효과를 보여주기 때문이다.

해설 인산 분말 암모늄계가 열에 의해 분해되면서 생성되는 불연성의 용융물질이 가연물의 표면에 부착되어 차단효과를 보여주기 때문에 A급 화재에도 효과가 있다.

정답 ③

120 분말소화약제 중 소화성능이 가장 우수한 약제는?

① 제1종 분말
② 제2종 분말
③ 제3종 분말
④ 제4종 분말

> 해설 소화성능은 제4종 분말(탄산수소칼륨 + 요소)이 가장 좋다.

정답 ④

121 주성분이 인산염류인 제3종 분말소화약제는 일반화재에 적합하다. 이유로서 적합한 것은?

① 열분해 생성물인 CO_2가 열을 흡수하므로 냉각에 의하여 소화된다.
② 열분해 생성물인 수증기가 산소를 차단하여 탈수작용을 한다.
③ 열분해 생성물인 메타인산(HPO_3)이 산소의 방진역할을 하므로 소화를 한다.
④ 열분해 생성물인 암모니아가 부촉매작용을 하므로 소화가 된다.

> 해설 **제3종 분말소화약제의 열분해반응식**
> $$NH_4H_2PO_4 \rightarrow NH_3 + H_2O + \underset{\text{(방진역할)}}{HPO_3}$$

정답 ③

122 다음 중 분말소화약제 중 충전비(비체적)가 가장 큰 것은?

① 제1종 분말
② 제2종 분말
③ 제3종 분말
④ 제4종 분말

> 해설 **분말소화약제의 충전비**

약제 종류	제1종 분말	제2, 3종 분말	제4종 분말
충전비	0.8	1.0	1.25

정답 ④

123 분말소화약제의 입자표면을 실리콘으로 표면처리하는 이유는?

① 약제의 유동성을 높이기 위해서이다.
② 약제가 습기를 흡수하지 않도록 하기 위해서이다.
③ 약제의 입자 크기를 작게 하기 위해서이다.
④ 약제가 열을 급속히 흡수하도록 하기 위해서이다.

> 해설 분말소화약제가 습기를 흡수하지 않도록 입자표면을 실리콘으로 표면처리한다.

정답 ②

124 분말소화약제의 분말 입도와 소화성능에 대하여 옳은 것은?

① 미세할수록 소화성능이 우수하다.

② 입도가 클수록 소화성능이 우수하다.

③ 입도와 소화성능과는 관련이 없다.

④ 입도가 너무 미세하거나 너무 커도 소화성능이 저하된다.

해설　분말소화약제의 입도는 너무 미세하거나 너무 커도 소화성능이 저하되므로 20~25[μm] 크기가 적당하다.

정답 ④

125 분말소화약제로서 소화효과가 가장 큰 것은 어느 것인가?

① 입자크기 10~15[μm]

② 입자크기 15~20[μm]

③ 입자크기 20~25[μm]

④ 입자크기 35~40[μm]

해설　분말소화약제 입자의 크기 : 20~25[μm]

정답 ③

126 분말소화약제가 방출된 후에는 배관 및 관로상을 어떻게 해야 하는가?

① 물로 청소한다.

② 기름으로 청소한다.

③ 고압기체로 청소한다.

④ 그대로 두어도 된다.

해설　분말소화설비에서 분말소화약제 방출 후 그대로 두면 분말소화약제가 응고되어 배관이 막힐 우려가 있어 고압가스로 청소를 해야 한다.

정답 ③

03 소방전기

제1절 직류회로

1 전기의 본질

(1) 물질의 구조

원자는 **원자핵**(Atomic Nucleus)과 그 주위의 **전자**(Electron)들로 구성(원자핵 : 양성자, 중성자)

입 자	전하량	질 량
양성자	$+1.60219 \times 10^{-19}$[C]	1.67261×10^{-27}[kg]
중성자	0[C]	1.67491×10^{-27}[kg]
전 자	-1.60219×10^{-19}[C]	9.10956×10^{-31}[kg]

(2) 총전하량

$$Q = n \cdot e[\text{C}]$$

여기서, n : 전자의 수 e : 전자 1개의 전하량[C]

2 전압과 전류

(1) 전기회로

① **전 류** 18 년 출제

㉠ 전자의 흐름이 **전류**(Electric Current)이고, 이 전류의 방향은 전자의 흐름과 반대방향으로 약속하여 사용하고 있다.

㉡ I[A] : 도체의 단면을 t[s] 동안에 통과하는 전기량(전하) Q[C]

$$I = \frac{Q}{t}[\text{A}], \quad Q = I \cdot t[\text{C}]$$

② **전 압** 18 년 출제

㉠ 전압(Voltage, [V]) : Q[C]의 전하가 두 점 사이를 이동했을 때 발생한 에너지 W[J]일 때의 전위차

$$V = \frac{W}{Q}[\text{V}]$$

㉡ 기전력(Electromotive Force, EMF) : 전류를 연속적으로 흐르게 하는 힘(능력)

ⓒ 전위(Electric Potential) : 회로의 임의의 점에서 **전압의 값**

ⓓ 접지(Earth) : 회로의 일부분을 대지에 접속하여 **0전위**가 되도록 한 것

ⓔ 전위차(Electric Potential Difference) : 회로에서 임의의 두 점 간의 **전위의 차**

③ 저항(Resistance)

　ⓐ 저항(R) : 전류의 흐름을 방해하는 작용, 단위는 ohm[Ω]

　ⓑ 컨덕턴스(G) : 저항의 역수, 단위는 mho([℧], [Ω^{-1}]) 또는 지멘스[S]

(2) 옴(Ohm)의 법칙

① 옴(Ohm)의 법칙 `10` `년 출제`

전류 I[A]의 크기는 전압 V[V]에 비례하고, 저항 R[Ω]에 반비례한다.

$$I = \frac{V}{R}\,[\text{A}] \qquad V = IR\,[\text{V}] \qquad R = \frac{V}{I}\,[\Omega]$$

② 전압 강하(Voltage Drop)

$$V_2 = V_1 - IR\,[\text{V}]$$

(3) 저항의 접속

① 직렬접속

　ⓐ 직렬 회로의 합성저항

$$V = V_1 + V_2 + V_3 = IR_1 + IR_2 + IR_3 = I(R_1 + R_2 + R_3)\,[\text{V}]$$

$$I = \frac{V}{R_1 + R_2 + R_3} = \frac{V}{R_o}\,[\text{A}]$$

합성저항 $R_0 = R_1 + R_2 + R_3\,[\Omega]$

R'[Ω] 저항 n개를 직렬로 접속한 경우 합성저항 $R_0 = nR'\,[\Omega]$

　ⓑ 직렬 회로의 전압 분배

$$V_1 = \frac{R_1}{R_1 + R_2}\,V\,[\text{V}] \qquad\qquad V_2 = \frac{R_2}{R_1 + R_2}\,V\,[\text{V}]$$

② 병렬접속 `16` `년 출제`

　ⓐ 병렬 회로의 합성저항

$$I_1 = \frac{V}{R_1}\,[\text{A}], \ \ I_2 = \frac{V}{R_2}\,[\text{A}], \ \ I_3 = \frac{V}{R_3}\,[\text{A}]$$

$$I = I_1 + I_2 + I_3 = \frac{V}{R_1} + \frac{V}{R_2} + \frac{V}{R_3} = V\left(\frac{1}{R_1} + \frac{1}{R_2} + \frac{1}{R_3}\right)$$

$$\frac{1}{R_0} = \frac{1}{R_1} + \frac{1}{R_2} + \frac{1}{R_3}\,[\Omega]$$

$$\text{합성저항 } R_0 = \frac{1}{\dfrac{1}{R_1} + \dfrac{1}{R_2} + \dfrac{1}{R_3}}\,[\Omega] = \frac{R_1 R_2}{R_1 + R_2}\,[\Omega]$$

$R'[\Omega]$의 값을 가진 저항 n개를 병렬로 접속한 경우 합성저항 $R_0 = \dfrac{R'}{n}[\Omega]$

ⓛ 병렬 회로의 전류 분배 **13** 년 출제

$$I_1 = \frac{V}{R_1} = \frac{IR_0}{R_1} = \frac{\frac{R_1 R_2}{R_1 + R_2} I}{R_1} = \frac{R_2}{R_1 + R_2} I [\text{A}]$$

$$I_2 = \frac{V}{R_2} = \frac{IR_0}{R_2} = \frac{\frac{R_1 R_2}{R_1 + R_2} I}{R_2} = \frac{R_1}{R_1 + R_2} I [\text{A}]$$

$$I_1 = \frac{R_2}{R_1 + R_2} I [\text{A}] \qquad I_2 = \frac{R_1}{R_1 + R_2} I [\text{A}]$$

(4) 전위의 평형

① 전위의 평형

전기회로의 두 점 사이의 **전위차가 0**이 되는 경우

② 휘트스톤 브리지(Wheatstone Bridge)

$I_1 P = I_2 Q$

$I_1 X = I_2 R$

$PR = XQ$

$$X = \frac{PR}{Q}$$

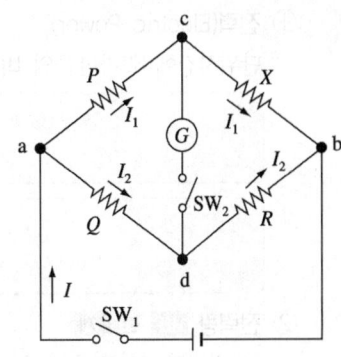

(5) 키르히호프의 법칙

① 제1법칙(전류에 관한 법칙, KCL)

회로망의 임의의 접속점에 출입하는 **전류**의 **대수합은 0**이다.

$$\sum_{k=1}^{n} I_k = 0$$

$I_1 + I_2 = I_3$

$I_1 + I_2 - I_3 = 0$

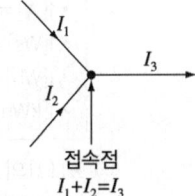

접속점
$I_1 + I_2 = I_3$

② 제2법칙(전압에 관한 법칙, KVL)

회로망 중의 임의의 폐회로 내에서 그 폐회로를 한 방향으로 일주하였을 때, 그 폐회로의 **전압 강하의 합**과 **기전력의 합**의 크기는 **같다.**

$$\sum_{k=1}^{n} V_k = 0$$

$E_1 - E_2 - I_1 R_1 + I_2 R_2 = 0$

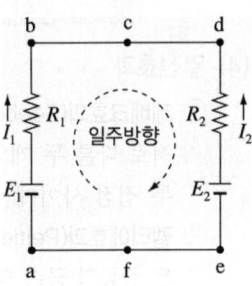

일주방향

3 전력과 열량

(1) 전류의 발열 작용 `13` `15` `18` 년 출제

줄의 법칙(Joule's Law) : 저항이 $R[\Omega]$인 도체에 $I[A]$의 전류가 $t[s]$ 동안 흐를 때 그 도체에 발생하는 열에너지

$$H = 0.24Pt = 0.24\,VIt = 0.24I^2Rt\,[\text{cal}]$$

여기서, P : 전력[W]　　　　t : 시간[s]　　　　V : 전압[V]
　　　　I : 전류[A]　　　　R : 저항[Ω]

(2) 필요한 열량

$$H = Cm\,(t_2 - t_1)\,[\text{kcal}]$$

여기서, m : 중량[kg]　　　　C : 평균비열[kcal/kg · ℃]
　　　　t_2 : 상승 후 온도[℃]　　　t_1 : 상승 전 온도[℃]

(3) 전력과 전력량 `10` `11` `15` `19` 년 출제

① 전력(Electric Power)

단위시간에 얼마만큼의 **비율**로 **일**을 하는가의 **척도**를 정량적으로 표시한 것(마력으로 환산 가능)

$$P = \frac{W}{t} = \frac{VIt}{t} = VI\,[\text{W}]$$

$$\text{전력}\ P = VI = I^2R = \frac{V^2}{R}\,[\text{W}]$$

② 전력량 `18` 년 출제

　㉠ 전력량 $W[\text{Ws}]$: $t[s]$ 동안에 전기가 한 일의 양을 표시한 것

- 1[W] = 1[J/s]
- 1[Ws] = 1[J]
- 1[Wh] = 3,600[J]
- 1[kWh] = 1,000 × 3,600[J] = 860[kcal]

　㉡ $R[\Omega]$의 저항에 $I[A]$의 전류가 $t[s]$ 동안 흐를 때의 열에너지

$$W = Pt = VIt = I^2Rt\,[\text{J}]\,([\text{W} \cdot \text{s}])$$

(4) 열전효과

① 제베크효과(Seebeck Effect) `21` 년 출제

서로 다른 두 개의 금속도선의 양끝을 연결하여 폐회로를 구성한 후 두 접합점에 온도차를 주면 두 접점 사이에서 열기전력이 발생하는 효과이다.

② 펠티에효과(Peltier Effect)

두 종류의 금속 양단을 접합하여 접합부에 전류를 흘리면 접합부에 열이 발생 또는 흡수하는 현상이다.

4 전기저항

(1) 고유저항(Specific Resistance)

① 고유저항 $\rho[\Omega \cdot m]$ 또는 저항률 : 전류의 흐름을 방해하는 작용은 물질의 종류에 따라 다르며 그 정도를 나타내는 것

② 전도율 : 고유저항의 역수로 전류가 잘 통하는 정도를 나타내는 것

$$\sigma = \frac{1}{\rho}[\mho/m]$$

③ 도체의 전기저항 $R[\Omega]$: 길이 $l[m]$에 비례하고, 단면적 $A[m^2]$에 반비례 **16** **17** **18** **년 출제**

$$R = \rho\frac{l}{A} = \rho\frac{l}{\pi r^2} = \rho\frac{4l}{\pi D^2}[\Omega]$$

(2) 저항의 온도계수

$$R_2 = R_1\{1 + \alpha_{t1}(t_2 - t_1)\}[\Omega]$$

여기서, R_1 : $t_1[℃]$일 때의 저항$[\Omega]$ R_2 : $t_2[℃]$일 때의 저항$[\Omega]$

α_{t1} : t_1의 온도에서 매 1[℃]마다의 저항 증가의 정도를 나타내는 온도계수

$\left(\dfrac{1}{234.5 + t_1}[1/℃]\right)$

5 전류의 화학작용과 전지

(1) 전기분해

① 전해질(Electrolyte)
  ㉠ 전리(Ionization) : 물질이 양(+)이온과 음(−)이온으로 분리되는 현상
  ㉡ 전해질(Electrolyte) : 전해액을 만드는 물질
② 전기분해(Electrolysis)
  전해액에 전류가 흐를 때 화학변화를 일으키는 현상
③ 전기분해에 관한 패러데이의 법칙(Faraday's Law)
  ㉠ 전기분해에 의해서 석출되는 물질의 양은 전해액을 통과한 총전기량에 비례한다.
  ㉡ 전기분해에 의해서 석출되는 물질의 양(W)은 전해액을 통과한 총전기량(Q)이 같으면 그 물질의 화학당량(k)에 비례한다.

$$W = kQ = kIt[g]$$

(2) 전 지

① 전지(Battery)

화학 변화에 의해서 물리적인 에너지를 전기에너지로 변환하는 장치

　㉠ 1차 전지

　　• 방전된 후 역으로 전지에 충전이 안 돼 재사용이 불가능한 전지

　　• 르클랑셰전지, 망간전지, 공기전지

　㉡ 2차 전지

　　• 방전된 후 충전에 의해 재사용이 가능한 전지

　　• 납(연)축전지, 알칼리축전지

② 분극작용(Polarization)

전지에 전류가 흐르면 양극의 표면에 수소가스가 발생하여 전류의 흐름을 방해함으로써 전지의 기전력을 저하시키는 현상

③ 국부작용(Local Action)

주로 전지의 전극과 불순물이 국부적인 하나의 회로를 구성하여 전지 내부에서 순환전류가 흘러 화학변화가 일어나 기전력이 감소하는 현상(예 전지를 쓰지 않고 오래두면 못쓰게 되는 현상)

④ 전지의 종류

　㉠ 건전지 : 1차 전지로 망간전지를 가장 많이 사용

　　• (+)극 : 탄소막대(C)

　　• (−)극 : 아연원통(Zn)

　　• 전해액 : 염화암모늄 용액($NH_4Cl + H_2O$)

　　• 감극제 : 이산화망가니즈(MnO_2)

　㉡ 납축전지 : 대표적인 2차 전지

　　• (+)극 : 이산화납(PbO_2)

　　• (−)극 : 납(Pb)

　　• 전해액 : 묽은 황산(H_2SO_4)

> **Plus one** 납(연)축전지의 충·방전 화학반응식 `14` 년 출제
>
> $$PbO_2 + 2H_2SO_4 + Pb \underset{충전}{\overset{방전}{\rightleftharpoons}} PbSO_4 + 2H_2O + PbSO_4$$
> (+)　　(전해액)　　(−)　　　　　(+)　　　(물)　　(−)
> (이산화납)　　　　　(납)　　　　(황산납)　　　　(황산납)

⑤ 충전방식

　㉠ 부동충전방식

　　• 축전지의 자기방전에 대한 충전과 상용부하(직류부하)에 대한 전원공급은 충전기가 부담하고 일시적인 대전류 부하는 축전지가 공급하는 방식

　　• 부동충전방식의 정류기 2차 전류

> $$I_L = 상시부하전류 + 축전지 충전전류$$

　　• 축전지 충전전류 : 축전지 용량을 10[h]에 충전하는 전류(납축전지)

ⓛ 세류충전방식 : 항상 자기 방전량만 충전하는 방식

ⓒ 균등충전방식 : 각 축전지의 전압을 균등하게 하기 위해 1~2개월마다 1회에 10~12시간 충전하는 방식

⑥ 전지의 접속

ⓐ 전지의 내부 저항

$$\bullet\ I = \frac{E}{R+r}[\text{A}] \qquad\qquad \bullet\ V = IR = E - Ir[\text{V}]$$

ⓑ 전지의 직렬접속(n개 접속)

$$E_0 = nE[\text{V}]$$

$$I_0 = \frac{nE}{nr+R}[\text{A}] \qquad\qquad r_0 = nr[\Omega]$$

ⓒ 전지의 병렬접속(m개 접속)

$$E_0 = E[\text{V}] \qquad\qquad r_0 = \frac{r}{m}[\Omega]$$

$$I_0 = \frac{E}{\dfrac{r}{m}+R}[\text{A}]$$

ⓓ 전지의 직·병렬접속(n개 직렬 접속, m개 병렬접속)

$$E_0 = nE[\text{V}] \qquad I_0 = \frac{nE}{\dfrac{nr}{m}+R}[\text{A}] \qquad r_0 = \frac{nr}{m}[\Omega]$$

제2절 정전용량과 자기회로

1 콘덴서의 정전용량

(1) 정전 유도

① 정전기(Static Electricity) : 대전에 의해 얻어진 전하

② 정전기력(Electrostatic Force) : 양(+)전하와 음(−)전하가 같은 종류의 전하끼리 반발하고 다른 종류의 전하끼리 **흡인**하는 작용

(2) 정전용량과 콘덴서 15 19 년 출제

① 정전용량(Electrostatic Capacity) 또는 캐패시턴스(Capacitance)
전원 전압 $V[\text{V}]$에 의해 축적된 전하를 $Q[\text{C}]$이라 하면 정전용량 $C[\text{F}]$는 $Q[\text{C}]$에 비례하고 $V[\text{V}]$에 반비례한다.

$$Q = CV \, [\mathrm{C}] \qquad\qquad C = \frac{Q}{V} \, [\mathrm{F}]$$

여기서, $C[\mathrm{F}]$: 전극이 전하를 축적하는 능력의 정도
V : 전압[V]
Q : 전하[C]
$1[\mathrm{F}]$: 1[V]의 전압을 인가하여 1[C]의 전하가 축적되는 경우의 정전용량

② 콘덴서의 구조

㉠ 2개의 도체 사이에 유전체를 끼워 넣어 캐패시턴스 작용을 하도록 만들어진 장치로 **캐패시터**(Capacitor) 또는 콘덴서(Condenser)라고 한다.

㉡ 평판 콘덴서의 정전용량 `14` `16` `년 출제`

$$C = \varepsilon \frac{d}{S} \, [\mathrm{F}]$$

여기서, C : 전하량 $\qquad\qquad \varepsilon$: 유전율
S : 콘덴서의 단면적 $\qquad d$: 콘덴서 간의 간격

`Plus one` **콘덴서의 정전용량을 크게 하기 위한 3가지 방법**
- 극판의 **면적**(A)을 넓게한다.
- 극판 간의 **간격**(l)을 작게한다.
- 극판 간에 넣는 유전체를 **비유전율**(ε_s)이 큰 것으로 사용한다.

(3) 콘덴서의 접속

① 병렬접속 `13` `년 출제`

$Q_1 = C_1 V \, [\mathrm{C}], \;\; Q_2 = C_2 V \, [\mathrm{C}], \;\; Q_3 = C_3 V \, [\mathrm{C}]$

전 전하 $Q = Q_1 + Q_2 + Q_3 = C_1 V + C_2 V + C_3 V = (C_1 + C_2 + C_3) \, V \, [\mathrm{V}]$

$$C_0 = C_1 + C_2 + C_3 \, [\mathrm{F}]$$

② 직렬접속 `13` `년 출제`

$Q = C_1 V_1 \, [\mathrm{C}], \;\; V_1 = \dfrac{Q}{C_1} [\mathrm{V}] \qquad Q = C_2 V_2 \, [\mathrm{C}], \;\; V_2 = \dfrac{Q}{C_2} [\mathrm{V}] \qquad Q = C_3 V_3 \, [\mathrm{C}], \;\; V_3 = \dfrac{Q}{C_3} [\mathrm{V}]$

전 전압 $V = V_1 + V_2 + V_3 = \dfrac{Q}{C_1} + \dfrac{Q}{C_2} + \dfrac{Q}{C_3} = Q \left(\dfrac{1}{C_1} + \dfrac{1}{C_2} + \dfrac{1}{C_3} \right) [\mathrm{V}]$

즉, $V = \dfrac{Q}{C} \, [\mathrm{V}]$는 $V = \dfrac{1}{C} Q \, [\mathrm{V}]$이다.

전체 합성정전용량 $\dfrac{1}{C_0} = \dfrac{1}{C_1} + \dfrac{1}{C_2} + \dfrac{1}{C_3}$

$$C_0 = \frac{1}{\dfrac{1}{C_1} + \dfrac{1}{C_2} + \dfrac{1}{C_3}} \, [\mathrm{F}]$$

(4) 정전에너지(Electrostatic Energy) `17` `년 출제`

콘덴서를 충전할 때 유전체 내에 축적되는 에너지

$$W = \frac{1}{2} VQ = \frac{1}{2} CV^2 [\text{J}]$$

(5) 정전 흡입력

① 콘덴서가 충전된 경우 양 극판 사이의 양(+)전하와 음(−)전하에 의한 정전 흡입력

$$F = \frac{1}{2} \varepsilon E^2 \cdot A [\text{N}]$$

② 단위면적당 정전 흡입력 $F_0 [\text{N/m}^2]$은 **전압의 제곱에 비례**한다.

$$F_0 = \frac{1}{2} \varepsilon_0 E^2 [\text{N/m}^2]$$

2 전계와 자계

(1) 전계의 세기

① 쿨롱의 법칙

다른 종류의 전하끼리는 **흡인력**이, 같은 전하끼리는 **반발력**이 작용하는데 이 **정전기력**(정전력)의 크기는 다음과 같다.

$$F = \frac{1}{4\pi\varepsilon_0} \times \frac{Q_1 Q_2}{\varepsilon_s r^2} = 9 \times 10^9 \times \frac{Q_1 Q_2}{r^2} [\text{N}] (\text{진공이나 공기 중에서 } \varepsilon_s = 1)$$

㉠ 진공의 유전율 : $\varepsilon_0 = 8.855 \times 10^{-12} [\text{F/m}]$
㉡ 유전율 : $\varepsilon = \varepsilon_0 \cdot \varepsilon_s [\text{F/m}]$
㉢ 진공 중의 빛의 속도 : $C_0 = 3 \times 10^8 [\text{m/s}]$

> **Plus one** 정전기력
> • 두 전하 사이에 작용하는 힘
> • 전하(Q)의 곱에 비례, 거리(r)의 제곱에 반비례

② 전계와 전기력선

㉠ **전계**(전기장) : 전기력이 작용하는 공간
㉡ 전기력선 : 전계의 **크기, 방향, 분포** 등의 상태를 이해하기 위한 가상의 선

> **Plus one** 전기력선의 성질
> • 전기력선은 (+)전하에서 나와 (−)전하로 들어감
> • 전기력선은 도중에 분리되거나 교차되지 않음
> • 전기력선 위의 한 점에서 그은 접선의 방향이 그 지점에서의 전기장의 방향임
> • 전기장에 수직한 단위 면적을 지나는 전기력선의 수는 전기장의 세기에 비례함
> • 전기력선이 조밀하게 나타나는 곳은 전기장의 세기가 크고, 전기력선이 듬성듬성 나타나는 곳은 전기장의 세기가 작음

③ 전계의 세기

　　㉠ 유전율 ε_s의 매질 내에서 Q[C]의 전하로부터 r[m]의 거리에 있는 점 P에서의 전계의 세기는 다음과 같다.

$$E = \frac{1}{4\pi\varepsilon_0\varepsilon_s} \times \frac{Q}{r^2} = 9 \times 10^9 \times \frac{Q}{r^2}[\text{V/m}] \text{(진공이나 공기 중에서 } \varepsilon_s = 1)$$

　　㉡ E[V/m]의 전계 중에 Q[C]의 전하를 놓으면 여기에 작용하는 전기력은 다음과 같다.

$$F = QE[\text{N}]$$

④ 전 위

　　㉠ 전계 E[V/m] 중의 한 점 A에 $+Q$[C]의 전하가 일정한 힘 F[N]을 받아 A점에서 l[m]만큼의 일을 했을 때의 에너지는 다음과 같다.

$$W = F \cdot l = EQ \cdot l \,[\text{J}]$$

　　㉡ A점에서 l만큼 이동한 B점 사이의 전위의 차를 **전위차(Potential Difference, V)**라고 한다.

$$V = \frac{W}{Q} = \frac{F \cdot l}{Q} = E \cdot l[\text{V}], \ [\text{V}] = \frac{[\text{J}]}{[\text{C}]}$$

⑤ 전위의 크기

　　유전율 ε의 매질 내에서 Q[C]의 단일 점전하로부터 r[m]의 거리에 있는 점 P에서의 **전위의 크기**는 다음과 같다.

$$V = 9 \times 10^9 \times \frac{Q}{\varepsilon r}[\text{V}]$$

(2) 자계의 세기

① 쿨롱의 법칙

$$\frac{1}{4\pi\mu_0} \times \frac{m_1 m_2}{\mu_s r^2} = 6.33 \times 10^4 \times \frac{m_1 m_2}{r^2}[\text{N}] \text{(단, 진공일 때 } \mu_s = 1)$$

　　　여기서, μ : 매질의 투자율(Permeability) $= \mu_0\mu_s$[H/m]
　　　　　　 μ_0 : 진공의 투자율(자속이 통하기 쉬운 정도) $= 4\pi \times 10^{-7}$[A/m]
　　　　　　 μ_s : 매질의 비투자율(진공, 공기 중 : $\mu_s = 1$)

② 자계의 세기

　　자기장(Magnetic Field) 또는 자계 : 자극에 대하여 **자력**이 작용하는 **공간**

　　㉠ **자계의 세기**

　　　• 1[Wb]의 자하에 1[N]의 자기력이 작용하는 자계의 크기(m)

　　　• 1[Wb]의 자하로부터 r[m] 거리에 있는 P에서의 자계의 세기

$$H = \frac{1}{4\pi\mu_0} \times \frac{m}{\mu_s r^2} = 6.33 \times 10^4 \times \frac{m}{r^2}[\text{AT/m}] \text{(단, 진공일 때 } \mu_s = 1)$$

ⓛ H[A/m]의 자계 중에 m[Wb]의 자하를 놓였을 때 작용하는 **자기력(자력)**

$$F = mH \, [\text{N}]$$

ⓒ 자기모멘트(Magnetic Moment) M : 자극의 **자하** m[Wb]와 자극 간의 **거리** l[m]와의 곱

$$M = ml \, [\text{Wb} \cdot \text{m}]$$

ⓔ 평등자계 H[AT/m] 중에 자기모멘트 M[Wb·m]의 **회전력**

$$T = MH\sin\theta = mlH\sin\theta \, [\text{N} \cdot \text{m}]$$

③ 자기유도

ⓐ 자속(Magnetic Flux) : 자극에서 나오는 **자기력선수(자력선)**

$$\text{자기력선수} \;\; N = \frac{m}{\mu} = \frac{m}{\mu_0 \mu_s} \, [\text{개}]$$

ⓑ 자속밀도(Magnetic Flux Density) : 자계의 크기가 자성체 내부의 자기적인 상태를 나타내기 위하여 자속의 방향에 수직인 단위 면적 1[m²]를 통과하는 자속의 수 `22` **년 출제**

$$\text{자속밀도} \;\; B = \frac{\Phi}{A} \, [\text{Wb/m}^2]$$

ⓒ 자속밀도와 자기장

- 진공(또는 공기 중) : $B = \mu_0 H \, [\text{Wb/m}^2]$
- 비투자율이 μ_R인 매질 중 : $B = \mu H = \mu_0 \mu_s H \, [\text{Wb/m}^2]$

ⓓ 자기유도(Magnetic Induction) : 철편 등을 자극에 가까이 하면 자기(Magnetic)가 나타나는 현상

ⓔ 자화의 세기(단위 체적당 자기모멘트)

$$J = \sigma = \frac{m}{A} = \frac{ml}{Al} = \frac{M}{V} \, [\text{Wb/m}^2]$$

④ 전류에 의한 자계 `14` `20` **년 출제**

ⓐ **앙페르**의 **오른나사 법칙**(Ampere's Right-handed Screw Rule) : **전류의 방향**을 오른나사가 진행하는 방향으로 하면, 이때 발생하는 **자계의 방향**은 **오른나사의 회전 방향**이 되는 법칙

ⓑ **비오-사바르의 법칙**(Biot-Savart's Law) : **전류**에 의해 발생되는 **자계의 세기**를 나타내는 법칙

$$\Delta H = \frac{I\Delta l}{4\pi r^2} \sin\theta \, [\text{AT/m}]$$

ⓒ 원형코일 중심의 자계의 세기

$$H_0 = \frac{I}{4\pi r^2} \Delta l = \frac{I}{2r} \, [\text{AT/m}] \;\; (\text{여기서, } r : \text{반지름[m]})$$

- 도체가 N회 감겨져 있는 경우 : $H = \dfrac{NI}{2r} \, [\text{AT/m}]$

3 자기회로

(1) 기자력과 자기저항

환상코일의 권수를 N, 자로의 길이 l[m]로 하여 전류 I[A]을 흘리면 내부자계의 세기는 다음과 같다.

$$H = \frac{NI}{l} \,[\text{AT/m}]$$

전자속 Φ[W]은 자속밀도 B[Wb/m^2], 단면적 A[m^2]일 때는 다음과 같다.

$$\Phi = BA = \mu HA = \mu \frac{NI}{l}A = \frac{NI}{\left(\dfrac{l}{\mu A}\right)} = \frac{NI}{R} \,[\text{Wb}]$$

$$R = \frac{l}{\mu A} = \frac{NI}{\Phi} \,[\text{AT/Wb}]$$

① 기자력(Magnetomotive Force)

자기회로에서 자속을 발생시키는 원동력

$$F = NI \,[\text{AT}]$$

② 자기저항(Magnetic Reluctance)

전기회로의 전기저항 R[Ω]에 대응되는 것으로, 자기회로의 길이 l에 비례하고 자로의 단면적 A와 투자율 μ의 곱에 반비례한다.

$$R = \frac{NI}{\Phi} = \frac{l}{\mu A} \,[\text{AT/Wb}]$$

(2) 자계의 계산

① 앙페르의 주회 적분의 법칙(Ampere's Circuital Law)

자계의 방향을 따라 전류 I[A]의 주위를 일주할 때 각 부분의 자계의 세기 H[AT/m]와 그 부분의 길이의 곱의 합은 전류 I[A]와 같다.

$$\sum Hl = NI \,[\text{AT}]$$

② 직선상 전류에 의한 자계의 세기

$$H = \frac{I}{2\pi r} \,[\text{AT/m}]$$

③ 환상 솔레노이드 내부 자계의 세기

$$H = \frac{NI}{2\pi r} \,[\text{AT/m}]$$

④ 무한장 솔레노이드 내부 자계의 세기

$$H = NI \,[\text{AT/m}] \,(\text{여기서, } N : \text{단위 길이당 권수})$$

4 전자력과 전자유도

(1) 전자력(Electro Magnetic Force)

자계 중에 있는 도체에 **전류**를 흘리면 작용하는 힘

① 플레밍의 왼손 법칙(Fleming's Left Hand Rule)

자계 중의 도체에 전류를 흘리면 전자력이 발생하는데 이 **전자력의 방향**을 결정하는 법칙(전동기)

② 전자력의 크기

$B[\text{Wb/m}^2]$인 평등 자계 중에서 자계와 도체가 이루는 각이 θ, 길이 $l[\text{m}]$인 도체에 전류 $I[\text{A}]$가 흐를 때 발생하는 전자력은 다음과 같다.

$$F = BIl\sin\theta \,[\text{N}]$$

(2) 전자유도

① 자속의 변화에 의한 유도 기전력

㉠ 전자유도(Electromagnetic Induction)

• 코일을 관통하는 자속을 변화시킬 때 기전력이 발생하는 현상

• 전자유도에 의해 발생된 기전력을 유도 기전력

㉡ 유도 기전력에 관한 **렌츠의 법칙**(Lenz's Law)

유도 기전력은 자신의 발생 원인이 되는 **자속의 변화**를 **방해**하려는 방향으로 발생한다.

㉢ 전자유도에 관한 **패러데이의 법칙** `13` `15` **년 출제**

유도 기전력의 크기는 코일을 지나는 **자속**의 변화량과 코일의 **권수**에 비례한다.

$$e = -N\frac{d\Phi}{dt}\,[\text{V}] \text{ (여기서, "–" 부호는 유도 기전력의 발생 방향)}$$

② 도체 운동에 대한 유도 기전력의 크기

$B[\text{Wb/m}^2]$인 평등 자계 중에서 길이 $l[\text{m}]$인 도체가 $v[\text{m/s}]$의 속도로 이동했을 때 유도 기전력은 다음과 같다.

$$e = Blv\sin\theta\,[\text{V}] \text{ (여기서, } \theta \text{ : 자계와 도체가 이루는 각)}$$

③ 플레밍의 오른손 법칙(Fleming's Right Hand Rule)

자계 중의 **도체가 운동**에 의해 **유도 기전력의 방향**을 결정하는 법칙(발전기)

(3) 인덕턴스

① 자체(자기)인덕턴스

㉠ **자체유도**(Self-Induction)

전자유도에 의해서 **코일 자신**에 **자속의 변화**를 방해하려는 방향으로 유도 기전력이 유도되는 현상

㉡ 자체인덕턴스(Self-Inductance) `23` **년 출제**

• 유도 기전력에 비례하므로 **코일 자체유도 능력**의 **정도**를 나타내는 양

• 권수 $N[$회$]$의 코일의 자체 인덕턴스

$$L = \frac{N\Phi}{I}\,[\text{H}]$$

② 상호인덕턴스

    ㉠ 상호유도(Mutual Induction) : 한쪽 코일의 전류가 변화할 때 다른 쪽 코일에 유도 기전력이 발생하는 현상

    ㉡ 상호인덕턴스 : 1차 코일에 $I_1[\text{A}]$의 전류를 흘렸을 때 권수 N_2의 상호 인덕턴스

$$M = \frac{N_2\Phi}{I_1}\,[\text{H}]$$

    ㉢ 결합계수(Coupling Coefficient) : **코일 간의 결합 정도**를 말하며, K는 1보다 작은 값을 가진다.

$$K = \frac{M}{\sqrt{L_1 L_2}}$$

③ 인덕턴스의 접속(전자 결합)

    ㉠ 결합 접속 : 1차와 2차 코일이 **동일한** 방향으로 접속된 경우의 합성인덕턴스 `15` **년 출제**

$$L = L_1 + L_2 + 2M\,[\text{H}]$$

    ㉡ 차동 접속 : 1차와 2차 코일의 방향이 **반대**로 접속된 경우의 합성인덕턴스 `13` `14` **년 출제**

$$L = L_1 + L_2 - 2M\,[\text{H}]$$

(4) 전자 에너지

① 전자 에너지

    ㉠ 자기인덕턴스에 축적되는 에너지 `19` `23` **년 출제**

$$W = \frac{1}{2}LI^2\,[\text{J}]$$

    ㉡ 자계의 단위체적에 축적된 에너지

$$W = \frac{BH}{2} = \frac{\mu H^2}{2} = \frac{B^2}{2\mu}\,[\text{J/m}^3]$$

② 자기 흡입력

$$F = \frac{\Delta W}{\Delta x} = \frac{1}{2}\frac{1}{\mu_0}B^2 A\,[\text{N}] = \frac{B^2 A}{2\mu_0}\,[\text{N}]$$

1 교류회로의 기초

(1) 정현파(사인파)의 교류

교류는 **시간**에 따라 **크기**와 **방향**이 변화하는데, 변화하는 형태에 따라 크게 **정현파(사인파)** 교류와 **비정현파(비사인파)** 교류로 분류한다.

① 파형(Wave Form)

교류의 **크기**와 **방향**을 시간의 변화에 따라 나타내는 곡선

② 주기와 주파수

㉠ 주기(Period)

$$T = \frac{1}{f} = \frac{2\pi}{\omega} \, [\text{s}]$$

㉡ 주파수(Frequency)

$$f = \frac{1}{T} = \frac{\omega}{2\pi} \, [\text{Hz}]$$

㉢ 각 주파수(Angular Frequency, 각속도) : 물체가 1초 동안에 f번 회전할 때의 회전각(교류의 변화 속도) 11 년 출제

$$\omega = 2\pi f \, [\text{rad/s}]$$

③ 위상차 : 주파수가 동일한 2개 이상의 교류 사이의 **시간적인 차이**

$$v_1 = V_m \sin(\omega t - \theta_1), \; v_2 = V_m \sin(\omega t - \theta_2) \text{의 위상차는 } \theta = \theta_2 - \theta_1 \, [\text{rad}]$$

(2) 교류의 표시

① 순시값과 최댓값

㉠ 순시값(Instantaneous Value) 11 년 출제

시각 t에서의 전압이나 전류가 순간 변화하고 있는 것을 나타내는 것

$$v = V_m \sin\omega t \, [\text{V}], \; i = I_m \sin\omega t \, [\text{A}]$$

㉡ 최댓값(Maximum Value) : 순시값 중에서 가장 큰 값 16 17 년 출제

$$V_m = \sqrt{2} \, V, \; I_m = \sqrt{2} \, I$$

② 실횻값(Effective Value)

순시값의 제곱에 대한 평균값의 제곱근 [18] 년 출제

$$V = \sqrt{\frac{1}{T}\int_0^T V^2 dt} = \sqrt{\frac{1}{2\pi}\int_0^{2\pi} V^2 d(\omega t)} = \frac{V_m}{\sqrt{2}} \fallingdotseq 0.707\,V_m[\mathrm{V}]$$

$$I = \sqrt{\frac{1}{T}\int_0^T i^2 dt} = \sqrt{\frac{1}{2\pi}\int_0^{2\pi} i^2 d(\omega t)} = \frac{I_m}{\sqrt{2}} \fallingdotseq 0.707 I_m[\mathrm{A}]$$

③ 평균값(Average Value)

순시값의 1주기 동안의 평균으로 정현파는 $\frac{1}{2}$ 기간의 평균이다.

$$V_{av} = \frac{1}{T/2}\int_0^{T/2} V dt = \frac{1}{\pi}\int_0^{\pi} V d(\omega t) = \frac{2}{\pi}V_m \fallingdotseq 0.637\,V_m[\mathrm{V}]$$

$$I_{av} = \frac{1}{T/2}\int_0^{T/2} i\,dt = \frac{1}{\pi}\int_0^{\pi} i\,d(\omega t) = \frac{2}{\pi}I_m \fallingdotseq 0.637 I_m[\mathrm{A}]$$

④ 파고율과 파형률

㉠ 파고율 : 교류의 전압 또는 전류의 **최댓값**을 **실횻값**으로 나눈 값

$$\text{정현파의 파고율} = \frac{\text{최댓값}}{\text{실횻값}} = \sqrt{2} \fallingdotseq 1.414$$

㉡ 파형률 : 교류의 전압 또는 전류의 **실횻값**을 **평균값**으로 나눈 값

$$\text{정현파의 파형률} = \frac{\text{실횻값}}{\text{평균값}} = \frac{\pi}{2\sqrt{2}} \fallingdotseq 1.111$$

Plus one 파형별 실횻값, 평균값 [22] 년 출제

값 \ 파 형	구형파	삼각파	정현파	전파정류파	반파정류파
최댓값	1	1	1	1	1
실횻값	1	$\frac{1}{\sqrt{3}}$	$\frac{1}{\sqrt{2}}$	$\frac{1}{\sqrt{2}}$	$\frac{1}{2}$
평균값	1	$\frac{1}{2}$	$\frac{2}{\pi}$	$\frac{2}{\pi}$	$\frac{1}{\pi}$

2 교류 전류에 대한 R-L-C 회로

(1) R-L-C의 동작

① 저항(R) 회로

$$i = \frac{v}{R} = \frac{V_m}{R}\sin\omega t = \frac{\sqrt{2}\,V}{R}\sin\omega t = \sqrt{2}\,I\sin\omega t[\mathrm{A}]$$

저항(R)만의 교류회로
- 전압과 전류의 위상은 **동상**이다.
- 전류의 실횻값 : $I = \dfrac{V}{R}$[A]
- 전압과 전류는 주파수와 파형이 **동일**하다.

② 인덕턴스(L) 회로

$$v = L\dfrac{di}{dt} = L\dfrac{d(I_m\sin\omega t)}{dt} = \omega L I_m\cos\omega t = \omega L I_m\sin\left(\omega t + \dfrac{\pi}{2}\right)[\text{V}]$$

코일 인덕턴스(L)만의 교류회로 `11` `14` **년 출제**
- 전압이 전류보다 위상이 90° **앞선다**.
- 전류의 실횻값 : $I_L = \dfrac{V}{\omega L}$[A]
- 유도리액턴스 : $X_L = \omega L = 2\pi f L[\Omega]$

③ 정전용량(C) 회로

$$i = C\dfrac{dv}{dt} = C\dfrac{d(V_m\sin\omega t)}{dt} = \omega C V_m\cos\omega t = \omega C V_m\sin\left(\omega t + \dfrac{\pi}{2}\right)$$

콘덴서(C)만의 교류회로 `11` **년 출제**
- 전압이 전류보다 위상이 90° **뒤진다**.
- 전류의 실횻값 : $I_C = \omega C V = \dfrac{V}{\dfrac{1}{\omega C}}$[A]

- 용량리액턴스 : $X_C = \dfrac{1}{\omega C} = \dfrac{1}{2\pi f C}[\Omega]$

(2) $R-L-C$의 직렬회로

① $R-L$ 직렬회로 `10` `18` `20` `21` **년 출제**

저항 $R[\Omega]$과 인덕턴스 $L[\text{H}]$의 직렬회로에 $\dot{V}$[V]의 정현파(사인파) 전압을 인가했을 때 회로에 흐르는 전류 $\dot{I}$[A]와의 관계는 다음과 같다.

㉠ $\dot{V} = V_R + V_L = \sqrt{V_R^2 + V_L^2} = \sqrt{(\dot{I}R)^2 + (\dot{I}X_L)^2}$
$= \dot{I} \cdot \sqrt{R^2 + X_L^2} = \dot{I} \cdot \sqrt{R^2 + (\omega L)^2}[\text{V}]$

㉡ $\dot{I} = \dfrac{\dot{V}}{\dot{Z}} = \dfrac{\dot{V}}{\sqrt{R^2 + X_L^2}} = \dfrac{\dot{V}}{\sqrt{R^2 + (\omega L)^2}} = \dfrac{\dot{V}}{\sqrt{R^2 + (2\pi f L)^2}}[\text{A}]$

㉢ $\dot{Z} = \sqrt{R^2 + X_L^2} = \sqrt{R^2 + (\omega L)^2}\,[\Omega]$

㉣ 위상차 $\theta = \tan^{-1}\dfrac{X_L}{R} = \tan^{-1}\dfrac{\omega L}{R} = \tan^{-1}\dfrac{2\pi f L}{R}[\text{rad}]$

㉤ 위상 : 전류($\dot{I}$)는 전압($\dot{V}$)보다 θ[rad]만큼 뒤진다(유도성 회로).

ⓑ 역률 $\cos\theta = \dfrac{R}{\dot{Z}} = \dfrac{R}{\sqrt{R^2+(\omega L)^2}}$

② ***R-C* 직렬회로** 13 21 **년 출제**

저항 $R[\Omega]$과 정전용량 $C[\mathrm{F}]$의 양단에 정현파(사인파) 전압 $\dot{V}[\mathrm{V}]$를 인가했을 때 흐르는 전류를 $\dot{I}[\mathrm{A}]$와의 관계는 다음과 같다.

ⓐ $\dot{V} = \sqrt{V_R{}^2 + V_C{}^2} = \sqrt{(\dot{I}R)^2 + (\dot{I}X_C)^2}$

$\quad = \dot{I}\cdot\sqrt{R^2+(X_C)^2} = \dot{I}\cdot\sqrt{R^2+\left(\dfrac{1}{\omega C}\right)^2}\,[\mathrm{V}]$

ⓑ $\dot{I} = \dfrac{\dot{V}}{\dot{Z}} = \dfrac{\dot{V}}{\sqrt{R^2+X_C{}^2}} = \dfrac{\dot{V}}{\sqrt{R^2+\left(\dfrac{1}{\omega C}\right)^2}}\,[\mathrm{A}]$

ⓒ $\dot{Z} = \sqrt{R^2+X_C{}^2} = \sqrt{R^2+\left(\dfrac{1}{\omega C}\right)^2}\,[\Omega]$

ⓓ 위상차 $\theta = \tan^{-1}\dfrac{X_C}{R} = \tan^{-1}\dfrac{1}{\omega CR} = \tan^{-1}\dfrac{1}{2\pi f CR}\,[\mathrm{rad}]$

ⓔ 위상 : 전류($\dot{I}$)는 전압($\dot{V}$)보다 $\theta[\mathrm{rad}]$만큼 앞선다(용량성 회로).

ⓕ 역률 $\cos\theta = \dfrac{R}{\dot{Z}} = \dfrac{R}{\sqrt{R^2+\left(\dfrac{1}{\omega C}\right)^2}}$

③ ***R-L-C* 직렬회로** 22 **년 출제**

***R-L-C* 직렬회로에 정현파(사인파) 전압 $\dot{V}[\mathrm{V}]$를 인가했을 때 전류 $\dot{I}[\mathrm{A}]$와의 관계는 다음과 같다.**

ⓐ $\dot{V} = V_R + V_L + V_C = \sqrt{V_R{}^2 + (V_L - V_C)^2}$

$\quad = \sqrt{(\dot{I}R)^2 + (\dot{I}X_L - \dot{I}X_C)^2} = \dot{I}\cdot\sqrt{R^2+(X_L-X_C)^2}$

$\quad = \dot{I}\cdot\sqrt{R^2+\left(\omega L - \dfrac{1}{\omega C}\right)^2}\,[\mathrm{V}]$

ⓑ $\dot{I} = \dfrac{\dot{V}}{\dot{Z}} = \dfrac{\dot{V}}{\sqrt{R^2+(X_L-X_C)^2}} = \dfrac{\dot{V}}{\sqrt{R^2+\left(\omega L - \dfrac{1}{\omega C}\right)^2}}\,[\mathrm{A}]$

ⓒ $\dot{Z} = \sqrt{R^2+\left(\omega L - \dfrac{1}{\omega C}\right)^2}\,[\Omega]$

ⓓ 위상차

$$\theta = \tan^{-1}\dfrac{(X_L-X_C)}{R} = \tan^{-1}\dfrac{\left(\omega L - \dfrac{1}{\omega C}\right)}{R}\,[\mathrm{rad}]$$

ⓔ 위 상

• $X_L > X_C\left(\omega L > \dfrac{1}{\omega C}\right)$: 전류($\dot{I}$)는 전압($\dot{V}$)보다 $\theta[\mathrm{rad}]$만큼 뒤진다(유도성 회로).

• $X_L < X_C\left(\omega L < \dfrac{1}{\omega C}\right)$: 전류($\dot{I}$)는 전압($\dot{V}$)보다 $\theta[\mathrm{rad}]$만큼 앞선다(용량성 회로).

- $X_L = X_C \left(\omega L = \dfrac{1}{\omega C} \right)$: $\dot{V}$와 $\dot{I}$는 동상이다(직렬 공진).

ⓑ 역 률

$$\cos\theta = \frac{R}{\dot{Z}} = \frac{R}{\sqrt{R^2 + (X_L - X_C)^2}} = \frac{R}{\sqrt{R^2 + \left(\omega L - \dfrac{1}{\omega C} \right)^2}}$$

④ 직렬 공진

ⓐ 직렬회로의 임피던스 $\omega L = \dfrac{1}{\omega C}$(직렬 공진 조건)일 때

- **임피던스**는 **최소**이다[$Z = R$(최소)].
- **리액턴스 성분**은 **0**이다($X_L - X_C = 0$).
- **전압**과 **전류**는 **동상**이다.
- 전류는 **최대**이다$\left(I = \dfrac{V}{Z} = \dfrac{V}{R} \right)$.

ⓑ 공진 주파수(f_0)

$\omega L = \dfrac{1}{\omega C}$, $\omega^2 = \dfrac{1}{LC}$, $(2\pi f_0)^2 = \dfrac{1}{LC}$

$$f_0 = \frac{1}{2\pi\sqrt{LC}} \,[\text{Hz}]$$

ⓒ 선택도(전압 확대율, Q)

$\dfrac{V_L}{V} = \dfrac{\omega L}{R}$, $\dfrac{V_C}{V} = \dfrac{1}{\omega CR}$

$$Q = \frac{\omega L}{R} = \frac{1}{\omega CR} = \frac{1}{R} \cdot \sqrt{\frac{L}{C}}$$

(3) 병렬회로

① **$R-L$ 병렬회로**

저항 $R[\Omega]$과 인덕턴스 $L[\text{H}]$의 병렬회로에 $\dot{V}[\text{V}]$의 정현파(사인파) 전압을 인가했을 때 회로에 흐르는 전류 $\dot{I}[\text{A}]$와의 관계는 다음과 같다.

ⓐ $\dot{I} = \sqrt{I_R{}^2 + I_L{}^2} = \sqrt{\left(\dfrac{\dot{V}}{R} \right)^2 + \left(\dfrac{\dot{V}}{\omega L} \right)^2} = \dot{V} \cdot \sqrt{\left(\dfrac{1}{R} \right)^2 + \left(\dfrac{1}{\omega L} \right)^2}$

$\quad = \dot{V} \cdot Y\,[\text{A}]$

ⓑ $\dot{Z} = \dfrac{1}{\sqrt{\left(\dfrac{1}{R} \right)^2 + \left(\dfrac{1}{\omega L} \right)^2}} = \dfrac{RX_L}{\sqrt{R^2 + X_L{}^2}}\,[\Omega]$

ⓒ 어드미턴스(Admittance) : 임피던스 $\dot{Z}$의 역수 $\left(Y=\dfrac{1}{Z}\right)$

$$Y=\frac{1}{Z}=\sqrt{\left(\frac{1}{R}\right)^2+\left(\frac{1}{\omega L}\right)^2}=\sqrt{G^2+B^2}\,[\mho]$$

ⓔ 위상차

$$\theta=\tan^{-1}\frac{I_L}{I_R}=\tan^{-1}\frac{R}{\omega L}\,[\text{rad}]$$

ⓜ 위상 : 전류($\dot{I}$)는 전압($\dot{V}$)보다 θ[rad]만큼 뒤진다(**유도성 회로**).

ⓗ 역 률

$$\cos\theta=\frac{I_R}{I}=\frac{G}{Y}=\frac{R}{\sqrt{\left(\frac{1}{R}\right)^2+\left(\frac{1}{\omega L}\right)^2}}=\frac{X_L}{\sqrt{R^2+{X_L}^2}}=\frac{\omega L}{\sqrt{R^2+(\omega L)^2}}$$

② **R-C 병렬회로**

저항 $R[\Omega]$과 정전용량 $C[\text{F}]$의 병렬회로에 정현파(사인파) 전압 $\dot{V}[\text{V}]$를 인가했을 때 흐르는 전류 $\dot{I}[\text{A}]$와의 관계는 다음과 같다.

ⓐ $\dot{I}=\sqrt{{I_R}^2+{I_C}^2}=\sqrt{\left(\dfrac{\dot{V}}{R}\right)^2+(\omega C\dot{V})^2}=\dot{V}\cdot\sqrt{\left(\dfrac{1}{R}\right)^2+(\omega C)^2}$

    $=\dot{V}\cdot Y[\text{A}]$

ⓑ $\dot{Z}=\dfrac{1}{\sqrt{\left(\dfrac{1}{R}\right)^2+(\omega C)^2}}\,[\Omega]$

ⓒ $Y=\dfrac{1}{Z}=\sqrt{\left(\dfrac{1}{R}\right)^2+(\omega C)^2}=\sqrt{G^2+B^2}\,[\mho]$

ⓔ 위상차

$$\theta=\tan^{-1}\frac{I_C}{I_R}=\tan^{-1}\omega CR\,[\text{rad}]$$

ⓜ 위상 : 전류($\dot{I}$)는 전압($\dot{V}$)보다 θ[rad]만큼 앞선다(**용량성 회로**).

ⓗ 역 률

$$\cos\theta=\frac{I_R}{I}=\frac{G}{Y}=\frac{R}{\sqrt{\left(\frac{1}{R}\right)^2+(\omega C)^2}}=\frac{X_C}{\sqrt{R^2+{X_C}^2}}=\frac{1}{\sqrt{1+\omega^2C^2R^2}}$$

③ **R-L-C 병렬회로**

$R-L-C$ 병렬회로에 정현파(사인파) 전압 $\dot{V}[\text{V}]$를 인가했을 때 전류 $\dot{I}[\text{A}]$와의 관계는 다음과 같다.

$\bigcirc$ $\dot{I} = \sqrt{I_R{}^2 + I_X{}^2} = \sqrt{I_R{}^2 + (I_C - I_L)^2}$ (여기서, $\omega C > \dfrac{1}{\omega L}$ 인 경우)

$$= \sqrt{\left(\dfrac{\dot{V}}{R}\right)^2 + \left(\omega C \dot{V} - \dfrac{\dot{V}}{\omega L}\right)^2} = \dot{V} \cdot \sqrt{\left(\dfrac{1}{R}\right)^2 + \left(\omega C - \dfrac{1}{\omega L}\right)^2}$$

$$= \dot{V} \cdot Y [\text{A}]$$

$\bigcirc$ $\dot{Z} = \dfrac{1}{\sqrt{\left(\dfrac{1}{R}\right)^2 + \left(\dfrac{1}{X_C} - \dfrac{1}{X_L}\right)^2}} = \dfrac{1}{\sqrt{\left(\dfrac{1}{R}\right)^2 + \left(\omega C - \dfrac{1}{\omega L}\right)^2}} [\Omega]$

$\bigcirc$ $Y = \dfrac{1}{\dot{Z}} = \sqrt{\left(\dfrac{1}{R}\right)^2 + \left(\dfrac{1}{X_C} - \dfrac{1}{X_L}\right)^2} = \sqrt{\left(\dfrac{1}{R}\right)^2 + \left(\omega C - \dfrac{1}{\omega L}\right)^2} [\mho]$

$\textcircled{\raisebox{-0.5pt}{ㄹ}}$ 위상차

- $\dfrac{1}{\omega L} < \omega C$ 일 경우 $\theta = \tan^{-1}\dfrac{I_X}{I_R} = \tan^{-1}\left(\omega C - \dfrac{1}{\omega L}\right) \cdot R [\text{rad}]$
- $\dfrac{1}{\omega L} > \omega C$ 일 경우 $\theta = \tan^{-1}\dfrac{I_X}{I_R} = \tan^{-1}\left(\dfrac{1}{\omega L} - \omega C\right) \cdot R [\text{rad}]$

$\textcircled{\raisebox{-0.5pt}{ㅁ}}$ 위 상

- $X_L > X_C\left(\dfrac{1}{\omega L} < \omega C\right)$: 전류($\dot{I}$)는 전압($\dot{V}$)보다 $\theta[\text{rad}]$만큼 앞선다(**용량성 회로**).
- $X_L < X_C\left(\dfrac{1}{\omega L} > \omega C\right)$: 전류($\dot{I}$)는 전압($\dot{V}$)보다 $\theta[\text{rad}]$만큼 뒤진다(**유도성 회로**).
- $X_L = X_C\left(\dfrac{1}{\omega L} = \omega C\right)$: $\dot{V}$와 $\dot{I}$는 동상이다(**병렬 공진**).

$\textcircled{\raisebox{-0.5pt}{ㅂ}}$ 역 률

$$\cos\theta = \dfrac{I_R}{I} = \dfrac{G}{Y} = \dfrac{\dfrac{1}{R}}{\sqrt{\left(\dfrac{1}{R}\right)^2 + \left(\dfrac{1}{X_C} - \dfrac{1}{X_L}\right)^2}}$$

(4) 임피던스의 직·병렬회로

① 임피던스의 직렬회로

$\bigcirc$ 전 압

$V = V_1 + V_2 + V_3 + \cdots + V_n = I \cdot (Z_1 + Z_2 + Z_3 + \cdots + Z_n) [\text{V}]$

$\bigcirc$ 전 류

$I = \dfrac{V}{Z_1 + Z_2 + Z_3 + \cdots + Z_n} [\text{A}]$

$\bigcirc$ 합성 임피던스

$Z = Z_1 + Z_2 + Z_3 + \cdots + Z_n [\Omega]$

$= (R_1 + R_2 + R_3 + \cdots + R_n) + j(X_1 + X_2 + X_3 + \cdots + X_n)$

$= R + jX = \sqrt{R^2 + X^2} [\Omega]$

ⓔ 위상차

$$\theta = \frac{X_1 + X_2 + X_3 + \cdots + X_n}{R_1 + R_2 + R_3 + \cdots + R_n}[\text{rad}]$$

② 임피던스의 병렬회로

　㉠ 전 류

　　$I = I_1 + I_2 + I_3 + \cdots + I_n = V \cdot (Y_1 + Y_2 + Y_3 + \cdots + Y_n)[\text{A}]$

　㉡ 어드미턴스

　　$Y = Y_1 + Y_2 + Y_3 + \cdots + Y_n[\text{℧}]$

　　　$= (G_1 + G_2 + G_3 + \cdots + G_n) + j(B_1 + B_2 + B_3 + \cdots + B_n)$

　　　$= G + jB = \sqrt{G^2 + B^2}[\text{℧}]$(여기서, G : 컨덕턴스, B : 서셉턴스)

　㉢ 합성 임피던스

　　$\dfrac{1}{Z} = \dfrac{1}{Z_1} + \dfrac{1}{Z_2} + \dfrac{1}{Z_3} + \cdots + \dfrac{1}{Z_n}[\Omega]$

　㉣ 위상차

　　$\theta = \dfrac{B_1 + B_2 + B_3 + \cdots + B_n}{G_1 + G_2 + G_3 + \cdots + G_n}[\text{rad}]$

3 교류 전력

(1) 교류 전력과 역률

$v = V_m \sin\omega t = \sqrt{2}\,V\sin\omega t[\text{V}], \quad i = I_m\sin(\omega t - \theta) = \sqrt{2}\,I\sin(\omega t - \theta)[\text{A}]$

① 순시 전력 p : **부하**(일반부하)에 **전압**(v)과 **전류**(i)를 인가하였을 때

$$\begin{aligned} p &= v \times i = \sqrt{2}\,V\sin\omega t \times \sqrt{2}\,I\sin(\omega t - \theta) \\ &= 2VI\sin\omega t \cdot \sin(\omega t - \theta) \\ &= VI\cos\theta - VI\cos(2\omega t - \theta)[\text{VA}] \end{aligned}$$

② 전력 $P[\text{W}]$: **순시 전력** p의 **1주기**에 대해서 **평균값**

$$P = VI\cos\theta\,[\text{W}]$$

③ 역률(Power Factor) $\cos\theta$: 공급된 전력이 **부하**에서 **유효**하게 **이용**되는 비율

$$\cos\theta = \frac{R}{Z} = \frac{R}{\sqrt{R^2 + X^2}}$$

(2) 피상 전력, 유효 전력, 무효 전력 16 년 출제

① 피상 전력(Apparent Power)

$$P_a = VI = \sqrt{P^2 + P_r{}^2}\,[\text{VA}]$$

② 유효 전력(Effective Power)

$$P = VI\cos\theta = I^2 R\,[\text{W}]$$

③ 무효 전력(Reactive Power)

$$P_r = VI\sin\theta = I^2 X\,[\text{Var}]$$

④ 역 률

$$\cos\theta = \frac{P}{P_a} = \frac{P}{VI} = \frac{R}{Z}$$

⑤ 무효율

$$\sin\theta = \frac{P_r}{P_a} = \frac{P_r}{VI} = \frac{X}{Z}$$

(3) 복소 전력(Complex Power)

① 어떤 회로에 공급되는 유효 전력을 실수부, 무효 전력을 허수부로 표시되는 복소수

② $P_a = P + jP_r = VI\cos\theta + VI\sin\theta = I^2 R + jI^2 X\,[\text{VA}]$

$V = V_1 + jV_2[\text{V}],\ I = I_1 + jI_2[\text{A}]$

$P_a = V\bar{I} = (V_1 + jV_2) \times (I_1 - jI_2) = (V_1 I_1 + V_2 I_2) + j(V_2 I_1 - V_1 I_2) = P + jP_r$

㉠ 피상 전력

$$P_a = P + jP_r = \sqrt{P^2 + P_r{}^2}\,[\text{VA}]$$

㉡ 유효 전력

$$P = V_1 I_1 + V_2 I_2\,[\text{W}]$$

㉢ 무효 전력

$$P_r = V_2 I_1 - V_1 I_2\,[\text{Var}]$$

(4) 역률 개선

회로에 역률이 나쁘면 **전력 손실** 및 **전압 강하**가 **증가**되므로 개선해야 할 필요가 있다. 이때 역률 개선용으로 설치하는 콘덴서 용량 $Q_C[\text{VA}]$는 다음과 같다.

$$Q_C = P(\tan\theta_1 - \tan\theta_2) = P\left(\frac{\sin\theta_1}{\cos\theta_1} - \frac{\sin\theta_2}{\cos\theta_2}\right) = P\left(\frac{\sqrt{1-\cos^2\theta_1}}{\cos\theta_1} - \frac{\sqrt{1-\cos^2\theta_2}}{\cos\theta_2}\right)[\text{VA}]$$

여기서, Q_C : 개선용 콘덴서의 용량[VA] 　　　 P : 부하의 유효 전력[kW]

$\cos\theta_1$: 개선 전 역률 　　　　　　　　 $\cos\theta_2$: 개선 후 역률

4 3상 교류

(1) 3상 교류 표시

① **주파수**가 **동일**하고 위상이 $\dfrac{2}{3}\pi$[rad]만큼씩 다른 **3개의 파형**을 3상 교류라 한다.

② 순시값의 표시

$$v_a = V_m \sin\omega t[\text{V}], \quad v_b = V_m \sin\left(\omega t - \frac{2}{3}\pi\right)[\text{V}], \quad v_c = V_m \sin\left(\omega t - \frac{4}{3}\pi\right)[\text{V}]$$

③ 각 상전압의 합

㉠ $v_a + v_b + v_c = V_m \sin\omega t + V_m \sin\left(\omega t - \dfrac{2}{3}\pi\right) + V_m \sin\left(\omega t - \dfrac{4}{3}\pi\right) = 0$

㉡ **3상 교류 전류**의 합도 **0**이 된다.

(2) 3상 회로

① Y결선의 전압과 전류

㉠ 상전압(V_p) E_a, E_b, E_c와 선간전압(V_l) V_{ab}, V_{bc}, V_{ca}의 관계 `11` `19` **년 출제**

- $V_{ab} = E_a - E_b = \sqrt{3}\, E_a \angle \dfrac{\pi}{6}$[V]

  $V_{bc} = E_b - E_c = \sqrt{3}\, E_b \angle \dfrac{\pi}{6}$[V]

  $V_{ca} = E_c - E_a = \sqrt{3}\, E_c \angle \dfrac{\pi}{6}$[V]

  $V_l = \sqrt{3}\, V_p$[V]

- V_l이 V_p보다 $\dfrac{\pi}{6}$[rad]만큼 위상이 앞선다.

㉡ 상전류(I_p) I_a, I_b, I_c와 선전류(I_l)와 관계 `15` `19` `21` **년 출제**

- $I_l = I_p$[A]

- $I_p = \dfrac{V_p}{Z} = \dfrac{\frac{V_l}{\sqrt{3}}}{Z} = \dfrac{V_l}{\sqrt{3}\,Z}$[A]

② △결선의 전압과 전류

㉠ 상전류(I_p) I_{ab}, I_{bc}, I_{ca}와 선전류(I_l) I_a, I_b, I_c의 관계

- $I_a = I_{ab} - I_{ca} = \sqrt{3}\, I_{ab} \angle -\dfrac{\pi}{6}$[A]

  $I_b = I_{bc} - I_{ab} = \sqrt{3}\, I_{bc} \angle -\dfrac{\pi}{6}$[A]

  $I_c = I_{ca} - I_{bc} = \sqrt{3}\, I_{ca} \angle -\dfrac{\pi}{6}$[A]

  $I_l = \sqrt{3}\, I_p$[A]

- I_l이 I_p보다 $\dfrac{\pi}{6}$[rad]만큼 위상이 뒤진다.

ⓛ 선간전압(V_l)과 상전압(V_p)의 관계

- $V_l = V_p$[V]

- $E_{ab} = V_{ab}$, $E_{bc} = V_{bc}$, $E_{ca} = V_{ca}$

③ V결선

△결선된 전원 중 **1상**을 **제거**하여 결선했을 때를 V결선이라 한다.

ⓞ V결선인 경우, 부하에 전달되는 전력

$$P_v = \sqrt{3}\ VI\cos\theta = \sqrt{3}\ V_p I_p \cos\theta\,[\mathrm{W}]$$

ⓛ △결선인 경우, 부하에 전달되는 전력

$$P_\triangle = \sqrt{3}\ V_l I_l \cos\theta = \sqrt{3}\ V_p \sqrt{3}\ I_p \cos\theta = 3 V_p I_p \cos\theta\,[\mathrm{W}]$$

ⓒ 출력비

$$\frac{P_v}{P_\triangle} = \frac{\sqrt{3}\ V_p I_p \cos\theta}{3 V_p I_p \cos\theta} = \frac{\sqrt{3}}{3} = 0.577$$

ⓓ 변압기 이용률

$$\frac{P_v}{P} = \frac{\sqrt{3}\ V_p I_p \cos\theta}{2 V_p I_p \cos\theta} = \frac{\sqrt{3}}{2} = 0.866$$

(3) 3상 전력

선간전압(V_l), 상전압(V_p), 선전류(I_l), 상전류(I_p)일 때

① **피상 전력** : $P_a = 3 \cdot V_p I_p = \sqrt{3} \cdot V_l I_l = \sqrt{P^2 + P_r^{\,2}}$ [VA]

② **유효 전력** : $P = 3 \cdot V_p I_p \cos\theta = \sqrt{3} \cdot V_l I_l \cos\theta = 3 \cdot I_p^{\,2} R$ [W]

③ **무효 전력** : $P_r = 3 \cdot V_p I_p \sin\theta = \sqrt{3} \cdot V_l I_l \sin\theta = 3 \cdot I_p^{\,2} X$ [Var]

5 비정현파(비사인파) 교류

(1) 푸리에급수에 의한 전개

$f(t) = a_0 + a_1 \cos\omega t + a_2 \cos 2\omega t + \cdots + a_n \cos n\omega t + b_1 \sin\omega t + b_2 \sin 2\omega t + \cdots + b_n \sin n\omega t$

$= a_0 + \sum_{n=1}^{\infty} a_n \cos n\omega t + \sum_{n=1}^{\infty} b_n \sin n\omega t$

(2) 비정현파(비사인파) 교류의 실횻값

직류분 및 각 고조파분의 실횻값의 제곱의 합에 대한 제곱근과 동일하다.

① $E = \sqrt{E_0^{\,2} + \left(\dfrac{E_{m1}}{\sqrt{2}}\right)^2 + \left(\dfrac{E_{m2}}{\sqrt{2}}\right)^2 + \left(\dfrac{E_{m3}}{\sqrt{2}}\right)^2 + \cdots + \left(\dfrac{E_{mn}}{\sqrt{2}}\right)^2}$

$= \sqrt{E_0^{\,2} + E_1^{\,2} + E_2^{\,2} + E_3^{\,2} + \cdots + E_n^{\,2}}$ [V]

② $I = \sqrt{I_0^2 + I_1^2 + I_2^2 + \cdots + I_n^2}$ [A]

(3) 비정현파 왜형률, 파형률, 파고율 14 년 출제

① 왜형률 $= \dfrac{\text{전 고조파의 실횻값}}{\text{기본파의 실횻값}} = \dfrac{\sqrt{I_2{}^2 + I_3{}^2 + I_4{}^2 + \cdots}}{I_1}$

② 파형률 $= \dfrac{\text{실횻값}}{\text{평균값}}$

③ 파고율 $= \dfrac{\text{최댓값}}{\text{실횻값}}$

제4절 전기계측

1 측정 일반

(1) 측정(Measurement)

① 어떤 **양**이나 **변수의 크기**를 같은 종류의 **기준량**과 **비교**하여 수량적으로 나타내는 것

② 측정의 종류

ㄱ 직접 측정 : **기준량**과 **직접 비교**

ㄴ 간접 측정 : **계산**에 의해 **측정량의 값**을 결정

ㄷ 편위법과 영위법

- 편위법(Deflection Method) : **취급이 용이**하고 **신속하게 측정**
- 영위법(Zero Method) : 편위법에 비하여 **감도가 높고, 정밀한 측정**에 적합
 (예 Wheatstone Bridge)

(2) 오차와 정도

① 오차 백분율(Percentage Error)

측정값(M)과 참값(T) 사이의 차

$$\varepsilon = \frac{M-T}{T} \times 100\,[\%]$$

② 보정 백분율(Percentage Correction)

참값(T)과 측정값(M) 사이의 차

$$\alpha = \frac{T-M}{M} \times 100\,[\%]$$

② 계측기의 구조와 원리

(1) 지시 계기의 구성

① 지시 계기의 구비 조건

　㉠ **확도**가 높고, 외부의 영향을 받지 않을 것

　㉡ 지시가 측정값의 변화에 신속히 **응답**할 것

　㉢ 균등 눈금이거나 대수 눈금일 것

　㉣ **내구성**이 좋고, 취급이 **용이**할 것

　㉤ **절연 내력**이 높을 것

② 구성 요소

　㉠ 구동장치(Driving Device) : 가동 부분을 움직이게 하는 구동 토크를 발생시키는 장치

> **Plus one** **구동 토크를 발생시키는 방법**
> • 자계와 전류 사이에 작용하는 힘(가동코일형)
> • 두 전류 사이에 작용하는 힘(전류력계형)
> • 충전된 두 물체 간의 작용하는 힘(정전형)
> • 자기장 내의 철편에 작용하는 힘(가동철편형)
> • 회전 자계 및 이동 자계 내의 도체에 작용하는 힘(유도형)
> • 줄열에 의한 금속선의 팽창에 의한 기전력의 힘(열전형)
> • 전류에 의한 전기분해 작용을 이용

　㉡ 제어장치(Controlling Device) : 가동부의 구동 토크와 제어 토크가 평형을 이루어 정지되게 하는 장치

　　• 스프링 제어(대부분의 지시 계기)

　　• 중력 제어(배전반용의 가동철편형 계기)

　　• 전기적 제어(적산 계기)

　　• 자기적 제어(가동 자침형 검류계)

　　• 맴돌이 전류 제어(적산전력계)

　㉢ 제동장치(Damping Device) : 가동체에 적당한 제동력을 가하여 지침을 빨리 정지시키는 장치

　　• 공기 제동(Air Damping) : 구조가 간단

　　• 액체 제동(Liquid Damping) : 정전형 계기나 기록 계기

　　• 맴돌이 전류 제동(Eddy Current Damping)

　㉣ 가동부 지지 장치 : Bal, Spring, 자석의 자력

　㉤ 지침과 눈금

　　• 지침(Pointer) : 가볍고 튼튼하며, 관성이 작은 것(알루미늄, 두랄루민)

　　• 눈금(Scale) : 균등눈금, 불균등눈금, 대수, 사선, 광각, 연형눈금

(2) 지시 계기의 종류 14 년 출제

[지시 계기의 동작 원리에 의한 분류]

종 류	기 호	문자기호	사용회로	구동 토크
가동코일형		M	직 류	영구 자석의 자기장 내에 코일을 두고, 이 코일에 전류를 통과시켜 발생되는 힘을 이용
가동철편형		S	교 류	전류에 의한 자기장이 연철편에 작용하는 힘을 사용
유도형		I	교 류	회전 자기장 또는 이동 자기장과 이것에 의한 유도 전류와의 상호작용을 이용
전류력계형		D	직 류 교 류	전류 상호 간에 작용하는 힘을 이용
정전형		E	직 류 교 류	충전된 대전체 사이에 작용하는 흡인력 또는 반발력(즉, 정전력)을 이용
열전형		T	직 류 교 류	다른 종류의 금속체 사이에 발생되는 기전력을 이용
정류형		R	교 류	가동코일형 계기 앞에 정류 회로를 삽입하여 교류를 측정

① **가동철편형 계기(Moving Iron Type Instrument)**

　㉠ 종 류
  - 반발형(Repulsion Type)
  - 반발흡인형(Combination Type)
  - 흡인형(Attraction Type)

　㉡ 특 징
  - 구조가 간단하고 견고하며, 가격이 저렴하다.
  - 비교적 큰 전류까지 측정이 가능하다.
  - 눈금은 균등 눈금에 가깝다.
  - 교류 전용 계기이다.
  - 오차가 크다.
  - 외부 자기장의 영향을 받기 쉽다.

② **유도형 계기(Induction Type Instrument)**

　㉠ 구조가 간단하고 견고하다.
　㉡ 구동 토크가 크고, 조정이 쉽다.
　㉢ 외부 자장의 영향이 작다.
　㉣ 극히 넓은 범위의 눈금을 사용한다.
　㉤ 주파수의 영향이 크므로 정밀급 계기로 사용이 곤란하다.
　㉥ 교류 전용 계기이다(직류 사용 불가).
　㉦ 기록장치와 전력계 및 적산전력계로 이용된다.
　㉧ 잠동(Creeping)이 발생한다.

③ **전류력계형 계기(Electrodynamometer Type Instrument)**

　㉠ 직류와 교류를 같은 눈금으로 측정할 수 있는 정밀급 계기이다.
　㉡ 실횻값을 지시한다(상용주파수 교류의 표준용으로 사용).

      ⓒ 코일의 인덕턴스에 의한 주파수의 영향이 크다.

      ⓔ 계기의 소비 전력이 크고, 구조가 다소 복잡하므로 주로 전력계로 널리 사용된다.

      ⓜ 외부 자장의 영향을 받기 쉽니다.

      ⓗ 1[A] 이상의 전류에는 온도 및 주파수의 보상이 필요하다.

      ⓢ 자기 가열의 영향이 비교적 크다.

  ④ 정전형 계기(Electrostatic Type Instrument)

      ㉠ 고전압 측정에 사용된다(전류 측정에는 사용되지 않음).

      ㉡ 제곱 눈금을 사용한다.

      ㉢ 입력 임피던스가 높고, 소비전력이 극히 작다.

      ㉣ 외부 자기장에 의한 오차가 발생한다.

      ㉤ 주파수, 파형의 영향이 없고, 직·교류 겸용 및 직·교류 비교기로 이용된다.

  ⑤ 정류형 계기(Rectifier Type Instrument)

      ㉠ 교류는 반도체 정류기에 의해 직류로 변환 후 가동코일형 계기로 지시한다.

      ㉡ 고정도, 고감도의 교류 측정(실횻값)에 이용한다.

      ㉢ 주로 상용주파수에 사용되며, 파형의 영향을 받기 쉽다.

(3) 지시 계기의 측정 범위 확대

  ① 분류기와 배율기 **20 년 출제**

    ㉠ 분류기(Shunt)

      전류의 측정범위를 확대하기 위해 계기와 **병렬로 접속**하는 저항

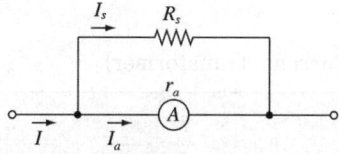

[분류기의 원리도]

$$I_a = \frac{R_s}{R_s + r_a} I, \quad I = \frac{R_s + r_a}{R_s} I_a = \left(1 + \frac{r_a}{R_s}\right) I_a$$

$$\therefore \ 분류기\ 배율\ n = 1 + \frac{r_a}{R_s}$$

여기서, r_a : 전류계의 내부저항[Ω] R_s : 분류기의 저항[Ω]

      I_a : 전류계회로의 전류[A] I : 통과 전류[A]

ⓛ 배율기(Multiplier)

전압계의 측정범위를 확대하기 위해 계기와 직렬로 접속하는 저항

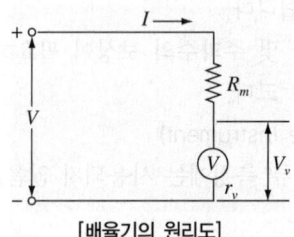

[배율기의 원리도]

$$V_v = Ir_v = \frac{r_v}{r_v + R_m}V, \quad V = \frac{r_v + R_m}{r_v}V_v = \left(1 + \frac{R_m}{r_v}\right)V_v$$

$$\therefore \ 배율기 \ 배율 \ m = 1 + \frac{R_m}{r_v}$$

여기서, r_v : 전압계의 내부저항[Ω] R_m : 배율기의 저항[Ω]

V_v : 전압계에 걸리는 전압[V] V : 인가 전압[V]

ⓒ 분압기

정전 전압계의 전압측정 범위 확대를 위해 계기와 직렬 접속하는 **저항** 및 정전용량

• 저항 분압기 : 측정이 비교적 용이하나 오차의 발생 및 **소비전력이 크다.**

• 용량 분압기 : 구조가 간단하고 차폐가 용이하며 **소비전력이 작다**(내압을 고려하여 배율기 **정전용량**을 직렬 접속한다).

② 계기용 변성기

⊙ 전류측정용의 변류기(CT ; Current Transformer)

$$\frac{I_1}{I_2} = \frac{n_2}{n_1}$$

• 1차 최대전류는 임의로 결정, 2차 측 전류는 일반적으로 **5[A]**가 되도록 규정한다(1차와 2차의 권수비는 **변류비에 의해 결정**).

• 2차 부담의 단위는 [VA]이다.

• 통전 중에 변류기 2차 측을 개방해서는 안 된다.

 – 계기교환 시 2차 측을 단락해야 한다.

 – 개방 시 2차 권선에 **고압이 발생**한다.

 – 절연이 파괴되어 **소손의 위험**이 있다.

ⓒ 전압측정용의 계기용 변압기(PT ; Potential Transformer)

$$전압비 = \frac{V_1}{V_2} = \frac{E_1}{E_2} = \frac{n_1}{n_2}$$

• 1차 전압은 임의로 결정, 2차 전압은 일반적으로 100[V] 또는 110[V]가 되도록 권수비를 결정한다.

- 안전상 1차 측에는 퓨즈를 설치한다.
- 전압계는 부하에 병렬연결하고, 전류계는 부하에 직렬연결한다.

ⓒ 계기용 변압 변류기(MOF ; Metering Outfit) : **계기용 변압기**와 **변류기**를 1개의 **케이스** 속에 넣은 기기

(4) 전력 측정

① 직류 전력 측정

ⓐ 직접측정법(전류력계형 전력계)

- 전압코일이 전류코일 앞에 접속되어 있을 때

$$P = W - I^2 r_i \, [\text{W}]$$

- 전압코일이 전류코일 뒤에 접속되어 있을 때

$$P = W - \frac{E^2}{r_e} \, [\text{W}]$$

여기서, P : 전력[W]　　　　　　　　W : 전력계 지시치[W]
r_e, r_i : 전압, 전류코일의 저항　　E : 전압[V]

ⓑ 간접측정(전압 전류계)

- 전압코일이 전류코일 앞에 접속되어 있을 때

$$P = EI - I^2 r_i \, [\text{W}]$$

– 계기의 손실전력 $I^2 r_i$는 I^2에 비례하므로, **고압저전류 측정**에 적합하다.

- 전압코일이 전류코일 뒤에 접속되어 있을 때

$$P = EI - \frac{V^2}{r_e} \, [\text{W}]$$

– 계기의 손실전력 $\frac{V^2}{r_e}$은 V^2에 비례하므로, 저압대전류 측정에 적합하다.

② 교류 전력 측정

ⓐ 단상전력 측정

- 직접 측정(전류력계형 전력계)

– $P = EI \cos\theta \, [\text{W}]$

– $\cos\theta = \dfrac{P}{EI} = \dfrac{R}{Z} = \dfrac{R}{\sqrt{R^2 + X^2}}$

(여기서, P = 전력계의 지시[W], EI = 피상 전력[VA])

- 간접 측정

– 3전류계법 : 각 전류계의 지시치 I_1, I_2, I_3일 때

$$P = \frac{r}{2}\left(I_3^2 - I_1^2 - I_2^2\right)[\text{W}]$$

- 3전압계법

$$P = \frac{1}{2r}(E_3{}^2 - E_1{}^2 - E_2{}^2)\,[\mathrm{W}]$$

ⓒ 3상전력 측정
- 2전력계법

$$W = W_1 + W_2$$

- 3전력계법

$$W = \frac{1}{T}\int_0^t P\,dt = \frac{1}{T}\int_0^t (P_1 + P_2 + P_3)\,dt = W_1 + W_2 + W_3\,[\mathrm{W}]$$

여기서, W_1, W_2, W_3 : 각 상전력의 평균값(= 전력계의 지시값)

제5절   자동 제어

1 제어의 기초

(1) 제어 동작과 자동 제어

① 제어(Control)

어떤 목적의 상태 또는 결과를 얻기 위해 대상에 필요한 조작을 가하는 것

ⓐ 정성적 제어신호(Qualitative Control) : 2진 신호

ⓑ 정량적 제어신호(Quantitative Control) : 아날로그 신호

② 제어의 종류

ⓐ 수동 제어(Manual Control) : **사람**이 직접 조작하는 제어

ⓑ 자동 제어(Automatic Control) : 사람의 힘에 의하지 않고 **제어 장치**에 의해서 **자동적**으로 이루어지는 제어

- 자동 제어의 장점
  - 제품의 **품질이 균일화**되어 불량률 감소
  - **연속 작업** 가능
  - 인간 능력 이상의 **정밀 작업** 및 **고속 작업** 가능
  - 위험한 **사고의 방지** 및 **위험장소**에서의 작업 가능
  - **노력의 절감** 및 투자 **자본의 절약** 가능

(2) 제어계의 요소 및 구성

① 제어계의 종류

ⓐ 개회로 제어계(Open Loop Control System)

- 신호의 흐름이 열려 있는 제어계로 입력신호에 출력이 영향을 주지 못하여 부정확하고 신뢰성은 없으나 **설비비가 저렴**하다.

- **개방 제어**와 **시퀀스 제어**(Sequence Control)가 이에 속한다.
  - 시퀀스제어 : 미리 정해 놓은 **순서**에 따라 제어의 각 단계를 **순차적**으로 행하는 것
- ⓒ 폐회로 제어계(Close Loop Control System)

  신호의 흐름이 폐회로를 이룬 제어계로 제어량(출력)을 피드백(Feedback)시켜 **목푯값**과 **비교**하여 외부 조건 변화에 대응하여 수정 동작을 하는 제어계이다.

② 피드백 제어
- ㉠ 피드백 제어의 특징 `16` `년 출제`
  - 외부 조건의 변화에 대한 영향 감소
  - 제어기 부품의 성능이 저하되어도 큰 영향을 받지 않음
  - 제어계의 특성 향상(**감도, 대역폭 증가, 정확도 증가** 등의 개선)
  - 전체 이득(입력과 출력의 비) 감소
  - 시스템이 복잡하고 대형이며 **설비비가 고가임**
- ㉡ 피드백 제어의 구성 용어

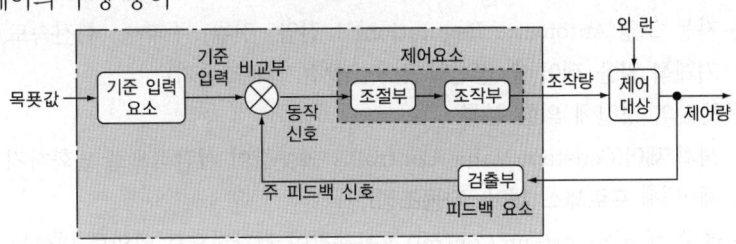

[피드백 제어계의 기본 구성]

- 목푯값(Desired Value) : 외부에서 제어계에 주어지는 값
- 기준 입력 요소(Reference Input Element) : 목푯값에 비례하는 기준 입력 신호를 발생하도록 하는 요소
- 기준 입력(Reference Input) : 기준 입력 요소의 출력으로 실제 제어계의 입력
- **비교부**(Comparator Summing Junction) : 기준 입력과 피드백 신호의 차이를 구해 주는 장치
- 주 피드백 신호(Primary Feedback Signal) : 제어량(출력)을 기준 입력과 비교할 수 있게 피드백되는 신호
- 동작 신호(Actuating Signal) : 기준 입력과 주 피드백 신호의 차에 해당하는 값
- **제어요소**(Control Element) : 동작 신호를 조작량으로 변환하는 요소(조절부, 조작부)
  - 조절부(Controlling Means) : **제어기**라고도 하며, 동작 신호를 제어계가 정해진 작용을 하는데 필요한 신호로 만들어 조작부로 보내는 부분
  - 조작부(Final Control Element) : 조절부에서 받은 신호를 조작량으로 증폭하여 제어 대상을 직접 구동시키는 장치
- 조작량(Manipulated Variable) : 제어 대상을 직접 구동할수 있는 양(**제어장치의 출력**인 동시에 **제어 대상의 입력**)
- 제어 대상(Controlled System, Controlled Process, Plant) : 제어량을 발생시키는 장치로, 제어계에서 직접 제어를 받는 장치

- 외란(Disturbance) : 목푯값과 다르게 제어량을 변화시키는 요소로, 외부로부터 주어지는 **바람직하지 않은 신호**
- 제어량(Controlled Variable) : **제어 대상의 출력**
- 피드백 요소(Feedback Element) : 제어 대상으로부터 나오는 출력을 기준 입력과 비교할 수 있게 주 피드백 신호를 만들어 주는 장치
- 제어편차(Variation) : **목푯값**과 **제어량**과의 **차**

ⓒ 피드백 제어의 분류
- 제어 대상 또는 제어량의 성질에 의한 분류
  - **프로세스 제어**(Process Control) : 온도, 유량, 압력, 액위, 농도, 효율 등의 **공업 프로세스의 상태를 제어량으로** 하는 제어(⑩ 온도, 압력, 유량, 액위의 제어 장치)
  - 서보 기구(Servo Mechanism) : 물체의 위치, 방향, 자세 등의 **기계적 변위를 제어량으로** 해서 목푯값의 임의의 변화에 추종하도록 구성된 제어계(⑩ 대공포의 포신제어, 미사일의 유도기구, 동력장치의 자동 속도조절)
  - 자동 조정(Automatic Regulation) : 전압, 전류, 주파수, 회전속도, 힘 등 **전기적** 또는 **기계적 양을 제어**(⑩ 정전압 장치, 발전기의 조속기)
- 목푯값의 성질에 의한 분류
  - **정치 제어**(Constant Value Control) : 목푯값이 시간적으로 변화하지 않고 일정값일 때의 제어(⑩ **프로세스 제어, 자동조정**)
  - 추종 제어(Follow-up Control) : 목푯값이 시간적으로 임의로 변하는 경우의 제어(⑩ **서보 기구**)
  - 프로그램 제어(Program Control) : 목푯값의 변화가 미리 정해져 있어 그 정해진 대로 변화하는 제어(⑩ **열처리**로의 **온도 제어, 열차의 무인운전, 무인조정 승강기**)

(3) 블록 선도(Block Diagram)

자동 제어계 중에 포함되어 있는 각 요소의 신호가 어떠한 모양으로 전달되고 있는가를 나타내는 선도

① 블록 선도의 표기법(4요소)
  ㉠ 입력 신호를 받아 출력 신호로 만드는 전달 요소는 네모 상자 속에 표시한다.
  ㉡ 신호의 흐름 방향을 표시하는 화살표는 전달 요소에서 신호의 방향을 표시한다.

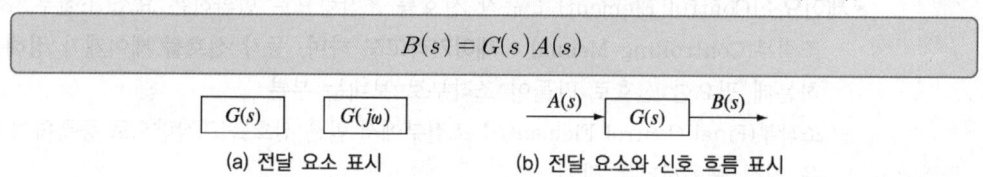

$$B(s) = G(s)A(s)$$

| $G(s)$ | $G(j\omega)$ | | $\xrightarrow{A(s)}$ $G(s)$ $\xrightarrow{B(s)}$ |

(a) 전달 요소 표시   (b) 전달 요소와 신호 흐름 표시

  ㉢ 2가지 이상의 신호가 있을 때 이들 신호의 합과 차를 만드는 가합은 화살표 옆에 +, −의 기호를 붙여 합 또는 차를 나타낸다.
  ㉣ 하나의 신호를 두 계통으로 분기하기 위한 인출점이 있다.

② 블록 선도의 등가 변환

변환 사항	변환 전		변환 후	
	배 열	연산 증명	배 열	연산 증명
전달 요소의 직렬 결합	$A \rightarrow \boxed{G_1} \rightarrow \boxed{G_2} \rightarrow B$	$C = AG_1$ $B = CG_2$ $\therefore \ B = AG_1G_2$	$A \rightarrow \boxed{G_1G_2} \rightarrow B$	$B = AG_1G_2$
전달 요소의 병렬 결합	$A \rightarrow \boxed{G_1}, \boxed{G_2} \overset{+}{\underset{\pm}{\rightarrow}} B$	$B = AG_1 \pm AG_2$ $= A(G_1 \pm G_2)$	$A \rightarrow \boxed{G_1 \pm G_2} \rightarrow B$	$B = A(G_1 \pm G_2)$
전달 요소의 교환	$A \rightarrow \boxed{G_1} \overset{C}{\rightarrow} \boxed{G_2} \rightarrow B$	$B = AG_1G_2$ $= AG_2G_1$	$A \rightarrow \boxed{G_1} \rightarrow \boxed{G_2} \rightarrow B$	$B = AG_2G_1$
가합점의 교환	$A \overset{+}{\underset{\pm}{\rightarrow}} \overset{+}{\underset{\pm}{\rightarrow}} B$ (C, D)	$B = (A \pm C) \pm D$ $= A \pm D \pm C$	$A \overset{+}{\underset{\pm}{\rightarrow}} \overset{+}{\underset{\pm}{\rightarrow}} B$ (D, C)	$B = (A \pm D) \pm C$ $= A \pm D \pm C$
가합점의 이동	$A \overset{+}{\rightarrow} \underset{\pm}{} B$, $C \overset{+}{\underset{\pm}{\rightarrow}}$, D	$B = A \pm (C \pm D)$ $= A \pm C \pm (\mp)D$	$A \overset{+}{\underset{\pm}{\rightarrow}} B$, C, $D \overset{+}{\underset{\pm}{}}$	$B = (A \pm C) \pm (\mp)D$
전달 함수 앞에 가합점이 있는 경우	$A \overset{+}{\underset{\pm}{\rightarrow}} \boxed{G} \rightarrow B$, C	$B = (A \pm C)G$ $= AG \pm CG$	$A \rightarrow \boxed{G} \overset{+}{\underset{\pm}{\rightarrow}} B$, $C \rightarrow \boxed{G}$	$B = AG \pm CG$
전달 함수 뒤에 가합점이 있는 경우	$A \rightarrow \boxed{G} \overset{+}{\underset{\pm}{\rightarrow}} B$, C	$B = AG \pm C$	$A \overset{+}{\underset{\pm}{\rightarrow}} \boxed{G} \rightarrow B$, $\boxed{C/G}$	$B = \left(A \pm \dfrac{C}{G}\right)G$ $= AG \pm C$
전달 함수 앞에 인출점이 있을 때	$A \rightarrow \boxed{G} \rightarrow B$, A	$B = AG$ $A = A$	$A \rightarrow \boxed{G} \rightarrow B$, $\boxed{1/G}$, A	$B = AG$ $A = AG \cdot \dfrac{1}{G}$
전달 함수 뒤에 인출점이 있을 때	$A \rightarrow \boxed{G} \rightarrow B$, B	$B = AG$	$A \rightarrow \boxed{G} \rightarrow B$, $\boxed{G} \rightarrow B$	$B = AG$
가합점 뒤에 인출점이 있을 때	$A \overset{+}{\underset{\pm}{\rightarrow}} B$, C, B	$B = A \pm C$	$A \overset{+}{\underset{\pm}{\rightarrow}} B$, $\overset{+}{\underset{\pm}{}} B$, C	$B = A \pm C$
가합점 앞에 인출점이 있을 때	$A \overset{\pm}{\underset{+}{\rightarrow}} B$, C	$B = A \pm C$ $A = A$	$A \overset{\mp}{\rightarrow} B$, C, A	$B = A \pm C$ $A = A \pm C \mp C$
전달 함수의 귀환 결합	$A \overset{+}{\underset{\pm}{\rightarrow}} \boxed{G} \rightarrow B$, $\boxed{H}$	$B = (A \pm BH)G$ $B(1 \mp GH) = GA$ $B = \dfrac{G}{1 \mp GH}A$	$A \rightarrow \boxed{\dfrac{G}{1 \mp GH}} \rightarrow B$	$B = \dfrac{G}{1 \mp GH}A$
단위 귀환 접속인 경우	$A \overset{+}{\underset{\pm}{\rightarrow}} \boxed{G} \rightarrow B$	$B = \dfrac{G}{1 \mp G}A$	$A \rightarrow \boxed{\dfrac{1}{G}} \rightarrow B$	$B = \dfrac{G}{1 \mp G}A$

② 시퀀스 제어(Sequence Control)

미리 정해 놓은 순서 또는 일정한 논리에 의해 순차적으로 진행되는 제어

Plus one 시퀀스 제어의 특징
- 미리 정해진 순서에 의해 제어가 된다.
- 원인과 결과가 확실하다.
- 제어 결과에 따라 제어가 자동적이다.

(1) 불 대수의 기본 정리 및 응용

① 불(Bool)대수의 기본 정리

> - 공리 1 : $X=1$의 부정은 $X=0$, $X=0$의 부정은 $X=1$
> - 공리 2 : $1+1=1$, $1 \cdot 1=1$
> - 공리 3 : $0+0=0$, $0 \cdot 0=0$
> - 공리 4 : $0+1=1$, $1 \cdot 0=0$

ⓐ 교환 법칙 : $A+B=B+A$, $A \cdot B=B \cdot A$
ⓑ 결합 법칙 : $(A+B)+C=A+(B+C)$, $(A \cdot B)C=A \cdot (B \cdot C)$
ⓒ 분배 법칙 : $A+(B \cdot C)=(A+B) \cdot (A+C)$, $A \cdot (B+C)=(A \cdot B)+(A \cdot C)$
ⓓ 흡수 법칙 : $A+A \cdot B=A \cdot (1+B)=A$, $A \cdot (A+B)=A+A \cdot B=A$
ⓔ 부정 신호의 흡수 법칙
$$X=(A+\overline{B}) \cdot B=A \cdot B+\overline{B} \cdot B=A \cdot B$$
$$X=A \cdot \overline{B}+B=(A+B)(\overline{B}+B)=A+B$$

② 드모르간(De Morgan)의 정리

이것은 논리합과 논리곱이 완전한 독립이 아니고 부정을 포함하면 상호 교환이 가능하다는 뜻이다.
NAND 회로와 NOR 회로의 응용 및 논리회로의 간소화시키는 데 널리 이용된다.

ⓐ $\overline{A+B}=\overline{A} \cdot \overline{B}$ ⓑ $\overline{A \cdot B}=\overline{A}+\overline{B}$

(2) 유접점 회로

① 유접점 기호

ⓐ a접점 : 개로 상태에서 폐로 상태로 되는 접점(열려있는 접점)
ⓑ b접점 : 폐로 상태에서 개로 상태로 되는 접점(닫혀있는 접점)
ⓒ c접점 : 전환 접점

② 접점의 심벌

명 칭		일반 접점 또는 수동 접점	수동조작 자동복귀 접점	기계적 접점	계전기 접점	한시 동작 접점	한시 복귀 접점	열동 과전류 접점
심 벌	a접점							
	b접점							

(3) 논리 회로 [18] [20] 년 출제

① 무접점 회로의 특징

㉠ 기계적 마멸이 없어 **영구적**으로 사용이 가능하다.

㉡ 유접점에 비해 **동작 속도**가 1,000배 이상 **빠르다.**

㉢ 유도성 부하에 전원을 공급할 때 **아크**가 **일어나지 않는다.**

② 논리 회로(Logic Circuit)

0과 1로 된 원소의 조합에 의해 구성되는 회로를 말하며, AND, OR, NOT, NAND, NOR, XOR, XNOR 등의 소자가 있다.

㉠ AND 회로(AND GATE)

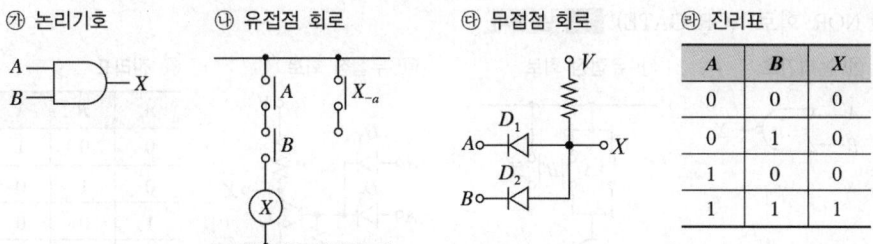

㉮ 논리기호　　㉯ 유접점 회로　　㉰ 무접점 회로　　㉱ 진리표

A	B	X
0	0	0
0	1	0
1	0	0
1	1	1

> 입력 신호 A, B의 값이 모두 1일 때 출력 신호 X가 1인 회로
> $$A \cdot B = X$$

㉡ OR 회로(OR GATE)

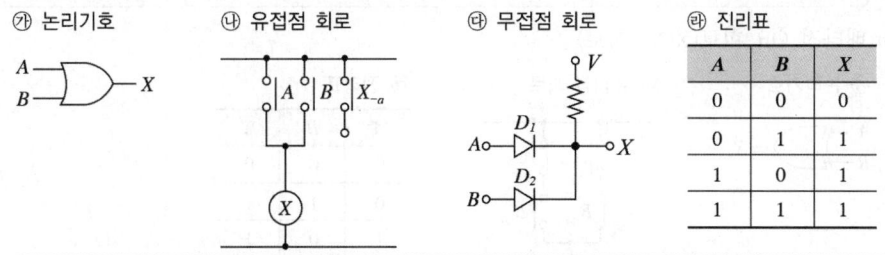

㉮ 논리기호　　㉯ 유접점 회로　　㉰ 무접점 회로　　㉱ 진리표

A	B	X
0	0	0
0	1	1
1	0	1
1	1	1

> 입력 신호 A, B 중 한 값이 1이면 출력 신호 X가 1인 회로
> $$A + B = X$$

㉢ NOT 회로(NOT GATE)

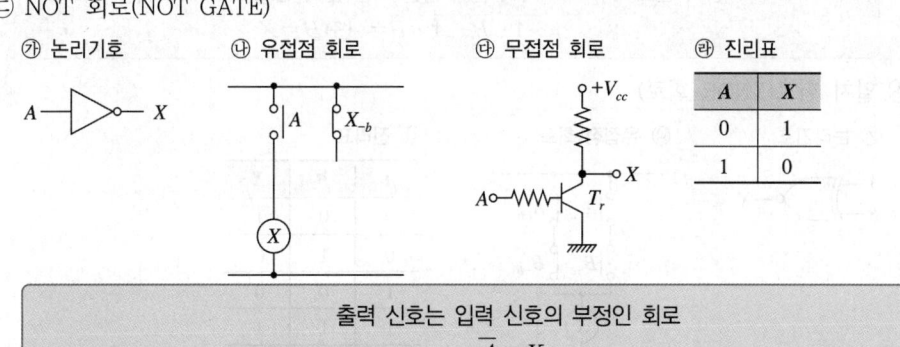

㉮ 논리기호　　㉯ 유접점 회로　　㉰ 무접점 회로　　㉱ 진리표

A	X
0	1
1	0

> 출력 신호는 입력 신호의 부정인 회로
> $$\overline{A} = X$$

ⓔ NAND 회로(NAND GATE) **13** 년 출제

⑦ 논리기호

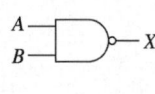

⑭ 유접점 회로

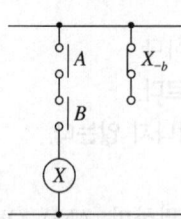

⑭ 무접점 회로

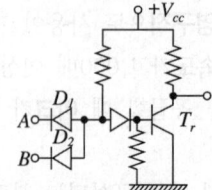

⑭ 진리표

A	B	X
0	0	1
0	1	1
1	0	1
1	1	0

입력 신호 A, B의 값이 모두 1일 때 출력 신호 X가 0이 되는 회로

$$\overline{A \cdot B} = X$$

ⓜ NOR 회로(NOR GATE) **15** 년 출제

⑦ 논리기호

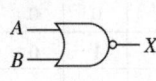

⑭ 유접점 회로

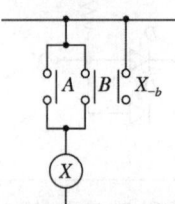

⑭ 무접점 회로

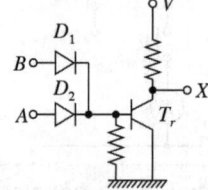

⑭ 진리표

A	B	X
0	0	1
0	1	0
1	0	0
1	1	0

입력 신호 A, B 중 어느 하나라도 1일 때 출력 신호 X가 0인 회로

$$\overline{A + B} = X$$

ⓑ 배타적 OR 회로(XOR 회로)

⑦ 논리기호

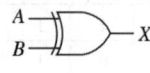

⑭ 유접점 회로

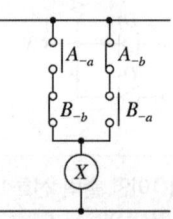

⑭ 진리표

A	B	X
0	0	0
0	1	1
1	0	1
1	1	0

입력 신호 A, B가 서로 같지 않을 때만 출력 신호 X가 1이 되는 회로

$$A \cdot \overline{B} + \overline{A} \cdot B = A \oplus B = X$$

ⓢ 일치 회로(XNOR 회로)

⑦ 논리기호

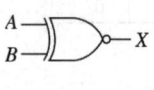

⑭ 유접점 회로

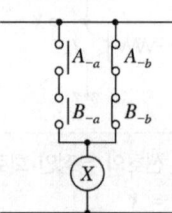

⑭ 진리표

A	B	X
0	0	1
0	1	0
1	0	0
1	1	1

> 입력 신호 A, B가 동일할 때만 출력 신호 X가 1이 되는 회로
> $$A \cdot B + \overline{A} \cdot \overline{B} = \overline{A \oplus B} = X$$

③ 부호기와 복호기

ㄱ 부호기 : 부호화되지 않은 입력을 부호화시키는 장치

ㄴ 복호기 : 부호화된 신호(2진부, 10진부)를 부호가 없는 형태로 변환하는 장치

④ 계수기 : **수**를 헤아리는 동작을 하는 장치

③ 제어기기의 응용

(1) 증폭용 기기

제어용 증폭기의 종류는 다음과 같다.

① 전기식

ㄱ 정지기 : 진공관, 트랜지스터, **SCR**, 자기증폭기 등

ㄴ 회전기 : **앰플리다인**, 로토트롤, 다이나모 등

② 공기식 : **노즐플래퍼**, 파일럿 밸브, 벨로스 등

③ 유압식 : 안내밸브, **분사관** 등

(2) 조작용 기기

제어 대상에 직접 구동시키는 장치

① 기계식 : 다이어프램 밸브, 밸브 포지셔너, 클러치 등

② 유압식 : 안내밸브, 조작 실린더 및 피스톤, 분사관 등

③ 전기식 : 솔레노이드 밸브, 전동 밸브, 서보 전동기 등

(3) 검출용 기기

주로 공업용 계측 분야에서 변위, 속도, 압력, 온도 등의 물리량을 계측하는 데 이용되는 기기(제어대상으로부터 제어량의 현재의 값을 검출, 변환하여 비교부로 보내는 장치)

① 검출용 기기의 종류

ㄱ 프로세스 제어용 : 온도계, 유량계, 압력계, 액면계, 비중계, 습도계, 가스 성분계, 액체 성분계 등

ㄴ 서보 기구용 : 방향 제어계, 자동위치 제어계, 추적용 레이더, 자동평형 기록계 등

ㄷ 자동 조정용 : 정전압 장치, 발전기의 조속기 등

② 변환 요소의 종류

ㄱ 온도 → 변위 : 바이메탈, 액체팽창 등

ㄴ **온도** → **전압** : **열전대**, 방사 온도계 등 `11 년 출제`

ㄷ **온도** → **임피던스** : 측온 저항체, **감지선형**감지기 등

ㄹ 압력 → 임피던스 : 스트레인 게이지 등

ㅁ 압력 → 변위 : U자관, 벨로스, 다이어프램 등

ㅂ **변위** → **압력** : **유압 분사관**, 스프링, 노즐플래퍼 등

ㅅ 변위 → 전압 : 차동 변압기, 발진기, 전위차계 등

◎ 변위 → 임피던스 : 가변 저항기 등
㊀ 전압 → 변위 : 전자석, 전위차계식 자동평형 계기 등
㊁ 광(빛) → 전압 : 광전지, 광전 다이오드 등
㋓ 속도 → 전압 : 발전기, 광전관 회전계 등

4 전자 소자

(1) 다이오드 `14` 년 출제

명 칭	심 벌	특성 및 용도
정류용 다이오드		• 역방향전압에는 전류가 극히 미소 • 순방향전압에는 전압강하가 극히 미소 • 반주기마다 개폐하는 스위칭 작용
정전압 다이오드(Zener Diode)		제너현상을 이용한 다이오드 **정전압 회로용**으로 사용
터널 다이오드(Tunnel Diode)		• 터널효과에 의한 부성저항 특성 • 초고주파 발진회로나 고속 스위칭회로
가변용량 다이오드(Varactor)		• 용량에 가해지는 전압에 따라 변화하는 특성을 가진 반도체 • AFC 회로나 FM 회로 등에 사용
발광다이오드(LED)		• 발열이 적고, **응답속도가 매우 빠르다.** • 수명이 길고 효율이 좋다. • PN 접합으로 순방향 전압을 가하면 발광하며 재료로는 GaAs, GaP와 같은 금속화합물을 사용한다.

(2) 트랜지스터

명 칭	심 벌	특성 및 용도
바이폴라형 트랜지스터		• pnp, npn 접합의 증폭용 반도체 소자 • 수명이 길고, 소형이며, 소비전력이 적으며, 온도의 영향이 크고, 온도 변화에 따라 전류가 변함
전계효과 트랜지스터(FET)		• 접합형과 MOS형 2종류 • 열적으로 안정하며 입력임피던스가 높음
단접합 트랜지스터(UJT)		• **부성저항특성**을 가진 소자 • 스위칭 회로, **펄스 회로**, 발진기 등에 사용
SCR		• 사이리스터의 일종으로 소형, 경량, 긴 수명, 높은 신뢰도 및 고효율의 반도체로 최고 허용온도가 **140~200[℃]**이다. • 무접점 스위치 및 AVR 전력 제어용

명 칭	심 벌	특성 및 용도
트라이악(TRIAC)		• **부성저항특성**을 가진 (+), (−) 어떤 극성의 게이트 신호라도 트리거하는 3단자스위치 소자 • 무접점 스위치, 가정용 조광기 등의 제어회로용
다이악(DIAC)		• TRIAC이나 SCR의 게이트 트리거용에 적합 • 가정용 조광기, 소형 전동기의 속도 제어용

(3) 기타 반도체 소자

명 칭	심 벌	특성 및 용도
배리스터(Varistor)		• 전압에 따라 저항값이 현저하게 비직선형으로 변화하는 반도체 • **서지 전압**을 흡수하여 전자 회로를 보호 • 스위치 및 계전기 접점 개폐 시 불꽃 소거용
서미스터(Thermister)		온도에 의해 저항값이 변화하는 반도체로 **온도 보상용**, **온도 계측용**으로 사용
광전도 소자(CdS)	−	• 광의 양에 따라 그 물질의 전기저항이 변화하는 특성을 가진 소형의 견고한 광전 변환 소자 • 카메라에서 **적정 노출을 검출**, 오일 버너의 안정성을 감시, 굴뚝에서 **연기를 제어**에 이용
태양전지(Solar Battery)	−	• 광 기전력의 효과에 의해 태양의 **빛 에너지**를 **전기 에너지**로 변환하는 반도체 소자 • 인공위성의 전원, 무인등대나 중계소의 전원
집적 회로(IC)	−	• **가격**의 **저렴**하고 대량생산 가능 • 전자기기의 **소형**, **경량화** • 동작속도가 빠름, **신뢰도가 높음**

제6절 한국전기설비규정

1 전압의 구분

(1) 저 압
① 교류 : 1[kV] 이하
② 직류 : 1.5[kV] 이하

(2) 고 압
① 교류 : 1[kV] 초과 7[kV] 이하
② 직류 : 1.5[kV] 초과 7[kV] 이하

(3) 특고압
7[kV] 초과

2 접 지

(1) 접지의 구분

  ① 계통접지

  ② 보호접지

  ③ 피뢰시스템 접지

(2) 접지의 종류

  ① 단독접지

  ② 공통접지

  ③ 통합접지

(3) 접지시스템의 구성요소

접지극, 접지도체, 보호도체 및 기타 설비

(4) 접지극의 방법

  ① 콘크리트에 매입된 기초 접지극

  ② 토양에 매설된 기초 접지극

  ③ 토양에 수직 또는 수평으로 직접 매설된 금속전극(봉, 전선, 테이프, 배관, 판 등)

  ④ 케이블의 금속외장 및 그 밖에 금속피복

  ⑤ 지중 금속구조물(배관 등)

  ⑥ 대지에 매설된 철근콘크리트의 용접된 금속 보강재. 다만, 강화콘크리트는 제외한다.

3 전압강하

(1) 전압강하 기본식(단상 2선식)

$$e = V_S - V_R = 2IR[\text{V}]$$

  여기서, V_S : 전원 측 전압 V_R : 부하 측 전압

     I : 선로의 전류 R : 선로 1선의 저항

(2) 전압강하 및 전선단면적 공식

배전방식	단상 2선식	3상 3선식	단상 3선식 3상 4선식
전압강하	$e = \dfrac{35.6LI}{1,000A}$	$e = \dfrac{30.8LI}{1,000A}$	$e' = \dfrac{17.8LI}{1,000A}$
전선 단면적	$A = \dfrac{35.6LI}{1,000e}$	$A = \dfrac{30.8LI}{1,000e}$	$A = \dfrac{17.8LI}{1,000e'}$

  여기서, e : 각 선간의 전압강하[V] e' : 각 선간의 1선과 중성선 사이의 전압강하[V]

     L : 전선 1본의 길이[m] A : 사용전선의 단면적[mm²]

     I : 부하전류[A]

4 동력설비

(1) 전동기 기동 방식

① 직입 기동(전전압 기동)
정격전압을 농형 유도 전동기에 직접 인가하여 기동하는 방법으로, 일반적으로 소용량 전동기 3.7[kW] 이하의 기동에 적합하다.

② Y-△ 기동
전동기의 상전압을 전원전압의 $\frac{1}{\sqrt{3}}$로 감압하여 기동하는 방법으로, 기동전류를 $\frac{1}{3}$로 억제할 수 있다. 일반적으로 5.5~15[kW] 용량의 전동기 기동에 적합하다.

③ 리액터 기동
전동기의 1차 측에 리액터를 직렬로 접속하여 리액터에서의 전압강하를 이용해 전동기의 단자전압을 낮추어 기동전류를 제한하는 방법이다(기동 시의 충격을 줄이는 목적에 많이 이용).

④ 기동 보상기(단권 변압기) 기동
일명 **콘돌퍼**(Korndorfer) 기동이라고 하며, 일종의 **단권 변압기**(기동보상기)의 중간탭에 전동기를 접속하여 기동하는 방법이다. 기동 토크를 작게 하여 원활하게 기동하는 방법으로 15[kW] 이상의 중대형 펌프나 송풍기의 기동에 적합하다.

(2) 콘덴서

① 역률 개선용 콘덴서의 용량 산정

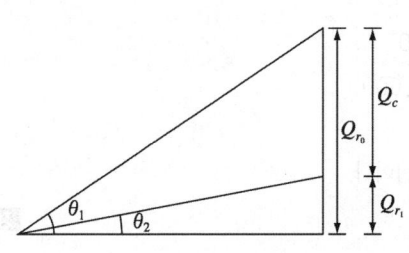

$$Q_C = Q_{r0} - Q_{r1}$$
$$= P(\tan\theta_1 - \tan\theta_2)$$
$$= P\left(\frac{\sin\theta_1}{\cos\theta_1} - \frac{\sin\theta_2}{\cos\theta_2}\right)$$
$$= P\left(\frac{\sqrt{1-\cos^2\theta_1}}{\cos\theta_1}\right) - \left(\frac{\sqrt{1-\cos^2\theta_2}}{\cos\theta_2}\right)[\text{kVA}]$$

여기서, Q_C : 콘덴서의 용량[kVA] P : 유효전력[kW]
$\cos\theta_1$: 개선 전 역률 $\cos\theta_2$: 개선 후 역률

② 콘덴서 회로의 주변기기
㉠ **유입차단기**(Oil Circuit Breaker) : 콘덴서 개폐 시 아킹방지
㉡ **방전코일**(Discharge Coil) : 콘덴서 개방 시 잔류전하를 방전시켜 인체사고방지 및 재투입 시 과전압으로 인한 콘덴서 손상방지
㉢ **직렬리액터**(Series Reactor) : 고조파를 제거(5조파, 3조파)하여 파형 개선
㉣ **전력용 콘덴서**(Static Condenser) : 부하의 역률 개선

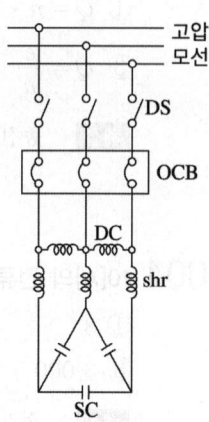

(3) 전동기의 속도

- **동기속도** : $N_S = \dfrac{120f}{P}[\text{rpm}]$
- **회전속도** : $N = N_S(1-S)[\text{rpm}]$
- **슬립** : $S = \dfrac{N_s - N}{N_s} \times 100[\%]$

001 전기의 성질에 대한 설명 중 틀린 것은?

① 원자는 그의 중심에 원자핵이 있다.

② 원자핵은 양성자와 중성자로 되어 있다.

③ 전자 1개의 전하량은 -1.602×10^{-18}[C]이다.

④ 전하를 가지고 있는 것은 전자와 양성자이다.

해설　전기의 성질

• 원자는 그의 중심에 원자핵(Atomic Nucleus)이 있다.

• 원자핵은 **양성자**(Proton)와 **중성자**(Neutron)로 되어 있다.

• 전자 1개의 전하량은 **-1.602×10^{-19}[C]**이다.

• 전하를 가지고 있는 것은 **전자(−)**와 **양성자(+)**이다.

정답 ③

002 1[Ah]는 몇 [C]인가?

① 1

② 60

③ 860

④ 3,600

해설　전하량 $Q = I \cdot t$[C]를 단위식으로 표시하면,

1[Ah] = 1[A] × 3,600[s] = 3,600[As] = 3,600[C]이다.

정답 ④

003 전자의 개수를 n, 전자 1개의 전하량은 e라 할 때 총전하량 Q는?

① $Q = n \cdot e$

② $Q = n$

③ $Q = \dfrac{e}{n}$

④ $Q = \dfrac{n}{e}$

해설　총전하량 $Q = n \cdot e$로 정의된다.

정답 ①

004 10[A]의 전류가 5분간 도체에 흘렀을 때 도선 단면을 지나는 전기량은 몇 [C]인가?

① 3

② 50

③ 3,000

④ 5,000

해설　전기량 $Q = I \cdot t = 10 \times 5 \times 60 = 3,000$[C]

정답 ③

005 10[C]의 전하가 5초 동안 어느 점을 통과하고 있을 때 전류값은 몇 [A]인가?

① 2
② 5
③ 10
④ 50

해설 전류 I[A]는 도체의 단면을 t[s] 동안에 통과하는 전기량(전하, Q[C])으로,
$I = \dfrac{Q}{t} = \dfrac{10}{5} = 2$[A]이다.

정답 ①

006 10[V]의 기전력으로 50[C]의 전기량이 이동할 때 한 일은 몇 [J]인가?

① 240
② 400
③ 500
④ 600

해설 일 에너지
$W = VQ = 10 \times 50 = 500$[J]

정답 ③

007 다음 회로의 합성저항은 몇 [Ω]인가?

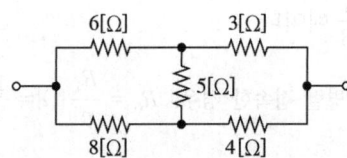

① 0.19
② 1.28
③ 2.57
④ 5.14

해설 브리지 회로의 평형조건이 되므로 5[Ω]의 저항에는 전류가 흐르지 않는다.
그러므로 $R_0 = \dfrac{1}{\dfrac{1}{(6+3)} + \dfrac{1}{(8+4)}} = \dfrac{(6+3) \times (8+4)}{(6+3) + (8+4)} \fallingdotseq 5.14$[Ω]이다.

정답 ④

008 그림과 같은 회로에서 a, b 단자에서 본 합성저항은 몇 [Ω]인가?

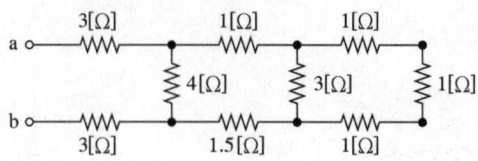

① 6[Ω]

② 6.3[Ω]

③ 8.3[Ω]

④ 8[Ω]

해설 문제의 그림을 등가회로로 고쳐 그리면 다음과 같다.

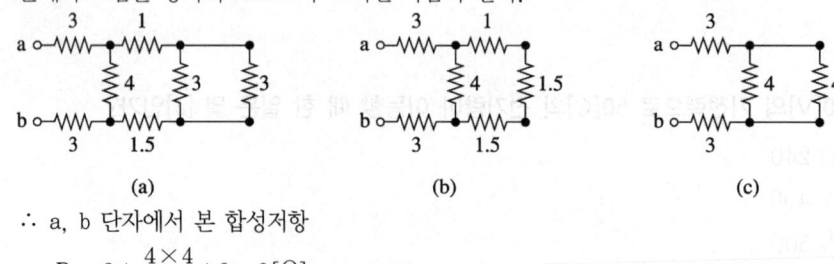

(a)   (b)   (c)

∴ a, b 단자에서 본 합성저항

$$R_0 = 3 + \frac{4 \times 4}{4+4} + 3 = 8[\Omega]$$

정답 ④

009 동일한 저항을 가진 두 개의 도선을 병렬로 연결하였을 때의 합성저항은?

① 도선저항 하나의 2배이다.

② 도선저항 하나의 $\frac{1}{2}$ 배이다.

③ 도선저항 하나의 값과 같다.

④ 도선저항 하나의 $\frac{1}{3}$ 배이다.

해설 동일한 저항을 병렬 접속한 경우, $R_0 = \frac{R_1}{n}[\Omega] = \frac{1}{2}R_1[\Omega]$이 된다.

정답 ②

010 50[Ω]의 저항과 100[Ω]의 저항을 병렬로 접속했을 때 합성저항은?

① 33.3   ② 43.6

③ 51.8   ④ 63.9

해설 저항을 병렬로 접속했을 때 합성저항

$$R_0 = \frac{R_1 R_2}{R_1 + R_2} = \frac{50 \times 100}{50 + 100} = 33.3[\Omega]$$

정답 ①

011 그림과 같은 회로에서 2[Ω]의 저항에 흐르는 전류는 몇 [A]인가?
(단, 그림에서 저항의 단위는 [Ω]이다)

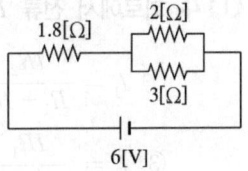

① 0.8

② 1

③ 1.2

④ 2

해설 옴의 법칙 $I=\dfrac{V}{R_0}$

$$R_0 = 1.8 + \frac{2 \times 3}{2+3} = 3[\Omega]$$

$$I = \frac{V}{R_0} = \frac{6}{3} = 2[A]$$

2[Ω]에 흐르는 전류를 I_1라 할 때 $I_1 = \dfrac{R_2}{R_1+R_2}I = \dfrac{3}{2+3} \times 2 = 1.2[A]$이다.

정답 ③

012 다음 그림에서 a, b 간의 합성저항은 몇 [Ω]인가?

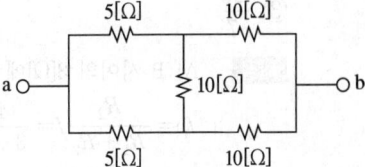

① 5[Ω]

② 7.5[Ω]

③ 15[Ω]

④ 30[Ω]

해설 브리지 회로의 평형조건이 되므로 10[Ω]의 저항에는 전류가 흐르지 않는다.

$$\therefore R_0 = \frac{(5+10) \times (5+10)}{(5+10)+(5+10)} = 7.5[\Omega]$$

정답 ②

013 일정 전압의 직류 전원에 저항을 접속하고 전류를 흘릴 때, 이 전류의 값을 50[%] 증가시키려면 저항값은 몇 배로 해야 하는가?

① 0.5

② 0.56

③ 0.67

④ 1.50

해설 옴의 법칙(Ohm's Law)

$$V = IR, \quad I = \frac{V}{R}$$

전류 I를 50[%] 증가시키려면 저항 $R = \dfrac{V}{I} = \dfrac{V}{1.5I} = \dfrac{1}{1.5} \times \dfrac{V}{I} = 0.67 \times \dfrac{V}{I} = 0.67$배로 해야 한다.

정답 ③

014 회로에서 전류 I_1을 구하는 식은?

① $I_1 = \dfrac{IR_2}{R_1 + R_2}$

② $I_1 = \dfrac{IR_1}{R_1(R_1 + R_2)}$

③ $I_1 = \dfrac{IR_1}{R_1 + R_2}$

④ $I_1 = \dfrac{IR_2}{R_1(R_1 + R_2)}$

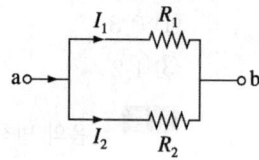

해설

$$I_1 = \frac{V}{R_1} = \frac{IR_0}{R_1} = \frac{\dfrac{R_1 R_2}{R_1 + R_2}I}{R_1} = \frac{R_2}{R_1 + R_2}I\,[\mathrm{A}]$$

정답 ①

015 그림과 같은 회로에 흐르는 전전류가 5[A]이면 A, B 사이의 3[Ω]에 흐르는 전류는 몇 [A]인가?(단, 각 저항의 단위는 모두 [Ω]이다)

① $\dfrac{12}{7}$

② $\dfrac{16}{7}$

③ $\dfrac{20}{7}$

④ $\dfrac{24}{7}$

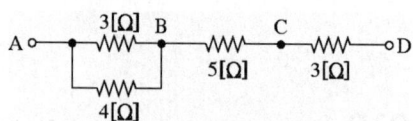

해설 A, B 사이의 3[Ω]에 흐르는 전류

$$I_1 = \frac{R_2}{R_1 + R_2}I = \frac{4}{3+4} \times 5 = \frac{20}{7}\,[\mathrm{A}]$$

정답 ③

016 다음 회로에서 단자 a, b 사이에 4[Ω]의 저항을 접속했을 때 4[Ω]에 흐르는 전류[A]는?

① 0.5

② 1

③ 2

④ 5

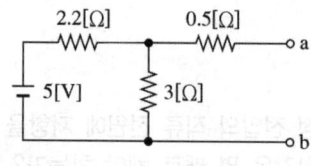

해설 단자 a, b 사이에 4[Ω]의 저항을 접속하면 다음과 같다.

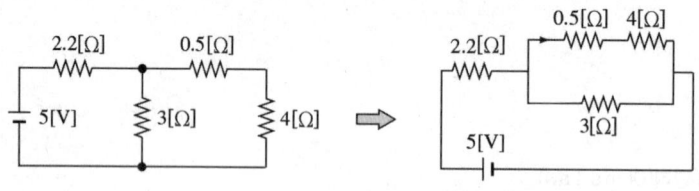

• 전전류 $I = \dfrac{V}{R}\,[\Omega] = \dfrac{5}{2.2 + \dfrac{(0.5+4) \times 3}{(0.5+4)+3}} = 1.25\,[\mathrm{A}]$

• 4[Ω]에 흐르는 전류 $I_1 = \dfrac{R_2}{R_1 + R_2}I = \dfrac{3}{(0.5+4)+3} \times 1.25 = 0.5\,[\mathrm{A}]$

정답 ①

017 일정 전압의 직류전원에 저항을 접속하고 전류를 흘릴 때 이 전류값을 20[%] 증가시키려면 저항값을 몇 배로 해야 하는가?

① 0.64 　　　　 ② 0.83 　　　　 ③ 1.2 　　　　 ④ 1.25

해설　$R = \dfrac{V}{I}$ 이므로, $R = \dfrac{V}{I} = \dfrac{V}{1.2I} = 0.83\dfrac{V}{I}[\Omega] = 0.83$배로 해야 한다.

정답 ②

---

018 그림과 같은 회로에서 전체에 흐르는 전류를 I[A]라 하고 저항 R_1과 R_2에 흐르는 전류를 I_1, I_1로 표시할 때 $\dfrac{I_2}{I_1}$는 얼마가 되겠는가?(단, $R_1 = 2[\Omega]$, $R_2 = 3[\Omega]$이다)

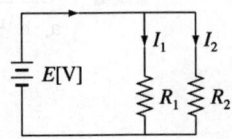

① $\dfrac{1}{2}$ 　　　　 ② $\dfrac{3}{2}$ 　　　　 ③ $\dfrac{2}{3}$ 　　　　 ④ $\dfrac{3}{4}$

해설　이 회로 전체에 흐르는 전류가 I일 때,

$I_1 = \dfrac{R_2}{R_1 + R_2}I$, $I_2 = \dfrac{R_1}{R_1 + R_2}I$에서 $I_1 \propto R_2$, $I_2 \propto R_1$이므로

$\therefore \dfrac{I_2}{I_1} = \dfrac{R_1}{R_2} = \dfrac{2}{3}$

정답 ③

---

019 단면적이 5[cm²]인 도체에 3초 동안 30[C]의 전하가 이동하면 전류는 몇 [A] 흐르게 되는가?

① 2 　　　　 ② 10 　　　　 ③ 20 　　　　 ④ 90

해설　전류 $I = \dfrac{Q}{t} = \dfrac{30}{3} = 10[\text{A}]$

> 1[A] : 1[s] 동안에 1[C]의 전하가 이동할 때의 전류

정답 ②

---

020 회로에서 E_1의 전압을 구하는 식으로 옳은 것은?

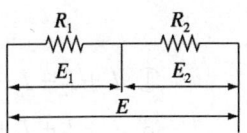

① $E_1 = \dfrac{R_2}{R_1 + R_2}E$ 　　　　 ② $E_1 = \dfrac{(R_1 + R_2)E}{R_1 R_2}$

③ $E_1 = \dfrac{R_1}{R_1 + R_2}E$ 　　　　 ④ $E_1 = \dfrac{R_1 R_2}{R_1 + R_2}E$

해설　$E = E_1 + E_2$, $E_1 = \dfrac{R_1}{R_1 + R_2}E$, $E_2 = \dfrac{R_2}{R_1 + R_2}E$

정답 ③

021 그림과 같은 회로에서 a, b 사이에서 걸리는 전압은 몇 [V]인가?

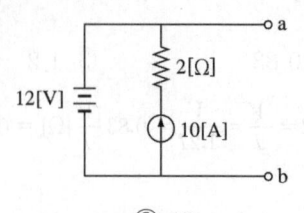

① 10　　　　　　② 12　　　　　　③ 15　　　　　　④ 20

> 해설　전압원을 단락하면 a, b 사이에서 걸리는 전압은 전류원 20[V]가 걸리게 되고, 전류원을 개방하면
> a, b 사이에서 걸리는 전압은 0[V]가 된다. 그러므로 a, b 양단전압은 20 + 0 = 20[V]가 된다.
>
> 정답 ④

022 그림에서 일정전압 E의 전원에 r 및 r_1을 접속했다. r에 흐르는 전류를 최소로 하기 위한 r_2의 값은
얼마인가?

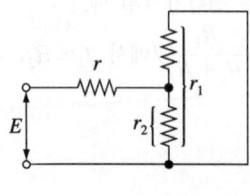

① r_1　　　　　　② $\dfrac{r_1}{2}$　　　　　　③ r　　　　　　④ $\dfrac{r}{2}$

> 해설　r에 흐르는 전류가 최소가 되기 위해서는 합성저항 R_0가 최대가 되어야 하므로 합성저항 R_0는
> $r_2 = \dfrac{r_1}{2}$[Ω]일 때가 최대가 된다.
>
> 정답 ②

023 그림과 같은 회로망에서 전류를 산출하는 식은?

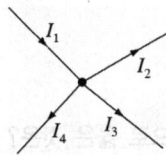

① $I_1 + I_2 - I_3 - I_4 = 0$　　　　　　② $I_1 - I_2 - I_3 + I_4 = 0$

③ $I_1 + I_2 + I_3 + I_4 = 0$　　　　　　④ $I_1 - I_2 - I_3 - I_4 = 0$

> 해설　• 키르히호프의 제1법칙(KCL) : 접속점에 출입하는 **전류의 대수합은 0**이다 $\left(\displaystyle\sum_{k=1}^{n} I = 0\right)$.
>
> • 키르히호프의 제2법칙(KVL) : 회로망 중에 임의의 폐회로 내에서, 한 방향으로 일주하면서 생기
> 는 전압 강하의 합과 기전력의 합은 같다.
>
> 정답 ④

024 1[W · s]는 몇 [J]인가?

① 0.42　　　　　　② 1　　　　　　③ 9.8　　　　　　④ 860

$W = Pt[\text{J}] \rightarrow W[\text{J}] = P[\text{W}] \cdot t[\text{s}]$

　　　　∴ $[\text{J}] = [\text{W} \cdot \text{s}]$

> 전력량 $W = Pt[\text{J}]([\text{W} \cdot \text{s}])$

정답 ②

025 1[kWh]의 전력량은 몇 [J]인가?

① 1　　　　　　② 60　　　　　　③ 1,000　　　　　　④ 3.6×10^6

> 전력량 $W = Pt[\text{J}]([\text{W} \cdot \text{s}])$

그러므로 $1[\text{kWh}] = 1,000[\text{W}] \times 3,600[\text{s}] = 3.6 \times 10^6[\text{J}]$이다.

정답 ④

026 전류의 열작용과 관계가 깊은 것은?

① 옴의 법칙　　　　② 줄의 법칙　　　　③ 플레밍의 법칙　　④ 키르히호프의 법칙

줄의 법칙(Joule's Law) : 저항에서는 전류의 제곱에 비례하여 에너지가 소비되는데 이 소비된 에너지
는 모두 열로 바뀐다는 법칙(**전류의 열작용**)

> $H = 0.24Pt = Cm\theta[\text{cal}]$

정답 ②

027 100[V]용의 전기다리미를 110[V]로 사용하면 같은 시간 내에 발생하는 열량은 몇 배로 되는가?

① 1　　　　　　② 1.21　　　　　　③ 1.5　　　　　　④ 2

100[V]를 110[V]로 사용하면 $\frac{110}{100} = 1.1$배이므로,

열량 $H = 0.24Pt = 0.24 \times \frac{V'^2}{R} \times t = 0.24 \times \frac{(1.1V)^2}{R} \times t = 1.21\ V^2$배이다.

정답 ②

028 15[℃]의 물 200[L]가 있다. 이 물을 30분간에 40[℃]로 높이기 위하여 필요한 전열기 용량은 몇 [kW]인가?(단, 발열량의 70[%]가 유효한 발열이라고 한다)

① 16.6　　　　　　② 23.0　　　　　　③ 40.3　　　　　　④ 54.0

$1[\text{L}] = 1[\text{kg}] = 1,000[\text{g}]$

$H = 0.24Pt = Cm\Delta\theta[\text{cal}]$

∴ $P = \frac{Cm\theta}{0.24\,t\eta} = \frac{1 \times 200 \times 10^3 \times (40-15)}{0.24 \times 30 \times 60 \times 0.7} = 16,534[\text{W}] = 16.534[\text{kW}]$

정답 ①

029 두 종류의 금속으로 폐회로를 만들어 전류를 흘릴 때 양 접속점에서 한쪽은 온도가 올라가고 다른 쪽은 온도가 내려가는 현상으로 옳은 것은?

① 펠티에효과　　　　　　　　　② 제베크효과

③ 톰슨효과　　　　　　　　　　④ 홀효과

> 해설　① 펠티에효과(Peltier Effect) : 다른 두 종류의 금속 양단을 접속하여 양 접속점에 전류를 흘리면 한쪽은 열이 발생하고, 다른 한쪽은 열을 흡수하는 현상
> ② 제베크효과(Seebeck Effect) : 다른 두 종류의 금속 양단을 접속하여 그 접합점에 온도차를 주면 기전력이 발생하는 현상
> ③ 톰슨효과(Thomson Effect) : 온도차가 있는 어떤 금속 도체 내부의 두 점 사이에 전류가 흐르면 열의 발생 또는 흡수가 일어나는 효과

> **정답** ①

030 100[V], 500[W]의 절연선 2개를 같은 전압에서 직렬로 접속한 경우와 병렬로 접속한 경우의 전력은 각각 몇 [W]인가?

① 직렬 : 250, 병렬 : 500

② 직렬 : 250, 병렬 : 1,000

③ 직렬 : 500, 병렬 : 500

④ 직렬 : 500, 병렬 : 1,000

> 해설　전력 $P = I^2 R = \dfrac{V^2}{R}$, $R = \dfrac{V^2}{P} = \dfrac{100^2}{500} = 20[\Omega]$
>
> • **직렬접속 시** : 전력 $P_1 = \dfrac{V^2}{2R} = \dfrac{100^2}{2 \times 20} = 250[\text{W}]$
>
> • **병렬접속 시** : 전력 $P_2 = \dfrac{V^2}{\dfrac{R}{2}} = \dfrac{100^2}{\dfrac{20}{2}} = 1,000[\text{W}]$

> **정답** ②

031 100[V]로 500[W]의 전력을 소비하는 전열기가 있다. 이 전열기를 80[V]로 사용하면 소비전력은 몇 [W]인가?

① 320　　　　　　　　　　　　② 360

③ 400　　　　　　　　　　　　④ 440

> 해설　전력 $P = I^2 R = \dfrac{V^2}{R}[\text{W}]$에서
>
> 전열기를 100[V]에 사용했을 때의 전력 $P = 500[\text{W}]$를 소비하였으므로
>
> $R = \dfrac{V^2}{P} = \dfrac{100^2}{500} = 20[\Omega]$이다.
>
> ∴ 80[V]에서 소비전력 $P = \dfrac{V^2}{R} = \dfrac{80^2}{20} = 320[\text{W}]$이다.

> **정답** ①

032 100[V]의 전원에 10[Ω]의 저항을 가진 2개의 전열기를 직렬로 연결하여 사용하였다면 1개만을 사용할 때와 비교되는 소비전력은 어떻게 되는가?

① 같다.   ② $\frac{1}{2}$ 배이다.   ③ $\frac{1}{4}$ 배이다.   ④ 4배이다.

해설

소비전력 $P = I^2 R = \frac{V^2}{R}$ [W]

• 전열기 1개만 사용했을 때의 소비전력 : $P_1 = \frac{V^2}{R} = \frac{100^2}{10} = 1,000$ [W]

• 전열기 2대를 직렬 연결했을 때의 소비전력 : $P_2 = \frac{V^2}{R} = \frac{100^2}{10+10} = 500$ [W]

∴ $\frac{P_2}{P_1} = \frac{500}{1,000} = \frac{1}{2}$ 배

정답 ②

033 저항값이 동일한 저항에 3배의 전압을 가하면 소비전력은 몇 배가 되는가?

① $\frac{1}{3}$ 배   ② 3배   ③ 6배   ④ 9배

해설

소비전력 $P = \frac{V^2}{R}$ 에서 전압을 3배한 소비전력 $P' = \frac{(3V)^2}{R} = \frac{9V^2}{R}$ 으로 9배가 된다.

정답 ④

034 정격전압에서 500[W] 전력을 소비하는 저항에 정격전압의 90[%] 전압을 가할 때의 전력은 몇 [W] 인가?

① 350   ② 385   ③ 405   ④ 450

해설

• 정격 전압을 인가했을 때의 전력 $P = \frac{V^2}{R} = 500$ [W]

• 정격전압의 90[%]을 인가했을 때의 전력 $P_{90} = \frac{(0.9V)^2}{R} = 0.81 \frac{V^2}{R}$

∴ $P_{90} = 0.81P = 0.81 \times 500 = 405$ [W]

정답 ③

035 20[℃]의 물 500[cc]를 25[℃]로 1분 만에 올리려고 한다. 이때의 소요전력은 몇 [W]인가?

① 144   ② 174   ③ 227   ④ 257

해설

1[L] = 1,000[cc]이므로, 500[cc] = 0.5[L]이고,

1[L] = 1[kg]이므로, 0.5[L] = 0.5[kg] = 500[g]이다.

$H = 0.24Pt = Cm\theta$ [cal]

$P = \frac{Cm\theta}{0.24t} = \frac{1 \times 500 \times (25-20)}{0.24 \times 1 \times 60} = 173.6$ [W]

정답 ②

036 기전력 1.2[V], 내부저항 0.4[Ω]의 전지가 길이 20[m], 단면적 1[mm²]의 동선에 접속되었을 때 1분 동안에 발생하는 열량은 몇 [cal]이겠는가?(단, 동의 고유저항 $\rho = 1.6 \times 10^{-8}$[Ω·m]임)

① 12.8

② 15.8

③ 18.8

④ 21.8

해설

• 동선의 저항 : $R = \rho\dfrac{l}{A} = 1.6 \times 10^{-8} \times \dfrac{20}{1 \times 10^{-6}} = 0.32$[Ω]

• 동선에 흐르는 전류 : $I = \dfrac{E}{R+r} = \dfrac{1.2}{0.32+0.4} = 1.67$[A]

∴ 발열량 $H = 0.24I^2Rt = 0.24 \times 1.67^2 \times 0.32 \times 60 = 12.85$[cal]

정답 ①

037 200[V], 60[W] 전등 2개를 매일 5시간씩 점등하고, 600[W] 전열기 1개를 매일 1시간씩 사용할 경우 1개월(30일)의 소비전력량은 몇 [kWh]인가?

① 18

② 36

③ 180

④ 360

해설 1개월(30일)의 소비전력량

$W = Pt = \{(60 \times 2 \times 5) + (600 \times 1 \times 1)\} \times 30 = 36,000$[Wh] $= 36$[kWh]

정답 ②

038 차동식분포형감지기에서 열전대식과 관계가 있는 것은?

① 제베크효과

② 펠티에효과

③ 톰슨효과

④ 핀치효과

해설 **열전대식 차동식분포형감지기** : 화재발생 시 열전대의 **제베크효과**를 이용하여 수신기에 화재신호를 보내는 감지기

Plus one 제베크효과(Seebeck Effect)

다른 종류의 금속 양단을 접속하여 그 접합점에 온도차를 주면 기전력이 발생하는 효과

정답 ①

039 자동화재탐지설비용 지구경종 5개를 동시에 명동시키기 위하여 수신기에서 흘려야 할 전류는 몇 [A]인가?(단, 지구경종은 각각 정격 DC 24[V], 1.44[VA]이다)

① 0.1

② 0.2

③ 0.3

④ 0.4

해설 전력 $P = VI$

∴ $I = \dfrac{P}{V} = \dfrac{1.44 \times 5}{24} = 0.3$[A]

정답 ③

040 정격전압에서 400[W] 전력을 소비하는 저항에 정격 80[%]의 전압을 가할 때의 전력은 몇 [W]인가?

① 156   ② 220

③ 256   ④ 320

해설 전력 $P = I^2 R = \dfrac{V^2}{R} = 400[W]$에서 정격전압의 80[%]를 인가했을 때의 전력

$$P_{80} = \frac{(0.8\,V)^2}{R} = 0.64\frac{V^2}{R} = 0.64 \times 400 = 256[W]$$

정답 ③

041 어떤 회로에 100[V]의 전압을 가하니 10[A]의 전류가 흘러 7,200[cal]의 열량이 발생하였다. 전류가 흐른 시간은 몇 [s]인가?

① 20   ② 30   ③ 50   ④ 100

해설 줄의 법칙

$$H = 0.24Pt = 0.24\,VIt = 0.24I^2Rt[\text{cal}]$$

$$\therefore\ t = \frac{H}{0.24\,VI} = \frac{7,200}{0.24 \times 100 \times 10} = 30[s]$$

정답 ②

042 110[V]의 전원에 20[Ω]의 저항을 가진 2개의 전열기 A, B를 직렬로 연결하여 사용하였다. 이때 A와 B에서 소비되는 전기적 에너지의 합은 A만을 단독으로 사용할 때와 비교하면?

① 소비전력이 같다.   ② 소비전력이 2배이다.

③ 소비전력이 1/2배이다.   ④ 소비전력이 4배이다.

해설 전력 $P = I^2 R = \dfrac{V^2}{R}$

- 전열기 A, B를 직렬로 연결하여 사용할 때의 소비전력 $P_{AB} = \dfrac{110^2}{(20+20)} = 302.5[W]$

- A만의 단독으로 사용할 때의 소비전력 $P_A = \dfrac{110^2}{20} = 605[W]$

$$\therefore\ \frac{P_{AB}}{P_A} = \frac{302.5}{605} = \frac{1}{2}\ \text{배}$$

정답 ③

043 15[kW]의 옥내소화전 펌프전동기를 정격상태에서 30분간 사용했을 경우의 전력량을 열량으로 환산하면 몇 [kcal]인가?

① 4,300   ② 6,480

③ 8,600   ④ 12,960

해설 줄의 법칙

$$H = 0.24Pt = 0.24 \times 15 \times 30 \times 60 = 6,480[\text{kcal}]$$

정답 ②

044 열전현상에 있어 온도차가 있는 어떤 도체의 두 점 사이에 전류가 흐르면 열의 발생 또는 흡수가 일어나는 현상을 무슨 효과라 하는가?

① Thomson효과 ② Seebeck효과 ③ Peltier효과 ④ Ampere효과

> 해설 **톰슨효과(Thomson Effect)**
> 온도차가 있는 **어떤 금속 도체 내부**의 두 점 사이에 **전류**가 흐르면 **열**의 발생 또는 흡수가 일어나는 효과

정답 ①

045 2분간에 876,000[J]의 일을 할 때 전력은 몇 [kW]인가?

① 7.3[kW] ② 73[kW] ③ 730[kW] ④ 0.73[kW]

> 해설 **열에너지[줄(Joule)의 법칙]**
> $H = I^2Rt = Pt$[J]에서 전력 $P = \dfrac{H}{t}$[W]이다.
>
> $\therefore P = \dfrac{H}{t} = \dfrac{876,000}{2 \times 60} = 7,300\,[\text{W}] = 7.3\,[\text{kW}]$

정답 ①

046 다음 중 소비전력이 가장 큰 것은?

① 100[V]의 전압에 8[A]의 전류가 흐를 때
② 110[V]의 전압에 10[A]의 전류가 흐를 때
③ 220[V]의 전압에 3[A]의 전류가 흐를 때
④ 380[V]의 전압에 2[A]의 전류가 흐를 때

> 해설 소비전력 $P = VI$[W]
> ① $100 \times 8 = 800$[W]   ② $110 \times 10 = 1,100$[W]
> ③ $220 \times 3 = 660$[W]   ④ $380 \times 2 = 760$[W]

정답 ②

047 그림과 같은 회로에서 a, b 간의 전압이 60[V]일 때 저항에서 소비되는 전력이 960[W]라면 R은 몇 [Ω]이겠는가?

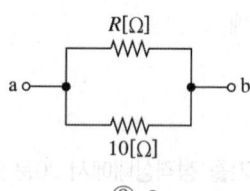

① 4 ② 6 ③ 8 ④ 10

> 해설 소비전력 $P = \dfrac{V^2}{R}$[W]에서
>
> 합성저항 $R_0 = \dfrac{V^2}{P} = \dfrac{60^2}{960} = \dfrac{3,600}{960} = 3.75\,[\Omega]$이며, $R_0 = \dfrac{10R}{R+10} = 3.75\,[\Omega]$이므로
>
> $\therefore R = 6\,[\Omega]$

정답 ②

048 전압 100[V], 전류 22[A]로서 2.6[kW]의 전력을 소비하는 회로의 저항은 몇 [Ω]인가?

① 3.27
② 5.37
③ 7.27
④ 9.37

해설 $P=I^2R$[W]에서 회로의 저항 $R=\dfrac{P}{I^2}=\dfrac{2,600}{22^2}=5.37$[Ω]

정답 ②

049 굵기가 한결같은 도체의 단면적이 S[m²], 길이가 l[m]이고 도체의 고유저항이 ρ[Ω·m]일 때 저항 R[Ω]은 무엇과 반비례하는가?

① l
② ρ^2
③ S
④ l^2/S

해설 저항 $R=\rho\dfrac{l}{S}$에서 $R\propto\dfrac{l}{S}$, 즉 도체의 **저항**은 도체의 **단면적**(S)에 **반비례**하고, 도체의 고유저항(ρ) 및 길이(l)에 비례한다.

정답 ③

050 같은 재질의 전선으로 길이를 변화시키지 않고 지름을 2배로 하고 전선에 흐르는 전류를 2배로 하면 전력손실은 어떻게 되는가?

① 변하지 않는다.
② $\dfrac{1}{2}$배가 된다.
③ 2배가 된다.
④ 4배가 된다.

해설
• 도체의 저항 $R=\rho\dfrac{l}{A}=\rho\dfrac{l}{\dfrac{\pi D^2}{4}}=\rho\dfrac{4l}{\pi D^2}$[Ω]

• 선로의 전력손실 $P=I^2R=I^2\cdot\rho\dfrac{l}{\dfrac{\pi D^2}{4}}=I^2\cdot\rho\dfrac{4l}{\pi D^2}$

• 지름을 2배, 전류를 2배로 하였을 때의 전력손실
$P'=I'^2R'=(2I)^2\cdot\rho\dfrac{l}{\dfrac{\pi(2D)^2}{4}}=I^2\cdot\rho\dfrac{l}{\dfrac{\pi D^2}{4}}=I^2\cdot\rho\dfrac{4l}{\pi D^2}$

∴ 전력손실은 변하지 않는다.

정답 ①

051 반도체의 저항값과 온도와의 관계로 옳은 것은?

① 저항값은 온도에 비례한다.
② 저항값은 온도에 반비례한다.
③ 저항값은 온도의 제곱에 비례한다.
④ 저항값은 온도의 제곱에 반비례한다.

해설 반도체는 온도변화에 의해 저항값이 변화한다. 즉, 온도가 **상승**하면 저항값이 **감소**한다("−"의 온도 계수).

정답 ②

052 지멘스(Siemens)는 무엇의 단위인가?

① 비저항   ② 도전율   ③ 컨덕턴스   ④ 자 속

해설   지멘스(Siemens) : 컨덕턴스(Conductance)의 단위[S]

정답 ③

053 다음 중 전기가열방식이 아닌 것은?

① 저항가열   ② 아크가열   ③ 광가열   ④ 유전가열

해설   전기가열방식의 분류 : **저항가열, 아크가열, 유도가열, 유전가열**

정답 ③

054 상온 20[℃]에서 동의 저항온도계수는 0.003이다. 30[℃]일 때 동선의 저항은?

① 3[%] 증가   ② 3[%] 감소   ③ 5[%] 증가   ④ 5[%] 감소

해설

$$R_2 = R_1\{1 + \alpha_{t1}(t_2 - t_1)\}[\Omega]$$

여기서, R_1 : t_1[℃]일 때의 저항[Ω]

R_2 : t_2[℃]일 때의 저항[Ω]

α_{t1} : t_1의 온도에서 매 1[℃]마다 증가하는 저항의 온도계수$\left(\dfrac{1}{234.5 + t_1}[1/℃]\right)$

온도계수에 의한 30[℃]의 동선 저항값

$R_2 = R_1\{1 + \alpha_{t1}(t_2 - t_1)\} = R_1\{1 + 0.003(30 - 20)\} = 1.03R_1[\Omega]$

∴ 30[℃]일 때 동선의 저항이 3[%] 증가한다.

정답 ①

055 40[℃] 구리선의 저항의 온도계수는 얼마인가?(단, 0[℃]일 때 구리선의 온도계수는 $\dfrac{1}{234.5}$ 이다)

① 274.5   ② $\dfrac{1}{274.5}$ ③ $\dfrac{1}{234.5}$ ④ 234.5

해설 t_1의 온도에서 매 1[℃]마다 증가하는 저항의 온도계수는 $\dfrac{1}{234.5 + t_1}$ 이다.

∴ $\dfrac{1}{234.5 + t_1} = \dfrac{1}{234.5 + 40} = \dfrac{1}{274.5}$

정답 ②

056 온도가 상승할 때 고유저항이 작아지는 것은?

① 니크롬   ② 구 리   ③ 실리콘   ④ 수 은

해설   **반도체**는 온도가 상승하면 전기저항이 감소하는 (−)의 **온도계수**를 가지고 있다.

정답 ③

057 부피가 일정한 전선을 m배의 길이로 늘리면 저항은 몇 배로 되는가?

① m배   ② $\dfrac{1}{m}$배   ③ $\dfrac{1}{m^2}$배   ④ m^2배

해설
- 길이가 l인 도선의 전기저항 : $R = \rho\dfrac{l}{A}[\Omega]$

- 길이를 m배로 늘린 도선의 전기저항 : $R_m = \rho\dfrac{ml}{\dfrac{A}{m}} = m^2\rho\dfrac{l}{A}[\Omega]$

$\therefore m^2$배

정답 ④

058 다음과 같은 회로의 R값은 몇 [Ω]인가?

① $\dfrac{E-V}{E}r$ ② $\dfrac{E}{E-V}r$

③ $\dfrac{V}{E-V}r$ ④ $\dfrac{E-V}{V}r$

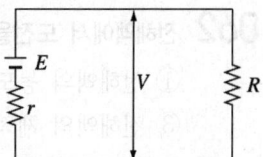

해설 전지의 기전력

$E = V + Ir$에서 $I = \dfrac{E-V}{r}$이므로

회로의 저항 $R = \dfrac{V}{I}$에 $I = \dfrac{E-V}{r}$를 대입하면

$\therefore R = \dfrac{V}{\dfrac{E-V}{r}} = \dfrac{V}{E-V}r$

정답 ③

059 기전력은 1.5[V], 내부저항 0.1[Ω]인 전지 10개를 직렬로 연결하고 2[Ω]의 저항을 가진 전구에 연결할 때 전구에 흐르는 전류는 몇 [A]인가?

① 2   ② 3
③ 4   ④ 5

해설 전지 n개를 직렬로 연결한 경우

$I = \dfrac{nE}{nr+R} = \dfrac{10 \times 1.5}{(10 \times 0.1) + 2} = 5[A]$

정답 ④

060 전지에서 자체 방전현상이 일어나는 것으로 가장 관련이 깊은 것은?

① 전해액 농도   ② 전해액 온도
③ 이온화 경향   ④ 불순물

해설 전지에서 자체 방전현상과 관련된 요인 : **불순물**

정답 ④

061 전극의 불순물로 인하여 기전력이 감소하는 것은 무엇 때문인가?

① 국부작용   ② 성극작용

③ 전기분해   ④ 감극현상

해설 ① **국부작용**(Local Action) : 전지의 **불순물**에 의해 전지내부에 순환전류가 흘러 **기전력을 감소**시키는 현상

② 성극작용(Polarization Effect) : 전지에 전류가 흐르면 양극에 수소가스가 발생하여 전류의 흐름을 방해해 기전력을 저하시키는 현상

③ 전기분해(Electrolysis) : 전해액에 전류가 흘러 화학변화를 일으킴으로써 새로운 물질을 만드는 현상

정답 ①

062 전해액에서 도전율은 어느 것에 의하여 증가되는가?

① 전해액의 농도   ② 전해액의 색깔

③ 전해액의 체적   ④ 전해액의 용기

해설 전해액의 **도전율**은 **농도**에 따라 증가한다. 즉, 농도가 높으면 흐르는 전류도 크다.

정답 ①

063 납축전지가 방전하면 양극물질(P) 및 음극물질(N)는 어떻게 변하는가?

① P : 이산화납, N : 납   ② P : 이산화납, N : 황산납

③ P : 황산납, N : 납   ④ P : 황산납, N : 황산납

해설 납(연)축전지의 충·방전 화학반응식

$$\underset{\substack{(+)\\ \text{(이산화납)}}}{PbO_2} + \underset{(전해액)}{2H_2SO_4} + \underset{\substack{(-)\\ \text{(납)}}}{Pb} \underset{\underset{충전}{\xrightarrow{\hspace{0.8cm}}}}{\overset{방전}{\xrightarrow{\hspace{0.8cm}}}} \underset{\substack{(+)\\ \text{(황산납)}}}{PbSO_4} + \underset{(물)}{2H_2O} + \underset{\substack{(-)\\ \text{(황산납)}}}{PbSO_4}$$

정답 ④

064 같은 규격의 축전지 2개를 병렬로 연결하면?

① 전압은 2배가 되고 용량은 1개일 때와 같다.

② 전압은 1개일 때와 같고 용량은 2배가 된다.

③ 전압과 용량 모두가 2배로 된다.

④ 전압과 용량 모두가 $\frac{1}{2}$ 배로 된다.

해설 전지 n개를 병렬로 연결한 경우

• $E_0 = E[\mathrm{V}]$ • $I_0 = \dfrac{E}{R + \dfrac{r}{n}}[\mathrm{A}]$

정답 ②

065 일정 전압을 가진 전지에 부하를 걸면 단자전압이 내려간다. 그 원인은 무엇 때문인가?

① 전해액 색깔   ② 분극 작용   ③ 이온화 작용   ④ 주위 온도

해설 **분극 작용** : 전지에 전류가 흐르면 **양극**의 **표면**에 **수소 가스**가 생겨 전류의 흐름을 방해하여 **기전력**이 **감소**하는 현상으로, 성극 작용이라고도 한다.

정답 ②

066 패러데이의 법칙에서 같은 전기량에 의해서 석출되는 물질의 양은 각 물질의 무엇에 비례하는가?

① 원자량   ② 화학당량   ③ 원자가   ④ 전류의 세기

해설 전기분해에 관한 패러데이의 법칙(Faraday's Law)
- 전기분해에 의해 석출된 물질의 양은 전해액을 통과한 총전기량에 비례한다.
- 전기분해에 의해 석출된 **물질의 양**은 전해액을 통과한 총 전기량이 같으면 그 물질의 **화학당량**에 **비례**한다.

정답 ②

067 전기분해에서 석출한 물질의 양을 W, 시간을 t, 전류를 I라 한다. 다음 중 공식으로 옳은 것은?

① $W = KIt$ ② $W = \dfrac{KI}{t}$

③ $W = KI^2 t$ ④ $W = \dfrac{Kt}{I}$

해설 전기분해에 관한 패러데이의 법칙(Faraday's Law)
- 전기분해에 의해서 석출되는 물질의 양은 전해액을 통과한 총전기량에 비례한다.
- 전기분해에 의해서 석출되는 물질의 양 $W[g]$은 전해액을 통과한 총전기량 $Q[C]$이 같으면 그 물질의 화학당량(Chemical Equivalent) k에 비례한다.
- $W = kQ = kIt$

정답 ①

068 그림과 같은 회로에 1[C]의 전하를 충전시키려 한다. 이때 양 단자 a, b 사이에 몇 [V]의 전압을 인가해야 하는가?

① 5×10^6 ② 5×10^4

③ 3×10^6 ④ 3×10^4

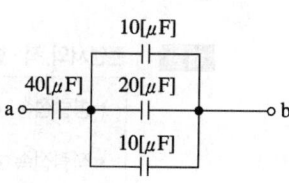

해설 $Q = CV[C]$, $V = \dfrac{Q}{C}[V]$에서 회로의 합성 정전용량은 다음과 같다.

$$C = \dfrac{1}{\dfrac{1}{40} + \dfrac{1}{10 + 20 + 10}} = 20[\mu F]$$

$$\therefore \ V = \dfrac{Q}{C} = \dfrac{1}{20 \times 10^{-6}} = 50,000 = 5 \times 10^4[V]$$

정답 ②

069 정전용량[F]과 동일한 전기단위는?

① [V/m] ② [C/A]

③ [V/C] ④ [C/V]

> **해설**
>
> 전하량 $Q = CV$[C], 전압 $V = \dfrac{Q}{C}$[V], 정전용량 $C = \dfrac{Q}{V}$[F]
>
> $\therefore$ 정전용량 C[F] $= \dfrac{Q\text{[C]}}{V\text{[V]}}$

정답 ④

070 평행판 콘덴서에서 콘덴서가 큰 정전용량을 얻기 위한 방법이 아닌 것은?

① 극판의 면적을 넓게 한다.

② 극판 간의 간격을 넓게 한다.

③ 비유전율이 큰 절연물을 사용한다.

④ 극판 간의 간격을 좁게 한다.

> **해설**
>
> 평행판 콘덴서의 정전용량 $C = \varepsilon \dfrac{A}{l}$ [F]
>
> **Plus one** 콘덴서의 정전용량을 크게 하기 위한 방법
> - 극판의 면적(A)을 넓게 한다.
> - 극판 간의 간격(l)을 좁게 한다.
> - 비유전율(ε_s)이 큰 것으로 사용한다.

정답 ②

071 정전용량이 같은 콘덴서 2개를 병렬로 접속했을 때의 합성정전용량은 직렬로 접속했을 때의 합성정전용량의 몇 배인가?

① $\dfrac{1}{2}$ ② $\dfrac{1}{4}$ ③ 2 ④ 4

> **해설**
>
> 콘덴서의 직 · 병렬접속에 대한 합성정전용량
>
> - 병렬접속 $C_0 = C_1 + C_2 + C_3 + \cdots + C_n = nC$
> - 직렬접속 $C_0 = \dfrac{1}{\dfrac{1}{C_1} + \dfrac{1}{C_2} + \dfrac{1}{C_3} + \cdots + \dfrac{1}{C_n}} = \dfrac{C}{n}$
>
> - 병렬접속 : $C_0 = nC = 2C$ - 직렬접속 : $C_0 = \dfrac{C}{n} = \dfrac{C}{2}$
>
> $\therefore \dfrac{C\text{병렬}}{C\text{직렬}} = \dfrac{2C}{\dfrac{C}{2}} = 4$배

정답 ④

072 정전용량 0.2[μF]와 0.5[μF]의 콘덴서를 병렬로 접속한 경우 그 합성정전용량은 몇 [μF]인가?

① 0.14 ② 0.35 ③ 0.7 ④ 0.9

해설 병렬접속된 콘덴서의 합성정전용량

$$C_0 = C_1 + C_2 + C_3 + \cdots + C_n$$
$$\therefore \ C_0 = C_1 + C_2 = 0.2 + 0.5 = 0.7[\mu\text{F}]$$

정답 ③

073 다음 콘덴서 회로의 AB 간, AC 간 정전용량으로 옳은 것은?

① AB 간 : 20[μF] AC 간 : 5[μF]
② AB 간 : 10[μF] AC 간 : 40[μF]
③ AB 간 : 20[μF] AC 간 : 10[μF]
④ AB 간 : 10[μF] AC 간 : 5[μF]

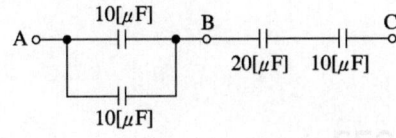

해설 • 회로 AB 간의 정전용량
$$C_{AB} = C_1 + C_2 = 10 + 10 = 20[\mu\text{F}]$$
• 회로 AC 간의 정전용량

$$C_{AC} = \cfrac{1}{\cfrac{1}{(C_1 + C_2)} + \cfrac{1}{C_3} + \cfrac{1}{C_4}} = \cfrac{1}{\cfrac{1}{(10+10)} + \cfrac{1}{20} + \cfrac{1}{10}} = 5[\mu\text{F}]$$

정답 ①

074 정전용량 2[μF]의 콘덴서를 직류 3,000[V]로 충전할 때 이것에 축적되는 에너지는 몇 [J]인가?

① 6 ② 9 ③ 12 ④ 18

해설 콘덴서에 축적되는 에너지

$$W = \frac{1}{2}CV^2 = \frac{1}{2} \times 2 \times 10^{-6} \times (3 \times 10^3)^2 = 9[\text{J}]$$

정답 ②

075 그림과 같은 회로에서 단자 ad 사이에 전압 300[V]를 가할 때 ab 사이의 전압은 몇 [V]인가?

① 120 ② 150
③ 180 ④ 210

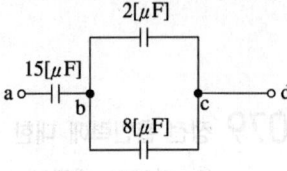

해설 a와 d 사이의 합성정전용량

$$C_{ad} = \cfrac{1}{\cfrac{1}{15} + \cfrac{1}{10}} = 6[\mu\text{F}]$$

$$Q = CV = 6 \times 10^{-6} \times 300 = 18 \times 10^{-4}[\text{C}]$$

$$\therefore \ V_{ab} = \frac{Q}{C_{ab}} = \frac{18 \times 10^{-4}}{15 \times 10^{-6}} = 120[\text{V}]$$

정답 ①

076 반지름 50[cm]인 도체구에 전하 1[C]을 주면 도체구에 저장되는 정전용량은 몇 [F]인가?

① $\dfrac{1}{2} \times 10^{-10}$
② $\dfrac{1}{3} \times 10^{-10}$
③ $\dfrac{2}{9} \times 10^{-10}$
④ $\dfrac{5}{9} \times 10^{-10}$

해설
- 도체에 축적되는 전하 $Q = CV$[C]
- 전위의 크기 $V = \dfrac{1}{4\pi\varepsilon_0} \cdot \dfrac{Q}{r} = 9 \times 10^9 \times \dfrac{Q}{r}$[V]

∴ 도체구의 정전용량 $C = \dfrac{Q}{V} = \dfrac{Q}{9 \times 10^9 \times \dfrac{Q}{r}} = \dfrac{Q}{9 \times 10^9 \times \dfrac{Q}{5 \times 10^{-1}}} = \dfrac{5}{9} \times 10^{-10}$[F]

정답 ④

077 1[V]와 같은 값은?

① 1[J/C]
② 1[C/A]
③ 1[Wb/m]
④ 1[Ω/m]

해설
$W = VQ$[J]에서 전압 V[V] $= \dfrac{W[\text{J}]}{Q[\text{C}]}$ 이다.

정답 ①

078 그림의 회로에서 합성정전용량은 몇 [F]인가?

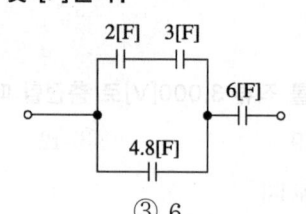

① 2
② 3
③ 6
④ 8

해설
- 병렬회로의 정전용량 $C_1 = \dfrac{1}{\dfrac{1}{2} + \dfrac{1}{3}} + 4.8 = 6$[F]

- 합성정전용량 $C_0 = \dfrac{1}{\dfrac{1}{C_1} + \dfrac{1}{6}} = \dfrac{1}{\dfrac{1}{6} + \dfrac{1}{6}} = 3$[F]

정답 ②

079 정전 흡인력에 대한 설명으로 옳은 것은?

① 전압의 제곱에 비례한다.
② 쿨롱의 법칙으로 직접 계산된다.
③ 극판간격에 비례한다.
④ 가우스정리에 의하여 직접 계산된다.

해설
정전 흡인력 $F = \dfrac{1}{2}\varepsilon E^2 \cdot A$[N]으로 전압의 제곱에 비례한다.

정답 ①

080 내전압이 각각 같은 1[μF], 2[μF] 및 3[μF] 콘덴서를 직렬로 연결하고, 양단 전압을 상승시키면?

① 1[μF]의 콘덴서가 제일 먼저 파괴된다.

② 2[μF]의 콘덴서가 제일 먼저 파괴된다.

③ 3[μF]의 콘덴서가 제일 먼저 파괴된다.

④ 동시에 파괴된다.

해설 직렬 연결된 각 콘덴서에 걸리는 양단 전압은 $V_1 = \dfrac{Q}{C_1}$, $V_2 = \dfrac{Q}{C_2}$, $V_3 = \dfrac{Q}{C_3}$ 으로, 각 콘덴서의 양단 전압은 정전용량에 반비례하므로 내전압이 동일한 경우 정전용량이 제일 작은 1[μF]의 콘덴서가 제일 먼저 파괴된다.

정답 ①

081 회로에서 A–B, B–C 간에 걸리는 전압은 몇 [V]인가?

① A–B : 300, B–C : 100

② A–B : 100, B–C : 300

③ A–B : 150, B–C : 250

④ A–B : 250, B–C : 150

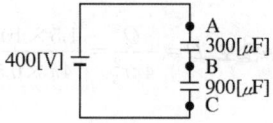

해설

• A–B 간에 걸리는 전압 $V_{AB} = \dfrac{Q}{C_{AB}} = \dfrac{C_{BC}}{C_{AB}+C_{BC}}V = \dfrac{900}{300+900}\times 400 = 300[\text{V}]$

• B–C 간에 걸리는 전압 $V_{BC} = \dfrac{Q}{C_{BC}} = \dfrac{C_{AB}}{C_{AB}+C_{BC}}V = \dfrac{300}{300+900}\times 400 = 100[\text{V}]$

정답 ①

082 콘덴서와 코일에서 실제적으로 급격히 변화할 수 없는 것이 있다면 어느 것인가?

① 코일에서 전압, 콘덴서에서 전류

② 코일에서 전류, 콘덴서에서 전압

③ 코일, 콘덴서 모두 전압

④ 코일, 콘덴서 모두 전류

해설 콘덴서(C)에서는 전압[V]을, 코일(L)에서는 전류[A]를 급격히 변화할 수 없다.

정답 ②

083 코일에 전류가 흐를 때 생기는 자력의 세기를 설명한 것 중 옳은 것은?

① 자력의 세기와 전류와는 무관하다.

② 자력의 세기와 전류는 반비례한다.

③ 자력의 세기는 전류에 비례한다.

④ 자력의 세기는 전류의 제곱에 비례한다.

해설 자력의 세기(기자력) $F = NI$[AT]이므로, **자력의 세기**(F)는 코일의 권수(N)와 **전류**(I)에 **비례**한다.

정답 ③

084 공기 중에 1×10^{-7}[C]의 (+)전하가 있을 때 이 전하로부터 15[cm]의 거리에 있는 점의 전장의 세기는 몇 [V/m]인가?

① 1×10^4 ② 2×10^4

③ 3×10^4 ④ 4×10^4

해설   전장의 세기

$$E = \frac{1}{4\pi\varepsilon} \cdot \frac{Q}{r^2} = 9 \times 10^9 \times \frac{Q}{r^2} = 9 \times 10^9 \times \frac{1 \times 10^{-7}}{0.15^2} = 4 \times 10^4 [\text{V/m}]$$

정답 ④

085 공기 중에 1.5×10^{-6}[C]의 점전하로부터 0.5[m] 떨어진 점의 전속밀도는 몇 [C/m²]인가?

① 4.8×10^{-7} ② 2.4×10^{-7}

③ 4.8×10^{-5} ④ 2.4×10^{-5}

해설   전속밀도 $D = \dfrac{Q}{4\pi r^2} = \dfrac{1.5 \times 10^{-6}}{4\pi \times 0.5^2} \fallingdotseq 4.8 \times 10^{-7} [\text{C/m}^2]$

정답 ①

086 코일의 권수가 1,250회인 공심 환상 솔레노이드의 평균길이가 50[cm]이며, 단면적이 20[cm²]이고, 코일에 흐르는 전류가 1[A]일 때 솔레노이드의 내부자속은 몇 [Wb]인가?

① $2\pi \times 10^{-6}$ ② $2\pi \times 10^{-8}$

③ $\pi \times 10^5$ ④ $\pi \times 10^{-8}$

해설   환상 솔레노이드

- 내부 자계의 세기 $H = \dfrac{NI}{2\pi r} = \dfrac{NI}{l} [\text{AT/m}]$

- 자속밀도 $B = \dfrac{\Phi}{A} = \mu H [\text{Wb/m}^2]$

$\therefore \ \Phi = BA = \mu HA = \mu \dfrac{NI}{l} A = 4\pi \times 10^{-7} \times \dfrac{1,250 \times 1}{50 \times 10^{-2}} \times 20 \times 10^{-4} = 2\pi \times 10^{-6} [\text{Wb}]$

정답 ①

087 두 자극 간의 거리를 2배로 하면 자극 사이에 작용하는 힘은 몇 배인가?

① 2   ② 4

③ $\dfrac{1}{2}$ ④ $\dfrac{1}{4}$

해설   자계에 관한 쿨롱의 법칙 $F = \dfrac{1}{4\pi\mu_0} \cdot \dfrac{m_1 m_2}{r^2} [\text{N}]$에서

작용하는 힘 F는 거리(r)의 제곱에 반비례하므로 $\dfrac{1}{4}$ 배가 된다.

정답 ④

088 동일 전류가 흐르는 두 평행도선이 있다. 도선 사이의 거리를 2.5배로 하면 그 작용력은 몇 배가 되는가?

① 0.4

② 0.64

③ 2.5

④ 6.25

해설 두 평행도선에 작용하는 힘

$F = \dfrac{2I_1 I_2}{r} \times 10^{-7}[\text{N}]$에서

F는 $\dfrac{1}{r}$에 비례하므로 $\dfrac{1}{2.5} = 0.4$배가 된다.

정답 ①

089 2,500[A/m]의 자계 속에 자기량이 ±0.0002[Wb]이고, 길이가 5[cm]인 막대 자석의 자기모멘트가 최댓값일 때의 회전력은 몇 [N·m]인가?

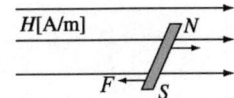

① 0.005

② 0.025

③ 0.5

④ 0.25

해설 회전력 $T = MH\sin\theta = mlH\sin\theta$에서
최대가 되기 위해서는 $\sin\theta = 1 (\theta = 90°)$이어야 하므로
$T = MH\sin\theta = mlH\sin\theta = 2 \times 10^{-4} \times 5 \times 10^{-2} \times 2,500 \times 1 = 25 \times 10^{-3} = 0.025[\text{N·m}]$

정답 ②

090 소화설비의 기동장치에 사용하는 전자(電磁)솔레노이드의 자계의 세기는?

① 코일의 권수에 비례한다.

② 코일의 권수에 반비례한다.

③ 전류의 세기에 반비례한다.

④ 전압에 반비례한다.

해설 솔레노이드의 내부 자계의 세기 $H = \dfrac{NI}{l}[\text{AT/m}]$

∴ 코일의 **권수**(N)와 전류의 **세기**(I)에 비례한다.

정답 ①

091 자기 히스테리시스 곡선의 횡축과 종축이 나타내는 것은?

① 자장의 세기와 자속밀도　　　　② 투자율과 자장의 세기

③ 잔류자기와 자장의 세기　　　　④ 자장의 세기와 보자력

해설　자기 히스테리시스 곡선을 $B-H$ 곡선이라고도 하며 횡축은 자장의 세기(H), 종축은 자속밀도 (B)로 나타낸다.

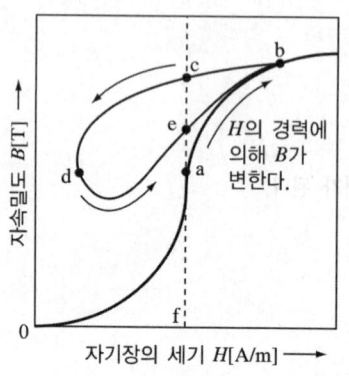
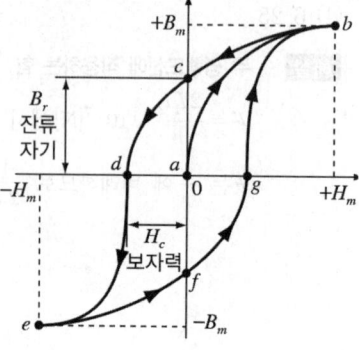

[$B-H$ 곡선]

정답 ①

092 요소와 단위의 연결 중 틀린 것은?

① 자속밀도 – [Wb/m²]　　　　　② 유전체밀도 – [C/m²]

③ 투자율 – [AT/m]　　　　　　　④ 유전율 – [F/m]

해설　**요소의 단위**
- 자속밀도 : [Wb/m²]
- **투자율 : [H/m]**
- 유전체밀도 : [C/m²]
- 유전율 : [F/m]

정답 ③

093 자속밀도 B[Wb/m²]의 자장 중에 있는 m[Wb]의 자극이 받는 힘은 몇 [N]인가?

① mB

② $\dfrac{mB}{\mu_0}$

③ $\dfrac{mB}{\mu_s}$

④ $\dfrac{mB}{\mu_0\mu_s}$

해설　자속밀도 $B = \mu_0\mu_s H[\mathrm{Wb/m^2}] \Rightarrow H = \dfrac{B}{\mu_0\mu_s}[\mathrm{A/m}]$

자극이 받는 힘 $F = mH[\mathrm{N}] = m\dfrac{B}{\mu_0\mu_s}[\mathrm{N}]$

정답 ④

094 진공의 유전율 $10^7/4\pi C^2$와 같은 값[F/m]은?(단, C는 광속도라 한다)

① 8.855×10^{-10}

② 8.855×10^{-12}

③ 9×10^2

④ 3.6×10^9

해설 광속도 $C = 3 \times 10^8 [\text{m/s}]$

진공의 유전율 $\varepsilon_0 = \dfrac{10^7}{4\pi C^2} = \dfrac{10^7}{4\pi \times (3 \times 10^8)^2} = 8.84 \times 10^{-12} [\text{F/m}] \fallingdotseq 8.85 \times 10^{-12} [\text{F/m}]$

정답 ②

095 간격이 2[mm], 단면적이 10[mm²]인 평행전극에 500[V]의 직류전압을 공급할 때 전극 사이의 전계의 세기[V/m]는?

① 2.5×10^5

② 5×10^6

③ 5×10^7

④ 5×10^8

해설 평행극판 사이의 전계의 세기

$E = \dfrac{V}{l} = \dfrac{500}{2 \times 10^{-3}} = 2.5 \times 10^5 [\text{V/m}]$

정답 ①

096 진공 중에서 크기가 10^{-4}[C]인 두 개의 같은 점전하가 서로 10[m] 떨어져 있을 때 두 전하 사이에 작용하는 힘은 몇 [N]인가?

① 0.9

② 1.0

③ 1.2

④ 1.5

해설 전기장에 관한 쿨롱의 법칙

$F = \dfrac{1}{4\pi\varepsilon_0} \times \dfrac{Q_1 Q_2}{r^2} = 9 \times 10^9 \times \dfrac{Q_1 Q_2}{r^2} = 9 \times 10^9 \times \dfrac{10^{-4} \times 10^{-4}}{10^2} = 0.9[\text{N}]$

정답 ①

097 전류에 의한 자계의 방향을 결정하는 법칙은?

① 렌츠의 법칙

② 비오-사바르의 법칙

③ 앙페르의 오른나사 법칙

④ 플레밍의 오른손 법칙

해설 법칙의 정의

• 렌츠의 법칙 : 유도 기전력의 방향은 자속의 변화를 방해하려는 방향으로 발생한다는 법칙

• 비오-사바르 법칙 : 직선도체에 전류가 흐를 때 어느 지점에서의 자계의 세기를 나타내는 법칙

• **앙페르의 오른나사 법칙** : 전류의 진행 방향에 대한 자기장의 회전방향을 결정하는 법칙

• 플레밍의 오른손 법칙 : 자계 중의 도체가 운동을 했을 때 유도 기전력의 방향을 결정하는 법칙

정답 ③

098 [cm]당 권수가 100인 무한장 솔레노이드에 2[mA]의 전류가 흐른다면 솔레노이드 내부의 자계의 세기는 몇 [AT/m]인가?

① 0   ② 10   ③ 20   ④ 50

> 해설   무한장 솔레노이드내부 자계의 세기
> $$H = NI = 100 \times 100 \times 2 \times 10^{-3} = 20[\text{AT/m}]$$

정답 ③

099 평형 왕복 도체에 전류가 흐를 때 발생하는 힘의 크기와 방향은?(단, 두 도체 사이의 거리는 r[m]라고 한다)

① 힘의 크기 : $\dfrac{1}{r}$에 비례, 힘의 방향 : 반발력

② 힘의 크기 : r에 비례, 힘의 방향 : 흡인력

③ 힘의 크기 : $\dfrac{1}{r^2}$에 비례, 힘의 방향 : 반발력

④ 힘의 크기 : r^2에 비례, 힘의 방향 : 흡인력

> 해설   평행 도체 간에 작용하는 힘
> $$F = \frac{2I_1 I_2}{r} \times 10^{-7}[\text{N}]$$이므로 $F \propto \dfrac{1}{r}$이고, 전류 I_1, I_2의 방향이 다르므로(왕복) **반발력**이 작용한다.

정답 ①

100 솔레노이드 코일에 흐르는 전류와 코일 권회수와 자력의 강도에 관한 관계를 설명한 것으로 가장 적당한 것은?

① 자력의 강도는 전류와 권회수에 비례한다.
② 자력의 강도는 전류에 비례하고 권회수에 반비례한다.
③ 자력의 강도는 전류의 제곱에 비례한다.
④ 자력의 강도는 권회수의 제곱과 전류에 비례한다.

> 해설   기자력(자력의 강도) $F = NI$[AT]이므로, 코일의 **권회수**(N)와 **전류**(I)에 비례한다.

정답 ①

101 환상 철심에 코일을 감고 이 코일에 5[A]의 전류를 흘리면 2,000[AT]의 기자력이 생긴다. 코일의 권수는 몇 회인가?

① 200   ② 300   ③ 400   ④ 500

> 해설   자력의 세기(기자력, Magnetomotive Force)
> $$F = NI[\text{AT}]$$
> $$\therefore N = \frac{F}{I} = \frac{2,000}{5} = 400\,\text{회}$$

정답 ③

102 환상 솔레노이드의 평균 길이 l이 40[cm]이고, 권수가 200회일 때 이것에 0.5[A]의 전류를 흘리면 자계의 세기는 몇 [AT/m]인가?

① 25 　　　　　　② 100 　　　　　　③ 250 　　　　　　④ 8,000

해설 　자계의 세기
$$H = \frac{NI}{2\pi r} = \frac{NI}{l} = \frac{200 \times 0.5}{40 \times 10^{-2}} = 250[\text{AT/m}]$$

정답 ③

103 자기장 내에 있는 도선에 전류가 흐를 때 자기장의 방향과 몇 도 각도로 되어 있으면 작용하는 힘이 최대가 되는가?

① 30° 　　　　　　② 45° 　　　　　　③ 60° 　　　　　　④ 90°

해설 　작용하는 힘
$F = Bl\,I\sin\theta[\text{N}]$이므로 $\sin\theta = 1$일 때 최대가 된다.
∴ $\theta = 90°$

정답 ④

104 전자유도상에서 코일에 생기는 유도 기전력의 방향을 정의한 법칙은?

① 플레밍의 오른손 법칙 　　　　　　② 플레밍의 왼손 법칙
③ 렌츠의 법칙 　　　　　　　　　　④ 패러데이의 법칙

해설 　**렌츠의 법칙** : 전자유도에 의해 발생하는 **유도 기전력의 방향**은 자속의 변화를 방해하려는 방향으로 발생한다는 법칙
　① 플레밍의 오른손 법칙 : 자계 중의 도체가 운동을 하여 유도되는 기전력의 방향을 결정하는 법칙(발전기)
　② 플레밍의 왼손 법칙 : 자계 중의 도체에 전류를 흘리면 전자력이 발생하는데 이 전자력의 방향을 결정하는 법칙(전동기)
　④ **패러데이의 법칙** : **유도 기전력의 크기**는 코일을 지나는 자속의 변화량과 코일의 권수에 비례한다는 법칙

　• 렌츠의 법칙 : 유도 기전력의 방향
　• 패러데이의 법칙 : 유도 기전력의 크기

정답 ③

105 60[mH]의 코일에 전류가 10초 간에 5[A] 변화되었다면 유도되는 기전력은 몇 [mV]가 되겠는가?

① 30 　　　　　　② 50 　　　　　　③ 300 　　　　　　④ 500

해설 　유도 기전력
$$e = -L\frac{di}{dt} = 60 \times 10^{-3} \times \frac{5}{10} = 30 \times 10^{-3}[\text{V}] = 30[\text{mV}]$$

정답 ①

106 인덕턴스 L_1, L_2가 각각 3[mH], 6[mH]인 두 코일 간의 상호인덕턴스 M이 4[mH]라고 하면 결합계수 K는 약 얼마인가?

① 0.44 ② 0.89 ③ 0.94 ④ 1.12

해설 결합계수(Coupling Coefficient) : $K = \dfrac{M}{\sqrt{L_1 L_2}}$

∴ 결합계수 $K = \dfrac{M}{\sqrt{L_1 L_2}} = \dfrac{4 \times 10^{-3}}{\sqrt{3 \times 10^{-3} \times 6 \times 10^{-3}}} = 0.94$

정답 ③

107 두 자기인덕턴스를 가극성으로 직렬 접속하면 100[mH]이고, 감극성으로 직렬 접속하면 40[mH]이었다면, 이 두 코일의 상호인덕턴스는 몇 [mH]인가?

① 5 ② 10 ③ 15 ④ 20

해설 인덕턴스의 접속(전자 결합)
- 결합 접속(가극성) : $L = L_1 + L_2 + 2M$[H]
- 차동 접속(감극성) : $L = L_1 + L_2 - 2M$[H]

가극성으로 접속한 경우 합성 자기인덕턴스 : $100[\text{mH}] = L_1 + L_2 + 2M$ ····· ㉠
감극성으로 접속한 경우 합성 자기인덕턴스 : $40[\text{mH}] = L_1 + L_2 - 2M$ ····· ㉡
㉠－㉡을 하면 $4M = 60[\text{mH}]$이 되므로 $M = 15[\text{mH}]$가 된다.

정답 ③

108 자체인덕턴스가 20[mH]인 코일에 30[A]의 전류가 흐른 경우 축적된 에너지는 몇 [J]인가?

① 6 ② 9 ③ 12 ④ 18

해설 코일에 축적되는 에너지 : $W = \dfrac{1}{2} L I^2 = \dfrac{1}{2} \times 20 \times 10^{-3} \times 30^2 = 9[\text{J}]$

정답 ②

109 그림과 같은 결합회로의 등가인덕턴스는 어떻게 되는가?

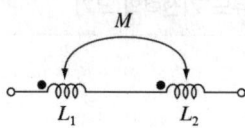

① $L_1 + L_2 + 2M$ ② $L_1 + L_2 - 2M$
③ $L_1 + L_2 - M$ ④ $L_1 + L_2 + M$

해설 합성인덕턴스
- **결합 접속**(자속의 방향이 동일) : $L_1 + L_2 + 2M$[H]
- 차동 접속(자속의 방향이 반대) : $L_1 + L_2 - 2M$[H]

정답 ①

110 전원에 연결한 코일에 10[A]의 전류가 흐르고 있다. 지금 순간적으로 전원을 떼고, 코일에 저항을 연결하였을 때 저항에서 24[cal]의 열량이 발생하였다. 코일의 자기인덕턴스는 몇 [H]인가?

① 0.1
② 0.5
③ 2.0
④ 24

해설
코일에 축적되는 에너지 $W = \dfrac{1}{2} L I^2$ [J]

1[cal] = 4.184[J] → 1[J] = 0.24[cal]이므로

$W = \dfrac{1[\text{J}]}{0.24[\text{cal}]} \times 24[\text{cal}] = 100[\text{J}]$

$\therefore L = \dfrac{2W}{I^2} = \dfrac{2 \times 100}{10^2} = 2[\text{H}]$

정답 ③

111 자기인덕턴스 2[H]의 코일에 축적된 에너지가 25[J]이라면 코일에 흐르는 전류는 몇 [A]인가?

① 1
② 3
③ 5
④ 7

해설
코일에 축적되는 에너지 $W = \dfrac{1}{2} L I^2$ [J]

$\therefore I = \sqrt{\dfrac{2W}{L}} = \sqrt{\dfrac{2 \times 25}{2}} = 5[\text{A}]$

정답 ③

112 회로에서 a, b 간의 합성인덕턴스 L_0의 값은?

① $L_1 + L_2 + L$
② $L_1 + L_2 - 2M + L$
③ $L_1 + L_2 + 2M + L$
④ $L_1 + L_2 - M + L$

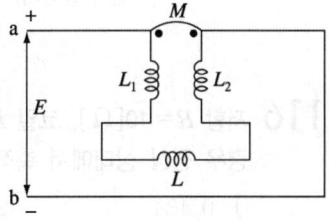

해설
차동 접속(코일의 자속 방향이 서로 다른 방향으로 직렬연결)한 합성인덕턴스로, $L_0 = L_1 + L_2 - 2M$이므로 이 문제의 합성 인덕턴스 $L_0 = L_1 + L_2 - 2M + L$이다.

정답 ②

113 A, B 양단에서 본 합성인덕턴스는?(단, 단위는 [H]이며 코일 간의 상호유도는 없다고 본다)

① 25
② 15
③ 10
④ 5

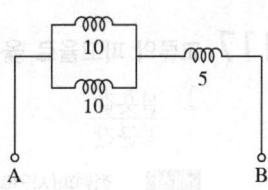

해설
합성인덕턴스(상호유도는 무시)

$L_0 = \dfrac{1}{\dfrac{1}{L_1} + \dfrac{1}{L_2}} + L_3 = \dfrac{1}{\dfrac{1}{10} + \dfrac{1}{10}} + 5 = 10[\text{H}]$

정답 ③

114 자기인덕턴스 50[mH]인 코일에 흐르는 전류가 0.3초 동안에 12[A]가 변화했다. 코일에 유도되는 기전력은 몇 [V]인가?

① 1 　　　　　　② 2 　　　　　　③ 3 　　　　　　④ 4

코일에 유도되는 기전력 $e = -L\dfrac{di}{dt}$ [V]

$\therefore\ e = 50 \times 10^{-3} \times \dfrac{12}{0.3} = 2\,[\mathrm{V}]$

(−)는 유도기전력의 발생 방향

정답 ②

115 전자유도현상에 의하여 생기는 유도 기전력의 크기를 정의하는 법칙은?

① 렌츠의 법칙　　　　　　　　② 패러데이의 법칙
③ 앙페르의 오른나사 법칙　　　④ 플레밍의 오른손 법칙

② **패러데이의 법칙 : 유도 기전력의 크기**는 코일을 지나는 자속의 변화량과 코일의 권수에 비례한다는 법칙
① 렌츠의 법칙 : 전자유도에 의해 발생하는 유도 기전력의 방향은 자속의 변화를 방해하려는 방향으로 발생한다는 법칙
③ 앙페르의 오른나사 법칙 : 전류의 방향을 오른나사가 진행하는 방향으로 하면, 이때 발생하는 자계의 방향은 오른나사의 회전방향이 되는 법칙
④ 플레밍의 오른손 법칙 : 자계 중의 도체가 운동을 하여 유도되는 기전력의 방향을 결정하는 법칙(발전기)

정답 ②

116 저항 $R = 10[\Omega]$, 코일 $L = 20[\mathrm{mH}]$을 직렬로 연결한 회로에 직류전원 전압 $V = 220[\mathrm{V}]$를 인가한 경우 정상 상태에서 축적된 에너지는 몇 [J]인가?

① 0.484 　　　② 4.84 　　　③ 0.968 　　　④ 9.68

축적되는 에너지 $W = \dfrac{1}{2}LI^2[\mathrm{J}]$에서 직류전원 회로의 전류 $I = \dfrac{V}{R} = \dfrac{220}{10} = 22[\mathrm{A}]$이다.

그러므로 $W = \dfrac{1}{2}LI^2 = \dfrac{1}{2} \times 20 \times 10^{-3} \times 22^2 = 4.84[\mathrm{J}]$이다.

정답 ②

117 교류의 파고율로 옳은 것은?

① $\dfrac{\text{실횻값}}{\text{평균값}}$ 　　② $\dfrac{\text{실횻값}}{\text{최댓값}}$ 　　③ $\dfrac{\text{최댓값}}{\text{평균값}}$ 　　④ $\dfrac{\text{최댓값}}{\text{실횻값}}$

정현파(사인파)의 파고율 및 파형률

• 파고율 $= \dfrac{\text{최댓값}}{\text{실횻값}} = \sqrt{2}$ 　　　　• 파형률 $= \dfrac{\text{실횻값}}{\text{평균값}} = \dfrac{\frac{1}{\sqrt{2}}}{\frac{2}{\pi}} = \dfrac{\pi}{2\sqrt{2}}$

정답 ④

118 다음 중 정현파 전압의 순시값 $e = E_m \sin(\omega t + \theta)$를 설명하는 요소끼리 묶여진 것은 어느 것인가?

① 실횻값, 각주파수, 주기
② 실횻값, 위상각, 주파수
③ 최댓값, 각주파수, 주기
④ 최댓값, 실횻값, 주기

정현파 전압의 순시값 $e = E_m \sin(\omega t + \theta)$
- e : 정현파 전압의 순시값
- E_m : 정현파 전압의 최댓값
- ω : 각주파수($= 2\pi f$)
- t : 주기
- θ : 위상각

정답 ③

119 $i = I_m \sin\omega t$인 정현파에 있어서 순시값과 실횻값이 같아지는 위상은 몇 도인가?

① 30°
② 45°
③ 50°
④ 60°

- 순시값 $i = I_m \sin\omega t$
- 실횻값 $I = \dfrac{1}{\sqrt{2}} I_m$

$$\dfrac{1}{\sqrt{2}} I_m = I_m \sin(\omega t + \theta)$$
$$\dfrac{1}{\sqrt{2}} = \sin(\omega t + \theta)$$
$$\theta = \dfrac{\pi}{4} = 45°$$

∴ 순시값과 실횻값이 같아지는 위상은 45°이다.

정답 ②

120 다음 그림과 같은 파형을 가진 맥류 전류의 평균값이 10[A]라 하면 전류의 실횻값은?

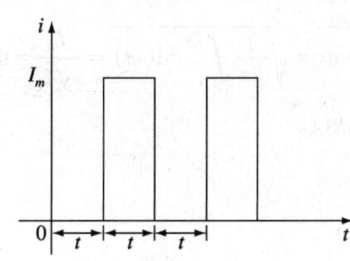

① 10[A]
② 14[A]
③ 20[A]
④ 28[A]

$$I = \dfrac{I_m}{\sqrt{2}} = \dfrac{2I_{av}}{\sqrt{2}} = \dfrac{2 \times 10}{\sqrt{2}} = 10\sqrt{2} \fallingdotseq 14[A]$$

정답 ②

121 정현파 교류의 식이 $i = \sqrt{2}I\sin(\omega t + \theta) = I_m\sin(\omega t + \theta)$로 표시되었을 때 i는 무슨 전류라 하는가?

① 전파전류　　　② 실효전류　　　③ 순시전류　　　④ 반파전류

해설 정현파 교류의 표시
　　・i, v : 순시치　　・I_m, V_m : 최대치　　・I, V : 실효치

정답 ③

122 주기 0.002초인 교류의 주파수는?

① 50[Hz]　　　② 500[Hz]　　　③ 1,000[Hz]　　　④ 2,000[Hz]

해설 교류의 주파수 : $f = \dfrac{1}{T} = \dfrac{1}{0.002} = 500[\text{Hz}]$

정답 ②

123 $v = 141\sin 377t[\text{V}]$인 정현파 전압의 주파수는 몇 [Hz]인가?

① 50　　　　② 55　　　　③ 60　　　　④ 65

해설 $v = 141\sin 377t[\text{V}]$에서 각속도 $\omega = 2\pi f = 377$이다.

$\therefore f = \dfrac{\omega}{2\pi} = \dfrac{377}{2\pi} \fallingdotseq 60[\text{Hz}]$

정답 ③

124 정현파 교류의 실횻값을 계산하는 식은?

① $I = \dfrac{1}{T}\displaystyle\int_0^T i^2 dt$　　　　　② $I^2 = \dfrac{1}{T}\displaystyle\int_0^T i\,dt$

③ $I^2 = \dfrac{1}{T}\displaystyle\int_0^T i^2 dt$　　　　　④ $I = \sqrt{\dfrac{1}{T}\displaystyle\int_0^T i\,dt}$

해설 정현파의 실횻값
　　・$I = \sqrt{\dfrac{1}{T}\displaystyle\int_0^T i^2 dt} = \sqrt{\dfrac{1}{2\pi}\displaystyle\int_0^{2\pi} i^2 d(\omega t)} = \dfrac{I_m}{\sqrt{2}} = 0.707 I_m[\text{A}]$
　　・$I^2 = \dfrac{1}{T}\displaystyle\int_0^T i^2 dt[\text{A}]$

정답 ③

125 정현파 교류전압 $e = E_m\sin(\omega t + \theta)[\text{V}]$의 평균치는 최댓값의 몇 [%]인가?

① 63.7　　　　② 65.7　　　　③ 70.7　　　　④ 73.7

해설 정현파 교류전압의 평균값 : $V_{av} = \dfrac{2E_m}{\pi} \fallingdotseq 63.7[\%]$

정답 ①

126 순시전류 $I = I_m \sin \omega t$로서 표시된 정현파 교류의 주파수는 몇 [Hz]인가?

① $2\pi\omega$ ② $\dfrac{\omega}{\pi}$ ③ $\dfrac{2\pi}{\omega}$ ④ $\dfrac{\omega}{2\pi}$

해설   정현파(사인파) 교류의 주파수

$$f = \frac{1}{T} = \frac{\omega}{2\pi} \text{[Hz]}$$

정답 ④

127 가정에서 사용하는 전등선에 100[V]의 교류가 흐른다. 이때 100[V]는 교류전압의 무엇을 나타내는가?

① 순시값   ② 평균값   ③ 실횻값   ④ 최댓값

해설   일반적으로 교류의 크기를 나타낼 때에는 **실횻값**으로 한다.

정답 ③

128 정현파 교류의 실횻값은 최댓값의 몇 배인가?

① π배   ② $\dfrac{2}{\pi}$배   ③ $\sqrt{2}$배   ④ $\dfrac{1}{\sqrt{2}}$배

해설   **실횻값** $V = \dfrac{V_m}{\sqrt{2}}$[V](여기서, V_m : 최댓값)

정답 ④

129 $e = E_m \sin(\omega t + \theta)$[V]의 식에 대한 설명으로 틀린 것은?

① 주기는 $\dfrac{2\pi}{\omega}$이다.   ② 정현파이다.

③ 위상차는 0도이다.   ④ e는 순시기전력이다.

해설   순시기전력 $e = E_m \sin(\omega t + \theta)$인 정현파의 주기 $T = \dfrac{1}{f} = \dfrac{2\pi}{\omega}$[s]이고, 위상차는 θ이다.

정답 ③

130 정류 시 맥동률이 가장 적은 정류방식은?

① 단상반파   ② 단상전파   ③ 3상반파   ④ 3상전파

해설   맥동률(리플함유율) : 정류된 출력 파형 속에 교류성분이 포함된 정도
정현파(사인파) 전압의 맥동률 및 맥동 주파수

구 분 　　　종 류	단상반파	단상전파	3상반파	3상전파
맥동률	1.21	0.482	0.183	0.042
맥동주파수	60[Hz]	120[Hz]	180[Hz]	360[Hz]

정답 ④

131 주파수가 반으로 줄면 주기와 각속도는 어떻게 되는가?

① 주기와 각속도는 반으로 된다.

② 주기는 반으로, 각속도는 2배로 된다.

③ 주기는 2배로, 각속도는 반으로 된다.

④ 주기와 각속도는 2배로 된다.

해설 각속도 $\omega = 2\pi f$[rad/s], 주파수 $f = \dfrac{\omega}{2\pi}$[Hz], 주기 $T = \dfrac{1}{f}$[s]에서

주파수 f를 반으로 줄이면,

주기 $T = \dfrac{1}{f} = \dfrac{1}{\frac{1}{2}f} = 2\dfrac{1}{f}$[s], 각속도 $\omega = 2\pi\dfrac{1}{2}f = \pi f$[rad/s]가 된다.

정답 ③

132 $v = V_m \sin(\omega t + \theta)$의 실횻값은?

① V_m　　　　② $\dfrac{V_m}{\sqrt{2}}$　　　　③ $\dfrac{V_m}{2}$　　　　④ $\dfrac{V_m}{\pi}$

해설 • 최댓값 $V_m = \sqrt{2}\,V$[V]　　　　• 실횻값 $V = \dfrac{V_m}{\sqrt{2}}$[V]

정답 ②

133 그림과 같이 정류회로에서 $v = 35\sqrt{2}\sin\omega t$[V]일 때 부하 R에 걸리는 전압의 평균치는 몇 [V]인가?

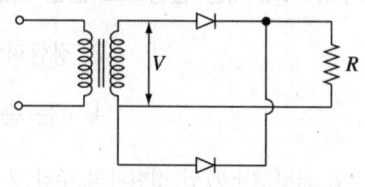

① 30.2　　　　② 31.5　　　　③ 33.7　　　　④ 35.8

해설 **파형별 최댓값, 실횻값, 평균값**

값＼파형	구형파	삼각파	정현파	전파정류파	반파정류파
최댓값	1	1	1	1	1
실횻값	1	$\dfrac{1}{\sqrt{3}}$	$\dfrac{1}{\sqrt{2}}$	$\dfrac{1}{\sqrt{2}}$	$\dfrac{1}{2}$
평균값	1	$\dfrac{1}{2}$	$\dfrac{2}{\pi}$	$\dfrac{2}{\pi}$	$\dfrac{1}{\pi}$

평균값 $V_{av} = \dfrac{2}{\pi}V_m$, 최댓값 $V_m = \sqrt{2}\,V$, 실횻값 $V = \dfrac{V_m}{\sqrt{2}}$이므로,

평균값 $V_{av} = \dfrac{2}{\pi}35\sqrt{2} ≒ 31.5$[V]이다.

정답 ②

134 $v = V_m \sin(\omega t - \theta)$의 파형은?

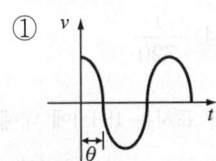 ① 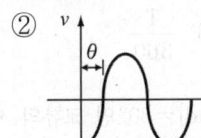 ② 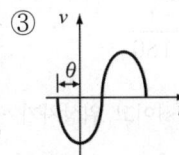 ③ 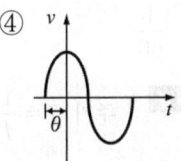 ④

해설 ②의 파형 $v = V_m \sin(\omega t - \theta)$

정답 ②

135 1,800[rpm]으로 운전되고 있는 발전기가 60[Hz]의 교류를 발생하고 있다. 1[Hz]의 기하학적 회전각은 몇 [rad]인가?

① $\dfrac{\pi}{2}$ ② π ③ $\dfrac{3}{2}\pi$ ④ $\dfrac{2}{3}\pi$

해설 1,800[rpm]의 발전기의 기하학적 회전각과 전기각
- 1[Hz]의 기하학적 회전각 : π
- 1[Hz]의 전기각 : 2π

정답 ②

136 그림과 같은 정현파에서 $v = V_m \sin(\omega t + \theta)$의 주기 T를 바르게 표시한 것은?

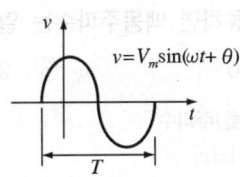

① $2\pi f^2$ ② $\dfrac{2\pi f^2}{\omega}$ ③ $\dfrac{\omega}{2\pi}$ ④ $\dfrac{2\pi}{\omega}$

해설 각속도 $\omega = 2\pi f[\text{rad/s}]$

$f = \dfrac{\omega}{2\pi}[\text{Hz}]$

$\therefore T = \dfrac{1}{f} = \dfrac{2\pi}{\omega}[\text{s}]$

정답 ④

137 어떤 정현파 전압의 평균값이 191[V]이면 최댓값은 몇 [V]인가?

① 100 ② 200 ③ 300 ④ 450

해설 정현파 전압의 평균값

$V_{av} = \dfrac{2V_m}{\pi}$

$\therefore$ 최댓값 $V_m = \dfrac{\pi}{2}V_{av} = \dfrac{\pi}{2} \times 191 \fallingdotseq 300[\text{V}]$

정답 ③

138 60[Hz] 교류의 위상차가 $\frac{\pi}{6}$[rad]일 때 이 위상차를 시간으로 표시하면 몇 [s]인가?

① $\frac{1}{60}$ ② $\frac{1}{180}$ ③ $\frac{1}{360}$ ④ $\frac{1}{720}$

해설 주기 $T = \frac{1}{f} = \frac{1}{60}$[s]이고 위상차가 $\frac{\pi}{6}$[rad] $= 30°$인 교류의 시간 표시는 1[Hz]에 대해

전기각으로 $\frac{30}{360} = \frac{1}{12}$이 되므로 $\frac{1}{60} \times \frac{1}{12} = \frac{1}{720}$[s]이다.

정답 ④

139 $I = 50\sin\omega t$인 교류전류의 평균값은 약 몇 [A]인가?

① 26   ② 31.8   ③ 35.9   ④ 50

해설 $i = I_m\sin\omega t$에서 이들의 관계는 다음과 같다.

$I_m = \sqrt{2}\,I$, $I = \frac{I_m}{\sqrt{2}}$, $I_{av} = \frac{2}{\pi}I_m$(여기서, i : 순시값, I_m : 최댓값, I : 실횻값, I_{av} : 평균값)

$I_m = 50$이므로 $I_{av} = \frac{2}{\pi}I_m = \frac{2}{\pi} \times 50 = 31.8$이다.

정답 ②

140 60[Hz]의 3상전압을 전파정류하면 맥동주파수는 얼마인가?

① 60   ② 120   ③ 240   ④ 360

해설 3상 전파정류의 맥동(리플)주파수
$f_0 = 3 \times 2 \times 60 = 360$[Hz]

정답 ④

141 단상반파 정류회로에서 입력에 교류 실횻값 100[V]를 정류하면 직류 평균 전압은 몇 [V]인가?

① 45   ② 50   ③ 57   ④ 68

해설 **파형별 최댓값, 실횻값, 평균값**

값 \ 파형	구형파	삼각파	정현파	전파정류파	반파정류파
최댓값	1	1	1	1	1
실횻값	1	$\frac{1}{\sqrt{3}}$	$\frac{1}{\sqrt{2}}$	$\frac{1}{\sqrt{2}}$	$\frac{1}{2}$
평균값	1	$\frac{1}{2}$	$\frac{2}{\pi}$	$\frac{2}{\pi}$	$\frac{1}{\pi}$

단상반파 정류회로의 평균값 $V_{av} = \frac{1}{\pi}V_m$[V]

∴ $\frac{1}{\pi} \times \sqrt{2}\,V = \frac{1}{\pi} \times \sqrt{2} \times 100 = 45$[V]

정답 ①

142 $v = \sqrt{2}\, V\sin\omega t$[V]인 전압에서 $\omega t = \dfrac{\pi}{6}$[rad]일 때의 크기가 70.7[V]이면 이 전원의 실횻값은 몇 [V]가 되는가?

① 100　　　　　　② 200　　　　　　③ 300　　　　　　④ 400

해설　$v = V_m\sin\omega t = \sqrt{2}\, V\sin\omega t$에서 $\omega t = \dfrac{\pi}{6}$[rad]일 때

$v = \sqrt{2}\, V\sin\dfrac{\pi}{6} = \sqrt{2}\, V\sin 30°$이므로,

$\sin 30° = \dfrac{1}{2} = 0.5$이다.

∴ 실횻값 $V = \dfrac{v}{\sqrt{2}\sin 30°} = \dfrac{70.7}{\sqrt{2}\times 0.5} ≒ 100$[V]

정답 ①

143 정현파 교류에서 최대치와 실효치의 관계로 옳은 것은?

① $I_m = \sqrt{2}\, I$ 　　　　　　　　　　② $I_m = \sqrt{3}\, I$

③ $I_m = \dfrac{1}{\sqrt{2}}\, I$ 　　　　　　　　④ $I_m = \dfrac{1}{\sqrt{3}}\, I$

해설　정현파 교류전류의 최대치와 실효치의 관계

$I_m = \sqrt{2}\, I,\quad I = \dfrac{I_m}{\sqrt{2}}$

정답 ①

144 정현파 $v = 50\sin\left(628t - \dfrac{\pi}{6}\right)$인 파형의 주파수[Hz]는?

① 약 10　　　　　② 약 60　　　　　③ 약 100　　　　　④ 약 200

해설　$v = 50\sin\left(628t - \dfrac{\pi}{6}\right)$에서 각속도 $\omega = 2\pi f = 628$[rad/s]이다.

∴ $f = \dfrac{\omega}{2\pi} = \dfrac{628}{2\pi} = 99.9$[Hz]

정답 ③

145 0.1[μF]인 콘덴서에 $V = 2\sin(2\pi 100t)$의 전압을 인가했을 때 $t = 0$에서의 전류는 몇 [mA]인가?

① 0　　　　　　② 0.1　　　　　　③ 0.125　　　　　　④ 1.25

해설　용량성 리액턴스

$i = C\dfrac{d(V_m\sin\omega t)}{dt} = \omega C V_m\cos\omega t$

$= 2\pi\times 100\times 10^{-7}\times 2\cos(2\pi 100t) = 4\pi\times 10^{-5}\cos(2\pi 100t)$

$t = 0$이므로 $i = 4\pi\times 10^{-5} ≒ 0.125$[mA]

정답 ③

146 그림과 같은 회로에 200[V]를 가하는 경우의 전류는 약 몇 [A]인가?

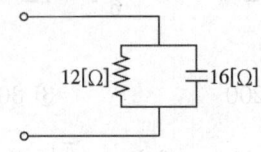

① 8
② 10
③ 21
④ 42

해설 $R-C$ 병렬회로에서

$$Z = \frac{1}{\sqrt{\left(\frac{1}{R}\right)^2 + \left(\frac{1}{X_C}\right)^2}} = \frac{1}{\sqrt{\frac{12^2 + 16^2}{12^2 \times 16^2}}} = \frac{192}{20} = 9.6[\Omega] \text{이므로}$$

$$\therefore I = \frac{V}{Z} = \frac{200}{9.6} ≒ 21[A]$$

정답 ③

147 그림과 같은 회로의 역률은?

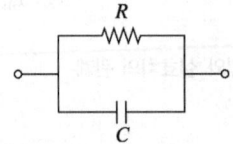

① $1 + (\omega RC)^2$
② $\dfrac{1}{1 + (\omega RC)^2}$

③ $\sqrt{1 + (\omega RC)^2}$
④ $\dfrac{1}{\sqrt{1 + (\omega RC)^2}}$

해설 $R-C$ 병렬회로

$$\text{역률 } \cos\theta = \frac{I}{I_0} = \frac{Z}{R} = \frac{\frac{RX_C}{\sqrt{R^2 + X_C^2}}}{R} = \frac{X_C}{\sqrt{R^2 + X_C^2}} = \frac{\frac{1}{\omega C}}{\sqrt{R^2 + \left(\frac{1}{\omega C}\right)^2}} = \frac{1}{\sqrt{1 + (\omega RC)^2}}$$

정답 ④

148 $R-L-C$ 직렬회로에서 $R = 3[\Omega]$, $X_L = 8[\Omega]$, $X_C = 4[\Omega]$일 때 합성 임피던스의 크기는 몇 [Ω] 인가?

① 5
② 7
③ 8
④ 10

해설 $R-L-C$ 직렬회로의 합성 임피던스

$$Z = R + j(X_L - X_C) = \sqrt{R^2 + (X_L - X_C)^2} = \sqrt{3^2 + (8-4)^2} = 5[\Omega]$$

정답 ①

149 저항 20[Ω], 유도리액턴스 10[Ω], 용량리액턴스 10[Ω]으로 된 직렬회로에 전압 100[V]를 가하는 경우 이 회로에 흐르는 전류와 위상각은?

① 3[A], 0[rad] 　　② 3[A], π[rad] 　　③ 5[A], 0[rad] 　　④ 5[A], π[rad]

해설　$R-L-C$ 직렬회로의 임피던스

$$Z = \sqrt{R^2 + (X_L - X_C)^2} = \sqrt{20^2 + (10-10)^2} = 20[\Omega] \, (R만의 \ 회로)$$

• 전류 $I = \dfrac{V}{Z} = \dfrac{V}{\sqrt{R^2 + (X_L - X_C)^2}} = \dfrac{100}{\sqrt{20^2 + (10-10)^2}} = 5[\text{A}]$

• 위상차 $\theta = \tan^{-1}\dfrac{X}{R} = \tan^{-1}\dfrac{(X_L - X_C)}{R} = \tan^{-1}\dfrac{(10-10)}{20} = 0[\text{rad}]$

정답 ③

150 저항 R과 인덕턴스 L의 직렬회로에서 시정수는?

① RL 　　② $\dfrac{L}{R}$ 　　③ $\dfrac{R}{L}$ 　　④ $\dfrac{L}{Z}$

해설　$R-L$ 직렬회로의 시정수

$$시정수 \ T = \dfrac{L}{R}[\text{s}]$$

정답 ②

151 0.5[H]인 코일의 리액턴스가 753.6[Ω]일 때 주파수는 몇 [Hz]인가?

① 60 　　② 120 　　③ 240 　　④ 360

해설　$X_L = \omega L = 2\pi f L [\Omega]$

$$f = \dfrac{X_L}{2\pi L} = \dfrac{753.6}{2\pi \times 0.5} \fallingdotseq 240[\text{Hz}]$$

정답 ③

152 저항 20[Ω]과 유도리액턴스 30[Ω]을 병렬로 접속한 회로에 220[V]의 교류전압을 가할 때의 전전류는 몇 [A]인가?

① 7.8 　　② 9.8 　　③ 11.3 　　④ 13.2

해설　$R-L$ 병렬회로에서 흐르는 전류

$$I = \sqrt{I_R^2 + I_L^2} = \sqrt{\left(\dfrac{V}{R}\right)^2 + \left(\dfrac{V}{X_L}\right)^2} = \sqrt{\left(\dfrac{220}{20}\right)^2 + \left(\dfrac{220}{30}\right)^2} \fallingdotseq 13.2[\text{A}]$$

정답 ④

153 50[μF]의 콘덴서에 60[Hz]의 주파수가 주어졌을 때 용량리액턴스는 약 몇 [Ω]인가?

① 26   ② 53   ③ 150   ④ 300

해설   용량리액턴스 $X_C = \dfrac{1}{\omega C} = \dfrac{1}{2\pi f C} = \dfrac{1}{2\pi \times 60 \times 50 \times 10^{-6}} = 53[\Omega]$

정답 ②

154 그림에서 R, L 및 C를 병렬로 접속한 회로의 서셉턴스는 얼마인가?

① R

② $\dfrac{1}{R}$

③ $\dfrac{\omega^2 LC - 1}{\omega L}$

④ $\dfrac{\omega L}{\omega^2 LC - 1}$

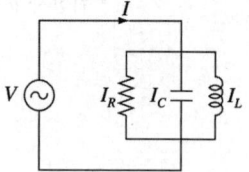

해설 R-L-C 병렬회로의 어드미턴스(Admittance) Y에서 실수부 G를 컨덕턴스(Conductance), 허수부 B를 서셉턴스(Susceptance)라 한다.

$$Y = \frac{1}{Z} = G + jB = \sqrt{\left(\frac{1}{R}\right)^2 + \left(\omega C - \frac{1}{\omega L}\right)^2} \ [\mho]$$

∴ 서셉턴스 $B = \omega C - \dfrac{1}{\omega L} = \dfrac{\omega^2 LC - 1}{\omega L}$

정답 ③

155 저항 4[Ω]과 유도리액턴스 3[Ω]이 병렬로 접속된 회로의 임피던스는 몇 [Ω]인가?

① 1.2   ② 2.4   ③ 3.6   ④ 5

해설 $Z = \dfrac{1}{\sqrt{\left(\dfrac{1}{R}\right)^2 + \left(\dfrac{1}{\omega L}\right)^2}} = \dfrac{R X_L}{\sqrt{R^2 + X_L^2}} = \dfrac{4 \times 3}{\sqrt{4^2 + 3^2}} = 2.4[\Omega]$

정답 ②

156 50[Hz], 200[V]의 교류 전압을 어떤 콘덴서에 가할 때 1[A]의 전류가 흐른다면, 이 콘덴서의 정전용량 [μF]은?

① 5.9   ② 10.9   ③ 15.9   ④ 20.9

해설   콘덴서의 용량리액턴스

$X_C = \dfrac{V}{I} = \dfrac{200}{1} = 200[\Omega]$이며, $X_C = \dfrac{1}{\omega C} = \dfrac{1}{2\pi f C}[\Omega]$이다.

∴ 정전용량 $C = \dfrac{1}{2\pi f X_C} = \dfrac{1}{2\pi \times 50 \times 200} \fallingdotseq 15.9 \times 10^{-6}[\text{F}] \fallingdotseq 15.9[\mu\text{F}]$

정답 ③

157 어떤 콘덴서를 50[Hz], 100[V]의 교류에 접속하면 10[A]의 전류가 흐른다고 한다. 이 콘덴서를 60[Hz], 100[V]에 연결하면 약 몇 [A]의 전류가 흐르는가?

① 8   ② 10   ③ 12   ④ 14

해설   콘덴서(C)만의 교류회로의 전류

$I_C = \omega CV = 2\pi f CV$[A]로 주파수에 비례한다.

$\therefore \dfrac{60}{50} \times 10 = 12$[A]

정답 ③

158 그림과 같이 주파수 f[Hz], 단상교류전압 E[V]의 전원에 저항 R[Ω] 및 인덕턴스 L[H]의 코일을 접속한 회로이다. L을 가감해서 R의 전력손실이 $L=0$일 때 1/2로 하면 L의 크기는?

① $\dfrac{R}{4\pi f}$ ② $\dfrac{R}{\pi^2 f}$

③ $\dfrac{R}{2\pi f}$ ④ $2\pi fR$

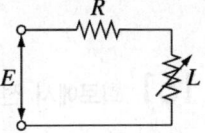

해설   전력손실 $P = I^2 R$에서 R은 일정하므로

R에서의 전력손실이 $\dfrac{1}{2}$이 되기 위해 $I^2 = \dfrac{1}{2}$이어야 한다.

$I = \dfrac{E}{Z}$에서 I가 $\dfrac{1}{\sqrt{2}}$이 되려면 $Z = \sqrt{R^2 + X_L{}^2} = \sqrt{2}\,R$이어야 하므로 $R = X_L$일 때이다.

$\therefore R = 2\pi fL \Rightarrow L = \dfrac{R}{2\pi f}$

정답 ③

159 그림과 같은 회로에서 a, b 단자에 흐르는 전류 I가 인가전압 E와 동위상이 되었다. 이때 L값은?

① $\dfrac{CR^2}{1 + (\omega CR)^2}$ ② $\dfrac{R^2}{1 + (\omega CR)^2}$

③ $\dfrac{CR^2}{1 + \omega CR}$ ④ $\dfrac{R}{1 + \omega CR}$

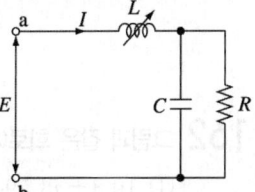

해설   그림과 같은 회로에서의 합성 임피던스

$$Z = j\omega L + \dfrac{-j\dfrac{R}{\omega C}}{R - j\dfrac{1}{\omega C}} = j\omega L + \dfrac{-j\dfrac{R}{\omega C}\left(R + j\dfrac{1}{\omega C}\right)}{\left(R - j\dfrac{1}{\omega C}\right)\left(R + j\dfrac{1}{\omega C}\right)}$$

$$= \dfrac{R}{1 + (\omega CR)^2} + j\left\{\omega L - \dfrac{\omega CR^2}{1 + (\omega CR)^2}\right\}$$

허수부 $\omega L - \dfrac{\omega CR^2}{1 + (\omega CR)^2}$가 0일 때 전압 E와 전류 I가 동상이 된다.

$\therefore L = \dfrac{CR^2}{1 + (\omega CR)^2}$

정답 ①

160 다음 연결 중 맞는 것은?

① 컨덕턴스 - [Ω]

② 리액턴스 - [H]

③ 인덕턴스 - [F]

④ 서셉턴스 - [℧]

해설 ④ 서셉턴스 : 어드미턴스의 허수부[℧]
① 컨덕턴스 : 어드미턴스의 실수부[℧]
② 리액턴스 : [Ω]
③ 인덕턴스 : [H]

정답 ④

161 회로에서 전류 I는 몇 [A]인가?

① 11

② 12

③ 13

④ 14

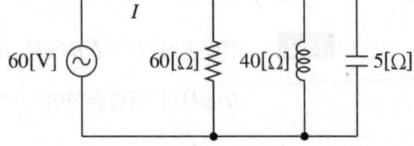

해설 $R-L-C$ 병렬회로의 전류

$$I = \frac{V}{Z} = V \cdot Y = V \cdot \sqrt{\left(\frac{1}{R}\right)^2 + \left(\frac{1}{X_C} - \frac{1}{X_L}\right)^2}$$

$$= 60 \times \sqrt{\left(\frac{1}{60}\right)^2 + \left(\frac{1}{5} - \frac{1}{40}\right)^2} \fallingdotseq 11[A]$$

정답 ①

162 그림과 같은 회로에 교류전압 30[V]를 인가할 때 전전류는 몇 [A]인가?

① $10.8 + j3.59$

② $10.8 + j12.89$

③ $10.8 - j3.59$

④ $10.8 - j12.89$

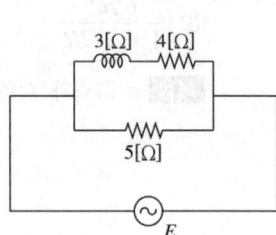

해설 $I = \dfrac{E}{Z}$

$$Z = \frac{(4+j3) \times 5}{(4+j3)+5} = \frac{20+j15}{9+j3} = \frac{(20+j15)(9-j3)}{(9+j3)(9-j3)} = \frac{225+j75}{90} = 2.5+j0.83$$

$$I = \frac{E}{Z} = \frac{30}{2.5+j0.83} = \frac{30(2.5-j0.83)}{(2.5+j0.83)(2.5-j0.83)} \fallingdotseq 10.8-j3.59$$

정답 ③

163 그림과 같은 교류브리지의 평형조건으로 옳은 것은?

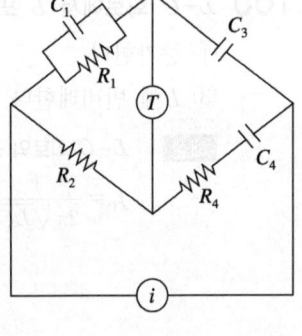

① $R_2 C_4 = R_1 C_3$, $R_2 C_1 = R_4 C_3$

② $R_1 C_1 = R_4 C_4$, $R_2 C_3 = R_1 C_1$

③ $R_2 C_4 = R_4 C_3$, $R_1 C_3 = R_2 C_1$

④ $R_1 C_1 = R_4 C_4$, $R_2 C_3 = R_1 C_4$

해설 **교류브리지의 평형조건** : $Z_1 Z_4 = Z_2 Z_3$

$$\frac{1}{\frac{1}{R_1}+j\omega C_1} \cdot \left(R_4 - j\frac{1}{\omega C_4}\right) = R_2 \cdot \frac{1}{j\omega C_3}$$

$$\frac{R_4 - j\frac{1}{\omega C_4}}{\frac{1}{R_1}+j\omega C_1} = \frac{R_2}{j\omega C_3}, \quad R_2\left(\frac{1}{R_1}+j\omega C_1\right) = j\omega C_3\left(R_4 - j\frac{1}{\omega C_4}\right)$$

$$\frac{R_2}{R_1} + j\omega C_1 R_2 = j\omega C_3 R_4 + \frac{C_3}{C_4}$$

양변의 실수부와 허수부는 서로 같으므로 정리하면 $\frac{R_2}{R_1} = \frac{C_3}{C_4}$, $C_1 R_2 = C_3 R_4$ 이다.

정답 ①

164 그림과 같은 회로에 전압 $V = \sqrt{2}\,V\sin\omega t$[V]을 인가하였다. 다음 중 옳은 것은?

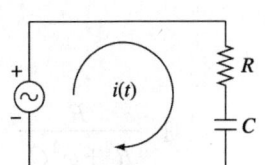

① 역률 : $\cos\theta = \dfrac{R}{\sqrt{R^2 + \omega C^2}}$

② i의 실효치 : $I = \dfrac{V}{\sqrt{R^2 + \omega C^2}}$

③ 전압과 전류의 위상차 : $\theta = \tan^{-1}\dfrac{R}{\omega C}$

④ 전압평형방정식 : $R_i + \dfrac{1}{C}\displaystyle\int idt = \sqrt{2}\,V\sin\omega t$

해설 $R-C$ **직렬회로**

• 역률 : $\cos\theta = \dfrac{R}{Z} = \dfrac{R}{\sqrt{R^2 + \left(\dfrac{1}{\omega C}\right)^2}}$

• i의 실횻값 : $I = \dfrac{V}{Z} = \dfrac{V}{\sqrt{R^2 + \left(\dfrac{1}{\omega C}\right)^2}}$ [A]

• 전압과 전류의 위상차 : $\theta = \tan^{-1}\dfrac{\dfrac{1}{\omega C}}{R} = \tan^{-1}\dfrac{1}{\omega CR}$ [rad]

• 전압평형방정식 : $R_i + \dfrac{1}{C}\displaystyle\int idt = \sqrt{2}\,V\sin\omega t$

정답 ④

165 $L-C$ 회로에서 L 또는 C를 증가시키면 공진 주파수는 어떻게 되는가?

① 증가한다. ② 감소한다.

③ L에 반비례한다. ④ C에 반비례한다.

해설　$L-C$ 회로의 공진 주파수

$f_0 = \dfrac{1}{2\pi\sqrt{LC}}$ 에서 **공진 주파수** f_0는 L 또는 C의 제곱근에 반비례하므로 **감소한다.**

정답　②

166 그림과 같은 회로의 역률은?(단, $R = 12[\Omega]$, $X_L = 20[\Omega]$, $X_C = 4[\Omega]$이다)

① 0.6 ② 0.7 ③ 0.8 ④ 0.9

해설　$R-L-C$ 직렬회로의 역률

$$\cos\theta = \frac{R}{Z} = \frac{R}{\sqrt{R^2+(X_L-X_C)^2}} = \frac{12}{\sqrt{12^2+(20-4)^2}} = 0.6$$

정답　①

167 다음 그림과 같은 회로를 공진시키면 어드미턴스는?

① $\dfrac{R}{R^2+\omega^2 C^2}$ ② $\dfrac{R^2}{R^2+\omega^2 C^2}$ ③ $\dfrac{R}{R^2+\omega^2 L^2}$ ④ $\dfrac{R^2}{R^2+\omega^2 L^2}$

해설　어드미턴스(Admittance)

$$Y = Y_1 + Y_2 = \frac{1}{Z_1} + \frac{1}{Z_2} = \frac{1}{R+j\omega L} + j\omega C = \frac{R}{R^2+\omega^2 L^2} + j\omega C - \frac{\omega L}{R^2+\omega^2 L^2}$$

공진시키려면 허수부(서셉턴스)가 0이 되어야 한다.

∴ 이 공진회로의 어드미턴스 $Y = \dfrac{R}{R^2+\omega^2 L^2}$ 가 된다.

정답　③

168 $R-L-C$ 직렬공진회로에서 $R = 3[\Omega]$, $L = 15[\text{mH}]$, $C = 8[\mu\text{F}]$일 때 선택도 Q는 약 얼마인가?

① 14.4 ② 25.4 ③ 34.4 ④ 55.4

해설　$R-L-C$ 직렬공진회로의 선택도

$$Q = \frac{1}{R}\sqrt{\frac{L}{C}} = \frac{1}{3}\sqrt{\frac{15\times10^{-3}}{8\times10^{-6}}} \fallingdotseq 14.4$$

정답　①

169 A, B 두 코일이 있다. 여기에 동일 주파수, 동일 전압을 가하면 두 코일의 전류는 같고 A는 역률이 0.92, B는 역률이 0.78이라고 한다. 두 코일의 저항비(R_A/R_B)는?

① 1.179   ② 0.956   ③ 0.848   ④ 0.719

해설 두 코일의 전류가 같으면 $Z_A = Z_B$이므로

$$\cos\theta_A = \frac{R_A}{Z} = 0.92, \ R_A = 0.92Z, \ \cos\theta_B = \frac{R_B}{Z} = 0.78, \ R_B = 0.78Z \text{이다}.$$

$$\therefore \ \frac{R_A}{R_B} = \frac{0.92Z}{0.78Z} = 1.179$$

정답 ①

170 콘덴서만의 회로에서 전압과 전류 사이의 위상관계는?

① 전압이 전류보다 180° 앞선다.   ② 전압이 전류보다 180° 뒤진다.
③ 전압이 전류보다 90° 앞선다.   ④ 전압이 전류보다 90° 뒤진다.

해설 전압과 전류 사이의 위상관계
- 저항(R)만의 회로 : 전압과 전류는 동상이다.
- 코일(L)만의 회로 : 전압이 전류보다 90° 앞선다.
- **콘덴서(C)만의 회로 : 전압이 전류보다 90° 뒤진다.**

정답 ④

171 리액턴스의 역수를 무엇이라고 하는가?

① 컨덕턴스   ② 어드미턴스   ③ 임피던스   ④ 서셉턴스

해설
- 임피던스(Z)의 역수 : 어드미턴스(Y, [℧], [Ω^{-1}])
- 저항(R)의 역수 : 컨덕턴스(G, [℧], [Ω^{-1}])
- **리액턴스(X)의 역수 : 서셉턴스(B, [℧], [Ω^{-1}])**

정답 ④

172 그림과 같은 회로에서 전압계 V의 지시값은 몇 [V]인가?

① 40
② 50
③ 80
④ 100

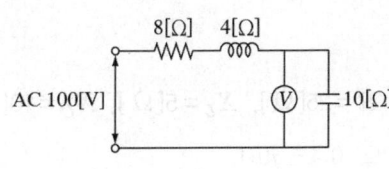

해설 R–L–C 직렬회로에 흐르는 전류

$$I = \frac{V}{Z} = \frac{V}{\sqrt{R^2 + (X_L - X_C)^2}} = \frac{100}{\sqrt{8^2 + (4-10)^2}} = 10[\text{A}]$$

∴ 전압계에 걸리는 전압 $V_C = I \cdot X_C = 10 \times 10 = 100[\text{V}]$

정답 ④

173 그림과 같은 회로에서 부하 L, R, C의 조건 중 역률이 가장 좋은 것은?

① $L = 3[\Omega]$, $R = 4[\Omega]$, $C = 4[\Omega]$

② $L = 3[\Omega]$, $R = 3[\Omega]$, $C = 4[\Omega]$

③ $L = 4[\Omega]$, $R = 3[\Omega]$, $C = 4[\Omega]$

④ $L = 4[\Omega]$, $R = 3[\Omega]$, $C = 3[\Omega]$

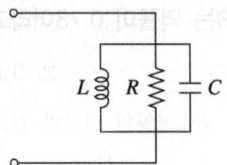

해설 $R-L-C$ 병렬회로에서 역률이 가장 좋은 조건(병렬공진)은 R만의 회로 $X_L = X_C$이다.

$\therefore L = 4[\Omega]$, $R = 3[\Omega]$, $C = 4[\Omega]$

정답 ③

174 권수가 2,000회, 저항이 12[Ω]인 코일에 5[A]의 전류를 통했을 때의 자속이 3×10^{-2}[Wb]가 생겼다. 이 회로의 시정수는 몇 [s]인가?

① 0.05   ② 0.1   ③ 1   ④ 10

해설 $R-L$ 직렬회로의 시정수 $T = \dfrac{L}{R}$[s]에서

자체인덕턴스 $L = \dfrac{N\phi}{I} = \dfrac{2,000 \times 3 \times 10^{-2}}{5} = 12$[H]이다.

$\therefore$ 시정수 $\tau = \dfrac{L}{R} = \dfrac{12}{12} = 1$[s]

정답 ③

175 그림과 같은 직류회로에서 R_o를 고정시키고 리액턴스 X_c를 0에서 ∞ 까지 변화시킬 때의 입력 어드미턴스의 궤적은?

① 제 1상한 내의 반직선이 된다.

② 제 1상한 내의 반원이 된다.

③ 제 4상한 내의 반직선이 된다.

④ 제 4상한 내의 반원이 된다.

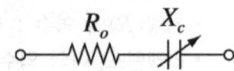

해설   지름을 $\dfrac{1}{R}$로 하는 제 1상한 내의 반원이 된다.

정답 ②

176 $R = 25[\Omega]$, $X_L = 5[\Omega]$, $X_C = 10[\Omega]$을 병렬로 접속한 회로의 어드미턴스는 몇 [℧]인가?

① $0.4 - j0.1$ ② $0.4 + j0.1$

③ $0.04 - j0.1$ ④ $0.04 + j0.1$

해설 $R-L-C$ 병렬회로의 어드미턴스

$$Y = \frac{1}{Z} = \sqrt{\left(\frac{1}{R}\right)^2 + \left(\frac{1}{X_C} - \frac{1}{X_L}\right)^2} = \sqrt{\left(\frac{1}{25}\right)^2 + \left(\frac{1}{10} - \frac{1}{5}\right)^2} = 0.04 - j\,0.1\,[℧]$$

정답 ③

177 그림과 같은 회로에서 단자 a, b 사이에 주파수 f [Hz]에 정현파 전압을 가했을 때 전류계 A_1, A_2의 값이 같았다. 이 경우 f, L, C 사이의 관계로 옳은 것은?

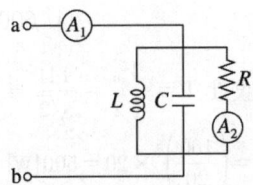

① $f = \dfrac{1}{2\sqrt{LC}}$ ② $f = \dfrac{1}{\sqrt{2\pi LC}}$

③ $f = \dfrac{1}{2\pi\sqrt{LC}}$ ④ $f = \dfrac{1}{\sqrt{LC}}$

해설   전류계 A_1, A_2의 값이 같다는 것은 병렬공진조건 $\omega C = \dfrac{1}{\omega L}$ 이다($\omega = 2\pi f$).

$$\therefore f = \frac{1}{2\pi\sqrt{LC}}$$

정답 ③

---

178 어떤 회로에 전압 V를 인가할 경우 전류 i 가 회로에 흐른다면 $P_a = \overline{V}\cdot I = P + jP_r$에서 $P_r > 0$이다. 이 회로는 어떤 부하인가?

① 순저항   ② 유도성

③ 용량성   ④ 무용량성

해설 $P_a = \overline{V}\cdot I = P \pm jP_r$

• $P_r > 0$인 경우 : 용량성 부하

• $P_r < 0$인 경우 : 유도성 부하

정답 ③

---

179 저항 $R = 4[\Omega]$, 인덕턴스 $L = 8[mH]$인 코일에 100[V], 60[Hz]인 전압이 공급될 때 유효전력은 몇 [kW]인가?

① 0.8   ② 1.2

③ 1.6   ④ 2.0

해설   • 유도리액턴스 $X_L = \omega L = 2\pi f L = 2\pi \times 60 \times 8 \times 10^{-3} \fallingdotseq 3[\Omega]$

• 합성 임피던스 $Z = \sqrt{R^2 + X_L^2} = \sqrt{4^2 + 3^2} = 5[\Omega]$

• 전류 $I = \dfrac{V}{Z} = \dfrac{100}{5} = 20[A]$

$\therefore$ 유효전력 $P = I^2 R = 20^2 \times 4 = 1,600[W] = 1.6[kW]$

정답 ③

180 $v = 141\sin\omega t$[V]로 표시되는 교류전압을 저항 $20[\Omega]$에 인가할 때 소비되는 전력은 몇 [W]인가?

① 300

② 400

③ 500

④ 600

> 해설
>
> $v = 141\sin\omega t$에서 실횻값 $V = \dfrac{V_m}{\sqrt{2}} = \dfrac{141}{\sqrt{2}} ≒ 100$[V]
>
> ∴ 소비전력 $P = I^2 R = \left(\dfrac{100}{20}\right)^2 \times 20 = 500$[W]

정답 ③

181 $v = 141.4\sin\left(314t + \dfrac{\pi}{6}\right)$[V], $i = 4.24\cos\left(314t - \dfrac{\pi}{6}\right)$에서 소비전력은 몇 [W]인가?

① 240

② 260

③ 280

④ 300

> 해설
>
> • $v = 141.4\sin\left(314t + \dfrac{\pi}{6}\right)$
>
> • $i = 4.24\cos\left(314t - \dfrac{\pi}{6}\right) = 4.24\sin\left(314t + \dfrac{\pi}{2} - \dfrac{\pi}{6}\right)$
>
> • 위상차 $\theta = \left(\dfrac{\pi}{2} - \dfrac{\pi}{6}\right) - \dfrac{\pi}{6} = (90° - 30°) - 30° = 30°$
>
> $$P = VI\cos\theta = \dfrac{V_m}{\sqrt{2}} \cdot \dfrac{I_m}{\sqrt{2}}\cos\theta$$
>
> ∴ $P = VI\cos\theta = \dfrac{V_m}{\sqrt{2}} \cdot \dfrac{I_m}{\sqrt{2}}\cos\theta = \dfrac{141.4}{\sqrt{2}} \times \dfrac{4.24}{\sqrt{2}} \times \dfrac{\sqrt{3}}{2} ≒ 260$[W]

정답 ②

182 어떤 회로에 $V = 100 + j20$[V]인 전압을 가했을 때 $I = 8 + j6$[A]인 전류가 흘렀다. 이 회로의 소비전력은 몇 [W]인가?

① 800

② 920

③ 1,200

④ 1,400

> 해설
>
> • $V = 100 + j20$[V], $I = 8 + j6$[A]
>
> • 복소전력 $P_a = V\overline{I}$
>
> $= (100 + j20) \times (8 - j6) = 800 - j600 + j160 + 120 = 920 - j440$
>
> 920(실수부) : 유효전력[W], $j440$(허수부) : 무효전력[Var]

정답 ②

183 어떤 코일의 임피던스를 측정하고자 직류전압 30[V]를 가했더니 300[W]가 소비되고, 교류 100[V]를 가했더니 1,200[W]가 소비되었다. 이 코일의 리액턴스는 몇 [Ω]인가?

① 2

② 4

③ 6

④ 8

해설
- 직류전압 인가 시의 전력과 저항 관계 $P = I^2 R = \dfrac{V^2}{R}$ 에서 $R = \dfrac{V^2}{P} = \dfrac{30^2}{300} = 3[\Omega]$

- 교류전압 인가 시 전력과 저항과의 관계 $P = I^2 R = \left(\dfrac{V}{Z}\right)^2 R$ 에서

$$Z = \dfrac{V}{\sqrt{\dfrac{P}{R}}} = \dfrac{100}{\sqrt{\dfrac{1,200}{3}}} = 5[\Omega]$$

∴ 코일의 리액턴스 $X_L = \sqrt{Z^2 - R^2} = \sqrt{5^2 - 3^2} = 4[\Omega]$

정답 ②

184 $V_m \sin \omega t[\text{V}]$로서 표현되는 교류전압을 가하면 전력 $P[\text{W}]$를 소비하는 저항이 있다. 이 저항의 값[Ω]은 얼마인가?

① $\dfrac{V_m{}^2}{2P}$

② $\dfrac{V_m{}^2}{P}$

③ $\dfrac{2V_m{}^2}{P}$

④ $\dfrac{4V_m{}^2}{P}$

해설
$V = \dfrac{V_m}{\sqrt{2}}[\text{V}], \quad P = \dfrac{V^2}{R}[\text{W}]$

$$\therefore R = \dfrac{V^2}{P} = \dfrac{\left(\dfrac{V_m}{\sqrt{2}}\right)^2}{P} = \dfrac{V_m{}^2}{2P}[\Omega]$$

정답 ①

185 어떤 회로에 $V = 100\sin\left(377 - \dfrac{\pi}{6}\right)[\text{V}]$인 전압을 가했을 때 $i = 40\sin\left(377 - \dfrac{\pi}{6}\right)[\text{A}]$인 전류가 흘렀다. 이 회로의 소비전력은 몇 [W]인가?

① 1,000

② 1,732

③ 2,000

④ 3,464

해설
전압 $V = 100\sin\left(377 - \dfrac{\pi}{6}\right)[\text{V}]$, 전류 $i = 40\sin\left(377 - \dfrac{\pi}{6}\right)[\text{A}]$으로 동상이며,

실횻값은 $V = \dfrac{100}{\sqrt{2}}[\text{V}], \quad I = \dfrac{40}{\sqrt{2}}[\text{A}]$이다.

∴ 소비전력 $P = VI = \dfrac{100}{\sqrt{2}} \times \dfrac{40}{\sqrt{2}} = 2,000[\text{W}]$

정답 ③

186 저항 6[Ω]과 유도리액턴스 8[Ω]이 직렬로 연결된 회로에 $v = 200\sqrt{2}\sin\omega t$[V]인 전압을 가하였다. 이 회로에서 소비되는 전력은 몇 [kW]인가?

① 1.2

② 2.4

③ 3.6

④ 4.8

해설 **소비(유효)전력**

$$P = VI\cos\theta = I^2 R = \left(\frac{V}{Z}\right)^2 R \,[\text{W}], \quad Z = \sqrt{R^2 + X_L^2} = \sqrt{6^2 + 8^2} = 10\,[\Omega]$$

$$\therefore \ P = I^2 R = \left(\frac{V}{Z}\right)^2 R = \left(\frac{200}{10}\right)^2 6 = 2,400\,[\text{W}] = 2.4\,[\text{kW}]$$

정답 ②

187 전압 $V = 10 + j5$[V], 전류 $I = 5 + j2$[A]일 때, 유효전력 P[W]와 무효전력 P_r[Var]는 각각 얼마인가?

① $P = 30$, $P_r = 40$

② $P = 40$, $P_r = 45$

③ $P = 50$, $P_r = 20$

④ $P = 60$, $P_r = 5$

해설 **복소전력**

$$P_a = V\overline{I} = (10 + j5)(5 - j2) = 60 + j5$$

∴ 실수부는 유효전력으로 $P = 60$[W], 허수부는 무효전력으로 $P_r = 5$[Var]이다.

정답 ④

188 어떤 회로에 $V = 100 \angle \dfrac{\pi}{3}$[V]의 전압을 가하니 $I = 10\sqrt{3} + j10$[A]의 전류가 흘렀다. 이 회로의 무효전력[Var]은?

① 0

② 1,000

③ 1,732

④ 2,000

해설 $V = 100 \angle \dfrac{\pi}{3} = 100\left(\cos\dfrac{\pi}{3} + j\sin\dfrac{\pi}{3}\right) = 50 + j50\sqrt{3}$ [V]이므로,

복소전력 $P_a = V\overline{I} = (50 + j50\sqrt{3})(10\sqrt{3} - j10) = 1,732 + j1,000$[VA]이다.

여기서 실수부는 유효전력으로 $P = 1,732$[W], 허수부는 무효전력으로 $P_r = 1,000$[Var]이 된다.

정답 ②

189 어느 전동기가 회전하고 있을 때 전압 및 전류의 실횻값이 각각 50[V], 3[A]이고 역률이 0.80이라면 무효전력은 몇 [Var]인가?

① 70

② 80

③ 90

④ 100

해설 무효전력 $P_r = VI\sin\theta$[Var], $\sin\theta = \sqrt{1 - \cos^2\theta}$ 이므로,

$P_r = VI\sin\theta = 50 \times 3 \times \sqrt{1 - 0.8^2} = 90$[Var]이다.

정답 ③

190 $R = 40[\Omega]$, $L = 80[\text{mH}]$의 코일이 있다. 이 코일에 100[V], 60[Hz]의 전압을 가할 때에 소비되는 전력은 몇 [W]인가?

① 200   ② 160   ③ 120   ④ 100

> **해설**
> • 유도리액턴스 $X_L = \omega L = 2\pi f L = 2\pi \times 60 \times 80 \times 10^{-3} = 30[\Omega]$
>
> • 전류 $I = \dfrac{V}{Z} = \dfrac{V}{\sqrt{R^2 + X_L^2}} = \dfrac{100}{\sqrt{40^2 + 30^2}} = 2[\text{A}]$
>
> ∴ $R-L$ 회로의 소비전력(**유효전력**) $P = I^2 R = 2^2 \times 40 = 160[\text{W}]$

정답 ②

191 어느 회로의 유효전력은 80[W]이고, 무효전력은 60[W]이다. 이때의 역률 $\cos\theta$의 값은?

① 0.8   ② 0.85   ③ 0.9   ④ 0.95

> **해설**
> 역률 $\cos\theta = \dfrac{P}{P_a}$ 에서
>
> 피상전력 $P_a = \sqrt{P^2 + P_r^2} = \sqrt{80^2 + 60^2} = 100[\text{VA}]$이므로,
>
> ∴ $\cos\theta = \dfrac{80}{100} = 0.8$

정답 ①

192 220[V]의 전원으로 30[W] 형광등 8개, 120[W] 백열전등 4개, 1.2[kW] 전기난로 1대 및 0.8[kW]의 전기다리미 2대를 동시에 사용했을 때 전전류는 몇 [A]인가?(단, 모든 기구의 역률은 1로 한다)

① 12   ② 14   ③ 16   ④ 18

> **해설**
> 전력 $P = VI[\text{W}]$
>
> ∴ $I = \dfrac{P}{V} = \dfrac{(30 \times 8) + (120 \times 4) + (1.2 \times 10^3 \times 1) + (0.8 \times 10^3 \times 2)}{220} = 16[\text{A}]$

정답 ③

193 역률 0.8, 소비전력 800[W]인 단상부하에서 30분간의 무효전력량은 몇 [Var · h]인가?

① 100   ② 200   ③ 300   ④ 400

> **해설**
> • 피상전력 $P_a = VI[\text{VA}]$
> • 유효전력 $P = VI\cos\theta[\text{W}]$
> • 무효전력 $P_r = VI\sin\theta = P_a\sin\theta[\text{Var}]$
>
> 유효전력 $P = P_a\cos\theta$, $P_a = \dfrac{P}{\cos\theta} = \dfrac{800}{0.8} = 1{,}000[\text{VA}]$이고,
>
> 무효전력 $P_r = VI\sin\theta = P_a\sin\theta$에서 $\sin\theta = \sqrt{1 - \cos^2\theta} = \sqrt{1 - 0.8^2} = 0.6$이 되므로
> $P_r = VI\sin\theta = P_a\sin\theta = 1{,}000 \times 0.6[\text{Var}]$이다.
>
> ∴ 무효전력량 $= 600 \times 0.5 = 300[\text{Var} \cdot \text{h}]$

정답 ③

194 교류회로에서 역률이란 무엇을 말하는가?

① 전압과 전류의 위상차의 정현
② 전압과 전류의 위상차의 여현
③ 임피던스와 리액턴스의 위상차의 여현
④ 임피던스와 저항의 위상차의 정현

해설 역률 : 교류전압과 전류의 **위상차**(역률각)의 **여현**

정답 ②

195 $i = I_{m1}\sin\omega t + I_{m2}\sin(2\omega t + \theta)$의 실횻값은?

① $\dfrac{I_{m1} + I_{m2}}{2}$

② $\dfrac{I_{m1}{}^2 + I_{m2}{}^2}{2}$

③ $\sqrt{\dfrac{I_{m1}{}^2 + I_{m2}{}^2}{2}}$

④ $\sqrt{\dfrac{I_{m1} + I_{m2}}{2}}$

해설 비정현파 전류의 실횻값은 직류 성분 및 각 고조파의 실횻값을 제곱한 값의 합에 제곱근한 값과 동일하다.

$$I = \sqrt{I_1{}^2 + I_2{}^2 + I_3{}^2 + \cdots + I_n{}^2}$$

$$\therefore\ I = \sqrt{\left(\frac{I_{m1}}{\sqrt{2}}\right)^2 + \left(\frac{I_{m2}}{\sqrt{2}}\right)^2} = \sqrt{\frac{I_{m1}{}^2 + I_{m2}{}^2}{2}}\ [\text{A}]$$

정답 ③

196 3상 3선식 200[V]회로에서 10[Ω]의 전열선을 그림과 같이 접속할 때 선전류는 몇 [A]인가?

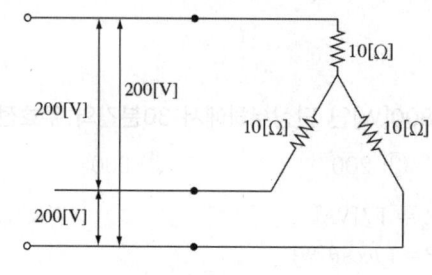

① 12 ② 20 ③ 35 ④ 40

해설 Y결선회로에서

$I_l = I_p,\ V_l = \sqrt{3}\,V_p$이므로

$$\therefore\ I_p = \frac{V_p}{R} = \frac{\frac{V_l}{\sqrt{3}}}{R} = \frac{\frac{200}{\sqrt{3}}}{10} = \frac{200}{10\sqrt{3}} \fallingdotseq 12[\text{A}]$$

정답 ①

197

그림과 같은 평형부하에 대칭 3상전압을 인가할 때 부하의 역률은 얼마인가?(단, $R = 9[\Omega]$, $\dfrac{1}{\omega C} = 4[\Omega]$이다)

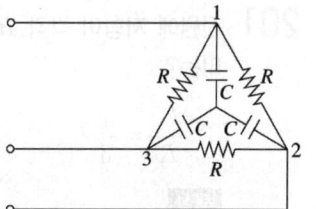

① 0.6
② 0.8
③ 0.96
④ 1

해설 Y결선된 용량리액턴스 $\dfrac{1}{\omega C} = 4[\Omega]$를 △ 결선으로 등가 변환하면 $12[\Omega]$이 되므로 $R-C$ 병렬회로의 역률은 다음과 같다.

$$\therefore \ \cos\theta = \frac{I}{I_0} = \frac{Z}{R} = \frac{\dfrac{RX_C}{\sqrt{R^2 + X_C^{\ 2}}}}{R} = \frac{X_C}{\sqrt{R^2 + X_C^{\ 2}}} = \frac{12}{\sqrt{9^2 + 12^2}} = 0.8$$

정답 ②

198

$\dfrac{\text{전 고조파분의 실효치}}{\text{기본파의 실효치}}$ 를 무엇이라 하는가?

① 왜형률
② 파형률
③ 파고율
④ 정현율

해설

$$\text{왜형률} = \frac{\text{전 고조파분의 실효치}}{\text{기본파의 실효치}} = \frac{\sqrt{I_2^{\ 2} + I_3^{\ 2} + I_4^{\ 2} + \cdots}}{I_1}$$

정답 ①

199

3상 평형부하의 역률이 0.85, 전류가 60[A]이고, 유효전력은 20[kW]이다. 이때의 전압은 약 몇 [V]인가?

① 131
② 200
③ 226
④ 240

해설 3상회로에서의 유효전력

$$P = \sqrt{3}\,VI\cos\theta\,[\text{W}]$$

$$\therefore \ V = \frac{P}{\sqrt{3}\,I\cos\theta} = \frac{20 \times 10^3}{\sqrt{3} \times 60 \times 0.85} \fallingdotseq 226[\text{V}]$$

정답 ③

200

전압 220[V], 전류 20[A], 역률 0.6인 3상회로의 전력은 약 몇 [kW]인가?

① 3.8
② 4.2
③ 4.6
④ 5.2

해설 3상회로의 전력

$$P = \sqrt{3}\,VI\cos\theta = \sqrt{3} \times 220 \times 20 \times 0.6 \fallingdotseq 4,572.6[\text{W}] \fallingdotseq 4.6[\text{kW}]$$

정답 ③

201 전원에 저항이 각각 $R[\Omega]$인 저항을 △결선으로 접속시킬 때와 Y결선으로 접속시킬 때 선전류의 비는?

① $\dfrac{I_\triangle}{I_Y} = \dfrac{1}{3}$ ② $\dfrac{I_\triangle}{I_Y} = \sqrt{\dfrac{1}{3}}$ ③ $\dfrac{I_\triangle}{I_Y} = \sqrt{3}$ ④ $\dfrac{I_\triangle}{I_Y} = 3$

해설

• △결선의 선전류 $I_\triangle = \sqrt{3}\,\dfrac{V}{R}$ • Y결선의 선전류 $I_Y = \dfrac{\frac{V}{\sqrt{3}}}{R}$

$$\therefore \frac{I_\triangle}{I_Y} = \frac{\sqrt{3}\,\frac{V}{R}}{\frac{V}{\sqrt{3}}{R}} = \frac{\frac{\sqrt{3}\,V}{R}}{\frac{V}{\sqrt{3}\,R}} = 3\,\text{배}$$

정답 ④

---

202 동력용 전원으로 사용하는 상용 3상 교류전원의 상 간 위상차는 몇 도인가?

① 60   ② 120
③ 180   ④ 240

해설

$v_a = V_m \sin\omega t\,[\text{V}]$, $v_b = V_m \sin\left(\omega t - \dfrac{2}{3}\pi\right)[\text{V}]$, $v_c = V_m \sin\left(\omega t - \dfrac{4}{3}\pi\right)[\text{V}]$

그러므로 각 상 간의 위상차는 $\dfrac{2}{3}\pi[\text{rad}](120°)$이다.

정답 ②

---

203 평행 3상 교류전압의 각 상 간의 위상차는 몇 [rad]인가?

① $\dfrac{\pi}{6}$ ② $\dfrac{\pi}{4}$ ③ $\dfrac{\pi}{2}$ ④ $\dfrac{2\pi}{3}$

해설

$v_a = V_m \sin\omega t\,[\text{V}]$, $v_b = V_m \sin\left(\omega t - \dfrac{2}{3}\pi\right)[\text{V}]$, $v_c = V_m \sin\left(\omega t - \dfrac{4}{3}\pi\right)[\text{V}]$

그러므로 각 상 간의 위상차는 $\dfrac{2}{3}\pi[\text{rad}]$이다.

정답 ④

---

204 어떤 4단자망의 입력단자의 영상임피던스 Z_{01}와 출력단자의 영상임피던스 Z_{02}가 같게 되려면 4단자 상수 A, B, C, D 사이에서 어떤 것이 같아야 하는가?

① $AB = CD$ ② $AD = BC$
③ $A = D$ ④ $B = C$

해설

$Z_{01} = \sqrt{\dfrac{AB}{CD}}$, $Z_{02} = \sqrt{\dfrac{BD}{AC}}$ 에서 $Z_{01} = Z_{02}$,

즉, $\sqrt{\dfrac{AB}{CD}} = \sqrt{\dfrac{BD}{AC}}$ 가 되려면 $A = D$ 가 되어야 한다.

정답 ③

205 200[V]의 3상 3선식 회로에 $R = 6[\Omega]$, $X = 8[\Omega]$의 부하 3조를 Y접속했을 때 성형(상) 전압은 몇 [V]인가?

① 115.47   ② 200   ③ 346.41   ④ 364.41

해설   Y결선에서 $I_l = I_p$, $V_l = \sqrt{3}\,V_p$ 이므로 $V_p = \dfrac{V_l}{\sqrt{3}} = \dfrac{200}{\sqrt{3}} = 115.47[\text{V}]$이다.

정답 ①

206 30[Ω]의 저항 3개로 △결선 회로를 만든 다음 그것을 다시 Y결선 회로로 변환하면 한 변의 저항은 몇 [Ω]이 되는가?

① 10   ② 30   ③ 60   ④ 90

해설   △결선의 저항을 Y결선 회로로 변환하면

$$Z_a = \frac{Z_{ab}Z_{ca}}{Z_{ab}+Z_{bc}+Z_{ca}}[\Omega],\ Z_b = \frac{Z_{ab}Z_{bc}}{Z_{ab}+Z_{bc}+Z_{ca}}[\Omega],\ Z_c = \frac{Z_{bc}Z_{ca}}{Z_{ab}+Z_{bc}+Z_{ca}}[\Omega]\text{으로},$$

$$Z_Y = \frac{1}{3}Z_\triangle \text{가 된다.}$$

$$\therefore\ Z_Y = \frac{Z_\triangle}{3} = \frac{30}{3} = 10[\Omega]\text{이다.}$$

정답 ①

207 선간전압이 220[V]인 3상 전원에 임피던스가 $Z = 8 + j6[\Omega]$인 3상 Y부하를 연결할 경우 상전류는 몇 [A]인가?

① 11.5   ② 12.7   ③ 18.4   ④ 22

해설   Y결선에서 $I_l = I_p$, $V_l = \sqrt{3}\,V_p$이므로,

$$I_p = \frac{V_p}{Z} = \frac{\frac{V_l}{\sqrt{3}}}{Z} = \frac{V_l}{\sqrt{3}\,Z} = \frac{220}{\sqrt{3}\,(8+j6)} \fallingdotseq 12.7[\text{A}]\text{이다.}$$

정답 ②

208 △결선된 부하를 Y결선으로 바꾸면 소비전력은 어떻게 되겠는가?(단, 선간전압은 일정하다)

① $\dfrac{1}{9}$배   ② $\dfrac{1}{3}$배   ③ 9배   ④ 3배

해설   Y결선의 선전류 $I_Y = \dfrac{\frac{V}{\sqrt{3}}}{R}$, △결선의 선전류 $I_\triangle = \sqrt{3}\,\dfrac{V}{R}$이므로,

전력 $P = VI\cos\theta$에서 $\dfrac{P_Y}{P_\triangle} = \dfrac{VI_Y\cos\theta}{VI_\triangle\cos\theta} = \dfrac{I_Y}{I_\triangle} = \dfrac{\frac{V}{\sqrt{3}\,R}}{\frac{\sqrt{3}\,V}{R}} = \dfrac{1}{3}$배가 된다.

정답 ②

209 △결선된 대칭 3상 부하가 있다. 역률이 0.8(지상)이고, 소비전력이 1,800[W]이다. 선로의 저항 0.5[Ω]에서 발생하는 선로손실이 50[W]이면 부하단자전압[V]은?

① 100

② 115

③ 200

④ 225

해설   먼저 선로손실 $P_l = 3I^2 R$에서 $I^2 = \dfrac{P_l}{3R} = \dfrac{50}{3 \times 0.5} = \dfrac{100}{3}$ 으로 $I = \dfrac{10}{\sqrt{3}}$ [A]이다.

∴ 3상 전력 $P = \sqrt{3}\, VI\cos\theta$ 에서 $V = \dfrac{P}{\sqrt{3}\, I\cos\theta} = \dfrac{1,800}{\sqrt{3} \times \dfrac{10}{\sqrt{3}} \times 0.8} = 225$[V]이다.

정답 ④

210 그림과 같은 회로의 영상임피던스 Z_{01}과 Z_{02}의 값은 몇 [Ω]인가?

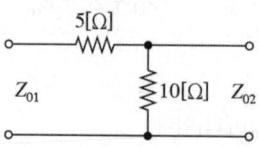

① $Z_{01} : 5\sqrt{3}$, $Z_{02} : \dfrac{1}{10\sqrt{3}}$

② $Z_{01} : \dfrac{10}{\sqrt{3}}$, $Z_{02} : 5\sqrt{3}$

③ $Z_{01} : 5\sqrt{3}$, $Z_{02} : \dfrac{10}{\sqrt{3}}$

④ $Z_{01} : \dfrac{1}{10\sqrt{3}}$, $Z_{02} : 5\sqrt{3}$

해설   역 L형 4단자정수는

$$A = 1 + \dfrac{Z_1}{Z_2} = 1 + \dfrac{5}{10} = \dfrac{15}{10}, \quad B = Z_1 = 5, \quad C = \dfrac{1}{Z_2} = \dfrac{1}{10}, \quad D = 1$$

$$\therefore Z_{01} = \sqrt{\dfrac{AB}{CD}} = \sqrt{\dfrac{\dfrac{15}{10} \times 5}{\dfrac{1}{10} \times 1}} = 5\sqrt{3}$$

$$\therefore Z_{02} = \sqrt{\dfrac{BD}{AC}} = \sqrt{\dfrac{5 \times 1}{\dfrac{15}{10} \times \dfrac{1}{10}}} = \dfrac{10}{\sqrt{3}}$$

정답 ③

211 대칭 3상 Y부하에서 각 상의 임피던스 $Z = 30$[Ω]이고 부하전류가 8[A]일 때 부하의 선간전압은 몇 [V]인가?

① 380

② 415

③ 480

④ 515

해설   Y결선 회로에서 $V_l = \sqrt{3}\, V_p$, $I_l = I_p$이므로 $V_p = 8 \times 30 = 240$[V]이다.

∴ 선간전압 $V_l = \sqrt{3}\, V_p = \sqrt{3} \times 240 = 415$[V]

정답 ②

212

3상 평형 전압회로에 불평형의 저항 부하를 접속한 경우 그림과 같은 전류가 흘렀다. 이때 중성선의 전류는 몇 [A]인가?

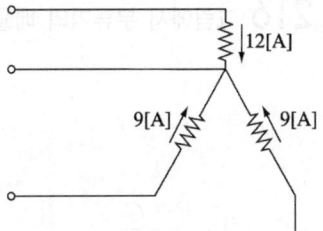

① 3

② 6

③ 15

④ 30

해설 그림의 3상 평형 전압회로에 불평형 저항부하의 중성선에 흐르는 전류

$$I_N = \sqrt{I_R{}^2 + I_S{}^2 + I_T{}^2 - (I_R \times I_S) - (I_S \times I_T) - (I_T \times I_R)}$$
$$= \sqrt{12^2 + 9^2 + 9^2 - (12 \times 9) - (9 \times 9) - (9 \times 12)} = 3[A]$$

정답 ①

213

백분율 오차가 +12.0[%]일 때 보정 백분율은?

① +9.7[%]   ② −9.7[%]   ③ +10.7[%]   ④ −10.7[%]

해설 백분율의 공식

$$\text{오차 백분율} = \frac{M - T}{T} \times 100[\%], \quad \text{보정 백분율} = \frac{T - M}{M} \times 100[\%]$$

- 오차 백분율 $12 = \dfrac{M - T}{T} \times 100[\%]$에서 측정값 $M = \dfrac{12T}{100} + T = 1.12T$
- 보정 백분율 $\dfrac{T - M}{M} \times 100 = \dfrac{T - 1.12T}{1.12T} \times 100 = -10.7[\%]$

정답 ④

214

내부저항 0.5[Ω], 최대측정범위 10[A]의 전류계에 0.5[Ω]의 분류기를 병렬로 연결하면 최대 몇 [A]의 전류를 측정할 수 있는가?

① 5   ② 10   ③ 15   ④ 20

해설 분류기를 사용하여 측정하고자 하는 최대전류

$$I_0 = \left(1 + \frac{r_a}{R_s}\right) I[A] = \left(1 + \frac{0.5}{0.5}\right) \times 10 = 20[A]$$

정답 ④

215

내부저항이 무한대인 전압계로 그림 A–B 간의 전압을 측정하면 몇 [V]가 되는가?

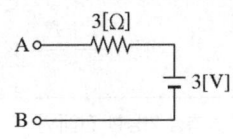

① 0   ② 1.5   ③ 2   ④ 3

해설 내부저항이 무한대인 전압계는 3[V]를 지시한다.

정답 ④

216 그림에서 분류기의 배율은?(단, G는 전류계의 내부저항)

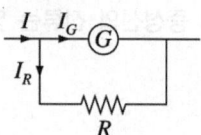

① $\dfrac{R+G}{G}$ 　　② $\dfrac{R-G}{G}$ 　　③ $\dfrac{R+G}{R}$ 　　④ $\dfrac{R-G}{R}$

해설　분류기의 배율 $n = 1 + \dfrac{r_G}{R_s} = \dfrac{R_s + r_G}{R_s}$이다.

∴ 이 문제에서는 $n = \dfrac{R+G}{R}$이다.

정답 ③

217 전류계의 오차율 ±2[%], 전압계 ±1[%]인 계기로 저항을 측정하면 저항의 오차율은 몇 [%]인가?

① ±1 　　② ±2 　　③ ±3 　　④ ±4

해설　저항의 오차율[%] = 전압 오차율(±1) + 전류 오차율(±2) = ±3[%]

정답 ③

218 어떤 전압계의 측정 범위를 5배로 하려면 배율기의 저항을 전압계 내부저항의 몇 배로 하면 되는가?

① 4 　　② 6 　　③ 8 　　④ 10

해설　배율기의 배율 $M = 1 + \dfrac{R_m}{r_v}$ 이므로 $5 = 1 + \dfrac{R_m}{r_v}$ 이다.

∴ $\dfrac{R_m}{r_v} = 4$배

정답 ①

219 최대 눈금이 50[V]인 직류 전압계가 있다. 이 전압계를 사용하여 200[V]의 전압을 측정하려면 배율기의 저항은 몇 [Ω]을 사용해야 하는가?(단, 전압계의 내부 저항은 250[Ω]이다)

① 200 　　② 250 　　③ 500 　　④ 750

해설　배율기를 설치하여 측정 가능한 전압

$$V = \frac{r_v + R_m}{r_v} V_v = \left(1 + \frac{R_m}{r_v}\right) V_v$$

여기서, V : 측정 가능한 전압[V]　　　　V_v : 전압계의 최대눈금[V]
R_m : 배율기의 저항[Ω]　　　　r_v : 전압계의 내부저항[Ω]

∴ 배율기의 저항 $R_m = \left(\dfrac{V}{V_v} - 1\right) r_v = \left(\dfrac{200}{50} - 1\right) \times 250 = 750[Ω]$

정답 ④

220 어떤 측정계기의 지시값을 M, 참값을 T 라 할 때 보정률은 몇 [%]인가?

① $\dfrac{T-M}{M} \times 100$　　② $\dfrac{M}{M-T} \times 100$　　③ $\dfrac{T-M}{T} \times 100$　　④ $\dfrac{T}{M-T} \times 100$

해설　보정 백분율(보정률) $= \dfrac{T-M}{M} \times 100$

정답 ①

221 측정량과 별도로 크기를 조정할 수 없는 표준량을 준비하고 이것을 표준량과 평행시켜 표준량으로부터 측정량을 구하는 방법으로 감도가 좋고 정밀 측정에 적합한 측정방법은?

① 편의법　　　　　② 직편법　　　　　③ 영위법　　　　　④ 반경법

해설　**영위법(Zero Method)** : 어느 측정량을 그것과 같은 종류의 기준량과 비교하여 측정량과 같이 되도록 기준량을 조정한 후 기준양의 크기로부터 측정량을 구하는 방법이다. 편위법에 비하여 감도가 높고, 정밀한 측정에 적합하다. 휘트스톤 브리지, 전위차계가 이에 속한다.

정답 ③

222 다음 중 동일눈금형으로 사용되는 AC, DC 양용의 계기는?

① 가동철편형　　　　　　　　　　② 전류력계형
③ 가동코일형　　　　　　　　　　④ 유도형

해설　② 전류력계형 : AC, DC　　① 가동철편형 : AC
　　　③ 가동코일형 : DC　　　　④ 유도형 : AC

정답 ②

223 파형의 영향을 가장 받기 쉬운 것은 어느 것인가?

① 열선형 전류계　　　　　　　　　② 정류형 전류계
③ 정전형 전압계　　　　　　　　　④ 가동철편형 전류계

해설　**정류형 계기의 특징**
• 교류를 반도체 정류기에 의해 직류로 변환한 후 가동코일형 계기로 지시한다.
• 교류 계기 중 가장 감도가 좋다.
• 계기의 눈금은 교류의 실횻값을 지시하는 교류용 눈금이다.
• 주로 상용주파수에 사용되며, **파형**의 **영향**을 **받기 쉽다**(일그러진 비사인파).

정답 ②

224 가동철편형 계기의 구조 형태가 아닌 것은?

① 흡인형　　　　② 회전자장형　　　　③ 반발형　　　　④ 반발흡인형

해설　가동철편형 계기의 구조 형태 : 흡인형, 반발형, 반발흡인형

정답 ②

225 전류 측정에 사용되지 않는 것은?

① 가동철편형 계기　　　　　　② 정전형 계기
③ 가동코일형 계기　　　　　　④ 열전대형 계기

해설　**정전형 계기의 특징**
- 고전압 측정에 사용된다(**전류 측정**에는 **사용하지 않는다**).
- 입력 임피던스가 높고 소비전력이 극히 적다.
- 외부 전기장에 의한 오차가 발생한다.
- 직·교류 겸용이며 주파수 및 파형의 영향이 없다.

정답 ②

226 직류전압을 측정할 수 없는 계기는?

① 가동코일형 계기　② 정전형 계기　　③ 유도형 계기　　④ 열전형 계기

해설　**사용전원에 따른 계기의 종류**

계기의 종류	가동코일형	정전형	유도형	열전형
사용 회로	직 류	직류 및 교류	교 류	직류 및 교류

정답 ③

227 잠동(Creeping)이 발생하는 계기는?

① 전압계　　　　　② 전류계　　　　　③ 역률계　　　　　④ 적산전력계

해설　적산전력계는 유도형 계기로써 잠동(Creeping)이 발생한다.

> **잠동(Creeping)** : 회전 원판이 무부하 상태일 때 회전하는 현상

정답 ④

228 전류력계형 계기의 장점에 해당하는 것은?

① 직류와 교류를 같은 눈금으로 측정할 수 있다.
② 코일의 인덕턴스에 의한 주파수의 영향이 크다.
③ 가동코일형에 비하여 외부자계의 영향을 받기 쉽다.
④ 고정코일에 흐르는 전류로 자장을 만들기 때문에 가동코일형에 비해서 자장이 약하다.

해설　**전류력계형 계기의 특징**

장 점	직류와 교류를 같은 눈금으로 측정할 수 있는 정밀급 계기
단 점	• 코일의 인덕턴스에 의한 주파수의 영향이 크다. • 소비전력이 크고 구조가 다소 복잡하다. • 1[A] 이상의 전류에는 온도 및 주파수의 보상이 필요하다. • 고정코일에 흐르는 전류로 자기장을 만드므로 가동코일형에 비해 자장이 약하다.

정답 ①

229 가동코일형 측정 계기로 맥동하는 전류를 측정하는 경우 지시하는 것은?

① 최솟값

② 최댓값

③ 실횻값

④ 평균값

해설 계기의 지시값
- **가동코일형** : 직류(**평균값**)
- 정류형 : 교류(실횻값)
- 가동철편형 : 교류(실횻값)
- 유도형 : 교류(실횻값)

정답 ④

230 지시전기 계기의 일반적인 구성 요소가 아닌 것은?

① 가열장치

② 구동장치

③ 제어장치

④ 제동장치

해설 지시 계기의 구성 요소
- 구동장치(Driving Device)
- 제어장치(Controlling Device) : 스프링 제어, 중력 제어, 전기적 제어, 자기적 제어, 맴돌이 전류 제어
- 제동장치(Damping Device) : 공기 제동, 액체 제동, 전자 제동
- 가동부 지지장치
- 지침과 눈금

정답 ①

231 적산전력계의 시험방법이 아닌 것은?

① 시동전류 시험

② 무부하 시험

③ 잠동(크리핑) 시험

④ 오차 시험

해설 **적산전력계의 시험방법** : 시동전류 시험, 잠동(크리핑) 시험, 오차 시험 등

> **잠동**(Creeping) : 회전 원판이 무부하 상태일 때 회전하는 현상

정답 ②

232 전기 계기에서 측정하려는 전기적인 양에 비례하는 구동 토크를 일으키는 장치로서 가동 부분을 동작시키는 장치는?

① 구동장치

② 제어장치

③ 제동장치

④ 반발장치

해설 지시 계기의 구성 요소
- **구동장치**(Driving Device) : 측정량에 따라 구동 토크를 발생하는 장치
- **제어장치**(Controlling Device) : 구동 토크에 대하여 반대방향으로 작용하는 제어 토크를 발생하는 장치
- **제동장치**(Damping Device)
- **가동부 지지장치**
- **지침과 눈금**

정답 ①

233 지시 계기의 구비 조건으로 해당되지 않는 것은?

① 정확도가 높고, 측정회로에 영향이 적을 것

② 과부하에 견디는 양이 적을 것

③ 응답도가 좋을 것

④ 구조가 간단하고 취급이 쉬울 것

해설　**지시 계기의 구비 조건**
- **확도**가 높고, 외부의 영향을 받지 않을 것
- 눈금이 **균등**하거나 **대수**일 것
- 지시가 측정값의 변화에 신속히 **응답**할 것
- 구조가 **간단**하고 취급이 쉬울 것
- **절연 내력**이 높을 것

정답　②

234 가동코일형 계기의 지시값은?

① 평균값

② 실횻값

③ 파형값

④ 파고값

해설　**계기의 지시값**
- 가동코일형 : 직류(**평균값**)
- 가동철편형 : 교류(실횻값)
- 정류형 : 교류(실횻값)
- 유도형 : 교류(실횻값)

정답　①

235 3전압계법에 의한 전력 P는?

① $P = \dfrac{1}{2R}(V_3 - V_1 - V_2)^2$

② $P = \dfrac{1}{R}(V_2{}^2 - V_1{}^2 - V_3{}^2)$

③ $P = \dfrac{1}{2R}(V_3{}^2 - V_1{}^2 - V_2{}^2)$

④ $P = V_3 I \cos^2\theta$

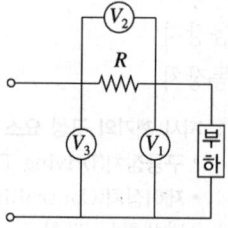

해설　**3전압계법에 의한 단상전력**

$$P = \frac{1}{2R}(V_3{}^2 - V_1{}^2 - V_2{}^2)$$

정답　③

236 다음 중 부하전압과 전류를 측정하기 위한 방법으로 옳은 것은?

① 전압계 : 부하와 병렬, 전류계 : 부하와 직렬
② 전압계 : 부하와 병렬, 전류계 : 부하와 병렬
③ 전압계 : 부하와 직렬, 전류계 : 부하와 직렬
④ 전압계 : 부하와 직렬, 전류계 : 부하와 병렬

해설   접속방법

구 분	전압계	전류계
접속방법	부하와 **병렬**접속	부하와 직렬접속

정답 ①

237 미소전류를 검출하는 데 사용되는 것은?

① 맥스웰브리지   ② 셰링브리지
③ 검류계   ④ 전위차계

해설   ③ **검류계** : **미소전류**나 전압의 유무 검출
① 맥스웰브리지 : 인덕턴스 측정
② 셰링브리지 : 정전용량 및 유전체 손실각 측정
④ 전위차계 : 저저항 측정

정답 ③

238 케이블의 전류를 측정하고자 한다. 어떤 계기를 사용해야 하는가?

① 회로시험기   ② 메 거
③ 휘트스톤 브리지   ④ 훅 온 미터

해설   ④ **훅 온 미터**(Hook on Meter) : **전류 측정**
① 회로시험기 : 직류 전압과 전류, 교류 전압 및 저항을 측정
② **Megger** : **절연저항 측정**
③ 휘트스톤 브리지 : 중저항 측정

정답 ④

239 회로시험기(Tester)로 직접측정이 불가능한 것은?

① 저 항   ② 역 률
③ 전 압   ④ 전 류

해설   **회로시험기의 측정 기능**
• 저항 측정
• 직류 전류 측정
• 직 · 교류 전압 측정

정답 ②

240 계측방법이 잘못된 것은?

① 훅 온 미터에 의한 전류 측정

② 회로시험기에 의한 저항 측정

③ 메거에 의한 접지저항 측정

④ 전류계, 전압계, 전력계에 의한 역률 측정

해설 **계측방법**
• 훅 온 미터(Hook on Meter) : 교류 전류 측정
• 회로시험기(Multi Tester) : 전압, 직류 전류, 저항 측정
• **메거(Megger) : 절연저항** 측정
• 전류계, 전압계, 전력계 : 역률 측정

정답 ③

241 선간전압 E[V]의 3상 평형전원에 대칭 3상 저항부하 R[Ω]이 그림과 같이 접속되었을 때 a, b 두 상 간에 접속된 전력계의 지시값이 W[W]라면 c상의 전류는 몇 [A]인가?

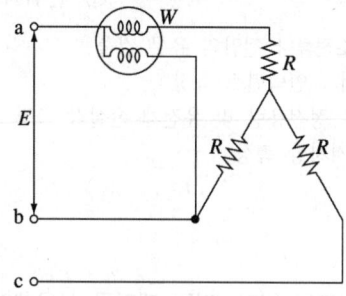

① $\dfrac{2W}{\sqrt{3}\,E}$ ② $\dfrac{3W}{\sqrt{3}\,E}$ ③ $\dfrac{W}{\sqrt{3}\,E}$ ④ $\dfrac{\sqrt{3}\,W}{\sqrt{E}}$

해설 **전력계법에 의한 평행회로의 소비전력**

$P = 2W = \sqrt{3}\,EI$

$\therefore I = \dfrac{2W}{\sqrt{3}\,E}$

정답 ①

242 단상 교류회로에 연결되어 있는 부하의 역률을 측정하고자 한다. 이때 필요한 계측기의 구성으로 옳은 것은?

① 전압계, 전력계, 회전계   ② 저항계, 전력계, 전류계

③ 전압계, 전류계, 전력계   ④ 전류계, 전압계, 주파수계

해설 $P = VI\cos\theta$에서 $\cos\theta = \dfrac{P}{VI}$이므로 전압계, 전류계, 전력계로 구성된다.

(여기서, P : 전력계, V : 전압계, I : 전류계이다)

역률 측정 계측기의 구성 : 전압계, 전류계, 전력계

정답 ③

243 PID 동작에 해당되는 것은?

① 응답속도는 빨리할 수 있으나 오프셋이 제거되지 않는다.

② 사이클링을 제거할 수 있으나 오프셋이 생긴다.

③ 사이클링과 오프셋이 제거되고 응답속도가 빠르며, 안정성이 있다.

④ 오프셋은 제거되나 제어동작에 큰 부동작 시간이 있으면 응답이 늦어진다.

> 해설 • 사이클링과 **오프셋**이 **제거**된다.
> • 응답속도가 빠르며 안정성이 있다.

정답 ③

244 PI 제어동작은 정상특성 즉, 제어의 정도를 개선하는 지상요소인데 이것을 보상하는 지상보상의 특성으로 옳은 것은?

① 주어진 안정도에 대하여 속도편차상수가 감소한다.

② 시간응답이 비교적 빠르다.

③ 이득여유가 감소하고 공진값이 증가한다.

④ 이득교정 주파수가 낮아지며, 대역폭은 감소한다.

> 해설 PI 제어동작의 지상보상 특성은 이득교정 주파수가 낮아지며, 대역폭은 감소한다는 것이다(미분(D) 동작은 지연 특성이 제어에 주는 악영향을 감소시킨다).

정답 ④

245 서보전동기에 필요한 특징을 설명한 것으로 옳지 않은 것은?

① 정회전이 가능해야 한다.

② 직류용은 없고 교류용만 있다.

③ 저속이며, 거침없는 운전이 가능해야 한다.

④ 급가속, 급감속이 용이해야 한다.

> 해설 **서보전동기(Servo Motor)의 특징**
> • 저속이며 원활한 운전이 가능하다.
> • 급가속 및 급감속이 용이한 것이어야 한다.
> • 원칙적으로 정역전이 가능해야 한다.
> • **직류용**과 **교류용**이 있다.

정답 ②

246 어떠한 기호라도 0과 1의 조합에 의하여 부호화를 행하는 회로는?

① 카운터   ② 디텍터   ③ 엔코더   ④ 디코더

> 해설 **회로의 설명**
> • 카운터(Counter) : 수를 헤아리는 동작을 하는 것(계수기)
> • **엔코더**(Encorder) : 부호화되어 있지 않은 입력을 부호화시키는 것(**부호기**)
> • 디코더(Decoder) : 부호화된 입력을 부호 없는 형태로 바꾸는 것(복호기)

정답 ③

247 그림과 같은 블록 선도에서 전달 요소 b는?

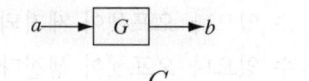

① a ② Ga ③ $\dfrac{G}{a}$ ④ $\dfrac{a}{G}$

> **해설** **블록 선도에서 전달 요소 $b=Ga$**
> 블록 선도(Block Diagram) : 제어계 중에 포함되어 있는 신호가 어떤 모양으로 전달되고 있는가를 나타내는 계통도

정답 ②

248 PID 제어에 해당되는 것은?

① 비례미분 제어   ② 비례적분 제어
③ 비례적분미분 제어   ④ 비례 제어

> **해설** **조절용 기기의 기본제어**
> • ON-OFF 제어 : 2위치 제어
> • 비례 제어 : P 제어
> • 비례적분 제어 : PI 제어
> • 비례미분 제어 : PD 제어
> • **비례적분미분 제어 : PID 제어**

정답 ③

249 제어장치가 제어 대상에 가하는 제어신호로 제어장치의 출력인 동시에 제어대상의 입력인 것은?

① 제어량   ② 조작량   ③ 목푯값   ④ 동작신호

> **해설** **조작량** : 제어 대상에 직접 가해지는 양으로 제어장치의 출력인 동시에 제어대상의 입력이 된다.

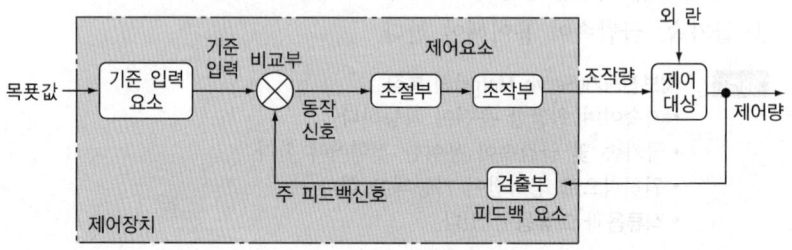

[피드백 제어계의 기본 구성]

정답 ②

250 항온조의 온도 제어는 어떤 제어에 속하는가?

① 정치 제어   ② 추치 제어   ③ 비율 제어   ④ 프로그램 제어

> **해설** **정치 제어(Constant Value Control)** : 목푯값이 시간적으로 변화하지 않고 일정값일 때의 제어로, 프로세스 제어방식이다.

정답 ①

251 디지털 제어의 이점이 아닌 것은?

① 감도의 개선

② 드리프트(Drift)의 제거

③ 잡음 및 외란의 영향 감소

④ 프로그램의 단일성

해설 **디지털 제어의 이점**
- 감도의 개선
- 드리프트(Drift)의 제거
- 프로그램의 융통성
- 신뢰도 향상
- 잡음 및 외란의 영향 감소

정답 ④

252 목푯값이 미리 정해진 시간적 변화를 하는 경우 제어량을 그것에 추종시키기 위한 제어는?

① 추종 제어

② 정치 제어

③ 비율 제어

④ 프로그램 제어

해설 ④ **프로그램 제어**(Program Control) : 목푯값의 변화가 시간적으로 미리 정해져 있어 그 정해진 대로 변화하는 제어방식(예 열처리로의 온도제어, 열차의 무인 운전, 무인조정 승강기 등)
① 추종 제어(Follow-up Control) : 목푯값이 시간적으로 임의로 변화하는 경우의 제어 (예 서보기구)
② 정치 제어(Constant Value Control) : 목푯값이 시간적으로 변화하지 않고 일정값일 때의 제어 (예 프로세스 제어, 자동조정)
③ 비율제어(Ratio Control) : 목푯값이 다른 어떤 양에 비례하는 제어(예 보일러의 자동연소)

정답 ④

253 프로그램 제어에서 스캔타임의 계산식은?

① 스텝수 + 처리속도

② 스텝수 - 처리속도

③ 스텝수 × 처리속도

④ 스텝수 ÷ 처리속도

해설 **스캔타임** : 최초 단계인 0스텝에서 최후의 스텝까지 실행하는 데 걸리는 시간(스텝수×처리속도)

정답 ③

254 동작신호를 조작하는 데 큰 힘을 얻기 위하여 보조동력을 요구하는 제어는?

① 자력 제어

② 타력 제어

③ 정치 제어

④ 프로그램 제어

해설 **제어장치의 전력원에 의한 분류**
- **자력 제어** : 조작부를 움직이는 데 필요한 에너지를 제어 대상에서 직접 얻어서 행하는 제어
- **타력 제어** : 조작부를 움직이는 데 필요한 에너지를 보조 에너지에서 얻어서 행하는 제어

정답 ②

255 감지기 중에 감지선형이 속하는 변환요소로 옳은 것은?

① 압력 → 변위
② 온도 → 임피던스
③ 온도 → 전압
④ 변위 → 임피던스

해설 **감지선형감지기** : 일정한 온도에서 용해되는 절연물질을 피복으로 만든 전선을 꼬아 삽입한 것으로, 화재로 인해 온도가 상승하면 절연물질이 용해되면서 전선이 서로 접촉하여 화재신호를 보내는 감지기

> 감지선형감지기 : 온도 → 임피던스로 변환

정답 ②

256 피드백 제어의 특징으로 틀린 것은?

① 정확도가 증가한다.
② 대역폭이 크다.
③ 계의 특성변화에 대한 입력대 출력비의 감도가 감소한다.
④ 구조가 단순하고 설치비용이 저렴하다.

해설 **피드백 제어(Feedback Control)의 특징**
• 외부 조건의 변화에 대한 영향이 작다.
• 정확도가 증가한다.
• 대역폭이 크다.
• 부품의 성능이 저하해도 전체 시스템 동작에는 영향이 작다.
• 계의 특성변화에 대한 입력과 출력의 비(이득)가 감소한다.
• **구조가 복잡**하고 규모가 크며 **설치비용**이 **비싸다.**

정답 ④

257 온도를 전압으로 변환시키는 요소로 옳은 것은?

① 광전지
② 열전대
③ 측온 저항체
④ 차동 변압기

해설 **변환 요소**
• 압력 → 변위 : 벨로스, 다이어프램, U자관 등
• 변위 → 압력 : 노즐플래퍼, 유압분사관 등
• **변위 → 전압 : 전위차계, 차동 변압기, 발진기 등**
• **온도 → 전압 : 열전대**
• 광 → 전압 : 광전지

정답 ②

258 궤환제어계에서 제어요소에 대한 설명으로 옳은 것은?

① 조작부와 검출부로 구성되어 있다.

② 조절부와 검출부로 구성되어 있다.

③ 목푯값에 비례하는 신호를 발생하는 제어이다.

④ 동작신호를 조작량으로 변화시키는 요소이다.

> 해설 제어요소(Control Element) : 동작신호를 조작량으로 변환하는 요소로, **조절부와 조작부**로 구성되어 있다.

정답 ④

259 제어량이 변화하는 물체의 위치, 방향, 자세 등일 경우의 제어는?

① 프로세스 제어

② 시퀀스 제어

③ 서보제어

④ 정치 제어

> 해설 **제어의 종류**
> • 프로세스 제어(Process Control) : 온도, 유량, 압력, 액위 등 공업 프로세스의 상태를 제어량으로 하는 제어방식
> • 시퀀스 제어(Sequence Control) : 미리 정해 놓은 순서에 따라 각 단계가 순차적으로 진행되는 제어방식
> • **서보 제어**(Servo Control) : **물체의 위치, 방향, 자세** 등의 **기계적 변위**를 제어량으로 해서 목푯값의 임의의 변화에 추종하도록 구성된 제어방식
> • 정치 제어(Constant Value Control) : 목푯값이 시간적으로 변화하지 않고 일정값일 때의 제어방식

정답 ③

260 제어량이 온도, 압력, 유량 및 액면 등과 같은 일반 공업량일 때의 제어는?

① 공정 제어

② 프로그램 제어

③ 시퀀스 제어

④ 추종 제어

> 해설 • **공정제어**(Process Control) : **온도, 유량, 압력, 액위, 농도, 점도** 등의 공업 프로세스의 상태를 제어량으로 하는 제어방식
> • 프로그램 제어(Program Control) : 목푯값의 변화가 시간적으로 미리 정해진 대로 변화하는 제어방식
> • 시퀀스 제어(Sequence Control) : 미리 정해진 순서에 따라 순차적으로 진행되는 제어방식
> • 추종 제어(Follow-up Control) : 목푯값이 시간적으로 임의로 변하는 경우의 제어방식(예 서보기구)

정답 ①

261 조절부와 조작부로 이루어진 것을 무엇이라 하는가?

① 제어요소 ② 제어 대상
③ 피드백 요소 ④ 기준 입력 요소

해설
① **제어요소**(Control Element) : 동작신호를 조작량으로 변환하는 요소로 **조절부**와 **조작부**로 나눈다.
② 제어 대상(Controlled System, Controlled Process, Plant) : 제어량을 발생시키는 장치로, 제어계에서 직접 제어를 받는 장치
③ 피드백 요소(Feedback Element) : 제어 대상으로부터 나오는 출력을 기준 입력과 비교할 수 있게 주 피드백 신호를 만들어주는 장치
④ 기준 입력 요소(Reference Input Element) : 목푯값에 비례하는 기준 입력 신호를 발생하도록 하는 요소로 설정부라고도 한다.

정답 ①

262 PLC(Programable Logic Controller) 전원전압의 변동범위는 몇 [%]인가?

① −20～+20 ② −15～+10
③ −5～+20 ④ −20～+5

해설 전원전압은 대부분 100/110[V], 특수하면 200/220[V]이고 변동범위는 −15～+10[%]이다.

정답 ②

263 교류전력 변환장치로 사용되는 인버터회로에 대한 설명 중 틀린 것은?

① 직류전력을 교류전력으로 변환하는 장치를 인버터라고 한다.
② 전류형 인버터와 전압형 인버터로 구분할 수 있다.
③ 전류방식에 따라서 타려식과 자려식으로 구분할 수 있다.
④ 인버터의 부하장치에는 직류직권전동기를 사용할 수 있다.

해설 **인버터(Inverter)**
• 직류전력을 교류전력으로 변환하는 장치
• 전류형 인버터와 전압형 인버터로 구분
• 전류방식에 따라서 타려식과 자려식으로 구분
• 인버터의 **부하장치**에는 **교류직권전동기**를 사용
• 교류전동기의 속도제어, 무정전 전원공급 장치에 사용

정답 ④

264 제어요소의 동작특성 중 연속동작이 아닌 제어는?

① 비례 제어 ② 비례적분 제어
③ 비례미분 제어 ④ 온오프 제어

해설 **ON-OFF 제어** : 제어 신호의 (+), (−) 또는 크기에 따라 2가지 값의 조절 신호를 발생하는 제어 동작으로 불연속 동작이다.

정답 ④

265 시퀀스 제어계의 신호전달계통도이다. 빈칸에 들어갈 용어로 옳은 것은?

작업 명령 → 명령 제어부 → 제어 명령 → 제어기 → ( ) → 상 태

① 제어대상   ② 제어장치   ③ 제어요소   ④ 제어량

해설 **시퀀스 제어의 신호흐름도**

작업명령 SW_1 → 명령 제어부 → 제어명령 SW_2 → 제어기 → SW_3 → 제어대상 → 상태 점멸

정답 ①

266 $\sin\omega t$를 라플라스 변환하면?

① $\dfrac{\omega}{s^2+\omega^2}$ ② $\dfrac{s}{s^2+\omega^2}$ ③ $\dfrac{\omega}{s^2-\omega^2}$ ④ $\dfrac{s}{s^2-\omega^2}$

해설 • $\mathcal{L}[\sin\omega t]=\dfrac{\omega}{s^2+\omega^2}$ • $\mathcal{L}[\cos\omega t]=\dfrac{s}{s^2+\omega^2}$

정답 ①

267 그림과 같은 피드백 제어의 종합 전달함수로 옳은 것은?

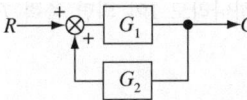

① $\dfrac{1}{G_1}+\dfrac{1}{G_2}$ ② $\dfrac{G_1}{1-G_1G_2}$ ③ $\dfrac{G_1}{1+G_1G_2}$ ④ $\dfrac{G_2}{1-G_1G_2}$

해설 $C=RG_1+CG_1G_2,\ RG_1=C-CG_1G_2=C(1-G_1G_2)$

$\therefore\ \dfrac{C}{R}=\dfrac{G_1}{1-G_1G_2}$

정답 ②

268 그림의 블록선도에서 $\dfrac{C}{R}$는?

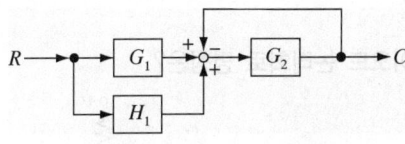

① $\dfrac{H_1}{1+G_1G_2}$ ② $\dfrac{G_2(G_1+H_1)}{1+G_2}$ ③ $\dfrac{G_1G_2}{1+G_1G_2H_1}$ ④ $\dfrac{G_1G_2}{G_1+H_1}$

해설 $C=(RG_1+RH_1-C)G_2=RG_1G_2+RH_1G_2-CG_2$

$C(1+G_2)=R(G_1G_2+H_1G_2)$

$\therefore\ \dfrac{C}{R}=\dfrac{G_1G_2+H_1G_2}{1+G_2}=\dfrac{G_2(G_1+H_1)}{1+G_2}$

정답 ②

269 제연용 송풍기를 기동하기 위하여 Y-△ 마그네트 기동기를 설치하였다. 다음은 Y-△ 마그네트 기동기의 구성품을 열거하는데 이 중 구성품으로 타당하지 않은 것은?

① 타이머
② 마그네트스위치
③ 서머릴레이
④ 영상변류기

해설 Y-△ 마그네트 기동기의 구성품 : 타이머, 마그네트스위치, 서머릴레이

정답 ④

270 그림과 같은 트랜지스터 논리회로의 명칭은?(단, $A \cdot B$는 입력, F는 출력)

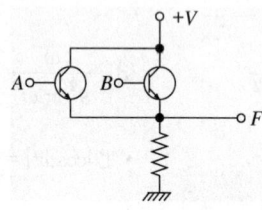

① NOT 회로
② AND 회로
③ OR 회로
④ NAND 회로

해설 입력 A나 B 중 어느 하나라도 1이 되면 출력 F가 1이 되는 회로이므로 **OR 회로**이다.

정답 ③

271 그림과 같은 게이트의 명칭은?

$A \circ$
$B \circ$ ⊐⊃—C

① AND
② NAND
③ OR
④ NOR

해설 NAND GATE로 $C = \overline{A \cdot B}$이다.

정답 ②

272 다음 그림과 같은 다이오드 논리회로 명칭은?

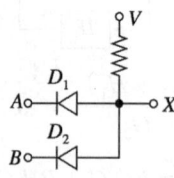

① NOT 회로
② AND 회로
③ OR 회로
④ NAND 회로

해설 **AND 회로** : 입력신호 A, B가 동시에 1일 때 출력 신호 X가 1이 되는 회로

정답 ②

273 그림과 같은 릴레이 시퀀스 회로의 출력식을 나타내는 것은?

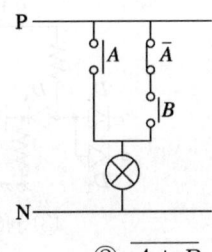

① $\overline{AB}$

② $\overline{A+B}$

③ AB

④ $A+B$

해설 출력 $X = A + (\overline{A} \cdot B) = A + B$

정답 ④

274 그림과 같은 피드백 결합 그림이 주어졌을 때 전달함수를 구하는 식은?

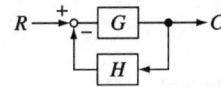

① $\dfrac{H}{1-G}$

② $\dfrac{G}{1-GH}$

③ $\dfrac{H}{1+G}$

④ $\dfrac{G}{1+GH}$

해설 $C = RG - CGH$

$RG = C + CGH = C(1 + GH)$

$\therefore$ 전달함수 $G(s) = \dfrac{C}{R} = \dfrac{G}{1+GH}$

정답 ④

275 전자접촉기의 보조 a접점에 해당되는 것은?

①

②

③

④

해설 ① 수동조작 자동복귀 a접점(ON 스위치)

② 수동조작 자동복귀 b접점(OFF 스위치)

③ 전자접촉기(계전기)의 보조 a접점

④ 전자접촉기(계전기)의 보조 b접점

정답 ③

276 그림과 같은 무접점 회로는 어떤 논리회로인가?

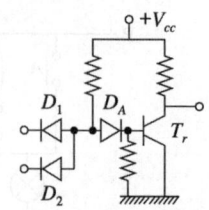

① AND ② OR ③ NOT ④ NAND

㉠ 논리기호 ㉡ 유접점 회로 ㉢ 무접점 회로 ㉣ 진리표

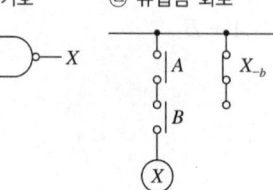

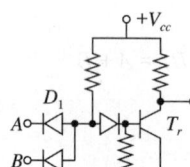

A	B	X
0	0	1
0	1	1
1	0	1
1	1	0

정답 ④

277 그림과 같은 회로의 명칭으로 적당한 것은?

① HALF ADDER회로
② EXCLUSIVE OR회로
③ NAND회로
④ Flip-Flop회로

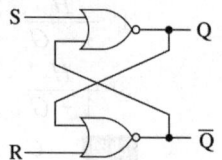

해설 RS-FF(Reset - Set - Flip-Flop) 회로로서 다음과 같은 기호를 가진다.

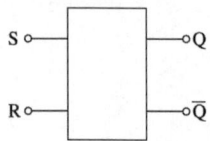

정답 ④

278 그림과 같은 유접점 회로의 논리식은?

① $AB + BC$
② $A + BC$
③ $B + AC$
④ $AB + B$

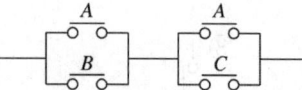

해설

$$A \cdot A = A,\ 1 + A = 1$$

이 법칙을 적용하여 간단하게 하면 다음과 같다.

$(A + B)(A + C) = A + AC + AB + BC = A(1 + C) + AB + BC$
$\qquad\qquad\qquad = A + BC$

정답 ②

279 그림과 같은 계전기 접점회로의 논리식은?

① $XY + X\overline{Y} + \overline{X}Y$

② $(XY)(X\overline{Y})(\overline{X}Y)$

③ $(X+Y)(X+\overline{Y})(\overline{X}+Y)$

④ $(X+Y)+(X+\overline{Y})+(\overline{X}+Y)$

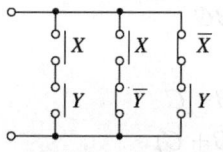

해설

병렬접속 : +(합), 직렬접속 : ・ (곱)

$XY + X\overline{Y} + \overline{X}Y$

정답 ①

280 논리식 $\overline{X}+XY$를 간단히 나타낸 것은?

① $\overline{X}+Y$　　　② $X+\overline{Y}$　　　③ $\overline{X}Y$　　　④ $X\overline{Y}$

해설

$\overline{A}+A=1, \ \overline{A}\times A=0, \ 1 \cdot A = A$

$\overline{X}+XY = \underset{\text{분배의 법칙}}{(\overline{X}+X)(\overline{X}+Y)} = \overline{X}+Y$

정답 ①

281 그림과 같은 결선도는 전자개폐 기본회로도이다. OFF 스위치
와 보조 b접점을 나타내는 것은?

① OFF 스위치 : ㉠, 보조 b접점 : ㉣

② OFF 스위치 : ㉡, 보조 b접점 : ㉢

③ OFF 스위치 : ㉢, 보조 b접점 : ㉡

④ OFF 스위치 : ㉣, 보조 b접점 : ㉠

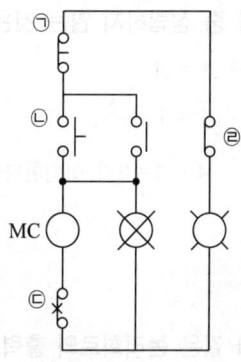

해설　**전자개폐 기본회로도의 스위치**

• OFF 스위치 : 수동조작 자동복귀 b접점
• ON 스위치 : 수동조작 자동복귀 a접점
• 열동계전기 : 수동복귀 b접점
• 보조 b접점 : 접촉기 및 계전기 b접점

정답 ①

282 논리식 $A \cdot (A+B)$를 간단히 하면?

① A　　　　② B　　　　③ $A \cdot B$　　　　④ $A+B$

해설　$A \cdot (A+B) = AA + AB = A(1+B) = A$

정답 ①

283 그림과 같은 논리회로에서 F의 값은?

① $F = A + BC$

② $F = 1$

③ $F = A + B + C$

④ $F = AB(B + C)$

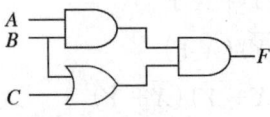

해설 A와 B는 AND 회로($\cdot$), B와 C는 OR 회로(+)
$F = AB(B + C)$이다.

정답 ④

284 논리식 $A\overline{B}C + A\overline{BC} + \overline{A}BC + \overline{ABC}$를 간략화한 후 논리회로를 그리면?

① $A \multimap \overline{A}$

② $B \multimap \overline{B}$

③ $\begin{matrix} A \\ B \end{matrix} \mathrel{\supset\!\!\!-} \overline{AB}$

④ $\begin{matrix} A \\ B \end{matrix} \mathrel{\supset\!\!\!-} AB$

해설 $A\overline{B}C + A\overline{BC} + \overline{A}BC + \overline{ABC}$
$= \overline{B}(AC + A\overline{C} + \overline{A}C + \overline{A}\,\overline{C}) = \overline{B}A(C + \overline{C}) + \overline{A}(C + \overline{C})$
$= \overline{B}(A + \overline{A}) = \overline{B}$

정답 ②

285 논리식 중 성립하지 않는 것은?

① $A + A = A$

② $A \cdot A = A$

③ $A \cdot \overline{A} = 1$

④ $A + \overline{A} = 1$

해설 $A \cdot \overline{A} = 0$가 성립한다($A \cdot \overline{A} = 0$, $A + \overline{A} = 1$).

정답 ③

286 그림과 같은 논리회로의 출력 Y는?

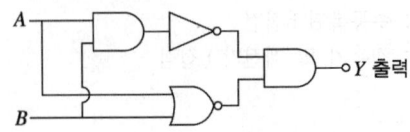

① $Y = \overline{AB} \cdot \overline{(A + B)}$

② $Y = \overline{AB}(A + B)$

③ $Y = AB + AB$

④ $Y = \overline{(A + B)} + \overline{AB}$

해설 회로의 출력은 A, B의 AND 회로의 NOT 회로와 A, B의 NOR 회로의 AND 회로이다.
즉, 출력 $Y = \overline{AB} \cdot \overline{(A + B)}$

정답 ①

287 그림과 같은 논리회로는?

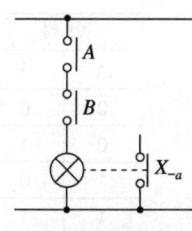

① AND 회로
② OR 회로
③ NOT 회로
④ NAND 회로

해설

① AND 회로
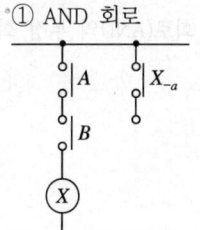

② OR 회로
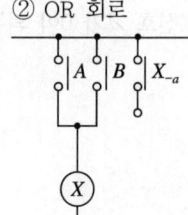

③ NOT 회로
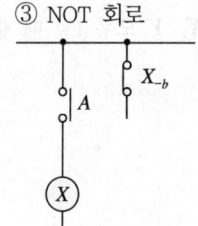

④ NAND 회로
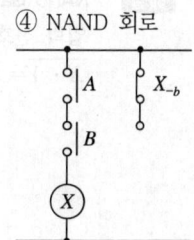

정답 ①

288 그림의 유접점 회로를 논리식으로 표시하면?

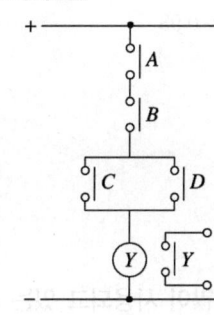

① $ABCD = Y$
② $(A+B)CD = Y$
③ $A+B+CD = Y$
④ $AB(C+D) = Y$

해설
• 직렬접속 : AND (·)
• 병렬접속 : OR (+)
∴ 논리식 $A \cdot B \cdot (C+D) = AB(C+D) = Y$

정답 ④

289 표와 같은 진가표의 Gate는?

입력		출력
X	Y	Z
0	0	1
0	1	1
1	0	1
1	1	0

① AND   ② OR   ③ NAND   ④ NOR

해설 NAND Gate

입력 신호 X, Y 모두 1일 때 출력 신호 Z가 0이 되는 회로(AND의 부정 회로)

$\overline{X \cdot Y} = Z$

정답 ③

290 어떤 트랜지스터를 베이스 접지에서 이미터 접지로 하였더니 컬렉터 차단 전류가 50배로 되었다. 이 트랜지스터의 α값은?

① 0.89   ② 0.92   ③ 0.95   ④ 0.98

해설
- 베이스 접지의 전류 증폭률 $\alpha = \dfrac{I_C}{I_E}$, $\alpha = \dfrac{\beta}{\beta+1}$

- 이미터 접지의 전류 증폭률 $\beta = \dfrac{I_C}{I_B}$, $\beta = \dfrac{\alpha}{1-\alpha}$

$\dfrac{\text{이미터 접지회로의 컬렉터 차단 전류}}{\text{베이스 접지회로의 컬렉터 차단 전류}} = 50$배이므로 $50 = 1 + \beta$, $\beta = 49$

$\therefore \ \alpha = \dfrac{\beta}{1+\beta} = \dfrac{49}{1+49} = 0.98$

정답 ④

291 전자회로에서 온도 보상용으로 많이 사용되고 있는 소자는?

① 저 항   ② 리액터
③ 콘덴서   ④ 서미스터

해설 서미스터(Thermistor) : 온도에 의해 저항값이 변화하는 반도체로 **온도 보상용**, 온도 계측용으로 사용된다.

정답 ④

292 그림은 비상시에 대비한 예비전원의 공급회로이다. 직류전압을 일정하게 하기 위해서 콘덴서(C)를 설치한다면 그 위치로 적당한 곳은?

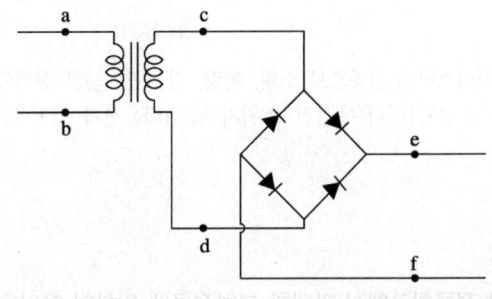

① a와 b 사이   ② c와 d 사이   ③ e와 f 사이   ④ a와 c 사이

> **해설** **콘덴서**는 직류전압을 일정하게 유지하기 위하여 정류회로의 출력측에 병렬로 설치해야 한다(맥동분 제거).

정답 ③

293 그림과 같은 정류회로에서 R에 걸리는 최대 역전압은 몇 [V]인가?(단, V_1은 정현파 전압이다)

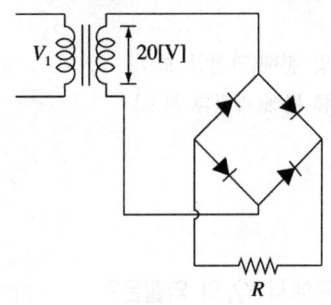

① 20   ② $20\sqrt{2}$ ③ 40   ④ $40\sqrt{2}$

> **해설** 브리지 전파 정류회로의 R에 걸리는 최대 역전압 PIV는 2차측 전압의 최대치와 같다.
> $$\therefore\ V_m = \sqrt{2}\,V = 20\sqrt{2}\,[\text{V}]$$

정답 ②

294 한 조각의 실리콘 속에 많은 트랜지스터, 다이오드, 저항 등을 넣고 상호 배선을 하여 하나의 회로에서의 기능을 갖게 한 것은?

① 포토 트랜지스터   ② 서미스터
③ 배리스터   ④ IC

> **해설** ④ IC(Integrated Circuit) : 실리콘 속에 트랜지스터, 다이오드, 저항 등의 회로소자를 많이 집적하여 하나의 회로로 동작하도록 만든 것
> ① 포토 트랜지스터(Phototransistor) : 빛의 검출 등 계측용
> ② 서미스터(Thermistor) : 온도에 의해 저항값이 변화하는 반도체로 온도 보상용, 온도 계측용으로 사용
> ③ 배리스터(Varistor) : 전압에 따라 저항값이 현저하게 비직선형으로 변화하는 반도체

정답 ④

295 소형이면서 대전력용 정류기로 사용되는 데 적당한 것은?

① 게르마늄 정류기

② CdS

③ 셀렌정류기

④ SCR

해설 SCR은 사이리스터의 일종으로 소형, 경량, 긴 수명, 높은 신뢰도 및 고효율의 반도체로 최고 허용온도가 140~200[℃]이다(무접점 스위치 및 AVR 전력 제어용).

정답 ④

296 다이오드를 사용한 정류회로에서 과대한 부하전류에 의하여 다이오드가 파손될 우려가 있을 경우의 적당한 대책은?

① 다이오드를 직렬로 추가한다.

② 다이오드를 병렬로 추가한다.

③ 다이오드의 양단에 적당한 값의 저항을 추가한다.

④ 다이오드의 양단에 적당한 값의 콘덴서를 추가한다.

해설 **다이오드 접속**
• 직렬접속 : 전압 분배(과전압 보호)
• 병렬접속 : **전류 분배**(과전류 보호)

정답 ②

297 그림과 같은 정전압 회로에서 Q_1의 역할은?

① 증폭용

② 비교부용

③ 제어용

④ 기준부용

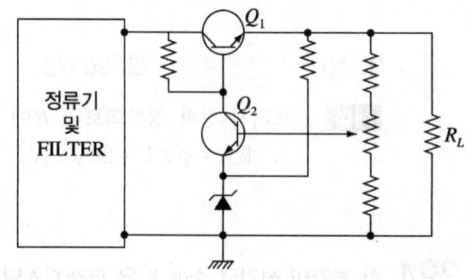

해설 • Q_1 : 전압 제어용 트랜지스터
• Q_2 : 증폭용 트랜지스터

정답 ③

298 이미터 접지의 트랜지스터회로에서 입력 신호와 출력 신호의 관계는?

① 90도의 위상차가 있다.

② 180도의 위상차가 있다.

③ 270도의 위상차가 있다.

④ 위상차가 거의 없다.

해설 이미터 접지의 트랜지스터회로에서 입력 신호와 출력 신호의 위상 : 역위상(180°)

정답 ②

299 펄스 발생기로 성능이 우수하게 사용되는 것은?

① MOS-FET   ② Thyristor

③ Varactor   ④ UJT

> **해설** UJT(단접합 트랜지스터)
> **부성저항특성**을 가진 소자로서 **펄스 발생기**로 성능이 우수하게 사용된다.

정답 ④

300 도너(Donor)란?

① P형 반도체를 만든다.   ② n형 반도체를 만든다.

③ 3가원소   ④ 가전자가 1개 모자라는 불순물

> **해설** 도너는 n형 반도체에서 과잉전자를 만드는 불순물(5가원소)를 말하며, As(비소), Sb(안티몬), P
> (인), Bi(비스무트)가 있다.

정답 ②

301 고주파 증폭회로에서 중화(Neutralization)를 행하는 목적은?

① 능률의 향상   ② 출력의 증대

③ 주파수의 안정   ④ 자기발진의 방지

> **해설** 고주파 증폭회로에서 증폭된 고주파 출력의 일부가 능동소자를 통하여 입력측으로 **궤환**한다. 이
> 때문에 **동작**이 **불안정**하거나 **발진**을 일으킨다. 이것을 방지하기 위해 **중화**를 행한다.

정답 ④

302 트랜지스터에 대한 설명으로 적당하지 않은 것은?

① 수명이 길다.

② 저전압, 소전력으로 동작한다.

③ 소형이다.

④ 고온에 잘 견디며 온도 특성이 양호하다.

> **해설** **트랜지스터**는 증폭용으로 사용되는 반도체 소자로, 수명이 길고, 소형이며, 소비전력이 적으며,
> **온도의 영향**이 **크고**, 온도의 변화에 따라 전류가 변한다.

정답 ④

303 인가전압의 변화에 따라서 저항값이 비직선적으로 바뀌는 회로소자는?

① 배리스터 ② 서미스터
③ 트랜지스터 ④ 다이오드

해설 **배리스터(Varistor)** : 전압에 따라 저항값이 현저하게 비직선형으로 변하는 반도체
  • 전자기기의 서지전압에 대한 **회로보호용**
  • 계전기의 접점 개폐 시 **불꽃 소거용**

정답 ①

304 배리스터의 주된 용도는?

① 온도보상 ② 출력전류 조절
③ 전압증폭 ④ 서지전압에 대한 회로보호

해설 **배리스터(Varistor)** : 전압에 따라 저항치가 비직선형으로 현저하게 변하는 반도체로 전자기기의 **서지전압**에 대한 **회로보호** 및 계전기 접점의 불꽃 소거용으로 사용된다.

정답 ④

305 각종 소방설비의 표시등에 많이 사용되는 발광다이오드(LED)에 대한 설명이다. 옳지 않은 것은?

① 전구에 비해 수명이 길고 진동에 강하다.
② PN 접합에 순방향 전류를 흘림으로써 발광시킨다.
③ 표시등 중에서 응답속도가 가장 느리다.
④ 발광다이오드의 재료로 GaAs, GaP 등이 사용된다.

해설 **발광다이오드(LED)의 특징**
  • 발열이 적고, 응답속도가 매우 빠르다.
  • PN접합의 다이오드로 순방향 전압을 가하면 발광한다.
  • 수명이 길고 효율이 좋다.
  • 발광다이오드의 재료로는 GaAs, GaP와 같은 금속화합물을 사용한다.

정답 ③

306 도통 상태에 있는 SCR을 차단상태로 하기 위한 올바른 방법은?

① 전압의 극성을 바꾸어 준다.
② 양극전압을 더 높게 한다.
③ 게이트 역방향 바이어스를 인가시킨다.
④ 게이트 전류를 차단시킨다.

해설 도통 상태에 있는 SCR을 차단상태로 하기 위해서는 **전압**의 **극성**을 바꾼다.

정답 ①

307 그림과 같은 회로에서 다이오드 양단의 전압 W_D는 몇 [V]인가?(단, 이상적인 다이오드이다)

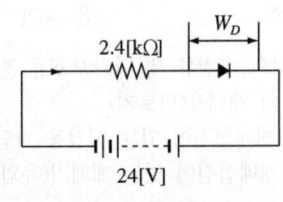

① 0   ② 2.4
③ 10   ④ 24

해설 다이오드의 방향과 전지의 방향이 역방향으로 접속되어 있어 다이오드의 특성상 양단에는 입력 전압 V_D에 **근접한 전압**이 인가된다.

정답 ④

308 반도체 소자 중 부저항 특성을 갖지 않는 것은?

① 정류다이오드   ② 사이리스터
③ UJT   ④ 트라이악(TRIAC)

해설 부성저항 특성을 갖는 반도체 소자는 TRIAC, UJT, Thyristor, Tunnel Diode 등이 있다.

정답 ①

309 트랜지스터의 특성에 대한 설명으로 적당하지 않은 것은?

① 수명이 길다.
② 저전압, 소전력으로 동작한다.
③ 고온에 잘 견디며, 온도특성이 양호하다.
④ 소형이다.

해설 **트랜지스터**는 증폭용으로 사용되는 반도체 소자로, **수명**이 길고, **소형**이며, **소비전력**이 적으며, 온도 의 영향이 크고, 온도의 변화에 따라 전류가 변한다.

정답 ③

310 전원전압을 안정하게 유지하기 위하여 사용되는 다이오드는?

① 보드형다이오드   ② 터널다이오드
③ 제너다이오드   ④ 바랙터다이오드

해설 **제너다이오드(Zener Diode)** : 제너현상을 이용하여 **전원전압**을 **일정**하게 유지하기 위해 사용되는 다이오드

정답 ③

311 옥내배선의 분기회로 보호용으로 사용되는 것은?

① MCCB   ② DS   ③ ACB   ④ OS

> **해설** ① MCCB : 저압 전로의 과전류 및 단락보호용(분기회로 보호용, 배선용 차단기)
> ② DS : 무부하 회로의 개폐용(단로기)
> ③ ACB : 공기 중에 개폐접점이 있는 저압용 차단기(기중차단기)
> ④ OS : 절연유속에 개폐접점이 있는 개폐기(유입개폐기)
>
> **정답** ①

312 비상축전지의 정격용량은 100[Ah], 상시부하 2[kW], 표준전압 100[V]인 부동충전방식의 충전기 2차 전류의 값은 몇 [A]인가?(단, 상용전원 정전 시의 비상부하 용량은 3[kW]이다)

① 15   ② 20   ③ 25   ④ 30

> **해설** • 부동충전방식의 정류기 2차 전류 I_L = 상시부하전류 + 축전지 충전전류
> • 축전지 충전전류는 축전지용량을 10[h]에 충전하는 전류이다.
> $$\therefore I_L = \frac{2,000}{100} + \frac{100}{10} = 30[A]$$
>
> **정답** ④

313 저압옥내전로에 사용하는 배선용 차단기의 주된 사용 목적으로 옳은 것은?

① 누전탐지
② 회로분기
③ 과부하 또는 단락전류에 의한 보호
④ 뇌 등의 이상전압에 의한 위험방지

> **해설** **배선용 차단기(MCCB) : 과전류(과부하) 및 단락전류 보호용**
>
> **정답** ③

314 금속관 공사에서 금속관의 끝에 사용해서는 안 되는 것은?

① 링 리듀서   ② 엔트런스 캡
③ 터미널 캡   ④ 부 싱

> **해설** ① 링 리듀서 : 박스에서 노크아웃 구멍이 금속관 지름보다 클 때 사용하는 것
> ② 엔트런스 캡 : 금속관 끝에 취부하여 전선을 보호하는데 사용한다(터미날 캡과 동일한 목적으로 사용).
> ③ 터미널 캡 : 금속관 공사에서 옥외에서의 인입구 또는 인출구의 끝에 붙여서 관 내에 물의 침입을 방지하기 위한 것
> ④ 부싱 : 전선의 절연피복을 보호하기 위해서 금속관의 관 끝에 취부하는 것
>
> **정답** ①

315 동관 내에 도체인 동선과 절연물로는 분말 산화마그네슘, 기타 무기 절연물을 충전하고 이를 압연 열처리하여 만든 것으로 내열성이 우수한 케이블은?

① CV 케이블   ② EV 케이블   ③ MI 케이블   ④ RN 케이블

해설　MI 케이블(무기절연케이블) : 동관 내에 도체인 동선과 절연물로써 분말 산화마그네슘, 기타 무기 절연물을 충전하고 이를 압연 열처리하여 만든 것으로 내열성이 우수한 케이블

정답 ③

316 과전류가 흐를 때 자동적으로 회로를 끊어서 보호하는 것으로 그 자신에 아무런 손상없이 다시 사용 가능한 것은?

① 퓨즈(Fuse)   ② 노퓨즈브레이커(NFB)
③ 계전기(Relay)   ④ 나이프스위치(KS)

해설　**기기의 설명**
• 퓨즈(Fuse) : 과전류가 흐를 때 자신이 용단되어 회로를 차단하여 보호하는 기기
• **노퓨즈브레이커(NFB) : 과전류가 흐를 때 자동적으로 회로를 차단하여 보호하는 기기**
• 계전기(Relay) : 전자력을 이용하여 접점을 개폐하는 기기
• 나이프스위치(KS) : 저압전로의 개폐에 사용되는 기기

정답 ②

317 옥내배선의 분기회로 설계 시 사용전압이 220[V]이고, 15[A] 분기회로로 할 때 1회로의 분기회로 용량은 몇 [VA]인가?

① 1,500   ② 3,000   ③ 3,300   ④ 3,600

해설　분기회로의 용량 = 사용전압[V] × 분기회로 전류[A]
= 220 × 15 = 3,300[VA]

정답 ③

318 전지의 자기방전을 보충함과 동시에 상용부하에 대한 전력공급은 충전기가 부담하도록 하되, 충전기가 부담하기 어려운 일시적인 대전류 부하는 축전지로 하여금 부담케 하는 충전방식은?

① 급속충전   ② 부동충전   ③ 균등충전   ④ 세류충전

해설　② **부동충전방식** : 축전지의 자기방전에 대한 충전과 상용부하(직류부하)에 대한 전원공급은 충전기가 부담하고 일시적인 대전류 부하는 축전지가 공급하는 방식
③ 균등충전방식 : 각 축전지의 전압을 균등하게 하기 위해 1~2개월마다 1회에 10~12시간 충전하는 방식
④ 세류충전방식 : 항상 자기 방전량만 충전하는 방식

정답 ②

319 유도등 20[W] 40등, 40[W] 60등의 점등에 필요한 축전지의 용량은 다음 조건에서 몇 [Ah]인가?

[조 건]		
• 유도등의 사용전압 : 200[V]	• 용량환산시간 : 1.2	• 용량저하율 : 0.8

① 22[Ah]　　　　② 23[Ah]　　　　③ 24[Ah]　　　　④ 25[Ah]

해설　축전지의 용량 $C = \dfrac{1}{L}KI\,[Ah]$

(여기서 L : 보수율(용량저하율), K : 용량환산시간[h], I : 방전전류[A]이다)

방전전류 $I = \dfrac{P}{V} = \dfrac{(20 \times 40) + (40 \times 60)}{200} = \dfrac{3,200}{200} = 16\,[A]$

∴ 축전지 용량 $C = \dfrac{1}{L}KI = \dfrac{1}{0.8} \times 1.2 \times 16 = 24\,[Ah]$

정답 ③

320 전선 재료가 구비해야 할 조건은?

① 전기저항이 클 것　　　　　　② 기계적 강도가 작을 것
③ 인장 강도가 작을 것　　　　　④ 가요성이 풍부할 것

해설　**구비 조건**
• 전기적으로 **도전율**이 클 것(전기저항이 작을 것)
• **기계적 강도**가 클 것　　　　• **인장 강도**가 클 것
• **가요성**이 풍부할 것　　　　　• **접속**하기 쉬울 것

정답 ④

321 간선의 굵기를 결정하는 데 고려하지 않아도 되는 것은?

① 허용전류　　　　　　　　　　② 전압강하
③ 전선관의 굵기　　　　　　　　④ 기계적 강도

해설　**전선의 굵기를 결정하는 3요소**
• 전선의 기계적 강도
• 전압강하
• 전선의 허용전류

정답 ③

322 비상조명 설계 시 비상조명의 조도는 광원으로부터의 거리와 어떠한 관계가 있는가?

① 거리에 비례한다.　　　　　　② 거리에 반비례한다.
③ 거리의 제곱에 비례한다.　　　④ 거리의 제곱에 반비례한다.

해설　법선 조도 : $E_n = \dfrac{I}{r^2}$, 수평면 조도 : $E_h = \dfrac{I}{r^2}\cos\theta$, 수직면 조도 : $E_v = \dfrac{I}{r^2}\sin\theta$

∴ 조도는 광원으로부터의 **거리**에 **제곱**에 **반비례**한다.

정답 ④

323 그림과 같이 통로유도등을 0.5[m] 높이 (H)의 벽면에 설치하고 통로유도등 직하(F점)에서 0.5[m] 떨어진 바닥면(P 점)에서 측정한 수평면 조도(E)는 0.5(룩스)이었다. 이때 통로유도등의 광도(I)는 몇 [cd]인가?

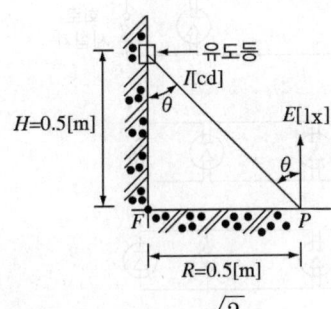

① $\dfrac{\sqrt{2}}{2}$　　　　　　　　　　② $\dfrac{\sqrt{2}}{3}$

③ $\dfrac{\sqrt{2}}{4}$　　　　　　　　　　④ $\dfrac{\sqrt{3}}{\sqrt{2}}$

해설　• 법선 조도 $E_n = \dfrac{I}{r^2}$

　　　• 수평면 조도 $E_h = \dfrac{I}{r^2}\cos\theta$

　　　• 수직면 조도 $E_v = \dfrac{I}{r^2}\sin\theta$

　　　수평면 조도 $E_h = \dfrac{I}{r^2}\cos\theta\,[\text{lx}]$에서

　　　$r = \sqrt{H^2 + R^2} = \sqrt{\left(\dfrac{1}{2}\right)^2 + \left(\dfrac{1}{2}\right)^2} = \dfrac{\sqrt{2}}{2}$ [m]이므로

　　　$\therefore$ 광도 $I = \dfrac{E_h r^2}{\cos\theta} = \dfrac{0.5 \times \left(\dfrac{\sqrt{2}}{2}\right)^2}{\dfrac{1}{\sqrt{2}}} = \dfrac{\sqrt{2}}{4}$ [cd]

정답 ③

324 비상방송설비의 전원회로의 배선공사방법으로 적당한 것은?(단, 사용전선은 NRI전선이다)

① 합성수지관 공사　　　　　　② 금속몰드 공사
③ 케이블 공사　　　　　　　　④ 금속덕트 공사

해설　비상방송설비의 전원회로는 내화배선으로 해야 한다.

Plus one　**내화배선의 공사 방법**
　　　• 금속관 공사
　　　• 합성수지관 공사
　　　• 2종 금속제 가요전선관 공사

정답 ①

325 자동화재탐지설비의 배선도가 옳은 것은?

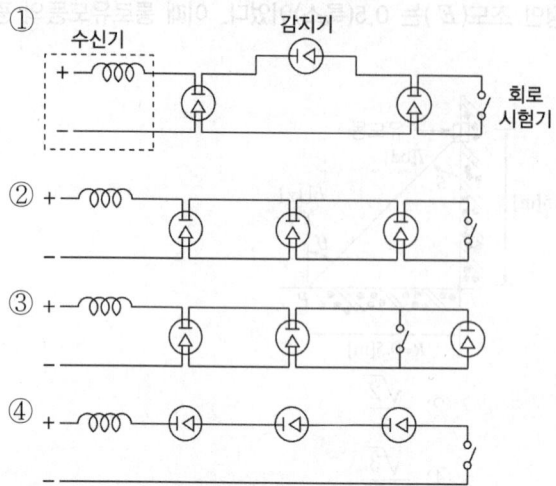

해설 감지기회로의 말단에 회로시험기(스위치)를 설치해야 한다.

> 감지기회로의 말단에 회로시험기 : **병렬 연결**

정답 ②

326 수신기, 자동화재속보기 및 중계기의 예비전원을 밀폐형 축전지로 하지 않아도 되는 경우는 어떤 경우인가?

① 예비전원축전지를 수신기 등의 함 내에 내장시키는 경우
② 수신기, 속보기 및 중계기의 기능에 지장이 없도록 본체와 별도로 장치한 경우
③ 예비전원으로 알칼리전지를 사용하고, 수신기 하단에 별개의 실을 만들어 내장시키는 경우
④ 분결식 알칼리전지로 50[Ah] 이하의 전지를 수신기, 속보기 및 중계기의 함 외부에 장치하는 경우

해설 예비전원으로 알칼리전지를 사용하고, 수신기 하단에 별개의 실을 만들어 내장하는 경우에는 수신기, 속보기, 중계기의 예비전원을 밀폐형 축전지로 하지 않아도 된다.

정답 ③

327 자동화재탐지설비에서 사용해도 좋은 회로방식은?

① 감지기 회로의 공통선과 지구벨 선의 공통선을 공용하는 회로방식
② 감지기 회로의 공통선과 지구표시등선의 공통선을 공용하는 회로방식
③ 감지기 회로의 공통선과 소화전 펌프 기동용 푸쉬버튼선의 공통선과 공용하는 회로방식
④ 감지기 회로의 공통선과 응답램프선의 공통선과 공용하는 회로방식

해설 **자동화재탐지설비의 가능한 회로방식 :** 감지기 회로의 **공통선**과 **지구표시등선**의 **공통선**을 **공용**하는 회로방식

정답 ②

328 어떤 방호대상물에 스프링클러설비의 준비작동식 밸브가 설치되어 있다. 주변온도 20[℃]일 때 준비작동식 밸브와 소화설비반 간의 거리가 300[m]인 경우 화재 시 준비작동식 밸브를 작동시키기 위한 전선의 최소 굵기는 다음 중 어느 것인가?(준비작동 시 밸브의 정격은 DC 24[V], 0.7[A]이며 전압강하 허용률은 −10[%], 전선의 저항은 주변온도 20[℃]일 때 1.2[mm] : 15.24[Ω/km], 1.6[mm] : 8.573[Ω/km], 2.0[mm] : 5.487[Ω/km], 2.6[mm] : 5.24[Ω/km]이다)

① 1.2[mm]

② 1.6[mm]

③ 2.0[mm]

④ 2.6[mm]

해설 전압강하율 $\varepsilon = \dfrac{V_S - V_R}{V_R} \times 100 [\%]$에서

전압강하 허용률이 10[%]일 때

$V_R = \dfrac{V_S}{\dfrac{\varepsilon}{100} + 1} = \dfrac{24}{\dfrac{10}{100} + 1} \fallingdotseq 21.82 [\mathrm{V}]$가 되므로

전압강하 $e = V_S - V_R = 24 - 21.82 = 2.18 [\mathrm{V}]$가 된다.

단상 2선식 배선방식의 전선 단면적은

$A = \dfrac{35.6 LI}{1,000 e} = \dfrac{35.6 \times 300 \times 0.7}{1,000 \times 2.18} = 3.429 [\mathrm{mm}^2]$이므로

$A = \dfrac{\pi D^2}{4}$, $D = \sqrt{\dfrac{4A}{\pi}} = 2.089 [\mathrm{mm}]$

∴ 전선의 최소 굵기가 2.089[mm] 이상이어야 하므로 전선의 굵기는 2.6[mm]를 선정해야 한다.

정답 ④

329 폭 15[m], 길이 20[m]인 사무실의 조도를 400[lx]로 할 경우 전광속 4,900[lm]의 형광등 40[W]를 시설할 경우 몇 등을 사용해야 하는가?(단, 조명률은 50[%], 감광보상률은 1.3으로 한다)

① 23등

② 32등

③ 46등

④ 64등

해설 조명등의 수

$$FUN = DES$$

여기서, S : 단면적[m²] E : 조도[lx]
        D : 감광보상률 F : 광속[lm]
        U : 조명률

∴ 등의 수 $N = \dfrac{DES}{FU} = \dfrac{1.3 \times 400 \times (15 \times 20)}{4,900 \times 0.5} = 63.67 \rightarrow 64$등

정답 ④

330 자동화재탐지설비의 P형 1급 수동발신기를 인위적으로 작동시켰을 때 옳지 않은 것은?(단, P형 1급 수신기 및 수동발신기와 경종 등의 선로 및 전원에는 이상이 없으며 수신기의 스위치 등은 정상위치에 놓여 있다고 한다)

① 수동발신기의 응답램프가 점등한다.

② 지구경종은 명동하지 않고 수신기의 주경종만 명동한다.

③ 수신기의 화재창구가 점등한다.

④ 수신기의 수동발신기 작동램프가 점등한다.

해설   지구경종 및 주경종이 **동시**에 명동한다.

정답 ②

331 객석 내의 통로 길이가 10[m]인 곳이 있다. 객석유도등 1개의 용량은 25[W]이다. 이때 회로에 흐르는 전류는 몇 [A]인가?(단, 전압은 100[V]로 하고, 선로손실 및 기타 손실은 무시한다)

① 0.25

② 0.5

③ 1

④ 2.25

해설
$$객석유도등의\ 수 = \frac{객석\ 통로의\ 직선\ 부분\ 길이[m]}{4} - 1$$

$$= \frac{10}{4} - 1 = 1.5 ≒ 2개(소수점\ 이하의\ 수는\ 1로\ 본다)$$

∴ 회로에 흐르는 전류 $I = \dfrac{P}{V} = \dfrac{25 \times 2}{100} = 0.5[A]$

정답 ②

332 자동화재탐지설비의 감지기회로 단선 여부를 시험할 수 없는 것은?

① 동시작동시험

② 유통시험

③ 회로표시작동시험

④ 회로도통시험

해설   유통시험 : 공기관에 공기를 주입하여 **공기의 누설**, **공기관의 변형** 또는 **막힘의 여부**를 확인

정답 ②

333 소화전 펌프에서 압력기동방식의 최초 신호원으로 타당한 것은?

① 소화전 박스 상부의 기동 ON, OFF 스위치

② 소화전 펌프모터 기동기의 서머릴레이

③ 소화전 배관과 연결된 압력챔버의 압력스위치

④ 소화전 펌프모터 기동기의 타이머

> 해설 **소화전 펌프 기동방식의 최초 신호원**
> • 자동(압력) 기동방식 : 소화전 배관과 연결된 압력챔버의 압력스위치
> • 수동 기동방식 : 소화전 박스 상부의 기동 ON, OFF 스위치

정답 ③

334 전양정 55[m], 토출량 0.3[m³/min], 펌프 효율 0.55, 전달계수 1.1인 옥내소화전 전동기 출력은 약 몇 [kW]인가?

① 5.4

② 5.8

③ 6.6

④ 6.9

> 해설 **전동기 출력**
>
> $$P = \frac{\gamma QH}{\eta} \times K$$
>
> 여기서, P : 전동기 출력[kW] γ : 물의 비중량(9.8[kN/m³])
>
> Q : 토출량[m³/s] H : 전양정[m]
>
> K : 전달계수(여유율) η : 효율[%]
>
> $$\therefore P = \frac{9.8 \times 0.3/60 \times 55}{0.55} \times 1.1 = 5.39[\text{kW}]$$
>
> **[다른 방법]**
>
> $$P = \frac{0.163 \times Q \times H}{\eta} \times K = \frac{0.163 \times 0.3 \times 55}{0.55} \times 1.1 = 5.38[\text{kW}]$$

정답 ①

교육은 우리 자신의 무지를 점차 발견해 가는 과정이다.

- 윌 듀란트 -

PART 03

위험물의 성질·상태 및 시설기준

CHAPTER 01 위험물의 성질·상태

CHAPTER 02 위험물의 시설기준

소방시설관리사 1차 기출문제 분석

[위험물의 성질 · 상태 및 시설기준]

내 용		출제 빈도(%)
위험물의 성질 · 상태	제1류 위험물	5.0%
	제2류 위험물	5.0%
	제3류 위험물	12.0%
	제4류 위험물	16.0%
	제5류 위험물	5.0%
	제6류 위험물	4.0%
위험물의 시설기준	제조소	24%
	옥내저장소	4.0%
	옥외탱크저장소	3.0%
	옥내탱크저장소	0.5%
	지하탱크저장소	2.0%
	간이탱크저장소	1.0%
	이동탱크저장소	4.0%
	옥외저장소	1.0%
	주유취급소	2.0%
	판매취급소	0.5%
	이송취급소	2.0%
	일반취급소	1.0%
	소화난이도	5.0%
	저장, 운반기준	2.0%
	기 타	1.0%

※ 해당 내용의 각 상위 법에 따라 다른 명명법으로 기재하였음을 알려드립니다.
  위험물 관련 법령 → 할로젠화합물소화설비
  소방 관련 법령 → 할론소화설비

위험물의 성질·상태

※ 해당 파트 내 위험물 및 수치들은 성상은 "국가위험물정보시스템"의 자료를 바탕으로 작성되었음을 알려드립니다.

제1절 **제1류 위험물**

1 제1류 위험물 특성

(1) 종 류 `13` `18` `19` `21` `년 출제`

유 별	성 질	품 명		위험등급	지정수량
제1류	산화성 고체	1. 아염소산염류, 염소산염류, 과염소산염류, 무기과산화물		I	50[kg]
		2. 브로민산염류, **질산염류**, 아이오딘산염류		II	300[kg]
		3. 과망가니즈산염류, 다이크로뮴염류		III	1,000[kg]
		4. 그 밖에 행정안전부령이 정하는 것	① 과아이오딘산염류	II	300[kg]
			② 과아이오딘산		
			③ 크로뮴, 납 또는 아이오딘의 산화물		
			④ 아질산염류		
			⑤ 염소화아이소사이아누르산		
			⑥ 퍼옥소이황산염류		
			⑦ 퍼옥소붕산염류		
			⑧ **차아염소산염류**	I	50[kg]

(2) 정 의 `10` `년 출제`

산화성 고체 : 고체[액체(1기압 및 20[℃]에서 액상인 것 또는 20[℃] 초과 40[℃] 이하에서 액상인 것) 또는 기체(1기압 및 20[℃]에서 기상인 것) 외의 것]로서 산화력의 잠재적인 위험성 또는 충격에 대한 민감성을 판단하기 위하여 소방청장이 정하여 고시하는 시험에서 정하는 성질과 상태를 나타내는 것

> 이 경우 "액상"이란 수직으로 된 시험관(안지름 30[mm], 높이 120[mm]의 원통형 유리관)에 시료를 55[mm] 까지 채운 다음 당해 시험관을 수평으로 하였을 때 시료액면의 선단이 30[mm]를 이동하는 데 걸리는 시간 이 90초 이내에 있는 것을 말한다.

(3) 제1류 위험물의 일반적인 성질 `13` `17` `20` `23` `년 출제`

① 대부분 **무기화합물**로서 무색결정 또는 백색분말의 **산화성 고체**이다.
② **강산화성 물질**이며 **불연성 고체**이다.
③ 가열, 충격, 마찰, 타격으로 분해하여 **산소**를 **방출**해 가연물의 연소를 도와준다.
④ **비중**은 **1보다 크며** 물에 녹는 것도 있고 질산염류와 같이 조해성이 있는 것도 있다.
⑤ 대부분 물에 잘 녹는다.
⑥ 가열하여 용융된 진한 용액은 가연성 물질과 접촉 시 혼촉발화의 위험이 있다.

(4) 제1류 위험물의 위험성 `23` **년 출제**

① 가열 또는 제6류 위험물과 혼합하면 산화성이 증대된다.

② NH_4NO_3, NH_4ClO_3은 가연물과 접촉·혼합하면 분해폭발한다.

③ 무기과산화물은 물과 반응하여 산소를 방출하고 심하게 발열한다.

④ **유기물과 혼합**하면 **폭발의 위험**이 있다.

⑤ 삼산화크로뮴(CrO_3)은 물과 반응하여 강산이 되며 심하게 발열한다.

(5) 제1류 위험물의 저장 및 취급방법

① 가열, 마찰, 충격 등을 피한다.

② **환원제**인 제2류 위험물과의 접촉을 피한다.

③ **조해성 물질**은 방습하고 **수분과의 접촉**을 피한다.

④ 무기과산화물은 공기나 물과의 접촉을 피한다.

⑤ 분해를 촉진하는 물질과의 접촉을 피한다.

⑥ 무기과산화물은 분말소화약제를 사용하여 질식소화한다.

⑦ 용기를 옮길 때에는 **밀봉용기**를 사용한다.

(6) 제1류 위험물의 소화방법

① 제1류 위험물 : 냉각소화

② 알칼리금속의 과산화물 : 마른 모래, 탄산수소염류 분말소화약제, 팽창질석, 팽창진주암

Plus one 제1류 위험물의 반응식

• 염소산칼륨의 열분해반응식

$2KClO_3 \rightarrow KClO_4 + KCl + O_2 \uparrow$ 　　$2KClO_3 \rightarrow 2KCl + 3O_2 \uparrow$

• 염소산나트륨과 산의 반응식　　　$2NaClO_3 + 2HCl \rightarrow 2NaCl + 2ClO_2 + H_2O_2$

• **과염소산나트륨의 분해반응식**　　$NaClO_4 \rightarrow NaCl + 2O_2 \uparrow$

• 과산화칼륨의 반응식

– 물과 반응　　　　　　$2K_2O_2 + 2H_2O \rightarrow 4KOH + O_2 \uparrow$

– 가열분해반응　　　　$2K_2O_2 \rightarrow 2K_2O + O_2 \uparrow$

– 탄산가스와 반응　　$2K_2O_2 + 2CO_2 \rightarrow 2K_2CO_3 + O_2 \uparrow$

– 초산과 반응　　　　$K_2O_2 + 2CH_3COOH \rightarrow 2CH_3COOK + H_2O_2$

– 염산과 반응　　　　$K_2O_2 + 2HCl \rightarrow 2KCl + H_2O_2$

※ **과산화나트륨은 과산화칼륨과 동일함**

• 과산화마그네슘과의 반응식

– 가열분해반응　　　　$2MgO_2 \rightarrow 2MgO + O_2 \uparrow$

– 염산과 반응　　　　$MgO_2 + 2HCl \rightarrow MgCl_2 + H_2O_2$

※ **과산화칼슘, 과산화바륨은 동일함**

• 질산칼륨의 열분해반응식　　　　$2KNO_3 \rightarrow 2KNO_2 + O_2 \uparrow$

• 질산나트륨의 열분해반응식　　　$2NaNO_3 \rightarrow 2NaNO_2 + O_2 \uparrow$

• 질산암모늄의 열분해반응식　　　$2NH_4NO_3 \rightarrow 2N_2 + 4H_2O + O_2 \uparrow$

• 과망가니즈산칼륨의 반응식

– 분해반응(240[℃])　　$2KMnO_4 \rightarrow K_2MnO_4 + MnO_2 + O_2 \uparrow$

– 묽은 황산과 반응　　$4KMnO_4 + 6H_2SO_4 \rightarrow 2K_2SO_4 + 4MnSO_4 + 6H_2O + 5O_2 \uparrow$

– 염산과 반응　　　　$2KMnO_4 + 16HCl \rightarrow 2KCl + 2MnCl_2 + 8H_2O + 5Cl_2 \uparrow$

② 각 위험물의 종류 및 특성

(1) 아염소산염류

- 정의 : 아염소산($HCIO_2$)의 수소이온이 금속 또는 양이온(M)으로 치환된 형태의 염
- 특 성
  - 고체이고 은(Ag), 납(Pb), 수은(Hg)을 제외하고는 물에 녹는다.
  - 가열, 마찰, 충격에 의하여 폭발한다.
  - 강산, 황, 유기물, 이황화탄소, 황화합물과 접촉 또는 혼합하면 발화하거나 폭발한다.
  - 중금속염은 폭발성이 있어 기폭제로 사용한다.

① 아염소산칼륨
  ㉠ 물 성

화학식	지정수량	분자량	분해 온도
$KCIO_2$	50[kg]	106.5	160[℃]

  ㉡ 무색의 침상결정 또는 분말이다.
  ㉢ 조해성과 부식성이 있다.
  ㉣ 열, 충격에 의하여 폭발의 위험이 있다.

② 아염소산나트륨 19 년 출제
  ㉠ 물 성

화학식	지정수량	분자량	분해 온도
$NaCIO_2$	50[kg]	90.5	120~130[℃](무수물 : 350[℃])

  ㉡ 무색의 결정성 분말이다.
  ㉢ 염산과 반응하면 **이산화염소(CIO_2)**의 유독가스가 발생한다.

$$3NaCIO_2 + 2HCI \rightarrow 3NaCI + 2CIO_2 + H_2O_2$$

  ㉣ 황, 유기물, 이황화탄소 등과 접촉 또는 혼합에 의하여 발화 또는 폭발한다.
  ㉤ 암모니아, 아민류와 반응하여 폭발성의 물질을 생성한다.
  ㉥ 섬유, 펄프의 표백, 살균제, 염색의 산화제, 발염제로 사용된다.

(2) 염소산염류

- 정의 : 염소산($HCIO_3$)의 수소이온이 금속 또는 양이온으로 치환된 형태의 염
- 특 성
  - 대부분 물에 녹으며 상온에서 안정하나 열에 의해 분해하여 산소가 발생한다.
  - 장시간 일광에 방치하면 분해하여 아염소산염류($MCIO_2$)가 된다.
  - 수용액은 강한 산화력이 있으며 산화성 물질과 혼합하면 폭발을 일으킨다.
  - 강산과 혼합하면 폭발의 위험성이 있다.

① 염소산칼륨 14 년 출제

　㉠ 물 성

화학식	지정수량	분자량	비 중	융 점	분해 온도
$KClO_3$	50[kg]	122.5	2.32	약 368[℃]	400[℃]

　㉡ 무색의 단사정계 판상결정 또는 백색분말로서 상온에서 안정한 물질이다.

　㉢ 가열, 충격, 마찰 등에 의해 폭발한다.

　㉣ **염산과 반응하면 이산화염소(ClO_2)의 유독가스가 발생한다.**

$$2KClO_3 + 2HCl \rightarrow 2KCl + 2ClO_2 + H_2O_2$$

　㉤ **냉수, 알코올에 녹지 않고, 온수나 글리세린**에는 **녹는다.**

　㉥ 이산화망가니즈(MnO_2)와 접촉하면 분해가 촉진되어 산소를 방출한다.

> **Plus one** 염소산칼륨의 반응식
> • 400[℃]에서 분해반응식
> $2KClO_3 \rightarrow KCl + KClO_4 + O_2\uparrow$
> $KClO_4 \rightarrow KCl + 2O_2\uparrow$
> • 염소산칼륨의 분해반응식(완전분해)
> $2KClO_3 \rightarrow 2KCl + 3O_2\uparrow$
> • 분해 시 MnO_2를 가하는 이유 : 활성화에너지를 감소시켜 반응속도를 증가시키기 위하여

② 염소산나트륨

　㉠ 물 성

화학식	지정수량	분자량	비 중	융 점	분해 온도
$NaClO_3$	50[kg]	106.5	2.49	248[℃]	300[℃]

　㉡ 무색무취의 결정 또는 분말이다.

　㉢ **물, 알코올, 에터에 녹는다.**

　㉣ 조해성이 강하므로 수분과의 접촉을 피한다.

　㉤ **염산과 반응하면 이산화염소(ClO_2)의 유독가스가 발생한다.**

$$2NaClO_3 + 2HCl \rightarrow 2NaCl + 2ClO_2 + H_2O_2$$

> **Plus one** 염소산나트륨의 분해반응식
> $2NaClO_3 \rightarrow 2NaCl + 3O_2\uparrow$

③ 염소산암모늄

　㉠ 물 성

화학식	지정수량	분자량	분해 온도
NH_4ClO_3	50[kg]	101.5	100[℃]

　㉡ 수용액은 산성으로, 금속을 부식시킨다.

　㉢ **조해성**이 있고 **폭발성**이 있다.

(3) 과염소산염류

> • 정의 : 과염소산($HClO_4$)의 수소이온이 금속 또는 양이온으로 치환된 형태의 염
> • 특 성
> - 무색무취의 결정성 분말이다.
> - 대부분 물에 녹으며 유기용매에 녹는 것도 있다.
> - 수용액은 화학적으로 안정하며 불용성염 외에는 조해성이 있다.
> - 마찰, 충격에 불안정하다.

① 과염소산칼륨 14 15 년 출제

㉠ 물 성

화학식	지정수량	분자량	비 중	융 점	분해 온도
$KClO_4$	50[kg]	138.5	2.52	400[℃]	400[℃]

㉡ 무색무취의 사방정계 결정이다.

㉢ **물, 알코올, 에터에 녹지 않는다.**

㉣ 탄소, 황, 유기물과 혼합하였을 때 가열, 마찰, 충격에 의하여 폭발한다.

㉤ 염산과 반응하면 이산화염소의 유독가스를 발생한다.

> $$3KClO_4 + 4HCl \rightarrow 3KCl + 4ClO_2 + 2H_2O_2$$

> **Plus one** 과염소산칼륨의 분해반응식
> $$KClO_4 \rightarrow KCl + 2O_2 \uparrow$$

② 과염소산나트륨

㉠ 물 성

화학식	지정수량	분자량	비 중	융 점	분해 온도
$NaClO_4$	50[kg]	122.5	2.02	482[℃]	400[℃]

㉡ 무색 또는 백색의 결정으로 조해성이 있다.

㉢ **물, 아세톤, 알코올에 녹고**, 에터(다이에틸에터)에는 녹지 않는다.

㉣ 308[℃]에서 사방정계에서 입방정계로 전이하는 물질이다.

㉤ 염산과 반응하면 이산화염소의 유독가스를 발생한다.

> $$3NaClO_4 + 4HCl \rightarrow 3NaCl + 4ClO_2 + 2H_2O_2$$

③ 과염소산암모늄

㉠ 물 성

화학식	지정수량	분자량	비 중	분해 온도
NH_4ClO_4	50[kg]	117.5	2.0	130[℃]

㉡ 무색의 수용성 결정이다.

㉢ 충격에 비교적 안정하다.

② 물, 에탄올, 아세톤에 잘 녹고, 에터에는 녹지 않는다.

과염소산암모늄의 분해반응식

$$NH_4ClO_4 \rightarrow NH_4Cl + 2O_2\uparrow$$

(4) 무기과산화물

- 정의 : 과산화수소(H_2O_2)의 수소이온이 금속으로 치환된 형태의 화합물
- 특성
  - 분자 내의 –O–O–는 결합력이 약하여 불안정하다. 이때 분리된 발생기 산소는 반응성이 강하고 산소보다 산화력이 더 강하다.

  $$M-O-O-M \rightarrow M-O-M + [O]$$
  　　불안정　　　　안정　　강산화성
  - 물과의 반응식
    @ 알칼리금속의 과산화물 : $2M_2O_2 + 2H_2O \rightarrow 4MOH + O_2\uparrow +$ 발열
    ⓑ 알칼리토금속의 과산화물 : $2MO_2 + 2H_2O \rightarrow 2M(OH)_2 + O_2\uparrow +$ 발열
  - 무기과산화물이 산과 반응하면 과산화수소(H_2O_2)를 발생한다.

① 과산화칼륨

㉠ 물성

화학식	지정수량	분자량	비중	융점	분해 온도
K_2O_2	50[kg]	110	2.9	490[℃]	490[℃]

㉡ 무색 또는 오렌지색의 결정이다.

㉢ **에틸알코올에 녹는다.**

㉣ 피부 접촉 시 피부를 부식시키고 탄산가스를 흡수하면 탄산염이 된다.

㉤ 다량일 경우 폭발의 위험이 있고 소량의 물과 접촉 시 발화의 위험이 있다.

㉥ 소화방법 : **마른 모래**, 암분, 탄산수소염류 분말소화약제, **팽창질석, 팽창진주암**

과산화칼륨의 반응식 [10] [20] [23] 년 출제
- 가열분해반응　　　$2K_2O_2 \rightarrow 2K_2O + O_2\uparrow$
- 물과 반응　　　　$2K_2O_2 + 2H_2O \rightarrow 4KOH + O_2\uparrow +$ **발열**
- 탄산가스와 반응　$2K_2O_2 + 2CO_2 \rightarrow 2K_2CO_3 + O_2\uparrow$
- 초산과 반응　　　$K_2O_2 + 2CH_3COOH \rightarrow 2CH_3COOK + H_2O_2\uparrow$
　　　　　　　　　　　　　　　　　　　(초산칼륨)　　(과산화수소)
- 염산과 반응　　　$K_2O_2 + 2HCl \rightarrow 2KCl + H_2O_2\uparrow$
- 알코올과 반응　　$K_2O_2 + 2C_2H_5OH \rightarrow 2C_2H_5OK + H_2O_2\uparrow$
- 황산과 반응　　　$K_2O_2 + H_2SO_4 \rightarrow K_2SO_4 + H_2O_2\uparrow$

② 과산화나트륨 [11] [16] 년 출제

㉠ 물성

화학식	지정수량	분자량	비중	융점	분해 온도
Na_2O_2	50[kg]	78	2.8	460[℃]	460[℃]

㉡ 순수한 것은 백색이지만 보통은 황백색의 분말이다.

㉢ **에틸알코올에 녹지 않는다.**

ⓔ 흡습성이 있다.

ⓜ 목탄, 가연물과 접촉하면 발화되기 쉽다.

ⓗ **염산과 반응**하면 **과산화수소**를 생성한다.

$$Na_2O_2 + 2HCl \rightarrow 2NaCl + H_2O_2 \uparrow$$

ⓢ **물과 반응**하면 **산소가스**가 발생하고 많은 열이 발생한다.

$$2Na_2O_2 + 2H_2O \rightarrow 4NaOH + O_2 \uparrow + 발열$$

ⓞ 유기물, 가연물, 황 등의 혼입을 막는다.

ⓩ 소화방법 : 마른 모래, 탄산수소염류 분말소화약제, **팽창질석, 팽창진주암**

> **Plus one** 과산화나트륨의 반응식 `15` `18` 년 출제
> - 가열분해반응 $2Na_2O_2 \rightarrow 2Na_2O + O_2 \uparrow$
> - 물과 반응 $2Na_2O_2 + 2H_2O \rightarrow 4NaOH + O_2 \uparrow + 발열$
> - 탄산가스와 반응 $2Na_2O_2 + 2CO_2 \rightarrow 2Na_2CO_3 + O_2 \uparrow$
> - 초산과 반응 $Na_2O_2 + 2CH_3COOH \rightarrow 2CH_3COONa + H_2O_2 \uparrow$
> - 염산과 반응 $Na_2O_2 + 2HCl \rightarrow 2NaCl + H_2O_2 \uparrow$
> - 알코올과 반응 $Na_2O_2 + 2C_2H_5OH \rightarrow 2C_2H_5ONa + H_2O_2 \uparrow$
> - 황산과 반응 $Na_2O_2 + H_2SO_4 \rightarrow Na_2SO_4 + H_2O_2 \uparrow$

③ **과산화칼슘**

ⓖ 물 성

화학식	지정수량	분자량	비 중	분해 온도
CaO_2	50[kg]	72	1.7	275[℃]

ⓛ 백색분말이다.

ⓒ 물, 알코올, 에터에 녹지 않는다.

ⓔ 수분과 접촉으로 산소가 발생한다.

ⓜ 기타 과산화칼륨에 준한다.

> **Plus one** 과산화칼슘의 반응식
> - 가열분해반응 $2CaO_2 \rightarrow 2CaO + O_2 \uparrow$
> - 물과 반응 $2CaO_2 + 2H_2O \rightarrow 2Ca(OH)_2 + O_2 \uparrow + 발열$
> - 염산과 반응 $CaO_2 + 2HCl \rightarrow CaCl_2 + H_2O_2 \uparrow$

④ **과산화바륨**

ⓖ 물 성

화학식	지정수량	분자량	비 중	융 점	분해 온도
BaO_2	50[kg]	169	4.95	450[℃]	840[℃]

ⓛ 백색분말이다.

ⓒ 냉수에 약간 녹고, 묽은 산에는 녹는다.

ⓔ 수분과 접촉으로 산소가 발생한다.

ⓜ 유기물, 산과의 접촉을 피해야 한다.

ⓑ 금속용기에 밀폐, 밀봉하여 둔다.

과산화바륨의 반응식
- 가열분해반응 $2BaO_2 \rightarrow 2BaO + O_2 \uparrow$
- 물과 반응 $2BaO_2 + 2H_2O \rightarrow 2Ba(OH)_2 + O_2 \uparrow + 발열$
- 염산과 반응 $BaO_2 + 2HCl \rightarrow BaCl_2 + H_2O_2 \uparrow$
- 황산과 반응 $BaO_2 + H_2SO_4 \rightarrow BaSO_4 + H_2O_2 \uparrow$

⑤ **과산화마그네슘**

㉠ 백색분말로서 분자식은 MgO_2이다.

㉡ **물에 녹지 않는다.**

㉢ 시판품은 15~20[%]의 MgO_2를 함유한다.

㉣ 습기나 물에 의하여 활성 산소를 방출한다.

㉤ 분해촉진제와 접촉을 피한다.

㉥ 유기물의 혼입, 가열, 마찰, 충격을 피해야 한다.

㉦ 산화제와 혼합하여 가열하면 폭발 위험이 있다.

과산화마그네슘의 반응식
- 가열분해반응 $2MgO_2 \rightarrow 2MgO + O_2 \uparrow$
- **물과 반응** $2MgO_2 + 2H_2O \rightarrow 2Mg(OH)_2 + O_2 \uparrow + 발열$
- 염산과 반응 $MgO_2 + 2HCl \rightarrow MgCl_2 + H_2O_2 \uparrow$

(5) 브로민산염류

- 정의 : 브로민산($HBrO_3$)의 수소이온이 금속 또는 양이온으로 치환된 화합물
- 특 성
  - 대부분 무색, 백색의 결정이고 물에 녹는 것이 많다.
  - 가열분해하면 산소를 방출한다.
  - 브로민산칼륨은 가연물과 혼합하면 위험하다.

물질명	화학식	지정수량	색 상	분자량
브로민산칼륨	$KBrO_3$	300[kg]	백 색	167
브로민산나트륨	$NaBrO_3$	300[kg]	무 색	151
브로민산바륨	$Ba(BrO_3)_2$	300[kg]	무 색	411

(6) 질산염류

- 정의 : 질산(HNO_3)의 수소이온이 금속 또는 양이온으로 치환된 화합물
- 특 성
  - 대부분 무색, 백색의 결정 및 분말로 물에 녹고 **조해성**이 있는 것이 많다.
  - 물과 결합하면 수화염이 되기 쉬우나 열분해로 산소를 방출한다.
  - 강력한 산화제이며, $MClO_3$나 $MClO_4$보다 가열, 마찰에 대하여 안정하다.
  - 금속, 금속탄산염, 금속산화물 또는 수산화물에 질산을 반응시켜 만든다.

① **질산칼륨** 17 24 년 출제

　㉠ 물 성

화학식	지정수량	분자량	비 중	융 점	분해 온도
KNO_3	300[kg]	101	2.1	339[℃]	400[℃]

　㉡ **무색무취의 결정** 또는 **백색결정**으로 **초석**이라고도 한다.

　㉢ **물, 글리세린에 잘 녹으나, 알코올에는 녹지 않는다.**

　㉣ **강산화제**이며 가연물과 접촉하면 위험하다.

　㉤ **황**과 **숯가루**와 혼합하여 **흑색화약**을 제조한다.

　㉥ 티오황산나트륨과 함께 가열하면 폭발한다.

　㉦ 소화방법 : 주수소화

　Plus one 질산칼륨의 분해반응식

　　$2KNO_3 \rightarrow 2KNO_2 + O_2 \uparrow$

② **질산나트륨**

　㉠ 물 성

화학식	지정수량	분자량	비 중	융 점	분해 온도
$NaNO_3$	300[kg]	85	2.27	308[℃]	380[℃]

　㉡ 무색무취의 결정으로 **칠레초석**이라고도 한다.

　㉢ **조해성**이 있는 **강산화제**이다.

　㉣ **물, 글리세린에 잘 녹고, 무수알코올에는 녹지 않는다.**

　㉤ **가연물, 유기물**과 혼합하여 가열하면 **폭발**한다.

　Plus one 질산나트륨의 분해반응식

　　$2NaNO_3 \rightarrow 2NaNO_2 + O_2 \uparrow$
　　　　　　　　　(아질산나트륨)

③ **질산암모늄** 14 17 년 출제

　㉠ 물 성

화학식	지정수량	분자량	비 중	융 점	분해 온도
NH_4NO_3	300[kg]	80	1.73	165[℃]	220[℃]

　㉡ **무색무취**의 **결정**이다.

　㉢ **조해성** 및 **흡수성**이 강하다.

　㉣ **물, 알코올에 녹는다**(물에 용해 시 **흡열반응**).

　㉤ 질산암모늄(94[%])과 경유(6[%])를 혼합하여 ANFO(안포)폭약을 제조한다.

　Plus one 질산암모늄의 분해반응식 22 년 출제

　　• 가열 시　　$NH_4NO_3 \rightarrow N_2O + 2H_2O$

　　• 분해반응식　$2NH_4NO_3 \rightarrow 4H_2O + 2N_2 + O_2 \uparrow$

(7) 아이오딘산염류

• 정의 : 아이오딘산(HIO_3)의 수소이온이 금속 또는 양이온으로 치환된 형태의 화합물
• 특 성
 – 대부분 결정성 고체이다.
 – 알칼리금속염은 물에 잘 녹으나 중금속염은 잘 녹지 않는다.
 – 산화력이 강하여 유기물과 혼합하여 가열하면 폭발한다.

① 아이오딘산칼륨

㉠ 물 성

화학식	지정수량	분자량	분해 온도
KIO_3	300[kg]	214	560[℃]

㉡ 광택이 나는 무색의 결정성 분말이다.

㉢ 염소산칼륨보다는 위험성이 작다.

㉣ 융점 이상으로 가열하면 산소를 방출하며, 가연물과 혼합하면 폭발위험이 있다.

② 아이오딘산나트륨

㉠ 화학식은 $NaIO_3$이다.

㉡ 백색의 결정 또는 분말이다.

㉢ 물에 녹고 알코올에는 녹지 않는다.

㉣ 의약이나 분석시약으로 사용한다.

③ 기 타

물질명	화학식	지정수량	분자량	분해 온도
아이오딘산암모늄	NH_4IO_3	300[kg]	193	150[℃]
아이오딘산은	$AgIO_3$	300[kg]	283	410[℃]

(8) 과망가니즈산염류

• 정의 : 과망가니즈산($HMnO_4$)의 수소이온이 금속 또는 양이온으로 치환된 형태의 화합물
• 특 성
 – 흑자색의 결정이며 물에 잘 녹는다.
 – 강알칼리와 반응하면 산소를 방출한다.
 – 고농도의 과산화수소와 접촉하면 폭발한다.
 – 황화인과 접촉하면 자연발화의 위험이 있다.
 – 알코올, 에터, 강산, 유기물, 글리세린 등과 접촉하면 **발화의 위험**이 있어 격리하여 보관한다.

① 과망가니즈산칼륨 `16` `년 출제`

㉠ 물 성

화학식	지정수량	분자량	비 중	분해 온도
$KMnO_4$	1,000[kg]	158	2.7	200~250[℃]

㉡ **흑자색의 사방정계 결정**으로 산화력과 살균력이 강하다.

㉢ 물, 알코올에 녹으면 진한 보라색을 나타낸다.

㉣ 진한 황산과 접촉하면 폭발적으로 반응한다.

ⓜ 강알칼리와 접촉시키면 산소를 방출한다.

ⓗ 알코올, 에터, 글리세린 등 유기물과의 접촉을 피한다.

> **Plus one** **과망가니즈산칼륨의 반응식**
> - 가열분해반응 $2KMnO_4 \rightarrow K_2MnO_4 + MnO_2 + O_2 \uparrow$
> - 묽은 황산과 반응 $4KMnO_4 + 6H_2SO_4 \rightarrow 2K_2SO_4 + 4MnSO_4 + 6H_2O + 5O_2 \uparrow$
> - 염산과 반응 $2KMnO_4 + 16HCl \rightarrow 2KCl + 2MnCl_2 + 8H_2O + 5Cl_2 \uparrow$

② 과망가니즈산나트륨

ㄱ 물 성

화학식	지정수량	분자량	분해 온도
$NaMnO_4$	1,000[kg]	142	170[℃]

ㄴ 적자색의 결정으로 물에 잘 녹는다.

ㄷ **조해성**이 강하므로 수분에 주의해야 한다.

(9) 다이크로뮴산염류

> - 정의 : 다이크로뮴산($H_2Cr_2O_7$)의 수소가 금속 또는 양이온으로 치환된 화합물
> - 특 성
>   - 대부분 황적색의 결정이며 거의 다 물에 녹는다.
>   - 가열에 의해 분해하여 산소를 방출한다.
>   - 아닐린, 피리딘과 장기간 방치 또는 가열하면 폭발한다.
>   - 가연물과 혼합하면 가열에 의해 폭발한다.

① 다이크로뮴산칼륨

ㄱ 물 성

화학식	지정수량	분자량	비 중	융 점	분해 온도
$K_2Cr_2O_7$	1,000[kg]	294	2.69	398[℃]	500[℃]

ㄴ 등적색의 판상결정이다.

ㄷ 물에 녹고, 알코올에는 녹지 않는다.

ㄹ 가열에 의해 삼산화크로뮴과 크로뮴산칼륨으로 분해된다.

② 다이크로뮴산나트륨

ㄱ 물 성

화학식	지정수량	분자량	비 중	융 점	분해 온도
$Na_2Cr_2O_7$	1,000[kg]	262	2.52	356[℃]	400[℃]

ㄴ 등황색의 결정이다.

ㄷ 유기물과 혼합되어 있을 때 가열, 마찰에 의해 발화 또는 폭발한다.

③ 다이크로뮴산암모늄 `16` 년 출제

ㄱ 물 성

화학식	지정수량	분자량	비 중	분해 온도
$(NH_4)_2Cr_2O_7$	1,000[kg]	252	2.15	180[℃]

ⓛ 적색 또는 등적색(오렌지색)의 단사정계 침상결정이다.

ⓒ 약 180[℃]에서 가열하면 분해하여 질소가스가 발생한다.

$$(NH_4)_2Cr_2O_7 \rightarrow Cr_2O_3 + N_2 + 4H_2O$$

ⓔ 그라비아 인쇄의 사진제판, 매염제, 피혁가공, 석유정제, **불꽃놀이**의 제조 등의 용도로 사용한다.

(10) 무수크로뮴산, 삼산화크로뮴(크로뮴의 산화물)

① 물 성

화학식	지정수량	분자량	융 점	분해 온도
CrO_3	300[kg]	100	196[℃]	250[℃]

② 암적색의 침상결정으로 **조해성**이 있다.

③ 물, 알코올, 에터, 황산에 잘 녹는다.

④ 크로뮴산화성의 크기 : $CrO < Cr_2O_3 < CrO_3$

⑤ 황, 목탄분, 적린, 금속분, 강력한 산화제, 유기물, 인, 목탄분, 피크르산, 가연물과 혼합하면 폭발의 위험이 있다.

⑥ **물과 접촉** 시 격렬하게 **발열**한다.

⑦ 소화방법 : 소량일 때에는 다량의 물로 냉각소화가 가능하다.

Plus one 삼산화크로뮴의 분해반응식
$$4CrO_3 \rightarrow 2Cr_2O_3 + 3O_2\uparrow$$

제2절 **제2류 위험물**

1 제2류 위험물의 특성

(1) 종 류 21 년 출제

유 별	성 질	품 명	위험등급	지정수량
제2류	가연성 고체	1. 황화인, 적린, 황	Ⅱ	100[kg]
		2. 철분, 금속분, 마그네슘	Ⅲ	500[kg]
		3. 그 밖에 행정안전부령이 정하는 것	Ⅲ	100[kg] 또는 500[kg]
		4. 인화성 고체	Ⅲ	1,000[kg]

(2) 정 의 10 13 14 18 년 출제

① **가연성 고체** : 고체로서 화염에 의한 발화의 위험성 또는 인화의 위험성을 판단하기 위하여 고시로 정하는 시험에서 고시로 정하는 성질과 상태를 나타내는 것

② **황** : 순도가 60[wt%] 이상인 것을 말하며 순도 측정을 하는 경우 불순물은 활석 등 불연성 물질과 수분으로 한정한다.

③ **철분** : 철의 분말로서 53[μm]의 표준체를 통과하는 것(50[wt%] 미만인 것은 제외)

④ 금속분 : 알칼리금속·알칼리토류금속·**철 및 마그네슘 외의 금속의 분말(구리분** ·니켈분 및 $150[\mu m]$ 의 체를 통과하는 것이 50[wt%] 미만인 것은 제외)

> **Plus one** 마그네슘에 해당하지 않는 것 [16] **년 출제**
> • 2[mm]의 체를 통과하지 않는 덩어리 상태의 것
> • 직경 2[mm] 이상의 막대 모양의 것

⑤ 인화성 고체 : 고형알코올 그 밖에 1기압에서 **인화점**이 **40[℃] 미만인** 고체

(3) 제2류 위험물의 일반적인 성질

① **가연성 고체**로서 비교적 **낮은 온도**에서 **착화하기 쉬운** 가연성, 속연성 물질이다.
② 비중은 **1보다 크고** 물에 **불용성**이며 산소를 함유하지 않기 때문에 강력한 **환원성 물질**이다.
③ 산소와 결합이 용이하여 산화되기 쉽고 **연소속도가 빠르다.**
④ 연소 시 연소열이 크고 연소온도가 높다.

(4) 제2류 위험물의 위험성

① 착화 온도가 낮아 저온에서 발화가 용이하다.
② 연소속도가 빠르고 연소 시 다량의 빛과 열이 발생한다.
③ 수분과 접촉하면 자연발화하고 금속분은 산, 할로젠원소, 황화수소와 접촉하면 발열·발화한다.
④ 산화제(제1류, 제6류 위험물)와 혼합한 것은 가열·충격·마찰에 의해 발화 또는 폭발위험이 있다.

(5) 제2류 위험물의 저장 및 취급방법

① **화기를 피하고** 불티, 불꽃, 고온체와의 접촉을 피한다.
② **산화제**(제1류와 제6류 위험물)와의 혼합 또는 접촉을 피한다.
③ **철분, 마그네슘, 금속분**은 **물, 습기**, 산과의 접촉을 피하여 저장한다.
④ 통풍이 잘되는 냉암소에 보관, 저장한다.
⑤ **황**은 물에 의한 **냉각소화**가 적당하다.

(6) 제2류 위험물의 소화방법 [13] **년 출제**

① 제2류 위험물 : 냉각소화
② 마그네슘, 철분, 금속분 : 마른 모래, 탄산수소염류 분말소화약제, 팽창질석, 팽창진주암

> **Plus one** 제2류 위험물의 반응식
> • **삼황화인의 연소반응식** $P_4S_3 + 8O_2 \rightarrow 2P_2O_5 + 3SO_2 \uparrow$
> • **오황화인과 물의 반응식** $P_2S_5 + 8H_2O \rightarrow 5H_2S \uparrow + 2H_3PO_4$
> • **적린의 연소반응식** $4P + 5O_2 \rightarrow 2P_2O_5 \uparrow$
> • 마그네슘의 반응식 [20] **년 출제**
> – 연소반응 $2Mg + O_2 \rightarrow 2MgO$
> – **온수와 반응** $Mg + 2H_2O \rightarrow Mg(OH)_2 + H_2 \uparrow$
> • 철분과 염산의 반응식 $Fe + 2HCl \rightarrow FeCl_2 + H_2 \uparrow$
> • 알루미늄분의 반응식
> – 물과 반응 $2Al + 6H_2O \rightarrow 2Al(OH)_3 + 3H_2 \uparrow$
> – 염산과 반응 $2Al + 6HCl \rightarrow 2AlCl_3 + 3H_2 \uparrow$
> • 아연분과 초산의 반응식 $Zn + 2CH_3COOH \rightarrow (CH_3COO)_2Zn + H_2 \uparrow$

2 각 위험물의 종류 및 특성

(1) 황화인

① 종 류

항 목 \ 종 류	삼황화인	오황화인	칠황화인
외 관	황색 결정	담황색 결정	담황색 결정
화학식	P_4S_3	P_2S_5	P_4S_7
지정수량 **10** 년 출제	100[kg]	100[kg]	100[kg]
비 점	407[℃]	514[℃]	523[℃]
비 중	2.03	2.09	2.03
융 점	172.5[℃]	290[℃]	310[℃]
착화점	**약 100[℃]**	142[℃]	-

㉠ 삼황화인 **13** **23** **년 출제**
- **황색**의 **결정** 또는 **분말**이다.
- 이황화탄소(CS_2), 알칼리, 질산에 녹고, 물, 염산, 황산에는 녹지 않는다.
- 공기 중 약 **100[℃]**에서 **발화**하고 마찰에 의해서도 쉽게 연소한다.
- 자연발화성이므로 가열, 습기 방지 및 산화제와의 접촉을 피한다.
- 저장 시 금속분과 멀리해야 한다.
- 용도로는 성냥, 유기합성 등에 쓰인다.

> **Plus one** 삼황화인의 연소반응식 **23** **년 출제**
> $P_4S_3 + 8O_2 \rightarrow 2P_2O_5 + 3SO_2\uparrow$

㉡ 오황화인 **10** **17** **년 출제**
- 담황색의 결정체이다.
- **조해성**과 **흡습성**이 있다.
- 알코올, 이황화탄소에 녹는다.
- **물** 또는 알칼리에 분해하여 **황화수소**(H_2S)와 **인산**(H_3PO_4)이 된다.

> - $P_2S_5 + 8H_2O \rightarrow 5H_2S\uparrow + 2H_3PO_4$ • $2P_2S_5 + 15O_2 \rightarrow 2P_2O_5\uparrow + 10SO_2\uparrow$

- 물에 의한 냉각소화는 부적합하며(H_2S 발생), 분말, CO_2, 건조사 등으로 **질식소화**한다.
- 용도로는 선광제, 윤활유 첨가제, 의약품 등에 쓰인다.

㉢ 칠황화인
- 담황색 결정으로 **조해성**이 있다.
- CS_2에 약간 녹으며, 수분을 흡수하거나 냉수에서는 서서히 분해된다.
- **더운물**에서는 급격히 분해하여 **황화수소**가 발생한다.

② 위험성
㉠ 가연성 고체로 열에 의해 연소하기 쉽고 경우에 따라 폭발한다.
㉡ 무기과산화물, 과망가니즈산염류, 금속분, 유기물과 혼합하면 가열, 마찰, 충격에 의하여 발화 또는 폭발한다.
㉢ 물과 접촉 시 가수분해하거나 습한 공기 중에서 분해하여 황화수소(H_2S)를 발생한다.

② 알코올, 알칼리, 유기산, 강산, 아민류와 접촉하면 심하게 반응한다.

③ **저장 및 취급**

　　③ 가연성 고체로 열에 의해 연소하기 쉽고 경우에 따라 폭발한다.

　　ⓒ 화기, 충격과 마찰을 피해야 한다.

　　ⓒ 산화제, 알칼리, 알코올, 과산화물, 강산, 금속분과 접촉을 피한다.

　　ⓔ 분말, 이산화탄소, 마른 모래 등으로 질식소화한다.

(2) 적린(붉은인)

① **물성**

화학식	지정수량	분자량	비중	착화점	융점
P	100[kg]	31	2.2	260[℃]	600[℃]

② **황린**의 **동소체**로 암적색의 분말이다.

③ 물, 알코올, 에터, CS_2, 암모니아에 녹지 않는다.

④ **강알칼리**와 반응하여 유독성의 **포스핀가스**가 발생한다.

⑤ 이황화탄소(CS_2), 황(S), 암모니아(NH_3)와 접촉하면 발화한다.

⑥ 과산화나트륨(Na_2O_2), 아염소산나트륨($NaClO_2$) 같은 강산화제와 혼합되어 있는 것은 저온에서 발화하거나 충격, 마찰에 의해 발화한다.

⑦ 염소산 및 과염소산염류 등 강산화제와 혼합하면 불안정한 물질이 되어 약간의 가열, 충격, 마찰에 의해 폭발한다.

⑧ 질산칼륨(KNO_3), 질산나트륨($NaNO_3$)과 혼촉하면 발화위험이 있다.

⑨ 염소산나트륨($NaClO_3$), 질산은($AgNO_3$), 질산수은($HgNO_3$)과 혼합한 것은 100[℃] 이상에서 발화한다.

⑩ 공기 중에 방치하면 자연발화는 하지 않지만 260[℃] 이상 가열하면 발화하고 **400[℃] 이상**에서는 **승화**한다.

⑪ 제1류 위험물, 산화제와 혼합되지 않도록 하고 폭발성·가연성 물질과 격리하여 저장한다.

⑫ 다량의 물로 냉각소화하며 소량의 경우 모래나 CO_2도 효과가 있다.

Plus one **적린의 연소반응식** **16** **년 출제**

$4P + 5O_2 \rightarrow 2P_2O_5$
　　　　　　(오산화인)

적린과 황린의 비교 **18** **년 출제**
- 적린은 황린에 비하여 안정하다.
- 적린과 황린은 모두 물에 녹지 않는다.
- 연소할 때 황린과 적린은 모두 P_2O_5의 흰 연기가 발생한다.
- 비중과 융점(녹는점)은 적린이 크다.

명칭	융점	비중
황린(P_4)	44[℃]	1.82
적린(P)	600[℃]	2.2

(3) 황

① 동소체

항 목 \ 종 류	단사황	사방황	고무상황
지정수량	100[kg]	100[kg]	100[kg]
결정형	바늘모양의 결정	팔면체	무정형
비 중	1.95	2.07	–
융 점	119[℃]	113[℃]	–
착화점	–	232[℃]	360[℃]
용해도(물)	불 용	불 용	불 용

② 특 성 16 18 19 24 년 출제

㉠ 황색의 결정 또는 미황색의 분말이다.

㉡ 물이나 산에는 녹지 않으나 알코올에는 조금 녹고, **고무상황**을 **제외**하고는 CS₂에 **잘 녹는다**.

㉢ 공기 중에서 연소하면 **푸른빛**을 내며 **아황산(이산화황)가스(SO₂)**가 발생한다.

$$S + O_2 \rightarrow SO_2 \uparrow$$

㉣ 상온에서 아염소산나트륨(NaClO₂)과 혼합하면 발화위험이 높다.

㉤ 분말상태로 밀폐 공간에서 공기 중 부유 시 **분진폭발**을 일으킨다.

㉥ 고온에서 다음 물질과 반응하면 격렬히 발열한다.

- $H_2 + S \rightarrow H_2S \uparrow + 발열$　　　• $Fe + S \rightarrow FeS + 발열$　　　• $C + 2S \rightarrow CS_2 + 발열$

㉦ 탄화수소, 강산화제, 유기과산화물, 목탄분 등과의 혼합을 피한다.

㉧ 소규모 화재 시 건조된 모래로 질식소화하며, 주수 시에는 다량의 물로 분무주수한다.

(4) 철분(Fe) 15 18 19 년 출제

① **은백색**의 **광택금속분말**이다.

② 염산이나 물과 반응하면 **수소가스**가 발생한다.

- $Fe + 2HCl \rightarrow FeCl_2 + H_2 \uparrow$　　　• $2Fe + 6H_2O \rightarrow 2Fe(OH)_3 + 3H_2 \uparrow$

③ 공기 중에서 서서히 산화하여 산화철(Fe₂O₃)이 되어 백색의 광택이 황갈색으로 변한다.

④ 연소하기 쉬우며 기름(절삭유)이 묻은 철분을 장기간 방치하면 **자연발화**하기 쉽다.

⑤ 환원철은 산화되기 쉽고 공기 중 500~700[℃]에서 자연발화한다.

⑥ 주수소화는 절대금물이며 건조된 모래, 건조분말로 질식소화한다.

(5) 금속분

① 특 성

㉠ 금속분은 염소가스 중에서 자연발화, 폭발적인 발화를 일으킨다.

㉡ **황산, 염산** 등과 반응하여 **수소가스**가 발생한다.

㉢ **물과 반응**하여 **수소가스**가 발생하며 발열한다.

㉣ 산화성이 강한 물질과 접촉하면 반응하여 염이 되고 고온이 되면 발화한다.

㉤ 산화성 물질과 혼합한 것은 가열, 충격, 마찰에 의해 폭발한다.

ⓑ 은(Ag), 백금(Pt), 납(Pb) 등은 상온에서 과산화수소(H_2O_2)와 접촉하면 폭발위험이 있다.

ⓢ 질산암모늄(NH_4NO_3)과 접촉에 의해 연소 또는 폭발위험이 있다.

ⓞ 정전기, 충격 등의 점화원에 의해 **분진폭발**을 일으킨다.

ⓩ 냉각소화는 부적합하고 **마른 모래, 탄산수소염류** 분말소화약제 등으로 **질식소화**가 가능하다.

② 종류 : Al분말, Zn분말, Ti분말, Cr분말 등

㉠ 알루미늄분 23 년 출제

• 물 성

화학식	지정수량	분자량	비 중	비 점	융 점
Al	500[kg]	27	2.7	2,327[℃]	660[℃]

• **은백색**의 **경금속**이다.

• 수분, 할로젠원소와 접촉하면 **자연발화**의 위험이 있다.

• 산화제와 혼합하면 가열, 마찰, 충격에 의하여 발화한다.

• **염산, 물**과 반응하면 **수소**(H_2)가스가 발생한다.

> • $2Al + 6HCl \rightarrow 2AlCl_3 + 3H_2 \uparrow$ • $2Al + 6H_2O \rightarrow 2Al(OH)_3 + 3H_2 \uparrow$

• 묽은 질산, 묽은 염산, 황산은 알루미늄분을 침식시킨다.

• 연성과 전성이 가장 풍부하다.

㉡ 아연분

• 물 성

화학식	지정수량	분자량	비 중	비 점	융 점
Zn	500[kg]	65.4	7.0	907[℃]	420[℃]

• 은백색의 분말이다.

• 공기 중에서 표면에 산화피막을 형성한다.

• 유리병에 넣어 건조한 곳에 저장한다.

㉢ 주석분 24 년 출제

• 물 성

화학식	지정수량	분자량	비 중	비 점	융 점
Sn	500[kg]	118.7	7.0	2,270[℃]	232[℃]

• 은백색의 청색광택 분말이다.

• 자연발화의 위험이 있다.

• 진한 염산과 반응하여 수소가 발생된다.

> $Sn + 2HCl \rightarrow SnCl_2 + H_2$

(6) 마그네슘 15 16 18 20 23 년 출제

① 물 성

화학식	지정수량	분자량	비 중	융 점	비 점
Mg	500[kg]	24.3	1.74	651[℃]	1,100[℃]

② 은백색의 광택이 있는 금속이다.

③ 공기 중 부식성은 작으나 알칼리에 안정하다.

④ **물과 반응**하면 **수소**가스가 발생한다.

$$Mg + 2H_2O \rightarrow Mg(OH)_2 + H_2 \uparrow$$

⑤ 이산화탄소와 반응하면 가연성 가스인 일산화탄소가 발생한다.

$$Mg + CO_2 \rightarrow MgO + CO$$

⑥ 가열하면 연소하기 쉽고 순간적으로 맹렬하게 폭발한다.

$$2Mg + O_2 \rightarrow 2MgO$$

⑦ 마그네슘은 산과 반응하여 수소를 발생한다.

$$Mg + 2HCl \rightarrow MgCl_2 + H_2 \uparrow$$

⑧ Mg분이 공기 중에 부유하면 화기에 의해 **분진폭발**의 위험이 있다.

⑨ 할로젠원소 및 강산화제와 혼합하고 있는 것은 약간의 가열, 충격 등에 의해 발화, 폭발한다.

⑩ 소화방법 : 마른 모래, 탄산수소염류 분말소화약제, 팽창질석, 팽창진주암 등으로 질식소화

⑪ 물, 건조분말, CO_2, N_2, 포, 할론소화약제는 효과가 없으므로 사용을 금한다.

(7) 인화성 고체(고형알코올) 20 년 출제

합성수지에 메탄올을 혼합, 침투시켜 한천상(寒天狀)으로 만든 것

① 30[℃] 미만에서 인화성의 증기가 발생하기 쉽고 매우 인화되기 쉽다.

② 가열 또는 화염에 의해 화재위험성이 매우 높다.

③ 화기에 주의하고 서늘하고 건조한 곳에 저장한다.

④ 강산화제와의 접촉을 방지한다.

⑤ 소화방법은 알코올형포, CO_2, 건조분말이 적합하다.

제3류 위험물

1 제3류 위험물의 특성

(1) 종 류 `13` `16` 년 출제

유 별	성 질	품 명	위험등급	지정수량
제3류	자연발화성 물질 및 금수성 물질	1. **칼륨, 나트륨, 알킬알루미늄, 알킬리튬**	I	10[kg]
		2. **황 린**	I	20[kg]
		3. 알칼리금속(칼륨 및 나트륨을 제외) 및 알칼리토금속, 유기금속화합물(알킬알루미늄 및 알킬리튬을 제외)	II	50[kg]
		4. 금속의 수소화물, 금속의 인화물, 칼슘 또는 알루미늄의 탄화물	III	300[kg]
		5. 그 밖에 행정안전부령이 정하는 것(염소화규소화합물)	III	10[kg], 50[kg], 300[kg]

(2) 정 의

자연발화성 물질 및 금수성 물질 : 고체 또는 액체로서 공기 중에서 발화의 위험성이 있거나 물과 접촉하여 발화하거나 가연성 가스를 발생하는 위험성이 있는 것

(3) 제3류 위험물의 일반적인 성질

① 대부분 **무기화합물**이며 **고체** 또는 **액체**이다.
② 칼륨(K), 나트륨(Na), 알킬알루미늄, 알킬리튬은 물보다 가볍고 나머지는 물보다 무겁다.
③ **칼륨, 나트륨, 황린, 알킬알루미늄**은 **연소**하고 나머지는 연소하지 않는다.

(4) 제3류 위험물의 위험성

① **황린**을 **제외**한 **금수성 물질**은 물과 반응하여 **가연성 가스**(수소, 아세틸렌, 포스핀)가 발생하고 발열한다.
② 자연발화성 물질은 물 또는 공기와 접촉하면 폭발적으로 연소하여 **가연성 가스**(메테인, 에테인)가 발생한다.
③ 일부 품목은 물과 접촉에 의해 발화한다.
④ 가열, 강산화성 물질 또는 강산류와 접촉에 의해 위험성이 증가한다.

(5) 제3류 위험물의 저장 및 취급방법

① 저장용기는 공기와의 접촉을 방지하고 수분과의 접촉을 피해야 한다.
② K, Na 및 알칼리금속은 산소가 함유되지 않은 **석유류**에 **저장**한다.
③ 자연발화성 물질의 경우는 불티, 불꽃 또는 고온체와 접근을 방지한다.

(6) 제3류 위험물의 소화방법

① 소화방법 : **황린(주수소화)**, 기타 제3류 위험물(피복소화 : 마른 모래, 탄산수소염류 분말소화약제, 팽창질석, 팽창진주암)
② 알킬알루미늄, 알킬리튬의 소화약제 : 팽창질석, 팽창진주암

Plus one 제3류 위험물의 반응식

- 나트륨의 반응식 **19** 년 출제
  - 연소반응 $4Na + O_2 \rightarrow 2Na_2O$
  - **물과 반응** $2Na + 2H_2O \rightarrow 2NaOH + H_2 \uparrow$
  - **에틸알코올과 반응** $2Na + 2C_2H_5OH \rightarrow 2C_2H_5ONa + H_2 \uparrow$
  - 사염화탄소와 반응 $4Na + CCl_4 \rightarrow 4NaCl + C$
  - **이산화탄소와 반응** $4Na + 3CO_2 \rightarrow 2Na_2CO_3 + C$
- 트라이메틸알루미늄의 반응식 **16** 년 출제
  - 공기와 반응 $2(CH_3)_3Al + 12O_2 \rightarrow Al_2O_3 + 6CO_2 + 9H_2O \uparrow$
  - 물과 반응 $(CH_3)_3Al + 3H_2O \rightarrow Al(OH)_3 + 3CH_4 \uparrow$
- 트라이에틸알루미늄의 반응식
  - 공기와 반응 $2(C_2H_5)_3Al + 21O_2 \rightarrow Al_2O_3 + 12CO_2 \uparrow + 15H_2O$
  - 물과 반응 $(C_2H_5)_3Al + 3H_2O \rightarrow Al(OH)_3 + 3C_2H_6 \uparrow$
- **황린의 연소식** $P_4 + 5O_2 \rightarrow 2P_2O_5$
- 리튬과 물의 반응식 $2Li + 2H_2O \rightarrow 2LiOH + H_2 \uparrow$
- 칼슘과 물의 반응식 $Ca + 2H_2O \rightarrow Ca(OH)_2 + H_2 \uparrow$
- 인화석회(인화칼슘)와 물의 반응식 $Ca_3P_2 + 6H_2O \rightarrow 2PH_3 \uparrow + 3Ca(OH)_2$
- 수소화칼륨과 물의 반응식 $KH + H_2O \rightarrow KOH + H_2 \uparrow$
- 탄화칼슘(칼슘카바이드) **15** 년 출제
  - 물과 반응 $CaC_2 + 2H_2O \rightarrow Ca(OH)_2 + C_2H_2 \uparrow$

> 아세틸렌의 연소반응식 $2C_2H_2 + 5O_2 \rightarrow 4CO_2 + 2H_2O$

- 기타 금속탄화물과 물과의 반응식
  - 탄화알루미늄 **15** 년 출제 $Al_4C_3 + 12H_2O \rightarrow 4Al(OH)_3 + 3CH_4 \uparrow$
  - 탄화망가니즈 $Mn_3C + 6H_2O \rightarrow 3Mn(OH)_2 + CH_4 \uparrow + H_2 \uparrow$
  - 탄화베릴륨 $Be_2C + 4H_2O \rightarrow 2Be(OH)_2 + CH_4 \uparrow$

2 각 위험물의 종류 및 특성

(1) 칼 륨

① 물 성 **23** 년 출제

화학식	지정수량	원자량	비 점	융 점	비 중	불꽃색상
K	10[kg]	39	774[℃]	63.7[℃]	0.86	보라색

② 은백색의 광택이 있는 무른 경금속으로 **보라색 불꽃**을 내면서 연소한다.

③ 할로젠 및 산소, 수증기 등과 접촉하면 **발화위험**이 있다.

④ 습기 존재하에서 CO와 접촉하면 폭발한다.

⑤ **석유, 경유, 유동파라핀** 등의 **보호액**을 넣은 내통에 밀봉, 저장한다.

> 칼륨을 석유 속에 보관하는 이유 : 수분과 접촉을 차단하여 공기 산화를 방지하려고

⑥ 마른 모래, 탄산수소염류 분말소화약제, 팽창질석, 팽창진주암으로 피복하여 **질식소화**한다.

⑦ 피부에 접촉하면 화상을 입는다.

⑧ 이온화 경향이 큰 금속이다.

(2) 나트륨 13 년 출제

① 물 성

화학식	지정수량	원자량	비 점	융 점	비 중	불꽃색상
Na	10[kg]	23	880[℃]	97.7[℃]	0.97	노란색

② 은백색의 광택이 있는 무른 경금속으로 **노란색 불꽃**을 내면서 연소한다.

③ 비중(0.97), 융점(97.7[℃])이 낮다.

④ **보호액**(석유, 경유, 유동파라핀)을 넣은 내통에 밀봉, 저장한다.

> 나트륨을 석유 속에 보관 중 수분이 혼입되면 화재 발생 요인이 된다.

⑤ 아이오딘산(HIO_3)과 접촉 시 폭발하며 수은(Hg)과 격렬하게 반응하고 경우에 따라 폭발한다.

⑥ 알코올이나 산과 반응하면 수소가스가 발생한다.

⑦ 소화방법 : 마른 모래, 탄산수소염류 분말소화약제, 팽창질석, 팽창진주암

(3) 알킬알루미늄

① 특 성 24 년 출제

㉠ 알킬기($R = C_nH_{2n+1}$)와 알루미늄의 화합물로서 유기금속화합물이다.

㉡ 알킬기의 탄소 1개에서 4개까지의 화합물은 반응성이 풍부하여 공기와 접촉하면 **자연발화**를 일으킨다.

> **Plus one** 알킬알루미늄의 반응식
> * **트라이메틸알루미늄의 반응식** 18 20 년 출제
>   - 공기와 반응　　　$2(CH_3)_3Al + 12O_2 \rightarrow Al_2O_3 + 6CO_2 + 9H_2O\uparrow$
>   - 물과 반응　　　　$(CH_3)_3Al + 3H_2O \rightarrow Al(OH)_3 + 3CH_4\uparrow$
> * **트라이에틸알루미늄의 반응식** 20 년 출제
>   - 공기와 반응　　　$2(C_2H_5)_3Al + 21O_2 \rightarrow Al_2O_3 + 12CO_2 + 15H_2O\uparrow$
>   - 물과 반응　　　　$(C_2H_5)_3Al + 3H_2O \rightarrow Al(OH)_3 + 3C_2H_6\uparrow$

㉢ 알킬기의 탄소수가 5개까지는 점화원에 의해 불이 붙고, 탄소수가 6개 이상인 것은 공기 중에서 서서히 산화하여 흰 연기가 난다.

㉣ 저장 용기의 상부는 **불연성 가스**로 봉입해야 한다.

㉤ 소화방법 : **팽창질석, 팽창진주암**

② 트라이메틸알루미늄

㉠ 물 성

화학식	지정수량	분자량	비 점	융 점	증기비중	비 중
$(CH_3)_3Al$	10[kg]	72	125[℃]	15[℃]	2.5	0.752

㉡ 무색의 가연성 액체이다.

㉢ 공기 중에 노출하면 자연발화하므로 위험하다.

㉣ 물과 접촉하면 심하게 반응하고 메테인이 발생하며 폭발한다.

㉤ 산, 알코올, 아민, 할로젠과 접촉하면 맹렬히 반응한다.

③ 트라이에틸알루미늄

　㉠ 물 성

화학식	지정수량	분자량	비 점	융 점	비 중
$(C_2H_5)_3Al$	10[kg]	114	128[℃]	−50[℃]	0.835

　㉡ 무색투명한 액체이다.

　㉢ 공기 중에 노출하면 자연발화하므로 위험하다.

　㉣ 물과 접촉하면 심하게 반응하고 에테인이 발생하며 폭발한다.

　㉤ 산, 알코올, 아민, 할로젠과 접촉하면 맹렬히 반응한다.

(4) 알킬리튬

① 알킬기와 리튬의 화합물로 유기금속화합물이다.

② **자연발화성 물질** 및 **금수성 물질**이다.

③ 은백색의 연한 금속이며 비중 0.534, 융점 180[℃], 비점은 1,336[℃]이다.

④ 물과 만나면 심하게 발열하고 가연성인 수소가스가 발생한다.

⑤ 제3류 위험물 중 물과의 반응 시 반응열이 52.7[kcal]로 가장 크다.

⑥ 종류 : 메틸리튬(CH_3Li), 에틸리튬(C_2H_5Li), 부틸리튬(C_4H_9Li)

(5) 황 린

① 물 성 `16` 년 출제

화학식	지정수량	발화점	비 점	융 점	비 중	증기비중
P_4	20[kg]	34[℃]	280[℃]	44[℃]	1.82	4.4

② 백색 또는 담황색의 **자연발화성 고체**이다.

③ 물과 반응하지 않기 때문에 pH 9(약알칼리) 정도의 **물속**에 **저장**하며 보호액이 증발되지 않도록 한다.

> 황린은 **포스핀(PH_3)의 생성**을 방지하기 위하여 보호액을 pH 9로 유지한다.

④ 벤젠, 알코올에는 일부 용해하고 **이황화탄소**(CS_2), 삼염화인, 염화황에는 **잘 녹는다**.

⑤ 증기는 공기보다 무겁고 자극적이며 맹독성인 물질이다.

⑥ 황, 산소, 할로젠과 격렬하게 반응한다.

⑦ 발화점이 매우 낮고 산소와 결합 시 산화열이 크며 공기 중에 방치하면 액화되면서 자연발화를 일으킨다.

> 황린은 발화점(착화점)이 낮기 때문에 자연발화를 일으킨다.

⑧ 공기를 차단하고 황린을 260[℃]로 가열하면 적린이 생성된다.

⑨ 초기소화에는 물, 포, CO_2, 분말소화약제가 유효하다.

Plus one 황린의 반응식 `18` `23` 년 출제
- 공기 중에서 연소 시 오산화인의 흰 연기를 발생한다.
  $P_4 + 5O_2 \rightarrow 2P_2O_5 + 2 \times 370.8[kcal]$
- 강알칼리용액과 반응하면 유독성의 포스핀가스(PH_3)를 발생한다.
  $P_4 + 3KOH + H_2O \rightarrow PH_3 + 3KH_2PO_2$(차아인산칼륨)

(6) 알칼리금속(K, Na 제외)류 및 알칼리토금속(Mg 제외)

> • 알칼리금속[리튬(Li), 루비듐(Rb), 세슘(Cs), 프란슘(Fr)]의 특징
> – 무른 금속으로 융점과 밀도가 낮다.
> – 할로젠화합물과는 격렬히 반응하여 발열한다.
> – 물과 반응은 위험하고 산소와 친화력이 강하다.
> – 가온하면 발화하며 CO_2 중에서도 연소가 계속된다.
> • 알칼리토금속[베릴륨(Be), 칼슘(Ca), 스트론튬(Sr), 바륨(Ba), 라듐(Ra)]의 특징
> – 무른 금속이며 알칼리금속보다 융점이 훨씬 높고 활성이 약하다.
> – 물, 산소, 황, 할로젠화합물과 쉽게 반응하지만 격렬하지는 않다.
> – 금속산화물은 물과 반응하여 수산화물을 형성하고 열이 발생한다.
> – Ca, Ba, Sr은 물과 반응하여 수소가 발생한다.
> – 산과 반응하여 수소가 발생하고 장시간 공기 중의 습기와 반응으로 자연발화를 일으킨다.

① 리 튬

㉠ 물 성

화학식	지정수량	비 점	융 점	비 중	불꽃색상
Li	50[kg]	1,336[℃]	180[℃]	0.543	적 색

㉡ 은백색의 무른 경금속이다.

㉢ **물이나 염산과 반응**하면 **수소(H_2)가스**가 발생한다.

Plus one 리튬의 반응식 **23** **년 출제**
• 물과 반응 　　　　 $2Li + 2H_2O \rightarrow 2LiOH + H_2 \uparrow$
• 염산과 반응 　　　　 $2Li + 2HCl \rightarrow 2LiCl + H_2 \uparrow$

㉣ 금속 중에서 비열이 가장 크고, 가장 가벼운 금속이다.

② 칼 슘

㉠ 물 성

화학식	지정수량	비 점	융 점	비 중	불꽃색상
Ca	50[kg]	1,420[℃]	845[℃]	1.55	황적색

㉡ 은백색의 무른 경금속이다.

㉢ 물이나 염산과 반응하면 **수소**(H_2)가스가 발생한다.

Plus one 칼슘의 반응식
• 물과 반응 　　　　 $Ca + 2H_2O \rightarrow Ca(OH)_2 + H_2 \uparrow$
• 염산과 반응 　　　　 $Ca + 2HCl \rightarrow CaCl_2 + H_2 \uparrow$

(7) 유기금속화합물

① 저급 유기금속화합물은 반응성이 풍부하다.

② 공기 중에서 자연발화를 하므로 위험하다.

③ 종 류

　㉠ 다이메틸아연 : $Zn(CH_3)_2$　　　　　㉡ 다이에틸아연 : $Zn(C_2H_5)_2$

(8) 금속의 수소화물

① 수소화칼륨

㉠ 무색의 결정분말이다.

㉡ 물과 반응하면 **수산화칼륨**(KOH)과 **수소**(H_2)가스가 발생한다.

㉢ 고온에서 암모니아(NH_3)와 반응하면 칼륨아미드(KNH_2)와 수소가 생성된다.

> **Plus one** **수소화칼륨의 반응식**
> - 물과 반응 $KH + H_2O \rightarrow KOH + H_2 \uparrow$
> - 암모니아와 반응 $KH + NH_3 \rightarrow KNH_2 + H_2 \uparrow$
>   (칼륨아미드)

② 기 타 `17` 년 출제

종 류	지정수량	형 태	화학식	분자량	융 점
수소화나트륨		은백색의 결정	NaH	24	800[℃]
수소화리튬	300[kg]	투명한 고체	LiH	7.9	680[℃]
수소화칼슘		백색 결정	CaH_2	42	600[℃]
수소화알루미늄리튬		회백색 분말	$LiAlH_4$	37.9	125[℃]

(9) 금속의 인화물

① 인화칼슘

㉠ 물 성

화학식	지정수량	분자량	융 점	비 중
Ca_3P_2	300[kg]	182	1,600[℃]	2.51

㉡ 적갈색의 괴상 고체로서 **인화석회**라고도 한다.

㉢ **알코올, 에터**에 **녹지 않는다.**

㉣ 건조한 공기 중에서 안정하나 **300[℃] 이상**에서는 **산화**한다.

㉤ 가스 취급 시 독성이 심하므로 방독마스크를 착용해야 한다.

㉥ **물**이나 **염산**과 반응하여 **포스핀**(PH_3)의 유독성 가스가 발생한다.

> **Plus one** **인화칼슘의 반응식** `10` `11` `16` 년 출제
> - 물과 반응 $Ca_3P_2 + 6H_2O \rightarrow 3Ca(OH)_2 + 2PH_3 \uparrow$
> - 염산과 반응 $Ca_3P_2 + 6HCl \rightarrow 3CaCl_2 + 2PH_3 \uparrow$

② 인화알루미늄(AlP)

㉠ 분자량 : 58

㉡ 융점 : 2,550[℃]

㉢ 물과 반응하면 **포스핀**의 유독성 가스가 발생한다. `17` `21` 년 출제

> $$AlP + 3H_2O \rightarrow Al(OH)_3 + PH_3 \uparrow$$

(10) 칼슘 또는 알루미늄의 탄화물

① **탄화칼슘** `13` `14` 년 출제

  ㉠ 카바이드(칼슘카바이드)라고 하며, 분자식 CaC_2, 융점은 2,370[℃]이다.

  ㉡ 순수한 것은 무색투명하나 보통은 흑회색의 덩어리 상태이다.

  ㉢ 공기 중에서 안정하지만 350[℃] 이상에서는 산화된다.

> **Plus one** 탄화칼슘의 반응식 `18` `20` `24` 년 출제
> - 물과 반응 $CaC_2 + 2H_2O \rightarrow Ca(OH)_2 + C_2H_2 \uparrow + 27.8[kcal]$
>   (소석회, 수산화칼슘) (아세틸렌)
> - N_2 중 약 700[℃] 이상에서 반응 $CaC_2 + N_2 \rightarrow CaCN_2 + C + 74.6[kcal]$
>   (석회질소) (탄소)
> - 아세틸렌가스와 금속의 반응 $C_2H_2 + 2Ag \rightarrow Ag_2C_2 + H_2 \uparrow$
>   (금속아세틸레이트 : 폭발물질)
> - 아세틸렌
>   - 연소반응 $2C_2H_2 + 5O_2 \rightarrow 4CO_2 + 2H_2O$
>   - 물과 반응 $C_2H_2 + H_2O \xrightarrow{\text{촉매}} CH_3CHO$

  ㉣ 습기가 없는 밀폐용기에 저장하고 용기에는 질소가스 등 불연성 가스를 봉입시킬 것

  ㉤ 물과 반응하면 수산화칼슘과 아세틸렌을 생성한다.

② **탄화알루미늄**

  ㉠ 황색(순수한 것은 백색)의 단단한 결정 또는 분말이고 분자식은 Al_4C_3이다.

  ㉡ 비중은 2.36이고 1,400[℃] 이상 가열 시 분해한다.

  ㉢ 밀폐용기에 저장해야 하며 용기 등에는 질소가스 등 불연성 가스를 봉입시켜 빗물침투 우려가 없는 안전한 장소에 저장해야 한다.

> **Plus one** 기타 금속탄화물과 물의 반응식
> - 물과 반응 시 **아세틸렌**(C_2H_2)**가스**를 발생하는 물질 : Li_2C_2, Na_2C_2, K_2C_2, MgC_2, CaC_2
>   - $Li_2C_2 + 2H_2O \rightarrow 2LiOH + C_2H_2 \uparrow$
>   - $Na_2C_2 + 2H_2O \rightarrow 2NaOH + C_2H_2 \uparrow$
>   - $K_2C_2 + 2H_2O \rightarrow 2KOH + C_2H_2 \uparrow$
>   - $MgC_2 + 2H_2O \rightarrow Mg(OH)_2 + C_2H_2 \uparrow$
>   - $CaC_2 + 2H_2O \rightarrow Ca(OH)_2 + C_2H_2 \uparrow$
> - 물과 반응 시 **메테인가스**를 발생하는 물질 : Be_2C, Al_4C_3
>   - $Be_2C + 4H_2O \rightarrow 2Be(OH)_2 + CH_4 \uparrow$
>   - $Al_4C_3 + 12H_2O \rightarrow 4Al(OH)_3 + 3CH_4 \uparrow$ `13` `14` `17` `18` 년 출제
> - 물과 반응 시 **메테인과 수소가스**를 발생하는 물질 : Mn_3C
> $Mn_3C + 6H_2O \rightarrow 3Mn(OH)_2 + CH_4 \uparrow + H_2 \uparrow$

(11) 트라이클로로실레인(염소화규소화합물)

① 물 성

화학식	지정수량	인화점	액체비중	증기비중	비 점	융 점	연소범위
$HSiCl_3$	300[kg]	-28[℃]	1.34	4.67	31.8[℃]	-127[℃]	1.2~90.5[%]

② 냄새가 나는 휘발성, 발연성, 자극성, 가연성의 무색액체이다.

③ 물보다 무겁고 물과 접촉 시 분해하며 공기 중 쉽게 증발한다.

④ 벤젠, 에터, 클로로폼, 사염화탄소에 녹는다.

⑤ 점화원에 의해 일시에 번지며 심한 백색연기를 발생한다.

⑥ 알코올, 유기화합물, 과산화물, 아민, 강산화제와 심하게 반응하며 경우에 따라 혼촉발화하는 것도 있다.

⑦ 물과 심하게 반응하여 부식성, 자극성의 염산을 생성하며 공기 중 수분과 반응하여 맹독성의 염화수소가스를 발생한다.

⑧ 산화성 물질과 접촉하면 폭발적으로 반응하며, 아세톤, 알코올과 반응한다.

⑨ 물, 알코올, 강산화제, 유기화합물, 아민과 철저히 격리한다.

⑩ 6[%] 중팽창포를 제외하고 건조분말, CO_2 및 할론소화약제는 효과가 없으므로 사용하지 않도록 한다.

⑪ 밀폐 소구역에서는 분말, CO_2가 유효하다.

제4절　제4류 위험물

1 제4류 위험물의 특성

(1) 종 류

유 별	성 질	품 명		위험등급	지정수량
제4류	인화성 액체	1. 특수인화물		I	50[L]
		2. 제1석유류	비수용성 액체	II	200[L]
			수용성 액체	II	400[L]
		3. 알코올류		II	400[L]
		4. 제2석유류	비수용성 액체	III	1,000[L]
			수용성 액체	III	2,000[L]
		5. 제3석유류	비수용성 액체	III	2,000[L]
			수용성 액체	III	4,000[L]
		6. 제4석유류		III	6,000[L]
		7. 동식물유류		III	10,000[L]

(2) 분 류

① **특수인화물** `13` `17` 년 출제

　㉠ 1기압에서 **발화점**이 **100[℃]** 이하인 것

　㉡ **인화점**이 **–20[℃] 이하**이고 **비점**이 **40[℃] 이하**인 것

> 특수인화물 : 이황화탄소, 다이에틸에터, 아세트알데하이드, 산화프로필렌, 아이소프렌, 아이소펜테인 등

② **제1석유류** : 1기압에서 인화점이 **21[℃] 미만**인 것

- **제1석유류** : 아세톤, 휘발유, 벤젠, 톨루엔, 메틸에틸케톤(MEK), 피리딘, 초산메틸, 초산에틸, 의산메틸, 콜로디온, 사이안화수소, 아세토나이트릴, 아크릴로나이트릴, 에틸벤젠, 사이클로헥세인 등
- **수용성** : 아세톤, 피리딘, 사이안화수소, 아세토나이트릴, 의산메틸
- ※ **수용성 액체를 판단하기 위한 시험(위험물안전관리에 관한 세부기준 제13조)**
  ① 온도 20[℃], 1기압의 실내에서 50[mL] 메스실린더에 증류수 25[mL]를 넣은 후 시험물품 25[mL]를 넣을 것
  ② 메스실린더의 혼합물을 1분에 90회 비율로 5분간 혼합할 것
  ③ 혼합한 상태로 5분간 유지할 것
  ④ 층분리가 되는 경우에는 비수용성, 그렇지 않는 경우에는 수용성으로 판단할 것. 다만, 증류수와 시험물품이 균일하게 혼합되어 혼탁하게 분포하는 경우에도 수용성으로 판단한다.

③ **알코올류** : 1분자를 구성하는 탄소원자의 수가 1개부터 **3개까지**인 포화1가 알코올(변성알코올 포함)

Plus one 알코올류의 제외
- $C_1 \sim C_3$까지의 포화1가 알코올의 함유량이 60[wt%] 미만인 수용액
- 가연성 액체량이 60[wt%] 미만이고 인화점 및 연소점이 에틸알코올 60[wt%] 수용액의 인화점 및 연소점을 초과하는 것
  ※ **알코올류** : 메틸알코올, 에틸알코올, 프로필알코올, 변성알코올 **20** 년 출제

④ **제2석유류** : 1기압에서 인화점이 **21[℃] 이상 70[℃] 미만**인 것 **22** 년 출제

- **제2석유류** : 등유, 경유, 초산, 의산, 테레핀유, 클로로벤젠, 스타이렌, 에틸벤젠, 메틸셀로솔브, 에틸셀로솔브, o-크실렌, m-크실렌, p-크실렌, 하이드라진, 장뇌유 등
- **수용성** : 초산, 의산, 아크릴산, 메틸셀로솔브, 에틸셀로솔브, 하이드라진

⑤ **제3석유류** : 1기압에서 인화점이 **70[℃] 이상 200[℃] 미만**인 것 **15** **20** 년 출제

- **제3석유류** : 중유, 크레오소트유, 나이트로벤젠, 아닐린, 메타크레졸, 글리세린, 에틸렌글라이콜, 담금질유, 페닐하이드라진, 에탄올아민, 사에틸납 등
- **수용성** : 글리세린, 에틸렌글라이콜, 에탄올아민

⑥ **제4석유류** : 1기압에서 인화점이 **200[℃] 이상 250[℃] 미만**의 것

제4석유류 : 기어유, 실린더유, 가소제, 절삭유, 방청유, 윤활유 등

⑦ **동식물유류** : 동물의 지육 등 또는 식물의 종자나 과육으로부터 추출한 것으로서 1기압에서 인화점이 **250[℃] 미만**인 것

동식물유류 : 건성유, 반건성유, 불건성유

(3) 제4류 위험물의 일반적인 성질 **23** 년 출제

① 대단히 **인화**하기 쉽다.
② 물보다 **가볍고**(일부 무겁다), **물에 녹지 않는다**(일부 용해한다).
③ **증기비중**은 공기보다 **무겁기 때문**에 낮은 곳에 체류하여 **연소, 폭발**의 위험이 있다.

- 증기비중 = 분자량/29
- 증기밀도 = 분자량/22.4[L](표준상태)

④ 연소범위의 하한이 낮기 때문에 공기 중 소량 누설되어도 **연소**한다.

(4) 제4류 위험물의 위험성

① 인화위험이 높아 화기의 접근을 피해야 한다.

② **증기는 공기와 약간만 혼합**되어도 **연소**한다.

③ 연소범위의 하한이 낮다.

④ 발화점이 낮다.

⑤ 전기부도체이므로 **정전기 발생**에 주의한다.

(5) 제4류 위험물의 저장 및 취급방법

① 누출방지를 위하여 밀폐용기를 사용해야 한다.

② 점화원을 제거한다.

(6) 제4류 위험물의 소화방법

① 소화방법 : 포, 이산화탄소, 할론, 할로젠화합물 및 불활성기체, 분말소화약제로 질식소화

② **수용성 위험물**은 **알코올형** 포소화약제를 사용한다.

> **Plus one** 제4류 위험물의 반응식
> - 이황화탄소의 반응식
>   - 연소반응 $CS_2 + 3O_2 \rightarrow CO_2 + 2SO_2 \uparrow$
>   - 물과 반응(150[℃]) $CS_2 + 2H_2O \rightarrow CO_2 + 2H_2S \uparrow$
> - 메틸알코올의 연소반응식 $2CH_3OH + 3O_2 \rightarrow 2CO_2 + 4H_2O$
> - 에틸알코올의 연소반응식 $C_2H_5OH + 3O_2 \rightarrow 2CO_2 + 3H_2O$
> - 벤젠의 연소반응식 `23` 년 출제 $2C_6H_6 + 15O_2 \rightarrow 12CO_2 + 6H_2O$
> - 톨루엔의 연소반응식 $C_6H_5CH_3 + 9O_2 \rightarrow 7CO_2 + 4H_2O$
> - 에틸렌글라이콜의 연소반응식 $2C_2H_6O_2 + 5O_2 \rightarrow 4CO_2 + 6H_2O$
> - 글리세린의 연소반응식 $2C_3H_8O_3 + 7O_2 \rightarrow 6CO_2 + 8H_2O$

2 각 위험물의 종류 및 특성

(1) 특수인화물

① **다이에틸에터**(Diethyl Ether, 에터) `24` 년 출제

㉠ 물 성 `10` `19` 년 출제

화학식	지정수량	분자량	비 중	비 점	인화점	착화점	증기비중	연소범위
$C_2H_5OC_2H_5$	50[L]	74.12	0.7	34[℃]	-40[℃]	180[℃]	2.55	1.7~48[%]

㉡ 휘발성이 강한 무색투명한 특유의 향이 있는 액체이다.

㉢ **물에 약간 녹고**, 알코올에 잘 녹으며 발생된 증기는 **마취성**이 있다.

㉣ 공기와 장기간 접촉하면 **과산화물**이 생성되므로 **갈색병**에 저장해야 한다.

> 과산화물 생성을 방지하기 위하여 40[mesh]의 구리망을 넣어준다.

㉤ 에터는 전기불량도체이므로 **정전기 발생**에 주의한다.

ⓑ 이산화탄소, 할론, 할로젠화합물 및 불활성기체, 포소화약제에 의한 질식소화를 한다.

ⓢ 용기의 **공간용적**을 **2[%] 이상**으로 해야 한다.

> - 에터의 일반식 : $R-O-R'$(R : 알킬기)
> - 과산화물 검출시약 : 10[%] 아이오딘화칼륨(KI)용액(검출 시 황색) **14** 년 출제
> - 과산화물 제거시약 : 황산제일철 또는 환원철

② **이황화탄소(Carbon DiSulfide)**

㉠ 물 성 **16** **17** **22** 년 출제

화학식	지정수량	분자량	비 중	비 점	인화점	착화점	증기비중	연소범위
CS_2	50[L]	76	1.26	46[℃]	-30[℃]	90[℃]	2.62	1.0~50[%]

㉡ 순수한 것은 **무색투명**한 **액체**이며 시판용은 **담황색**이다.

㉢ **제4류 위험물** 중 **착화점**이 **낮고** 증기는 유독하다.

㉣ 물에는 녹지 않고, 알코올, 에터, 벤젠 등의 유기용매에 잘 녹는다.

㉤ 불쾌한 냄새가 난다.

ⓗ 가연성 증기 발생을 억제하기 위하여 **물속에 저장**한다. **10** 년 출제

ⓢ 연소 시 **아황산가스**가 발생하며 **파란 불꽃**을 나타낸다.

ⓞ 황, 황린, 생고무, 수지 등을 잘 녹인다.

ⓩ 물 또는 이산화탄소, 할론, 할로젠화합물 및 불활성기체, 분말소화약제 등에 의한 질식소화한다.

Plus one 이황화탄소의 반응식
- 연소반응　　　　　$CS_2 + 3O_2 \rightarrow CO_2 + 2SO_2$
- 물과 반응(150[℃])　$CS_2 + 2H_2O \rightarrow CO_2 + 2H_2S$

③ **아세트알데하이드(Acetaldehyde)**

㉠ 물 성 **21** 년 출제

화학식	지정수량	분자량	비 중	비 점	인화점	착화점	증기비중	연소범위
CH_3CHO	50[L]	44	0.78	21[℃]	-40[℃]	175[℃]	1.52	4.0~60[%]

㉡ 무색투명한 액체이며 자극성 냄새가 난다.

㉢ 공기와 접촉하면 가압에 의해 폭발성의 **과산화물**을 생성한다.

㉣ **에틸알코올을 산화**하면 **아세트알데하이드**가 된다. **18** 년 출제

㉤ 암모니아와 반응하면 알데하이드암모니아를 생성한다.

ⓗ **펠링반응, 은거울반응**을 한다.

ⓢ **구리**(Cu), **마그네슘**(Mg), **은**(Ag), **수은**(Hg)과 반응하면 아세틸레이트를 생성한다. **17** 년 출제

ⓞ 저장용기 내부에는 **불연성 가스** 또는 **수증기 봉입장치**를 한다.

ⓩ 알코올용포, 이산화탄소, 할론, 할로젠화합물 및 불활성기체, 분말소화약제에 의한 질식소화를 한다.

④ **산화프로필렌(Propylene Oxide)**

㉠ 물 성

화학식	지정수량	분자량	비 중	비 점	인화점	착화점	증기비중	연소범위
CH_3CHCH_2O	50[L]	58	0.82	35[℃]	-37[℃]	449[℃]	2.0	2.8~37[%]

ⓛ 무색투명한 **자극성 액체**이다.

ⓒ **구리**(Cu), **마그네슘**(Mg), **은**(Ag), **수은**(Hg)과 반응하면 **아세틸레이트**를 생성한다.

ⓔ 저장용기 내부에는 **불연성 가스** 또는 **수증기 봉입장치**를 해야 한다.

ⓜ 소화약제는 **알코올용포**, 이산화탄소, 분말소화약제가 효과가 있다.

> **Plus one** 산화프로필렌의 구조식
>
> $$\begin{array}{c} \text{H} \quad \text{H} \quad \text{H} \\ | \quad\; | \quad\; | \\ \text{H–C–C–C–H} \\ | \quad \diagdown \diagup \\ \text{H} \quad\;\; \text{O} \end{array}$$

⑤ **아이소프로필아민**

ⓖ 물 성

화학식	지정수량	분자량	인화점	착화점	비 중	증기비중	연소범위
$(CH_3)_2CHNH_2$	50[L]	59.0	−28[℃]	402[℃]	0.69	2.03	2.3~10[%]

ⓛ 강한 **암모니아 냄새**가 나는 무색투명한 인화성 액체로서 물에 녹는다.

ⓒ 증기누출, 액체누출 방지를 위하여 완전 밀봉한다.

ⓔ 증기는 공기보다 무겁고 공기와 혼합되면 점화원에 의하여 인화, 폭발위험이 있다.

ⓜ 강산류, 강산화제, 케톤류와의 접촉을 방지한다.

ⓗ 화기엄금, 가열금지, 직사광선 차단, 환기가 좋은 장소에 저장한다.

(2) 제1석유류

① **아세톤(Acetone, Dimethyl Ketone)**

ⓖ 물 성 `14` `15` `17` `22` `년 출제`

화학식	지정수량	분자량	인화점	착화점	비 중	비 점	연소범위
$(CH_3)_2CO$	400[L]	58	−18.5[℃]	465[℃]	0.79	56[℃]	2.5~12.8[%]

ⓛ 무색투명한 자극성·휘발성 액체이다.

ⓒ 물에 잘 녹으므로 **수용성**이다.

ⓔ 피부에 닿으면 **탈지작용**을 한다.

> **Plus one** 탈지작용
> • 정의 : 피부에 접촉 시 지방층이 녹아서 피부에 하얀 분비물이 생겨 건조한 상태가 되는 현상
> • 탈지작용하는 위험물 : 아세톤, 메틸에틸케톤(MEK), 초산메틸, 벤젠

ⓜ 공기와 장기간 접촉하면 **과산화물**이 생성되므로 **갈색병**에 저장해야 한다.

ⓗ 분무주수, 알코올용포, 이산화탄소, 할로젠화합물 및 불활성기체소화약제로 질식소화한다.

② **피리딘(Pyridine)**

ⓖ 물 성

화학식	지정수량	비 중	비 점	융 점	인화점	착화점	연소범위
C_5H_5N	400[L]	0.99	115.4[℃]	−41.7[℃]	16[℃]	482[℃]	1.8~12.4[%]

ⓛ 순수한 것은 무색의 액체이다.

ⓒ 강한 **악취**와 **독성**이 있다.

ⓔ 약알칼리성을 나타내며 수용액 상태에서도 인화의 위험이 있다.

ⓜ 산, 알칼리에 안정하고, **물, 알코올, 에터에 잘 녹는다**(수용성).

　　ⓗ 질산과 같이 가열해도 분해되지 않는다.

　　ⓢ 공기 중에서 최대허용농도 : 5[ppm]

③ **사이안화수소**

　㉠ 물 성

화학식	지정수량	인화점	착화점	증기비중	액체비중	비 점	연소범위
HCN	400[L]	-17[℃]	538[℃]	0.932	0.69	26[℃]	5.6~40[%]

　㉡ 복숭아 냄새가 나는 무색 또는 푸른색을 띠는 액체이다.

　㉢ 제1석유류로서 물, 알코올에 잘 녹는다.

　㉣ 제4류 위험물 중 증기가 유일하게 **공기보다 가볍다**(증기비중 : 0.932). **21** 년 출제

　㉤ 독성이 강한 물질로서 액체 또는 증기와의 접촉을 피한다.

　㉥ 사용 후 3개월이 지나면 안전하게 자연 폐기시켜야 한다.

　㉦ 화재 시 알코올포에 의한 질식소화를 한다.

④ **휘발유(Gasoline)**

　㉠ 물 성 **20** 년 출제

화학식	지정수량	비 중	증기비중	유출온도	인화점	착화점	연소범위
C_5H_{12}~C_9H_{20}	200[L]	0.7~0.8	3~4	32~220[℃]	-43[℃]	280~456[℃]	1.2~7.6[%]

　㉡ 무색투명한 휘발성이 강한 인화성 액체이다.

　㉢ 탄소와 수소의 지방족 탄화수소이다.

　㉣ 옥테인가로 품질을 나타내는 척도이다.

　㉤ 가솔린 제법 : 직류법, 접촉개질법, 분해증류법

　㉥ 이산화탄소, 할론, 할로젠화합물 및 불활성기체, 분말, 포(대량일 때)소화약제가 효과가 있다.

⑤ **벤젠(Benzene, 벤졸)**

　㉠ 물 성 **17** **20** 년 출제

화학식	지정수량	비 중	비 점	융 점	인화점	착화점	연소범위
C_6H_6	200[L]	0.95	79[℃]	7.0[℃]	-11[℃]	498[℃]	1.4~8.0[%]

　㉡ 무색투명한 방향성을 갖는 액체이며. **증기는 독성**이 있다.

　㉢ 물에 **녹지 않고** 알코올, 아세톤, 에터에는 녹는다.

　㉣ 비전도성이므로 정전기의 화재발생 위험이 있다.

　㉤ 포, 분말, 이산화탄소, 할론소화약제에 의한 질식소화 한다.

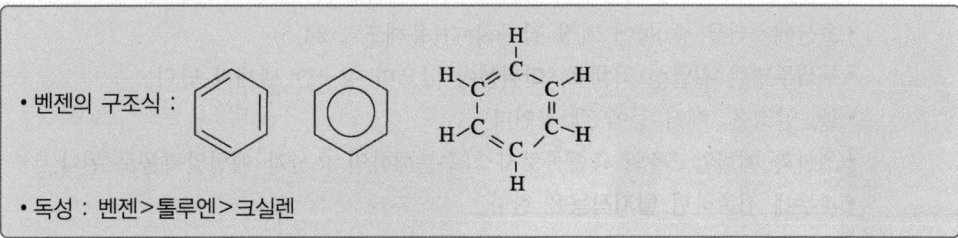

• 벤젠의 구조식 :

• 독성 : 벤젠>톨루엔>크실렌

⑥ 톨루엔(Toluene, 메틸벤젠)

㉠ 물 성 `21` 년 출제

화학식	지정수량	비 중	비 점	인화점	착화점	연소범위
$C_6H_5CH_3$	200[L]	0.86	110[℃]	4[℃]	480[℃]	1.27~7.0[%]

㉡ 무색투명한 독성이 있는 액체이다.

㉢ 증기는 **마취성**이 있고 인화점이 낮다.

㉣ 물에 녹지 않고, 아세톤, 알코올 등 유기용제에는 잘 녹는다.

㉤ 고무, 수지를 잘 녹인다.

㉥ 벤젠보다 독성은 약하다.

㉦ TNT의 원료로 사용하고, 산화하면 안식향산(벤조산)이 된다.

⑦ 콜로디온(Collodion) `18` 년 출제

㉠ 질화도가 낮은 **질화면**(나이트로셀룰로오스)에 부피비로 **에탄올 3**과 **에터 1**의 혼합용액으로 녹여 교질상태로 만든 것이다.

㉡ 무색투명한 끈기 있는 **액체**이며 **인화점**은 −18[℃]이다.

㉢ 콜로디온의 성분 중 에틸알코올, 에터 등은 상온에서 인화의 위험이 크다.

㉣ 알코올포, 이산화탄소, 분무주수 등으로 소화한다.

⑧ 메틸에틸케톤(MEK ; Methyl Ethyl Ketone)

㉠ 물 성 `22` 년 출제

화학식	지정수량	비 중	비 점	융 점	인화점	착화점	연소범위
$CH_3COC_2H_5$	200[L]	0.8	80[℃]	−80[℃]	−7[℃]	505[℃]	1.8~10[%]

㉡ 휘발성이 강한 무색의 액체이다.

㉢ 물에 대한 용해도는 26.8이다.

㉣ **물, 알코올**, 에터, 벤젠 등에 **잘 녹고**, 수지, 유지를 잘 녹인다.

㉤ **탈지작용**이 있으므로 피부에 닿지 않도록 주의한다.

㉥ **분무주수**가 가능하고 **알코올포**로 질식소화를 한다.

⑨ 초산에스터류

㉠ **초산메틸(Methyl Acetate, 아세트산메틸)**

• 물 성

화학식	지정수량	비 중	비 점	인화점	연소범위
CH_3COOCH_3	200[L]	0.93	58[℃]	−10[℃]	3.1~16[%]

• 초산에스터류 중 물에 가장 잘 녹는다(용해도 : 24.5).

• 무색투명한 휘발성 액체로, **마취성**이 있으며 향긋한 냄새가 난다.

• 물, 알코올, 에터 등에 잘 섞인다.

• 초산과 메틸알코올의 축합물로서 가수분해하면 초산과 메틸알코올로 된다.

• 피부에 접촉하면 **탈지작용**을 한다.

• 물에 잘 녹으므로 알코올용포를 사용한다.

Plus one 분자량이 증가할수록 나타나는 현상
- 인화점, 증기비중, 비점, 점도가 커진다.
- **착화점, 수용성, 휘발성, 연소범위, 비중이 감소한다.**
- 이성질체가 많아진다.

ⓛ **초산에틸**(EA ; Ethyl Acetate, 아세트산에틸)
- 물 성

화학식	지정수량	비 중	비 점	인화점	착화점	연소범위
$CH_3COOC_2H_5$	200[L]	0.9	77.5[℃]	−3[℃]	429[℃]	2.2~11.5[%]

- **딸기 냄새**가 나는 무색투명한 액체이다.
- 알코올, 에터, 아세톤과 잘 섞이며 물에 약간 녹는다(용해도 : 8.7).
- 휘발성, 인화성이 강하다.
- 유지, 수지, 셀룰로오스 유도체 등을 잘 녹인다.

⑩ 의산에스터류

㉠ 의산메틸(개미산메틸)
- 물 성

화학식	지정수량	비 중	비 점	인화점	착화점	연소범위
$HCOOCH_3$	400[L]	0.97	32[℃]	−19[℃]	449[℃]	5.0~23[%]

- 럼주와 같은 향기를 가진 무색투명한 액체이다.
- 증기는 **마취성**이 있다.
- 에터, 에스터에 잘 녹으며 물에는 일부 녹는다(용해도 : 23.3).
- 의산과 메틸알코올의 축합물로서 **가수분해**하면 **의산**과 **메틸알코올**이 된다.

$$HCOOCH_3 + H_2O \rightarrow CH_3OH + HCOOH$$
$$\text{(메틸알코올) (의산)}$$

㉡ 의산에틸(개미산에틸)
- 물 성

화학식	지정수량	비 중	비 점	인화점	착화점	연소범위
$HCOOC_2H_5$	200[L]	0.92	54[℃]	−19[℃]	440[℃]	2.7~16.5[%]

- **복숭아향**의 냄새를 가진 무색투명한 액체이다.
- 에터, 벤젠, 에스터에 잘 녹으며 물에는 일부 녹는다(용해도 : 13.6).
- 가수분해하면 의산과 에틸알코올이 된다.

$$HCOOC_2H_5 + H_2O \rightarrow C_2H_5OH + HCOOH$$
$$\text{(에틸알코올) (의산)}$$

㉢ 의산프로필
- 물 성

화학식	지정수량	비 중	비 점	인화점	착화점
$HCOOC_3H_7$	200[L]	0.9	81.1[℃]	−3[℃]	454[℃]

- 무색투명한 특유의 냄새가 나는 액체이다.
- 물에는 녹지 않고, 기타 의산메틸의 기준에 준한다.

⑪ 노말-헥세인(n-Hexane)

ㄱ 물 성

화학식	지정수량	비 중	비 점	융 점	인화점	연소범위
$CH_3(CH_2)_4CH_3$	200[L]	0.65	69[℃]	-95[℃]	-20[℃]	1.1~7.5[%]

ㄴ 무색투명한 액체로서 제1석유류(비수용성)로서 지정수량은 200[L]이다.

ㄷ 물에 녹지 않고 알코올, 에터, 클로로폼, 아세톤 등 유기용제에는 잘 녹는다.

(3) 알코올류

① 메틸알코올(Methyl Alcohol, Methanol, 목정)

ㄱ 물 성

화학식	지정수량	비 중	증기비중	비 점	인화점	착화점	연소범위
CH_3OH	400[L]	0.79	1.1	64.7[℃]	11[℃]	464[℃]	6.0~36[%]

ㄴ 무색투명한 취기가 있는 휘발성이 강한 액체이다.

ㄷ 알코올류 중에서 수용성이 가장 크다(수용성).

ㄹ 인화점 이상이 되면 밀폐된 상태에서도 폭발한다.

ㅁ **메틸알코올**은 **독성**이 있으나 **에틸알코올**은 **독성**이 **없다.**

ㅂ 알칼리금속(Na)과 반응하면 수소가스가 발생한다.

ㅅ **산화**하면 메틸알코올 → 폼알데하이드 → 폼산(개미산)이 된다.

> **Plus one** 에틸알코올의 산화, 환원반응식
>
> $C_2H_5OH \rightleftharpoons CH_3CHO \rightleftharpoons CH_3COOH$
> (에틸알코올)　(아세트알데하이드)　　(초산)

ㅇ 8~20[g]을 먹으면 눈이 멀고 30~50[g]을 먹으면 생명을 잃는다.

ㅈ 화재 시에는 **알코올포**를 사용한다.

ㅊ 메틸알코올과 에틸알코올의 비교

항 목 　　종 류	메틸알코올	에틸알코올
화학식	CH_3OH	C_2H_5OH
알코올의 가수	1가	1가
인화점	11[℃]	13[℃]
비 점	64.7[℃]	80[℃]
연소범위	6.0~36.0[%]	3.1~27.7[%]

> **Plus one** 메틸알코올의 반응식 `21` `22` 년 출제
> - 연소반응　　　　　　$2CH_3OH + 3O_2 \rightarrow 2CO_2 + 4H_2O$
> - 알칼리금속과의 반응　$2Na + 2CH_3OH \rightarrow 2CH_3ONa + H_2\uparrow$

② 에틸알코올(Ethyl Alcohol, Ethanol, 주정)

　㉠ 물 성

화학식	지정수량	비 중	증기비중	비 점	인화점	연소범위
C_2H_5OH	400[L]	0.79	1.59	80[℃]	13[℃]	3.1~27.7[%]

　㉡ 무색투명한 술의 냄새를 지닌 휘발성이 강한 액체이다.

　㉢ 물에 잘 녹으므로 **수용성**이다.

　㉣ 에탄올은 벤젠보다 **탄소(C)의 함량**이 **적기 때문**에 **그을음**이 적게 난다.

　㉤ 산화하면 에틸알코올 → 아세트알데하이드 → 초산(아세트산)이 된다.

> **Plus one** 　아이오도폼반응
> 에틸알코올에 수산화칼륨과 아이오딘을 가하여 황색 침전(아이오도폼)이 생성되는 반응
> $C_2H_5OH + 6KOH + 4I_2 → CHI_3↓ + 5KI + HCOOK + 5H_2O$
> 　　　　(아이오도폼 : 황색 침전)

③ 아이소프로필알코올(IsoPropyl Alcohol)

　㉠ 물 성 　23 　년 출제

화학식	지정수량	비 중	증기비중	비 점	인화점	연소범위
C_3H_7OH	400[L]	0.78	2.07	83[℃]	12[℃]	2.0~12[%]

　㉡ 물과는 임의의 비율로 섞이며 아세톤, 에터 등 유기용제에 잘 녹는다.

　㉢ 산화하면 아세톤이 되고, 탈수하면 프로필렌이 된다.

(4) 제2석유류

① 초산(Acetic Acid, 아세트산)

　㉠ 물 성 　15 　21 　22 　년 출제

화학식	지정수량	비 중	증기비중	인화점	착화점	응고점	연소범위
CH_3COOH	2,000[L]	1.05	2.07	40[℃]	485[℃]	16.2[℃]	6.0~17[%]

　㉡ **자극성 냄새**와 **신맛**이 나는 무색투명한 액체이다.

　㉢ 물, 알코올, 에터에 잘 녹으며 물보다 무겁다(수용성).

　㉣ 피부와 접촉하면 수포상의 **화상**을 입는다.

　㉤ 식초 : 3~5[%]의 수용액

　㉥ 저장용기 : **내산성 용기**

　㉦ 소화방법 : 알코올포, 이산화탄소, 할론, 분말소화약제

② 의산(Formic Acid, 개미산)

　㉠ 물 성

화학식	지정수량	비 중	증기비중	인화점	착화점	연소범위
HCOOH	2,000[L]	1.2	1.59	55[℃]	540[℃]	18.0~51[%]

　㉡ 물에 잘 녹고 물보다 무겁다(수용성).

　㉢ **초산**보다 **산성**이 **강하며 신맛**이 있다.

　㉣ 피부와 접촉하면 수포상의 화상을 입는다.

㉤ 저장용기 : 내산성 용기

　　㉥ 소화방법 : 알코올포, 이산화탄소, 할론, 분말소화약제

③ 메틸셀로솔브(Methyl Cellosolve)

　㉠ 물 성

화학식	지정수량	비 중	비 점	인화점	착화점
$CH_3OCH_2CH_2OH$	2,000[L]	0.937	124[℃]	43[℃]	288[℃]

　㉡ 무색의 상쾌한 냄새가 나는 약간의 휘발성을 지닌 액체이다.

　㉢ 물, 에터, 벤젠, 사염화탄소, 아세톤, 글리세린에 녹는다.

　㉣ 저장용기는 철분의 혼입을 피하기 위하여 스테인리스 용기를 사용한다.

④ 에틸셀로솔브(Ethyl Cellosolve)

　㉠ 물 성

화학식	지정수량	비 중	비 점	인화점	착화점
$C_2H_5OCH_2CH_2OH$	2,000[L]	0.93	135[℃]	40[℃]	238[℃]

　㉡ 무색의 상쾌한 냄새가 나는 액체이다.

　㉢ 가수분해하면 에틸알코올과 에틸렌글라이콜을 생성한다.

⑤ 하이드라진 **19** **년 출제**

　㉠ 물 성

화학식	지정수량	비 점	융 점	인화점	비 중
N_2H_4	2,000[L]	113[℃]	2.0[℃]	38[℃]	1.01

　㉡ 무색의 맹독성·가연성 액체이다.

　㉢ 물이나 알코올에 잘 녹고 에터에는 녹지 않는다.

　㉣ 유리를 침식하고 코르크나 고무를 분해하므로 사용하지 말아야 한다.

　㉤ 약알칼리성으로 공기 중에서 열분해 시 약 180[℃]에서 암모니아, 질소, 수소로 분해된다.

$$2N_2H_4 \rightarrow 2NH_3 + N_2 + H_2$$

　㉥ 발암성 물질로서 피부, 호흡기에 심한 피해를 입히므로 유독하다.

⑥ 아크릴산

　㉠ 물 성

화학식	지정수량	비 중	비 점	인화점	착화점	응고점	연소범위
$CH_2CHCOOH$	2,000[L]	1.1	139[℃]	46[℃]	438[℃]	12[℃]	2.4~8.0[%]

　㉡ 자극적인 냄새가 나는 무색의 부식성, 인화성 액체이다.

　㉢ 무색의 초산과 비슷한 액체로 겨울에는 응고된다(응고점 12[℃]).

　㉣ 물, 알코올, 벤젠, 클로로폼, 아세톤, 에터에 잘 녹는다.

⑦ 등유(Kerosine)

　㉠ 물 성

화학식	지정수량	비 중	증기비중	유출온도	인화점	착화점	연소범위
$C_9 \sim C_{18}$	1,000[L]	0.78~0.8	4~5	156~300[℃]	39[℃] 이상	210[℃] 이상	0.7~5.0[%]

　㉡ 무색 또는 담황색의 약한 취기가 있는 액체이다.

ⓒ 물에는 녹지 않고, 석유계 용제에는 잘 녹는다.

ⓔ 원유증류 시 휘발유와 경유 사이에서 유출되는 포화·불포화 탄화수소 혼합물이다.

ⓜ 정전기 불꽃으로 인화의 위험이 있다.

ⓗ 소화방법으로는 포, 이산화탄소, 할론, 분말소화약제가 적합하다.

⑧ 경유(디젤유)

ⓖ 물 성 **23** 년 출제

화학식	지정수량	비 중	증기비중	유출온도	인화점	착화점	연소범위
$C_{15} \sim C_{20}$	1,000[L]	0.82~0.84	4~5	150~375[℃]	41[℃] 이상	257[℃]	0.6~7.5[%]

ⓛ 탄소수가 15개에서 20개까지의 포화·불포화 탄화수소 혼합물이다.

ⓒ 물에는 녹지 않고, 석유계 용제에는 잘 녹는다.

ⓔ 품질은 **세탄값**으로 정한다.

ⓜ 소화방법으로는 포, 이산화탄소, 할론, 분말소화약제가 적합하다.

⑨ 크실렌(Xylene, 키실렌, 자일렌)

ⓖ 물 성

크실렌의 이성질체로는 ortho-Xylene, meta-Xylene, para-Xylene이 있다.

구 분	지정수량	화학식	구조식	비 중	인화점	착화점
o-크실렌		$C_6H_4(CH_3)_2$		0.88	32[℃]	106.2[℃]
m-크실렌	1,000[L]	$C_6H_4(CH_3)_2$		0.86	25[℃]	–
p-크실렌		$C_6H_4(CH_3)_2$		0.86	25[℃]	–

이성질체 : 분자식은 같으나 구조식이 다른 것

ⓛ 물에 녹지 않고, 알코올, 에터, 벤젠 등 유기용제에는 잘 녹는다.

ⓒ 무색투명한 액체로서 톨루엔과 비슷하다.

ⓔ BTX(Benzene, Toluene, Xylene) 중에서 **독성**이 **가장 약하다.**

⑩ 테레핀유(송정유)

ⓖ 물 성 **20** 년 출제

화학식	지정수량	비 중	비 점	인화점	착화점	연소범위
$C_{10}H_{16}$	1,000[L]	0.86	155[℃]	35[℃]	253[℃]	0.8~6.0[%]

ⓛ 피넨($C_{10}H_{16}$)이 80~90[%] 함유된 **소나무과 식물**에 함유된 기름으로 **송정유**라고도 한다.

ⓒ 무색 또는 엷은 담황색의 액체이다.

ⓔ 물에 녹지 않고 알코올, 에터, 벤젠, 클로로폼에는 녹는다.

ⓜ 헝겊 또는 종이에 스며들어 **자연발화**한다.

⑪ 스타이렌(Styrene)

㉠ 물 성 [20] 년 출제

화학식	지정수량	비 중	비 점	인화점	착화점
$C_6H_5CH = CH_2$	1,000[L]	0.9	146[℃]	32[℃]	490[℃]

㉡ 독특한 냄새의 무색 액체이다.

㉢ 물에 **녹지 않고** 알코올, 에터, 이황화탄소에는 녹는다.

㉣ 빛, 가열, 과산화물과 **중합반응**하여 무색의 고상물이 된다.

⑫ 클로로벤젠(Chlorobenzene)

㉠ 물 성

화학식	지정수량	비 중	비 점	인화점
C_6H_5Cl	1,000[L]	1.1	132[℃]	27[℃]

㉡ **마취성**이 조금 있는 석유와 비슷한 냄새가 나는 무색 액체이다.

㉢ 물에 녹지 않고 알코올, 에터 등 유기용제에는 녹는다.

㉣ **연소**하면 **염화수소**(HCl)를 발생한다.

$$C_6H_5Cl + 7O_2 \rightarrow 6CO_2 + 2H_2O + HCl$$

(5) 제3석유류

① 에틸렌글라이콜(Ethylene Glycol)

㉠ 물 성

화학식	지정수량	비 중	비 점	인화점	착화점
CH_2OHCH_2OH	4,000[L]	1.11	198[℃]	120[℃]	398[℃]

㉡ 무색의 끈기 있는 **흡습성**의 **액체**이다.

㉢ 사염화탄소, 에터, 벤젠, 이황화탄소, 클로로폼에 녹지 않고, 물, 알코올, 글리세린, 아세톤, 초산, 피리딘에는 잘 녹는다(**수용성**).

㉣ **2가 알코올**로서 **독성**이 **있으며 단맛**이 난다.

㉤ 무기산 및 유기산과 반응하여 에스터를 생성한다.

② 글리세린(Glycerine)

㉠ 물 성 [21] 년 출제

화학식	지정수량	비 중	비 점	인화점	착화점
$C_3H_5(OH)_3$	4,000[L]	1.26	182[℃]	160[℃]	370[℃]

㉡ 무색무취의 점성 액체로서 흡수성이 있다.

㉢ 물, 알코올에 잘 녹고(**수용성**) 벤젠, 에터, 클로로폼에는 잘 녹지 않는다.

㉣ **3가 알코올**로서 **독성**이 **없으며 단맛**이 난다.

㉤ 소화방법으로는 분말, 이산화탄소, 사염화탄소가 효과적이다.

종 류 \ 항 목	화학식	맛	독 성	알코올의 가수
에틸렌글라이콜	$C_2H_4(OH)_2$	단 맛	있다.	2가 알코올
글리세린	$C_3H_5(OH)_3$	단 맛	없다.	3가 알코올

③ 중 유

　㉠ **직류중유**

　　• 물 성

비 중	지정수량	착화점	인화점
0.85~0.93	2,000[L]	254~405[℃]	60~150[℃]

　　• 300~350[℃] 이상의 중유의 잔류물과 경유의 혼합물이다.

　　• 비중과 점도가 낮다.

　　• 분무성이 좋고 착화가 잘된다.

　㉡ **분해중유**

　　• 물 성

비 중	지정수량	인화점
0.95~0.97	2,000[L]	70~150[℃]

　　• 중유 또는 경유를 열분해하여 가솔린을 제조한 잔유와 분해경유의 혼합물이다.

　　• 비중과 점도가 높다.

　　• 분무성이 나쁘다.

④ 크레오소트유(타르유)

　㉠ 물 성

비 중	지정수량	비 점	인화점
1.02~1.05	2,000[L]	194~400[℃]	73.9[℃]

　㉡ 일반적으로 타르류, 액체피치유라고도 한다.

　㉢ 황록색 또는 암갈색의 기름모양의 액체이며 증기는 유독하다.

　㉣ 주성분은 **나프탈렌, 안트라센**이다.

　㉤ 물에 녹지 않고 알코올, 에터, 벤젠, 톨루엔에는 잘 녹는다.

　㉥ 물보다 무겁고 독성이 있다.

　㉦ **타르산**이 **함유**되어 용기를 부식시키므로 **내산성 용기**를 사용해야 한다.

　㉧ 소화방법은 중유에 준한다.

⑤ 아닐린(Aniline)

　㉠ 물 성

화학식	지정수량	비 중	융 점	비 점	인화점
$C_6H_5NH_2$	2,000[L]	1.02	-6[℃]	184[℃]	70[℃]

　㉡ 황색 또는 담황색의 기름성 액체이다.

　㉢ **물**에 **약간 녹고**, 알코올, 아세톤, 벤젠에는 잘 녹는다(물의 용해도 : 3.5).

　㉣ 물보다 무겁고 독성이 강하다.

⑥ 나이트로벤젠(Nitrobenzene)

　㉠ 물 성

화학식	지정수량	비 중	비 점	인화점
$C_6H_5NO_2$	2,000[L]	1.2	211[℃]	88[℃]

　㉡ 암갈색 또는 갈색의 특이한 냄새가 나는 액체이다.

ⓒ 물에 **녹지 않고 알코올, 벤젠,** 에터에는 **잘 녹는다.**

㉐ 나이트로화제 : 황산과 질산

⑦ 메타크레졸(m-Cresol)

㉠ 물 성

화학식	지정수량	비 중	비 점	인화점	융 점
C$_6$H$_4$CH$_3$OH	2,000[L]	1.03	203[℃]	86[℃]	8.0[℃]

㉡ 무색 또는 황색의 페놀의 냄새가 나는 액체이다.

㉢ 물에 녹지 않고, 알코올, 에터, 클로로폼에는 녹는다.

㉣ 크레졸은 o-Cresol, m-Cresol, p-Cresol의 3가지 **이성질체**가 있다.

(6) 제4석유류

① 위험성

㉠ 실온에서 인화위험은 없으나 가열하면 연소위험이 증가한다.

㉡ 일단 연소하면 액온이 상승하여 연소가 확대된다.

② 저장 · 취급

㉠ 화기를 금하고 발생된 증기의 누설을 방지하고 환기를 잘 시킨다.

㉡ 가연성 물질, 강산화성 물질과 격리한다.

③ 소화방법

㉠ 초기 화재 시 분말, 할론, 이산화탄소소화약제가 적합하다.

㉡ 대형 화재 시 포소화약제에 의한 질식소화를 한다.

④ 종 류 `10` `16` 년 출제

㉠ 윤활유 : **기어유, 실린더유,** 터빈유, 모빌유, 엔진오일, 컴프레셔오일 등

㉡ 가소제 : DOP(Dioctyl Phthalate), DNP, DINP, DBS, DOS, TCP 등

(7) 동식물유류

① 위험성

㉠ 상온에서 인화위험은 없으나 가열하면 연소위험이 증가한다.

㉡ 발생 증기는 공기보다 무겁고 연소범위 하한이 낮아 인화위험이 높다.

㉢ **아마인유는** 건성유이므로 **자연발화 위험**이 있다.

㉣ 화재 시 액온이 높아 소화가 곤란하다.

② 저장 · 취급

㉠ 화기에 주의해야 하며 발생 증기는 인화되지 않도록 한다.

㉡ 건성유의 경우 자연발화 위험이 있으므로 다공성 가연물과 접촉을 피한다.

③ 소화방법

㉠ 초기화재 시 분말, 할론, 이산화탄소가 소화에 유효하고 분무주수도 가능하다.

㉡ 대형화재 시 포에 의한 질식소화를 한다.

④ 종 류 10 16 년 출제

구 분	아이오딘값	반응성	불포화도	종 류
건성유	130 이상	크다.	크다.	해바라기유, 동유, **아마인유**, 정어리기름, 들기름
반건성유	100~130	중 간	중 간	채종유, 목화씨기름(면실유), 참기름, 콩기름
불건성유	100 이하	작다.	작다.	야자유, 올리브유, 피마자유, 동백유

> 아이오딘값 : 유지 100[g]에 부가되는 아이오딘의 [g]수

제5절 　제5류 위험물

1 제5류 위험물의 특성

(1) 종 류 10 21 년 출제

유 별	성 질	품 명	위험등급	지정수량
제5류	자기 반응성 물질	1. 유기과산화물, 질산에스터류	Ⅰ	제1종 : 10[kg] 제2종 : 100[kg]
		2. 하이드록실아민, 하이드록실아민염류	Ⅱ	
		3. 나이트로화합물, 나이트로소화합물, 아조화합물, 다이아조 화합물, 하이드라진유도체	Ⅱ	
		4. 그 밖에 행정안전부령이 정하는 것	Ⅱ	

(2) 정 의 19 년 출제

자기반응성 물질 : 고체 또는 액체로서 폭발의 위험성 또는 가열분해의 격렬함을 판단하기 위하여 고시로 정하는 시험에서 고시로 정하는 성질과 상태를 나타내는 것을 말하며 위험성 유무와 등급에 따라 제1종, 제2종으로 분류한다.

(3) 제5류 위험물의 일반적인 성질

① 외부로부터 산소의 공급 없이도 가열, 충격 등에 의해 연소폭발을 일으킬 수 있는 **자기반응성 물질**이다.
② 하이드라진유도체를 제외하고는 **유기화합물**이다.
③ 유기과산화물을 제외하고는 질소를 함유한 유기질소화합물이다.
④ 모두 가연성의 액체 또는 고체물질이고 연소할 때는 다량의 가스를 발생한다.
⑤ 시간의 경과에 따라 자연발화의 위험성이 있다.

(4) 제5류 위험물의 위험성 21 년 출제

① 외부의 산소공급 없이도 **자기연소**하므로 연소속도가 빠르고 폭발적이다.
② 아조화합물류, 다이아조화합물류, 하이드라진유도체류는 고농도인 경우 충격에 민감하며 연소 시 순간적인 폭발로 이어진다.
③ 나이트로화합물은 화기, 가열, 충격, 마찰에 민감하여 폭발위험이 있다.
④ 강산화제, 강산류와 혼합한 것은 발화를 촉진시키고 위험성도 증가한다.

(5) 제5류 위험물의 저장 및 취급방법

① 화염, 불꽃 등 점화원의 엄금, 가열, 충격, 마찰, 타격 등을 피한다.

② 강산화제, 강산류, 기타 물질이 혼입되지 않도록 한다.

③ 소분하여 저장하고 용기의 파손 및 위험물의 누출을 방지한다.

(6) 제5류 위험물의 소화방법 16 년 출제

초기에는 다량의 주수소화가 적당하다.

> **Plus one** 제5류 위험물의 분해반응식
> • 나이트로글리세린의 분해반응식 24 년 출제 $4C_3H_5(ONO_2)_3 \rightarrow 12CO_2 + 10H_2O + 6N_2 + O_2\uparrow$
> • TNT의 분해반응식 $2C_6H_2CH_3(NO_2)_3 \rightarrow 2C + 3N_2\uparrow + 5H_2\uparrow + 12CO$
> • 피크르산의 분해반응식 $2C_6H_2OH(NO_2)_3 \rightarrow 2C + 3N_2\uparrow + 3H_2\uparrow + 6CO + 4CO_2$

2 각 위험물의 종류 및 특성

(1) 유기과산화물(Organic Peroxide)

> • 정의 : –O–O–기의 구조를 가진 산화물
> • 특성
> – 불안정하며 자기반응성 물질이기 때문에 무기과산화물류보다 더 위험하다.
> – 산소원자 사이의 결합이 약하기 때문에 가열, 충격, 마찰에 의해 분해된다.
> – 분해된 산소에 의해 강한 산화작용을 일으켜 폭발을 일으키기 쉽다.

① **과산화벤조일(BPO ; Benzoyl Peroxide, 벤조일퍼옥사이드)** 24 년 출제
　㉠ 물 성

화학식	지정수량	비 중	융 점	착화점
$(C_6H_5CO)_2O_2$	10[kg]	1.33	105[℃]	125[℃]

　㉡ 무색무취의 **백색 결정**으로 **강산화성 물질**이다.
　㉢ **물**에 **녹지 않고**, 알코올에는 약간 녹는다.
　㉣ **프탈산다이메틸, 프탈산다이부틸의 희석제**를 사용한다.
　㉤ 발화되면 연소속도가 빠르고 **건조상태**에서는 **위험**하다.
　㉥ 마찰, 충격으로 폭발의 위험이 있다.
　㊂ 소화방법은 소량일 때에는 탄산가스, 분말, 건조된 모래로, 대량일 때에는 물이 효과적이다.

② **과산화메틸에틸케톤(MEKPO ; Methyl Ethyl Ketone Peroxide, 메틸에틸케톤퍼옥사이드)**
　㉠ 물 성

화학식	지정수량	융 점	착화점
$C_8H_{16}O_4$	10[kg]	20[℃]	205[℃]

　㉡ 무색, 특이한 냄새가 나는 **기름 모양**의 액체이다.
　㉢ 물에 약간 녹고, 알코올, 에터, 케톤에는 녹는다.
　㉣ 빛, 열, 알칼리금속에 의하여 분해된다.
　㉤ 40[℃] 이상에서 분해가 시작되어 110[℃] 이상이면 발열하고 분해가스가 연소한다.

(2) 질산에스터류

> • 정의 : 질산(HNO_3)의 수소(H)원자가 알킬기(C_nH_{2n+1})로 치환된 화합물
> $R-OH + HNO_3 \rightarrow R-ONO_2 + H_2O$
> 　　　　　　　　　질산에스터
> • 특 성
> − 분자 내부에 산소를 함유하고 있어 불안정하며 분해가 용이하다.
> − 가열, 마찰, 충격으로 폭발이 쉬우며 폭약의 원료로 많이 사용된다.

① **나이트로셀룰로오스(NC ; Nitro Cellulose)**

　㉠ 물 성 `13` `16` 년 출제

화학식	지정수량	분해 온도	비 점
$[C_6H_7O_2(ONO_2)_3]_n$	10[kg]	160[℃]	83[℃]

　㉡ **셀룰로오스**에 **진한 황산**과 **진한 질산**의 **혼산**을 반응시켜 제조한 것이다.

　㉢ 저장 중에 **물** 또는 **알코올**로 **습윤**시켜 저장한다(통상적으로 아이소프로필알코올 30[%]로 습윤시킴).

　㉣ 가열, 마찰, 충격에 의하여 격렬히 연소, 폭발한다.

　㉤ **질화도**가 **클수록 폭발성**이 크다.

　㉥ 용도로는 면약, 래커, 콜로디온의 제조에 쓰인다.

> `Plus one` • 질화도 : 나이트로셀룰로오스 속에 함유된 질소의 함유량
> 　　　　　 − 강면약 : 12.76[%] 이상
> 　　　　　 − 약면약 : 10.18~12.76[%]
> 　　　　 • NC의 분해반응식
> 　　　　 $2C_{24}H_{29}O_9(ONO_2)_{11} \rightarrow 24CO_2\uparrow + 24CO\uparrow + 12H_2O + 17H_2\uparrow + 11N_2\uparrow$

② **나이트로글리세린(NG ; Nitro Glycerine)** `13` `23` 년 출제

　㉠ 물 성

화학식	지정수량	융 점	비 점
$C_3H_5(ONO_2)_3$	10[kg]	2.8[℃]	218[℃]

　㉡ 무색투명한 기름성의 액체(공업용 : 담황색)이다.

　㉢ **알코올, 에터, 벤젠, 아세톤** 등 유기용제에는 **녹는다.**

　㉣ 상온에서 액체이고 겨울에는 동결한다.

　㉤ 혀를 찌르는 듯한 단맛이 있다.

　㉥ 화재 시 폭굉의 우려가 있다.

　㉦ 가열, 마찰, 충격에 민감하므로 **폭발**을 **방지**하기 위하여 **다공성 물질**(규조토, 톱밥, 소맥분, 전분)에 **흡수**시킨다.

　㉧ 규조토에 흡수시켜 **다이너마이트**를 **제조**할 때 사용한다.

③ 질산메틸

㉠ 물 성

화학식	지정수량	비 점	증기비중
CH_3ONO_2	10[kg]	66[℃]	2.65

㉡ **메틸알코올**과 **질산**을 반응하여 **질산메틸**을 제조한다.

$$CH_3OH + HNO_3 \rightarrow CH_3ONO_2 + H_2O$$

㉢ **무색투명**한 **액체**로서 단맛이 있으며 방향성을 갖는다.

㉣ 물에 녹지 않고 알코올, 에터에는 잘 녹는다.

㉤ 폭발성은 거의 없으나 **인화의 위험성**은 있다.

④ 질산에틸

㉠ 물 성

화학식	지정수량	비 점	증기비중
$C_2H_5ONO_2$	10[kg]	88[℃]	3.14

㉡ 에틸알코올과 질산을 반응하여 질산에틸을 제조한다.

$$C_2H_5OH + HNO_3 \rightarrow C_2H_5ONO_2 + H_2O$$

㉢ **무색투명한 액체**로서 방향성을 갖는다.

㉣ 물에 녹지 않고 알코올에는 잘 녹는다.

㉤ **인화점**이 **10[℃]**로 대단히 낮고 연소하기 쉽다.

⑤ **나이트로글라이콜**(Nitro Glycol)

㉠ 물 성

화학식	지정수량	비 중	응고점
$C_2H_4(ONO_2)_2$	10[kg]	1.5	−22[℃]

㉡ 순수한 것은 무색이나 공업용은 담황색 또는 **분홍색**의 **액체**이다.

㉢ 알코올, 아세톤, 벤젠에는 잘 녹는다.

㉣ 산의 존재하에 분해가 촉진되며 폭발할 수도 있다.

⑥ 셀룰로이드

㉠ 물 성

지정수량	비 중	발화점
10[kg]	1.4	180[℃]

㉡ **무색** 또는 **황색**의 반투명 **고체**이다.

㉢ 알코올, 아세톤에 잘 녹고 물에는 녹지 않는다.

㉣ 연소하면 소화가 곤란하고 가열하면 흰 연기를 내며 발화한다.

㉤ 강산화제나 알칼리와의 접촉을 피해야 한다.

(3) 나이트로화합물

- 정의 : 유기화합물의 수소원자가 **나이트로기(–NO₂)**로 치환된 화합물
- 특 성
  - 나이트로기가 많을수록 연소하기 쉽고 폭발력도 커진다.
  - 공기 중 자연발화 위험은 없으나, 가열·충격·마찰에 위험하다.
  - 연소 시 CO, N₂O 등 유독가스가 다량 발생하므로 주의해야 한다.

① 트라이나이트로톨루엔(TNT ; TriNitroToluene) 17 년 출제

ㄱ 물 성

화학식	지정수량	비 점	융 점	착화점	비 중
$C_6H_2CH_3(NO_2)_3$	100[kg]	280[℃]	80.1[℃]	300[℃]	1.66

ㄴ **담황색의 주상 결정**으로 강력한 폭약이다.

ㄷ 충격에는 민감하지 않으나 급격한 타격에 의하여 폭발한다.

ㄹ 물에 녹지 않고, 알코올에는 가열하면 녹고, **아세톤, 벤젠, 에터**에는 **잘 녹는다.**

ㅁ 일광에 의해 갈색으로 변하고 가열, 타격에 의하여 폭발한다.

ㅂ **충격** 감도는 **피크르산보다 약하다.**

> TNT의 분해반응식 : $2C_6H_2CH_3(NO_2)_3 \rightarrow 2C + 3N_2 + 5H_2 + 12CO\uparrow$ 15 17 년 출제

② 트라이나이트로페놀(TriNitroPhenol, 피크린산, 피크르산) 17 18 23 년 출제

ㄱ 물 성

화학식	지정수량	비 점	융 점	착화점	비 중	폭발온도	폭발속도
$C_6H_2OH(NO_2)_3$	100[kg]	255[℃]	121[℃]	300[℃]	1.8	3,320[℃]	7,359[m/s]

ㄴ 광택 있는 **황색**의 **침상결정**이고 **찬물**에는 **미량**이 **녹고 알코올, 에터, 온수**에는 **잘 녹는다.**

ㄷ **쓴맛과 독성**이 있다.

ㄹ 단독으로 가열, 마찰, 충격에 안정하고 연소 시 검은 연기를 내지만 폭발은 하지 않는다.

ㅁ 금속염과 혼합은 폭발이 심하며 가솔린, 알코올, 아이오딘, 황과 혼합하면 마찰, 충격에 의하여 심하게 폭발한다.

ㅂ **황색염료**와 **폭약**으로 사용한다.

> 피크르산의 분해반응식 : $2C_6H_2OH(NO_2)_3 \rightarrow 2C + 3N_2 + 3H_2 + 6CO + 4CO_2\uparrow$

(4) 나이트로소화합물

- 정의 : **나이트로소기(–NO)**를 가진 화합물 19 년 출제
- 특 성
  - 산소를 함유하고 있는 자기연소성, 폭발성 물질이다.
  - 대부분 불안정하며 연소속도가 빠르다.
  - 가열, 마찰, 충격에 의해 폭발의 위험이 있다.

① 파라다이나이트로소벤젠[(Para DiNitroso Benzene, $C_6H_4(NO)_2$]
  ㉠ 황갈색의 분말로서 분해가 용이하다.
  ㉡ 가열, 마찰, 충격에 의하여 폭발하나 폭발력은 강하지 않다.
  ㉢ 고무 가황제의 촉매로 사용한다.
② 다이나이트로소레조르신[DiNitroso Resorcin, $C_6H_2(OH)_2(NO)_2$]
  ㉠ 회흑색의 광택이 있는 결정으로 폭발성이 있다.
  ㉡ 162~163[℃]에서 분해한다.
③ 다이나이트로소펜타메틸렌테드라민[DPT, $C_5H_{10}N_4(NO)_2$]
  ㉠ 광택 있는 크림색의 분말이다.
  ㉡ 가열 또는 산을 가하면 200~205[℃]에서 분해하여 폭발한다.

(5) 하이드라진유도체
① 염산하이드라진(Hydrazine Hydrochloride, $N_2H_4 \cdot HCl$)
  ㉠ 백색의 결정성 분말로서 흡습성이 강하다.
  ㉡ 물에 녹고, 알코올에는 녹지 않는다.
  ㉢ 질산은($AgNO_3$)용액을 가하면 백색침전($AgCl$)이 생긴다.
② 황산하이드라진(DiHydrazine Sulfate, $N_2H_4 \cdot H_2SO_4$)
  ㉠ 백색 또는 무색의 결정성 분말이다.
  ㉡ 물에 녹고, 알코올에는 녹지 않는다.

제6절   제6류 위험물

1 제6류 위험물의 특성

(1) 종 류 13 16 21 23 년 출제

유 별	성 질	품 명	위험등급	지정수량
제6류	산화성 액체	과염소산, 과산화수소, 질산, 할로젠간화합물	I	300[kg]

(2) 정 의 15 17 24 년 출제
① 산화성 액체 : 액체로서 산화력의 잠재적인 위험성을 판단하기 위하여 고시로 정하는 시험에서 고시로 정하는 성질과 상태를 나타내는 것
② 과산화수소 : 농도가 **36[wt%] 이상**인 것
③ 질산 : 비중이 **1.49 이상**인 것

(3) 제6류 위험물의 일반적인 성질 16 22 24 년 출제
① **산화성 액체**이며 **무기화합물**로 이루어져 형성된다.
② 무색투명하며 **비중은 1보다 크고**, 표준상태에서는 모두가 액체이다.

③ **과산화수소**를 **제외**하고 **강산성 물질**이며 물에 녹기 쉽다.

④ **불연성 물질**이며 가연물, 유기물 등과의 혼합으로 발화한다.

⑤ 증기는 유독하며 피부와 접촉 시 점막을 부식시킨다.

(4) 제6류 위험물의 위험성

① 자신은 불연성 물질이지만 산화성이 커 다른 물질의 연소를 돕는다.

② 강환원제, 일반 가연물과 혼합한 것은 접촉발화하거나 가열 등에 의해 위험한 상태로 된다.

③ **과산화수소**를 **제외**하고 **물과 접촉**하면 심하게 **발열**한다.

(5) 제6류 위험물의 저장 및 취급방법

① 염, 물과의 접촉을 피한다.

② 직사광선 차단, 강환원제, 유기물질, 가연성 위험물과 접촉을 피한다.

③ 가열에 의한 유독성 가스의 발생을 방지시킨다.

④ 저장용기는 **내산성 용기**를 사용해야 한다.

(6) 제6류 위험물의 소화방법

소화방법은 **주수소화**가 적합하다.

2 각 위험물의 종류 및 특성

(1) 과염소산(Perchloric Acid)

① 물 성

분자식	지정수량	비 점	융 점	비 중
$HClO_4$	300[kg]	39[℃]	−112[℃]	1.76

② 무색무취의 유동하기 쉬운 액체로 **흡습성**이 강하며 **휘발성**이 있다.

③ 가열하면 폭발하고 산성이 강한 편이다.

④ 물과 반응하면 심하게 발열하며 반응으로 생성된 혼합물도 강한 산화력을 가진다. `14` `년 출제`

⑤ **불연성 물질**이지만 **자극성, 산화성**이 매우 크다.

⑥ 대단히 불안정한 강산으로 순수한 것은 분해가 용이하고 폭발력을 가진다.

⑦ 밀폐용기에 넣어 저장하고 저온에서 통풍이 잘되는 곳에 저장한다.

⑧ 강산화제, 환원제, 알코올류, 사이안화합물, 알칼리와의 접촉을 방지한다.

⑨ 산의 세기 `19` `년 출제`

종 류	과염소산	염소산	아염소산	차아염소산
화학식	$HClO_4$	$HClO_3$	$HClO_2$	$HClO$
산의 세기	1	2	3	4

⑩ 다량의 물로 분무주수하거나 분말소화약제를 사용한다.

(2) 과산화수소(Hydrogen Peroxide)

① 물 성

분자식	지정수량	비 점	융 점	비 중
H_2O_2	300[kg]	152[℃]	-17[℃]	1.46

② **점성**이 있는 무색의 **액체**(다량일 경우 : 청색)이다.

③ 투명하며 물보다 무겁고 수용액 상태는 비교적 안정하다.

④ **물, 알코올**, 에터에 **녹고**, 벤젠에는 녹지 않는다.

⑤ 유기물 등의 가연물에 접촉하면 연소를 촉진시키고 혼합물에 따라 발화한다.

⑥ 농도 60[wt%] 이상은 충격, 마찰에 의해서도 단독으로 **분해폭발** 위험이 있다. 18 년 출제

⑦ 나이트로글리세린, 하이드라진과 혼촉하면 분해하여 발화·폭발한다.

> $$2H_2O_2 + N_2H_4 \rightarrow N_2 + 4H_2O$$

⑧ 저장용기는 밀봉하지 말고 **구멍이 있는 마개를 사용**해야 한다. 15 16 년 출제

⑨ 소량 누출 시 물로 희석하고 다량 누출 시 흐름을 차단하여 물로 씻는다.

> • 과산화수소의 안정제 : 인산(H_3PO_4), 요산($C_5H_4N_4O_3$) 17 20 년 출제
> • 옥시풀 : 과산화수소 3[%] 용액의 소독약
> • 과산화수소의 분해반응식 : $2H_2O_2 \rightarrow 2H_2O + O_2$
> • 과산화수소의 저장용기 : 착색 유리병
> • **구멍 뚫린 마개를 사용하는 이유** : 상온에서 서서히 분해하여 산소가 발생하므로 폭발의 위험이 있어 통기를 위하여

(3) 질산(Nitric Acid)

① 물 성

분자식	지정수량	비 점	융 점	비 중
HNO_3	300[kg]	122[℃]	-42[℃]	1.49

② **흡습성**이 강하여 습한 공기 중에서 발열하는 무색의 무거운 액체이다.

③ **자극성, 부식성**이 강하며, 햇빛에 의해 일부 분해한다.

④ 진한 질산을 가열하면 적갈색의 **갈색 증기**(NO_2)가 발생한다.

⑤ 목탄분, 천, 실, 솜 등에 스며들며 방치하면 자연발화한다. 16 년 출제

⑥ 강산화제, K, Na, NH_4OH, $NaClO_3$와 접촉 시 폭발위험이 있다.

⑦ **물과 반응**하면 **발열**한다.

⑧ 진한 질산은 Co, Fe, Ni, Cr, Al을 부동태화한다.

> 부동태화 : 금속 표면에 산화 피막을 입혀 내식성을 높이는 현상

⑨ 질산은 단백질과 잔(크산)토프로테인 반응을 하여 노란색으로 변한다. 13 년 출제

Plus one 잔토프로테인반응
단백질 검출 반응의 하나로서 아미노산 또는 단백질에 진한 질산을 가하여 가열하면 황색이 되고, 냉각하여 염기성으로 되게 하면 등황색을 띤다.

⑩ 화재 시 다량의 물로 소화한다.

Plus one • 질산에 부식되지 않는 것 : 백금(Pt)
• 질산의 분해반응식
  $4HNO_3 \rightarrow 2H_2O + 4NO_2\uparrow + O_2\uparrow$
• 발연질산 : 진한 질산에 이산화질소를 녹인 것
• 왕수 : 진한 질산+진한 염산=1 : 3

⑪ 질산의 용도 : 의약, 비료, 셀룰로이드 제조 등 **24 년 출제**

001 위험물안전관리법상 제1류 위험물의 특징이 아닌 것은?

① 외부 충격 등에 의해 가연성의 산소를 대량 발생한다.
② 가열에 의해 산소를 방출한다.
③ 다른 가연물의 연소를 돕는다.
④ 가연물과 혼재하면 화재 시 위험하다.

해설 제1류 위험물은 충격에 의하여 **조연성** 가스인 산소를 발생한다.

정답 ①

002 다음 중 제1류 위험물에 속하지 않는 것은?

① NH_4ClO_3 ② BaO_2 ③ CH_3ONO_2 ④ $NaNO_3$

해설 질산메틸(CH_3ONO_2) : 제5류 위험물 질산에스터류

정답 ③

003 산화성 고체 위험물에 속하지 않는 것은?

① Na_2O_2 ② HNO_3 ③ NH_4ClO_4 ④ $KClO_3$

해설 HNO_3(질산) : 제6류 위험물(산화성 액체)

정답 ②

004 제1류 위험물로서 그 성질이 산화성 고체인 것은?

① 아염소산염류 ② 과염소산 ③ 금속분 ④ 셀룰로이드

해설 위험물의 분류

종 류	아염소산염류	과염소산	금속분	셀룰로이드
유 별	제1류 위험물	제6류 위험물	제2류 위험물	제5류 위험물
성 질	산화성 고체	산화성 액체	가연성 고체	자기반응성 물질

정답 ①

005 다음 위험물 중 지정수량이 50[kg]인 것은?

① $NaClO_3$ ② NH_4NO_3 ③ $NaBrO_3$ ④ $(NH_4)_2Cr_2O_7$

해설 제1류 위험물의 지정수량

종 류	$NaClO_3$	NH_4NO_3	$NaBrO_3$	$(NH_4)_2Cr_2O_7$
명 칭	염소산나트륨	질산암모늄	브로민산나트륨	다이크로뮴산암모늄
품 명	염소산염류	질산염류	브로민산염류	다이크로뮴산염류
지정수량	50[kg]	300[kg]	300[kg]	1,000[kg]

정답 ①

006 위험물을 제조소에서 아래와 같이 위험물을 취급하고 있는 경우 지정수량의 몇 배가 보관되어 있는 것인가?

> 염소산염류 : 200[kg], 무기과산화물 : 50[kg], 다이크로뮴산염류 : 1,500[kg]

① 3.5배   ② 4.5배   ③ 5.5배   ④ 6.5배

해설 지정수량의 배수 $= \dfrac{\text{취급수량}}{\text{지정수량}} = \dfrac{200}{50} + \dfrac{50}{50} + \dfrac{1,500}{1,000} = 6.5$배

정답 ④

007 대부분 무색결정 또는 백색분말로서 비중이 1보다 크며, 대부분 물에 잘 녹는 위험물은?

① 제1류 위험물   ② 제2류 위험물
③ 제3류 위험물   ④ 제4류 위험물

해설 **제1류 위험물의 일반적인 성질**
- 대부분 무기화합물로서 **무색결정 또는 백색분말**의 산화성 고체이다.
- 강산화성 물질이며 불연성 고체이다.
- 가열, 충격, 마찰, 타격으로 분해하여 산소를 방출해 가연물의 연소를 도와준다.
- **비중은 1보다 크며** 물에 녹는 것도 있고 질산염류와 같이 조해성이 있는 것도 있다.
- 대부분 물에 잘 녹는다.
- 가열하여 용융된 진한 용액은 가연성 물질과 접촉 시 혼촉발화의 위험이 있다.

정답 ①

008 제1류 위험물의 취급 방법으로서 잘못된 사항은?

① 환기가 잘되는 찬 곳에 저장한다.
② 가열, 충격, 마찰 등의 요인을 피한다.
③ 가연물과 접촉은 피해야 하나 습기는 관계없다.
④ 화재 위험이 있는 장소에서 떨어진 곳에 저장한다.

해설 **제1류 위험물** : **조해성**이 있는 것도 있어 습기에 주의해야 한다.

정답 ③

009 제1류 위험물에 대한 일반적인 화재예방방법이 아닌 것은?

① 반응성이 크므로 가열, 마찰, 충격 등에 주의한다.
② 불연성이므로 화기접촉은 관계없다.
③ 가연물의 접촉, 혼합 등을 피한다.
④ 질식소화는 효과가 없다.

해설 제1류 위험물은 산화성 고체로서 화기접촉을 피해야 한다.

정답 ②

010 위험물의 적응 소화방법으로 옳지 않은 것은?

① 산화성 고체 – 질식소화   ② 가연성 고체 – 냉각소화

③ 인화성 액체 – 질식소화   ④ 자기반응성 물질 – 냉각소화

> **해설** 산화성 고체(제1류 위험물) : 냉각소화

정답 ①

011 제1류 위험물 중 알칼리금속의 과산화물에 가장 효과가 큰 소화약제는?

① 건조사   ② 강화액소화기

③ 물   ④ CO_2

> **해설** 알칼리금속의 과산화물 소화약제 : 탄산수소염류 분말, 건조사

정답 ①

012 아염소산나트륨의 위험성으로 옳지 않은 것은?

① 단독으로 폭발 가능하고 분해 온도 이상에서는 산소를 발생한다.

② 비교적 안정하나 시판품은 140[℃] 이상의 온도에서 발열반응을 일으킨다.

③ 유기물, 금속분 등 환원성 물질과 접촉하면 즉시 폭발한다.

④ 수용액 중에서 강력한 환원력이 있다.

> **해설** 아염소산나트륨($NaClO_2$)의 수용액은 강한 산성이다.

정답 ④

013 수분을 함유한 $NaClO_2$의 분해 온도는?

① 약 50[℃]   ② 약 70[℃]

③ 약 100[℃]   ④ 약 130[℃]

> **해설** 아염소산나트륨($NaClO_2$)의 분해 온도
> • 수분 함유 : 120~130[℃]
> • 무수물(수분이 없으면) : 350[℃]

정답 ④

014 산과 접촉하였을 때 이산화염소 가스를 발생하는 제1류 위험물은?

① 아이오딘산염류   ② 다이크로뮴산염류

③ 아염소산염류   ④ 브로민산염류

> **해설** 아염소산염류(아염소산나트륨)는 산과 반응하면 이산화염소(ClO_2)의 유독가스가 발생한다.
>
> $$3NaClO_2 + 2HCl \rightarrow 3NaCl + 2ClO_2 + H_2O_2$$

정답 ③

015 다음 염소산염류의 성질이 아닌 것은?

① 무색 결정이다.

② 산소를 많이 함유하고 있다.

③ 환원력이 강하다.

④ 강산과 혼합하면 폭발의 위험성이 있다.

해설 **염소산염류의 성질**
- 무색 결정으로 대부분 물에 녹으며 상온에서 안정하나 열에 의해 분해하여 산소가 발생한다.
- 장시간 일광에 방치하면 분해하여 아염소산염류($MClO_2$)가 된다.
- 수용액은 강한 **산화력**이 있으며 산화성 물질과 혼합하면 폭발을 일으킨다.
- 중금속의 염소산염은 100~250[℃]에서 분해폭발한다.
- 강산과 혼합하면 폭발의 위험성이 있다.

정답 ③

016 다음은 제1류 위험물인 염소산염류에 대한 설명이다. 옳지 않은 것은?

① 일광(햇빛)에 장기간 방치하였을 때는 분해하여 아염소산염이 생성된다.

② 녹는점 이상의 높은 온도가 되면 분해되어 조연성 기체인 수소가 발생한다.

③ NH_4ClO_3는 물보다 무거운 무색의 결정이며, 조해성이 있다.

④ 염소산염에 가열, 충격 및 산을 첨가시키면 폭발 위험성이 나타난다.

해설 염소산염류는 분해되면 조연성 가스인 **산소**를 발생한다.

정답 ②

017 염소산칼륨의 지정수량은?

① 10[kg]

② 50[kg]

③ 500[kg]

④ 1,000[kg]

해설 **제1류 위험물의 지정수량**
- 염소산염류, 아염소산염류, 과염소산염류, 무기과산화물 : 50[kg]
- 브로민산염류, 질산염류, 아이오딘산염류 : 300[kg]
- 과망가니즈산염류, 다이크로뮴산염류 : 1,000[kg]

염소산염류 : 염소산칼륨, 염소산나트륨, 염소산암모늄

정답 ②

018 염소산칼륨의 성질 중 옳지 않은 것은?

① 무색 단사판상의 결정 또는 백색분말이다.

② 냉수에 조금 녹고 온수에 잘 녹는다.

③ 800[℃] 부근에서 분해하여 염소를 발생한다.

④ 융점 368[℃]로 강산의 첨가는 위험하다.

해설 **염소산칼륨의 성질**

• 무색 단사정계 판상결정 또는 백색분말이다.

• 냉수에 조금 녹고 온수에 잘 녹는다.

• 융점 : 약 368[℃]

• 열분해반응식(400[℃])

$$2KClO_3 \rightarrow KCl + KClO_4 + O_2 \uparrow$$
$$\text{(염소산칼륨)} \quad \text{(염화칼륨)} \quad \text{(과염소산칼륨)} \quad \text{(산소)}$$

정답 ③

019 염소산칼륨과 혼합했을 때 발화, 폭발의 위험이 있는 물질은?

① 금   ② 유 리

③ 석 면   ④ 목 탄

해설 염소산칼륨($KClO_3$)은 목탄, 적린과 혼합하였을 때 발화, 폭발의 위험이 있다.

정답 ④

020 $KClO_3$를 가열할 때 나타나는 현상과 관계가 없는 것은?

① 화학적 분해를 한다.   ② 산소가스가 발생된다.

③ 염소가스가 발생한다.   ④ 염화칼륨이 생성된다.

해설 **염소산칼륨의 분해반응식**

$$2KClO_3 \rightarrow KCl + KClO_4 + O_2 \uparrow$$

정답 ③

021 실험실에서 산소를 얻고자 할 때 $KClO_3$에 MnO_2를 가하고 가열하여 얻는다. 그 이유로서 가장 적당한 것은?

① O_2를 많이 얻기 위함이다.

② $KClO_3$를 완전분해하기 위함이다.

③ 저온에서 반응속도를 증가시키기 때문이다.

④ MnO_2를 가하지 않으면 O_2를 얻을 수 없기 때문이다.

해설 $KClO_3$에 저온에서 반응속도를 증가시키기 위하여 MnO_2를 가하고 가열하여 산소를 얻는다.

정답 ③

022 제1류 위험물인 염소산나트륨($NaClO_3$)의 저장 및 취급 시 주의사항 중 옳지 않은 것은?

① 조해성이므로 용기의 밀폐, 밀봉에 주의한다.
② 공기와의 접촉을 피하기 위하여 물속에 저장한다.
③ 분해를 촉진하는 약품류와의 접촉을 피한다.
④ 가열, 충격, 마찰 등을 피한다.

해설 염소산나트륨($NaClO_3$)은 조해성이 크므로 물속에 저장하면 안 되고 밀폐, 밀봉하여 저장한다.

정답 ②

023 제1류 위험물 중 가열 시 분해 온도가 가장 낮은 물질은 무엇인가?

① $KClO_3$　　　② Na_2O_2　　　③ NH_4ClO_4　　　④ KNO_3

해설 분해 온도

종류	염소산칼륨($KClO_3$)	과산화나트륨(Na_2O_2)	과염소산암모늄(NH_4ClO_4)	질산칼륨(KNO_3)
분해 온도[℃]	400	460	130	400

정답 ③

024 염소산나트륨과 무엇과 반응하면 폭발성 가스를 발생시키는가?

① 이황화탄소　　　② 사염화탄소　　　③ 진한 황산용액　　　④ 수산화나트륨

해설 염소산나트륨과 산이 반응하면 이산화염소(ClO_2)의 폭발성 가스가 발생한다.
• $2NaClO_3 + 2HCl \rightarrow 2NaCl + 2ClO_2 + H_2O_2$
• $2NaClO_3 + H_2SO_4 \rightarrow Na_2SO_4 + 2ClO_2 + H_2O_2$

정답 ③

025 염소산나트륨($NaClO_3$)의 성상에 관한 설명으로 올바른 것은?

① 황색의 결정이다.　　　　　　　② 비중은 1.0이다.
③ 환원력이 강한 물질이다.　　　④ 물, 알코올에 잘 녹으며 조해성이 강하다.

해설 염소산나트륨($NaClO_3$)
• 무색무취의 주상 결정
• 산화성 고체
• 비중 : 2.5
• **물, 에터, 알코올에 잘 녹으며 조해성이 강하다.**

정답 ④

026 다음 중 무색무취, 사방정계 결정으로 융점이 약 400[℃]이고 물에 녹기 어려운 위험물은?

① $NaClO_3$　　　② $KClO_3$　　　③ $NaClO_4$　　　④ $KClO_4$

해설 **과염소산칼륨($KClO_4$)** : 무색무취, 사방정계 결정으로 융점이 약 400[℃]이고 물에 녹기 어려운 위험물

정답 ④

027 무색 또는 백색의 결정으로 308[℃]에서 사방정계에서 입방정계로 전이하는 물질은?

① NaClO₄   ② NaClO₃   ③ KClO₃   ④ KClO₄

해설   과염소산나트륨(NaClO₄)은 무색 또는 백색의 결정으로 308[℃]에서 사방정계에서 입방정계로 전이하는 물질이다.

정답 ①

028 과염소산암모늄의 일반적인 성질이 아닌 것은?

① 무색 결정 또는 백색 분말   ② 130[℃]에서 분해하기 시작함
③ 300[℃]에서 급격히 분해함   ④ 물에 용해되지 않음

해설   과염소산암모늄(NH₄ClO₄)은 물, 에탄올, 아세톤에 잘 녹는다.

정답 ④

029 과염소산칼륨과 제2류 위험물이 혼합되는 것은 대단히 위험하다. 그 이유로 타당한 것은?

① 전류가 발생하고 자연발화하기 때문이다.
② 혼합하면 과염소산칼륨이 불연성 물질로 바뀌기 때문이다.
③ 가열, 충격 및 마찰에 의하여 착화 폭발하기 때문이다.
④ 혼합하면 용해하기 때문이다.

해설   과염소산칼륨(제1류 위험물)과 제2류 위험물이 혼합하면 가열, 충격 및 마찰에 의하여 착화 폭발하기 때문에 위험하다.

정답 ③

030 과염소산염류 중 분해 온도가 가장 낮은 것은?

① KClO₄   ② NaClO₄   ③ NH₄ClO₄   ④ Mg(ClO₄)₂

해설   분해 온도

종 류	과염소산칼륨 (KClO₄)	과염소산나트륨 (NaClO₄)	과염소산암모늄 (NH₄ClO₄)	과염소산마그네슘 [Mg(ClO₄)₂]
분해 온도[℃]	400	400	130	400

정답 ③

031 다음 질산염류의 성질로서 옳은 것은?

① 일반적으로 흡습성이며 가열하면 산소와 아질산염이 되며 알코올에 녹지 않는다.
② 일반적으로 물에 잘 녹고 가열하면 산소를 발생하며 질산염의 특유의 냄새가 난다.
③ 일반적으로 물에 잘 녹고 가열하면 폭발하며 무수알코올에도 잘 녹는다.
④ 일반적으로 물에 잘 안 녹으며 가열하면 폭발하며 질산염의 특유의 냄새가 난다.

해설   질산염류는 일반적으로 흡습성이며 가열하면 산소와 아질산염이 되며 알코올에 녹지 않는다.

질산칼륨 : 조해성

정답 ①

032 다음 위험물 중 질산염류에 속하지 않는 것은 어느 것인가?

① 질산칼륨   ② 질산에틸   ③ 질산암모늄   ④ 질산나트륨

해설   질산에틸 : 제5류 위험물의 질산에스터류

정답 ②

033 다음 중 질산칼륨에 대한 설명 중 틀린 것은?

① 강산화제이다.

② 흑색화약의 원료로서 폭발의 위험이 있다.

③ 알코올에는 잘 녹고 물이나 글리세린에는 녹지 않는다.

④ 수용액은 중성반응을 나타낸다.

해설   **질산칼륨(KNO_3)의 특성**

• 제1류 위험물로서 강산화제이다.

• 무색무취의 결정 또는 백색결정으로 초석이라고도 한다.

• **물, 글리세린에 잘 녹으나, 알코올에는 녹지 않는다.**

• 강산화제이며 가연물과 접촉하면 위험하다.

• 황과 숯가루와 혼합하여 흑색화약을 제조한다.

• 티오황산나트륨과 함께 가열하면 폭발한다.

• 소화방법 : 주수소화

질산칼륨의 분해반응식 : $2KNO_3 \rightarrow 2KNO_2 + O_2 \uparrow$

정답 ③

034 제1류 위험물 중 취급할 때 특히 습기에 주의해야 하는 것은?

① 염소산염류   ② 과염소산칼륨

③ 과망가니즈산염류   ④ 질산염류

해설   질산염류는 조해성이므로 습기에 주의해야 한다.

정답 ④

035 다음 질산염류에서 칠레초석이라고 하는 것은?

① 질산암모늄   ② 질산나트륨   ③ 질산칼륨   ④ 질산마그네슘

해설   **질산나트륨의 특성**

• 물 성

분자식	분자량	비 중	융 점	분해 온도
$NaNO_3$	85	2.27	308[℃]	380[℃]

• 무색무취의 결정으로 **칠레초석**이라고도 한다.

• 조해성이 있는 강산화제이다.

• 물, 글리세린에 잘 녹고, 무수알코올에는 녹지 않는다.

• 가연물, 유기물과 혼합하여 가열하면 폭발한다.

정답 ②

036 다음 중 질산암모늄의 성상이 올바른 것은?

① 상온에서 황색의 액체이다.

② 상온에서 폭발성의 액체이다.

③ 물을 흡수하면 흡열반응을 한다.

④ 녹색, 무취의 결정으로 알코올에 녹는다.

해설 **질산암모늄**(NH_4NO_3)은 물이나 알코올에 녹는다(**물에 용해 시 흡열반응**).

정답 ③

037 질산암모늄의 분해·폭발 시 생성되는 것이 아닌 것은?

① 질 소   ② 산 소

③ 이산화질소   ④ 물

해설 **질산암모늄의 분해·폭발식**

$$2NH_4NO_3 \rightarrow 2N_2 + 4H_2O + O_2 \uparrow$$
(질소)　(물)　(산소)

정답 ③

038 다음 중 사진감광제, 사진제판, 보온병 제조 등에서 사용되는 위험물은?

① 질산칼륨(KNO_3)   ② 질산나트륨($NaNO_3$)

③ 질산은($AgNO_3$)   ④ 염소산칼륨($KClO_3$)

해설 **질산은($AgNO_3$)의 용도** : 사진감광제, 사진제판, 보온병 제조

정답 ③

039 제1류 위험물 중 무기과산화물에 대한 설명 중 틀린 것은?

① 불연성 물질이다.

② 가열·충격에 의하여 폭발하는 것도 있다.

③ 물과 반응하여 발열하고 수소가스를 발생시킨다.

④ 가열 또는 산화되기 쉬운 물질과 혼합하면 분해되어 산소를 발생한다.

해설 **제1류 위험물(무기과산화물)의 일반적인 성질**
• 대부분 무색 결정 또는 백색 분말의 고체이다.
• 강산화성 물질이며 불연성 고체이다.
• 가열, 충격, 마찰, 타격으로 분해하여 산소를 방출해 가연물의 연소를 도와준다.
• 비중은 1보다 크며 물에 녹는 것도 있고 질산염류와 같이 조해성이 있는 것도 있다.
• 물과 반응하면 조연성 가스인 산소를 발생한다.

정답 ③

040 다음 중 과산화칼륨(2[mol])과 물(2[mol])을 반응시킬 때 일어나는 화학반응에 관한 설명 중 옳은 것은?

① 흡열반응을 한다.   ② 산성 물질이 생성된다.

③ 산소가스를 발생시킨다.   ④ 불연성 가스가 발생한다.

> 해설   과산화칼륨과 물이 반응하면 산소가스가 발생한다.

$$2K_2O_2 + 2H_2O \rightarrow 4KOH + O_2\uparrow$$

정답 ③

041 다음 중 주수소화가 적합하지 않은 것은?

① $NaNO_3$ ② $AgNO_3$ ③ K_2O_2 ④ $(C_6H_5CO)_2O_2$

> 해설   과산화칼륨(K_2O_2)과 물이 반응하면 산소를 발생하므로 위험하다.

정답 ③

042 다음 물질 중 오렌지색 또는 무색의 분말로 흡습성이 있으며 에탄올에 녹는 것으로서 물과 급격히 반응하여 발열하고 산소를 방출시키는 물질은?

① 과산화수소   ② 과황산칼륨   ③ 과산화바륨   ④ 과산화칼륨

> 해설   **과산화칼륨(K_2O_2)** : 오렌지색 또는 무색의 분말로 흡습성이 있으며 에탄올에 녹는 것으로서 물과 급격히 반응하여 발열하고 산소를 방출시키는 물질

정답 ④

043 알칼리금속의 과산화물 화재 시 적당하지 않은 소화제는?

① 건조사   ② 물   ③ 암 분   ④ 소다회

> 해설   알칼리금속의 과산화물(K_2O_2, Na_2O_2)은 물과의 접촉 시 산소가 발생하므로 주수소화는 적합하지 않다.
>
> **Plus one** **알칼리금속의 과산화물 반응식**
> - $2K_2O_2 + 2H_2O \rightarrow 4KOH + O_2\uparrow$ • $2Na_2O_2 + 2H_2O \rightarrow 4NaOH + O_2\uparrow$

정답 ②

044 과산화나트륨에 무엇을 작용시키면 과산화수소가 발생하는가?

① 탄산가스   ② 염 산

③ 물   ④ 수산화나트륨용액

> 해설   과산화나트륨과 염산이 반응하면 과산화수소(H_2O_2)가 발생한다.

$$Na_2O_2 + 2HCl \rightarrow 2NaCl + H_2O_2\uparrow$$

정답 ②

045 과산화칼륨(K_2O_2), 과산화나트륨(Na_2O_2)의 공통되는 성질로서 옳은 것은?

① 백색침상 결정이다.
② 가열하면 수소를 발생한다.
③ 공기 중의 CO_2를 흡수하면 탄산염이 된다.
④ 물에는 난용이나 알코올에는 쉽게 녹는다.

해설 과산화칼륨과 과산화나트륨의 비교

구 분 종 류	과산화칼륨	과산화나트륨
외 관	무색 또는 오렌지색의 결정	백색 또는 황백색의 분말
물과 접촉 시	산소 발생	산소 발생
CO_2 흡수 시	탄산염(K_2CO_3)이 생성	탄산염(Na_2CO_3)이 생성
용해성	에틸알코올에 용해	에틸알코올에 불용

정답 ③

046 다음 중 알칼리토금속의 과산화물로서 비중이 약 4.95, 융점이 약 450[℃]인 것으로 비교적 안정한 물질은?

① BaO_2
② CaO_2
③ MgO_2
④ BeO_2

해설 과산화바륨(BaO_2)의 물성

분자식	분자량	비 중	융 점	분해 온도
BaO_2	169	4.95	450[℃]	840[℃]

정답 ①

047 과산화바륨이 분해할 때의 반응식으로 옳은 것은?

① $2BaO_2 \rightarrow 2BaO + O_2$
② $2BaO_2 \rightarrow Ba_2O + O_3$
③ $2BaO_2 \rightarrow 2Ba + 2O_2$
④ $2BaO_2 \rightarrow Ba_2O_3 + O$

해설 과산화바륨의 분해반응식

$$2BaO_2 \rightarrow 2BaO + O_2 \uparrow$$

정답 ①

048 제1류 위험물인 브로민산염류의 지정수량은?

① 50[kg]
② 300[kg]
③ 1,000[kg]
④ 100[kg]

해설 브로민산염류, 질산염류, 아이오딘산염류의 지정수량 : 300[kg]

정답 ②

049 과망가니즈산칼륨에 대한 설명 중 옳지 않은 것은?

① 알코올 등 유기물과의 접촉을 피한다.   ② 수용액은 강한 환원력과 살균력이 있다.

③ 흑자색의 주상 결정이다.   ④ 일광을 차단하여 저장한다.

> 해설   과망가니즈산칼륨은 제1류 위험물로서 강한 산화력을 가진다.

정답 ②

050 과망가니즈산칼륨이 240[℃]의 분해 온도에서 분해하였을 때 생길 수 없는 물질은?

① O_2 ② MnO_2 ③ K_2O ④ K_2MnO_4

> 해설   과망가니즈산칼륨의 분해식(240[℃])
>
> $$2KMnO_4 \rightarrow K_2MnO_4 + MnO_2 + O_2\uparrow$$
> (과망가니즈산칼륨) (망가니즈산칼륨) (이산화망가니즈) (산소)

정답 ③

051 다음 위험물은 산화성 고체 위험물로서 대부분 무색 또는 백색 결정으로 되어 있다. 이 중 무색 또는 백색이 아닌 물질은?

① $KClO_3$ ② BaO_2 ③ $KMnO_4$ ④ $KClO_4$

> 해설 $KMnO_4$(과망가니즈산칼륨) : 흑자색의 주상결정

정답 ③

052 어떤 물질에 과망가니즈산칼륨을 묻혀 알코올램프의 심지에 접하면 점화한다. 이 물질은 어느 것인가?

① 진한 황산   ② 알코올   ③ 과산화나트륨   ④ 금속나트륨

> 해설   과망가니즈산칼륨에 진한 황산(강산화제)을 첨가하여 점화원이 있으면 연소한다.

정답 ①

053 등적색의 결정으로 비중이 2.69이며, 알코올에는 불용이고 분해 온도 500[℃]로서 가열에 의해 삼산화크로뮴과 크로뮴산칼륨으로 분해되는 위험물은?

① 다이크로뮴산칼륨   ② 다이크로뮴산암모늄

③ 다이크로뮴산아연   ④ 다이크로뮴산칼슘

> 해설   다이크로뮴산칼륨의 성질
> • 물 성
>
> | 분자식 | 분자량 | 비 중 | 융 점 | 분해 온도 |
> |---|---|---|---|---|
> | $K_2Cr_2O_7$ | 294 | 2.69 | 398[℃] | 500[℃] |
>
> • 등적색의 판상 결정이다.
> • 물에 녹고, 알코올에는 녹지 않는다.
> • 가열에 의해 삼산화크로뮴과 크로뮴산칼륨으로 분해된다.

정답 ①

054 오렌지색 단사정계 결정이며 180[℃]에서 질소가스가 발생하는 것은?

① 다이크로뮴산칼륨
② 다이크로뮴산나트륨
③ 다이크로뮴산암모늄
④ 다이크로뮴산아연

해설 다이크로뮴산암모늄은 오렌지색 단사정계 결정이며 180[℃]에서 질소가스가 발생한다.

정답 ③

055 다음 제1류 위험물이 아닌 것은?

① Al_4C_3
② $KMnO_4$
③ $NaNO_3$
④ NH_4NO_3

해설 위험물의 분류

종 류	Al_4C_3	$KMnO_4$	$NaNO_3$	NH_4NO_3
명 칭	탄화알루미늄	과망가니즈산칼륨	질산나트륨	질산암모늄
유 별	제3류 위험물 알루미늄의 탄화물	제1류 위험물 과망가니즈산염류	제1류 위험물 질산염류	제1류 위험물 질산염류

정답 ①

056 위험물인 무수크로뮴산의 성상에 관한 설명으로 옳은 것은?

① 물, 황산에 잘 녹는다.
② 가열하면 CO_2가 발생한다.
③ 유기물과 접촉해도 반응하지 않는다.
④ 오래 저장해두면 자연 발화되는 경우는 없다.

해설 무수크로뮴산(CrO_3)
• 물, 알코올, 에터, 황산에 잘 녹는다.
• 가열분해식 : $4CrO_3 \rightarrow 2Cr_2O_3 + 3O_2 \uparrow$
• 황, 목탄분, 적린, 금속분, 유기물, 인, 목탄분, 피크르산, 가연물과 혼합하면 폭발의 위험이 있다.

정답 ①

057 삼산화크로뮴(Chromium Trioxide)을 융점 이상으로 가열(250[℃])하였을 때 분해 생성물은?

① CrO_2와 O_2
② Cr_2O_3와 O_2
③ Cr와 O_2
④ Cr_2O_5와 O_2

해설 삼산화크로뮴의 분해반응식

$$4CrO_3 \xrightarrow{\triangle} 2Cr_2O_3 + 3O_2 \uparrow$$

정답 ②

058 가연성 고체 위험물의 공통적인 성질이 아닌 것은?

① 낮은 온도에서 발화하기 쉬운 가연성 물질이다.

② 연소속도가 빠른 고체이다.

③ 물에 잘 녹는다.

④ 비중은 1보다 크다.

> **해설** **제2류 위험물의 성질**
> • 가연성 고체로서 비교적 낮은 온도에서 착화하기 쉬운 가연성, 속연성 물질이다.
> • 비중은 1보다 크고 **물에 녹지 않고** 산소를 함유하지 않기 때문에 강력한 환원성 물질이다.
> • 산소와 결합이 용이하여 산화되기 쉽고 연소속도가 빠르다.
> • 연소 시 연소열이 크고 연소온도가 높다.
>
> **정답** ③

059 다음 제2류 위험물 성질에 관한 설명 중 틀린 것은?

① 가열이나 산화제를 멀리한다.

② 금속분은 산이나 물과는 반응하지 않는다.

③ 연소 시 유독한 가스에 주의해야 한다.

④ 금속분의 화재 시에는 건조사의 피복 소화가 좋다.

> **해설** 금속분은 산이나 물과 반응하면 가연성 가스인 **수소**를 발생한다.
>
> **정답** ②

060 다음 중 제2류, 제5류 위험물의 공통점에 해당하는 것은?

① 산화력이 강하다. ② 산소 함유물질이다.

③ 가연성 물질이다. ④ 유기물이다.

> **해설** 제2류와 제5류 위험물은 가연물이고 제1류, 제3류(일부 가연성), 제6류는 불연성이다.
>
> **정답** ③

061 제2류 위험물과 제4류 위험물의 공통적인 성질로 옳은 것은?

① 모두 물에 의해 소화가 가능하다.

② 모두 산소원소를 포함하고 있다.

③ 모두 물보다 가볍다.

④ 모두 가연성 물질이다.

> **해설** **제2류 위험물과 제4류 위험물의 공통적인 성질**
> • 제2류는 냉각소화, 제4류 위험물은 질식소화가 가능하다.
> • 제1류와 제6류 위험물은 산소원소를 포함하고 있다.
> • 제4류 위험물(액체)은 물보다 가벼운 것이 많다.
> • **제2류와 제4류 위험물**은 모두 **가연성 물질**이다.
>
> **정답** ④

062 제2류 위험물의 저장 및 취급방법으로 옳지 않은 것은?

① 산화제와의 접촉을 피할 것

② 타격 및 충격을 피할 것

③ 점화원 또는 가열을 피할 것

④ 물 또는 습기와의 접촉을 피할 것

해설 　제3류 위험물 : 물과 습기와의 접촉금지

정답 ④

063 제2류 위험물인 금속분, 철분, 마그네슘 화재 시 조치방법은?

① 금속분은 대량 주수에 의해 냉각소화를 할 것

② 과산화물은 분무성 물에 의한 질식소화를 할 것

③ 가연성 액체는 인화점 이하로 냉각소화를 할 것

④ 마른 모래에 의한 피복소화를 할 것

해설 　금속분, 철분, 마그네슘(금수성 물질) : 마른 모래에 의한 피복소화

정답 ④

064 황, 금속분 등을 저장할 때 가장 주의해야 할 사항은 무엇인가?

① 가연성 물질과 함께 보관하거나 접촉을 피해야 한다.

② 빛이 닿지 않는 어두운 곳에 보관해야 한다.

③ 통풍이 잘되는 양지 바른 장소에 보관해야 한다.

④ 화기의 접근이나 과열을 피해야 한다.

해설 　황(제2류 위험물), 금속분(제2류 위험물) 등은 가연성 고체로서 화기의 접근을 피해야 한다.

정답 ④

065 가연성 고체 위험물에 산화제를 혼합하면 위험한 이유는 다음 중 어느 것인가?

① 온도가 올라가며 자연착화되기 때문에

② 즉시 착화폭발하기 때문에

③ 약간의 가열, 충격, 마찰에 의하여 착화폭발하기 때문에

④ 가연성 가스를 발생하기 때문

해설 　가연성 고체(제2류 위험물)와 산화제(제1류 위험물)를 혼합하면 약간의 가열, 충격, 마찰에 의하여 착화폭발하기 때문에 위험하다.

정답 ③

066 다음 위험물 지정수량이 제일 적은 것은?

① 황　　　　② 황 린　　　　③ 황화인　　　　④ 적 린

해설 　**지정수량**

종 류	황	황 린	황화인	적 린
지정수량	100[kg]	20[kg]	100[kg]	100[kg]

정답 ②

067 다음 위험물 중 지정수량이 다른 것은?

① KNO_3　　　　② P_4S_3　　　　③ CrO_3　　　　④ CaC_2

해설　지정수량

종 류	KNO_3	P_4S_3	CrO_3	CaC_2
유 별	질산칼륨	삼황화인	삼산화크로뮴	탄화칼슘(카바이드)
지정수량	300[kg]	100[kg]	300[kg]	300[kg]

정답 ②

068 황화인은 보통 3종류의 화합물을 갖고 있다. 다음 중 그 종류에 속하지 않는 것은?

① PS　　　　② P_4S_3　　　　③ P_2S_5　　　　④ P_4S_7

해설　황화인의 3종류 : 삼황화인(P_4S_3), 오황화인(P_2S_5), 칠황화인(P_4S_7)

정답 ①

069 다음 제2류 위험물인 황화인에 대한 설명 중 옳지 않은 것은?

① 황화인은 P_4S_3, P_2S_5, P_4S_7 세 종류가 있으며 미립자는 기관지 및 눈의 점막을 자극한다.
② 삼황화인은 과산화물, 과망가니즈산염, 황린, 금속분과 혼합하면 자연발화한다.
③ 모든 황화인은 공기 중에서 연소하여 황화수소 가스를 발생한다.
④ 황화인은 소량의 경우 유리병에 저장하고, 대량의 경우에는 양철통에 넣은 후 나무상자에 보관한다.

해설　황화인은 공기 중에서 연소하면 아황산가스(SO_2)를 발생한다.

정답 ③

070 황화인의 저장 시 멀리해야 하는 것은?

① 물　　　　② 금속분　　　　③ 염 산　　　　④ 황 산

해설　황화인은 금속분, 과산화물과 접촉 시 자연발화한다.

정답 ②

071 황화인 중에서 비중이 약 2.03, 융점이 약 173[℃]이며 황색 결정이고 물, 황산 등에는 불용성이며 질산에 녹는 것은?

① P_2S_5　　　　② P_2S_3　　　　③ P_4S_3　　　　④ P_4S_7

해설　황화인
• 종 류

종 류 \ 항 목	외 관	화학식	비 점	비 중	융 점	착화점
삼황화인	황색 결정	P_4S_3	407[℃]	2.03	172.5[℃]	약 100[℃]
오황화인	담황색 결정	P_2S_5	514[℃]	2.09	290[℃]	142[℃]
칠황화인	담황색 결정	P_4S_7	523[℃]	2.03	310[℃]	–

• 황색의 결정 또는 분말이다.
• 삼황화인은 이황화탄소(CS_2), 알칼리, 질산에 녹고, 물, 염산, 황산에는 녹지 않는다.

정답 ③

072 황화인에 대한 설명이다. 틀린 설명은?

① 황화인은 동소체로는 P_4S_3, P_2S_5, P_4S_7이 있다.

② 황화인의 지정수량은 100[kg]이다.

③ 삼황화인은 과산화물, 금속분과 혼합하면 자연발화할 수 있다.

④ 오황화인은 물 또는 알칼리에 분해하여 이황화탄소와 황산이 된다.

해설 오황화인은 물 또는 알칼리에 **분해**하여 **황화수소(H_2S)**와 **인산(H_3PO_4)**이 된다.

$$P_2S_5 + 8H_2O \rightarrow 5H_2S + 2H_3PO_4$$

정답 ④

073 삼황화인(P_4S_3)은 다음 중 어느 물질에 녹는가?

① 물   ② 염 산

③ 질 산   ④ 황 산

해설 삼황화인은 이황화탄소, 알칼리, **질산**에 **녹는다.**

정답 ③

074 다음 중 삼황화인의 주 연소생성물은?

① 오산화인과 이산화황   ② 오산화인과 이산화탄소

③ 이산화황과 포스핀   ④ 이산화황과 포스겐

해설 삼황화인의 연소반응식

$$P_4S_3 + 8O_2 \rightarrow 2P_2O_5 + 3SO_2 \uparrow$$
$$\text{(오산화인) (이산화황)}$$

정답 ①

075 삼황화인(P_4S_3)의 성질에 대한 설명으로 가장 옳은 것은?

① 물, 알칼리 중 분해하여 황화수소(H_2S)를 발생한다.

② 차가운 물, 염산, 황산에는 녹지 않는다.

③ 차가운 물, 알칼리 중 분해하여 인산(H_3PO_4)이 생성된다.

④ 물, 알칼리 중 분해하여 이산화황(SO_2)을 발생한다.

해설 삼황화인
- 황색의 결정 또는 분말이다.
- 이황화탄소(CS_2), 알칼리, 질산에는 녹고, **물, 염산, 황산에는 녹지 않는다.**
- 삼황화인은 공기 중 약 100[℃]에서 발화하고 마찰에 의해서도 쉽게 연소하며 자연발화 가능성도 있다.
- 삼황화인은 자연발화성이므로 가열, 습기 방지 및 산화제와의 접촉을 피한다.
- 저장 시 금속분과 멀리해야 한다.

정답 ②

076 다음 중 오황화인의 성질에 대한 설명으로 옳은 것은?

① 청색의 결정으로 특이한 냄새가 있다.
② 알코올에는 잘 녹고 이황화탄소에는 잘 녹지 않는다.
③ 수분을 흡수하면 분해한다.
④ 비점은 약 325[℃]이다.

해설　오황화인
- 담황색의 결정체이고 비점은 514[℃]이다.
- 조해성과 흡습성이 있다.
- 알코올, 이황화탄소에 녹는다.
- 물 또는 알칼리에 분해하여 황화수소(H_2S)와 인산(H_3PO_4)이 된다.

$$P_2S_5 + 8H_2O \rightarrow 5H_2S + 2H_3PO_4$$

- 물에 의한 냉각소화는 부적합하며(H_2S 발생), 분말, CO_2, 건조사 등으로 질식소화한다.

정답　③

077 오황화인(P_2S_5)이 물과 작용하여 발생하는 기체는 어느 것인가?

① 아황산가스　　　② 황화수소　　　③ 포스겐가스　　　④ 인화수소

해설　오황화인(P_2S_5)과 물의 반응식

$$P_2S_5 + 8H_2O \rightarrow 5H_2S\uparrow + 2H_3PO_4$$

정답　②

078 다음 위험물 중 연소 시 오산화인(P_2O_5)이 발생하지 않는 위험물은?

① 황린(P_4)　　　② 삼황화인(P_4S_3)　　　③ 적린(P)　　　④ 산화납(PbO)

해설　연소반응식
- 황린　　　$P_4 + 5O_2 \rightarrow 2P_2O_5$
- 삼황화인　$P_4S_3 + 8O_2 \rightarrow 2P_2O_5 + 3SO_2\uparrow$
- 적린　　　$4P + 5O_2 \rightarrow 2P_2O_5$

정답　④

079 칠황화인(P_4S_7)에 관한 설명 중 틀린 것은?

① 담황색의 결정이다.
② 이황화탄소에 약간 녹는다.
③ 냉수와 작용해서 불연성 가스를 발생시킨다.
④ 조해성이 있고, 수분을 흡수하면 분해한다.

해설　칠황화인
- 담황색 결정으로 조해성이 있다.
- CS_2에 약간 녹으며 수분을 흡수하거나 냉수에서는 서서히 분해된다.
- 더운 물에서는 급격히 분해하여 황화수소가 발생한다.

정답　③

080 다음 중 적린에 대한 설명 중 틀린 것은?

① 물이나 알코올에는 녹지 않는다.

② 착화 온도는 약 260[℃]이다.

③ 공기 중에서 연소하면 인화수소가스가 발생한다.

④ 산화제와 혼합하면 발화하기 쉽다.

해설 **적린(붉은인)**
- 물 성

분자식	분자량	비 중	착화점	융 점
P	31	2.2	260[℃]	600[℃]

- 황린의 동소체로 암적색 분말이다.
- 물, 알코올, 에터, CS_2, 암모니아에 녹지 않는다.

적린의 연소반응식
$4P + 5O_2 \rightarrow 2P_2O_5$(오산화인, 흰 연기 발생)

정답 ③

081 다음 중 암적색의 분말인 비금속 물질로 비중이 약 2.2, 발화점이 약 260[℃]로 물에 불용성인 위험물은?

① 적 린   ② 황 린   ③ 삼황화인   ④ 황

해설 **적린(붉은인)의 물성**

분자식	분자량	비 중	착화점	융 점
P	31	2.2	260[℃]	600[℃]

정답 ①

082 적린에 대한 설명으로 틀린 것은?

① 연소하면 유독성이 심한 백색 연기의 오산화인을 발생한다.

② 물, 에터 등에 녹지 않는다.

③ 염소산염류와 혼합하면 약간의 가열, 충격, 마찰에 의해 폭발한다.

④ 발화점이 낮아 공기 중에서 자연발화하므로 물속에 저장한다.

해설 **적린**은 공기 중에 방치하면 자연발화는 하지 않지만 260[℃] 이상 가열하면 발화하므로 **건조하고 서늘한 냉암소에 저장**한다.

정답 ④

083 다음 적린의 위험성에 관한 설명 중 옳은 것은?

① 물과 반응해서 높은 열을 낸다.

② 공기 중에 방치하면 연소한다.

③ 염소와 반응해서 발화한다.

④ 염소산염류와 접촉해서 발화 및 폭발의 위험성이 있다.

해설 적린(제2류)은 염소산염류와 접촉해서 발화 및 폭발의 위험성이 있다.

정답 ④

084 다음 중에서 적린과 황린의 공통적인 사항은 어느 것인가?

① 연소할 때는 오산화인(P_2O_5)의 흰 연기를 낸다.
② 어두운 곳에서 인광을 낸다.
③ 독성이 있어 피부에 닿는 것은 위험하다.
④ 자연발화성이 있다.

> **해설** **연소반응식**
> • 적린 : $4P + 5O_2 \rightarrow 2P_2O_5$(오산화인)
> • 황린 : $P_4 + 5O_2 \rightarrow 2P_2O_5$

정답 ①

085 백린(황린)과 적린의 공통되는 성질은?

① 동위원소이다.
② 착화 온도가 같다.
③ 맹독성이다.
④ 동소체이다.

> **해설** **동소체** : 같은 원소로 되어 있으나 결합구조가 다른 것(백린과 적린)

정답 ④

086 황의 성질로서 옳은 것은?

① 전기의 양도체이다.
② 태우면 유독한 기체를 발생한다.
③ 습기가 없으면 타지 않는다.
④ 보통 물에 잘 녹는다.

> **해설** 황은 연소 시 아황산가스(SO_2)를 발생한다.
>
> $$S + O_2 \rightarrow SO_2(\text{이산화황, 아황산가스})$$

정답 ②

087 다음은 황에 관한 설명이다. 옳지 않은 것은?

① 황은 5종류의 동소체가 존재한다.
② 황은 연소하면 모두 이산화황으로 된다.
③ 황의 동소체는 오래 방치하면 사방황으로 된다.
④ 황은 물에는 녹지 않으나 알코올에는 약간 녹는다.

> **해설** **황의 동소체** : **3종류**(사방황, 단사황, 고무상황)

정답 ①

088 황의 성질에 대한 설명으로 옳은 것은?

① 상온에서 가연성 액체물질이다.
② 전기도체로서 연소할 때 황색불꽃을 보인다.
③ 고온에서 용융된 황은 수소와 반응하여 황화수소가 발생한다.
④ 물이나 산에 잘 녹으며, 환원성 물질과 혼합하면 폭발의 위험이 있다.

해설 황 + 수소 → 황화수소 + 발열

$$S + H_2 \rightarrow H_2S + 발열$$

정답 ③

089 다음은 황의 성질에 관한 설명이다. 옳은 것은?(단, 고무상황 제외)

① 물에 잘 녹는다.
② 이황화탄소(CS_2)에 녹는다.
③ 완전연소 시 무색의 CO 유독한 가스가 발생한다.
④ 전기의 도체이므로 마찰에 의하여 정전기가 발생된다.

해설 황은 물에 안 녹고 고무상황을 제외하고는 이황화탄소(CS_2)에 녹는다.

정답 ②

090 황에 대한 설명으로 옳지 않은 것은?

① 순도가 50[wt%] 이하인 것은 제외한다.
② 사방황의 색상은 황색이다.
③ 단사황의 비중은 1.95이다.
④ 고무상황의 결정형은 무정형이다.

해설 황(S)은 순도가 60[wt%] 이상이면 제2류 위험물로 본다.

정답 ①

091 황이 연소하여 발생하는 가스는?

① 이황화질소   ② 일산화탄소   ③ 이황화탄소   ④ 이산화황

해설 $S + O_2 \rightarrow SO_2$(이산화황, 아황산가스)

정답 ④

092 다음 물질 중에서 분쇄 도중 마찰에 의하여 폭발할 염려가 있는 물질은 어느 것인가?

① 탄산칼슘   ② 탄산마그네슘
③ 황   ④ 산화타이타늄

해설 황(S)은 가열, 마찰에 의하여 폭발의 우려가 있다.

정답 ③

093 다음 중 황 분말과 혼합했을 때 폭발의 위험이 있는 것은?

① 소화제
② 산화제
③ 가연물
④ 환원제

황(제2류 위험물)과 산화제(제1류 위험물)와 혼합하면 폭발의 위험이 있다.

정답 ②

094 황(S)의 저장 및 취급 시의 주의사항으로 옳지 않은 것은?

① 정전기의 축적을 방지한다.
② 환원제로부터 격리시켜 저장한다.
③ 저장 시 목탄가루와 혼합하면 안전하다.
④ 금속과는 반응하지 않으므로 금속제통에 보관한다.

황(S)은 탄화수소, 강산화제, 유기과산화물, 목탄분 등과의 혼합을 피한다.

정답 ③

095 황이 산화제의 혼합에 의해 폭발, 화재가 발생했을 때 가장 적당한 소화방법은?

① 포의 방사에 의한 소화
② 분말소화제에 의한 소화
③ 다량의 물에 의한 소화
④ 할론소화약제의 방사에 의한 소화

황(제2류 위험물)의 화재 : 다량의 물에 의한 소화

정답 ③

096 은백색의 광택이 있는 금속으로 비중이 7.0, 융점은 약 1,530[℃]이고 열이나 전기의 양도체이며 염산에 반응하여 수소를 발생하는 것은?

① 알루미늄
② 철
③ 아 연
④ 마그네슘

철 분
• 물 성

화학식	비 중	융 점	비 점
Fe	7.0	1,530[℃]	2,750[℃]

• 은백색의 광택금속분말이다.
• 산소와 친화력이 강하여 발화할 때도 있고 산에 녹아 수소가스가 발생한다.

$$Fe + 2HCl \rightarrow FeCl_2 + H_2 \uparrow$$

정답 ②

097 위험물로서 철분에 대한 정의가 옳은 것은?

① 철의 분말로서 40[μm]의 표준체를 통과하는 것이 50[wt%] 이상인 것

② 철의 분말로서 53[μm]의 표준체를 통과하는 것이 50[wt%] 이상인 것

③ 철의 분말로서 60[μm]의 표준체를 통과하는 것이 50[wt%] 이상인 것

④ 철의 분말로서 150[μm]의 표준체를 통과하는 것이 50[wt%] 이상인 것

해설　**철분** : 철의 분말로서 **53[μm]**의 표준체를 통과하는 것(**50[wt%] 미만인 것은 제외**)

정답 ②

098 철분과 황린의 지정수량을 합한 값은?

① 1,050[kg]　　　　　　　　② 520[kg]

③ 220[kg]　　　　　　　　　④ 70[kg]

해설　**지정수량**
* 철분 : 500[kg]
* 황린 : 20[kg]

정답 ②

099 금속분에 대한 설명 중 틀린 것은?

① Al은 할로젠원소와 반응하여 발화의 위험이 있다.

② Al은 수산화나트륨 수용액과 반응 시 NaAl(OH)$_2$와 H$_2$가 생성된다.

③ Zn은 KOH 수용액에서 녹는다.

④ Zn은 염산과 반응 시 ZnCl$_2$와 H$_2$가 생성된다.

해설　알루미늄은 산이나 알칼리와 접촉하면 수소가스가 발생한다.

> • $2Al + 6HCl \rightarrow 2AlCl_3 + 3H_2$　　　　　• $2Al + 2NaOH + 2H_2O \rightarrow 2NaAlO_2 + 3H_2$

정답 ②

100 금속분의 화재 시 주수해서는 안 되는 이유는 무엇인가?

① 산소가 발생　　　　　　　② 수소가 발생

③ 질소가 발생　　　　　　　④ 유독 가스가 발생

해설　금속분과 물이 반응하면 가연성 가스인 수소가 발생한다.

정답 ②

101 알루미늄분의 화재에 가열 수증기와 반응하여 발생하는 가스는?

① 질 소　　　　② 산 소　　　　③ 수 소　　　　④ 염 소

해설　$2Al + 6H_2O \rightarrow 2Al(OH)_3 + 3H_2 \uparrow$ (수소)

정답 ③

102 다음 중 은백색의 광택성 물질로서 비중이 약 1.74인 위험물은?

① Cu   ② Fe   ③ Al   ④ Mg

해설   마그네슘(Mg)은 은백색의 광택이 있는 금속으로 비중이 1.74이다.

정답 ④

103 마그네슘분에 관한 설명 중 옳은 것은?

① 가벼운 금속분으로 비중은 물보다 약간 작다.
② 금속이므로 연소하지 않는다.
③ 산 및 알칼리와 반응하여 산소가 발생한다.
④ 분진폭발의 위험이 있다.

해설   **분진폭발** : **마그네슘분**, 아연분, 알루미늄분

정답 ④

104 은백색의 광택성 분말로서 공기 중의 습기나 수분에 의해 자연발화하는 물질은?

① Cu   ② Fe   ③ Sn   ④ Mg

해설   마그네슘(Mg)은 은백색의 광택이 있는 금속으로 공기 중의 습기나 수분에 의해 폭발의 위험이 있다.

정답 ④

105 마그네슘의 성질에 대한 설명 중 틀린 것은?

① 물보다 무거운 금속이다.
② 은백색의 광택이 난다.
③ 온수와 반응 시 산화마그네슘과 산소가 발생한다.
④ 융점은 약 651[℃]이다.

해설   마그네슘이 물과 반응하면 수산화마그네슘[Mg(OH)$_2$]과 수소가스가 발생한다.

$$Mg + 2H_2O \rightarrow Mg(OH)_2 + H_2 \uparrow$$

정답 ③

106 위험물안전관리법에서 마그네슘은 몇 [mm]의 체를 통과하지 않는 덩어리 상태의 것을 위험물에서 제외하고 있는가?

① 1   ② 2   ③ 3   ④ 4

해설   **마그네슘**
- 2[mm]의 체를 통과하지 않는 덩어리 상태의 것
- 직경 2[mm] 이상의 막대 모양의 것

정답 ②

107 다음 위험물 화재 시 일반적으로 냉각소화가 좋다. 그러나 오히려 위험이 따르는 것은?

① 황화인   ② 황 린   ③ 황   ④ 마그네슘

해설   마그네슘은 물과 반응하면 수소가스가 발생하므로 위험하다.

$$Mg + 2H_2O \rightarrow Mg(OH)_2 + H_2 \uparrow$$

정답 ④

108 다음 제2류 위험물 화재 시 주수에 의한 소화방법으로 적당하지 않은 것은?

① 황화인   ② 적 린   ③ 마그네슘분   ④ 황

해설   마그네슘분과 물이 반응하면 가연성 가스인 수소가 발생한다.

$$Mg + 2H_2O \rightarrow Mg(OH)_2 + H_2 \uparrow$$

정답 ③

109 인화점이 몇 [℃]일 때 인화성 고체를 제2류 위험물로 보는가?

① 40[℃] 미만   ② 40[℃] 이상

③ 50[℃] 미만   ④ 50[℃] 이상

해설   인화성 고체 : **고형알코올** 그 밖에 1기압에서 인화점이 **40[℃] 미만**인 고체

정답 ①

110 CO₂ 소화설비에 소화적응성이 있는 것은?

① 인화성 고체   ② 알칼리금속 과산화물

③ 제3류 위험물   ④ 제5류 위험물

해설   **CO₂ 소화설비의 적응성** : 제2류 위험물의 인화성 고체, 제4류 위험물

정답 ①

111 제3류 위험물의 일반적인 성질에 해당되는 것은?

① 나트륨을 제외하고 물보다 무겁다.

② 황린을 제외하고 모두 물에 대하여 위험한 반응을 초래하는 물질이다.

③ 유별이 다른 위험물과는 일정한 거리를 유지하는 경우 동일한 장소에 저장할 수 있다.

④ 위험물제조소에 청색바탕에 백색글씨로 "물기주의"를 표시한 주의사항 게시판을 설치한다.

해설   제3류 위험물 중 황린(물속에 저장)을 제외한 나머지는 물과 반응하면 가연성 가스가 발생하므로 위험하다.

정답 ②

112 다음은 제3류 위험물의 공통된 특성에 대한 설명이다. 옳은 것은?

① 일반적으로 불연성 물질이고 강산화제이다.

② 가연성이고 자기연소성 물질이다.

③ 저온에서 발화하기 쉬운 가연성 물질이며 산과 접촉하면 발화한다.

④ 물과 반응하여 가연성 가스가 발생하는 것이 많다.

> 해설 **제3류 위험물의 특징**
> • 자연발화성 및 금수성 물질이다.
> • 물과 반응하면 가연성 가스(아세틸렌, 수소, 포스핀)가 발생한다.

정답 ④

113 제3류 위험물의 일반적인 성질로서 옳은 것은?

① 모두 불연성 액체이다. ② 물과 반응하여 수산화물을 생성한다.

③ 승화되기 쉽다. ④ 물과 접촉 시에는 모두 수소를 발생한다.

> 해설 **물과의 반응식**
> • 나트륨 $2Na + 2H_2O \rightarrow 2NaOH + H_2 \uparrow$
> • 칼륨 $2K + 2H_2O \rightarrow 2KOH + H_2 \uparrow$
> • 인화석회 $Ca_3P_2 + 6H_2O \rightarrow 3Ca(OH)_2 + 2PH_3 \uparrow$
> • 카바이드(탄화칼슘) $CaC_2 + 2H_2O \rightarrow Ca(OH)_2 + C_2H_2 \uparrow$

정답 ②

114 다음은 제3류 위험물 저장 및 취급 시 주의사항이다. 적합하지 않은 것은?

① 모든 품목은 수분과 반응하여 수소를 발생한다.

② K, Na 및 알칼리금속은 산소가 포함되지 않은 석유류에 저장한다.

③ 유별이 다른 위험물과는 동일한 위험물 저장소에 함께 저장해서는 안 된다.

④ 소화방법은 건조사, 팽창질석, 건조석회를 상황에 따라 조심스럽게 사용하여 질식소화한다.

> 해설 **제3류 위험물이 물과 반응 시**
> • 칼륨과 나트륨 : 수소가스 발생   • 카바이드 : 아세틸렌가스 발생
> • 인화석회 : 포스핀가스 발생   • 탄화망가니즈 : 메테인과 수소가스 발생

정답 ①

115 제3류 위험물의 화재 시 조치방법으로 올바른 것은?

① 황린을 포함한 모든 물질은 절대 주수를 엄금하여 냉각소화는 불가능하다.

② 포, CO_2, 할론소화약제가 적합하다.

③ 건조분말, 마른 모래, 팽창질석, 건조석회를 사용하여 질식소화한다.

④ K, Na은 격렬히 연소하기 때문에 초기단계에 물에 의한 냉각소화를 실시해야 한다.

> 해설 **제3류 위험물** : 주수금지, 질식소화(건조분말, 마른 모래, 팽창질석, 건조석회)

정답 ③

116 제3류 위험물인 금수성 물질의 화재 시 소화설비의 적응성을 가장 잘 나타낸 것은?

① 할 론　　　　② 인산염류　　　　③ 탄산수소염류　　　　④ 이산화탄소

해설　금수성 물질 : 탄산수소염류($NaHCO_3$)

정답 ③

117 제3류 위험물의 화재 시 가장 적당한 소화방법은?

① 주수소화가 적당하다.　　　　② 이산화탄소가 적당하다.

③ 할론소화가 적당하다.　　　　④ 건조사가 적당하다.

해설　제3류 위험물의 소화 : 건조된 모래(건조사)

정답 ④

118 다음 물질의 저장방법 중 틀린 것은 어느 것인가?

① 탄화칼슘 - 밀폐용기　　　　② 나트륨 - 석유에 보관

③ 칼륨 - 석유에 보관　　　　④ 알킬알루미늄 - 물에 보관

해설　알킬알루미늄의 저장 시 용기는 완전 밀봉하고 물과의 접촉을 피할 것

Plus one　알킬알루미늄의 반응식

• 트라이메틸알루미늄의 반응식
- 공기와 반응　　　$2(CH_3)_3Al + 12O_2 \rightarrow Al_2O_3 + 9H_2O + 6CO_2 \uparrow$
- 물과 반응　　　　$(CH_3)_3Al + 3H_2O \rightarrow Al(OH)_3 + 3CH_4 \uparrow$
• 트라이에틸알루미늄의 반응식
- 공기와 반응　　　$2(C_2H_5)_3Al + 21O_2 \rightarrow Al_2O_3 + 15H_2O + 12CO_2 \uparrow$
- 물과 반응　　　　$(C_2H_5)_3Al + 3H_2O \rightarrow Al(OH)_3 + 3C_2H_6 \uparrow$

정답 ④

119 자연발화성 위험물 중 물과 반응할 때 반응열이 가장 큰 것은?

① 석 회　　　　② 탄화칼슘　　　　③ 칼 륨　　　　④ 나트륨

해설　물과 반응 시 반응열

종 류	석 회	탄화칼슘	칼 륨	나트륨
반응열[kcal/mol]	18.42	27.8	46.4	44.1

정답 ③

120 알킬리튬 30[kg], 유기금속화합물 100[kg], 금속수소화물 600[kg]을 한 장소에 취급한다면 지정수량의 몇 배에 해당되는가?

① 3배　　　　② 5배　　　　③ 7배　　　　④ 9배

해설　지정수량의 배수 $= \dfrac{저장수량}{지정수량} = \dfrac{30}{10} + \dfrac{100}{50} + \dfrac{600}{300} = 7$배

Plus one　지정수량
알킬리튬 : 10[kg], 유기금속화합물 : 50[kg], 금속수소화물 : 300[kg]

정답 ③

121 제3류 위험물에 물을 가했을 때 일어나는 공통현상은 어느 것인가?

① 산화반응　　　　② 환원반응　　　　③ 발열반응　　　　④ 흡열반응

해설　제3류 위험물(금수성 물질) + 물 → 염 + 가스 + 발열반응

정답 ③

122 다음 중 물과 접촉하여 화재 위험이 가장 큰 것은?

① Na_2O_2　　　　② CaO　　　　③ P_4　　　　④ Na

해설　나트륨(Na)은 물과 반응 시 수소가스가 발생하므로 위험하다.

$$2Na + 2H_2O \rightarrow 2NaOH + H_2 \uparrow$$

정답 ④

123 알칼리금속의 과산화물, 철분, 금속분, 마그네슘, 금수성 물질에 공통적으로 적응성이 있는 소화제는?

① 인산염류　　　　② 이산화탄소　　　　③ 할 론　　　　④ 탄산수소염류

해설　금수성 물질에 적합한 소화약제 : 탄산수소염류, 팽창질석, 팽창진주암, 마른 모래

정답 ④

124 칼륨(K)의 보호액으로 적당한 것은?

① 등 유　　　　② 에탄올　　　　③ 아세트산　　　　④ 톨루엔

해설　칼륨, 나트륨의 보호액 : 석유(등유)

정답 ①

125 물과 반응하여 폭발할 염려가 있는 물질은 어느 것인가?

① Hg　　　　② Ba　　　　③ Cu　　　　④ K

해설　칼륨과 물이 반응하면 수소가스가 발생하므로 폭발의 우려가 있다.

$$2K + 2H_2O \rightarrow 2KOH + H_2 \uparrow$$

정답 ④

126 다음은 칼륨과 물이 반응하여 생성된 화학반응식을 나타낸 것이다. 옳은 것은?

① 산화칼륨 + 수소 + 발열반응
② 산화칼륨 + 수소 + 흡열반응
③ 수산화칼륨 + 수소 + 흡열반응
④ 수산화칼륨 + 수소 + 발열반응

해설　칼륨 + 물 → 수산화칼륨 + 수소 + 발열반응

$$2K + 2H_2O \rightarrow 2KOH + H_2 \uparrow$$

정답 ④

127 칼륨이나 나트륨의 취급상 주의사항이 아닌 것은?

① 보호액 속에 노출되지 않게 저장할 것

② 수분, 습기 등과의 접촉을 피할 것

③ 용기의 파손에 주의할 것

④ 손으로 꺼낼 때는 손을 잘 씻은 다음 취급할 것

해설 칼륨, 나트륨은 피부에 접촉하면 화상을 입는다.

정답 ④

128 칼륨과 나트륨의 공통적인 성질로서 틀린 것은?

① 경유 속에 저장한다.

② 피부 접촉 시 화상을 입는다.

③ 물과 반응하여 수소가 발생한다.

④ 알코올과 반응하여 포스핀가스가 발생한다.

해설 칼륨과 나트륨이 알코올과 반응하면 칼륨에틸레이트, 나트륨에틸레이트, 수소를 생성한다.

$$2Na + 2C_2H_5OH \rightarrow 2C_2H_5ONa + H_2 \uparrow$$

정답 ④

129 금수성 물질인 나트륨, 칼륨의 취급 시 잘못으로 화재가 발생할 경우 소화방법은?

① 마른 모래를 덮어 소화한다.

② 물을 사용하여 소화한다.

③ CCl_4 소화기를 사용한다.

④ CO_2 소화기를 사용한다.

해설 **나트륨, 칼륨의 소화약제** : 마른 모래

정답 ①

130 칼륨과 나트륨에 대한 설명 중 잘못된 것은?

① 비중, 녹는점, 끓는점 모두 나트륨이 칼륨보다 크다.

② 물과 반응할 때 이온화 경향이 큰 칼륨이 나트륨보다 급격히 반응한다.

③ 두 물질 모두 청색의 광택이 있는 경금속으로 비중은 물보다 크다.

④ 두 물질 모두 공기 중의 수분과 반응하여 수소(g)를 발생하며 자연발화를 일으키기 쉬우므로 석유 속에 저장한다.

해설 칼륨과 나트륨의 비중은 물보다 작다.

정답 ③

131 나트륨 화재에 적응성이 있는 소화설비는 어느 것인가?

① 팽창질석

② 할론소화설비

③ 이산화탄소소화설비

④ 분말소화설비

해설   나트륨, 칼륨의 소화약제 : 팽창질석, 팽창진주암

정답 ①

132 은백색의 광택이 있는 물질로 물과 반응하여 수소가스를 발생시키는 것은?

① CaC_2

② P

③ Na_2O_2

④ Na

해설   나트륨과 물이 반응하면 수소가스가 발생하므로 폭발의 우려가 있다.

$$2Na + 2H_2O \rightarrow 2NaOH + H_2 \uparrow$$

정답 ④

133 트라이에틸알루미늄[$(C_2H_5)_3Al$]은 물과 폭발적으로 반응한다. 이때 발생하는 기체는 무엇인가?

① 메테인

② 에테인

③ 아세틸렌

④ 수산화알루미늄

해설 $(C_2H_5)_3Al + 3H_2O \rightarrow Al(OH)_3 + 3C_2H_6$(에테인)

정답 ②

134 알킬알루미늄 화재 시 적당한 소화제는 무엇인가?

① 물

② 이산화탄소

③ 사염화탄소

④ 팽창질석

해설   알킬알루미늄의 소화약제 : 팽창질석, 팽창진주암

정답 ④

135 다음 물질 중 물과 접촉 시 가연성 가스인 C_2H_6 가스를 발생하는 것은 어느 것인가?

① CaC_2

② $(C_2H_5)_3Al$

③ $C_6H_3(NO_2)_3$

④ $C_2H_5ONO_2$

해설   트라이에틸알루미늄의 반응식
- 공기와 반응 $2(C_2H_5)_3Al + 21O_2 \rightarrow Al_2O_3 + 15H_2O + 12CO_2 \uparrow$
- 물과 반응 $(C_2H_5)_3Al + 3H_2O \rightarrow Al(OH)_3 + 3C_2H_6 \uparrow$

정답 ②

136 알킬알루미늄이 공기 중에서 자연발화할 수 있는 탄소 수의 범위는?

① $C_1 \sim C_4$

② $C_1 \sim C_6$

③ $C_1 \sim C_8$

④ $C_1 \sim C_{10}$

해설   알킬알루미늄의 자연발화 : $C_1 \sim C_4$

정답 ①

137 황린의 위험성에 대한 설명이다. 틀린 것은?

① 발화점은 34[℃]로 낮아 매우 위험하다.

② 증기는 유독하며 피부에 접촉되면 화상을 입는다.

③ 상온에 방치하면 증기를 발생시키고 산화하여 발열한다.

④ 백색 또는 담황색의 고체로 물에 잘 녹는다.

해설 황린의 특성
• 물 성

분자식	발화점	비 점	융 점	비 중	증기비중
P_4	34[℃]	280[℃]	44[℃]	1.82	4.3

• **백색** 또는 **담황색**의 자연발화성 **고체**이다.
• 물과 반응하지 않기 때문에 pH 9(약알칼리) 정도의 **물속에 저장**하며 보호액이 증발되지 않도록 한다.

> 황린은 **포스핀P(PH_3)의 생성**을 방지하기 위하여 보호액을 pH 9로 유지한다.

• 벤젠, 알코올에는 일부 녹고 이황화탄소(CS_2), 삼염화인, 염화황에는 잘 녹는다.
• 증기는 공기보다 무겁고 자극적이며 맹독성인 물질이다.
• 황, 산소, 할로젠과 격렬하게 반응한다.
• 발화점이 매우 낮고 산소와 결합 시 산화열이 크며 공기 중에 방치하면 액화되면서 자연발화를 일으킨다.

> 황린은 발화점(착화점)이 낮기 때문에 자연발화를 일으킨다.

• 산화제, 화기의 접근, 고온체와 접촉을 피하고, 직사광선을 차단한다.
• 공기 중에 노출되지 않도록 하고 유기과산화물, 산화제, 가연물과 격리한다.
• 치사량이 0.02~0.05[g]이면 사망한다.
• 강산화성 물질과 수산화나트륨(NaOH)은 혼촉 시 발화의 위험이 있다.
• 초기소화에는 물, 포, CO_2, 건조분말소화약제가 유효하다.

Plus one 황린 반응식
• 공기 중에서 연소 시 오산화인의 흰 연기를 발생한다.
$P_4 + 5O_2 \rightarrow 2P_2O_5 + 2 \times 370.8[kcal]$
• 강알칼리용액과 반응하면 유독성의 포스핀가스(PH_3)를 발생한다.
$P_4 + 3KOH + 3H_2O \rightarrow PH_3\uparrow + 3KH_2PO_2$

정답 ④

138 다음 중 황린의 화재 설명에 대하여 옳지 않은 것은?

① 황린이 발화하면 검은 악취가 있는 연기를 낸다.

② 황린은 공기 중에서 산화하고 산화열이 축적되어 자연발화한다.

③ 황린 자체와 증기 모두 인체에 유독하다.

④ 황린은 수중에 저장해야 한다.

해설 황린(P_4)은 자연발화하면 백색의 흰 연기(오산화인, P_2O_5)를 낸다.

정답 ①

139 다음 가연성 고체 위험물로 상온에서 증기가 발생하고 벤젠, 에터, 테레핀유 등에 녹는 물질은 어느 것인가?

① P_4S_7 ② P_4

③ P_2S_5 ④ Mg

> **해설** 황린(P_4)은 제3류 위험물로 가연성 고체이며 벤젠, 에터 등에 잘 녹는다.

정답 ②

140 황린이 자연발화하기 쉬운 이유는 어느 것인가?

① 비등점이 낮고 증기의 비중이 작기 때문
② 녹는점이 낮고 상온에서 액체로 되어 있기 때문
③ 산소와 결합력이 강하고 착화 온도가 낮기 때문
④ 인화점이 낮고 가연성 물질이기 때문

> **해설** 황린은 산소와 결합력이 강하고 착화 온도가 낮기 때문에 자연발화하기 쉽다.

정답 ③

141 다음 중 착화 온도가 가장 낮은 것은?

① 황   ② 삼황화인
③ 적 린   ④ 황 린

> **해설** 착화 온도
>
> | 종 류 | 황(사방황) | 삼황화인 | 적 린 | 황 린 |
> |---|---|---|---|---|
> | 착화점 | 232[℃] | 100[℃] | 260[℃] | 34[℃] |

정답 ④

142 황린의 저장 및 취급에 있어서 주의사항으로 옳지 않은 것은?

① 물과의 접촉을 피할 것
② 독성이 강하므로 취급에 주의할 것
③ 산화제와의 접촉을 피할 것
④ 발화점이 낮으므로 화기의 접근을 피할 것

> **해설** 황린(P_4)은 물속에 저장한다.

정답 ①

143 다음 위험물질을 혼합 후 점화원 또는 충격을 가했을 때 발화나 폭발의 위험이 없는 것은?

① 황린과 물
② 적린과 염소산칼륨
③ 하이드라진과 아질산염류
④ 아세틸렌과 은

> **해설** 황린의 보호액은 물이므로 혼합해도 위험성이 없다.

정답 ①

144 수소화칼륨에 대한 설명으로 옳은 것은?

① 회갈색의 등축정계 결정이다.　　② 약 150[℃]에서 열분해된다.
③ 물과 반응하여 수소를 발생한다.　④ 물과의 반응은 흡열반응이다.

해설　**수소화칼륨**
- 무색의 결정분말이다.
- **물과 반응**하면 수산화칼륨(KOH)과 **수소(H_2)가스가 발생**한다.
- 고온에서 암모니아(NH_3)와 반응하면 칼륨아미드(KNH_2)와 수소가 생성된다.

> - 물과 반응　　　　$KH + H_2O \rightarrow KOH + H_2 \uparrow$
> - 암모니아와 반응　$KH + NH_3 \rightarrow KNH_2 + H_2 \uparrow$
> 　　　　　　　　　　　(칼륨아미드)

정답 ③

145 은백색의 결정으로 비중이 약 1.36이고 물과 반응하여 수소가스를 발생시키는 물질은?

① 수소화리튬　　② 수소화나트륨　　③ 탄화칼슘　　④ 탄화알루미늄

해설　금속의 수소화물

종 류	형 태	분자식	분자량	융 점	비 중
수소화나트륨	은백색의 결정	NaH	24	800[℃]	1.36
수소화리튬	투명한 고체	LiH	7.9	680[℃]	0.82
수소화칼슘	백색 결정	CaH_2	42	600[℃]	1.9
수소화알루미늄리튬	회백색 분말	$LiAlH_4$	37.9	125[℃]	–

Plus one　물과 반응식
- 수소화나트륨　$NaH + H_2O \rightarrow NaOH + H_2 \uparrow$
- 수소화리튬　　$LiH + H_2O \rightarrow LiOH + H_2 \uparrow$
- 수소화칼슘　　$CaH_2 + 2H_2O \rightarrow Ca(OH)_2 + 2H_2 \uparrow$

정답 ②

146 제3류 위험물인 수소화리튬에 대한 설명으로 가장 거리가 먼 것은?

① 물과 반응하여 가연성 가스가 발생한다.
② 물보다 가볍다.
③ 대량의 저장용기 중에는 아르곤을 봉입한다.
④ 주수소화가 금지되어 있고 이산화탄소소화기가 적응성이 있다.

해설　**수소화리튬**
- 물과 반응하면 가연성 가스인 수소를 발생한다.

> $$LiH + H_2O \rightarrow LiOH + H_2 \uparrow$$

- 비중이 0.82로 물보다 가볍다.
- 대량의 저장용기 중에는 질소, 아르곤 등 불연성 가스를 봉입한다.
- 주수소화는 금지되어 있고 마른 모래, 탄산수소염류 분말소화약제나 팽창질석으로 소화한다.

정답 ④

147 다음 위험물에 화기를 직접 접근시켜도 위험이 없는 것은?

① Mg   ② CS_2 ③ P_4S_3 ④ CaO

해설   생석회(CaO)는 화기와는 관계가 없고 물기와 접촉하면 발열한다.

정답 ④

148 다음과 같은 위험물을 취급할 때 반응 생성물 중 인화의 위험이 가장 적은 것은?

① $CaO + H_2O \rightarrow Ca(OH)_2$ ② $CaC_2 + 2H_2O \rightarrow Ca(OH)_2 + C_2H_2$

③ $2Na + 2H_2O \rightarrow 2NaOH + H_2$ ④ $Ca_3P_2 + 6H_2O \rightarrow 3Ca(OH)_2 + 2PH_3$

해설   생석회(CaO)와 물이 반응하면 소석회가 생성되고 많은 열이 발생하지만 가스는 발생하지 않는다.

정답 ①

149 다음 위험물의 화재 시 주수에 의한 위험이 있는 것은 어느 것인가?

① CaO   ② Ca_3P_2

③ P_4S_3 ④ $C_6H_2(NO_2)_3CH_3$

해설   인화석회(Ca_3P_2)와 물이 반응하면 유독가스인 포스핀이 발생한다.

$$Ca_3P_2 + 6H_2O \rightarrow 2PH_3 + 3Ca(OH)_2$$

정답 ②

150 아래에 표시한 성질과 물질의 조건으로 옳은 것은?

A : 공기와 상온에서 반응한다.	B : 물과 작용하여 가연성 가스를 발생한다.
C : 물과 작용하면 소석회를 만든다.	D : 비중이 1 이상이다.

① K – A, B, C   ② Ca_3P_2 – B, C, D

③ Na – A, C, D   ④ CaC_2 – A, B, D

해설   **인화석회(Ca_3P_2)의 특성**
- 물과 작용하여 소석회와 가연성 가스가 발생한다.
- 비중은 1 이상이다.

정답 ②

151 칼슘카바이드의 위험성으로 틀린 것은?

① 습기와 접촉하면 아세틸렌가스를 발생시킨다.
② 건조공기와 반응하므로 용기에 밀봉하여 저장한다.
③ 고온에서 질소와 반응하여 석회질소가 된다.
④ 구리와 반응하여 아세틸렌화구리가 생성된다.

해설   칼슘카바이드(카바이드)는 공기 중에서 결정수를 잃어 풍해된다.

정답 ②

152 물과 반응해서 가연성 가스인 아세틸렌이 발생되지 않는 것은?

① Na_2C_2　　　　② Al_4C_3　　　　③ CaC_2　　　　④ Li_2C_2

해설　**탄화칼슘과 물의 반응식**
$$CaC_2 + 2H_2O \rightarrow Ca(OH)_2 + C_2H_2 \uparrow$$
　　　　　　　　(소석회, 수산화칼슘)　(아세틸렌)

Plus one　**금속탄화물과 물의 반응식**
- 물과 반응 시 아세틸렌(C_2H_2)가스를 발생하는 물질 : Li_2C_2, Na_2C_2, K_2C_2, MgC_2, CaC_2
- 물과 반응 시 메테인가스를 발생하는 물질 : Be_2C, Al_4C_3
$$Al_4C_3 + 12H_2O \rightarrow 4Al(OH)_3 + 3CH_4 \uparrow$$
　　　　　　　　　　(수산화알루미늄) (메테인)
- 물과 반응 시 메테인과 수소가스를 발생하는 물질 : Mn_3C

정답 ②

153 카바이드와 생석회의 공통사항으로 틀린 것은?
① 물과 반응하여 가연성 가스가 발생　　② 물과 반응하여 발열
③ 칼슘의 화합물　　　　　　　　　　　④ 불연성 고체

해설　물과 반응하면 카바이드는 가연성 가스(아세틸렌)가 발생하고 생석회는 발열만 한다.

정답 ①

154 물과 작용하여 가연성 기체를 발생하는 위험물은?
① 생석회　　　　② 황　　　　③ 적 린　　　　④ 탄화칼슘

해설　탄화칼슘(카바이드)과 물이 반응하면 아세틸렌가스가 발생한다.

정답 ④

155 카바이드와 물이 반응하여 발생하는 기체는?
① 과산화수소　　② 일산화탄소　　③ 아세틸렌가스　　④ 에틸렌가스

해설　카바이드와 물이 반응하면 아세틸렌(C_2H_2)가스가 발생한다.

$$CaC_2 + 2H_2O \rightarrow Ca(OH)_2 + C_2H_2 \uparrow$$

정답 ③

156 다음 카바이드류 중 물(6[mol])과 작용하여 CH_4와 H_2가스를 발생하는 것은?
① K_2C_2　　　　② MgC_2　　　　③ Al_4C_3　　　　④ Mn_3C

해설　탄화망가니즈과 물이 반응하면 메테인과 수소가스가 발생한다.

$$Mn_3C + 6H_2O \rightarrow 3Mn(OH)_2 + CH_4 \uparrow + H_2 \uparrow$$

정답 ④

157 다음 제3류 위험물 중 물과 작용하여 메테인가스를 발생시키는 것은?

① 수소화나트륨   ② 탄화알루미늄
③ 수소화칼륨   ④ 칼슘실리콘

> 해설 **물과 반응식**
> • 수소화나트륨 $NaH + H_2O \rightarrow NaOH + H_2 \uparrow$
> • 탄화알루미늄 $Al_4C_3 + 12H_2O \rightarrow 4Al(OH)_3 + 3CH_4 \uparrow$
> • 수소화칼륨 $KH + H_2O \rightarrow KOH + H_2 \uparrow$

정답 ②

158 다음 제4류 위험물의 일반적인 성질에 대한 설명으로 가장 거리가 먼 것은?

① 물에 녹지 않는 것이 많다.
② 액체비중은 물보다 가벼운 것이 많다.
③ 인화의 위험이 높은 것이 많다.
④ 증기비중은 공기보다 가벼운 것이 많다.

> 해설 제4류 위험물은 증기비중이 공기보다 거의 다 무겁다.
> ※ HCN은 0.93으로 공기보다 가볍다.

정답 ④

159 인화성 액체 위험물의 특징으로 맞는 것은?

① 착화 온도가 낮다.
② 증기의 비중은 1보다 작으며 높은 곳에 체류한다.
③ 전기전도체이다.
④ 대부분 비중이 물보다 크다.

> 해설 **제4류 위험물(인화성 액체)의 특성**
> • 대단히 인화하기 쉽고, 착화 온도가 낮다.
> • 물보다 가볍고(일부 무겁다) 물에 녹지 않는다(일부 용해한다).
> • 증기비중은 공기보다 무겁기 때문에 낮은 곳에 체류하여 연소, 폭발의 위험이 있다.
> • 연소범위의 하한이 낮기 때문에 공기 중 소량 누설되어도 연소한다.
> • 전기부도체이므로 정전기 발생에 주의한다.

정답 ①

160 제4류 위험물의 석유류 분류는 다음 어느 성질에 따라 구분하는가?

① 비등점   ② 증기압
③ 착화점   ④ 인화점

> 해설 **제4류 위험물의 제1석유류~제4석유류 분류** : 인화점
>
> > • 제4류 위험물을 분류하는 척도 : 인화점
> > • 인화점 : 가연성 증기를 발생할 수 있는 최저온도

정답 ④

161 제4류 위험물 중 석유류의 분류가 옳은 것은?

① 제1석유류 : 아세톤, 가솔린, 이황화탄소

② 제2석유류 : 등유, 경유, 장뇌유

③ 제3석유류 : 중유, 송근유, 크레오소트유

④ 제4석유류 : 윤활유, 가소제, 글리세린

> **해설**
> • 이황화탄소 : 특수인화물
> • 글리세린 : 제3석유류

정답 ②

162 제4류 위험물에 속하지 않는 것은?

① 크실렌   ② 질산에틸

③ 개미산에틸   ④ 변성알코올

> **해설**
> **질산에틸** : 제5류 위험물의 질산에스터류

정답 ②

163 다음 화학식의 이름이 잘못된 것은?

① CH_3COCH_3 – 아세톤   ② CH_3COOH – 아세트알데하이드

③ $C_2H_5OC_2H_5$ – 다이에틸에터   ④ C_2H_5OH – 에틸알코올

> **해설**
> CH_3COOH : 초산, CH_3CHO : 아세트알데하이드

정답 ②

164 다음 중에서 제4류 위험물의 물에 대한 성질과 화재 위험성과 직접 관계가 있는 것은?

① 수용성과 인화성   ② 비중과 인화성

③ 비중과 착화 온도   ④ 비중과 화재 확대성

> **해설**
> **제4류 위험물의 주수소화 금지 이유** : **비중**과 **화재 확대성**(제4류 위험물은 물보다 가볍고 물과 섞이지 않는다)

정답 ④

165 인화성 액체 위험물 소화제로 적당하지 않은 것은?

① 이산화탄소   ② 사염화탄소   ③ 분말소화   ④ 물

> **해설**
> 인화성 액체(제4류 위험물)는 주수소화는 금물이다.
>
> | 인화성 액체(제4류 위험물)는 주수소화 금지 이유 : 연소(화재)면 확대 때문에 |

정답 ④

166 다음 위험물 중 화재발생 시 적당한 소화제로서 틀린 것은?

① CH_3COCH_3 - 물 ② $(C_2H_5)_3Al$ - 건조사
③ $C_6H_5CH_3$ - 포 또는 CO_2 ④ 테레핀유 - 봉상주수

> 해설 테레핀유 : 분말, CO_2, 할론, 할로젠화합물 및 불활성기체

정답 ④

167 특수인화물류에 대한 설명으로 옳은 것은?

① 다이에틸에터, 이황화탄소, 아세트알데하이드는 이에 해당한다.
② 1기압에서 비점이 100[℃] 이하인 것이다.
③ 인화점이 영하 20[℃] 이하로서 발화점이 40[℃] 이하인 것이다.
④ 1기압에서 비점이 100[℃] 이상인 것이다.

> 해설 **특수인화물의 분류**
> • 1기압에서 발화점이 100[℃] 이하인 것
> • 인화점이 −20[℃] 이하이고 비점이 40[℃] 이하인 것
>
> > **특수인화물** : 이황화탄소, 다이에틸에터, 아세트알데하이드, 산화프로필렌, 아이소프렌, 아이소펜테인, 아이소프로필아민 등

정답 ①

168 다음 위험물 취급 중 정전기의 발생위험이 가장 큰 물질은 어느 것인가?

① 가솔린 ② 아세톤
③ 메탄올 ④ 과산화수소

> 해설 인화점이 낮을수록 정전기 발생위험이 크다.

정답 ①

169 다음 중 유동하기 쉽고 휘발성인 위험물로 특수인화물에 속하는 것은?

① $C_2H_5OC_2H_5$ ② CH_3COCH_3
③ C_6H_6 ④ $C_6H_4(CH_3)_2$

> 해설 위험물의 분류
>
> | 종 류 | $C_2H_5OC_2H_5$ | CH_3COCH_3 | C_6H_6 | $C_6H_4(CH_3)_2$ |
> |---|---|---|---|---|
> | 구 분 | 특수인화물 | 제1석유류 | 제1석유류 | 제2석유류 |
> | 명 칭 | 다이에틸에터 | 아세톤 | 벤 젠 | 크실렌 |

정답 ①

170 인화점이 낮은 것에서 높은 순서로 올바르게 나열된 것은?

① 다이에틸에터 → 아세트알데하이드 → 이황화탄소 → 아세톤

② 아세톤 → 다이에틸에터 → 이황화탄소 → 아세트알데하이드

③ 이황화탄소 → 아세톤 → 다이에틸에터 → 아세트알데하이드

④ 아세트알데하이드 → 아세톤 → 이황화탄소 → 다이에틸에터

해설 인화점

종 류	다이에틸에터	아세트알데하이드	이황화탄소	아세톤
인화점	−40[℃]	−40[℃]	−30[℃]	−18.5[℃]

정답 ①

171 에터 속의 과산화물 존재 여부를 확인하는 데 사용하는 용액은?

① 황산제일철 30[%] 수용액

② 환원철 5[g]

③ 나트륨 10[%] 수용액

④ 아이오딘화칼륨 10[%] 수용액

해설 에터 속의 과산화물 존재 여부
  • 과산화물 검출시약 : 10[%] 아이오딘화칼륨(KI)용액(검출 시 황색)
  • 과산화물 제거시약 : 황산제일철 또는 환원철
  • 과산화물 생성 방지 : 40[mesh]의 구리망을 넣어 준다.

정답 ④

172 에탄올에 진한 황산을 넣고 온도 130~140[℃]에서 반응시키면 축합반응에 의하여 생성되는 제4류
위험물은?

① 메틸알코올   ② 아세트알데하이드
③ 다이에틸에터   ④ 다이메틸에터

해설 다이에틸에터($C_2H_5OC_2H_5$)는 에탄올에 진한 황산을 넣고 온도 130~140[℃]에서 반응시키면 축합반
    응에 의하여 생성되는 물질이다.

정답 ③

173 다이에틸에터의 성질을 설명한 것 중에서 틀린 것은?

① 알코올에는 잘 녹지 않으나 물에는 잘 녹는다.

② 제4류 위험물 중 가장 인화하기 쉬운 분류에 속한다.

③ 비전도성이며 정전기를 발생하기 쉽다.

④ 소화제로는 탄산가스가 적당하다.

해설 다이에틸에터는 알코올에 잘 녹고 물에는 약간 녹는다.

정답 ①

174 다음 조건에 맞는 위험물은 어느 것인가?

> 증기의 비중은 2.55 정도이며, 전기불량도체로서 알코올에 잘 녹는 물질

① 이황화탄소   ② 에틸알코올
③ 다이에틸에터   ④ 콜로디온

해설   다이에틸에터 : 증기의 비중은 2.55(74/29) 정도이며, 전기불량도체로서 알코올에 잘 녹는 물질

정답 ③

175 에터 A, 아세톤 B, 피리딘 C, 톨루엔 D라고 할 때 다음 중 인화점이 낮은 것부터 순서대로 되어 있는 것은?

① A - B - D - C   ② A - C - B - D
③ B - C - D - A   ④ D - C - B - A

해설   인화점

종 류	에 터	아세톤	피리딘	톨루엔
인화점	-40[℃]	-18.5[℃]	16[℃]	4[℃]

정답 ①

176 에터, 가솔린, 벤젠의 공통적인 성질에서 옳지 않은 것은?

① 인화점이 0[℃]보다 낮다.   ② 증기는 공기보다 무겁다.
③ 착화 온도는 100[℃] 이하이다.   ④ 연소범위 하한은 2[%] 이하이다.

해설   위험물의 성질

종 류	에 터	가솔린	벤 젠
인화점	-40[℃]	-43[℃]	-11[℃]
증기비중	2.55	3~4	2.69
착화점	180[℃]	280~456[℃]	498[℃]
연소범위	1.7~48[%]	1.2~7.6[%]	1.4~8.0[%]

정답 ③

177 에터를 저장, 취급할 때의 주의사항으로 틀린 것은?

① 장시간 공기와 접촉하고 있으면 과산화물이 생성되어 폭발 위험이 있다.
② 연소범위는 가솔린보다 좁지만 인화점과 착화 온도가 낮으므로 주의를 요한다.
③ 건조한 에터는 비전도성이므로 정전기 발생에 주의를 요한다.
④ 소화제로서 CO_2가 가장 적당하다.

해설   연소범위
• 에터 : 1.7~48[%]
• 가솔린 : 1.2~7.6[%]

정답 ②

178 위험물저장소에 특수인화물 200[L], 제1석유류(비수용성) 400[L], 제2석유류(비수용성) 2,000[L]를 저장할 경우 지정수량은 몇 배인가?

① 9배　　　　　　② 8배　　　　　　③ 7배　　　　　　④ 6배

해설　지정수량의 배수 $= \dfrac{저장수량}{지정수량} = \dfrac{200[L]}{50[L]} + \dfrac{400[L]}{200[L]} + \dfrac{2,000[L]}{1,000[L]} = 8배$

정답 ②

179 다이에틸에터의 성상 중 틀린 것은?

① 인화성이 강하다.　　　　　　② 착화 온도가 가솔린보다 낮다.
③ 연소범위가 가솔린보다 넓다.　　④ 증기비중이 가솔린보다 크다.

해설　증기비중은 다이에틸에터는 2.55, 가솔린은 약 3~4이다.

정답 ④

180 CS_2는 화재 예방상 액면 위에 물을 채워두는 경우가 많다. 그 이유로 옳은 것은?

① 산소와의 접촉을 피하기 위하여
② 가연성 증기의 발생을 방지하기 위하여
③ 공기와 접촉하면 발화되기 때문에
④ 불순물을 물에 용해시키기 위하여

해설　이황화탄소(CS_2)는 가연성 증기의 발생을 방지하기 위하여 물속에 저장한다.

정답 ②

181 이황화탄소에 대한 설명으로 잘못된 것은?

① 순수한 것은 황색을 띠고 불쾌한 냄새가 난다.
② 증기는 유독하며 피부를 해치고 신경계통을 마비시킨다.
③ 물에는 녹지 않으나 유지, 황, 고무 등을 잘 녹인다.
④ 인화되기 쉬우며 점화되면 연한 파란 불꽃을 나타낸다.

해설　**이황화탄소(CS_2) : 순수한 것은 무색투명한 액체**이나 직사광선을 쪼이면 황색이 된다.

이황화탄소 : 물속에 저장

정답 ①

182 다음 중 비중이 가장 큰 물질은 어느 것인가?

① 이황화탄소　　② 메틸에틸케톤　　③ 톨루엔　　　　④ 벤 젠

해설　비 중

종 류	이황화탄소	메틸에틸케톤	톨루엔	벤 젠
액체 비중	1.26	0.8	0.86	0.95

정답 ①

183 순수한 것은 무색투명한 휘발성 액체이고 물보다 무겁고 물에 녹지 않으며 연소 시 아황산 가스를 발생하는 물질은?

① 에 터

② 이황화탄소

③ 아세트알데하이드

④ 질산메틸

> **해설** 이황화탄소(CS_2)는 순수한 것은 무색투명한 휘발성 액체이고 물보다 무겁고 물에 녹지 않으며 연소 시 **아황산가스(SO_2)**를 발생하며 파란 불꽃을 나타낸다.

정답 ②

184 다음은 위험물의 성질에 관한 설명 중 옳은 것은?

① 이황화탄소, 가솔린, 벤젠 가운데 착화 온도가 가장 낮은 것은 가솔린이다.

② 다이에틸에터는 인화점이 낮아 인화하기 쉬우며 그 증기는 마취성이 있다.

③ 에틸알코올은 인화점이 13[℃]이지만 물이 조금이라도 섞이면 불연성 액체가 된다.

④ 석유에터의 증기는 마취성이 있으며 공기보다 무겁고 비중은 1보다 크다.

> **해설** 위험물의 성질
> • 이황화탄소의 착화 온도는 90[℃]로 **가장 낮다**.
> • 다이에틸에터는 **인화점**이 **-40[℃]**로 인화되기 쉬우며 **증기**는 **마취성**이 있다.
> • 에틸알코올은 인화점이 13[℃]로 물이 조금 섞이면 가연성 액체가 된다(양주는 불이 붙는다).
> • 다이에틸에터의 증기는 마취성이 있으며 공기보다 무겁고 비중은 1보다 작다(0.70).

정답 ②

185 다음 에터(다이에틸에터)의 성질 중 옳은 것은?

① 비등점이 100[℃]이다.

② 물보다 비중이 크다.

③ 인화점이 15[℃]이다.

④ 알코올에 잘 용해되며 물에도 약간 녹는다.

> **해설** 에터의 성질
> • 비점 : 34[℃]
> • 인화점 : -40[℃]
> • 비중 : 0.7
> • 알코올에 잘 용해되며 물에도 약간 녹는다.

정답 ④

186 다음은 제4류 위험물의 어떤 물질에 대한 설명인가?

> • 여기에 과산화물이 생성되면 제5류 위험물과 같은 위험성을 갖는다.
> • 이것을 동식물유로 여과할 경우 정전기 발생의 위험이 있다.
> • 이것은 갈색병에 저장한다.
> • 1기압에서 인화점이 -20[℃] 이하이고 비점이 40[℃] 이하이다.

① 가솔린

② 경 유

③ 에탄올

④ 다이에틸에터

> **해설** 다이에틸에터 : 과산화물 생성, 정전기 발생위험, 갈색병에 저장

정답 ④

187 다음 제4류 위험물 특수인화물류 중 물에 잘 녹지 않으며 비중이 물보다 작고, 인화점이 −40[℃] 정도인 위험물은?

① 아세트알데하이드
② 산화프로필렌
③ 다이에틸에터
④ 나이트로벤젠

해설 다이에틸에터($C_2H_5OC_2H_5$)의 인화점 : −40[℃]

정답 ③

188 아세트알데하이드(CH_3CHO)의 성질에 관한 설명이다. 다음 중 틀린 것은?

① 아이오도폼반응을 한다.
② 물, 에탄올, 에터에 녹는다.
③ 산화되면 에탄올, 환원되면 아세트산이 된다.
④ 환원성을 이용하여 은거울반응과 펠링반응을 한다.

해설 에탄올(C_2H_5OH) $\underset{환원}{\overset{산화}{\rightleftharpoons}}$ 아세트알데하이드(CH_3CHO) $\underset{환원}{\overset{산화}{\rightleftharpoons}}$ 아세트산(CH_3COOH)

정답 ③

189 다음 중 지정수량이 잘못 짝지어진 것은?

① Fe분 − 500[kg]
② CH_3CHO − 200[L]
③ 제4석유류 − 6,000[L]
④ 마그네슘 − 500[kg]

해설 아세트알데하이드(CH_3CHO)는 제4류 위험물의 특수인화물로서 지정수량은 50[L]이다.

정답 ②

190 다음 위험물 중 인화점이 가장 낮은 것은?

① 이황화탄소
② 콜로디온
③ 에틸알코올
④ 아세트알데하이드

해설 인화점

종 류	이황화탄소	콜로디온	에틸알코올	아세트알데하이드
인화점	−30[℃]	−18[℃]	13[℃]	−40[℃]

정답 ④

191 다음 위험물 중 착화 온도가 가장 낮은 것은?

① 가솔린
② 이황화탄소
③ 에 터
④ 황 린

해설 착화 온도

종 류	가솔린	이황화탄소	에 터	황 린
착화 온도	280~456[℃]	90[℃]	180[℃]	약 34[℃]

정답 ④

192 다음 중 CH₃CHO의 저장 및 취급 시 주의사항으로 옳지 않은 것은?

① 산 또는 강산화제와의 접촉을 피한다.

② 취급설비에 구리, 마그네슘 및 그의 합금성분으로 된 것은 사용해서는 안 된다.

③ 이동탱크 및 옥외탱크에 저장 시 불연성 가스 또는 수증기를 봉입시킨다.

④ 휘발성이 강하므로 용기의 파열을 방지하기 위해 마개에 구멍을 낸다.

> **해설** 아세트알데하이드(CH₃CHO)는 휘발성이 강하므로 밀봉, 밀전하여 건조하고 서늘한 장소에 보관한다.

정답 ④

193 다음 위험물 중 물보다 가볍고 인화점이 0[℃] 이하인 물질은?

① 이황화탄소   ② 아세트알데하이드   ③ 나이트로벤젠   ④ 경 유

> **해설** **아세트알데하이드** : 물보다 가볍고(비중 0.78), 인화점이 −40[℃]이다.

정답 ②

194 다음 제4류 위험물 중 연소범위가 가장 넓은 것은?

① 아세트알데하이드   ② 산화프로필렌   ③ 이황화탄소   ④ 아세톤

> **해설** 연소범위

종 류	아세트알데하이드	산화프로필렌	이황화탄소	아세톤
연소범위	4.0~60[%]	2.8~37[%]	1.0~50[%]	2.5~12.8[%]

정답 ①

195 산화프로필렌의 성질로 가장 옳은 것은?

① 산, 알칼리 또는 구리(Cu), 마그네슘(Mg)의 촉매에서 중합반응을 한다.

② 물속에서 분해하여 에테인(C₂H₆)을 발생한다.

③ 폭발범위가 4~57[%]이다.

④ 물에 녹기 힘들며 흡열반응을 한다.

> **해설** 산화프로필렌
> • 물 성
>
> | 화학식 | 분자량 | 비 중 | 비 점 | 인화점 | 착화점 | 증기비중 | 연소범위 |
> |---|---|---|---|---|---|---|---|
> | CH₃CHCH₂O | 58 | 0.82 | 35[℃] | −37[℃] | 449[℃] | 2.0 | 2.8~37[%] |
>
> • **물에 잘 녹는 무색투명한 자극성 액체**이다.
> • 구리(Cu), 마그네슘(Mg), 은(Ag), 수은(Hg)과 반응하면 아세틸레이트를 생성한다.
> • 산이나 알칼리와는 중합반응을 한다.
> • 저장용기 내부에는 불연성 가스 또는 수증기 봉입장치를 해야 한다.
> • 증기는 공기보다 2배 무겁다.
> • 산 및 알칼리와 중합반응을 한다.
> • 소화약제는 알코올용포, 이산화탄소, 분말소화가 효과가 있다.

정답 ①

196 구리, 은, 마그네슘과 아세틸레이트를 만들고 연소범위가 2.8~37[%]인 물질은?

① 아세트알데하이드   ② 알킬알루미늄
③ 산화프로필렌   ④ 콜로디온

해설 산화프로필렌의 연소범위 : 2.8~37[%]

정답 ③

197 아이소프로필아민의 저장, 취급에 대한 설명으로 옳지 않은 것은?

① 증기누출, 액체누출 방지를 위하여 완전 밀봉한다.
② 증기는 공기보다 가볍고 공기와 혼합되면 점화원에 의하여 인화, 폭발위험이 있다.
③ 강산류, 강산화제, 케톤류와의 접촉을 방지한다.
④ 화기엄금, 가열금지, 직사광선차단, 환기가 좋은 장소에 저장한다.

해설 아이소프로필아민의 성질

화학식	분자량	인화점	착화점	증기비중	연소범위
$(CH_3)_2CHNH_2$	59.0	−28[℃]	402[℃]	2.03	2.3~10[%]

※ 아이소프로필아민의 증기는 공기보다 무겁다.

정답 ②

198 인화점이 가장 낮은 것은?

① 아이소펜테인   ② 아세톤
③ 다이에틸에터   ④ 이황화탄소

해설 인화점

종 류	아이소펜테인	아세톤	다이에틸에터	이황화탄소
인화점[℃]	−51	−18.5	−40	−30

정답 ①

199 제4류 위험물의 발생증기와 비교하여 사이안화수소(HCN)가 갖는 대표적인 특징은?

① 물에 녹기 쉽다.   ② 물보다 무겁다.
③ 증기는 공기보다 가볍다.   ④ 인화성이 높다.

해설 사이안화수소(HCN)는 제4류 위험물 중 제1석유류로서 증기는 공기보다 가볍다(27/29 = 0.93).

정답 ③

200 화학적 질식 위험물질로 인체 내에 산화효소를 침범하여 가장 치명적인 물질은?

① 에테인   ② 폼알데하이드
③ 사이안화수소   ④ 염화바이닐

해설 사이안화수소(HCN)는 제4류 위험물로서 독성이 심하여 인체에는 치명적이다.

정답 ③

201 다음 중 인화성 액체로서 인화점이 21[℃] 미만에 속하지 않는 물질은?

① $C_6H_5CH_3$ ② C_6H_6 ③ C_4H_9OH ④ CH_3COCH_3

해설   인화점

종 류	$C_6H_5CH_3$	C_6H_6	C_4H_9OH	CH_3COCH_3
품 명	톨루엔	벤 젠	부탄올	아세톤
인화점	4[℃]	−11[℃]	35[℃]	−18.5[℃]

정답 ③

202 제4류 위험물 제1석유류인 휘발유의 지정수량은?

① 200[L]   ② 500[L]   ③ 1,000[L]   ④ 2,000[L]

해설   제4류 위험물의 지정수량(위험물법 영 별표 1)

종 류	특수 인화물	제1석유류		제2석유류		제3석유류		제4석유류
		비수용성	수용성	비수용성	수용성	비수용성	수용성	
지정수량	50[L]	200[L]	400[L]	1,000[L]	2,000[L]	2,000[L]	4,000[L]	6,000[L]

※ 휘발유 : 제1석유류(비수용성)

정답 ①

203 인화점이 20[℃] 이하이며, 수용성인 것은 몇 개인가?

> 아세톤, 아닐린, 사이안화수소, 빙초산, 나이트로벤젠

① 1개   ② 2개   ③ 3개   ④ 4개

해설   인화점 20[℃] 이하이고 수용성인 위험물 : **아세톤**, 사이안화수소

정답 ②

204 다음 물질 중 인화점의 온도가 상온과 비슷한 것은?

① 톨루엔   ② 피리딘   ③ 가솔린   ④ 아세톤

해설   피리딘의 인화점은 16[℃]로 상온과 비슷하다.

정답 ②

205 다음 중 인화점이 낮은 순서대로 열거된 것은?

① 휘발유 – 크실렌 – 아세톤 – 벤젠   ② 휘발유 – 아세톤 – 톨루엔 – 벤젠
③ 휘발유 – 크실렌 – 벤젠 – 아세톤   ④ 휘발유 – 아세톤 – 벤젠 – 톨루엔

해설   인화점

종 류	휘발유	아세톤	벤 젠	톨루엔
인화점[℃]	−43	−18.5	−11	4

정답 ④

206 제1석유류(수용성) 400[L], 제2석유류(비수용성) 2,000[L] 저장 시 저장량의 합계는 지정수량의 몇 배인가?

① 3   ② 4   ③ 5   ④ 6

> **해설** 지정수량의 배수 $= \dfrac{\text{저장수량}}{\text{지정수량}} = \dfrac{400}{400} + \dfrac{2,000}{1,000} = 3\text{배}$

정답 ①

207 CH_3COCH_3의 성질로 잘못된 것은?

① 무색 액체로 냄새가 난다.   ② 물에 잘 녹고 유기물을 잘 녹인다.

③ 아이오도폼반응을 한다.   ④ 비점이 높아 휘발성이 약하다.

> **해설** **아세톤(CH_3COCH_3)의 성질**
> • 무색투명한 자극성·휘발성이 강한 액체이다.
> • 물에 잘 녹으므로 수용성이다.
> • 피부에 닿으면 탈지작용을 한다.
> • 공기와 장기간 접촉하면 과산화물이 생성되므로 갈색병에 저장해야 한다.
> • **아이오도폼반응**을 한다.

정답 ④

208 아이오도폼 반응을 하는 물질로 연소범위가 약 2.5~12.8[%]이며 끓는점과 인화점이 낮아 화기를 멀리해야 하고 냉암소에 보관하는 물질은?

① CH_3COCH_3 ② CH_3CHO

③ C_6H_6 ④ $C_6H_5NO_2$

> **해설** 아세톤(CH_3COCH_3)은 아이오도폼 반응을 하고 연소범위는 2.5~12.8[%]이다.

정답 ①

209 다음 소화 시 주의해야 하는 소포성 액체는?

① 가솔린   ② $C_6H_4(CH_3)_2$

③ CH_3COCH_3 ④ 크레오소트유

> **해설** **소포성 액체** : 수용성[아세톤(CH_3COCH_3)]

정답 ③

210 물에 녹지 않는 인화성 액체는?

① 헥세인   ② 메틸알코올

③ 아세톤   ④ 아세트알데하이드

> **해설** **헥세인** : 물에 녹지 않는 인화성 액체

정답 ①

211 아세톤의 증기밀도 1[atm], 0[℃]에서 얼마인가?(단, C : 12, O : 16, H : 1)

① 0.89[g/L]
② 1.47[g/L]
③ 2.59[g/L]
④ 3.34[g/L]

> 해설　증기밀도 = 58[g]/22.4[L] = 2.59[g/L]
> ※ 아세톤(CH_3COCH_3)의 분자량 : 58

정답 ③

212 휘발유에 대한 설명 중 틀린 것은?

① 연소범위는 약 1.2~7.6[%]이다.
② 제1석유류로 지정수량이 200[L]이다.
③ 전도성이므로 정전기에 의한 발화의 위험이 있다.
④ 착화점이 약 280~456[℃]이다.

> 해설　휘발유는 전기부도체이다.

정답 ③

213 탄화수소 C_5H_{12}~C_9H_{20}까지의 포화·불포화탄화수소의 혼합물인 휘발성 액체 위험물의 인화점 범위는?

① 10[℃]
② −43[℃]
③ 45[℃]
④ −15[℃]

> 해설
>
> **휘발유**
>
> | 화학식 | 비 중 | 증기비중 | 유출 온도 | 인화점 | 착화점 | 연소범위 |
> |---|---|---|---|---|---|---|
> | C_5H_{12}~C_9H_{20} | 0.7~0.80 | 3~4 | 32~220[℃] | −43[℃] | 280~456[℃] | 1.2~7.6[%] |

정답 ②

214 융점보다 인화점이 낮아 응고된 상태에서도 인화의 위험이 있는 물질은?

① 테레핀유
② 벤 젠
③ 경 유
④ 퓨젤유

> 해설　벤젠은 융점 7.0[℃], 인화점 −11[℃]이므로 응고된 상태에서도 인화의 위험이 있다.

정답 ②

215 벤젠의 성질에 대한 설명 중 틀린 것은?

① 증기는 유독하다.
② 정전기는 발생하기 쉽다.
③ CS_2보다 인화점이 낮다.
④ 독특한 냄새가 있는 무색의 액체이다.

> 해설
>
> **인화점**
> • 벤젠 : −11[℃]
> • 이황화탄소 : −30[℃]

정답 ③

216 다음 물질 중 증기비중이 가장 큰 것은?

① 이황화탄소　　　② 사이안화수소　　　③ 에탄올　　　④ 벤 젠

해설　증기비중

종 류	이황화탄소	사이안화수소	에탄올	벤 젠
화학식	CS_2	HCN	C_2H_5OH	C_6H_6
증기비중	2.62	0.93	1.58	2.69

• 이황화탄소의 분자량 76　　증기비중 $= \dfrac{분자량}{29} = \dfrac{76}{29} = 2.62$

• 사이안화수소의 분자량 27　　증기비중 $= \dfrac{27}{29} = 0.93$

• 에탄올의 분자량 46　　증기비중 $= \dfrac{46}{29} = 1.58$

• 벤젠의 분자량 78　　증기비중 $= \dfrac{78}{29} = 2.69$

정답 ④

217 다음 위험물질 중 물보다 가벼운 것은?

① 에터, 이황화탄소　　　　　　② 벤젠, 폼산
③ 아세트산, 가솔린　　　　　　④ 퓨젤유, 에탄올

해설　퓨젤유는 아밀알코올(비중 : 0.8)이 60~70[%]가 함유되므로 물보다 가볍다.

종 류	에 터	이황화탄소	벤 젠	폼산(의산)	아세트산(초산)	가솔린(휘발유)	에탄올
비 중	0.7	1.26	0.95	1.2	1.05	0.7~0.80	0.79

정답 ④

218 다음 위험물 중 인화점이 가장 낮은 것은?

① MEK　　　　② 톨루엔　　　　③ 벤 젠　　　　④ 의산에틸

해설　인화점

종 류	MEK(메틸에틸케톤)	톨루엔	벤 젠	의산에틸
인화점	-7[℃]	4[℃]	-11[℃]	-19[℃]

정답 ④

219 C_6H_6와 $C_6H_5CH_3$의 공통적인 특징을 설명한 것으로 틀린 것은?

① 무색투명한 액체로서 향긋한 냄새가 난다.
② 물에는 잘 녹지 않으나 유기용제에는 잘 녹는다.
③ 증기는 마취성과 독성이 있다.
④ 겨울에는 대기 중의 찬 곳에서 고체가 되는 경우가 있다.

해설　벤젠(C_6H_6)은 융점이 7.0[℃]이므로 겨울철에는 응고되지만 톨루엔($C_6H_5CH_3$)은 응고되지 않는다.

정답 ④

220 다음 물질 중 벤젠의 유도체가 아닌 것은?

① 나일론 6,6
② TNT
③ DDT
④ 아닐린

해설 벤젠(C_6H_6)의 유도체 : TNT, DDT, 아닐린, 톨루엔, 크실렌 등

정답 ①

221 다음 화합물 중 인화점이 가장 낮은 것은?

① 초산메틸
② 초산에틸
③ 초산부틸
④ 초산아밀

해설 인화점

종 류	초산메틸	초산에틸	초산부틸	초산아밀
인화점[℃]	-10	-3	23	23

정답 ①

222 메틸에틸케톤에 관한 설명 중 옳은 것은?

① 융점이 -80[℃]이며 에터에 잘 녹는다.
② 장뇌 냄새가 나며 물에 잘 녹지 않는다.
③ 연소범위가 가솔린보다 좁으므로 인화폭발의 가능성이 적다.
④ 비점이 경유와 비슷하므로 제2석유류에 속하는 물질이다.

해설 메틸에틸케톤(제1석유류) : 에터에 잘 녹고, 용해도는 26.8, 융점은 -80[℃]

정답 ①

223 메틸에틸케톤의 취급상 옳은 것은?

① 인화점이 25[℃]이므로 여름에만 주의하면 된다.
② 증기는 공기보다 가벼우므로 주의해야 한다.
③ 탈지작용이 있으므로 직접 피부에 닿지 않도록 한다.
④ 물보다 무거우므로 주의를 요한다.

해설 메틸에틸케톤(MEK)의 성질
• 인화점 : -7[℃]
• 증기는 공기보다 무겁고 액체는 물보다 가볍다.
• **탈지작용**을 한다.

정답 ③

224 콜로디온에 대한 설명 중 옳은 것은?

① 콜로디온은 질화도가 낮은 질화면을 에터 3, 알코올 1의 혼합용제에 녹인 것이다.

② 무색, 불투명한 점도가 작은 액체이다.

③ 이 용액을 바르면 용매는 서서히 증발하여 나중에는 투명한 질화면 막이 생긴다.

④ 인화점은 0[℃] 정도이다.

> 해설   **콜로디온의 성질**
> • 무색투명한 점도가 작은 액체이다.
> • 질화도가 낮은 **질화면**을 **에터 1, 알코올 3**의 혼합용제에 녹인 것이다.
> • 이 용액을 바르면 용매는 서서히 증발하여 나중에는 투명한 질화면 막이 생긴다.
> • 인화점 : −18[℃]

정답 ③

225 피리딘의 일반 성질에 관한 설명이다. 잘못된 것은?

① 산, 알칼리에 안정하다.

② 인화점이 0[℃] 이하, 발화점은 100[℃] 이하이다.

③ 순수한 것은 무색의 액체로 센 악취와 독성이 있다.

④ 독성이 있고 급속중독일 경우는 마취, 두통, 식욕감퇴의 증상이 나타난다.

> 해설   **피리딘의 인화점 : 16[℃], 발화점 : 482[℃]**

정답 ②

226 초산에스터류의 분자량이 증가할수록 달라지는 성질 중 옳지 않은 것은?

① 인화점이 높아진다.   ② 이성질체가 줄어든다.

③ 수용성이 감소된다.   ④ 증기비중이 커진다.

> 해설   초산에스터류(의산에스터류)가 분자량이 증가하면
> • **인화점**이 **높아진다.**   • **이성질체**가 **많아진다.**
> • **수용성**이 **감소된다.**   • **증기비중**이 **커진다.**
> • **비등점**이 **높아진다.**   • **발화점**이 **낮아진다.**
> • **연소열**이 증가한다.

정답 ②

227 초산에틸에 대한 설명 중 틀린 것은?

① 휘발성이 강하다.

② 인화성이 강하다.

③ 피부에 닿으면 탈지작용을 한다.

④ 공업용 에탄올을 함유하므로 독성이 없다.

> 해설   **초산메틸(CH_3COOCH_3) : 탈지작용**

정답 ③

228 다음 위험물의 공통된 특징은?

> 초산메틸, 메틸에틸케톤, 피리딘, 프로필알코올, 의산에틸

① 수용성   ② 지용성   ③ 금수성   ④ 불용성

> 해설   초산메틸, 메틸에틸케톤, 피리딘, 프로필알코올, 의산에틸은 물에 잘 녹는 수용성이다.

> > 이 문제는 일반적인 수용성을 말하는 것이지 지정수량 산정 시 수용성은 아니다.

> **정답** ①

229 개미산메틸에 대한 설명으로 옳지 않은 것은?

① 럼주의 향기를 가진 무색 액체이다.
② 증기는 마취성이 없다.
③ 가수분해되면 CH_3OH와 $HCOOH$를 만든다.
④ 물, 에스터, 에터에 비교적 잘 녹는다.

> 해설   **개미산메틸(의산메틸)** : 증기는 **마취성**이 있다.

> **정답** ②

230 제4류 위험물 중 품명이 나머지 셋과 다른 것은?

① 나이트로벤젠   ② 에틸렌글라이콜   ③ 아닐린   ④ 폼산에틸

> 해설   **제4류 위험물의 품명**
>
> | 품 목 | 나이트로벤젠 | 에틸렌글라이콜 | 아닐린 | 폼산에틸(의산에틸) |
> | --- | --- | --- | --- | --- |
> | 품 명 | 제3석유류(비수용성) | 제3석유류(수용성) | 제3석유류(비수용성) | 제1석유류(비수용성) |
> | 지정수량 | 2,000[L] | 4,000[L] | 2,000[L] | 200[L] |

> **정답** ④

231 다음 중 위험물안전관리법상 알코올류가 위험물이 되기 위하여 갖추어야 할 조건이 아닌 것은?

① 한 분자 내에 탄소 원자수가 1개부터 3개까지일 것
② 포화알코올일 것
③ 수용액일 경우 위험물안전관리법에서 정의한 알코올 함량이 60[wt%] 이상일 것
④ 2가 이상의 알코올일 것

> 해설   **알코올류** : 1분자를 구성하는 탄소원자의 수가 1개부터 3개까지인 포화1가 알코올(변성알코올 포함)

> **Plus one**   **알코올류의 제외**
> • $C_1 \sim C_3$까지의 포화 1가 알코올의 함유량이 60[wt%] 미만인 수용액
> • 가연성 액체량이 60[wt%] 미만이고 인화점 및 연소점이 에틸알코올 60[wt%]수용액
>   의 인화점 및 연소점을 초과하는 것
> ※ 알코올류 : 메틸알코올, 에틸알코올, 프로필알코올, 변성알코올

> **정답** ④

232 제4류 위험물 중 알코올에 대한 설명이다. 옳지 않은 것은?

① 수용성이 가장 큰 알코올은 부틸알코올이다.
② 분자량이 증가함에 따라 수용성은 감소한다.
③ 분자량이 커질수록 이성질체도 많아진다.
④ 변성알코올도 알코올류에 포함된다.

해설   메틸알코올이 **수용성**이 **가장 크다.**

> 분자량이 증가할수록 수용성은 감소한다.

정답 ①

233 다음 중 위험물 중 알코올류에 속하는 것은?

① 에틸알코올   ② 부탄올
③ 퓨젤유   ④ 크레오소트유

해설   알코올류 : 1분자 내의 탄소원자수가 3개 이하인 포화 1가 알코올

> 알코올류 : 메틸알코올, 에틸알코올, 프로필알코올, 변성알코올

정답 ①

234 다음 알코올 중 위험물안전관리법상 알코올류에 속하는 것은?

① 변성알코올   ② 퓨젤유
③ 활성아밀알코올   ④ 제삼부틸알코올

해설   알코올 : 1분자 내의 탄소원자수가 3개 이하인 포화 1가 알코올로서 **변성알코올**을 **포함**한다.

정답 ①

235 알코올포소화약제로 소화하기에 적합한 위험물은?

① 휘발유   ② 톨루엔   ③ 석 유   ④ 메탄올

해설   **알코올포소화약제**는 메탄올, 에탄올, 초산, 아세톤 등 **수용성 액체**에는 적합하다.

정답 ④

236 메틸알코올을 취급할 때의 위험성으로 틀린 것은?

① 겨울에는 폭발성의 혼합 가스가 생기지 않는다.
② 연소범위는 에틸알코올보다 좁다.
③ 독성이 있다.
④ 증기는 공기보다 약간 무겁다.

해설   연소범위
• 메틸알코올 : 6.0~36[%]
• 에틸알코올 : 3.1~27.7[%]

정답 ②

237 메탄올의 성질로 옳지 않은 것은?

① 무색투명한 무취의 액체이고 휘발성이 있다.
② 먹으면 눈이 멀거나 생명을 잃는다.
③ 물에는 무제한 녹는다.
④ 비중이 물보다 작다.

해설 메탄올(CH_3OH, 목정)의 성질
• 무색투명한 취기가 있는 액체로서 휘발성이 있다.
• 비중이 물보다 작고 물에는 잘 녹는다.
• 먹으면 눈이 멀거나 생명을 잃는다.

정답 ①

238 다음은 알코올의 저장 · 취급에 관련한 사항을 설명한 것이다. 다음 중 옳지 않은 것은?

① 상온에서 저급 알코올은 액체이고, 고급 알코올은 고체가 된다.
② 저급 알코올일수록 물에 잘 녹으며, 고급 알코올일수록 잘 녹지 않는다.
③ 알칼리금속과 반응하면 산소가 발생한다.
④ 알코올은 이온화하지 않는다.

해설 알코올과 알칼리금속이 반응하면 나트륨에틸레이트와 과산화수소가 발생한다.

$$Na_2O_2 + 2CH_3OH \rightarrow 2CH_3ONa + H_2O_2$$

정답 ③

239 다음 알코올류 중 지정수량이 400[L]에 해당되지 않는 위험물은?

① 메탄올
② 에탄올
③ 프로판올
④ 부탄올

해설 알코올류 : 1분자를 구성하는 탄소원자의 수가 1개부터 3개까지의 포화 1가 알코올(변성알코올 포함)
로서 농도가 60[%] 이상인 것

항 목 \ 종 류	메탄올	에탄올	프로판올	부탄올
화학식	CH_3OH	C_2H_5OH	C_3H_7OH	C_4H_9OH
품 명	알코올류	알코올류	알코올류	제2석유류(비수용성)
지정수량	400[L]	400[L]	400[L]	1,000[L]

정답 ④

240 에틸알코올의 아이오도폼 반응 시 색깔은?

① 적 색   ② 청 색   ③ 노란색   ④ 검정색

> 해설   **에틸알코올의 아이오도폼 반응** : 수산화칼륨과 아이오딘을 가하여 아이오도폼의 **황색 침전**이 생성되는
> 반응
>> Plus one   **아이오도폼 반응**
>> 에틸알코올에 KOH와 I_2의 혼합용액을 넣어 **노란색 침전물**(아이오도폼)이 생성됨
>> $C_2H_5OH + 6KOH + 4I_2 \rightarrow CHI_3 \downarrow + 5KI + HCOOK + 5H_2O$
>> (아이오도폼 : 황색 침전)

정답 ③

241 다음 에탄올 또는 주정이라고 하는 물질의 화학식은?

① $C_5H_{11}OH$ ② CH_3COOH ③ CH_3OH ④ C_2H_5OH

> 해설   에탄올 : C_2H_5OH
>
> > • 메탄올(CH_3OH) : 목정   • 에탄올(C_2H_5OH) : 주정
> > ※ 주정뱅이 : 술(에탄올)에 취해 정신없이 행동하는 사람

정답 ④

242 알코올 발효 시에 에틸알코올과 같이 생기는 부산물에 해당하는 것은?

① 피리딘   ② 퓨젤유   ③ 변성알코올   ④ 에스터

> 해설   **알코올 발효 시 부산물** : 퓨젤유

정답 ②

243 물과 서로 분리 가능하여 물속에서 쉽게 구별할 수 있는 알코올은?

① n-부틸알코올   ② n-프로필알코올
③ 에틸알코올   ④ 메틸알코올

> 해설   분자량이 증가할수록 용해도가 떨어지므로 n-부틸알코올은 물과 혼합할 때 분리가 가능하다.

정답 ①

244 알코올류에서 탄소수가 증가할수록 변화되는 현상으로 옳은 것은?

① 인화점이 낮아진다.   ② 연소범위가 넓어진다.
③ 수용성이 감소된다.   ④ 액체비중이 작아진다.

> 해설   **분자량이 증가할수록 나타나는 현상**
> • 인화점, 증기비중, 비점, 점도가 커진다.
> • 착화점, **수용성**, 휘발성, 연소범위, 비중이 **감소한다**.
> • 이성질체가 많아진다.

정답 ③

245 다음 중 에탄올과 이성질체의 관계가 있는 것은?

① CH_3OCH_3
② CH_3CHO
③ CH_3COOH
④ CH_3OH

해설 에탄올(C_2H_5OH)과 다이메틸에터(CH_3OCH_3)는 이성질체이다.

정답 ①

246 다음 중 제2석유류에 속하지 않는 것은?

① 경 유
② 개미산
③ 테레핀유
④ 톨루엔

해설 제4류 위험물의 분류

종 류	경 유	개미산	테레핀유	톨루엔
구 분	제2석유류(비수용성)	제2석유류(수용성)	제2석유류(비수용성)	제1석유류(비수용성)
지정수량	1,000[L]	2,000[L]	1,000[L]	200[L]

정답 ④

247 제4류 위험물 중 제2석유류에 해당하는 물질은?

① 초 산
② 아닐린
③ 톨루엔
④ 실린더유

해설 제4류 위험물의 분류

종 류	초 산	아닐린	톨루엔	실린더유
품 명	제2석유류(수용성)	제3석유류(비수용성)	제1석유류(비수용성)	제4석유류

정답 ①

248 등유의 성질로 옳지 않은 것은?

① 여러 가지 탄화수소의 혼합물이다.
② 석유류분 중 가솔린보다 높은 비점 범위를 갖는다.
③ 가솔린보다 휘발하기 쉬운 탄화수소이다.
④ 물에는 녹지 않는다.

해설 등유는 가솔린보다 휘발하기 어려운 포화·불포화탄화수소의 혼합물이다.

정답 ③

249 1기압에서 액체로서 인화점이 21[℃] 이상 70[℃] 미만인 위험물은?

① 제1석유류 – 아세톤, 휘발유
② 제2석유류 – 등유, 경유
③ 제3석유류 – 중유, 크레오소트유
④ 제4석유류 – 기어유, 실린더유

해설 제2석유류 : 인화점이 21[℃] 이상 70[℃] 미만으로서 등유, 경유, 크실렌, 테레핀유가 있다.

정답 ②

250 경유의 성질을 잘못 설명한 것은?

① 비중이 1 이하이다.
② 물에 녹기 어렵다.
③ 인화점은 등유보다 낮다.
④ 보통 시판되는 것은 담갈색의 액체이다.

해설 인화점

종 류	경 유	등 유
인화점	41[℃] 이상	39[℃] 이상

정답 ③

251 다음 위험물 중 제4류 위험물 제2석유류에 속하며 독성이 강한 것은?

① CH_3COOH
② C_6H_6
③ $C_6H_5CH=CH_2$
④ $C_6H_5NH_2$

해설 위험물의 구분

종 류	CH_3COOH(초산)	C_6H_6(벤젠)	$C_6H_5CH=CH_2$(스타이렌)	$C_6H_5NH_2$(아닐린)
품 명	제2석유류	제1석유류	제2석유류	제3석유류
독 성	약하다.	강하다.	강하다.	강하다.

정답 ③

252 제2석유류에 해당되지 않는 것은?

① 의 산
② 나이트로벤젠
③ 초 산
④ 메타크실렌

해설 나이트로벤젠 : 제3석유류

정답 ②

253 다음과 같은 성질을 가지는 물질은?

• NaOH과 반응할 수 있다.
• 은거울반응을 한다.
• CH_3OH와 에스터화 반응을 한다.

① CH_3COOH
② HCOOH
③ CH_3CHO
④ CH_3COCH_3

해설 의산(HCOOH)의 성질
• NaOH과 반응할 수 있다.
• 은거울반응을 한다.
• CH_3OH와 에스터화 반응을 한다.

정답 ②

254 경유의 화재 발생 시 주수소화가 부적당한 이유로서 가장 옳은 것은?

① 경유가 연소할 때 물과 반응하여 수소가스를 발생하여 연소를 돕기 때문에

② 주수소화하면 경유의 연소열 때문에 분해하여 산소를 발생하여 연소를 돕기 때문에

③ 경유는 물과 반응하여 유독가스를 발생하므로

④ 경유는 물보다 가볍고, 물에 녹지 않기 때문에 화재가 널리 확대되므로

> **해설** 경유(인화성 액체)화재 시 주수소화하면 물에 녹지 않기 때문에 화재면 확대로 위험하다.

정답 ④

255 자극성 냄새를 가지며 피부에 닿으면 물집이 생기고 비교적 강한 산으로 환원성이 있는 제2석유류는?

① 개미산   ② 스타이렌

③ 아세톤   ④ 에탄올

> **해설** **개미산(의산, HCOOH)** : 자극성 냄새를 가지며 피부에 닿으면 물집이 생기는 강한 산성으로 제2석유류

정답 ①

256 HCOOH의 증기비중을 계산하면 약 얼마인가?(단, 공기의 평균 분자량은 29이다)

① 1.59   ② 2.45

③ 2.78   ④ 3.54

> **해설** 의산($HCOOH$)의 분자량은 46이므로 증기비중 $= \dfrac{분자량}{29} = \dfrac{46}{29} = 1.586$

정답 ①

257 클로로벤젠에 대한 설명 중 옳은 것은?

① 인화점이 27[℃]이므로 제2석유류에 속한다.

② 독성이 있고 은색의 액체이다.

③ 착화 온도는 등유보다 낮다.

④ 물에 잘 녹는다.

> **해설** 클로로벤젠(C_6H_5Cl)은 인화점이 27[℃]로 제2석유류이다.

정답 ①

258 다음과 같이 위험물을 저장하는 경우 지정수량의 몇 배에 해당하는가?

> • 클로로벤젠 600[L]　　　　• 동식물유류 5,400[L]　　　　• 제2석유류(비수용성) 1,200[L]

① 2.24배　　　　② 2.34배　　　　③ 3.34배　　　　④ 3.352배

해설
$$\text{지정수량의 배수} = \frac{\text{저장수량}}{\text{지정수량}} = \frac{600[\text{L}]}{1,000[\text{L}]} + \frac{5,400[\text{L}]}{10,000[\text{L}]} + \frac{1,200[\text{L}]}{1,000[\text{L}]} = 2.34\text{배}$$

Plus one 지정수량
• 클로로벤젠 : 1,000[L]　　　　　　　• 동식물유류 : 10,000[L]
• 제2석유류(비수용성) : 1,000[L]

정답 ②

259 다음 중 크실렌의 이성질체가 아닌 것은?

① o-크실렌　　　② p-크실렌　　　③ m-크실렌　　　④ q-크실렌

해설　**크실렌의 이성질체** : o-크실렌, m-크실렌, p-크실렌

정답 ④

260 크실렌(Xylene)의 일반적인 성질에 대한 설명으로 옳지 않은 것은?

① 3가지 이성질체가 있다.　　　　　　② 독특한 냄새를 가지며 갈색이다.
③ 유지나 수지 등을 녹인다.　　　　　④ 증기의 비중이 높아 낮은 곳에 체류하기 쉽다.

해설　크실렌은 무색투명한 액체이다.

정답 ②

261 다음 중 테레핀유에 대한 설명이 잘못된 것은?

① 물에 녹지 않으나 알코올, 에터에 녹으며 유지 등을 잘 녹인다.
② 순수한 것은 황색의 액체이고, I_2와 혼합된 것은 가열해도 발화하지 않는다.
③ 화학적으로는 유지는 아니지만 건성유와 유사한 산화성이기 때문에 공기 중 산화한다.
④ 테레핀유가 묻은 엷은 천에 염소가스를 접촉시키면 폭발한다.

해설　테레핀유의 순수한 것은 **무색의 액체**이다.

정답 ②

262 하이드라진을 약 180[℃]까지 열분해시켰을 때 발생하는 가스가 아닌 것은?

① 이산화탄소　　　② 수 소　　　③ 질 소　　　④ 암모니아

해설　하이드라진(N_2H_4)은 약알칼리성으로 공기 중에서 열분해 시 약 180[℃]에서 암모니아(NH_3)와 질소(N_2), 수소(H_2)로 분해된다.

> $$2N_2H_4 \rightarrow 2NH_3 + N_2 + H_2$$

정답 ①

263 제4류 위험물 중 지정수량이 4,000[L]인 것은?(단, 수용성 액체이다)

① 제1석유류　　② 제2석유류　　③ 제3석유류　　④ 제4석유류

해설　제4류 위험물의 지정수량

종 류	제1석유류		제2석유류		제3석유류		제4석유류
	비수용성	수용성	비수용성	수용성	비수용성	수용성	
지정수량	200[L]	400[L]	1,000[L]	2,000[L]	2,000[L]	4,000[L]	6,000[L]

정답 ③

264 다음 위험물 중 제3석유류에 해당하지 않는 물질은?

① 나이트로톨루엔　② 에틸렌글라이콜　③ 글리세린　　④ 테레핀유

해설　제4류 위험물의 분류

품 목	나이트로톨루엔	에틸렌글라이콜	글리세린	테레핀유
품 명	제3석유류(비수용성)	제3석유류(수용성)	제3석유류(수용성)	제2석유류(비수용성)
지정수량	2,000[L]	4,000[L]	4,000[L]	1,000[L]

정답 ④

265 다음과 같은 일반적 성질을 갖는 물질은?

- 약한 방향성 및 끈적거리는 시럽상의 액체
- 발화점 : 398[℃], 인화점 : 120[℃]
- 유기산이나 무기산과 반응하여 에터를 만듦

① 에틸렌글라이콜　② 우드테레핀유　③ 클로로벤젠　　④ 테레핀유

해설　에틸렌글라이콜(Ethyl Glycol)의 성질

- 물 성

화학식	비 중	비 점	인화점	착화점
CH_2OHCH_2OH	1.11	198[℃]	120[℃]	398[℃]

- 무색의 끈기 있는 흡습성의 액체이다.
- 사염화탄소, 에터, 벤젠, 이황화탄소, 클로로폼에 녹지 않고, 물, 알코올, 글리세린, 아세톤, 초산, 피리딘에는 잘 녹는다(수용성).
- 2가 알코올로서 독성이 있으며 단맛이 난다.
- 무기산 및 유기산과 반응하여 에스터를 생성한다.

정답 ①

266 자동차의 부동액으로 많이 사용되는 에틸렌글라이콜을 가열하거나 연소할 때 주로 발생되는 가스는?

① 일산화탄소　　② 인화수소　　③ 포스겐가스　　④ 메테인

해설　에틸렌글라이콜(CH_2OHCH_2OH)이 연소할 때 이산화탄소(완전연소)나 일산화탄소(불완전연소)가 발생한다.

정답 ①

267 다음 중 에틸렌글라이콜과 글리세린의 공통점이 아닌 것은?

① 독성이 있다.　　② 수용성이다.　　③ 단맛이 있다.　　④ 무색의 액체이다.

　해설　 에틸렌글라이콜은 독성이 있고 글리세린은 독성이 없다.

　정답 ①

268 크레졸의 성질 중 틀린 것은?

① 3가지 이성질체를 갖는다.　　　　② 피부와 접촉되면 화상을 입는다.
③ 비등점이 100[℃] 미만이다.　　　④ 비중은 물보다 크다.

　해설　 크레졸의 비점(비등점)은 203[℃]이다.

　정답 ③

269 다음 물질 중 작용기 OH와 CH_3를 함께 포함하고 있는 화합물은?

① p-크레졸　　② o-크실렌　　③ 글리세린　　④ 피크르산

　해설　 위험물의 분류

항목 \ 종류	p-크레졸	o-크실렌	글리세린	피크르산
품 명	특수가연물	제4류 위험물 제2석유류	제4류 위험물 제3석유류	제5류 위험물 나이트로화합물
화학식	$C_6H_4CH_3OH$	$C_6H_4(CH_3)_2$	$C_3H_5(OH)_3$	$C_6H_2OH(NO_2)_3$
구조식	OH ⬡ CH_3	CH_3 ⬡CH_3	CH_2-OH $CH-OH$ CH_2-OH	O_2N⬡NO_2 OH NO_2

　정답 ①

270 윤활제, 화장품, 폭약의 원료로 사용되며, 무색이고 단맛이 있는 제4류 위험물로 지정수량이 4,000[L]인 것은?

① $C_6H_2OH(NO_2)_3$　　② $C_3H_5(OH)_3$　　③ $C_6H_5NO_2$　　④ $C_6H_5NH_2$

　해설　 글리세린[$C_3H_5(OH)_3$] : 무색, 단맛이 있는 제3석유류(수용성)로 지정수량이 4,000[L]이고 윤활제, 화장품, 폭약의 원료로 사용된다.

　정답 ②

271 콜타르 유분으로 나프탈렌과 안트라센 등을 함유하는 물질은?

① 중 유　　② 메타크레졸　　③ 클로로벤젠　　④ 크레오소트유

　해설　 크레오소트유(타르유)
　　• 일반적으로 타르류, 액체피치유라고도 한다.
　　• 황록색 또는 암갈색의 기름 모양의 액체이며 증기는 유독하다.
　　• 주성분은 나프탈렌, 안트라센이다.
　　• 물에 녹지 않고 알코올, 에터, 벤젠, 톨루엔에는 잘 녹는다.

　정답 ④

272 분자량 93.1, 비중 약 1.02, 융점 약 −6[℃]인 액체로 독성이 있고 알칼리금속과 반응하여 수소가스를 발생하는 물질은?

① 글리세린

② 나이트로벤젠

③ 아닐린

④ 아세토나이트릴

해설 아닐린(Aniline)의 성질

· 물 성

화학식	비 중	융 점	비 점	인화점
$C_6H_5NH_2$	1.02	−6[℃]	184[℃]	70[℃]

· 황색 또는 담황색의 기름성 액체이다.

· 물에는 약간 녹고, 알코올, 아세톤, 벤젠에는 잘 녹는다(물의 용해도 : 3.5).

· 물보다 무겁고 독성이 강하다.

정답 ③

273 기어유의 지정수량은 얼마인가?

① 1,000[L]

② 2,000[L]

③ 3,000[L]

④ 6,000[L]

해설 기어유는 제4류 위험물의 **제4석유류**로서 지정수량은 **6,000[L]**이다.

정답 ④

274 "동식물유류"란 동물의 지육 등 식물의 종자나 과육으로부터 추출한 것으로서 몇 기압과 인화점이 섭씨 몇도 미만인 것을 뜻하는가?

① 1기압, 250[℃]

② 1기압, 200[℃]

③ 2기압, 250[℃]

④ 2기압, 200[℃]

해설 **동식물유류** : 동물의 지육 등 식물의 종자나 과육으로부터 추출한 것으로서 **1기압**에서 **인화점**이 **250[℃] 미만**인 것

정답 ①

275 다음 중 동식물유의 지정수량은?

① 200[L]

② 2,000[L]

③ 6,000[L]

④ 10,000[L]

해설 **동식물유의 지정수량** : 10,000[L]

정답 ④

276 다음 위험물 중 자연발화의 위험성이 가장 큰 물질은?

① 아마인유

② 파라핀

③ 휘발유

④ 피리딘

해설 아마인유는 건성유(아이오딘값이 130 이상)로서 자연발화의 위험이 있다.

정답 ①

277 다음 유지류 중 아이오딘값이 가장 큰 것은?

① 돼지기름　　　② 고래기름　　　③ 소기름　　　④ 정어리기름

동식물유류의 종류

구 분	아이오딘값	반응성	불포화도	종 류
건성유	130 이상	크다.	크다.	해바라기유, **동유**, 아마인유, **정어리기름**, 들기름
반건성유	100~130	중 간	중 간	채종유, 목화씨기름, 참기름, 콩기름, 청어유, 쌀겨기름, 옥수수기름
불건성유	100 이하	작다.	작다.	야자유, 올리브유, **피마자유**, 낙화생기름

- 건성유 : 아이오딘값이 130 이상
- 반건성유 : 아이오딘값이 100~130
- 불건성유 : 아이오딘값이 100 이하

> 아이오딘값 : 유지 100[g]에 부가되는 아이오딘의 [g]수

정답 ④

278 다음 유지류 중 아이오딘값이 100 이하인 불건성유는?

① 아마인유　　　　　　　② 참기름
③ 피마자유　　　　　　　④ 번데기유

문제 277번 참조

정답 ③

279 아이오딘값의 정의를 옳게 설명한 것은?

① 유지 100[kg]에 부가되는 아이오딘의 [g]수
② 유지 10[kg]에 부가되는 아이오딘의 [g]수
③ 유지 100[g]에 부가되는 아이오딘의 [g]수
④ 유지 10[g]에 부가되는 아이오딘의 [g]수

아이오딘값 : 유지 100[g]에 부가되는 **아이오딘의 [g]수**

정답 ③

280 동식물유류의 일반적 성질에 관한 내용이다. 거리가 먼 것은?

① 아마인유는 건성유이므로 자연발화의 위험이 존재한다.
② 아이오딘값이 클수록 포화지방산이 많으므로 자연발화의 위험이 적다.
③ 산화제와 격리시켜 저장한다.
④ 동식물유는 대체로 인화점이 250[℃] 미만 정도이므로 연소위험성 측면에서 제4석유류와 유사하다.

아이오딘값이 클수록 자연발화의 위험이 크다.

정답 ②

281 자기반응성 물질에 대한 설명으로 옳지 않은 것은?

① 가연성 물질로 그 자체가 산소함유 물질로 자기연소가 가능한 물질이다.

② 연소속도가 대단히 빨라서 폭발성이 있다.

③ 비중이 1보다 작고 가용성 액체로 되어 있다.

④ 시간의 경과에 따라 자연발화의 위험성을 갖는다.

해설 **제5류 위험물**
- 외부로부터 산소의 공급 없이도 가열, 충격 등에 의해 연소폭발을 일으킬 수 있는 자기반응성 물질이다.
- 연소속도가 대단히 빨라서 폭발성이 있다.
- 유기과산화물을 제외하고는 질소를 함유한 유기질소화합물이다.
- 모두 가연성의 액체 또는 고체물질이고 연소할 때는 다량의 가스를 발생한다.
- 시간의 경과에 따라 자연발화의 위험성이 있다.

정답 ③

282 제5류 위험물에 해당되지 않는 것은?

① 유기과산화물   ② 질산염류   ③ 셀룰로이드   ④ 아조화합물

해설 **제5류 위험물** : 유기과산화물, 질산에스터류, 나이트로화합물, 나이트로소화합물, 아조화합물 등

> 질산염류 : 제1류 위험물

정답 ②

283 제5류 위험물의 소화방법으로 틀린 것은?

① 질식소화 및 냉각소화

② 마른 모래에 의한 피복소화

③ 전반적으로 공기차단은 효과가 없다.

④ 물에 의한 냉각소화

해설 **제5류 위험물의 소화방법** : 냉각소화

정답 ①

284 질산에스터류에 대한 설명으로 옳은 것은?

① 알코올기를 함유하고 있다.   ② 모두 물에 녹는다.

③ 폭약의 원료로도 사용한다.   ④ 산소를 함유하는 무기화합물이다.

해설 **질산에스터류의 특성**
- 분자 내부에 산소를 함유하고 있어 불안정하며 분해가 용이하다.
- 가열, 마찰, 충격으로 폭발이 쉬우며 폭약의 원료로 많이 사용된다.

정답 ③

285 제5류 위험물인 나이트로화합물의 특징으로 틀린 것은?

① 충격을 가하면 위험하다.

② 연소속도가 빠르다.

③ 산소 함유물질이다.

④ 불연성 물질이지만 산소를 많이 함유한 화합물이다.

해설 **나이트로화합물** : 가연성 물질

정답 ④

286 유기과산화물의 액체가 누출되었을 때 처리방법으로 가장 옳은 것은?

① 중화제로 흡수하고 제거한다.

② 물걸레로 즉시 깨끗이 닦는다.

③ 마른모래로 흡수하고 제거한다.

④ 팽창질석 또는 팽창진주암으로 흡수하고 제거한다.

해설 유기과산화물이 누출 시 팽창질석 또는 팽창진주암으로 흡수하고 제거한다.

정답 ④

287 자기반응성 물질의 초기 화재 시 소화방법으로 적당한 것은?

① 다량의 주수소화   ② 분말소화

③ 팽창질석   ④ 할론소화

해설 **자기반응성 물질(제5류 위험물) : 다량의 주수소화**

정답 ①

288 제5류 위험물의 공통된 취급방법이 아닌 것은?

① 저장 시 가열, 충격, 마찰을 피한다.

② 용기의 파손 및 균열에 주의한다.

③ 포장외부에 "자연발화 주의사항"을 표기한다.

④ 점화원 및 분해를 촉진시키는 물질로부터 멀리한다.

해설 **제5류 위험물의 저장 및 취급방법**
- 저장 시 가열, 충격, 마찰을 피할 것
- 용기의 파손 및 균열에 주의할 것
- **포장외부에 "화기엄금, 충격주의"**의 주의사항을 표기할 것
- 점화원 및 분해를 촉진시키는 물질로부터 멀리할 것

정답 ③

289 다음 위험물 품명에서 지정수량이 200[kg]이 아닌 것은?

① 질산에스터류   ② 나이트로화합물

③ 아조화합물   ④ 하이드라진유도체

해설   **제5류 위험물의 지정수량**

유 별	성 질	품 명	위험등급	지정수량
제5류	자기 반응성 물질	1. 유기과산화물, **질산에스터류**	I	제1종 : 10[kg] 제2종 : 100[kg]
		2. 하이드록실아민, 하이드록실아민염류	II	
		3. 나이트로화합물, 나이트로소화합물, 아조화 합물, 다이아조화합물, 하이드라진유도체	II	
		4. 그 밖에 행정안전부령이 정하는 것	II	

정답 ①

290 다음 중 지정수량이 가장 적은 위험물은?

① $(HOOCCH_2CH_2CO)_2O_2$ ② $Zn(C_2H_5)_2$

③ $C_6H_2CH_3(NO_2)_3$ ④ CaC_2

해설   **지정수량**

종 류	$(HOOCCH_2CH_2CO)_2O_2$	$Zn(C_2H_5)_2$	$C_6H_2CH_3(NO_2)_3$	CaC_2
명 칭	숙신산 퍼옥사이드 (Succinicacid Peroxide)	다이에틸아연	TNT	탄화칼슘
품 명	제5류 위험물 유기과산화물	제3류 위험물 유기금속화합물	제5류 위험물 나이트로화합물	제3류 위험물 칼슘의 탄화물
지정수량	10[kg]	50[kg]	100[kg]	300[kg]

정답 ①

291 제5류 위험물에 속하지 않는 물질은?

① 나이트로글리세린   ② 나이트로벤젠

③ 나이트로셀룰로오스   ④ 질산에스터

해설   **나이트로벤젠($C_6H_5NO_2$)** : 제4류 위험물 제3석유류

정답 ②

292 다음 중 자기반응성 물질끼리 묶여진 것이 아닌 것은?

① 과산화벤조일, 질산메틸   ② 나이트로글리세린, 셀룰로이드

③ 아세토나이트릴, 트라이나이트로톨루엔   ④ 아조벤젠, 파라다이나이트로소벤젠

해설   **아세토나이트릴(CH_3CN)** : 제4류 위험물 제1석유류

자기반응성 물질 : 제5류 위험물

정답 ③

293 다음 제5류 위험물질로 화재발생 시 분무상의 물로 소화할 수 있는 것은?

① $C_3H_5(ONO_2)_3$

② $[C_6H_7O_2(ONO_2)_3]_n$

③ CH_3ONO_2

④ $C_2H_4(ONO_2)_2$

해설 **분무상의 주수사용 여부**

종 류	나이트로글리세린	나이트로셀룰로오스	질산메틸	나이트로글라이콜
화학식	$C_3H_5(ONO_2)_3$	$[C_6H_7O_2(ONO_2)_3]_n$	CH_3ONO_2	$C_2H_4(ONO_2)_2$
분무주수여부	불가능	가 능	불가능	불가능

정답 ②

294 다음은 위험물안전관리법상 제5류 위험물들이다. 지정수량이 가장 큰 것은?

① 아조화합물

② 과산화벤조일

③ 나이트로글리세린

④ 나이트로셀룰로오스

해설 **지정수량**
- 아조화합물 : 100[kg]
- 과산화벤조일(유기과산화물), 질산에스터류(나이트로글리세린, 나이트로셀룰로오스) : 10[kg]

정답 ①

295 다음 중 유기과산화물에 대한 설명으로 틀린 것은?

① 메틸에틸케톤퍼옥사이드(MEKPO)는 무색 기름상의 액체이다.

② 벤조일퍼옥사이드(BPO)는 황색의 액체로서 물에 잘 녹는다.

③ 메틸에틸케톤퍼옥사이드(MEKPO)는 함유율이 60[wt%] 이상일 때 지정유기과산화물이라 한다.

④ 벤조일퍼옥사이드(BPO)는 수성일 경우 함유율이 80[wt%] 이상일 때 지정유기과산화물이라 한다.

해설 **벤조일퍼옥사이드(BPO)** : **무색무취의 백색결정, 물에 녹지 않는다.**

정답 ②

296 유기과산화물인 MEKPO의 지정수량은?

① 10[kg]

② 50[kg]

③ 600[kg]

④ 1,000[kg]

해설 **과산화메틸에틸케톤(MEKPO)의 지정수량** : **10[kg]**

정답 ①

297 다음 위험물 중 가연물과 산소를 많이 함유함으로 보관 관리상 희석제 및 안정제를 가해야 하는 물질은?

① $(C_6H_5CO)_2O_2$

② Na_2O_2

③ $NaClO_4$

④ K_2O_2

해설 **과산화벤조일**[$(C_6H_5CO)_2O_2$]은 제5류 위험물로서 **희석제**(프탈산다이메틸, 프탈산다이부틸)를 가하여 보관한다.

정답 ①

298 유기과산화물의 희석제로 널리 사용되는 것은?

① 물   ② 벤 젠

③ MEKPO   ④ 프탈산다이메틸

> **해설**   **유기과산화물의 희석제**
> - 프탈산다이메틸
> - 프탈산다이부틸

정답 ④

299 과산화벤조일의 위험성에 대한 설명 중 틀린 것은?

① 수분이 흡수되면 분해하여 폭발위험이 커진다.

② 가열 · 마찰 · 충격에 의해 폭발할 위험이 있다.

③ 가열을 하면 약 100[℃] 부근에서 흰 연기를 낸다.

④ 비활성 희석제를 첨가하여 폭발성을 낮출 수 있다.

> **해설**   **과산화벤조일(BPO ; Benzoyl Peroxide, 벤조일퍼옥사이드)**
> - 물 성
>
> | 화학식 | 비 중 | 융 점 |
> |---|---|---|
> | $(C_6H_5CO)_2O_2$ | 1.33 | 105[℃] |
>
> - **무색무취의 백색 결정**으로 강산화성 물질이다.
> - 물에 녹지 않고, 알코올에는 약간 녹는다.
> - 프탈산다이메틸(DMP), 프탈산다이부틸(DBP)의 희석제를 사용한다.
> - 발화되면 연소속도가 빠르고 건조 상태에서는 위험하다.
> - 마찰, 충격으로 폭발의 위험이 있다.
> - 가열을 하면 약 100[℃] 부근에서 흰 연기를 낸다.
> - 소화방법은 소량일 때에는 탄산가스, 분말, 건조된 모래로, 대량일 때에는 물이 효과적이다.

정답 ①

300 다음 위험물 중 성상이 고체인 것은?

① 과산화벤조일   ② 질산에틸

③ 나이트로글리세린   ④ 메틸에틸케톤퍼옥사이드

> **해설**   **성 상**
>
> | 종 류 | 과산화벤조일 | 질산에틸 | 나이트로글리세린 | 메틸에틸케톤퍼옥사이드 |
> |---|---|---|---|---|
> | 상 태 | 고 체 | 액 체 | 액 체 | 액 체 |

정답 ①

301 과산화벤조일은 중량 함유량[wt%]이 얼마 이상일 때 위험물로 취급하는가?

① 30   ② 35.5

③ 40   ④ 50

> **해설**   **과산화벤조일**은 중량 함유량[wt%]이 **35.5[wt%] 이상**이면 위험물로 본다.

정답 ②

302 다음 중 질산에스터류에 속하지 않는 것은?

① 나이트로셀룰로오스   ② 질산에틸
③ 나이트로글리세린   ④ 트라이나이트로톨루엔

> 해설   **트라이나이트로톨루엔(TNT)** : 나이트로화합물

정답 ④

303 질산에틸(Ethyl Nitrate)의 성상에 대한 설명으로 옳은 것은?

① 물에는 잘 녹는다.   ② 상온에서 액체이다.
③ 알코올에는 녹지 않는다.   ④ 황색이고 불쾌한 냄새가 난다.

> 해설   질산에틸($C_2H_5ONO_2$)
> • 특 성

화학식	비 점	인화점	증기비중
$C_2H_5ONO_2$	88[℃]	10[℃]	3.14

> • 에틸알코올과 질산을 반응하여 질산에틸을 제조한다.
> • **무색투명한 액체**로서 **방향성**을 갖는다.
> • **물에는 녹지 않으며 알코올에는 잘 녹는다.**
> • 인화점이 10[℃]로 대단히 낮고 연소하기 쉽다.

정답 ②

304 자기반응성 물질로 액체상태인 경우 충격, 마찰에는 매우 예민하나 동결된 경우에는 액체상태보다 충격, 마찰이 둔해지는 물질은?

① 펜트리트   ② 트라이나이트로벤젠
③ 나이트로글리세린   ④ 질산메틸

> 해설   **나이트로글리세린** : 충격, 마찰에는 매우 예민하나 동결된 경우에는 액체상태보다 충격, 마찰이 둔해지는 물질

정답 ③

305 질산에스터류의 성상에서 옳은 것은?

① 전부 물에 녹는다.   ② 부식성 산이다.
③ 산소 함유물질이며 가연성이다.   ④ 산소를 함유하는 무기물질이다.

> 해설   **질산에스터류(제5류 위험물)** : 자기반응성 물질, 가연성

정답 ③

306 나이트로셀룰로오스의 주원료는?

① 톨루엔   ② PVC수지   ③ 아세트산바이닐   ④ 정제한 솜

> 해설   **나이트로셀룰로오스(NC)의 주원료** : 정제한 솜

정답 ④

307 나이트로셀룰로오스를 저장, 운반할 때 가장 좋은 방법은?

① 질소가스를 충전한다.
② 갈색 유리병에 넣는다.
③ 냉동시켜서 운반한다.
④ 알코올 등으로 습면을 만들어 운반한다.

해설 나이트로셀룰로오스는 건조하면 폭발의 우려가 있어 물 또는 알코올 등으로 습면을 만들어 운반한다.

정답 ④

308 질화면의 성질로서 맞는 것은?

① 질화도가 클수록 폭발성이 세다.
② 수분이 많이 포함될수록 폭발성이 크다.
③ 외관상 솜과 같은 진한 갈색의 물질이다.
④ 질화도가 낮을수록 아세톤에 녹기 힘들다.

해설 질화도가 클수록 폭발 위험성이 크다.

정답 ①

309 나이트로셀룰로오스는 건조하면 발화하기 쉬워 수분 및 알코올 등 습성제로 처리하는데 습성제를 총중량의 몇 [%] 이상 함유하여 유지시켜야 하는가?

① 5[%]   ② 10[%]
③ 15[%]   ④ 20[%]

해설 나이트로셀룰로오스(NC)의 습윤양 : 총중량의 20[%] 이상

정답 ④

310 강질화면과 약질화면을 분류하는 기준은?

① 질화할 때의 온도차
② 분자의 크기
③ 수분 함유량의 차
④ 질소 함유량의 차

해설 질소(N)의 함유량
• 강면약 : 12.76[%] 이상
• 약면약 : 10.18~12.76[%]

정답 ④

311 $C_6H_2(NO_2)_3OH$와 $C_2H_5ONO_2$의 공통성질 중 옳은 것은?

① 위험물안전관리법상 나이트로소화합물이다.

② 인화성이고 폭발성인 액체이다.

③ 무색 또는 담황색의 액체로 방향이 있다.

④ 모두 알코올에 녹는다.

해설 제5류 위험물인 피크르산과 질산에틸의 비교

구 분 \ 종 류	피크르산	질산에틸
화학식	$C_6H_2(NO_2)_3OH$	$C_2H_5ONO_2$
분류	나이트로화합물	질산에스터류
외 관	황색의 침상결정	무색투명한 액체
용해성	알코올, 에터, 벤젠, 더운물에 용해	물에 불용, 알코올에 용해

정답 ④

312 나이트로글리세린에 대한 설명으로 옳지 않은 것은?

① 순수한 액은 상온에서 적색을 띤다.

② 수산화나트륨-알코올의 혼액에 분해하여 비폭발성 물질로 된다.

③ 일부가 동결한 것은 액상의 것보다 충격에 민감하다.

④ 피부 및 호흡에 의해 인체의 순환계통에 용이하게 흡수된다.

해설 나이트로글리세린(NG ; Nitro Glycerine)

• 물 성

화학식	융 점	비 점
$C_3H_5(ONO_2)_3$	2.8[℃]	218[℃]

• 무색투명한 기름성의 액체(공업용 : 담황색)이다.

• 알코올, 에터, 벤젠, 아세톤 등 유기용제에는 녹는다.

• 상온에서 액체이고 겨울에는 동결한다.

• 혀를 찌르는 듯한 단맛이 있다.

• 가열, 마찰, 충격에 민감하다(폭발을 방지하기 위하여 다공성 물질에 흡수시킨다).

> 다공성 물질 : 규조토, 톱밥, 소맥분, 전분

• 규조토에 흡수시켜 다이너마이트를 제조할 때 사용한다.

정답 ①

313 셀룰로이드의 성질에 관한 설명으로 옳은 것은?

① 물, 아세톤, 알코올, 나이트로벤젠, 에터류에 잘 녹는다.

② 물에 용해되지 않으나 아세톤, 알코올에 잘 녹는다.

③ 물, 아세톤에 잘 녹으나 나이트로벤젠 등에는 불용성이다.

④ 알코올에만 녹는다.

> **해설**　**셀룰로이드**
> • 무색 또는 황색의 반투명 고체이며 열이나 햇빛에 의해 황색으로 변색된다.
> • 물에 용해되지 않으나 아세톤, 알코올, 초산에스터류에 잘 녹는다.
> • 발화온도는 약 180[℃]이고 비중은 1.4이다.
> • 연소 시 유독가스가 발생한다.
> • 습도와 온도가 높을 경우 자연발화의 위험이 있다.

정답 ②

314 셀룰로이드의 제조와 관계있는 약품은?

① 장 뇌

② 염 산

③ 나이트로아미드

④ 질산메틸

> **해설**　**셀룰로이드** : **질산셀룰로오스**와 **장뇌**의 균일한 콜로이드 분산액으로부터 개발한 최초의 합성 플라스틱 물질

정답 ①

315 위험물안전관리법상 위험물 분류할 때 나이트로화합물에 속하는 것은?

① 질산에틸($C_2H_5ONO_2$)

② 하이드라진(N_2H_4)

③ 질산메틸(CH_3ONO_2)

④ 피크르산[$C_6H_2(OH)(NO_2)_3$]

> **해설**　**나이트로화합물** : 피크르산, TNT

정답 ④

316 트라이나이트로톨루엔의 위험성에 대한 설명으로 옳지 않은 것은?

① 폭발력이 강하다.

② 물에는 녹지 않고 아세톤, 벤젠에는 잘 녹는다.

③ 햇빛에 변색되고 이는 폭발성을 증가시킨다.

④ 중금속과 반응하지 않는다.

해설   **트라이나이트로톨루엔의 성질**

• 물 성

화학식	비 점	융 점	착화점
$C_6H_2CH_3(NO_2)_3$	280[℃]	80.1[℃]	300[℃]

• 담황색의 주상 결정으로 강력한 폭약이다.

• 충격에는 민감하지 않으나 급격한 타격에 의하여 폭발한다.

• 물에 녹지 않고, 알코올에는 가열하면 녹고, 아세톤, 벤젠, 에터에는 잘 녹는다.

• 일광에 의해 갈색으로 변하고 가열, 타격에 의하여 폭발한다.

• 중금속과 반응하지 않는다.

정답 ③

317 $C_6H_2CH_3(NO_2)_3$의 제조 원료로 옳게 짝지어진 것은?

① 톨루엔, 황산, 질산   ② 톨루엔, 벤젠, 질산

③ 벤젠, 질산, 황산   ④ 벤젠, 질산, 염산

해설   **TNT[$C_6H_2CH_3(NO_2)_3$]의 원료 : 톨루엔, 황산, 질산**

TNT의 구조식 및 제법

정답 ①

318 TNT가 분해될 때 주로 발생하는 가스는?

① 일산화탄소   ② 암모니아

③ 사이안화수소   ④ 염화수소

해설   **TNT의 분해반응식**

$$2C_6H_2CH_3(NO_2)_3 \rightarrow 2C + 3N_2\uparrow + 12CO\uparrow + 5H_2\uparrow$$
(질소) (일산화탄소) (수소)

정답 ①

319 다음 물질 중 햇볕에 쪼이면 갈색으로 변하고 아세톤, 벤젠, 알코올에 잘 녹으며, 물에는 불용이고 금속과 반응하지 않는 물질은 어느 것인가?

① $C_6H_2(NO_2)_3OH$　　② $(CH_2)_3(NO_2)_3$　　③ $C_6H_2CH_3(NO_2)_3$　　④ $C_6H_3(NO_2)_3$

해설　TNT$[C_6H_2CH_3(NO_2)_3]$는 햇볕에 쪼이면 갈색으로 변하고 아세톤, 벤젠, 알코올에 잘 녹으며, 물에는 불용이고 금속과 반응하지 않는 물질이다.

정답 ③

320 TNT는 다음 어느 물질의 유도체인가?

① 톨루엔　　　　② 페 놀　　　　③ 아닐린　　　　④ 벤젠알데하이드

해설　톨루엔의 유도체 : TNT

정답 ①

321 트라이나이트로톨루엔의 설명 중 적당하지 않은 것은?

① 일광을 쪼이면 갈색으로 변하나 독성은 없다.

② 발화온도가 약 300[℃]이다.

③ 에터나 알코올에 녹는다.

④ 갈색의 액체로서 비중은 1.8 정도이다.

해설　트라이나이트로톨루엔 : 담황색의 주상 결정으로 비중은 1.66이다.

정답 ④

322 피크르산의 성질에 대한 설명 중 틀린 것은?

① 쓴맛이 나고 독성이 있다.　　　　② 약 300[℃] 정도에서 발화한다.

③ 구리 용기에 보관해야 한다.　　　④ 단독으로는 마찰, 충격에 둔감하다.

해설　트라이나이트로페놀(Tri Nitro Phenol, 피크르산)

• 물 성

화학식	비 점	융 점	착화점	비 중	폭발온도	폭발속도
$C_6H_2(OH)(NO_2)_3$	255[℃]	121[℃]	300[℃]	1.8	3,320[℃]	7,359[m/s]

• 광택 있는 황색의 침상결정이고 찬물에는 미량이 녹고 알코올, 에터 온수에는 잘 녹는다.

• 쓴맛과 독성이 있고 알코올, 에터, 벤젠, 더운물에는 잘 녹는다.

• 단독으로 가열, 마찰, 충격에 안정하고 연소 시 검은 연기를 내지만 폭발은 하지 않는다.

• 금속염과 혼합은 폭발이 심하며 가솔린, 알코올, 아이오딘, 황과 혼합하면 마찰, 충격에 의하여 심하게 폭발한다.

정답 ③

323 피크르산은 무슨 반응으로 제조하는가?

① 할로젠화　　　② 산 화　　　③ 에스터화　　　④ 나이트로화

해설　페놀을 술폰화하고 나이트로화하여 피크르산을 만든다.

정답 ④

324 나이트로화합물류 중 분자구조 내에 하이드록시기를 갖는 위험물은?

① 피크르산
② 트라이나이트로톨루엔
③ 트라이나이트로벤젠
④ 테트릴

해설 하이드록시기($-OH$)를 갖는 것은 피크르산이다.

종류	피크르산	트라이나이트로톨루엔	트라이나이트로벤젠	테트릴
구조식				

정답 ①

325 피크르산의 위험성과 소화방법으로 틀린 것은?

① 건조할수록 위험성이 증가한다.
② 이 산의 금속염은 대단히 위험하다.
③ 알코올 등과 혼합된 것은 폭발의 위험이 있다.
④ 화재 시에는 질식소화가 효과 있다.

해설 **피크르산**은 제5류 위험물로서 주수에 의한 **냉각소화**가 효과 있다.

> 제5류 위험물 : 피크르산, 나이트로화합물(TNT), 나이트로소화합물, 아조화합물, 유기과산화물, 질산에스터
> 류 등

정답 ④

326 나이트로화합물 중 쓴맛이 있고 유독하며, 물에 전리하여 강한 산이 되며, 뇌관의 첨장약으로 사용되는
것은?

① 나이트로글리세린
② 셀룰로이드
③ 트라이나이트로페놀
④ 트라이메틸렌트라이나이트로아민

해설 **트라이나이트로페놀(피크르산)** : 쓴맛, 독성, 폭약(뇌관의 첨장약)

정답 ③

327 다음 중 피크르산 1몰이 분해(폭발)하였을 때 생성되는 생성물을 바르게 나타낸 것은?

① $12CO_2 + 10H_2O + 6N_2 + O_2$
② $2CO_2 + 3CO + 1.5N_2 + 1.5H_2 + C$
③ $12CO + 3N_2 + 5H_2 + 2C$
④ $6CO + 2H_2O + 1.5N_2 + C$

해설 피크르산의 분해식

$$C_6H_2(NO_2)_3OH \rightarrow 2CO_2 + 3CO + 1.5N_2 + 1.5H_2 + C$$

정답 ②

328 제5류 위험물 중 하이드라진 유도체류의 지정수량은?

① 50[kg]　　　　② 100[kg]　　　　③ 200[kg]　　　　④ 300[kg]

해설　하이드라진 유도체류의 지정수량 : 200[kg]

> 하이드라진[N_2H_4, 제2석유류(수용성)]의 지정수량 : 2,000[L]

정답 ③

---

329 다음 나이트로소화합물에 대한 설명으로 옳지 않은 것은?

① 고상 물질이다.　　　　　　　② 지정수량은 200[kg]이다.
③ 반드시 벤젠핵을 가져야 한다.　④ 가열해도 폭발의 위험이 없다.

해설　나이트로소화합물은 가열, 마찰, 충격에 의해 폭발의 위험이 있다.

정답 ④

---

330 다음 물질 중 무색 또는 백색의 결정으로 비중이 약 1.8이고 융점이 약 202[℃]이며 물에는 불용인 것은?

① 피크르산　　　　　　　　　② 다이나이트로레조르신
③ 트라이나이트로톨루엔　　　④ 헥소겐

해설　헥소겐(RDX ; Research Department Explosive)의 물성
• 백색 또는 무색의 사방정계 결정으로 분자량은 222.13, 비중은 1.8이다.
• 녹는점은 201~202[℃]이고 충격에 대해서는 둔감하다.
• 물에는 녹지 않는다.

정답 ④

---

331 제6류 위험물의 지정수량은?

① 20[kg]　　　　② 100[kg]　　　　③ 200[kg]　　　　④ 300[kg]

해설　제6류 위험물의 지정수량 : 300[kg]

정답 ④

---

332 다음 위험물 중 형상은 다르지만 성질이 같은 것은?

① 제1류와 제6류　　　　　　② 제2류와 제5류
③ 제3류와 제5류　　　　　　④ 제4류와 제6류

해설　위험물의 성질

유 별	성 질	유 별	성 질
제1류	산화성 고체	제4류	인화성 액체
제2류	가연성 고체	제5류	자기반응성 물질
제3류	자연발화성 물질 및 금수성 물질	제6류	산화성 액체

정답 ①

333 산화성 액체 위험물의 공통 성질이 아닌 것은?

① 물과 만나면 발열한다.

② 비중이 1보다 크며 물에 안 녹는다.

③ 부식성 및 유독성이 강한 강산화제이다.

④ 산소를 많이 포함하여 다른 가연물의 연소를 돕는다.

해설 산화성 액체(제6류 위험물)는 비중이 1보다 크며 물에 잘 녹는다.

정답 ②

334 다음 중 제6류 위험물의 공통적인 성질로 틀린 것은?

① 비중은 1보다 크다.

② 강산성이고 강산화제이다.

③ 불에 잘 탄다.

④ 표준상태에서 모두가 액체이다.

해설 **제6류 위험물의 성질**
- 강산성이고 강산화성 액체이다.
- 비중은 1보다 크다.
- 불연성이다.

정답 ③

335 제6류 위험물의 소화방법으로 틀린 것은?

① 할론소화도 효과가 있다.

② 물분무소화도 효과가 있다.

③ 팽창질석도 효과가 있다.

④ 마른 모래도 효과가 있다.

해설 **제6류 위험물** : 냉각소화(물분무), 마른 모래, 팽창질석, 팽창진주암

정답 ①

336 다음 제6류 위험물의 소화방법에 대한 설명으로 잘못된 것은?

① 과염소산 – 다량의 물로 분무주수하거나 분말소화약제를 사용한다.

② 질산 – 대규모 화재 시 주수를 금하고 마른 모래나 소다회를 덮어 질식소화한다.

③ 과산화수소 – 용기 내에서 분해하고 있는 경우에는 주수를 금하고 포나 이산화탄소를 사용하여 소화한다.

④ 질산 – 다량의 물을 사용하여 희석소화한다.

해설 **과산화수소** : 냉각소화

정답 ③

337 다음은 과염소산의 일반적인 성질을 설명한 것이다. 옳은 것은?

① 수용액은 완전히 전리한다.
② 염소산 중에서 가장 약한 산이다.
③ 과염소산은 물과 작용해서 액체수화물을 만든다.
④ 비중이 물보다 가벼운 액체이며, 무색무취이다.

해설 **과염소산($HClO_4$)**
• **수용액**은 완전히 **전리**한다.
• **염소산** 중에서 가장 **강한 산**이다.
• 과염소산은 물과 작용해서 **6종**의 **고체수화물**을 만든다.
• 비중이 물보다 **무거운 무색의 액체**이다.

정답 ①

338 다음 중 가장 약산은 어느 것인가?

① HClO　　　　② $HClO_2$　　　　③ $HClO_3$　　　　④ $HClO_4$

해설 **염소산의 종류**

화학식	HClO	$HClO_2$	$HClO_3$	$HClO_4$
명 칭	차아염소산	아염소산	염소산	과염소산

∴ 산의 강도 : $HClO < HClO_2 < HClO_3 < HClO_4$

정답 ①

339 다음 제6류 위험물인 과산화수소의 성질 중 틀린 것은?

① 에터, 알코올에는 용해한다.
② 용기는 구멍이 뚫린 마개를 사용한다.
③ 석유, 벤젠에는 용해하지 않는다.
④ 순수한 것은 담황색 액체이다.

해설 **과산화수소의 특성**
• 순수한 것은 무색 액체이고, 양이 많을 경우 청색을 나타낸다.
• 에터, 알코올에 녹고 석유, 벤젠에는 용해하지 않는다.
• 용기는 밀봉하지 말고 구멍이 뚫린 마개를 사용한다.
• 직사광선에 의하여 분해한다.

정답 ④

340 과산화수소가 상온에서 분해 시 발생하는 물질은?

① $H_2O + O_2$　　② $H_2O + N_2$　　③ $H_2O + H_2$　　④ $H_2O + CO_2$

해설 **과산화수소의 분해반응식**

$$2H_2O_2 \rightarrow 2H_2O + O_2$$

정답 ①

341 산화제나 환원제로 사용할 수 있는 것은?

① F_2

② $K_2Cr_2O_7$

③ H_2O_2

④ $KMnO_4$

> 해설 과산화수소(H_2O_2) : 산화제 또는 환원제

정답 ③

342 염산과 반응하며 석유와 벤젠에 불용성이고, 피부와 접촉 시 수종을 생기게 하는 위험물을 생성시키는 물질은 무엇인가?

① 과산화나트륨

② 과산화수소

③ 과산화벤조일

④ 과산화칼륨

> 해설 과산화수소(H_2O_2) : 석유와 벤젠에 녹지 않고, 피부와 접촉 시 수종을 생기게 하는 위험물

정답 ②

343 과산화수소에 대한 설명 중 틀린 것은?

① 햇빛에 의해서 분해되어 산소를 방출한다.

② 단독으로 폭발할 수 있는 농도는 약 60[%] 이상이다.

③ 벤젠이나 석유에 쉽게 용해되어 급격히 분해된다.

④ 농도가 진한 것은 피부에 접촉 시 수종을 일으킬 위험이 있다.

> 해설 과산화수소는 물, 알코올, 에터에 녹지만, **벤젠에는 녹지 않는다.**

정답 ③

344 다음은 위험물의 저장 및 취급 시 주의사항이다. 어떤 위험물인가?

> 36[%] 이상의 위험물로서 수용액은 안정제를 가하여 분해를 방지시키고 용기는 착색된 것을 사용해야 하며, 금속류의 용기 사용은 금한다.

① 염소산칼륨

② 과염소산마그네슘

③ 과산화나트륨

④ 과산화수소

> 해설 과산화수소(H_2O_2)는 **36[%] 이상의 위험물**로서 수용액은 안정제[인산(H_3PO_4), 요산($C_5H_4N_4O_3$)]를 가하여 분해를 방지시킨다.

정답 ④

345 H_2O_2는 농도가 일정 이상으로 높을 때 단독으로 폭발한다. 몇 [wt%] 이상일 때인가?

① 30[wt%]

② 40[wt%]

③ 50[wt%]

④ 60[wt%]

> 해설 과산화수소(H_2O_2)의 경우 농도 **60[wt%] 이상**은 충격, 마찰에 의해서도 단독으로 **분해폭발** 위험이 있다.

정답 ④

346 과산화수소의 분해방지 안정제로 사용할 수 있는 물질은?

① 구 리
② 은
③ 인 산
④ 목탄분

해설   과산화수소의 안정제 : 인산(H_3PO_4), 요산($C_5H_4N_4O_3$)

정답 ③

347 다음은 과산화수소의 성질 및 취급방법에 관한 설명이다. 틀린 것은?

① 햇볕에 의하여 분해한다.
② 산성에서는 분해가 어렵다.
③ 저장용기는 마개로 꼭 막아둔다.
④ 에탄올, 에터 등에는 용해되지만 벤젠에는 녹지 않는다.

해설   과산화수소는 구멍 뚫린 마개를 사용해야 한다.

정답 ③

348 산화성 액체 위험물 중 질산의 성질이 틀린 것은?

① 담황색의 액체로서 부식성이 강하다.
② 비점은 122[℃], 융점은 −42[℃]이다.
③ 일광 또는 공기와 만나면 분해하여 갈색의 증기가 발생한다.
④ 물과 반응하면 흡열반응을 한다.

해설   질산은 물과 반응하면 발열반응을 한다.

정답 ④

349 질산(HNO_3)의 성질로 옳은 것은?

① 공기 중에서 자연발화한다.
② 충격에 의하여 자연발화한다.
③ 인화점이 낮아서 발화하기 쉽다.
④ 물과 반응하여 강한 산성을 나타낸다.

해설   질산(HNO_3)은 물과 반응하여 강한 산성을 나타낸다.

정답 ④

350 질산의 비중은 얼마 이상을 위험물로 보는가?

① 1.29
② 1.49
③ 1.62
④ 1.82

해설   질산의 비중 : 1.49 이상

정답 ②

351 진한 질산을 몇 [℃] 이하로 냉각시키면 응축 결정되는가?

① 약 −65[℃]　　　　　　② 약 −57[℃]

③ 약 −42[℃]　　　　　　④ 약 −31[℃]

해설　진한 질산의 응축 결정온도 : 약 −42[℃]

정답 ③

352 진한 질산(2[mol])을 가열 분해 시 발생하는 가스는?

① 질 소　　　　　　② 일산화탄소

③ 이산화질소　　　　　　④ 암모늄이온

해설　질산의 분해반응식

$$2HNO_3 \rightarrow H_2O + 2NO_2 \uparrow + \frac{1}{2}O_2 \uparrow$$
$$\text{(이산화질소)}$$

정답 ③

353 질산의 위험성에 관한 설명 중 옳은 것은?

① 충격에 의해 착화한다.

② 공기 속에서 자연발화한다.

③ 인화점이 낮고 발화하기 쉽다.

④ 환원성 물질과 혼합 시 발화한다.

해설　질산(HNO_3)은 환원성 물질과 혼합하면 발화한다.

정답 ④

354 질산의 성질과 관계가 있는 것은?

① 인화성　　　　　　② 가연성

③ 불연성　　　　　　④ 조연성

해설　**질산(제6류 위험물)** : 불연성

정답 ③

355 잔토프로테인 반응과 관계되는 물질은?

① 황 산　　　　　　② 클로로술폰산

③ 무수크로뮴산　　　　　　④ 질 산

해설　**잔토프로테인 반응** : 단백질 검출 반응의 하나로서 아미노산 또는 단백질에 **진한 질산**을 가하여 가열하면 황색이 되고, 냉각하여 염기성으로 되게 하면 등황색을 띤다.

정답 ④

356 다음 금속 중 진한 질산에 의하여 부동태가 되는 금속은?

① Fe

② Sb

③ Zn

④ Mg

해설　Fe(철) : 진한 질산에 의하여 부동태가 되는 금속

정답 ①

357 진한 질산을 물에 부었을 때 일어나는 현상은 어느 것인가?

① 수소가스가 발생

② 산소가스가 발생

③ 많은 열을 발생하고 용기파손을 초래

④ 물과 혼합되지 않고 층이 발생

해설　진한 질산을 물에 부으면 많은 열을 발생하고 용기파손을 초래하므로 위험하다.

정답 ③

358 진한 질산을 가열할 경우 발생하는 자극성인 갈색 증기는?

① O_2

② NO_2

③ N_2

④ SO_2

해설　진한 질산을 가열하면 자극성의 갈색증기(NO_2)가 발생한다.

정답 ②

위험물의 시설기준

제1절 **위험물안전관리법령(법, 영, 규칙)에 관한 일반적인 사항**

1 위험물

인화성 또는 **발화성 등**의 성질을 가지는 것으로 **대통령령**이 정하는 물품을 말한다.

> 위험물의 종류 : 제1류 위험물~제6류 위험물(6종류)

2 제조소 등

(1) 제조소 `20` `년 출제`

위험물을 제조할 목적으로 **지정수량 이상의 위험물을 취급**하기 위하여 제6조 제1항의 규정에 따른 허가를 받은 장소를 말한다.

Plus one 위험물제조소와 일반취급소의 구분

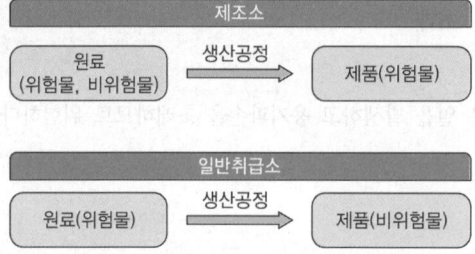

(2) 저장소(영 별표 2) `20` `년 출제`

지정수량 이상의 위험물을 저장하기 위한 **대통령령이 정하는 장소**로서 제6조 제1항의 규정에 따른 허가를 받은 장소를 말한다.

[저장소의 구분]

저장소의 구분	지정수량 이상의 위험물을 저장하기 위한 장소
옥내저장소	1. 옥내(지붕과 기둥 또는 벽 등에 의하여 둘러싸인 곳)에 저장(위험물을 저장하는데 따르는 취급을 포함)하는 장소
옥외탱크저장소	2. 옥외에 있는 탱크에 위험물을 저장하는 장소
옥내탱크저장소	3. 옥내에 있는 탱크에 위험물을 저장하는 장소
지하탱크저장소	4. 지하에 매설한 탱크에 위험물을 저장하는 장소
간이탱크저장소	5. 간이탱크에 위험물을 저장하는 장소
이동탱크저장소	6. 차량에 고정된 탱크에 위험물을 저장하는 장소

저장소의 구분	지정수량 이상의 위험물을 저장하기 위한 장소
옥외저장소	7. 옥외에 다음 중 하나에 해당하는 위험물을 저장하는 장소 가. 제2류 위험물 중 **황** 또는 **인화성 고체**(인화점이 0[℃] 이상인 것에 한함) 나. 제4류 위험물 중 **제1석유류**(인화점이 0[℃] 이상인 것에 한함) · **알코올류** · **제2석유류** · **제3석유류** · **제4석유류** 및 **동식물유류** 다. **제6류 위험물** 라. 제2류 위험물 및 제4류 위험물 중 특별시 · 광역시 · 특별자치시 · 도 또는 특별자치도의 조례에서 정하는 위험물 마. 국제해사기구에 관한 협약에 의하여 설치된 국제해사기구가 채택한 국제해상위험물규칙(IMDG Code)에 적합한 용기에 수납된 위험물
암반탱크저장소	8. 암반 내의 공간을 이용한 탱크에 액체의 위험물을 저장하는 장소

(3) 취급소(영 별표 3)

지정수량 이상의 위험물을 제조 외의 목적으로 취급하기 위한 대통령이 정하는 장소로서 제6조 제1항의 규정에 따른 허가를 받은 장소를 말한다.

[취급소의 구분]

취급소의 구분	위험물을 제조 외의 목적으로 취급하기 위한 장소
주유취급소	1. 고정된 주유설비(항공기에 주유하는 경우 차량에 설치된 주유설비를 포함)에 의하여 자동차 · 항공기 또는 선박 등의 연료탱크에 직접 주유하기 위하여 위험물을 취급하는 장소
판매취급소	2. 점포에서 위험물을 용기에 담아 판매하기 위하여 **지정수량의 40배 이하의** 위험물을 취급하는 장소
이송취급소	3. **다음 장소를 제외한 배관 및 이에 부속된 설비**에 의하여 위험물을 이송하는 장소 가. 송유관 안전관리법에 의한 송유관에 의하여 위험물을 이송하는 경우 나. 제조소 등에 관계된 시설(배관은 제외) 및 그 부지가 같은 사업소 안에 있고 해당 사업소 안에서만 위험물을 이송하는 경우 다. 사업소와 사업소의 사이에 도로(폭 2[m] 이상의 일반교통에 이용되는 도로로서 자동차의 통행이 가능한 것)만 있고 사업소와 사업소 사이의 이송배관이 그 도로를 횡단하는 경우 라. 사업소와 사업소 사이의 이송배관이 제3자(해당 사업소와 관련이 있거나 유사한 사업을 하는 자에 한함)의 토지만을 통과하는 경우로서 해당 배관의 길이가 100[m] 이하인 경우 마. 해상구조물에 설치된 배관(이송되는 위험물이 별표 1의 제4류 위험물 중 제1석유류인 경우에는 배관의 안지름이 30[cm] 미만인 것에 한함)으로서 해당 해상구조물에 설치된 배관의 길이가 30[m] 이하인 경우 바. 사업소와 사업소 사이의 이송배관이 다목 내지 마목의 규정에 의한 경우 중 2 이상에 해당하는 경우 사. 농어촌 전기공급사업 촉진법에 따라 설치된 자가발전시설에 사용되는 위험물을 이송하는 경우
일반취급소	4. 제1호 내지 제3호 외의 장소(석유 및 석유대체연료 사업법 제29조의 규정에 의한 유사석유제품에 해당하는 위험물을 취급하는 경우의 장소는 제외)

> 위험물제조소 등 : 제조소, 취급소, 저장소

③ 위험물의 취급

(1) 지정수량 이상의 위험물

제조소 등에서 취급해야 하며 **위험물안전관리법**의 적용받는다.

> **Plus one** 지정수량
> 위험물의 종류별로 위험성을 고려하여 **대통령령이 정하는 수량**으로서 제6호의 규정에 의한 제조소 등의 설치허가 등에 있어서 최저의 기준이 되는 수량을 말한다.

(2) 지정수량 미만의 위험물 : 시·도의 조례

> **Plus one** 지정수량 이상
> 위험물안전관리법에 적용(제조소 등을 설치하여 완공검사를 받고 안전관리자 선임)

(3) **지정수량의 배수(지정배수)** : 둘 이상의 품명을 저장할 때 이 공식을 적용한다.

$$지정배수 = \frac{저장(취급)량}{지정수량} + \frac{저장(취급)량}{지정수량} + \frac{저장(취급)량}{지정수량}$$ **17 18 24 년 출제**

4 제조소 등에 선임해야 하는 안전관리자의 자격(영 별표 6)

	제조소 등의 종류 및 규모		안전관리자의 자격
제조소	1. 제4류 위험물만을 취급하는 것으로서 지정수량 5배 이하의 것		위험물기능장, 위험물산업기사, 위험물기능사, **안전관리자교육이수자** 또는 소방공무원경력자
	2. 제1호에 해당하지 않는 것		위험물기능장, 위험물산업기사 또는 2년 이상의 실무경력이 있는 위험물기능사
저장소	1. 옥내저장소	제4류 위험물만을 저장하는 것으로서 **지정수량 5배 이하의 것**	위험물기능장, 위험물산업기사, 위험물기능사, **안전관리자교육이수자** 또는 소방공무원경력자
		제4류 위험물 중 알코올류·제2석유류·제3석유류·제4석유류·동식물유류만을 저장하는 것으로서 지정수량 40배 이하의 것	
	2. 옥외탱크저장소	제4류 위험물만을 저장하는 것으로서 **지정수량 5배 이하의 것**	
		제4류 위험물 중 제2석유류·제3석유류·제4석유류·동식물유류만을 저장하는 것으로서 지정수량 40배 이하의 것	
	3. 옥내탱크저장소	제4류 위험물만을 저장하는 것으로서 **지정수량 5배 이하의 것**	
		제4류 위험물 중 제2석유류·제3석유류·제4석유류·동식물류만을 저장하는 것	
	4. 지하탱크저장소	제4류 위험물만을 저장하는 것으로서 **지정수량 40배 이하의 것**	
		제4류 위험물 중 **제1석유류**·알코올류·제2석유류·제3석유류·제4석유류·동식물유류만을 저장하는 것으로서 **지정수량 250배 이하의 것**	
	5. 간이탱크저장소로서 제4류 위험물만을 저장하는 것		
	6. **옥외저장소** 중 제4류 위험물만을 저장하는 것으로서 **지정수량 40배 이하의 것**		
	7. 보일러, 버너, 그 밖에 이와 유사한 장치에 공급하기 위한 위험물을 저장하는 탱크저장소		
	8. 선박주유취급소, 철도주유취급소 또는 항공기주유취급소의 고정주유설비에 공급하기 위한 위험물을 저장하는 탱크저장소로서 지정수량의 250배(제1석유류의 경우에는 지정수량의 100배) 이하의 것		
	9. 제1호 내지 제8호에 해당하지 않는 저장소		위험물기능장, 위험물산업기사 또는 2년 이상의 실무경력이 있는 위험물기능사

제조소 등의 종류 및 규모			안전관리자의 자격
	1. **주유취급소**		위험물기능장, 위험물산업기사, 위험물기능사, **안전관리자교육이수자** 또는 소방공무원경력자
	2. 판매취급소	제4류 위험물만을 저장하는 것으로서 지정수량 5배 이하의 것	
		제4류 위험물 중 제1석유류·알코올류·제2석유류·제3석유류·제4석유류·동식물유류만을 취급하는 것	
취급소	3. 제4류 위험물 중 제1석유류·알코올류·제2석유류·제3석유류·제4석유류·동식물유류만을 지정수량 50배 이하로 취급하는 일반취급소(제1석유류·알코올류의 취급량이 지정수량의 10배 이하인 경우에 한함)로서 다음의 어느 하나에 해당하는 것 가. 보일러, 버너, 그 밖에 이와 유사한 장치에 의하여 위험물을 소비하는 것 나. 위험물을 용기 또는 차량에 고정된 탱크에 주입하는 것		
	4. 제4류 위험물만을 취급하는 **일반취급소**로서 지정수량 **10배 이하**의 것		
	5. 제4류 위험물 중 **제2석유류·제3석유류·제4석유류·동식물유류**만을 취급하는 **일반취급소**로서 **지정수량 20배 이하**의 것		
	6. 농어촌 전기공급사업 촉진법에 따라 설치된 자가발전시설에 사용되는 위험물을 취급하는 일반취급소		
	7. 제1호 내지 제6호에 해당하지 않는 취급소		위험물기능장, 위험물산업기사 또는 2년 이상의 실무경력이 있는 위험물기능사

5 탱크의 용량(위험물안전관리에 관한 세부기준 별표 1, 제25조)

> 탱크의 용량 = 탱크의 내용적 – 공간용적(탱크 내용적의 5/100 이상 10/100 이하)

(1) 타원형 탱크의 내용적

① 양쪽이 볼록한 것 **17** 년 출제

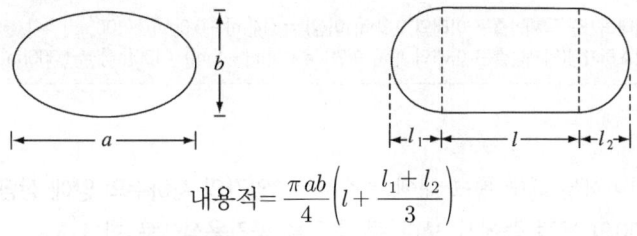

$$내용적 = \frac{\pi ab}{4}\left(l + \frac{l_1 + l_2}{3}\right)$$

② 한쪽은 볼록하고 다른 한쪽은 오목한 것

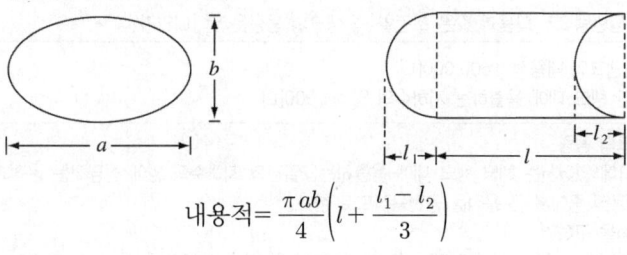

$$내용적 = \frac{\pi ab}{4}\left(l + \frac{l_1 - l_2}{3}\right)$$

(2) 원통형 탱크의 내용적

① 횡으로 설치한 것

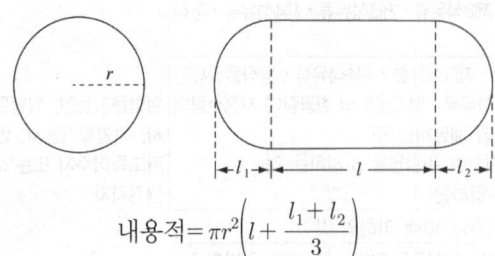

$$내용적 = \pi r^2\left(l + \frac{l_1 + l_2}{3}\right)$$

② 종으로 설치한 것

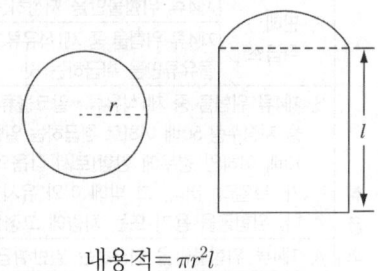

$$내용적 = \pi r^2 l$$

(3) 소화설비탱크

소화설비(소화약제 방출구를 탱크 안의 윗부분에 설치하는 것에 한함)를 설치하는 탱크의 공간용적은 해당 소화설비의 소화약제 방출구 아래의 0.3[m] 이상 1[m] 미만 사이의 면으로부터 윗부분의 용적으로 한다.

> [예제] 고정 지붕구조를 가진 높이 15[m]의 원통종형 옥외 위험물저장탱크 안의 탱크 상부로부터 아래로 1[m] 지점에 고정식 포방출구가 설치되어 있다. 이 조건의 탱크를 신설하는 경우 최대허가량은 얼마인가?(단, 탱크의 내부 면적은 100[m²]이고 탱크 내부에는 별다른 구조물이 없으며, 공간용적 기준은 만족하는 것으로 가정한다)
>
> [해설] **최대허가량**
> 소화설비(소화약제 방출구를 탱크 안의 윗부분에 설치하는 것에 한함)를 설치하는 탱크의 공간용적은 해당 소화설비의 소화약제 방출구 아래의 0.3[m] 이상 1[m] 미만 사이의 면으로부터 윗부분의 용적으로 한다.

> ※ 탱크의 높이는 15[m]이고, 아래 1[m] 지점에 고정포 방출구가 설치되어 있으므로 14[m]에 포방출구가 설치되어 있다.
> - 최대허가량(약제방출구 아래의 0.3[m] 이상) = (14[m] − 0.3[m]) × 100[m²] = 1,370[m³]
> - 최소허가량(약제방출구 아래의 1[m] 미만) = (14[m] − 1[m]) × 100[m²] = 1,300[m³]

(4) 암반탱크

암반탱크에 있어서는 해당 탱크 내에 용출하는 **7일간의 지하수의 양에 상당하는 용적**과 해당 탱크의 **내용적의 1/100의 용적 중**에서 보다 **큰 용적을 공간용적**으로 한다.

> [예제] 위험물 암반탱크가 다음과 같은 조건일 때 탱크의 용량은 몇 [L]인가?
>
> - 암반탱크의 내용적 : 600,000[L]
> - 1일간 탱크 내에 용출하는 지하수의 양 : 1,000[L]
>
> [해설] 암반탱크의 용량
> 암반탱크에 있어서는 해당 탱크 내에 용출하는 7일간의 지하수의 양에 상당하는 용적과 해당 탱크의 내용적의 100분의 1의 용적 중에서 큰 용적을 공간용적으로 한다.
> 공간용적을 구하면
> - 7일간의 지하수의 양에 상당하는 용적 = 1,000[L] × 7 = 7,000[L]
> - 탱크의 내용적의 1/100의 용적 = 600,000[L] × 1/100 = 6,000[L]
>   내용에서 공간용적은 ①과 ② 중 큰 용적이므로 7,000[L]이다.
>   탱크의 용량 = 탱크의 내용적 − 공간용적 = 600,000[L] − 7,000[L] = 593,000[L]

제2절 위험물제조소(규칙 별표 4)

1 제조소의 안전거리(제6류 위험물은 제외) 14 16 18 21 년 출제

건축물	안전거리
사용전압이 7,000[V] 초과 35,000[V] 이하의 특고압가공전선	3[m] 이상
사용전압이 35,000[V]를 초과하는 특고압가공전선	5[m] 이상
주거용으로 사용되는 것(제조소가 설치된 부지 내에 있는 것은 제외)	10[m] 이상
고압가스, 액화석유가스, 도시가스를 저장 또는 취급하는 시설	20[m] 이상
학교, 병원(병원급 의료기관), 극장, 공연장, 영화상영관 및 그 밖에 이와 유사한 시설로서 수용인원 300명 이상의 인원을 수용할 수 있는 것, 아동복지시설, 노인복지시설, 장애인복지시설, 한부모가족복지시설, 어린이집, 성매매피해자 등을 위한 지원시설, 정신건강증진시설, 가정폭력피해자보호시설 및 그 밖에 이와 유사한 시설로서 수용인원 20명 이상의 인원을 수용할 수 있는 것	30[m] 이상
유형문화재와 기념물 중 지정문화재	50[m] 이상

- **안전거리** : 건축물의 외벽 또는 이에 상당하는 공작물의 외측으로부터 해당 제조소의 외벽 또는 이에 상당하는 공작물의 외측까지의 수평거리
- **안전거리 적용제외 대상** : 옥내탱크저장소, 지하탱크저장소, 이동탱크저장소, 간이탱크저장소, 암반탱크저장소, 판매취급소, 주유취급소 13 15 년 출제

2 제조소의 보유공지 16 19 24 년 출제

취급하는 위험물의 최대수량	지정수량의 10배 이하	지정수량의 10배 초과
공지의 너비	3[m] 이상	5[m] 이상

3 제조소의 표지 및 게시판

(1) **"위험물제조소"라는 표지를 설치** 19 년 출제

① 표지의 크기 : 한 변의 길이가 0.3[m] 이상, 다른 한 변의 길이가 0.6[m] 이상
② 표지의 색상 : **백색바탕**에 **흑색문자**

(2) **방화에 관하여 필요한 사항을 게시한 게시판 설치**

① 게시판의 크기 : 한 변의 길이가 0.3[m] 이상, 다른 한 변의 길이가 0.6[m] 이상
② 기재 내용 : 위험물의 **유별·품명** 및 **저장최대수량** 또는 **취급최대수량**, **지정수량의 배수** 및 **안전관리자의 성명** 또는 **직명**, 주의사항
③ 게시판의 색상 : 백색바탕에 흑색문자

(3) 주의사항을 표시한 게시판 설치 `10` `13` `14` `16` `18` `19` `20` `22` `23` `24` 년 출제

위험물의 종류	주의사항	게시판 표시
제1류 위험물 중 **알칼리금속의 과산화물**	물기엄금	청색바탕에 백색문자
제3류 위험물 중 **금수성 물질**		
제2류 위험물(인화성 고체는 제외)	화기주의	적색바탕에 백색문자
제2류 위험물 중 인화성 고체	화기엄금	적색바탕에 백색문자
제3류 위험물 중 **자연발화성 물질**		
제4류 위험물		
제5류 위험물		
제1류 위험물의 알칼리금속의 과산화물 외의 것과 제6류 위험물	별도의 표시를 하지 않는다.	

위험물 제조소	
화기엄금	
유 별	제4류
품 명	제1석유류(아세톤)
취급최대수량	10,000[L]
지정수량의 배수	25배
안전관리자의 성명 또는 직명	○ ○ ○

[제조소의 표지 및 게시판]

4 건축물의 구조

① **지하층이 없도록** 해야 한다.

② 벽·기둥·바닥·보·서까래 및 계단 : **불연재료**(연소의 우려가 있는 **외벽** : 출입구 외의 개구부가 없는 **내화구조**의 벽)

③ 지붕은 폭발력이 위로 방출될 정도의 가벼운 **불연재료**로 덮어야 한다.

> **Plus one** 지붕을 내화구조로 할 수 있는 경우 `18` `19` `22` `23` 년 출제
> • 제2류 위험물(분말상태의 것과 인화성 고체는 제외)
> • 제4류 위험물 중 제4석유류, 동식물유류
> • 제6류 위험물

④ 출입구와 비상구에는 60분+방화문·60분 방화문 또는 30분 방화문을 설치해야 한다.

> **Plus one** 연소의 우려가 있는 **외벽의 출입구** : 수시로 열 수 있는 **자동폐쇄식의 60분+방화문** 또는 60분 방화문을 설치

⑤ 건축물의 창 및 출입구의 유리 : 망입유리(두꺼운 판유리에 철망을 넣은 것) `14` 년 출제

⑥ **액체의 위험물**을 취급하는 건축물의 바닥 : 위험물이 스며들지 못하는 재료로 사용하고, **적당한 경사**를 두고 그 최저부에 **집유설비**를 할 것

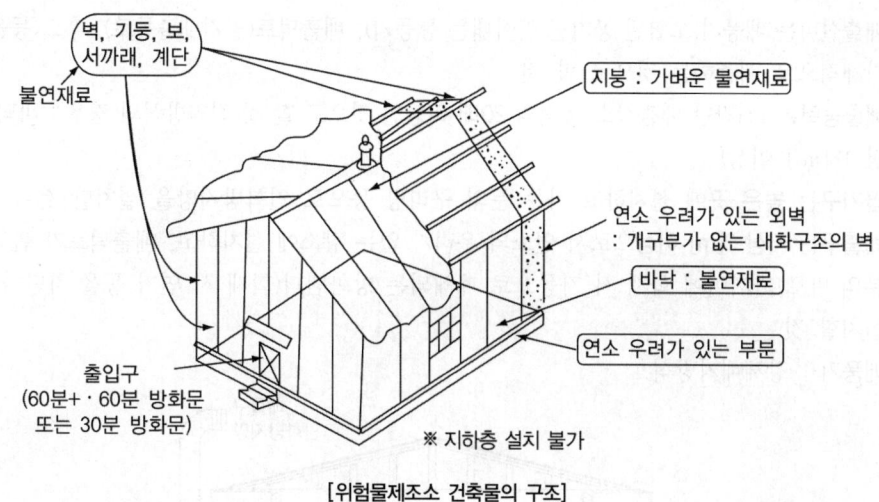

[위험물제조소 건축물의 구조]

5 채광·조명 및 환기설비

(1) 채광설비 `13` `15` `24` 년 출제

불연재료로 하고 연소의 우려가 없는 장소에 설치하되 채광면적을 최소로 할 것

(2) 조명설비 `24` 년 출제

① 가연성 가스 등이 체류할 우려가 있는 장소의 조명등 : 방폭등
② 전선 : 내화·내열전선
③ 점멸스위치 : 출입구 바깥 부분에 설치할 것

(3) 환기설비 `10` `13` `14` `18` `20` `21` `22` `23` `24` 년 출제

① 환기 : **자연배기방식**
② **급기구**는 해당 급기구가 설치된 실의 바닥면적 **150[m²]마다 1개 이상**으로 하되, **급기구의 크기는 800[cm²] 이상**으로 할 것. 다만, 바닥면적이 150[m²] 미만인 경우에는 다음의 크기로 해야 한다.

[바닥면적이 150[m²] 미만인 경우의 급기구의 크기]

바닥면적	60[m²] 미만	60[m²] 이상 90[m²] 미만	90[m²] 이상 120[m²] 미만	120[m²] 이상 150[m²] 미만
급기구의 면적	150[cm²] 이상	300[cm²] 이상	450[cm²] 이상	600[cm²] 이상

③ **급기구**는 **낮은 곳에 설치**하고 가는 눈의 **구리망** 등으로 **인화방지망**을 설치할 것
④ 환기구는 지붕 위 또는 지상 **2[m] 이상**의 높이에 회전식 고정 벤틸레이터 또는 루프팬방식(Roof Fan : 지붕에 설치하는 배기장치)으로 설치할 것

(4) 배출설비 `13` `16` `21` `22` `23` 년 출제

① 설치장소 : 가연성 증기 또는 미분이 체류할 우려가 있는 건축물
② 배출설비 : 국소방식(단, 위험물취급설비가 배관이음 등으로만 된 경우나 건축물의 구조·작업장소의 분포 등의 조건에 의하여 전역방식이 유효한 경우에는 전역방식으로 할 수 있음)

③ 배출설비는 배풍기(오염된 공기를 뽑아내는 통풍기), 배출덕트(공기배출통로), 후드 등을 이용하여 강제적으로 배출하는 것으로 할 것

④ **배출능력**은 1시간당 배출장소 용적의 **20배 이상**인 것으로 할 것(전역방식의 경우 : 바닥면적 1[m²]당 18[m³] 이상)

⑤ **급기구**는 **높은 곳**에 설치하고 가는 눈의 구리망 등으로 인화방지망을 설치할 것

⑥ **배출구**는 **지상 2[m] 이상**으로서 연소의 우려가 없는 장소에 설치하고, 배출덕트가 관통하는 벽부분의 바로 가까이에 화재 시 자동으로 폐쇄되는 방화댐퍼(화재 시 연기 등을 차단하는 장치)를 설치할 것

⑦ 배풍기 : 강제배기방식

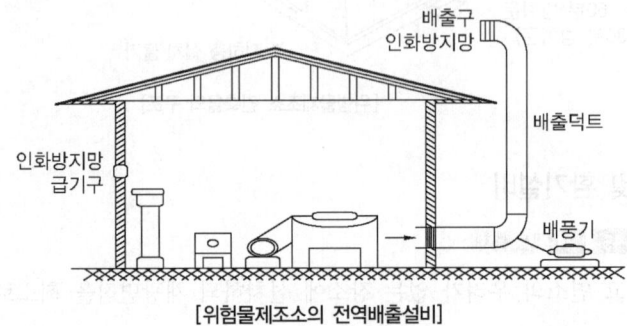

[위험물제조소의 전역배출설비]

6 옥외시설의 바닥(옥외에서 액체 위험물을 취급하는 경우) 14 15 23 년 출제

① 바닥의 둘레에 높이 **0.15[m] 이상**의 턱을 설치하는 등 위험물이 외부로 흘러나가지 않도록 할 것

② 바닥은 콘크리트 등 위험물이 스며들지 않는 재료로 하고, 턱이 있는 쪽이 낮게 경사지게 할 것

③ 바닥의 **최저부**에 **집유설비**를 할 것

④ 위험물(온도 20[℃]의 물 100[g]에 용해되는 양이 1[g] 미만인 것에 한함)을 취급하는 설비에 있어서는 해당 위험물이 직접 배수구에 흘러들어가지 않도록 집유설비에 **유분리장치**를 설치할 것

> [제조소 등의 턱의 높이]
> 1. 판매취급소 배합실 출입구 문턱의 높이 : 0.1[m] 이상
> 2. 주유취급소 펌프실 출입구 턱의 높이 : 0.1[m] 이상
> 3. 옥외저장탱크 펌프실 외의 장소에 설치하는 펌프설비 직하의 지반면 주위 턱의 높이 : 0.15[m] 이상
> 4. 제조소 옥외시설 바닥 둘레 턱의 높이 : 0.15[m] 이상
> 5. 옥외저장탱크 펌프실 바닥 주위의 턱의 높이 : 0.2[m] 이상
> 6. 옥내탱크저장소의 탱크전용실에 펌프설비 설치 시 턱의 높이 : 0.2[m] 이상

7 제조소에 설치해야 하는 기타 설비 및 장치 15 16 21 년 출제

① 위험물 누출·비산방지설비

② 가열·냉각설비 등의 온도측정장치

③ 가열건조설비

④ 압력계 및 안전장치(안전밸브, 감압밸브, 안전밸브 경보장치, 파괴판)

⑤ 전기설비

⑥ 정전기 제거설비

ㄱ. **접지**에 의한 방법

ㄴ. 공기 중의 **상대습도**를 **70[%] 이상**으로 하는 방법

ㄷ. **공기**를 **이온화**하는 방법

⑦ **피뢰설비** `24` 년 출제

지정수량의 10배 이상의 위험물을 제조소(**제6류 위험물**은 **제외**)에는 설치할 것

⑧ 전동기 등

8 위험물 취급탱크(용량이 지정수량 1/5 미만은 제외)

(1) 위험물제조소의 옥외에 있는 위험물 취급탱크

① 하나의 취급탱크 주위에 설치하는 **방유제의 용량** : 해당 **탱크용량의 50[%] 이상**

② **2 이상**의 취급탱크 주위에 하나의 방유제를 설치하는 경우 **방유제의 용량** : 해당 탱크 중 용량이 **최대**인 것의 **50[%]**에 **나머지 탱크용량 합계**의 **10[%]**를 **가산한 양** 이상이 되게 할 것

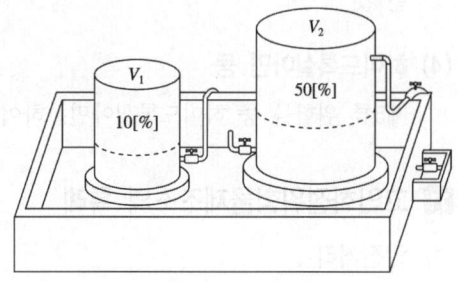

[옥외위험물 취급탱크의 방유제 용량]

(2) 위험물제조소의 옥내에 있는 위험물 취급탱크

① 하나의 취급탱크의 주위에 설치하는 방유턱의 용량 : 해당 탱크용량 이상

② 2 이상의 취급탱크 주위에 설치하는 방유턱의 용량 : 최대탱크용량 이상

> **Plus one** 방유제, 방유턱의 용량
> - 위험물제조소의 옥외에 있는 위험물 취급탱크의 방유제의 용량 `13` `17` `24` 년 출제
>   - 1기일 때 : 탱크용량×0.5(50[%]) 이상
>   - 2기 이상일 때 : 최대탱크용량×0.5+(나머지 탱크용량 합계×0.1) 이상
> - 위험물제조소의 옥내에 있는 위험물 취급탱크의 방유턱의 용량
>   - 1기일 때 : 탱크용량 이상
>   - 2기 이상일 때 : 최대탱크용량 이상
> - 위험물옥외탱크저장소의 방유제의 용량
>   - 1기일 때 : 탱크용량×1.1(110[%]) 이상(비인화성 물질인 경우 100[%])
>   - 2기 이상일 때 : 최대탱크용량×1.1(110[%]) 이상(비인화성 물질인 경우 100[%])

9 위험물제조소의 배관

(1) 배관의 재질 `14` 년 출제

강관, 유리섬유강화플라스틱, 고밀도폴리에틸렌, 폴리우레탄

(2) 내압시험 `19` 년 출제

최대상용압력의 1.5배 이상의 압력에서 실시하여 이상이 없을 것

🔟 정 의

(1) 고인화점위험물

인화점이 **100[℃] 이상**인 제4류 위험물

(2) 알킬알루미늄 등

제3류 위험물 중 알킬알루미늄·알킬리튬 또는 이중 어느 하나 이상을 함유하는 것

(3) 아세트알데하이드 등

제4류 위험물 중 특수인화물의 아세트알데하이드·산화프로필렌 또는 이중 어느 하나 이상을 함유하는 것

(4) 하이드록실아민 등

제5류 위험물 중 하이드록실아민·하이드록실아민염류 또는 이중 어느 하나 이상을 함유하는 것

1️⃣1️⃣ 고인화점위험물제조소의 특례

(1) 안전거리

① 주거용(제조소가 있는 부지와 동일한 부지 내에 있는 것은 제외) : 10[m] 이상

② 고압가스, 액화석유가스, 도시가스를 저장 또는 취급시설(불활성 가스만을 저장 또는 취급하는 것은 제외) : 20[m] 이상

③ 학교, 병원(병원급 의료기관), 극장, 공연장, 영화상영관 및 그 밖에 이와 유사한 시설로서 수용인원 300명 이상의 인원을 수용할 수 있는 것, 아동복지시설, 노인복지시설, 장애인복지시설, 한부모가족복지시설, 어린이집, 성매매피해자 등을 위한 지원시설, 정신건강증진시설, 가정폭력피해자보호시설 및 그 밖에 이와 유사한 시설로서 수용인원 20명 이상의 인원을 수용할 수 있는 것 : 30[m] 이상

④ 유형문화재와 기념물 중 지정문화재 : 50[m] 이상

(2) 보유공지 : 3[m] 이상

(3) 건축물의 지붕 : 불연재료

(4) 창 및 출입구

30분 방화문 또는 60분+방화문·60분 방화문, 불연재료나 유리로 만든 문

(5) 연소의 우려가 있는 외벽에 두는 출입구

수시로 열 수 있는 **자동식폐쇄식**의 **60분+방화문** 또는 60분 방화문을 설치(유리를 이용하는 경우 : 망입유리)

⑫ 알킬알루미늄 등, 아세트알데하이드 등을 취급하는 제조소의 특례 `13` `16` 년 출제

① 알킬알루미늄 등을 취급하는 설비에는 불활성기체(질소, 이산화탄소)를 봉입하는 장치를 갖출 것

② **아세트알데하이드** 등을 취급하는 설비는 **은(Ag)·수은(Hg)·동(Cu)·마그네슘(Mg)** 또는 이들을 성분으로 하는 합금으로 만들지 않을 것

③ 아세트알데하이드 등을 취급하는 설비에는 연소성 혼합기체의 생성에 의한 폭발을 방지하기 위한 불활성기체 또는 수증기를 봉입하는 장치를 갖출 것

⑬ 하이드록실아민 등을 취급하는 제조소의 특례

(1) 안전거리 `19` `20` 년 출제

안전거리 $D = 51.1\sqrt[3]{N}$ (여기서, D : 거리[m], N : 지정수량의 배수)

※ 하이드록실아민의 지정수량 : 100[kg]

(2) 제조소 주위에 설치하는 담 또는 토제의 기준 `17` `22` 년 출제

① 담 또는 토제는 해당 제조소의 외벽 또는 이에 상당하는 공작물의 외측으로부터 **2[m] 이상** 떨어진 장소에 설치할 것

② 담 또는 토제의 높이는 해당 제조소에 있어서 하이드록실아민 등을 취급하는 부분의 높이 이상으로 할 것

③ 담은 **두께 15[cm] 이상**의 철근콘크리트조·철골철근콘크리트조 또는 두께 20[cm] 이상의 보강콘크리트블록조로 할 것

④ 토제의 경사면의 **경사도는 60° 미만**으로 할 것

(3) 하이드록실아민 등을 취급하는 설비에는 하이드록실아민 등의 온도 및 농도의 상승에 의한 위험한 반응을 방지하기 위한 조치를 강구할 것

(4) 하이드록실아민 등을 취급하는 설비에는 철이온 등의 혼입에 의한 위험한 반응을 방지하기 위한 조치를 강구할 것

⑭ 방화상 유효한 담의 높이

(1) $H \leq pD^2 + a$인 경우 $h = 2$

(2) $H > pD^2 + a$인 경우 $h = H - p(D^2 - d^2)$

(3) (1) 및 (2)에서 D, H, a, d, h 및 p는 다음과 같다.

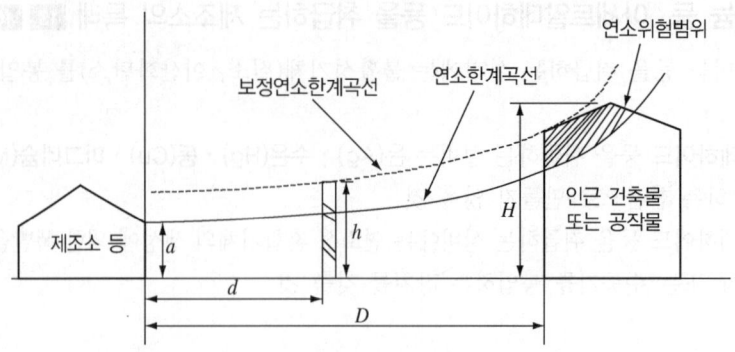

① D : 제조소 등과 인근 건축물 또는 공작물과의 거리[m]

② H : 인근 건축물 또는 공작물의 높이[m]

③ a : 제조소 등의 외벽의 높이[m]

④ d : 제조소 등과 방화상 유효한 담과의 거리[m]

⑤ h : 방화상 유효한 담의 높이[m]

⑥ p : 상수

(4) 앞에서 **산출한 수치**가 2 미만일 때에는 담의 높이를 **2[m]**로, **4 이상**일 때에는 담의 높이를 **4[m]**로 하되, 다음의 소화설비를 보강해야 한다.

① 해당 제조소 등의 소형소화기 설치대상 : 대형소화기를 1개 이상 증설할 것

② 해당 제조소 등의 대형소화기 설치대상 : 대형소화기 대신 옥내소화전설비, 옥외소화전설비, 스프링클러설비, 물분무소화설비, 포소화설비, 불활성가스소화설비, 할로젠화합물소화설비, 분말소화설비 중 적응소화설비를 설치할 것

③ 해당 제조소 등이 옥내소화전설비, 옥외소화전설비, 스프링클러설비, 물분무소화설비, 포소화설비, 불활성가스소화설비, 할로젠화합물소화설비, 분말소화설비 설치대상 : 반경 30[m]마다 대형소화기 1개 이상 증설할 것

(5) 방화상 유효한 담

① 제조소 등으로부터 5[m] 미만의 거리에 설치하는 경우 : 내화구조

② 5[m] 이상의 거리에 설치하는 경우 : 불연재료

③ 제조소 등의 벽을 높게 하여 방화상 유효한 담을 갈음하는 경우 : 내화구조(개구부를 설치하지 않을 것)

제3절 위험물저장소

1 옥내저장소(규칙 별표 5)

(1) 옥내저장소의 안전거리

제조소와 동일함

(2) 옥내저장소의 안전거리 제외 대상

① **제4석유류** 또는 **동식물유류**의 위험물을 저장 또는 취급하는 옥내저장소로서 그 최대수량이 지정수량의 **20배 미만**인 것

② **제6류 위험물**을 저장 또는 취급하는 옥내저장소

③ 지정수량의 20배(하나의 저장창고의 바닥면적이 150[m²] 이하인 경우에는 50배) 이하의 위험물을 저장 또는 취급하는 옥내저장소로서 다음의 기준에 적합한 것

　㉠ 저장창고의 벽·기둥·바닥·보 및 지붕이 내화구조일 것

　㉡ 저장창고의 출입구에 수시로 열 수 있는 자동폐쇄방식의 60분+방화문 또는 60분 방화문이 설치되어 있을 것

　㉢ 저장창고에 창을 설치하지 않을 것

(3) 옥내저장소의 보유공지 `10` 년 출제

옥내저장소의 주위에는 그 저장 또는 취급하는 위험물의 최대수량에 따라 다음 표에 의한 너비의 공지를 보유해야 한다. 다만, 지정수량의 **20배를 초과**하는 옥내저장소와 **동일한 부지 내**에 있는 다른 옥내저장소와의 사이에는 다음의 표에서 정하는 **공지 너비의 1/3**(해당 수치가 3[m] 미만인 경우에는 3[m])의 공지를 보유할 수 있다.

저장 또는 취급하는 위험물의 최대수량	공지의 너비	
	벽·기둥 및 바닥이 내화구조로 된 건축물	그 밖의 건축물
지정수량의 5배 이하	–	0.5[m] 이상
지정수량의 5배 초과 10배 이하	1[m] 이상	1.5[m] 이상
지정수량의 10배 초과 20배 이하	2[m] 이상	3[m] 이상
지정수량의 20배 초과 50배 이하	**3[m] 이상**	5[m] 이상
지정수량의 50배 초과 200배 이하	5[m] 이상	10[m] 이상
지정수량의 200배 초과	10[m] 이상	15[m] 이상

(4) 옥내저장소의 표지 및 게시판 `16` 년 출제

제조소와 동일함

(5) 옥내저장소의 저장창고

① 저장창고는 지면에서 처마까지의 높이(처마높이)가 **6[m] 미만**인 **단층건물**로 하고 그 바닥을 지반면보다 높게 해야 한다. `13` `21` 년 출제

> 저장창고는 위험물의 저장을 전용으로 하는 독립된 건축물로 해야 한다.

② 제2류 또는 제4류 위험물만을 저장하는 아래 기준에 적합한 창고는 처마높이를 20[m] 이하로 할 수 있다.
  ㉠ 벽·기둥·보 및 바닥을 내화구조로 할 것
  ㉡ 출입구에 60분+방화문 또는 60분 방화문을 설치할 것
  ㉢ 피뢰침을 설치할 것(단, 안전상 지장이 없는 경우에는 예외)

③ 하나의 저장창고의 바닥면적 `19` 년 출제

위험물을 저장하는 창고의 종류	바닥면적
1. 제1류 위험물 중 아염소산염류, 염소산염류, 과염소산염류, 무기과산화물, 그 밖에 지정수량이 50[kg]인 위험물 2. 제3류 위험물 중 칼륨, 나트륨, 알킬알루미늄, 알킬리튬, 그 밖에 지정수량이 10[kg]인 위험물 및 **황린** 3. 제4류 위험물 중 **특수인화물**, 제1석유류 및 알코올류 4. 제5류 위험물 중 **유기과산화물, 질산에스터류**, 그 밖에 지정수량이 10[kg]인 위험물 5. 제6류 위험물	1,000[m²] 이하
1.~5.의 위험물 외의 위험물을 저장하는 창고	2,000[m²] 이하
위의 전부에 해당하는 위험물을 내화구조의 격벽으로 완전히 구획된 실에 각각 저장하는 창고(1.~5.의 위험물을 저장하는 실의 면적은 500[m²]을 초과할 수 없다)	1,500[m²] 이하

④ 저장창고의 **벽·기둥** 및 **바닥**은 **내화구조**로 하고, **보**와 **서까래**는 **불연재료**로 해야 한다.

> **Plus one** 벽·기둥 및 바닥은 불연재료로 할 수 있는 것
> • 지정수량의 10배 이하의 위험물의 저장창고
> • 제2류 위험물(인화성 고체는 제외)만의 저장창고
> • 제4류 위험물(인화점이 70[℃] 미만은 제외)만의 저장창고

⑤ 저장창고는 **지붕**을 폭발력이 위로 방출될 정도의 가벼운 **불연재료**로 하고, 천장을 만들지 않아야 한다. `13` `14` 년 출제

> **Plus one** 지붕을 내화구조로 할 수 있는 것 `14` 년 출제
> • 제2류 위험물(분말상태의 것과 인화성 고체는 제외)만의 저장창고
> • 제6류 위험물만의 저장창고

⑥ 저장창고의 **출입구**에는 **60분+방화문·60분 방화문** 또는 30분 방화문을 설치하되, 연소의 우려가 있는 **외벽**에 있는 **출입구**에는 수시로 열 수 있는 **자동폐쇄식의 60분+방화문** 또는 60분 방화문을 설치해야 한다.

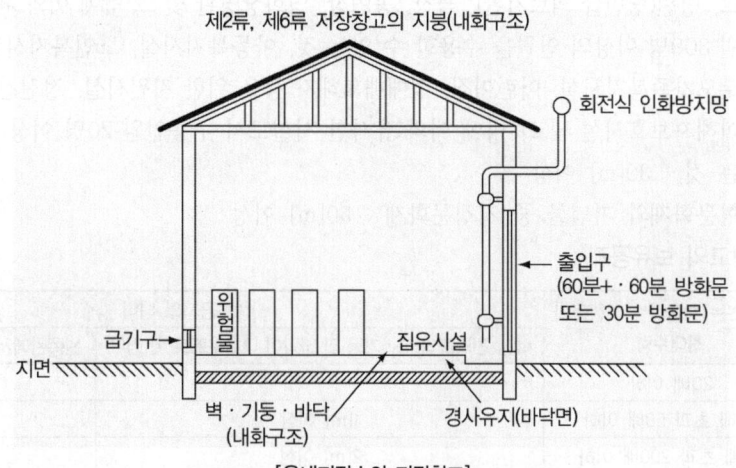

제2류, 제6류 저장창고의 지붕(내화구조)

회전식 인화방지망

출입구
(60분+·60분 방화문
또는 30분 방화문)

급기구

위험물

집유시설

지면

벽·기둥·바닥
(내화구조)

경사유지(바닥면)

[옥내저장소의 저장창고]

⑦ 저장창고의 창 또는 출입구에 유리를 이용하는 경우에는 망입유리로 해야 한다.

⑧ 저장창고에 물의 침투를 막는 구조로 해야 하는 위험물 21 년 출제

    ㉠ 제1류 위험물 중 **알칼리금속의 과산화물**

    ㉡ 제2류 위험물 중 **철분, 금속분, 마그네슘**

    ㉢ 제3류 위험물 중 **금수성 물질**

    ㉣ **제4류 위험물**

⑨ **액상의 위험물**의 저장창고의 바닥은 위험물이 스며들지 않는 구조로 하고, 적당하게 경사지게 하여 그 최저부에 **집유설비**를 해야 한다.

⑩ **피뢰침** 설치 : **지정수량**의 **10배 이상**의 저장창고(제6류 위험물은 제외)

(6) 소규모 옥내저장소의 특례(지정수량의 50배 이하, 처마높이 6[m] 미만인 것)

① 보유공지

저장 또는 취급하는 위험물의 최대수량	공지의 너비
지정수량의 5배 이하	–
지정수량의 5배 초과 20배 이하	1[m] 이상
지정수량의 20배 초과 50배 이하	2[m] 이상

② 하나의 저장창고 바닥면적 : 150[m^2] 이하

③ 벽·기둥·바닥·보, 지붕 : 내화구조

④ 출입구 : 수시로 개방할 수 있는 자동폐쇄방식의 60분+방화문 또는 60분 방화문을 설치

⑤ 저장창고에는 창을 설치하지 않을 것

(7) 고인화점위험물의 단층건물 옥내저장소의 특례

① 지정수량의 20배를 초과하는 옥내저장소의 안전거리

    ㉠ **주거용**(제조소가 있는 부지와 동일한 부지 내에 있는 것을 제외) : **10[m] 이상**

    ㉡ **고압가스, 액화석유가스, 도시가스를 저장 또는 취급시설 : 20[m] 이상**

ⓒ 학교, 병원(병원급 의료기관), 극장, 공연장, 영화상영관 및 그 밖에 이와 유사한 시설로서 수용인원 300명 이상의 인원을 수용할 수 있는 것, 아동복지시설, 노인복지시설, 장애인복지시설, 한부모가족복지시설, 어린이집, 성매매피해자 등을 위한 지원시설, 정신건강증진시설, 가정폭력피해자보호시설 및 그 밖에 이와 유사한 시설로서 수용인원 20명 이상의 인원을 수용할 수 있는 것 : 30[m] 이상

ⓔ 유형문화재와 기념물 중 지정문화재 : 50[m] 이상

② 저장창고의 보유공지

저장 또는 취급하는 위험물의 최대수량	공지의 너비	
	해당 건축물의 벽·기둥 및 바닥이 내화구조로 된 경우	왼쪽란에서 정하는 경우 외의 경우
20배 이하	–	0.5[m] 이상
20배 초과 50배 이하	1[m] 이상	1.5[m] 이상
50배 초과 200배 이하	2[m] 이상	3[m] 이상
200배 초과	3[m] 이상	5[m] 이상

③ 저장창고의 **지붕 : 불연재료**

④ 저장창고의 창 및 출입구에는 방화문 또는 불연재료나 유리로 된 문을 달고, 연소의 우려가 있는 외벽에 두는 출입구에는 수시로 열 수 있는 자동폐쇄방식의 60분+방화문 또는 60분 방화문을 설치할 것

⑤ 저장창고의 연소의 우려가 있는 외벽에 설치하는 출입구의 유리 : 망입유리

(8) 위험물의 성질에 따른 옥내저장소의 특례

① 지정과산화물(제5류 위험물 중 유기과산화물 또는 이를 함유하는 것으로서 지정수량의 10[kg]인 것)을 저장 또는 취급하는 옥내저장소

ㄱ 안전거리, 보유공지 : 규칙 별표 5의 부표 1, 2 참조

ㄴ **담 또는 토제의 기준**

담 또는 토제는 다음에 적합한 것으로 해야 한다. 다만, 지정수량의 5배 이하인 지정과산화물의 옥내저장소에 대하여는 해당 옥내저장소의 저장창고의 외벽을 두께 30[cm] 이상의 철근콘크리트조 또는 철골철근콘크리트조로 만드는 것으로서 담 또는 토제에 대신할 수 있다.

• 담 또는 토제는 저장창고의 외벽으로부터 2[m] 이상 떨어진 장소에 설치할 것. 다만, 담 또는 토제와 해당 저장창고와의 간격은 해당 옥내저장소의 공지의 너비의 5분의 1을 초과할 수 없다.

• 담 또는 토제의 높이는 저장창고의 처마높이 이상으로 할 것

• 담은 두께 15[cm] 이상의 철근콘크리트조나 철골철근콘크리트조 또는 두께 20[cm] 이상의 보강콘크리트블록조로 할 것

• 토제의 경사면의 경사도는 60° 미만으로 할 것

ㄷ **저장창고의 기준**

• 저장창고는 150[m²] 이내마다 격벽으로 완전하게 구획할 것. 이 경우 해당 격벽은 두께 30[cm] 이상의 철근콘크리트조 또는 철골철근콘크리트조로 하거나 두께 40[cm] 이상의 보강콘크리트블록조로 하고, 해당 저장창고의 양측의 외벽으로부터 1[m] 이상, 상부의 지붕으로부터 50[cm] 이상 돌출하게 할 것

- 저장창고의 외벽은 두께 20[cm] 이상의 철근콘크리트조나 철골철근콘크리트조 또는 두께 30[cm] 이상의 보강콘크리트블록조로 할 것

> **Plus one** 저장창고 지붕의 설치기준
> - 중도리(서까래 중간을 받치는 수평의 도리) 또는 서까래의 간격은 30[cm] 이하로 할 것
> - 지붕의 아래쪽 면에는 한 변의 길이가 45[cm] 이하의 환강(丸鋼)·경량형강(輕量型鋼) 등으로 된 강제(鋼製)의 격자를 설치할 것
> - 지붕의 아래쪽 면에 철망을 쳐서 불연재료의 도리(서까래를 받치기 위해 기둥과 기둥 사이에 설치한 부재)·보 또는 서까래에 단단히 결합할 것
> - 두께 5[cm] 이상, 너비 30[cm] 이상의 목재로 만든 받침대를 설치할 것

- 저장창고의 출입구에는 60분+방화문 또는 60분 방화문을 설치할 것
- 저장창고의 창은 바닥면으로부터 2[m] 이상의 높이에 두되, 하나의 벽면에 두는 창의 면적의 합계를 해당 벽면의 면적의 1/80 이내로 하고, 하나의 창의 면적을 0.4[m²] 이내로 할 것

② 하이드록실아민 등을 저장 또는 취급하는 옥내저장소 : 하이드록실아민 등의 온도의 상승에 의한 위험한 반응을 방지하기 위한 조치를 강구하는 것으로 한다.

2 옥외탱크저장소(규칙 별표 6)

(1) 옥외탱크저장소의 안전거리

제조소와 동일함

(2) 옥외탱크저장소의 보유공지 23 년 출제

저장 또는 취급하는 위험물의 최대수량	공지의 너비
지정수량의 500배 이하	3[m] 이상
지정수량의 500배 초과 1,000배 이하	5[m] 이상
지정수량의 1,000배 초과 2,000배 이하	9[m] 이상
지정수량의 2,000배 초과 3,000배 이하	12[m] 이상
지정수량의 3,000배 초과 4,000배 이하	15[m] 이상
지정수량의 4,000배 초과	해당 탱크의 수평단면의 **최대지름**(가로형은 긴 변)과 높이 중 **큰 것과 같은 거리** 이상(단, 30[m] 초과 시 30[m] 이상으로, 15[m] 미만 시 15[m] 이상으로 할 것)

※ 옥외탱크저장소의 보유공지는 위험물의 최대수량에 따라 옥외저장탱크의 측면으로부터 다음의 표에 의한 너비의 공지를 보유해야 한다.

① 제6류 위험물을 저장 또는 취급하는 옥외저장탱크 : 표의 규정에 의한 보유공지의 1/3 이상(최소 1.5[m] 이상)

② 제6류 위험물을 저장 또는 취급하는 옥외저장탱크를 동일구 내에 2개 이상 인접하여 설치하는 경우 : 표의 규정에 의하여 산출된 너비의 1/3 × 1/3 이상(최소 1.5[m] 이상)

③ 제6류 위험물 외의 위험물을 저장 또는 취급하는 옥외저장탱크(지정수량 4,000배 초과 시 제외)를 동일한 방유제 안에 2개 이상 인접하여 설치하는 경우 : 표의 보유공지의 1/3 이상(최소 3[m] 이상)

④ 위험물을 저장 또는 취급하는 옥외저장탱크에 있어서 물분무설비로 방호조치를 하는 경우에는 표의 규정에 의한 보유공지의 1/2 이상의 너비(최소 3[m] 이상)로 할 수 있다. **20 년 출제**

㉠ 탱크의 표면에 방사하는 물의 양은 탱크의 원주길이 1[m]에 대하여 **분당 37[L] 이상**으로 할 것

㉡ 수원의 양은 ㉠의 규정에 의한 수량으로 20분 이상 방사할 수 있는 수량으로 할 것

$$수원 = 원주길이 \times 37[\text{L/min} \cdot \text{m}] \times 20[\text{min}] = 2\pi r \times 37[\text{L/min} \cdot \text{m}] \times 20[\text{min}]$$

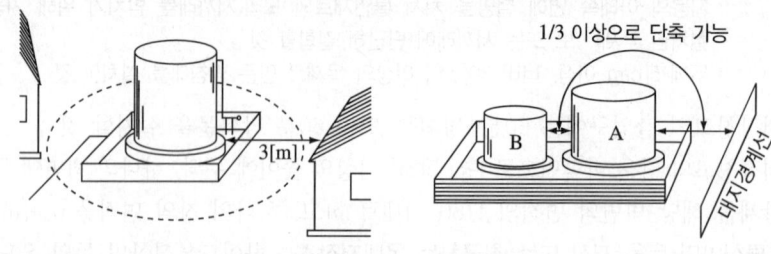

지정수량의 500배 이하의 경우   동일구 내 2개 이상 설치한 경우

[옥외탱크저장소의 보유공지]

(3) 옥외탱크저장소의 표지 및 게시판

제조소와 동일함

※ 탱크의 군에 있어서는 그 의미 전달에 지장이 없는 범위 안에서 보기 쉬운 곳에 일괄 설치할 수 있다.

(4) 특정옥외탱크저장소 등

① 특정옥외저장탱크 : 액체 위험물의 최대수량이 **100만[L] 이상**의 옥외저장탱크

② 준특정옥외저장탱크 : 액체 위험물의 최대수량이 **50만[L] 이상**의 **100만[L] 미만**의 옥외저장탱크

③ 옥외저장탱크 중 압력탱크 : 최대상용압력이 부압 또는 정압 5[kPa]을 초과하는 탱크

(5) 옥외탱크저장소의 외부구조 및 설비

① 옥외저장탱크

㉠ 재질 : 두께 3.2[mm] 이상의 강철판(특정옥외저장탱크 및 준특정옥외저장탱크 제외)

㉡ 시험방법

• **압력탱크** : **최대상용압력의 1.5배**의 압력으로 **10분간** 실시하는 수압시험에서 이상이 없을 것

• **압력탱크 외의 탱크** : **충수시험**

압력탱크 : 최대상용압력이 대기압을 초과하는 탱크

㉢ 특정옥외저장탱크의 용접부의 검사 : 방사선투과시험, 진공시험 등의 비파괴시험

② 통기관

㉠ **밸브 없는 통기관**

• **지름은 30[mm] 이상**일 것

• 끝부분은 수평면보다 **45° 이상** 구부려 **빗물 등의 침투를 막는 구조**로 할 것

- 인화점이 38[℃] 미만인 위험물만을 저장 또는 취급하는 탱크에 설치하는 통기관에는 화염방지 장치를 설치하고, 그 외의 탱크에 설치하는 통기관에는 40메시(Mesh) 이상의 구리망 또는 동등 이상의 성능을 가진 인화방지장치를 설치할 것. 다만, 인화점이 70[℃] 이상인 위험물만을 해당 위험물의 인화점 미만의 온도로 저장 또는 취급하는 탱크에 설치하는 통기관에는 인화방 지장치를 설치하지 않을 수 있다.
- 가연성 증기를 회수하기 위한 밸브를 통기관에 설치하는 경우 해당 통기관의 밸브는 저장탱크 에 위험물을 주입하는 경우를 제외하고는 항상 개방되는 구조로 하고 폐쇄 시 10[kPa] 이하의 압력에서 개방되는 구조로 할 것. 이 경우 개방된 부분의 유효단면적은 777.15[m^2] 이상이어야 한다.

ⓒ **대기밸브부착 통기관**
- 5[kPa] 이하의 압력차이로 작동할 수 있을 것
- 인화점이 38[℃] 미만인 위험물만을 저장 또는 취급하는 탱크에 설치하는 통기관에는 화염방지 장치를 설치하고, 그 외의 탱크에 설치하는 통기관에는 40메시(Mesh) 이상의 구리망 또는 동등 이상의 성능을 가진 인화방지장치를 설치할 것. 다만, 인화점이 70[℃] 이상인 위험물만을 해당 위험물의 인화점 미만의 온도로 저장 또는 취급하는 탱크에 설치하는 통기관에는 인화방 지장치를 설치하지 않을 수 있다.

> 통기관을 45° 이상 구부린 이유 : 빗물 등의 침투를 막기 위하여

③ 액체 위험물의 옥외저장탱크의 계량장치
  ㉠ 기밀부유식(밀폐되어 부상하는 방식) 계량장치
  ㉡ 부유식 계량장치(증기가 비산하지 않는 구조)
  ㉢ 전기압력자동방식, 방사성동위원소를 이용한 자동계량장치
  ㉣ 유리측정기(Gauge Glass : 수면이나 유면의 높이를 측정하는 유리로 된 기구를 말하며, 금속관 으로 보호된 경질유리 등으로 되어 있고 게이지가 파손되었을 때 위험물의 유출을 자동적으로 정지할 수 있는 장치가 되어 있는 것으로 한정한다)

④ 인화점이 21[℃] 미만인 위험물의 옥외저장탱크의 주입구
  ㉠ 게시판의 크기 : 한 변이 0.3[m] 이상, 다른 한 변이 0.6[m] 이상
  ㉡ 게시판의 기재사항 : "옥외저장탱크 **주입구**"라는 표시, 위험물의 **유별, 품명, 주의사항**
  ㉢ 게시판의 색상 : 백색바탕에 흑색문자(주의사항은 적색문자)

⑤ 옥외저장탱크의 펌프설비
  ㉠ **펌프설비**의 주위에는 너비 **3[m] 이상의 공지**를 **보유**할 것(방화상 유효한 격벽을 설치하는 경우, 제6류 위험물, 지정수량의 10배 이하 위험물은 제외)
  ㉡ 펌프설비로부터 옥외저장탱크까지의 사이에는 해당 옥외저장탱크의 보유공지 너비의 1/3 이상 의 거리를 유지할 것
  ㉢ 펌프실의 벽, 기둥, 바닥, 보 : 불연재료
  ㉣ 펌프실의 지붕 : 폭발력이 위로 방출될 정도의 가벼운 불연재료로 할 것
  ㉤ 펌프실의 창 및 출입구에는 60분+방화문·60분 방화문 또는 30분 방화문을 설치할 것
  ㉥ 펌프실의 창 및 출입구에 유리를 이용하는 경우에는 망입유리로 할 것

ⓐ 펌프실의 바닥의 주위에는 **높이 0.2[m] 이상의 턱**을 만들고 바닥은 콘크리트 등 위험물이 스며들지 않는 재료로 적당히 경사지게 하여 그 최저부에는 집유설비를 설치할 것

ⓞ 인화점이 21[℃] 미만인 위험물을 취급하는 펌프설비에는 보기 쉬운 곳에 "옥외저장탱크 펌프설비"라는 표시를 한 게시판과 방화에 관하여 필요한 사항을 게시한 게시판을 설치할 것

⑥ 기타 설치기준

㉠ 옥외저장탱크의 배수관 : 탱크의 옆판에 설치

㉡ **피뢰침 설치** : 지정수량의 **10배 이상**인 옥외탱크저장소(단, 제6류 위험물은 제외)

㉢ **이황화탄소의 옥외저장탱크**는 벽 및 바닥의 두께가 **0.2[m] 이상**이고 누수가 되지 않는 철근콘크리트의 수조에 넣어 보관해야 한다. 이 경우 보유공지·통기관 및 자동계량장치는 생략할 수 있다.

(6) 옥외탱크저장소의 방유제(이황화탄소 제외)

① 방유제의 용량 `13` `16` `20` `년 출제`

㉠ 탱크가 **하나일 때** : 탱크 용량의 **110[%] 이상**(인화성이 없는 액체 위험물은 100[%])

㉡ 탱크가 2기 이상일 때 : 탱크 중 용량이 최대인 것의 용량의 **110[%] 이상**(인화성이 없는 액체 위험물은 100[%])

> 이 경우 방유제 용량 = 내용적 - (최대용량인 탱크 외의 탱크의 방유제 높이 이하의 용적 + 기초체적 + 간막이 둑의 체적 + 방유제 내의 배관 체적)

② **방유제의 높이** : 0.5[m] 이상 3[m] 이하, 두께 0.2[m] 이상, 지하매설깊이 1[m] 이상 `18` `19` `23` `년 출제`

③ 방유제 내의 면적 : **80,000[m^2] 이하**

④ 방유제 내에 설치하는 옥외저장탱크의 수는 10(방유제 내에 설치하는 모든 옥외저장탱크의 용량이 200,000[L] 이하이고, 위험물의 인화점이 70[℃] 이상 200[℃] 미만인 경우에는 20) 이하로 할 것(단, 인화점이 200[℃] 이상인 옥외저장탱크는 제외)

> `Plus one` **방유제 내에 설치하는 탱크의 수** `22` `년 출제`
> - 제1석유류, 제2석유류 : 10기 이하
> - 제3석유류(인화점 70[℃] 이상 200[℃] 미만) : 20기 이하
> - 제4석유류(인화점이 200[℃] 이상) : 제한없음

⑤ 방유제 외면의 **1/2 이상**은 자동차 등이 통행할 수 있는 3[m] **이상**의 노면폭을 확보한 구내도로에 직접 접하도록 할 것

⑥ **방유제**는 옥외저장탱크의 지름에 따라 그 탱크의 옆판으로부터 **일정 거리**를 유지할 것(단, 인화점이 200[℃] 이상인 위험물은 제외)

㉠ 지름이 **15[m] 미만**인 경우 : **탱크 높이의 1/3 이상**

㉡ 지름이 **15[m] 이상**인 경우 : **탱크 높이의 1/2 이상**

⑦ **방유제의 재질** : **철근콘크리트**(전용유조 및 펌프 등의 설비를 갖춘 경우에는 방유제와 옥외저장탱크 사이의 지표면을 흙으로 할 수 있다)

⑧ 용량이 1,000만[L] 이상인 옥외저장탱크의 주위에 설치하는 방유제의 규정

　　㉠ 간막이 둑의 높이는 0.3[m](방유제 내에 설치되는 옥외저장탱크의 용량의 합계가 2억[L]를 넘는 방유제에 있어서는 1[m]) 이상으로 하되, 방유제의 높이보다 0.2[m] 이상 낮게 할 것

　　㉡ 간막이 둑은 흙 또는 철근콘크리트로 할 것

　　㉢ 간막이 둑의 용량은 간막이 둑 안에 설치된 탱크의 용량의 10[%] 이상일 것

⑨ 방유제에는 그 내부에 고인 물을 외부로 배출하기 위한 **배수구**를 설치하고 이를 개폐하는 밸브 등을 **방유제 외부**에 **설치**할 것

⑩ 높이가 1[m] **이상**이면 방유제 내에 출입하기 위한 **계단** 또는 **경사로**를 약 50[m]**마다** 설치할 것

(7) 고인화점위험물의 옥외탱크저장소의 특례

① 보유공지

저장 또는 취급하는 위험물의 최대수량	공지의 너비
지정수량의 2,000배 이하	3[m] 이상
지정수량의 2,000배 초과 4,000배 이하	5[m] 이상
지정수량의 4,000배 초과	해당 탱크의 수평단면의 최대지름(가로형은 긴 변)과 높이 중 큰 것의 1/3과 같은 거리 이상(다만, 5[m] 미만으로 해서는 안 됨)

② 옥외저장탱크의 펌프설비 주위에 1[m] 이상 너비의 보유공지를 보유할 것

> **Plus one** 예외 규정
> • 내화구조로 된 방화상 유효한 격벽을 설치하는 경우
> • 제6류 위험물
> • 지정수량의 10배 이하의 위험물

③ 펌프실의 창 및 출입구에는 60분+방화문·60분 방화문 또는 30분 방화문을 설치할 것

(8) 위험물 성질에 따른 옥외탱크저장소의 특례

① 알킬알루미늄 등의 옥외저장탱크에는 불활성기체를 봉입하는 장치를 설치할 것

② 아세트알데하이드 등의 옥외저장탱크

　　㉠ 옥외저장탱크의 설비는 구리(Cu), 마그네슘(Mg), 은(Ag), 수은(Hg) 또는 이들을 성분으로 하는 합금으로 만들지 않을 것

　　㉡ 옥외저장탱크에는 냉각장치, 보냉장치, 불활성기체의 봉입장치를 설치할 것

3 옥내탱크저장소(규칙 별표 7)

(1) 옥내탱크저장소의 구조(단층 건축물에 설치할 경우)

① **옥내저장탱크**는 **단층건축물**에 설치된 탱크전용실에 설치할 것

② 옥내저장탱크와 탱크전용실의 **벽과의 사이** 및 **옥내저장탱크**의 상호 간에는 0.5[m] **이상**의 간격을 유지할 것

③ 옥내저장탱크의 **용량**(동일한 탱크전용실에 옥내저장탱크를 2 이상 설치하는 경우에는 각 탱크의 용량의 합계)은 **지정수량의 40배**(제4석유류 및 동식물유류 외의 제4류 위험물 : 20,000[L]를 초과할 때에는 20,000[L]) 이하일 것

④ 옥내저장탱크 중 압력탱크(최대상용압력이 부압 또는 정압 5[kPa]을 초과하는 탱크) 외의 탱크
  ㉠ 밸브 없는 통기관
    • **통기관의 끝부분**은 건축물의 창·출입구 등의 개구부로부터 **1[m] 이상** 떨어진 옥외의 장소에 지면으로부터 4[m] 이상의 높이로 설치하되, 인화점이 40[℃] 미만인 위험물의 탱크에 설치하는 통기관에 있어서는 부지경계선으로부터 1.5[m] 이상 거리를 둘 것
    • 통기관은 가스 등이 체류할 우려가 있는 굴곡이 없도록 할 것
  ㉡ 대기밸브 부착 통기관 : **5[kPa] 이하의 압력차이로 작동**할 수 있을 것 `17` `년 출제`
⑤ 압력탱크 : 압력계 및 안전장치(안전밸브, 감압밸브, 안전밸브 경보장치, 파괴판) 설치
⑥ 위험물의 양을 자동적으로 표시하는 장치를 설치할 것
⑦ 주입구 : 옥외저장탱크의 주입구 기준을 준용할 것
⑧ 탱크전용실의 채광, 조명, 환기 및 배출설비 : 옥내저장소(제조소)의 기준에 준한다.
⑨ 탱크전용실의 벽, 기둥, 바닥 : 내화구조 / 보, 지붕 : 불연재료
⑩ 탱크전용실의 창 및 출입구에는 60분+방화문·60분 방화문 또는 30분 방화문을 설치하는 동시에, 연소의 우려가 있는 외벽에 두는 출입구에는 수시로 열 수 있는 자동폐쇄식의 60분+방화문 또는 60분 방화문을 설치할 것
⑪ 탱크전용실의 창 또는 출입구에 유리를 이용하는 경우에는 망입유리로 할 것
⑫ 액상의 위험물의 옥내저장탱크를 설치하는 탱크전용실의 바닥은 위험물이 침투하지 않는 구조로 하고, 적당한 경사를 두는 한편, 집유설비를 설치할 것

(2) 옥내탱크저장소의 표지 및 게시판

제조소와 동일함

(3) 옥내탱크저장소의 탱크전용실이 단층 건축물 외에 설치하는 것

① 옥내저장탱크는 탱크전용실에 설치할 것 `14` `22` `년 출제`

> 황화인, 적린, 덩어리 황, 황린, 질산의 탱크전용실 : 1층 또는 지하층에 설치

② 탱크전용실이 있는 건축물에 설치하는 옥내저장탱크의 펌프설비
  ㉠ 탱크전용실 외의 장소에 설치하는 경우
    • 이 펌프실은 벽·기둥·바닥 및 보를 내화구조로 할 것
    • 펌프실
      – 상층이 있는 경우에 상층의 바닥 : 내화구조
      – 상층이 없는 경우에 지붕 : 불연재료
      – 천장을 설치하지 않을 것
    • 펌프실에는 창을 설치하지 않을 것(단, 제6류 위험물의 탱크전용실은 60분+방화문·60분 방화문 또는 30분 방화문이 있는 창을 설치할 수 있다)
    • 펌프실의 출입구에는 60분+방화문 또는 60분 방화문을 설치할 것(단, 제6류 위험물의 탱크전용실은 30분 방화문을 설치할 수 있다)
    • 펌프실의 환기 및 배출의 설비에는 방화상 유효한 댐퍼 등을 설치할 것

ⓛ 탱크전용실에 **펌프설비**를 설치하는 경우에는 불연재료로 된 턱을 **0.2[m] 이상**의 높이로 설치할 것

③ 탱크전용실의 설치기준

㉠ 벽·기둥·바닥 및 보 : 내화구조

㉡ 펌프실

• 상층이 있는 경우에 상층의 바닥 : 내화구조

• 상층이 없는 경우에 지붕 : 불연재료

• 천장을 설치하지 않을 것

㉢ 탱크전용실에는 창을 설치하지 않을 것

㉣ 탱크전용실의 출입구에는 수시로 열 수 있는 자동폐쇄식의 60분+방화문 또는 60분 방화문을 설치할 것

㉤ 탱크전용실의 환기 및 배출의 설비에는 방화상 유효한 댐퍼 등을 설치할 것

㉥ 탱크전용실의 출입구의 턱의 높이를 해당 탱크전용실 내의 옥내저장탱크(옥내저장탱크가 2 이상인 경우에는 모든 탱크)의 용량을 수용할 수 있는 높이 이상으로 하거나 옥내저장탱크로부터 누설된 위험물이 탱크전용실 외의 부분으로 유출하지 않는 구조로 할 것

④ 옥내저장탱크의 용량(동일한 탱크전용실에 옥내저장탱크를 2 이상 설치하는 경우에는 각 탱크의 용량의 합계)

㉠ **1층 이하의 층** : 지정수량의 **40배**(제4석유류, 동식물유류 외의 제4류 위험물은 해당 수량이 20,000[L] 초과 시 **20,000[L]**) 이하 **15 년 출제**

㉡ **2층 이상의 층** : 지정수량의 10배(**제4석유류, 동식물유류 외의 제4류 위험물**은 해당 수량이 5,000[L] 초과 시 **5,000[L]**) 이하

> **Plus one** 다층 건축물일 때 옥내저장탱크의 설치용량
> • **1층 이하의 층** **17 년 출제**
>   – 제2석유류(인화점 38[℃] 이상), 제3석유류, 알코올류 : 지정수량의 40배 이하
>   (단, 20,000[L] 초과 시 20,000[L])
>   – 제4석유류, 동식물유류 : 지정수량의 40배 이하
> • **2층 이상의 층**
>   – 제2석유류(인화점 38[℃] 이상), 제3석유류, 알코올류 : 지정수량의 10배 이하
>   (단, 5,000[L] 초과 시 5,000[L]로)
>   – 제4석유류, 동식물유류 : 지정수량의 10배 이하
> ※ 용량 : 탱크전용실에 옥내저장탱크를 2 이상 설치 시 각 탱크의 용량의 합계

4 지하탱크저장소(규칙 별표 8)

(1) **지하탱크저장소의 기준** **10 15 18 년 출제**

① 해당 탱크를 지하철·지하가 또는 지하터널로부터 수평거리 10[m] 이내의 장소 또는 지하건축물 내의 장소에 설치하지 않을 것

② 해당 탱크를 지하의 가장 가까운 벽·피트(Pit : 인공지하구조물)·가스관 등의 시설물 및 대지경계선으로부터 0.6[m] 이상 떨어진 곳에 매설할 것

③ **탱크전용실**은 지하의 가장 가까운 벽·피트·가스관 등의 시설물 및 대지경계선으로부터 0.1[m] 이상 떨어진 곳에 설치하고, 지하저장탱크와 탱크전용실의 안쪽과의 사이는 0.1[m] 이상의 간격을 유지하도록 하며, 해당 탱크의 주위에 마른 모래 또는 습기 등에 의하여 응고되지 않는 입자지름 5[mm] 이하의 마른 자갈분을 채워야 한다.

④ 지하저장탱크의 **윗부분**은 **지면으로부터 0.6[m] 이상** 아래에 있어야 한다.

⑤ 지하저장탱크를 2 이상 인접해 설치하는 경우에는 그 상호 간에 1[m](해당 2 이상의 지하저장탱크의 용량의 합계가 지정수량의 100배 이하인 때에는 0.5[m]) 이상의 간격을 유지해야 한다.

⑥ 지하저장탱크의 **재질**은 두께 **3.2[mm] 이상**의 강철판으로 할 것

⑦ 수압시험
  ㉠ 압력탱크(최대상용압력이 46.7[kPa] 이상인 탱크) 외의 탱크 : 70[kPa]의 압력으로 10분간 실시
  ㉡ 압력탱크 : 최대상용압력의 1.5배의 압력으로 각각 10분간 실시

⑧ 지하저장탱크의 배관은 해당 탱크의 윗부분에 설치해야 한다.

> **Plus one** 예외 규정
> 제2석유류(인화점 40[℃] 이상인 것에 한함), 제3석유류, 제4석유류, 동식물유류로서 그 직근에 유효한 제어밸브를 설치한 경우

⑨ 지하저장탱크의 주위에는 해당 탱크로부터의 액체 위험물의 누설을 검사하기 위한 관을 다음의 기준에 따라 **4개소 이상** 적당한 위치에 설치해야 한다.
  ㉠ 이중관으로 할 것. 다만, 소공이 없는 상부는 단관으로 할 수 있다.
  ㉡ **재료**는 **금속관** 또는 **경질합성수지관**으로 할 것
  ㉢ 관은 탱크전용실의 바닥 또는 탱크의 기초까지 닿게 할 것
  ㉣ 관의 밑부분으로부터 탱크의 중심 높이까지의 부분에는 소공이 뚫려 있을 것. 다만, 지하수위가 높은 장소에 있어서는 지하수위 높이까지의 부분에 소공이 뚫려 있어야 한다.
  ㉤ 상부는 물이 침투하지 않는 구조로 하고, 뚜껑은 검사 시에 쉽게 열 수 있도록 할 것

⑩ 탱크전용실의 벽·바닥 및 뚜껑 : 두께 0.3[m] 이상의 철근콘크리트구조

⑪ 지하저장탱크에는 과충전방지장치를 설치할 것
  ㉠ 탱크용량을 초과하는 위험물이 주입될 때 자동으로 그 주입구를 폐쇄하거나 위험물의 공급을 자동으로 차단하는 방법
  ㉡ 탱크용량의 **90[%]가 찰 때 경보음**을 울리는 방법

(2) 지하탱크저장소의 표지 및 게시판

제조소와 동일함

5 **간이탱크저장소**(규칙 별표 9)

(1) 설치장소

옥외에 설치

(2) 전용실의 창 및 출입구의 기준

① 탱크전용실의 창 및 출입구에는 60분+방화문·60분 방화문 또는 30분 방화문을 설치하는 동시에, 연소의 우려가 있는 외벽에 두는 출입구에는 수시로 열 수 있는 자동폐쇄식의 60분+방화문 또는 60분 방화문을 설치할 것

② 탱크전용실의 창 또는 출입구에 유리를 이용하는 경우에는 망입유리로 할 것

(3) 전용실의 바닥

액상의 위험물의 옥내저장탱크를 설치하는 탱크전용실의 바닥은 위험물이 침투하지 않는 구조로 하고, 적당한 경사를 두는 한편, 집유설비를 설치할 것

(4) 하나의 간이탱크저장소

① 간이저장탱크 수 : 3 이하

② 동일한 품질의 위험물의 간이저장탱크를 2 이상 설치하지 않아야 한다.

(5) 간이저장탱크의 공지 및 간격

① 옥외에 설치하는 경우 : 탱크 주위에 너비 1[m] 이상의 공지 확보

② 전용실 안에 설치하는 경우 : 탱크와 전용실 벽과의 사이에 0.5[m] 이상의 간격 유지

(6) 간이저장탱크의 용량

600[L] 이하

(7) 간이저장탱크의 두께 `10` `15` `16` `년 출제`

3.2[mm] 이상의 강판으로 흠이 없도록 제작해야 하며, 70[kPa]의 압력으로 10분 간의 수압시험을 실시하여 새거나 변형되지 않아야 한다.

(8) 간이저장탱크의 밸브 없는 통기관의 설치기준 `22` `년 출제`

① **통기관의 지름**은 25[mm] **이상**으로 할 것

② 통기관은 옥외에 설치하되, 그 끝부분의 높이는 지상 1.5[m] 이상으로 할 것

③ 통기관의 끝부분은 수평면에 대하여 아래로 45° 이상 구부려 빗물 등이 침투하지 않도록 할 것

④ 가는 눈의 구리망 등으로 인화방지장치를 할 것(단, 인화점 70[℃] 이상의 위험물은 제외)

(9) 표지 및 게시판

제조소와 동일함

6 이동탱크저장소(규칙 별표 10)

(1) 이동탱크저장소의 상치장소 `13` `23` `24` `년 출제`

① 옥외에 있는 **상치장소**는 화기를 취급하는 장소 또는 **인근의 건축물**로부터 5[m] 이상(인근의 건축물이 1층인 경우에는 3[m] 이상)의 거리를 확보해야 한다. 다만, 하천의 공지나 수면, 내화구조 또는 불연재료의 담 또는 벽, 그 밖에 이와 유사한 것에 접하는 경우는 제외한다.

② 옥내에 있는 **상치장소**는 벽·바닥·보·서까래 및 지붕이 내화구조 또는 불연재료로 된 건축물의 **1층**에 **설치**해야 한다.

(2) 이동저장탱크의 구조

① 탱크의 재료 : 두께 3.2[mm] 이상의 **강철판** `18` `년 출제`

② 수압시험 `13` `24` `년 출제`
  ㉠ **압력탱크**(최대상용압력이 46.7[kPa] 이상인 탱크) **외의 탱크 : 70[kPa]의 압력으로 10분간**
  ㉡ **압력탱크 : 최대상용압력의 1.5배의 압력으로 10분간**

③ 이동저장탱크는 그 내부에 4,000[L] **이하**마다 3.2[mm] **이상**의 강철판 또는 이와 동등 이상의 강도·내열성 및 내식성이 있는 금속성의 것으로 **칸막이**를 설치해야 한다. `13` `24` `년 출제`

④ 칸막이로 구획된 각 부분에 설치 : 맨홀, 안전장치, 방파판을 설치(용량이 2,000[L] 미만 : 방파판 설치 제외)
  ㉠ **안전장치의 작동압력** `23` `년 출제`
    • 상용압력이 20[kPa] 이하인 탱크 : **20[kPa] 이상 24[kPa] 이하의 압력**
    • 상용압력이 20[kPa]를 초과 : **상용압력의 1.1배 이하의 압력**
  ㉡ **방파판**
    • 두께 1.6[mm] **이상의 강철판**
    • 하나의 구획부분에 2개 이상의 방파판을 이동탱크저장소의 진행방향과 평행으로 설치하되, 각 방파판은 그 높이 및 칸막이로부터의 거리를 다르게 할 것 `22` `년 출제`

⑤ **방호틀** : 두께 2.3[mm] 이상의 강철판

> **Plus one**
> • **방호틀** : 탱크 전복 시 부속장치(주입구, 맨홀, 안전장치) 보호(강철판의 두께 : 2.3[mm])
> • **측면틀** : 탱크 전복 시 탱크 본체 파손 방지(강철판의 두께 : 3.2[mm])
> • **방파판** : 위험물 운송 중 내부의 위험물의 출렁임, 쏠림 등을 완화하여 차량의 안전 확보(강철판의 두께 : 1.6[mm])
> • **칸막이** : 탱크 전복 시 탱크의 일부가 파손되더라도 전량의 위험물의 누출 방지(강철판의 두께 : 3.2[mm])

(3) 배출밸브, 폐쇄장치, 결합금속구 등

① 이동저장탱크의 아랫부분에 배출구를 설치하는 경우에는 해당 탱크의 배출구에 배출밸브를 설치하고 비상시에 직접 당해 배출밸브를 폐쇄할 수 있는 수동폐쇄장치 또는 자동폐쇄장치를 설치할 것

② 수동폐쇄장치에는 길이 15[cm] 이상의 레버를 설치할 것

③ 탱크의 배관의 끝부분에는 개폐밸브를 설치할 것

④ 이동탱크저장소에 주입설비를 설치하는 경우의 설치기준 18 24 년 출제
　　㉠ 위험물이 샐 우려가 없고 화재예방상 안전한 구조로 할 것
　　㉡ 주입설비의 길이는 50[m] 이내로 하고 그 끝부분에 축적되는 정전기 제거장치를 설치할 것
　　㉢ 분당배출량 : 200[L] 이하

(4) 이동탱크저장소의 표지

① 부착위치
　　㉠ 이동탱크저장소 : 전면 상단 및 후면 상단
　　㉡ 위험물 운반차량 : 전면 및 후면
② 규격 및 형상 : 60[cm] 이상 × 30[cm] 이상의 가로형 사각형 13 년 출제
③ 색상 및 문자 : **흑색 바탕에 황색의 반사도료**로 **"위험물"**이라 표기할 것
④ 위험물이면서 유해화학물질에 해당하는 품목의 경우에는 화학물질관리법에 따른 유해화학물질
　　표지를 위험물 표지와 상하 또는 좌우로 인접하여 부착할 것

(5) 이동탱크저장소의 펌프설비

① 동력원을 이용하여 위험물 이송 : 인화점이 40[℃] 이상의 것 또는 비인화성의 것
② 진공흡입방식의 펌프를 이용하여 위험물 이송 : 인화점이 70[℃] 이상인 폐유 또는 비인화성
　　의 것

> • **결합금속구** : 놋쇠
> • 펌프설비의 감압장치의 배관 및 배관의 이음 : 금속제

(6) 이동탱크저장소의 접지도선 18 22 23 년 출제

접지도선 설치 : **특수인화물, 제1석유류, 제2석유류**

(7) 알킬알루미늄 등을 저장 또는 취급하는 이동탱크저장소

① 이동저장탱크의 재료 : 두께 10[mm] 이상의 강판
② 수압시험 : 1[MPa] 이상의 압력으로 10분간 실시하여 새거나 변형하지 않을 것
③ 이동저장탱크의 용량 : 1,900[L] 미만
④ 안전장치 : 수압시험의 압력의 2/3를 초과하고 4/5를 넘지 않는 범위의 압력에서 작동할 것
⑤ 맨홀, 주입구의 뚜껑 : 두께 10[mm] 이상의 강판
⑥ 이동저장탱크는 불활성기체를 봉입할 수 있는 구조로 할 것

7 옥외저장소(규칙 별표 11)

(1) 옥외저장소의 안전거리

제조소와 동일함

(2) 옥외저장소의 보유공지

저장 또는 취급하는 위험물의 최대수량	공지의 너비
지정수량의 10배 이하	3[m] 이상
지정수량의 10배 초과 20배 이하	5[m] 이상
지정수량의 20배 초과 50배 이하	9[m] 이상
지정수량의 50배 초과 200배 이하	12[m] 이상
지정수량의 200배 초과	15[m] 이상

※ 제4류 위험물 중 제4석유류와 제6류 위험물 : 보유공지의 1/3 이상의 너비로 할 수 있다.

[고인화점위험물 저장 시 보유공지]

저장 또는 취급하는 위험물의 최대수량	공지의 너비
지정수량의 50배 이하	3[m] 이상
지정수량의 50배 초과 200배 이하	6[m] 이상
지정수량의 200배 초과	10[m] 이상

(3) 옥외저장소의 표지 및 게시판

제조소와 동일함

(4) 옥외저장소의 기준

① 선반 : 불연재료

② 선반의 높이 : 6[m]를 초과하지 않을 것

③ 과산화수소, 과염소산을 저장하는 옥외저장소 : 불연성 또는 난연성의 천막 등을 설치하여 햇빛을 가릴 것

④ 덩어리 상태의 황만을 저장 또는 취급하는 경우

㉠ 하나의 경계표시의 내부의 면적 : 100[m²] 이하

㉡ 2 이상의 경계표시를 설치하는 경우에 있어서는 각각의 경계표시 내부의 면적을 합산한 면적 : 1,000[m²] 이하(단, 지정수량의 200배 이상인 경우 : 10[m] 이상)

㉢ 경계표시 : 불연재료

㉣ 경계표시의 높이 : 1.5[m] 이하

㉤ 황을 저장 또는 취급하는 장소의 주위에는 배수구와 분리장치를 설치할 것

(5) 인화성 고체, 제1석유류, 알코올류의 옥외저장소의 특례

① 인화성 고체, 제1석유류, 알코올류를 저장 또는 취급하는 장소 : **살수설비** 설치

② **제1석유류** 또는 **알코올류**를 저장 또는 취급하는 장소의 주위 : **배수구**와 **집유설비**를 설치할 것. 이 경우 제1석유류(온도 20[℃]의 물 100[g]에 용해되는 양이 1[g] 미만의 것에 한함)를 저장 또는 취급하는 장소에는 집유설비에 **유분리장치**를 설치할 것 `19` `년 출제`

(6) 옥외저장소에 저장할 수 있는 위험물(영 별표 2) `10` `11` `17` `18` `20` `21` `년 출제`

① 제2류 위험물 중 **황 또는 인화성 고체**(인화점이 0[℃] 이상인 것에 한함)

② 제4류 위험물 중 **제1석유류**(인화점이 0[℃] 이상인 것에 한함), **제2석유류, 제3석유류, 제4석유류, 알코올류, 동식물유류**

③ 제6류 위험물

④ 제2류 위험물 및 제4류 위험물 중 특별시·광역시·특별자치시·도 또는 특별자치도의 조례로 정하는 위험물

⑤ 국제해사기구에 관한 협약에 의하여 설치된 국제해사기구가 채택한 국제해상위험물규칙(IMDG Code)에 적합한 용기에 수납된 위험물

제4절 위험물취급소

1 주유취급소(규칙 별표 13)

(1) 주유취급소의 주유공지

① 주유공지 : 너비 15[m] 이상, 길이 6[m] 이상 `17` `23` 년 출제

② 공지의 바닥 : 주위 지면보다 높게 하고, 적당한 기울기, 배수구·집유설비·유분리장치를 설치

(2) 주유취급소의 표지 및 게시판

위험물 주유취급소	
화 기 엄 금 (적색바탕에 백색문자)	
위험물의 유별	제4류 위험물
품 명	제1석유류(휘발유)
취급최대수량	50,000[L]
지정수량의 배수	250배
안전관리자의 성명 또는 직명	이 덕 수

주유 중 엔진정지 (황색바탕에 흑색문자)

(3) 주유취급소의 저장 또는 취급 가능한 탱크

① 자동차 등에 주유하기 위한 **고정주유설비**에 직접 접속하는 전용탱크로서 **50,000[L] 이하**의 것

② **고정급유설비**에 직접 접속하는 전용탱크로서 **50,000[L] 이하**의 것

③ **보일러** 등에 직접 접속하는 전용탱크로서 **10,000[L] 이하**의 것

④ 자동차 등을 점검·정비하는 작업장 등(주유취급소 안에 설치된 것에 한함)에서 사용하는 폐유·윤활유 등의 위험물을 저장하는 탱크로서 용량(2 이상 설치하는 경우에는 각 용량의 합계)이 **2,000[L] 이하**인 탱크(**폐유탱크 등**)

⑤ **고정주유설비** 또는 **고정급유설비**에 직접 접속하는 **3기 이하**의 **간이탱크**

(4) 고정주유설비 등

① 주유취급소의 고정주유설비 또는 고정급유설비의 구조

　　㉠ 주유관 끝부분에서 펌프기기의 **최대배출량** `22` `년 출제`

　　　다만, 이동저장탱크에 주입하기 위한 고정급유설비의 펌프기기는 최대배출량이 분당 300[L] 이하인 것으로 할 수 있으며, 분당 배출량이 200[L] 이상인 것의 경우에는 주유설비에 관계된 모든 배관의 안지름을 40[mm] 이상으로 해야 한다.

　　　• **제1석유류(휘발유) : 분당 50[L] 이하**

　　　• **경유 : 분당 180[L] 이하**

　　　• **등유 : 분당 80[L] 이하**

　　㉡ 이동저장탱크에 주입하기 위한 고정급유설비의 펌프기기 최대배출량 : 분당 300[L] 이하

② 고정주유설비 또는 고정급유설비의 **주유관의 길이**(끝부분의 개폐밸브를 포함) : **5[m]**(현수식의 경우에는 지면 위 0.5[m]의 수평면에 수직으로 내려 만나는 점을 중심으로 반경 **3[m]) 이내**로 하고 그 끝부분에는 축적된 정전기를 유효하게 제거할 수 있는 장치를 설치할 것

③ 고정주유설비 또는 고정급유설비의 설치기준 `10` `년 출제`

　　㉠ **고정주유설비**(중심선을 기점으로 하여)

　　　• **도로경계선까지 : 4[m] 이상**

　　　• **부지경계선, 담 및 건축물의 벽까지 : 2[m] 이상**(개구부가 없는 벽까지는 1[m] 이상)

　　㉡ 고정급유설비(중심선을 기점으로 하여)

　　　• 도로경계선까지 : 4[m] 이상

　　　• 부지경계선 및 담까지 : 1[m] 이상

　　　• 건축물의 벽까지 : 2[m] 이상(개구부가 없는 벽까지는 1[m] 이상)

　　㉢ 고정주유설비와 고정급유설비의 사이에는 4[m] 이상의 거리를 유지할 것 `15` `년 출제`

(5) 주유취급소에 설치할 수 있는 건축물 `13` `년 출제`

① 주유 또는 등유·경유를 옮겨담기 위한 작업장

② 주유취급소의 업무를 행하기 위한 사무소

③ 자동차 등의 **점검** 및 **간이정비**를 위한 작업장

④ 자동차 등의 **세정**을 위한 작업장

⑤ 주유취급소에 출입하는 사람을 대상으로 한 **점포·휴게음식점** 또는 **전시장**

⑥ 주유취급소의 관계자가 거주하는 **주거시설**

⑦ 전기자동차용 충전설비(전기를 동력원으로 하는 자동차에 직접 전기를 공급하는 설비)

(6) 주유취급소의 건축물 등의 구조

① 건축물의 **벽·기둥·바닥·보** 및 **지붕 : 내화구조** 또는 **불연재료**

② 창 및 출입구 : 60분+방화문·60분 방화문 또는 30분 방화문, 불연재료로 된 문을 설치

③ 사무실 등의 창 및 출입구에 유리를 사용하는 경우에는 망입유리 또는 강화유리로 할 것(강화유리의 두께는 창에는 8[mm] 이상, 출입구에는 12[mm] 이상)

④ 자동차 등의 점검·정비를 행하는 설비 **20 년 출제**

㉠ 고정주유설비부터 4[m] 이상

㉡ 도로경계선으로부터 2[m] 이상 떨어지게 할 것

⑤ 자동차 등의 세정을 행하는 설비

㉠ 증기세차기를 설치하는 경우에는 그 주위에 불연재료로 된 높이 1[m] 이상의 담을 설치하고 출입구가 고정주유설비에 면하지 않도록 할 것. 이 경우 담은 고정주유설비부터 4[m] 이상 떨어지게 할 것

㉡ 증기세차기 외의 세차기를 설치하는 경우에는 고정주유설비로부터 4[m] 이상, 도로경계선으로부터 2[m] 이상 떨어지게 할 것

⑥ 주유원간이대기실의 기준 **10 년 출제**

㉠ 불연재료로 할 것

㉡ 바퀴가 부착되지 않는 고정식일 것

㉢ 차량의 출입 및 주유작업에 장애를 주지 않는 위치에 설치할 것

㉣ 바닥면적이 **2.5[m²] 이하**일 것. 다만, 주유공지 및 급유공지 외의 장소에 설치하는 것은 그렇지 않다.

(7) 담 또는 벽 **14 18 년 출제**

① 주유취급소의 주위에는 자동차 등이 출입하는 쪽 외의 부분에 높이 **2[m] 이상**의 **내화구조** 또는 **불연재료**의 담 또는 벽을 **설치**하되, 주유취급소의 인근에 연소의 우려가 있는 건축물이 있는 경우에는 소방청장이 정하여 고시하는 바에 따라 방화상 유효한 높이로 해야 한다.

② ①에도 불구하고 다음의 기준에 모두 적합한 경우에는 담 또는 벽의 일부분에 방화상 유효한 구조의 유리를 부착할 수 있다.

㉠ 유리를 부착하는 위치는 주입구, 고정주유설비 및 고정급유설비로부터 4[m] 이상 이격될 것

㉡ 유리를 부착하는 방법은 다음의 기준에 모두 적합할 것

• 주유취급소 내의 지반면으로부터 70[cm]를 초과하는 부분에 한하여 유리를 부착할 것

• 하나의 **유리판의 가로의 길이는 2[m] 이내**일 것

• 유리판의 테두리를 금속제의 구조물에 견고하게 고정하고 해당 구조물을 담 또는 벽에 견고하게 착할 것

• 유리의 구조는 접합유리(두장의 유리를 두께 0.76[mm] 이상의 폴리바이닐부티랄 필름으로 접합한 구조)로 하되, 유리구획 부분의 내화시험방법(KS F 2845)에 따라 시험하여 비차열 30분 이상의 방화성능이 인정될 것

㉢ 유리를 부착하는 범위는 전체의 담 또는 벽의 길이의 2/10를 초과하지 않을 것

(8) 캐노피의 설치기준 **21 년 출제**

① 배관이 캐노피 내부를 통과할 경우에는 1개 이상의 점검구를 설치할 것

② 캐노피 외부의 점검이 곤란한 장소에 배관을 설치하는 경우에는 용접이음으로 할 것

③ 캐노피 외부의 배관이 일광열의 영향을 받을 우려가 있는 경우에는 단열재로 피복할 것

(9) 펌프실 등의 구조

① 바닥은 위험물이 침투하지 않는 구조로 하고 적당한 경사를 두어 집유설비를 설치할 것

② 펌프실 등에는 위험물을 취급하는 데 필요한 채광·조명 및 환기의 설비를 할 것

③ 가연성 증기가 체류할 우려가 있는 펌프실 등에는 그 증기를 옥외에 배출하는 설비를 설치할 것

④ 고정주유설비 또는 고정급유설비 중 펌프기기를 호스기기와 분리하여 설치하는 경우에는 펌프실의 출입구를 주유공지 또는 급유공지에 접하도록 하고, 자동폐쇄식의 60분+방화문 또는 60분 방화문을 설치할 것

⑤ 펌프실 등의 **표지 및 게시판**

ㄱ "위험물 펌프실", "위험물 취급실"이라는 표지를 설치

- 표지의 크기 : 한 변의 길이 0.3[m] 이상, 다른 한 변의 길이 0.6[m] 이상
- 표지의 색상 : 백색바탕에 흑색문자

ㄴ 방화에 관하여 필요한 사항을 게시한 게시판 : 제조소와 동일함

⑥ **출입구**에는 바닥으로부터 **0.1[m] 이상의 턱**을 설치할 것

(10) 고속국도 주유취급소의 특례

고속국도의 도로변에 설치된 **주유취급소의 탱크의 용량 : 60,000[L] 이하**

(11) 수소충전설비를 위한 주유취급소의 특례 `17` `19` `년 출제`

① 위치는 **주유공지 또는 급유공지 외의 장소**로 하되, 주유공지 또는 급유공지에서 압축수소를 충전하는 것이 불가능한 장소로 할 것

② 충전호스는 자동차 등의 가스충전구와 정상적으로 접속하지 않는 경우에는 가스가 공급되지 않는 구조로 하고, 200[kgf] 이하의 하중에 의하여 파단 또는 이탈되어야 하며, 파단 또는 이탈된 부분으로부터 가스 누출을 방지할 수 있는 구조일 것

③ 자동차 등의 충돌을 방지하는 조치를 마련할 것

④ 자동차 등의 충돌을 감지하여 운전을 자동으로 정지시키는 구조일 것

2 판매취급소(규칙 별표 14)

(1) 제1종 판매취급소의 기준 `14` `15` `16` `18` `21` `24` `년 출제`

① **제1종 판매취급소**는 건축물의 **1층**에 설치할 것

② 제1종 판매취급소에는 보기 쉬운 곳에 "위험물 판매취급소(제1종)"라는 표지와 방화에 관하여 필요한 사항을 게시한 게시판은 제조소와 동일하게 설치할 것

③ 제1종 판매취급소의 용도로 사용되는 건축물의 부분은 내화구조 또는 불연재료로 하고, 판매취급소로 사용되는 부분과 다른 부분과의 격벽은 내화구조로 할 것

④ 제1종 판매취급소의 용도로 사용하는 건축물의 부분은 보를 불연재료로 하고, 천장을 설치하는 경우에는 천장을 불연재료로 할 것

⑤ 제1종 판매취급소의 용도로 사용하는 부분의 창 및 출입구에는 60분+방화문·60분 방화문 또는 30분 방화문을 설치할 것

⑥ 제1종 판매취급소의 용도로 사용하는 부분의 창 또는 출입구에 유리를 이용하는 경우에는 망입유리로 할 것

⑦ 위험물 배합실의 기준
  ㉠ 바닥면적은 6[m²] 이상 15[m²] 이하일 것
  ㉡ 내화구조 또는 불연재료로 된 벽으로 구획할 것
  ㉢ 바닥은 위험물이 침투하지 않는 구조로 하여 적당한 경사를 두고 집유설비를 할 것
  ㉣ 출입구에는 수시로 열 수 있는 자동폐쇄식의 60분+방화문 또는 60분 방화문을 설치할 것
  ㉤ 출입구 문턱의 높이는 바닥면으로부터 0.1[m] 이상으로 할 것
  ㉥ 내부에 체류한 가연성의 증기 또는 가연성의 미분을 지붕 위로 방출하는 설비를 할 것

(2) 제2종 판매취급소의 기준 10 16 년 출제

① 제2종 판매취급소의 용도로 사용하는 부분은 벽·기둥·바닥 및 보를 내화구조로 하고, 천장이 있는 경우에는 이를 불연재료로 하며, 판매취급소로 사용되는 부분과 다른 부분과의 격벽은 내화구조로 할 것

② 제2종 판매취급소의 용도로 사용하는 부분에 상층이 있는 경우에 있어서는 상층의 바닥을 내화구조로 하는 동시에 상층으로의 연소를 방지하기 위한 조치를 강구하고, 상층이 없는 경우에는 지붕을 내화구조로 할 것

③ 제2종 판매취급소의 용도로 사용하는 부분 중 연소의 우려가 없는 부분에 한하여 창을 두되, 해당 창에는 60분+방화문·60분 방화문 또는 30분 방화문을 설치할 것

④ 제2종 판매취급소의 용도로 사용하는 부분의 출입구에는 60분+방화문·60분 방화문 또는 30분 방화문을 설치할 것. 다만, 해당 부분 중 연소의 우려가 있는 벽에 설치하는 출입구에는 수시로 열 수 있는 자동폐쇄식의 60분+방화문 또는 60분 방화문을 설치할 것

- 제1종 판매취급소 : 지정수량의 20배 이하 저장 또는 취급 17 년 출제
- 제2종 판매취급소 : 지정수량의 40배 이하 저장 또는 취급

3 이송취급소(규칙 별표 15)

(1) 이송취급소에 해당되지 않는 장소 17 년 출제

① 송유관 안전관리법에 의한 송유관에 의하여 위험물을 이송하는 경우

② 제조소 등에 관계된 시설(배관은 제외) 및 그 부지가 같은 사업소 안에 있고 해당 사업소 안에서만 위험물을 이송하는 경우

③ 사업소와 사업소의 사이에 도로(폭 2[m] 이상의 일반교통에 이용되는 도로로서 자동차의 통행이 가능한 것)만 있고 사업소와 사업소 사이의 이송배관이 그 도로를 횡단하는 경우

④ 사업소와 사업소 사이의 이송배관이 제3자(해당 사업소와 관련이 있거나 유사한 사업을 하는 자에 한함)의 토지만을 통과하는 경우로서 해당 배관의 길이가 100[m] 이하인 경우

⑤ 해상구조물에 설치된 배관(이송되는 위험물이 별표 1의 제4류 위험물 중 제1석유류인 경우에는 배관의 안지름이 30[cm] 미만인 것에 한함)으로서 해당 해상구조물에 설치된 배관의 길이가 30[m] 이하인 경우

⑥ 사업소와 사업소 사이의 이송배관이 ③ 내지 ⑤의 규정에 의한 경우 중 2 이상에 해당하는 경우

⑦ 농어촌 전기공급사업 촉진법에 따라 설치된 자가발전시설에 사용되는 위험물을 이송하는 경우

(2) 이송취급소의 설치 제외장소 **17** 년 출제

① 철도 및 도로의 터널 안

② 고속국도 및 자동차전용도로(도로법 제48조 제1항에 따라 지정된 도로를 말함)의 차도 · 갓길 및 중앙분리대

③ 호수 · 저수지 등으로서 수리의 수원이 되는 곳

④ 급경사지역으로서 붕괴의 위험이 있는 지역

(3) 이송취급소의 배관 재료

① 배 관

    ㉠ 고압배관용 탄소강관(KS D 3564)   ㉡ 압력배관용 탄소강관(KS D 3562)

    ㉢ 고온배관용 탄소강관(KS D 3570)   ㉣ 배관용 스테인리스강관(KS D 3576)

② 밸브 : 주강 플랜지형 밸브(KS B 2361)

(4) 배관의 설치기준

① 지하매설의 안전거리 **13** **19** 년 출제

    ㉠ 건축물(지하가 내의 건축물은 제외) : 1.5[m] 이상

    ㉡ 지하가 및 터널 : 10[m] 이상

    ㉢ 수도법에 의한 수도시설(위험물의 유입우려가 있는 것에 한함) : 300[m] 이상

    ㉣ 배관은 그 외면으로부터 다른 공작물에 대하여 0.3[m] 이상의 거리를 보유할 것

    ㉤ 배관의 외면과 지표면과의 거리는 산이나 들에 있어서는 0.9[m] 이상, 그 밖의 지역에 있어서는 1.2[m] 이상으로 할 것

② 도로밑 매설

    ㉠ 배관은 그 외면으로부터 다른 공작물에 대하여 0.3[m] 이상의 거리를 보유할 것

    ㉡ 시가지 도로의 노면 아래에 매설하는 경우에는 배관의 외면과 노면과의 거리는 1.5[m] 이상, 보호판 또는 방호구조물의 외면과 노면과의 거리는 1.2[m] 이상으로 할 것

    ㉢ 시가지 외의 도로의 노면 아래에 매설하는 경우에는 배관의 외면과 노면과의 거리는 1.2[m] 이상으로 할 것

③ 철도부지밑 매설

    ㉠ 배관은 그 외면으로부터 철도 중심선에 대하여는 4[m] 이상, 해당 철도부지(도로에 인접한 경우는 제외)의 용지경계에 대하여는 1[m] 이상의 거리를 유지할 것

    ㉡ 배관의 외면과 지표면과의 거리는 1.2[m] 이상으로 할 것

④ 지상설치

　　㉠ 안전거리

장 소	안전거리
• 철도 또는 도로의 경계선 • 주택 또는 다수의 사람이 출입하거나 근무하는 장소	25[m] 이상
• 학교, 병원(병원급 의료기관), 극장, 공연장, 영화상영관 및 그 밖에 이와 유사한 시설로서 300명 이상의 인원을 수용할 수 있는 것, 아동복지시설, 노인복지시설, 장애인복지시설, 한부모가족복지시설, 어린이집, 성매매피해자 등을 위한 지원시설, 정신건강증진시설, 가정폭력피해자보호시설 및 그 밖에 이와 유사한 시설로서 20명 이상의 인원을 수용할 수 있는 것 • 판매시설·숙박시설·위락시설 등 불특정다중을 수용하는 시설 중 연면적 1,000[m²] 이상인 것 • 1일 평균 20,000명 이상 이용하는 기차역 또는 버스터미널	45[m] 이상
유형문화재와 기념물 중 지정문화재	65[m] 이상
가스시설(고압가스, 액화석유가스, 도시가스)	35[m] 이상
공공공지 또는 도시공원	45[m] 이상
수도시설 중 위험물이 유입될 가능성이 있는 것	300[m] 이상

　　㉡ 배관의 최대상용압력에 따른 공지의 너비

배관의 최대상용압력	공지의 너비
0.3[MPa] 미만	5[m] 이상
0.3[MPa] 이상 1[MPa] 미만	9[m] 이상
1[MPa] 이상	15[m] 이상

⑤ 하천 등 횡단설치 시 이격거리

　　㉠ 하천을 횡단하는 경우 : 4.0[m]

　　㉡ 수로를 횡단하는 경우

　　　• 하수도(상부가 개방되는 구조로 된 것에 한함) 또는 운하 : 2.5[m]

　　　• 좁은 수로(용수로, 그 밖에 이와 유사한 것을 제외) : 1.2[m]

(5) 기타 설비 ▮18▮ 년 출제

① 비파괴시험 : 배관 등의 용접부는 비파괴시험을 실시하여 합격할 것(이송기지 내의 지상에 설치된 배관 등은 전체 용접부의 20[%] 이상 발췌하여 시험할 수 있음)

② 내압시험 : 배관 등은 최대상용압력의 1.25배 이상의 압력으로 4시간 이상 수압을 가하여 누설, 그 밖의 이상이 없을 것

③ 지진감지장치 등 : 배관의 경로에는 안전상 필요한 장소와 25[km]의 거리마다 지진감지장치 및 강진계를 설치해야 한다.

④ 경보설비 : 이송기지에는 비상벨장치 및 확성장치를 설치할 것

⑤ 펌프설비의 보유공지

펌프 등의 최대상용압력	공지의 너비
1[MPa] 미만	3[m] 이상
1[MPa] 이상 3[MPa] 미만	5[m] 이상
3[MPa] 이상	15[m] 이상

⑥ 위험물 취급시설과 이송기지와의 거리

배관의 최대상용압력	거 리
0.3[MPa] 미만	5[m] 이상
0.3[MPa] 이상 1[MPa] 미만	9[m] 이상
1[MPa] 이상	15[m] 이상

⑦ 이송기지의 부지경계선에 높이 50[cm] 이상의 방유제를 설치할 것

4 일반취급소(규칙 별표 16)

제조소와 거의 동일함

제5절 제조소 등의 소화난이도, 저장, 운반기준

1 제조소 등의 소화난이도등급(규칙 별표 17)

(1) 소화난이도등급 I

① 소화난이도등급 I 에 해당하는 제조소 등

제조소 등의 구분	제조소 등의 규모, 저장 또는 취급하는 위험물의 품명 및 최대수량 등
제조소 일반취급소 19 년 출제	연면적 1,000[m²] 이상인 것
	지정수량의 100배 이상인 것(고인화점위험물만을 100[℃] 미만의 온도에서 취급하는 것 및 제48조의 위험물을 취급하는 것은 제외)
	지반면으로 부터 6[m] 이상의 높이에 위험물 취급설비가 있는 것(고인화점위험물만을 100[℃] 미만의 온도에서 취급하는 것은 제외)
	일반취급소로 사용되는 부분 외의 부분을 갖는 건축물에 설치된 것(내화구조로 개구부 없이 구획된 것, 고인화점위험물만을 100[℃] 미만의 온도에서 취급하는 것 및 별표 16 X의2의 화학실험의 일반취급소는 제외)
주유취급소	별표 13 V 제2호에 따른 면적의 합이 500[m²]를 초과하는 것
옥내저장소	지정수량의 150배 이상인 것(고인화점위험물만을 저장하는 것 및 제48조의 위험물을 저장하는 것은 제외)
	연면적 150[m²]을 초과하는 것(150[m²] 이내마다 불연재료로 개구부 없이 구획된 것 및 인화성 고체 외의 제2류 위험물 또는 인화점 70[℃] 이상의 제4류 위험물만을 저장하는 것은 제외)
	처마높이가 6[m] 이상인 단층건물의 것
	옥내저장소로 사용되는 부분 외의 부분이 있는 건축물에 설치된 것(내화구조로 개구부 없이 구획된 것 및 인화성 고체 외의 제2류 위험물 또는 인화점 70[℃] 이상의 제4류 위험물만을 저장하는 것은 제외)
옥외 탱크저장소	액표면적이 40[m²] 이상인 것(제6류 위험물을 저장하는 것 및 고인화점위험물만을 100[℃] 미만의 온도에서 저장하는 것은 제외)
	지반면으로부터 탱크 옆판의 상단까지 높이가 6[m] 이상인 것(제6류 위험물을 저장하는 것 및 고인화점위험물만을 100[℃] 미만의 온도에서 저장하는 것은 제외)
	지중탱크 또는 해상탱크로서 지정수량의 100배 이상인 것(제6류 위험물을 저장하는 것 및 고인화점위험물만을 100[℃] 미만의 온도에서 저장하는 것은 제외)
	고체 위험물을 저장하는 것으로서 지정수량의 100배 이상인 것

제조소 등의 구분	제조소 등의 규모, 저장 또는 취급하는 위험물의 품명 및 최대수량 등
옥내 탱크저장소 23 년 출제	액표면적이 40[m²] 이상인 것(제6류 위험물을 저장하는 것 및 고인화점위험물만을 100[℃] 미만의 온도에서 저장하는 것은 제외)
	바닥면으로부터 탱크 옆판의 상단까지 높이가 6[m] 이상인 것(제6류 위험물을 저장하는 것 및 고인화점위험물 만을 100[℃] 미만의 온도에서 저장하는 것은 제외)
	탱크전용실이 단층건물 외의 건축물에 있는 것으로서 인화점 38[℃] 이상 70[℃] 미만의 위험물을 지정수량의 5배 이상 저장하는 것(내화구조로 개구부 없이 구획된 것은 제외)
옥외저장소	덩어리 상태의 황을 저장하는 것으로서 경계표시 내부의 면적(2 이상의 경계표시가 있는 경우에는 각 경계표시 의 내부의 면적을 합한 면적)이 100[m²] 이상인 것
	별표 11 Ⅲ의 위험물을 저장하는 것으로서 지정수량의 100배 이상인 것
암반 탱크저장소	액표면적이 40[m²] 이상인 것(제6류 위험물을 저장하는 것 및 고인화점위험물만을 100[℃] 미만의 온도에서 저장하는 것은 제외)
	고체 위험물을 저장하는 것으로서 지정수량의 100배 이상인 것
이송취급소	모든 대상

② 소화난이도등급 I 의 제조소 등에 설치해야 하는 소화설비

제조소 등의 구분			소화설비
제조소 및 일반취급소 19 24 년 출제			옥내소화전설비, 옥외소화전설비, 스프링클러설비 또는 물분무 등 소화 설비(화재발생 시 연기가 충만할 우려가 있는 장소에는 스프링클러설비 또는 이동식 외의 물분무 등 소화설비에 한함)
주유취급소 22 년 출제			스프링클러설비(건축물에 한정), 소형수동식소화기 등(능력단위의 수 치가 건축물, 그 밖의 공작물 및 위험물의 소요단위의 수치에 이르도록 설치할 것)
옥내 저장소	처마높이가 6[m] 이상인 단층건물 또는 다른 용도의 부분이 있는 건축물에 설치한 옥내저장소		스프링클러설비 또는 이동식 외의 물분무 등 소화설비
	그 밖의 것		옥외소화전설비, 스프링클러설비, 이동식 외의 물분무 등 소화설비 또는 이동식 포소화설비(포소화전을 옥외에 설치하는 것에 한함)
옥외탱크 저장소	지중탱크 또는 해상탱크 외의 것	황만을 저장·취급하는 것	물분무소화설비
		인화점 70[℃] 이상의 제4류 위험물만을 저장·취급하는 것	물분무소화설비 또는 고정식 포소화설비
		그 밖의 것	고정식 포소화설비(포소화설비가 적응성이 없는 경우에는 분말소화설비)
	지중탱크		고정식 포소화설비, 이동식 이외의 불활성가스소화설비 또는 이동식 이외 의 할로겐화합물소화설비
	해상탱크		고정식 포소화설비, 물분무소화설비, 이동식 이외의 불활성가스소화설비 또는 이동식 이외의 할로겐화합물소화설비
옥내탱크 저장소	황만을 저장·취급하는 것		물분무소화설비 15 년 출제
	인화점 70[℃] 이상의 제4류 위험물만을 저장·취급하는 것		물분무소화설비, 고정식 포소화설비, 이동식 이외의 불활성가스소화설비, 이동식 이외의 할로겐화합물소화설비 또는 이동식 이외의 분말소화설비
	그 밖의 것		고정식 포소화설비, 이동식 이외의 불활성가스소화설비, 이동식 이외의 할로겐화합물소화설비 또는 이동식 이외의 분말소화설비

제조소 등의 구분		소화설비
옥외저장소 및 이송취급소		옥내소화전설비, 옥외소화전설비, 스프링클러설비 또는 물분무 등 소화설비(화재발생 시 연기가 충만할 우려가 있는 장소에는 스프링클러설비 또는 이동식 이외의 물분무 등 소화설비에 한함)
암반탱크저장소	황만을 저장·취급하는 것	물분무소화설비
	인화점 70[℃] 이상의 제4류 위험물만을 저장·취급하는 것	물분무소화설비 또는 고정식 포소화설비
	그 밖의 것	고정식 포소화설비(포소화설비가 적응성이 없는 경우에는 분말소화설비)

(2) 소화난이도등급 II

① 소화난이도등급 II에 해당하는 제조소 등

제조소 등의 구분	제조소 등의 규모, 저장 또는 취급하는 위험물의 품명 및 최대수량 등
제조소 일반취급소	연면적 600[m²] 이상인 것
	지정수량의 10배 이상인 것(고인화점위험물만을 100[℃] 미만의 온도에서 취급하는 것 및 제48조의 위험물을 취급하는 것은 제외)
	별표 16 II·III·IV·V·VIII·IX·X 또는 X의2의 일반취급소로서 소화난이도등급 I 의 제조소 등에 해당하지 않는 것(고인화점위험물만을 100[℃] 미만의 온도에서 취급하는 것은 제외)
옥내저장소	단층건물 이외의 것
	별표 5 II 또는 IV 제1호의 옥내저장소
	지정수량의 10배 이상인 것(고인화점위험물만을 저장하는 것 및 제48조의 위험물을 저장하는 것은 제외)
	연면적 150[m²] 초과인 것
	별표 5 III의 옥내저장소로서 소화난이도등급 I 의 제조소 등에 해당하지 않는 것
옥외탱크저장소 옥내탱크저장소	소화난이도등급 I 의 제조소 등 외의 것(고인화점위험물만을 100[℃] 미만의 온도로 저장하는 것 및 제6류 위험물만을 저장하는 것은 제외)
옥외저장소	덩어리 상태의 황을 저장하는 것으로서 경계표시 내부의 면적(2 이상의 경계표시가 있는 경우에는 각 경계표시의 내부의 면적을 합한 면적)이 5[m²] 이상 100[m²] 미만인 것
	별표 11 III의 위험물을 저장하는 것으로서 지정수량의 10배 이상 100배 미만인 것
	지정수량의 100배 이상인 것(덩어리 상태의 황 또는 고인화점위험물을 저장하는 것은 제외)
주유취급소	옥내주유취급소로서 소화난이도등급 I 의 제조소 등에 해당하지 않는 것
판매취급소	제2종 판매취급소

② 소화난이도등급 II의 제조소 등에 설치해야 하는 소화설비

제조소 등의 구분	소화설비
제조소, 옥내저장소, 옥외저장소, 주유취급소, 판매취급소, 일반취급소	방사능력범위 내에 해당 건축물, 그 밖의 공작물 및 위험물이 포함되도록 대형수동식소화기를 설치하고, 해당 위험물의 소요단위의 1/5 이상에 해당하는 능력단위의 소형수동식소화기 등을 설치할 것
옥외탱크저장소 옥내탱크저장소	대형수동식소화기 및 소형수동식소화기 등을 각각 1개 이상 설치할 것

(3) 소화난이도등급Ⅲ

① 소화난이도등급Ⅲ에 해당하는 제조소 등

제조소 등의 구분	제조소 등의 규모, 저장 또는 취급하는 위험물의 품명 및 최대수량 등
제조소 일반취급소	제48조의 위험물을 취급하는 것
	제48조의 위험물 외의 것을 취급하는 것으로서 소화난이도등급Ⅰ 또는 소화난이도등급Ⅱ의 제조소 등에 해당하지 않는 것
옥내저장소	제48조의 위험물을 취급하는 것
	제48조의 위험물 외의 것을 취급하는 것으로서 소화난이도등급Ⅰ 또는 소화난이도등급Ⅱ의 제조소 등에 해당하지 않는 것
지하탱크저장소 간이탱크저장소 이동탱크저장소	모든 대상
옥외저장소	덩어리 상태의 황을 저장하는 것으로서 경계표시 내부의 면적(2 이상의 경계표시가 있는 경우에는 각 경계표시의 내부의 면적을 합한 면적)이 5[m²] 미만인 것
	덩어리 상태의 황 외의 것을 저장하는 것으로서 소화난이도등급Ⅰ 또는 소화난이도등급Ⅱ의 제조소 등에 해당하지 않는 것
주유취급소	옥내주유취급소 외의 것으로서 소화난이도등급Ⅰ의 제조소 등에 해당하지 않는 것
제1종 판매취급소	모든 대상

② 소화난이도등급Ⅲ의 제조소 등에 설치해야 하는 소화설비

제조소 등의 구분	소화설비	설치기준	
지하탱크저장소	소형수동식소화기 등	능력단위의 수치가 3 이상	2개 이상
이동탱크저장소	자동차용 소화기	무상의 강화액 8[L] 이상	2개 이상
		이산화탄소 3.2[kg] 이상	
		일브로민화일염화이플루오린메테인(CF₂ClBr) 2[L] 이상	
		일브로민화삼플루오린메테인(CF₃Br) 2[L] 이상	
		이브로민화사플루오린에테인(C₂F₄Br₂) 1[L] 이상	
		소화분말 3.3[kg] 이상	
	마른 모래 및 팽창질석 또는 팽창진주암	마른 모래 150[L] 이상	
		팽창질석 또는 팽창진주암 640[L] 이상	
그 밖의 제조소 등	소형수동식소화기 등	능력단위의 수치가 건축물, 그 밖의 공작물 및 위험물의 소요단위의 수치에 이르도록 설치할 것. 다만, 옥내소화전설비, 옥외소화전설비, 스프링클러설비, 물분무 등 소화설비 또는 대형수동식소화기를 설치한 경우에는 해당 소화설비의 방사능력범위 내의 부분에 대하여는 수동식소화기 등을 그 능력단위의 수치가 해당 소요단위의 수치의 1/5 이상이 되도록 하는 것으로 족하다.	

(4) 전기설비의 소화설비 `10` `16` `21` `년 출제`

제조소 등에 전기설비(전기배선, 조명기구 등은 제외)가 설치된 경우 : 해당 장소의 면적 **100[m²]마다 소형수동식소화기**를 1개 이상 설치할 것

(5) 소요단위 및 능력단위

① 소요단위 : 소화설비의 설치대상이 되는 건축물, 그 밖의 공작물의 규모 또는 위험물의 양의 기준단위

② 능력단위 : ①의 소요단위에 대응하는 소화설비의 소화능력의 기준단위

(6) 소요단위의 계산방법

① 제조소 또는 취급소의 건축물 `14` `22` 년 출제
  ㉠ 외벽이 **내화구조** : 연면적 100[m²]를 1소요단위
  ㉡ 외벽이 **내화구조가 아닌 것** : 연면적 50[m²]를 1소요단위
② **저장소**의 건축물
  ㉠ 외벽이 **내화구조** : 연면적 150[m²]를 1소요단위
  ㉡ 외벽이 **내화구조가 아닌 것** : 연면적 75[m²]를 1소요단위
③ **위험물** : 지정수량의 **10배**를 1소요단위

(7) 소화설비의 능력단위 `14` `16` `22` `23` 년 출제

소화설비	용 량	능력단위
소화전용(專用) 물통	8[L]	0.3
수조(소화전용 물통 3개 포함)	80[L]	1.5
수조(소화전용 물통 6개 포함)	190[L]	2.5
마른 모래(삽 1개 포함)	50[L]	0.5
팽창질석 또는 팽창진주암(삽 1개 포함)	160[L]	1.0

2 소화설비(규칙 별표 17)

(1) 옥내소화전설비의 설치기준

① 옥내소화전은 제조소 등의 건축물의 층마다 해당 층의 각 부분에서 하나의 호스접속구까지의 **수평거리가 25[m] 이하**가 되도록 설치할 것. 이 경우 옥내소화전은 각 층의 출입구 부근에 1개 이상 설치해야 한다.
② 방수량 $Q = N$(최대 5개) $\times$ 260[L/min] 이상
③ 수원의 수량 $= N$(최대 5개) $\times$ 260[L/min] $\times$ 30[min]
$\qquad\qquad = N$(최대 5개) $\times$ 7,800[L] $= N$(**최대 5개**) $\times$ **7.8[m³] 이상** `20` 년 출제
④ 방수압력 : 350[kPa](0.35[MPa]) 이상
⑤ 옥내소화전설비에는 비상전원(45분 이상)을 설치할 것

Plus one 일반건축물과 위험물제조소 등의 비교

종 류	항 목	방수량	방수압력	토출량	수 원	비상전원
옥내소화전설비	일반건축물	130[L/min]	0.17[MPa]	N(최대 2개)$\times$130[L/min]	N(최대 2개)$\times$2.6[m³] (130[L/min]$\times$20[min])	20분
	위험물제조소 등	260[L/min]	0.35[MPa]	N(최대 5개)$\times$260[L/min]	N(최대 5개)$\times$7.8[m³] (260[L/min]$\times$30[min])	45분
옥외소화전설비	일반건축물	350[L/min]	0.25[MPa]	N(최대 2개)$\times$350[L/min]	N(최대 2개)$\times$7[m³] (350[L/min]$\times$20[min])	–
	위험물제조소 등	450[L/min]	0.35[MPa]	N(최대 4개)$\times$450[L/min]	N(최대4개)$\times$13.5[m³] (450[L/min]$\times$30[min])	45분
스프링클러설비	일반건축물	80[L/min]	0.1[MPa]	헤드 수$\times$80[L/min]	헤드 수$\times$1.6[m³] (80[L/min]$\times$20[min])	20분
	위험물제조소 등	80[L/min]	0.1[MPa]	헤드 수$\times$80[L/min]	헤드 수$\times$2.4[m³] (80[L/min]$\times$30[min])	45분

(2) 옥외소화전설비의 설치기준

① 옥외소화전은 방호대상물의 각 부분에서 하나의 호스접속구까지의 **수평거리가 40[m]** 이하가 되도록 설치할 것. 이 경우 설치개수가 1개일 때에는 2개로 해야 한다.

② 방수량 $Q = N$(최대 4개) $\times 450$[L/min] 이상

③ 수원의 수량 $= N$(최대 4개) $\times 450$[L/min] $\times 30$[min]

　　　　　　　$= N$(최대 4개) $\times 13,500$[L] $= N$**(최대 4개)** $\times$ **13.5[m³] 이상** `15` `18` `22` `년 출제`

④ 방수압력 : 350[kPa](0.35[MPa]) 이상 `22` `년 출제`

⑤ 옥외소화전설비에는 비상전원을 설치할 것

(3) 스프링클러설비의 설치기준

① 스프링클러헤드는 방호대상물의 천장 또는 건축물의 최상부 부근(천장이 설치되지 않은 경우)에 설치하되, 방호대상물의 각 부분에서 하나의 스프링클러헤드까지의 수평거리가 1.7[m] 이하가 되도록 설치할 것

② 개방형 스프링클러헤드를 이용한 스프링클러설비의 방사구역(하나의 일제개방밸브에 의하여 동시에 방사되는 구역)은 150[m²] 이상(방호대상물의 바닥면적이 150[m²] 미만인 경우에는 해당 바닥면적)으로 할 것

③ 수원의 수량

　㉠ 폐쇄형 스프링클러헤드 = **30(30개 미만은 설치개수)** $\times$ **2.4[m³] 이상**

　㉡ 개방형 스프링클러헤드 = 스프링클러헤드가 가장 많이 설치된 방사구역의 스프링클러헤드 설치개수 $\times 2.4$[m³] 이상

④ 방사압력 : 100[kPa](0.1[MPa]) 이상

⑤ 방수량 : 80[L/min] 이상

⑥ 스프링클러설비에는 비상전원을 설치할 것

(4) 소화기의 설치기준

① **대형수동식소화기 설치 : 보행거리 30[m] 이하**

② **소형수동식소화기 설치 : 보행거리 20[m] 이하**

> `Plus one` 소형수동식소화기 설치장소
> - 지하탱크저장소
> - 간이탱크저장소
> - 이동탱크저장소
> - 주유취급소
> - 판매취급소

3 경보설비(규칙 별표 17)

(1) 제조소 등별로 설치해야 하는 경보설비의 종류

제조소 등의 구분	제조소 등의 규모, 저장 또는 취급하는 위험물의 종류 및 최대수량 등	경보설비
가. 제조소 및 일반취급소	• 연면적이 500[m²] 이상인 것 • 옥내에서 지정수량의 100배 이상을 취급하는 것(고인화점위험물만을 100[℃] 미만의 온도에서 취급하는 것은 제외) • 일반취급소로 사용되는 부분 외의 부분이 있는 건축물에 설치된 일반취급소(일반취급소와 일반취급소 외의 부분이 내화구조의 바닥 또는 벽으로 개구부 없이 구획된 것은 제외)	자동화재탐지설비
나. 옥내저장소	• 지정수량의 100배 이상을 저장 또는 취급하는 것(고인화점위험물만을 저장 또는 취급하는 것은 제외) • 저장창고의 연면적이 150[m²]를 초과하는 것[연면적 150[m²] 이내마다 불연재료의 격벽으로 개구부 없이 완전히 구획된 저장창고와 제2류 위험물(인화성고체는 제외) 또는 제4류 위험물(인화점이 70[℃] 미만인 것은 제외)만을 저장 또는 취급하는 저장창고는 그 연면적이 500[m²] 이상인 것을 말한다] • 처마 높이가 6[m] 이상인 단층 건물의 것 • 옥내저장소로 사용되는 부분 외의 부분이 있는 건축물에 설치된 옥내저장소[옥내저장소와 옥내저장소 외의 부분이 내화구조의 바닥 또는 벽으로 개구부 없이 구획된 것과 제2류(인화성고체는 제외) 또는 제4류의 위험물(인화점이 70[℃] 미만인 것은 제외)만을 저장 또는 취급하는 것은 제외]	
다. 옥내탱크저장소	단층 건물 외의 건축물에 설치된 옥내탱크저장소로서 소화난이도등급 I 에 해당하는 것	자동화재탐지설비
라. 주유취급소	옥내주유취급소	
마. 옥외탱크저장소	특수인화물, 제1석유류 및 알코올류를 저장 또는 취급하는 탱크의 용량이 1,000만[L] 이상인 것	• 자동화재탐지설비 • 자동화재속보설비
바. 가목부터 마목까지의 규정에 따른 자동화재탐지설비 설치 대상 제조소 등에 해당하지 않는 제조소 등(이송취급소는 제외)	지정수량의 10배 이상을 저장 또는 취급하는 것	자동화재탐지설비, 비상경보설비, 확성장치 또는 비상방송설비 중 1종 이상 **13 년 출제**

[비고] 이송취급소에 설치하는 경보설비는 별표 15 Ⅳ 제14호에 따른다.

(2) 자동화재탐지설비의 설치기준

① 자동화재탐지설비의 경계구역(화재가 발생한 구역을 다른 구역과 구분하여 식별할 수 있는 최소단위의 구역)은 건축물, 그 밖의 공작물의 2 이상의 층에 걸치지 않도록 할 것. 다만, 하나의 경계구역의 면적이 500[m²] 이하이면서 해당 경계구역이 두 개의 층에 걸치는 경우이거나 계단·경사로·승강기의 승강로, 그 밖에 이와 유사한 장소에 연기감지기를 설치하는 경우에는 그렇지 않다.

② 하나의 경계구역의 면적은 **600[m²] 이하**로 하고 그 한 변의 길이는 **50[m](광전식분리형감지기**를 설치할 경우에는 **100[m]) 이하**로 할 것. 다만, 해당 건축물, 그 밖의 공작물의 주요한 출입구에서 그 내부의 전체를 볼 수 있는 경우에 있어서는 그 면적을 **1,000[m²] 이하**로 할 수 있다.

③ 자동화재탐지설비의 감지기(옥외탱크저장소에 설치하는 자동화재탐지설비의 감지기는 제외한다)는 지붕(상층이 있는 경우에는 상층의 바닥) 또는 벽의 옥내에 면한 부분(천장이 있는 경우에는 천장 또는 벽의 옥내에 면한 부분 및 천장의 뒷부분)에 유효하게 화재의 발생을 감지할 수 있도록 설치할 것

④ 자동화재탐지설비에는 비상전원을 설치할 것
⑤ 옥외탱크저장소에 설치하는 자동화재탐지설비의 감지기 설치기준
  ㉠ 불꽃감지기를 설치할 것. 다만, 불꽃을 감지하는 기능이 있는 지능형 폐쇄회로텔레비전(CCTV)을 설치한 경우 불꽃감지기를 설치한 것으로 본다.
  ㉡ 옥외저장탱크 외측과 별표 6 Ⅱ에 따른 보유공지 내에서 발생하는 화재를 유효하게 감지할 수 있는 위치에 설치할 것
  ㉢ 지지대를 설치하고 그 곳에 감지기를 설치하는 경우 지지대는 벼락에 영향을 받지 않도록 설치할 것
⑥ 옥외탱크저장소에 자동화재탐지설비를 설치하지 않을 수 있는 경우
  ㉠ 옥외탱크저장소의 방유제(防油堤)와 옥외저장탱크 사이의 지표면을 불연성 및 불침윤성(수분에 젖지 않는 성질)이 있는 철근콘크리트 구조 등으로 한 경우
  ㉡ 화학물질관리법 시행규칙 별표 5 제6호의 화학물질안전원장이 정하는 고시에 따라 가스감지기를 설치한 경우
⑦ 옥외탱크저장소에 자동화재속보설비를 설치하지 않을 수 있는 경우
  ㉠ 옥외탱크저장소의 방유제(防油堤)와 옥외저장탱크 사이의 지표면을 불연성 및 불침윤성(수분에 젖지 않는 성질)이 있는 철근콘크리트 구조 등으로 한 경우
  ㉡ 화학물질관리법 시행규칙 별표 5 제6호의 화학물질안전원장이 정하는 고시에 따라 가스감지기를 설치한 경우
  ㉢ 자체소방대를 설치한 경우
  ㉣ 안전관리자가 해당 사업소에 24시간 상주하는 경우

4 위험물의 저장 및 취급기준(규칙 별표 18)

(1) 유별 저장 및 취급의 공통기준
① 제1류 위험물 : 가연물과의 접촉, 혼합이나 분해를 촉진하는 물품과의 접근 또는 과열·충격·마찰 등을 피하는 한편, 알칼리금속의 과산화물 및 이를 함유한 것에 있어서는 물과의 접촉을 피해야 한다.
② 제2류 위험물 : 산화제와의 접촉·혼합이나 불티·불꽃·고온체와의 접근 또는 과열을 피하는 한편, 철분·금속분·마그네슘 및 이를 함유한 것에 있어서는 물이나 산과의 접촉을 피하고 인화성 고체에 있어서는 함부로 증기를 발생시키지 않아야 한다.
③ 제3류 위험물 : 자연발화성 물질에 있어서는 불티·불꽃 또는 고온체와의 접근·과열 또는 공기와의 접촉을 피하고, 금수성 물질에 있어서는 물과의 접촉을 피해야 한다.
④ 제4류 위험물 : 불티·불꽃·고온체와의 접근 또는 과열을 피하고, 함부로 증기를 발생시키지 않아야 한다.
⑤ 제5류 위험물 : 불티·불꽃·고온체와의 접근이나 과열, 충격 또는 마찰을 피해야 한다.
⑥ 제6류 위험물 : 가연물과의 접촉·혼합이나 분해를 촉진하는 물품과의 접근 또는 과열을 피해야 한다.

(2) 저장의 기준

① 옥내저장소 또는 옥외저장소에는 있어서 유별을 달리하는 위험물을 저장하는 경우 서로 1[m] 이상 간격을 두고 아래 유별을 저장할 수 있다. `10` `20` 년 출제

　　㉠ **제1류 위험물**(알칼리금속의 과산화물은 제외)과 **제5류 위험물**을 저장하는 경우

　　㉡ **제1류 위험물**과 **제6류 위험물**을 저장하는 경우

　　㉢ **제1류 위험물**과 제3류 위험물 중 **자연발화성 물질**(황린 포함)을 저장하는 경우

　　㉣ 제2류 위험물 중 **인화성 고체**와 **제4류 위험물**을 저장하는 경우

　　㉤ 제3류 위험물 중 알킬알루미늄 등과 제4류 위험물(알킬알루미늄 또는 알킬리튬을 함유한 것에 한함)을 저장하는 경우

　　㉥ 제4류 위험물 중 유기과산화물과 제5류 위험물 중 유기과산화물을 저장하는 경우

② 옥내저장소에서 동일 품명의 위험물이더라도 **자연발화할 우려가 있는 위험물 또는 재해가 현저하게 증대할 우려가 있는 위험물**을 다량 저장하는 경우에는 지정수량의 **10배 이하**마다 구분하여 상호 간 0.3[m] 이상의 간격을 두어 저장해야 한다.

③ 옥외저장소, 옥내저장소에 저장 시 높이(아래 높이를 초과하지 말 것)

　　㉠ **기계**에 의하여 **하역하는 구조**로 된 용기만을 겹쳐 쌓는 경우 : 6[m]

　　㉡ 제4류 위험물 중 **제3석유류, 제4석유류, 동식물유류**를 수납하는 용기만을 겹쳐 쌓는 경우 : 4[m]

　　㉢ 그 밖의 경우 : 3[m]

④ 옥내저장소에서는 용기에 수납하여 저장하는 위험물의 온도 : 55[℃] 이하

⑤ 옥외저장소에서 위험물을 수납한 용기를 선반에 저장하는 경우 : 6[m]를 초과하지 말 것

⑥ 이동탱크저장소에는 완공검사합격확인증과 정기점검기록을 비치할 것

⑦ **이동저장탱크**에는 해당 탱크에 저장 또는 취급하는 위험물의 위험성을 알리는 표지를 부착하고 잘 보일 수 있도록 관리할 것

⑧ 이동저장탱크에 **알킬알루미늄 등을 저장하는 경우**에는 20[kPa] **이하의 압력**으로 불활성의 기체를 봉입하여 둘 것

⑨ 옥외저장탱크 · 옥내저장탱크 또는 지하저장탱크 중 압력탱크 외의 탱크에 저장

　　㉠ **산화프로필렌, 다이에틸에터** 등을 저장 : 30[℃] 이하

　　㉡ **아세트알데하이드** : 15[℃] 이하

⑩ 옥외저장탱크 · 옥내저장탱크 또는 지하저장탱크 중 **압력탱크에 저장**
　 아세트알데하이드 등 또는 다이에틸에터 등 : 40[℃] 이하

⑪ 아세트알데하이드 등 또는 다이에틸에터 등을 **이동저장탱크**에 저장하는 경우

　　㉠ 보냉장치가 있는 경우 : 비점 이하

　　㉡ **보냉장치가 없는 경우** : 40[℃] 이하

⑫ 이동저장탱크로부터 위험물을 저장 또는 취급하는 탱크에 인화점이 40[℃] 미만인 위험물을 주입할 때에는 이동탱크저장소의 **원동기를 정지시킬 것**

⑬ 알킬알루미늄 등 및 아세트알데하이드 등의 취급기준

　　㉠ 알킬알루미늄 등의 이동탱크저장소에 있어서 **이동저장탱크로부터 알킬알루미늄 등을 꺼낼 때에** 는 동시에 **200[kPa] 이하의 압력**으로 불활성의 기체를 봉입할 것

ⓛ 아세트알데하이드 등의 이동탱크저장소에 있어서 **이동저장탱크로부터 아세트알데하이드 등을 꺼낼 때에는** 동시에 **100[kPa] 이하의 압력**으로 불활성의 기체를 봉입할 것

5 위험물의 운반기준(규칙 별표 19)

(1) 운반용기의 재질

① 강 판
② 알루미늄판
③ 양철판
④ 유 리
⑤ 금속판
⑥ 종 이
⑦ 플라스틱
⑧ 섬유판
⑨ 고무류
⑩ 합성섬유
⑪ 삼
⑫ 짚
⑬ 나 무

(2) 적재방법

① 고체 위험물 : 운반용기 내용적의 **95[%] 이하**의 **수납률**로 수납할 것
② 액체 위험물 : 운반용기 내용적의 **98[%] 이하**의 **수납률**로 수납하되, 55[℃]의 온도에서 누설되지 않도록 충분한 공간용적을 유지하도록 할 것
③ 제3류 위험물의 운반용기 기준 <u>21</u> 년 출제
　ⓐ 자연발화성 물질에 있어서는 불활성 기체를 봉입하여 밀봉하는 등 공기와 접하지 않도록 할 것
　ⓑ 자연발화성 물질 외의 물품에 있어서는 파라핀·경유·등유 등의 보호액으로 채워 밀봉하거나 불활성 기체를 봉입하여 밀봉하는 등 수분과 접하지 않도록 할 것
　ⓒ 자연발화성 물질 중 알킬알루미늄 등은 운반용기의 내용적의 **90[%] 이하**의 **수납률**로 수납하되, **50[℃]의 온도에서 5[%] 이상의 공간용적**을 유지하도록 할 것
④ 적재위험물에 따른 조치 <u>21</u> 년 출제
　ⓐ **차광성**이 있는 것으로 피복
　　• **제1류 위험물**
　　• 제4류 위험물 중 **특수인화물**
　　• **제6류 위험물**
　　• 제3류 위험물 중 **자연발화성 물질**
　　• **제5류 위험물**
　ⓑ **방수성**이 있는 것으로 피복
　　• 제1류 위험물 중 **알칼리금속의 과산화물**
　　• 제2류 위험물 중 **철분·금속분·마그네슘**
　　• 제3류 위험물 중 **금수성 물질**

위험물의 구분	제1류	제2류	제3류	제4류	제5류	제6류
제1류		×	×	×	×	○
제2류	×		×	○	○	×
제3류	×	×		○	×	×
제4류	×	○	○		○	×
제5류	×	○	×	○		×
제6류	○	×	×	×	×	

[비 고]
1. "×"표시는 혼재할 수 없음을 표시한다.
2. "○"표시는 혼재할 수 있음을 표시한다.
3. 이 표는 지정수량의 $\frac{1}{10}$ 이하의 위험물에 대하여는 적용하지 않는다.

⑤ 운반용기의 외부 표시 사항

　㉠ 위험물의 **품명, 위험등급, 화학명** 및 **수용성**(제4류 위험물의 수용성인 것에 한함)

　㉡ 위험물의 **수량**

　㉢ **주의사항**

> **Plus one** 주의사항
> • 제1류 위험물 15 년 출제
> 　– 알칼리금속의 과산화물 : 화기·충격주의, 물기엄금, 가연물접촉주의
> 　– 그 밖의 것 : 화기·충격주의, 가연물접촉주의
> • 제2류 위험물
> 　– 철분·금속분·마그네슘 : 화기주의, 물기엄금
> 　– 인화성 고체 : 화기엄금
> 　– 그 밖의 것 : 화기주의
> • 제3류 위험물
> 　– 자연발화성 물질 : 화기엄금, 공기접촉엄금
> 　– 금수성 물질 : 물기엄금
> • 제4류 위험물 : 화기엄금
> • 제5류 위험물 : 화기엄금, 충격주의
> • 제6류 위험물 : 가연물접촉주의
> ※ 최대용적이 1[L] 이하인 운반용기[제1류, 제2류, 제4류 위험물(위험등급 I 은 제외)]의 품명 및 주의사항은 위험물의 통칭명 및 해당 주의사항과 동일한 의미가 있는 다른 표시로 대신할 수 있다.

(3) 운반방법(지정수량 이상 운반 시)

① 한 변의 길이가 0.3[m] 이상, 다른 한 변의 길이가 0.6[m] 이상인 직사각형의 판으로 할 것
② **흑색바탕**에 **황색의 반사도료**, 그 밖의 반사성이 있는 재료로 **"위험물"**이라고 표시할 것
③ 표지는 차량의 전면 및 후면의 보기 쉬운 곳에 내걸 것
④ 지정수량 이상의 위험물을 차량으로 운반하는 경우에는 해당 위험물에 적응성이 있는 소형수동식소화기를 해당 위험물의 소요단위에 상응하는 능력단위 이상을 갖추어야 한다. 15 18 20 22 년 출제

$$소요단위 = \frac{저장(운반)수량}{지정수량 \times 10}$$

참고 위험물은 **지정수량의 10배**를 1소요단위로 한다.

(4) 위험물의 위험등급

① 위험등급Ⅰ의 위험물 `15` `16` `18` `22` `년 출제`

　㉠ 제1류 위험물 중 아염소산염류, 염소산염류, 과염소산염류, **무기과산화물**, 그 밖에 지정수량이 50[kg]인 위험물

　㉡ 제3류 위험물 중 칼륨, **나트륨, 알킬알루미늄, 알킬리튬, 황린**, 그 밖에 지정수량이 10[kg] 또는 20[kg]인 위험물

　㉢ 제4류 위험물 중 **특수인화물**

　㉣ 제5류 위험물 중 지정수량이 10[kg]인 위험물

　㉤ **제6류 위험물**

② 위험등급Ⅱ의 위험물 `14` `17` `21` `년 출제`

　㉠ 제1류 위험물 중 브로민산염류, 질산염류, 아이오딘산염류, 그 밖에 지정수량이 **300[kg]인 위험물**

　㉡ 제2류 위험물 중 황화인, 적린, 황, 그 밖에 지정수량이 100[kg]인 위험물

　㉢ 제3류 위험물 중 알칼리금속(칼륨, 나트륨 제외) 및 알칼리토금속, 유기금속화합물(알킬알루미늄 및 알킬리튬 제외), 그 밖에 지정수량이 50[kg]인 위험물

　㉣ 제4류 위험물 중 **제1석유류, 알코올류**

　㉤ 제5류 위험물 중 위험등급Ⅰ에 정하는 위험물 외의 것

③ 위험등급Ⅲ의 위험물 : ① 및 ②에 정하지 않은 위험물

001 위험물을 저장 또는 취급하는 탱크의 용량산정 방법은?

① 탱크의 용량 = 탱크의 내용적 + 탱크의 공간용적
② 탱크의 용량 = 탱크의 내용적 − 탱크의 공간용적
③ 탱크의 용량 = 탱크의 내용적 × 탱크의 공간용적
④ 탱크의 용량 = 탱크의 내용적 ÷ 탱크의 공간용적

해설 **탱크의 용량**
- 탱크의 용량 = 탱크의 내용적 − 탱크의 공간용적
- 탱크의 공간용적 : 탱크 내용적의 5/100 이상 10/100 이하

정답 ②

002 그림과 같은 위험물을 저장하는 탱크의 내용적은 약 몇 [m³]인가?(단, r은 10[m], l은 15[m]이다)

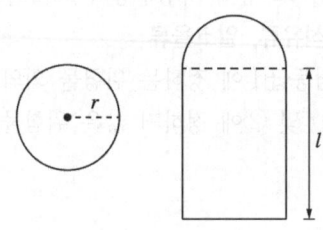

① 3,612
② 4,710
③ 5,812
④ 6,912

해설 종으로 설치된 경우의 내용적
$$= \pi r^2 l = 3.14 \times 10^2 \times 15[m] = 4,710[m^3]$$

정답 ②

003 다음 그림과 같은 원통형 탱크의 내용적은?(단, 그림의 수치 단위는 [m]이다)

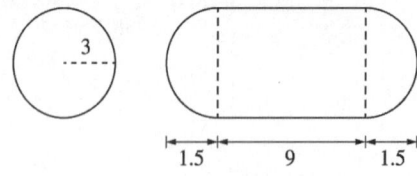

① 약 258[m³]
② 약 282[m³]
③ 약 312[m³]
④ 약 375[m³]

해설 내용적 $= \pi r^2 \left(l + \dfrac{l_1 + l_2}{3} \right) = 3.14 \times 3^2 \times \left(9 + \dfrac{1.5 + 1.5}{3} \right) = 282.6[m^3]$

정답 ②

004 다음 탱크의 공간용적을 $\dfrac{7}{100}$ 로 할 경우 아래 그림에 나타낸 타원형 위험물저장탱크의 용량은 얼마인가?

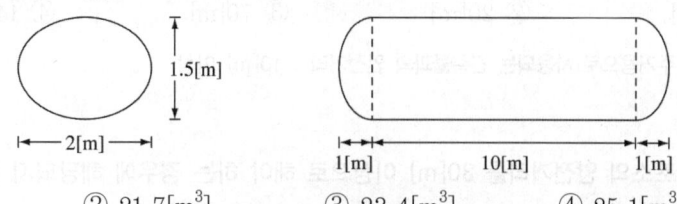

① 20.5[m³]　　　② 21.7[m³]　　　③ 23.4[m³]　　　④ 25.1[m³]

해설

- 저장탱크의 용량 = 내용적 – 공간용적(7[%])
- 탱크의 내용적 = $\dfrac{\pi ab}{4}\left(l+\dfrac{l_1+l_2}{3}\right)=\dfrac{3.14\times2\times1.5}{4}\left(10+\dfrac{1+1}{3}\right)=25.12\,[\text{m}^3]$

∴ 저장탱크의 용량 = $25.12-(25.12\times0.07)=23.36\,[\text{m}^3]$

정답 ③

005 위험물제조소의 안전거리로서 옳지 않은 것은?

① 3[m] 이상 – 사용전압이 7,000[V] 이상 35,000[V] 이하의 특고압가공전선

② 5[m] 이상 – 사용전압이 35,000[V]를 초과하는 특고압가공전선

③ 20[m] 이상 – 주거용으로 사용하는 것

④ 50[m] 이상 – 유형문화재 중 지정문화재

해설 **위험물제조소의 안전거리(규칙 별표 4)**

건축물	안전거리
사용전압이 7,000[V] 초과 35,000[V] 이하의 특고압가공전선	3[m] 이상
사용전압이 **35,000[V]를 초과**하는 특고압가공전선	5[m] 이상
주거용으로 사용되는 것(제조소가 설치된 부지 내에 있는 것은 제외)	10[m] 이상
고압가스, 액화석유가스, 도시가스를 저장 또는 취급하는 시설	20[m] 이상
학교, 병원(병원급 의료기관), 극장, 공연장, 영화상영관 및 그 밖에 이와 유사한 시설로서 수용인원 300명 이상의 인원을 수용할 수 있는 것, 아동복지시설, 노인복지시설, 장애인복지시설, 한부모가족복지시설, 어린이집, 성매매피해자 등을 위한 지원시설, 정신건강증진시설, 가정폭력피해자보호시설 및 그 밖에 이와 유사한 시설로서 수용인원 20명 이상의 인원을 수용할 수 있는 것	30[m] 이상
유형문화재와 기념물 중 지정문화재	50[m] 이상

정답 ③

006 사용전압이 35,000[V]를 초과하는 특고압가공전선과 위험물제조소와의 안전거리 기준으로 옳은 것은?

① 5[m] 이상　　　　　　　　② 10[m] 이상

③ 13[m] 이상　　　　　　　　④ 15[m] 이상

해설 **사용전압 35,000[V] 초과 시 안전거리** : 5[m] 이상

정답 ①

007 위험물제조소는 주택과 얼마 이상의 안전거리를 두어야 하는가?

① 10[m] ② 20[m] ③ 70[m] ④ 140[m]

> **해설** 주거용으로 사용되는 건축물과의 안전거리 : 10[m] 이상

정답 ①

008 위험물제조소의 안전거리를 30[m] 이상으로 해야 하는 경우에 해당되지 않는 것은?

① 학교로서 수용인원이 300명 이상인 것
② 치과병원으로서 수용인원이 300명 이상인 것
③ 요양병원으로서 수용인원이 300명 이상인 것
④ 공연장으로서 수용인원이 200명 이상인 것

> **해설** 공연장으로서 수용인원 300명 이상일 경우의 안전거리 : 30[m] 이상

정답 ④

009 위험물제조소에 있어서 안전거리가 50[m] 이상인 것은?

① 문화집회장 ② 교육연구시설 ③ 지정문화재 ④ 의료시설

> **해설** 유형문화재와 기념물 중 지정문화재의 안전거리 : 50[m]

정답 ③

010 위험물제조소의 위험물을 취급하는 건축물의 주위에 보유해야 할 최소 보유공지는?

① 1[m] 이상 ② 3[m] 이상 ③ 5[m] 이상 ④ 8[m] 이상

> **해설** 제조소의 보유공지
> • 보유공지
>   - 제조소의 주변을 확보하기 위하여 어떤 물건이 놓여 있어도 안 되는 절대공간
>   - 연소확대를 방지하기 위한 공간
>   - 소방활동을 위한 공간
>   - 유사시 피난을 용이하게 하기 위한 공간
>   - 평상시 위험물제조소 등의 유지 및 보수를 위한 공간
> • 제조소의 보유공지 : 최소 3[m] 이상 확보

정답 ②

011 위험물을 취급하는 건축물의 방화벽을 불연재료로 하였다. 주위에 보유공지를 두지 않고 취급할 수 있는 위험물의 종류는?

① 제1류 위험물 ② 제3류 위험물 ③ 제5류 위험물 ④ 제6류 위험물

> **해설** 방화상 유효한 격벽을 설치한 때 보유공지 예외(규칙 별표 4)
> • 방화벽은 내화구조로 할 것(제6류 위험물인 경우에는 불연재료로 할 수 있다)
> • 방화벽에 설치하는 출입구 및 창 등의 개구부는 가능한 한 최소로 하고, 출입구 및 창에는 자동폐쇄
>   식의 60분+방화문 또는 60분 방화문을 설치할 것
> • 방화벽의 양단 및 상단이 외벽 또는 지붕으로부터 50[cm] 이상 돌출하도록 할 것

정답 ④

012 위험물제조소별 주의사항으로 옳지 않은 것은?

① 황화인 – 화기주의
② 인화성 고체 – 화기주의
③ 휘발유 – 화기엄금
④ 셀룰로이드 – 화기엄금

[해설] 위험물제조소별 주의사항

위험물의 종류	주의사항	게시판 표시
• 제1류 위험물 중 알칼리금속의 과산화물 • 제3류 위험물 중 금수성 물질	물기엄금	청색바탕에 백색문자
제2류 위험물(인화성 고체는 제외)	화기주의	적색바탕에 백색문자
• 제2류 위험물 중 인화성 고체 • 제3류 위험물 중 자연발화성 물질 • 제4류 위험물 • 제5류 위험물	화기엄금	적색바탕에 백색문자

• 황화인 : 제2류 위험물
• 휘발유 : 제4류 위험물
• 인화성 고체 : 제2류 위험물
• 셀룰로이드 : 제5류 위험물

[정답] ②

013 제3류 위험물 중 자연발화성 물질을 저장하는 위험물제조소의 게시판의 적합한 표시사항은?

① 화기주의
② 물기엄금
③ 화기엄금
④ 물기주의

[해설] 제3류 위험물(자연발화성 물질) : 화기엄금

[정답] ③

014 위험물에 관한 표시사항 중 "물기엄금"에 관한 표지 색깔로서 옳은 것은?

① 청색바탕에 적색문자
② 청색바탕에 백색문자
③ 적색바탕에 백색문자
④ 백색바탕에 청색문자

[해설] 물기엄금 : 청색바탕에 백색문자

[정답] ②

015 제4류 위험물의 주의사항 및 게시판 표시내용으로 옳은 것은?

① 적색바탕에 백색문자의 "화기주의"
② 청색바탕에 백색문자의 "물기엄금"
③ 적색바탕에 백색문자의 "화기엄금"
④ 청색바탕에 백색문자의 "물기주의"

[해설] 제4류 위험물 : 화기엄금(적색바탕에 백색문자)

[정답] ③

016 위험물제조소에는 보기 쉬운 곳에 기준에 따라 "위험물제조소"라는 표시를 한 표지를 설치해야 하는데 다음 중 표지의 기준으로 적합한 것은?

① 표지의 한 변의 길이는 0.3[m] 이상, 다른 한 변의 길이는 0.6[m] 이상인 직사각형으로 하되 표지의 바탕은 백색으로 문자는 흑색으로 한다.

② 표지의 한 변의 길이는 0.2[m] 이상, 다른 한 변의 길이는 0.4[m] 이상인 직사각형으로 하되 표지의 바탕은 백색으로 문자는 흑색으로 한다.

③ 표지의 한 변의 길이는 0.2[m] 이상, 다른 한 변의 길이는 0.4[m] 이상인 직사각형으로 하되 표지의 바탕은 흑색으로 문자는 백색으로 한다.

④ 표지의 한 변의 길이는 0.3[m] 이상, 다른 한 변의 길이는 0.6[m] 이상인 직사각형으로 하되 표지의 바탕은 흑색으로 문자는 백색으로 한다.

> **해설** **제조소의 표지 및 게시판**
> • "위험물제조소"라는 표지를 설치
>   – 표지의 크기 : 한 변의 길이가 **0.3[m] 이상**, 다른 한 변의 길이가 **0.6[m] 이상**
>   – 표지의 색상 : **백색바탕에 흑색문자**
> • 방화에 관하여 필요한 사항을 게시한 게시판 설치
>   – 게시판의 크기 : 한 변의 길이가 0.3[m] 이상, 다른 한 변의 길이가 0.6[m] 이상
>   – 기재 내용 : 위험물의 유별·품명 및 저장최대수량 또는 취급최대수량, 지정수량의 배수 및 안전관리자의 성명 또는 직명
>   – 게시판의 색상 : 백색바탕에 흑색문자

정답 ①

017 위험물제조소의 건축물의 구조로 잘못된 것은?

① 벽, 기둥, 서까래 및 계단은 난연재료로 할 것
② 지하층이 없도록 할 것
③ 지붕은 폭발력이 위로 방출될 정도의 가벼운 불연재료로 덮을 것
④ 연소의 우려가 있는 외벽에 설치하는 출입구에는 수시로 열 수 있는 자동폐쇄식의 60분+ 방화문 또는 60분 방화문을 설치할 것

> **해설** 위험물제조소의 벽, 기둥, 바닥, 서까래 및 계단은 **불연재료**로 할 것(규칙 별표 4)

정답 ①

018 위험물제조소 중 위험물을 취급하는 건축물은 특별한 경우를 제외하고 어떤 구조로 해야 하는가?

① 지하층이 없도록 해야 한다.
② 지하층을 주로 사용하는 구조이어야 한다.
③ 지하층이 있는 2층 이내의 건축물이어야 한다.
④ 지하층이 있는 3층 이내의 건축물이어야 한다.

> **해설** **위험물제조소의 건축물의 구조는 지하층이 없도록** 해야 한다(규칙 별표 4).

정답 ①

019 옥외에서 액체 위험물을 취급하는 바닥의 기준으로 틀린 것은?

① 바닥의 둘레에 높이 0.3[m] 이상의 턱을 설치할 것
② 바닥은 콘크리트 등 위험물이 스며들지 않는 재료로 할 것
③ 바닥은 턱이 있는 쪽이 낮게 경사지게 할 것
④ 바닥의 최저부에 집유설비를 할 것

해설 **옥외에서 액체 위험물을 취급하는 설비의 바닥의 기준(규칙 별표 4)**
• 바닥의 둘레에 높이 **0.15[m] 이상**의 턱을 설치하는 등 위험물이 외부로 흘러나가지 않도록 할 것
• 바닥은 콘크리트 등 위험물이 스며들지 않는 재료로 하고, 턱이 있는 쪽이 낮게 경사지게 할 것
• 바닥의 최저부에 집유설비를 할 것
• 위험물(온도 20[℃]의 물 100[g]에 용해되는 양이 1[g] 미만인 것에 한함)을 취급하는 설비에 있어서는 해당 위험물이 직접 배수구에 흘러들어가지 않도록 집유설비에 유분리장치를 설치할 것

정답 ①

020 위험물을 취급하는 건축물의 구조 중 반드시 내화구조로 해야 할 것은?

① 바 닥   ② 보   ③ 계 단   ④ 연소 우려가 있는 외벽

해설 **건축물의 구조(규칙 별표 4)**
• 벽, 기둥, 바닥, 보, 서까래, 계단 : 불연재료
• 연소 우려가 있는 외벽 : 개구부가 없는 내화구조의 벽으로 해야 한다.

정답 ④

021 위험물제조소의 배출설비의 배출능력은 1시간당 배출장소 용적의 몇 배 이상인 것으로 해야 하는가?

① 10   ② 20   ③ 30   ④ 40

해설 **배출설비의 설치기준(규칙 별표 4)**
• 배출설비 : 국소방식

Plus one **전역방식으로 할 수 있는 경우**
• 위험물취급설비가 배관이음 등으로만 된 경우
• 건축물의 구조·작업장소의 분포 등의 조건에 의하여 전역방식이 유효한 경우

• 배출설비는 배풍기(오염된 공기를 뽑아내는 통풍기), 배출덕트(공기배출통로), 후드 등을 이용하여 강제적으로 배출하는 것으로 할 것
• 배출능력은 1시간당 배출장소 용적의 20배 이상인 것으로 할 것(전역방식의 경우 : 바닥면적 1[m²]당 18[m³] 이상)
• 급기구는 높은 곳에 설치하고, 가는 눈의 구리망 등으로 인화방지망을 설치할 것
• 배출구는 지상 2[m] 이상으로서 연소의 우려가 없는 장소에 설치하고, 배출덕트가 관통하는 벽부분의 바로 가까이에 화재 시 자동으로 폐쇄되는 방화댐퍼(화재시 연기 등을 차단하는 장치)를 설치할 것
• 배풍기 : 강제배기방식

정답 ②

022 다음 중 위험물제조소에 채광·조명 및 환기설비의 설치기준으로 틀린 것은?

① 채광면적은 최소로 한다.

② 환기는 강제배기방식으로 한다.

③ 점멸스위치는 출입구 바깥 부분에 설치한다.

④ 급기구는 낮은 곳에 설치한다.

해설 **위험물제조소의 채광, 조명, 환기설비의 기준(규칙 별표 4)**
• 채광설비는 불연재료로 하고 연소의 우려가 없는 장소에 설치하되 채광면적을 최소로 할 것
• **환기는 자연배기방식으로 할 것**
• 급기구는 낮은 곳에 설치하고 가는 눈의 구리망 등으로 인화방지망을 설치할 것
• 점멸스위치는 출입구 바깥 부분에 설치할 것

정답 ②

023 위험물제조소의 환기설비 중 급기구의 크기는?(단, 급기구의 바닥면적이 150[m²] 이상이다)

① 150[cm²] 이상   ② 300[cm²] 이상

③ 450[cm²] 이상   ④ 800[cm²] 이상

해설 **급기구는 바닥면적 150[m²]마다 1개 이상으로 하되, 급기구의 크기는 800[cm²] 이상으로 할 것**

바닥면적	60[m²] 미만	60[m²] 이상 90[m²] 미만	90[m²] 이상 120[m²] 미만	120[m²] 이상 150[m²] 미만
급기구의 면적	150[cm²] 이상	300[cm²] 이상	450[cm²] 이상	600[cm²] 이상

정답 ④

024 위험물제조소에 환기설비를 시설할 때 바닥면적이 100[m²]라면 급기구의 면적은 몇 [cm²] 이상이어야 하는가?

① 150   ② 300

③ 450   ④ 600

해설 문제 23번 참조

정답 ③

025 환기설비를 설치하지 않아도 되는 경우는?

① 비상발전설비를 갖춘 조명설비를 유효하게 설치한 경우

② 배출설비를 유효하게 설치한 경우

③ 채광설비를 유효하게 설치한 경우

④ 공기조화설비를 유효하게 설치한 경우

해설 **제외 대상(규칙 별표 4)**
• 환기설비 제외 : 배출설비가 설치되어 유효하게 환기가 되는 건축물
• 채광설비 제외 : 조명설비가 설치되어 유효하게 조도(밝기)가 확보되는 건축물

정답 ②

026 지정수량이 10배 이상인 위험물을 저장, 취급하는 제조소에 설치해야 할 설비가 아닌 것은?

① 휴대용 메가폰

② 비상방송설비

③ 자동화재탐지설비

④ 무선통신보조설비

해설 **지정수량 10배 이상**이면 **경보설비**를 설치해야 한다.

> 무선통신보조설비 : 소화활동설비

정답 ④

027 지정수량 10배 이상을 취급하는 위험물제조소 중에서 피뢰침을 설치하지 않아도 되는 곳은?

① 제1류 위험물

② 제2류 위험물

③ 제5류 위험물

④ 제6류 위험물

해설 **피뢰침 설치** : 지정수량의 10배 이상(제6류 위험물은 제외)(규칙 별표 4)

정답 ④

028 위험물제조소에서 위험물을 취급할 때에는 정전기를 제거하는 설비를 해야 한다. 정전기를 유효하게 제거할 수 있는 방법이 될 수 없는 것은?

① 접지를 한다.

② 공기 중의 상대습도를 70[%] 이상으로 한다.

③ 공기를 이온화한다.

④ 종단저항을 설치한다.

해설 **정전기 제거방법**
• 접지에 의한 방법
• 상대습도를 70[%] 이상으로 할 것
• 공기를 이온화하는 방법

정답 ④

029 위험물제조소의 옥외에 있는 액체 위험물을 취급하는 100[m³] 및 50[m³]의 용량인 2기의 탱크 주위에 설치해야 하는 방유제의 최소 기준용량은?

① 50[m³]

② 55[m³]

③ 60[m³]

④ 75[m³]

해설 **위험물 취급탱크(용량이 지정수량 1/5 미만은 제외)**
• 위험물제조소의 **옥외에 있는 위험물 취급탱크**
 – 하나의 취급탱크 주위에 설치하는 방유제의 용량 : 해당 탱크용량의 50[%] 이상
 – 2 이상의 취급탱크 주위에 하나의 방유제를 설치하는 경우 방유제의 용량 : 해당 탱크 중 용량이 최대인 것의 50[%]에 나머지 탱크용량 합계의 10[%]를 가산한 양 이상이 되게 할 것
• 위험물제조소의 **옥내에 있는 위험물 취급탱크**
 – 하나의 취급탱크의 주위에 설치하는 방유턱의 용량 : 해당 탱크용량 이상
 – 2 이상의 취급탱크 주위에 설치하는 방유턱의 용량 : 최대탱크용량 이상
 ∴ 방유턱의 용량 = (최대탱크용량×0.5) + (나머지 탱크용량×0.1)
  = (100[m³]×0.5) + (50[m³]×0.1) = 55[m³]

정답 ②

030 보유공지의 기능으로 적당하지 않은 것은?

① 위험물시설의 화재 시 연소방지　　② 위험물의 원활한 공급
③ 소방활동의 공간제공　　　　　　　④ 피난상 필요한 공간제공

해설　**보유공지** : 화재발생 시 소화활동을 원활히 하기 위하여 두는 공간
　• 위험물시설의 화재 시 연소방지
　• 소방활동의 공간제공
　• 피난상 필요한 공간제공

정답 ②

031 다음은 위험물제조소에 설치하는 안전장치이다. 이 중에서 위험물의 성질에 따라 안전밸브의 작동이 곤란한 가압설비에 한하여 설치하는 것은?

① 자동적으로 압력의 상승을 정지시키는 장치
② 감압측에 안전밸브를 부착한 감압밸브
③ 안전밸브를 겸하는 경보장치
④ 파괴판

해설　**안전장치(규칙 별표 4)**
　• 자동적으로 압력의 상승을 정지시키는 장치
　• 감압측에 안전밸브를 부착한 감압밸브
　• 안전밸브를 겸하는 경보장치
　• 파괴판(위험물의 성질에 따라 안전밸브의 작동이 곤란한 가압설비에 한함)

정답 ④

032 위험물제조소 내의 위험물을 취급하는 배관은 최대상용압력의 몇 배 이상의 압력으로 내압시험을 실시하여 이상이 없어야 하는가?

① 0.5　　　　　　② 1.0　　　　　　③ 1.5　　　　　　④ 2.0

해설　**위험물제조소의 배관**
　• 배관의 재질 : 강관, 유리섬유강화플라스틱, 고밀도폴리에틸렌, 폴리우레탄
　• 내압시험 : 최대상용압력의 **1.5배 이상**의 압력에서 실시하여 이상이 없을 것

정답 ③

033 하이드록실아민 200[kg]을 취급하는 제조소에서 안전거리[m]는 얼마인가?

① 6.44　　　　　　② 24.1　　　　　　③ 64.4　　　　　　④ 2.41

해설　**하이드록실아민 등을 취급하는 제조소의 안전거리**

$$D = 51.1\sqrt[3]{N}$$
여기서, N : 지정수량의 배수(하이드록실아민의 지정수량 : 100[kg])

∴ 안전거리 $D = 51.1\sqrt[3]{N} = 51.1\sqrt[3]{2} = 64.38[\text{m}]$

정답 ③

034 다른 건축물에 대한 안전거리를 두어야 하는 옥내저장소는?

① 지정수량 20배 미만의 제4석유류를 저장하는 옥내저장소
② 지정수량 20배 미만의 동식물유류를 취급하는 옥내저장소
③ 제5류 위험물을 저장하는 옥내저장소
④ 제6류 위험물을 저장 또는 취급하는 옥내저장소

> **해설** 옥내저장소의 안전거리 제외 대상
> • **제4석유류** 또는 **동식물유류**의 위험물을 저장 또는 취급하는 옥내저장소로서 그 최대수량이 **지정수량의 20배 미만**인 것
> • **제6류 위험물**을 저장 또는 취급하는 옥내저장소
> • 지정수량의 20배(하나의 저장창고의 바닥면적이 150[m²] 이하인 경우에는 50배) 이하의 위험물을 저장 또는 취급하는 옥내저장소로서 다음의 기준에 적합한 것
>   – 저장창고의 벽·기둥·바닥·보 및 지붕이 내화구조일 것
>   – 저장창고의 출입구에 수시로 열 수 있는 자동폐쇄방식의 60분+방화문 또는 60분 방화문이 설치되어 있을 것
>   – 저장창고에 창을 설치하지 않을 것

> **정답** ③

035 저장 또는 취급하는 위험물의 최대수량이 지정수량의 30배일 때 옥내저장소의 공지의 너비는?(단, 벽·기둥 및 바닥이 내화구조로 된 건축물이다)

① 1.5[m] 이상   ② 2[m] 이상
③ 3[m] 이상   ④ 5[m] 이상

> **해설** 옥내저장소의 보유공지(규칙 별표 5)

저장 또는 취급하는 위험물의 최대수량	공지의 너비	
	벽·기둥 및 바닥이 내화구조로 된 건축물	그 밖의 건축물
지정수량의 5배 이하	–	0.5[m] 이상
지정수량의 5배 초과 10배 이하	1[m] 이상	1.5[m] 이상
지정수량의 10배 초과 20배 이하	2[m] 이상	3[m] 이상
지정수량의 20배 초과 50배 이하	3[m] 이상	5[m] 이상
지정수량의 50배 초과 200배 이하	5[m] 이상	10[m] 이상
지정수량의 200배 초과	10[m] 이상	15[m] 이상

> **정답** ③

036 옥내저장소의 보유공지는 지정수량 20배 초과 50배 이하의 위험물을 옥내저장소의 동일한 부지 내에 2개 이상 인접할 경우 보유공지 너비를 1/3으로 감축한다. 이때 감축할 수 있는 공지의 너비는 얼마인가?

① 1.5[m] 이상   ② 2[m] 이상
③ 3[m] 이상   ④ 5[m] 이상

> **해설** 지정수량의 20배를 초과하는 옥내저장소와 동일한 부지 내에 2개 이상 인접할 경우 보유공지 너비를 1/3(해당 수치가 **3[m] 미만**인 경우에는 **3[m]**)로 감축할 수 있다.

> **정답** ③

037 다음의 위험물을 옥내저장소에 저장하는 경우 옥내저장소의 구조가 벽·기둥 및 바닥이 내화구조로 된 건축물이라면 위험물안전관리법에서 규정하는 보유공지를 확보하지 않아도 되는 것은?

① 아세트산 30,000[L]

② 아세톤 5,000[L]

③ 클로로벤젠 10,000[L]

④ 글리세린 15,000[L]

해설 옥내저장소(내화구조일 경우)의 보유공지는 지정수량의 5배 이하는 보유공지가 필요 없다.
위험물의 지정수량의 배수는 다음과 같다.

종 류	아세트산	아세톤	클로로벤젠	글리세린
분 류	제2석유류(수용성)	제1석유류(수용성)	제2석유류(비수용성)	제3석유류(수용성)
지정수량	2,000[L]	400[L]	1,000[L]	4,000[L]

• 아세트산의 지정수량 배수 $= \dfrac{30,000[L]}{2,000[L]} = $ **15.0배** ⇒ 보유공지 : 2[m] 이상 확보

• 아세톤의 지정수량 배수 $= \dfrac{5,000[L]}{400[L]} = $ 12.5배 ⇒ 보유공지 : 2[m] 이상 확보

• 클로로벤젠의 지정수량 배수 $= \dfrac{10,000[L]}{1,000[L]} = $ **10.0배** ⇒ 보유공지 : 1[m] 이상 확보

• 글리세린의 지정수량 배수 $= \dfrac{15,000[L]}{4,000[L]} = $ 3.75배 ⇒ 보유공지 : **필요 없다.**

[옥내저장소의 보유공지]

저장 또는 취급하는 위험물의 최대수량	공지의 너비	
	벽·기둥 및 바닥이 내화구조로 된 건축물	그 밖의 건축물
지정수량의 5배 이하	–	0.5[m] 이상
지정수량의 5배 초과 10배 이하	1[m] 이상	1.5[m] 이상
지정수량의 10배 초과 20배 이하	2[m] 이상	3[m] 이상
지정수량의 20배 초과 50배 이하	3[m] 이상	5[m] 이상
지정수량의 50배 초과 200배 이하	5[m] 이상	10[m] 이상
지정수량의 200배 초과	10[m] 이상	15[m] 이상

정답 ④

038 위험물저장소로서 옥내저장소의 저장창고는 위험물 저장을 전용으로 해야 하며, 지면에서 처마까지의 높이는 몇 [m] 미만인 단층 건축물로 해야 하는가?

① 6   ② 6.5

③ 7   ④ 7.5

해설 **옥내저장소의 건축물의 구조**(규칙 별표 5)
옥내저장소의 **저장창고**는 위험물의 저장을 전용으로 하는 독립된 건축물로 해야 하며, 지면에서 처마까지의 높이가 **6[m] 미만**인 단층 건물로 하고 그 바닥은 지면보다 높게 해야 한다.

정답 ①

039 옥내저장소의 하나의 저장창고의 바닥면적을 1,000[m²] 이하로 하는 것으로 틀린 것은?

① 제1류 위험물 중 아염소산염류, 염소산염류, 과염소산염류, 무기과산화물, 그 밖에 지정수량이 50[kg]인 위험물

② 제3류 위험물 중 칼륨, 나트륨, 알킬알루미늄, 알킬리튬, 그 밖에 지정수량이 10[kg]인 위험물 및 황린

③ 제4류 위험물 중 특수인화물, 제2석유류 및 알코올류

④ 제6류 위험물

해설

옥내저장소의 하나의 저장창고의 바닥면적(규칙 별표 5)

위험물을 저장하는 창고의 종류	기준면적
1. 제1류 위험물 중 아염소산염류, 염소산염류, 과염소산염류, 무기과산화물, 그 밖에 지정수량이 50[kg]인 위험물 2. 제3류 위험물 중 칼륨, 나트륨, 알킬알루미늄, 알킬리튬, 그 밖에 지정수량이 10[kg]인 위험물 및 황린 3. 제4류 위험물 중 특수인화물, 제1석유류 및 알코올류 4. 제5류 위험물 중 유기과산화물, 질산에스터류, 그 밖에 지정수량이 10[kg]인 위험물 5. 제6류 위험물	1,000[m²] 이하
1.~5.의 위험물 외의 위험물을 저장하는 창고	2,000[m²] 이하
위의 전부에 해당하는 위험물을 내화구조의 격벽으로 완전히 구획된 실에 각각 저장하는 창고(1.~5.의 위험물을 저장하는 실의 면적은 500[m²]을 초과할 수 없다)	1,500[m²] 이하

정답 ③

040 위험물저장소로서 옥내저장소의 하나의 저장창고의 바닥면적을 1,000[m²] 이하로 해야 하는 위험물에 해당되지 않는 것은?

① 무기과산화물   ② 나트륨   ③ 특수인화물   ④ 제3석유류

해설   문제 39번 참조

정답 ④

041 위험물옥내저장소의 피뢰설비는 지정수량의 몇 배 이상인 경우 설치해야 하는가?

① 10배 이상   ② 15배 이상   ③ 30배 이상   ④ 50배 이상

해설   **피뢰설비** : 지정수량의 10배 이상(제6류 위험물은 제외)일 때 설치

정답 ①

042 옥내저장소 저장창고의 바닥을 물이 스며들지 못하는 구조로 해야 할 위험물에 해당되지 않는 것은?

① 제2류 위험물 중 철분   ② 제3류 위험물 중 금수성 물질

③ 제6류 위험물   ④ 알칼리금속의 과산화물

해설   제1류 위험물 중 알칼리금속의 과산화물 또는 이를 함유하는 것, 제2류 위험물 중 철분·금속분·마그네슘 또는 이 중 어느 하나 이상을 함유하는 것, 제3류 위험물 중 금수성 물질 또는 제4류 위험물의 저장창고의 바닥은 물이 스며 나오거나 스며들지 않는 구조로 해야 한다(규칙 별표 5).

정답 ③

043 위험물을 저장하는 옥내저장소 내부에 체류하는 가연성 증기를 지붕 위로 방출시키는 설비를 해야 하는 위험물은 어느 것인가?

① 과망가니즈산칼륨
② 황화인
③ 다이에틸에터
④ 나이트로벤젠

해설 | 인화점이 70[℃] **미만**일 때에는 **배출설비**를 해야 한다.

> 다이에틸에터의 인화점 : −40[℃]

정답 ③

044 옥내저장소에 알칼리금속의 과산화물을 저장할 때 표시하는 "물기엄금"이라는 게시판의 색깔은?

① 황색바탕에 흑색문자
② 황색바탕에 백색문자
③ 청색바탕에 백색문자
④ 적색바탕에 흑색문자

해설 | **위험물제조소 등의 주의사항(규칙 별표 4)**

위험물의 종류	주의사항	게시판 표시
제2류 위험물 중 인화성 고체	화기엄금	적색바탕에 백색문자
제3류 위험물 중 자연발화성 물질		
제4류 위험물, 제5류 위험물		
제1류 위험물 중 **알칼리금속의 과산화물**	물기엄금	청색바탕에 백색문자
제3류 위험물 중 금수성 물질		
제2류 위험물(인화성 고체 제외)	화기주의	적색바탕에 백색문자

정답 ③

045 위험물제조소의 옥외에서 액체의 위험물을 취급하는 설비의 바닥은 어떤 재료를 사용해야 하는가?

① 아스콘 기타 방염재료
② 고무합성 기타 방습재료
③ 합성수지제 기타 내화재료
④ 콘크리트 기타 불침윤재료

해설 | **위험물제조소의 옥외시설의 바닥(규칙 별표 4)**
- 바닥의 둘레에 높이 0.15[m] 이상의 턱을 설치하는 등 위험물이 외부로 흘러나가지 않도록 할 것
- **바닥은 콘크리트 등 위험물이 스며들지 않는 재료**로 하고 경사지게 할 것
- 바닥의 최저부에 집유설비를 할 것

정답 ④

046 자연발화의 위험이 있는 동일한 위험물을 옥내저장소에 저장할 때 지정수량의 몇 배 이하마다 구분하여 저장해야 하는가?

① 2배
② 5배
③ 10배
④ 20배

해설 | 옥내저장소에 동일 품명의 위험물이더라도 자연발화할 우려가 있는 위험물 또는 재해가 현저하게 증대할 우려가 있는 위험물을 다량 저장하는 경우에는 지정수량의 **10배 이하**마다 구분하여 상호 간 **0.3[m] 이상**의 간격을 두어야 한다(규칙 별표 18).

정답 ③

047 지정과산화물의 옥내저장소 저장창고의 격벽의 기준으로 옳지 않은 것은?

① 두께 30[cm] 이상의 철근콘크리트조

② 두께 30[cm] 이상의 철골철근콘크리트조

③ 두께 40[cm] 이상의 보강시멘트블록조

④ 두께 40[cm] 이상의 보강콘크리트블록조

> **해설** **지정과산화물의 옥내저장소 저장창고의 기준(규칙 별표 5)**
> • 저장창고는 150[m²] 이내마다 격벽으로 완전하게 구획할 것
> • 저장창고의 격벽은 두께 30[cm] 이상의 철근콘크리트조 또는 철골철근콘크리트조로 하거나 두께 40[cm] 이상의 보강콘크리트블록조로 할 것
> • 저장창고의 출입구에는 60분+방화문 또는 60분 방화문을 설치할 것
> • 저장창고의 창은 바닥면으로부터 2[m] 이상의 높이에 두되, 하나의 벽면에 두는 창의 면적의 합계를 해당 벽면의 면적의 1/80 이내로 하고, 하나의 창의 면적을 0.4[m²] 이내로 할 것

> **정답** ③

048 옥내저장소에서 지정과산화물 저장창고의 창 하나의 면적은 얼마 이내인가?

① 0.8[m²]

② 0.6[m²]

③ 0.4[m²]

④ 0.2[m²]

> **해설** **지정과산화물 저장창고**
> • 출입구 : 60분+방화문 또는 60분 방화문을 설치
> • 창의 설치 위치 : 바닥면으로부터 2[m] 이상
> • **창의 면적 : 0.4[m²] 이내**

> **정답** ③

049 특정 옥외탱크저장소란 어떤 탱크를 말하는가?

① 액체 위험물로서 최대수량이 50만[L] 이상

② 액체 위험물로서 최대수량이 100만[L] 이상

③ 고체 위험물로서 최대수량이 50만[kg] 이상

④ 고체 위험물로서 최대수량이 100만[kg] 이상

> **해설** • **특정 옥외탱크저장소** : 액체 위험물로서 최대수량이 **100만[L] 이상**
> • 준특정 옥외탱크저장소 : 액체 위험물로서 최대수량이 50만[L] 이상 100만[L] 미만

> **정답** ②

050 옥외탱크저장소 주위에는 공지를 보유해야 한다. 저장 또는 취급하는 위험물의 최대저장량이 지정수량의 600배라면 몇 [m] 이상인 너비의 공지를 보유해야 하는가?

① 3   ② 5

③ 9   ④ 12

해설 **옥외탱크저장소의 보유공지(규칙 별표 6)**

저장 또는 취급하는 위험물의 최대수량	공지의 너비
지정수량의 500배 이하	3[m] 이상
지정수량의 500배 초과 1,000배 이하	5[m] 이상
지정수량의 1,000배 초과 2,000배 이하	9[m] 이상
지정수량의 2,000배 초과 3,000배 이하	12[m] 이상
지정수량의 3,000배 초과 4,000배 이하	15[m] 이상
지정수량의 4,000배 초과	해당 탱크의 수평단면의 최대지름(가로형은 긴 변)과 높이 중 큰 것과 같은 거리 이상(단, 30[m] 초과 시 30[m] 이상으로, 15[m] 미만 시 15[m] 이상으로 할 것)

정답 ②

051 옥외탱크저장소의 주위에는 저장 또는 취급하는 위험물의 최대수량에 따라 보유공지를 보유해야 하는데 다음 기준으로 옳지 않은 것은?

① 지정수량의 500배 이하 − 3[m] 이상

② 지정수량의 500배 초과 1,000배 이하 − 6[m] 이상

③ 지정수량의 1,000배 초과 2,000배 이하 − 9[m] 이상

④ 지정수량의 2,000배 초과 3,000배 이하 − 12[m] 이상

해설 문제 50번 참조

정답 ②

052 위험물의 옥외탱크저장소의 보유공지는 동일 부지 내에 2개 이상 인접하여 설치하는 경우 탱크상호 간의 보유공지의 너비는?(단, 제6류 위험물임)

① 1.5[m] 이상   ② 2.5[m] 이상

③ 3[m] 이상   ④ 4[m] 이상

해설 **옥외탱크저장소의 보유공지(제6류 위험물)** : 최소 1.5[m] 이상

정답 ①

053 옥외저장탱크에 저장하는 위험물 중 방유제를 설치하지 않아도 되는 것은?

① 질 산   ② 이황화탄소

③ 톨루엔   ④ 다이에틸에터

해설 이황화탄소는 물속에 저장하므로 방유제를 설치할 필요가 없다.

정답 ②

054 옥외탱크저장소의 펌프설비 설치기준으로 옳지 않은 것은?

① 펌프실의 지붕은 위험물에 따라 가벼운 불연재료로 덮어야 한다.

② 펌프실의 출입구는 60분+방화문 · 60분 방화문 또는 30분 방화문을 사용한다.

③ 펌프설비의 주위에는 3[m] 이상의 공지를 보유해야 한다.

④ 옥외저장탱크의 펌프실은 지정수량 20배 이하의 경우는 주위에 공지를 보유하지 않아도 된다.

해설 **옥외저장탱크의 펌프설비 설치기준**
- 펌프설비의 주위에는 너비 **3[m] 이상의 공지를 보유**할 것(방화상 유효한 격벽을 설치한 경우, **제6류 위험물, 지정수량의 10배 이하 위험물은 제외**)
- 펌프설비로부터 옥외저장탱크까지의 사이에는 해당 옥외저장탱크의 보유공지 너비의 1/3 이상의 거리를 유지할 것
- 펌프실의 **벽, 기둥, 바닥, 보 : 불연재료**
- 펌프실의 지붕 : 폭발력이 위로 방출될 정도의 가벼운 불연재료로 할 것
- 펌프실의 창 및 **출입구에는 60분+방화문 · 60분 방화문 또는 30분 방화문을 설치할 것**

정답 ④

055 옥외탱크저장소에서 펌프실 외의 장소에 설치하는 펌프 설비주위 바닥은 콘크리트 기타 불침윤재료로 경사지게 하고 주변의 턱 높이를 몇 [m] 이상으로 해야 하는가?

① 0.15[m] 이상
② 0.20[m] 이상
③ 0.25[m] 이상
④ 0.30[m] 이상

해설 옥외탱크저장소에서 **펌프실 외의 장소**에 설치하는 펌프설비에는 그 직하의 지반면의 주위에 **높이 0.15[m] 이상**의 턱을 만들고 해당 지반면은 콘크리트 등 위험물이 스며들지 않는 재료로 적당히 경사지게 하여 그 최저부에는 집유설비를 할 것

정답 ①

056 다음 중 위험물의 누출 · 비산 방지를 위하여 설치하는 구조로 틀린 것은?

① 플로트 스위치
② 되돌림관
③ 수 막
④ 안전밸브

해설 **위험물의 누출 · 비산 방지** : 플로트 스위치, 되돌림관, 수막(규칙 별표 4)

> 위험물을 가압하는 설비 또는 그 취급하는 위험물의 압력이 상승할 우려가 있는 설비에는 압력계 및 안전장치(안전밸브)를 설치해야 한다.

정답 ④

057 일반적인 옥외탱크저장소의 옥외저장탱크는 두께 몇 [mm] 이상의 강철판을 틈이 없도록 제작해야 하는가?

① 1.2
② 1.6
③ 2.0
④ 3.2

해설 **옥외저장탱크** : 두께 3.2[mm] 이상의 강철판

정답 ④

058 제4류 위험물을 저장하는 옥외탱크저장소의 방유제 내부에 화재가 발생한 경우의 조치방법으로 가장 옳은 것은?

① 소화활동은 방유제 내부의 풍하로부터 행해야 한다.

② 방유제 내의 화재로부터 방유제 외부로 번지는 것을 방지하는 데 최우선적으로 중점을 둔다.

③ 포방사를 할 때에는 탱크측판에 포를 흘려보내듯이 행하여 화면을 탱크로부터 떼어 놓도록 한다.

④ 화재진입이 어려운 경우에도 탱크 속의 기름을 파이프라인을 통해 빈탱크로 이송시키는 것은 연소확대 방지를 위해 하지 않는다.

> **해설** 옥외탱크에 포방사를 할 때에는 탱크측판에 포를 흘려보내듯이 행하여 화면을 탱크로부터 떼어 놓도록 한다.

정답 ③

059 옥외탱크저장소의 방유제 설치기준 중 틀린 것은?

① 면적은 80,000[m²] 이하로 할 것
② 방유제는 흙담 이외의 구조로 할 것
③ 높이는 0.5[m] 이상 3[m] 이하로 할 것
④ 방유제 내에는 배수구를 설치할 것

> **해설** **방유제의 설치기준(규칙 별표 6)**
> • 설치이유 : 위험물 누출 시 외부 확산을 방지하기 위하여
> • 용량 : 방유제 안에 설치된 탱크가 하나인 때에는 그 탱크용량의 110[%] 이상, 2기 이상인 때에는 가장 큰 탱크용량의 110[%] 이상으로 할 것
> • 높이 : 0.5[m] 이상 3[m] 이하, 두께 0.2[m] 이상, 지하매설깊이 1[m] 이상
> • **면적 : 80,000[m²] 이하**
> • 방유제의 재료 : 철근콘크리트, 전용유조 및 펌프 등의 설비를 갖춘 경우에는 방유제와 옥외저장탱크 사이의 지표면을 흙으로 할 수 있다.
> • 방유제에는 그 내부에 고인 물을 외부로 배출하기 위한 배수구를 설치하고 이를 개폐하는 밸브 등을 방유제의 외부에 설치할 것

정답 ②

060 옥외탱크저장소의 방유제의 면적은?

① 50,000[m²] 이하
② 70,000[m²] 이하
③ 80,000[m²] 이하
④ 90,000[m²] 이하

> **해설** **방유제의 면적 : 80,000[m²] 이하**

정답 ③

061 위험물 옥외탱크저장소에 설치하는 방유제의 용량은 해당 탱크 용량의 몇 [%] 이상으로 하는가?(단, 톨루엔을 저장한다)

① 110   ② 100   ③ 50   ④ 10

> **해설** **옥외탱크저장소의 방유제 용량 : 탱크 용량의 110[%] 이상**(규칙 별표 6)

정답 ①

062 옥외탱크저장소로서 제4류 위험물의 탱크에 설치하는 밸브 없는 통기관의 지름은?

① 30[mm] 이하

② 30[mm] 이상

③ 45[mm] 이하

④ 45[mm] 이상

해설 옥외탱크저장소, 옥내탱크저장소, 지하탱크저장소의 통기관의 지름 : 30[mm] 이상

> 간이탱크저장소의 통기관의 지름 : 25[mm] 이상

정답 ②

063 지름 50[m], 높이 50[m]인 옥외탱크저장소에 방유제를 설치하려고 한다. 이 때 방유제는 탱크 측면으로부터 몇 [m] 이상의 거리를 확보해야 하는가?(단, 인화점이 180[℃]의 위험물을 저장·취급한다)

① 10[m]

② 15[m]

③ 20[m]

④ 25[m]

해설 방유제의 탱크 옆판으로부터 유지거리(인화점 200[℃] 이상인 위험물은 제외)

탱크의 지름	이격거리
15[m] 미만	탱크높이의 1/3 이상
15[m] 이상	탱크높이의 1/2 이상

∴ 거리 = 50[m]×1/2 = 25[m] 이상

정답 ④

064 위험물옥외탱크저장소에서 각각 30,000[L], 40,000[L], 50,000[L]의 용량을 갖는 탱크 3기를 설치할 경우 필요한 방유제의 용량은 몇 [m³] 이상이어야 하는가?

① 33

② 44

③ 55

④ 132

해설 방유제의 용량
- 탱크가 하나일 때 : 탱크용량의 110[%] 이상(인화성이 없는 액체 위험물은 100[%])
- 탱크가 2기 이상일 때 : 탱크 중 용량이 최대인 것의 용량의 110[%] 이상(인화성이 없는 액체 위험물은 100[%])
  ∴ 3기의 탱크 중에 용량이 가장 큰 것은 50,000[L]이므로
    50,000[L] × 1.1(110[%]) = 55,000[L] = 55[m³] 이상이어야 한다.

정답 ③

065 인화성 액체 위험물을 옥외탱크저장소에 저장할 때 방유제의 기준으로 틀린 것은?

① 중유 200,000[L]를 저장하는 방유제 내에 설치하는 저장탱크의 수는 10기 이하로 한다.

② 방유제의 높이는 0.5[m] 이상 3[m] 이하로 한다.

③ 방유제 내에는 물을 배출시키기 위한 배수구를 설치하고, 그 외부에는 이를 개폐하는 밸브를 설치한다.

④ 높이가 1[m]를 넘는 방유제의 안팎에는 계단을 약 50[m]마다 설치해야 한다.

해설 방유제 내에 설치하는 옥외저장탱크의 수는 10(방유제 내에 설치하는 모든 옥외저장탱크의 용량이 **200,000[L] 이하**이고, 위험물의 인화점이 **70[℃] 이상 200[℃] 미만**인 경우에는 **20**) **이하**로 할 것(단, 인화점이 200[℃] 이상인 옥외저장탱크는 제외)

Plus one 방유제 내에 설치하는 탱크의 수
- 제1석유류, 제2석유류 : 10기 이하
- 제3석유류(중유, 인화점 70[℃] 이상 200[℃] 미만) : 20기 이하
- 제4석유류(인화점이 200[℃] 이상) : 제한없음

정답 ①

066 옥외탱크저장소 방유제의 2면 이상(원형인 경우는 그 둘레의 1/2 이상)은 자동차의 통행이 가능하도록 폭 몇 [m] 이상의 통로와 접하도록 해야 하는가?

① 2[m] 이상   ② 2.5[m] 이상

③ 3[m] 이상   ④ 3.5[m] 이상

해설 방유제 외면의 **1/2 이상**은 자동차 등이 통행할 수 있는 **3[m] 이상**의 노면 폭을 확보한 구내도로에 직접 접하도록 할 것

정답 ③

067 위험물안전관리법상 아세트알데하이드 또는 산화프로필렌 옥외저장탱크저장소에 필요한 설비가 아닌 것은?

① 보냉장치

② 불활성기체 봉입장치

③ 냉각장치

④ 강제 배출장치

해설 아세트알데하이드 또는 산화프로필렌의 저장 시 설비
- 보냉장치
- 불활성기체 봉입장치
- 냉각장치

정답 ④

068 옥외탱크저장소의 탱크 중 압력탱크의 수압시험방법으로 옳은 것은?

① 0.07[MPa]의 압력으로 10분간 실시

② 0.15[MPa]의 압력으로 10분간 실시

③ 최대상용압력의 0.7배의 압력으로 10분간 실시

④ 최대상용압력의 1.5배의 압력으로 10분간 실시

> 해설 **옥외탱크저장소의 수압시험방법(규칙 별표 6)**
> • 압력탱크 외의 탱크 : 충수시험
> • 압력탱크 : 최대상용압력의 1.5배의 압력으로 10분간 실시

정답 ④

069 특정옥외저장탱크의 구조에 대한 기준 중 틀린 것은?

① 탱크의 내경이 16[m] 이하일 경우 옆판의 최소 두께는 4.5[mm] 이상일 것

② 지붕의 최소 두께는 4.5[mm]로 할 것

③ 부상지붕은 해당 부상지붕 위에 적어도 150[mm]에 상당한 물이 체류한 경우 침하하지 않도록 할 것

④ 밑판의 최소두께는 탱크의 용량이 10,000[kL] 이상의 것에 있어서는 9[mm]로 할 것

> 해설 **특정 옥외저장탱크의 옆판 등의 최소 두께 등(위험물안전관리에 관한 세부기준 제57조)**
> • 탱크의 내경이 **16[m] 이하**일 경우 **옆판의 최소 두께는 4.5[mm] 이상**일 것
> • 밑판의 최소 두께는 특정옥외저장탱크의 용량이 1,000[kL] 이상 10,000[kL] 미만의 것에 있어서는 8[mm]로 하고, 10,000[kL] 이상의 것에 있어서는 9[mm]로 할 것
> • **지붕의 최소 두께는 4.5[mm]**로 할 것
> • 부상지붕은 해당 부상지붕 위에 적어도 **250[mm]**에 상당한 물이 체류한 경우 침하하지 않도록 할 것(위험물안전관리에 관한 세부기준 제63조)

정답 ③

070 제조소 등의 정기점검의 구분에서 위험물탱크 안전성능시험자의 점검대상 범위에서 구조안전 점검의 기준은?

① 지하탱크저장소(2만[L] 이상) ② 옥내탱크저장소(10만[L] 이상)

③ 옥외탱크저장소(50만[L] 이상) ④ 옥외탱크저장소(1,000만[L] 이상)

> 해설 **50만[L] 이상**인 **옥외탱크저장소**(특정·준특정옥외탱크저장소)는 정기점검 외에 **구조안전점검**을 해야 한다(규칙 제65조).

정답 ③

071 옥내탱크저장소의 탱크와 탱크전용실의 벽 및 탱크 상호 간의 간격은?

① 0.2[m] 이상 ② 0.3[m] 이상 ③ 0.4[m] 이상 ④ 0.5[m] 이상

> 해설 **옥내탱크저장소의 탱크와 탱크전용실의 벽 및 탱크 상호 간의 간격 : 0.5[m] 이상(규칙 별표 7)**

정답 ④

072 옥내저장탱크 중 압력탱크에 아세트알데하이드를 저장할 경우 유지해야 할 온도는?

① 50[℃] 이하   ② 40[℃] 이하   ③ 30[℃] 이하   ④ 15[℃] 이하

해설   탱크의 저장기준

저장탱크		저장온도
옥내·외 저장탱크 중 압력탱크에 아세트알데하이드, 다이에틸에터를 저장하는 경우		40[℃] 이하
옥내·외 저장탱크 중 압력탱크 외에 저장하는 경우	산화프로필렌, 다이에틸에터	30[℃] 이하
	아세트알데하이드	15[℃] 이하
보냉장치가 있는 이동저장탱크에 아세트알데하이드, 다이에틸에터를 저장하는 경우		비점 이하
보냉장치가 없는 이동저장탱크에 아세트알데하이드, 다이에틸에터를 저장하는 경우		40[℃] 이하

정답 ②

073 옥내저장탱크전용실에 설치하는 탱크의 용량은 1층 이하의 층이 있어서 지정수량의 몇 배인가?

① 지정수량의 10배 이하   ② 지정수량의 20배 이하

③ 지정수량의 30배 이하   ④ 지정수량의 40배 이하

해설   옥내저장탱크의 용량(규칙 별표 7)
- 1층 이하의 층 : 지정수량의 **40배 이하**
- 2층 이상의 층 : 지정수량의 10배 이하

정답 ④

074 다음 설명 중 ( ) 안에 알맞은 수치는?

> 옥내탱크저장소의 탱크 중 통기관의 끝부분은 건축물의 창·출입구 등의 개구부로부터 (㉠)[m] 이상 떨어진 옥외의 장소에 지면으로부터 (㉡)[m] 이상의 높이로 설치하되 인화점이 40[℃] 미만인 위험물의 탱크에 설치하는 통기관에 있어서는 부지경계선으로부터 (㉢)[m] 이상 거리를 두어야 한다.

① ㉠ 1, ㉡ 2, ㉢ 1   ② ㉠ 2, ㉡ 1, ㉢ 1

③ ㉠ 1, ㉡ 4, ㉢ 1.5   ④ ㉠ 4, ㉡ 1, ㉢ 1

해설   옥내탱크저장소의 탱크 중 통기관의 끝부분은 건축물의 창·출입구 등의 개구부로부터 1[m] 이상 떨어진 곳의 옥외의 장소에 지면으로부터 4[m] 이상의 높이로 설치하되, 인화점이 40[℃] 미만인 위험물의 탱크에 설치하는 통기관에 있어서는 부지경계선으로부터 1.5[m] 이상 거리를 두어야 한다(규칙 별표 7).

정답 ③

075 다음 중 안전거리의 규제를 받지 않는 곳은?

① 옥외탱크저장소   ② 옥내저장소   ③ 지하탱크저장소   ④ 옥외저장소

해설   **안전거리 확보 제외대상 : 지하탱크저장소**, 옥내탱크저장소, 암반탱크저장소, 이동탱크저장소, 주유취급소, 판매취급소

정답 ③

076 탱크의 매설에서 지하탱크저장소의 탱크는 본체 윗부분은 지면으로부터 몇 [m] 이상 아래에 있어야 하는가?

① 0.6   ② 0.8   ③ 1.0   ④ 1.2

해설   지하탱크저장소의 탱크의 윗부분은 지면으로부터 **0.6[m] 이상** 아래에 있어야 한다(규칙 별표 8).

정답 ①

077 지하탱크전용실의 철근콘크리트 벽 두께[m] 기준은 얼마 이상인가?

① 0.6   ② 0.5   ③ 0.3   ④ 0.1

해설   **철근콘크리트 벽 두께 : 0.3[m] 이상**

정답 ③

078 위험물지하저장탱크의 탱크실의 설치기준으로 적합하지 않은 것은?

① 탱크의 재질은 두께 3.2[mm] 이상의 강철판으로 해야 한다.
② 지하저장탱크와 탱크전용실의 안쪽과의 사이는 0.3[m] 이상의 간격을 유지해야 한다.
③ 지하탱크를 2 이상 인접해 설치하는 경우에는 그 상호 간에 1[m] 이상의 간격을 유지해야 한다.
④ 지하저장탱크의 윗 부분은 지면으로부터 0.6[m] 이상 아래에 있어야 한다.

해설   **지하저장탱크와 탱크전용실의 안쪽과의 사이는 0.1[m] 이상**의 간격을 유지해야 한다(규칙 별표 8).

정답 ②

079 지하탱크저장소의 배관은 탱크의 윗부분에 설치해야 하는데 탱크의 직근에 유효한 제어밸브를 설치해야 하는 것은?

① 제1석유류   ② 제3석유류   ③ 제4석유류   ④ 동식물유류

해설   지하탱크저장소의 배관은 탱크의 윗부분에 설치해야 한다.

> 제2석유류(인화점 40[℃] 이상인 것에 한함), 제3석유류, 제4석유류, 동식물유류의 탱크에 있어서 그 직근에 유효한 제어밸브를 설치한 경우에는 그렇지 않다.

정답 ①

080 지하탱크저장소의 압력탱크 외의 탱크에 있어서 수압시험 방법으로 옳은 것은?

① 70[kPa]의 압력으로 10분간 실시
② 0.15[MPa]의 압력으로 10분간 실시
③ 최대상용압력의 0.7배의 압력으로 10분간 실시
④ 최대상용압력의 1.5배의 압력으로 10분간 실시

해설   **지하탱크저장소의 수압시험(규칙 별표 8)**
• 압력탱크 : 최대상용압력의 1.5배의 압력으로 10분간 실시
• 압력탱크 외의 탱크 : 70[kPa]의 압력으로 10분간 실시

정답 ①

081 지하탱크전용실은 지하의 가장 가까운 벽, 피트, 가스관 등의 시설물로부터 몇 [m] 이상 떨어진 곳에 설치해야 하는가?

① 0.1[m]
② 0.2[m]
③ 0.3[m]
④ 0.4[m]

해설 지하탱크전용실은 지하의 가장 가까운 벽, 피트(Pit : 인공지하구조물), 가스관 등의 시설물 및 대지경계선으로부터 **0.1[m] 이상** 떨어진 곳에 설치해야 한다.

정답 ①

082 지하저장탱크에서 탱크 용량의 몇 [%]가 찰 때 경보음을 울리는 과충전방지장치를 설치해야 하는가?

① 80[%]
② 85[%]
③ 90[%]
④ 95[%]

해설 **과충전방지장치** : 탱크 용량의 90[%]가 찰 때 경보음 발생

정답 ③

083 지하탱크전용실의 내벽과 탱크와의 간격은 몇 [m] 이상을 유지해야 하는가?

① 0.6[m]
② 0.5[m]
③ 0.3[m]
④ 0.1[m]

해설 지하탱크전용실의 내벽과 탱크와의 간격 : **0.1[m] 이상**

정답 ④

084 지하저장탱크의 주위에는 해당 탱크로부터 액체 위험물의 누설을 검사하기 위한 관을 4개소 이상을 적당한 위치에 설치해야 한다. 다음 중 설치기준으로 옳지 않은 것은?

① 소공이 없는 상부는 단관으로 할 수 있다.
② 재료는 금속관 또는 경질합성수지관으로 한다.
③ 관은 탱크실의 바닥에서 0.3[m] 이격하여 설치한다.
④ 관의 밑부분으로부터 탱크의 중심 높이까지의 부분에는 소공이 뚫려 있어야 한다.

해설 **누유검사관의 설치기준(규칙 별표 8)**
• 이중관으로 할 것. 다만, 소공이 없는 상부는 단관으로 할 수 있다.
• 재료는 금속관 또는 경질합성수지관으로 할 것
• 관은 탱크전용실의 바닥 또는 탱크의 기초까지 닿게 할 것
• 관의 밑부분으로부터 탱크의 중심 높이까지의 부분에는 소공이 뚫려 있을 것. 다만, 지하수위가 높은 장소에 있어서는 지하수위 높이까지의 부분에 소공이 뚫려 있어야 한다.
• 상부는 물이 침투하지 않는 구조로 하고, 뚜껑은 검사 시에 쉽게 열 수 있도록 할 것

> **누유검사관 : 4개소 이상 설치**

정답 ③

085 간이탱크저장소의 탱크에 설치하는 밸브 없는 통기관의 기준으로 적합하지 않은 것은?

① 통기관의 지름은 25[mm] 이상으로 할 것

② 통기관은 옥내에 설치하되, 그 끝부분의 높이는 지상 1.5[m] 이상으로 할 것

③ 통기관의 끝부분은 수평면에 대하여 아래로 45° 이상 구부려 빗물 등이 들어가지 않도록 할 것

④ 가는 눈의 구리망 등으로 인화방지장치를 할 것

해설 간이탱크저장소의 탱크에 설치하는 밸브 없는 통기관의 설치기준(규칙 별표 9)
- 통기관의 지름은 25[mm] 이상으로 할 것
- 통기관은 **옥외**에 **설치**하되, 그 끝부분의 높이는 지상 1.5[m] 이상으로 할 것
- 통기관의 끝부분은 수평면에 대하여 아래로 45° 이상 구부려 빗물 등이 침투하지 않도록 할 것
- 가는 눈의 구리망 등으로 인화방지장치를 할 것

정답 ②

086 하나의 간이탱크저장소에 설치하는 간이탱크는 몇 개 이하로 해야 하는가?

① 2개   ② 3개   ③ 4개   ④ 5개

해설 하나의 간이탱크저장소에 설치하는 간이탱크는 **3개 이하**로 한다.

정답 ②

087 간이탱크저장소의 1개의 탱크의 용량은 몇 [L] 이하이어야 하는가?

① 300[L]   ② 400[L]   ③ 500[L]   ④ 600[L]

해설 간이탱크저장소의 1개의 탱크의 용량은 **600[L] 이하**로 한다.

정답 ④

088 인화성 위험물질 500[L]를 하나의 간이탱크저장소에 저장하려고 할 때 필요한 최소 탱크 수는?

① 4개   ② 3개   ③ 2개   ④ 1개

해설 간이저장탱크의 용량은 600[L] 이하이므로 500[L]는 하나의 탱크에 저장이 가능하다.

정답 ④

089 이동탱크저장소의 탱크본체는 두께 몇 [mm] 이상의 강철판을 사용하여 제작해야 하는가?

① 1.6[mm]   ② 2.3[mm]

③ 3.2[mm]   ④ 5.0[mm]

해설 강철판의 두께

구 분	이동탱크저장소					지하탱크	옥내탱크	옥외탱크
	탱크본체	측면틀	칸막이	방호틀	방파판			
두께[mm]	3.2	3.2	3.2	2.3	1.6	3.2	3.2	3.2

정답 ③

090 이동탱크저장소의 탱크용량이 얼마 이하마다 그 내부에 3.2[mm] 이상의 칸막이를 설치해야 하는가?

① 2,000[L] 이하 　　　　　　　② 3,000[L] 이하
③ 4,000[L] 이하 　　　　　　　④ 5,000[L] 이하

해설　이동탱크저장소의 탱크용량이 4,000[L] 이하마다 칸막이를 설치하여 운전 시 출렁임을 방지
　　　한다.

정답 ③

091 이동탱크저장소에 설치하는 방파판의 기능에 대한 설명으로 가장 적절한 것은?

① 출렁임 방지 　　　　　　　　② 유증기 발생의 억제
③ 정전기 발생 제거 　　　　　　④ 파손 시 유출 방지

해설　**방파판**
　　　• 기능 : 운전 시 위험물의 출렁임을 방지
　　　• 설치기준
　　　　이동탱크저장소에 칸막이로 구획된 각 부분마다 맨홀, 안전장치 및 방파판을 설치해야 한다.
　　　　다만, 칸막이로 구획된 부분의 용량이 2,000[L] 미만인 부분에는 방파판을 설치하지 않을 수
　　　　있다.
　　　　- 두께 1.6[mm] 이상의 강철판 또는 이와 동등 이상의 강도 · 내열성 및 내식성이 있는 금속성의 것으로
　　　　　할 것
　　　　- 하나의 구획 부분에 2개 이상의 방파판을 이동탱크저장소의 진행방향과 평행으로 설치하되,
　　　　　각 방파판은 그 높이 및 칸막이로부터의 거리를 다르게 할 것
　　　　- 하나의 구획 부분에 설치하는 각 방파판의 면적의 합계는 해당 구획 부분의 최대 수직단면적의
　　　　　50[%] 이상으로 할 것. 다만, 수직단면이 원형이거나 짧은 지름이 1[m] 이하의 타원형일 경우에
　　　　　는 40[%] 이상으로 할 수 있다.

정답 ①

092 위험물이동탱크저장소에서 맨홀 · 주입구 및 안전장치 등이 탱크의 상부에 돌출되어 있는 경우 부속장치
의 손상을 방지하기 위해 설치해야 할 것은?

① 불연성 가스 봉입장치 　　　　② 통기장치
③ 측면틀, 방호틀 　　　　　　　④ 비상조치레버

해설　**이동저장탱크의 부속장치**
　　　• 방호틀 : 탱크 전복 시 부속장치(주입구, 맨홀, 안전장치) 보호(강철판의 두께 : 2.3[mm])
　　　• 측면틀 : 탱크 전복 시 탱크 본체 파손 방지(강철판의 두께 : 3.2[mm])
　　　• 방파판 : 위험물 운송 중 내부의 위험물의 출렁임, 쏠림 등을 완화하여 차량의 안전 확보(강철판의
　　　　두께 : 1.6[mm])
　　　• 칸막이 : 탱크 전복 시 탱크의 일부가 파손되더라도 전량의 위험물의 누출 방지(강철판의 두께 :
　　　　3.2[mm])

정답 ③

093 다음 (㉠), (㉡)에 들어갈 내용을 알맞은 것은?

"이동탱크저장소에는 차량의 전면 및 후면의 보기 쉬운 곳에 가로형 사각형의 (㉠)바탕에 (㉡)의 반사도료로 "위험물"이라고 표시한 표지를 설치해야 한다."

① ㉠ 흑색, ㉡ 황색
② ㉠ 황색, ㉡ 흑색
③ ㉠ 백색, ㉡ 적색
④ ㉠ 적색, ㉡ 백색

해설 **이동탱크저장소의 표지**
- 부착위치
  - 이동탱크저장소 : 전면 상단 및 후면 상단
  - 위험물 운반차량 : 전면 및 후면
- 규격 및 형상 : 60[cm] 이상 × 30[cm] 이상의 가로형 사각형
- 색상 및 문자 : 흑색 바탕에 황색의 반사도료로 "위험물"이라 표기할 것
- 위험물이면서 유해화학물질에 해당하는 품목의 경우에는 화학물질관리법에 따른 유해화학물질 표지를 위험물 표지와 상하 또는 좌우로 인접하여 부착할 것

정답 ①

094 이동탱크저장소에 주입설비를 설치하는 경우 분당 배출량은 얼마 이하이어야 하는가?

① 100[L]
② 150[L]
③ 200[L]
④ 250[L]

해설 **이동탱크저장소에 주입설비를 설치하는 경우**
- 위험물이 샐 우려가 없고 화재예방상 안전한 구조로 할 것
- 주입설비의 길이는 50[m] 이내로 하고, 그 끝부분에 축적되는 정전기를 유효하게 제거할 수 있는 장치를 할 것
- **분당 배출량은 200[L] 이하**로 할 것

정답 ③

095 산화프로필렌 탱크 및 아세트알데하이드 이동저장탱크의 수압시험압력과 시간은 얼마인가?

① 70[kPa], 10분
② 70[kPa], 7분
③ 130[kPa], 10분
④ 130[kPa], 7분

해설 **수압시험**
- **압력탱크**(최대상용압력이 46.7[kPa] 이상인 탱크) 외의 탱크 : **70[kPa]**의 압력으로 **10분간**
- 압력탱크 : 최대상용압력의 1.5배의 압력으로 10분간

정답 ①

096 이동탱크저장소의 상용압력이 20[kPa]을 초과할 경우 안전장치의 작동압력은?

① 상용압력의 1.1배 이하
② 상용압력의 1.5배 이하
③ 20[kPa] 이상, 24[kPa] 이하
④ 40[kPa] 이상, 48[kPa] 이하

해설 **이동탱크저장소의 안전장치의 작동압력(규칙 별표 10)**

상용압력	20[kPa] 이하	20[kPa] 초과
작동압력	20[kPa] 이상 24[kPa] 이하	상용압력의 1.1배 이하

정답 ①

097 아세트알데하이드 등을 저장 또는 취급하는 이동탱크저장소에서 금속을 사용해서는 안 되는 제한금속이 있다. 이 제한된 금속이 아닌 것은?

① 은(Ag)   ② 수은(Hg)   ③ 구리(Cu)   ④ 철(Fe)

해설 이동저장탱크 및 그 설비는 은(Ag), 수은(Hg), 구리(Cu), 마그네슘(Mg) 또는 이들을 성분으로 하는 합금으로 사용해서는 안 된다.

정답 ④

098 보냉장치가 없는 이동저장탱크에 저장하는 아세트알데하이드의 유지온도는?

① 30[℃] 이하   ② 30[℃] 이상
③ 40[℃] 이하   ④ 40[℃] 이상

해설 **위험물의 저장기준(규칙 별표 18)**
• 이동저장탱크에 알킬알루미늄 등을 저장하는 경우에는 20[kPa] 이하의 압력으로 불활성의 기체를 봉입하여 둘 것
• 옥외저장탱크・옥내저장탱크 또는 지하저장탱크에 저장
  – 압력탱크 외의 탱크에 저장하는 산화프로필렌, 다이에틸에터 등 : 30[℃] 이하, 아세트알데하이드 등 : 15[℃] 이하
  – 압력탱크에 저장하는 아세트알데하이드 등 또는 다이에틸에터 등 : 40[℃] 이하
• 아세트알데하이드 등 또는 다이에틸에터 등의 저장
  – 보냉장치가 있는 이동저장탱크 : 비점 이하
  – **보냉장치가 없는 이동저장탱크 : 40[℃] 이하**

정답 ③

099 이동탱크저장소의 탱크에서 방파판은 하나의 구획 부분에 몇 개 이상의 방파판을 이동탱크저장소의 진행방향과 평행으로 설치해야 하는가?

① 1개   ② 2개   ③ 3개   ④ 4개

해설 **이동탱크저장소의 방파판**은 하나의 구획 부분에 **2개 이상** 설치해야 한다(규칙 별표 10).

정답 ②

100 이동탱크저장소의 상치장소에서 옥외에 있는 상치장소는 화기를 취급하는 장소 또는 인근의 건축물로부터 몇 [m] 이상의 거리를 확보해야 하는가?

① 2   ② 3   ③ 4   ④ 5

해설 **이동탱크저장소의 상치장소(규칙 별표 10)**
• **옥외에 있는 상치장소는 화기를 취급하는 장소 또는 인근의 건축물로부터 5[m] 이상**(인근의 건축물이 1층인 경우에는 3[m] 이상)의 거리를 확보해야 한다. 다만, 하천의 공지나 수면, 내화구조 또는 불연재료의 담 또는 벽, 그 밖에 이와 유사한 것에 접하는 경우는 제외한다.
• 옥내에 있는 상치장소는 벽, 바닥, 보, 서까래 및 지붕이 내화구조 또는 불연재료로 된 건축물의 1층에 설치할 것

정답 ④

101 옥외저장소에 저장할 수 있는 지정수량 이상의 위험물은?

① 황   ② 휘발유

③ 질산에틸   ④ 적 린

해설 옥외저장소에 저장할 수 있는 위험물(영 별표 2)
- **제2류 위험물** : **황**, 인화성 고체(인화점이 0[℃] 이상인 것에 한함)
- 제4류 위험물 : 제1석유류(인화점이 0[℃] 이상인 것에 한함), 알코올류, 제2석유류, 제3석유류, 제4석유류, 동식물유류
- 제6류 위험물

> - 휘발유 : 제4류 위험물 제1석유류, 인화점 −43∼−20[℃]
> - 질산에틸 : 제5류 위험물 질산에스터류
> - 적린 : 제2류 위험물

정답 ①

102 다음 중 옥외에 저장할 수 없는 위험물은?

① 황   ② 아세톤

③ 농질산   ④ 등 유

해설 옥외저장소에는 제4류 위험물 중 제1석유류는 인화점이 0[℃] 이상인 것만 저장할 수 있다.

> 아세톤의 인화점 : −18.5[℃]

정답 ②

103 옥외저장소에 선반을 설치하는 경우에 선반의 설치높이는 몇 [m]를 초과하지 않아야 하는가?

① 3   ② 4

③ 5   ④ 6

해설 옥외저장소의 **선반의 높이**는 6[m]를 초과하지 않을 것

정답 ④

104 옥외저장소에 있는 톨루엔 8,000[L]에 화재가 발생하였다. 다음 중 이 화재를 진압할 수 있는 가장 효과적인 소화기는?

① A−3   ② A−5

③ B−3   ④ B−5

해설
$$소요단위 = \frac{저장수량}{지정수량 \times 10} = \frac{8,000[L]}{200[L] \times 10} = 4소요단위$$

∴ 소요단위에 해당하는 능력단위 이상 설치하면 된다(B급 화재 4단위 이상 : B−5).

정답 ④

105 주유취급소의 시설기준 중 옳은 것은?

① 보일러 등에 직접 접속하는 전용탱크의 용량은 20,000[L] 이하이다.

② 휴게음식점을 설치할 수 있다.

③ 고정주유설비와 도로경계선과는 거리제한이 없다.

④ 주유관의 길이는 20[m] 이내이어야 한다.

해설 **주유취급소의 시설기준(규칙 별표 13)**
- 탱크의 용량
  - 자동차 등에 주유하기 위한 고정주유설비에 직접 접속하는 전용탱크 : 50,000[L] 이하
  - 고정급유설비에 직접 접속하는 전용탱크 : 50,000[L] 이하
  - 보일러 등에 직접 접속하는 전용탱크 : 10,000[L] 이하
  - 자동차 등을 점검·정비하는 작업장 등(주유취급소 안에 설치된 것에 한함)에서 사용하는 폐유·윤활유 등의 위험물저장탱크 : 2,000[L] 이하
- 주유취급소에 설치 가능한 건축물
  - 주유 또는 등유, 경유를 옮겨담기 위한 작업장
  - 주유취급소의 업무를 행하기 위한 사무소
  - 자동차 등의 점검 및 간이정비를 위한 작업장
  - 자동차 등의 세정을 위한 작업장
  - 주유취급소에 출입하는 사람을 대상으로 한 점포, 휴게음식점 또는 전시장
  - 주유취급소의 관계자가 거주하는 주거시설
  - 전기자동차용 충전설비
- 고정주유설비와 고정급유설비의 설치기준
  - **고정주유설비**(중심선을 기점으로 하여)
    ⓐ 도로경계선까지 : 4[m] 이상
    ⓑ 부지경계선·담 및 건축물의 벽까지 : 2[m](개구부가 없는 벽으로부터는 1[m]) 이상
  - **고정급유설비**(중심선을 기점으로 하여)
    ⓐ 도로경계선까지 : 4[m] 이상
    ⓑ 부지경계선·담까지 : 1[m] 이상
    ⓒ 건축물의 벽까지 : 2[m](개구부가 없는 벽으로부터는 1[m]) 이상
  - 고정주유설비와 고정급유설비의 사이에는 4[m] 이상의 거리를 유지할 것
- 주유관의 길이 : 5[m] 이내(현수식은 반경 3[m] 이내)

정답 ②

106 고정주유설비는 도로경계선으로부터 몇 [m] 이상의 거리를 확보해야 하는가?

① 1[m]　　　② 2[m]　　　③ 4[m]　　　④ 7[m]

해설 문제 105번 참조

정답 ③

107 다음 중 위험물안전관리법상 위험물취급소에 해당되지 않는 것은?

① 주유취급소　　② 옥내취급소　　③ 이송취급소　　④ 판매취급소

해설 **취급소** : 주유취급소, 이송취급소, 일반취급소, 판매취급소

정답 ②

108 주유취급소의 보유공지는 너비 15[m] 이상, 길이 6[m] 이상의 콘크리트로 포장되어야 한다. 다음 중 가장 적합한 보유공지라고 할 수 있는 것은?

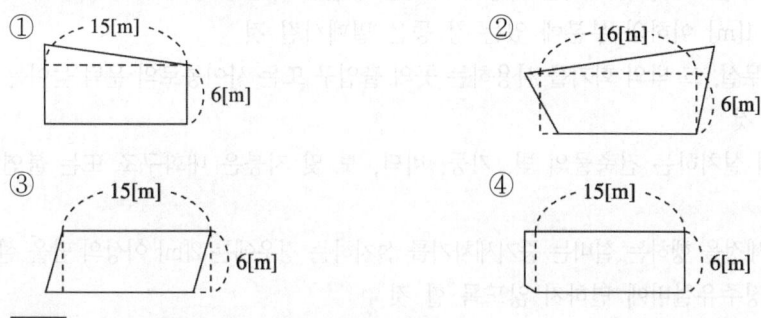

> **해설**　보유공지는 직사각형을 확보해야 한다.

정답 ④

109 주유취급소의 건축물 중 내화구조를 하지 않아도 되는 곳은?

① 벽　　　　　② 바 닥　　　　　③ 기 둥　　　　　④ 창

> **해설**　주유취급소의 건축물은 벽·기둥·바닥·보 및 지붕을 내화구조 또는 불연재료로 하고, **창 및 출입구**에는 **방화문** 또는 **불연재료**로 된 문을 설치할 것

정답 ④

110 주유취급소의 표시 및 게시판에서 "주유 중 엔진정지"라고 표시하는 게시판의 색깔로서 맞는 것은?

① 황색바탕에 흑색문자　　　　　　② 흑색바탕에 황색문자
③ 적색바탕에 백색문자　　　　　　④ 백색바탕에 적색문자

> **해설**　**주유취급소의 표지 및 게시판(규칙 별표 13, 별표 4)**
> • **주유 중 엔진정지 : 황색바탕에 흑색문자**
> • **화기엄금 : 적색바탕에 백색문자**

정답 ①

111 주유취급소에 캐노피를 설치하려고 할 때의 기준이 아닌 것은?

① 배관이 캐노피 내부를 통과할 경우에는 1개 이상의 점검구를 설치할 것
② 캐노피 외부의 배관으로서 점검이 곤란한 장소에는 용접이음으로 할 것
③ 캐노피의 면적은 주유취급 바닥면적의 2분의 1 이하로 할 것
④ 캐노피 외부의 배관이 일광열의 영향을 받을 우려가 있는 경우에는 단열재로 피복할 것

> **해설**　**캐노피의 설치기준**
> • 배관이 캐노피 내부를 통과할 경우에는 1개 이상의 점검구를 설치할 것
> • 캐노피 외부의 점검이 곤란한 장소에 배관을 설치하는 경우에는 용접이음으로 할 것
> • 캐노피 외부의 배관이 일광열의 영향을 받을 우려가 있는 경우에는 단열재로 피복할 것

정답 ③

112 주유취급소에 설치하는 건축물의 위치 및 구조에 대한 설명으로 옳지 않은 것은?

① 건축물 중 사무실, 그 밖의 화기를 사용하는 곳은 누설한 가연성 증기가 그 내부에 유입되지 않도록 높이 1[m] 이하의 부분에 있는 창 등은 밀폐시킬 것
② 건축물 중 사무실, 그 밖의 화기를 사용하는 곳의 출입구 또는 사이통로의 문턱 높이는 15[cm] 이상으로 할 것
③ 주유취급소에 설치하는 건축물의 벽, 기둥, 바닥, 보 및 지붕은 내화구조 또는 불연재료로 할 것
④ 자동차 등의 세정을 행하는 설비는 증기세차기를 설치하는 경우에는 2[m] 이상의 담을 설치하고 출입구가 고정주유설비에 면하지 않도록 할 것

> 해설 | 자동차 등의 세정을 행하는 설비의 기준
> • 증기세차기를 설치하는 경우에는 그 주위에 불연재료로 된 높이 1[m] 이상의 담을 설치하고 출입구가 고정주유설비에 면하지 않도록 할 것. 이 경우 담은 고정주유설비로부터 4[m] 이상 떨어지게 해야 함
> • 증기세차기 외의 세차기를 설치하는 경우에는 고정주유설비로부터 4[m] 이상, 도로경계선으로부터 2[m] 이상 떨어지게 할 것

정답 ④

113 고속국도의 도로변에 설치한 주유취급소의 탱크용량은 얼마까지 할 수 있는가?

① 100,000[L] ② 80,000[L]
③ 60,000[L] ④ 50,000[L]

> 해설 | 고속국도의 도로변에 설치한 주유취급소의 탱크용량 : 60,000[L] 이하

정답 ③

114 주유취급소의 주위에는 자동차 등이 출입하는 쪽 외의 부분에 높이 몇 [m] 이상의 내화구조 또는 불연재료의 담 또는 벽을 설치해야 하는가?(단, 주유취급소는 도심에 설치되어 있으며, 주변에 있는 건축물은 연소의 우려가 없다고 한다)

① 1.8 ② 2 ③ 2.2 ④ 2.4

> 해설 | 주유취급소의 주위에는 자동차 등이 출입하는 쪽 외의 부분에 높이 2[m] 이상의 내화구조 또는 불연재료의 담 또는 벽을 설치해야 한다(규칙 별표 13).

정답 ②

115 고정주유설비의 주유관의 길이는 몇 [m] 이내로 하고 그 끝부분에는 축적된 정전기를 유효하게 제거할 수 있는 장치를 설치해야 하는가?

① 3 ② 4 ③ 5 ④ 6

> 해설 | 고정주유설비 또는 고정급유설비의 주유관 길이 : 5[m] 이내(규칙 별표 13)

정답 ③

116 등유의 경우 주유취급소의 고정주유설비의 펌프기기는 주유관 끝부분에서의 최대배출량이 몇 [L/min] 이하인 것으로 해야 하는가?

① 40   ② 50   ③ 80   ④ 180

해설   고정주유설비의 펌프기기의 주유관 끝부분에서의 최대배출량(규칙 별표 13)

위험물	제1석유류(휘발유)	등 유	경 유
배출량	50[L/min] 이하	80[L/min] 이하	180[L/min] 이하

정답 ③

117 다음 중 주유취급소의 특례기준에서 제외되는 것은?

① 영업용 주유취급소   ② 항공기 주유취급소
③ 철도 주유취급소   ④ 고속국도 주유취급소

해설   주유취급소의 특례기준(규칙 별표 13)
- 철도 주유취급소
- 자가용 주유취급소
- 고객이 직접 주유하는 주유취급소
- 수소충전설비를 설치한 주유취급소
- 고속국도 주유취급소
- 선박 주유취급소
- 항공기 주유취급소

정답 ①

118 주유취급소에 설치해서는 안되는 것은?

① 볼링장   ② 주유 취급관계자의 숙직실
③ 전시장   ④ 휴게음식점

해설   주유취급소에 설치 가능한 시설(규칙 별표 13)
- 주유 또는 등유·경유를 옮겨담기 위한 작업장
- 주유취급소의 업무를 행하기 위한 **사무소**
- **자동차** 등의 **점검** 및 간이정비를 위한 **작업장**
- 자동차 등의 **세정**을 위한 **작업장**
- 주유취급소에 출입하는 사람을 대상으로 한 점포·**휴게음식점** 또는 **전시장**
- 주유취급소의 관계자가 거주하는 **주거시설**
- 전기자동차용 충전설비

정답 ①

119 주유취급소에 대한 설명 중 틀린 것은?

① 주유취급소에는 고정주유설비의 주위에는 주유를 받으려는 자동차 등이 출입할 수 있도록 너비 15[m] 이상, 길이 6[m] 이상의 콘크리트 등으로 포장한 공지를 보유한다.
② "주유 중 엔진정지"는 황색바탕에 백색문자로 한다.
③ "화기엄금"은 적색바탕에 백색문자로 한다.
④ 고정주유설비 또는 고정급유설비의 주유관의 길이 5[m] 이내로 한다.

해설   주유 중 엔진정지 : **황색바탕**에 **흑색문자**

정답 ②

120 점포에서 위험물을 용기에 담아 판매하기 위하여 지정수량의 40배 이하의 위험물을 취급하는 장소는?

① 일반취급소   ② 주유취급소

③ 판매취급소   ④ 이송취급소

> **해설**   **판매취급소**
> • 제1종 판매취급소 : 저장 또는 취급하는 위험물의 수량이 지정수량의 20배 이하인 판매취급소
> • **제2종 판매취급소** : 저장 또는 취급하는 위험물의 수량이 지정수량의 **40배 이하인** 판매취급소
>
> **정답** ③

121 위험물을 배합하는 제1종 판매취급소의 실의 기준에 적합하지 않은 것은?

① 바닥면적은 $6[m^2]$ 이상 $15[m^2]$ 이하로 할 것

② 내화구조 또는 불연재료로 된 벽을 구획할 것

③ 바닥에는 적당한 경사를 두고, 집유설비를 할 것

④ 출입구에는 60분+방화문·60분 방화문 또는 30분 방화문을 설치할 것

> **해설**   **제1종 판매취급소의 배합실의 기준(규칙 별표 14)**
> • 바닥면적은 $6[m^2]$ 이상 $15[m^2]$ 이하로 할 것
> • 내화구조 또는 불연재료로 된 벽을 구획할 것
> • 바닥은 위험물이 침투하지 않는 구조로 하여 적당한 경사를 두고 집유설비를 할 것
> • 출입구에는 수시로 열 수 있는 **자동폐쇄식의 60분+방화문 또는 60분 방화문**을 설치할 것
> • 출입구 문턱이 높이는 바닥면으로부터 0.1[m] 이상으로 할 것
> • 내부에 체류한 가연성의 증기 또는 가연성 미분을 지붕 위로 방출하는 설비를 할 것
>
> **정답** ④

122 제1종 판매취급소의 배합실의 출입구에는 바닥면으로부터 몇 [cm] 이상의 문턱을 설치해야 하는가?

① 10   ② 15   ③ 20   ④ 25

> **해설**   제1종 판매취급소의 배합실의 출입구 문턱의 높이 : 바닥면으로부터 **0.1[m] 이상**(규칙 별표 14)
>
> **정답** ①

123 저장 또는 취급하는 위험물의 수량이 지정수량의 20배 이하인 제1종 판매취급소의 위치로서 옳은 것은?

① 건축물의 지하층에 설치해야 한다.

② 건축물의 1층에 설치해야 한다.

③ 지하층만 있는 건축물에 설치해야 한다.

④ 건축물의 2층 이상에 설치해야 한다.

> **해설**   제1종 판매취급소는 **건축물의 1층에 설치**해야 한다(규칙 별표 14).
>
> **정답** ②

124 이송취급소의 배관을 지하에 매설하는 경우의 안전거리로 옳지 않은 것은?

① 건축물(지하가 내의 건축물을 제외한다) – 1.5[m] 이상
② 지하가 및 터널 – 10[m] 이상
③ 배관의 외면과 지표면과의 거리(산이나 들) – 0.3[m] 이상
④ 수도법에 의한 수도시설(위험물의 유입우려가 있는 것) – 300[m] 이상

해설 **이송취급소의 배관을 지하매설 시 안전거리**
• 건축물(지하가 내의 건축물을 제외한다) : 1.5[m] 이상
• 지하가 및 터널 : 10[m] 이상
• 수도법에 의한 수도시설(위험물의 유입우려가 있는 것에 한한다) : 300[m] 이상
• 배관은 그 외면으로부터 다른 공작물에 대하여 0.3[m] 이상의 거리를 보유할 것
• 배관의 외면과 지표면과의 거리는 **산이나 들**에 있어서는 **0.9[m] 이상**, 그 밖의 지역에 있어서는
  1.2[m] 이상으로 할 것

정답 ③

125 이송취급소 배관의 재료로 적합하지 않은 것은?

① 고압배관용 탄소강관
② 압력배관용 탄소강관
③ 고온배관용 탄소강관
④ 일반배관용 탄소강관

해설 **이송취급소 배관의 재료(규칙 별표 15)**
• 고압배관용 탄소강관(KS D 3564)   • 압력배관용 탄소강관(KS D 3562)
• 고온배관용 탄소강관(KS D 3570)   • 배관용 스테인리스강관(KS D 3576)

밸브 : 주강 플랜지형 밸브(KS B 2361)

정답 ④

126 다음 중 이송취급소를 설치할 수 있는 곳은?

① 철도 및 도로의 터널 안
② 고속국도 및 자동차전용도로의 차도·갓길 및 중앙분리대
③ 지형상황 등 부득이한 사유가 있고 안전에 필요한 조치를 한 곳
④ 호수·저수지 등으로서 수리의 수원이 되는 곳

해설 **이송취급소 설치 제외 장소(규칙 별표 15)**
• 철도 및 도로의 터널 안
• 고속국도 및 자동차전용도로의 차도·갓길 및 중앙분리대
• 호수·저수지 등으로서 수리의 수원이 되는 곳
• 급경사지역으로서 붕괴의 위험이 있는 지역

정답 ③

127 이송취급소에서 배관을 지하에 매설하는 경우 배관은 그 외면으로부터 지하가까지 몇 [m] 이상의 안전거리를 두어야 하는가?

① 0.3
② 1.5
③ 10
④ 300

해설 배관을 지하에 매설할 경우 안전거리(규칙 별표 15)

대상물	건축물(지하가 내의 건축물은 제외)	지하가 및 터널	수도시설
안전거리	1.5[m] 이상	10[m] 이상	300[m] 이상

정답 ③

128 이송취급소에서 이송기지 내의 지상에 설치된 배관 등은 전체 용접부의 몇 [%] 이상을 발췌하여 비파괴시험을 실시하는가?

① 10
② 20
③ 30
④ 40

해설 이송취급소의 비파괴시험, 내압시험
• 비파괴시험 : 배관 등의 용접부는 비파괴시험을 실시하여 합격할 것(이송기지 내의 지상에 설치된 배관 등은 전체 용접부의 **20[%] 이상**을 발췌하여 시험할 수 있다)
• 내압시험 : 배관 등은 최대상용압력의 1.25배 이상의 압력으로 4시간 이상 수압을 가하여 누설, 그 밖의 이상이 없을 것

정답 ②

129 이송취급소에서 이송기지의 배관의 최대상용압력이 0.2[MPa]일 때 부지경계선으로부터의 거리는 얼마 이상이어야 하는가?

① 3[m] 이상
② 5[m] 이상
③ 9[m] 이상
④ 15[m] 이상

해설 이송기지의 부지경계선으로부터의 거리(규칙 별표 15)

배관의 최대상용압력	0.3[MPa] 미만	0.3[MPa] 이상 1[MPa] 미만	1[MPa] 이상
거 리	5[m] 이상	9[m] 이상	15[m] 이상

정답 ②

130 소화난이도등급 I 에 해당하는 위험물제조소가 아닌 것은?

① 연면적 1,000[m²] 이상인 것

② 지정수량의 100배 이상인 것

③ 지반면으로부터 6[m] 이상의 높이에 위험물 취급설비가 있는 것

④ 연면적 150[m²]을 초과하는 것

해설 소화난이도등급 I 에 해당하는 위험물제조소 등(규칙 별표 17)

제조소 등의 구분	제조소 등의 규모, 저장 또는 취급하는 위험물의 품명 및 최대수량 등
제조소 일반취급소	연면적 1,000[m²] 이상인 것
	지정수량의 100배 이상인 것(고인화점위험물만을 100[℃] 미만의 온도에서 취급하는 것 및 제48조의 위험물을 취급하는 것은 제외)
	지반면으로부터 6[m] 이상의 높이에 위험물 취급설비가 있는 것(고인화점위험물만을 100[℃] 미만의 온도에서 취급하는 것은 제외)
	일반취급소로 사용되는 부분 외의 부분을 갖는 건축물에 설치된 것(내화구조로 개구부 없이 구획된 것, 고인화점위험물만을 100[℃] 미만의 온도에서 취급하는 것 및 별표 16 Ⅹ의2의 화학실험의 일반취급소는 제외)
옥내저장소	지정수량의 150배 이상인 것(고인화점위험물만을 저장하는 것 및 제48조의 위험물을 저장하는 것은 제외)
	연면적 150[m²]을 초과하는 것(150[m²] 이내마다 불연재료로 개구부 없이 구획된 것 및 인화성 고체 외의 제2류 위험물 또는 인화점 70[℃] 이상의 제4류 위험물만을 저장하는 것은 제외)
	처마높이가 6[m] 이상인 단층건물의 것
	옥내저장소로 사용되는 부분 외의 부분이 있는 건축물에 설치된 것(내화구조로 개구부 없이 구획된 것 및 인화성 고체 외의 제2류 위험물 또는 인화점 70[℃] 이상의 제4류 위험물만을 저장하는 것은 제외)

정답 ④

131 옥외탱크저장소에서 황만을 저장, 취급하는 경우에 맞는 소화설비는?

① 옥내소화전설비   ② 스프링클러설비

③ 물분무소화설비   ④ 이산화탄소소화설비

해설 소화난이도등급 I 에 해당하는 옥외탱크저장소, 옥내탱크저장소, 암반탱크저장소에서 황만을 저장, 취급하는 경우에는 물분무소화설비를 설치해야 한다.

정답 ③

132 소화난이도등급 I 에 해당하는 옥내저장소의 지정수량의 배수는?

① 50배 이상   ② 100배 이상

③ 150배 이상   ④ 200배 이상

해설 옥내저장소의 지정수량의 150배 이상이면 소화난이도등급 I 에 해당한다.

정답 ③

133 제조소는 연면적 몇 [m²] 이상일 때 소화난이도등급Ⅱ에 해당되는가?

① 150 ② 600 ③ 1,000 ④ 2,000

해설 **소화난이도등급의 구분(규칙 별표 17)**

등급	구분	규모	소화설비	
등급Ⅰ	제조소, 일반취급소	• 연면적이 1,000[m²] 이상 • 지정수량의 100배 이상 • 높이 6[m] 이상의 취급설비	옥내소화전설비, 옥외소화전설비, 스프링클러설비, 물분무 등 소화설비	
등급Ⅰ	옥내저장소	• 연면적이 150[m²] 초과 • 지정수량의 150배 이상 • 처마높이 6[m] 이상 단층건물	처마높이 6[m] 이상 단층건물	스프링클러설비, 이동식 외의 물분무 등 소화설비
			그 밖의 것	옥외소화전설비, 스프링클러설비, 이동식 외의 물분무 등 소화설비 또는 이동식 포소화설비(포소화전을 옥외에 설치하는 것에 한한다)
등급Ⅱ	제조소, 일반취급소	• 연면적이 600[m²] 이상 • 지정수량의 10배 이상	대형수동식소화기를 설치하고 소요단위의 1/5 이상에 해당하는 능력단위의 소형수동식소화기를 설치할 것	
등급Ⅱ	옥내저장소	• 연면적이 150[m²] 초과 • 단층건물 이외의 것 • 지정수량의 10배 이상		

정답 ②

134 소화난이도등급Ⅲ에 해당하는 지하탱크저장소에 설치하는 소화기의 설치기준은?

① 소형수동식소화기 능력단위 3단위 이상 2개 이상
② 대형수동식소화기 능력단위 3단위 이상 2개 이상
③ 소형수동식소화기 능력단위 5단위 이상 2개 이상
④ 대형수동식소화기 능력단위 5단위 이상 2개 이상

해설 소화난이도등급Ⅲ에 해당하는 지하탱크저장소에는 소형수동식소화기 등을 능력단위의 수치가 3 이상인 것을 2개 이상 설치해야 한다.

정답 ①

135 면적 500[m²]인 제조소 등에 전기설비가 설치된 경우 소형소화기의 설치개수는?

① 1개 이상 ② 3개 이상 ③ 5개 이상 ④ 7개 이상

해설 **소화설비의 설치기준(규칙 별표 17)**
• 전기설비의 소화설비 : 면적 100[m²]마다 소형수동식소화기를 1개 이상 설치할 것
• 소요단위의 계산방법
  – 제조소 또는 취급소의 건축물
    ⓐ 외벽이 내화구조 : 연면적 100[m²]를 1소요단위
    ⓑ ⓐ가 아닌 것 : 연면적 50[m²]를 1소요단위
  – 저장소의 건축물
    ⓐ 외벽이 내화구조 : 연면적 150[m²]를 1소요단위
    ⓑ ⓐ가 아닌 것 : 연면적 75[m²]를 1소요단위
  – 위험물 : 지정수량의 10배를 1소요단위
∴ 소형소화기의 설치개수 = 면적 ÷ 100[m²] = 500 ÷ 100 = 5개 이상

정답 ③

136 저장소용 건축물의 외벽이 내화구조로 되었을 때 소요단위 1단위에 해당하는 면적은?

① 50[m²]
② 75[m²]
③ 100[m²]
④ 150[m²]

해설 문제 135번 참조

정답 ④

137 외벽이 내화구조인 위험물저장소용 건축물의 연면적이 1,000[m²]인 경우 소화기구의 소요단위는 얼마인가?

① 6단위　　　② 7단위　　　③ 13단위　　　④ 14단위

해설 외벽이 내화구조인 저장소는 연면적 150[m²]를 1소요단위로 하므로
1,000[m²] ÷ 150[m²] = 6.67 ⇒ 7단위이다.

정답 ②

138 위험물 1소요단위는 지정수량의 몇 배인가?

① 5배
② 10배
③ 100배
④ 1,000배

해설 **위험물 1소요단위** : 지정수량의 10배

정답 ②

139 등유 20,000[L]와 적린 500[kg]이 보관되어 있다면 소화설비의 소요단위는 얼마인가?

① 1단위　　　② 2단위　　　③ 3단위　　　④ 5단위

해설 **지정수량**
- 등유 : 1,000[L]
- 적린 : 100[kg]

위험물은 지정수량의 10배를 1소요단위로 하므로

$$\therefore \text{소요단위} = \frac{20,000[L]}{1,000[L] \times 10} + \frac{500[kg]}{100[kg] \times 10} = 2.5 \Rightarrow 3단위$$

정답 ③

140 제6류 위험물인 질산 6,000[kg]을 저장하는 제조소의 소화설비의 소요단위는?

① 8단위　　　② 6단위　　　③ 4단위　　　④ 2단위

해설
$$\text{소요단위} = \frac{\text{저장수량}}{\text{지정수량} \times 10} = \frac{6,000[kg]}{300[kg] \times 10} = 2단위$$

> 위험물의 1소요단위 : 지정수량의 10배, 질산의 지정수량 : 300[kg]

정답 ④

141 다음 중 소화설비의 능력단위가 용량이 50[L]일 때 0.5가 되는 것은?

① 마른 모래　　② 중조톱밥　　③ 팽창질석　　④ 수증기소화

해설　소화설비의 능력단위(규칙 별표 17)

소화설비	용량	능력단위
소화전용 물통	8[L]	0.3
수조(소화전용 물통 3개 포함)	80[L]	1.5
수조(소화전용 물통 6개 포함)	190[L]	2.5
마른 모래(삽 1개 포함)	50[L]	0.5
팽창질석 또는 팽창진주암(삽 1개 포함)	160[L]	1.0

정답 ①

142 간이소화용구로 마른 모래를 삽과 함께 준비하는 경우 능력단위 3단위에 해당하는 양은?

① 150[L] 이상　　② 240[L] 이상　　③ 300[L] 이상　　④ 480[L] 이상

해설　마른 모래는 삽을 상비한 50[L] 이상의 것 1포 : 0.5단위
50[L] : 0.5단위 = x : 3단위
∴　x = 300[L]

정답 ③

143 간이소화용구의 능력단위가 1.0인 것은?

① 삽을 포함한 마른 모래 150[L] 1포　　② 삽을 포함한 마른 모래 50[L] 1포
③ 삽을 포함한 팽창질석 100[L] 1포　　④ 삽을 포함한 팽창질석 160[L] 1포

해설　삽을 포함한 **팽창질석** 또는 **팽창진주암**은 **160[L]**가 능력단위 1단위이다.

정답 ④

144 소형수동식소화기의 설치기준으로 맞는 것은?

① 보행거리 30[m] 이하　　② 보행거리 20[m] 이하
③ 수평거리 30[m] 이하　　④ 수평거리 20[m] 이하

해설　소화기의 설치기준
• 소형수동식소화기 : 보행거리 20[m] 이하가 되도록 설치
• 대형수동식소화기 : 보행거리 30[m] 이하가 되도록 설치

정답 ②

145 지정수량이 10배 이상인 위험물제조소 등에 설치하는 경보설비가 아닌 것은?

① 확성장치　　② 비상방송설비　　③ 비상경보설비　　④ 비상콘센트설비

해설　지정수량 **10배 이상**이면 **경보설비(자동화재탐지설비, 비상경보설비, 비상방송설비, 확성장치** 중 1종 이상)를 설치해야 한다.

정답 ④

146 위험물의 취급 중 소비에 관한 기준으로 틀린 것은?

① 추출공정에 있어서는 추출관의 내부압력이 이상 상승하지 않도록 해야 한다.
② 분사도장작업은 방화상 유효한 격벽 등으로 구획된 안전한 장소에서 해야 한다.
③ 열처리작업은 위험물이 위험한 온도에 이르지 않도록 해야 한다.
④ 버너를 사용하는 경우에는 버너의 역화를 방지하고 위험물이 넘치지 않도록 해야 한다.

> **해설** ① 위험물의 취급 중 제조에 관한 기준에 해당한다.
> **위험물의 취급 중 소비에 관한 기준(규칙 별표 18)**
> • 분사도장작업은 방화상 유효한 격벽 등으로 구획된 안전한 장소에서 해야 한다.
> • 담금질 또는 열처리작업은 위험물이 위험한 온도에 이르지 않도록 해야 한다.
> • 버너를 사용하는 경우에는 버너의 역화를 방지하고 위험물이 넘치지 않도록 해야 한다.
>
> **정답** ①

147 위험물의 저장기준으로 틀린 것은?

① 지하저장탱크의 주된 밸브는 이송할 때 이외에는 폐쇄해야 한다.
② 이동탱크저장소에는 설치허가증을 비치해야 한다.
③ 산화프로필렌을 저장하는 이동저장탱크에는 불연성 가스를 봉입해야 한다.
④ 옥외저장탱크 주위에 설치된 방유제의 내부에 물이나 유류가 고였을 경우 즉시 배출하도록 해야 한다.

> **해설** 이동탱크저장소에는 해당 이동탱크저장소의 완공검사합격확인증 및 정기점검기록을 비치해야 한다(규칙 별표 18).
>
> **정답** ②

148 다음의 ( ) 안에 알맞은 말은?

> 보냉장치가 있는 이동저장탱크에 저장하는 아세트알데하이드 또는 산화프로필렌의 온도는 해당 위험물의 ( ) 이하로 유지해야 한다.

① 인화점   ② 비 점   ③ 용해점   ④ 발화점

> **해설** 이동저장탱크에 저장하는 아세트알데하이드 또는 산화프로필렌의 온도
> • 보냉장치가 있는 저장탱크 : 비점 이하
> • 보냉장치가 없는 저장탱크 : 40[℃] 이하
>
> **정답** ②

149 알킬알루미늄 등의 이동탱크저장소에 있어서 이동저장탱크로부터 알킬알루미늄 등을 꺼낼 때에는 동시에 몇 [kPa] 이하의 압력으로 불활성의 기체를 봉입해야 하는가?

① 100   ② 200   ③ 300   ④ 400

> **해설** 이동저장탱크로부터 알킬알루미늄 등을 꺼낼 때에는 200[kPa] 이하의 압력(저장할 때에는 20[kPa] 이하의 압력)으로 불활성의 기체를 봉입해야 한다(규칙 별표 18).
>
> **정답** ②

150 다음 ( ) 안에 적절한 용어는?

> 위험물의 운반 시 용기, 적재방법 및 운반방법에 관하여는 화재 등의 위해예방과 응급조치상의 중요성을
> 감안하여 (   )이 정하는 중요기준 및 세부기준에 따라야 한다.

① 대통령령   ② 행정안전부령   ③ 시·도의 조례   ④ 소방서장

해설   위험물 운반의 중요기준 및 세부기준 : 행정안전부령

정답 ②

151 액체 위험물은 운반용기 내용적의 몇 [%] 이하의 수납률로 수납해야 하는가?

① 90[%]   ② 93[%]   ③ 95[%]   ④ 98[%]

해설   운반용기의 수납률
• 고체 위험물 : 내용적의 95[%] 이하   • 액체 위험물 : 내용적의 98[%] 이하

정답 ④

152 다음 중 운반용기에 수납하지 않아도 되는 위험물은?

① 카바이드   ② 금속분   ③ 염소산나트륨   ④ 생석회

해설   생석회(CaO)는 운반용기에 수납하지 않아도 된다.

정답 ④

153 제6류 위험물 중 각종 위험물의 운반용기로 가장 적당한 것은?

① 목상자   ② 양철통   ③ 금속제드럼   ④ 폴리에틸렌 포대

해설   제6류 위험물 : 금속제용기, 플라스틱용기, 유리용기

정답 ③

154 위험물을 운반하기 위한 적재방법 중 차광성이 있는 덮개를 해야 하는 위험물은?

① 과산화나트륨   ② 과염소산   ③ 탄화칼슘   ④ 마그네슘

해설   적재위험물에 따른 조치
• 차광성이 있는 것으로 피복
  – 제1류 위험물
  – 제3류 위험물 중 자연발화성 물질
  – 제4류 위험물 중 특수인화물
  – 제5류 위험물
  – **제6류 위험물(과염소산)**
• 방수성이 있는 것으로 피복
  – 제1류 위험물 중 **알칼리금속의 과산화물(과산화나트륨)**
  – 제2류 위험물 중 철분·금속분·마그네슘
  – 제3류 위험물 중 **금수성 물질(탄화칼슘)**

정답 ②

155 위험물을 수납한 운반용기는 수납하는 위험물에 따라 주의사항을 표시하여 적재해야 한다. 주의사항으로 옳지 않은 것은?

① 제2류 위험물 중 인화성 고체 – 화기엄금
② 제6류 위험물 – 가연물접촉주의
③ 금수성 물질(제3류 위험물) – 물기주의
④ 자연발화성 물질(제3류 위험물) – 화기엄금 및 공기접촉엄금

해설 **운반용기의 외부 표시 사항**
• 위험물의 품명, 위험등급, 화학명 및 수용성(제4류 위험물의 수용성인 것에 한함)
• 위험물의 수량
• 주의사항

종 류	표시 사항
제1류 위험물	• 알칼리금속의 과산화물 : 화기·충격주의, 물기엄금, 가연물접촉주의 • 그 밖의 것 : 화기·충격주의, 가연물접촉주의
제2류 위험물	• 철분, 금속분, 마그네슘 : 화기주의, 물기엄금 • 인화성 고체 : 화기엄금 • 그 밖의 것 : 화기주의
제3류 위험물	• 자연발화성 물질 : 화기엄금, 공기접촉엄금 • 금수성 물질 : 물기엄금
제4류 위험물	화기엄금
제5류 위험물	화기엄금, 충격주의
제6류 위험물	가연물접촉주의

정답 ③

156 위험물의 포장 외부 표시 방법으로서 틀린 것은?

① 위험물의 품명
② 위험물의 수량
③ 위험물의 화학명
④ 위험물의 제조년월일

해설 문제 155번 참조

정답 ④

157 제1류 위험물 중 무기과산화물을 운반 시 운반용기에 표시하는 주의사항이 아닌 것은?

① 화기·충격주의
② 가연물접촉주의
③ 물기엄금
④ 화기엄금

해설 문제 155번 참조(무기과산화물 = 알칼리금속의 과산화물)

정답 ④

158 제2류 위험물(금속분)의 운반용기 및 포장 외부에 표시할 사항으로 적당한 것은?

① 화기엄금
② 충격주의
③ 물기엄금
④ 취급주의

해설 **제2류 위험물 중 철분, 금속분, 마그네슘** : 화기주의, 물기엄금

정답 ③

159 위험물을 운반할 때 위험물의 성질 등을 운반용기 및 포장의 외부에 주의사항을 표시하도록 되어 있는데 다음 중에서 틀린 것은?

① 제2류 위험물에는 "화기주의"
② 제3류 위험물에는 "물기엄금"
③ 제4류 위험물에는 "화기주의"
④ 제5류 위험물에는 "화기엄금, 충격주의"

> 해설 **제4류 위험물 : 화기엄금**

정답 ③

160 위험물의 운반용기 및 포장의 외부에 표시하는 주의사항으로 틀린 것은?

① 염소산암모늄 : 화기·충격주의 및 가연물접촉주위
② 철분 : 화기주의 및 물기엄금
③ 셀룰로이드 : 화기엄금 및 충격주의
④ 과염소산 : 물기엄금 및 가연물접촉주의

> 해설 **제6류 위험물(과염소산) : 가연물접촉주의**

정답 ④

161 위험물의 운반에 대한 설명 중 옳은 것은?

① 안전한 방법으로 위험물을 운반하면 특별히 규제를 받지 않는다.
② 차량으로 위험물을 운반할 경우 운반의 규제를 받는다.
③ 지정수량 이상의 위험물을 운반하는 경우에만 운반의 규제를 받는다.
④ 위험물을 운반할 경우 그 양의 다소를 불구하고 운반의 규제를 받는다.

> 해설 차량으로 위험물을 운반할 경우 운반의 규제(규칙 별표 19)를 받는다.

정답 ②

162 위험물 운반 시 혼합적재가 가능한 것은?

① 제1류 위험물 + 제5류 위험물
② 제3류 위험물 + 제5류 위험물
③ 제1류 위험물 + 제4류 위험물
④ 제2류 위험물 + 제5류 위험물

> 해설 **운반 시 혼재가능한 위험물**
> • 제1류와 제6류 위험물
> • 제2류, 제4류, 제5류 위험물
> • 제3류와 제4류 위험물

정답 ④

163 지정수량 이상의 위험물 운반에 대한 설명 중 잘못된 것은?

① 위험물 또는 위험물을 수납한 용기가 현저하게 마찰 또는 동요되지 않도록 운반한다.

② 휴식, 고장 등으로 인하여 차량을 일시 정차시킬 때에는 안전한 장소를 택하고 위험물의 안전확보에 주의한다.

③ 운반 중 위험물이 현저하게 누설될 때에는 신속히 목적지에 도달하도록 노력해야 한다.

④ 운반하는 위험물에 적응하는 소화설비를 구비하도록 한다.

해설　운반 중 위험물이 현저하게 누설될 때에는 신속히 누설에 대한 응급조치를 취해야 한다.

정답 ③

164 위험물안전관리법상 위험물을 운반 및 수납할 때 운반용기 중 내장용기의 종류에 포함되지 않는 것은?

① 금속제용기　　　　　　　　② 유리용기

③ 도자기용기　　　　　　　　④ 플라스틱용기

해설　**내장용기** : 금속제용기, 유리용기, 플라스틱용기

정답 ③

165 위험물의 위험등급 I 의 위험물이 아닌 것은?

① 아염소산염류　　　　　　　② 마그네슘분

③ 황 린　　　　　　　　　　④ 에 터

해설　**위험등급(규칙 별표 19)**

위험등급	해당 위험물
위험등급 I	• 제1류 위험물 : 아염소산염류, 염소산염류, 과염소산염류, 무기과산화물, 그 밖에 지정수량이 50[kg]인 위험물 • 제3류 위험물 : 칼륨, 나트륨, 알킬알루미늄, 알킬리튬, 황린, 그 밖에 지정수량이 10[kg] 또는 20[kg]인 위험물 • 제4류 위험물 : 특수인화물 • 제5류 위험물 : 지정수량이 10[kg]인 위험물 • 제6류 위험물
위험등급 II	• 제1류 위험물 : 브로민산염류, 질산염류, 아이오딘산염류, 그 밖에 지정수량이 300[kg]인 위험물 • 제2류 위험물 : 황화인, 적린, 황, 그 밖에 지정수량이 100[kg]인 위험물 • 제3류 위험물 : 알칼리금속(칼륨, 나트륨 제외) 및 알칼리토금속, 유기금속화합물(알킬알루미늄 및 알킬리튬 제외), 그 밖에 지정수량이 50[kg]인 위험물 • 제4류 위험물 : 제1석유류, 알코올류 • 제5류 위험물 : 위험등급 I 에 정하는 위험물 외의 것
위험등급III	위험등급 I , 위험등급II에 정하지 않는 위험물

∴ 마그네슘분 : 위험등급 III이다.

정답 ②

166 제6류 위험물의 위험등급에 관한 설명으로 옳은 것은?

① 제6류 위험물 중 질산은 위험등급 I 이며, 그 외의 것은 위험등급 II 이다.

② 제6류 위험물 중 과염소산은 위험등급 I 이며, 그 외의 것은 위험등급 II 이다.

③ 제6류 위험물은 모두 위험등급 I 이다.

④ 제6류 위험물은 모두 위험등급 II 이다.

해설 제6류 위험물은 모두 위험등급 I 이고 지정수량은 모두 300[kg]이다.

정답 ③

167 다음 중 위험물안전관리법상의 위험등급 I 에 속하면서 동시에 제5류 위험물인 것은?

① CH_3ONO_2

② $C_6H_2CH_3(NO_2)_3$

③ $C_6H_4(NO_2)_2$

④ $N_2H_4 \cdot HCl$

해설 제5류 위험물별 위험등급

종 류	CH_3ONO_2	$C_6H_2CH_3(NO_2)_3$	$C_6H_4(NO_2)_2$	$N_2H_4 \cdot HCl$
품 명	질산메틸 (질산에스터류)	트라이나이트로톨루엔 (나이트로화합물)	다이나이트로벤젠 (나이트로화합물)	염산하이드라진 (하이드라진유도체)
위험등급	I	II	II	II

정답 ①

교육이란 사람이 학교에서 배운 것을 잊어버린 후에 남은 것을 말한다.

– 알버트 아인슈타인 –

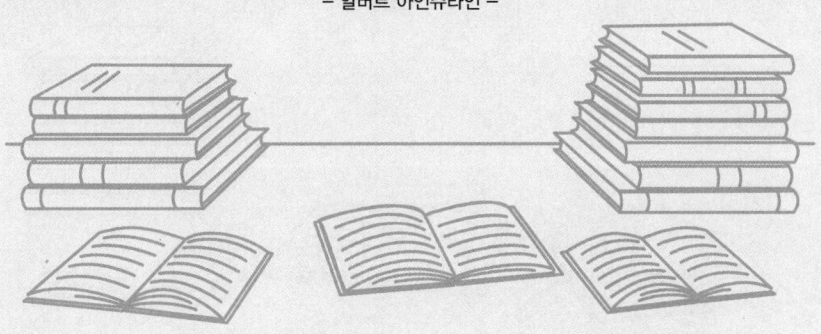

우리 인생의 가장 큰 영광은 결코 넘어지지 않는 데 있는 것이 아니라

넘어질 때마다 일어서는 데 있다.

– 넬슨 만델라 –

PART 04

소방시설의 구조원리

CHAPTER 01 소화설비

CHAPTER 02 경보설비

CHAPTER 03 피난구조설비

CHAPTER 04 소화용수설비

CHAPTER 05 소화활동설비

소방시설관리사 1차 기출문제 분석

[소방시설의 구조원리]

내 용	출제 빈도(%)
소화기	2.0%
옥내소화전설비	10.0%
옥외소화전설비	2.0%
스프링클러설비	15.0%
간이스프링클러설비	1.0%
화재조기진압형 스프링클러설비	1.0%
물분무소화설비	1.0%
포소화설비	5.0%
이산화탄소소화설비	5.0%
할론소화설비	3.5%
할로겐화합물 및 불활성기체소화설비	4.0%
분말소화설비	2.0%
피난구조설비	7.0%
소화용수설비	1.0%
제연설비	4.0%
연결송수관설비	3.5%
연결살수설비	1.0%
비상콘센트설비	1.0%
무선통신보조설비	2.5%
연소방지설비	1.0%
자동화재탐지설비	18.0%
자동화재속보설비	1.0%
비상경보설비, 단독경보형감지기	2.0%
비상방송설비	1.5%
누전경보기	1.5%
가스누설경보기	1.0%
기 타	2.5%

소화설비

제1절 소화기구 및 자동소화장치(NFTC 101)

1 정 의

(1) 소화기구

① 소화기

소화약제를 압력에 따라 방사하는 기구로서 사람이 수동으로 조작하여 소화하는 다음의 것을 말한다.

㉠ 소형소화기 : 능력단위가 1단위 이상이고 대형소화기의 능력단위 미만인 소화기

㉡ **대형소화기** : 화재 시 사람이 운반할 수 있도록 운반대와 바퀴가 설치되어 있고 능력단위가 **A급 10단위 이상, B급 20단위 이상**인 것으로서 소화약제 충전량은 아래 표에 기재한 이상인 소화기

종 별	소화약제의 충전량
포	20[L]
강화액	60[L]
물	80[L]
분 말	20[kg]
할 론	30[kg]
이산화탄소	50[kg]

② **간이소화용구** : 에어로졸식 소화용구, 투척용 소화용구, 소공간용 소화용구 및 소화약제 외의 것을 이용한 소화용구

③ **자동확산소화기** : 화재를 감지하여 자동으로 소화약제를 방출 확산시켜 국소적으로 소화하는 소화기

㉠ 일반화재용 자동확산소화기 : 보일러실, 건조실, 세탁소, 대량화기취급소 등에 설치되는 자동확산소화기

㉡ 주방화재용 자동확산소화기 : 음식점, 다중이용업소, 호텔, 기숙사, 의료시설, 업무시설, 공장 등의 주방에 설치되는 자동확산소화기

㉢ 전기설비용 자동확산소화기 : 변전실, 송전실, 변압기실, 배전반실, 제어반, 분전반 등에 설치되는 자동확산소화기

(2) **자동소화장치**

소화약제를 자동으로 방사하는 고정된 소화장치로서 법 제37조 또는 제40조에 따라 형식승인이나 성능인증을 받은 유효설치범위(설계방호체적, 최대 설치높이, 방호면적 등을 말한다) 이내에 설치하여 소화하는 다음 각 소화장치를 말한다.

① **주거용 주방자동소화장치** : 주거용 주방에 설치된 열발생 조리기구의 사용으로 인한 화재 발생 시 열원(전기 또는 가스)을 자동으로 차단하며 소화약제를 방출하는 소화장치

② **상업용 주방자동소화장치** : 상업용 주방에 설치된 열발생 조리기구의 사용으로 인한 화재 발생 시 열원(전기 또는 가스)을 자동으로 차단하며 소화약제를 방출하는 소화장치

③ **캐비닛형 자동소화장치** : 열, 연기 또는 불꽃 등을 감지하여 소화약제를 방사하여 소화하는 캐비닛형태의 소화장치

④ **가스자동소화장치** : 열, 연기 또는 불꽃 등을 감지하여 가스계 소화약제를 방사하여 소화하는 소화장치

⑤ **분말자동소화장치** : 열, 연기 또는 불꽃 등을 감지하여 분말의 소화약제를 방사하여 소화하는 소화장치

⑥ **고체에어로졸자동소화장치** : 열, 연기 또는 불꽃 등을 감지하여 에어로졸의 소화약제를 방사하여 소화하는 소화장치

(3) 능력단위 17 년 출제

소화기 및 소화약제에 따른 간이소화용구에 있어서는 법 제37조 제1항에 따라 형식승인 된 수치를 말하며, 소화약제 외의 것을 이용한 간이소화용구에 있어서는 아래 표에 따른 수치를 말한다.

간이소화용구		능력단위
1. 마른 모래	삽을 상비한 50[L] 이상의 것 1포	0.5 단위
2. 팽창질석 또는 팽창진주암	삽을 상비한 80[L] 이상의 것 1포	

(4) 화재의 종류

① **일반화재(A급 화재)** : 나무, 섬유, 종이, 고무, 플라스틱류와 같은 일반 가연물이 타고 나서 재가 남는 화재 – 일반화재에 대한 소화기의 적응 화재별 표시는 'A'로 표시

② **유류화재(B급 화재)** : 인화성 액체, 가연성 액체, 석유 그리스, 타르, 오일, 유성도료, 솔벤트, 래커, 알코올 및 인화성 가스와 같은 유류가 타고 나서 재가 남지 않는 화재 – 유류화재에 대한 소화기의 적응 화재별 표시는 'B'로 표시

③ **전기화재(C급 화재)** : 전류가 흐르고 있는 전기기기, 배선과 관련된 화재 – 전기화재에 대한 소화기의 적응 화재별 표시는 'C'로 표시

④ **주방화재(K급 화재)** : 주방에서 동식물유를 취급하는 조리기구에서 일어나는 화재 – 주방화재에 대한 소화기의 적응 화재별 표시는 'K'로 표시

2 소화기구의 설치기준

(1) 소화기구의 소화약제별 적응성 `14` 년 출제

소화약제 구분 / 적응대상	가 스			분 말		액 체				기 타			
	이산화탄소소화약제	할론소화약제	할로겐화합물및불활성기체소화약제	인산염류소화약제	중탄산염류소화약제	산알칼리소화약제	강화액소화약제	포소화약제	물·침윤소화약제	고체에어로졸화합물	마른모래	팽창질석·팽창진주암	그 밖의 것
일반화재(A급 화재)	-	○	○	○	-	○	○	○	○	○	○	○	-
유류화재(B급 화재)	○	○	○	○	○	○	○	○	○	○	○	○	-
전기화재(C급 화재)	○	○	○	○	○	*	*	*	*	○	-	-	-
주방화재(K급 화재)	-	-	-	-	*	-	*	*	*	-	-	-	*

[비고] *의 소화약제별 적응성은 소방시설 설치 및 관리에 관한 법률 제37조에 의한 형식승인 및 제품검사의 기술기준에 따라 화재 종류별 적응성에 적합한 것으로 인정되는 경우에 한한다.

(2) 특정소방대상물별 소화기구의 능력단위 `13` `15` `17` `20` `21` `22` `23` `24` 년 출제

특정소방대상물	소화기구의 능력단위
1. 위락시설	해당 용도의 바닥면적 30[m²]마다 능력단위 1단위 이상
2. 공연장·집회장·관람장·문화재·장례식장 및 의료시설	해당 용도의 바닥면적 50[m²]마다 능력단위 1단위 이상
3. 근린생활시설·판매시설·운수시설·숙박시설·노유자시설·전시장·공동주택·업무시설·방송통신시설·공장·창고시설·항공기 및 자동차관련시설, 관광휴게시설	해당 용도의 바닥면적 100[m²]마다 능력단위 1단위 이상
4. 그 밖의 것	해당 용도의 바닥면적 200[m²]마다 능력단위 1단위 이상

[비고] 소화기구의 능력단위를 산출함에 있어서 건축물의 주요구조부가 내화구조이고, 벽 및 반자의 실내에 면하는 부분이 불연재료·준불연재료 또는 난연재료로 된 특정소방대상물에 있어서는 위 표의 바닥면적의 2배를 해당 특정소방대상물의 기준면적으로 한다.

(3) 부속용도별로 추가해야 할 소화기구 및 자동소화장치

용도별	소화기구의 능력단위
1. 다음의 시설. 다만, 스프링클러설비·간이스프링클러설비·물분무 등 소화설비 또는 상업용 주방자동소화장치가 설치된 경우에는 자동확산소화기를 설치하지 않을 수 있다. 가. 보일러실·건조실·세탁소·대량화기취급소 나. 음식점(지하가의 음식점을 포함한다)·다중이용업소·호텔·기숙사·노유자시설·의료시설·업무시설·공장·장례식장·교육연구시설·교정 및 군사시설의 주방. 다만, 의료시설·업무시설 및 공장의 주방은 공동취사를 위한 것에 한한다. 다. 관리자의 출입이 곤란한 변전실·송전실·변압기실 및 배전반실(불연재료로 된 상자 안에 장치된 것을 제외한다)	1. 해당 용도의 바닥면적 25[m²]마다 능력단위 1단위 이상의 소화기로 할 것. 이 경우 나목의 주방에 설치하는 소화기 중 1개 이상은 주방화재용 소화기(K급)를 설치해야 한다. 2. 자동확산소화기는 해당 용도의 바닥면적을 기준으로 10[m²] 이하는 1개, 10[m²] 초과는 2개 이상을 설치하되 보일러, 조리기구, 변전설비 등 방호대상에 유효하게 분사될 수 있는 위치에 배치될 수 있는 수량으로 설치할 것

용도별			소화기구의 능력단위
2. 발전실·변전실·송전실·변압기실·배전반실·통신기기실·전산기기실·기타 이와 유사한 시설이 있는 장소. 다만, 제1호 다목의 장소를 제외한다.			해당 용도의 바닥면적 50[m²]마다 적응성이 있는 소화기 1개 이상 또는 유효설치 방호체적 이내의 가스·분말·고체에어로졸 자동소화장치, 캐비닛형 자동소화장치(다만, 통신기기실·전자기기실을 제외한 장소에 있어서는 교류 600[V] 또는 직류 750[V] 이상의 것에 한한다)
3. 위험물안전관리법 시행령 별표 1의 규정에 따른 지정수량의 1/5 이상 지정수량 미만의 위험물을 저장 또는 취급하는 장소			능력단위 2단위 이상 또는 유효설치 방호체적 이내의 가스·분말·고체에어로졸 자동소화장치, 캐비닛형자동소화장치
4. 화재의 예방 및 안전관리에 관한 법률 시행령 별표 2에 따른 특수가연물을 저장 또는 취급하는 장소	화재의 예방 및 안전관리에 관한 법률 시행령 별표 2에서 정하는 수량 이상		화재의 예방 및 안전관리에 관한 법률 시행령 별표 2에서 정하는 수량의 50배 이상마다 능력단위 1단위 이상
	화재의 예방 및 안전관리에 관한 법률 시행령 별표 2에서 정하는 수량의 500배 이상		대형소화기 1개 이상
5. 고압가스안전관리법·액화석유가스의 안전관리 및 사업법 및 도시가스사업법에서 규정하는 가연성 가스를 연료로 사용하는 장소	액화석유가스 기타 가연성 가스를 연료로 사용하는 연소기기가 있는 장소		각 연소기로부터 보행거리 10[m] 이내에 능력단위 3단위 이상의 소화기 1개 이상. 다만, 상업용 주방 자동소화장치가 설치된 장소는 제외한다.
	액화석유가스 기타 가연성 가스를 연료로 사용하기 위하여 저장하는 저장실(저장량 300[kg] 미만은 제외한다)		능력단위 5단위 이상의 소화기 2개 이상 및 대형소화기 1개 이상
6. 고압가스안전관리법·액화석유가스의 안전관리 및 사업법 또는 도시가스사업법에서 규정하는 가연성 가스를 제조하거나 연료 외의 용도로 저장·사용하는 장소	저장하고 있는 양 또는 1개월 동안 제조·사용하는 양	200[kg] 미만 저장하는 장소	능력단위 3단위 이상의 소화기 2개 이상
		200[kg] 미만 제조·사용하는 장소	능력단위 3단위 이상의 소화기 2개 이상
		200[kg] 이상 300[kg] 미만 저장하는 장소	능력단위 5단위 이상의 소화기 2개 이상
		200[kg] 이상 300[kg] 미만 제조·사용하는 장소	바닥면적 50[m²]마다 능력단위 5단위 이상의 소화기 1개 이상
		300[kg] 이상 저장하는 장소	대형소화기 2개 이상
		300[kg] 이상 제조·사용하는 장소	바닥면적 50[m²] 마다 능력단위 5단위 이상의 소화기 1개 이상

[비고] 액화석유가스·기타 가연성 가스를 제조하거나 연료 외의 용도로 사용하는 장소에 소화기를 설치하는 때에는 해당 장소 바닥면적 50[m²] 이하인 경우에도 해당 소화기를 2개 이상 비치해야 한다.

(4) 소화기의 설치기준

① 특정소방대상물의 각 층마다 설치하되, 각 층이 2 이상의 거실로 구획된 경우에는 각 층마다 설치하는 것 외에 바닥면적이 33[m²] 이상으로 구획된 각 거실에도 배치할 것

② 특정소방대상물의 각 부분으로부터 1개의 소화기까지의 보행거리가 소형소화기의 경우에는 20[m] 이내, 대형소화기의 경우에는 30[m] 이내가 되도록 배치할 것. 다만, 가연성물질이 없는 작업장의 경우에는 작업장의 실정에 맞게 보행거리를 완화하여 배치할 수 있다.

③ 능력단위가 2단위 이상이 되도록 소화기를 설치해야 할 특정소방대상물 또는 그 부분에 있어서는 간이소화용구의 능력단위가 전체 능력단위의 1/2을 초과하지 않게 할 것. 다만, 노유자시설의 경우에는 그렇지 않다.

④ 소화기구(자동확산소화기를 제외한다)는 거주자 등이 손쉽게 사용할 수 있는 장소에 바닥으로부터 높이 1.5[m] 이하의 곳에 비치하고, 소화기에 있어서는 "소화기", 투척용 소화용구에 있어서는 "투척용 소화용구", 마른 모래에 있어서는 "소화용 모래", 팽창질석 및 팽창진주암에 있어서는 "소화질석"이라고 표시한 표지를 보기 쉬운 곳에 부착할 것. 다만, 소화기 및 투척용소화용구의 표지는 축광표지의 성능인증 및 제품검사의 기술기준에 적합한 축광식표지로 설치하고, 주차장의 경우 표지를 바닥으로부터 1.5[m] 이상의 높이에 설치할 것

(5) 자동확산소화기의 설치기준

① 방호대상물에 소화약제가 유효하게 방출될 수 있도록 설치할 것
② 작동에 지장이 없도록 견고하게 고정할 것

(6) 소화기에 호스를 부착하지 않는 경우

① 소화약제의 중량이 4[kg] 이하인 할론소화기
② 소화약제의 중량이 3[kg] 이하인 이산화탄소소화기
③ 소화약제의 중량이 2[kg] 이하의 분말소화기
④ 소화약제의 용량이 3[L] 이하의 액체계 소화약제 소화기

(7) 차량용 소화기

① 강화액소화기(안개모양으로 방사되는 것에 한한다)
② 할론소화기
③ 이산화탄소소화기
④ 포소화기
⑤ 분말소화기

(8) 자동소화장치의 설치기준

① 주거용 주방자동소화장치의 설치기준
  ㉠ 소화약제 방출구는 환기구(주방에서 발생하는 열기류 등을 밖으로 배출하는 장치를 말한다)의 청소부분과 분리되어 있어야 하며, 형식승인 받은 유효설치 높이 및 방호면적에 따라 설치할 것
  ㉡ 감지부는 형식승인 받은 유효한 높이 및 위치에 설치할 것
  ㉢ 차단장치(전기 또는 가스)는 상시 확인 및 점검이 가능하도록 설치할 것
  ㉣ 가스용 주방자동소화장치를 사용하는 경우 탐지부는 수신부와 분리하여 설치하되, **공기보다 가벼운 가스**를 사용하는 경우에는 **천장 면으로부터 30[cm] 이하**의 위치에 설치하고, **공기보다 무거운 가스**를 사용하는 장소에는 **바닥 면으로부터 30[cm] 이하**의 위치에 설치할 것
  ㉤ 수신부는 주위의 열기류 또는 습기 등과 주위온도에 영향을 받지 않고 사용자가 상시 볼 수 있는 장소에 설치할 것
② 상업용 주방자동소화장치의 설치기준 **18** 년 출제
  ㉠ 소화장치는 조리기구의 종류별로 성능인증을 받은 설계 매뉴얼에 적합하게 설치할 것
  ㉡ 감지부는 성능인증을 받은 유효 높이 및 위치에 설치할 것
  ㉢ 차단장치(전기 또는 가스)는 상시 확인 및 점검이 가능하도록 설치할 것

② 후드에 방출되는 분사헤드는 후드의 가장 긴 변의 길이까지 방출될 수 있도록 소화약제의 방출 방향 및 거리를 고려하여 설치할 것

⑩ 덕트에 방출되는 분사헤드는 성능인증을 받은 길이 이내로 설치할 것

③ 캐비닛형자동소화장치의 설치기준

㉠ 분사헤드(방출구)의 **설치 높이**는 방호구역의 바닥으로부터 형식승인을 받은 범위 내에서 유효하게 소화약제를 방출시킬 수 있는 높이에 설치할 것

㉡ 화재감지기는 방호구역 내의 천장 또는 옥내에 면하는 부분에 설치하되 자동화재탐지설비 및 시각경보장치의 화재안전기술기준(NFTC 203) 2.4(감지기)에 적합하도록 설치할 것

㉢ 방호구역 내의 화재감지기의 감지에 따라 작동되도록 할 것

㉣ 화재감지기의 회로는 교차회로방식으로 설치할 것. 다만, 화재감지기를 자동화재탐지설비 및 시각경보장치의 화재안전기술기준(NFTC 203) 2.4.1 단서의 각 감지기로 설치하는 경우에는 그렇지 않다.

㉤ 교차회로 내의 각 화재감지기 회로별로 설치된 화재감지기 1개가 담당하는 바닥면적은 자동화재탐지설비 및 시각경보장치의 화재안전기술기준(NFTC 203) 2.4.3.5 · 2.4.3.8 및 2.4.3.10에 따른 바닥면적으로 할 것

㉥ 개구부 및 통기구(환기장치를 포함한다)를 설치한 것에 있어서는 소화약제가 방출되기 전에 해당 개구부 및 통기구를 자동으로 폐쇄할 수 있도록 할 것. 다만, 가스압에 의하여 폐쇄되는 것은 소화약제 방출과 동시에 폐쇄할 수 있다.

㉦ 작동에 지장이 없도록 견고하게 고정시킬 것

㉧ 구획된 장소의 방호체적 이상을 방호할 수 있는 소화성능이 있을 것

④ 가스, 분말, 고체에어로졸 자동소화장치의 설치기준

㉠ 소화약제 방출구는 형식승인을 받은 유효 설치범위 내에 설치할 것

㉡ 자동소화장치는 방호구역 내에 형식승인된 1개의 제품을 설치할 것. 이 경우 연동방식으로서 하나의 형식으로 형식승인을 받은 경우에는 1개의 제품으로 본다.

㉢ 감지부는 형식승인된 유효 설치범위 내에 설치해야 하며 설치장소의 평상시 최고 주위온도에 따라 다음 표에 따른 표시온도의 것으로 설치할 것. 다만, 열감지선의 감지부는 형식승인 받은 최고 주위온도범위 내에 설치해야 한다.

[설치장소의 평상시 최고 주위온도에 따른 감지부의 표시온도]

설치장소의 최고 주위온도	표시온도
39[℃] 미만	79[℃] 미만
39[℃] 이상 64[℃] 미만	79[℃] 이상 121[℃] 미만
64[℃] 이상 106[℃] 미만	121[℃] 이상 162[℃] 미만
106[℃] 이상	162[℃] 이상

㉣ ㉢의 기준에도 불구하고 화재감지기를 감지부로 사용하는 경우에는 ③의 ㉡부터 ㉤까지의 설치방법에 따를 것

Plus one 이산화탄소 또는 할론(할로겐화합물)을 방출하는 소화기구(자동확산소화기를 제외한다)를 설치할 수 없는 장소 10 년 출제
• 지하층
• 무창층
• 밀폐된 거실로서 그 바닥면적이 20[m²] 미만의 장소

3 소화기의 감소

(1) 소형소화기를 설치해야 할 특정소방대상물

특정소방대상물 또는 그 부분에 옥내소화전설비 · 스프링클러설비 · 물분무 등 소화설비 · 옥외소화전 설비 또는 대형소화기를 설치한 경우에는 해당 설비의 유효범위의 부분에 대하여는 **2**의 (2) 및 (3)에 따른 소형소화기의 2/3(대형소화기를 둔 경우에는 1/2)를 감소할 수 있다.

> **Plus one** 감소하는 예외 규정
> 층수가 11층 이상인 부분, 근린생활시설, 위락시설, 문화 및 집회시설, 운동시설, 판매시설, 운수시설, 숙박시설, 노유자시설, 의료시설, 업무시설(무인변전소를 제외한다), 방송통신시설, 교육연구시설, 항공기 및 자동차관련시설, 관광휴게시설은 그렇지 않다.

(2) 대형소화기를 설치 제외해야 할 특정소방대상물

특정소방대상물 또는 그 부분에 옥내소화전설비 · 스프링클러설비 · 물분무 등 소화설비 또는 옥외소화전설비를 설치한 경우에는 해당 설비의 유효범위 안의 부분에 대하여는 대형소화기를 설치하지 않을 수 있다.

4 소화기의 유지관리

(1) 소화기 사용법

① 적응화재에만 사용할 것
② 성능에 따라서 불 가까이 접근하여 사용할 것
③ 바람을 등지고 풍상에서 풍하로 방사할 것
④ 비로 쓸듯이 양옆으로 골고루 사용할 것

(2) 소화기의 유지관리

① 바닥면으로부터 1.5[m] 이하가 되는 지점에 설치할 것
② 통행, 피난에 지장이 없고, 사용 시 쉽게 반출하기 쉬운 곳에 설치할 것
③ 소화제의 동결, 변질 또는 분출할 우려가 없는 곳에 설치할 것
④ 설치지점은 잘 보이도록 "소화기" 표시를 할 것

(3) 소화기의 사용온도범위

소화기의 종류	사용온도범위
강화액소화기	-20[℃] 이상 40[℃] 이하
분말소화기	-20[℃] 이상 40[℃] 이하
그 밖의 소화기	0[℃] 이상 40[℃] 이하

(4) 소화기 본체용기의 표시사항(소화기의 형식승인 및 제품검사의 기술기준 제38조)

① 종별 및 형식

② 형식승인번호

③ 제조연월 및 제조번호

④ 제조업체명 또는 상호, 수입업체명(수입품에 한함)

⑤ 사용온도범위

⑥ 소화능력단위

⑦ 충전된 소화약제의 주성분 및 중(용)량

⑧ 소화기 가압용 가스용기의 가스종류 및 가스량(가압식 소화기에 한함)

⑨ 총중량

⑩ 취급상의 주의사항

   ㉠ 유류화재 또는 전기화재에 사용해서는 안 되는 소화기는 그 내용

   ㉡ 기타 주의사항

⑪ 적응화재별 표시사항은 일반화재용 소화기의 경우 "A(일반화재용)", 유류화재용 소화기의 경우에는 "B(유류화재용)", 전기화재용 소화기의 경우 "C(전기화재용)", 주방화재용 소화기의 경우 "K(주방화재용)"으로 표시해야 한다.

⑫ 사용방법

⑬ 품질보증에 관한 사항(보증기간, 보증내용, A/S 방법, 자체검사필 등)

⑭ 다음의 부품에 대한 원산지

   ㉠ 용 기

   ㉡ 밸 브

   ㉢ 호 스

   ㉣ 소화약제

⑮ 차량용 소화기에는 ①~⑭ 외에 "자동차겸용"이라는 표시를 해야 한다.

⑯ 할론소화기는 ①~⑭ 외에 다음의 주의사항을 표시를 해야 한다.

> **주 의**
> - 밀폐된 좁은 실내에서 사용을 삼가십시오.
> - 바람을 등져서 방사하고 사용 후는 즉시 환기하십시오.
> - 발생되는 가스는 유독하므로 호흡을 삼가십시오.

⑰ 가압식소화기는 ①~⑭ 외에 다음의 주의사항을 표시를 해야 한다.

> 이 소화기는 조작 시 용기 전체가 급속히 가압되므로 아래와 같은 소화기는 사용하지 마십시오.
> - 녹, 부식, 변형이 심한 것
> - 뚜껑이 완전히 조여져 있지 않은 것
> - 폐기된 것

옥내소화전설비(NFTC 102)

1 옥내소화전설비의 개요

옥내소화전설비는 건축물 내의 화재를 진화하도록 고정되어 있으며 특정소방대상물 자체요원에 의하여 초기소화를 목적으로 설치되어 있는 설비이다.

[옥내소화전설비]

2 옥내소화전설비의 종류

(1) 기동방식에 의한 분류

① 수동 기동방식(ON-OFF 방식)

옥내소화전함의 기동스위치를 누르면 가압송수 장치의 펌프가 가동되어 방수가 시작되는 방식으로 소화전함에는 필수로 ON-OFF 스위치가 부착되어 있다. 주로 **학교, 공장, 창고시설**에 설치한다.

② 자동 기동방식(기동용 수압 개폐장치)

옥내소화전함의 앵글밸브(방수구)를 열면 배관 내의 압력감소로 압력 감지장치에 의하여 펌프가 기동되어 방수가 이루어지는데 고가수조방식과 압력수조방식의 가압송수장치(기동용 수압개폐장치)가 있다. 이 기동용 수압 개폐장치는 스프링클러설비, 포소화설비, 물분무소화설비에는 필수적인 기동방식이다.

(2) 가압송수방식에 의한 분류

① 고가수조방식

옥상이나 높은 곳에 물탱크를 설치하고 최상층 부분의 방수구에서 순수한 자연낙차 압력에 의해서 법정 방수압력을 토출할 수 있도록 **낙차를 이용**하는 가압송수방식으로, 물을 사용하는 소화설비에는 이 방식으로 채택할 수 있다.

② 압력수조방식

압력탱크의 1/3은 에어컴프레서에 의해 압축공기를, 2/3는 물을 급수펌프로 공급하여 방수구의 법정 방수압력을 공급하는 가압방식으로, 물을 사용하는 모든 소화설비에 사용될 수 있으며 초대형 건물에 주로 사용된다.

③ 펌프방식

　　방수구에서 법정 방수압력을 얻기 위해서 필수적으로 펌프를 설치해서 펌프의 가압에 의해서 방수
　압력을 얻는 방식으로, 가장 많이 적용되는 방식이다.

3 옥내소화전설비의 계통도

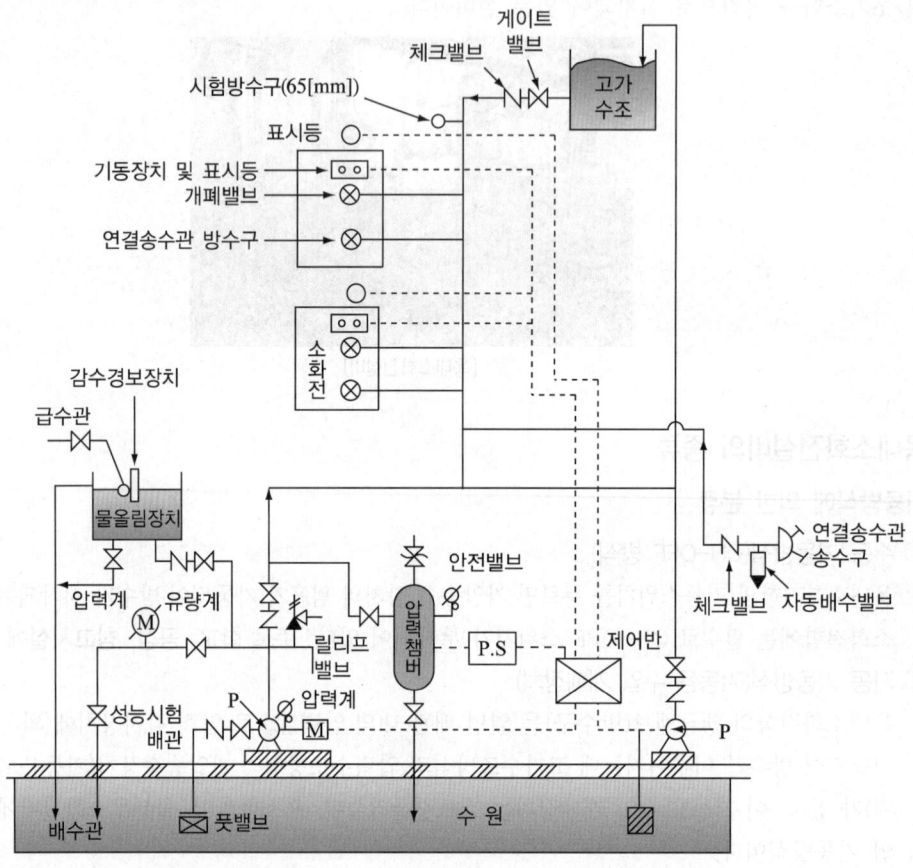

① 펌프에서 풋(후드)밸브까지의 설치 순서 [10] 년 출제

　펌프-진공계(연성계)-플렉시블조인트-스트레이너-개폐밸브-후드밸브

② 풋(후드)밸브의 기능 : 여과기능 및 체크밸브 기능 [10] 년 출제

4 펌프의 토출량 및 수원

(1) 펌프의 토출량

펌프의 토출량[L/min] = $N \times 130$[L/min](호스릴 옥내소화전설비를 포함)

여기서, N : 동시 개방되는 소화전의 수(2개 이상은 2개)

(2) 수원의 용량(저수량) 14 21 년 출제

- 29층 이하일 때 수원의 양[L] = N(최대 2개) $\times 2.6$[m³](호스릴 옥내소화전설비를 포함)
  (130[L/min] $\times$ 20[min] = 2,600[L] = 2.6[m³])
- 30층 이상 49층 이하일 때 수원의 양[L] = N(최대 5개) $\times 5.2$[m³]
  (130[L/min] $\times$ 40[min] = 5,200[L] = 5.2[m³])
- 50층 이상일 때 수원의 양[L] = N(최대 5개) $\times 7.8$[m³]
  (130[L/min] $\times$ 60[min] = 7,800[L] = 7.8[m³])

(3) 수원 설치

옥내소화전설비의 수원은 유효수량 외 유효수량의 1/3 이상은 옥상에 설치해야 한다.

Plus one 수원을 옥상에 1/3을 설치하지 않아도 되는 경우 24 년 출제
  ① 지하층만 있는 건축물
  ② 고가수조를 가압송수장치로 설치한 경우
  ③ 수원이 건축물의 최상층에 설치된 방수구보다 높은 위치에 설치된 경우
  ④ 건축물의 높이가 지표면으로부터 10[m] 이하인 경우
  ⑤ 주펌프와 동등 이상의 성능이 있는 별도의 펌프로서 내연기관의 기동과 연동하여 작동되거나 비상전원을 연결하여 설치한 경우
  ⑥ 학교·공장·창고시설(옥상수조를 설치한 대상은 제외한다)로서 동결의 우려가 있는 장소에 있어서는 기동스위치에 보호판을 부착하여 옥내소화전함 내에 설치하는 경우(ON-OFF방식)
  ⑦ 가압수조를 가압송수장치로 설치한 경우
  ※ 옥내소화전설비 : ⑥(ON-OFF방식)은 옥내소화전설비에만 있다.

[옥내소화전설비의 화재안전기술기준(NFTC 102 2.1.2)]
(2) 고가수조를 가압수조로 설치한 경우
(3) 수원이 건축물의 최상층에 설치된 방수구보다 높은 위치에 설치된 경우

고층건축물 : 층수가 30층 이상, 높이가 120[m] 이상인 건축물

(4) 수원의 수조를 소방설비의 전용으로 하지 않아도 되는 경우

① 옥내소화전설비용 펌프의 풋밸브 또는 흡수배관의 흡수구(수직회전축 펌프의 흡수구를 포함한다)를 **다른 설비(소방용 설비 외의 것**을 말한다)의 풋밸브 또는 흡수구보다 낮은 위치에 설치한 때
② 고가수조로부터 옥내소화전설비의 수직배관에 물을 공급하는 급수구를 다른 설비의 급수구보다 낮은 위치에 설치한 때

(5) 옥내소화전설비용 수조의 설치기준(수계소화설비는 동일) `16` 년 출제

① 점검에 편리한 곳에 설치할 것

② 동결방지조치를 하거나 동결의 우려가 없는 장소에 설치할 것

③ 수조의 외측에 **수위계**를 설치할 것. 다만, 구조상 불가피한 경우에는 수조의 맨홀 등을 통하여 수조 안의 물의 양을 쉽게 확인할 수 있도록 해야 한다.

④ **수조의 상단이 바닥보다 높은 때**에는 수조의 외측에 **고정식 사다리**를 설치할 것

⑤ 수조가 **실내**에 설치된 때에는 그 실내에 **조명설비**를 설치할 것

⑥ 수조의 밑부분에는 청소용 배수밸브 또는 배수관을 설치할 것

⑦ 수조 외측의 보기 쉬운 곳에 "옥내소화전설비용 수조"라고 표시한 표지를 할 것. 이 경우 그 수조를 다른 설비와 겸용하는 때에는 그 겸용되는 설비의 이름을 표시한 표지를 함께 해야 한다.

⑧ 소화설비용 펌프의 흡수배관 또는 소화설비의 수직배관과 수조의 접속부분에는 "옥내소화전소화설비용 배관"이라고 표시한 표지를 할 것. 다만, 수조와 가까운 장소에 소화설비용 펌프가 설치되고 해당 펌프에 "옥내소화전소화펌프"라고 표시한 표지를 설치한 때에는 그렇지 않다.

5 펌프에 의한 가압송수장치

(1) 전동기 또는 내연기관에 따른 펌프를 이용하는 가압송수장치의 설치기준 `10` 년 출제

① 쉽게 접근할 수 있고 점검하기에 충분한 공간이 있는 장소로서 화재 및 침수 등의 재해로 인한 피해를 받을 우려가 없는 곳에 설치할 것

② 동결방지조치를 하거나 동결의 우려가 없는 장소에 설치할 것

③ 특정소방대상물의 어느 층에 있어서도 해당 층의 **옥내소화전**(2개 이상 설치된 경우에는 **2개의 옥내소화전**)을 동시에 사용할 경우 각 소화전의 노즐 선단(끝부분)에서의 **방수압력**이 0.17[MPa](**호스릴 옥내소화전설비**를 포함한다) **이상**이고, **방수량**이 130[L/min](**호스릴 옥내소화전설비**를 포함한다) 이상이 되는 성능의 것으로 할 것. 다만, 하나의 옥내소화전을 사용하는 노즐 선단(끝부분)에서의 방수압력이 0.7[MPa]을 초과할 경우에는 호스접결구의 인입 측에 감압장치를 설치해야 한다.

> • 옥내소화전설비의 방수압력 : 0.17[MPa] 이상(호스릴 옥내소화전설비 포함)
> • 방수량 : 130[L/min] 이상

④ **펌프의 토출량**은 옥내소화전이 가장 많이 설치된 층의 설치개수(옥내소화전이 **2개 이상** 설치된 경우에는 **2개**)에 130[L/min]를 곱한 양 이상이 되도록 할 것

⑤ 펌프는 전용으로 할 것. 다만, 다른 소화설비와 겸용하는 경우 각각의 소화설비의 성능에 지장이 없을 때에는 그렇지 않다.

⑥ 펌프의 **토출 측**에는 **압력계**를 체크밸브 이전에 펌프 토출 측 플랜지에서 가까운 곳에 설치하고, **흡입 측**에는 **연성계** 또는 **진공계**를 설치할 것. 다만, 수원의 수위가 펌프의 위치보다 높거나 수직회전축 펌프의 경우에는 연성계 또는 진공계를 설치하지 않을 수 있다. `23` 년 출제

⑦ 기동장치로는 기동용수압개폐장치 또는 이와 동등 이상의 성능이 있는 것을 설치할 것. 다만, 학교 · 공장 · 창고시설(`4`의 (3), Plus one에 따라 옥상수조를 설치한 대상은 제외한다)로서 동결의 우려가 있는 장소에 있어서는 기동스위치에 보호판을 부착하여 옥내소화전함 내에 설치할 수 있다.

⑧ 주펌프와 동등 이상의 성능이 있는 별도의 펌프로서 내연기관의 기동과 연동하여 작동되거나 비상
   전원을 연결한 펌프를 추가로 설치하지 않아도 되는 경우
   ㉠ 지하층만 있는 건축물
   ㉡ 고가수조를 가압송수장치로 설치한 경우
   ㉢ 수원이 건축물의 최상층에 설치된 방수구보다 높은 위치에 설치된 경우
   ㉣ 건축물의 높이가 지표면으로부터 10[m] 이하인 경우
   ㉤ 가압수조를 가압송수장치로 설치한 경우
⑨ 충압펌프의 설치기준(기동용수압개폐장치를 기동장치로 사용할 경우)
   ㉠ 펌프의 토출압력은 그 설비의 최고위 호스접결구의 자연압보다 적어도 0.2[MPa]이 더 크도록
      하거나 가압송수장치의 정격토출압력과 같게 할 것
   ㉡ 펌프의 정격토출량은 정상적인 누설량보다 적어서는 안 되며, 옥내소화전설비가 자동적으로
      작동할 수 있도록 충분한 토출량을 유지할 것

(2) 펌프의 양정

$$H = h_1 + h_2 + h_3 + 17(\text{호스릴 옥내소화전설비 포함})$$

여기서, H : 펌프의 전양정[m]
h_1 : 호스의 마찰손실수두[m]
h_2 : 배관의 마찰손실수두[m]
h_3 : 낙차(펌프의 흡입높이 + 펌프에서 최고수위의 소화전까지의 높이[m])
17 : 노즐 선단(끝부분) 방수압력 환산수두[m]

(3) 물올림장치(호수조, 물마중장치, Priming Tank) **11** 년 출제

① 주기능
   풋밸브에서 펌프 임펠러까지에 항상 물을 충전시켜서 언제든지 펌프에서 물을 흡입할 수 있도록
   대비시켜 주는 부수설비
② 설치기준
   수원의 수위가 **펌프보다 아래에 있을 때**
③ 수조의 유효수량 : **100[L] 이상**
④ 수조의 급수배관 : 구경 15[mm] 이상
⑤ 물올림배관 : 25[mm] 이상

[물올림장치]

(4) 압력챔버(기동용 수압개폐장치)

① **구조** : 압력계, 주펌프 및 보조펌프의 압력스위치, 안전밸브, 배수밸브
② 기 능
   ㉠ 충압펌프(Jocky Pump) 또는 **주펌프**를 **작동**시킨다.
   ㉡ 규격방수압력을 방출한다.

압력챔버의 용량 : 100[L] 이상(현장에서 100[L]용, 200[L]용)

③ 압력스위치

㉠ Range : 펌프의 작동 중단점

㉡ Diff : Range에 설정된 압력에서 Diff에 설정된 압력만큼 떨어지면 펌프가 다시 작동되는 압력의
차이

> **Plus one** Range와 Diff설정
> ※ 펌프의 명판에 양정이 100[m]이고, 실제 낙차가 80[m]일 때 주펌프는
> • Range : 1.3[MPa](100[m] = 1.0[MPa] × 1.3(체절압력 미만))
> • Diff : 0.4[MPa]로 설정을 하면
> 이 펌프는 1.3[MPa]에서 정지가 되고 0.9[MPa](1.3[MPa]−0.4[MPa])에서 기동된다.

[압력스위치]

[부르동관 압력계]

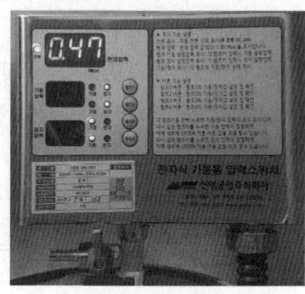
[전자식 압력계]

(5) 순환배관

[릴리프밸브]

[순환배관]

① 기능 : 펌프 내의 체절운전 시 수온상승을 방지하기 위해

② 분기점 : **펌프와 체크밸브 사이**에서 분기한다.

③ 릴리프밸브의 작동압력 : 체절압력 미만에서 작동

④ 순환배관의 구경 : 20[mm] 이상

> **Plus one** 체절운전
> 펌프 토출 측의 배관이 모두 잠긴 상태, 즉 물이 전혀 방출되지 않고 펌프가 계속 작동되어 압력
> 이 최상한점에 도달하여 더 이상 올라갈 수 없는 상태에서 Pump가 공회전하는 운전

(6) 옥내소화전설비의 감압방식

① 중계펌프(Booster Pump)에 의한 방법

고층부와 저층부로 구역을 설정한 후 중계펌프를 건물 중간에 설치하는 방식으로 기존방식보다 설치비가 많이 들고 소화펌프의 설치대수가 증가한다.

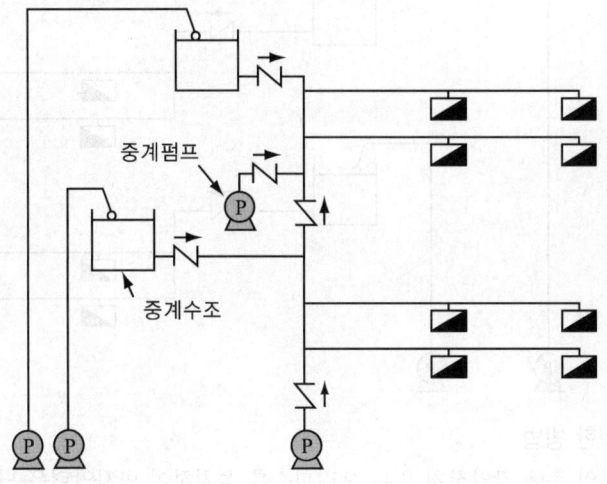

중계펌프

중계수조

② 구간별 전용배관에 의한 방법

고층부와 저층부를 구분하여 펌프와 배관을 분리하여 설치하는 방식으로 저층부는 저양정 펌프를 설치하여 비교적 안전하지만 고층부는 고양정의 펌프를 설치해야 한다.

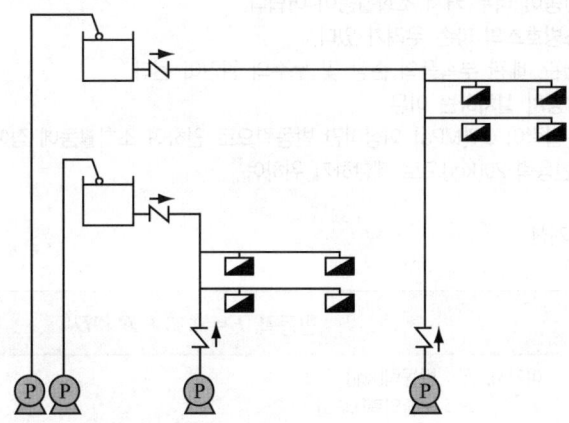

③ 고가수조에 의한 방법

고가수조를 고층부와 저층부로 구역을 설정한 후 낙차의 압력을 이용하는 방식이다. 별도의 소화펌 프가 필요 없으며 비교적 안정적인 방수압력을 얻을 수 있다.

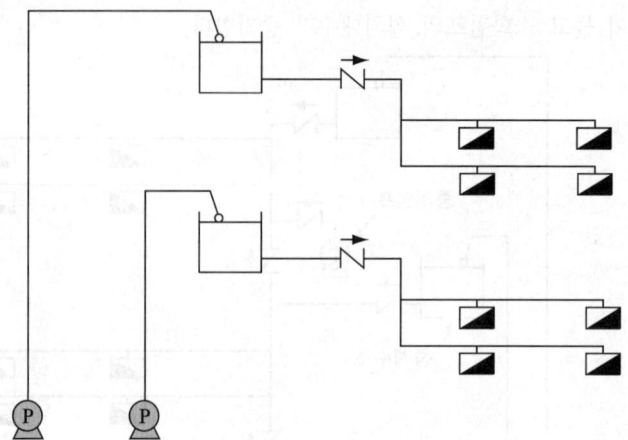

④ 감압밸브에 의한 방법

호스접결구 인입 측에 감압장치 또는 오리피스를 설치하여 방사압력을 낮추거나 또는 펌프의 토출 측에 압력조절밸브를 설치하여 토출압력을 낮추는 방식으로 **가장 많이 사용하는 방식**이다.

> **Plus one**
> • 방사압력이 0.7[MPa]을 초과할 경우 미치는 영향
>   - 반동이 너무 커서 소화활동이 어렵다.
>   - 소방호스의 파손 우려가 있다.
>   - 배관, 배관 부속품의 손상 및 누수의 원인이 된다.
> • **감압장치 설치하는 이유**
>   방수압력이 0.7[MPa] 이상이면 반동력으로 인하여 소화활동에 장애를 초래하므로 소화인력 1인 당 반동력 20[kg$_f$]으로 제한하기 위하여

> **Plus one**
> • 반동력 계산
>   - 방법 I
>
> $$반동력\ F = 0.15 \times P \times D^2$$
>
>   여기서, F : 반동력[kg$_f$]
>   　　　　P : 노즐압력[MPa]
>   　　　　D : 노즐구경(옥내소화전 : 13[mm]), 1[kg$_f$] = 9.8[N]
>   - 방법 II
>
> $$반동력\ F = 1.47 \times P \times D^2$$
>
>   여기서, F : 반동력[N]
>   　　　　P : 방수압력[MPa]
>   　　　　D : 노즐구경[mm]

6 고가수조에 의한 가압송수장치

(1) 낙차(전양정)

$$H = h_1 + h_2 + 17(호스릴 \ 옥내소화전설비 \ 포함)$$

여기서, H : 필요한 낙차[m](수조의 하단에서부터 최고층의 방수구까지의 수직거리)
h_1 : 호스의 마찰손실수두[m]
h_2 : 배관의 마찰손실수두[m]
17 : 노즐 선단(끝부분)의 방수압력 환산수두

(2) 설치 부속물

① 수위계
② 배수관
③ 급수관
④ 오버플로관
⑤ 맨 홀

7 압력수조에 의한 가압송수장치

(1) 압력 산출

$$P = p_1 + p_2 + p_3 + 0.17(호스릴 \ 옥내소화전설비 \ 포함)$$

여기서, P : 필요한 압력[MPa]
p_1 : 호스의 마찰손실수두압[MPa]
p_2 : 배관의 마찰손실수두압[MPa]
p_3 : 낙차의 환산수두압[MPa]
0.17 : 옥내소화전 노즐 선단(끝부분)의 방수압[MPa]

(2) 설치 부속물

① 수위계
② 급수관
③ 배수관
④ 급기관
⑤ 맨 홀
⑥ 압력계
⑦ 안전장치
⑧ 압력저하 방지를 위한 자동식 공기압축기

8 가압수조에 의한 가압송수장치

(1) 가압수조의 **방수량** 및 **방수압**이 **20분 이상 유지**되도록 할 것

(2) 가압수조 및 가압원은 건축법 시행령 제46조에 따른 방화구획된 장소에 설치할 것

(3) 가압수조식 가압송수장치의 성능인증 및 제품검사의 기술기준(제3조, 제5조)

　① 가압수조장치의 구성 : 수조, 가압용기, 제어반, 압력조정장치, 성능시험배관 등

　② 가압수조장치의 소화수보충장치의 기준

　　㉠ 토출압력은 수조의 설정압력보다 높아야 하고, 토출량은 4[L/min] 이상일 것

　　㉡ 토출 측에서 보충장치로 역류를 방지하기 위한 체크밸브와 개폐밸브를 설치할 것

　③ 가압수조장치의 가압가스보충장치의 기준

　　㉠ 토출압력은 가압용기의 압력보다 높아야 하고, 토출량은 80[L/min] 이상일 것

　　㉡ 토출 측에서 보충장치로 역류를 방지하기 위한 체크밸브와 개폐밸브를 설치할 것

　④ 가압수조장치의 성능시험배관의 유량계 기준

　　㉠ 해당 가압수조장치 정격토출량의 120[%] 이상 300[%] 이하의 범위를 측정할 수 있을 것

　　㉡ 눈금단위는 최대측정범위를 20등분 이상으로 등분되어 있을 것

　　㉢ 적정한 유량시험장치에 유량계를 설치하여 시험하는 경우, 유량계의 지시값은 표준유량계 지시값의 ±5[%] 범위 이내일 것

　⑤ 수조의 기준

　　㉠ 수위계, 급수관, 배수관, 급기관, 압력계, 안전장치와 맨홀 등이 있는 구조일 것

　　㉡ 맨홀은 안지름 400[mm] 이상의 원형 크기일 것

　　㉢ 맨홀이 물탱크 상부에 설치된 경우에는 물탱크 내부에 점검용 사다리를 설치할 것

　　㉣ 물탱크 등의 내부는 방식처리를 할 것

　　㉤ 물탱크의 내부용적은 유효저수량의 110[%] 이상일 것

9 배 관

(1) 배관의 재질

　배관은 다음의 어느 하나에 해당하는 것 또는 동등 이상의 강도·내식성 및 내열성을 국내·외 공인기관으로부터 인정받은 것을 사용해야 하고 배관용 스테인리스강관(KS D 3576)의 이음을 용접으로 할 경우에는 텅스텐 불활성가스 아크용접 방식에 따른다.

　① **배관 내 사용압력이 1.2[MPa] 미만일 경우**

　　㉠ 배관용 탄소강관(KS D 3507)

　　㉡ 이음매 없는 구리 및 구리합금관(KS D 5301). 다만, 습식의 배관에 한한다.

　　㉢ 배관용 스테인리스강관(KS D 3576) 또는 일반배관용 스테인리스강관(KS D 3595)

　　㉣ 덕타일 주철관(KS D 4311)

② 배관 내 사용압력이 1.2[MPa] 이상일 경우 `23` 년 출제

　㉠ 압력배관용 탄소강관(KS D 3562)

　㉡ 배관용 아크용접 탄소강강관(KS D 3583)

> **[①, ②의 기준]**
> 옥내소화전설비, 옥외소화전설비, 스프링클러설비, 간이스프링클러설비, 화재조기진압용 스프링클러설비, 물분무소화설비, 포소화설비, 연결송수관설비, 연결살수설비는 같다.

③ 소방용 합성수지배관으로 할 수 있는 경우

　㉠ 배관을 지하에 매설하는 경우

　㉡ 다른 부분과 내화구조로 구획된 덕트 또는 피트의 내부에 설치하는 경우

　㉢ 천장(상층이 있는 경우에는 상층바닥의 하단을 포함한다)과 반자를 불연재료 또는 준불연 재료로 설치하고 소화배관 내부에 항상 소화수가 채워진 상태로 설치하는 경우

> **[소방용 합성수지배관으로 할 수 있는 경우]**
> 옥내소화전설비, 옥외소화전설비, 스프링클러설비, 간이스프링클러설비, 화재조기진압용 스프링클러설비, 물분무소화설비, 포소화설비, 연결송수관설비, 연결살수설비는 같다.

④ 펌프의 **흡입 측 배관의 설치기준** `22` 년 출제

　㉠ 공기 고임이 생기지 않는 구조로 하고 여과장치를 설치할 것

　㉡ 수조가 펌프보다 낮게 설치된 경우에는 각 펌프(충압펌프를 포함한다)마다 수조로부터 별도로 설치할 것

⑤ 펌프의 토출 측 주배관의 구경은 유속이 4[m/s] 이하로 할 것

⑥ 배관의 구경 `22` 년 출제

　㉠ 옥내소화전 방수구와 연결되는 가지배관 : 40[mm](호스릴옥내소화전설비 : 25[mm]) 이상

　㉡ 주배관 중 수직배관 : 50[mm](호스릴옥내소화전설비 : 32[mm]) 이상

　㉢ **연결송수관설비**의 배관과 **겸용 시**

　　• 주배관 : 100[mm] 이상

　　• 방수구로 연결되는 배관 : 65[mm] 이상

(2) 성능시험배관

성능시험배관

① 기능 : 정격부하운전 시 펌프의 성능을 시험하기 위하여

② 분기점 : **펌프 토출 측의 개폐밸브 이전**에서 분기하여 직선으로 설치한다.

③ **펌프의 성능** : 체절운전 시 정격토출압력의 **140[%]**를 초과하지 않고 정격토출량의 **150[%]**로 운전 시 **정격토출압력의 65[%] 이상**이 되어야 하며, 펌프의 성능을 시험할 수 있는 성능시험배관을 설치할 것. 다만, 충압펌프의 경우에는 그렇지 않다. `14` `21` **년 출제**

구 분	체절운전 시	정격토출량 100[%] 운전 시	정격토출량 150[%] 운전 시
펌프 토출량	0[L/min]	260[L/min]	260×1.5 = 390[L/min]
펌프 토출압	1.4[MPa] 이하	1[MPa]	1×0.65 = 0.65[MPa] 이상

- 정격토출압력 : 해당 설비의 양정 계산 시 총양정을 100 : 1로 환산한 압력[MPa]
- 정격토출량 : 해당 설비에 필요한 펌프의 분당 토출량[L/min]

④ **유량측정장치**는 펌프의 정격토출량의 **175[%] 이상**까지 측정할 수 있는 성능이 있을 것 `11` `22` **년 출제**

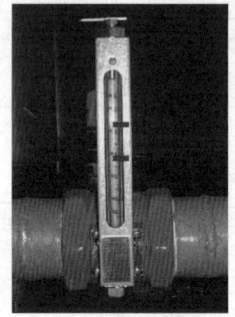
a. 오리피스 타입

b. 클램프 타입

[유량계]

(3) 배관 구경의 설정

배관은 계산에 의하여 산출한 배관의 구경을 사용해야 한다. `11` **년 출제**

사용 관경[mm]	40	50	65	80	100
방수량[L/min]	130	260	390	520	650

(4) 배관의 색상

배관은 다른 설비의 배관과 쉽게 구분이 될 수 있는 위치에 설치하거나, 그 배관표면 또는 배관 **보온재 표면의 색상**은 한국산업표준(배관계의 식별 표시, KS A 0503) 또는 **적색**으로 식별이 가능하도록 소방용설비의 배관임을 표시해야 한다.

> (3) 배관의 색상은 **수계소화설비**(옥내소화전설비, 옥외소화전설비, 스프링클러설비, 간이스프링클러설비, 화재조기진압용 스프링클러설비, 물분무소화설비, 미분무소화설비, 포소화설비), 연결송수관설비, 연결살수설비는 같다.

(5) 송수구의 설치기준

① 소방차가 쉽게 접근할 수 있고 잘 보이는 장소에 설치하고, 화재층으로부터 지면으로 떨어지는 유리창 등이 송수 및 그 밖의 소화작업에 지장을 주지 않는 장소에 설치할 것
② 송수구로부터 옥내소화전설비의 주배관에 이르는 연결배관에는 개폐밸브를 설치하지 않을 것. 다만, 스프링클러설비 · 물분무소화설비 · 포소화설비 또는 연결송수관설비의 배관과 겸용하는 경우에는 그렇지 않다.
③ 지면으로부터 높이가 0.5[m] 이상 1[m] 이하의 위치에 설치할 것
④ 구경 65[mm]의 쌍구형 또는 단구형으로 할 것
⑤ 송수구의 부근에는 자동배수밸브(또는 직경 5[mm]의 배수공) 및 체크밸브를 설치할 것. 이 경우 자동배수밸브는 배관 안의 물이 잘 빠질 수 있는 위치에 설치하되, 배수로 인하여 다른 물건 또는 장소에 피해를 주지 않아야 한다.
⑥ 송수구에는 이물질을 막기 위한 마개를 씌울 것

[송수구]

[자동배수밸브]

(6) 배관길이의 압력강하(Hazen-Williams의 공식)

$$P_m = 6.053 \times 10^4 \times \frac{Q^{1.85}}{C^{1.85} \times d^{4.87}}$$

여기서, P_m : 관의 길이 1[m]당의 마찰손실에 따른 압력강하[MPa/m]
Q : 유량[L/min]
d : 관의 내경[mm]
C : 관의 조도계수(관에 따라 다르지만 보통 100이다)

⑩ 옥내소화전함 등

(1) 구조(소화전함 성능인증 및 제품검사의 기술기준 제3조)

① 소화전함의 내부 폭 : 180[mm] 이상
② 여닫이 방식의 문은 120° 이상 열리는 구조일 것
③ 소화전용 배관이 통과하는 부분의 구경 : 32[mm] 이상
④ 표시등(위치표시등, 기동표시등)은 설치하기 위해 필요한 경우 타공은 함의 상부에 해야 한다.
⑤ 문의 면적은 0.5[m²] 이상이어야 하며, 짧은 변의 길이(미닫이 방식의 경우 최대 개방길이)는 500[mm] 이상이어야 한다.

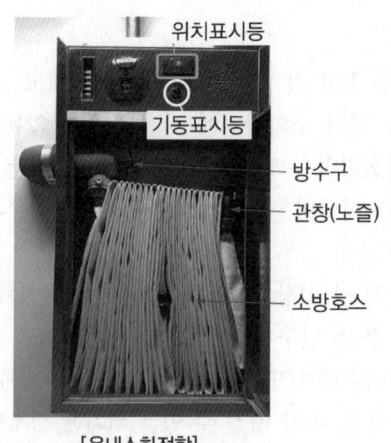
[옥내소화전함]

(2) 방수구(개폐밸브)

① 특정소방대상물의 **층마다** 설치하되 해당 특정소방대상물의 각 부분으로부터 하나의 옥내소화전 방수구까지의 수평거리가 **25[m]**(호스릴 옥내소화전설비를 포함한다) **이하**가 되도록 할 것. 다만, 복층형 구조의 공동주택의 경우에는 세대의 출입구가 설치된 층에만 설치할 수 있다.

② 설치 위치 : 바닥으로부터 높이가 1.5[m] 이하가 되도록 할 것 `22` 년 출제

③ **호스의 구경** : 40[mm] 이상(호스릴 옥내소화전설비 : 25[mm] 이상)의 것으로서 특정소방대상물의 각 부분에 물이 유효하게 뿌려질 수 있는 길이로 설치할 것

④ 호스릴 옥내소화전설비의 경우 그 노즐에는 노즐을 쉽게 개폐할 수 있는 장치를 부착할 것

[방수구(앵글밸브)]

[호스릴 옥내소화전설비]

Plus one 옥내소화전 방수구의 설치 제외 `10` 년 출제
- 냉장창고 중 온도가 영하인 냉장실 또는 냉동창고의 냉동실
- 고온의 노가 설치된 장소 또는 물과 격렬하게 반응하는 물품의 저장 또는 취급 장소
- 발전소·변전소 등으로서 전기시설이 설치된 장소
- 식물원·수족관·목욕실·수영장(관람석 부분을 제외한다) 또는 그 밖의 이와 비슷한 장소
- 야외음악당·야외극장 또는 그 밖의 이와 비슷한 장소

(3) 표시등의 설치기준

① 옥내소화전설비의 위치를 표시하는 표시등은 함의 상부에 설치하되, 소방청장이 고시하는 표시등의 성능인증 및 제품검사의 기술기준에 적합한 것으로 할 것
② 가압송수장치의 기동을 표시하는 표시등은 옥내소화전함의 상부 또는 그 직근에 설치하되 적색등으로 할 것. 자체소방대를 구성하여 운영하는 경우 가압송수장치의 기동표시등을 설치하지 않을 수 있다.
③ 표시등의 성능인증 및 제품검사의 기술기준(제5조~제8조)
　㉠ 표시등의 두께 : 2[mm] 이상
　㉡ 표시등의 점등 색상 : 적색
　㉢ 표시등의 소비전류 : 전구 1개당 40[mA] 이하
　㉣ 식별도시험 : 표시등의 불빛은 부착면과 15° 이하의 각도로도 발산되어야 하며 주위의 밝기가 0[lx]인 장소에서 측정하여 10[m] 떨어진 위치에서 켜진 등이 확실히 식별되어야 한다.
　㉤ 수명시험 : 표시등은 사용전압의 130[%]인 전압을 24시간 연속하여 가하는 경우 단선, 현저한 광속변화, 전류변화 등의 현상이 발생하지 않아야 한다. `15` `년 출제`

(4) 표 기

① 옥내소화전설비의 함에는 그 표면에 "소화전"이라는 표시를 해야 한다.
② 옥내소화전설비의 함에는 함 가까이 보기 쉬운 곳에 그 사용요령을 기재한 표지판을 붙여야 하며 표지판을 함의 문에 붙이는 경우에는 문의 내부 및 외부 모두에 붙여야 한다. 이 경우, 사용요령은 외국어와 시각적인 그림을 포함하여 작성해야 한다.

11 전원 및 비상전원

(1) 전원(상용전원회로의 배선 설치기준)

가압수조방식으로서 모든 기능이 **20분 이상** 유효하게 지속될 수 있는 경우에는 그렇지 않다.
① 저압수전인 경우에는 인입개폐기의 직후에서 분기하여 전용배선으로 해야 하며, 전용의 전선관에 보호되도록 할 것
② 특별고압수전 또는 고압수전일 경우에는 전력용 변압기 2차 측의 주차단기 1차 측에서 분기하여 전용배선으로 하되, 상용전원의 상시 공급에 지장이 없을 경우에는 주차단기 2차 측에서 분기하여 전용배선으로 할 것

(2) 비상전원

① 비상전원의 종류
　㉠ 자가발전설비
　㉡ 축전지설비(내연기관에 따른 펌프를 사용하는 경우에는 내연기관의 기동 및 축전지를 말함)
　㉢ 전기저장장치(외부 전기에너지를 저장해 두었다가 필요한 때 전기를 공급하는 장치)

[비상전원]

② 비상전원의 설치대상

   ⊙ 층수가 **7층 이상**으로서 연면적이 **2,000[m²] 이상**인 것

   ⓒ ⊙에 해당하지 않는 특정소방대상물로서 **지하층**의 **바닥면적의 합계가 3,000[m²] 이상**인 것

③ 비상전원의 설치제외 대상

   ⊙ 2 이상의 변전소에서 전력을 동시에 공급받을 수 있는 경우

   ⓒ 하나의 변전소로부터 전력의 공급이 중단되는 때에는 자동으로 다른 변전소로부터 전원을 공급받을 수 있도록 상용전원을 설치한 경우

   ⓒ 가압수조방식일 경우

④ 비상전원의 설치기준

   ⊙ 점검에 편리하고 화재 및 침수 등의 재해로 인한 피해를 받을 우려가 없는 곳에 설치할 것

   ⓒ 옥내소화전설비를 유효하게 **20분 이상(층수가 30층 이상 49층 이하는 40분 이상, 50층 이상은 60분 이상)** 작동할 수 있어야 할 것

   ⓒ 상용전원으로부터 전력의 공급이 중단된 때에는 자동으로 비상전원으로부터 전력을 공급받을 수 있도록 할 것

   ⓔ 비상전원(내연기관의 기동 및 제어용 축전기를 제외한다)의 설치장소는 다른 장소와 방화구획할 것. 이 경우 그 장소에는 비상전원의 공급에 필요한 기구나 설비 외의 것(열병합발전설비에 필요한 기구나 설비는 제외)을 두어서는 안 된다.

   ⓜ 비상전원을 실내에 설치하는 때에는 그 실내에 비상조명등을 설치할 것

12 제어반

(1) 감시제어반의 기능

① 각 펌프의 작동 여부를 확인할 수 있는 표시등 및 음향경보기능이 있어야 할 것

② 각 펌프를 자동 및 수동으로 작동시키거나 중단시킬 수 있어야 한다.

③ 비상전원을 설치한 경우에는 상용전원 및 비상전원의 공급 여부를 확인할 수 있어야 할 것

④ 수조 또는 물올림수조가 저수위로 될 때 표시등 및 음향으로 경보할 것

⑤ 다음의 각 확인회로마다 도통시험 및 작동시험을 할 수 있도록 할 것

   ⊙ 기동용 수압개폐장치의 압력스위치회로

   ⓒ 수조 또는 물올림수조의 저수위감시회로

   ⓒ 급수배관의 개폐밸브의 폐쇄상태 확인회로

   ⓔ 그 밖의 이와 비슷한 회로

⑥ 예비전원이 확보되고 예비전원의 적합 여부를 시험할 수 있어야 할 것

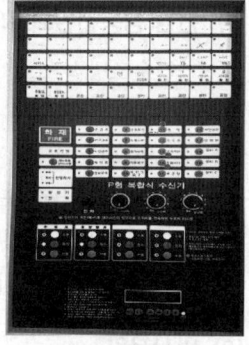

[감시제어반]

Plus one 감시제어반과 동력제어반을 구분하여 설치하지 않는 경우

① 비상전원을 설치하지 않는 특정소방대상물에 설치되는 옥내소화전설비
  ㉠ 층수가 7층 이상으로서 연면적이 2,000[m²] 이상인 것
  ㉡ ㉠에 해당하지 않는 특정소방대상물로서 지하층의 바닥면적의 합계가 3,000[m²] 이상인 것
② 내연기관에 따른 가압송수장치를 사용하는 옥내소화전설비
③ 고가수조에 따른 가압송수장치를 사용하는 옥내소화전설비
④ 가압수조에 따른 가압송수장치를 사용하는 옥내소화전설비

(2) 감시제어반의 설치기준

① 화재 및 침수 등의 재해로 인한 피해를 받을 우려가 없는 곳에 설치할 것
② 감시제어반은 옥내소화전설비의 전용으로 할 것. 다만, 옥내소화전설비의 제어에 지장이 없는 경우에는 다른 설비와 겸용할 수 있음
③ 감시제어반은 다음의 기준에 따른 전용실 안에 설치할 것

Plus one 감시제어반을 전용실 안에 설치하지 않는 경우

① 비상전원을 설치하지 않는 특정소방대상물에 설치되는 옥내소화전설비
  ㉠ 층수가 7층 이상으로서 연면적이 2,000[m²] 이상인 것
  ㉡ ㉠에 해당하지 않는 특정소방대상물로서 지하층의 바닥면적의 합계가 3,000[m²] 이상인 것
② 내연기관에 따른 가압송수장치를 사용하는 옥내소화전설비
③ 고가수조에 따른 가압송수장치를 사용하는 옥내소화전설비
④ 가압수조에 따른 가압송수장치를 사용하는 옥내소화전설비
⑤ 공장, 발전소 등에서 설비를 집중 제어·운전할 목적으로 설치하는 중앙제어실 내에 감시제어반을 설치하는 경우

  ㉠ 다른 부분과 방화구획을 할 것(이 경우 전용실의 벽에는 기계실 또는 전기실 등의 감시를 위하여 두께 7[mm] 이상의 망입유리(두께 16.3[mm] 이상의 접합유리 또는 두께 28[mm] 이상의 복층유리를 포함한다)로 된 4[m²] 미만의 붙박이창을 설치할 수 있다)
  ㉡ 피난층 또는 지하 1층에 설치할 것

Plus one 지상 2층이나 지하 1층 외의 지하층에 설치할 수 경우

• 건축법 시행령 제35조에 따라 특별피난계단이 설치되고 그 계단(부속실을 포함한다) 출입구로부터 보행거리 5[m] 이내에 전용실의 출입구가 있는 경우
• 아파트의 관리동(관리동이 없는 경우에는 경비실)에 설치하는 경우

(3) 동력제어반의 설치기준

① 앞면은 적색으로 하고 "옥내소화전소화설비용 동력제어반"이라고 표시한 표지를 설치할 것
② 외함은 두께 1.5[mm] 이상의 강판 또는 이와 동등 이상의 강도 및 내열성능이 있는 것으로 할 것
③ 화재 및 침수 등의 재해로 인한 피해를 받을 우려가 없는 곳에 설치할 것
④ 동력제어반은 옥내소화전설비의 전용으로 할 것. 다만, 옥내소화전설비의 제어에 지장이 없는 경우에는 다른 설비와 겸용할 수 있다.

13 수원 및 가압송수장치의 펌프 등의 겸용

① **옥내소화전설비의 수원**을 스프링클러설비·간이스프링클러설비·화재조기진압용 스프링클러설비·물분무소화설비·포소화설비 및 옥외소화전설비의 **수원과 겸용하여 설치하는 경우의 저수량**은 각 소화설비에 필요한 **저수량을 합한 양 이상**이 되도록 해야 한다.

> **Plus one** 저수량을 최대의 것으로 할 수 있는 경우
> 이들 소화설비 중 고정식 소화설비(펌프·배관과 소화수 또는 소화약제를 최종 방출하는 방출구가 고정된 설비를 말한다)가 2 이상 설치되어 있고, 그 소화설비가 설치된 부분이 방화벽과 방화문으로 구획되어 있는 경우에는 각 고정식 소화설비에 필요한 저수량 중 최대의 것 이상으로 할 수 있다.

② **옥내소화전설비의 가압송수장치**로 사용하는 펌프를 스프링클러설비·간이스프링클러설비·화재조기진압용 스프링클러설비·물분무소화설비·포소화설비 및 옥외소화전설비의 **가압송수장치와 겸용하여 설치**하는 경우의 **펌프의 토출량**은 각 소화설비에 해당하는 **토출량을 합한 양** 이상이 되도록 해야 한다.

> **Plus one** 토출량을 최대의 것으로 할 수 있는 경우
> 이들 소화설비 중 고정식 소화설비가 2 이상 설치되어 있고, 그 소화설비가 설치된 부분이 방화벽과 방화문으로 구획되어 있으며 각 소화설비에 지장이 없는 경우에는 펌프의 토출량 중 최대의 것 이상으로 할 수 있다.

③ **옥내소화전설비의 송수구**를 스프링클러설비·간이스프링클러설비·화재조기진압용 스프링클러설비·물분무소화설비·포소화설비 또는 연결송수관설비의 송수구와 겸용으로 설치하는 경우에는 **스프링클러설비의 송수구의 설치기준**에 따르고, **연결살수설비의 송수구와 겸용**으로 설치하는 경우에는 **옥내소화전설비의 송수구의 설치기준**에 따르되 각각의 소화설비의 기능에 지장이 없도록 해야 한다.

14 점검 및 작동방법

(1) 방수압력측정

측정하고자 하는 층의 옥내소화전을 모두(2개 이상은 2개) 개방하여 노즐 선단(끝부분)에서 $d/2$만큼 떨어진 지점에서 압력을 측정하고 최상층 부분의 소화전 설치개수를 동시 개방하여 방수압력을 측정하였을 때 소화전에서 0.17[MPa]의 압력으로 130[L/min]의 방수량 이상이어야 한다.

$$Q = 0.6597CD^2\sqrt{10P}$$

여기서, Q : 분당 토출량[L/min]
C : 유량계수
D : 관경(또는 노즐구경)[mm]
P : 방수압력[MPa]

(2) 펌프의 성능 시험방법

① 체절운전시험(무부하시험)

　㉠ 펌프 토출 측의 주밸브를 폐쇄한다.

　㉡ 성능시험배관의 개폐밸브를 폐쇄한다.

　㉢ 주펌프를 수동기동한다.

　㉣ 체절운전 시 정격토출압력의 140[%]를 초과하지 않아야 한다(이때 릴리프밸브가 체절압력 미만에서 작동하지 않으면 캡을 열어 스패너로 조정한다).

② 정격부하시험(100[%] 유량운전)

　㉠ 성능시험배관의 개폐밸브를 서서히 개방한다.

　㉡ 주펌프를 수동으로 기동한다.

　㉢ 성능시험배관의 유량조절밸브를 개방한다.

　㉣ 정격토출량이 100[%]일 때 토출압력을 확인한다(토출압력이 펌프의 명판에 기재된 정격토출량에서 전양정은 100[%] 이상이면 정상이다).

③ 최대운전시험(피크부하시험)

　㉠ 유량조절밸브를 완전히 개방한다.

　㉡ 정격토출량의 150[%]가 되었을 때 토출압력을 확인한다(이때 펌프 전양정이 65[%] 이상이 되면 정상이다).

(3) 펌프의 체절운전방법

① 주밸브와 성능시험배관의 개폐밸브를 잠근다.

② 동력제어반에서 주펌프를 수동으로 기동한다.

③ Pump가 기동되면 토출 측의 압력이 계속 상승되며 체절압력이 순환배관상의 릴리프밸브가 개방되어 압력수를 방출시킨다.

④ 이때 압력계상의 압력이 Setting된 체절압력이 된다.

제3절　옥외소화전설비(NFTC 109)

1 옥외소화전설비의 개요

옥외소화전은 건축물의 화재를 진압하는 외부에 설치된 고정된 설비로서 자체 소화 또는 인접 건물로의 연소방지를 목적으로 설치된다.

2 옥외소화전설비의 계통도

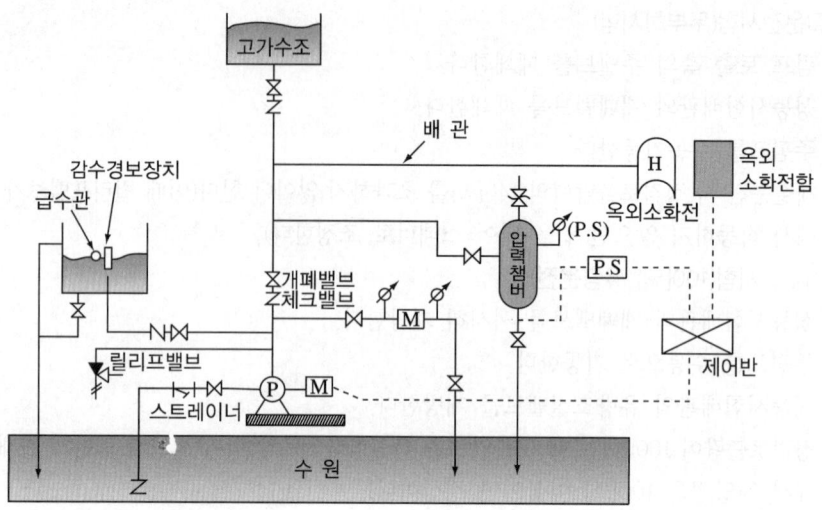

3 수 원

(1) 수원의 종류

① 지하수조

② 고가수조 : 구조물 또는 지형지물 등에 설치하여 자연낙차의 압력으로 급수하는 수조

③ 압력수조 : 소화용수와 공기를 채우고 일정압력 이상으로 가압하여 그 압력으로 급수하는 수조

④ 가압수조 : 가압원인 압축공기 또는 불연성 기체의 압력으로 소화용수를 가압하여 그 압력으로 급수하는 구조

(2) 수원의 용량

옥외소화전설비의 수원은 그 저수량이 옥외소화전의 설치개수(옥외소화전이 2개 이상 설치된 경우에는 2개)에 7[m³]를 곱한 양 이상이 되도록 해야 한다.

> 수원의 양[L] = N(최대 2개) × 350[L/min] × 20[min] = N × 7[m³]

(3) 수원의 설치기준

① 옥외소화전설비의 수원은 그 저수량이 옥외소화전의 설치개수(옥외소화전이 2개 이상 설치된 경우에는 2개)에 7[m³]를 곱한 양 이상이 되도록 해야 한다.

② 옥외소화전설비의 수원을 수조로 설치하는 경우에는 소화설비의 전용수조로 해야 한다.

> **Plus one** 전용수조로 하지 않아도 되는 경우
> • 옥외소화전설비용 펌프의 풋밸브 또는 흡수배관의 흡수구(수직회전축 펌프의 흡수구를 포함한다)를 다른 설비(소화용 설비 외의 것을 말한다)의 풋밸브 또는 흡수구보다 낮은 위치에 설치한 때
> • 고가수조로부터 옥외소화전설비의 수직배관에 물을 공급하는 급수구를 다른 설비의 급수구보다 낮은 위치에 설치한 때

③ ①에 따른 저수량을 산정함에 있어서 다른 설비와 겸용하여 옥외소화전설비용 수조를 설치하는 경우에는 옥외소화전설비의 풋밸브·흡수구 또는 수직배관의 급수구와 다른 설비의 풋밸브·흡수구 또는 수직배관의 급수구와의 사이의 수량을 그 유효수량으로 한다.

④ 옥외소화전설비용 수조의 설치기준

　　㉠ 점검에 편리한 곳에 설치할 것

　　㉡ 동결방지조치를 하거나 동결의 우려가 없는 장소에 설치할 것

　　㉢ 수조의 외측에 수위계를 설치할 것. 다만, 구조상 불가피한 경우에는 수조의 맨홀 등을 통하여 수조 안의 물의 양을 쉽게 확인할 수 있도록 해야 한다.

　　㉣ 수조의 상단이 바닥보다 높은 때에는 수조의 외측에 고정식 사다리를 설치할 것

　　㉤ 수조가 실내에 설치된 때에는 그 실내에 조명설비를 설치할 것

　　㉥ 수조의 밑 부분에는 청소용 배수밸브 또는 배수관을 설치할 것

　　㉦ 수조의 외측의 보기 쉬운 곳에 "옥외소화전설비용 수조"라고 표시한 표지를 설치할 것. 이 경우 그 수조를 다른 설비와 겸용하는 때에는 그 겸용되는 설비의 이름을 표시한 표지를 함께 해야 한다.

　　㉧ 소화설비용 흡수배관 또는 소화설비의 수직배관과 수조의 접속부분에는 "옥외소화전설비용 배관"이라고 표시한 표지를 할 것. 다만, 수조와 가까운 장소에 소화설비용 펌프가 설치되고 해당 펌프에 "옥외소화전펌프"라고 표시한 표지를 설치한 때에는 그렇지 않다.

4 가압송수장치

(1) 가압송수장치의 개요

① 특정소방대상물에 설치된 **옥외소화전**(2개 이상 설치된 경우에는 **2개의 옥외소화전**)을 동시에 사용할 경우 각 옥외소화전의 노즐 선단(끝부분)에서의 **방수압력**이 **0.25[MPa] 이상**이고, **방수량**이 **350[L/min]** 이상이 되는 성능의 것으로 할 것. 다만, 하나의 옥외소화전을 사용하는 노즐 선단(끝부분)에서의 방수압력이 0.7[MPa]을 초과할 경우에는 호스접결구의 인입 측에 감압장치를 설치해야 한다. **14 년 출제**

> 펌프의 토출량[L/min] = $N \times 350$[L/min]

　　　　여기서, N : 옥외소화전의 설치개수(2개 이상은 2개)

② 펌프는 전용으로 할 것. 다만, 다른 소화설비와 겸용하는 경우 각각의 소화설비의 성능에 지장이 없을 때에는 그렇지 않다.

③ 펌프의 **토출 측**에는 **압력계**를 체크밸브 이전에 펌프 토출 측 플랜지에서 가까운 곳에 설치하고 **흡입 측**에는 **연성계** 또는 **진공계**를 설치할 것

> 수원의 수위가 펌프의 위치보다 높거나 수직회전축 펌프의 경우에는 연성계 또는 진공계를 설치하지 않을 수 있다.

④ 펌프의 성능은 체절운전 시 정격토출압력의 140[%]를 초과하지 않고, 정격토출량의 150[%]로 운전 시 정격토출압력의 65[%] 이상이 되어야 하며, 펌프의 성능을 시험할 수 있는 성능시험배관을 설치할 것. 다만, 충압펌프의 경우에는 그렇지 않다.

⑤ 가압송수장치에는 체절운전 시 수온의 상승을 방지하기 위한 순환배관을 설치할 것. 다만, 충압펌프의 경우에는 그렇지 않다.

⑥ 기동장치로는 기동용수압개폐장치 또는 이와 동등 이상의 성능이 있는 것을 설치할 것. 다만, 아파트·업무시설·학교·전시시설·공장·창고시설 또는 종교시설 등으로서 동결의 우려가 있는 장소에 있어서는 기동스위치에 보호판을 부착하여 옥외소화전함 내에 설치할 수 있다.

⑦ 기동용수압개폐장치 중 압력챔버를 사용할 경우 그 용적은 100[L] 이상의 것으로 할 것

⑧ 충압펌프의 설치기준(옥외소화전이 1개 설치된 경우로서 소화용 급수펌프로도 상시 충압이 가능하면 제외)

　　㉠ 펌프의 토출압력은 그 설비의 최고위 호스접결구의 자연압보다 적어도 0.2[MPa]이 더 크도록 하거나 가압송수장치의 정격토출압력과 같게 할 것

　　㉡ 펌프의 정격토출량은 정상적인 누설량보다 적어서는 안 되며, 옥외소화전설비가 자동적으로 작동할 수 있도록 충분한 토출량을 유지할 것

(2) 물올림장치(호수조, 물마중장치, Priming Tank) **24 년 출제**

① 주기능 : 풋밸브에서 펌프 임펠러까지에 항상 물을 충전시켜서 언제든지 펌프에서 물을 흡입할 수 있도록 대비시켜 주는 부수설비

② 설치기준 : 수원의 수위가 **펌프보다 아래에 있을 때**

③ 수조의 유효수량 : **100[L] 이상**

④ 수조의 급수배관 : 구경 15[mm] 이상

⑤ 물올림배관 : 25[mm] 이상

(3) 압력챔버(기동용 수압 개폐장치)

① 구조 : 몸체, 유입구 및 압력계, 압력스위치, 안전밸브, 배수밸브

② 기 능

　　㉠ 충압펌프(Jocky Pump) 또는 **주펌프**를 **작동**시킨다.

　　㉡ 규격방수압력을 방출한다.

> 압력챔버의 용량 : 100[L] 이상(현장에서 100[L]용, 200[L]용)

(4) 가압송수장치의 재질(단, 충압펌프는 제외)

① 재질 사용이유 : 부식 등으로 인한 펌프의 고착을 방지하기 위하여

② 재질의 기준

　　㉠ 임펠러는 청동 또는 스테인리스 등 부식에 강한 재질을 사용할 것

　　㉡ 펌프축은 스테인리스 등 부식에 강한 재질을 사용할 것

(5) 펌프의 양정

① 지하수조(펌프방식)

$$H = h_1 + h_2 + h_3 + 25$$

여기서, H : 펌프의 전양정[m]
h_1 : 호스의 마찰손실수두[m]
h_2 : 배관의 마찰손실수두[m]
h_3 : 낙차(펌프의 흡입높이 + 펌프에서 최고 수위의 소화전까지의 높이[m])
25 : 노즐 선단(끝부분)의 방수압력 환산수두[m]

② 고가수조

$$H = h_1 + h_2 + 25$$

여기서, H : 필요한 낙차[m]
h_1 : 호스의 마찰손실수두[m]
h_2 : 배관의 마찰손실수두[m]
25 : 노즐 선단(끝부분)의 방수압력 환산수두[m]

③ 압력수조

$$P = p_1 + p_2 + p_3 + 0.25$$

여기서, P : 필요한 압력[MPa]
p_1 : 호스의 마찰손실수두압[MPa]
p_2 : 배관의 마찰손실수두압[MPa]
p_3 : 낙차의 환산수두압[MPa]
0.25 : 옥외소화전 노즐 선단(끝부분)의 방수압[MPa]

5 배관 등

① 호스접결구는 지면으로부터의 높이가 0.5[m] 이상 1[m] 이하의 위치에 설치하고 특정소방대상물의 각 부분으로부터 하나의 호스접결구까지의 수평거리가 40[m] 이하가 되도록 설치해야 한다.
② 호스는 구경 65[mm]의 것으로 해야 한다.
③ 배관 내 사용압력이 1.2[MPa] 미만일 경우
　㉠ 배관용 탄소 강관(KS D 3507)
　㉡ 이음매 없는 구리 및 구리합금관(KS D 5301). 다만, 습식의 배관에 한한다.
　㉢ 배관용 스테인리스 강관(KS D 3576) 또는 일반배관용 스테인리스 강관(KS D 3595)
　㉣ 덕타일 주철관(KS D 4311)
④ 배관 내 사용압력이 1.2[MPa] 이상
　㉠ 압력 배관용 탄소 강관(KS D 3562)
　㉡ 배관용 아크용접 탄소강 강관(KS D 3583)
⑤ 소방용 합성수지배관으로 설치할 수 있는 경우
　㉠ 배관을 지하에 매설하는 경우
　㉡ 다른 부분과 내화구조로 구획된 덕트 또는 피트의 내부에 설치하는 경우
　㉢ 천장(상층이 있는 경우에는 상층 바닥의 하단을 포함한다)과 반자를 불연재료 또는 준불연재료로 설치하고 소화배관 내부에 항상 소화수가 채워진 상태로 설치하는 경우

⑥ 펌프의 성능시험배관

    ㉠ 성능시험배관은 펌프의 토출 측에 설치된 개폐밸브 이전에서 분기하여 직선으로 설치하고, 유량측정장치를 기준으로 전단 직관부에는 개폐밸브를 후단 직관부에는 유량조절밸브를 설치할 것. 이 경우 개폐밸브와 유량측정장치 사이의 직관부 거리 및 유량측정장치와 유량조절밸브 사이의 직관부 거리는 해당 유량측정장치 제조사의 설치사양에 따르고, 성능시험배관의 호칭지름은 유량측정장치의 호칭지름에 따른다.

    ㉡ 유량측정장치는 펌프의 정격토출량의 175[%] 이상까지 측정할 수 있는 성능이 있을 것

⑦ 가압송수장치의 체절운전 시 수온의 상승을 방지하기 위하여 체크밸브와 펌프 사이에서 분기한 구경 20[mm] 이상의 배관에 체절압력 미만에서 개방되는 릴리프밸브를 설치할 것

⑧ 급수배관에 설치되어 급수를 차단할 수 있는 개폐밸브(옥외소화전방수구를 제외한다)는 개폐표시형으로 할 것. 이 경우 펌프의 흡입 측 배관에는 버터플라이밸브 외의 개폐표시형 밸브를 설치해야 한다.

6 옥외소화전함 등

(1) 옥외소화전의 설치 `14` 년 출제

① 방수구의 설치 : **수평거리 40[m] 이하**
② 소화전의 설치 : 출입구나 트인 부분

(2) 옥외소화전의 소화전함 `13` `14` `22` `23` 년 출제

① 옥외소화전함의 설치기준 : 5[m] 이내의 장소

소화전의 개수	설치기준
10개 이하	옥외소화전마다 5[m] 이내의 장소에 1개 이상 설치
11개 이상 30개 이하	11개 이상의 소화전함을 각각 분산하여 설치
31개 이상	옥외소화전 3개마다 1개 이상 설치

[옥외소화전과 소화전함의 설치]

② 구조(소화전함 성능인증 및 제품검사의 기술기준 제3조)

    ㉠ 소화전함의 내부폭 : 180[mm] 이상
    ㉡ 여닫이 방식의 문은 120° 이상 열리는 구조일 것
    ㉢ 소화전용 배관이 통과하는 부분의 구경 : 80[mm] 이상
    ㉣ 표시등(위치표시등, 기동표시등)을 설치하기 위한 타공은 함의 상부에 해야 한다.
    ㉤ 문의 면적은 0.5[m²] 이상, 짧은 변의 길이(미닫이 방식의 경우 최대 개방길이) 500[mm] 이상이어야 한다.

③ **표시등의 설치기준**

　㉠ 위치를 표시하는 표시등은 함의 상부에 설치하되, 소방청장이 정하여 고시한 표시등의 성능인증 및 제품검사의 기술기준에 적합한 것으로 할 것

　㉡ 가압송수장치의 기동을 표시하는 표시등은 옥외소화전함의 상부 또는 그 직근에 설치하되 적색등으로 할 것. 다만, 자체소방대를 구성하여 운영하는 경우 가압송수장치의 기동표시등을 설치하지 않을 수 있다.

　㉢ **표시등의 성능인증 및 제품검사의 기술기준(제5조~제8조)**

　　• 표시등의 두께 : 2[mm] 이상

　　• 표시등의 점등 색상 : 적색

　　• 표시등의 소비전류 : 전구 1개당 40[mA] 이하

　　• 식별도시험 : 표시등의 불빛은 부착면과 15° 이하의 각도로도 발산되어야 하며 주위의 밝기가 0[lx]인 장소에서 측정하여 10[m] 떨어진 위치에서 켜진 등이 확실히 식별되어야 한다.

　　• 수명시험 : 표시등은 사용전압의 130[%]인 전압을 24시간 연속하여 가하는 경우 단선, 현저한 광속변화, 전류변화 등의 현상이 발생하지 않아야 한다.

(3) 옥외소화전함의 호스와 노즐

① **호스의 종류**

　㉠ 옥외소화전함 격납 : 65[mm]의 호스 적정수량, 노즐 1본

　㉡ 호스의 종류 : 아마호스, 고무 내장호스

　㉢ 구경 : 65[mm]의 것

② **관창(Nozzle)**

　㉠ 노즐 선단(끝부분)의 방수압력 : 0.25[MPa] 이상

　㉡ 노즐 구경 : 19[mm]의 것

　㉢ 옥외소화전의 방수량 : $Q = 0.6597CD^2\sqrt{10P}$ 로서 옥내소화전과 같다.

7 제어반, 점검 및 작동 방법

옥내소화전과 동일하다.

제4절　스프링클러설비(NFTC 103)

1 스프링클러설비의 개요

스프링클러설비는 일정한 기준에 따라 건축물의 상부, 즉 천장, 벽 부분의 헤드에 의한 소화감지와 동시에 펌프의 기동 및 경보를 발하게 되며 압력이 가해져 있는 물이 헤드로부터 방수되어 초기에 소화하는 설비를 말한다.

2 스프링클러설비의 특징

(1) 장점

① 초기 화재에 절대적인 효과가 있다.

② 소화약제가 물로서 가격이 싸며 소화 후 복구가 용이하다.

③ 감지부의 구조가 기계적이므로 오동작, 오보가 없다.

④ 조작이 쉽고 안전하다.

⑤ 완전 자동이므로 사람이 없는 야간에도 자동적으로 화재를 감지하여 소화 및 경보를 한다.

(2) 단점

① 초기 시공비가 많이 든다.

② 시공이 타 소화설비보다 복잡하다.

③ 물로 인한 피해가 심하다.

3 스프링클러설비의 종류

항목＼종류	습식	건식	부압식	준비작동식	일제살수식
사용 헤드	폐쇄형	폐쇄형	폐쇄형	폐쇄형	개방형
배관 1차 측	가압수	가압수	가압수	가압수	가압수
배관 2차 측	가압수	압축공기	부압수	대기압, 저압공기	대기압(개방)
경보밸브	알람체크밸브	건식밸브	준비작동식밸브	준비작동식밸브	일제개방밸브
감지회로방식	–	–	단일회로방식	교차회로방식	교차회로방식
감지기의 유무	없다.	없다.	있다.	있다.	있다.
시험장치의 유무	있다.	있다.	있다.	없다.	없다.

① 습식 스프링클러설비 : 가압송수장치에서 폐쇄형 스프링클러헤드까지 배관 내에 항상 물이 가압되어 있다가 화재로 인한 열로 폐쇄형 스프링클러헤드가 개방되면 배관 내에 유수가 발생하여 습식 유수검지장치가 작동하게 되는 스프링클러설비

② 부압식 스프링클러설비 : 가압송수장치에서 준비작동식 유수검지장치의 1차 측까지는 항상 정압의 물이 가압되고, 2차 측 폐쇄형 스프링클러헤드까지는 소화수가 부압으로 되어 있다가 화재 시 감지기의 작동에 의해 정압으로 변하여 유수가 발생하면 작동하는 스프링클러설비

③ 준비작동식 스프링클러설비 : 가압송수장치에서 준비작동식 유수검지장치 1차 측까지 배관 내에 항상 물이 가압되어 있고, 2차 측에서 폐쇄형 스프링클러헤드까지 대기압 또는 저압으로 있다가 화재발생 시 감지기의 작동으로 준비작동식밸브가 개방되면 폐쇄형 스프링클러헤드까지 소화수가 송수되고, 폐쇄형 스프링클러헤드가 열에 의해 개방되면 방수가 되는 방식의 스프링클러설비

④ 건식 스프링클러설비 : 건식 유수검지장치 2차 측에 압축공기 또는 질소 등의 기체로 충전된 배관에 폐쇄형 스프링클러헤드가 부착된 스프링클러설비로서, 폐쇄형 스프링클러헤드가 개방되어 배관 내의 압축공기 등이 방출되면 건식 유수검지장치 1차 측의 수압에 의하여 건식 유수검지장치가 작동하게 되는 스프링클러설비

⑤ 일제살수식 스프링클러설비 : 가압송수장치에서 일제개방밸브 1차 측까지 배관 내에 항상 물이 가압
되어 있고 2차 측에서 개방형 스프링클러헤드까지 대기압으로 있다가 화재 시 자동감지장치 또는
수동식 기동장치의 작동으로 일제개방밸브가 개방되면 스프링클러헤드까지 소화수가 송수되는
방식의 스프링클러설비

4 스프링클러헤드의 분류

(1) 감열부 유무에 따른 분류

① 개방형 : 이융성 물질로 된 **열감지장치가 없고** 방수구가 개방되어 있다.
② 폐쇄형 : 이융성 물질로 된 **열감지장치가 있고** 분해 개방되는 기구이다.

[개방형]　　　　[폐쇄형]

(2) 설치방향(반사판)에 따른 분류

① 상향형

배관 상부에 다는 것으로 천장에 반자가 없는 곳에 설치하며 **하방 살수**를 목적으로 설치되어 있다.

② 하향형

파이프, 배관 아래에 부착하는 것으로 천장 반자가 있는 곳에 사용하며 분사패턴은 상향형보다
떨어지나 반자를 너무 적시지 않으며 반구형의 패턴으로 분사하는 장점이 있다. **상방 살수**를 목적으
로 설치한다.

③ 상하향형

천장면이나 바닥면에 설치하는 것으로 디플렉터가 적어서 하향형과 같이 쓰고 있으나 현재는 거의
사용하지 않는다.

④ 측벽형

실내의 벽상부에 취부하여 사용한다.

(상향형)　　　　　　(하향형)　　　　　　(측벽형)

[반사판에 의한 분류]

5 스프링클러설비의 구성 부분

(1) 습식 스프링클러설비

① 자동경보밸브(Alarm Check Valve)

유수검지장치는 하나의 방호구역마다 설치한다.

㉠ 리타딩 챔버(Retarding Chamber)

누수로 인한 유수검지장치의 오동작을 방지하기 위한 안전장치로서 누수, 기타 이유로 2차 압력이 저하되어 발생하는 Pump의 기동 및 화재경보를 미연에 방지하는 장치

[리타딩챔버]

㉡ 압력스위치(Pressure Switch)

리타딩 챔버를 통한 압력이 압력스위치에 도달하면 일정 압력 내에서 회로를 연결시켜 수신부에 화재표시 및 경보를 발하는 스위치

② 수격방지장치

입상관 최상부나 수평주행배관과 교차배관이 맞닿는 곳에 설치하며 신축성이 없는 배관에 Water Hammering에 의한 진동을 줄이는 쿠션 역할을 하게 된다.

(2) 건식 스프링클러설비

① 건식 밸브(Dry Pipe Valve)

습식 설비에서의 자동경보 밸브와 같은 역할을 하는 것으로서 배관 내의 압축공기를 빼내 가압수(물)를 흐르게 해서 경보를 발하게 하는 밸브

② 액셀러레이터(Accelater)

배관 내의 공기를 빼주는 속도를 증가시켜 주기 위하여 보통 액셀러레이터 및 익져스터를 사용한다.

③ 익져스터(Exhauster)

건식 설비의 드라이 밸브(건식 밸브)에 설치하여 액셀러레이터와 같이 공기와 물을 조정하여 초기소화를 돕기 위하여 압축공기를 빼주는 속도를 증가시키기 위하여 사용되는 것이다.

(3) 준비작동식 스프링클러설비

① 준비작동밸브

　　㉠ 전기식 준비작동밸브

　　㉡ 기계식 준비작동밸브

　　㉢ 뉴매틱 준비작동밸브

② 슈퍼비죠리 판넬(Supervisory and Cotrol Panel)

　　준비작동밸브의 사령탑으로 기능은 자체 고장을 알리는 경보장치와 전원이상 시 경보를 발함과 동시에 감지기, 원거리 작동장치, 슈퍼비죠리스위치에 의해서만 작동하는 감지기와 프리액션 밸브의 작동연결, 문, 창문, 팬, 각 댐퍼의 폐쇄작용을 한다.

③ 감지기

　　회로상의 감지기의 동시 감지에 의하여 준비작동밸브가 작동되도록 하여 최대한 오동작을 방지하기 위하여 교차회로방식으로 설치해야 한다.

[부압식 스프링클러설비]

1. 정 의

　가압송수장치에서 준비작동식 유수검지장치의 1차 측까지는 항상 정압의 물이 가압되고, 2차 측 폐쇄형 스프링클러헤드까지는 소화수가 부압으로 되어 있다가 화재 시 감지기의 작동에 의해 정압으로 변하여 유수가 발생하면 작동하는 스프링클러설비

2. 특 징

　① 2차 측 배관에 가압수로 충수된 상태에서 배관 내부의 압력상태를 부압(진공)으로 유지하는 스프링클러설비이다.

　② 단일회로의 감지기와 조기반응형 헤드를 사용하므로 준비작동식 스프링클러설비보다 헤드로 소화수의 방출시간을 단축할 수 있다.

　③ 준비작동밸브를 사용하므로 화재 시 감지기가 동작해야 소화가 가능하다.

　④ 오작동 시 진공펌프가 작동하여 배관 내로 물을 흡입하여 배수배관으로 빠지므로 헤드 쪽으로 방수하지 않아서 소화수의 수손피해가 적다.

3. 구성 부분

　① 준비작동식 유수검지장치

　② 진공펌프(진공밸브)

　③ 부압제어부

---

(4) 개방식 스프링클러설비

① 일제개방밸브

　　2차 측 배관에는 개방형 헤드와 같이 항상 개방되어 있는 개방형 스프링클러헤드, 물분무헤드, 포말헤드, 드렌처헤드 등을 배관상에 부착할 수 있다.

② 전자개방밸브(솔레노이드밸브)

　　일제개방밸브나 준비작동밸브에 설치하는 전자개방밸브(솔레노이드밸브)는 감지기가 작동되면 스프링에 의해 지지되고 있던 밸브가 뒤로 올라가면 송수가 된다.

⑥ 스프링클러설비에 사용되는 스위치 및 밸브

(1) 탬퍼 스위치(Tamper Switch)

① 정 의

관로상의 주밸브인 Gate 밸브의 요크에 걸어서 밸브의 개폐를 수신반에 전달하는 주밸브의 감시 기능스위치. 현행 법령에는 옥내소화전설비의 개폐밸브에 설치하는 탬퍼스위치는 설치 의무가 아니다.

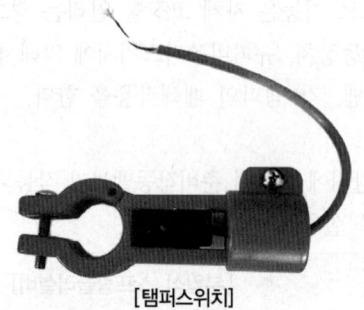

[탬퍼스위치]

② 설치장소

㉠ 주펌프 흡입 측 배관에 설치된 개폐밸브

㉡ 주펌프 토출 측 배관에 설치된 개폐밸브

㉢ 고가수조와 입상배관에 연결된 배관상의 개폐밸브

㉣ 유수검지장치, 일제개방밸브의 1차 측과 2차 측에 설치된 개폐밸브

㉤ 옥외송수구 배관상에 설치된 개폐밸브

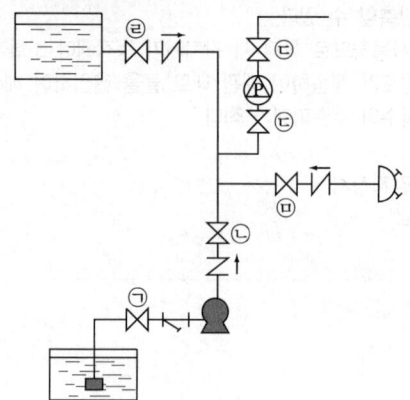

(2) 밸 브

① OS&Y밸브(Outside Screw&York Valve)

육안으로 식별이 가능한 밸브로서 주관로상에 설치하며 Surge에 대한 안정성이 높지만 물의 이물질이 Screw에 걸리면 완전한 수류가 공급되지 않는 단점이 있다.

② 체크밸브(역지밸브, Check Valve)

㉠ 스모렌스키체크밸브(Smolensky Check Valve)

평상시는 체크밸브기능을 하며 때로는 By Pass 밸브를 열어서 거꾸로 물을 빼낼 수 있기 때문에 주배관상에 많이 사용한다.

ⓛ 웨이퍼체크밸브(Wafer Check Valve)

스모렌스키체크밸브와 같이 펌프의 토출구로부터 10[m] 내의 강한 Surge 또는 역Surge가 심하게 걸리는 배관에 설치하는 체크밸브

ⓒ 스윙체크밸브(Swing Check Valve)

물올림장치(호수조)의 배관과 같이 적은 배관로에 주로 설치하는 밸브

7 RDD, ADD 및 RTI의 정의

(1) RDD(Required Delivered Density, 필요방사밀도)

① 필요방사밀도 = $\dfrac{\text{연소 표면에 필요한 방사량[LPM]}}{\text{가연물 상단의 표면적[m}^2]}$ 으로서 특정소방대상물의 화재가혹도와 화재하중에 따라 소화에 필요한 물의 양이다. 시간이 경과하면 화세가 확대되어 물의 양이 많이 필요하므로 RDD는 증가한다.

② RDD의 영향요인

㉠ 가연물의 종류

ⓛ 분사면적

ⓒ 단위시간당 흡수열량

㉣ 물입자의 크기

(2) ADD(Actual Delivered Density, 실제방사밀도)

① 실제방사밀도 = $\dfrac{\text{연소 표면에 도달한 방사량[LPM]}}{\text{가연물 상단의 표면적[m}^2]}$ 으로서 스프링클러헤드로 방사되어 화재면에 도달한 물의 양을 말한다. ADD가 RDD보다 크면 화재발생 시 초기 진화가 가능하다. 화세의 강도, 물입자의 크기, 물의 운동량, 열방출률이 ADD에 관련된 요소이다.

RTI	초기진화	RDD	ADD	헤드의 열감도
클수록	ADD > RDD	커진다.	작아진다.	늦어진다.
작을수록		작아진다.	커진다.	빨라진다.

② ADD의 영향요인

㉠ 개방된 헤드 수

ⓛ 화염의 강도

ⓒ 헤드의 구경

㉣ 분사 시 물입자의 크기

ⓜ 헤드 상호 간의 거리

ⓗ 살수분포 상태

㉙ 화재 시 대류열

ⓞ 헤드와 가연물과의 거리

(3) RTI(Response Time Index, 반응시간지수)

① 기류의 온도, 속도 및 작동시간에 대하여 스프링클러헤드의 반응을 예상하는 지수로서 **RTI가 낮을수록 개방온도에 빨리 도달한다.**

$$RTI = r \sqrt{u} \, [m/s]^{0.5}$$

여기서, r : 감열체의 시간상수
u : 기류속도[m/s]

② RTI값(스프링클러헤드의 우수품질인증 기술기준 제11조)
  ㉠ 조기반응(Fast Response) : 50 이하
  ㉡ 특수반응(Special Response) : 50 초과 80 이하
  ㉢ 표준반응(Standard Response) : 80 초과 350 이하

8 펌프의 토출량 및 수원

(1) 펌프의 토출량

$$Q = N \times 80[L/min]$$

여기서, Q : 펌프의 토출량[L/min]
N : 헤드 수

(2) 수원의 양

수원은 유효수량 외 유효수량의 1/3 이상은 옥상에 설치해야 한다.

① 폐쇄형 헤드 수원의 양 `18` `19` `22` `년 출제`
  ㉠ 헤드 수

스프링클러설비의 설치장소			기준 개수
지하층을 제외한 층수가 10층 이하인 특정소방대상물	공 장	특수가연물을 저장·취급하는 것	30
		그 밖의 것	20
	근린생활시설, 판매시설 및 운수시설, 복합건축물	판매시설 또는 복합건축물(판매시설이 설치되는 복합건축물을 말함)	30
		그 밖의 것	20
	그 밖의 것	헤드의 부착높이 8[m] 이상	20
		헤드의 부착높이 8[m] 미만	10
지하층을 제외한 층수가 11층 이상인 특정소방대상물, 지하가, 지하역사			30
아파트(공동주택의 화재안전기술기준)		아파트	10
		각 동이 주차장으로 서로 연결된 경우의 주차장	30
창고시설(랙식 창고를 포함하고 라지드롭형 스프링클러헤드를 습식으로 설치)			30

ⓛ 펌프의 토출량 및 수원 17 20 년 출제

층 수		토출량	수 원
29층 이하		헤드 수×80[L/min] 이상	헤드 수×80[L/min]×20[min] = 헤드 수×1,600[L] = 헤드 수×1.6[m³] 이상
고층 건축물	30층 이상 49층 이하	헤드 수×80[L/min] 이상	헤드 수×80[L/min]×40[min] = 헤드 수×3,200[L] = 헤드 수×3.2[m³] 이상
	50층 이상	헤드 수×80[L/min] 이상	헤드 수×80[L/min]×60[min] = 헤드 수×4,800[L] = 헤드 수×4.8[m³] 이상
창고 시설	일반창고	헤드 수×160[L/min] 이상	헤드 수×160[L/min]×20[min] = 헤드 수×3,200[L] = 헤드 수×3.2[m³] 이상
	랙식창고		헤드 수×160[L/min]×60[min] = 헤드 수×9,600[L] = 헤드 수×9.6[m³] 이상

② 개방형 헤드 수원의 양

ⓖ 30개 이하일 때

- 29층 이하일 때 수원의 양[L] = $N \times 1.6$[m³]
- 30층 이상 49층 이하일 때 수원의 양[L] = $N \times 3.2$[m³]
- 50층 이상일 때 수원의 양[L] = $N \times 4.8$[m³]

여기서, N : 헤드 수

ⓛ 30개 이상일 때

$$수원[L] = N \times Q(K\sqrt{10P}) \times 20[min]$$

여기서, Q : 헤드의 방수량[L/min]
P : 방수압력[MPa]
K : 상수(15[mm] : 80, 20[mm] : 111)
N : 헤드 수

(3) 수원의 설치

스프링클러설비의 수원은 유효수량 외 유효수량의 1/3 이상은 옥상에 설치해야 한다.

> **Plus one** 수원을 옥상에 1/3을 설치하지 않아도 되는 경우
> - 지하층만 있는 건축물
> - 고가수조를 가압송수장치로 설치한 경우
> - 수원이 건축물의 최상층에 설치된 헤드보다 높은 위치에 설치된 경우
> - 건축물의 높이가 지표면으로부터 10[m] 이하인 경우
> - 주펌프와 동등 이상의 성능이 있는 별도의 펌프로서 내연기관의 기동과 연동하여 작동되거나 비상전원을 연결하여 설치한 경우
> - 가압수조를 가압송수장치로 설치한 경우

(4) 수원의 수조를 소방설비의 전용으로 하지 않아도 되는 경우

① 스프링클러설비용 펌프의 풋밸브 또는 흡수배관의 흡수구(수직회전축 펌프의 흡수구를 포함한다)를 **다른 설비**(소방용 설비 외의 것을 말한다)의 풋밸브 또는 흡수구보다 낮은 위치에 설치한 때

② 고가수조로부터 스프링클러설비의 수직배관에 물을 공급하는 급수구를 다른 설비의 급수구보다 낮은 위치에 설치한 때

(5) 수조의 설치기준

① 점검에 편리한 곳에 설치할 것

② 동결방지조치를 하거나 동결의 우려가 없는 장소에 설치할 것

③ 수조의 외측에 수위계를 설치할 것. 다만, 구조상 불가피한 경우에는 수조의 맨홀 등을 통하여 수조 안의 물의 양을 쉽게 확인할 수 있도록 해야 한다.

④ 수조의 상단이 바닥보다 높은 때에는 수조의 외측에 고정식 사다리를 설치할 것

⑤ 수조가 실내에 설치된 때에는 그 실내에 조명설비를 설치할 것

⑥ 수조의 밑 부분에는 청소용 배수밸브 또는 배수관을 설치할 것

⑦ 수조 외측의 보기 쉬운 곳에 "스프링클러소화설비용 수조"라고 표시한 표지를 할 것. 이 경우 그 수조를 다른 설비와 겸용하는 때에는 그 겸용되는 설비의 이름을 표시한 표지를 함께 해야 한다.

⑧ 소화설비용 펌프의 흡수배관 또는 소화설비의 수직배관과 수조의 접속부분에는 "스프링클러소화설비용 배관"이라고 표시한 표지를 할 것. 다만, 수조와 가까운 장소에 소화설비용 펌프가 설치되고 해당 펌프에 "스프링클러소화펌프"라고 표시한 표지를 설치한 때에는 그렇지 않다.

9 가압송수장치

(1) 가압송수장치의 설치기준 11 17 22 년 출제

가압송수장치의 주펌프는 전동기에 따른 펌프로 설치해야 한다.

① 쉽게 접근할 수 있고 점검하기에 충분한 공간이 있는 장소로서 화재 및 침수 등의 재해로 인한 피해를 받을 우려가 없는 곳에 설치할 것

② 동결방지조치를 하거나 동결의 우려가 없는 장소에 설치할 것

③ 펌프는 전용으로 할 것. 다만, 다른 소화설비와 겸용하는 경우 각각의 소화설비의 성능에 지장이 없을 때에는 그렇지 않다.

④ 펌프의 **토출 측**에는 **압력계**를 체크밸브 이전에 펌프 토출 측 플랜지에서 가까운 곳에 설치하고 **흡입 측**에는 **연성계** 또는 **진공계**를 설치할 것. 다만, 수원의 수위가 펌프의 위치보다 높거나 수직회전축 펌프의 경우에는 연성계 또는 진공계를 설치하지 않을 수 있다.

⑤ 가압송수장치에는 체절운전 시 수온의 상승을 방지하기 위한 순환배관을 설치할 것. 다만, 충압펌프의 경우에는 그렇지 않다.

⑥ 기동장치로는 기동용수압개폐장치 또는 이와 동등 이상의 성능이 있는 것을 설치할 것

⑦ 기동용수압개폐장치 중 압력챔버를 사용할 경우 그 용적은 100[L] 이상의 것으로 할 것

⑧ 물올림장치의 설치기준

  ⑦ 수원의 수위가 펌프보다 낮은 위치에 있는 경우에 설치한다.

  ⓛ 물올림장치에는 전용의 수조를 설치할 것

  ⓒ 수조의 유효수량은 100[L] 이상으로 하되, 구경 15[mm] 이상의 급수배관에 따라 해당 수조에 물이 계속 보급되도록 할 것

⑨ **정격토출압력 : 0.1[MPa] 이상 1.2[MPa] 이하**

⑩ **토출량 : 80[L/min] 이상**(0.1[MPa] 기준)

⑪ 충압펌프의 설치기준

    ㉠ 펌프의 토출압력 : 자연압 + 0.2[MPa] 이상 또는 가압송수장치의 정격토출압력과 같게 할 것

    ㉡ 펌프의 정격토출량 : 정상적인 누설량보다 적어서는 안 되며 스프링클러설비가 자동적으로 작동할 수 있도록 충분한 토출량을 유지

⑫ 가압송수장치가 기동이 된 경우에는 자동으로 정지되지 않도록 할 것. 다만, 충압펌프의 경우에는 그렇지 않다.

⑬ 가압송수장치는 부식 등으로 인한 펌프의 고착을 방지할 수 있도록 다음의 기준에 적합한 것으로 할 것. 다만, 충압펌프는 제외한다(수계소화설비, 연결송수관설비, 소화수조 및 저수조는 같다).

    ㉠ 임펠러는 청동 또는 스테인리스 등 부식에 강한 재질을 사용할 것

    ㉡ 펌프축은 스테인리스 등 부식에 강한 재질을 사용할 것

(2) 가압송수장치의 종류

① 고가수조방식

    ㉠ 낙차공식

$$H = h_1 + 10$$

    여기서, H : 필요한 낙차[m]
            h_1 : 배관의 마찰손실수두[m]

    ㉡ 설치 부속물 : 수위계, 배수관, 급수관, 오버플로관, 맨홀

② 압력수조방식

    ㉠ 낙차공식

$$P = p_1 + p_2 + 0.1$$

    여기서, P : 필요한 낙차[MPa]
            p_1 : 낙차의 환산수두압[MPa]
            p_2 : 배관의 마찰손실수두압[MPa]

    ㉡ 설치 부속물 : 수위계, 급수관, 배수관, **급기관**, 맨홀, **압력계**, 안전장치, **자동식 공기압축기**

③ 펌프방식

$$H = h_1 + h_2 + 10$$

    여기서, H : 펌프의 전양정[m]
            h_1 : 낙차[m]
            h_2 : 배관의 마찰손실수두[m]

④ 가압수조방식

    ㉠ 가압수조의 **방수량** 및 **방수압**이 **20분 이상** 유지되도록 할 것

    ㉡ 가압수조 및 가압원은 건축법 시행령 제46조에 따른 방화구획된 장소에 설치할 것

    ㉢ **가압수조식 가압송수장치의 성능인증 및 제품검사의 기술기준(제3조, 제5조)**

      • 가압수조장치의 구성 : 수조, 가압용기, 제어반, 압력조정장치, 성능시험배관 등

- 가압수조장치의 **소화수보충장치의 기준**
  - 토출압력은 수조의 설정압력보다 높아야 하고, 토출량은 4[L/min] 이상일 것
  - 토출 측에서 보충장치로 역류를 방지하기 위한 체크밸브와 개폐밸브를 설치할 것
- 가압수조장치의 **가압가스보충장치의 기준**
  - 토출압력은 가압용기의 압력보다 높아야 하고, 토출량은 80[L/min] 이상일 것
  - 토출 측에서 보충장치로 역류를 방지하기 위한 체크밸브와 개폐밸브를 설치할 것
- 가압수조장치의 **성능시험배관의 유량계 기준**
  - 해당 가압수조장치 정격토출량의 120[%] 이상 300[%] 이하의 범위를 측정할 수 있을 것
  - 눈금단위는 최대측정범위를 20등분 이상으로 등분되어 있을 것
  - 적정한 유량시험장치에 유량계를 설치하여 시험하는 경우, 유량계의 지시값은 표준유량계 지시값의 ±5[%] 범위 이내일 것
- 수조의 기준
  - 수위계, 급수관, 배수관, 급기관, 압력계, 안전장치와 맨홀 등이 있는 구조일 것
  - 맨홀은 안지름 400[mm] 이상의 원형 크기일 것
  - 맨홀이 물탱크 상부에 설치된 경우에는 물탱크 내부에 점검용 사다리를 설치할 것
  - 물탱크 등의 내부는 방식처리를 할 것
  - 물탱크의 내부용적은 유효저수량의 110[%] 이상일 것

10 방호구역 및 방수구역 등

(1) 폐쇄형 스프링클러설비의 방호구역 및 유수검지장치 `18` `년 출제`

① 하나의 방호구역의 바닥면적은 **3,000[m²]**를 초과하지 않을 것. 다만, 폐쇄형 스프링클러설비에 **격자형 배관방식**(2 이상의 수평주행배관 사이를 가지배관으로 연결하는 방식을 말한다)을 채택하는 때에는 **3,700[m²] 범위** 내에서 펌프용량, 배관의 구경 등을 수리학적으로 계산한 결과 헤드의 방수압 및 방수량이 방호구역 범위 내에서 소화목적을 달성하는 데 충분하도록 해야 한다.

② 하나의 방호구역에는 1개 이상의 유수검지장치를 설치하되, 화재 시 접근이 쉽고 점검하기 편리한 장소에 설치할 것

③ 하나의 방호구역은 2개 층에 미치지 않도록 할 것. 다만, 1개 층에 설치되는 스프링클러헤드의 수가 **10개 이하인 경우**와 복층형 구조의 공동주택에는 **3개 층 이내**로 할 수 있다.

④ **유수검지장치**를 실내에 설치하거나 보호용 철망 등으로 구획하여 바닥으로부터 **0.8[m] 이상 1.5[m] 이하**의 위치에 설치하되, 그 실 등에는 **가로 0.5[m] 이상 세로 1[m] 이상**의 개구부로서 그 개구부에는 **출입문**을 설치하고 그 출입문 상단에 "**유수검지장치실**"이라고 표시한 표지를 설치할 것. 다만, 유수검지장치를 기계실(공조용기계실을 포함한다) 안에 설치하는 경우에는 별도의 실 또는 보호용 철망을 설치하지 않고 기계실 출입문 상단에 "유수검지장치실"이라고 표시한 표지를 설치할 수 있다.

⑤ 스프링클러헤드에 공급되는 물은 유수검지장치를 지나도록 할 것. 다만, 송수구를 통하여 공급되는 물은 그렇지 않다.

⑥ 자연낙차에 따른 압력수가 흐르는 배관 상에 설치된 유수검지장치는 화재 시 물의 흐름을 검지할 수 있는 최소한의 압력이 얻어질 수 있도록 수조의 하단으로부터 낙차를 두어 설치할 것

⑦ 조기반응형 스프링클러헤드를 설치하는 경우에는 **습식 유수검지장치** 또는 **부압식 스프링클러설비**를 설치할 것

(2) 개방형 스프링클러설비의 방수구역 및 일제개방밸브 `10` 년 출제

① 하나의 방수구역은 2개 층에 미치지 않아야 한다.

② 방수구역마다 일제개방밸브를 설치해야 한다.

③ 하나의 방수구역을 담당하는 헤드의 개수는 **50개 이하**로 할 것. 다만, 2개 이상의 방수구역으로 나눌 경우에는 하나의 방수구역을 담당하는 헤드의 개수는 25개 이상으로 해야 한다.

④ 일제개방밸브의 설치 위치는 0.8[m] 이상 1.5[m] 이하의 위치에 설치하고, 표지는 "일제개방밸브실"이라고 표시할 것

11 스프링클러설비의 배관

(1) 배관의 종류

① **가지배관** : 헤드가 설치되어 있는 배관

② **교차배관** : 가지배관에 급수하는 배관

③ **주배관** : 가압송수장치 또는 송수구 등과 직접 연결되어 소화수를 이송하는 주된 배관

④ **신축배관** : 가지배관과 스프링클러헤드를 연결하는 구부림이 용이하고 유연성을 가진 배관

⑤ **급수배관** : 수원 및 송수구 등으로부터 소화설비에 급수하는 배관

(2) 배관의 재질

① **배관 내 사용압력이 1.2[MPa] 미만일 경우**

㉠ 배관용 탄소강관(KS D 3507)

㉡ 이음매 없는 구리 및 구리합금관(KS D 5301). 다만, 습식의 배관에 한한다.

㉢ 배관용 스테인리스강관(KS D 3576) 또는 일반배관용 스테인리스강관(KS D 3595)

㉣ 덕타일 주철관(KS D 4311)

② **배관 내 사용압력이 1.2[MPa] 이상일 경우** `11` 년 출제

㉠ 압력배관용 탄소강관(KS D 3562)

㉡ 배관용 아크용접 탄소강강관(KS D 3583)

(3) 급수배관

① 전용으로 할 것. 다만, 스프링클러설비의 기동장치의 조작과 동시에 다른 설비의 용도에 사용하는 배관의 송수를 차단할 수 있거나, 스프링클러설비의 성능에 지장이 없는 경우에는 다른 설비와 겸용할 수 있다.

② 급수배관에 설치되어 급수를 차단할 수 있는 개폐밸브는 개폐표시형으로 할 것. 이 경우 펌프의 흡입 측 배관에는 버터플라이밸브 외의 개폐표시형 밸브를 설치해야 한다.

③ 배관의 구경은 수리계산에 의하거나 아래 표 2.5.3.3의 기준에 따라 설치할 것. 다만, 수리계산에 따르는 경우 **가지배관**의 유속은 **6[m/s]**, **그 밖의 배관**의 유속은 **10[m/s]**를 초과할 수 없다.

(단위 : [mm])

급수관의 구경 구 분	25	32	40	50	65	80	90	100	125	150
가	2	3	5	10	30	60	80	100	160	161 이상
나	2	4	7	15	30	60	65	100	160	161 이상
다	1	2	5	8	15	27	40	55	90	91 이상

[비고]

1. 폐쇄형 스프링클러헤드를 사용하는 설비의 경우로서 1개 층에 하나의 급수배관(또는 밸브 등)이 담당하는 구역의 최대면적은 3,000[m²]를 초과하지 않을 것
2. 폐쇄형 스프링클러헤드를 설치하는 경우에는 "가"란의 헤드 수에 따를 것. 다만, 100개 이상의 헤드를 담당하는 급수배관(또는 밸브)의 구경을 100[mm]로 할 경우에는 수리계산을 통하여 2.5.3.3의 단서에서 규정한 배관의 유속에 적합하도록 할 것
3. 폐쇄형 스프링클러헤드를 설치하고 반자 아래의 헤드와 반자 속의 헤드를 동일 급수관의 가지관상에 병설하는 경우에는 "나"란의 헤드 수에 따를 것
4. 2.7.3.1의 경우로서 폐쇄형 스프링클러헤드를 설치하는 설비의 배관구경은 "다"란에 따를 것
5. 개방형 스프링클러헤드를 설치하는 경우 하나의 방수구역이 담당하는 헤드의 개수가 30개 이하일 때는 "다"란의 헤드 수에 의하고, 30개를 초과할 때는 수리계산 방법에 따를 것

(4) 펌프의 흡입 측 배관 설치기준

① 공기 고임이 생기지 않는 구조로 하고 여과장치를 설치할 것
② 수조가 펌프보다 낮게 설치된 경우에는 각 펌프(충압펌프를 포함한다)마다 수조로부터 별도로 설치할 것

(5) 성능시험배관 10 16 17 년 출제

① 기능 : 정격부하 운전 시 펌프의 성능을 시험하기 위하여
② 분기점 : **펌프의 토출 측**의 **개폐밸브 이전**에서 분기하여 직선으로 설치한다.
③ 밸브 설치 : 유량측정장치를 기준으로 전단 직관부에는 개폐밸브를, 후단 직관부에는 유량조절밸브를 설치할 것
④ **펌프의 성능** : 체절운전 시 정격토출압력의 **140[%]**를 초과하지 않고 정격토출량의 **150[%]**로 운전 시 **정격토출압력의 65[%] 이상**이 되어야 한다.

> **Plus one** • 정격토출압력 : 해당 설비의 양정 계산 시 전양정을 100 : 1로 환산한 압력[MPa]
> • 정격토출량 : 해당 설비에 필요한 펌프의 분당 토출량[L/min]

⑤ **유량측량장치**는 펌프의 정격토출량의 **175[%] 이상** 측정할 수 있는 성능이 있을 것
⑥ 가압송수장치의 체절운전 시 수온 상승을 방지하기 위하여 체크밸브와 펌프 사이에서 분기한 구경 20[mm] 이상의 배관에 체절압력 미만에 개방되는 릴리프밸브를 설치해야 한다.

(6) 가지배관

① 가지배관의 배열은 토너먼트 방식이 아닐 것

② 교차배관에서 분기되는 지점을 기점으로 한쪽 가지배관에 설치되는 헤드의 개수(반자 아래와 반자 속의 헤드를 하나의 가지배관 상에 병설하는 경우에는 반자 아래에 설치하는 헤드의 개수)는 8개 이하로 할 것

> **[한쪽 가지배관에 8개 이하로 하지 않아도 되는 경우]**
> • 기존의 방호구역 안에서 칸막이 등으로 구획하여 1개의 헤드를 증설하는 경우
> • 습식 스프링클러설비 또는 부압식 스프링클러설비에 격자형 배관방식(2 이상의 수평주행배관 사이를 가지 배관으로 연결하는 방식을 말한다)을 채택하는 때에는 펌프의 용량, 배관의 구경 등을 수리학적으로 계산한 결과 헤드의 방수압 및 방수량이 소화목적을 달성하는 데 충분하다고 인정되는 경우

(7) 교차배관

① **교차배관**은 가지배관과 수평으로 설치하거나 또는 가지배관 밑에 설치하고 최소 구경은 **40[mm] 이상**으로 할 것. 다만, 패들형 유수검지장치를 사용하는 경우에는 교차배관의 구경과 동일하게 설치할 수 있다.

② 청소구는 교차배관 끝에 40[mm] 이상의 크기의 개폐밸브를 설치하고, 호스접결이 가능한 나사식 또는 고정배수 배관식으로 할 것. 이 경우 나사식의 개폐밸브는 옥내소화전 호스접결용의 것으로 하고, 나사보호용의 캡으로 마감해야 한다.

(8) 시험 장치

① 설치대상 : **습식 유수검지장치, 건식 유수검지장치, 부압식 스프링클러설비**

② **습식 스프링클러설비** 및 **부압식 스프링클러설비**에 있어서는 유수검지장치 2차 측 배관에 연결하여 설치하고 **건식 스프링클러설비**인 경우 유수검지장치에서 가장 먼 거리에 위치한 가지배관의 끝으로 부터 연결하여 설치할 것. 이 경우 유수검지장치 2차 측 설비의 내용적이 2,840[L]를 초과하는 건식 스프링클러설비는 시험장치 개폐밸브를 완전 개방 후 1분 이내에 물이 방사되어야 한다.

③ 시험장치 배관의 구경은 25[mm] 이상으로 하고, 그 끝에 개폐밸브 및 개방형헤드 또는 스프링클러 헤드와 동등한 방수성능을 가진 오리피스를 설치할 것. 이 경우 개방형헤드는 반사판 및 프레임을 제거한 오리피스만으로 설치할 수 있다.

④ 시험배관의 끝에는 물받이통 및 배수관을 설치하여 시험 중 방사된 물이 바닥에 흘러내리지 않도록 할 것. 다만, 목욕실·화장실 또는 그 밖의 곳으로서 배수처리가 쉬운 장소에 시험배관을 설치한 경우에는 그렇지 않다.

[시험장치]

(9) 배관의 행거

① 가지배관에는 헤드의 설치지점 사이마다 1개 이상의 행거를 설치하되, 헤드 간의 거리가 3.5[m]를 초과하는 경우에는 3.5[m] 이내마다 1개 이상 설치할 것. 이 경우 상향식 헤드와 행거 사이에는 8[cm] 이상의 간격을 두어야 한다.

② 교차배관에는 가지배관과 가지배관 사이마다 1개 이상의 행거를 설치하되, 가지배관 사이의 거리가 4.5[m]를 초과하는 경우에는 4.5[m] 이내마다 1개 이상 설치할 것

③ 수평주행배관에는 4.5[m] 이내마다 1개 이상 설치할 것

(10) 급수개폐밸브 작동스위치의 설치기준

① 설치이유 : 급수배관에 설치되어 급수를 차단할 수 있는 개폐밸브에는 그 밸브의 개폐상태를 감시제어반에서 확인할 수 있도록 하기 위하여

② 설치기준

㉠ 급수개폐밸브가 잠길 경우 탬퍼스위치의 동작으로 인하여 감시제어반 또는 수신기에 표시되어야 하며 경보음을 발할 것

㉡ 탬퍼스위치는 감시제어반 또는 수신기에서 동작의 유무 확인과 동작시험, 도통시험을 할 수 있을 것

㉢ 급수개폐밸브의 작동표시 스위치에 사용되는 전기배선은 내화전선 또는 내열전선으로 설치할 것

(11) 기타 배관의 기준

① **수직배수배관**의 구경은 **50[mm] 이상**으로 해야 한다. 다만, 수직배관의 구경이 50[mm] 미만인 경우에는 수직배관과 동일한 구경으로 할 수 있다.

② 습식 스프링클러설비 또는 부압식 스프링클러설비의 배관을 수평으로 할 것. 다만, 배관의 구조상 소화수가 남아 있는 곳에는 배수밸브를 설치해야 한다.

③ **습식 스프링클러설비** 또는 **부압식 스프링클러설비 외의 설비**에는 헤드를 향하여 상향으로 **수평주행 배관의 기울기를 1/500 이상**, **가지배관의 기울기를 1/250 이상**으로 할 것. 다만, 배관의 구조상 기울기를 줄 수 없는 경우에는 배수를 원활하게 할 수 있도록 배수밸브를 설치해야 한다.

④ 배관은 다른 설비의 배관과 쉽게 구분이 될 수 있는 위치에 설치하거나, 그 배관표면 또는 배관 보온재 표면의 색상은 한국산업표준(배관계의 식별 표시, KS A 0503) 또는 **적색**으로 식별이 가능하도록 **소방용 설비의 배관**임을 표시해야 한다.

12 음향장치 및 기동장치

(1) 음향장치 및 기동장치의 설치기준

① **습식 유수검지장치** 또는 **건식 유수검지장치**를 사용하는 설비에 있어서는 **헤드가 개방**되면 유수검지장치가 화재신호를 발신하고 그에 따라 음향장치가 경보되도록 할 것

② 준비작동식 유수검지장치 또는 **일제개방밸브**를 사용하는 설비에는 **화재감지기의 감지**에 따라 음향장치가 경보되도록 할 것. 이 경우 화재감지기회로를 **교차회로방식**으로 하는 때에는 **하나의 화재감지기회로가 화재를 감지하는 때**에도 음향장치가 경보되도록 해야 한다.

교차회로방식

하나의 준비작동식 유수검지장치 또는 일제개방밸브의 담당구역 내에 2 이상의 화재감지기회로를 설치하고 인접한 2 이상의 화재감지기가 동시에 감지되는 때에 준비작동식 유수검지장치 또는 일제개방밸브가 개방·작동되는 방식을 말한다.

③ 음향장치는 유수검지장치 및 일제개방밸브 등의 담당구역마다 설치하되 그 구역의 각 부분으로부터 하나의 음향장치까지의 수평거리는 **25[m] 이하**가 되도록 할 것

④ 음향장치는 경종 또는 사이렌(전자식 사이렌을 포함한다)으로 하되, 주위의 소음 및 다른 용도의 경보와 구별이 가능한 음색으로 할 것. 이 경우 경종 또는 사이렌은 자동화재탐지설비·비상벨설비 또는 자동식사이렌설비의 음향장치와 겸용할 수 있다.

⑤ 주음향장치는 수신기의 내부 또는 그 직근에 설치할 것

⑥ **층수가 11층(공동주택의 경우에는 16층) 이상인 특정소방대상물의 경보를 발하는 층**

발화층	경보를 발하는 층
2층 이상의 층	발화층, 그 직상 4개층
1층	발화층, 그 직상 4개층, 지하층
지하층	발화층, 그 직상층, 기타의 지하층

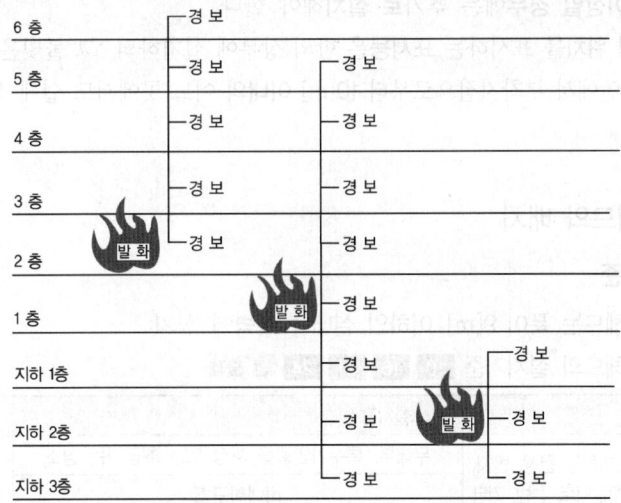

30층 이상의 고층건축물에 경보를 발하는 층
- 2층 이상의 층에서 발화 : 발화층 및 그 직상 4개층
- 1층에서 발화 : 발화층·그 직상 4개층 및 지하층
- 지하층에서 발화 : 발화층·그 직상층 및 기타의 지하층

⑦ 음향장치의 구조 및 성능 기준
  ㉠ 정격전압의 **80[%] 전압**에서 음향을 발할 수 있는 것으로 할 것
  ㉡ 음향의 크기는 부착된 음향장치의 중심으로부터 1[m] 떨어진 위치에서 **90[dB] 이상**이 되는 것으로 할 것

(2) 준비작동식 또는 일제개방밸브의 작동기준

① 담당구역 내의 화재감지기의 동작에 따라 개방 및 작동될 것

② 화재감지회로는 **교차회로방식**으로 할 것. 다만, 다음의 어느 하나에 해당하는 경우에는 그렇지 않다.

   ㉠ 스프링클러설비의 배관 또는 헤드에 누설경보용 물 또는 압축공기가 채워지거나 부압식 스프링클러설비의 경우

   ㉡ 화재감지기를 자동화재탐지설비 및 시각경보장치의 화재안전기술기준(NFTC 203) 2.4.1(감지기) 단서의 각 감지기로 설치한 때

③ 발신기의 설치기준

   자동화재탐지설비의 발신기가 설치된 경우에는 그렇지 않다.

   ㉠ 조작이 쉬운 장소에 설치하고, 스위치는 바닥으로부터 **0.8[m] 이상 1.5[m] 이하**의 높이에 설치할 것

   ㉡ **특정소방대상물**의 **층마다** 설치하되, 해당 특정소방대상물의 각 부분으로부터 하나의 발신기까지의 수평거리가 **25[m] 이하**가 되도록 할 것. 다만, **복도** 또는 **별도로 구획된 실**로서 보행거리가 **40[m] 이상일 경우**에는 **추가로 설치**해야 한다.

   ㉢ 발신기의 위치를 표시하는 **표시등**은 함의 상부에 설치하되, 그 불빛은 부착면으로부터 **15° 이상**의 범위 안에서 부착지점으로부터 **10[m] 이내**의 어느 곳에서도 쉽게 식별할 수 있는 **적색등**으로 할 것

13 스프링클러헤드의 배치

(1) 헤드의 배치기준

① 스프링클러헤드는 폭이 **9[m] 이하**인 실내 : **측벽**에 설치

② 스프링클러헤드의 설치기준 `10` `16` `21` `24` `년 출제`

설치장소		설치기준
폭 1.2[m]를 초과하는 천장, 반자, 천장과 반자 사이, 덕트, 선반, 기타 이와 유사한 부분	무대부, 특수가연물을 저장 또는 취급하는 장소	수평거리 1.7[m] 이하
	비내화구조	수평거리 2.1[m] 이하
	내화구조	수평거리 2.3[m] 이하
아파트 등의 세대		수평거리 2.6[m] 이하
랙식 창고	라지드롭형 스프링클러헤드 설치 / 특수가연물을 저장·취급	수평거리 1.7[m] 이하
	비내화구조	수평거리 2.1[m] 이하
	내화구조	수평거리 2.3[m] 이하
	라지드롭형 스프링클러헤드(습식, 건식 외의 것)	랙 높이 3[m] 이하마다

③ **무대부** 또는 **연소할 우려가 있는 개구부** : **개방형** 스프링클러헤드 설치

(2) 헤드의 배치형태

① 정사각형(정방형)형

헤드 2개의 거리와 스프링클러 파이프 두 가닥의 거리가 같은 경우이다.

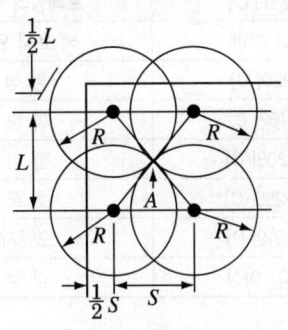

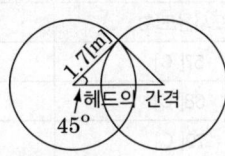

L : 배관 간격
S : 헤드 간격
R : 수평거리[m]
$S = L$
$S = 2R\cos 45°$

헤드의 간격
- 1.7[m]의 경우
  $2 \times 1.7 \times \cos 45° = 2.4[m]$
- 2.1[m]의 경우
  $2 \times 2.1 \times \cos 45° = 3[m]$
- 2.3[m]의 경우
  $2 \times 2.3 \times \cos 45° = 3.2[m]$

② 직사각형(장방형)형

헤드 2개의 거리와 스프링클러 파이프 두 가닥의 거리가 같지 않은 경우이다.

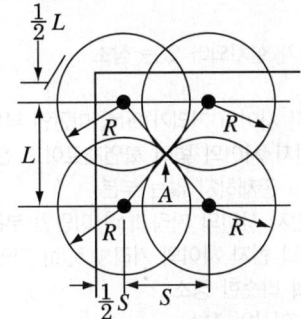

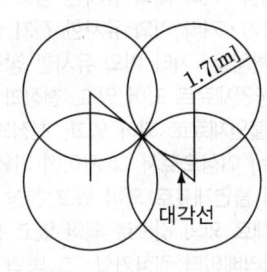

대각선

헤드의 간격
헤드 간 거리 $S = \sqrt{4R^2 - L^2}$ 에서
R : 수평거리[m]
$L = 2R\cos\theta$

(3) 헤드의 설치기준 15 17 21 년 출제

① 폐쇄형 스프링클러헤드의 표시온도

높이가 **4[m] 이상인 공장**에 설치하는 스프링클러헤드는 그 설치장소의 평상시 최고 주위온도에 관계없이 **표시온도 121[℃] 이상**의 것으로 할 수 있다.

설치장소의 최고 주위온도	39[℃] 미만	39[℃] 이상 64[℃] 미만	64[℃] 이상 106[℃] 미만	106[℃] 이상
표시온도	79[℃] 미만	79[℃] 이상 121[℃] 미만	121[℃] 이상 162[℃] 미만	162[℃] 이상

② 스프링클러헤드의 공간 : 반경 60[cm] 이상 공간 보유할 것. 다만, **벽과 스프링클러헤드 간의 공간**은 **10[cm] 이상**으로 한다.

③ 스프링클러헤드와 그 부착면과의 거리 : 30[cm] 이하

④ 배관, 행거 및 조명기구 등 살수를 방해하는 것이 있는 경우에는 그로부터 아래에 설치하여 살수에 장애가 없도록 할 것

⑤ 스프링클러헤드의 반사판은 그 부착면과 평행되게 설치할 것. 다만, 측벽형 헤드 또는 연소할 개구부에 설치 시에는 제외한다.

⑥ 표시온도에 따른 **다음 표의 색 표시**(폐쇄형 헤드에 한함)(스프링클러헤드의 형식승인 및 제품검사의 기술기준 제12조의6)

유리벌브형		퓨즈블링크형	
표시온도[℃]	액체의 색별	표시온도[℃]	프레임의 색별
57[℃]	오렌지	77[℃] 미만	색 표시 안함
68[℃]	빨 강	78~120[℃]	흰 색
79[℃]	노 랑	121~162[℃]	파 랑
93[℃]	초 록	163~203[℃]	빨 강
141[℃]	파 랑	204~259[℃]	초 록
182[℃]	연한 자주	260~319[℃]	오렌지
227[℃] 이상	검 정	320[℃] 이상	검 정

Plus one 스프링클러헤드의 설치 제외 대상물
- 계단실(특별피난계단의 부속실 포함)·경사로·승강기의 승강로·비상용 승강기의 승강장·파이프덕트 및 덕트피트(파이프·덕트를 통과시키기 위한 구획된 구멍에 한한다)·목욕실·수영장(관람석 부분 제외)·**화장실**·직접 외기에 개방되어 있는 복도·기타 이와 유사한 장소
- **통신기기실**·전자기기실·기타 이와 유사한 장소
- **발전실**·변전실·변압기·기타 이와 유사한 전기 설비가 설치되어 있는 장소
- 병원의 **수술실**·**응급처치실**·기타 이와 유사한 장소
- 천장과 반자 양쪽이 불연재료로 되어 있고, 천장과 반자 사이의 거리가 2[m] 미만인 부분
- 천장과 반자 양쪽이 불연재료로 되어 있고, 천장과 반자 사이의 벽이 불연재료이고 천장과 반자 사이의 거리가 2[m] 이상으로서 그 사이에 가연물이 존재하지 않는 부분
- 천장·반자 중 한쪽이 불연재료로 되어 있고 천장과 반자 사이의 거리 1[m] 미만인 부분
- 천장 및 반자가 불연재료 외의 것으로 되어 있고 천장과 반자 사이의 거리 0.5[m] 미만인 부분
- 펌프실·물탱크실·엘리베이터 권상기실·그 밖의 이와 비슷한 장소
- 현관 또는 로비 등으로서 바닥으로부터 높이가 **20[m] 이상인 장소**
- 영하의 냉장창고의 **냉장실** 또는 냉동창고의 **냉동실**
- 고온의 노가 설치된 장소 또는 물과 격렬하게 반응하는 물품의 저장 또는 취급장소
- 불연재료로 된 특정소방대상물 또는 그 부분으로서 다음의 어느 하나에 해당하는 장소
  - 정수장·오물처리장 그 밖의 이와 비슷한 장소
  - 펄프공장의 작업장·음료수 공장의 세정 또는 충전하는 작업장 그 밖의 이와 비슷한 장소
  - 불연성의 금속·석재 등의 가공공장으로서 가연성 물질을 저장 또는 취급하지 않는 장소
  - 가연성 물질이 존재하지 않는 건축물의 에너지절약설계기준에 따른 방풍실

(4) **조기반응형 스프링클러헤드 설치 대상물**
① **공동주택**·**노유자시설의 거실**
② **오피스텔**·숙박시설의 **침실**
③ 병원·의원의 **입원실**

(5) **습식 스프링클러설비 및 부압식 스프링클러설비 외의 설비에는 상향식 스프링클러헤드를 설치하지 않아도 되는 경우**
① 드라이펜던트 스프링클러헤드를 사용하는 경우
② 스프링클러헤드의 설치장소가 동파의 우려가 없는 곳인 경우

③ 개방형 스프링클러헤드를 사용하는 경우

> 상부에 설치된 헤드의 방출수에 따라 **감열부에 영향을** 받을 우려가 있는 헤드에는 방출수를 차단할 수 있는 유효한 **차폐판을** 설치할 것

14 스프링클러설비의 송수구

① 소방차가 쉽게 접근할 수 있고 잘 보이는 장소에 설치하고 화재층으로부터 지면으로 떨어지는 유리창 등이 송수 및 그 밖의 소화작업에 지장을 주지 않는 장소에 설치할 것
② 송수구로부터 스프링클러설비의 주배관에 이르는 연결배관에 개폐밸브를 설치한 때에는 그 개폐상태를 쉽게 확인 및 조작할 수 있는 옥외 또는 기계실 등의 장소에 설치할 것
③ 송수구는 구경 **65[mm]**의 **쌍구형**으로 할 것
④ 송수구에는 그 가까운 곳의 보기 쉬운 곳에 **송수압력범위를** 표시한 표지를 할 것
⑤ 폐쇄형 스프링클러헤드를 사용하는 스프링클러설비의 송수구는 하나의 층의 바닥면적이 $3,000[m^2]$를 넘을 때마다 1개 이상(5개를 넘을 경우에는 5개로 한다)을 설치할 것
⑥ 지면으로부터 높이가 **0.5[m] 이상 1[m] 이하**의 위치에 설치할 것
⑦ 송수구의 부근에는 자동배수밸브(또는 직경 5[mm]의 배수공) 및 체크밸브를 설치할 것. 이 경우 자동배수밸브는 배관 안의 물이 잘 빠질 수 있는 위치에 설치하되, 배수로 인하여 다른 물건 또는 장소에 피해를 주지 않아야 한다.
⑧ 송수구에는 이물질을 막기 위한 마개를 씌울 것

15 전원 및 비상전원

(1) 전원(상용전원회로의 배선 설치기준)

가압수조방식으로서 모든 기능이 **20분 이상** 유효하게 지속될 수 있는 경우에는 그렇지 않다.
① 저압수전인 경우에는 인입개폐기의 직후에서 분기하여 전용배선으로 해야 하며, 전용의 전선관에 보호되도록 할 것
② 특별고압수전 또는 고압수전일 경우에는 전력용 변압기 2차 측의 주차단기 1차 측에서 분기하여 전용배선으로 하되, 상용전원의 상시공급에 지장이 없을 경우에는 주차단기 2차 측에서 분기하여 전용배선으로 할 것

(2) 비상전원

① 비상전원의 종류
㉠ 자가발전설비
㉡ 축전지설비(내연기관에 따른 펌프를 설치한 경우에는 내연기관의 기동 및 제어용 축전지를 말함)
㉢ 전기저장장치(외부 전기에너지를 저장해 두었다가 필요한 때 전기를 공급하는 장치)
② 비상전원의 설치기준
㉠ 점검에 편리하고 화재 및 침수 등의 재해로 인한 피해를 받을 우려가 없는 곳에 설치할 것
㉡ 스프링클러설비를 유효하게 **20분 이상** 작동할 수 있어야 할 것

ⓒ 상용전원으로부터 전력의 공급이 중단된 때에는 자동으로 비상전원으로부터 전력을 공급받을 수 있도록 할 것

ⓔ 비상전원(내연기관의 기동 및 제어용 축전기는 제외)의 설치장소는 다른 장소와 방화구획할 것. 이 경우 그 장소에는 비상전원의 공급에 필요한 기구나 설비 외의 것(열병합발전설비에 필요한 기구나 설비는 제외한다)을 두어서는 안 된다.

ⓜ 비상전원을 실내에 설치하는 때에는 그 실내에 비상조명등을 설치할 것

ⓗ 옥내에 설치하는 비상전원실에는 옥외로 직접 통하는 충분한 용량의 급배기설비를 설치할 것

ⓢ 비상전원실의 출입구 외부에는 실의 위치와 비상전원의 종류를 식별할 수 있도록 표지판을 부착할 것

16 전동기의 용량 　10 년 출제

$$P[\text{kW}] = \frac{\gamma \times Q \times H}{\eta} \times K$$

여기서, γ : 물의 비중량(9.8[kN/m³])
Q : 방수량[m³/s]
H : 펌프의 양정[m]
K : 전달계수(여유율)
η : 펌프의 효율

17 제어반

옥내소화전설비의 제어반과 같다.

18 드렌처설비

(1) 개 요

건축물의 외벽, 창 등 개구부의 실외에 부분에 유리창같이 연소되어 깨지기 쉬운 부분에 물을 살수하여 건축물의 연소 확대를 방지하는 방화설비이다.

(2) 설치기준

① 드렌처헤드는 개구부 위측에 **2.5[m] 이내마다 1개**를 설치할 것

② 제어밸브(일제개방밸브, 개폐표시형밸브 및 수동조작부를 합한 것을 말한다)는 특정소방대상물 층마다에 바닥면으로부터 0.8[m] 이상 1.5[m] 이하의 위치에 설치할 것

③ 수원의 수량은 드렌처헤드가 가장 많이 설치된 제어밸브의 드렌처헤드의 설치개수에 1.6[m³]를 곱하여 얻은 수치 이상이 되도록 할 것

④ 드렌처설비는 드렌처헤드가 가장 많이 설치된 제어밸브에 설치된 드렌처헤드를 동시에 사용하는 경우에 각각의 헤드 선단(끝부분)에 방수압력이 **0.1[MPa] 이상**, 방수량이 **80[L/min] 이상 되도록 할 것**

간이스프링클러설비(NFTC 103A)

1 정 의

① 간이헤드 : 폐쇄형 스프링클러헤드의 일종으로 간이스프링클러설비를 설치해야 하는 특정소방대상물의 화재에 적합한 감도·방수량 및 살수분포를 갖는 헤드
② 캐비닛형 간이스프링클러설비 : 가압송수장치, 수조 및 유수검지장치 등을 집적화하여 캐비닛 형태로 구성시킨 간이 형태의 스프링클러설비
③ 상수도직결형 간이스프링클러설비 : 수조를 사용하지 않고 상수도에 직접 연결하여 항상 기준 방수압 및 방수량 이상을 확보할 수 있는 설비

2 설치장소

① 영업장의 홀
② 구획된 각 영업실
③ 영업장의 통로
④ 주 방
⑤ 보일러실

3 수 원

① 상수도직결형의 경우에는 수돗물
② 수조(캐비닛형 포함)를 사용하고자 하는 경우에는 적어도 1개 이상의 자동급수장치는 갖추어야 하며 **2개의 간이헤드**에서 **최소 10분[소방시설법 영 별표 4 제1호 마목 2) 가), 6), 8)**에 해당하는 경우에는 5개의 간이헤드에서 최소 **20분]** 이상 방수할 수 있는 양 이상을 수조에 확보할 것

> **[소방시설법 시행령 별표 4 제1호 마목]** 가압송수장치를 펌프로 설치해야 하는 대상
> 2) 가) 근린생활시설로서 사용하는 부분의 바닥면적의 합계가 1,000[m²] 이상인 것은 모든 층
> 6) 숙박시설로 사용되는 바닥면적의 합계가 300[m²] 이상 600[m²] 미만인 시설
> 8) 복합건축물(하나의 건축물이 근린생활시설, 판매시설, 업무시설, 숙박시설 또는 위락시설의 용도와 주택의 용도로 함께 사용되는 것)로서 연면적이 1,000[m²] 이상인 것은 모든 층

4 가압송수장치

(1) 방수압력(상수도직결형의 상수도압력)은 **가장 먼 가지배관에서 2개[소방시설법 영 별표 4 제1호 마목 2) 가), 6), 8)**에 해당하는 경우에는 5개]의 간이헤드를 동시에 개방할 경우 각각의 간이헤드 선단(끝부분) 방수압력은 **0.1[MPa] 이상**, 방수량은 **50[L/min] 이상**이어야 한다. 다만, 주차장에 표준반응형 스프링클러헤드를 사용할 경우 헤드 1개의 방수량은 80[L/min] 이상이어야 한다.

> **Plus one** • 가장 먼 가지배관에서 2개의 간이헤드 동시 개방 시 압력 : 0.1[MPa] 이상
> • 방수량 : 50[L/min] 이상

(2) 펌프를 이용하는 가압송수장치

① 쉽게 접근할 수 있고 점검하기에 충분한 공간이 있는 장소로서 화재 및 침수 등의 재해로 인한 피해를 받을 우려가 없는 곳에 설치할 것

② 동결방지조치를 하거나 동결의 우려가 없는 장소에 설치할 것

③ 펌프는 전용으로 할 것. 다만, 다른 소화설비와 겸용하는 경우 각각의 소화설비의 성능에 지장이 없을 때에는 그렇지 않다.

④ 펌프의 토출 측에는 압력계를 체크밸브 이전에 펌프 토출 측 플랜지에서 가까운 곳에 설치하고, 흡입 측에는 연성계 또는 진공계를 설치할 것. 다만, 수원의 수위가 펌프의 위치보다 높거나 수직회전축펌프의 경우에는 연성계 또는 진공계를 설치하지 않을 수 있다.

⑤ 펌프의 성능은 체절운전 시 정격토출압력의 140[%]를 초과하지 않고, 정격토출량의 150[%]로 운전 시 정격토출압력의 65[%] 이상이 되어야 하며, 펌프의 성능을 시험할 수 있는 성능시험배관을 설치할 것. 다만, 충압펌프의 경우에는 그렇지 않다.

⑥ 가압송수장치에는 체절운전 시 수온의 상승을 방지하기 위한 순환배관을 설치할 것

⑦ 기동장치로는 기동용수압개폐장치 또는 이와 동등 이상의 성능이 있는 것을 설치할 것

⑧ 기동용수압개폐장치를 기동장치로 사용할 경우에는 다음의 기준에 따른 충압펌프를 설치할 것. 다만, 캐비닛형 간이스프링클러설비의 경우에는 그렇지 않다.

⑨ 펌프의 토출압력은 그 설비의 최고위 살수장치의 자연압보다 적어도 0.2[MPa]이 더 크도록 하거나 가압송수장치의 정격토출압력과 같게 할 것

⑩ 펌프의 정격토출량은 정상적인 누설량보다 적어서는 안 되며, 간이스프링클러설비가 자동적으로 작동할 수 있도록 충분한 토출량을 유지할 것

⑪ 물올림장치

    ㉠ 설치대상 : 수원의 수위가 펌프보다 낮은 위치에 있는 경우

    ㉡ 캐비닛형 간이스프링클러설비의 경우에는 물올림장치를 설치할 필요가 없다.

    ㉢ 물올림장치에는 전용의 수조를 설치할 것

    ㉣ 수조의 유효수량은 100[L] 이상으로 하되, 구경 15[mm] 이상의 급수배관에 따라 해당 수조에 물이 계속 보급되도록 할 것

⑫ 내연기관을 사용하는 경우에는 제어반에 따라 내연기관의 자동기동 및 수동기동이 가능하고, 상시 충전되어 있는 축전지설비를 갖출 것

⑬ 가압송수장치에는 "간이스프링클러소화펌프"라고 표시한 표지를 할 것. 이 경우 그 가압송수장치를 다른 설비와 겸용하는 때에는 그 겸용되는 설비의 이름을 표시한 표지를 함께 해야 한다.

(3) 고가수조의 자연낙차를 이용한 가압송수장치

① 고가수조의 자연낙차수두(수조의 하단으로부터 최고층에 설치된 헤드까지의 수직거리)는 다음의 식에 따라 산출한 수치 이상이 유지되도록 할 것

$$H = h_1 + 10$$

여기서, H : 필요한 낙차[m]

    h_1 : 배관의 마찰손실수두[m]

② 고가수조에는 수위계·배수관·급수관·오버플로관 및 맨홀을 설치할 것

(4) 압력수조를 이용한 가압송수장치

① 압력수조의 압력은 다음의 식에 따라 산출한 수치 이상 유지되도록 할 것

$$P = p_1 + p_2 + 0.1$$

여기서, P : 필요한 압력[MPa]
p_1 : 낙차의 환산수두압[MPa]
p_2 : 배관의 마찰손실수두압[MPa]

② 압력수조에는 수위계·급수관·배수관·급기관·맨홀·압력계·안전장치 및 압력저하 방지를 위한 자동식 공기압축기를 설치할 것

(5) 가압수조를 이용한 가압송수장치

가압수조의 압력은 간이헤드 2개를 동시에 개방할 때 적정 방수량 및 방수압이 **10분[소방시설법 영 별표 4 제1호 마목 2) 가), 6), 8)에 해당하는 경우에는 5개의 간이헤드 최소 20분]** 이상 유지되도록 할 것

5 방호구역, 유수검지장치

① 하나의 방호구역의 바닥면적은 1,000[m²]를 초과하지 않을 것

② 하나의 방호구역에는 1개 이상의 유수검지장치를 설치하되, 화재 시 접근이 쉽고 점검하기 편리한 장소에 설치할 것

③ 하나의 방호구역은 2개 층에 미치지 않도록 할 것. 다만, 1개층에 설치되는 간이헤드의 수가 10개 이하인 경우에는 3개 층 이내로 할 수 있다**(캐비닛형 간이스프링클러설비에 해당).**

④ 유수검지장치는 실내에 설치하거나 보호용 철망 등으로 구획하여 바닥으로부터 0.8[m] 이상 1.5[m] 이하의 위치에 설치하되, 그 실 등에는 가로 0.5[m] 이상 세로 1[m] 이상의 개구부로서 그 개구부에는 출입문을 설치하고 그 출입문 상단에 "유수검지장치실"이라고 표시한 표지를 설치할 것. 다만, 유수검지장치를 기계실(공조용기계실을 포함한다) 안에 설치하는 경우에는 별도의 실 또는 보호용 철망을 설치하지 않고 기계실 출입문 상단에 "유수검지장치실"이라고 표시한 표지를 설치할 수 있다.

⑤ 간이헤드에 공급되는 물은 유수검지장치를 지나도록 할 것. 다만, 송수구를 통하여 공급되는 물은 그렇지 않다.

⑥ 자연낙차에 따른 압력수가 흐르는 배관 상에 설치된 유수검지장치는 화재 시 물의 흐름을 검지할 수 있는 최소한의 압력이 얻어질 수 있도록 수조의 하단으로부터 낙차를 두어 설치할 것

⑦ 간이스프링클러설비가 설치되는 특정소방대상물에 부설된 주차장 부분(물분무 등 소화설비 설치대상에 해당하지 않는 부분에 한한다)에는 습식 외의 방식으로 해야 한다. 다만, 동결의 우려가 없거나 동결을 방지할 수 있는 구조 또는 장치가 된 곳은 그렇지 않다.

6 배관 및 밸브

(1) 급수배관의 설치기준 <u>20</u> 년 출제

① 전용으로 할 것. 다만, **상수도직결형의 경우**에는 수도배관 호칭지름 **32[mm] 이상**의 배관이어야 하고 간이헤드가 개방될 경우에는 유수신호 작동과 동시에 다른 용도로 사용하는 배관의 송수를 자동 차단할 수 있도록 해야 하며 배관과 연결되는 이음쇠 등의 부속품은 물이 고이는 현상을 방지하는 조치를 해야 한다.

② 급수배관에 설치되어 급수를 차단할 수 있는 개폐밸브는 개폐표시형으로 할 것. 이 경우 펌프의 흡입 측 배관에는 버터플라이밸브 외의 개폐표시형 밸브를 설치해야 한다.

③ 배관의 구경은 수리계산에 의하거나 표 2.5.3.3의 기준에 따라 설치할 것. 다만, 수리계산에 의하는 경우 가지배관의 유속은 6[m/s], 그 밖의 배관의 유속은 10[m/s]를 초과할 수 없다.

[간이헤드 수별 급수관의 구경(표 2.5.3.3)]

(단위 : [mm])

급수관의 구경 구 분	25	32	40	50	65	80	100	125	150
가	2	3	5	10	30	60	100	160	161 이상
나	2	4	7	15	30	60	100	160	161 이상

[비고]
1. 폐쇄형 간이헤드를 사용하는 설비의 경우로서 1개 층에 하나의 급수배관(또는 밸브 등)이 담당하는 구역의 최대면적은 1,000[m²]를 초과하지 않을 것
2. 폐쇄형 간이헤드를 설치하는 경우에는 "가"란의 헤드 수에 따를 것
3. 폐쇄형 간이헤드를 설치하고 반자 아래의 헤드와 반자 속의 헤드를 동일 급수관의 가지관상에 병설하는 경우에는 "나"란의 헤드 수에 따를 것
4. "캐비닛형" 및 "상수도직결형"을 사용하는 경우 주배관은 32[mm], 수평주행배관은 32[mm], 가지배관은 25[mm] 이상으로 할 것. 이 경우 최장배관은 2.2.6에 따라 인정받은 길이로 하며 **하나의 가지배관에는 간이헤드를 3개 이내**로 설치해야 한다.

(2) 성능시험배관

① 성능시험배관은 펌프의 토출 측에 설치된 개폐밸브 이전에서 분기하여 직선으로 설치하고, 유량측정장치를 기준으로 전단 직관부에는 개폐밸브를 후단 직관부에는 유량조절밸브를 설치할 것. 이 경우 개폐밸브와 유량측정장치 사이의 직관부 거리 및 유량측정장치와 유량조절밸브 사이의 직관부 거리는 해당 유량측정장치 제조사의 설치사양에 따르고, 성능시험배관의 호칭지름은 유량측정장치의 호칭지름에 따른다.

② 유량측정장치는 펌프의 정격토출량의 175[%] 이상까지 측정할 수 있는 성능이 있을 것

> 가압송수장치의 체절운전 시 수온의 상승을 방지하기 위하여 체크밸브와 펌프 사이에서 분기한 구경 20[mm] 이상의 배관에 체절압력 미만에서 개방되는 릴리프밸브를 설치할 것

(3) 시험장치

준비작동식 유수검지장치를 설치하는 경우에는 그렇지 않다.

① 펌프(캐비닛형 제외)를 가압송수장치로 사용하는 경우 유수검지장치 2차 측 배관에 연결하여 설치하고, 펌프 외의 가압송수장치를 사용하는 경우 유수검지장치에서 가장 먼 거리에 위치한 가지배관의 끝으로부터 연결하여 설치할 것

② 시험장치배관의 구경은 **25[mm] 이상**으로 하고, 그 끝에 개폐밸브 및 개방형간이헤드 또는 간이스프링클러헤드와 동등한 방수성능을 가진 오리피스를 설치할 것. 이 경우 개방형간이헤드는 반사판 및 프레임을 제거한 오리피스만으로 설치할 수 있다.

③ 시험배관의 끝에는 물받이 통 및 배수관을 설치하여 시험 중 방사된 물이 바닥에 흘러내리지 않도록 할 것. 다만, 목욕실·화장실 또는 그 밖의 곳으로서 배수처리가 쉬운 장소에 시험배관을 설치한 경우에는 그렇지 않다.

(4) 배관 및 밸브 등의 순서

① **상수도직결형의 경우** `18` `년 출제`

ㄱ 수도용 계량기 → 급수차단장치 → 개폐표시형 밸브 → 체크밸브 → 압력계 → 유수검지장치(압력스위치 등 유수검지장치와 동등 이상의 기능과 성능이 있는 것을 포함한다) → **2개의 시험밸브**

ㄴ 간이스프링클러설비 이외의 배관에는 화재 시 배관을 차단할 수 있는 급수차단장치를 설치할 것

② **펌프 등의 가압송수장치를 이용하는 경우**

수원 → 연성계 또는 진공계 → 펌프 또는 압력수조 → 압력계 → 체크밸브 → 성능시험배관 → 개폐표시형 밸브 → 유수검지장치 → **시험밸브**

③ **가압수조를 가압송수장치로 이용하는 경우**

수원 → 가압수조 → 압력계 → 체크밸브 → 성능시험배관 → 개폐표시형 밸브 → 유수검지장치 → **2개의 시험밸브**

④ **캐비닛형의 가압송수장치로 이용하는 경우**

ㄱ 수원 → 연성계 또는 진공계 → 펌프 또는 압력수조 → 압력계 → 체크밸브 → 개폐표시형 밸브 → **2개의 시험밸브**

ㄴ 소화용수의 공급은 상수도와 직결된 바이패스관 및 펌프에서 공급받아야 한다.

7 간이헤드의 설치기준

(1) **폐쇄형 간이헤드를 사용할 것**

(2) **간이헤드의 작동온도** `10` `년 출제`

주위 천장온도	0[℃] 이상 38[℃] 이하	39[℃] 이상 66[℃] 이하
공칭작동온도	57[℃]에서 77[℃]의 것	79[℃]에서 109[℃]의 것

(3) 간이헤드를 설치하는 천장·반자·천장과 반자 사이·덕트·선반 등의 각 부분으로부터 간이헤드까지의 수평거리는 **2.3[m] 이하**가 되도록 해야 한다.

(4) 간이헤드의 디플렉터에서 천장 또는 반자까지의 거리

① 상향식 간이헤드 또는 하향식 간이헤드의 경우 : 25[mm]에서 102[mm] 이내 설치
② 측벽형 간이헤드의 경우 : 102[mm]에서 152[mm] 사이에 설치
③ 플러시 스프링클러헤드의 경우 : 102[mm] 이하에 설치

8 음향장치 및 기동장치

(1) 음향장치의 설치기준

① 음향장치의 종류 : 경종, 사이렌(전자사이렌 포함)
 이 경우 경종 또는 사이렌은 자동화재탐지설비·비상벨설비 또는 자동식 사이렌설비의 음향장치와
 겸용할 수 있다.
② **음향장치**는 습식 유수검지장치의 담당구역마다 설치하고 그 구역의 각 부분으로부터 하나의 음향장
 치까지의 **수평거리**는 25[m] 이하일 것
③ 주음향장치는 수신기의 내부 또는 그 직근에 설치할 것
④ 층수가 **11층**(공동주택의 경우에는 16층) **이상인 특정소방대상물**의 경보를 발하는 층

발화층	경보를 발하는 층
2층 이상의 층	발화층, 그 직상 4개층
1층	발화층, 그 직상 4개층, 지하층
지하층	발화층, 그 직상층, 기타의 지하층

(2) 음향장치의 구조 및 성능 기준

① 정격전압의 80[%] 전압에서 음향을 발할 수 있는 것으로 할 것
② 음향의 크기는 부착된 음향장치의 중심으로부터 1[m] 떨어진 위치에서 90[dB] 이상이 되는 것으
 로 할 것

9 송수구 13 년 출제

상수도직결형 또는 캐비닛형의 경우에는 송수구를 설치하지 않을 수 있다.
① 소방차가 쉽게 접근할 수 있고 잘 보이는 장소에 설치하고, 화재층으로부터 지면으로 떨어지는
 유리창 등이 송수 및 그 밖의 소화작업에 지장을 주지 않은 장소에 설치할 것
② 송수구로부터 간이스프링클러설비의 주배관에 이르는 연결배관에 개폐밸브를 설치한 때에는 그
 개폐상태를 쉽게 확인 및 조작할 수 있는 옥외 또는 기계실 등의 장소에 설치할 것
③ 송수구는 구경 **65[mm]의 쌍구형** 또는 **단구형**으로 할 것. 이 경우 송수배관의 **안지름**은 40[mm]
 이상으로 해야 한다.
④ 지면으로부터 높이가 **0.5[m] 이상 1[m] 이하**의 위치에 설치할 것
⑤ 송수구의 부근에는 **자동배수밸브**(또는 직경 5[mm]의 배수공) 및 **체크밸브**를 설치할 것. 이 경우
 자동배수밸브는 배관 안의 물이 잘 빠질 수 있는 위치에 설치하되, 배수로 인하여 다른 물건 또는
 장소에 피해를 주지 않아야 한다.
⑥ 송수구에는 이물질을 막기 위한 마개를 씌울 것

🔟 비상전원

① 종류 : 비상전원, 비상전원수전설비
② 용량 : **10분**(소방시설법 영 별표 4 제1호 마목 2) 가), 6), 8)에 해당하는 경우에는 **20분**) **이상**

🔟 기 타

스프링클러설비와 동일함

제6절 화재조기진압용 스프링클러설비(NFTC 103B)

❶ 설치장소의 구조

① 설치대상 : 랙식 창고
② 층의 높이 : 13.7[m] 이하(단, 2층 이상일 경우에는 해당 층의 바닥을 내화구조로 하고 다른 부분과 방화구획할 것)
③ 천장의 기울기 : 168/1,000을 초과하지 말 것(초과 시 반자를 지면과 수평으로 할 것)
④ 천장은 평평해야 하며 철재나 목재트러스 구조인 경우, 철재나 목재의 돌출부분이 102[mm]를 초과하지 않을 것
⑤ 보로 사용되는 목재·콘크리트 및 철재 사이의 간격이 0.9[m] 이상 2.3[m] 이하일 것. 다만, 보의 간격이 2.3[m] 이상인 경우에는 화재조기진압용 스프링클러헤드의 동작을 원활히 하기 위하여 보로 구획된 부분의 천장 및 반자의 넓이가 28[m²]를 초과하지 않을 것
⑥ 창고 내의 선반의 형태는 하부로 물이 침투되는 구조로 할 것

❷ 수 원

(1) 수원의 양

수리학적으로 가장 먼 가지배관 3개에 각각 4개의 스프링클러헤드가 동시에 개방 시 헤드 선단(끝부분)의 압력이 아래 표 2.2.1에 의한 값 이상으로 60분간 방사할 수 있는 양으로 계산식은 다음과 같다.

$$\text{수원의 양 } Q = K\sqrt{10p} \times 12 \times 60$$

여기서, Q : 수원의 양[L]
K : 상수[L/min/(MPa)$^{1/2}$]
p : 헤드 선단의 압력[MPa]

[화재조기진압용 스프링클러헤드의 최소방사압력[MPa](표 2.2.1)]

최대층고	최대저장높이	화재조기진압용 스프링클러헤드의 최소방사압력[MPa]				
		$K=360$ 하향식	$K=320$ 하향식	$K=240$ 하향식	$K=240$ 상향식	$K=200$ 하향식
13.7[m]	12.2[m]	0.28	0.28	–	–	–
13.7[m]	10.7[m]	0.28	0.28	–	–	–
12.2[m]	10.7[m]	0.17	0.28	0.36	0.36	0.52
10.7[m]	9.1[m]	0.14	0.24	0.36	0.36	0.52
9.1[m]	7.6[m]	0.10	0.17	0.24	0.24	0.34

(2) 수원을 옥상에 1/3을 설치하지 않아도 되는 경우

① 옥상이 없는 건축물 또는 공작물

② 지하층만 있는 건축물

③ 고가수조를 가압송수장치로 설치한 경우

④ 수원이 건축물의 최상층에 설치된 헤드보다 높은 위치에 설치된 경우

⑤ 건축물의 높이가 지표면으로부터 10[m] 이하인 경우

⑥ 주펌프와 동등 이상의 성능이 있는 별도의 펌프로서 내연기관의 기동과 연동하여 작동되거나 비상전원을 연결하여 설치한 경우

⑦ 가압수조를 가압송수장치로 설치한 경우

(3) 수조의 설치기준

① 점검에 편리한 곳에 설치할 것

② 동결방지조치를 하거나 동결의 우려가 없는 장소에 설치할 것

③ 수조의 외측에 수위계를 설치할 것. 다만, 구조상 불가피한 경우에는 수조의 맨홀 등을 통하여 수조 안의 물의 양을 쉽게 확인할 수 있도록 해야 한다.

④ 수조의 상단이 바닥보다 높은 때에는 수조의 외측에 고정식 사다리를 설치할 것

⑤ 수조가 실내에 설치된 때에는 그 실내에 조명설비를 설치할 것

⑥ 수조의 밑 부분에는 청소용 배수밸브 또는 배수관을 설치할 것

⑦ 수조 외측의 보기 쉬운 곳에 "화재조기진압용 스프링클러설비용 수조"라고 표시한 표지를 할 것. 이 경우 그 수조를 다른 설비와 겸용하는 때에는 그 겸용되는 설비의 이름을 표시한 표지를 함께 해야 한다.

⑧ 소화설비용 펌프의 흡수배관 또는 소화설비의 수직배관과 수조의 접속부분에는 "화재조기진압용 스프링클러설비용 배관"이라고 표시한 표지를 할 것. 다만, 수조와 가까운 장소에 소화설비용 펌프가 설치되고 해당 펌프에 "화재조기진압용 스프링클러펌프"라고 표시한 표지를 설치한 때에는 그렇지 않다.

3 가압송수장치

(1) 기타 가압송수장치 : 스프링클러설비와 동일

(2) 펌프를 이용한 가압송수장치 : 스프링클러설비와 동일

(3) 고가수조를 이용한 가압송수장치

① 필요한 낙차

$$H = h_1 + h_2$$

여기서, H : 필요한 낙차[m]
h_1 : 배관의 마찰손실수두[m]
h_2 : 최소방사압력의 환산수두[m]

② **고가수조**에는 **수위계 · 배수관 · 급수관 · 오버플로관** 및 **맨홀**을 설치할 것

(4) 압력수조를 이용한 가압송수장치

① 필요한 낙차

$$P = p_1 + p_2 + p_3$$

여기서, P : 필요한 압력[MPa]
p_1 : 낙차의 환산수두압[MPa]
p_2 : 배관의 마찰손실수두압[MPa]
p_3 : 최소방사압력[MPa]

② **압력수조**에는 **수위계 · 급수관 · 배수관 · 급기관 · 맨홀 · 압력계 · 안전장치** 및 압력저하 방지를 위한 **자동식 공기압축기**를 설치할 것

4 방호구역 · 유수검지장치

(1) 하나의 방호구역 : 3,000[m²] 초과하지 않을 것

(2) 하나의 방호구역에는 1개 이상의 유수검지장치를 설치하되, 화재 시 접근이 쉽고 점검하기 편리한 장소에 설치할 것

(3) 하나의 방호구역은 2개 층에 미치지 않도록 할 것

1개 층에 설치되는 화재조기진압용 스프링클러헤드의 수가 10개 이하인 경우에는 3개 층 이내로 할 수 있다.

(4) 유수검지장치 : 바닥으로부터 0.8[m] 이상 1.5[m] 이하에 설치

(5) 유수검지장치 출입문의 크기 : 개구부가 가로 0.5[m] 이상 세로 1[m] 이상

5 배 관

(1) 가지배관의 배열

① 토너먼트(Tournament) 배관방식이 아닐 것

② 가지배관 사이의 거리 : **2.4[m] 이상 3.7[m] 이하**

천장의 높이가 9.1[m] 이상 13.7[m] 이하 : 2.4[m] 이상 3.1[m] 이하

③ 교차배관에서 분기되는 지점을 기점으로 한쪽 가지배관에 설치되는 헤드의 개수(반자 아래와 반자 속의 헤드를 하나의 가지배관 상에 병설하는 경우에는 반자 아래에 설치하는 헤드의 개수)는 8개 이하로 할 것. 다만, 다음의 어느 하나에 해당하는 경우에는 그렇지 않다.

　㉠ 기존의 방호구역 안에서 칸막이 등으로 구획하여 1개의 헤드를 증설하는 경우

　㉡ 격자형 배관방식(2 이상의 수평주행배관 사이를 가지배관으로 연결하는 방식을 말한다)을 채택 하는 때에는 펌프의 용량, 배관의 구경 등을 수리학적으로 계산한 결과 헤드의 방수압 및 방수량 이 소화목적을 달성하는 데 충분하다고 인정되는 경우. 다만, 중앙소방기술심의위원회 또는 지방소방기술심의위원회의 심의를 거친 경우에 한정한다.

(2) 교차배관은 가지배관과 수평으로 설치하거나 또는 가지배관 밑에 설치하고 최소 구경은 40[mm] 이상으로 할 것 `14` `년 출제`

(3) 수직배수배관의 구경 : 50[mm] 이상

(4) 화재조기진압용 스프링클러설비 배관을 수평으로 설치해야 한다. 다만, 배관의 구조상 소화수가 남 아 있는 곳에는 배수밸브를 설치할 수 있다.

6 음향장치 및 기동장치

① 유수검지장치를 사용하는 설비는 헤드가 개방되면 유수검지장치가 화재신호를 발신하고 그에 따라 음향장치가 경보되도록 할 것

② 음향장치는 유수검지장치의 담당구역마다 설치하되 그 구역의 각 부분으로부터 하나의 음향장치까 지의 수평거리는 25[m] 이하가 되도록 할 것

③ 음향장치는 경종 또는 사이렌(전자식 사이렌을 포함한다)으로 하되, 주위의 소음 및 다른 용도의 경보와 구별이 가능한 음색으로 할 것. 이 경우 경종 또는 사이렌은 자동화재탐지설비·비상벨설비 또는 자동식사이렌설비의 음향장치와 겸용할 수 있다.

④ 주음향장치는 수신기의 내부 또는 그 직근에 설치할 것

⑤ 층수가 11층(공동주택의 경우에는 16층) 이상인 특정소방대상물의 경보를 발하는 층

발화층	경보를 발하는 층
2층 이상의 층	발화층, 그 직상 4개층
1층	발화층, 그 직상 4개층, 지하층
지하층	발화층, 그 직상층, 기타의 지하층

⑥ 음향장치의 구조 및 성능 기준

㉠ 정격전압의 80[%] 전압에서 음향을 발할 수 있는 것으로 할 것

㉡ 음향의 크기는 부착된 음향장치의 중심으로부터 1[m] 떨어진 위치에서 90[dB] 이상이 되는 것으로 할 것

7 헤 드

(1) 하나의 방호면적 : $6.0[m^2]$ 이상 $9.3[m^2]$ 이하 14 19 년 출제

(2) 가지배관의 헤드 사이의 거리 14 19 년 출제

① 천장의 높이 9.1[m] 미만 : 2.4[m] 이상 3.7[m] 이하

② 천장의 높이 9.1[m] 이상 13.7[m] 이하 : 3.1[m] 이하

③ 헤드의 반사판은 천장 또는 반자와 평행하게 설치하고 저장물의 최상부와 914[mm] 이상 확보되도록 할 것

④ 하향식 헤드의 반사판의 위치는 천장이나 반자 아래 125[mm] 이상 355[mm] 이하일 것

⑤ 상향식 헤드의 감지부 중앙은 천장 또는 반자와 101[mm] 이상 152[mm] 이하이어야 하며, 반사판의 위치는 스프링클러 배관의 윗부분에서 최소 178[mm] 상부에 설치되도록 할 것

⑥ 헤드와 벽과의 거리 : 헤드 상호 간의 거리의 1/2을 초과하지 않아야 하며 최소 102[mm] 이상일 것

⑦ 헤드의 작동온도는 74[℃] 이하일 것

8 저장물의 간격 및 환기구

① 저장물품 사이의 간격은 모든 방향에서 152[mm] 이상의 간격을 유지해야 한다.

② 환기구는 공기의 유동으로 인하여 헤드의 작동온도에 영향을 주지 않는 구조일 것

③ 화재감지기와 연동하여 동작하는 자동식 환기장치를 설치하지 않을 것. 다만, 자동식 환기장치를 설치할 경우에는 최소작동온도가 180[℃] 이상일 것

9 송수구

① 소방차가 쉽게 접근할 수 있고 잘 보이는 장소에 설치하고, 화재층으로부터 지면으로 떨어지는 유리창 등이 송수 및 그 밖의 소화작업에 지장을 주지 않는 장소에 설치할 것

② 송수구로부터 화재조기진압용 스프링클러설비의 주배관에 이르는 연결배관에 개폐밸브를 설치한 때에는 그 개폐상태를 쉽게 확인 및 조작할 수 있는 옥외 또는 기계실 등의 장소에 설치할 것

③ 송수구는 구경 65[mm]의 쌍구형으로 할 것

④ 송수구에는 그 가까운 곳의 보기 쉬운 곳에 송수압력범위를 표시한 표지를 할 것

⑤ 송수구는 하나의 층의 바닥면적이 3,000[m²]를 넘을 때마다 1개(5개 이상은 5개로 한다) 이상을 설치할 것

⑥ 지면으로부터 높이가 **0.5[m] 이상 1[m] 이하**의 위치에 설치할 것

⑦ 송수구의 부근에는 자동배수밸브(또는 직경 5[mm]의 배수공) 및 체크밸브를 설치할 것

⑧ 송수구에는 이물질을 막기 위한 마개를 씌어야 한다.

🔟 화재조기진압용 스프링클러 설치 제외

① 제4류 위험물

② **타이어, 두루마리 종이** 및 **섬유류, 섬유제품** 등 연소 시 화염의 속도가 빠르고 방사된 물이 하부까지 에 도달하지 못하는 것

11 제어반

스프링클러설비와 같다.

제7절 물분무소화설비(NFTC 104)

1 물분무소화설비의 개요

화재 시 특수한 분무노즐을 이용해서 물을 무상으로 방사하여 냉각, 질식, 희석, 유화 작용으로 소화하 는 설비이다.

(1) 물분무소화설비의 장점

① 무상 주수하므로 물이 절약된다.

② 불용성 액체(유류) 또는 수용성인 액체에 특히 소화효과가 뛰어나다.

③ 약제가 물이므로 가격이 저렴하고 피해가 없다.

④ 화재의 연소방지, 화재제압에 특히 유효하다.

(2) 물분무소화설비의 소화효과

① **냉각작용** : 물분무상태로 소화하여 대량의 기화열을 내어서 연소물을 발화점 이하로 낮추어 소화 한다.

② **질식작용** : 분무주수이므로 대량의 수증기가 발생하여 체적이 **1,700배**로 팽창하여 농도를 21[%]에 서 15[%] 이하로 낮추어 소화한다.

③ **희석작용** : 알코올과 같이 수용성인 액체는 물에 잘 녹으므로 희석시켜 소화한다.

④ **유화작용** : 제4류 위험물과 같이 유류화재 시 불용성의 가연성 액체 표면에 불연성의 유막을 형성하 여 소화한다.

② 물분무헤드

(1) 분무상태를 만드는 방법에 의한 분류

① 충돌형 : 유수와 유수의 충돌에 의해 미세한 물방울을 만드는 물분무헤드
② 분사형 : 소구경의 오리피스로부터 고압으로 분사시켜 미세한 물방울을 만드는 물분무헤드
③ 선회류형 : 선회류에 의해 확산방출 혹은 선회류와 직선류의 충돌에 의해 확산방출하여 미세한 물방울로 만드는 물분무헤드
④ 디플렉터형 : 수류를 살수판에 충돌시켜 미세한 물방울을 만드는 물분무헤드
⑤ 슬리트형 : 수류를 슬리트에 의해 방출하여 수막상의 분무를 만드는 물분무헤드

디플렉터형	충돌형	분사형	선회류형	슬리트형

(2) 물분무헤드의 설치 24 년 출제

고압의 전기기기가 있는 장소에 있어서는 전기의 절연을 위하여 전기기기와 물분무헤드 사이에 다음 표에 따른 거리를 두어야 한다.

전압[kV]	66 이하	66 초과 77 이하	77 초과 110 이하	110 초과 154 이하	154 초과 181 이하	181 초과 220 이하	220 초과 275 이하
거리[cm]	70 이상	80 이상	110 이상	150 이상	180 이상	210 이상	260 이상

③ 가압송수장치

(1) 펌프방식

① 펌프의 양정

$$H = h_1 + h_2$$

여기서, H : 펌프의 양정[m]
h_1 : 물분무헤드의 설계압력 환산수두[m]
h_2 : 배관의 마찰손실수두[m]

② 펌프의 토출량과 수원의 양 10 14 16 17 19 20 년 출제

특정소방대상물	펌프의 토출량[L/min]	수원의 양[L]
특수가연물 저장, 취급	바닥면적(50[m²] 이하는 50[m²]로) ×10[L/min·m²]	바닥면적(50[m²] 이하는 50[m²]로) ×10[L/min·m²]×20[min]
차고, 주차장	바닥면적(50[m²] 이하는 50[m²]로) ×20[L/min·m²]	바닥면적(50[m²] 이하는 50[m²]로) ×20[L/min·m²]×20[min]
절연유 봉입변압기	표면적(바닥 부분 제외)×10[L/min·m²]	표면적(바닥 부분 제외)×10[L/min·m²] ×20[min]

특정소방대상물	펌프의 토출량[L/min]	수원의 양[L]
케이블 트레이, 케이블 덕트	투영된 바닥면적×12[L/min · m²]	투영된 바닥면적×12[L/min · m²]×20[min]
컨베이어 벨트	벨트 부분의 바닥면적×10[L/min · m²]	벨트 부분의 바닥면적×10[L/min · m²]×20[min]

(2) 고가수조방식

① 자연낙차수두

$$H = h_1 + h_2$$

여기서, H : 필요한 낙차[m]

h_1 : 물분무헤드의 설계압력 환산수두[m]

h_2 : 배관의 마찰손실수두[m]

② 고가수조 설치 부속물 : 수위계, 배수관, 급수관, 오버플로관, 맨홀

(3) 압력수조방식

① 필요한 압력

$$P = p_1 + p_2 + p_3$$

여기서, P : 필요한 압력[MPa]

p_1 : 물분무헤드의 설계압력[MPa]

p_2 : 배관의 마찰손실수두압[MPa]

p_3 : 낙차의 환산수두압[MPa]

② 압력수조 설치 부속물 : 수위계, 급수관, 배수관, 급기관, 맨홀, 압력계, 안전장치 및 압력저하 방지를 위한 자동식 공기압축기

4 배관 등

(1) 배관의 재질

① 배관 내 사용압력이 1.2[MPa] 미만일 경우

㉠ 배관용 탄소강관(KS D 3507)

㉡ 이음매 없는 구리 및 구리합금관(KS D 5301). 다만, 습식의 배관에 한한다.

㉢ 배관용 스테인리스강관(KS D 3576) 또는 일반배관용 스테인리스강관(KS D 3595)

㉣ 덕타일 주철관(KS D 4311)

② 배관 내 사용압력이 1.2[MPa] 이상일 경우

㉠ 압력배관용 탄소강관(KS D 3562)

㉡ 배관용 아크용접 탄소강강관(KS D 3583)

> **Plus one** 소방용 합성수지배관을 설치할 수 있는 경우
> • 배관을 지하에 매설하는 경우
> • 다른 부분과 내화구조로 구획된 덕트 또는 피트의 내부에 설치하는 경우
> • 천장(상층이 있는 경우에는 상층 바닥의 하단을 포함한다)과 반자를 불연재료 또는 준불연재료로 설치하고 소화배관 내부에 항상 소화수가 채워진 상태로 설치하는 경우

(2) 펌프의 성능시험배관 등

① 성능시험배관은 펌프의 토출 측에 설치된 개폐밸브 이전에서 분기하여 직선으로 설치하고, 유량측정장치를 기준으로 전단 직관부에는 개폐밸브를 후단 직관부에는 유량조절밸브를 설치할 것. 이 경우 개폐밸브와 유량측정장치 사이의 직관부 거리 및 유량측정장치와 유량조절밸브 사이의 직관부 거리는 해당 유량측정장치 제조사의 설치사양에 따르고, 성능시험배관의 호칭지름은 유량측정장치의 호칭지름에 따른다.

② 유량측정장치는 펌프의 정격토출량의 175[%] 이상까지 측정할 수 있는 성능이 있을 것

③ 가압송수장치의 체절운전 시 수온의 상승을 방지하기 위하여 체크밸브와 펌프 사이에서 분기한 구경 **20[mm] 이상**의 배관에 **체절압력 미만**에서 개방되는 **릴리프밸브**를 설치해야 한다.

5 송수구

(1) 송수구는 화재층으로부터 지면으로 떨어지는 유리창 등이 송수 및 그 밖의 소화작업에 지장을 주지 않는 장소에 설치할 것. **이 경우 가연성가스의 저장·취급시설에 설치하는 송수구는 그 방호대상물로부터 20[m] 이상의 거리를 두거나 방호대상물에 면하는 부분의 높이 1.5[m] 이상 폭 2.5[m] 이상의 철근콘크리트 벽으로 가려진 장소에 설치할 것**

(2) 송수구로부터 물분무소화설비의 주배관에 이르는 연결배관에 개폐밸브를 설치한 때에는 그 개폐 상태를 쉽게 확인 및 조작할 수 있는 옥외 또는 기계실 등의 장소에 설치할 것

(3) 송수구는 **구경 65[mm]의 쌍구형**으로 할 것

(4) 송수구에는 그 가까운 곳의 보기 쉬운 곳에 **송수압력범위를 표시**한 표지를 할 것

(5) **송수구**는 하나의 층의 바닥면적이 **3,000[m²]**를 넘을 때마다 **1개**(5개를 넘을 경우에는 5개로 한다) **이상**을 설치할 것

(6) 지면으로부터 높이가 **0.5[m] 이상 1[m] 이하**의 위치에 설치할 것

(7) 송수구의 부근에는 자동배수밸브(또는 직경 5[mm]의 배수공) 및 체크밸브를 설치할 것. 이 경우 자동배수밸브는 배관 안의 물이 잘 빠질 수 있는 위치에 설치하되, 배수로 인하여 다른 물건 또는 장소에 피해를 주지 않아야 한다.

(8) 송수구에는 이물질을 막기 위한 마개를 씌울 것

6 제어밸브 및 배수설비의 설치기준

(1) 제어밸브

제어밸브는 바닥으로부터 0.8[m] 이상 1.5[m] 이하의 위치에 설치할 것

(2) 배수설비 `13` `14` `년 출제`

① 차량이 주차하는 장소의 적당한 곳에 높이 10[cm] 이상의 경계턱으로 배수구를 설치할 것
② 배수구에는 새어나온 기름을 모아 소화할 수 있도록 길이 40[m] 이하마다 집수관·소화피트 등 기름분리장치를 설치할 것
③ 차량이 주차하는 바닥은 배수구를 향하여 **2/100 이상의 기울기**를 유지할 것
④ 배수설비는 가압송수장치의 최대송수능력의 수량을 유효하게 배수할 수 있는 크기 및 기울기로 할 것

7 물분무헤드의 설치 제외 `14` `23` `년 출제`

(1) 물에 심하게 반응하는 물질 또는 물과 반응하여 위험한 물질을 생성하는 물질을 저장 또는 취급하는 장소

(2) 고온의 물질 및 증류범위가 넓어서 끓어 넘치는 위험이 있는 물질을 저장 또는 취급하는 장소

(3) 운전 시에 표면의 온도가 **260[℃] 이상**으로 되는 등 직접 분무를 하는 경우 그 부분에 손상을 입힐 우려가 있는 기계장치 등이 있는 장소

8 기 타

수계 소화설비와 동일함

제8절 미분무소화설비(NFTC 104A)

1 정 의

① **미분무소화설비** : 가압된 물이 헤드 통과 후 미세한 입자로 분무됨으로써 소화성능을 가지는 설비를 말하며, 소화력을 증가시키기 위해 **강화액** 등을 첨가할 수 있다.
② **미분무** : 물만을 사용하여 소화하는 방식으로 최소설계압력에서 헤드로부터 방출되는 물입자 중 99[%]의 누적체적분포가 400[μm] 이하로 분무되고 A, B, C급 화재에 적응성을 갖는 것을 말한다.
③ **저압 미분무소화설비** : 최고사용압력이 1.2[MPa] 이하인 미분무소화설비를 말한다.
④ **중압 미분무소화설비** : 사용압력이 1.2[MPa]을 초과하고 3.5[MPa] 이하인 미분무소화설비를 말한다. `21` `년 출제`
⑤ **고압 미분무소화설비** : 최저사용압력이 3.5[MPa]을 초과하는 미분무소화설비를 말한다.

⑥ **폐쇄형 미분무소화설비** : 배관 내에 항상 물 또는 공기 등이 가압되어 있다가 화재로 인한 열로 폐쇄형 미분무헤드가 개방되면서 소화수를 방출하는 방식의 미분무소화설비를 말한다.

⑦ **개방형 미분무소화설비** : 화재감지기의 신호를 받아 가압송수장치를 동작시켜 미분무수를 방출하는 방식의 미분무소화설비를 말한다.

2 수원 및 수조

(1) 수 원

① 미분무수소화설비에 사용되는 소화용수는 먹는물관리법 제5조에 적합하고, 저수조 등에 충수할 경우 필터 또는 스트레이너를 통해야 하며, 사용되는 물에는 입자·용해고체 또는 염분이 없어야 한다.

② 사용되는 필터 또는 스트레이너의 메시는 헤드 오리피스 지름의 80[%] 이하가 되어야 한다.

③ 수원의 양 17 **년 출제**

$$Q = N \times D \times T \times S + V$$

여기서, Q : 수원의 양[m³]
N : 방호구역(방수구역) 내 헤드의 개수
D : 설계유량[m³/min]
T : 설계방수시간[min]
S : 안전율(1.2 이상)
V : 배관의 총체적[m³]

(2) 수조의 설치기준

① 전용수조로 하고, 점검에 편리한 곳에 설치할 것

② 동결방지조치를 하거나 동결의 우려가 없는 장소에 설치할 것

③ 수조의 외측에 수위계를 설치할 것. 다만, 구조상 불가피한 경우에는 수조의 맨홀 등을 통하여 수조 안의 물의 양을 쉽게 확인할 수 있도록 해야 한다.

④ 수조의 상단이 바닥보다 높은 때에는 수조의 외측에 고정식 사다리를 설치할 것

⑤ 수조가 실내에 설치된 때에는 그 실내에 조명설비를 설치할 것

⑥ 수조의 밑 부분에는 청소용 배수밸브 또는 배수관을 설치할 것

⑦ 수조 외측의 보기 쉬운 곳에 "미분무설비용 수조"라고 표시한 표지를 할 것

⑧ 소화설비용 펌프의 흡수배관 또는 소화설비의 수직배관과 수조의 접속부분에는 "미분무소화설비용 배관"이라고 표시한 표지를 할 것. 다만, 수조와 가까운 장소에 소화설비용 펌프가 설치되고 해당 펌프에 ⑦에 따른 표지를 설치한 때에는 그렇지 않다.

3 가압송수장치

(1) 펌프를 이용하는 가압송수장치

① 쉽게 접근할 수 있고 점검하기에 충분한 공간이 있는 장소로서 화재 및 침수 등의 재해로 인한 피해를 받을 우려가 없는 곳에 설치할 것

② 동결방지조치를 하거나 동결의 우려가 없는 장소에 설치할 것

③ 펌프는 전용으로 할 것

④ 펌프의 토출 측에는 압력계를 체크밸브 이전에 펌프 토출 측 가까운 곳에 설치할 것

⑤ 펌프의 성능은 체절운전 시 정격토출압력의 140[%]를 초과하지 않고, 정격토출량의 150[%]로 운전 시 정격토출압력의 65[%] 이상이 되어야 하며, 펌프의 성능을 시험할 수 있는 성능시험배관을 설치할 것

⑥ 가압송수장치의 송수량은 최저설계압력에서 설계유량[L/min] 이상의 방수성능을 가진 기준개수의 모든 헤드로부터의 방수량을 충족시킬 수 있는 양 이상의 것으로 할 것

⑦ 내연기관을 사용하는 경우에는 제어반에 따라 내연기관의 자동기동 및 수동기동이 가능하고, 상시 충전되어 있는 축전지설비를 갖출 것

⑧ 가압송수장치에는 "미분무펌프"라고 표시한 표지를 할 것. 다만, 호스릴방식의 경우 "호스릴방식 미분무펌프"라고 표시한 표지를 할 것

⑨ 가압송수장치가 기동되는 경우에는 자동으로 정지되지 않도록 할 것

(2) 압력수조를 이용하는 가압송수장치

① 압력수조는 배관용 스테인리스 강관(KS D 3676) 또는 이와 동등 이상의 강도・내식성, 내열성을 갖는 재료를 사용할 것

② 용접한 압력수조를 사용할 경우 용접찌꺼기 등이 남아 있지 않아야 하며, 부식의 우려가 없는 용접 방식으로 해야 한다.

③ **압력수조**에는 **수위계・급수관・배수관・급기관・맨홀・압력계・안전장치** 및 압력저하 방지를 위한 **자동식 공기압축기**를 설치할 것

④ 압력수조의 토출 측에는 **사용압력의 1.5배 범위를 초과하는 압력계**를 설치해야 한다.

(3) 가압수조를 이용하는 가압송수장치

① 가압수조 및 가압원은 방화구획된 장소에 설치할 것

② 가압수조는 전용으로 설치할 것

4 배관 등

① 설비에 사용되는 구성 요소는 STS 304 이상의 재료를 사용해야 한다.

② 배관은 배관용 스테인리스 강관(KS D 3576)이나 이와 동등 이상의 강도・내식성 및 내열성을 가진 것으로 해야 하고, 용접할 경우 용접찌꺼기 등이 남아 있지 않아야 하며, 부식의 우려가 없는 용접방식으로 해야 한다.

③ 성능시험배관

㉠ 성능시험배관은 펌프의 토출 측에 설치된 개폐밸브 이전에서 분기하여 직선으로 설치하고, 유량측정장치를 기준으로 전단 직관부에는 개폐밸브를 후단 직관부에는 유량조절밸브를 설치할 것. 이 경우 개폐밸브와 유량측정장치 사이의 직관부 거리 및 유량측정장치와 유량조절밸브 사이의 직관부 거리는 해당 유량측정장치 제조사의 설치사양에 따르고, 성능시험배관의 호칭지름은 유량측정장치의 호칭지름에 따른다.

㉡ 유입구에는 개폐밸브를 둘 것

ⓒ 유량측정장치는 펌프의 정격토출량의 175[%] 이상 측정할 수 있는 성능이 있을 것

ⓔ 가압송수장치의 체절운전 시 수온의 상승을 방지하기 위하여 체크밸브와 펌프 사이에서 분기한 구경 20[mm] 이상의 배관에 체절압력 미만에서 개방되는 릴리프밸브를 설치할 것

④ 시험장치

ⓐ 가압송수장치에서 가장 먼 가지배관의 끝으로부터 연결하여 설치할 것

ⓑ 시험장치 배관의 구경은 가압장치에서 가장 먼 가지배관의 구경과 동일한 구경으로 하고, 그 끝에 개방형헤드를 설치할 것. 이 경우 개방형헤드는 동일 형태의 오리피스만으로 설치할 수 있다.

ⓒ 시험배관의 끝에는 물받이 통 및 배수관을 설치하여 시험 중 방사된 물이 바닥에 흘러내리지 않도록 할 것. 다만, 목욕실·화장실 또는 그 밖의 곳으로서 배수처리가 쉬운 장소에 시험배관을 설치한 경우에는 그렇지 않다.

⑤ 배관에 설치되는 행거

ⓐ 가지배관에는 헤드의 설치지점 사이마다, 교차배관에는 가지배관과 가지배관 사이마다 1개 이상의 행거를 설치할 것

ⓑ 수평주행배관에는 4.5[m] 이내마다 1개 이상 설치할 것

⑥ **수직배수배관의 구경**은 50[mm] 이상으로 해야 한다. 다만, 수직배관의 구경이 50[mm] 미만인 경우에는 수직배관과 동일한 구경으로 할 수 있다.

⑦ **주차장의 미분무소화설비**는 **습식 외의 방식**으로 해야 한다. 다만, 주차장이 벽 등으로 차단되어 있고 출입구가 자동으로 열리고 닫히는 구조인 것으로서 다음의 어느 하나에 해당하는 경우에는 그렇지 않다.

ⓐ 동절기에 상시 난방이 되는 곳이거나 그 밖에 동결의 염려가 없는 곳

ⓑ 미분무소화설비의 동결을 방지할 수 있는 구조 또는 장치가 된 것

⑧ 배관의 배수를 위한 기울기 `19` `년 출제`

ⓐ 폐쇄형 미분무소화설비의 배관을 수평으로 할 것. 다만, 배관의 구조상 소화수가 남아 있는 곳에는 배수밸브를 설치해야 한다.

ⓑ 개방형 미분무소화설비에는 헤드를 향하여 상향으로 **수평주행배관의 기울기를 1/500 이상, 가지배관의 기울기를 1/250 이상**으로 할 것. 다만, 배관의 구조상 기울기를 줄 수 없는 경우에는 배수를 원활하게 할 수 있도록 배수밸브를 설치해야 한다.

⑨ **호스릴방식**의 설치기준

ⓐ 차고 또는 주차장 외의 장소에 설치하되 방호대상물의 각 부분으로부터 하나의 호스접결구까지의 **수평거리가 25[m] 이하**가 되도록 할 것

ⓑ 소화약제 저장용기의 개방밸브는 호스의 설치장소에서 수동으로 개폐할 수 있는 것으로 할 것

ⓒ 소화약제 저장용기의 가장 가까운 곳의 보기 쉬운 곳에 표시등을 설치하고 "호스릴 미분무소화설비"라고 표시한 표지를 할 것

5 헤 드 [18] 년 출제

① 하나의 헤드까지의 수평거리 산정은 설계자가 제시해야 한다.
② 미분무설비에 사용되는 헤드는 조기반응형 헤드를 설치해야 한다.
③ 폐쇄형 미분무헤드는 그 설치장소의 평상시 최고주위온도에 따라 다음 식에 따른 표시온도의 것으로 설치해야 한다.

$$T_a = 0.9\,T_m - 27.3\,[\text{℃}]$$

여기서, T_a : 최고주위온도
T_m : 헤드의 표시온도

6 기 타

수계소화설비와 동일함

제9절 포소화설비(NFTC 105)

1 포소화설비의 개요

화재발생 시 천장에 부착된 스프링클러헤드의 감열 부분과 감지기에 의해 감지되면 자동밸브에 의하여 포말이 물과 혼합하여 가연성 물질의 연소 표면에 얇은 막을 형성하여 산소의 공급을 차단하여 질식소화하는 설비로서 주로 위험물저장소, 위험물 옥외탱크저장소에 설치한다.

2 포소화설비의 특징

① 포의 내화성이 커서 대규모 화재에 적합하다.
② 실외에서 **옥외소화전**보다 **소화효과가 크다.**
③ 재연소가 예상되는 화재에도 적응성이 있다.
④ 약제는 유독성 가스 발생이 없으므로 인체에 무해하다.
⑤ **기계포약제는 혼합기구가 복잡하다.**

3 포소화설비의 계통도

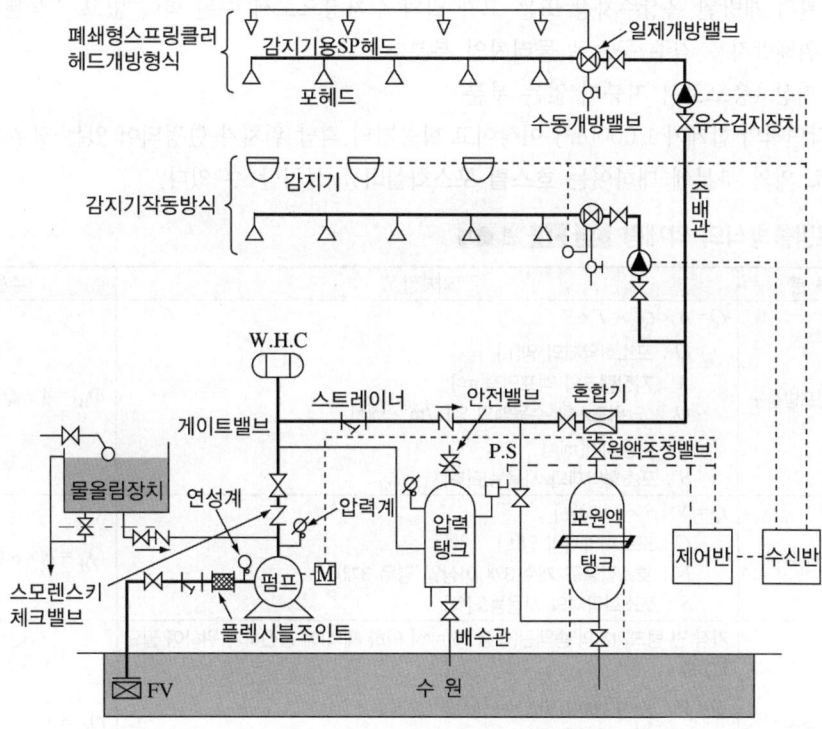

4 수원 및 소화약제량

(1) 특정소방대상물에 따른 적응설비 및 수원

소방대상물	적용설비	수 원	
특수가연물을 저장·취급하는 공장 또는 창고	• 포워터 스프링클러설비 • 포헤드설비	가장 많이 설치된 층의 포헤드(바닥면적이 200[m²] 초과 시 200[m²] 이내에 설치된 포헤드)에서 동시에 표준방사량으로 10분간 방사할 수 있는 양 이상	
	• 고정포방출설비 • 압축공기포소화설비	가장 많이 설치된 방호구역 안의 고정포방출구에서 표준방사량으로 10분간 방사할 수 있는 양 이상	
차고·주차장	• 호스릴 포소화설비 • 포소화전설비	방수구(5개 이상은 5개) × 6[m³] 이상	
	• 포워터 스프링클러설비 • 포헤드설비 • 고정포방출설비 • 압축공기포소화설비	특수가연물의 저장·취급하는 공장 또는 창고와 동일함	
항공기격납고	• 포워터 스프링클러설비 • 포헤드설비 • 고정포방출설비 • 압축공기포소화설비	포헤드 또는 고정포방출구가 가장 많이 설치된 항공기격납고의 포헤드 또는 고정포방출구에서 동시에 표준방사량으로 10분간 방사할 수 있는 양 + 호스릴을 설치한 경우(호스릴 포소화설비를 함께 설치 시·방수구수(최대 5개) × 6[m³])	
발전기실, 엔진펌프실, 변압기, 전기케이블실, 유압설비	바닥면적의 합계가 300[m²] 미만의 장소에는 고정식 압축공기포소화설비를 설치할 수 있다.	방수량	압축공기포소화설비를 설치하는 경우 방수량은 설계사양에 따라 방호구역에 최소 10분간 방사할 수 있어야 한다.
		설계방출밀도	압축공기포소화설비의 설계방출밀도[L/min·m²]는 설계사양에 따라 정해야 하며 일반가연물, 탄화수소류는 1.63[L/min·m²] 이상, 특수가연물, 알코올류와 케톤류는 2.3[L/min·m²] 이상으로 해야 한다.

① 차고·주차장에 호스릴 포소화설비 또는 포소화전설비를 설치할 수 있는 경우
  ㉠ 완전 개방된 옥상주차장 또는 고가 밑의 주차장으로서 주된 벽이 없고 기둥뿐이거나 주위가 위해방지용 철주 등으로 둘러싸인 부분
  ㉡ 지상 1층으로서 지붕이 없는 부분
② 바닥면적의 합계가 1,000[m²] 이상이고 항공기의 격납 위치가 한정되어 있는 경우에는 그 한정된 장소 외의 부분에 대하여는 **호스릴 포소화설비**를 설치할 수 있다.

(2) 고정포방출방식의 약제량 `11` `17` 년 출제

구 분	약제량	수원의 양
① 고정포방출구	$Q = A \times Q_1 \times T \times S$ Q : 포소화약제의 양[L] A : 저장탱크의 액표면적[m²] Q_1 : 단위포소화 수용액의 양[L/m²·min] T : 방출시간[min] S : 포소화약제의 사용농도[%]	$Q_W = A \times Q_1 \times T \times (1 - S)$
② 보조소화전	$Q = N \times S \times 8,000[L]$ Q : 포소화약제의 양[L] N : 호스접결구 개수(3개 이상일 경우 3개) S : 포소화약제의 사용농도[%]	$Q_W = N \times 8,000[L] \times (1 - S)$
③ 배관보정	가장 먼 탱크까지의 송액관(내경 75[mm] 이하 제외)에 충전하기 위하여 필요한 양 $Q = V \times S \times 1,000[L/m^3] = \dfrac{\pi}{4} d^2 \times l \times S$ Q : 포소화약제의 양[L] V : 송액관 내부의 체적[m³] S : 포소화약제의 사용농도[%]	$Q_W = V \times 1,000 \times (1 - S)$

(3) 옥내포소화전방식 또는 호스릴방식 `14` 년 출제

구 분	소화약제량	수원의 양
옥내포소화전방식 호스릴방식	$Q = N \times S \times 6,000[L]$ N : 호스접결구 개수(5개 이상은 5개) S : 포소화약제의 사용농도[%]	$Q_W = N \times 6,000[L]$

Plus one 바닥면적이 200[m²] 미만일 때 호스릴방식의 약제량
$Q = N \times S \times 6,000[L] \times 0.75$

5 가압송수장치

(1) 펌프방식

① 펌프의 양정(H) 구하는 식

$$H[\text{m}] = h_1 + h_2 + h_3 + h_4$$

여기서, H : 펌프의 전양정[m]
h_1 : 방출구의 설계압력 환산수두 또는 노즐 선단(끝부분)의 방사압력환산수두[m]
h_2 : 배관의 마찰손실수두[m]
h_3 : 낙차[m]
h_4 : 호스의 마찰손실수두[m]

② 기동용 수압개폐장치를 기동장치로 사용하는 경우 충압펌프 설치기준
   ㉠ 펌프의 토출압력 = 자연압 + 0.2[MPa] 이상 또는 가압송수장치의 정격토출압력과 같게 할 것
   ㉡ 펌프의 정격토출량 : 누설량보다 많을 것

(2) 고가수조

① 자연낙차압력 산출공식

$$H[\text{m}] = h_1 + h_2 + h_3$$

여기서, H : 필요한 낙차[m]
h_1 : 방출구의 설계압력 환산수두 또는 노즐 선단(끝부분)의 방사압력 환산수두[m]
h_2 : 배관의 마찰손실수두[m]
h_3 : 호스의 마찰손실수두[m]

자연낙차수두 : 수조의 하단으로부터 최고층에 설치된 포헤드까지의 수직거리

② 고가수조의 설치 부속물 : 수위계, 배수관, 급수관, 오버플로관, 맨홀

(3) 압력수조

① 압력 산출 공식

$$P[\text{MPa}] = p_1 + p_2 + p_3 + p_4$$

여기서, P : 필요한 압력[MPa]
p_1 : 방출구의 설계압력 또는 노즐 선단(끝부분)의 방사압력[MPa]
p_2 : 배관의 마찰손실수두압[MPa]
p_3 : 낙차의 환산수두압[MPa]
p_4 : 호스의 마찰손실수두압[MPa]

② 압력수조의 설치 부속물 : 수위계, 급수관, 배수관, 급기관, 맨홀, 압력계, 안전장치 및 압력저하 방지를 위한 **자동식 공기압축기**

(4) 가압송수장치의 표준방사량 **21** **년 출제**

구 분	표준방사량
포워터 스프링클러헤드	75[L/min] 이상
포헤드·고정포방출구, 이동식 포노즐, 압축공기포헤드	각 포헤드, 고정포방출구 또는 이동식 포노즐의 설계압력에 따라 방출되는 소화약제의 양

(5) 압축공기포소화설비에 설치되는 펌프의 양정은 0.4[MPa] 이상이 되어야 한다.

(6) 기타 : 수계소화설비와 동일함

6 배관 등

(1) 배관의 재질

① 배관 내 사용압력이 1.2[MPa] 미만일 경우

　㉠ 배관용 탄소강관(KS D 3507)

　㉡ 이음매 없는 구리 및 구리합금관(KS D 5301). 다만, 습식의 배관에 한한다.

　㉢ 배관용 스테인리스강관(KS D 3576) 또는 일반배관용 스테인리스강관(KS D 3595)

　㉣ 덕타일 주철관(KS D 4311)

② 배관 내 사용압력이 1.2[MPa] 이상일 경우

　㉠ 압력배관용 탄소강관(KS D 3562)

　㉡ 배관용 아크용접 탄소강강관(KS D 3583)

> **Plus one** 소방용 합성수지배관을 설치할 수 있는 경우
> • 배관을 지하에 매설하는 경우
> • 다른 부분과 내화구조로 구획된 덕트 또는 피트의 내부에 설치하는 경우
> • 천장(상층이 있는 경우에는 상층 바닥의 하단을 포함한다)과 반자를 불연재료 또는 준불연재료로 설치하고 소화배관 내부에 항상 소화수가 채워진 상태로 설치하는 경우

(2) 배관의 설치기준

① 송액관은 포의 방출 종료 후 배관 안의 액을 배출하기 위하여 적당한 기울기를 유지하도록 하고 그 낮은 부분에 배액밸브를 설치해야 한다.

② 포워터 스프링클러설비 또는 포헤드설비의 가지배관의 배열은 토너먼트 방식이 아니어야 하며, 교차배관에서 분기하는 지점을 기점으로 한쪽 가지배관에 설치하는 헤드의 수는 **8개 이하**로 한다.

③ 송액관은 전용으로 해야 한다. 다만, 포소화전의 기동장치의 조작과 동시에 다른 설비의 용도에 사용하는 배관의 송수를 차단할 수 있거나, 포소화설비의 성능에 지장이 없는 경우에는 다른 설비와 겸용할 수 있다.

(3) 펌프의 성능시험배관

① 펌프의 성능은 체절운전 시 정격토출압력의 **140[%]**를 초과하지 않고, 정격토출량의 **150[%]**로 운전 시 정격토출압력의 **65[%] 이상**이 되어야 한다.

② 성능시험배관은 펌프의 토출 측에 설치된 개폐밸브 이전에서 분기하여 직선으로 설치하고, 유량 측정장치를 기준으로 전단 직관부에 개폐밸브를 후단 직관부에는 유량조절밸브를 설치할 것

③ 유량측정장치는 펌프의 정격토출량의 **175[%]** 이상 측정할 수 있는 성능이 있을 것

(4) 송수구

① 송수구는 화재층으로부터 지면으로 떨어지는 유리창 등이 송수 및 그 밖의 소화작업에 지장을 주지 않는 장소에 설치할 것

② 송수구로부터 포소화설비의 주배관에 이르는 연결배관에 개폐밸브를 설치한 때에는 그 개폐상태를 쉽게 확인 및 조작할 수 있는 옥외 또는 기계실 등의 장소에 설치할 것

③ 송수구는 **구경 65[mm]의 쌍구형**으로 할 것

[송수구]

④ 송수구에는 그 가까운 곳의 보기 쉬운 곳에 **송수압력범위**를 표시한 표지를 할 것

⑤ 송수구는 하나의 층의 바닥면적이 3,000[m²]를 넘을 때마다 1개 이상(5개를 넘을 경우에는 5개로 한다)을 설치할 것

⑥ 지면으로부터 높이가 **0.5[m] 이상 1[m] 이하**의 위치에 설치할 것

⑦ 송수구의 부근에는 자동배수밸브(또는 직경 5[mm]의 배수공) 및 체크밸브를 설치할 것. 이 경우 자동배수밸브는 배관 안의 물이 잘 빠질 수 있는 위치에 설치하되, 배수로 인하여 다른 물건 또는 장소에 피해를 주지 않아야 한다.

⑧ 송수구에는 이물질을 막기 위한 마개를 씌울 것

⑨ 압축공기포소화설비를 스프링클러보조설비로 설치하거나 압축공기포소화설비에 자동으로 급수되는 장치를 설치한 때에는 송수구를 설치하지 않을 수 있다.

⑩ 압축공기포소화설비의 배관은 토너먼트 방식으로 해야 하고 소화약제가 균일하게 방출되는 등 거리 배관구조로 설치해야 한다.

7 저장탱크

① 화재 등의 재해로 인한 피해를 받을 우려가 없는 장소에 설치할 것

② 기온의 변동으로 포의 발생에 장애를 주지 않는 장소에 설치할 것. 다만, 기온의 변동에 영향을 받지 않는 포소화약제의 경우에는 그렇지 않다.

③ 포소화약제가 변질될 우려가 없고 점검에 편리한 장소에 설치할 것

④ 가압송수장치 또는 포소화약제 혼합장치의 기동에 따라 압력이 가해지는 것 또는 상시 가압된 상태로 사용되는 것은 압력계를 설치할 것

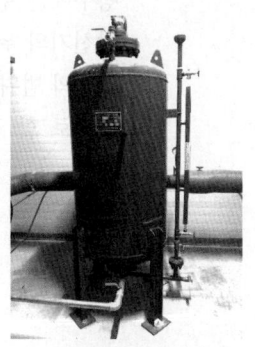

⑤ 포소화약제 저장량의 확인이 쉽도록 액면계 또는 계량봉 등을 설치할 것

⑥ 가압식이 아닌 저장탱크는 글라스게이지를 설치하여 액량을 측정할 수 있는 구조로 할 것

[포 원액탱크]

8 기동장치

(1) 수동식 기동장치의 설치기준

① 직접조작 또는 원격조작에 의하여 가압송수장치·수동식 개방밸브 및 소화약제 혼합장치를 기동할 수 있는 것으로 할 것

② 2 이상의 방사구역을 가진 포소화설비에는 방사구역을 선택할 수 있는 구조로 할 것

③ 기동장치의 조작부는 화재 시 쉽게 접근할 수 있는 곳에 설치하되, 바닥으로부터 **0.8[m] 이상 1.5[m] 이하**의 위치에 설치하고 유효한 보호장치를 설치할 것

④ 기동장치의 조작부 및 호스접결구에는 가까운 곳의 보기 쉬운 곳에 각각 "기동장치의 조작부" 및 "접결구"라고 표시한 표지를 설치할 것

⑤ **차고** 또는 **주차장**에 설치하는 포소화설비의 수동식 기동장치는 방사구역마다 **1개 이상** 설치할 것

⑥ **항공기 격납고**에 설치하는 포소화설비의 수동식 기동장치는 각 방사구역마다 **2개 이상**을 설치하되, 그중 1개는 각 방사구역으로부터 가장 가까운 곳 또는 조작에 편리한 장소에 설치하고, 1개는 화재감지수신기를 설치한 감시실 등에 설치할 것

(2) 자동식 기동장치의 설치기준

① 폐쇄형 스프링클러헤드를 사용하는 경우 `13` `년 출제`

　㉠ 표시온도가 **79[℃] 미만**인 것을 사용하고, 1개의 스프링클러헤드의 **경계면적은 20[m²] 이하**로 할 것

　㉡ 부착면의 높이는 바닥으로부터 5[m] 이하로 하고, 화재를 유효하게 감지할 수 있도록 할 것

　㉢ 하나의 감지장치 경계구역은 하나의 층이 되도록 할 것

② 화재감지기를 사용하는 경우

　㉠ 화재감지기는 자동화재탐지설비 및 시각경보장치의 화재안전기술기준(NFTC 203) 2.4(감지기)의 기준에 따라 설치할 것

　㉡ 화재감지기 회로에는 다음 기준에 따른 발신기를 설치할 것

　• 조작이 쉬운 장소에 설치하고, 스위치는 바닥으로부터 0.8[m] 이상 1.5[m] 이하의 높이에 설치할 것

　• 특정소방대상물의 층마다 설치하되, 해당 특정소방대상물의 각 부분으로부터 **수평거리가 25[m] 이하**가 되도록 할 것. 다만, 복도 또는 별도로 구획된 실로서 보행거리가 40[m] 이상일 경우에는 추가로 설치해야 한다.

　• 발신기의 위치를 표시하는 표시등은 함의 상부에 설치하되, 그 불빛은 부착면으로부터 15° 이상의 범위 안에서 부착지점으로부터 10[m] 이내의 어느 곳에서도 쉽게 식별할 수 있는 적색등으로 할 것

9 포헤드(Foam Head) 및 고정포방출구

고정포방출구의 경우에 포가 흘러 방출되는 것과 눈과 같이 살포하여 방출하는 것이다.

(1) 포헤드의 설치

① 포의 팽창비율에 따른 포방출구

팽창비율에 의한 포의 종류	포방출구의 종류
팽창비가 20 이하인 것(저발포)	포헤드, 압축공기포헤드
팽창비가 80 이상 1,000 미만인 것(고발포)	고발포용 고정포방출구

② 포헤드의 설치기준

㉠ **포워터스프링클러헤드**
- 특정소방대상물의 천장 또는 반자에 설치할 것
- 바닥면적 **8[m²]마다 1개 이상** 설치할 것

㉡ **포헤드**
- 특정소방대상물의 천장 또는 반자에 설치할 것
- 바닥면적 **9[m²]마다 1개 이상**으로 설치할 것

㉢ 포헤드의 분당 방사량 `18` `24` `년 출제`

소방대상물	포소화약제의 종류	바닥면적 1[m²]당 방사량
차고·주차장 및 항공기 격납고	단백포소화약제	6.5[L] 이상
	합성계면활성제포소화약제	8.0[L] 이상
	수성막포소화약제	3.7[L] 이상
화재의 예방 및 안전관리에 관한 법률 시행령 별표 2의 특수가연물을 저장·취급하는 소방대상물	단백포소화약제	6.5[L] 이상
	합성계면활성제포소화약제	6.5[L] 이상
	수성막포소화약제	6.5[L] 이상

㉣ 보가 있는 부분의 포헤드 설치기준

포헤드와 보의 하단의 수직거리	포헤드와 보의 수평거리
0[m]	0.75[m] 미만
0.1[m] 미만	0.75[m] 이상 1[m] 미만
0.1[m] 이상 0.15[m] 미만	1[m] 이상 1.5[m] 미만
0.15[m] 이상 0.30[m] 미만	1.5[m] 이상

ⓜ 포헤드 상호 간의 거리
  • 정방형으로 배치한 경우

$$S = 2r \times \cos 45°$$

    여기서, S : 포헤드 상호 간의 거리[m]
        r : 유효반경(2.1[m])

  • 장방형으로 배치한 경우

$$p_t = 2r$$

    여기서, p_t : 대각선의 길이[m]
        r : 유효반경(2.1[m])

(2) 차고 · 주차장에 설치하는 호스릴포소화설비 또는 포소화전설비의 설치기준 22 년 출제

① 포소화전방수구(최대 5개)를 동시에 방사할 경우
  ㉠ 방사압력 : 0.35[MPa] 이상
  ㉡ 방사량 : 300[L/min](1개 층의 바닥면적이 200[m²] 이하이면 230[L/min]) 이상
  ㉢ 방사거리 : 수평거리 15[m] 이상 방사
② 저발포의 포소화약제를 사용할 수 있는 것으로 할 것
③ **호스릴** 또는 호스를 **호스릴포방수구** 또는 포소화전방수구로 분리하여 비치하는 때에는 그로부터 **3[m] 이내**에 **호스릴함** 또는 **호스함**을 설치할 것
④ 호스릴함 또는 호스함은 바닥으로부터 **1.5[m] 이하**의 위치에 설치할 것
⑤ 방호대상물의 각 부분으로부터 하나의 **호스릴포방수구**까지의 수평거리는 **15[m] 이하(포소화전방수구의 경우 : 25[m] 이하)**가 되도록 할 것

(3) 고발포용 포방출구의 설치기준

① 전역방출방식의 고발포용 고정포방출구
  ㉠ 개구부에 자동폐쇄장치(방화문 또는 불연재료로 된 문으로 포수용액이 방출되기 직전에 개구부가 자동적으로 폐쇄될 수 있는 장치를 말한다)를 설치할 것
  ㉡ 방호구역의 관포체적 1[m³]당 분당 방출량

소방대상물	포의 팽창비	1[m³]에 대한 분당 포수용액 방출량
항공기 격납고 23 년 출제	팽창비 80 이상 250 미만의 것	2.00[L]
	팽창비 250 이상 500 미만의 것	0.50[L]
	팽창비 500 이상 1,000 미만의 것	0.29[L]
차고 또는 주차장	팽창비 80 이상 250 미만의 것	1.11[L]
	팽창비 250 이상 500 미만의 것	0.28[L]
	팽창비 500 이상 1,000 미만의 것	0.16[L]
특수가연물을 저장 또는 취급하는 소방대상물	팽창비 80 이상 250 미만의 것	1.25[L]
	팽창비 250 이상 500 미만의 것	0.31[L]
	팽창비 500 이상 1,000 미만의 것	0.18[L]

관포체적 : 해당 바닥면으로부터 방호대상물의 높이보다 0.5[m] 높은 위치까지의 체적

ⓒ **고정포방출구**는 **바닥면적 500[m²]마다 1개 이상**으로 하여 방호대상물의 화재를 유효하게 소화할 수 있도록 할 것

② 고정포방출구는 방호대상물의 최고 부분보다 높은 위치에 설치할 것 `13` `년 출제`

② 국소방출방식의 고발포용 고정포방출구

ㄱ 방호대상물이 서로 인접하여 불이 쉽게 붙을 우려가 있는 경우에는 불이 옮겨 붙을 우려가 있는 범위 내의 방호대상물을 하나의 방호대상물로 하여 설치할 것

ㄴ 고정포방출구(포발생기가 분리되어 있는 것에 있어서는 해당 포발생기를 포함한다)는 방호대상물의 구분에 따라 해당 방호대상물의 높이의 3배(1[m] 미만의 경우에는 1[m])의 거리를 수평으로 연장한 선으로 둘러싸인 부분의 면적 1[m²]에 대하여 1분당 방출량이 다음 표에 따른 양 이상이 되도록 할 것

방호대상물	특수가연물	기타의 것
방호면적 1[m²]에 대한 1분당 방출량	3[L]	2[L]

🔟 포소화설비의 기준(위험물안전관리에 관한 세부기준 제133조)

(1) 고정식 방출구의 종류

고정식 포방출구방식은 탱크에서 저장 또는 취급하는 위험물의 화재를 유효하게 소화할 수 있도록 하는 포방출구

① **Ⅰ형** : 고정지붕구조의 탱크에 **상부포주입법**(고정포방출구를 탱크 옆판의 상부에 설치하여 액표면상에 포를 방출하는 방법)을 이용하는 것으로 방출된 포가 액면 아래로 몰입되거나 액면을 뒤섞지 않고 액면상을 덮을 수 있는 통계단 또는 미끄럼판 등의 설비 및 탱크 내의 위험물 증기가 외부로 역류되는 것을 저지할 수 있는 구조ㆍ기구를 갖는 포방출구

② **Ⅱ형** : 고정지붕구조 또는 부상덮개부착 고정지붕구조(옥외저장탱크의 액상에 금속제의 플로팅, 팬 등의 덮개를 부착한 고정지붕구조의 것)의 탱크에 **상부포주입법**을 이용하는 것으로 방출된 포가 탱크 옆판의 내면을 따라 흘러내려가면서 액면 아래로 몰입되거나 액면을 뒤섞지 않고 액면상을 덮을 수 있는 반사판 및 탱크 내의 위험물 증기가 외부로 역류되는 것을 저지할 수 있는 구조ㆍ기구를 갖는 포방출구

③ **특형** : 부상지붕구조의 탱크에 **상부포주입법**을 이용하는 것으로 부상지붕의 부상 부분상에 높이 0.9[m] 이상의 금속제의 칸막이(방출된 포의 유출을 막을 수 있고 충분한 배수능력을 갖는 배수구를 설치한 것)를 탱크 옆판의 내측으로부터 1.2[m] 이상 이격하여 설치하고 탱크 옆판과 칸막이에 의하여 형성된 환상 부분에 포를 주입하는 것이 가능한 구조의 반사판을 갖는 포방출구

④ **Ⅲ형** : 고정지붕구조의 탱크에 **저부포주입법**(탱크의 액면하에 설치된 포방출구부터 포를 탱크 내에 주입하는 방법)을 이용하는 것으로 송포관(발포기 또는 포발생기에 의하여 발생된 포를 보내는 배관을 말한다. 당해 배관으로 탱크내의 위험물이 역류되는 것을 저지할 수 있는 구조ㆍ기구를 갖는 것)으로부터 포를 방출하는 포방출구

⑤ **Ⅳ형** : 고정지붕구조의 탱크에 **저부포주입법**을 이용하는 것으로 평상시에는 탱크의 액면하의 저부에 격납통(포를 보내는 것에 의하여 용이하게 이탈되는 캡을 갖는 것을 포함한다)에 수납되어 있는 특수호스 등이 송포관의 말단에 접속되어 있다가 포를 보내는 것에 의하여 특수호스 등이 전개되어 그 선단이 액면까지 도달한 후 포를 방출하는 포방출구

(2) 보조소화전의 설치

① 보조소화전의 상호 간의 보행거리가 75[m] 이하가 되도록 할 것

② 보조소화전은 3개(3개 미만은 그 개수)의 노즐을 동시에 방사 시

   ㉠ 방사압력 : 0.35[MPa] 이상

   ㉡ 방사량 : 400[L/min] 이상

(3) 연결송수구 설치개수

$$N = \frac{Aq}{C}$$

여기서, N : 연결송수구의 설치개수

A : 탱크의 최대수평단면적[m²]

q : 탱크의 액표면적 1[m²]당 방사해야 할 포수용액의 방출률[L/min]

C : 연결송액구 1구당의 표준 송액량(800[L/min])

11 포소화약제의 혼합장치

(1) 펌프프로포셔너방식(Pump Proportioner, 펌프혼합방식) 15 년 출제

펌프의 토출관과 흡입관 사이의 배관 도중에 설치한 흡입기에 펌프에서 토출된 물의 일부를 보내고 농도조정밸브에서 조정된 포소화약제의 필요량을 포소화약제 저장탱크에서 펌프 흡입 측으로 보내어 약제를 혼합하는 방식

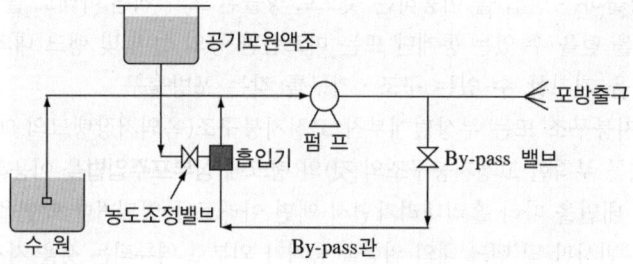

(2) 라인프로포셔너방식(Line Proportioner, 관로혼합방식) 19 23 년 출제

펌프와 발포기의 중간에 설치된 벤투리관의 벤투리작용에 따라 포소화약제를 흡입·혼합하는 방식.
이 방식은 옥외소화전에 연결 주로 1층에 사용하며 원액 흡입력 때문에 송수압력의 손실이 크고,
토출 측 호스의 길이, 포원액 탱크의 높이 등에 민감하므로 아주 정밀설계와 시공을 요한다.

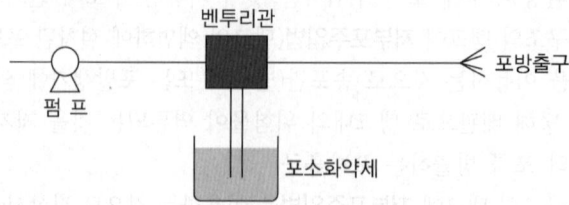

(3) 프레셔프로포셔너방식(Pressure Proportioner, 차압혼합방식) `19` `24` 년 출제

펌프와 발포기의 중간에 설치된 벤투리관의 벤투리작용과 펌프 가압수의 포소화약제 저장탱크에 대한 압력에 따라 포소화약제를 흡입·혼합하는 방식. 현재 우리나라에서는 3[%] 단백포 차압혼합방식을 많이 사용하고 있다.

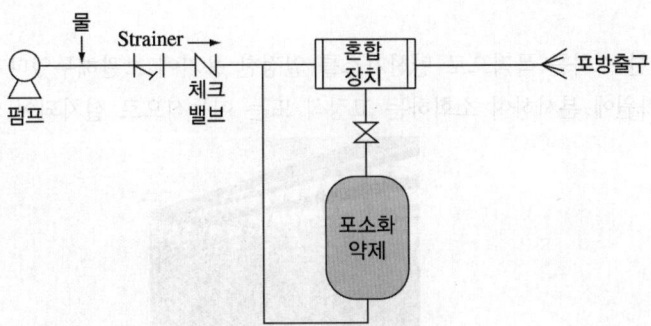

(4) 프레셔사이드 프로포셔너방식(Pressure Side Proportioner, 압입혼합방식)

펌프의 토출관에 **압입기**를 **설치**하여 포소화약제 압입용 펌프로 포소화약제를 압입시켜 혼합하는 방식

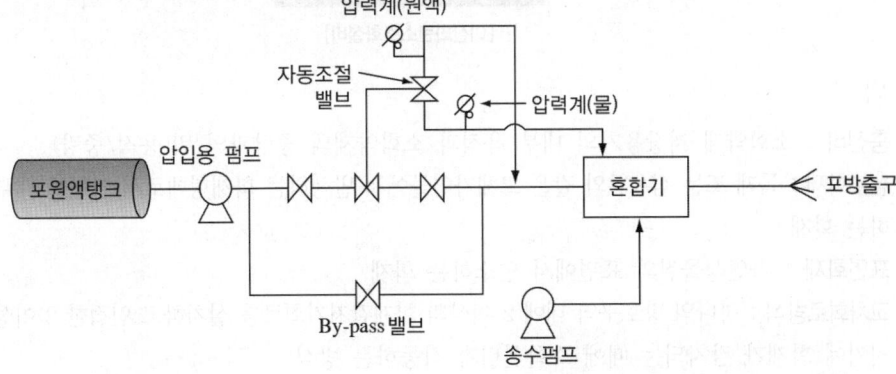

(5) 압축공기포 믹싱챔버방식

물, 포소화약제 및 공기를 믹싱챔버로 강제주입시켜 챔버 내에서 포수용액을 생성한 후 포를 방사하는 방식

12 제어반

물분무소화설비와 동일함

제10절 | 이산화탄소소화설비(NFTC 106)

1 이산화탄소소화설비의 개요

(1) 개 요

질식작용에 의한 소화를 목적으로 탄산가스를 일정한 용기에 보관해두었다가 화재발생 시 배관을 따라 가스를 화원에 분사하여 소화하는 고정식 또는 이동식으로 설치되어 있는 설비이다.

[이산화탄소소화설비]

(2) 정 의

① **충전비** : 소화약제 저장용기의 내부 용적과 소화약제의 중량과의 비(용적/중량)

② **심부화재** : 목재 또는 섬유류와 같은 고체가연물에서 발생하는 화재형태로서 가연물 내부에서 연소하는 화재

③ **표면화재** : 가연성물질의 표면에서 연소하는 화재

④ **교차회로방식** : 하나의 방호구역 내에 2 이상의 화재감지기회로를 설치하고 인접한 2 이상의 화재감지기에 화재가 감지되는 때에 소화설비가 작동하는 방식

> **Plus one** 화재감지기의 교차회로방식 **10** 년 출제
> • 준비작동식 스프링클러설비
> • 일제살수식 스프링클러설비
> • 이산화탄소소화설비
> • 할론소화설비
> • 할로겐화합물 및 불활성기체소화설비
> • 분말소화설비

⑤ **방화문** : 건축법 시행령 제64조의 규정에 따른 60분+방화문, 60분 방화문 또는 30분 방화문

⑥ **방호구역** : 소화설비의 소화범위 내에 포함된 영역

⑦ **선택밸브** : 2 이상의 방호구역 또는 방호대상물이 있어 소화수 또는 소화약제를 해당하는 방호구역 또는 방호대상물에 선택적으로 방출되도록 제어하는 밸브

⑧ **설계농도** : 방호대상물 또는 방호구역의 소화약제 저장량을 산출하기 위한 농도로서 소화농도에 안전율을 고려하여 설정한 농도 **24** 년 출제

⑨ 소화농도 : 규정된 실험 조건의 화재를 소화하는데 필요한 소화약제의 농도(형식승인 대상의 소화약
제는 형식승인된 소화농도)

⑩ 호스릴 : 원형의 소방호스를 원형의 수납장치에 감아 정리한 것

2 이산화탄소소화약제의 특징

(1) 장 점

① 오손, 부식, 손상의 우려가 없고, 소화 후 흔적이 없다.

② 가스상태이므로 화재 시 구석까지 침투하여 소화효과가 좋다.

③ 비전도성이므로 전기설비의 전도성이 있는 장소에 소화가 가능하다.

④ 자체 압력으로도 소화가 가능하므로 가압할 필요가 없다.

⑤ 증거 보존이 양호하여 화재원인의 조사가 쉽다.

(2) 단 점

① 소화 시 산소의 농도를 저하시키므로 **질식의 우려**가 있다.

② 방사 시 액체상태를 영하로 저장하였다가 기화하므로 **동상의 우려**가 있다.

③ 자체압력으로 소화가 가능하므로 고압 저장 시 주의를 요한다.

④ CO_2 방사 시 **소음이 크다**.

3 이산화탄소소화설비의 종류

(1) 소화약제방출방식에 의한 분류

① 전역방출방식(Total Flooding System) : 소화약제 공급장치에 배관 및 분사헤드
등을 설치하여 밀폐 방호구역 전체에 소화약제를 방출하는 방식 **24 년 출제**

② 국소방출방식(Local Aplication Type System) : 소화약제 공급장치에 배관 및 분사
헤드 등을 설치하여 직접 화점에 소화약제를 방출하는 방식

③ 이동식(호스릴식, Portable Installation) : 소화수 또는 소화약제 저장용기 등에 연결
된 호스릴을 이용하여 사람이 직접 화점에 소화수 또는 소화약제를 방출하는 방식

[호스릴]

(2) 저장방식에 의한 분류

① 고압저장방식 : 15[℃], Gauge압력 5.3[MPa]의 압력으로 저장

② 저압저장방식 : -18[℃], Gauge압력 2.1[MPa]의 압력으로 저장

4 이산화탄소소화설비의 계통도

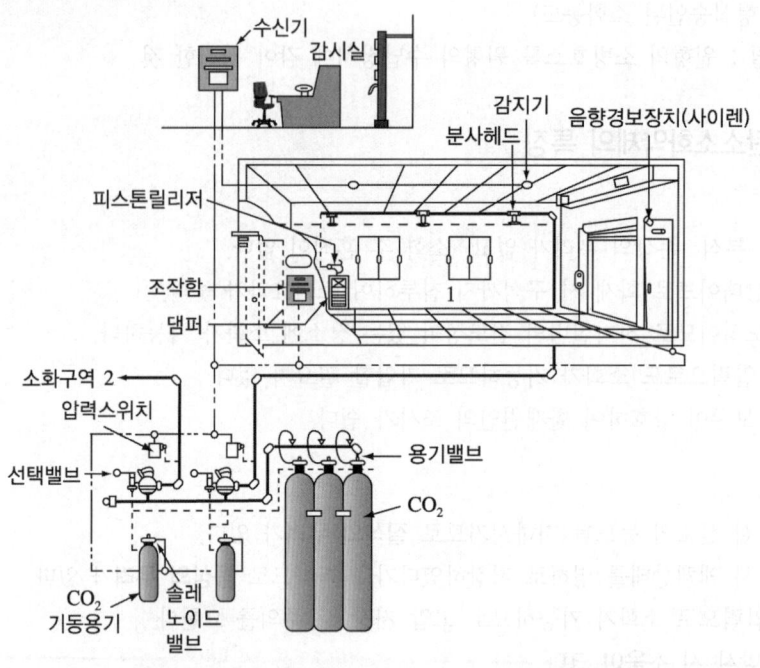

5 가스계 소화설비의 사용부품

명 칭	구 조	설치기준
제어반		하나의 **특정소방대상물**에 1개가 설치된다.
기동용 솔레노이드밸브		각 **방호구역당 1개씩** 설치한다.
안전밸브		**집합관**에 1개를 설치한다.
수동조작함		출입문 부근에 설치하되 **방호구역당 1개씩** 설치한다.
음향경보장치 (사이렌)		사이렌은 실내에 설치하여 화재발생 시 인명을 대피하기 위하여 각 **방호구역당 1개씩** 설치한다.

명 칭	구 조	설치기준
기동용기		각 **방호구역당 1개씩** 설치한다.
방출표시등		출입문 외부 위에 설치하여 약제가 방출되는 것을 알리는 것으로 각 **방호구역당 1개씩** 설치한다.
선택밸브		**방호구역** 또는 **방호대상물**마다 설치한다.
분사헤드		개수는 방호구역에 방사시간이 충족되도록 설치한다.
가스체크밸브		• 저장용기와 집합관 사이 : 용기수 만큼 • 역류방지용 : 용기의 병수에 따라 다름 • 저장용기의 적정 방사용 : 방호구역에 따라 다름
감지기		교차회로방식을 적용하여 각 **방호구역당 2개씩** 설치해야 한다.
피스톤릴리저		가스방출 시 자동적으로 개구부를 차단시키는 장치로서 각 **방호구역당 1개씩** 설치한다.
압력스위치		각 **방호구역당 1개씩** 설치한다.

6 저장용기 등

(1) 저장용기

① 저장용기의 충전비 `14` `24` **년 출제**

구 분	저압식	고압식
충전비	1.1 이상 1.4 이하	1.5 이상 1.9 이하

$$충전비 = \frac{용기의\ 내용적[L]}{충전하는\ 탄산가스의\ 중량[kg]}$$ `21` `24` **년 출제**

② 저장용기는 고압식은 25[MPa] 이상, 저압식은 3.5[MPa] 이상의 내압시험에 합격한 것으로 할 것

③ 저압식 저장용기의 설치기준 `11` `22` 년 출제

　　㉠ 내압시험압력의 **0.64배부터 0.8배**까지의 압력에서 작동하는 **안전밸브**를 설치할 것

　　㉡ 내압시험압력의 0.8배부터 내압시험압력에서 작동하는 **봉판**을 설치할 것

　　㉢ 액면계 및 압력계와 **2.3[MPa] 이상 1.9[MPa] 이하**의 압력에서 작동하는 **압력 경보장치**를 설치할 것

　　㉣ 용기 내부의 온도가 **영하 18[℃] 이하**에서 **2.1[MPa] 이상**의 압력을 유지할 수 있는 **자동냉동장치**를 설치할 것

[안전밸브]

(2) 저장용기의 설치장소 기준 `14` `19` `20` `24` 년 출제

① **방호구역** 외의 장소에 설치할 것. 다만, 방호구역 내에 설치할 경우에는 조작이 용이하도록 피난구 부근에 설치해야 한다.

② 온도가 **40[℃] 이하**이고, 온도 변화가 작은 곳에 설치할 것

③ 직사광선 및 빗물이 침투할 우려가 없는 곳에 설치할 것

④ 방화문으로 구획된 실에 설치할 것

⑤ 용기의 설치장소에는 해당 용기가 설치된 곳임을 표시하는 표지를 할 것

⑥ **용기 간의 간격**은 점검에 지장이 없도록 **3[cm] 이상의 간격**을 유지할 것

⑦ 저장용기와 집합관을 연결하는 연결배관에는 체크밸브를 설치할 것. 다만, 저장용기가 하나의 방호구역만을 담당하는 경우에는 그렇지 않다.

체크밸브

[체크밸브]

(3) 저장용기의 개방밸브 작동방식

① **전기식** : 솔레노이드밸브를 용기밸브에 부착하여 화재발생 시 감지기의 작동에 의하여 수신기의 기동출력이 솔레노이드에 전달되어 파괴침이 용기밸브의 봉판을 파괴하여 약제를 방출하는 방식으로 **패키지 타입**에 주로 사용하는 방식이다.

② **가스압력식** : 감지기의 작동에 의하여 솔레노이드 밸브의 파괴침이 작동하면 기동용기가 작동하여 가스압에 의하여 니들밸브의 니들핀이 용기 안으로 움직여 봉판을 파괴하여 약제를 방출되는 방식으로 일반적으로 **주로 사용하는 방식**이다.

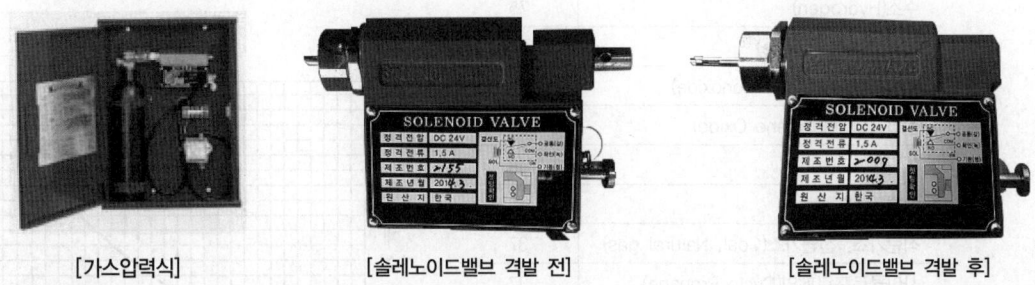

[가스압력식] [솔레노이드밸브 격발 전] [솔레노이드밸브 격발 후]

③ **기계식** : 용기밸브를 기계적인 힘으로 개방시켜 주는 방식이다.

(4) 안전장치

이산화탄소소화약제 **저장용기**와 **선택밸브** 또는 개폐밸브 사이에는 배관의 최소사용설계압력과 최대허용압력 사이의 압력에서 작동하는 안전장치를 설치해야 하며, 안전장치를 통하여 나온 소화가스는 전용의 배관 등을 통하여 건축물 외부로 배출될 수 있도록 해야 한다. 이 경우 안전장치로 용전식을 사용해서는 안 된다.

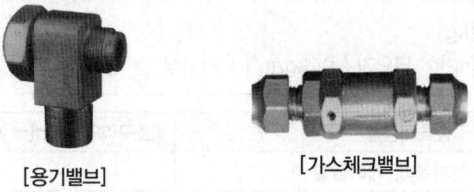

[용기밸브] [가스체크밸브]

7 소화약제 저장량

(1) 전역방출방식

① 표면화재 방호대상물(가연성 액체, 가연성 가스) `13` `19` **년 출제**

탄산가스 저장량[kg]
= 방호구역 체적[m³] × 필요가스량[kg/m³] × 보정계수 + 개구부 면적[m²] × 가산량(5[kg/m²])

방호구역 체적	방호구역의 체적 1[m³]에 대한 소화약제의 양(필요가스량)	최저한도의 양
45[m³] 미만	1.00[kg/m³]	45[kg]
45[m³] 이상 150[m³] 미만	0.90[kg/m³]	45[kg]
150[m³] 이상 1,450[m³] 미만	0.80[kg/m³]	135[kg]
1,450[m³] 이상	0.75[kg/m³]	1,125[kg]

○ 보정계수(설계농도가 34[%] 이상인 방호대상물에 대하여 보정계수를 곱한다) `15` `19` `24` `년 출제`

[가연성 액체 또는 가연성 가스의 소화에 필요한 설계농도]

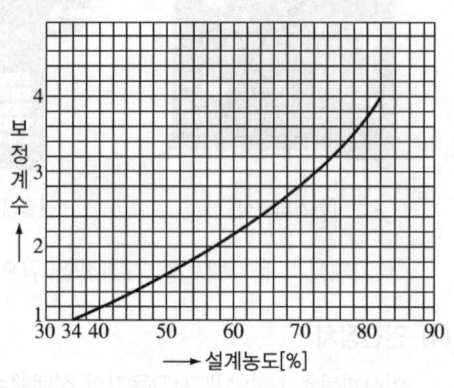

방호대상물	설계농도[%]
수소(Hydrogen)	75
아세틸렌(Acetylene)	66
일산화탄소(Carbon Monoxide)	64
산화에틸렌(Ethylene Oxide)	53
에틸렌(Ethylene)	49
에테인(Ethane)	40
석탄가스, 천연가스(Coal, Natural gas)	37
사이클로프로페인(Cyclo Propane)	37
아이소뷰테인(Iso Butane)	36
프로페인(Propane)	36
뷰테인(Butane)	34
메테인(Methane)	34

○ 방호구역의 개구부에 자동폐쇄장치를 설치하지 않은 경우에는 개구부 면적 1[m²]당 5[kg]을 가산해야 한다. 이 경우 개구부의 면적은 방호구역 전체 표면적의 3[%] 이하로 해야 한다.

② 심부화재 방호대상물(종이, 목재, 석탄, 섬유류, 합성수지류 등)

> **탄산가스 저장량[kg]**
> = 방호구역 체적[m³] × 필요가스량[kg/m³] + 개구부 면적[m²] × 가산량(10[kg/m²])

방호대상물	방호구역의 체적 1[m³]에 대한 소화약제의 양(필요가스량)	설계농도
유압기기를 제외한 전기설비, 케이블실	1.3[kg/m³]	50[%]
체적 55[m³] 미만의 전기설비	1.6[kg/m³]	50[%]
서고, 전자제품 창고, 목재가공품 창고, 박물관	2.0[kg/m³]	65[%]
고무류·면화류 창고, 모피 창고, 석탄 창고, 집진설비	2.7[kg/m³]	75[%]

방호구역의 개구부에 자동폐쇄장치를 설치하지 않은 경우에는 개구부 면적 1[m²]당 10[kg]을 가산해야 한다. 이 경우 개구부의 면적은 방호구역 전체 표면적의 3[%] 이하로 해야 한다.

(2) 국소방출방식 `16` `년 출제`

특정소방대상물	약제 저장량[kg]	
	고압식	저압식
윗면이 개방된 용기에 저장하는 경우와 화재 시 연소면이 한정되고, 가연물이 비산할 우려가 없는 경우	방호대상물의 표면적[m²] × 13[kg/m²] × 1.4	방호대상물의 표면적[m²] × 13[kg/m²] × 1.1
상기 이외의 것	방호공간의 체적[m³] × $\left(8-6\dfrac{a}{A}\right)$[kg/m³] × 1.4	방호공간의 체적[m³] × $\left(8-6\dfrac{a}{A}\right)$[kg/m³] × 1.1

① 방호공간 : 방호대상물의 각 부분으로부터 0.6[m]의 거리에 따라 둘러싸인 공간

② a = 방호대상물 주위에 설치된 벽면적의 합계[m^2]

A = 방호공간의 벽면적(벽이 없는 경우에는 벽이 있는 것으로 가정한 해당 부분의 면적)의 합계[m^2]

(3) 호스릴 이산화탄소소화설비

① 약제 저장량 : **90[kg] 이상**

② 방사량 : **60[kg/min] 이상**

(4) 이산화탄소 소요량과 농도 `13` `17` `20` `년 출제`

> • 방출된 탄산가스량[m^3] $= \dfrac{21 - O_2}{O_2} \times V$ • 탄산가스농도[%] $= \dfrac{21 - O_2}{21} \times 100$

여기서, O_2 : 연소한계 산소농도[%]

V : 방호체적[m^3]

8 기동장치

용기 내에 있는 가스를 외부로 분출하는 장치

(1) 수동식 기동장치

① 전역방출방식은 방호구역마다 국소방출방식은 방호대상물마다 설치할 것

② 해당 방호구역의 출입구 부분 등 조작을 하는 자가 쉽게 피난할 수 있는 장소에 설치할 것

③ 기동장치의 조작부는 바닥으로부터 높이 **0.8[m] 이상 1.5[m] 이하**의 위치에 설치하고, 보호판 등에 따른 보호장치를 설치할 것

④ 기동장치 인근의 보기 쉬운 곳에 "이산화탄소소화설비 수동식 기동장치"라고 표시한 표지를 할 것

⑤ 전기를 사용하는 기동장치에는 전원표시등을 설치할 것

⑥ 기동장치의 방출용 스위치는 음향경보장치와 연동하여 조작될 수 있는 것으로 할 것

> **Plus one** 수동식 기동장치의 부근에는 소화약제의 방출을 지연시킬 수 있는 **방출지연스위치**(자동복귀형 스위치로서 수동식 기동장치의 타이머를 순간 정지시키는 기능의 스위치)를 설치해야 한다.
> ※ 이산화탄소소화설비, 할론소화설비, 할로겐화합물 및 불활성기체소화설비, 분말소화설비의 설치대상이다.

(2) 자동식 기동장치

자동화재탐지설비의 감지기의 작동과 연동하는 것이다.

① 자동식 기동장치에는 수동으로도 기동할 수 있는 구조로 할 것

② 전기식 기동장치로서 **7병 이상**의 저장용기를 동시에 개방하는 설비에 있어서는 **2병 이상**의 저장용기에 **전자개방밸브**를 부착할 것

③ 가스압력식 기동장치의 설치기준 `15` `년 출제`

㉠ 기동용 가스용기 및 해당 용기에 사용하는 밸브는 25[MPa] 이상의 압력에 견딜 수 있는 것으로 할 것

ⓛ 기동용 가스용기에는 **내압시험압력의 0.8배**부터 **내압시험압력 이하**에서 작동하는 **안전장치**를 설치할 것

ⓒ 기동용 가스용기의 **체적은 5[L] 이상**으로 하고, 해당 용기에 저장하는 **질소 등의 비활성 기체**는 **6.0[MPa] 이상(21[℃] 기준)의 압력**으로 충전할 것

ⓔ 질소 등의 비활성기체 기동용 가스용기에는 충전 여부를 확인할 수 있는 압력게이지를 설치할 것

> 이산화탄소소화설비가 설치된 부분의 출입구 등의 보기 쉬운 곳에 소화약제의 방사를 표시하는 표시 등을 설치해야 한다.

9 제어반 등

(1) 제어반은 수동기동장치 또는 화재감지기에서의 신호를 수신하여 음향경보장치의 작동, 소화약제의 방출 또는 지연 기타의 제어기능을 가진 것으로 하고, 제어반에는 전원표시등을 설치할 것

(2) 화재표시반은 제어반에서의 신호를 수신하여 작동하는 기능을 가진 것으로 하되, 다음 기준에 따라 설치할 것

① 각 방호구역마다 음향경보장치의 조작 및 감지기의 작동을 명시하는 표시등과 이와 연동하여 작동하는 벨·버저 등의 경보기를 설치할 것. 이 경우 음향경보장치의 조작 및 감지기의 작동을 명시하는 표시등을 겸용할 수 있다.

② 수동식 기동장치는 그 방출용 스위치의 작동을 명시하는 표시등을 설치할 것

③ 소화약제의 방출을 명시하는 표시등을 설치할 것

④ 자동식 기동장치는 자동·수동의 절환을 명시하는 표시등을 설치할 것

(3) 제어반 및 화재표시반은 화재 및 침수 등의 재해로 인한 피해를 받을 우려가 없고 점검에 편리한 장소에 설치할 것

(4) 제어반 및 화재표시반에는 해당 회로도 및 취급설명서를 비치할 것

(5) 수동잠금밸브의 개폐 여부를 확인할 수 있는 표시등을 설치할 것

10 배관 등

(1) **배관은 전용으로 할 것**

(2) **강 관**

압력배관용 탄소강관(KS D 3562) 중 스케줄 80(저압식에 있어서는 스케줄 40) 이상의 것 또는 이와 동등 이상의 강도를 가진 것으로 아연도금 등으로 방식 처리된 것을 사용할 것. 다만, 배관의 호칭구경이 20[mm] 이하인 경우에는 스케줄 40 이상인 것을 사용할 수 있다.

(3) 동 관

배관은 이음이 없는 동 및 동합금관(KS D 5301)으로서 **고압식은 16.5[MPa] 이상, 저압식 3.75[MPa] 이상**의 압력에 견딜 수 있는 것을 사용할 것

(4) 배관부속의 유지 압력

① 고압식(개폐밸브 또는 선택밸브)

　ⓐ 2차 측 배관부속 : 호칭압력 2.0[MPa] 이상의 것

　ⓑ 1차 측 배관부속 : 호칭압력 4.0[MPa] 이상의 것

② 저압식 : 2.0[MPa]

(5) 방출시간 `21` `23` 년 출제

① 전역방출방식(**가연성 액체** 또는 **가연성 가스** 등 **표면화재 방호대상물**)의 경우 : **1분**

② 전역방출방식(**종이, 목재, 석탄, 섬유류, 합성수지류** 등 **심부화재 방호대상물**)의 경우 : **7분**. 이 경우 설계농도가 2분 이내에 30[%]에 도달해야 한다.

③ **국소방출방식**의 경우 : **30초**

(6) 수동잠금밸브

소화약제의 저장용기와 선택밸브 사이의 집합배관에는 **수동잠금밸브**를 설치하되 선택밸브 직전에 설치할 것. 다만, 선택밸브가 없는 설비의 경우에는 저장용기실 내에 설치하되 조작 및 점검이 쉬운 위치에 설치해야 한다.

⓫ 선택밸브

소화수 또는 소화약제를 해당하는 방호구역 또는 방호대상물에 선택적으로 방출되도록 제어하는 밸브이며, 2 이상의 방호구역 또는 방호대상물이 있어 소화약제 저장용기를 공용하는 경우에는 다음에 따라 선택밸브를 설치해야 한다.

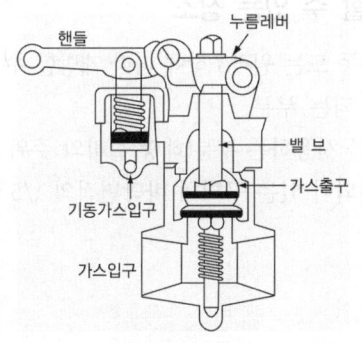

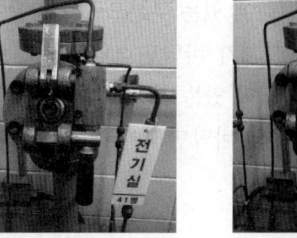

[선택밸브 열린 상태]　　[선택밸브 닫힌 상태]

① 방호구역 또는 방호대상물마다 설치할 것

② 각 선택밸브에는 해당 방호구역 또는 방호대상물을 표시할 것

12 분사헤드

(1) 분사헤드의 방출압력

구 분	고압식	저압식
방출압력	2.1[MPa] 이상	1.05[MPa] 이상

(2) 특정소방대상물별 약제 방출시간

① 전역방출방식

특정소방대상물	시 간
가연성 액체 또는 가연성 가스 등 표면화재 방호대상물	1분
종이, 목재, 석탄, 섬유류, 합성수지류 등 심부화재 방호대상물(설계농도가 2분 이내에 30[%] 도달해야 함)	7분

② 국소방출방식

> 국소방출방식의 이산화탄소소화설비의 분사헤드의 방출시간 : 30초 이내

(3) 호스릴 이산화탄소소화설비의 설치기준 20 년 출제

① 방호대상물의 각 부분으로부터 하나의 호스접결구까지의 **수평거리**가 **15[m] 이하**가 되도록 할 것
② 노즐은 20[℃]에서 하나의 노즐마다 **60[kg/min] 이상**의 소화약제를 **방출**할 수 있는 것으로 할 것
③ 소화약제 저장용기는 호스릴을 설치하는 장소마다 설치할 것
④ 소화약제 저장용기의 개방밸브는 호스릴의 설치장소에서 수동으로 개폐할 수 있는 것으로 할 것
⑤ 소화약제 저장용기의 가장 가까운 곳의 보기 쉬운 곳에 적색의 표시등을 설치하고, 호스릴 이산화탄소소화설비가 있다는 뜻을 표시한 표지를 할 것

13 화재 시 현저하게 연기가 찰 우려가 없는 장소(차고 또는 주차의 용도로 사용되는 부분 제외)로서 호스릴 이산화탄소소화설비를 설치할 수 있는 장소

① 지상 1층 및 피난층에 있는 부분으로서 지상에서 수동 또는 원격조작에 따라 개방할 수 있는 개구부의 유효면적의 합계가 바닥면적의 15[%] 이상이 되는 부분
② 전기설비가 설치되어 있는 부분 또는 다량의 화기를 사용하는 부분(해당 설비의 주위 5[m] 이내의 부분을 포함한다)의 바닥면적이 해당 설비가 설치되어 있는 구획의 바닥면적의 1/5 미만이 되는 부분

14 분사헤드 설치 제외 14 23 년 출제

① 방재실·제어실 등 사람이 상시 근무하는 장소
② 나이트로셀룰로오스·셀룰로이드제품 등 자기연소성 물질을 저장·취급하는 장소
③ 나트륨·칼륨·칼슘 등 활성금속물질을 저장·취급하는 장소
④ 전시장 등의 관람을 위하여 다수인이 출입·통행하는 통로 및 전시실 등

15 음향경보장치

(1) 이산화탄소소화설비의 음향경보장치 설치기준 `14` `19` `23` **년 출제**

① 수동식 기동장치를 설치한 것은 그 기동장치의 조작과정에서, 자동식 기동장치를 설치한 것은 화재 감지기와 연동하여 자동으로 경보를 발하는 것으로 할 것

② 소화약제의 방출개시 후 1분 이상 경보를 계속할 수 있는 것으로 할 것

③ 방호구역 또는 방호대상물이 있는 구획 안에 있는 자에게 유효하게 경보할 수 있는 것으로 할 것

(2) 방송에 따른 경보장치 설치기준 `23` **년 출제**

① 증폭기 재생장치는 화재 시 연소의 우려가 없고, 유지관리가 쉬운 장소에 설치할 것

② 방호구역 또는 방호대상물이 있는 구획의 각 부분으로부터 하나의 확성기까지의 수평거리는 25[m] 이하가 되도록 할 것

③ 제어반의 복구스위치를 조작해도 경보를 계속 발할 수 있는 것으로 할 것

16 자동폐쇄장치

① 환기장치 등을 설치한 것은 소화약제가 방출되기 전에 해당 환기장치 등이 정지될 수 있도록 할 것

② 개구부가 있거나 천장으로부터 1[m] 이상의 아래 부분 또는 바닥으로부터 해당 층의 높이 2/3 이내의 부분에 통기구가 있어 소화약제의 유출에 따라 소화효과를 감소시킬 우려가 있는 것은 소화약제가 방출되기 전에 해당 개구부 및 통기구를 폐쇄할 수 있도록 할 것

③ 자동폐쇄장치는 방호구역 또는 방호대상물이 있는 구획의 밖에서 복구할 수 있는 구조로 하고, 그 위치를 표시하는 표지를 할 것

17 비상전원

(1) 종 류

① 자가발전설비

② 축전지설비(제어반에 내장하는 경우를 포함한다)

③ 전기저장장치(외부 전기에너지를 저장해 두었다가 필요한 때 전기를 공급하는 장치)

(2) 비상전원을 설치하지 않을 수 있는 경우

① 전력을 동시에 공급받을 수 있는 경우

② 하나의 변전소로부터 전력의 공급이 중단되는 때에는 자동으로 다른 변전소로부터 전력을 공급받을 수 있도록 상용전원을 설치한 경우

(3) 설치기준

① 점검에 편리하고 화재 및 침수 등의 재해로 인한 피해를 받을 우려가 없는 곳에 설치할 것

② 이산화탄소소화설비를 유효하게 20분 이상 작동할 수 있어야 할 것

③ 상용전원으로부터 전력의 공급이 중단된 때에는 자동으로 비상전원으로부터 전력을 공급받을 수 있도록 할 것

④ 비상전원의 설치장소는 다른 장소와 방화구획할 것. 이 경우 그 장소에는 비상전원의 공급에 필요한 기구나 설비 외의 것(열병합발전설비에 필요한 기구나 설비는 제외한다)을 두어서는 안 된다.

⑤ 비상전원을 실내에 설치하는 때에는 그 실내에 비상조명등을 설치할 것

18 배출설비, 과압배출구

(1) 배출설비

지하층, 무창층 및 밀폐된 거실 등에 이산화탄소소화설비를 설치한 경우에는 방출된 소화약제를 배출시키기 위한 배출설비를 갖추어야 한다.

(2) 과압배출구

이산화탄소소화설비의 방호구역에는 소화약제가 방출 시 과(부)압으로 인하여 구조물 등의 손상을 방지하기 위하여 과압배출구를 설치해야 한다.

① 방호구역 누설면적

② 방호구역의 최대허용압력

③ 소화약제 방출 시 최고압력

④ 소화농도 유지시간

> 과압배출구는 이산화탄소소화설비와 할로겐화합물 및 불활성기체소화설비에만 적용된다.

19 안전시설 등

(1) 소화약제 방출 시 방호구역 내와 부근에 가스방출 시 영향을 미칠 수 있는 장소에 시각경보장치를 설치하여 소화약제가 방출되었음을 알도록 할 것

(2) 방호구역의 출입구 부근 잘 보이는 장소에 약제방출에 따른 위험경고표지를 부착할 것

(3) 방호구역 내에 이산화탄소 소화약제가 방출되는 경우 후각을 통해 이를 인지할 수 있도록 부취발생기를 다음의 어느 하나에 해당하는 방식으로 설치해야 한다.

① 부취발생기를 소화약제 저장용기실 내의 소화배관에 설치하여 소화약제의 방출에 따라 부취제가 혼합되도록 하는 방식

㉠ 소화약제 저장용기실 내의 소화배관에 설치할 것

㉡ 점검 및 관리가 쉬운 위치에 설치할 것

㉢ 방호구역별로 선택밸브 직후 2차 측 배관에 설치할 것. 다만, 선택밸브가 없는 경우에는 집합배관에 설치할 수 있다.

② 방호구역 내에 부취발생기를 설치하여 이산화탄소소화설비의 기동에 따라 소화약제 방출 전에 부취제가 방출되도록 하는 방식

1 할론소화설비의 특징

① 가연성 액체 화재에는 연소억제작용이 크며 소화능력도 우수하다.
② 일반금속에 대하여 부식성이 적고 휘발성이 크다.
③ 소화 후 특정소방대상물에 대한 부식, 손상, 오염의 우려가 없다.
④ 보관 시 변질, 분해 등이 없어 장기보존이 가능하다.
⑤ 전기부도체이므로 전기기기에 사용할 수 있다.
⑥ 소화약제의 가격이 다른 약제보다 비싸다.

2 할론소화설비의 종류

(1) 전역방출방식(Total Flooding System)

소화약제 공급장치에 배관 및 분사헤드 등을 설치하여 밀폐 방호구역 전체에 소화약제를 방출하는 설비

(2) 국소방출방식(Local Aplication Type System)

소화약제 공급장치에 배관 및 분사헤드 등을 설치하여 직접 화점에 소화약제를 방출하는 방식

(3) 이동식(호스릴식, Portable Installation)

소화수 또는 소화약제 저장용기 등에 연결된 호스릴을 이용하여 사람이 직접 화점에 소화수 또는 소화약제를 방출하는 방식

3 저장용기, 가압용 가스용기

(1) 저장용기의 설치장소의 기준

이산화탄소소화설비와 동일함

(2) 축압식 저장용기의 압력(20[℃]) 10 16 년 출제

약 제	할론1301	할론1211
저압식	2.5[MPa]	1.1[MPa]
고압식	4.2[MPa]	2.5[MPa]

(3) 저장용기의 충전비

약 제	할론1301	할론1211	할론2402	
충전비	0.9 이상 1.6 이하	0.7 이상 1.4 이하	가압식	0.51 이상 0.67 미만
			축압식	0.67 이상 2.75 이하

(4) 가압용 가스용기

　① 충전가스 : 질소(N_2)

　② 충전압력(21[℃]) : 2.5[MPa] 또는 4.2[MPa]

(5) 가압식 저장용기에는 2.0[MPa] 이하의 압력으로 조정할 수 있는 압력조정장치를 설치해야 한다.

(6) 하나의 방호구역을 담당하는 소화약제 저장용기의 소화약제량의 체적합계보다 그 소화약제 방출 시 방출경로가 되는 배관(집합관 포함)의 내용적의 비율이 1.5배 이상일 경우에는 해당 방호구역 에 대한 설비는 별도 독립방식으로 해야 한다.

4 소화약제 저장량

(1) 전역방출방식

> 할론가스 저장량[kg] = 방호구역 체적[m³] × 필요가스량[kg/m³] + 개구부 면적[m²] × 가산량[kg/m²]

　① 방호구역의 체적에서 불연재료나 내열성의 재료로 밀폐된 구조물이 있는 경우에는 그 체적을 제외 한다.

　② 자동폐쇄장치가 설치되지 않는 경우에만 개구부 면적[m²] × 가산량[kg/m²]을 더한다.

소방대상물 또는 그 부분		소화약제의 종류	방호구역의 체적 1[m³]당 소화약제의 양(필요가스량)	가산량(자동폐쇄 장치 미설치 시)
차고 · 주차장 · 전기실 · 통신기기실 · 전산실 · 기타 이와 유사한 전기설비가 설치되어 있는 부분		할론1301	0.32~0.64[kg/m³]	2.4[kg/m²]
화재의 예방 및 안전관리에 관한 법률 시행령 별표 2의 특수가연물을 저장 · 취급하는 소방대상물 또는 그 부분	가연성 고체류 · 가연성 액체류	할론2402	0.40~1.10[kg/m³]	3.0[kg/m²]
		할론1211	0.36~0.71[kg/m³]	2.7[kg/m²]
		할론1301	0.32~0.64[kg/m³]	2.4[kg/m²]
	면화류 · 나무껍질 및 대팻밥 · 넝마 및 종이 부스러기 · 사류 · 볏짚류 · 목재가공품 및 나무부스러기를 저장 · 취급하는 것	할론1211	0.60~0.71[kg/m³]	4.5[kg/m²]
		할론1301	0.52~0.64[kg/m³]	3.9[kg/m²]
	합성수지류를 저장 · 취급하는 것	할론1211	0.36~0.71[kg/m³]	2.7[kg/m²]
		할론1301	0.32~0.64[kg/m³]	2.4[kg/m²]

(2) 국소방출방식 `14` 년 출제

소화약제의 종류	약제 저장량[kg]		
	Halon2402	Halon1211	Halon1301
윗면이 개방된 용기에 저장하는 경우와 화재 시 연소면이 1면에 한정되고 가연물이 비산할 우려가 없는 경우	방호대상물의 표면적[m²] × 8.8[kg/m²] × 1.1	방호대상물의 표면적[m²] × 7.6[kg/m²] × 1.1	방호대상물의 표면적[m²] × 6.8[kg/m²] × 1.25
상기 이외의 경우	방호공간의 체적[m³] × $\left(X - Y\dfrac{a}{A}\right)$[kg/m³] × 1.1		방호공간의 체적[m³] × $\left(X - Y\dfrac{a}{A}\right)$[kg/m³] × 1.25

① 방호공간 : 방호대상물의 각 부분으로부터 0.6[m]의 거리에 따라 둘러싸인 공간
② a : 방호대상물의 주위에 설치된 벽면적의 합계[m²]
③ A : 방호공간의 벽면적(벽이 없는 경우에는 벽이 있는 것으로 가정한 해당 부분의 면적)의 합계[m²]
④ X 및 Y : 수치(생략)

(3) 호스릴방식

소화약제의 종별	할론2402 또는 1211	할론1301
소화약제의 양	50[kg]	45[kg]

5 배 관

① 배관은 전용으로 할 것
② 강관을 사용하는 경우의 배관은 압력배관용 탄소강관(KS D 3562) 중 스케줄 40 이상의 것 또는 이와 동등 이상의 강도를 가진 것으로서 아연도금 등에 따라 방식처리된 것을 사용할 것
③ 동관을 사용하는 경우에는 이음이 없는 동 및 동합금관(KS D 5301)의 것으로서 고압식은 16.5[MPa] 이상, 저압식은 3.75[MPa] 이상의 압력에 견딜 수 있는 것을 사용할 것
④ 배관부속 및 밸브류는 강관 또는 동관과 동등 이상의 강도 및 내식성이 있는 것으로 할 것

6 분사헤드

(1) 전역 · 국소방출방식

① 할론2402를 방출하는 분사헤드는 소화약제가 무상으로 분무되는 것으로 할 것
② 분사헤드의 방출압력 15 년 출제

약 제	할론2402	할론1211	할론1301
방출압력	0.1[MPa] 이상	0.2[MPa] 이상	0.9[MPa] 이상

③ 전역 · 국소방출방식에 의한 기준저장량의 소화약제를 **10초 이내**에 방사할 것

(2) 호스릴방식

① 설치대상
화재 시 현저하게 연기가 찰 우려가 없는 장소로서 다음에 해당하는 장소
㉠ 지상 1층 및 피난층에 있는 부분으로서 지상에서 수동 또는 원격조작에 따라 개방할 수 있는 개구부의 유효면적의 합계가 바닥면적의 15[%] 이상이 되는 부분
㉡ 전기설비가 설치되어 있는 부분 또는 다량의 화기를 사용하는 부분(해당 설비의 주위 5[m] 이내의 부분을 포함한다)의 바닥면적이 해당 설비가 설치되어 있는 구획의 바닥면적의 1/5 미만이 되는 부분
② 설치기준
㉠ 방호대상물의 각 부분으로부터 하나의 호스접결구까지의 **수평거리가 20[m] 이하**가 되도록 할 것
㉡ 소화약제의 저장용기의 개방밸브는 호스릴의 설치장소에서 수동으로 개폐할 수 있는 것으로 할 것

ⓒ 소화약제의 저장용기는 호스릴을 설치하는 장소마다 설치할 것
ⓔ 하나의 노즐당 분당 방출량

소화약제의 종별	할론2402	할론1211	할론1301
1분당 방사하는 소화약제의 양	45[kg]	40[kg]	35[kg]

7 기동장치

(1) 수동식 기동장치 13 년 출제

① 전역방출방식은 방호구역마다, 국소방출방식은 방호대상물마다 설치할 것
② 해당 방호구역의 출입구 부분 등 조작을 하는 자가 쉽게 피난할 수 있는 장소에 설치할 것
③ **기동장치의 조작부는** 바닥으로부터 높이 **0.8[m] 이상 1.5[m] 이하**의 위치에 설치하고, 보호판 등에 따른 보호장치를 설치할 것
④ 기동장치에는 인근의 보기 쉬운 곳에 "할론소화설비 수동식기동장치"라고 표시한 표지를 할 것
⑤ 전기를 사용하는 기동장치에는 전원표시등을 설치할 것
⑥ 기동장치의 방출용 스위치는 음향경보장치와 연동하여 조작될 수 있는 것으로 할 것

(2) 자동식 기동장치 22 년 출제

① 자동식 기동장치에는 수동으로도 기동할 수 있는 구조로 할 것
② 전기식 기동장치로서 7병 이상의 저장용기를 동시에 개방하는 설비는 2병 이상의 저장용기에 전자개방밸브를 부착할 것
③ **가스압력식 기동장치는** 다음의 기준에 따를 것 13 년 출제
　　ⓐ **기동용 가스용기 및 해당 용기에 사용하는 밸브는 25[MPa] 이상**의 압력에 견딜 수 있는 것으로 할 것
　　ⓑ 기동용 가스용기에는 **내압시험압력 0.8배부터 내압시험압력 이하**에서 작동하는 **안전장치**를 설치할 것
　　ⓒ 기동용 가스용기의 체적은 5[L] 이상으로 하고, 해당 용기에 저장하는 질소 등의 비활성 기체 **6.0[MPa] 이상(21[℃] 기준)의 압력으로 충전할 것. 다만, 기동용 가스용기의 체적을 1[L] 이상으로 하고 해당 용기에 저장하는 이산화탄소의 양은 0.6[kg] 이상으로 하며,** 충전비는 1.5 이상 1.9 이하의 기동용가스용기로 할 수 있다.
④ 기계식 기동장치는 저장용기를 쉽게 개방할 수 있는 구조로 할 것

8 기 타

기동장치, 제어반, 선택밸브, 자동식 기동장치 및 음향경보장치, 자동폐쇄장치, 비상전원은 이산화탄소소화설비와 동일함

할로겐화합물 및 불활성기체소화설비(NFTC 107A)

1 할로겐화합물 및 불활성기체소화설비의 개요

할로겐화합물(할론1301, 할론2402, 할론1211 제외) 및 불활성기체로서 전기적으로 비전도성이며 휘발성이 있거나 증발 후 잔여물을 남기지 않는 소화약제로 전기실, 발전실, 전산실 등에 설치하여 연소를 저지하는 설비이다.

[할로겐화합물 및 불활성기체소화설비]

2 할로겐화합물 및 불활성기체소화설비의 정의

(1) 할로겐화합물 및 불활성기체소화약제 `20` `년 출제`

할로겐화합물(할론1301, 할론2402, 할론1211 제외) 및 불활성기체로서 전기적으로 **비전도성**이며 휘발성이 있거나 증발 후 잔여물을 남기지 않는 소화약제

(2) 할로겐화합물소화약제

플루오린(F), 염소(Cl), 브로민(Br) 또는 **아이오딘(I)** 중 하나 이상의 원소를 포함하고 있는 유기화합물을 기본성분으로 하는 소화약제

(3) 불활성기체(다른 원소와 화학반응을 일으키기 어려운 기체)소화약제

헬륨(He), 네온(Ne), 아르곤(Ar) 또는 **질소(N₂)**가스 중 하나 이상의 원소를 기본성분으로 하는 소화약제

(4) 충전밀도

소화약제의 중량과 소화약제 저장용기의 내부 용적과의 비(중량/용적)

3 할로겐화합물 및 불활성기체의 종류

소화약제	화학식
퍼플루오로뷰테인(이하 "FC-3-1-10"이라 한다)	C_4F_{10}
하이드로클로로플루오로카본혼화제(이하 "HCFC BLEND A"라 한다)	HCFC-123($CHCl_2CF_3$) : 4.75[%] HCFC-22($CHClF_2$) : 82[%] HCFC-124($CHClFCF_3$) : 9.5[%] $C_{10}H_{16}$: 3.75[%]

소화약제	화학식
클로로테트라플루오로에테인(이하 "HCFC-124"라 한다)	$CHClFCF_3$
펜타플루오로에테인(이하 "HFC-125"라 한다)	CHF_2CF_3
헵타플루오로프로페인(이하 "HFC-227ea"라 한다)	CF_3CHFCF_3
트라이플루오로메테인(이하 "HFC-23"이라 한다)	CHF_3
헥사플루오로프로페인(이하 "HFC-236fa"라 한다)	$CF_3CH_2CF_3$
트라이플루오로이오다이드(이하 "FIC-13I1"이라 한다)	CF_3I
불연성·불활성기체혼합가스(이하 "IG-01"이라 한다)	Ar
불연성·불활성기체혼합가스(이하 "IG-100"이라 한다)	N_2
불연성·불활성기체혼합가스(이하 "IG-541"이라 한다)	$N_2 : 52[\%],\ Ar : 40[\%],\ CO_2 : 8[\%]$
불연성·불활성기체혼합가스(이하 "IG-55"라 한다)	$N_2 : 50[\%],\ Ar : 50[\%]$
도데카플루오로-2-메틸펜테인-3-원(이하 "FK-5-1-12"라 한다)	$CF_3CF_2C(O)CF(CF_3)_2$

4 할로겐화합물 및 불활성기체의 설치 제외 장소

① 사람이 상주하는 곳으로 최대허용설계농도를 초과하는 장소
② **제3류 위험물** 및 **제5류 위험물**을 사용하는 장소(다만, 소화성능이 인정되는 위험물은 제외)

> **Plus one** 위험물 및 지정수량(위험물안전관리법 시행령 별표 1)
> • 제3류 위험물

유 별	성 질	품 명	위험등급	지정수량
제3류	자연발화성 물질 및 금수성 물질	1. 칼륨, 나트륨, 알킬알루미늄, 알킬리튬	Ⅰ	10[kg]
		2. 황린	Ⅰ	20[kg]
		3. 알칼리금속(칼륨 및 나트륨을 제외한다) 및 알칼리토금속 유기금속화합물(알킬알루미늄 및 알킬리튬을 제외한다)	Ⅱ	50[kg]
		4. 금속의 수소화물, 금속의 인화물, 칼슘 또는 알루미늄의 탄화물	Ⅲ	300[kg]

> • 제5류 위험물

유 별	성 질	품 명	위험등급	지정수량
제5류	자기 반응성 물질	1. 유기과산화물, 질산에스터류	Ⅰ	제1종 : 10[kg] 제2종 : 100[kg]
		2. 하이드록실아민, 하이드록실아민염류	Ⅱ	
		3. 나이트로화합물, 나이트로소화합물, 아조화합물, 다이아조화합물, 하이드라진유도체	Ⅱ	

5 할로겐화합물 및 불활성기체의 저장용기 `16` `년 출제`

① **방호구역 외의 장소**에 설치할 것. 다만, 방호구역 내에 설치할 경우에는 피난 및 조작이 용이하도록 피난구 부근에 설치해야 한다.
② 온도가 **55[℃] 이하**이고 온도 변화가 작은 곳에 설치할 것
③ 직사광선 및 빗물이 침투할 우려가 없는 곳에 설치할 것
④ 저장용기를 방호구역 외에 설치한 경우에는 방화문으로 구획된 실에 설치할 것

⑤ 용기의 설치장소에는 해당 용기가 설치된 곳임을 표시하는 표지를 할 것

⑥ 용기 간의 간격은 점검에 지장이 없도록 3[cm] 이상의 간격을 유지할 것

⑦ 저장용기와 집합관을 연결하는 연결배관에는 체크밸브를 설치할 것. 다만, 저장용기가 하나의 방호구역만을 담당하는 경우에는 그렇지 않다.

⑧ 저장용기의 표시사항

 ㉠ 약제명

 ㉡ 저장용기의 자체중량

 ㉢ 저장용기의 총중량

 ㉣ 저장용기의 충전일시

 ㉤ 저장용기의 충전압력

 ㉥ 약제의 체적

⑨ **재충전 또는 교체 시기** `23` `년 출제`

 약제량 손실이 5[%] 초과 또는 **압력손실이 10[%] 초과** 시(단, 불활성기체소화약제 : 압력손실이 5[%] 초과 시)

⑩ 할로겐화합물 및 불활성기체소화약제 저장용기와 선택밸브 또는 개폐밸브 사이에는 배관의 최소사용설계압력과 최대허용압력 사이의 압력에서 작동하는 안전장치를 설치해야 하며, 안전장치를 통하여 나온 소화가스는 전용의 배관 등을 통하여 건축물 외부로 배출될 수 있도록 해야 한다. 이 경우 안전장치로 용전식을 사용해서는 안 된다.

⑪ 그 밖의 내용은 할론소화설비의 저장용기와 동일함

6 할로겐화합물 및 불활성기체의 저장량

(1) 할로겐화합물소화약제 `13` `23` `년 출제`

$$W = \frac{V}{S} \times \frac{C}{100 - C}$$

여기서, W : 소화약제의 무게[kg]
V : 방호구역의 체적[m³]
C : 체적에 따른 소화약제의 설계농도[%]
S : 소화약제별 선형상수($K_1 + K_2 \times t$)[m³/kg]
t : 방호구역의 최소예상온도[℃]

소화약제	K_1	K_2
FC-3-1-10	0.094104	0.00034455
HCFC BLEND A	0.2413	0.00088
HCFC-124	0.1575	0.0006
HFC-125	0.1825	0.0007
HFC-227ea	0.1269	0.0005
HFC-23	0.3164	0.0012
HFC-236fa	0.1413	0.0006
FIC-13I1	0.1138	0.0005
FK-5-1-12	0.0664	0.0002741

(2) 불활성기체소화약제

$$X = 2.303 \left(\frac{V_s}{S} \right) \times \log_{10} \left(\frac{100}{100 - C} \right)$$

여기서, X : 공간용적당 더해진 소화약제의 부피[m³/m³]
C : 체적에 따른 소화약제의 설계농도[%]
V_s : 20[℃]에서 소화약제의 비체적[m³/kg]
S : 소화약제별 선형상수($K_1 + K_2 \times t$)[m³/kg]
t : 방호구역의 최소예상농도[℃]

소화약제	K_1	K_2
IG-01	0.5685	0.00208
IG-100	0.7997	0.00293
IG-541	0.65799	0.00239
IG-55	0.6598	0.00242

(3) 체적에 따른 소화약제의 설계농도[%]는 상온에서 제조업체의 설계기준에 따라 인증받은 소화농도[%]에 따른 안전계수를 곱한 값 이상으로 할 것

설계농도	소화농도	안전계수
A급	A급	1.2
B급	B급	1.3
C급	A급	1.35

[할로겐화합물 및 불활성기체소화약제 최대허용설계농도] 11 13 14 15 17 18 19 20 22 24 년 출제

소화약제	최대허용설계농도[%]	소화약제	최대허용설계농도[%]
FC-3-1-10	40	FIC-13I1	0.3
HCFC BLEND A	10	FK-5-1-12	10
HCFC-124	1.0	IG-01	43
HFC-125	11.5	IG-100	43
HFC-227ea	10.5	IG-541	43
HFC-23	30	IG-55	43
HFC-236fa	12.5		

7 기동장치

(1) 수동식 기동장치의 설치기준 16 년 출제

수동식 기동장치의 부근에는 소화약제의 방출을 지연시킬 수 있는 방출지연스위치(자동복귀형 스위치로서 수동식 기동장치의 타이머를 순간 정지시키는 기능의 스위치)를 설치해야 한다.
① 방호구역마다 설치할 것
② 해당 방호구역의 출입구 부근 등 조작을 하는 자가 쉽게 피난할 수 있는 장소에 설치할 것
③ 기동장치의 조작부는 바닥으로부터 0.8[m] 이상 1.5[m] 이하의 위치에 설치하고, 보호판 등에 따른 보호장치를 설치할 것

④ 기동장치 인근의 보기 쉬운 곳에 "할로겐화합물 및 불활성기체소화설비 수동식 기동장치"라는 표지를 할 것

⑤ 전기를 사용하는 기동장치에는 전원표시등을 설치할 것

⑥ 기동장치의 방출용 스위치는 음향경보장치와 연동하여 조작될 수 있는 것으로 할 것

⑦ 50[N] 이하의 힘을 가하여 기동할 수 있는 구조로 설치할 것

⑧ 기동장치에는 보호장치를 설치해야 하며, 보호장치를 개방하는 경우 기동장치에 설치된 버저 또는 벨 등에 의하여 경고음을 발할 것

⑨ 기동장치를 옥외에 설치하는 경우 빗물 또는 외부 충격의 영향을 받지 않도록 설치할 것

(2) 자동식 기동장치의 설치기준

① 자동식 기동장치에는 수동으로도 기동할 수 있는 구조로 할 것

② 전기식 기동장치로서 7병 이상의 저장용기를 동시에 개방하는 설비는 2병 이상의 저장용기에 전자개방밸브를 부착할 것

(3) 가스압력식 기동장치의 설치기준

① 기동용 가스용기 및 해당 용기에 사용하는 밸브는 25[MPa] 이상의 압력에 견딜 수 있는 것으로 할 것

② 기동용 가스용기에는 내압시험압력의 0.8배부터 내압시험압력 이하에서 작동하는 안전장치를 설치할 것

③ 기동용 가스용기의 체적은 5[L] 이상으로 하고, 해당 용기에 저장하는 질소 등의 비활성기체는 6.0[MPa] 이상(21[℃] 기준)의 압력으로 충전할 것. 다만, 기동용 가스용기의 체적을 1[L] 이상으로 하고, 해당 용기에 저장하는 이산화탄소의 양은 0.6[kg] 이상으로 하며, 충전비는 1.5 이상 1.9 이하의 기동용 가스용기로 할 수 있다.

④ 질소 등의 비활성기체 기동용 가스용기에는 충전 여부를 확인할 수 있는 압력게이지를 설치할 것

8 배 관

(1) 설치기준

① 배관은 전용으로 할 것

② 배관·배관부속 및 밸브류는 저장용기의 방출 내압을 견딜 수 있어야 하며, 다음의 기준에 적합할 것. 이 경우 설계내압은 기준에서 정한 최소사용 설계압력 이상으로 해야 한다.

㉠ 강관을 사용하는 경우의 배관은 압력배관용 탄소강관(KS D 3562) 또는 이와 동등 이상의 강도를 가진 것으로서 아연도금 등에 따라 방식처리 된 것을 사용할 것

㉡ 동관을 사용하는 경우의 배관은 이음이 없는 동 및 동합금관(KS D 5301)의 것을 사용할 것

㉢ 배관의 두께는 다음의 식에서 구한 값(t) 이상일 것. 다만, 방출헤드 설치부는 제외한다.

$$t = \frac{PD}{2SE} + A \quad \boxed{22} \text{ 년 출제}$$

여기서, t : 배관의 두께[mm]

P : 최대허용압력[kPa]

D : 배관의 바깥지름[mm]

SE : 최대허용응력[kPa](배관재질 인장강도의 1/4값과 항복점의 2/3 값 중 작은값 × 배관이음효율 × 1.2)

※ 배관이음효율

배관의 종류	이음매 없는 배관	전기저항 용접배관	가열맞대기 용접배관
배관이음효율	1.0	0.85	0.60

A : 나사이음, 홈이음 등의 허용 값(mm)[헤드 설치부분은 제외한다]

• 나사이음 : 나사의 높이
• 절단홈이음 : 홈의 깊이
• 용접이음 : 0

(2) 배관과 배관, 배관과 배관부속 및 밸브류의 접속은 나사접합, 용접접합, 압축접합 또는 플랜지접합 등의 방법을 사용해야 한다.

(3) 배관의 구경은 해당 방호구역에 **할로겐화합물소화약제가 10초 이내에, 불활성기체소화약제는 A·C급 화재는 2분, B급 화재는 1분** 이내에 방호구역 각 부분에 최소설계농도의 **95[%] 이상** 해당하는 약제량이 **방출**되도록 해야 한다. $\boxed{19}$ **년 출제**

⑨ 분사헤드

(1) 설치기준

① 분사헤드의 **설치 높이**는 방호구역의 바닥으로부터 **최소 0.2[m] 이상 최대 3.7[m] 이하**로 해야 하며 천장높이가 3.7[m]를 초과할 경우에는 추가로 다른 열의 분사헤드를 설치할 것. 다만, 분사헤드의 성능인정 범위 내에서 설치하는 경우에는 그렇지 않다.

② 분사헤드의 개수는 방호구역에 2.7.3의 규정이 충족되도록 설치할 것

> **Plus one** 2.7.3
> 배관의 구경은 해당 방호구역에 **할로겐화합물소화약제가 10초 이내에, 불활성기체소화약제는 A·C급 화재는 2분, B급 화재는 1분** 이내에 방호구역 각 부분에 최소설계농도의 **95[%] 이상** 해당하는 약제량이 **방출**되도록 해야 한다.

③ 분사헤드에는 부식방지조치를 해야 하며 오리피스의 크기, 제조일자, 제조업체가 표시되도록 할 것

(2) 분사헤드의 방출률 및 방출압력은 제조업체에서 정한 값으로 한다.

(3) 분사헤드의 **오리피스의 면적**은 분사헤드가 연결되는 배관구경 면적의 **70[%]** 이하가 되도록 할 것

🔟 기 타

제어반, 자동식 기동장치 및 음향경보장치, 자동폐쇄장치, 비상전원, 과압배출구는 이산화탄소소화설비와 동일함

제13절 분말소화설비(NFTC 108)

1 분말소화설비의 개요

분말소화설비는 분말소화약제 탱크에 저장된 소화약제를 질소가스나 CO_2가스의 압력에 의해 설치된 배관 내를 통하여 말단에 설치된 분사헤드에 의해 화원에 방사하여 소화하는 설비로서, 동력원은 전력이나 내연기관을 필요로 하지 않고 자체의 축적된 가스압력에 의해 방사한다.

2 계통도

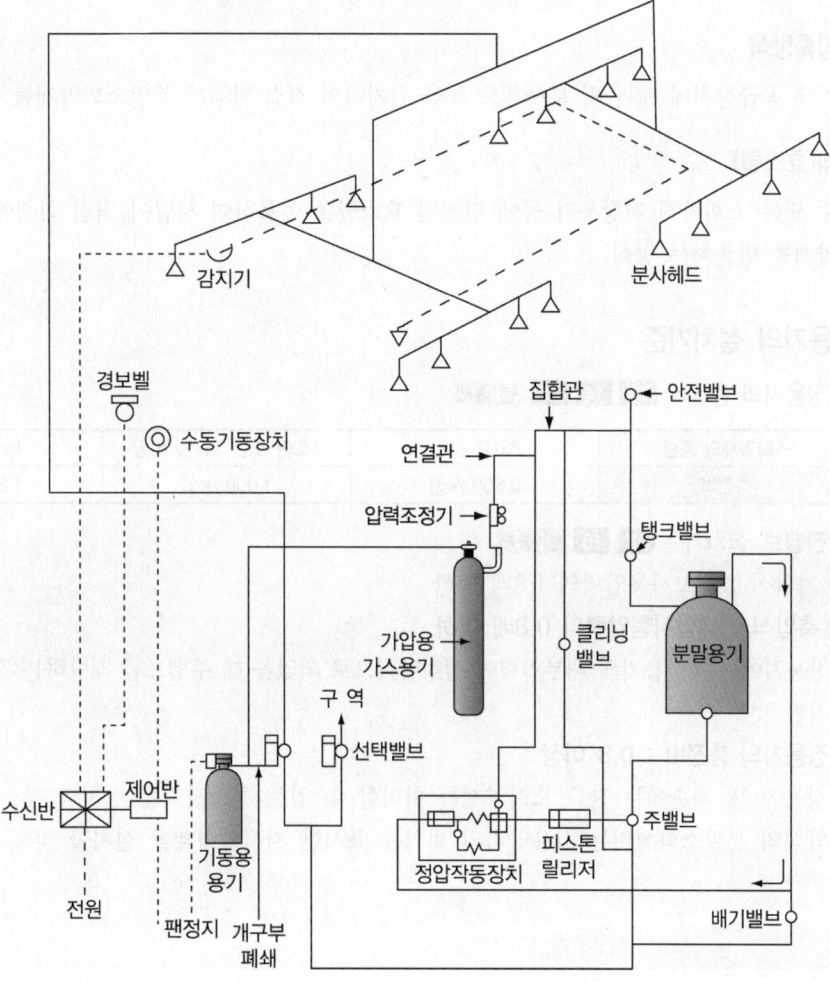

3 분말소화설비의 동작순서

① 화재감지기에 의한 화재 감지
② 조작반에 통보, 자동식의 경우는 기동장치 기동
③ 기동용기의 가스에 의해 선택밸브 개방, 용기밸브 개방
④ 가압용 가스가 약제탱크 내 약제의 유동화 및 가압
⑤ 약제탱크 내압 상승
⑥ 정압작동장치 작동
⑦ 주밸브 개방
⑧ 분말소화제 방출

4 분말소화설비의 종류

(1) 전역방출방식

소화약제 공급장치에 배관 및 분사헤드 등을 설치하여 밀폐 방호구역 내에 분말소화약제를 방출하는
방식

(2) 국소방출방식

소화약제 공급장치에 배관 및 분사헤드 등을 설치하여 직접 화점에 분말소화약제를 방출하는 방식

(3) 이동식(호스릴)

소화수 또는 소화약제 저장용기 등에 연결된 호스릴을 이용하여 사람이 직접 화점에 소화수 또는
소화약제를 방출하는 방식

5 저장용기의 설치기준

① 저장용기의 충전비 `13` `14` `22` 년 출제

소화약제의 종별	제1종 분말	제2종 또는 제3종 분말	제4종 분말
충전비	0.80[L/kg]	1.00[L/kg]	1.25[L/kg]

② 안전밸브 설치기준 `13` `16` 년 출제
  ㉠ 가압식 : 최고사용압력의 1.8배 이하
  ㉡ 축압식 : 내압시험압력의 0.8배 이하
③ 저장용기에는 저장용기의 내부압력이 설정압력으로 되었을 때 주밸브를 개방하는 정압작동장치를
  설치할 것
④ 저장용기의 충전비 : 0.8 이상
⑤ 저장용기 및 배관에는 잔류 소화약제를 처리할 수 있는 청소장치를 설치할 것
⑥ 축압식의 분말소화설비는 사용압력의 범위를 표시한 지시압력계를 설치할 것

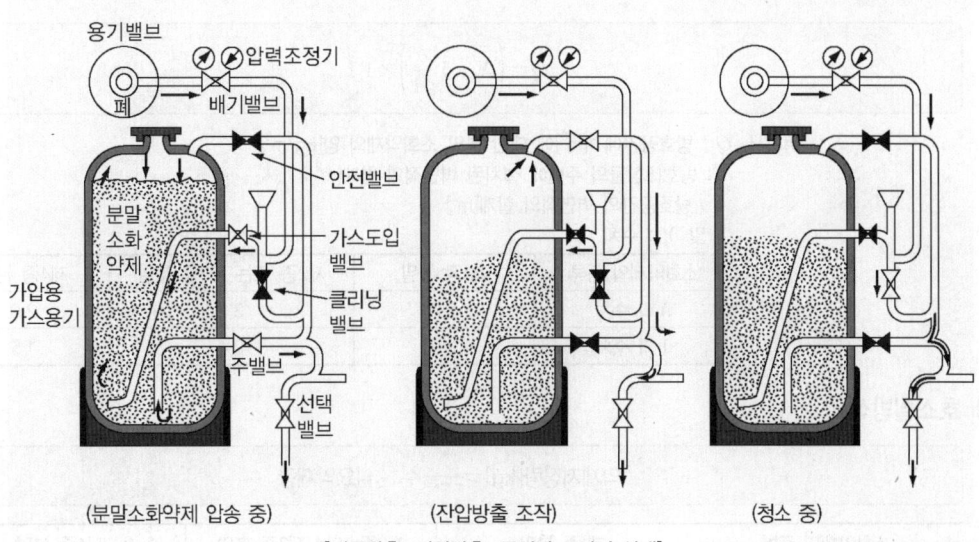

▷◁ 열림 ▶◀ 닫힘

[작동방출, 잔압방출, 클리닝 조작의 상태]

(분말소화약제 압송 중)　　　(잔압방출 조작)　　　(청소 중)

6 가압용 가스용기

약제탱크에 부착하여 약제를 혼합하여 유동화시켜 일정한 압력으로 약제를 방출하기 위한 용기

(1) 가압용 가스용기는 분말소화약제의 저장용기에 접속하여 설치할 것

(2) 가압용 가스용기를 **3병 이상** 설치한 경우에는 **2개 이상**의 용기에 **전자개방밸브**를 부착할 것

(3) 가압용 가스용기에는 **2.5[MPa]** 이하의 압력에서 조정이 가능한 **압력조정기**를 설치할 것

(4) **가압용 또는 축압용 가스의 설치기준** `21` 년 출제

종류　　　　　　　　　가 스	질소(N_2)	이산화탄소(CO_2)
가압용가스에 질소가스를 사용하는 것	40[L/kg] 이상	20[g/kg] + 배관청소 필요량
축압식가스에 질소가스를 사용하는 것	10[L/kg] 이상	

※ 배관의 청소에 필요한 양의 가스는 **별도의 용기**에 저장할 것

7 소화약제 산출량

(1) **전역방출방식** `15` `16` `19` `22` `23` `24` 년 출제

$$소화약제 \ 저장량[kg] = 방호구역 \ 체적[m^3] \times 필요약제량[kg/m^3] + 개구부 \ 면적[m^2] \times 가산량[kg/m^2]$$

※ 개구부의 면적은 자동폐쇄장치가 설치되어 있지 않는 면적이다.

약제의 종류	제1종 분말	제2종 또는 제3종 분말	제4종 분말
방호구역의 체적 1[m^3]에 대한 소화약제의 양(필요약제량)	0.60[kg/m^3]	0.36[kg/m^3]	0.24[kg/m^3]
가산량	4.5[kg/m^2]	2.7[kg/m^2]	1.8[kg/m^2]

(2) 국소방출방식

$$Q = \left(X - Y\frac{a}{A}\right) \times 1.1$$

여기서, Q : 방호공간에 1[m³]에 대한 분말 소화약제의 양[kg/m³]
a : 방호대상물의 주변에 설치된 벽면적의 합계[m²]
A : 방호공간의 벽면적의 합계[m²]
X 및 Y : 수치

소화약제의 종류	제1종 분말	제2종 또는 제3종 분말	제4종 분말
X의 수치	5.2	3.2	2.0
Y의 수치	3.9	2.4	1.5

(3) 호스릴방식

약제저장량[kg] = 노즐수 × 필요약제량

소화약제의 종별	제1종 분말	제2종 또는 제3종 분말	제4종 분말
소화약제의 양	50[kg]	30[kg]	20[kg]
1분당 방출하는 소화약제의 양	45[kg]	27[kg]	18[kg]

8 분사헤드

(1) 전역·국소방출방식

① 방출된 소화약제가 방호구역의 전역에 균일하고 신속하게 확산할 수 있도록 할 것
② 소화약제 저장량을 **30초 이내**에 방출할 수 있는 것으로 할 것

(2) 호스릴방식

① 설치대상

화재 시 현저하게 연기가 찰 우려가 없는 장소로서 다음에 해당하는 장소

㉠ 지상 1층 및 피난층에 있는 부분으로서 지상에서 수동 또는 원격조작에 따라 개방할 수 있는 개구부의 유효면적의 합계가 바닥면적의 15[%] 이상이 되는 부분

㉡ 전기설비가 설치되어 있는 부분 또는 다량의 화기를 사용하는 부분(해당 설비의 주위 5[m] 이내의 부분을 포함한다)의 바닥면적이 해당 설비가 설치되어 있는 구획의 바닥면적의 1/5 미만이 되는 부분

② 설치기준

㉠ 방호대상물의 각 부분으로부터 하나의 호스접결구까지의 **수평거리가 15[m] 이하**가 되도록 할 것

㉡ 소화약제의 저장용기의 개방밸브는 호스릴 설치장소에서 수동으로 개폐할 수 있는 것으로 할 것

㉢ 소화약제의 저장용기는 호스릴을 설치하는 장소마다 설치할 것

㉣ 소화약제 저장용기의 가장 가까운 곳의 보기 쉬운 곳에 적색의 표시등을 설치하고, 호스릴방식의 분말소화설비가 있다는 뜻을 표시한 표지를 할 것

9 정압작동장치

(1) 기 능

15[MPa]의 압력으로 충전된 가압용 가스용기에서 1.5~2.0[MPa]로 감압하여 저장용기에 보내어 약제와 혼합 후 소정의 방사압력에 달하여(통상 15~30초) **주밸브를 개방**시키기 위하여 설치하는 것으로 저장용기의 압력이 낮을 때는 열려 가스를 보내고 적정압력에 달하면 정지하는 구조로 되어 있다.

(2) 종 류

① **압력스위치에 의한 방식** : 약제탱크 내부의 압력에 의해서 움직이는 압력스위치를 설치하여 일정한 압력에 도달했을 때 압력스위치가 닫혀 전자밸브를 개방하여 주밸브를 개방시켜 보내는 방식
② **기계적인 방식** : 약제탱크의 내부의 압력에 부착된 밸브의 콕을 잡아 당겨서 가스를 열어서 주밸브를 개방시켜 가스를 보내는 방식
③ **시한릴레이 방식** : 약제탱크의 내부압력이 일정한 압력에 도달하는 시간을 추정하여 기동과 동시에 시한릴레이를 움직여 일정시간 후에 릴레이가 닫혔을 때 전자밸브를 열어 주밸브를 개방시켜 가스를 보내는 방식

10 배 관

① 배관은 전용으로 할 것
② 강관을 사용하는 경우의 배관은 아연도금에 따른 배관용 탄소강관(KS D 3507)이나 이와 동등 이상의 강도·내식성 및 내열성을 가진 것으로 할 것. 다만, 축압식 분말소화설비에 사용하는 것 중 20[℃]에서 압력이 2.5[MPa] 이상 4.2[MPa] 이하인 것에 있어서는 압력배관용 탄소강관(KS D 3562) 중 이음이 없는 스케줄 40 이상의 것 또는 이와 동등 이상의 강도를 가진 것으로서 아연도금으로 방식처리된 것을 사용해야 한다.
③ **동관**을 사용하는 경우의 배관은 고정압력 또는 **최고사용압력의 1.5배 이상**의 압력에 견딜 수 있는 것을 사용할 것
④ 밸브류는 개폐위치 또는 개폐방향을 표시한 것으로 할 것
⑤ 배관의 관부속 및 밸브류는 배관과 동등 이상의 강도 및 내식성이 있는 것으로 할 것
⑥ 확관형 분기배관을 사용할 경우에는 소방청장이 정하여 고시한 분기배관의 성능인증 및 제품검사의 기술기준에 적합한 것으로 설치할 것
⑦ 주밸브에서 헤드까지의 배관의 분기는 **방사량**과 **방사압력**을 **일정하게 하기 위해서** 전부 **토너먼트 방식**으로 할 것

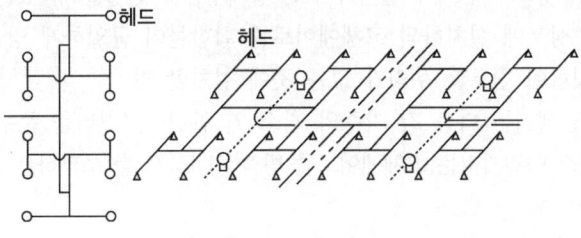

[토너먼트 방식]

11 **기 타**

기동장치, 제어반, 선택밸브, 음향경보장치, 자동폐쇄장치, 비상전원은 이산화탄소소화설비와 동일함

제14절 | 고체에어로졸소화설비(NFTC 110)

1 정 의

① **고체에어로졸소화설비** : 설계밀도 이상의 고체에어로졸을 방호구역 전체에 균일하게 방출하는 설비로서 분산(Dispersed)방식이 아닌 압축(Condensed)방식

② **고체에어로졸화합물** : 과산화물질, 가연성물질 등의 혼합물로서 화재를 소화하는 비전도성의 미세 입자인 에어로졸을 만드는 고체화합물

③ **고체에어로졸** : 에어로졸화합물의 연소과정에 의해 생성된 직경 10$[\mu m]$ 이하의 고체 입자와 기체 상태의 물질로 구성된 혼합물

④ **고체에어로졸발생기** : 고체에어로졸화합물, 냉각장치, 작동장치, 방출구, 저장용기로 구성되어 에어로졸을 발생시키는 장치

⑤ **소화밀도** : 방호공간 내 규정된 시험조건의 화재를 소화하는 데 필요한 단위체적$[m^3]$당 고체에어로졸화합물의 질량[g]

⑥ **안전계수** : 설계밀도를 결정하기 위한 안전율을 말하며 1.3으로 한다.

⑦ **설계밀도** : 소화설계를 위하여 필요한 것으로 소화밀도에 안전계수를 곱하여 얻어지는 값

2 고체에어로졸소화설비의 설치 제외

① 나이트로셀룰로오스, 화약 등의 산화성 물질

② 리튬, 나트륨, 칼륨, 마그네슘, 티타늄, 지르코늄, 우라늄 및 플루토늄과 같은 자기반응성 금속

③ 금속 수소화물

④ 유기 과산화수소, 하이드라진 등 자동 열분해를 하는 화학물질

⑤ 가연성 증기 또는 분진 등 폭발성 물질이 대기에 존재할 가능성이 있는 장소

3 고체에어로졸발생기의 설치기준

① 밀폐성이 보장된 방호구역 내에 설치하거나, 밀폐성능을 인정할 수 있는 별도의 조치를 취할 것

② 천장이나 벽면 상부에 설치하되 고체에어로졸 화합물이 균일하게 방출되도록 설치할 것

③ 직사광선 및 빗물이 침투할 우려가 없는 곳에 설치할 것

④ 고체에어로졸 발생기는 다음 각 기준의 최소 열 안전이격거리를 준수하여 설치할 것

   ㉠ 인체와의 최소 이격거리는 고체에어로졸 방출 시 75[℃]를 초과하는 온도가 인체에 영향을 미치지 않는 거리

   ㉡ 가연물과의 최소 이격거리는 고체에어로졸 방출 시 200[℃]를 초과하는 온도가 가연물에 영향을 미치지 않는 거리

⑤ 하나의 방호구역에는 동일 제품군 및 동일한 크기의 고체에어로졸발생기를 설치할 것
⑥ 방호구역의 높이는 형식승인 받은 고체에어로졸발생기의 최대 설치높이 이하로 할 것

4 고체에어로졸화합물의 소화약제량

$$m = d \times V$$

여기서, m : 필수소화약제량[g]
d : 설계밀도[g/m³](= 소화밀도[g/m³] × 1.3(안전계수))
소화밀도 : 형식승인 받은 제조사의 설계 매뉴얼에 게시된 소화밀도
V : 방호체적[m³]

5 기 동

(1) 수동식 기동장치의 설치기준

① 제어반마다 설치할 것
② 방호구역의 출입구마다 설치하되 출입구 인근에 사람이 쉽게 조작할 수 있는 위치에 설치할 것
③ 기동장치의 조작부는 바닥으로부터 0.8[m] 이상 1.5[m] 이하의 위치에 설치할 것
④ 기동장치의 조작부에 보호판 등의 보호장치를 부착할 것
⑤ 기동장치 인근의 보기 쉬운 곳에 "고체에어로졸소화설비 수동식 기동장치"라고 표시한 표지를 부착할 것
⑥ 전기를 사용하는 기동장치에는 전원표시등을 설치할 것
⑦ 방출용 스위치의 작동을 명시하는 표시등을 설치할 것
⑧ 50[N] 이하의 힘으로 방출용 스위치를 기동할 수 있도록 할 것

(2) 방출지연스위치의 설치기준

① 수동으로 작동하는 방식으로 설치하되 누르고 있는 동안만 지연되도록 할 것
② 방호구역의 출입구마다 설치하되 피난이 용이한 출입구 인근에 사람이 쉽게 조작할 수 있는 위치에 설치할 것
③ 방출지연스위치 작동 시에는 음향경보를 발할 것
④ 방출지연스위치 작동 중 수동식 기동장치가 작동되면 수동식 기동장치의 기능이 우선될 것

6 제어반의 설치기준

① 전원표시등을 설치할 것
② 화재, 진동 및 충격에 따른 영향과 부식의 우려가 없고 점검에 편리한 장소에 설치할 것
③ 제어반에는 해당 회로도 및 취급설명서를 비치할 것
④ 고체에어로졸소화설비의 작동방식(자동 또는 수동)을 선택할 수 있는 장치를 설치할 것
⑤ 수동식 기동장치 또는 화재감지기에서 신호를 수신할 경우 다음의 기능을 수행할 것
　　㉠ 음향경보 장치의 작동
　　㉡ 고체에어로졸의 방출
　　㉢ 기타 제어기능 작동

7 음향장치

① 화재감지기가 작동하거나 수동식 기동장치가 작동할 경우 음향장치가 작동할 것
② 음향장치는 방호구역마다 설치하되 해당 구역의 각 부분으로부터 하나의 음향장치까지의 수평거리는 25[m] 이하가 되도록 할 것
③ 음향장치는 경종 또는 사이렌(전자식 사이렌을 포함한다)으로 하되, 주위의 소음 및 다른 용도의 경보와 구별이 가능한 음색으로 할 것. 이 경우 경종 또는 사이렌은 자동화재탐지설비·비상벨설비 또는 자동식사이렌설비의 음향장치와 겸용할 수 있다.
④ 주 음향장치는 화재표시반의 내부 또는 그 직근에 설치할 것
⑤ 음향장치는 다음의 기준에 따른 구조 및 성능의 것으로 할 것
　　㉠ 정격전압의 80[%] 전압에서 음향을 발할 수 있는 것으로 할 것
　　㉡ 음량은 부착된 음향장치의 중심으로부터 1[m] 떨어진 위치에서 90[dB] 이상이 되는 것으로 할 것
⑥ 고체에어로졸의 방출 개시 후 1분 이상 경보를 계속 발할 것

8 고체에어로졸소화설비에 설치할 수 있는 감지기

① 광전식 공기흡입형 감지기
② 아날로그 방식의 광전식 스포트형 감지기
③ 중앙소방기술심의위원회의 심의를 통해 고체에어로졸소화설비에 적응성이 있다고 인정된 감지기

9 방호구역의 자동폐쇄장치 기준

① 방호구역 내의 개구부와 통기구는 고체에어로졸이 방출되기 전에 폐쇄되도록 할 것
② 방호구역 내의 환기장치는 고체에어로졸이 방출되기 전에 정지되도록 할 것
③ 자동폐쇄장치의 복구장치는 제어반 또는 그 직근에 설치하고, 해당 장치를 표시하는 표지를 부착할 것

10 비상전원

(1) 종 류

① 자가발전설비
② 축전지설비(제어반에 내장하는 경우를 포함)
③ 전기저장장치(외부 전기에너지를 저장해 두었다가 필요한 때 전기를 공급하는 장치)

(2) 설치기준

① 점검에 편리하고 화재 및 침수 등의 재해로 인한 피해를 받을 우려가 없는 곳에 설치할 것
② 고체에어로졸소화설비에 최소 20분 이상 유효하게 전원을 공급할 것
③ 상용전원으로부터 전력의 공급이 중단된 때에는 자동으로 비상전원으로부터 전력을 공급받을 수 있도록 할 것

④ 비상전원의 설치장소는 다른 장소와 방화구획할 것(제어반에 내장하는 경우는 제외한다). 이 경우 그 장소에는 비상전원의 공급에 필요한 기구나 설비 외의 것(열병합발전설비에 필요한 기구나 설비는 제외한다)을 두어서는 안 된다.

⑤ 비상전원을 실내에 설치하는 때에는 그 실내에 비상조명등을 설치할 것

(3) 설치 제외 기준

① 2 이상의 변전소(전기사업법 제67조에 따른 변전소를 말한다)에서 전력을 동시에 공급받을 수 있는 경우

② 하나의 변전소로부터 전력의 공급이 중단되는 때에는 자동으로 다른 변전소로부터 전력을 공급받을 수 있도록 상용전원을 설치한 경우

예상문제

001 소방안전관리대상물의 각 층마다 설치한 소형소화기는 특정소방대상물의 각 부분으로부터 보행거리는?

① 30[m] 이내
② 25[m] 이내
③ 20[m] 이내
④ 15[m] 이내

> **해설** **소화기의 설치기준**
> • 각 층마다 설치해야 한다.
> • 특정소방대상물의 각 부분으로부터 1개의 소화기구까지의 보행거리
>   – **소형소화기 : 20[m] 이내**
>   – **대형소화기 : 30[m] 이내**
>
> **정답** ③

002 능력단위가 2단위 이상이 되도록 소화기를 설치해야 할 특정소방대상물 또는 그 부분에 있어서는 간이소화용구의 능력단위가 전체 능력단위의 1/2을 초과하지 않게 해야 한다. 다음 중 해당되지 않는 특정소방대상물은?

① 노유자시설
② 문화시설
③ 교육연구시설
④ 업무시설

> **해설** 능력단위가 2단위 이상이 되도록 소화기를 설치해야 할 특정소방대상물 또는 그 부분에 있어서는 간이소화용구의 능력단위가 전체 능력단위의 1/2을 초과하지 않게 할 것. 다만, 노유자시설의 경우에는 그렇지 않다.
>
> **정답** ①

003 소화기구(자동확산소화기를 제외한다)는 거주자 등이 손쉽게 사용할 수 있는 장소에 바닥으로부터 높이 1.5[m] 이하의 곳에 비치하고 보기 쉬운 곳에 표지를 부착해야 한다. 다음 중 틀리게 연결된 것은?

① 소화기 – 소화기
② 투척용 소화용구 – 투척용 소화용구
③ 마른 모래 – 마른 모래
④ 팽창질석 – 소화질석

> **해설** **소화기구 표지 내용**
> • 소화기 – 소화기
> • 투척용 소화용구 – 투척용 소화용구
> • 마른 모래 – 소화용 모래
> • 팽창질석 및 팽창진주암 – 소화질석
>
> **정답** ③

004 아파트에 설치하는 주거용 주방자동소화장치의 설치기준 중 옳지 않은 것은?

① 소화약제 방출구는 환기구의 청소부분과 분리되어 있어야 할 것
② 감지부는 형식승인 받은 유효한 높이 및 위치에 설치할 것
③ 가스차단장치는 주방배관의 개폐밸브로부터 1[m] 이하의 위치에 설치할 것
④ 탐지부는 수신부와 분리하여 설치하되, 공기보다 가벼운 가스를 사용하는 경우에는 천장 면으로부터 30[cm] 이하의 위치에 설치해야 한다.

해설   **주거용 주방자동소화장치의 설치기준**
• 소화약제 **방출구**는 환기구(주방에서 발생하는 열기류 등을 밖으로 배출하는 장치)의 청소부분과 분리되어 있어야 하며, 형식승인 받은 유효설치 높이 및 방호면적에 따라 설치할 것
• **감지부**는 형식승인 받은 유효한 높이 및 위치에 설치할 것
• **차단장치**(전기 또는 가스)는 **상시 확인 및 점검이 가능**하도록 설치할 것
• **가스용 주방자동소화장치를 사용하는 경우 탐지부**는 수신부와 분리하여 설치하되, 공기보다 가벼운 가스를 사용하는 경우에는 천장 면으로부터 30[cm] 이하의 위치에 설치하고, 공기보다 무거운 가스를 사용하는 장소에는 바닥 면으로부터 30[cm] 이하의 위치에 설치할 것

> • 공기보다 무거운 가스 : 바닥 면에서 30[cm] 이하에 설치한다.
> • 공기보다 가벼운 가스 : 천장 면에서 30[cm] 이하에 설치한다.

• 수신부는 주위의 열기류 또는 습기 등과 주위온도에 영향을 받지 않고 사용자가 상시 볼 수 있는 장소에 설치할 것

정답 ③

005 소화기의 능력단위를 설명한 것 중 옳지 않은 것은?

① 소화기의 능력단위는 용기 내에 충전되어 있는 소화약제의 양에 따라 달라진다.
② 동일 소화약제 그리고 동일량이면 일반화재(A급 화재)나 유류화재(B급 화재)의 능력단위는 동일하다.
③ 전기화재(C급 화재)에 대해서는 능력단위가 존재하지 않는다.
④ 소화기의 능력단위를 판정하려면 능력단위 측정모형으로 모형시험을 한다.

해설   분말 3.3[kg]약제의 능력단위 : A급 화재(일반화재)는 3단위, B급 화재(유류화재)는 5단위, C급 화재(전기화재)는 적응한다.

> 분말 3.3[kg]의 능력단위 : A3, B5, C

정답 ②

006 캐비닛형 자동소화장치의 설치기준으로 틀린 것은?

① 분사헤드의 설치 높이는 방호구역의 바닥으로부터 형식승인을 받은 범위 내에서 유효하게 소화약제를 방출시킬 수 있는 높이에 설치할 것
② 방호구역 내의 화재감지기의 감지에 따라 작동되도록 할 것
③ 화재감지기의 회로는 교차회로방식으로 설치할 것
④ 구획된 장소의 방호체적 이하를 방호할 수 있는 소화성능이 있을 것

> **해설** 캐비닛형 자동소화장치는 구획된 장소의 **방호체적 이상**을 방호할 수 있는 소화성능이 있을 것

정답 ④

007 지하층, 무창층, 밀폐된 거실로서 그 바닥면적이 20[m²] 미만의 장소에 설치할 수 있는 소화기는?

① 이산화탄소소화기
② 분말소화기
③ 할론2402소화기
④ 할론1211소화기

> **해설** 이산화탄소 또는 할론을 방사하는 소화기구(자동확산소화기는 제외)를 설치할 수 없는 장소
> • 지하층
> • 무창층
> • 밀폐된 거실로서 그 바닥면적이 20[m²] 미만의 장소

정답 ②

008 간이소화용구인 마른 모래(삽을 상비한 50[L] 이상의 것 1포)의 능력단위는?

① 0.5단위
② 1단위
③ 1.5단위
④ 2단위

> **해설** 간이소화용구의 능력단위
>
> | 간이소화용구 | | 능력단위 |
> | --- | --- | --- |
> | 1. 마른 모래 | 삽을 상비한 50[L] 이상의 것 1포 | 0.5단위 |
> | 2. 팽창질석 또는 팽창진주암 | 삽을 상비한 80[L] 이상의 것 1포 | |

정답 ①

009 소형소화기를 설치해야 할 특정소방대상물에 해당 설비의 유효범위의 부분에 대하여 소화기의 2/3를 감소할 수 있다. 해당하지 않는 소방시설은?

① 옥내소화전설비
② 스프링클러설비
③ 이산화탄소소화설비
④ 대형소화기

> **해설** 소형소화기를 설치해야 할 특정소방대상물
> 특정소방대상물 또는 그 부분에 옥내소화전설비·스프링클러설비·물분무 등 소화설비·옥외소화전설비 또는 대형소화기를 설치한 경우에는 해당 설비의 유효범위의 부분에 대해서는 2.1.1.2(소화기구의 능력단위) 및 2.1.1.3(부속용도별 추가해야 할 소화기구 및 자동소화장치)에 따른 소화기의 2/3(**대형소화기**를 둔 경우에는 **1/2**)를 감소할 수 있다.
>
> > **Plus one** 감소하는 예외 규정
> > 층수가 11층 이상인 부분, 근린생활시설, 위락시설, 문화 및 집회시설, 운동시설, 판매시설, 운수시설, 숙박시설, 노유자시설, 의료시설, 업무시설(무인변전소를 제외한다), 방송통신시설, 교육연구시설, 항공기 및 자동차관련시설, 관광 휴게시설은 그렇지 않다.

정답 ④

010 건축물의 주요구조부가 내화구조이고, 벽 및 반자의 실내에 면하는 부분이 불연재료로 된 교육연구시설은 해당 바닥면적 몇 [m²]마다 소화기구의 능력단위를 1단위로 해야 하는가?

① 50[m²]
② 100[m²]
③ 200[m²]
④ 400[m²]

해설 특정소방대상물별 소화기구의 능력단위

특정소방대상물	소화기구의 능력단위
1. 위락시설	해당 용도의 바닥면적 30[m²]마다 능력단위 1단위 이상
2. 공연장·집회장·관람장·문화재·**장례식장** 및 **의료시설**	해당 용도의 바닥면적 50[m²]마다 능력단위 1단위 이상
3. 근린생활시설·**판매시설**·운수시설·숙박시설·노유자시설·전시장·공동주택·업무시설·방송통신시설·공장·창고시설·항공기 및 자동차관련시설 및 관광휴게시설	해당 용도의 바닥면적 100[m²]마다 능력단위 1단위 이상
4. 그 밖의 것(교육연구시설)	해당 용도의 바닥면적 200[m²]마다 능력단위 1단위 이상

[비고] 소화기구의 능력단위를 산출함에 있어서 건축물의 주요구조부가 **내화구조**이고, 벽 및 반자의 실내에 면하는 부분이 불연재료·준불연재료 또는 난연재료로 된 특정소방대상물에 있어서는 위 표의 **바닥면적의 2배**를 해당 특정소방대상물의 기준면적으로 한다.

∴ 교육연구시설은 그 밖의 것에 해당되어 200[m²]이나 아래 조건에 내화구조이고 불연재료이면 기준면적의 2배이므로 200[m²] × 2배=400[m²]이다.

정답 ④

011 건축물의 주요구조부가 내화구조이고, 벽 및 반자의 실내에 면하는 부분이 불연재료로 되어 있는 바닥면적이 40,000[m²]인 판매시설은 소화기구의 능력단위는 얼마인가?

① 10단위
② 50단위
③ 100단위
④ 200단위

해설 판매시설의 능력단위 = 40,000[m²] ÷ 200[m²] = 200단위

정답 ④

012 보일러실에 자동확산소화기를 설치해야 하는 경우는 어느 것인가?

① 스프링클러설비가 설치된 경우
② 물분무소화설비가 설치된 경우
③ 이산화탄소소화설비가 설치된 경우
④ 옥내소화전설비가 설치된 경우

해설 스프링클러설비·간이스프링클러설비·물분무 등 소화설비 또는 상업용 주방자동소화장치가 설치된 경우에는 자동확산소화기를 설치하지 않을 수 있다.

정답 ④

013 추가로 설치해야 하는 자동확산소화기는 바닥면적이 몇 [m²]일 때 2개 이상을 설치해야 하는가?

① 10[m²] 이하
② 10[m²] 초과
③ 20[m²] 이하
④ 20[m²] 초과

해설 **자동확산소화기의 설치기준**
• 10[m²] 이하 : 1개 설치
• 10[m²] 초과 : 2개 이상 설치

정답 ②

014 추가로 설치해야 하는 경우 고압가스 300[kg] 이상을 저장하는 장소에 대형소화기의 설치기준은?

① 1개 이상
② 2개 이상
③ 3개 이상
④ 5개 이상

해설 **부속용도별로 추가해야 할 소화기구(표 2.1.1.3)**

용도별				소화기구의 능력단위
고압가스안전관리법·액화석유가스의 안전관리 및 사업법 또는 도시가스사업법에서 규정하는 가연성 가스를 제조하거나 연료 외의 용도로 저장·사용하는 장소	저장하고 있는 양 또는 1개월 동안 제조·사용하는 양	200[kg] 미만	저장하는 장소	능력단위 3단위 이상의 소화기 2개 이상
			제조·사용하는 장소	능력단위 3단위 이상의 소화기 2개 이상
		200[kg] 이상 300[kg] 미만	저장하는 장소	능력단위 5단위 이상의 소화기 2개 이상
			제조·사용하는 장소	바닥면적 50[m²]마다 능력단위 5단위 이상의 소화기 1개 이상
		300[kg] 이상	저장하는 장소	대형소화기 2개 이상
			제조·사용하는 장소	바닥면적 50[m²]마다 능력단위 5단위 이상의 소화기 1개 이상

정답 ②

015 옥내소화전설비에서 관창의 규격 방수압력과 규격 방수량으로 옳게 짝지어진 것은?

① 0.1[MPa] - 80[L/min]
② 0.1[MPa] - 20[L/min]
③ 0.17[MPa] - 130[L/min]
④ 0.25[MPa] - 350[L/min]

해설 **옥내소화전설비**
• 규격 방수량 : 130[L/min]
• 방수압력 : 0.17[MPa]

정답 ③

016 옥내소화전설비에서 송수펌프의 토출량을 옳게 나타낸 것은?

① $Q = N \times 130 [\text{L/min}]$ ② $Q = N \times 350 [\text{L/min}]$

③ $Q = N \times 80 [\text{L/min}]$ ④ $Q = N \times 160 [\text{L/min}]$

해설   **옥내소화전설비의 토출량**

> 토출량[L/min] = N(최대 2개)×130[L/min]

정답 ①

017 옥내소화전의 수원의 양은 동시 방수 소화전수에 얼마를 곱한 양 이상으로 해야 하는가?(단, 29층인 건축물이다)

① $2.6 [\text{m}^3]$ ② $5 [\text{m}^3]$

③ $7 [\text{m}^3]$ ④ $13 [\text{m}^3]$

해설   **수원의 양**

> 수원의 양[L] = $N \times 130 [\text{L/min}] \times 20 [\text{min}] = N \times 2.6 [\text{m}^3]$

여기서, N : 소화전의 수(최대 2개)

정답 ①

018 어떤 건축물의 옥내소화전설비의 층별 설치개수는 다음과 같다. 본 소화설비에 필요한 전용수원의 용량은 얼마 이상이어야 하는가?(건물의 층수는 25층이고, 1층 : 5개, 2층 : 5개, 3층 : 4개, 4층 : 4개, 5층 : 3개소씩 설치)

① $5.2 [\text{m}^3]$ ② $7.8 [\text{m}^3]$

③ $13 [\text{m}^3]$ ④ $54.6 [\text{m}^3]$

해설   옥내소화전의 수원 = N(2개 이상은 2개) × $2.6 [\text{m}^3]$ = $2 \times 2.6 [\text{m}^3]$ = $5.2 [\text{m}^3]$

정답 ①

019 옥내소화전설비의 저수량이 15,000[L]라고 하면 몇 [L]를 옥상에 설치해야 하는가?

① 5,000 이상   ② 7,500 이상

③ 10,000 이상   ④ 15,000 이상

해설   옥상 저수량 = 유효수량 × 1/3 = 15,000[L] × 1/3 = 5,000[L]

정답 ①

020 물소화설비의 배관에 개폐밸브로서 개폐 표시형의 것(예로 OS & Y 밸브 등)을 설치하는 이유로서 가장 적합한 것은?

① 개폐조작이 용이하기 때문이다.
② 개폐상태 여부를 용이하게 육안 판별하기 위해서이다.
③ 소방관의 수시점검을 위한 편의를 제공하기 위해서이다.
④ 밸브의 고장을 가급적 막기 위해서다.

해설 OS & Y 밸브 : 개폐상태를 **육안 판별 용이**하게 하기 위하여

정답 ②

021 펌프의 토출 측에 설치해야 하는 것이 아닌 것은?

① 연성계
② 수온의 상승을 방지하기 위한 배관
③ 성능시험배관
④ 압력계

해설 **펌프의 토출 측에 설치**
• 압력계   • 성능시험배관
• 순환배관   • 물올림장치(호수조)

펌프의 흡입 측 : 연성계, 진공계를 설치

정답 ①

022 옥내소화전설비의 가압송수장치에 대한 내용 중 옳지 않은 것은?

① 내연기관의 기동은 소화전함의 위치에서 원격조작이 가능하고, 기동을 명시하는 노란색 표시등을 설치할 것
② 펌프의 토출 측에는 압력계를 체크밸브 이전에 펌프 토출 측 플랜지에서 가까운 곳에 설치하고 흡입 측에 연성계 또는 진공계를 설치할 것
③ 펌프에는 정격부하운전 시 펌프 성능을 시험하기 위한 배관을 설치할 것
④ 펌프에는 체절운전 시에 수온 상승 방지를 위한 순환배관을 설치할 것

해설 가압송수장치의 기동표시등 : **적색등**

정답 ①

023 지하수조에서 옥내소화전용 펌프의 풋밸브 위에 일반 급수펌프의 풋밸브가 설치되어 있을 때 소화에 필요한 유효수량[m³]은?

① 지하수조의 바닥면과 일반 급수용 펌프의 풋밸브 사이의 수량
② 일반 급수펌프의 풋밸브와 옥내소화전용 펌프의 풋밸브 사이의 수량
③ 옥내소화전용 펌프의 풋밸브와 지하수조 상단 사이의 수량
④ 지하수조의 바닥면과 상단 사이의 전체수량

해설 **유효수량** : 일반 급수펌프의 풋밸브와 옥내소화전용 펌프의 풋밸브 사이의 수량

정답 ②

024 옥내소화전설비의 수원에 대한 설명으로 옳은 것은?

① 20층인 특정소방대상물에 소화전이 가장 많은 층의 개수가 4개일 때 수원의 용량은 $10.4[\text{m}^3]$ 이상이어야 한다.

② 가압송수장치를 고가수조로 설치할 경우 유효수량의 1/3을 옥상에 별도로 설치할 필요가 없다.

③ 지하층만 있는 경우 유효수량의 1/3 이상을 지상 1층 높이에 설치해야 한다.

④ 수조에 맨홀을 설치할 경우 수조의 외측에 수위계는 설치하지 않아도 좋다.

> **해설** **옥내소화전설비의 수원**
> • 29층 이하의 수원 = N(최대 2개) × $2.6[\text{m}^3]$
> $= 2 × 2.6[\text{m}^3] = 5.2[\text{m}^3]$ 이상
> • 지하수조일 때에는 유효수량의 1/3을 옥상에 저장하고 고가수조로 할 때에는 필요 없다.
> • 지하층만 있는 경우 유효수량의 1/3 이상을 옥상(지상 1층)에 설치할 필요가 없다.
> • 수조의 외측에 수위계를 설치할 것. 다만, 구조상 불가피한 경우에는 수조의 맨홀 등을 통하여 수조 안의 물의 양을 쉽게 확인할 수 있도록 해야 한다.

정답 ②

025 옥내소화전설비에 있어서 수조의 설치가 적당하지 않은 것은?

① 수조를 실내에 설치하였을 경우에는 조명설비를 설치한다.

② 수조의 상단이 바닥보다 높을 때는 수조 내측에 사다리를 설치한다.

③ 점검이 편리한 곳에 설치한다.

④ 수조 밑부분에 청소용 배수밸브, 배수관을 설치한다.

> **해설** **옥내소화전설비용 수조의 설치기준**
> • 점검이 편리한 곳에 설치할 것
> • 동결방지조치를 하거나 동결의 우려가 없는 장소에 설치할 것
> • 수조의 외측에 수위계를 설치할 것
> • 수조의 상단이 바닥보다 높을 때에는 **수조의 외측**에 **고정식 사다리**를 설치할 것
> • 수조가 실내에 설치된 때에는 그 실내에 조명설비를 설치할 것
> • 수조의 밑부분에 청소용 배수밸브 또는 배수관을 설치할 것

정답 ②

026 옥내소화전설비 중 펌프를 이용한 가압송수장치에 대한 내용으로 틀린 것은?

① 기동용 수압개폐장치를 사용할 경우에 압력챔버 용적은 100[L] 이상으로 한다.

② 펌프의 흡입 측에는 진공계, 토출 측에는 연성계를 설치한다.

③ 펌프의 성능은 체절운전 시 정격토출압력의 140[%]를 초과하지 않고, 정격토출량의 150[%]로 운전 시 정격토출압력의 65[%] 이상이 되어야 한다.

④ 가압송수장치에는 정격부하 운전 시 펌프의 성능을 시험하기 위하여 배관을 사용한다.

> **해설** 펌프의 **토출 측 : 압력계** 설치, 흡입 측 : 진공계, 연성계 설치

정답 ②

027 옥내소화전설비에서 가압송수장치의 기동표시등의 색상은?

① 청 색   ② 황 색   ③ 흑 색   ④ 적 색

해설   기동표시등 : 적색

정답 ④

028 송수펌프의 수원에 설치하는 풋밸브의 기능은?

① 여과, 체크밸브기능   ② 송수 및 여과기능
③ 급수 및 체크밸브기능   ④ 여과 및 유량측정기능

해설   **풋밸브의 기능**
• **여과**(이물질 제거)기능
• **체크밸브**(역류방지)기능

정답 ①

029 소화펌프의 성능시험방법 및 배관에 대한 설명으로 옳은 것은?

① 펌프의 성능은 체절운전 시 정격토출압력의 150[%]를 초과하지 않아야 할 것
② 정격토출량의 150[%]로 운전 시 정격토출압력의 65[%] 이상이어야 할 것
③ 성능시험배관은 펌프의 토출 측에 설치된 개폐밸브 이후에서 분기할 것
④ 유량측정장치는 펌프의 정격토출량의 165[%] 이상 측정할 수 있는 성능이 있을 것

해설   **소화펌프의 성능시험방법 및 배관**
• 펌프의 성능은 체절운전 시 **정격토출압력의 140[%]를 초과하지 않아야 할 것**
• 정격토출량의 150[%]로 운전 시 **정격토출압력의 65[%] 이상**이어야 할 것
• 성능시험배관은 펌프의 토출 측에 설치된 개폐밸브 이전에 분기하여 직선으로 설치할 것
• 유량측정장치는 펌프의 정격토출량의 175[%] 이상까지 측정할 수 있는 성능이 있을 것

정답 ②

030 옥내소화전설비에서 펌프의 성능시험배관의 설치 위치로서 적합한 것은?

① 펌프의 토출 측과 개폐밸브 사이에
② 펌프의 흡입 측과 개폐밸브 사이에
③ 펌프로부터 가장 가까운 소화전 사이에
④ 펌프로부터 가장 먼 소화전 사이에

해설   **성능시험배관 분기점** : 펌프의 토출 측에 설치된 **개폐밸브 이전**에서 **분기**하여 직선으로 설치할 것

정답 ①

031 옥내소화전설비에서 정격부하 시 펌프의 성능을 시험하기 위해 설치하는 배관은?

① 순환배관   ② 급수배관   ③ 성능시험배관   ④ 드레인배관

해설   **성능시험배관** : 정격부하 시 펌프의 성능을 시험하기 위해 설치하는 배관

정답 ③

032 성능시험배관의 관경은 정격토출압력의 65[%] 이상에서 정격토출량의 150[%]를 토출할 수 있는 크기로 해야 한다. 옥내소화전이 층당 3개 설치, 압력은 0.17[MPa]일 때, 다음 중 성능시험 배관의 관경은 얼마로 해야 하는가?

① 25[mm]
② 32[mm]
③ 40[mm]
④ 50[mm]

해설 **성능시험배관의 최소 구경**

토출량 = N(최대 2개) × 130[L/min] = 260[L/min]

유량측정장치는 성능시험배관의 직관부에 설치하되 펌프의 정격토출량의 175[%] 이상까지 측정할 수 있는 성능이 있을 것. 260[L/min] × 1.75 = 455[L/min]을 측정할 수 있는 유량계를 설치해야 한다.

구경[mm]	25	32	40	50	65	80	100
유량범위 [L/min]	35~180	70~360	110~550	220~1,100	450~2,200	700~3,300	900~4,500

※ 100[%]와 175[%]를 읽을 수 있는 유량계에 맞는 구경은 40[mm]로 선정해야 한다.

정답 ③

---

033 충압펌프의 정격토출압력은 호스접결구의 자연압보다 몇 [MPa]가 더 커야 하는가?

① 0.1
② 0.2
③ 0.3
④ 0.5

해설 **충압펌프의 토출압** : 자연압 + **0.2[MPa]** 이상 또는 가압송수장치의 정격토출압력과 동일하게

정답 ②

---

034 옥내소화전설비의 펌프의 전양정의 공식에 대한 설명으로 틀린 것은?

$$H = h_1 + h_2 + h_3 + 17$$

① H는 전양정
② h_1은 노즐 선단(끝부분) 방수압력의 환산수두
③ h_2는 배관의 마찰손실수두
④ h_3는 낙차

해설 **펌프의 전양정**

$$H = h_1 + h_2 + h_3 + 17$$

여기서, H : 펌프의 전양정[m]
17 : 노즐 선단(끝부분) 방수압력 환산수두[m]
h_1 : 호스의 마찰손실수두[m]
h_2 : 배관의 마찰손실수두[m]
h_3 : 낙차[m]

정답 ②

035 가압송수장치는 작동하고 있으나 헤드에서 물이 나오지 않을 때의 원인으로 부적합한 것은?

① 제어밸브의 자동밸브가 닫혀 있다.　　② 헤드가 막혀 있다.

③ 배관이 막혀 있다.　　　　　　　　　④ 전기계통의 접촉이 불량하다.

> **해설** 펌프는 작동하나 헤드에 물이 나오지 않는 원인
> • 헤드 폐쇄
> • 배관 폐쇄
> • 자동밸브 폐쇄

정답 ④

036 물올림장치에서 수조의 유효수량은 얼마 이상인가?

① 50[L]　　　　　　　　　　　　　　② 100[L]

③ 150[L]　　　　　　　　　　　　　　④ 200[L]

> **해설** 수조의 유효수량 : 100[L] 이상

정답 ②

037 옥내소화전용 물올림장치의 감수경보가 발보되었을 경우에 감수의 원인이라고 생각할 수 없는 것은?

① 급수 차단　　　　　　　　　　　　② 자동급수장치의 고장

③ 펌프 토출 측 체크밸브의 누수　　　④ 물올림장치의 배수밸브의 개방

> **해설** 호수조(물올림장치)의 감수 원인
> • 급수밸브차단
> • 자동급수장치의 고장
> • 호수조의 배수밸브 개방
> • 풋밸브, 배관 등의 누수

정답 ③

038 펌프의 흡입배관과 토출배관을 나타낸 그림에서 지시된 명칭과 일치하지 않는 것은?

① 게이트밸브

② 체크밸브

③ 스트레이너

④ OS & Y밸브

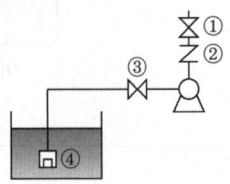

> **해설** ④는 Foot Valve이다.

정답 ④

039 기동용 수압개폐장치의 구성 요소 중 압력챔버의 역할이 아닌 것은?

① 수격작용 방지

② 배관 내의 이물질 침투방지

③ 배관 내의 압력저하 시 충압펌프의 자동기동

④ 배관 내의 압력저하 시 주펌프의 자동기동

해설 **압력챔버의 역할**
- 수격작용 방지
- 충압펌프의 자동기동
- 주펌프의 자동기동

정답 ②

040 옥내소화전설비의 기동용 수압 개폐장치를 사용할 경우, 압력챔버 용적의 기준이 되는 수치는?

① 50[L] 이상 ② 100[L] 이상 ③ 150[L] 이상 ④ 200[L] 이상

해설 압력챔버 용적 : 100[L] 이상(현장에서는 100[L], 200[L] 사용)

정답 ②

041 가압송수장치에 부설된 장치로 내부에 공기실이 있어 수격을 흡수할 수 있으며 관로상의 미소누설 시 공기팽창으로 보충하며 설정압력 이하로 관로압력이 강하될 때는 전동기를 기동시키는 등의 기능을 하는 장치는?

① 감압밸브 또는 오리피스의 설치 ② 중간펌프

③ 압력챔버 ④ 체절운전방지장치

해설 압력챔버 : 관로상의 미소누설 시 공기팽창으로 보충하며 설정압력 이하로 관로압력이 강하될 때는 전동기를 기동시키는 장치

정답 ③

042 체절운전 시 체절압력 미만에서 개방되는 순환배관상에 설치하는 어떤 밸브인가?

① Glove Valve ② Relief Valve

③ Check Valve ④ Drain Valve

해설 순환배관상 : 체절압력 미만에서 개방되는 릴리프밸브를 설치

정답 ②

043 옥내소화전설비의 가압수송장치에는 체절운전 시 수온의 상승을 방지하기 위하여 무엇을 설치해야 하는가?

① 순환배관 ② 시험배관 ③ 수압개폐장치 ④ 물올림장치

해설 순환배관 : 체절운전 시 수온의 상승 방지

정답 ①

044 옥내소화전설비의 펌프 토출 측 배관에 설치되는 부속장치 중에서 펌프와 개폐밸브 사이에 연결되는 것이 아닌 것은?

① 펌프의 성능시험배관
② 펌프기동용 압력탱크배관
③ 물올림장치
④ 펌프의 체절운전 시 수온의 상승을 방지하기 위한 릴리프밸브배관

해설 압력탱크(기동용 수압개폐장치)배관은 펌프 토출 측에 설치된 체크밸브와 개폐밸브 이후의 배관에 연결해야 한다.

정답 ②

045 옥내소화전설비의 방수량은?

① $Q = 0.653CD^2\sqrt{10P}$ 　　　　② $Q = K\sqrt{10P}$
③ $Q = N \times 250[\text{L/min}]$ 　　④ $Q = N \times 350[\text{L/min}]$

해설 **옥내소화전의 방수량**

$$Q = 0.653CD^2\sqrt{10P}$$

　여기서, Q : 방수량[L/min]
　　　　　C : 유량계수
　　　　　D : 관경[mm]
　　　　　P : 방수압력[MPa]
　※ 유량계수(0.99)를 곱하지 않으면 0.65970이고, 유량계수를 곱하면 0.653이다.

정답 ①

046 가압송수장치 중 압력수조에 설치해야 하는 것이 아닌 것은?

① 급기관　　　　　　　　　② 급수관
③ 압력계　　　　　　　　　④ 수동식 공기압축기

해설 **압력수조 설치 부속물**
　• 수위계　　　　　　• 급수관　　　　　　• 급기관
　• 맨 홀　　　　　　　• 압력계　　　　　　• 안전장치
　• **자동식 공기압축기**　• 배수관

정답 ④

047 옥내소화전의 주배관 중 수직배관의 구경은?

① 30[mm] 이상　　　　　　② 40[mm] 이상
③ 50[mm] 이상　　　　　　④ 60[mm] 이상

해설 **옥내소화전의 배관**
　• 주배관 중 **수직배관 : 50[mm] 이상**
　• 가지배관 : 40[mm] 이상

정답 ③

048 펌프의 토출 측 주배관의 구경은 유속이 얼마 이하가 될 수 있는 크기 이상으로 해야 하는가?

① 1[m/s]
② 2[m/s]
③ 3[m/s]
④ 4[m/s]

해설   펌프 토출 측 주배관의 유속 : 4[m/s]

정답 ④

049 옥내소화전설비의 흡입 측 배관은 공동현상이 생기지 않는 구조로 하고 무엇을 설치해야 하는가?

① 여과장치
② 개폐밸브
③ 플렉시블 조인트
④ 선택밸브

해설   **흡입 측 배관**에는 **여과장치**를 설치하여 이물질 제거와 공동현상 방지를 해야 한다.

정답 ①

050 옥내소화전의 배관설비에 대한 설명으로 부적합한 것은?

① 펌프의 흡수관에 여과장치를 한다.
② 주배관 중 수직배관은 구경 50[mm] 이상의 것으로 한다.
③ 연결송수관과 겸용하는 경우의 가지배관은 구경 50[mm] 이상의 것으로 한다.
④ 연결송수관의 설비와 겸용할 경우의 주배관의 구경은 100[mm] 이상의 것으로 한다.

해설   **옥내소화전설비의 배관 구경**

구 분	주배관 중 수직배관	방수구로 연결되는 가지배관
옥내소화전설비	50[mm] 이상	40[mm] 이상
호스릴 옥내소화전설비	32[mm] 이상	25[mm] 이상
연결송수관설비와 겸용	100[mm] 이상(주배관)	65[mm] 이상

정답 ③

051 배관에 설치하는 체크밸브(Check Valve)에 표시해야 하는 사항이 아닌 것은?

① 유수량
② 호칭구경
③ 사용압력
④ 유수의 방향

해설   **체크밸브의 표시사항**
• 호칭구경
• 사용압력
• 유수의 방향

정답 ①

052 옥내소화전설비에서 층수가 몇 층 이상일 때 비상전원을 설치해야 하는가?

① 6 　　　　　　 ② 7 　　　　　　 ③ 8 　　　　　　 ④ 9

해설　옥내소화전의 비상전원
- 비상전원의 종류 : 자가발전설비, 축전지설비, 전기저장장치
- 비상전원 **설치기준** : 층수가 **7층 이상**으로서 연면적이 2,000[m²] **이상**인 것
- 지하층의 바닥면적 합계가 3,000[m²] **이상**인 것
- 비상전원의 용량 : 옥내소화전설비를 유효하게 **20분 이상**, 층수가 30층 이상 49층 이하는 40분 이상, 50층 이상은 60분 이상 작동할 수 있어야 할 것

정답 ②

053 옥내소화전설비에서 비상전원의 용량은 몇 분 이상 작동해야 하는가?(단, 29층인 건물이다)

① 10분 　　　　　 ② 20분 　　　　　 ③ 30분 　　　　　 ④ 40분

해설　옥내소화전설비의 비상전원 : 20분 이상

정답 ②

054 옥내소화전설비의 전원에 대한 배선 기준으로 옳은 것은?

① 저압수전일 경우에는 인입개폐기의 직후에서 분기하여 전용배선으로 한다.
② 고압수전일 경우에는 전력용 변압기 2차 측에서 직접 분기하여 전용배선으로 한다.
③ 특별고압수전일 경우에는 전력용 변압기 1차 측의 주차단기 1차 측에서 분기하여 전용배선으로 한다.
④ 승강기전원 등 특수동력전원과 공용하여 사용한다.

해설　펌프전동기의 상용전원 회로배선
- **저압수전** : 인입개폐기 직후에서 분기
- 전용배선 사용
- **특별고압수전, 고압수전** : 전력용 변압기 2차 측의 주차단기 1차 측에서 분기
- 전용 차단기 사용

정답 ①

055 옥내소화전설비의 제어반은 어떤 종류의 제어반으로 구분 설치해야 하는가?

① 주전원제어반과 예비전원제어반　　　② 상시제어반과 임시제어반
③ 감시제어반과 동력제어반　　　　　　④ 옥내제어반과 옥외제어반

해설　옥내소화전설비의 제어반 : 감시제어반과 동력제어반

Plus one　감시제어반과 동력제어반으로 구분하지 않아도 되는 특정소방대상물
- 비상전원을 설치하지 않는 특정소방대상물에 설치되는 옥내소화전설비
- 내연기관에 의한 가압송수장치를 사용하는 옥내소화전설비
- 고가수조에 의한 가압송수장치를 사용하는 옥내소화전설비
- 가압수조에 의한 가압송수장치를 사용하는 옥내소화전설비

정답 ③

056 옥내소화전설치의 기준에 대해서 옳은 것은?

① 특정소방대상물의 각 부분으로부터 1개의 소화전까지의 수평거리는 25[m] 이상이 되어야 한다.

② 29층 이하일 때 수원의 수량은 전 층 소화전의 합계 수에 2.6[m³]를 곱하여 얻은 양 이상이 되어야 한다.

③ 설치되어 있는 모든 소화전을 동시에 사용하여 방수압력 0.17[MPa], 방수량 130[L/min] 이상이 되어야 한다.

④ 층수가 7층 이상으로 연면적이 2,000[m²] 이상인 건물에 설치할 때는 비상전원이 필요하다.

> **해설** **옥내소화설비의 설치기준**
> • 1개의 소화전까지의 수평거리 : 25[m] 이하
> • 수원(29층 이하일 때) : 한 층의 소화전수(최대 2개) × 2.6[m³] 이상
> • 최상층의 최말단의 소화전 2개를 동시에 개방 시 방수압력 0.17[MPa] 이상, 방수량 130[L/min] 이상
> • 비상전원 : 7층 이상으로서 연면적이 2,000[m²] 이상인 것

정답 ④

057 구경이 50[mm]의 배관에 260[L/min]의 유체가 흐르고 있다. 이 배관의 100[m]당 압력손실[MPa]은?(단, 배관의 조도는 100이다)

① 0.115　　　　② 0.189　　　　③ 0.315　　　　④ 0.415

> **해설** **Hazen-Williams 공식**
> $$\Delta P_m = 6.053 \times 10^4 \times \frac{Q^{1.85}}{C^{1.85} \times d^{4.87}} \times L$$
> $$= 6.053 \times 10^4 \times \frac{260^{1.85}}{100^{1.85} \times 50^{4.87}} \times 100 = 0.189 [\text{MPa}]$$

정답 ②

058 다음은 무엇을 구하는 공식인가?

$$\frac{0.163 \times Q \times H}{E} \times 1.1$$

① 마찰손실 산출 공식　　　　② 펌프모터의 소요 동력산출 공식
③ 배관구경결정 공식　　　　④ 분말 약제 산출 공식

> **해설** **전동기 용량**
> $$P[\text{kW}] = \frac{0.163 \times Q \times H}{\eta} \times 1.1$$
>
> 여기서, Q : 유량[m³/min]
> 　　　　H : 전양정[m]
> 　　　　$E(\eta)$: 펌프의 효율

정답 ②

059 건축물의 내벽에 옥내소화전이 3개 설치되어 있으며, 옥내소화전의 노즐 구경이 13[mm], 총양정이 80[m], 펌프의 효율이 55[%]이라면 이곳에 설치해야 할 펌프의 전동기 용량은 얼마가 되겠는가? (단, 여유율은 10[%])

① 6.8[kW]

② 10.2[kW]

③ 12[kW]

④ 15[kW]

해설

$$P[\text{kW}] = \frac{\gamma QH}{\eta} \times K = \frac{9.8[\text{kN/m}^3] \times 0.26[\text{m}^3]/60[\text{s}] \times 80[\text{m}]}{0.55} \times 1.1 = 6.79[\text{kW}]$$

여기서, 옥내소화전일 때

Q = 소화전수(2개 이상은 2개) × 130[L/min] = 2 × 130 = 260[L/min] = 0.26[m³/min]

정답 ①

060 옥내소화전이 2개소 설치되어 있고 수원의 공급은 모터펌프로 한다. 수원으로부터 가장 먼 소화전의 앵글밸브까지의 요구되는 수두가 29.4[m]라고 할 때 모터의 용량은 몇 [kW] 이상이어야 하는가?(단, 호스 및 관창의 마찰손실수두는 3.6[m], 펌프의 효율은 65[%]이며, 전동기에 직결한 것으로 한다)

① 1.59[kW]

② 2.59[kW]

③ 3.59[kW]

④ 4.59[kW]

해설 모터의 용량

$$P[\text{kW}] = \frac{\gamma \times Q \times H}{\eta} \times K$$

여기서, γ : 물의 비중량(9.8[kN/m³])

Q : 유량[m³/s]

옥내소화전이 2개 설치되어 있으므로

$Q = N(\text{최대 2개}) \times 130[\text{L/min}]$

= 2 × 130 = 260[L/min] = 260×10⁻³[m³]/60[s] = 0.00433[m³/s]

H : 펌프의 전양정

η : 펌프의 효율[%]

K : 여유율(전달계수), 전동기와 직결한 것은 1.1을 곱한다.

$$H = h_1 + h_2 + h_3 + 17 = 3.6[\text{m}] + 29.4[\text{m}] + 17 = 50[\text{m}]$$

여기서, H : 펌프의 전양정[m]

h_1 : 호스의 마찰손실수두[m]

h_2 : 배관의 마찰손실수두[m]

h_3 : 낙차(펌프의 흡입높이 + 펌프에서 최고수위의 소화전까지의 높이[m])

17 : 노즐 선단(끝부분) 방수압력 환산수두[m]

$$\therefore P[\text{kW}] = \frac{\gamma \times Q \times H}{\eta} \times K = \frac{9.8 \times 0.00433 \times 50}{0.65} \times 1.1 = 3.59[\text{kW}]$$

[다른 방법]

$$P[\text{kW}] = \frac{0.163 \times Q \times H}{\eta} \times K = \frac{0.163 \times 0.26[\text{m}^3/\text{min}] \times 50[\text{m}]}{0.65} \times 1.1 = 3.586[\text{kW}]$$

정답 ③

061 어느 옥내소화전설비에서 최고위 옥내소화전으로부터 법정기준에 적합한 방수를 가능하게 하기 위한 펌프의 소요 송수량 및 송수압력을 계산해보니 각각 260[L/min] 및 0.4[MPa]이었다. 이 펌프의 소요동력은 약 몇 [kW]인가?(단, 펌프의 효율과 펌프와 전동기간의 축동력 전달계수는 각각 0.6 및 1.1이라 한다)

① 2.5

② 3.2

③ 3.8

④ 4.6

해설
$$P[\text{kW}] = \frac{\gamma QH}{\eta} \times K = \frac{9.8[\text{kN/m}^3] \times 0.26[\text{m}^3]/60[\text{s}] \times 40.79[\text{m}]}{0.6} \times 1.1 = 3.18[\text{kW}]$$

$$\left(\text{여기서, } H = \frac{0.4[\text{MPa}]}{0.101325[\text{MPa}]} \times 10.332[\text{m}] = 40.79[\text{m}]\right)$$

정답 ②

062 소화설비의 송수펌프에 진동이 심하게 발생될 때 그 원인이 아닌 것은?

① 모터와 펌프와의 축결합 상태 불량

② 임펠러의 마모 발생

③ 펌프의 기초 부실

④ 캐비테이션의 발생

해설 **펌프의 진동 발생 원인**
- 모터와 펌프와의 축결합 상태 불량
- 펌프의 기초 부실
- 공동현상 발생

정답 ②

063 옥내소화전설비에서 표시등의 설치기준으로 틀린 것은?

① 옥내소화전설비의 위치를 표시하는 표시등은 함의 상부에 설치할 것

② 표시등(위치표시등, 기동표시등)을 설치할 수 있는 것은 함의 상부에 해야 한다.

③ 가압송수장치의 기동을 표시하는 표시등은 옥내소화전함의 상부 또는 그 직근에 설치할 것

④ 표시등 및 경종이 설치되는 곳은 방수용 기구가 보관되는 곳과 같이 설치한다.

해설 표시등 및 경종이 설치되는 곳은 방수용 기구가 보관되는 곳과 구획되어야 하며, 별도의 문이 있는 구조이어야 한다.

정답 ④

064 옥내소화전설비의 방수구 설치기준에 관한 설명이다. 틀린 것은?

① 방수구는 특정소방대상물의 각 부분으로부터 보행거리 25[m] 이하가 되도록 설치해야 한다.
② 바닥으로부터의 높이가 1.5[m] 이하가 되도록 설치해야 한다.
③ 호스는 호칭구경 40[mm] 이상의 것으로 물이 유효하게 뿌려질 수 있는 길이로 설치한다.
④ 방수구는 특정소방대상물의 각 층마다 설치한다.

> **해설** 방수구의 설치기준
> • **방수구**는 **층마다** 설치할 것
> • 하나의 방수구까지의 **수평거리 : 25[m] 이하**(호스릴 옥내소화전설비를 포함)
> • 설치 위치 : **바닥**으로부터 **1.5[m] 이하**
> • 호스의 구경 : **40[mm] 이상**(호스릴 옥내소화전설비 : 25[mm] 이상)

정답 ①

065 옥내소화전설비의 개폐밸브는 해당 층의 바닥으로부터 어느 위치에 설치해야 하는가?

① 1.5[m] 이상　　② 1.5[m] 이하　　③ 1.5~2.0[m]　　④ 1.0[m] 이하

> **해설** 옥내소화전설비의 개폐밸브 : 1.5[m] 이하

정답 ②

066 옥내소화전의 설치 위치로 가장 적당한 것은?

① 계 단　　　　② 통 로　　　　③ 벽 측　　　　④ 복 도

> **해설** 옥내소화전의 설치 위치 : 벽 측면

정답 ③

067 옥내소화전함에 설치하는 기구로 옳지 않은 것은?

① 호스(40[mm] × 15[m])　　　　② 앵글밸브(40[mm] × 1개)
③ 관창(13[mm] × 1개)　　　　④ 배수밸브

> **해설** 소화전함의 설치기구
> • 호스(40[mm] × 15[m])
> • 앵글밸브(40[mm] × 1개)
> • 관창(13[mm] × 1개)

정답 ④

068 옥내소화전함에 사용하는 강판 재질의 두께는 얼마 이상인가?

① 1.0[mm]　　　② 1.5[mm]　　　③ 2.0[mm]　　　④ 0.5[mm]

> **해설** 소화전함의 재질의 두께
> • 강판 : 1.5[mm] 이상
> • 합성수지재 : 4[mm] 이상

정답 ②

069 소방용 아마호스와 직조되는 실은 수소이온농도가 얼마이어야 하는가?

① 6 이상 8 이하

② 7 이상 9 이하

③ 7 이상 8 이하

④ 6 이상 9 이하

> 해설   소방용 아마호스에 직조되는 실의 pH : 6~8

정답 ①

070 다음 중 옥외소화전 설명으로 틀린 것은?

① 옥외소화전설비의 수원은 옥외소화전 설치개수(2 이상일 때는 2로) × 3.5[m³] 이상이다.

② 노즐 선단(끝부분)의 방수압은 0.25[MPa] 이상이다.

③ 호스접결구는 각 특정소방대상물로부터 하나의 호스접결구까지 수평거리 40[m] 이하이다.

④ 호스는 구경 65[mm]의 것으로 해야 한다.

> 해설   옥외소화전설비의 수원 = 소화전 설치개수(2 이상은 2) × 7[m³] 이상

정답 ①

071 옥외소화전설비의 법정 방수압력과 방수량으로 맞는 것은?

① 0.13[MPa] − 130[L/min]

② 0.25[MPa] − 350[L/min]

③ 0.35[MPa] − 350[L/min]

④ 0.17[MPa] − 130[L/min]

> 해설   **옥외소화전설비**
> • 법정 방수압력 : 0.25[MPa]
> • 법정 방수량 : 350[L/min]

정답 ②

072 일반 건축물에 옥외소화전이 6개 설치되어 있는데 송수펌프를 설치한다면 펌프의 토출량[m³/min]은 얼마인가?

① 0.5[m³/min]

② 0.7[m³/min]

③ 1.05[m³/min]

④ 0.65[m³/min]

> 해설   옥외소화전의 펌프의 토출량[m³/min] = 2 × 0.35[m³/min] = 0.7[m³/min]

정답 ②

073 어떤 특정소방대상물에 옥외소화전이 3개 설치되어 있다. 이곳에 설치해야 할 수원의 양[m³]은 얼마 이상으로 해야 하는가?

① 7[m³]   ② 14[m³]   ③ 18[m³]   ④ 21[m³]

> 해설   수원의 양 = 옥외소화전 수(최대 2개) × 350[L/min] × 20[min]
>   = 2 × 7,000[L] = 14,000[L] = 14[m³]

정답 ②

074 옥외소화전의 노즐 구경은 얼마인가?

① 11[mm]   ② 13[mm]   ③ 16[mm]   ④ 19[mm]

해설   노즐의 구경

종 류	옥내소화전	옥외소화전
구 경	13[mm]	19[mm]

정답 ④

075 옥외소화전설비에서 특정소방대상물의 각 부분으로부터 하나의 호스접결구까지의 수평거리는 몇 [m] 이하가 되도록 설치해야 하는가?

① 25[m]   ② 30[m]   ③ 40[m]   ④ 50[m]

해설   옥외소화전설비의 유효반경 : 40[m] 이하

정답 ③

076 옥외소화전설비의 가압송수장치인 고가수조에 필요한 낙차는?

① $H = h_1 + h_2 + 10$ ② $H = h_1 + h_2 + 17$

③ $H = h_1 + h_2 + 25$ ④ $H = h_1 + h_2 + 35$

해설   고가수조의 낙차

$$H = h_1 + h_2 + 25$$

여기서, h_1 : 호스의 마찰손실수두[m]
h_2 : 배관의 마찰손실수두[m]

정답 ③

077 가압송수펌프가 옥외소화전보다 10[m] 높은 곳에 설치된 옥외소화전설비가 있다. 배관에서의 마찰손실수두가 15[m], 호스에서의 마찰손실수두가 2[m]이라면 가압송수펌프의 토출압력은 몇 [MPa] 이상이어야 하는가?

① 0.32   ② 0.42

③ 0.52   ④ 0.57

해설   압력수조

$$P = p_1 + p_2 + p_3 + p_4$$

여기서, p_1 : 호스의 마찰손실수두압[MPa]
p_2 : 배관의 마찰손실수두압[MPa]
p_3 : 낙차의 환산수두압[MPa]
p_4 : 옥외소화전 노즐 선단(끝부분)의 방수압(0.25[MPa])
※ 1[MPa] = 100[m]
∴ $P = 0.02[MPa] + 0.15[MPa] + 0.1[MPa] + 0.25[MPa] = 0.52[MPa]$

정답 ③

078 어느 물소화설비에서 수원으로 내용적이 16[m³]인 압력수조가 설치되어 있다. 이 수조 내에는 항상 10[m³]의 물이 6[kgf/cm²]의 압력으로 채워져 있는데, 어느 날 화재가 발생하여 이 설비가 작동함으로써 진화되었다. 화재가 진화된 즉시 압력수조의 송수배관상에 있는 개폐밸브를 잠근 다음 수조의 압력계를 보니 2[kgf/cm²]를 지시하였다. 이 수조에서 소모된 물의 양은?(단, 대기압은 1[kgf/cm²]이라고 하고, 수조에 대한 압축 공기의 공급장치는 화재 시 가동하지 않았다고 가정한다)

① 6[m³] ② 8[m³] ③ 10[m³] ④ 14[m³]

해설 보일의 법칙에서 기체가 차지하는 부피는

$$V_2 = V_1 \times \frac{P_1}{P_2} = (16-10)[\text{m}^3] \times \frac{(6+1)[\text{kg}_\text{f}/\text{cm}^2]}{(2+1)[\text{kg}_\text{f}/\text{cm}^2]} = 14[\text{m}^3]$$

압력수조의 내용적이 16[m³]이므로 물의 양은 16 − 14 = 2[m³]

∴ 소모된 물의 양 = 10 − 2 = 8[m³]

정답 ②

079 건축물의 외부에 옥외소화전이 3개 설치되어 있으며 총양정은 150[m]이었다. 이때 사용된 펌프의 효율은 60[%]이다. 펌프의 전동기 용량으로 적합한 것은?(여유율 10[%]이다)

① 21[kW] ② 24[kW]
③ 32[kW] ④ 51[kW]

해설 전동기 용량

$$P = \frac{\gamma Q H}{\eta} \times K = \frac{9.8[\text{kN/m}^3] \times 0.7/60[\text{m}^3/\text{s}] \times 150[\text{m}]}{0.6} \times 1.1 = 31.4[\text{kW}]$$

여기서, Q = 350[L/min] × 2 = 700[L/min] = 0.7[m³/60s]

정답 ③

080 옥외소화전설비에서 사용되는 소방용 호스접결구의 구경은?

① 40[mm] ② 50[mm]
③ 65[mm] ④ 100[mm]

해설 옥외소화전설비의 호스접결구의 구경 : 65[mm]의 것

정답 ③

081 옥외소화전은 소화전의 외함으로부터 얼마의 거리에 설치해야 하는가?

① 5[m] 이내 ② 6[m] 이내
③ 7[m] 이내 ④ 8[m] 이내

해설 옥외소화전함은 소화전으로부터 5[m] 이내의 장소에 설치해야 한다.

정답 ①

082 옥외소화전함에 설치하지 않아도 되는 것은?

① 옥외소화전이라고 표시한 표식　　　② 가압송수장치 조작스위치

③ 가압송수장치 기동확인램프　　　　④ 가압송수장치 정지확인램프

해설　**옥외소화전함에 설치**
- 옥외소화전이라고 표시한 표식
- 가압송수장치 조작스위치
- 가압송수장치 기동확인램프(기동표시등)
- 위치표시등

정답 ④

083 옥외소화전설비의 비상전원은 해당 옥외소화전설비를 유효하게 몇 분 이상 작동할 수 있는 용량 이상이어야 하는가?

① 10　　　　　　　　　　　　　② 20

③ 60　　　　　　　　　　　　　④ 설치하지 않아도 된다.

해설　**비상전원의 용량**
- 옥내소화전설비 : 20분 이상
- **옥외소화전설비 : 비상전원을 설치하지 않아도 된다.**

정답 ④

084 옥외소화전이 60개 설치되어 있을 때 소화전함 설치개수는 몇 개인가?

① 5　　　　　② 11　　　　　③ 20　　　　　④ 30

해설　**옥외소화전함의 설치기준**

소화전의 개수	설치기준
옥외소화전이 10개 이하	옥외소화전마다 5[m] 이내의 장소에 1개 이상 설치
옥외소화전이 11개 이상 30개 이하	11개 이상의 소화전함을 각각 분산하여 설치
옥외소화전이 31개 이상	옥외소화전 3개마다 1개 이상 설치

∴ 60 ÷ 3 = 20개

정답 ③

085 용량 2[ton]의 탱크에 물을 가득 채운 소방차가 화재현장에 출동하여 노즐압력 0.4[MPa], 노즐구경 2.5[cm]를 사용하여 방수한다면 소방차 내의 물이 전부 방수되는데 약 몇 분이 소요되는가?

① 약 2분 30초　　　　　　　　② 약 3분 30초

③ 약 4분 30초　　　　　　　　④ 약 5분 30초

해설　$Q = 0.6597CD^2\sqrt{10P} = 0.6597 \times (25[\text{mm}])^2 \times \sqrt{10 \times 0.4} = 824.63[\text{L/min}]$
(C는 주어지지 않았으므로 생략)
∴ 2[ton] = 2[m³] = 2,000[L]
2,000[L] ÷ 824.63[L/min] = 2.43분 ≒ 2분 30초

정답 ①

086 다음 중 건식 설비에 비해 습식 스프링클러설비의 특징에 해당하지 않는 것은?

① 보온이 필요하다.
② 구조가 간단하다.
③ 시설비가 많이 든다.
④ 오동작으로 인한 물의 피해가 크다.

해설 습식 설비와 건식 설비의 비교

습식 설비	건식 설비
• 배관 내에 물이 차 있다. • 보온이 필요하다. • 구조가 간단하다. • 시설비가 적게 든다. • 오동작으로 인한 물의 피해가 크다.	• 클래퍼를 중심으로 시스템쪽으로는 물, 헤드쪽으로는 공기로 되어있다. • 동결 우려가 없으므로 보온이 불필요하다. • 구조가 복잡하다. • 시설비가 많이 든다. • 오동작으로 인한 피해가 적다.

정답 ③

087 스프링클러설비의 종류 중 습식에 대한 준비작동식의 장점으로 볼 수 없는 것은?

① 배관의 수명이 길다.
② 화재 시 헤드가 개방되기 전에 경보발령이 가능하다.
③ 배관 자체가 수격방지작용을 할 수 있다.
④ 헤드의 작동온도가 같을 경우 화재 시 살수 개시시간이 빠르다.

해설 준비작동식은 2차 측은 대기압 상태이므로 습식보다는 살수 개시시간이 늦다.

정답 ④

088 배관 내의 이물질 등으로 하향형의 스프링클러헤드가 막힐 우려가 있어 교차배관 상단에서 가지배관을 분기하여 헤드를 설치하는 스프링클러설비 방식은?

① 폐쇄형 습식
② 폐쇄형 건식
③ 일제살수식
④ 개방형 건식

해설 폐쇄형 습식 : 배관 내의 이물질 등으로 하향형의 스프링클러헤드가 막힐 우려가 있어 교차배관 상단에서 가지배관을 분기하여 헤드를 설치하는 방식

정답 ①

089 동결장치가 되어 있지 않은 자동차 차고 또는 주차장에 설치할 수 있는 스프링클러설비가 아닌 것은?

① 건 식
② 습 식
③ 준비작동식
④ 일제살수식

해설 습식 : 헤드까지 항상 물이 차 있어 동결 우려가 있으므로 차고나 주차장에는 부적합하다.

정답 ②

090 폐쇄형 건식 스프링클러설비의 계통도에 맞는 것은?

① 가압송수장치 $\xrightarrow{물}$ 자동경보 밸브 $\xrightarrow{물}$ 폐쇄형 헤드

② 가압송수장치 $\xrightarrow{물}$ 건식 밸브 $\xrightarrow{압축공기}$ 폐쇄형 헤드

③ 가압송수장치 $\xrightarrow{공기}$ 건식 밸브 $\xrightarrow{공기}$ 폐쇄형 헤드

④ 가압송수장치 $\xrightarrow{물}$ 준비작동식 밸브 $\xrightarrow{공기}$ 폐쇄형 헤드

해설 ② 폐쇄형 건식
① 폐쇄형 습식
④ 폐쇄형 준비작동식

정답 ②

091 스프링클러설비 시스템 중에서 건식 스프링클러설비에 물의 공급을 신속하게 하기 위해서 설치하는 부속장치로 옳은 것은?

① 익져스터(Exhauster)

② 리타딩 챔버(Retarding Chamber)

③ 파일럿 밸브(Pilot Valve)

④ 중간 챔버(Intermediate Chamber)

해설 익져스터(Exhauster), 액셀러레이터(Accelerator) : 건식 스프링클러설비의 경우 2차 측에 압축공기로 충진되어 있으므로 물의 공급을 신속하게 하기 위해서 설치하는 부속장치

정답 ①

092 개방형 헤드를 사용하여 각 경계구역마다 설치되어 있는 감지기 중에서 어느 것이든지 화재 발생을 감지하면 자동적으로 일제살수밸브를 열어주어 밸브에 소속되어 있는 전 헤드로부터 일제히 살수하는 설비는?

① 습 식
② 건 식
③ 준비작동식
④ 일제살수식

해설 일제살수식 : 개방형 헤드

정답 ④

093 준비작동식 스프링클러설비의 준비작동식 밸브 2차 측 채워놓는 것으로 옳은 것은?

① 물
② 부동액
③ 고압가스
④ 공 기

해설 스프링클러설비의 비교

항 목	종 류	습 식	건 식	부압식	준비작동식	일제살수식
사용 헤드		폐쇄형	폐쇄형	폐쇄형	폐쇄형	개방형
배 관	1차 측	가압수	가압수	가압수	가압수	가압수
	2차 측	가압수	압축공기	부압수	대기압, 저압공기	대기압(개방)
경보밸브		알람체크밸브	건식밸브	준비작동밸브	준비작동밸브	일제개방밸브
감지기 설치방식		–	–	단일회로	교차회로	교차회로
시험장치 유무		있다.	있다.	있다.	없다.	없다.

정답 ④

094 하방으로 살수할 목적으로 배관 상층에 취부하는 스프링클러헤드의 형태는?

① 상향형   ② 상하 양용형   ③ 하향형   ④ 측벽형

> **해설**   상향형 헤드 : 하방으로 살수할 목적으로 배관 상층에 취부하는 헤드

정답 ①

095 스프링클러설비에서 가압송수장치인 압력수조에 설치하지 않아도 되는 것은?

① 수위계   ② 오버플로관   ③ 급기관   ④ 배수관

> **해설**   압력수조의 설치 부속물
> | | | |
> |---|---|---|
> | • 수위계 | • 급수관 | • 배수관 |
> | • 급기관 | • 맨 홀 | • 압력계 |
> | • 안전장치 | • 자동식 공기압축기 | |
>
> ┌───┐
> │   오버플로관 : **고가수조**에 설치   │
> └───┘

정답 ②

096 스프링클러설비의 규정 방수량과 방수압은?

① 80[L/min], 0.1[MPa]   ② 130[L/min], 0.1[MPa]

③ 80[L/min], 0.17[MPa]   ④ 130[L/min], 0.17[MPa]

> **해설**   스프링클러설비
> • 규정 방수량 : 80[L/min]
> • 규정 방수압력 : 0.1[MPa]

정답 ①

097 스프링클러설비에서 가압송수장치의 하나의 헤드 선단(끝부분)에서의 정격토출압력은?

① 0.17[MPa]   ② 0.25[MPa]

③ 0.1~1.2[MPa]   ④ 0.1~0.35[MPa]

> **해설**   스프링클러설비의 헤드 선단의 정격토출압력 : 0.1~1.2[MPa]

정답 ③

098 정격토출량이 2.4[m³/min]인 펌프를 설치한 스프링클러설비에서 성능시험배관의 유량측정장치는 얼마까지 측정할 수 있어야 하는가?

① 1.56[m³/min]   ② 2.4[m³/min]

③ 3.6[m³/min]   ④ 4.2[m³/min]

> **해설**   유량측정장치는 펌프의 토출량의 175[%] 이상 측정할 수 있는 성능이 있어야 한다.
> ∴ 2.4[m³/min] × 1.75 = 4.2[m³/min]

정답 ④

099 다음 특정소방대상물에 스프링클러설치 개수가 옳지 않은 것은?

① 지하층을 제외한 층수가 10층 이하인 창고(특수가연물) : 30개
② 지하층을 제외한 층수가 10층 이하인 도매시장, 백화점 : 30개
③ 아파트 : 20개
④ 지하가 : 30개

해설 **특정소방대상물별 헤드 수**

스프링클러설비의 설치장소			기준 개수
지하층을 제외한 층수가 10층 이하인 특정소방대상물	공장	특수가연물을 저장·취급하는 것	30
		그 밖의 것	20
	근린생활시설, 판매시설 및 운수시설, 복합건축물	판매시설 또는 복합건축물(판매시설이 설치되는 복합건축물을 말함)	30
		그 밖의 것	20
	그 밖의 것	헤드의 부착높이 8[m] 이상	20
		헤드의 부착높이 8[m] 미만	10
지하층을 제외한 층수가 11층 이상인 특정소방대상물, 지하가, 지하역사			30
아파트(공동주택의 화재안전기술기준)	아파트		10
	각 동이 주차장으로 서로 연결된 경우의 주차장		30
창고시설(랙식 창고를 포함하고 라지드롭형 스프링클러헤드를 습식으로 설치)			30

정답 ③

100 스프링클러설비의 헤드 1개가 방수할 수 있는 규정 수원의 양은?

① 1.6[m³]
② 2.6[m³]
③ 7[m³]
④ 10[m³]

해설 헤드 1개의 수원의 양
$$80[L/min] \times 20[min] = 1,600[L] = 1.6[m^3]$$

정답 ①

101 시장, 백화점에 폐쇄형 습식 스프링클러설비를 설치했을 때 수원의 양은?

① 16[m³]
② 32[m³]
③ 48[m³]
④ 8[m³]

해설 수원 = $80[L/min] \times 30개 \times 20[min] = 48,000[L] = 48[m^3]$

시장, 백화점의 기준 헤드 수 : **30개**

정답 ③

102 지하층을 제외한 층수가 10층 이하의 특정소방대상물로서 헤드의 부착높이가 10[m]인 장소에 스프링클러설비를 설치하였을 때 수원의 양은?

① 16[m³]
② 32[m³]
③ 48[m³]
④ 64[m³]

해설 수원 = $20개 \times 1.6[m^3] = 32[m^3]$

정답 ②

103 스프링클러설비에서 헤드의 방수량은 150[L/min]이다. 이 스프링클러헤드의 방사압력[MPa]은 얼마인가?(단, 방출상수 K는 80이다)

① 0.25　　　　　　　　　　② 0.35

③ 0.45　　　　　　　　　　④ 0.55

해설　스프링클러헤드의 방수량

$$Q = K\sqrt{10P}$$

$$150[\text{L/min}] = 80\sqrt{10P}$$

$$\therefore \ P = 0.35[\text{MPa}]$$

정답 ②

104 스프링클러설비의 헤드의 기준에서 폭이 9[m] 이하인 실내에 설치할 곳으로 옳은 것은?

① 덕 트　　　　　　　　　　② 선 반

③ 천 장　　　　　　　　　　④ 측 벽

해설　스프링클러헤드는 특정소방대상물의 천장, 반자, 천장과 반자 사이, 덕트, 선반, 기타 유사한 부분 (폭이 1.2[m]를 초과하는 것에 한함)에 설치해야 한다. 다만, 폭이 **9[m] 이하**인 실내에는 **측벽**에 설치할 수 있다.

정답 ④

105 스프링클러헤드의 설치기준으로 옳지 않은 것은?

① 극장의 무대부 – 1.7[m] 이하

② 일반건축물 – 2.1[m] 이하

③ 내화건축물 – 2.5[m] 이하

④ 랙식 창고 – 2.5[m] 이하

해설　스프링클러헤드의 배치기준

설치장소		설치기준
폭 1.2[m]를 초과하는 천장, 반자, 천장과 반자 사이, 덕트, 선반, 기타 이와 유사한 부분	무대부, 특수가연물을 저장 또는 취급하는 장소	수평거리 1.7[m] 이하
	비내화구조	수평거리 2.1[m] 이하
	내화구조	수평거리 2.3[m] 이하
아파트 등의 세대		수평거리 2.6[m] 이하
랙식 창고	라지드롭형 스프링클러헤드 설치 — 특수가연물을 저장·취급	수평거리 1.7[m] 이하
	비내화구조	수평거리 2.1[m] 이하
	내화구조	수평거리 2.3[m] 이하
	라지드롭형 스프링클러헤드(습식, 건식 외의 것)	랙 높이 3[m] 이하마다

정답 ③

106 극장의 무대부에 개방형 스프링클러설비를 하고자 한다. 헤드를 정방형의 배열로 고르게 설치할 때 헤드 간의 최단거리는 몇 [m]를 초과하면 안 되는가?

① 1.86[m] ② 2.40[m]
③ 3.25[m] ④ 3.60[m]

해설 정방형(정사각형) 헤드 배치
$$S = 2r\cos\theta = 2 \times 1.7 \times \cos 45° = 2.40[m]$$ (극장의 무대부 : 1.7[m] 이하)

정답 ②

---

107 건축물이 내화구조인 경우 12[m] × 15[m]의 특정소방대상물에 폐쇄형 스프링클러를 설치한다면 헤드는 몇 개를 설치해야 하는가?(단, 헤드는 정방형으로 설치)

① 10 ② 20 ③ 30 ④ 40

해설 내화구조일 때 $r = 2.3[m]$이므로
$$S = 2r\cos 45° = 2 \times 2.3 \times \cos 45° = 3.2527[m]$$
가로 12[m] ÷ 3.2527 = 3.69 → 4개
세로 15[m] ÷ 3.2527 = 4.61 → 5개
∴ 헤드의 개수 = 4 × 5 = 20개

정답 ②

---

108 특수가연물을 저장하는 랙식 창고에 스프링클러헤드를 정방형으로 설치하는 경우 벽으로부터 몇 [m]를 떨어지도록 해야 하는가?

① 1.20[m] ② 1.48[m]
③ 1.62[m] ④ 1.77[m]

해설 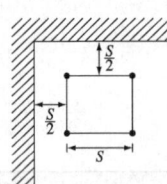 랙식 창고(특수가연물)일 때 $r = 1.7[m]$이므로
$$S = 2r\cos\theta = 2 \times 1.7 \times \cos 45° = 2.40[m]$$
∴ 벽으로부터 거리 $= \dfrac{S}{2} = \dfrac{2.40}{2} ≒ 1.20[m]$

정답 ①

---

109 개방형 스프링클러헤드를 설치해야 할 장소로 옳은 것은?

① 공장, 창고 ② 공연장, 경기장
③ 무대부나 연소할 우려가 있는 개구부 ④ 호 텔

해설 개방형 스프링클러헤드 : 무대부, 연소할 우려가 있는 개구부에 설치

정답 ③

110 다음 중 조기반응형 스프링클러헤드를 설치하지 않아도 되는 것은?

① 노유자시설의 거실   ② 숙박시설의 침실

③ 오피스텔의 침실   ④ 병원의 응급실

해설   **조기반응형 스프링클러헤드 설치 대상물**

- 공동주택 · 노유자시설의 거실
- 오피스텔 · 숙박시설의 침실
- 병원 · 의원의 입원실

정답 ④

111 다음은 스프링클러헤드의 설치기준이다. 옳지 않은 것은?

① 살수가 방해되지 않도록 스프링클러헤드로부터 반경 60[cm] 이상의 공간을 보유해야 한다.

② 스프링클러헤드와 그 부착면과의 거리는 30[cm] 이하로 해야 한다.

③ 스프링클러헤드의 반사판은 그 부착면과 평행하게 설치해야 한다.

④ 배관, 행거, 조명기구 등 살수를 방해하는 것이 있는 경우에는 그로부터 그 밑으로 60[cm] 이상 거리를 두어야 한다.

해설   **스프링클러헤드의 설치기준**

- 스프링클러헤드의 공간 : 반경 60[cm] 이상 보유
- 스프링클러헤드와 그 부착면과의 거리 : 30[cm] 이하
- 스프링클러헤드의 반사판은 그 부착면과 평행하게 설치할 것. 다만, 측벽형 헤드 또는 연소할 개구부에 설치 시에는 제외한다.
- 배관, 행거 및 조명기구 등 살수를 방해하는 것이 있는 경우에는 그로부터 아래에 설치하여 살수에 장애가 없도록 할 것

정답 ④

112 준비작동식 스프링클러설비에 대한 설명으로 옳은 것은?

① 구조원리상 화재감지장치로는 감지기만을 사용해야 한다.

② 수동기동장치는 수신부에 일괄 설치해야 한다.

③ 준비작동밸브 1차 측과 2차 측의 압력균형을 위해 반드시 공기압축기를 설치해야 한다.

④ 전기식 기동장치에는 전자개방밸브(Solenoid Valve)가 필요하다.

해설   **준비작동식 스프링클러설비**

- 구조원리상 화재감지장치로는 감지기와 헤드를 사용한다.
- 수동기동장치는 각 구역마다 설치한다.
- 건식은 공기압축기를 설치한다.
- 전기식 기동장치에는 전자개방밸브(Solenoid Valve)가 필요하다.

정답 ④

113 일제개방형 스프링클러설비에서 일제개방밸브 2차 측 배관의 구조기준으로 옳은 것은?

① 입상 주 배관과 연결하고 개폐표시형 밸브를 설치해야 한다.

② 역류개폐가 가능한 체크밸브를 설치해야 한다.

③ 개폐표시형 밸브를 설치하고 이 밸브의 2차 측에 자동배수장치를 설치해야 한다.

④ 개폐표시형 밸브를 설치하고 이 밸브의 1차 측에 압력스위치를 설치해야 한다.

해설 일제개방형 스프링클러설비 설치기준
- 1차 측 : 압력스위치와 자동배수장치 설치
- 2차 측 : 개폐표시형 밸브 설치

정답 ④

114 폐쇄형 스프링클러헤드의 설치장소에 평상시 102[℃]라면, 이곳에 설치하는 스프링클러헤드의 표시온도로 옳은 것은?

① 79[℃] 미만

② 121[℃] 미만

③ 162[℃] 미만

④ 180[℃] 미만

해설 폐쇄형 스프링클러설치장소에 따른 평상시 최고 주위온도

설치장소의 최고 주위온도	표시온도
39[℃] 미만	79[℃] 미만
39[℃] 이상 64[℃] 미만	79[℃] 이상 121[℃] 미만
64[℃] 이상 106[℃] 미만	121[℃] 이상 162[℃] 미만
106[℃] 이상	162[℃] 이상

정답 ③

115 사무실에 폐쇄형 스프링클러헤드를 설치할 때 표시온도로 맞는 것은?

① 39[℃]

② 79[℃]

③ 64[℃]

④ 103[℃]

해설 사무실의 최고 주위온도가 39[℃] 미만이므로 표시온도는 79[℃] 미만이다.

정답 ②

116 폐쇄형 스프링클러헤드의 설치장소에 관한 기준이 되는 최고 주위온도(T_A)는 다음 식에 의해 구해진 온도를 말한다. 여기서, 상수(K)는 얼마인가?(단, T_M은 헤드의 표시온도)

$$T_A = K \cdot T_M - 27.3$$

① 1.0

② 0.7

③ 0.8

④ 0.9

해설 $T_A = 0.9 T_M - 27.3[℃]$
(여기서, T_A : 최고 주위온도[℃], T_M : 헤드의 표시온도[℃])

정답 ④

117 스프링클러헤드를 설치해야 하는 곳은?

① 통신기기실, 전자기기실

② 변전실, 발전실

③ 천장, 반자 중 한쪽이 불연재료로 되어 있고 천장과 반자 사이의 거리가 1[m] 미만인 부분

④ 현관 또는 로비 등으로서 바닥으로부터 높이가 10[m] 이상인 장소

해설 **스프링클러헤드의 설치 제외 대상물**
- 계단실(특별피난계단의 부속실 포함)·경사로·승강기의 승강로·비상용 승강기의 승강장·파이프덕트 및 덕트피트·목욕실·수영장(관람석 부분 제외)·화장실·직접 외기에 개방되어 있는 복도·기타 이와 유사한 장소
- 통신기기실·전자기기실·기타 이와 유사한 장소
- 발전실·변전실·변압기·기타 이와 유사한 전기 설비가 설치되어 있는 장소
- 병원의 수술실·응급처치실·기타 이와 유사한 장소
- 천장과 반자 양쪽이 불연재료로 되어 있고, 천장과 반자 사이의 거리 2[m] 미만인 부분
- 천장과 반자 양쪽이 불연재료로 되어 있고, 천장과 반자 사이의 벽이 불연재료이고 천장과 반자 사이의 거리가 2[m] 이상으로서 그 사이에 가연물이 존재하지 않는 부분
- 천장과 반자 중 한쪽이 불연재료로 되어 있고 천장과 반자 사이의 거리 1[m] 미만인 부분
- 천장 및 반자가 불연재료 외의 것으로 되어 있고 천장과 반자 사이의 거리 0.5[m] 미만인 부분
- 펌프실·물탱크실·엘리베이터 권상기실·그 밖의 이와 비슷한 장소
- **현관** 또는 **로비** 등으로서 바닥으로부터 높이가 **20[m] 이상**인 장소
- 영하의 냉장창고의 냉장실 또는 냉동창고의 냉동실
- 고온의 노가 설치된 장소 또는 물과 격렬하게 반응하는 물품의 저장 또는 취급장소
- 불연재료로 된 특정소방대상물 또는 그 부분으로서 다음의 어느 하나에 해당하는 장소
  - 정수장·오물처리장 그 밖의 이와 비슷한 장소
  - 펄프공장의 작업장·음료수공장의 세정 또는 충전하는 작업장 그 밖의 이와 비슷한 장소
  - 불연성의 금속·석재 등의 가공공장으로서 가연성물질을 저장 또는 취급하지 않는 장소
  - 가연성 물질이 존재하지 않는 건축물의 에너지절약설계기준에 따른 방풍실

정답 ④

118 스프링클러헤드의 감열체 중 이융성 금속으로 융착되거나 이융성 물질에 의하여 조립된 것은?

① 프레임   ② 디플렉터   ③ 유리벌브   ④ 퓨즈블링크

해설 퓨즈블링크 : 이융성 물질로서 열감지장치

정답 ④

119 글라스벌브형(Glass Bulb Type)의 스프링클러헤드에 봉입하는 물질은?

① 물   ② 휘발유

③ 경 유   ④ 알코올 – 에터

해설 글라스벌브형 헤드에 봉입하는 물질 : 알코올, 에터

정답 ④

120 폐쇄형 헤드의 화재를 감지하는 감열체의 재질은 무엇인가?

① 납   ② 은   ③ 구 리   ④ 알루미늄

해설   폐쇄형 헤드의 감열체 : 납

정답 ①

121 폐쇄형 스프링클러의 이융성 물질인 퓨즈블링크에 가하는 하중의 값은?

① 설계하중의 13배   ② 설계하중의 15배

③ 최대하중의 13배   ④ 최대하중의 15배

해설   퓨즈블링크는 설계하중의 13배인 하중을 10일간 가해도 파손되지 않아야 한다.

정답 ①

122 폐쇄형 스프링클러헤드에 있어서 급격한 수압을 고려해서 행하는 시험은?

① 살수분포시험   ② 수격시험   ③ 강도시험   ④ 진동시험

해설   수격시험 : 헤드의 급격한 수압을 고려해서 행하는 시험

정답 ②

123 스프링클러설비의 경보장치인 리타딩 챔버의 역할에 해당하지 않는 것은?

① 안전밸브의 역할   ② 배관 및 압력스위치 손상 보호

③ 오보 방지   ④ 자동 배수장치

해설   리타딩 챔버(Retarding Chamber) 설명
- 누수로 인한 유수검지장치의 오동작을 방지
- 안전밸브의 역할
- 배관 및 압력스위치의 손상 보호
- 순간 동요압력을 조정

정답 ④

124 스프링클러설비에서 펌프 토출 측 배관상에 설치되는 압력챔버(Chamber)의 기능으로 볼 수 없는 것은?

① 일정범위의 방수압력 유지   ② 화재경보의 발령

③ 수격의 완충작용   ④ 펌프의 자동기동

해설   압력챔버(Chamber)의 기능
- 화재경보의 발령
- 수격의 완충작용
- 펌프의 자동기동

정답 ①

125 스프링클러설비 중 초기 소화를 위해 배관 내의 공기를 빼주는 속도를 증가시켜 주기 위하여 사용하는 장치는?

① 건식 밸브
② 에어 레귤레이터
③ 액셀러레이터
④ 컴프레서

해설　**액셀러레이터** : 초기 소화를 위해 배관 내의 공기를 빼주는 속도를 증가시켜 주기 위하여 사용하는 장치

정답　③

126 배관상에 설치하는 역류방지를 위해 사용하는 체크밸브가 아닌 것은?

① 스모렌스키체크밸브
② 웨이퍼체크밸브
③ 스윙체크밸브
④ OS & Y체크밸브

해설　**체크밸브의 종류**
• Smolensky Check Valve : 평상시 체크밸브 기능을 하며 때로는 Bypass 밸브를 열어서 거꾸로 물을 빼낼 수 있기 때문에 주배관상에 많이 사용한다.
• Wafer Check Valve : 펌프의 토출구로부터 10[m] 이내의 강한 Surge 또는 역 Surge가 심하게 걸리는 배관에 설치하는 체크밸브이다.
• Swing Check Valve : 호수조의 배관과 같이 적은 배관로에 주로 설치하는 밸브이다.

정답　④

127 주밸브인 게이트밸브의 요크에 걸어서 밸브의 개폐를 수신반에 전달하는 장치는?

① 모니터 스위치
② 탬퍼 스위치
③ 압력수조 수위감시스위치
④ 주밸브 감시스위치

해설　①, ③, ④ : 감시스위치

Plus one　**탬퍼 스위치**
주밸브인 Gate Valve의 요크에 걸어서 밸브의 개폐를 수신반에 전달하는 장치

정답　②

128 포스트 인디게이트 밸브를 설치하는 이유는?

① 지하배관 내 유속과 압력을 조절하기 위해
② 지하배관 내 개폐를 용이하게 하기 위해
③ 지하배관 내 동결방지를 위해
④ 지하배관 내를 분기하기 위해

해설　지하배관 내의 개폐를 용이하게 하기 위해 상수도배관과 지하배관의 분기되는 곳에 설치한다.

정답　②

129 스프링클러설비의 유수제어밸브에 표시사항이 아닌 것은?

① 제조번호   ② 사용압력   ③ 제조자성명   ④ 설치방향

> **해설** 유수제어밸브의 표시사항(유수제어밸브의 형식승인 및 제품검사의 기술기준 제6조)
> • 종별 및 형식
> • 형식승인번호
> • 제조연월 및 **제조번호**
> • 제조업체명 또는 상호
> • **안지름, 호칭압력 및 사용압력 범위**
> • 유수방향의 화살표시
> • **설치방향**
> • 2차 측에 압력설정이 필요한 것에는 압력설정값
> • 검지유량상수
> • 습식 유수검지장치에 있어서는 최저사용압력에 있어서 부작동 유량

정답 ③

130 특정소방대상물의 각 층마다 설치하는 스프링클러설비의 제어밸브는 그 층의 바닥으로부터 몇 [m] 높이에 설치해야 하는가?

① 0.8[m] 이상 1.5[m] 이하

② 0.5[m] 이상 1.0[m] 이하

③ 0.3[m] 이상 1.3[m] 이하

④ 1.0[m] 이상 2.0[m] 이하

> **해설** 제어밸브의 설치 위치 : 0.8[m] 이상 1.5[m] 이하

정답 ①

131 개방형 스프링클러설비에서 하나의 방수구역을 담당하는 헤드의 개수는 몇 개 이하로 설치해야 하는가?

① 25개   ② 30개

③ 40개   ④ 50개

> **해설** 하나의 방수구역을 담당하는 헤드의 개수 : **50개 이하**(단, 2개 이상의 나눌 경우 : 25개 이상)

정답 ④

132 습식 스프링클러설비의 하향식 헤드는 가지관으로부터 회향식(리턴밴드방식)으로
설치하게 되어 있다. 그 이유로서 옳은 것은?

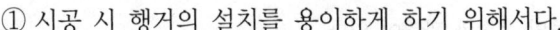
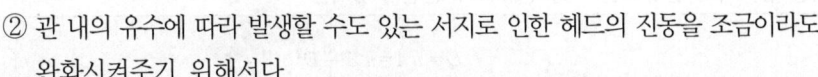

① 시공 시 행거의 설치를 용이하게 하기 위해서다.

② 관 내의 유수에 따라 발생할 수도 있는 서지로 인한 헤드의 진동을 조금이라도
완화시켜주기 위해서다.

③ 설치 예정지점에 헤드의 설치, 시공을 용이하게 하기 위해서다.

④ 관 내에 축적될 수도 있는 이물질에 의해 헤드의 오리피스가 막히는 것을 가급적 방지하기
위해서다.

> 해설 회향식 배관으로 설치하는 이유는 축적된 이물질이 헤드의 오리피스를 막는 것을 방지하기 위해서이다.

정답 ④

133 다음은 스프링클러헤드를 부착할 때 관 이음쇠의 규격을 표시한 것이다. 맞는 것은?

① 티 – 25 × 25A

② 리듀서 – 25 × 15A

③ 이경 소켓 – 25A

④ 파이프 – 25A

> 해설 관 이음쇠의 규격 : 리듀서 – 25 × 15A

정답 ②

134 표시온도가 163~203[℃]인 퓨즈메탈형 스프링클러헤드 프레임의 색상은?

① 흰 색   ② 파란색   ③ 빨간색   ④ 초록색

> 해설 표시온도에 따른 색 표시(스프링클러헤드의 형식승인 및 제품검사의 기술기준 제12조의6)

글라스벌브형(유리벌브형)		퓨즈블링크형(퓨즈메탈형)	
표시온도[℃]	액체의 색별	표시온도[℃]	프레임의 색별
57[℃]	오렌지	77[℃] 미만	색 표시 안함
68[℃]	빨 강	78~120[℃]	흰 색
79[℃]	노 랑	121~162[℃]	파 랑
93[℃]	초 록	163~203[℃]	빨 강
141[℃]	파 랑	204~259[℃]	초 록
182[℃]	연한 자두	260~319[℃]	오렌지
227[℃] 이상	검 정	320[℃] 이상	검 정

정답 ③

135 스프링클러설비에서 하나의 가지배관에 설치되는 스프링클러헤드의 수는 몇 개 이하이어야 하는가?

① 6   ② 8   ③ 10   ④ 12

> 해설 하나의 가지배관에 설치되는 스프링클러헤드 : 8개 이하

정답 ②

136 스프링클러설비 배관의 크기를 정하는 데 결정적 요소로서 중요한 것은?

① 물의 유속   ② 물의 압력   ③ 물의 손실   ④ 헤드의 모양

해설 배관의 크기의 결정요인은 물의 유속과 관련이 있다.

$$Q = uA = u \times \frac{\pi}{4}D^2$$

정답 ①

137 스프링클러설비의 배관에 관한 설명 중 옳은 것은?

① 교차배관의 최소 구경은 20[mm] 이하로 한다.
② 수직관에 청소구를 설치해야 한다.
③ 수직배수배관의 구경은 50[mm] 이상으로 한다.
④ 가지배관의 배열은 토너먼트 방식으로 한다.

해설 **스프링클러의 배관 설치기준**
- **교차배관의 최소 구경 : 40[mm] 이상**
- **청소구는 교차배관** 끝에 개폐밸브를 설치
- **수직배수배관의 구경 : 50[mm] 이상**
- 가지배관의 배열 : 토너먼트 방식이 아닐 것

정답 ③

138 수평주행배관에 설치하는 행거는 몇 [m] 이내마다 1개 이상 설치하는가?

① 2.5   ② 3.5   ③ 4.5   ④ 5.5

해설 **행거의 설치기준**
- 가지배관 : 헤드의 설치지점 사이마다 1개 이상의 행거를 설치하되, 헤드 간의 거리가 3.5[m]를 초과하는 경우에는 3.5[m] 이내마다 1개 이상을 설치할 것
- 교차배관 : 가지배관과 가지배관 사이에 1개 이상의 행거를 설치하되, 가지배관 사이의 거리가 4.5[m]를 초과하는 경우에는 4.5[m] 이내마다 1개 이상 설치할 것
- **수평주행배관 : 4.5[m] 이내마다 1개 이상 설치할 것**

정답 ③

139 유수검지장치를 사용하는 설비의 시험배관의 구경은 얼마로 해야 하는가?

① 15[mm]   ② 20[mm]   ③ 25[mm]   ④ 30[mm]

해설 **시험배관의 구경 : 25[mm]**

정답 ③

140 교차배관은 가지배관과 수평으로 설치하거나 또는 가지배관 밑에 설치하고 최소 구경은 얼마 이상으로 해야 하는가?

① 20[mm] ② 30[mm] ③ 40[mm] ④ 50[mm]

해설 **교차배관의 구경 : 40[mm] 이상**

정답 ③

141 습식 스프링클러설비의 배관의 통수소제에 관한 설명으로 옳은 것은?

① 테스트 밸브(시험배관)의 밸브를 개방함으로써 통수소제를 실시할 수 있다.
② 교차관의 말단부로부터 배수하는 방법으로 통수소제를 실시할 수 있다.
③ 열림 밸브 교차부의 앵글밸브를 개방하여 배관 내의 물을 배수시켜 통수소제를 실시할 수 있다.
④ 배관의 통수소제는 최소한 월 1회씩 실시하게 된다.

해설 **통수소제** : 교차관의 말단부로부터 배수하는 방법으로 실시

정답 ②

142 습식 스프링클러설비에서 시험배관(테스트 커넥션)을 설치하는 이유로서 옳은 것은?

① 정기적인 배관의 통수소제를 위해서다.
② 배관 내 수압의 정상 상태 여부를 수시 확인하기 위해서다.
③ 실제로 헤드를 개방하지 않고도 가압송수장치의 성능시험을 시행할 수 있게 하기 위해서다.
④ 유수경보장치의 기능을 수시 점검하기 위해서다.

해설 **시험배관** : 가압송수장치의 성능시험을 시험하기 위하여 설치

정답 ③

143 습식 스프링클러설비 유수검지장치의 정상기능 상태 여부를 점검하기 위한 시험배관은 어디에 설치하는가?

① 교차관 말단
② 유수검지장치 2차 측 배관
③ 유수검지장치에서 가장 가까운 가지배관의 말단
④ 유수검지장치와 가지배관 사이

해설 **시험배관(장치) 설치위치**
• 습식 및 부압식 스프링클러설비 : 유수검지장치 2차 측 배관에 연결하여 설치할 것
• 건식 스프링클러설비 : 유수검지장치에서 가장 먼 거리에 위치한 가지배관의 끝으로부터 연결하여 설치할 것

정답 ②

144 스프링클러설비를 설치한 하나의 층 바닥면적이 7,500[m²]일 때 유수검지장치를 몇 개 이상 설치해야 하는가?

① 1개   ② 2개   ③ 3개   ④ 4개

> **해설** 유수검지장치는 하나의 방호구역의 바닥면적은 3,000[m²]를 초과하지 않아야 한다.
> ∴ 7,500 ÷ 3,000 = 2.5 → 3개

정답 ③

145 습식 스프링클러설비 또는 부압식 스프링클러설비 외의 설비는 헤드를 향하여 상향으로 수평주행배관의 기울기로서 옳은 것은?

① 수평주행배관은 헤드를 향하여 상향으로 1/500 이상의 기울기를 가질 것
② 수평주행배관은 헤드를 향하여 상향으로 2/200 이상의 기울기를 가질 것
③ 수평주행배관은 헤드를 향하여 상향으로 1/100 이상의 기울기를 가질 것
④ 수평주행배관은 헤드를 향하여 상향으로 1/250 이상의 기울기를 가질 것

> **해설** 습식 스프링클러설비 또는 부압식 스프링클러설비 외의 배관 기울기
> • 수평주행배관 : 1/500 이상
> • 가지배관 : 1/250 이상

정답 ①

146 습식 스프링클러설비 배관의 동파방지법으로 적당하지 않은 것은?

① 보온재를 이용한 배관보온법   ② 히팅코일을 이용한 가열법
③ 순환펌프를 이용한 물의 유동법   ④ 에어 컴프레서를 이용한 방법

> **해설** 습식 스프링클러설비 배관의 동파방지법
> • 보온재를 이용한 배관 보온법
> • 부동액 주입법
> • 순환펌프를 이용한 물의 순환법
> • 히팅코일을 이용한 가열법

정답 ④

147 폐쇄형 스프링클러설비의 방호구역, 유수검지장치의 설치기준으로 옳지 않은 것은?

① 하나의 방호구역의 바닥면적은 3,000[m²]를 초과하지 않도록 해야 한다.
② 하나의 방호구역에는 1개 이상의 유수검지장치를 설치해야 한다.
③ 하나의 방호구역은 2개 층에 미치지 않아야 한다.
④ 유수검지장치는 바닥으로부터 0.5~1.0[m]의 위치에 설치하고 근방의 보기 쉬운 곳에 해당 장치의 명칭을 표시한 표지를 해야 한다.

> **해설** 유수검지장치 : 0.8[m] 이상 1.5[m] 이하의 위치에 설치

정답 ④

148 폐쇄형 스프링클러헤드를 사용하는 설비의 경우로서 1개 층에서 하나의 급수배관(또는 밸브 등)이 담당하는 구역의 최대면적은 몇 [m²]를 초과하지 않아야 하는가?

① 2,000
② 2,500
③ 3,000
④ 3,500

> **해설** 폐쇄형 스프링클러헤드를 사용하는 설비의 경우로서 1개 층에서 하나의 급수배관(또는 밸브 등)이 담당하는 구역의 최대면적은 3,000[m²]를 초과하지 않을 것

정답 ③

149 다음 스프링클러설비의 공식을 통해 알 수 있는 것은?

$$Q = K\sqrt{10P}$$

① 방수량
② 하 중
③ 흡입량
④ 살수분포량

정답 ①

150 음향장치는 유수검지장치 등의 담당구역마다 설치하되 각 부분으로부터 하나의 음향장치까지의 수평거리는 몇 [m] 이하가 되도록 해야 하는가?

① 10
② 15
③ 20
④ 25

> **해설** **음향장치의 설치기준**
> • 음향장치 : 경종, 사이렌(전자식 사이렌 포함)
> • 음향장치는 유수검지장치 및 일제개방밸브 등의 담당구역마다 설치할 것
> • 하나의 **음향장치**까지의 수평거리 : **25[m] 이하**

정답 ④

151 스프링클러설비의 비상전원 설치기준으로 옳은 것은?

① 실내에 설치할 때는 그 실내에 비상조명등을 설치한다.
② 설치장소는 다른 장소와 일반 칸막이 등으로 구획한다.
③ 상용전원 정전 시 수동으로 전환한다.
④ 해당 설비를 유효하게 10분 이상 작동한다.

> **해설** **스프링클러설비의 비상전원**
> • **실내**에 **설치**할 때는 그 실내에 **비상조명등**을 **설치**해야 한다.
> • 설치장소는 다른 장소와 방화구획해야 한다.
> • 상용전원으로부터 전력의 공급이 중단된 때에는 자동으로 비상전원으로부터 전력을 공급받아야 한다.
> • 스프링클러설비를 유효하게 **20분** 이상 작동할 수 있어야 한다.

정답 ①

152 스프링클러설비의 수신부의 기능 중 없어도 되는 것은?

① 각 펌프의 작동 여부를 확인할 수 있는 표시기능이 있을 것
② 비상전원의 입력 여부를 확인할 수 있는 표시기능이 있을 것
③ 확인 회로마다 도통시험을 할 수 있을 것
④ 절연저항시험을 할 수 있을 것

> **해설** **스프링클러설비의 수신부 기능**
> • 각 펌프의 작동 여부 표시기능
> • 비상전원의 입력 여부 표시기능
> • 물올림수조의 저수위 감시표시기능
> • 도통시험 및 예비전원시험
> • 회로도통 시험기능

정답 ④

153 스프링클러설비의 비상전원에 대한 설명으로 틀린 것은?

① 비상전원은 해당 설비를 20분 이상 작동시킬 수 있어야 한다.
② 상용전원 정전 시 자동으로 비상전원으로 전환되어야 한다.
③ 비상전원의 종류는 자가발전설비와 축전지설비, 전기저장장치 등이 있다.
④ 비상전원이 설치되는 장소에는 비상조명과 비상전원 표시설비를 한다.

> **해설** **스프링클러설비의 비상전원**
> • 비상전원 : 20분 이상(30층 이상 49층 이하는 40분 이상, 50층 이상은 60분 이상)
> • 상용전원 정전 시 자동으로 비상전원으로 전환되어야 한다.
> • 비상전원의 종류 : 자가발전설비, 축전지설비, 전기저장장치
> • 비상전원을 **실내**에 **설치 시** : 실내에 **비상조명등** 설치

정답 ④

154 스프링클러헤드의 점검사항으로 중요하지 않은 것은?

① 헤드의 부식 유무   ② 헤드의 강도
③ 최고 온도의 변화   ④ 헤드의 감열 방해

> **해설** **스프링클러헤드의 점검정비 사항**
> • 헤드의 부식 유무
> • 최고 온도의 변화
> • 헤드의 감열 방해
>
> > 헤드의 강도는 점검사항이 아니고 시험을 해야 하는 사항이다.

정답 ②

155 스프링클러소화설비용 펌프의 흡입 측 압력이 2.5[MPa]였고, 토출 측 압력이 9.6[MPa]로 나타났다면 압축비를 1.4로 할 때 펌프의 단수는?

① 4   ② 3   ③ 2   ④ 1

> 해설   압축비

$$압축비 \ r = \sqrt[\varepsilon]{\frac{p_2}{p_1}}$$

여기서, ε : 단수
p_1 : 최초의 압력
p_2 : 최종의 압력

$$1.4 = \sqrt[\varepsilon]{\frac{9.6}{2.5}} = \left(\frac{9.6}{2.5}\right)^{\frac{1}{\varepsilon}} \rightarrow (1.4)^\varepsilon = \frac{9.6}{2.5} = 3.84$$
$$\therefore \ \varepsilon = 4$$

> 정답 ①

156 정격토출량이 2,400[L/min]인 스프링클러용 펌프를 그림과 같이 설치하고자 한다. 흡입배관의 호칭구경을 200[mm]로 할 때, 이 펌프의 소요 NPSH는 얼마 이하가 되어야 할 것인가?(단, 설계기준온도는 21[℃]로 하여 온도에서 수증기압은 0.01[MPa], 흡입배관을 통하여 2,400[L/min]의 흐름이 일어날 때의 마찰손실수두는 2.2[m], 대기압은 0.1[MPa]이라고 하고 속도수두는 무시한다)

① 5.5[m]   ② 5.0[m]
③ 2.5[m]   ④ 2.3[m]

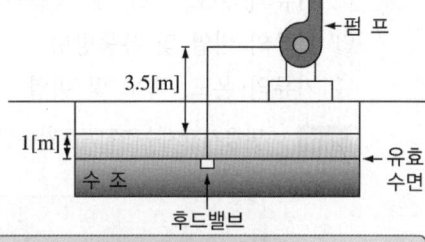

> 해설

$$1[atm] = 10.332[mH_2O] = 0.101325[MPa]$$

소요 NPSH = 대기압수두 − 수증기압수두 − 총마찰손실수두 − 흡입수두
              = 10.20[m] − 1.02[m] − 2.2[m] − (1 + 3.5)[m] = 2.48[m]

> 정답 ③

157 유량 2,400[Lpm], 양정 100[m]인 스프링클러설비 펌프를 구동시킬 전동기의 용량은 몇 [HP]인가?(단, 이때 펌프의 효율은 0.6, 전달계수는 1.1이라 한다)

① 75   ② 97   ③ 125   ④ 200

> 해설   전동기 용량

$$P[\mathrm{HP}] = \frac{\gamma Q H}{745 \times \eta} \times K = \frac{9,800[\mathrm{N/m^3}] \times 2.4[\mathrm{m^3}]/60[\mathrm{s}] \times 100[\mathrm{m}]}{745 \times 0.6} \times 1.1 = 96.47[\mathrm{HP}]$$

여기서, γ(물의 비중량) : 9,800[N/m³]
        Q(유량) : 2,400[L/min]([Lpm]) = 2.4[m³]/60[s]
        H(양정) : 100[m]
        K(전달계수) : 1.1
        η(펌프의 효율) : 0.6

> 정답 ②

158 준비작동식 스프링클러설비에서 화재발생 시 헤드가 개방되었음에도 불구하고 정상적인 살수가 되지 않을 경우 그 원인으로 볼 수 없는 것은?

① 화재감지기의 고장

② 전자개방밸브 회로의 고장

③ 경보용 압력스위치의 고장

④ 준비작동밸브 1차 측의 개폐밸브 차단

> **해설** 헤드 개방 시 살수되지 않는 원인
> - 화재감지기의 고장
> - 전자개방밸브 회로의 고장
> - 준비작동밸브 1차 측의 개폐밸브 차단
>
> > 경보용 압력스위치는 헤드 개방 전에 작동한다.

정답 ③

---

159 폐쇄형 스프링클러헤드의 감도를 예상하는 지수인 RTI와 관련이 깊은 것은?

① 기류의 온도와 비열

② 기류의 온도, 속도 및 작동시간

③ 기류의 비열 및 유동방향

④ 기류의 온도, 속도 및 비열

> **해설** 반응시간지수(RTI)는 기류의 온도, 속도 및 작동시간에 대하여 스프링클러헤드의 반응을 예상한 지수
>
> $$RTI = \tau\sqrt{u}$$
>
> 여기서, τ : 감열체의 시간상수[s]
> u : 기류속도[m/s]

정답 ②

---

160 연소 우려가 있는 개구부에 설치하는 드렌처설비에 대한 내용으로 틀린 것은?

① 드렌처헤드는 개구부 위측에 2.5[m] 이내마다 1개를 설치한다.

② 제어밸브는 바닥면으로부터 0.8[m] 이상 1.5[m] 이하의 위치에 설치한다.

③ 드렌처헤드의 방수량은 60[L/min] 이상이어야 한다.

④ 드렌처헤드 끝부분의 방수압력은 0.1[MPa] 이상이어야 한다.

> **해설** 드렌처설비의 설치기준
> - 드렌처헤드의 설치 : 개구부 위측에 2.5[m] 이내마다 1개
> - 제어밸브 : 0.8[m] 이상 1.5[m] 이하
> - **방수량 : 80[L/min] 이상**
> - 방수압력 : 0.1[MPa] 이상

정답 ③

161 드렌처헤드를 설치한 개구부의 길이가 20[m]일 경우 설치해야 할 헤드 개수는?

① 8
② 6
③ 5
④ 3

해설 드렌처헤드는 개구부 위측에 2.5[m] 이내마다 1개를 설치한다.
20[m] ÷ 2.5[m] = 8개

정답 ①

162 드렌처(Drencher)설비의 헤드 설치수가 5개일 때 그 수원의 수량은?

① 2,000[L]
② 3,000[L]
③ 4,000[L]
④ 8,000[L]

해설 드렌처설비의 수원의 양 = 5개 × 80[L/min] × 20[min] = 8,000[L]

정답 ④

163 물분무소화설비와 개방형 스프링클러설비의 다른 점은?

① 일제살수방식
② 질식소화
③ 냉각소화
④ 자동화재탐지설비의 감지기 작동에 의한 자동기동

해설 **소화효과**
• 물분무소화설비 : 질식, 냉각, 희석, 유화소화
• 개방형 스프링클러설비 : 냉각소화

정답 ②

164 물분무소화설비를 소화목적으로 채택하는 경우로 적합하지 않은 것은?

① 전기실
② 윤활유 배관
③ 엔진실
④ 마그네슘 저장실

해설 마그네슘은 물과 반응하면 수소가 발생하므로 물분무소화설비로 소화할 수 없다.

$$Mg + 2H_2O \rightarrow Mg(OH)_2 + H_2$$

정답 ④

165 물분무소화설비와 관계가 없는 것은?

① 인화점이 상온 이하로 낮은 휘발성 가연물 액체소화
② 일반 가연물 소화
③ 냉각작용 및 공기차단에 의한 연소저지작용
④ LPG 화재 제어 및 피연소물의 연소방지

해설 가스계 화재에는 **물분무소화설비**가 **부적합**하다.

정답 ④

166 물분무소화설비의 수원의 양을 산출하는 방법 중 부적합한 것은?(단, 바닥면적 1[m²]에 대한 방사량)

① 컨베이어 벨트 등의 경우는 매분 10[L]

② 특수가연물은 매분 10[L]

③ 차고는 매분 20[L]

④ 주차장은 매분 10[L]

해설 물분무소화설비의 수원의 양 산출

특정소방 대상물	펌프의 토출량[L/min]	수원의 양[L]
특수가연물 저장, 취급	바닥면적(최소 50[m²]) × 10[L/min · m²]	바닥면적(최소 50[m²]) × 10[L/min · m²] × 20[min]
차고, 주차장	바닥면적(최소 50[m²]) × 20[L/min · m²]	바닥면적(최소 50[m²]) × 20[L/min · m²] × 20[min]
컨베이어 벨트	벨트 부분의 바닥면적 × 10[L/min · m²]	벨트 부분의 바닥면적 × 10[L/min · m²] × 20[min]

정답 ④

167 고압의 전기기기와 물분무헤드 사이에는 일정한 거리를 두도록 되어 있다. 이때 전압이 155[kV]일 때 최소한 얼마 이상의 거리를 유지해야 하는가?

① 80[cm] 이상   ② 110[cm] 이상

③ 150[cm] 이상   ④ 180[cm] 이상

해설 전기기기와 물분무헤드 사이의 거리

전압[kV]	66 이하	66 초과 77 이하	77 초과 110 이하	110 초과 154 이하	154 초과 181 이하	181 초과 220 이하	220 초과 275 이하
거리[cm]	70 이상	80 이상	110 이상	150 이상	180 이상	210 이상	260 이상

정답 ④

168 바닥면적이 450[m²]인 지하주차장에 50[m²]마다 구역을 나누어 물분무소화설비를 설치하려고 한다. 물분무헤드의 표준 방사량이 분당 80[L]일 경우 1개 구역당 설치해야 할 헤드 수는 얼마 이상이어야 하는가?

① 7개   ② 13개   ③ 14개   ④ 15개

해설 물분무소화설비(차고, 주차장)의 방사량

= 바닥면적(50[m²] 이하는 50[m²]) × 20[L/min · m²] = 50[m²] × 20[L/min · m²] = 1,000[L/min]

∴ 헤드 수 = $\frac{1,000[\text{L/min}]}{80[\text{L/min}]}$ = 12.5 → 13개

정답 ②

169 특고압의 전기시설물을 방호하기 위한 물소화설비로서는 물분무설비가 가능한 이유는?

① 물분무설비는 다른 물소화설비에 비하여 신속한 소화 때문
② 물분무설비는 다른 물소화설비에 비하여 물의 소모량이 적기 때문
③ 분무상태의 물은 전기적으로 비전도성이기 때문
④ 물분무 입자 역시 물이므로 전기전도성은 있으나 전기시설물이 젖지 않기 때문

해설   물분무소화설비는 분무상태의 물로서 비전도성이므로 전기시설물에 적합하다.

정답 ③

170 물분무소화설비에서 압력수조를 이용한 가압송수장치의 압력수조에 설치해야 되는 것이 아닌 것은?

① 수위계   ② 급기관
③ 수동식 공기압축기   ④ 맨 홀

해설   압력수조 설치 부속물 : 수위계 · 급수관 · 배수관 · 급기관 · 맨홀 · 압력계 · 안전장치, 자동식 공기압축기

정답 ③

171 물분무소화설비의 가압송수장치의 압력수조의 압력을 산출할 때 필요한 압력이 아닌 것은?

① 낙차의 환산수두압   ② 배관의 마찰손실수두압
③ 호스의 마찰손실수두압   ④ 분무헤드의 설계압력

해설   **물분무소화설비의 압력수조의 압력 산출식**

$$P = p_1 + p_2 + p_3$$

여기서, P : 필요한 압력[MPa]
 p_1 : 물분무헤드의 설계압력[MPa]
 p_2 : 배관의 마찰손실수두압[MPa]
 p_3 : 낙차의 환산수두압[MPa]

정답 ③

172 물분무소화설비의 제어밸브는 바닥으로부터 얼마의 위치에 설치해야 하는가?

① 0.5~1.0[m]   ② 0.8~1.5[m]
③ 1.0~1.5[m]   ④ 1.5[m] 이하

해설   물분무소화설비의 제어밸브 : 0.8[m] 이상 1.5[m] 이하

정답 ②

173 물분무소화설비의 배수설비에 관한 설명으로 옳지 않은 것은?

① 차량이 주차하는 장소의 적당한 곳에 높이 10[cm] 이상의 경계턱으로 배수구를 설치해야 한다.

② 배수구에는 새어나온 기름을 모아 소화할 수 있도록 길이 40[m] 이하마다 집수관, 소화피트 등 기름분리장치를 설치해야 한다.

③ 차량이 주차하는 바닥은 배수구를 향하여 1/200 이상의 기울기를 유지해야 한다.

④ 배수설비는 가압송수장치의 최대 송수능력의 수량을 유효하게 배수할 수 있는 크기 및 기울기로 해야 한다.

> 해설　차량이 주차하는 바닥의 배수설비 기울기 : 2/100 이상

> 정답　③

174 물분무소화설비의 배관 재료로서 가장 부적합한 재료는?

① 연 관

② 배관용 탄소강관(백관)

③ 배관용 탄소강관(흑관)

④ 압력배관용 탄소강관

> 해설　물분무소화설비의 배관 재료 : 배관용 탄소강관(백관, 흑관), 압력배관용 탄소강관

> 정답　①

175 물분무소화설비는 물을 미립자로 만들어 무상으로 방사시켜 냉각작용, 질식작용 및 유화작용의 소화효과를 갖는다. 다음 특정소방대상물의 적용장소로 적합한 것은?

① 옥외변압기　　　　　　　② 주 방

③ 나트륨　　　　　　　　　④ 카바이드

> 해설　물분무소화설비는 물입자가 분무(안개모양)주수하므로 전기설비에 적합하다.

> 정답　①

176 물분무소화설비의 설치 제외 장소 중 운전 시 직접 분무하는 경우, 그 부분에 손상을 입힐 우려가 있는 기계장치 등이 있는 곳은 표면의 온도가 몇 [℃] 이상 되어야 하는가?

① 100[℃]　　　　　　　　② 160[℃]

③ 200[℃]　　　　　　　　④ 260[℃]

> 해설　물분무소화설비의 설치 제외 장소
> • 물에 심하게 반응하는 물질 또는 물과 반응하여 위험한 물질을 생성하는 물질을 저장 또는 취급하는 장소
> • 고온의 물질 및 증류범위가 넓어서 끓어 넘치는 위험이 있는 물질을 저장 또는 취급하는 장소
> • 운전 시에 **표면의 온도가 260[℃] 이상**으로 되는 등 직접 분무를 하는 경우 그 부분에 손상을 입힐 우려가 있는 기계장치 등이 있는 장소

> 정답　④

177 미분무소화설비란 가압된 물이 헤드 통과 후 미세한 입자로 분무됨으로써 소화성능을 가지는 설비를 말하며, 소화력을 증가시키기 위하여 무엇을 첨가할 수 있는 설비인가?

① 기포안정제　　　　　　　　　　② 탄산수소나트륨

③ 강화액　　　　　　　　　　　　④ 분말소화약제

> **해설**　**미분무소화설비**란 가압된 물이 헤드 통과 후 미세한 입자로 분무됨으로써 소화성능을 가지는 설비를 말하며, 소화력을 증가시키기 위해 **강화액** 등을 첨가할 수 있다.

정답 ③

178 미분무소화설비는 어느 화재에 적응성이 있는가?

① A급 화재　　　　　　　　　　② A, B급 화재

③ A, B, C급 화재　　　　　　　④ D급 화재

> **해설**　미분무소화설비 : A, B, C급 화재에 적응

정답 ③

179 미분무소화설비에서 최고사용압력에 따라 분류한 것으로 옳은 것은?

① 1.0[MPa] 초과 2.5[MPa] 이하 – 중압

② 1.2[MPa] 초과 3.5[MPa] 이하 – 중압

③ 2.5[MPa] 초과 – 고압

④ 1.0[MPa] 이하 – 저압

> **해설**　압력에 따른 분류
> - **저압 미분무소화설비** : 최고사용압력이 1.2[MPa] 이하
> - **중압 미분무소화설비** : 사용압력이 1.2[MPa] 초과 3.5[MPa] 이하
> - **고압 미분무소화설비** : 최저사용압력이 3.5[MPa] 초과

정답 ②

180 미분무소화설비에서 수원의 양을 구하는 공식의 설명으로 틀린 것은?

$$Q = N \times D \times T \times S + V$$

① N : 방호구역(방수구역) 내 헤드의 개수　② D : 설계유량[m³/min]

③ T : 설계방수시간[min]　　　　　　　④ V : 배관의 총면적[m²]

> **해설**　수원의 양
>
> $$Q = N \times D \times T \times S + V$$
>
> 여기서, Q : 수원의 양[m³]　　　　　　N : 방호구역(방수구역) 내 헤드의 개수
> 　　　　D : 설계유량[m³/min]　　　T : 설계방수시간[min]
> 　　　　S : 안전율(1.2 이상)　　　　V : 배관의 총체적[m³]

정답 ④

181 미분무소화설비의 수원에 사용되는 필터의 메시는 헤드 오리피스 지름의 몇 [%] 이하가 되어야 하는가?

① 50[%]   ② 60[%]   ③ 70[%]   ④ 80[%]

해설   수원에 사용되는 필터 또는 스트레이너의 메쉬는 헤드 오리피스 지름의 **80[%] 이하**가 되어야 한다.

정답 ④

182 미분무소화설비의 가압송수장치에 대한 설명으로 틀린 것은?

① 펌프를 이용하는 가압송수장치는 펌프를 겸용할 수 있다.
② 펌프의 토출 측에는 압력계를 체크밸브 이전에 펌프 토출 측 플랜지에서 가까운 곳에 설치해야 한다.
③ 압력수조의 토출 측에는 사용압력의 1.5배 범위를 초과하는 압력계를 설치해야 한다.
④ 가압수조는 전용으로 설치해야 한다.

해설   펌프를 이용하는 가압송수장치는 펌프를 전용으로 해야 한다.

정답 ①

183 미분무소화설비 펌프의 성능시험에 대한 설명 중 맞는 것은?

① 급수배관은 겸용으로 할 것
② 유량측정장치는 펌프의 정격토출량의 175[%] 이상 측정할 수 있는 성능이 있을 것
③ 성능시험배관은 펌프의 토출 측에 설치된 개폐밸브 이후에서 분기하여 직선으로 설치한다.
④ 유출구에는 개폐밸브를 둘 것

해설   **미분무소화설비 펌프의 성능시험**
• 급수배관은 전용으로 할 것
• **유량측정장치**는 펌프의 정격토출량의 **175[%] 이상** 측정할 수 있는 성능이 있을 것
• 성능시험배관은 펌프의 토출 측에 설치된 개폐밸브 이전에서 분기하여 직선으로 설치한다.
• 유입구에는 개폐밸브를 둘 것

정답 ②

184 개방형 미분무소화설비에는 헤드를 향하여 상향으로 수평주행배관의 기울기는 얼마 이상으로 해야 하는가?

① 1/100   ② 1/250   ③ 1/500   ④ 1/1,000

해설   개방형 미분무소화설비에는 헤드를 향하여 상향으로 **수평주행배관**의 기울기를 500분의 1 이상, 가지 배관의 기울기를 250분의 1 이상으로 할 것

정답 ③

185 호스릴방식의 미분무소화설비는 방호대상물의 각 부분으로부터 하나의 호스접결구까지의 수평거리가 몇 [m] 이하가 되도록 해야 하는가?

① 15[m]　　　　② 20[m]　　　　③ 25[m]　　　　④ 50[m]

> **해설**　**호스릴방식의 미분무화설비는** 차고 또는 주차장 외의 장소에 설치하되 방호대상물의 각 부분으로부터 하나의 호스접결구까지의 **수평거리가 25[m] 이하가** 되도록 할 것
>
> **정답** ③

186 미분무소화설비의 음향장치는 방호구역 또는 방수구역마다 설치하되 그 구역의 각 부분으로부터 하나의 음향장치까지의 수평거리는 몇 [m] 이하가 되도록 해야 하는가?

① 15[m]　　　　② 20[m]　　　　③ 25[m]　　　　④ 50[m]

> **해설**　**음향장치는** 방호구역 또는 방수구역마다 설치하되 그 구역의 각 부분으로부터 하나의 음향장치까지의 **수평거리는 25[m] 이하가** 되도록 할 것
>
> **정답** ③

187 미분무소화설비의 청소·유지 및 관리 등은 건축물의 모든 부분(건축설비를 포함)을 완성한 시점부터 성능 확인을 하는데 그 주기로 옳은 것은?

① 월 1회 이상　　　　　　　② 분기별 1회 이상
③ 반기별 1회 이상　　　　　④ 연 1회 이상

> **해설**　미분무소화설비의 **청소·유지 및 관리** 등은 건축물의 모든 부분(건축설비를 포함)을 완성한 시점부터 최소 **연 1회 이상** 실시하여 그 성능 등을 확인해야 한다.
>
> **정답** ④

188 다음 중 포소화설비의 특징이 아닌 것은?

① 포의 내화성이 커서 대규모 화재에 적합하다.
② 옥외에서는 옥외소화전설비보다 소화효과가 작다.
③ 화재의 확대방지를 하여 화재를 최소한 줄일 수 있다.
④ 소화약제는 인체에 무해하다.

> **해설**　옥외에서는 포소화설비가 옥외소화전설비보다 소화효과가 크다.
>
> **정답** ②

189 포소화설비의 기기장치로서 관계없는 것은?

① 비례 혼합기　　　　　　　② 소화약제 저장탱크
③ 제트펌프　　　　　　　　④ 유수검지장치

> **해설**　제트펌프(Jet Pump)는 높은 에너지의 분류를 사용하여 흡입관에서 저에너지의 유체를 흡입하고 이것에 에너지를 부여하여 고압적으로 송출하는 펌프로서 포소화설비와는 관련이 없다.
>
> **정답** ③

190 포소화설비의 기기장치로서 관계가 없는 것은?

① 미터링 콕(Metering Cock)

② 이덕터(Eductor)

③ 호스 컨테이너(Hose Container)

④ 클리닝밸브(Cleaning Valve)

해설 클리닝밸브는 약제 방출 후 배관 청소에 필요한 분말소화설비의 기기이다.

정답 ④

191 다음 중 공기포를 형성하는 곳은 어느 것인가?

① 저장탱크　　　② 혼합장치　　　③ 포헤드　　　④ 흡입관

해설 **포헤드 : 공기포를 형성**

정답 ③

192 다음 중 발포기(Foam Chamber)의 구성 요소가 아닌 것은?

① Nozzle　　　② Foam-maker　　　③ Chamber　　　④ Deflector

해설 **발포기의 구성 요소**
- Foam-maker
- Chamber
- Deflector

정답 ①

193 포소화설비에서의 필요하지 않는 설비는?

① 포원액 탱크　　② 가압송수장치　　③ 정압작동장치　　④ 혼합장치

해설 **포소화설비의 구성설비**
- 수 원
- 포방출구
- 약제 혼합장치
- 가압송수장치
- 포원액 저장탱크
- 화재감지장치

> **정압작동장치 : 분말소화설비의 장치**

정답 ③

194 포소화설비의 수용액이 거품으로 형성되는 장치가 아닌 것은?

① 포챔버(Foam Chamber)　　　　② 혼합장치(Mixer)

③ 포헤드(Foam Head)　　　　　　④ 포노즐(Foam Nozzle)

해설　포소화설비의 혼합장치는 포원액과 물의 농도를 조절하여 혼합하는 장치이다.

정답 ②

195 포소화설비에 사용되는 가압송수장치인 펌프의 수두[m] 계산식으로 적합한 것은?(단, H = 전수두[m], h_1 = 노즐 선단(끝부분)의 방사압력환산수두[m], h_2 = 낙차[m], h_3 = 관로의 마찰손실수두[m], h_4 = 호스의 마찰손실수두[m]이다)

① $H = h_1 + h_2$　　　　　　　② $H = h_1 + h_2 + h_3$

③ $H = h_2 + h_3 + h_4$　　　　　④ $H = h_1 + h_2 + h_3 + h_4$

해설　포소화설비의 수두

$$전수두 \ H = h_1 + h_2 + h_3 + h_4$$

여기서, h_1 : 노즐 선단(끝부분)의 방사압력환산수두[m]
　　　　h_2 : 배관의 마찰손실수두[m]
　　　　h_3 : 낙차[m]
　　　　h_4 : 호스의 마찰손실수두[m]

정답 ④

196 포소화설비의 배관에 개폐표시형 개폐밸브(OS & Y)를 설치하는 이유로 적합한 것은?

① 개폐 조작을 용이하게 하기 위해서

② 개폐 상태의 판별을 용이하게 하기 위해서

③ 소방관의 수시 점검을 편리하게 하기 위해서

④ 밸브의 고장을 가급적 막기 위해서

해설　개폐 상태를 육안으로 판별을 용이하게 하기 위해서 개폐표시형 개폐밸브를 설치한다.

정답 ②

197 각 소화설비 방사 시 방사압력이 가장 큰 것은?

① 스프링클러설비　　　　　　② 옥내소화전설비

③ 옥외소화전설비　　　　　　④ 포소화설비

해설　소화설비의 방사압력

종 류	스프링클러설비	옥내소화전설비	옥외소화전설비	포소화설비
방사압력	0.1[MPa]	0.17[MPa]	0.25[MPa]	0.35[MPa]

정답 ④

198 차고 · 주차장에 설치하는 호스릴 포소화설비의 설치할 수 없는 경우는?

① 완전 개방된 옥상주차장으로서 주된 벽이 없고 기둥뿐이거나 주위가 위해방지용 철주 등으로 둘러싸인 부분

② 완전 개방된 고가 밑의 주차장으로서 주된 벽이 없고 기둥뿐이거나 주위가 위해방지용 철주 등으로 둘러싸인 부분

③ 지상 1층으로서 지붕이 없는 부분

④ 완전 개방된 옥상주차장 또는 고가 밑의 주차장으로서 주된 벽이 있고 기둥뿐인 경우

> **해설** 차고 · 주차장의 부분에는 호스릴 포소화설비 또는 포소화전설비를 설치할 수 있는 경우
> • 완전 개방된 옥상주차장 또는 고가 밑의 주차장으로서 주된 벽이 없고 기둥뿐이거나 주위가 위해방지용 철주 등으로 둘러싸인 부분
> • 지상 1층으로서 지붕이 없는 부분

정답 ④

199 포소화설비에 구성요인 중 혼합장치를 설치하는 이유는?

① 일정한 방사압을 유지하기 위하여

② 일정한 유량을 유지하기 위하여

③ 일정한 혼합비율을 유지하기 위하여

④ 균일한 혼합을 위하여

> **해설** 혼합장치 : 일정한 혼합비율을 유지하기 위하여 설치

정답 ③

200 펌프와 발포기의 중간에 설치된 벤투리관의 벤투리작용에 의하여 포소화약제를 흡입 · 혼합하는 방식은?

① 펌프비례혼합방식   ② 라인비례혼합방식

③ 석션비례혼합방식   ④ 프레셔비례혼합방식

> **해설** 라인비례혼합방식 : 펌프와 발포기의 중간에 설치된 벤투리관의 벤투리작용에 의하여 포소화약제를 흡입 · 혼합하는 방식

정답 ②

201 송수관 계통의 노즐에 공기포소화원액 비례혼합조(P.P.T)에 치환흡입기를 접속하여 물을 공기포소화원액 비례혼합조 내에 보내어 공기포소화원액의 치환과 송수관의 공기포소화원액 흡입작용의 양작용에 의해 유수 중에 공기포소화원액을 혼입시켜 지정농도의 공기포소화수용액을 만드는 소화원액 혼합장치는?

① 라인프로포셔너방식   ② 펌프프로포셔너방식

③ 석션프로포셔너방식   ④ 프레셔프로포셔너방식

> **해설** 프레셔프로포셔너방식의 설명이다.

정답 ④

202 다음은 포소화설비의 혼합방식에 관한 것이다. 소화원액 가압펌프를 별도로 사용하는 방식은?

① 흡입혼합(Suction Proportioner)방식

② 펌프혼합(Pump Proportioner)방식

③ 압입혼합(Pressure Side Proportioner)방식

④ 차압혼합(Pressure Proportioner)방식

해설 **압입혼합방식** : 소화원액 가압펌프, 2대의 펌프를 사용하는 혼합방식

정답 ③

203 그림의 혼합기에서 ㉠과 ㉡은?

① ㉠은 물 측 오리피스, ㉡은 원액 측 오리피스

② ㉠, ㉡ 모두 물 측 오리피스

③ ㉠, ㉡ 모두 원액 측 오리피스

④ ㉠은 원액 측 오리피스, ㉡은 물 측 오리피스

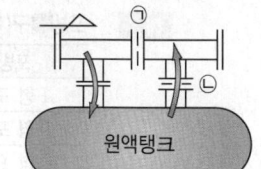

원액탱크

해설 물과 원액이 혼합하여 포(Foam)를 만들어 방출하므로 ㉠은 물 측 오리피스, ㉡은 원액 측 오리피스이다.

정답 ①

204 펌프프로포셔너의 흡입기(吸入器, Ejector)의 하류(下流) 측에 있는 밸브로서 적합한 것은?

① 앵글밸브　　　　　　　　　② 역지밸브

③ 배수밸브　　　　　　　　　④ 공기밸브

해설 펌프프로포셔너방식에서 흡입기의 하류 측에는 역지밸브(체크밸브)를 설치하여 역류를 방지한다.

정답 ②

205 포소화설비의 소화약제 저장탱크의 약제를 바꿀 때 주의할 사항 중 틀린 것은?

① 저장탱크의 클리닝을 완전히 한다.

② 공기포원액을 충전배관의 선단을 상부에 위치시켜 충전한다.

③ 저장탱크 내의 탈수를 한다.

④ 공기포원액은 거품이 나오면 액 중에 침전물이 생긴다.

해설 공기포원액은 공기가 들어가면 거품이 나온다.

정답 ④

206 옥외탱크저장소에 설치하는 포소화설비의 포원액 탱크용량을 결정하는데 필요 없는 것은?

① 탱크의 액표면적
② 탱크의 무게
③ 사용원액의 농도(3[%]형 또는 6[%]형)
④ 위험물의 종류

해설　**포원액 탱크용량의 결정요인**
- 탱크의 액표면적
- 사용원액의 농도(3[%]형 또는 6[%]형)
- 위험물의 종류
- 방출시간

정답 ②

207 플루팅 루프탱크의 측면과 원형파이프 사이의 환상 부분에 포를 방출하는 발포기의 명칭은?

① Ⅰ형 포방출구
② Ⅲ형 포방출구
③ Ⅱ형 포방출구
④ 특형 포방출구

해설　**포방출구(위험물안전관리에 관한 세부기준 제133조)**

포방출구	적용 탱크	주입방법
Ⅰ형 포방출구	고정지붕구조(CRT탱크)	상부 포주입법
Ⅱ형 포방출구	고정지붕구조(CRT탱크) 또는 부상덮개부착고정지붕구조	상부 포주입법
특형 포방출구	부상지붕구조(FRT탱크)	상부 포주입법
Ⅲ형 포방출구	고정지붕구조(CRT탱크)	저부 포주입법
Ⅳ형 포방출구	고정지붕구조(CRT탱크)	저부 포주입법

- 특형 포방출구 : 플루팅 루프 탱크의 측면과 원형파이프 사이의 환상 부분에 포를 방출하는 연쇄발포기
- CRT탱크 : Cone Roof Tank(고정지붕구조)
- FRT탱크 : Floating Roof Tank(부상지붕탱크)

정답 ④

208 포의 팽창비율에 따른 고발포인 제2종 포의 팽창비율은?

① 80배 이상 250배 미만
② 250배 이상 500배 미만
③ 500배 이상 1,000배 미만
④ 1,000배 이상

해설　**팽창비율에 따른 분류**

구 분	저발포	고발포		
		제1종	제2종	제3종
팽창비	20배 이하	80배 이상 250배 미만	250배 이상 500배 미만	500배 이상 1,000배 미만

정답 ②

209 직경이 30[m]인 특수가연물 저장소에 고정포방출구를 1개 설치하였다. 소화에 필요한 약제량은 얼마인가?(단, 표면적당 방출량 4[L/m² · 분], 3[%] 원액, 방출시간 20분)

① 1,700[L] 이상
② 2,546[L] 이상
③ 2,950[L] 이상
④ 3,280[L] 이상

해설　약제량 $Q = A \times Q_1 \times T \times S = \frac{\pi}{4}(30)^2 \times 4 \times 20 \times 0.03 = 1,696.4[L]$

정답 ①

210 포소화액체의 저장량은 고정포방출구에서 방출하기 위하여 필요한 양 이상으로 해야 한다. 다음 공식에 대한 설명으로 틀린 것은?

$$Q = A \times Q_1 \times T \times S$$

① Q_1 : 단위포소화수용액의 양[L/m² · min]
② T : 방출시간(분)
③ A : 저장탱크의 체적[m³]
④ S : 포소화약제의 사용농도[%]

해설 A : 저장탱크의 액표면적[m²]

정답 ③

211 포소화설비에서 포워터 스프링클러헤드가 5개 설치된 경우 수원의 양[m³]은?

① 1.75[m³] ② 2.75[m³] ③ 3.75[m³] ④ 4.75[m³]

해설 수원 = 헤드의 개수 × 75[L/min] × 10[min]
= 5 × 75[L/min] × 10[min] = 3,750[L] = 3.75[m³]

정답 ③

212 바닥면적이 150[m²]인 주차장에 호스릴방식으로 포소화설비를 하였다. 이곳에 설치한 포방출구는 5개이고 포소화약제의 농도는 6[%]이다. 이때 필요한 포소화약제의 양[L]은 얼마인가?

① 810[L] ② 1,080[L]
③ 1,350[L] ④ 1,800[L]

해설 **호스릴방식(옥내포소화전) 계산식**
단, 바닥면적이 200[m²] 미만 시 75[%]로 한다.

$$Q = N \times S \times 6,000[L] \times 0.75$$

여기서, N : 호스접결구 개수(5개 이상은 5개)
S : 포소화약제의 사용농도[%]
∴ $Q = 5 \times 0.06 \times 6,000 \times 0.75 = 1,350[L]$

정답 ③

213 차고 또는 주차장에 설치하는 포소화설비의 수동식 기동장치는 방사구역마다 몇 개 이상 설치해야 하는가?

① 1 ② 2 ③ 3 ④ 4

해설 **수동식 기동장치의 설치(각 방사구역마다)**

특정소방대상물	항공기 격납고	차고 · 주차장
설치개수	2개 이상	1개 이상

정답 ①

214 이산화탄소소화설비의 특징이 아닌 것은?

① 화재 진화 후 깨끗하다.

② 부속이 고압배관, 고압밸브에 사용해야 한다.

③ 소음이 작다.

④ 기계, 유류화재에 효과가 없다.

해설 이산화탄소소화설비의 특징
- 비전도성이므로 전기화재에 적합하다.
- 자체압력으로 가압할 필요 없이 소화가 가능하다.
- 방사 시 동상의 우려가 있다.
- CO_2 방사 시 **소음이 크다.**
- 화재 진화 후 깨끗하다.

정답 ③

215 이산화탄소소화설비의 장점에 해당되지 않는 것은?

① 오손, 부식의 우려가 없고, 소화 후 흔적이 없다.

② 화재 시 가스이므로 침투성이 좋다.

③ 비전도성이므로 전기설비의 장소에도 소화가 가능하다.

④ 다른 불연성 가스보다 기화잠열이 작다.

해설 다른 불연성 가스보다 기화잠열이 크고 액체상태로 저장하므로 저장면적이 작다.

정답 ④

216 이산화탄소소화약제의 저장과 방출에 관한 설명으로 틀린 것은?

① 이산화탄소는 상온에서 용기에 액체 상태로 저장한다.

② 이산화탄소의 증기압으로 완전 방출이 어려우므로 질소가스로 충전 가압한다.

③ 20[℃]에서의 CO_2 저장용기의 내압력은 충전비와 관계가 있다.

④ 이산화탄소의 방출 시 용기 내의 온도는 급강하한다.

해설 이산화탄소는 자체 증기압으로 방출이 가능하며, 할론소화약제는 자체압력으로 방출하기 어려워 질소(N_2)가스를 충전 가압한다.

정답 ②

217 주차장이나 통신기기실에 적합한 이산화탄소소화설비의 방출방식은?

① 전역방출방식

② 국소방출방식

③ 이동식 방출방식

④ 반이동식 방출방식

해설 주차장이나 통신기기실 등 : 전역방출방식

정답 ①

218 전역방출방식 이산화탄소소화설비의 구성 요소가 아닌 것은?

① CO_2용기 ② 원심펌프
③ 선택밸브 ④ 기동용기

해설 원심펌프 : 수(水)계 소화설비의 구성 요소

정답 ②

219 이산화탄소 저압식 저장용기에 설치하는 것이 아닌 것은?

① 액면계 ② 압력계
③ 압력경보장치 ④ 선택밸브

해설 이산화탄소 저압식 저장용기에 설치하는 장치
• 안전밸브 : 내압시험압력의 0.64배부터 0.8배까지의 압력에서 작동
• 봉판 : 내압시험압력의 0.8배부터 내압시험압력에서 작동
• 압력경보장치 : 압력이 2.3[MPa] 이상 1.9[MPa] 이하에서 작동
• 자동냉동장치 : 온도가 −18[℃] 이하에서 2.1[MPa] 이상의 압력유지
• 액면계
• 압력계

정답 ④

220 이산화탄소의 저압저장방식의 저장온도와 압력은 얼마인가?

① 15[℃], 5.3[MPa]
② 15[℃], 2.1[MPa]
③ −18[℃], 5.3[MPa]
④ −18[℃], 2.1[MPa]

해설 저장방식에 의한 분류
• 저압저장방식 : 저장온도 −18[℃], 저장압력(Gauge압) 2.1[MPa]
• 고압저장방식 : 저장온도 15[℃], 저장압력(Gauge압) 5.3[MPa]

정답 ④

221 저압식 저장용기에 설치하는 압력경보장치의 작동 압력은 얼마인가?

① 2.1[MPa] 이상 1.9[MPa] 이하
② 2.3[MPa] 이상 1.9[MPa] 이하
③ 2.1[MPa] 이상 1.4[MPa] 이하
④ 2.3[MPa] 이상 1.4[MPa] 이하

해설 압력경보장치 : 압력이 2.3[MPa] 이상 1.9[MPa] 이하에서 작동

정답 ②

222 이산화탄소소화약제의 저장용기 충전비로서 적합하게 짝지어 있는 것은?

① 저압식은 1.1 이상, 고압식은 1.5 이상
② 저압식은 1.4 이상, 고압식은 2.0 이상
③ 저압식은 1.9 이상, 고압식은 2.5 이상
④ 저압식은 2.3 이상, 고압식은 3.0 이상

해설 이산화탄소소화약제 저장용기의 충전비

구 분	저압식	고압식
충전비	1.1 이상 1.4 이하	1.5 이상 1.9 이하

정답 ①

223 이산화탄소소화약제의 저장용기에 관한 설치기준 설명 중 틀린 것은?

① 저장용기의 충전비는 고압식과 저압식 모두 1.1 이상 1.4 이하로 해야 한다.
② 저압식 저장용기에는 내압시험압력의 0.64배 내지 0.8배 압력에서 작동하는 안전밸브를 설치해야 한다.
③ 저압식 저장용기에는 액면계 및 압력계와 압력경보장치를 설치해야 한다.
④ 저장용기는 고압식은 25[MPa] 이상의 내압시험압력에 합격한 것을 사용해야 한다.

해설 이산화탄소소화약제 저장용기의 충전비

구 분	저압식	고압식
충전비	1.1 이상 1.4 이하	1.5 이상 1.9 이하

정답 ①

224 이산화탄소소화설비의 소화약제 저장용기의 선택밸브 또는 개폐밸브 사이에 설치하는 안전장치의 작동압력 기준으로 옳은 것은?

① 배관의 최소사용설계압력
② 배관의 최소사용설계압력과 최대허용압력 사이의 압력
③ 배관의 최대허용압력
④ 배관의 최소사용설계압력

해설 이산화탄소의 압력

구 분		압력 기준
내압시험압력	저압식	3.5[MPa] 이상
	고압식	25[MPa] 이상
저압식 저장용기	안전밸브의 작동압력	내압시험압력의 0.64배부터 0.8배까지
	봉판의 작동압력	내압시험압력의 0.8배부터 내압시험압력
	압력경보장치의 작동압력	2.3[MPa] 이상 1.9[MPa] 이하
	자동냉동장치	영하 18[℃] 이하에서 2.1[MPa] 이상의 압력
저장용기와 선택밸브 또는 개폐밸브 사이의 안전장치		배관의 최소사용설계압력과 최대허용압력 사이의 압력에서 작동

정답 ②

225 다음은 호스릴 이산화탄소소화설비의 설치기준이다. 옳지 않은 것은?

① 노즐당 이산화탄소소화약제 방출량은 20[℃]에서 1분당 60[kg] 이상이어야 한다.

② 소화약제 저장용기는 호스릴 2개마다 1개 이상 설치해야 한다.

③ 소화약제 저장용기의 가장 가까운 보기 쉬운 곳에 표시등을 설치해야 한다.

④ 저장용기의 개방밸브는 호스의 설치장소에서 수동으로 개폐할 수 있어야 한다.

해설   호스릴 이산화탄소소화설비의 소화약제 저장용기는 호스릴을 설치하는 장소마다 설치해야 한다.

정답 ②

226 호스릴 이산화탄소소화설비의 각 부분으로부터 하나의 호스접결구까지의 수평거리는 몇 [m] 이하가 되어야 하는가?

① 15[m]   ② 20[m]

③ 25[m]   ④ 40[m]

해설   호스릴 소화설비의 수평거리

종 류	이산화탄소, 분말소화설비	할론소화설비
수평거리	15[m] 이하	20[m] 이하

정답 ①

227 2개의 호스릴을 가진 이산화탄소소화설비에서 소화약제의 저장량은 몇 [kg] 이상으로 해야 하는가?

① 100   ② 140

③ 180   ④ 200

해설   호스릴 이산화탄소소화설비(1개)의 소화약제 저장량 : 90[kg]

∴ 약제량 = 2개 × 90[kg] = 180[kg]

> 호스릴 이산화탄소소화설비의 분당 방출량 : 60[kg]

정답 ③

228 호스릴 이산화탄소소화설비의 설치기준으로 옳지 않은 것은?

① 방호대상물의 각 부분으로부터 하나의 호스접결구까지의 수평거리가 15[m] 이하가 되도록 한다.

② 노즐은 20[℃]에서 하나의 노즐마다 60[kg/min] 이상의 소화약제를 방출할 수 있는 것으로 한다.

③ 소화약제 저장용기는 호스릴을 설치하는 장소마다 설치한다.

④ 소화약제 저장용기의 개방밸브는 호스의 설치장소에서 자동으로 개폐할 수 있는 것으로 한다.

해설   소화약제의 저장용기의 개방밸브는 **수동**으로 **개폐**할 수 있는 것으로 한다.

정답 ④

229 이산화탄소소화설비의 수동식 기동장치의 설치기준 중 적합하지 않은 것은?

① 해당 방호구역의 출입구 부분 등 조작을 하는 자가 쉽게 피난할 수 있는 장소에 설치할 것
② 기동장치의 조작부는 바닥으로부터 높이 0.8[m] 이상 1.5[m] 이하의 위치에 설치할 것
③ 기동장치의 방출용 스위치는 음향경보장치와 연동하여 조작될 수 있는 것으로 할 것
④ 모든 기동장치에는 전원표시등을 설치할 것

> **해설** 이산화탄소소화설비의 수동식 기동장치에서 전기를 사용하는 기동장치에는 전원표시등을 설치할 것

정답 ④

230 이산화탄소소화설비의 기동용 가스용기의 체적은 몇 [L] 이상인가?

① 0.5[L] ② 1.0[L]
③ 2.0[L] ④ 5.0[L]

> **해설** **이산화탄소소화설비의 기동용 가스용기** : 체적은 5[L] 이상으로 하고, 해당 용기에 저장하는 질소 등의 비활성 기체는 6.0[MPa] 이상(21[℃] 기준)의 압력으로 충전할 것

정답 ④

231 이산화탄소소화설비의 전기식 기동장치로서 7병 이상의 저장용기를 동시에 개방하는 설비에는 몇 병 이상의 저장용기에 전자개방밸브를 부착해야 하는가?

① 1병 ② 2병
③ 3병 ④ 4병

> **해설** 전기식 기동장치로서 7병 이상의 저장용기를 동시에 개방하는 설비에는 **2병 이상**의 저장용기에 전자개방밸브를 부착할 것

정답 ②

232 면화류를 저장하는 창고에 CO_2 소화설비를 하려고 한다. 이 창고의 체적은 100[m³], 설계농도는 75[%]이다. 자동폐쇄장치가 설치되어 있지 않으며 개구부 면적은 2[m²]이다. 이때 탄산가스 저장량 [kg]은?

① 270 ② 290
③ 300 ④ 370

> **해설** **탄산가스 저장량[kg]**
> = 방호구역 체적[m³] × 필요가스량[kg/m³] + 개구부 면적[m²] × 가산량(10[kg/m²])
> = 100[m³] × 2.7[kg/m³] + 2[m²] × 10[kg/m²] = 290[kg]

정답 ②

233 방호체적 500[m³]인 전산기기실에 이산화탄소소화설비를 전역방출방식으로 설치하고자 한다. 이때 필요한 이산화탄소소화약제의 양[kg]은?

① 1,120　　　　　　　　　　　② 520
③ 680　　　　　　　　　　　④ 650

> 해설　심부화재 방호대상물(종이, 목재, 석탄, 섬유류, 합성수지류 등)
>
> | 방호대상물 | 필요가스량 | 설계농도 |
> |---|---|---|
> | 유압기기를 제외한 전기설비, 케이블실 | 1.3[kg/m³] | 50[%] |
> | 체적 55[m³] 미만의 전기설비 | 1.6[kg/m³] | 50[%] |
> | 서고, 전자제품 창고, 목재가공품 창고, 박물관 | 2.0[kg/m³] | 65[%] |
> | 고무류·면화류 창고, 모피 창고, 석탄 창고, 집진설비 | 2.7[kg/m³] | 75[%] |
>
> **탄산가스 저장량[kg]**
> = 방호구역 체적[m³] × 필요가스량[kg/m³] + 개구부 면적[m²] × 가산량(10[kg/m²])
>
> ∴ 500[m³] × 1.3[kg/m³] = 650[kg]

정답 ④

234 이산화탄소소화설비에서 다음의 방호대상물 중 가연성 액체 또는 가연성 가스의 소화에 필요한 설계농도가 가장 높은 것은?

① 에테인　　　　　　　　　　② 뷰테인
③ 프로페인　　　　　　　　　④ 메테인

> 해설　가연성 액체 또는 가연성 가스의 소화에 필요한 설계농도
>
> | 종 류 | 에테인 | 뷰테인 | 프로페인 | 메테인 |
> |---|---|---|---|---|
> | 설계농도 | 40[%] | 34[%] | 37[%] | 34[%] |

정답 ①

235 메테인을 저장하는 창고에 CO_2설비는 전역방출방식으로 하려고 한다. 이때 방호체적은 500[m³]이고 개구부 면적은 4[m²]이다. 이때 CO_2 저장량은?(CO_2의 설계농도는 50[%]이고, 보정계수는 1.64이다. 자동폐쇄장치 미설치)

① 420[kg]　　　　　　　　　② 520[kg]
③ 676[kg]　　　　　　　　　④ 750[kg]

> 해설　표면화재 시 탄산가스 저장량[kg]
> = 방호구역 체적[m³] × 필요가스량[kg/m³] × 보정계수 + 개구부 면적[m²] × 가산량(5[kg/m²])
> = 500[m³] × 0.8[kg/m³] × 1.64 + 4[m²] × 5[kg/m²] = 676[kg]

정답 ③

236 이산화탄소소화설비가 일반건축물에 설치되어 있을 때 국소방출방식의 분사헤드가 소화약제를 방출하는 데 필요한 시간은?

① 10초 이내　　　　　　　　　　② 30초 이내

③ 1분 이내　　　　　　　　　　④ 2분 이내

해설　소화약제 방출시간

방출방식	설비종류	이산화탄소소화설비		할론소화설비	분말소화설비
		표면화재	심부화재		
전역방출방식	일반건축물	1분	7분	10초	30초
	위험물제조소 등	60초	60초	30초	30초
국소방출방식	일반건축물	30초	30초	10초	30초
	위험물제조소 등	30초	30초	30초	30초

정답 ②

237 CO_2 소화설비에서 소화약제를 방사하여 CO_2가 40[%] 되었을 때 O_2의 연소한계 농도는?

① 1.26[%]　　　　　　　　　　② 8.4[%]

③ 12.6[%]　　　　　　　　　　④ 15.6[%]

해설　CO_2 농도 $= \dfrac{21 - O_2}{21} \times 100$　　　$40 = \dfrac{21 - O_2}{21} \times 100$　　　$\therefore\ O_2 = 12.6[\%]$

혹은 $21[\%] \times (1 - 0.4) = 12.6[\%]$

정답 ③

238 산소 농도를 15[%] 이하로 제어하면 일반적으로 소화가 가능하다고 한다. 만약 이산화탄소를 방사하여 산소 농도가 12[%]가 되었다면 이때 공기 중의 이산화탄소의 농도는 몇 [%]인가?

① 42.9[%]　　　　　　　　　　② 45.9[%]

③ 78.9[%]　　　　　　　　　　④ 88.9[%]

해설　이산화탄소의 농도

$$농도 = \dfrac{21 - O_2}{21} \times 100$$

$\therefore\ \dfrac{21 - 12}{21} \times 100 = 42.86[\%]$

정답 ①

239 내용적이 20[m³]의 전기실에 화재가 발생되어 이산화탄소소화약제를 방출하여 소화를 하였다면 이곳에 방출해야 하는 이산화탄소소화약제의 양[m³]은 얼마가 되겠는가?(단, 한계산소농도는 15[%] 이다)

① 3[m³]   ② 4[m³]
③ 8[m³]   ④ 9[m³]

해설　이산화탄소 가스량

$$가스량 = \frac{21 - O_2}{O_2} \times V$$

∴ $\dfrac{21-15}{15} \times 20[m^3] = 8[m^3]$

정답 ③

240 이산화탄소소화설비의 전역방출방식에서 가연성 액체를 저장 취급하는 장소인 경우에 약제 방출시 간은?

① 30초   ② 1분   ③ 2분   ④ 7분

해설　특정소방대상물별 소화약제 방출시간

특정소방대상물	시 간
가연성 액체 또는 가연성 가스 등 표면화재 방호대상물	1분
종이, 목재, 석탄, 섬유류, 합성수지류 등 심부화재 방호대상물(설계농도가 2분 이내에 30[%] 도달해야 함)	7분

정답 ②

241 이산화탄소소화설비에 있어서 고압식 분사헤드의 방출압력은?

① 0.9[MPa]   ② 1.05[MPa]   ③ 1.4[MPa]   ④ 2.1[MPa]

해설　분사헤드의 방출압력

구 분	고압식	저압식
방출압력	2.1[MPa] 이상	1.05[MPa] 이상

정답 ④

242 이산화탄소소화설비의 제어반이 갖추어야 할 기능이 아닌 것은?

① 전원표시등   ② 음향경보장치의 작동기능
③ 소화약제의 방출기능   ④ 제어반의 위치표시

해설　제어반의 기능
• 전원표시등   • 음향경보장치의 작동기능
• 소화약제의 방출기능   • 수동기동장치의 신호 수신
• 지연제어기능

정답 ④

243 이산화탄소소화설비의 전기식 수동기동조작함에 설치하지 않아도 되는 것은?

① 조작스위치　　　　　　　　② 조작스위치 보호판
③ 전원표시등　　　　　　　　④ 전화잭

> 해설　전기식 수동기동조작함의 부속기기
> • 조작스위치
> • 조작스위치 보호판
> • 전원표시등

정답 ④

244 이산화탄소소화설비의 제어반의 설치장소로 적합하지 않은 곳은?

① 화재에 의한 영향이 없는 곳　　　② 진동 및 충격에 의한 영향이 없는 곳
③ 부식성 가스가 발생하는 곳　　　④ 점검에 편리한 장소

> 해설　제어반 및 화재표시반의 설치장소
> • 화재에 의한 영향이 없는 곳
> • 진동 및 충격에 의한 영향이 없는 곳
> • **부식의 우려가 없는 곳**
> • 점검에 편리한 장소

정답 ③

245 이산화탄소소화설비의 가스방출등의 주된 설치 목적으로 옳은 것은?

① 가스방출 시 소방대가 방출표시를 보고 방호대상 지역에 진입하기 위하여 설치
② 가스방출 시 방호대상 지역에 외부의 사람이 진입하지 못하도록 설치
③ 가스방출의 이상 유무를 확인하기 위하여 설치
④ 감지기의 오작동을 표시하기 위하여 설치

> 해설　가스방출등 설치
> • 위치 : 방출구역 출입구 위에 부착
> • **목적** : 가스방출 시 외부의 **사람이 진입**을 막기 위하여

정답 ②

246 이산화탄소소화설비의 음향경보장치는 소화약제의 방출개시 후 몇 분 이상까지 경보를 계속할 수 있어야 하는가?

① 1　　　　　　② 2　　　　　　③ 3　　　　　　④ 4

> 해설　이산화탄소소화설비의 음향경보장치는 소화약제의 방출개시 후 **1분 이상** 경보를 계속할 수 있는 것으로 할 것

정답 ①

247 다음 중에서 이산화탄소소화설비의 분사헤드를 설치할 수 있는 장소는?

① 이황화탄소를 저장·취급하는 곳

② 벤조일퍼옥사이드(BPO)를 저장·취급하는 곳

③ 셀룰로이드 제품을 저장·취급하는 곳

④ 나이트로셀룰로오스를 저장·취급하는 곳

해설 이산화탄소소화설비의 분사헤드 설치 제외 장소
• 방재실, 제어실 등 사람이 상시 근무하는 장소
• 나이트로셀룰로오스, 셀룰로이드 제품 등 **자기연소성 물질**을 저장·취급하는 장소
• 나트륨, 칼륨, 칼슘 등 활성금속물질을 저장·취급하는 장소
• 전시장 등의 관람을 위하여 다수인이 출입·통행하는 통로 및 전시실 등

정답 ①

248 할론소화설비에서 약제 저장용기 내에 가압용 가스를 사용할 때 가장 적당한 것은?

① 질 소   ② 이산화탄소

③ 메테인   ④ 수 소

해설 가압용 가스 : 질소

정답 ①

249 통신기기실의 소화설비에 가장 적합한 것은?

① 스프링클러설비   ② 옥내소화전설비

③ 할론소화설비   ④ 분말소화설비

해설 통신기기실, 전기실, 발전기실 : 할론소화설비

정답 ③

250 할론소화약제의 저장용기 중 할론1211에 있어서의 충전비는 얼마인가?

① 0.51 이상 0.67 미만   ② 0.7 이상 1.4 이하

③ 0.67 이상 2.75 이하   ④ 0.9 이상 1.6 이하

해설 할론소화약제 저장용기의 충전비

약 제	할론1301	할론1211	할론2402	
충전비	0.9 이상 1.6 이하	0.7 이상 1.4 이하	가압식	0.51 이상 0.67 미만
			축압식	0.67 이상 2.75 이하

정답 ②

251 상온인 20[℃]에서 할론소화약제별 충전 압력을 옳게 표시한 것은?

	소화약제의 종류	저압식[MPa]	고압식[MPa]
①	Halon1301	2.5	4.2
②	Halon1211	1.4	2.5
③	Halon2402	1.7	3.8
④	Halon1301	2.0	4.0

해설 축압식 저장용기의 압력(20[℃])

약 제	할론1301	할론1211
압 력	2.5[MPa] 또는 4.2[MPa]	1.1[MPa] 또는 2.5[MPa]

정답 ①

252 체적 50[m³]의 전산실에 전역방출방식의 할론소화설비를 설치하는 경우, 할론1301의 저장량은 몇 [kg] 이상이어야 하는가?(단, 전산실에는 자동폐쇄장치를 설치하되 개구부가 있음)

① 13
② 16
③ 19
④ 22

해설 할론가스 저장량[kg]

= 방호구역 체적[m³] × 필요가스량[kg/m³] + 개구부 면적[m²] × 가산량[kg/m²]

= 50[m³] × 0.32[kg/m³] = 16[kg] 이상

Plus one 가스계소화설비의 약제량 계산 시 주의사항
- 자동폐쇄장치 설치 시 약제량 = 방호구역 체적[m³] × 필요가스량[kg/m³]
- 자동폐쇄장치 미설치 시 약제량 = 방호구역 체적[m³] × 필요가스량[kg/m³] + 개구부 면적[m²] × 가산량[kg/m²]

정답 ②

253 체적이 400[m³]인 특수가연물 저장소(면화류)에 자동폐쇄장치를 설치하지 않는 개구부의 면적이 4[m²]이다. 이곳 전역방출방식의 할론1301 소화설비를 하려고 할 때 저장해야 하는 소화약제의 양은 얼마인가?

① 137.6[kg]
② 172.0[kg]
③ 154.8[kg]
④ 223.6[kg]

해설 할론가스 저장량[kg]

= 방호구역 체적[m³] × 필요가스량[kg/m³] + 개구부 면적[m²] × 가산량[kg/m²]

= 400[m³] × 0.52[kg/m³] + 4[m²] × 3.9[kg/m²] = 223.6[kg]

정답 ④

254 할론소화설비의 국소방출방식에 대한 소화약제 산출방식이 관련된 공식 $Q = X - Y\dfrac{a}{A}$ 의 설명으로 옳지 않은 것은?

① Q는 방호공간 1$[\text{m}^3]$에 대한 할론소화약제량이다.
② a는 방호대상물 주위에 설치된 벽면적 합계이다.
③ A는 방호공간의 벽면적이다.
④ X는 개구부 면적이다.

해설

$$Q = X - Y\frac{a}{A}$$

- Q : 방호공간 1$[\text{m}^3]$에 대한 할론소화약제의 양$[\text{kg/m}^3]$
- a : 방호대상물 주위에 설치된 벽면적의 합계$[\text{m}^2]$
- A : 방호공간의 벽면적(벽이 없는 경우에는 벽이 있는 것으로 가정한 해당 부분의 면적)의 합계$[\text{m}^2]$
- X, Y의 수치

소화약제의 종류	할론2402	할론1211	할론1301
X의 수치	5.2	4.4	4.0
Y의 수치	3.9	3.3	3.0

정답 ④

255 방호구역이 110$[\text{m}^3]$인 특정소방대상물에 할론1301소화설비를 설치하고자 한다. 소화에 필요한 할론의 설계농도를 8$[\%]$라고 하면 필요한 약제량은?(단, 설계기준 온도는 20$[\degree\text{C}]$, 할론1301의 비체적은 0.16$[\text{m}^3\text{/kg}]$)

① 69.78$[\text{kg}]$ ② 59.78$[\text{kg}]$
③ 79.98$[\text{kg}]$ ④ 89.78$[\text{kg}]$

해설 **할론소화약제량**

$$\text{할론농도} = \frac{21 - O_2}{21} \times 100 \qquad G = \frac{21 - O_2}{O_2} \times V$$

여기서, G : 약제량$[\text{m}^3]$
O_2 : 산소의 농도
V : 방호구역의 체적

- 할론농도 $= \dfrac{21 - O_2}{21} \times 100$ $8 = \dfrac{21 - O_2}{21} \times 100$ $\therefore O_2 = 19.32[\%]$

- $G = \dfrac{21 - O_2}{O_2} \times V = \dfrac{21 - 19.32}{19.32} \times 110[\text{m}^3] = 9.565[\text{m}^3]$

$\therefore$ 할론약제량 $= \dfrac{9.565[\text{m}^3]}{0.16[\text{m}^3\text{/kg}]} = 59.78[\text{kg}]$

정답 ②

256 호스릴 할론소화설비에 있어서 하나의 노즐에 대하여 할론1301의 소화약제의 양은 얼마 이상인가?

① 40[kg]
② 45[kg]
③ 50[kg]
④ 30[kg]

해설 | 호스릴방식의 약제저장량

소화약제의 종류	할론2402 또는 1211	할론1301
소화약제의 양	50[kg]	45[kg]

정답 ②

257 할론소화설비의 Halon1301의 분사헤드의 방출압력은?

① 0.1[MPa] 이상
② 0.2[MPa] 이상
③ 0.9[MPa] 이상
④ 1.4[MPa] 이상

해설 | 분사헤드의 방출압력

약 제	할론2402	할론1211	할론1301
방출압력	0.1[MPa] 이상	0.2[MPa] 이상	0.9[MPa] 이상

정답 ③

258 호스릴방식의 소화설비 중에서 방호대상물의 각 부분으로부터 하나의 호스접결구까지의 수평거리를 20[m]로 할 수 있는 것은?

① 미분무소화설비
② 이산화탄소소화설비
③ 할론소화설비
④ 분말소화설비

해설 | 호스릴방식의 유효 반경
• 분말, 이산화탄소소화설비 : 수평거리 15[m] 이하
• **할론소화설비 : 수평거리 20[m] 이하**
• 미분무소화설비 : 수평거리 25[m] 이하

정답 ③

259 다음 중 할론1211소화설비의 공사로 가장 적당한 것은 어느 것인가?

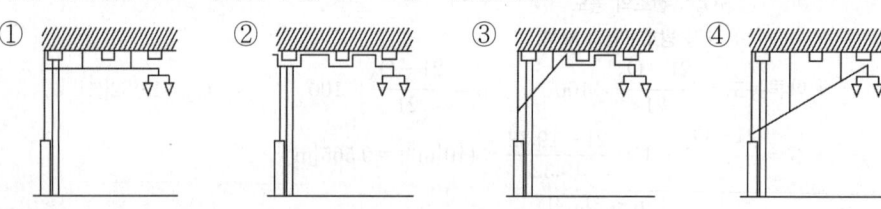

해설 | 마찰손실을 작게 하기 위해 직선으로 설치해야 한다.

정답 ①

260 할론1301을 이용한 할론소화설비를 동작시키는 감지기 배선은?

① 제어반과 직접 연결되는 배선
② 송배전방식의 교차회로배선
③ 감지기상호 간 직렬배선
④ 감지기상호 간 병렬배선

해설 할론소화설비의 감지기 배선 : 송배전방식의 교차회로배선

정답 ②

261 할론소화설비의 배관 시공방법으로 틀린 것은?

① 전용으로 한다.
② 동관을 사용하는 경우 이음이 없는 것을 사용한다.
③ 밸브류는 강관 또는 동관과 동등 이상의 강도 및 내식성이 있는 것을 사용한다.
④ 주배관은 반드시 스케줄 80 이상의 압력배관용 탄소강관을 사용한다.

해설 할론소화설비의 배관 설치기준
• 전용으로 할 것
• 강관을 사용하는 경우의 배관은 압력배관용 탄소강관(KS D 3562) 중 스케줄 40 이상의 것 또는 이와 동등 이상의 강도를 가진 것으로서 아연도금 등에 따라 방식처리된 것을 사용할 것
• 동관을 사용하는 경우에는 이음이 없는 동 및 동합금관(KS D 5301)의 것으로서 고압식은 16.5[MPa] 이상, 저압식은 3.75[MPa] 이상의 압력에 견딜 수 있는 것을 사용할 것
• 배관 부속 및 밸브류는 강관 또는 동관과 동등 이상의 강도 및 내식성이 있는 것으로 할 것

정답 ④

262 다음은 할론소화설비의 수동식 기동장치 점검내용이다. 이 중 가장 잘못된 것은?

① 방호구역 외부에 설치되어 있는가
② 표지가 설치되어 있는가
③ 감지기와 연동되어 있는가
④ 조작부는 바닥으로부터 높이 0.8[m] 이상 1.5[m] 이하의 위치에 설치되어 있는가

해설 할론소화설비의 **자동식 기동장치**는 화재감지기와 **연동**되어야 한다.

정답 ③

263 가스계 소화설비 및 분말소화설비의 배관공사 시 주의사항으로 적당하지 않은 것은?

① 관의 절단면을 리밍한다.
② 매설되는 부분에는 드레인 장치를 한다.
③ 노즐을 취부하기 전에 반드시 물로서 수압시험을 행한다.
④ 관 내에 이물질이 없도록 압축공기로 청소한다.

해설 가스계 소화설비 및 분말소화설비는 노즐을 취부하기 전에 가스로서 **기밀시험**을 행한다.

정답 ③

264 다음 중 불활성기체소화약제의 기본성분이 아닌 것은?

① 헬 륨
② 네 온
③ 아르곤
④ 산 소

> 해설 불활성기체소화약제 : 헬륨, 네온, 아르곤 또는 질소가스 중 하나 이상의 원소를 기본성분으로 하는
> 소화약제

정답 ④

265 할로겐화합물 및 불활성기체의 종류가 아닌 것은?

① HCFC BLEND A
② HFC-125
③ HFC-23
④ CF₃Br

> 해설 CF₃Br은 할론1301이다.
>
> **Plus one** **할로겐화합물 및 불활성기체의 종류**
> * FC-3-1-10
> * HCFC BLEND A
> * HCFC-124
> * HFC-125
> * HFC-227ea
> * HFC-23
> * IG-541

정답 ④

266 할로겐화합물 및 불활성기체의 종류에 해당되지 않는 것은?

① IG-01
② IG-02
③ IG-541
④ IG-55

> 해설 **할로겐화합물 및 불활성기체의 종류**
>
> | 소화약제 | 화학식 |
> | --- | --- |
> | 불연성·불활성기체혼합가스(IG-01) | Ar |
> | 불연성·불활성기체혼합가스(IG-100) | N_2 |
> | 불연성·불활성기체혼합가스(IG-541) | N_2 : 52[%], Ar : 40[%], CO_2 : 8[%] |
> | 불연성·불활성기체혼합가스(IG-55) | N_2 : 50[%], Ar : 50[%] |

정답 ②

267 현재 국내 및 국제적으로 적용되고 있는 할로겐화합물 및 불활성기체소화설비 중 약제의 저장용기 내에서 저장상태가 기체상태의 압축가스인 약제는?

① INERGEN
② NAFS-Ⅲ
③ FM-200
④ FE-13

> 해설 INERGEN은 **기체상태**로 저장된 압축가스이다.

정답 ①

268 할로겐화합물 및 불활성기체소화설비를 설치할 수 없는 장소는?

① 제3류 위험물 저장소　　　　　② 전기실
③ 제4류 위험물 저장소　　　　　④ 컴퓨터실

해설　할로겐화합물 및 불활성기체의 설치 제외 장소
　　　• 사람이 상주하는 곳으로 최대허용설계농도를 초과하는 장소
　　　• 제3류 위험물 및 제5류 위험물을 사용하는 장소

정답 ①

269 할로겐화합물 및 불활성기체소화설비의 기동장치의 설치기준으로 옳지 않은 것은?

① 수동식 기동장치는 방호구역마다 설치할 것
② 수동식 기동장치의 조작부는 바닥으로부터 0.5[m] 이상 1[m] 이하에 설치할 것
③ 전기를 사용하는 기동장치에는 전원표시등을 설치할 것
④ 50[N] 이하의 힘을 가하여 기동할 수 있는 구조로 설치할 것

해설　수동식 기동장치의 설치 위치 : 바닥으로부터 0.8[m] 이상 1.5[m] 이하

정답 ②

270 할로겐화합물 및 불활성기체소화설비의 분사헤드의 설치높이로 맞는 것은?

① 최소 0.1[m] 이상 최대 3.2[m] 이하
② 최소 0.1[m] 이상 최대 3.5[m] 이하
③ 최소 0.2[m] 이상 최대 3.5[m] 이하
④ 최소 0.2[m] 이상 최대 3.7[m] 이하

해설　분사헤드의 설치높이 : 최소 0.2[m] 이상 최대 3.7[m] 이하

정답 ④

271 할로겐화합물 및 불활성기체소화설비의 비상전원은 몇 분 이상 작동할 수 있어야 하는가?

① 10분　　　　② 20분　　　　③ 30분　　　　④ 60분

해설　할로겐화합물 및 불활성기체소화설비의 비상전원 : 20분

정답 ②

272 할로겐화합물 및 불활성기체의 저장용기에 표시사항이 아닌 것은?

① 약제명　　　　　　　　　② 저장용기의 자체중량과 총중량
③ 약제의 색상　　　　　　　④ 충전압력

해설　저장용기의 표시사항
　　　• 약제명　　　　　　　　• 저장용기의 자체중량과 총중량
　　　• 충전일시　　　　　　　• 충전압력
　　　• 약제의 체적

정답 ③

273 분말소화약제의 저장용기 설치기준으로 옳지 않은 것은?

① 방호구역 내에 설치한다.

② 온도가 40[℃] 이하이고 온도 변화가 적은 곳에 설치한다.

③ 직사광선 및 빗물의 침투할 우려가 없는 곳에 설치한다.

④ 방화문으로 방화구획된 실에 설치한다.

> 해설 **저장용기**는 **방호구역 외의 장소**에 설치한다. 다만, 방호구역 내에 설치하는 경우에는 피난 및 조작이 용이하도록 피난구 부근에 설치해야 한다.

> 정답 ①

274 제1종 소화분말 250[kg]을 저장하려고 하는데 저장용기의 내용적[L]은 얼마 이상으로 해야 하는가?

① 200[L]　　　　　　　　　② 250[L]

③ 312.5[L]　　　　　　　　④ 375[L]

> 해설 제1종 분말 충전비 : 0.8
>
> $$\text{충전비} = \frac{[\text{L}]}{[\text{kg}]} \qquad 0.8 = \frac{x}{250} \qquad \therefore \ x = 200[\text{L}]$$

> 정답 ①

275 분말소화설비 저장용기의 충전비는 얼마 이상이어야 하는가?

① 0.8　　　　　　② 1.0　　　　　　③ 1.25　　　　　　④ 1.5

> 해설 분말소화설비의 충전비[L/kg]
>
> | 소화약제의 종류 | 제1종 분말 | 제2종 분말 | 제3종 분말 | 제4종 분말 |
> |---|---|---|---|---|
> | 충전비 | 0.80 | 1.00 | 1.00 | 1.25 |

> 정답 ①

276 체적이 400[m³]인 특정소방대상물에 제3종 분말소화설비를 설치하려고 한다. 이곳에 자동폐쇄장치가 설치되어 있지 않는 개구부의 면적이 5[m²]일 때 소화약제 저장량은?

① 262.5[kg]　　　　　　　　② 157.5[kg]

③ 105[kg]　　　　　　　　　④ 205[kg]

> 해설 소화약제 저장량[kg]
> = 방호구역 체적[m³] × 필요약제량[kg/m³] + 개구부 면적[m²] × 가산량[kg/m²]
> = 400[m³] × 0.36[kg/m³] + 5[m²] × 2.7[kg/m²] = 157.5[kg]
>
> **Plus one** 제2종, 제3종 분말소화약제
> • 필요약제량 : 0.36[kg/m³]
> • 가산량 : 2.7[kg/m²]

> 정답 ②

277 제1종 분말을 사용한 전역방출방식의 분말소화설비에 있어서 방호구역 1[m³]에 대한 소화약제의 저장량은 얼마인가?

① 0.6[kg]
② 0.36[kg]
③ 0.24[kg]
④ 0.72[kg]

해설　분말소화설비의 전역방출방식의 소화약제량

약제의 종류	제1종 분말	제2종, 제3종 분말	제4종 분말
필요약제량[kg/m³]	0.60	0.36	0.24

정답　①

278 제3종 호스릴 분말소화설비를 설치하려고 한다. 노즐의 수가 2개일 때 소화약제의 저장량은 얼마가 필요한가?

① 40[kg]
② 60[kg]
③ 80[kg]
④ 100[kg]

해설　호스릴방식의 소화약제 저장량

소화약제의 종류	제1종 분말	제2종 또는 제3종 분말	제4종 분말
필요약제량	50[kg]	30[kg]	20[kg]

∴ 소화약제의 저장량[kg] = 노즐수 × 기준량(필요약제량) = 2개 × 30[kg] = 60[kg]

정답　②

279 전역방출방식 분말소화설비에서 방호구역의 개구부에 자동폐쇄장치를 설치하지 않은 경우에 개구부의 면적 1[m²]에 대한 분말소화약제의 가산량으로 잘못 연결된 것은?

① 제1종 분말 – 4.5[kg]
② 제2종 분말 – 2.7[kg]
③ 제3종 분말 – 2.5[kg]
④ 제4종 분말 – 1.8[kg]

해설　분말소화약제의 가산량

약제의 종류	제1종 분말	제2종 또는 제3종 분말	제4종 분말
가산량	4.5[kg/m²]	2.7[kg/m²]	1.8[kg/m²]

정답　③

280 가압용 가스에 질소가스를 사용하는 것에 있어서 20[kg] 소화약제를 사용하였을 때, 배관 청소에 필요한 양으로 옳은 것은?

① 200[L]
② 400[L]
③ 600[L]
④ 800[L]

해설　가압용 또는 축압용 가스의 설치기준

종 류 ＼ 가 스	질소(N_2)	이산화탄소(CO_2)
가압용 가스에 질소가스를 사용하는 것	40[L/kg] 이상	20[g/kg] + 배관 청소 필요량
가압용 가스에 질소가스를 사용하는 것	10[L/kg] 이상	

※ 배관의 청소에 필요한 양의 가스는 별도의 용기에 저장할 것

∴ 청소에 필요한 가산양 = 20[kg] × 40[L/kg] = 800[L]

정답 ④

281 분말소화설비의 충전용 가스로 사용할 수 있는 것은?

① 질 소
② 이산화질소
③ 일산화탄소
④ 수 소

해설　충전용 가스 : 질소(N_2)

정답 ①

282 분말소화약제의 가압용 가스용기를 몇 병 이상 설치한 경우에 2개 이상의 용기에 전자개방밸브를 부착해야 하는가?

① 2병
② 3병
③ 4병
④ 5병

해설　분말소화약제의 가압용 가스용기를 3병 이상 설치한 경우에는 2개 이상의 용기에 전자개방밸브를 부착할 것

정답 ②

283 분말소화설비에서 방호구역이 2개일 때 선택밸브는 몇 개를 설치해야 하는가?

① 1개
② 2개
③ 3개
④ 4개

해설　선택밸브는 방호구역 수만큼 설치한다.

정답 ②

284 분말소화설비 저장용기가 가압식일 때 얼마에서 안전밸브가 작동하는 것을 설치해야 하는가?

① 최고사용압력의 1.5배 이하

② 최고사용압력의 1.8배 이하

③ 내압시험의 1.5배 이하

④ 내압시험의 압력의 1.8배 이하

해설 안전밸브 작동압력
- 가압식 : 최고사용압력의 1.8배 이하
- 축압식 : 내압시험압력의 0.8배 이하

정답 ②

285 소화설비 작동 후 소화약제 탱크의 잔액과 잔압을 배출해야 하는 장치는?

① 배출장치　　② 청소장치　　③ 분해장치　　④ 배수장치

해설 분말소화설비의 잔압 배출장치 : 청소장치

정답 ②

286 차고, 주차장에 적합한 분말소화설비의 소화약제는?

① 제1종 분말　　　　　② 제2종 분말

③ 제3종 분말　　　　　④ 제4종 분말

해설 차고, 주차장 : 제3종 분말

정답 ③

287 분말소화설비에서 분말소화약제의 방출시간으로 적합한 것은?

① 20초　　② 30초　　③ 40초　　④ 60초

해설 소화분말약제의 방출시간 : 30초

정답 ②

288 호스릴 분말소화설비에서 방호대상물의 각 부분으로부터 하나의 호스접결구까지의 수평거리 기준은?

① 10[m] 이하　　　　　② 15[m] 이하

③ 20[m] 이하　　　　　④ 25[m] 이하

해설 호스릴 소화설비의 유효 반경(수평거리)
- 할론 : 20[m] 이하
- 이산화탄소와 분말 : 15[m] 이하

정답 ②

289 호스릴 분말소화설비 중 하나의 노즐당 제4종 분말은 분당 몇 [kg]을 방출할 수 있어야 하는가?

① 45

② 27

③ 18

④ 9

해설 분말소화설비 분사헤드의 하나의 노즐당 방출량

약제의 종류	제1종 분말	제2종 또는 제3종 분말	제4종 분말
1분당 방출량	45[kg]	27[kg]	18[kg]

정답 ③

290 다음 중 분말소화설비의 전역방출방식에 있어서 방호구역의 용적이 500[m³]일 때 적당한 분사헤드의 수는?(단, 제1종 소화분말로서 분사헤드의 방출률은 20[kg/min·개]이다)

① 35개

② 134개

③ 9개

④ 30개

해설 • 소화약제의 양 = 방호구역 체적[m³] × 0.6[kg/m³] = 500[m³] × 0.6[kg/m³] = 300[kg]
• 분사헤드의 수 = 300[kg] ÷ 20[kg/min·개] × 2 = 30개

정답 ④

291 분말소화설비의 정압작동장치의 종류가 아닌 것은?

① 압력스위치 방식

② 기계적인 방식

③ 시한릴레이 방식

④ 전기적인 방식

해설 분말소화설비의 정압작동장치 : 본문 참조

정답 ④

292 분말소화설비에 있어서 정압작동장치의 최종 목적은 다음 중 어느 것인가?

① 분말소화약제의 압력을 조절하기 위해서

② 분말소화약제를 적절히 내보내기 위해서

③ 저장용기 내의 압력을 방사압력으로 유지하기 위해서

④ 저장용기 내의 압력을 안전하게 유지하기 위해서

해설 정압작동장치 : 분말소화약제를 적절히 내보내기 위해서 설치한다.

정답 ②

293 분말소화설비 작동 후 배관 속에 잔류하고 있는 소화약제의 처리방법으로 옳은 것은?

① 그대로 방치해 둔다.

② 물로 씻어낸다.

③ 고압의 질소가스로 청소한다.

④ 습기를 방지하고 꼭 막아 둔다.

해설 분말소화약제 작동 후 그냥 두면 습기를 흡수해 굳어 버리기 때문에 N_2나 CO_2로 청소해야 한다.

정답 ③

294 분말소화설비에서 배관 A의 길이는?

① 내경의 10배

② 내경의 20배

③ 외경의 15배

④ 외경의 10배

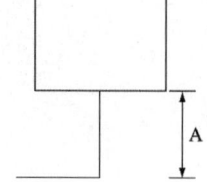

해설 저장용기 등으로부터 배관의 굴절부까지의 거리 : 배관 **내경의 20배** 이상

정답 ②

295 분말소화설비의 배관의 설치기준에 대한 설명이다. 다음 중 관계가 없는 것은?

① 동관의 경우에는 배관의 최고사용압력의 1.2배 이상의 압력에 견딜 수 있어야 한다.

② 배관은 전용으로 한다.

③ 강관을 사용하는 경우, 배관은 아연 도금에 의한 배관용 탄소강관을 사용한다.

④ 밸브류는 개폐위치 또는 개폐 방향을 표시한 것으로 한다.

해설 동관 사용 시 최고사용압력의 **1.5배 이상**의 압력 시험에 견딜 수 있을 것을 사용할 것

정답 ①

296 토너먼트 방식으로 분말소화설비의 배관을 설치하는 이유에 해당하는 것은?

① 헤드의 일정한 압력을 유지하기 위해

② 헤드의 일정한 방사량과 방사압력을 유지하기 위해

③ 배관의 마찰손실을 적게 하기 위해

④ 헤드의 일정한 방사량을 유지하기 위해

해설 **분말소화설비의 배관** : 헤드의 일정한 방사량과 방사압력을 유지하기 위해 토너먼트 방식으로 설치

정답 ②

02 경보설비

제1절 자동화재탐지설비(NFTC 203)

1 경보설비의 개요

화재가 발생하였을 때 **자동**으로 발하는 것과 **수동**으로 **경보**를 발하는 기계 · 기구 또는 설비

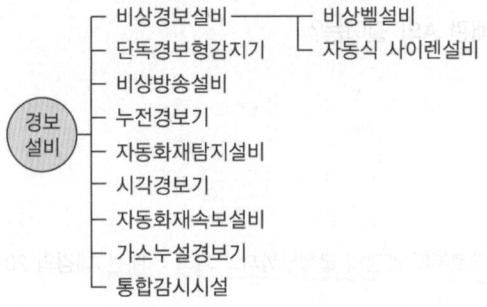

2 자동화재탐지설비의 개요

① 개 요

경보설비의 하나로서 화재가 발생한 건축물 내의 **초기단계**에서 발생하는 **열** 또는 연기를 자동적으로 발견하여 건축물 내의 관계자에게 벨, 사이렌 등의 **음향장치**로서 화재발생을 알리는 설비의 일체

> **Plus one** 이 설비의 구성요소
> • **감지기** : 화재 시 발생하는 열, 연기, 불꽃 또는 연소생성물을 자동적으로 감지하여 수신기에 화재신호 등을 발신하는 장치
> • **수신기** : 감지기나 발신기에서 발하는 화재신호를 직접 수신하거나 중계기를 통하여 수신하여 화재의 발생을 표시 및 경보하여 주는 장치
> • **발신기** : 수동누름버튼 등의 작동으로 화재신호를 수신기에 발신하는 장치
> • **중계기** : 감지기 · 발신기 또는 전기적인 접점 등의 작동에 따른 신호를 받아 이를 수신기에 전송하는 장치
> • **음향장치** : 화재를 알리는 벨, 사이렌 등
> • 표시등, 전원, 배선 등

② 신호처리방식(화재신호 및 상태신호 등을 송수신하는 방식)

㉠ 유선식 : 화재신호 등을 배선으로 송수신하는 방식

㉡ 무선식 : 화재신호 등을 전파에 의해 송수신하는 방식

㉢ 유 · 무선식 : 유선식과 무선식을 겸용으로 사용하는 방식

3 자동화재탐지설비의 구성도

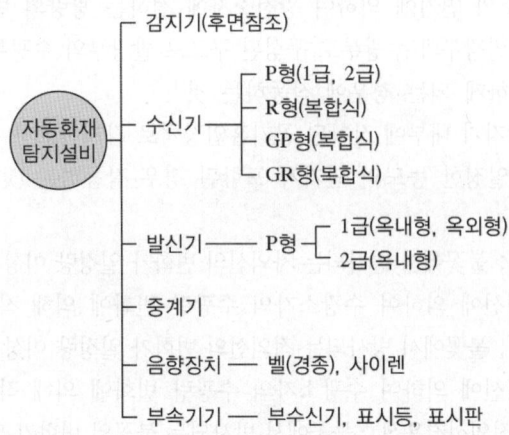

```
                    ┌── 감지기(후면참조)
                    │                    ┌── P형(1급, 2급)
                    │                    ├── R형(복합식)
            자동화재 │── 수신기 ─────────┤
            탐지설비 │                    ├── GP형(복합식)
                    │                    └── GR형(복합식)
                    │                              ┌── 1급(옥내형, 옥외형)
                    │── 발신기 ──── P형 ──────────┤
                    │                              └── 2급(옥내형)
                    │── 중계기
                    │── 음향장치 ──── 벨(경종), 사이렌
                    └── 부속기기 ──── 부수신기, 표시등, 표시판
```

4 감지기

(1) 개 요

화재 시에 발생하는 **열, 연기, 불꽃** 또는 연소생성물을 **자동적**으로 감지하여 수신기에 화재신호 등을 발신하는 장치

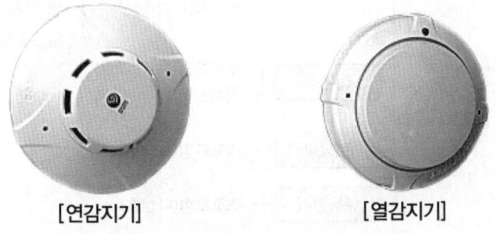

[연감지기]   [열감지기]

(2) 감지기의 종류(감지기의 형식승인 및 제품검사의 기술기준)

① 감지기 종별(제3조)

ⓐ 차동식스포트형감지기 : 주위온도가 일정 상승률 이상이 되는 경우에 작동하는 것으로서 일국소에서의 열 효과에 의하여 작동되는 것

ⓑ 차동식분포형감지기 : 주위온도가 일정 상승률 이상이 되는 경우에 작동하는 것으로서 넓은 범위 내에서의 열 효과의 누적에 의하여 작동되는 것

ⓒ 정온식감지선형감지기 : 일국소의 주위온도가 일정한 온도 이상이 되는 경우에 작동하는 것으로서 외관이 전선과 같이 선형으로 되어 있는 것

ⓓ 정온식스포트형감지기 : 일국소의 주위온도가 일정한 온도 이상이 되는 경우에 작동하는 것으로서 외관이 전선과 같이 선형으로 되어 있지 않은 것

ⓔ 보상식스포트형감지기 : **차동식스포트형감지기**와 **정온식스포트형감지기**의 성능을 겸한 것으로서 어느 한 기능이 작동되면 작동신호를 발하는 것

ⓕ 이온화식스포트형감지기 : 주위의 공기가 일정한 농도의 연기를 포함하게 되는 경우에 작동하는 것으로서 일국소의 연기에 의하여 이온전류가 변화하여 작동하는 것

ⓐ 광전식스포트형감지기 : 주위의 공기가 일정한 농도의 연기를 포함하게 되는 경우에 작동하는 것으로서 일국소의 연기에 의하여 광전소자에 접하는 광량의 변화로 작동하는 것

ⓞ 광전식분리형 : 발광부와 수광부로 구성된 구조로 발광부와 수광부 사이의 공간에 일정한 농도의 연기를 포함하게 되는 경우에 작동하는 것

ⓩ 공기흡입형 : 감지기 내부에 장착된 공기흡입장치로 감지하고자 하는 위치의 공기를 흡입하고 흡입된 공기에 일정한 농도의 연기가 포함된 경우 작동하는 것

ⓩ 불꽃감지기

- 불꽃 자외선식 : 불꽃에서 방사되는 자외선의 변화가 일정량 이상 되었을 때 작동하는 것으로서 일국소의 자외선에 의하여 수광소자의 수광량 변화에 의해 작동하는 것

- 불꽃 적외선식 : 불꽃에서 방사되는 적외선의 변화가 일정량 이상 되었을 때 작동하는 것으로서 일국소의 적외선에 의하여 수광소자의 수광량 변화에 의해 작동하는 것

- 불꽃 자외선 · 적외선겸용식 : 불꽃에서 방사되는 불꽃의 변화가 일정량 이상 되었을 때 작동하는 것으로서 자외선 또는 적외선에 의한 수광소자의 수광량 변화에 의하여 1개의 화재신호를 발신하는 것

- 불꽃 영상분석식 : 불꽃의 실시간 영상이미지를 자동 분석하여 화재신호를 발신하는 것

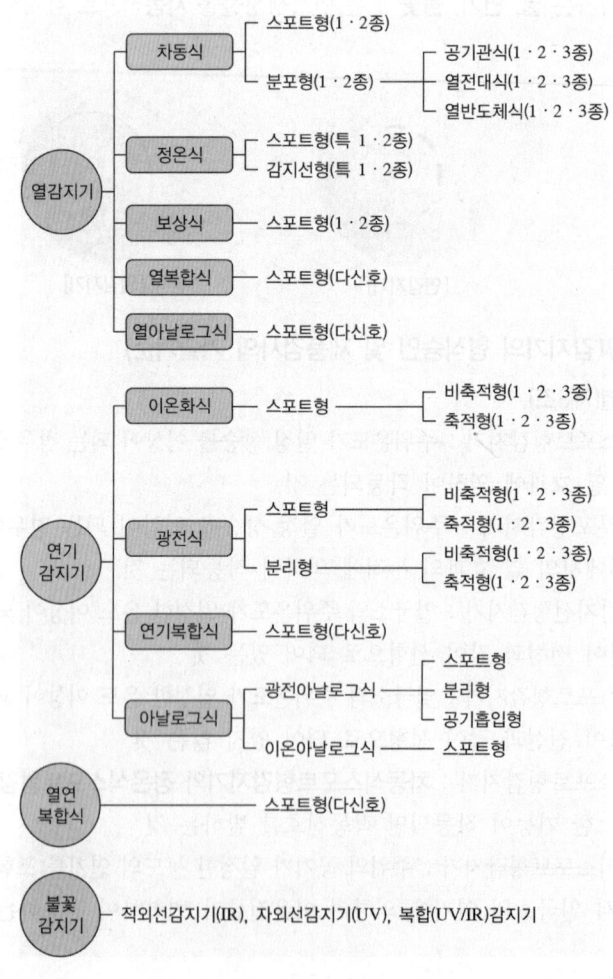

② 감지기의 형식

    ㉠ **방수형** 유무에 따른 분류 : 방수형, 비방수형

    ㉡ **내식성** 유무에 따른 분류 : 내산형, 내알칼리형, 보통형

    ㉢ **재용성** 유무에 따른 분류 : 재용형, 비재용형

    ㉣ 연기의 **축적**에 따른 분류 : 축적형, 비축적형

    ㉤ **방폭구조** 여부에 따른 분류 : 방폭형, 비방폭형

    ㉥ 화재신호의 **발신방법**에 따른 분류 : 단신호식, 다신호식, 아날로그식

    ㉦ 화재신호 전달방법에 따른 분류 : 무선식, 유선식

    ㉧ 불꽃감지기의 **설치장소**에 따른 분류 : 옥내형, 옥외형, 도로형

③ 감지기의 형식별 특성(제4조)

    ㉠ 다신호식 : 1개의 감지기 내에 서로 다른 종별 또는 감도 등의 기능을 갖춘 것으로서 일정시간 간격을 두고 각각 다른 2개 이상의 화재신호를 발하는 감지기

    ㉡ 방폭형 : 폭발성가스가 용기 내부에서 폭발하였을 때 용기가 그 압력에 견디거나 또는 외부의 폭발성가스에 인화될 우려가 없도록 만들어진 형태의 감지기

    ㉢ 방수형 : 그 구조가 방수구조로 되어 있는 감지기

    ㉣ 재용형 : 다시 사용할 수 있는 성능을 가진 감지기

    ㉤ 축적형 : 일정 농도·온도 이상의 연기가 일정 시간(공칭축적시간) 연속하는 것을 전기적으로 검출하므로서 작동하는 감지기(다만, 단순히 작동시간만을 지연시키는 것은 제외한다)

    ㉥ 아날로그식 : 주위의 온도 또는 연기의 양의 변화에 따른 화재정보신호값을 출력하는 방식의 감지기

    ㉦ 연동식 : 단독경보형감지기가 작동할 때 화재를 경보하며 유·무선으로 주위의 다른 감지기에 신호를 발신하고 신호를 수신한 감지기도 화재를 경보하며 다른 감지기에 신호를 발신하는 방식의 것

    ㉧ 무선식 : 전파에 의해 신호를 송수신하는 방식의 것

    ㉨ 보정식 : 일정농도 이상의 연기가 일정시간 이상 연속하는 것을 전기적으로 검출하여 작동 감도를 자동적으로 보정하는 방식의 감지기

    ㉩ 주소형 : 감지기의 식별정보가 있어 감지기의 작동 시 설치지점의 감지기 식별신호를 발신하는 것

(3) 열감지기의 구조 및 기능

① 차동식분포형감지기

> **차동식분포형감지기의 동작원리에 따른 방식** : 공기관식, 열전대식, 열반도체식

    ㉠ 공기관식감지기

      • 구 조

      화재 시 공기관 내부의 **공기**가 **팽창**하여 검출부 내의 다이어프램을 눌러서 전기접점이 서로 닿아서 수신기에 **화재신호**를 발하는 구조

> **공기관식감지기의 구성 부분**
> • 감열부 : 공기관
> • 검출부 : 다이어프램, 리크구멍, 접점

- **리크저항** 및 **접점수고**를 시험할 수 있을 것
- 공기관의 누출 및 폐쇄 여부를 시험할 수 있을 것
- 공기관의 하나의 길이가 **20[m] 이상**일 것
- 안지름 및 관의 두께가 일정하고 홈, 갈라짐, 변형, 부식에 이상이 없을 것
- 공기관의 두께는 0.3[mm] 이상, 바깥지름은 1.9[mm] 이상일 것

• 동작원리

전 구역 열효과 누적에 따라 전 구역에 설치된 공기관 내의 공기가 **팽창**하여 팽창된 공기의 압력으로 접점을 접촉시켜 동작하는 원리

ⓒ 열전대식감지기

• 구 조

화재발생 시 열전대의 부분이 가열되어 **열기전력**이 발생하여 미터릴레이(검출기)에 전류가 흘러 접점을 붙게하여 수신기에 화재신호를 발하는 구조

> **열전대식감지기의 구성부분**
> • 열전대부(감열) : 열전대
> • 검출부 : 미터릴레이

• 동작원리

화재발생 시 **열전대부**가 가열하여 다른 종류의 금속판의 **상호 간**에 **열기전력**이 생겨 전류가 흘러 미터릴레이에 접점을 닿게 하여 화재발생을 알리는 원리

ⓒ 열반도체 감지기

• 구 조

화재 시 온도상승에 의하여 **열반도체 소자**에 생기는 **온도차**에 의해 열기전력이 발생하여 미터릴레이를 작동하여 수신기에 화재발생를 알리는 구조

> **열반도체감지기의 구성 부분** : 열반도체 소자, 수열판, 미터릴레이

• 동작원리

화재 시 수열판의 온도가 상승하여 열반도체 소자에 **제베크효과**(Seebeck Effect)에 따라 열기전력이 발생하여 감열부의 **출력전압**이 기준치가 넘으면 미터릴레이를 작동시켜 화재발생을 알리는 원리(열전대식감지기의 원리와 동일)

Plus one 제베크효과
2종의 금속을 양단에 결합하여 양단에 **온도차**를 주었을 때 **기전력**이 발생하는 원리

② 차동식스포트형감지기

㉠ 공기의 팽창 이용

• 구조 : **감열부, 리크구멍, 다이어프램, 접점**으로 구성

- 동작원리

  화재발생 시 온도가 상승하면 공기실 내의 공기가 감지기의 **주위 온도변화**에 따라 다이어프램을 밀어 올려 접점에 닿게 하여 수신기에 화재신호를 보내는 원리(난방 등의 완만한 온도상승에 의해서는 작동하지 않는다)

ⓒ 열기전력 이용
- 구조 : **반도체열전대, 고감도릴레이, 감열실**로 구성
- 동작원리

  화재발생 시 온도상승에 의해 반도체 열전대가 **기전력**을 발생하여 일정치에 도달하면 고감도의 접점을 붙여 화재발생 신호를 수신기에 보내는 원리

③ 정온식스포트형감지기

ⓐ 구조 및 작동원리
- **바이메탈**의 활곡 및 반전 이용
- 금속의 **팽창계수차** 이용
- **액체**의 팽창이용
- **가용절연물** 이용
- 감열반도체소자 이용한 것

ⓑ 정온식감지기의 시험

  정온식감지기(아날로그식은 제외)의 공칭작동온도는 **60~150[℃]**까지의 범위(60[℃]에서 80[℃]인 것은 5[℃]간격, 80[℃] 이상인 것은 10[℃] 간격)
- 작동시험
- 부작동시험

④ 정온식감지선형감지기

ⓐ 구조 : 2개의 피아노선이 일정온도 이상에서 용해되는 물질로 피복되어 있는 것

ⓑ 동작원리 : 화재발생 시 **일정온도**에 도달하면 **가용절연물**이 녹아서 2개의 전선이 **접촉**하여 화재신호를 수신기로 보내는 원리

⑤ 보상식스포트형감지기

ⓐ 구조

  리크구멍, 팽창금속판, **접점, 다이어프램**, 감열실로 구성

ⓑ 동작원리

  화재발생 시 주위가 **온도 상승률 이상**으로 되었을 때 접점을 접촉하여 발신하고, 완만한 온도상승에 대하여 내부공기가 **리크공**(孔)을 통해 **유출**되어 작동하지 않는 원리

ⓒ 시험방법

  정온점은 **60~150[℃]**까지의 범위(60~80[℃] : 5[℃] 간격, 80[℃] 이상 : 10[℃] 간격)
- 작동시험
- 부작동시험

(4) 연기감지기의 구조 및 기능

Plus one 연기의 분류
- 축적형 : 연기를 순간적으로 **축적한 후 20~30초 후에** 작동하는 것
- 비축적형 : 연기의 순간적인 농도를 검출하여 작동하는 것

① 이온화식감지기
  ㉠ 구 조
  - **외부이온실**과 **내부이온실**로 구성
  - 외부이온실의 방사선원 : **아메리슘**(Am^{241})
  - 이온실 하나로 주기적 검출회로를 이용한 방식
  - **내부이온실**과 **외부이온실**은 **직렬**로 **접속**
  ㉡ 동작원리
  외부이온실 내에 연기가 유입되어 **이온전류**가 **변화**하게 되면 각 실 간의 전압비가 변화되는 특성을 이용

② 광전식감지기
  ㉠ 구 조
  발광부, 수광부, 차광판, 신호증폭회로, 스위칭회로, 작동표시장치로 구성
  ㉡ 동작원리
  화재에 의하여 발생한 연기가 암실 내에 유입하면 연기에 의한 광속의 **광 반사**가 일어나 광전소자로의 입사 광량이 **증대**하여 광전소자의 **저항**이 변화하는 원리
  ㉢ 특 징
  - 화재를 **조기**에 발견한다.
  - 연기의 **색**에 영향을 받지 않는다.
  - **외광(外光)**에 의해서는 동작하지 않는다.
  - 접점과 같은 가동부분이 없어 **재조정**이 필요 없다.

(5) 감지기의 설치기준

지하층·무창층 등으로서 환기가 잘되지 않거나 실내면적이 40[m²] 미만인 장소, 감지기의 부착면과 실내 바닥과의 거리가 2.3[m] 이하인 곳으로서 일시적으로 발생한 열·연기 또는 먼지 등으로 인하여 화재신호를 발신할 우려가 있는 장소(축적기능이 있는 수신기를 설치한 장소는 제외한다)에는 다음의 기준에서 정한 감지기 중 적응성이 있는 감지기를 설치해야 한다. **10 11** 년 출제
① 불꽃감지기   ② 정온식감지선형감지기
③ 분포형감지기   ④ 복합형감지기
⑤ 광전식분리형감지기   ⑥ 아날로그방식의 감지기
⑦ 다신호방식의 감지기   ⑧ 축적방식의 감지기

① 감지기의 부착높이 `10` `11` `14` `17` `19` 년 출제

부착높이	감지기의 종류
4[m] 미만	• 차동식(스포트형, 분포형) • 정온식(스포트형, 감지선형) • 열복합형 • 열연기복합형 • 보상식스포트형 • 이온화식 또는 광전식(스포트형, 분리형, 공기흡입형) • 연기복합형 • 불꽃감지기
4[m] 이상 8[m] 미만	• 차동식(스포트형, 분포형) • 정온식(스포트형, 감지선형) 특종 또는 1종 • 광전식(스포트형, 분리형, 공기흡입형) 1종 또는 2종 • 열복합형 • 열연기복합형 • 보상식스포트형 • 이온화식 1종 또는 2종 • 연기복합형 • 불꽃감지기
8[m] 이상 15[m] 미만	• 차동식분포형 • 광전식(스포트형, 분리형, 공기흡입형) 1종 또는 2종 • 연기복합형 • 이온화식 1종 또는 2종 • 불꽃감지기
15[m] 이상 20[m] 미만	• 이온화식 1종 • 연기복합형 • 광전식(스포트형, 분리형, 공기흡입형) 1종 • 불꽃감지기
20[m] 이상	• 불꽃감지기 • 광전식(분리형, 공기흡입형) 중 아날로그 방식

[비고]
1. 감지기별 부착높이 등에 대하여 별도로 형식승인을 받은 경우에는 그 성능인정 범위 내에서 사용할 수 있다.
2. 부착높이 20[m] 이상에 설치되는 광전식 중 아날로그 방식의 감지기는 공칭 감지농도 하한값이 감광률 5[%/m] 미만인 것으로 한다.

② 연기감지기의 설치장소 `23` 년 출제

㉠ **계단 · 경사로 및 에스컬레이터 경사로**

㉡ **복도**(30[m] 미만의 것은 **제외**한다)

㉢ 엘리베이터 승강로(권상기실이 있는 경우에는 권상기실) · 린넨슈트 · 파이프피트 및 덕트 · 기타 이와 유사한 장소

㉣ 천장 또는 반자의 높이가 **15[m] 이상 20[m] 미만**의 장소

㉤ 다음의 어느 하나에 해당하는 특정소방대상물의 취침 · 숙박 · 입원 등 이와 유사한 용도로 사용되는 거실
- **공동주택 · 오피스텔 · 숙박시설 · 노유자시설 · 수련시설**
- 교육연구시설 중 합숙소
- 의료시설, 근린생활시설 중 **입원실이 있는 의원 · 조산원**
- 교정 및 군사시설
- 근린생활시설 중 **고시원**

③ 감지기의 설치기준 `11` `13` `16` `18` `21` `23` 년 출제

㉠ 감지기(차동식분포형의 것은 제외한다)는 실내로의 공기유입구로부터 **1.5[m] 이상** 떨어진 곳에 설치할 것

㉡ 감지기는 천장 또는 반자의 옥내의 면하는 부분에 설치할 것

㉢ **보상식스포트형감지기**는 정온점이 감지기 주위의 평상시 최고온도보다 **20[℃] 이상** 높은 것으로 설치할 것

㉣ **정온식감지기**는 **주방 · 보일러실** 등으로서 다량의 화기를 취급하는 장소에 설치하되 공칭작동온도가 최고주위온도보다 **20[℃] 이상** 높은 것으로 설치할 것

ⓜ **스포트형감지기**는 **45° 이상** 경사되지 않도록 부착할 것

ⓗ 차동식스포트형, 보상식스포트형 및 정온식스포트형감지기는 다음 표에 의한 바닥면적마다 1개 이상을 설치할 것

부착높이 및 특정소방대상물의 구분		감지기의 종류(단위 : [m²])				
		차동식 · 보상식스포트형		정온식스포트형		
		1종	2종	특 종	1종	2종
4[m] 미만	주요구조부가 내화구조로 된 특정소방대상물 또는 그 부분	90	70	70	60	20
	기타 구조의 특정소방대상물 또는 그 부분	50	40	40	30	15
4[m] 이상 8[m] 미만	주요구조부가 내화구조로 된 특정소방대상물 또는 그 부분	45	35	35	30	–
	기타 구조의 특정소방대상물 또는 그 부분	30	25	25	15	–

④ 공기관식 차동식분포형감지기의 설치기준 `21` 년 출제
  ㉠ 공기관의 **노출 부분**은 감지구역마다 **20[m] 이상**이 되도록 할 것
  ㉡ 공기관과 감지구역의 각 변과의 수평거리는 **1.5[m] 이하**가 되도록 하고 공기관 상호 간의 거리는 6[m](**내화구조 : 9[m]**) 이하가 되도록 할 것
  ㉢ 공기관은 도중에서 분기하지 않도록 할 것
  ㉣ 하나의 검출 부분에 접속하는 **공기관의 길이**는 **100[m] 이하**로 할 것
  ㉤ 검출부는 **5° 이상** 경사되지 않도록 부착할 것
  ㉥ 검출부는 바닥으로부터 **0.8[m] 이상 1.5[m] 이하**의 위치에 설치할 것

⑤ 열전대식 차동식분포형감지기의 설치기준
  ㉠ 열전대식감지기의 면적기준

특정소방대상물	주요구조부가 내화구조로 된 특정소방대상물 또는 그 부분	기타 구조의 특정소방대상물 또는 그 부분
1개의 감지면적	22[m²]	18[m²]

다만, 바닥면적이 72[m²](주요구조부가 내화구조일 때에는 88[m²]) 이하인 특정소방대상물에 있어서는 **4개 이상**으로 할 것

  ㉡ 하나의 검출부에 접속하는 **열전대부**는 **20개 이하**로 할 것. 다만, 각각의 열전대부에 대한 작동여부를 검출부에서 표시할 수 있는 것(주소형)은 형식승인 받은 성능인정 범위 내의 수량으로 설치할 수 있다. `15` 년 출제

> 하나의 검출부에 접속하는 **열전대부 : 4개 이상 20개 이하**

⑥ 열반도체식 차동식분포형감지기의 설치기준

㉠ 열반도체식 감지기의 면적기준

부착높이 및 특정소방대상물의 구분		감지기의 종류(단위 : [m²])	
		1종	2종
8[m] 미만	주요구조부가 내화구조로 된 특정소방대상물 또는 그 부분	65	36
	기타 구조의 특정소방대상물 또는 그 부분	40	23
8[m] 이상 15[m] 미만	주요구조부가 내화구조로 된 특정소방대상물 또는 그 부분	50	36
	기타 구조의 특정소방대상물 또는 그 부분	30	23

㉡ 하나의 검출기에 접속하는 감지부는 **2개 이상 15개 이하**가 되도록 할 것. 다만, 각각의 감지부에 대한 작동 여부를 검출기에서 표시할 수 있는 것(주소형)은 형식승인 받은 성능인정 범위 내의 수량으로 설치할 수 있다.

⑦ 연기감지기의 설치기준 `21` `22` `년 출제`

㉠ 연기감지기의 부착 높이에 따라 다음 표에 의한 바닥면적마다 1개 이상으로 할 것

부착높이	감지기의 종류(단위 : [m²])	
	1종 및 2종	3종
4[m] 미만	150	50
4[m] 이상 20[m] 미만	75	–

㉡ 연기감지기의 부착개수(아래 기준에 1개 이상 설치)

설치장소	복도 및 통로		계단 및 경사로	
	1종, 2종	3종	1종, 2종	3종
설치거리	보행거리 30[m]	보행거리 20[m]	수직거리 15[m]	수직거리 10[m]

㉢ 천장 또는 반자가 낮은 실내 또는 좁은 실내에 있어서는 **출입구**의 **가까운 부분**에 설치할 것

㉣ 천장 또는 반자부근에 **배기구**가 있는 경우에는 그 부근에 설치할 것

㉤ **감지기**는 **벽** 또는 **보**로부터 **0.6[m] 이상** 떨어진 곳에 설치할 것

⑧ 정온식감지선형감지기의 설치기준 `11` `18` `년 출제`

종 별 거 리	1종		2종	
	기타구조(비내화구조)	내화구조	기타구조(비내화구조)	내화구조
감지기와 감지구역의 각 부분과의 수평거리	3[m] 이하	4.5[m] 이하	1[m] 이하	3[m] 이하

㉠ 보조선이나 고정금구를 사용하여 감지선이 늘어지지 않도록 설치할 것

㉡ 단자부와 마감 고정금구와의 설치간격은 10[cm] 이내로 설치할 것

㉢ 감지선형 감지기의 굴곡반경은 5[cm] 이상으로 할 것

㉣ 케이블트레이에 감지기를 설치하는 경우에는 케이블트레이 받침대에 마감금구를 사용하여 설치할 것

㉤ 지하구나 창고의 천장 등에 지지물이 적당하지 않은 장소에서는 보조선을 설치하고 그 보조선에 설치할 것

⑨ 불꽃감지기의 설치기준

　㉠ 공칭감시거리 및 공칭시야각은 형식승인 내용에 따를 것 `11` `년 출제`

　㉡ 감지기는 공칭감시거리와 공칭시야각을 기준으로 감시구역이 모두 포용될 수 있도록 설치할 것

　㉢ 감지기는 화재감지를 유효하게 감지할 수 있는 모서리 또는 벽 등에 설치할 것

　㉣ 감지기를 천장에 설치하는 경우에는 감지기는 바닥을 향하여 설치할 것

　㉤ 수분이 많이 발생할 우려가 있는 장소에는 방수형으로 설치할 것

⑩ 광전식분리형감지기의 설치기준 `11` `18` `21` `24` `년 출제`

　㉠ 감지기의 수광면은 햇빛을 직접 받지 않도록 설치할 것

　㉡ 광축(송광면과 수광면의 중심을 연결한 선)은 나란한 벽으로부터 0.6[m] 이상 이격하여 설치할 것

　㉢ 감지기의 송광부와 수광부는 설치된 뒷벽으로부터 1[m] 이내의 위치에 설치할 것

　㉣ 광축의 높이는 천장 등(천장의 실내에 면한 부분 또는 상층의 바닥하부면을 말한다) 높이의 80[%] 이상일 것

　㉤ 감지기의 광축의 길이는 공칭감시거리 범위 이내일 것

⑪ 감지기의 설치 제외 장소 `21` `년 출제`

　㉠ 천장 또는 반자의 높이가 **20[m] 이상**인 장소

　㉡ 헛간 등 외부와 기류가 통하는 장소로서 감지기에 따라 화재 발생을 유효하게 감지할 수 없는 장소

　㉢ **부식성 가스**가 **체류**하고 있는 장소

　㉣ 고온도 및 저온도로서 감지기의 기능이 정지되기 쉽거나 감지기의 유지관리가 어려운 장소

　㉤ **목욕실·욕조**나 샤워시설이 있는 **화장실**·기타 이와 유사한 장소

　㉥ 파이프덕트 등 그 밖의 이와 비슷한 것으로서 2개 층마다 방화구획된 것이나 수평단면적이 5[m²] 이하인 것

　㉦ 먼지·가루 또는 **수증기**가 **다량**으로 **체류**하는 장소 또는 주방 등 평상시 연기가 발생하는 장소 (연기감지기에 한한다)

　㉧ 프레스공장·주조공장 등 화재발생의 위험이 적은 장소로서 감지기의 유지관리가 어려운 장소

(6) 설치장소별 감지기의 적응성(연기감지기를 설치할 수 없는 경우에 적용)

설치 장소		적응열감지기									불꽃감지기	비 고
환경상태	적응장소	차동식스포트형		차동식분포형		보상식스포트형		정온식		열아날로그식		
		1종	2종	1종	2종	1종	2종	특종	1종			
먼지 또는 미분 등이 다량으로 체류하는 장소	쓰레기장, 하역장, 도장실, 섬유·목재·석재 등 가공 공장	○	○	○	○	○	○	○	×	○	○	1. 불꽃감지기에 따라 감시가 곤란한 장소는 적응성이 있는 열감지기를 설치할 것 2. 차동식분포형감지기를 설치하는 경우에는 검출부에 먼지, 미분 등이 침입하지 않도록 조치할 것 3. 차동식스포트형감지기 또는 보상식스포트형감지기를 설치하는 경우에는 검출부에 먼지, 미분 등이 침입하지 않도록 조치할 것 4. 섬유, 목재가공 공장 등 화재확대가 급속하게 진행될 우려가 있는 장소에 설치하는 경우 정온식감지기는 특종으로 설치할 것, 공칭작동 온도 75[℃] 이하, 열아날로그식스포트형감지기는 화재표시 설정은 80[℃] 이하가 되도록 할 것
수증기가 다량으로 머무는 장소	증기세정실, 탕비실, 소독실 등	×	×	×	○	×	○	○	○	○	○	1. 차동식분포형감지기 또는 보상식스포트형감지기는 급격한 온도변화가 없는 장소에 한하여 사용할 것 2. 차동식분포형감지기를 설치하는 경우에는 검출부에 수증기가 침입하지 않도록 조치할 것 3. 보상식스포트형감지기, 정온식감지기 또는 열아날로그식감지기를 설치하는 경우에는 방수형으로 설치할 것 4. 불꽃감지기를 설치할 경우 방수형으로 할 것
부식성가스가 발생할 우려가 있는 장소	도금공장, 축전지실, 오수처리장 등	×	×	○	○	○	○	○	×	○	○	1. 차동식분포형감지기를 설치하는 경우에는 감지부가 피복되어 있고 검출부가 부식성가스에 영향을 받지 않는 것 또는 검출부에 부식성가스가 침입하지 않도록 조치할 것 2. 보상식스포트형감지기, 정온식감지기 또는 열아날로그식스포트형감지기를 설치하는 경우에는 부식성가스의 성상에 반응하지 않는 내산형 또는 내알칼리형으로 설치할 것
주방, 기타 평상시에 연기가 체류하는 장소	주방, 조리실, 용접작업장 등	×	×	×	×	×	×	○	○	○	○	1. 주방, 조리실 등 습도가 많은 장소에는 방수형감지기를 설치할 것 2. 불꽃감지기는 UV/IR형을 설치할 것

설치 장소		적응열감지기								열아날로그식	불꽃감지기	비 고
환경 상태	적응 장소	차동식 스포트형		차동식 분포형		보상식 스포트형		정온식				
		1종	2종	1종	2종	1종	2종	특종	1종			
현저하게 고온으로 되는 장소	건조실, 살균실, 보일러실, 주조실, 영사실, 스튜디오	×	×	×	×	×	×	○	○	○	×	
배기가스가 다량으로 체류하는 장소	주차장 차고, 화물취급소 차로, 자가발전실, 트럭 터미널, 엔진시험실	○	○	○	○	○	○	×	×	○	○	1. 불꽃감지기에 따라 감시가 곤란한 장소는 적응성이 있는 열감지기를 설치할 것 2. 열아날로그식스포트형감지기는 화재표시 설정이 60[℃] 이하가 바람직하다.
연기가 다량으로 유입할 우려가 있는 장소	음식물배급실, 주방전실, 주방 내 식품저장실, 음식물운반용 엘리베이터, 주방주변의 복도 및 통로, 식당 등	○	○	○	○	○	○	○	○	○	×	1. 고체연료 등 가연물이 수납되어 있는 음식물배급실, 주방전실에 설치하는 정온식감지기는 특종으로 설치할 것 2. 주방 주변의 복도 및 통로, 식당 등에는 정온식감지기를 설치하지 말 것 3. 제1호 및 제2호의 장소에 열아날로그식스포트형감지기를 설치하는 경우에는 화재표시 설정을 60[℃] 이하로 할 것
물방울이 발생하는 장소	스레트 또는 철판으로 설치한 지붕 창고·공장, 패키지형냉각기전용수납실, 밀폐된 지하창고, 냉동실 주변 등	×	×	○	○	○	○	○	○	○	○	1. 보상식스포트형감지기, 정온식감지기 또는 열아날로그식 스포트형감지기를 설치하는 경우에는 방수형으로 설치할 것 2. 보상식스포트형감지기는 급격한 온도 변화가 없는 장소에 한하여 설치할 것 3. 불꽃감지기를 설치하는 경우에는 방수형으로 설치할 것
불을 사용하는 설비로서 불꽃이 노출되는 장소	유리공장, 용선로가 있는 장소, 용접실, 주방, 작업장, 주방, 주조실 등	×	×	×	×	×	×	○	○	○	×	

[비고]
1. "○"는 해당 설치장소에 적응하는 것을 표시, "×"는 해당 설치장소에 적응하지 않는 것을 표시
2. 차동식스포트형, 차동식분포형 및 보상식스포트형 1종은 감도가 예민하기 때문에 비화재보 발생은 2종에 비해 불리한 조건이라는 것을 유의할 것
3. 차동식분포형 3종 및 정온식 2종은 소화설비와 연동하는 경우에 한해서 사용할 것
4. 다신호식감지기는 그 감지기가 가지고 있는 종별, 공칭작동온도별로 따르지 말고 상기 표에 따른 적응성이 있는 감지기로 할 것

(7) 설치장소별 감지기의 적응성 22 년 출제

설치장소		적응열감지기					적응연기감지기						불꽃감지기	비고
환경상태	적응장소	차동식 스포트형	차동식 분포형	보상식 스포트형	정온식	열 아날로그식	이온화식 스포트형	광전식 스포트형	이온아날로그식스포트형	광전아날로그식스포트형	광전식분리형	광전아날로그식분리형		
1. 흡연에 의해 연기가 체류하며 환기가 되지 않는 장소	회의실 응접실 휴게실 노래연습실 오락실 대합실 카바레 등의 객실 집회장 연회장 등	○	○	○	–	–	–	◎	–	◎	○	○	–	
2. 취침시설로 사용하는 장소	호텔객실, 여관, 수면실 등	–	–	–	–	–	◎	◎	◎	◎	○	○	–	
3. 연기 이외의 미분이 떠 다니는 장소	복도, 통로 등	–	–	–	–	–	◎	◎	◎	◎	○	○	○	
4. 바람에 영향을 받기 쉬운 장소	로비, 교회, 관람장, 옥탑이 있는 기계실	–	○	–	–	–	–	◎	–	◎	○	○	○	
5. 연기가 멀리 이동해서 감지기에 도달하는 장소	계단, 경사로	–	–	–	–	–	–	○	–	○	○	○	–	아래 참조
6. 훈소 화재의 우려가 있는 장소	전화기기실, 통신기기실, 전산실, 기계제어실	–	–	–	–	–	–	○	–	○	–	–	–	
7. 넓은 공간으로 천장이 높아 열 및 연기가 확산하는 장소	체육관, 항공기 격납고, 높은 천장의 창고, 공장, 관람석 상부 등 감지기 부착높이가 8[m] 이상의 장소	–	○	–	–	–	–	–	–	–	○	○	○	

[비고]
5. 광전식스포트형 감지기 또는 광전아날로그식스포트형감지기를 설치하는 경우에는 해당 감지기회로에 축적기능을 갖지 않는 것으로 할 것

(8) 감지기의 시험점검방법

① 외관점검

　㉠ 감지구역마다 **적정**하게 설치되어 있을 것

　㉡ 그 장소에 **적응**하는 감지기가 설치되어 있을 것

　㉢ **변형, 파손** 등이 없을 것

　㉣ 정상으로 **부착**되어 있을 것

　㉤ 작동에 지장이 되는 **장애물**이 없을 것

　㉥ 설계도면과 **적합**하게 되어 있을 것

② 기능시험

　㉠ 차동식분포형감지기

　　• **화재작동시험**

　　　– 공기관식 : **화재작동시험**은 **펌프시험, 작동계속시험, 유통시험, 접점수고시험** 등

　　　– **열전대식** : 화재작동시험, 열전대회로 합성저항시험

　　　– **열반도체식** : 열전대식의 시험방법과 동일

- **연소시험**
  - 감지기를 작동시키지 않고 행하는 시험(**공기관식, 열전대식**)
  - 감지기를 작동상태에서 행하는 시험(공기관식, 열전대식, **열반도체식**)
- ㉡ 스포트형감지기
- **가열시험**
- **연소시험**(정온식은 제외)
- ㉢ 감지선형감지기 : 합성저항시험
- ㉣ 연기감지기(이온화식 및 광전식감지기) : 가연시험

(9) 감지기의 형식승인 및 제품검사의 기술기준(제5조~제6조)

① 감지기의 구조 및 기능

㉠ 작동이 **확실**하고 취급·점검이 쉬워야 하며, 현저한 잡음이나 장해전파를 발하지 않아야 한다. 또한, 먼지·습기·곤충 등에 의하여 기능에 영향을 받지 않아야 한다.

㉡ **부식**에 의하여 기계적 기능에 영향을 초래할 우려가 있는 부분은 칠, 도금 등으로 유효하게 **내식가공**을 하거나 **방청가공**을 해야 하며, 전기적 기능에 영향이 있는 단자, 나사 및 와셔 등은 동합금이나 이와 동등 이상의 내식성이 있는 재질을 사용해야 한다.

㉢ **외함**은 **불연성** 또는 **난연성 재질**로 할 것

㉣ **극성**이 있는 경우에는 **오접속을 방지**하기 위하여 필요한 조치를 할 것

② 차동식분포형감지기의 공기관식의 기능

㉠ **리크(Leak) 저항** 및 **접점수고**를 쉽게 시험할 수 있을 것

㉡ 공기관의 누출 및 폐쇄 여부를 쉽게 시험할 수 있고, 시험 후 시험 장치를 정위치에 쉽게 복귀할 수 있는 적당한 방법이 강구되어야 한다.

㉢ 공기관은 하나의 길이(이음매가 없는 것)가 **20[m] 이상**의 것으로 안지름 및 관의 두께가 일정하고 홈, 갈라짐 및 변형이 없어야 하며 부식되지 않아야 한다.

㉣ 공기관의 두께는 0.3[mm] 이상, 바깥지름은 1.9[mm] 이상이어야 한다.

③ 차동식분포형감지기의 열전대식 및 열반도체식의 기능

㉠ 검출기의 **작동전압**을 쉽게 시험할 수 있을 것

㉡ 열전대부의 **단선 여부** 및 **도체저항**을 쉽게 시험할 수 있고, 시험 후 시험장치를 정위치에 쉽게 복귀할 수 있는 적당한 방법이 강구되어야 한다.

④ 감지기의 경사제한각도

종 류	스포트형감지기	차동식분포형감지기
경사각도	45° 이상	5° 이상

⑤ 부품의 구조 및 기능

㉠ 스위치

조작이 쉽고 작동이 확실해야 하며 정지점이 명확하고 적정해야 한다.

㉡ 표시등

- 소켓은 접촉이 확실해야 하며 쉽게 전구를 교체할 수 있도록 부착해야 한다.

- 전구는 **2개 이상**의 **병렬로 접속**해야 한다. 다만, 방전등 또는 발광다이오드의 경우에는 그렇지 않다.
- 전구에는 적당한 보호커버를 설치해야 한다. 다만, 발광다이오드의 경우에는 그렇지 않다.
- 주위의 밝기가 **300[lx]**인 장소에서 측정하여 앞면으로부터 **3[m]** 떨어진 곳에서 켜진 등이 확실히 식별되어야 한다.
  ⓒ 감지기에 내장하는 음향(음성 제외)장치
  - 사용전압의 **80[%]**인 전압에서 소리를 내어야 한다.
  - 사용전압에서의 음압은 **무향실 내**에서 정위치에 부착된 음향장치의 중심으로부터 1[m] 떨어진 지점에서 **85[dB]** 이상이어야 한다.
⑥ 절연저항시험
  감지기의 절연된 단자간의 절연저항 및 단자와 외함 간의 절연저항은 **직류 500[V]**의 절연저항계(절연저항측정기)로 측정한 값이 **50[MΩ]**(정온식감지선형감지기는 선간에서 1[m]당 **1,000[MΩ]**) 이상이어야 한다.
⑦ 절연내력시험
  감지기의 단자와 외함 간의 절연내력은 60[Hz]의 정현파에 가까운 실효전압 **500[V]**(정격전압이 60[V] 초과 150[V] 이하인 것은 1,000[V], 정격전압이 150[V]를 초과하는 것은 그 정격전압에 2를 곱하여 1,000[V]를 더한 값)의 교류전압을 가하는 시험에서 **1분간** 견디는 것이어야 한다.

5 수신기

(1) 개 요

감지기나 발신기에서 발하는 화재신호를 직접 수신하거나 중계기를 통하여 수신하여 화재의 발생을 표시 및 경보하여 주는 장치

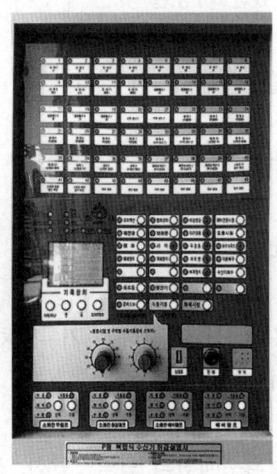

[수신기]

(2) 수신기의 종류

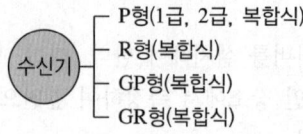

수신기
- P형(1급, 2급, 복합식)
- R형(복합식)
- GP형(복합식)
- GR형(복합식)

(3) 수신기의 구조 및 기능

① P형 수신기

㉠ P형 1급 수신기
- **화재표시작동 시험장치**
- 수신기와 감지기 등과의 사이의 외부배선의 **도통시험장치**
- 주전원과 예비전원 **자동절환장치**
- **예비전원의 양부의 시험장치**

㉡ P형 2급 수신기

P형 1급 수신기의 구조와 거의 같으나 회선수가 **5회선 이하**인 수신기로서 P형 2급 1회선용 수신기는 예비전원이 필요하지 않고 연면적 350[m²] **이하**의 특정소방대상물에 설치

> **Plus one** P형 2급 수신기의 기능
> - 화재표시작동 시험장치
> - 주전원과 예비전원 **자동절환장치**
> - 예비전원의 양부시험장치

② R형 수신기

감지기 또는 발신기로부터 발하여지는 신호를 직접 또는 중계기를 통하여 고유 신호를 수신하여 화재의 발생을 해당 소방대상물의 관계자에게 경보하여 주는 것으로 **2본의 신호선**으로 **중계기 100개 분**의 신호를 선택 수신할 수 있는 기능을 갖는 수신기

㉠ R형 수신기의 특징
- **선로수가 적고** 선로길이를 길게 할 수 있다.
- **증설** 또는 **이설**이 **쉽다.**
- 발보지구를 선명하게 숫자로 표시할 수 있다.
- 신호의 전달이 확실하다.
- 반드시 **중계기가 필요**하다.

㉡ R형 수신기의 구성장치
- 감지구역, 경계구역을 용이하게 판별하는 **기록장치**
- **지구등** 또는 적당한 **표시장치**
- **화재표시 작동시험장치**
- 수신기와 중계기 사이의 외부배선의 단락, 단선, **도통시험장치**
- 자동절환장치
- **예비전원의 양부시험장치**

ⓒ GP형 및 GR형 수신기
• GP형 수신기
P형 수신기의 기능과 **가스누설경보기**의 **수신부** 기능을 **겸한** 수신기
- GP형 1급 수신기의 구성장치
ⓐ 화재표시 작동시험장치
ⓑ **도통시험장치**(회선수가 1인 것은 제외)
ⓒ 정전 시에는 자동적으로 예비전원으로 전환되고 정전 복구 시에는 자동적으로 예비전원
에서 주전원으로 **전환**되는 장치
ⓓ **고장신호 표시장치**
- GP형 2급 수신기의 구성장치
ⓐ 접속되는 회선수가 **5회선 이하**이어야 한다.
ⓑ 화재표시 작동시험장치
ⓒ 정전 시에는 자동적으로 예비전원으로 전환되고 정전 복구 시에는 자동적으로 예비전원
에서 주전원으로 전환되는 장치
ⓓ 고장신호 표시장치
• GR형 수신기
R형 수신기의 기능과 **가스누설경보기**의 **수신부** 기능을 **겸한** 수신기
③ 스위치의 종류
㉠ 작동시험스위치 : 수신기의 작동가능 여부를 시험하기 위한 스위치
㉡ 비상경보스위치 : 모든 지구경종을 동시에 명동시킬 때 사용하는 스위치(전층 동시명동)
㉢ 예비전원스위치 : 예비전원의 양부를 시험할 때 사용하는 스위치
㉣ 도통시험스위치 : 감지기회로의 도통 상태(단선상태)를 시험하기 위한 스위치
㉤ 주경종스위치 : 주경종의 명동을 제어하기 위한 스위치
㉥ 지구경종스위치 : 지구경종의 명동을 제어하기 위한 스위치
㉦ 복구스위치 : 화재표시상태를 복구시킬 때 사용하는 스위치
㉧ 자동복구스위치 : 작동시험스위치와 함께 시험스위치를 작동하면 해당 지구등과 화재 등이 점등
되고 점등상태는 회로선택스위치가 해당 회로를 지시할 때만 점등하는 스위치(다른 회로를
Setting 했을 때에는 자동으로 복구되어야 정상)
㉨ 회로선택스위치 : 회로도통시험을 할 때 필요한 회로를 선택하기 위하여 사용하는 스위치

(4) 수신기의 설치기준
① 수신기의 선택 설치기준
㉠ 해당 특정소방대상물의 경계구역을 각각 표시할 수 있는 **회선수 이상**의 **수신기**를 설치할 것
㉡ 해당 특정소방대상물에 가스누설탐지설비가 설치된 경우에는 가스누설탐지설비로부터 가스누
설신호를 수신하여 **가스누설경보**를 할 수 있는 수신기를 설치할 것

ⓒ 자동화재탐지설비의 수신기는 특정소방대상물 또는 그 부분이 지하층·무창층 등으로서 환기가
잘 되지 않거나 실내면적이 40[m²] 미만인 장소, 감지기의 부착면과 실내 바닥과의 거리가
2.3[m] 이하인 장소로서 일시적으로 발생한 열·연기 또는 먼지 등으로 인하여 감지기가 화재신
호를 발신할 우려가 있는 때에는 축적기능 등이 있는 것(축적형감지기가 설치된 장소에는 감지기
회로의 감시전류를 단속적으로 차단시켜 화재를 판단하는 방식 외의 것을 말한다)으로 설치해야
한다. 다만, 2.4.1 단서(8개 감지기)에 따른 감지기를 설치한 경우에는 그렇지 않다.

② 수신기의 설치기준 `16` `18` 년 출제
  ㉠ 수위실 등 상시 사람이 근무하고 있는 장소에 설치할 것. 다만, 사람이 상시 근무하는 장소가
  없는 경우에는 관계인이 쉽게 접근할 수 있고 관리가 용이한 장소에 설치할 수 있다.
  ㉡ 수신기가 설치된 장소에는 **경계구역 일람도**를 비치할 것. 다만, 모든 수신기와 연결되어 각
  수신기의 상황을 감시하고 제어할 수 있는 수신기(주수신기)를 설치하는 경우에는 주수신기를
  제외한 기타 수신기는 그렇지 않다.
  ㉢ 수신기의 음향기구는 그 **음량** 및 **음색**이 다른 기기의 소음 등과 **명확히 구별**될 수 있는 것으로
  할 것
  ㉣ 수신기는 **감지기·중계기** 또는 **발신기**가 작동하는 경계구역을 표시할 수 있는 것으로 할 것
  ㉤ 화재·가스·전기 등에 대한 종합방재반을 설치한 경우에는 해당 조작반에 수신기의 작동과
  연동하여 감지기·중계기 또는 발신기가 작동하는 경계구역을 표시할 수 있는 것으로 할 것
  ㉥ 하나의 경계구역은 하나의 표시등 또는 하나의 문자가 표시되도록 할 것
  ㉦ 수신기의 **조작스위치**는 바닥으로부터 높이가 **0.8[m] 이상 1.5[m] 이하**인 장소에 설치할 것
  ㉧ 하나의 특정소방대상물에 **2 이상**의 **수신기**를 설치하는 경우에는 수신기를 상호 간 연동하여
  화재발생 상황을 각 수신기마다 확인할 수 있도록 할 것
  ㉨ 화재로 인하여 하나의 층의 지구음향장치 또는 배선이 단락되어도 다른 층의 화재통보에 지장이
  없도록 각 층 배선 상에 유효한 조치를 할 것

(5) 수신기의 시험방법 `22` 년 출제
  ① 수신기의 시험방법
  ② 회로도통시험
  ③ 공통선시험
  ④ 동시작동시험
  ⑤ 저전압시험
  ⑥ 회로저항시험
  ⑦ 지구음향작동시험
  ⑧ 예비전원시험
  ⑨ 비상전원시험
  ⑩ 절연저항시험

(6) 수신기의 시험점검방법

① 외관점검(수신기 설치장소 및 위치)

   ⊙ 수위실 등 상시 사람이 근무하는 장소에 설치할 것

   ⓛ 수신기의 조작스위치는 **바닥**으로부터 높이가 **0.8[m] 이상 1.5[m] 이하**인 장소에 설치할 것

   ⓒ P형 1급 수신기에 접속할 수 있는 회선수가 1개 및 P형 2급 수신기는 한 개의 특정소방대상물에 대해 **3대 이상** 설치하지 말 것

   ⓔ 한 개의 지구표시등은 **2개 이상**의 경계구역을 표시하지 않는 것으로 할 것

   ⓜ **전원표시등**이 있는 것은 점등되어 있을 것

② 기능시험 : 절연저항시험(직류출력전압이 250[V]의 절연저항 측정기)

(7) 수신기의 형식승인 및 제품검사의 기술기준

① 수신기의 구조 및 일반기능(제3조)

   ⊙ 작동이 확실하고 취급·점검이 쉬워야 하며, 현저한 잡음이나 장해전파를 발하지 않을 것. 또한, 먼지·습기·곤충 등에 의해 기능에 영향을 받지 않을 것

   ⓛ 외함은 불연성 또는 난연성 재질로 할 것

   ⓒ 극성이 있는 경우에는 오접속을 방지하기 위한 장치를 할 것

   ⓔ 외부에서 쉽게 사람이 접촉할 우려가 있는 충전부는 보호할 것

   ⓜ 정격전압이 **60[V]**를 넘는 기구의 금속제 외함에는 **접지단자를 설치**할 것

   ⓗ **예비전원회로**에는 단락사고 등으로부터 보호하기 위한 **퓨즈 등 과전류보호장치**를 설치할 것

   ⓢ 내부에 주전원의 **양극**을 **동시**에 **개폐**할 수 있는 **전원스위치**를 설치할 것

   ⓞ 전면에는 예비전원의 상태 감시장치와 주전원의 감시장치를 설치할 것

   ⓩ 수신기의 외부배선 연결용 단자에 있어서 **공통 신호선용 단자**는 **7개 회로**마다 **1개 이상** 설치할 것

② 부품의 구조 및 기능(제4조)

   ⊙ 스위치, 표시등 : 감지기와 동일하다.

   ⓛ **전압지시전기계기**의 **최대눈금**은 사용하는 회로의 정격전압의 **140[%] 이상 200[%] 이하**이어야 한다.

   ⓒ 수신기에 내장하는 음향장치

     • 사용전압의 **80[%]**인 전압에서 소리를 내어야 할 것

     • 사용전압에서의 음압은 무향실 내에서 정위치에 부착된 음향장치의 중심으로부터 1[m] 떨어진 지점에서 주음향장치용의 것은 **90[dB] 이상**일 것. 다만, **전화용 버저** 및 고장표시장치용 등의 음압은 **60[dB]** 이상일 것

③ 전원전압 변동 시의 기능(제5조)

수신기는 전원전압이 정격전압의 **±20[%]** 범위에서 변동하는 경우 기능에 이상이 생기지 않아야 한다.

④ 절연저항시험(제19조)

㉠ 수신기의 절연된 충전부와 외함 간의 절연저항은 직류 500[V]의 절연저항계로 측정한 **값이 5[MΩ]**(교류 입력 측과 외함 간에는 20[MΩ]) 이상일 것. 다만, P형, P형 복합식, GP형 및 GP형 복합식 수신기로서 접속되는 회선수가 10 이상인 것 또는 R형, R형 복합식, GR형 및 GR형 복합식 수신기로서 접속되는 중계기가 10 이상인 것은 교류 입력 측과 외함 간을 제외하고 1회선당 50[MΩ] 이상이어야 한다.

㉡ **절연된 선로 간**의 **절연저항**은 직류 500[V]의 절연저항계로 측정한 값이 **20[MΩ]** 이상이어야 한다.

6 발신기

(1) 개 요

수동누름버튼 등의 작동으로 화재 신호를 수신기에 발신하는 장치

[발신기]

(2) 발신기의 설치기준 20 년 출제

① 조작이 쉬운 장소에 설치하고, 스위치는 바닥으로부터 **0.8[m] 이상 1.5[m] 이하**의 높이에 설치할 것

② 특정소방대상물의 층마다 설치하되, 해당 층의 각 부분으로부터 하나의 발신기까지의 수평거리가 **25[m] 이하**가 되도록 할 것. 다만, 복도 또는 별도로 구획된 실로서 보행거리가 **40[m] 이상**일 경우에는 추가로 설치해야 한다.

③ ②의 기준을 초과하는 경우로서 기둥 또는 벽이 설치되지 않은 대형공간의 경우 발신기는 설치대상 장소의 가장 가까운 장소의 벽 또는 기둥 등에 설치할 것

④ 발신기의 위치를 표시하는 표시등은 **함의 상부**에 설치하되, 그 불빛은 부착면으로부터 **15° 이상**의 범위 안에서 부착지점으로부터 **10[m] 이내**의 어느 곳에서도 쉽게 식별할 수 있는 **적색등**으로 해야 한다.

(3) 발신기의 시험점검방법

① 외관점검

㉠ 스위치는 바닥으로부터 **0.8[m] 이상 1.5[m] 이하**로 설치되어 있을 것

㉡ 가연성 가스, 분진, 먼지 등이 체류할 우려가 있는 장소에는 적당한 **방호조치**가 되어 있을 것

ⓒ 우수 등이 침투할 우려가 있는 장소에는 방수형 또는 적당한 방호조치가 되어 있을 것

ⓔ 표시등 및 표시판은 확실하게 점등 또는 명확하게 식별할 수 있는 것으로 할 것

② 기능시험

ⓐ 누름 버튼의 조작상태에 따라 수신기 및 음향장치 등이 확실하게 작동할 것

ⓑ 표시등은 그 부착면과 **15°의 각도**로 되는 방향에서 **10[m]** 떨어진 위치에서 점등되어 있거나, 식별이 용이해야 할 것

(4) 발신기의 형식승인 및 제품검사의 기술기준

① 구조 및 일반기능(제4조)

ⓐ 작동이 확실하고 취급·점검이 쉬워야 하며, 현저한 잡음이나 장해전파를 발하지 않을 것. 또한 먼지, 습기, 곤충 등에 의하여 기능에 영향을 받지 않을 것

ⓑ 부식에 의하여 기계적 기능에 영향을 초래할 우려가 있는 부분은 칠, 도금 등으로 유효하게 내식가공을 하거나 방청가공을 해야 하며, 전기적 기능에 영향이 있는 단자, 나사 및 와셔 등은 동합금이나 이와 동등 이상의 내식성능이 있는 재질을 사용할 것

ⓒ 외함은 불연성 또는 난연성 재질로 할 것

ⓓ 발신기의 조작부 기준

• 손끝으로 눌러 작동하는 방식의 발신기는 손끝이 접하는 면에 지름 20[mm] 이상의 투명 플라스틱을 사용한 누름판을 설치할 것

• 발신기에는 작동스위치를 보호할 수 있는 보호장치를 설치하고 보호장치는 쉽게 해체 또는 파손될 수 있는 구조일 것

② 전원전압변동 시의 기능(제6조)

발신기는 전원전압이 정격전압의 **±20[%] 범위**에서 변동을 하는 경우 기능에 이상이 생기지 않아야 한다.

③ 주위온도시험(제9조)

다음에 정하는 주위온도에서 3시간 작동시키는 경우 기능에 이상이 생기지 않아야 한다.

발신기의 종류	옥외형 발신기	옥내·옥외형 발신기
시험온도	−(35±2)∼(70±2)[℃]	−(10±2)∼(55±2)[℃]

④ 반복시험(제10조)

발신기는 정격전압에서 정격전류를 흘려 **5,000회의 작동반복시험**을 하는 경우 그 구조 기능에 이상이 생기지 않을 것

⑤ 절연저항시험(제15조)

발신기의 절연된 단자 간의 절연저항 및 단자와 외함(누름스위치의 머리부분 포함) 간의 절연저항은 직류 500[V]의 절연저항계로 측정하는 경우 20[MΩ] 이상이어야 한다.

7 중계기

(1) 개 요

감지기·발신기 또는 전기적인 접점 등의 작동에 따른 신호를 받아 이를 수신
기에 전송하는 장치

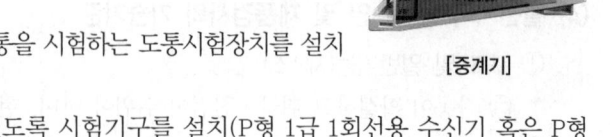

[중계기]

(2) 중계기의 구조 및 원리

① 수신기 측

수신기에서 중계기까지의 외부 배선의 도통을 시험하는 도통시험장치를 설치

② 중계기에서 감지기까지

외부배선의 도통을 용이하게 행할 수 있도록 시험기구를 설치(P형 1급 1회선용 수신기 혹은 P형
2급 수신기에 접속되는 경우는 제외)

(3) 중계기의 설치기준

① 수신기에서 직접 감지기회로의 도통시험을 행하지 않는 것에 있어서는 **수신기**와 **감지기** 사이에
설치할 것

② 조작 및 점검에 편리하고 화재 및 침수 등의 재해로 인한 피해를 받을 우려가 없는 장소에 설치할 것

③ 수신기에 의하여 감시되지 않는 배선을 통하여 전력을 공급받는 것에 있어서는 전원 입력 측의
배선에 **과전류차단기**를 설치하고 해당 전원의 정전이 즉시 수신기에 표시되는 것으로 하며, 상용전
원 및 예비전원의 시험을 할 수 있도록 할 것

(4) 중계기의 형식승인 및 제품검사의 기술기준

① 중계기의 구조 및 기능(제3조)

㉠ 정격전압이 60[V]를 넘는 중계기의 강판 외함에는 **접지단자**를 설치할 것

㉡ **예비전원회로**에는 단락사고 등으로부터 보호하기 위한 **퓨즈 등 과전류 보호장치**를 설치할 것

㉢ 수신개시로부터 발신개시까지의 시간이 **5초 이내**이어야 할 것

② 부품의 구조 및 기능(제4조)

㉠ 스위치 : 감지기와 동일

㉡ 표시등 : 감지기와 동일

㉢ 경보기구를 내장하는 음향장치

• 사용전압의 **80[%]**인 전압에서 소리를 내어야 할 것

• 사용전압에서의 음압은 무향실 내에서 정위치에 부착된 음향장치의 중심으로부터 1[m] 떨어진
지점에서 주음향장치의 것은 **90[dB]** 이상일 것

전화용 버저 및 고장표시 장치용 등의 음압 : 60[dB] 이상

③ 전원전압변동 시의 기능(제5조)

중계기는 전원전압이 정격전압의 **±20[%]** 범위에서 변동하는 경우 기능에 이상이 생기지 않아야
한다.

④ 회로방식의 제한(제6조)

   ㉠ **접지전극**에 **직류전류**를 통하는 회로방식

   ㉡ 중계기에 접속되는 **외부배선**과 다른 설비의 **외부배선**을 **공용**으로 하는 회로방식

⑤ 주위온도시험(제9조)

   중계기는 주위온도가 −10±2~50±2[℃]까지의 범위에서 기능 이상이 생기지 않을 것

⑥ 반복시험(제10조)

   중계기는 정격전압에서 정격전류를 흘리고 **2,000회**의 작동을 반복하는 시험을 하는 경우 그 구조 또는 기능에 이상이 생기지 않을 것

설비의 종류	감지기	발신기	중계기	비상조명등
반복시험횟수	1,000회	5,000회	2,000회	5,000회

⑦ 절연저항시험(제12조)

   중계기의 절연된 충전부와 외함 간 및 절연된 선로 간의 절연저항은 직류 500[V]의 절연저항계로 측정하는 경우 20[MΩ] 이상일 것

8 부속기기

(1) 표시등

발신기의 설치장소를 쉽게 볼 수 있도록 항상 **적색등**이 **점등**되어야 하며 정전 시에는 예비전원으로 자동 절환되어 계속 점등되어야 한다.

(2) 음향장치

① 음향장치의 종류

   ㉠ 경종(벨)

     경보기구 또는 비상경보설비에 사용하는 벨 등의 음향장치

     • 정격전압의 **80[%]**에서 **120[%]** 사이의 전압변동에서 그 기능에 이상이 없을 것

     • 소비전류는 정격전압에서 **50[mA] 이하**일 것

     • 음압은 정격전압에서 무향실 내의 정위치에 부착된 경종 중심으로부터 1[m] 떨어진 위치에서 **90[dB] 이상**일 것

   ㉡ 사이렌

     화재 시 감지기의 작동에 의해 수신기에 알리고 수신기에서 전체 특정소방대상물에 화재 발생을 알리는 비상기구

② 음향장치의 설치기준

   ㉠ **주음향장치**는 **수신기**의 **내부** 또는 그 **직근**에 설치할 것

   ㉡ 층수가 **11층**(공동주택의 경우에는 **16층**) **이상**의 특정소방대상물은 다음에 따라 경보를 발할 수 있도록 해야 한다. **19 년 출제**

발화층	경보를 발해야 하는 층
2층 이상	**발화층, 그 직상 4개 층**
1층	**발화층, 그 직상 4개 층, 지하층**
지하층	발화층, 그 직상층, 기타의 지하층

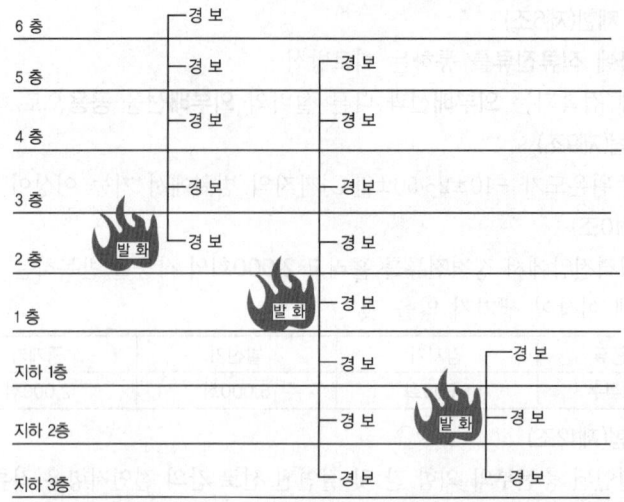

ⓒ **지구음향장치**는 특정소방대상물의 층마다 설치하되, 해당 층의 각 부분으로부터 하나의 음향장치까지의 **수평거리가 25[m] 이하**가 되도록 하고, 해당 층의 각 부분에 유효하게 경보를 발할 수 있도록 설치할 것

설 비	발신기	음향장치	확성기	비상콘센트
수평거리	25[m] 이하	25[m] 이하	25[m] 이하	50[m] 이하

③ 음향장치의 구조 및 성능기준

ㄱ 정격전압의 80[%] 전압에서 음향을 발할 수 있는 것으로 할 것. 다만, 건전지를 주전원으로 사용하는 음향장치는 그렇지 않다.

ㄴ 음향의 크기는 부착된 음향장치의 중심으로부터 1[m] 떨어진 위치에서 **90[dB] 이상**이 되는 것으로 할 것

ㄷ 감지기 및 발신기의 작동과 연동하여 작동할 수 있는 것으로 할 것

> 음량은 장치의 중심으로부터 1[m] 떨어진 위치에서 **90[dB] 이상**이 되는 것으로 할 것

④ **청각장애인용 시각경보장치** `18` `23` 년 출제

ㄱ 복도·통로·청각장애인용 **객실** 및 공용으로 사용하는 **거실**(로비, 회의실, 강의실, 식당, 휴게실, 오락실, 대기실, 체력단련실, 접객실, 안내실, 전시실, 기타 이와 유사한 장소)에 설치하며, 각 부분으로부터 유효하게 경보를 발할 수 있는 위치에 설치할 것

ㄴ 공연장·집회장·관람장 또는 이와 유사한 장소에 설치하는 경우에는 시선이 집중되는 무대부 부분 등에 설치할 것

ㄷ 설치 높이는 바닥으로부터 **2[m] 이상 2.5[m] 이하**의 장소에 설치할 것. 다만, 천장의 높이가 2[m] 이하인 경우에는 천장으로부터 0.15[m] 이내의 장소에 설치해야 한다. `10` `24` 년 출제

ㄹ 시각경보장치의 광원은 전용의 축전지설비 또는 전기저장장치(외부 전기에너지를 저장해 두었다가 필요한 때 전기를 공급하는 장치)에 의하여 점등되도록 할 것

ㅁ 하나의 특정소방대상물에 2 이상의 수신기가 설치된 경우 어느 수신기에서도 지구음향장치 및 시각경보장치를 작동할 수 있도록 해야 한다.

[시각경보장치]

(3) 배 선

① **전원회로**의 배선은 기준에 의한 **내화배선**에 따르고, 그 밖의 배선은 내화배선 또는 내열배선에 따를 것

② 감지기 상호 간 또는 감지기로부터 수신기에 이르는 감지기회로의 배선 설치기준

　㉠ 아날로그식, 다신호식 감지기나 R형 수신기용으로 사용되는 것은 전자파 방해를 받지 않는 실드선 등을 사용해야 하며, 광케이블의 경우에는 전자파 방해를 받지 않고 내열성능이 있는 경우 사용할 것. 다만, 전자파 방해를 받지 않는 방식의 경우에는 그렇지 않다

　㉡ ㉠ 외의 일반배선을 사용할 때는 옥내소화전설비의 화재안전기술기준(NFTC 102)에 따른 내화 배선 또는 내열배선으로 사용할 것

③ 감지기회로의 도통시험을 위한 **종단저항**의 설치기준

　㉠ 점검 및 관리가 쉬운 장소에 설치할 것

　㉡ **전용함**을 설치하는 경우 그 설치높이는 바닥으로부터 **1.5[m] 이내**로 할 것

　㉢ **감지기 회로의 끝부분**에 설치하며, 종단감지기에 설치할 경우에는 구별이 쉽도록 해당 감지기의 기판 및 감지기 외부 등에 별도의 표시를 할 것

④ **감지기 사이의 회로**의 배선은 **송배전식**으로 할 것

⑤ 전원회로의 전로와 대지 사이 및 배선 상호 간의 절연저항은 전기사업법 제67조에 따른 전기설비기 술기준이 정하는 바에 의하고, 감지기회로 및 부속회로의 전로와 대지 사이 및 배선 상호 간의 절연 저항은 1경계구역마다 직류 250[V]의 절연저항측정기를 사용하여 측정한 절연저항이 0.1[MΩ] 이상 이 되도록 할 것

⑥ 자동화재탐지설비의 배선은 다른 전선과 **별도의 관·덕트·몰드** 또는 **풀박스** 등에 설치할 것. 다만, 60[V] 미만의 약 전류회로에 사용하는 전선으로서 각각의 전압이 같을 때에는 그렇지 않다.

⑦ P형 수신기 및 G.P형 수신기의 감지기회로의 배선에 있어서 하나의 **공통선**에 접속할 수 있는 경계구 역은 **7개 이하**로 할 것

⑧ 자동화재탐지설비의 **감지기 회로의 전로저항**은 50[Ω] **이하**가 되도록 해야 하며, 수신기의 각 회로별 종단에 설치되는 감지기에 접속되는 배선의 전압은 감지기 정격전압의 80[%] 이상이어야 할 것

9 경계구역 21 24 년 출제

① 자동화재탐지설비의 경계구역은 다음의 기준에 따라 설정해야 한다. 다만, 감지기의 형식승인 시 감지거리, 감지면적 등에 대한 성능을 별도로 인정받은 경우에는 그 성능인정범위를 경계구역으로 할 수 있다.

ⓐ 하나의 경계구역이 2 이상의 건축물에 미치지 않도록 할 것

ⓑ 하나의 경계구역이 2 이상의 층에 미치지 않도록 할 것. 다만, 500[m²] 이하의 범위 안에서는 2개의 층을 하나의 경계구역으로 할 수 있다.

ⓒ 하나의 경계구역의 면적은 **600[m²]** 이하로 하고 한 변의 길이는 **50[m] 이하**로 할 것. 다만, 해당 특정소방대상물의 주된 출입구에서 그 내부 전체가 보이는 것에 있어서는 한 변의 길이가 50[m]의 범위 내에서 1,000[m²] 이하로 할 수 있다.

② 계단(직통계단 외의 것에 있어서는 떨어져 있는 상하계단의 상호 간의 수평거리가 5[m] 이하로서 서로 간에 구획되지 않은 것에 한함) · 경사로(에스컬레이터 경사로 포함) · 엘리베이터 승강로(권상기실이 있는 경우에는 권상기실) · 린넨슈트 · 파이프 피트 및 덕트 · 기타 이와 유사한 부분에 대하여는 **별도로 경계구역을 설정**하되, **하나의 경계구역은 높이 45[m] 이하**(계단 및 경사로에 한한다)로 하고, **지하층의 계단** 및 **경사로**(지하층의 층수가 한 개 층일 경우는 제외한다)는 **별도로 하나의 경계구역**으로 해야 한다.

③ 외기에 면하여 상시 개방된 부분이 있는 차고 · 주차장 · 창고 등에 있어서는 외기에 면하는 각 부분으로부터 5[m] 미만의 범위 안에 있는 부분은 경계구역의 면적에 산입하지 않는다.

④ 스프링클러설비 · 물분무 등 소화설비 또는 제연설비의 화재감지장치로서 화재감지기를 설치한 경우의 경계구역은 해당 소화설비의 방호구역 또는 제연구역과 동일하게 설정할 수 있다.

제2절 **자동화재속보설비(NFTC 204)**

1 자동화재속보설비의 개요

자동화재속보설비는 화재가 발생하였을 때 사람이 조작하지 않고 **자동 또는 수동**으로 화재 발생 장소를 **신속하게 소방관서**에 **통보**하여 주는 설비

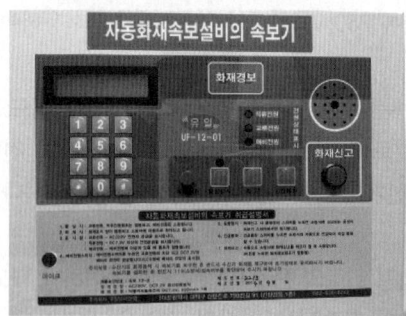

[자동화재속보설비]

2 자동화재속보설비의 기능

화재감지기에서 감지된 신호를 수신기에서 신호를 받아 **5~10초** 동안 **오보** 또는 **화재감지인가**를 **구분**한 뒤 소방관서로 통보할 수 있는 전화를 설치하고 있는 경우에는 상용전화선로를 차단하여 119를 구동시켜 녹음테이프에 녹음되어 있는 세트로 발화 특정소방대상물, 발화소재지 등을 **3회 이상** 반복하여 신고를 알리며 일단 신고가 끝난 후 신고필이란 램프가 켜지면서 모든 동작을 마치게 된다.

설비의 종류	자동화재속보설비	자동화재탐지설비
통보하는 곳	소방관서	특정소방대상물의 관계인

3 자동화재속보설비의 특징

① 화재발생 시 사람이 없어도 신속한 속보가 가능하다.
② 정확한 녹음테이프를 사용하므로 신고가 정확하다.
③ 종합방재센터가 설치되어 있어도 감시인이 상주하지 않으면 자동화재속보설비를 설치해야 한다.
④ 오보의 신고를 제어하는 회로가 구성되어 있어 오보의 우려가 없다.
⑤ 일반 전화에 쉽게 연결하여 설치할 수 있다.
⑥ 일반전화 사용 중 **일반전화**를 **차단**시키고 자동으로 소방관서에 **연결**된다.
⑦ 대형건물이라도 1대의 자동화재속보설비로 대응할 수 있다.
⑧ 비상전원을 부설해야 한다.

4 설치 시 주의사항

① 발신기 누름스위치 등은 바닥으로부터 **0.8[m] 이상 1.5[m] 이하**에 설치할 것

종 류	• 공기관식 차동식분포형감지기 • 수신기　• 발신기　• 속보기스위치 • 비상경보설비의 스위치 • 무선접속단자, CO_2기동장치	복도통로 유도등 유도표지	연결 송수구	피난구 유도등	비상 콘센트
설치 위치	0.8[m] 이상 1.5[m] 이하	1.0[m] 이하	1.5[m] 이하	1.5[m] 이상	1.0[m] 이상 1.5[m] 이하

② 600[V] 2종 비닐절연전선 또는 이와 동등 이상의 내열성이 있는 전선을 사용할 것
③ **전화선**에서 연결 시 **옥내 통신기구 1차 측**에서 연결할 것
④ 상용전원은 **속보기 전용**으로 설치하며 따로 커버나이프 스위치를 설치할 것
⑤ 테이프의 신고내용이 반드시 **3회 이상** 반복하여 상대방의 수신자가 충분히 알 수 있도록 할 것

5 설치기준 `13` `15` `16` `19` 년 출제

① 자동화재탐지설비와 연동으로 작동하여 자동적으로 화재신호를 소방관서에 전달되는 것으로 할 것. 이 경우 부가적으로 특정소방대상물의 관계인에게 화재신호를 전달되도록 할 수 있다.
② **조작스위치는 바닥으로부터 0.8[m] 이상 1.5[m] 이하**의 높이에 설치할 것
③ 속보기는 소방관서에 통신망으로 통보하도록 하며, 데이터 또는 코드전송방식을 부가적으로 설치할 수 있다.

④ 문화재에 설치하는 자동화재속보설비는 속보기에 감지기를 직접 연결하는 방식(자동화재탐지설비 1개의 경계구역에 한한다)으로 할 수 있다.

6 자동화재속보설비의 속보기의 성능인증 및 제품검사의 기술기준

(1) 속보기의 구조(제3조)

① 외부에서 쉽게 사람이 접촉할 우려가 있는 충전부는 충분히 보호되어야 하며, 정격전압이 60[V]를 넘고 금속제 외함을 사용할 때에는 외함에 **접지단자**를 설치해야 한다.

② **극성**이 있는 배선을 접속하는 경우에는 **오접속 방지를 위한 필요한 조치**를 해야 하며, 커넥터로 접속하는 방식은 구조적으로 오접속이 되지 않는 형태이어야 할 것

③ 내부에는 예비전원(알칼리계 또는 리튬계 2차 축전지, 무보수밀폐형축전지)을 설치해야 하며 예비 전원의 인출선 또는 접속단자는 오접속을 방지하기 위하여 적당한 색상에 의하여 극성을 구분할 수 있도록 해야 한다.

④ **예비전원 회로**에는 단락사고 등을 방지하기 위한 **퓨즈**, **차단기** 등과 같은 보호장치를 설치해야 할 것

⑤ 전면에는 주전원 및 예비전원의 상태를 표시할 수 있는 장치와 작동 시 음향으로 경보하는 장치를 설치해야 한다.

⑥ 화재표시 복구스위치 및 음향장치의 울림을 정지시킬 수 있는 스위치를 설치해야 한다.

⑦ 속보기(아날로그식 축적형 수신기와 접속하는 경우에는 제외한다)는 다음의 장치를 전면에 설치해 야 한다.
 ㉠ 작동 시 작동여부를 표시하는 장치를 해야 한다.
 ㉡ 작동 시 그 작동시간과 작동횟수를 표시할 수 있는 장치를 해야 한다.

⑧ 수동통화용 송수화장치를 설치해야 한다.

⑨ **표시등**에 **전구**를 사용하는 경우에는 **2개의 병렬**로 설치해야 할 것. 다만, 발광다이오드의 경우에는 그렇지 않다.

⑩ 국가유산용 속보기의 기준
 ㉠ 무선식 감지기와 국가유산용 속보기 간의 화재신호 또는 화재정보신호는 신고하지 않고 개설할 수 있는 무선국용 무선설비의 기술기준 제7조 제3항의 도난, 화재경보장치 등의 안전 시스템용 주파수를 적용해야 한다.
 ㉡ 전파법 제58조의2에 적합해야 한다.
 ㉢ 수동으로 무선식 감지기에 통신점검신호를 발신하는 장치를 설치해야 한다.
 ㉣ 자동적으로 무선식 감지기에 24시간 이내 주기마다 통신점검신호를 발신할 수 있는 장치를 설치해야 한다. 다만, 무선식 감지기로부터 통신점검신호를 수신할 수 있는 장치가 있는 경우에는 그렇지 않다.
 ㉤ 무선식 감지기의 화재 작동상태를 화재감시 정상상태로 전환시킬 수 있는 수동복귀스위치를 설치해야 한다. 이 경우 ⑦의 스위치와 공통으로 사용할 수 있다.

ⓗ 무선식 감지기로부터 통신점검신호를 수신할 수 있는 장치가 있는 국가유산용 속보기는 무선식 감지기로부터 통신점검신호를 수신하는 경우 자동적으로 무선식 감지기에 통신점검 확인신호를 발신하는 장치 및 무선식 감지기의 재확인신호를 수신하는 장치를 설치해야 한다.

(2) 속보기의 기능(제5조)

① 속보기(아날로그식 축적형 수신기를 접속하는 경우에는 제외)는 작동신호를 수신하거나 수동으로 동작시키는 경우 **20초 이내**에 소방관서에 자동적으로 신호를 발하여 알리되 **3회 이상** 속보할 수 있어야 한다.

② 아날로그식 축적형 수신기를 접속하는 속보기는 수동작동스위치를 작동하거나 예비·축적·화재경보신호를 수신하는 경우 다음에 적합해야 한다.

　㉠ 예비경보신호를 수신하거나 축적경보신호를 수신하는 경우 20초 이내에 통신망을 통해 자동적으로 관계인 2명 이상에게 예비경보신호 및 축적경보신호에 의한 작동을 구분하여 통보해야 하며 각각의 표시장치 및 음향장치에 의해 경보해야 한다.

　㉡ 화재경보신호를 수신하거나 수동작동스위치를 작동시키는 경우 20초 이내에 소방관서에 자동적으로 신호를 발하여 통보하되 3회 이상 속보해야 하며 통신망을 통해 자동적으로 관계인 2명 이상에게 화재경보신호에 의한 작동 및 수동작동스위치에 의한 작동을 구분하여 통보해야 하며 각각의 표시장치 및 음향장치에 의해 경보해야 한다.

　㉢ ㉠ 및 ㉡의 표시장치 점등 및 음향장치에 의한 경보는 수동으로 복구하거나 정지시키지 않은 한 지속되어야 하며 음향장치의 작동을 정지된 상태에서도 새로운 예비경보신호, 축적경보신호 또는 화재경보신호를 수신하는 경우 음향장치의 작동정지를 해제하고 음향장치가 작동되어야 한다.

③ 예비전원은 자동적으로 충전되어야 하며 자동과충전 방지장치가 있어야 할 것

④ 예비전원은 감시상태를 60분간 지속한 후 **10분 이상** 동작(화재속보 후 화재표시 및 경보를 10분간 유지하는 것을 말함)이 지속될 수 있는 용량이어야 할 것

⑤ 예비전원을 **병렬**로 접속하는 경우에는 **역충전 방지조치**를 할 것

⑥ 무선식 감지기와 접속되는 국가유산용 속보기의 기록장치(제5조의2)

　㉠ 기록장치는 999개 이상의 데이터를 저장할 수 있어야 하며, 용량이 초과할 경우 가장 오래된 데이터부터 자동으로 삭제한다.

　㉡ 국가유산용 속보기는 임의로 데이터의 수정이나 삭제를 방지할 수 있는 기능이 있어야 한다.

　㉢ 저장된 데이터는 국가유산용 속보기에서 확인할 수 있어야 하며, 복사 및 출력도 가능해야 한다.

　㉣ 수신기의 기록장치에 저장해야 하는 데이터는 다음과 같다. 이 경우 데이터의 발생 시각을 표시해야 한다.

　　• 주전원과 예비전원의 On/Off 상태

　　• 신호 발신개시로부터 200초 이내에 감지기의 건전지 성능이 저하되었음을 확인할 수 있도록 표시등 및 음향으로 경보되는 신호

　　• 통신점검 개시로부터 발신된 확인신호를 수신하는 소요시간은 200초 이내이어야 하며, 수신 소요시간을 초과할 경우 통신점검 이상을 확인할 수 있도록 표시등 및 음향으로 경보해야 하는데 확인신호를 수신하지 못한 감지기 내역

- 화재표시 복구스위치 및 음향장치의 울림을 정지시킬 수 있는 스위치의 조작 내역
- 속보기(아날로그식 축적형 수신기를 접속하는 경우에는 제외한다)는 작동신호를 수신하거나 수동으로 동작시키는 경우 20초 이내에 소방관서에 자동적으로 신호를 발하여 알리되, 3회 이상 속보할 수 있는 작동신호·수동 조작에 의한 속보 내역
- 통신점검신호 발신 개시로부터 통신점검신호 및 재확인신호를 수신하는 소요시간은 200초 이내이어야 하며, 수신 소요시간을 초과할 경우 표시등 및 음향으로 경보해야 하는데 통신점검신호 및 재확인신호를 수신하지 못한 감지기 내역

⑦ 아날로그식 축적형 수신기를 접속하는 속보기의 기록장치(제5조의3)
   ㉠ 기록장치는 999개 이상의 데이터를 저장할 수 있어야 하며, 용량이 초과할 경우 가장 오래된 데이터부터 자동으로 삭제해야 한다.
   ㉡ 속보기는 임의로 데이터의 수정이나 삭제를 방지할 수 있는 기능이 있어야 한다.
   ㉢ 저장된 데이터는 속보기에서 확인할 수 있어야 하며, 복사 및 출력도 가능해야 한다.
   ㉣ 기록장치에 저장해야 하는 데이터는 다음과 같다. 이 경우 데이터의 발생시각을 표시해야 한다.
   - 주전원과 예비전원의 On/Off 상태
   - 예비경보신호를 수신하거나 축적경보신호를 수신하는 경우 20초 이내에 통신망을 통해 자동적으로 관계인 2명 이상에게 예비경보신호 및 축적경보신호에 의한 작동을 구분하여 통보해야 하는 예비경호신호 수신 내역, 축적경보신호 수신 내역 및 관계인 통보 내역
   - 화재경보신호를 수신하거나 수동작동스위치를 작동시키는 경우 20초 이내에 소방관서에 자동적으로 신호를 발하여 통보하되 3회 이상 속보해야 하며 통신망을 통해 자동적으로 관계인 2명 이상에게 화재경보신호에 의한 작동 및 수동작동스위치에 의한 작동을 구분하여 통보해야 하는 화재경보신호 수신 내역, 수동작동스위치에 의한 조작 내역 및 관계인 통보 내역
   - 화재표시 복구스위치 및 음향장치의 울림을 정지시킬 수 있는 스위치의 조작 내역

(3) 부품의 구조 및 기능 중 예비전원(제6조)

① 상온충방전시험
   ㉠ **알칼리계 2차 축전지**는 방전종지전압 상태의 축전지를 상온에서 정격충전전압 및 1/20[C]의 전류로 48시간 충전한 후 1[C]의 전류로 방전하는 경우 48분 이상 지속 방전되어야 한다. 이 경우 축전지는 부풀어 오르거나 누액 발생 등 이상이 생기지 않아야 한다.
   ㉡ **리튬계 2차 축전지**는 방전종지전압 상태의 축전지를 상온에서 정격충전전압 및 1/5[C]의 정전류로 6시간 충전한 후 1[C]의 전류로 방전하는 경우 55분 이상 지속적으로 방전되어야 한다. 이 경우 축전지는 부풀어 오르거나 누액 발생 등 이상이 생기지 않아야 한다.
   ㉢ **무보수 밀폐형 연축전지**는 방전종지전압 상태의 축전지를 상온에서 정격충전전압 및 0.1[C]의 전류로 48시간 충전한 후 1[C]의 전류로 방전시키는 경우 45분 이상 지속 방전되어야 한다. 이 경우 축전지는 부풀어 오르거나 누액 발생 등 이상이 생기지 않아야 한다.
② 안전장치시험 : 예비전원은 1/5[C] 이상 1[C] 이하의 전류로 역충전하는 경우 5시간 이내에 안전장치가 작동해야 하며 외관이 부풀어 오르거나 누액 등이 생기지 않아야 한다.

(4) 전원전압 변동 시의 기능(제7조)

속보기는 전원에 정격전압의 **80[%]** 및 **120[%]**의 전압을 인가하는 경우 정상적인 기능을 발휘해야 할 것

(5) 반복시험(제9조)

속보기의 정격전압에서 **1,000회**의 화재작동을 반복 실시하는 경우 그 구조 또는 기능에 이상이 생기지 않을 것

(6) 절연저항시험(제10조)

① 절연된 충전부와 외함 간의 절연저항은 500[V]의 절연저항계로 측정한 값이 **5[MΩ]**(교류입력 측과 **외함 간에는 20[MΩ]**) 이상일 것
② 절연된 선로 간의 절연저항은 직류 500[V]의 절연저항계로 측정한 값이 **20[MΩ]** 이상일 것

(7) 속보기의 표시사항(제13조)

① 품명 및 성능인증번호
② 제조연도 및 제조번호
③ 제조자 상호ㆍ주소ㆍ전화번호
④ 주전원의 정격전압
⑤ 예비전원의 종류ㆍ정격전류용량ㆍ정격전압
⑥ 국가유산용 속보기인 경우 접속 가능한 감지기 형식번호(해당하는 경우에 한함)
⑦ 접속가능 수신기 형식승인 번호(해당하는 경우에 한함)
⑧ 주의사항(해당하는 경우에 한함)

제3절 비상경보설비 및 단독경보형감지기(NFTC 201)

1 개 요

비상경보설비는 자동화재탐지설비 또는 다른 방법에 의해서 감지된 화재발생을 신속하게 특정소방대상물의 내부에 있는 사람에게 알려 **피난** 또는 **초기진압**을 용이하게 하기 위한 설비

2 종 류

① 비상벨설비
② 자동식사이렌설비
③ 단독경보형감지기

> **비상경보기구 : 휴대용 확성기, 수동식사이렌설비, 경종**

3 구조 및 기능

화재발생 시 수동으로 기동장치를 조작하여 음향장치를 통하여 화재를 알리는 장치이다.

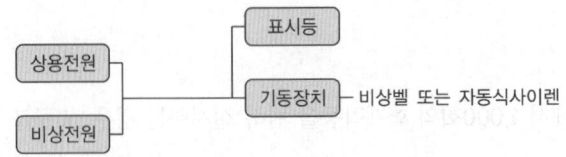

4 설치기준

(1) 비상벨 및 자동식사이렌설비

① 부식성 가스 또는 습기 등으로 인하여 부식의 우려가 없는 장소에 설치해야 한다.

② 지구음향장치는 특정소방대상물의 **층마다 설치**하되, 해당 층의 각 부분으로부터 하나의 **음향장치까**지의 수평거리가 **25[m] 이하**가 되도록 하고, 해당 층의 **각 부분**에 **유효하게 경보**를 발할 수 있도록 설치해야 한다. 다만, 비상방송설비의 화재안전기술기준(NFTC 202)에 적합한 방송설비를 비상벨설비 또는 자동식사이렌설비와 연동하여 작동하도록 설치한 경우에는 지구음향장치를 설치하지 않을 수 있다.

③ 음향장치는 정격전압의 **80[%] 전압**에서도 음향을 발할 수 있도록 해야 한다. 다만, 건전지를 주전원으로 사용하는 음향장치는 그렇지 않다.

④ 음향장치의 **음향의 크기**는 부착된 음향장치의 중심으로부터 **1[m]** 떨어진 위치에서 **90[dB] 이상**이 되는 것으로 해야 한다.

⑤ 발신기의 설치기준

　㉠ 조작이 **쉬운 장소**에 설치하고, 조작스위치는 바닥으로부터 **0.8[m] 이상 1.5[m] 이하**의 높이에 설치할 것

　㉡ 특정소방대상물의 **층마다 설치**하되, 해당 층의 각 부분으로부터 하나의 **발신기**까지의 수평거리가 **25[m] 이하**가 되도록 할 것. 다만, 복도 또는 별도로 구획된 실로서 보행거리가 40[m] 이상일 경우에는 추가로 설치해야 한다.

　㉢ 발신기의 **위치표시등**은 함의 **상부**에 설치하되, 그 불빛은 부착면으로부터 **15° 이상**의 범위 안에서 부착지점으로부터 **10[m] 이내**의 어느 곳에서도 쉽게 **식별**할 수 있는 **적색등**으로 할 것

⑥ 상용전원의 기준

　㉠ 상용전원은 전기가 정상적으로 공급되는 **축전지설비, 전기저장장치**(외부 전기에너지를 저장해 두었다가 필요할 때 전기를 공급하는 장치) 또는 **교류전압**의 **옥내 간선**으로 하고, 전원까지의 **배선**은 **전용**으로 할 것

　㉡ 개폐기에는 "비상벨설비 또는 자동식사이렌설비용"이라고 표시한 **표지**를 할 것

⑦ 비상벨설비 및 자동식사이렌설비에는 그 설비에 대한 감시상태를 **60분간 지속**한 후 유효하게 **10분 이상 경보**할 수 있는 비상전원으로서 축전지설비(수신기에 내장하는 경우를 포함한다) 또는 **전기저장장치**(외부 전기에너지를 저장해 두었다가 필요할 때 전기를 공급하는 장치)를 설치해야 한다. 다만, 상용전원이 축전지설비인 경우 또는 건전지를 주전원으로 사용하는 무선식설비인 경우에는 그렇지 않다.

⑧ 배선의 기준(전기사업법 제67조의 규정에 따른 기술기준에서 정한 것 외)

　　㉠ 전원회로의 배선은 **내화배선**에 따르고 그 밖의 배선은 **내화배선 또는 내열배선**으로 할 것

　　㉡ 부속회로의 전로와 대지 사이 및 배선 상호 간의 절연저항은 1경계구역마다 직류 250[V]의 절연저항측정기를 사용하여 측정한 절연저항이 **0.1[MΩ] 이상**이 되도록 할 것

　　㉢ 배선은 다른 전선과 별도의 **관·덕트**(절연효력이 있는 것으로 구획한 때에는 그 구획된 부분은 별개의 덕트로 본다)·**몰드** 또는 **풀박스** 등에 설치할 것. 다만, **60[V] 미만**의 약전류회로에 사용하는 전선으로서 각각의 전압이 같을 때에는 그렇지 않다.

(2) 단독경보형감지기 `10` `15` `23` 년 출제

① **각 실**(이웃하는 실내의 바닥면적이 각각 **30[m²] 미만**이고 벽체의 상부의 전부 또는 일부가 개방되어 이웃하는 실내와 공기가 상호 유통되는 경우에는 이를 1개의 실로 본다)**마다** 설치하되, 바닥면적이 150[m²]를 초과하는 경우에는 **150[m²]마다 1개 이상** 설치할 것

② 계단실은 **최상층**의 **계단실의 천장**(외기가 상통하는 계단실의 경우를 제외한다)에 설치할 것

③ 건전지를 주전원으로 사용하는 단독경보형감지기는 **정상적인 작동상태**를 유지할 수 있도록 주기적으로 건전지를 **교환**할 것

④ 상용전원을 주전원으로 사용하는 단독경보형감지기의 2차 전지는 소방시설법 제40조에 따라 제품검사에 합격한 것을 사용할 것

[단독경보형감지기]

제4절　　**비상방송설비(NFTC 202)**

1 개 요

비상방송설비는 화재발생 시 자동화재탐지설비의 감지기의 동작에 의하여 수신기에 **화재 신호**를 보낼 경우에 증폭기의 전원이 공급되게 하거나 발견한 사람이 **수동**에 의해 기동장치를 조작하여 증폭기의 전원이 자동적으로 공급되게 하여 조작장치의 마이크로폰 또는 테이프 레코더를 조작하여 스피커를 통하여 **비상방송**을 할 수 있는 구조로 되어 있는 설비

2 구성요소 `20` 년 출제

① 확성기 : **소리를 크게**하여 멀리까지 전달될 수 있도록 하는 장치(일명 **스피커**)

② 음량조절기 : **가변저항**을 이용하여 전류를 변화시켜 **음량**을 크게 하거나 작게 **조절**할 수 있는 장치

③ 증폭기 : 전압·전류의 **진폭**을 늘려 감도를 좋게 하고 미약한 음성전류를 커다란 음성전류로 변화시켜 **소리를 크게**하는 장치

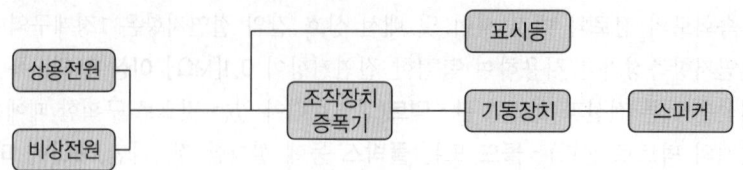

3 음향장치의 설치기준 `13` `14` `20` `21` `22` `24` 년 출제

① 확성기의 음성입력은 3[W](**실내**에 설치하는 것 1[W]) 이상일 것
② 확성기는 **각 층마다** 설치하되, 그 층의 각 부분으로부터 하나의 확성기까지의 수평거리가 25[m] **이하**가 되도록 하고, 해당 층의 각 부분에 유효하게 경보를 발할 수 있도록 설치할 것
③ 음량조정기를 설치하는 경우 **음량조정기**의 배선은 3선식으로 할 것
④ 조작부의 조작스위치는 바닥으로부터 **0.8[m] 이상 1.5[m] 이하**의 높이에 설치할 것
⑤ 조작부는 기동장치의 작동과 연동하여 해당 기동장치가 작동한 층 또는 구역을 표시할 수 있는 것으로 할 것
⑥ 증폭기 및 조작부는 수위실 등 상시 사람이 근무하는 장소로서 점검이 편리하고 방화상 유효한 곳에 설치할 것
⑦ 층수가 **11층**(공동주택의 경우에는 **16층**) 이상인 **특정소방대상물**의 경보를 발해야 하는 층

발화층	경보를 발해야 하는 층
2층 이상	발화층, 그 직상 4개층
1층	발화층, 그 직상 4개층, 지하층
지하층	발화층, 그 직상층, 기타의 지하층

※ 고층건축물에 경보를 발하는 층은 동일하다.
⑧ **다른 방송설비**와 공용하는 것에 있어서는 화재 시 비상경보 외의 방송을 **차단**할 수 있는 구조로 할 것
⑨ 기동장치에 따른 화재신호를 수신한 후 필요한 음량으로 화재발생상황 및 피난에 유효한 방송이 자동으로 개시될 때까지의 소요시간은 **10초 이내**로 할 것

> **Plus one** 비상방송설비
> • 확성기의 음성입력 실외 : 3[W] 이상, 실내 : 1[W] 이상
> • 음량조정기의 배선 : 3선식
> • 조작스위치 : 0.8[m] 이상 1.5[m] 이하
> • 비상방송개시 소요시간 : 10초 이내

4 음향장치의 구조 및 성능 기준 `14` 년 출제

① 정격전압의 **80[%] 전압**에서 음향을 발할 수 있는 것으로 할 것
② 자동화재탐지설비의 작동과 **연동**하여 작동할 수 있는 것으로 할 것

5 배선의 설치기준 19 년 출제

① 화재로 인하여 하나의 층의 확성기 또는 배선이 단락 또는 단선되어도 다른 층의 화재통보에 지장이 없도록 할 것

② 전원회로의 배선은 옥내소화전설비의 화재안전기술기준(NFTC 102) 2.7.2의 표 2.7.2(1)에 따른 내화배선에 따르고, 그 밖의 배선은 옥내소화전설비의 화재안전기술기준(NFTC 102) 2.7.2의 표 2.7.2(1) 또는 (2)에 따른 내화배선 또는 내열배선에 따라 설치할 것

③ 전원회로의 전로와 대지 사이 및 배선 상호 간의 절연저항은 전기사업법 제67조에 따른 전기설비기술기준이 정하는 바에 따르고, 부속회로의 전로와 대지 사이 및 배선 상호 간의 절연저항은 1경계구역마다 직류 250[V]의 절연저항측정기를 사용하여 측정한 절연저항이 0.1[MΩ] 이상이 되도록 할 것

④ 비상방송설비의 배선은 다른 전선과 별도의 관·덕트(절연효력이 있는 것으로 구획한 때에는 그 구획된 부분은 별개의 덕트로 본다) 몰드 또는 풀박스 등에 설치할 것. 다만, 60[V] 미만의 약전류회로에 사용하는 전선으로서 각각의 전압이 같을 때에는 그렇지 않다.

6 상용전원의 설치기준

① 상용전원은 전기가 정상적으로 공급되는 **축전지설비, 전기저장장치**(외부 전기에너지를 저장해 두었다가 필요할 때 전기를 공급하는 장치) 또는 **교류전압**의 **옥내 간선**으로 하고, 전원까지의 배선은 **전용**으로 할 것

② 개폐기에는 "**비상방송설비용**"이라고 표시한 표지를 할 것

③ 비상방송설비에는 그 설비에 대한 감시상태를 **60분간 지속한 후** 유효하게 **10분 이상 경보**할 수 있는 비상전원으로서 축전지설비(수신기에 내장하는 경우를 포함한다) 또는 전기저장장치(외부 전기에너지를 저장해 두었다가 필요한 때 전기를 공급하는 장치)를 설치해야 한다.

제5절　누전경보기(NFTC 205)

1 개 요

내화구조가 아닌 건축물로서 벽, 바닥 또는 천장의 전부나 일부를 불연재료 또는 준불연재료가 아닌 재료에 철망을 넣어 만든 건물의 전기설비로부터 누설전류를 탐지하여 경보를 발하는 기기로서, 변류기와 수신부로 구성된 것을 말한다.

2 구 성

누전경보기는 **수신부, 변류기, 차단기구, 음향장치**로 구성된다.

① 수신부 : 변류기로부터 **검출된 신호**를 **수신**하여 누전의 발생을 해당 특정소방대상물의 관계인에게 경보하여 주는 것(차단기구를 갖는 것을 포함)

> **Plus one** 집합형 누전경보기의 수신부
> 2개 이상의 변류기를 연결하여 사용하는 수신부로서 하나의 **전원장치** 및 **음향장치** 등으로 구성된 것

② 변류기 : 경계전로의 **누설전류**를 자동적으로 **검출**하여 이를 누전경보기의 수신기에 송신하는 것

변류기 ─┬─ 구조에 의한 분류(옥내형, 옥외형)
　　　　└─ 수신부의 상호호환성에 의한 분류(호환성, 비호환성)

③ 경계전로 : 누전경보기가 누설전류를 검출하는 대상 전선로
④ 정격전류 : 전기기기의 정격출력 상태에서 흐르는 전류

3 구조 및 기능

(1) 구조

① 변류기

경계전로의 누설전류를 검출하는 장치로서 **환상형 철심**에 **검출용 2차 권선**을 내장시킨 것과 철심을 2개로 분할하여 전선을 끼워서 설치하는 것이 있다.

② 수신부

㉠ 누설전류를 유기한 변류기의 **미소한 전압**을 수신하여 **계전기**를 동작시켜 음향장치의 경보를 발할 수 있도록 **증폭**시켜 주는 역할을 한다.

㉡ **5회로**에서 **10회로**까지 사용할 수 있는 집합형 수신기 내부 결선도이다.

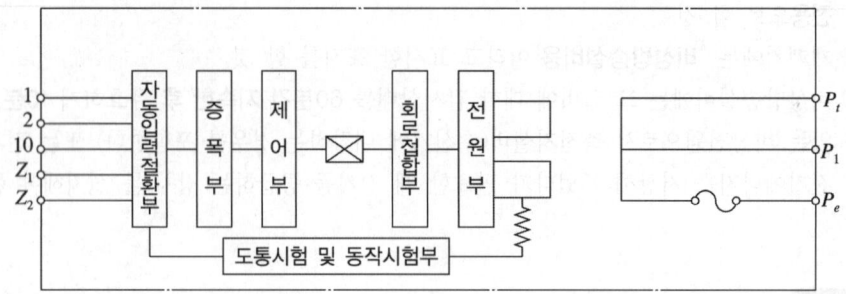

㉢ 수신부 증폭부의 동작 방식

• **매칭 트랜스**나 **트랜지스터**를 조합하여 계전기를 동작시키는 방식
• **트랜지스터**나 I.C로 증폭하여 계전기를 동작시키는 방식
• 트랜지스터나 또는 I.C로 **미터릴레이**를 증폭하여 계전기를 동작시키는 방식

㉣ 수신부의 기능

• **호환성형** 수신부는 신호입력 회로에 공칭작동전류치에 대응하는 변류기의 설계출력전압의 **52[%]**의 전압을 가하는 경우 **30초 이내**에 동작하지 않아야 하며 공칭작동전류치에 대응하는 변류기의 설계출력전압의 75[%]의 전압을 가하는 경우 **1초**(차단기구가 있는 것은 0.2초) **이내**에 **작동**해야 한다.
• **비호환성형** 수신부는 신호입력회로에 공칭작동전류치의 **42[%]**에 대응하는 변류기의 설계출력전압을 가하는 경우 **30초 이내**에 작동하지 않아야 하며, 공칭작동 전류치에 대응하는 변류기의 설계출력전압의 **75[%]**의 전압을 가하는 경우 **1초**(차단기구가 있는 것은 0.2초) 이내에 작동해야 한다.

Plus one 누전경보기의 시험기 및 측정기

- **영상변류기 : 누전전류의 검출시험**
- **메거**(Megger) : 배선 및 충전부와 대지 간의 **절연상태의 측정**
- **음량계** : 경보 버저의 음압시험
- **회로시험기** : 수신기에 의한 외부배선 및 퓨즈, 표시등, 외부 버저 등의 도통시험

(2) 동작원리

① 단상식

$$E = 4.44 f N_2 \phi_g \times 10^{-8} [\text{V}]$$

여기서, ϕ_g : 누설전류에 의한 자속
N_2 : 변류기 2차 권선수
f : 주파수
E : 유기전압

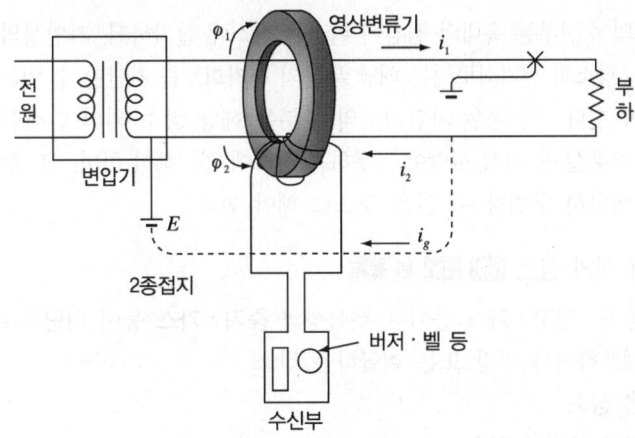

② 3상식

$$\text{누설전류} \ i_g = i_1 + i_2 + i_3$$

누설전류 i_g는 ϕ_g라는 자속을 발생시켜 ϕ_g로 말미암아 단상의 경우와 마찬가지로 영상변류기에 유기전압을 유지시켜 이 유지전압을 증폭하여 경보를 발하여 주는 것이다.

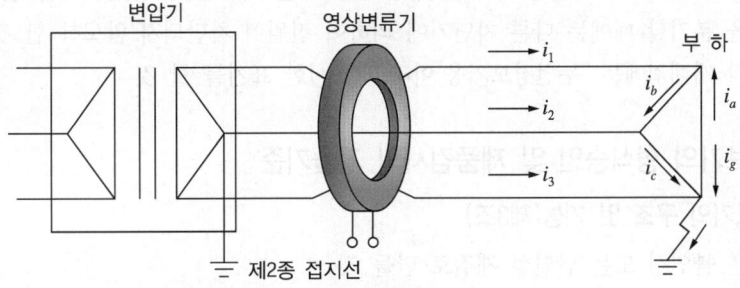

4 설치기준 13 16 20 년 출제

(1) 설치방법

① 경계전로의 정격전류에 따른 누전경보기

정격전류	60[A] 초과	60[A] 이하
경보기의 종류	1급	1급 또는 2급

※ 다만, 정격전류가 60[A]를 초과하는 경계전로가 분기되어 각 분기회로의 정격전류가 60[A] 이하로 되는 경우 해당 분기회로마다 2급 누전경보기를 설치한 때에는 해당 경계전로에 1급 누전경보기를 설치한 것으로 본다.

② **변류기**는 특정소방대상물의 형태, 인입선의 시설방법 등에 따라 **옥외인입선**의 **제1지점의 부하 측** 또는 **제2종 접지선 측**의 점검이 쉬운 위치에 설치할 것, 다만, 인입선의 형태 또는 특정소방대상물의 **구조상 부득이**한 경우에 있어서는 **인입구**에 **근접한 옥내**에 설치할 수 있다.

③ 변류기를 **옥외**의 **전로**에 설치하는 경우에는 **옥외형**으로 설치할 것

(2) 수신부의 설치장소

① 누전경보기의 수신부는 옥내의 점검에 편리한 장소에 설치하되, 가연성의 증기·먼지 등이 체류할 우려가 있는 장소의 전기회로에는 해당 부분의 전기회로를 차단할 수 있는 차단기구를 가진 수신부를 설치해야 한다. 이 경우 차단기구의 부분은 해당 장소 외의 안전한 장소에 설치할 것

② **음향장치**는 **수위실** 등 상시 사람이 근무하는 장소에 설치해야 하며, 그 음량 및 음색은 다른 기기의 소음 등과 명확히 구별할 수 있을 것으로 해야 한다.

(3) 수신부의 설치 제외 장소 10 11 년 출제

① 가연성의 **증기·먼지·가스** 등이나 부식성의 **증기·가스** 등이 **다량**으로 **체류**하는 장소
② 화약류를 제조하거나 저장 또는 취급하는 장소
③ **습도가 높은 장소**
④ **온도의 변화가 급격한 장소**
⑤ **대전류회로·고주파 발생회로** 등에 의한 영향을 받을 우려가 있는 장소

(4) 전 원 13 16 년 출제

① 전원은 분전반으로부터 **전용회로**로 하고, 각 극에 **개폐기** 및 15[A] 이하의 **과전류차단기**(배선용 **차단기**에 있어서는 20[A] 이하의 것으로 각 극을 개폐할 수 있는 것)를 설치할 것
② 전원을 분기할 때에는 다른 차단기에 의하여 전원이 차단되지 않도록 할 것
③ 전원의 개폐기에는 "누전경보기용"이라고 표시한 표지를 할 것

5 누전경보기의 형식승인 및 제품검사의 기술기준

(1) 누전경보기의 구조 및 기능(제3조)

① 외함은 불연성 또는 난연성 재질로 만들 것
② **극성**이 있는 경우에는 **오접속을 방지하기 위하여 필요한 조치**를 할 것
③ 정격전압이 60[V]를 넘는 기구의 금속제 외함에는 **접지단자**를 설치할 것
④ 누전경보기의 **단자 외**의 부분은 **견고한 상자**에 넣어야 할 것

⑤ 누전경보기의 단자(접지단자 및 배전반 등에 부착하는 매립용의 단자는 제외)에는 적당한 보호장치를 할 것

(2) 부품의 구조 및 기능(제4조)

① 경보기구에 내장하는 음향장치

ㄱ 사용전압의 **80[%]**인 전압에서 소리를 내어야 할 것

ㄴ 사용전압에서의 음압은 무향실 내에서 정위치에 부착된 음향장치의 중심으로부터 1[m] 떨어진 지점에서 **70[dB]** 이상일 것. 다만, **고장표시장치용**의 음압은 **60[dB]** 이상이어야 한다.

ㄷ 사용전압으로 8시간 연속하여 울리게 하는 시험, 또는 정격전압에서 3분 20초 동안 울리고 6분 40초 동안 정지하는 작동을 반복하여 통산한 울림시간이 20시간이 되도록 시험하는 경우 그 구조 또는 기능에 이상이 생기지 않아야 한다.

② 변압기

ㄱ 정격 **1차 전압**은 **300[V]** 이하로 할 것

ㄴ 변압기의 **외함**에는 **접지단자**를 설치할 것

③ 차단기를 갖는 누전경보기

ㄱ 개폐부는 원활하고 확실하게 작동해야 하며 정지점이 명확할 것

ㄴ 개폐부는 수동으로 개폐되어야 하며 자동적으로 복귀하지 않을 것

ㄷ 개폐부는 KS C 4613(누전차단기)에 적합한 것이어야 한다.

(3) 공칭작동전류치(제7조) 15 년 출제

누전경보기의 공칭작동전류치(누전경보기를 작동시키기 위하여 필요한 누설전류의 값으로서 제조자에 의하여 표시된 값)는 **200[mA]** 이하일 것

(4) 감도조정장치(제8조)

감도조정장치를 갖는 누전경보기에 있어서 감도조정장치의 조정범위는 최대치가 **1[A]**일 것

(5) 수신부의 기능검사(제28조, 제31조, 제35조)

① 온도특성시험 : 수신부는 −(10±2)[℃]에서 (50±2)[℃]까지의 주위온도에서 기능에 이상이 생기지 않을 것

② 반복시험 : 수신부는 그 정격전압에서 **10,000회** 누전작동시험을 실시하는 경우 그 구조 및 기능에 이상이 없을 것

③ 절연저항시험 : 수신부는 절연된 충전부와 외함 간 및 차단기구의 개폐부(열린 상태에서는 같은 극의 전원 단자와 부하 측 단자와의 사이, 닫힌 상태에서는 충전부와 손잡이 사이)의 절연저항을 직류 500[V]의 절연저항계로 측정하는 경우 5[MΩ] 이상일 것

> **Plus one** 수신부의 절연저항시험
> • 측정개소 : 절연된 충전부와 외함 간 및 차단기구의 개폐부(열린 상태에서는 같은 극의 전원 단자와 부하 측 단자와의 사이, 닫힌 상태에서는 충전부와 손잡이 사이)
> • 측정계기 : 직류 500[V]의 절연저항계
> • 절연저항의 적정성 판단의 정도 : 5[MΩ] 이상

가스누설경보기(NFTC 206)

1 개 요

가스누설경보기란 LPG, LNG, CO 등 가연성가스가 누설되어 공기 중의 산소와 점화원이 존재하여
연소범위 내에 있을 때 폭발사고 방지와 독성 가스유출로 인한 중독사고를 미연에 방지하고자 가스누설
경보기를 설치하여 가스누설 시 자동으로 경보를 알려주는 장치이다.

2 정 의

(1) 가연성가스 경보기

보일러 등 가스연소기에서 액화석유가스(LPG), 액화천연가스(LNG) 등의 가연성가스가 새는 것을
탐지하여 관계자나 이용자에게 경보하여 주는 것을 말한다. 다만, 탐지소자 외의 방법에 의하여 가스가
새는 것을 탐지하는 것, 점검용으로 만들어진 휴대용탐지기 또는 연동기기에 의하여 경보를 발하는
것은 제외한다.

(2) 일산화탄소 경보기

일산화탄소가 새는 것을 탐지하여 관계자나 이용자에게 경보하여 주는 것을 말한다. 다만, 탐지소자
외의 방법에 의하여 가스가 새는 것을 탐지하는 것, 점검용으로 만들어진 휴대용탐지기 또는 연동기기
에 의하여 경보를 발하는 것은 제외한다.

(3) 탐지부

가스누설경보기 중 가스누설을 탐지하여 중계기 또는 수신부에 가스누설의 신호를 발신하는 부분을
말한다.

3 종 류

(1) 단독형

탐지부와 수신부가 일체로 되어있는 형태의 경보기

(2) 분리형

① **공업형(방폭형)** : 감지소자가 들어있는 감지부에서 누설된 가스를 감지하여 수신부로 보내면 경보음
과 동시에 환풍기를 작동시켜 준다. 감지소자는 대상가스를 감지하면 이온화반응이 일어나 저항값
이 변하면서 경보를 발하여 준다.

② **영업용** : 소규모 저장실이나 음식점 또는 주방 등에 설치하여 감지부는 공업용과 마찬가지로 방폭형
으로 되어 있다.

③ **휴대용** : 가장 간단하고 간편하게 사용할 수 있는 장치이다. 가스의 누설우려가 있는 이음 부분에 휴대식 감지소자를 접촉하면 누설 시에는 미터의 지시바늘이 오른쪽으로 움직이면서 누설농도를 측정한다.

4 가연성가스 경보기

(1) 분리형경보기의 수신부 설치기준

① 가스연소기 주위의 경보기의 상태 확인 및 유지 관리에 용이한 위치에 설치할 것
② 가스누설 경보음향의 음량과 음색이 다른 기기의 소음 등과 명확히 구별될 것
③ 가스누설 경보음향의 크기는 수신부로부터 1[m] 떨어진 위치에서 음압이 70[dB] 이상일 것
④ 수신부의 조작스위치는 바닥으로부터의 높이가 0.8[m] 이상 1.5[m] 이하인 장소에 설치할 것
⑤ 수신부가 설치된 장소에는 관계자 등에게 신속히 연락할 수 있도록 비상연락 번호를 기재한 표를 비치할 것

(2) 분리형경보기의 탐지부 설치기준

① 탐지부는 가스연소기의 중심으로부터 직선거리 8[m](공기보다 무거운 가스를 사용하는 경우에는 4[m]) 이내에 1개 이상 설치해야 한다.
② 탐지부는 천장으로부터 탐지부 하단까지의 거리가 0.3[m] 이하가 되도록 설치한다. 다만, 공기보다 무거운 가스를 사용하는 경우에는 바닥면으로부터 탐지부 상단까지의 거리는 0.3[m] 이하로 한다.

(3) 단독형경보기의 설치기준 `23` `년 출제`

① 가스연소기 주위의 경보기의 상태 확인 및 유지 관리에 용이한 위치에 설치할 것
② 가스누설 경보음향의 음량과 음색이 다른 기기의 소음 등과 명확히 구별될 것
③ 가스누설 경보음향장치는 수신부로부터 1[m] 떨어진 위치에서 음압이 70[dB] 이상일 것
④ 단독형경보기는 가스연소기의 중심으로부터 직선거리 8[m](공기보다 무거운 가스를 사용하는 경우에는 4[m]) 이내에 1개 이상 설치해야 한다.
⑤ 단독형경보기는 천장으로부터 경보기 하단까지의 거리가 0.3[m] 이하가 되도록 설치한다. 다만, 공기보다 무거운 가스를 사용하는 경우에는 바닥면으로부터 단독형경보기 상단까지의 거리는 0.3[m] 이하로 한다.
⑥ 경보기가 설치된 장소에는 관계자 등에게 신속히 연락할 수 있도록 비상연락 번호를 기재한 표를 비치할 것

5 일산화탄소 경보기

(1) 분리형경보기의 수신부 설치기준

① 가스누설 경보음향의 음량과 음색이 다른 기기의 소음 등과 명확히 구별될 것
② 가스누설 경보음향의 크기는 수신부로부터 1[m] 떨어진 위치에서 음압이 70[dB] 이상일 것
③ 수신부의 조작스위치는 바닥으로부터의 높이가 0.8[m] 이상 1.5[m] 이하인 장소에 설치할 것
④ 수신부가 설치된 장소에는 관계자 등에게 신속히 연락할 수 있도록 비상연락 번호를 기재한 표를 비치할 것

(2) 분리형경보기의 탐지부 설치기준

천장으로부터 탐지부 하단까지의 거리가 0.3[m] 이하가 되도록 설치한다.

(3) 단독형경보기의 설치기준

① 가스누설 경보음향의 음량과 음색이 다른 기기의 소음 등과 명확히 구별될 것
② 가스누설 경보음향장치는 수신부로부터 1[m] 떨어진 위치에서 음압이 70[dB] 이상일 것
③ 단독형경보기는 천장으로부터 경보기 하단까지의 거리가 0.3[m] 이하가 되도록 설치할 것
④ 경보기가 설치된 장소에는 관계자 등에게 신속히 연락할 수 있도록 비상연락 번호를 기재한 표를 비치할 것

6 분리형경보기의 탐지부 및 단독형감지기를 설치할 수 없는 장소

① 출입구 부근 등으로서 외부의 기류가 통하는 곳
② 환기구 등 공기가 들어오는 곳으로부터 1.5[m] 이내인 곳
③ 연소기의 폐가스에 접촉하기 쉬운 곳
④ 가구·보·설비 등에 가려져 누설가스의 유통이 원활하지 못한 곳
⑤ 수증기 또는 기름 섞인 연기 등이 직접 접촉될 우려가 있는 곳

7 가스누설경보기의 형식승인 및 제품검사의 기술기준

(1) 경보기의 일반구조(제4조)

① 경보기의 수신부 및 분리형경보기의 탐지부 외함은 불연성 또는 난연성 재질로 만들 것
② 전원공급의 상태를 쉽게 확인할 수 있는 **표시등**이 있을 것
③ 정격전압이 60[V]를 초과하는 기구의 금속제 외함에는 **접지단자**를 설치할 것
④ **예비전원**을 가스누설경보기의 **주전원**으로 **사용하지 말 것**
⑤ 예비전원을 단락사고 등으로부터 보호하기 위한 퓨즈 등 과전류 보호장치를 설치할 것
⑥ 축전지를 **병렬**로 **접속**하는 경우에는 **역충전 방지 등의 조치**를 할 것

> 예비전원 : 알칼리계 2차 축전지, 리튬계 2차 축전지, 무보수밀폐형 연축전지

(2) 부품의 구조 및 기능(제8조)

① 표시등
　㉠ 전구는 사용전압의 130[%]인 교류전압을 20시간 연속하여 가하는 경우 **단선**, 현저한 **광속변화**, **흑화**, **전류**의 **저하** 등이 발생하지 않을 것
　㉡ 전구는 **2개 이상**을 **병렬**로 접속할 것. 다만, 방전등 또는 발광다이오드의 경우에는 그렇지 않다.
　㉢ 표시등의 점등색
　　• **누설등**(가스의 누설을 표시하는 표시등) : **황색**
　　• 지구등(가스가 누설할 경계구역의 위치를 표시하는 표시등) : **황색**

② 주위의 밝기가 **300[lx]**인 장소에서 측정하여 앞면으로부터 **3[m]** 떨어진 곳에서 켜진 등이 확실히 식별될 수 있을 것

② 음향장치

㉠ 사용전압의 80[%]인 전압에서 음향을 발할 것

㉡ 사용전압에서의 음압은 무향실 내에서 정위치에 부착된 음향장치의 중심으로부터 1[m] 떨어진 지점에서 주음향장치용의 것은 **90[dB]**(단, 단독형 및 분리형경보기 중 영업용인 경우에는 70[dB]) 이상일 것(**고장표시용** 등의 음압 : **60[dB]** 이상)

③ 변압기

㉠ 정격 1차 전압은 **300[V] 이하**로 하고, 분리형경보기 중 **공업용**의 변압기 외함에는 **접지단자**를 설치할 것

㉡ 용량은 최대사용전류에 연속하여 견딜 수 있는 크기 이상일 것

④ 예비전원

㉠ 가스누설경보기의 주전원으로 사용하지 말 것

㉡ 축전지의 **충전시험** 및 **방전시험**은 **방전종지전압**을 기준하여 시작한다.

> **Plus one** 방전종지전압
> 알칼리계 2차 축전지는 셀당 1.0[V], 리튬계 2차 축전지는 셀당 2.75[V], 무보수 밀폐형 축전지는 단전지당 1.75[V]의 상태를 말한다.

(3) 반복시험(제14조)

분리형경보기의 수신부는 가스누설표시의 작동을 정격전압에서 **10,000회**를 반복하여 실시하는 경우 구조 또는 기능에 이상이 생기지 않을 것

(4) 절연저항시험(제27조)

① 가스누설경보기의 절연된 충전부와 외함 간의 절연저항은 DC 500[V]의 절연저항계로 측정한 값이 **5[MΩ]**(**교류입력 측**과 **외함** 간에는 **20[MΩ]**) 이상이어야 한다. 다만, 회선수가 10 이상인 것 또는 접속되는 중계기가 10 이상인 것은 교류입력 측과 외함 간을 제외하고는 1회선당 **50[MΩ] 이상**이어야 한다.

② 절연된 선로 간의 절연저항은 DC 500[V]의 절연저항계로 측정한 값이 **20[MΩ]** 이상이어야 한다.

> **Plus one** 경보기의 기능검사
>
> | | | |
> |---|---|---|
> | • 주위온도시험 | • 반복시험 | • 충격전압시험 |
> | • 경보농도시험 | • 장기성능시험 | • 전원전압변동시험 |
> | • 잡가스시험 | • 진동시험 | • 전자파내성시험 |
> | • 습도시험 | • 방폭성능시험 | • 음량시험 |
> | • 분진시험 | • 내충격시험 | |

1 정 의

① 화재알림형 감지기 : 화재 시 발생하는 열, 연기, 불꽃을 자동적으로 감지하는 기능 중 두 가지 이상의 성능을 가진 열·연기 또는 열·연기·불꽃 복합형 감지기로서 화재알림형 수신기에 주위의 온도 또는 연기의 양의 변화에 따라 각각 다른 전류 또는 전압 등(이하 "화재정보값"이라 한다)의 출력을 발하고, 불꽃을 감지하는 경우 화재신호를 발신하며, 자체 내장된 음향장치에 의하여 경보하는 것

② 화재알림형 중계기 : 화재알림형 감지기, 발신기 또는 전기적인 접점 등의 작동에 따른 화재정보값 또는 화재신호 등을 받아 이를 화재알림형 수신기에 전송하는 장치

③ 화재알림형 수신기 : 화재알림형 감지기나 발신기에서 발하는 화재정보값 또는 화재신호 등을 직접 수신하거나 화재알림형 중계기를 통해 수신하여 화재의 발생을 표시 및 경보하고, 화재정보값 등을 자동으로 저장하여, 자체 내장된 속보기능에 의해 화재신호를 통신망을 통하여 소방관서에는 음성 등의 방법으로 통보하고, 관계인에게는 문자로 전달할 수 있는 장치

④ 발신기 : 수동누름버튼 등의 작동으로 화재신호를 수신기에 발신하는 장치

⑤ 화재알림형 비상경보장치 : 발신기, 표시등, 지구음향장치(경종 또는 사이렌 등)를 내장한 것으로 화재발생 상황을 경보하는 장치

⑥ 원격감시서버 : 원격지에서 각각의 화재알림설비로부터 수신한 화재정보값 및 화재신호, 상태신호 등을 원격으로 감시하기 위한 서버

2 화재알림형 수신기

(1) 화재알림형 수신기의 설치기준

① 화재알림형 감지기, 발신기 등의 작동 및 설치지점을 확인할 수 있는 것으로 설치할 것

② 해당 특정소방대상물에 가스누설탐지설비가 설치된 경우에는 가스누설탐지설비로부터 가스누설신호를 수신하여 가스누설경보를 할 수 있는 것으로 설치할 것. 다만, 가스누설탐지설비의 수신부를 별도로 설치한 경우에는 제외한다.

③ 화재알림형 감지기, 발신기 등에서 발신되는 화재정보·신호 등을 자동으로 1년 이상 저장할 수 있는 용량의 것으로 설치할 것. 이 경우 저장된 데이터는 수신기에서 확인할 수 있어야 하며, 복사 및 출력도 가능해야 한다.

④ 화재알림형 수신기에 내장된 속보기능은 화재신호를 자동적으로 통신망을 통하여 소방관서에는 음성 등의 방법으로 통보하고, 관계인에게는 문자로 전달할 수 있는 것으로 설치할 것

(2) 화재알림형 수신기의 설치기준(장소기준)

① 상시 사람이 근무하는 장소에 설치할 것. 다만, 사람이 상시 근무하는 장소가 없는 경우에는 관계인이 쉽게 접근할 수 있고 관리가 용이한 장소로서 화재 및 침수 등의 재해로 인한 피해를 받을 우려가 없는 곳에 설치해야 한다.

② 화재알림형 수신기가 설치된 장소에는 화재알림설비 일람도를 비치할 것

③ 화재알림형 수신기의 내부 또는 그 직근에 주음향장치를 설치할 것

④ 화재알림형 수신기의 음향기구는 그 음압 및 음색이 다른 기기의 소음 등과 명확히 구별될 수 있는 것으로 할 것

⑤ 화재알림형 **수신기의 조작스위치**는 바닥으로부터의 높이가 **0.8[m] 이상 1.5[m] 이하**인 장소에 설치할 것

⑥ 하나의 특정소방대상물에 2 이상의 화재알림형 수신기를 설치하는 경우에는 화재알림형 수신기를 상호 간 연동하여 화재발생 상황을 각 화재알림형 수신기마다 확인할 수 있도록 할 것

⑦ 화재로 인하여 하나의 층의 화재알림형 비상경보장치 또는 배선이 단락되어도 다른 층의 화재통보에 지장이 없도록 각 층 배선 상에 유효한 조치를 할 것. 다만, 무선식의 경우 제외한다.

3 화재알림형 중계기, 감지기

(1) 화재알림형 중계기의 설치기준

① 화재알림형 수신기와 화재알림형 감지기 사이에 설치할 것

② 조작 및 점검에 편리하고 화재 및 침수 등의 재해로 인한 피해를 받을 우려가 없는 장소에 설치할 것. 다만, 외기에 개방되어 있는 장소에 설치하는 경우 빗물·먼지 등으로부터 화재알림형 중계기를 보호할 수 있는 구조로 설치해야 한다.

③ 화재알림형 수신기에 따라 감시되지 않는 배선을 통하여 전력을 공급받는 것에 있어서는 전원입력 측의 배선에 과전류 차단기를 설치하고 해당 전원의 정전이 즉시 화재알림형 수신기에 표시되는 것으로 하며, 상용전원 및 예비전원의 시험을 할 수 있도록 할 것

(2) 화재알림형 감지기의 설치기준

① 화재알림형 감지기 중 열을 감지하는 경우 공칭감지온도범위, 연기를 감지하는 경우 공칭감지농도범위, 불꽃을 감지하는 경우 공칭감시거리 및 공칭시야각 등에 따라 적합한 장소에 설치해야 한다. 다만, 이 기준에서 정하지 않는 설치방법에 대하여는 형식승인 사항이나 제조사의 시방서에 따라 설치할 수 있다.

② 무선식의 경우 화재를 유효하게 검출할 수 있도록 해당 특정소방대상물에 음영구역이 없도록 설치해야 한다.

③ 동작된 감지기는 자체 내장된 음향장치에 의하여 경보를 발해야 하며, 음압은 부착된 화재알림형 감지기의 중심으로부터 **1[m] 떨어진 위치**에서 **85[dB] 이상** 되어야 한다.

4 화재알림형 비상경보장치

(1) 화재알림형 비상경보장치의 설치기준

다만, 전통시장의 경우 공용부분에 한하여 설치할 수 있다.

① 층수가 **11층(공동주택의 경우에는 16층) 이상**의 특정소방대상물은 다음에 따라 경보를 발할 수 있도록 해야 한다. 다만, 그 외 특정소방대상물은 전층경보방식으로 경보를 발할 수 있도록 설치해야 한다.

발화층	경보를 발해야 하는 층
2층 이상	발화층, 그 직상 4개 층
1층	발화층, 그 직상 4개 층, 지하층
지하층	발화층, 그 직상층, 기타의 지하층

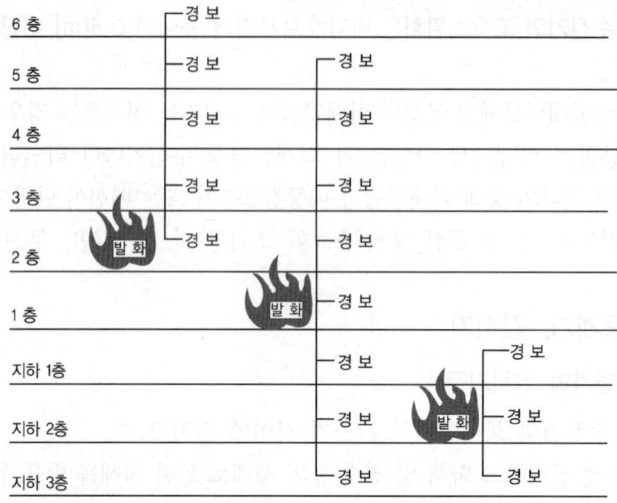

② 화재알림형 비상경보장치는 특정소방대상물의 층마다 설치하되, 해당 특정소방대상물의 각 부분으로부터 하나의 화재알림형 비상경보장치까지의 **수평거리가 25[m] 이하**(다만, 복도 또는 별도로 구획된 실로서 보행거리 40[m] 이상일 경우에는 추가로 설치해야 한다)가 되도록 하고, 해당 층의 각 부분에 유효하게 경보를 발할 수 있도록 설치할 것. 다만, 비상방송설비의 화재안전기술기준(NFTC 202)에 적합한 방송설비를 화재알림형 감지기와 연동하여 작동하도록 설치한 경우에는 비상경보장치를 설치하지 않고, 발신기만 설치할 수 있다.

③ ②에도 불구하고 ②의 기준을 초과하는 경우로서 기둥 또는 벽이 설치되지 않은 대형공간의 경우 화재알림형 비상경보장치는 설치대상 장소 중 가장 가까운 장소의 벽 또는 기둥 등에 설치할 것

④ 화재알림형 비상경보장치는 조작이 쉬운 장소에 설치하고, **발신기의 스위치**는 바닥으로부터 **0.8[m] 이상 1.5[m] 이하**의 높이에 설치할 것

⑤ 화재알림형 비상경보장치의 위치를 표시하는 표시등은 함의 상부에 설치하되, 그 불빛은 부착면으로부터 15° 이상의 범위 안에서 부착지점으로부터 10[m] 이내의 어느 곳에서도 쉽게 식별할 수 있는 적색등으로 설치할 것

(2) 화재알림형 비상경보장치의 구조 및 성능 기준

① 정격전압의 80[%] 전압에서 음압을 발할 수 있는 것으로 할 것. 다만, 건전지를 주전원으로 사용하는 화재알림형 비상경보장치는 그렇지 않다.

② 음압은 부착된 화재알림형 비상경보장치의 중심으로부터 **1[m] 떨어진 위치에서 90[dB] 이상**이 되는 것으로 할 것

③ 화재알림형 감지기 및 발신기의 작동과 연동하여 작동할 수 있는 것으로 할 것

④ 하나의 특정소방대상물에 2 이상의 화재알림형 수신기가 설치된 경우 어느 화재알림형 수신기에서도 화재알림형 비상경보장치를 작동할 수 있도록 해야 한다.

5 원격감시서버

① 화재알림설비의 감시업무를 위탁할 경우 원격감시서버는 다음의 기준에 따라 설치할 것을 권장한다.

② 원격감시서버의 비상전원은 상용전원 차단 시 24시간 이상 전원을 유효하게 공급될 수 있는 것으로 설치한다.

③ 화재알림설비로부터 수신한 정보(주소, 화재정보·신호 등)를 1년 이상 저장할 수 있는 용량을 확보한다.

　　㉠ 저장된 데이터는 원격감시서버에서 확인할 수 있어야 하며, 복사 및 출력도 가능할 것

　　㉡ 저장된 데이터는 임의로 수정이나 삭제를 방지할 수 있는 기능이 있을 것

001 일국소의 온도 상승률이 일정한 온도 상승률 이상으로 상승하면 동작하는 감지기는?

① 정온식스포트형감지기

② 차동식스포트형감지기

③ 보상식스포트형감지기

④ 차동식분포형감지기

> 해설 **차동식스포트형감지기** : 주위의 온도가 일정 상승률 이상이 되는 경우로서 일국소의 열효과에 의하여 작동하는 감지기

> **정답** ②

002 주위온도가 일정한 온도 상승률 이상으로 되었을 때 작동하는 감지기는?

① 정온식스포트형감지기

② 차동식분포형감지기

③ 이온화식감지기

④ 광전식감지기

> 해설 **차동식분포형감지기** : 주위온도가 일정한 온도 상승률 이상으로 되었을 때 작동하는 것으로서 넓은 범위 내에서의 열효과에 누적에 의하여 작동하는 것

> **정답** ②

003 공기팽창과 금속팽창을 병행한 방식으로 동작하는 감지기는?

① 정온식감지선형감지기   ② 차동식분포형감지기

③ 보상식스포트형감지기   ④ 정온식스포트형감지기

> 해설 **보상식스포트형감지기** : **공기팽창**과 **금속팽창**을 병행한 방식

> **정답** ③

004 정온식감지선형감지기에 대한 설명으로 옳은 것은?

① 광범위한 열효과의 누적에 의하여 동작되므로 일종의 분포형 구조이다.

② 일국소의 주위온도가 일정한 온도 이상이 되는 경우에 작동하는 것이다.

③ 감열부의 재질은 일종의 카본저항을 이용한 것이다.

④ 감도는 다른 정온식감지기에 비하여 보상식 구조이므로 예민하다.

> 해설 **정온식감지기** : 일국소의 주위온도가 일정한 온도 이상이 되는 경우에 작동하는 것

> **정답** ②

005 광전식감지기에 대한 설명으로 옳지 않은 것은?

① 광원이 끊어진 경우 이를 자동적으로 수신기에 송신할 수 있어야 한다.
② 광전소자는 감도의 저하 및 피로현상이 적어야 한다.
③ 광원의 등이 켜지는 것을 쉽게 확인할 수 있는 것이어야 한다.
④ 광원은 광속변화가 커야 한다.

해설 **광전식감지기의 특징**
- 화재를 조기 발견한다.
- 연기의 색에 영향을 받지 않는다.
- 외광(外光)에 의해서는 동작하지 않는다.
- 접점과 같은 가동부분이 없어 재조정이 불필요하다.
- 광원은 **광속변화**가 **작아야 한다.**
- 광전소자는 감도의 저하 및 피로현상이 적어야 한다.

정답 ④

006 열기전력을 이용한 차동식스포트형감지기의 구성 부품이 아닌 것은?

① 반도체 열전대   ② 다이어프램
③ 고감도릴레이   ④ 온접점과 냉접점

해설 **열기전력을 이용한 차동식스포트형감지기의 구성 부품** : 반도체열전대, 고감도릴레이, 온접점과 냉접점

정답 ②

007 열반도체식감지기는 반도체에서 발생되는 열기전력을 이용한 것이다. 다음 중 어느 효과 때문인가?

① 제베크효과   ② 펠티에효과   ③ 톰슨효과   ④ 수열효과

해설 **열반도체식감지기** : **제베크효과**(Seebeck Effect)에 따라 열기전력이 발생

Plus one **제베크효과**
2종의 금속을 양단에 결합하여 양단에 온도차를 주었을 때 기전력이 발생하는 원리

정답 ①

008 차동식스포트형감지기와 관련 없는 부품은?

① 공기실   ② 다이어프램   ③ 리크공   ④ 바이메탈

해설 **차동식스포트형감지기와 관련 부품** : 공기실, 다이어프램, 리크공

바이메탈 : 정온식스포트형감지기 관련 부품

정답 ④

009 열전대식감지기의 완성검사 시 미터릴레이 시험기만으로 검사할 수 있는 것은?

① 열전대식 도체저항시험
② 열전대부의 작동시험
③ 절연저항의 측정시험
④ 검출부의 작동시험

해설 검출부의 작동시험은 미터릴레이 시험기만으로 검사할 수 있다.

정답 ④

010 검출기로서 미터릴레이(Meter Relay)를 필요로 하는 감지기는?

① 차동식분포형공기관식감지기
② 보상식스포트형감지기
③ 감지선형감지기
④ 열전대식감지기

해설 열전대식감지기 : 열전대, 미터릴레이, 접속전선

정답 ④

011 정온식스포트형감지기를 설치하는 현장에서 성능검사를 하려고 한다. 이때 시험장치는?

① 메 거   ② 회로시험기
③ 마노미터   ④ 가열시험기

해설 정온식스포트형감지기를 설치하는 현장에서 성능검사는 가열시험기로 한다.

정답 ④

012 정온식감지기는 공칭작동온도가 최고주위온도보다 몇 [℃] 이상 높은 것으로 설치해야 하는가?

① 10[℃]   ② 20[℃]
③ 30[℃]   ④ 40[℃]

해설 정온식감지기의 공칭작동온도가 최고주위온도보다 20[℃] 이상 높게 설치할 것

정답 ②

013 차동식분포형감지기의 공기관의 규격은?

① 두께 0.2[mm] 이상, 바깥지름 1.6[mm] 이상
② 두께 0.2[mm] 이상, 바깥지름 1.9[mm] 이상
③ 두께 0.3[mm] 이상, 바깥지름 1.6[mm] 이상
④ 두께 0.3[mm] 이상, 바깥지름 1.9[mm] 이상

해설 • 두께 : 0.3[mm] 이상
       • 바깥지름 : 1.9[mm] 이상

정답 ④

014 차동식분포형(공기관식)감지기를 현장에서 가열시험한 결과 동작하지 않았다. 그 원인으로 볼 수 없는 것은?

① 접점간격이 규정치 이상이었다.
② 수신기에 이르는 배선이 단선되었다.
③ 공기관이 막혀 있었다.
④ 다이어프램이 부식되어 있었다.

> **해설** 차동식분포형(공기관식)감지기 가열시험 시 미작동 원인
> • 접점간격이 규정치 이상
> • 공기관의 부식 및 폐쇄
> • 다이어프램의 부식

정답 ②

015 차동식감지기에 리크구멍을 이용하는 목적 중 가장 적합한 것은?

① 비화재보를 방지하기 위해서
② 완만한 온도 상승을 감지하기 위해서
③ 감지기의 감도를 예민하게 하기 위해
④ 급격한 온도 상승을 감지하기 위해

> **해설** 리크구멍(리크공) : **오동작**(비화재보)을 **방지**하는 안전장치

정답 ①

016 차동식분포형감지기로서 공기관식의 구조 및 기능으로 옳은 것은?

① 공기관은 하나의 길이가 10[m] 정도이다.
② 공기관의 두께는 최소 8[mm] 이상이어야 한다.
③ 발광소자를 사용하여 공기관의 누출 여부를 시험한다.
④ 리크저항 및 접점수고를 쉽게 시험할 수 있어야 한다.

> **해설** 공기관식의 구조
> • 공기관의 길이 : 20[m] 이상
> • 공기관의 두께 : 0.3[mm] 이상
> • 리크저항 및 접점수고를 쉽게 시험할 수 있을 것

정답 ④

017 공기관식감지기의 화재감지 동작순서를 옳게 나타낸 것은?

① 열 → 관 내 공기팽창 → 리크밸브 동작 → 회로접점 접속
② 열 → 다이어프램 팽창 → 리크밸브 동작 → 회로접점 접속
③ 열 → 관 내 공기팽창 → 다이어프램 팽창 → 회로접점 접속
④ 열 → 리크밸브 동작 → 관 내 공기팽창 → 회로접점 접속

> **해설** 공기관식감지기의 동작순서
> 열 → 관 내 공기팽창 → 다이어프램 팽창 → 회로접점 접속

정답 ③

018 이온화식 연기감지기에 대한 설명으로 틀린 것은?

① 외부이온실의 방사선원은 아메리슘이다.

② 이온실 하나로 주기적 검출회로를 이용한 방식이다.

③ 연기에 의하여 이온전류가 변화한다.

④ 연기에 의하여 생긴 산란광을 광전소자가 받는다.

해설 이온화식 연기감지기의 특성

• 외부이온실의 방사선원은 아메리슘이다.
• 이온실 하나로 주기적 검출회로를 이용한 방식이다.
• 연기에 의하여 이온전류가 변화한다.
• 가연시험을 하여 감지기가 정상적으로 작동 확인할 수 있다.

• 이온화식감지기의 내부이온실 : ⊕극전류
• 외부이온실 : ⊖극전류

정답 ④

019 가연시험을 하여 감지기가 정상적으로 작동하는지 확인할 수 있는 것은?

① 이온화식연기감지기 ② 차동식스포트형감지기
③ 정온식스포트형감지기 ④ 차동식분포형감지기

해설 **연기감지기**는 가연시험을 하여 감지기가 정상적으로 작동하는지 확인한다.

가연시험 : 감지기에 가연한 경우 감지기가 정상으로 작동하는가를 확인하기 위한 시험

정답 ①

020 적외선 불꽃감지기의 감지소자로 사용되는 초전재료의 특성에서 PZT의 큐리온도는 다음 중 어느 것인가?

① 200~270[℃] ② 49[℃]
③ 115[℃] ④ 470[℃]

해설 적외선 불꽃감지기의 PZT의 큐리온도 : 200~270[℃]

정답 ①

021 이온화식연기감지기에 이용되는 아메리슘, 라듐의 방사선은?

① α선 ② β선
③ γ선 ④ X선

해설 이온화식감지기의 아메리슘, 라듐의 방사선 : α선

정답 ①

022 이온화식 연기감지기는 외부이온실, 내부이온실, 방사선원, 신호증폭회로 등으로 구성되며, 회로소자는 대부분 반도체로 기판(PCB)에 제작하여 감지기 내부에 밀폐하여 설치하고 있다. 다음 중 내부이온실과 관계있는 것은?

① 이물질 침입을 방지하기 위하여 철망을 씌우거나 이중구조로 하였다.

② 절연 등의 열화방지가 요구된다.

③ 신호전원을 증폭시킨다.

④ FET나 TR 등을 사용하였다.

해설   내부이온실은 절연 등의 열화방지가 요구된다.

정답 ②

023 자동화재탐지설비의 감지기 설치 높이가 10[m]인 장소에 설치할 수 있는 감지기의 종류는?

① 차동식스포트형   ② 보상식스포트형

③ 차동식분포형   ④ 정온식스포트형

해설   높이에 따른 감지기 설치기준

부착높이	8[m] 이상 15[m] 미만
감지기의 종류	• **차동식분포형** • 이온화식 1종 또는 2종 • 광전식(스포트형, 분리형, 공기흡입형) 1종 또는 2종 • 연기복합형 • 불꽃감지기

정답 ③

024 부착높이가 8[m] 이상 15[m] 미만인 곳에는 일반적으로 설치하지 않는 감지기는?

① 차동식분포형감지기   ② 이온화식감지기

③ 광전식감지기   ④ 차동식스포트형감지기

해설   **차동식스포트형**은 8[m] 미만에 설치해야 한다.

정답 ④

025 부착면의 높이가 8[m] 이상 15[m] 미만의 장소에는 사용하지 않는 감지기는?

① 차동식분포형   ② 정온식스포트형

③ 이온화식 2종   ④ 광전식 1종

해설   정온식스포트형 : 8[m] 미만에 설치

정답 ②

026 부착면의 높이가 15[m] 이상 20[m] 미만의 건축물에는 어떤 종류의 감지기를 부착해야 하는가?

① 차동식분포형
② 광전식 1종
③ 보상식스포트형
④ 정온식 특종

부착높이에 따른 감지기 설치

부착높이	감지기의 종류
15[m] 이상 20[m] 미만	• 이온화식 1종 • 광전식(스포트형, 분리형, 공기흡입형) 1종 • 연기복합형 • 불꽃감지기

정답 ②

027 부착높이가 20[m] 이상의 장소에 설치할 수 있는 감지기는?

① 이온화식 1종
② 광전식 1종
③ 연기복합형
④ 불꽃감지기

해설 부착높이가 20[m] 이상의 장소 : **불꽃감지기, 광전식(분리형, 공기흡입형)** 중 **아날로그방식**

정답 ④

028 주방·보일러실 등 다량의 화기를 단속적으로 취급하는 장소에 설치하는 감지기는?

① 차동식분포형감지기
② 차동식스포트형감지기
③ 정온식스포트형감지기
④ 이온화식연기감지기

해설 정온식스포트형감지기의 설치장소 : **주방·보일러실** 등 다량의 화기취급장소

정답 ③

029 보상식스포트형감지기는 정온점이 감지기 주위의 평상시 최고 온도보다 몇 [℃] 이상 높은 것으로 설치해야 하는가?

① 10
② 15
③ 20
④ 25

해설 **보상식스포트형감지기**는 정온점이 감지기 주위의 평상시 최고 온도보다 **20[℃] 이상** 높은 것으로 설치해야 한다.

정답 ③

030 차동식분포형감지기는 몇 ° 이상 경사되지 않도록 부착해야 하는가?

① 10°
② 5°
③ 20°
④ 25°

해설 감지기의 경사제한 각도

종 류	스포트형감지기	차동식분포형감지기
경사각도	45° 이상	5° 이상

정답 ②

031 정온식감지기의 공칭작동온도의 범위로 옳은 것은?

① 60~150[℃]

② 70~160[℃]

③ 80~170[℃]

④ 90~180[℃]

해설 **정온식감지기**
- **정온식감지기**(아날로그식은 제외)의 공칭작동온도 : **60~150[℃]**
- 간 격

온 도	60~80[℃]	80[℃] 이상
간 격	5[℃] 간격	10[℃] 간격

정답 ①

032 스포트형감지기는 몇 ° 이상 경사되지 않도록 부착해야 하는가?

① 15

② 25

③ 35

④ 45

해설 스포트형감지기는 **45°** 이상 경사되지 않도록 부착할 것

정답 ④

033 주요구조부를 내화구조로 한 특정소방대상물에 감지기의 부착높이를 4[m] 미만에 부착한 차동식 스포트형 1종 감지기 1개의 감지면적은 몇 [m²]를 기준으로 하는가?

① 90

② 70

③ 60

④ 20

해설 **특정소방대상물에 따른 감지기의 종류**

부착높이 및 특정소방대상물의 구분		감지기의 종류(단위 : [m²])				
		차동식·보상식스포트형		정온식스포트형		
		1종	2종	특 종	1종	2종
4[m] 미만	주요구조부가 내화구조로 된 특정소방대상물 또는 그 부분	90	70	70	60	20
	기타 구조의 특정소방대상물 또는 그 부분	50	40	40	30	15
4[m] 이상 8[m] 미만	주요구조부가 내화구조로 된 특정소방대상물 또는 그 부분	45	35	35	30	–
	기타 구조의 특정소방대상물 또는 그 부분	30	25	25	15	–

정답 ①

034 공기관식 차동식분포형감지기의 설치기준으로 옳지 않은 것은?

① 공기관의 노출 부분은 감지구역마다 10[m] 이상 되도록 할 것

② 공기관과 감지구역의 각 변과의 수평거리는 1.5[m] 이하가 되도록 할 것

③ 공기관 상호 간의 거리는 6[m] 이하가 되도록 할 것

④ 주요구조부가 내화구조로 된 특정소방대상물은 공기관 상호 간의 거리는 9[m] 이하가 되도록 할 것

해설 **공기관의 노출 부분** : 감지구역마다 **20[m] 이상** 설치

정답 ①

035 감지기의 부착면과 실내 바닥과의 거리가 2.3[m] 이하인 곳으로서 일시적으로 발생한 열, 연기 등으로 인하여 화재신호를 발신할 수 있는 장소에 설치할 수 있는 감지기는?

① 정온식스포트형감지기   ② 정온식감지선형감지기
③ 광전식스포트형감지기   ④ 이온화식감지기

> 해설 **불꽃감지기, 정온식감지선형감지기, 분포형감지기, 복합형감지기 등의 설치장소**
> • 지하층, 무창층 등으로서 환기가 잘 되지 않는 곳
> • 실내면적이 40[m²] 미만인 장소
> • 감지기의 부착면과 실내 바닥과의 거리가 **2.3[m] 이하**인 곳으로서 일시적으로 발생한 열, 연기 또는 먼지 등으로 인하여 화재신호를 발신할 우려가 있는 장소

정답 ②

036 공기관식 차동식분포형감지기 설치방법 중 공기관 노출 부분의 감지구역과 길이는 얼마인가?

① 10[m] 이상, 100[m] 이하   ② 20[m] 이상, 100[m] 이하
③ 20[m] 이상, 80[m] 이하   ④ 10[m] 이상, 80[m] 이하

> 해설 • 공기관의 노출 부분은 감지구역마다 **20[m] 이상** 되도록 해야 한다.
> • 하나의 검출부분에 접속하는 공기관의 길이는 100[m] 이하로 할 것

정답 ②

037 공기관식 차동식분포형감지기의 검출부는 바닥으로부터 어느 위치에 설치하는가?

① 0.3[m] 이상 1.0[m] 이하   ② 0.6[m] 이상 1.0[m] 이하
③ 0.8[m] 이상 1.5[m] 이하   ④ 1.0[m] 이상 1.5[m] 이하

> 해설 **각 설비의 설치 위치**
>
> | 종 류 | 공기관식 차동식분포형감지기 검출부, 발신기, 속보기스위치, 비상경보설비의 스위치, 무선기기접속단자, CO_2소화설비의 수동식 기동장치의 조작부 | 복도통로유도등, 유도표지 | 연결송수구 | 피난구유도등 | 비상콘센트 |
> |---|---|---|---|---|---|
> | 설치 위치 | 0.8[m] 이상 1.5[m] 이하 | 1.0[m] 이하 | 0.5[m] 이상 1.0[m] 이하 | 1.5[m] 이상 | 0.8[m] 이상 1.5[m] 이하 |

정답 ③

038 공기관식 차동식분포형감지기에서 공기관의 노출 부분은 감지구역마다 몇 [m] 이상이 되도록 해야 하는가?

① 5[m]   ② 10[m]   ③ 20[m]   ④ 30[m]

> 해설 공기관식 차동식분포형감지기의 공기관의 **노출 부분**은 감지구역마다 **20[m]** 이상이 되도록 할 것

정답 ③

039 차동식분포형감지기의 검출부에 연결하는 공기관의 길이는 몇 [m] 이하로 해야 하는가?

① 50[m] ② 100[m] ③ 150[m] ④ 200[m]

해설 공기관식 차동식분포형감지기 하나의 검출 부분에 접속하는 **공기관의 길이는 100[m] 이하**로 할 것

정답 ②

040 열반도체식감지기 하나의 검출부에 접속하는 감지부는 최대 몇 개 이하로 해야 하는가?

① 10개 ② 15개
③ 20개 ④ 25개

해설 열반도체식 감지기의 감지부의 개수 : **2개 이상 15개 이하**

정답 ②

041 열전대식 차동식분포형감지기에서 하나의 검출부에 접속하는 열전대부는 몇 개 이하로 해야 하는가?

① 10 ② 20 ③ 30 ④ 40

해설 열전대부 설치개수

감지기 종류	열전대식	열반도체식
설치 개수	4개 이상 20개 이하	2개 이상 15개 이하

정답 ②

042 주요구조부가 내화구조로 된 특정소방대상물의 자동화재탐지설비 중 열전대식 차동식분포형감지기의 설치기준으로 옳은 것은?

① 열전대부는 감지구역의 바닥면적 18[m²]마다 1개 이상으로 하고 하나의 검출부에 접속하는 열전대부는 15개 이하로 한다.
② 열전대부는 감지구역의 바닥면적 22[m²]마다 1개 이상으로 하고 하나의 검출부에 접속하는 열전대부는 15개 이하로 한다.
③ 열전대부는 감지구역의 바닥면적 18[m²]마다 1개 이상으로 하고 하나의 검출부에 접속하는 열전대부는 20개 이하로 한다.
④ 열전대부는 감지구역의 바닥면적 22[m²]마다 1개 이상으로 하고 하나의 검출부에 접속하는 열전대부는 20개 이하로 한다.

해설 열전대식 차동식분포형감지기의 설치기준

구 분	감지면적		설치 개수
	내화구조	기타구조	
기 준	22[m²]	18[m²]	20개 이하

정답 ④

043 부착높이 3[m], 바닥면적 50[m²]인 주요구조부를 내화구조로 한 특정소방대상물에 1종 열반도체식 차동식분포형감지기를 설치하고자 한다. 감지부의 최소 설치개수는?

① 1개   ② 2개   ③ 3개   ④ 4개

> **해설** 열반도체식 차동식분포형감지기(내화구조이고 부착높이가 8[m] 미만일 때)
> • 1종 : 65[m²]마다 1개 이상 설치
> • 2종 : 36[m²]마다 1개 이상 설치
> ∴ 50[m²] ÷ 65[m²] = 0.77개 → 1개

정답 ①

044 정온식감지선형감지기는 감지기와 감지구역의 각 부분과의 수평거리가 1종에 있어서는 몇 [m] 이하가 되도록 설치해야 하는가?(단, 건물은 비내화구조라고 한다)

① 1   ② 2
③ 3   ④ 4.5

> **해설** 정온식감지선형감지기의 설치기준
>
> | 종 별
거 리 | 1종 | | 2종 | |
> |---|---|---|---|---|
> | | 기타구조(비내화구조) | 내화구조 | 기타구조(비내화구조) | 내화구조 |
> | 감지기와 감지구역의
각 부분과의 수평거리 | 3[m] 이하 | 4.5[m] 이하 | 1[m] 이하 | 3[m] 이하 |

정답 ③

045 부착면의 높이 4[m] 미만의 장소에 연기감지기 1종을 설치할 때, 감지기 1개의 감지면적은 최대 몇 [m²]이어야 하는가?

① 40   ② 50
③ 75   ④ 150

> **해설** 연기감지기의 부착높이에 따른 감지기의 바닥면적
>
> | 부착높이 | 감지기의 종류(단위 : [m²]) | |
> |---|---|---|
> | | 1종 및 2종 | 3종 |
> | 4[m] 미만 | 150 | 50 |
> | 4[m] 이상 20[m] 미만 | 75 | – |

정답 ④

046 연기감지기를 계단 및 경사로에 설치하고자 할 때 3종은 수직거리 몇 [m]마다 1개 이상 설치해야 하는가?

① 10[m]   ② 15[m]   ③ 20[m]   ④ 30[m]

> **해설** 연기감지기 설치(계단 및 경사로)
> • 1종, 2종 : 수직거리 15[m]
> • 3종 : 수직거리 10[m]

정답 ①

047 수직거리 30[m]인 계단에 연기감지기 3종을 설치할 경우의 최소 설치개수는?

① 1   ② 2   ③ 3   ④ 4

해설 연기감지기의 부착개수(아래 기준에 1개 이상 설치)

설치장소	복도 및 통로		계단 및 경사로	
	1종, 2종	3종	1종, 2종	3종
설치거리	보행거리 30[m]	보행거리 20[m]	수직거리 15[m]	수직거리 10[m]

계단에 3종 연기감지의 설치할 경우 수직거리 10[m]마다 1개 이상 설치해야 하므로

$\therefore \dfrac{30[\mathrm{m}]}{10[\mathrm{m}]} = 3$개

정답 ③

048 수직거리 30[m]인 계단에 연기감지기 2종을 설치할 경우의 최소 설치개수는?

① 1   ② 2   ③ 3   ④ 4

해설 연기감지기의 부착개수(아래 기준에 1개 이상 설치)

설치장소	복도 및 통로		계단 및 경사로	
	1종, 2종	3종	1종, 2종	3종
설치거리	보행거리 30[m]	보행거리 20[m]	수직거리 15[m]	수직거리 10[m]

∴ 수직거리 30[m]인 계단에 연기감지기 2종을 설치할 경우의 최소 설치개수
= 30[m] ÷ 15[m] = 2개

정답 ②

049 연기감지기는 벽 또는 보로부터 최소 몇 [m] 이상 떨어진 곳에 설치하는가?

① 0.3   ② 0.6   ③ 0.9   ④ 1.2

해설 연기감지기는 벽 또는 보로부터 최소 **0.6[m]** 이상 떨어진 곳에 설치해야 한다.

정답 ②

050 연기감지기의 설치기준으로 옳지 않은 것은?

① 부착높이 4[m] 이상 20[m] 미만에는 3종 감지기를 설치할 수 없다.
② 복도 및 통로에 있어서 제1종은 보행거리 30[m]마다 설치한다.
③ 계단 및 경사로에 있어서는 3종은 수직거리 10[m]마다 설치한다.
④ 감지기는 벽이나 보로부터 1.5[m] 이상 떨어진 곳에 설치해야 한다.

해설 연기감지기는 벽 또는 보로부터 **0.6[m]** 이상 떨어진 곳에 설치해야 한다.

정답 ④

051 연기감지기 설치기준에 대한 설명 중 맞는 것은?

① 감지기는 복도 및 통로에 있어서는 보행거리 20[m](3종에 있어서는 10[m])마다 설치한다.
② 계단 및 경사로에 있어서는 수직거리 15[m](3종에 있어서는 10[m])마다 1개 이상으로 설치한다.
③ 감지기는 벽 또는 벽으로부터 1[m] 이상 떨어진 곳에 설치한다.
④ 천장 또는 반자가 낮은 실내 또는 좁은 실내에 있어서는 출입구의 먼 부분에 설치한다.

> **해설** 연기감지기 설치기준
> • 복도 및 통로 : 보행거리 30[m](3종 : 20[m])
> • 계단 및 경사로 : 수직거리 15[m](3종 : 10[m])
> • 감지기는 벽 또는 벽으로부터 **0.6[m] 이상** 떨어진 곳에 설치할 것
> • 천장 또는 반자가 낮은 실내 또는 좁은 실내에 있어서는 **출입구의 가까운 부분**에 설치할 것

정답 ②

052 몇 [m] 미만인 복도에는 연기감지기를 설치하지 않아도 되는가?

① 10
② 20
③ 30
④ 50

> **해설** 연기감지기의 설치장소
> • **계단·경사로** 및 에스컬레이터 경사로
> • **복도(30[m] 미만은 제외)**
> • 엘리베이터 승강로(권상기실이 있는 경우에는 권상기실)·린넨슈트·파이프 피트 및 덕트·기타 이와 유사한 장소
> • 천장 또는 반자의 높이가 15[m] 이상 20[m] 미만의 장소

정답 ③

053 연기감지기를 다음과 같이 설치하였을 때 기준에 적합하지 않은 것은?

① 좁은 실내에 있어서는 출입구 부근에 설치하였다.
② 천장 또는 반자 부근에 배기구가 있어서 그 부근에 설치하였다.
③ 벽으로부터 0.6[m] 떨어진 곳에 설치하였다.
④ 복도 및 통로에는 보행거리에 관계없이 1개만 설치하였다.

> **해설** 연기감지기의 부착개수(아래 기준에 1개 이상 설치)
> • **복도 및 통로**
> – 1종, 2종 : 보행거리 30[m]
> – 3종 : 보행거리 20[m]
> • 계단 및 경사로
> – 1종, 2종 : 수직거리 15[m]
> – 3종 : 수직거리 10[m]

정답 ④

054 연기감지기를 설치하지 않아도 되는 장소는?

① 반자의 높이가 15[m] 이상 20[m] 미만인 장소
② 25[m]인 복도(1종 감지기이다)
③ 20[m]인 계단 및 경사로
④ 엘리베이터 권상기실, 린넨슈트, 이와 유사한 장소

해설　복도는 30[m] 미만일 때에는 연기감지기를 설치할 필요가 없다.

정답 ②

055 자동화재탐지설비의 연기감지기를 설치하지 않아도 되는 장소는?

① 길이가 20[m]인 경사로
② 복도 35[m]
③ 엘리베이터 권상기실·린넨슈트·기타 이와 유사한 장소
④ 반자의 높이가 25[m] 이상 장소

해설　천장 또는 반자의 높이가 15[m] 이상 20[m] 미만의 장소에는 **자동화재탐지설비의 연기감지기를 설치해**
야 한다(천장 또는 반자의 높이가 20[m] 이상인 장소에는 감지기를 설치하지 않는다).

정답 ④

056 특정소방대상물에 자동화재탐지설비의 감지기를 설치하지 않아도 되는 곳은?

① 목욕실·화장실·기타 이와 유사한 장소
② 습기가 별로 없는 건조한 장소
③ 사람의 왕래가 별로 없는 장소
④ 천장 또는 반자의 높이가 15[m] 이상 20[m] 미만인 장소

해설　**감지기의 설치 제외 장소**
• 천장 또는 반자의 높이가 20[m] 이상인 장소
• 헛간 등 외부와 기류가 통하는 장소로서 감지기에 따라 화재발생을 유효하게 감지할 수 없는
  장소
• 부식성 가스가 체류하고 있는 장소
• 고온도 및 저온도로서 감지기의 기능이 정지되기 쉽거나 감지기의 유지관리가 어려운 장소
• **목욕실**·욕조나 샤워시설이 있는 **화장실**·기타 이와 **유사한 장소**
• 파이프덕트 등 그 밖의 이와 비슷한 것으로서 2개 층마다 방화구획된 것이나 수평단면적이
  5[m²] 이하인 것

정답 ①

057 지하 1층인 상가의 제연설비 연동용으로 가장 적합한 감지기는?

① 이온화식연기감지기　　　　　　　② 차동식스포트형감지기
③ 차동식분포형감지기　　　　　　　④ 정온식스포트형감지기

해설　지하상가의 제연설비와 연동하는 감지기 : 연기감지기(이온화식)

정답 ①

058 이온화식연기감지기에 사용하는 방사선 동위원소로 적당한 것은?

① Am^{214}　　　　　② Am^{241}　　　　　③ Am^{341}　　　　　④ Am^{414}

해설　이온화식연기감지기의 방사선 동위원소 : 아메리슘(Am^{241})

정답 ②

059 감지기회로의 배선을 교차회로방식으로 하지 않아도 되는 것은?

① 할론소화설비
② 이산화탄소소화설비
③ 폐쇄상향식헤드를 설치한 건식 스프링클러설비
④ 분말소화설비

해설　폐쇄상향식헤드를 설치한 건식 스프링클러설비는 교차회로방식으로 하지 않아도 된다.

정답 ③

060 감지기의 기능시험과 관계없는 것은?

① 공기관의 유통시험　　　　　　　② 접점수고시험
③ 강도시험　　　　　　　　　　　　④ 연소시험

해설　**감지기의 기능시험**
• 공기관의 유통시험
• 접점수고시험
• 연소시험
• 합성저항시험
• 작동계속시험
• 화재작동시험
• 가연시험

정답 ③

061 감지기 설치 시의 배선기호에서 공통선은 어떤 기호로 표시하는가?

① A　　　　　　　② T　　　　　　　③ C　　　　　　　④ N

해설　공통선 : C

정답 ③

062 광전식분리형감지기 광축의 높이가 천장 등 높이의 몇 [%] 이상이어야 하는가?

① 70[%]　　　　　　　　　　　　② 80[%]
③ 90[%]　　　　　　　　　　　　④ 100[%]

해설　**광전식분리형감지기** : 광축의 높이가 천장 등 높이의 **80[%] 이상**이어야 한다.

정답 ②

063 수신기의 심벌은?

① ▭▭
② ◢◣◥◤ (검은색)
③ ◸◿◹◺
④ ▭▭

> **해설** ① 부수신기, ② 제어반, ③ 수신기, ④ 중계기

정답 ③

064 자동화재탐지설비의 수신기 종류에 해당되는 것은?

① C형
② G형
③ L형
④ R형

> **해설** **수신기의 종류 : P형, R형, GP형, GR형**
> • P형 수신기 : 감지기 또는 발신기로부터 발해지는 신호를 직접 또는 중계기를 통하여 공통신호로서 수신하여 화재의 발생을 해당 소방대상물의 관계자에게 경보하여 주는 것
> • R형 수신기 : 감지기 또는 발신기에서 발해지는 신호를 직접 또는 중계기를 통하여 고유신호로서 수신하여 화재의 발생을 해당 소방대상물의 관계자에게 경보하여 주는 것
> • GP형 복합식 수신기 : P형 복합식 수신기와 가스누설경보기의 수신부 기능을 겸한 것
> • GR형 복합식 수신기 : R형 복합식 수신기와 가스누설경보기의 수신부 기능을 겸한 것

정답 ④

065 R형 수신기의 기능과 가스누설경보기의 수신부 기능을 겸한 수신기는?

① P형 수신기
② R형 수신기
③ GP형 수신기
④ GR형 수신기

> **해설** **수신기의 정의**
> • **GR형 수신기** : R형 수신기의 기능과 **가스누설경보기**의 수신부 기능을 겸한 것
> • GP형 수신기 : P형 수신기의 기능과 가스누설경보기의 수신부 기능을 겸한 것

정답 ④

066 R형 수신기와 관계 깊은 것은?

① 소방서에 설치하는 수신기로서 가스누설경보기능을 겸함
② 감지기 또는 발신기로부터 발해진 신호를 직접 또는 중계기를 통하여 고유 신호로서 수신하여 관계자에게 경보
③ 소방기관에 통보하는 공통신호로 수신하여 화재발생을 관계자에게 경보
④ M형 발신기로부터 발해진 신호를 수신하여 화재의 발생을 소방관서에 통보

> **해설** **R형 수신기** : 감지기 또는 발신기로부터 발해지는 신호를 직접 또는 중계기를 통하여 고유 신호로서 수신하여 화재의 발생을 해당 소방대상물의 관계자에게 경보하여 주는 것

정답 ②

067 R형 수신기에 대한 설명으로 틀린 것은?

① 선로수가 적게 들어 경제적이다. ② 선로길이를 길게 할 수 있다.

③ 증설 및 이설이 비교적 용이하다. ④ 중계기가 불필요하다.

> 해설 R형 수신기는 반드시 **중계기**가 **필요**하다.

정답 ④

068 P형 2급 수신기와 관련이 없는 사항은?

① 접속되는 회선수가 5회로 이하이다.

② 예비전원 양부시험장치가 있다.

③ 화재표시작동시험 장치가 있다.

④ 외부 배선의 도통시험장치가 있다.

> 해설 **P형 2급 수신기**
> • 회선수가 **5회로** 이하이다.
> • 예비전원의 **양부시험장치**가 있다.
> • **화재표시작동시험장치**가 있다.
> • 주전원과 예비전원의 **자동절환장치**가 있다.

정답 ④

069 2본의 신호선으로 중계기 100개분의 신호를 선택 수신할 수 있는 것으로 옳은 것은?

① R형 수신기 ② P형 1급 수신기

③ M형 수신기 ④ P형 2급 수신기

> 해설 **R형 수신기** : 감지기 또는 발신기에서 발하여지는 신호를 직접 또는 중계기를 통하여 고유신호를 수신하여 화재의 발생을 해당 소방대상물의 관계자에게 경보하여 주는 것으로, 2본의 신호선으로 중계기 100개분의 신호를 선택 수신할 수 있는 기능을 갖는 수신기
>
> > Plus one R형 수신기의 **구성장치**
> > • 감지구역, 경계구역 판별기록장치 • 지구등 또는 적당한 표시장치
> > • 화재표시작동시험장치 • 배선의 단락, 단선, 도통시험장치
> > • 전원절환장치 • 예비전원의 양부시험장치

정답 ①

070 자동화재탐지설비의 GP형 수신기에 연결된 감지기 회로의 전로저항은 몇 [Ω] 이하이어야 하는가?

① 30 ② 50 ③ 100 ④ 200

> 해설 자동화재탐지설비의 GP형 수신기에 연결된 감지기 회로의 전로저항 : 50[Ω] 이하

정답 ②

071 자동화재탐지설비의 수신기의 화재표시 작동시험과 관계없는 것은?

① 접점수고시험
② 화재표시램프의 시험
③ 지구램프 작동시험
④ 음향장치의 시험

해설 **화재표시 작동시험**
- 지구램프 작동시험
- 화재벨 작동시험
- 화재표시램프의 시험
- 음향장치의 시험

정답 ①

072 자동화재탐지설비의 P형 1급 수신기에 관한 시험에서 접점이 구성되면 자기유지기능이 작동되어 회로선택스위치를 원위치로 되돌려도 복구스위치를 조작할 때까지 작동상태를 지속하는 것은?

① 회로도통시험
② 예비전원시험
③ 절연저항시험
④ 화재표시시험

해설 **P형 1급 수신기의 시험**
- **화재표시시험** : 접점이 구성된 후 회로선택스위치를 원위치로 되돌려도 복구스위치를 조작할 때까지 작동상태를 지속하는 시험
- 회로도통시험 : 감지기 회로의 단선의 유무, 기기의 접속상황을 확인하기 위한 시험
- 예비전원시험 : 상용전원 및 비상전원이 사고 등으로 정전한 경우, 자동적으로 예비전원으로 절환되고, 또 정전복구 시에 자동적으로 상용전원으로 절환되는 것을 확인하기 위한 시험
- 절연저항시험 : 감지기회로 및 부속회로의 전로와 대지 사이 및 배선상호 간의 절연저항이 0.1[Ω] 이상이 되는지 확인하기 위한 시험

정답 ④

073 다음 중 자동화재탐지설비의 수신기 설치기준으로 틀린 것은?

① 수위실 등 상시 사람이 근무하는 장소에 설치할 것
② 수신기의 음향기구는 그 음량 및 음색이 다른 기기의 소음 등과 명확히 구별될 수 있는 것으로 할 것
③ 수신기의 조작스위치는 바닥으로부터의 높이가 0.5[m] 이상 1.5[m] 이하인 장소에 설치할 것
④ 수신기는 감지기·중계기 또는 발신기가 작동하는 경계구역을 표시할 수 있는 것으로 할 것

해설 수신기의 조작스위치 : 0.8[m] 이상 1.5[m] 이하

정답 ③

074 자동화재탐지설비의 수신기의 설치기준으로 틀린 것은?

① 수신기 조작스위치는 바닥으로부터 높이가 0.8[m] 이상 1.5[m] 이하인 장소에 설치할 것

② 수위실 등 상시 사람이 근무하고 있는 장소에 설치할 것

③ 감지기, 중계기 또는 발신기가 작동하는 경계구역을 표시할 수 있을 것

④ 하나의 경계구역에 여러 개의 표시등 또는 여러 개의 문자로 표시되도록 할 것

> 해설　하나의 경계구역은 하나의 표시등 또는 하나의 문자로 표시되도록 할 것

정답 ④

075 자동화재탐지설비의 수신기 설치기준에 관한 설명 중 옳은 것은?

① 감지기·중계기 또는 발신기가 작동하는 경계구역을 표시할 수 있는 것으로 할 것

② 조작스위치는 바닥으로부터의 높이가 0.8[m] 이상 1.8[m] 이하인 장소에 설치할 것

③ 하나의 특정소방대상물에 2 이상의 수신기를 설치하는 경우에는 별도로 작동하도록 할 것

④ 모든 수신기와 연결되어 각 수신기의 상황을 감지·제어할 수 있는 수신기를 설치한 장소에는 반드시 경계구역 일람도를 비치할 것

> 해설　**자동화재탐지설비의 수신기 설치기준**
> • 감지기·중계기 또는 발신기가 작동하는 경계구역을 표시할 수 있는 것으로 할 것
> • 조작스위치의 설치 위치 : 0.8[m] 이상 1.5[m] 이하
> • 하나의 특정소방대상물에 2 이상의 수신기를 설치하는 경우에는 수신기를 상호 간 연동하여 화재 발생 상황을 각 수신기마다 확인할 수 있도록 할 것
> • 수신기가 설치된 장소에는 경계구역 일람도를 비치할 것. 다만, 모든 수신기와 연결되어 각 수신기의 상황을 감시하고 제어할 수 있는 수신기(주수신기)를 설치하는 경우에는 주수신기를 제외한 기타 수신기는 그렇지 않다.

정답 ①

076 자동화재탐지설비에서 수신기의 조작스위치는 바닥으로부터의 높이가 몇 [m] 이상, 몇 [m] 이하인 장소에 설치해야 하는가?

① 0.3[m] 이상 0.8[m] 이하　　　　② 0.5[m] 이상 1.2[m] 이하

③ 0.8[m] 이상 1.5[m] 이하　　　　④ 1[m] 이상 1.8[m] 이하

> 해설　수신기의 조작스위치 : 0.8[m] 이상 1.5[m] 이하

정답 ③

077 P형 1급 수신기가 정상으로 동작했을 때의 사항으로 적당하지 않은 것은?

① 화재가 발생한 지구램프가 점등한다.

② 화재 경보벨이 울린다.

③ 화재 경보램프가 점등한다.

④ 화재가 발생한 지구벨만 울린다.

> **해설** **P형 1급 수신기가 정상작동했을 때**
> • 화재가 발생한 지구램프가 점등한다.
> • 화재 경보벨(주경종, 지구경종)이 울린다.
> • 화재 경보램프가 점등한다.

정답 ④

078 P형 1급 수신기의 반복시험으로 수신기를 정격 사용 전압에서 몇 회의 화재동작을 실시하였을 경우 구조나 기능에 이상이 생기지 않아야 하는가?

① 10,000회　　　　　　　　② 15,000회

③ 20,000회　　　　　　　　④ 25,000회

> **해설** **반복시험횟수**
>
> | 설비의 종류 | 감지기 | 발신기 | 중계기 | 비상조명등 | 수신기 |
> |---|---|---|---|---|---|
> | 반복시험횟수 | 1,000회 | 5,000회 | 2,000회 | 5,000회 | 10,000회 |

정답 ①

079 수신기에서 시험용 스위치를 사용하여 화재작동시험을 한 결과 표시램프가 점등되지 않은 경우, 고장의 원인으로 볼 수 없는 것은?

① 감지기회로의 배선의 단선　　　② 표시램프의 배선의 단선

③ 표시램프의 단선　　　　　　　④ 표시램프 소켓의 접촉 불량

> **해설** **수신기 화재작동시험 후 표시램프의 미점등 원인**
> • 표시램프의 배선의 단선
> • 표시램프의 단선
> • 표시램프의 소켓의 접촉 불량

정답 ①

080 자동화재탐지설비의 수신기의 전압계 지시치가 0인 경우 관계가 없다고 판단되는 것은?

① 전압계의 고장　　　　　　　② 정류기의 고장

③ 감지기의 고장　　　　　　　④ 전원전압회로의 고장

> **해설** 수신기의 전압계는 감지기의 고장과는 관계가 없다.

정답 ③

081 P형 1급 수신기의 화재작동시험이 제대로 되지 않았다. 해당 점검부분이 아닌 것은?

① 릴레이의 작동
② 램프의 단선
③ 회로의 단선
④ 주전원의 차단

해설 **P형 1급 수신기의 화재작동시험의 점검부분**
• 릴레이의 작동
• 램프의 단선
• 회로의 단선

정답 ④

082 수신기에 사용하는 표시등에 관한 설명 중 옳지 않은 것은?

① 전구는 2개 이상을 병렬로 접속해야 한다. 다만, 방전등 또는 발광다이오드의 경우에는 그렇지 않다.
② 전구에는 적당한 보호커버를 설치해야 한다. 다만, 발광다이오드의 경우에는 그렇지 않다.
③ 지구등은 적색으로 표시해야 한다.
④ 기타의 표시등은 모두 적색으로 표시해야 한다.

해설 기타의 표시등은 적색 외의 색으로 표시되어야 한다. 다만, 화재등 및 지구등과 쉽게 구별할 수 있도록 부착된 기타의 표시등은 적색으로도 표시할 수 있다.

정답 ④

083 전원으로부터 수신기까지의 배선방법으로 잘못된 것은?

① MI 케이블 사용
② 금속덕트 공사
③ 내화전선 사용
④ 내화구조의 주요구조부에 매입

해설 **자동화재탐지설비의 전원배선공사(내화배선공사)**
• 케이블 공사
• 금속관 공사
• 가요전선관 공사
• 내화전선 사용
• 합성수지관 공사
• 내화구조의 주요구조부에 매입

정답 ②

084 수신기의 기능검사와 관계없는 것은?

① 저전압시험
② 화재표시동작시험
③ 공기관 유통시험
④ 동시동작시험

> **해설** **수신기의 기능검사**
> • **화재표시동작시험**
> • 공통선 시험
> • **동시동작시험**
> • 회로저항시험
> • 지구음향장치의 작동시험
> • 회로도통시험
> • 예비전원시험
> • **저전압시험**
> • 비상전원시험
>
> > 공기관 유통시험 : 감지기의 기능검사

정답 ③

085 자동화재탐지설비의 발신기의 설치기준으로 옳은 것은?

① 관계인 이외의 조작에 의한 고장의 우려가 있으므로 조작이 쉽지 않은 곳에 설치한다.
② 특정소방대상물의 격층마다 설치하되, 지하층에 있어서는 각층마다 설치한다.
③ 해당 특정소방대상물의 각 부분으로부터 하나의 발신기까지의 수평거리는 25[m] 이하가 되도록 설치한다.
④ 발신기의 위치표시를 하는 표시등은 옥내소화전함의 하부에 설치한다.

> **해설** **발신기의 설치기준**
> • 조작이 쉬운 장소에 설치할 것
> • 특정소방대상물의 **층마다 설치**할 것
> • 하나의 발신기까지의 수평거리 : **25[m] 이하**
> • 발신기의 위치를 표시하는 **표시등**은 **함의 상부**에 설치할 것

정답 ③

086 자동화재탐지설비의 발신기 설치기준으로 옳은 것은?

① 특정소방대상물의 층마다 설치한다.
② 수신기와 발신기간의 거리는 20[m] 이내가 되도록 한다.
③ 조작이 쉽지 않는 장소에 설치해야 한다.
④ 스위치는 바닥으로부터 0.8[m] 이내에 설치해야 한다.

> **해설** **발신기 설치기준**
> • 조작이 쉬운 장소에 설치할 것
> • 스위치는 바닥으로부터 0.8[m] 이상 1.5[m] 이하의 높이에 설치할 것
> • 특정소방대상물의 **층마다 설치**하되, 해당 층의 각 부분으로부터 하나의 발신기까지의 수평거리가 25[m] 이하가 되도록 할 것

정답 ①

087 자동화재탐지설비의 발신기는 특정소방대상물의 몇 개 층마다 설치하며, 해당 층의 각 부분으로부터 하나의 발신기까지의 수평거리가 몇 [m] 이하가 되도록 하는가?

① 격층, 25
② 격층, 30
③ 각층, 25
④ 각층, 30

해설 발신기는 특정소방대상물의 **층마다 설치**하되, 해당 층의 각 부분으로부터 하나의 발신기까지의 **수평거리가 25[m] 이하**가 되도록 할 것

정답 ③

088 발신기의 구조로 옳지 않은 것은?

① 발신기 작동스위치를 누르거나 기타의 방법으로 쉽게 동작시킬 수 있는 것이어야 한다.
② 발신기 외함의 노출부의 색은 녹색이어야 한다.
③ 보호판이 있는 발신기는 유기질 유리를 사용해야 한다.
④ 작동한 후에 정위치로 복귀시키는 조작을 해야 하는 발신기는 정위치에 복귀시키는 조작을 잊지 않도록 하는 적당한 방법을 강구해야 한다.

해설 발신기 외함의 노출부의 색 : **적색**

정답 ②

089 자동화재탐지설비의 발신기 설치기준에 대한 설명 중 틀린 것은?

① 스위치는 바닥으로부터 0.8[m] 이상 1.5[m] 이하의 높이에 설치한다.
② 특정소방대상물의 층마다 설치한다.
③ 특정소방대상물의 각 부분으로부터 하나의 발신기까지의 수평거리가 25[m] 이하가 되도록 한다.
④ 발신기 표시등의 불빛은 부착면으로부터 10° 이상의 범위 안에서 설치한다.

해설 발신기의 위치를 표시하는 표시등은 함의 상부에 설치하되, 그 불빛은 부착면으로부터 **15° 이상**의 범위 안에서 부착지점으로부터 **10[m] 이내**의 어느 곳에서도 쉽게 식별할 수 있는 **적색등**으로 해야 한다.

정답 ④

090 수동발신기 스위치를 작동시켰더니 화재표시동작을 하지 않았다. 원인으로 볼 수 없는 것은?

① 응답램프 불량
② 배선의 단선
③ 발신기 접점불량
④ 감지기 불량

해설 발신기 작동 후 화재표시 미동작 원인 : 응답램프 불량, 배선의 단선, 발신기 접점불량

정답 ④

091 발신기의 누름버튼스위치를 눌렀으나 수신기가 화재표시동작을 하지 않을 경우 그 원인으로 가장 적당한 것은?(단, 배선 및 수신기는 정상이다)

① 발신기 내 응답램프가 없다.
② 발신기 접점의 접촉 불량이다.
③ 발신기 내에 설치되어 있는 종단저항이 없다.
④ 발신기 내의 전화선의 단자가 빠져 있다.

> 해설 **수신기의 화재표시동작을 하지 않는 이유**
> • 발신기 접점의 접촉불량
> • 응답램프 불량
> • 배선의 단선

정답 ②

092 자동화재탐지설비의 상시개로식의 회로 말단에 발신기 등을 설치해야 할 수 있는 시험은?

① 도통시험
② 절연내력시험
③ 절연저항시험
④ 접지저항측정시험

> 해설 **회로도통시험** : 상시개로식 **회로의 말단**에 발신기, 누름버튼스위치, 종단저항을 설치하여 시행하는 시험

정답 ①

093 수신기에서 직접 감지기회로의 도통시험을 행하지 않는 자동화재탐지설비의 중계기는 어디에 설치하는가?

① 수신기와 감지기 사이에 설치
② 감지기와 발신기 사이에 설치
③ 전원입력 측의 배선에 설치
④ 종단저항과 병렬로 설치

> 해설 수신기에서 직접 감지기회로의 도통시험을 행하지 않는 것에 있어서는 **수신기와 감지기 사이**에 **중계기를 설치**해야 한다.

정답 ①

094 중계기의 구조 및 기능에 관한 설명으로 옳은 것은?

① 정격전압이 60[V]를 넘는 중계기의 강판 외함에는 접지단자를 설치한다.
② 예비전원회로는 단락사고 등으로부터 보호하기 위한 개폐기를 설치한다.
③ 화재신호에 영향을 미칠 우려가 있더라도 조작부는 설치해야 한다.
④ 수신개시로부터 발신개시까지의 시간은 30초 이내이어야 한다.

> 해설 **중계기의 구조 및 기능**
> • 정격전압이 **60[V]**를 넘는 중계기의 강판 외함에는 **접지단자**를 설치해야 한다.
> • 예비전원회로에는 단락사고 등으로부터 보호하기 위한 퓨즈 등 과전류 보호장치를 설치해야 한다.
> • 화재신호에 영향을 미칠 염려가 있는 조작부를 설치하지 않아야 한다.
> • 수신개시로부터 발신개시까지의 시간이 5초 이내이어야 한다.

정답 ①

095 중계기는 화재 신호를 수신하고부터 발신개시까지의 시간을 몇 초 이내로 해야 하는가?

① 3   ② 4   ③ 5   ④ 6

> **해설**   중계기의 수신개시로부터 발신개시까지의 시간 : **5초 이내**

정답 ③

096 자동화재탐지설비의 중계기를 설치할 때 수신기에서 직접 감지기회로의 도통시험을 행하지 않는 것은 어느 곳에 설치해야 하는가?

① 감지기회로가 3 이상이 있는 곳에 설치

② 분포형감지기가 설치되어 있는 곳에 설치

③ 수신기와 감지기 사이에 설치

④ 자동화재속보설비와 연동되는 곳에 설치

> **해설**   **중계기의 설치기준**
> • **수신기**에서 직접 **감지기**회로의 도통시험이 불가능한 곳 : 수신기와 감지기 사이에 **중계기** 설치
> • 중계기에 반드시 설치 : **상용전원시험** 및 **예비전원시험**
> • 중계기의 예비전원 : 원통밀폐형 니켈카드뮴축전지, 무보수밀폐형 연축전지

정답 ③

097 자동화재탐지설비의 중계기에 반드시 설치해야 할 시험장치는?

① 회로도통시험 및 과누전시험

② 예비전원시험 및 전로개폐시험

③ 절연저항시험 및 절연내력시험

④ 상용전원시험 및 예비전원시험

> **해설**   수신기에 따라 감시되지 않는 배선을 통하여 전력을 공급받는 것에 있어서는 전원입력 측의 배선에 과전류차단기를 설치하고 해당 전원의 정전이 즉시 수신기에 표시되는 것으로 하며, **상용전원** 및 **예비전원의 시험**을 할 수 있도록 할 것

정답 ④

098 중계기의 반복시험으로 정격사용전압 및 정격사용전류의 상태로 몇 회 반복시험을 가하였을 때 구조나 기능에 이상이 없어야 하는가?

① 1,000   ② 2,000   ③ 3,000   ④ 4,000

> **해설**   **설비의 반복시험횟수**
>
> | 설비의 종류 | 감지기 | 발신기 | 중계기 | 비상조명등 |
> |---|---|---|---|---|
> | 반복시험횟수 | 1,000회 | 5,000회 | 2,000회 | 5,000회 |

정답 ②

099 중계기용 변압기의 정격 1차 전압은 얼마인가?

① 300[V] 이하
② 380[V] 이상
③ 440[V] 이상
④ 600[V] 이하

해설 중계기용 변압기의 정격 1차 전압 : 300[V] 이하

정답 ①

100 자동화재탐지설비의 음향장치 설치기준으로 옳은 것은?

① 지구음향장치는 해당 특정소방대상물의 각 부분으로부터 하나의 음향장치까지의 수평거리가 25[m] 이하가 되도록 한다.
② 정격전압의 90[%] 전압에서 음향을 발할 수 있어야 한다.
③ 음향의 크기는 부착된 음향장치의 중심으로부터 1[m] 떨어진 위치에서 80[dB] 이상이 되도록 해야 한다.
④ 층수가 11층(공동주택의 경우에는 16개 층) 이상의 특정소방대상물에 있어서는 2층 이상의 층에서 발화 시 발화층 및 직상층에 경보를 발해야 한다.

해설 자동화재탐지설비의 음향장치 설치기준
• 해당 특정소방대상물의 각 부분으로부터 하나의 음향장치까지의 수평거리가 25[m] 이하가 되도록 할 것
• 정격전압의 80[%] 전압에서 음향을 발할 수 있는 것으로 할 것
• 음향의 크기는 부착된 음향장치의 중심으로부터 1[m] 떨어진 위치에서 90[dB] 이상이 되는 것으로 할 것
• 층수가 11층(공동주택의 경우에는 16개 층) 이상의 특정소방대상물에 있어서는 2층 이상의 층에서 발화 시 발화층 및 그 직상 4개 층에 경보를 발할 것

정답 ①

101 자동화재탐지설비에서 특정소방대상물의 각 부분으로부터 하나의 음향장치까지의 수평거리는 몇 [m] 이하로 해야 하는가?

① 25[m]
② 40[m]
③ 50[m]
④ 60[m]

해설 자동화재탐지설비의 지구음향장치 설치기준
• 특정소방대상물의 층마다 설치
• 특정소방대상물의 각 부분으로부터 하나의 음향장치까지의 수평거리가 25[m] 이하가 되도록 설치할 것

정답 ①

102 청각장애인용 시각경보장치의 설치 높이는 바닥으로부터 몇 [m]의 장소에 설치해야 하는가?

① 0.5[m] 이상 1[m] 이하
② 0.5[m] 이상 1.5[m] 이하
③ 0.8[m] 이상 1.5[m] 이하
④ 2[m] 이상 2.5[m] 이하

해설 청각장애인용 시각경보장치의 설치 높이 : 2[m] 이상 2.5[m] 이하

정답 ④

103 청각장애인용 시각경보장치 설치 시 천장의 높이가 2[m] 이하인 경우에 설치기준으로 맞는 것은?

① 천장으로부터 0.15[m] 이내
② 천장으로부터 0.25[m] 이내
③ 바닥으로부터 0.15[m] 이내
④ 바닥으로부터 0.25[m] 이내

해설   천장높이가 2[m] 이하 : 천장으로부터 0.15[m] 이내에 시각경보장치를 설치한다.

정답 ①

104 P형 수신기의 감지기회로 배선을 공통선으로 사용한 때에 하나의 공통선은 몇 경계구역 이하로 해야 하는가?

① 3   ② 5   ③ 7   ④ 15

해설   P형 수신기 하나의 공통선 : 7경계구역 이하

정답 ③

105 자동화재탐지설비의 경계구역에 대한 설명 중 틀린 것은?

① 하나의 경계구역이 2 이상의 건축물에 미치지 않도록 할 것
② 하나의 경계구역이 2 이상의 층에 미치지 않도록 할 것. 다만, 500[m²] 이하의 범위 안에서는 2개의 층을 하나의 경계구역으로 할 수 있다.
③ 하나의 경계구역의 면적은 600[m²] 이하로 하고 한 변의 길이는 100[m] 이하로 할 것
④ 해당 특정소방대상물의 주된 출입구에서 그 내부 전체가 보이는 것에 있어서는 한 변의 길이가 50[m]의 범위 내에서 1,000[m²] 이하로 할 수 있다.

해설   경계구역
• 하나의 경계구역이 2 이상의 건축물에 미치지 않도록 할 것
• 하나의 경계구역이 2 이상의 층에 미치지 않도록 할 것. 다만, 500[m²] 이하의 범위 안에서는 2개의 층을 하나의 경계구역으로 할 수 있다.
• 하나의 경계구역의 면적은 600[m²] 이하로 하고 한 변의 길이는 50[m] 이하로 할 것
• 해당 특정소방대상물의 주된 출입구에서 그 내부 전체가 보이는 것에 있어서는 한 변의 길이가 50[m]의 범위 내에서 1,000[m²] 이하로 할 수 있다.

정답 ③

106 자동화재속보설비는 어떤 설비와 연동으로 작동하여 소방관서에 전달되는 것으로 해야 하는가?

① 누전경보설비
② 자동화재탐지설비
③ 비상경보설비
④ 피난구조설비

해설   자동화재속보설비 : 자동화재탐지설비와 연동

정답 ②

107 자동화재속보설비의 설치기준으로 옳지 않은 것은?

① 자동화재탐지설비와 연동으로 작동하여 소방관서에 전달되는 것으로 한다.

② 조작스위치는 사람이 만지지 못하도록 자물쇠장치를 하여 둔다.

③ 종합방재센터가 설치되어 있고, 상시 근무하는 자가 있는 경우에는 설치하지 않을 수 있다.

④ 조작스위치는 바닥으로부터 0.8[m] 이상 1.5[m] 이하의 높이에 설치한다.

> **해설** 자동화재속보설비의 설치기준
> • 자동화재탐지설비와 연동으로 작동하여 자동적으로 화재발생 상황에 소방관서에 전달되는 것으로 해야한다.
> • 종합방재센터가 설치되어 있고 상시 근무자가 있으면 설치하지 않을 수 있다.
> • **조작스위치**는 바닥으로부터 **0.8[m] 이상 1.5[m] 이하**에 설치한다.
> • 비상전원을 부설해야 한다.
>
> **정답** ②

108 자동화재속보설비의 설치 시 주의사항으로 옳지 않은 것은?

① 누름스위치는 바닥으로부터 0.8[m] 이상 1.5[m] 이하에 설치할 것

② 600[V] 2종 비닐절연전선을 사용할 것

③ 전화선에서 연결 시 옥내 통신기구 2차 측에서 연결할 것

④ 상용전원은 속보기 전용으로 할 것

> **해설** 전화선에서 연결 시 **옥내 통신기구 1차 측**에 연결해야 한다.
>
> **정답** ③

109 소방기관에 통보하는 자동화재속보설비에 대한 설명으로 틀린 것은?

① 자동화재탐지설비와 연동되지 않아야 한다.

② 조작스위치는 바닥으로부터 0.8[m] 이상 1.5[m] 이하의 높이에 설치한다.

③ 종합방재센터가 있고 상주자가 있는 경우 자동화재속보설비를 설치하지 않아도 된다.

④ 자동화재속보설비는 화재 시 소방서에 자동적으로 연락되는 설비이다.

> **해설** 자동화재속보설비 : 자동화재탐지설비와 연동
>
> **정답** ①

110 자동화재속보설비의 속보기는 화재탐지설비로부터 수신한 신호를 몇 초 이내에 소방관서에 자동적으로 신호를 통보해야 하는가?

① 10   ② 20   ③ 30   ④ 60

> **해설** 속보기는 수신한 신호를 **20초 이내 3회 이상** 소방관서에 자동 통보해야 한다.
>
> **정답** ②

111 자동화재속보설비의 속보기의 예비전원은 화재속보의 화재표시 및 경보를 몇 분간 유지해야 하는가?

① 10분   ② 20분   ③ 30분   ④ 60분

해설   자동화재속보설비의 속보기의 예비전원은 감시상태를 60분간 지속한 후 **10분 이상** 동작(화재속보 후 화재표시 및 경보를 10분간 유지하는 것)이 지속될 수 있는 용량이어야 한다.

정답 ①

112 자동화재속보설비의 속보기에 대한 설명으로 옳은 것은?

① 화재발생을 30초 이내에 소방관서에 통보하는 설비이다.

② R형 발신기, R형 수신기 또는 화재속보기로 구성된다.

③ 송출용 녹음테이프는 3분 이상 사용한다.

④ 그 기능에 따라 A형과 B형으로 구분한다.

해설   **자동화재속보설비의 속보기**
- 작동신호 수신후 **20초 이내**, **3회 이상** 속보할 수 있어야 한다.
- 송출용 녹음테이프는 **5분 이상** 사용한다.
- P형 발신기, P형 수신기, R형 수신기 또는 화재속보기로 구성된다.
- 기능에 따라 지구등이 없는 **A형**과 지구등이 있는 **B형**으로 구분한다.

정답 ④

113 자동화재속보설비의 속보기는 화재 시에 화재속보를 계속해서 몇 회 이상 할 수 있어야 하는가?

① 1   ② 2   ③ 3   ④ 5

해설   속보기의 화재속보 : 20초 이내에 3회 이상

정답 ③

114 자동화재속보설비의 속보기의 전원 입력 측 양단 및 속보기로부터 외부 부하에 직접 전원을 송출하도록 구성된 회로에는 무엇을 설치해야 하는가?

① 비상용 콘센트   ② 변류기   ③ 브레이커   ④ 전압조정기

해설   속보기의 전원 입력 측 양단 및 속보기로부터 외부 부하에 직접 전원을 송출하는 회로 : 퓨즈 또는 브레이커 설치

정답 ③

115 경보기구의 정격전압이 몇 [V] 이상이면 그 금속제 외함에는 접지단자를 설치해야 하는가?

① 60   ② 100   ③ 150   ④ 200

해설   경보기구의 정격전압이 **60[V] 이상**이면 그 금속제 외함에는 접지단자를 설치해야 한다.

정답 ①

116 경보기구에 사용되는 변압기의 정격 1차 전압은 몇 [V] 이하로 해야 하는가?

① 100   ② 150   ③ 300   ④ 400

> **해설** 비상경보기구의 변압기의 정격 1차 전압 : 300[V] 이하

정답 ③

117 자동화재속보설비를 설치하지 않아도 되는 곳은?

① 수련시설(숙박시설이 있는 건축물)로서 바닥면적 500[m²] 이상인 층이 있는 곳

② 노유자시설로서 바닥면적 500[m²]이 있는 장소

③ 공장, 창고시설로서 바닥면적이 1,500[m²] 이상인 장소

④ 수신기가 설치된 장소에 24시간 화재를 감시할 수 있는 사람이 근무하고 있는 장소

> **해설** 수신기가 설치된 장소에 24시간 화재를 감시할 수 있는 사람이 근무하고 있는 경우에는 자동화재속
> 보설비를 설치하지 않을 수 있다.

정답 ④

118 노유자시설로서 바닥면적 몇 [m²] 이상인 경우 자동화재속보설비를 설치하는가?

① 350   ② 400   ③ 500   ④ 600

> **해설** 노유자시설로서 바닥면적 500[m²] 이상일 때에는 **자동화재속보설비**를 설치해야 한다.

정답 ③

119 면적에 관계없이 자동화재속보설비를 설치해야 하는 대상은?

① 업무시설   ② 지하상가

③ 판매시설 중 전통시장   ④ 공장 및 창고시설

> **해설** 면적에 관계없이 자동화재속보설비 설치 대상(소방시설법 영 별표 4)
> ※ 수신기가 설치된 장소에서 24시간 화재를 감시하는 경우에는 설치를 제외할 수 있다.
> • 노유자 생활시설   • 조산원 및 산후조리원
> • 보물 또는 국보로 지정된 목조건축물
> • 의원, 치과의원 및 한의원으로서 입원실이 있는 시설
> • 종합병원, 병원, 치과병원, 한방병원 및 요양병원(의료재활시설은 제외한다)
> • 판매시설 중 전통시장

정답 ③

120 비상벨설비 또는 자동식사이렌설비의 발신기 설치기준으로 맞는 것은?

① 조작이 쉬운 장소에 설치하고, 조작스위치는 천장 또는 반자로부터 1.5[m] 이하의 높이에 설치할 것

② 특정소방대상물의 층마다 설치할 것

③ 특정소방대상물의 각 부분으로부터 하나의 발신기까지의 수평거리 30[m] 이하가 되도록 할 것

④ 발신기의 위치를 표시하는 표시등은 함의 상부에 설치하되, 그 불빛은 부착면으로부터 15° 이상의 범위 안에서 부착지점으로부터 15[m] 이내의 어느 곳에서 쉽게 식별할 수 있는 적색등으로 할 것

> **해설** 비상벨설비 또는 자동식사이렌설비의 발신기 설치기준
> • 조작이 쉬운 장소에 설치하고, **조작스위치**는 바닥으로부터 **0.8[m] 이상 1.5[m] 이하**의 높이에 설치할 것
> • 특정소방대상물의 층마다 설치하되, 해당 층의 각 부분으로부터 하나의 발신기까지의 수평거리가 **25[m] 이하**가 되도록 할 것
> • 발신기의 위치를 표시하는 표시등은 함의 상부에 설치하되, 그 불빛은 부착면으로부터 **15° 이상**의 범위 안에서 부착지점으로부터 **10[m] 이내**의 어느 곳에서 쉽게 식별할 수 있는 **적색등**으로 할 것

정답 ②

121 방송에 의한 비상경보설비 중 확성기는 각 층마다 설치하되 그 층의 각 부분으로부터 다른 확성기까지의 수평거리는 몇 [m] 이하이어야 하는가?

① 25   ② 30   ③ 35   ④ 40

> **해설** 확성기의 수평거리 : 25[m] 이하

정답 ①

122 비상경보설비의 음향장치에서 음향의 크기는 부착된 음향장치의 중심으로부터 1[m] 떨어진 위치에서 몇 [dB] 이상이 되는 것으로 해야 하는가?

① 60   ② 70   ③ 80   ④ 90

> **해설** 음향의 크기는 부착된 음향장치의 중심으로부터 1[m] 떨어진 위치에서 **90[dB] 이상**이 되는 것으로 해야 한다.

정답 ④

123 다음 경보설비에 사용되는 용어 설명 중 틀린 것은?

① 발신기란 화재발생신호를 수신기에 수동으로 발신하는 장치를 말한다.

② 자동식사이렌설비란 화재발생 상황을 사이렌으로 경보하는 설비를 말한다.

③ 증폭기란 전압전류의 주파수를 늘려 감도를 좋게 하고 소리를 크게 하는 장치를 말한다.

④ 비상벨설비란 화재발생 상황을 경종으로 경보하는 설비를 말한다.

> **해설** **증폭기** : 전압·전류의 진폭을 늘려 감도 등을 개선하는 장치

정답 ③

124 자동식사이렌설비에는 설비에 대한 감시상태를 몇 분간 지속한 후 유효하게 10분 이상 경보를 발할 수 있는 축전지설비를 설치해야 하는가?

① 20분 　　　　② 30분 　　　　③ 45분 　　　　④ 60분

해설　비상벨설비 또는 자동식사이렌설비에는 그 설비에 대한 감시상태를 **60분**간 지속한 후 유효하게 **10분**이상 경보할 수 있는 비상전원으로서 축전지설비 또는 전기저장장치를 설치해야 한다. 다만, 상용전원이 축전지설비인 경우 또는 건전지를 주전원으로 사용하는 무선식 설비인 경우에는 그렇지 않다.

정답 ④

125 단독경보형감지기의 설치기준으로 옳지 않은 것은?

① 각 실마다 설치할 것
② 최상층의 계단실의 천장에 설치할 것
③ 바닥면적 150[m²]를 초과하는 경우에는 100[m²]마다 1개 이상을 설치할 것
④ 건전지를 주전원으로 사용하는 단독경보형감지기는 정상적인 작동상태를 유지할 수 있도록 건전지를 교환할 것

해설　단독경보형감지기는 각 실마다 설치하되 바닥면적 **150[m²]**를 **초과**하는 경우에는 150[m²]마다 **1개 이상**을 설치할 것

정답 ③

126 비상방송설비의 특징에 대한 설명으로 옳지 않은 것은?

① 업무용 방송설비와는 겸용해서는 안 된다.
② 화재의 양상에 따라 필요한 층을 임의로 선택하여 화재를 알릴 수 있다.
③ 확성기의 음성입력은 실외에 설치할 경우 3[W] 이상이어야 한다.
④ 음량조정기의 배선은 3선식으로 한다.

해설　**비상방송설비의 특징**
- **업무용 방송설비**와 **겸용**할 수 있다.
- 방송에 의한 비상경보설비는 화재의 양상에 따라 필요한 층을 임의로 선택하면서 화재를 알릴 수가 있다.
- 확성기의 음성입력은 **3[W]**(실내에 설치하는 것 1[W]) 이상일 것
- 음량조정기를 설치하는 경우 음량조정기의 **배선**은 **3선식**으로 할 것

정답 ①

127 비상방송설비의 설치기준이 잘못된 것은?

① 음량조정기 설치 시 3선식 배선으로 한다.
② 확성기 음성입력은 5[W] 이상일 것
③ 그 층의 각 부분으로부터 확성기까지의 수평거리는 25[m] 이하로 한다.
④ 조작스위치는 바닥으로부터 0.8[m] 이상 1.5[m] 이하의 높이에 설치할 것

해설　**확성기 음성입력 : 3[W] 이상**(실내 : 1[W] 이상)

정답 ②

128 비상방송설비에 의한 경보설비를 설치할 경우 확성기는 각 층마다 설치하되, 그 층의 각 부분으로부터 하나의 확성기까지의 수평거리는 몇 [m] 이하가 되도록 하는가?

① 15   ② 20   ③ 25   ④ 30

해설   **확성기**는 각 층마다 설치하되, 그 층의 각 부분으로부터 하나의 확성기까지의 수평거리가 **25[m] 이하**가 되도록 하고, 해당 층의 각 부분에 유효하게 경보를 발할 수 있도록 설치할 것
- 각 설비와 수평거리

설 비	발신기	음향장치	확성기	비상콘센트
수평거리	25[m] 이하	25[m] 이하	25[m] 이하	50[m] 이하

- 각 설비와 보행거리

설 비	유도표지	복도통로유도등, 거실통로유도등	3종 연기감지기	1, 2종 연기감지기	무선기기 접속단자
보행거리	15[m] 이하	20[m] 이하	20[m] 이하	30[m] 이하	300[m] 이내

정답 ③

129 비상방송설비의 주요구성장치가 아닌 것은?

① 확성기   ② 증폭기   ③ 발신기   ④ 음량조절기

해설   발신기 : **자동화재탐지설비**의 구성장치

정답 ③

130 비상방송설비에 음량조정기를 설치할 경우 음량조정기의 배선방식으로 옳은 것은?

① 1선식   ② 2선식   ③ 3선식   ④ 4선식

해설   비상방송설비의 음량조정기의 배선방식 : **3선식**

정답 ③

131 실내가 아닌 실외에 설치하는 비상방송설비 확성기의 음성입력은 몇 [W]인가?

① 3   ② 4   ③ 5   ④ 6

해설   비상방송설비 확성기의 음성입력
- 실내 : 1[W] 이상
- 실외 : 3[W] 이상

정답 ①

132 비상방송설비에서 기동장치에 의한 화재신호를 수신한 후 필요한 음량으로 화재발생 상황 및 피난에 유효한 방송이 자동으로 개시될 때까지의 소요시간은 몇 초 이내로 해야 하는가?

① 5초   ② 10초   ③ 20초   ④ 30초

해설   비상방송설비의 소요시간 : **10초** 이내

정답 ②

133 비상방송설비의 배선을 직류 250[V] 절연저항측정기를 사용하여 절연저항을 측정할 때 대지전압이 150[V] 이하인 경우에는 몇 [MΩ] 이상이어야 하는가?

① 0.1   ② 0.2   ③ 1   ④ 2

해설 비상방송설비의 절연저항(직류 250[V] 절연저항측정기)

전 류	150[V] 이하	150[V] 초과
저항값	0.1[MΩ] 이상	0.2[MΩ] 이상

정답 ①

---

134 지하 4층, 지상 11층의 특정소방대상물에 비상방송설비를 설치하였다. 지상 2층에서 발화한 경우 우선적으로 경보를 해야 할 층은?

① 지상 전체층   ② 지하 1 · 2 · 3층

③ 지상 3 · 4 · 5 · 6층   ④ 지상 1 · 2 · 3 · 4층

해설 층수가 11층(공동주택은 16층) 이상인 특정소방대상물의 경보층
- 2층 이상의 층에서 발화 : 발화층 및 그 직상 4개층
- 1층에서 발화 : 발화층, 그 직상 4개층 및 지하층
- **지하층에서 발화 : 발화층, 그 직상층 및 기타의 지하층**
∴ 지상 2층에서 발화 : 발화층(지상 2층), 그 직상 4층(지상 3 · 4 · 5 · 6층)

정답 ③

---

135 어떤 건축물의 1층에서 화재가 발생하였을 때 비상방송설비가 우선적으로 경보를 하지 않아도 되는 층은?

① 3층   ② 2층   ③ 1층   ④ 지하층

해설 1층에서 발화 시 경보층 : 1층, 2층, 지하층

정답 ①

---

136 비상방송설비의 축전지설비는 몇 분간 감시상태를 지속할 수 있어야 하는가?

① 20분   ② 30분   ③ 50분   ④ 60분

해설 비상방송설비의 축전지설비는 **60분**간 감시상태를 지속한 후 유효하게 10분 이상 경보할 수 있어야 한다.

정답 ④

---

137 비상방송설비에서 전자음향장치에 사용하고 있는 주파수 범위는?

① 400~1,000[Hz]   ② 40~1,000[Hz]

③ 16~20,000[Hz]   ④ 160~10,000[Hz]

해설 비상방송설비에서 전자음향장치의 주파수 범위 : 400~1,000[Hz]

정답 ①

138 비상방송설비를 설치해야 할 특정소방대상물 중 틀린 것은?

① 지하층의 층수가 3층 이상인 것

② 층수가 11층 이상인 것

③ 연면적 3,500[m²] 이상인 것

④ 건축물 내부에 설치된 차고 또는 주차장으로 연면적 200[m²] 이상인 것

해설 비상방송설비의 설치 대상물

위험물 저장 및 처리 시설 중 가스시설, 사람이 거주하지 않거나 벽이 없는 축사 등 동물 및 식물 관련 시설, 지하가 중 터널 및 지하구는 제외한다.
- **연면적 3,500[m²] 이상**인 것은 모든 층
- **층수가 11층 이상**인 것은 모든 층
- **지하층의 층수가 3층 이상**인 것은 모든 층

정답 ④

139 누전경보기는 크게 2가지로 구성되어 있다. 이 구성요소로 맞는 것은?

① 수신부와 검출부

② 수신부와 차단부

③ 변류기와 수신부

④ 변류기와 충전부

해설 누전경보기의 구성요소 : **변류기와 수신부**

정답 ③

140 누전경보기의 구조 및 기능에 관한 설명으로 옳은 것은?

① 예비전원을 설치할 경우에는 단락사고 등으로부터 보호하기 위한 단로기를 설치할 것

② 전원개폐스위치나 경보농도조정부 등을 노출되게 설치할 것

③ 전원공급의 상태를 쉽게 확인할 수 있는 변류기를 설치할 것

④ 정격전압이 60[V]를 초과하는 금속제 외함에는 접지단자 설치할 것

해설 누전경보기의 정격전압이 **60[V]**를 넘는 기구의 금속제 외함에는 **접지단자**를 설치해야 한다.

정답 ④

141 변류기가 1개일 경우 누전경보기의 주요 구성요소는?

① 변류기, 수신기, 전원장치, 증폭기

② 변류기, 수신기, 음향장치, 차단기구

③ 수신기, 감지기, 전원장치, 변류기

④ 변류기, 증폭기, 차단장치, 수신기

해설 누전경보기의 구성요소(변류기가 1개일 때)
- 변류기
- 수신기
- 음향장치
- 차단기구

정답 ②

142 누전경보기가 경보를 발하는 경우로 옳은 것은?

① 전로가 과부하인 경우
② 전로가 지락이 된 경우
③ 전로가 단락이 된 경우
④ 전로가 다른 전로로부터 음파장해를 받는 경우

해설 누전경보기는 **전로가 지락된 경우 경보**를 발한다.

정답 ②

143 누전경보기의 설치방법으로 옳지 않은 것은?

① 경계전로의 정격전류가 60[A]를 초과하는 전로에 있어서는 1급을 설치한다.
② 경계전로의 정격전류가 60[A] 이하의 전로에 있어서는 1급 또는 2급을 설치한다.
③ 정격전류가 60[A]를 초과하는 경계전로가 분기되어 각 분기회로의 정격전류가 60[A] 이하로 되는 경우에는 해당 분기회로마다 2급을 설치해도 해당 경계전로에 1급을 설치한 것으로 본다.
④ 변류기는 특정소방대상물의 형태, 인입선의 시설방법 등에 따라 옥외인입선의 제1지점의 부하 측 또는 제1종 접지선 측에 설치한다.

해설 **변류기**는 특정소방대상물의 형태, 인입선의 시설방법 등에 따라 옥외인입선의 **제1지점의 부하 측** 또는 **제2종 접지선 측에 설치**한다.

정답 ④

144 누전경보기에서 오보가 발생하는 경우로 볼 수 없는 것은?

① 검출 누설전류 설정치가 적당하지 않은 경우
② 결선방법이 잘못된 경우
③ 절연불량이 있는 경우
④ 퓨즈가 끊어진 경우

해설 **누전경보기에서 오보가 발생하는 경우**
• 검출 누설전류 설정치가 적당하지 않은 경우
• 결선방법이 잘못된 경우
• 절연불량이 있는 경우

정답 ④

145 누전경보기용 검출기로 영상변류기를 사용하는 이유로 옳은 것은?

① 각 상에 흐르는 전류의 총합이 0이기 때문에
② 누전이 생기는 경우 영상변류기에 전류가 흐르지 않기 때문에
③ 지락발생 시 변류기에 전류가 발생되지 않으므로
④ 경계전로에 부하가 평형되었을 때 기전력이 발생되게 됨으로

해설 각 상에 흐르는 전류의 총합이 0이기 때문에 영상변류기를 사용한다.

정답 ①

146 누전경보기의 시험용 스위치를 동작시킬 때 누전경보기가 동작하지 않았다. 이 원인으로 볼 수 없는 것은?

① 변류가 2차 측 절연저항이 0.2[MΩ] 이상이다.

② 수신기 내부가 고장이다.

③ 표시등 또는 버저회로의 배선이 단선되어 있다.

④ 퓨즈가 끊어져 있다.

> 해설 누전경보기 미동작 원인
> • 수신기의 내부 고장
> • 표시등 또는 버저회로의 배선 단선
> • 퓨즈 단선

정답 ①

147 누전경보기의 변류기는 특정소방대상물의 형태, 인입선의 시설방법 등에 따라 어디에 설치하는가?

① 옥외인입선의 제1지점의 전원 측 또는 제1종 접지선 측의 점검이 쉬운 위치에 설치

② 옥외인입선의 제1지점의 부하 측 또는 제1종 접지선 측의 점검이 쉬운 위치에 설치

③ 옥외인입선의 제1지점의 전원 측 또는 제2종 접지선 측의 점검이 쉬운 위치에 설치

④ 옥외인입선의 제1지점의 부하 측 또는 제2종 접지선 측의 점검이 쉬운 위치에 설치

> 해설 **누전경보기의 변류기**는 특정소방대상물의 형태, 인입선의 시설방법 등에 따라 옥외인입선의 **제1지점의 부하 측** 또는 **제2종 접지선 측**의 점검이 쉬운 위치에 설치할 것(단, 구조상 부득이한 경우에는 인입구에 근접한 옥내에 설치할 수 있다)

정답 ④

148 누전경보기의 전원에 배선용 차단기를 설치할 때 그 용량은 몇 [A] 이하의 것으로 설치해야 하는가?

① 10 ② 20

③ 30 ④ 50

> 해설 배선용 차단기 : 20[A] 이하

정답 ②

149 경계전류의 정격전류에 의한 1급 누전경보기만을 사용하는 정격전류는 몇 [A]를 초과하는 전류인가?

① 30 ② 50 ③ 60 ④ 90

> 해설 경계전류의 정격전류에 따른 누전경보기
>
> | 정격전류 | 60[A] 초과 | 60[A] 이하 |
> |---|---|---|
> | 경보기의 종류 | 1급 | 1급 또는 2급 |

정답 ③

150 누전경보기에 사용되는 변압기의 정격 1차 전압은 몇 [V] 이하로 해야 하는가?

① 100   ② 150

③ 200   ④ 300

> **해설**   누전경보기의 정격 1차 전압 : 300[V] 이하

정답 ④

151 누전경보기의 경계전로에서 전압강하의 최대치는 몇 [V] 이하이어야 하는가?

① 0.1   ② 0.3

③ 0.5   ④ 1.0

> **해설**   변류기 경계전로의 전압강하 : 0.5[V] 이하

정답 ③

152 누전경보기에서 감도조정장치의 조정범위는 최대 몇 [mA]이어야 하는가?

① 200   ② 500

③ 1,000   ④ 2,000

> **해설**   감도조정장치의 조정범위 : 최대치 1[A](1,000[mA])

정답 ③

153 누전경보기는 몇 [V] 이하의 경계전로에 부착되는가?

① 900   ② 800   ③ 700   ④ 600

> **해설**   **누전경보기**는 사용전압 600[V] 이하의 **경계전로**에 부착한다.

정답 ④

154 누전경보기의 공칭작동전류치는 몇 [mA] 이하이어야 하는가?

① 200   ② 300   ③ 500   ④ 800

> **해설**   누전경보기의 공칭작동전류치 : 200[mA] 이하

정답 ①

155 경계전로의 정격전류가 60[A]를 초과하는 전로에 설치하는 누전경보기의 종류로 옳은 것은?

① 1급 누전경보기   ② 2급 누전경보기

③ 3급 누전경보기   ④ 4급 누전경보기

> **해설**   경계전로의 정격전류에 따른 누전경보기
> - **1급 누전경보기** : 60[A] 초과
> - **1급 또는 2급 누전경보기** : 60[A] 이하

정답 ①

156 누전경보기에 관한 내용 중 옳지 않은 것은?

① 집합형 누전경보기는 2개의 경계전로에서 누설전류가 동시에 발생하는 경우 이상이 없어야 한다.
② 감도조정장치를 제외하고 감도조정부는 외함의 바깥쪽에 노출되지 않아야 한다.
③ 음향장치의 음압은 1[m] 떨어진 곳에서 60[dB] 이상이어야 한다(단, 고장표시장치는 제외).
④ 경보기구에 내장하는 음향장치는 사용전압 80[%]인 전압에서 동작해야 한다.

해설 **누전경보기의 음향장치**
- 사용전압의 80[%]인 전압에서 소리를 내어야 할 것
- 음향장치의 중심으로부터 1[m] 떨어진 지점에서 70[dB] 이상일 것(단, **고장표시장치용 : 60[dB] 이상**)

정답 ③

157 누전경보기의 전원에 대한 설명으로 옳은 것은?

① 전원은 분전반으로부터 전용회로로 하고, 각 극에 개폐기 및 15[A] 이하의 과전류 차단기를 설치한다.
② 전원은 분전반으로부터 전용회로로 하고, 각 극에 개폐기 및 20[A] 이상의 과전류 차단기를 설치한다.
③ 전원은 동력펌프설비와 공용하여 사용하고, 과전류 차단기의 용량은 20[A] 이하로 설치한다.
④ 전원은 동력펌프설비와 공용하여 사용하고, 과전류 차단기의 용량은 30[A] 이상으로 설치한다.

해설 누전경보기의 전원은 분전반으로부터 **전용회로**로 하고, 각 극에 **개폐기** 및 **15[A] 이하**의 **과전류차단기**(배선용 차단기는 20[A] 이하)를 설치한다.

정답 ①

158 누전경보기의 검출시험 방법을 설명한 것이다. 가장 적합한 시험방법은?

① 시험용 조작스위치를 돌려서 실시한다.
② 부하전류를 변류기에 흘려서 실시한다.
③ 누설전류를 변류기에 흘려서 실시한다.
④ 공칭값의 전류를 음향장치에 흘려서 실시한다.

해설 **누설전류**를 변류기에 흘려서 **검출시험**을 실시한다.

정답 ③

159 누전경보기의 기능점검에서 조작전원이 전용회로인지의 여부를 확인하는 가장 좋은 방법으로 옳은 것은?

① 전압계와 전류계를 이용하여 확인한다.

② 누전경보기의 조작전원회로를 "폐(閉)" 상태로 하여 다른 부하에 이상이 나타나는지를 확인한다.

③ 누전경보기의 조작전원회로를 "개(開)" 상태로 하여 다른 부하에 이상이 나타나는지를 확인한다.

④ 누전경보기의 시험동작으로 확인한다.

> **해설** 누전경보기의 **조작전원회로**를 **"개(開)"** 상태로 하여 다른 부하에 이상이 나타나는지를 확인하여 조작전원이 전용회로인지의 여부를 확인한다.

정답 ③

160 누전경보기의 변류기는 DC 500[V]의 절연저항계로 1차 권선과 2차 권선 절연저항을 측정한 경우 몇 [MΩ] 이상이어야 하는가?

① 1   ② 3

③ 5   ④ 10

> **해설** **절연저항시험**
> 변류기는 DC 500[V]의 절연저항계로 다음에 의한 시험을 하는 경우 5[MΩ] 이상일 것
> • 절연된 **1차 권선**과 **2차 권선** 간의 **절연저항**
> • 절연된 1차 권선과 외부 금속부 간의 절연저항
> • 절연된 2차 권선과 외부 금속부 간의 절연저항

정답 ③

161 누전경보기의 수신부를 설치해야 되는 장소는?

① 화약류를 저장하는 장소

② 대전류회로에 의한 영향을 받을 우려가 있는 장소

③ 온도가 높은 장소

④ 먼지가 다량으로 체류하는 장소

> **해설** **수신부의 설치 제외 장소**
> • 가연성의 증기·먼지·가스 등이나 부식성의 증기·가스 등이 다량으로 체류하는 장소
> • 화약류를 제조하거나 저장 또는 취급하는 장소
> • 습도가 높은 장소
> • 온도의 변화가 급격한 장소
> • 대전류회로·고주파 발생회로 등에 의한 영향을 받을 우려가 있는 장소

정답 ③

162 누전경보기의 수신기 설치 제외 장소로서 틀린 것은?

① 화약류 제조·저장·취급 장소
② 습도가 높은 장소
③ 온도의 변화가 급격한 장소
④ 고전압회로 등에 따른 영향을 받을 우려가 있는 장소

> **해설** **누전경보기의 수신기 설치 제외 장소**
> • 가연성의 증기·먼지·가스 등이나 부식성의 증기·가스 등이 다량으로 체류하는 장소
> • **화약류 제조**하거나 **저장** 또는 **취급**하는 장소
> • **습도가 높은 장소**
> • **온도**의 변화가 **급격한 장소**
> • 대전류회로·고주파 발생회로 등에 따른 영향을 받을 우려가 있는 장소

정답 ④

163 가스누설경보기의 탐지부를 옳게 설명한 것은?

① 가스누설을 탐지하여 중계기 또는 수신부에 가스누설의 신호를 발신하는 부분
② 가스누설신호를 수신하고 이를 관계자에게 음량으로 경보하여 주는 부분
③ 탐지기의 수신부로부터 발해진 신호를 받아 경보음을 발하는 부분
④ 탐지기에 연결하여 사용되는 환풍기 또는 지구경보부등에 작동 신호원을 공급시켜 주는 부분

> **해설** **탐지부** : 가스누설을 탐지하여 중계기 또는 수신부에 가스누설의 신호를 발신하는 부분

정답 ①

164 가스누설경보기의 누설등 및 지구등의 점등색으로 옳은 것은?

① 누설등 : 황색, 지구등 : 적색
② 누설등 : 황색, 지구등 : 황색
③ 누설등 : 적색, 지구등 : 황색
④ 누설등 : 적색, 지구등 : 적색

> **해설** **표시등의 점등색**
> • **누설등**(가스의 누설을 표시하는 표시등) : **황색**
> • **지구등**(가스가 누설할 경계구역의 위치를 표시하는 표시등) : **황색**

정답 ②

165 가스누설경보기의 화재안전기술기준에서 가연성가스 경보기의 분리형경보기의 수신부 설치기준으로 틀린 것은?

① 가스누설 경보음향의 음량과 음색이 다른 기기의 소음 등과 명확히 구분될 것
② 가스누설 경보음향의 크기는 수신부로부터 1[m] 떨어진 위치에서 음압이 70[dB] 이상일 것
③ 수신부의 조작스위치는 바닥으로부터 높이가 0.8[m] 이상 1.5[m] 이하인 장소에 설치할 것
④ 수신부는 천장으로부터 수신부 하단까지의 거리가 0.3[m] 이하가 되도록 설치할 것

해설   분리형경보기의 탐지부 설치기준 : 탐지부는 천장으로부터 탐지부 하단까지의 거리가 0.3[m] 이하가 되도록 설치할 것

정답 ④

166 분리형경보기의 탐지부 및 단독형감지기를 설치할 수 있는 장소로 옳은 것은?

① 출입구 부근 등으로서 외부의 기류가 통하지 않는 곳
② 환기구 등 공기가 들어오는 곳으로부터 1.5[m] 이내인 곳
③ 연소기의 폐가스에 접촉하기 쉬운 곳
④ 수증기, 기름 섞인 연기 등이 직접 접촉될 우려가 있는 곳

해설   출입구 부근 등으로서 외부의 기류가 통하는 곳에는 분리형경보기의 탐지부 및 단독형감지기를 설치할 수 없다.

정답 ①

167 가스누설경보기의 금속제 외함에 접지단자를 설치해야 하는 것은 정격전압이 몇 [V]를 초과하는 경우인가?

① 30   ② 40   ③ 50   ④ 60

해설   경보기의 일반구조
• 전원공급 상태확인 : 표시등
• 전원개폐스위치나 경보농도조정부 등이 노출되지 않아야 한다.
• 정격전압 60[V] 초과 : 금속제 외함에 접지단자 설치

정답 ④

168 가스누설경보기에서 주음향장치용의 사용전압에서의 음압은 단독형 및 분리형 중 영업용인 경우 몇 [dB] 이상이 되어야 하는가?

① 50   ② 60   ③ 70   ④ 90

해설   가스누설경보기의 음향장치
• 단독형 및 분리형 중 영업용인 경우의 음압 : 70[dB] 이상
• 고장표시용 등의 음압 : 60[dB] 이상
• 주음향장치용 음압 : 90[dB] 이상

정답 ③

169 가스누설경보기의 예비전원에 대한 기준으로 옳은 것은?

① 축전지를 직렬로 사용하는 경우에는 용량이 균일해야 한다.

② 경보기의 주전원과 공용할 수 있고 축전지 용량은 36[V]로 사용한다.

③ 예비전원은 연축전지를 사용하고, 리튬계 2차 축전지는 사용하지 않는다.

④ 축전지를 병렬로 접속하는 경우에는 역충전 방지장치가 필요하지 않다.

해설   가스누설경보기의 예비전원

• 예비전원을 가스누설경보기의 주전원으로 사용해서는 안 된다.

• 축전지를 **직렬** 또는 **병렬**로 사용하는 경우에는 **용량**(전압, 전류 등)이 **균일**한 축전지를 사용해야 한다.

• 자동충전장치 및 전기적 기구에 의한 자동과충전 방지장치를 설치해야 한다.

• 축전지를 **병렬**로 **접속**하는 경우에는 **역충전 방지** 등의 **조치**를 해야 한다.

• 예비전원은 알칼리계 2차 축전지, 리튬계 2차 축전지 또는 무보수밀폐형 연축전지를 사용한다.

정답 ①

170 가스누설경보기의 절연된 충전부와 외함 간의 절연저항은 DC 500[V]의 절연저항계로 측정한 값이 몇 [MΩ] 이상이어야 하는가?

① 1   ② 3   ③ 5   ④ 10

해설   가스누설경보기의 절연저항(DC 500[V]의 절연저항계로 측정한 값)

• 절연된 충전부와 외함 간 : 5[MΩ]

• 교류입력 측과 외함 간 : 20[MΩ]

정답 ③

171 가스누설경보기의 음향장치는 사용전압의 최소 몇 [%]인 전압에서 음향을 발해야 하는가?

① 75   ② 80   ③ 85   ④ 90

해설   가스누설경보기 **음향장치**의 성능은 사용전압의 **80[%]**인 전압에서 음향을 발해야 하며, 사용전압에서의 음압은 무향실 내에서 정위치에 부착된 음향장치의 중심으로부터 1[m] 떨어진 곳에서 90[dB](단, 단독형 및 분리형 중 영업용인 경우 70[dB]) 이상이어야 한다.

정답 ②

172 가스누설경보기의 주위온도시험에서 분리형경보기의 수신부는 주위온도가 몇 [℃] 이상 몇 [℃] 이하에서 기능에 이상이 생기지 않아야 하는가?

① -10[℃] 이상 30[℃] 이하   ② -10[℃] 이상 40[℃] 이하

③ 0[℃] 이상 40[℃] 이하   ④ 0[℃] 이상 50[℃] 이하

해설   분리형경보기의 수신부 주위온도(가스누설경보기의 형식승인 및 제품검사의 기술기준 제13조) : 0[℃] 이상 40[℃] 이하

정답 ③

173 화재알림형 수신기의 설치기준으로 틀린 것은?

① 화재알림형 감지기, 발신기 등의 작동 및 설치지점을 확인할 수 있는 것으로 설치할 것
② 해당 특정소방대상물에 가스누설탐지설비가 설치된 경우에는 가스누설탐지설비로부터 가스누설신호를 수신하여 가스누설경보를 할 수 있는 것으로 설치할 것. 다만, 가스누설탐지설비의 수신부를 별도로 설치한 경우에는 제외한다.
③ 화재알림형 감지기, 발신기 등에서 발신되는 화재정보·신호 등을 자동으로 3년 이상 저장할 수 있는 용량의 것으로 설치할 것. 이 경우 저장된 데이터는 수신기에서 확인할 수 있어야 하며, 복사 및 출력도 가능해야 한다.
④ 화재알림형 수신기에 내장된 속보기능은 화재신호를 자동적으로 통신망을 통하여 소방관서에는 음성 등의 방법으로 통보하고, 관계인에게는 문자로 전달할 수 있는 것으로 설치할 것

> **해설** 화재알림형 감지기, 발신기 등에서 발신되는 화재정보·신호 등을 자동으로 1년 이상 저장할 수 있는 용량의 것으로 설치할 것. 이 경우 저장된 데이터는 수신기에서 확인할 수 있어야 하며, 복사 및 출력도 가능해야 한다.

정답 ③

174 화재알림형 수신기의 설치기준으로 틀린 것은?

① 화재알림형 수신기가 설치된 장소에는 화재알림설비 일람도를 비치할 것
② 화재알림형 수신기의 내부 또는 그 직근에 지구음향장치를 설치할 것
③ 화재알림형 수신기의 음향기구는 그 음압 및 음색이 다른 기기의 소음 등과 명확히 구별될 수 있는 것으로 할 것
④ 화재알림형 수신기의 조작스위치는 바닥으로부터의 높이가 0.8[m] 이상 1.5[m] 이하인 장소에 설치할 것

> **해설** 화재알림형 수신기의 내부 또는 그 직근에 주음향장치를 설치할 것

정답 ②

175 화재알림설비의 설치기준으로 틀린 것은?

① 화재알림형 수신기와 화재알림형 감지기 사이에 중계기를 설치할 것
② 화재알림형 수신기에 따라 감시되지 않는 배선을 통하여 전력을 공급받는 것에 있어서는 전원입력 측의 배선에 과전류 차단기를 설치할 것
③ 무선식의 경우 화재를 유효하게 검출할 수 있도록 해당 특정소방대상물에 음영구역이 없도록 설치해야 한다.
④ 동작된 감지기는 자체 내장된 음향장치에 의하여 경보를 발해야 하며, 음압은 부착된 화재알림형 감지기의 중심으로부터 1[m] 떨어진 위치에서 90[dB] 이상 되어야 한다.

> **해설** 동작된 감지기는 자체 내장된 음향장치에 의하여 경보를 발해야 하며, 음압은 부착된 화재알림형 감지기의 중심으로부터 1[m] 떨어진 위치에서 85[dB] 이상 되어야 한다.

정답 ④

176 화재알림형 비상경보장치의 설치기준에서 경보를 발하는 층으로 틀린 것은?(지하 5층, 지상 12층 근린생활시설이다)

① 3층에 발화 : 3층, 4층, 5층, 6층, 7층
② 1층에 발화 : 1층, 2층, 3층, 4층, 5층
③ 지하 1층에 발화 : 지하 1층, 지상 1층, 지상 2층, 지상 3층, 지상 4층, 지하 2층~지하 5층
④ 지하 2층에 발화 : 지하 2층, 지하 1층, 지상 1층, 지상 2층, 지상 3층, 지하 3층~지하 5층

해설 층수가 **11층(공동주택**의 경우에는 **16층) 이상**의 특정소방대상물은 다음에 따라 경보를 발할 수 있도록 해야 한다. 다만, 그 외 특정소방대상물은 전층경보방식으로 경보를 발할 수 있도록 설치해야 한다.

발화층	경보를 발해야 하는 층
2층 이상	발화층, 그 직상 4개 층
1층	발화층, 그 직상 4개 층, 지하층
지하층	발화층, 그 직상층, 기타의 지하층

※ 1층 발화 : 1층, 2층, 3층, 4층, 5층, 지하 2층~지하 5층에 경보를 발한다.

정답 ②

177 화재알림형 비상경보장치의 설치기준으로 틀린 것은?

① 음압은 부착된 화재알림형 비상경보장치의 중심으로부터 1[m] 떨어진 위치에서 85[dB] 이상이 되는 것으로 할 것
② 특정소방대상물의 층마다 설치하되, 해당 특정소방대상물의 각 부분으로부터 하나의 화재알림형 비상경보장치까지의 수평거리가 25[m] 이하(다만, 복도 또는 별도로 구획된 실로서 보행거리 40[m] 이상일 경우에는 추가로 설치해야 한다)가 되도록 할 것
③ 화재알림형 비상경보장치는 조작이 쉬운 장소에 설치하고, 발신기의 스위치는 바닥으로부터 0.8[m] 이상 1.5[m] 이하의 높이에 설치할 것
④ 화재알림형 비상경보장치의 위치를 표시하는 표시등은 함의 상부에 설치하되, 그 불빛은 부착면으로부터 15° 이상의 범위 안에서 부착지점으로부터 10[m] 이내의 어느 곳에서도 쉽게 식별할 수 있는 적색등으로 설치할 것

해설 음압은 부착된 화재알림형 비상경보장치의 중심으로부터 1[m] 떨어진 위치에서 90[dB] 이상이 되는 것으로 할 것

정답 ①

03 피난구조설비

제1절 피난기구(NFTC 301)

1 피난구조설비의 개요

피난구조설비는 화재발생 시 건축물로부터 피난하기 위해 사용하는 기계·기구 또는 설비를 말한다.

2 피난구조설비의 종류

① 피난기구

피난사다리, 완강기, 구조대, 미끄럼대, **피난교, 피난용 트랩, 간이완강기,** 공기안전매트, **다수인 피난장비, 승강식 피난기 등**

명 칭	구 조	정 의
피난 사다리		화재 시 긴급대피를 위해 사용하는 사다리
완강기		사용자의 몸무게에 따라 자동적으로 내려올 수 있는 기구 중 사용자가 교대하여 연속적으로 사용할 수 있는 것
구조대		포지 등을 사용하여 자루 형태로 만든 것으로서 화재 시 사용자가 그 내부에 들어가서 내려옴으로써 대피할 수 있는 것
공기 안전매트		화재발생 시 사람이 건축물 내에서 외부로 긴급히 뛰어 내릴 때 충격을 흡수하여 안전하게 지상에 도달할 수 있도록 포지에 공기 등을 주입하는 구조로 되어 있는 것
다수인 피난장비		화재 시 2인 이상의 피난자가 동시에 해당 층에서 지상 또는 피난층으로 하강하는 피난기구

② 인명구조기구[방열복, 방화복(안전모, 보호장갑, 안전화 포함), 공기호흡기, 인공소생기]

③ 피난유도선, 유도등, 유도표지
④ 비상조명등, 휴대용 비상조명등

3 피난기구의 종류(형식승인 및 제품검사의 기술기준)

(1) 피난사다리

특정소방대상물에 고정시켜 혹은 매달아 피난하기 위해 사용하는 금속제로 만든 것으로 재질과 사용방법에 따라서 분류한다.

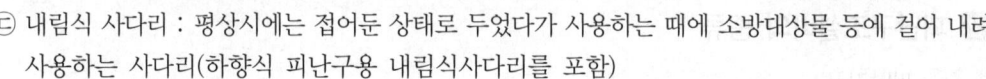

① 금속제 사다리의 종류(제2조)

   ㉠ 고정식 사다리 : 항시 사용 가능한 상태로 소방대상물에 고정되어 사용되는 사다리(수납식·접는식·신축식을 포함)

   ㉡ 올림식 사다리 : 소방대상물 등에 기대어 세워서 사용하는 사다리

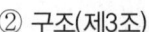

[피난사다리]

   ㉢ 내림식 사다리 : 평상시에는 접어둔 상태로 두었다가 사용하는 때에 소방대상물 등에 걸어 내려 사용하는 사다리(하향식 피난구용 내림식사다리를 포함)

② 구조(제3조)

   ㉠ 안전하고 확실하며 쉽게 사용할 수 있는 구조이어야 한다.

   ㉡ 피난사다리는 2개 이상의 종봉(내림식사다리에 있어서는 이에 상당하는 와이어로프·체인 그밖의 금속제의 봉 또는 관을 말한다) 및 횡봉으로 구성되어야 한다. 다만, 고정식사다리인 경우에는 종봉의 수를 1개로 할 수 있다.

   ㉢ 피난사다리(종봉이 1개인 고정식사다리는 제외한다)의 종봉의 간격은 최외각 종봉 사이의 안치수가 30[cm] 이상이어야 한다.

   ㉣ 피난사다리의 횡봉은 지름 14[mm] 이상 35[mm] 이하의 원형인 단면이거나 또는 이와 비슷한 손으로 잡을 수 있는 형태의 단면이 있는 것이어야 한다.

   ㉤ 피난사다리의 횡봉은 종봉에 동일한 간격으로 부착한 것이어야 하며, 그 간격은 25[cm] 이상 35[cm]이하이어야 한다.

   ㉥ 피난사다리 횡봉의 디딤면은 미끄러지지 않는 구조이어야 한다.

   ㉦ 절단 또는 용접 등으로 인한 모서리 부분은 사람에게 해를 끼치지 않도록 조치되어 있어야 한다.

(2) 완강기

사용자의 몸무게에 따라 자동적으로 내려올 수 있는 기구로서 사용자가 교대하여 연속적으로 사용할 수 있는 것이다.

① 완강기의 구조 및 기능

   ㉠ 속도조절기 : 완강기의 강하속도를 조정하는 것으로 피난자의 체중에 의해 주행하는 로프가 V형 홈을 설치한 도르래를 회전시켜 회전의 치차 기구에 의해서 원심 브레이크를 작동하여 하강 속도를 일정하게 조절하는 장치

[완강기]

   ㉡ 로프 : 와이어로프는 지름이 3[mm] 이상 또는 안전계수(와이어 하단하중을 최대하중으로 나눈 값) 5 이상일 것

ⓒ 벨 트
- 사용자의 가슴둘레에 맞도록 벨트길이를 조정할 수 있는 고리가 있어야 하며 최대원주길이 벨트의 중앙이 고리에 고정되어야 하고 최소원주길이벨트의 고리는 원형이 되어야 한다.
- 벨트의 너비는 45[mm] 이상이어야 하고 벨트의 최소원주길이는 55[cm] 이상 65[cm] 이하이어야 하며, 최대원주길이는 160[cm] 이상 180[cm] 이하이어야 하고 최소원주길이 부분에는 너비 100[mm] 두께 10[mm] 이상의 충격보호재를 덧씌워야 한다.
ⓓ 속도조절기의 연결부(훅) : 훅은 완강기 본체와 사용자의 체중을 지지하는 것으로 건축물에 설치한 부착금구에 쉽게 결합되고 사용 중 꼬이거나 분해·절단·이탈되지 않아야 한다.

> 완강기의 최대사용하중 = 1,500[N] 이상

② 설치기준
ⓐ 개구부의 크기 : 세로 100[cm], 가로 50[cm] 이상. 또 개구부의 창의 개폐구조로는 돌출창, 미닫이 창문 및 위아래로 올리는 창은 피하는 것이 좋다.
ⓑ 부착 금구 하중 > 최대 사용자수 × 3,900[N] + 완강기 무게

(3) 구조대

포지 등을 사용하여 자루 형태로 만든 것으로서, 화재 시 사용자가 그 내부에 들어가서 내려옴으로써 대피할 수 있는 것을 말한다.

① 경사 강하식 구조대
ⓐ 상부설치금구
ⓑ 하부 지지장치
ⓒ 보호장치
ⓓ 유도 로프
ⓔ 수납함
ⓕ 포대 본체

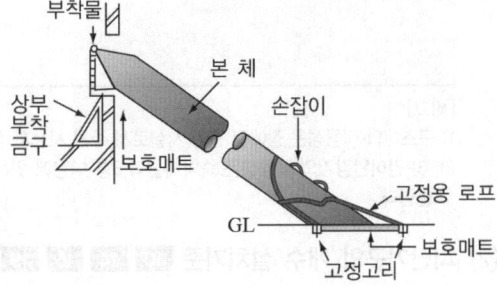

② 수직 강하식 구조대
개구부에서 수직으로 포대는 하강하고 그 속으로 하강 피난하는 구조대로서, 포대의 협축 작용에 의한 마찰로 감속시키는 방식과 나선형 또는 사행 하강에 의해서 감속시키는 방식이 있다.

> 하부지지장치, 유도로프는 필요 없음

(4) 피난용 트랩

화재 층과 직상 층을 연결하는 계단 형태의 피난기구

구 분	디딤폭	유효폭	디딤면	트 랩	적재하중
기 준	1.2[m] 이상	50c[m] 이상	강재·알루미늄재	내화구조	130[kg] 이상

(5) 피난교

인접 건축물 또는 피난층과 연결된 다리 형태의 피난기구

구 분	경 사	폭	난간높이	난간간격	적재하중
기 준	1/5 미만(1/5 이상 : 계단식)	60[cm] 이상	1.1[m] 이상	18[cm] 이하	350[kg] 이상

4 피난기구의 설치기준

(1) 피난기구의 적응성 `11` `18` `21` `24` 년 출제

층 별 설치장소별 구분	1층	2층	3층	4층 이상 10층 이하
1. 노유자시설	미끄럼대·구조대·피난교·다수인 피난장비·승강식 피난기			구조대[1)]·피난교·다수인 피난장비·승강식 피난기
2. 의료시설·근린생활시설 중 입원실이 있는 의원·접골원·조산원	-	-	미끄럼대·구조대·피난교·피난용 트랩·다수인 피난장비·승강식 피난기	구조대·피난교·피난용 트랩·다수인 피난장비·승강식 피난기
3. 다중이용업소의 안전관리에 관한 특별법 시행령 제2조에 따른 다중이용업소로서 영업장의 위치가 4층 이하인 다중이용업소	-	미끄럼대·피난사다리·구조대·완강기·다수인 피난장비·승강식 피난기		
4. 그 밖의 것	-	-	미끄럼대·피난사다리·구조대·완강기·피난교·피난용 트랩·간이완강기[2)]·공기안전매트[3)]·다수인 피난장비·승강식 피난기	피난사다리·구조대·완강기·피난교·간이완강기[2)]·공기안전매트[3)]·다수인 피난장비·승강식 피난기

[비고]
1) 구조대의 적응성은 장애인 관련 시설로서 주된 사용자 중 스스로 피난이 불가한 자가 있는 경우 추가로 설치하는 경우에 한한다.
2), 3) 간이완강기의 적응성은 숙박시설의 3층 이상에 있는 객실에, 공기안전매트의 적응성은 공동주택에 추가로 설치하는 경우에 한한다.

(2) 피난기구의 개수 설치기준 `10` `14` `15` `19` 년 출제

① 피난기구는 층마다 설치하되 다음 기준에 따른 개수 이상을 설치해야 한다.

특정소방대상물	설치기준(1개 이상)
숙박시설·노유자시설 및 의료시설	바닥면적 500[m²]마다
위락시설·문화집회 및 운동시설·판매시설·복합용도의 층	바닥면적 800[m²]마다
계단실형 아파트	각 세대마다
그 밖의 용도의 층	바닥면적 1,000[m²]마다

② ①에 따라 설치한 피난기구 외에 **숙박시설**(휴양콘도미니엄은 제외)의 경우에는 추가로 **객실마다 완강기 또는 2 이상의 간이완강기**를 **설치**할 것

(3) 피난기구의 설치기준

① 피난기구는 계단·피난구·기타 피난시설로부터 적당한 거리에 있는 안전한 구조로 된 피난 또는 소화활동상 유효한 개구부(가로 0.5[m] 이상 세로 1[m] 이상인 것을 말한다. 이 경우 개부구 하단이 바닥에서 **1.2[m] 이상**이면 발판 등을 설치해야 하고, 밀폐된 창문은 쉽게 파괴할 수 있는 파괴장치를 비치해야 한다)에 고정하여 설치하거나 필요한 때에 신속하고 유효하게 설치할 수 있는 상태에 둘 것

② 피난기구를 설치하는 **개구부**는 서로 **동일직선상이 아닌 위치**에 있을 것. 다만, **피난교·피난용 트랩·** 간이완강기·아파트에 설치되는 피난기구(다수인 피난장비는 제외)·기타 피난상 지장이 없는 것에 있어서는 그렇지 않다. `20` `년 출제`

③ 피난기구는 특정소방대상물의 기둥·바닥·보 기타 구조상 견고한 부분에 볼트조임·매입·용접 기타의 방법으로 견고하게 부착할 것

④ **4층 이상**의 층에 피난사다리(하향식 피난구용 내림식 사다리는 제외)를 설치하는 경우에는 **금속성 고정사다리**를 설치하고, 해당 고정사다리에는 쉽게 피난할 수 있는 구조의 노대를 설치할 것

⑤ 완강기는 강하 시 로프가 건축물 또는 구조물 등과 접촉하여 손상되지 않도록 하고, 로프의 길이는 부착 위치에서 지면 또는 기타 피난상 유효한 착지 면까지의 길이로 할 것

⑥ 미끄럼대는 안전한 강하속도를 유지하도록 하고, 전락방지를 위한 안전조치를 할 것

⑦ 구조대의 길이는 피난상 지장이 없고 안정한 강하속도를 유지할 수 있는 길이로 할 것

⑧ **다수인 피난장비의 설치기준**

　㉠ 피난에 용이하고 안전하게 하강할 수 있는 장소에 적재 하중을 충분히 견딜 수 있도록 건축물의 구조기준 등에 관한 규칙 제3조에서 정하는 구조안전의 확인을 받아 견고하게 설치할 것

　㉡ 다수인 피난장비 보관실은 건물 외측보다 돌출되지 않고, 빗물·먼지 등으로부터 장비를 보호할 수 있는 구조일 것

　㉢ 사용 시에 보관실 외측 문이 먼저 열리고 탑승기가 외측으로 자동으로 전개될 것

　㉣ 하강 시에 탑승기가 건물 외벽이나 돌출물에 충돌하지 않도록 설치할 것

　㉤ 상·하층에 설치할 경우에는 탑승기의 하강경로가 중첩되지 않도록 할 것

　㉥ 하강 시에는 안전하고 일정한 속도를 유지하도록 하고 전복, 흔들림, 경로이탈 방지를 위한 안전조치를 할 것

　㉦ 보관실의 문에는 오작동 방지조치를 하고, 문 개방 시에는 해당 특정소방대상물에 설치된 경보설비와 연동하여 유효한 경보음을 발하도록 할 것

　㉧ 피난층에는 해당 층에 설치된 피난기구가 착지에 지장이 없도록 충분한 공간을 확보할 것

　㉨ 한국소방산업기술원 또는 법 제42조 제1항에 따라 성능시험기관으로 지정받은 기관에서 그 성능을 검증받은 것으로 설치할 것

⑨ **승강식 피난기 및 하향식 피난구용 내림식 사다리의 설치기준** `16` `17` `22` `년 출제`

　㉠ 승강식 피난기 및 하향식 피난구용 내림식사다리는 설치경로가 설치층에서 피난층까지 연계될 수 있는 구조로 설치할 것. 다만, 건축물의 구조 및 설치 여건상 불가피한 경우에는 그렇지 않다.

　㉡ **대피실의 면적**은 2[m²](2세대 이상일 경우에는 3[m²]) 이상으로 하고, 하강구(개구부) 규격은 직경 60[cm] 이상일 것. 다만, 외기와 개방된 장소에는 그렇지 않다.

　㉢ 하강구 내측에는 기구의 연결 금속구 등이 없어야 하며 전개된 피난기구는 하강구 수평투영면적 공간 내의 범위를 침범하지 않는 구조이어야 할 것. 다만, 직경 60[cm] 크기의 범위를 벗어난 경우이거나, 직하층의 바닥 면으로부터 높이 50[cm] 이하의 범위는 제외한다.

　㉣ 대피실의 출입문은 **60분+방화문 또는 60분 방화문**으로 설치하고, 피난방향에서 식별할 수 있는 위치에 "대피실" 표지판을 부착할 것. 다만, 외기와 개방된 장소에는 그렇지 않다.

　㉤ **착지점과 하강구**는 상호 **수평거리 15[cm] 이상**의 간격을 둘 것

ⓗ 대피실 내에는 **비상조명등**을 설치할 것

ⓢ 대피실에는 층의 위치표시와 피난기구 사용설명서 및 주의사항 표지판을 부착할 것

ⓞ 대피실 출입문이 개방되거나, 피난기구 작동 시 해당층 및 직하층 거실에 설치된 표시등 및 경보장치가 작동되고, 감시 제어반에서는 피난기구의 작동을 확인할 수 있어야 할 것

ⓩ 사용 시 기울거나 흔들리지 않도록 설치할 것

ⓩ 승강식 피난기는 한국소방산업기술원 또는 법 제46조 제1항에 따라 성능시험기관으로 지정받은 기관에서 그 성능을 검증받은 것으로 설치할 것

ⓩ 피난기구를 설치한 장소에는 가까운 곳의 보기 쉬운 곳에 피난기구의 위치를 표시하는 발광식 또는 축광식표지와 그 사용방법을 표시한 표지(외국어 및 그림 병기)를 부착하되, 축광식표지는 소방청장이 정하여 고시한 축광표지의 성능인증 및 제품검사의 기술기준에 적합해야 한다. 다만, 방사성물질을 사용하는 위치표지는 쉽게 파괴되지 않는 재질로 처리할 것

(4) 피난기구의 설치 감소기준

① 피난기구의 1/2을 감소하는 경우

㉠ 주요구조부가 내화구조로 되어 있을 것

㉡ 직통계단인 피난계단 또는 특별피난계단이 2 이상 설치되어 있을 것

② 피난기구를 설치해야 할 소방대상물 중 주요구조부가 내화구조이고 다음의 기준에 적합한 건널 복도가 설치되어 있는 층에는 피난기구의 수에서 해당 건널 복도의 수의 **2배의 수를 뺀 수**로 한다.

㉠ 내화구조 또는 철골조로 되어 있을 것

㉡ 건널 복도 양단의 출입구에 자동폐쇄장치를 한 60분+방화문 또는 60분 방화문(방화셔터는 제외)이 설치되어 있을 것

㉢ 피난·통행 또는 운반의 전용 용도일 것

③ 다음 기준에 적합한 노대가 설치된 거실의 바닥면적은 피난기구의 설치개수 산정 시 바닥면적에서 제외한다.

㉠ 노대를 포함한 특정소방대상물의 주요구조부가 내화구조일 것

㉡ 노대가 거실의 외기에 면하는 부분에 피난상 유효하게 설치되어 있어야 할 것

㉢ 노대가 소방사다리차가 쉽게 통행할 수 있는 도로 또는 공지에 면하여 설치되어 있거나, 또는 거실부분과 방화구획되어 있거나 노대에 지상으로 통하는 계단·그 밖의 피난기구가 설치되어 있어야 할 것

제2절 **인명구조기구(NFTC 302)**

1 정 의

① 방열복 : 고온의 복사열에 가까이 접근하여 소방활동을 수행할 수 있는 내열피복

② 공기호흡기 : 소화활동 시에 화재로 인하여 발생하는 각종 유독가스 중에서 일정시간 사용할 수 있도록 제조된 압축공기식 개인호흡장비(보조마스크를 포함)

③ 인공소생기 : 호흡 부전 상태인 사람에게 인공호흡을 시켜 환자를 보호하거나 구급하는 기구
④ 방화복 : 화재진압 등의 소방활동을 수행할 수 있는 피복
⑤ 인명구조기구 : 화열, 화염, 유해성가스 등으로부터 인명을 보호하거나 구조하는 데 사용되는 기구

[방열복]

[공기호흡기]

2 설치기준 13 년 출제

① 특정소방대상물의 용도 및 장소별로 설치해야 할 인명구조기구는 아래 표에 따라 설치해야 한다.

특정소방대상물	인명구조기구	설치 수량
지하층을 포함하는 층수가 7층 이상인 관광호텔 및 5층 이상인 병원	• 방열복 또는 방화복(안전모, 보호장갑 및 안전화를 포함) • 공기호흡기 • 인공소생기	각 2개 이상 비치할 것. 다만, 병원의 경우에는 인공소생기를 설치하지 않을 수 있다.
• 문화 및 집회시설 중 수용인원 100명 이상의 영화상영관 • 판매시설 중 대규모 점포 • 운수시설 중 지하역사 • 지하가 중 지하상가	공기호흡기	층마다 2개 이상 비치할 것. 다만, 각 층마다 갖추어 두어야 할 공기호흡기 중 일부를 직원이 상주하는 인근 사무실에 갖추어 둘 수 있다.
물분무 등 소화설비 중 이산화탄소소화설비를 설치해야 하는 특정소방대상물	공기호흡기	이산화탄소소화설비가 설치된 장소의 출입구 외부 인근에 1개 이상 비치할 것

② 화재 시 쉽게 반출 사용할 수 있는 장소에 비치할 것
③ 인명구조기구가 설치된 가까운 장소의 보기 쉬운 곳에 "인명구조기구"라는 축광식표지와 그 사용방법을 표시한 표시를 부착하되, 축광식표지는 소방청장이 고시한 축광표지의 성능인증 및 제품검사의 기술기준에 적합한 것으로 할 것
④ 방열복은 소방청장이 고시한 소방용 방열복의 성능인증 및 제품검사의 기술기준에 적합한 것으로 설치할 것
⑤ 방화복(안전모, 보호장갑 및 안전화를 포함)은 소방장비관리법 제10조 제2항 및 표준규격을 정해야 하는 소방장비의 종류고시 제2조 제1항 제4호에 따른 표준규격에 적합한 것으로 설치할 것

1 개 요

(1) 유도등

화재 시에 피난을 유도하기 위한 등으로서 정상상태에서는 상용전원에 따라 켜지고 상용전원이 정전되는 경우에는 비상전원으로 자동 전환되어 켜지는 등

① **피난구유도등** : 피난구 또는 피난경로로 사용되는 출입구를 표시하여 피난을 유도하는 등

② **통로유도등** : 피난통로를 안내하기 위한 유도등으로 복도통로유도등, 거실통로유도등, 계단통로유도등

　　㉠ 복도통로유도등 : 피난통로가 되는 복도에 설치하는 통로유도등으로서 피난구의 방향을 명시하는 것

　　㉡ 거실통로유도등 : 거주, 집무, 작업, 집회, 오락 그 밖에 이와 유사한 목적을 위하여 계속적으로 사용하는 거실, 주차장 등 개방된 통로에 설치하는 유도등으로 피난의 방향을 명시하는 것

　　㉢ 계단통로유도등 : 피난통로가 되는 계단이나 경사로에 설치하는 통로유도등으로 바닥면 및 디딤바닥면을 비추는 것

③ **객석유도등** : 객석의 통로, 바닥 또는 벽에 설치하는 유도등

(2) 유도표지

① **피난구유도표지** : 피난구 또는 피난경로로 사용되는 출입구를 표시하여 피난을 유도하는 표지

② **통로유도표지** : 피난통로가 되는 복도, 계단 등에 설치하는 것으로서 피난구의 방향을 표시하는 유도표지

(3) 피난유도선

햇빛이나 전등불에 따라 축광(이하 "축광방식")하거나 전류에 따라 빛을 발하는(이하 "광원점등방식") 유도체로서 어두운 상태에서 피난을 유도할 수 있도록 띠 형태로 설치되는 피난유도시설

(4) 3선식 배선

평상시에는 유도등을 소등 상태로 유도등의 비상전원을 충전하고, 화재 등 비상시 점등 신호를 받아 유도등을 자동으로 점등되도록 하는 방식의 배선

2 유도등의 분류

(1) 유도등의 종류

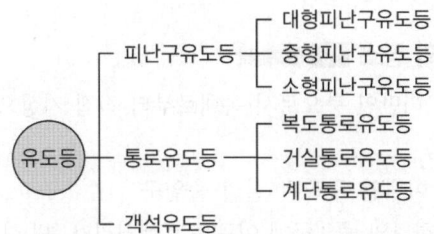

(2) 설치장소별 유도등 및 유도표지의 종류

설치장소	유도등 및 유도표지의 종류
① 공연장·집회장(종교집회장 포함)·관람장·**운동시설**	• 대형피난구유도등 • 통로유도등 • 객석유도등
② 유흥주점영업시설(유흥주점영업 중 손님이 춤을 출 수 있는 무대가 설치된 카바레, 나이트클럽 또는 그 밖에 이와 비슷한 영업시설만 해당)	
③ 위락시설·판매시설, 운수시설·관광숙박업·의료시설·장례식장·방송통신시설·전시장·지하상가·지하철역사	• 대형피난구유도등 • 통로유도등
④ 숙박시설(③의 관광숙박업 외의 것)·오피스텔	• 중형피난구유도등 • 통로유도등
⑤ ①부터 ③까지 외의 건축물로서 지하층·무창층 또는 층수가 11층 이상인 특정소방대상물	
⑥ ①부터 ⑤까지 외의 건축물로서 근린생활시설·노유자시설·업무시설·발전시설·종교시설(집회장 용도로 사용하는 부분 제외)·교육연구시설·수련시설·공장·교정 및 군사시설(국방·군사시설 제외)·자동차정비공장·운전학원 및 정비학원·다중이용업소·복합건축물·아파트	• 소형피난구유도등 • 통로유도등
⑦ 그 밖의 것	• 피난구유도표지 • 통로유도표지

[비고]
1. 소방서장은 특정소방대상물의 위치·구조 및 설비의 상황을 판단하여 대형피난구유도등을 설치해야 할 장소에 중형피난구유도등 또는 소형피난구유도등을, 중형피난구유도등을 설치해야 할 장소에 소형피난기구유도등을 설치하게 할 수 있다.
2. 복합건축물과 아파트의 경우, 주택의 세대내에는 유도등을 설치하지 않을 수 있다.

3 피난구유도등

피난구 또는 피난경로로 사용되는 출입구를 표시하며 피난을 유도하는 등을 말한다.

[피난구유도등]

(1) 설치기준 `23` 년 출제

피난구유도등은 피난구의 바닥으로부터 높이 **1.5[m] 이상으로서 출입구에 인접하도록** 설치할 것

(2) 설치장소

① 옥내로부터 직접 지상으로 통하는 출입구 및 그 부속실의 출입구

② 직통계단·직통계단의 계단실 및 그 부속실의 출입구

③ ①, ②의 규정에 따른 출입구에 이르는 복도 또는 통로로 통하는 출입구

④ 안전구획된 거실로 통하는 출입구

(3) 피난구유도등의 설치 제외 장소 `19` `년 출제`

① 바닥면적이 1,000[m²] 미만인 층으로서 옥내로부터 직접 지상으로 통하는 출입구(외부의 식별이 용이한 경우에 한한다)

② 대각선 길이가 15[m] 이내인 구획된 실의 출입구

③ 거실 각 부분으로부터 하나의 출입구에 이르는 보행거리가 20[m] 이하이고 비상조명등과 유도표지가 설치된 거실의 출입구

④ 출입구가 3개소 이상 있는 거실로서 그 거실 각 부분으로부터 하나의 출입구에 이르는 보행거리가 30[m] 이하인 경우에는 주된 출입구 2개소 외의 출입구(유도표지가 부착된 출입구를 말한다). 다만, 공연장·집회장·관람장·전시장·판매시설, 운수시설·숙박시설·노유자시설·의료시설·장례식장의 경우에는 그렇지 않다.

4 통로유도등

(1) 종 류

피난통로를 안내하기 위한 유도등으로 **복도통로**유도등, **거실통로**유도등, **계단통로**유도등이 있다.

① **복도통로유도등** : 피난통로가 되는 복도에 설치하는 통로유도등으로서 피난구의 방향을 명시하는 것

② **거실통로유도등** : 거주, 집무, 작업, 집회, 오락, 그 밖에 이와 유사한 목적을 위하여 계속적으로 사용하는 **거실, 주차장** 등 개방된 통로에 설치하는 유도등으로 피난의 방향을 명시하는 것

③ **계단통로유도등** : 피난통로가 되는 계단이나 경사로에 설치하는 통로유도등으로 바닥면 및 디딤바닥면을 비추는 것

[복도통로유도등]

[계단통로유도등]

(2) 설치기준

① **복도통로유도등**의 설치기준 `14` `22` `23` `년 출제`

㉠ 복도에 설치하되 피난구유도등이 설치된 출입구의 맞은편 복도에는 입체형으로 설치하거나, 바닥에 설치할 것

㉡ 구부러진 모퉁이 및 ㉠에 따라 설치된 통로유도등을 기점으로 보행거리 20[m]마다 설치할 것

㉢ 바닥으로부터 높이 **1[m] 이하**의 위치에 설치할 것. 다만, 지하층 또는 무창층의 용도가 도매시장·소매시장·여객자동차터미널·**지하역사** 또는 **지하상가**인 경우에는 **복도·통로 중앙 부분의 바닥에 설치**해야 한다.

㉣ 바닥에 설치하는 통로유도등은 하중에 따라 파괴되지 않는 강도의 것으로 할 것

② **거실통로유도등**의 설치기준

　　㉠ 거실의 통로에 설치할 것. 다만, 거실의 통로가 벽체 등으로 구획된 경우에는 복도통로유도등을 설치해야 한다.

　　㉡ 구부러진 모퉁이 및 **보행거리 20[m]마다 설치**할 것

　　㉢ 바닥으로부터 높이 **1.5[m] 이상**의 위치에 설치할 것. 다만, 거실 통로에 기둥이 설치된 경우에는 기둥 부분의 바닥으로부터 높이 1.5[m] 이하의 위치에 설치할 수 있다.

③ **계단통로유도등**의 설치기준 `22` `년 출제`

　　㉠ 각 층의 **경사로참** 또는 **계단참마다**(1개 층에 경사로참 또는 계단참이 2 이상 있는 경우에는 2개의 계단참마다) 설치할 것

　　㉡ 바닥으로부터 높이 **1[m] 이하**의 위치에 설치할 것

④ 통행에 지장이 없도록 설치할 것

⑤ 주위에 이와 유사한 등화광고물·게시물 등을 설치하지 않을 것

(3) 설치 제외

① 구부러지지 않는 복도 또는 통로로서 길이가 30[m] 미만인 복도 또는 통로

② ①에 해당되지 않는 복도 또는 통로로서 보행거리가 20[m] 미만이고 그 복도 또는 통로와 연결된 출입구 또는 그 부속실의 출입구에 피난구유도등이 설치된 복도 또는 통로

5 객석유도등

객석의 **통로**, **바닥** 또는 **벽**에 설치하는 유도등을 말한다.

(1) 설치기준

① 설치개수 `21` `년 출제`

$$설치개수 = \frac{객석\ 통로의\ 직선부분\ 길이[m]}{4} - 1$$

② 객석 내의 통로가 옥외 또는 이와 유사한 부분에 있는 경우에는 해당 통로 전체에 미칠 수 있는 개수의 유도등을 설치해야 한다.

(2) 설치 제외

① 주간에만 사용하는 장소로서 채광이 충분한 객석

② 거실 등의 각 부분으로부터 하나의 거실 출입구에 이르는 보행거리가 20[m] 이하인 객석의 통로로서 그 통로에 통로유도등이 설치된 객석

6 유도표지

화재 시 신속하고 안전하게 피난할 수 있도록 유도를 목적으로 하는 표지판으로 등화가 없는 표지를 말한다.

(1) 설치장소

계단에 설치하는 것을 제외하고는 각 층마다 복도 및 통로의 각 부분으로부터 하나의 유도표지까지의 보행거리 15[m] 이하가 되는 곳과 구부러진 모퉁이의 벽에 설치할 것

(2) 설치 제외

① 유도등이 규정에 따라 적합하게 설치된 **출입구·복도·계단** 및 **통로**

② 바닥면적이 1,000[m²] 미만인 층으로서 옥내로부터 직접 지상으로 통하는 출입구(외부의 식별이 용이한 경우에 한한다)

③ 대각선 길이가 15[m] 이내인 구획된 실의 출입구

④ 구부러지지 않는 복도 또는 통로로서 길이가 **30[m] 미만**인 **복도** 또는 **통로**

⑤ ④에 해당하지 않는 복도 또는 통로로서 보행거리가 20[m] 미만이고 그 복도 또는 통로와 연결된 출입구 또는 그 부속실의 출입구에 피난구유도등이 설치된 복도 또는 통로

7 피난유도선

(1) 축광방식의 피난유도선 `18` `20` `23` 년 출제

① 구획된 각 실로부터 주출입구 또는 비상구까지 설치할 것

② 바닥으로부터 높이 50[cm] 이하의 위치 또는 바닥면에 설치할 것

③ 피난유도 표시부는 50[cm] 이내의 간격으로 연속되도록 설치할 것

④ 부착대에 의하여 견고하게 설치할 것

⑤ 외부의 빛 또는 조명장치에 의하여 상시 조명이 제공되거나 비상조명등에 의한 조명이 제공되도록 설치할 것

(2) 광원점등방식의 피난유도선 `13` `16` `20` 년 출제

① 구획된 각 실로부터 주출입구 또는 비상구까지 설치할 것

② 피난유도 **표시부**는 바닥으로부터 높이 **1[m] 이하**의 위치 또는 바닥면에 설치할 것

③ 피난유도 표시부는 50[cm] 이내의 간격으로 연속되도록 설치하되 실내장식물 등으로 설치가 곤란할 경우 1[m] 이내로 설치할 것

④ 수신기로부터의 화재신호 및 수동조작에 의하여 광원이 점등되도록 설치할 것

⑤ 비상전원이 상시 충전상태를 유지하도록 설치할 것

⑥ 바닥에 설치되는 피난유도 표시부는 매립하는 방식을 사용할 것

⑦ **피난유도 제어부**는 조작 및 관리가 용이하도록 바닥으로부터 **0.8[m] 이상 1.5[m] 이하**의 높이에 설치할 것

[피난유도선]

종류	설치기준	설치 위치
피난구유도등	출입구 상단	바닥으로부터 1.5[m] 이상
복도통로유도등	복도, 바닥, 구부러진 모퉁이 및 보행거리 20[m]마다	바닥으로부터 1.0[m] 이하
거실통로유도등	거실의 통로(거실의 통로가 벽체 등으로 구획된 경우에는 복도통로유도등을 설치), 구부러진 모퉁이 및 보행거리 20[m]마다	바닥으로부터 1.5[m] 이상 (기둥이 설치된 경우에는 기둥부분의 바닥으로부터 높이 1.5[m] 이하에 설치할 수 있다)
계단통로유도등	각 층의 경사로참 또는 계단참마다	바닥으로부터 1.0[m] 이하
객석유도등	객석의 통로, 바닥 또는 벽	–
피난구유도표지	계단에 설치하는 것을 제외하고는 각 층마다 복도 및 통로의 각 부분으로부터 하나의 유도표지까지의 보행거리가 15[m] 이하가 되는 곳과 구부러진 모퉁이의 벽	출입구 상단
통로유도표지		바닥으로부터 1.0[m] 이하

> **Plus one** (위 표는 Plus one 박스)

8 유도등의 전원

(1) 전원의 종류

① 축전지설비
② 전기저장장치(외부 전기에너지를 저장해 두었다가 필요할 때 전기를 공급하는 장치)
③ 교류전압의 옥내간선

(2) 비상전원의 설치기준

① 비상전원은 축전지로 할 것
② 유도등을 **20분 이상** 유효하게 작동시킬 수 있는 용량으로 할 것

> **Plus one** 유도등을 60분 이상 작동시켜야 하는 대상물 **11** 년 출제
> • 지하층을 제외한 층수가 11층 이상의 층
> • 지하층 또는 무창층으로서 용도가 도매시장·소매시장·여객자동차터미널·지하역사 또는 지하상가

(3) 3선식 배선

3선식 배선에 따라 상시 충전되는 유도등의 전기회로에 점멸기를 설치하는 경우에는 다음의 어느 하나에 해당되는 경우에 점등되도록 해야 한다.
① 자동화재탐지설비의 **감지기** 또는 **발신기가 작동**되는 때
② 비상경보설비의 **발신기가 작동**되는 때
③ 상용전원이 **정전**되거나 **전원선이 단선**되는 때
④ 방재업무를 통제하는 곳 또는 전기실의 배전반에서 **수동으로 점등**하는 때
⑤ **자동소화설비가 작동**되는 때

9 유도등의 형식승인 및 제품검사의 기술기준

(1) 일반구조(제3조)

① 상용전원전압(전지가 아닌 통상 사용하는 전원의 전압을 말함)의 110[%] 범위 안에서는 유도등 내부의 온도 상승이 그 기능에 지장을 주거나 위해를 발생시킬 염려가 없어야 한다.

② 주전원 및 비상전원을 단락사고 등으로부터 보호할 수 있는 **퓨즈** 등 과전류보호장치를 설치해야 한다. 다만, 예비전원이 설치되지 않은 객석유도등은 그렇지 않다.

③ 사용전압은 **300[V] 이하**이어야 한다. 다만, 충전부가 노출되지 않는 것은 300[V]를 초과할 수 있다.

④ 전선의 굵기는 **인출선**인 경우 단면적이 **0.75[mm²]** 이상이어야 한다.

⑤ 인출선의 **길이**는 전선인출 부분으로부터 **150[mm] 이상**일 것

⑥ 극성이 있는 경우에는 오접속을 방지하기 위하여 필요한 조치를 해야 한다.

(2) 표시면의 표시 11 년 출제

유도등 \ 항목	표시면	표시사항
피난구유도등	녹색바탕에 백색문자	비상문, EXIT, FIRE EXIT, 화살표
통로유도등	백색바탕에 녹색문자	비상문, EXIT, FIRE EXIT, 그림문자와 함께 피난방향을 지시하는 화살표

(3) 절연저항시험(제14조)

유도등의 교류입력 측과 외함 사이, 교류입력 측과 충전부 사이 및 절연된 충전부와 외함 사이의 각 절연저항의 DC 500[V]의 절연저항계로 측정한 값이 **5[MΩ]** 이상일 것

(4) 반복시험(제24조)

유도등은 정격사용전압에서 AC점등, DC점등, 소등의 반복을 1회로 하여 **2,500회**의 작동을 반복하여 실시하는 경우 그 구조 또는 기능에 이상이 생기지 않아야 한다.

(5) 유도등의 표시사항(제25조)

① 종별 및 형식
② 형식승인번호
③ 제조연월, 제조번호
④ 제조업체명 또는 상호
⑤ 유효점등시간
⑥ 비상전원으로 사용하는 예비전원의 종류, 정격용량 또는 정격정전용량, 정격전압
⑦ 퓨즈 및 퓨즈홀더 부근에는 정격전류
⑧ 품질보증에 관한 사항(보증기간, 보증내용, A/S방법, 자체검사필증 등)
⑨ 소비전력

비상조명등(NFTC 304)

1 비상조명등의 개요

화재발생 등에 의한 정전 시에 안전하고 원활한 피난활동을 할 수 있도록 거실 및 피난통로 등에 설치되어 자동 점등되는 조명등으로서, 비상전원용 축전지가 내장되어 상용전원이 정전되는 경우에는 비상전원으로 자동전환되어 점등되는 조명등을 말하며 정상상태에서는 상용전원에 의하여 점등되는 것을 포함한다.

2 설치기준

(1) 비상조명등의 설치기준

① 특정소방대상물의 각 거실과 그로부터 지상에 이르는 복도·계단 및 그 밖의 통로에 설치할 것

② 조도는 비상조명등이 설치된 장소의 각 부분의 바닥에서 **1[lx] 이상**이 되도록 할 것

③ 예비전원을 내장하는 비상조명등에는 평상시 점등 여부를 확인할 수 있는 점검스위치를 설치하고 해당 조명등을 유효하게 작동시킬 수 있는 용량의 축전지와 예비전원 충전장치를 내장할 것

(2) 비상전원

① 종 류

　㉠ 자가발전설비

　㉡ 축전지설비

　㉢ 전기저장장치(외부 전기에너지를 저장해 두었다가 필요한 때 전기를 공급하는 장치)

② 설치기준

　㉠ 점검에 편리하고 화재 및 침수 등의 재해로 인한 피해를 받을 우려가 없는 곳에 설치할 것

　㉡ 상용전원으로부터 전력의 공급이 중단된 때에는 자동으로 비상전원으로부터 전력을 공급받을 수 있도록 할 것

　㉢ 비상전원의 설치장소는 다른 장소와 방화구획할 것. 이 경우 그 장소에는 비상전원의 공급에 필요한 기구나 설비 외의 것(열병합발전설비에 필요한 기구나 설비는 제외한다)을 두어서는 안 된다.

　㉣ 비상전원을 실내에 설치하는 때에는 그 실내에 비상조명등을 설치할 것

　㉤ 예비전원과 비상전원은 비상조명등을 20분 이상 유효하게 작동시킬 수 있는 용량으로 할 것

> **Plus one** 비상조명등을 60분 이상 작동시켜야 하는 대상물 **10** **14** **년 출제**
> • 지하층을 제외한 **층수가 11층 이상의 층**
> • 지하층 또는 무창층으로서 **도매시장, 소매시장, 여객자동차터미널, 지하역사** 또는 **지하상가**

(3) 휴대용 비상조명등의 설치기준

① 설치장소 `10` `11` `14` `16` `17` `24` 년 출제

    ㉠ **숙박시설** 또는 다중이용업소에는 객실 또는 영업장 안의 구획된 실마다 잘 보이는 곳(외부에 설치 시 출입문 손잡이로부터 1[m] 이내의 부분) : 1개 이상 설치

    ㉡ **대규모점포**(지하상가 및 지하역사는 제외), **영화상영관 : 보행거리 50[m] 이내마다 3개 이상** 설치

    ㉢ **지하상가, 지하역사 : 보행거리 25[m] 이내마다 3개 이상** 설치

② 설치높이 : 바닥으로부터 0.8[m] 이상 1.5[m] 이하

③ 건전지 및 충전식의 배터리 용량 : 20분 이상

> **Plus one** 비상조명등 설치장소
>
> 특정소방대상물의 각 거실과 그로부터 지상에 이르는 **복도, 계단** 및 그 밖의 **통로**에 설치

3 설치 제외

(1) 비상조명등의 설치 제외 장소 `14` `15` 년 출제

① 거실의 각 부분으로부터 하나의 출입구에 이르는 **보행거리가 15[m] 이내인 부분**

② 의원·경기장·공동주택·의료시설·학교의 거실

(2) 휴대용 비상조명등의 설치 제외 장소

① 지상 1층 또는 피난층으로서 복도나 통로 또는 창문 등의 개구부를 통하여 피난이 용이한 경우

② 숙박시설로서 복도에 비상조명등을 설치한 경우

4 비상조명등의 형식승인 및 제품검사의 기술기준

(1) 반복시험(제16조)

비상조명등은 정격사용전압에서 **10,000회의 작동**을 반복하여 실시하는 경우 그 구조 또는 기능에 이상이 생기지 않아야 한다. 이 경우 시험도중 광원 및 예비전원은 교체할 수 있다.

(2) 표시사항(제20조)

① 종별 및 형식

② 형식승인번호

③ 제조연월 및 제조번호

④ 제조업체명 또는 상호

⑤ 정격전압

⑥ 정격입력전류, 정격입력전력

⑦ 비상전원으로 사용하는 축전지의 종류, 정격용량, 정격전압

⑧ 적합한 광원의 종류와 크기

⑨ 설계광속표준전압 및 설계광속비

⑩ 배광번호 및 해당 배광번호표

⑪ 그 밖의 주의사항

⑫ 퓨즈 및 퓨즈 홀더 부근에는 정격전류

⑬ 방수형인 것은 "방수형"이라는 문자 별도표시

⑭ 유효점등시간(설계치)

⑮ 품질보증에 관한 사항(보증기간, 보증내용, A/S방법, 자체검사필증 등)

⑯ 방폭형인 것은 "방폭형"이라는 문자 별도표시 및 방폭등급

03 예상문제

01 다음 중에서 피난기구라 할 수 없는 것은?

① 구조대   ② 미끄럼대

③ 인명구조용 헬리콥터   ④ 피난로프

> **해설**   **피난기구** : 미끄럼대, 피난사다리, 구조대, 완강기, 간이완강기, 피난교, 공기안전매트 등

정답 ③

02 다음 중 피난구조설비에 해당되지 않는 것은?

① 완강기   ② 구조대

③ 승강기   ④ 유도등

> **해설**   **피난구조설비** : 피난사다리, 완강기, 구조대, 피난교, 유도등, 유도표지 등

정답 ③

03 내림식 사다리의 구조에는 다음과 같은 형태의 사다리가 있다. 이 중 부적합한 것은?

① 접는식   ② 와이어식

③ 체인식   ④ 회전식

> **해설**   **내림식 사다리의 구조상의 종류** : 와이어식, 접는식, 체인식

정답 ④

04 사다리 하부에 미끄럼방지 장치를 해야 하는 사다리는 다음 중 어느 것인가?

① 내림식 사다리   ② 수납식 사다리

③ 올림식 사다리   ④ 신축식 사다리

> **해설**   **올림식 사다리**
> - 상부지지점 : 안전장치
> - **하부지지점** : 미끄럼방지 장치

정답 ③

05 금속제 피난사다리의 종봉의 간격은 최외각 종봉 사이의 안치수가 몇 [cm] 이상이어야 하는가?

① 10[cm] 이상   ② 20[cm] 이상

③ 30[cm] 이상   ④ 40[cm] 이상

> **해설**   **피난사다리의 종봉의 간격(최외각 종봉 사이의 안치수)** : 30[cm] 이상

정답 ③

06 올림식 사다리와 내림식 사다리의 중량으로 맞는 것은?

① 올림식 사다리 : 35[kg] 이하, 내림식 사다리 : 20[kg] 이하
② 올림식 사다리 : 45[kg] 이하, 내림식 사다리 : 20[kg] 이하
③ 올림식 사다리 : 55[kg] 이하, 내림식 사다리 : 25[kg] 이하
④ 올림식 사다리 : 50[kg] 이하, 내림식 사다리 : 25[kg] 이하

> **해설** **사다리의 중량**
> • 올림식 사다리 : 35[kg] 이하
> • 내림식 사다리 : 20[kg] 이하

정답 ①

07 다음 올림식 사다리의 구조에 관한 설명 중 옳지 않은 것은?

① 상부지지점에 안전장치를 설치
② 신축하는 구조인 것에 접힘방지장지를 설치
③ 접어지는 구조인 것에 접힘방지장치를 설치
④ 하부지지점에는 미끄럼방지장치를 설치

> **해설** **올림식 사다리의 구조**
> • 상부지지점 : 미끄러지거나 넘어지지 않도록 안전장치를 설치할 것
> • 하부지지점 : 미끄럼방지장치를 설치할 것
> • **신축하는 구조 : 축제방지장치를 설치할 것**
> • 접어지는 구조 : 접힘방지장치를 설치할 것

정답 ②

08 내림식 사다리에 설치되는 돌자의 설치 목적에 대해 옳은 것은?

① 내림식 사다리의 동요를 방지하기 위해
② 특정소방대상물의 돌출로 인한 피난에 편리하기 위하여
③ 특정소방대상물과 그 사이에 일정한 간격을 유지해 피난에 편리하기 위해
④ 특정소방대상물의 벽면 파손방지를 위해

> **해설** 내림식 사다리에는 소방대상물과 그 사이에 일정한 간격을 유지하기 위하여 10[cm] 이상의 돌자를
> 설치해야 한다.

정답 ③

09 내림식 사다리는 사용 시 소방대상물로부터 몇 [cm] 이상의 거리를 유지하기 위한 유효한 돌자를
횡봉의 위치마다 설치해야 하는가?

① 50[cm]　　　② 40[cm]　　　③ 30[cm]　　　④ 10[cm]

> **해설** **내림식 사다리의 구조(피난사다리의 형식승인 및 제품검사의 기술기준 제6조)**
> 내림식 사다리의 사용 시 소방대상물로부터 10[cm] 이상의 거리를 유지하기 위한 유효한 돌자를
> 횡봉의 위치마다 설치해야 한다. 다만, 그 돌자를 설치하지 않아도 사용 시 소방대상물에서 10[cm]
> 이상의 거리를 유지할 수 있는 것은 그렇지 않다.

정답 ④

10 피난사다리에 표시할 사항 중 불필요한 것은?

① 종 별   ② 길 이   ③ 형식번호   ④ 관리책임자

해설   피난사다리의 표시사항(피난사다리의 형식승인 및 제품검사의 기술기준 제11조)
- 종별 및 형식
- 형식승인번호
- 제조연월 및 제조번호
- 제조업체명
- 길이 및 자체중량(고정식 및 하향식 피난구용 내림식 사다리 제외)
- 사용안내문(사용방법, 취급상의 주의사항)
- 용도(하향식 피난구용 내림식 사다리에 한하며, "하향식 피난구용"으로 표시)
- 품질보증에 관한 사항(보증기간, 보증내용, A/S방법, 자체검사필증 등)

정답 ④

11 완강기의 구성 부분으로서 다음 중 적합한 것은?

① 조속기, 로프, 벨트, 훅
② 설치공구, 체인, 벨트, 훅
③ 조속기, 로프, 벨트, 세로봉
④ 조속기, 체인, 벨트, 훅

해설   **완강기의 구성 부분** : 조속기(속도조절기), 로프, 벨트, 훅, 연결금속구

정답 ①

12 다음 중 완강기의 기능점검 항목이 아닌 것은?

① 보호장치   ② 조속기   ③ 로 프   ④ 벨 트

해설   **완강기의 구조**
- 조속기(속도조절기)
- 로 프
- 벨 트
- 훅
- 연결금속구

완강기의 구조는 기능점검을 해야 한다.

정답 ①

13 간이완강기의 강하속도는 250[N], 750[N], 1,500[N]의 하중, 최대사용자수에 750[N]을 곱하여 얻은 값의 하중, 최대사용하중에 상당하는 하중으로 각각 1회 강하시키는 경우 각각의 강하속도는?

① 16[cm/s] 이상 150[cm/s] 미만   ② 18[cm/s] 이상 160[cm/s] 미만
③ 20[cm/s] 이상 200[cm/s] 미만   ④ 25[cm/s] 이상 250[cm/s] 미만

해설   **간이완강기의 강하속도** : 16[cm/s] 이상 150[cm/s] 미만

정답 ①

14 완강기의 구조에 관한 사항으로 적당하지 않은 것은?

① 완강기의 조속기는 훅과 연결되도록 한다.

② 완강기의 조속기는 이탈이 생기지 않도록 덮개를 해야 한다.

③ 완강기의 조속기는 피난자가 그 강하 속도를 조절할 수 있다.

④ 완강기의 조속기는 피난자의 체중에 의하여 로프가 V자 홈이 있는 활자를 회전시켜 이 회전이 치차에 의하여 원심 브레이크를 작동시켜 강하속도를 조정한다.

> **해설** **조속기** : 피난자의 체중에 의해 주행하는 로프가 V형 홈을 설치한 도르래를 회전시켜 회전의 치차 기구에 의해서 원심 브레이크를 작동하여 하강속도를 일정하게 조절하는 장치

정답 ③

15 완강기의 속도조절기에 관한 기술 중 옳지 않은 것은?

① 견고하고 내구성이 있어야 한다.

② 강하 시 발생하는 열에 의해 기능에 이상이 생기지 않아야 한다.

③ 속도조절기의 이탈이 생기지 않도록 덮개를 해야 한다.

④ 평상시에는 분해, 청소 등을 하기 쉽게 만들어져 있다.

> **해설** **일반구조(완강기의 형식승인 및 제품검사의 기술기준 제3조)**
> 완강기의 속도조절기는 평상시에 분해·청소 등을 하지 않아도 작동할 수 있어야 한다.

정답 ④

16 완강기를 점검하였더니 기름이 다량 묻어 있었다. 이때 기능적으로 가장 영향을 주는 것은?

① 화재의 열에 의해 연소되기 쉽다.　② 사용자가 손으로 잡으면 미끄러져 상처를 입는다.

③ 강하속도의 변화　　　　　　　　④ 사용자가 조작하기 어렵다.

> **해설** 완강기에 기름이 묻어 있으면 강하속도가 빨라 위험하다.

정답 ③

17 다음과 같은 특정소방대상물의 부분에 완강기를 설치할 경우, 부착 금속구의 부착 위치로서 적당한 것은 그림 중 어느 위치의 것인가?

① A

② B

③ C

④ D

> **해설** A, B, C는 베란다의 장해가 있어 D의 지점에 부착 금속구를 설치해야 한다.

정답 ④

18 완강기 벨트의 강도는 늘어뜨린 방향으로 1개에 대하여 얼마의 인장하중을 가하는 시험을 하는가?

① 3,000[N]
② 3,600[N]
③ 6,000[N]
④ 6,500[N]

해설 완강기 벨트의 강도시험(완강기의 형식승인 및 제품검사의 기술기준 제6조) : 벨트의 강도는 늘어뜨린 방향으로 1개에 대하여 6,500[N]의 인장하중을 가하는 시험에서 끊어지거나 현저한 변형이 생기지 않아야 한다.

정답 ④

19 완강기의 강하기구(降下機構)에 관한 설명으로 옳은 것은 어느 것인가?

① 완강기는 엘리베이터와 같이 평형추(平衡錘)가 강하하는 사람의 체중을 상쇄하도록 되어있다.
② 로프의 다른 한쪽을 강하하는 사람이 손으로 잡고 적절히 풀어주는 방식이다.
③ 전동식 윈치의 원리로서 일정속도로 전동기가 내려주는 방식이다.
④ 사용자의 체중에 의하여 강하하는 일을 조속기의 마찰력이 흡수하여 준다.

해설 완강기는 피난자의 중량에 의하여 로프의 강하속도를 조속기로 조정하여 강하하므로 조속기의 마찰력을 흡수하여 준다.

정답 ④

20 비상시 건축물의 창, 발코니 등에서 지상까지 포지 등을 사용하여 자루 형태로 만든 것으로서 화재시 사용자가 그 내부에 들어가서 내려옴으로써 대피할 수 있는 피난기구는 무엇인가?

① 완강기
② 구조대
③ 피난사다리
④ 공기안전매트

해설 구조대 : 포대를 이용

정답 ②

21 노유자시설의 3층에 설치해야 할 피난기구의 종류로 부적절한 것은?

① 미끄럼대
② 피난교
③ 구조대
④ 간이완강기

해설 피난기구의 적응성

구 분 층 별	1층, 2층, 3층	4층 이상 10층 이하
노유자시설	미끄럼대, 구조대, 피난교, 다수인 피난장비, 승강식 피난기	구조대, 피난교, 다수인 피난장비, 승강식 피난기

정답 ④

22 노유자시설로서 구조대를 설치해서는 안 되는 층은?

① 지하층   ② 1층

③ 2층   ④ 3층

해설   노유자시설 중 **구조대**는 **지상**에 설치한다.

정답 ①

23 구조대의 돛천을 구조대의 가로 방향으로 봉합하는 경우 아래 그림과 같이 돛천을 겹치도록 하는 것이 좋다고 하는데 그 이유에 대해서 가장 적당한 것은 어느 것인가?

① 둘레 길이가 밑으로 갈수록 작아지는 것을 방지하기 위하여

② 사용자가 강하 중 봉합 부분에 걸리지 않게 하기 위하여

③ 봉합부가 몹시 굳어지는 것을 방지하기 위하여

④ 봉합부의 인장 강도를 증가시키기 위하여

해설   사용자가 강하 중 봉합 부분에 걸리지 않게 하기 위하여 돛천을 겹치도록 한다.

정답 ②

24 그림과 같이 건물의 기존 평면에 필요한 3대의 피난기구를 배치할 경우, 가장 적당한 위치는?

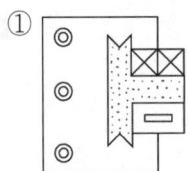 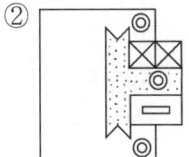 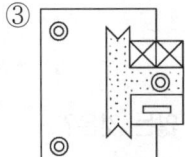 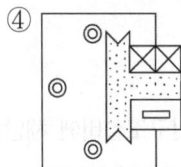

해설   피난기구를 설치하는 **개구부**는 서로 **동일직선상이 아닌 위치**에 있을 것

정답 ④

25 피난기구는 층마다 설치하되 운동시설로 사용되는 층은 그 층의 바닥면적 몇 [m²]마다 피난기구를 1개 이상 설치해야 하는가?

① 300[m²]   ② 500[m²]

③ 800[m²]   ④ 1,000[m²]

해설   피난기구의 개수 설치기준

특정소방대상물	설치기준(1개 이상)
숙박시설·노유자시설 및 의료시설	바닥면적 500[m²]마다
위락시설·문화집회 및 운동시설·판매시설·복합용도의 층	바닥면적 800[m²]마다
계단실형 아파트	각 세대마다
그 밖의 용도의 층	바닥면적 1,000[m²]마다

정답 ③

26 피난기구는 층마다 설치하되 숙박시설, 노유자시설로 사용되는 층은 그 층의 바닥면적 몇 [m²]마다 피난기구를 1개 이상 설치해야 하는가?

① 300[m²] ② 500[m²]
③ 800[m²] ④ 1,000[m²]

해설 피난기구의 개수 설치기준

특정소방대상물	설치기준(1개 이상)
숙박시설·노유자시설 및 의료시설	바닥면적 500[m²]마다
위락시설·문화집회 및 운동시설·판매시설·복합용도의 층	바닥면적 800[m²]마다
계단실형 아파트	각 세대마다
그 밖의 용도의 층	바닥면적 1,000[m²]마다

정답 ②

27 피난기구를 설치하지 않아도 되는 특정소방대상물은?

① 피난층 ② 1층
③ 3층 ④ 11층

해설 **피난기구 설치 대상물** : 피난층, 지상 1층, 지상 2층(노유자시설 중 피난층이 아닌 지상 1층과 피난층이 아닌 지상 2층은 제외) 및 층수가 11층 이상인 층과 위험물 저장 및 처리시설 중 가스시설, 지하구, 지하가 중 터널을 제외한 모든 층(3~10층에 설치해야 한다)

정답 ④

28 피난구조설비에 해당되지 않는 것은?

① 통로유도등 ② 유도표지
③ 비상경보기구 ④ 객석유도등

해설 **피난구조설비**
• 유도등(피난구유도등, 통로유도등, 객석유도등)
• 유도표지
• 비상조명등

정답 ③

29 다음 중 특정소방대상물과 유도등의 종류가 잘못 연결된 것은?

① 운동시설 – 객석유도등
② 위락시설 – 통로유도등
③ 호텔 – 통로유도등
④ 교육연구시설 – 객석유도등

해설 교육연구시설에는 소형피난구유도등과 통로유도등을 설치해야 한다.

정답 ④

30 피난구유도등의 설치기준으로 옳지 않은 것은?

① 옥내로부터 직접 지상으로 통하는 출입구에 설치

② 피난구의 바닥으로부터 1.5[m] 이상의 높이에 설치

③ 피난구로부터 최대 25[m] 거리에서 문자 및 색채를 식별할 수 있도록 설치

④ 직통계단 또는 직통계단의 계단실 및 그 부속실의 출입구에 설치

해설 **피난구유도등의 설치기준**
- 설치장소
  - 옥내로부터 직접 지상으로 통하는 출입구 및 그 부속실의 출입구
  - 직통계단, 직통계단의 계단실 및 그 부속실의 출입구
  - 위의 규정에 의한 출입구에 이르는 복도 또는 통로로 통하는 출입구
  - 안전구획된 거실로 통하는 출입구
- 피난구유도등의 설치 : 바닥으로부터 높이 1.5[m] 이상

정답 ③

31 유도등의 전원 설치기준에 맞지 않는 것은?

① 배선은 전용이다.

② 비상전원은 축전지설비로 한다.

③ 점멸기는 3선식일 경우에 설치한다.

④ 인입선과 옥내배선은 따로 연결한다.

해설 유도등의 인입선과 옥내배선은 **직접 연결**한다.

정답 ④

32 유도등에 관한 설명으로 틀린 것은?

① 피난구유도등은 피난구의 바닥으로부터 높이 1.5[m] 이상의 곳에 설치해야 한다.

② 통로유도등의 바탕색은 녹색, 문자색은 백색이다.

③ 복도통로유도등은 바닥으로부터 높이가 1[m] 이하의 위치에 설치해야 한다.

④ 피난구유도등의 종류에는 소형, 중형, 대형이 있다.

해설 **통로유도등**은 **백색바탕**에 **녹색**으로 **피난방향**을 표시한 등으로 해야 한다.

정답 ②

33 피난구유도등은 피난구의 바닥으로부터 높이 몇 [m] 이상의 곳에 설치해야 하는가?

① 0.8 ② 1.0

③ 1.5 ④ 1.8

해설 유도등의 설치높이

유도등의 종류	피난구유도등	복도통로유도등
설치높이	1.5[m] 이상	1.0[m] 이하

정답 ③

34 피난구유도등의 표시색으로 적합한 것은?

① 녹색바탕에 백색문자

② 녹색바탕에 적색문자

③ 백색바탕에 적색문자

④ 백색바탕에 녹색문자

해설 유도등의 형식승인 및 제품검사의 기술기준 제9조 제2항 참조

정답 ①

35 유도등의 외함에 따라 상하면과 양측면의 구멍을 뚫어 놓은 이유는?

① 외관을 좋게 하기 위하여

② 내부의 청소 시 용이하려고

③ 내구성을 갖게 하기 위하여

④ 내부 온도 상승을 방지하기 위하여

해설 유도등의 내부 **온도 상승**을 **방지**하기 위하여 외함의 상하면과 양측면의 구멍을 뚫어 놓는다.

정답 ④

36 바닥으로부터 높이 1[m] 이하의 위치에 설치하는 것은?

① 복도통로유도등 ② 피난구유도등

③ 비상콘센트 ④ 거실통로유도등

해설 설치 위치 비교

종 류	거실통로유도등, 피난구유도등	복도통로유도등	비상콘센트
설치 위치	1.5[m] 이상	1[m] 이하	0.8[m] 이상 1.5[m] 이하

정답 ①

37 복도통로유도등은 구부러진 모퉁이 및 보행거리 몇 [m]마다 설치하는가?

① 20 ② 30 ③ 35 ④ 40

해설 유도등의 설치 비교

종 류	설치기준	설치 위치
피난구유도등	출입구 상단	바닥으로부터 1.5[m] 이상
복도통로유도등	복도, 바닥, 구부러진 모퉁이 및 **보행거리 20[m]마다**	바닥으로부터 1.0[m] 이하
거실통로유도등	거실의 통로(거실의 통로가 벽체 등으로 구획된 경우에는 복도통로유도등을 설치), 구부러진 모퉁이 및 보행거리 20[m]마다	바닥으로부터 1.5[m] 이상 (기둥이 설치된 경우에는 기둥 부분의 바닥으로부터 높이 1.5[m] 이하에 설치할 수 있다)
계단통로유도등	각 층의 경사로참 또는 계단참마다	바닥으로부터 1.0[m] 이하
객석유도등	객석의 통로, 바닥 또는 벽	–

정답 ①

38 유도등의 인출선의 길이는 전선인출 부분에서 몇 [mm] 이상이어야 하는가?

① 100   ② 130

③ 150   ④ 200

해설   유도등의 인출선의 길이 : 150[mm] 이상

정답 ③

39 유도등의 전원은 비상전원의 상태를 감시할 수 있는 장치가 있어야 하는데 관계가 먼 것은?

① 통로유도등   ② 계단통로유도등

③ 피난구유도등   ④ 객석유도등

해설   유도등의 전원은 비상전원의 상태를 감시할 수 있는 장치가 있어야 한다(단, **객석유도등**은 **제외**).

정답 ④

40 유도등의 비상전원을 축전지로 할 때 축전지용량은 해당 유도등을 몇 분 이상 작동시킬 수 있어야 하는가?

① 5   ② 10

③ 15   ④ 20

해설   **각 설비의 비상전원 용량**

설비의 종류	비상전원 용량(이상)
자동화재탐지설비, 자동화재속보설비, 비상경보설비	10분
제연설비, 비상콘센트설비, 옥내소화전설비, 유도등	20분

정답 ④

41 객석 통로의 직선부분 길이는 25[m]이다. 필요한 객석유도등의 최소수는?

① 3개   ② 5개

③ 6개   ④ 7개

해설 $설치개수 = \dfrac{객석\ 통로의\ 직선부분\ 길이[m]}{4} - 1 = \dfrac{25}{4} - 1 = 5.25 \rightarrow 6개$

정답 ③

42 복도 등의 굴절이 없는 부분의 보행거리는 90[m]일 때 유도표지의 표지개수는 최소 몇 개인가?

① 1   ② 3

③ 5   ④ 7

해설
$$유도표지의\ 표지개수 = \frac{굴절이\ 없는\ 부분의\ 보행거리[m]}{15} - 1 = \frac{90}{15} - 1 = 5$$

정답 ③

43 유도등에 사용되는 표시등으로서 전구를 2개 이상 병렬로 접속하지 않아도 되는 것은?

① 방전등 또는 발광다이오드

② 형광등 또는 발광다이오드

③ 형광등 또는 백열전등

④ 방전등 또는 백열전등

해설 **유도등의 표시등(유도등의 형식승인 및 제품검사의 기술기준 제4조)**
전구는 **2개 이상 병렬**로 접속해야 한다. 다만, **방전등** 또는 **발광다이오드**의 경우에는 그렇지 않다.

정답 ①

44 유도표지의 설치기준에 대한 설명으로 옳지 않은 것은?

① 계단에 설치하는 것을 제외하고 각 층 복도의 각 부분에서 유도표지까지의 보행거리는 15[m] 이하로 하였다.

② 구부러진 모퉁이의 벽에 설치하였다.

③ 통로유도표지는 바닥으로부터 높이 1[m]에 설치하였다.

④ 주위에 광고물, 게시물 등을 함께 설치하였다.

해설 **유도표지의 설치기준**
• 계단에 설치하는 것을 제외하고는 각 층마다 복도 및 통로의 각 부분으로부터 하나의 유도표지까지의 보행거리가 15[m] 이하가 되는 곳과 구부러진 모퉁이의 벽에 설치할 것
• 피난구유도표지는 출입구 상단에 설치하고, 통로유도표지는 바닥으로부터 높이 1[m] 이하의 위치에 설치할 것
• **주위에 이와 유사한 등화·광고물·게시물 등을 설치하지 않을 것**
• 유도표지는 부착판 등을 사용하여 쉽게 떨어지지 않도록 설치할 것

정답 ④

45 비상조명등의 비상전원은 얼마 이상 작동할 수 있어야 하는가?

① 10분 ② 20분
③ 30분 ④ 50분

해설 비상조명등의 비상전원 : **20분 이상** 작동

Plus one 비상조명등을 60분 이상 작동시켜야 하는 대상물
• 지하층을 제외한 층수가 **11층 이상의 층**
• 지하층 또는 무창층으로서 용도가 도매시장·소매시장·여객자동차터미널·지하역사 또는 지하상가

정답 ②

46 비상조명등이 설치된 장소의 조도는 각 부분의 바닥에서 몇 [lx] 이상이어야 하는가?

① 1[lx] ② 1.5[lx]
③ 2[lx] ④ 3[lx]

해설 비상조명등이 설치된 장소의 조도는 각 부분의 바닥에서 **1[lx]** 이상이 되어야 한다.

정답 ①

47 비상조명등의 스위치의 반복시험 횟수는?

① 1,000회 ② 2,000회
③ 3,000회 ④ 5,000회

해설 비상조명등의 스위치의 반복시험 횟수 : **5,000회**

Plus one 비상조명등의 반복시험
비상조명등은 정격사용전압에서 **10,000회**의 작동을 반복하여 실시하는 경우 그 구조 또는 기능에 이상이 생기지 않아야 한다. 이 경우 시험도중 광원 및 예비전원은 교체할 수 있다.

정답 ④

48 비상조명등의 설치장소로 맞지 않는 것은?

① 복 도 ② 계 단
③ 통 로 ④ 출입구

해설 비상조명등의 설치장소 : **복도, 계단, 통로**, 거실 등

정답 ④

04 소화용수설비

제1절 상수도소화용수설비(NFTC 401)

1 정 의

① 호칭지름 : 일반적으로 표기하는 배관의 직경
② 수평투영면 : 건축물을 수평으로 투영하였을 경우의 면

2 설치기준

① 호칭지름 75[mm] 이상의 수도배관에 호칭지름 100[mm] 이상의 소화전을 접속할 것
② 소화전은 소방자동차 등의 진입이 쉬운 도로변 또는 공지에 설치할 것
③ 소화전은 특정소방대상물의 수평투영면의 각 부분으로부터 140[m] 이하가 되도록 설치할 것
④ 지상식 소화전의 호스접결구는 지면으로부터 높이가 0.5[m] 이상 1[m] 이하가 되도록 설치할 것

제2절 소화수조 및 저수조(NFTC 402)

1 소화수조의 개요

도로에 설치된 공설 소화전 및 지하수조와 지상수조의 저수조로서 대규모의 건축물의 화재 시 건축물 화재의 확대를 방지하기 위하여 소방대가 사용하도록 설치하는 소방용 수리를 말한다.

2 소화수조 등

(1) 정 의

① 소화수조 또는 저수조 : 수조를 설치하고 여기에 소화에 필요한 물을 항시 채워두는 것으로써, 소화수조는 소화용수의 전용 수조를 말하고, 저수조란 소화용수와 일반 생활용수의 겸용 수조
② 채수구 : 소방차의 소방호스와 접결되는 흡입구
③ 흡수관투입구 : 소방차의 흡수관이 투입될 수 있도록 소화수조 또는 저수조에 설치된 원형 또는 사각형의 투입구

(2) 소화수조의 설치기준 23 년 출제

① 소화수조 및 저수조의 채수구 또는 흡수관의 투입구는 소방차가 2[m] 이내의 지점까지 접근할 수 있는 위치에 설치할 것

② 소화수조 또는 저수조의 저수량은 소방대상물의 연면적을 다음 표에 의한 기준면적으로 나누어 얻은 수(소수점 이하의 수는 1로 본다)에 20[m³]를 곱한 양 이상이 되도록 할 것 `17` `18` `20` `23` 년 출제

소방대상물의 구분	기준면적[m²]
① 1층 및 2층의 바닥면적의 합계가 15,000[m²] 이상인 소방대상물	7,500
② ①에 해당하지 않는 그 밖의 소방대상물	12,500

③ 소화수조 또는 저수조의 설치기준 `17` 년 출제
  ㉠ 지하에 설치하는 소화용수설비의 흡수관 투입구
   • 한 변이 0.6[m] 이상이거나 직경이 0.6[m] 이상인 것으로 할 것
   • 소요수량이 80[m³] 미만인 것은 1개 이상, 80[m³] 이상인 것은 2개 이상을 설치할 것
   • "흡수관 투입구"라고 표시한 표지를 할 것
  ㉡ 채수구에는 소방용 호스 또는 소방용 흡수관에 사용하는 구경 **65[mm]** 이상의 나사식 결합금속 구를 설치할 것 `23` 년 출제

소요수량	20[m³] 이상 40[m³] 미만	40[m³] 이상 100[m³] 미만	100[m³] 이상
채수구의 수	1개	2개	3개

  ㉢ **채수구**는 지면으로부터의 높이가 **0.5[m] 이상 1[m] 이하**의 위치에 설치하고 "채수구"라고 표시한 표지를 할 것

[채수구]

④ 소화용수설비를 설치해야 할 특정소방대상물에 있어서 유수의 양이 0.8[m³/min] 이상인 유수를 사용할 수 있는 경우에는 소화수조를 설치하지 않을 수 있다. `17` 년 출제

3 가압송수장치

(1) 소화수조 또는 저수조가 지표면으로부터의 깊이(수조 내부바닥까지의 길이)가 **4.5[m] 이상**인 지하에 있는 경우에는 다음 표에 따라 **가압송수장치**를 설치해야 한다. `17` `23` 년 출제

소요수량	20[m³] 이상 40[m³] 미만	40[m³] 이상 100[m³] 미만	100[m³] 이상
가압송수장치의 1분당 양수량	1,100[L] 이상	2,200[L] 이상	3,300[L] 이상

(2) 소화수조가 옥상 또는 옥탑의 부분에 설치된 경우에는 지상에 설치된 채수구에서의 압력이 **0.15[MPa] 이상**이 되도록 해야 한다.

(3) 전동기 또는 내연기관에 따른 펌프를 이용하는 **가압송수장치의 설치기준**

① 쉽게 접근할 수 있고 점검하기에 충분한 공간이 있는 장소로써 화재 및 침수 등의 재해로 인한 피해를 받을 우려가 없는 곳에 설치할 것

② 동결방지조치를 하거나 동결의 우려가 없는 장소에 설치할 것

③ 펌프는 전용으로 할 것. 다만, 다른 소화설비와 겸용하는 경우 각각의 소화설비의 성능에 지장이 없을 때에는 예외로 한다.

④ 펌프의 토출 측에는 압력계를 체크밸브 이전에 펌프 토출 측 플랜지에서 가까운 곳에 설치하고, 흡입 측에는 연성계 또는 진공계를 설치할 것. 다만, 수원의 수위가 펌프의 위치보다 높거나 수직회전축 펌프의 경우에는 연성계 또는 진공계를 설치하지 않을 수 있다.

⑤ 가압송수장치에는 정격부하운전 시 펌프의 성능을 시험하기 위한 배관을 설치할 것

⑥ 가압송수장치에는 체절운전 시 수온의 상승을 방지하기 위한 순환배관을 설치할 것

⑦ 수원의 수위가 펌프보다 낮은 위치에 있는 가압송수장치에는 다음의 기준에 따른 물올림장치를 설치할 것
   ㉠ 물올림장치에는 전용의 수조를 설치할 것
   ㉡ 수조의 유효수량은 100[L] 이상으로 하되, 구경 15[mm] 이상의 급수배관에 따라 해당 수조에 물이 계속 보급되도록 할 것

01 다음은 상수도소화용수설비를 설치해야 하는 특정소방대상물의 설치기준이다. 적합하게 표현되지 않은 항목은?

① 연면적이 5,000[m²] 이상인 건물에 설치

② 상수도가 설치되지 않은 지역에 있어서는 채수구를 부착한 소화수조로 대체가능

③ 가스시설, 지하구 또는 지하가 중 터널의 경우에는 설치 제외가 가능함

④ 가스시설로서 지상에 노출된 탱크의 저장용량 합계가 30[ton] 이상인 것

> **해설** **상수도소화용수설비의 설치대상(소방시설법 영 별표 4)**
> 특정소방대상물의 대지경계선으로부터 180[m] 이내에 지름 75[mm] 이상인 상수도용 배수관이 설치되지 않은 지역의 경우에는 소화수조 또는 저수조를 설치해야 한다.
> • 연면적이 5,000[m²] 이상인 것. 다만, 위험물 저장 및 처리시설 중 가스시설, 지하가 중 터널 또는 지하구의 경우에는 제외한다.
> • 가스시설로써 지상에 노출된 탱크에 저장용량의 합계가 100[ton] 이상인 것
> • 자원순환 관련 시설 중 폐기물재활용시설 및 폐기물처분시설

> **정답** ④

02 상수도소화용수설비의 설명으로 맞지 않는 것은?

① 호칭지름 75[mm] 이상의 수도배관에 호칭지름 100[mm] 이상의 소화전을 접속해야 한다.

② 소화전함은 소화전으로부터 5[m] 이내의 거리에 설치한다.

③ 소화전은 소방자동차 등의 진입이 쉬운 도로변 또는 공지에 설치한다.

④ 소화전은 특정소방대상물의 수평투영면의 각 부분으로부터 140[m] 이하가 되도록 설치한다.

> **해설** **상수도소화용수설비의 설치기준**
> • 호칭지름 75[mm] 이상의 수도배관에 호칭지름 100[mm] 이상의 소화전을 접속할 것
> • 소화전은 소방자동차 등의 진입이 쉬운 도로변 또는 공지에 설치할 것
> • 소화전은 특정소방대상물의 수평투영면의 각 부분으로부터 140[m] 이하가 되도록 설치할 것
> • 지상식 소화전의 호스접결구는 지면으로부터 높이가 0.5[m] 이상 1[m] 이하가 되도록 설치할 것

> **정답** ②

03 상수도소화용수설비의 소화전은 특정소방대상물의 수평투영면의 각 부분으로부터 몇 [m] 이하가 되도록 설치해야 하는가?

① 100[m] ② 120[m]
③ 140[m] ④ 150[m]

> **해설** 문제 02번 참조

> **정답** ③

04 18층의 사무소 건축물로 1층의 바닥면적이 5,000[m²]이고 연면적이 60,000[m²]인 경우 소화용수의 저수량으로 몇 [m³]가 가장 타당한가?

① 80 ② 100

③ 120 ④ 140

해설 소화수조 또는 저수조의 저수량

소방대상물의 구분	기준면적[m²]
① 1층 및 2층의 바닥면적의 합계가 15,000[m²] 이상인 소방대상물	7,500
② ①에 해당하지 않는 그 밖의 소방대상물	12,500

$60,000[m^2] \div 12,500[m^2] = 4.8 \rightarrow 5$

$\therefore 5 \times 20[m^3] = 100[m^3]$

정답 ②

05 1층과 2층의 바닥면적의 합이 15,000[m²]이고, 연면적이 20,000[m²]인 경우 소화수조를 설치하는데 필요한 수원의 양은 얼마인가?

① 20[m³] ② 40[m³]

③ 60[m³] ④ 80[m³]

해설 바닥면적이 15,000[m²] 이상인 건축물은 기준면적이 7,500[m²]이므로

$20,000 \div 7,500 = 2.7 \rightarrow 3$

$\therefore$ 수원의 양 $= 3 \times 20[m^3] = 60[m^3]$

정답 ③

06 지면으로부터 5[m] 깊이의 지하에 설치된 소화용수설비에 있어서 소요 소화용수량이 100[m³]인 경우 설치해야 할 채수구의 수(㉠)와 가압송수장치의 1분당 양수량(㉡)이 모두 맞는 것은?

① ㉠ : 1개, ㉡ : 1,100[L] 이상

② ㉠ : 2개, ㉡ : 2,200[L] 이상

③ ㉠ : 3개, ㉡ : 3,300[L] 이상

④ ㉠ : 4개, ㉡ : 4,400[L] 이상

해설 소화용수설비의 채수구

소요수량	20[m³] 이상 40[m³] 미만	40[m³] 이상 100[m³] 미만	100[m³] 이상
채수구의 수	1개	2개	3개
가압송수장치의 1분당 양수량	1,100[L] 이상	2,200[L] 이상	3,300[L] 이상

정답 ③

07 소화용수설비에 설치하는 채수구는 지면으로부터 높이는 얼마인가?

① 0.2[m] 이상 1.2[m] 이하

② 0.5[m] 이상 1.2[m] 이하

③ 0.5[m] 이상 1[m] 이하

④ 0.2[m] 이상 1[m] 이하

해설　채수구의 설치 : 0.5[m] 이상 1[m] 이하

정답 ③

08 소화수조는 소방차가 채수구로부터 몇 [m]까지 접근할 수 있는 위치에 설치해야 하는가?

① 1[m]　　　　　　　　　② 2[m]

③ 3[m]　　　　　　　　　④ 5[m]

해설　소화수조는 소방차가 채수구로부터 **2[m] 이내**의 지점까지의 접근할 수 있는 위치에 설치할 것

정답 ②

09 소방용수시설의 저수조로 적합하지 않은 것은 어느 것인가?

① 지면으로부터 낙차가 5[m] 이상일 것

② 흡수부분의 수심이 0.5[m] 이상일 것

③ 소방펌프자동차가 쉽게 접근할 수 있을 것

④ 흡수관의 투입구가 사각형의 경우에는 한 변의 길이가 60[cm] 이상일 것

해설　**소방용수시설의 저수조 기준**
- 지면으로부터 **낙차**가 **4.5[m]** 이하일 것
- 흡수부분의 수심이 0.5[m] 이상일 것
- 소방펌프자동차가 쉽게 접근할 수 있도록 할 것
- 흡수관의 투입구가 사각형의 경우에는 한 변의 길이가 60[cm] 이상, 원형의 경우에는 지름이 60[cm] 이상일 것

정답 ①

10 소화수조 또는 저수조가 지표면으로부터 깊이 몇 [m] 이상인 경우에 가압송수장치를 설치해야 하는가?

① 3.2[m]　　　　　　　　② 4.5[m]

③ 5.5[m]　　　　　　　　④ 10[m]

해설　소화수조 또는 저수조의 가압송수장치는 지표면으로부터의 깊이가 **4.5[m] 이상**인 경우에 설치할 것

정답 ②

11 소화수조 등에 관한 설명 중 틀린 것은?

① 소화수조가 옥상 또는 옥탑의 부분에 설치된 경우에는 지상에 설치된 채수구에서의 압력이 0.15[MPa] 이하가 되도록 해야 한다.

② 소화수조의 깊이가 지표면으로부터 4.5[m] 이상인 때에는 가압송수장치를 설치해야 한다.

③ 채수구는 지면으로부터 높이가 0.5[m] 이상 1[m] 이하의 위치에 설치해야 한다.

④ 소화수조의 채수구는 소방차가 2[m] 이내의 지점까지 접근할 수 있는 위치에 설치해야 한다.

해설   채수구의 압력 : 0.15[MPa] 이상

정답 ①

12 지하에 설치하는 소화용수설비의 소요수량이 80[m³]일 경우에 채수구는 몇 개를 설치해야 하는가?

① 4개

② 3개

③ 2개

④ 1개

해설   소화용수량과 채수구의 수

소요수량	20[m³] 이상 40[m³] 미만	40[m³] 이상 100[m³] 미만	100[m³] 이상
채수구의 수	1개	2개	3개

정답 ③

소화활동설비

제1절 제연설비(NFTC 501)

1 제연설비의 개요 및 정의

(1) 개 요

제연설비는 화재발생 시 생기는 연기가 피난통로인 계단, 복도 등에 침투하여 인명의 질식사를 유발하고 연기로부터 안전하게 보호하고 피난함과 동시에 소화활동을 원활히 하고자 하는 설비를 말한다.

(2) 정 의

① 제연경계 : 연기를 예상제연구역 내에 가두거나 이동을 억제하기 위한 보 또는 제연경계벽 등
② 제연경계의 폭 : 제연경계가 면한 천장 또는 반자로부터 그 제연경계의 수직하단 끝부분까지의 거리
③ 수직거리 : 제연경계의 하단 끝으로부터 그 수직한 하부 바닥면까지의 거리
④ 예상제연구역 : 화재 시 연기의 제어가 요구되는 제연구역
⑤ 통로배출방식 : 거실 내 연기를 직접 옥외로 배출하지 않고 거실에 면한 통로의 연기를 옥외로 배출하는 방식
⑥ 방화문 : 건축법 시행령 제64조의 규정에 따른 60분+ 방화문, 60분 방화문 또는 30분 방화문으로써 언제나 닫힌 상태를 유지하거나 화재감지기와 연동하여 자동적으로 닫히는 구조

2 제연설비의 종류

(1) 밀폐제연방식 <kbd>21</kbd> 년 출제

화재발생 시 연기를 밀폐하여 연기의 외부유출, 외부의 신선한 공기의 유입을 막아 제연하는 방식으로 호텔이나 주택에 방연구획을 작게 하는 건축물에 적합하다.

(2) 자연제연방식 <kbd>17</kbd> 년 출제

화재 시 발생되는 온도 상승에 의해 발생한 부력 또는 외부 공기의 흡출효과에 의하여 내부의 실 상부에 설치된 창 또는 전용의 제연구로부터 연기를 옥외로 배출하는 방식으로 평상시 환기를 이용하는 장점은 있으나, 외부 바람으로 인해 상층부로 연소 확대되는 문제점도 있다.

(3) 스모크타워제연방식 <kbd>14</kbd> <kbd>21</kbd> 년 출제

화재발생 시 열에 의한 온도 상승에 의해 건물 내・외부의 온도차, 제연설비의 꼭대기에 설치된 루프모니터 등의 외부의 공기에 의한 흡인력에 의해 제연하는 방식으로, 고층 건물에 적합하고, 장치는 간단하다.

(4) 기계제연방식 `13` `15` 년 출제

① **제1종** 기계제연방식 : **제연팬**으로 **급기**와 **배기**를 동시에 행하는 제연방식

② **제2종** 기계제연방식 : **제연팬**으로 **급기**를 하고 자연배기를 하는 제연방식

③ **제3종** 기계제연방식 : **제연팬**으로 **배기**를 하고 자연급기를 하는 제연방식

3 제연구획

(1) 제연구역의 기준 `14` `21` `24` 년 출제

① 하나의 제연구역의 면적을 **1,000[m²] 이내**로 할 것

② 거실과 통로(복도를 포함한다)는 **각각 제연구획**할 것

③ 통로상의 제연구역은 보행 중심선의 길이가 **60[m]**를 초과하지 않을 것

④ 하나의 제연구역은 직경 **60[m]** 원 내에 들어갈 수 있을 것

⑤ 하나의 제연구역은 2 이상의 층에 미치지 않도록 할 것. 다만, 층의 구분이 불분명한 부분은 그 부분을 다른 부분과 별도로 제연구획해야 한다.

(2) 제연구역의 구획

① 종 류

　㉠ 보

　㉡ 제연경계벽(제연경계)

　㉢ 벽(화재 시 자동으로 구획되는 가동벽·방화셔터·방화문을 포함한다)

② 구획 기준 `14` 년 출제

　㉠ 재질은 내화재료, 불연재료 또는 제연경계벽으로 성능을 인정받은 것으로서 화재 시 쉽게 변형·파괴되지 않고 연기가 누설되지 않는 기밀성 있는 재료로 할 것

　㉡ 제연경계의 폭은 0.6[m] 이상이고 수직거리는 2[m] 이내로 할 것. 다만, 구조상 불가피한 경우는 2[m]를 초과할 수 있다.

　㉢ 제연경계벽은 배연 시 기류에 따라 그 하단이 쉽게 흔들리지 않고, 가동식의 경우에는 급속히 하강하여 인명에 위해를 주지 않는 구조일 것

4 배출량 및 배출방식

(1) 바닥면적이 400[m²] 미만인 제연구역의 배출량

① 바닥면적이 1[m²]당 1[m³/min] 이상으로 하되, 예상제연구역에 대한 **최소 배출량**은 5,000[m³/h] 이상으로 할 것

② 바닥면적이 50[m²] 미만인 예상제연구역을 통로배출방식으로 하는 경우 `14` 년 출제

통로보행중심선의 길이	수직거리	배출량	비 고
40[m] 이하	2[m] 이하	25,000[m³/h] 이상	벽으로 구획된 경우를 포함한다.
	2[m] 초과 2.5[m] 이하	30,000[m³/h] 이상	
	2.5[m] 초과 3[m] 이하	35,000[m³/h] 이상	
	3[m] 초과	45,000[m³/h] 이상	

통로보행중심선의 길이	수직거리	배출량	비 고
40[m] 초과 60[m] 이하	2[m] 이하	30,000[m³/h] 이상	벽으로 구획된 경우를 포함한다.
	2[m] 초과 2.5[m] 이하	35,000[m³/h] 이상	
	2.5[m] 초과 3[m] 이하	40,000[m³/h] 이상	
	3[m] 초과	50,000[m³/h] 이상	

(2) 바닥면적이 400[m²] 이상인 제연구역의 배출량

① 제연구역이 직경 40[m] 원의 범위 안에 있을 경우

  ㉠ 배출량 : 40,000[m³/h] 이상

  ㉡ 예상제연구역이 제연경계로 구획된 경우에 그 수직거리에 따라 배출량은 다음 표에 따른다.

수직거리	2[m] 이하	2[m] 초과 2.5[m] 이하	2.5[m] 초과 3[m] 이하	3[m] 초과
배출량	40,000[m³/h] 이상	45,000[m³/h] 이상	50,000[m³/h] 이상	60,000[m³/h] 이상

② 제연구역이 직경 40[m] 원의 범위를 초과할 경우 [22] 년 출제

  ㉠ 배출량 : 45,000[m³/h] 이상

  ㉡ 예상제연구역이 제연경계로 구획된 경우에 그 수직거리에 따라 배출량은 다음 표를 따른다.

수직거리	2[m] 이하	2[m] 초과 2.5[m] 이하	2.5[m] 초과 3[m] 이하	3[m] 초과
배출량	45,000[m³/h] 이상	50,000[m³/h] 이상	55,000[m³/h] 이상	65,000[m³/h] 이상

> 예상제연구역의 각 부분으로부터 하나의 배출구까지의 수평거리 : 10[m] 이내

(3) 예상제연구역이 통로인 경우

배출량은 45,000[m³/h] 이상으로 할 것. 다만, 예상제연구역이 제연경계로 구획된 경우에는 그 수직거리에 따라 배출량은 다음 표에 따른다.

수직거리	2[m] 이하	2[m] 초과 2.5[m] 이하	2.5[m] 초과 3[m] 이하	3[m] 초과
배출량	45,000[m³/h] 이상	50,000[m³/h] 이상	55,000[m³/h] 이상	65,000[m³/h] 이상

5 배출구

(1) 바닥면적이 400[m²] 미만인 예상제연구역(통로인 예상제연구역은 제외)에 대한 배출구의 설치위치

① 예상제연구역이 벽으로 구획되어 있는 경우의 배출구는 천장 또는 반자와 바닥 사이의 중간 윗부분에 설치할 것

② 예상제연구역 중 어느 한 부분이 제연경계로 구획되어 있는 경우에는 천장·반자 또는 이에 가까운 벽의 부분에 설치할 것. 다만, 배출구를 벽에 설치하는 경우에는 배출구의 하단이 해당 예상제연구역에서 제연경계의 폭이 가장 짧은 제연경계의 하단보다 높이 되도록 해야 한다.

(2) 통로인 예상제연구역과 바닥면적이 400[m²] 이상인 통로 외의 예상제연구역에 대한 배출구의 설치 위치 `19` 년 출제

　① 예상제연구역이 벽으로 구획되어 있는 경우의 배출구는 천장·반자 또는 이에 가까운 벽의 부분에 설치할 것. 다만, 배출구를 벽에 설치한 경우에는 배출구의 하단과 바닥 간의 최단거리가 2[m] 이상이어야 한다.

　② 예상제연구역 중 어느 한 부분이 제연경계로 구획되어 있을 경우에는 천장·반자 또는 이에 가까운 벽의 부분(제연경계를 포함한다)에 설치할 것. 다만, 배출구를 벽 또는 제연경계에 설치하는 경우에는 배출구의 하단이 해당 예상제연구역에서 제연경계의 폭이 가장 짧은 제연경계의 하단보다 높이 되도록 설치해야 한다.

(3) 예상제연구역의 각 부분으로부터 하나의 배출구까지의 수평거리는 10[m] 이내가 되도록 해야 한다. `14` 년 출제

6 공기 유입방식 및 유입구

(1) 예상제연구역에 공기유입구의 설치기준

　① 바닥면적 400[m²] 미만의 거실인 예상제연구역(제연경계에 따른 구획을 제외한다. 다만, 거실과 통로와의 구획은 그렇지 않다)에 대해서는 공기유입구와 배출구 간의 직선거리는 5[m] 이상 또는 구획된 실의 장변의 1/2 이상으로 할 것. 다만, 공연장·집회장·위락시설의 용도로 사용되는 부분의 바닥면적이 200[m²]를 초과하는 경우의 공기유입구는 ②의 기준에 따른다.

　② 바닥면적이 400[m²] 이상의 거실인 예상제연구역(제연경계에 따른 구획을 제외한다. 다만, 거실과 통로와의 구획은 그렇지 않다)에 대해서는 바닥으로부터 1.5[m] 이하의 높이에 설치하고 그 주변은 공기의 유입에 장애가 없도록 할 것

(2) 예상제연구역(통로인 예상제연구역을 포함)에 대한 유입구의 기준

　① 유입구를 벽에 설치하는 경우에는 (1)의 ②의 기준에 따를 것

　② 유입구를 벽 외의 장소에 설치할 경우에는 유입구 상단이 천장 또는 반자와 바닥 사이의 중간 아랫부분보다 낮게 되도록 하고, 수직거리가 가장 짧은 제연경계 하단보다 낮게 되도록 설치할 것

(3) 예상제연구역에 공기가 유입되는 순간의 풍속은 5[m/s] 이하가 되도록 하고, 유입구의 구조는 유입공기를 상향으로 분출하지 않도록 설치해야 한다. 다만, 유입구가 바닥에 설치되는 경우에는 상향으로 분출이 가능하며 이때의 풍속은 1[m/s] 이하가 되도록 해야 한다. `13` `14` 년 출제

(4) 예상제연구역에 대한 공기유입구의 크기는 해당 예상제연구역의 배출량 1[m³/min]에 대하여 35[cm²] 이상으로 해야 한다. `13` `14` 년 출제

7 배출기 및 배출풍도

(1) 배출기

① 배출기의 배출 능력은 **4** 배출량 및 배출방식의 배출량 이상이 되도록 할 것

② 배출기와 배출풍도의 접속부분에 사용하는 캔버스는 내열성(석면재료는 제외한다)이 있는 것으로 할 것

③ 배출기의 전동기 부분과 배풍기 부분은 분리하여 설치해야 하며 배풍기 부분은 유효한 내열처리할 것

(2) 배출풍도 **14** 년 출제

① 배출풍도는 아연도금강판 또는 이와 동등 이상의 내식성·내열성이 있는 것으로 하며, 불연재료(석면재료를 제외한다)의 단열재로 풍도 외부에 유효한 단열 처리를 하고, 강판의 두께는 배출풍도의 크기에 따라 다음 표에 따른 기준 이상으로 할 것

풍도단면의 긴 변 또는 직경의 크기	강판 두께
450[mm] 이하	0.5[mm]
450[mm] 초과 750[mm] 이하	0.6[mm]
750[mm] 초과 1,500[mm] 이하	0.8[mm]
1,500[mm] 초과 2,250[mm] 이하	1.0[mm]
2,250[mm] 초과	1.2[mm]

② 배출기 **흡입 측 풍도** 안의 풍속은 **15[m/s] 이하**로 하고, **배출 측의 풍속**은 **20[m/s]** 이하로 할 것

> 유입풍도 안의 풍속 : 20[m/s] 이하

8 제연설비의 구조 및 전원

(1) 비상전원의 종류

① 자가발전설비

② 축전지설비

③ 전기저장장치(외부 전기에너지를 저장해 두었다가 필요한 때 전기를 공급하는 장치)

(2) 비상전원을 설치하지 않을 수 있는 경우

① 2 이상의 변전소에서 전력을 동시에 공급받을 수 있는 경우

② 하나의 변전소로부터 전력의 공급이 중단되는 때에는 자동으로 다른 변전소로부터 전원을 공급받을 수 있도록 상용전원을 설치한 경우

(3) 비상전원의 설치기준 **23** 년 출제

① 점검에 편리하고 화재 및 침수 등의 재해로 인한 피해를 받을 우려가 없는 곳에 설치할 것

② 제연설비를 유효하게 20분 이상 작동할 수 있도록 할 것

③ 상용전원으로부터 전력의 공급이 중단된 때에는 자동으로 비상전원으로부터 전력을 공급받을 수 있도록 할 것

④ 비상전원의 설치장소는 다른 장소와 방화구획할 것. 이 경우 그 장소에는 비상전원의 공급에 필요한 기구나 설비 외의 것(열병합발전설비에 필요한 기구나 설비는 제외한다)을 두어서는 안 된다.
⑤ 비상전원을 실내에 설치하는 때에는 그 실내에 비상조명등을 설치할 것

(4) 가동식의 벽·제연경계벽·댐퍼 및 배출기의 작동은 화재감지기와 연동되어야 하며, 예상제연구역(또는 인접장소) 및 제어반에서 수동으로 기동이 가능하도록 할 것

> **Plus one** 제어반의 기능
> • 제연용 감지기의 감지신호 수신
> • 배기댐퍼의 기동, 복구
> • 급기댐퍼의 기동, 복구

9 배출기의 용량 16 18 20 년 출제

$$동력[kW] = \frac{Q[m^3/min] \times [mmAq]}{6,120 \times \eta P_r} \times K = \frac{Q[m^3/s] \times P_r[kg_f/m^2]}{102 \times \eta} \times K$$

여기서, Q : 풍량
P_r : 풍압
K : 여유율
η : 펌프의 효율

10 피난로의 급기풍량 계산방법 15 년 출제

$$Q = 0.827 \times A \times P^{\frac{1}{N}}$$

여기서, Q : 급기풍량[m³/s]
A : 틈새면적[m²]
P : 문을 경계로 한 실내외 기압차[N/m²]([Pa])
N : 누설면적상수(일반출입문 = 2, 창문 = 1.6)

(1) 병렬상태인 경우의 틈새면적[m²]

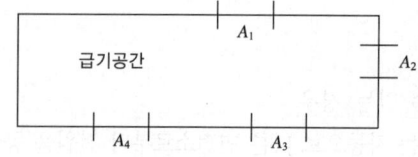

┼┼┼ (출입문)
$A_T = A_1 + A_2 + A_3 + A_4$
 A_T : 총틈새면적
 A_1, A_2, A_3, A_4 : 각 누설경로의 문 틈새면적

(2) 직렬상태인 경우의 틈새면적[m²] 19 년 출제

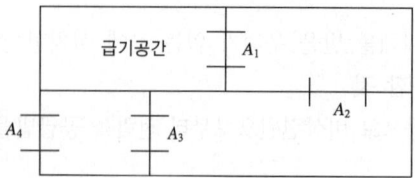

$$A_T = \left(\frac{1}{A_1^2} + \frac{1}{A_2^2} + \frac{1}{A_3^2} + \frac{1}{A_4^2} \right)^{-\frac{1}{2}}$$

(3) 병렬 및 직렬상태인 경우의 틈새면적[m²]

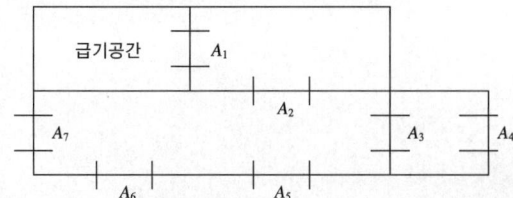

$$A_{T1\sim7} = \left(\frac{1}{A_1^2} + \frac{1}{A_2^2} + \frac{1}{(A_{3\sim4}+A_{5\sim7})^2} \right)^{-\frac{1}{2}}$$

$$A_{T3\sim4} = \left(\frac{1}{A_3^2} + \frac{1}{A_4^2} \right)^{-\frac{1}{2}}$$

제2절 **특별피난계단의 계단실 및 부속실의 제연설비(NFTC 501A)**

1 정의

① **방연풍속** : 옥내로부터 제연구역 내로 연기의 유입을 유효하게 방지할 수 있는 풍속
② **급기량** : 제연구역에 공급해야 할 공기의 양
③ **누설량** : 틈새를 통하여 제연구역으로부터 흘러나가는 공기량
④ **보충량** : 방연풍속을 유지하기 위하여 제연구역에 보충해야 할 공기량
⑤ **플랩댐퍼** : 제연구역의 압력이 설정압력범위를 초과하는 경우 제연구역의 압력을 배출하여 설정압력 범위를 유지하게 하는 과압방지장치
⑥ **자동차압급기댐퍼** : 제연구역과 옥내 사이의 차압을 압력센서 등으로 감지하여 제연구역에 공급되는 풍량의 조절로 제연구역의 차압유지를 자동으로 제어할 수 있는 댐퍼
⑦ **자동폐쇄장치** : 제연구역의 출입문 등에 설치하는 것으로서 화재 시 화재감지기 작동의 작동과 연동하여 출입문을 자동적으로 닫게 하는 장치 **11** **년 출제**
⑧ **과압방지장치** : 제연구역의 압력이 설정압력을 초과하는 경우 자동으로 압력을 조절하여 과압을 방지하는 장치
⑨ **굴뚝효과** : 건물 내부와 외부 또는 두 내부 공간 상하 간의 온도 차이에 의한 밀도 차이로 발생하는 건물 내부의 수직 기류
⑩ **차압측정공** : 제연구역과 비제연구역과의 압력 차를 측정하기 위해 제연구역과 비제연구역 사이의 출입문 등에 설치된 공기가 흐를 수 있는 관통형 통로

2 제연방식

① 제연구역에 옥외의 신선한 공기를 공급하여 제연구역의 기압을 제연구역 이외의 옥내(이하 "옥내"라 함)보다 높게 하되 일정한 기압의 차이(이하 "차압"이라 함)를 유지하게 함으로써 옥내로부터 제연구역 내로 연기가 침투하지 못하도록 할 것
② 피난을 위하여 제연구역의 출입문이 일시적으로 개방되는 경우 방연풍속을 유지하도록 옥외의 공기를 제연구역 내로 보충 공급하도록 할 것
③ 출입문이 닫히는 경우 제연구역의 과압을 방지할 수 있는 유효한 조치를 하여 차압을 유지할 것

3 제연구역의 선정

① 계단실 및 그 부속실을 동시에 제연하는 것
② 부속실을 단독으로 제연하는 것
③ 계단실을 단독으로 제연하는 것

4 차압 등 11 년 출제

① 제연구역과 옥내와의 사이에 유지해야 하는 **최소 차압**은 **40[Pa]**(옥내에 **스프링클러설비**가 설치된 경우에는 **12.5[Pa]**) 이상으로 해야 한다.
② 제연설비가 가동되었을 경우 **출입문의 개방에 필요한 힘**은 **110[N] 이하**로 해야 한다.
③ 출입문이 일시적으로 개방되는 경우 개방되지 않은 제연구역과 옥내와의 차압은 ①의 기준에 불구하고 ①의 기준에 따른 차압의 70[%] 이상이어야 한다.
④ 계단실과 부속실을 동시에 제연하는 경우 부속실의 기압은 계단실과 같게 하거나 계단실의 기압보다 낮게 할 경우에는 부속실과 계단실의 압력 차이는 5[Pa] 이하가 되도록 해야 한다.

5 급기량

급기량은 다음의 양을 합한 양 이상이 되어야 한다.
① 기준에 따른 차압을 유지하기 위하여 제연구역에 공급해야 할 공기량. 이 경우 제연구역에 설치된 출입문(창문을 포함)의 누설량과 같아야 한다.
② 기준에 따른 보충량(피난을 위하여 제연구역의 출입문이 일시적으로 개방되는 경우 방연풍속을 유지하도록 옥외의 공기를 제연구역 내로 보충 공급하도록 할 것)

6 누설량

급기량의 기준에 따른 누설량은 제연구역의 누설량을 합한 양으로 한다. 이 경우 출입문이 2개소 이상인 경우에는 각 출입문의 누설틈새 면적을 합한 것으로 한다.

7 보충량

급기량의 기준에 따른 보충량은 부속실의 수가 **20개 이하**는 **1개 층 이상**, **20개를 초과하는 경우**에는 **2개 층 이상**의 보충량으로 한다.

8 방연풍속

제연구역		방연풍속
계단실 및 그 부속실을 동시에 제연하는 것 또는 계단실만 단독으로 제연하는 것		0.5[m/s] 이상
부속실만 단독으로 제연하는 것	부속실 또는 승강장이 면하는 옥내가 거실인 경우	0.7[m/s] 이상
	부속실이 면하는 옥내가 복도로서 그 구조가 방화구조(내화시간이 30분 이상인 구조를 포함)인 것	0.5[m/s] 이상

9 과압방지조치

제연구역에서 발생하는 고압을 해소하기 위해 과압방지장치를 설치하는 등의 과압방지조치를 해야
한다. 다만, 제연구역 내에 과압발생의 우려가 없다는 것을 시험 또는 공학적인 자료로 입증하는 경우
에는 과압방지조치를 하지 않을 수 있다.

10 누설틈새의 면적 등

(1) 출입문 틈새면적의 산출식 20 23 년 출제

$$A = \left(\frac{L}{l}\right) \times A_d$$

여기서, A : 출입문의 틈새[m²]
L : 출입문 틈새의 길이[m]. 다만, L의 수치가 l의 수치 이하인 경우에는 l의 수치로 할 것

l와 A_d의 수치

출입문 형태		기준틈새길이(l)	기준틈새면적(A_d)
외여닫이 문	제연구역의 실내 쪽으로 개방	5.6[m]	0.01[m²]
	제연구역의 실외 쪽으로 개방	5.6[m]	0.02[m²]
쌍여닫이 문		9.2[m]	0.03[m²]
승강기 출입문		8.0[m]	0.06[m²]

(2) 창문의 틈새면적의 산출식

창문 형태		기준틈새면적[m²]
여닫이식 창문	창틀에 방수패킹이 없는 경우	$2.55 \times 10^{-4} \times$ 틈새의 길이[m]
	창틀에 방수패킹이 있는 경우	$3.61 \times 10^{-5} \times$ 틈새의 길이[m]
미닫이식 창문		$1.00 \times 10^{-4} \times$ 틈새의 길이[m]

11 유입공기의 배출

(1) 유입공기는 화재 층의 제연구역과 면하는 옥내로부터 옥외로 배출되도록 해야 한다. 다만, 직통
계단식 공동주택의 경우에는 그렇지 않다.

(2) 유입공기의 배출방식
① 수직풍도에 따른 배출 : 옥상으로 직통하는 전용의 배출용 수직풍도를 설치하여 배출하는 것으로서
다음의 어느 하나에 해당하는 것
ㄱ 자연배출식 : 굴뚝효과에 따라 배출하는 것
ㄴ 기계배출식 : 수직풍도의 상부에 전용의 배출용 송풍기를 설치하여 강제로 배출하는 것. 다만,
지하층만을 제연하는 경우 배출용 송풍기의 설치위치는 배출된 공기로 인하여 피난 및 소화활동
에 지장을 주지 않은 곳에 설치할 수 있다.
② 배출구에 따른 배출 : 건물의 옥내와 면하는 외벽마다 옥외와 통하는 배출구를 설치하여 배출하는 것

③ 제연설비에 따른 배출 : 거실제연설비가 설치되어 있고 해당 옥내로부터 옥외로 배출해야 하는 유입공기의 양을 거실제연설비의 배출량에 합하여 배출하는 경우 유입공기의 배출은 해당 거실제연설비에 따른 배출로 갈음할 수 있다.

12 수직풍도에 따른 배출

① 수직풍도는 내화구조로 하되 건축물의 피난·방화구조 등의 기준에 관한 규칙 제3조 제1호 또는 제2호의 기준 이상의 성능으로 할 것
② 수직풍도의 내부면은 두께 0.5[mm] 이상의 아연도금강판 또는 동등 이상의 내식성·내열성이 있는 것으로 마감되는 접합부에 대하여는 통기성이 없도록 조치할 것
③ 각 층의 옥내와 면하는 수직풍도의 관통부에 적합한 배출댐퍼의 설치기준 **20** 년 출제
  ㉠ **배출댐퍼**는 두께 **1.5[mm] 이상**의 강판 또는 이와 동등 이상의 성능이 있는 것으로 설치해야 하며 비내식성 재료의 경우에는 부식방지 조치를 할 것
  ㉡ 평상시 닫힌 구조로 기밀상태를 유지할 것
  ㉢ 개폐여부를 해당 장치 및 제어반에서 확인할 수 있는 감지기능을 내장하고 있을 것
  ㉣ 구동부의 작동상태와 닫혀 있을 때의 기밀상태를 수시로 점검할 수 있는 구조일 것
  ㉤ 풍도의 내부마감 상태에 대한 점검 및 댐퍼의 정비가 가능한 이·탈착구조로 할 것
  ㉥ 화재 층에 설치된 화재감지기의 동작에 따라 해당 층의 댐퍼가 개방될 것
  ㉦ 개방 시의 실제 개구부(개구율을 감안한 것)의 크기는 ㉣의 기준에 따라 수직풍도의 최소내부단면적 이상으로 할 것
  ㉧ 댐퍼는 풍도 내의 공기흐름에 지장을 주지 않도록 수직풍도의 내부로 돌출하지 않게 설치할 것
④ 수직풍도의 내부단면적
  ㉠ 자연배출식의 경우 다음 식에 따라 산출하는 수치 이상으로 할 것. 다만, 수직풍도의 길이가 **100[m]를 초과**하는 경우에는 산출수치의 **1.2배 이상**의 수치로 해야 한다.

$$A_P = \frac{Q_N}{2}$$

여기서, A_P : 수직풍도의 내부단면적[m²]
　　　Q_N : 수직풍도가 담당하는 1개 층의 제연구역의 출입문(옥내와 면하는 출입문) 1개의 면적[m²]과 방연풍속[m/s]을 곱한 값[m³/s]

  ㉡ 송풍기를 이용한 기계배출식의 경우 풍속 15[m/s] 이하로 할 것

13 배출구에 따른 배출

(1) 배출구에는 다음의 기준에 적합한 장치를 설치할 것
① 빗물과 이물질이 유입하지 않는 구조로 할 것
② 옥외 쪽으로만 열리도록 하고 옥외의 풍압에 따라 자동으로 닫히도록 할 것

(2) 개폐기의 개구면적은 다음 식에 따라 산출한 수치 이상으로 할 것

$$A_O = \frac{Q_N}{2.5}$$

여기서, A_O : 개폐기의 개구면적[m²]
Q_N : 수직풍도가 담당하는 1개 층의 제연구역의 출입문(옥내와 면하는 출입문) 1개의 면적[m²]과 방연풍
속[m/s]을 곱한 값[m³/s]

14 급기구의 설치기준

① 급기용 수직풍도와 직접 면하는 벽체 또는 천장(해당 수직풍도와 천장급기구 사이의 풍도를 포함)에 고정하되, 급기되는 기류흐름이 출입문으로 인하여 차단되거나 방해되지 않도록 옥내와 면하는 출입문으로부터 가능한 먼 위치에 설치할 것

② 계단실과 그 부속실을 동시에 제연하거나 또는 계단실만을 제연하는 경우 급기구는 계단실 매 3개층 이하의 높이마다 설치할 것. 다만, 계단실의 높이가 31[m] 이하로서 계단실만을 제연하는 경우에는 하나의 계단실에 하나의 급기구만을 설치할 수 있다.

③ 급기구의 댐퍼 설치기준

  ㉠ 급기댐퍼의 재질은 자동차압급기댐퍼의 성능인증 및 제품검사의 기술기준에 적합한 것으로 할 것

  ㉡ 자동차압급기댐퍼는 자동차압급기댐퍼의 성능인증 및 제품검사의 기술기준에 적합한 것으로 설치할 것

  ㉢ 자동차압급기댐퍼가 아닌 댐퍼는 개구율을 수동으로 조절할 수 있는 구조로 할 것

  ㉣ 화재감지기에 따라 모든 제연구역의 댐퍼가 개방되도록 할 것. 다만, 둘 이상의 특정소방대상물이 지하에 설치된 주차장으로 연결되어 있는 경우에는 특정소방대상물의 화재감지기 및 주차장에서 하나의 특정소방대상물의 제연구역으로 들어가는 입구에 설치된 제연용 연기감지기의 작동에 따라 해당 특정소방대상물의 수직풍도에 연결된 모든 제연구역의 댐퍼가 개방되도록 하거나 해당 특정소방대상물을 포함한 둘 이상의 특정소방대상물의 모든 제연구역의 댐퍼가 개방되도록 할 것

15 급기풍도의 설치기준

① 수직풍도는 내화구조로 하되 건축물의 피난·방화구조 등의 기준에 관한 규칙 제3조 제1호 또는 제2호의 기준 이상의 성능으로 할 것

② 수직풍도의 내부면은 두께 0.5[mm] 이상의 아연도금강판 또는 동등 이상의 내식성·내열성이 있는 것으로 마감되는 접합부에 대하여는 통기성이 없도록 조치할 것

③ 수직풍도 이외의 풍도로서 금속판으로 설치하는 풍도는 다음의 기준에 적합할 것

  ㉠ 풍도는 아연도금강판 또는 이와 동등 이상의 내식성·내열성이 있는 것으로 하며, 건축법 시행령 제2조에 따른 불연재료(석면재료를 제외한다)인 단열재로 풍도 외부에 유효한 단열처리를 하고, 강판의 두께는 풍도의 크기에 따라 다음 표에 따른 기준 이상으로 할 것. 다만, 방화구획이 되는 전용실에 급기송풍기와 연결되는 덕트는 단열이 필요 없다.

풍도단면의 긴변 또는 직경의 크기	강판 두께
450[mm] 이하	0.5[mm]
450[mm] 초과 750[mm] 이하	0.6[mm]
750[mm] 초과 1,500[mm] 이하	0.8[mm]
1,500[mm] 초과 2,250[mm] 이하	1.0[mm]
2,250[mm] 초과	1.2[mm]

ⓒ 풍도에서의 누설량은 급기량의 10[%]를 초과하지 않을 것

④ 풍도는 정기적으로 풍도 내부를 청소할 수 있는 구조로 할 것

⑤ 풍도 내의 풍속은 15[m/s] 이하로 할 것

16 수동기동장치

배출댐퍼 및 개폐기의 직근 또는 제연구역에는 다음의 기준에 따른 장치의 작동을 위하여 수동기동장치를 설치하고 스위치는 바닥으로부터 0.8[m] 이상 1.5[m] 이하의 높이에 설치해야 한다. 다만, 계단실 및 그 부속실을 동시에 제연하는 제연구역에는 그 부속실에만 설치할 수 있다.

① 전 층의 제연구역에 설치된 급기댐퍼의 개방

② 해당 층의 배출댐퍼 또는 개폐기의 개방

③ 급기송풍기 및 유입공기의 배출용 송풍기(설치한 경우에 한함)의 작동

④ 개방·고정된 모든 출입문(제연구역과 옥내 사이의 출입문에 한함)의 개폐장치의 작동

17 제어반

① 제어반에는 제어반의 기능을 1시간 이상 유지할 수 있는 용량의 비상용 축전지를 내장할 것. 다만, 해당 제어반이 종합방재제어반에 함께 설치되어 종합방재제어반으로부터 이 기준에 따른 용량의 전원을 공급받을 수 있는 경우에는 그렇지 않다.

② 제어반의 기능 13 년 출제

　ⓐ 급기용 댐퍼의 개폐에 대한 감시 및 원격조작기능

　ⓑ 배출댐퍼 또는 개폐기의 작동여부에 대한 감시 및 원격조작기능

　ⓒ 급기송풍기와 유입공기의 배출용 송풍기(설치한 경우에 한함)의 작동 여부에 대한 감시 및 원격조작기능

　ⓓ 제연구역의 출입문의 일시적인 고정개방 및 해정에 대한 감시 및 원격조작기능

　ⓔ 수동기동장치의 작동 여부에 대한 감시기능

　ⓕ 급기구 개구율의 자동조절장치(설치하는 경우에 한함)의 작동여부에 대한 감시기능

　ⓖ 감시선로의 단선에 대한 감시기능

　ⓗ 예비전원이 확보되고 예비전원의 적합 여부를 시험할 수 있어야 할 것

18 시험, 측정 및 조정 등

(1) 시험 등 측정시기 : 완성되는 시점

(2) 제연설비의 시험 등의 실시기준 18 년 출제

① 제연구역의 출입문의 크기와 열리는 방향 확인

모든 출입문 등의 크기와 열리는 방향이 설계 시와 동일한지 여부를 확인하고, 동일하지 않은 경우 급기량과 보충량 등을 다시 산출하여 조정가능 여부 또는 재설계·개수의 여부를 결정할 것

② 폐쇄력 측정

제연구역의 출입문 및 복도와 거실(옥내가 복도와 거실로 되어 있는 경우에 한함) 사이의 출입문마다 제연설비가 작동하고 있지 않은 상태에서 그 폐쇄력(단위는 [kg중] 또는 [N]을 말한다)을 측정할 것

③ 제연설비의 작동 여부

층별로 화재감지기(수동기동장치를 포함한다)를 동작시켜 제연설비가 작동하는지 여부를 확인할 것

④ **제연설비 작동 시 확인 사항**

㉠ **방연풍속의 적정 여부**

㉮ 조건 : 부속실과 면하는 옥내 및 계단실의 출입문을 동시 개방할 경우

ⓐ 부속실(승강장)의 수가 20개 이하 : 1개 층

ⓑ 부속실(승강장)의 수가 20개 초과 : 2개 층

㉯ 측정 : 유입공기의 풍속은 출입문의 개방에 따른 개구부를 대칭적으로 균등 분할하는 10 이상의 지점에서 측정하는 풍속의 평균치로 할 것

㉰ 판정 여부 : 유입공기의 풍속이 **방연풍속**에 적합한지 여부를 확인한다.

㉱ 적합하지 않은 경우

ⓐ 급기구의 개구율 조정

ⓑ 플랩댐퍼(설치한 경우에 한한다) 조정

ⓒ 풍량조절용 댐퍼 등의 조정

| Plus one | 방연풍속 |

제연구역		방연풍속
계단실 및 그 부속실을 동시에 제연하는 것 또는 계단실만 단독으로 제연하는 것		0.5[m/s] 이상
부속실만 단독으로 제연하는 것	부속실 또는 승강장이 면하는 옥내가 거실인 경우	0.7[m/s] 이상
	부속실이 면하는 옥내가 복도로서 그 구조가 방화구조(내화시간이 30분 이상인 구조를 포함한다)인 것	0.5[m/s] 이상

㉡ **출입문을 개방하지 않는 상태에서 제연설비 작동 후**

㉮ 차압의 적정 여부

ⓐ 측정 상태 : 계단실과 부속실의 출입문 폐쇄와 승강기 운행 중단

ⓑ 차압을 측정하는 출입문 : 제연구역의 부속실과 면하는 옥내의 출입문

ⓒ 측정방법 : 출입문 등에 차압측정공을 설치하고 이를 통하여 차압측정기구로 실측하여 확인·조정할 것

ⓓ 최저차압 : 40[Pa](옥내에 스프링클러설비가 설치된 경우에는 12.5[Pa]) 이상
ⓔ 출입문 일시 개방 시 다른 층의 차압 : 기준차압의 70[%] 이상일 것
㉯ 출입문 개방에 필요한 힘 측정
ⓐ 측정상태 : 계단실과 부속실의 출입문 폐쇄와 승강기 운행 중단
ⓑ 측정하는 문 : 제연구역의 부속실과 면하는 옥내의 출입문
ⓒ 판정 여부 : 개방력이 110[N] 이하일 것
ⓓ 적합하지 않은 경우
• 급기구의 개구율 조정
• 플랩댐퍼(설치한 경우에 한한다) 조정
• 풍량조절용 댐퍼 등의 조정
㉢ 출입문의 자동폐쇄상태 확인
부속실의 개방된 출입문이 자동으로 완전히 닫히는지 여부를 확인하고, 닫힌 상태를 유지할
수 있도록 조정할 것

제3절 연결송수관설비(NFTC 502)

1 연결송수관설비의 개요

건축물의 옥외에 설치된 송수구에 소방차로부터 가압수를 송수하고 소방관이 건축물 내에 설치된
방수기구함에 비치된 호스를 방수구에 연결하여 화재를 진압하는 소화활동설비이다.

2 연결송수관설비의 종류

(1) 건식 설비방식

건축물, 외벽이나 화단벽에 설치된 송수구에서 건축물의 층마다 설치된 방수구까지의 배관 내에 물이
들어가 있지 않은 설비방식으로 화재 시 소방차에 의해서 송수구로부터 물을 공급받아 소화하는 것이다.

(2) 습식 설비방식 18 년 출제

송수구로부터 층마다 설치된 방수구까지의 배관 내에 물이 항상 들어있는 방식으로서 높이 **31[m]**
이상인 건축물 또는 **11층 이상**의 건축물에 설치한다.

3 송수구의 설치기준 11 15 19 22 24 년 출제

① 소방차가 쉽게 접근할 수 있고 잘 보이는 장소에 설치할 것
② 지면으로부터 높이가 **0.5[m] 이상 1[m] 이하**의 위치에 설치할 것
③ 송수구는 화재층으로부터 지면으로 떨어지는 유리창 등이 송수 및 그 밖
의 소화작업에 지장을 주지 않는 장소에 설치할 것

④ 송수구로부터 연결송수관설비의 주배관에 이르는 연결배관에 개폐밸브를 설치한 때에는 그 개폐상태를 쉽게 확인 및 조작할 수 있는 옥외 또는 기계실 등의 장소에 설치할 것. 이 경우 개폐밸브에는 그 밸브의 개폐상태를 감시제어반에서 확인할 수 있도록 급수개폐밸브 작동표시 스위치(탬퍼스위치)를 다음의 기준에 따라 설치해야 한다.

    ㉠ 급수개폐밸브가 잠길 경우 탬퍼스위치의 동작으로 인하여 감시제어반 또는 수신기에 표시되어야 하며 경보음을 발할 것

    ㉡ 탬퍼스위치는 감시제어반 또는 수신기에서 동작의 유무확인과 동작시험, 도통시험을 할 수 있을 것

    ㉢ 탬퍼스위치에 사용되는 전기배선은 내화전선 또는 내열전선으로 설치할 것

⑤ 구경 65[mm]의 쌍구형으로 할 것

⑥ 송수구에는 그 가까운 곳의 보기 쉬운 곳에 **송수압력범위**를 표시한 표지를 할 것

⑦ **송수구**는 연결송수관의 **수직배관**마다 **1개 이상**을 설치할 것. 다만, 하나의 건축물에 설치된 각 수직배관이 중간에 개폐밸브가 설치되지 않은 배관으로 상호 연결되어 있는 경우에는 건축물마다 1개씩 설치할 수 있다.

⑧ 송수구의 부근에 자동배수밸브 및 체크밸브의 설치 순서

    ㉠ **습식 : 송수구 → 자동배수밸브 → 체크밸브**

    ㉡ **건식 : 송수구 → 자동배수밸브 → 체크밸브 → 자동배수밸브**

⑨ 송수구에는 가까운 곳의 보기 쉬운 곳에 "연결송수관설비송수구"라고 표시한 표지를 설치할 것

⑩ 송수구에는 이물질을 막기 위한 마개를 씌울 것

4 배 관

(1) 배관의 설치기준 `10` `18` `21` 년 출제

① **주배관의 구경 : 100[mm] 이상**(다만, 주배관의 구경이 100[mm] 이상인 옥내소화전설비의 배관과는 겸용할 수 있다)

② 지면으로부터의 높이가 **31[m] 이상**인 특정소방대상물 또는 지상 **11층 이상**인 특정소방대상물에 있어서는 **습식설비**로 할 것

③ 성능시험배관에 설치하는 유량측정장치는 성능시험배관의 직관부에 설치하되, 펌프 정격토출량의 175[%] 이상을 측정할 수 있는 것으로 해야 한다.

(2) 배관의 재질

① **배관 내 사용압력이 1.2[MPa] 미만일 경우**

    ㉠ 배관용 탄소강관(KS D 3507)

    ㉡ 이음매 없는 구리 및 구리합금관(KS D 5301). 다만, 습식의 배관에 한한다.

    ㉢ 배관용 스테인리스강관(KS D 3576) 또는 일반배관용 스테인리스강관(KS D 3595)

    ㉣ 덕타일 주철관(KS D 4311)

② **배관 내 사용압력이 1.2[MPa] 이상일 경우** `18` 년 출제

    ㉠ 압력배관용 탄소강관(KS D 3562)

    ㉡ 배관용 아크용접 탄소강강관(KS D 3583)

5 **방수구**

방수구는 소방대전용 방수구로서 소방대의 호스를 접속할 수 있는 것

(1) 연결송수관설비의 방수구는 그 특정소방대상물의 층마다 설치할 것

> `Plus one` 방수구 층마다 설치 예외 `20` `23` **년 출제**
> • 아파트의 1층 및 2층
> • 소방차 접근이 가능하고 소방대원이 소방차로부터 각 부분에 쉽게 도달할 수 있는 피난층
> • 송수구가 부설된 옥내소화전을 설치한 특정소방대상물(집회장·관람장·백화점·도매시장·소매시장·판매시설·공장·창고시설 또는 지하가는 제외)로서 다음의 어느 하나에 해당하는 층
>   – 지하층을 제외한 층수가 4층 이하이고 연면적이 6,000[m²] 미만인 특정소방대상물의 지상층
>   – 지하층의 층수가 2 이하인 특정소방대상물의 지하층

(2) 방수구의 설치기준

① 아파트 또는 바닥면적이 1,000[m²] 미만인 층 : 계단(계단이 둘 이상 있는 경우에는 그중 1개의 계단을 말한다)으로부터 5[m] 이내에 설치할 것. 이 경우 부속실이 있는 계단은 부속실의 옥내 출입구로부터 5[m] 이내에 설치할 수 있다.

② 바닥면적 1,000[m²] 이상인 층(아파트는 제외) : 계단(계단 부속실을 포함하여 계단이 셋 이상 있는 경우에는 그중 두 개의 계단을 말한다)으로부터 5[m] 이내에 설치할 것. 이 경우 부속실이 있는 계단은 부속실의 옥내 출입구로부터 5[m] 이내에 설치할 수 있다. `17` **년 출제**

③ ①, ②에 따라 설치하는 방수구로부터 그 층의 각 부분까지의 거리가 다음 기준을 초과하는 경우에는 그 기준 이하가 되도록 방수구를 추가하여 설치할 것

  ㉠ 지하가(터널은 제외) 또는 지하층의 바닥면적의 합계가 3,000[m²] 이상 : 수평거리 25[m]

  ㉡ ㉠에 해당하지 않는 것 : 수평거리 50[m]

(3) 11층 이상에 설치하는 방수구는 쌍구형으로 할 것

> `Plus one` 단구형으로 설치할 수 있는 경우 `15` **년 출제**
> • 아파트의 용도로 사용되는 층
> • 스프링클러설비가 유효하게 설치되어 있고 방수구가 2개소 이상 설치된 층

(4) 방수구의 설치 위치 : 바닥으로부터 높이 0.5[m] 이상 1[m] 이하

(5) 방수구의 구경 : 구경 65[mm]의 것

(6) 방수구는 개폐기능을 가진 것으로 설치해야 하며, 평상시 닫힌 상태를 유지할 것

6 **연결송수관설비의 방수기구함**

① **방수기구함**은 피난층과 가장 가까운 층을 기준으로 **3개층**마다 **설치**하되, 그 층의 방수구마다 보행거리 5[m] 이내에 설치할 것 `15` `22` **년 출제**

② 방수기구함에 길이 15[m]의 호스와 방사형 관창의 비치기준

[방수기구함]

　　㉠ 호스는 방수구에 연결하였을 때 그 방수구가 담당하는 구역의 각 부분에 유효하게 물이 뿌려질 수 있는 개수 이상을 비치할 것. 이 경우 쌍구형 방수구는 단구형 방수구의 **2배 이상**의 개수를 설치해야 한다.

　　㉡ 방사형 관창은 **단구형 방수구**의 경우에는 **1개**, **쌍구형 방수구**의 경우에는 **2개 이상** 비치할 것

③ 방수기구함에는 "방수기구함"이라고 표시한 축광식 표지를 할 것. 이 경우 축광식 표지는 소방청장이 고시한 축광표지의 성능인증 및 제품검사의 기술기준에 적합한 것으로 설치해야 한다.

7 가압송수장치

(1) 설치대상 `15` 년 출제

지표면에서 최상층 방수구의 **높이가 70[m] 이상**의 특정소방대상물

(2) 설치기준 `14` 년 출제

① 쉽게 접근할 수 있고 점검하기에 충분한 공간이 있는 장소로서 화재 및 침수 등의 재해로 인한 피해를 받을 우려가 없는 곳에 설치할 것

② 동결방지조치를 하거나 동결의 우려가 없는 장소에 설치할 것

③ 펌프는 전용으로 할 것. 다만, 각각의 소화설비의 성능에 지장이 없을 때에는 다른 소화설비와 겸용할 수 있다.

④ 펌프의 토출 측에는 압력계를 체크밸브 이전에 펌프 토출 측 플랜지에서 가까운 곳에 설치하고, 흡입 측에는 연성계 또는 진공계를 설치할 것. 다만, 수원의 수위가 펌프의 위치보다 높거나 수직회전축 펌프의 경우에는 연성계 또는 진공계를 설치하지 않을 수 있다.

⑤ 가압송수장치에는 정격부하 운전 시 펌프의 성능을 시험하기 위한 배관을 설치할 것. 다만, 충압펌프의 경우에는 그렇지 않다.

⑥ 수조의 유효수량은 펌프 정격토출량의 150[%]로 5분 이상 방수할 수 있는 양 이상이 되도록 해야 한다.

⑦ 가압송수장치에는 체절운전 시 수온의 상승을 방지하기 위한 순환배관을 설치할 것. 다만, 충압펌프의 경우에는 그렇지 않다.

⑧ **펌프의 토출량은 2,400[L/min]**(계단식 아파트의 경우에는 1,200[L/min]) **이상**이 되는 것으로 할 것. 다만, 해당 층에 설치된 방수구가 **3개를 초과**(방수구가 5개 이상인 경우에는 5개)하는 것에 있어서는 1개마다 **800[L/min]**(계단식 아파트의 경우에는 400[L/min])을 가산한 양이 되는 것으로 할 것

⑨ 펌프의 양정은 최상층에 설치된 노즐 선단(끝부분)의 압력이 **0.35[MPa] 이상**의 압력이 되도록 할 것

⑩ 가압송수장치는 방수구가 개방될 때 자동으로 기동되거나 수동스위치의 조작에 따라 기동되도록 할 것. 이 경우 수동스위치는 2개 이상을 설치하되 그중 1개는 다음 기준에 따라 송수구의 부근에 설치해야 한다.

ⓐ 송수구로부터 5[m] 이내의 보기 쉬운 장소에 바닥으로부터 높이 0.8[m] 이상 1.5[m] 이하로 설치할 것

ⓑ 1.5[mm] 이상의 강판함에 수납하여 설치하고 "연결송수관설비 수동스위치"라고 표시한 표지를 부착할 것. 이 경우 문짝은 불연재료로 설치할 수 있다.

ⓒ 전기사업법 제67조에 따른 전기설비기술기준에 따라 접지하고 빗물 등이 들어가지 않는 구조로 할 것

⑪ 기동장치로는 기동용수압개폐장치 또는 이와 동등 이상의 성능이 있는 것으로 설치할 것. 다만, 기동용수압개폐장치 중 압력챔버를 사용할 경우 그 내용적은 100[L] 이상인 것으로 할 것

⑫ 가압송수장치가 기동이 된 경우에는 자동으로 정지되지 않도록 할 것. 다만, 충압펌프의 경우에는 그렇지 않다.

8 전원 등

(1) 상용전원회로의 배선 기준

① 저압수전인 경우에는 인입개폐기의 직후에서 분기하여 전용배선으로 할 것

② 특별고압수전 또는 고압수전일 경우에는 전력용 변압기 2차 측의 주차단기 1차 측에서 분기하여 전용배선으로 하되, 상용전원의 공급에 지장이 없을 경우에는 주차단기 2차 측에서 분기하여 전용배선으로 할 것

(2) 비상전원

① 비상전원의 종류

ⓐ 자가발전설비

ⓑ 축전지설비(내연기관에 따른 펌프를 사용하는 경우에는 내연기관의 기동 및 제어용 축전지를 말한다)

ⓒ 전기저장장치(외부 전기에너지를 저장해 두었다가 필요한 때 전기를 공급하는 장치)

② 비상전원의 설치기준

ⓐ 점검에 편리하고 화재 및 침수 등의 재해로 인한 피해를 받을 우려가 없는 곳에 설치할 것

ⓑ 연결송수관설비를 유효하게 **20분 이상(30층 이상 49층 이하는 40분 이상, 50층 이상은 60분 이상)** 작동할 수 있어야 할 것

ⓒ 상용전원으로부터 전력의 공급이 중단된 때에는 자동으로 비상전원으로부터 전력을 공급받을 수 있도록 할 것

ⓓ 비상전원의 설치장소는 다른 장소와 방화구획하고 비상전원의 공급에 필요한 기구나 설비 외의 것(열병합발전설비에 필요한 기구나 설비는 제외)을 두지 않을 것

ⓔ 비상전원을 실내에 설치하는 때에는 그 실내에 비상조명등을 설치할 것

연결살수설비(NFTC 503)

1 연결살수설비의 개요

건축물의 지하층이나 지하가, 아케이드 등에서는 화재발생 시 연기가 충만되어 있어 소화가 곤란한 건축물에 설치하여 소방자동차가 출동하여 소화할 수 있는 설비이다.

2 송수구 등

① 소방차가 쉽게 접근할 수 있고 노출된 장소에 설치할 것
② 가연성 가스의 저장·취급시설에 설치하는 연결살수설비의 송수구는 그 방호대상물로부터 20[m] 이상의 거리를 두거나 방호대상물에 면하는 부분이 높이 1.5[m] 이상 폭 2.5[m] 이상의 철근콘크리트 벽으로 가려진 장소에 설치해야 한다.
③ **송수구**는 구경 **65[mm]의 쌍구형**으로 할 것. 다만, 하나의 송수구역에 부착하는 살수헤드의 수가 10개 이하인 것은 단구형인 것으로 할 수 있다. **18** **24** **년 출제**
④ 개방형 헤드를 사용하는 송수구의 호스접결구는 각 송수구역마다 설치할 것. 다만, 송수구역을 선택할 수 있는 선택밸브가 설치되어 있고 각 송수구역의 주요구조부가 내화구조일 때에는 그렇지 않다.
⑤ 소방관의 연결호스 등 소화작업에 용이하도록 지면으로부터 높이가 **0.5[m] 이상 1[m] 이하**의 위치에 설치할 것 **21** **년 출제**
⑥ 송수구로부터 주배관에 이르는 연결배관에는 개폐밸브를 설치하지 않을 것. 다만, 스프링클러설비·물분무소화설비·포소화설비 또는 연결송수관설비의 배관과 겸용하는 경우에는 그렇지 않다.
⑦ 송수구의 부근에는 "연결살수설비 송수구"라고 표시한 표지와 **송수구역 일람표**를 설치할 것. 다만, 선택밸브 설치한 경우에는 그렇지 않다.
⑧ 송수구에는 이물질을 막기 위한 마개를 씌울 것
⑨ 송수구 부근의 설치기준
  ㉠ 폐쇄형 헤드 사용 : 송수구 → 자동배수밸브 → 체크밸브
  ㉡ **개방형 헤드** 사용 : 송수구 → 자동배수밸브
⑩ 개방형 헤드를 사용하는 연결살수설비에 있어서 하나의 송수구역에 설치하는 살수헤드의 수는 **10개 이하**가 되도록 할 것

3 연결살수설비의 배관

(1) 배관의 재질

① 배관 내 사용압력이 1.2[MPa] 미만일 경우
  ㉠ 배관용 탄소강관(KS D 3507)
  ㉡ 이음매 없는 구리 및 구리합금관(KS D 5301). 다만, 습식의 배관에 한한다.
  ㉢ 배관용 스테인리스강관(KS D 3576) 또는 일반배관용 스테인리스강관(KS D 3595)
  ㉣ 덕타일 주철관(KS D 4311)

② 배관 내 사용압력이 1.2[MPa] 이상일 경우

    ㉠ 압력배관용 탄소강관(KS D 3562)

    ㉡ 배관용 아크용접 탄소강강관(KS D 3583)

(2) 소방용 합성수지배관으로 설치할 수 있는 경우

① 배관을 지하에 매설하는 경우

② 다른 부분과 내화구조로 구획된 덕트 또는 피트의 내부에 설치하는 경우

③ 천장(상층이 있는 경우에는 상층 바닥의 하단을 포함한다)과 반자를 불연재료 또는 준불연재료로 설치하고 소화배관 내부에 항상 소화수가 채워진 상태로 설치하는 경우

(3) 연결살수설비 전용헤드 수별 급수관의 구경 **11** 년 출제

하나의 배관에 부착하는 연결살수설비 전용헤드의 개수	1개	2개	3개	4개 또는 5개	6개 이상 10개 이하
배관의 구경[mm]	32	40	50	65	80

(4) 배관의 설치기준

① 폐쇄형 헤드를 사용하는 연결살수설비의 배관

주배관은 다음 어느 하나에 해당하는 배관 또는 수조에 접속해야 한다. 이 경우 접속부분에는 체크밸브를 설치하되 점검하기 쉽게 해야 한다.

    ㉠ 옥내소화전설비의 주배관(옥내소화전설비가 설치된 경우에 한정한다)

    ㉡ 수도배관(연결살수설비가 설치된 건축물 안에 설치된 수도배관 중 구경이 가장 큰 배관을 말한다)

    ㉢ 옥상에 설치된 수조(다른 설비의 수조를 포함한다)

② 폐쇄형 헤드를 사용하는 연결살수설비의 시험배관 설치기준

    ㉠ 송수구에서 가장 먼 거리에 위치한 가지배관의 끝으로부터 연결하여 설치할 것

    ㉡ 시험장치 배관의 구경은 25[mm] 이상으로 하고 그 끝에는 물받이통 및 배수관을 설치하여 시험 중 방사된 물이 바닥으로 흘러내리지 않도록 할 것. 다만, 목욕실·화장실 또는 그 밖의 배수처리가 쉬운 장소의 경우에는 물받이통 또는 배수관을 설치하지 않을 수 있다.

③ **개방형 헤드**를 사용하는 연결살수설비의 **수평주행배관**은 헤드를 향하여 상향으로 **1/100 이상**의 **기울기**로 설치하고 주배관 중 낮은 부분에는 자동배수밸브를 설치할 것 **13** 년 출제

④ 가지배관 또는 교차배관을 설치하는 경우에는 가지배관의 배열은 토너먼트 방식이 아니어야 하며, 가지배관은 교차배관 또는 주배관에서 분기되는 지점을 기점으로 한쪽 **가지배관**에 설치되는 헤드의 개수는 **8개 이하**로 해야 한다.

⑤ 교차배관은 가지배관과 수평으로 설치하거나 또는 가지배관 밑에 설치하고, 최소 구경이 40[mm] 이상이 되도록 할 것

4 연결살수설비의 헤드

(1) 연결살수설비의 헤드는 연결살수설비 전용헤드 또는 스프링클러헤드로 설치해야 한다.

(2) **연결살수설비의 헤드 설치기준** 13 년 출제

① 천장 또는 반자의 실내에 면하는 부분에 설치할 것

② 천장 또는 반자의 각 부분으로부터 하나의 살수헤드까지의 수평거리가 **연결 살수설비 전용헤드**의 경우는 **3.7[m] 이하, 스프링클러헤드**의 경우는 **2.3[m] 이하**로 할 것. 다만, 살수헤드의 부착면과 바닥과의 높이가 2.1[m] 이하인 부분은 살수헤드의 살수분포에 따른 거리로 할 수 있다.

(3) **폐쇄형 스프링클러헤드를 설치하는 경우 설치기준** 14 년 출제

① 그 설치장소의 평상시 최고 주위온도에 따라 다음 표에 따른 표시온도의 것으로 설치할 것. 다만, 높이가 4[m] 이상인 공장 및 창고(랙식 창고를 포함)에 설치하는 스프링클러헤드는 그 설치장소의 평상시 최고 주위온도에 관계없이 표시온도 121[℃] 이상의 것으로 할 수 있다.

설치장소의 최고 주위온도	표시온도
39[℃] 미만	79[℃] 미만
39[℃] 이상 64[℃] 미만	79[℃] 이상 121[℃] 미만
64[℃] 이상 106[℃] 미만	121[℃] 이상 162[℃] 미만
106[℃] 이상	162[℃] 이상

② 살수가 방해되지 않도록 스프링클러헤드로부터 반경 60[cm] 이상의 공간을 보유할 것. 다만, 벽과 스프링클러헤드 간의 공간은 10[cm] 이상으로 한다.

③ 스프링클러헤드와 그 부착면(상향식 헤드의 경우에는 그 헤드의 직상부의 천장·반자 또는 이와 비슷한 것)과의 거리는 30[cm] 이하로 할 것

④ 스프링클러헤드의 반사판은 그 부착면과 평행하게 설치할 것

⑤ 습식 연결살수설비 외의 설비에는 상향식 스프링클러헤드를 설치할 것. 다만, 다음의 어느 하나에 해당하는 경우에는 그렇지 않다.

　㉠ 드라이펜던트 스프링클러헤드를 사용하는 경우

　㉡ 스프링클러헤드의 설치장소가 동파의 우려가 없는 곳인 경우

　㉢ 개방형 스프링클러헤드를 사용하는 경우

⑥ 측벽형 스프링클러헤드를 설치하는 경우 긴 변의 한쪽 벽에 일렬로 설치(폭이 4.5[m] 이상 9[m] 이하인 실은 긴 변의 양쪽에 각각 일렬로 설치하되 마주보는 스프링클러헤드가 나란히꼴이 되도록 설치)하고 3.6[m] 이내마다 설치할 것

(4) **가연성 가스의 저장·취급시설에 설치하는 연결살수설비의 헤드 설치기준(다만, 지하에 설치된 가연성 가스의 저장·취급시설로서 지상에 노출된 부분이 없는 경우에는 그렇지 않다)**

① 연결살수설비 전용의 개방형 헤드를 설치할 것

② 가스저장탱크·가스홀더 및 가스발생기의 주위에 설치하되, 헤드 상호 간의 거리는 3.7[m] 이하로 할 것

③ 헤드의 살수범위는 가스저장탱크·가스홀더 및 가스발생기의 몸체의 중간 윗부분의 모든 부분이 포함되도록 해야 하고 살수된 물이 흘러내리면서 살수범위에 포함되지 않은 부분에도 모두 적셔질 수 있도록 할 것

5 헤드의 설치 제외

① 상점(판매시설 및 운수시설을 말하며, 바닥면적이 150[m²] 이상인 지하층에 설치된 것은 제외)으로 서 주요구조부가 내화구조 또는 방화구조로 되어 있고 바닥면적이 500[m²] 미만으로 방화구획되어 있는 특정소방대상물 또는 그 부분

② **계단실**(특별피난계단의 부속실을 포함)·**경사로·승강기의 승강로·파이프덕트·목욕실·수영장**(관 람석 부분은 제외)·**화장실**·직접 외기에 개방되어 있는 복도·기타 이와 유사한 장소 **16** 년 출제

③ **통신기기실·전자기기실**·기타 이와 유사한 장소

④ **발전실·변전실·변압기**·기타 이와 유사한 전기설비가 설치되어 있는 장소

⑤ **병원의 수술실·응급처치실**·기타 이와 유사한 장소

⑥ 천장과 반자 양쪽이 불연재료로 되어 있는 경우로서 그 사이의 거리 및 구조가 다음의 어느 하나에 해당하는 부분 **15** 년 출제

　㉠ 천장과 반자 사이의 거리가 **2[m] 미만**인 부분

　㉡ 천장과 반자 사이의 벽이 불연재료이고 천장과 반자 사이의 거리가 2[m] 이상으로서 그 사이에 가연물이 존재하지 않는 부분

⑦ 천장·반자 중 **한쪽이 불연재료**로 되어있고 천장과 반자 사이의 거리가 **1[m] 미만**인 부분

⑧ 천장 및 반자가 **불연재료 외의 것**으로 되어 있고 천장과 반자 사이의 거리가 **0.5[m] 미만**인 부분

⑨ **펌프실·물탱크실**·그 밖의 이와 비슷한 장소

⑩ 현관 또는 로비 등으로서 바닥으로부터 높이가 20[m] 이상인 장소

⑪ 냉장창고의 영하의 **냉장실** 또는 냉동창고의 **냉동실**

⑫ 고온의 노가 설치된 장소 또는 물과 격렬하게 반응하는 물품의 저장 또는 취급장소

⑬ 불연재료로 된 특정소방대상물 또는 그 부분으로서 다음의 어느 하나에 해당하는 장소

　㉠ 정수장·오물처리장 그 밖의 이와 비슷한 장소

　㉡ 펄프공장의 작업장·음료수 공장의 세정 또는 충전하는 작업장 그 밖의 이와 비슷한 장소

　㉢ 불연성의 금속·석재 등의 가공공장으로서 가연성 물질을 저장 또는 취급하지 않는 장소

　㉣ 실내에 설치된 테니스장·게이트볼장·정구장 또는 이와 비슷한 장소로서 실내바닥·벽·천장 이 불연재료 또는 준불연재료로 구성되어 있고 가연물이 존재하지 않는 장소로서 관람석이 없는 운동시설 부분(지하층은 제외한다)

1 개 요

11층 이하에는 화재가 발생한 경우에는 소화활동이 가능하나 11층 이상과 지하 3층 이상인 층일 때는 소화활동설비를 이용하여 소화활동이 불가능하므로 화재 시 소화활동 등에 필요한 전원을 전용회선으로 공급하는 설비를 말한다.

2 특 징

① 단상교류 220[V], 공급용량 1.5[kVA] 이상인 것으로 할 것
② **11층 이상의 층**에는 설치할 것
③ 아무리 높은 층이라도 소화활동이 가능할 것
④ 소화에 신속을 기할 수 있을 것

3 설치기준

(1) 전 원 18 23 년 출제

① 상용전원회로의 전용배선의 분기
  ㉠ **저압수전 : 인입개폐기의 직후**
  ㉡ **고압수전, 특고압수전** : 전력용변압기 **2차 측의 주차단기 1차 측** 또는 **2차 측**
② 자가발전설비, 비상전원수전설비, 축전지설비 또는 전기저장장치를 **비상전원**으로 설치해야 하는 특정소방대상물
  ㉠ 지하층을 제외한 층수가 **7층 이상**으로서 연면적이 **2,000[m²] 이상**
  ㉡ 지하층의 바닥면적의 합계가 3,000[m²] 이상

(2) 전원회로 13 14 15 18 년 출제

① 비상콘센트설비의 전원회로

구 분	전 압	공급용량	플러그접속기
단상교류	220[V]	1.5[kVA] 이상	접지형 2극

② 전원회로는 각 층에 **2 이상**이 되도록 설치할 것. 다만, 설치해야 할 층의 비상콘센트가 1개인 때에는 하나의 회로로 할 수 있다.
③ 전원회로는 주배전반에서 전용회로로 할 것. 다만, 다른 설비회로의 사고에 따른 영향을 받지 않도록 되어 있는 것은 그렇지 않다.
④ 전원으로부터 각 층의 비상콘센트에 분기되는 경우에는 분기배선용 차단기를 보호함 안에 설치할 것
⑤ 콘센트마다 배선용 차단기(KS C 8321)를 설치해야 하며, 충전부가 노출되지 않도록 할 것
⑥ 개폐기에는 "비상콘센트"라고 표시한 표지를 할 것

⑦ 비상콘센트용의 **풀박스** 등은 방청 도장을 한 것으로서, 두께 **1.6[mm] 이상**의 철판으로 할 것

⑧ 하나의 전용회로에 설치하는 비상콘센트는 **10개 이하**로 할 것. 이 경우 전선의 용량은 각 비상콘센트(비상콘센트가 3개 이상인 경우에는 3개)의 공급용량을 합한 용량 이상의 것으로 해야 한다.

(3) 플러그접속기

① 비상콘센트의 플러그접속기는 접지형 2극 플러그접속기를 사용해야 한다.

② 비상콘센트의 플러그접속기의 칼받이의 접지극에는 접지공사를 할 것

(4) 비상콘센트의 설치기준 13 년 출제

① 바닥으로부터 높이 **0.8[m] 이상 1.5[m] 이하**의 위치에 설치할 것

② 비상콘센트의 배치

   ㉠ 바닥면적이 1,000[m²] 미만인 층 : 계단의 출입구(계단의 부속실을 포함하며 계단이 2 이상 있는 경우에는 그중 1개의 계단을 말한다)로부터 5[m] 이내에 설치

   ㉡ 바닥면적이 1,000[m²] 이상인 층 : 계단의 출입구 또는 계단 부속실의 출입구(계단의 부속실을 포함하며 계단이 3 이상 있는 층의 경우에는 그중 2개의 계단을 말한다)로부터 5[m] 이내에 설치

   ㉢ ㉠, ㉡의 비상콘센트로부터 그 층의 각 부분까지의 거리가 다음의 기준을 초과하는 경우에는 그 기준 이하가 되도록 비상콘센트를 추가로 설치할 것
   • 지하상가 또는 지하층의 바닥면적의 합계가 3,000[m²] 이상인 것은 수평거리 25[m]
   • 위에 해당하지 않는 것은 수평거리 50[m]

(5) 전원부와 외함 사이의 절연저항 및 절연내력의 기준 13 16 20 22 24 년 출제

① 절연저항은 전원부와 외함 사이를 500[V] 절연저항계로 측정할 때 **20[MΩ] 이상**일 것

② 절연내력은 전원부와 외함 사이에 다음과 같이 실효전압을 가하는 시험에서 1분 이상 견디는 것으로 할 것

   ㉠ 정격전압이 150[V] 이하 : 1,000[V]의 실효전압

   ㉡ 정격전압이 150[V] 이상 : 그 정격전압 × 2 + 1,000

(6) 비상콘센트의 보호함

① 보호함에는 쉽게 개폐할 수 있는 문을 설치할 것

② 보호함 표면에 "비상콘센트"라고 표시한 표지를 할 것

③ **보호함 상부**에 **적색**의 **표시등**을 설치할 것. 다만, 비상콘센트의 보호함을 옥내소화전함 등과 접속하여 설치하는 경우에는 옥내소화전함 등의 표시등과 겸용 가능할 수 있다.

1 개 요

화재 시에 소화활동에 불편을 느껴 방재센터, 지하가 또는 지상에서 소화활동을 지휘하는 소방대원 간에 원활한 무선통신을 할 수 있도록 하는 설비이다.

2 정 의 13 14 년 출제

① 누설동축케이블 : 동축케이블의 외부 도체에 가느다란 홈을 만들어서 전파가 외부로 새어 나갈 수 있도록 한 케이블
② 분배기 : 신호의 전송로가 분기되는 장소에 설치하는 것으로 임피던스 매칭(Matching)과 신호 균등 분배를 위해 사용하는 장치
③ 분파기 : 서로 다른 주파수의 합성된 신호를 분리하기 위해서 사용하는 장치
④ 혼합기 : 2 이상의 입력신호를 원하는 비율로 조합한 출력이 발생하도록 하는 장치
⑤ 증폭기 : 전압·전류의 진폭을 늘려 감도 등을 개선하는 장치

3 종 류

소방용 무선통신보조설비에는 **안테나 방식, 누설동축케이블방식**이 있다.

종 류	외 관	설치비	통화범위
안테나방식	양 호	고 가	안테나의 설치 위치에 따라 영향을 많이 받음
누설동축케이블방식	노출 부분이 많다.	저 가	넓다.

4 구성 및 원리

(1) 구 성

무선통신보조설비는 **누설동축케이블 및 동축케이블, 옥외안테나, 분배기 등, 증폭기 등**으로 구성되어 있다.

(2) 원 리

무선통신은 송신 측에서 마이크로폰에 의하여 음파를 전기신호로 바꾸어 저주파 전류로 만든 다음 고주파의 반송파에 실어 송신 안테나를 통해 공중으로 방사한(이것을 전파라 함) 전파를 검파하여 신호 전류인 저주파 전류를 재생한 다음 스피커로 보내어 이를 음파로 재생시킨 원리이다.

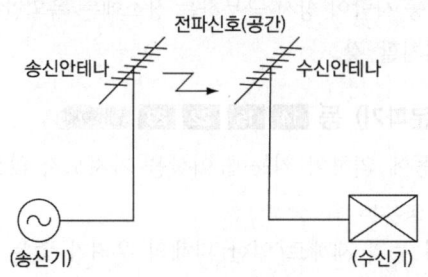

5 설치기준

(1) 누설동축케이블 등 `17` `20` `22` `23` `24` 년 출제

① 무선통신보조설비의 누설동축케이블 등 설치기준

　　㉠ 소방전용주파수대에서 전파의 전송 또는 복사에 적합한 것으로서 소방전용의 것으로 할 것. 다만, 소방대 상호 간의 무선 연락에 지장이 없는 경우에는 다른 용도와 겸용할 수 있다.

　　㉡ 누설동축케이블과 이에 접속하는 안테나 또는 동축케이블과 이에 접속하는 안테나로 구성할 것

　　㉢ 누설동축케이블 및 동축케이블은 불연 또는 난연성의 것으로서 습기 등의 환경조건에 따라 전기의 특성이 변질되지 않는 것으로 하고, 노출하여 설치한 경우에는 피난 및 통행에 장애가 없도록 할 것

　　㉣ 누설동축케이블 및 동축케이블은 화재에 따라 해당 케이블의 피복이 소실된 경우에 케이블 본체가 떨어지지 않도록 4[m] 이내마다 금속제 또는 자기제 등의 지지금구로 벽·천장·기둥 등에 견고하게 고정시킬 것. 다만, 불연재료로 구획된 반자 안에 설치하는 경우에는 그렇지 않다.

　　㉤ 누설동축케이블 및 안테나는 금속판 등에 따라 전파의 복사 또는 특성이 현저하게 저하되지 않는 위치에 설치할 것

　　㉥ 누설동축케이블 및 안테나는 고압의 전로로부터 1.5[m] 이상 떨어진 위치에 설치할 것. 다만, 해당 전로에 정전기 차폐장치를 유효하게 설치한 경우에는 그렇지 않다.

　　㉦ **누설동축케이블의 끝부분**에는 **무반사 종단저항**을 견고하게 설치할 것

② 누설동축케이블 또는 동축케이블의 **임피던스는 50[Ω]으로** 하고, 이에 접속하는 안테나·분배기 기타의 장치는 해당 임피던스에 적합한 것으로 해야 한다.

(2) 무선통신보조설비의 설치기준

① 누설동축케이블 또는 동축케이블과 이에 접속하는 안테나가 설치된 층은 모든 부분(계단실, 승강기, 별도 구획된 실 포함)에서 유효하게 통신이 가능할 것

② 옥외안테나와 연결된 무전기와 건축물 내부에 존재하는 무전기 간의 상호통신, 건축물 내부에 존재하는 무전기 간의 상호통신, 옥외안테나와 연결된 무전기와 방재실 또는 건축물 내부에 존재하는 무전기와 방재실 간의 상호통신이 가능할 것

(3) 옥외안테나 `22` `23` 년 출제

① 건축물, 지하가, 터널 또는 공동구의 출입구 및 출입구 인근에서 통신이 가능한 장소에 설치할 것

② 다른 용도로 사용되는 안테나로 인한 통신장애가 발생하지 않도록 설치할 것

③ 옥외안테나는 견고하게 설치하며 파손의 우려가 없는 곳에 설치하고 그 가까운 곳의 보기 쉬운 곳에 "무선통신보조설비 안테나"라는 표시와 함께 통신 가능거리를 표시한 표지를 설치할 것

④ 수신기가 설치된 장소 등 사람이 상시 근무하는 장소에는 옥외안테나의 위치가 모두 표시된 옥외안테나 위치표시도를 비치할 것

(4) 분배기(분배기, 혼합기, 분파기) 등 `14` `15` `22` `23` 년 출제

① 먼지·습기 및 부식 등에 의하여 기능에 이상을 가져오지 않도록 할 것

② **임피던스는 50[Ω]의** 것으로 할 것

③ 점검에 편리하고 화재 등의 재해로 인한 피해의 우려가 없는 장소에 설치할 것

(5) 증폭기 및 무선이동 중계기 `14` `22` `23` 년 출제

① 상용전원은 전기가 정상적으로 공급되는 **축전지설비, 전기저장장치**(외부 전기에너지를 저장해 두었다가 필요한 때 전기를 공급하는 장치) 또는 **교류전압의 옥내간선**으로 하고, 전원까지의 배선은 전용으로 할 것

② **증폭기의 전면**에는 주회로 전원의 정상 여부를 표시할 수 있는 **표시등** 및 **전압계**를 설치할 것

③ 증폭기에는 비상전원이 부착된 것으로 하고 해당 **비상전원** 용량은 무선통신보조설비를 유효하게 **30분** 이상 작동시킬 수 있는 것으로 할 것

④ 증폭기 및 무선중계기를 설치하는 경우에는 전파법 제58조의2에 따른 적합성 평가를 받은 제품으로 설치하고 임의로 변경하지 않도록 할 것

⑤ 디지털 방식의 무전기를 사용하는 데 지장이 없도록 설치할 것

(6) 무선통신보조설비 설치 제외

지하층으로서 특정소방대상물의 바닥부분 2면 이상이 지표면과 동일하거나 지표면으로부터의 깊이가 1[m] 이하인 경우에는 해당 층

제7절　소방시설용 비상전원수전설비(NFTC 602)

1 정 의

① 방화구획형 : 수전설비를 다른 부분과 건축법상 방화구획을 하여 화재 시 이를 보호하도록 조치하는 방식

② 비상전원수전설비 : 화재 시 상용전원이 공급되는 시점까지만 비상전원으로 적용이 가능한 설비로서 상용전원의 안전성과 내화성능을 향상시킨 설비

③ 큐비클형 : 수전설비를 큐비클 내에 수납하여 설치하는 방식 `18` 년 출제
　㉠ 공용큐비클식 : 소방회로 및 일반회로 겸용의 것으로서 수전설비, 변전설비와 그 밖의 기기 및 배선을 금속제 외함에 수납한 것
　㉡ 전용큐비클식 : 소방회로의 것으로 수전설비, 변전설비와 그 밖의 기기 및 배선을 금속제 외함에 수납한 것

2 특별고압 또는 고압으로 수전하는 경우

(1) 비상전원 수전설비의 종류

① 방화구획형
② 옥외개방형
③ 큐비클형

(2) 비상전원 수전설비의 설치기준 <kbd>23</kbd> <kbd>년 출제</kbd>

① 전용의 방화구획 내에 설치할 것

② 소방회로 배선은 일반회로 배선과 불연성의 격벽으로 구획할 것. 다만, 소방회로 배선과 일반회로 배선을 15[cm] 이상 떨어져 설치한 경우는 그렇지 않다.

③ 일반회로에는 과부하, 지락사고 또는 단락사고가 발생한 경우에도 이에 영향을 받지 않고 계속하여 소방회로에 전원을 공급시켜 줄 수 있어야 할 것

④ 소방회로용 개폐기 및 과전류차단기에는 "소방시설용"이라 표시할 것

⑤ 전기회로

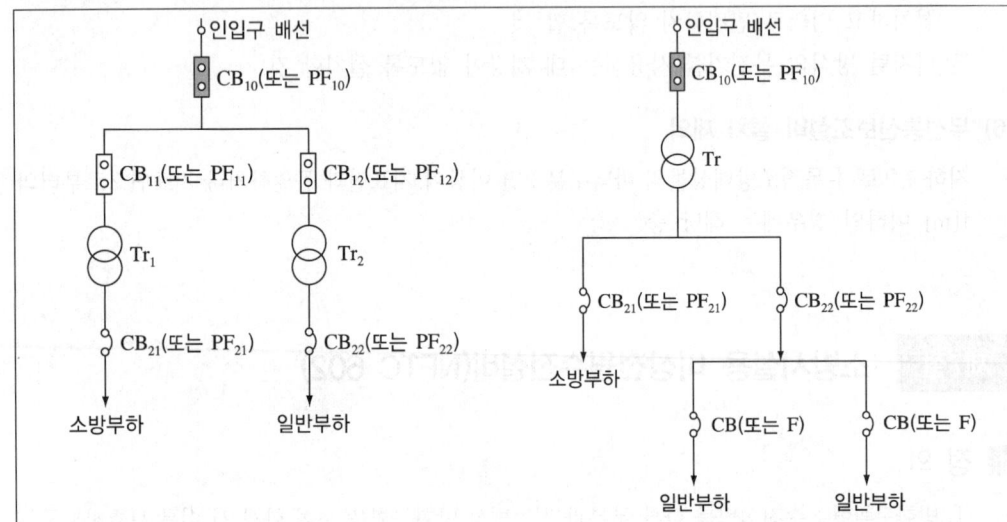

(가) 전용의 전력용변압기에서 소방부하에 전원을 공급하는 경우	(나) 공용의 전력용변압기에서 소방부하에 전원을 공급하는 경우
1. 일반회로의 과부하 또는 단락사고 시에 CB_{10}(또는 PF_{10})이 CB_{12}(또는 PF_{12}) 및 CB_{22}(또는 F_{22})보다 먼저 차단되어서는 안 된다.	1. 일반회로의 과부하 또는 단락사고 시에 CB_{10}(또는 PF_{10})이 CB_{22}(또는 F_{22}) 및 CB(또는 F)보다 먼저 차단되어서는 안 된다.
2. CB_{11}(또는 PF_{11})은 CB_{12}(또는 PF_{12})와 동등 이상의 차단 용량일 것	2. CB_{21}(또는 F_{21})은 CB_{22}(또는 F_{22})와 동등 이상의 차단 용량일 것

약 호	명 칭
CB	전력차단기
PF	전력퓨즈(고압또는 특별고압용)
F	퓨즈(저압용)
Tr	전력용변압기

약 호	명 칭
CB	전력차단기
PF	전력퓨즈(고압 또는 특별고압용)
F	퓨즈(저압용)
Tr	전력용변압기

(3) 옥외개방형의 설치기준

① 건축물의 옥상에 설치하는 경우에는 그 건축물에 화재가 발생할 경우에도 화재로 인한 손상을 받지 않도록 할 것

② 공지에 설치하는 경우에는 인접 건축물에 화재가 발생한 경우에도 화재로 인한 손상을 받지 않도록 할 것

③ 소방회로 배선은 일반회로 배선과 불연성의 격벽으로 구획할 것. 다만, 소방회로 배선과 일반회로 배선을 15[cm] 이상 떨어져 설치한 경우는 그렇지 않다.

④ 일반회로에는 과부하, 지락사고 또는 단락사고가 발생한 경우에도 이에 영향을 받지 않고 계속하여 소방회로에 전원을 공급시켜 줄 수 있어야 할 것

⑤ 소방회로용 개폐기 및 과전류차단기에는 "소방시설용"이라 표시할 것

(4) 큐비클형의 설치기준

① 전용큐비클 또는 공용큐비클식으로 설치할 것

② 외함은 두께 2.3[mm] 이상의 강판과 이와 동등한 이상의 강도와 내화성능이 있는 것으로 제작해야 하며 개구부에는 건축법 시행령 제64조에 따른 방화문으로써 60분+방화문, 60분 방화문 또는 30분 방화문으로 설치할 것

③ 다음의 기준(옥외에 설치하는 것에 있어서는 ㉠부터 ㉢까지)에 해당하는 것은 외함에 노출하여 설치할 수 있다.

㉠ 표시등(불연성 또는 난연성재료로 덮개를 설치한 것에 한한다)

㉡ 전선의 인입구 및 인출구

㉢ 환기장치

㉣ 전압계(퓨즈 등으로 보호한 것에 한한다)

㉤ 전류계(변류기의 2차 측에 접속된 것에 한한다)

㉥ 계기용 전환스위치(불연성 또는 난연성재료로 제작된 것에 한한다)

④ 외함은 건축물의 바닥 등에 견고하게 고정할 것

⑤ 외함은 수납하는 수전설비, 변전설비와 그 밖의 기기 및 배선은 다음 기준에 적합하게 설치할 것

㉠ 외함 또는 프레임 등에 견고하게 고정할 것

㉡ 외함의 바닥에서 10[cm](시험단자, 단자대 등의 충전부는 15[cm]) 이상의 높이에 설치할 것

⑥ 전선인입구 및 인출구에는 금속판 또는 금속제 가요전선관을 쉽게 접속할 수 있도록 할 것

⑦ 환기장치의 설치기준

㉠ 내부의 온도가 상승하지 않도록 환기장치를 할 것

㉡ 자연환기구의 개구부 면적의 합계는 외함의 한 면에 대하여 해당 면적의 1/3 이하로 할 것. 이 경우 하나의 통기구의 크기는 직경 10[mm] 이상의 둥근 막대가 들어가서는 안 된다.

㉢ 자연환기구에 따라 충분히 환기할 수 없는 경우에는 환기설비를 설치할 것

㉣ 환기구에는 금속망, 방화댐퍼 등으로 방화조치를 하고, 옥외에 설치하는 것은 빗물 등이 들어가지 않도록 할 것

3 저압으로 수전하는 경우

(1) 제1종 배전반 및 제1종 분전반의 설치기준

① 외함은 두께 1.6[mm](전면판 및 문은 2.3[mm]) 이상의 강판과 이와 동등 이상의 강도와 내화성능이 있는 것으로 제작할 것

② 외함의 내부는 외부의 열에 의해 영향을 받지 않도록 내열성 및 단열성이 있는 재료를 사용하여 단열할 것. 이 경우 단열부분은 열 또는 진동에 따라 쉽게 변형되지 않아야 한다.

③ 외함에 노출하여 설치할 수 있는 경우
  ㉠ 표시등(불연성 또는 난연성재료로 덮개를 설치한 것에 한한다)
  ㉡ 전선의 인입구 및 인출구
④ 외함은 금속판 또는 금속제 가요전선관을 쉽게 접속할 수 있도록 하고 해당 접속부분에는 단열조치를 할 것
⑤ 공용배전반 및 공용분전반의 경우 소방회로와 일반회로에 사용하는 배선 및 배선용 기기는 불연재료로 구획되어야 할 것

(2) 제2종 배전반 및 제2종 분전반의 설치기준

① 외함은 두께 1[mm](함 전면의 면적은 1,000[cm^2] 초과하고 2,000[cm^2] 이하인 경우에는 1.2[mm], 2,000[cm^2]를 초과하는 경우에는 1.6[mm]) 이상의 강판과 이와 동등 이상의 강도와 내화성능이 있는 것으로 제작할 것
② (1)의 ③에서 정한 것과 120[℃]의 온도를 가했을 때 이상이 없는 전압계 및 전류계는 외함에 노출하여 설치할 것
③ 단열을 위해 배선용 불연전용실 내에 설치할 것
④ 외함은 금속판 또는 금속제 가요전선관을 쉽게 접속할 수 있도록 하고 해당 접속부분에는 단열조치를 할 것
⑤ 공용배전반 및 공용분전반의 경우 소방회로와 일반회로에 사용하는 배선 및 배선용 기기는 불연재료로 구획되어야 할 것

제8절 **도로터널(NFTC 603)**

1 정 의

① **도로터널** : 도로법 제10조에 따른 도로의 일부로서 자동차의 통행을 위해 지붕이 있는 구조물
② **설계화재강도** : 터널 내 화재 시 소화설비 및 제연설비 등의 용량산정을 위해 적용하는 차종별 최대열방출률(MW)
③ **종류환기방식** : 터널 안의 배기가스와 연기 등을 배출하는 환기방식으로서 기류를 종방향(출입구 방향)으로 흐르게 하여 환기하는 방식
④ **횡류환기방식** : 터널 안의 배기가스와 연기 등을 배출하는 환기방식으로서 기류를 횡방향(바닥에서 천장)으로 흐르게 하여 환기하는 방식
⑤ **반횡류환기방식** : 터널 안의 배기가스와 연기 등을 배출하는 환기방식으로서 터널에 수직배기구를 설치해서 횡방향과 종방향으로 기류를 흐르게 하여 환기하는 방식
⑥ **대배기구방식** : 횡류환기방식의 일종으로 배기구에 개방/폐쇄가 가능한 전동댐퍼를 설치하여 화재 시 화재지점 부근의 배기구를 개방하여 집중적으로 배연할 수 있는 제연방식
⑦ **연기발생률** : 일정한 설계화재강도의 차량에서 단위 시간당 발생하는 연기량

⑧ 피난연결통로 : 본선터널과 병설된 상대터널 또는 본선터널과 평행한 피난대피터널을 연결하는 통로

⑨ 배기구 : 터널 안의 오염공기를 배출하거나 화재 시 연기를 배출하기 위한 개구부

2 소화기의 설치기준

① 능력단위 및 중량 `16` 년 출제
   ㉠ 소화기의 능력단위는 A급 화재에 **3단위 이상**, **B급 화재에 5단위 이상** 및 C급 화재에 적응성이 있는 것으로 할 것
   ㉡ 소화기의 **총중량**은 사용 및 운반이 편리성을 고려하여 **7[kg] 이하**로 할 것

② 설치기준 `10` `16` 년 출제

터널 구분	소화기의 설치기준
편도 1차선 양방향 터널, 3차로 이하의 일방향 터널	우측 측벽에 50[m] 이내의 간격으로 2개 이상 설치
편도 2차선 이상의 양방향 터널, 4차로 이상의 일방향 터널	양쪽 측벽에 각각 50[m] 이내의 간격으로 엇갈리게 2개 이상 설치

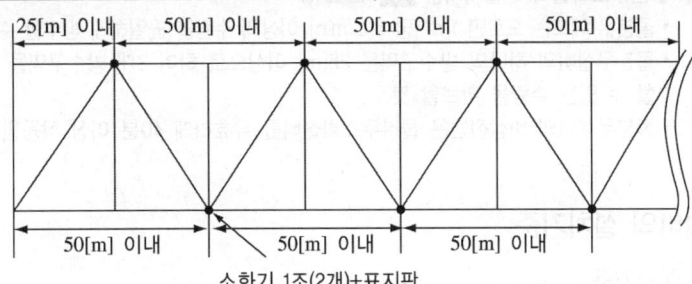

소화기 1조(2개)+표지판

③ 바닥면(차로 또는 보행로)으로부터 1.5[m] 이하의 높이에 설치할 것

④ 소화기구함의 상부에 "소화기"라고 조명식 또는 반사식의 표지판을 부착하여 사용자가 쉽게 인지할 수 있도록 할 것

3 옥내소화전설비의 설치기준

① 소화전함과 방수구의 설치기준

터널 구분	소화전함과 방수구의 설치기준
편도 1차선 양방향 터널, 3차로 이하의 일방향 터널	우측 측벽에 50[m] 이내의 간격으로 설치
편도 2차선 이상의 양방향 터널, 4차로 이상의 일방향 터널	양쪽 측벽에 각각 50[m] 이내의 간격으로 엇갈리게 설치

② 수원은 그 저수량이 옥내소화전의 설치개수 2개(**4차로 이상의 터널**의 경우 **3개**)를 동시에 **40분 이상** 사용할 수 있는 충분한 양 이상을 확보할 것

③ 가압송수장치는 옥내소화전 2개(4차로 이상의 터널인 경우 3개)를 동시에 사용할 경우 각 옥내소화전의 노즐 선단(끝부분)에서의 방수압력은 **0.35[MPa] 이상**이고 방수량은 **190[L/min] 이상**이 되는 성능의 것으로 할 것. 다만, 하나의 옥내소화전을 사용하는 노즐 선단(끝부분)에서의 방수압력이 0.7[MPa]을 초과할 경우에는 호스접결구의 인입 측에 감압장치를 설치해야 한다.

옥내소화전설비 20 년 출제
- 방수압력 : 0.35[MPa] 이상
- 방수량 : 190[L/min] 이상
- 펌프의 토출량 = 소화전의 수(2개, 4차로 이상의 터널 : 3개) × 190[L/min]
- 수원 = 소화전의 수(2개, 4차로 이상의 터널 : 3개) × 190[L/min] × 40[min]
       = 소화전의 수(2개, 4차로 이상의 터널 : 3개) × 7.6[m³](7,600[L])

④ 압력수조나 고가수조가 아닌 전동기 및 내연기관에 의한 펌프를 이용하는 가압송수장치는 주펌프와 동등 이상의 성능이 있는 별도의 펌프로서 내연기관의 기동과 연동하여 작동되거나 비상전원을 연결한 예비펌프를 추가로 설치할 것

⑤ 방수구는 40[mm] 구경의 단구형을 옥내소화전이 설치된 벽면의 바닥면으로부터 1.5[m] 이하의 높이에 설치할 것 20 년 출제

⑥ 소화전함에는 옥내소화전 방수구 1개, 15[m] 이상의 소방호스 3본 이상 및 방수노즐을 비치할 것

⑦ 옥내소화전설비의 비상전원은 옥내소화전설비를 유효하게 40분 이상 작동할 수 있어야 할 것

물분무소화설비의 설치기준 17 년 출제
- 물분무 헤드는 도로면 1[m²]당 6[L/min] 이상의 수량을 균일하게 방수할 수 있도록 할 것
- 물분무설비의 하나의 방수구역은 25[m] 이상으로 하며 3개 방수구역을 동시에 40분 이상 방수할 수 있는 수량을 확보할 것
- 물분무설비의 비상전원은 물분무소화설비를 유효하게 40분 이상 작동할 수 있어야 할 것

4 비상경보설비의 설치기준

① 발신기의 설치기준

터널 구분	발신기의 설치기준
편도 1차선 양방향 터널, 3차로 이하의 일방향 터널	한쪽 측벽에 50[m] 이내의 간격으로 설치
편도 2차선 이상의 양방향 터널, 4차로 이상의 일방향 터널	양쪽 측벽에 각각 50[m] 이내의 간격으로 엇갈리게 설치

② 발신기는 바닥면으로부터 0.8[m] 이상 1.5[m] 이하의 높이에 설치할 것

③ 음향장치는 발신기 설치위치와 동일하게 설치할 것. 비상방송설비의 화재안전기술기준(NFTC 202)에 적합하게 설치된 방송설비를 비상경보설비와 연동하여 작동하도록 설치한 경우에는 비상경보설비의 지구음향장치를 설치하지 않을 수 있다.

④ 음향장치의 음량은 부착된 음향장치의 중심으로부터 1[m] 떨어진 위치에서 90[dB] 이상이 되도록 하고, 음향장치는 터널 내부 전체에 동시에 경보를 발하도록 설치할 것

⑤ **시각경보기**는 주행차로 **한쪽 측벽에 50[m] 이내의 간격**으로 비상경보설비 상부 직근에 설치하고, 설치된 전체 시각경보기는 동기방식에 의해 작동될 수 있도록 할 것

5 자동화재탐지설비의 설치기준

(1) 터널에 설치할 수 있는 감지기의 종류

① 차동식분포형감지기

② 정온식감지선형감지기(아날로그식에 한함)

③ 중앙기술심의위원회의 심의를 거쳐 터널화재에 적용성이 있다고 인정된 감지기

(2) 하나의 **경계구역의 길이**는 **100[m] 이하**로 해야 한다.

(3) 터널에 설치할 수 있는 감지기의 설치기준
  ① 이격거리
    ㉠ 감지기의 감열부(열을 감지하는 기능을 갖는 부분)와 감열부 사이의 이격거리 : 10[m] 이하
    ㉡ 감지기와 터널 좌·우측 벽면과의 이격거리 : 6.5[m] 이하
  ② 터널 천장의 구조가 아치형의 터널
    ㉠ 감지기를 터널 진행방향으로 설치하고자 하는 경우 : 감열부와 감열부 사이의 이격거리는 10[m] 이하로 하여 아치형 천장의 중앙 최상부에 1열로 감지기를 설치
    ㉡ 감지기를 2열로 설치하고자 하는 경우 : 감열부와 감열부 사이의 이격거리는 10[m] 이하로 감지기 간의 이격거리는 6.5[m] 이하로 설치할 것

(4) **발신기 및 지구음향장치** : 비상경보설비의 기준에 준한다.

6 비상조명등의 설치기준

  ① 상시 조명이 소등된 상태에서 비상조명등이 점등되는 경우 **터널 안의 차도** 및 **보도**의 바닥면의 **조도는 10[lx] 이상**, 그 외 모든 지점의 조도는 **1[lx] 이상**이 될 수 있도록 설치할 것
  ② 비상조명등의 비상전원은 상용전원이 차단되는 경우 자동으로 **비상조명등**을 유효하게 **60분 이상** 작동할 수 있어야 할 것
  ③ 비상조명등에 내장된 예비전원이나 축전지설비는 상용전원의 공급에 의하여 상시 충전상태를 유지할 수 있도록 설치할 것

7 제연설비의 설치기준

(1) 제연설비의 설계 사양
  ① 설계화재강도 20[MW]를 기준으로 하고, 이때 연기발생률은 80[m³/s]로 하며, 배출량은 발생된 연기와 혼합된 공기를 충분히 배출할 수 있는 용량 이상을 확보할 것
  ② ①의 규정에도 불구하고 화재강도가 설계화재강도보다 높을 것으로 예상될 경우 위험도 분석을 통하여 설계화재강도를 설정하도록 할 것

(2) 제연설비를 자동 또는 수동으로 기동되어야 하는 경우
  ① 화재감지기가 동작되는 경우
  ② 발신기의 스위치 조작 또는 자동소화설비의 기동장치를 동작시키는 경우
  ③ 화재수신기 또는 감시제어반의 수동조작스위치를 동작시키는 경우

(3) **비상전원**은 **60분 이상** 작동할 수 있도록 해야 한다.

8 연결송수관설비의 설치기준

① 방수압력은 **0.35[MPa] 이상**, 방수량은 **400[L/min] 이상**을 유지할 수 있도록 할 것

② 방수구는 50[m] 이내의 간격으로 옥내소화전함에 병설하거나 독립적으로 터널 출입구 부근과 피난 연결통로에 설치할 것

③ 방수기구함은 50[m] 이내의 간격으로 옥내소화전함 안에 설치하거나 독립적으로 설치하고, 하나의 방수기구함에는 65[mm] 방수노즐 1개와 15[m] 이상의 호스 3본을 설치하도록 할 것

9 무선통신보조설비의 설치기준

① 무선통신보조설비의 옥외안테나는 방재실 인근과 터널의 입구 및 출구, 피난연결통로에 설치해야 한다.

② 라디오 재방송설비가 설치되는 터널의 경우에는 무선통신보조설비와 겸용으로 설치할 수 있다.

10 비상콘센트설비의 설치기준

① 비상콘센트설비의 전원회로는 단상교류 220[V]인 것으로서, 그 공급용량은 1.5[kVA] 이상인 것으로 할 것

② 전원회로는 주배전반에서 전용회로로 할 것. 다만, 다른 설비의 회로 사고에 따른 영향을 받지 않도록 되어 있는 것은 그렇지 않다.

③ 콘센트마다 배선용 차단기(KS C 8321)를 설치해야 하며, 충전부가 노출되지 않도록 할 것

④ 주행차로의 우측 측벽에 50[m] 이내의 간격으로 바닥으로부터 0.8[m] 이상 1.5[m] 이하의 높이에 설치할 것

제9절 **고층건축물(NFTC 604)**

1 옥내소화전설비의 설치기준

① 수원의 용량

> • 30층 이상 49층 이하일 때 수원 = N(최대 5개) × 5.2[m³]
>   (130[L/min] × 40[min] = 5,200[L] = 5.2[m³])
> • 50층 이상일 때 수원 = N(최대 5개) × 7.8[m³]
>   (130[L/min] × 60[min] = 7,800[L] = 7.8[m³])

② 수원은 ①에 따라 산출된 유효수량 외에 유효수량의 1/3 이상을 옥상(옥내소화전설비가 설치된 건축물의 주된 옥상)에 설치해야 한다. 다만, 옥내소화전설비의 화재안전기술기준(NFTC 102) 2.1.2(2) 또는 2.1.2(3)에 해당하는 경우에는 그렇지 않다.

③ 전동기 또는 내연기관에 의한 펌프를 이용하는 가압송수장치는 옥내소화전설비 전용으로 설치해야 하며, 주펌프와 동등 이상의 성능이 있는 별도의 펌프로서 내연기관의 기동과 연동하여 작동되거나 비상전원을 연결한 예비펌프를 추가로 설치해야 한다.

④ 내연기관의 연료량은 펌프를 40분(50층 이상인 건축물의 경우에는 60분) 이상 운전할 수 있는 용량일 것

⑤ 급수배관은 전용으로 해야 한다. 다만, 옥내소화전설비의 성능에 지장이 없는 경우에는 연결송수관 설비의 배관과 겸용할 수 있다.

⑥ 50층 이상인 건축물의 옥내소화전 주배관 중 수직배관은 2개 이상(주배관 성능을 갖는 동일호칭배관)으로 설치해야 하며, 하나의 수직배관의 파손 등 작동 불능 시에도 다른 수직배관으로부터 소화용수가 공급되도록 구성해야 한다.

⑦ **비상전원**은 **자가발전설비, 축전지설비**(내연기관에 따른 펌프를 사용하는 경우에는 내연기관의 기동 및 제어용 축전지를 말함) 또는 **전기저장장치**(외부 전기에너지를 저장해 두었다가 필요한 때 전기를 공급하는 장치)로서 옥내소화전설비를 유효하게 **40분**(**50층 이상**인 건축물의 경우에는 **60분**) **이상 작동**할 수 있어야 한다.

2 스프링클러설비의 설치기준

① 수원의 용량

> • 30층 이상 49층 이하일 때 수원 = N(헤드 수) $\times 3.2[m^3]$
> ($80[L/min] \times 40[min] = 3,200[L] = 3.2[m^3]$)
> • 50층 이상일 때 수원 = N(헤드 수) $\times 4.8[m^3]$
> ($80[L/min] \times 60[min] = 4,800[L] = 4.8[m^3]$)

② 스프링클러설비의 수원은 ①에 따라 산출된 유효수량 외에 유효수량의 1/3 이상을 옥상(옥내소화전 설비가 설치된 건축물의 주된 옥상)에 설치해야 한다. 다만, 스프링클러설비의 화재안전기술기준 (NFTC 103) 2.1.2(2) 또는 2.1.2(3)에 해당하는 경우에는 그렇지 않다.

③ 전동기 또는 내연기관을 이용한 펌프 방식의 가압송수장치는 스프링클러설비 전용으로 설치해야 하며, 주펌프와 동등 이상의 성능이 있는 별도의 펌프로서 내연기관의 기동과 연동하여 작동되거나 비상전원을 연결한 예비펌프를 추가로 설치해야 한다.

④ 내연기관의 연료량은 펌프를 40분(50층 이상인 건축물의 경우에는 60분) 이상 운전할 수 있는 용량일 것

⑤ 급수배관은 전용으로 설치해야 한다.

⑥ **50층 이상**인 건축물의 스프링클러설비 **주배관 중 수직배관은 2개 이상**(주배관 성능을 갖는 동일 호칭배관)**으로 설치**하고, 하나의 수직배관이 파손 등 작동 불능 시에도 다른 수직배관으로부터 소화수가 공급되도록 구성해야 하며, 각각의 수직배관에 유수검지장치를 설치해야 한다.

⑦ 50층 이상인 건축물의 스프링클러헤드에는 2개 이상의 가지배관으로부터 소화수가 공급되도록 하고, 수리계산에 의한 설계를 해야 한다.

⑧ 스프링클러설비의 음향장치는 다음의 기준에 따라 경보를 발할 수 있도록 해야 한다.

발화층	경보를 발해야 하는 층
2층 이상	발화층, 그 직상 4개층
1층	발화층, 그 직상 4개층, 지하층
지하층	발화층, 그 직상층, 기타의 지하층

⑨ **비상전원**은 **자가발전설비, 축전지설비**(내연기관에 따른 펌프를 사용하는 경우에는 내연기관의 기동 및 제어용 축전지) 또는 **전기저장장치**로서 스프링클러설비를 **40분 이상** 작동할 수 있을 것. 다만, **50층 이상인** 건축물의 경우에는 **60분 이상** 작동할 수 있어야 한다.

③ 비상방송설비의 설치기준

① 비상방송설비의 음향장치는 다음의 기준에 따라 경보를 발할 수 있도록 해야 한다.

발화층	경보를 발해야 하는 층
2층 이상	발화층, 그 직상 4개층
1층	발화층, 그 직상 4개층, 지하층
지하층	발화층, 그 직상층, 기타의 지하층

② 비상방송설비에는 그 설비에 대한 감시상태를 60분간 지속한 후 유효하게 30분 이상 경보할 수 있는 비상전원으로서 **축전지설비**(수신기에 내장하는 경우를 포함) 또는 **전기저장장치**를 설치할 것

④ 자동화재탐지설비의 설치기준

① 감지기는 아날로그방식의 감지기로서 감지기의 작동 및 설치지점을 수신기에서 확인할 수 있는 것으로 설치해야 한다. 다만, 공동주택의 경우에는 감지기별로 작동 및 설치지점을 수신기에서 확인할 수 있는 아날로그방식 외의 감지기로 설치할 수 있다.

② 자동화재탐지설비의 음향장치는 다음의 기준에 따라 경보를 발할 수 있도록 해야 한다.

발화층	경보를 발해야 하는 층
2층 이상	발화층, 그 직상 4개층
1층	발화층, 그 직상 4개층, 지하층
지하층	발화층, 그 직상층, 기타의 지하층

③ 50층 이상인 건축물에 설치하는 다음의 통신·신호배선은 이중배선을 설치하도록 하고 단선(斷線) 시에도 고장표시가 되며 정상 작동할 수 있는 성능을 갖도록 설비를 해야 한다.

　㉠ 수신기와 수신기 사이의 통신배선
　㉡ 수신기와 중계기 사이의 신호배선
　㉢ 수신기와 감지기 사이의 신호배선

④ 자동화재탐지설비에는 그 설비에 대한 감시상태를 60분간 지속한 후 유효하게 30분 이상 경보할 수 있는 비상전원으로서 **축전지설비**(수신기에 내장하는 경우를 포함) 또는 **전기저장장치**(외부 전기에너지를 저장해 두었다가 필요한 때 전기를 공급하는 장치)를 설치해야 한다. 다만, 상용전원이 축전지설비인 경우에는 그렇지 않다.

⑤ 특별피난계단의 계단실 및 부속실 제연설비의 설치기준

특별피난계단의 계단실 및 그 부속실 제연설비의 화재안전기술기준(NFTC 501A)에 따라 설치하되, **비상전원**은 **자가발전설비**, 축전지설비, 전기저장장치로 하고 제연설비를 유효하게 40분 이상 작동할 수 있도록 해야 한다. 다만, 50층 이상인 건축물의 경우에는 60분 이상 작동할 수 있어야 한다.

6 연결송수관설비의 설치기준

① 연결송수관설비의 **배관은 전용**으로 한다. 다만, **주배관의 구경**이 100[mm] **이상**인 옥내소화전설비와 겸용할 수 있다.

② 내연기관의 연료량은 펌프를 40분(50층 이상인 건축물의 경우에는 60분) 이상 운전할 수 있는 용량일 것

③ 연결송수관설비의 **비상전원**은 **자가발전설비, 축전지설비**(내연기관에 따른 펌프를 사용하는 경우에는 내연기관의 기동 및 제어용 축전지를 말함), **전기저장장치**로서 연결송수관설비를 유효하게 **40분 이상** 작동할 수 있어야 할 것. 다만, **50층 이상**인 건축물의 경우에는 **60분 이상 작동**할 수 있어야 한다.

7 피난안전구역의 소방시설

초고층 및 지하연계 복합건축물 재난관리에 관한 특별법 시행령 제14조 제2항에 따라 피난안전구역에 설치하는 소방시설은 표 2.6.1과 같이 설치해야 하며, 이 기준에서 정하지 않은 것은 개별 기술기준에 따라 설치해야 한다.

[피난안전구역에 설치하는 소방시설 설치기준(표 2.6.1)] `17` `20` `23` 년 출제

구 분	설치기준
제연설비	피난안전구역과 비제연구역 간의 차압은 50[Pa](옥내에 스프링클러설비가 설치된 경우에는 12.5[Pa]) 이상으로 해야 한다. 다만, 피난안전구역의 한쪽 면 이상이 외기에 개방된 구조의 경우에는 설치하지 않을 수 있다.
피난유도선	피난유도선은 다음의 기준에 따라 설치해야 한다. • 피난안전구역이 설치된 층의 계단실 출입구에서 피난안전구역 주출입구 또는 비상구까지 설치할 것 • 계단실에 설치하는 경우 계단 및 계단참에 설치할 것 • **피난유도 표시부의 너비는 최소 25[mm] 이상**으로 설치할 것 • 광원점등방식(전류에 의하여 빛을 내는 방식)으로 설치하되, 60분 이상 유효하게 작동할 것
비상조명등	피난안전구역의 비상조명등은 상시 조명이 소등된 상태에서 그 비상조명등이 점등되는 경우 각 부분의 바닥에서 조도는 10[lx] 이상이 될 수 있도록 설치할 것
휴대용 비상조명등	• 피난안전구역에는 휴대용 비상조명등을 다음의 기준에 따라 설치해야 한다. 　– 초고층 건축물에 설치된 피난안전구역 : 피난안전구역 윗층의 재실자수(건축물의 피난·방화구조 등의 기준에 관한 규칙 별표 1의2에 따라 산정된 재실자 수를 말함)의 1/10 이상 　– 지하연계 복합건축물에 설치된 피난안전구역 : 피난안전구역이 설치된 층의 수용인원(영 별표 7에 따라 산정된 수용인원)의 1/10 이상 • 건전지 및 충전식 건전지의 용량은 40분 이상 유효하게 사용할 수 있는 것으로 한다. 다만, 피난안전구역이 50층 이상에 설치되어 있을 경우의 용량은 60분 이상으로 할 것
인명구조기구	• **방열복, 인공소생기를 각 2개 이상 비치할 것** • 45분 이상 사용할 수 있는 성능의 공기호흡기(보조마스크를 포함)를 2개 이상 비치해야 한다. 다만, **피난안전구역이 50층 이상**에 설치되어 있을 경우에는 동일한 성능의 **예비용기를 10개 이상 비치**할 것 • 화재 시 쉽게 반출할 수 있는 곳에 비치할 것 • 인명구조기구가 설치된 장소의 보기 쉬운 곳에 "인명구조기구"라는 표지판 등을 설치할 것

1 정 의

① 지하구 : 소방시설법 영 별표 2 제28호에서 규정한 지하구

② 제어반 : 설비, 장치 등의 조작과 확인을 위해 제어용 계기류, 스위치 등을 금속제 외함에 수납한 것

③ 분전반 : 분기개폐기・분기과전류차단기와 그 밖에 배선용기기 및 배선을 금속제 외함에 수납한 것

④ 방화벽 : 화재 시 발생한 열, 연기 등의 확산을 방지하기 위하여 설치하는 벽

⑤ 케이블 접속부 : 케이블이 지하구 내에 포설되면서 발생하는 직선 접속부분을 전용의 접속재로 접속한 부분

⑥ 특고압 케이블 : 사용전압이 7,000[V]를 초과하는 전로에 사용하는 케이블

2 소화기구 및 자동소화장치

① 소화기의 능력단위

  ㉠ A급 화재 : 개당 3단위 이상

  ㉡ B급 화재 : 개당 5단위 이상

  ㉢ C급 화재 : 화재에 적응성이 있는 것으로 할 것

② 소화기 한 대의 총중량은 사용 및 운반의 편리성을 고려하여 7[kg] 이하로 할 것

③ 소화기는 사람이 출입할 수 있는 출입구(환기구, 작업구를 포함) 부근에 5개 이상 설치할 것

④ 소화기는 바닥면으로부터 1.5[m] 이하의 높이에 설치할 것

⑤ 가스・분말・고체에어로졸・캐비닛형 자동소화장치의 설치 대상

  지하구 내 발전실・변전실・송전실・변압기실・배전반실・통신기기실・전산기기실・기타 이와 유사한 장소 중 바닥면적이 300[m²] 미만인 곳

⑥ 가스・분말・고체에어로졸 자동소화장치 또는 소공간용 소화용구의 설치 대상

  제어반 또는 분전반마다 설치

⑦ 케이블접속부(절연유를 포함한 접속부에 한한다)마다 다음의 어느 하나에 해당하는 자동소화장치를 설치하되 소화성능이 확보될 수 있도록 방호공간을 구획하는 등 유효한 조치를 해야 한다.

  ㉠ 가스・분말・고체에어로졸 자동소화장치

  ㉡ 중앙소방기술심의위원회의 심의를 거쳐 소방청장이 인정하는 자동소화장치

3 자동화재탐지설비

① 감지기의 설치기준 21 년 출제

  ㉠ 지하구 천장의 중심부에 설치하되 감지기와 천장 중심부 하단과의 수직거리는 30[cm] 이내로 할 것

  ㉡ 발화지점이 지하구의 실제거리와 일치하도록 수신기 등에 표시할 것

ⓒ 공동구 내부에 상수도용 또는 냉·난방용 설비만 존재하는 부분은 감지기를 설치하지 않을 수 있다.

ⓔ 발신기, 지구음향장치 및 시각경보기는 설치하지 않을 수 있다.

4 연소방지설비

① 배관의 설치기준

ㄱ 연소방지설비 전용헤드를 사용하는 경우 `15` `19` 년 출제

하나의 배관에 부착하는 연소방지설비 전용헤드의 개수	1개	2개	3개	4개 또는 5개	6개 이상
배관의 구경[mm]	32	40	50	65	80

ㄴ 교차배관은 가지배관과 수평으로 설치하거나 또는 가지배관 밑에 설치하고 그 구경은 ㄱ의 표에 따르되 최소 구경은 40[mm] 이상이 되도록 할 것

ㄷ 행거의 설치기준 `19` 년 출제

  • 가지배관 : 가지배관에는 헤드의 설치지점 사이마다 1개 이상의 행거를 설치하되 헤드 간의 거리가 3.5[m]를 초과하는 경우에는 3.5[m] 이내마다 1개 이상을 설치할 것(이 경우 상향식 헤드와 행거 사이에는 8[cm] 이상 간격 유지)

  • 교차배관 : 교차배관에는 가지배관과 가지배관 사이마다 1개 이상의 행거를 설치하되, 가지배관 사이의 거리가 **4.5[m]를 초과**하는 경우에는 **4.5[m] 이내**마다 1개 이상 설치할 것

  • 수평주행배관 : 수평주행배관에는 4.5[m] 이내마다 1개 이상 설치할 것

② 헤드의 설치기준 `14` `19` 년 출제

ㄱ 천장 또는 벽면에 설치할 것

ㄴ 헤드 간의 수평거리

헤드의 종류	연소방지설비 전용헤드	개방형 스프링클러헤드
수평거리	2[m] 이하	1.5[m] 이하

ㄷ 소방대원의 출입이 가능한 환기구·작업구마다 지하구의 양쪽 방향으로 살수헤드를 설정하되 한쪽 방향의 살수구역의 길이는 3[m] 이상으로 할 것. 다만, 환기구의 간격이 700[m]를 초과할 경우에는 700[m] 이내마다 살수구역을 설정하되, 지하구의 구조를 고려하여 방화벽을 설치한 경우에는 그렇지 않다.

ㄹ 연소방지설비 전용헤드를 설치할 경우에는 소화설비용헤드의 성능인증 및 제품검사 기술기준에 적합한 살수헤드를 설치할 것

③ 송수구의 설치기준 `14` 년 출제

ㄱ 소방차가 쉽게 접근할 수 있는 노출된 장소에 설치하되 눈에 띄기 쉬운 보도 또는 차도에 설치할 것

ㄴ 송수구는 구경 **65[mm]의 쌍구형**으로 할 것

ㄷ 송수구로부터 1[m] 이내에 **살수구역 안내표지**를 설치할 것

ㄹ 지면으로부터 높이가 **0.5[m] 이상 1[m] 이하**의 위치에 설치할 것

ㅁ 송수구의 가까운 부분에 자동배수밸브(또는 직경 5[mm]의 배수공)를 설치할 것

ㅂ 송수구로부터 주배관에 이르는 연결배관에는 개폐밸브를 설치하지 않을 것

ㅅ 송수구에는 이물질을 막기 위한 마개를 씌울 것

5 방화벽의 설치기준 14 16 년 출제

방화벽의 출입문은 항상 닫힌 상태를 유지하거나 자동폐쇄장치에 의하여 화재신호를 받으면 자동으로 닫히는 구조로 해야 한다.

① 내화구조로서 홀로 설 수 있는 구조일 것
② 방화벽의 출입문은 건축법 시행령 제64조에 따른 방화문으로써 60분+방화문 또는 60분 방화문으로 설치할 것
③ 방화벽을 관통하는 케이블·전선 등에는 국토교통부 고시(건축자재 등 품질안정 및 관리기준)에 따라 내화채움구조로 마감할 것
④ 방화벽은 분기구 및 국사·변전소 등의 건축물과 지하구가 연결되는 부위(건축물로부터 20[m] 이내)에 설치할 것
⑤ 자동폐쇄장치를 사용하는 경우에는 자동폐쇄장치의 성능인증 및 제품검사의 기술기준에 적합한 것으로 설치할 것

제11절 건설현장(NFTC 606)

1 정 의 17 년 출제

① 간이소화장치 : 건설현장에서 화재발생 시 신속한 화재 진압이 가능하도록 물을 방수하는 형태의 소화장치
② 비상경보장치 : 발신기, 경종, 표시등 및 시각경보장치가 결합된 형태의 것으로서 화재위험작업 공간 등에서 수동조작에 의해서 화재경보상황을 알려줄 수 있는 비상벨 장치
③ 간이피난유도선 : 화재발생 시 작업자의 피난을 유도할 수 있는 케이블 형태의 장치

2 소화기의 설치기준

① 소화기의 소화약제는 소화기구 및 자동소화장치의 화재안전기술기준(NFTC 101)의 2.1.1.1의 표 2.1.1.1에 따른 적응성이 있는 것을 설치할 것
② 각 층 계단실마다 계단실 출입구 부근에 능력단위 3단위 이상인 소화기 2개 이상을 설치하고, 영 제18조 제1항에 해당하는 작업을 하는 경우 작업종료 시까지 작업지점으로부터 5[m] 이내의 쉽게 보이는 장소에 능력단위 3단위 이상인 소화기 2개 이상과 대형소화기 1개 이상을 추가 배치할 것
③ "소화기"라고 표시한 축광식 표지를 소화기 설치장소 보기 쉬운 곳에 부착해야 한다.

> **Plus one** 소방시설법 영 제18조 제1항(화재위험작업 및 임시소방시설(건설현장) 등)
> ① 인화성·가연성·폭발성 물질을 취급하거나 가연성 가스를 발생시키는 작업
> ② 용접·용단(금속·유리·플라스틱 따위를 녹여서 절단하는 일을 말한다) 등 불꽃을 발생시키거나 화기를 취급하는 작업
> ③ 전열기구, 가열전선 등 열을 발생시키는 기구를 취급하는 작업
> ④ 알루미늄, 마그네슘 등을 취급하여 폭발성 부유분진(공기 중에 떠다니는 미세한 입자를 말한다)을 발생시킬 수 있는 작업
> ⑤ 그 밖에 ①부터 ④까지와 비슷한 작업으로 소방청장이 정하여 고시하는 작업

3 간이소화장치의 설치기준

영 제18조 제1항에 해당하는 작업을 하는 경우 작업종료 시까지 작업지점으로부터 25[m] 이내에 배치하여 즉시 사용이 가능하도록 할 것

4 비상경보장치의 설치기준 24 년 출제

① 피난층 또는 지상으로 통하는 각 층 직통계단의 출입구마다 설치할 것
② 발신기를 누를 경우 해당 발신기와 결합된 경종이 작동할 것. 이 경우 다른 장소에 설치된 경종도 함께 연동하여 작동되도록 설치할 수 있다.
③ 발신기의 위치표시등은 함의 상부에 설치하되, 그 불빛은 부착면으로부터 15° 이상의 범위 안에서 부착지점으로부터 10[m] 이내의 어느 곳에서도 쉽게 식별할 수 있는 적색등으로 할 것
④ 시각경보장치는 발신기함 상부에 위치하도록 설치하되 바닥으로부터 2[m] 이상 2.5[m] 이하의 높이에 설치하여 건설현장의 각 부분에 유효하게 경보할 수 있도록 할 것
⑤ "비상경보장치"라고 표시한 표지를 비상경보장치 상단에 부착할 것

5 가스누설경보기의 설치기준 24 년 출제

영 제18조 제1항 제1호에 따른 가연성가스를 발생시키는 작업을 하는 지하층 또는 무창층 내부(내부에 구획된 실이 있는 경우에는 구획실마다)에 가연성가스를 발생시키는 작업을 하는 부분으로부터 수평거리 10[m] 이내에 바닥으로부터 탐지부 상단까지의 거리가 0.3[m] 이하인 위치에 설치할 것

6 간이피난유도선의 설치기준

① 영 제18조 제2항 별표 8 제2호 마목에 따른 지하층이나 무창층에는 간이피난유도선을 녹색 계열의 광원점등방식으로 해당 층의 직통계단마다 계단의 출입구로부터 건물 내부로 10[m] 이상의 길이로 설치할 것
② 바닥으로부터 1[m] 이하의 높이에 설치하고, 피난유도선이 점멸하거나 화살표로 표시하는 등의 방법으로 작업장의 어느 위치에서도 피난유도선을 통해 출입구로의 피난방향을 알 수 있도록 할 것
③ 층 내부에 구획된 실이 있는 경우에는 구획된 각 실로부터 가장 가까운 직통계단의 출입구까지 연속하여 설치할 것

7 비상조명등의 설치기준 24 년 출제

① 영 제18조 제2항 별표 8 제2호 바목에 따른 지하층이나 무창층에서 피난층 또는 지상으로 통하는 직통계단의 계단실 내부에 각 층마다 설치할 것
② 비상조명등이 설치된 장소의 조도는 각 부분의 바닥에서 1[lx] 이상이 되도록 할 것
③ 비상경보장치가 작동할 경우 연동하여 점등되는 구조로 설치할 것

8 방화포의 설치기준 24 년 출제

용접·용단 작업 시 11[m] 이내에 가연물이 있는 경우 해당 가연물을 방화포로 보호할 것

제12절 전기저장시설(NFTC 607)

1 정 의

① 전기저장장치 : 생산된 전기를 전력 계통에 저장했다가 전기가 가장 필요한 시기에 공급해 에너지 효율을 높이는 것으로 배터리(이차전지에 한정한다), 배터리 관리 시스템, 전력 변환 장치 및 에너지 관리 시스템 등으로 구성되어 발전·송배전·일반 건축물에서 목적에 따라 단계별 저장이 가능한 장치

② 더블인터락(Double-Interlock) 방식 : 준비작동식 스프링클러설비의 작동방식 중 화재감지기와 스프링클러헤드가 모두 작동되는 경우 준비작동식 유수검지장치가 개방되는 방식

2 스프링클러설비의 설치기준

① 스프링클러설비는 습식 스프링클러설비 또는 준비작동식 스프링클러설비(신속한 작동을 위해 '더블인터락' 방식은 제외한다)로 설치할 것

② 전기저장장치가 설치된 실의 바닥면적(바닥면적이 230[m²] 이상인 경우에는 230[m²]) 1[m²]에 분당 12.2[L/min] 이상의 수량을 균일하게 30분 이상 방수할 수 있도록 할 것

③ 스프링클러헤드 방수로 인해 인접 헤드에 미치는 영향을 최소화하기 위하여 스프링클러헤드 사이의 간격을 1.8[m] 이상 유지할 것. 이 경우 헤드 사이의 최대 간격은 스프링클러설비의 소화성능에 영향을 미치지 않는 간격 이내로 해야 한다.

④ 준비작동식 스프링클러설비를 설치할 경우 2.4.2(화재감지기)에 따른 감지기를 설치할 것

⑤ 스프링클러설비를 30분 이상 작동할 수 있는 비상전원을 갖출 것

⑥ 준비작동식 스프링클러설비의 경우 전기저장장치의 출입구 부근에 수동식 기동장치를 설치할 것

⑦ 소방자동차로부터 전기저장장치 설비에 송수할 수 있는 송수구를 스프링클러설비의 화재안전기술기준(NFTC 103) 2.8(송수구)에 따라 설치할 것

3 배터리용 소화장치

중앙소방기술심의위원회의 심의를 거쳐 소방청장이 인정하는 시험방법으로 2.9.2(전기저장시설)에 따른 시험기관에서 전기저장장치에 대한 소화성능을 인정받은 배터리용 소화장치를 설치할 수 있다.

① 옥외형 전기저장장치 설비가 컨테이너 내부에 설치된 경우

② 옥외형 전기저장장치 설비가 다른 건축물, 주차장, 공용도로, 적재된 가연물, 위험물 등으로부터 30[m] 이상 떨어진 지역에 설치된 경우

4 배출설비

① 배풍기·배출덕트·후드 등을 이용하여 강제적으로 배출할 것

② 바닥면적 1[m²]에 시간당 18[m³] 이상의 용량을 배출할 것

③ 화재감지기의 감지에 따라 작동할 것

④ 옥외와 면하는 벽체에 설치할 것

5 전기저장장치의 설치장소

전기저장장치는 관할 소방대의 원활한 소방활동을 위해 지면으로부터 지상 22[m](전기저장장치가 설치된 전용 건축물의 최상부 끝단까지의 높이) 이내, 지하 9[m](전기저장장치가 설치된 바닥면까지의 깊이) 이내로 설치해야 한다.

6 방화구획 23 년 출제

전기저장장치 설치장소의 벽체, 바닥 및 천장은 건축물의 피난·방화구조 등의 기준에 관한 규칙에 따라 건축물의 다른 부분과 방화구획해야 한다. 다만, 배터리실 외의 장소와 옥외형 전기저장장치 설비는 방화구획하지 않을 수 있다.

제13절 공동주택(NFTC 608)

1 정 의

① 공동주택 : 영 별표 2 제1호에서 규정한 대상

> **공동주택[소방시설법 영 별표 2, 제1호]**
> • 아파트 등 : 주택으로 쓰는 층수가 5층 이상인 주택
> • 연립주택 : 주택으로 쓰는 1개 동의 바닥면적(2개 이상의 동을 지하주차장으로 연결하는 경우에는 각각의 동으로 본다) 합계가 660[m²]를 초과하고 층수가 4개 층 이하인 주택
> • 다세대주택 : 주택으로 쓰는 1개 동의 바닥면적(2개 이상의 동을 지하주차장으로 연결하는 경우에는 각각의 동으로 본다) 합계가 660[m²] 이하이고 층수가 4개 층 이하인 주택
> • 기숙사 : 학교 또는 공장 등의 학생 또는 종업원 등을 위하여 쓰는 것으로써 1개 동의 공동취사시설 이용 세대 수가 전체의 50[%] 이상인 것(학생복지주택, 공공매입임대주택 중 독립된 주거의 형태를 갖추지 않는 것을 포함한다)

② 갓복도식 공동주택 : 각 층의 계단실 및 승강기에서 각 세대로 통하는 복도의 한쪽 면이 외기에 개방된 구조의 공동주택

2 소화기구 및 자동소화장치의 설치기준

① 바닥면적 100[m²]마다 1단위 이상의 능력단위를 기준으로 설치할 것
② 아파트 등의 경우 각 세대 및 공용부(승강장, 복도 등)마다 설치할 것
③ 아파트 등의 세대 내에 설치된 보일러실이 방화구획되거나, 스프링클러설비·간이스프링클러설비·물분무 등 소화설비 중 하나가 설치된 경우에는 소화기구 및 자동소화장치의 화재안전기술기준(NFTC 101) 표 2.1.1.3 제1호 및 제5호를 적용하지 않을 수 있다.
④ 아파트 등의 경우 소화기구 및 자동소화장치의 화재안전기술기준(NFTC 101) 2.2에 따른 소화기의 감소 규정을 적용하지 않을 것
⑤ 주거용 주방자동소화장치는 아파트 등의 주방에 열원(가스 또는 전기)의 종류에 적합한 것으로 설치하고, 열원을 차단할 수 있는 차단장치를 설치해야 한다.

3 옥내소화전설비의 설치기준

① 호스릴(Hose Reel) 방식으로 설치할 것

② 복층형 구조인 경우에는 출입구가 없는 층에 방수구를 설치하지 않을 수 있다.

③ 감시제어반 전용실은 피난층 또는 지하 1층에 설치할 것. 다만, 상시 사람이 근무하는 장소 또는 관계인이 쉽게 접근할 수 있고 관리가 용이한 장소에 감시제어반 전용실을 설치할 경우에는 지상 2층 또는 지하 2층에 설치할 수 있다.

4 스프링클러설비의 설치기준

① 폐쇄형 스프링클러헤드를 사용하는 **아파트 등**은 기준개수 **10개**(스프링클러헤드의 설치개수가 가장 많은 세대에 설치된 스프링클러헤드의 개수가 기준개수보다 작은 경우에는 그 설치개수를 말한다)에 $1.6[m^3]$를 곱한 양 이상의 수원이 확보되도록 할 것. 다만, **아파트 등의 각 동이 주차장으로 서로 연결된 구조인 경우** 해당 주차장 부분의 기준개수는 **30개**로 할 것

② 아파트 등의 경우 화장실 반자 내부에는 소방용 합성수지배관의 성능인증 및 제품검사의 기술기준에 적합한 소방용 합성수지배관으로 배관을 설치할 수 있다. 다만, 소방용 합성수지배관 내부에 항상 소화수가 채워진 상태를 유지할 것

③ 하나의 방호구역은 2개 층에 미치지 않도록 할 것. 다만, 복층형 구조의 공동주택에는 3개 층 이내로 할 수 있다.

④ 아파트 등의 세대 내 스프링클러헤드를 설치하는 천장·반자·천장과 반자 사이·덕트·선반 등의 각 부분으로부터 하나의 스프링클러헤드까지의 **수평거리는 2.6[m] 이하**로 할 것

⑤ 외벽에 설치된 창문에서 0.6[m] 이내에 스프링클러헤드를 배치하고, 배치된 헤드의 수평거리 이내에 창문이 모두 포함되도록 할 것. 다만, 다음의 기준에 어느 하나에 해당하는 경우에는 그렇지 않다.

　㉠ 창문에 드렌처설비가 설치된 경우

　㉡ 창문과 창문 사이의 수직 부분이 내화구조로 90[cm] 이상 이격되어 있거나, 발코니 등의 구조변경절차 및 설치기준 제4조 제1항부터 제5항까지에서 정하는 구조와 성능의 방화판 또는 방화유리창을 설치한 경우

　㉢ 발코니가 설치된 부분

⑥ **거실**에는 **조기반응형 스프링클러헤드**를 설치할 것

⑦ 감시제어반 전용실은 피난층 또는 지하 1층에 설치할 것. 다만, 상시 사람이 근무하는 장소 또는 관계인이 쉽게 접근할 수 있고 관리가 용이한 장소에 감시제어반 전용실을 설치할 경우에는 지상 2층 또는 지하 2층에 설치할 수 있다.

⑧ 건축법 시행령 제46조 제4항에 따라 설치된 **대피공간에는 헤드를 설치하지 않을 수 있다.**

⑨ 스프링클러설비의 화재안전기술기준(NFTC 103) 2.7.7.1 및 2.7.7.3의 기준에도 불구하고 세대 내 실외기실 등 소규모 공간에서 해당 공간 여건상 헤드와 장애물 사이에 60[cm] 반경을 확보하지 못하거나 장애물 폭의 3배를 확보하지 못하는 경우에는 살수방해가 최소화되는 위치에 설치할 수 있다.

5 물분무소화설비의 설치기준

물분무소화설비의 감시제어반 전용실은 피난층 또는 지하 1층에 설치해야 한다. 다만, 상시 사람이 근무하는 장소 또는 관계인이 쉽게 접근할 수 있고 관리가 용이한 장소에 감시제어반 전용실을 설치할 경우에는 지상 2층 또는 지하 2층에 설치할 수 있다.

6 포소화설비의 설치기준

포소화설비의 감시제어반 전용실은 피난층 또는 지하 1층에 설치해야 한다. 다만, 상시 사람이 근무하는 장소 또는 관계인이 쉽게 접근할 수 있고 관리가 용이한 장소에 감시제어반 전용실을 설치할 경우에는 지상 2층 또는 지하 2층에 설치할 수 있다.

7 옥외소화전설비의 설치기준

① 기동장치는 기동용 수압개폐장치 또는 이와 동등 이상의 성능이 있는 것을 설치할 것
② 감시제어반 전용실은 피난층 또는 지하 1층에 설치할 것. 다만, 상시 사람이 근무하는 장소 또는 관계인이 쉽게 접근할 수 있고 관리가 용이한 장소에 감시제어반 전용실을 설치할 경우에는 지상 2층 또는 지하 2층에 설치할 수 있다.

8 자동화재탐지설비의 설치기준

① 아날로그방식의 감지기, 광전식 공기흡입형 감지기 또는 이와 동등 이상의 기능·성능이 인정되는 것으로 설치할 것
② 감지기의 신호처리방식은 자동화재탐지설비 및 시각경보장치의 화재안전기술기준(NFTC 203) 1.7.1.2에 따른다.
③ 세대 내 거실(취침 용도로 사용될 수 있는 통상적인 방 및 거실을 말한다)에는 연기감지기를 설치할 것
④ 감지기 회로 단선 시 고장표시가 되며, 해당 회로에 설치된 감지기가 정상 작동될 수 있는 성능을 갖도록 할 것
⑤ 복층형 구조인 경우에는 출입구가 없는 층에 발신기를 설치하지 않을 수 있다.

9 비상방송설비의 설치기준

① 확성기는 각 세대마다 설치할 것
② 아파트 등의 경우 실내에 설치하는 확성기 음성입력은 **2[W] 이상**일 것

10 피난기구의 설치기준

① 아파트 등의 경우 **각 세대마다** 설치할 것
② 피난장애가 발생하지 않도록 하기 위하여 피난기구를 설치하는 개구부는 동일 직선상이 아닌 위치에 있을 것. 다만, 수직 피난방향으로 동일 직선상인 세대별 개구부에 피난기구를 엇갈리게 설치하여 피난장애가 발생하지 않는 경우에는 그렇지 않다.

③ 공동주택관리법 제2조 제1항 제2호(마목은 제외함)에 따른 "의무관리대상 공동주택"의 경우에는 하나의 관리주체가 관리하는 공동주택 구역마다 공기안전매트 1개 이상을 추가로 설치할 것. 다만, 옥상으로 피난이 가능하거나 수평 또는 수직 방향의 인접세대로 피난할 수 있는 구조인 경우에는 추가로 설치하지 않을 수 있다.

④ 갓복도식 공동주택 또는 건축법 시행령 제46조 제5항에 해당하는 구조 또는 시설을 설치하여 수평 또는 수직 방향의 인접세대로 피난할 수 있는 아파트는 피난기구를 설치하지 않을 수 있다.

⑤ 승강식 피난기 및 하향식 피난구용 내림식 사다리가 건축물의 피난·방화구조 등의 기준에 관한 규칙 제14조에 따라 방화구획된 장소(세대 내부)에 설치될 경우에는 해당 방화구획된 장소를 대피실로 간주하고, 대피실의 면적규정과 외기에 접하는 구조로 대피실을 설치하는 규정을 적용하지 않을 수 있다.

11 유도등의 설치기준

① 소형피난구유도등을 설치할 것. 다만, 세대 내에는 유도등을 설치하지 않을 수 있다.

② 주차장으로 사용되는 부분은 중형피난구유도등을 설치할 것

③ 건축법 시행령 제40조 제3항 제2호 나목 및 주택건설기준 등에 관한 규정 제16조의2 제3항에 따라 비상문 자동개폐장치가 설치된 옥상 출입문에는 대형피난구유도등을 설치할 것

④ 내부구조가 단순하고 복도식이 아닌 층에는 피난구유도등의 기준을 적용하지 않을 것

12 비상조명등의 설치기준

비상조명등은 각 거실로부터 지상에 이르는 복도·계단 및 그 밖의 통로에 설치해야 한다. 다만, 공동주택의 세대 내에는 출입구 인근 통로에 1개 이상 설치한다.

13 연결송수관설비의 설치기준

① 층마다 설치할 것. 다만, 아파트 등의 1층과 2층(또는 피난층과 그 직상층)에는 설치하지 않을 수 있다.

② 아파트 등의 경우 계단의 출입구(계단의 부속실을 포함하며 계단이 2 이상 있는 경우에는 그중 1개의 계단을 말한다)로부터 5[m] 이내에 방수구를 설치하되, 그 방수구로부터 해당 층의 각 부분까지의 수평거리가 50[m]를 초과하는 경우에는 방수구를 추가로 설치할 것

③ 송수구는 쌍구형으로 할 것. 다만, 아파트 등의 용도로 사용되는 층에는 단구형으로 설치할 수 있다.

④ 송수구는 동별로 설치하되, 소방차량의 접근 및 통행이 용이하고 잘 보이는 장소에 설치할 것

⑤ 펌프의 토출량은 2,400[L/min] 이상(계단식 아파트의 경우에는 1,200[L/min] 이상)으로 하고, 방수구 개수가 3개를 초과(방수구가 5개 이상인 경우에는 5개)하는 경우에는 1개마다 800[L/min](계단식 아파트의 경우에는 400[L/min] 이상)를 가산해야 한다.

14 비상콘센트의 설치기준

아파트 등의 경우에는 계단의 출입구(계단의 부속실을 포함하며 계단이 2개 이상 있는 경우에는 그중 1개의 계단을 말한다)로부터 5[m] 이내에 비상콘센트를 설치하되, 그 비상콘센트로부터 해당 층의 각 부분까지의 수평거리가 50[m]를 초과하는 경우에는 비상콘센트를 추가로 설치해야 한다.

제14절 창고시설(NFTC 609)

1 정 의

① 창고시설 : 영 별표 2 제16호에서 규정한 창고시설

> **창고시설[소방시설법 영 별표 2, 제16호]**
> 위험물 저장 및 처리시설 또는 그 부속용도에 해당하는 것은 제외한다.
> • 창고(물품저장시설로서 냉장·냉동 창고를 포함한다)
> • 하역장
> • 물류터미널
> • 집배송시설

② 랙식 창고 : 한국산업표준규격(KS)의 랙(Rack) 용어(KS T 2023)에서 정하고 있는 물품 보관용 랙을 설치하는 창고시설

③ 적층식 랙 : 한국산업표준규격(KS)의 랙 용어(KS T 2023)에서 정하고 있는 선반을 다층식으로 겹쳐 쌓는 랙

④ 라지드롭형(Large-Drop Type) 스프링클러헤드 : 동일 조건의 수압력에서 큰 물방울을 방출하여 화염의 전파속도가 빠르고 발열량이 큰 저장창고 등에서 발생하는 대형화재를 진압할 수 있는 헤드

⑤ 송기공간 : 랙을 일렬로 나란하게 맞대어 설치하는 경우 랙 사이에 형성되는 공간(사람이나 장비가 이동하는 통로는 제외한다)

2 소화기구 및 자동소화장치의 설치기준

창고시설 내 배전반 및 분전반마다 가스자동소화장치·분말자동소화장치·고체에어로졸자동소화장치 또는 소공간용 소화용구를 설치해야 한다.

3 옥내소화전설비의 설치기준

① 수원의 저수량은 옥내소화전의 설치개수가 가장 많은 층의 설치개수(**2개 이상** 설치된 경우에는 **2개**)에 **5.2[m³]**(호스릴 옥내소화전설비를 포함한다)를 곱한 양 이상이 되도록 해야 한다.

② 사람이 상시 근무하는 물류창고 등 동결의 우려가 없는 경우에는 옥내소화전설비의 화재안전기술기준(NFTC 102) 2.2.1.9의 단서를 적용하지 않는다.

③ 비상전원은 자가발전설비, 축전지설비(내연기관에 따른 펌프를 사용하는 경우에는 내연기관의 기동 및 제어용 축전지를 말한다) 또는 전기저장장치(외부 전기에너지를 저장해 두었다가 필요한 때 전기를 공급하는 장치)로서 옥내소화전설비를 유효하게 40분 이상 작동할 수 있어야 한다.

4 스프링클러설비의 설치기준

① 설치방식
  ㉠ **창고시설**에 설치하는 스프링클러설비는 **라지드롭형 스프링클러헤드**를 **습식**으로 설치할 것. 다만, 다음의 어느 하나에 해당하는 경우에는 **건식스프링클러설비로 설치할 수 있다.**

  > **[건식 스프링클러설비로 설치할 수 있는 경우]**
  > • 냉동창고 또는 영하의 온도로 저장하는 냉장창고
  > • 창고시설 내에 상시 근무자가 없어 난방을 하지 않는 창고시설

  ㉡ **랙식 창고**의 경우에는 ㉠에 따라 설치하는 것 외에 라지드롭형 스프링클러헤드를 **랙 높이 3[m] 이하마다 설치**할 것. 이 경우 수평거리 15[cm] 이상의 송기공간이 있는 랙식 창고에는 랙 높이 3[m] 이하마다 설치하는 스프링클러헤드를 송기공간에 설치할 수 있다.
  ㉢ 창고시설에 적층식 랙을 설치하는 경우 적층식 랙의 각 단 바닥면적을 방호구역 면적으로 포함할 것
  ㉣ ㉠ 내지 ㉢에도 불구하고 **천장 높이가 13.7[m] 이하인 랙식 창고**에는 화재조기진압용 스프링클러설비의 화재안전기술기준(NFTC 103B)에 따른 **화재조기진압용 스프링클러설비**를 설치할 수 있다.
  ㉤ **높이가 4[m] 이상인 창고**(랙식 창고를 포함한다)에 설치하는 폐쇄형 스프링클러헤드는 그 설치장소의 평상시 최고 주위온도에 관계없이 표시온도 **121[℃] 이상의 것**으로 할 수 있다.

② 수원의 저수량
  ㉠ 라지드롭형 스프링클러헤드의 설치개수가 가장 많은 방호구역의 설치개수(30개 이상 설치된 경우에는 **30개**)에 **3.2[m³]**(**랙식 창고**의 경우에는 **9.6[m³]**)를 곱한 양 이상이 되도록 할 것
  ㉡ 화재조기진압용 스프링클러설비를 설치하는 경우 화재조기진압용 스프링클러설비의 화재안전기술기준(NFTC 103B) 2.2.1에 따를 것

③ 가압송수장치의 송수량
  ㉠ 가압송수장치의 송수량은 **0.1[MPa]**의 방수압력 기준으로 **160[L/min] 이상**의 방수성능을 가진 기준 개수의 모든 헤드로부터의 방수량을 충족시킬 수 있는 양 이상인 것으로 할 것. 이 경우 속도수두는 계산에 포함하지 않을 수 있다.
  ㉡ 화재조기진압용 스프링클러설비를 설치하는 경우 화재조기진압용 스프링클러설비의 화재안전기술기준(NFTC 103B) 2.3.1.10에 따를 것

④ 가지배관의 헤드 수
  교차배관에서 분기되는 지점을 기점으로 한쪽 가지배관에 설치되는 헤드의 개수(반자 아래와 반자 속의 헤드를 **하나의 가지배관상**에 병설하는 경우에는 반자 아래에 설치하는 헤드의 개수)는 **4개 이하**로 해야 한다. 다만, 2.3.1.4에 따라 화재조기진압용 스프링클러설비를 설치하는 경우에는 그렇지 않다.

⑤ 헤드의 설치기준
  ㉠ 라지드롭형 스프링클러헤드를 설치하는 천장·반자·천장과 반자 사이·덕트·선반 등의 각 부분으로부터 하나의 스프링클러헤드까지의 수평거리

설치대상물	설치기준
특수가연물을 저장 또는 취급하는 창고	수평거리 1.7[m] 이하
내화구조로 된 창고	수평거리 2.3[m] 이하
내화구조가 아닌 창고	수평거리 2.1[m] 이하

  ㉡ 화재조기진압용 스프링클러헤드는 화재조기진압용 스프링클러설비의 화재안전기술기준(NFTC 103B) 2.7.1에 따라 설치할 것
  ㉢ 물품의 운반 등에 필요한 고정식 대형기기 설비의 설치를 위해 건축법 시행령 제46조 제2항에 따라 방화구획이 적용되지 않거나 완화 적용되어 연소할 우려가 있는 개구부에는 스프링클러설비의 화재안전기술기준(NFTC 103) 2.7.7.6에 따른 방법으로 드렌처설비를 설치해야 한다.
  ㉣ **비상전원**은 자가발전설비, 축전지설비(내연기관에 따른 펌프를 사용하는 경우에는 내연기관의 기동 및 제어용 축전지를 말한다) 또는 전기저장장치(외부 전기에너지를 저장해 두었다가 필요한 때 전기를 공급하는 장치를 말한다)로서 스프링클러설비를 유효하게 **20분**(**랙식 창고**의 경우 **60분**을 말한다) 이상 작동할 수 있어야 한다.

5 비상방송설비의 설치기준

① 확성기의 **음성입력**은 3[W](실내에 설치하는 것을 포함한다) 이상으로 해야 한다.
② **창고시설**에서 발화한 때에는 **전 층에 경보**를 발해야 한다.
③ 비상방송설비에는 그 설비에 대한 감시상태를 60분간 지속한 후 유효하게 30분 이상 경보할 수 있는 축전지설비(수신기에 내장하는 경우를 포함한다) 또는 전기저장장치를 설치해야 한다.

6 자동화재탐지설비의 설치기준

① 감지기 작동 시 해당 감지기의 위치가 수신기에 표시되도록 해야 한다.
② 개인정보보호법 제2조 제7호에 따른 영상정보처리기기를 설치하는 경우 수신기는 영상정보의 열람·재생 장소에 설치해야 한다.
③ 스프링클러설비를 설치해야 하는 창고시설의 감지기의 설치기준
  ㉠ 아날로그방식의 감지기, 광전식 공기흡입형 감지기 또는 이와 동등 이상의 기능·성능이 인정되는 감지기를 설치할 것
  ㉡ 감지기의 신호처리 방식은 자동화재탐지설비 및 시각경보장치의 화재안전기술기준(NFTC 203) 1.7.2에 따른다.
④ **창고시설**에서 발화한 때에는 **전 층에 경보**를 발해야 한다.
⑤ 자동화재탐지설비에는 그 설비에 대한 감시상태를 60분간 지속한 후 유효하게 30분 이상 경보할 수 있는 비상전원으로서 축전지설비 또는 전기저장장치를 설치해야 한다. 다만, 상용전원이 축전지설비인 경우에는 그렇지 않다.

7 유도등의 설치기준

① **피난구유도등**과 **거실통로유도등**은 **대형**으로 설치해야 한다.
② 피난유도선은 연면적 15,000[m²] 이상인 창고시설의 지하층 및 무창층의 설치기준 `24 년 출제`
  ㉠ 광원점등방식으로 바닥으로부터 1[m] 이하의 높이에 설치할 것
  ㉡ 각 층 직통계단 출입구로부터 건물 내부 벽면으로 10[m] 이상 설치할 것
  ㉢ 화재 시 점등되며 비상전원 30분 이상을 확보할 것
  ㉣ 피난유도선은 소방청장이 정하여 고시하는 피난유도선 성능인증 및 제품검사의 기술기준에 적합한 것으로 설치할 것

8 소화수조 및 저수조의 설치기준

소화수조 또는 저수조의 저수량은 특정소방대상물의 연면적을 5,000[m²]로 나누어 얻은 수(소수점 이하의 수는 1로 본다)에 20[m³]를 곱한 양 이상이 되도록 해야 한다.

제15절 소방시설의 내진설계기준

1 정 의

① 내진 : 면진, 제진을 포함한 지진으로부터 소방시설의 피해를 줄일 수 있는 구조를 의미하는 포괄적인 개념
② 면진 : 건축물과 소방시설을 지진동으로부터 격리시켜 지반진동으로 인한 지진력이 직접 구조물로 전달되는 양을 감소시킴으로써 내진성을 확보하는 수동적인 지진 제어 기술
③ 제진 : 별도의 장치를 이용하여 지진력에 상응하는 힘을 구조물 내에서 발생시키거나 지진력을 흡수하여 구조물이 부담해야 하는 지진력을 감소시키는 지진 제어 기술
④ 수평지진하중(F_{PW}) : 지진 시 흔들림 방지 버팀대에 전달되는 배관의 동적지진하중 또는 같은 크기의 정적지진하중으로 환산한 값으로 허용응력설계법으로 산정한 지진하중
⑤ 세장비(L/r) : 흔들림 방지 버팀대 지지대의 길이(L)와, 최소단면2차반경(r)의 비율을 말하며, 세장비가 커질수록 좌굴(Buckling)현상이 발생하여 지진 발생 시 파괴되거나 손상을 입기 쉽다.
⑥ 지진분리이음 : 지진발생 시 지진으로 인한 진동이 배관에 손상을 주지 않고 배관의 축방향 변위, 회전, 1° 이상의 각도 변위를 허용하는 이음을 말한다. 단, 구경 200[mm] 이상의 배관은 허용하는 각도변위를 0.5° 이상으로 한다.
⑦ 가요성이음장치 : 지진 시 수조 또는 가압송수장치와 배관 사이 등에서 발생하는 상대변위 발생에 대응하기 위해 수평 및 수직 방향의 변위를 허용하는 플렉시블 조인트 등을 말한다.
⑧ 가동중량(W_P) : 수조, 가압송수장치, 함류, 제어반 등, 가스계 및 분말소화설비의 저장용기, 비상전원, 배관의 작동상태를 고려한 무게를 말하며 다음의 기준에 따른다.
  ㉠ 배관의 작동상태를 고려한 무게란 배관 및 기타 부속품의 무게를 포함하기 위한 중량으로 용수가 충전된 배관 무게의 1.15배를 적용한다.

ⓛ 수조, 가압송수장치, 함류, 제어반 등, 가스계 및 분말소화설비의 저장용기, 비상전원의 작동상태를 고려한 무게란 유효중량에 안전율을 고려하여 적용한다.

⑨ 내진스토퍼 : 지진하중에 의해 과도한 변위가 발생하지 않도록 제한하는 장치

⑩ S : 재현주기 2400년을 기준으로 정의되는 최대고려 지진의 유효수평지반가속도로서 "건축물 내진설계기준(KDS 41 17 00)"의 지진구역에 따른 지진구역계수(Z)에 2400년 재현주기에 해당하는 위험도계수(I) 2.0을 곱한 값

⑪ 상쇄배관(Offset) : 영향구역 내의 직선배관이 방향 전환한 후 다시 같은 방향으로 연속될 경우, 중간에 방향 전환된 짧은 배관은 단부로 보지 않고 상쇄하여 직선으로 볼 수 있는 것을 말하며, 짧은 배관의 합산길이는 3.7[m] 이하여야 한다. `21 년 출제`

⑫ 횡방향 흔들림 방지 버팀대 : 수평직선배관의 진행방향과 직각방향(횡방향)의 수평지진하중을 지지하는 버팀대

⑬ 종방향 흔들림 방지 버팀대 : 수평직선배관의 진행방향(종방향)의 수평지진하중을 지지하는 버팀대

⑭ 4방향 흔들림 방지 버팀대 : 건축물 평면상에서 종방향 및 횡방향 수평지진하중을 지지하거나, 종·횡 단면상에서 전·후·좌·우 방향의 수평지진하중을 지지하는 버팀대

2 공통 적용사항

① 지진하중의 계산기준

㉠ 소방시설의 지진하중은 "건축물 내진설계기준" 중 비구조요소의 설계지진력 산정방법을 따른다.

㉡ 허용응력설계법을 적용하는 경우에는 ㉠의 산정방법 중 허용응력설계법 외의 방법으로 산정된 설계지진력에 0.7을 곱한 값을 지진하중으로 적용한다.

㉢ 지진에 의한 소화배관의 수평지진하중(F_{PW}) 산정은 허용응력설계법으로 하며 다음 중 어느 하나를 적용한다.

• 공식이용

$$F_{PW} = C_P \times W_P$$

여기서, F_{PW} : 수평지진하중
W_P : 가동중량
C_P : 소화배관의 지진계수(별표 1에 따라 선정한다)

• ㉠에 따른 산정방법 중 허용응력설계법 외의 방법으로 산정된 설계지진력에 0.7을 곱한 값을 수평지진하중(F_{PW})으로 적용한다.

㉣ 지진에 의한 배관의 수평설계지진력이 $0.5 W_P$을 초과하고, 흔들림 방지 버팀대의 각도가 수직으로부터 45° 미만인 경우 또는 수평설계지진력이 $1.0 W_P$를 초과하고 흔들림 방지 버팀대의 각도가 수직으로부터 60° 미만인 경우 흔들림 방지 버팀대는 수평설계지진력에 의한 유효수직반력을 견디도록 설치해야 한다.

② 앵커볼트의 설치기준

㉠ 수조, 가압송수장치, 함, 제어반 등, 비상전원, 가스계 및 분말소화설비의 저장용기 등은 "건축물 내진설계기준" 비구조요소의 정착부의 기준에 따라 앵커볼트를 설치해야 한다.

ⓛ 앵커볼트는 건축물 정착부의 두께, 볼트설치 간격, 모서리까지 거리, 콘크리트의 강도, 균열 콘크리트 여부, 앵커볼트의 단일 또는 그룹설치 등을 확인하여 최대허용하중을 결정해야 한다.

ⓒ 흔들림 방지 버팀대에 설치하는 앵커볼트 최대허용하중은 제조사가 제시한 설계하중 값에 0.43을 곱해야 한다.

ⓔ 건축물 부착 형태에 따른 프라잉효과나 편심을 고려하여 수평지진하중의 작용하중을 구하고 앵커볼트 최대허용하중과 작용하중과의 내진설계 적정성을 평가하여 설치해야 한다.

ⓜ 소방시설을 팽창성·화학성 또는 부분적으로 현장타설된 건축부재에 정착할 경우에는 수평지진하중을 1.5배 증가시켜 사용한다.

3 수 원

① 수조는 지진에 의하여 손상되거나 과도한 변위가 발생하지 않도록 기초(패드 포함), 본체 및 연결부분의 구조안전성을 확인해야 한다.

② 수조는 건축물의 구조부재나 구조부재와 연결된 수조 기초부(패드)에 고정하여 지진 시 파손(손상), 변형, 이동, 전도 등이 발생하지 않아야 한다.

③ 수조와 연결되는 소화배관에는 지진 시 상대변위를 고려하여 가요성이음장치를 설치해야 한다.

4 가압송수장치

① 가압송수장치에 방진장치가 있어 앵커볼트로 지지 및 고정할 수 없는 경우에는 다음의 기준에 따라 내진스토퍼 등을 설치해야 한다. 다만, 방진장치에 이 기준에 따른 내진성능이 있는 경우는 제외한다.

㉠ 정상운전에 지장이 없도록 내진스토퍼와 본체 사이에 최소 3[mm] 이상 이격하여 설치한다.

ⓛ 내진스토퍼는 제조사에서 제시한 허용하중이 제3조의2 제2항(지진하중 계산기준)에 따른 지진하중 이상을 견딜 수 있는 것으로 설치해야 한다. 단, 내진스토퍼와 본체 사이의 이격거리가 6[mm]를 초과한 경우에는 수평지진하중의 2배 이상을 견딜 수 있는 것으로 설치해야 한다.

② 가압송수장치의 흡입 측 및 토출 측에는 지진 시 상대변위를 고려하여 가요성이음장치를 설치해야 한다.

5 지진분리이음의 설치위치(구경 65[mm] 이상의 배관)

① 모든 수직직선배관은 상부 및 하부의 단부로부터 0.6[m] 이내에 설치해야 한다. 다만, 길이가 0.9[m] 미만인 수직직선배관은 지진분리이음을 설치하지 않을 수 있으며, 0.9~2.1[m] 사이의 수직직선배관은 하나의 지진분리이음을 설치할 수 있다.

② 2층 이상의 건물인 경우 각 층의 바닥으로부터 0.3[m], 천장으로부터 0.6[m] 이내에 설치해야 한다.

③ 수직직선배관에서 티분기된 수평배관 분기지점이 천장 아래 설치된 지진분리이음보다 아래에 위치한 경우 분기된 수평배관에 지진분리이음을 다음의 기준에 적합하게 설치해야 한다.

㉠ 티분기 수평직선배관으로부터 0.6[m] 이내에 지진분리이음을 설치한다.

ⓒ 티분기 수평직선배관 이후 2차 측에 수직직선배관이 설치된 경우 1차 측 수직직선배관의 지진분리이음 위치와 동일선상에 지진분리이음을 설치하고, 티분기 수평직선배관의 길이가 0.6[m] 이하인 경우에는 그 티분기된 수평직선배관에 ⓐ에 따른 지진분리이음을 설치하지 않는다.
④ 수직직선배관에 중간 지지부가 있는 경우에는 지지부로부터 0.6[m] 이내의 윗부분 및 아랫부분에 설치해야 한다.

6 지진분리장치

① 지진분리장치는 배관의 구경에 관계없이 지상층에 설치된 배관으로 건축물 지진분리이음과 소화배관이 교차하는 부분 및 건축물 간의 연결배관 중 지상 노출 배관이 건축물로 인입되는 위치에 설치해야 한다.
② 지진분리장치는 건축물 지진분리이음의 변위량을 흡수할 수 있도록 전후좌우 방향의 변위를 수용할 수 있도록 설치해야 한다.
③ 지진분리장치의 전단과 후단의 1.8[m] 이내에는 4방향 흔들림 방지 버팀대를 설치해야 한다.
④ 지진분리장치 자체에는 흔들림 방지 버팀대를 설치할 수 없다.

7 흔들림 방지 버팀대 설치기준 `21` `22` 년 출제

① 흔들림 방지 버팀대는 내력을 충분히 발휘할 수 있도록 견고하게 설치해야 한다.
② 배관에는 제6조 제2항(배관의 수평지진하중 계산)에서 산정된 횡방향 및 종방향의 수평지진하중에 모두 견디도록 흔들림 방지 버팀대를 설치해야 한다.
③ 흔들림 방지 버팀대가 부착된 건축 구조부재는 소화배관에 의해 추가된 지진하중을 견딜 수 있어야 한다.
④ 흔들림 방지 버팀대의 세장비(L/r)는 300을 초과하지 않아야 한다.
⑤ 4방향 흔들림 방지 버팀대는 횡방향 및 종방향 흔들림 방지 버팀대의 역할을 동시에 할 수 있어야 한다.
⑥ 하나의 수평직선배관은 최소 2개의 횡방향 흔들림 방지 버팀대와 1개의 종방향 흔들림 방지 버팀대를 설치해야 한다. 다만, 영향구역 내 배관의 길이가 6[m] 미만인 경우에는 횡방향과 종방향 흔들림 방지 버팀대를 각 1개씩 설치할 수 있다.

8 수평직선배관 흔들림 방지 버팀대

① 횡방향 흔들림 방지 버팀대 설치기준
   ㉠ 배관 구경에 관계없이 모든 수평주행배관·교차배관 및 옥내소화전설비의 수평배관에 설치해야 하고, 가지배관 및 기타배관에는 구경 65[mm] 이상인 배관에 설치해야 한다. 다만, 옥내소화전설비의 수직배관에서 분기된 구경 50[mm] 이하의 수평배관에 설치되는 소화전함이 1개인 경우에는 횡방향 흔들림 방지 버팀대를 설치하지 않을 수 있다.
   ㉡ 횡방향 흔들림 방지 버팀대의 설계하중은 설치된 위치의 좌우 6[m]를 포함한 12[m] 이내의 배관에 작용하는 횡방향 수평지진하중으로 영향구역 내의 수평주행배관, 교차배관, 가지배관의 하중을 포함하여 산정한다.

ⓒ 흔들림 방지 버팀대의 간격은 중심선을 기준으로 최대간격이 12[m]를 초과하지 않아야 한다.

ⓔ 마지막 흔들림 방지 버팀대와 배관 단부 사이의 거리는 1.8[m]를 초과하지 않아야 한다.

ⓜ 영향구역 내에 상쇄배관이 설치되어 있는 경우 배관의 길이는 그 상쇄배관 길이를 합산하여 산정한다.

ⓗ 횡방향 흔들림 방지 버팀대가 설치된 지점으로부터 600[mm] 이내에 그 배관이 방향전환되어 설치된 경우 그 횡방향 흔들림 방지 버팀대는 인접배관의 종방향 흔들림 방지 버팀대로 사용할 수 있으며, 배관의 구경이 다른 경우에는 구경이 큰 배관에 설치해야 한다.

ⓢ 가지배관의 구경이 65[mm] 이상일 경우 설치기준

- 가지배관의 구경이 65[mm] 이상인 배관의 길이가 3.7[m] 이상인 경우에 횡방향 흔들림 방지 버팀대를 제9조 제1항(흔들림 방지 버팀대 설치기준)에 따라 설치한다.
- 가지배관의 구경이 65[mm] 이상인 배관의 길이가 3.7[m] 미만인 경우에는 횡방향 흔들림 방지 버팀대를 설치하지 않을 수 있다.

ⓞ 횡방향 흔들림 방지 버팀대의 수평지진하중은 별표 2에 따른 영향구역의 최대허용하중 이하로 적용해야 한다.

ⓩ 교차배관 및 수평주행배관에 설치되는 행거가 다음의 기준을 모두 만족하는 경우 횡방향 흔들림 방지 버팀대를 설치하지 않을 수 있다.

ⓐ 건축물 구조부재 고정점으로부터 배관 상단까지의 거리가 150[mm] 이내일 것

ⓑ 배관에 설치된 모든 행거의 75[%] 이상이 ⓐ의 기준을 만족할 것

ⓒ 교차배관 및 수평주행배관에 연속하여 설치된 행거는 ⓐ의 기준을 연속하여 초과하지 않을 것

ⓓ 지진계수(C_p) 값이 0.5 이하일 것

ⓔ 수평주행배관의 구경은 150[mm] 이하이고, 교차배관의 구경은 100[mm] 이하일 것

ⓕ 행거는 스프링클러설비의 화재안전기술기준 제8조 제13항에 따라 설치할 것

② 종방향 흔들림 방지 버팀대 설치기준

ⓐ 배관 구경에 관계없이 모든 수평주행배관·교차배관 및 옥내소화전설비의 수평배관에 설치해야 한다. 다만, 옥내소화전설비의 수직배관에서 분기된 구경 50[mm] 이하의 수평배관에 설치되는 소화전함이 1개인 경우에는 종방향 흔들림 방지 버팀대를 설치하지 않을 수 있다.

ⓛ 종방향 흔들림 방지 버팀대의 설계하중은 설치된 위치의 좌우 12[m]를 포함한 24[m] 이내의 배관에 작용하는 수평지진하중으로 영향구역 내의 수평주행배관, 교차배관 하중을 포함하여 산정하며, 가지배관의 하중은 제외한다.

ⓒ 수평주행배관 및 교차배관에 설치된 종방향 흔들림 방지 버팀대의 간격은 중심선을 기준으로 24[m]를 넘지 않아야 한다.

ⓔ 마지막 흔들림 방지 버팀대와 배관 단부 사이의 거리는 12[m]를 초과하지 않아야 한다.

ⓜ 영향구역 내에 상쇄배관이 설치되어 있는 경우 배관 길이는 그 상쇄배관 길이를 합산하여 산정한다.

ⓗ 종방향 흔들림 방지 버팀대가 설치된 지점으로부터 600[mm] 이내에 그 배관이 방향전환되어 설치된 경우 그 종방향 흔들림 방지 버팀대는 인접배관의 횡방향 흔들림 방지 버팀대로 사용할 수 있으며, 배관의 구경이 다른 경우에는 구경이 큰 배관에 설치해야 한다.

9 수직직선배관 흔들림 방지 버팀대

① 길이 1[m]를 초과하는 수직직선배관의 최상부에는 4방향 흔들림 방지 버팀대를 설치해야 한다. 다만, 가지배관은 설치하지 않을 수 있다.

② 수직직선배관 최상부에 설치된 4방향 흔들림 방지 버팀대가 수평직선배관에 부착된 경우 그 흔들림 방지 버팀대는 수직직선배관의 중심선으로부터 0.6[m] 이내에 설치되어야 하고, 그 흔들림 방지 버팀대의 하중은 수직 및 수평방향의 배관을 모두 포함해야 한다.

③ 수직직선배관 4방향 흔들림 방지 버팀대 사이의 거리는 8[m]를 초과하지 않아야 한다.

④ 소화전함에 아래 또는 위쪽으로 설치되는 65[mm] 이상의 수직직선배관은 다음의 기준에 따라 설치한다.

  ㉠ 수직직선배관의 길이가 3.7[m] 이상인 경우, 4방향 흔들림 방지 버팀대를 1개 이상 설치하고, 말단에 U볼트 등의 고정장치를 설치한다.

  ㉡ 수직직선배관의 길이가 3.7[m] 미만인 경우, 4방향 흔들림 방지 버팀대를 설치하지 않을 수 있고, U볼트 등의 고정장치를 설치한다.

⑤ 수직직선배관에 4방향 흔들림 방지 버팀대를 설치하고 수평방향으로 분기된 수평직선배관의 길이가 1.2[m] 이하인 경우 수직직선배관에 수평직선배관의 지진하중을 포함하는 경우 수평직선배관의 흔들림 방지 버팀대를 설치하지 않을 수 있다.

⑥ 수직직선배관이 다층건물의 중간층을 관통하며, 관통구 및 슬리브의 구경이 제6조 제3항 제1호(배관의 이격거리 유지)에 따른 배관 구경별 관통구 및 슬리브 구경 미만인 경우에는 4방향 흔들림 방지 버팀대를 설치하지 않을 수 있다.

10 가지배관 고정장치 및 헤드

① 가지배관의 고정장치는 각 호에 따라 설치해야 한다.

  ㉠ 가지배관에는 별표 3의 간격에 따라 고정장치를 설치한다.

  ㉡ 와이어타입 고정장치는 행거로부터 600[mm] 이내에 설치해야 한다. 와이어 고정점에 가장 가까운 행거는 가지배관의 상방향 움직임을 지지할 수 있는 유형이어야 한다.

  ㉢ 환봉타입 고정장치는 행거로부터 150[mm] 이내에 설치한다.

  ㉣ 환봉타입 고정장치의 세장비는 400을 초과해서는 안 된다. 단, 양쪽 방향으로 두 개의 고정장치를 설치하는 경우 세장비를 적용하지 않는다.

  ㉤ 고정장치는 수직으로부터 45° 이상의 각도로 설치해야 하고, 설치각도에서 최소 1,340[N] 이상의 인장 및 압축하중을 견딜 수 있어야 하며 와이어를 사용하는 경우 와이어는 1,960[N] 이상의 인장하중을 견디는 것으로 설치해야 한다.

  ㉥ 가지배관 상의 말단 헤드는 수직 및 수평으로 과도한 움직임이 없도록 고정해야 한다.

  ㉦ 가지배관에 설치되는 행거는 스프링클러설비의 화재안전기술기준 2.5.13(배관에 설치되는 행거의 설치기준)에 따라 설치한다.

  ㉧ 가지배관에 설치되는 행거가 다음의 기준을 모두 만족하는 경우 고정장치를 설치하지 않을 수 있다.

㉮ 건축물 구조부재 고정점으로부터 배관 상단까지의 거리가 150[mm] 이내일 것

㉯ 가지배관에 설치된 모든 행거의 75[%] 이상이 ㉮의 기준을 만족할 것

㉰ 가지배관에 연속하여 설치된 행거는 ㉮의 기준을 연속하여 초과하지 않을 것

② 가지배관 고정에 사용되지 않는 건축부재와 헤드 사이의 이격거리는 75[mm] 이상을 확보해야 한다.

🔢 제어반 등

① 제어반 등의 지진하중은 제3조의2 제2항(지진하중 계산기준)에 따라 계산하고, 앵커볼트는 제3조의2 제3항(앵커볼트 설치기준)에 따라 설치해야 한다. 단, 제어반 등의 하중이 450[N] 이하이고 내력벽 또는 기둥에 설치하는 경우 직경 8[mm] 이상의 고정용 볼트 4개 이상으로 고정할 수 있다.

② 건축물의 구조부재인 내력벽·바닥 또는 기둥 등에 고정해야 하며, 바닥에 설치하는 경우 지진하중에 의해 전도가 발생하지 않도록 설치해야 한다.

③ 제어반 등은 지진 발생 시 기능이 유지되어야 한다.

🔢 소화전함

① 지진 시 파손 및 변형이 발생하지 않아야 하며, 개폐에 장애가 발생하지 않아야 한다.

② 건축물의 구조부재인 내력벽·바닥 또는 기둥 등에 고정해야 하며, 바닥에 설치하는 경우 지진하중에 의해 전도가 발생하지 않도록 설치해야 한다.

③ 소화전함의 지진하중은 제3조의2 제2항(지진하중의 계산기준)에 따라 계산하고, 앵커볼트는 제3조의2 제3항에 따라 설치해야 한다. 단, 소화전함의 하중이 450[N] 이하이고 내력벽 또는 기둥에 설치하는 경우 직경 8[mm] 이상의 고정용 볼트 4개 이상으로 고정할 수 있다.

예상문제

001 제연구획에 대한 설명 중 잘못된 것은?

① 하나의 제연구역의 면적은 1,000[m²] 이내로 해야 한다.
② 거실과 통로는 각각 제연구획해야 한다.
③ 제연구역의 구획은 보·제연경계벽 및 벽으로 해야 한다.
④ 통로상의 제연구역은 보행 중심선으로 길이가 최대 50[m] 이내이어야 한다.

해설 **제연구획 및 제연구역의 구획**
- 하나의 **제연구역**의 면적은 **1,000[m²]** 이내로 할 것
- 거실과 통로(복도 포함)는 각각 제연구획할 것
- 통로상의 제연구역은 보행 중심선으로 길이가 **60[m]**를 초과하지 않을 것
- 하나의 제연구역은 직경 60[m] 원 내에 들어갈 수 있을 것
- 하나의 제연구역은 2 이상의 층에 미치지 않도록 할 것
- 제연구역의 구획은 보·제연경계벽 및 벽(화재 시 자동으로 구획되는 가동벽·방화셔터·방화문을 포함)으로 할 것

정답 ④

002 다음은 제연설비의 화재안전기술기준이다. 옳지 않은 것은?

① 배출기의 흡입 측 풍도 안의 풍속은 20[m/s] 이하로 하고 배출 측 풍속은 15[m/s] 이하로 한다.
② 하나의 제연구역의 면적은 1,000[m²] 이내로 한다.
③ 예상제연구역에 대해서는 화재 시 연기배출과 동시에 공기유입이 될 수 있게 하고, 배출구역이 거실일 경우에는 통로에 동시에 공기가 유입될 수 있도록 해야 한다.
④ 예상제연구역의 각 부분으로부터 하나의 배출구까지의 수평거리는 10[m] 이내가 되도록 해야 한다.

해설 **제연설비의 화재안전기술기준**
- 배출기의 흡입 측 풍도 안의 풍속은 15[m/s] 이하로 하고 배출 측 풍속은 20[m/s] 이하로 한다.
- 하나의 제연구역의 면적은 1,000[m²] 이내로 한다.
- 예상제연구역에 대해서는 화재 시 연기배출과 동시에 공기유입이 될 수 있게 하고, 배출구역이 거실일 경우에는 통로에 동시에 공기가 유입될 수 있도록 해야 한다.
- 예상제연구역의 각 부분으로부터 하나의 배출구까지의 수평거리는 10[m] 이내가 되도록 해야 한다.

정답 ①

003 송풍기 등을 사용하여 건축물 내부에 발생한 연기를 제연구획까지 풍도를 설치하여 강제로 제연하는 방식은?

① 밀폐방연방식　　　　　　　　　② 자연제연방식
③ 강제제연방식　　　　　　　　　④ 스모크타워제연방식

> 해설　**기계(강제)제연방식** : 송풍기(제연기)를 이용하여 화재가 발생한 곳의 연기를 외부로 방출시키는 방식

정답 ③

004 제연설비에 전용 샤프트를 설치하여 건물 내·외부의 온도차와 화재 시 발생되는 열기에 의한 밀도차에 의해 지붕 외부의 루프모니터 등을 이용하여 옥외로 배출·환기시키는 방식을 무엇이라 하는가?

① 자연방식　　　　　　　　　　　② 루프모니터방식
③ 스모크타워방식　　　　　　　　④ 루프해치방식

> 해설　**스모크타워제연방식** : 루프모니터 이용

정답 ③

005 하나의 제연구획의 면적은 몇 [m²] 이내로 해야 하는가?

① 500[m²]　　　　　　　　　　　② 1,000[m²]
③ 1,500[m²]　　　　　　　　　　④ 2,000[m²]

> 해설　**하나의 제연구획의 면적** : 1,000[m²] 이내

정답 ②

006 예상제연구역의 각 부분으로부터 하나의 배출구까지의 수평거리는?

① 10[m]　　　　　　　　　　　　② 15[m]
③ 20[m]　　　　　　　　　　　　④ 25[m]

> 해설　**예상제연구역의 각 부분으로부터 하나의 배출구까지의 수평거리** : 10[m] 이내

정답 ①

007 예상제연구역에 공기가 유입되는 순간의 풍속은 몇 [m/s] 이하이어야 하는가?

① 3[m/s]　　　　　　　　　　　　② 5[m/s]
③ 10[m/s]　　　　　　　　　　　④ 15[m/s]

> 해설　**예상제연구역에 공기가 유입되는 순간의 풍속** : 5[m/s] 이하

정답 ②

008 제연설비의 풍도 등의 설치에 관한 설명 중 틀린 것은?

① 배출기의 전동기 부분과 배풍기 부분은 분리하여 설치해야 하며, 배풍기 부분은 유효한 내열처리를 할 것

② 배출기와 배출풍도의 접속부분에 사용하는 캔버스는 내열성(석면 재료는 제외)이 있는 것으로 할 것

③ 배출기의 흡입 측 풍도 안의 풍속은 20[m/s] 이하로 할 것

④ 유입풍도는 옥외에 면하는 배출구 및 공기유입구는 비 또는 눈 등이 들어가지 않도록 할 것

> 해설 배출기의 흡입 측 풍도 안의 풍속 : 15[m/s] 이하

정답 ③

009 배출기 흡입 측 풍도 안의 풍속은 몇 [m/s] 이하이어야 하는가?

① 10[m/s] ② 15[m/s] ③ 20[m/s] ④ 25[m/s]

> 해설 배출기 흡입 측 풍도 안의 풍속 : 15[m/s] 이하

정답 ②

010 유입풍도 안의 풍속은 몇 [m/s] 이하이어야 하는가?

① 10[m/s] ② 15[m/s] ③ 20[m/s] ④ 25[m/s]

> 해설 유입풍도 안의 풍속 : 20[m/s] 이하

정답 ③

011 제연설비의 비상전원의 용량은 몇 분 이상으로 해야 하는가?

① 15분 ② 20분 ③ 25분 ④ 30분

> 해설 제연설비의 비상전원의 용량 : 20분 이상

정답 ②

012 제연설비에 사용되는 원심식 송풍기의 형태가 아닌 것은?

① 다익형 ② 터보형 ③ 익 형 ④ 프로펠러형

> 해설 원심식 송풍기 : 다익형, 터보형, 익형

정답 ④

013 연기감지기에 의해 연기가 검출되었을 때 자동적으로 폐쇄되는 것으로 전자식이나 전동기에 의해 작동되는 댐퍼는?

① 방연댐퍼 ② 방화댐퍼 ③ 풍량조절댐퍼 ④ 퓨즈댐퍼

> 해설 방연댐퍼 : 연기 검출 시 자동적으로 폐쇄되는 것으로, 전자식이나 전동기에 의해 작동되는 댐퍼

정답 ①

014 제연구역의 압력이 설정압력범위를 초과하는 경우 제연구역의 압력을 배출하여 설정압력범위를 유지하게 하는 과압방지창지를 무엇이라 하는가?

① 자동차압조절댐퍼 ② 과압조절형 급기댐퍼
③ 플랩댐퍼 ④ 자동차압·과압조절형 급기댐퍼

해설 **플랩댐퍼** : 제연구역의 압력이 설정압력범위를 초과하는 경우 제연구역의 압력을 배출하여 설정압력 범위를 유지하게 하는 과압방지창지

정답 ③

015 제연설비에 관한 다음의 설명 중 옳지 않은 것은?

① 화재실의 제연은 피난루트와 진입루트를 형성시켜 주고자 하는 것이 주목적이다.
② 화재실의 제연은 플래시오버(Flash Over)현상을 억제하는 부수적인 효과가 있다.
③ 계단실과 같은 피난구조, 공간에 대한 제연은 일종의 주거 분위기를 형성시켜주기 위해서다.
④ 화재실의 제연 시 급기는 차단하여 급기로 인한 불의 확대를 조장하는 일이 없어야 한다.

해설 제연설비는 급기와 배기를 실시해야 한다.

정답 ④

016 14층 건물의 지하 1층에 제연설비용 배풍기를 설치하였다. 이 배풍기의 풍량은 60[m³/min]이고 풍압은 15[cmAq]이었다. 이때 배풍기의 동력은 몇 [HP]로 해주어야 하는가?(단, 배풍기는 타워형으로 효율은 55[%]이고 여유율은 10[%]이다)

① 2.02 ② 3.35 ③ 1.84 ④ 3.95

해설

$$동력 = \frac{Q[\text{m}^3/\text{min}] \times P_r[\text{mmAq}]}{60 \times 76 \times \eta} \times K = \frac{60[\text{m}^3/\text{min}] \times 150[\text{mmAq}]}{60 \times 76 \times 0.55} \times 1.1 = 3.95[\text{HP}]$$

정답 ④

017 제연설비에서 가동식의 벽, 제연경계벽, 댐퍼 및 배출기의 작동은 무엇과 연동되어야 하며, 예상제연구역 및 제어반에서 어떤 기동이 가능하도록 해야 하는가?

① 화재감지기, 자동기동
② 화재감지기, 수동기동
③ 비상경보설비, 자동기동
④ 비상경보설비, 수동기동

해설 제연설비에서 가동식의 벽, 제연경계벽, 댐퍼 및 배출기의 작동은 **화재감지기**와 연동되어야 하며, 예상제연구역(또는 인접장소) 및 제어반에서 **수동**으로 **기동**이 가능하도록 해야 한다.

정답 ②

018 공장, 창고 등 단층의 바닥면적이 큰 건물에 스모크 해치를 설치하는 데 그 효과를 높이기 위한 장치는?

① 드래프트 커튼　　　　　　　　　② 제연 덕트
③ 배출기　　　　　　　　　　　　　④ 보조 제연기

해설 : 공장·창고 등 단층의 바닥면적이 큰 건물에 Smoke Hatch를 설치하는 데 효과를 높이기 위한 장치가 Draft Curtain이다. 드래프트 커튼은 연기와 뜨거운 가스를 신속하게 배출하고, 실내연기와 뜨거운 가스의 확산을 방해하여 배출효과를 높이는 데 사용하는 불연성 커튼이다.

정답 ①

019 특별피난계단의 계단실 및 부속실 제연설비에서 제연구역의 선정기준으로 틀린 것은?

① 계단실 및 그 부속실을 동시에 제연하는 것
② 계단실과 승강장을 동시에 제연하는 것
③ 부속실을 단독으로 제연하는 것
④ 계단실을 단독으로 제연하는 것

해설 : **제연구역의 선정**
• 계단실 및 그 부속실을 동시에 제연하는 것
• 부속실을 단독으로 제연하는 것
• 계단실을 단독으로 제연하는 것

정답 ②

020 제연구역과 옥내와의 사이에 유지해야 하는 최소 차압은 몇 [Pa] 이상으로 해야 하는가?

① 50　　　　　　　　　　　　　　② 40
③ 30　　　　　　　　　　　　　　④ 20

해설 : **차압 등**
㉠ 제연구역과 옥내와의 사이에 유지해야 하는 최소 차압은 40[Pa](옥내에 스프링클러설비가 설치된 경우에는 12.5[Pa]) 이상으로 해야 한다.
㉡ 제연설비가 가동되었을 경우 출입문의 개방에 필요한 힘은 110[N] 이하로 해야 한다.
㉢ 출입문이 일시적으로 개방되는 경우 개방되지 않는 제연구역과 옥내와의 차압은 ㉠의 기준에 불구하고 ㉠의 기준에 따른 차압의 70[%] 이상이어야 한다.
㉣ 계단실과 부속실을 동시에 제연하는 경우 부속실의 기압은 계단실과 같게 하거나 계단실의 기압보다 낮게 할 경우에는 부속실과 계단실의 압력차이는 5[Pa] 이하가 되도록 해야 한다.

정답 ②

021
옥내에 스프링클러설비가 설치된 경우에 제연구역과 옥내와의 사이에 유지해야 하는 최소 차압은 몇 [Pa] 이상으로 해야 하는가?

① 52.5
② 42.5
③ 22.5
④ 12.5

해설　제연구역과 옥내와의 사이에 유지해야 하는 **최소 차압**은 **40[Pa]**(옥내에 **스프링클러설비**가 설치된 경우에는 **12.5[Pa]**) 이상으로 해야 한다.

정답　④

022
제연설비가 가동되었을 경우 출입문의 개방에 필요한 힘은 몇 [N] 이하로 해야 하는가?

① 100
② 110
③ 120
④ 150

해설　제연설비가 가동되었을 경우 **출입문의 개방**에 **필요한 힘**은 **110[N] 이하**로 해야 한다.

정답　②

023
특별피난계단의 계단실 및 부속실 제연설비에 대한 화재안전기술기준 내용으로 틀린 것은?

① 제연구역과 옥내와의 사이에 유지해야 하는 최소 차압은 40[Pa] 이상으로 해야 한다.
② 제연설비가 가동되었을 경우 출입문의 개방에 필요한 힘은 110[N] 이상으로 해야 한다.
③ 계단실과 부속실을 동시에 재연하는 경우 부속실의 기압은 계단실과 같게 하거나 계단실의 기압보다 낮게 할 경우에는 부속실과 계단실의 압력 차이가 5[Pa] 이하가 되도록 해야 한다.
④ 계단실 및 부속실을 동시에 제연하는 것 또는 계단실만 단독으로 제연할 때의 방연풍속은 0.5[m/s] 이상이어야 한다.

해설　제연설비가 가동되었을 경우 **출입문의 개방**에 **필요한 힘**은 **110[N] 이하**로 해야 한다.

정답　②

024
계단실 및 그 부속실을 동시에 제연하는 경우 또는 계단실만 단독으로 제연하는 경우에 방연풍속은 얼마 이상으로 해야 하는가?

① 0.3[m/s]
② 0.5[m/s]
③ 0.7[m/s]
④ 1.0[m/s]

해설　**방연풍속**

제연구역		방연풍속
계단실 및 그 부속실을 동시에 제연하는 것 또는 계단실만 단독으로 제연하는 것		0.5[m/s] 이상
부속실만 단독으로 제연하는 것	부속실 또는 승강장이 면하는 옥내가 거실인 경우	0.7[m/s] 이상
	부속실이 면하는 옥내가 복도로서 그 구조가 방화구조(내화시간이 30분 이상인 구조를 포함)인 것	0.5[m/s] 이상

정답　②

025 특별피난계단의 부속실에 제연설비를 하려고 한다. 자연배출식 수직풍도의 내부단면적이 5[m²]일 경우 송풍기를 이용한 기계배출식의 경우 풍속은 몇 [m/s] 이하인가?

① 5[m/s]
② 10[m/s]
③ 15[m/s]
④ 20[m/s]

해설　송풍기를 이용한 기계배출식의 경우 풍속 15[m/s] 이하로 할 것

정답 ③

026 연결송수관설비의 구조와 관련이 없는 항목은?

① 송수구
② 방수용 기구함
③ 가압송수장치
④ 유수검지장치

해설　유수검지장치 : 스프링클러설비

정답 ④

027 건축물의 3층 이상부터 방수구까지의 배관 내에 물이 차있지 않는 연결송수관설비의 방식은?

① 건식방식
② 습식방식
③ 단일방식
④ 혼합방식

해설　건식방식은 3층 이상부터는 배관 내에 물이 차있지 않아 소방차에 의해서 물을 공급받아 소화하므로 습식방식보다는 방수시간은 약간 늦으나(배관에 차는 시간만큼) 겨울철에 동결방지로 주로 우리나라에 사용하고 있다.

정답 ①

028 연결송수관설비의 습식 설비방식은 어느 건축물에 설치하는가?

① 3층 이상
② 5층 이상
③ 7층 이상
④ 11층 이상

해설　습식 설비의 설치기준
•높이 31[m] 이상인 건축물
•11층 이상인 건축물

정답 ④

029 연결송수관설비의 송수구의 구경은?

① 40[mm]　　　　② 50[mm]　　　　③ 65[mm]　　　　④ 80[mm]

> **해설**　**송수구의 구경** : 65[mm]의 쌍구형

정답 ③

030 연결송수관설비에 관한 설명 중 틀린 것은?

① 송수구는 쌍구형으로 하고 소방차가 쉽게 접근할 수 있는 위치에 설치할 것
② 송수구의 부근에는 체크밸브를 설치할 것
③ 주배관의 구경은 65[mm] 이상으로 할 것
④ 지면으로부터의 높이가 31[m] 이상인 특정소방대상물에 있어서는 습식설비로 할 것

> **해설**　**주배관의 구경** : 100[mm] 이상

정답 ③

031 연결송수관설비의 가압송수장치는 몇 [m] 이상인 특정소방대상물에 설치해야 하는가?

① 10[m]　　　　② 25[m]　　　　③ 50[m]　　　　④ 70[m]

> **해설**　**연결송수관설비의 가압송수장치** : 70[m] 이상의 특정소방대상물에 설치

정답 ④

032 높이 70[m] 이상의 특정소방대상물로서 연결송수관설비의 최상층에 설치된 노즐 선단(끝부분) 방수압력은 얼마 이상이어야 하는가?

① 0.45[MPa]　　　　　　　　② 0.35[MPa]
③ 0.25[MPa]　　　　　　　　④ 0.17[MPa]

> **해설**　높이 70[m] 이상의 특정소방대상물에서 연결송수관설비의 최상층의 노즐 선단(끝부분) 방수압력은
> 0.35[MPa] 이상이다.

정답 ②

033 연결송수관설비의 가압송수장치의 펌프의 토출량은 얼마 이상인가?

① 800[L/min]　　　　　　　　② 1,600[L/min]
③ 2,400[L/min]　　　　　　　④ 3,000[L/min]

> **해설**　**펌프의 토출량** : 2,400[L/min](계단식 아파트는 1,200[L/min]) 이상

정답 ③

034 연결송수관설비의 송수구 설치기준 중 옳은 것은?

① 송수구의 부근에 설치하는 자동배수밸브 및 체크밸브는 습식의 경우, 송수구, 자동배수밸브, 체크밸브, 자동배수밸브 순으로 설치한다.

② 지면으로부터 0.5[m] 이상 0.8[m] 이하의 위치에 설치한다.

③ 동파되지 않도록 전용함 내에 설치한다.

④ 소방차가 쉽게 접근할 수 있고 잘 보이는 장소에 설치한다.

> 해설 **연결송수관설비의 송수구 설치기준**
> • 구경 65[mm]의 쌍구형으로 할 것
> • 송수구 부근의 자동배수밸브 및 체크밸브 설치기준
> – 습식 : 송수구 → 자동배수밸브 → 체크밸브
> – 건식 : 송수구 → 자동배수밸브 → 체크밸브 → 자동배수밸브
> • 소방차가 쉽게 접근할 수 있고 잘 보이는 장소에 설치할 것
> • 지면으로부터 높이가 0.5[m] 이상 1.0[m] 이하의 위치에 설치할 것
> • 송수구는 연결송수관의 수직배관마다 1개 이상을 설치할 것

정답 ④

035 연결송수관설비의 송수구는 어느 배관마다 1개 이상 설치해야 하는가?

① 주배관　　　　　② 교차배관　　　　　③ 수직배관　　　　　④ 가지배관

> 해설 **송수구**는 연결송수관의 **수직배관**마다 **1개 이상** 설치할 것

정답 ③

036 다음 중 송수구에 대한 설명으로 옳지 않은 것은?

① 송수구의 접합부는 수나사 구조이어야 한다.

② 송수구의 명판에는 보기 쉽도록 그 용도별 뜻을 표시해야 한다.

③ 송수구의 경우 체크밸브가 열린 때에 충분한 유량이 공급되어야 한다.

④ 송수구의 치수 중 허용공차가 없는 것은 참고치수로 한다.

> 해설 **송수구의 접합부 : 암나사** 구조

정답 ①

037 다음의 소방대 연결송수구와 배관에 관한 설명으로 옳지 않은 것은?

① 소방대 연결송수구와 연결되는 배관에는 체크밸브와 송수구 사이에 자동배수장치가 설치되어야 한다.

② 소방대 연결송수구는 옥내소화전설비에는 설치하지 않아도 무방하다.

③ 스프링클러설비에 연결되는 소방대 연결송수구는 반드시 쌍구형이어야 한다.

④ 연결송수구는 접근이 용이하고 충분한 조작 공간이 확보될 수 있게 설치되어야 한다.

> 해설 소방대 연결송수구는 옥내소화전설비에 설치할 것

정답 ②

038 다음 중 연결송수관설비의 외관점검 사항이 아닌 것은?

① 표지 및 송수구역 일람표 설치 여부

② 송수구 표지 및 송수압력범위 표지 적정 설치 여부

③ 방수구 위치표시(표시등, 축광식 표지) 적정 여부

④ 호스 및 관창 비치 적정 여부

해설　표지 및 송수구역 일람표 설치 여부는 연결살수설비의 송수구 외관점검 사항이다.

정답 ①

039 연결송수관설비의 방수구에 대한 설명으로 적합하지 않은 것은?

① 특정소방대상물의 3층부터 설치한다.

② 11층 이상의 층부터는 쌍구형 방수구로 한다.

③ 방수구는 구경 65[mm]의 것으로 한다.

④ 방수구의 호스접결구는 바닥으로부터 0.5[m] 이상 1.0[m] 이하의 위치에 설치한다.

해설　연결송수관설비의 방수구는 그 특정소방대상물의 층마다 설치할 것

정답 ①

040 연결송수관설비의 각 층에 설치하는 방수구는 아파트의 경우 몇 층부터 설치할 수 있는가?

① 4층 이상　　　　　　　　　　② 3층 이상

③ 5층 이상　　　　　　　　　　④ 7층 이상

해설　연결송수관설비의 방수구는 그 특정소방대상물의 층마다 설치할 것

Plus one　방수구 층마다 설치 예외

• 아파트의 1층 및 2층

• 소방차 접근이 가능하고 소방대원이 소방차로부터 각 부분에 쉽게 도달할 수 있는 피난층

• 송수구가 부설된 옥내소화전을 설치한 특정소방대상물(집회장ㆍ관람장ㆍ백화점ㆍ도매시장ㆍ소매 시장ㆍ판매시설ㆍ공장ㆍ창고시설 또는 지하가는 제외)

정답 ②

041 연결송수관의 방수구는 바닥으로부터 얼마의 위치에 설치해야 하는가?

① 0.5[m] 이상 1.0[m] 이하

② 0.5[m] 이상 1.5[m] 이하

③ 0.8[m] 이상 1.5[m] 이하

④ 1.5[m] 이하

해설　방수구의 설치 위치 : 바닥으로부터 0.5[m] 이상 1.0[m] 이하

정답 ①

042 연결송수관설비의 방수구를 쌍구형으로 해야 할 곳은 몇 층 이상인가?

① 3
② 5
③ 7
④ 11

해설 연결송수관설비의 방수구는 **11층 이상**은 **쌍구형**으로 해야 한다.

정답 ④

043 연결송수관의 방수구는 아파트 또는 바닥면적 1,000[m²] 미만인 층의(1개의 계단) 몇 [m] 이내에 설치해야 하는가?

① 2[m]
② 3[m]
③ 5[m]
④ 7[m]

해설 방수구는 아파트 또는 바닥면적 1,000[m²] 미만인 층에 있어서는 계단(계단이 둘 이상 있는 경우에는 그중 1개의 계단을 말한다)으로부터 5[m] 이내에 설치할 것. 이 경우 부속실이 있는 계단은 부속실의 옥내 출입구로부터 5[m] 이내에 설치할 수 있다.

정답 ③

044 연결송수관설비에서 방수구의 구경은 얼마로 해야 하는가?

① 50[mm] 이상
② 50[mm]의 것
③ 65[mm] 이상
④ 65[mm]의 것

해설 **방수구의 구경 : 65[mm]의 것**

정답 ④

045 연결살수설비를 설치해야 할 구성요인이 아닌 것은?

① 송수구
② 살수헤드
③ 가압펌프
④ 배관 및 밸브

해설 **연결살수설비의 구성**
• 송수구
• 살수헤드
• 배관 및 밸브

정답 ③

046 자체의 수원이 필요 없는 소화시설은?

① 스프링클러설비
② 연결살수설비
③ 물분무설비
④ 포소화설비

해설 연결살수설비는 소화활동설비로서 자체의 수원이 필요 없다.

정답 ②

047 연결살수설비의 송수구의 구경은?

① 40[mm]
② 50[mm]
③ 65[mm]
④ 80[mm]

해설 연결살수설비의 송수구의 구경 : 65[mm]의 쌍구형

정답 ③

048 연결살수설비의 배관에 사용할 수 없는 파이프는 다음 중 어느 것인가?

① 압력배관용 탄소강관
② 배관용 탄소강관
③ 스테인리스 강관
④ 경질염화 비닐관

해설 배관의 기준
• 배관 내 사용압력이 1.2[MPa] 미만일 경우
  – 배관용 탄소강관(KS D 3507)
  – 이음매 없는 구리 및 구리합금관(KS D 5301). 다만, 습식의 배관에 한한다.
  – 배관용 스테인리스강관(KS D 3576) 또는 일반배관용 스테인리스강관(KS D 3595)
  – 덕타일 주철관(KS D 4311)
• 배관 내 사용압력이 1.2[MPa] 이상일 경우
  – 압력배관용 탄소강관(KS D 3562)
  – 배관용 아크용접 탄소강강관(KS D 3583)

정답 ④

049 연결살수설비의 송수구는 쌍구형으로 해야 하나, 하나의 송수구역에 설치하는 헤드의 수가 몇 개 이하일 때는 단구형으로 할 수 있는가?

① 10개 이하
② 15개 이하
③ 20개 이하
④ 25개 이하

해설 단구형 : 10개 이하

정답 ①

050 천장 또는 반자의 각 부분으로부터 하나의 살수헤드까지의 수평거리가 연결살수설비 전용헤드의 경우는 몇 [m] 이하에 설치해야 하는가?

① 1.7[m] 이하
② 2.1[m] 이하
③ 2.5[m] 이하
④ 3.7[m] 이하

해설 천장 또는 반자의 각 부분으로부터 하나의 살수헤드까지의 수평거리
• 연결살수설비 전용헤드 : 3.7[m] 이하
• 스프링클러헤드 : 2.3[m] 이하

정답 ④

051 가연성 가스의 저장 · 취급시설에 설치하는 연결살수설비의 헤드 설치기준이 아닌 것은?

① 연결살수설비 전용의 개방형 헤드를 설치

② 헤드 상호 간의 거리는 3.7[m] 이하로 할 것

③ 가스저장탱크, 가스홀더 및 가스발생기 주위에 설치할 것

④ 헤드의 살수범위는 가스저장탱크, 가스홀더 및 가스발생기의 몸체의 상부 부분이 포함되도록 하고 살수된 물이 흘러내리면서 살수범위에 포함되지 않는 부분에도 모두 적셔야 한다.

> **해설** 헤드의 살수범위는 가스저장탱크, 가스홀더 및 가스발생기의 몸체의 중간 윗부분의 모든 부분이 포함되도록 해야 하고 살수된 물이 흘러내리면서 살수범위에 포함되지 않은 부분에도 모두 적셔질 수 있도록 할 것

정답 ④

---

052 연결살수설비에서 배관의 구경이 32[mm]일 때 살수헤드의 수는 몇 개인가?

① 1개   ② 2개   ③ 3개   ④ 5개

> **해설** 연결살수설비의 전용헤드 수별 급수관의 구경

하나의 배관에 부착하는 연결살수설비 전용헤드의 개수	1개	2개	3개	4개 또는 5개	6개 이상 10개 이하
배관의 구경[mm]	32	40	50	65	80

정답 ①

---

053 연결살수설비에 대한 설명으로 옳지 않은 것은?

① 헤드는 천장 또는 반자의 실내에 면하는 부분에 설치한다.

② 가연성 가스 저장, 취급시설에는 연결살수설비 전용의 개방형 헤드를 설치해야 한다.

③ 송수구는 반드시 쌍구형으로 해야 한다.

④ 폐쇄형 헤드를 사용하는 연결살수설비의 시험배관은 송수구에서 가장 먼 거리에 위치한 가지배관의 끝으로부터 연결하여 설치해야 한다.

> **해설** 송수구는 65[mm]의 **쌍구형**으로 할 것(단, 하나의 송수구역에 부착하는 살수헤드의 수가 **10개 이하**일 때는 **단구형**으로 할 수 있다)

정답 ③

---

054 연결살수설비에 대한 설명 중 옳지 않은 것은?

① 호스접결구는 쌍구형으로 할 수 있다.

② 배관은 전용으로 해야 한다.

③ 헤드는 천장 또는 반자에 설치한다.

④ 헤드는 천장 또는 반자의 실내에 면하는 부분에 설치한다.

> **해설** 배관은 옥내소화전설비의 주배관, 수도배관 또는 옥상에 설치된 수조에 접속해야 한다.

정답 ②

055 연결살수설비 헤드의 설치기준으로 옳지 않은 것은?

① 시험배관은 송수구에서 가장 먼 거리에 위치한 가지배관의 끝으로부터 연결하여 설치해야 한다.

② 시험배관의 끝에는 물받이통 및 배수관을 설치하여 시험 중 방사된 물이 바닥으로 흘러내리지 않도록 해야 한다.

③ 개방형 헤드 사용 시 수평주행배관은 헤드를 향하여 상향으로 2/100 이상의 기울기로 설치해야 한다.

④ 가연성 가스를 취급시설에 설치하는 헤드는 전용의 개방형 헤드를 설치해야 한다.

> 해설   수평주행배관의 기울기 : 1/100 이상

> 정답 ③

056 연결살수설비의 가지배관은 교차배관 또는 주배관에서 분기되는 지점을 기점으로 한쪽 가지배관에 설치되는 헤드의 개수는?

① 6개 이하

② 8개 이하

③ 10개 이하

④ 15개 이하

> 해설   한쪽 가지배관에 설치하는 헤드의 수 : 8개 이하

> 정답 ②

057 연결살수설비를 설치해야 하는 시설은?

① 전자기기실

② 승강기의 승강로

③ 파이프 덕트

④ 바닥면적이 150[m²] 이상(지하층)

> 해설   연결살수설비의 설치 제외 대상물 : 화장실, 전자기기실, 통신기기실, 승강기의 승강로, 파이프 덕트

> 정답 ④

058 다음 중 연결살수설비 살수헤드를 설치하지 않아도 되는 부분으로 틀린 것은?

① 천장 및 반자가 불연재료 외의 것으로 되어 있고 천장과 반자 사이의 거리가 0.5[m] 미만인 부분

② 목욕실, 화장실, 기타 이와 유사한 시설

③ 발전실, 변압기, 기타 이와 유사한 전기설비가 설치되어 있는 부분

④ 펌프실, 보일러실 등 그와 유사한 장소

> 해설   보일러실에는 연결살수설비를 설치해야 한다.

> 정답 ④

059 비상콘센트설비의 설명 중 틀린 것은?

① 보호함 표면에 "비상콘센트"라고 표시를 해야 한다.
② 보호함 상부에 청색 표시등을 설치해야 한다.
③ 비상콘센트용의 풀박스 등은 방청 도장을 한 것으로서 두께 1.6[mm] 이상의 철판으로 할 것
④ 비상콘센트의 플러그접속기의 칼받이의 접지극에는 접지공사를 해야 한다.

해설 비상콘센트설비의 설치기준
- 보호함 표면에 "비상콘센트"라고 표시한 표지를 할 것
- **보호함** 상부에 **적색**의 **표시등**을 설치할 것
- 비상콘센트용의 풀박스 등은 방청 도장을 한 것으로서 두께 1.6[mm] 이상의 철판으로 할 것
- 비상콘센트의 플러그접속기의 칼받이의 접지극에는 접지공사를 할 것

정답 ②

060 비상콘센트설비에 관한 설명으로 옳지 않은 것은?

① 비상콘센트는 보호함 안에 설치한다.
② 전원회로의 배선은 내화배선으로 한다.
③ 하나의 회로에 설치하는 비상콘센트의 수는 20개 이하로 한다.
④ 비상콘센트의 보호함 상부에 적색의 표시등을 설치한다.

해설 비상콘센트설비의 설치기준
- 비상콘센트를 보호하기 위하여 비상콘센트 보호함을 설치할 것
- 전원회로의 배선은 내화배선으로 할 것
- 하나의 전용회로에 설치하는 비상콘센트는 **10개 이하**로 할 것
- 보호함 상부에 적색의 표시등을 설치할 것

정답 ③

061 비상콘센트설비의 설치기준으로 틀린 것은?

① 11층 이상의 각 층에 설치할 것
② 바닥으로부터 높이 0.8[m] 이상 1.5[m] 이하의 위치에 설치할 것
③ 해당 층의 각 부분으로부터 수평거리 10[m] 이하마다 설치할 것
④ 접지형 2극 플러그접속기를 사용할 것

해설 비상콘센트설비의 설치기준
- 11층 이상의 각 층에 설치할 것
- 바닥으로부터 높이 0.8[m] 이상 1.5[m] 이하의 위치에 설치할 것
- 비상콘센트 설치
  - 바닥면적이 1,000[m²] 미만인 층 : 계단의 출입구로부터 5[m] 이내
  - 바닥면적이 1,000[m²] 이상인 층 : 계단의 출입구 또는 계단 부속실의 출입구로부터 5[m] 이내
- 플러그접속기 : 접지형 2극 플러그접속기(KS C 8305)를 설치할 것

정답 ③

062 비상콘센트설비에서 하나의 전용회로에 설치할 수 있는 비상콘센트의 수는 몇 개 이하로 하는가?

① 6
② 8
③ 10
④ 12

해설 하나의 전용회로에 설치하는 비상콘센트는 **10개 이하로 할 것**

비상콘센트의 수 : 자주 출제되는 문제임

정답 ③

063 비상콘센트설비의 전원회로는 단상교류 220[V]인 경우 그 공급용량은 몇 [kVA] 이상이어야 하는가?

① 1
② 1.5
③ 2
④ 3

해설 비상콘센트설비의 전원회로 규격

구 분	전 압	공급용량	플러그접속기
단상교류	220[V]	1.5[kVA] 이상	접지형 2극

정답 ②

064 비상콘센트설비의 전원회로는 각 층에 몇 개 이상이 되도록 설치해야 하는가?

① 1
② 2
③ 3
④ 5

해설 비상콘센트의 전원회로는 각 층에 **2 이상**이 되도록 설치할 것

정답 ②

065 비상콘센트 보호함에 대한 사항으로 옳지 않은 것은?

① 비상콘센트 보호함은 외부를 적색으로 도장해야 한다.
② 보호함에는 쉽게 개폐할 수 있는 문을 설치한다.
③ 보호함 표면에 "비상콘센트"라고 표시한 표지를 한다.
④ 보호함 상부에 적색의 표시등을 설치한다.

해설 비상콘센트 보호함의 설치기준
• 비상콘센트를 보호하기 위하여 비상콘센트 보호함을 설치할 것
• 보호함에는 쉽게 개폐할 수 있는 문을 설치할 것
• 보호함 표면에 "비상콘센트"라고 표시한 표지를 할 것
• **보호함 상부**에 **적색**의 표시등을 설치할 것. 다만, 비상콘센트의 보호함을 옥내소화전함 등과 접속하여 설치하는 경우에는 옥내소화전함 등이 표시등과 겸용할 수 있다.

정답 ①

066 비상콘센트설비의 전원부와 외함 사이의 절연저항은 몇 [MΩ] 이상이어야 하는가?(단, 500[V] 절연저항계로 측정한 경우임)

① 5   ② 10   ③ 15   ④ 20

해설   절연저항은 전원부와 외함 사이를 500[V] 절연저항계로 측정할 때 **20[MΩ]** 이상일 것

정답 ④

067 비상콘센트설비의 콘센트마다 반드시 설치해야 하는 것은?

① 배선용 차단기   ② 소형변압기
③ 변류기   ④ 전류계

해설   비상콘센트설비의 콘센트마다 **배선용 차단기**(KS C 8321)를 설치해야 하며 충전부가 노출되지 않도록 할 것

정답 ①

068 비상콘센트설비의 전원회로의 설치기준으로 옳지 않은 것은?

① 하나의 전용회로에 설치하는 비상콘센트는 10개 이하로 해야 한다.
② 콘센트마다 배선용 차단기를 설치해야 한다.
③ 비상콘센트용의 풀박스 등은 방청 도장을 한 것으로서 두께 1.2[mm] 이상의 철판으로 해야 한다.
④ 단상교류 220[V]인 것으로서, 그 공급용량은 1.5[kVA] 이상인 것으로 한다.

해설   **비상콘센트의 전원회로**
• 전원회로 : 각 층에 2 이상이 되도록 설치할 것
• 전원으로부터 각 층의 비상콘센트에 분기되는 경우에는 분기배선용 차단기를 보호함 안에 설치할 것
• 배선용 차단기 : 콘센트마다 설치할 것
• 개폐기에는 "비상콘센트"라고 표시한 표지를 할 것
• **풀박스의 두께 : 1.6[mm]** 이상의 철판
• 하나의 전용회로에 설치하는 비상콘센트 : 10개 이하로 할 것

정답 ③

069 비상콘센트설비에 사용되는 비상전원 중 자가발전설비는 몇 분 이상 작동이 가능해야 하는가?

① 10   ② 15   ③ 20   ④ 25

해설   **각 설비의 비상전원 용량**

설비의 종류	비상전원 용량(이상)
자동화재탐지설비, 자동화재속보설비, 비상경보설비	10분
제연설비, **비상콘센트설비**, 유도등	20분

※ 유도등의 비상전원은 지하층을 제외한 층수가 **11층 이상의 층**, 지하층 또는 무창층으로서 용도가 **도매시장·소매시장·여객자동차터미널·지하역사** 또는 지하상가인 경우 60분 이상 작동할 수 있는 용량이어야 한다.

정답 ③

070 무선통신보조설비를 설치하지 않을 수 있는 경우는?

① 지하층으로서 특정소방대상물의 바닥부분 2면 이상이 지표면과 동일하거나 지표면으로부터 의 깊이가 1[m] 이하인 경우

② 지하층으로서 특정소방대상물의 바닥부분 2면 이상이 지표면과 동일하거나 지표면으로부터 의 깊이가 2[m] 이하인 경우

③ 지하층으로서 특정소방대상물의 바닥부분 2면 이상이 지표면과 동일하거나 지표면으로부터 의 깊이가 3[m] 이하인 경우

④ 지하층으로서 특정소방대상물의 바닥부분 2면 이상이 지표면과 동일하거나 지표면으로부터 의 깊이가 4[m] 이하인 경우

해설 지하층으로서 특정소방대상물의 바닥부분 2면 이상이 지표면과 동일하거나 지표면으로부터의 깊이 가 1[m] 이하인 경우에는 무선통신보조설비를 설치하지 않을 수 있다.

정답 ①

071 무선통신보조설비의 구성요소 중 감시제어반 등에 설치된 무선중계기의 입력과 출력 포트에 연결되어 송수신 신호를 원활하게 방사·수신하기 위해 옥외에 설치하는 장치는?

① 동축케이블   ② 공용기
③ 분배기   ④ 옥외안테나

해설 **무선통신보조설비의 구성요소**
• 분배기   • 누설동축케이블 및 동축케이블
• 증폭기   • 옥외안테나

정답 ④

072 무선통신보조설비의 누설동축케이블 등의 설치기준으로 옳은 것은?

① 누설동축케이블과 이에 접속하는 안테나에 의한 것으로 할 것

② 습기 등의 환경조건에 따라 전기의 특성이 저하되지 않는 것으로서 노출배선을 하지 않도록 할 것

③ 6[m] 이내마다 금속제로 견고하게 고정시킬 것

④ 끝부분에 아무것도 설치하지 말고 그대로 단락시킬 것

해설 **누설동축케이블 등**
• 누설동축케이블과 이에 접속하는 안테나 또는 동축케이블과 이에 접속하는 안테나로 구성할 것
• 누설동축케이블 및 동축케이블은 불연 또는 난연성의 것으로서 습기 등의 환경조건에 따라 전기의 특성이 변질되지 않는 것으로 하고, 노출하여 설치한 경우는 피난 및 통행에 장애가 없도록 할 것
• 누설동축케이블 및 동축케이블은 화재에 따라 해당 케이블의 피복이 소실된 경우에 케이블 본체가 떨어지지 않도록 4[m] 이내마다 금속제 또는 자기제 등의 지지금구로 벽·천장·기둥 등에 견고하 게 고정할 것
• 누설동축케이블의 끝부분에는 무반사 종단저항을 견고하게 설치할 것

정답 ①

073 지하가에 무선통신보조설비의 누설동축케이블을 다음과 같이 설치할 경우 잘못된 것은?

① 3[m]마다 자기제의 지지금구로 천장에 견고하게 고정하였다.

② 누설동축케이블의 끝부분에 무반사 종단저항을 설치하였다.

③ 누설동축케이블의 임피던스는 0.2[MΩ]으로 하였다.

④ 누설동축케이블과 고압의 전로로부터 2[m]의 간격을 유지하였다.

해설 누설동축케이블 또는 동축케이블의 임피던스 : 50[Ω]

정답 ③

074 무선통신보조설비의 신호전송 선로에서 누설동축케이블에서의 전송손실이 아닌 것은?

① 도체손실 ② 절연도체손실

③ 복사손실 ④ 방제손실

해설 누설동축케이블의 전송손실 : 도체손실, 절연도체손실, 복사손실

정답 ④

075 무선통신보조설비의 누설동축케이블 및 안테나는 고압의 전로로부터 몇 [m] 이상 떨어진 위치에 설치하는가?

① 1 ② 1.5

③ 2 ④ 2.5

해설 누설동축케이블 및 안테나는 고압의 전로로부터 1.5[m] 이상 떨어진 위치에 설치할 것. 다만, 해당 전로에 정전기 차폐장치를 유효하게 설치한 경우에는 그렇지 않다.

정답 ②

076 무선통신보조설비의 누설동축케이블의 선단(끝부분)에는 어떤 것을 설치하는가?

① 인덕터 ② 음량형 콘덴서

③ 안테나 ④ 무반사 종단저항

해설 누설동축케이블의 끝부분에는 무반사 종단저항을 견고하게 설치할 것

정답 ④

077 무선통신보조설비의 증폭기를 작동시키기 위한 비상전원은 몇 분 이상 기능을 발휘해야 하는가?

① 10 　　　　　　　　　　② 20

③ 30 　　　　　　　　　　④ 40

해설 　비상전원의 용량

설비의 종류	비상전원 용량(이상)
자동화재탐비설비, 자동화재속보설비, 비상경보설비	10분
제연설비, 비상콘센트설비, 옥내소화전설비, 유도등	20분
무선통신보조설비의 증폭기	30분

정답 ③

078 무선통신보조설비의 누설동축케이블의 임피던스와 분배기의 임피던스는 각각 몇 [Ω]이어야 하는가?

① 50, 50 　　　　　　　　② 50, 20

③ 20, 50 　　　　　　　　④ 20, 20

해설 　무선통신보조설비의 누설동축케이블 또는 동축케이블 및 분배기 등의 임피던스 : 50[Ω]

정답 ①

079 무선통신보조설비에 대한 설명으로 잘못된 것은?

① 지하가의 화재 시 소방대 상호 간의 무선 연락을 하기 위한 설비이다.

② 누설동축케이블의 끝부분에는 무반사 종단저항을 견고하게 설치해야 한다.

③ 소방전용주파수대에서 전파의 전송 또는 복사에 적합한 것으로서 반드시 소방전용의 것이어야 한다.

④ 누설동축케이블과 이에 접속하는 안테나 또는 동축케이블과 이에 접속하는 안테나에 의한 것으로 해야 한다.

해설 　**누설동축케이블 등의 기술기준**
- 소방전용주파수대에서 전파의 전송 또는 복사에 적합한 것으로서 소방전용의 것으로 할 것(단, 소방대 상호 간의 **무선 연락**에 **지장**이 **없는 경우**에는 **다른 용도**와 **겸용 가능**)
- 누설동축케이블과 이에 접속하는 안테나 또는 동축케이블과 이에 접속하는 안테나에 의한 것으로 할 것
- 누설동축케이블의 선단(끝부분)에는 무반사 종단저항을 견고하게 설치할 것

정답 ③

080 무선통신보조설비의 증폭기의 설치기준으로 옳지 않은 것은?

① 상용전원은 전기가 정상적으로 공급되는 축전지설비, 전기저장장치 또는 교류전압의 옥내간선으로 한다.

② 전원까지의 배선은 전용으로 한다.

③ 증폭기의 전면에는 주회로 전원의 정상 여부를 표시할 수 있는 표시등 및 전압계를 설치한다.

④ 증폭기에는 비상전원이 부착된 것으로 하고, 해당 비상전원 용량은 무선통신보조설비를 유효하게 20분 이상 작동시킬 수 있는 것으로 한다.

해설 **증폭기의 설치기준**
- 상용전원은 전기가 정상적으로 공급되는 축전지설비, 전기저장장치(외부 전기에너지를 저장해 두었다가 필요한 때 전기를 공급하는 장치) 또는 교류전압의 옥내간선으로 하고, 전원까지의 배선은 전용으로 할 것
- 증폭기의 **전면**에는 주회로 전원의 정상 여부를 표시할 수 있는 **표시등** 및 **전압계**를 설치할 것
- 증폭기에는 비상전원이 부착된 것으로 하고 해당 **비상전원 용량**은 무선통신보조설비를 유효하게 **30분** 이상 작동시킬 수 있는 것으로 할 것

정답 ④

081 도로터널에 설치하는 소화기의 능력단위로 맞는 것은?

① A급 화재 1단위 이상, B급 화재 3단위 이상

② A급 화재 2단위 이상, B급 화재 3단위 이상

③ A급 화재 2단위 이상, B급 화재 5단위 이상

④ A급 화재 3단위 이상, B급 화재 5단위 이상

해설 **소화기의 설치기준**
- 소화기의 능력단위는 **A급 화재에 3단위 이상, B급 화재에 5단위 이상** 및 C급 화재에 적응성이 있는 것으로 할 것
- 소화기의 총중량은 사용 및 운반이 편리성을 고려하여 7[kg] 이하로 할 것
- 소화기는 주행차로의 우측 측벽에 50[m] 이내의 간격으로 2개 이상을 설치하며, 편도 2차선 이상의 양방향 터널과 4차로 이상의 일방향 터널의 경우에는 양쪽 측벽에 각각 50[m] 이내의 간격으로 엇갈리게 2개 이상을 설치할 것
- 바닥면(차로 또는 보행로)으로부터 1.5[m] 이하의 높이에 설치할 것
- 소화기구함의 상부에 "소화기"라고 조명식 또는 반사식의 표지판을 부착하여 사용자가 쉽게 인지할 수 있도록 할 것

정답 ④

082 도로터널에 설치하는 소화기의 총중량은 사용 및 운반이 편리성을 고려하여 몇 [kg] 이하로 해야 하는가?

① 3[kg]   ② 5[kg]   ③ 7[kg]   ④ 9[kg]

해설 소화기의 총중량은 사용 및 운반이 편리성을 고려하여 **7[kg] 이하**로 할 것

정답 ③

083 소화기는 주행차로의 우측 측벽에 몇 [m] 이내의 간격으로 2개 이상을 설치해야 하는가?

① 20[m]　　　② 25[m]　　　③ 30[m]　　　④ 50[m]

> **해설** 소화기는 주행차로의 **우측 측벽**에 **50[m]** 이내의 간격으로 2개 이상을 설치하며, 편도 2차선 이상의 양방향 터널과 4차로 이상의 일방향 터널의 경우에는 **양쪽 측벽**에 각각 **50[m]** 이내의 간격으로 엇갈리게 2개 이상을 설치할 것

정답 ④

084 터널에 소화기를 설치하고자 할 때 바닥면으로부터 몇 [m] 이하의 높이에 설치해야 하는가?

① 0.5[m]　　　② 1.0[m]　　　③ 1.5[m]　　　④ 1.8[m]

> **해설** 바닥면(차로 또는 보행로)으로부터 **1.5[m]** 이하의 높이에 설치할 것

정답 ③

085 터널에 옥내소화전설비를 설치하고자 할 때 4차로 이상의 터널의 경우 몇 개를 동시에 40분 이상 사용할 수 있는 충분한 양 이상을 확보해야 하는가?

① 1개　　　② 2개　　　③ 3개　　　④ 5개

> **해설** 수원은 그 저수량이 옥내소화전의 설치개수 2개(**4차로 이상**의 터널의 경우 **3개**)를 동시에 40분 이상 사용할 수 있는 충분한 양 이상을 확보할 것

정답 ③

086 도로터널에 설치하는 옥내소화전설비의 설치기준으로 맞지 않는 것은?

① 소화전함과 방수구는 주행차로 우측 측벽을 따라 50[m] 이내의 간격으로 설치한다.

② 편도 2차선 이상의 양방향 터널이나 3차로 이상의 일방향 터널의 경우에는 양쪽 측벽에 각각 50[m] 이내의 간격으로 엇갈리게 설치할 것

③ 가압송수장치는 옥내소화전 2개(4차로 이상의 터널인 경우 3개)를 동시에 사용할 경우 각 옥내소화전의 노즐 끝부분에서의 방수압력은 0.35[MPa] 이상으로 할 것

④ 가압송수장치는 옥내소화전 2개(4차로 이상의 터널인 경우 3개)를 동시에 사용할 경우 각 옥내소화전의 노즐 끝부분에서의 방수량은 190[L/min] 이상이 되는 성능의 것으로 할 것

> **해설** **옥내소화전설비의 설치기준**
> - 소화전함과 방수구는 주행차로 우측 측벽을 따라 **50[m]** 이내의 간격으로 설치하며, **편도 2차선 이상의 양방향** 터널이나 **4차로 이상의 일방향** 터널의 경우에는 양쪽 측벽에 **각각 50[m] 이내의 간격으로 엇갈리게 설치**할 것
> - 수원은 그 저수량이 옥내소화전의 설치개수 2개(4차로 이상의 터널의 경우 3개)를 동시에 40분 이상 사용할 수 있는 충분한 양 이상을 확보할 것
> - 가압송수장치는 옥내소화전 2개(4차로 이상의 터널인 경우 3개)를 동시에 사용할 경우 각 옥내소화전의 노즐 선단(끝부분)에서의 방수압력은 0.35[MPa] 이상이고 방수량은 190[L/min] 이상이 되는 성능의 것으로 할 것. 다만, 하나의 옥내소화전을 사용하는 노즐 선단(끝부분)에서의 방수압력이 0.7[MPa]을 초과할 경우에는 호스접결구의 인입 측에 감압장치를 설치해야 한다.

정답 ②

087 터널에 설치하는 옥내소화전설비의 방수량은 몇 분 이상 사용할 수 있는 양 이상을 확보해야 하는가?

① 40분 이상   ② 30분 이상   ③ 20분 이상   ④ 10분 이상

해설　**수원**은 그 저수량이 옥내소화전의 설치개수 2개(4차로 이상의 터널의 경우 3개)를 동시에 **40분 이상** 사용할 수 있는 충분한 양 이상을 확보할 것

정답 ①

088 도로터널에 설치하는 옥내소화전설비의 기준으로 옳지 않은 것은?

① 옥내소화전의 방수압력은 0.25[MPa] 이상이어야 한다.

② 옥내소화전의 방수량은 190[L/min] 이상이어야 한다.

③ 방수구는 40[mm] 구경의 단구형을 옥내소화전이 설치된 벽면의 바닥면으로부터 1.5[m] 이하의 높이에 설치할 것

④ 소화전함에는 옥내소화전 방수구 1개, 15[m] 이상의 소방호스 3본 이상 및 방수노즐을 비치할 것

해설　**옥내소화전설비**
- 방수압력 : 0.35[MPa] 이상
- 방수량 : 190[L/min] 이상

정답 ①

089 도로터널에 설치된 비상경보설비의 음향장치의 음량은 부착된 음향장치의 중심으로부터 1[m] 떨어진 위치에서 몇 [dB] 이상이 되도록 하도록 해야 하는가?

① 100   ② 90   ③ 80   ④ 70

해설　**비상경보설비의 설치기준**
- 발신기는 주행차로 한쪽 측벽에 50[m] 이내의 간격으로 설치하며, 편도 2차선 이상의 양방향 터널이나 4차로 이상의 일방향 터널의 경우에는 양쪽 측벽에 각각 50[m] 이내의 간격으로 엇갈리게 설치하고, 발신기는 설치된 바닥면으로부터 0.8[m] 이상 1.5[m] 이하의 높이에 설치할 것
- 음향장치의 음량은 부착된 음향장치의 중심으로부터 1[m] 떨어진 위치에서 90[dB] 이상이 되도록 하고, 음향장치는 터널 내부 전체에 동시에 경보를 발하도록 할 것

정답 ②

090 터널에 설치하는 시각경보기는 주행차로 한쪽 측벽에 몇 [m] 이내의 간격으로 비상경보설비 상부 직근에 설치하고, 설치된 전체 시각경보기는 동기방식에 의해 작동될 수 있도록 해야 하는가?

① 100[m]   ② 25[m]
③ 50[m]   ④ 30[m]

해설　터널에 설치하는 시각경보기는 주행차로 한쪽 측벽에 50[m] 이내의 간격으로 비상경보설비 상부 직근에 설치하고, 설치된 전체 시각경보기는 동기방식에 의해 작동될 수 있도록 할 것

정답 ③

091 터널에 설치할 수 있는 감지기는?

① 차동식스포트형   ② 차동식분포형

③ 보상식스포트형   ④ 정온식스포트형

> **해설**   터널에 설치할 수 있는 감지기의 종류
> - 차동식분포형감지기
> - 정온식감지선형감지기(아날로그식에 한함)
> - 중앙기술심의위원회의 심의를 거쳐 터널화재에 적용성이 있다고 인정된 감지기

정답 ②

092 터널에 설치하는 자동화재탐지설비의 하나의 경계구역의 길이는 몇 [m] 이하로 해야 하는가?

① 25[m]   ② 50[m]

③ 100[m]   ④ 200[m]

> **해설**   터널에 설치하는 자동화재탐지설비의 하나의 경계구역의 길이는 100[m] 이하로 할 것

정답 ③

093 터널에 설치하는 비상조명등의 비상전원은 몇 분 이상 점등되어야 하는가?

① 10분   ② 20분   ③ 30분   ④ 60분

> **해설**   터널에 설치하는 비상조명등의 비상전원 : **60분 이상**

정답 ④

094 터널에 설치하는 제연설비의 설계화재강도의 기준은 얼마인가?

① 10[MW]   ② 20[MW]

③ 30[MW]   ④ 50[MW]

> **해설**   터널에 설치하는 제연설비의 설계화재강도 : 20[MW], 연기발생률 : 80[m³/s]

정답 ②

095 연결송수관설비를 터널에 설치하고자 할 때 방수압력은 얼마 이상으로 해야 하는가?

① 0.1[MPa]   ② 0.13[MPa]   ③ 0.25[MPa]   ④ 0.35[MPa]

> **해설**   터널에 설치하는 연결송수관설비
> - 방수압력 : 0.35[MPa] 이상
> - 방수량 : 400[L/min] 이상

정답 ④

096 고층건축물의 화재안전기술기준에서 50층인 건축물에 옥내소화전설비가 설치되어 있다. 이 건축물에 비상전원이 설치되어 있을 때 몇 분 이상 작동할 수 있어야 하는가?

① 10분　　　　　② 20분　　　　　③ 30분　　　　　④ 60분

해설　고층건축물의 비상전원
　　　• 30층 이상 49층 이하 : 40분 이상
　　　• 50층 이상 : 60분 이상

정답 ④

097 고층건축물의 화재안전기술기준에서 10층에 화재가 발생하였다. 스프링클러설비의 음향장치는 몇 층에 경보를 발해야 하는가?

① 9층, 10층, 11층　　　　　　② 10층, 11층
③ 10층, 11층, 12층, 13층　　　④ 10층, 11층, 12층, 13층, 14층

해설　고층건축물의 음향장치 경보를 발하는 층
　　　• 2층 이상의 층에서 발화한 때 : 발화층 및 그 직상 4개층
　　　• 1층에서 발화 : 발화층 · 그 직상 4개층 및 지하층
　　　• 지하층에서 발화한 때 : 발화층 · 그 직상층 및 기타의 지하층
　　　※ 10층(발화층), 11층~14층(그 직상 4개층)

정답 ④

098 고층건축물의 화재안전기술기준에서 30층인 건축물에 특별피난계단의 계단실 및 부속실 제연설비가 설치되어 있을 때 비상전원의 작동 시간은?

① 10분　　　　　　　　　② 20분
③ 40분　　　　　　　　　④ 60분

해설　특별피난계단의 계단실 및 부속실 제연설비의 비상전원
　　　• 30층 이상 49층 이하 : 40분 이상
　　　• 50층 이상 : 60분 이상

정답 ③

099 고층건축물의 화재안전기술기준에서 연결송수관설비의 주배관의 구경이 얼마 이상일 때 옥내소화전설비와 겸용할 수 있는가?

① 50[mm]　　　　　　　② 65[mm]
③ 80[mm]　　　　　　　④ 100[mm]

해설　연결송수관설비의 배관은 전용으로 한다. 다만, 주배관의 구경이 100[mm] 이상인 옥내소화전설비와 겸용할 수 있다.

정답 ④

100 지하구의 화재안전기술기준에서 소화기의 능력단위로 맞는 것은?

① A급 화재 : 개당 1단위 이상, B급 화재 : 개당 2단위 이상

② A급 화재 : 개당 2단위 이상, B급 화재 : 개당 3단위 이상

③ A급 화재 : 개당 3단위 이상, B급 화재 : 개당 5단위 이상

④ A급 화재 : 개당 5단위 이상, B급 화재 : 개당 10단위 이상

> **해설** 소화기의 능력단위
> A급 화재 : 개당 3단위 이상, B급 화재 : 개당 5단위 이상, C급 화재 : 적응성이 있는 것

정답 ③

101 지하구 내 발전실·변전실·송전실·변압기실 등 이와 유사한 장소 바닥면적이 300[m²] 미만인 곳에 설치할 수 없는 자동소화장치는?

① 가스자동소화장치   ② 분말자동소화장치

③ 고체에어로졸자동소화장치   ④ 주방자동소화장치

> **해설** 지하구 내 발전실·변전실·송전실·변압기실·배전반실·통신기기실·전산기기실·기타 이와 유사한 시설이 있는 장소 중 바닥면적이 300[m²] 미만인 곳에는 유효설치 방호체적 이내의 가스·분말·고체에어로졸·캐비닛형 자동소화장치를 설치해야 한다. 다만 해당 장소에 물분무 등 소화설비를 설치한 경우에는 설치하지 않을 수 있다.

정답 ④

102 지하구의 화재안전기술기준에서 케이블접속부(절연유를 포함한 접속부에 한한다)마다 소화성능이 확보될 수 있도록 방호공간을 구획하는 등 유효한 조치를 하도록 자동소화장치를 설치하는 데 해당되지 않는 것은?

① 가스자동소화장치   ② 분말자동소화장치

③ 캐비닛형자동소화장치   ④ 고체에어로졸자동소화장치

> **해설** 케이블접속부(절연유를 포함한 접속부에 한한다)마다 다음의 자동소화장치를 설치하되 소화성능이 확보될 수 있도록 방호공간을 구획하는 등 유효한 조치를 해야 한다.
> • 가스·분말·고체에어로졸 자동소화장치
> • 중앙소방기술심의위원회의 심의를 거쳐 소방청장이 인정하는 자동소화장치

정답 ③

103 지하구의 화재안전기술기준에서 감지기는 지하구 천장의 중심부에 설치하되 감지기와 천장 중심부 하단과의 수직거리는 몇 [cm] 이내로 해야 하는가?

① 10   ② 20   ③ 30   ④ 50

> **해설** 감지기와 천장 중심부 하단과의 수직거리 : 30[cm] 이내

정답 ③

104 지하구의 화재안전기술기준에서 연소방지설비 전용헤드의 기준으로 틀린 것은?

① 헤드 : 1개 – 배관의 구경 : 32[mm]

② 헤드 : 2개 – 배관의 구경 : 40[mm]

③ 헤드 : 3개 – 배관의 구경 : 50[mm]

④ 헤드 : 5개 – 배관의 구경 : 80[mm]

해설 연소방지설비 전용헤드 수별 급수관의 구경

하나의 배관에 부착하는 연소방지설비 전용헤드의 개수	1개	2개	3개	4개 또는 5개	6개 이상
배관의 구경[mm]	32	40	50	65	80

정답 ④

105 지하구의 화재안전기술기준에서 연소방지설비의 교차배관의 최소 구경은?

① 25[mm]   ② 32[mm]

③ 40[mm]   ④ 50[mm]

해설 교차배관의 최소 구경 : 40[mm] 이상

정답 ③

106 지하구의 화재안전기술기준에서 헤드 간의 수평거리는 연소방지설비 전용헤드의 경우에는 몇 [m] 이하로 해야 하는가?

① 1.5[m]   ② 1.7[m]

③ 2.0[m]   ④ 2.5[m]

해설 헤드 간의 수평거리
- 연소방지설비 전용헤드 : 2.0[m] 이하
- 개방형 스프링클러헤드 : 1.5[m] 이하

정답 ③

107 지하구의 화재안전기술기준에서 헤드 간의 수평거리는 개방형 스프링클러헤드의 경우에는 몇 [m] 이하로 해야 하는가?

① 1.5[m]   ② 1.7[m]

③ 2.0[m]   ④ 2.3[m]

해설 개방형 스프링클러헤드의 경우 수평거리 : 1.5[m] 이하

정답 ①

108 지하구의 화재안전기술기준에서 소방대원의 출입이 가능한 환기구·작업구마다 지하구의 양쪽 방향으로 살수헤드를 설정하되, 한쪽 방향의 살수구역의 길이는 몇 [m] 이상으로 해야 하는가?

① 1[m]　　　② 2[m]　　　③ 3[m]　　　④ 5[m]

> **해설**　소방대원의 출입이 가능한 환기구·작업구마다 지하구의 양쪽 방향으로 살수헤드를 설정하되, 한쪽 방향의 살수구역의 길이는 **3[m]** 이상으로 할 것. 다만, 환기구 사이의 간격이 700[m]를 초과할 경우에는 700[m] 이내마다 살수구역을 설정하되, 지하구의 구조를 고려하여 방화벽을 설치한 경우에는 그렇지 않다.

정답 ③

109 연소방지설비에서 송수구의 구경은?

① 50[mm]의 단구형
② 50[mm]의 쌍구형
③ 65[mm]의 단구형
④ 65[mm]의 쌍구형

> **해설**　연소방지설비에서 송수구의 구경 : 65[mm]의 쌍구형

정답 ④

110 연소방지설비의 송수구로부터 몇 [m] 이내에 살수구역의 안내표지를 해야 하는가?

① 1[m]　　　　　　　② 2[m]
③ 3[m]　　　　　　　④ 5[m]

> **해설**　살수구역의 안내표지 : 송수구로부터 1[m] 이내에 설치

정답 ①

111 연소방지설비의 송수구는 지면으로부터 높이가 몇 [m]의 위치에 설치하는가?

① 0.5[m] 이상 1.0[m] 이하
② 0.8[m] 이상 1.5[m] 이하
③ 1.5[m] 이하
④ 1.5[m] 이상

> **해설**　송수구의 설치기준 : 0.5[m] 이상 1.0[m] 이하

정답 ①

112 지하구의 화재안전기술기준에서 방화벽에 대한 설명으로 틀린 것은?

① 내화구조로서 홀로 설 수 있는 구조일 것
② 방화벽의 출입문은 30분 방화문으로 설치할 것
③ 방화벽을 관통하는 케이블·전선 등에는 국토교통부 고시(건축자재 등 품질인정 및 관리기준)에 따라 내화채움구조로 마감할 것
④ 방화벽은 분기구 및 국사·변전소 등의 건축물과 지하구가 연결되는 부위(건축물로부터 20[m] 이내)에 설치할 것

해설 **방화벽의 설치기준**
- 내화구조로서 홀로 설 수 있는 구조일 것
- 방화벽의 출입문은 **60분+방화문 또는 60분 방화문**으로 설치할 것
- 방화벽을 관통하는 케이블·전선 등에는 국토교통부 고시(건축자재 등 품질인정 및 관리기준)에 따라 내화채움구조로 마감할 것
- 방화벽은 분기구 및 국사·변전소 등의 건축물과 지하구가 연결되는 부위(건축물로부터 20[m] 이내)에 설치할 것
- 자동폐쇄장치를 사용하는 경우에는 자동폐쇄장치의 성능인증 및 제품검사의 기술기준에 적합한 것으로 설치할 것

정답 ②

113 건설현장의 화재안전기술기준에서 용어의 정의가 틀린 것은?

① 간이소화장치란 건설현장에서 화재발생 시 신속한 화재 진압이 가능하도록 물을 방수하는 형태의 소화장치를 말한다.
② 비상경보장치란 발신기, 경종, 표시등 및 시각경보장치가 결합된 형태의 것으로서 화재위험작업 공간 등에서 수동조작에 의해서 화재경보상황을 알려줄 수 있는 비상벨 장치를 말한다.
③ 간이피난유도선이란 화재발생 시 작업자의 피난을 유도할 수 있는 케이블 형태의 장치를 말한다.
④ 비상조명등이란 화재발생 시 안전하고 원활한 피난활동을 할 수 있도록 계단실 내부에 설치되어 수동 점등되는 조명등을 말한다.

해설 **비상조명등** : 화재발생 시 안전하고 원활한 피난활동을 할 수 있도록 계단실 내부에 설치되어 자동 점등되는 조명등

정답 ④

114 건설현장의 화재안전기술기준에서 각 층 계단실마다 계단실 출입구 부근에 능력단위 3단위 이상인 소화기를 몇 개 설치해야 하는가?

① 1개   ② 2개   ③ 3개   ④ 5개

해설 각 층 계단실마다 계단실 출입구 부근에 능력단위 3단위 이상인 소화기 2개 이상을 설치하고, 영 제18조 제1항에 해당하는 작업을 하는 경우 작업종료 시까지 작업지점으로부터 5[m] 이내의 쉽게 보이는 장소에 능력단위 3단위 이상인 소화기 2개 이상과 대형소화기 1개 이상을 추가 배치할 것

정답 ②

115 건설현장의 화재안전기술기준상 간이소화장치의 설치기준에서 화재위험작업에 해당하는 작업을 할 경우 작업종료 시까지 작업지점으로부터 몇 [m] 이내에 배치하여 즉시 사용이 가능하도록 해야 하는가?

① 5　　　　　　　② 10　　　　　　　③ 20　　　　　　　④ 25

해설　영 제18조 제1항(화재위험작업)에 해당하는 작업을 하는 경우 작업종료 시까지 작업지점으로부터 25[m] 이내에 배치하여 즉시 사용이 가능하도록 할 것

정답 ④

116 건설현장의 화재안전기술기준상 비상경보장치의 설치기준에서 틀린 것은?

① 피난층 또는 지상으로 통하는 각 층 직통계단의 출입구마다 설치할 것
② 감지기를 작동할 경우 해당 발신기와 결합된 경종이 작동할 것. 이 경우 다른 장소에 설치된 경종도 함께 연동하여 작동되도록 설치할 수 있다.
③ 발신기의 위치표시등은 함의 상부에 설치하되, 그 불빛은 부착면으로부터 15° 이상의 범위 안에서 부착지점으로부터 10[m] 이내의 어느 곳에서도 쉽게 식별할 수 있는 적색등으로 할 것
④ 시각경보장치는 발신기함 상부에 위치하도록 설치하되 바닥으로부터 2[m] 이상 2.5[m] 이하의 높이에 설치하여 건설현장의 각 부분에 유효하게 경보할 수 있도록 할 것

해설　발신기를 누를 경우 해당 발신기와 결합된 경종이 작동할 것. 이 경우 다른 장소에 설치된 경종도 함께 연동하여 작동되도록 설치할 수 있다.

정답 ②

117 건설현장의 화재안전기술기준상 가스누설경보기는 영 제18조 제1항 제1호에 따른 가연성가스를 발생시키는 작업을 하는 지하층 또는 무창층 내부(내부에 구획된 실이 있는 경우에는 구획실마다)에 가연성가스를 발생시키는 작업을 하는 부분으로부터 수평거리 몇 [m] 이내에 바닥으로부터 탐지부 상단까지의 거리가 몇 [m] 이하인 위치에 설치해야 하는가?

① 5[m], 0.5[m]　　　　　　　② 5[m], 0.3[m]
③ 10[m], 0.5[m]　　　　　　　④ 10[m], 0.3[m]

해설　가스누설경보기는 영 제18조 제1항 제1호에 따른 가연성가스를 발생시키는 작업을 하는 지하층 또는 무창층 내부(내부에 구획된 실이 있는 경우에는 구획실마다)에 가연성가스를 발생시키는 작업을 하는 부분으로부터 수평거리 10[m] 이내에 바닥으로부터 탐지부 상단까지의 거리가 0.3[m] 이하인 위치에 설치할 것

정답 ④

118 건설현장의 화재안전기술기준상 지하층이나 무창층에는 간이피난유도선을 녹색 계열의 광원점등방식으로 해당 층의 직통계단마다 계단의 출입구로부터 건물 내부로 몇 [m] 이상의 길이로 설치해야 하는가?

① 5　　　　　　　② 10　　　　　　　③ 20　　　　　　　④ 30

해설　지하층이나 무창층에는 간이피난유도선을 녹색 계열의 광원점등방식으로 해당 층의 직통계단마다 계단의 출입구로부터 건물 내부로 10[m] 이상의 길이로 설치할 것

정답 ②

119 전기저장시설의 화재안전기술기준상 스프링클러설비의 설치기준으로 틀린 것은?

① 스프링클러설비는 습식 스프링클러설비 또는 준비작동식 스프링클러설비(신속한 작동을 위해 더블인터락 방식은 포함한다)로 설치할 것

② 전기저장장치가 설치된 실의 바닥면적(바닥면적이 230[m²] 이상인 경우에는 230[m²]) 1[m²]에 분당 12.2[L/min] 이상의 수량을 균일하게 30분 이상 방수할 수 있도록 할 것

③ 스프링클러설비를 30분 이상 작동할 수 있는 비상전원을 갖출 것

④ 준비작동식 스프링클러설비의 경우 전기저장장치의 출입구 부근에 수동식 기동장치를 설치할 것

> **해설** 스프링클러설비는 습식 스프링클러설비 또는 준비작동식 스프링클러설비(신속한 작동을 위해 더블 인터락 방식은 제외한다)로 설치할 것

정답 ①

120 전기저장시설의 화재안전기술기준상 전기저장장치는 관할 소방대의 원활한 소방활동을 위해 지면으로부터 지상 몇 [m](전기저장장치가 설치된 전용 건축물의 최상부 끝단까지의 높이) 이내, 지하 몇 [m](전기저장장치가 설치된 바닥면까지의 깊이) 이내로 해야 하는가?

① 지상 11[m], 지하 11[m] ② 지상 22[m], 지하 11[m]
③ 지상 22[m], 지하 9[m] ④ 지상 11[m], 지하 9[m]

> **해설** 전기저장장치는 관할 소방대의 원활한 소방활동을 위해 지면으로부터 지상 22[m](전기저장장치가 설치된 전용 건축물의 최상부 끝단까지의 높이) 이내, 지하 9[m](전기저장장치가 설치된 바닥면까지의 깊이) 이내로 설치해야 한다.

정답 ③

121 공동주택의 화재안전기술기준상 소화기구는 바닥면적 몇 [m²]마다 능력단위 1단위 이상으로 설치해야 하는가?

① 50[m²] ② 100[m²] ③ 150[m²] ④ 250[m²]

> **해설** **소화기구 및 자동소화장치의 설치기준**
> • 바닥면적 100[m²]마다 1단위 이상의 능력단위를 기준으로 설치할 것
> • 아파트 등의 경우 각 세대 및 공용부(승강장, 복도 등)마다 설치할 것
> • 아파트 등의 세대 내에 설치된 보일러실이 방화구획되거나, 스프링클러설비·간이스프링클러설비·물분무 등 소화설비 중 하나가 설치된 경우에는 소화기구 및 자동소화장치의 화재안전기술기준(NFTC 101) 표 2.1.1.3 제1호 및 제5호를 적용하지 않을 수 있다.
> • 주거용 주방자동소화장치는 아파트 등의 주방에 열원(가스 또는 전기)의 종류에 적합한 것으로 설치하고, 열원을 차단할 수 있는 차단장치를 설치해야 한다.

정답 ②

122 공동주택의 화재안전기술기준상 옥내소화전설비의 설치기준으로 틀린 것은?

① 호스릴(Hose Reel) 방식으로 설치할 것

② 복층형 구조인 경우에는 출입구가 없는 층에 방수구를 설치하지 않을 수 있다.

③ 감시제어반 전용실은 피난층에만 설치할 것

④ 감시제어반 전용실은 상시 사람이 근무하는 장소 또는 관계인이 쉽게 접근할 수 있고 관리가 용이한 장소에 감시제어반 전용실을 설치할 경우에는 지상 2층 또는 지하 2층에 설치할 수 있다.

> **해설** 옥내소화전설비의 감시제어반 전용실은 피난층 또는 지하 1층에 설치할 것. 다만, 상시 사람이 근무하는 장소 또는 관계인이 쉽게 접근할 수 있고 관리가 용이한 장소에 감시제어반 전용실을 설치할 경우에는 지상 2층 또는 지하 2층에 설치할 수 있다.

정답 ③

123 공동주택의 화재안전기술기준상 스프링클러설비의 설치기준으로 틀린 것은?

① 아파트 등의 각 동이 주차장으로 서로 연결된 구조인 경우 해당 주차장 부분의 기준개수는 10개로 할 것

② 하나의 방호구역은 2개 층에 미치지 않도록 할 것. 다만, 복층형 구조의 공동주택에는 3개 층 이내로 할 수 있다.

③ 거실에는 조기반응형 스프링클러헤드를 설치할 것

④ 건축법 시행령 제46조 제4항에 따라 설치된 대피공간에는 헤드를 설치하지 않을 수 있다.

> **해설** 폐쇄형 스프링클러헤드를 사용하는 아파트 등은 기준개수 10개(스프링클러헤드의 설치개수가 가장 많은 세대에 설치된 스프링클러헤드의 개수가 기준개수보다 작은 경우에는 그 설치개수를 말한다)에 1.6[m³]를 곱한 양 이상의 수원이 확보되도록 할 것. 다만, 아파트 등의 각 동이 주차장으로 서로 연결된 구조인 경우 해당 주차장 부분의 기준개수는 30개로 할 것

정답 ①

124 공동주택의 화재안전기술기준상 설치기준으로 틀린 것은?

① 포소화설비의 감시제어반 전용실은 피난층 또는 지하 1층에 설치해야 한다. 다만, 상시 사람이 근무하는 장소 또는 관계인이 쉽게 접근할 수 있고 관리가 용이한 장소에 감시제어반 전용실을 설치할 경우에는 지상 2층 또는 지하 2층에 설치할 수 있다.

② 비상방송설비를 설치하는 경우에 아파트 등의 경우 실내에 설치하는 확성기 음성입력은 2[W] 이상일 것

③ 피난기구는 아파트 등의 경우 각 세대마다 설치할 것

④ 세대 내에는 소형피난구유도등을 설치해야 한다.

> **해설** 공동주택에는 소형피난구유도등을 설치할 것. 다만, 세대 내에는 유도등을 설치하지 않을 수 있다.

정답 ④

125 공동주택의 화재안전기술기준상 연결송수관설비의 설치기준으로 틀린 것은?

① 송수구는 쌍구형으로 할 것. 다만, 아파트 등의 용도로 사용되는 층에는 단구형으로 설치할 수 있다.

② 층마다 설치할 것. 다만, 아파트 등의 1층과 2층(또는 피난층과 그 직상층)에는 설치하지 않을 수 있다.

③ 아파트 등의 경우 계단의 출입구(계단의 부속실을 포함하며 계단이 2 이상 있는 경우에는 그중 1개의 계단을 말한다)로부터 5[m] 이내에 방수구를 설치하되, 그 방수구로부터 해당 층의 각 부분까지의 수평거리가 100[m]를 초과하는 경우에는 방수구를 추가로 설치할 것

④ 펌프의 토출량은 2,400[L/min] 이상(계단식 아파트의 경우에는 1,200[L/min] 이상)으로 해야 한다.

> **해설** 아파트 등의 경우 계단의 출입구(계단의 부속실을 포함하며 계단이 2 이상 있는 경우에는 그중 1개의 계단을 말한다)로부터 5[m] 이내에 방수구를 설치하되, 그 방수구로부터 해당 층의 각 부분까지의 수평거리가 50[m]를 초과하는 경우에는 방수구를 추가로 설치할 것

정답 ③

126 창고시설의 화재안전기술기준상 옥내소화전설비의 비상전원의 작동시간은?

① 20분 이상　　② 30분 이상　　③ 40분 이상　　④ 60분 이상

> **해설** 옥내소화전설비의 비상전원은 자가발전설비, 축전지설비(내연기관에 따른 펌프를 사용하는 경우에는 내연기관의 기동 및 제어용 축전지를 말한다) 또는 전기저장장치(외부 전기에너지를 저장해 두었다가 필요한 때 전기를 공급하는 장치)로서 옥내소화전설비를 유효하게 40분 이상 작동할 수 있어야 한다.

정답 ③

127 창고시설의 화재안전기술기준상 스프링클러설비의 설치기준에서 라지드롭형 스프링클러 헤드를 건식 스프링클러설비로 설치할 수 있는 경우는?

① 천장과 반자 사이의 거리가 2[m] 미만인 부분

② 냉동창고 또는 영하의 온도로 저장하는 냉장창고

③ 고온의 노가 설치된 창고

④ 천장과 반자 사이의 거리가 2[m] 이상인 부분

> **해설** **건식 스프링클러설비로 설치할 수 있는 경우**
> • 냉동창고 또는 영하의 온도로 저장하는 냉장창고
> • 창고시설 내에 상시 근무자가 없어 난방을 하지 않는 창고시설

정답 ②

128 창고시설의 화재안전기술기준상 스프링클러설비의 설치기준 중 수원의 저수량은 라지드롭형 스프링클러헤드의 설치개수가 가장 많은 방호구역의 설치개수에 얼마를 곱한 양 이상으로 해야 하는가?(단, 랙식 창고의 경우이다)

① 3.2[m³]   ② 4.8[m³]   ③ 6.4[m³]   ④ 9.6[m³]

해설   라지드롭형 스프링클러헤드의 설치개수가 가장 많은 방호구역의 설치개수(30개 이상 설치된 경우에는 30개)에 3.2[m³](랙식 창고의 경우에는 9.6[m³])를 곱한 양 이상이 되도록 할 것

정답 ④

129 창고시설의 화재안전기술기준상 스프링클러설비의 설치기준에서 교차배관에서 분기되는 지점을 기점으로 한쪽 가지배관에 설치되는 헤드의 개수는 몇 개로 해야 하는가?

① 4개 이하   ② 4개 이상   ③ 8개 이하   ④ 8개 이상

해설   교차배관에서 분기되는 지점을 기점으로 한쪽 가지배관에 설치되는 헤드의 개수(반자 아래와 반자 속의 헤드를 하나의 가지배관상에 병설하는 경우에는 반자 아래에 설치하는 헤드의 개수)는 4개 이하로 해야 한다.

정답 ①

130 창고시설의 화재안전기술기준상 스프링클러설비의 설치기준에서 비상전원은 몇 분 이상 작동해야 하는가?

① 10분   ② 20분   ③ 30분   ④ 60분

해설   비상전원은 자가발전설비, 축전지설비(내연기관에 따른 펌프를 사용하는 경우에는 내연기관의 기동 및 제어용 축전지를 말한다) 또는 전기저장장치(외부 전기에너지를 저장해 두었다가 필요한 때 전기를 공급하는 장치를 말한다)로서 스프링클러설비를 유효하게 20분(랙식 창고의 경우 60분을 말한다) 이상 작동할 수 있어야 한다.

정답 ②

131 창고시설의 화재안전기술기준상 피난유도선은 연면적 15,000[m²] 이상인 창고시설의 지하층의 설치기준으로 틀린 것은?

① 광원점등방식으로 바닥으로부터 1[m] 이하의 높이에 설치할 것
② 각 층 직통계단 출입구로부터 건물 내부 벽면으로 10[m] 이상 설치할 것
③ 화재 시 점등되며 비상전원 40분 이상을 확보할 것
④ 피난유도선은 소방청장이 정하여 고시하는 피난유도선 성능인증 및 제품검사의 기술기준에 적합한 것으로 설치할 것

해설 피난유도선은 연면적 15,000[m²] 이상인 창고시설의 지하층 및 무창층의 설치기준
• 광원점등방식으로 바닥으로부터 1[m] 이하의 높이에 설치할 것
• 각 층 직통계단 출입구로부터 건물 내부 벽면으로 10[m] 이상 설치할 것
• 화재 시 점등되며 비상전원 30분 이상을 확보할 것
• 피난유도선은 소방청장이 정하여 고시하는 피난유도선 성능인증 및 제품검사의 기술기준에 적합한 것으로 설치할 것

정답 ③

132 소방시설의 내진설계기준에서 앵커볼트 설치기준으로 맞지 않는 것은?

① 앵커볼트는 건축물 정착부의 두께, 볼트설치 간격, 모서리까지 거리, 콘크리트의 강도, 균열콘크리트 여부, 앵커볼트의 단일 또는 그룹설치 등을 확인하여 최대허용하중을 결정해야 한다.
② 흔들림 방지 버팀대에 설치하는 앵커볼트 최대허용하중은 제조사가 제시한 설계하중 값에 0.45를 곱해야 한다.
③ 건축물 부착 형태에 따른 프라잉효과나 편심을 고려하여 수평지진하중의 작용하중을 구하고 앵커볼트 최대허용하중과 작용하중과의 내진설계 적정성을 평가하여 설치해야 한다.
④ 소방시설을 팽창성・화학성 또는 부분적으로 현장타설된 건축부재에 정착할 경우에는 수평지진하중을 1.5배 증가시켜 사용한다.

해설 흔들림 방지 버팀대에 설치하는 앵커볼트 최대허용하중은 제조사가 제시한 설계하중 값에 0.43을 곱해야 한다.

정답 ②

133 소방시설의 내진설계기준에서 배관의 설치기준으로 맞지 않는 것은?

① 건물 구조부재 간의 상대변위에 의한 배관의 응력을 최소화하기 위하여 지진분리이음 또는 지진분리장치를 사용하거나 이격거리를 유지해야 한다.

② 건축물 지진분리이음 설치위치 및 건축물 간의 연결배관 중 지상노출 배관이 건축물로 인입되는 위치의 배관에는 관경에 관계없이 지진분리장치를 설치해야 한다.

③ 천장과 일체 거동을 하는 부분에 배관이 지지되어 있을 경우 배관을 단단히 고정시키기 위해 흔들림 방지 버팀대를 사용해야 한다.

④ 흔들림 방지 버팀대와 그 고정장치는 소화설비의 동작 및 살수 방해와는 상관이 없다.

해설   흔들림 방지 버팀대와 그 고정장치는 소화설비의 동작 및 살수를 방해하지 않아야 한다.

정답 ④

134 소방시설의 내진설계기준에서 구경 65[mm] 이상의 배관에 지진분리이음을 설치하는 위치로 맞지 않는 것은?

① 모든 수직직선배관은 상부 및 하부의 단부로부터 0.5[m] 이내에 설치해야 한다.

② 길이가 0.9[m] 미만인 수직직선배관은 지진분리이음을 설치하지 않을 수 있으며, 0.9~2.1[m] 사이의 수직직선배관은 하나의 지진분리이음을 설치할 수 있다.

③ 2층 이상의 건물인 경우 각 층의 바닥으로부터 0.3[m], 천장으로부터 0.6[m] 이내에 설치해야 한다.

④ 수직직선배관에 중간 지지부가 있는 경우에는 지지부로부터 0.6[m] 이내의 윗부분 및 아랫부분에 설치해야 한다.

해설   모든 수직직선배관은 상부 및 하부의 단부로부터 0.6[m] 이내에 설치해야 한다.

정답 ①

135 소방시설의 내진설계기준에서 수직직선배관 흔들림 방지 버팀대 설치기준으로 맞지 않는 것은?

① 길이 1[m]를 초과하는 수직직선배관의 최상부에는 4방향 흔들림 방지 버팀대를 설치해야 한다.

② 수직직선배관 최상부에 설치된 4방향 흔들림 방지 버팀대가 수평직선배관에 부착된 경우 그 흔들림 방지 버팀대는 수직직선배관의 중심선으로부터 0.6[m] 이내에 설치되어야 하고, 그 흔들림 방지 버팀대의 하중은 수직 및 수평방향의 배관을 모두 포함하지 않는다.

③ 수직직선배관 4방향 흔들림 방지 버팀대 사이의 거리는 8[m]를 초과하지 않아야 한다.

④ 수직직선배관에 4방향 흔들림 방지 버팀대를 설치하고 수평방향으로 분기된 수평직선배관의 길이가 1.2[m] 이하인 경우 수직직선배관에 수평직선배관의 지진하중을 포함하는 경우 수평직선배관의 흔들림 방지 버팀대를 설치하지 않을 수 있다.

해설   수직직선배관 최상부에 설치된 4방향 흔들림 방지 버팀대가 수평직선배관에 부착된 경우 그 흔들림 방지 버팀대는 수직직선배관의 중심선으로부터 0.6[m] 이내에 설치되어야 하고, 그 흔들림 방지 버팀대의 하중은 수직 및 수평방향의 배관을 모두 포함해야 한다.

정답 ②

얼마나 많은 사람들이 책 한권을 읽음으로써

인생에 새로운 전기를 맞이했던가.

– 헨리 데이비드 소로 –

실패하는 게 두려운 게 아니라 노력하지 않는 게 두렵다.

– 마이클 조던 –

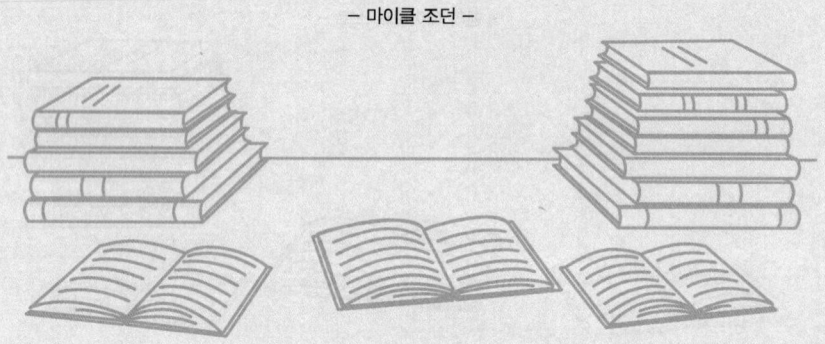

PART 05

소방관계법령

CHAPTER 01 소방기본법, 영, 규칙

CHAPTER 02 소방시설공사업법, 영, 규칙

CHAPTER 03 소방시설 설치 및 관리에 관한 법률, 영, 규칙

CHAPTER 04 화재의 예방 및 안전관리에 관한 법률, 영, 규칙

CHAPTER 05 위험물안전관리법, 영, 규칙

CHAPTER 06 다중이용업소의 안전관리에 관한 특별법, 영, 규칙

소방시설관리사 1차 기출문제 분석

[소방관계법령]

내 용		출제 빈도(%)
소방 기본법 등 (4문항)	총 칙	1.0%
	소방장비, 소방용수시설	3.5%
	화재의 예방과 경계	3.0%
	소방활동	4.0%
	화재의 조사	1.5%
	의용소방대	1.0%
	한국소방안전원	1.0%
	벌 칙	1.0%
소방시설 공사업법 등 (3문항)	총 칙	1.0%
	소방시설업	4.0%
	소방시설공사	5.0%
	소방기술자	1.0%
	벌 칙	1.0%
소방시설 설치 및 관리에 관한 법률 등 (6~8문항)	소방시설	1.0%
	특정소방대상물	3.0%
	건축허가 등의 동의대상물	4.0%
	내진설계	1.0%
	성능위주설계대상	2.0%
	소방시설의 설치대상	4.0%
	소급적용 대상	1.0%
	방 염	5.0%
	자체점검	3.0%
	소방시설관리사 및 소방시설관리업	2.0%
	소방용품	3.0%
	벌칙 및 행정처분	1.0%
화재의 예방 및 안전관리에 관한 법률 등 (4~5문항)	화재의 예방 및 안전관리 기본계획	2.0%
	화재안전조사	4.0%
	화재의 예방조치 등	3.0%
	화재예방강화지구	2.0%
	특정소방대상물안전관리	6.0%
	소방안전관리자의 업무 등	2.0%
	벌칙 및 과태료	1.0%
위험물 안전관리법 (3~5문항)	총 칙	1.0%
	위험물시설의 설치, 변경	3.0%
	위험물시설의 안전관리	9.0%
	위험물의 운반	1.0%
	감독 및 조치명령	1.0%
	벌 칙	1.0%
다중이용업소법, 건축법		10.0%

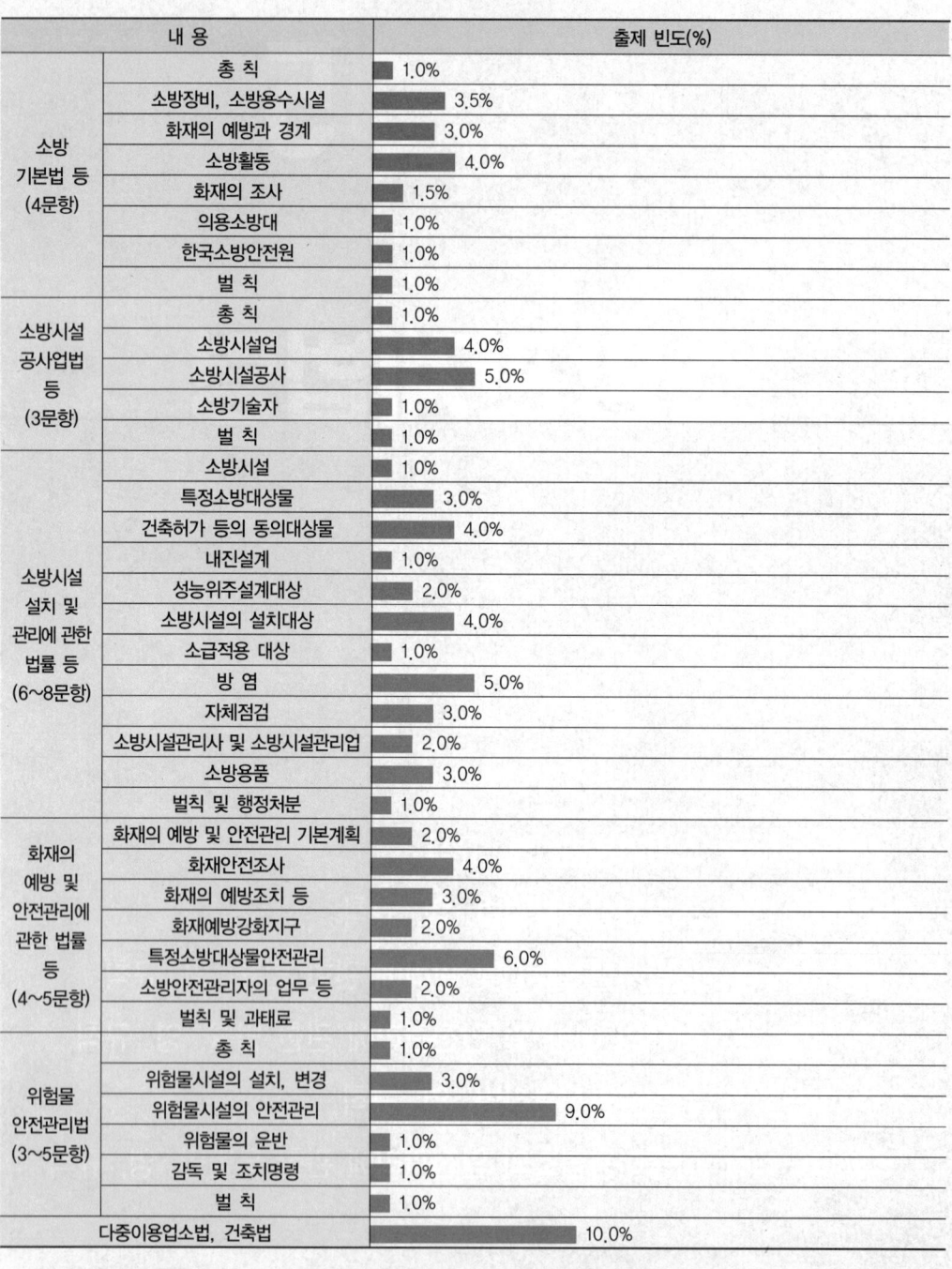

소방기본법, 영, 규칙

1 목적(법 제1조)

① 화재를 **예방·경계·진압**
② 구조·구급활동
③ 국민의 **생명·신체** 및 **재산 보호**
④ 공공의 안녕 및 질서유지와 복리증진에 이바지함

2 정의(법 제2조)

① 소방대상물 : 건축물, **차량**, **선박**(항구에 매어둔 선박만 해당), **선박건조구조물, 산림**, 그 밖의 인공구조물 또는 물건
② 관계지역 : **소방대상물이 있는 장소** 및 **그 이웃지역**으로서 화재의 예방·경계·진압, 구조·구급 등의 활동에 필요한 지역
③ 관계인 : 소방대상물의 **소유자·관리자 또는 점유자**
④ 소방본부장 : 특별시·광역시·**특별자치시·도** 또는 특별자치도(이하 "시·도"라 한다)에서 화재의 예방·경계·진압·조사 및 구조·구급 등의 업무를 담당하는 부서의 장
⑤ 소방대(消防隊) : 화재를 진압하고 화재, 재난·재해, 그 밖의 위급한 상황에서 구조·구급 활동 등을 하기 위하여 구성된 조직체

> 소방대 : 소방공무원, 의무소방원, 의용소방대원 **11 19** 년 출제

⑥ 소방대장(消防隊長) : 소방본부장 또는 소방서장 등 화재, 재난·재해 그 밖의 위급한 상황이 발생한 **현장에서 소방대를 지휘하는 사람**

3 소방기관의 설치(법 제3조)

① **소방업무** : 시·도의 화재 예방·경계·진압 및 조사, 소방안전교육·홍보와 화재, 재난·재해, 그 밖의 위급한 상황에서의 구조·구급 등의 업무
② 소방업무를 수행하는 **소방본부장 또는 소방서장의 지휘감독권자** : **시·도지사**
③ 소방업무에 대한 책임 : 시·도지사
④ 소방업무를 수행하는 **소방기관의 설치**에 필요한 사항 : **대통령령**

> 소방업무에 관한 종합계획 : 국가가 5년마다 수립·시행

4 **119종합상황실**(법 제4조, 규칙 제3조)

① 119종합상황실 설치·운영권자 : 소방청장, 소방본부장, 소방서장
② 119종합상황실의 설치와 운영에 필요한 사항 : 행정안전부령
③ 소방본부에 설치하는 119종합상황실에는 경찰공무원을 둘 수 있다.
④ 119종합상황실의 실장의 업무
　　㉠ 화재, 재난·재해 그 밖에 구조·구급이 필요한 상황(재난상황)의 발생의 신고접수
　　㉡ 접수된 재난상황을 검토하여 가까운 소방서에 인력 및 장비의 동원을 요청하는 등의 사고수습
　　㉢ 하급소방기관에 대한 출동지령 또는 동급 이상의 소방기관 및 유관기관에 대한 지원요청
　　㉣ 재난상황의 전파 및 보고
　　㉤ 재난상황이 발생한 현장에 대한 지휘 및 피해현황의 파악
　　㉥ 재난상황의 수습에 필요한 정보수집 및 제공
⑤ 소방서의 종합상황실은 소방본부의 종합상황실에, 소방본부의 종합상황실은 소방청의 종합상황실에 각각 보고해야 한다.
⑥ 보고 발생사유 **10** **20** **년 출제**
　　㉠ **사망자 5인 이상, 사상자 10인 이상** 발생한 화재
　　㉡ **이재민이 100인 이상** 발생한 화재
　　㉢ **재산피해액이 50억원 이상** 발생한 화재
　　㉣ 관공서, 학교, 정부미도정공장, 문화재, 지하철, 지하구의 화재
　　㉤ **관광호텔,** 층수가 **11층 이상**인 건축물, 지하상가, **시장, 백화점**, 지정수량의 3,000배 이상의 위험물의 제조소·저장소·취급소, 층수가 5층 이상이거나 객실 30실 이상인 숙박시설, 층수가 5층 이상이거나 병상이 30개 이상인 종합병원, 정신병원, 한방병원, 요양소, 연면적이 15,000[m²] 이상인 공장, 화재예방강화지구에서 발생한 **화재**
　　㉥ 철도차량, 항구에 매어둔 총 톤수가 1,000[ton] 이상인 선박, 항공기, 발전소 또는 변전소에서 발생한 화재
　　㉦ 가스 및 화약류의 폭발에 의한 화재
　　㉧ **다중이용업소의** 화재
　　㉨ 통제단장의 현장지휘가 필요한 재난상황
　　㉩ **언론에 보도된 재난상황**
　　㉪ 그 밖에 소방청장이 정하는 재난상황

5 **소방정보통신망**(법 제4조의2, 규칙 제3조의2)

① **구축·운영권자 :** 소방청장, 시·도지사
② 소방청장 및 시·도지사는 소방정보통신망의 안정적 운영을 위하여 소방정보통신망의 회선을 이중화할 수 있다. 이 경우 이중화된 각 회선은 서로 다른 사업자로부터 제공받아야 한다.
③ 소방정보통신망의 구축 및 운영에 필요한 사항은 행정안전부령으로 정한다.
④ 소방청장 및 시·도지사는 소방정보통신망이 안정적으로 운영될 수 있도록 연 1회 이상 소방정보통신망을 주기적으로 점검·관리해야 한다.
⑤ 소방정보통신망의 속도, 점검 주기 등에 관한 세부 사항은 소방청장이 정한다.

6 **소방기술민원센터**(법 제4조의3, 영 제1조의2)

① 설치·운영권자 : 소방청장 또는 소방본부장

② 설치목적 : 소방시설, 소방공사 및 위험물 안전관리 등과 관련된 법령 해석 등의 민원을 종합적으로 접수하여 처리할 수 있는 기구

③ 소방기술민원센터의 설치·운영 등에 필요한 사항 : 대통령령

④ 소방기술민원센터의 구성 : 센터장을 포함하여 18명 이내

⑤ 소방기술민원센터의 업무 23 년 출제

    ㉠ 소방시설, 소방공사와 위험물 안전관리 등과 관련된 법령 해석 등의 민원(이하 "소방기술민원"이라 한다)의 처리

    ㉡ 소방기술민원과 관련된 질의회신집 및 해설서 발간

    ㉢ 소방기술민원과 관련된 정보시스템의 운영·관리

    ㉣ 소방기술민원과 관련된 현장 확인 및 처리

    ㉤ 그 밖에 소방기술민원과 관련된 업무로서 소방청장 또는 소방본부장이 필요하다고 인정하여 지시하는 업무

7 **소방박물관 등**(법 제5조, 규칙 제4조, 제4조의2)

① 소방박물관 10   13   15 년 출제

    ㉠ 설립·운영권자 : 소방청장

    ㉡ **소방박물관**의 설립과 운영에 필요한 사항 : **행정안전부령**

    ㉢ 구성 : 관장 1인과 부관장 1인을 두되, 운영위원회는 7인 이내의 위원으로 구성한다. 또한, 소방박물관장은 소방공무원 중에서 소방청장이 임명한다.

② 소방체험관 13   15 년 출제

    ㉠ 설립·운영권자 : 시·도지사

    ㉡ **소방체험관**의 설립과 운영에 필요한 사항 : **시·도의 조례**

    ㉢ **소방체험관**의 기능

      • 재난 및 안전사고 유형에 따른 예방, 대처, 대응 등에 관한 체험교육의 제공

      • 체험교육 프로그램의 개발 및 국민 안전의식 향상을 위한 홍보·전시

      • 체험교육 인력의 양성 및 유관기관·단체 등과의 협력

      • 그 밖에 체험교육을 위하여 시·도지사가 필요하다고 인정하는 사업의 수행

8 **소방업무에 관한 종합계획의 수립·시행 등**(법 제6조, 영 제1조의3)

① 수립·시행권자 : 소방청장

② 종합계획 수립·시행기간 : 5년마다

③ 소방청장은 소방업무에 관한 종합계획을 관계 중앙행정기관의 장과의 협의를 거쳐 계획 시행 전년도 10월 31일까지 수립해야 한다.

④ 시·도지사는 종합계획의 시행에 필요한 세부계획을 계획 시행 전년도 12월 31일까지 수립하여 소방청장에게 제출해야 한다.

⑤ 종합계획의 포함사항 `17` 년 출제
  ㉠ 소방서비스의 질 향상을 위한 정책의 기본방향
  ㉡ 소방업무에 필요한 체계의 구축, 소방기술의 연구·개발 및 보급
  ㉢ 소방업무에 필요한 장비의 구비
  ㉣ 소방전문인력 양성
  ㉤ 소방업무에 필요한 기반조성
  ㉥ 소방업무의 교육 및 홍보(제21조에 따른 소방자동차의 우선 통행 등에 관한 홍보를 포함한다)
  ㉦ 그 밖에 소방업무의 효율적 수행을 위하여 필요한 사항으로서 대통령령으로 정하는 사항
    • 재난·재해 환경 변화에 따른 소방업무에 필요한 대응 체계 마련
    • 장애인, 노인, 임산부, 영유아 및 어린이 등 이동이 어려운 사람을 대상으로 한 소방활동에 필요한 조치

> 소방의 날 : 매년 11월 9일

9 소방력의 기준(법 제8조)

① 소방업무를 수행하는 데 필요한 인력과 장비 등(소방력, 消防力)에 관한 기준 : 행정안전부령
② 관할구역의 소방력을 확충하기 위하여 필요한 계획의 수립·시행권자 : **시·도지사**
③ 소방자동차 등 소방장비의 분류·표준화와 그 관리 등에 필요한 사항 : 따로 법률에서 정함

10 소방장비 등에 대한 국고보조(법 제9조, 영 제2조)

① 국가는 소방장비의 구입 등 시·도의 소방업무에 필요한 경비의 일부를 보조한다.
② **국고보조 대상사업의 범위와 기준보조율 : 대통령령** `18` 년 출제
③ 소방활동장비 및 설비의 종류 및 규격 : 행정안전부령
④ 국고보조 대상 `18` 년 출제
  ㉠ 소방활동장비와 설비의 구입 및 설치
    • **소방자동차**
    • **소방헬리콥터** 및 소방정
    • 소방전용통신설비 및 전산설비
    • 그 밖의 방화복 등 소방활동에 필요한 소방장비
  ㉡ 소방관서용 청사의 건축(건축물을 신축·증축·개축·재축(再築)하거나 건축물을 이전하는 것)

> 소방의(소방복장)는 국고보조대상이 아니다.

⑤ **국고보조산정을 위한 기준가격**(규칙 제5조)
  ㉠ 국내 조달품 : 정부고시가격
  ㉡ 수입물품 : 조달청에서 조사한 해외시장의 시가
  ㉢ 정부고시가격 또는 조달청에서 조사한 해외시장의 시가가 없는 물품 : 2 이상의 공신력 있는 물가조사기관에서 조사한 가격의 평균가격

11 소방용수시설 및 비상소화장치의 설치 및 관리 등(법 제10조, 규칙 제6조)

(1) **소화용수시설**(소화전, 급수탑, 저수조)의 설치, 유지·관리 : **시·도지사** `17` `23` `년 출제`

(2) **비상소화장치**(소방용수시설에 연결하여 화재를 진압하는 시설이나 장치)의 설치 : 시·도지사

(3) **수도법**에 따라 소화전을 설치하는 일반수도사업자는 관할 소방서장과 사전협의를 거친 후 소화전을 설치해야 하며, 설치 사실을 관할 소방서장에게 통지하고, 그 소화전을 **유지·관리**해야 한다.

(4) **소방용수시설 및 비상소화장치의 설치기준** : 행정안전부령

(5) **소방용수시설의 설치기준**(규칙 별표 3)
  ① 소방대상물과의 수평거리 `10` `년 출제`
    ㉠ **주거지역, 상업지역, 공업지역 : 100[m] 이하**
    ㉡ 그 밖의 지역 : 140[m] 이하
  ② 소방용수시설별 설치기준
    ㉠ 소화전의 설치기준 : 상수도와 연결하여 지하식 또는 지상식의 구조로 하고 소방용호스와 연결하는 소화전의 연결금속구의 구경은 65[mm]로 할 것
    ㉡ 급수탑의 설치기준
      • 급수배관의 구경 : 100[mm] 이상
      • 개폐밸브 : 지상에서 1.5[m] 이상 1.7[m] 이하
    ㉢ 저수조의 설치기준 `16` `21` `년 출제`
      • 지면으로부터의 낙차가 4.5[m] 이하일 것
      • 흡수부분의 수심이 0.5[m] 이상일 것
      • 소방펌프자동차가 쉽게 접근할 수 있도록 할 것
      • 흡수에 지장이 없도록 토사 및 쓰레기 등을 제거할 수 있는 설비를 갖출 것
      • 흡수관의 투입구가 사각형의 경우에는 한 변의 길이가 60[cm] 이상, 원형의 경우에는 지름이 60[cm] 이상일 것
      • 저수조에 물을 공급하는 방법은 상수도에 연결하여 자동으로 급수되는 구조일 것

(6) **비상소화장치의 설치기준**(영 제2조의2, 규칙 제6조)
  ① 비상소화장치의 설치대상 `23` `년 출제`
    ㉠ 화재예방강화지구
    ㉡ 시·도지사가 법 제10조 제2항에 따른 비상소화장치의 설치가 필요하다고 인정하는 지역
  ② 비상소화장치의 설치기준
    ㉠ 비상소화장치는 비상소화장치함, 소화전, 소방호스(소화전의 방수구에 연결하여 소화용수를 방수하기 위한 도관으로서 호스와 연결금속구로 구성되어 있는 소방용릴호스 또는 소방용고무내장호스를 말한다), 관창(소방호스용 연결금속구 또는 중간연결금속구 등의 끝에 연결하여 소화용수를 방수하기 위한 나사식 또는 차입식 토출기구를 말한다)을 포함하여 구성할 것 `23` `년 출제`

ⓛ 소방호스 및 관창은 소방청장이 정하여 고시하는 형식승인 및 제품검사의 기술기준에 적합한 것으로 설치할 것

ⓒ 비상소화장치함은 소방청장이 정하여 고시하는 성능인증 및 제품검사의 기술기준에 적합한 것으로 설치할 것

③ ②에서 규정한 사항 외에 비상소화장치의 설치기준에 관한 세부 사항은 소방청장이 정한다.

(7) 소방용수시설, 비상소화장치 및 지리조사(규칙 제7조)

① 실시권자 : 소방본부장 또는 소방서장

② 실시횟수 : 월 1회 이상 `23` `년 출제`

③ 조사내용

ⓖ 소방용수시설에 대한 조사

ⓛ 소방대상물에 인접한 **도로의 폭, 교통상황,** 도로 주변의 **토지의 고저, 건축물의 개황,** 그 밖의 소방활동에 필요한 지리에 대한 조사

④ 조사결과 보관기간 : 2년간

12 소방업무의 응원(법 제11조)

① 소방본부장이나 소방서장은 소방활동을 할 때에 긴급한 경우에는 이웃한 소방본부장 또는 소방서장에게 소방업무의 응원(應援)을 요청할 수 있다. `21` `년 출제`

② 소방업무의 응원 요청을 받은 소방본부장 또는 소방서장은 정당한 사유 없이 그 요청을 거절해서는 안 된다. `21` `년 출제`

③ 소방업무의 응원을 위하여 파견된 소방대원은 응원을 요청한 소방본부장 또는 소방서장의 지휘에 따라야 한다. `21` `년 출제`

④ **소방업무의 상호응원협정 사항(규칙 제8조)** `10` `년 출제`

ⓖ 소방활동에 관한 사항

• 화재의 경계·진압활동

• 구조·구급업무의 지원

• 화재조사활동

ⓛ 응원출동 대상지역 및 규모

ⓒ 소요경비의 부담에 관한 사항

• 출동대원의 수당·식사 및 의복의 수선

• 소방장비 및 기구의 정비와 연료의 보급

• 그 밖의 경비

ⓔ 응원출동의 요청방법

ⓜ 응원출동훈련 및 평가

13 소방활동 등

(1) 소방활동(법 제16조)

① 정의 : 화재, 재난·재해, 그 밖의 위급한 상황이 발생하였을 때에는 소방대를 현장에 신속하게 출동시켜 화재진압과 인명구조·구급 등 소방에 필요한 활동

② 활동권자 : 소방청장, 소방본부장 또는 소방서장 `18 년 출제`

(2) 소방지원활동(법 제16조의2)

① 활동권자 : 소방청장, 소방본부장 또는 소방서장

② 활동 내용 `22` `24` `년 출제`

㉠ 산불에 대한 예방·진압 등 지원 활동

㉡ 자연재해에 따른 급수·배수 및 제설 등 지원 활동

㉢ 집회·공연 등 각종 행사 시 사고에 대비한 근접대기 등 지원 활동

㉣ 화재, 재난·재해로 인한 피해복구 지원 활동

㉤ 그 밖에 행정안전부령으로 정하는 활동(규칙 제8조의4)

• 군·경찰 등 유관기관에서 실시하는 훈련지원 활동

• 소방시설 오작동 신고에 따른 조치 활동

• 방송제작 또는 촬영 관련 지원 활동

(3) 생활안전활동(법 제16조의3)

① 활동권자 : 소방청장, 소방본부장 또는 소방서장

② 활동 내용 `19` `년 출제`

㉠ 붕괴, 낙하 등이 우려되는 고드름, 나무, 위험 구조물 등의 제거 활동

㉡ 위해동물, 벌 등의 포획 및 퇴치 활동

㉢ 끼임, 고립 등에 따른 위험제거 및 구출 활동

㉣ 단전사고 시 비상전원 또는 조명의 공급

㉤ 그 밖에 방치하면 급박해질 우려가 있는 위험을 예방하기 위한 활동

14 소방교육·훈련(법 제17조)

① 실시권자 : 소방청장·소방본부장 또는 소방서장

② 교육·훈련의 종류 및 대상자의 필요한 사항 : 행정안전부령

③ **소방교육·훈련의 대상**

㉠ 어린이집의 영유아

㉡ 유치원의 유아

㉢ 학교의 학생

소방안전교육과 훈련 실시 : 연 1회 이상

④ 소방대원의 교육 및 훈련(규칙 별표 3의2)　15　년 출제
  ㉠ 화재진압훈련 : 화재진압업무를 담당하는 소방공무원, 의무소방원, 의용소방대원
  ㉡ 인명구조훈련 : 구조업무를 담당하는 소방공무원, 의무소방원, 의용소방대원
  ㉢ 응급처치훈련 : 구급업무를 담당하는 소방공무원, 의무소방원, 의용소방대원
  ㉣ 인명대피훈련 : 소방공무원, 의무소방원, 의용소방대원
  ㉤ 현장지휘훈련 : 소방정·소방령·소방경 및 소방위

  > • 소방안전교육과 훈련 실시 : 2년마다 1회 이상
  > • 소방교육·훈련기간 : 2주 이상

⑤ 소방대원의 교육·훈련의 종류 및 대상자, 그 밖에 교육·훈련의 실시에 필요한 사항 : 행정안전부령

15 소방안전교육사

(1) **실시권자** : **소방청장**이 2년마다 1회 시행

(2) **안전교육사의 업무**(법 제17조의2)

  소방안전교육의 기획·진행·분석·평가 및 교수업무를 수행

(3) **소방안전교육사의 결격사유**(법 제17조의3)

① 피성년후견인
② 금고 이상의 실형을 선고받고 그 집행이 끝나거나(집행이 끝난 것으로 보는 경우를 포함한다) 집행이 면제된 날부터 **2년이 지나지 않은 사람**
③ 금고 이상의 형의 집행유예를 선고받고 그 유예기간 중에 있는 사람
④ 법원의 판결 또는 다른 법률에 따라 자격이 정지되거나 상실된 사람

(4) **소방안전교육사의 응시자격**(영 별표 2의2)

① 소방공무원법에 따른 소방공무원으로 다음의 어느 하나에 해당하는 사람
  ㉠ 소방공무원으로 3년 이상 근무한 경력이 있는 사람
  ㉡ 중앙소방학교 또는 지방소방학교에서 2주 이상의 소방안전교육사 관련 전문교육과정을 이수한 사람
② 초·중등교육법에 따라 교원의 자격을 취득한 사람
③ 유아교육법에 따라 교원의 자격을 취득한 사람
④ 영유아보육법에 따라 어린이집의 원장 또는 보육교사의 자격을 취득한 사람(보육교사 자격을 취득한 사람은 보육교사 자격을 취득한 후 3년 이상의 보육업무 경력이 있는 사람만 해당한다)
⑤ 다음의 어느 하나에 해당하는 기관에서 교육학과, 응급구조학과, 의학과 간호학과 또는 소방안전관련학과 등 소방청장이 정하여 고시하는 학과에 개설된 교과목 중 소방안전교육과 관련하여 소방청장이 정하여 고시하는 교과목을 6학점 이상 이수한 사람
  ㉠ 고등교육법 제2조 제1호부터 제6호까지의 규정의 어느 하나에 해당하는 학교
  ㉡ 학점인정 등에 관한 법률 제3조에 따라 학습 과정의 평가인정을 받은 교육훈련기관

⑥ 국가기술자격법에 따른 국가기술자격의 직무분야 중 안전관리 분야(국가기술자격의 직무분야 및 국가기술자격의 종목 중 중직무분야의 안전관리를 말한다)의 **기술사 자격**을 취득한 사람

⑦ 소방시설 설치 및 관리에 관한 법률 제25조에 따른 **소방시설관리사** 자격을 취득한 사람

⑧ 국가기술자격법에 따른 국가기술자격의 직무분야 중 **안전관리 분야의 기사** 자격을 취득한 후 안전관리 분야에 **1년 이상** 종사한 사람

⑨ 국가기술자격법에 따른 국가기술자격의 직무분야 중 **안전관리 분야의 산업기사** 자격을 취득한 후 안전관리 분야에 **3년 이상** 종사한 사람

⑩ 의료법에 따라 간호사 면허를 취득한 후 간호업무 분야에 1년 이상 종사한 사람

⑪ 응급의료에 관한 법률에 따라 1급 응급구조사 자격을 취득한 후 응급의료 업무 분야에 1년 이상 종사한 사람

⑫ 응급의료에 관한 법률에 따라 2급 응급구조사 자격을 취득한 후 응급의료 업무 분야에 3년 이상 종사한 사람

⑬ 화재의 예방 및 안전관리에 관한 법률 시행령 별표 4 제1호 나목(특급 소방안전관리대상물의 선임자격) 각 호의 어느 하나에 해당하는 사람

⑭ 화재의 예방 및 안전관리에 관한 법률 시행령 별표 4 제2호 나목(1급 소방안전관리대상물의 선임자격) 각 호의 어느 하나에 해당하는 자격을 갖춘 후 소방안전관리대상물의 소방안전관리에 관한 실무경력이 1년 이상 있는 사람

⑮ 화재의 예방 및 안전관리에 관한 법률 시행령 별표 4 제3호 나목(2급 소방안전관리대상물의 선임자격) 각 호의 어느 하나에 해당하는 자격을 갖춘 후 소방안전관리대상물의 소방안전관리에 관한 실무경력이 3년 이상 있는 사람

⑯ 의용소방대 설치 및 운영에 관한 법률에 따라 의용소방대원으로 임명된 후 5년 이상 의용소방대 활동을 한 경력이 있는 사람

⑰ 국가기술자격법에 따른 국가기술자격의 직무분야 중 위험물 중직무분야의 기능장 자격을 취득한 사람

(5) 소방안전교육사의 배치기준(영 별표 2의3)

배치대상	배치기준(단위 : 명)	비 고
소방청	2 이상	
소방본부	2 이상	
소방서	1 이상	
한국소방안전원	본회 : 2 이상 시·도지부 : 1 이상	
한국소방산업기술원	2 이상	

16 소방신호

(1) 정의(법 제18조) 13 년 출제

화재예방, 소방활동 또는 **소방훈련**을 위하여 사용되는 소방신호

(2) 소방신호의 종류와 방법 : 행정안전부령

(3) 소방신호의 종류와 방법(규칙 제10조, 별표 4) `11` `13` `16` `22` **년 출제**

신호종류	발령 시기	타종신호	사이렌신호
경계신호	화재예방상 필요하다고 인정 또는 화재위험경보 시 발령	1타와 연 2타를 반복	5초 간격을 두고 30초씩 3회
발화신호	화재가 발생한 때 발령	난 타	5초 간격을 두고 5초씩 3회
해제신호	소화활동이 필요 없다고 인정할 때 발령	상당한 간격을 두고 1타씩 반복	1분간 1회
훈련신호	훈련상 필요하다고 인정할 때 발령	연 3타 반복	10초 간격을 두고 1분씩 3회

(4) 소방신호의 방법(규칙 별표 4)

① 타종신호, 사이렌신호, 통풍대, 게시판, 기

② 소방신호의 방법은 그 전부 또는 일부를 함께 사용할 수 있다.

③ 게시판을 철거하거나 통풍대 또는 기를 내리는 것으로 소방활동이 해제되었음을 알린다.

④ 소방대의 비상소집을 하는 경우에는 훈련신호를 사용할 수 있다.

`17` 소방자동차 우선통행, 전용구역

(1) 소방자동차 전용구역 설치대상(영 제7조의12) `19` `22` **년 출제**

① 아파트 중 세대수가 100세대 이상인 아파트

② 기숙사 중 3층 이상의 기숙사

(2) 전용구역 방해행위의 기준(영 제7조의14) `19` **년 출제**

① 전용구역에 물건 등을 쌓거나 주차하는 행위

② 전용구역의 앞면, 뒷면 또는 양 측면에 물건 등을 쌓거나 주차하는 행위. 다만, 부설주차장의 주차구획 내에 주차하는 경우는 제외한다.

③ 전용구역 진입로에 물건 등을 쌓거나 주차하여 전용구역으로의 진입을 가로막는 행위

④ 전용구역 노면표지를 지우거나 훼손하는 행위

⑤ 그 밖의 방법으로 소방자동차가 전용구역에 주차하는 것을 방해하거나 전용구역으로 진입하는 것을 방해하는 행위

(3) 운행기록장치 장착 소방자동차의 범위(영 제7조의15)

① 소방펌프차

② 소방물탱크차

③ 소방화학차

④ 소방고가차(消防高架車)

⑤ 무인방수차

⑥ 구조차

⑦ 그 밖에 소방청장이 소방자동차의 안전한 운행 및 교통사고 예방을 위하여 운행기록장치 장착이 필요하다고 인정하여 정하는 소방자동차

18 소방활동 등

(1) 관계인의 소방활동 등(법 제20조)

① 관계인은 소방대상물에 화재, 재난·재해, 그 밖의 위급한 상황이 발생한 경우에는 소방대가 현장에 도착할 때까지 경보를 울리거나 대피를 유도하는 등의 방법으로 사람을 구출하는 조치 또는 불을 끄거나 불이 번지지 않도록 필요한 조치를 해야 한다.

② 관계인은 소방대상물에 화재, 재난·재해, 그 밖의 위급한 상황이 발생한 경우에는 이를 소방본부, 소방서 또는 관계 행정기관에 지체 없이 알려야 한다.

(2) 소방자동차의 우선통행(법 제21조)

① 모든 차와 사람은 소방자동차(지휘를 위한 자동차 및 구조·구급차를 포함)가 화재진압 및 구조·구급활동을 위하여 출동을 할 때에는 이를 방해해서는 안 된다.

② **소방자동차**가 화재진압 및 구조·구급활동을 위하여 출동하거나 **훈련을 위하여** 필요할 때에는 **사이렌을 사용**할 수 있다.

③ 모든 차와 사람은 소방자동차가 화재진압 및 구조·구급활동을 위하여 ②에 따라 사이렌을 사용하여 출동하는 경우에는 각 호의 행위를 해서는 안 된다.

  ㉠ 소방자동차에 진로를 양보하지 않는 행위

  ㉡ 소방자동차 앞에 끼어들거나 소방자동차를 가로막는 행위

  ㉢ 그 밖에 소방자동차의 출동에 지장을 주는 행위

④ 소방자동차의 우선통행에 관하여는 도로교통법에서 정하는 바에 따른다. **13 14 년 출제**

(3) 소방대의 긴급통행(법 제22조)

소방대는 화재, 재난·재해 그 밖의 위급한 상황이 발생한 현장에 신속하게 출동하기 위하여 긴급할 때에는 일반적인 통행에 쓰이지 않는 도로·빈터 또는 물위로 통행할 수 있다.

(4) 소방활동구역(법 제23조, 제24조) **16 년 출제**

① 소방활동구역의 설정 및 출입제한권자 : **소방대장**

② 소방활동의 종사 명령권자 : **소방본부장·소방서장, 소방대장**

③ 소방활동종사 명령에 따라 소방활동에 종사한 사람은 시·도지사로부터 소방활동의 비용을 지급받을 수 있다.

> **Plus one** **소방활동의 비용을 지급받을 수 없는 사람**
> • 소방대상물에 화재, 재난·재해 그 밖의 위급한 상황이 발생한 경우 그 관계인
> • 고의 또는 과실로 인하여 화재 또는 구조·구급 활동이 필요한 상황을 발생시킨 사람
> • 화재 또는 구조·구급 현장에서 물건을 가져간 사람

(5) 소방활동구역의 출입자(영 제8조) **20 23 년 출제**

① 소방활동구역 안에 있는 소방대상물의 **소유자·관리자 또는 점유자**

② **전기, 가스, 수도, 통신, 교통**의 업무에 종사하는 자로서 원활한 소방활동을 위하여 필요한 사람

③ **의사·간호사**, 그 밖의 구조·구급업무에 종사하는 사람

④ 취재인력 등 **보도업무에 종사하는 사람**

⑤ **수사업무에 종사하는 사람**

⑥ 그 밖에 **소방대장**이 소방활동을 위하여 출입을 허가한 사람

(6) 강제처분(법 제25조)

① **소방본부장, 소방서장** 또는 **소방대장**은 사람을 구출하거나 불이 번지는 것을 막기 위하여 필요할 때에는 화재가 발생하거나 불이 번질 우려가 있는 소방대상물 및 토지를 일시적으로 사용하거나 그 사용의 제한 또는 소방활동에 필요한 처분을 할 수 있다.

② **소방본부장, 소방서장** 또는 **소방대장**은 사람을 구출하거나 불이 번지는 것을 막기 위하여 긴급하다고 인정할 때에는 ①에 따른 소방대상물 또는 토지 외의 소방대상물과 토지에 대하여 ①에 따른 처분을 할 수 있다.

③ 소방본부장, 소방서장 또는 소방대장은 소방활동을 위하여 긴급하게 출동할 때에는 소방자동차의 통행과 소방활동에 방해가 되는 주차 또는 정차된 차량 및 물건 등을 제거하거나 이동시킬 수 있다.

④ 소방본부장, 소방서장 또는 소방대장은 ③에 따른 소방활동에 방해가 되는 주차 또는 정차된 차량의 제거나 이동을 위하여 관할 지방자치단체 등 관련 기관에 견인차량과 인력 등에 대한 지원을 요청할 수 있고, 요청을 받은 관련 기관의 장은 정당한 사유가 없으면 이에 협조해야 한다.

⑤ 시·도지사는 ④에 따라 견인차량과 인력 등을 지원한 자에게 시·도의 조례로 정하는 바에 따라 비용을 지급할 수 있다.

(7) 피난명령(법 제26조)

① **소방본부장, 소방서장** 또는 **소방대장**은 화재, 재난·재해, 그 밖의 위급한 상황이 발생하여 사람의 생명을 위험하게 할 것으로 인정할 때에는 일정한 구역을 지정하여 그 구역에 있는 사람에게 그 구역 밖으로 피난할 것을 명할 수 있다.

② **소방본부장, 소방서장** 또는 **소방대장**이 ①에 따른 명령을 할 때에 필요하면 관할 경찰서장 또는 자치경찰단장에게 협조를 요청할 수 있다.

> 피난명령권자 : 소방본부장 , 소방서장, 소방대장

(8) 소방용수시설 또는 비상소화장치의 사용금지 등(법 제28조)

① 정당한 사유 없이 소방용수시설 또는 비상소화장치를 사용하는 행위

② 정당한 사유 없이 손상·파괴, 철거 또는 그 밖의 방법으로 소방용수시설 또는 비상소화장치의 효용(效用)을 해치는 행위

③ 소방용수시설 또는 비상소화장치의 정당한 사용을 방해하는 행위

🔟 소방산업의 육성·진흥 및 지원 등

① 국가는 소방산업(소방용 기계·기구의 제조, 연구·개발 및 판매 등에 관한 일련의 산업을 말한다)의 육성·진흥을 위하여 필요한 계획의 수립 등 행정상·재정상의 지원시책을 마련해야 한다(법 제39조의3).

② 국가는 우수소방제품의 전시·홍보를 위하여 대외무역법 제4조 제2항에 따른 무역전시장 등을 설치한 자에게 다음에서 정한 범위에서 재정적인 지원을 할 수 있다(법 제39조의5).
　　㉠ 소방산업전시회 운영에 따른 경비의 일부
　　㉡ 소방산업전시회 관련 국외 홍보비
　　㉢ 소방산업전시회 기간 중 국외의 구매자 초청 경비

③ 소방기술의 연구·개발사업 수행(법 제39조의6)
　　국가는 국민의 생명과 재산을 보호하기 위하여 다음의 어느 하나에 해당하는 기관이나 단체로 하여금 소방기술의 연구·개발사업을 수행하게 할 수 있다.
　　㉠ 국공립 연구기관
　　㉡ 과학기술분야 정부출연연구기관 등의 설립·운영 및 육성에 관한 법률에 따라 설립된 연구기관
　　㉢ 특정연구기관 육성법 제2조에 따른 특정연구기관
　　㉣ 고등교육법에 따른 대학·산업대학·전문대학 및 기술대학
　　㉤ 민법이나 다른 법률에 따라 설립된 소방기술 분야의 법인인 연구기관 또는 법인 부설 연구소
　　㉥ 기초연구진흥 및 기술개발 지원에 관한 법률 제14조의2 제1항에 따른 기업부설연구소
　　㉦ 소방산업의 진흥에 관한 법률 제14조에 따른 한국소방산업기술원

④ 소방기술 및 소방산업의 국제화사업(법 제39조의7)
　　㉠ 국가는 소방기술 및 소방산업의 국제경쟁력과 국제적 통용성을 높이는 데에 필요한 기반조성을 촉진하기 위한 시책을 마련해야 한다.
　　㉡ 소방청장은 소방기술 및 소방산업의 국제경쟁력과 국제적 통용성을 높이기 위하여 다음의 사업을 추진해야 한다. `13` `24` 년 출제
　　　• 소방기술 및 소방산업의 국제협력을 위한 조사·연구
　　　• 소방기술 및 소방산업에 관한 국제 전시회, 국제 학술회의의 개최 등 국제 교류
　　　• 소방기술 및 소방산업의 국외시장 개척
　　　• 그 밖에 소방기술 및 소방산업의 국제경쟁력과 국제적 통용성을 높이기 위하여 필요하다고 인정하는 사업

20 한국소방안전원(안전원)

(1) 안전원의 설립

① 소방기술과 안전관리기술의 향상 및 홍보, 그 밖의 교육·훈련 등 행정기관이 위탁하는 업무의 수행과 소방 관계 종사자의 기술 향상을 위하여 한국소방안전원을 소방청장의 인가를 받아 설립한다(법 제40조).
② ①에 따라 설립되는 안전원은 법인으로 한다(법 제40조).
③ 안전원의 위원회의 구성·운영에 필요한 사항은 대통령령으로 정한다(법 제40조의2).
④ 안전원의 장은 소방기술과 안전관리의 기술향상을 위해 매년 교육 수요조사를 실시하여 교육계획을 수립하고 소방청장의 승인을 받아야 한다(법 제40조의2).
⑤ 안전원은 **정관을 변경하려면 소방청장의 인가**를 받아야 한다(법 제43조).
⑥ 소방청장은 안전원의 업무를 감독한다(법 제48조).

(2) 안전원의 업무(법 제41조)

① 소방기술과 안전관리에 관한 교육 및 조사·연구
② 소방기술과 안전관리에 관한 각종 간행물 발간
③ 화재예방과 안전관리의식의 고취를 위한 대국민 홍보
④ 소방업무에 관하여 행정기관이 위탁하는 업무
⑤ 소방안전에 관한 국제협력
⑥ 그 밖에 회원에 대한 기술지원 등 정관으로 정하는 사항

21 손실보상 등

(1) 손실보상(법 제49조의2)

① 손실보상권자 : 소방청장 또는 시·도지사
② 손실보상대상자
  ㉠ 제16조의3 제1항(생활안전활동)에 따른 조치로 인하여 손실을 입은 자
  ㉡ 제24조 제1항(소방활동 종사명령) 전단에 따른 소방활동 종사로 인하여 사망하거나 부상을 입은 자
  ㉢ 제25조 제2항 또는 제3항(강제처분)에 따른 처분으로 인하여 손실을 입은 자. 다만, 같은 조 제3항에 해당하는 경우로서 법령을 위반하여 소방자동차의 통행과 소방활동에 방해가 된 경우는 제외한다.
  ㉣ 제27조 제1항 또는 제2항(위험시설 등에 대한 긴급조치)에 따른 조치로 인하여 손실을 입은 자
  ㉤ 그 밖에 소방기관 또는 소방대의 적법한 소방업무 또는 소방활동으로 인하여 손실을 입은 자
③ 손실보상을 청구할 수 있는 권리는 손실이 있음을 안 날부터 3년, 손실이 발생한 날부터 5년간 행사하지 않으면 시효의 완성으로 소멸한다. **19** 년 출제
④ 손실보상의 기준, 보상금액, 지급절차 및 방법, 손실보상심의위원회의 구성 및 운영, 그 밖에 필요한 사항은 대통령령으로 정한다.

(2) 손실보상 기준 및 지급(영 제11조, 제12조)

① 보상금액
  영업자가 손실을 입은 물건의 수리나 교환으로 인하여 영업을 계속할 수 없는 때에는 영업을 계속할 수 없는 기간의 영업이익액에 상당하는 금액을 더하여 보상한다.
  ㉠ 손실을 입은 물건을 수리할 수 있는 때 : 수리비에 상당하는 금액
  ㉡ 손실을 입은 물건을 수리할 수 없는 때 : 손실을 입은 당시의 해당 물건의 교환가액
  ㉢ 물건의 멸실·훼손으로 인한 손실 외의 재산상 손실에 대해서는 직무집행과 상당한 인과관계가 있는 범위에서 보상한다.
② 소방청장 등은 손실보상심의위원회의 심사·의결을 거쳐 특별한 사유가 없으면 보상금 지급 청구서를 받은 날부터 60일 이내에 보상금 지급 여부 및 보상금액을 결정해야 한다.
③ 소방청장 등은 결정일부터 10일 이내에 행정안전부령으로 정하는 바에 따라 결정 내용을 청구인에게 통지하고, 보상금을 지급하기로 결정한 경우에는 특별한 사유가 없으면 통지한 날부터 30일 이내에 보상금을 지급해야 한다.

(3) 손실보상심의위원회(보상위원회)(영 제13조)

① 보상위원회의 구성 : 위원장 1명을 포함하여 5명 이상 7명 이하의 위원

② 위원의 자격

다음의 어느 하나에 해당하는 사람 중에서 소방청장 등이 위촉하거나 임명한다. 이 경우 위원의 과반수는 성별을 고려하여 소방공무원이 아닌 사람으로 해야 한다.

㉠ 소속 소방공무원

㉡ 판사·검사 또는 변호사로 5년 이상 근무한 사람

㉢ 고등교육법 제2조에 따른 학교에서 법학 또는 행정학을 가르치는 부교수 이상으로 5년 이상 재직한 사람

㉣ 보험업법 제186조에 따른 손해사정사

㉤ 소방안전 또는 의학 분야에 관한 학식과 경험이 풍부한 사람

③ 임기 : 2년으로 하며, 한 차례만 연임할 수 있다.

22 벌 칙

(1) 5년 이하의 징역 또는 5,000만원 이하의 벌금(법 제50조) `15` `22` 년 출제

① 제16조 제2항(소방활동)을 위반하여 다음의 어느 하나에 해당하는 행위를 한 사람

㉠ 위력(威力)을 사용하여 출동한 소방대의 화재진압, 인명구조 또는 구급활동을 방해하는 행위

㉡ 소방대가 화재진압, 인명구조 또는 구급활동을 위하여 현장에 출동하거나 현장에 출입하는 것을 고의로 방해하는 행위

㉢ 출동한 소방대원에게 폭행 또는 협박을 행사하여 화재진압, 인명구조 또는 구급활동을 방해하는 행위

㉣ 출동한 소방대의 소방장비를 파손하거나 그 효용을 해하여 화재진압, 인명구조 또는 구급활동을 방해하는 행위

② **소방자동차**의 **출동을 방해한 사람**

③ 사람을 구출하는 일 또는 불을 끄거나 불이 번지지 않도록 하는 일을 방해한 사람

④ 정당한 사유 없이 소방용수시설 또는 비상소화장치를 사용하거나 소방용수시설 또는 비상소화장치의 효용을 해치거나 그 정당한 사용을 방해한 사람

(2) 3년 이하의 징역 또는 3,000만원 이하의 벌금(법 제51조)

강제처분 등에 따른 처분을 방해한 사람 또는 정당한 사유 없이 그 처분에 따르지 않은 자

(3) 300만원 이하의 벌금(법 제52조)

소방대상물 또는 토지 외의 소방대상물과 토지의 처분, 주차 또는 정차된 차량 및 물건을 제거, 이동의 규정에 따른 처분을 방해한 자 또는 정당한 사유 없이 그 처분에 따르지 않은 자

(4) 100만원 이하의 벌금(법 제54조) 18 20 년 출제

① 정당한 사유 없이 소방대의 생활안전활동을 방해한 자

② 정당한 사유 없이 소방대가 현장에 도착할 때까지 사람을 구출하는 조치 또는 불을 끄거나 불이 번지지 않도록 하는 조치를 하지 않은 사람

③ **피난명령을 위반한 사람**

④ 정당한 사유 없이 물의 사용이나 수도의 개폐장치의 사용 또는 조작을 하지 못하게 하거나 방해한 자

⑤ 가스, 전기 또는 유류 등의 위험물질의 공급 차단 등 필요한 조치를 정당한 사유 없이 방해한 자

(5) 500만원 이하의 과태료(법 제56조) 23 년 출제

① 화재 또는 구조·구급이 필요한 상황을 거짓으로 알린 사람

② 정당한 사유 없이 화재, 재난·재해, 그 밖의 위급한 상황을 소방본부, 소방서 또는 관계 행정기관에 알리지 않은 관계인

(6) 200만원 이하의 과태료(법 제56조)

① 한국119청소년단 또는 이와 유사한 명칭을 사용한 자

② 소방자동차의 출동에 지장을 준 자

③ 소방활동구역을 출입한 사람

④ 한국소방안전원 또는 이와 유사한 명칭을 사용한 자

(7) 100만원 이하의 과태료(법 제56조) 19 22 년 출제

전용구역에 차를 주차하거나 전용구역의 진입을 가로막는 등의 방해행위를 한 자

(8) 20만원 이하의 과태료(법 제57조)

다음의 어느 하나에 해당하는 지역 또는 장소에서 화재로 오인할 우려가 있는 불을 피우거나, 연막소독을 실시하는 사람이 소방본부장 또는 소방서장에게 신고하지 않아 소방자동차를 출동하게 한 자

① **시장지역**

② 공장·창고가 밀집한 지역

③ **목조건물**이 **밀집한 지역**

④ **위험물의 저장** 및 **처리시설이 밀집한 지역**

⑤ 석유화학 제품을 생산하는 공장이 있는 지역

⑥ 그 밖에 시·도의 조례가 정하는 지역 또는 장소

23 과태료 부과기준(영 별표 3)

위반사항	근거법조문	과태료 금액(만원)		
		1회	2회	3회 이상
법 제17조의6 제5항을 위반하여 한국119청소년단 또는 이와 유사한 명칭을 사용한 경우	법 제56조 제2항 제2호의2	100	150	200
법 제19조 제1항을 위반하여 **화재** 또는 **구조 · 구급이 필요한 상황을 거짓으로 알린 경우**	법 제56조 제1항 제1호	200	400	500
정당한 사유없이 법 제20조 제2항을 위반하여 화재, 재난 · 재해, 그 밖의 위급한 상황을 소방본부, 소방서 또는 관계 행정기관에 알리지 않은 경우	법 제56조 제1항 제2호	500		
법 제21조 제3항을 위반하여 소방자동차의 출동에 지장을 준 경우	법 제56조 제2항 제3호의2	100		
법 제21조의2 제2항을 위반하여 전용구역에 차를 주차하거나 전용구역의 진입을 가로막는 등의 방해행위를 한 경우	법 제56조 제3항	50	100	100
법 제23조 제1항을 위반하여 **소방활동구역을 출입한 경우**	법 제56조 제2항 제4호	100		
법 제44조의3을 위반하여 한국소방안전원 또는 이와 유사한 명칭을 사용한 경우	법 제56조 제2항 제6호	200		

01 예상문제

01 다음은 소방기본법의 목적을 표현한 것이다. (　) 안에 알맞은 것은?

> 화재를 (㉠)·경계하거나 (㉡)하고 화재, 재난·재해 그 밖의 위급한 상황에서의 구조·구급활동 등을 통하여 국민의 생명·신체 및 재산을 보호함으로써 공공의 안녕 및 질서유지와 복리 증진에 이바지함을 목적으로 한다.

① ㉠ 소화 ㉡ 대피   ② ㉠ 예방 ㉡ 진압

③ ㉠ 소화 ㉡ 진압   ④ ㉠ 예방 ㉡ 대피

해설 **소방기본법의 목적(법 제1조)**
화재를 (**예방**)·경계하거나 (**진압**)하고 화재, 재난·재해 그 밖의 위급한 상황에서의 구조·구급 활동 등을 통하여 국민의 생명·신체 및 재산을 보호함으로써 공공의 안녕 및 질서유지와 복리증진 에 이바지함을 목적으로 한다.

정답 ②

02 소방기본법의 목적에 포함되지 않는 것은?

① 위험물의 화재를 예방·진압하는 것
② 건축물의 화재로부터 국민의 생명과 재산을 보호하는 것
③ 공공의 안녕 및 질서유지와 사회의 복리증진에 기여하는 것
④ 건축물의 안전한 사용으로 쾌적하고 안락한 국민생활을 보장하는 것

해설 문제 1번 참조

정답 ④

03 소방대상물에 해당되지 않는 것은?

① 항해 중인 선박   ② 자동차 통행 터널
③ 사찰 중 문화재로 지정된 건물   ④ 철재로 된 공작물

해설 **소방대상물** : 건축물, 차량, **선박(항구 안에 매어 둔 선박만 해당)**, 선박건조구조물, 산림, 그 밖의 인공구조물 또는 물건(법 제2조)

정답 ①

04 소방대상물이라고 볼 수 없는 것은?

① 산 림   ② 차 량   ③ 건축물   ④ 사 람

해설 문제 3번 참조

정답 ④

05 소방대상물의 소유자 · 관리자 또는 점유자를 무엇이라 하는가?

① 소방인   ② 관리인   ③ 점유인   ④ 관계인

해설 관계인 : 소방대상물의 **소유자 · 관리자 또는 점유자**(법 제2조)

정답 ④

06 소방기본법에서 정하는 관계인이 아닌 사람은?

① 건축물을 임대하여 사용하는 자
② 위험물을 운송 중인 차량의 운전자
③ 물건의 보관만을 전문으로 하는 옥외창고의 주인
④ 관광버스 안에 승차 중인 승객

해설 문제 5번 참조

정답 ④

07 소방대상물이 있는 장소 및 그 이웃지역으로서 화재의 예방 · 경계 · 진압, 구조 · 구급 등의 활동에 필요한 지역을 무엇이라 하는가?

① 관계지역   ② 소방지역   ③ 방화지역   ④ 화재지역

해설 관계지역 : 소방대상물이 있는 **장소** 및 그 **이웃지역**으로서 화재의 예방 · 경계 · 진압, 구조 · 구급 등의 활동에 필요한 지역(법 제2조)

정답 ①

08 화재를 진압하고 화재, 재난 · 재해 등 위급한 상황에서의 구조 · 구급활동 등을 하기 위하여 소방공무원, 의무소방원, 의용소방대원으로 편성된 조직체를 무엇이라 하는가?

① 소방대원   ② 구급구조대   ③ 소방대   ④ 의용소방대

해설 **소방대** : 화재를 진압하고 화재, 재난 · 재해 등 위급한 상황에서의 구조 · 구급활동 등을 하기 위하여 소방공무원, 의무소방원, 의용소방대원으로 편성된 조직(법 제2조)

정답 ③

09 소방업무를 수행하는 소방본부장 또는 소방서장은 누구의 지휘와 감독을 받는가?

① 시장·군수   ② 시·도지사   ③ 경찰서장   ④ 소방대장

> **해설**   소방업무 수행(법 제3조)
>
> > 소방업무를 수행하는 소방본부장, 소방서장의 지휘·감독권자 : 시·도지사

정답 ②

---

10 다음 중 대통령령에 의해 정해지는 것은?

① 소방업무를 수행하는 소방기관의 설치에 관하여 필요한 사항
② 119종합상황실의 설치·운영에 관하여 필요한 사항
③ 소방박물관의 설립과 운영에 관하여 필요한 사항
④ 소방체험관의 설립과 운영에 관하여 필요한 사항

> **해설**   기준(법 제3조, 제4조, 제5조)
> - 소방업무를 수행하는 **소방기관의 설치**에 관하여 필요한 사항 : **대통령령**
> - 119종합상황실의 설치·운영에 관하여 필요한 사항 : 행정안전부령
> - **소방박물관**의 설립과 운영에 관하여 필요한 사항 : **행정안전부령**
> - **소방체험관**의 설립과 운영에 관하여 필요한 사항 : **시·도의 조례**

정답 ①

---

11 화재발생 시에 소방서는 소방본부의 종합상황실에, 소방본부는 소방청의 종합상황실에 보고해야 하는 바, 사상자가 얼마 이상일 경우 이에 해당되는가?

① 사상자가 5명 이상 발생한 화재   ② 사상자가 7명 이상 발생한 화재
③ 사상자가 10명 이상 발생한 화재   ④ 사상자가 20명 이상 발생한 화재

> **해설**   상황보고(규칙 제3조)
> - 보고절차 : 소방서의 종합상황실 → 소방본부의 종합상황실 → 소방청의 종합상황실
> - 보고해야 하는 화재
>   - **사망자가 5명 이상, 사상자가 10명 이상** 발생한 화재
>   - **이재민이 100명 이상** 발생한 화재
>   - **재산피해액이 50억원 이상** 발생한 화재 및 관공서, 학교, 정부미도정공장, 문화재, 지하철, 지하구의 화재 등

정답 ③

12 119종합상황실 등의 효율적 운영을 위하여 소방정보통신망을 구축·운영할 수 있는 사람은 누구인가?

① 소방청장 또는 소방본부장

② 소방청장 및 시·도지사

③ 소방본부장 또는 소방서장

④ 한국소방안전원장

해설 소방정보통신망을 구축·운영권자 : 소방청장 및 시·도지사(법 제4조의2)

정답 ②

13 소방기술민원센터의 설치·운영권자는 누구인가?

① 소방청장 또는 소방본부장

② 시·도지사

③ 소방본부장 또는 소방서장

④ 한국소방안전원장

해설 소방기술민원센터의 설치·운영권자 : 소방청장 또는 소방본부장(법 제4조의3)

정답 ①

14 소방의 역사와 안전문화를 발전시키고 국민의 안전의식을 높이기 위하여 소방박물관의 설치·운영권자는 누구인가?

① 소방청장   ② 시·도지사

③ 소방본부장 또는 소방서장   ④ 한국소방안전원

해설 소방박물관의 설립·운영권자 : **소방청장**(법 제5조)

정답 ①

15 화재현장에서의 피난 등을 체험할 수 있는 소방체험관의 설립·운영권자는 누구인가?

① 소방청장   ② 시·도지사

③ 소방본부장 또는 소방서장   ④ 한국소방안전원

해설 소방체험관의 설립·운영권자 : **시·도지사**(법 제5조)

소방박물관의 설립·운영권자 : 소방청장

정답 ②

16 화재, 재난·재해, 그 밖의 위급한 상황으로부터 국민의 생명·신체 및 재산을 보호하기 위하여 소방업무에 관한 종합계획의 수립·시행은 누가 해야 하는가?

① 대통령   ② 소방청장   ③ 소방서장   ④ 소방본부장

해설 종합계획의 수립·시행 : 소방청장(법 제6조)

정답 ②

17 화재, 재난·재해, 그 밖의 위급한 상황으로부터 국민의 생명·신체 및 재산을 보호하기 위하여 소방업무에 관한 종합계획을 몇 년마다 수립·시행해야 하는가?

① 1년   ② 3년   ③ 5년   ④ 10년

해설   종합계획의 수립·시행기간 : 5년마다(법 제6조)

정답 ③

18 국민의 안전의식과 화재에 대한 경각심을 높이고 안전문화를 정착시키기 위하여 매년 언제를 소방의 날로 정하여 기념행사를 하는가?

① 1월 9일   ② 3월 9일   ③ 9월 9일   ④ 11월 9일

해설   소방의 날 : 매년 11월 9일(법 제7조)

정답 ④

19 소방관서의 배치기준과 소방관서가 화재의 예방·경계, 진압과 구급, 구조업무를 수행하는 데 필요한 장비, 인력 등에 관한 소방력의 기준은 무엇으로 정하는가?

① 대통령   ② 행정안전부령   ③ 소방서장   ④ 소방본부장

해설   소방력의 기준 : 행정안전부령(법 제8조)

정답 ②

20 소방력의 기준에 관한 설명으로 옳은 것은?

① 화재의 예방과 경계에 관한 사항만을 정한 기준이다.
② 소방자동차 등 소방장비의 분류·표준화와 그 관리 등에 필요한 사항은 대통령령으로 정한다.
③ 소방기관이 소방업무를 수행하는 데 필요한 인력과 장비 등에 관한 기준은 행정안전부령으로 정한다.
④ 소방대장은 소방력의 기준에 따라 관할구역 안의 소방력을 확충하기 위하여 필요한 계획을 수립하여 시행해야 한다.

해설   소방력의 기준(법 제8조)
• 소방기관이 소방업무를 수행하는 데 필요한 인력과 장비·인력 등에 관한 기준은 행정안전부령으로 정한다.
• 시·도지사는 소방력의 기준에 따라 관할구역의 소방력을 확충하기 위하여 필요한 계획을 수립하여 시행해야 한다.
• 소방자동차 등 소방장비의 분류·표준화와 그 관리 등에 필요한 사항은 따로 법률에서 정한다.

정답 ③

21 다음 중 소방활동장비 및 설비의 종류·규격과 국고보조산정을 위한 기준가격을 정하는 것은?

① 소방기본법   ② 소방기본법 시행규칙

③ 소방청예규   ④ 시·도의 조례

> **해설**   소방활동장비 및 설비의 종류 및 규격과 국고보조산정 기준가격(규칙 제5조)

정답 ②

22 국가가 시·도의 소방업무에 필요한 경비의 일부를 보조하는 국고보조의 대상이 아닌 것은?

① 소방의(소방복장)   ② 공중방수탑차

③ 소방관서용 청사   ④ 소방용헬리콥터

> **해설**   **국고보조의 대상(영 제2조)**
> - 소방활동장비 및 설비(소방자동차, 소방헬리콥터 및 소방정, 소방전용통신설비 및 전산설비, 그 밖에 방화복 등 소방활동에 필요한 소방장비)
> - 소방관서용 청사의 건축

정답 ①

23 국가가 시·도의 소방업무에 필요한 경비의 일부를 보조하는 국고보조 대상이 아닌 것은?

① 소방용수시설

② 소방전용 통신설비

③ 소방자동차

④ 소방헬리콥터

> **해설**   소방용수시설은 국고보조 대상이 아니다(영 제2조).

정답 ①

24 소방용수시설에 대한 설명 중 옳은 것은?

① 소화전, 급수탑, 저수조, 수도 기타 소방용수시설은 시·도지사가 설치하여 유지·관리해야 한다.

② 저수조의 흡수부분의 수심은 4.5[m] 이하일 것

③ 저수조의 흡수관의 투입구가 원형일 경우 지름이 60[cm] 이상일 것

④ 소방용 호스와 연결하는 소화전의 연결금속구의 구경은 100[mm]로 할 것

> **해설**   **소방용수시설**
> - 소화전, 급수탑, 저수조의 소방용수시설은 **시·도지사가 설치**하고 **유지·관리**해야 한다(법 제10조).
> - 저수조의 흡수 부분의 **수심은 0.5[m] 이상**일 것(규칙 별표 3)
> - 흡수관의 투입구가 사각형의 경우에는 한 변의 길이가 60[cm] 이상, 원형의 경우에는 지름이 60[cm] 이상일 것(규칙 별표 3)
> - 소방용 호스와 연결하는 소화전의 연결금속구의 구경은 65[mm]로 할 것(규칙 별표 3)

정답 ③

25 국토의 계획 및 이용에 관한 법률에 의한 주거지역인 경우 소방용수시설은 소방대상물과 수평거리가 몇 [m] 이하가 되도록 설치해야 하는가?

① 100

② 120

③ 140

④ 160

> **해설** 소방용수시설의 거리(규칙 별표 3)
> • 주거지역, 상업지역, 공업지역 : **100[m] 이하**
> • 그 밖의 지역 : 140[m] 이하

정답 ①

26 소방용수시설용 소방용수표지의 설치기준으로 틀린 것은?

① 시·도지사가 설치한다.

② 안쪽 문자는 청색, 안쪽 바탕은 백색, 바깥쪽 바탕은 적색으로 하고 반사도료를 사용할 것

③ 맨홀 뚜껑 부근에는 노란색 반사도료로 폭 15[cm]의 선을 그 둘레를 따라 칠할 것

④ 지하에 설치하는 소화전 또는 저수조의 경우 맨홀 뚜껑은 지름 648[mm] 이상의 것으로 하되, 그 뚜껑에는 "소화전·주정차금지" 또는 "저수조·주정차금지"의 표시를 할 것

> **해설** 소방용수표지(규칙 별표 2)
> • 소방용수시설(소화전, 급수탑, 저수조)의 설치, 유지·관리 : **시·도지사**(법 제10조)
> • 안쪽 문자는 흰색, 바깥쪽 문자는 노란색으로, 안쪽 바탕은 붉은색, 바깥쪽 바탕은 파란색으로 하고, 반사재료를 사용해야 한다.
> • 맨홀 뚜껑은 지름 648[mm] 이상의 것으로 할 것. 다만, 승하강식 소화전의 경우에는 이를 적용하지 않는다.
> • 맨홀 뚜껑에는 "소화전·주정차금지" 또는 "저수조·주정차금지"의 표시를 할 것
> • 맨홀 뚜껑 부근에는 노란색 반사도료로 폭 15[cm]의 선을 그 둘레를 따라 칠할 것

정답 ②

27 다음 중 소방용수시설인 저수조의 설치기준으로 옳지 않은 것은?

① 지면으로부터의 낙차가 4.5[m] 이하일 것

② 흡수부분의 수심이 0.5[m] 이상일 것

③ 흡수관의 투입구가 사각형의 경우에는 한 변의 길이가 60[cm] 이상일 것

④ 저수조에 물을 공급하는 방법은 상수도에 연결하여 수동으로 급수되는 구조일 것

> **해설** 저수조에 물을 공급하는 방법은 상수도에 연결하여 자동으로 급수되는 구조일 것(규칙 별표 3)

정답 ④

28 소방용수시설의 급수탑의 설치기준에 관한 사항이다. 다음 중 개폐밸브의 설치 위치로 알맞은 것은?

① 지상에서 0.5[m] 이상 1[m] 이하

② 지상에서 0.8[m] 이상 1.2[m] 이하

③ 지상에서 1.0[m] 이상 1.5[m] 이하

④ 지상에서 1.5[m] 이상 1.7[m] 이하

해설 **소방용수시설별 설치기준(규칙 별표 3)**
- 소화전의 설치기준 : 상수도와 연결하여 지하식 또는 지상식의 구조로 하고, 소방용호스와 연결하는 소화전의 연결금속구의 구경은 65[mm]로 할 것
- 급수탑의 설치기준 : 급수배관의 구경은 100[mm] 이상으로 하고, **개폐밸브**는 지상에서 **1.5[m] 이상 1.7[m] 이하**의 위치에 설치하도록 할 것

정답 ④

29 소방자동차가 사이렌을 사용하지 않고 운행할 때는?

① 거리가 먼 화재현장의 출동

② 물차의 화재현장 출동

③ 지휘자의 화재훈련

④ 펌프차가 진화한 후 소방서에 돌아올 때

해설 펌프차가 진화한 후 **소방서에 돌아올 때**는 사이렌을 사용하지 않는다.

정답 ④

30 소방활동을 할 때 긴급한 경우에 이웃한 소방서에 소방업무를 요청할 수 있는 사람은?

① 행정안전부장관   ② 소방본부장

③ 시·도지사   ④ 소방청장

해설 **소방업무 요청** : 소방본부장 또는 소방서장(법 제11조)

정답 ②

31 소방활동을 할 때 긴급한 경우에 소방업무의 상호응원협정 사항 중 소방활동에 관한 사항이 아닌 것은?

① 소방장비 및 기구의 정비와 연료의 보급
② 화재의 경계·진압활동
③ 구조·구급업무의 지원
④ 화재조사활동

> 해설
> **상호응원협정 사항(규칙 제8조)**
> • 소방활동에 관한 사항
>   – 화재의 경계·진압활동
>   – 구조·구급업무의 지원
>   – 화재조사활동
> • 응원출동 대상지역 및 규모
> • 소요경비의 부담에 관한 사항
>   – 출동대원의 수당·식사 및 의복의 수선
>   – 소방장비 및 기구의 정비와 연료의 보급
>   – 그 밖의 경비
> • 응원출동의 요청방법
> • 응원출동훈련 및 평가

정답 ①

32 다른 시·도 간 소방업무에 관한 상호응원협정을 체결하고자 할 때 포함되어야 할 사항이 아닌 것은?

① 응원출동의 요청방법
② 소방신호방법의 통일
③ 소요경비의 부담에 관한 내용
④ 응원출동 대상지역 및 규모

> 해설
> 소방신호방법의 통일은 **소방업무의 상호응원협정** 사항이 아니다.

정답 ②

33 공공의 안녕질서 유지 또는 복리증진을 위하여 필요한 경우 소방활동 외에 소방지원활동을 하게 할 수 있는 사람이 아닌 자는?

① 소방서장   ② 소방청장
③ 시·도지사   ④ 소방본부장

> 해설
> **소방지원활동권자** : 소방청장, 소방본부장 또는 소방서장(법 제16조의2)

정답 ③

34 신고가 접수된 생활안전 및 위험제거 활동(화재, 재난·재해, 그 밖의 위급한 상황에 해당하는 것은 제외한다)에 대응하기 위하여 소방대를 출동시켜 생활안전활동을 할 때 해당되지 않는 것은?

① 단전사고 시 비상전원 또는 조명의 공급

② 위해동물, 벌 등의 포획 및 퇴치 활동

③ 소방시설 오작동 신고에 따른 조치 활동

④ 붕괴, 낙하 등이 우려되는 고드름, 나무, 위험 구조물 등의 제거 활동

> **해설** **생활안전활동(법 제16조의3)**
> • 붕괴, 낙하 등이 우려되는 고드름, 나무, 위험 구조물 등의 제거 활동
> • 위해동물, 벌 등의 포획 및 퇴치 활동
> • 끼임, 고립 등에 따른 위험제거 및 구출 활동
> • 단전사고 시 비상전원 또는 조명의 공급
> • 그 밖에 방치하면 급박해질 우려가 있는 위험을 예방하기 위한 활동

정답 ③

35 소방안전교육사의 자격시험은 누가 실시하는가?

① 행정안전부장관   ② 소방청장

③ 시·도지사   ④ 한국소방안전원장

> **해설** 소방안전교육사의 시험 실시권자 : 소방청장

정답 ②

36 소방안전교육사의 결격사유에 해당되지 않는 사람은?

① 피성년후견인

② 금고 이상의 실형을 선고받고 그 집행이 끝나거나(집행이 끝난 것으로 보는 경우를 포함한다) 집행이 면제된 날부터 2년이 지나지 않은 사람

③ 금고 이상의 형의 집행유예를 선고받고 그 유예기간 중에 있는 사람

④ 미성년자

> **해설** 미성년자는 소방안전교육사의 결격사유가 아니다.

정답 ④

37 소방안전교육사의 응시자격에 해당되지 않는 사람은?

① 소방공무원으로 3년 이상 근무한 경력이 있는 사람

② 소방시설관리사 자격을 취득한 사람

③ 2급 응급구조사 자격을 취득한 후 응급의료 업무 분야에 1년 이상 종사한 사람

④ 위험물 중 직무분야의 기능장 자격을 취득한 사람

> **해설** 2급 응급구조사 자격을 취득한 후 응급의료 업무 분야에 3년 이상 종사한 사람은 소방안전교육사의 응시자격이 된다(영 별표 2의2).

정답 ③

38 소방안전교육사 배치기준으로 틀린 것은?

① 소방청 - 2명 이상

② 소방본부 - 2명 이상

③ 소방서 - 2명 이상

④ 한국소방산업기술원 - 2명 이상

> **해설** 소방안전교육사 배치기준(영 별표 2의3)

배치대상	배치기준(단위 : 명)	비 고
소방청	2 이상	
소방본부	2 이상	
소방서	1 이상	
한국소방안전원	본회 : 2 이상, 시·도지부 : 1 이상	
한국소방산업기술원	2 이상	

정답 ③

39 화재의 경계를 위한 소방신호의 목적이 아닌 것은?

① 화재예방　　　　　　② 소방활동

③ 시설보수　　　　　　④ 소방훈련

> **해설** 소방신호 : **화재예방·소방활동** 또는 **소방훈련**을 위하여 사용되는 신호(법 제18조)

정답 ③

40 다음 중 화재예방상 필요하다고 인정되거나 화재위험 경보 시 발령하는 소방신호의 종류로 맞는 것은?

① 경계신호　　　　　　② 발화신호

③ 경보신호　　　　　　④ 훈련신호

> **해설** 소방신호의 종류와 방법(규칙 제10조, 별표 4)

신호종류	발령 시기	타종신호	사이렌신호
경계신호	화재예방상 필요하다고 인정 또는 **화재위험 경보 시 발령**	1타와 연 2타를 반복	5초 간격을 두고 30초씩 3회
발화신호	화재가 발생한 때 발령	난 타	5초 간격을 두고 5초씩 3회
해제신호	소화활동이 필요 없다고 인정할 때 발령	상당한 간격을 두고 1타씩 반복	1분간 1회
훈련신호	훈련상 필요하다고 인정할 때 발령	연 3타 반복	10초 간격을 두고 1분씩 3회

정답 ①

41 다음 중 소방자동차 전용구역의 설치대상으로 맞는 것은?

① 아파트 중 세대수가 50세대 이상인 아파트
② 아파트 중 세대수가 100세대 이상인 아파트
③ 기숙사 중 2층 이상의 기숙사
④ 기숙사 중 1층 이상의 기숙사

해설 **소방자동차 전용구역 설치대상(영 제7조의12)**
• 아파트 중 세대수가 100세대 이상인 아파트
• 기숙사 중 3층 이상의 기숙사

정답 ②

42 소방자동차 운행기록장치 장착하는 소방자동차의 범위에 해당하지 않는 것은?

① 구급차   ② 구조차
③ 무인방수차   ④ 소방고가차

해설 **운행기록장치 장착 소방자동차의 범위(영 제7조의15)**
• 소방펌프차   • 소방물탱크차
• 소방화학차   • 소방고가차
• 무인방수차   • 구조차
• 그 밖에 소방청장이 소방자동차의 안전한 운행 및 교통사고 예방을 위하여 운행기록장치 장착이 필요하다고 인정하여 정하는 소방자동차

정답 ①

43 소방활동에 관련한 설명으로 틀린 것은?

① 관계인은 소방대상물에 화재, 재난·재해, 그 밖의 위급한 상황이 발생한 경우에는 이를 소방본부, 소방서 또는 관계 행정기관에 지체 없이 알려야 한다.
② 소방자동차가 소방용수를 확보하기 위하여 주행할 때라도 모든 차와 사람은 통로를 양보해야 한다.
③ 소방자동차의 우선 통행에 관하여는 도로교통법이 정하는 바에 따른다.
④ 소방자동차가 소방훈련을 위하여 필요한 때에는 사이렌을 사용할 수 있다.

해설 **소방활동(법 제20조, 제21조)**
• 관계인은 소방대상물에 화재, 재난·재해, 그 밖의 위급한 상황이 발생한 경우에는 이를 소방본부, 소방서 또는 관계 행정기관에 지체 없이 알려야 한다.
• 모든 차와 사람은 소방자동차가 화재진압 및 구조·구급활동을 위하여 출동할 때에는 이를 방해해서는 안 된다.
• 소방자동차의 우선 통행에 관하여는 도로교통법에서 정하는 바에 따른다.
• 소방자동차가 화재진압 및 구조·구급활동을 위하여 출동하거나 훈련을 위하여 필요한 때에는 사이렌을 사용할 수 있다.

정답 ②

44 화재가 발생하여 소방대가 화재현장에 도착할 때까지 그 소방대상물의 관계인이 조치해야 할 사항으로 적당하지 못한 것은?

① 소화작업
② 교통정리작업
③ 연소방지작업
④ 인명구조작업

해설 **관계인의 소방활동** : 소화작업, 인명구조작업, 연소방지작업

정답 ②

45 화재, 재난, 재해 그 밖의 위급한 상황이 발생한 현장에 소방활동구역을 정하여 그 구역에 출입하는 것을 제한할 수 있는 사람은?

① 행정안전부장관
② 소방대장
③ 시·도지사
④ 시장, 군수

해설 **소방활동구역의 설정권자** : **소방대장**(법 제23조)

정답 ②

46 다음 중 소방활동구역에 출입할 수 있는 사람은?

① 소방활동구역 밖에 있는 소방대상물의 소유자, 관리자 또는 점유자
② 한국소방 산업기술원에 종사하는 사람
③ 의사·간호사, 그 밖의 구조·구급업무에 종사하는 사람
④ 수사업무에 종사하지 않는 검찰 공무원

해설 **소방활동 구역 출입자(영 제8조)**
- **소방활동구역** 안에 있는 소방대상물의 **소유자, 관리자, 점유자**
- 전기, 가스, 수도, 통신, 교통의 업무에 종사하는 사람으로서 원활한 소방활동을 위하여 필요한 사람
- **의사·간호사**, 그 밖의 **구조·구급업무에 종사하는 사람**
- 취재인력 등 보도업무에 종사하는 사람
- **수사업무에 종사하는 사람**
- 그 밖에 소방대장이 소방활동을 위하여 출입을 허가한 사람

정답 ③

47 화재, 재난·재해 그 밖의 위급한 상황이 발생한 현장에서 소방활동을 위하여 필요할 때에는 그 관할구역에 사는 사람 또는 그 현장에 있는 사람으로 하여금 사람을 구출하는 일 또는 불을 끄거나 불이 번지지 않도록 하는 등의 명령을 할 수 있다. 이러한 명령을 무슨 명령이라 하는가?

① 안전관리명령
② 소방활동 종사명령
③ 소방응원명령
④ 화재경계명령

> **해설** **소방활동 종사명령(법 제24조)**
> • 소방활동 종사명령권자 : 소방본부장, 소방서장, 소방대장
> • **소방활동 종사명령**
>   – 인명구출
>   – 화재소화
>   – 연소확대방지

정답 ②

48 화재현장에서 소방활동에 종사한 사람 중 시·도지사로부터 소방활동의 비용을 지급받을 수 있는 사람은?

① 고의로 화재 또는 구조·구급 활동이 필요한 상황을 발생시킨 사람
② 소방대상물에 화재, 재난·재해, 그 밖의 위급한 상황이 발생한 경우 그 관계인
③ 불을 끄거나 불이 번지지 않도록 하는 일을 한 점유자
④ 화재 또는 구조·구급 현장에서 물건을 가져간 사람

> **해설** **소방활동의 비용을 지급받을 수 없는 사람(법 제24조)**
> • 소방대상물에 화재, 재난·재해, 그 밖의 위급한 상황이 발생한 경우 그 관계인
> • 고의 또는 과실로 화재 또는 구조·구급 활동이 필요한 상황을 발생시킨 사람
> • 화재 또는 구조·구급 현장에서 물건을 가져간 사람

정답 ③

49 화재현장에서 소방활동을 원활히 수행하기 위하여 규정하고 있는 사항이 아닌 것은?

① 피난명령
② 소방활동 종사명령
③ 강제처분
④ 화재경계지구의 지정

> **해설** **화재현장에서 소방활동** : 피난명령, 소방활동 종사명령, 강제처분 등(법 제24조~제26조)

정답 ④

50 다음 중 소방기본법상의 소방활동에 해당하지 않는 것은?

① 소방공무원의 소방대상물 검사
② 소방공무원의 화재현장 출동과 화재진압
③ 의용소방대원에 의한 화재예방과 진압활동
④ 화재로 인한 이재민의 구호활동

> **해설** 화재로 인한 이재민의 구호활동은 민방위 업무이다.

정답 ④

51 소방대원의 소방교육·훈련의 횟수 및 기간으로 올바른 것은?

① 1년마다 1회 이상, 2주 이상　　② 2년마다 1회 이상, 2주 이상

③ 3년마다 1회 이상, 2주 이상　　④ 3년마다 1회 이상, 4주 이상

> **해설**　소방대원의 소방교육·훈련의 종류(규칙 별표 3의2)
> - 소방교육·훈련의 대상자
>   - 화재진압훈련 : 소방공무원, 의무소방원, 의용소방대원
>   - 인명구조훈련 : 소방공무원, 의무소방원, 의용소방대원
>   - **응급처치훈련 : 소방공무원**, 의무소방원, 의용소방대원
>   - 인명대피훈련 : 소방공무원, 의무소방원, 의용소방대원
>   - 현장지휘훈련 : 소방정, 소방령, 소방경, 소방위
> - 소방교육·훈련의 **실시주기 : 2년마다 1회 이상**
> - **소방교육·훈련기간 : 2주 이상**

정답 ②

52 다음 중 한국소방안전원의 업무에 해당하지 않는 것은?

① 소방기술과 안전관리에 관한 교육 및 조사·연구, 각종 간행물 발간

② 화재예방과 안전관리의식의 고취를 위한 대국민 홍보

③ 소방업무에 관하여 행정기관이 위탁하는 업무

④ 소방시설에 관한 연구 및 기술 지원

> **해설**　한국소방안전원의 업무(법 제41조)
> - 소방기술과 안전관리에 관한 교육 및 조사·연구
> - 소방기술과 안전관리에 관한 각종 간행물 발간
> - 화재예방과 안전관리의식의 고취를 위한 대국민 홍보
> - 소방업무에 관하여 행정기관이 위탁하는 업무

정답 ④

53 한국소방안전원은 정관을 변경하려면 누구의 인가를 받아야 하는가?

① 대통령　　　　　　　　　　② 소방청장

③ 시·도지사　　　　　　　　④ 소방본부장

> **해설**　한국소방안전원은 **정관**을 **변경**하려면 **소방청장**의 **인가**를 받아야 한다(법 제43조).

정답 ②

54 한국소방안전원의 운영 및 사업에 소요되는 경비는 재원으로 충당하는 데 맞지 않는 것은?

① 소방기술과 안전관리에 관한 교육 및 조사·연구의 업무 수행에 따른 수입금

② 소방업무에 관하여 행정기관이 위탁하는 업무 수행에 따른 수입금

③ 안전원의 회원으로 등록된 회원의 회비

④ 국고보조금

> 해설　**안전원의 운영 경비(법 제44조)**
> • 소방기술과 안전관리에 관한 교육 및 조사·연구의 업무 수행에 따른 수입금
> • 소방업무에 관하여 행정기관이 위탁하는 업무 수행에 따른 수입금
> • 안전원의 회원으로 등록된 회원의 회비
> • 자산운영수익금
> • 그 밖의 부대수입

정답 ④

55 소방활동 종사로 인하여 사망하거나 부상을 입은 자에 대한 보상을 해야 하는데 해당되지 않는 사람은?

① 서울시장　　　　　　　　　　② 소방청장

③ 시·도지사　　　　　　　　　　④ 소방본부장

> 해설　**손실보상** : 소방청장 또는 시·도지사(법 제49조의2)

정답 ④

56 위력을 사용하여 출동한 소방대의 화재진압·인명구조 또는 구급활동을 방해하는 행위를 한 사람에 대한 벌칙 기준은?

① 5년 이하의 징역 또는 5,000만원 이하의 벌금

② 3년 이하의 징역 또는 3,000만원 이하의 벌금

③ 1년 이하의 징역 또는 1,000만원 이하의 벌금

④ 500만원 이하의 벌금

> 해설　**위력을 사용하여 출동한 소방대의 화재진압·인명구조 또는 구급활동을 방해하는 행위** : 5년 이하의 징역 또는 5,000만원 이하의 벌금(법 제50조)

정답 ①

57 다음 중 소방기본법상의 벌칙으로 5년 이하의 징역 또는 5,000만원 이하의 벌금에 해당하지 않는 것은?

① 소방대가 화재진압·인명구조 또는 구급 활동을 위하여 출동하는 때에 그 출동을 방해한 사람

② 사람을 구출하거나 불이 번지는 것을 막기 위하여 소방대상물 및 토지의 사용제한의 강제처분을 방해한 사람

③ 화재 등 위급한 상황이 발생한 현장에서 사람을 구출하는 일 또는 불을 끄거나 불이 번지지 않도록 하는 일을 방해한 사람

④ 정당한 사유 없이 소방용수시설의 효용을 해치거나 그 정당한 사용을 방해한 사람

> **해설** 5년 이하의 징역 또는 5,000만원 이하의 벌금(법 제50조)
> • 소방자동차의 출동을 방해한 사람
> • 사람을 구출하는 일 또는 불을 끄거나 불이 번지지 않도록 하는 일을 방해한 사람
> • 정당한 사유 없이 소방용수시설 또는 비상소화장치를 사용하거나 소방용수시설 또는 비상소화장치의 효용을 해치거나 그 정당한 사용을 방해한 사람
>
> > ②의 벌칙 : 3년 이하의 징역 또는 3,000만원 이하의 벌금

정답 ②

58 주차 또는 정차된 차량 및 물건 제거하거나 이동시키는 규정을 방해한 자 또는 정당한 사유 없이 그 처분에 따르지 않은 자에 대한 벌칙은?

① 50만원 이하의 과태료　　② 100만원 이하의 벌금
③ 200만원 이하의 벌금　　④ 300만원 이하의 벌금

> **해설** 300만원 이하의 벌금(법 제52조)
> 주차 또는 정차된 차량 및 물건 제거하거나 이동시키는 규정을 방해한 자 또는 정당한 사유 없이 그 처분에 따르지 않은 자

정답 ④

59 정당한 사유 없이 소방대가 현장에 도착할 때까지 사람을 구출하는 조치 또는 불을 끄거나 불이 번지지 않도록 하는 조치를 하지 않은 관계자에 대한 벌칙은?

① 1년 이하의 징역　　② 1,000만원 이하의 벌금
③ 500만원 이하의 벌금　　④ 100만원 이하의 벌금

> **해설** 100만원 이하의 벌금(법 제54조)
> • 소방대의 생활안전활동을 방해한 자
> • 정당한 사유 없이 소방대가 현장에 도착할 때까지 사람을 구출하는 조치 또는 불을 끄거나 불이 번지지 않도록 하는 조치를 하지 않은 사람
> • 피난명령을 위반한 사람
> • 정당한 사유 없이 물의 사용이나 수도의 개폐장치의 사용 또는 조작을 하지 못하게 하거나 방해한 사람

정답 ④

60 소방대의 생활안전활동을 방해한 자에 대한 벌칙은?

① 50만원 이하의 과태료　　　　② 100만원 이하의 벌금

③ 200만원 이하의 벌금　　　　④ 300만원 이하의 벌금

해설　소방대의 생활안전활동을 방해한 자 : 100만원 이하의 벌금(법 제54조)

정답 ②

61 다음 중 화재 또는 구조 · 구급이 필요한 상황을 거짓으로 알린 사람에게 부과하는 과태료 금액의 기준으로 알맞은 것은?

① 100만원　　　　② 200만원

③ 300만원　　　　④ 500만원

해설　과태료

• 500만원 이하의 과태료(법 제56조)

– 화재 또는 구조 · 구급이 필요한 상황을 거짓으로 알린 사람

– 정당한 사유 없이 화재, 재난 · 재해, 그 밖의 위급한 상황을 소방본부, 소방서 또는 관계 행정기관에 알리지 않은 관계인

• 200만원 이하의 과태료(법 제56조)

– 한국119청소년단 또는 이와 유사한 명칭을 사용한 경우

– 소방활동구역을 출입한 사람

– 한국소방안전원 또는 이와 유사한 명칭을 사용한 자

Plus one　20만원 이하의 과태료(법 제57조)

다음의 어느 하나에 해당하는 지역 또는 장소에서 화재로 오인할 만한 우려가 있는 불을 피우거나 연막 소독을 실시하려는 사람은 시 · 도의 조례로 정하는 바에 따라 관할 소방본부장이나 소방서장에게 신고해야 한다.

• 시장지역　　　　　　　　　　　　　　• 공장 · 창고가 밀집한 지역
• 목조건물이 밀집한 지역　　　　　　　• 위험물의 저장 및 처리시설이 밀집한 지역
• 석유화학 제품을 생산하는 공장이 있는 지역　• 그 밖의 시 · 도의 조례가 정하는 지역 또는 장소

정답 ④

62 규정을 위반하여 소방활동구역에 출입한 자에 대한 벌칙은?

① 100만원 이하의 과태료　　　　② 100만원 이하의 벌금

③ 200만원 이하의 과태료　　　　④ 200만원 이하의 벌금

해설　소방활동구역에 출입한 자 : 200만원 이하의 과태료(법 제56조)

정답 ③

63 소방기본법에서 전용구역에 차를 주차한 자의 벌칙은?

① 100만원 이하의 벌금

② 100만원 이하의 과태료

③ 200만원 이하의 벌금

④ 200만원 이하의 과태료

> **해설** 전용구역에 주차하거나 전용구역의 진입을 가로막는 등의 행위를 한 자 : 100만원 이하의 과태료(법 제56조)

정답 ②

64 소방기본법에서 화재 또는 구조·구급이 필요한 상황을 거짓으로 알린 경우에 대한 과태료 기준으로 틀린 것은?

① 1회 : 200만원

② 2회 : 300만원

③ 3회 : 500만원

④ 4회 : 500만원

> **해설** 화재 또는 구조·구급이 필요한 상황을 거짓으로 알린 경우에 대한 과태료 기준(영 별표 3)
> ① 1회 : 200만원
> ② 2회 : 400만원
> ③ 3회 이상 : 500만원

정답 ②

65 소방기본법에서 규정을 위반하여 정당한 사유없이 화재, 재난·재해, 그 밖의 위급한 상황을 소방본부, 소방서 또는 행정기관에 알리지 않은 경우에 3회차 과태료 금액은?

① 50만원

② 100만원

③ 200만원

④ 500만원

> **해설** 정당한 사유없이 화재, 재난·재해, 그 밖의 위급한 상황을 소방본부, 소방서 또는 행정기관에 알리지 않은 경우의 과태료 금액 : 횟수에 관계없이 무조건 500만원(영 별표 3)

정답 ④

66 전용구역에 차를 주차하거나 전용구역의 진입을 가로막는 등의 방해행위를 한 경우에 2회차 과태료는?

① 100만원

② 200만원

③ 300만원

④ 500만원

> **해설** 전용구역에 차를 주차하거나 전용구역의 진입을 가로막는 등의 방해행위를 한 경우(영 별표 3)
> ① 1회 : 50만원
> ② 2회 : 100만원
> ③ 3회 이상 : 100만원

정답 ①

67 소방기본법에서 규정을 위반하여 "소방활동구역을 출입한 경우"에 대한 과태료 금액은?

① 50만원

② 100만원

③ 150만원

④ 200만원

> **해설** **소방활동구역에 출입한 경우** : 횟수에 관계없이 무조건 100만원(영 별표 3)

정답 ②

소방시설공사업법, 영, 규칙

1 목적(법 제1조)

① 소방시설업을 건전하게 발전

② **소방기술 진흥**

③ 공공의 안전을 확보하고 국민경제에 이바지함

2 정의(법 제2조) 23 년 출제

① **소방시설업** : 소방시설**설계업**, 소방시설**공사업**, 소방공사**감리업**, 방염처리업

ㄱ 소방시설설계업 : 소방시설공사에 기본이 되는 공사계획, 설계도면, 설계 설명서, 기술계산서 및 이와 관련된 서류(설계도서)를 작성하는 영업

ㄴ 소방시설공사업 : 설계도서에 따라 소방시설을 신설, 증설, 개설, 이전 및 정비하는 영업

ㄷ 소방공사감리업 : 소방시설공사에 관한 발주자의 권한을 대행하여 소방시설공사가 설계도서와 관계법령에 따라 적법하게 시공되는지를 확인하고, 품질·시공관리에 대한 기술 지도를 하는 영업

ㄹ 방염처리업 : 방염대상물품에 대하여 방염처리하는 영업

② **소방시설업자** : 소방시설업을 경영하기 위하여 소방시설업의 등록에 따라 소방시설업을 등록한 자

③ **감리원** : 소방공사감리업자에 소속된 소방기술자로서 해당 소방시설공사를 감리하는 사람

④ **소방기술자**

ㄱ 소방시설관리사

ㄴ 소방기술사, 소방설비기사, 소방설비산업기사, 위험물기능장, 위험물산업기사, 위험물기능사

⑤ **발주자** : 소방시설의 설계, 시공, 감리 및 방염(이하 "소방시설공사 등"이라 한다)을 소방시설업자에게 도급하는 자(다만, 수급인으로서 도급받은 공사를 하도급하는 자는 제외한다)

3 소방시설업

(1) 소방시설업의 등록(법 제4조)

시·도지사(특별시장, 광역시장, 특별자치시장, 도지사 또는 특별자치도지사)

> **등록요건 : 자본금(개인인 경우에는 자산평가액), 기술인력**

(2) 소방시설업의 업종별 영업범위는 대통령령으로 정한다(법 제4조).

(3) 소방시설업의 등록신청과 등록증·등록수첩의 발급·재발급 신청, 그 밖에 소방시설업 등록에 필요한 사항은 행정안전부령으로 정한다(법 제4조).

(4) 소방시설업 등록의 결격사유(법 제5조)

① 피성년후견인

② 소방관련법령에 따른 금고 이상의 실형의 선고를 받고 그 집행이 끝나거나(집행이 끝난 것으로 보는 경우를 포함) 면제된 날부터 **2년**이 지나지 않은 사람

③ 소방관련법령에 따른 금고 이상의 형의 집행유예 선고받고 그 **유예기간 중에 있는 사람**

④ 등록하려는 소방시설업 등록이 취소(①에 해당하여 등록이 취소된 경우는 제외한다)된 날부터 2년 이 지나지 않은 자

⑤ 법인의 대표자가 ①부터 ④까지의 규정에 해당하는 경우 그 법인

⑥ 법인의 임원이 ②부터 ④까지의 규정에 해당하는 경우 그 법인

(5) 소방시설업의 등록 신청 시 제출서류(규칙 제2조)

① 신청인(외국인을 포함하되, 법인의 경우에는 대표자를 포함한 임원을 말한다)의 성명, 주민등록번 호 및 주소지 등의 인적사항이 적힌 서류

② 등록기준 중 기술인력에 관한 사항을 확인할 수 있는 다음의 어느 하나에 해당하는 서류(기술인력 증빙서류)

  ㉠ 국가기술자격증

  ㉡ 소방기술 인정 자격수첩(자격수첩) 또는 소방기술자 경력수첩(경력수첩)

③ 금융회사 또는 소방산업공제조합에 출자・예치・담보한 금액 확인서 1부(소방시설공사업만 해당한다)

④ 공인회계사, 기획재정부에 등록한 세무사 또는 전문경영진단기관이 신청일 전 최근 90일 이내 작성한 자산평가액 또는 기업진단보고서(소방시설공사업에 해당한다)

(6) 등록사항의 변경신고 : **30일 이내**에 **시・도지사**에게 **신고**(법 제6조, 규칙 제6조)

(7) 소방시설업자가 휴업・폐업 또는 재개업 시 : **시・도지사**에게 **신고**(법 제6조의2)

(8) 등록사항 변경신고 사항(규칙 제5조)

① 상호(명칭) 또는 영업소 소재지

② 대표자

③ 기술인력

(9) 등록사항 변경 시 제출서류(규칙 제6조)

① **상호(명칭)** 또는 **영업지 소재지 변경** : 소방시설업 등록증 및 등록수첩

② **대표자 변경**

  ㉠ 소방시설업 등록증 및 등록수첩

  ㉡ 변경된 대표자의 성명, 주민등록번호 및 주소지 등의 인적사항이 적힌 서류

  ㉢ 외국인인 경우에는 다음 어느 하나에 해당하는 서류(규칙 제2조)

  • 해당 국가의 정부나 공증인(법률에 따른 공증인의 자격을 가진 자만 해당한다), 그 밖의 권한이 있는 기관이 발행한 서류로서 해당 국가에 주재하는 우리나라 영사가 확인한 서류

- 외국공문서에 대한 인증의 요구를 폐지하는 협약을 체결한 국가의 경우에는 해당 국가의 정부나 공증인(법률에 따른 공증인의 자격을 가진 자만 해당한다), 그 밖의 권한이 있는 기관이 발행한 서류로서 해당 국가의 아포스티유(Apostille : 외국 공문서에 대한 인증 요구 폐지협약) 확인서 발급 권한이 있는 기관이 그 확인서를 발급한 서류)

③ 기술인력 변경
ㄱ 소방시설업 등록수첩
ㄴ 기술인력 증빙서류

(10) 지위승계(법 제7조)

① 소방시설업자의 지위를 승계하려는 경우에는 그 상속일, 양수일 또는 합병일로부터 30일 이내에 행정안전부령으로 정하는 바에 따라 그 사실을 시·도지사에게 신고해야 한다(법 제7조).

② 지위승계 신고 서류를 제출받은 협회는 접수일부터 7일 이내에 지위를 승계한 사실을 확인한 후 그 결과를 시·도지사에게 보고해야 한다(규칙 제7조).

(11) 소방시설업자의 지위승계 사유(법 제7조) 17 년 출제

① 소방시설업자가 사망한 경우 그 상속인
② 소방시설업자가 그 영업을 양도한 경우 그 양수인
③ 법인인 소방시설업자가 다른 법인과 합병한 경우 합병 후 존속하는 법인이나 합병으로 설립되는 법인

(12) 지위승계 시 첨부서류(규칙 제7조)

① 양도·양수인 경우(분할 또는 분할 합병에 따른 양도·양수의 경우를 포함한다)
ㄱ 소방시설업 지위승계신고서
ㄴ 양도인 또는 합병 전 법인의 소방시설업 등록증 또는 등록수첩
ㄷ 양도·양수계약서 사본, 분할계획서 사본 또는 분할합병계약서 사본(법인의 경우 양도·양수에 관한 사항을 의결한 주주총회 등의 결의서 사본을 포함한다)
ㄹ 소방시설업의 등록신청 서류
ㅁ 양도·양수 공고문 사본

② 상속의 경우
ㄱ 소방시설업 지위승계신고서
ㄴ 피상속인의 소방시설업 등록증 및 등록수첩
ㄷ 소방시설업의 등록신청 서류
ㄹ 상속인임을 증명하는 서류

③ 합병의 경우 18 년 출제
ㄱ 소방시설업 합병신고서
ㄴ 합병 전 법인의 소방시설업 등록증 또는 등록수첩
ㄷ 합병계약서 사본(합병에 관한 사항을 의결한 총회 또는 창립총회 결의서 사본을 포함한다)
ㄹ 소방시설업의 등록신청 서류
ㅁ 합병공고문 사본

(13) **소방시설업자가 관계인에게 지체없이 알려야 하는 사실**(법 제8조)

　① 소방시설업자의 지위를 승계한 경우

　② 소방시설업의 등록취소 처분 또는 영업정지 처분을 받은 경우

　③ 휴업하거나 폐업한 경우

(14) **소방시설업 등록증 및 등록수첩 반납사유**(규칙 제4조)

　① 소방시설업 등록이 취소된 경우

　② 재발급을 받은 경우

(15) **등록취소 및 영업정지권자 : 시·도지사**(법 제9조)

(16) **등록의 취소 또는 6개월 이내의 시정이나 영업정지**(법 제9조) `14` `20` `21` **년 출제**

　①, ③, ⑥은 등록취소이고, 나머지 항목은 등록취소 또는 6개월 이내의 시정이나 영업정지를 명할 수 있다.

　① **거짓**이나 그 밖의 **부정한 방법**으로 **등록**한 경우(**등록취소**)

　② 등록기준에 미달하게 된 후 30일이 경과한 경우

　③ **등록 결격사유**에 해당하게 된 경우(**등록취소**)

　④ 등록을 한 후 정당한 사유 없이 1년이 지날 때까지 영업을 시작하지 않거나 계속하여 1년 이상 휴업한 때

　⑤ 다른 자에게 자기의 성명이나 상호를 사용하여 소방시설공사 등을 수급 또는 시공하게 하거나 소방시설업의 등록증 또는 등록수첩을 빌려준 경우

　⑥ **영업정지 기간 중에 소방시설공사 등**을 한 경우(**등록취소**)

　⑦ 소방시설공사 등의 업무수행 의무 등을 고의 또는 과실로 위반하여 다른 자에게 상해를 입히거나 재산피해를 입힌 경우

　⑧ 소속 소방기술자를 공사현장에 배치하지 않거나 거짓으로 한 경우

　⑨ 착공신고(변경신고를 포함)를 하지 않거나 거짓으로 한 때 또는 완공검사(부분완공검사를 포함)를 받지 않은 경우

　⑩ 소속 감리원을 공사현장에 배치하지 않거나 거짓으로 한 경우

　⑪ 감리원 배치기준을 위반한 경우

　⑫ 감리 결과를 알리지 않거나 거짓으로 알린 경우 또는 공사감리 결과보고서를 제출하지 않거나 거짓으로 제출한 경우

　⑬ 방염처리능력 평가에 관한 서류를 거짓으로 제출한 경우

　⑭ 정당한 사유 없이 하수급인 또는 하도급 계약내용의 변경 요구에 따르지 않은 경우

　⑮ **동일인이 시공과 감리를 함께한 경우**

　⑯ 명령을 위반하여 보고 또는 자료 제출을 하지 않거나 거짓으로 보고 또는 자료 제출을 한 경우

　⑰ 정당한 사유 없이 관계 공무원의 출입 또는 검사·조사를 거부·방해 또는 기피한 경우

(17) 소방시설업자가 하자보수 보증기간 동안 보관해야 할 서류(규칙 제8조)

① 소방시설설계업 : 소방시설 설계기록부 및 소방시설 설계도서

② 소방시설공사업 : 소방시설공사 기록부

③ 소방공사감리업 : 소방공사 감리기록부, 소방공사 감리일지 및 소방시설의 완공 당시 설계도서

(18) 과징금 처분(법 제10조)

① **과징금 처분권자 : 시·도지사**

② 영업정지가 그 이용자에게 불편을 주거나 그 밖에 공익을 해칠 우려가 있을 때에는 영업정지 처분에 갈음하여 부과되는 과징금 : **2억원 이하**

③ 과징금을 부과할 수 없는 경우(규칙 별표 2의2) 18 년 출제

  ㉠ 법 제4조 제1항에 따른 등록기준에 미달하게 된 후 30일이 경과한 경우(법 제9조 제1항 제2호 단서에 해당하는 경우는 제외한다)

  ㉡ 법 제8조 제2항을 위반하여 영업정지 기간 중에 소방시설공사 등을 한 경우

  ㉢ 법 제17조 제3항을 위반하여 인수·인계를 거부·방해·기피한 경우

  ㉣ 법 제18조 제1항을 위반하여 소속 감리원을 공사현장에 배치하지 않거나 거짓으로 한 경우

  ㉤ 법 제26조의2 제1항 후단에 따른 사업수행능력 평가에 관한 서류를 위조하거나 변조하는 등 거짓이나 그 밖의 부정한 방법으로 입찰에 참여한 경우

  ㉥ 법 제31조에 따른 명령을 위반하여 보고 또는 자료 제출을 하지 않거나 거짓으로 보고 또는 자료 제출을 한 경우

4 소방시설업의 업종별 등록기준 및 영업범위(영 별표 1)

(1) 소방시설설계업 10 년 출제

업종별	항목	기술인력	영업범위
전문소방시설 설계업		• 주된 기술인력 : 소방기술사 1명 이상 • 보조기술인력 : 1명 이상	모든 특정소방대상물에 설치되는 소방시설의 설계
일반 소방 시설 설계업	기계 분야	• 주된 기술인력 : 소방기술사 또는 기계분야 소방설비기사 1명 이상 • 보조기술인력 : 1명 이상	• 아파트에 설치되는 기계분야 소방시설(제연설비는 제외)의 설계 • **연면적 30,000[m²](공장의 경우에는 10,000[m²]) 미만**의 특정소방대상물(제연설비가 설치되는 특정소방대상물은 제외)에 설치되는 기계분야 소방시설의 설계 • 위험물제조소 등에 설치되는 기계분야 소방시설의 설계
	전기 분야	• 주된 기술인력 : 소방기술사 또는 전기분야 소방설비기사 1명 이상 • 보조기술인력 : 1명 이상	• 아파트에 설치되는 전기분야 소방시설의 설계 • **연면적 30,000[m²](공장의 경우에는 10,000[m²]) 미만**의 특정소방대상물에 설치되는 전기분야 소방시설의 설계 • 위험물제조소 등에 설치되는 전기분야 소방시설의 설계

[비고]
1. 일반 소방시설설계업에서 기계분야 및 전기분야의 대상이 되는 소방시설의 범위
  가. 기계분야
    ① 소화기구, 자동소화장치, 옥내소화전설비, 스프링클러설비 등, 물분무 등 소화설비, 옥외소화전설비, 피난기구, 인명구조기구, 상수도소화용수설비, 소화수조, 저수조, 그밖의 소화용수설비, 제연설비, 연결송수관설비, 연결살수설비 및 연소방지설비
    ② 기계분야 소방시설에 부설되는 전기시설. 다만, 비상전원, 동력회로, 제어회로, 기계분야 소방시설을 작동하기 위하여 설치하는 화재감지기에 의한 화재감지장치 및 전기신호에 의한 소방시설의 작동장치는 제외한다.
  나. 전기분야
    ① 단독경보형감지기, 비상경보설비, 비상방송설비, 누전경보기, 자동화재탐지설비, 시각경보기, 화재알림설비, 자동화재속보설비, 가스누설경보기, 통합감시시설, 유도등, 비상조명등, 휴대용 비상조명등, 비상콘센트설비 및 무선통신보조설비
    ② 기계분야 소방시설에 부설되는 전기시설 중 가. ② 단서의 전기시설
2. 일반 소방시설설계업의 기계분야 및 전기분야를 함께 하는 경우
  주된 기술인력은 소방기술사 1명 또는 기계분야 소방설비기사와 전기분야 소방설비기사 자격을 함께 취득한 사람 1명 이상으로 할 수 있다.
3. 소방시설설계업을 하려는 자가 소방시설공사업, 소방시설관리업, 화재위험평가 대행업무 중 어느 하나를 함께 하려는 경우 소방시설공사업, 소방시설관리업, 화재위험평가 대행업 기술인력으로 등록된 기술인력은 다음의 기준에 따라 소방시설설계업 등록 시 갖추어야 하는 해당 자격을 가진 기술인력으로 볼 수 있다.
  24 년 출제
  ① 전문 소방시설설계업과 소방시설관리업을 함께 하는 경우 : 소방기술사 자격과 소방시설관리사 자격을 함께 취득한 사람
  ② 전문 소방시설설계업과 전문 소방시설공사업을 함께 하는 경우 : 소방기술사 자격을 취득한 사람
  ③ 전문 소방시설설계업과 화재위험평가 대행업을 함께 하는 경우 : 소방기술사 자격을 취득한 사람
  ④ 일반 소방시설설계업과 소방시설관리업을 함께 하는 경우
    • 소방기술사 자격과 소방시설관리사 자격을 함께 취득한 사람
    • 기계분야 소방설비기사 또는 전기분야 소방설비기사 자격을 취득한 사람 중 소방시설관리사 자격을 취득한 사람
  ⑤ 일반 소방시설설계업과 일반 소방시설공사업을 함께 하는 경우 : 소방기술사 자격을 취득하거나 기계분야 또는 전기분야 소방설비기사 자격을 함께 취득한 사람
  ⑥ 일반 소방시설설계업과 전문 소방시설공사업을 함께 하는 경우 : 소방기술사 자격을 취득하거나 기계분야 및 전기분야 소방설비기사 자격을 함께 취득한 사람
  ⑦ 전문 소방시설설계업과 일반 소방시설공사업을 함께 하는 경우 : 소방기술사 자격을 취득한 사람

(2) 소방시설공사업 **10** 년 출제

업종별 \ 항 목	기술인력	자본금(자산평가액)	영업범위
전문소방 시설 공사업	• 주된 기술인력 : 소방기술사 또는 기계분야와 전기분야의 소방설비기사 각 1명(기계분야·전기분야의 자격을 함께 취득한 사람 1명) 이상 • 보조기술인력 : 2명 이상	• 법인 : 1억원 이상 • 개인 : 자산평가액 1억원 이상	특정소방대상물에 설치되는 기계분야 및 전기분야의 소방시설의 공사·개설·이전 및 정비

업종별	항목	기술인력	자본금(자산평가액)	영업범위
일반 소방 시설 공사업	기계 분야	• 주된 기술인력 : 소방기술사 또는 기계분야 소방설비기사 1명 이상 • 보조기술인력 : 1명 이상	• 법인 : 1억원 이상 • 개인 : 자산평가액 1억원 이상	• 연면적 10,000[m²] 미만의 특정소방대상물에 설치되는 기계분야 소방시설의 공사·개설·이전 및 정비 • 위험물제조소 등에 설치되는 기계분야 소방시설의 공사·개설·이전 및 정비
	전기 분야	• 주된 기술인력 : 소방기술사 또는 전기분야 소방설비기사 1명 이상 • 보조기술인력 : 1명 이상	• 법인 : 1억원 이상 • 개인 : 자산평가액 1억원 이상	• 연면적 10,000[m²] 미만의 특정소방대상물에 설치되는 전기분야 소방시설의 공사·개설·이전 및 정비 • 위험물제조소 등에 설치되는 전기분야 소방시설의 공사·개설·이전 및 정비

(3) 소방공사감리업 11 년 출제

업종별	항목	기술인력	영업범위

전문소방
공사 감리업
		• 소방기술사 1명 이상
		• 기계분야 및 전기분야
		  – 특급감리원 각 1명 이상(기계분야 및 전기분야의 자격을 함께 가지고 있는 사람이 있는 경우에는 그에 해당하는 사람 1명)
		  – 고급감리원 각 1명 이상
		  – 중급감리원 각 1명 이상
		  – 초급감리원 각 1명 이상
			모든 특정소방대상물에 설치되는 소방시설공사 감리

일반소방 공사감리업	기계 분야	• 기계분야 특급감리원 1명 이상 • 기계분야 고급감리원 또는 중급감리원 이상의 감리원 1명 이상 • 기계분야 초급감리원 이상의 감리원 1명 이상	• 연면적 30,000[m²](공장은 10,000[m²]) 미만의 특정소방대상물(제연설비는 제외)에 설치되는 기계분야 소방시설의 감리 • 아파트에 설치되는 기계분야 소방시설(제연설비는 제외)의 감리 • 위험물제조소 등에 설치되는 기계분야 소방시설의 감리
	전기 분야	• 전기분야 특급감리원 1명 이상 • 전기분야 고급감리원 또는 중급감리원 이상의 감리원 1명 이상 • 전기분야 초급감리원 이상의 감리원 1명 이상	• 연면적 30,000[m²](공장은 10,000[m²]) 미만의 특정소방대상물에 설치되는 전기분야 소방시설의 감리 • 아파트에 설치되는 전기분야 소방시설의 감리 • 위험물제조소 등에 설치되는 전기분야 소방시설의 감리

5 소방시설공사 등

(1) 성능위주설계를 할 수 있는 자격(영 별표 1의2)

성능위주설계자의 자격	• 법 제4조에 따라 전문 소방시설설계업을 등록한 자 • 전문 소방시설설계업 등록기준에 따른 기술인력을 갖춘 자로서 소방청장이 정하여 고시하는 연구기관 또는 단체
기술인력	소방기술사 2명 이상
설계범위	소방시설 설치 및 관리에 관한 법률 시행령 제9조에 따라 성능위주설계를 해야 하는 특정소방대상물

(2) 시공(법 제12조, 제13조, 영 제4조)

① 공사업자는 소방시설공사의 책임시공 및 기술관리를 위하여 소속 소방기술자를 공사현장에 배치해야 한다.

② **착공신고 및 완공검사 : 소방본부장이나 소방서장**

③ 착공신고 시 필요 사항 : 공사내용, 시공장소, 그 밖의 필요한 사항

④ 소방본부장 또는 소방서장은 착공신고 또는 변경신고를 받은 날부터 2일 이내에 신고수리 여부를 신고인에게 통지해야 한다.

⑤ 소방시설공사의 착공신고 대상(영 제4조)

위험물제조소 등과 다중이용업소에서의 소방시설공사는 제외한다.

㉠ 특정소방대상물로서 다음에 해당하는 설비를 **신설하는 공사** `13` 년 출제
- 옥내소화전설비(호스릴 옥내소화전설비 포함), 옥외소화전설비, 스프링클러설비·간이스프링클러설비(캐비닛형 간이스프링클러설비 포함) 및 화재조기진압용 스프링클러설비, 물분무 등 소화설비, 연결송수관설비, 연결살수설비, 제연설비, 소화용수설비 또는 연소방지설비
- 자동화재탐지설비, 비상경보설비, 비상방송설비, 비상콘센트설비 또는 무선통신보조설비

> **물분무 등 소화설비** : 물분무소화설비, 미분무소화설비, 포소화설비, 이산화탄소소화설비, 할론소화설비, 할로겐화합물 및 불활성기체소화설비, 강화액소화설비, 분말소화설비

㉡ 특정소방대상물로서 다음에 해당하는 설비 또는 구역 등을 **증설하는 공사**
- **옥내·옥외소화전설비**
- 스프링클러설비·간이스프링클러설비 또는 물분무 등 소화설비의 방호구역, 자동화재탐지설비의 경계구역, 제연설비의 제연구역, 연결살수설비의 살수구역, 연결송수관설비의 송수구역, 비상콘센트설비의 전용회로, 연소방지설비의 살수구역

㉢ 특정소방대상물에 설치된 소방시설 등의 전부 또는 일부를 개설, 이전 또는 정비하는 공사(긴급보수 또는 교체 시에는 제외)
- 수신반
- 소화펌프
- 동력(감시)제어반

⑥ **착공신고 시 제출서류**(규칙 제12조)

㉠ 공사업자의 소방시설공사업 등록증 사본 1부 및 등록수첩 사본 1부

㉡ 해당 소방시설공사의 책임시공 및 기술관리를 하는 기술인력의 기술등급을 증명하는 서류 사본 1부

㉢ 소방시설공사 계약서 사본 1부

㉣ 설계도서(설계설명서 포함) 1부

㉤ 소방시설공사를 하도급하는 경우 다음의 서류
- 소방시설공사 등의 하도급통지서 사본 1부
- 하도급대금 지급에 관한 다음의 어느 하나에 해당하는 서류
  - 하도급거래 공정화에 관한 법률 제13조의2에 따라 공사대금 지급을 보증한 경우에는 하도급대금 지급보증서 사본 1부

– 하도급거래 공정화에 관한 법률 제13조의2 제1항 각 호 외의 부분 단서 및 같은 법 시행령 제8조 제1항에 따라 보증이 필요하지 않거나 보증이 적합하지 않다고 인정되는 경우에는 이를 증빙하는 서류 사본 1부

⑦ 착공신고 후 중요사항이 변경되었을 경우 변경신고 사유(규칙 제12조) `22` `년 출제`

　㉠ 시공자

　㉡ 설치되는 소방시설의 종류

　㉢ 책임시공 및 기술관리 소방기술자

`Plus one`
　• 중요사항 변경 시 변경일로부터 **30일 이내**에 소방시설공사 착공(변경)신고서[전자문서로 된 소방시설공사 착공(변경)신고서를 포함한다]에 서류(전자문서를 포함한다) 중 변경된 해당 서류를 첨부하여 **소방본부장** 또는 **소방서장**에게 신고해야 한다(규칙 제12조).
　• 소방본부장 또는 소방서장은 소방시설공사 착공신고 또는 변경신고를 받은 경우에는 2일 이내에 처리하고 그 결과를 신고인에게 통보하며, 소방시설공사현장에 배치되는 소방기술자의 성명, 자격증 번호 · 등급, 시공현장의 명칭 · 소재지 · 면적 및 현장 배치기간을 소방시설업 종합정보시스템에 입력해야 한다(규칙 제12조).

⑧ 완공검사 : 소방본부장, 소방서장에게 완공검사를 받아야 한다(법 제14조).

> 공사감리자가 지정되어 있는 경우에는 공사감리 결과보고서로 완공검사를 갈음하되 대통령령으로 정하는 특정소방대상물의 경우에는 소방본부장이나 소방서장이 소방시설공사가 공사감리 결과보고서대로 완공되었는지를 현장에서 확인할 수 있다.

⑨ 완공검사 및 부분완공검사의 신청과 검사증명서의 발급, 그 밖에 완공검사 및 부분완공검사에 필요한 사항은 **행정안전부령**으로 정한다(법 제14조).

⑩ **완공검사를 위한 현장 확인 대상 특정소방대상물**(영 제5조) `19` `23` `년 출제`

　㉠ **문화 및 집회시설, 종교시설, 판매시설, 노유자시설, 수련시설, 운동시설, 숙박시설,** 창고시설, **지하상가, 다중이용업소**

　㉡ 다음에 해당하는 설비가 설치되는 특정소방대상물

　　• 스프링클러설비 등

　　• 물분무 등 소화설비(호스릴 방식의 소화설비는 제외)

　㉢ 연면적 **10,000[m²] 이상**이거나, **11층 이상**인 특정소방대상물(아파트는 제외)

　㉣ **가연성 가스**를 제조 · 저장 또는 취급하는 시설 중 지상에 노출된 가연성 가스 탱크의 저장용량의 합계가 **1,000[ton] 이상**인 시설

⑪ 공사의 하자보수

관계인은 규정에 따른 기간에 소방시설의 하자가 발생하였을 때에는 공사업자에게 그 사실을 알려야 하며, 통보를 받은 공사업자는 3일 이내에 하자를 보수하거나 보수일정을 기록한 하자보수계획을 관계인에게 서면으로 알려야 한다(법 제15조).

[소방시설공사의 하자보수 보증기간(영 제6조)] `11` `13` `14` `18` `22` `년 출제`

하자기간	해당 소방시설
2년	**피난기구, 유도등, 유도표지, 비상경보설비, 비상조명등, 비상방송설비** 및 **무선통신보조설비**
3년	자동소화장치, 옥내소화전설비, 스프링클러설비, 간이스프링클러설비, 물분무 등 소화설비, **옥외소화전설비**, 자동화재탐지설비, 상수도소화용수설비 및 소화활동설비(무선통신보조설비는 제외)

⑫ 관계인은 공사업자가 다음의 어느 하나에 해당하는 경우 **소방본부장** 또는 **소방서장에게 그 사실을 알릴 수 있다**(법 제15조).

　㉠ 규정에 따른 기간 내에 하자보수를 이행하지 않을 경우

　㉡ 규정에 따른 기간 내에 하자보수계획을 서면으로 알리지 않은 경우

　㉢ 하자보수계획이 불합리하다고 인정되는 경우

6 소방공사감리

(1) 소방공사감리업자의 업무(법 제16조) 15 년 출제

① 소방시설 등의 **설치계획표의 적법성 검토**

② 소방시설 등 **설계도서의 적합성**(적법성 및 기술상의 합리성) 검토

③ 소방시설 등 설계변경 사항의 적합성 검토

④ **소방용품의 위치 · 규격 및 사용자재**에 대한 적합성 검토

⑤ 공사업자가 한 소방시설 등의 시공이 설계도서와 화재안전기준에 맞는지에 대한 지도 · 감독

⑥ **완공된 소방시설 등의 성능시험**

⑦ 공사업자가 작성한 시공 상세도면의 적합성 검토

⑧ **피난시설 및 방화시설의 적법성 검토**

⑨ 실내장식물의 불연화 및 **방염물품의 적법성 검토**

(2) 소방공사감리의 종류 · 방법 및 대상 : 대통령령(영 별표 3)

종 류	대 상	방 법
상주공사감리	1. **연면적 30,000[m²] 이상**의 특정소방대상물(아파트는 제외한다)에 대한 소방시설의 공사 2. 지하층을 포함한 층수가 **16층 이상으로서 500세대 이상인 아파트**에 대한 소방시설의 공사	1. 감리원은 **행정안전부령으로 정하는 기간** 동안 공사 현장에 상주하여 법 제16조 제1항 각 호에 따른 업무를 수행하고 감리일지에 기록해야 한다. 다만, 법 제16조 제1항 제9호에 따른 업무는 행정안전부령으로 정하는 기간 동안 공사가 이루어지는 경우만 해당한다. 2. 감리원이 **행정안전부령으로 정하는 기간** 중 부득이한 사유로 1일 이상 현장을 이탈하는 경우에는 감리일지 등에 기록하여 발주청 또는 발주자의 확인을 받아야 한다. 이 경우 감리업자는 감리원의 업무를 대행할 사람을 감리현장에 배치하여 감리업무에 지장이 없도록 해야 한다. 3. 감리업자는 감리원이 **행정안전부령으로 정하는 기간** 중 법에 따른 교육이나 민방위 기본법 또는 예비군법에 따른 교육을 받는 경우나 근로기준법에 따른 유급휴가로 현장을 이탈하게 되는 경우에는 감리업무에 지장이 없도록 감리원의 업무를 대행할 사람을 감리현장에 배치해야 한다. 이 경우 감리원은 새로 배치되는 업무대행자에게 업무 인수 · 인계 등의 필요한 조치를 해야 한다.
일반공사감리	상주공사감리에 해당하지 않는 소방시설의 공사	1. 감리원은 공사 현장에 배치되어 법 제16조 제1항 각호에 따른 업무를 수행한다. 다만, 법 제16조 제1항 제9호에 따른 업무는 **행정안전부령으로 정하는 기간** 동안 공사가 이루어지는 경우만 해당한다. 2. 감리원은 행정안전부령으로 정하는 기간 중에는 주 1회 이상 공사 현장에 배치되어 제1호의 업무를 수행하고 감리일지에 기록해야 한다. 3. 감리업자는 감리원이 부득이한 사유로 14일 이내의 범위에서 제2호의 업무를 수행할 수 없는 경우에는 업무대행자를 지정하여 그 업무를 수행하게 해야 한다. 4. 제3호에 따라 지정된 **업무대행자**는 주 2회 이상 공사 현장에 배치되어 제1호의 업무를 수행하며, 그 업무수행 내용을 감리원에게 통보하고 감리일지에 기록해야 한다.

일반공사감리 기간(규칙 별표 3)

1. **옥내소화전설비・스프링클러설비・포소화설비・물분무소화설비・연결살수설비 및 연소방지설비의 경우** : 가압송수장치의 설치, 가지배관의 설치, 개폐밸브・유수검지장치・체크밸브・탬퍼스위치의 설치, 앵글밸브・소화전함의 매립, 스프링클러헤드・포헤드・포방출구・포노즐・포호스릴・물분무헤드・연결살수헤드・방수구의 설치, 포소화약제 탱크 및 포혼합기의 설치, 포소화약제의 충전, 입상배관과 옥상탱크의 접속, 옥외 연결송수구의 설치, 제어반의 설치, 동력전원 및 각종 제어회로의 접속, 음향장치의 설치 및 수동조작함의 설치를 하는 기간

2. **이산화탄소소화설비・할론소화설비・할로겐화합물 및 불활성기체소화설비 및 분말소화설비의 경우** : 소화약제 저장용기와 집합관의 접속, 기동용기 등 작동장치의 설치, 제어반・화재표시반의 설치, 동력전원 및 각종 제어회로의 접속, 가지배관의 설치, 선택밸브의 설치, 분사헤드의 설치, 수동기동장치의 설치 및 음향경보장치의 설치를 하는 기간

3. **자동화재탐지설비・시각경보기・비상경보설비・비상방송설비・통합감시시설・유도등・비상콘센트설비 및 무선통신보조설비의 경우** : 전선관의 매립, 감지기・유도등・조명등 및 비상콘센트의 설치, 증폭기의 접속, 누설동축케이블 등의 부설, 무선기기의 접속단자・분배기・증폭기의 설치 및 동력전원의 접속공사를 하는 기간

4. **피난기구의 경우** : **고정금속구를 설치**하는 기간

5. **제연설비의 경우** : 가동식 제연경계벽・배출구・공기유입구의 설치, 각종 댐퍼 및 유입구 폐쇄장치의 설치, 배출기 및 공기유입기의 설치 및 풍도와의 접속, 배출풍도 및 유입풍도의 설치・단열조치, 동력전원 및 제어회로의 접속, 제어반의 설치를 하는 기간

6. **비상전원이 설치되는 소방시설의 경우** : 비상전원의 설치 및 소방시설과의 접속을 하는 기간

※ 비고 : 위에 따른 소방시설의 일반공사 감리기간은 소방시설의 성능시험, 소방시설 완공검사증명서의 발급・인수인계 및 소방공사의 정산을 하는 기간을 포함한다.

(3) 소방공사감리자 지정대상 특정소방대상물의 범위(영 제10조)

① 다음에 해당하는 소방시설을 시공할 때 `13` `년 출제`

  ㉠ 옥내소화전설비를 신설・개설 또는 증설할 때

  ㉡ 스프링클러설비 등(캐비닛형 간이스프링클러설비는 제외한다)을 신설・개설하거나 방호・방수구역을 증설할 때

  ㉢ 물분무 등 소화설비(호스릴 방식의 소화설비는 제외한다)를 신설・개설하거나 방호・방수 구역을 증설할 때

  ㉣ 옥외소화전설비를 신설・개설 또는 증설할 때

  ㉤ 자동화재탐지설비를 신설 또는 개설할 때

  ㉥ 비상방송설비를 신설 또는 개설할 때

  ㉦ 통합감시시설을 신설 또는 개설할 때

  ㉧ 소화용수설비를 신설 또는 개설할 때

② 다음에 해당하는 소화활동설비를 시공할 때

  ㉠ 제연설비를 신설・개설하거나 제연구역을 증설할 때

  ㉡ 연결송수관설비를 신설 또는 개설할 때

  ㉢ 연결살수설비를 신설・개설하거나 송수구역을 증설할 때

  ㉣ 비상콘센트설비를 신설・개설하거나 전용회로를 증설할 때

  ㉤ 무선통신보조설비를 신설 또는 개설할 때

  ㉥ 연소방지설비를 신설・개설하거나 살수구역을 증설할 때

(4) 대통령령으로 정하는 특정소방대상물의 관계인이 특정소방대상물에 대하여 자동화재탐지설비, 옥내소화전설비 등 대통령령으로 정하는 소방시설을 시공할 때에는 소방시설공사의 감리를 위하여 감리업자를 공사감리자로 지정해야 한다. 다만, 시·도지사가 감리업자를 선정한 경우에는 그 감리업자를 공사감리자로 지정한다(법 제17조).

(5) 소방본부장 또는 소방서장은 공사감리자 지정신고 또는 변경신고를 받은 날부터 2일 이내에 신고수리 여부를 신고인에게 통지해야 한다(법 제17조).

(6) 관계인은 **공사감리자를 변경**한 경우에는 변경일로부터 **30일 이내**에 **소방본부장** 또는 **소방서장에게 신고**해야 한다(법 제17조, 규칙 제15조).

(7) **소방공사감리자의 지정신고 시 첨부서류**(규칙 제15조)
　① 신고시기 : 해당 소방시설공사의 착공 전까지
　② 서류 제출 : 소방본부장, 소방서장에게 제출
　③ 첨부서류
　　㉠ 소방공사감리업 등록증 사본 1부 및 등록수첩 사본 1부
　　㉡ 해당 소방시설공사를 감리하는 소속 감리원의 감리원 등급을 증명하는 서류(전자문서를 포함한다) 각 1부
　　㉢ 소방공사감리 계획서 1부
　　㉣ 소방시설설계 계약서 사본 1부 및 소방공사감리 계약서 사본 1부

(8) **감리원의 세부적인 배치기준 : 행정안전부령**

(9) **소방공사감리원의 배치기준**(영 별표 4, 제11조 관련)

[소방공사감리원의 배치기준]

감리원의 배치기준		소방시설공사 현장의 기준
책임감리원	보조감리원	
행정안전부령으로 정하는 특급감리원 중 소방기술사	행정안전부령으로 정하는 초급감리원 이상의 소방공사 감리원 (기계분야 및 전기분야)	• 연면적 200,000[m²] 이상인 특정소방대상물의 공사 현장 • 지하층을 포함한 층수가 40층 이상인 특정소방대상물의 공사 현장
행정안전부령으로 정하는 특급감리원 이상의 소방공사 감리원 (기계분야 및 전기분야)	행정안전부령으로 정하는 초급감리원 이상의 소방공사 감리원 (기계분야 및 전기분야)	• 연면적 30,000[m²] 이상 200,000[m²] 미만인 특정소방대상물(아파트는 제외한다)의 공사 현장 • 지하층을 포함한 층수가 16층 이상 40층 미만인 특정소방대상물의 공사 현장
행정안전부령으로 정하는 고급감리원 이상의 소방공사 감리원 (기계분야 및 전기분야)	행정안전부령으로 정하는 초급감리원 이상의 소방공사 감리원 (기계분야 및 전기분야)	• 물분무 등 소화설비(호스릴 방식의 소화설비는 제외한다) 또는 제연설비가 설치되는 특정소방대상물의 공사 현장 • 연면적 30,000[m²] 이상 200,000[m²] 미만인 아파트의 공사 현장
행정안전부령으로 정하는 중급감리원 이상의 소방공사 감리원 (기계분야 및 전기분야)		연면적 5,000[m²] 이상 30,000[m²] 미만인 특정소방대상물의 공사 현장
행정안전부령으로 정하는 초급감리원 이상의 소방공사 감리원 (기계분야 및 전기분야)		• 연면적 5,000[m²] 미만인 특정소방대상물의 공사 현장 • 지하구의 공사 현장

(10) 소방공사감리원의 기술등급 자격(규칙 별표 4의2)

구 분	기계분야	전기분야
특급 감리원	• 소방기술사 자격을 취득한 사람 • 소방설비기사 기계분야 자격을 취득한 후 8년 이상 소방 관련 업무를 수행한 사람 • 소방설비산업기사 기계분야 자격을 취득한 후 12년 이상 소방 관련 업무를 수행한 사람	• 소방설비기사 전기분야 자격을 취득한 후 8년 이상 소방 관련 업무를 수행한 사람 • 소방설비산업기사 전기분야 자격을 취득한 후 12년 이상 소방 관련 업무를 수행한 사람
고급 감리원	• 소방설비기사 기계분야 자격을 취득한 후 5년 이상 소방 관련 업무를 수행한 사람 • 소방설비산업기사 기계분야 자격을 취득한 후 8년 이상 소방 관련 업무를 수행한 사람	• 소방설비기사 전기분야 자격을 취득한 후 5년 이상 소방 관련 업무를 수행한 사람 • 소방설비산업기사 전기분야 자격을 취득한 후 8년 이상 소방 관련 업무를 수행한 사람
중급 감리원	• 소방설비기사 기계분야 자격을 취득한 후 3년 이상 소방 관련 업무를 수행한 사람 • 소방설비산업기사 기계분야 자격을 취득한 후 6년 이상 소방 관련 업무를 수행한 사람 • 초급감리원을 취득한 후 5년 이상 기계분야 소방감리업무를 수행한 사람	• 소방설비기사 전기분야 자격을 취득한 후 3년 이상 소방 관련 업무를 수행한 사람 • 소방설비산업기사 전기분야 자격을 취득한 후 6년 이상 소방 관련 업무를 수행한 사람 • 초급감리원을 취득한 후 5년 이상 전기분야 소방감리업무를 수행한 사람
초급 감리원	• 소방안전관리에 해당하는 학과 학사 이상의 학위를 취득한 후 1년 이상 소방 관련 업무를 수행한 사람 • 고등교육법 제2조 제1호부터 제6호까지에 해당하는 학교에서 제1호 나목1)에 해당하는 학과 전문학사학위를 취득한 후 3년 이상 소방 관련 업무를 수행한 사람 • 고등학교 소방학과를 졸업한 후 4년 이상 소방 관련 업무를 수행한 사람 • 3년 이상 소방공무원으로서 소방업무를 수행한 경력이 있는 사람 • 5년 이상 소방 관련 업무를 수행한 사람	
	• 소방설비기사 기계분야 자격을 취득한 후 1년 이상 소방 관련 업무를 수행한 사람 • 소방설비산업기사 기계분야 자격을 취득한 후 2년 이상 소방 관련 업무를 수행한 사람 • 산업안전공학과, 기계공학과, 건축공학과, 화학공학과 중 어느 하나에 해당하는 학과 학사학위를 취득한 후 1년 이상 소방 관련 업무를 수행한 사람 • 고등교육법 제2조 제1호부터 제6호까지의 규정 중 어느 하나에 해당하는 학교에서 산업안전공학과, 기계공학과, 건축공학과, 화학공학과에 해당하는 학과 전문학사학위를 취득한 후 3년 이상 소방 관련 업무를 수행한 사람	• 소방설비기사 전기분야 자격을 취득한 후 1년 이상 소방 관련 업무를 수행한 사람 • 소방설비산업기사 전기분야 자격을 취득한 후 2년 이상 소방 관련 업무를 수행한 사람 • 전기공학과에 해당하는 학과 학사학위를 취득한 후 1년 이상 소방 관련 업무를 수행한 사람 • 고등교육법 제2조 제1호부터 제6호까지의 규정 중 어느 하나에 해당하는 학교에서 전기공학과에 해당하는 학과 전문학사학위를 취득한 후 3년 이상 소방 관련 업무를 수행한 사람

[비고]
1. 동일한 기간에 수행한 경력이 두 가지 이상의 자격 기준에 해당하는 경우에는 하나의 자격 기준에 대해서만 그 기간을 인정하고 기간이 중복되지 않는 경우에는 각각의 기간을 경력으로 인정한다. 이 경우 동일 기술등급의 자격 기준별 경력기간을 해당 경력기준기간으로 나누어 합한 값이 1 이상이면 해당 기술등급의 자격 기준을 갖춘 것으로 본다.
2. 소방 관련 업무를 수행한 경력으로서 위 표에서 정한 국가기술자격 취득 전의 경력은 그 경력의 50[%]만 인정한다.

(11) 감리원의 배치기준(규칙 제16조)

① 상주공사감리 대상인 경우

㉠ 기계분야의 감리원 자격을 취득한 사람과 전기분야의 감리원 자격을 취득한 사람 각 1명 이상을 감리원으로 배치할 것. 다만, 기계분야 및 전기분야의 감리원 자격을 함께 취득한 사람이 있는 경우에는 그에 해당하는 사람 1명 이상을 배치할 수 있다.

㉡ 소방시설용 배관(전선관을 포함한다)을 설치하거나 매립하는 때부터 소방시설 완공검사증명서를 발급받을 때까지 소방공사감리현장에 감리원을 배치할 것

② 일반공사감리 대상인 경우 `23` 년 출제
  ㉠ 기계분야 감리원과 전기분야의 감리원 각 1명 이상 감리원으로 배치할 것. 다만, 기계분야 및 전기분야를 함께 취득한 사람은 1명 이상 배치할 수 있다.
  ㉡ 감리 기간 동안 감리원을 배치할 것
  ㉢ 감리원은 **주 1회 이상** 소방공사감리 현장을 방문하여 감리할 것
  ㉣ **1명의 감리원**이 담당하는 소방공사감리 현장은 **5개 이하(자동화재탐지설비** 또는 **옥내소화전설비** 중 어느 하나만 설치하는 2개의 소방공사감리 현장이 최단 차량주행거리로 30[km] 이내에 있는 경우에는 1개의 소방공사감리 현장으로 본다)로서 감리 현장 **연면적의 총합계가 100,000[m²] 이하**일 것. 다만, 일반공사감리 대상인 **아파트**의 경우에는 연면적의 합계에 관계없이 **1명의 감리원이 5개 이내의 공사현장**을 감리할 수 있다.

(12) **감리원의 배치 통보**(규칙 제17조) `15` 년 출제

① 감리원을 소방공사감리 현장에 배치하는 경우에는 소방공사감리원 배치통보서(전자문서로 된 소방공사감리원 배치통보서를 포함한다)에 배치한 감리원이 변경된 경우에는 소방공사감리원 배치변경통보서(전자문서로 된 소방공사감리원 배치변경통보서를 포함한다)에 해당 서류(전자문서를 포함한다)를 첨부하여 **감리원 배치일부터 7일 이내에 소방본부장 또는 소방서장에게 알려야 한다.** 이 경우 소방본부장 또는 소방서장은 배치되는 감리원의 성명, 자격증 번호·등급, 감리 현장의 명칭·소재지·면적 및 현장 배치기간을 소방시설업 종합정보시스템에 입력해야 한다.
② 소방공사감리원 배치통보서에 첨부하는 서류(전자문서를 포함한다)
  ㉠ 감리원의 등급을 증명하는 서류
  ㉡ 소방공사 감리계약서 사본 1부
③ 소방공사감리원 배치변경통보서에 첨부하는 서류(전자문서를 포함한다)
  ㉠ 변경된 감리원의 등급을 증명하는 서류(감리원을 배치하는 경우에만 첨부한다)
  ㉡ 변경 전 감리원의 등급을 증명하는 서류

(13) **감리결과의 통보**(규칙 제19조) `15` 년 출제

감리업자가 소방공사의 감리를 마쳤을 때에는 소방공사감리 결과보고(통보)서[전자문서로 된 소방공사감리 결과보고(통보)서를 포함한다]에 다음의 서류(전자문서를 포함한다)를 첨부하여 **공사가 완료된 날부터 7일 이내에** 특정소방대상물의 **관계인**, 소방시설공사의 도급인 및 특정소방대상물의 공사를 감리한 **건축사**에게 알리고, **소방본부장 또는 소방서장에게 보고**해야 한다.

> **Plus one** 감리결과 통보 시 첨부서류
> • 소방시설 성능시험조사표 1부
> • 착공신고 후 변경된 소방시설설계도면(변경사항이 있는 경우에만 첨부하되, 설계업자가 설계한 도면만 해당된다) 1부
> • 소방공사 감리일지(소방본부장 또는 소방서장에게 보고하는 경우에만 첨부한다)
> • 특정소방대상물의 사용승인 신청서 등 사용승인 신청을 증빙할 수 있는 서류 1부

(14) 감리업자를 선정하는 주택건설공사의 규모 및 대상 등(영 제12조의9)

① 선정권자 : 시·도지사

② 규모 및 대상 : 공동주택(기숙사는 제외한다)으로서 300세대 이상인 것

③ 감리업자 모집공고 : 주택건설사업계획을 승인한 날부터 7일 이내 시·도의 게시판과 인터넷 홈페이지에 게시

7 소방시설공사업의 도급

(1) 특정소방대상물의 관계인 또는 발주자는 소방시설공사 등을 도급할 때에는 해당 소방시설업자에게 도급해야 한다(법 제21조).

(2) 도급을 받은 자는 소방시설의 설계, 시공, 감리를 제3자에게 하도급할 수 없다(법 제22조). `10` `년 출제`

① 시공의 경우에는 대통령령으로 정하는 바에 따라 도급받은 소방시설공사의 일부를 다른 공사업자에게 **하도급할 수 있다**(법 제22조).

② 하수급인은 ①에 따라 하도급받은 소방시설공사를 제3자에게 다시 하도급할 수 없다(법 제22조).

> `Plus one` **소방시설공사의 시공을 하도급할 수 있는 경우**(영 제12조)
> - 주택건설사업
> - 건설업
> - 전기공사업
> - 정보통신공사업

③ 수급인은 발주자로부터 도급받은 소방시설공사 등에 대한 준공금을 받은 경우에는 하도급 대금의 전부를, 기성금을 받은 경우에는 하수급인이 시공하거나 수행한 부분에 상당한 금액을 각각 지급받은 날부터 15일 이내에 하수급인에게 현금으로 지급해야 한다(법 제22조의3).

(3) 하도급계약심사위원회의 구성(영 제12조의3) `21` `년 출제`

① 위원장 1명과 부위원장 1명을 포함하여 10명 이내의 위원으로 구성한다.

② 위원회의 위원장은 발주기관의 장(발주기관이 특별시·광역시·특별자치시·도 및 특별자치도인 경우에는 해당 기관 소속 2급 또는 3급 공무원 중에서, 발주기관이 제12조의2 제2항에 따른 공공기관인 경우에는 1급 이상 임직원 중에서 발주기관의 장이 지명하는 사람)이 되고, 부위원장과 위원은 다음의 어느 하나에 해당하는 사람 중에서 위원장이 임명하거나 성별을 고려하여 위촉한다.

㉠ 해당 발주기관의 과장급 이상 공무원(공공기관의 경우에는 2급 이상의 임직원을 말한다)

㉡ 소방 분야 연구기관의 연구위원급 이상인 사람

㉢ 소방 분야의 박사학위를 취득하고 그 분야에서 3년 이상 연구 또는 실무경험이 있는 사람

㉣ 대학(소방 분야로 한정한다)의 조교수 이상인 사람

㉤ 국가기술자격법에 따른 소방기술사 자격을 취득한 사람

③ 위원의 임기는 3년으로 하며, 한 차례만 연임할 수 있다.

(4) 소방시설공사 분리 도급의 예외(영 제11조의2) `24` `년 출제`

① 재난 및 안전관리 기본법 제3조 제1호에 따른 재난의 발생으로 긴급하게 착공해야 하는 공사인 경우

② 국방 및 국가안보 등과 관련하여 기밀을 유지해야 하는 공사인 경우

③ 소방시설공사의 착공신고 대상에 해당하지 않는 공사인 경우

④ 연면적이 1,000[m²] 이하인 특정소방대상물에 비상경보설비를 설치하는 공사인 경우

⑤ 다음의 어느 하나에 해당하는 입찰로 시행되는 공사인 경우

　　㉠ 대안입찰 또는 일괄입찰

　　㉡ 실시설계 기술제안입찰 또는 기본설계 기술제안입찰

⑥ 국가첨단전략산업 경쟁력 강화 및 보호에 관한 특별조치법 제2조 제1호에 따른 국가첨단전략기술 관련 연구시설·개발시설 또는 그 기술을 이용하여 제품을 생산하는 시설 공사인 경우

⑦ 그 밖에 국가유산수리 및 재개발·재건축 등의 공사로서 공사의 성질상 분리하여 도급하는 것이 곤란하다고 소방청장이 인정하는 경우

(5) 도급계약의 해지 사유(법 제23조) 22 년 출제

① 소방시설업이 등록취소되거나 영업정지된 경우

② 소방시설업을 **휴업하거나 폐업한 경우**

③ 정당한 사유 없이 **30일 이상 소방시설공사를 계속하지 않은 경우**

④ 하도급의 통지를 받은 경우 그 하수급인이 적당하지 않다고 인정되어 하수급인의 변경을 요구하였으나 정당한 사유 없이 따르지 않은 경우

(6) 동일한 특정소방대상물의 소방시설에 대한 공사 및 감리를 함께 할 수 없는 경우(법 제24조) 10 년 출제

① 공사업자와 감리업자가 같은 자인 경우

② 그 사업내용을 지배하는 기업집단의 관계인 경우

③ 법인과 그 법인의 임직원의 관계인 경우

④ 공사업자와 감리업자가 친족관계인 경우

(7) 하도급 통지 시 첨부 서류(규칙 제20조)

① 하도급계약서(안) 1부

② 예정공정표 1부

③ 하도급내역서 1부

④ 하수급인의 소방시설업 등록증 사본 1부

(8) 공사대금의 지급보증 등의 방법 및 절차(규칙 제20조의2)

① 발주자가 수급인에게 공사대금의 지급을 보증하거나 담보를 제공해야 하는 금액

　　㉠ 공사기간이 4개월 이내인 경우 : 도급금액에서 계약상 선급금을 제외한 금액

　　㉡ 공사기간이 4개월을 초과하는 경우로서 기성부분에 대한 대가를 지급하지 않기로 약정하거나 그 대가의 지급주기가 2개월 이내인 경우 : 다음의 계산식에 따라 산출된 금액

$$\frac{도급금액 - 계약상\ 선급금}{공사기간(월)} \times 4$$

ⓒ 공사기간이 4개월을 초과하는 경우로서 기성부분에 대한 대가의 지급주기의 2개월을 초과하는 경우 : 다음의 계산식에 따라 산출된 금액

$$\frac{도급금액 - 계약상\ 선급금}{공사기간(월)} \times 기성부분에\ 대한\ 대가의\ 지급주기(월수) \times 2$$

② 공사대금의 지급 보증 또는 담보의 제공은 수급인이 발주자에게 계약의 이행을 보증한 날부터 30일 이내에 해야 한다.

(9) 시공능력평가 및 공시(법 제26조)

① **소방청장**은 관계인 또는 발주자가 적절한 공사업자를 선정할 수 있도록 하기 위하여 공사업자의 신청이 있으면 그 공사업자의 **소방시설공사 실적, 자본금** 등에 따라 **시공능력을 평가하여 공시**할 수 있다.

② 시공능력 평가신청 절차, 평가방법 및 공시방법 등에 관하여 필요한 사항은 **행정안전부령**으로 정한다.

(10) 시공능력평가의 평가방법(규칙 별표 4) 10 년 출제

① **시공능력평가액** = 실적평가액 + 자본금평가액 + 기술력평가액 + 경력평가액 ± 신인도평가액

② 실적평가액 = 연평균공사 실적액

③ 자본금평가액 = (실질자본금×실질자본금의 평점 + 소방청장이 지정한 금융회사 또는 소방산업공제조합에 출자·예치·담보금액) × 70/100

④ 기술력평가액 = 전년도 공사업계의 기술자 1인당 평균생산액 × 보유기술인력 가중치합계 × 30/100 + 전년도 기술개발투자액

⑤ 경력평가액 = 실적평가액 × 공사업경영기간 평점 × 20/100

⑥ 신인도평가액 = (실적평가액 + 자본근평가액 + 기술력평가액 + 경력평가액) × 신인도 반영비율 합계

8 소방기술자

(1) 기계분야의 소방시설공사의 경우(영 별표 2)

소방기술자의 배치기준에 따른 기계분야의 소방기술자를 공사현장에 배치해야 한다.

① 옥내소화전설비, 스프링클러설비 등, 물분무 등 소화설비 또는 옥외소화전설비의 공사

② 상수도소화용수설비, 소화수조, 저수조 또는 그 밖의 소화용수설비의 공사

③ 제연설비, 연결송수관설비, 연결살수설비 또는 연소방지설비의 공사

④ 기계분야 소방시설에 부설되는 전기시설의 공사(다만, 비상전원, 동력회로, 제어회로, 기계분야의 소방시설을 작동하기 위해 설치하는 화재감지기에 의한 화재감지장치 및 전기신호에 의한 소방시설의 작동장치의 공사는 제외한다)

(2) 전기분야의 소방시설공사의 경우(영 별표 2)

소방기술자의 배치기준에 따른 전기분야의 소방기술자를 공사현장에 배치해야 한다.

① 비상경보설비, 시각경보기, 자동화재탐지설비, 비상방송설비, 자동화재속보설비 또는 통합감시시설의 공사

② 비상콘센트설비 또는 무선통신보조설비의 공사

③ 기계분야 소방시설에 부설되는 전기시설 중 ⑴의 ④ 단서의 전기시설의 공사

(3) 기술자 배치(영 별표 2)

공사업자는 다음의 경우를 제외하고는 1명의 소방기술자를 2개의 공사현장을 초과하여 배치해서는 안 된다.

① 건축물의 연면적이 5,000[m^2] 미만인 공사현장에만 배치하는 경우. 다만 그 연면적의 합계는 20,000[m^2]를 초과해서는 안 된다.

② 건축물의 연면적이 5,000[m^2] 이상인 공사현장 2개 이하와 5,000[m^2] 미만인 공사현장에 같이 배치하는 경우. 다만, 5,000[m^2] 미만의 공사현장의 연면적의 합계는 10,000[m^2]를 초과해서는 안 된다.

> 연면적 3,000[m^2] 이상의 특정소방대상물(아파트는 제외)이거나 지하층을 포함한 층수가 16층 이상으로서 500세대 이상인 아파트에 대한 소방시설공사의 경우에는 1개의 공사현장에만 배치해야 한다.

(4) 소방기술자의 배치기준(영 별표 2) 16 17 21 년 출제

소방기술자의 배치기준	소방시설공사 현장의 기준
행정안전부령으로 정하는 특급기술자인 소방기술자(기계분야 및 전기분야)	• 연면적 200,000[m^2] 이상인 특정소방대상물의 공사 현장 • 지하층을 포함한 층수가 40층 이상인 특정소방대상물의 공사 현장
행정안전부령으로 정하는 고급기술자 이상의 소방기술자(기계분야 및 전기분야)	• 연면적 30,000[m^2] 이상 200,000[m^2] 미만인 특정소방대상물(아파트는 제외한다)의 공사 현장 • 지하층을 포함한 층수가 16층 이상 40층 미만인 특정소방대상물의 공사 현장
행정안전부령으로 정하는 중급기술자 이상의 소방기술자(기계분야 및 전기분야)	• 물분무 등 소화설비(호스릴 방식의 소화설비는 제외한다) 또는 제연설비가 설치되는 특정소방대상물의 공사 현장 • 연면적 5,000[m^2] 이상 30,000[m^2] 미만인 특정소방대상물(아파트는 제외한다)의 공사 현장 • 연면적 10,000[m^2] 이상 200,000[m^2] 미만인 아파트의 공사 현장
행정안전부령으로 정하는 초급기술자 이상의 소방기술자(기계분야 및 전기분야)	• 연면적 1,000[m^2] 이상 5,000[m^2] 미만인 특정소방대상물(아파트는 제외한다)의 공사 현장 • 연면적 1,000[m^2] 이상 10,000[m^2] 미만인 아파트의 공사 현장 • 지하구(地下溝)의 공사 현장
법 제28조에 따라 자격수첩을 발급받은 소방기술자	연면적 1,000[m^2] 미만인 특정소방대상물의 공사 현장

(5) 소방기술자

① 소방기술자는 다른 사람에게 그 자격증(기술인정 자격수첩, 소방기술자 경력수첩)을 빌려주어서는 안 된다(법 제27조).

② 소방기술자는 동시에 둘 이상의 업체에 취업해서는 안 된다. 다만, 소방기술자 업무에 영향을 미치지 않는 범위에서 근무시간 외에 소방시설업이 아닌 다른 업종에 종사하는 경우는 제외한다(법 제27조).

③ **인정자격 취소, 6개월 이상 2년 이하의 인정자격을 정지시킬 수 있는 사항**(법 제28조)

⊙ 거짓이나 그 밖의 부정한 방법으로 자격수첩 또는 경력수첩을 발급받은 경우(**자격 취소**)

ⓛ 자격수첩 또는 경력수첩을 다른 자에게 빌려준 경우(**자격 취소**)

ⓒ 동시에 둘 이상의 업체에 취업한 경우

ⓔ 이 법 또는 이 법에 따른 명령을 위반한 경우

④ 자격이 취소된 사람은 취소된 날부터 2년간 자격수첩 또는 경력수첩을 발급받을 수 없다.

⑤ **실무교육**(법 제29조, 규칙 제26조)

ⓖ 실무교육기관 지정 : 소방청장

ⓛ 실무교육기관의 지정방법·절차·기준 등에 필요한 사항 : 행정안전부령

ⓒ 실무교육 : 2년마다 1회 이상 교육을 받아야 한다.

ⓔ 실무교육일정 통보 : 교육대상자에게 교육 10일 전까지 통보

9 소방시설업자협회

(1) 소방시설업자협회의 설립(법 제30조의2)

① 협회는 법인으로 한다.

② 협회는 소방청장의 인가를 받아 주된 사무소의 소재지에 설립등기를 함으로써 성립한다.

③ 협회의 설립인가 절차, 정관의 기재사항 및 협회에 대한 감독에 관하여 필요한 사항은 대통령령으로 정한다.

(2) 소방시설업자협회의 업무(법 제30조의3) `19` 년 출제

① 소방시설업의 기술발전과 소방기술의 진흥을 위한 조사·연구·분석 및 평가

② 소방산업의 발전 및 소방기술의 향상을 위한 지원

③ 소방시설업의 기술발전과 관련된 국제교류·활동 및 행사의 유치

④ 이 법에 따른 위탁 업무의 수행

10 감 독

(1) **시·도지사, 소방본부장** 또는 **소방서장**은 소방시설업의 감독을 위하여 필요할 때에는 소방시설업자 및 관계인에 대하여 필요한 보고 또는 자료제출을 명할 수 있고, 관계공무원으로 하여금 소방시설업체나 특정소방대상물에 출입하여 관계 서류와 시설 등을 검사하거나 소방시설업자 및 관계인에게 질문하게 할 수 있다(법 제31조).

(2) 출입·검사를 하는 관계공무원은 그 권한을 표시하는 증표를 지니고 이를 관계인에게 보여 주어야 한다(법 제31조).

(3) 출입·검사업무를 수행하는 관계공무원은 관계인의 정당한 업무를 방해하거나 출입·검사업무를 수행하면서 알게 된 비밀을 다른 자에게 누설해서는 안 된다(법 제31조).

(4) **청문 실시권자 : 시·도지사**(법 제32조)

(5) **청문 대상 : 소방시설업 등록취소 처분이나 영업정지 처분, 소방기술인정 자격취소의 처분**(법 제32조)

11 벌 칙

(1) 3년 이하의 징역 또는 3,000만원 이하의 벌금(법 제35조)

① 소방시설업 **등록을 하지 않고 영업을 한 자**

② 부정한 청탁을 받고 재물 또는 재산상의 이익을 취득하거나 부정한 청탁을 하면서 재물 또는 재산상의 이익을 제공한 자

(2) 1년 이하의 징역 또는 1,000만원 이하의 벌금(법 제36조) **16 년 출제**

① 영업정지 처분을 받고 그 영업정지 기간에 영업을 한 자

② 설계업자, 공사업자의 화재안전기준 규정을 위반하여 설계나 시공을 한 자

③ 감리업자의 업무규정을 위반하여 감리를 하거나 거짓으로 감리한 자

④ 감리업자가 **공사감리자를 지정하지 않는 자**

⑤ 감리업자가 소방시설공사의 설계도서나 화재안전기준에 맞지 않을 때에 관계인이나 공사업자에게 보고를 거짓으로 한 자

⑥ 공사감리 결과의 통보 또는 공사감리 결과보고서의 제출을 거짓으로 한 자

⑦ 소방시설업자가 아닌 자에게 소방시설공사 등을 도급한 자

⑧ 하도급 규정을 위반하여 도급받은 소방시설의 설계, 시공, 감리를 하도급한 자

⑨ 하도급받은 소방시설공사를 다시 하도급한 자

(3) 300만원 이하의 벌금(법 제37조) **16 년 출제**

① 다른 자에게 자기의 성명이나 상호를 사용하여 소방시설공사 등을 수급 또는 시공하게 하거나 소방시설업의 등록증이나 등록수첩을 빌려준 자

② 소방시설 공사현장에 **감리원을 배치하지 않은 자**

③ 소방시설공사가 설계도서 또는 화재안전기준에 적합하지 않아서 보완하도록 한 감리업자의 보완요구에 따르지 않은 자

④ 공사감리계약을 해지하거나, 대가 지급을 거부하거나 지연시키거나 불이익을 준 자

⑤ 소방시설공사를 다른 업종의 공사와 분리하여 도급하지 않은 자

⑥ 소방기술인정 자격수첩 또는 경력수첩을 빌려준 사람

⑦ **소방기술자**가 동시에 **둘 이상의 업체에 취업한 사람**

⑧ 관계인의 정당한 업무를 방해하거나 업무상 알게 된 비밀을 누설한 사람

(4) 100만원 이하의 벌금(법 제38조)

① 소방시설업자 및 관계인의 보고 및 자료제출, 관계서류 검사 또는 질문 등 위반하여 보고 또는 자료제출을 하지 않거나 거짓으로 한 자

② 소방시설업자 및 관계인의 보고 및 자료제출, 관계서류 검사 또는 질문 등 규정을 위반하여 정당한 사유 없이 관계공무원의 출입 또는 검사·조사를 거부·방해 또는 기피한 자

(5) 200만원 이하의 과태료(법 제40조) **20 23 24 년 출제**

① 등록사항의 변경신고, 소방시설업자의 지위승계, 소방시설공사의 착공신고, 공사업자의 변경신고, 감리업자의 지정신고 또는 변경신고를 하지 않거나 거짓으로 신고한 자

② 관계인에게 지위승계, 행정처분 또는 휴업·폐업의 사실을 거짓으로 알린 자

③ 소방시설업자가 관계서류를 보관하지 않은 자

④ 공사업자가 소방기술자를 공사현장에 배치하지 않은 자

⑤ 공사업자가 **완공검사를 받지 않은 자**

⑥ 공사업자가 3일 이내에 보수하지 않거나 하자보수계획을 관계인에게 거짓으로 알린 자

⑦ 새로 지정된 감리업자에게 감리 관계 서류를 인수·인계하지 않은 자

⑧ 배치통보 및 변경통보를 하지 않거나 거짓으로 통보한 자

⑨ 방염성능기준 미만으로 방염을 한 자

⑩ 방염처리능력 평가에 관한 서류를 거짓으로 한 자

⑪ 도급계약 체결 시 의무를 이행하지 않은 자(하도급 계약의 경우에는 하도급받은 소방시설업자는 제외한다)

⑫ 하도급 등의 통지를 하지 않은 자

⑬ 공사대금의 지급보증, 담보의 제공 또는 보험료 등의 지급을 정당한 사유없이 이행을 하지 않은 자

> 과태료 부과권자 : 시·도지사, 소방본부장, 소방서장

⓬ 소방시설업에 대한 행정처분

(1) 일반기준(규칙 별표 1)

① 위반행위가 동시에 둘 이상 발생한 경우에는 그중 중한 처분기준(중한 처분기준이 동일한 경우에는 그중 하나의 처분기준을 말한다)에 따르되, 둘 이상의 처분기준이 동일한 영업정지인 경우에는 중한 처분의 2분의 1까지 가중하여 처분할 수 있다.

② 영업정지 처분기간 중 영업정지에 해당하는 위반사항이 있는 경우에는 종전의 처분기간 만료일의 다음날부터 새로운 위반사항에 대한 영업정지의 행정처분을 한다.

③ 위반행위의 차수에 따른 행정처분기준은 최근 1년간 같은 위반행위로 행정처분을 받은 경우에 적용하되, 위반행위의 차수는 재물 또는 재산상의 이익을 취득하거나 제공한 횟수로 산정한다. 이 경우 기준 적용일은 위반사항에 대한 행정처분일과 그 처분 후 다시 적발한 날을 기준으로 한다.

④ ③에 따라 가중된 행정처분을 하는 경우 가중처분의 적용차수는 그 위반행위 전 행정처분 차수(③에 따른 기간 내에 행정처분이 둘 이상 있었던 경우에는 높은 차수를 말한다)의 다음 차수로 한다. 다만, 적발된 날부터 소급하여 1년이 되는 날 전에 한 행정처분은 가중처분의 차수 산정 대상에서 제외한다.

⑤ 영업정지 등에 해당하는 위반사항으로서 위반행위의 동기·내용·횟수·사유 또는 그 결과를 고려하여 다음에 해당하는 경우 그 처분을 가중하거나 감경할 수 있다. 이 경우 그 처분이 영업정지 그 처분기준의 2분의 1의 범위에서 가중하거나 감경할 수 있고, 그 처분이 등록취소(법 제9조 제1항 제1호, 제3호, 제6호 및 제7호를 위반하여 등록취소가 된 경우는 제외한다)인 경우에는 등록취소 전 차수의 행정처분이 영업정지일 경우 처분기준의 2배 이상의 영업정지 처분으로 감경할 수 있다.

　㉠ 가중사유

　　• 위반행위가 사소한 부주의나 오류가 아닌 고의나 중대한 과실에 의한 것으로 인정되는 경우

　　• 위반의 내용·정도가 중대하여 관계인에게 미치는 피해가 크다고 인정되는 경우

ⓛ **감경사유**
- 위반행위가 고의나 중대한 과실이 아닌 사소한 부주의나 오류로 인한 것으로 인정되는 경우
- 위반의 내용·정도가 경미하여 관계인에게 미치는 피해가 적다고 인정되는 경우
- 위반행위자의 위반행위가 처음이며 5년 이상 소방시설업을 모범적으로 해 온 사실이 인정되는 경우
- 위반행위자가 그 위반행위로 인하여 검사로부터 기소유예 처분을 받거나 법원으로부터 선고유예 판결을 받은 경우

(2) **개별기준**(규칙 별표 1) **15** **년 출제**

위반사항	근거 법령	행정처분기준		
		1차	2차	3차
거짓이나 그 밖의 부정한 방법으로 등록한 경우	법 제9조	등록취소		
법 제4조 제1항에 따른 등록기준에 미달하게 된 후 30일이 경과한 경우(법 제9조 제1항 제2호 단서에 해당하는 경우는 제외한다)	법 제9조	경고 (시정명령)	영업정지 3개월	등록취소
법 제5조 각 호의 등록 결격사유에 해당하게 된 경우	법 제9조	등록취소		
등록을 한 후 정당한 사유 없이 1년이 지날 때까지 영업을 시작하지 않거나 계속하여 1년 이상 휴업한 때	법 제9조	경고 (시정명령)	등록취소	
법 제8조 제1항을 위반하여 다른 자에게 자기의 성명이나 상호를 사용하여 소방시설공사 등을 수급 또는 시공하게 하거나 소방시설업의 등록증 또는 등록수첩을 빌려준 경우	법 제9조	영업정지 6개월	등록취소	
법 제8조 제2항을 위반하여 영업정지 기간 중에 소방시설공사 등을 한 경우	법 제9조	등록취소		
법 제8조 제3항 또는 제4항을 위반하여 통지를 하지 않거나 관계서류를 보관하지 않은 경우	법 제9조	경고 (시정명령)	영업정지 1개월	등록취소
법 제11조 또는 제12조 제1항을 위반하여 화재안전기준 등에 적합하게 설계·시공을 하지 않거나, 법 제16조 제1항에 따라 적합하게 감리를 하지 않은 경우	법 제9조	영업정지 1개월	영업정지 3개월	등록취소
법 제11조, 제12조 제1항, 제16조 제1항 또는 제20조의2에 따른 소방시설공사 등의 업무수행의무 등을 고의 또는 과실로 위반하여 다른 자에게 상해를 입히거나 재산피해를 입힌 경우	법 제9조	영업정지 6개월	등록취소	
법 제12조 제2항을 위반하여 소속 소방기술자를 공사현장에 배치하지 않거나 거짓으로 한 경우	법 제9조	경고 (시정명령)	영업정지 1개월	등록취소
법 제13조 또는 제14조를 위반하여 착공신고(변경신고를 포함한다)를 하지 않거나 거짓으로 한 때 또는 완공검사(부분완공검사를 포함한다)를 받지 않은 경우	법 제9조	경고 (시정명령)	영업정지 3개월	등록취소
법 제13조 제2항 후단을 위반하여 착공신고사항 중 중요한 사항에 해당하지 않는 변경사항을 같은 항 각 호의 어느 하나에 해당하는 서류에 포함하여 보고하지 않은 경우	법 제9조	경고 (시정명령)	영업정지 1개월	등록취소
법 제15조 제3항을 위반하여 하자보수 기간 내에 하자보수를 하지 않거나 하자보수계획을 통보하지 않은 경우	법 제9조	경고 (시정명령)	영업정지 1개월	등록취소
법 제16조 제3항에 따른 감리의 방법을 위반한 경우	법 제9조	경고 (시정명령)	영업정지 1개월	등록취소
법 제17조 제3항을 위반하여 인수·인계를 거부·방해·기피한 경우	법 제9조	영업정지 1개월	영업정지 3개월	등록취소
법 제18조 제1항을 위반하여 소속 감리원을 공사현장에 배치하지 않거나 거짓으로 한 경우	법 제9조	영업정지 1개월	영업정지 3개월	등록취소
법 제18조 제3항의 감리원 배치기준을 위반한 경우	법 제9조	경고 (시정명령)	영업정지 1개월	등록취소
법 제19조 제1항에 따른 요구에 따르지 않은 경우	법 제9조	영업정지 1개월	영업정지 3개월	등록취소

위반사항	근거 법령	행정처분기준		
		1차	2차	3차
법 제19조 제3항을 위반하여 보고하지 않은 경우	법 제9조	경고 (시정명령)	영업정지 1개월	등록취소
법 제20조를 위반하여 감리 결과를 알리지 않거나 거짓으로 알린 경우 또는 공사감리 결과보고서를 제출하지 않거나 거짓으로 제출한 경우	법 제9조	경고 (시정명령)	영업정지 3개월	등록취소
법 제20조의2를 위반하여 방염을 한 경우	법 제9조	영업정지 3개월	영업정지 6개월	등록취소
법 제20조의3 제2항에 따른 방염처리능력 평가에 관한 서류를 거짓으로 제출한 경우	법 제9조	영업정지 3개월	영업정지 6개월	등록취소
법 제21조의3 제4항을 위반하여 하도급 등에 관한 사항을 관계인과 발주자에게 알리지 않거나 거짓으로 알린 경우	법 제9조	경고 (시정명령)	영업정지 1개월	등록취소
법 제21조의 5 제1항 또는 제3항을 위반하여 부정한 청탁을 받고 재물 또는 재산상의 이익을 취득하거나 부정한 청탁을 하면서 재물 또는 재산상의 이익을 제공한 경우 1) 취득하거나 제공한 재물 또는 재산상의 이익의 가액이 1천만원 이상인 경우	법 제9조	영업정지 3개월	영업정지 6개월	등록취소
2) 취득하거나 제공한 재물 또는 재산상의 이익의 가액이 1백만원 이상 1천만원 이상인 경우		영업정지 2개월	영업정지 5개월	등록취소
3) 취득하거나 제공한 재물 또는 재산상의 이익의 가액이 1백만원 미만인 경우		영업정지 1개월	영업정지 4개월	등록취소
법 제22조 제1항 본문을 위반하여 도급받은 소방시설의 설계, 시공, 감리를 하도급한 경우	법 제9조	영업정지 3개월	영업정지 6개월	등록취소
법 제22조 제2항을 위반하여 하도급받은 소방시설공사를 다시 하도급한 경우	법 제9조	영업정지 3개월	영업정지 6개월	등록취소
법 제22조의2 제2항을 위반하여 정당한 사유 없이 하수급인 또는 하도급 계약내용의 변경요구에 따르지 않은 경우	법 제9조	경고 (시정명령)	영업정지 1개월	등록취소
제22조의3을 위반하여 하수급인에게 대금을 지급하지 않은 경우	법 제9조	영업정지 1개월	영업정지 3개월	등록취소
법 제24조를 위반하여 시공과 감리를 함께 한 경우	법 제9조	영업정지 3개월	등록취소	
법 제26조 제2항에 따른 시공능력 평가에 관한 서류를 거짓으로 제출한 경우	법 제9조	영업정지 3개월	영업정지 6개월	등록취소
법 제26조의2 제1항 후단에 따른 사업수행능력 평가에 관한 서류를 위조하거나 변조하는 등 거짓이나 그 밖의 부정한 방법으로 입찰에 참여한 경우	법 제9조	영업정지 3개월	영업정지 6개월	등록취소
법 제31조에 따른 명령을 위반하여 보고 또는 자료 제출을 하지 않거나 거짓으로 보고 또는 자료 제출을 한 경우	법 제9조	영업정지 3개월	영업정지 6개월	등록취소
정당한 사유 없이 법 제31조에 따른 관계 공무원의 출입 또는 검사·조사를 거부·방해 또는 기피한 경우	법 제9조	영업정지 3개월	영업정지 6개월	등록취소

🔢 과태료의 부과기준

(1) 일반기준(영 별표 5)

① 위반행위의 횟수에 따른 과태료의 가중된 부과기준은 최근 1년간 같은 위반행위로 과태료 부가처분을 받은 경우에 적용한다. 이 경우 기간의 계산은 위반행위에 대하여 과태료 부과처분을 받은 날과 그 처분 후 다시 같은 위반행위를 하여 적발된 날을 기준으로 한다.

② ①에 따라 가중된 부과처분을 하는 경우 가중처분의 적용 차수는 그 위반행위 전 부과처분 차수(① 에 따른 기간 내에 과태료 부과처분이 둘 이상 있었던 경우에는 높은 차수를 말한다)의 다음 차수로 한다. 다만, 적발된 날부터 소급하여 1년이 되는 날 전에 한 부과처분은 가중처분의 차수 산정 대상에서 제외한다.

③ 과태료 부과권자는 위반행위자가 다음의 어느 하나에 해당하는 경우에는 (2)에 따른 과태료 금액의 2분의 1의 범위에서 그 금액을 줄여 부과할 수 있다. 다만, 과태료를 체납하고 있는 위반행위자에 대해서는 그렇지 않다.

　㉠ 위반행위자가 질서위반행위규제법 시행령 제2조의2 제1항 각 호의 어느 하나에 해당하는 경우
　㉡ 위반행위자가 처음 위반행위를 한 경우로서 3년 이상 해당 업종을 모범적으로 영위한 사실이 인정되는 경우
　㉢ 위반행위자가 화재 등 재난으로 재산에 현저한 손실이 발생하거나 사업 여건의 악화로 사업이 중대한 위기에 처하는 등의 사정이 있는 경우
　㉣ 위반행위가 사소한 부주의나 오류 등 과실로 인한 것으로 인정되는 경우
　㉤ 위반행위자가 같은 위반행위로 다른 법률에 따라 과태료·벌금 또는 영업정지 등의 처분을 받은 경우
　㉥ 위반행위자가 위법행위로 인한 결과를 시정하거나 해소한 경우
　㉦ 그 밖에 위반행위의 정도, 위반행위의 동기와 그 결과 등을 고려하여 과태료 금액을 줄일 필요가 있다고 인정되는 경우

(2) 개별기준(영 별표 5) 24 년 출제

위반행위	근거 법조문	과태료 금액(단위 : 만원)		
		1차 위반	2차 위반	3차 이상 위반
법 제6조, 제6조의2 제1항, 제7조 제3항, 제13조 제1항 및 제2항 전단, 제17조 제2항을 위반하여 신고를 하지 않거나 거짓으로 신고한 경우	법 제40조 제1항 제1호	60	100	200
법 제8조 제3항을 위반하여 관계인에게 지위승계, 행정처분 또는 휴업·폐업의 사실을 거짓으로 알린 경우	법 제40조 제1항 제2호	60	100	200
법 제8조 제4항을 위반하여 관계 서류를 보관하지 않은 경우	법 제40조 제1항 제3호	200		
법 제12조 제2항을 위반하여 소방기술자를 공사 현장에 배치하지 않은 경우	법 제40조 제1항 제4호	200		
법 제14조 제1항을 위반하여 완공검사를 받지 않은 경우	법 제40조 제1항 제5호	200		

위반행위	근거 법조문	과태료 금액(단위 : 만원)		
		1차 위반	2차 위반	3차 이상 위반
법 제15조 제3항을 위반하여 3일 이내에 하자를 보수하지 않거나 하자보수계획을 관계인에게 거짓으로 알린 경우 1) 4일 이상 30일 이내에 보수하지 않은 경우 2) 30일을 초과하도록 보수하지 않은 경우 3) 거짓으로 알린 경우	법 제40조 제1항 제6호	60 100 200		
법 제17조 제3항을 위반하여 감리 관계 서류를 인수·인계하지 않은 경우	법 제40조 제1항 제8호	200		
법 제18조 제2항에 따른 배치통보 및 변경통보를 하지 않거나 거짓으로 통보한 경우	법 제40조 제1항 제8호의2	60	100	200
법 제20조의2를 위반하여 방염성능기준 미만으로 방염을 한 경우	법 제40조 제1항 제9호	200		
법 제20조의3 제2항에 따른 방염처리능력 평가에 관한 서류를 거짓으로 제출한 경우	법 제40조 제1항 제10호	200		
법 제21조의3 제2항에 따른 도급계약 체결 시 의무를 이행하지 않은 경우(하도급 계약의 경우에는 하도급 받은 소방시설업자는 제외한다)	법 제40조 제1항 제10호의3	200		
법 제21조의3 제4항에 따른 하도급 등의 통지를 하지 않은 경우	법 제40조 제1항 제11호	60	100	200
법 제21조의4 제1항에 따른 공사대금의 지급보증, 담보의 제공 또는 보험료 등의 지급을 정당한 사유 없이 이행하지 않은 경우	법 제40조 제1항 제11호의2	200		
법 제26조 제2항에 따른 시공능력 평가에 관한 서류를 거짓으로 제출한 경우	법 제40조 제1항 제13호의2	200		
법 제26조의2 제1항 후단에 따른 사업수행능력 평가에 관한 서류를 위조하거나 변조하는 등 거짓이나 그 밖의 부정한 방법으로 입찰에 참여한 경우	법 제40조 제1항 제13호의3	200		
법 제31조 제1항에 따른 명령을 위반하여 보고 또는 자료 제출을 하지 않거나 거짓으로 보고 또는 자료 제출을 한 경우	법 제40조 제1항 제14호	60	100	200

예상문제

01 소방시설공사업법상 소방시설업의 종류가 아닌 것은?

① 소방시설설계업

② 소방시설공사업

③ 소방공사감리업

④ 소방시설관리업

> 해설 **소방시설업** : 소방시설**설계업**, 소방시설**공사업**, 소방공사**감리업**, **방염처리업**
>
> 정답 ④

02 설계 도서에 따라 소방시설을 신설, 증설, 개선, 이전 및 정비하는 것을 무엇이라고 하는가?

① 시 공

② 설 계

③ 감 리

④ 완 공

> 해설 **소방시설업의 종류**
> • 소방시설설계업 : 소방시설공사에 기본이 되는 공사계획, 설계도면, 시방서, 기술계산서 및 이와 관련된 서류(설계도서)를 작성하는 영업
> • 소방시설공사업 : 설계도서에 따라 소방시설을 신설, 증설, 개선, 이전 및 정비하는 영업
> • 소방공사감리업 : 소방시설공사에 관한 발주자의 권한을 대행하여 소방시설공사가 설계도서와 관계법령에 따라 적법하게 시공되는지를 확인하고 품질·시공관리에 대한 기술지도를 하는 영업
> • 방염처리업 : 방염대상물품에 대하여 방염처리하는 영업
>
> 정답 ①

03 다음 중 소방시설업에 대한 설명으로 옳지 않은 것은?

① 소방시설업에는 소방시설설계업, 소방시설공사업, 소방공사감리업이 있다.

② 소방시설업을 하고자 하는 자는 시·도지사에게 소방시설업의 등록을 해야 한다.

③ 감리원이란 소방시설공사업에 소속된 기술자로서 감리능력이 있는 사람을 말한다.

④ 소방시설업자는 등록증 또는 등록수첩을 다른 자에게 빌려주어서는 안 된다.

> 해설 **감리원** : 소방공사감리업자에 소속된 소방기술자로서 해당 소방시설공사의 감리를 수행하는 사람
>
> 정답 ③

04 다음 중 소방시설업 등에 관한 사항으로 옳은 것은?

① 소방시설업의 영업정지 시에 그 이용자에게 심한 불편을 줄 때에는 영업정지 처분에 갈음하여 2억원 이하의 과징금을 부과할 수 있다.

② 소방시설의 공사와 감리는 동일인이 수행할 수 있다.

③ 소방시설업은 어떠한 경우에도 지위를 승계할 수 없다.

④ 소방시설업자는 소방시설업의 등록증 또는 등록수첩을 1회에 한하여 다른 자에게 빌려줄 수 있다.

> **해설** **소방시설업**
> • 소방시설업의 과징금 : 2억원 이하
> • 소방시설의 공사와 감리는 동일인이 수행할 수 없다.
> • 소방시설업은 지위를 승계할 수 있다.
> • 소방시설업자는 소방시설업의 등록증 또는 등록수첩을 다른 사람에게 빌려 주어서는 안 된다.
>
> **정답** ①

05 소방시설업을 할 때 그 절차로서 옳은 것은?

① 시·도지사에게 등록해야 한다.

② 행정안전부장관에 신고해야 한다.

③ 소방서장에게 등록을 해야 한다.

④ 소방본부장에게 인가를 받아야 한다.

> **해설** **소방시설업을 하고자 하는 사람 : 시·도지사에게 등록**(법 제4조)
>
> **정답** ①

06 소방시설업의 등록을 받을 수 있는 자로 옳은 것은?

① 피성년후견인

② 이 법에 의하여 금고 이상의 실형의 선고를 받고 그 집행이 종료되거나 집행이 면제된 날부터 1년이 지난 사람

③ 파산선고를 받은 자로서 복권된 사람

④ 등록이 취소된 날부터 2년이 경과되지 않은 사람

> **해설** **소방시설공사업 등록의 결격사유(법 제5조)**
> • 피성년후견인
> • 소방관련법령에 따른 금고 이상의 실형을 선고받고 그 집행이 끝나거나(집행이 끝난 것으로 보는 경우를 포함한다) 면제된 날부터 2년이 지나지 않은 사람
> • 소방관련법령에 따른 금고 이상의 형의 집행유예를 선고받고 그 유예기간 중에 있는 사람
> • 등록하려는 소방시설업 등록이 취소된 날부터 2년이 지나지 않은 사람
>
> **정답** ③

07 다음 중 소방시설공사업을 하려는 자가 공사업 등록 신청 시에 제출해야 하는 서류로 볼 수 없는 것은?

① 신청인의 인적사항이 적힌 서류

② 소방산업공제조합에 출자·예치·담보한 금액 확인서

③ 전문경영진단기관이 신청일 전 최근 90일 이내에 작성한 기업진단보고서

④ 법인 등기부 등본

> **해설** **등록 신청 시 제출서류(규칙 제2조)**
> • 신청인의 인적사항이 적힌 서류
> • 국가기술자격증 및 소방기술 인정 자격수첩 또는 소방기술자 경력수첩
> • 소방청장이 지정하는 금융회사나 소방산업공제조합에 출자·예치·담보한 금액 확인서
> • 금융위원회에 등록한 공인회계사, 기획재정부에 등록한 세무사, 전문경영진단기관이 신청일 전 최근 90일 이내에 작성한 **자산평가액** 또는 **기업진단보고서**(소방시설공사업에 한함)
>
> **정답** ④

08 소방시설업자가 등록받은 내용의 변경을 신고하지 않아도 되는 것은?

① 영업소의 소재지   ② 상호(명칭)

③ 사무실 임대차계약   ④ 소방설비기사

> **해설** **등록사항 변경신고 내용(규칙 제5조)**
> • 상호(명칭) 또는 영업소 소재지
> • 대표자
> • 기술인력
>
> **정답** ③

09 소방시설업의 등록사항 변경신고를 변경일로부터 며칠 이내에 해야 하는가?

① 7   ② 15

③ 30   ④ 60

> **해설** 소방시설업의 **등록사항 변경신고**는 변경일로부터 **30일 이내**에 신고해야 한다(규칙 제6조).
>
> **정답** ③

10 소방시설업의 등록신청서에 첨부서류가 미비되어 있는 때에는 며칠 이내의 기간을 정하여 이를 보완할 수 있는가?

① 10일   ② 14일

③ 20일   ④ 30일

> **해설** 소방시설업의 서류보완기간 : **10일 이내**(규칙 제2조의2)
>
> **정답** ①

11 다음 중 소방시설업자가 설계·시공 또는 감리를 수행하게 한 특정소방대상물의 관계인에게 지체 없이 그 사실을 통지해야 하는 내용에 포함되지 않는 것은?

① 소방시설공사업법 위반에 따라 벌금이 부과되었을 경우
② 소방시설업의 등록취소 처분 또는 영업정지 처분을 받은 경우
③ 휴업하거나 폐업을 한 경우
④ 소방시설업자의 지위를 승계한 경우

> **해설** 관계인에게 지체 없이 알려야 하는 내용(법 제8조)
> • 소방시설업자의 지위를 승계한 경우
> • 소방시설업의 등록취소 처분 또는 영업정지 처분을 받은 경우
> • 휴업하거나 폐업을 한 경우

정답 ①

12 공사를 수행 중인 소방시설공사업자에게 등록의 취소 또는 영업의 정지 처분 등이 있는 경우에는 지체 없이 누구에게 알려야 하는가?

① 해당 지역의 소방본부장 또는 소방서장
② 등록하였던 해당 관청
③ 공사 중인 특정소방대상물의 관계인
④ 해당 지역의 소방안전원

> **해설** 소방시설공사업자가 등록취소 처분 또는 영업정지 처분을 당하면 관계인에게 지체없이 알려야 한다.

정답 ③

13 소방시설공사 진행 중 소방시설업의 등록이 취소되었을 경우 공사업자가 취해야 할 사항 중 틀린 것은?

① 지체 없이 특정소방대상물의 관계인에게 취소 사실을 통지한다.
② 착공신고가 수리되어 공사 중인 것으로서 도급계약이 해지되지 않은 해당 공사는 계속할 수 있다.
③ 취소 처분받은 날로부터 시공을 해서는 안 된다.
④ 취소 일자를 기준하여 시공신고가 수리되어 공사 중인 것으로서 도급계약이 해지되지 않은 해당 공사는 계속할 수 없다.

> **해설** **소방시설업의 운영(법 제8조)**
> 영업정지 처분이나 등록취소 처분을 받은 소방시설업자는 그 날부터 소방시설공사 등을 해서는 안 된다. 다만, 소방시설의 **착공신고가 수리(受理)되어 공사를 하고 있는 자**로서 도급계약이 해지되지 않은 소방시설공사업자 또는 소방공사감리업자가 그 공사를 하는 동안이나 방염처리업을 등록한 자가 도급을 받아 방염 중인 것으로서 도급계약이 해지되지 않은 상태에서 그 방염을 하는 동안에는 그렇지 않다.

정답 ④

14 소방시설업자의 등록을 반드시 취소해야 할 경우는?

① 등록의 기준에 미달하게 된 경우

② 계속하여 1년 이상 휴업한 경우

③ 정당한 사유 없이 1년 이상 영업을 개시하지 않은 경우

④ 부정한 방법으로 등록을 한 경우

소방시설업의 등록취소 및 6개월 이내의 시정이나 영업정지(법 제9조)
- **거짓**이나 그 밖의 **부정한 방법**으로 등록을 한 경우(**등록취소**)
- 등록기준에 미달하게 된 후 30일이 경과한 경우
- **등록 결격사유**에 해당하게 된 경우(**등록취소**)
- 등록을 한 후 정당한 사유 없이 1년이 지날 때까지 영업을 시작하지 않거나 계속하여 1년 이상 휴업한 때
- 다른 자에게 자기의 성명이나 상호를 사용하여 소방시설공사 등을 수급 또는 시공하게 하거나 소방시설업의 등록증 또는 등록수첩을 빌려준 경우
- 영업정지 기간 중에 소방시설공사 등을 한 경우(**등록취소**)
- 소방기술자를 공사현장에 배치하지 않거나 거짓으로 한 경우
- 소속 감리원을 공사현장에 배치하지 않거나 거짓으로 한 경우
- 감리원 배치기준을 위반한 경우
- 동일인이 시공과 감리를 함께 한 경우

정답 ④

15 시·도지사는 등록취소와 영업정지 처분에 해당하는 경우로서 영업정지가 그 이용자에게 불편을 주거나 그 밖에 공익을 해칠 우려가 있을 때에는 영업정지처분을 갈음하여 얼마 이하의 과징금을 부과할 수 있는가?

① 5,000만원 ② 7,000만원

③ 1억원 ④ 2억원

시·도지사는 영업정지가 그 이용자에게 불편을 주거나 그 밖에 공익을 해칠 우려가 있을 때에는 영업정지 처분을 갈음하여 **2억원 이하의 과징금**을 부과할 수 있다(법 제10조).

정답 ④

16 성능위주설계를 할 수 있는 자의 자격, 기술인력 및 자격에 따른 설계의 범위 등에 관한 사항은 다음 중 어느 것에 따라 정하고 있는가?

① 대통령령 ② 행정안전부령

③ 소방청고시 ④ 시·도의 조례

성능위주설계를 할 수 있는 자의 자격, 기술인력 및 자격에 따른 설계의 범위 등에 관한 사항 : 대통령령(법 제11조)

정답 ①

17 전문 소방시설설계업의 등록기준에서 주된 기술인력과 보조기술인력의 최소 인원수로 옳은 것은?

① 주된 기술인력＝1명, 보조기술인력 : 1명

② 주된 기술인력＝2명, 보조기술인력 : 2명

③ 주된 기술인력＝1명, 보조기술인력 : 3명

④ 주된 기술인력＝2명, 보조기술인력 : 3명

> 해설 **전문 소방시설설계업의 기술인력**
> • 주된 기술인력(소방기술사) : 1명 이상
> • 보조기술인력 : 1명 이상

정답 ①

18 일반 소방시설설계업의 영업범위는 연면적 몇 [m²] 미만의 특정소방대상물에 설치되는 소방시설의 설계인가?

① 5,000   ② 10,000   ③ 20,000   ④ 30,000

> 해설 **일반 소방시설설계업의 영업범위** : 30,000[m²] 미만(영 별표 1)

정답 ④

19 전문소방시설공사업의 등록기준이 잘못된 것은?

① 기술인력(주된 기술인력) － 소방기술사 또는 기계분야와 전기분야의 소방설비기사 각 1명 이상

② 자본금 － 법인, 1억원 이상

③ 자본금 － 개인, 자산평가액 1억원 이상

④ 사무실 － 전용면적 33[m²] 이상

> 해설 **전문소방시설공사업의 사무실의 전용면적** : 등록기준에 없음

정답 ④

20 전문소방시설 공사업의 주된 기술인력의 기준에 해당되는 것은?

① 소방기술사와 전기분야 및 기계분야 구분 없이 소방설비기사 1명

② 소방기술사 또는 전기분야 및 기계분야 구분 없이 소방설비기사 1명

③ 기계분야의 소방설비기사 1명과 전기분야의 소방설비기사 1명

④ 소방기술사 또는 기계분야와 전기분야의 소방설비기사 각 1명

> 해설 **전문소방시설 공사업의 기술인력(영 별표 1)**
> • 주된 기술인력 : **소방기술사** 또는 **기계분야**와 **전기분야**의 소방설비기사 자격자 **각 1명**(기계분야와 전기분야의 자격을 취득한 사람 1명) 이상
> • 보조기술인력 : 2명 이상
>   － 소방기술사, 소방설비기사 또는 소방설비산업기사 자격을 취득한 사람
>   － 소방공무원으로 재직한 경력이 3년 이상인 사람으로서 자격수첩을 발급받은 사람
>   － 행정안전부령으로 정하는 소방기술과 관련된 자격·경력 및 학력을 갖춘 사람으로서 자격수첩을 발급받은 사람

정답 ④

21 소방시설공사업자는 소방시설공사의 책임시공 및 기술관리를 위하여 누구를 공사현장에 배치해야 하는가?

① 소방시설관리사   ② 소방안전관리자
③ 소방기술자   ④ 소방공무원

> **해설**   소방시설공사업자는 소방시설공사의 책임시공 및 기술관리를 위하여 소속 **소방기술자**를 공사현장에 배치해야 한다(법 제12조).

정답 ③

22 소방시설공사를 할 때 소방기술자를 배치해야 한다. 다음 중 기계분야의 소방기술자를 배치하지 않아도 되는 공사는?

① 물분무소화설비의 공사
② 포소화설비의 공사
③ 할로겐화합물 및 불활성기체소화설비의 공사
④ 시각경보기의 공사

> **해설**   **기계분야의 소방기술자를 배치해야 하는 소방시설공사(영 별표 2)**
> • 옥내소화전설비, 스프링클러설비 등, 물분무 등 소화설비 또는 옥외소화전설비의 공사
> • 상수도소화용수설비, 소화수조, 저수조 또는 그 밖의 소화용수설비의 공사
> • 제연설비, 연결송수관설비, 연결살수설비, 연소방지설비의 공사
> • 기계분야 소방시설에 부설되는 전기시설의 공사

정답 ④

23 전기분야 소방설비기사 자격을 가진 자가 행할 수 있는 소방시설의 공사의 종류가 아닌 것은?

① 할론소화설비에 부설되는 자동화재탐지설비
② 비상방송설비
③ 무선통신보조설비
④ 제연설비 및 연소방지설비

> **해설**   **제연설비** 및 **연소방지설비**는 **기계분야 소방설비기사**가 해야 한다(영 별표 1).

정답 ④

24 소방설비기술자의 책무를 설명한 것이 아닌 것은?

① 소방기술자는 법의 명령에 적합하게 업무를 수행해야 한다.
② 동시에 둘 이상의 업체에 취업해서는 안 된다.
③ 소방기술자는 다른 자에게 그 자격증을 빌려주어서는 안 된다.
④ 소방설비기사는 시공하고자 할 때 착공신고를 해야 한다.

> **해설**   **소방시설공사업자**는 소방시설공사를 하려면 **착공신고**를 소방본부장이나 소방서장에게 해야 한다(법 제13조).

정답 ④

25 소방시설공사업자가 소방시설공사를 하고자 할 때에는 누구에게 착공신고를 해야 하는가?

① 시·도지사   ② 경찰서장

③ 소방본부장이나 소방서장   ④ 소방안전원장

> **해설**   소방시설 공사업의 착공신고 : **소방본부장**이나 **소방서장**(법 제13조)
>
> | 소방시설공사업의 완공검사 : 소방본부장이나 소방서장 |
> | --- |

정답 ③

26 착공신고를 해야 할 소방시설 공사의 범위에 속하지 않는 것은?

① 누전경보기의 증설공사   ② 자동화재탐지설비의 신설공사

③ 옥내·옥외소화전설비의 증설공사   ④ 옥내소화전설비의 신설공사

> **해설**   착공신고 대상 중 신설하는 경우(영 제4조)
> 특정소방대상물에 다음에 해당하는 설비를 신설하는 공사(위험물제조소 등과 다중이용업소에서의 소방시설공사는 제외한다)
> - **옥내소화전설비**(호스릴 옥내소화전설비 포함), 옥외소화전설비, 스프링클러설비, 간이스프링클러설비(캐비닛형 간이스프링클러설비 포함) 및 화재조기진압용 스프링클러설비, 물분무소화설비·포소화설비·이산화탄소소화설비·할론소화설비·할로겐화합물 및 불활성기체소화설비, 미분무소화설비, 강화액 소화설비 및 분말소화설비(이하 "물분무 등 소화설비"라 한다), 연결송수관설비, 연결살수설비, 제연설비(소방용 외의 용도와 겸용되는 제연설비를 건설산업기본법 시행령 별표 1에 따른 기계설비·가스공사업자가 공사하는 경우는 제외한다), 소화용수설비(소화용수설비를 건설산업기본법 시행령 별표 1에 따른 기계설비·가스공사업자 또는 상·하수도설비공사업자가 공사하는 경우는 제외한다) 또는 연소방지설비
> - **자동화재탐지설비**, 비상경보설비, 비상방송설비, 비상콘센트설비 또는 무선통신보조설비

정답 ①

27 소방시설공사의 착공신고 대상이 아닌 것은?

① 자동화재속보설비의 신설공사

② 옥내소화전설비의 증설공사

③ 소화펌프 교체공사

④ 제연설비의 신설공사

> **해설**   자동화재속보설비의 신설공사는 착공신고 대상이 아니다(영 제4조).

정답 ①

28 소방시설공사의 착공신고 대상이 아닌 것은?

① 특정소방대상물에 옥내소화전설비를 증설하는 공사

② 특정소방대상물에 옥외소화전설비를 증설하는 공사

③ 특정소방대상물에 소화용수설비를 증설하는 공사

④ 특정소방대상물에 제연설비의 제연구역을 증설하는 공사

> **해설** **착공신고 대상 중 증설하는 경우(영 제4조)**
> 특정소방대상물에 다음에 해당하는 설비 또는 구역 등을 증설하는 공사
> • **옥내·옥외소화전설비**
> • 스프링클러설비·간이스프링클러설비 또는 물분무 등 소화설비의 방호구역, 자동화재탐지설비의 경계구역, **제연설비의 제연구역**(소방용 외의 용도와 겸용되는 제연설비를 건설산업기본법 시행령 별표 1에 따른 기계설비·가스공사업자가 공사하는 경우는 제외한다), 연결살수설비의 살수구역, 연결송수관설비의 송수구역, 비상콘센트설비의 전용 회로, 연소방지설비의 살수구역
>
> **정답** ③

29 소방시설공사의 착공신고 대상인 것은?

① 특정소방대상물에 설치된 소화펌프를 일부 개설, 이전 또는 정비 공사를 하는 경우

② 소방용 외의 용도와 겸용되는 비상방송설비를 정보통신공사업법에 의한 정보통신 공사업자가 공사하는 경우

③ 비상콘센트설비를 전기공사업법에 의한 전기공사업자가 공사하는 경우

④ 소방용 외의 용도와 겸용되는 무선통신보조설비를 정보통신공사업법에 의한 정보통신공사업자가 공사하는 경우

> **해설** **소방시설공사의 착공신고 대상(영 제4조)**
> 특정소방대상물에 설치된 소방시설 등을 구성하는 다음의 어느 하나에 해당하는 것의 **전부 또는 일부를 개설, 이전 또는 정비하는 공사**, 다만, 고장 또는 파손 등으로 인하여 **작동시킬 수 없는** 소방시설을 긴급히 **교체하거나** 보수해야 하는 경우에는 신고하지 않을 수 있다.
> • 수신반(受信盤)
> • 소화펌프
> • 동력(감시)제어반
>
> **정답** ①

30 소방시설을 전부 또는 일부를 개설, 이전 또는 정비하는 공사로서 착공신고를 해야 한다. 이에 해당되지 않는 것은?

① 감지기   ② 수신반

③ 소화펌프   ④ 동력제어반

> **해설** 감지기 설치는 착공신고 대상이 아니다(영 제4조).
>
> **정답** ①

31 소방시설공사의 착공신고 시 첨부해야 할 서류가 아닌 것은?

① 소방시설공사업 등록증 사본
② 소방시설공사업 등록수첩 사본
③ 해당 소방시설설계자의 자격수첩 사본
④ 설계도서(설계설명서 포함)

> 해설 **소방시설공사의 착공신고 및 변경신고 첨부서류(규칙 제12조)**
> • 공사업자의 소방시설공사업 등록증 사본 1부 및 등록수첩 사본 1부
> • 해당 소방시설공사의 책임시공 및 기술관리를 하는 기술인력의 기술등급을 증명하는 서류 사본 1부
> • 소방시설공사 계약서 사본 1부
> • 설계도서(설계설명서 포함) 1부
> • 소방시설공사를 하도급하는 경우 필요한 서류(본문 참조)
>
> 정답 ③

32 공사업자가 소방시설공사를 마친 때에는 누구에게 완공검사를 받는가?

① 소방본부장이나 소방서장
② 군 수
③ 시·도지사
④ 소방청장

> 해설 **소방시설공사의 완공검사권자 : 소방본부장, 소방서장**(법 제14조)
>
> 정답 ①

33 소방시설공사업자가 소방대상물의 일부분에 대한 공사를 마친 경우로서 전체 시설이 준공되기 전에 부분적으로 사용할 필요가 있는 때에 그 일부분에 대하여 소방본부장 또는 소방서장에게 신청하는 검사를 무엇이라 하는가?

① 부분용도검사
② 부분완공검사
③ 부분사용검사
④ 부분준공검사

> 해설 공사업자가 소방대상물의 일부분에 대한 소방시설공사를 마친 경우로서 전체 시설이 준공되기 전에 부분적으로 사용할 필요가 있는 경우에는 그 일부분에 대하여 소방본부장이나 소방서장에게 완공검사(이하 "부분완공검사"라 한다)를 신청할 수 있다. 이 경우 소방본부장이나 소방서장은 그 일부분의 공사가 완공되었는지를 확인해야 한다(법 제14조).
>
> 정답 ②

34 중요사항 변경 시 변경일로부터 며칠 이내에 소방시설공사 착공(변경)신고서에 서류(전자문서를 포함한다) 중 변경된 해당 서류를 첨부하여 소방본부장 또는 소방서장에게 신고해야 하는가?

① 7일
② 14일
③ 20일
④ 30일

> 해설 중요사항 변경 시 변경일로부터 **30일 이내**에 소방시설공사 착공(변경)신고서[전자문서로 된 소방시설공사 착공(변경)신고서를 포함한다]에 서류(전자문서를 포함한다) 중 변경된 해당 서류를 첨부하여 **소방본부장** 또는 **소방서장**에게 신고해야 한다(규칙 제12조).
>
> 정답 ④

35 완공검사를 위한 현장확인 대상 특정소방대상물의 범위에 해당되지 않는 것은?

① 노유자시설   ② 문화 및 집회시설

③ 근린생활시설   ④ 지하상가

> **해설** **완공검사를 위한 현장확인 대상 특정소방대상물의 범위(영 제5조)**
> • **문화 및 집회시설**, 종교시설, 판매시설, **노유자시설**, 수련시설, 운동시설, 숙박시설, 창고시설, **지하상가**, 다중이용업소
> • 다음에 해당하는 설비가 설치되는 특정소방대상물
>   – 스프링클러설비 등
>   – 물분무 등 소화설비(호스릴 방식의 소화설비는 제외)
> • 연면적 10,000[m²] 이상이거나 11층 이상인 특정소방대상물(아파트는 제외한다)
> • 가연성 가스를 제조ㆍ저장 또는 취급하는 시설 중 지상에 노출된 가연성 가스 탱크의 저장용량의 합계가 1,000[ton] 이상인 시설

정답 ③

36 완공검사를 위한 현장 확인 대상 특정대상물에 해당되지 않는 것은?

① 종교시설

② 업무시설

③ 노유자시설

④ 판매시설

> **해설** **완공검사 현장 확인 대상물** : 문화 및 집회시설, 종교시설, 판매시설, 노유자시설, 수련시설, 운동시설, 숙박시설, 창고시설, **지하상가**, 다중이용업소

정답 ②

37 완공검사를 위한 현장 확인 대상 특정대상물의 범위에 해당되지 않는 것은?

① 호스릴 할론소화설비가 설치되어 있는 특정소방대상물

② 연면적 10,000[m²] 이상이거나 11층 이상인 특정소방대상물

③ 지상에 노출된 가연성 가스 탱크의 저장용량의 합계가 1,000[ton] 이상인 시설

④ 운동시설, 판매시설, 숙박시설, 다중이용업소

> **해설** 호스릴 방식의 물분무 등 소화설비는 완공검사 대상이 아니다.

정답 ①

38 소방시설공사업자가 하자보수를 해야 하는 소방시설과 소방시설별 하자보수 보증기간이 맞지 않는 것은?

① 자동화재탐지설비 – 2년

② 간이스프링클러설비 – 3년

③ 물분무 등 소화설비 – 3년

④ 피난기구 – 2년

해설　소방시설별 하자보수 보증기간(영 제6조)

소화설비	보수기간
피난기구, 유도등, 유도표지, 비상경보설비, 비상조명등, 비상방송설비, 무선통신보조설비	2년
자동소화장치, 옥내·외소화전설비, 스프링클러설비, 간이스프링클러설비, 물분무 등 소화설비, 자동화재탐지설비, 상수도소화용수설비, 소화활동설비(무선통신보조설비는 제외)	3년

정답 ①

39 소방시설별 하자보수 보증기간으로 그 기간이 2년인 것은?

① 간이스프링클러설비

② 비상방송설비

③ 자동화재탐지설비

④ 스프링클러설비

해설　비상방송설비의 하자보수 보증기간 : 2년

정답 ②

40 다음 시설 중 하자보수 보증기간이 다른 것은?

① 유도등

② 유도표지

③ 비상조명등

④ 스프링클러설비

해설　스프링클러설비의 하자보수 보증기간 : 3년

정답 ④

41 다음 중 소방시설공사의 하자보수보증에 대한 사항으로 옳지 않은 것은?

① 스프링클러설비, 자동화재탐지설비의 하자보수 보증기간은 3년이다.

② 계약금액이 300만원 이상인 소방시설 등의 공사를 하는 경우 하자보수의 이행을 보증하는 증서를 예치해야 한다.

③ 관계인은 하자보수를 이행하지 않은 경우 소방서장에게 그 사실을 알릴 수 있다.

④ 관계인으로부터 소방시설의 하자발생을 통보받은 공사업자는 3일 이내에 이를 보수하거나 보수일정을 기록한 하자보수계획을 관계인에게 서면으로 알려야 한다.

해설   **공사의 하자보수(법 제15조)**
- 관계인은 규정에 따른 기간 내에 소방시설의 하자가 발생하였을 때에는 공사업자에게 그 사실을 알려야 하며, 통보를 받은 공사업자는 **3일 이내**에 하자를 보수하거나 보수일정을 기록한 하자보수계획을 관계인에게 서면으로 알려야 한다.
- 관계인은 공사업자가 소방본부장 또는 소방서장에게 알려야 하는 경우
  - 규정에 따른 기간 내에 하자보수를 이행하지 않은 경우
  - 규정에 따른 기간 내에 하자보수계획을 서면으로 알리지 않은 경우
  - 하자보수계획이 불합리하다고 인정되는 경우

정답 ②

42 다음 중 소방공사감리업자의 업무로 거리가 먼 것은?

① 해당 공사업 기술인력의 적법성 검토

② 피난시설 및 방화시설의 적법성 검토

③ 실내장식물의 불연화 및 방염물품의 적법성 검토

④ 소방시설 등 설계변경 사항의 적합성 검토

해설   **소방공사감리업자의 업무(법 제16조)**
- 소방시설 등의 설치계획표의 적법성 검토
- 소방시설 등 설계도서의 적합성(적법성 및 기술상의 합리성) 검토
- 소방시설 등 설계변경 사항의 적합성 검토
- 소방용품의 위치·규격 및 사용자재에 대한 적합성 검토
- 공사업자의 소방시설 등의 시공이 설계도서 및 화재안전기준에 맞는지에 대한 지도·감독
- 완공된 소방시설 등의 성능시험
- 공사업자가 작성한 시공 상세도면의 적합성 검토
- 피난시설 및 방화시설의 적법성 검토
- 실내장식물의 불연화 및 방염물품의 적법성 검토

정답 ①

43 다음 중 상주공사감리 대상에 대한 설명으로 알맞은 것은?

① 연면적 30,000[m²] 이상의 특정소방대상물에 대한 소방시설공사

② 지하층을 제외한 층수가 16층 이상인 건축물에 대한 소방시설 공사

③ 지하층을 제외한 700세대 이상인 아파트에 대한 소방시설 공사

④ 지하층을 제외한 층수가 11층 이상으로서 900세대 이상인 아파트에 대한 소방시설공사

> 해설 **상주공사감리 대상(영 별표 3)**
> • **연면적이 30,000[m²] 이상인 특정소방대상물**(아파트는 제외)에 대한 소방시설의 공사
> • 지하층을 포함한 층수가 16층 이상으로서 500세대 이상인 아파트에 대한 소방시설공사

정답 ①

44 상주공사감리를 해야 할 대상으로 옳은 것은?

① 16층 이상으로서, 300세대 이상인 아파트에 대한 소방시설의 공사

② 16층 이상으로서, 500세대 이상인 아파트에 대한 소방시설의 공사

③ 지하층을 포함한 16층 이상으로서, 300세대 이상인 아파트에 대한 소방시설의 공사

④ 지하층을 포함한 16층 이상으로서, 500세대 이상인 아파트에 대한 소방시설의 공사

> 해설 **상주공사감리** : 지하층을 포함한 층수가 16층 이상으로서 500세대 이상인 아파트에 대한 소방시설
> 공사

정답 ④

45 소방공사감리자 지정 대상은 무엇인가?

① 옥내소화전설비를 증설할 때   ② 비상경보설비를 설치할 때
③ 호스릴 분말소화설비를 증설할 때   ④ 가스누설경보기를 신설할 때

> 해설 **소방공사감리 대상(영 제10조)** : 옥내소화전설비를 신설·개설 또는 증설할 때

정답 ①

46 소방공사감리자 지정 대상으로 옳지 않은 것은?

① 옥내소화전설비를 신설할 때

② 비상방송설비를 신설할 때

③ 호스릴 할론소화설비를 증설할 때

④ 옥외소화전설비를 신설할 때

> 해설 **소방공사감리 대상** : 물분무 등 소화설비(호스릴 방식의 소화설비는 제외한다)를 신설·개설하거나
> 방호·방수 구역을 증설할 때

정답 ③

47 특정소방대상물의 관계인은 공사감리자가 변경된 경우에는 변경일로부터 며칠 이내에 소방본부장 또는 소방서장에게 신고해야 하는가?

① 10일   ② 14일

③ 20일   ④ 30일

> 해설   특정소방대상물의 관계인은 **공사감리자가 변경**된 경우에는 변경일로부터 **30일 이내**에 **소방본부장** 또는 **소방서장에게 신고**해야 한다(규칙 제15조).
>
> 정답 ④

48 지하층을 포함한 층수가 16층 이상 40층 미만인 특정소방대상물의 소방시설공사 현장에 배치해야 할 소방공사 책임감리원의 배치기준으로 알맞은 것은?

① 초급감리원 이상의 소방공사감리원 1명 이상
② 특급감리원 이상의 소방공사감리원 1명 이상
③ 고급감리원 이상의 소방공사감리원 1명 이상
④ 중급감리원 이상의 소방공사감리원 1명 이상

> 해설   **소방공사감리원의 배치기준(영 별표 4)**

감리원의 배치기준		소방시설공사 현장의 기준
책임감리원	**보조감리원**	
1. 행정안전부령으로 정하는 특급감리원 중 소방기술사	행정안전부령으로 정하는 초급감리원 이상의 소방공사 감리원(기계분야 및 전기분야)	가. 연면적 200,000[m²] 이상인 특정소방대상물의 공사 현장 나. 지하층을 포함한 층수가 40층 이상인 특정소방대상물의 공사 현장
2. 행정안전부령으로 정하는 특급감리원 이상의 소방공사 감리원(기계분야 및 전기분야)	행정안전부령으로 정하는 초급감리원 이상의 소방공사 감리원(기계분야 및 전기분야)	가. 연면적 30,000[m²] 이상 200,000[m²] 미만인 특정소방대상물(아파트는 제외한다)의 공사 현장 나. 지하층을 포함한 층수가 16층 이상 40층 미만인 특정소방대상물의 공사 현장
3. 행정안전부령으로 정하는 고급감리원 이상의 소방공사 감리원(기계분야 및 전기분야)	행정안전부령으로 정하는 초급감리원 이상의 소방공사 감리원(기계분야 및 전기분야)	가. 물분무 등 소화설비(호스릴 방식의 소화설비는 제외한다) 또는 제연설비가 설치되는 특정소방대상물의 공사 현장 나. 연면적 30,000[m²] 이상 200,000[m²] 미만인 아파트의 공사 현장
4. 행정안전부령으로 정하는 중급감리원 이상의 소방공사 감리원(기계분야 및 전기분야)		연면적 5,000[m²] 이상 30,000[m²] 미만인 특정소방대상물의 공사 현장
5. 행정안전부령으로 정하는 초급감리원 이상의 소방공사 감리원(기계분야 및 전기분야)		가. 연면적 5,000[m²] 미만인 특정소방대상물의 공사 현장 나. 지하구의 공사 현장

> 정답 ②

49 연면적 30,000[m²] 이상 200,000[m²] 미만인 특정소방대상물(아파트는 제외)인 경우 공사 현장에 배치되어야 하는 소방공사감리원은?

① 특급 이상 소방공사감리원 1명 이상   ② 고급 이상 소방공사감리원 1명 이상
③ 중급 이상 소방공사감리원 1명 이상   ④ 초급 이상 소방공사감리원 1명 이상

> 해설   **연면적 30,000[m²] 이상 200,000[m²] 미만인 특정소방대상물(아파트는 제외)** : 특급 이상 소방공사감리원 이상의 소방공사감리원 1명 이상
>
> 정답 ①

50 시·도지사와 관련이 없는 것은?

① 소방용품의 형식승인　　　　② 소방시설공사의 착공신고
③ 소방시설업 등록　　　　　　④ 위험물제조소의 설치 허가

> **해설**　소방시설공사의 착공신고, 완공검사 : **소방본부장, 소방서장**(법 제13조, 제14조)

정답 ②

51 일반공사감리 대상인 아파트의 경우 1명의 감리원이 담당하는 소방공사감리 현장은 몇 개 이하인가?

① 2개　　　　　　　　　　② 3개
③ 4개　　　　　　　　　　④ 5개

> **해설**　**1명의 감리원**이 담당하는 소방공사감리 현장은 **5개 이하**(자동화재탐지설비 또는 옥내소화전설비
> 중 어느 하나만 설치하는 2개의 소방공사감리 현장이 최단 차량 주행거리로 30[km] 이내에 있는
> 경우에는 1개의 공사감리 현장으로 본다)로서 감리 현장의 연면적의 총합계가 **100,000[m²] 이하**일
> 것. 다만, 일반공사감리 대상인 아파트의 경우에는 연면적의 합계에 관계없이 **1명의 감리원**이 **5개
> 이내**의 공사현장을 감리할 수 있다(규칙 제16조).

정답 ④

52 일반적으로 일반공사감리 대상인 경우 1명의 감리원이 담당하는 ㉠ 소방공사감리 현장 수와 ㉡ 감리
현장의 연면적의 총합계는?

① ㉠ 5개 이하, ㉡ 50,000[m²] 이하
② ㉠ 5개 이하, ㉡ 100,000[m²] 이하
③ ㉠ 10개 이하, ㉡ 50,000[m²] 이하
④ ㉠ 10개 이하, ㉡ 100,000[m²] 이하

> **해설**　**일반공사감리 대상(규칙 제16조)**
> · 감리 현장 수 : 5개 이하
> · 연면적의 합계 : 100,000[m²] 이하

정답 ②

53 소방공사감리업자가 감리원을 소방공사감리 현장에 배치하는 경우 감리원 배치일부터 며칠 이내에
누구에게 통보해야 하는가?

① 7일 이내, 소방본부장이나 소방서장
② 14일 이내, 소방본부장이나 소방서장
③ 7일 이내, 시·도지사
④ 14일 이내, 시·도지사

> **해설**　소방공사감리업자는 감리원을 소방공사감리 현장에 배치하거나 감리원의 변경이 있는 경우에는
> 감리원 배치일부터 **7일 이내**에 **소방본부장**이나 **소방서장**에게 알려야 한다. 이 경우 소방본부장
> 또는 소방서장은 배치되는 감리원의 성명, 자격증 번호·등급, 감리 현장의 명칭·소재지·면적
> 및 현장 배치기간을 소방시설업 종합정보시스템에 입력해야 한다(규칙 제17조).

정답 ①

54 소방시설공사를 도급받은 자는 소방시설공사의 일부를 제3자에게 하도급할 수 있는 횟수는?

① 한 번에 한한다.
② 두 번까지 할 수 있다.
③ 세 번까지 할 수 있다.
④ 네 번까지 할 수 있다.

> **해설** 소방시설의 설계, 시공, 감리를 제3자에게 하도급할 수 없다. 다만, 시공의 경우에는 도급받은 소방시설공사의 일부를 다른 공사업자에게 하도급할 수 있다. 하수급인은 도급받은 소방시설공사를 제3자에게 다시 하도급할 수 없다(법 제22조).
>
> **정답** ①

55 특정소방대상물의 관계인 또는 발주자는 해당 도급계약의 수급인이 도급계약을 해지할 수 있다. 해지 사유에 해당되지 않는 것은?

① 소방시설업이 등록취소되었을 경우
② 영업정지 처분을 받은 경우
③ 휴업하거나 폐업한 경우
④ 정당한 사유 없이 20일 소방공사를 계속하지 않은 경우

> **해설** 도급계약의 해지 사유(법 제23조)
> • 소방시설업이 등록취소 되거나 영업 정지된 경우
> • 소방시설업을 휴업하거나 폐업한 경우
> • 정당한 사유 없이 **30일 이상 소방시설공사를 계속하지 않은 경우**
>
> **정답** ④

56 소방시설공사의 도급에 관한 설명 중 옳은 것은?

① 관계인 또는 발주자는 소방시설업자가 영업정지 처분을 받은 때에는 도급계약을 해지할 수 없다.
② 공사업자의 평가된 시공능력은 공사업자가 도급받을 수 있는 1건의 공사도급금액으로 하고 시공능력평가의 유효기간은 공시일부터 2년 동안으로 한다.
③ 소방시설공사업자는 그가 도급받은 소방시설의 설계, 시공, 감리를 제3자에게 하도급할 수 없다. 단, 시공의 경우에는 도급받은 소방시설공사의 일부를 다른 공사업자에게 하도급할 수 있다.
④ 해당 소방시설공사의 일부를 2차에 한하여 하도급할 수 있다.

> **해설** 소방시설공사의 도급
> • 관계인 또는 발주자는 소방시설업자가 **등록취소, 영업정지 처분, 휴업, 폐업** 등을 한 때에는 도급계약을 해지할 수 있다(법 제23조).
> • 공사업자의 평가된 시공능력은 공사업자가 도급받을 수 있는 1건의 공사도급금액으로 하고, 시공능력평가의 유효기간은 공시일부터 1년간으로 한다(규칙 제23조).
> • 소방시설의 설계, 시공, 감리를 제3자에게 하도급할 수 없다. 다만, 시공의 경우에는 도급받은 소방시설공사의 일부를 다른 공사업자에게 하도급할 수 있다. 하수급인은 하도급받은 소방시설공사를 제3자에게 다시 하도급할 수 없다(법 제22조).
>
> **정답** ③

57 다음은 소방시설공사업자의 시공능력평가액 산정을 위한 산식이다. (   )에 들어갈 내용으로 알맞은 것은?

> "시공능력평가액 = 실적평가액 + 자본금평가액 + 기술력평가액 + (   ) ± 신인도평가액"

① 기술개발평가액

② 경력평가액

③ 자본투자평가액

④ 평균공사실적평가액

해설 소방시설공사업자의 시공능력평가 산정(규칙 별표 4)

> 시공능력평가액 = 실적평가액 + 자본금평가액 + 기술력평가액 + (경력평가액) ± 신인도평가액

정답 ②

58 소방시설공사업자의 시공능력 평가방법에 있어서 경력평가액 산출 공식은?

① 실적평가액 × 공사업경영기간 평점 × $\dfrac{20}{100}$

② 실적평가액 × 공사업경영기간 평점 × $\dfrac{30}{100}$

③ 실적평가액 × 공사업경영기간 평점 × $\dfrac{50}{100}$

④ 실적평가액 × 공사업경영기간 평점 × $\dfrac{60}{100}$

해설 시공능력 평가의 평가방법(규칙 별표 4)
- 시공능력평가액 = 실적평가액 + 자본금평가액 + 기술력평가액 + 경력평가액 ± 신인도평가액
- 실적평가액 = 연평균공사 실적액
- 자본금평가액 = (실질자본금×실질자본금의 평점 + 소방청장이 지정한 금융회사 또는 소방산업 공제조합에 출자, 예치, 담보한 금액) × 70/100
- 기술력평가액 = 전년도 공사업계의 기술자 1인당 평균생산액 × 보유기술인력 가중치 합계 × 30/100 + 전년도 기술개발투자액
- **경력평가액** = 실적평가액 × 공사업 경영기간 평점 × $\dfrac{20}{100}$

정답 ①

59 소방기술자가 동시에 취업 가능한 사업체 수는 최대 몇 개소까지인가?

① 1   ② 2

③ 3   ④ 5

해설 소방기술자는 동시에 둘 이상의 업체에 취업해서는 안 된다. 다만, 소방기술자 업무에 영향을 미치지 않는 범위에서 근무시간 외에 소방시설업이 아닌 다른 업종에 종사하는 경우는 제외한다(법 제27조).

정답 ①

60 다음 중 기술자격에 의한 기술등급 구분으로 고급기술자에 해당되지 않는 자는?

① 소방설비기사 기계분야의 자격을 취득한 후 5년 이상 소방관련업무를 수행한 사람

② 소방설비산업기사 기계분야의 자격을 취득한 후 8년 이상 소방관련업무를 수행한 사람

③ 건축설비기사 자격을 취득한 후 10년 이상 소방관련업무를 수행한 사람

④ 위험물산업기사 자격을 취득한 후 13년 이상 소방관련업무를 수행한 사람

> **해설** **고급기술자(규칙 별표 4의2)**
> • 소방설비기사의 기계분야나 전기분야의 자격을 취득한 후 5년 이상 소방 관련 업무를 수행한 사람
> • 위험물산업기사 자격을 취득한 후 13년 이상 소방 관련 업무를 수행한 사람
> • 소방설비산업기사의 기계분야나 전기분야의 자격을 취득한 후 8년 이상 소방 관련 업무를 수행한 사람
> • 건축기사, 건축설비기사, 건설기계설비기사, 일반기계기사, 공조냉동기계기사, 화공기사, 가스기능장, 가스기사, 산업안전기사, 위험물기능장 자격을 취득한 후 11년 이상 소방 관련 업무를 수행한 사람

> **정답** ③

61 소방시설공사업법에서 시·도지사는 취소 처분을 하려면 청문을 실시해야 하는데 청문에 해당되는 사항은?

① 소방시설관리사의 자격취소 처분   ② 소방시설관리업의 등록취소 처분
③ 소방기술인정 자격취소 처분   ④ 소방기술사의 자격취소 처분

> **해설** **시·도지사가 청문실시 대상(법 제32조)**
> • 소방시설업 등록취소 처분
> • 소방시설업 영업정지 처분
> • 소방기술인정 자격취소 처분

> **정답** ③

62 소방시설업 등록을 하지 않고 영업을 한 사람에 대한 벌칙기준은?

① 5년 이하의 징역 또는 5,000만원 이하의 벌금

② 3년 이하의 징역 또는 3,000만원 이하의 벌금

③ 2년 이하의 징역 또는 1,000만원 이하의 벌금

④ 1년 이하의 징역 또는 500만원 이하의 벌금

> **해설** **소방시설업 등록을 하지 않고 영업을 한 사람에 대한 벌칙 :** 3년 이하의 징역 또는 3,000만원 이하의 벌금(법 제35조)

> **정답** ②

63 소방공사감리를 함에 있어 규정을 위반하여 감리를 하거나 거짓으로 감리한 사람에 대한 벌칙은?

① 1년 이하의 징역 또는 1,000만원 이하의 벌금

② 1년 이하의 징역 또는 2,000만원 이하의 벌금

③ 2년 이하의 징역 또는 1,000만원 이하의 벌금

④ 3년 이하의 징역 또는 3,000만원 이하의 벌금

해설 규정을 위반하여 감리를 하거나 거짓으로 감리를 한 사람 : 1년 이하의 징역 또는 1,000만원 이하의 벌금(법 제36조)

정답 ①

64 관계인은 소방시설공사를 하고자 하는 때에 감리업자를 공사감리자로 지정하지 않았을 때의 벌칙은?

① 3년 이하 징역 또는 1,500만원 이하의 벌금

② 1년 이하 징역 또는 1,000만원 이하의 벌금

③ 300만원 이하의 벌금

④ 100만원 이하의 벌금

해설 특정소방대상물의 관계인은 소방시설공사를 하고자 하는 때에 소방시설공사의 감리를 위하여 감리업자를 공사감리자로 지정하지 않았을 때는 1년 이하의 징역 또는 1,000만원 이하의 벌금에 처한다(법 제17조, 제36조).

정답 ②

65 다음 법 위반행위 중 그 죄형이 가장 가벼운 것은?

① 소방자동차의 통행을 고의로 방해한 것

② 소방시설업 등록을 하지 않고 영업을 한 사람

③ 소방시설공사의 완공검사를 받지 않은 사람

④ 형식승인을 받지 않고 소방용품을 제조하거나 수입한 사람

해설 ① 소방기본법 제50조(5년 이하의 징역 또는 5,000만원 이하의 벌금)
② 소방시설공사업법 제35조(3년 이하의 징역 또는 3,000만원 이하의 벌금)
③ 소방시설공사업법 제40조(200만원 이하의 과태료)
④ 소방시설법 제57조(3년 이하의 징역 또는 3,000만원 이하의 벌금)

정답 ③

66 소방기술인정 자격수첩을 빌려준 사람에 대한 벌칙은?

① 300만원 이하의 벌금

② 500만원 이하의 벌금

③ 1년 이하의 징역 또는 500만원 이하의 벌금

④ 2년 이하의 징역 또는 500만원 이하의 벌금

해설 소방기술인정 자격수첩 또는 경력수첩을 빌려준 사람 : 300만원 이하의 벌금(법 제37조)

정답 ①

67 소방시설공사업자가 소방시설공사를 마친 때에는 완공검사를 받아야 한다. 이 완공검사를 받지 않았을 경우에는 얼마 이하의 과태료에 처할 수 있는가?

① 200만원 　　　　　　　　　② 100만원
③ 50만원 　　　　　　　　　　④ 30만원

해설　소방시설공사의 완공검사를 받지 않은 사람 : **200만원** 이하의 과태료(법 제40조)

정답 ①

68 다음 내용 중 과태료 처분 대상이 될 수 없는 것은?

① 소방공사감리원 배치 태만
② 하도급 통지 태만
③ 완공검사 신청 태만
④ 방염성능기준 미만으로 방염을 한 자

해설　소방공사감리원 배치 태만 : **300만원** 이하의 벌금(법 제37조)

정답 ①

69 소방시설업자 및 관계인의 보고 및 자료제출, 관계서류 검사 또는 질문 등 위반하여 보고 또는 자료제출을 하지 않거나 거짓으로 한 자에 대한 벌칙으로 맞는 것은?

① 200만원 이하의 과태료
② 100만원 이하의 벌금
③ 50만원 이하의 과태료
④ 300만원 이하의 벌금

해설　**100만원** 이하의 벌금(법 제38조)
- 소방시설업자 및 관계인의 보고 및 자료제출, 관계서류 검사 또는 질문 등 위반하여 보고 또는 자료제출을 하지 않거나 거짓으로 한 자
- 소방시설업자 및 관계인의 보고 및 자료제출, 관계서류 검사 또는 질문 등 규정을 위반하여 정당한 사유 없이 관계공무원의 출입 또는 검사·조사를 거부·방해 또는 기피한 자

정답 ②

70 관계인에게 지위승계, 행정처분 또는 휴업·폐업의 사실을 거짓으로 알린 자에 대한 과태료 처분으로 맞는 것은?

① 200만원 　　　　　　　　　② 100만원
③ 50만원 　　　　　　　　　　④ 30만원

해설　관계인에게 지위승계, 행정처분 또는 휴업·폐업의 사실을 거짓으로 알린 자 : **200만원** 이하의 과태료(법 제40조)

정답 ①

소방시설 설치 및 관리에 관한 법률, 영, 규칙

1 목적 및 정의

(1) 목적(법 제1조)

① 특정소방대상물 등에 설치해야 하는 소방시설 등의 설치·관리
② 소방용품 성능관리에 필요한 사항을 규정
③ 국민의 생명·신체 및 재산을 보호하고 공공의 안전과 복리 증진에 이바지함

(2) 정의(법 제2조, 영 제2조)

① **소방시설** : 소화설비, 경보설비, 피난구조설비, 소화용수설비, 그 밖에 소화활동설비로서 대통령령으로 정하는 것
② **소방시설 등** : 소방시설과 비상구(非常口), 그 밖에 소방 관련 시설로서 대통령령으로 정하는 것(방화문, 자동방화셔터)(영 제4조)
③ **특정소방대상물** : 건축물 등의 규모·용도 및 수용인원 등을 고려하여 소방시설을 설치해야 하는 소방대상물로서 대통령령으로 정하는 것
④ **화재안전성능** : 화재를 예방하고 화재발생 시 피해를 최소화하기 위하여 소방대상물의 재료, 공간 및 설비 등에 요구되는 안전성능
⑤ **성능위주설계** : 건축물 등의 재료, 공간, 이용자, 화재 특성 등을 종합적으로 고려하여 공학적 방법으로 화재위험성을 평가하고 그 결과에 따라 화재안전성능이 확보될 수 있도록 특정소방대상물을 설계하는 것
⑥ **화재안전기준** : 소방시설 설치 및 관리를 위한 다음의 기준
 ㉠ 성능기준 : 화재안전 확보를 위하여 재료, 공간 및 설비 등에 요구되는 안전성능으로서 소방청장이 고시로 정하는 기준
 ㉡ 기술기준 : ㉠에 따른 성능기준을 충족하는 상세한 규격, 특정한 수치 및 시험방법 등에 관한 기준으로서 행정안전부령으로 정하는 절차에 따라 소방청장의 승인을 받은 기준
⑦ **소방용품** : 소방시설 등을 구성하거나 소방용으로 사용되는 제품 또는 기기로서 대통령령으로 정하는 것
⑧ **무창층**(영 제2조)
 지상층 중 다음의 요건을 모두 갖춘 개구부(건축물에서 채광·환기·통풍 또는 출입 등을 위하여 만든 창·출입구, 그 밖에 이와 비슷한 것)의 면적의 합계가 해당 층의 바닥면적의 1/30 이하가 되는 층을 말한다.
 ㉠ 크기는 지름 50[cm] 이상의 원이 통과할 수 있을 것
 ㉡ 해당 층의 바닥면으로부터 개구부 밑부분까지의 높이가 1.2[m] 이내일 것

ⓒ 도로 또는 차량이 진입할 수 있는 빈터를 향할 것

ⓡ 화재 시 건축물로부터 쉽게 피난할 수 있도록 창살이나 그 밖의 장애물이 설치되지 않을 것

ⓜ 내부 또는 외부에서 쉽게 부수거나 열 수 있을 것

⑨ 피난층 : 곧바로 지상으로 갈 수 있는 출입구가 있는 층(영 제2조)

2 소방시설의 종류(영 별표 1)

(1) 소화설비

물 또는 그 밖의 소화약제를 사용하여 소화하는 기계·기구 또는 설비

① 소화기구

　ⓐ 소화기

　ⓑ 간이소화용구 : 에어로졸식 소화용구, 투척용 소화용구, 소공간용 소화용구 및 소화약제 외의
　　것을 이용한 간이소화용구

　ⓒ 자동확산소화기

② 자동소화장치

　ⓐ 주거용 주방자동소화장치

　ⓑ 상업용 주방자동소화장치

　ⓒ 캐비닛형 자동소화장치

　ⓓ 가스자동소화장치

　ⓔ 분말자동소화장치

　ⓕ 고체에어로졸자동소화장치

③ 옥내소화전설비(호스릴 옥내소화전설비를 포함)

④ 스프링클러설비 등

　ⓐ 스프링클러설비

　ⓑ 간이스프링클러설비(캐비닛형 간이스프링클러설비를 포함)

　ⓒ 화재조기진압용 스프링클러설비

⑤ 물분무 등 소화설비

　ⓐ 물분무소화설비

　ⓑ 미분무소화설비

　ⓒ 포소화설비

　ⓓ 이산화탄소소화설비

　ⓔ 할론소화설비

　ⓕ 할로겐화합물 및 불활성기체소화설비(다른 원소와 화학반응을 일으키기 어려운 기체)

　ⓖ 분말소화설비

　ⓗ 강화액소화설비

　ⓘ 고체에어로졸소화설비

⑥ 옥외소화전설비

(2) 경보설비

화재발생 사실을 통보하는 기계·기구 또는 설비
① 단독경보형감지기
② 비상경보설비
　㉠ 비상벨설비　　　　　　　　　　　㉡ 자동식사이렌설비
③ 자동화재탐지설비
④ 시각경보기
⑤ 화재알림설비
⑥ 비상방송설비
⑦ 자동화재속보설비
⑧ 통합감시시설
⑨ 누전경보기
⑩ 가스누설경보기

(3) 피난구조설비 `17` 년 출제

화재가 발생할 경우 피난하기 위하여 사용하는 기구 또는 설비
① 피난기구
　㉠ 피난사다리
　㉡ 구조대
　㉢ 완강기
　㉣ 간이완강기
　㉤ 그 밖에 화재안전기준으로 정하는 것(미끄럼대, 피난교, 피난용트랩, 공기안전매트, 다수인피난
　　장비, 승강식피난기)
② 인명구조기구 `11` 년 출제
　㉠ 방열복, 방화복(안전모, 보호장갑, 안전화를 포함)
　㉡ 공기호흡기
　㉢ 인공소생기
③ 유도등
　㉠ 피난유도선
　㉡ 피난구유도등
　㉢ 통로유도등
　㉣ 객석유도등
　㉤ 유도표지
④ 비상조명등 및 휴대용 비상조명등 `11` 년 출제

(4) 소화용수설비

화재를 진압하는데 필요한 물을 공급하거나 저장하는 설비
① 상수도소화용수설비
② 소화수조·저수조, 그 밖의 소화용수설비

(5) 소화활동설비 11 16 17 19 년 출제

화재를 진압하거나 인명구조활동을 위하여 사용하는 설비

① 제연설비   ② 연결송수관설비
③ 연결살수설비   ④ 비상콘센트설비
⑤ 무선통신보조설비   ⑥ 연소방지설비

③ 특정소방대상물(영 별표 2)

(1) 공동주택

① **아파트 등** : 주택으로 쓰이는 층수가 5층 이상인 주택
② **연립주택** : 주택으로 쓰는 1개 동의 바닥면적(2개 이상의 동을 지하주차장으로 연결하는 경우에는 각각의 동으로 본다) 합계가 660[m²]를 초과하고, 층수가 4개 층 이하인 주택
③ **다세대주택** : 주택으로 쓰는 1개 동의 바닥면적(2개 이상의 동을 지하주차장으로 연결하는 경우에는 각각의 동으로 본다) 합계가 660[m²] 이하이고, 층수가 4개 층 이하인 주택
④ **기숙사** : 학교 또는 공장 등의 학생 또는 종업원 등을 위하여 쓰는 것으로서 1개 동의 공동취사시설 이용 세대 수가 전체의 50[%] 이상인 것(교육기본법 제27조 제2항에 따른 학생복지주택 및 공공주택 특별법 제2조 제1호의3에 따른 공공매입임대주택 중 독립된 주거의 형태를 갖추지 않은 것을 포함한다)

(2) 근린생활시설 13 14 24 년 출제

① 슈퍼마켓과 일용품(식품, 잡화, 의류, 완구, 서적, 건축자재, 의약품, 의료기기 등) 등의 소매점으로서 같은 건축물(하나의 대지에 두 동 이상의 건축물이 있는 경우에는 이를 같은 건축물로 본다)에 해당 용도로 쓰는 바닥면적의 합계가 1,000[m²] 미만인 것
② 휴게음식점, 제과점, 일반음식점, 기원(棋院), 노래연습장 및 단란주점(단란주점은 같은 건축물에 해당 용도로 쓰는 바닥면적의 합계가 150[m²] 미만인 것만 해당한다)
③ 이용원, 미용원, 목욕장 및 세탁소
④ **의원**, 치과의원, 한의원, 침술원, 접골원(接骨院), 조산원, 산후조리원 및 안마원(안마시술소를 포함)
⑤ 탁구장, 테니스장, 체육도장, 체력단련장, 에어로빅장, 볼링장, 당구장, 실내낚시터, **가상체험체육시설업(골프연습장)**, 물놀이형 시설, 그 밖에 이와 비슷한 것으로서 같은 건축물에 해당 용도로 쓰는 바닥면적의 합계가 500[m²] 미만인 것
⑥ 공연장(극장, 영화상영관, 연예장, 음악당, 서커스장, 비디오물감상실업의 시설, 비디오물소극장업의 시설, 그 밖에 이와 비슷한 것을 말한다) 또는 종교집회장[교회, 성당, 사찰, 기도원, 수도원, 수녀원, 제실(祭室), 사당, 그 밖에 이와 비슷한 것을 말한다]으로서 같은 건축물에 해당 용도로 쓰는 바닥면적의 합계가 300[m²] 미만인 것
⑦ 금융업소, 사무소, 부동산중개사무소, 결혼상담소 등 소개업소, 출판사, 서점, 그 밖에 이와 비슷한 것으로서 같은 건축물에 해당 용도로 쓰는 바닥면적의 합계가 500[m²] 미만인 것

⑧ 제조업소, 수리점, 그 밖에 이와 비슷한 것으로서 같은 건축물에 해당 용도로 쓰는 바닥면적의 합계가 500[m²] 미만이고, 배출시설의 설치허가 또는 신고의 대상인 것은 제외한다.

⑨ 청소년게임제공업 및 일반게임제공업의 시설, 인터넷컴퓨터게임시설제공업의 시설, 복합유통게임제공업의 시설로서 같은 건축물에 해당 용도로 쓰는 바닥면적의 합계가 500[m²] 미만인 것

⑩ 사진관, 표구점, 학원(같은 건축물에 해당 용도로 쓰는 바닥면적의 합계가 500[m²] 미만인 것만 해당하며, 자동차학원 및 무도학원은 제외), 독서실, 고시원(다중이용업 중 고시원업의 시설로서 독립된 주거의 형태를 갖추지 않은 것으로서 같은 건축물에 해당 용도로 쓰는 바닥면적의 합계가 500[m²] 미만인 것), 장의사, 동물병원, 총포판매사, 그 밖에 이와 비슷한 것

⑪ 의약품 판매소, 의료기기 판매소 및 자동차영업소로서 같은 건축물에 해당 용도로 쓰는 바닥면적의 합계가 1,000[m²] 미만인 것

(3) 문화 및 집회시설 `18` `년 출제`

① 공연장으로서 근린생활시설에 해당하지 않는 것

② 집회장 : 예식장, 공회당, 회의장, 마권(馬券) 장외 발매소, 마권 전화투표소, 그 밖에 이와 비슷한 것으로서 근린생활시설에 해당하지 않는 것

③ 관람장 : 경마장, 경륜장, 경정장, 자동차 경기장, 그 밖에 이와 비슷한 것과 체육관 및 운동장으로서 관람석의 바닥면적의 합계가 1,000[m²] 이상인 것

④ **전시장** : 박물관, 미술관, 과학관, 문화관, 체험관, 기념관, 산업전시장, 박람회장, **견본주택**, 그 밖에 이와 비슷한 것

⑤ 동·식물원 : **동물원**, 식물원, 수족관, 그 밖에 이와 비슷한 것

(4) 종교시설

① 종교집회장으로서 근린생활시설에 해당하지 않는 것

② ①의 종교집회장에 설치하는 봉안당(奉安堂)

(5) 판매시설

① **도매시장** : 농수산물도매시장, 농수산물공판장, 그 밖에 이와 비슷한 것(그 안에 있는 근린생활시설을 포함)

② **소매시장** : 시장, 대규모점포, 그 밖에 이와 비슷한 것(그 안에 있는 근린생활시설을 포함)

③ **전통시장** : 전통시장(그 안에 있는 근린생활시설을 포함하며, 노점형시장은 제외)

④ **상점** : 다음의 어느 하나에 해당하는 것(그 안에 있는 근린생활시설을 포함)
　㉠ 슈퍼마켓과 일용품에 해당 용도로 쓰는 바닥면적 합계가 1,000[m²] 이상인 것
　㉡ 청소년게임제공업, 일반게임제공업의 시설, 인터넷컴퓨터게임시설제공업의 시설, 복합유통게임제공업에 해당 용도로 쓰는 바닥면적 합계가 500[m²] 이상인 것

(6) 운수시설

① 여객자동차터미널

② 철도 및 도시철도 시설(정비창 등 관련 시설을 포함)

③ 공항시설(항공관제탑을 포함)
④ 항만시설 및 종합여객시설

(7) 의료시설 `23` **년 출제**

① 병원 : 종합병원, 병원, 치과병원, 한방병원, 요양병원
② 격리병원 : 전염병원, **마약진료소**, 그 밖에 이와 비슷한 것
③ **정신의료기관**
④ **장애인 의료재활시설**

(8) 교육연구시설

① 학 교
　　㉠ 초등학교, 중학교, 고등학교, 특수학교, 그 밖에 이에 준하는 학교 : 교사(校舍)(교실·도서실 등 교수·학습활동에 직접 또는 간접적으로 필요한 시설물을 말하되, 병설유치원으로 사용되는 부분은 제외), 체육관, 급식시설, 합숙소(학교의 운동부, 기능선수 등이 집단으로 숙식하는 장소)
　　㉡ 대학, 대학교, 그 밖에 이에 준하는 각종 학교 : 교사 및 합숙소
② 교육원(연수원, 그 밖에 이와 비슷한 것을 포함)
③ 직업훈련소
④ 학원(근린생활시설에 해당하는 것과 자동차운전학원·정비학원 및 무도학원은 제외)
⑤ 연구소(연구소에 준하는 시험소와 계량계측소를 포함)
⑥ 도서관

(9) 노유자시설 `23` **년 출제**

① **노인 관련 시설** : 노인주거복지시설, **노인의료복지시설**, 노인여가복지시설, 주·야간보호서비스나 단기보호서비스를 제공하는 재가노인복지시설(장기요양기관을 포함), 노인보호전문기관, 노인일자리지원기관, 학대피해노인 전용쉼터
② **아동 관련 시설** : **아동복지시설, 어린이집, 유치원**[학교의 교사 중 병설유치원으로 사용되는 부분을 포함]
③ **장애인 관련 시설** : 장애인 거주시설, 장애인 지역사회재활시설(장애인 심부름센터, 한국수어통역센터, 점자도서 및 녹음서 출판시설 등 장애인이 직접 그 시설 자체를 이용하는 것을 주된 목적으로 하지 않는 시설은 제외), 장애인 직업재활시설
④ **정신질환자 관련 시설** : 정신재활시설(생산품판매시설은 제외), 정신요양시설
⑤ **노숙인 관련 시설** : 노숙인복지시설(노숙인일시보호시설, 노숙인자활시설, 노숙인재활시설, 노숙인요양시설 및 쪽방삼당소만 해당), 노숙인종합지원센터
⑥ 사회복지시설 중 결핵환자 또는 한센인 요양시설 등 다른 용도로 분류되지 않는 것

(10) 수련시설

① **생활권 수련시설** : 청소년수련관, 청소년문화의집, 청소년특화시설
② **자연권 수련시설** : 청소년수련원, 청소년야영장
③ 유스호스텔

(11) 운동시설

① 탁구장, 체육도장, 테니스장, 체력단련장, 에어로빅장, 볼링장, 당구장, 실내낚시터, 가상체험체육시설업(골프연습장), 물놀이형 시설, 그 밖에 이와 비슷한 것으로서 근린생활시설에 해당하지 않는 것

② 체육관으로서 관람석이 없거나 관람석의 바닥면적이 1,000[m²] 미만인 것

③ 운동장 : 육상장, 구기장, 볼링장, 수영장, 스케이트장, 롤러스케이트장, 승마장, 사격장, 궁도장, 골프장 등과 이에 딸린 건축물로서 관람석이 없거나 관람석의 바닥면적이 1,000[m²] 미만인 것

(12) 업무시설 `10` `23` 년 출제

① 공공업무시설 : 국가 또는 지방자치단체의 청사와 외국공관의 건축물로서 근린생활시설에 해당하지 않는 것

② 일반업무시설 : 금융업소, 사무소, 신문사, **오피스텔**(업무를 주로 하며, 분양하거나 임대하는 구획 중 일부의 구획에서 숙식을 할 수 있도록 한 건축물로서 국토교통부장관이 고시하는 기준에 적합한 것을 말한다), 그 밖에 이와 비슷한 것으로서 근린생활시설에 해당하지 않는 것

③ 주민자치센터(동사무소), 경찰서, 지구대, 파출소, 소방서, 119안전센터, 우체국, 보건소, 공공도서관, 국민건강보험공단, 그 밖에 이와 비슷한 용도로 사용하는 것

④ 마을회관, 마을공동작업소, 마을공동구판장, 그 밖에 이와 유사한 용도로 사용되는 것

⑤ **변전소**, 양수장, 정수장, 대피소, 공중화장실, 그 밖에 이와 유사한 용도로 사용되는 것

(13) 숙박시설

① 일반형 숙박시설 : 공중위생관리법 시행령 제4조 제1호에 따른 숙박업의 시설

② 생활형 숙박시설 : 공중위생관리법 시행령 제4조 제2호에 따른 숙박업의 시설

③ 고시원(근린생활시설에 해당하지 않는 것을 말한다)

(14) 위락시설

① 단란주점으로서 근린생활시설에 해당하지 않는 것

② 유흥주점

③ 유원시설업(遊園施設業)의 시설, 그 밖에 이와 비슷한 시설(근린생활시설에 해당하는 것은 제외)

④ **무도장 및 무도학원**

⑤ 카지노영업소

(15) 창고시설(위험물 저장 및 처리 시설 또는 그 부속용도에 해당하는 것은 제외)

① 창고(물품저장시설로서 냉장·냉동 창고를 포함한다)

② 하역장

③ 물류터미널

④ 집배송시설

(16) 항공기 및 자동차 관련 시설(건설기계 관련 시설을 포함)

① 항공기격납고

② 차고, 주차용 건축물, 철골 조립식 주차시설(바닥면이 조립식이 아닌 것을 포함한다) 및 기계장치에 의한 주차시설

③ 세차장

④ 폐차장

⑤ 자동차 검사장

⑥ 자동차 매매장

⑦ 자동차 정비공장

⑧ 운전학원·정비학원

⑨ 다음의 건축물을 제외한 건축물의 내부(건축법 시행령에 따른 필로티와 건축물의 지하를 포함)에 설치된 주차장

  ㉠ 단독주택

  ㉡ 공동주택 중 50세대 미만인 연립주택 또는 50세대 미만인 다세대주택

⑩ 차고 및 주기장(駐機場)

(17) 묘지 관련 시설

① 화장시설

② 봉안당(종교집회장에 설치하는 봉안당은 제외)

③ 묘지와 자연장지에 부수되는 건축물

④ 동물화장시설, 동물건조장(乾燥葬)시설 및 동물 전용의 납골시설

(18) 관광 휴게시설

① 야외음악당

② 야외극장

③ 어린이회관

④ 관망탑

⑤ 휴게소

⑥ 공원·유원지 또는 관광지에 부수되는 건축물

(19) 장례시설

① 장례식장(의료시설의 부수시설은 제외)

② 동물 전용의 장례식장

(20) 지하가

지하의 인공구조물 안에 설치되어 있는 상점, 사무실, 그 밖에 이와 비슷한 시설이 연속하여 지하도에 면하여 설치된 것과 그 지하도를 합한 것

① 지하상가

② 터널 : 차량(궤도차량용은 제외) 등의 통행을 목적으로 지하, 수저(水底) 또는 산을 뚫어서 만든 것

Plus one • 지하가로 보는 경우
  특정소방대상물의 지하층이 지하가와 연결되어 있는 경우 해당 지하층의 부분을 지하가로 본다.
  • 지하가로 보지 않는 경우
  지하가와 연결되는 지하층에 지하층 또는 지하가에 설치된 자동방화셔터 또는 60분+방화문이 화재 시 경보설비 또는 자동소화설비의 작동과 연동하여 자동으로 닫히는 구조이거나 그 윗부분에 드렌처설비가 설치된 경우에는 지하가로 보지 않는다.

(21) 지하구

① 전력·통신용의 전선이나 가스·냉난방용의 배관 또는 이와 비슷한 것을 집합수용하기 위하여 설치한 지하 인공구조물로서 사람이 점검 또는 보수를 하기 위하여 출입이 가능한 것 중 다음의 어느 하나에 해당하는 것

  ⊙ 전력 또는 통신사업용 지하 인공구조물로서 전력구(케이블 접속부가 없는 경우에는 제외) 또는 통신구 방식으로 설치된 것

  ⊙ ⊙외의 지하 인공구조물로서 폭이 1.8[m] 이상이고 높이가 2[m] 이상이며 길이가 50[m] 이상인 것

② 공동구

(22) 복합건축물

① 하나의 건축물에 둘 이상의 용도로 사용되는 것. 다만, 다음의 어느 하나에 해당하는 경우에는 복합건축물로 보지 않는다.

  ⊙ 관계 법령에서 주된 용도의 부수시설로서 그 설치를 의무화하고 있는 용도 또는 시설

  ⊙ 주택 안에 부대시설 또는 복리시설이 설치되는 특정소방대상물

  ⓒ 건축물의 주된 용도의 기능에 필수적인 용도로서 다음의 어느 하나에 해당하는 용도

    ㉮ 건축물의 설비(전기저장시설을 포함한다), 대피 또는 위생을 위한 용도

    ㉯ 사무, 작업, 집회, 물품저장 또는 주차를 위한 용도

    ㉰ 구내식당, 구내세탁소, 구내운동시설 등 종업원후생복리시설(기숙사는 제외) 또는 구내소각시설의 용도

② 하나의 건축물이 **근린생활시설, 판매시설, 업무시설, 숙박시설** 또는 **위락시설**의 용도와 **주택의 용도로 함께 사용되는 것**

(23) 하나의 소방대상물과 별개의 소방대상물

① 별개의 소방대상물

  ⊙ 내화구조로 된 하나의 특정소방대상물이 개구부 및 연소 확대 우려가 없는 내화구조의 바닥과 벽으로 구획되어 있는 경우에는 그 구획된 부분을 각각 별개의 특정소방대상물로 본다(단, **성능위주설계를 적용할 때는 하나의 소방대상물로 본다**).

  ⊙ 연결통로 또는 지하구와 소방대상물의 양쪽에 다음의 어느 하나에 적합한 경우에는 각각 별개의 소방대상물로 본다.

    • 화재 시 경보설비 또는 자동소화설비의 작동과 연동하여 자동으로 닫히는 자동방화셔터 또는 60분+방화문이 설치된 경우

    • 화재 시 자동으로 방수되는 방식의 드렌처설비 또는 개방형 스프링클러헤드가 설치된 경우

② 하나의 소방대상물 `13` `년 출제`

  ⊙ 내화구조로 된 연결통로가 다음의 어느 하나에 해당되는 경우

    • 벽이 없는 구조로서 그 길이가 6[m] 이하인 경우

    • 벽이 있는 구조로서 그 길이가 10[m] 이하인 경우. 다만, 벽 높이가 바닥에서 천장까지의 높이의 1/2 이상인 경우에는 벽이 있는 구조로 보고, 벽 높이가 바닥에서 천장까지의 높이의 1/2 미만인 경우에는 벽이 없는 구조로 본다.

ⓛ 내화구조가 아닌 연결통로로 연결된 경우

ⓒ 컨베이어로 연결되거나 플랜트설비의 배관 등으로 연결되어 있는 경우

ⓔ 지하보도, 지하상가, 지하가로 연결된 경우

ⓜ 자동방화셔터 또는 60분+방화문이 설치되지 않은 피트(전기설비 또는 배선설비 등이 설치되는 공간)로 연결된 경우

ⓗ 지하구로 연결된 경우

4 건축허가 등의 동의 등

(1) 건축허가 등의 동의대상물(법 제6조) 10 14 년 출제

① 건축물 등의 신축·증축·개축·재축·이전·용도변경 또는 대수선의 허가·협의 및 사용승인의 권한이 있는 행정기관은 건축허가 등을 할 때 미리 그 건축물 등의 시공지(施工地) 또는 소재지를 관할하는 소방본부장이나 소방서장의 동의를 받아야 한다.

② 건축물 등의 증축·개축·재축·용도변경 또는 대수선의 신고를 수리(受理)할 권한이 있는 행정기관은 그 신고를 수리하면 그 건축물 등의 시공지 또는 소재지를 관할하는 소방본부장이나 소방서장에게 지체 없이 그 사실을 알려야 한다.

③ 건축허가 등의 동의 여부를 알릴 경우에는 원활한 소방활동 및 건축물 등의 화재안전성능을 확보하기 위하여 검토 자료 또는 의견서의 첨부 내용

ⓐ 피난시설, 방화구획(防火區劃)

ⓑ 소방관 진입창

ⓒ 방화벽, 마감재료 등(방화시설)

ⓓ 그 밖에 소방자동차의 접근이 가능한 통로의 설치 등 대통령령으로 정하는 사항(영 제7조)
  • 소방자동차의 접근이 가능한 통로의 설치
  • 승강기의 설치
  • 주택단지 안 도로의 설치
  • 옥상광장, 비상문자동개폐장치, 헬리포트의 설치

④ 사용승인에 대한 동의를 할 때에는 소방시설공사의 완공검사증명서를 발급받은 것으로 동의를 갈음할 수 있다. 이 경우 건축허가 등의 권한이 있는 행정기관은 소방시설공사의 완공검사증명서를 확인해야 한다.

⑤ 건축허가 등을 할 때 소방본부장이나 소방서장의 동의를 받아야 하는 건축물 등의 범위는 대통령령으로 정한다.

(2) 건축허가 등의 동의대상물의 범위(영 제7조) 13 15 16 17 20 22 년 출제

① 연면적이 400[m²] 이상인 건축물이나 시설. 다만, 다음의 어느 하나에 해당하는 경우, 정한 기준 이상인 건축물이나 시설로 한다.

ⓐ 건축 등을 하려는 학교시설 : **100[m²] 이상**

ⓑ 노유자시설 및 수련시설 : **200[m²] 이상**

ⓒ 정신의료기관(입원실이 없는 정신건강의학과 의원은 제외) : **300[m²] 이상**

ⓓ 장애인 의료재활시설(이하 "의료재활시설"이라 한다) : **300[m²] 이상**

② 지하층 또는 무창층이 있는 건축물로서 바닥면적이 150[m²](**공연장**의 경우에는 **100[m²]**) 이상인 층이 있는 것

③ 차고·주차장 또는 주차 용도로 사용되는 시설로서 다음의 어느 하나에 해당하는 것

㉠ 차고·주차장으로 사용되는 바닥면적이 200[m²] 이상인 층이 있는 건축물이나 주차시설

㉡ 승강기 등 기계장치에 의한 주차시설로서 자동차 20대 이상을 주차할 수 있는 시설

④ 층수가 **6층 이상**인 건축물

⑤ **항공기격납고**, 관망탑, 항공관제탑, 방송용 송수신탑

⑥ 의원(입원실이 있는 것으로 한정한다)·**조산원·산후조리원, 위험물 저장 및 처리시설**, 발전시설 중 풍력발전소·전기저장시설, 지하구

⑦ ①에 해당하지 않는 노유자시설 중 다음의 어느 하나에 해당하는 시설(다만, ㉠의 ㉮ 및 ㉡부터 ㉯까지의 시설 중 건축법 시행령 별표 1의 단독주택 또는 공동주택에 설치되는 시설은 제외한다)

㉠ 별표 2 제9호 가목에 따른 노인 관련 시설 중 다음의 어느 하나에 해당하는 시설

㉮ 노인주거복지시설·노인의료복지시설 및 재가노인복지시설

㉯ 학대피해노인 전용쉼터

㉡ 아동복지시설(아동상담소, 아동전용시설 및 지역아동센터는 제외한다)

㉢ 장애인 거주시설

㉣ 정신질환자 관련 시설(공동생활가정을 제외한 재활훈련시설과 종합시설 중 24시간 주거를 제공하지 않는 시설은 제외)

㉤ 노숙인 관련 시설 중 노숙인자활시설, 노숙인재활시설 및 노숙인요양시설

㉥ 결핵환자나 한센인이 24시간 생활하는 노유자시설

⑧ **요양병원**. 다만, 의료재활시설은 제외한다.

⑨ 공장 또는 창고시설로서 750배 이상의 특수가연물을 저장·취급하는 것

⑩ 가스시설로서 지상에 노출된 탱크의 저장용량의 합계가 100톤 이상인 것

[건축허가 등의 동의대상에서 제외되는 경우]

• 별표 4에 따라 특정소방대상물에 설치되는 소화기구, 자동소화장치, 누전경보기, 단독경보형감지기, 가스누설경보기 및 피난구조설비(비상조명등은 제외한다)가 화재안전기준에 적합한 경우 해당 특정소방대상물

• 건축물의 증축 또는 용도변경으로 인하여 해당 특정소방대상물에 추가로 소방시설이 설치되지 않는 경우 해당 특정소방대상물

• 소방시설공사업법 시행령 제4조에 따른 소방시설공사의 착공신고 대상에 해당하지 않는 경우 해당 특정소방대상물

---

(3) 건축허가 등의 동의요구서 첨부해야 하는 서류(규칙 제3조)

① 건축허가신청서 및 건축허가서 또는 건축·대수선·용도변경신고서 등 건축허가 등을 확인할 수 있는 서류의 사본

② 다음의 설계도서

㉠ 건축물 설계도서

㉮ 건축물 개요 및 배치도

㉯ 주단면도 및 입면도(착공신고 대상일 경우에만 제출)

㉒ 층별 평면도(용도별 기준층 평면도를 포함)
　　　㉣ 방화구획도(창호도를 포함한다)(착공신고 대상일 경우에만 제출)
　　　㉤ 실내·실외 마감재료표
　　　㉥ 소방자동차 진입 동선도 및 부서 공간 위치도(조경계획을 포함)
　　ⓛ 소방시설 설계도서
　　　㉮ 소방시설(기계·전기분야의 시설을 말한다)의 계통도(시설별 계산서를 포함)
　　　㉯ 소방시설별 층별 평면도(착공신고 대상일 경우에만 제출)
　　　㉰ 실내장식물 방염대상물품 설치 계획(마감재료는 제외)
　　　㉱ 소방시설의 내진설계 계통도 및 기준층 평면도(내진 시방서 및 계산서 등 세부 내용이 포함된
　　　　상세 설계도면은 제외)**(착공신고 대상일 경우에만 제출)**
　③ 소방시설 설치계획표
　④ 임시소방시설(건설현장) 설치계획서(설치시기·위치·종류·방법 등 임시소방시설(건설현장)의
　　설치와 관련한 세부사항을 포함)
　⑤ 소방시설설계업 등록증과 소방시설을 설계한 기술인력의 기술자격증 사본
　⑥ 소방시설설계 계약서 사본

(4) 건축허가 등의 동의여부 회신기간(규칙 제3조) `10` `16` 년 출제
　① **일반대상물** : 건축허가 등의 동의 요구서류를 접수한 날부터 5일 이내
　② **특급소방안전관리대상물** : 건축허가 등의 동의 요구서류를 접수한 날부터 10일 이내
　③ **동의요구서 및 첨부서류 보완기간** : 4일 이내
　④ 건축허가 등의 동의를 요구한 기관이 그 건축허가 등을 취소하였을 때에는 취소한 날부터 7일
　　이내에 건축물의 시공지 또는 소재지를 관할하는 소방본부장 또는 소방서장에게 그 사실을 통보해
　　야 한다.

(5) 소방시설의 내진설계대상(영 제8조) `13` `16` `23` 년 출제
　① 옥내소화전설비
　② 스프링클러설비
　③ 물분무 등 소화설비

(6) 성능위주설계를 해야 하는 특정소방대상물의 범위(영 제9조) `11` `13` `17` `24` 년 출제
　① 연면적 20만$[m^2]$ 이상인 특정소방대상물. 다만, 아파트 등은 제외한다.
　② 50층 이상(지하층은 제외)이거나 지상으로부터 높이가 200[m] 이상인 아파트 등
　③ 30층 이상(지하층을 포함)이거나 지상으로부터 높이가 120[m] 이상인 특정소방대상물(아파트 등은
　　제외)
　④ 연면적 3만$[m^2]$ 이상인 특정소방대상물로서 다음의 어느 하나에 해당하는 특정소방대상물
　　㉠ 철도 및 도시철도 시설
　　ⓛ 공항시설
　⑤ 창고시설 중 연면적 10만$[m^2]$ 이상인 것 또는 지하층의 층수가 2개 층 이상이고 지하층의 바닥면적
　　의 합계가 3만$[m^2]$ 이상인 것

⑥ 하나의 건축물에 **영화상영관이 10개 이상**인 특정소방대상물
⑦ 지하연계 복합건축물에 해당하는 특정소방대상물
⑧ 터널 중 수저(水底)터널 또는 길이가 5,000[m] 이상인 것

(7) 주택에 설치하는 소방시설(법 제10조, 영 제10조) `18` `년 출제`
① 대 상
  ㉠ 단독주택
  ㉡ 공동주택(아파트 및 기숙사는 제외)
② 소방시설 : 소화기, 단독경보형감지기

(8) 자동차에 설치 또는 비치하는 소화기(법 제11조)[24. 12. 01 시행]
① 5인승 이상의 승용자동차
② 승합자동차
③ 화물자동차
④ 특수자동차
※ **차량용 소화기의 설치 또는 비치 기준 : 행정안전부령**

5 소화설비의 설치대상(영 별표 4)

(1) 소화기구
① 연면적 33[m²] 이상인 것. 다만, 노유자시설의 경우에는 투척용 소화용구 등을 화재안전기준에 따라 산정된 소화기 수량의 1/2 이상으로 설치할 수 있다.
② ①에 해당하지 않는 시설로서 가스시설, 발전시설 중 전기저장시설 및 국가유산
③ 터 널
④ 지하구

(2) 자동소화장치 `20` `년 출제`
① 주거용 주방자동소화장치를 설치해야 하는 것 : 아파트 등 및 **오피스텔의 모든 층**
② 상업용 주방자동소화장치를 설치해야 하는 것
  ㉠ 대규모 점포에 입점해 있는 일반음식점
  ㉡ 집단급식소
③ 캐비닛형 자동소화장치, 가스자동소화장치, 분말자동소화장치 또는 고체에어로졸 자동소화장치를 설치해야 하는 것 : 화재안전기준에서 정하는 장소

(3) 옥내소화전설비
위험물 저장 및 처리시설 중 가스시설, 지하구 및 업무시설 중 무인변전소(방재실 등에서 스프링클러설비 또는 물분무 등 소화설비를 원격으로 조정할 수 있는 무인변전소로 한정한다)는 제외한다.
① 다음의 어느 하나에 해당하는 경우에는 모든 층
  ㉠ 연면적 3,000[m²] 이상인 것(지하가 중 터널은 제외)
  ㉡ 지하층·무창층(축사는 제외)으로서 바닥면적이 600[m²] 이상인 층이 있는 것
  ㉢ 층수가 4층 이상인 층 중 바닥면적이 600[m²] 이상인 층이 있는 것

② ①에 해당하지 않는 근린생활시설, 판매시설, 운수시설, 의료시설, 노유자시설, 업무시설, 숙박시설, 위락시설, 공장, 창고시설, 항공기 및 자동차 관련 시설, 교정 및 군사시설 중 국방·군사시설, 방송통신시설, 발전시설, 장례시설 또는 복합건축물로서 다음의 어느 하나에 해당하는 경우에는 모든 층
  ㉠ 연면적 1,500[m²] 이상인 것
  ㉡ 지하층·무창층으로서 바닥면적이 300[m²] 이상인 층이 있는 것
  ㉢ 층수가 4층 이상인 층 중 바닥면적이 300[m²] 이상인 층이 있는 것
③ 건축물의 옥상에 설치된 차고·주차장으로서 사용되는 면적이 200[m²] 이상인 경우 해당 부분
④ 지하가 중 터널로서 다음에 해당하는 터널
  ㉠ 길이가 1,000[m] 이상인 터널
  ㉡ 예상교통량, 경사도 등 터널의 특성을 고려하여 행정안전부령으로 정하는 터널
⑤ ① 및 ②에 해당하지 않는 공장 또는 창고시설로서 정하는 수량의 750배 이상의 특수가연물을 저장·취급하는 것

(4) 스프링클러설비

위험물 저장 및 처리시설 중 가스시설 또는 지하구는 제외한다.
① 층수가 6층 이상인 특정소방대상물의 경우에는 모든 층

> **[제외하는 경우]**
> ㉠ 주택 관련 법령에 따라 기존의 아파트 등을 리모델링하는 경우로서 건축물의 연면적 및 층의 높이가 변경되지 않는 경우. 이 경우 해당 아파트 등의 사용 검사 당시의 소방시설의 설치에 관한 대통령령 또는 화재안전기준을 적용한다.
> ㉡ 스프링클러설비가 없는 기존의 특정소방대상물을 용도변경하는 경우. 다만, ②부터 ⑥까지 및 ⑨부터 ⑫까지의 규정에 해당하는 특정소방대상물로 용도변경하는 경우에는 해당 규정에 따라 스프링클러설비를 설치한다.

② 기숙사(교육연구시설·수련시설 내에 있는 학생 수용을 위한 것) 또는 **복합건축물로서 연면적 5,000[m²] 이상**인 경우에는 모든 층
③ 문화 및 집회시설(동·식물원은 제외), 종교시설(주요구조부가 목조인 것은 제외), 운동시설(물놀이형 시설 및 바닥이 불연재료이고 관람석이 없는 운동시설은 제외)로서 다음의 어느 하나에 해당하는 경우에는 모든 층
  ㉠ 수용인원이 100명 이상인 것
  ㉡ 영화상영관의 용도로 쓰이는 층의 바닥면적이 지하층 또는 무창층인 경우에는 500[m²] 이상, 그 밖의 층의 경우에는 1,000[m²] 이상인 것
  ㉢ 무대부가 지하층·무창층 또는 4층 이상의 층에 있는 경우에는 무대부의 면적이 300[m²] 이상인 것
  ㉣ 무대부가 ㉢ 외의 층에 있는 경우에는 무대부의 면적이 500[m²] 이상인 것
④ 판매시설, 운수시설 및 창고시설(물류터미널에 한정한다)로서 바닥면적의 합계가 5,000[m²] 이상이거나 수용인원이 500명 이상인 경우에는 모든 층

⑤ 다음의 어느 하나에 해당하는 용도로 사용되는 시설의 바닥면적의 합계가 600[m²] 이상인 것은
모든 층
  ㉠ 근린생활시설 중 조산원 및 산후조리원
  ㉡ 의료시설 중 정신의료기관
  ㉢ 의료시설 중 종합병원, 병원, 치과병원, 한방병원 및 요양병원
  ㉣ 노유자시설
  ㉤ 숙박이 가능한 수련시설
  ㉥ 숙박시설
⑥ **창고시설(물류터미널은 제외)로서 바닥면적 합계가 5,000[m²] 이상**인 경우에는 모든 층 `20` `년 출제`
⑦ 특정소방대상물의 지하층·무창층(축사는 제외) 또는 층수가 4층 이상인 층으로서 바닥면적이
1,000[m²] 이상인 층이 있는 경우에는 해당 층
⑧ **랙식 창고(Rack Warehouse)** : 랙(물건을 수납할 수 있는 선반이나 이와 비슷한 것)을 갖춘 것으로서
천장 또는 반자(반자가 없는 경우에는 지붕의 옥내에 면하는 부분)의 높이가 10[m]를 초과하고,
랙이 설치된 층의 바닥면적의 합계가 1,500[m²] 이상인 경우에는 모든 층
⑨ 공장 또는 창고시설로서 다음의 어느 하나에 해당하는 시설
  ㉠ 수량의 1,000배 이상의 특수가연물을 저장·취급하는 시설
  ㉡ 중·저준위방사성폐기물의 저장시설 중 소화수를 수집·처리하는 설비가 있는 저장시설
⑩ 지붕 또는 외벽이 불연재료가 아니거나 내화구조가 아닌 공장 또는 창고시설로서 다음의 어느
하나에 해당하는 것
  ㉠ 창고시설(물류터미널로 한정한다) 중 ④에 해당하지 않는 것으로서 바닥면적의 합계가
2,500[m²] 이상이거나 수용인원이 250명 이상인 경우에는 모든 층
  ㉡ 창고시설(물류터미널은 제외한다) 중 ⑥에 해당하지 않는 것으로서 바닥면적의 합계가
2,500[m²] 이상인 경우에는 모든 층
  ㉢ 공장 또는 창고시설 중 ⑦에 해당하지 않는 것으로서 지하층·무창층 또는 층수가 4층 이상인
것 중 바닥면적이 500[m²] 이상인 경우에는 모든 층
  ㉣ 랙식 창고 중 ⑧에 해당하지 않는 것으로서 바닥면적의 합계가 750[m²] 이상인 경우에는 모든 층
  ㉤ 공장 또는 창고시설 중 ⑨ ㉠에 해당하지 않는 것으로서 수량의 500배 이상의 특수가연물을
저장·취급하는 시설
⑪ 교정 및 군사시설 중 다음의 어느 하나에 해당하는 경우에는 해당 장소
  ㉠ 보호감호소, 교도소, 구치소 및 그 지소, 보호관찰소, 갱생보호시설, 치료감호시설, 소년원 및
소년분류 심사원의 수용거실
  ㉡ 보호시설(외국인보호소의 경우에는 보호대상자의 생활공간으로 한정한다)로 사용하는 부분.
다만, 보호시설이 임차건물에 있는 경우는 제외한다.
  ㉢ 유치장
⑫ 지하가(터널은 제외)로서 연면적 1,000[m²] 이상인 것
⑬ 발전시설 중 전기저장시설
⑭ 특정소방대상물에 부속된 보일러실 또는 연결통로 등

(5) 간이스프링클러설비

① 공동주택 중 연립주택 및 다세대주택(주택 전용 간이스프링클러설비를 설치한다)

② 근린생활시설 중 다음의 어느 하나에 해당하는 것 <u>22</u> 년 출제

   ㉠ 근린생활시설로 사용하는 부분의 바닥면적 합계가 1,000$[m^2]$ 이상인 것은 모든 층

   ㉡ 의원, 치과의원 및 한의원으로서 입원실이 있는 시설

   ㉢ 조산원 및 산후조리원으로서 연면적 600$[m^2]$ 미만인 시설

③ 의료시설 중 다음의 어느 하나에 해당하는 시설

   ㉠ 종합병원, 병원, 치과병원, 한방병원 및 요양병원(의료재활시설은 제외)으로 사용되는 바닥면적의 합계가 600$[m^2]$ 미만인 시설

   ㉡ 정신의료기관 또는 의료재활시설로 사용되는 바닥면적의 합계가 300$[m^2]$ 이상 600$[m^2]$ 미만인 시설

   ㉢ 정신의료기관 또는 의료재활시설로 사용되는 바닥면적의 합계가 300$[m^2]$ 미만이고, 창살(철재·플라스틱 또는 목재 등으로 사람의 탈출 등을 막기 위하여 설치한 것을 말하며, 화재 시 자동으로 열리는 구조로 되어 있는 창살은 제외)이 설치된 시설

④ 교육연구시설 내에 합숙소로서 연면적 100$[m^2]$ 이상인 경우에는 모든 층

⑤ 노유자시설로서 다음의 어느 하나에 해당하는 시설

   ㉠ 제7조 제1항 제7호 각 목에 따른 시설(같은 호 가목2) 및 같은 호 나목부터 바목까지의 시설 중 단독주택 또는 공동주택에 설치되는 시설은 제외하며, 이하 "노유자 생활시설"이라 한다)

> **[영 제7조 제1항 제7호의 가목 2), 나목부터 바목]**
>
> 가. 2) 학대피해노인 전용쉼터
> 나. 아동복지시설(아동상담소, 아동전용시설 및 지역아동센터는 제외한다)
> 다. 장애인 거주시설
> 라. 정신질환자 관련 시설(공동생활가정을 제외한 재활훈련시설과 종합시설 중 24시간 주거를 제공하지 않는 시설은 제외)
> 마. 노숙인 관련 시설 중 노숙인자활시설, 노숙인재활시설 및 노숙인요양시설
> 바. 결핵환자나 한센인이 24시간 생활하는 노유자시설

   ㉡ ㉠ 해당하지 않는 노유자시설로 해당 시설로 사용하는 바닥면적의 합계가 300$[m^2]$ 이상 600$[m^2]$ 미만인 시설

   ㉢ ㉠에 해당하지 않는 노유자시설로 해당 시설로 사용하는 바닥면적의 합계가 300$[m^2]$ 미만이고, 창살(철재·플라스틱 또는 목재 등으로 사람의 탈출 등을 막기 위하여 설치한 것을 말하며, 화재 시 자동으로 열리는 구조로 되어 있는 창살은 제외한다)이 설치된 시설

⑥ 숙박시설로 사용되는 바닥면적의 합계가 300$[m^2]$ 이상 600$[m^2]$ 미만인 시설

⑦ 건물을 임차하여 출입국관리법에 따른 보호시설로 사용하는 부분

⑧ 복합건축물(하나의 건축물이 근린생활시설, 판매시설, 업무시설, 숙박시설 또는 위락시설의 용도와 주택의 용도로 함께 사용되는 것)로서 연면적 1,000$[m^2]$ 이상인 것은 모든 층

(6) 물분무 등 소화설비 <u>22</u> 년 출제

① 항공기 및 자동차 관련 시설 중 항공기격납고

② 차고, 주차용 건축물 또는 철골 조립식 주차시설(이 경우 연면적 800$[m^2]$ 이상인 것만 해당한다)

③ 건축물의 내부에 설치된 차고·주차장으로서 차고 또는 주차의 용도로 사용되는 면적이 200[m²] 이상인 경우 해당 부분(50세대 미만인 연립주택 및 다세대주택은 제외)

④ 기계장치에 의한 주차시설을 이용하여 20대 이상의 차량을 주차할 수 있는 시설 **20 년 출제**

⑤ 특정소방대상물에 설치된 **전기실·발전실·변전실(가연성 절연유를 사용하지 않는 변압기·전류차단기 등의 전기기기와 가연성 피복을 사용하지 않는 전선 및 케이블만을 설치한 전기실·발전실 및 변전실은 제외)**·축전지실·통신기기실 또는 전산실, 그 밖에 이와 비슷한 것으로서 바닥면적이 300[m²] 이상인 것

⑥ 소화수를 수집·처리하는 설비가 설치되어 있지 않은 중·저준위방사성폐기물의 저장시설. 다만, 이 시설에는 이산화탄소소화설비, 할론소화설비 또는 할로겐화합물 및 불활성기체 소화설비를 설치해야 한다.

⑦ 지하가 중 예상 교통량, 경사도 등 터널의 특성을 고려하여 행정안전부령으로 정하는 터널. 다만, 이 경우에는 물분무소화설비를 설치해야 한다.

⑧ 국가유산 중 지정문화유산(문화유산자료는 제외) 또는 천연기념물 등(자연유산자료는 제외)으로서 소방청장이 국가유산청장관 협의하여 정하는 것

(7) 옥외소화전설비

① 지상 1층 및 2층의 바닥면적의 합계가 9,000[m²] 이상인 것. 이 경우 같은 구(區) 내의 둘 이상의 특정소방대상물이 **행정안전부령으로 정하는 연소(延燒) 우려가 있는 구조**인 경우에는 이를 하나의 특정소방대상물로 본다.

② 문화유산 중 보물 또는 국보로 지정된 목조건축물

③ 공장 또는 창고시설로서 750배 이상의 특수가연물을 저장·취급하는 것

> **[행정안전부령으로 정하는 연소(延燒) 우려가 있는 구조(규칙 제17조)]**
> • 건축물대장의 건축물 현황도에 표시된 대지경계선 안에 둘 이상의 건축물이 있는 경우
> • 각각의 건축물이 다른 건축물의 외벽으로부터 수평거리가 1층의 경우에는 6[m] 이하, 2층 이상의 층의 경우에는 10[m] 이하인 경우
> • 개구부가 다른 건축물로 향하여 설치되어 있는 경우

6 경보설비의 설치대상(영 별표 4)

(1) 비상경보설비

모래·석재 등 불연재료 공장 및 창고시설, 위험물 저장 및 처리시설 중 가스시설, 사람이 거주하지 않거나 벽이 없는 축사 등 동물 및 식물 관련 시설, 지하구는 제외한다.

① 연면적 400[m²] 이상인 것은 모든 층

② 지하층 또는 무창층의 바닥면적이 150[m²](공연장의 경우 100[m²]) 이상인 경우에는 모든 층

③ 지하가 중 터널로서 길이가 500[m] 이상인 것

④ 50명 이상의 근로자가 작업하는 옥내 작업장

(2) 비상방송설비

위험물 저장 및 처리시설 중 가스시설, 사람이 거주하지 않거나 벽이 없는 축사 등 동물 및 식물 관련 시설, 지하가 중 터널, 지하구는 제외한다.

① 연면적 3,500[m²] 이상인 것은 모든 층
② 층수가 11층 이상인 것은 모든 층
③ 지하층의 층수가 3층 이상인 것은 모든 층

(3) 자동화재탐지설비

① 공동주택 및 아파트 등·기숙사 및 숙박시설의 경우에는 모든 층
② 층수가 6층 이상인 건축물의 경우에는 모든 층
③ 근린생활시설(목욕장은 제외한다), **의료시설(정신의료기관 또는 요양병원은 제외)**, 위락시설, 장례시설 및 복합건축물로서 **연면적 600[m²] 이상**인 경우에는 모든 층 **20 년 출제**
④ 근린생활시설 중 목욕장, 문화 및 집회시설, 종교시설, 판매시설, 운수시설, **운동시설**, 업무시설, 공장, 창고시설, 위험물 저장 및 처리시설, 항공기 및 자동차 관련 시설, 교정 및 군사시설 중 국방·군사시설, 방송통신시설, 발전시설, 관광 휴게시설, 지하가(터널은 제외한다)로서 **연면적 1,000[m²] 이상**인 경우에는 모든 층
⑤ 교육연구시설(교육시설 내에 있는 기숙사 및 합숙소를 포함), 수련시설(수련시설 내에 있는 기숙사 및 합숙소를 포함하며, 숙박시설이 있는 수련시설은 제외), 동물 및 식물 관련 시설(기둥과 지붕만으로 구성되어 외부와 기류가 통하는 장소는 제외), 자원순환관련시설, 교정 및 군사시설(국방·군사시설은 제외) 또는 묘지 관련 시설로서 연면적 2,000[m²] 이상인 경우에는 모든 층
⑥ 노유자 생활시설의 경우에는 모든 층
⑦ ⑥에 해당하지 않는 노유자시설로서 연면적 400[m²] 이상인 노유자시설 및 숙박시설이 있는 수련시설로서 수용인원 100명 이상인 경우에는 모든 층
⑧ 의료시설 중 정신의료기관 또는 요양병원으로서 다음의 어느 하나에 해당하는 시설
　㉠ 요양병원(의료재활시설은 제외)
　㉡ 정신의료기관 또는 의료재활시설로 사용되는 바닥면적의 합계가 300[m²] 이상인 시설
　㉢ 정신의료기관 또는 의료재활시설로 사용되는 바닥면적의 합계가 300[m²] 미만이고, 창살(철재·플라스틱 또는 목재 등으로 사람의 탈출 등을 막기 위하여 설치한 것을 말하며, 화재 시 자동으로 열리는 구조로 되어 있는 창살은 제외)이 설치된 시설
⑨ 판매시설 중 전통시장
⑩ 지하가 중 터널로서 길이가 1,000[m] 이상인 것
⑪ 지하구
⑫ ③에 해당하지 않는 근린생활시설 중 **조산원 및 산후조리원**
⑬ ④에 해당하지 않는 공장 및 창고시설로서 500배 이상의 특수가연물을 저장·취급하는 것
⑭ ④에 해당하지 않는 발전시설 중 전기저장시설

(4) 화재알림설비

화재알림설비를 설치해야 하는 특정소방대상물은 판매시설 중 전통시장으로 한다.

(5) 자동화재속보설비 `14` `15` `년 출제`

방재실 등 화재 수신기가 설치된 장소에 24시간 화재를 감시할 수 있는 사람이 근무하고 있는 경우에는 자동화재속보설비를 설치하지 않을 수 있다.

① 노유자 생활시설
② 노유자시설로서 바닥면적이 500[m²] 이상인 층이 있는 것
③ 수련시설(숙박시설이 있는 것만 해당한다)로서 바닥면적이 500[m²] 이상인 층이 있는 것
④ 문화유산 중 보물 또는 국보로 지정된 목조건축물
⑤ 근린생활시설 중 다음의 어느 하나에 해당하는 시설
　ㄱ 의원, 치과의원 및 한의원으로서 입원실이 있는 시설
　ㄴ 조산원 및 산후조리원
⑥ 의료시설 중 다음의 어느 하나에 해당하는 것
　ㄱ 종합병원, 병원, 치과병원, 한방병원 및 요양병원(의료재활시설은 제외)
　ㄴ 정신병원 및 의료재활시설로 사용되는 바닥면적의 합계가 500[m²] 이상인 층이 있는 것
⑦ 판매시설 중 전통시장

(6) 단독경보형감지기

① 교육연구시설 내에 있는 기숙사 또는 합숙소로서 연면적 2,000[m²] 미만인 것
② 수련시설 내에 있는 기숙사 또는 합숙소로서 연면적 2,000[m²] 미만인 것
③ 자동화재탐지설비설치 대상에 해당하지 않는 수련시설(숙박시설이 있는 것만 해당한다)
④ 연면적 400[m²] 미만의 유치원
⑤ 공동주택 중 연립주택 및 다세대주택(연동형으로 설치할 것)

(7) 시각경보기 `21` `년 출제`

자동화재탐지설비를 설치해야 하는 특정소방대상물 중 다음의 어느 하나에 해당하는 것으로 한다.
① 근린생활시설, 문화 및 집회시설, 종교시설, 판매시설, 운수시설, 의료시설, 노유자시설
② 운동시설, 업무시설, 숙박시설, 위락시설, 창고시설 중 물류터미널, 발전시설 및 장례시설
③ 교육연구시설 중 도서관, 방송통신시설 중 방송국
④ 지하가 중 지하상가

(8) 가스누설경보기

① 문화 및 집회시설, 종교시설, 판매시설, 운수시설, 의료시설, 노유자시설
② 수련시설, 운동시설, 숙박시설, 창고시설 중 물류터미널, 장례시설

(9) 통합감시시설

통합감시시설을 설치해야 하는 특정소방대상물은 지하구로 한다.

7 피난구조설비, 소화용수설비의 설치대상(영 별표 4)

(1) 피난기구

특정소방대상물의 모든 층에 설치

> **Plus one** 피난기구 제외대상
> - 피난층
> - 지상 1층
> - 지상 2층(노유자시설 중 피난층이 아닌 지상 1층과 피난층이 아닌 지상 2층은 제외)
> - 층수가 11층 이상인 층
> - 위험물 저장 및 처리시설 중 가스시설
> - 지하가 중 터널 및 지하구

(2) 인명구조기구 `10` `15` `19` `년 출제`

특정소방대상물	종 류
지하층을 포함하는 층수가 7층 이상인 것 중 관광호텔 용도로 사용하는 층	방열복 또는 방화복(안전모, 보호장갑 및 안전화를 포함), 인공소생기 및 공기호흡기
지하층을 포함하는 층수가 5층 이상인 것 중 병원 용도로 사용하는 층	방열복 또는 방화복(안전모, 보호장갑 및 안전화를 포함) 및 공기호흡기
• 수용인원 100명 이상인 문화 및 집회시설 중 영화상영관 • 판매시설 중 대규모점포 • 운수시설 중 지하역사 • 지하가 중 지하상가 • 이산화탄소소화설비(호스릴 이산화탄소소화설비는 제외)를 설치해야 하는 특정소방대상물	공기호흡기

(3) 유도등

① 피난구유도등, 통로유도등, 유도표지 : 별표 2의 특정소방대상물에 설치

> **Plus one** 제외대상
> - 동물 및 식물 관련 시설 중 축사로서 가축을 직접 가두어 사육하는 부분
> - 지하가 중 터널

② 객석유도등

    ㉠ 유흥주점영업시설(손님이 춤을 출 수 있는 무대가 설치된 카바레, 나이트클럽)

    ㉡ 문화 및 집회시설

    ㉢ 종교시설

    ㉣ 운동시설

③ 피난유도선은 화재안전기준에서 정하는 장소에 설치한다.

(4) 비상조명등

창고시설 중 창고 및 하역장, 위험물 저장 및 처리시설 중 가스시설 및 사람이 거주하지 않거나 벽이 없는 축사 등 동물 및 식물 관련 시설은 제외한다.

① 지하층을 포함하는 층수가 5층 이상인 건축물로서 연면적 3,000[m²] 이상인 경우에는 모든 층

② ①에 해당하지 않는 특정소방대상물로서 그 지하층 또는 무창층의 바닥면적이 450[m²] 이상인 경우에는 해당 층

③ 지하가 중 터널로서 그 길이가 500[m] 이상인 것

(5) 휴대용 비상조명등

① 숙박시설
② 수용인원 100명 이상의 영화상영관, 판매시설 중 대규모 점포, 철도 및 도시철도 시설 중 지하역사, 지하가 중 지하상가

(6) 소화용수설비

상수도소화용수설비를 설치해야 하는 특정소방대상물의 대지경계선으로부터 180[m] 이내에 지름 75[mm] 이상인 상수도용 배수관이 설치되지 않은 지역의 경우에는 화재안전기준에 따른 소화수조 또는 저수조를 설치해야 한다.

① 연면적 5,000[m²] 이상인 것. 다만, 위험물 저장 및 처리시설 중 가스시설, 지하가 중 터널 또는 지하구의 경우에는 제외한다.
② 가스시설로서 지상에 노출된 탱크의 저장용량의 합계가 100톤 이상인 것
③ 자원순환 관련 시설 중 폐기물재활용시설 및 폐기물처분시설

8 소화활동설비의 설치대상(영 별표 4)

(1) 제연설비

① 문화 및 집회시설, 종교시설, 운동시설로서 무대부의 바닥면적이 200[m²] 이상인 경우에는 해당 무대부
② 문화 및 집회시설 중 영화상영관으로서 수용인원 100명 이상인 경우에는 해당 영화상영관
③ 지하층이나 무창층에 설치된 근린생활시설, 판매시설, 운수시설, 숙박시설, 위락시설, 의료시설, 노유자시설 또는 창고시설(물류터미널로 한정한다)로서 해당 용도로 사용되는 바닥면적의 합계가 1,000[m²] 이상인 경우 해당 부분
④ 운수시설 중 시외버스정류장, 철도 및 도시철도 시설, 공항시설 및 항만시설의 대기실 또는 휴게시설로서 지하층 또는 무창층의 바닥면적이 1,000[m²] 이상인 경우에는 모든 층
⑤ 지하가(터널은 제외한다)로서 연면적 1,000[m²] 이상인 것
⑥ 지하가 중 예상 교통량, 경사도 등 터널의 특성을 고려하여 행정안전부령으로 정하는 터널
⑦ 특정소방대상물(갓복도형 아파트 등은 제외)에 부설된 특별피난계단, 비상용 승강기의 승강장 또는 피난용 승강기의 승강장

(2) 연결송수관설비 14 년 출제

위험물 저장 및 처리시설 중 가스시설 및 지하구는 제외한다.

① 층수가 5층 이상으로서 연면적 6,000[m²] 이상인 경우에는 모든 층
② ①에 해당하지 않는 특정소방대상물로서 지하층을 포함하는 층수가 7층 이상인 경우에는 모든 층
③ ①, ②에 해당하지 않는 특정소방대상물로서 지하층의 층수가 3층 이상이고 지하층의 바닥면적의 합계가 1,000[m²] 이상인 경우에는 모든 층
④ 지하가 중 터널로서 길이가 **1,000[m] 이상인 것**

(3) 연결살수설비

지하구는 제외한다.

① 판매시설, 운수시설, 창고시설 중 물류터미널로서 해당 용도로 사용되는 부분의 바닥면적의 합계가 1,000[m²] 이상인 경우에는 해당 시설

② 지하층(피난층으로 주된 출입구가 도로와 접한 경우는 제외)으로서 바닥면적의 합계가 150[m²] 이상인 경우에는 지하층의 모든 층. 다만, 국민주택규모 이하인 아파트 등의 지하층(대피시설로 사용하는 것만 해당)과 교육연구시설 중 **학교의 지하층**의 경우에는 **700[m² 이상**인 것으로 한다.

③ 가스시설 중 지상에 노출된 탱크의 용량이 30톤 이상인 탱크시설

④ ① 및 ②의 특정소방대상물에 부속된 연결통로

(4) 비상콘센트설비

위험물 저장 및 처리시설 중 가스시설 및 지하구는 제외한다.

① 층수가 11층 이상인 특정소방대상물의 경우에는 11층 이상의 층

② 지하층의 층수가 3층 이상이고 지하층의 바닥면적의 합계가 1,000[m²] 이상인 것은 지하층의 모든 층

③ 지하가 중 터널로서 길이가 500[m] 이상인 것

(5) 무선통신보조설비 `18` `23` 년 출제

위험물 저장 및 처리시설 중 가스시설 및 지하구는 제외한다.

① 지하가(터널은 제외)로서 연면적 1,000[m²] 이상인 것

② 지하층의 바닥면적의 합계가 3,000[m²] 이상인 것 또는 지하층의 층수가 3층 이상이고 지하층의 바닥면적의 합계가 1,000[m²] 이상인 것은 지하층의 모든 층

③ 지하가 중 터널로서 길이가 500[m] 이상인 것

④ 지하가 중 공동구

⑤ 층수가 30층 이상인 것으로서 16층 이상 부분의 모든 층

(6) 연소방지설비

연소방지설비는 **지하구**(전력 또는 통신사업용인 것만 해당한다)에 설치해야 한다.

9 특정소방대상물에 설치하는 소방시설의 관리 등

(1) 수용인원 산정방법(영 별표 7) `15` `19` 년 출제

① 숙박시설이 있는 특정소방대상물

㉠ **침대가 있는 숙박시설 : 종사자수 + 침대의 수**(2인용 침대는 2개로 산정)

㉡ 침대가 없는 숙박시설 : 종사자수 + (바닥면적의 합계 ÷ 3[m²])

② 그 외 특정소방대상물

㉠ **강의실·교무실·상담실·실습실·휴게실 용도로 쓰이는 특정소방대상물 : 바닥면적의 합계 ÷ 1.9[m²]**

ⓛ 강당, 문화 및 집회시설, 운동시설, 종교시설 : 바닥면적의 합계 ÷ 4.6[m²](관람석이 있는 경우 고정식 의자를 설치한 부분은 그 부분의 의자수로 하고, 긴 의자의 경우에는 의자의 정면너비를 0.45[m]로 나누어 얻은 수)

ⓒ 그 밖의 특정소방대상물 : 바닥면적의 합계 ÷ 3[m²]

※ **바닥면적 산정 시 제외 : 복도, 계단, 화장실의 바닥면적**

※ 계산 결과 소수점 이하의 수는 반올림한다.

(2) 소방시설 정보관리시스템 구축·운영 대상 등(영 제12조)

① 문화 및 집회시설
② 종교시설
③ 판매시설
④ 의료시설
⑤ 노유자시설
⑥ 숙박이 가능한 수련시설
⑦ 업무시설
⑧ 숙박시설
⑨ 공 장
⑩ 창고시설
⑪ 위험물 저장 및 처리 시설
⑫ 지하가
⑬ 지하구
⑭ 그 밖에 소방청장, 소방본부장 또는 소방서장이 소방안전관리의 취약성과 화재위험성을 고려하여 필요하다고 인정하는 특정소방대상물

(3) 소방시설의 소급적용대상(법 제13조, 영 제13조)

소방본부장이나 소방서장은 대통령령 또는 화재안전기준이 변경되어 그 기준이 강화되는 경우 기존의 특정소방대상물(건축물의 신축·개축·재축·이전 및 대수선 중인 특정소방대상물을 포함)의 소방시설에 대하여는 변경 전의 대통령령 또는 화재안전기준을 적용한다. 다만, 다음의 어느 하나에 해당하는 소방시설의 경우에는 대통령령 또는 화재안전기준의 변경으로 **강화된 기준을 적용할 수 있다.**

① 다음의 소방시설 중 대통령령 또는 화재안전기준으로 정하는 것 `11` `년 출제`
ⓐ 소화기구
ⓑ 비상경보설비
ⓒ 자동화재탐지설비
ⓓ 자동화재속보설비
ⓔ 피난구조설비

② 다음의 특정소방대상물에 설치하는 소방시설 중 **대통령령 또는 화재안전기준으로 정하는 것** `21` `년 출제`
ⓐ 공동구 : 소화기, 자동소화장치, 자동화재탐지설비, 통합감시시설, 유도등 및 연소방지설비

© 전력 및 통신사업용 지하구 : 소화기, 자동소화장치, 자동화재탐지설비, 통합감시시설, 유도등 및 연소방지설비

© 노유자(老幼者)시설 : 간이스프링클러설비, 자동화재탐지설비 및 단독경보형 감지기

@ 의료시설 : 스프링클러설비, 간이스프링클러설비, 자동화재탐지설비 및 자동화재속보설비

(4) 연소 우려가 있는 건축물의 구조(규칙 제17조)

① 건축물대장의 건축물 현황도에 표시된 대지경계선 안에 둘 이상의 건축물이 있는 경우

② 각각의 건축물이 다른 건축물의 외벽으로부터 수평거리가 1층의 경우에는 6[m] 이하, 2층 이상의 층의 경우에는 10[m] 이하인 경우

③ 개구부(영 제2조 제1호에 따른 개구부를 말한다)가 다른 건축물을 향하여 설치되어 있는 경우

(5) 특정소방대상물의 소방시설 면제대상(영 별표 5) **23** 년 출제

설치가 면제되는 소방시설	설치가 면제되는 기준
자동소화장치(주거용 및 상업용 주방자동소화장치는 제외)	물분무 등 소화설비
옥내소화전설비	호스릴 방식의 미분무소화설비 또는 옥외소화전설비
스프링클러설비	• 자동소화장치 및 물분무 등 소화설비 • 전기저장시설에 소화설비를 소방청장이 정하여 고시하는 방법에 따라 설치한 경우
간이스프링클러설비	스프링클러설비, 물분무소화설비 또는 미분무소화설비
물분무 등 소화설비	차고·주차장에 스프링클러설비
옥외소화전설비	문화유산인 목조건축물에 상수도소화용수설비를 화재안전기준에서 정하는 방수압력·방수량·옥외소화전함 및 호스의 기준에 적합
비상경보설비	단독경보형감지기를 2개 이상의 단독경보형감지기와 연동하여 설치하는 경우
비상경보설비 또는 단독경보형감지기	자동화재탐지설비 또는 화재알림설비
자동화재탐지설비	자동화재탐지설비의 기능(감지·수신·경보기능을 말한다)과 성능을 가진 화재알림설비, 스프링클러설비 또는 물분무 등 소화설비
화재알림설비	자동화재탐지설비
비상방송설비	자동화재탐지설비 또는 비상경보설비와 같은 수준 이상의 음향을 발하는 장치를 부설한 방송설비
자동화재속보설비	화재알림설비
누전경보기	그 부분에 아크경보기(옥내 배전선로의 단선이나 선로 손상 등으로 인하여 발생하는 아크를 감지하고 경보하는 장치를 말한다) 또는 전기 관련 법령에 따른 지락차단장치를 설치한 경우
피난구조설비	그 위치·구조 또는 설비의 상황에 따라 피난상 지장이 없다고 인정되는 경우
비상조명등	피난구유도등 또는 통로유도등
상수도소화용수설비	• 상수도소화용수설비를 설치해야 하는 특정소방대상물의 각 부분으로부터 수평거리 140[m] 이내에 공공의 소방을 위한 소화전이 화재안전기준에 적합하게 설치되어 있는 경우에는 설치가 면제된다. • 소방본부장 또는 소방서장이 상수도소화용수설비의 설치가 곤란하다고 인정하는 경우로서 화재안전기준에 적합한 소화수조 또는 저수조가 설치되어 있거나 이를 설치하는 경우에는 그 설비의 유효범위에서 설치가 면제된다.

설치가 면제되는 소방시설	설치가 면제되는 기준
제연설비	• 제연설비를 설치해야 하는 특정소방대상물에 다음의 어느 하나에 해당하는 설비를 설치한 경우에는 설치가 면제된다. – 공기조화설비를 화재안전기준의 제연설비 기준에 적합하게 설치하고 공기조화설비가 화재 시 제연설비기능으로 자동전환되는 구조로 설치되어 있는 경우 – 직접 외부 공기와 통하는 배출구의 면적의 합계가 해당 제연구역[제연경계(제연설비의 일부가 천장을 포함한다)에 의하여 구획된 건축물 내의 공간을 말한다] 바닥면적의 1/100 이상이고, 배출구부터 각 부분까지의 수평거리가 30[m] 이내이며, 공기유입구가 화재안전기준에 적합하게(외부 공기를 직접 자연 유입할 경우에 유입구의 크기는 배출구의 크기 이상이어야 한다) 설치되어 있는 경우 • 제연설비를 설치해야 하는 특정소방대상물 중 노대와 연결된 특별피난계단, 노대가 설치된 비상용 승강기의 승강장 또는 배연설비가 설치된 피난용 승강기의 승강장에는 설치가 면제된다.

[보는 방법]

설치가 면제되는 소방시설	설치가 면제되는 기준
물분무 등 소화설비	물분무 등 소화설비를 설치해야 하는 차고·주차장에 스프링클러설비를 화재안전기준에 적합하게 설치한 경우에는 그 설비의 유효범위에서 설치가 면제된다.

(6) 소방시설을 설치하지 않을 수 있는 특정소방대상물 및 소방시설의 범위(영 별표 6) <mark>19</mark> 년 출제

구 분	특정소방대상물	설치하지 않을 수 있는 소방시설
화재 위험도가 낮은 특정소방대상물	석재, 불연성금속, 불연성 건축재료 등의 가공공장·기계조립공장 또는 불연성 물품을 저장하는 창고	옥외소화전 및 연결살수설비
화재안전기준을 적용하기 어려운 특정소방대상물	펄프공장의 작업장, 음료수 공장의 세정 또는 충전을 하는 작업장, 그 밖에 이와 비슷한 용도로 사용하는 것	스프링클러설비, 상수도소화용수설비 및 연결살수설비
	정수장, 수영장, 목욕장, 농예·축산·어류양식용 시설, 그 밖에 이와 비슷한 용도로 사용되는 것	자동화재탐지설비, 상수도소화용수설비 및 연결살수설비
화재안전기준을 달리 적용해야 하는 특수한 용도 또는 구조를 가진 특정소방대상물	원자력발전소, 중·저준위방사성폐기물저장시설	연결송수관설비 및 연결살수설비
위험물 안전관리법 제19조에 따른 자체소방대가 설치된 특정소방대상물	자체소방대가 설치된 위험물 제조소 등에 부속된 사무실	옥내소화전설비, 소화용수설비, 연결송수관설비, 연결살수설비

(7) 화재위험작업(인화성 물품을 취급하는 작업 등 대통령령으로 정하는 작업)(영 제18조)

① 인화성·가연성·폭발성 물질을 취급하거나 가연성 가스를 발생시키는 작업

② 용접·용단(금속·유리·플라스틱 따위를 녹여서 절단하는 일) 등 불꽃을 발생시키거나 화기(火氣)를 취급하는 작업

③ 전열기구, 가열전선 등 열을 발생시키는 기구를 취급하는 작업

④ 알루미늄, 마그네슘 등 폭발성 부유분진(공기 중에 떠다니는 미세한 입자)을 발생시킬 수 있는 작업

⑤ 그 밖에 ①부터 ④까지에 준하는 작업으로 소방청장이 정하여 고시하는 작업

(8) 임시소방시설(건설현장)을 설치해야 하는 공사의 종류와 규모(영 별표 8)

① 임시소방시설(건설현장)의 종류와 설치기준 `18` `22` 년 출제

종 류	설치기준
소화기	소방본부장 또는 소방서장의 동의를 받아야 하는 특정소방대상물의 신축·증축·개축·재축·이전·용도변경 또는 대수선 등을 위한 공사 중 화재위험작업의 현장에 설치한다.
간이소화장치	다음의 어느 하나에 해당하는 공사의 화재위험작업현장에 설치한다. ㉠ 연면적 3,000[m²] 이상 ㉡ 지하층, 무창층 또는 4층 이상의 층. 이 경우 해당 층의 바닥면적이 600[m²] 이상인 경우만 해당한다.
비상경보장치	다음의 어느 하나에 해당하는 공사의 화재위험작업현장에 설치한다. ㉠ 연면적 400[m²] 이상 ㉡ 지하층 또는 무창층. 이 경우 해당 층의 바닥면적이 150[m²] 이상인 경우만 해당한다.
가스누설경보기	바닥면적이 150[m²] 이상인 지하층 또는 무창층의 화재위험작업현장에 설치한다.
간이피난유도선	바닥면적이 150[m²] 이상인 지하층 또는 무창층의 화재위험작업현장에 설치한다.
비상조명등	바닥면적이 150[m²] 이상인 지하층 또는 무창층의 화재위험작업현장에 설치한다.
방화포	용접·용단 작업이 진행되는 모든 화재위험작업현장에 설치한다.

② 임시소방시설(건설현장)을 설치한 것으로 보는 소방시설

㉠ 간이소화장치를 설치한 것으로 보는 소방시설 : 소방청장이 정하여 고시하는 기준에 맞는 소화기(연결송수관설비의 방수구 인근에 설치한 경우로 한정한다) 또는 옥내소화전설비

㉡ 비상경보설비를 설치한 것으로 보는 소방시설 : 비상방송설비 또는 자동화재탐지설비

㉢ 간이피난유도선을 설치한 것으로 보는 소방시설 : 피난유도선, 피난구유도등, 통로유도등 또는 비상조명등

(9) 피난시설, 방화구획 및 방화시설의 금지 행위(법 제16조)

① 피난시설, 방화구획 및 방화시설을 폐쇄하거나 훼손하는 등의 행위

② 피난시설, 방화구획 및 방화시설의 주위에 물건을 쌓아두거나 장애물을 설치하는 행위

③ 피난시설, 방화구획 및 방화시설의 용도에 장애를 주거나 소방활동에 지장을 주는 행위

④ 그 밖에 피난시설, 방화구획 및 방화시설을 변경하는 행위

(10) 소방용품 내용연수(영 제19조)

① 대상 : 분말형태의 소화약제를 사용하는 소화기

② 내용연수 : 10년

(11) 소방기술심의위원회(법 제18조, 영 제21조)

① 중앙소방기술심의위원회(중앙위원회) `14` `22` `24` 년 출제

㉠ 소속 : 소방청

㉡ 구성 : 위원장을 포함하여 60명 이내의 위원

㉢ **심의사항**

• 화재안전기준에 관한 사항

• 소방시설의 구조 및 원리 등에서 공법이 특수한 설계 및 시공에 관한 사항

• 소방시설의 설계 및 공사감리의 방법에 관한 사항

- 소방시설공사의 **하자를 판단하는 기준**에 관한 사항
- 신기술·신공법 등 검토·평가에 고도의 기술이 필요한 경우로서 중앙위원회에 심의를 요청한 사항
- 그 밖에 소방기술 등에 관하여 **대통령령으로 정하는 사항**

> **Plus one** 대통령령으로 정하는 사항(영 제20조)
> - 연면적 100,000[m²] 이상의 특정소방대상물에 설치된 소방시설의 설계·시공·감리의 하자 유무에 관한 사항
> - 새로운 소방시설과 소방용품 등의 도입 여부에 관한 사항
> - 그 밖에 소방기술과 관련하여 소방청장이 소방기술심의위원회의 심의에 부치는 사항

② **지방소방기술심의위원회(지방위원회)** `13` `22` **년 출제**

 ㉠ **소속 : 시·도**

 ㉡ 구성 : 위원장을 포함하여 5명 이상 9명 이하의 위원

 ㉢ 심의사항

- 소방시설에 **하자가 있는지의 판단**에 관한 사항
- 그 밖에 소방기술 등에 관하여 **대통령령으로 정하는 사항**

> **Plus one** 대통령령으로 정하는 사항(영 제20조)
> - 연면적 100,000[m²] 미만의 특정소방대상물에 설치된 소방시설의 설계·시공·감리의 하자 유무에 관한 사항
> - 소방본부장 또는 소방서장이 위험물 제조소 등의 시설기준 또는 화재안전기준의 적용에 관하여 기술검토를 요청하는 사항
> - 그 밖에 소방기술과 관련하여 특별시장·광역시장·특별자치시장·도지사 또는 특별자치도지사가 소방기술심의위원회의 심의에 부치는 사항

③ **위원의 임명·위촉(영 제22조)** `22` **년 출제**

 ㉠ 중앙위원회의 위원 임명권자 : 소방청장

 ㉡ 중앙위원회의 위원 자격

- 소방기술사
- 석사 이상의 소방 관련 학위를 소지한 사람
- 소방시설관리사
- 소방 관련 법인·단체에서 소방 관련 업무에 5년 이상 종사한 사람
- 소방공무원 교육기관, 대학교 또는 연구소에서 소방과 관련된 교육이나 연구에 5년 이상 종사한 사람

 ㉢ 중앙위원회의 위원장은 소방청장이 해당 위원 중에서 위촉하고, 지방위원회의 위원장은 시·도지사가 해당 위원 중에서 위촉한다.

 ㉣ 중앙위원회 및 지방위원회의 위원 중 위촉위원의 임기는 2년으로 하되, 한 차례만 연임할 수 있다.

(12) 화재안전기준의 관리·운영(법 제19조)

① 관리운영권자 : 소방청장

② 업 무

 ㉠ 화재안전기준의 제정·개정 및 운영

ⓛ 화재안전기준의 연구·개발 및 보급

ⓒ 화재안전기준의 검증 및 평가

ⓔ 화재안전기준의 정보체계 구축

ⓜ 화재안전기준에 대한 교육 및 홍보

ⓗ 국외 화재안전기준의 제도·정책 동향 조사·분석

ⓢ 화재안전기준 발전을 위한 국제협력

ⓞ 그 밖에 화재안전기준 발전을 위하여 대통령령으로 정하는 사항(영 제29조)

- 화재안전기준에 대한 자문
- 화재안전기준에 대한 해설서 제작 및 보급
- 화재안전에 관한 국외 신기술·신제품의 조사·분석
- 그 밖에 화재안전기준의 발전을 위하여 소방청장이 필요하다고 인정하는 사항

10 방 염

(1) 방염(법 제20조, 제21조)

① **방염대상물품의 설치** : 대통령령으로 정하는 특정소방대상물에 실내장식 등의 목적으로 설치 또는 부착하는 물품으로서 대통령령으로 정하는 물품(방염대상물품)은 방염성능기준 이상으로 설치해야 한다.

② 소방본부장 또는 소방서장은 방염성능기준에 미치지 못하거나 방염성능검사를 받지 않은 것이면 특정소방대상물의 관계인에게 방염대상물품을 제거하도록 하거나 방염성능검사를 받도록 하는 등 필요한 조치를 명할 수 있다.

③ **방염성능기준** : 대통령령

④ **방염성능검사의 방법과 검사 결과에 따른 합격 표시 등에 필요한 사항** : **행정안전부령**

(2) 방염성능기준 이상의 실내장식물 등을 설치해야 하는 특정소방대상물(영 제30조)

10 13 14 16 19 21 **년 출제**

① 근린생활시설 중 의원, 조산원, 산후조리원, 체력단련장, 공연장 및 종교집회장

② 건축물의 옥내에 있는 다음의 시설

ⓐ 문화 및 집회시설

ⓑ 종교시설

ⓒ 운동시설(수영장은 제외한다)

③ 의료시설

④ 교육연구시설 중 합숙소

⑤ 노유자시설

⑥ 숙박이 가능한 수련시설

⑦ 숙박시설

⑧ 방송통신시설 중 방송국 및 촬영소

⑨ 다중이용업의 영업소

⑩ ①부터 ⑨까지의 시설에 해당하지 않는 것으로서 층수가 11층 이상인 것(아파트 등은 제외한다)

(3) 방염대상물품을 설치해야 하는 특정소방대상물(영 제31조) `11` `15` `19` `20` `년 출제`

① 제조 또는 가공 공정에서 방염처리를 한 물품

  ㉠ 창문에 설치하는 커튼류(블라인드를 포함)

  ㉡ 카 펫

  ㉢ 벽지류(두께가 2[mm] 미만인 종이벽지는 제외)

  ㉣ 전시용 합판·목재 또는 섬유판, 무대용 합판·목재 또는 섬유판(합판·목재류의 경우 불가피하게 설치 현장에서 방염처리한 것을 포함)

  ㉤ 암막·무대막(영화상영관에 설치하는 스크린과 가상체험체육시설업에 설치하는 스크린 포함)

  ㉥ 섬유류 또는 합성수지류 등을 원료로 하여 제작된 소파·의자(단란주점영업, 유흥주점영업 및 노래연습장업의 영업장에 설치하는 것으로 한정한다)

② 건축물 내부의 천장이나 벽에 부착하거나 설치하는 다음의 것

  다만, 가구류(옷장, 찬장, 식탁, 식탁용 의자, 사무용 책상, 사무용 의자, 계산대)와 너비 10[cm] 이하인 반자돌림대 등과 내부 마감재료는 제외한다.

  ㉠ 종이류(두께가 2[mm] 이상인 것)·합성수지류 또는 섬유류를 주원료로 한 물품

  ㉡ 합판이나 목재

  ㉢ 공간을 구획하기 위하여 설치하는 간이칸막이(접이식 등 이동 가능한 벽체나 천장 또는 반자가 실내에 접하는 부분까지 구획하지 않는 벽체)

  ㉣ 흡음을 위하여 설치하는 흡음재(흡음용 커튼을 포함)

  ㉤ 방음을 위하여 설치하는 방음재(방음용 커튼을 포함)

(4) 방염성능기준(영 제31조) `11` `16` `17` `년 출제`

① 버너의 불꽃을 제거한 때부터 불꽃을 올리며 연소하는 상태가 그칠 때까지 시간은 20초 이내일 것

② 버너의 불꽃을 제거한 때부터 불꽃을 올리지 않고 연소하는 상태가 그칠 때까지 시간은 30초 이내일 것

③ 탄화한 면적 : 50[cm²] 이내, 탄화한 길이 : 20[cm] 이내

④ 불꽃에 완전히 녹을 때까지 불꽃의 접촉횟수 : 3회 이상

⑤ 발연량을 측정하는 경우 최대 연기밀도 : 400 이하

(5) 방염권장물품(영 제31조)

① 방염물품 사용 권장권자 : 소방본부장, 소방서장

② 방염물품 사용 권장대상 `10` `년 출제`

  ㉠ 다중이용업소, 의료시설, 노유자시설, 숙박시설 또는 장례식장에 사용하는 침구류·소파 및 의자

  ㉡ 건축물 내부의 천장 또는 벽에 부착하거나 설치하는 가구류

11 소방시설 등의 자체점검 I

(1) 자체점검(법 제22조)

특정소방대상물의 관계인은 그 대상물에 설치되어 있는 소방시설 등이 이 법이나 이 법에 따른 명령 등에 적합하게 설치·관리되고 있는지에 대하여 다음의 구분에 따른 기간 내에 스스로 점검하거나 점검능력 평가를 받은 관리업자 또는 행정안전부령으로 정하는 기술자격자(소방안전관리자로 선임된 소방시설관리사 및 소방기술사)로 하여금 정기적으로 점검(자체점검)하게 해야 한다. 이 경우 관리업 자등이 점검한 경우에는 그 점검 결과를 행정안전부령으로 정하는 바에 따라 관계인에게 제출해야 한다.

① 해당 특정소방대상물의 소방시설 등이 신설된 경우 : 건축법 제22조에 따라 건축물을 사용할 수 있게 된 날부터 60일 24 년 출제

② ① 외의 경우 : 행정안전부령으로 정하는 기간

(2) 자체점검의 종류(규칙 별표 3)

① 작동점검 : 소방시설 등을 인위적으로 조작하여 소방시설이 정상적으로 작동하는지를 소방청장이 정하여 고시하는 소방시설 등 작동점검표에 따라 점검하는 것

② 종합점검 : 소방시설 등의 작동점검을 포함하여 소방시설 등의 설비별 주요 구성 부품의 구조기준이 화재안전기준과 건축법 등 관련 법령에서 정하는 기준에 적합한지 여부를 소방청장이 정하여 고시하는 소방시설 등 종합점검표에 따라 점검하는 것

  ㉠ 최초점검 : 법 제22조 제1항 제1호에 따라 소방시설이 새로 설치되는 경우 건축법 제22조에 따라 건축물을 사용할 수 있게 된 날부터 60일 이내에 점검하는 것

  ㉡ 그 밖의 종합점검 : 최초점검을 제외한 종합점검을 말한다.

(3) 자체점검 구분 및 대상, 점검자의 자격(규칙 별표 3) 24 년 출제

점검구분	점검대상	점검자의 자격(주된 인력)
최초점검	소방시설이 새로 설치되는 경우	• 소방시설관리업에 등록된 기술인력 중 소방시설관리사 • 소방안전관리자로 선임된 소방시설관리사 또는 소방기술사
작동점검	• 간이스프링클러설비(주택전용 간이스프링클러설비는 제외)가 설치된 특정소방대상물 • 자동화재탐지설비가 설치된 특정소방대상물	• 관계인 • 관리업에 등록된 기술인력 중 소방시설관리사 • 소방시설공사업법 시행규칙 별표 4의2에 따른 특급점검자 • 소방안전관리자로 선임된 소방시설관리사 및 소방기술사
	이외에 영 제5조에 따른 특정소방대상물	• 관리업에 등록된 기술인력 중 소방시설관리사 • 소방안전관리자로 선임된 소방시설관리사 또는 소방기술사
	[작동점검 제외되는 특정소방대상물] • 특정소방대상물 중 화재의 예방 및 안전관리에 관한 법률 제24조 제1항에 해당하지 않는 특정소방대상물(소방안전관리자를 선임하지 않는 대상을 말한다) • 위험물안전관리법에 따른 위험물 제조소 등 • 화재의 예방 및 안전관리에 관한 법률 시행령 별표 4 제1호 가목의 특급소방안전관리대상물	

점검구분	점검대상	점검자의 자격(주된 인력)
종합점검 **11** 년 출제	• 해당 특정소방대상물의 소방시설 등이 신설된 경우 • 스프링클러설비가 설치된 특정소방대상물 • 물분무 등 소화설비[호스릴(Hose Reel) 방식의 물분무 등 소화설비만을 설치한 경우는 제외]가 설치된 연면적 5,000[m²] 이상인 특정소방대상물(위험물 제조소 등은 제외) • 다중이용업소의 안전관리에 관한 특별법 시행령에 따른 단란주점영업, 유흥주점영업, 영화상영관, 비디오물감상실업, 복합영상물제공업, 노래연습장업, 산후조리원, 고시원업, 안마시술소로서 연면적이 2,000[m²] 이상인 것 • 제연설비가 설치된 터널 • 공공기관 중 연면적(터널·지하구의 경우 그 길이와 평균폭을 곱하여 계산된 값)이 1,000[m²] 이상인 것으로서 옥내소화전설비 또는 자동화재탐지설비가 설치된 것. 다만, 소방기본법 제2조 제5호에 따른 소방대가 근무하는 공공기관은 제외한다.	• 관리업에 등록된 기술인력 중 소방시설관리사 • 소방안전관리자로 선임된 소방시설관리사 또는 소방기술사

(4) 자체점검의 횟수 및 시기(규칙 별표 3) **24** 년 출제

점검구분	점검횟수 및 점검시기 등
최초점검	소방시설이 새로 설치되는 경우 건축법 제22조에 따라 건축물을 사용할 수 있게 된 날부터 60일 이내에 점검을 실시한다.

작동점검
15 22
년 출제
	1) 점검횟수
	  연 1회 이상
	2) 점검시기
	  종합점검 대상은 종합점검을 받은 달부터 6개월이 되는 달에 실시한다.
	3) 2)에 해당하지 않는 특정소방대상물은 특정소방대상물의 사용승인일(건축물의 경우에는 건축물관리대장 또는 건물 등기사항증명서에 기재되어 있는 날, 시설물의 경우에는 시설물의 안전 및 유지관리에 관한 특별법 제55조 제1항에 따른 시설물통합정보관리체계에 저장·관리되고 있는 날을 말하며, 건축물관리대장, 건물 등기사항증명서 및 시설물통합정보관리체계를 통해 확인되지 않는 경우에는 소방시설완공검사증명서에 기재된 날을 말한다)이 속하는 달의 말일까지 실시한다. 다만, 건축물관리대장 또는 건물 등기사항증명서 등에 기입된 날이 다른 경우에는 건축물관리대장에 기재되어 있는 날을 기준으로 점검한다.

종합점검
14
년 출제
	1) 점검횟수
	  ① 연 1회 이상
	  ② 특급소방안전관리대상물 : 반기에 1회 이상
	  ③ ①에도 불구하고 소방본부장 또는 소방서장은 소방청장이 소방안전관리가 우수하다고 인정한 특정소방대상물에 대해서는 3년의 범위에서 소방청장이 고시하거나 정한 기간 동안 종합점검을 면제할 수 있다. 다만, 면제기간 중 화재가 발생한 경우는 제외한다.
	2) 점검시기
	  ① 해당 특정소방대상물의 소방시설 등이 새로 설치되는 경우
	  ② ①을 제외한 특정소방대상물은 건축물의 사용승인일이 속하는 달에 실시한다. 다만, 공공기관의 안전관리에 관한 규정 제2조 제2호 또는 제5호에 따른 학교의 경우에는 해당 건축물의 사용승인일이 1월에서 6월 사이에 있는 경우에는 6월 30일까지 실시할 수 있다.
	  ③ 건축물 사용승인일 이후 종합점검 대상에 해당하게 된 때에는 그다음 해부터 실시한다.
	  ④ 하나의 대지경계선 안에 2개 이상의 자체점검 대상 건축물 등이 있는 경우에는 그 건축물 중 사용승인일이 가장 빠른 연도의 건축물의 사용승인일을 기준으로 점검할 수 있다.

(5) 자체점검의 점검장비(규칙 별표 3) `15` `17` `년 출제`

소방시설	점검장비	규 격
모든 소방시설	방수압력측정계, 절연저항계(절연저항측정기), 전류전압측정계	–
소화기구	저 울	–
옥내소화전설비, 옥외소화전설비	소화전밸브압력계	–
스프링클러설비, 포소화설비	헤드결합렌치 (볼트, 너트, 나사 등을 죄거나 푸는 공구)	–
이산화탄소소화설비, 분말소화설비, 할론소화설비, 할로겐화합물 및 불활성기체 소화설비	검량계, 기동관누설시험기, 그 밖에 소화약제의 저장량을 측정할 수 있는 점검기구	–
자동화재탐지설비, 시각경보기	열감지기시험기, 연(煙)감지기시험기, 공기주입시험기, 감지기시험기연결막대, 음량계	–
누전경보기	누전계	누전전류 측정용
무선통신보조설비	무선기	통화시험용
제연설비	풍속풍압계, 폐쇄력측정기, 차압계(압력차 측정기)	–
통로유도등, 비상조명등	조도계(밝기 측정기)	최소 눈금이 0.1[lx] 이하인 것

[비고]
1. 신축·증축·개축·이전·용도변경 또는 대수선 등으로 소방시설이 새로 설치된 경우에는 해당 특정소방대상물의 소방시설 전체에 대하여 실시한다.
2. 작동점검 및 종합점검(최초점검은 제외)은 건축물 사용승인 후 그다음 해부터 실시한다.
3. 특정소방대상물의 증축·용도변경 또는 대수선 등으로 사용승인일이 달라지는 경우 사용승인일이 빠른 날을 기준으로 자체점검을 실시한다.

(6) 공동주택(아파트) 세대별 점검방법(규칙 별표 3)

① 관리자(관리소장, 입주자대표회의 및 소방안전관리자를 포함) 및 입주민(세대 거주자)은 2년 이내에 모든 세대를 점검해야 한다.

② ①에도 불구하고 아날로그감지기 등 특수감지기가 설치되어 있는 경우에는 수신기에서 원격 점검할 수 있으며 점검할 때마다 모든 세대를 점검해야 한다. 다만, 자동화재탐지설비의 선로 단선이 확인되는 때에는 단선이 난 세대 또는 그 경계구역에 대하여 현장점검을 해야 한다.

③ 관리자는 수신기에서 원격점검이 불가능한 경우 매년 작동점검만 실시하는 공동주택은 1회 점검 시마다 전체 세대수의 50[%] 이상, 종합점검을 실시하는 공동주택은 1회 점검 시마다 전체 세대수의 30[%] 이상 점검하도록 자체점검 계획을 수립·시행해야 한다.

④ 입주민은 점검 서식에 따라 스스로 점검하거나 관리자 또는 관리업자로 하여금 대신 점검하게 할 수 있다. 입주민이 스스로 점검한 경우에는 그 점검결과를 관리자에게 제출하고 관리자는 그 결과를 관리업자에게 알려주어야 한다.

⑤ 관리자는 세대별 점검현황(입주민 부재 등 불가피한 사유로 점검을 하지 못한 세대 현황을 포함)을 작성하여 자체점검이 끝난 날부터 2년간 자체 보관해야 한다.

(7) 자체점검 인력배치기준(규칙 별표 4)[24. 12. 01 시행]

① 일반건축물의 점검한도 면적 **20** 년 출제

면 적 구 분	점검한도면적	보조기술인력 1명 추가	보조기술인력 4명 추가
종합점검	8,000[m²]	2,000[m²]	8,000[m²] + 8,000[m²] = 16,000[m²]
작동점검	10,000[m²]	2,500[m²]	10,000[m²] + 10,000[m²] = 20,000[m²]

② 아파트의 점검한도 면적

세대수 구 분	점검한도면적 세대수	보조기술인력 1명 추가	보조기술인력 4명 추가
종합점검	250세대	60세대	250세대 + 240세대 = 490세대
작동점검	250세대	60세대	250세대 + 240세대 = 490세대

(8) 자체점검자의 기술등급 자격(소방시설공사업법 규칙 별표 4의2)

① 기술자격에 따른 기술등급(보조기술인력) **15** 년 출제

등 급	기술자격
특급점검자	• 소방시설관리사, 소방기술사 • 소방설비기사 자격을 취득한 후 8년 이상 소방 관련 업무를 수행한 사람 • 소방설비산업기사 자격을 취득한 후 소방시설관리업체에서 10년 이상 점검업무를 수행한 사람
고급점검자	• **소방설비기사 자격을 취득한 후 5년 이상 소방 관련 업무를 수행한 사람** • **소방설비산업기사 자격을 취득한 후 8년 이상 소방 관련 업무를 수행한 사람** • 건축설비기사, 건축기사, 공조냉동기계기사, 일반기계기사, 위험물기능장 자격을 취득한 후 15년 이상 소방 관련 업무를 수행한 사람
중급점검자	• **소방설비기사 자격을 취득한 사람** • **소방설비산업기사 자격을 취득한 후 3년 이상 소방 관련 업무를 수행한 사람** • 건축설비기사, 건축기사, 공조냉동기계기사, 일반기계기사, 위험물기능장, 전기기사, 전기공사기사, 전파통신기사, 정보통신기사 자격을 취득한 후 10년 이상 소방 관련 업무를 수행한 사람
초급점검자	• 소방산업기사 자격을 취득한 사람 • 가스기능장, 전기기능장, 위험물기능장 자격을 취득한 사람 • 건축기사, 건축설비기사, 건설기계설비기사, 일반기계기사, 공조냉동기계기사, 화공기사, 가스기사, 전기기사, 전기공사기사, 산업안전기사, 위험물산업기사 자격을 취득한 사람 • 건축산업기사, 건축설비산업기사, 건설기계설비산업기사, 공조냉동기계산업기사, 화공산업기사, 가스산업기사, 전기산업기사, 전기공사산업기사, 산업안전산업기사, 위험물기능사 자격을 취득한 사람

② 학력·경력 등에 따른 기술등급

등 급	학력·경력자	경력자
특급점검자	–	–
고급점검자	• 학사 이상의 학위를 취득한 후 9년 이상 소방 관련 업무를 수행한 사람 • 전문학사학위를 취득한 후 12년 이상 소방 관련 업무를 수행한 사람	• 학사 이상의 학위를 취득한 후 12년 이상 소방 관련 업무를 수행한 사람 • 전문학사학위를 취득한 후 15년 이상 소방 관련 업무를 수행한 사람 • 22년 이상 소방 관련 업무를 수행한 사람

등 급	학력 · 경력자	경력자
중급점검자	• 학사 이상의 학위를 취득한 후 6년 이상 소방 관련 업무를 수행한 사람 • 전문학사학위를 취득한 후 9년 이상 소방 관련 업무를 수행한 사람 • 고등학교를 졸업한 후 12년 이상 소방 관련 업무를 수행한 사람	• 학사 이상의 학위를 취득한 후 9년 이상 소방 관련 업무를 수행한 사람 • 전문학사학위를 취득한 후 12년 이상 소방 관련 업무를 수행한 사람 • 고등학교를 졸업한 후 15년 이상 소방 관련 업무를 수행한 사람 • 18년 이상 소방 관련 업무를 수행한 사람
초급점검자	고등교육법 제2조 제1호부터 제6호까지에 해당하는 학교에서 제호 나목에 해당하는 학과 또는 고등학교 소방학과를 졸업한 사람	• 4년제 대학 이상 또는 이와 같은 수준 이상의 교육기관을 졸업한 후 1년 이상 소방 관련 업무를 수행한 사람 • 전문대학 또는 이와 같은 수준 이상의 교육기관을 졸업한 후 3년 이상 소방 관련 업무를 수행한 사람 • 5년 이상 소방 관련 업무를 수행한 사람 • 3년 이상 소방공무원 경력이 있는 사람

12 소방시설 등의 자체점검 Ⅱ

(1) 자체점검 결과의 중대위반사항(영 제34조)

① 소화펌프(가압송수장치를 포함), 동력·감시제어반 또는 소방시설용 전원(비상전원을 포함)의 고장으로 소방시설이 작동되지 않는 경우

② 화재수신기의 고장으로 화재경보음이 자동으로 울리지 않거나 화재수신기와 연동된 소방시설의 작동이 불가능한 경우

③ 소화배관 등이 폐쇄·차단되어 소화수 또는 소화약제가 자동 방출되지 않는 경우

④ 방화문 또는 자동방화셔터가 훼손되거나 철거되어 본래의 기능을 못하는 경우

(2) 자체점검결과의 조치 등(규칙 제23조) 10 21 22 23 년 출제

① 자체점검을 실시한 경우에는 그 점검이 끝난 날부터 **10일 이내**에 별지 제9호 서식의 소방시설 등 자체점검 실시결과 보고서에 소방시설 등 점검표를 **관계인에게 제출**해야 한다.

② 자체점검 실시결과 보고서를 제출받거나 스스로 자체점검을 실시한 관계인은 점검이 끝난 날부터 **15일 이내**에 별지 제9호 서식의 소방시설 등 자체점검 실시결과 보고서에 다음의 서류를 첨부하여 **소방본부장 또는 소방서장**에게 서면이나 전산망을 통하여 **보고**해야 한다.

  ㉠ 점검인력 배치확인서(관리업자가 점검하는 경우만 해당한다)

  ㉡ 소방시설 등의 자체점검 결과 이행계획서(별지 제10호 서식)

③ 자체점검 실시결과 보고서 보고기간에는 공휴일 및 토요일은 산입하지 않는다.

④ 자체점검 실시결과 보고서 : 점검이 끝난 날부터 2년간 자체 보관

⑤ **자체점검에 따른 이행계획의 기간**

  ㉠ 소방시설 등을 구성하고 있는 기계·기구를 교체하거나 정비하는 경우 : 보고일로부터 10일 이내

  ㉡ 소방시설 등을 전부 또는 일부를 철거하고 새로 설치하는 경우 : 보고일로부터 20일 이내

⑥ 이행완료 보고서 : 관계인은 이행을 완료한 날로부터 10일 이내에 소방시설 등의 자체점검결과 이행완료 보고서를 작성하여 소방본부장 또는 소방서장에게 보고해야 한다.

⑦ 이행계획 완료의 연기신청 등(규칙 제24조)

ㄱ 연기신청 : 이행기간의 만료 3일 전까지 소방시설 등의 자체점검결과 이행계획 완료 연기신청서에 기간 내에 이행계획을 완료함이 곤란함을 증명할 수 있는 서류(전자문서로 된 서류를 포함)를 첨부하여 소방본부장 또는 소방서장에게 제출해야 한다.

ㄴ 연기신청서를 제출받은 소방본부장 또는 소방서장은 연기 신청을 받은 날부터 3일 이내에 완료기간의 연기 여부를 결정하여 소방시설 등의 자체점검 결과 이행계획 완료 연기신청 결과 통지서를 연기신청을 한 자에게 통보해야 한다.

⑧ 자체점검결과의 게시(규칙 제25조) : 자체점검 결과 보고를 마친 관계인은 **보고한 날부터 10일 이내**에 소방시설 등 **자체점검기록표**를 작성하여 특정소방대상물의 출입자가 쉽게 볼 수 있는 장소에 **30일 이상** 게시해야 한다.

13 소방시설관리사

(1) 소방시설관리사의 결격사유(법 제27조) `14` `년 출제`

① 피성년후견인

② 이 법, 소방기본법, 화재의 예방 및 안전관리에 관한 법률, 소방시설공사업법 또는 위험물안전관리법을 위반하여 금고 이상의 실형을 선고받고 그 집행이 끝나거나(집행이 끝난 것으로 보는 경우를 포함한다) 집행이 면제된 날부터 2년이 지나지 않은 사람

③ 이 법, 소방기본법, 화재의 예방 및 안전관리에 관한 법률, 소방시설공사업법 또는 위험물안전관리법을 위반하여 금고 이상의 형의 집행유예를 선고받고 그 유예기간 중에 있는 사람

④ 제28조에 따라 자격이 취소(①에 해당하여 자격이 취소된 경우는 제외)된 날부터 2년이 지나지 않은 사람

(2) 소방시설관리사의 응시자격(영 부칙 제6조)[26. 12. 31까지 적용] `20` `년 출제`

① 소방기술사ㆍ위험물기능장ㆍ건축사ㆍ건축기계설비기술사ㆍ건축전기설비기술사 또는 공조냉동기계기술사

② 소방설비기사 자격을 취득한 후 2년 이상 소방청장이 정하여 고시하는 소방에 관한 실무경력(이하 "소방실무경력"이라 한다)이 있는 사람

③ 소방설비산업기사 자격을 취득한 후 3년 이상 소방실무경력이 있는 사람

④ 이공계 분야를 전공한 사람으로서 다음의 어느 하나에 해당하는 사람

ㄱ 이공계 분야의 박사학위를 취득한 사람

ㄴ 이공계 분야의 석사학위를 취득한 후 2년 이상 소방실무경력이 있는 사람

ㄷ 이공계 분야의 학사학위를 취득한 후 3년 이상 소방실무경력이 있는 사람

⑤ 소방안전공학(소방방재공학, 안전공학을 포함한다) 분야를 전공한 후 다음의 어느 하나에 해당하는 사람
  ㉠ 해당 분야의 석사학위 이상을 취득한 사람
  ㉡ 2년 이상 소방실무경력이 있는 사람
⑥ 위험물산업기사 또는 위험물기능사 자격을 취득한 후 3년 이상 소방실무경력이 있는 사람
⑦ 소방공무원으로 5년 이상 근무한 경력이 있는 사람
⑧ 소방안전 관련 학과의 학사학위를 취득한 후 3년 이상 소방실무경력이 있는 사람
⑨ 산업안전기사 자격을 취득한 후 3년 이상 소방실무경력이 있는 사람
⑩ 다음의 어느 하나에 해당하는 사람
  ㉠ 특급 소방안전관리대상물의 소방안전관리자로 2년 이상 근무한 실무경력이 있는 사람
  ㉡ 1급 소방안전관리대상물의 소방안전관리자로 3년 이상 근무한 실무경력이 있는 사람
  ㉢ 2급 소방안전관리대상물의 소방안전관리자로 5년 이상 근무한 실무경력이 있는 사람
  ㉣ 3급 소방안전관리대상물의 소방안전관리자로 7년 이상 근무한 실무경력이 있는 사람
  ㉤ 10년 이상 소방실무경력이 있는 사람

> **[소방시설관리사의 응시자격](영 제37조)[27. 01. 01 시행]**
> • 소방기술사 · 건축사 · 건축기계설비기술사 · 건축전기설비기술사 또는 공조냉동기계기술사
> • 위험물기능장
> • 소방설비기사
> • 이공계 분야의 박사학위를 취득한 사람
> • 소방청장이 정하여 고시하는 소방안전 관련 분야의 석사 이상의 학위를 취득한 사람
> • 소방설비산업기사 또는 소방공무원 등 소방청장이 정하여 고시하는 사람 중 소방에 관한 실무경력(자격 취득 후의 실무경력으로 한정한다)이 3년 이상인 사람

(3) 소방시설관리사의 시험과목(영 부칙 제6조)[26. 12. 31까지 적용]

① 제1차 시험

  ㉠ 소방안전관리론(연소 및 소화, 화재예방관리, 건축물소방안전기준, 인원수용 및 피난계획에 관한 부분으로 한정한다) 및 화재역학[화재의 성질 · 상태, 화재하중(火災荷重), 열전달, 화염확산, 연소속도, 구획화재, 연소생성물 및 연기의 생성 · 이동에 관한 부분으로 한정한다]
  ㉡ 소방수리학, 약제화학 및 소방전기(소방 관련 전기공사재료 및 전기제어에 관한 부분으로 한정한다)
  ㉢ 다음의 소방 관련 법령
    • 소방기본법, 같은 법 시행령 및 같은 법 시행규칙
    • 소방시설공사업법, 같은 법 시행령 및 같은 법 시행규칙
    • 소방시설 설치 및 관리에 관한 법률, 같은 법 시행령 및 같은 법 시행규칙
    • 화재의 예방 및 안전관리에 관한 법률, 같은 법 시행령 및 같은 법 시행규칙
    • 위험물안전관리법, 같은 법 시행령 및 같은 법 시행규칙
    • 다중이용업소의 안전관리에 관한 특별법, 같은 법 시행령 및 같은 법 시행규칙

ⓔ 위험물의 성질·상태 및 시설기준

ⓜ 소방시설의 구조 원리(고장진단 및 정비를 포함한다)

② 제2차 시험

ⓖ 소방시설의 점검실무행정(점검절차 및 점검기구 사용법을 포함한다)

ⓛ 소방시설의 설계 및 시공

> **Plus one** 소방시설관리사의 시험과목(영 제39조)[27. 01. 01 시행]
>
> ① 제1차 시험
>   ⓖ 소방안전관리론(소방 및 화재의 기초이론으로 연소이론, 화재현상, 위험물 및 소방안전관
>   리 등의 내용을 포함)
>   ⓛ 소방기계 점검실무(소방시설 기계분야 점검의 기초이론 및 실무능력을 측정하기 위한 과
>   목으로 소방유체역학, 소방 관련 열역학, 소방기계 분야의 화재안전기준을 포함)
>   ⓒ 소방전기 점검실무(소방시설 전기·통신분야 점검의 기초이론 및 실무능력을 측정하기 위한
>   과목으로 전기회로, 전기기기, 제어회로, 전자회로 및 소방전기 분야의 화재안전기준을 포함)
>   ⓔ 소방 관계 법령
>   • 소방시설 설치 및 관리에 관한 법률 및 그 하위법령
>   • 화재의 예방 및 안전관리에 관한 법률 및 그 하위법령
>   • 소방기본법 및 그 하위법령
>   • 다중이용업소의 안전관리에 관한 특별법 및 그 하위법령
>   • 건축법 및 그 하위법령(소방분야로 한정한다)
>   • 초고층 및 지하연계 복합건축물 재난관리에 관한 특별법 및 그 하위법령
> ② 제2차 시험
>   ⓖ 소방시설 등 점검실무(소방시설 점검에 필요한 종합적 능력을 측정하기 위한 과목으로 소
>   방시설 등의 현장점검 시 점검절차, 성능확인, 이상판단 및 조치 등의 내용을 포함한다)
>   ⓛ 소방시설 등 관리실무(소방시설 등 점검 및 관리 관련 행정업무 및 서류작성 등의 업무능
>   력을 측정하기 위한 과목으로 점검보고서 작성, 인력 및 장비 운용 등 실제 현장에서의
>   요구되는 사무 능력을 포함한다)

(4) 소방시설관리사의 시험위원의 임명·위촉(영 제40조)

① 소방 관련 분야의 박사학위를 취득한 사람

② 대학에서 소방안전 관련 학과 조교수 이상으로 2년 이상 재직한 사람

③ 소방위 이상의 소방공무원

④ 소방시설관리사

⑤ 소방기술사

(5) 소방시설관리사의 자격의 취소·정지(법 제28조) 14 년 출제

① 자격 취소

ⓖ 거짓이나 그 밖의 부정한 방법으로 시험에 합격한 경우

ⓛ 소방시설관리사증을 다른 사람에게 빌려준 경우

ⓒ 동시에 둘 이상의 업체에 취업한 경우

ⓔ 관리사의 결격사유에 해당하게 된 경우

② 1년 이내 자격정지

    ㉠ 대행인력의 배치기준·자격·방법 등 준수사항을 지키지 않은 경우

    ㉡ 점검을 하지 않거나 거짓으로 한 경우

    ㉢ 성실하게 자체점검 업무를 수행하지 않은 경우

14 소방시설관리업

(1) 소방시설관리업의 등록 등(법 제29조)

① 소방시설 등의 점검 및 관리를 업으로 하려는 자 또는 소방안전관리업무의 대행을 하려는 자는 대통령령으로 정하는 업종별로 시·도지사에게 소방시설관리업 등록을 해야 한다.

② 업종별 기술인력 등 관리업의 등록기준 및 영업범위 등에 필요한 사항 : 대통령령

③ 관리업의 등록신청과 등록증·등록수첩의 발급·재발급 신청, 그 밖에 관리업의 등록에 필요한 사항 : 행정안전부령

(2) 소방시설관리업 등록의 결격사유(법 제30조)

① 피성년후견인

② 이 법, 소방기본법, 화재의 예방 및 안전관리에 관한 법률, 소방시설공사업법 또는 위험물안전관리법을 위반하여 금고 이상의 실형을 선고받고 그 집행이 끝나거나(집행이 끝난 것으로 보는 경우를 포함한다) 집행이 면제된 날부터 2년이 지나지 않은 사람

③ 이 법, 소방기본법, 화재의 예방 및 안전관리에 관한 법률, 소방시설공사업법 또는 위험물안전관리법을 위반하여 금고 이상의 형의 집행유예를 선고받고 그 유예기간 중에 있는 사람

④ 관리업의 등록이 취소(제1호에 해당하여 등록이 취소된 경우는 제외한다)된 날부터 2년이 지나지 않은 자

⑤ 임원 중에 ①부터 ④까지의 어느 하나에 해당하는 사람이 있는 법인

(3) 소방시설관리업의 등록기준(영 별표 9)[24. 12. 01 시행] **17** 년 출제

기술인력 등 업종별	기술등급	영업범위

전문
소방시설관리업
	가. 주된 기술인력
	  1) 소방시설관리사 자격을 취득한 후 소방 관련 실무경력이
	    5년 이상인 사람 1명 이상
	  2) 소방시설관리사 자격을 취득한 후 소방 관련 실무경력이
	    3년 이상인 사람 1명 이상
	나. 보조기술인력
	  1) 고급점검자 이상의 기술인력 : 2명 이상
	  2) 중급점검자 이상의 기술인력 : 2명 이상
	  3) 초급점검자 이상의 기술인력 : 2명 이상
		모든 특정소방대상물

일반
소방시설관리업
	가. 주된 기술인력 : 소방시설관리사 자격증 취득 후 소방 관련
	  실무경력이 1년 이상인 사람 1명 이상
	나. 보조기술인력
	  1) 중급점검자 이상의 기술인력 : 1명 이상
	  2) 초급점검자 이상의 기술인력 : 각 1명 이상
		화재의 예방 및 안전관리에 관한 법률 시행령 별표 4에 해당하는 1급, 2급, 3급 소방안전관리대상물

※ 소방시설 자체점검 점검자의 기술등급(소방시설공사업법 규칙 별표 4의2)
• 기술자격에 대한 기술등급

구 분		기술자격
보조 기술 인력	특급 점검자	• 소방시설관리사, 소방기술사 • 소방설비기사 자격을 취득한 후 8년 이상 소방 관련 업무를 수행한 사람 • 소방설비산업기사 자격을 취득한 후 소방시설관리업체에서 10년 이상 점검업무를 수행한 사람
	고급 점검자	• 소방설비기사 자격을 취득한 후 5년 이상 소방 관련 업무를 수행한 사람 • 소방설비산업기사 자격을 취득한 후 8년 이상 소방 관련 업무를 수행한 사람 • 건축설비기사, 건축기사, 공조냉동기계기사, 일반기계기사, 위험물기능장 자격을 취득한 후 15년 이상 소방 관련 업무를 수행한 사람
	중급 점검자	• 소방설비기사 자격을 취득한 사람 • 소방설비산업기사 자격을 취득한 후 3년 이상 소방 관련 업무를 수행한 사람 • 건축설비기사, 건축기사, 공조냉동기계기사, 일반기계기사, 위험물기능장, 전기기사, 전기공사기사, 전파 통신기사, 정보통신기사 자격을 취득한 후 10년 이상 소방 관련 업무를 수행한 사람
	초급 점검자	• 소방설비산업기사 자격을 취득한 사람 • 가스기능장, 전기기능장, 위험물기능장 자격을 취득한 사람 • 건축기사, 건축설비기사, 건설기계설비기사, 일반기계기사, 공조냉동기계기사, 화공기사, 가스기사, 전기 기사, 전기공사기사, 산업안전기사, 위험물산업기사 자격을 취득한 사람 • 건축산업기사, 건축설비산업기사, 건설기계설비산업기사, 공조냉동기계산업기사, 화공산업기사, 가스산 업기사, 전기산업기사, 전기공사산업기사, 산업안전산업기사, 위험물기능사 자격을 취득한 사람

• 학력·경력 등에 대한 기술등급

구 분		학력·경력자	경력자
보조 기술 인력	고급 점검자	• 학사 이상의 학위를 취득한 후 9년 이상 소방 관련 업무를 수행한 사람 • 전문학사학위를 취득한 후 12년 이상 소방 관련 업 무를 수행한 사람	• 학사 이상의 학위를 취득한 후 12년 이상 소방 관련 업무를 수행한 사람 • 전문학사학위를 취득한 후 15년 이상 소방 관련 업무를 수행한 사람 • 22년 이상 소방 관련 업무를 수행한 사람
	중급 점검자	• 학사 이상의 학위를 취득한 후 6년 이상 소방 관련 업무를 수행한 사람 • 전문학사학위를 취득한 후 9년 이상 소방 관련 업무 를 수행한 사람 • 고등학교를 졸업한 후 12년 이상 소방 관련 업무를 수행한 사람	• 학사 이상의 학위를 취득한 후 9년 이상 소방 관련 업무를 수행한 사람 • 전문학사학위를 취득한 후 12년 이상 소방 관련 업 무를 수행한 사람 • 고등학교를 졸업한 후 15년 이상 소방 관련 업무를 수행한 사람 • 18년 이상 소방 관련 업무를 수행한 사람
	초급 점검자	고등교육법 제2조 제1호부터 제6호까지에 해당하는 학교에서 제1호 나목에 해당하는 학과 또는 고등학교 소방학과를 졸업한 사람	• 4년제 대학 이상 또는 이와 같은 수준 이상의 교육 기관을 졸업한 후 1년 이상 소방 관련 업무를 수행한 사람 • 전문대학 또는 이와 같은 수준 이상의 교육기관을 졸업한 후 3년 이상 소방 관련 업무를 수행한 사람 • 5년 이상 소방 관련 업무를 수행한 사람 • 3년 이상 제1호 다목2)에 해당하는 경력이 있는 사람

[비고]
1. 동일한 기간에 수행한 경력이 두 가지 이상의 자격 기준에 해당하는 경우에는 하나의 자격 기준에 대해서만 그 기간을
인정하고 기간이 중복되지 않는 경우에는 각각의 기간을 경력으로 인정한다. 이 경우 동일 기술등급의 자격 기준별 경력기간
을 해당 경력기준기간으로 나누어 합한 값이 1 이상이면 해당 기술등급의 자격 기준을 갖춘 것으로 본다.
2. 위 표에서 "학력·경력자"란 고등학교·대학 또는 이와 같은 수준 이상의 교육기관에서 제1호 나목에 해당하는 학과의
정해진 교육과정을 이수하고 졸업하거나 그 밖의 관계 법령에 따라 국내 또는 외국에서 이와 같은 수준 이상의 학력이
있다고 인정되는 사람을 말한다.
3. 위 표에서 "경력자"란 제1호 나목의 학과 외의 학과를 졸업하고 소방 관련 업무를 수행한 사람을 말한다.
4. 소방시설 자체점검 점검자의 경력 산정 시에는 소방시설관리업에서 소방시설의 점검 및 유지·관리 업무를 수행한 경력에
1.2를 곱하여 계산된 값을 소방 관련 업무 경력에 산입한다.

(4) 소방시설관리업의 등록서류(규칙 제31조) `15` `년 출제`

① 서류 보완기간 : 10일 이내
② 서류 보완 사유
    ㉠ 첨부서류가 미비되어 있는 경우
    ㉡ 신청서 및 첨부서류의 기재내용이 명확하지 않은 경우

(5) 소방시설관리업의 등록증 및 등록수첩 반납(규칙 제32조)

① 반납처 : 시·도지사 `18` `년 출제`
② 반납사유
    ㉠ 법 제35조에 따라 등록이 취소된 경우
    ㉡ 소방시설관리업을 폐업한 경우
    ㉢ 재발급을 받은 경우. 다만, 등록증 또는 등록수첩을 잃어버리고 재발급을 받은 경우에는 이를 다시 찾은 경우로 한정한다.
③ 재발급 신청 : 재발급 신청서를 제출받은 경우에 시·도지사는 3일 이내에 소방시설관리업 등록증 및 등록수첩을 재발급해야 한다. `13` `18` `년 출제`

(6) 소방시설관리업의 등록 변경 시 중요사항(규칙 제33조)

① 명칭·상호 또는 영업소 소재지
② 대표자
③ 기술인력

(7) 소방시설관리업 등록사항 변경신고 등(규칙 제34조)

① 등록사항 중 중요사항이 변경되었을 때 신고 : 시·도지사
② 변경신고 시 첨부서류
    ㉠ 명칭·상호 또는 영업소 소재지를 변경하는 경우 : 소방시설관리업 등록증 및 등록수첩
    ㉡ 대표자를 변경하는 경우 : 소방시설관리업 등록증 및 등록수첩
    ㉢ 기술인력을 변경하는 경우
        • 소방시설관리업 등록수첩
        • 변경된 기술인력의 기술자격증(경력수첩을 포함한다)
        • 소방기술인력대장

(8) 소방시설관리업의 지위승계(법 제32조, 규칙 제35조)

① 지위승계 : 지위를 승계한 날부터 시·도지사에게 신고
② 지위승계 사유
    ㉠ 관리업자가 사망한 경우 그 상속인
    ㉡ 관리업자가 그 영업을 양도한 경우 그 양수인
    ㉢ 법인인 관리업자가 합병한 경우 합병 후 존속하는 법인이나 합병으로 설립되는 법인

③ 지위승계 시 첨부서류
　　㉠ 소방시설관리업 등록증 및 등록수첩
　　㉡ 계약서 사본 등 지위승계를 증명하는 서류
　　㉢ 소방기술인력연명부 및 기술자격증(경력수첩을 포함한다)

(9) 관리업의 운영(법 제33조)

관리업자는 소방시설 등의 점검업무를 수행하게 한 관계인에게 지체 없이 그 사실을 알려야 하는 내용
① 관리업자의 지위를 승계한 경우
② 관리업의 등록취소 또는 영업정지 처분을 받은 경우
③ 휴업 또는 폐업을 한 경우

(10) 관리업의 등록취소와 영업정지(법 제35조)

① 등록취소 `16` `19` **년 출제**
　　㉠ 거짓이나 그 밖의 부정한 방법으로 등록을 한 경우
　　㉡ 등록의 결격사유의 어느 하나에 해당하게 된 경우. 다만, 법인으로서 결격사유에 해당하게 된 날부
　　　터 2개월 이내에 그 임원을 결격사유가 없는 임원으로 바꾸어 선임한 경우는 제외한다.
　　㉢ 등록증 또는 등록수첩을 빌려준 경우
② 6개월 이내의 시정이나 영업정지
　　㉠ 점검을 하지 않거나 거짓으로 한 경우
　　㉡ 등록기준에 미달하게 된 경우
　　㉢ 점검능력 평가를 받지 않고 자체점검을 한 경우

(11) 관리업의 과징금(법 제36조) `10` **년 출제**

① 과징금 처분 : 영업정지를 명하는 경우로서 그 영업정지가 이용자에게 불편을 주거나 그 밖에 공익을
　해칠 우려가 있을 경우
② 과징금 금액 : 3,000만원 이하

15 소방용품의 형식승인 등

(1) 소방용품의 형식승인 등(법 제37조, 제38조) `14` `20` **년 출제**

① 대통령령으로 정하는 소방용품을 제조하거나 수입하려는 자는 소방청장의 형식승인을 받아야 한
　다. 다만, 연구개발 목적으로 제조하거나 수입하는 소방용품은 그렇지 않다.
② 형식승인을 받으려는 자는 행정안전부령으로 정하는 기준에 따라 형식승인을 위한 시험시설을
　갖추고 소방청장의 심사를 받아야 한다.
③ 형식승인을 받은 자는 그 소방용품에 대하여 소방청장이 실시하는 제품검사를 받아야 한다.
④ 형식승인의 방법·절차 등과 제품검사의 구분·방법·순서·합격표시 등에 필요한 사항은 행정안
　전부령으로 정한다.

⑤ 소방용품을 판매하거나 판매 목적으로 진열하거나 소방시설공사에 사용할 수 없는 경우
  ㉠ 형식승인을 받지 않은 것
  ㉡ 형상 등을 임의로 변경한 것
  ㉢ 제품검사를 받지 않거나 합격표시를 하지 않은 것
⑥ 형식승인을 받은 자가 해당 소방용품에 대하여 형상 등의 일부를 변경하려면 소방청장의 변경승인을 받아야 한다.
⑦ 변경승인의 대상·구분·방법 및 절차 등에 필요한 사항은 행정안전부령으로 정한다.

(2) 형식승인의 취소 등(법 제39조)

① 형식승인 취소 `13` `년 출제`
  ㉠ 거짓이나 그 밖의 부정한 방법으로 형식승인을 받은 경우
  ㉡ 거짓이나 그 밖의 부정한 방법으로 제품검사를 받은 경우
  ㉢ 변경승인을 받지 않거나 거짓이나 그 밖의 부정한 방법으로 변경승인을 받은 경우
② 6개월 이내의 제품검사의 중지
  ㉠ 시험시설의 시설기준에 미달되는 경우
  ㉡ 제품검사 시 기술기준에 미달되는 경우

(3) 소방용품의 종류(영 별표 3)

① 소화설비를 구성하는 제품 또는 기기 `17` `21` `년 출제`
  ㉠ **소화기구**(소화약제 외의 것을 이용한 **간이소화용구는 제외**한다)
  ㉡ 자동소화장치
  ㉢ 소화설비를 구성하는 소화전, **관창**, 소방호스, 스프링클러헤드, 기동용 수압개폐장치, 유수제어밸브 및 가스관선택밸브
② 경보설비를 구성하는 제품 또는 기기
  ㉠ **누전경보기** 및 가스누설경보기
  ㉡ 경보설비를 구성하는 **발신기**, 수신기, 중계기, **감지기** 및 음향장치(경종만 해당한다)
③ 피난구조설비를 구성하는 제품 또는 기기
  ㉠ **피난사다리**, 구조대, 완강기(지지대를 포함한다) 및 간이완강기(지지대를 포함한다)
  ㉡ **공기호흡기**(충전기를 포함한다)
  ㉢ **피난구유도등**, 통로유도등, 객석유도등 및 **예비전원이 내장된 비상조명등**
④ 소화용으로 사용하는 제품 또는 기기
  ㉠ 소화약제[자동소화장치(상업용 주방자동소화장치, 캐비닛형 자동소화장치), 포소화설비, 이산화탄소소화설비 할론소화설비, 할로겐화합물 및 불활성기체소화설비, 분말소화설비, 강화액소화설비, 고체에어로졸소화설비용만 해당한다]
  ㉡ **방염제**(**방염액**·방염도료 및 방염성 물질을 말한다)
⑤ 그 밖에 행정안전부령으로 정하는 소방 관련 제품 또는 기기

16 소방용품의 성능인증 등

(1) 소방용품의 성능인증 등(법 제40조, 제41조)

① 소방청장은 제조자 또는 수입자 등의 요청이 있는 경우 소방용품에 대하여 성능인증을 할 수 있다.

② 성능인증을 받은 자는 그 소방용품에 대하여 소방청장의 제품검사를 받아야 한다.

③ 성능인증의 대상·신청·방법 및 성능인증서 발급에 관한 사항과 제품검사의 구분·대상·절차·방법·합격표시 및 수수료 등에 필요한 사항은 행정안전부령으로 정한다.

④ 성능인증의 방법 및 절차 등에 필요한 사항은 행정안전부령으로 정한다.

⑤ 성능인증을 받은 자가 해당 소방용품에 대하여 형상 등의 일부를 변경하려면 소방청장의 변경인증을 받아야 한다.

⑥ 변경인증의 대상·구분·방법 및 절차 등에 필요한 사항은 행정안전부령으로 정한다.

(2) 성능인증의 취소 등(법 제42조)

① 성능인증의 취소
  ㉠ 거짓이나 그 밖의 부정한 방법으로 성능인증을 받은 경우
  ㉡ 거짓이나 그 밖의 부정한 방법으로 제품검사를 받은 경우
  ㉢ 변경인증을 받지 않고 해당 소방용품에 대하여 형상 등의 일부를 변경하거나 거짓이나 그 밖의 부정한 방법으로 변경인증을 받은 경우

② 6개월 이내의 제품검사의 중지
  ㉠ 제품검사 시 따른 기술기준에 미달되는 경우
  ㉡ 제품검사에 합격하지 않은 소방용품에는 성능인증을 받았다는 표시를 하거나 제품검사에 합격하였다는 표시를 해서는 안 되며, 제품검사를 받지 않거나 합격표시를 하지 않은 소방용품을 판매 또는 판매 목적으로 진열하거나 소방시설공사에 사용해서 위반한 경우

(3) 우수품질 제품에 대한 인증(법 제43조) 18 년 출제

① 우수품질인증권자 : 소방청장(한국소방산업기술원에 위탁)

② 우수품질인증의 유효기간 : 5년 이내

③ 우수품질인증의 취소사유
  ㉠ 거짓이나 그 밖의 부정한 방법으로 우수품질인증을 받은 경우
  ㉡ 우수품질인증을 받은 제품이 산업재산권 등 타인의 권리를 침해하였다고 판단되는 경우

17 청문, 위탁 등

(1) 청문 등(법 제49조)

① 시행권자 : 소방청장 또는 시·도지사

② 대 상
  ㉠ 관리사 자격의 취소 및 정지
  ㉡ 관리업의 등록취소 및 영업정지
  ㉢ 소방용품의 형식승인 취소 및 제품검사 중지

　　　　㉣ 성능인증의 취소
　　　　㉤ 우수품질인증의 취소
　　　　㉥ 전문기관의 지정취소 및 업무정지

(2) 소방청장이 한국소방산업기술원에 위탁할 수 있는 경우(법 제50조) `14` `16` `년 출제`
　　① 방염성능검사 중 대통령령으로 정하는 검사
　　② 소방용품의 형식승인
　　③ 소방용품에 대한 형식승인의 변경승인
　　④ 소방용품에 대한 형식승인의 취소
　　⑤ 소방용품에 대한 성능인증 및 성능인증의 취소
　　⑥ 소방용품에 대한 성능인증의 변경인증
　　⑦ 우수품질인증 및 그 취소

(3) 소방청장이 소방기술과 관련된 법인 또는 단체에 위탁할 수 있는 경우(법 제50조)
　　① 표준자체점검비의 산정 및 공표
　　② 소방시설관리사증의 발급·재발급
　　③ 점검능력 평가 및 공시
　　④ 데이터베이스 구축·운영

(4) 위반행위의 신고 및 신고포상금의 지급(법 제55조)
　　① 신고 : 소방본부장 또는 소방서방
　　② 신고내용
　　　　㉠ 규정을 위반하여 소방시설을 설치 또는 관리한 자
　　　　㉡ 규정을 위반하여 폐쇄·차단 등의 행위를 한 자
　　　　㉢ 피난시설, 방화구획 및 방화시설에 대한 금지 행위를 한 자

18 벌 칙

(1) 5년 이하의 징역 또는 5천만원 이하의 벌금(법 제56조) `10` `20` `년 출제`
　　소방시설에 폐쇄·차단 등의 행위를 한 자

(2) 7년 이하의 징역 또는 7천만원 이하의 벌금(법 제56조) `20` `년 출제`
　　소방시설에 폐쇄·차단 등의 행위를 하여 사람을 상해에 이르게 한 때

(3) 10년 이하의 징역 또는 1억원 이하의 벌금(법 제56조) `20` `년 출제`
　　소방시설에 폐쇄·차단 등의 행위를 하여 사람을 사망에 이르게 한 때

(4) 3년 이하의 징역 또는 3천만원 이하의 벌금(법 제57조) `10` `16` `20` 년 출제

① 소방본부장이나 소방서장이 소방시설이 화재안전기준에 따라 설치·관리되고 있지 않을 때 조치명령, 임시소방시설(건설현장) 또는 소방시설이 설치 및 관리되지 않을 때 필요한 조치를 명령, **피난시설, 방화구획 및 방화시설의 관리를 위하여 필요한 조치를 명령**, 방염성능검사를 받도록 하는 등 필요한 조치명령, 소방용품에 대하여는 그 제조자·수입자·판매자 또는 시공자에게 수거·폐기 또는 교체 등 행정안전부령으로 정하는 필요한 조치를 명령을 정당한 사유 없이 위반한 자

② **관리업의 등록을 하지 않고 영업을 한 자**

③ 소방용품의 형식승인을 받지 않고 소방용품을 제조하거나 수입한 자 또는 거짓이나 그 밖의 부정한 방법으로 형식승인을 받은 자

④ 제품검사를 받지 않은 자 또는 거짓이나 그 밖의 부정한 방법으로 제품검사를 받은 자

⑤ 형식승인을 받지 않거나, 형상 등을 임의로 변경하거나, 제품검사를 받지 않거나, 합격표시를 하지 않고 소방용품을 판매·진열하거나 소방시설공사에 사용한 자

⑥ 거짓이나 그 밖의 부정한 방법으로 성능인증 또는 제품검사를 받은 자

⑦ 제품검사를 받지 않거나 합격표시를 하지 않은 소방용품을 판매·진열하거나 소방시설공사에 사용한 자

⑧ 구매자에게 명령을 받은 사실을 알리지 않거나 필요한 조치를 하지 않은 자

⑨ 거짓이나 그 밖의 부정한 방법으로 제46조 제1항에 따른 전문기관으로 지정을 받은 자

(5) 1년 이하의 징역 또는 1천만원 이하의 벌금(법 제58조) `13` `19` `22` `23` 년 출제

① 소방시설 등에 대하여 스스로 점검을 하지 않거나 관리업자 등으로 하여금 **정기적으로 점검하게 하지 않은 자**

② 소방시설관리사증을 다른 사람에게 빌려주거나 빌리거나 이를 알선한 자

③ 동시에 둘 이상의 업체에 취업한 자

④ 자격정지 처분을 받고 그 자격정지 기간 중에 관리사의 업무를 한 자

⑤ 관리업의 등록증이나 등록수첩을 다른 자에게 빌려주거나 빌리거나 이를 알선한 자

⑥ **영업정지 처분을 받고 그 영업정지 기간 중에 관리업의 업무를 한 자**

⑦ 제품검사에 합격하지 않은 제품에 합격표시를 하거나 합격표시를 위조 또는 변조하여 사용한 자

⑧ 소방용품에 대하여 형상 등의 일부를 변경한 후 **형식승인의 변경승인을 받지 않은 자**

⑨ 제품검사에 합격하지 않은 소방용품에 성능인증을 받았다는 표시 또는 제품검사에 합격하였다는 표시를 하거나 성능인증을 받았다는 표시 또는 제품검사에 합격하였다는 표시를 위조 또는 변조하여 사용한 자

⑩ 성능인증의 변경인증을 받지 않은 자

⑪ 우수품질인증을 받지 않은 제품에 우수품질인증 표시를 하거나 우수품질인증 표시를 위조하거나 변조하여 사용한 자

⑫ 관계인의 정당한 업무를 방해하거나 **출입·검사 업무를 수행하면서 알게 된 비밀을 다른 사람에게 누설한 자**

(6) 300만원 이하의 벌금(법 제59조) `23` `년 출제`

① 업무를 수행하면서 알게 된 비밀을 이 법에서 정한 목적 외의 용도로 사용하거나 다른 사람 또는 기관에 제공하거나 누설한 자

② 방염성능검사에 합격하지 않은 물품에 합격표시를 하거나 합격표시를 위조하거나 변조하여 사용한 자

③ 거짓 시료를 제출한 자

④ 소방시설 등의 자체점검 결과에 따른 중대위반사항에 대하여 필요한 조치를 하지 않은 관계인 또는 관계인에게 중대위반사항을 알리지 않은 관리업자 등

(7) 300만원 이하의 과태료(법 제61조) `19` `24` `년 출제`

① 소방시설을 **화재안전기준에 따라 설치·관리하지 않은 자**

② 공사 현장에 임시소방시설(건설현장)을 설치·관리하지 않은 자

③ 피난시설, 방화구획 또는 방화시설의 폐쇄·훼손·변경 등의 행위를 한 자

④ 방염대상물품을 방염성능기준 이상으로 설치하지 않은 자

⑤ 점검능력 평가를 받지 않고 점검을 한 관리업자

⑥ 관계인에게 점검 결과를 제출하지 않은 관리업자 등

⑦ 점검인력의 배치기준 등 자체점검 시 준수사항을 위반한 자

⑧ 점검 결과를 보고하지 않거나 거짓으로 보고한 자

⑨ 이행계획을 기간 내에 완료하지 않은 자 또는 이행계획 완료 결과를 보고하지 않거나 거짓으로 보고한 자

⑩ 점검기록표를 기록하지 않거나 특정소방대상물의 출입자가 쉽게 볼 수 있는 장소에 게시하지 않은 관계인

⑪ 관리업자의 등록사항의 변경신고, 관리업자의 지위승계를 위반하여 신고를 하지 않거나 거짓으로 신고한 자

⑫ 지위승계, 행정처분 또는 휴업·폐업의 사실을 특정소방대상물의 관계인에게 알리지 않거나 거짓으로 알린 관리업자

⑬ 소속 기술인력의 참여 없이 자체점검을 한 관리업자

⑭ 점검실적을 증명하는 서류 등을 거짓으로 제출한 자

⑮ 제52조 제1항에 따른 명령을 위반하여 보고 또는 자료제출을 하지 않거나 거짓으로 보고 또는 자료제출을 한 자 또는 정당한 사유 없이 관계 공무원의 출입 또는 검사를 거부·방해 또는 기피한 자

※ 과태료 부과권자 : 소방청장, 시·도지사, 소방본부장 또는 소방서장

`19` 과태료(영 별표 10)

(1) 일반기준

① 위반행위의 횟수에 따른 과태료의 가중된 부과기준은 최근 1년간 같은 위반행위로 과태료 부과처분을 받은 경우에 적용한다. 이 경우 기간의 계산은 위반행위에 대하여 과태료 부과처분을 받은 날과 그 처분 후 다시 같은 위반행위를 하여 적발된 날을 기준으로 한다.

② 부과권자는 다음의 어느 하나에 해당하는 경우에는 (2)의 개별기준에 따른 과태료 금액의 1/2까지 그 금액을 줄여 부과할 수 있다. 다만, 과태료를 체납하고 있는 위반행위자에 대해서는 그렇지 않다.
  ㉠ 위반행위가 사소한 부주의나 오류로 인한 것으로 인정되는 경우
  ㉡ 위반행위자가 법 위반상태를 시정하거나 해소하기 위하여 노력한 사실이 인정되는 경우
  ㉢ 위반행위자가 처음 위반행위를 하는 경우로서 3년 이상 해당 업종을 모범적으로 영위한 사실이 인정되는 경우
  ㉣ 위반행위자가 화재 등 재난으로 재산에 현저한 손실을 입거나 사업 여건의 악화로 그 사업이 중대한 위기에 처하는 등 사정이 있는 경우
  ㉤ 위반행위자가 같은 위반행위로 다른 법률에 따라 과태료·벌금·영업정지 등의 처분을 받은 경우
  ㉥ 그 밖에 위반행위의 정도, 위반행위의 동기와 그 결과 등을 고려하여 과태료를 줄일 필요가 있다고 인정되는 경우

(2) 개별기준

위반행위	근거 법조문	과태료 금액(단위 : 만원)		
		1차 위반	2차 위반	3차 위반
법 제12조 제1항을 위반한 경우 • 최근 1년 이내에 2회 이상 화재안전기준에 따라 관리하지 않은 경우 • 소방시설을 다음에 해당하는 고장 상태 등으로 방치한 경우 　– 소화펌프를 고장 상태로 방치한 경우 　– 화재수신기, 동력·감시제어반 또는 소방시설용 전원(비상전원을 포함한다)을 차단하거나, 고장난 상태로 방치하거나, 임의로 조작하여 자동으로 작동이 되지 않도록 한 경우 　– 소방시설이 작동하는 경우 소화배관을 통하여 소화수가 방수되지 않는 상태 또는 소화약제가 방출되지 않는 상태로 방치한 경우 • 소방시설을 설치하지 않은 경우	법 제61조 제1항 제1호	100 200 300		
법 제15조 제1항을 위반하여 공사 현장에 임시소방시설(건설현장)을 설치·관리하지 않은 경우	법 제61조 제1항 제2호	300		
법 제16조 제1항을 위반하여 피난시설, 방화구획 또는 방화시설을 폐쇄·훼손·변경하는 등의 행위를 한 경우	법 제61조 제1항 제3호	100	200	300
법 제20조 제1항을 위반하여 방염대상물품을 방염성능기준 이상으로 설치하지 않은 경우	법 제61조 제1항 제4호	200		
법 제22조 제1항 전단을 위반하여 점검능력평가를 받지 않고 점검을 한 경우	법 제61조 제1항 제5호	300		
법 제22조 제1항 후단을 위반하여 관계인에게 점검 결과를 제출하지 않은 경우	법 제61조 제1항 제6호	300		
법 제22조 제2항을 위반하여 점검인력의 배치기준 등 자체점검 시 준수사항을 위반한 경우	법 제61조 제1항 제7호	300		
법 제23조 제3항을 위반하여 점검결과를 보고하지 않거나 거짓으로 보고한 경우 • 지연보고 기간이 10일 미만인 경우 • 지연보고 기간이 10일 이상 1개월 미만인 경우 • 지연보고 기간이 1개월 이상이거나 또는 보고하지 않은 경우 • 점검결과를 축소·삭제하는 등 거짓으로 보고한 경우	법 제61조 제1항 제8호	50 100 200 300		

위반행위	근거 법조문	과태료 금액(단위 : 만원)		
		1차 위반	2차 위반	3차 위반
법 제23조 제4항을 위반하여 이행계획을 기간 내에 완료하지 않은 경우 또는 이행계획 완료 결과를 보고하지 않거나 거짓으로 보고한 경우 • 지연완료기간 또는 지연보고 기간이 10일 미만인 경우 • 지연완료기간 또는 지연보고 기간이 10일 이상 1개월 미만인 경우 • 지연완료기간 또는 지연보고 기간이 1개월 이상이거나 보고하지 않은 경우 • 이행계획 완료 결과를 거짓으로 보고한 경우	법 제61조 제1항 제9호	50 100 200 300		
법 제24조 제1항을 위반하여 점검기록표를 기록하지 않거나 특정소방대상물의 출입자가 쉽게 볼 수 있는 장소에 게시하지 않은 경우	법 제61조 제1항 제10호	100	200	300
법 제31조 또는 제32조 제3항에 따른 신고를 하지 않거나 거짓으로 한 관리업자 • 지연신고 기간이 1개월 미만인 경우 • 지연신고 기간이 1개월 이상 3개월 미만인 경우 • 지연신고 기간이 3개월 이상이거나 신고를 하지 않은 경우 • 거짓으로 신고한 경우	법 제61조 제1항 제11호	50 100 200 300		
법 제33조 제3항을 위반하여 지위승계, 행정처분 또는 휴업・폐업의 사실을 관계인에게 알리지 않거나 거짓으로 알린 경우	법 제61조 제1항 제12호	300		
법 제33조 제4항을 위반하여 소속 기술인력의 참여 없이 자체점검을 한 경우	법 제61조 제1항 제13호	300		
법 제34조 제2항에 따른 점검실적을 증명하는 서류 등을 거짓으로 제출한 경우	법 제61조 제1항 제14호	300		
법 제52조 제1항에 따른 명령을 위반하여 보고 또는 자료 제출을 하지 않거나 거짓으로 보고 또는 자료 제출을 한 경우 또는 정당한 사유 없이 관계 공무원의 출입 또는 조사・검사를 거부・방해 또는 기피한 경우	법 제61조 제1항 제15호	50	100	300

20 행정처분기준

(1) 일반기준(규칙 별표 8)

① 가중 사유

㉠ 위반행위가 사소한 부주의나 오류가 아닌 고의나 중대한 과실에 의한 것으로 인정되는 경우

㉡ 위반의 내용・정도가 중대하여 관계인에게 미치는 피해가 크다고 인정되는 경우

② 감경 사유

㉠ 위반행위가 사소한 부주의나 오류 등 과실로 인한 것으로 인정되는 경우

㉡ 위반의 내용・정도가 경미하여 관계인에게 미치는 피해가 적다고 인정되는 경우

㉢ 위반행위자가 처음 해당 위반행위를 처음으로 한 경우로서, 5년 이상 소방시설관리사 업무, 소방시설관리업 등을 모범적으로 해온 사실이 인정되는 경우

㉣ 그 밖에 다음의 경미한 위반사항에 해당되는 경우

• 스프링클러설비 헤드가 살수반경에 미치지 못하는 경우

• 자동화재탐지설비 감지기 2개 이하가 설치되지 않은 경우

• 유도등이 일시적으로 점등되지 않는 경우

• 유도표지가 정해진 위치에 붙어 있지 않은 경우

(2) 개별기준(규칙 별표 8)

① 소방시설관리사에 대한 행정처분기준 `11` `22` 년 출제

위반사항	근거 법조문	행정처분기준		
		1차 위반	2차 위반	3차 이상 위반
거짓, 그 밖의 부정한 방법으로 시험에 합격한 경우	법 제28조 제1호	자격취소		
화재의 예방 및 안전관리에 관한 법률 제25조 제2항에 따른 대행인력의 배치기준·자격·방법 등 준수사항을 지키지 않은 경우	법 제28조 제2호	경고 (시정명령)	자격정지 6개월	자격취소
법 제22조에 따른 점검을 하지 않거나 거짓으로 한 경우 • 점검을 하지 않은 경우	법 제28조 제3호	자격정지 1개월	자격정지 6개월	자격취소
• 거짓으로 점검한 경우		경고 (시정명령)	자격정지 6개월	자격취소
법 제25조 제7항을 위반하여 소방시설관리사증을 다른 사람에게 빌려준 경우	법 제28조 제4호	자격취소		
법 제25조 제8항을 위반하여 동시에 둘 이상의 업체에 취업한 경우	법 제28조 제5호	자격취소		
법 제25조 제9항을 위반하여 성실하게 자체점검업무를 수행하지 않은 경우	법 제28조 제6호	경고 (시정명령)	자격정지 6개월	자격취소
법 제27조 각 호의 어느 하나의 결격사유에 해당하게 된 경우	법 제28조 제7호	자격취소		

② 소방시설관리업자에 대한 행정처분기준

위반사항	근거 법조문	행정처분기준		
		1차 위반	2차 위반	3차 이상 위반
거짓, 그 밖의 부정한 방법으로 등록을 한 경우	법 제35조 제1항 제1호	등록취소		
법 제22조에 따른 점검을 하지 않거나 거짓으로 한 경우 • 점검을 하지 않은 경우	법 제35조 제1항 제2호	영업정지 1개월	영업정지 3개월	등록취소
• 거짓으로 점검한 경우		경고 (시정명령)	영업정지 3개월	등록취소
법 제29조 제2항에 따른 등록기준에 미달하게 된 경우. 다만, 기술인력이 퇴직하거나 해임되어 30일 이내에 재선임하여 신고하는 경우는 제외한다.	법 제35조 제1항 제3호	경고 (시정명령)	영업정지 3개월	등록취소
법 제30조 각 호의 어느 하나의 등록의 결격사유에 해당하게 된 경우. 다만, 제30조 제5호에 해당하는 법인으로서 결격사유에 해당하게 된 날부터 2개월 이내에 그 임원을 결격사유가 없는 임원으로 바꾸어 선임한 경우는 제외한다.	법 제35조 제1항 제4호	등록취소		
법 제33조 제2항을 위반하여 등록증 또는 등록수첩을 빌려준 경우	법 제35조 제1항 제5호	등록취소		
법 제34조 제1항에 따른 점검능력 평가를 받지 않고 자체점검을 한 경우	법 제35조 제1항 제6호	영업정지 1개월	영업정지 3개월	등록취소

001 무창층에서 개구부란 해당 층의 바닥면으로부터 개구부 밑부분까지의 높이가 몇 [m]를 말하는가?

① 1.0[m] 이내   ② 1.2[m] 이내   ③ 1.5[m] 이내   ④ 1.7[m] 이내

해설 **무창층** : 지상층 중 다음 요건을 모두 갖춘 개구부의 면적의 합계가 해당 층의 바닥면적의 1/30
이하가 되는 층(영 제2조)
• 크기는 지름 50[cm] 이상의 원이 통과할 수 있을 것
• 해당 층의 바닥면으로부터 개구부의 밑부분까지의 높이가 1.2[m] 이내일 것
• 도로 또는 차량이 진입할 수 있는 빈터를 향할 것
• 화재 시 건축물로부터 쉽게 피난할 수 있도록 창살이나 그 밖의 장애물이 설치되지 않을 것
• 내부 또는 외부에서 쉽게 부수거나 열 수 있을 것

정답 ②

002 무창층이라 함은 지상층 중 다음 요건을 갖춘 개구부의 면적의 합계가 해당 층의 바닥면적의 1/30
이하가 되는 층을 말한다. 이 경우 개구부의 기준에 해당되지 않는 것은?

① 개구부의 크기는 지름 40[cm] 이상의 원이 통과할 수 있을 것
② 도로 또는 차량의 진입할 수 있는 빈터를 향할 것
③ 해당 층의 바닥면으로부터 개구부 밑부분까지의 높이가 1.2[m] 이내일 것
④ 내부 또는 외부에서 쉽게 부수거나 열 수 있을 것

해설 개구부의 크기는 지름 50[cm] 이상의 원이 통과할 수 있을 것(영 제2조)

정답 ①

003 피난층에 해당하는 설명으로 옳은 것은?

① 지상 1층
② 2층 이상으로 피난에 용이한 층
③ 곧바로 지상으로 갈 수 있는 출입구가 있는 층
④ 지상에 통하는 직통계단이 있는 층

해설 **피난층** : 곧바로 지상으로 갈 수 있는 출입구가 있는 층(영 제2조)

정답 ③

004 다음은 소방시설 설치 및 관리에 관한 법률에서 사용하는 용어 정의에 관한 사항이다. (   )에 들어갈 내용으로 알맞은 것은?

> "소방용품이란 소방시설 등을 구성하거나 소방용으로 사용되는 제품 또는 기기로서 (   )으로 정하는 것을 말한다."

① 대통령령   ② 행정안전부령
③ 소방청령   ④ 시의 조례

해설   **소방용품** : 소방시설 등을 구성하거나 소방용으로 사용되는 제품 또는 기기로서 대통령령으로 정하는 것을 말한다(법 제2조).

정답 ①

005 다음 중 소방시설의 종류가 아닌 것은?

① 소화설비   ② 경보설비
③ 소화활동설비   ④ 방화벽설비

해설   **소방시설의 종류(영 별표 1)**
• 소화설비
• 경보설비
• 피난구조설비
• 소화용수설비
• 소화활동설비

정답 ④

006 소화설비를 분류할 때 소화기구에 해당하지 않는 것은?

① 간이소화용구   ② 자동확산소화기
③ 소화기   ④ 저수조

해설   **소화기구의 분류(영 별표 1)**
     • 소화기
     • 간이소화용구 : 에어로졸식 소화용구, 투척용 소화용구, 소공간용 소화용구 및 소화약제 외의 것을 이용한 간이소화용구
     • 자동확산소화기

정답 ④

007 물분무 등 소화설비에 해당하지 않는 것은?

① 미분무소화설비   ② 포소화설비
③ 할론소화설비   ④ 스프링클러설비

> **해설** 물분무 등 소화설비(영 별표 1)
> • 물분무소화설비
> • 미분무소화설비
> • 포소화설비
> • 이산화탄소소화설비
> • 할론소화설비
> • 할로겐화합물 및 불활성기체소화설비
> • 분말소화설비
> • 강화액소화설비
> • 고체에어로졸소화설비

정답 ④

008 경보설비에 해당하지 않는 것은?

① 비상벨설비   ② 자동식 사이렌
③ 누전경보기   ④ 제연설비

> **해설** • 경보설비 : 화재발생 사실을 통보하는 기계·기구 또는 설비(영 별표 1)
>
> | 구 분 | 시설의 종류 |
> |---|---|
> | 경보설비 | 비상경보설비(**비상벨설비 · 자동식사이렌설비**), 단독경보형감지기, 비상방송설비, **누전경보기**, 자동화재탐지설비, 시각경보기, 화재알림설비, 자동화재속보설비, 가스누설경보기, 통합감시시설 |
>
> • 제연설비 : 소화활동설비

정답 ④

009 소방시설의 종류 중 피난구조설비에 속하지 않는 것은?

① 제연설비   ② 공기안전매트
③ 유도등   ④ 공기호흡기

> **해설** **피난구조설비** : 화재가 발생할 경우 피난하기 위하여 사용하는 기구 또는 설비(영 별표 1)
> • 피난기구 : 피난사다리, 구조대, 완강기, 간이완강기, 그 밖에 화재안전기준으로 정하는 것
> • 인명구조기구 : 방열복, 방화복(안전모, 보호장갑, 안전화 포함), 공기호흡기 및 인공소생기
> • 유도등 : 피난유도선, 피난구유도등, 통로유도등, 객석유도등, 유도표지
> • 비상조명등 및 휴대용 비상조명등

정답 ①

010 소방시설 중 "화재를 진압하거나 인명구조 활동을 위하여 사용하는 설비"로 나열된 것은?

① 상수도소화용수설비, 연결송수관설비
② 연결살수설비, 제연설비
③ 연소방지설비, 피난구조설비
④ 무선통신보조설비, 통합감시시설

해설 **소화활동설비** : 화재를 진압하거나 인명구조 활동을 위하여 사용하는 설비(영 별표 1)
- 제연설비
- 연결살수설비
- 무선통신보조설비
- 연결송수관설비
- 비상콘센트설비
- 연소방지설비

정답 ②

011 근린생활시설이 아닌 것은?

① 컴퓨터학원
③ 슈퍼마켓
② 무도학원
④ 안마시술소

해설 **무도학원** : 위락시설(영 별표 2)

정답 ②

012 특정소방대상물의 근린생활시설에 해당하는 것은?

① 기 원
③ 기숙사
② 전시장
④ 유치원

해설 **특정소방대상물**(영 별표 2)

대상물	기 원	전시장	기숙사	유치원
분 류	근린생활시설	문화 및 집회시설	공동주택	노유자시설

정답 ①

013 특정소방대상물로서 에어로빅장은 동일 건축물 안에서 해당 용도에 쓰이는 부분의 바닥면적 합계가 몇 [m²] 미만인 것을 근린생활시설로 간주하는가?

① 200
③ 400
② 300
④ 500

해설 **근린생활시설** : 탁구장, 테니스장, 체육도장, 체력단련장, 에어로빅장, 볼링장, 당구장, 실내낚시터, 가상체험체육시설업(골프연습장), 물놀이형 시설 및 그 밖에 이와 비슷한 것으로서 같은 건축물에 해당 용도로 쓰는 바닥면적의 합계가 500[m²] 미만인 것(영 별표 2)

정답 ④

014 특정소방대상물과 관련하여 다음 중 운수시설에 포함되지 않는 것은?

① 공항시설
② 도시철도시설
③ 주차장
④ 항만시설

해설 **운수시설(영 별표 2)**
- 여객자동차터미널
- 철도 및 도시철도 시설(정비창 등 관련시설을 포함한다)
- 공항시설(항공관제탑을 포함한다)
- 항만시설 및 종합여객시설

> 주차장 : 항공기 및 자동차 관련시설

정답 ③

015 특정소방대상물로서 의료시설에 해당하는 것은?

① 치과의원
② 한의원
③ 접골원
④ 마약진료소

해설 **의료시설(영 별표 2)**
- 병원 : 종합병원, 병원, 치과병원, 한방병원, 요양병원
- 격리병원 : 전염병원, 마약진료소, 그 밖의 이와 비슷한 것
- 정신의료기관
- 장애인 의료재활시설

> 근린생활시설 : 의원, 치과의원, 한의원, 침술원, 접골원, 조산원, 산후조리원, 안마원

정답 ④

016 특정소방대상물로서 노유자시설에 해당되는 것은?

① 장애인관련시설
② 유스호스텔
③ 정신병원
④ 어린이회관

해설 **노유자시설** : 노인 관련 시설, 아동 관련 시설, 장애인 관련 시설, 정신질환자 관련 시설, 노숙인 관련 시설, 결핵 환자 또는 한센인요양시설(영 별표 2)

정답 ①

017 특정소방대상물 중 업무시설에 해당하지 않는 것은?

① 전신전화국 ② 변전소
③ 소방서 ④ 국민건강보험공단

해설 **방송통신시설(영 별표 2)** : 방송국, 전신전화국, 촬영소, 통신용 시설

정답 ①

018 특정소방대상물로서 숙박시설에 해당하지 않는 것은?

① 호 텔 ② 모 텔
③ 휴양콘도미니엄 ④ 오피스텔

해설 **숙박시설(영 별표 2)**
• 일반형 숙박시설 : 공중위생관리법 시행령 제4조 제1호에 따른 숙박업의 시설

> 숙박업(일반) : 손님이 잠을 자고 머물 수 있도록 시설(취사시설은 제외한다) 및 설비 등의 서비스를 제공하는 영업

• 생활형 숙박시설 : 공중위생관리법 시행령 제4조 제2호에 따른 숙박업의 시설

> 숙박업(생활) : 손님이 잠을 자고 머물 수 있도록 시설(취사시설을 포함한다) 및 설비 등의 서비스를 제공하는 영업

• 고시원(근린생활시설에 해당되지 않는 것 : 바닥면적이 500[m²] 이상인 것)

> 오피스텔 : 업무시설

정답 ④

019 특정소방대상물 중 위락시설로 분류되지 않는 것은?

① 공연장 ② 무도장
③ 유흥주점 ④ 카지노영업소

해설 **위락시설** : 단란주점, 유흥주점, 유원시설업의 시설, 무도장, 무도학원, 카지노영업소(영 별표 2)

> 공연장 : 근린생활시설

정답 ①

020 관광휴게시설에 해당하는 것은?

① 어린이회관
② 박물관
③ 미술관
④ 박람회장

021 다음은 특정소방대상물 중 지하구에 대한 설명이다. (㉠), (㉡), (㉢)에 들어갈 내용으로 알맞은 것은?

전력·통신용의 전선이나 가스·냉난방용의 배관 또는 이와 비슷한 것을 집합수용하기 위하여 설치한 지하 인공구조물로서 사람이 점검 또는 보수를 하기 위하여 출입이 가능한 것 중 다음의 어느 하나에 해당하는 것
① 전력 또는 통신사업용 지하 인공구조물로서 전력구(케이블 접속부가 없는 경우에는 제외한다) 또는 통신구 방식으로 설치된 것
② ① 외의 지하 인공구조물로서 폭이 (㉠) 이상이고 높이가 (㉡) 이상이며 길이가 (㉢) 이상인 것

① ㉠ 1.8[m], ㉡ 2.0[m], ㉢ 50[m]
② ㉠ 2.0[m], ㉡ 2.0[m], ㉢ 500[m]
③ ㉠ 2.5[m], ㉡ 3.0[m], ㉢ 600[m]
④ ㉠ 3.0[m], ㉡ 5.0[m], ㉢ 700[m]

022 둘 이상의 특정소방대상물이 구조의 복도 또는 통로(연결통로)로 연결된 경우에는 이를 하나의 특정소방대상물로 보는데 해당하지 않는 것은?

① 내화구조가 아닌 연결통로로 연결된 경우

② 지하보도, 지하상가, 지하가로 연결된 경우

③ 내화구조로 된 연결통로가 벽이 없는 구조로서 그 길이가 10[m] 이하인 경우

④ 지하구로 연결된 경우

> **해설** **복도 또는 통로(연결통로)로 연결된 경우 하나의 특정소방대상물로 보는 경우(영 별표 2)**
> • 내화구조로 된 연결통로가 다음의 어느 하나에 해당되는 경우
> – 벽이 없는 구조로서 그 길이가 6[m] 이하인 경우
> – 벽이 있는 구조로서 그 길이가 10[m] 이하인 경우. 다만, 벽 높이가 바닥에서 천장까지의 높이의 1/2 이상인 경우에는 벽이 있는 구조로 보고, 벽 높이가 바닥에서 천장까지의 높이의 1/2 미만인 경우에는 벽이 없는 구조로 본다.
> • 내화구조가 아닌 연결통로로 연결된 경우
> • 컨베이어로 연결되거나 플랜트설비의 배관 등으로 연결되어 있는 경우
> • 지하보도, 지하상가, 지하가로 연결된 경우
> • 자동방화셔터 또는 60분+방화문이 설치되지 않은 피트(전기설비 또는 배관설비 등이 설치되는 공간)로 연결된 경우
> • 지하구로 연결된 경우

정답 ③

023 둘 이상의 특정소방대상물이 구조의 복도 또는 통로(연결통로)와 지하구가 있는 경우 이를 별개의 소방대상물로 보는데 해당하지 않는 것은?

① 화재 시 경보설비 또는 자동소화설비의 작동과 연동하여 자동으로 닫히는 자동방화셔터가 설치된 경우

② 화재 시 경보설비 또는 자동소화설비의 작동과 연동하여 자동으로 닫히는 30분 방화문이 설치된 경우

③ 화재 시 자동으로 방수되는 방식의 드렌처설비가 설치된 경우

④ 화재 시 자동으로 방수되는 방식의 개방형 스프링클러헤드가 설치된 경우

> **해설** **별개의 소방대상물로 보는 경우(영 별표 2)**
> • 화재 시 경보설비 또는 자동소화설비의 작동과 연동하여 자동으로 닫히는 자동방화셔터 또는 60분+방화문이 설치된 경우
> • 화재 시 자동으로 방수되는 방식의 드렌처설비 또는 개방형 스프링클러헤드가 설치된 경우

정답 ②

024 건축허가 등의 동의에 있어서 해당 건축물의 시공지 또는 소재지를 관할하는 누구의 동의를 받아야 하는가?

① 시·도지사
② 시장 또는 군수
③ 소방본부장 또는 소방서장
④ 행정안전부장관

해설   건축허가 등의 동의권자 : 소방본부장 또는 소방서장(법 제6조)

정답 ③

025 건축물의 증축·개축·재축·용도변경 또는 대수선의 신고를 수리할 권한이 있는 행정기관은 그 신고를 수리하면 그 건축물 등의 시공지 또는 소재지를 관할하는 소방본부장이나 소방서장에게 며칠 이내에 그 사실을 알려야 하는가?

① 15일
② 7일
③ 지체 없이
④ 30일

해설   건축물 등의 증축·개축·재축·용도변경 또는 대수선의 신고를 수리할 권한이 있는 행정기관은 그 신고를 수리하면 그 건축물 등의 시공지 또는 소재지를 관할하는 소방본부장이나 소방서장에게 지체 없이 그 사실을 알려야 한다(법 제6조).

정답 ③

026 건축허가 동의 동의대상물이 아닌 것은?

① 연면적 600[m²]인 대중음식점
② 연면적 1,800[m²]인 교회
③ 항공기 격납고
④ 연면적 300[m²]인 목조주택

해설   **건축허가 동의 동의대상물의 범위(영 제7조)**
- 연면적이 400[m²] 이상인 건축물이나 시설. 다만, 다음의 어느 하나에 해당하는 경우, 정한 기준 이상인 건축물이나 시설로 한다.
  - 건축 등을 하려는 학교시설 : 100[m²] 이상
  - 노유자시설 및 수련시설 : 200[m²] 이상
  - 정신의료기관(입원실이 없는 정신건강의학과 의원은 제외) : 300[m²] 이상
  - 장애인 의료재활시설(이하 "의료재활시설"이라 한다) : 300[m²] 이상
- 지하층 또는 무창층이 있는 건축물로서 바닥면적이 150[m²](공연장의 경우에는 100[m²]) 이상인 층이 있는 것
- 차고·주차장 또는 주차용도로 사용되는 시설로서 다음의 어느 하나에 해당하는 것
  - 차고·주차장으로 사용되는 바닥면적이 200[m²] 이상인 층이 있는 건축물이나 주차시설
  - 승강기 등 기계장치에 의한 주차시설로서 자동차 20대 이상을 주차할 수 있는 시설
- 층수가 6층 이상인 건축물
- 항공기격납고, 관망탑, 항공관제탑, 방송용 송수신탑
- 의원(입원실이 있는 것으로 한정한다)·조산원·산후조리원, 위험물 저장 및 처리시설, 발전시설 중 풍력발전소·전기저장시설, 지하구

정답 ④

027 건축허가 등의 동의에 관한 사항으로 틀린 것은?

① 항공기격납고, 지하구는 건축허가 동의대상물이다.

② 연면적 400[m²] 이상인 것은 건축허가 모두 동의대상물이다.

③ 건축허가를 받아야 할 항공기격납고는 모두 동의대상물이다.

④ 건축허가를 받아야 하는 위험물저장 및 처리시설은 면적의 크기와 관계없이 동의대상물이다.

해설 연면적 400[m²] 이상인 것은 건축허가 모두 동의대상물인데 예외규정이 있다(영 제7조).

정답 ②

028 승강기 등 기계장치에 의한 주차시설로서 몇 대 이상 주차할 수 있는 시설을 설치할 경우 소방본부장 또는 소방서장의 건축허가 등의 동의대상이 되는가?

① 10

② 20

③ 30

④ 40

해설 승강기 등 기계장치에 의한 주차시설로서 자동차 20대 이상을 주차할 수 있는 시설은 건축허가 동의대상이다(영 제7조).

정답 ②

029 관할 소방본부장 또는 소방서장의 건축허가 등의 동의를 필요로 하는 건축물은?

① 연면적 300[m²]인 것

② 승강기 등 기계장치에 의한 주차시설로서 10대 이상 주차 가능한 것

③ 차고 · 주차장으로 사용하는 층 중 바닥면적이 150[m²]인 것

④ 가스시설로서 지상에 노출된 탱크의 저장용량의 합계가 100톤 이상인 것

해설 가스시설로서 지상에 노출된 탱크의 저장용량의 합계가 100톤 이상인 것은 건축허가 동의대상물이다(영 제7조).

정답 ④

030 건축허가청이 소방서장에게 건축허가 등의 동의를 요청할 때 첨부해야 할 서류는?

① 시공 시 안전관리담당자의 자격증 사본
② 소방시설관리를 담당할 소방시설관리사의 자격증 사본
③ 시공을 담당한 소방설비기사의 자격증 사본
④ 소방시설을 설계한 기술인력자의 기술자격증

> **해설** 건축허가 등의 동의요구서에 첨부해야 하는 서류(규칙 제3조)
> - 건축허가신청서 및 건축허가서 또는 건축·대수선·용도변경신고서 등 건축허가 등을 확인할 수 있는 서류의 사본
> - 다음의 설계도서
>   ㉠ 건축물 설계도서(착공신고 대상일 경우에만 해당)
>   - 건축물 개요 및 배치도
>   - 주단면도 및 입면도(착공신고 대상일 경우에만 제출)
>   - 층별 평면도(용도별 기준층 평면도를 포함)
>   - 방화구획도(창호도를 포함)(착공신고 대상일 경우에만 제출)
>   - 실내·실외 마감재료표
>   - 소방자동차 진입 동선도 및 부서 공간 위치도(조경계획을 포함)
>   ㉡ 소방시설 설계도서
>   - 소방시설(기계·전기분야의 시설을 말한다)의 계통도(시설별 계산서를 포함)
>   - 소방시설별 층별 단면도(착공신고 대상일 경우에만 해당)
>   - 실내장식물 방염대상물품 설치 계획(건축물의 마감재료는 제시)
>   - 소방시설의 내진설계 계통도 및 기준층 평면도(내진 시방서 및 계산서 등 세부 내용이 포함된 상세 설계도면은 제외)(착공신고 대상일 경우에만 제출)
> - 소방시설 설치계획표
> - 임시소방시설(건설현장) 설치계획서(설치시기, 위치, 종류, 방법 등 임시소방시설(건설현장)의 설치와 관련한 세부사항을 포함)
> - 소방시설설계업 등록증과 소방시설을 설계한 기술인력자의 기술자격증 사본
> - 소방시설설계 계약서 사본

정답 ④

031 다음 중 특급소방안전관리대상물의 건축허가 및 사용승인 동의여부 회신기간으로 옳은 것은?(단, 보완기간은 필요하지 않는 경우이다)

① 3일 이내   ② 7일 이내
③ 10일 이내   ④ 14일 이내

> **해설** 건축허가 및 사용승인 동의여부 회신기간(규칙 제3조)
> - 일반대상물 : 5일 이내
> - 특급소방안전관리대상물 : 10일 이내

정답 ③

032 소방시설을 설치하려는 자는 지진이 발생할 경우 내진설계기준에 맞게 소방시설을 설치해야 하는데 해당하지 않는 소방시설은?

① 옥내소화전설비

② 스프링클러설비

③ 이산화탄소소화설비

④ 제연설비

> **해설** **소방시설의 내진설계대상(영 제8조)**
> • 옥내소화전설비
> • 스프링클러설비
> • 물분무 등 소화설비(이산화탄소소화설비)

정답 ④

033 일정 규모 이상인 신축하는 특정소방대상물에 성능위주설계를 해야 하는데 기준에 해당하지 않는 것은?

① 50층 이상(지하층은 제외)이거나 지상으로부터 높이가 200[m] 이상인 아파트 등

② 30층 이상(지하층을 포함)이거나 지상으로부터 높이가 120[m] 이상인 특정소방대상물(아파트 등은 제외)

③ 연면적 20만[m²] 이상이거나 지하 2층 이하이고 지하층의 바닥면적의 합이 5만[m²] 이상인 창고시설

④ 하나의 건축물에 영화상영관이 10개 이상인 특정소방대상물

> **해설** **성능위주설계를 해야 하는 특정소방대상물(영 제9조)**
> • 연면적 20만[m²] 이상인 특정소방대상물. 다만, 아파트 등은 제외한다.
> • 50층 이상(지하층은 제외)이거나 지상으로부터 높이가 200[m] 이상인 아파트 등
> • 30층 이상(지하층을 포함)이거나 지상으로부터 높이가 120[m] 이상인 특정소방대상물(아파트 등은 제외)
> • 연면적 3만[m²] 이상인 특정소방대상물로서 다음의 어느 하나에 해당하는 특정소방대상물
>   – 철도 및 도시철도 시설
>   – 공항시설
> • 창고시설 중 연면적 10만[m²] 이상인 것 또는 지하층의 층수가 2개 층 이상이고 지하층의 바닥면적의 합계가 3만[m²] 이상인 것
> • 하나의 건축물에 영화상영관이 10개 이상인 특정소방대상물
> • 지하연계 복합건축물에 해당하는 특정소방대상물
> • 터널 중 수저(水底)터널 또는 길이가 5,000[m] 이상인 것

정답 ③

034 소방대상물이 연면적이 33[m²]가 되지 않아도 소화기구를 설치해야 하는 곳은?

① 유흥음식점　　　　　　　　　　② 국가유산
③ 영화관　　　　　　　　　　　　④ 교육시설

> **해설**　**소화기구의 설치기준(영 별표 4)**
> • 연면적 33[m²] 이상인 것
> • 가스시설, 발전시설 중 전기저장시설 및 국가유산
> • 터 널
> • 지하구

정답 ②

035 아파트의 층수가 25층인 경우에 주거용 주방자동소화장치의 설치는?

① 25층의 모든 층　　　　　　　　② 16층 이상의 모든 층
③ 홀수층의 모든 층　　　　　　　④ 짝수층의 모든 층

> **해설**　**주거용 주방자동소화장치의 설치** : 아파트 등 및 오피스텔의 모든 층(영 별표 4)

정답 ①

036 금융업소 · 사무소 등과 같은 업무시설에 대한 옥내소화전설비 설치기준은 연면적 몇 [m²]인가?

① 1,000　　　　　　　　　　　　② 1,500
③ 2,000　　　　　　　　　　　　④ 2,500

> **해설**　**옥내소화전설비의 설치대상(영 별표 4)**
> 근린생활시설, 판매시설, 운수시설, 의료시설, 노유자시설, 업무시설, 숙박시설, 위락시설, 공장, 창고시설, 항공기 및 자동차 관련 시설, 교정 및 군사시설 중 국방 · 군사시설, 방송통신시설, 발전시설, 장례시설 또는 복합건축물로서 다음의 어느 하나에 해당하는 경우에는 모든 층
> ㉠ 연면적 1,500[m²] 이상인 것
> ㉡ 지하층 · 무창층으로서 바닥면적이 300[m²] 이상인 층이 있는 것
> ㉢ 층수가 4층 이상인 층 중 바닥면적이 300[m²] 이상인 층이 있는 것

정답 ②

037 아파트로서 층수가 20층인 소방대상물에는 몇 층 이상의 층에 스프링클러설비를 해야 하는가?

① 9　　　　　　　　　　　　　　② 모든 층
③ 14　　　　　　　　　　　　　④ 16

> **해설**　6층 이상인 특정소방대상물의 경우에는 모든 층에 스프링클러설비를 설치해야 한다(영 별표 4).

정답 ②

038 스프링클러설비를 반드시 설치해야 할 소방대상물은?

① 층수가 5층 이상인 특정소방대상물의 경우에는 모든 층
② 2층의 판매시설로서 바닥면적이 3,000[m²] 이상인 것은 모든 층
③ 정신의료기관으로서 연면적이 500[m²] 이상인 경우에는 모든 층
④ 노유자시설로서 연면적이 600[m²] 이상인 경우에는 모든 층

해설 노유자시설로서 연면적이 600[m²] 이상인 경우에는 모든 층에는 스프링클러설비를 설치해야 한다
(영 별표 4).

정답 ④

039 복합건축물로서 연면적이 몇 [m²] 이상인 경우에 스프링클러설비를 설치해야 할 소방대상물은?

① 1000[m²]
② 2,000[m²]
③ 3,000[m²]
④ 5,000[m²]

해설 복합건축물로서 연면적이 5,000[m²] 이상이면 스프링클러설비를 설치해야 한다(영 별표 4).

정답 ④

040 스프링클러설비를 반드시 설치해야 할 소방대상물은?

① 문화 및 집회시설(동·식물원 제외)로서 수용인원이 50명 이상인 모든 층
② 2층의 판매시설로서 바닥면적이 2,000[m²] 이상인 것은 모든 층
③ 종합병원으로서 연면적이 500[m²] 이상인 경우에는 모든 층
④ 창고시설(물류터미널은 제외)로서 바닥면적의 합계가 5,000[m²] 이상인 경우에는 모든 층

해설 스프링클러설비 설치대상(영 별표 4)
• 문화 및 집회시설(동·식물원 제외)로서 수용인원이 100명 이상인 모든 층
• 판매시설로서 바닥면적의 합계가 5,000[m²] 이상인 것은 모든 층
• 종합병원으로서 바닥면적의 합계가 600[m²] 이상인 경우에는 모든 층
• 창고시설(물류터미널은 제외)로서 바닥면적의 합계가 5,000[m²] 이상인 경우에는 모든 층

정답 ④

041 간이스프링클러설비를 설치해야 하는 특정소방대상물에 해당하지 않는 것은?

① 공동주택 중 연립주택 및 다세대주택
② 근린생활시설로 사용하는 부분의 바닥면적 합계가 1,000[m²] 이상인 것은 모든 층
③ 의원, 치과의원 및 한의원으로서 입원실이 있는 시설
④ 요양병원(의료재활시설은 제외)으로 사용되는 바닥면적의 합계가 500[m²] 미만인 시설

해설 종합병원, 병원, 치과병원, 한방병원 및 요양병원(의료재활시설은 제외)으로 사용되는 바닥면적의
합계가 600[m²] 미만인 시설은 간이스프링클러설비 설치대상이다(영 별표 4).

정답 ④

042 구조 및 면적에 관계없이 반드시 물분무 등 소화설비를 설치해야 할 소방대상물은?

① 항공기격납고

② 주차장

③ 전기실, 발전실

④ 차 고

해설 물분무 등 소화설비 : 항공기 및 자동차 관련 시설 중 항공기격납고(영 별표 4)

정답 ①

043 주차용 건축물로서 연면적 몇 [m²] 이상인 것에는 물분무 등 소화설비를 해야 하는가?

① 600

② 800

③ 1,000

④ 1,500

해설 차고, 주차용 건축물 또는 철골 조립식 주차시설(이 경우 연면적 800[m²] 이상인 것만 해당한다)은 물분무 등 소화설비 설치대상이다(영 별표 4).

정답 ②

044 옥외소화전설비의 설치대상 기준으로 옳은 것은?

① 연면적이 15,000[m²] 이상인 것

② 지상 1, 2층의 바닥면적의 합계가 9,000[m²] 이상인 것

③ 지상 1, 2, 3층의 바닥면적의 합계가 9,000[m²] 이상인 것

④ 지하층, 지상 1, 2층의 바닥면적의 합계가 9,000[m²] 이상인 것

해설 옥외소화전설비 : 지상 1, 2층의 바닥면적의 합계가 9,000[m²] 이상인 것에 설치(영 별표 4)

정답 ②

045 국보로 지정된 목조건축물은 연면적 몇 [m²] 이상인 경우에 옥외소화전설비를 설치해야 하는가?

① 500

② 1,000

③ 1,500

④ 면적에 관계없다.

해설 문화유산 중 보물 또는 국보로 지정된 목조건축물은 면적에 관계없이 옥외소화전설비 설치대상이다(영 별표 4).

정답 ④

046 비상경보설비를 설치해야 할 특정소방대상물이 아닌 것은?

① 50명 이상의 근로자가 작업하는 옥내작업장

② 지하가 중 터널로서 길이가 500[m] 이상인 것

③ 연면적이 300[m²] 이상인 것

④ 지하층 또는 무창층의 바닥면적이 150[m²] 이상인 것

해설 비상경보설비의 설치 : 연면적 400[m²] 이상인 것(영 별표 4)

정답 ③

047 교정시설로서 연면적 몇 [m²] 이상인 것은 자동화재탐지설비를 설치해야 하는가?

① 1,000

② 2,000

③ 3,000

④ 5,000

> **해설** **자동화재탐지설비의 설치(영 별표 4)** : 교육연구시설(교육시설 내에 있는 기숙사 및 합숙소를 포함), 수련시설(수련시설 내에 있는 기숙사 및 합숙소를 포함하며, 숙박시설이 있는 수련시설은 제외), 동물 및 식물 관련 시설(기둥과 지붕만으로 구성되어 외부와 기류가 통하는 장소는 제외), 자원순환 관련시설, 교정 및 군사시설(국방·군사시설은 제외) 또는 묘지 관련 시설로서 연면적 2,000[m²] 이상인 경우에는 모든 층

> **정답** ②

048 근린생활시설(목욕장은 제외), 위락시설은 연면적 몇 [m²] 이상인 경우에 자동화재탐지설비를 설치해야 하는가?

① 400

② 600

③ 800

④ 1,000

> **해설** **자동화재탐지설비 설치** : 근린생활시설(목욕장은 제외), 의료시설(정신의료기관 또는 요양병원은 제외), 위락시설, 장례시설 및 복합건축물은 연면적 600[m²] 이상인 경우에는 모든 층(영 별표 4)

> **정답** ②

049 근린생활시설 중 일반목욕장인 경우 연면적 몇 [m²] 이상이면 자동화재탐지설비를 설치해야 하는가?

① 500

② 1,000

③ 1,500

④ 2,000

> **해설** 목욕장, 문화 및 집회시설, 종교시설, 판매시설, 운수시설, 운동시설, 업무시설, 공장, 창고시설, 지하가(터널 제외)등으로서 연면적 1,000[m²] 이상이면 자동화재탐지설비를 설치해야 한다(영 별표 4).

> **정답** ②

050 연면적에 관계없이 자동화재탐지설비를 설치해야 하는 것은?

① 판매시설 중 전통시장

② 군사시설

③ 노유자시설

④ 정신의료기관

> **해설** **자동화재탐지설비 설치대상(연면적에 관계없이 설치)(영 별표 4)**
> • 공동주택 중 아파트 등·기숙사 및 숙박시설
> • 6층 이상 건축물
> • 노유자 생활시설
> • 판매시설 중 전통시장
> • 지하구

> **정답** ①

051 자동화재속보설비를 설치하지 않아도 되는 시설은?(단, 24시간 상주하지 않는다)

① 전통시장   ② 산후조리원
③ 노유자생활시설   ④ 공연시설

> **해설** 공연시설은 자동화재속보설비를 설치하지 않아도 된다(영 별표 4).

정답 ④

052 특정소방대상물에 단독경보형감지기를 설치해야 하는 기준으로 틀린 것은?

① 수련시설(숙박시설이 있는 것만 해당한다)
② 연면적 400[m²] 미만의 유치원
③ 수련시설 내에 있는 연면적 2,000[m²] 미만의 기숙사
④ 교육연구시설 내에 있는 연면적 3,000[m²] 미만의 합숙소

> **해설** **단독경보형감지기를 설치해야 하는 특정소방대상물**(영 별표 4)
> • 교육연구시설 내에 있는 기숙사 또는 합숙소로서 연면적 2,000[m²] 미만인 것
> • 수련시설 내에 있는 기숙사 또는 합숙소로서 연면적 2,000[m²] 미만인 것
> • 자동화재탐지설비설치 대상에 해당하지 않는 수련시설(숙박시설이 있는 것만 해당한다)
> • 연면적 400[m²] 미만의 유치원
> • 공동주택 중 연립주택 및 다세대주택(연동형으로 설치할 것)

정답 ④

053 다음 중 시각경보기를 설치하지 않아도 되는 시설은?

① 관광휴게시설   ② 근린생활시설
③ 위락시설   ④ 장례시설

> **해설** 관광휴게시설은 시각경보기를 설치하지 않아도 된다(영 별표 4).

정답 ①

054 피난기구는 소방대상물의 피난층, 지상 1층, 지상 2층 및 층수가 몇 층 이상인 층을 제외한 모든 층에 설치해야 하는가?

① 7   ② 9
③ 11   ④ 13

> **해설** **피난기구의 설치 제외대상** : 피난층, 지상 1층, 지상 **2층**(노유자시설 중 피난층이 아닌 지상 1층과 피난층이 아닌 지상 2층은 제외), 층수가 11층 이상인 층, 가스시설, 터널 및 지하구(영 별표 4)

정답 ③

055 다음 중 방열복 또는 방화복, 공기호흡기를 설치해야 할 특정소방대상물은?

① 지하층을 포함한 층수가 16층 이상인 아파트
② 지하층을 포함한 층수가 5층 이상인 병원
③ 지하층을 포함한 층수가 5층 이상인 무도학원
④ 지하층을 포함한 층수가 5층 이상인 오피스텔

> 해설　인명구조기구(방열복, 방화복, 공기호흡기)의 설치대상물 : 지하층을 포함한 5층 이상인 병원(영 별표 4)

> 정답 ②

056 유도등의 분류가 아닌 것은?

① 거실유도등　　　　　　　② 피난구유도등
③ 통로유도등　　　　　　　④ 객석유도등

> 해설　유도등의 분류 : 피난구유도등, 통로유도등(복도통로유도등, 거실통로유도등, 계단통로유도등), 객석유도등

> 정답 ①

057 피난구유도등을 설치하지 않아도 되는 곳은?

① 공연장　　　　　　　　　② 백화점
③ 터 널　　　　　　　　　　④ 호 텔

> 해설　피난구유도등, 통로유도등, 유도표지 : 모든 특정소방대상물(축사, 터널 제외)에 설치(영 별표 4)

> 정답 ③

058 특정소방대상물로서 객석유도등을 반드시 설치해야 할 소방대상물은 무엇인가?

① 종합병원　　　　　　　　② 호 텔
③ 집회장　　　　　　　　　④ 노인복지시설

> 해설　객석유도등은 유흥주점영업시설, 문화 및 집회시설, 종교시설, 운동시설에 설치해야 한다(영 별표 4).

> 정답 ③

059 객석유도등을 설치해야 할 특정소방대상물은?

① 의료시설　　　　　　　　② 판매시설
③ 업무시설　　　　　　　　④ 유흥주점영업

> 해설　유도등의 설치기준(영 별표 4)

피난구유도등, 통로유도등, 유도표지	모든 특정소방대상물
객석유도등	유흥주점영업시설, 문화 및 집회시설, 종교시설, 운동시설

> 정답 ④

060 비상조명등을 설치해야 할 특정소방대상물의 기준은?(단, 층수는 지하층을 포함한 층수이다)

① 층수 : 5층 이상, 연면적 : 3,000[m²] 이상
② 층수 : 5층 이상, 연면적 : 4,000[m²] 이상
③ 층수 : 7층 이상, 연면적 : 3,000[m²] 이상
④ 층수 : 7층 이상, 연면적 : 4,000[m²] 이상

해설 비상조명등 설치 : 5층 이상(지하층 포함), 연면적 3,000[m²] 이상인 경우에는 모든 층(영 별표 4)

정답 ①

061 상수도소화용수설비를 설치해야 할 특정소방대상물은 일반적인 경우 연면적 몇 [m²] 이상의 소방대상물인가?

① 1,000   ② 2,000   ③ 3,000   ④ 5,000

해설 상수도소화용수설비를 설치해야 하는 대상물 : 연면적 5,000[m²] 이상인 것(영 별표 4)

정답 ④

062 제연설비를 설치해야 할 장소로서 옳은 것은?

① 영화 및 텔레비전 촬영소의 무대부의 바닥면적이 100[m²] 이상
② 유흥주점으로서 바닥면적 100[m²] 이상
③ 집회시설의 무대부로서 바닥면적 200[m²] 이상
④ 전시장으로서 바닥면적 100[m²] 이상

해설 제연설비 설치 : 문화 및 집회시설, 종교시설, 운동시설로서 무대부로서 바닥면적 200[m²] 이상(영 별표 4)

정답 ③

063 지하가로서 연면적 몇 [m²] 이상이면 제연설비를 설치해야 하는가?

① 1,000   ② 2,000   ③ 3,000   ④ 5,000

해설 제연설비 : 지하가(터널은 제외한다)로서 연면적이 1,000[m²] 이상인 것(영 별표 4)

정답 ①

064 특정소방대상물에 설치되는 연결송수관설비의 설치기준은 층수가 5층 이상으로서 연면적 몇 [m²] 이상이어야 하는가?

① 2,000   ② 4,000
③ 6,000   ④ 8,000

해설 연결송수관설비 설치대상물 : 층수가 5층 이상으로서 연면적이 6,000[m²] 이상인 경우에는 모든 층(영 별표 4)

정답 ③

065 연결살수설비를 설치해야 할 소방대상물의 기준면적은 학교의 지하층인 경우 바닥면적의 합계가 몇 [m²] 이상인 것인가?

① 700

② 800

③ 900

④ 1,000

> **해설** **연결살수설비의 설치기준(영 별표 4)**
> • 판매시설, 운수시설, 창고시설 중 물류터미널로서 해당 용도로 사용되는 부분의 바닥면적의 합계가 1,000[m²] 이상인 경우에는 해당 시설
> • 지하층으로서 바닥면적의 합계가 150[m²] 이상인 경우에는 지하층의 모든 층(단, 국민주택규모 이하인 아파트 등의 지하층(대피시설로 사용하는 것만 해당) 또는 학교의 지하층은 700[m²] 이상)

정답 ①

066 층수가 15층인 특정소방대상물에 비상콘센트설비를 하려고 할 때 옳은 것은?

① 소방대상물의 전 층에 시설한다.

② 홀수층에만 시설한다.

③ 짝수층과 꼭대기 층에 시설한다.

④ 11층 이상의 모든 층에 시설한다.

> **해설** **비상콘센트설비** : 층수가 11층 이상인 특정소방대상물은 11층 이상의 층에 설치한다.

정답 ④

067 터널을 제외한 지하가로서 연면적 몇 [m²] 이상인 소방대상물에는 무선통신보조설비를 설치해야 하는가?

① 500

② 800

③ 1,000

④ 1,500

> **해설** **무선통신보조설비의 설치기준(영 별표 4)**
> • 지하가(터널은 제외)로서 연면적 1,000[m²] 이상인 것
> • 지하층의 바닥면적의 합계가 3,000[m²] 이상인 것 또는 지하층의 층수가 3층 이상이고 지하층의 바닥면적의 합계가 1,000[m²] 이상인 것은 지하층의 모든 층
> • 지하가 중 터널로서 길이가 500[m] 이상인 것
> • 지하가 중 공동구
> • 층수가 30층 이상인 것으로서 16층 이상 부분의 모든 층

정답 ③

068 강의실, 실습실로 쓰이는 특정소방대상물의 수용인원 산정방법으로서 적당한 것은?

① 종사자수+침대의 수(2인용 침대는 2인으로 산정)

② 종사자수+(바닥면적의 합계 ÷3[m²])

③ 용도로 사용되는 바닥면적의 합계 ÷1.9[m²]

④ 용도로 사용되는 바닥면적의 합계 ÷4.6[m²]

> 해설　강의실·교무실·상담실·실습실·휴게실 용도로 쓰이는 특정소방대상물 : 바닥면적의 합계 ÷1.9[m²]

　　　　　　정답　③

069 침대가 있는 숙박시설의 수용인원 산정방법으로서 적당한 것은?

① 종사자수 + 침대의 수(2인용 침대는 2인으로 산정)

② 종사자수 + (바닥면적의 합계 ÷ 3[m²])

③ 바닥면적의 합계 ÷ 1.9[m²]

④ 교실 의자수의 1/2

> 해설　침대가 있는 숙박시설의 수용인원 산정방법 : 종사자수 + 침대의 수(2인용 침대는 2인으로 산정)(영 별표 7)

　　　　　　정답　①

070 소방안전관리의 취약성 등을 고려하여 소방시설 정보관리시스템 구축·운영할 수 있는 대상이 아닌 것은?

① 문화 및 집회시설

② 판매시설

③ 근린생활시설

④ 노유자시설

> 해설　소방시설 정보관리시스템 구축·운영할 수 있는 대상(영 제12조)
> • 문화 및 집회시설
> • 종교시설
> • 판매시설
> • 의료시설
> • 노유자시설
> • 숙박이 가능한 수련시설
> • 업무시설
> • 숙박시설
> • 공 장
> • 창고시설
> • 위험물 저장 및 처리시설
> • 지하가
> • 지하구

　　　　　　정답　③

071 기존의 특정소방대상물의 소방시설 등에 대하여는 변경 전의 대통령령 또는 화재안전기준을 적용을 하나 대통령령 또는 화재안전기준의 변경으로 강화된 기준을 적용하는 대상이 아닌 것은?

① 소화기구

② 자동화재속보설비

③ 피난구조설비

④ 비상방송설비

해설 **소급적용대상(법 제13조, 영 제13조)**

기존의 특정소방대상물(건축물의 신축·개축·재축·이전 및 대수선 중인 특정소방대상물을 포함한다)의 소방시설에 대하여는 변경 전의 대통령령 또는 화재안전기준을 적용한다. 다만, 다음의 어느 하나에 해당하는 소방시설의 경우에는 대통령령 또는 화재안전기준의 변경으로 강화된 기준을 적용할 수 있다.

• 소방시설 중 대통령령 또는 화재안전기준으로 정하는 것
  – 소화기구
  – 비상경보설비
  – 자동화재탐지설비
  – 자동화재속보설비
  – 피난구조설비

• 소방시설 중 대통령령 또는 화재안전기준으로 정하는 것
  – 공동구 : 소화기, 자동소화장치, 자동화재탐지설비, 통합감시시설, 유도등 및 연소방지설비
  – 전력 또는 통신사업용 지하구 : 소화기, 자동소화장치, 자동화재탐지설비, 통합감시시설, 유도등, 연소방지설비
  – 노유자시설 : 간이스프링클러설비, 자동화재탐지설비, 단독경보형감지기
  – 의료시설 : 스프링클러설비, 간이스프링클러설비, 자동화재탐지설비 및 자동화재속보설비

정답 ④

072 대지경계선 안에 2 이상의 건축물이 있는 경우 연소 우려가 있는 구조로 볼 수 있는 것은?

① 1층 외벽으로부터 수평거리 6[m] 이상이고 개구부가 설치되지 않은 구조

② 2층 외벽으로부터 수평거리 10[m] 이상이고 개구부가 설치되지 않은 구조

③ 2층 외벽으로부터 수평거리 6[m]이고 개구부가 다른 건축물을 향하여 설치된 구조

④ 1층 외벽으로부터 수평거리 10[m]이고 개구부가 다른 건축물을 향하여 설치된 구조

해설 **연소 우려가 있는 건축물의 구조(규칙 제17조)**

• 건축물대장의 건축물 현황도에 표시된 대지경계선 안에 둘 이상의 건축물이 있는 경우
• 각각의 건축물이 다른 건축물의 외벽으로부터 수평거리가 1층의 경우에는 6[m] 이하, 2층 이상의 층의 경우에는 10[m] 이하인 경우
• 개구부가 다른 건축물을 향하여 설치되어 있는 경우

정답 ③

073 연면적 1,500[m²]인 지하가(터널을 제외한다)에는 설치하지 않아도 되는 소방시설은?

① 제연설비
② 무선통신보조설비
③ 비상방송설비
④ 스프링클러설비

해설 • 지하가(터널 제외)의 연면적에 따른 설치소화설비(영 별표 4)

연면적[m²]	설치소화설비
1,000[m²] 이상	스프링클러설비, 제연설비, 무선통신보조설비

• 지하가 중 **터널**의 길이에 따른 설치소화설비

터널 길이[m]	설치소화설비
500[m] 이상	비상경보설비, 비상조명등, 비상콘센트설비, 무선통신보조설비
1,000[m] 이상	옥내소화전설비, 자동화재탐지설비, 연결송수관설비

정답 ③

---

074 자동화재탐지설비의 설치면제 요건에 관한 사항이다. (   )에 들어갈 내용으로 알맞은 것은?

"자동화재탐지설비의 기능(감지·수신·경보기능)과 성능을 가진 (   )를 화재안전기준에 적합하게 설치한 경우에는 그 설비의 유효한 범위 안의 부분에서 자동화재탐지설비의 설치가 면제된다."

① 비상경보설비
② 연소방지설비
③ 비상방송설비
④ 스프링클러설비

해설 **설치면제 요건(영 별표 5)**

설치가 면제되는 소방시설	설치가 면제되는 기준
비상경보설비 또는 단독경보형감지기	비상경보설비 **또는** 단독경보형감지기를 설치해야 하는 특정소방대상물에 자동화재탐지설비 또는 화재알림설비를 화재안전기준에 적합하게 설치한 경우에는 그 설비의 유효범위에서 설치가 면제된다.
연소방지설비	연소방지설비를 설치해야 하는 특정소방대상물에 스프링클러설비, 물분무소화설비 또는 미분무소화설비를 화재안전기준에 적합하게 설치한 경우에는 그 설비의 유효범위에서 설치가 면제된다.
비상방송설비	비상방송설비를 설치해야 하는 특정소방대상물에 자동화재탐지설비 또는 비상경보설비와 같은 수준 이상의 음향을 발하는 장치를 부설한 방송설비를 화재안전기준에 적합하게 설치한 경우에는 그 설비의 유효범위에서 설치가 면제된다.
자동화재탐지설비	자동화재탐지설비의 기능(감지·수신·경보기능을 말한다)과 성능을 가진 **화재알림설비, 스프링클러설비 또는 물분무 등 소화설비**를 화재안전기준에 적합하게 설치한 경우에는 그 설비의 유효범위에서 설치가 면제된다.

정답 ④

075 다음은 차고·주차장에 스프링클러설비를 화재안전기준에 적합하게 설치한 경우에 면제되는 소방시설에 적합하지 않은 것은?

① 포소화설비
② 물분무소화설비
③ 이산화탄소소화설비
④ 연결살수설비

해설 차고·주차장에 스프링클러설비를 화재안전기준에 적합하게 설치한 경우 : 물분무 등 소화설비 면제(영 별표 5)

정답 ④

076 특정소방대상물이 증축되는 경우 소방시설기준 적응에 관한 설명 중 옳은 것은?

① 기존부분을 포함한 특정소방대상물의 전체에 대하여 증축 당시의 화재안전기준을 적용한다.
② 기존부분을 포함한 특정소방대상물의 전체에 대하여 증축 전에 화재안전기준을 적용한다.
③ 특정소방대상물의 기존 부분은 증축 전에 적용되던 화재안전기준을 적용하고 증축 부분은 증축 당시의 화재안전기준을 적용한다.
④ 특정소방대상물의 증축 부분은 증축 전에 적용되던 화재안전기준을 적용하고 기존 부분은 증축 당시의 화재안전기준을 적용한다.

해설 **소방시설기준 적응**
• 기존의 특정소방대상물이 증축되거나 용도 변경되는 경우에는 증축 또는 용도 변경 당시의 소방시설의 설치에 관한 대통령령 또는 화재안전기준을 적용한다(법 제13조).
• 소방본부장 또는 소방서장은 특정소방대상물이 증축되는 경우에는 기존 부분을 포함한 특정소방대상물의 전체에 대하여 증축 당시의 소방시설의 설치에 관한 대통령령 또는 화재안전기준을 적용한다(영 제15조).

정답 ①

077 소방시설을 설치하지 않을 수 있는 특정소방대상물 및 소방시설의 범위에 대하여 틀린 것은?

① 석재, 불연성 금속을 저장하는 창고 – 옥외소화전 및 연결살수설비
② 펄프 공장의 작업장 – 스프링클러설비, 상수도소화용수설비 및 연결살수설비
③ 원자력발전소 – 연결송수관설비 및 연결살수설비
④ 정수장, 수영장, 목욕장 – 자동화재탐지설비, 연결송수관설비 및 연결살수설비

해설 소방시설을 설치하지 않을 수 있는 특정소방대상물 및 소방시설의 범위(영 별표 6)

구 분	특정소방대상물	설치하지 않을 수 있는 소방시설
화재 위험도가 낮은 특정소방대상물	석재, 불연성 금속, 불연성 건축재료 등의 가공공장·기계조립공장 또는 불연성 물품을 저장하는 창고	옥외소화전 및 연결살수설비
화재안전기준을 적용하기 어려운 특정소방대상물	펄프 공장의 작업장, 음료수 공장의 세정 또는 충전을 하는 작업장, 그 밖에 이와 비슷한 용도로 사용하는 것	스프링클러설비, 상수도소화용수설비 및 연결살수설비
	정수장, 수영장, 목욕장, 농예·축산·어류양식용 시설, 그 밖에 이와 비슷한 용도로 사용되는 것	자동화재탐지설비, 상수도소화용수설비 및 연결살수설비
화재안전기준을 달리 적용해야 하는 특수한 용도 또는 구조를 가진 특정소방대상물	원자력발전소, 중·저준위방사성폐기물저장시설	연결송수관설비 및 연결살수설비
위험물안전관리법 제19조에 따른 자체소방대가 설치된 특정소방대상물	자체소방대가 설치된 위험물 제조소 등에 부속된 사무실	옥내소화전설비, 소화용수설비, 연결송수관설비, 연결살수설비

정답 ④

078 바닥면적이 150[m²] 이상인 지하층 또는 무창층의 화재위험작업현장에 임시소방시설(건설현장) 설치기준으로 맞지 않는 것은?

① 가스누설경보기
② 간이피난유도선
③ 비상경보장치
④ 비상조명등

해설 임시소방시설(건설현장)의 종류와 설치기준

종 류	설치기준
비상경보장치	다음의 어느 하나에 해당하는 공사의 화재위험작업현장에 설치한다. ㉠ 연면적 400[m²] 이상 ㉡ 지하층 또는 무창층. 이 경우 해당 층의 바닥면적이 150[m²] 이상인 경우만 해당한다.
가스누설경보기	바닥면적이 150[m²] 이상인 지하층 또는 무창층의 화재위험작업현장에 설치한다.
간이피난유도선	바닥면적이 150[m²] 이상인 지하층 또는 무창층의 화재위험작업현장에 설치한다.
비상조명등	바닥면적이 150[m²] 이상인 지하층 또는 무창층의 화재위험작업현장에 설치한다.
방화포	용접·용단 작업이 진행되는 모든 화재위험작업현장에 설치한다.

정답 ③

079 분말소화기의 내용연수로 맞는 것은?

① 5년

② 8년

③ 10년

④ 15년

해설　분말소화기의 내용연수 : 10년

정답 ③

080 중앙소방기술심의위원회의 심의사항이 아닌 것은?

① 화재안전기준에 관한 사항

② 소방시설의 구조 및 원리 등에서 공법이 특수한 설계 및 시공에 관한 사항

③ 소방시설에 하자가 있는지의 판단에 관한 사항

④ 소방시설의 설계 및 공사감리의 방법에 관한 사항

해설　**중앙소방기술심의위원회의 심의사항(법 제18조)**
- 화재안전기준에 관한 사항
- 소방시설의 구조 및 원리 등에서 공법이 특수한 설계 및 시공에 관한 사항
- 소방시설의 설계 및 공사감리의 방법에 관한 사항
- 소방시설공사의 **하자를 판단하는 기준**에 관한 사항
- 신기술·신공법 등 검토·평가에 고도의 기술이 필요한 경우로서 중앙위원회에 심의를 요청한 사항
- 그 밖에 소방기술 등에 관하여 **대통령령으로 정하는 사항**

　Plus one　**대통령령으로 정하는 사항(영 제20조)**
- 연면적 100,000[m²] 이상의 특정소방대상물에 설치된 소방시설의 설계·시공·감리의 하자 유무에 관한 사항
- 새로운 소방시설과 소방용품 등의 도입 여부에 관한 사항
- 그 밖에 소방기술과 관련하여 소방청장이 소방기술심의위원회의 심의에 부치는 사항

정답 ③

081 다음 중 방염물품의 성능기준은 어느 기준으로 정하는가?

① 대통령령

② 국무총리령

③ 행정안전부령

④ 시·도의 조례

해설　**방염성능기준** : 대통령령(법 제20조)

정답 ①

082 방염성능기준 이상의 실내장식물 등을 설치해야 하는 특정소방대상물에 해당되지 않는 것은?

① 11층 이상인 아파트

② 의료시설

③ 운동시설(수영장은 제외한다)

④ 다중이용업의 영업소

> **해설** 방염성능기준 이상의 실내장식물 등을 설치해야 하는 특정소방대상물(영 제30조)
> • 근린생활시설 중 의원, 조산원, 산후조리원, 체력단련장, 공연장 및 종교집회장
> • 건축물의 옥내에 있는 다음의 시설
> - 문화 및 집회시설
> - 종교시설
> - 운동시설(수영장은 제외한다)
> • 의료시설
> • 교육연구시설 중 합숙소
> • 노유자시설
> • 숙박이 가능한 수련시설
> • 숙박시설
> • 방송통신시설 중 방송국 및 촬영소
> • 다중이용업의 영업소
> • 층수가 11층 이상인 것(아파트 등은 제외한다)

정답 ①

083 커튼을 설치하고자 할 때 방염성능이 있는 것으로 설치하지 않아도 되는 특정소방대상물은?

① 종교집회장 ② 노유자시설

③ 숙박시설 ④ 수련시설

> **해설** 숙박이 가능한 수련시설은 방염대상이다(영 제30조).

정답 ④

084 방염성능기준 이상의 실내장식물 등을 설치해야 할 특정소방대상물로 옳지 않은 것은?

① 의료시설 중 정신의료기관

② 관광휴게시설

③ 노유자시설

④ 통신촬영시설 중 방송국 및 촬영소

> **해설** 관광휴게시설은 방염대상물품에서 제외된다(영 제30조).

정답 ②

085 특정소방대상물에서 사용하는 커튼 그 밖의 이와 비슷한 물품에 방염성능이 있는 것으로 해야 할 특정소방대상물이 아닌 것은?

① 극 장
② 호 텔
③ 수영장
④ 전시장

해설 문화 및 집회시설, 종교시설, 운동시설(옥내에 있는 운동시설 중 수영장은 제외), 숙박시설은 방염성능이 있는 것으로 해야 한다(영 제30조).

정답 ③

086 특정소방대상물에 사용하는 물품으로 방염성능이 없어도 되는 것은?

① 전시용 합판
② 커튼, 카펫
③ 블라인드
④ 침대용 매트리스

해설 **방염대상물품을 설치해야 하는 특정소방대상물(제조 또는 가공 공정에서 방염처리를 한 물품)(영 제31조)**
- 창문에 설치하는 커튼류(블라인드를 포함)
- 카 펫
- 벽지류(두께가 2[mm] 미만인 종이벽지는 제외)
- 전시용 합판·목재 또는 섬유판, 무대용 합판·목재 또는 섬유판(합판·목재류의 경우 불가피하게 설치 현장에서 방염처리한 것을 포함)
- 암막·무대막(영화상영관에 설치하는 스크린과 가상체험체육시설업에 설치하는 스크린 포함)
- 섬유류 또는 합성수지류 등을 원료로 하여 제작된 소파·의자(단란주점영업, 유흥주점영업 및 노래연습장업의 영업장에 설치하는 것으로 한정한다)

정답 ④

087 방염성능은 다음의 기준 범위 내에서 물품의 종류에 따라 정하도록 되어 있다. 다음 중 옳지 않은 것은?

① 버너의 불꽃을 제거한 때부터 불꽃을 올리며 연소하는 상태가 그칠 때까지의 시간은 20초 이내
② 버너의 불꽃을 제거한 때부터 불꽃을 올리지 않고 연소하는 상태가 그칠 때까지의 시간은 30초 이내
③ 탄화한 면적은 50[cm²] 이내, 탄화한 길이는 30[cm] 이내
④ 불꽃에 의하여 완전히 녹을 때까지 불꽃의 접촉회수는 3회 이상

해설 탄화한 면적은 50[cm²] 이내, 탄화한 길이는 20[cm] 이내(영 제31조)

정답 ③

088 일반건축물에 소방시설의 자체점검 시 작동점검 횟수는?

① 분기에 1회 이상

② 6개월에 2회 이상

③ 연 1회 이상

④ 연 2회 이상

해설 **자체점검(법 제22조, 규칙 제23조, 규칙 별표 3)**
- 최초점검(소방시설 등이 신설된 경우)
  - 실시주기 : 건축물을 사용할 수 있게 된 날부터 60일 이내
- 작동점검
  - 실시주기 : 연 1회 이상
  - 점검결과보고서 제출
- 자체점검을 실시한 경우에는 그 점검이 끝난 날부터 **10일 이내**에 소방시설 등 자체점검 실시결과 보고서에 소방시설 등 점검표를 관계인에게 제출해야 한다.
- 자체점검 실시결과 보고서를 제출받거나 스스로 자체점검을 실시한 관계인은 점검이 끝난 날부터 **15일 이내**에 소방시설 등 자체점검 실시결과 보고서에 서류(2개)를 첨부하여 소방본부장 또는 소방서장에게 서면이나 전산망을 통하여 보고해야 한다.
- 종합점검
  - 실시주기 : 연 1회 이상(특급소방안전관리대상물은 반기별로 1회 이상)
  - 점검결과보고서 제출
- 자체점검을 실시한 경우에는 그 점검이 끝난 날부터 **10일 이내**에 소방시설 등 자체점검 실시결과 보고서에 소방시설 등 점검표를 관계인에게 제출해야 한다.
- 자체점검 실시결과 보고서를 제출받거나 스스로 자체점검을 실시한 관계인은 자체점검이 끝난 날부터 **15일 이내**에 소방시설 등 자체점검 실시결과 보고서에 서류[점검인력 배치확인서(관리업자 가 점검한 경우만 해당), 소방시설 등의 자체점검 결과 이행계획서]를 첨부하여 소방본부장 또는 소방서장에게 서면이나 전산망을 통하여 보고해야 한다.

정답 ③

---

089 소방설비산업기사 자격을 취득한 후 최소 몇 년 이상 소방실무 경력이 있어야 소방시설관리사 응시자격이 주는가?

① 7년   ② 5년

③ 4년   ④ 3년

해설 **소방시설관리사의 응시자격(영 제37조)**
- 소방기술사 · 건축사 · 건축기계설비기술사 · 건축전기설비기술사 또는 공조냉동기계기술사
- 위험물기능장
- 소방설비기사
- 이공계 분야의 박사 학위를 취득한 사람
- 소방안전 관련 분야의 석사 이상의 학위를 취득한 사람
- 소방설비산업기사 또는 소방공무원 등 소방에 관한 실무경력(자격취득 후의 실무경력으로 한정한 다)이 3년 이상인 사람

정답 ④

090 소방시설관리사의 자격취소 경우에 해당하지 않는 것은?

① 점검을 하지 않거나 거짓으로 한 경우
② 거짓이나 그 밖의 부정한 방법으로 시험에 합격한 경우
③ 동시에 둘 이상의 업체에 취업한 경우
④ 관리사의 결격사유에 해당하게 된 경우

> **해설** 소방시설관리사의 자격취소(법 제28조)
> • 거짓이나 그 밖의 부정한 방법으로 시험에 합격한 경우
> • 소방시설관리사증을 다른 사람에게 빌려준 경우
> • 동시에 둘 이상의 업체에 취업한 경우
> • 관리사의 결격사유에 해당하게 된 경우

정답 ①

091 소방시설 등의 점검 및 관리를 업으로 하려는 자 또는 소방안전관리업무의 대행하려는 자는 누구에게 등록해야 하는가?

① 한국소방안전원장
② 관할 소방서장
③ 소방산업기술원장
④ 시 · 도지사

> **해설** 소방시설 등의 점검 및 관리를 업으로 하려는 자 또는 소방안전관리업무의 대행하려는 자는 시 · 도지사에게 소방시설관리업 등록을 해야 한다(법 제29조).

정답 ④

092 관리업의 등록신청과 등록증 · 등록수첩의 발급 · 재발급 신청, 그 밖에 관리업의 등록에 필요한 사항은 무엇으로 정하는가?

① 대통령령
② 행정안전부령
③ 시 · 도의 조례
④ 소방청장

> **해설** 관리업의 등록신청과 등록증 · 등록수첩의 발급 · 재발급 신청, 그 밖에 관리업의 등록에 필요한 사항 : 행정안전부령(법 제29조)

정답 ②

093 연 1회 이상 소방안전관리자로 선임된 소방시설관리사, 소방기술사가 종합점검을 의무적으로 실시하는 특정소방대상물은?

① 옥내소화전설비가 설치된 연면적 1,000[m²] 이상

② 옥외소화전설비가 설치된 연면적 1,000[m²] 이상

③ 물분무 등 소화설비가 설치된 연면적 5,000[m²] 이상

④ 10층 이상의 아파트

| 해설 | 소방시설 등의 자체점검의 구분·대상·점검자의 자격·점검방법 등(규칙 별표 3) |

점검구분	점검횟수 및 점검시기 등
종합점검	1) 점검대상 ① 해당 특정소방대상물의 소방시설 등이 신설된 경우 ② 스프링클러설비가 설치된 특정소방대상물 ③ 물분무 등 소화설비(호스릴 방식은 제외)가 설치된 연면적 5,000[m²] 이상인 특정소방대상물 (제조소 등은 제외) ④ 단란주점영업, 유흥주점영업, 영화상영관, 비디오물감상실업, 복합영상물제공업, 노래연습장업, 산후조리원, 고시원업, 안마시술소로서 연면적이 2,000[m²] 이상인 것 ⑤ 공공기관 중 연면적이 1,000[m²] 이상인 것으로서 옥내소화전설비 또는 자동화재탐지설비가 설치된 것 2) 점검횟수 ① 연 1회 이상 ② 특급소방안전관리대상물 : 반기에 1회 이상 ③ ①에도 불구하고 소방본부장 또는 소방서장은 소방청장이 소방안전관리가 우수하다고 인정한 특정소방대상물에 대해서는 3년의 범위에서 소방청장이 고시하거나 정한 기간 동안 종합점검을 면제할 수 있다. 다만, 면제기간 중 화재가 발생한 경우는 제외한다. 3) 점검시기 ① 해당 특정소방대상물의 소방시설 등이 새로 설치되는 경우 : 60일 이내 ② ①을 제외한 특정소방대상물은 건축물의 사용승인일이 속하는 달에 실시한다. 다만, 공공기관의 안전관리에 관한 규정 제2조 제2호 또는 제5호에 따른 학교의 경우에는 해당 건축물의 사용승인일이 1월에서 6월 사이에 있는 경우에는 6월 30일까지 실시할 수 있다. ③ 건축물 사용승인일 이후 가목 3)에 따라 종합점검 대상에 해당하게 된 때에는 그다음 해부터 실시한다. ④ 하나의 대지경계선 안에 2개 이상의 점검 대상 건축물 등이 있는 경우에는 그 건축물 중 사용승인일이 가장 빠른 연도의 건축물의 사용승인일을 기준으로 점검할 수 있다.

정답 ③

094 물분무 등 소화설비가 설치된 연면적 5,000[m²] 이상인 특정소방대상물(위험물 제조소 등을 제외한다)에 대한 종합점검을 할 수 있는 자격자로서 옳지 않은 것은?

① 소방시설관리업자로 선임된 소방기술사

② 소방안전관리자로 선임된 소방기술사

③ 소방안전관리자로 선임된 소방시설관리사

④ 소방안전관리자로 선임된 기계·전기분야를 함께 취득한 소방설비기사

| 해설 | 종합점검 자격자(규칙 별표 3) |

• 관리업에 등록된 기술인력 중 소방시설관리사
• 소방안전관리자로 선임된 소방시설관리사 또는 소방기술사

정답 ④

095 관리업자가 소방시설 등의 종합점검을 실시한 경우에는 그 점검이 끝난 날부터 며칠 이내에 관계인에게 제출해야 하는가?

① 5일 이내
② 7일 이내
③ 10일 이내
④ 30일 이내

해설　**소방시설 등의 자체점검(규칙 제23조)**
- 소방시설자체 점검자 : 관리업자, 소방안전관리자로 선임된 소방시설관리사 및 소방기술사
- 자체점검 실시결과 보고서 제출
  - 점검이 끝난 날부터 10일 이내에 관계인에게 제출(관리업자가 점검한 경우)
  - 관계인은 자체점검이 끝난 날부터 15일 이내에 자체점검 실시결과 보고서에 다음의 서류를 첨부하여 소방본부장 또는 소방서장에 보고해야 한다.
    ㉠ 점검인력 배치확인서(관리업자가 점검한 경우만 해당)
    ㉡ 소방시설 등의 자체점검 결과 이행계획서

정답 ③

096 소방시설 등의 자체점검에 대한 설명으로 옳지 않은 것은?

① 소방시설관리사·소방기술사 자격을 가진 소방안전관리자는 종합점검에 대한 업무를 수행할 수 있다.
② 작동점검은 연 1회 이상 실시하되 종합점검 대상은 종합점검을 받은 달부터 6월이 되는 달에 실시해야 한다.
③ 관리업자나 기술자격자로 하여금 점검하게 하는 경우의 점검대가는 엔지니어링산업 진흥법 제31조에 따른 엔지니어링사업의 대가 기준 가운데 행정안전부령으로 정하는 방식에 따라 산정한다.
④ 작동점검을 실시한 후 관계인은 점검이 끝난 날부터 자체점검 실시결과 보고서를 1년간 자체 보관해야 한다.

해설　**자체점검 실시결과 보고서 보관 : 2년간(규칙 제23조)**

정답 ④

097 소방시설관리업자는 등록사항 중 중요사항의 변경이 있는 때에는 시·도지사에게 변경신고를 해야 한다. 이때 중요사항에 해당되지 않는 것은?

① 명칭·상호 또는 영업소 소재지
② 자본금
③ 대표자
④ 기술인력

해설　**관리업자 변경 시 중요사항(규칙 제33조)**
- 명칭·상호 또는 영업소 소재지
- 대표자
- 기술인력

정답 ②

098 소방용품을 제조하고자 하는 사람은 어떻게 해야 하는가?

① 소방청장의 형식승인을 받아야 한다.

② 샘플검사를 의뢰하여 합격을 받아야 한다.

③ 성능시험을 하여 그 성능을 명시하여 판매하면 된다.

④ 제조업허가에 의하여 제품을 생산 판매하면 된다.

해설　소방용품을 제조하거나 수입하려는 자는 소방청장의 형식승인을 얻어야 한다(법 제37조).

정답 ①

099 소방용품의 형식승인을 받은 자가 해당 소방용품에 대하여 형상 등을 일부를 변경하려면 어떻게 해야 하는가?

① 시 · 도지사의 변경승인을 받아야 한다.

② 소방청장의 변경승인을 받아야 한다.

③ 행정안전부장관의 변경승인을 받아야 한다.

④ 소방본부장의 변경승인을 받아야 한다.

해설　소방용품에 대하여 형상 등을 일부를 변경하려면 소방청장의 변경승인을 받아야 한다(법 제38조).

정답 ②

100 소방용품의 형식승인의 취소사유에 해당되지 않는 것은?

① 거짓이나 그 밖의 부정한 방법으로 형식승인을 받은 경우

② 거짓이나 그 밖의 부정한 방법으로 제품검사를 받은 경우

③ 변경승인을 받지 않거나 거짓이나 그 밖의 부정한 방법으로 변경승인을 받은 경우

④ 제품검사 시 기술기준에 미달되는 경우

해설　**형식승인 취소(법 제39조)**
- 거짓이나 그 밖의 부정한 방법으로 형식승인을 받은 경우
- 거짓이나 그 밖의 부정한 방법으로 제품검사를 받은 경우
- 변경승인을 받지 않거나 거짓이나 그 밖의 부정한 방법으로 변경승인을 받은 경우

정답 ④

101 소방용품의 형식승인의 최소사유에 해당하지 않는 것은?

① 거짓이나 그 밖의 부정한 방법으로 형식승인을 받은 경우
② 거짓이나 그 밖의 부정한 방법으로 제품검사를 받은 경우
③ 거짓이나 그 밖의 부정한 방법으로 변경승인을 얻은 경우
④ 거짓이나 그 밖의 부정한 방법으로 소방용품을 판매한 경우

> **해설** **소방용품의 형식승인의 최소 및 6개월 이내의 제품검사 중지 등(법 제39조)**
> • 거짓이나 그 밖의 부정한 방법으로 형식승인을 받은 경우(**취소**)
> • 시험시설의 시설기준에 미달되는 경우
> • 거짓이나 그 밖의 부정한 방법으로 제품검사를 받은 경우(**취소**)
> • 제품검사 시 기술기준에 미달되는 경우
> • 변경승인을 받지 않거나 거짓이나 그 밖의 부정한 방법으로 변경승인을 받은 경우(**취소**)
>
> **정답** ④

102 형식승인을 받아야 할 소방용품이 아닌 것은?

① 공기호흡기   ② 방염도료
③ 유도등   ④ 간이소화용구

> **해설** **형식승인대상 소방용품(영 별표 3)**
> • 소화설비를 구성하는 제품 또는 기기
>   – 소화기구(소화약제 외의 것을 이용한 간이소화용구는 제외한다)
>   – 자동소화장치
>   – 소화설비를 구성하는 소화전, 관창(菅槍), 소방호스, 스프링클러헤드, 기동용 수압개폐장치,
>   유수제어밸브 및 가스관선택밸브
> • 경보설비를 구성하는 제품 또는 기기
>   – 누전경보기 및 가스누설경보기
>   – 경보설비를 구성하는 발신기, 수신기, 중계기, 감지기 및 음향장치(경종에 한한다)
> • 피난구조설비를 구성하는 제품 또는 기기
>   – 피난사다리, 구조대, 완강기(지지대를 포함한다) 및 간이완강기(지지대를 포함한다)
>   – 공기호흡기(충전기를 포함한다)
>   – 피난구유도등, 통로유도등, 객석유도등 및 예비전원이 내장된 비상조명등
> • 소화용으로 사용하는 제품 또는 기기
>   – 소화약제(별표 1 제1호 나목 2)와 3)의 자동소화장치와 같은 호 마목 3)부터 9)까지의 소화설비
>   용에 한한다)
>   – 방염제(방염액·방염도료 및 방염성 물질)
>
> **정답** ④

103 소방시설 설치 및 관리에 관한 법률 시행령 규정에 따른 소방용품에 해당하지 않는 것은?

① 자동소화장치   ② 누전경보기
③ 완강기(지지대 제외)   ④ 객석유도등

> **해설** **소방용품(영 별표 3)** : 피난사다리, 구조대, 완강기(지지대를 포함한다) 및 간이완강기(지지대를 포
> 함한다)
>
> **정답** ③

104 소방시설 설치 및 관리에 관한 법령상 형식승인대상 소방용품에 포함되지 않는 것은?

① 구조대 ② 완강기
③ 공기호흡기 ④ 휴대용 비상조명등

해설 휴대용 비상조명등은 소방용품에서 제외된다.

정답 ④

105 소방시설 설치 및 관리에 관한 법률 시행령 규정에 따른 소방용품에 해당하지 않는 것은?

① 관 창 ② 송수구
③ 소화전 ④ 소방호스

해설 **소방용품(영 별표 3)** : 소화설비를 구성하는 소화전, 관창, 소방호스, 스프링클러헤드, 기동용 수압개
폐장치, 유수제어밸브 및 가스관선택밸브

정답 ②

106 소방용품을 제조하거나 수입하고자 하는 자는 형식승인을 받아야 한다. 형식승인을 받지 않아도
되는 것은?

① 가스누설경보기 ② 발신기
③ 방수복 ④ 방염도료

해설 방수복은 형식승인 대상이 아니다(영 별표 3).

정답 ③

107 소방용품을 판매하거나 소방시설공사에 사용할 수 없는 것으로 맞지 않는 것은?

① 형식승인을 받지 않은 것 ② 제품검사를 받지 않은 것
③ 형상 등을 임의로 변경한 것 ④ 사후제품검사의 대상임을 표시한 것

해설 **소방용품을 판매, 판매 목적으로 진열, 소방시설공사에 사용할 수 없는 경우(법 제37조)**
• 형식승인을 받지 않은 것
• 형상 등을 임의로 변경한 것
• 제품검사를 받지 않거나 합격표시를 하지 않은 것

정답 ④

108 소방용품의 형식승인의 방법 및 절차 등에 필요한 사항은 무엇으로 정하는가?

① 행정안전부령 ② 시·도의 조례
③ 대통령령 ④ 훈 령

해설 소방용품의 형식승인의 방법 및 절차 등에 필요한 사항은 행정안전부령으로 정한다(법 제37조).

정답 ①

109 소방용품 중 우수 품질에 대하여 우수품질인증을 할 수 있는 사람은?

① 소방청장
② 한국소방안전원장
③ 소방본부장이나 소방서장
④ 시·도지사

> 해설 우수품질인증권자 : 소방청장(제43조)

정답 ①

110 소방청장이 한국소방산업기술원에 위탁할 수 있는 내용이 아닌 것은?

① 소방용품의 형식승인
② 소방용품의 형식승인의 취소
③ 표준자체점검비의 산정 및 공표
④ 우수품질인증 및 그 취소

> 해설 **소방청장이 한국소방산업기술원에 위탁할 수 있는 경우(법 제50조)**
> • 방염성능검사 중 대통령령으로 정하는 검사
> • 소방용품의 형식승인
> • 소방용품에 대한 형식승인의 변경승인
> • 소방용품의 형식승인의 취소
> • 소방용품에 따른 성능인증 및 성능인증의 취소
> • 소방용품에 따른 성능인증의 변경인증
> • 우수품질인증 및 그 취소

정답 ③

111 소방시설에 폐쇄·차단 등의 행위를 한 자의 벌칙은?

① 3년 이하의 징역 또는 3,000만원 이하의 벌금
② 5년 이하의 징역 또는 5,000만원 이하의 벌금
③ 7년 이하의 징역 또는 7,000만원 이하의 벌금
④ 10년 이하의 징역 또는 1억원 이하의 벌금

> 해설 소방시설에 폐쇄·차단 등의 행위를 한 자(법 제56조) : 5년 이하의 징역 또는 5,000만원 이하의 벌금

정답 ②

112 소방시설에 폐쇄·차단 등의 행위를 하여 사람을 사망에 이르게 한 자의 벌칙은?

① 3년 이하의 징역 또는 3,000만원 이하의 벌금
② 5년 이하의 징역 또는 5,000만원 이하의 벌금
③ 7년 이하의 징역 또는 7,000만원 이하의 벌금
④ 10년 이하의 징역 또는 1억원 이하의 벌금

> 해설 소방시설에 폐쇄·차단 등의 행위를 하여 사람을 사망에 이르게 한 자(법 제56조) : 10년 이하의 징역 또는 1억원 이하의 벌금

정답 ④

113 소방용품의 형식승인을 받지 않고 수입한 자의 벌칙은?

① 3년 이하의 징역 또는 3,000만원 이하의 벌금

② 2년 이하의 징역 또는 1,500만원 이하의 벌금

③ 3년 이하의 징역 또는 1,000만원 이하의 벌금

④ 2년 이하의 징역 또는 1,000만원 이하의 벌금

해설 소방용품의 형식승인을 받지 않고 소방용품을 제조하거나 수입한 자(법 제57조) : 3년 이하의 징역 또는 3,000만원 이하의 벌금

정답 ①

114 소방용품의 형식승인의 변경승인을 받지 않은 자에 대한 벌칙은?

① 3년 이하의 징역 또는 3,000만원 이하의 벌금

② 1년 이하의 징역 또는 1,000만원 이하의 벌금

③ 500만원 이하의 벌금

④ 300만원 이하의 벌금

해설 소방용품의 형식승인의 변경승인을 받지 않은 자 : 1년 이하의 징역 또는 1,000만원 이하의 벌금(법 제58조)

정답 ②

115 소방시설 등에 대하여 스스로 점검을 하지 않거나, 관리업자 등으로 하여금 정기적으로 점검하게 하지 않은 자의 벌칙은?

① 3년 이하의 징역 또는 3,000만원 이하의 벌금

② 300만원 이하의 벌금

③ 1년 이하의 징역 또는 1,000만원 이하의 벌금

④ 6개월 이상의 징역 또는 1,000만원 이하의 벌금

해설 소방시설 등에 대하여 스스로 점검을 하지 않거나 관리업자 등으로 하여금 정기적으로 점검하게 하지 않은 자 : 1년 이하의 징역 또는 1,000만원 이하의 벌금(법 제58조)

정답 ③

116 방염성능검사에 합격하지 않은 물품에 합격표시를 하거나 합격표시를 위조하거나 변조하여 사용한 자에 대한 벌칙은?

① 3년 이하의 징역 또는 3,000만원 이하의 벌금

② 1년 이하의 징역 또는 1,000만원 이하의 벌금

③ 500만원 이하의 벌금

④ 300만원 이하의 벌금

해설 방염성능검사에 합격하지 않은 물품에 합격표시를 하거나 합격표시를 위조하거나 변조하여 사용한 자 : 300만원 이하의 벌금(법 제59조)

정답 ④

117 소방시설 설치 및 관리에 관한 법률에서 300만원 이하의 과태료에 해당하지 않는 것은?

① 소방시설을 화재안전기준에 따라 설치·관리하지 않은 자

② 필요한 조치를 하지 않은 관계인 또는 관계인에게 중대위반사항을 알리지 않은 관리업자 등

③ 공사 현장에 임시소방시설을 설치·관리하지 않은 자

④ 점검인력의 배치기준 등 자체점검 시 준수사항을 위반한 자

해설 필요한 조치를 하지 않은 관계인 또는 관계인에게 중대위반사항을 알리지 않은 관리업자 등 : 300만원 이하의 벌금(법 제59조)

정답 ②

118 점검결과를 보고하지 않거나 거짓으로 보고한 경우에 과태료 기준으로 틀린 것은?

① 지연보고 기간이 10일 미만 – 50만원

② 지연보고 기간이 10일 이상 1개월 미만 – 100만원

③ 지연보고 기간이 1개월 이상이거나 보고하지 않는 경우 – 300만원

④ 점검 결과를 축소·삭제하는 등 거짓으로 보고한 경우 – 300만원

해설 과태료 기준(영 별표 10)

위반행위	과태료 금액(단위 : 만원)		
	1차 위반	2차 위반	3차 위반 이상
법 제23조 제3항을 위반하여 점검결과를 보고하지 않거나 거짓으로 보고한 경우			
•지연보고 기간이 10일 미만인 경우		50	
•지연보고 기간이 10일 이상 1개월 미만인 경우		100	
•지연보고 기간이 1개월 이상이거나 보고하지 않은 경우		200	
•점검 결과를 축소·삭제하는 등 거짓으로 보고한 경우		300	

정답 ③

119 소속 기술인력의 참여없이 자체점검을 한 경우에 과태료?(단, 2차 위반이다)

① 100만원

② 200만원

③ 300만원

④ 500만원

해설 소속 기술인력의 참여없이 자체점검을 한 경우에 과태료(영 별표 10)
• 1차 위반 : 300만원
• 2차 위반 : 300만원
• 3차 이상 위반 : 300만원

정답 ③

120 점검을 하지 않는 경우에 소방시설관리사에 대한 1차 행정처분으로 맞는 것은?

① 자격취소
② 자격정지 1개월
③ 경고(시정명령)
④ 자격정지 6개월

해설 점검을 하지 않는 경우에 소방시설관리사에 대한 행정처분기준(규칙 별표 8)
• 1차 **위반** : 자격정지 1개월
• 2차 **위반** : 자격정지 6개월
• 3차 이상 **위반** : 자격취소

정답 ②

121 거짓으로 점검한 경우에 소방시설관리사에 대한 1차 행정처분으로 맞는 것은?

① 자격취소
② 자격정지 1개월
③ 경고(시정명령)
④ 자격정지 6개월

해설 거짓으로 점검한 경우에 소방시설관리사에 대한 행정처분기준(규칙 별표 8)
• 1차 **위반** : 경고(시정명령)
• 2차 **위반** : 자격정지 6개월
• 3차 이상 **위반** : 자격취소

정답 ③

122 소방시설관리업자가 점검을 하지 않았음에도 관계인에게 점검결과 보고서를 제출한 경우 1차 행정처분은?

① 등록취소
② 영업정지 1개월
③ 경고(시정명령)
④ 영업정지 6개월

해설 소방시설관리업자가 점검을 하지 않는 경우 행정처분기준(규칙 별표 8)
• 1차 위반 : 영업정지 1개월
• 2차 위반 : 영업정지 3개월
• 3차 이상 위반 : 등록취소

정답 ②

123 소방시설관리업에 대한 영업정지를 명하는 경우로서 영업정지 처분에 갈음하여 과징금을 부과할 수 있다. 다음 중 과징금 처분과 관련된 내용으로 옳지 않은 것은?

① 5,000만원 이하의 과징금을 부과할 수 있다.
② 과징금의 처분권자는 시·도지사이다.
③ 시·도지사는 과징금을 내야 하는 자가 납부 기한까지 내지 않으면 지방행정제재·부과금의 징수 등에 관한 법률에 따라 징수한다.
④ 과징금을 부과하는 위반행위의 종류와 위반 정도 등에 따른 과징금의 금액, 그 밖의 필요한 사항은 행정안전부령으로 정한다.

해설 **소방시설관리업의 과징금** : 3,000만원 이하(법 제36조)

정답 ①

화재의 예방 및 안전관리에 관한 법률, 영, 규칙

1 목적 및 정의

(1) 목적(법 제1조)

화재의 예방과 안전관리에 필요한 사항을 규정함으로써 화재로부터 국민의 생명·신체 및 재산을 보호하고 공공의 안전과 복리 증진에 이바지함

(2) 정의(법 제2조)

① 예방 : 화재의 위험으로부터 사람의 생명·신체 및 재산을 보호하기 위하여 화재발생을 사전에 제거하거나 방지하기 위한 모든 활동

② 안전관리 : 화재로 인한 피해를 최소화하기 위한 예방, 대비, 대응 등의 활동

③ 화재안전조사 : 소방청장, 소방본부장 또는 소방서장(이하 "소방관서장"이라 한다)이 소방대상물, 관계지역 또는 관계인에 대하여 소방시설 등이 소방 관계 법령에 적합하게 설치·관리되고 있는지, 소방대상물에 화재의 발생 위험이 있는지 등을 확인하기 위하여 실시하는 현장조사·문서열람·보고요구 등을 하는 활동

④ 화재예방강화지구 : 특별시장·광역시장·특별자치시장·도지사 또는 특별자치도지사(이하 "시·도지사"라고 한다)가 화재발생 우려가 크거나 화재가 발생할 경우 피해가 클 것으로 예상되는 지역에 대하여 화재의 예방 및 안전관리를 강화하기 위해 지정·관리하는 지역 **14** 년 출제

⑤ 화재예방안전진단 : 화재가 발생할 경우 사회·경제적으로 피해 규모가 클 것으로 예상되는 소방대상물에 대하여 화재위험요인을 조사하고 그 위험성을 평가하여 개선대책을 수립하는 것

2 화재의 예방 및 안전관리 기본계획 등의 수립·시행

(1) 화재의 예방 및 안전관리 기본계획 등의 수립·시행(법 제4조, 영 제3조)

① 기본계획 수립·시행권자 : 소방청장 **21** 년 출제

② 기본계획 수립·시행시기 : 5년마다 **21** **22** 년 출제

③ 기본계획의 포함사항 **21** 년 출제

ⓐ 화재예방정책의 기본목표 및 추진방향

ⓑ 화재의 예방과 안전관리를 위한 법령·제도의 마련 등 기반 조성

ⓒ 화재의 예방과 안전관리를 위한 대국민 교육·홍보

ⓓ 화재의 예방과 안전관리 관련 기술의 개발·보급

ⓔ 화재의 예방과 안전관리 관련 전문인력의 육성·지원 및 관리

ⓕ 화재의 예방과 안전관리 관련 산업의 국제경쟁력 향상

ⓐ 그 밖에 대통령령으로 정하는 화재의 예방과 안전관리에 필요한 사항**(영 제3조)**
- 화재발생 현황
- 소방대상물의 환경 및 화재위험특성 변화 추세 등 화재예방정책의 여건 변화에 관한 사항
- 소방시설의 설치·관리 및 화재안전기준의 개선에 관한 사항
- 계절별·시기별·소방대상물별 화재예방대책의 추진 및 평가·인증 등에 관한 사항
- 그 밖에 화재의 예방 및 안전관리와 관련하여 소방청장이 필요하다고 인정하는 사항
④ 소방청장은 기본계획을 시행하기 위하여 매년 시행계획을 수립·시행해야 한다. `21` `년 출제`

(2) 시행계획의 수립·시행(영 제4조, 제5조)

① **시행계획** : 기본계획을 시행하기 위한 계획
② **시행계획 수립권자** : 소방청장
③ **시행계획 수립기간** : 계획 시행 전년도 10월 31일까지
④ **세부시행계획 통보기간** : 소방청장은 중앙행정기관의 장과 시·도지사에게 기본계획 및 시행계획을 각각 계획 시행 전년도 10월 31일까지 통보 `22` `년 출제`
⑤ 통보를 받은 관계 중앙행정기관의 장 및 시·도지사는 법 제4조 제6항에 따른 세부시행계획(이하 "세부시행계획"이라 한다)을 수립하여 계획 시행 전년도 12월 31일까지 소방청장에게 통보해야 한다.
⑥ **세부시행계획에 포함 사항**
  ㉠ 기본계획 및 시행계획에 대한 관계 중앙행정기관 또는 특별시·광역시·특별자치시·도·특별 자치도(이하 "시·도"라 한다)의 세부 집행계획
  ㉡ 직전 세부시행계획의 시행 결과
  ㉢ 그 밖에 화재안전과 관련하여 관계 중앙행정기관의 장 또는 시·도지사가 필요하다고 결정한 사항

(3) 통계의 작성·관리(영 제6조, 규칙 제3조)

① **작성·관리권자** : 소방청장
② **작성·관리할 수 있는 기관(규칙 제3조)**
  ㉠ 한국소방안전원
  ㉡ 정부출연연구기관
  ㉢ 통계작성지정기관
③ **통계의 작성·관리 항목(영 제6조)**
  ㉠ 소방대상물의 현황 및 안전관리에 관한 사항
  ㉡ 소방시설 등의 설치 및 관리에 관한 사항
  ㉢ 다중이용업소의 안전관리에 관한 특별법 제2조 제1호에 따른 다중이용업 현황 및 안전관리에 관한 사항
  ㉣ 화재발생 이력 및 화재안전조사 등 화재예방 활동에 관한 사항
  ㉤ 기본계획 및 시행계획의 수립·시행에 따른 실태조사 결과
  ㉥ 화재예방강화지구의 현황 및 안전관리에 관한 사항

ⓐ 어린이, 노인, 장애인 등 화재의 예방 및 안전관리에 취약한 자에 대한 지역별·성별·연령별 지원 현황

ⓞ 소방안전관리자 자격증 발급 및 선임 관련 지역별·성별·연령별 현황

ⓩ 화재예방안전진단 대상의 현황 및 그 실시 결과

ⓩ 소방시설업자, 소방기술자 및 소방시설 설치 및 관리에 관한 법률 제29조에 따른 소방시설관리업 등록을 한 자의 지역별·성별·연령별 현황

3 실태조사

(1) 기본계획 및 시행계획의 수립·시행에 필요한 기초자료를 확보하기 위한 실태조사(법 제5조)

① 실태조사 내용

㉠ 소방대상물의 용도별·규모별 현황

㉡ 소방대상물의 화재의 예방 및 안전관리 현황

㉢ 소방대상물의 소방시설 등 설치·관리 현황

㉣ 그 밖에 기본계획 및 시행계획의 수립·시행을 위하여 필요한 사항

② 실태조사의 방법 및 절차 등에 필요한 사항 : 행정안전부령

(2) 실태조사의 방법 및 절차(규칙 제2조)

① 소방청장은 실태조사를 실시하려는 경우 실태조사 시작 7일 전까지 조사 일시, 조사 사유 및 조사 내용 등을 포함한 조사계획을 조사대상자에게 서면 또는 전자우편 등의 방법으로 미리 알려야 한다.

② 관계 공무원 및 ③에 따라 실태조사를 의뢰받은 관계 전문가 등이 실태조사를 위하여 소방대상물에 출입할 때에는 그 권한 또는 자격을 표시하는 증표를 지니고 이를 관계인에게 내보여야 한다.

③ 소방청장은 실태조사를 전문연구기관·단체나 관계 전문가에게 의뢰하여 실시할 수 있다.

④ 실태조사 방법 및 절차 등에 관하여 필요한 사항은 소방청장이 정한다.

4 화재안전조사

(1) 화재안전조사(법 제7조)

① 화재안전조사 실시권자 : 소방관서장(소방청장, 소방본부장, 소방서장)

② 화재안전조사를 실시하는 경우

다만, 개인의 주거(실제 주거용도로 사용되는 경우에 한정한다)에 대한 화재안전조사는 관계인의 승낙이 있거나 화재발생의 우려가 뚜렷하여 긴급한 필요가 있는 때에 한정한다.

㉠ 자체점검이 불성실하거나 불완전하다고 인정되는 경우

㉡ 화재예방강화지구 등 법령에서 화재안전조사를 하도록 규정되어 있는 경우

㉢ 화재예방안전진단이 불성실하거나 불완전하다고 인정되는 경우

㉣ 국가적 행사 등 주요 행사가 개최되는 장소 및 그 주변의 관계 지역에 대하여 소방안전관리 실태를 조사할 필요가 있는 경우

㉤ 화재가 자주 발생하였거나 발생할 우려가 뚜렷한 곳에 대한 조사가 필요한 경우

ⓑ 재난예측정보, 기상예보 등을 분석한 결과 소방대상물에 화재의 발생 위험이 크다고 판단되는
경우

ⓢ ㉠부터 ⓑ까지에서 규정한 경우 외에 화재, 그 밖의 긴급한 상황이 발생할 경우 인명 또는 재산
피해의 우려가 현저하다고 판단되는 경우

③ 화재안전조사의 항목 : 대통령령

(2) 화재안전조사의 방법 및 절차 등(법 제8조)

① 화재안전조사를 실시하려는 경우

㉠ 조사내용 : 조사대상, 조사기간, 조사사유

㉡ 통지방법 : 우편, 전화, 전자메일, 문자전송

② 화재안전조사를 실시하고자 할 때 관계인에게 통지할 필요가 없는 경우

㉠ 화재가 발생할 우려가 뚜렷하여 긴급하게 조사할 필요가 있는 경우

㉡ ㉠ 외에 화재안전조사의 실시를 사전에 통지하거나 공개하면 조사목적을 달성할 수 없다고 인정
되는 경우

③ 화재안전조사는 관계인의 승낙 없이 소방대상물의 공개시간 또는 근무시간 이외에는 할 수 없는
예외규정 : 화재가 발생할 우려가 뚜렷하여 긴급하게 조사할 필요가 있는 경우

④ 화재안전조사의 방법 및 절차 등에 필요한 사항 : 대통령령

(3) 화재안전조사의 항목(영 제7조)

① 화재의 예방조치 등에 관한 사항

② 소방안전관리 업무 수행에 관한 사항

③ 피난계획의 수립 및 시행에 관한 사항

④ 소화·통보·피난 등의 훈련 및 소방안전관리에 필요한 교육(소방훈련·교육)에 관한 사항

⑤ 소방자동차 전용구역의 설치에 관한 사항

⑥ 시공, 감리, 감리원의 배치에 관한 사항

⑦ 소방시설의 설치 및 관리 등에 관한 사항

⑧ 건설현장 임시소방시설의 설치 및 관리에 관한 사항

⑨ 피난시설, 방화구획 및 방화시설의 관리에 관한 사항

⑩ 방염에 관한 사항

⑪ 소방시설 등의 자체점검에 관한 사항

⑫ 다중이용업소의 안전관리에 관한 특별법 제8조, 제9조, 제9조의2, 제10조, 제10조의2 및 제11조부
터 제13조까지의 규정에 따른 안전관리에 관한 사항

⑬ 위험물안전관리법 제5조, 제6조, 제14조, 제15조 및 제18조에 따른 안전관리에 관한 사항

⑭ 초고층 및 지하연계 복합건축물 재난관리에 관한 특별법 제9조, 제11조, 제12조, 제14조, 제16조
및 제22조에 따른 초고층 및 지하연계 복합건축물의 안전관리에 관한 사항

(4) 화재안전조사의 방법 및 절차 등(영 제8조)

　① 조사의 종류

　　㉠ 종합조사 : 화재안전조사 항목 전부를 확인하는 조사

　　㉡ 부분조사 : 화재안전조사 항목 일부를 확인하는 조사

　② 조사방법 `11` `15` **년 출제**

　　㉠ 조사권자 : 소방관서장(소방청장, 소방본부장 또는 소방서장)

　　㉡ 조사내용 : 조사대상, 조사기간, 조사사유 등 조사계획

　　㉢ 조사계획 공개기간 : 7일 이상

　③ 조사의 연기사유**(영 제9조)** `15` `23` **년 출제**

　　㉠ 재난 및 안전관리 기본법 제3조 제1호에 해당하는 재난이 발생한 경우

　　㉡ 관계인의 질병, 사고, 장기출장의 경우

　　㉢ 권한 있는 기관에 자체점검기록부, 교육·훈련일지 등 화재안전조사에 필요한 장부·서류 등이 압수되거나 영치되어 있는 경우

　　㉣ 소방대상물의 증축·용도변경 또는 대수선 등의 공사로 화재안전조사를 실시하기 어려운 경우

　④ 조사의 연기신청**(규칙 제4조)** `17` **년 출제**

　　관계인은 화재안전조사 시작 3일 전까지 화재안전조사 연기신청서(전자문서로 된 신청서를 포함)에 화재안전조사를 받기가 곤란함을 증명할 수 있는 서류(전자문서로 된 서류를 포함)를 첨부하여 소방청장, 소방본부장 또는 소방서장(소방관서장)에게 제출해야 한다.

5 화재안전조사단, 화재안전조사위원회

(1) 화재안전조사단 편성·운영(법 제9조)

　① 중앙화재안전조사단 : 소방청

　② 지방화재안전조사단 : 소방본부 및 소방서

(2) 화재안전조사단 편성·운영(영 제10조)

　① 조사단(중앙화재안전조사단, 지방화재안전조사단)의 구성

　　㉠ 인원 : 단장 포함 50명 이내

　　㉡ 단원의 임명·위촉권자 : 소방관서장

　　㉢ 단장의 임명·위촉권자 : 소방관서장

　② 조사단원의 자격

　　㉠ 소방공무원

　　㉡ 소방업무와 관련된 단체 또는 연구기관 등의 임직원

　　㉢ 소방 관련 분야에서 전문적인 지식이나 경험이 풍부한 사람

(3) 화재안전조사위원회

　① 화재안전조사위원회의 구성·운영 등에 필요한 사항은 대통령령으로 정한다(법 제10조).

② 화재안전조사위원회 구성·운영(영 제11조) 18 20 년 출제
　　⑦ 화재안전조사위원회의 구성
　　　• 인원 : 위원장 1명을 포함한 7명 이내
　　　• 위원장 : 소방관서장
　　⑥ 위원의 자격
　　　• 과장급 직위 이상의 소방공무원
　　　• 소방기술사
　　　• 소방시설관리사
　　　• 소방 관련 분야의 석사 이상 학위를 취득한 사람
　　　• 소방 관련 법인 또는 단체에서 소방 관련 업무에 5년 이상 종사한 사람
　　　• 소방공무원 교육훈련기관, 학교 또는 연구소에서 소방과 관련한 교육 또는 연구에 5년 이상
　　　　종사한 사람
　　⑥ 위원의 임기 : 2년(한차례 연임 가능)

(4) 손실보상(영 제14조)

① 소방청장 또는 시·도지사가 손실을 보상하는 경우에는 시가(時價)로 보상해야 한다.
② 손실보상에 관하여는 소방청장 또는 시·도지사와 손실을 입은 자가 협의해야 한다.
③ 손실보상 청구 : 소방청장 또는 시·도지사(특별시장, 광역시장, 특별자치시장, 도지사, 특별자치
　　도지사)에게 제출(규칙 제6조)
④ 소방청장 또는 시·도지사는 보상금액에 관한 협의가 성립되지 않은 경우에는 그 보상금액을 지급
　　하거나 공탁하고 이를 상대방에게 알려야 한다.
⑤ 보상금의 지급 또는 공탁의 통지에 불복하는 자는 지급 또는 공탁의 통지를 받은 날부터 30일
　　이내에 중앙토지수용위원회 또는 관할 지방토지수용위원회에 재결(裁決)을 신청할 수 있다.

(5) 화재안전조사 결과에 따른 조치(법 제14조)

① 조치명령권자 : 소방관서장(소방청장, 소방본부장, 소방서장)
② 조치시기 : 소방대상물의 위치·구조·설비 또는 관리의 상황이 화재예방을 위하여 보완될 필요가
　　있거나 화재가 발생하면 인명 또는 재산의 피해가 클 것으로 예상되는 때
③ 조치내용 : 소방대상물의 개수(改修)·이전·제거, 사용의 금지 또는 제한, 사용폐쇄, 공사의 정지
　　또는 중지

(6) 조치명령으로 인하여 손실을 입은 자의 보상 : 소방청장 또는 시·도지사(법 제15조)

(7) 화재안전조사 결과 공개(법 제16조, 영 제15조)

① 공개내용
　　⑦ 소방대상물의 위치, 연면적, 용도 등 현황
　　⑥ 소방시설 등의 설치 및 관리 현황
　　⑥ 피난시설, 방화구획 및 방화시설의 설치 및 관리 현황

ㄹ 그 밖에 대통령령으로 정하는 사항
  - 제조소 등 설치 현황
  - 소방안전관리자 선임 현황
  - 화재예방안전진단 실시 결과
② 결과에 대한 이의 신청 : 공개내용을 통보받은 날부터 10일 이내에 관할 소방관서장에게
③ 이의 신청 결과 통보 : 10일 이내 **11** 년 출제
④ 화재안전조사 결과 공개 기간 : 30일 이상
⑤ 화재안전조사 결과를 공개하는 경우 공개 절차, 공개 기간 및 공개 방법 등에 필요한 사항 : 대통령령(법
  제16조) **10** 년 출제

6 화재의 예방조치 등

(1) 화재의 예방조치 등(법 제17조)

① 화재예방강화지구에 준하는 대통령령으로 정하는 장소(영 제16조)
  ㉠ 제조소 등
  ㉡ 고압가스 안전관리법에 따른 저장소
  ㉢ 액화석유가스의 저장소·판매소
  ㉣ 수소연료공급시설 및 수소연료사용시설
  ㉤ 화약류를 저장하는 장소
② 화재예방강화지구 및 이에 준하는 대통령령으로 정하는 장소에서 금지행위(법 제17조)
  ㉠ 모닥불, 흡연 등 화기의 취급
  ㉡ 풍등 등 소형열기구 날리기
  ㉢ 용접·용단 등 불꽃을 발생시키는 행위
  ㉣ 그 밖에 대통령령으로 정하는 화재 발생 위험이 있는 행위

(2) 화재예방조치의 명령(법 제17조)

① 명령권자 : 소방관서장
② 명령내용
  ㉠ 다음에 해당하는 행위의 금지 또는 제한
    - 모닥불, 흡연 등 화기의 취급
    - 풍등 등 소형열기구 날리기
    - 용접·용단 등 불꽃을 발생시키는 행위
    - 그 밖에 대통령령으로 정하는 화재 발생 위험이 있는 행위(영 제16조)
  ㉡ 목재, 플라스틱 등 가연성이 큰 물건의 제거, 이격, 적재 금지 등
  ㉢ 소방차량의 통행이나 소화 활동에 지장을 줄 수 있는 물건의 이동
  ※ ㉡, ㉢ 물건의 소유자, 관리자 또는 점유자를 알 수 없는 경우 소속 공무원으로 하여금 그 물건을
    옮기거나 보관하는 등 필요한 조치를 하게 할 수 있다.
③ 옮긴 물건 등에 대한 보관기간 및 보관기간 경과 후 처리 등에 필요한 사항 : 대통령령

④ 보일러, 난로, 건조설비, 가스·전기시설, 그 밖에 화재 발생 우려가 있는 대통령령으로 정하는 설비 또는 기구 등의 위치·구조 및 관리와 화재 예방을 위하여 불을 사용할 때 지켜야 하는 사항 : 대통령령

⑤ 화재가 발생하는 경우 불길이 빠르게 번지는 고무류·플라스틱류·석탄 및 목탄 등 대통령령으로 정하는 특수가연물의 저장 및 취급 기준 : 대통령령

(3) 옮긴 물건의 보관 및 처리(영 제17조)

① 물건을 보관하는 경우 : 소방관서장은 그날부터 14일 동안 소방관서의 인터넷 홈페이지에 그 사실을 공고

② 옮긴 물건 등의 보관기간 : 공고기간 종료일 다음날부터 7일

(4) 보일러 등의 위치·구조 및 관리와 화재예방을 위하여 불의 사용에 있어서 지켜야 하는 사항(영 별표 1)

종 류	내 용
보일러 **24** 년 출제	• 가연성 벽·바닥 또는 천장과 접촉하는 증기기관 또는 연통의 부분은 규조토 등 난연성 단열재로 덮어씌워야 한다. • 경유·등유 등 액체연료를 사용하는 경우에는 다음의 사항을 지켜야 한다. 　– 연료탱크는 보일러 본체로부터 수평거리 1[m] 이상의 간격을 두어 설치할 것 　– 연료탱크에는 화재 등 긴급상황이 발생하는 경우 연료를 차단할 수 있는 개폐밸브를 연료탱크로부터 0.5[m] 이내에 설치할 것 　– 연료탱크 또는 보일러 등에 연료를 공급하는 배관에는 여과장치를 설치할 것 　– 사용이 허용된 연료 외의 것을 사용하지 않을 것 　– 연료탱크가 넘어지지 않도록 받침대를 설치하고, 연료탱크 및 연료탱크 받침대는 불연재료로 할 것 • 기체연료를 사용하는 경우에는 다음에 의한다. 　– 보일러를 설치하는 장소에는 환기구를 설치하는 등 가연성 가스가 머무르지 않도록 할 것 　– 연료를 공급하는 배관은 금속관으로 할 것 　– 화재 등 긴급 시 연료를 차단할 수 있는 개폐밸브를 연료용기 등으로부터 0.5[m] 이내에 설치할 것 　– 보일러가 설치된 장소에는 가스누설경보기를 설치할 것 • 화목 등 고체연료를 사용하는 경우에는 다음에 의한다. 　– 고체연료는 보일러 본체와 수평거리 2[m] 이상 간격을 두어 보관하거나 불연재료로 된 별도의 구획된 공간에 보관할 것 　– 연통은 천장으로부터 0.6[m] 이상 떨어지고, 연통의 배출구는 건물 밖으로 0.6[m] 이상 나오도록 설치할 것 　– 연통의 배출구는 보일러 본체보다 2[m] 이상 높게 설치할 것 　– 연통이 관통하는 벽면, 지붕 등은 불연재료로 처리할 것 　– 연통재질은 불연재료로 사용하고 연결부에 청소구를 설치할 것 • 보일러와 벽·천장 사이의 거리는 0.6[m] 이상이어야 한다. • 보일러를 실내에 설치하는 경우에는 콘크리트바닥 또는 금속 외의 불연재료로 된 바닥 위에 설치해야 한다.
건조설비	• 건조설비와 벽·천장 사이의 거리는 0.5[m] 이상이어야 한다. • 건조물품이 열원과 직접 접촉하지 않도록 해야 한다. • 실내에 설치하는 경우에 벽·천장 또는 바닥은 불연재료로 해야 한다.
불꽃을 사용하는 용접·용단 기구 **15** 년 출제	• 용접 또는 용단 작업장 주변 반경 5[m] 이내에 소화기를 갖추어 둘 것 • 용접 또는 용단 작업장 주변 반경 10[m] 이내에는 가연물을 쌓아두거나 놓아두지 말 것. 다만, 가연물의 제거가 곤란하여 방화포 등으로 방호조치를 한 경우는 제외한다.
음식조리를 위하여 설치하는 설비 **23** 년 출제	• 주방설비에 부속된 배출덕트(공기 배출통로)는 0.5[mm] 이상의 아연도금강판 또는 이와 동등 이상의 내식성 불연재료로 설치할 것 • 주방시설에는 동물 또는 식물의 기름을 제거할 수 있는 필터 등을 설치할 것 • 열을 발생하는 조리기구는 반자 또는 선반으로부터 0.6[m] 이상 떨어지게 할 것 • 열을 발생하는 조리기구로부터 0.15[m] 이내의 거리에 있는 가연성 주요구조부는 단열성이 있는 불연재료로 덮어 씌울 것

(5) 특수가연물(영 별표 2) 14 21 24 년 출제

① 종 류

품 명		수 량
면화류		200[kg] 이상
나무껍질 및 대팻밥		400[kg] 이상
넝마 및 종이부스러기		1,000[kg] 이상
사류(絲類)		1,000[kg] 이상
볏짚류		1,000[kg] 이상
가연성고체류		3,000[kg] 이상
석탄·목탄류		10,000[kg] 이상
가연성액체류		2[m³] 이상
목재가공품 및 나무부스러기		10[m³] 이상
고무류·플라스틱류	발포시킨 것	20[m³] 이상
	그 밖의 것	3,000[kg] 이상

- ㉠ 면화류 : 불연성 또는 난연성이 아닌 면상 또는 팽이모양의 섬유와 마사(麻絲) 원료
- ㉡ 넝마 및 종이부스러기 : 불연성 또는 난연성이 아닌 것(동물 또는 식물의 기름이 깊이 스며들어 있는 옷감·종이 및 이들의 제품을 포함한다)
- ㉢ 사류 : 불연성 또는 난연성이 아닌 실(실부스러기와 솜털을 포함한다)과 누에고치
- ㉣ 볏짚류 : 마른 볏짚·북데기와 이들의 제품 및 건초(축산용도로 사용하는 것은 제외한다)
- ㉤ 석탄·목탄류 : 코크스, 석탄가루를 물에 갠 것, 마세크탄(조개탄), 연탄, 석유코크스, 활성탄 및 이와 유사한 것
- ㉥ 고무류·플라스틱류 : 불연성 또는 난연성이 아닌 고체의 합성수지제품, 합성수지반제품, 원료 합성수지 및 합성수지 부스러기(불연성 또는 난연성이 아닌 고무제품, 고무반제품, 원료고무 및 고무 부스러기를 포함한다). 다만, 합성수지의 섬유·옷감·종이 및 실과 이들의 넝마와 부스러기는 제외

② 특수가연물을 저장 또는 취급하는 장소의 표지 내용(영 별표 3) 23 년 출제

- ㉠ 품 명
- ㉡ 최대저장수량
- ㉢ 단위부피당 질량 또는 단위체적당 질량
- ㉣ 관리책임자 성명, 직책, 연락처
- ㉤ 화기취급의 금지표시가 포함된 특수가연물 표시

특수가연물	
화 기 엄 금	
품 명	합성수지류
최대저장수량(배수)	000톤(00배)
단위부피당 질량 (단위체적당 질량)	000[kg/m³]
관리책임자(직책)	홍길동 팀장
연락처	02-000-0000

- 특수가연물 표지는 한 변의 길이가 0.3[m] 이상, 다른 한 변의 길이가 0.6[m] 이상인 직사각형으로 할 것
- 특수가연물 표지의 바탕은 흰색으로, 문자는 검은색으로 할 것. 다만, "화기엄금" 표시 부분은 제외한다.
- 특수가연물 표지 중 화기엄금 표시 부분의 바탕은 붉은색으로, 문자는 백색으로 할 것

③ 특수가연물의 저장 및 취급기준(영 별표 3) `10` `15` `17` `23` `년 출제`

석탄·목탄류를 발전용으로 저장하는 경우는 제외한다.

㉠ 품명별로 구분하여 쌓을 것

㉡ 쌓는 기준

구 분	높 이	쌓는 부분의 바닥면적	
살수설비를 설치하거나 방사능력 범위에 해당 특수가연물이 포함되도록 대형수동식소화기를 설치하는 경우	15[m] 이하	석탄·목탄류의 경우	300[m²] 이하
		석탄·목탄류 외의 경우	200[m²] 이하
그 밖의 경우	10[m] 이하	석탄·목탄류의 경우	200[m²] 이하
		석탄·목탄류 외의 경우	50[m²] 이하

㉢ 실외에 쌓아 저장하는 경우 쌓는 부분과 대지경계선 또는 도로, 인접 건축물과 최소 6[m] 이상 간격을 둘 것. 다만, 쌓는 높이보다 0.9[m] 이상 높은 내화구조 벽체를 설치한 경우는 그렇지 않다.

㉣ 실내에 쌓아 저장하는 경우 주요구조부는 내화구조이면서 불연재료여야 하고, 다른 종류의 특수가연물과 같은 공간 내에 보관하지 않을 것. 다만, 내화구조의 벽으로 분리하는 경우는 그렇지 않다.

㉤ 쌓는 부분의 바닥면적 사이는 실내의 경우 1.2[m] 또는 쌓는 높이의 1/2 중 큰 값 이상으로 간격을 두어야 하며, 실외의 경우 3[m] 또는 쌓는 높이 중 큰 값 이상으로 간격을 둘 것

7 화재예방강화지구 지정 등

(1) 화재예방강화지구(법 제18조)

① 지정권자 : 시·도지사 `16` `년 출제`

② 화재예방강화지구 지정 `17` `23` `년 출제`

㉠ 시장지역

㉡ 공장·창고가 밀집한 지역

㉢ 목조건물이 밀집한 지역

㉣ 노후·불량건축물이 밀집한 지역

㉤ 위험물의 저장 및 처리시설이 밀집한 지역

㉥ 석유화학제품을 생산하는 공장이 있는 지역

㉦ 산업입지 및 개발에 관한 법률 제2조 제8호에 따른 산업단지

㉧ 소방시설·소방용수시설 또는 소방출동로가 없는 지역

㉨ 물류시설의 개발 및 운영에 관한 법률 제2조 제6호에 따른 물류단지

㉩ 그 밖에 ㉠부터 ㉨까지에 준하는 지역으로서 소방관서장이 화재예방강화지구로 지정할 필요가 있다고 인정하는 지역

(2) **화재예방강화지구의 화재안전조사**(영 제20조) `14` `16` 년 출제

① 조사권자 : 소방관서장

② 조사내용 : 소방대상물의 위치·구조 및 설비

③ 조사횟수 : 연 1회 이상

(3) **화재예방강화지구의 소방훈련 및 교육**(영 제20조) `11` `14` `16` 년 출제

① 훈련 및 교육권자 : 소방관서장

② 훈련 및 교육대상 : 관계인

③ 실시기간 : 연 1회 이상 실시

④ 소방관서장은 훈련 및 교육을 실시하려는 경우에는 화재예방강화지구 안의 관계인에게 훈련 및 교육 10일 전까지 그 사실을 통보해야 한다.

(4) **화재예방강화지구 관리대장**(영 제20조)

① 작성관리권자 : 시·도지사

② 작성내용

㉠ 화재예방강화지구의 지정 현황

㉡ 화재안전조사의 결과

㉢ 소화기구, 소방용수시설 또는 그 밖에 소방에 필요한 설비(소방설비 등)의 설치(보수, 보강을 포함한다) 명령 현황

㉣ 소방훈련 및 교육의 실시 현황

㉤ 그 밖에 화재예방 강화를 위하여 필요한 사항

(5) **화재안전영향평가**(법 제21조)

① 평가권자 : 소방청장

② 화재안전영향평가의 방법·절차·기준 등에 필요한 사항 : 대통령령

③ 화재안전영향평가의 내용(**영 제21조**)

㉠ 법령이나 정책의 화재위험 유발요인

㉡ 법령이나 정책이 소방대상물의 재료, 공간, 이용자 특성 및 화재 확산 경로에 미치는 영향

㉢ 법령이나 정책이 화재피해에 미치는 영향 등 사회경제적 파급 효과

㉣ 화재위험 유발요인을 제어 또는 관리할 수 있는 법령이나 정책의 개선 방안

④ 화재안전영향평가심의회(법 제22조)

㉠ 구성 : 위원장 1명을 포함한 12명 이내의 위원

㉡ 위원의 자격

㉮ 화재안전과 관련되는 법령이나 정책을 담당하는 관계 기관의 소속 직원으로서 대통령령으로 정하는 사람

• 다음의 중앙행정기관에서 화재안전 관련 법령이나 정책을 담당하는 고위공무원단에 속하는 일반직공무원(이에 상당하는 특정직공무원 및 별정직공무원을 포함한다) 중에서 해당 중앙행정기관의 장이 지명하는 사람 각 1명

- 행정안전부·산업통상자원부·보건복지부·고용노동부·국토교통부
- 그 밖에 심의회의 심의에 부치는 안건과 관련된 중앙행정기관
- 소방청에서 화재안전 관련 업무를 수행하는 소방준감 이상의 소방공무원 중에서 소방청장이 지명하는 사람

㉯ 소방기술사 등 대통령령으로 정하는 화재안전과 관련된 분야의 학식과 경험이 풍부한 전문가로서 소방청장이 위촉한 사람 **19 년 출제**
- 소방기술사
- 다음의 기관이나 법인 또는 단체에서 화재안전 관련 업무를 수행하는 사람으로서 해당 기관이나 법인 또는 단체의 장이 추천하는 사람
  - 안전원
  - 기술원
  - 화재보험협회
  - 가스안전공사
  - 전기안전공사
- 고등교육법 제2조에 따른 학교 또는 이에 준하는 학교나 공인된 연구기관에서 부교수 이상의 직(職) 또는 이에 상당하는 직에 있거나 있었던 사람으로서 화재안전 또는 관련 법령이나 정책에 전문성이 있는 사람

㉰ 위촉위원의 임기는 2년으로 하며 한 차례만 연임할 수 있다. **23 년 출제**

⑤ 화재안전취약자에 대한 지원의 대상·범위·방법 및 절차 등에 필요한 사항 : 대통령령

⑥ 화재안전취약자의 지원대상(영 제24조)
  ㉠ 국민기초생활보장법에 따른 수급자
  ㉡ 장애인복지법에 따른 중증장애인
  ㉢ 한부모가족지원법에 따른 지원 대상자
  ㉣ 노인복지법에 따른 홀로 사는 노인
  ㉤ 다문화가족지원법에 따른 다문화가족의 구성원
  ㉥ 그 밖에 화재안전에 취약하다고 소방관서장이 인정하는 사람

8 특정소방대상물의 소방안전관리

(1) 특정소방대상물의 소방안전관리(법 제24조)

① 소방안전관리자(소방안전관리보조자) 선임 : 관계인

② 다른 안전관리자(다른 법령에 따라 전기·가스·위험물 등의 안전관리 업무에 종사하는 자를 말한다)는 소방안전관리대상물 중 소방안전관리업무의 전담이 필요한 대통령령으로 정하는 소방안전관리대상물의 소방안전관리자를 겸할 수 없다. 다만, 다른 법령에 특별한 규정이 있는 경우에는 그렇지 않다.

③ 소방안전관리업무 대행 시 : 감독할 수 있는 사람을 지정하여 소방안전관리자로 선임하고 선임된 날부터 3개월 이내에 교육을 받아야 한다.

④ 소방안전관리자 및 소방안전관리보조자의 선임 대상별 자격 및 인원기준 : 대통령령

⑤ 소방안전관리자 및 소방안전관리보조자의 선임 절차 등 그 밖에 필요한 사항 : 행정안전부령

(2) 특정소방대상물의 관계인과 소방안전관리대상물의 소방안전관리자 업무(법 제24조, 영 제28조) 11 년 출제

업무 내용	소방안전관리대상물	특정소방대상물의 관계인	업무대행 기관의 업무
피난계획에 관한 사항과 대통령령으로 정하는 사항이 포함된 소방계획서의 작성 및 시행	○	–	–
자위소방대(自衛消防隊) 및 초기대응체계의 구성, 운영 및 교육	○	–	–
소방시설 설치 및 관리에 관한 법률 제16조에 따른 피난시설, 방화구획 및 방화시설의 관리	○	○	○
소방시설이나 그 밖의 소방 관련 시설의 관리	○	○	○
소방훈련 및 교육	○	–	–
화기(火氣) 취급의 감독	○	○	–
행정안전부령으로 정하는 바에 따른 소방안전관리에 관한 업무수행에 관한 기록·유지(제3호·제4호 및 제6호의 업무를 말한다)	○	–	–
화재발생 시 초기대응	○	○	–
그 밖에 소방안전관리에 필요한 업무	○	○	–

(3) 소방계획서 작성 시 포함사항(영 제27조) 21 년 출제

① 소방안전관리대상물의 위치·구조·연면적·용도 및 수용인원 등 일반 현황
② 소방안전관리대상물에 설치한 소방시설·방화시설, 전기시설·가스시설 및 위험물시설의 현황
③ 화재예방을 위한 자체점검계획 및 대응대책
④ 소방시설·피난시설 및 방화시설의 점검·정비계획
⑤ 피난층 및 피난시설의 위치와 피난경로의 설정, 화재안전취약자의 피난계획 등을 포함한 피난계획
⑥ 방화구획, 제연구획, 건축물의 내부 마감재료 및 방염대상물품의 사용현황과 그 밖의 방화구조 및 설비의 유지·관리계획
⑦ 법 제35조 제1항에 따라 관리의 권원이 분리된 특정소방대상물의 소방안전관리에 관한 사항
⑧ 소방훈련·교육에 관한 계획
⑨ 소방안전관리대상물의 근무자 및 거주자의 자위소방대 조직과 대원의 임무(화재안전취약자 피난 보조 임무를 포함)에 관한 사항
⑩ 화기 취급 작업에 대한 사전 안전조치 및 감독 등 공사 중 소방안전관리에 관한 사항
⑪ 소화와 연소 방지에 관한 사항
⑫ 위험물의 저장·취급에 관한 사항(예방규정을 정하는 제조소 등은 제외)
⑬ 소방안전관리에 대한 업무수행에 관한 기록 및 유지에 관한 사항
⑭ 화재발생 시 화재경보, 초기소화 및 피난유도 등 초기대응에 관한 사항

(4) 소방안전관리자 선임, 해임(법 제26조, 제27조)

① 선임권자 : 관계인
② 선임신고 : 선임한 날부터 14일 이내에 소방본부장 또는 소방서장에게 신고
③ 해임한 경우에는 그 관계인 또는 해임된 소방안전관리자 또는 소방안전관리보조자는 소방본부장이나 소방서장에게 그 사실을 알려 해임한 사실의 확인을 받을 수 있다.
④ 소방안전관리자 재선임기간 : ⑤에 해당하는 날부터 30일 이내에 선임 24 년 출제

⑤ 소방안전관리자 선임신고 기준(규칙 제14조)

㉠ 신축·증축·개축·재축·대수선 또는 용도변경으로 해당 특정소방대상물의 소방안전관리자를 신규로 선임해야 하는 경우 : 해당 특정소방대상물의 사용승인일(건축물의 경우에는 건축물을 사용할 수 있게 된 날)

㉡ 증축 또는 용도변경으로 인하여 특정소방대상물이 소방안전관리대상물로 된 경우 또는 특정소방대상물의 소방안전관리 등급이 변경된 경우 : 증축공사의 사용승인일 또는 용도변경 사실을 건축물관리대장에 기재한 날

㉢ 특정소방대상물을 양수하거나 경매, 환가, 압류재산의 매각이나 그 밖에 이에 준하는 절차에 의하여 관계인의 권리를 취득한 경우 : 해당 권리를 취득한 날 또는 관할 소방서장으로부터 소방안전관리자 선임 안내를 받은 날(새로 권리를 취득한 관계인이 종전의 특정소방대상물의 관계인이 선임신고한 소방안전관리자를 해임하지 않는 경우를 제외한다)

㉣ 관리의 권원이 분리된 특정소방대상물의 경우 : 관리의 권원이 분리되거나 소방본부장 또는 소방서장이 관리의 권원을 조정한 날

㉤ 소방안전관리자의 해임, 퇴직 등으로 해당 소방안전관리자의 업무가 종료된 경우 : 소방안전관리자가 해임된 날, 퇴직한 날 등 근무를 종료한 날

㉥ 소방안전관리업무를 대행하는 자를 감독할 수 있는 사람을 소방안전관리자로 선임한 경우로서 그 업무대행 계약이 해지 또는 종료된 경우 : 소방안전관리업무 대행이 끝난 날

⑥ 소방안전관리보조자 선임신고 기준(규칙 제16조)

㉠ 신축·증축·개축·재축·대수선 또는 용도변경으로 해당 소방안전관리대상물의 소방안전관리보조자를 신규로 선임해야 하는 경우 : 해당 소방안전관리대상물의 사용승인일

㉡ 소방안전관리대상물을 양수하거나 경매, 환가, 압류재산의 매각이나 그 밖에 이에 준하는 절차에 따라 관계인의 권리를 취득한 경우 : 해당 권리를 취득한 날 또는 관할 소방서장으로부터 소방안전관리보조자 선임 안내를 받은 날(새로 권리를 취득한 관계인이 종전의 소방안전관리대상물의 관계인이 선임신고한 소방안전관리보조자를 해임하지 않는 경우는 제외)

㉢ 소방안전관리보조자를 해임, 퇴직 등으로 해당 소방안전관리자의 업무가 종료된 경우 : 소방안전관리보조자가 해임된 날, 퇴직한 날 등 근무를 종료한 날

(5) 소방안전관리자 선임대상물, 선임자격 등(영 별표 4)

구 분	항 목	기 준
특급 소방안전 관리대상물	선임대상물	• 50층 이상(지하층은 제외)이거나 지상으로부터 높이가 200[m] 이상인 아파트 • 30층 이상(지하층을 포함)이거나 지상으로부터 높이가 120[m] 이상인 특정소방대상물(아파트는 제외) • 연면적이 10만[m²] 이상인 특정소방대상물(아파트는 제외)
	선임자격 15 년 출제	다음의 어느 하나에 해당하는 사람으로서 특급 소방안전관리자 자격증을 받은 사람 • 소방기술사 또는 소방시설관리사의 자격이 있는 사람 • 소방설비기사의 자격을 취득한 후 5년 이상 1급 소방안전관리대상물의 소방안전관리자로 근무한 실무경력(업무대행 시 소방안전관리자로 선임되어 근무한 경력은 제외)이 있는 사람 • 소방설비산업기사의 자격을 취득한 후 7년 이상 1급 소방안전관리대상물의 소방안전관리자로 근무한 실무경력이 있는 사람 • 소방공무원으로 20년 이상 근무한 경력이 있는 사람 • 소방청장이 실시하는 특급 소방안전관리대상물의 소방안전관리에 관한 시험에 합격한 사람
	선임인원	1명 이상

구 분	항 목	기 준
1급 소방안전 관리대상물	선임대상물 **18** 년 출제	• 30층 이상(지하층은 제외)이거나 지상으로부터 높이가 120[m] 이상인 아파트 • 연면적 15,000[m²] 이상인 특정소방대상물(아파트 및 연립주택은 제외) • 지상층의 층수가 11층 이상인 특정소방대상물(아파트는 제외) • 가연성 가스를 1천톤 이상 저장·취급하는 시설
	선임자격	다음의 어느 하나에 해당하는 사람으로서 1급 소방안전관리자 자격증을 받은 사람 • 소방설비기사 또는 소방설비산업기사의 자격이 있는 사람 • 소방공무원으로 7년 이상 근무한 경력이 있는 사람 • 소방청장이 실시하는 1급 소방안전관리대상물의 소방안전관리에 관한 시험에 합격한 사람 • 특급 소방안전관리대상물의 소방안전관리자 자격이 인정되는 사람
	선임인원	1명 이상
2급 소방안전 관리대상물	선임대상물 **14** **20** 년 출제	• 옥내소화전설비, 스프링클러설비, 물분무 등 소화설비(호스릴 방식의 물분무 등 소화설비만을 설치한 경우는 제외)를 설치해야 하는 특정소방대상물 • 가스 제조설비를 갖추고 도시가스사업의 허가를 받아야 하는 시설 또는 가연성 가스를 100톤 이상 1천톤 미만 저장·취급하는 시설 • 지하구 • 공동주택관리법 제2조 제1항 제2호의 어느 하나에 해당하는 공동주택 • 보물 또는 국보로 지정된 목조건축물
	선임자격 **10** 년 출제	다음의 어느 하나에 해당하는 사람으로서 2급 소방안전관리자 자격증을 받은 사람 • 위험물기능장·위험물산업기사 또는 위험물기능사 자격을 가진 사람 • 소방공무원으로 3년 이상 근무한 경력이 있는 사람 • 소방청장이 실시하는 2급 소방안전관리대상물의 소방안전관리에 관한 시험에 합격한 사람 • 기업활동 규제완화에 관한 특별조치법 제29조, 제30조 및 제32조에 따라 소방안전관리자로 선임된 사람(소방안전관리자로 선임된 기간으로 한정한다) • 특급 또는 1급 소방안전관리대상물의 소방안전관리자 자격이 인정되는 사람
	선임인원	1명 이상
3급 소방안전 관리대상물	선임대상물	**간이스프링클러설비**(주택전용 간이스프링클러설비는 제외) 또는 **자동화재탐지설비를 설치해야** **하는 특정소방대상물**
	선임자격	다음의 어느 하나에 해당하는 사람으로서 3급 소방안전관리자 자격증을 받은 사람 • 소방공무원으로 1년 이상 근무한 경력이 있는 사람 • 소방청장이 실시하는 3급 소방안전관리대상물의 소방안전관리에 관한 시험에 합격한 사람 • 기업활동 규제완화에 관한 특별조치법 제29조, 제30조 및 제32조에 따라 소방안전관리자로 선임된 사람(소방안전관리자로 선임된 기간으로 한정한다) • 특급 소방안전관리대상물, 1급 소방안전관리대상물 또는 2급 소방안전관리대상물의 소방안전관 리자 자격이 인정되는 사람
	선임인원	1명 이상

(6) 소방안전관리보조자 선임대상물, 선임자격 등(영 별표 5)

항 목	기 준	선임인원
선임 대상물 **17** **22** 년 출제	아파트(300세대 이상인 아파트만 해당한다)	기본 1명 300세대마다 1명 이상 추가로 선임
	연면적이 1만5천[m²] 이상인 특정소방대상물(아파트 및 연립주택은 제 외)	기본 1명 1만5천[m²] 마다 1명 이상 추가로 선임

	• 다음의 어느 하나에 해당하는 특정소방대상물
	  – 공동주택 중 기숙사
	  – 의료시설
	  – 노유자시설
	  – 수련시설
	  – 숙박시설(숙박시설로 사용되는 바닥면적의 합계가 1,500[m²] 미만
	    이고 관계인이 24시간 상시 근무하고 있는 숙박시설은 제외)
		해당 특정소방대상물이 소재하는 지역을 관할
		하는 소방서장이 야간이나 휴일에 해당 특정소
		방대상물이 이용되지 않는다는 것을 확인한
		경우에는 소방안전관리보조자를 선임하지 않
		을 수 있다.

항목	기 준	선임인원
선임자격	•특급 소방안전관리대상물, 1급 소방안전관리대상물, 2급 소방안전관리대상물 또는 3급 소방안전관리대상물의 소방안전관리자 자격이 있는 사람 •국가기술자격법 제2조 제3호에 따른 국가기술자격의 직무분야 중 건축, 기계제작, 기계장비설비·설치, 화공, 위험물, 전기, 전자 및 안전관리에 해당하는 국가기술자격이 있는 사람 •공공기관의 소방안전관리에 관한 규정 제5조 제1항 제2호 나목에 따른 강습교육을 수료한 사람 •특급 소방안전관리대상물, 1급 소방안전관리대상물, 2급 소방안전관리대상물 또는 3급 소방안전관리대상물의 소방안전관리에 대한 강습교육을 수료한 사람 •소방안전관리대상물에서 소방안전 관련 업무에 2년 이상 근무한 경력이 있는 사람	

(7) 소방안전관리업무 전담 대상물(영 제26조)

① 특급 소방안전관리대상물
② 1급 소방안전관리대상물

(8) 소방안전관리 업무수행에 관한 기록 · 유지(규칙 제10조)

① 소방안전관리대상물의 소방안전관리자는 소방안전관리 업무수행에 관한 기록을 별지 제12호 서식에 따라 월 1회 이상 작성·관리해야 한다.
② 소방안전관리자는 업무수행에 관한 기록을 작성한 날부터 2년간 보관해야 한다.

(9) 선임된 소방안전관리자 정보의 게시(규칙 제15조)

① 소방안전관리대상물의 명칭 및 등급
② 소방안전관리자의 성명 및 선임일자
③ 소방안전관리자의 연락처
④ 소방안전관리자의 근무위치(화재 수신기 또는 종합방재실을 말한다) **19** **년 출제**

소방안전관리자 현황표(대상명 :   )

이 건축물의 소방안전관리자는 다음과 같습니다.
 □ 소방안전관리자 :   (선임일자 :   년 월 일)
 □ 소방안전관리대상물 등급 :   급
 □ 소방안전관리자 근무 위치(화재 수신기 위치) :
「화재의 예방 및 안전관리에 관한 법률」 제26조 제1항에 따라 이 표지를 붙입니다.

소방안전관리자 연락처 :

---

(10) 소방안전관리 업무대행의 대상 및 범위(영 제28조)

① **소방안전관리 업무대행 대상**
  ㉠ 지상층의 층수가 11층 이상인 1급 소방안전관리대상물(연면적 15,000[m²] 이상인 특정소방대상물과 아파트는 제외)
  ㉡ 2급 소방안전관리대상물
  ㉢ 3급 소방안전관리대상물
② **소방안전관리 업무대행의 범위**
  ㉠ 피난시설, 방화구획 및 방화시설의 관리
  ㉡ 소방시설이나 그 밖의 소방 관련 시설의 관리

(11) 소방안전관리 업무대행 인력의 배치기준(규칙 별표 1)[24. 12. 01 시행]

① 소방안전관리등급 및 설치된 소방시설에 따른 대행인력의 배치등급

소방안전관리대상물의 등급	설치된 소방시설의 종류	대행인력의 기술등급
1 또는 2급	스프링클러설비, 물분무 등 소화설비, 제연설비	중급점검자 이상 1명 이상
	옥내소화전설비, 옥외소화전설비	초급점검자 이상 1명 이상
3급	자동화재탐지설비, 간이스프링클러설비	초급점검자 이상 1명 이상

[비고]
- 연면적 5천[m²] 미만으로서 스프링클러설비가 설치된 1급 또는 2급 소방안전관리대상물의 경우에는 초급점검자를 배치할 수 있다. 다만, 스프링클러설비 외에 제연설비 또는 물분무 등 소화설비가 설치된 경우에는 그렇지 않다.
- 스프링클러설비에는 화재조기진압용 스프링클러설비를 포함하고, 물분무 등 소화설비에는 호스릴(Hose Reel) 방식은 제외한다.

② 하나의 소방안전관리대상물의 면적별 배점기준표(아파트 제외)[표2]

대행인력 1명의 1일 소방안전관리업무 대행 업무량은 [표2] 및 [표3]에 따라 산정한 배점을 합산하여 산정하며, 이 합산점수는 8점(이하 "1일 한도점수"라 한다)을 초과할 수 없다.

소방안전관리대상물의 등급	연면적	대행인력 등급별 배점		
		초급점검자	중급점검자	고급점검자
3급	전체		0.7	
1급, 2급	1,500[m²] 미만	0.8	0.7	0.6
	1,500[m²] 이상 3,000[m²] 미만	1.0	0.8	0.7
	3,000[m²] 이상 5,000[m²] 미만	1.2	1.0	0.8
	5,000[m²] 이상 10,000[m²] 이하	1.9	1.3	1.1
	10,000[m²] 초과 15,000[m²] 이하	–	1.6	1.4

[비고]
주상복합아파트의 경우 세대부를 제외한 연면적과 세대수에 별표 3의 종합점검 대상의 경우 32, 작동점검 대상의 경우 40을 곱하여 계산된 값을 더하여 연면적을 산정한다. 다만, 환산한 연면적이 15,000[m²]를 초과한 경우에는 15,000[m²]로 본다.

③ 하나의 소방안전관리대상물의 아파트 배점기준표(아파트 제외)[표3]

소방안전관리대상물의 등급	세대구분	대행인력 등급별 배점		
		초급점검자	중급점검자	고급점검자
3급	전 체		0.7	
1급, 2급	30세대 미만	0.8	0.7	0.6
	30세대 이상 50세대 미만	1.0	0.8	0.7
	50세대 이상 150세대 미만	1.2	1.0	0.8
	150세대 이상 300세대 미만	1.9	1.3	1.1
	300세대 이상 500세대 미만	–	1.6	1.4
	500세대 이상 1,000세대 미만	–	2.0	1.8
	1,000세대 초과	–	2.3	2.1

※ 기술등급(특급, 고급, 중급, 초급)은 소방시설공사업법 시행규칙 별표 4의2(소방시설 자체점검 점검자의 기술등급)를 참고 바랍니다.

(12) 소방안전관리자의 자격취소(법 제31조)

① 자격취소

　㉠ 거짓이나 그 밖의 부정한 방법으로 소방안전관리자 자격증을 발급받은 경우

　㉡ 소방안전관리자 자격증을 다른 사람에게 빌려준 경우

② 1년 이하의 자격정지

　㉠ 소방안전관리업무를 게을리한 경우

　㉡ 실무교육을 받지 않은 경우

　㉢ 이 법 또는 이 법에 따른 명령을 위반한 경우

(13) 소방안전관리자 자격의 정지 및 취소 기준(규칙 별표 3)

위반사항	근거 법령	행정처분기준		
		1차 위반	2차 위반	3차 이상 위반
거짓이나 그 밖의 부정한 방법으로 소방안전관리자 자격증을 발급받은 경우	법 제31조 제1항 제1호	자격취소		
법 제24조 제5항에 따른 소방안전관리 업무를 게을리한 경우	법 제31조 제1항 제2호	경고 (시정명령)	자격정지 (3개월)	자격정지 (6개월)
법 제30조 제4항을 위반하여 소방안전관리자 자격증을 다른 사람에게 빌려준 경우	법 제31조 제1항 제3호	자격취소		
제34조에 따른 실무교육을 받지 않은 경우	법 제31조 제1항 제4호	경고 (시정명령)	자격정지 (3개월)	자격정지 (6개월)

(14) 소방안전관리자 등에 대한 교육(법 제34조)

구 분	교육 대상
강습교육	소방안전관리자의 자격을 인정받으려는 사람으로서 대통령령으로 정하는 사람
	업무대행 시 소방안전관리자로 선임되고자 하는 사람
	건설현장 소방안전관리자로 선임되고자 하는 사람
실무교육	특정소방대상물에 선임된 소방안전관리자 및 소방안전관리보조자
	업무대행 시 선임된 소방안전관리자

(15) 소방안전관리자 및 소방안전관리보조자의 실무교육 등(규칙 제29조)

① 실무교육 통보 : 소방청장은 실무교육을 실시하려는 경우에는 실무교육 실시 30일 전까지 일시·장소, 그 밖에 실무교육 실시에 필요한 사항을 인터넷 홈페이지에 공고하고 교육대상자에게 통보해야 한다.

② 선임된 소방안전관리자의 실무교육 : 선임된 날부터 6개월 이내에 실무교육을 받아야 하며, 그 후에는 2년마다(최초 실무교육을 받은 날을 기준일로 하여 매 2년이 되는 해의 기준일과 같은 날 전까지를 말한다) 1회 이상 실무교육을 받아야 한다. 다만, 소방안전관리 강습교육 또는 실무교육을 받은 후 1년 이내에 소방안전관리자로 선임된 사람은 해당 강습교육을 수료하거나 실무교육을 이수한 날에 실무교육을 이수한 것으로 본다. **24 년 출제**

③ 선임된 소방안전관리보조자의 실무교육 : 소방안전관리보조자는 그 선임된 날부터 6개월(소방안전관리대상물에서 소방안전 관련 업무에 2년 이상 근무한 경력이 있는 사람이 소방안전관리보조자로 지정된 사람의 경우 3개월을 말한다) 이내에 실무교육을 받아야 하며, 그 후에는 2년마다 1회 이상 실무교육을 받아야 한다. 다만, 소방안전관리자 강습교육 또는 실무교육이나 소방안전관리보조자 실무교육을 받은 후 1년 이내에 소방안전관리보조자로 선임된 사람은 해당 강습교육을 수료하거나 실무교육을 이수한 날에 실무교육을 이수한 것으로 본다.

(16) **건설현장 소방안전관리**(법 제26조, 제29조, 영 제30조)

① 신축·증축·개축·재축·이전·용도변경 또는 대수선 하는 경우에는 소방시설공사 착공 신고일부터 건축물 사용승인일(건축물을 사용할 수 있게 된 날을 말한다)까지 소방안전관리자로 선임하고 선임한 날부터 14일 이내에 소방본부장 또는 소방서장에게 신고해야 한다. `24` `년 출제`

② **건설현장 소방안전관리대상물**(영 제29조)

  ㉠ 신축·증축·개축·재축·이전·용도변경 또는 대수선을 하려는 부분의 연면적의 합계가 15,000[m²] 이상인 특정소방대상물

  ㉡ 신축·증축·개축·재축·이전·용도변경 또는 대수선을 하려는 부분의 연면적 5,000[m²] 이상인 것으로서 다음의 어느 하나에 해당하는 것
   • 지하층의 층수가 2개 층 이상인 것
   • 지상층의 층수가 11층 이상인 것
   • 냉동창고, 냉장창고 또는 냉동·냉장창고

③ **건설현장 소방안전관리대상물의 소방안전관리자의 업무**(법 제29조)

  ㉠ 건설현장의 소방계획서의 작성

  ㉡ 소방시설 설치 및 관리에 관한 법률 제15조 제1항에 따른 임시소방시설(건설현장)의 설치 및 관리에 대한 감독

  ㉢ 공사진행 단계별 피난안전구역, 피난로 등의 확보와 관리

  ㉣ 건설현장의 작업자에 대한 소방안전 교육 및 훈련

  ㉤ 초기대응체계의 구성·운영 및 교육

  ㉥ 화기취급의 감독, 화재위험작업의 허가 및 관리

  ㉦ 그 밖에 건설현장의 소방안전관리와 관련하여 소방청장이 고시하는 업무

9 관리의 권원이 분리된 특정소방대상물의 소방안전관리

(1) **관리의 권원이 분리된 특정소방대상물의 소방안전관리자 선임 대상물**(법 제35조, 영 제36조)

소방본부장 또는 소방서장은 관리의 권원이 많아 효율적인 소방안전관리가 이루어지지 않는다고 판단되는 경우 대통령령으로 정하는 바에 따라 관리의 권원을 조정하여 소방안전관리자를 선임하도록 할 수 있다.

① 복합건축물(지하층을 제외한 층수가 11층 이상 또는 연면적 30,000[m²] 이상인 건축물)

② 지하가(지하의 인공구조물 안에 설치된 상점 및 사무실, 그 밖에 이와 비슷한 시설이 연속하여 지하도에 접하여 설치된 것과 그 지하도를 합한 것을 말한다)

③ 그 밖에 대통령령으로 정하는 특정소방대상물(판매시설 중 도매시장, 소매시장 및 전통시장)

(2) 총괄소방안전관리자의 자격은 대통령령으로 정하고 업무수행 등에 필요한 사항(법 제35조)

행정안전부령

(3) 관리권원별 선임 및 조정기준(영 제34조)

① 관리의 권원이 분리되어 있는 특정소방대상물의 관계인은 소유권, 관리권 및 점유권에 따라 각각 소방안전관리자를 선임해야 한다.

② 관리권원별 선임기준

㉠ 법령 또는 계약 등에 따라 공동으로 관리하는 경우 : 하나의 관리권원으로 보아 소방안전관리자 1명 선임

㉡ 화재수신기 또는 소화펌프(가압송수장치 포함)가 별도로 설치되어 있는 경우 : 설치된 화재수신기 또는 소화펌프가 화재를 감지·소화 또는 경보할 수 있는 부분을 각각 하나의 관리권원으로 보아 각각 소방안전관리자 선임

㉢ 하나의 화재수신기 및 소화펌프가 설치된 경우 : 하나의 관리권원으로 보아 소방안전관리자 1명 선임

10 피난계획의 수립 및 시행

(1) 피난계획의 포함사항(규칙 제34조)

① 화재경보의 수단 및 방식

② 층별, 구역별 피난대상 인원의 연령별·성별 현황

③ 피난약자의 현황

④ 각 거실에서 옥외(옥상 또는 피난안전구역을 포함)로 이르는 피난경로

⑤ 피난약자 및 피난약자를 동반한 사람의 피난동선과 피난방법

⑥ 피난시설, 방화구획, 그 밖에 피난에 영향을 줄 수 있는 제반사항

(2) 피난유도 안내정보의 제공(규칙 제35조) 21 년 출제

① 연 2회 피난안내 교육을 실시하는 방법

② 분기별 1회 이상 피난안내방송을 실시하는 방법

③ 피난안내도를 층마다 보기 쉬운 위치에 게시하는 방법

④ 엘리베이터, 출입구 등 시청이 용이한 지역에 피난안내영상을 제공하는 방법

11 소방훈련 및 소방안전교육

(1) 소방안전관리대상물 근무자 및 거주자 등에 대한 소방훈련 등(법 제37조)

소방안전관리대상물의 관계인은 그 장소에 근무하거나 거주하는 사람 등에게 소화·통보·피난 등의 훈련(이하 "소방훈련"이라 한다)과 소방안전관리에 필요한 교육을 해야 하고, 피난훈련은 그 소방대상물에 출입하는 사람을 안전한 장소로 대피시키고 유도하는 훈련을 포함해야 한다. 이 경우 소방훈련과 교육의 횟수 및 방법 등에 관하여 필요한 사항은 행정안전부령으로 정한다.

(2) 소방훈련과 교육(법 제37조, 영 제38조)

① 대상 : 특급소방안전관리대상물, 1급 소방안전관리대상물

② 소방교육 및 훈련결과 : 교육을 한 날부터 30일 이내에 소방본부장 또는 소방서장에게 제출

③ 훈련과 교육실시 횟수 : 연 1회 이상(규칙 제36조)

④ 훈련과 교육실시기록 : 2년간 보관(규칙 제36조)

(3) 불시 소방훈련과 교육(법 제37조, 영 제39조)

① 실시권자 : 소방본부장 또는 소방서장

② 훈련과 교육대상 특정소방대상물 **23** 년 출제

  ㉠ 의료시설

  ㉡ 교육연구시설

  ㉢ 노유자시설

  ㉣ 그 밖에 화재 발생 시 불특정 다수의 인명피해가 예상되어 소방본부장 또는 소방서장이 소방훈련·교육이 필요하다고 인정하는 특정소방대상물

③ 불시 소방훈련 : 10일 전까지 서면으로 관계인에게 통지(규칙 제38조)

(4) 공공기관의 소방안전관리 업무(법 제39조)

① 소방안전관리자의 자격·책임 및 선임 등

② 소방안전관리의 업무대행

③ 자위소방대의 구성·운영 및 교육

④ 근무자 등에 대한 소방훈련 및 교육

⑤ 그 밖에 소방안전관리에 필요한 사항

12 특별관리시설물의 소방안전관리

(1) 소방안전 특별관리시설물의 안전관리(법 제40조)

① 공항시설법 제2조 제7호의 공항시설

② 철도산업발전기본법 제3조 제2호의 철도시설

③ 도시철도법 제2조 제3호의 도시철도시설

④ 항만법 제2조 제5호의 항만시설

⑤ 문화유산의 보존 및 활용에 관한 법률 제2조 제3항의 지정문화유산 및 자연유산의 보존 및 활용에 관한 법률 제2조 제5호에 따른 천연기념물 등인 시설(시설이 아닌 지정문화유산 및 천연기념물 등을 보호하거나 소장하고 있는 시설을 포함한다)

⑥ 산업기술단지 지원에 관한 특례법 제2조 제1호의 산업기술단지

⑦ 산업입지 및 개발에 관한 법률 제2조 제8호의 산업단지

⑧ 초고층 및 지하연계 복합건축물 재난관리에 관한 특별법 제2조 제1호·제2호의 초고층 건축물 및 지하연계 복합건축물

⑨ 영화 및 비디오물의 진흥에 관한 법률 제2조 제10호의 영화상영관 중 수용인원 1천명 이상인 영화상영관

⑩ 전력용 및 통신용 지하구

⑪ 한국석유공사법 제10조 제1항 제3호의 석유비축시설

⑫ 한국가스공사법 제11조 제1항 제2호의 천연가스 인수기지 및 공급망

⑬ **점포가 500개 이상인 전통시장**(영 제41조)

⑭ 그 밖에 대통령령으로 정하는 시설물(**발전사업자가 가동 중인 발전소, 물류창고로서 연면적 10만 [m²] 이상인 것, 가스공급시설**)(영 제41조)

(2) 화재예방안전진단(법 제41조)

① 진단기관 : 한국소방안전원, 화재예방안전진단기관

② 화재예방안전진단의 실시절차(규칙 제41조)

   ㉠ 위험요인 조사

   ㉡ 위험성 평가

   ㉢ 위험성 감소대책의 수립

③ 화재예방안전진단의 실시방법(규칙 제41조)

   ㉠ 준공도면, 시설 현황, 소방계획서 등 자료수집 및 분석

   ㉡ 화재위험요인 조사, 소방시설 등의 성능점검 등 현장조사 및 점검

   ㉢ 정성적·정량적 방법을 통한 화재위험성 평가

   ㉣ 불시·무각본 훈련에 의한 비상대응훈련 평가

   ㉤ 그 밖에 지진 등 외부 환경 위험요인에 대한 예방·대비·대응태세 평가

(3) 화재예방안전진단의 대상(영 제43조)

① 공항시설 중 여객터미널의 연면적이 1,000만[m²] 이상인 공항시설

② 철도시설 중 역 시설의 연면적이 5,000만[m²] 이상인 철도시설

③ 도시철도시설 중 역사 및 역 시설의 연면적이 5,000만[m²] 이상인 도시철도시설

④ 항만시설 중 여객이용시설 및 지원시설의 연면적이 5,000만[m²] 이상인 항만시설

⑤ 전력용 및 통신용 지하구 중 국토의 계획 및 이용에 관한 법률 제2조 제9호에 따른 공동구

⑥ 천연가스 인수기지 및 공급망 중 소방시설 설치 및 관리에 관한 법률 시행령 별표 2 제17호 나목에 따른 가스시설

⑦ 발전소 중 연면적이 5,000만[m²] 이상인 발전소

⑧ 가스공급시설 중 가연성 가스 탱크의 저장용량의 합계가 100[ton] 이상이거나 저장용량이 30[ton] 이상인 가연성 가스 탱크가 있는 가스공급시설

(4) 화재예방안전진단의 실시주기(영 제44조, 영 별표 7)

① 안전등급이 우수인 경우 : 안전등급을 통보받은 날부터 6년이 경과한 날이 속하는 해

② 안전등급이 양호·보통인 경우 : 안전등급을 통보받은 날부터 5년이 경과한 날이 속하는 해

③ 안전등급이 미흡·불량인 경우 : 안전등급을 통보받은 날부터 4년이 경과한 날이 속하는 해

안전등급	화재예방안전진단 대상물의 상태
우수(A)	화재예방안전진단 실시 결과 문제점이 발견되지 않은 상태
양호(B)	화재예방안전진단 실시 결과 문제점이 일부 발견되었으나 대상물의 화재안전에는 이상이 없으며 대상물 일부에 대해 법 제41조 제5항에 따른 보수·보강 등의 조치명령(이하 이 표에서 "조치명령"이라 한다)이 필요한 상태
보통(C)	화재예방안전진단 실시 결과 문제점이 다수 발견되었으나 대상물의 전반적인 화재안전에는 이상이 없으며 대상물에 대한 다수의 조치명령이 필요한 상태
미흡(D)	화재예방안전진단 실시 결과 광범위한 문제점이 발견되어 대상물의 화재안전을 위해 조치명령의 즉각적인 이행이 필요하고 대상물의 사용 제한을 권고할 필요가 있는 상태
불량(E)	화재예방안전진단 실시 결과 중대한 문제점이 발견되어 대상물의 화재안전을 위해 조치명령의 즉각적인 이행이 필요하고 대상물의 사용 중단을 권고할 필요가 있는 상태

(5) 전문기관의 지정취소 등(법 제42조)

① 전문기관 지정 신청 : 소방청장

② 자격취소

  ㉠ 거짓이나 그 밖의 부정한 방법으로 지정을 발급받은 경우

  ㉡ 업무정지기간에 화재예방안전진단 업무를 한 경우

③ 6개월 이내의 업무정지

  ㉠ 화재예방안전진단 결과를 소방본부장 또는 소방서장, 관계인에게 제출하지 않는 경우

  ㉡ 지정기준에 미달하게 된 경우

13 보 칙

(1) 조치명령 등의 기간연장(법 제45조)

① 사유 : 천재지변이나 그 밖에 대통령령으로 정하는 사유로 조치명령 등을 그 기간 내에 이행할 수 없는 경우

② 조치명령 등의 이행시기 연장 대상

  ㉠ 소방대상물의 개수·이전·제거, 사용의 금지 또는 제한, 사용폐쇄, 공사의 정지 또는 중지, 그 밖의 필요한 조치명령

  ㉡ 소방안전관리자 또는 소방안전관리보조자 선임명령

  ㉢ 소방안전관리업무 이행명령

(2) 청문(법 제46조)

① 시행권자 : 소방청장 또는 시·도지사

② 대 상

  ㉠ 소방안전관리자의 자격 취소

  ㉡ 진단기관의 지정취소

(3) 소방관서장의 권한을 한국소방안전원에 위탁사항(법 제48조)

① 소방안전관리자 또는 소방안전관리보조자 선임신고의 접수

② 소방안전관리자 또는 소방안전관리보조자 해임 사실의 확인

③ 건설현장 소방안전관리자 선임신고의 접수

④ 소방안전관리자 자격시험
⑤ 소방안전관리자 자격증의 발급 및 재발급
⑥ 소방안전관리 등에 관한 종합정보망의 구축·운영
⑦ 소방안전관리자 강습교육 및 실무교육

14 벌 칙

(1) 3년 이하의 징역 또는 3천만원 이하의 벌금(법 제50조)

① 화재안전조사 결과에 따른 조치명령을 정당한 사유 없이 위반한 자
② 소방안전관리자 선임명령을 정당한 사유 없이 위반한 자
③ 화재예방안전진단 결과에 따라 보수·보강 등의 조치가 필요하다고 인정하는 경우에는 관계인이 보수·보강 등의 조치명령을 정당한 사유 없이 위반한 자
④ 거짓이나 그 밖의 부정한 방법으로 진단기관으로 지정을 받은 자

(2) 1년 이하의 징역 또는 1천만원 이하의 벌금(법 제50조) `17` 년 출제

① 관계인의 정당한 업무를 방해하거나, 조사업무를 수행하면서 취득한 자료나 알게 된 비밀을 다른 사람 또는 기관에게 제공 또는 누설하거나 목적 외의 용도로 사용한 자
② 소방안전관리자 자격증을 다른 사람에게 빌려주거나 빌리거나 이를 알선한 자
③ 화재예방 진단기관으로부터 화재예방안전진단을 받지 않은 자

(3) 300만원 이하의 벌금(법 제50조) `14` `17` `21` 년 출제

① 화재안전조사를 정당한 사유 없이 거부·방해 또는 기피한 자
② 화재예방 조치명령을 정당한 사유 없이 따르지 않거나 방해한 자
③ 소방안전관리자, 총괄소방안전관리자 또는 소방안전관리보조자를 선임하지 않은 자
④ 소방시설·피난시설·방화시설 및 방화구획 등이 법령에 위반된 것을 발견하였음에도 필요한 조치를 할 것을 요구하지 않은 소방안전관리자
⑤ 소방안전관리자에게 불이익한 처우를 한 관계인
⑥ 업무를 수행하면서 알게 된 비밀을 이 법에서 정한 목적 외의 용도로 사용하거나 다른 사람 또는 기관에 제공하거나 누설한 자

(4) 300만원 이하의 과태료(법 제52조) `14` `24` 년 출제

① 정당한 사유 없이 화재의 제17조 제1항(예방조치 등) 각 호의 어느 하나에 해당하는 행위를 한 자
② 소방안전관리자를 겸한 자(다른 안전관리자로 선임된 경우)
③ 소방안전관리업무를 하지 않은 특정소방대상물의 관계인 또는 소방안전관리대상물의 소방안전관리자
④ 관계인이 소방안전관리자의 소방안전관리업무의 지도·감독을 하지 않은 자
⑤ 건설현장 소방안전관리대상물의 소방안전관리자의 업무를 하지 않은 소방안전관리자
⑥ 피난유도 안내정보를 제공하지 않은 자
⑦ 소방훈련 및 교육을 하지 않은 자
⑧ 화재예방안전진단 결과를 제출하지 않은 자

(5) 200만원 이하의 과태료(법 제52조)

① 불을 사용할 때 지켜야 하는 사항 및 특수가연물의 저장 및 취급 기준을 위반한 자
② 소방설비 등의 설치 명령을 정당한 사유 없이 따르지 않은 자
③ 소방안전관리자를 기간 내에 선임신고를 하지 않거나 소방안전관리자의 성명 등을 게시하지 않은 자
④ 건설 현장 소방안전관리자를 기간 내에 선임신고를 하지 않은 자
⑤ 소방훈련 및 교육을 한 날부터 30일 이내에 소방훈련 및 교육 결과를 제출하지 않은 자

(6) 100만원 이하의 과태료(법 제52조)

실무교육을 받지 않은 소방안전관리자 및 소방안전관리보조자

15 과태료(영 별표 9)

위반행위	근거 법조문	과태료 금액(단위 : 만원)		
		1차 위반	2차 위반	3차 이상 위반
정당한 사유 없이 법 제17조 제1항 각 호의 어느 하나에 해당하는 행위를 한 경우	법 제52조 제1항 제1호	300		
법 제17조 제4항에 따른 불을 사용할 때 지켜야 하는 사항 및 같은 조 제5항에 따른 특수가연물의 저장 및 취급 기준을 위반한 경우	법 제52조 제2항 제1호	200		
법 제18조 제4항에 따른 소방설비 등의 설치 명령을 정당한 사유 없이 따르지 않은 경우	법 제52조 제2항 제2호	200		
법 제24조 제2항을 위반하여 소방안전관리자를 겸한 경우	법 제52조 제1항 제2호	300		
법 제24조 제5항에 따른 소방안전관리업무를 하지 않은 경우	법 제52조 제1항 제3호	100	200	300
법 제26조 제1항을 위반하여 기간 내에 선임신고를 하지 않거나 소방안전관리자의 성명 등을 게시하지 않은 경우	법 제52조 제2항 제3호			
• 지연 신고기간이 1개월 미만인 경우		50		
• 지연 신고기간이 1개월 이상 3개월 미만인 경우		100		
• 지연 신고기간이 3개월 이상이거나 신고하지 않은 경우		200		
• 소방안전관리자의 성명 등을 게시하지 않은 경우		50	100	200
법 제27조 제2항을 위반하여 소방안전관리업무의 지도·감독을 하지 않은 경우	법 제52조 제1항 제4호	300		
법 제29조 제1항을 위반하여 기간 내에 선임신고를 하지 않은 경우	법 제52조 제2항 제4호			
• 지연 신고기간이 1개월 미만인 경우		50		
• 지연 신고기간이 1개월 이상 3개월 미만인 경우		100		
• 지연 신고기간이 3개월 이상이거나 신고하지 않은 경우		200		
법 제29조 제2항에 따른 건설현장 소방안전관리대상물의 소방안전관리자의 업무를 하지 않은 경우	법 제52조 제1항 제5호	100	200	300
법 제34조 제1항 제2호를 위반하여 실무교육을 받지 않은 경우	법 제52조 제3항	50		
법 제36조 제3항을 위반하여 피난유도 안내정보를 제공하지 않은 경우	법 제52조 제1항 제6호	100	200	300
법 제37조 제1항을 위반하여 소방훈련 및 교육을 하지 않은 경우	법 제52조 제1항 제7호	100	200	300
법 제37조 제2항을 위반하여 기간 내에 소방훈련 및 교육 결과를 제출하지 않은 경우	법 제52조 제2항 제5호			
• 지연 신고기간이 1개월 미만인 경우		50		
• 지연 신고기간이 1개월 이상 3개월 미만인 경우		100		
• 지연 신고기간이 3개월 이상이거나 신고하지 않은 경우		200		
법 제41조 제4항을 위반하여 화재예방안전진단 결과를 제출하지 않은 경우	법 제52조 제1항 제8호			
• 지연 신고기간이 1개월 미만인 경우		100		
• 지연 신고기간이 1개월 이상 3개월 미만인 경우		200		
• 지연 신고기간이 3개월 이상이거나 신고하지 않은 경우		300		

예상문제

01 화재발생 우려가 크거나 화재가 발생할 경우 피해가 클 것으로 예상되는 지역에 대하여 화재예방강화지구를 지정할 수 없는 사람은?

① 특별자치도지사
② 특별자치시장
③ 광역시장
④ 소방본부장

해설 화재예방강화지구 지정권자 : 시·도지사(특별시장·광역시장·특별자치시장·도지사 또는 특별자치도지사)(법 제2조)

정답 ④

02 화재의 예방 및 안전관리에 관한 기본계획 수립·시행은 누가 하는가?

① 소방청장
② 소방본부장 또는 소방서장
③ 시·도지사
④ 행정안전부장관

해설 화재의 기본계획 수립·시행권자 : 소방청장(법 제4조)

정답 ①

03 화재의 예방 및 안전관리에 관한 기본계획을 몇 년마다 수립·시행해야 하는가?

① 1년
② 2년
③ 3년
④ 5년

해설 기본계획 수립·시행시기 : 5년마다(법 제4조)

정답 ④

04 화재의 기본계획에 포함하지 않는 사항은?

① 화재예방정책의 기본목표 및 추진방향

② 소방시설의 공사 및 화재안전기준의 개선에 관한 사항

③ 화재의 예방과 안전관리를 위한 대국민 교육·홍보

④ 계절별·시기별·소방대상물별 화재예방대책의 추진 및 평가·인증 등에 관한 사항

> **해설** **기본계획의 포함사항(법 제4조)**
> • 화재예방정책의 기본목표 및 추진방향
> • 화재의 예방과 안전관리를 위한 법령·제도의 마련 등 기반 조성
> • 화재의 예방과 안전관리를 위한 대국민 교육·홍보
> • 화재의 예방과 안전관리 관련 기술의 개발·보급
> • 화재의 예방과 안전관리 관련 전문인력의 육성·지원 및 관리
> • 화재의 예방과 안전관리 관련 산업의 국제경쟁력 향상
> • 그 밖에 대통령령으로 정하는 화재의 예방과 안전관리에 필요한 사항(영 제3조)
> – 화재발생 현황
> – 소방대상물의 환경 및 화재위험특성 변화 추세 등 화재예방정책의 여건 변화에 관한 사항
> – 소방시설의 설치·관리 및 화재안전기준의 개선에 관한 사항
> – 계절별·시기별·소방대상물별 화재예방대책의 추진 및 평가·인증 등에 관한 사항
> – 그 밖에 화재의 예방 및 안전관리에 관련하여 소방청장이 필요하다고 인정하는 사항

정답 ②

05 소방청장은 기본계획 및 시행계획의 수립·시행에 필요한 기초자료를 확보하기 위하여 실태조사 내용에 해당되지 않는 것은?

① 소방대상물의 용도별·규모별 현황

② 소방대상물의 소방시설 등 설치·관리 현황

③ 소방대상물의 화재의 예방 및 안전관리 현황

④ 소방대상물의 현황 및 안전관리에 관한 사항

> **해설** **실태조사 내용(법 제5조)**
> • 소방대상물의 용도별·규모별 현황
> • 소방대상물의 화재의 예방 및 안전관리 현황
> • 소방대상물의 소방시설 등 설치·관리 현황
> • 그 밖에 기본계획 및 시행계획의 수립·시행을 위하여 필요한 사항

정답 ④

06 소방대상물의 화재안전조사는 누가 하는가?

① 시장, 군수 ② 소방관서장

③ 시·도지사 ④ 행정안전부장관

> **해설** 화재안전조사 실시권자 : **소방관서장(소방청장, 소방본부장, 소방서장(법 제7조)**

정답 ②

07 소방대상물의 화재안전조사를 실시하는 경우에 해당되지 않는 것은?

① 자체점검이 불성실하거나 불완전하다고 인정되는 경우

② 화재예방안전진단이 불성실하거나 불완전하다고 인정되는 경우

③ 화재, 재난 등 인명 피해가 크지 않는 경우

④ 국가적 행사 등 주요 행사가 개최되는 장소 및 그 주변의 관계 지역에 대하여 소방안전관리 실태를 조사할 필요가 있는 경우

> 해설 화재안전조사 : 본문 참조(법 제7조)

정답 ③

08 소방대상물의 화재안전조사의 항목이 아닌 것은?

① 소방안전관리 업무 수행에 관한 사항

② 소방자동차 전용구역의 설치에 관한 사항

③ 방염에 관한 사항

④ 화재예방강화지구에 관한 사항

> 해설 화재안전조사의 항목(영 제7조)
> • 화재의 예방조치 등에 관한 사항
> • 소방안전관리 업무 수행에 관한 사항
> • 피난계획의 수립 및 시행에 관한 사항
> • 소화·통보·피난 등의 훈련 및 소방안전관리에 필요한 교육(소방훈련·교육)에 관한 사항
> • 소방자동차 전용구역의 설치에 관한 사항
> • 시공, 감리, 감리원의 배치에 관한 사항
> • 소방시설의 설치 및 관리 등에 관한 사항
> • 건설현장 임시소방시설의 설치 및 관리에 관한 사항
> • 피난시설, 방화구획 및 방화시설의 관리에 관한 사항
> • 방염에 관한 사항
> • 소방시설 등의 자체점검에 관한 사항

정답 ④

09 소방관서장은 소방대상물의 소방시설 등이 소방관계법령에 적합하게 설치·관리되고 있는지에 대하여 화재안전조사를 실시하는데 관계인의 승낙이 필요한 곳은?

① 음식점   ② 기숙사

③ 의료원   ④ 개인주거

> 해설 개인주거는 관계인의 승낙없이는 화재안전조사를 할 수 없다(법 제7조).

정답 ④

10 소방대상물의 화재안전조사 내용에 해당되지 않는 것은?

① 조사대상
② 조사기간
③ 조사사유
④ 조사방법

> 해설 화재안전조사 내용 : 조사대상, 조사기간, 조사사유(법 제8조)

정답 ④

11 화재안전조사의 방법 및 절차 등에 필요한 사항은 무엇으로 정하는가?

① 대통령령
② 행전안전부령
③ 시·도의 조례
④ 시행규칙

> 해설 화재안전조사의 방법 및 절차 등 : 대통령령(법 제8조)

정답 ①

12 화재안전조사를 효율적으로 수행하기 위하여 화재안전조사단을 편성하여 운영할 수 있는 사람이 아닌 사람은?

① 소방청장
② 소방대장
③ 소방본부장
④ 소방서장

> 해설 화재안전조사단 편성·운영권자 : 소방관서장(법 제9조)
>
> | 소방관서장 : 소방청장, 소방본부장, 소방서장 |
> | --- |

정답 ②

13 소방대상물의 화재안전조사 결과에 따른 조치명령를 할 수 있는 자는?

① 소방관서장
② 행정안전부장관
③ 소방안전원장
④ 시·도지사

> 해설 화재안전조사 결과에 따른 조치권자 : 소방관서장(**소방청장, 소방본부장 또는 소방서장**)(법 제14조)

정답 ①

14 소방관서장은 소방대상물의 화재안전조사 결과에 따른 조치명령을 할 수 있는 사항이 아닌 것은?

① 신 축
② 이 전
③ 제 거
④ 사용폐쇄

> 해설 화재안전조사 조치명령 : 개수, 이전, 제거, 사용의 금지 또는 제한, 사용폐쇄, 공사의 정지 또는 중지(법 제14조)

정답 ①

15 소방관서장은 소방대상물의 화재안전조사 결과에 따른 조치명령으로 인하여 손실을 입은 자는 그 손실에 따른 보상을 해야 하는 데 해당되지 않는 사람은?

① 특별시장
② 도지사
③ 소방본부장
④ 광역시장

> **해설** 손실보상 : 소방청장, 시 · 도지사(법 제15조)

정답 ③

16 화재안전조사 결과를 공개해야 하는 사항이 아닌 것은?

① 피난시설, 방화구획 및 방화시설의 설치 및 관리 현황
② 소방안전관리자 선임 현황
③ 화재예방경계지구 지정 현황
④ 소방대상물의 위치, 연면적, 용도 등 현황

> **해설** 화재안전조사 결과 공개내용(법 제16조)
> • 소방대상물의 위치, 연면적, 용도 등 현황
> • 소방시설 등의 설치 및 관리 현황
> • 피난시설, 방화구획 및 방화시설의 설치 및 관리 현황
> • 그 밖에 대통령령으로 정하는 사항(영 제15조)
>   – 제조소 등 설치 현황
>   – 소방안전관리자 선임 현황
>   – 화재예방안전진단 실시 결과

정답 ③

17 보일러, 난로, 건조설비, 가스 · 전기시설, 그 밖에 화재 발생 우려가 있는 설비 또는 기구 등의 위치 · 구조 및 관리와 화재 예방을 위하여 불을 사용할 때 지켜야 하는 사항은 무엇으로 정하는가?

① 대통령령
② 행전안전부령
③ 시 · 도의 조례
④ 시행규칙

> **해설** 불을 사용할 때 지켜야 하는 사항 : 대통령령(법 제17조)

정답 ①

18 화재가 발생하는 경우 불길이 빠르게 번지는 고무류 · 플라스틱류 · 석탄 및 목탄 등 기준으로 정하는 특수가연물의 저장 및 취급 기준은 무엇으로 정하는가?

① 대통령령
② 행전안전부령
③ 시 · 도의 조례
④ 시행규칙

> **해설** 특수가연물의 저장 및 취급 기준 : 대통령령(법 제17조)

정답 ①

19 소방관서장은 옮긴 물건을 보관하는 경우에는 며칠 동안 소방관서의 인터넷 홈페이지 또는 게시판에 공고 그 사실을 공고해야 하는가?

① 7일　　　　　　　　　　　　　② 14일
③ 30일　　　　　　　　　　　　 ④ 60일

해설　옮긴 물건의 보관 및 처리(영 제17조)
• 물건을 보관하는 경우 : 소방관서장은 그날부터 14일 동안 소방관서의 인터넷 홈페이지 또는 게시판에 공고
• 물건의 보관기간 : 공고기간 종료일 다음날부터 7일

정답 ②

20 불을 사용하는 설비의 관리기준에서 대통령령으로 정하는 설비(또는 기구) 등에 해당되지 않는 것은?

① 보일러　　　　　　　　　　　 ② 건조설비
③ 음식조리를 위하여 설치하는 설비　　 ④ 승강기

해설　불을 사용하는 설비의 관리기준에서 대통령령으로 정하는 설비(또는 기구)(영 제18조)
• 보일러
• 난 로
• 건조설비
• 가스·전기시설
• 불꽃을 사용하는 용접·용단기구
• 노·화덕설비
• 음식조리를 위하여 설치하는 설비

정답 ④

21 화재예방을 위하여 보일러 본체와 벽·천장 사이의 거리는 몇 [m] 이상으로 해야 하는가?

① 0.5　　　　　　　　　　　　　② 0.6
③ 1　　　　　　　　　　　　　　 ④ 1.5

해설　보일러 본체와 벽·천장 사이의 거리는 0.6[m] 이상 되도록 해야 한다(영 별표 1).

정답 ②

22 화재예방을 위하여 음식조리를 위하여 설치하는 설비에서 열을 발생하는 조리기구로부터 몇 [m] 거리에 있는 가연성 주요구조부는 단열성이 있는 불연재료로 덮어씌워야 하는가?

① 0.15　　　　　　　　　　　　 ② 0.6
③ 1　　　　　　　　　　　　　　 ④ 1.5

해설　열을 발생하는 조리기구로부터 0.15[m] 거리에 있는 가연성 주요구조부는 단열성이 있는 불연재료로 덮어씌울 것(영 별표 1).

정답 ①

23 일반음식점에서 조리를 위하여 불을 사용하는 설비를 설치할 때 지켜야 할 사항으로 적절하지 않은 것은?

① 주방시설에는 동물 또는 식물의 기름을 제거할 수 있는 필터 등을 설치할 것

② 열을 발생하는 조리기구로부터 0.15[m] 이내의 거리에 있는 가연성 주요구조부는 단열성이 있는 불연재료로 덮어 씌울 것

③ 주방설비에 부속된 배출덕트(공기 배출통로)는 0.5[mm] 이상의 아연도금강판 또는 이와 동등 이상의 내식성 불연재료로 설치할 것

④ 열을 발생하는 조리기구는 반자 또는 선반으로부터 0.5[m] 이상 떨어지게 할 것

> **해설** 열을 발생하는 조리기구는 반자 또는 선반으로부터 0.6[m] 이상 떨어지게 할 것(영 별표 1)

정답 ④

24 특수가연물의 품명과 기준수량이 바르게 짝지어진 것은?

① 면화류 - 200[kg] 이상

② 대팻밥 - 300[kg] 이상

③ 가연성고체류 - 1,000[kg] 이상

④ 목재가공품 - 20[m³] 이상

> **해설** **특수가연물의 종류(영 별표 2)**

품 명		수 량
면화류		200[kg] 이상
나무껍질 및 대팻밥		400[kg] 이상
넝마 및 종이 부스러기		1,000[kg] 이상
사류(絲類)		1,000[kg] 이상
볏짚류		1,000[kg] 이상
가연성고체류		3,000[kg] 이상
석탄·목탄류		10,000[kg] 이상
가연성액체류		2[m³] 이상
목재가공품 및 나무부스러기		10[m³] 이상
고무류·플라스틱류	발포시킨 것	20[m³] 이상
	그 밖의 것	3,000[kg] 이상

정답 ①

25 특수가연물을 저장 또는 취급하는 장소의 표지 내용으로 틀린 것은?

① 품 명

② 최대저장수량

③ 관리책임자의 성명

④ 적재높이

> **해설** 특수가연물을 저장 또는 취급하는 장소의 표지 내용(영 별표 3)
> • 품 명
> • 최대저장수량
> • 단위부피당 질량 또는 단위체적당 질량
> • 관리책임자 성명, 직책, 연락처
> • 화기취급의 금지표시가 포함된 특수가연물 표지

정답 ④

26 특수가연물을 쌓아 저장하는 기준이 아닌 것은?

① 품명별로 구분하여 쌓을 것

② 살수설비를 설치하는 경우 쌓는 높이는 20[m] 이하가 되도록 할 것

③ 살수설비를 설치하는 경우(석탄의 경우)에는 쌓는 부분의 바닥면적은 300[m²] 이하가 되도록 할 것

④ 실외에 쌓아 저장하는 경우 쌓는 부분과 대지경계선 또는 도로 인접 건축물과는 최소 6[m] 이상으로 이격해야 할 것

> **해설** 특수가연물을 쌓아 저장하는 경우(영 별표 3)
> • 품명별로 구분하여 쌓을 것
> • 쌓는 높이, 바닥면적, 체적

구 분	높 이	쌓는 부분의 바닥면적	
살수설비를 설치하거나 방사능력 범위에 해당 특수가연물이 포함되도록 대형 수동식소화기를 설치하는 경우	15[m] 이하	석탄·목탄류의 경우	300[m²] 이하
		석탄·목탄류 외의 경우	200[m²] 이하
그 밖의 경우	10[m] 이하	석탄·목탄류의 경우	200[m²] 이하
		석탄·목탄류 외의 경우	50[m²] 이하

> • 실외에 쌓아 저장하는 경우 쌓는 부분과 대지경계선 또는 도로, 인접 건축물과 최소 6[m] 이상 간격을 둘 것. 다만, 쌓는 높이보다 0.9[m] 이상 높은 내화구조 벽체를 설치한 경우는 그렇지 않다.
> • 실내에 쌓아 저장하는 경우 주요구조부는 내화구조이면서 불연재료여야 하고, 다른 종류의 특수가연물과 같은 공간 내에 보관하지 않을 것. 다만, 내화구조의 벽으로 분리하는 경우 그렇지 않다.
> • 쌓는 부분의 바닥면적 사이는 실내의 경우 1.2[m] 또는 쌓는 높이의 1/2 중 큰 값 이상으로 간격을 두어야 하며, 실외의 경우 3[m] 또는 쌓는 높이 중 큰 값 이상으로 간격을 둘 것

정답 ②

27 화재발생 우려가 크거나 화재가 발생할 경우 피해가 클 것으로 예상되는 지역에 대하여 화재의 예방 및 안전관리를 강화하기 위해 화재예방강화지구로 지정하여 관리하는 대상이 아닌 것은?

① 시장지역

② 불량건축물이 밀집한 지역

③ 소방시설이 미흡한 지역

④ 공장·창고가 밀집한 지역

> **해설** 화재예방강화지구 지정(법 제18조)
> • 시장지역
> • 공장·창고가 밀집한 지역
> • 목조건물이 밀집한 지역
> • 노후·불량건축물이 밀집한 지역
> • 위험물의 저장 및 처리시설이 밀집한 지역
> • 석유화학제품을 생산하는 공장이 있는 지역
> • 산업입지 및 개발에 관한 법률 제2조 제8호에 따른 산업단지
> • 소방시설·소방용수시설 또는 소방출동로가 없는 지역
> • 물류시설의 개발 및 운영에 관한 법률 제2조 제6호에 따른 물류단지
>
> **정답** ③

28 화재예방강화지구로 지정하지 않아도 되는 지역은?

① 공장이 밀집한 지역

② 고층건물이 밀집한 지역

③ 위험물의 저장 및 처리시설이 밀집한 지역

④ 소방시설·소방용수시설 또는 소방출동로가 없는 지역

> **해설** 목조건물이 밀집한 지역은 화재예방강화지구 지정대상이고, 고층건축물은 지정대상이 아니다(법 제18조).
>
> **정답** ②

29 화재예방강화지구 안의 소방대상물의 위치·구조 및 설비에 대하여 소방관서장이 해야 할 일에 해당되는 것은?

① 화재안전조사   ② 예방관리 및 보수

③ 방재설비   ④ 소방용수설비

> **해설** 소방관서장은 화재예방강화지구 안의 소방대상물의 위치·구조 및 설비에 대하여 화재안전조사를 해야 한다(법 제18조).
>
> **정답** ①

30 소방관서장은 화재예방강화지구 안의 소방대상물의 위치·구조 및 설비에 대하여 화재안전조사를 실시하는 횟수로 맞는 것은?

① 월 1회 이상　　　　　　　　　② 분기별 1회 이상

③ 연 1회 이상　　　　　　　　　④ 2년 1회 이상

> **해설**　화재예방강화지구의 화재안전조사(영 제20조)
> • 조사권자 : 소방관서장
> • 조사내용 : 소방대상물의 위치·구조 및 설비
> • 조사횟수 : 연 1회 이상

정답 ③

31 기상법 규정에 의한 기상현상 및 기상 영향에 대한 예보·특보가 있을 때 화재 위험경보를 발령해야 하는 사람은?

① 소방본부장 또는 소방서장　　　② 경찰서장

③ 기상대장　　　　　　　　　　　④ 민방위대장

> **해설**　기상현상 및 기상 영향에 대한 예보·특보가 있을 때 위험경보 발령권자 : 소방관서장(소방청장, 소방본부장, 소방서장)(법 제20조)

정답 ①

32 화재 발생원인 및 연소과정을 조사·분석하는 등이 과정에서 법령이나 정책의 개선이 필요하다고 인정되는 경우 그 법령이나 정책에 대한 화재 위험성의 유발요인 및 완화방안에 대한 화재안전영향평가를 실시할 수 있는 사람은?

① 소방본부장 또는 소방서장　　　② 경찰서장

③ 소방본부장　　　　　　　　　　④ 소방청장

> **해설**　화재안전영향평가권자 : 소방청장(법 제21조)

정답 ④

33 특정소방대상물의 소방안전관리자는 누가 선임해야 하는가?

① 소방서장　　　　　　　　　　　② 소방본부장

③ 관계인　　　　　　　　　　　　④ 소방대장

> **해설**　소방안전관리자 및 소방안전관리보조자 선임 : 관계인(법 제24조)

정답 ③

34 소방안전관리자의 선임신고는 며칠 이내에 누구에게 해야 하는가?

① 7일 이내, 소방서장
② 7일 이내, 소방본부장
③ 14일 이내, 관계인
④ 14일 이내 소방본부장 또는 소방서장

> **해설** 소방안전관리자 및 소방안전관리보조자 선임신고(법 제26조)
> • 선임기간 : 선임한 날부터 14일 이내
> • 선임 : 소방본부장 또는 소방서장에게

정답 ④

35 특정소방대상물의 관계인은 소방안전관리자가 해임된 날부터 며칠 이내에 선임해야 하는가?

① 10일
② 20일
③ 30일
④ 90일

> **해설** 소방안전관리자 해임 또는 퇴직 시 재선임 : 해임(퇴직)된 날부터 30일 이내(규칙 제14조)

정답 ③

36 소방안전관리자를 30일 이내에 선임해야 하는 기준일로 적합하지 못한 것은?

① 신축 등으로 소방안전관리자를 신규로 선임하는 경우에는 사용승인일
② 증축 또는 용도변경으로 1급 또는 2급 소방안전관리대상물이 된 때에도 증축공사의 사용승인일
③ 증축 또는 용도변경으로 소방안전관리등급이 변경되는 때에는 건축허가일
④ 소방안전관리자를 해임으로 해당 소방안전관리자의 업무가 종료된 경우에는 소방안전관리자를 해임된 날

> **해설** 소방안전관리자 선임 기준일(규칙 제14조)
> • **신축·증축·개축·재축·대수선 또는 용도변경으로 해당 특정소방대상물의 사용안전관리자를 신규로 선임해야 하는 경우** : 해당 특정소방대상물의사용승인일(건축물의 경우에는 건축물을 사용할 수 있게 된 날)
> • 증축 또는 용도변경으로 **특정소방대상물이 소방안전관리대상물로 된 경우** 또는 특정소방대상물의 소방안전관리 등급이 변경된 경우 : 증축공사의 사용승인일 또는 용도변경 사실을 건축물관리대장에 기재한 날
> • 양수, 경매, 환가, 매각 등 관계인의 권리를 취득한 경우 : 해당 권리를 취득한 날 또는 **관할 소방서장으로부터 소방안전관리자 선임 안내를 받은 날**
> • 관리의 권원이 분리된 특정소방대상물의 경우 : 관리의 권원이 분리되거나 소방본부장 또는 소방서장이 관리의 권원을 조정한 날
> • 소방안전관리자를 해임, 퇴직 등으로 해당 소방안전관리자의 업무가 종료된 경우 : 소방안전관리자가 해임된 날, 퇴직한 날 등 근무를 종료한 날
> • 소방안전관리업무를 대행하는 자를 감독하는 사람을 **소방안전관리자로 선임한 경우**로서 그 업무대행 계약이 해지 또는 종료된 경우 : **소방안전관리업무 대행이 끝난 날**

정답 ③

37 특정소방대상물의 소방안전관리자는 다른 법령에 따른 전기 · 가스 · 위험물 등의 안전관리자의 업무를 겸할 수 없는 대상물은?

① 1급 소방안전관리대상물　　　　② 2급 소방안전관리대상물

③ 3급 소방안전관리대상물　　　　④ 소방안전관리대상물 전부

> **해설**　소방안전관리자 겸직 불가능 대상(영 제26조)
> - 특급 소방안전관리대상물
> - 1급 소방안전관리대상물

정답 ①

38 특정소방대상물의 관계인은 소방안전관리업무를 대행하는 관리업자를 감독할 수 있는 사람을 지정하여 소방안전관리자로 선임할 수 있다. 이 경우 소방안전관리자로 선임된 자는 선임된 날부터 몇 개월 이내에 강습교육을 받아야 하는가?

① 1개월　　　　　　　　　　　② 2개월

③ 3개월　　　　　　　　　　　④ 6개월

> **해설**　소방안전관리자로 선임된 날부터 3개월 이내에 강습교육을 받아야 한다(법 제24조).

정답 ③

39 특급소방안전관리대상물에 해당되지 않는 대상물은?

① 50층 이상(지하층은 제외)이거나 지상으로부터 높이가 200[m] 이상인 아파트

② 30층 이상(지하층을 포함)

③ 연면적이 10만[m²] 이상인 특정소방대상물(아파트는 제외한다)

④ 지상으로부터 높이가 100[m] 이상인 특정소방대상물(아파트는 제외한다)

> **해설**　특급소방안전관리대상물 : 30층 이상이거나 지상으로부터 높이가 120[m] 이상인 특정소방대상물(아파트는 제외한다)(영 별표 4)

정답 ④

40 특급 소방안전관리대상물(아파트는 제외)은 층수가 몇 층(지하층 포함) 이상이어야 하는가?

① 11층　　　　　　　　　　　② 16층

③ 30층　　　　　　　　　　　④ 50층

> **해설**　특급 소방안전관리대상물
> - 50층 이상(지하층은 제외)이거나 지상으로부터 높이가 200[m] 이상인 아파트
> - 30층 이상(지하층을 포함)이거나 지상으로부터 높이가 120[m] 이상인 특정소방대상물(아파트는 제외)
> - 연면적이 10만[m²] 이상인 특정소방대상물(아파트는 제외한다)

정답 ③

41 특급 소방안전관리대상물에 소방안전관리자로 선임할 수 없는 사람은?

① 소방기술사의 자격이 있는 사람

② 소방시설관리사의 자격이 있는 사람

③ 소방설비기사의 자격을 취득한 후 5년 이상 1급 소방안전관리대상물의 소방안전관리자로 근무한 실무경력

④ 소방공무원으로 10년 이상 근무한 경력이 있는 사람

> **해설** 소방공무원으로 20년 이상 근무한 경력이 있는 사람은 특급 소방안전관리대상물의 자격이 된다(영 별표 4).

정답 ④

42 1급 소방안전관리대상물에 해당되지 않는 대상물은?

① 30층 이상(지하층은 제외)인 아파트

② 지상으로부터 높이가 120[m] 이상인 아파트

③ 지상층의 층수가 6층 이상인 특정소방대상물(아파트는 제외한다)

④ 연면적 15,000[m²] 이상인 특정소방대상물(아파트는 제외)

> **해설** **1급 소방안전관리대상물** : 지상층의 층수가 11층 이상인 특정소방대상물(아파트는 제외한다)(영 별표 4)

정답 ③

43 1급 소방안전관리대상물에 소방안전관리자로 선임할 수 없는 사람은?

① 소방설비기사의 자격이 있는 사람

② 소방공무원으로 5년 이상 근무한 경력이 있는 사람

③ 소방설비산업기사의 자격이 있는 사람

④ 특급 소방안전관리대상물의 소방안전관리자 자격이 인정되는 사람

> **해설** 소방공무원으로 7년 이상 근무한 경력이 있는 사람은 1급 소방안전관리대상물의 자격이 된다(영 별표 4).

정답 ②

44 2급 소방안전관리대상물에 해당되지 않는 대상물은?

① 공동주택

② 가스 제조설비를 갖추고 도시가스 사업의 허가를 받아야 하는 시설 또는 가연성 가스를 100[ton] 미만 저장·취급하는 시설

③ 지하구

④ 보물 또는 국보로 지정된 목조건축물

> **해설** **2급 소방안전관리대상물** : 가스 제조설비를 갖추고 도시가스 사업의 허가를 받아야 하는 시설 또는 가연성 가스를 100[ton] 이상 1,000[ton] 미만 저장·취급하는 시설(영 별표 4)

정답 ②

45 2급 소방안전관리대상물에 소방안전관리자로 선임할 수 없는 사람은?

① 위험물기능사의 자격이 있는 사람

② 위험물산업기사의 자격이 있는 사람

③ 소방설비산업기사의 자격이 있는 사람

④ 소방공무원으로 2년 이상 근무한 경력이 있는 사람

> **해설** 소방공무원으로 3년 이상 근무한 경력이 있는 사람은 2급 소방안전관리대상물의 자격이 된다(영 별표 4).

정답 ④

46 3급 소방안전관리대상물의 기준에 해당되는 것은?

① 자동화재탐지설비가 설치되어 있는 대상물

② 스프링클러설비가 설치되어 있는 대상물

③ 옥내소화전설비가 설치되어 있는 대상물

④ 지하구

> **해설** **3급 소방안전관리대상물** : 간이스프링클러설비 또는 자동화재탐지설비를 설치해야 하는 특정소방대상물(영 별표 4)

정답 ①

47 3급 소방안전관리대상물에 소방안전관리자로 선임기준으로 맞지 않는 것은?

① 위험물기능사의 자격이 있는 사람

② 위험물산업기사의 자격이 있는 사람

③ 소방설비산업기사의 자격이 있는 사람

④ 소방공무원으로 3년 이상 근무한 경력이 있는 사람

> **해설** **3급 소방안전관리대상물 선임기준** : 소방공무원으로 1년 이상 근무한 경력이 있는 사람(영 별표 4)

정답 ④

48 1,000세대인 아파트에 소방안전관리보조자를 몇 명 선임해야 하는가?

① 1명   ② 2명

③ 3명   ④ 4명

> **해설** 아파트는 300세대 이상이면 1명이고 300세대마다 1명 이상 추가로 선임해야 한다(영 별표 5).
>
> $$\therefore \text{소방안전관리자 보조자 수} = \frac{1,000}{300} = 3.33 ≒ 3명(\text{소숫점 이하는 삭제})$$

정답 ③

49 세대수나 연면적에 관계없이 소방안전관리보조자를 선임해야 하는 대상물에 해당되지 않는 것은?

① 기숙사   ② 의료시설

③ 업무시설   ④ 노유자시설

> **해설** 소방안전관리보조자 선임대상(영 별표 5)
> - 공동주택 중 기숙사
> - 의료시설
> - 노유자시설
> - 수련시설
> - 숙박시설(숙박시설로 사용되는 바닥면적의 합계가 1,500[m²] 미만이고 관계인이 24시간 상시 근무하고 있는 숙박시설은 제외)

정답 ③

50 소방안전관리대상물의 소방안전관리자로 선임된 자가 실시해야 할 업무가 아닌 것은?

① 화기취급의 감독

② 소방시설의 유지관리

③ 소방시설 관리교육

④ 자위소방대 및 초기대응체계의 구성, 운영 및 교육

> **해설** 특정소방대상물의 관계인과 소방안전관리대상물의 소방안전관리자 업무(법 제24조, 영 제28조)

업무 내용	소방안전관리 대상물	특정소방대상물 의 관계인	업무대행 기관의 업무
피난계획에 관한 사항과 대통령령으로 정하는 사항이 포함된 소방 계획서의 작성 및 시행	○	−	−
자위소방대(自衛消防隊) 및 초기대응체계의 구성, 운영 및 교육	○	−	−
소방시설 설치 및 관리에 관한 법률 제16조에 따른 피난시설, 방화 구획 및 방화시설의 관리	○	○	○
소방시설이나 그 밖의 소방 관련 시설의 관리	○	○	○
소방훈련 및 교육	○	−	−
화기(火氣) 취급의 감독	○	−	−
행정안전부령으로 정하는 바에 따른 소방안전관리에 관한 업무수 행에 관한 기록·유지(제3호·제4호 및 제6호의 업무를 말한다)	○	−	−
화재발생 시 초기대응	○	○	−
그 밖에 소방안전관리에 필요한 업무	○	○	−

정답 ③

51 소방안전관리자의 업무가 아닌 것은?

① 소화·통보·피난 등의 훈련
② 화기취급의 감독
③ 소방시설의 공사 발주
④ 소방시설이나 그 밖의 소방관련 시설의 유지·관리

해설　소방시설의 공사 발주는 소방시설공사업자가 한다.

정답 ③

52 선임된 소방안전관리자 정보의 게시 내용이 아닌 것은?

① 소방펌프의 위치
② 소방안전관리대상물의 명칭 및 등급
③ 소방안전관리자의 선임일자
④ 소방안전관리자의 연락처

해설　소방안전관리자 정보의 게시 내용(규칙 제15조)
• 소방안전관리대상물의 명칭 및 등급
• 소방안전관리자의 성명 및 선임일자
• 소방안전관리자의 연락처
• 소방안전관리자의 근무위치(화재 수신기 또는 종합방재실을 말한다)

소방안전관리자 현황표(대상명 :　　　　　　　)

이 건축물의 소방안전관리자는 다음과 같습니다.
☐ 소방안전관리자 :　　　　　　(선임일자 :　년　월　일)
☐ 소방안전관리대상물 등급 :　　　급
☐ 소방안전관리자 근무 위치(화재수신기 위치) :
「화재의 예방 및 안전관리에 관한 법률」 제26조 제1항에 따라 이 표지를 붙입니다.

소방안전관리자 연락처 :

정답 ①

53 소방안전관리자 자격이 취소되는 경우에 해당하는 것은?

① 소방안전관리 업무를 게을리한 경우

② 소방안전관리자 자격증을 다른 사람에게 빌려준 경우

③ 실무교육을 받지 않는 경우

④ 소방안전관리자가 소방안전교육을 실시하지 않는 경우

해설 **소방안전관리자 자격의 정지 및 취소 기준(규칙 별표 3)**

위반사항	근거 법령	행정처분기준		
		1차 위반	2차 위반	3차 이상 위반
거짓이나 그 밖의 부정한 방법으로 소방안전관리자 자격증을 발급받은 경우	법 제31조 제1항		자격취소	
법 제24조 제5항에 따른 소방안전관리 업무를 게을리한 경우	법 제31조 제1항	경고 (시정명령)	자격정지 (3개월)	자격정지 (6개월)
법 제30조 제4항을 위반하여 소방안전관리자 자격증을 다른 사람에게 빌려준 경우	법 제31조 제1항		자격취소	
제34조에 따른 실무교육을 받지 않는 경우	법 제31조 제1항	경고 (시정명령)	자격정지 (3개월)	자격정지 (6개월)

정답 ②

54 특정소방대상물에 대한 소방계획서의 작성 및 시행은 누가 하는가?

① 소방서장
② 소방안전관리자
③ 소방안전원장
④ 의용소방대장

해설 **소방계획서의 작성 및 시행권자 : 소방안전관리자(법 제24조)**

정답 ②

55 소방계획서의 내용에 포함되지 않아도 되는 계획은 다음 중 어느 것인가?

① 등화관제훈련계획

② 화재예방을 위한 자체점검계획 및 대응대책

③ 피난층 및 피난시설의 위치와 피난경로의 설정, 화재안전취약자의 피난계획 등을 포함한 피난계획

④ 소방훈련・교육에 관한 계획

해설 **소방안전관리대상물의 소방계획서에 포함되어야 하는 사항(영 제27조)** : 본문 참조

정답 ①

56 특정소방대상물의 소방안전관리자가 작성하는 소방계획서에 포함되지 않아도 되는 것은?

① 소방안전관리대상물에 설치한 소방시설, 위험물시설의 현황

② 화재예방을 위한 자체점검계획 및 진압대책

③ 소방시설, 피난시설의 및 방화시설의 점검 · 정비계획

④ 위험물 취급관리의 지도 및 감독에 관한 사항의 계획

> **해설** 위험물의 저장 · 취급에 관한 사항(예방규정을 정하는 제조소 등을 제외)은 소방계획서에 포함된다 (영 제27조).

정답 ④

57 특정소방대상물의 관계인 소방안전관리 업무대행 대상에 해당하지 않는 것은?

① 1급 소방안전관리대상물인 아파트

② 지상층의 층수가 11층 이상인 1급 소방안전관리대상물

③ 2급 소방안전관리대상물

④ 3급 소방안전관리대상물

> **해설** **소방안전관리 업무대행의 대상 및 범위(영 제28조)**
> - 소방안전관리 업무대행 대상
>   - 지상층의 층수가 11층 이상인 1급 소방안전관리대상물(연면적 15,000[m²] 이상인 특정소방대상물과 아파트는 제외)
>   - 2급 소방안전관리대상물
>   - 3급 소방안전관리대상물
>
> > **1급 소방안전관리대상물** : 30층 이상(지하층 제외)이거나 높이가 120[m] 이상인 아파트
>
> - 소방안전관리 업무대행의 범위
>   - 피난시설, 방화구획 및 방화시설의 관리
>   - 소방시설이나 그 밖의 소방 관련 시설의 관리

정답 ①

58 화재발생 및 화재 피해의 우려가 큰 건설현장 소방안전관리대상물에 해당하지 않는 것은?

① 대수선을 하려는 부분의 연면적의 합계가 15,000[m²] 이상인 특정소방대상물

② 지하 2층 이상으로 신축하려는 특정소방대상물로서 연면적 5,000[m²] 이상인 것

③ 지상층의 층수가 11층 이상으로 개축하려는 연면적의 합계가 5,000[m²] 이상인 특정소방대상물

④ 신축이나 증축을 하려는 부분의 연면적의 합계가 5,000[m²] 이상인 특정소방대상물

> **해설** 건설현장 소방안전관리대상물(영 제29조)
> - 신축·증축·개축·재축·이전·용도변경 또는 대수선을 하려는 부분의 연면적의 합계가 15,000[m²] 이상인 특정소방대상물
> - 신축·증축·개축·재축·이전·용도변경 또는 대수선을 하려는 부분의 연면적 5,000[m²] 이상인 것으로서 다음의 어느 하나에 해당하는 것
>   - 지하층의 층수가 2개 층 이상인 것
>   - 지상층의 층수가 11층 이상인 것
>   - 냉동창고, 냉장창고 또는 냉동, 냉장창고
>
> **정답** ④

59 관리권원이 분리된 특정소방대상물의 관계인은 권원별로 소방안전관리자를 선임해야 한다. 이 대상물에 해당되지 않는 것은?

① 지하가

② 지하층을 포함한 층수가 11층 이상인 복합건축물

③ 전통시장

④ 복합건축물(연면적 30,000[m²] 이상인 건축물)

> **해설** 관리권원이 분리된 특정소방대상물의 소방안전관리자 선임 대상물(법 제35조, 영 제36조)
> - 복합건축물(지하층을 제외한 층수가 11층 이상 또는 연면적 30,000[m²] 이상인 건축물)
> - 지하가(지하의 인공구조물 안에 설치된 상점 및 사무실, 그 밖에 이와 비슷한 시설이 연속하여 지하도에 접하여 설치된 것과 그 지하도를 합한 것을 말한다)
> - 그 밖에 대통령령으로 정하는 특정소방대상물(판매시설 중 도매시장, 소매시장 및 전통시장)
>
> **정답** ②

60 관리권원이 분리된 특정소방대상물에 소방안전관리자의 선임기준으로 틀린 것은?

① 법령 또는 계약 등에 따라 공동으로 관리하는 경우에는 각각 하나의 관리권원으로 보아 각각 소방안전관리자 1명 선임해야 한다.

② 화재수신기 또는 소화펌프(가압송수장치 포함)가 별도로 설치되어 있는 경우에는 설치된 화재수신기 또는 소화펌프가 화재를 감지·소화 또는 경보할 수 있는 부분을 각각 하나의 관리권원으로 보아 각각 소방안전관리자 선임해야 한다.

③ 하나의 화재수신기 및 소화펌프가 설치된 경우에는 하나의 관리권원으로 보아 소방안전관리자 1명 선임해야 한다.

④ 관리권원이 분리되어 있는 특정소방대상물의 관계인은 소유권, 관리권 및 점유권에 따라 각각 소방안전관리자를 선임해야 한다.

> **해설** **관리권원이 분리된 특정소방대상물에 소방안전관리자의 선임기준(영 제34조)**
> • 관리권원이 분리되어 있는 특정소방대상물의 관계인은 소유권, 관리권 및 점유권에 따라 각각 소방안전관리자를 선임해야 한다.
> • 법령 또는 계약 등에 따라 공동으로 관리하는 경우 : 하나의 관리권원으로 보아 소방안전관리자 1명 선임
> • 화재수신기 또는 소화펌프(가압송수장치 포함)가 별도로 설치되어 있는 경우 : 설치된 화재수신기 또는 소화펌프가 화재를 감지·소화 또는 경보할 수 있는 부분을 각각 하나의 관리권원으로 보아 각각 소방안전관리자 선임
> • 하나의 화재수신기 및 소화펌프가 설치된 경우 : 하나의 관리권원으로 보아 소방안전관리자 1명 선임

정답 ①

61 소방안전관리대상물 중 불특정 다수인이 이용하는 특정소방대상물의 근무자 등에게 불시에 소방훈련과 교육을 실시할 수 있는 대상이 아닌 것은?

① 근린생활시설　　　　　　② 의료시설
③ 노유자시설　　　　　　　④ 교육연구시설

> **해설** **불시 소방훈련과 교육(법 제37조, 영 제39조)**
> • 실시권자 : 소방본부장 또는 소방서장
> • 훈련과 교육대상 특정소방대상물
> – 의료시설
> – 교육연구시설
> – 노유자시설
> – 그 밖에 화재 발생 시 불특정 다수의 인명피해가 예상되어 소방본부장 또는 소방서장이 소방훈련·교육이 필요하다고 인정하는 특정소방대상물

정답 ①

62 화재 등 재난이 발생할 경우 사회 · 경제적으로 피해가 큰 시설은 소방안전 특별관리시설물로 분류하여 특별관리 하는데 해당하지 않는 것은?

① 공항시설
② 항만시설
③ 발전사업자가 가동 중인 발전소
④ 점포가 100개 이상인 전통시장

> **해설** 소방안전 특별관리시설물의 안전관리(법 제40조, 영 제41조)
> • 공항시설법 제2조 제7호의 공항시설
> • 철도산업발전기본법 제3조 제2호의 철도시설
> • 도시철도법 제2조 제3호의 도시철도시설
> • 항만법 제2조 제5호의 항만시설
> • 문화유산의 보존 및 활용에 관한 법률 제2조 제3항의 지정문화유산 및 자연유산의 보존 및 활용에 관한 법률 제2조 제5호에 따른 천연기념물 등인 시설(시설이 아닌 지정문화유산 및 천연기념물 등을 보호하거나 소장하고 있는 시설을 포함한다)
> • 산업기술단지 지원에 관한 특례법 제2조 제1호의 산업기술단지
> • 산업입지 및 개발에 관한 법률 제2조 제8호의 산업단지
> • 초고층 및 지하연계 복합건축물 재난관리에 관한 특별법 제2조 제1호 · 제2호의 초고층 건축물 및 지하연계 복합건축물
> • 영화 및 비디오물의 진흥에 관한 법률 제2조 제10호의 영화상영관 중 수용인원 1천명 이상인 영화상영관
> • 전력용 및 통신용 지하구
> • 한국석유공사법 제10조 제1항 제3호의 석유비축시설
> • 한국가스공사법 제11조 제1항 제2호의 천연가스 인수기지 및 공급망
> • 점포가 500개 이상인 전통시장
> • 그 밖에 대통령령으로 정하는 시설물(발전사업자가 가동 중인 발전소, 물류창고로서 연면적 10만 [m²] 이상, 가스공급시설)
>
> 정답 ④

63 화재예방 안전진단의 대상 기준으로 틀린 것은?

① 공항시설 중 여객터미널의 연면적이 5,000만[m²] 이상인 공항시설
② 철도시설 중 역 시설의 연면적이 5,000만[m²] 이상인 철도시설
③ 도시철도시설 중 역사 및 역 시설의 연면적이 5,000만[m²] 이상인 도시철도시설
④ 발전소 중 연면적이 5,000만[m²] 이상인 발전소

> **해설** 화재예방 안전진단 대상(영 제43조)
> • 공항시설 중 여객터미널의 연면적이 **1,000만[m²]** 이상인 공항시설
> • 철도시설 중 역 시설의 연면적이 **5,000만[m²]** 이상인 철도시설
> • 도시철도시설 중 역사 및 역 시설의 연면적이 **5,000만[m²]** 이상인 도시철도시설
> • 항만시설 중 여객이용시설 및 지원시설의 연면적이 **5,000만[m²]** 이상인 항만시설
> • 발전소 중 연면적이 **5,000만[m²]** 이상인 발전소
>
> 정답 ①

64 소방안전 특별관리시설물의 관계인은 화재예방안전진단을 받아야 하는데 기준으로 틀린 것은?

① 안전등급이 우수인 경우 : 안전등급을 통보받은 날부터 6년이 경과한 날이 속하는 해
② 안전등급이 불량인 경우 : 안전등급을 통보받은 날부터 4년이 경과한 날이 속하는 해
③ 안전등급이 보통인 경우 : 안전등급을 통보받은 날부터 4년이 경과한 날이 속하는 해
④ 안전등급이 미흡인 경우 : 안전등급을 통보받은 날부터 4년이 경과한 날이 속하는 해

> **해설** 화재예방안전진단의 실시주기(영 제44조)
> • 안전등급이 우수인 경우 : 안전등급을 통보받은 날부터 6년이 경과한 날이 속하는 해
> • 안전등급이 양호·보통인 경우 : 안전등급을 통보받은 날부터 5년이 경과한 날이 속하는 해
> • 안전등급이 미흡·불량인 경우 : 안전등급을 통보받은 날부터 4년이 경과한 날이 속하는 해

정답 ③

65 화재안전조사 결과에 따른 조치명령을 정당한 사유없이 위반한 자에 대한 벌칙은?

① 500원 이하의 과태료
② 300만원 이하의 벌금
③ 1년 이하의 징역 또는 1,000만원 이하의 벌금
④ 3년 이하의 징역 또는 3,000만원 이하의 벌금

> **해설** 3년 이하의 징역 또는 3,000만원 이하의 벌금(법 제50조)
> • 화재안전조사 결과에 따른 조치명령을 정당한 사유없이 위반한 자
> • 소방안전관리자 선임명령을 정당한 사유없이 위반한 자
> • 화재예방안전진단 결과에 다른 보수·보강 등의 조치명령을 정당한 사유없이 위반한 자
> • 거짓이나 그 밖의 부정한 방법으로 진단기관으로 지정을 받은 자

정답 ④

66 1년 이하의 징역 또는 1,000만원 이하의 벌금에 해당되지 않는 것은?

① 화재예방안전진단 결과를 제출하지 않은 자
② 소방안전관리자 자격증을 다른 사람에게 빌려준 자
③ 소방안전관리자 자격증을 다른 사람에게 빌려주도록 이를 알선한 자
④ 조사업무를 수행하면서 취득한 자료나 알게 된 비밀을 다른 사람에게 누설한 자

> **해설** 화재예방안전진단 결과를 제출하지 않은 자 : 300만원 이하의 과태료(법 제50조)

정답 ①

67 300만원 이하의 벌금에 해당되는 것은?

① 화재예방안전진단 결과를 제출하지 않은 자

② 피난유도 안내정보를 제공하지 않은 자

③ 화재안전조사를 정당한 사유 없이 거부·방해 또는 기피한 자

④ 소방훈련 및 교육을 하지 않은 자

해설　화재안전조사를 정당한 사유 없이 거부·방해 또는 기피한 자 : 300만원 이하의 벌금(법 제50조)
①, ②, ④는 300만원 이하의 과태료에 해당한다.

정답 ③

68 300만원 이하의 과태료에 해당되는 것은?

① 화재예방 조치명령을 정당한 사유 없이 따르지 않거나 방해한 자

② 소방안전관리자 또는 소방안전관리보조자를 선임하지 않은 자

③ 총괄소방안전관리자를 선임하지 않은 자

④ 소방안전관리업무의 지도·감독을 하지 않은 자

해설　①, ②, ③은 300만원 이하의 벌금이고, ④는 300만원 이하의 과태료이다(법 제50조, 제52조).

정답 ④

69 200만원 이하의 과태료에 해당되지 않는 것은?

① 불을 사용할 때 지켜야 하는 사항 및 특수가연물의 저장 및 취급 기준을 위반한 자

② 소방설비 등의 설치 명령을 정당한 사유 없이 따르지 않은 자

③ 건설 현장 소방안전관리자를 기간 내에 선임신고를 하지 않은 자

④ 실무교육을 받지 않은 소방안전관리자 및 소방안전관리보조자

해설　①, ②, ③은 200만원 이하의 과태료이고, ④는 100만원 이하의 과태료이다(법 제52조).

정답 ④

70 소방안전관리업무를 하지 않은 경우 1차 위반 시 과태료 금액은?

① 50만원

② 100만원

③ 200만원

④ 300만원

해설　소방안전관리업무를 하지 않은 경우(영 별표 9)
• 1차 위반 : 100만원
• 2차 위반 : 200만원
• 3차 이상 위반 : 300만원

정답 ②

71 특수가연물의 저장 및 취급 기준을 위반한 경우 2차 위반 시 과태료 금액은?

① 50만원

② 100만원

③ 200만원

④ 300만원

해설 **특수가연물의 저장 및 취급기준을 위반한 경우(영 별표 9)**
- 1차 위반 : 200만원
- 2차 위반 : 200만원
- 3차 이상 위반 : 200만원

정답 ③

72 선임된 소방안전관리자가 실무교육을 받지 않은 경우 3차 과태료 금액은?

① 50만원

② 100만원

③ 200만원

④ 300만원

해설 **소방안전관리자가 실무교육을 받지 않은 경우(영 별표 9)**
- 1차 위반 : 50만원
- 2차 위반 : 50만원
- 3차 이상 위반 : 50만원

정답 ①

05 위험물안전관리법, 영, 규칙

1 목적(법 제1조)

① 위험물로 인한 위해 방지
② 공공의 안전 확보함

2 정의(법 제2조) 14 년 출제

① **위험물** : **인화성** 또는 **발화성** 등의 성질을 가지는 것으로서 대통령령이 정하는 물품
② **지정수량** : 위험물의 종류별로 위험성을 고려하여 대통령령으로 정하는 수량(제조소 등의 설치허가 등에 있어서 최저의 기준이 되는 수량)
③ 제조소 : 위험물을 제조할 목적으로 지정수량 이상의 위험물을 취급하기 위하여 허가 받은 장소
④ 저장소 : 지정수량 이상의 위험물을 저장하기 위한 대통령령이 정하는 장소로서 허가를 받은 장소

    ㉠ 옥내저장소　　　　　　　　　　　　㉡ 옥외탱크저장소
    ㉢ 옥내탱크저장소　　　　　　　　　　㉣ 지하탱크저장소
    ㉤ 간이탱크저장소　　　　　　　　　　㉥ 이동탱크저장소
    ㉦ 옥외저장소　　　　　　　　　　　　㉧ 암반탱크저장소

> **[옥외저장소에 저장할 수 있는 위험물]** 24 년 출제
> • 제2류 위험물 중 황 또는 인화성 고체(인화점이 0[℃] 이상인 것에 한한다)
> • 제4류 위험물 중 제1석유류(인화점이 0[℃] 이상인 것에 한한다), 알코올류, 제2석유류, 제3석유류, 제4석유류 및 동식물유류
> • 제6류 위험물
> • 제2류 위험물 및 제4류 위험물 중 특별시·광역시·특별자치도·도 또는 특별자치도의 조례로 정하는 위험물(관세법에 따른 보세구역 안에 저장하는 경우로 한정한다)
> • 국제해사기구에 관한 협약에 의하여 설치된 국제해사기구가 채택한 국제해상위험물규칙(IMGD Code)에 적합한 용기에 수납된 위험물

⑤ 취급소 : 지정수량 이상의 위험물을 제조 외의 목적으로 취급하기 위한 대통령령이 정하는 장소로서 허가를 받은 장소
⑥ **제조소 등** : 제조소, 저장소, 취급소

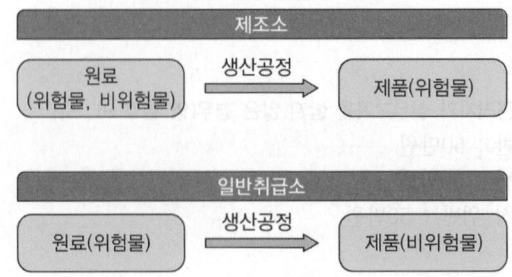

[제조소와 일반취급소의 구분]

3 취급소의 구분(영 별표 3) **16** 년 출제

① **주유취급소** : 고정된 주유설비에 의하여 자동차·항공기 또는 선박 등의 연료탱크에 직접 주유하기 위하여 위험물을 취급하는 장소(위험물을 용기에 옮겨 담거나 차량에 고정된 5,000[L] 이하의 탱크에 주입하기 위하여 고정된 급유설비를 병설한 장소를 포함한다)

② **판매취급소** : 점포에서 위험물을 용기에 담아 판매하기 위하여 **지정수량의 40배 이하**의 위험물을 취급하는 장소

③ **이송취급소** : 배관 및 이에 부속된 설비에 의하여 위험물을 이송하는 장소

④ **일반취급소** : 주유취급소, 판매취급소, 이송취급소 외의 장소

4 위험물의 저장 및 취급의 제한(법 제5조)

① 지정수량 이상의 위험물을 저장소가 아닌 장소에서 저장하거나 제조소 등이 아닌 장소에서 취급해서는 안 된다.

② 제조소 등이 아닌 장소에서 지정수량 이상의 위험물을 취급할 수 있는 경우
　㉠ 관할 소방서장의 승인을 받아 지정수량 이상의 위험물을 **90일 이내의 기간** 동안 **임시로 저장** 또는 **취급**하는 경우
　㉡ 군부대가 지정수량 이상의 위험물을 군사목적으로 임시로 저장 또는 취급하는 경우

> 임시로 저장 또는 취급하는 장소의 위치 구조 및 설비의 기준 : **시·도의 조례**

③ 제조소 등의 위치·구조 및 설비의 기술기준 : 행정안전부령

④ **위험물안전관리법의 적용 제외** : **항공기, 선박, 철도** 및 **궤도**(법 제3조) **14** 년 출제

⑤ **지정수량 미만인 위험물의 저장·취급의 기준** : 특별시·광역시 및 도(**시·도**)의 **조례**(법 제4조)
　14 **16** 년 출제

⑥ 둘 이상의 위험물을 같은 장소에서 저장 또는 취급하는 경우에 있어서 해당 장소에서 저장 또는 취급하는 각 위험물의 수량을 그 위험물의 지정수량으로 각각 나누어 얻은 수의 합계가 1 이상인 경우 해당 위험물은 지정수량 이상의 위험물로 본다.

> $$지정수량의\ 배수 = \frac{저장(취급)량}{지정수량} + \frac{저장(취급)량}{지정수량} + \cdots$$

5 위험물시설의 설치 및 변경 등(법 제6조)

(1) 제조소 등 설치·변경 시 허가권자 : 시·도지사

> 제조소 등의 변경 내용 : **위치, 구조, 설비**

(2) 허가 받지 않고 위치, 구조 설비를 변경하는 경우와 신고하지 않고 품명, 수량, 지정수량의 배수를 변경하는 경우(설치허가 제외대상) **17** **18** **19** 년 출제

① 주택의 난방시설(공동주택의 중앙난방시설을 제외한다)을 위한 저장소 또는 취급소

② 농예용·축산용 또는 수산용으로 필요한 난방시설 또는 건조시설을 위한 지정수량 20배 이하의 저장소

(3) 제조소 등의 변경허가를 받아야 하는 경우(규칙 별표 1의2)

구 분	변경허가를 받아야 하는 경우
제조소 또는 일반 취급소 **13** **년 출제**	• 제조소 또는 일반취급소의 **위치를 이전**하는 경우 • 건축물의 벽·기둥·바닥·보 또는 지붕을 증설 또는 철거하는 경우 • **배출설비를 신설**하는 경우 • 위험물취급탱크를 신설·교체·철거 또는 보수(탱크의 본체를 절개하는 경우)하는 경우 • 위험물취급탱크의 노즐 또는 맨홀을 신설하는 경우(노즐 또는 맨홀의 지름이 250[mm]를 초과하는 경우에 한한다) • 위험물취급탱크의 방유제의 높이 또는 방유제 내의 **면적을 변경**하는 경우 • 위험물취급탱크의 탱크전용실을 증설 또는 교체하는 경우 • 300[m](지상에 설치하지 않는 배관의 경우에는 30[m])를 초과하는 위험물배관을 신설·교체·철거 또는 보수(배관을 절개하는 경우에 한한다)하는 경우 • **불활성기체(다른 원소와 화학반응을 일으키기 어려운 기체)의 봉입장치를 신설**하는 경우 • 누설범위를 국한하기 위한 설비를 신설하는 경우 • 냉각장치 또는 보냉장치를 신설하는 경우 • 탱크전용실을 증설 또는 교체하는 경우 • 담 또는 토제를 신설·철거 또는 이설하는 경우 • 온도 및 농도의 상승에 의한 위험한 반응을 방지하기 위한 설비를 신설하는 경우 • 철 이온 등의 혼입에 의한 위험한 반응을 방지하기 위한 설비를 신설하는 경우 • 방화상 유효한 담을 신설·철거 또는 이설하는 경우 • 위험물의 제조설비 또는 취급설비(펌프설비를 제외한다)를 증설하는 경우 • 옥내소화전설비·옥외소화전설비·스프링클러설비·물분무 등 소화설비를 신설·교체(배관·밸브·압력계·소화전본체·소화약제탱크·포헤드·포방출구 등의 교체는 제외) 또는 철거하는 경우 • **자동화재탐지설비를 신설 또는 철거하는 경우**
옥내 저장소	• 건축물의 벽·기둥·바닥·보 또는 지붕을 증설 또는 철거하는 경우 • 배출설비를 신설하는 경우 • 누설범위를 국한하기 위한 설비를 신설하는 경우 • 온도의 상승에 의한 위험한 반응을 방지하기 위한 설비를 신설하는 경우 • 담 또는 토제를 신설·철거 또는 이설하는 경우 • 옥외소화전설비·스프링클러설비·물분무 등 소화설비를 신설·교체(배관·밸브·압력계·소화전본체·소화약제탱크·포헤드·포방출구 등의 교체는 제외) 또는 철거하는 경우 • 자동화재탐지설비를 신설 또는 철거하는 경우
옥외 탱크 저장소	• 옥외저장탱크의 위치를 이전하는 경우 • 옥외탱크저장소의 기초·지반을 정비하는 경우 • 물분무설비를 신설 또는 철거하는 경우 • 주입구의 위치를 이전하거나 신설하는 경우 • 300[m](지상에 설치하지 않는 배관의 경우에는 30[m])를 초과하는 위험물 배관을 신설·교체·철거 또는 보수(배관을 절개하는 경우에 한한다)하는 경우 • 수조를 교체하는 경우 • 방유제(간막이 둑을 포함한다)의 높이 또는 방유제 내의 면적을 변경하는 경우 • 옥외저장탱크의 밑판 또는 옆판을 교체하는 경우 • 옥외저장탱크의 노즐 또는 맨홀을 신설하는 경우(노즐 또는 맨홀의 지름이 250[mm]를 초과하는 경우에 한한다) • 옥외저장탱크의 밑판 또는 옆판의 표면적의 20[%]를 초과하는 겹침보수공사 또는 육성보수공사를 하는 경우 • 옥외저장탱크의 애뉼러 판의 겹침보수공사 또는 육성보수공사를 하는 경우 • 옥외저장탱크의 애뉼러 판 또는 밑판이 옆판과 접하는 용접이음부의 겹침보수공사 또는 육성보수공사를 하는 경우(용접길이가 300[mm]를 초과하는 경우에 한한다) • 옥외저장탱크의 옆판 또는 밑판(애뉼러 판을 포함한다) 용접부의 절개보수공사를 하는 경우 • 옥외저장탱크의 지붕판 표면적 30[%] 이상을 교체하거나 구조·재질 또는 두께를 변경하는 경우 • 누설범위를 국한하기 위한 설비를 신설하는 경우

구 분	변경허가를 받아야 하는 경우
옥외 탱크 저장소	• 냉각장치 또는 보냉장치를 신설하는 경우 • 온도의 상승에 의한 위험한 반응을 방지하기 위한 설비를 신설하는 경우 • 철 이온 등의 혼입에 의한 위험한 반응을 방지하기 위한 설비를 신설하는 경우 • 불활성기체의 봉입장치를 신설하는 경우 • 지중탱크의 누액방지판을 교체하는 경우 • 해상탱크의 정치설비를 교체하는 경우 • 물분무 등 소화설비를 신설·교체(배관·밸브·압력계·소화전본체·소화약제탱크·포헤드·포방출구 등의 교체는 제외한다) 또는 철거하는 경우 • 자동화재탐지설비를 신설 또는 철거하는 경우
옥내 탱크 저장소	• 옥내저장탱크의 위치를 이전하는 경우 • 주입구의 위치를 이전하거나 신설하는 경우 • 300[m](지상에 설치하지 않는 배관의 경우에는 30[m])를 초과하는 위험물 배관을 신설·교체·철거 또는 보수(배관을 절개하는 경우에 한한다)하는 경우 • 옥내저장탱크를 신설·교체 또는 철거하는 경우 • 옥내저장탱크를 보수(탱크 본체를 절개하는 경우에 한한다)하는 경우 • 옥내저장탱크의 노즐 또는 맨홀을 신설하는 경우(노즐 또는 맨홀의 지름이 250[mm]를 초과하는 경우에 한한다) • 건축물의 벽·기둥·바닥·보 또는 지붕을 증설 또는 철거하는 경우 • 배출설비를 신설하는 경우 • 누설범위를 국한하기 위한 설비·냉각장치·보냉장치·온도의 상승에 의한 위험한 반응을 방지하기 위한 설비 또는 철 이온의 혼입에 의한 위험한 반응을 방지하기 위한 설비를 신설하는 경우 • 불활성기체의 봉입장치를 신설하는 경우 • 물분무 등 소화설비를 신설·교체(배관·밸브·압력계·소화전본체·소화약제탱크·포헤드·포방출구 등의 교체는 제외한다) 또는 철거하는 경우 • 자동화재탐지설비를 신설 또는 철거하는 경우
지하 탱크 저장소	• 지하저장탱크의 위치를 이전하는 경우 • 탱크전용실을 증설 또는 교체하는 경우 • 지하저장탱크를 신설·교체 또는 철거하는 경우 • 지하저장탱크를 보수(탱크본체를 절개하는 경우에 한한다)하는 경우 • 지하저장탱크의 노즐 또는 맨홀을 신설하는 경우(노즐 또는 맨홀의 지름이 250[mm]를 초과하는 경우에 한한다) • 주입구의 위치를 이전하거나 신설하는 경우 • 300[m](지상에 설치하지 않는 배관의 경우에는 30[m])를 초과하는 위험물 배관을 신설·교체·철거 또는 보수(배관을 절개하는 경우에 한한다)하는 경우 • 특수누설방지구조를 보수하는 경우 • 냉각장치·보냉장치·온도의 상승에 의한 위험한 반응을 방지하기 위한 설비 또는 철 이온 등의 혼입에 의한 위험한 반응을 방지하기 위한 설비를 신설하는 경우 • 불활성기체의 봉입장치를 신설하는 경우 • 자동화재탐지설비를 신설 또는 철거하는 경우 • 지하저장탱크의 내부에 탱크를 추가로 설치하거나 철판 등을 이용하여 탱크 내부를 구획하는 경우
간이 탱크 저장소	• 간이저장탱크의 위치를 이전하는 경우 • 건축물의 벽·기둥·바닥·보 또는 지붕을 증설 또는 철거하는 경우 • 간이저장탱크를 신설·교체 또는 철거하는 경우 • 간이저장탱크를 보수(탱크 본체를 절개하는 경우에 한한다)하는 경우 • 간이저장탱크의 노즐 또는 맨홀을 신설하는 경우(노즐 또는 맨홀의 지름이 250[mm] 초과하는 경우에 한한다)
이동 탱크 저장소	• 상치장소의 위치를 이전하는 경우(같은 사업장 또는 같은 울안에서 이전하는 경우는 제외한다) • 이동저장탱크를 보수(탱크본체를 절개하는 경우에 한한다)하는 경우 • 이동저장탱크의 노즐 또는 맨홀을 신설하는 경우(노즐 또는 맨홀의 지름이 250[mm]를 초과하는 경우에 한한다) • 이동저장탱크의 내용적을 변경하기 위하여 구조를 변경하는 경우 • 주입설비를 설치 또는 철거하는 경우 • 펌프설비를 신설하는 경우

구 분	변경허가를 받아야 하는 경우
옥외 저장소	• 옥외저장소의 면적을 변경하는 경우 • 살수설비 등을 신설 또는 철거하는 경우 • 옥외소화전설비 · 스프링클러설비 · 물분무 등 소화설비를 신설 · 교체(배관 · 밸브 · 압력계 · 소화전본체 · 소화약제탱크 · 포헤드 · 포방출구 등의 교체는 제외한다) 또는 철거하는 경우
암반 탱크 저장소	• 암반탱크저장소의 내용적을 변경하는 경우 • 암반탱크의 내벽을 정비하는 경우 • 배수시설 · 압력계 또는 안전장치를 신설하는 경우 • 주입구의 위치를 이전하거나 신설하는 경우 • 300[m](지상에 설치하지 않는 배관의 경우에는 30[m])를 초과하는 위험물 배관을 신설 · 교체 · 철거 또는 보수(배관을 절개하는 경우에 한한다)하는 경우 • 물분무 등 소화설비를 신설 · 교체(배관 · 밸브 · 압력계 · 소화전본체 · 소화약제탱크 · 포헤드 · 포방출구 등의 교체는 제외한다) 또는 철거하는 경우 • 자동화재탐지설비를 신설 또는 철거하는 경우

주유
취급소
	• 지하에 매설하는 탱크의 변경 중 다음의 어느 하나에 해당하는 경우
	  1) 탱크의 위치를 이전하는 경우
	  2) 탱크전용실을 보수하는 경우
	  3) 탱크를 신설 · 교체 또는 철거하는 경우
	  4) 탱크를 보수(탱크본체를 절개하는 경우에 한한다)하는 경우
	  5) 탱크의 노즐 또는 맨홀을 신설하는 경우(노즐 또는 맨홀의 지름이 250[mm]를 초과하는 경우에 한한다)
	  6) 특수누설방지구조를 보수하는 경우
	• 옥내에 설치하는 탱크의 변경 중 다음의 어느 하나에 해당하는 경우
	  1) 탱크의 위치를 이전하는 경우
	  2) 탱크를 신설 · 교체 또는 철거하는 경우
	  3) 탱크를 보수(탱크본체를 절개하는 경우에 한한다)하는 경우
	  4) 탱크의 노즐 또는 맨홀을 신설하는 경우(노즐 또는 맨홀의 지름이 250[mm]를 초과하는 경우에 한한다)
	• 고정주유설비 또는 고정급유설비를 신설 또는 철거하는 경우
	• 고정주유설비 또는 고정급유설비의 위치를 이전하는 경우
	• 건축물의 벽 · 기둥 · 바닥 · 보 또는 지붕을 증설 또는 철거하는 경우
	• 담 또는 캐노피(기둥으로 받치거나 매달아 놓은 덮개)를 신설 또는 철거(유리를 부착하기 위하여 담의 일부를 철거하는 경우를 포함한다)하는 경우
	• 주입구의 위치를 이전하거나 신설하는 경우
	• 공작물(바닥면적이 4[m²] 이상인 것에 한한다)을 신설 또는 증축하는 경우
	• 개질장치(탄화수소의 구조를 변화시켜 제품의 품질을 높이는 조작 장치), 압축기, 충전설비. 축압기(압력흡수저장장치) 또는 수입설비를 신설하는 경우
	• 자동화재탐지설비를 신설 또는 철거하는 경우
	• 셀프용이 아닌 고정주유설비를 셀프용 고정주유설비로 변경하는 경우
	• 주유취급소 부지의 면적 또는 위치를 변경하는 경우
	• 300[m](지상에 설치하지 않는 배관의 경우에는 30[m])를 초과하는 위험물의 배관을 신설 · 교체 · 철거 또는 보수(배관을 자르는 경우만 해당한다)하는 경우
	• 탱크의 내부에 탱크를 추가로 설치하거나 철판 등을 이용하여 탱크 내부를 구획하는 경우

판매 취급소	• 건축물의 벽 · 기둥 · 바닥 · 보 또는 지붕을 증설 또는 철거하는 경우 • 자동화재탐지설비를 신설 또는 철거하는 경우
이송 취급소	• 이송취급소의 위치를 이전하는 경우 • 300[m](지상에 설치하지 않는 배관의 경우에는 30[m])를 초과하는 위험물배관을 신설 · 교체 · 철거 또는 보수(배관을 절개하는 경우에 한한다)하는 경우 • 방호구조물을 신설 또는 철거하는 경우 • 누설확산방지조치 · 운전상태의 감시장치 · 안전제어장치 · 압력안전장치 · 누설검지장치를 신설하는 경우 • 주입구 · 배출구 또는 펌프설비의 위치를 이전하거나 신설하는 경우 • 옥내소화전설비 · 옥외소화전설비 · 스프링클러설비 · 물분무 등 소화설비를 신설 · 교체(배관 · 밸브 · 압력계 · 소화전본체 · 소화약제탱크 · 포헤드 · 포방출구 등의 교체는 제외한다) 또는 철거하는 경우 • 자동화재탐지설비를 신설 또는 철거하는 경우

(4) 위험물의 품명 · 수량 또는 지정수량의 배수 변경 시(법 제6조) `11` `14` `17` `년 출제`

변경하고자 하는 날의 **1일 전**까지 **시 · 도지사에게 신고**

6 위험물탱크 안전성능시험

(1) 탱크 안전성능시험자의 등록 : 시 · 도지사(법 제16조) `16` `년 출제`

(2) 등록사항 : 기술능력, 시설, 장비(법 제16조)

(3) 등록 중요사항 변경 시 : 그날로부터 **30일 이내**에 시 · 도지사에게 변경신고(법 제16조)

(4) 탱크 시험자 등록의 결격사유(법 제16조) `17` `년 출제`

　① 피성년후견인

　② 금고 이상의 실형의 선고를 받고 그 집행이 끝나거나 집행이 면제된 날부터 2년이 지나지 않은
　　 사람

　③ 금고 이상의 형의 집행유예 선고를 받고 그 유예기간 중에 있는 사람

　④ 탱크 시험자의 등록이 취소된 날부터 2년이 지나지 않은 사람

　⑤ 법인으로서 그 대표자가 ① 내지 ④에 해당하는 경우

(5) 등록취소나 업무정지권자 : 시 · 도지사(법 제16조)

(6) 등록취소 또는 6월 이내의 업무 중지(법 제16조)

　① 허위 그 밖의 부정한 방법으로 등록을 한 경우(등록취소)

　② 등록의 **결격사유에 해당하게 된 경우**(등록취소)

　③ 등록증을 다른 자에게 빌려준 경우(등록취소)

　④ 등록기준에 미달하게 된 경우

　⑤ 탱크 안전성능시험 또는 점검을 허위로 하거나 이 법에 의한 기준에 맞지 않게 탱크 안전성능시험
　　 또는 점검을 실시하는 경우 등 탱크 시험자로서 적합하지 않다고 인정하는 경우

(7) 탱크 시험자가 중요사항 변경 시 첨부서류(규칙 제61조) `24` `년 출제`

　① 영업소 소재지의 변경 : 사무소의 사용을 증명하는 서류와 위험물탱크 안전성능시험자 등록증

　② 기술능력의 변경 : 변경하는 기술인력의 자격증과 위험물탱크 안전성능시험자 등록증

　③ 대표자의 변경 : 위험물탱크 안전성능시험자 등록증

　④ 상호 또는 명칭의 변경 : 위험물탱크 안전성능시험자 등록증

(8) 탱크 안전성능검사의 내용 : 대통령령(법 제8조)

(9) 탱크 안전성능검사의 실시 등에 관하여 필요한 사항 : 행정안전부령(법 제8조)

(10) **탱크 안전성능검사의 대상 및 검사 신청시기**(영 제8조, 규칙 제18조) `10` `11` `16` `17` `19` `21` 년 출제

검사 종류	검사 대상	신청시기
기초·지반검사	옥외탱크저장소의 액체 위험물탱크 중 그 용량이 100만[L] 이상인 탱크	위험물탱크의 기초 및 지반에 관한 공사의 개시 전
충수·수압검사	액체 위험물을 저장 또는 취급하는 탱크	위험물을 저장 또는 취급하는 탱크에 배관 그 밖의 부속설비를 부착하기 전
용접부 검사	옥외탱크저장소의 액체 위험물탱크 중 그 용량이 100만[L] 이상인 탱크	탱크 본체에 관한 공사의 개시 전
암반탱크검사	액체 위험물을 저장 또는 취급하는 암반 내의 공간을 이용한 탱크	암반탱크의 본체에 관한 공사의 개시 전

`Plus one` **충수·수압검사 제외** `15` 년 출제
- 제조소 또는 일반취급소에 설치된 탱크로서 용량이 지정수량 미만인 것
- 고압가스안전관리법 규정에 의한 특정설비에 관한 검사에 합격한 탱크
- 산업안전보건법 규정에 의한 안전인증을 받은 탱크

(11) **탱크 시험자의 기술능력·시설 및 장비**(영 별표 7)
① 기술능력
  ㉠ 필수인력
    - 위험물기능장·위험물산업기사 또는 위험물기능사 중 1명 이상
    - 비파괴검사기술사 1명 이상 또는 초음파비파괴검사·자기비파괴검사 및 침투비파괴검사별로 기사 또는 산업기사 각 1명 이상
  ㉡ 필요한 경우에 두는 인력
    - 충·수압시험, 진공시험, 기밀시험 또는 내압시험의 경우 : 누설비파괴검사 기사, 산업기사 또는 기능사
    - 수직·수평도시험의 경우 : 측량 및 지형공간정보 기술사, 기사, 산업기사 또는 측량기능사
    - 방사선투과시험의 경우 : 방사선비파괴검사 기사 또는 산업기사
    - 필수 인력의 보조 : 방사선비파괴검사·초음파비파괴검사·자기비파괴검사 또는 침투비파괴검사 기능사
② 시설 : 전용사무실
③ 장 비
  ㉠ 필수장비 : 자기탐상시험기, 초음파두께측정기 및 다음 중 어느 하나
    - 영상초음파시험기
    - **방사선투과시험기 및 초음파시험기**
  ㉡ 필요한 경우에 두는 장비
    - 충·수압시험, 진공시험, 기밀시험 또는 내압시험의 경우
      - 진공능력 53[kPa] 이상의 진공누설시험기
      - 기밀시험장치(안전장치가 부착된 것으로서 가압능력 200[kPa] 이상, 감압의 경우에는 감압능력 10[kPa] 이상·감도 10[Pa] 이하의 것으로서 각각의 압력변화를 스스로 기록할 수 있는 것)

- 수직・수평도 시험의 경우 : 수직・수평도 측정기
  ※ 비고 : 둘 이상의 기능을 함께 가지고 있는 장비를 갖춘 경우에는 각각의 장비를 갖춘 것으로 본다.

⑦ 완공검사

(1) 완공검사권자 : 시・도지사(**소방본부장** 또는 **소방서장**에게 위임)(법 제9조)

(2) 완공검사를 인정받은 후가 아니면 이를 사용해서는 안 된다(법 제9조).

다만, 제조소 등의 위치・구조 또는 설비를 변경함에 있어서 위험물시설의 설치 및 변경 등 규정에 따른 변경허가를 신청하는 때에 화재예방에 관한 조치사항을 기재한 서류를 제출하는 경우에는 해당 변경공사와 관계가 없는 부분은 완공검사를 받기 전에 미리 사용할 수 있다.

(3) 제조소 등의 완공검사 신청시기(규칙 제20조)

① 지하탱크가 있는 제조소 등의 경우 : 해당 **지하탱크를 매설하기 전**
② 이동탱크저장소의 경우 : **이동저장탱크를 완공하고 상치장소를 확보한 후**
③ 이송취급소의 경우 : 이송배관 **공사의 전체** 또는 **일부를 완료한 후**(다만, 지하・하천 등에 매설하는 이송배관의 공사의 경우에는 이송배관을 매설하기 전)
④ 전체 공사가 완료한 후 완공검사를 실시하기 곤란한 경우
  ㉠ 위험물설비 또는 배관의 설치가 완료되어 기밀시험 또는 내압시험을 실시하는 시기
  ㉡ 배관을 지하에 설치하는 경우 시・도지사, 소방서장 또는 기술원이 지정하는 부분을 매몰하기 직전
  ㉢ 기술원이 지정하는 부분의 비파괴시험을 실시하는 시기
⑤ **제조소 등의 경우** : 제조소 등의 **공사를 완료한 후**

⑧ 제조소 등의 지위승계, 용도폐지신고, 취소, 사용정지 등

① 제조소 등의 설치자의 **지위를 승계한 자**는 승계한 날부터 **30일 이내**에 **시・도지사**에게 **신고**해야 한다(법 제10조).
② 제조소 등의 **용도를 폐지한 때**에는 용도를 폐지한 날부터 **14일 이내**에 **시・도지사**에게 **신고**해야 한다(법 제11조).
③ 제조소 등의 설치허가 취소와 6개월 이내의 사용정지(법 제12조)
  ㉠ 변경허가를 받지 않고 제조소 등의 위치・구조 또는 설비를 변경한 때
  ㉡ 완공검사를 받지 않고 제조소 등을 사용한 때
  ㉢ 제조소 등의 사용중지 등 안전조치 이행명령을 따르지 않은 때
  ㉣ 제조소 등의 위치, 구조, 설비의 규정에 따른 수리・개조 또는 이전의 명령에 위반한 때
  ㉤ 위험물안전관리자를 선임하지 않은 때
  ㉥ 대리자를 지정하지 않은 때
  ㉦ 제조소 등의 정기점검을 하지 않은 때

ⓞ 제조소 등의 정기검사를 받지 않은 때

ⓩ 위험물의 저장·취급기준 준수명령에 위반한 때

④ 제조소 등의 과징금 처분(법 제13조) `17` `23` 년 출제

　㉠ 과징금 처분권자 : 시·도지사

　㉡ **과징금** 부과금액 : **2억원 이하**

　㉢ 과징금을 부과하는 위반행위의 종별·정도의 과징금의 금액 그 밖의 필요한 사항 : 행정안전부령

⑤ 제조소 등의 행정처분기준(규칙 별표 2)

위반사항	근거 법조문	행정처분기준		
		1차	2차	3차
법 제6조 제1항의 후단의 규정에 의한 변경허가를 받지 않고, 제조소 등의 위치·구조 또는 설비를 변경한 경우	법 제12조 제1호	경고 또는 사용정지 15일	사용정지 60일	허가취소
법 제9조의 규정에 의한 완공검사를 받지 않고 제조소 등을 사용한 경우	법 제12조 제2호	사용정지 15일	사용정지 60일	허가취소
법 제11조의2 제3항에 따른 안전조치 이행명령을 따르지 않은 경우	법 제12조 제2호의2	경고	허가취소	–
법 제14조 제2항의 규정에 의한 수리·개조 또는 이전의 명령에 위반한 경우	법 제12조 제3호	사용정지 30일	사용정지 90일	허가취소
법 제15조 제1항 및 제2항의 규정에 의한 위험물안전관리자를 선임하지 않은 경우	법 제12조 제4호	**사용정지 15일**	사용정지 60일	허가취소
법 제15조 제5항의 규정을 위반하여 대리자를 지정하지 않은 경우	법 제12조 제5호	사용정지 10일	사용정지 30일	허가취소
법 제18조 제1항의 규정에 의한 정기점검을 하지 않은 경우	법 제12조 제6호	사용정지 10일	사용정지 30일	허가취소
법 제18조 제2항의 규정에 의한 정기검사를 받지 않은 경우	법 제12조 제7호	사용정지 10일	사용정지 30일	허가취소
법 제26조의 규정에 의한 저장·취급기준 준수명령을 위반한 경우	법 제12조 제8호	사용정지 30일	사용정지 60일	허가취소

⑥ 안전관리대행기관에 대한 행정처분기준(규칙 별표 2)

위반사항	근거법규	행정처분기준		
		1차	2차	3차
허위 그 밖의 부정한 방법으로 등록을 한 때	제58조	지정취소		
탱크 시험자의 등록 또는 다른 법령에 의한 안전관리업무 대행기관의 지정·승인 등이 취소된 때	제58조	지정취소		
다른 사람에게 지정서를 대여한 때	제58조	지정취소		
별표 22의 규정에 의한 안전관리대행기관의 지정기준에 미달되는 때	제58조	업무정지 30일	업무정지 60일	지정취소
제57조 제4항의 규정에 의한 소방청장의 지도·감독에 정당한 이유 없이 따르지 않은 때	제58조	업무정지 30일	업무정지 60일	지정취소
제57조 제5항의 규정에 의한 변경 신고를 연간 2회 이상 하지 않은 때	제58조	경고 또는 업무정지 30일	업무정지 90일	지정취소
제57조 제6항에 따른 휴업 또는 재개업 신고를 연간 2회 이상 하지 않은 때	제58조	경고 또는 업무정지 30일	업무정지 90일	지정취소
안전관리대행기관의 기술인력이 제59조의 규정에 의한 안전관리업무를 성실하게 수행하지 않은 때	제58조	경고	업무정지 90일	지정취소

⑦ 탱크 시험자에 대한 행정처분기준(규칙 별표 2)

위반사항	근거법령	행정처분기준		
		1차	2차	3차
허위 그 밖의 부정한 방법으로 등록을 한 경우	법 제16조 제5항	등록취소		
법 제16조 제4항 각호의 1의 등록의 결격사유에 해당하게 된 경우	법 제16조 제5항	등록취소		
다른 자에게 등록증을 빌려준 경우	법 제16조 제5항	등록취소		
법 제16조 제2항의 규정에 의한 등록기준에 미달하게 된 경우	법 제16조 제5항	업무정지 30일	업무정지 60일	등록취소
탱크 안전성능시험 또는 점검을 허위로 하거나 이 법에 의한 기준에 맞지 않게 탱크 안전성능시험 또는 점검을 실시하는 경우 등 탱크 시험자로서 적합하지 않다고 인정되는 경우	법 제16조 제5항	업무정지 30일	업무정지 90일	등록취소

9 위험물안전관리

① 제조소 등의 위치 · 구조 및 설비의 수리 · 개조 또는 이전을 명할 수 있는 사람 : **시 · 도지사, 소방본부장, 소방서장**(법 제14조)
② 안전관리자 선임 : **관계인**(법 제15조)
③ **안전관리자 해임, 퇴직 시** : 해임하거나 퇴직한 날부터 **30일 이내**에 **안전관리자 재선임**(법 제15조)

`19` 년 출제

④ 안전관리자 선임 시 : 14일 이내에 소방본부장, 소방서장에게 신고(법 제15조) `11` `19` 년 출제
⑤ 안전관리자 직무 미시행 시, 미선임 시 업무 : 위험물취급자격취득자 또는 대리자(법 제15조)

> 대리자의 직무대행 기간 : 30일 이내

⑥ 제조소 등에 있어서 위험물취급자격자가 아닌 자는 안전관리자 또는 대리자가 참여한 상태에서 위험물을 취급해야 한다(법 제15조).
⑦ 다수의 제조소 등을 동일인이 설치한 경우에는 1인의 안전관리자를 중복하여 선임할 수 있다(이 경우 대리자는 각 제조소 등별로 지정하여 안전관리자를 보조하게 해야 한다)(법 제15조).
⑧ **안전관리자의 대리자(규칙 제54조)**
  ㉠ 안전교육을 받은 자
  ㉡ 제조소 등의 위험물 안전관리업무에 있어서 안전관리자를 지휘 · 감독하는 직위에 있는 자

[위험물안전관리자 교육이수자(수첩) 선임대상]

	특수인화물	제1석유류	알코올류	제2석유류	제3석유류	제4석유류	동식물유류
제조소	5배 이하	5배 이하	5배 이하	5배 이하	5배 이하	5배 이하	5배 이하
옥내저장소	5배 이하	5배 이하	40배 이하	40배 이하	40배 이하	40배 이하	40배 이하
옥외저장소	40배 이하	40배 이하	40배 이하	40배 이하	40배 이하	40배 이하	40배 이하
옥외 탱크	5배 이하	5배 이하	5배 이하	40배 이하	40배 이하	40배 이하	40배 이하
옥내탱크	5배 이하	5배 이하	5배 이하	해당 없음	해당 없음	해당 없음	해당 없음
지하탱크	40배 이하	250배 이하	250배 이하	250배 이하	250배 이하	250배 이하	250배 이하
간이탱크	해당 없음	해당 없음	해당 없음	해당 없음	해당 없음	해당 없음	해당 없음
일반취급소	10배 이하	10배 이하	10배 이하	20배 이하	20배 이하	20배 이하	20배 이하
판매취급소	5배 이하	해당 없음	해당 없음	해당 없음	해당 없음	해당 없음	해당 없음
주유취급소		해당 없음			해당 없음		
이송취급소	자격증 대상임(자가 발전용 위험물 이송취급소 = 수첩대상)						

※ 일반취급소는 예외 규정이 있다.
※ 해당 없음 : 지정수량에 관계없이 선임할 수 있다.
※ 선임대상기준 초과이면 자격증으로 선임해야 한다.

⑨ 위험물안전관리자의 자격(영 별표 6)

제조소 등의 종류 및 규모			안전관리자의 자격
제 조 소	1. 제4류 위험물만을 취급하는 것으로서 지정수량 5배 이하의 것		위험물기능장, 위험물산업기사, 위험물기능사, 안전관리자교육이수자 또는 소방공무원경력자
	2. 제1호에 해당하지 않는 것		위험물기능장, 위험물산업기사 또는 2년 이상의 실무경력이 있는 위험물기능사
저 장 소	1. 옥내저장소	제4류 위험물만을 저장하는 것으로서 지정수량 5배 이하의 것	위험물기능장, 위험물산업기사, 위험물기능사, 안전관리자교육이수자, 소방공무원경력자
		제4류 위험물 중 알코올류·제2석유류·제3석유류·제4석유류·동식물유류만을 저장하는 것으로서 지정수량 40배 이하의 것	
	2. 옥외탱크저장소	제4류 위험물만을 저장하는 것으로서 지정수량 5배 이하의 것	
		제4류 위험물 중 제2석유류·제3석유류·제4석유류·동식물유류만을 저장하는 것으로서 지정수량 40배 이하의 것	
	3. 옥내탱크저장소	제4류 위험물만을 저장하는 것으로서 지정수량 5배 이하의 것	위험물기능장, 위험물산업기사, 위험물기능사, 안전관리자교육이수자, 소방공무원경력자
		제4류 위험물 중 제2석유류·제3석유류·제4석유류·동식물유류만을 저장하는 것	
	4. 지하탱크저장소	제4류 위험물만을 저장하는 것으로서 지정수량 40배 이하의 것	
		제4류 위험물 중 제1석유류·알코올류·제2석유류·제3석유류·제4석유류·동식물유류만을 저장하는 것으로서 지정수량 250배 이하의 것	
	5. 간이탱크저장소로서 제4류 위험물만을 저장하는 것		
	6. 옥외저장소 중 제4류 위험물만을 저장하는 것으로서 지정수량 40배 이하의 것		
	7. 보일러, 버너 그 밖에 이와 유사한 장치에 공급하기 위한 위험물을 저장하는 탱크저장소		
	8. 선박주유취급소, 철도주유취급소 또는 항공기주유취급소의 고정주유설비에 공급하기 위한 위험물을 저장하는 탱크저장소로서 지정수량의 250배(제1석유류의 경우에는 지정수량의 100배) 이하의 것		
	9. 제1호 내지 제8호에 해당하지 않는 저장소		위험물기능장, 위험물산업기사 또는 2년 이상의 실무경력이 있는 위험물기능사

제조소 등의 종류 및 규모			안전관리자의 자격
	1. 주유취급소		위험물기능장, 위험물 산업기사, 위험물기능사, **안전관리자 교육이수자, 소방공무원 경력자**
	2. 판매취급소	제4류 위험물만을 저장하는 것으로서 지정수량 **5배 이하**의 것	
		제4류 위험물 중 제1석유류 · 알코올류 · 제2석유류 · 제3석유류 · 제4석유류 · 동식물유류만을 취급하는 것	
취급소	3. 제4류 위험물 중 제1석유류 · 알코올류 · 제2석유류 · 제3석유류 · 제4석유류 · 동식물유류만을 지정수량 50배 이하로 취급하는 일반취급소(제1석유류 · 알코올류의 취급량이 지정수량의 10배 이하인 경우에 한한다)로서 다음의 어느 하나에 해당하는 것 가. 보일러, 버너 그 밖에 이와 유사한 장치에 의하여 위험물을 소비하는 것 나. 위험물을 용기 또는 차량에 고정된 탱크에 주입하는 것		
	4. 제4류 위험물만을 취급하는 **일반취급소**로서 지정수량 **10배 이하**의 것		
	5. 제4류 위험물 중 제2석유류 · 제3석유류 · 제4석유류 · 동식물유류만을 취급하는 **일반취급소로서 지정수량 20배 이하**의 것		
	6. 농어촌전기공급사업촉진법에 따라 설치된 자가발전시설에 사용되는 위험물을 취급하는 일반취급소		
	7. 제1호 내지 제6호에 해당하지 않는 취급소		위험물기능장, 위험물 산업기사 또는 2년 이상의 실무경력이 있는 위험물기능사

⑩ 위험물취급자격자의 자격(영 별표 5)

위험물취급자격자의 구분	취급할 수 있는 위험물
국가기술자격법에 따라 위험물기능장, 위험물산업기사, 위험물기능사의 자격을 취득한 사람	별표 1의 모든 위험물
안전관리교육이수자	제4류 위험물
소방공무원 경력자(소방공무원으로 근무한 경력이 3년 이상인 자)	제4류 위험물

⑪ 위험물안전관리자의 책무(규칙 제55조)
  ㉠ 위험물의 취급 작업에 참여하여 저장 또는 취급에 관한 기술기준과 예방규정에 적합하도록 해당 작업자에 대하여 지시 및 감독하는 업무
  ㉡ 화재 등의 재난이 발생한 경우 응급조치 및 소방관서 등에 대한 연락업무
  ㉢ 제조소 등의 위치 · 구조 및 설비를 기술기준에 적합하도록 유지하기 위한 점검과 점검상황의 기록 · 보존
  ㉣ 제조소 등의 구조 또는 설비의 이상을 발견한 경우 관계자에 대한 연락 및 응급조치
  ㉤ 제조소 등의 계측장치 · 제어장치 및 안전장치 등의 적정한 유지 · 관리
  ㉥ 제조소 등의 위치 · 구조 및 설비에 관한 설계도서 등의 정비 · 보존 및 제조소 등의 구조 및 설비의 안전에 관한 사무의 관리
  ㉦ **위험물의 취급에 관한 일지의 작성 · 기록**
⑫ **위험물시설의 유지 · 관리(법 제14조)**
  ㉠ 유지 · 관리권자 : 관계인
  ㉡ 제조소 등의 위치, 구조, 설비의 수리, 개조, 이전명령권자 : 시 · 도지사, 소방본부장 또는 소방서장
⑬ 위험물의 중요기준과 세부기준의 내용 : 용기, 적재방법, 운반방법

⑭ 1인의 안전관리자를 중복하여 선임할 수 있는 경우 등(영 제12조, 규칙 제56조)
- ㉠ 보일러·버너 또는 이와 비슷한 것으로서 위험물을 소비하는 장치로 이루어진 7개 이하의 일반취급소와 그 일반취급소에 공급하기 위한 위험물을 저장하는 저장소[일반취급소 및 저장소가 모두 동일 구내(같은 건물 안 또는 같은 울 안을 말한다)에 있는 경우에 한한다]를 동일인이 설치한 경우
- ㉡ 위험물을 차량에 고정된 탱크 또는 운반용기에 옮겨 담기 위한 5개 이하의 일반취급소[일반취급소 간의 거리(보행거리를 말한다)가 300[m] 이내인 경우에 한한다]와 그 일반취급소에 공급하기 위한 위험물을 저장하는 저장소를 동일인이 설치한 경우
- ㉢ 동일 구내에 있거나 상호 100[m] 이내의 거리에 있는 저장소로서 저장소의 규모, 저장하는 위험물의 종류 등을 고려하여 행정안전부령이 정하는 저장소를 동일인이 설치한 경우

20 22 24 년 출제

  - 10개 이하의 **옥내저장소**
  - 30개 이하의 **옥외탱크저장소**
  - 옥내탱크저장소
  - 지하탱크저장소
  - 간이탱크저장소
  - 10개 이하의 **옥외저장소**
  - 10개 이하의 **암반탱크저장소**
- ㉣ 다음의 기준에 모두 적합한 5개 이하의 제조소 등을 동일인이 설치한 경우
  - 각 제조소 등이 동일 구내에 위치하거나 상호 100[m] 이내의 거리에 있을 것
  - 각 제조소 등에서 저장 또는 취급하는 위험물의 최대수량이 지정수량의 3,000배 미만일 것. 다만, 저장소의 경우에는 그렇지 않다.

⑮ 위험물안전관리 대행기관(규칙 제57조)
- ㉠ 안전관리대행기관 지정권자 : **소방청장**
- ㉡ 안전관리대행기관 지정 시 첨부서류
  - 기술인력 연명부 및 기술자격증
  - 사무실의 확보를 증명할 수 있는 서류
  - 장비보유명세서
- ㉢ 지정받은 사항 변경 시 : 14일 이내에 **소방청장**에게 제출
- ㉣ 휴업·재개업 또는 폐업하고자 하는 자 : 14일 전에 **소방청장**에게 제출
- ㉤ 지정사항 변경 시 첨부서류
  - 영업소의 소재지, 법인명칭 또는 대표자를 변경하는 경우 : 위험물안전관리대행기관지정서
  - 기술인력을 변경하는 경우 : 기술인력자의 연명부, 변경된 기술인력자의 기술자격증
  - 휴업·재개업 또는 폐업을 하는 경우 : 위험물안전관리대행기관지정서
- ㉥ 지정취소 등(규칙 제58조)
  - 허위 그 밖의 부정한 방법으로 지정을 받은 때
  - 탱크시험자의 등록 또는 다른 법령에 의하여 안전관리업무를 대행하는 기관의 지정·승인 등이 취소된 때

- 다른 사람에게 지정서를 대여한 때
- 별표 22의 안전관리대행기관의 지정기준에 미달되는 때
- 제57조 제4항의 규정에 의한 소방청장의 지도·감독에 정당한 이유 없이 따르지 않은 때
- 제57조 제5항의 규정에 의한 변경 신고를 연간 2회 이상 하지 않은 때
- 제57조 제6항에 따른 휴업 또는 재개업 신고를 연간 2회 이상 하지 않은 때
- 안전관리대행기관의 기술인력이 제59조의 규정에 의한 안전관리업무를 성실하게 수행하지 않은 때

ⓐ 안전관리대행기관은 기술인력을 안전관리자로 지정함에 있어서 1인의 기술인력을 다수의 제조소 등의 안전관리자로 중복하여 지정하는 경우에는 **제조소 등의 수가 25**를 초과하지 않도록 지정해야 한다(규칙 제59조).

ⓒ 대행기관의 **기술인력**은 매월 **4회**(저장소의 경우에는 **매월 2회**) 이상 실시해야 한다(규칙 제59조).

> **Plus one** 대행기관의 기술인력이 사업장 방문 횟수
> - 월 2회 방문 : 저장소
> - 월 4회 방문 : 제조소, 취급소(일반취급소)

10 예방규정

(1) 작성자 : 관계인(소유자, 점유자, 관리자)(법 제17조)

(2) 처리(법 제17조)

제조소 등의 사용을 시작하기 전에 시·도지사에게 제출해야 한다(예방규정을 변경 시 동일).

(3) 예방규정을 정해야 할 제조소 등(영 제5조) 10 13 15 16 년 출제

① 지정수량의 **10배 이상**의 위험물을 취급하는 **제조소**
② 지정수량의 **10배 이상**의 위험물을 취급하는 **일반취급소**
③ 지정수량의 **100배 이상**의 위험물을 저장하는 **옥외저장소**
④ 지정수량의 **150배 이상**의 위험물을 저장하는 **옥내저장소**
⑤ 지정수량의 **200배 이상**의 위험물을 저장하는 **옥외탱크저장소**
⑥ 암반탱크저장소
⑦ 이송취급소

> **Plus one** 제4류 위험물(특수인화물은 제외)만을 지정수량의 50배 이하로 취급하는 일반취급소(제1석유류, 알코올류의 취급량이 지정수량의 10배 이하인 경우)로서 아래 사항은 제외
> - 보일러, 버너 또는 이와 비슷한 것으로서 위험물을 소비하는 장치로 이루어진 일반취급소
> - 위험물을 용기에 옮겨 담거나 차량에 고정된 탱크에 주입하는 일반취급소

(4) 예방규정의 작성 내용(규칙 제63조)

① 위험물의 안전관리업무를 담당하는 자의 직무 및 조직에 관한 사항
② 안전관리자가 여행·질병 등으로 인하여 그 직무를 수행할 수 없을 경우 그 직무의 대리자에 관한 사항
③ 자체소방대를 설치해야 하는 경우에는 **자체소방대의 편성**과 화학소방자동차의 배치에 관한 사항

④ 위험물의 안전에 관계된 작업에 종사하는 자에 대한 안전교육 및 훈련에 관한 사항

⑤ 위험물시설 및 작업장에 대한 안전순찰에 관한 사항

⑥ **위험물시설·소방시설** 그 밖의 관련시설에 대한 **점검** 및 **정비**에 관한 사항

⑦ 위험물시설의 운전 또는 조작에 관한 사항

⑧ 위험물 **취급 작업의 기준**에 관한 사항

⑨ 위험물의 안전에 관한 기록에 관한 사항

⑩ 제조소 등의 위치·구조 및 설비를 명시한 서류와 도면의 정비에 관한 사항

(5) 예방규정의 이행 실태 평가(규칙 제63조의2)

① **최초평가** : 예방규정을 최초로 제출한 날부터 3년이 되는 날이 속하는 연도에 실시

② **정기평가** : 최초평가 또는 직전 정기평가를 실시한 날을 기준으로 4년마다 실시. 다만, 제3호에 따라 수시평가를 실시한 경우에는 수시평가를 실시한 날을 기준으로 4년마다 실시한다.

③ **수시평가** : 위험물의 누출·화재·폭발 등의 사고가 발생한 경우 소방청장이 제조소 등의 관계인 또는 종업원의 예방규정 준수 여부를 평가할 필요가 있다고 인정하는 경우에 실시

④ 소방청장은 최초평가와 정기평가를 실시하는 경우 평가실시일 30일 전까지(수시평가는 7일 전까지를 말한다) 제조소 등의 관계인에게 평가실시일, 평가항목 및 세부 평가일정에 관한 사항을 통보해야 한다.

11 정기점검 및 정기검사

(1) 관계인은 정기적으로 점검하고 점검결과를 기록하여 보존해야 한다(법 제18조).

(2) 정기점검 점검결과 제출(법 제18조)

정기점검을 한 제조소 등의 관계인은 점검을 한 날부터 30일 이내에 점검결과를 시·도지사에게 제출해야 한다.

(3) 정기점검대상(영 제16조) `10` `15` `16` `19` `21` **년 출제**

① **예방규정**을 정해야 하는 **제조소 등**

② **지하탱크저장소**

③ **이동탱크저장소**

④ 위험물을 취급하는 탱크로서 **지하에 매설된 탱크**가 있는 **제조소, 주유취급소, 일반취급소**

(4) 특정·준특정옥외탱크저장소(50만[L] 이상)의 정기점검(규칙 제65조, 제68조)

정기점검 외에 아래 기간 이내에 1회 이상 구조안전점검을 실시할 것

① 특정·준특정옥외탱크저장소의 설치허가에 따른 완공검사합격확인증을 교부받은 날부터 12년(구조안전점검에 관한 기록보존 : 25년)

② 최근 정기검사를 받은 날부터 11년

③ 구조안전점검 시기를 연장 신청하여 최근의 정기검사를 받은 날부터 13년(기록보존 : 30년)

> ①·②·③에 해당되지 않는 정기점검의 기록 보존 : **3년**

(5) 정기점검의 기록사항(규칙 제68조)

① 점검을 실시한 제조소 등의 명칭
② 점검의 방법 및 결과
③ 점검연월일
④ 점검을 한 안전관리자 또는 점검을 한 탱크 시험자와 점검에 입회한 안전관리자의 성명

(6) 정기검사대상(영 제17조) 11 21 년 출제

액체 위험물을 저장 또는 취급하는 50만[L] 이상의 옥외탱크저장소

> 정기점검의 횟수 : 연 1회 이상

(7) 정기검사의 시기(규칙 제70조)

① 정밀정기검사 : 다음의 어느 하나에 해당하는 기간 내에 1회
  ㉠ 특정·준특정옥외탱크저장소의 설치허가에 따른 완공검사합격확인증을 발급받은 날부터 12년
  ㉡ 최근의 정밀정기검사를 받은 날부터 11년
② 중간정기검사 : 다음의 어느 하나에 해당하는 기간 내에 1회
  ㉠ 특정·준특정옥외탱크저장소의 설치허가에 따른 완공검사합격확인증을 발급받은 날부터 4년
  ㉡ 최근의 정밀정기검사 또는 중간정기검사를 받은 날부터 4년

12 자체소방대

(1) 자체소방대의 설치대상(영 제18조) 20 년 출제

① 제4류 위험물의 최대수량의 합이 지정수량의 3,000배 이상을 취급하는 제조소 또는 일반취급소(다만, 보일러로 위험물을 소비하는 일반취급소는 제외)
② 제4류 위험물의 최대수량이 지정수량의 50만배 이상을 저장하는 옥외탱크저장소

(2) 자체소방대를 두는 화학소방차 및 인원(영 별표 8) 11 14 년 출제

사업소의 구분	화학소방자동차	자체소방대원의 수
1. 제조소 또는 일반취급소에서 취급하는 제4류 위험물의 최대수량의 합이 지정수량의 3,000배 이상 12만배 미만인 사업소	1대	5인
2. 제조소 또는 일반취급소에서 취급하는 제4류 위험물의 최대수량의 합이 지정수량의 12만배 이상 24만배 미만인 사업소	2대	10인
3. 제조소 또는 일반취급소에서 취급하는 제4류 위험물의 최대수량의 합이 지정수량의 24만배 이상 48만배 미만인 사업소	3대	15인
4. 제조소 또는 일반취급소에서 취급하는 제4류 위험물의 최대수량의 합이 지정수량의 48만배 이상인 사업소	4대	20인
5. 옥외탱크저장소에 저장하는 제4류 위험물의 최대수량이 지정수량의 50만배 이상인 사업소	2대	10인

(3) 자체소방대의 설치 제외대상인 일반취급소(규칙 제73조) 20 년 출제

① 보일러, 버너, 그 밖에 이와 유사한 장치로 위험물을 소비하는 일반취급소
② 이동저장탱크, 그 밖에 이와 유사한 것에 위험물을 주입하는 일반취급소
③ 용기에 위험물을 옮겨 담는 일반취급소
④ 유압장치, 윤활유순환장치, 그 밖에 이와 유사한 장치로 위험물을 취급하는 일반취급소
⑤ 광산보안법의 적용을 받는 일반취급소

(4) 화학소방자동차에 갖추어야 하는 소화능력 및 설비의 기준(규칙 별표 23)

화학소방자동차의 구분	소화능력 및 설비의 기준
포수용액 방사차	포수용액의 방사능력이 매분 2,000[L] 이상일 것
	소화약액탱크 및 소화약액혼합장치를 비치할 것
	10만[L] 이상의 포수용액을 방사할 수 있는 양의 소화약제를 비치할 것
분말 방사차	분말의 방사능력이 매초 35[kg] 이상일 것
	분말탱크 및 가압용 가스설비를 비치할 것
	1,400[kg] 이상의 분말을 비치할 것
할로겐화합물 방사차	할로겐화합물의 방사능력이 매초 40[kg] 이상일 것
	할로겐화합물 탱크 및 가압용 가스설비를 비치할 것
	1,000[kg] 이상의 할로겐화합물을 비치할 것
이산화탄소 방사차	이산화탄소의 방사능력이 매초 40[kg] 이상일 것
	이산화탄소 저장용기를 비치할 것
	3,000[kg] 이상의 이산화탄소를 비치할 것
제독차	가성소다 및 규조토를 각각 50[kg] 이상 비치할 것

13 제조소 등에서의 흡연 금지(법 제19조의2)

① 누구든지 제조소 등에서는 지정된 장소가 아닌 곳에서 흡연을 해서는 안 된다.
② 제조소 등의 관계인은 해당 제조소 등이 금연구역임을 알리는 표지를 설치해야 한다.
③ 시·도지사는 제조소 등의 관계인이 ②를 위반하여 금연구역임을 알리는 표지를 설치하지 않거나 보완이 필요한 경우 일정한 기간을 정하여 그 시정을 명할 수 있다.
④ ①에 따른 지정 기준·방법 등은 대통령령으로 정하고, ②에 따른 표지를 설치하는 기준·방법 등은 행정안전부령으로 정한다.

14 위험물의 운반, 운송

(1) 위험물의 운반(법 제20조, 제21조)

① 위험물 운반자 또는 위험물운송자(운송책임자 및 이동탱크저장소운전자) : 위험물 분야의 자격취득자, 안전교육을 받은 자
② 운송책임자의 범위, 감독 또는 지원의 방법 등에 관한 구체적인 기준은 행정안전부령으로 정한다.

(2) **운송책임자의 감독·지원을 받아 운송해야 하는 위험물**(영 제19조)
  ① 알킬알루미늄
  ② 알킬리튬
  ③ ① 또는 ②의 물질을 함유하는 위험물

(3) **위험물 운송책임자의 감독 또는 지원의 방법과 위험물의 운송 시에 준수해야 하는 사항**(규칙 별표 21)
  ① 운송책임자가 이동탱크저장소에 동승하여 운송 중인 위험물의 안전확보에 관하여 운전자에게 필요한 감독 또는 지원을 하는 방법. 다만, 운전자가 운송책임자의 자격이 있는 경우에는 운반책임자의 자격이 없는 자가 동승할 수 있다.
  ② 별도의 사무실에 운송책임자가 대기하면서 다음의 사항을 이행하는 방법
    ㉠ 운송경로를 미리 파악하고 관할 소방관서 또는 관련 업체(비상대응에 관한 협력을 얻을 수 있는 업체를 말한다)에 대한 연락체계를 갖추는 것
    ㉡ 이동탱크저장소의 운전자에 대하여 수시로 안전확보 상황을 확인하는 것
    ㉢ 비상시의 응급처치에 관하여 조언을 하는 것
    ㉣ 그 밖에 위험물의 운송 중 안전확보에 관하여 필요한 정보를 제공하고 감독 또는 지원하는 것
  ③ 이동탱크저장소에 의한 위험물의 운송 시에 준수해야 하는 기준
    ㉠ 위험물운송자는 운송의 개시 전에 이동저장탱크의 배출밸브 등의 밸브와 폐쇄장치, 맨홀 및 주입구의 뚜껑, 소화기 등의 점검을 충분히 실시할 것
    ㉡ 위험물운송자는 장거리(**고속국도**에 있어서는 **340[km] 이상**, 그 밖의 도로에 있어서는 **200[km] 이상**을 말한다)에 걸치는 운송을 하는 때에는 **2명 이상의 운전자**로 할 것. 다만, 다음에 해당하는 경우에는 그렇지 않다.
      • ①의 규정에 의하여 운송책임자를 동승시킨 경우
      • 운송하는 위험물이 **제2류 위험물·제3류 위험물**(칼슘 또는 알루미늄의 탄화물과 이것만을 함유한 것에 한한다) 또는 **제4류 위험물**(특수인화물을 제외한다)인 경우
      • 운송 도중에 2시간 이내마다 20분 이상씩 휴식하는 경우
    ㉢ 위험물(제4류 위험물에 있어서는 특수인화물 및 제1석유류에 한한다)을 운송하게 하는 자는 **위험물안전카드**를 위험물운송자로 하여금 **휴대**하게 할 것

🔢 감독 및 조치명령 등

  ① 소방청장(중앙119구조본부장 및 그 소속 기관의 장을 포함한다), 시·도지사, 소방본부장 또는 소방서장은 위험물의 저장 또는 취급에 따른 화재의 예방 또는 진압대책을 위하여 필요한 때에는 위험물을 저장 또는 취급하고 있다고 인정되는 장소의 관계인에 대하여 필요한 보고 또는 자료제출을 명할 수 있으며, 관계 공무원으로 하여금 해당 장소에 출입하여 그 장소의 위치·구조·설비 및 위험물의 저장·취급 상황에 대하여 검사하게 하거나 관계인에게 질문하게 하고 시험에 필요한 최소한의 위험물 또는 위험물로 의심되는 물품을 수거하게 할 수 있다. 다만, 개인의 주거는 관계인의 승낙을 얻은 경우 또는 화재발생의 우려가 커서 긴급한 필요가 있는 경우가 아니면 출입할 수 없다(법 제22조).

② 국가기술자격증 또는 교육수료증의 제시 요구권자 : 소방공무원 또는 경찰공무원(법 제22조)

③ 무허가장소의 위험물에 대한 조치명령 : 시·도지사, 소방본부장 또는 소방서장(법 제24조)

④ 제조소 등의 사용 일시정지, 사용제한권자 : 시·도지사, 소방본부장 또는 소방서장(법 제25조)

⑤ 제조소 등의 관계인은 해당 제조소 등에서 위험물의 유출 그 밖의 사고가 발생한 때에는 **사태를 발견한 자**는 즉시 그 사실을 **소방서, 경찰서** 또는 그 밖의 **관계기관에 통보**해야 한다(법 제27조).

⑥ 안전교육대상자(영 제20조, 규칙 별표 24) `14` `15` `21` 년 출제

  ㉠ 안전관리자로 선임된 자

  ㉡ 탱크 시험자의 기술인력으로 종사하는 자

  ㉢ 위험물운반자로 종사하는 자

  ㉣ 위험물운송자로 종사하는 자

[교육과정·교육대상자·교육시간·교육시기 및 교육기관] `18` `21` `24` 년 출제

교육과정	교육대상자	교육시간	교육시기	교육기관
강습교육	안전관리자가 되려는 사람	24시간	최초 선임되기 전	안전원
	위험물운반자가 되려는 사람	8시간	최초 종사하기 전	안전원
	위험물운송자가 되려는 사람	16시간	최초 종사하기 전	안전원
실무교육	안전관리자	8시간	가. 제조소 등의 안전관리자로 선임된 날부터 6개월 이내 나. 가목에 따른 교육을 받은 후 2년마다 1회	안전원
	위험물운반자	4시간	가. 위험물운반자로 종사한 날부터 6개월 이내 나. 가목에 따른 교육을 받은 후 3년마다 1회	안전원
	위험물운송자	8시간	가. 이동탱크저장소의 위험물운송자로 종사한 날부터 6개월 이내 나. 가목에 따른 교육을 받은 후 3년마다 1회	안전원
	탱크시험자의 기술인력	8시간	가. 탱크시험자의 기술인력으로 등록한 날부터 6개월 이내 나. 가목에 따른 교육을 받은 후 2년마다 1회	기술원

⑦ **청문 실시 내용**(법 제29조)

  ㉠ 제조소 등 설치허가의 취소

  ㉡ 탱크 시험자의 등록취소

⑧ **과태료 부과권자** : 시·도지사, 소방본부장 또는 소방서장

16 업무의 위탁(영 제22조)

(1) 소방청장이 안전원 또는 기술원에 위탁

① 안전원 : 다음의 어느 하나에 해당하는 사람에 대한 안전교육

  ㉠ 위험물운반자 또는 위험물운송자의 요건을 갖추려는 사람

  ㉡ 위험물취급자격자의 자격을 갖추려는 사람

  ㉢ 안전관리자로 선임된 사람, 위험물운반자로 종사하는 사람, 위험물운송자로 종사하는 사람

② 기술원 : 탱크시험자의 기술인력으로 종사하는 사람에 대한 안전교육

(2) 시 · 도지사가 기술원에 위탁 [17] [20] 년 출제

① 탱크안전성능검사 중 다음의 탱크에 대한 탱크안전성능검사
    ㉠ 용량이 100만[L] 이상인 액체위험물을 저장하는 탱크
    ㉡ 암반탱크
    ㉢ 지하탱크저장소의 위험물탱크 중 행정안전부령으로 정하는 액체위험물 탱크(이중벽탱크)

② 완공검사 중 다음의 완공검사
    ㉠ 지정수량의 1천배 이상의 위험물을 취급하는 제조소 또는 일반취급소의 설치 또는 변경(사용 중인 제조소 또는 일반취급소의 보수 또는 부분적인 증설은 제외한다)에 따른 완공검사
    ㉡ 옥외탱크저장소(저장용량이 50만[L] 이상인 것만 해당한다) 또는 암반탱크저장소의 설치 또는 변경에 따른 완공검사

③ 운반용기검사

17 벌 칙 [22] 년 출제

(1) 1년 이상 10년 이하의 징역

제조소 등 또는 허가를 받지 않고 지정수량 이상의 위험물을 저장 또는 취급하는 장소에서 위험물을 유출·방출 또는 확산시켜 사람의 생명·신체 또는 재산에 대하여 위험을 발생시킨 자

(2) 무기 또는 5년 이상의 징역

제조소 등 또는 허가를 받지 않고 지정수량 이상의 위험물을 저장 또는 취급하는 장소에서 위험물을 유출·방출 또는 확산시켜 사람을 **사망에 이르게 한 때**

(3) 무기 또는 3년 이상의 징역

제조소 등 또는 허가를 받지 않고 지정수량 이상의 위험물을 저장 또는 취급하는 장소에서 위험물을 유출·방출 또는 확산시켜 사람을 **상해(傷害)에 이르게 한 때**

(4) 10년 이하의 징역 또는 금고나 1억원 이하의 벌금

업무상 과실로 제조소 등 또는 허가를 받지 않고 지정수량 이상의 위험물을 저장 또는 취급하는 장소에서 위험물을 유출·방출 또는 확산시켜 사람을 사상(死傷)에 이르게 한 자

(5) 7년 이하의 금고 또는 7,000만원 이하의 벌금

업무상 과실로 제조소 등 또는 허가를 받지 않고 지정수량 이상의 위험물을 저장 또는 취급하는 장소에서 위험물을 유출·방출 또는 확산시켜 사람의 생명·신체 또는 재산에 대하여 위험을 발생시키는 죄를 범한 자

(6) 5년 이하의 징역 또는 1억원 이하의 벌금

제조소 등의 설치허가를 받지 않고 제조소 등을 설치한 자

(7) 3년 이하의 징역 또는 3,000만원 이하의 벌금

저장소 또는 제조소 등이 아닌 장소에서 **지정수량 이상의 위험물을 저장 또는 취급한 자**

(8) 1년 이하의 징역 또는 1,000만원 이하의 벌금

① 탱크 시험자로 등록하지 않고 탱크 시험자의 업무를 한 자

② 정기점검을 하지 않거나 점검기록을 허위로 작성한 관계인으로서 허가를 받은 자

③ **정기검사를 받지 않은 관계인**으로서 **허가를 받은** 자

④ 자체소방대를 두지 않은 관계인으로서 허가를 받은 자

⑤ 운반용기에 대한 검사를 받지 않고 운반용기를 사용하거나 유통시킨 자

⑥ 관계공무원에 대하여 필요한 보고 또는 자료제출을 하지 않거나 허위의 보고 또는 자료제출을 한 자 또는 관계공무원의 출입·검사 또는 수거를 거부·방해 또는 기피한 자

⑦ 제조소 등에 대한 긴급 사용정지·제한명령을 위반한 자

(9) 1,500만원 이하의 벌금

① 위험물의 **저장** 또는 **취급에 관한 중요기준**에 따르지 않은 자

② **변경허가를 받지 않고 제조소 등을 변경한** 자

③ 제조소 등의 완공검사를 받지 않고 위험물을 저장·취급한 자

④ 안전조치 이행명령을 따르지 않은 자

⑤ 제조소 등의 사용정지명령을 위반한 자

⑥ 수리·개조 또는 이전의 명령에 따르지 않은 자

⑦ **안전관리자를 선임하지 않은 관계인으로서 허가를 받은** 자 `23` **년 출제**

⑧ 대리자를 지정하지 않은 관계인으로서 허가를 받은 자

⑨ 업무정지명령을 위반한 자

⑩ 탱크 안전성능시험 또는 점검에 관한 업무를 허위로 하거나 그 결과를 증명하는 서류를 허위로 교부한 자

⑪ **예방규정을 제출하지 않거나** 변경명령을 위반한 **관계인으로서 허가를 받은 자**

⑫ 정지지시를 거부하거나 국가기술자격증, 교육수료증·신원확인을 위한 증명서의 제시요구 또는 신원확인을 위한 질문에 응하지 않은 자

⑬ 탱크 시험자에 대하여 필요한 보고 또는 자료제출을 하지 않거나 허위의 보고 또는 자료제출을 한 자 및 관계공무원의 출입 또는 조사·검사를 거부·방해 또는 기피한 자

⑭ 탱크 시험자에 대한 감독상 명령에 따르지 않은 자

⑮ 무허가장소의 위험물에 대한 조치명령에 따르지 않은 자

⑯ 저장·취급기준 준수명령 또는 응급조치명령을 위반한 자

(10) 1,000만원 이하의 벌금

① 위험물의 취급에 관한 안전관리와 감독을 하지 않은 자

② **안전관리자 또는 그 대리자가 참여하지 않은 상태에서 위험물을 취급한** 자

③ 변경한 예방규정을 제출하지 않은 관계인으로서 허가를 받은 자

④ **위험물의 운반에 관한 중요기준**에 따르지 않은 자

⑤ 국가기술자격자 또는 **안전교육을 받지 않은 위험물운반자, 위험물운송자**

⑥ 관계인의 정당한 업무를 방해하거나 출입·검사 등을 수행하면서 알게 된 비밀을 누설한 자

(11) **500만원 이하의 과태료** 19 24 **년 출제**

① 임시저장기간의 승인을 받지 않은 자

② 위험물의 **저장** 또는 **취급에 관한 세부기준**을 위반한 자

③ 위험물의 품명 등의 변경신고를 기간 이내에 하지 않거나 허위로 한 자

④ 위험물제조소 등의 지위승계신고를 기간 이내에 하지 않거나 허위로 한 자

⑤ 제조소 등의 폐지신고, 안전관리자의 선임신고를 기간 이내에 하지 않거나 허위로 한 자

⑥ 제조소 등의 사용 중지신고 또는 재개신고를 기간 이내에 하지 않거나 거짓으로 한 자

⑦ 등록사항의 변경신고를 기간 이내에 하지 않거나 허위로 한 자

⑧ 예방규정을 준수하지 않은 자

⑨ 위험물제조소 등의 **정기 점검결과를 기록·보존하지 않은** 자

⑩ 기간 이내에 점검결과를 제출하지 않은 자

⑪ 제조소 등에서는 지정된 장소가 아닌 곳에서 흡연을 한 자

⑫ 관계인이 금연구역을 알리는 표지를 설치하지 않거나 보완이 필요한 경우 시정명령을 따르지 않은 자

⑬ 위험물의 운반에 관한 세부기준을 위반한 자

⑭ **위험물의 운송에 관한 기준을 따르지 않은** 자

(12) **과태료의 부과기준**(영 별표 9)

① 과태료 부과권자는 다음의 어느 하나에 해당하는 경우에는 개별기준에 따른 과태료 금액의 1/2까지 그 금액을 줄일 수 있다. 다만, 과태료를 체납하고 있는 위반행위자에 대해서는 그렇지 않다.

㉠ 위반행위자가 질서위반행위규제법 시행령 제2조의2 제1항 각 호의 어느 하나에 해당하는 경우

> **[질서위반행위규제법 시행령 제2조의2(과태료 감경)]**
> • 국민기초생활 보장법 제2조에 따른 수급자
> • 한부모가족 지원법 제5조 및 제5조의2 제2항·제3항에 따른 보호대상자
> • 장애인복지법 제2조에 따른 장애인 중 장애의 정도가 심한 장애인
> • 국가유공자 등 예우 및 지원에 관한 법률 제6조의4에 따른 1급부터 3급까지의 상이등급 판정을 받은 사람
> • 미성년자

㉡ 위반행위자가 처음 위반행위를 한 경우로서 3년 이상 해당 업종을 모범적으로 경영한 사실이 인정되는 경우

㉢ 위반행위가 사소한 부주의나 오류 등 과실로 인한 것으로 인정되는 경우

㉣ 위반행위자가 같은 위반행위로 다른 법률에 따라 과태료·벌금·영업정지 등의 처분을 받은 경우

㉤ 위반행위자가 위법행위로 인한 결과를 시정하거나 해소한 경우

㉥ 그 밖에 위반행위의 정도, 위반행위의 동기와 그 결과 등을 고려하여 과태료를 줄일 필요가 있다고 인정되는 경우

② 위반행위의 횟수에 따른 과태료의 부과기준은 최근 1년간 같은 위반행위로 과태료 부과처분을 받은 경우에 적용한다. 이 경우 기간의 계산은 위반행위에 대하여 과태료 부과처분을 받은 날과 그 처분 후 다시 같은 위반행위를 하여 적발된 날을 기준으로 한다.

③ ②에 따라 가중된 부과처분을 하는 경우 가중처분의 적용 차수는 그 위반행위 전 부과처분 차수(②에 따른 기간 내에 과태료 부과처분이 둘 이상 있었던 경우에는 높은 차수를 말한다)의 다음 차수로 한다.

④ 개별기준

위반행위	근거 법조문	과태료 금액 (단위 : 만원)
법 제5조 제2항 제1호에 따른 승인을 받지 않은 경우	법 제39조 제1항 제1호	
• 승인기한(임시저장 또는 취급개시일의 전날)의 다음날을 기산일로 하여 30일 이내에 승인을 신청한 경우		250
• 승인기한(임시저장 또는 취급개시일의 전날)의 다음날을 기산일로 하여 31일 이후에 승인을 신청한 경우		400
• 승인을 받지 않은 경우		500
법 제5조 제3항 제2호에 따른 위험물의 저장 또는 취급에 관한 세부기준을 위반한 경우	법 제39조 제1항 제2호	
• 1차 위반 시		250
• 2차 위반 시		400
• 3차 이상 위반 시		500
법 제6조 제2항에 따른 품명 등의 변경신고를 기간 이내에 하지 않거나 허위로 한 경우	법 제39조 제1항 제3호	
• 신고기한(변경한 날의 1일 전날)의 다음날을 기산일로 하여 30일 이내에 신고한 경우		250
• 신고기한(변경한 날의 1일 전날)의 다음날을 기산일로 하여 31일 이후에 신고한 경우		350
• 허위로 신고한 경우		500
• 신고를 하지 않은 경우		500
법 제10조 제3항에 따른 지위승계신고를 기간 이내에 하지 않거나 허위로 한 경우	법 제39조 제1항 제4호	
• 신고기한(지위승계일의 다음날을 기산일로 하여 30일이 되는 날)의 다음날을 기산일로 하여 30일 이내에 신고한 경우		250
• 신고기한(지위승계일의 다음날을 기산일로 하여 30일이 되는 날)의 다음날을 기산일로 하여 31일 이후에 신고한 경우		350
• 허위로 신고한 경우		500
• 신고를 하지 않은 경우		500
법 제11조에 따른 제조소 등의 폐지신고를 기간 이내에 하지 않거나 허위로 한 경우	법 제39조 제1항 제5호	
• 신고기한(폐지일의 다음날을 기산일로 하여 14일이 되는 날)의 다음날을 기산일로 하여 30일 이내에 신고한 경우		250
• 신고기한(폐지일의 다음날을 기산일로 하여 14일이 되는 날)의 다음날을 기산일로 하여 31일 이후에 신고한 경우		350
• 허위로 신고한 경우		500
• 신고를 하지 않은 경우		500
법 제11조의2 제2항을 위반하여 사용 중지신고 또는 재개 신고를 기간 이내에 하지 않거나 거짓으로 한 경우	법 제39조 제1항 제5호의2	
• 신고기한(중지 또는 재개한 날의 14일 전날)의 다음날을 기산일로 하여 30일 이내에 신고한 경우		250
• 신고기한(중지 또는 재개한 날의 14일 전날)의 다음날을 기산일로 하여 31일 이후에 신고한 경우		350
• 거짓으로 신고한 경우		500
• 신고를 하지 않은 경우		500

위반행위	근거 법조문	과태료 금액 (단위 : 만원)
법 제15조 제3항에 따른 안전관리자의 선임신고를 기간 이내에 하지 않거나 허위로 한 경우	법 제39조 제1항 제5호	
• 신고기한(선임한 날의 다음날을 기산일로 하여 14일이 되는 날)의 다음날을 기산일로 하여 30일 이내에 신고한 경우		250
• 신고기한(선임한 날의 다음날을 기산일로 하여 14일이 되는 날)의 다음날을 기산일로 하여 31일 이후에 신고한 경우		350
• 허위로 신고한 경우		500
• 신고를 하지 않은 경우		500
법 제16조 제3항을 위반하여 등록사항의 변경신고를 기간 이내에 하지 않거 나 허위로 한 경우	법 제39조 제1항 제6호	
• 신고기한(변경일의 다음날을 기산일로 하여 30일이 되는 날)의 다음날을 기산일로 하여 30일 이내에 신고한 경우		250
• 신고기한(변경일의 다음날을 기산일로 하여 30일이 되는 날)의 다음날을 기산일로 하여 31일 이후에 신고한 경우		350
• 허위로 신고한 경우		500
• 신고를 하지 않은 경우		500
법 제17조 제3항을 위반하여 예방규정을 준수하지 않은 경우	법 제39조 제1항 제6호의2	
• 1차 위반 시		250
• 2차 위반 시		400
• 3차 이상 위반 시		500
법 제18조 제1항을 위반하여 점검결과를 기록하지 않거나 보존하지 않은 경우	법 제39조 제1항 제7호	
• 1차 위반 시		250
• 2차 위반 시		400
• 3차 이상 위반 시		500
법 제18조 제2항을 위반하여 기간 이내에 점검 결과를 제출하지 않은 경우	법 제39조 제1항 제7호의2	
• 제출기한(점검일의 다음날을 기산일로 하여 30일이 되는 날)의 다음날을 기산일로 하여 30일 이내에 제출한 경우		250
• 제출기한(점검일의 다음날을 기산일로 하여 30일이 되는 날)의 다음날을 기산일로 하여 31일 이후에 제출한 경우		400
• 제출하지 않은 경우		500
법 제20조 제1항 제2호에 따른 위험물의 운반에 관한 세부기준을 위반한 경우	법 제39조 제1항 제8호	
• 1차 위반 시		250
• 2차 위반 시		400
• 3차 이상 위반 시		500
법 제21조 제3항을 위반하여 위험물의 운송에 관한 기준을 따르지 않은 경우	법 제39조 제1항 제9호	
• 1차 위반 시		250
• 2차 위반 시		400
• 3차 이상 위반 시		500

18 위험물 및 지정수량

PART 03 위험물의 성질·상태 및 시설기준을 참고 바랍니다.

01 위험물안전관리법상 "위험물"이란?

① 인화성 물질로서 대통령령으로 정하는 물품
② 발화성 물질로서 대통령령으로 정하는 물품
③ 인화성 또는 발화성 등의 성질을 가지는 것으로서 대통령령이 정하는 물품
④ 대통령령이 정하는 위험성 물품

해설 **위험물** : 인화성 또는 발화성 등의 성질을 가지는 것으로서 대통령령이 정하는 물품(법 제2조)

정답 ③

02 인화성 또는 발화성 등의 성질을 가지는 것으로서 대통령령이 정하는 물품을 무엇이라 하는가?

① 인화성 물질   ② 발화성 물질   ③ 가연성 물질   ④ 위험물

해설 **위험물** : **인화성** 또는 **발화성** 등의 성질을 가지는 것으로서 **대통령령이 정하는 물품**

정답 ④

03 위험물의 제조소 등이란?

① 제조만을 목적으로 하는 위험물의 제조소
② 제조소, 저장소 및 취급소
③ 위험물의 저장시설을 갖춘 제조소
④ 제조 및 저장시설을 갖춘 판매취급소

해설 **위험물의 제조소 등** : 제조소, 저장소 및 취급소(법 제2조)

정답 ②

04 용어의 정의 중 잘못된 것은?

① 관계인이란 소방대상물의 소유자·관리자 또는 점유자를 말한다.
② 소방대란 화재를 진압하고 구조·구급활동 등을 하기 위하여 소방공무원, 의무소방원, 의용소방대원으로 구성된 조직체를 말한다.
③ 위험물은 대통령령으로 정하는 인화성·폭발성 또는 발화성 물품을 말한다.
④ 관계지역이란 소방대상물이 있는 장소 및 그 이웃지역으로서 화재의 예방·경계·진압·구조·구급 등의 활동에 필요한 지역을 말한다.

해설 **위험물** : **인화성** 또는 **발화성** 등의 성질을 가지는 것으로서 대통령령이 정하는 물품(법 제2조)

정답 ③

05 위험물의 저장 · 취급 및 운반에 있어서 위험물안전관리법의 적용을 받아야 하는 것은?

① 차 량   ② 선 박   ③ 항공기   ④ 철 도

> **해설** 위험물의 저장 · 취급 및 운반의 적용 제외 : 항공기, 선박, 철도 및 궤도(법 제3조)

정답 ①

06 위험물안전관리법상 지정수량 미만인 위험물의 저장 또는 취급에 관한 기술상의 기준은 무엇으로 정하는가?

① 시 · 도의 조례   ② 행정안전부령
③ 대통령령   ④ 국토교통부령

> **해설** **위험물의 기준**
> • **지정수량 미만 : 시 · 도의 조례**
> • 지정수량 이상 : 위험물안전관리법 적용

정답 ①

07 위험물의 임시저장 취급기준을 정하고 있는 것은?

① 대통령령   ② 국무총리령
③ 행정안전부령   ④ 시 · 도의 조례

> **해설** 위험물의 임시로 저장 또는 취급하는 장소의 위치 구조 및 설비의 기준 : 시 · 도의 조례

정답 ④

08 둘 이상의 위험물을 같은 장소에서 저장 또는 취급하는 경우에 있어서 해당 장소에서 저장 또는 취급하는 각 위험물의 수량을 그 위험물의 지정수량으로 각각 나누어 얻은 수의 합계가 얼마 이상인 경우 해당 위험물은 지정수량 이상의 위험물로 보는가?

① 0.5   ② 1   ③ 2   ④ 3

> **해설** 둘 이상의 위험물을 취급할 경우 저장량을 지정수량으로 나누어 1 이상이면 위험물로 보므로 위험물안전관리법에 규제를 받는다.
>
> > **위험물**이라면 허가를 받아야 하고 위험물안전관리자를 선임하고 법에 규제를 받는다.

정답 ②

09 점포에서 위험물을 용기에 담아 판매하기 위하여 지정수량의 40배 이하의 위험물을 취급하는 장소는?

① 일반취급소   ② 주유취급소   ③ 판매취급소   ④ 이송취급소

> **해설** **판매취급소** : 점포에서 위험물을 용기에 담아 판매하기 위하여 지정수량의 40배 이하의 위험물을 취급하는 장소로서 제1종 판매취급소는 지정수량의 20배 이하, 제2종 판매취급소는 지정수량의 **40배** 이하를 취급한다.

정답 ③

10 행정안전부령으로 정하는 제조소 등의 기술기준에 포함되지 않는 것은?

① 제조소 등의 위치　　　　　　② 제조소 등의 구조

③ 제조소 등의 설비　　　　　　④ 제조소 등의 용도

> 해설　제조소 등의 기술기준 : 제조소 등의 **위치·구조·설비**의 기준(법 제5조)
>
> | 제조소 등 : 위험물의 제조소, 저장소, 취급소 |
> | --- |

정답 ④

11 제조소 등의 설치 및 변경은 누구의 허가를 받아야 하는가?

① 시·도지사　　　　　　　　　② 시장·군수

③ 행정안전부장관　　　　　　　④ 한국소방안전원장

> 해설　제조소 등의 설치 및 변경 허가권자 : 시·도지사(법 제6조)

정답 ①

12 제조소 등의 위치·구조 또는 설비의 변경 없이 해당 제조소 등에서 저장하거나 취급하는 위험물의 품명·수량 또는 지정수량의 배수를 변경하고자 할 때에는 누구에게 신고해야 하는가?

① 행정안전부장관　　　　　　　② 시·도지사

③ 관할소방협회장　　　　　　　④ 관할 소방서장

> 해설　제조소 등의 위치·구조 또는 설비의 변경 없이 해당 제조소 등에서 저장하거나 취급하는 **위험물의 품명·수량** 또는 **지정수량의 배수를 변경하고자 하는 자**는 변경하고자 하는 날의 1일 전까지 행정안전부령이 정하는 바에 따라 **시·도지사**에게 **신고**해야 한다(법 제6조).

정답 ②

13 제조소 등의 위치·구조 또는 설비의 변경 없이 해당 제조소 등에서 저장하거나 취급하는 위험물의 품명·수량 또는 지정수량의 배수를 변경하고자 하는 자는 변경하고자 하는 날의 며칠 전까지 행정안전부령이 정하는 바에 따라 시·도지사에게 신고해야 하는가?

① 1일　　　　② 3일　　　　③ 7일　　　　④ 14일

> 해설　위험물의 품명, 수량, 지정수량의 배수 변경 시 : 변경하고자 하는 날의 **1일 전까지** 시·도지사에게 신고(법 제6조)

정답 ①

14 위험물제조소에서 저장 또는 취급하는 위험물의 품명·수량 또는 지정수량의 배수를 변경하고자 할 때 변경신고서에 첨부해야 할 서류인 것은?

① 위치, 구조 설비도면　　　　　② 위험물제조소의 기술능력

③ 제조소 등의 완공검사합격확인증　④ 구조설비명세표

> 해설　위험물의 품명·수량 또는 지정수량의 배수 변경 시 첨부서류 : 제조소 등의 완공검사합격확인증(규칙 제10조)

정답 ③

15 위험물제조소에서 변경허가를 받아야 하는 경우가 아닌 것은?

① 제조소의 위치를 이전하는 경우

② 위험물취급탱크의 방유제의 높이를 변경하는 경우

③ 불활성기체의 봉입장치를 신설하는 경우

④ 통풍장치, 배출설비를 신설하는 경우

해설 제조소, 일반취급소의 변경허가를 받아야 하는 경우(규칙 별표 1의 2)
- 제조소 또는 일반취급소의 **위치를 이전**하는 경우
- **건축물의 벽**·기둥·바닥·보 또는 지붕을 **증설** 또는 철거하는 경우
- **배출설비를 신설**하는 경우
- 위험물취급탱크를 신설·교체·철거 또는 보수(탱크의 본체를 절개하는 경우에 한한다)하는 경우
- 위험물취급탱크의 노즐 또는 맨홀을 신설하는 경우(노즐 또는 맨홀의 지름이 250[mm]를 초과하는 경우에 한한다)
- 위험물취급탱크의 **방유제의 높이** 또는 방유제 내의 면적을 **변경하는 경우**
- 위험물취급탱크의 **탱크전용실을 증설** 또는 교체하는 경우
- 300[m](지상에 설치하지 않는 배관의 경우에는 30[m])를 초과하는 위험물배관을 신설·교체·철거 또는 보수(배관을 절개하는 경우에 한한다)하는 경우
- **불활성기체(다른 원소와 화학반응을 일으키기 어려운 기체)의 봉입장치를 신설**하는 경우
- 방화상 유효한 담을 신설·철거 또는 이설하는 경우
- 자동화재탐지설비를 신설 또는 철거하는 경우

정답 ④

16 위험물제조소의 변경허가를 받지 않아도 되는 경우는?

① 배출설비를 신설하는 경우

② 방화상 유효한 담을 이설하는 경우

③ 자동화재탐지설비를 신설하는 경우

④ 주입구의 위치를 이전하는 경우

해설 문제 15번 참조

정답 ④

17 위험물제조소의 변경허가를 받지 않아도 되는 경우는?

① 위험물취급탱크의 탱크전용실을 신설하는 경우

② 건축물의 벽을 증설하는 경우

③ 자동화재탐지설비를 신설하는 경우

④ 위험물취급탱크를 신설하는 경우

해설 문제 15번 참조

정답 ①

18 위험물취급소의 구분에 해당되지 않는 것은?

① 주유취급소   ② 관리취급소   ③ 일반취급소   ④ 판매취급소

> **해설**   **위험물취급소의 구분(영 별표 3)**
> - 주유취급소   • 판매취급소
> - 이송취급소   • 일반취급소

정답 ②

19 제1종 판매취급소는 점포에서 위험물을 용기에 담아 판매하기 위하여 지정수량의 몇 배 이하의 위험물을 취급하는 장소를 말하는가?

① 10   ② 20   ③ 30   ④ 40

> **해설**   **취급소의 구분(영 별표 3)**
> - **주유취급소** : 고정된 주유설비에 의하여 자동차·항공기 또는 선박 등의 연료탱크에 직접 주유하기 위하여 위험물을 취급하는 장소
> - **판매취급소** : 점포에서 위험물을 용기에 담아 판매하기 위하여 지정수량의 **40배 이하**의 위험물을 취급하는 장소로서 제1종 판매취급소는 지정수량의 20배 이하, 제2종 판매취급소는 지정수량의 40배 이하를 취급한다.
> - **이송취급소** : 배관 및 이에 부속된 설비에 의하여 위험물을 이송하는 장소
> - **일반취급소** : 위 세 곳 외의 장소

정답 ②

20 고정된 주유설비에 의하여 자동차·항공기 또는 선박 등의 연료탱크에 직접 주유하기 위하여 위험물을 취급하는 장소는?

① 판매취급소   ② 주유취급소   ③ 이송취급소   ④ 일반취급소

> **해설**   **주유취급소** : 고정된 주유설비에 의하여 자동차·항공기 또는 선박 등의 연료탱크에 직접 주유하기 위하여 위험물을 취급하는 장소

정답 ②

21 위험물은 그 성질에 따라 유별로 분류하고 있다. 몇 가지 유별로 정하고 있는가?

① 4   ② 5   ③ 6   ④ 7

> **해설**   **위험물의 분류** : 제1류~제6류(영 별표 1)

정답 ③

22 다음 중 위험물 유별 성질로서 옳지 않은 것은?

① 제1류 위험물 : 산화성 고체   ② 제2류 위험물 : 가연성 고체
③ 제4류 위험물 : 인화성 액체   ④ 제6류 위험물 : 인화성 고체

> **해설**   **제6류 위험물** : 산화성 액체

정답 ④

23 위험물안전관리법에서 정하는 위험물질에 대한 설명으로 다음 중 옳은 것은?

① 철분이란 철의 분말로서 53[μm]의 표준체를 통과하는 것이 60[wt%] 미만인 것은 제외한다.

② 인화성 고체란 고형알코올 그 밖에 1기압에서 인화점이 21[℃] 미만인 고체를 말한다.

③ 황은 순도가 60[wt%] 이상인 것을 말한다.

④ 과산화수소는 그 농도가 36[wt%] 이하인 것에 한한다.

해설 **위험물의 정의**
- **철분** : 철의 분말로서 **53[μm]**의 표준체를 통과하는 것이 **50[wt%] 미만**인 것은 **제외**한다.
- **인화성고체** : **고형알코올** 그 밖에 1기압에서 **인화점이 40[℃] 미만**인 **고체**를 말한다.
- **황** : 순도가 **60[wt%] 이상**인 것을 말한다. 이 경우 순도 측정에 있어서 불순물은 활석 등 불연성 물질과 수분에 한한다.
- **과산화수소**는 그 농도가 **36[wt%] 이상**인 것에 한한다.

정답 ③

24 제1류 위험물로서 산화성 고체에 해당되는 것은?

① 아염소산염류   ② 적 린
③ 알칼리토금속   ④ 철 분

해설 **위험물의 유별**

종 류	아염소산염류	적 린	알칼리토금속	철 분
유 별	제1류	제2류	제3류	제2류
성 질	산화성 고체	가연성 고체	자연발화성 및 금수성 물질	가연성 고체

정답 ①

25 형상은 다르지만 모두 "산화성"인 것은?

① 제2류 위험물과 제4류 위험물   ② 제3류 위험물과 제5류 위험물
③ 제1류 위험물과 제6류 위험물   ④ 제2류 위험물과 제5류 위험물

해설 제1류 위험물(산화성 고체), 제6류 위험물(산화성 액체)

정답 ③

26 위험물(품명)과 그 지정수량이 조합으로 옳은 것은?

① 황린 20[kg]   ② 염소산염류 30[kg]
③ 과염소산 200[kg]   ④ 질산 100[kg]

해설 **위험물의 지정수량**

품 명	황 린	염소산염류	과염소산	질 산
유 별	제3류	제1류	제6류	제6류
지정수량	20[kg]	50[kg]	300[kg]	300[kg]

정답 ①

27 위험물 중 인화성 액체에 해당되는 것은?

① 유기과산화물　　　　　　　　② 알킬알루미늄
③ 과산화수소　　　　　　　　　　④ 동식물유류

해설　위험물의 분류

품 명	유기과산화물	알킬알루미늄	과산화수소	동식물유류
유 별	제5류 위험물	제3류 위험물	제6류 위험물	제4류 위험물
성 질	자기반응성 물질	자연발화성 및 금수성 물질	산화성 액체	인화성 액체

정답 ④

28 인화성 액체인 제4류 위험물의 품명별 지정수량이다. 다음 중 옳지 않은 것은?

① 특수인화물 50[L]
② 제1석유류 중 비수용성 액체는 200[L], 수용성 액체는 400[L]
③ 알코올류 300[L]
④ 제4석유류 6,000[L]

해설　제4류 위험물의 종류

유 별	성 질	품 명		위험등급	지정수량
제4류	인화성 액체	1. 특수인화물		I	50[L]
		2. 제1석유류	비수용성 액체	II	200[L]
			수용성 액체	II	400[L]
		3. **알코올류**		II	**400[L]**
		4. 제2석유류	비수용성 액체	III	1,000[L]
			수용성 액체	III	2,000[L]
		5. 제3석유류	비수용성 액체	III	2,000[L]
			수용성 액체	III	4,000[L]
		6. 제4석유류		III	6,000[L]
		7. 동식물유류		III	10,000[L]

정답 ③

29 위험물안전관리법령상 제4류 위험물에 속하는 것으로 나열된 것은?

① 특수인화물, 질산염류, 황린
② 알코올, 황화인, 나이트로화합물
③ 동식물유류, 알코올류, 특수인화물
④ 알킬알루미늄, 질산, 과산화수소

해설　위험물의 분류

명 칭	분 류	명 칭	분 류
특수인화물	**제4류 위험물**	나이트로화합물	제5류 위험물
질산염류	제1류 위험물	**동식물유류**	**제4류 위험물**
황 린	제3류 위험물	알킬알루미늄	제3류 위험물
알코올류	**제4류 위험물**	질 산	제6류 위험물
황화인	제2류 위험물	과산화수소	제6류 위험물

정답 ③

30 제4류 위험물로서 제1석유류인 아세톤 지정수량은 몇 [L]인가?

① 100[L]　　　　② 200[L]　　　　③ 400[L]　　　　④ 1,000[L]

> 해설　제1석유류의 지정수량
> • 비수용성 액체 : 200[L]　　　　• **수용성 액체**(아세톤) : **400[L]**

정답 ③

31 제4류 위험물로서 "특수인화물"에 속하지 않는 것은?

① 이황화탄소　　　　　　　　② 휘발유
③ 다이에틸에터　　　　　　　④ 아세트알데하이드

> 해설　휘발유 : 제4류 위험물 제1석유류(인화성 액체)

정답 ②

32 제4류 위험물의 인화성 액체가 아닌 것은?

① 특수인화물　　② 제2석유류　　③ 동식물유류　　④ 과염소산염류

> 해설　**과염소산염류 : 제1류 위험물(강산화제)**
>
> > **제4류 위험물**
> > 특수인화물, 제1석유류, 제2석유류, 제3석유류, 제4석유류, 알코올류, 동식물유류

정답 ④

33 위험물로서 제5류 자기반응성 물질에 해당되는 것은?

① 나이트로소화합물　　　　　② 과염소산염류
③ 금속리튬　　　　　　　　　④ 알코올류

> 해설　위험물의 성질
>
> | 종 류 | 나이트로소화합물 | 과염소산염류 | 금속리튬 | 알코올류 |
> |---|---|---|---|---|
> | 유 별 | 제5류 | 제1류 | 제3류 | 제4류 |
> | 성 질 | 자기반응성 물질 | 산화성 고체 | 자연발화성 및 금수성 물질 | 인화성 액체 |

정답 ①

34 위험물 중 "자기반응성 물질"인 것은?

① 황 린　　　　　　　　　　② 아염소산염류
③ 특수인화물　　　　　　　　④ 질산에스터류

> 해설　위험물의 구분(영 별표 1)
>
> | 종 류 | 황 린 | 아염소산염류 | 특수인화물 | 질산에스터류 |
> |---|---|---|---|---|
> | 유 별 | 제3류 | 제1류 | 제4류 | 제5류 |
> | 성 질 | 자연발화성 물질 | 산화성 고체 | 인화성 액체 | 자기반응성 물질 |

정답 ④

35 위험물 중 산화성 액체이며 제6류 위험물에 해당되는 것은?

① 나트륨   ② 칼 륨   ③ 질 산   ④ 황 린

해설   **위험물의 구분**
- 나트륨, 칼륨, 황린 : 제3류 위험물
- 질산 : 제6류 위험물

정답 ③

36 위험물에 해당되는 질산은 비중이 얼마 이상인 것을 말하는가?

① 1.39   ② 1.49   ③ 2.39   ④ 2.49

해설   **질산 : 1.49 이상**을 위험물이라 한다(영 별표 1의 비고).

정답 ②

37 제조소 등의 완공검사 신청시기를 틀린 것은?

① 지하탱크가 있는 제조소 등이 있는 경우에는 해당 지하탱크를 매설한 후
② 이동탱크저장소의 경우에는 이동저장탱크를 완공하고 상치장소를 확보한 후
③ 이송취급소의 경우에는 이송배관 공사의 전체 또는 일부를 완료한 후
④ 제조소 등의 경우에는 제조소 등의 공사를 완료한 후

해설   지하탱크가 있는 제조소 등의 경우에는 해당 **지하탱크를 매설하기 전에 완공검사 신청**을 해야 한다.

정답 ①

38 위험물제조소를 승계한 사람은 며칠 이내에 승계사항을 신고해야 하는가?

① 7   ② 15   ③ 30   ④ 60

해설   위험물제조소 등의 지위승계 : **30일 이내**에 시·도지사에게 신고(법 제10조)

정답 ③

39 제조소 등의 설치허가를 받은 자가 그 용도를 폐지한 때에는 며칠 이내에 신고해야 하는가?

① 5   ② 7   ③ 10   ④ 14

해설   제조소 등의 용도 폐지신고 : **14일 이내**에 시·도지사에게 신고(법 제11조)

정답 ④

40 지정수량 이상의 위험물을 ㉠ 임시로 저장·취급할 수 있는 기간과 ㉡ 임시저장 승인권자는?

① ㉠ 30일 이내, ㉡ 소방서장   ② ㉠ 60일 이내, ㉡ 소방본부장
③ ㉠ 90일 이내, ㉡ 관할소방서장   ④ ㉠ 120일 이내, ㉡ 소방청장

해설   **위험물 임시저장**
- 임시저장 **승인권자 : 관할 소방서장**
- 임시저장기간 : **90일 이내**

정답 ③

41 위험물안전관리법상 과징금 처분에서 위험물제조소 등에 대한 사용의 정지가 공익을 해칠 우려가 있을 때, 사용정지 처분에 갈음하여 얼마의 과징금을 부과할 수 있는가?

① 5,000만원 이하
② 1억원 이하
③ 2억원 이하
④ 3억원 이하

해설　과징금(법 제13조) : 2억원 이하

정답 ③

42 위험물제조소 등의 허가취소 또는 사용정지 사유가 아닌 것은?

① 변경허가를 받지 않고 제조소 등의 위치·구조 또는 설비를 변경한 때
② 위험물 시설안전원을 두지 않았을 때
③ 완공검사를 받지 않고 제조소 등을 사용한 때
④ 위험물안전관리자를 선임하지 않은 때

해설　**제조소 등 설치허가의 취소와 사용정지(법 제12조)**
• 변경허가를 받지 않고 제조소 등의 위치·구조 또는 설비를 변경한 때
• 완공검사를 받지 않고 제조소 등을 사용한 때
• 제조소 등의 위치, 구조, 설비의 규정에 따른 수리·개조 또는 이전의 명령에 위반한 때
• 위험물안전관리자를 선임하지 않은 때
• 대리자를 지정하지 않은 때
• 제조소 등의 정기점검을 하지 않은 때
• 제조소 등의 정기검사를 받지 않은 때
• 위험물의 저장·취급기준 준수명령에 위반한 때

정답 ②

43 위험물제조소에서 지정수량의 10배를 취급할 때 위험물안전관리자를 선임해야 한다. 선임될 수 없는 사람은?

① 위험물기능장
② 위험물산업기사
③ 위험물기능사
④ 소방공무원 경력자

해설　소방공무원 경력자는 지정수량 5배 이하의 제조소에는 위험물안전관리자로 선임할 수 있다(영 별표 6).

정답 ④

44 위험물제조소에 선임되어야 할 안전관리자의 자격으로 틀린 것은?

① 소방기술사
② 위험물기능장
③ 위험물산업기사
④ 위험물기능사

해설　**제조소 등에 위험물안전관리자의 선임자격(영 별표 6)**
• 자격자 : 위험물기능장, 위험물산업기사, 위험물기능사
• 교육 및 경력자 : 안전관리자 교육이수자(수첩), 소방공무원 경력자(3년 이상)

정답 ①

45 위험물안전관리자를 선임한 때에는 며칠 이내에 소방본부장 또는 소방서장에게 신고해야 하는가?

① 7 ② 14 ③ 20 ④ 30

해설 위험물안전관리자 선임 시 : 14일 이내 소방본부장 또는 소방서방에게 신고(법 제15조)

위험물안전관리자 퇴직 시 : 30일 이내에 안전관리자 재선임

정답 ②

46 위험물안전관리자를 해임한 때에는 해임한 날부터 며칠 이내에 다시 위험물안전관리자를 선임해야 하는가?

① 7 ② 15
③ 20 ④ 30

해설 안전관리자의 선임신고
• 안전관리자 해임, 퇴직 시 : 안전관리자의 해임 또는 퇴직시에는 해임 또는 퇴직한 날부터 **30일 이내**
• 안전관리자 선임 시 : 선임일로부터 14일 이내

정답 ④

47 위험물시설의 설치 및 변경, 안전관리에 대한 설명으로 옳지 않은 것은?

① 제조소 등의 설치자의 지위를 승계한 자는 승계한 날로부터 30일 이내에 시·도지사에게 신고해야 한다.
② 제조소 등의 용도를 폐지한 때에는 폐지한 날부터 30일 이내에 시·도지사에게 신고해야 한다.
③ 위험물안전관리자가 퇴직한 때에는 퇴직한 날부터 30일 이내에 다시 위험물관리자를 선임해야 한다.
④ 위험물안전관리자를 선임한 때에는 선임한 날부터 14일 이내에 소방본부장이나 소방서장에게 신고해야 한다.

해설 위험물의 신고
• 제조소 등의 지위승계 : 승계한 날부터 30일 이내에 시·도지사에게 신고
• 제조소 등의 **용도폐지** : 폐지한 날부터 **14일 이내에 시·도지사에게 신고**
• 위험물안전관리자 재선임 : 퇴직한 날부터 30일 이내에 안전관리자 재선임
• 위험물안전관리자 선임신고 : 선임한 날부터 14일 이내에 소방본부장이나 소방서장에게 신고

정답 ②

48 위험물제조소 등의 관계인이 화재 등 재해발생시의 비상조치를 위하여 정해야 하는 예방규정에 관한 설명으로 바른 것은?

① 위험물안전관리자가 선임되지 않았을 경우에 정하여 시행한다.

② 제조소 등을 사용하기 시작한 후 30일 이내에 예방규정을 시행한다.

③ 예방규정을 정하여 한국소방안전원의 검토를 받아 시행한다.

④ 예방규정을 정하고 해당 제조소 등의 사용을 시작하기 전에 시·도지사에게 제출한다.

해설 대통령령이 정하는 제조소 등의 관계인은 해당 제조소 등의 화재예방과 화재 등 재해발생 시의 비상조치를 위하여 행정안전부령이 정하는 바에 따라 **예방규정**을 정하여 해당 제조소 등의 사용을 시작하기 전에 **시·도지사**에게 **제출**해야 한다. 예방규정을 변경한 때에도 또한 같다.

정답 ④

49 예방규정을 정해야 하는 제조소 등의 관계인은 예방규정을 정하여 언제까지 시·도지사에게 제출해야 하는가?

① 제조소 등의 착공신고 전   ② 제조소 등의 완공신고 전

③ 제조소 등의 사용 시작 전   ④ 제조소 등의 탱크 안전성능시험 전

해설 예방규정 : 제조소 등의 **사용 시작 전**에 시·도지사에게 제출(법 제17조)

정답 ③

50 지정수량의 몇 배 이상의 위험물을 취급하는 제조소에는 화재예방을 위한 예방규정을 정해야 하는가?

① 10   ② 20   ③ 30   ④ 40

해설 예방규정을 정해야 할 제조소 등(영 제15조)
- 지정수량의 **10배 이상**의 위험물을 취급하는 **제조소**
- 지정수량의 **10배 이상**의 위험물을 취급하는 **일반취급소**
- 지정수량의 **100배 이상**의 위험물을 저장하는 **옥외저장소**
- 지정수량의 **150배 이상**의 위험물을 저장하는 옥내저장소
- 지정수량의 **200배 이상**의 위험물을 저장하는 **옥외탱크저장소**
- **암반탱크저장소**
- **이송취급소**

정답 ①

51 관계인이 예방규정을 정해야 하는 옥외저장소는 지정수량의 몇 배 이상의 위험물을 저장하는 것을 말하는가?

① 10배   ② 100배   ③ 150배   ④ 200배

해설 예방규정 대상 : 지정수량의 **100배 이상**의 위험물을 저장하는 **옥외저장소**

정답 ②

52 정기점검의 대상 기준에 해당되지 않는 것은?

① 지정수량의 **50배** 이상의 위험물을 취급하는 **제조소**

② 지정수량의 **100배** 이상의 위험물을 저장하는 **옥외저장소**

③ 지정수량의 **150배** 이상의 위험물을 저장하는 **옥내저장소**

④ 암반탱크저장소

해설 정기점검의 대상 기준(영 제16조)
  • 예방규정을 정해야 하는 제조소 등
  • 지하탱크저장소
  • 이동탱크저장소
  • 위험물을 취급하는 탱크로서 지하에 매설된 탱크가 있는 제조소, 주유취급소, 일반취급소

정답 ①

53 액체 위험물을 저장 또는 취급하는 몇 [L] 이상의 옥외탱크저장소는 정기검사의 대상인가?

① 10만[L] ② 50만[L]

③ 100만[L] ④ 500만[L]

해설 정기검사대상 : 액체 위험물을 저장 또는 취급하는 50만[L] 이상의 옥외탱크저장소

정답 ②

54 제4류 위험물을 지정수량의 몇 배 이상 저장하거나 취급하는 제조소 또는 일반취급소에는 자체소방대를 두어야 하는가?

① 10배 ② 500배 ③ 1,000배 ④ 3,000배

해설 다량의 위험물을 저장·취급하는 제조소, 일반취급소에는 지정수량의 3,000배 이상일 때에는 자체소방대를 두어야 한다(법 제19조, 영 제18조).

정답 ④

55 위험물의 운반에 관한 중요기준 및 세부기준의 내용에 포함되지 않아도 되는 것은?

① 용 기 ② 저장량 ③ 적재방법 ④ 운반방법

해설 위험물의 운반에 관한 중요기준 및 세부기준의 내용(법 제20조)
  • 용 기 • 적재방법 • 운반방법

정답 ②

56 위험물의 운반 시 용기·적재방법 및 운반방법에 관하여는 화재 등의 위해 예방과 응급조치상의 중요성을 감안하여 중요기준 및 세부기준은 어느 기준에 따라야 하는가?

① 행정안전부령 ② 대통령령 ③ 소방본부장 ④ 시·도의 조례

해설 위험물의 운반 시 중요기준 및 세부기준 : 행정안전부령(법 제20조)

정답 ①

57 위험물탱크 안전성능시험자가 되고자 하는 자는?

① 행정안전부장관의 지정을 받아야 한다.

② 시·도지사에게 등록해야 한다.

③ 시·도 소방본부장의 지정을 받아야 한다.

④ 소방서장에게 등록해야 한다.

해설 위험물탱크 안전성능시험자가 되고자 하는 자 : **시·도지사**에게 **등록**

정답 ②

58 다음 중 위험물탱크 안전성능시험자로 등록 시 요건에 포함되지 않는 것은?

① 자본금   ② 기술능력   ③ 시 설   ④ 장 비

해설 위험물탱크 안전성능시험자 등록 시 요건 : 기술능력, 시설, 장비
① 기술능력
  ㉠ 필수인력
    • 위험물기능장·위험물산업기사 또는 위험물기능사 중 1명 이상
    • 비파괴검사기술사 1명 이상 또는 초음파비파괴검사·자기비파괴검사 및 침투비파괴검사
      별로 기사 또는 산업기사 1명 이상
  ㉡ 필요한 경우에 두는 인력
    • 충·수압시험, 진공시험, 기밀시험 또는 내압시험의 경우 : 누설비파괴검사의 기사, 산업
      기사 또는 기능사
    • 수직·수평도시험의 경우 : 측량 및 지형공간정보 기술사, 기사, 산업기사 또는 측량기능사
    • 방사선투과시험의 경우 : 방사선비파괴검사 기사 또는 산업기사
    • 필수 인력의 보조 : 방사선비파괴검사·초음파비파괴검사·자기비파괴검사 또는 침투비
      파괴검사 기능사
② 시설 : 전용사무실
③ 장 비
  ㉠ 필수장비 : 자기탐상시험기, 초음파두께측정기 및 다음 중 어느 하나
    • 영상초음파시험기
    • **방사선투과시험기 및 초음파시험기**
  ㉡ 필요한 경우에 두는 장비
    • 충·수압시험, 진공시험, 기밀시험 또는 내압시험의 경우
      – 진공능력 53[kPa] 이상의 진공누설시험기
      – 기밀시험장치(안전장치가 부착된 것으로서 가압능력 200[kPa] 이상, 감압의 경우에는
        감압능력 10[kPa] 이상·감도 10[Pa] 이하의 것으로서 각각의 압력변화를 스스로 기록
        할 수 있는 것)
    • 수직·수평도 시험의 경우 : 수직·수평도 측정기
※ 비고 : 둘 이상의 기능을 함께 가지고 있는 장비를 갖춘 경우에는 각각의 장비를 갖춘 것으로
    본다.

정답 ①

59 다음 중 위험물탱크 안전성능시험자로 등록하기 위하여 갖추어야 할 사항에 포함되지 않는 것은?

① 사무실 면적
② 기술능력자 연명부
③ 기술자격증
④ 안전성능시험장비 명세서

> **해설** 탱크 시험자의 등록신청 시 등록사항(규칙 제60조)
> • 기술능력자 연명부 및 기술자격증
> • 안전성능시험장비의 명세서
> • 보유장비 및 시험방법에 대한 기술검토를 기술원으로부터 받은 경우에는 그에 대한 자료
> • 원자력법에 의한 방사성동위원소이동사용허가증 또는 방사선발생장치 이동사용허가증의 사본 1부
> • 사무실의 확보를 증명할 수 있는 서류

> **정답** ①

60 다음 중 위험물탱크 안전성능검사의 검사내용이 아닌 것은?

① 기초검사
② 지반검사
③ 비파괴검사
④ 용접부검사

> **해설** 위험물탱크의 탱크 안전성능검사(영 제8조)
> • 기초·지반검사　　　　　　• 충수·수압검사
> • 용접부검사　　　　　　　• 암반탱크검사

> **정답** ③

61 옥외탱크저장소의 액체 위험물탱크 중 그 용량이 얼마 이상인 탱크는 기초·지반검사를 받아야 하는가?

① 10만[L] 이상
② 30만[L] 이상
③ 50만[L] 이상
④ 100만[L] 이상

> **해설** 옥외탱크저장소의 액체 위험물탱크 중 용량이 **100만[L] 이상**인 탱크는 기초·지반검사를 받아야 한다(영 제8조).

> **정답** ④

62 위험물탱크 시험자가 갖추어야 할 장비가 아닌 것은?

① 방사선투과시험기　　　　　② 기밀시험장치
③ 수직·수평도 측정기　　　　④ 절연저항계

해설　위험물탱크 시험장비(영 별표 7)
㉠ 필수장비 : 자기탐상시험기, 초음파두께측정기 및 다음 중 어느 하나
　　• 영상초음파시험기
　　• **방사선투과시험기** 및 초음파시험기
㉡ 필요한 경우에 두는 장비
　　• 충·수압시험, 진공시험, 기밀시험 또는 내압시험의 경우
　　　- 진공능력 53[kPa] 이상의 진공누설시험기
　　　- **기밀시험장치**(안전장치가 부착된 것으로서 가압능력 200[kPa] 이상, 감압의 경우에는 감압
　　　　능력 10[kPa] 이상·감도 10[Pa] 이하의 것으로서 각각의 압력 변화를 스스로 기록할 수
　　　　있는 것)
　　• 수직·수평도 시험의 경우 : **수직·수평도 측정기**
※ 비고 : 둘 이상의 기능을 함께 가지고 있는 장비를 갖춘 경우에는 각각의 장비를 갖춘 것으로
　　　　본다.

정답 ④

63 탱크 안전성능시험자가 되고자 하는 사람은 행정안전부령이 정하는 기술능력, 시설 및 장비를 갖추어
시·도지사에게 등록해야 한다. 이 경우 행정안전부령이 정하는 중요사항을 변경한 경우에는 그날로부터
며칠 이내에 변경 신고를 해야 하는가?

① 10　　　　　　　　　　　② 20
③ 30　　　　　　　　　　　④ 40

해설　탱크 안전성능시험자의 변경신고 : 30일 이내(법 제16조)

정답 ③

64 위험물제조소 등에 대한 설명으로 틀린 것은?

① 제조소 등을 설치하고자 하는 자는 대통령령이 정하는 바에 따라 그 설치장소를 관할하는
시·도지사의 허가를 받아야 한다.

② 지정수량의 배수를 변경하고자 하는 자는 변경하고자 하는 날의 1일 전까지 행정안전부령이
정하는 바에 따라 시·도지사에게 신고해야 한다.

③ 군사용 위험물시설을 설치하고자 하는 군부대의 장이 관할 시·도지사와 협의한 경우에는
규정에 따른 허가를 받은 것으로 본다.

④ 위험물탱크 안전성능시험은 위험물 탱크 안전성능시험자만이 할 수 있다.

해설　위험물탱크 안전성능시험 신청서는 한국소방산업기술원, 탱크 안전성능시험자에 신청을 해야 하므
로 이 기관은 안전성능시험을 할 수 있다(규칙 별지 제20호 서식).

정답 ④

65 위험물안전관리법에 의하여 자체소방대를 두는 제조소로서 제4류 위험물의 최대 수량의 합이 지정수량 24만배 이상 48만배 미만인 경우 보유해야 할 화학소방차와 자체 소방대원의 기준으로 옳은 것은?

① 2대, 10인   ② 3대, 10인   ③ 3대, 15인   ④ 4대, 20인

해설 **자체소방대에 두는 화학소방자동차 및 인원(영 별표 8)**

사업소의 구분	화학소방자동차	자체소방대원의 수
제조소 또는 일반취급소에서 취급하는 제4류 위험물의 최대수량의 합이 지정수량의 3,000배 이상 12만배 미만인 사업소	1대	5인
제조소 또는 일반취급소에서 취급하는 제4류 위험물의 최대수량의 합이 지정수량의 12만배 이상 24만배 미만인 사업소	2대	10인
제조소 또는 일반취급소에서 취급하는 제4류 위험물의 최대수량의 합이 지정수량의 24만배 이상 48만배 미만인 사업소	3대	15인
제조소 또는 일반취급소에서 취급하는 제4류 위험물의 최대수량의 합이 지정수량의 48만배 이상인 사업소	4대	20인
옥외탱크저장소에 저장하는 제4류 위험물의 최대수량이 지정수량의 50만배 이상인 사업소	2대	10인

정답 ③

66 자체소방대를 설치해야 하는 사업소는 몇 류 위험물을 취급하는 제조소인가?

① 제1류   ② 제2류   ③ 제3류   ④ 제4류

해설 **자체소방대를 설치해야 하는 사업소(영 제18조)**
• 제4류 위험물의 최대수량의 합이 지정수량의 3,000배 이상을 취급하는 제조소 또는 일반취급소 (다만, 보일러로 위험물을 소비하는 일반취급소는 제외)
• 제4류 위험물의 최대수량이 지정수량의 50만배 이상을 저장하는 옥외탱크저장소

정답 ④

67 위험물안전관리법령에 의하여 자체소방대에 배치해야 하는 화학소방차의 구분에 속하지 않는 것은?

① 포수용액 방사차   ② 고가 사다리차   ③ 제독차   ④ 할로겐화합물 방사차

해설 **화학소방자동차에 갖추어야 하는 소화능력 및 설비의 기준(규칙 별표 23)**

화학소방자동차의 구분	소화능력 및 설비의 기준
포수용액 방사차	포수용액의 방사능력이 매분 2,000[L] 이상일 것
	소화약액 탱크 및 소화약액혼합장치를 비치할 것
	100,000[L] 이상의 포수용액을 방사할 수 있는 양의 소화약제를 비치할 것
분말 방사차	분말의 방사능력이 매초 35[kg] 이상일 것
	분말탱크 및 가압용 가스설비를 비치할 것
	1,400[kg] 이상의 분말을 비치할 것
할로겐화합물 방사차	할로겐화합물의 방사능력이 매초 40[kg] 이상일 것
	할로겐화합물 탱크 및 가압용가스설비를 비치할 것
	1,000[kg] 이상의 할로겐화합물을 비치할 것
이산화탄소 방사차	이산화탄소의 방사능력이 매초 40[kg] 이상일 것
	이산화탄소 저장용기를 비치할 것
	3,000[kg] 이상의 이산화탄소를 비치할 것
제독차	가성소다 및 규조토를 각각 50[kg] 이상 비치할 것

정답 ②

68 위험물제조소 등의 관계인에 대하여 필요한 자료를 제출하도록 명령하는 허가청의 법상 권한을 무엇이라고 하는가?

① 제조소 등의 출입 · 검사 등
② 위험물시설 허가행위
③ 위험물시설 설치승인
④ 제조소 등의 사무관리 행정지도

해설 **출입 · 검사 등(법 제22조)** : 소방청장(중앙119구조본부장 및 그 소속기관의 장을 포함), 시 · 도지사, 소방본부장, 소방서장은 관계인에게 대하여 필요한 보고 또는 자료 제출을 명할 수 있으며, 관계공무원으로 하여금 관계인에게 검사, 질문 등을 할 수 있다.

정답 ①

69 위험물제조소 등의 설치자에 대하여 감독상 필요한 때에 감독행위로 볼 수 있는 것은?

① 소방교육
② 위험물시설에 대한 예방규정의 작성요구
③ 제조소 등의 관계인에 대한 자료제출명령
④ 자체소방조직의 편성인 확인

해설 **감독(출입 · 검사 등)** : 제조소 등의 관계인에 대한 자료제출명령(법 제22조)

정답 ③

70 탱크 시험자의 등록취소 처분을 하고자 하는 경우에 청문실시권자가 아닌 것은?

① 시 · 도지사
② 소방서장
③ 소방본부장
④ 행정안전부장관

해설 **탱크 시험자의 등록취소** : 시 · 도지사, 소방본부장, 소방서장(법 제29조)

정답 ④

71 제조소 등 또는 허가를 받지 않고 지정수량 이상의 위험물을 저장 또는 취급하는 장소에서 위험물을 유출 · 방출 또는 확산시켜 사람의 생명 · 신체 또는 재산에 대하여 위험을 발생시킨 자에 대한 벌칙은?

① 1년 이상 10년 이하의 징역
② 무기 또는 10년 이상의 징역
③ 7년 이하의 금고
④ 2,000만원 이하의 벌금

해설 제조소 등 또는 허가를 받지 않고 지정수량 이상의 위험물을 저장 또는 취급하는 장소에서 위험물을 유출 · 방출 또는 확산시켜 사람의 생명 · 신체 또는 재산에 대하여 위험을 발생시킨 자는 **1년 이상 10년 이하의 징역**에 처한다(법 제33조).

정답 ①

72 제조소 등 또는 허가를 받지 않고 지정수량 이상의 위험물을 저장 또는 취급하는 장소에서 위험물을 유출·방출 또는 확산시켜 사람을 사망에 이르게 한 때의 벌칙은?

① 1년 이상 10년 이하의 징역　　　　② 무기 또는 10년 이상의 징역

③ 무기 또는 5년 이상의 징역　　　　④ 무기 또는 3년 이상의 징역

> **해설**　제조소 등 또는 허가를 받지 않고 지정수량 이상의 위험물을 저장 또는 취급하는 장소에서 위험물을 유출·방출 또는 확산시켜 사람을 사망에 이르게 한 때 : 무기 또는 5년 이상의 징역

정답 ③

73 업무상 과실로 제조소 등 또는 허가를 받지 않고 지정수량 이상의 위험물을 저장 또는 취급하는 장소에서 위험물을 유출·방출 또는 확산시켜 사람의 생명·신체 또는 재산에 대하여 위험을 발생시킨 자에 대한 벌칙으로 옳은 것은?

① 1년 이상 10년 이하의 징역

② 7년 이하의 금고 또는 7,000만원 이하의 벌금

③ 5년 이하의 금고 또는 5,000만원 이하의 벌금

④ 5년 이하의 금고 또는 1,000만원 이하의 벌금

> **해설**　**업무상 과실**로 제조소 등 또는 허가를 받지 않고 지정수량 이상의 위험물을 저장 또는 취급하는 장소에서 위험물을 유출·방출 또는 확산시켜 사람의 생명·신체 또는 재산에 대하여 위험을 발생시킨 자는 **7년 이하의 금고 또는 7,000만원 이하의 벌금**에 처한다.

정답 ②

74 위험물제조소 등의 설치허가를 받지 않고 제조소 등을 설치한 자의 벌칙은?

① 5년 이하 징역 또는 1억원 이하의 벌금

② 3년 이하 징역 또는 3,000만원 이하의 벌금

③ 5년 이하 징역 또는 5,000만원 이하의 벌금

④ 500만원 이하의 벌금

> **해설**　위험물제조소 등의 설치허가를 받지 않고 제조소 등을 설치한 자 : 5년 이하 징역 또는 1억원 이하의 벌금

정답 ①

75 위험물저장소 또는 제조소 등이 아닌 장소에서 지정수량 이상의 위험물을 저장 또는 취급한 자에 대한 벌칙은?

① 5년 이하 징역 또는 1억원 이하의 벌금

② 3년 이하 징역 또는 3,000만원 이하의 벌금

③ 1년 이하 징역 또는 1,000만원 이하의 벌금

④ 3년 이하 징역 또는 1,500만원 이하의 벌금

> **해설**　저장소 또는 제조소 등이 아닌 장소에서 지정수량 이상의 위험물을 저장 또는 취급한 자 : 3년 이하의 징역 또는 3,000만원 이하의 벌금

정답 ②

76 위험물안전관리자를 선임하지 않고 허가를 받은 관계인에 대한 벌칙은?

① 1,500만원 이하의 벌금
② 1,000만원 이하의 벌금
③ 500만원 이하의 벌금
④ 300만원 이하의 벌금

해설 위험물안전관리자를 선임하지 않은 관계인 : 1,500만원 이하의 벌금

정답 ①

77 위험물제조소 등의 관계인이 예방규정을 제출하지 않고 위험물제조소 등의 허가를 받은 사람에 대한 벌칙은?

① 1년 이하의 징역 또는 1,000만원 이하의 벌금
② 1,500만원 이하의 벌금
③ 1,000만원 이하의 벌금
④ 500만원 이하의 과태료

해설 예방규정의 제출하지 않고 허가를 받은 사람 : 1,500만원 이하의 벌금(법 제36조)

정답 ②

78 위험물 운반과 관련된 사용용기·적재방법 또는 운반방법 등의 중요기준을 따르지 않은 사람은 얼마 이하의 벌금에 처하도록 되어 있는가?

① 200만원
② 500만원
③ 1,000만원
④ 1,500만원

해설 위험물의 운반에 관한 중요기준을 위반 : 1,000만원 이하 벌금(법 제37조)

정답 ③

79 위험물의 품명 등의 변경신고를 기간 이내에 하지 않거나 허위로 한 자에 대한 벌칙은?

① 200만원 이하의 과태료
② 500만원 이하의 과태료
③ 1,000만원 이하의 벌금
④ 1,500만원 이하의 벌금

해설 위험물의 품명 등의 변경신고를 기간 이내에 하지 않거나 허위로 한 자 : 500만원 이하 과태료(법 제39조)

정답 ②

80 누구든지 제조소 등에서 지정된 장소가 아닌 곳에서 흡연을 한 자에 대한 벌칙은?

① 200만원 이하의 과태료

② 500만원 이하의 과태료

③ 1,000만원 이하의 벌금

④ 3,000만원 이하의 벌금

> 해설　제조소 등에서 흡연장소가 아닌 곳에서 흡연을 한 자 : 500만원 이하 과태료(법 제39조)

> 정답 ②

81 제조소 등의 관계인은 금연구역임을 알리는 표지를 설치하지 않거나 보완이 필요한 경우 일정한 기간을 정하여 시정해야 한다. 이때, 시정명령에 따르지 않은 자에 대한 벌칙으로 옳은 것은?

① 200만원 이하의 과태료

② 500만원 이하의 과태료

③ 1,000만원 이하의 벌금

④ 3,000만원 이하의 벌금

> 해설　금연구역 표지 미설치와 시정명령 보완에 따르지 않은 자 : 500만원 이하 과태료(법 제39조)

> 정답 ②

82 위험물안전 관련 법령에 따른 지위승계 신고기한의 다음날을 기산일로 하여 25일이 되는 날에 신고한 경우 과태료 기준은?

① 250만원

② 350만원

③ 500만원

④ 100만원

> 해설　과태료 기준(영 별표 9)

위반행위	근거 법조문	과태료 금액
법 제10조 제3항에 따른 지위승계 신고를 기간 이내에 하지 않거나 허위로 한 경우		
• 신고기한(지위승계일의 다음날을 기산일로 하여 30일이 되는 날)의 다음날을 기산일로 하여 30일 이내에 신고한 경우	법 제39조 제1항 제4호	250
• 신고기한(지위승계일의 다음날을 기산일로 하여 30일이 되는 날)의 다음날을 기산일로 하여 31일 이후에 신고한 경우		350
• 허위로 신고한 경우		500
• 신고를 하지 않은 경우		500

> 정답 ①

다중이용업소의 안전관리에 관한 특별법, 영, 규칙

1 정의(법 제2조, 영 제3조)

① 다중이용업 : 불특정 다수인이 이용하는 영업 중 화재 등 재난발생 시 생명·신체·재산상의 피해가 발생할 우려가 높은 것으로서 대통령령으로 정하는 영업

② 안전시설 등 : 소방시설, 비상구, 영업장 내부 피난통로, 그 밖의 안전시설로서 대통령령으로 정하는 것

③ 실내장식물 : 건축물 내부의 천장 또는 벽에 설치하는 것으로서 **대통령령으로 정하는 것**

> **Plus one** **대통령령으로 정하는 것(영 제3조)**
> 건축물 내부의 천장이나 벽에 붙이는(설치하는) 것으로서 다음의 어느 하나에 해당하는 것을 말한다. 다만, 가구류(옷장, 찬장, 식탁, 식탁용 의자, 사무용 책상, 사무용 의자, 계산대 및 그 밖에 이와 비슷한 것)와 너비 10[cm] 이하인 반자돌림대 등과 내부마감 재료는 제외한다.
> - **종이류**(두께 2[mm] 이상인 것을 말한다)·**합성수지류** 또는 섬유류를 주원료로 한 물품
> - **합판이나 목재**
> - 공간을 구획하기 위하여 설치하는 **간이칸막이**(접이식 등 이동 가능한 벽체나 천장 또는 반자가 실내에 접하는 부분까지의 구획하지 않는 벽체를 말한다)
> - 흡음(吸音)이나 방음(防音)을 위하여 설치하는 **흡음재**(흡음용 커튼을 포함한다) 또는 방음재(방음용 커튼을 포함한다)

④ 화재위험평가 : 다중이용업의 영업소가 밀집한 지역 또는 건축물에 대하여 화재발생 가능성과 화재로 인한 불특정 다수인의 생명·신체·재산상의 피해 및 주변에 미치는 영향을 예측·분석하고 이에 대한 대책을 마련하는 것을 말한다.

⑤ 밀폐구조의 영업장 : 지상층에 있는 다중이용업소의 영업장 중 채광·환기·통풍 및 피난 등이 용이하지 못한 구조로 되어 있으면서 대통령령으로 정하는 기준에 해당하는 영업장 **21** **년 출제**

> **[대통령령으로 정하는 기준]**
> 소방시설 설치 및 관리에 관한 법률 시행령 제2조에 따른 요건을 모두 갖춘 개구부의 면적의 합계가 영업장으로 사용하는 바닥면적의 1/30 이하가 되는 것을 말한다(영 제3조의2).
> - 크기는 지름 50[cm] 이상의 원이 통과할 수 있을 것
> - 해당 층의 바닥면으로부터 개구부 밑부분까지의 높이가 1.2[m] 이내일 것
> - 도로 또는 차량이 진입할 수 있는 빈터를 향할 것
> - 화재 시 건축물로부터 쉽게 피난할 수 있도록 창살이나 그 밖의 장애물이 설치되지 않을 것
> - 내부 또는 외부에서 쉽게 부수거나 열 수 있을 것

2 다중이용업의 종류(영 제2조)

다만, 영업을 옥외 시설 또는 옥외 장소에서 하는 경우 그 영업은 제외한다.

(1) 식품위생법 시행령 제21조 제8호에 따른 식품접객업 중 다음 어느 하나에 해당하는 것

11 16 19 년 출제

① 휴게음식점영업·제과점영업 또는 일반음식점영업으로서 영업장으로 사용하는 바닥면적의 합계가 100[m²](영업장이 **지하층에 설치된 경우**에는 그 영업장의 바닥면적 합계가 66[m²]) 이상인 것. 다만, 영업장(내부계단으로 연결된 복층구조의 영업장을 제외)이 다음 어느 하나에 해당하는 층에 설치되고 그 영업장의 주된 출입구가 건축물 외부의 지면과 직접 연결되는 곳에서 하는 영업을 제외한다.
㉠ 지상 1층
㉡ 지상과 직접 접하는 층
② **단란주점영업**과 **유흥주점영업**

(2) 식품위생법 시행령 제21조 제9호에 따른 공유주방 운영업 중 휴게음식점영업·제과점영업 또는 일반음식점영업에 사용되는 공유주방을 운영하는 영업으로서 영업장 바닥면적의 합계가 100[m²](영업장이 지하층에 설치된 경우에는 그 바닥면적 합계가 66[m²]) 이상인 것. 다만, 영업장(내부계단으로 연결된 복층구조의 영업장은 제외한다)이 다음의 어느 하나에 해당하는 층에 설치되고 그 영업장의 주된 출입구가 건축물 외부의 지면과 직접 연결되는 곳에서 하는 영업은 제외한다.
① 지상 1층
② 지상과 직접 접하는 층

(3) 영화상영관·비디오물감상실업·비디오물소극장업 및 복합영상물 제공업

(4) 학원으로서 다음 어느 하나에 해당하는 것
① 소방시설 설치 및 관리에 관한 법률 시행령 별표 7에 따라 산정된 **수용인원**이 **300명 이상**인 것
② 수용인원 100명 이상 300명 미만으로서 다음의 어느 하나에 해당하는 것. 다만, 학원으로 사용하는 부분과 다른 용도로 사용하는 부분(학원의 운영권자를 달리하는 학원과 학원을 포함한다)이 방화구획으로 나누어진 경우는 제외한다.
㉠ 하나의 건축물에 **학원과 기숙사가 함께 있는 학원**
㉡ 하나의 건축물에 **학원이 둘 이상** 있는 경우로서 학원의 수용 인원이 300명 이상인 학원
㉢ 하나의 건축물에 다중이용업 중 **하나 이상의 다중이용업**과 **학원이 함께 있는 경우**

(5) 목욕장업으로서 다음에 해당하는 것
① 하나의 영업장에서 공중위생관리법 제2조 제1항 제3호 가목에 따른 목욕장업 중 **맥반석·황토·옥 등을 직접 또는 간접 가열하여 발생하는 열기나 원적외선 등을 이용하여 땀을 배출하게 할 수 있는 시설 및 설비를 갖춘 것**으로서 수용인원(물로 목욕을 할 수 있는 시설부분의 수용인원은 제외한다)이 **100명 이상**인 것
② 공중위생관리법 제2조 제1항 제3호 나목의 시설 및 설비를 갖춘 목욕장업

(6) 게임제공업 · 인터넷컴퓨터게임 시설제공업 및 복합유통게임제공업

다만, 게임제공업 및 인터넷컴퓨터게임 시설제공업의 경우에는 영업장(내부계단으로 연결된 복층구조의 영업장은 제외한다)이 다음의 어느 하나에 해당하는 층에 설치되고 그 영업장의 주된 출입구가 건축물 외부의 지면과 직접 연결된 구조에 해당하는 경우는 제외한다.
① 지상 1층
② 지상과 직접 접하는 층

(7) 노래연습장업

(8) 산후조리업

(9) 고시원업(구획된 실 안에 학습자가 공부할 수 있는 시설을 갖추고 숙박 또는 숙식을 제공하는 형태의 영업)

(10) 권총 사격장(실내사격장에 한정하며 종합사격장에 설치된 경우를 포함한다)

(11) 가상체험 체육시설업(실내에 1개 이상의 별도의 구획된 실을 만들어 골프 종목의 운동이 가능한 시설을 경영하는 영업으로 한정한다)

(12) 안마시술소

(13) 행정안전부령으로 정하는 영업(규칙 제2조)
① **전화방업 · 화상대화방업** : 구획된 실 안에 전화기 · 텔레비전 · 모니터 또는 카메라 등 상대방과 대화할 수 있는 시설을 갖춘 형태의 영업
② **수면방업** : 구획된 실 안에 침대 · 간이침대 그 밖에 휴식을 취할 수 있는 시설을 갖춘 형태의 영업
③ **콜라텍업** : 손님이 춤을 추는 시설 등을 갖춘 형태의 영업으로서 주류판매가 허용되지 않는 영업
④ **방탈출카페업** : 제한된 시간 내에 방을 탈출하는 놀이 형태의 영업
⑤ **키즈카페업** : 다음의 영업
ㄱ 기타유원시설업으로서 실내공간에서 어린이(어린이안전관리에 관한 법률에 따른 어린이를 말한다)에게 놀이를 제공하는 영업
ㄴ 실내에 해당하는 어린이놀이시설을 갖춘 영업
ㄷ 휴게음식점영업으로서 실내공간에서 어린이에게 놀이를 제공하고 부수적으로 음식류를 판매 · 제공하는 영업
⑥ **만화카페업** : 만화책 등 다수의 도서를 갖춘 다음의 영업(다만, 도서를 대여 · 판매만 하는 영업인 경우와 영업장으로 사용하는 바닥면적의 합계가 50[m²] 미만인 경우는 제외한다)
ㄱ 휴게음식점영업
ㄴ 도서의 열람, 휴식공간 등을 제공할 목적으로 실내에 다수의 구획된 실(室)을 만들거나 입체 형태의 구조물을 설치한 영업

3 다중이용업의 안전시설 등

(1) 안전시설 등의 용어 정의(영 별표 1의2, 규칙 별표 2)

① 피난유도선(避難誘導線) : 햇빛이나 전등불로 축광(蓄光)하여 빛을 내거나 전류에 의하여 빛을 내는 유도체로서 화재 발생 시 등 어두운 상태에서 피난을 유도할 수 있는 시설

② 비상구 : 주된 출입구와 주된 출입구 외에 화재 발생 시 등 비상시 영업장의 내부로부터 지상·옥상 또는 그 밖의 안전한 곳으로 피난할 수 있도록 건축법 시행령에 따른 직통계단·피난계단·옥외피난 계단 또는 발코니에 연결된 출입구

③ 구획된 실(室) : 영업장 내부에 이용객 등이 사용할 수 있는 공간을 벽이나 칸막이 등으로 구획한 공간을 말한다. 다만, 영업장 내부를 벽이나 칸막이 등으로 구획한 공간이 없는 경우에는 영업장 내부 전체 공간을 하나의 구획된 실(室)로 본다.

④ 영상음향차단장치 : 영상 모니터에 화상(畵像) 및 음반 재생장치가 설치되어 있어 영화, 음악 등을 감상할 수 있는 시설이나 화상 재생장치 또는 음반 재생장치 중 한 가지 기능만 있는 시설을 차단하는 장치

⑤ 방화문 : 건축법 시행령 제64조에 따른 60분+방화문, 60분 방화문 또는 30분 방화문으로서 언제나 닫힌 상태를 유지하거나 화재로 인한 연기의 발생 또는 온도의 상승에 따라 자동으로 닫히는 구조를 말한다. 다만, 자동으로 닫히는 구조 중 열에 의하여 녹는 퓨즈(도화선)타입 구조의 방화문은 제외한다.

(2) 안전시설 등(영 별표 1) 16 17 년 출제

① 소방시설

　㉠ 소화설비

　　• 소화기 또는 자동확산소화기

　　• 간이스프링클러설비(캐비닛형 간이스프링클러설비를 포함한다)

　㉡ 경보설비

　　• 비상벨설비 또는 자동화재탐지설비

　　• 가스누설경보기

　㉢ 피난설비

　　• 피난기구(미끄럼대, 피난사다리, 구조대, 완강기, 다수인 피난장비, 승강식 피난기)

　　• 피난유도선

　　• 유도등, 유도표지 또는 비상조명등

　　• 휴대용 비상조명등

② 비상구

③ 영업장 내부 피난통로

④ 그 밖의 안전시설

　㉠ 영상음향차단장치

　㉡ 누전차단기

　㉢ 창 문

(3) 다중이용업소에 설치 · 유지해야 하는 안전시설 등(영 별표 1의2)

① 소방시설

  ㉠ 소화설비

  • 소화기, 자동확산소화기

  • **간이스프링클러설비**(캐비닛형 간이스프링클러설비를 포함). 다만, 다음의 영업장에만 설치한다. `19` 년 출제

    − 지하층에 설치된 영업장

    − 숙박을 제공하는 형태의 다중이용업소의 영업장 중 다음에 해당하는 영업장. 다만, 지상 1층에 있거나 지상과 맞닿아 있는 층(영업장의 주된 출입구가 건축물 외부의 지면과 직접 연결된 경우를 포함한다)에 설치된 영업장은 제외한다.

      ⓐ 산후조리원의 영업장

      ⓑ 고시원의 영업장

    − 밀폐구조의 영업장

    − 권총사격장의 영업장

  ㉡ 경보설비

  • 비상벨설비 또는 자동화재탐지설비. 다만, 노래반주기 등 영상음향장치를 사용하는 영업장에는 자동화재탐지설비를 설치해야 한다. `13` 년 출제

  • 가스누설경보기. 다만, 가스시설을 사용하는 주방이나 난방시설이 있는 영업장에만 설치한다.

  ㉢ 피난설비 `20` 년 출제

  • 피난기구(미끄럼대, 피난사다리, 구조대, 완강기, 다수인 피난장비, 승강식 피난기)

  • 피난유도선 : 영업장 내부 피난통로 또는 복도가 있는 영업장에만 설치한다.

  • 유도등, 유도표지 또는 비상조명등

  • 휴대용 비상조명등

② 비상구 `24` 년 출제

다음의 어느 하나에 해당하는 영업장에는 비상구를 설치하지 않을 수 있다.

  ㉠ 주된 출입구 외에 해당 영업장 내부에서 피난층 또는 지상으로 통하는 직통계단이 주된 출입구 중심선으로부터 수평거리로 영업장의 긴 변 길이의 1/2 이상 떨어진 위치에 별도로 설치된 경우

  ㉡ 피난층에 설치된 영업장[영업장으로 사용하는 바닥면적이 33[m^2] 이하인 경우로서 영업장 내부에 구획된 실(室)이 없고, 영업장 전체가 개방된 구조의 영업장을 말한다]으로서 그 영업장의 각 부분으로부터 출입구까지의 수평거리가 10[m] 이하인 경우

③ 영업장 내부 피난통로

다만, 구획된 실(室)이 있는 영업장에만 설치한다.

④ 그 밖의 안전시설 `21` 년 출제

  ㉠ 영상음향차단장치. 다만, 노래반주기 등 영상음향장치를 사용하는 영업장에만 설치한다.

  ㉡ 누전차단기

  ㉢ 창문(다만, 고시원업의 영업장에만 설치한다)

4 다중이용업의 안전시설 등의 설치·유지기준(규칙 별표 2)

안전시설 등의 종류		설치·유지기준
1. 소방시설	**(1) 소화설비**	
	소화기 또는 자동확산소화기	영업장 안의 구획된 실마다 설치할 것
	간이스프링클러설비	소방시설 설치 및 관리에 관한 법률 제2조 제6항에 따른 화재안전기준에 따라 설치할 것. 다만, 영업장의 구획된 실마다 간이스프링클러헤드 또는 스프링클러헤드가 설치된 경우에는 그 설비의 유효범위 부분에는 간이스프링클러설비를 설치하지 않을 수 있다.
	(2) 비상벨설비 또는 자동화재탐지설비	① 영업장의 구획된 실마다 비상벨설비 또는 자동화재탐지설비 중 하나 이상을 화재안전기준에 따라 설치할 것 ② 자동화재탐지설비를 설치하는 경우에는 감지기와 지구음향장치는 영업장의 구획된 실마다 설치할 것. 다만, 영업장의 구획된 실에 비상방송설비의 음향장치가 설치된 경우 해당 실에는 지구음향장치를 설치하지 않을 수 있다. ③ 영상음향차단장치가 설치된 영업장에 자동화재탐지설비의 수신기를 별도로 설치할 것
	(3) 피난설비	
	피난기구	2층 이상 4층 이하에 위치하는 영업장의 발코니 또는 부속실과 연결되는 비상구에는 피난기구를 화재안전기준에 따라 설치할 것
	피난유도선	① 영업장 내부 피난통로 또는 복도에 유도등 및 유도표지의 화재안전기준에 따라 설치할 것 ② 전류에 의하여 빛을 내는 방식으로 할 것
	유도등, 유도표지 또는 비상조명등	영업장의 구획된 실마다 유도등, 유도표지 또는 비상조명등 중 하나 이상을 화재안전기준에 따라 설치할 것
	휴대용 비상조명등	영업장 안의 구획된 실마다 휴대용 비상조명등을 화재안전기준에 따라 설치할 것
2. 주된 출입구 및 비상구(비상구 등)	**(1) 공통 기준**	① 설치 위치 : 비상구는 영업장(2개 이상의 층이 있는 경우에는 각각의 층별 영업장을 말한다) 주된 출입구의 반대방향에 설치하되, 주된 출입구 중심선으로부터의 수평거리가 영업장의 긴 변 길이의 2분의 1 이상 떨어진 위치에 설치할 것. 다만, 건물구조로 인하여 주된 출입구의 반대방향에 설치할 수 없는 경우에는 주된 출입구 중심선으로부터의 수평거리가 영업장의 가장 긴 대각선 길이, 가로 또는 세로 길이 중 가장 긴 길이의 1/2 이상 떨어진 위치에 설치할 수 있다. ② 비상구 등 규격 : 가로 75[cm] 이상, 세로 150[cm] 이상(비상구 문틀을 제외한 비상구의 가로길이 및 세로길이를 말한다)으로 할 것 ③ 구조 　㉠ 비상구 등은 구획된 실 또는 천장으로 통하는 구조가 아닌 것으로 할 것. 다만, 영업장 바닥에서 천장까지 불연재료로 구획된 부속실(전실), 산후조리원에 설치하는 방풍실, 녹색건축물조성지원법에 따라 설계된 방풍구조는 그렇지 않다. 　㉡ 비상구 등은 다른 영업장 또는 다른 용도의 시설(주차장은 제외)을 경유하는 구조가 아닌 것이어야 할 것 ④ 문 　㉠ 문이 열리는 방향 : 피난방향으로 열리는 구조로 할 것 　㉡ 문의 재질 : 주요구조부(영업장의 벽, 천장 및 바닥을 말한다)가 내화구조(耐火構造)인 경우 비상구 등의 문은 방화문(防火門)으로 설치할 것. 다만, 다음의 어느 하나에 해당하는 경우에는 불연재료로 설치할 수 있다. 　　㉮ 주요구조부가 내화구조가 아닌 경우 　　㉯ 건물의 구조상 비상구 등의 문이 지표면과 접하는 경우로서 화재의 연소 확대 우려가 없는 경우 　　㉰ 비상구 등의 문이 건축법 시행령 제35조에 따른 피난계단 또는 특별피난계단의 설치 기준에 따라 설치해야 하는 문이 아니거나 같은 영 제46조에 따라 설치되는 방화구획이 아닌 곳에 위치한 경우 　㉢ 주된 출입구의 문이 ㉡ ㉰에 해당하고, 다음의 기준을 모두 충족하는 경우에는 주된 출입구의 문을 자동문[미서기(슬라이딩)문을 말한다]으로 설치할 수 있다. 　　㉮ 화재감지기와 연동하여 개방되는 구조 　　㉯ 정전 시 자동으로 개방되는 구조 　　㉰ 정전 시 수동으로 개방되는 구조

안전시설 등의 종류		설치·유지기준
2. 주된 출입구 및 비상구 (비상구 등)	(2) 복층구조(複層構造) 영업장	2개 이상의 층을 내부계단 또는 통로가 설치되어 하나의 층의 내부에서 다른 층으로 출입할 수 있도록 되어 있는 구조의 영업장을 말한다)의 기준 ① 각 층마다 영업장 외부의 계단 등으로 피난할 수 있는 비상구를 설치할 것 ② 비상구의 문이 열리는 방향은 실내에서 외부로 열리는 구조로 할 것 ③ 비상구의 문의 재질은 (1) ④, ©의 기준을 따를 것 ④ 영업장의 위치 및 구조가 다음의 어느 하나에 해당하는 경우에는 ①에도 불구하고 그 영업장으로 사용하는 어느 하나의 층에 비상구를 설치할 것 　㉠ 건축물 주요 구조부를 훼손하는 경우 　© 옹벽 또는 외벽이 유리로 설치된 경우 등
	(3) 2층 이상 4층 이하에 위치하는 영업장의 발코니 또는 부속실과 연결되는 비상구를 설치하는 경우의 기준	① 피난 시에 유효한 발코니[활하중 5[kN/m²] 이상, 가로 75[cm] 이상, 세로 150[cm] 이상, 면적 1.12[m²] 이상, 난간의 높이 100[cm] 이상인 것] 또는 부속실(불연재료로 바닥에서 천장까지 구획된 실로서 가로 75[cm] 이상, 세로 150[cm] 이상, 면적 1.12[m²] 이상인 것을 말한다)을 설치하고, 그 장소에 적합한 피난기구를 설치할 것 ② 부속실을 설치하는 경우 부속실 입구의 문과 건물 외부로 나가는 문의 규격은 (1)의 ②에 따른 비상구 등의 규격으로 할 것. 다만, 120[cm] 이상의 난간이 있는 경우에는 발판 등을 설치하고 건축물 외부로 나가는 문의 규격과 재질을 가로 75[cm] 이상, 세로 100[cm] 이상의 창호로 설치할 수 있다. ③ 추락 등의 방지를 위하여 다음 사항을 갖추도록 할 것 　㉠ 발코니 및 부속실 입구의 문을 개방하면 경보음이 울리도록 경보음 발생 장치를 설치하고, 추락위험을 알리는 표지를 문(부속실의 경우 외부로 나가는 문도 포함한다)에 부착할 것 　© 부속실에서 건물 외부로 나가는 문 안쪽에는 기둥·바닥·벽 등의 견고한 부분에 탈착이 가능한 쇠사슬 또는 안전로프 등을 바닥에서부터 120[cm] 이상의 높이에 가로로 설치할 것. 다만, 120[cm] 이상의 난간이 설치된 경우에는 쇠사슬 또는 안전로프 등을 설치하지 않을 수 있다.
2의2. 영업장 구획 등		층별 영업장은 다른 영업장 또는 다른 용도의 시설과 불연재료·준불연재료로 된 차단벽이나 칸막이로 분리되도록 할 것. 다만, ①부터 ③까지의 경우에는 분리 또는 구획하는 별도의 차단벽이나 칸막이 등을 설치하지 않을 수 있다. ① 둘 이상의 영업소가 주방 외에 객실부분을 공동으로 사용하는 등의 구조인 경우 ② 식품위생법 시행규칙 별표 14 제8호 가목 5) 다)에 해당되는 경우 ③ 영 제9조에 따른 안전시설 등을 갖춘 경우로서 실내에 설치한 유원시설업의 허가 면적 내에 관광진흥법 시행규칙 별표 1의2 제1호 가목에 따라 청소년게임제공업 또는 인터넷컴퓨터게임 시설제공업이 설치된 경우
3. 영업장내부 피난통로 **22** **23** 년 출제		① 내부 피난통로의 폭은 120[cm] 이상으로 할 것. 다만, 양 옆에 구획된 실이 있는 영업장으로서 구획된 실의 출입문 열리는 방향이 피난통로 방향인 경우에는 150[cm] 이상으로 설치해야 한다. ② 구획된 실부터 주된 출입구 또는 비상구까지의 내부 피난통로의 구조는 세 번 이상 구부러지는 형태로 설치하지 말 것
4. 창문 **23** 년 출제		① 영업장 층별로 가로 50[cm] 이상, 세로 50[cm] 이상 열리는 창문을 1개 이상 설치할 것 ② 영업장 내부 피난통로 또는 복도에 바깥 공기와 접하는 부분에 설치할 것(구획된 실에 설치하는 것을 제외한다)
5. 영상음향차단 장치		① 화재 시 자동화재탐지설비의 감지기에 의하여 자동으로 음향 및 영상이 정지될 수 있는 구조로 설치하되, 수동(하나의 스위치로 전체의 음향 및 영상장치를 제어할 수 있는 구조를 말한다)으로도 조작할 수 있도록 설치할 것 ② 영상음향차단장치의 수동차단스위치를 설치하는 경우에는 관계인이 일정하게 거주하거나 일정하게 근무하는 장소에 설치할 것. 이 경우 수동차단스위치와 가장 가까운 곳에 "영상음향차단스위치"라는 표지를 부착해야 한다. ③ 전기로 인한 화재발생 위험을 예방하기 위하여 부하용량에 알맞은 누전차단기(과전류차단기를 포함한다)를 설치할 것 ④ 영상음향차단장치의 작동으로 실내 등의 전원이 차단되지 않는 구조로 설치할 것
6. 보일러실과 영업장 사이의 방화구획 **23** 년 출제		보일러실과 영업장 사이의 출입문은 방화문으로 설치하고, 개구부(開口部)에는 방화댐퍼(화재 시 연기 등을 차단하는 장치)를 설치할 것

5 피난안내도 비치대상 등(규칙 별표 2의2)

(1) 피난안내도 비치대상

영 제2조에 따른 다중이용업의 영업장

Plus one 피난안내도 비치 제외대상
- 영업장으로 사용하는 바닥면적의 합계가 33[m²] 이하인 경우
- 영업장 내 구획된 실이 없고 영업장 어느 부분에서도 출입구 및 비상구를 확인할 수 있는 경우

(2) 피난안내 영상물 상영대상 `23` `년 출제`

① 영화상영관 및 비디오물소극장업의 영업장
② **노래연습장업**의 영업장
③ 단란주점영업 및 유흥주점영업의 영업장. 다만, 피난안내 영상물을 상영할 수 있는 시설이 설치된 경우만 해당한다.
④ 영 제2조 제8호에 해당하는 영업(규칙 제2조에 해당하는 다중이용업)으로서 피난안내 영상물을 상영할 수 있는 시설을 갖춘 영업

(3) 피난안내도 비치 위치(아래에 해당하는 위치에 모두 설치)

① 영업장 주 출입구 부분의 손님이 쉽게 볼 수 있는 위치
② 구획된 실의 벽, 탁자 등 손님이 쉽게 볼 수 있는 위치
③ 인터넷컴퓨터게임시설제공업 영업장의 인터넷컴퓨터게임시설이 설치된 책상. 다만, 책상 위에 비치된 컴퓨터에 피난안내도를 내장하여 새로운 이용객이 컴퓨터를 작동할 때마다 피난안내도가 모니터에 나오는 경우에는 책상에 피난안내도가 비치된 것으로 본다.

(4) 피난안내 영상물 상영시간

① 영화상영관 및 비디오물소극장업 : 매회 영화상영 또는 비디오물 상영 시작 전
② 노래연습장업 등 그 밖의 영업 : 매회 새로운 이용객이 입장하여 노래방 기기 등을 작동할 때

(5) 피난안내도 및 피난안내 영상물에 포함되어야 할 내용 `23` `년 출제`

① 화재 시 대피할 수 있는 비상구 위치
② 구획된 실 등에서 비상구 및 출입구까지의 피난 동선
③ 소화기, 옥내소화전 등 소방시설의 위치 및 사용방법
④ 피난 및 대처방법

(6) 피난안내도의 크기 및 재질 `23` `년 출제`

① 크기 : B4(257[mm] × 364[mm]) 이상의 크기로 할 것. 다만, 각 층별 영업장의 면적 또는 영업장이 위치한 층의 바닥면적이 각각 400[m²] 이상인 경우에는 A3(297[mm] × 420[mm]) 이상의 크기로 해야 한다.
② 재질 : 종이(코팅처리한 것을 말한다), 아크릴, 강판 등 쉽게 훼손 또는 변형되지 않는 것으로 할 것

(7) 피난안내도 및 피난안내 영상물에 사용하는 언어 `23` `년 출제`

피난안내도 및 피난안내 영상물은 한글 및 1개 이상의 외국어를 사용하여 작성해야 한다.

6 다중이용업소의 안전관리 기본계획

(1) 안전관리 기본계획 수립 · 시행 등(법 제5조)

① 수립 · 시행권자 : 소방청장 `11` `14` `15` 년 출제

② 수립 · 시행기간 : 5년마다 `11` `15` `16` `24` 년 출제

③ 기본계획의 포함사항 `18` `23` 년 출제

　㉠ 다중이용업소의 안전관리에 관한 기본 방향

　㉡ 다중이용업소의 자율적인 안전관리 촉진에 관한 사항

　㉢ 다중이용업소의 화재안전에 관한 정보체계의 구축 및 관리

　㉣ 다중이용업소의 안전 관련 법령 정비 등 제도 개선에 관한 사항

　㉤ 다중이용업소의 적정한 유지 · 관리에 필요한 교육과 기술 연구 · 개발

　㉥ 다중이용업소의 화재배상책임보험에 관한 기본 방향

　㉦ 다중이용업소의 화재배상책임보험 가입관리전산망(이하 "책임보험전산망"이라 한다)의 구축 · 운영

　㉧ 다중이용업소의 화재배상책임보험제도의 정비 및 개선에 관한 사항

　㉨ 다중이용업소의 화재위험평가의 연구 · 개발에 관한 사항

　㉩ 그 밖에 다중이용업소의 안전관리에 관하여 대통령령으로 정하는 사항(영 제6조)

　　• 안전관리 중 · 장기 기본계획에 관한 사항

　　　－ 다중이용업소의 안전관리체제

　　　－ 안전관리실태평가 및 개선계획

　　• 시 · 도 안전관리 기본계획에 관한 사항

④ 다중이용업소의 안전관리 기본계획 수립지침 포함사항(영 제5조)

　㉠ 화재 등 재난 발생 경감대책 `24` 년 출제

　　• 화재피해 원인조사 및 분석

　　• 안전관리정보의 전달 · 관리체계 구축

　　• 화재 등 재난 발생에 대비한 교육 · 훈련과 예방에 관한 홍보

　㉡ 화재 등 재난 발생을 줄이기 위한 중 · 장기 대책 `22` 년 출제

　　• 다중이용업소 안전시설 등의 관리 및 유지계획

　　• 소관 법령 및 관련 기준의 정비

⑤ 소방청장은 기본계획에 따라 매년 연도별 안전관리계획(연도별 계획)을 전년도 12월 31일까지 수립해야 한다(영 제7조). `17` `23` `24` 년 출제

(2) 집행계획 수립 · 시행 등(법 제6조)

① 소방본부장은 기본계획 및 연도별 계획에 따라 관할 지역 다중이용업소의 안전관리를 위하여 매년 안전관리집행계획(집행계획)을 수립하여 매년 1월 31일까지 소방청장에게 제출해야 한다.

② 소방본부장은 집행계획을 수립하기 위하여 필요하면 해당 시장 · 군수 · 구청장(자치구의 구청장을 말한다)에게 관련된 자료의 제출을 요구할 수 있다. 이 경우 자료 제출을 요구받은 해당 시장 · 군수 · 구청장은 특별한 사유가 없으면 요구에 따라야 한다.

③ 집행계획의 수립 시기, 대상, 내용 등에 관하여 필요한 사항은 대통령령으로 정한다.

④ 집행계획 수립 시 포함사항(영 제8조) 15 년 출제

ㄱ 다중이용업소 밀집 지역의 소방시설 설치, 유지·관리와 개선계획

ㄴ 다중이용업주와 종업원에 대한 소방안전교육·훈련계획

ㄷ 다중이용업주와 종업원에 대한 자체지도 계획

ㄹ 법 제15조 제1항 각 호의 어느 하나에 해당하는 다중이용업소의 화재위험평가의 실시 및 평가

ㅁ ㄹ에 따른 평가결과에 따른 조치계획(화재위험지역이나 건축물에 대한 안전관리와 시설정비 등에 관한 사항을 포함한다)

7 허가청의 통보 등

(1) 관련 행정기관의 통보사항(법 제7조)

① 통보 : 행정기관(허가관청)은 허가 등을 한 날부터 14일 이내에 행정안전부령으로 정하는 바에 따라 다중이용업소의 소재지를 관할하는 소방본부장 또는 소방서장에게 통보해야 한다.

② 통보사항

ㄱ 다중이용업주의 성명 및 주소

ㄴ 다중이용업소의 상호 및 주소

ㄷ 다중이용업의 업종 및 영업장 면적

(2) 허가관청이 소방본부장 또는 소방서장에게 통보(법 제7조) 18 년 출제

① 통보기간 : 신고를 수리한 날부터 30일 이내

② 통보사유

ㄱ 휴업·폐업 또는 휴업 후 영업의 재개(再開)

ㄴ 영업 내용의 변경

ㄷ 다중이용업주의 변경 또는 다중이용업주 주소의 변경

ㄹ 다중이용업소 상호 또는 주소의 변경

(3) 과세정보 제공 요청(법 제7조)

① 요청자 : 소방청장, 소방본부장, 소방서장

② 요청사유 : 다중이용업주의 휴업·폐업 또는 사업자등록말소 사실을 확인하기 위하여

③ 요청사항

ㄱ 대표자 성명 및 주민등록번호, 사업장 소재지

ㄴ 휴업·폐업한 사업자의 성명 및 주민등록번호, 휴업일·폐업일

(4) 관련 행정기관의 허가 등의 통보(규칙 제4조) 21 년 출제

① 통보 : 허가 등을 하는 행정기관은 허가 등을 한 날부터 14일 이내에 관할 소방본부장 또는 소방서장에게 통보해야 한다.

② 허가 등의 통보사항(변경사항)

ㄱ 영업주의 성명·주소

© 다중이용업소의 상호·소재지

© 다중이용업의 종류·영업장 면적

② 허가 등 일자

(5) 허가관청의 확인사항(법 제7조의2)

① 확인시기 : 다중이용업주의 변경신고, 다중이용업주의 지위승계 신고 수리하기 전

② 확인사항 : 소방안전교육 이수, 화재배상책임보험 가입

(6) 소방안전교육(규칙 제7조)

① 소방안전교육의 교과과정 등(규칙 제7조) 16 년 출제

㉠ 화재안전과 관련된 법령 및 제도

© 다중이용업소에서 화재가 발생한 경우 초기대응 및 대피요령

© 소방시설 및 방화시설의 유지·관리 및 사용방법

② 심폐소생술 등 응급처치 요령

② 소방안전교육의 인력(규칙 별표 1)

㉠ 인원 : 강사 4인 및 교무요원 2인 이상

© 강사의 자격요건 20 년 출제

- 소방 관련학의 **석사학위 이상**을 가진 자
- 전문대학 또는 이와 동등 이상의 교육기관에서 소방안전 관련 학과 전임강사 이상으로 재직한 자
- 소방기술사, 위험물기능장, 소방시설관리사, 소방안전교육사자격을 소지한 자
- **소방설비기사** 및 위험물산업기사 자격을 소지한 자로서 소방 관련 기관(단체)에서 **2년 이상 강의경력**이 있는 자
- **소방설비산업기사** 및 **위험물기능사** 자격을 소지한 자로서 소방 관련 기관(단체)에서 **5년 이상 강의경력**이 있는 자
- 대학 또는 이와 동등 이상의 교육기관에서 **소방안전 관련 학과를 졸업**하고 소방 관련 기관(단체)에서 **5년 이상 강의경력**이 있는 자
- 소방 관련 기관(단체)에서 10년 이상 실무경력이 있는 자로서 5년 이상 강의경력이 있는 자

(7) 다중이용업을 하려는 자가 신고사항(법 제9조)

① 신고시기 : 안전시설 등을 설치하기 전

② 해당사항

㉠ 안전시설 등을 설치하려는 경우

© 영업장 내부구조를 변경하려는 경우로서 다음의 어느 하나에 해당하는 경우

- 영업장 면적의 증가
- 영업장의 구획된 실의 증가
- 내부통로 구조의 변경

© 안전시설 등의 공사를 마친 경우

(8) 다중이용업소의 영업장의 내부구획(법 제10조의2)

① **내부구획의 재료** : 불연재료

② **구획범위** : 천장(반자속)까지 구획

③ **구획 대상** : 단란주점 및 유흥주점 영업, 노래연습장업

(9) 다중이용업주의 안전시설 등에 대한 정기점검(법 제13조, 규칙 제14조)

① 다중이용업주는 다중이용업소의 안전관리를 위하여 정기적으로 안전시설 등을 점검하고 그 점검결과서를 1년간 보관해야 한다. `14` **년 출제**

② 다중이용업주는 정기점검을 행정안전부령으로 정하는 바에 따라 소방시설 설치 및 관리에 관한 법률 제29조에 따른 소방시설관리업자에게 위탁할 수 있다. `20` **년 출제**

③ 안전점검의 대상, 점검자의 자격, 점검주기, 점검방법, 그 밖에 필요한 사항은 행정안전부령으로 정한다.

④ 안전점검의 대상, 점검자의 자격 등(규칙 제14조)

　㉠ 안전점검 대상 : 다중이용업소의 영업장에 설치된 영 제9조의 안전시설 등

　㉡ 안전점검자의 자격

　　• 해당 영업장의 다중이용업주 또는 다중이용업소가 위치한 특정소방대상물의 소방안전관리자 (소방안전관리자가 선임된 경우에 한한다)

　　• 해당 업소의 종업원 중 소방안전관리자, 소방시설관리사, 소방기술사・소방설비기사 또는 소방설비산업기사 자격을 취득한 자

　　• 소방시설관리업자

　㉢ 점검주기 : 매 분기별 1회 이상 점검. 다만, 소방시설 설치 및 관리에 관한 법률 제22조 제1항에 따라 자체점검을 실시한 경우에는 자체점검을 실시한 그 분기에는 점검을 실시하지 않을 수 있다.

　㉣ 점검방법 : 안전시설 등의 작동 및 유지・관리 상태를 점검한다.

(10) 안전시설 등 세부점검표

• 점검대상

대 상 명		전화번호	
소 재 지		주 용 도	
건물구조		대표자	소방안전관리자

• 점검사항

점검사항	점검결과	조치사항
① 소화기 또는 자동확산소화기의 외관점검 　－ 구획된 실마다 설치되어 있는지 확인 　－ 약제 응고상태 및 압력게이지 지시침 확인		
② 간이스프링클러설비의 작동기능점검 　－ 시험밸브 개방 시 펌프 기동, 음향경보 확인 　－ 헤드의 누수·변형·손상·장애 등 확인		
③ 경보설비의 작동기능점검 　－ 비상벨설비의 누름스위치, 표시등, 수신기 확인 　－ 자동화재탐지설비의 감지기, 발신기, 수신기 확인 　－ 가스누설경보기 정상 작동 여부 확인		
④ 피난설비의 작동기능점검 및 외관점검 　－ 유도등·유도표지 등 부착상태 및 점등상태 확인 　－ 구획된 실마다 휴대용 비상조명등 비치 여부 　－ 화재신호 시 피난유도선 점등상태 확인 　－ 피난기구(완강기, 피난사다리 등) 설치상태 확인		
⑤ 비상구의 관리상태 확인 　－ 비상구 폐쇄·훼손, 주변 물건 적치 등 관리상태 　－ 구조변형, 금속표면 부식·균열, 용접부·접합부 손상 등 　　확인(건축물 외벽에 발코니 형태의 비상구를 설치한 경우만 　　해당)		
⑥ 영업장 내부 피난통로 관리상태 확인 － 영업장 내부 피난통로상 물건 적치 등 관리상태		
⑦ 창문(고시원)의 관리상태 확인		
⑧ 영상음향차단장치의 작동기능점검 　－ 경보설비와 연동 및 수동작동 여부 점검 　　(화재신호 시 영상음향이 차단되는지 확인)		
⑨ 누전차단기의 작동 여부 확인		
⑩ 피난안내도의 설치 위치 확인		
⑪ 피난안내영상물의 상영 여부 확인		
⑫ 실내장식물·내부구획 재료 교체 여부 확인 　－ 커튼, 카펫 등 방염선처리제품 사용 여부 　－ 합판·목재 방염성능 확보 여부 　－ 내부구획재료 불연재료 사용 여부		
⑬ 방염 소파·의자 사용 여부 확인		
⑭ 안전시설 등 세부점검표 분기별 작성 및 1년간 보관 여부		
⑮ 화재배상책임보험 가입 여부 및 계약기간 확인		

점검일자 :　　.　　.　　.　　점검자 :　　　　(서명 또는 인)

210[mm]×297[mm][백상지(80[g/m²]) 또는 중질지(80[g/m²])]

8 다중이용업주의 화재배상책임보험의 의무가입 등

(1) 화재배상책임보험 가입의무(법 제13조의2, 영 제9조의3)

① 화재배상책임보험의 보험금액

ㄱ 사망의 경우 : 피해자 1명당 1억5천만원의 범위에서 피해자에게 발생한 손해액을 지급할 것. 다만, 그 손해액이 2천만원 미만인 경우에는 2천만원으로 한다.

ㄴ 부상의 경우 : 피해자 1명당 별표 2에서 정하는 금액의 범위에서 피해자에게 발생한 손해액을 지급할 것

ㄷ 부상에 대한 치료를 마친 후 더 이상의 치료효과를 기대할 수 없고 그 증상이 고정된 상태에서 그 부상이 원인이 되어 신체의 장애(이하 "후유장애"라 한다)가 생긴 경우 : 피해자 1명당 별표 3에서 정하는 금액의 범위에서 피해자에게 발생한 손해액을 지급할 것

ㄹ 재산상 손해의 경우 : 사고 1건당 10억원의 범위에서 피해자에게 발생한 손해액을 지급할 것

② 화재배상책임보험은 하나의 사고로 ①의 ㄱ부터 ㄷ까지 중 둘 이상에 해당하게 된 경우

ㄱ 부상당한 사람이 치료 중 그 부상이 원인이 되어 사망한 경우 : 피해자 1명당 ①의 ㄱ에 따른 금액과 ①의 ㄴ에 따른 금액을 더한 금액을 지급할 것

ㄴ 부상당한 사람에게 후유장애가 생긴 경우 : 피해자 1명당 ①의 ㄴ에 따른 금액과 ①의 ㄷ에 따른 금액을 더한 금액을 지급할 것

ㄷ ①의 ㄷ에 따른 금액을 지급한 후 그 부상이 원인이 되어 사망한 경우 : 피해자 1명당 ①의 ㄱ에 따른 금액에서 ①의 ㄷ에 따른 금액 중 사망한 날 이후에 해당하는 손해액을 뺀 금액을 지급할 것

(2) 보험료율을 차등 적용하는 경우 고려사항(영 제9조의4)

① 해당 다중이용업소가 속한 업종의 화재발생빈도

② 해당 다중이용업소의 영업장 면적

③ 화재위험평가 결과

④ 공개된 법령위반업소에 해당하는지 여부

⑤ 공표된 안전관리우수업소에 해당하는지 여부

(3) 화재배상책임보험의 가입 촉진 및 관리(법 제13조의3) 17 년 출제

① 다중이용업주는 다음의 어느 하나에 해당하는 경우에는 화재배상책임보험에 가입한 후 그 증명서(보험증권을 포함한다)를 소방본부장 또는 소방서장에게 제출해야 한다.

ㄱ 제7조 제2항 제3호 중 다중이용업주를 변경한 경우

ㄴ 제9조 제3항 각 호에 따른 신고를 할 경우

② 화재배상책임보험에 가입한 다중이용업주는 행정안전부령으로 정하는 바에 따라 화재배상책임보험에 가입한 영업소임을 표시하는 표지를 부착할 수 있다.

③ 보험회사는 화재배상책임보험의 계약을 체결하고 있는 다중이용업주에게 그 계약 종료일의 75일 전부터 30일 전까지의 기간 및 30일 전부터 10일 전까지의 기간에 각각 그 계약이 끝난다는 사실을 알려야 한다. 다만, 다음의 어느 하나에 해당하는 경우에는 그렇지 않다.

ⓒ 보험기간이 1개월 이내인 계약의 경우

ⓛ 다중이용업주가 자기와 다시 계약을 체결한 경우

ⓒ 다중이용업주가 다른 보험회사와 새로운 계약을 체결한 사실을 안 경우

④ **소방본부장 또는 소방서장**은 다중이용업주가 화재배상책임보험에 가입하지 않았을 때에는 **허가관청**에 다중이용업주에 대한 **인가ㆍ허가의 취소, 영업의 정지** 등 **필요한 조치를 취할 것을 요청**할 수 있다.

(4) 보험금의 지급(법 제13조의4)

보험회사는 화재배상책임보험의 보험금 청구를 받은 때에는 지체 없이 지급할 보험금을 결정하고 보험금 결정 후 14일 이내에 피해자에게 보험금을 지급해야 한다.

(5) 화재배상책임보험 계약의 체결의무 및 가입강요 금지(법 제13조의5) `16` `년 출제`

① 보험회사는 다중이용업주가 화재배상책임보험에 가입할 때에는 계약의 체결을 거부할 수 없다. 단, 보험회사가 요청한 안전시설 등의 유지ㆍ관리에 관한 사항 등 화재발생 위험에 관한 중요한 사항을 알리지 않거나 거짓으로 알린 경우에는 거부할 수 있다.

② 보험회사는 화재배상책임보험 외에 다른 보험의 가입을 다중이용업주에게 강요할 수 없다.

`9` 다중이용업소에 대한 화재위험평가 등

(1) 실시시기(법 제15조)

해당하는 지역 또는 건축물에 대하여 화재를 예방하고 화재로 인한 생명ㆍ신체ㆍ재산상의 피해를 방지하기 위하여 필요하다고 인정되는 경우에는 화재위험평가를 실시할 수 있다.

(2) 실시권자(법 제15조)

소방청장, 소방본부장 또는 소방서장

(3) 실시대상지역(법 제15조) `11` `13` `18` `22` `24` `년 출제`

① **2,000[m²] 지역 안에 다중이용업소가 50개 이상** 밀집하여 있는 경우

② **5층 이상**인 건축물로서 **다중이용업소가 10개 이상** 있는 경우

③ 하나의 건축물에 다중이용업소로 사용하는 영업장 **바닥면적의 합계**가 1,000[m²] **이상**인 경우

(4) 등록취소, 6개월 이내의 업무정지(법 제17조) `17` `년 출제`

① 화재위험평가대행자로 등록할 수 없는 사항 중 어느 하나에 해당되는 경우(**등록취소**)

② 거짓이나 그 밖의 부정한 방법으로 등록한 경우(**등록취소**)

③ 최근 1년 이내에 2회의 업무정지처분을 받고 다시 업무정지처분 사유에 해당하는 행위를 한 경우(**등록취소**)

④ 다른 사람에게 등록증이나 명의를 대여한 경우(**등록취소**)

⑤ 등록기준에 미치지 못하게 된 경우

⑥ 다른 평가서의 내용을 복제한 경우

⑦ 평가서를 행정안전부령이 정하는 기간 동안 보존하지 않은 경우

⑧ 도급받은 화재위험평가 업무를 하도급한 경우

⑨ 평가서를 거짓으로 작성하거나 고의 또는 중대한 과실로 평가서를 부실하게 작성한 경우

⑩ 등록 후 2년 이내에 화재위험평가 대행업무를 시작하지 않거나 계속하여 2년 이상 화재위험평가 대행실적이 없는 경우

(5) 화재위험평가대행자의 등록(영 제16조, 규칙 제16조) `20` `년 출제`

① 등록신청 : 소방청장

② 등록요건 : 기술인력, 시설, 장비

> **[화재위험평가대행자의 기술인력·시설·장비 기준(영 별표 5)]** `23` `년 출제`
> ① 기술인력기준
>   ㉠ 소방기술사 1명
>   ㉡ 다음 ㉮ 또는 ㉯의 어느 하나에 해당하는 사람 2명 이상
>   ㉮ 소방기술사, 소방설비기사 또는 소방설비산업기사 자격을 가진 사람
>   ㉯ 소방기술과 관련된 자격·학력 및 경력을 인정받은 사람으로서 자격수첩을 발급받은 자
> ② 시설 및 장비기준
>   ㉠ 화재 모의시험이 가능한 컴퓨터 1대 이상
>   ㉡ 화재 모의시험을 위한 프로그램

③ 등록신청 서류
  ㉠ 기술인력명부 및 기술자격을 증명하는 서류(국가기술자격법에 따라 발급받은 국가기술자격증이 없는 경우만 해당한다)
  ㉡ 실무경력증명서(해당자에 한한다) 1부
  ㉢ 영 별표 5에 따른 시설 및 장비명세서 1부
  ㉣ 별지 제13호의2 서식의 병력(病歷) 신고 및 개인정보 이용 동의서(이하 "동의서"라 하며, 법인인 경우에는 소속 임원의 것을 포함한다)

④ 등록신청(변경신청)을 받은 소방청장의 확인사항
  ㉠ 등기사항증명서(법인인 경우만 해당한다)
  ㉡ 사업자등록증명(개인인 경우만 해당한다)
  ㉢ 해당 기술인력의 국가기술자격취득사항확인서

(6) 화재위험평가대행자의 등록사항 변경신청(영 제15조) `20` `년 출제`

① 대표자

② 사무소의 소재지

③ 평가대행자의 명칭이나 상호

④ 기술인력의 보유현황

10 화재안전조사

(1) 조사권자(법 제20조의2)

소방청장, 소방본부장, 소방서장

(2) 조사항목(법 제20조의2, 영 제18조의2)

① 다중이용업소의 상호 및 주소

② 안전시설 등 설치 및 유지·관리 현황

③ 피난시설, 방화구획 및 방화시설 설치 및 유지·관리 현황

④ 그 밖에 대통령령으로 정하는 사항

　　㉠ 소방안전교육 이수 현황

　　㉡ 안전시설 등에 대한 정기점검 결과

　　㉢ 화재배상책임보험 가입 현황

(3) 조사결과 공개(영 제18조의2)

화재안전조사 결과의 공개는 해당 조사를 실시한 날부터 30일 이내에 소방청, 시·도 소방본부 또는 소방서의 인터넷 홈페이지에 60일 이내의 기간 동안 게시하는 방법으로 한다.

11 안전관리우수업소

(1) 우수업소 선정권자(법 제21조)

소방본부장, 소방서장

(2) 우수업소 선정요건(영 제19조) 23 년 출제

① 공표일 기준으로 최근 3년 동안 소방시설 설치 및 관리에 관한 법률 제16조 제1항 각 호의 위반행위가 없을 것

> [소방시설 설치 및 관리에 관한 법률 제16조 제1항]
> • 피난시설, 방화구획 및 방화시설을 폐쇄하거나 훼손하는 등의 행위
> • 피난시설, 방화구획 및 방화시설의 주위에 물건을 쌓아두거나 장애물을 설치하는 행위
> • 피난시설, 방화구획 및 방화시설의 용도에 장애를 주거나 소방기본법 제16조에 따른 소방활동에 지장을 주는 행위
> • 그 밖에 피난시설, 방화구획 및 방화시설을 변경하는 행위

② 공표일 기준으로 최근 3년 동안 소방·건축·전기 및 가스 관련 법령 위반 사실이 없을 것

③ 공표일 기준으로 최근 3년 동안 화재 발생 사실이 없을 것

④ 자체계획을 수립하여 종업원의 소방교육 또는 소방훈련을 정기적으로 실시하고 공표일 기준으로 최근 3년 동안 그 기록을 보관하고 있을 것

(3) 안전관리우수업소의 공표절차(법 제21조, 영 제20조)

① 안전관리우수업소 인정 예정공고의 내용에 이의가 있는 사람은 안전관리우수업소 인정 예정공고일부터 20일 이내에 소방본부장이나 소방서장에게 전자우편이나 서면으로 이의신청을 할 수 있다.

② 소방본부장이나 소방서장은 안전관리우수업소를 인정하여 공표하려는 경우에는 공표일부터 2년의 범위에서 안전관리우수업소표지 사용기간을 정하여 공표해야 한다.

③ 소방본부장이나 소방서장은 안전관리우수업소에 해당하는 다중이용업소에 대하여는 행정안전부령으로 정하는 기간 동안 소방안전교육 및 화재안전조사를 면제할 수 있다(법 제21조).

(4) 안전관리우수업소의 공표(규칙 제23조)

① 안전관리우수업소의 공표 또는 갱신공표의 경우

　　㉠ 안전관리우수업소의 명칭과 다중이용업주 이름

　　㉡ 안전관리우수업무의 내용

　　㉢ 안전관리우수업소 표지를 부착할 수 있는 기간

② 안전관리우수업소의 표지 사용정지의 경우

　　㉠ 안전관리우수업소의 표지 사용정지 대상인 다중이용업소의 명칭과 다중이용업주 이름

　　㉡ 안전관리우수업소 표지의 사용을 정지하는 사유

　　㉢ 안전관리우수업소 표지의 사용정지일

(5) 안전관리우수업소 표지의 규격, 재질 등(규칙 별표 4) **23** 년 출제

 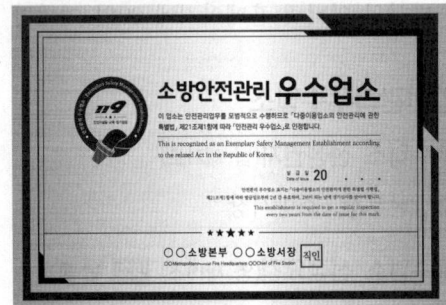

① 제작 : 2종(금색, 은색) 중 1종을 선택

　　㉠ 바탕 : 금색(테두리 : 검정색/적색

　　㉡ 바탕 : 은색(테두리 : 검정색/청색

② 규격 : 가로 450[mm]×세로 300[mm]

③ 재질 : 스테인리스(금색 또는 은색)

④ 글씨체

　　㉠ 소방안전관리 우수업소 : 고도B 21/85[mm](검정색)

　　㉡ 조항 : KoPubWorld돋움체 6.7(검정색)

　　㉢ 조항영문 : KoPubWorld바탕체 6.3(검정색)

　　㉣ 발급일자 : DIN Medium 14[mm](검정색)

　　㉤ 시행령(영문포함) : KoPubWorld바탕체 4.5(검정색)

　　㉥ 기관명 : KoPubWorld돋움체 10[mm](검정색)

　　㉦ 기관영문 : KoPubWorld돋움체 4.5[mm](검정색)

⑤ 이미지(엠블럼)

　　㉠ 표장 : 119 형상화 18[mm](검정색)

　　㉡ 안전시설 등·교육·정기점검 : KoPubWorld돋움체 3.5[mm](검정색)

　　㉢ 안전관리 우수업소(영문포함 : KoPubWorld돋움체 4.5[mm](검정색)

　　㉣ 소방호스 : 85[mm](적색/회색 또는 청색/회색)

12 벌 칙

(1) 1년 이하의 징역 또는 1,000만원 이하의 벌금(법 제23조)

① 평가대행자로 등록하지 않고 화재위험평가 업무를 대행한 자

② 업무를 위탁받은 자가 그 직무상 알게된 정보를 다른 사람에게 정보를 제공하거나 부당한 목적으로 이용한 자

(2) 300만원 이하의 과태료(법 제25조)

① 소방안전교육을 받지 않거나 종업원이 소방안전교육을 받도록 하지 않은 다중이용업주

② 안전시설 등을 기준에 따라 설치·유지하지 않은 자

③ 설치신고를 하지 않고 안전시설 등을 설치하거나 영업장 내부를 변경한 자 또는 안전시설 등의 공사를 마친 후 신고를 하지 않은 자

④ 비상구에 추락 등의 방지를 위한 장치를 기준에 따라 갖추지 않은 자

⑤ 실내장식물을 기준에 따라 설치·유지하지 않은 자

⑥ 영업장의 내부구획을 기준에 따라 설치·유지하지 않은 자

⑦ 피난시설, 방화구획 또는 방화시설에 대하여 폐쇄·훼손·변경 등의 행위를 한 자

⑧ 피난안내도를 갖추어 두지 않거나 피난안내에 관한 영상물을 상영하지 않은 자

⑨ 정기점검결과서를 보관하지 않은 자

⑩ 화재배상책임보험에 가입하지 않은 다중이용업주

⑪ 다중이용업주와의 화재배상책임보험 계약 체결을 거부하거나 임의로 계약을 해제 또는 해지한 보험회사

⑫ 소방안전관리업무를 하지 않은 자

⑬ 다중이용업주의 안전사고 보고의무를 위반하여 보고 또는 즉시보고를 하지 않거나 거짓으로 한 자

> 과태료 부과권자 : 소방청장, 소방본부장, 소방서장

(3) 이행강제금(법 제26조) 19 21 년 출제

① 소방청장, 소방본부장, 소방서장은 조치명령을 받은 후 그 정한 기간 이내에 그 명령을 이행하지 않은 자에게는 1,000만원 이하의 이행강제금을 부과한다.

② 이행강제금을 부과하기 전에 이행강제금을 부과·징수한다는 것을 미리 문서로 알려 주어야 한다.

③ 문서의 기재내용
   ㉠ 이행강제금의 금액   ㉡ 이행강제금의 부과사유
   ㉢ 납부기한   ㉣ 수납기관
   ㉤ 이의 제기방법   ㉥ 이의 제기기관

④ 최초의 조치명령을 한 날을 기준으로 매년 2회의 범위에서 그 조치명령이 이행될 때까지 반복하여 규정에 따른 이행강제금을 부과·징수할 수 있다.

⑤ 조치명령을 받은 자가 명령을 이행하면 새로운 이행강제금의 부과를 즉시 중지하되, 이미 부과된 이행강제금은 징수해야 한다.

⑥ 이행강제금 부과처분을 받은 자가 이행강제금을 기한까지 납부하지 않으면 국세 체납처분의 예 또는 지방행정제재·부과금의 징수 등에 관한 법률에 따라 징수한다.

⑦ 이행강제금을 부과하는 위반행위의 종류와 위반 정도에 따른 금액과 이의 제기 절차, 그 밖에 필요한 사항은 대통령령으로 정한다.

⑧ 이행강제금 부과기준(영 별표 7)

　㉠ 일반기준

　　이행강제금 부과권자는 위반행위의 동기와 그 결과를 고려하여 ㉡의 이행강제금 부과기준액의 1/2까지 경감하여 부과할 수 있다.

　㉡ 개별기준 `14` `24` `년 출제`

(단위 : 만원)

위반행위	근거 법조문	이행강제금 금액
법 제9조 제2항에 따른 안전시설 등에 대하여 보완 등 필요한 조치명령을 위반한 경우	법 제26조 제1항	
• 안전시설 등의 작동·기능에 지장을 주지 않는 경미한 사항		200
• 안전시설 등을 고장상태로 방치한 경우		600
• **안전시설 등을 설치하지 않은 경우**		**1,000**
법 제10조 제3항에 따른 실내장식물에 대한 교체 또는 제거 등 필요한 조치명령을 위반한 경우	법 제26조 제1항	1,000
법 제10조의2 제3항에 따른 영업장의 내부구획에 대한 보완 등 필요한 조치명령을 위반한 자	법 제26조 제1항	1,000
법 제15조 제2항에 따른 화재안전조사 조치명령을 위반한 자	법 제26조 제1항	
• 다중이용업소의 공사의 정지 또는 중지명령을 위반한 경우		200
• 다중이용업소의 사용금지 또는 제한명령을 위반한 경우		600
• **다중이용업소의 개수·이전 또는 제거명령을 위반한 경우**		**1,000**

⑨ 이행강제금 부과권자 : **소방청장, 소방본부장, 소방서장**

13 과태료 부과기준

(1) **일반기준**(영 별표 6)

　① 위반행위의 횟수에 따른 과태료의 가중된 부과기준은 최근 1년간 같은 위반행위로 과태료 부과처분을 받은 경우에 적용한다. 이 경우 기간의 계산은 위반행위에 대하여 과태료 부과처분을 받은 날과 그 처분 후 다시 같은 위반행위를 하여 적발된 날을 기준으로 한다.

　② ①에 따라 가중된 부과처분을 하는 경우 가중처분의 적용 차수는 그 위반행위 전 부과처분 차수(①에 따른 기간 내에 과태료 부과처분이 둘 이상 있었던 경우에는 높은 차수를 말한다)의 다음 차수로 한다. 다만, 적발된 날부터 소급하여 3년이 되는 날 전에 한 부과처분은 가중처분의 차수 산정 대상에서 제외한다.

　③ 과태료 부과권자는 위반행위자가 다음의 어느 하나에 해당하는 경우에는 (2)에 따른 과태료 금액의 2분의 1의 범위에서 그 금액을 감경하여 부과할 수 있다. 다만, 과태료를 체납하고 있는 위반행위자의 경우에는 그렇지 않다.

　　㉠ 위반행위자가 질서위반행위규제법 시행령 제2조의2 제1항 각 호의 어느 하나에 해당하는 경우

　　㉡ 위반행위자가 처음 위반행위를 한 경우로서, 3년 이상 해당 업종을 모범적으로 영위한 사실이 인정되는 경우

　　㉢ 위반행위자가 화재 등 재난으로 재산에 현저한 손실이 발생하거나 사업여건의 악화로 사업이 중대한 위기에 처하는 등의 사정이 있는 경우

　　㉣ 위반행위가 고의나 중대한 과실이 아닌 사소한 부주의나 오류로 인한 것으로 인정되는 경우

ⓜ 위반행위자가 같은 위반행위로 다른 법률에 따라 과태료·벌금·영업정지 등의 제재를 받은 경우

ⓗ 위반행위자가 위법행위로 인한 결과를 시정하거나 해소한 경우

ⓢ 그 밖에 위반행위의 정도, 위반행위의 동기와 그 결과 등을 고려하여 감경할 필요가 있다고 인정되는 경우

(2) 개별기준(영 별표 6)

위반행위	근거 법조문	과태료 금액(단위 : 만원)		
		1회	2회	3회 이상
다중이용업주가 법 제8조 제1항 및 제2항을 위반하여 소방안전교육을 받지 않거나 종업원이 소방안전교육을 받도록 하지 않은 경우	법 제25조 제1항 제1호	100	200	300
법 제9조 제1항을 위반하여 안전시설 등을 기준에 따라 설치·유지하지 않은 경우	법 제25조 제1항 제2호			
• 안전시설 등의 작동·기능에 지장을 주지 않는 경미한 사항을 2회 이상 위반한 경우		100		

• 안전시설 등을 다음에 해당하는 고장상태 등으로 방치한 경우
   – 소화펌프를 고장상태로 방치한 경우
   – 수신반(受信盤)의 전원을 차단한 상태로 방치한 경우
   – 동력(감시)제어반을 고장상태로 방치하거나 전원을 차단한 경우
   – 소방시설용 비상전원을 차단한 경우
   – 소화배관의 밸브를 잠금상태로 두어 소방시설이 작동할 때 소화수가 나오지 않거나 소화약제(消火藥劑)가 방출되지 않는 상태로 방치한 경우
		200		

• 안전시설 등을 설치하지 않은 경우		300		
• 비상구를 폐쇄·훼손·변경하는 등의 행위를 한 경우		100	200	300
• 영업장 내부 피난통로에 피난에 지장을 주는 물건 등을 쌓아 놓은 경우		100	200	300
법 제9조 제3항을 위반한 경우	법 제25조 제1항 제2호의2			
• 안전시설 등 설치신고를 하지 않고 안전시설 등을 설치한 경우		100		
• 안전시설 등 설치신고를 하지 않고 영업장 내부구조를 변경한 경우		100		
• 안전시설 등의 공사를 마친 후 신고를 하지 않은 경우		100	200	300
법 제9조의2를 위반하여 비상구에 추락 등의 방지를 위한 장치를 기준에 따라 갖추지 않은 경우	법 제25조 제1항 제2호의3	300		
법 제10조 제1항 및 제2항을 위반하여 실내장식물을 기준에 따라 설치·유지하지 않은 경우	법 제25조 제1항 제3호	300		
법 제10조의2 제1항 및 제2항을 위반하여 영업장의 내부구획 기준에 따라 내부구획을 설치·유지하지 않은 경우	법 제25조 제1항 제3호의2	100	200	300
법 제11조를 위반하여 피난시설, 방화구획 또는 방화시설을 폐쇄·훼손·변경하는 등의 행위를 한 경우	법 제25조 제1항 제4호	100	200	300
법 제12조 제1항을 위반하여 피난안내도를 갖추어 두지 않거나 피난안내에 관한 영상물을 상영하지 않은 경우	법 제25조 제1항 제5호	100	200	300
법 제13조 제1항 전단을 위반하여 다음의 어느 하나에 해당하는 경우 • 안전시설 등을 점검(법 제13조 제2항에 따라 위탁하여 실시하는 경우를 포함한다)하지 않은 경우 • 정기점검결과서를 작성하지 않거나 거짓으로 작성한 경우 • 정기점검결과서를 보관하지 않은 경우	법 제25조 제1항 제6호	100	200	300

위반행위	근거 법조문	과태료 금액(단위 : 만원)		
		1회	2회	3회 이상
다중이용업주가 법 제13조의2 제1항을 위반하여 화재배상책임보험에 가입하지 않은 경우	법 제25조 제1항 제6호의2			
• 가입하지 않은 기간이 10일 이하인 경우		100		
• 가입하지 않은 기간이 10일 초과 30일 이하인 경우		100만원에 11일째부터 계산하여 1일마다 1만원을 더한 금액		
• 가입하지 않은 기간이 30일 초과 60일 이하인 경우		120만원에 31일째부터 계산하여 1일마다 2만원을 더한 금액		
• 가입하지 않은 기간이 60일 초과인 경우		180만원에 61일째부터 계산하여 1일마다 3만원을 더한 금액. 다만, 과태료의 총액은 300만원을 넘지 못한다.		
보험회사가 법 제13조의3 제3항 또는 제4항을 위반하여 통지를 하지 않은 경우	법 제25조 제1항 제6호의3	300		
보험회사가 법 제13조의5 제1항을 위반하여 다중이용업주와의 화재배상책임보험 계약 체결을 거부한 경우	법 제25조 제1항 제6호의4	300		
보험회사가 법 제13조의6을 위반하여 임의로 계약을 해제 또는 해지한 경우	법 제25조 제1항 제6호의4	300		
법 제14조에 따른 소방안전관리 업무를 하지 않은 경우	법 제25조 제1항 제7호	100	200	300
법 제14조의2 제1항을 위반하여 보고 또는 즉시 보고를 하지 않거나 거짓으로 한 경우	법 제25조 제1항 제8호	200		

예상문제

01 다음 중 다중이용업소의 안전관리에 관한 특별법의 정의로 틀린 것은?

① 다중이용업이란 불특정 다수인이 이용하는 영업 중 화재 등 재난발생 시 생명·신체·재산상의 피해가 발생할 우려가 높은 것으로서 대통령령으로 정하는 영업을 말한다.

② 안전시설 등이란 소방시설, 비상구, 영업장 내부 피난통로, 그 밖의 안전시설로서 대통령령으로 정하는 것을 말한다.

③ 실내장식물에는 가구류와 너비 10[cm] 이하인 반자돌림대 등과 내부마감 재료는 포함한다.

④ 밀폐구조의 영업장이란 지상층에 있는 다중이용업소의 영업장 중 채광·환기·통풍 및 피난 등이 용이하지 못한 구조로 되어 있으면서 대통령령으로 정하는 기준에 해당하는 영업장을 말한다.

> **해설** 실내장식물에는 가구류(옷장, 찬장, 식탁, 식탁용 의자, 사무용 책상, 사무용 의자, 계산대 및 그 밖에 이와 비슷한 것)와 너비 10[cm] 이하인 반자돌림대 등과 내부마감 재료는 제외한다.

정답 ③

02 다음 중 다중이용업소에 해당되지 않는 것은?

① 목욕장업
② 수면방업
③ 콜라텍업
④ 놀이방업

> **해설** 다중이용업의 종류(본문 참조)

정답 ④

03 화재발생 시 인명피해가 발생할 우려가 높은 불특정다수인이 출입하는 다중이용업이 아닌 것은?

① 수면방업
② 노래연습장업
③ 산후조리원업
④ 백화점

> **해설** 백화점 : 판매시설

정답 ④

04 다음 중 다중이용업에 해당하지 않는 것은?

① 연예장
② 수면방업
③ 콜라텍업
④ 단란주점영업

해설   연예장 : 문화 및 집회시설

정답 ①

05 구획된 실(室) 안에 학습자가 공부할 수 있는 시설을 갖추고 숙박을 제공하는 형태의 영업은?

① 고시원업
② 전화방업
③ 수면방업
④ 콜라텍업

해설   용어 정의
  • **고시원업** : 구획된 실(室) 안에 학습자가 공부할 수 있는 시설을 갖추고 숙박 또는 숙식을 제공하는 형태의 영업
  • **전화방업 · 화상대화방업** : 구획된 실(室) 안에 전화기 · 텔레비전 · 모니터 또는 카메라 등 상대방과 대화할 수 있는 시설을 갖춘 형태의 영업
  • **수면방업** : 구획된 실(室) 안에 침대 · 간이침대 그 밖에 휴식을 취할 수 있는 시설을 갖춘 형태의 영업
  • **콜라텍업** : 손님이 춤을 추는 시설 등을 갖춘 형태의 영업으로서 주류판매가 허용되지 않는 영업

정답 ①

06 다중이용업소에 설치해야 할 안전시설이 아닌 것은?

① 소화설비

② 무선통신보조설비

③ 피난설비

④ 비상벨설비

해설 다중이용업소에 설치·유지해야 하는 안전시설 등(영 별표 1의2)

① 소방시설

㉠ **소화설비**
- 소화기, 자동확산소화기
- 간이스프링클러설비(캐비닛형 간이스프링클러설비를 포함). 다만, 다음의 영업장에만 설치한다.
  - 지하층에 설치된 영업장
  - 숙박을 제공하는 형태의 다중이용업소의 영업장 중 다음에 해당하는 영업장. 다만, 지상 1층에 있거나 지상과 맞닿아 있는 층(영업장의 주된 출입구가 건축물 외부의 지면과 직접 연결된 경우를 포함한다)에 설치된 영업장은 제외한다.
    ⓐ 산후조리원의 영업장
    ⓑ 고시원의 영업장
  - 밀폐구조의 영업장
  - 권총사격장의 영업장

㉡ 경보설비
- **비상벨설비 또는 자동화재탐지설비**. 다만, 노래반주기 등 영상음향장치를 사용하는 영업장에는 자동화재탐지설비를 설치해야 한다.
- 가스누설경보기. 다만, 가스시설을 사용하는 주방이나 난방시설이 있는 영업장에만 설치한다.

㉢ **피난설비**(다중이용업법에서는 "피난설비"이고 설치·유지법률에서는 "피난구조설비"이다)
- 피난기구(미끄럼대, 피난사다리, 구조대, 완강기, 다수인피난장비, 승강식피난기)
- 피난유도선 : 영업장 내부 피난통로 또는 복도가 있는 영업장에만 설치한다.
- 유도등, 유도표지 또는 비상조명등
- 휴대용 비상조명등

② 비상구 설치제외 대상

㉠ 주된 출입구 외에 해당 영업장 내부에서 피난층 또는 지상으로 통하는 직통계단이 주된 출입구 중심선으로부터 수평거리가 영업장의 긴 변 길이의 1/2 이상 떨어진 위치에 별도로 설치된 경우

㉡ 피난층에 설치된 영업장[영업장으로 사용하는 바닥면적이 33[m²] 이하인 경우로서 영업장 내부에 구획된 실(室)이 없고, 영업장 전체가 개방된 구조의 영업장을 말한다]으로서 그 영업장의 각 부분으로부터 출입구까지의 수평거리가 10[m] 이하인 경우

③ 영업장 내부 피난통로
구획된 실(室)이 있는 영업장에만 설치한다.

④ 그 밖의 안전시설

㉠ 영상음향차단장치. 다만, 노래반주기 등 영상음향장치를 사용하는 영업장에만 설치한다.

㉡ 누전차단기

㉢ 창문(다만, 고시원업의 영업장에만 설치한다)

정답 ②

07 다중이용업소에 설치해야 할 안전시설이 아닌 것은?

① 영상음향차단장치   ② 피난유도선

③ 비상조명등   ④ 자동화재속보설비

해설   자동화재속보설비는 다중이용업소의 안전시설이 아니다(영 별표 1).

정답 ④

08 다중이용업소에 설치해야 할 경보설비에 해당되지 않는 것은?

① 비상벨설비   ② 가스누설경보기

③ 시각경보기   ④ 자동화재탐지설비

해설   경보설비 : 비상벨설비·자동화재탐지설비·가스누설경보기

정답 ③

09 산후조리원의 영업장에 설치해야 할 소방시설은?

① 영상음향차단장치   ② 휴대용 비상조명등

③ 자동확산소화기   ④ 간이스프링클러설비

해설   산후조리원의 영업장 : 간이스프링클러설비 설치

정답 ④

10 다음 중 불특정다수인이 이용하는 다중이용업소에서 설치해야 하는 소방시설로 맞는 것은?

① 스프링클러설비, 공기안전매트, 비상조명등

② 자동확산소화기, 공기호흡기, 누전차단기

③ 소화기, 유도등, 비상벨설비

④ 단독경보형감지기, 피난기구, 무선통신보조설비

해설   다중이용업소에서 설치해야 하는 소방시설 : 소화기, 유도등, 비상벨설비

정답 ③

11 다중이용업소의 영업장에 설치·유지해야 하는 안전시설 등에 관한 설명으로 옳지 않은 것은?

① 지하층에 설치된 영업장에는 간이스프링클러설비를 설치해야 한다.

② 노래반주기 등 영상음향장치를 사용하는 영업장에는 비상벨설비를 설치해야 한다.

③ 가스시설을 사용하는 주방이나 난방시설이 있는 영업장에는 가스누설경보기를 설치해야 한다.

④ 단란주점영업과 유흥주점영업의 영업장에는 피난유도선을 설치해야 한다.

해설   노래반주기 등 영상음향장치를 사용하는 영업장에는 영상음향차단장치를 설치해야 한다.

정답 ②

12 다중이용업소에 설치하는 안전시설 등의 기준으로 맞는 것은?

① 지하에 설치된 영업장에는 캐비닛형 간이스프링클러설비를 설치할 수 없다.

② 권총사격장의 영업장에는 간이스프링클러설비를 설치할 수 있다.

③ 노래반주기등 영상음향장치를 사용하는 영업장에는 비상벨설비를 설치할 수 있다.

④ 가스누설경보기는 가스시설을 사용하는 주방이나 보일러실에는 설치할 수 있다.

> **해설** 다중이용업소에 설치·유지해야 하는 안전시설 등(영 별표 1의2)
>   ① 소방시설
>   ㉠ 소화설비
>   • 소화기, 자동확산소화기
>   • **간이스프링클러설비(캐비닛형 간이스프링클러설비를 포함)**. 다만, 다음의 영업장에만 설치한다.
>   − 지하층에 설치된 영업장
>   − 숙박을 제공하는 형태의 다중이용업소의 영업장 중 다음에 해당하는 영업장. 다만, 지상 1층에 있거나 지상과 맞닿아 있는 층(영업장의 주된 출입구가 건축물 외부의 지면과 직접 연결된 경우를 포함한다)에 설치된 영업장은 제외한다.
>   ⓐ 산후조리원의 영업장
>   ⓑ 고시원의 영업장
>   − 밀폐구조의 영업장
>   − 권총사격장의 영업장
>   ㉡ **경보설비**
>   • 비상벨설비 또는 자동화재탐지설비. 다만, 노래반주기 등 **영상음향장치를 사용하는 영업장**에는 **자동화재탐지설비**를 설치해야 한다.
>   • 가스누설경보기. 다만, 가스시설을 사용하는 **주방이나 난방시설이 있는 영업장에만 설치**한다.
>
> **정답** ②

13 다중이용업소의 안전시설 등의 설치 기준으로 옳지 않은 것은?

① 소화기는 영업장의 구획된 실마다 설치할 것

② 자동화재탐지설비를 설치하는 경우에는 지구음향장치 및 감지기는 영업장의 구획된 실마다 설치하고 구획된 실마다 수신기를 별도로 설치할 것

③ 영업장 내부 피난통로 또는 복도에 설치하는 피난유도선은 전류에 의하여 빛을 내는 방식으로 할 것

④ 영업장의 구획된 실마다 유도등, 유도표지 또는 비상조명등 중 하나 이상을 화재안전기준에 따라 설치할 것

> **해설** 자동화재탐지설비를 설치하는 경우에는 감지기와 지구음향장치는 영업장의 구획된 실마다 설치하고 영상음향차단장치가 설치된 영업장에 자동화재탐지설비의 수신기를 별도로 설치할 것(규칙 별표 2)
>
> **정답** ②

14 다중이용업소에 피난유도선을 설치하지 않아도 되는 영업장은?

① 유흥주점영업의 영업장 ② 노래연습장업의 영업장
③ 독서실의 영업장 ④ 고시원업의 영업장

해설 독서실은 다중이용업소가 아니다.

정답 ③

15 다중이용업소에 설치해야 할 소방시설이 아닌 것은?

① 소화기 ② 소화활동설비
③ 피난기구 ④ 비상벨설비 또는 비상방송설비

해설 다중이용업소의 안전시설 등의 설치·유지기준(규칙 별표 2)

안전시설 등의 종류		설치·유지기준
1. 소방시설	**(1) 소화설비**	
	소화기 또는 자동 확산소화기	영업장 안의 구획된 실마다 설치할 것
	간이스프링클러설비	소방시설 설치 및 관리에 관한 법률 제2조 제6항에 따른 화재안전기준에 따라 설치할 것. 다만, 영업장의 구획된 실마다 간이스프링클러헤드 또는 스프링클러헤드가 설치된 경우에는 그 설비의 유효범위 부분에는 간이스프링클러설비를 설치하지 않을 수 있다.
	(2) 비상벨설비 또는 자동화재탐지설비	① 영업장의 구획된 실마다 비상벨설비 또는 자동화재탐지설비 중 하나 이상을 화재안전기준에 따라 설치할 것 ② 자동화재탐지설비를 설치하는 경우에는 감지기와 지구음향장치는 영업장의 구획된 실마다 설치할 것. 다만, 영업장의 구획된 실에 비상방송설비의 음향장치가 설치된 경우 해당 실에는 지구음향장치를 설치하지 않을 수 있다. ③ 영상음향차단장치가 설치된 영업장에 자동화재탐지설비의 수신기를 별도로 설치할 것
	(3) 피난설비	
	피난기구	2층 이상 4층 이하에 위치하는 영업장의 발코니 또는 부속실과 연결되는 비상구에는 피난기구를 화재안전기준에 따라 설치할 것
	피난유도선	① 영업장 내부 피난통로 또는 복도에 유도등 및 유도표지의 화재안전기준에 따라 설치할 것 ② 전류에 의하여 빛을 내는 방식으로 할 것
	유도등, 유도표지 또는 비상조명등	영업장의 구획된 실마다 유도등, 유도표지 또는 비상조명등 중 하나 이상을 화재안전기준에 따라 설치할 것
	휴대용 비상조명등	영업장안의 구획된 실마다 휴대용 비상조명등을 화재안전기준에 따라 설치할 것

정답 ②

16 다중이용업소에 설치하는 비상구 등의 규격은?

① 가로 70[cm] 이상, 세로 100[cm] 이상
② 가로 70[cm] 이상, 세로 150[cm] 이상
③ 가로 75[cm] 이상, 세로 100[cm] 이상
④ 가로 75[cm] 이상, 세로 150[cm] 이상

해설   비상구 등 : 가로 75[cm] 이상, 세로 150[cm] 이상

정답 ④

17 다중이용업소에 설치하는 비상구 등의 기준으로 옳지 않은 것은?

① 비상구 등은 구획된 실 또는 천장으로 통하는 구조가 아닌 것으로 할 것
② 비상구 등은 영업장의 주 출입구 반대 방향에 설치할 것
③ 피난방향으로 열리는 구조로 할 것
④ 문의 재질은 주요구조부(영업장의 벽, 천장, 바닥을 말한다)가 내화구조(耐火構造)인 경우
   비상구 및 주 출입구의 문은 불연재료로 설치할 것

해설   **비상구 등의 문의 재질**
문의 재질은 주요구조부(영업장의 벽, 천장 및 바닥을 말한다)가 내화구조(耐火構造)인 경우 비상구
등의 문은 방화문(防火門)으로 설치할 것. 다만, 다음의 어느 하나에 해당하는 경우에는 불연재료로
설치할 수 있다.
• 주요구조부가 내화구조가 아닌 경우
• 건물의 구조상 비상구 등의 문이 지표면과 접하는 경우로서 화재의 연소 확대 우려가 없는 경우
• 비상구 등의 문이 건축법 시행령 제35조에 따른 피난계단 또는 특별피난계단의 설치 기준에 따라
  설치해야 하는 문이 아니거나 같은 영 제46조에 따라 설치되는 방화구획이 아닌 곳에 위치한
  경우

정답 ④

18 다중이용업소에 설치하는 비상구 등의 구조로 옳지 않은 것은?

① 비상구 등은 구획된 실 또는 천장으로 통하는 구조가 아닌 것으로 할 것. 다만, 영업장 바닥에서 천장까지 불연재료로 구획된 부속실(전실), 산후조리원에 설치하는 방풍실, 녹색건축물조성지원법에 따라 설계된 방풍구조는 그렇지 않다.

② 비상구 등은 다른 영업장 또는 다른 용도의 시설(주차장은 제외)을 경유하는 구조가 아닌 것이어야 할 것

③ 문은 피난방향으로 열리는 구조로 할 것

④ 건물의 구조상 비상구 또는 주된 출입구의 문이 지표면과 접하는 경우로서 화재의 연소 확대 우려가 없는 경우에는 주요구조부를 내화구조로 해야 한다.

> **해설** **비상구와 출입문을 불연재료로 할 수 있는 경우**
> • 주요구조부가 **내화구조가 아닌 경우**
> • 건물의 구조상 비상구 또는 주된 출입구의 문이 지표면과 접하는 경우로서 화재의 연소 확대 우려가 없는 경우
> • 비상구 등의 문이 건축법 시행령 제35조에 따른 피난계단 또는 특별피난계단의 설치기준에 따라 설치해야 하는 문이 아니거나 같은 영 제46조에 따라 설치되는 방화구획이 아닌 곳에 위치한 경우

정답 ④

19 다중이용업소 영업장의 내부 피난통로와 창문의 설치기준으로 옳지 않은 것은?

① 내부 피난통로의 폭은 120[cm] 이상으로 할 것. 다만, 양 옆에 구획된 실이 있는 영업장으로서 구획된 실의 출입문 열리는 방향이 피난통로 방향인 경우에는 150[cm] 이상으로 설치해야 한다.

② 내부 피난통로는 구획된 실부터 주된 출입구 또는 비상구까지의 내부 피난통로의 구조는 두 번 이상 구부러지는 형태로 설치하지 말 것

③ 영업장 층별로 가로 50[cm] 이상, 세로 50[cm] 이상 열리는 창문을 1개 이상 설치할 것

④ 영업장 내부 피난통로 또는 복도에 바깥 공기와 접하는 부분에 설치할 것(구획된 실에 설치하는 것을 제외한다)

> **해설** **안전시설 등의 설치기준**
>
> | 종 류 | 설치 · 유지기준 |
> |---|---|
> | 영업장 내부 피난통로 | • 내부 피난통로의 폭은 120[cm]이상으로 할 것. 다만, 양 옆에 구획된 실이 있는 영업장으로서 구획된 실의 출입문 열리는 방향이 피난통로 방향인 경우에는 150[cm] 이상으로 설치해야 한다.
• 구획된 실부터 주된 출입구 또는 비상구까지의 내부 피난통로의 구조는 **세 번 이상 구부러지는 형태로** 설치하지 말 것 |
> | 창 문 | • 영업장 층별로 가로 50[cm] 이상, 세로 50[cm] 이상 열리는 창문을 1개 이상 설치할 것
• 영업장 내부 피난통로 또는 복도에 바깥 공기와 접하는 부분에 설치할 것(구획된 실에 설치하는 것을 제외한다) |

정답 ②

20 영업장의 위치가 2층 이상 4층 이하인 경우 비상구 설치기준 피난 시에 유효한 발코니를 설치해야 하는데 발코니의 규격은?

① 가로 75[cm] 이상, 세로 150[cm] 이상, 높이 100[cm] 이상
② 가로 75[cm] 이상, 세로 100[cm] 이상, 높이 100[cm] 이상
③ 가로 55[cm] 이상, 세로 100[cm] 이상, 높이 100[cm] 이상
④ 가로 55[cm] 이상, 세로 150[cm] 이상, 높이 100[cm] 이상

해설 2층 이상 4층 이하에 위치하는 영업장의 발코니 또는 부속실과 연결되는 비상구를 설치하는 경우의 기준 : 피난 시에 유효한 발코니[활하중 5[kN/m²] 이상, 가로 75[cm] 이상, 세로 150[cm] 이상, 면적 1.12[m²] 이상, 난간의 높이 100[cm] 이상인 것] 또는 부속실(가로 75[cm] 이상, 세로 150[cm] 이상, 면적 1.12[m²] 이상인 것을 말한다)을 설치하고 그 장소에 알맞는 피난기구를 설치할 것

정답 ①

21 복층구조(複層構造)의 영업장의 비상구 설치기준으로 옳지 않은 것은?

① 각 층마다 영업장 외부의 계단 등으로 피난할 수 있는 비상구를 설치할 것
② 비상구 등의 문은 방화문의 구조로 설치할 것
③ 비상구는 다중이용업소의 영업장마다 2개 이상 설치할 것
④ 비상구 문의 열림 방향은 실내에서 외부로 열리는 구조로 할 것

해설 **복층구조(複層構造)의 영업장의 비상구 설치기준**

영업장 구조	2개 이상의 층을 내부계단 또는 통로가 설치되어 하나의 층의 내부에서 다른 층으로 출입할 수 있도록 되어 있는 구조
설치기준	• 각 층마다 영업장 외부의 계단 등으로 피난할 수 있는 비상구를 설치할 것 • 비상구 등의 문은 방화문의 구조로 설치할 것 • 비상구 등의 문이 열리는 방향은 실내에서 외부로 열리는 구조로 할 것
특례기준	영업장의 위치 및 구조가 다음에 해당하는 경우에는 그 영업장으로 사용하는 어느 하나의 층에 비상구를 설치할 수 있다. • 건축물 주요구조부를 훼손하는 경우 • 옹벽 또는 외벽이 유리로 설치된 경우 등

정답 ③

22 다중이용업소의 안전관리 기본계획 등에 관한 설명으로 옳지 않은 것은?

① 소방청장은 다중이용업소의 안전관리 기본계획을 5년마다 수립·시행해야 한다.

② 소방청장은 기본계획에 따라 매년 연도별 안전관리계획을 수립·시행해야 한다.

③ 다중이용업소의 안전관리를 위하여 시·도지사는 매년 안전관리 집행계획을 수립하여 소방청장에게 제출해야 한다.

④ 다중이용업소의 안전관리 집행계획은 해당 연도 전년 12월 31일까지 수립해야 한다.

> 해설 **다중이용업소의 안전관리 기본계획 등(법 제5조, 영 제8조)**
> • 소방청장은 다중이용업소의 화재 등 재난이나 그 밖의 위급한 상황으로 인한 인적·물적 피해의 감소, 안전기준의 개발, 자율적인 안전관리능력의 향상, 화재배상책임보험제도의 정착 등을 위하여 5년마다 다중이용업소의 안전관리 기본계획(이하 "기본계획"이라 한다)을 수립·시행해야 한다.
> • 소방청장은 기본계획에 따라 매년 연도별 안전관리계획(이하 "연도별계획"이라 한다)을 수립·시행해야 한다.
> • 소방본부장은 기본계획 및 연도별 계획에 따라 관할 지역 다중이용업소의 안전관리를 위하여 매년 안전관리 집행계획(이하 "집행계획"이라 한다)을 수립하여 소방청장에게 제출해야 한다.
> • 다중이용업소의 안전관리 집행계획의 수립시기는 해당 연도 전년 12월 31일까지 수립해야 한다.

정답 ③

23 다중이용업소의 안전관리 기본계획 수립지침에 포함해야 할 사항이 아닌 것은?

① 화재 등 재난 발생 경감대책

② 화재피해 원인조사 및 분석

③ 다중이용업소 안전시설 등의 관리 및 유지계획

④ 안전관리실태평가 및 개선계획

> 해설 **다중이용업소의 안전관리 기본계획 수립지침(영 제5조)**
> • 화재 등 재난 발생 경감대책
>   – 화재피해 원인조사 및 분석
>   – 안전관리정보의 전달·관리체계 구축
>   – 화재 등 재난 발생에 대비한 교육·훈련과 예방에 관한 홍보
> • 화재 등 재난 발생을 줄이기 위한 중·장기 대책
>   – 다중이용업소 안전시설 등의 관리 및 유지계획
>   – 소관 법령 및 관련 기준의 정비

정답 ④

24 다중이용업소의 행정기관(허가관청)은 허가 등을 한 날부터 며칠 이내에 다중이용업소의 소재지를 관할하는 소방본부장 또는 소방서장에게 통보해야 하는가?

① 7일
② 14일
③ 20일
④ 30일

> **해설** 행정기관(허가관청)은 허가 등을 한 날부터 14일 이내에 다중이용업소의 소재지를 관할하는 소방본부장 또는 소방서장에게 통보해야 한다(법 제7조).

정답 ②

25 허가관청은 다중이용업주가 해당 행위를 하였을 때에는 30일 이내에 소방본부장 또는 소방서장에게 통보사항이 아닌 것은?

① 휴업·폐업 또는 휴업 후 영업의 재개
② 다중이용업주의 변경
③ 다중이용업의 영업장 면적 변경
④ 다중이용업소 상호 또는 주소의 변경

> **해설** 허가관청이 소방본부장 또는 소방서장에게 통보(법 제7조)
> • 통보기간 : 신고를 수리한 날부터 30일 이내
> • 통보사유
> – 휴업·폐업 또는 휴업 후 영업의 재개(再開)
> – 영업 내용의 변경
> – 다중이용업주의 변경 또는 다중이용업주 주소의 변경
> – 다중이용업소 상호 또는 주소의 변경

정답 ③

26 다중이용업을 하려는 자가 안전시설 등을 설치하기 전에 소방본부장이나 소방서장에게 신고해야 하는 경우가 아닌 것은?

① 안전시설 등을 설치하려는 경우
② 영업장 면적을 증가하려는 경우
③ 영업장의 구획된 실의 증가하려는 경우
④ 간이스프링클러설비를 설치하려는 경우

> **해설** 다중이용업을 하려는 자가 신고사항(법 제9조)
> • 신고시기 : 안전시설 등을 설치하기 전
> • 해당사항
> ㉠ 안전시설 등을 설치하려는 경우
> ㉡ 영업장 내부구조를 변경하려는 경우로서 다음의 어느 하나에 해당하는 경우
>   – 영업장 면적의 증가
>   – 영업장의 구획된 실의 증가
>   – 내부통로 구조의 변경
> ㉢ 안전시설 등의 공사를 마친 경우

정답 ④

27 다중이용업소의 영업장 내부를 구획하고자 할 때에는 불연재료로 구획해야 한다. 이 경우 다중이용업소의 영업장은 천장(반자속)까지 구획해야 하는 것은?

① 노래연습장업
② 안마시술소
③ 비디오물감상실업
④ 고시원업

해설　**다중이용업소의 영업장의 내부구획(법 제10조의2)**
- 내부구획의 재료 : 불연재료
- 구획범위 : 천장(반자속)까지 구획
- 구획 대상 : 단란주점 및 유흥주점 영업, 노래연습장업

정답 ①

28 다중이용업소의 화재배상책임보험에 관한 설명으로 옳지 않은 것은?

① 사망의 경우 피해자 1명당 1억 5천만원의 범위에서 피해자에게 발생한 손해액을 지급한다.
② 척추체 분쇄성 골절 부상의 경우 1천만원 범위에서 피해자에게 발생한 손해액을 지급한다.
③ 안전시설 등을 설치하려는 경우 다중이용업주는 화재배상책임보험에 가입한 후 그 증명서를 소방본부장 또는 소방서장에게 제출해야 한다.
④ 보험회사는 화재배상책임보험에 가입해야 할 자와 계약을 체결한 경우 그 사실을 보험회사의 전산시스템에 입력한 날부터 5일 이내에 소방서장에게 알려야 한다.

해설　**다중이용업소의 화재배상책임보험(영 제9조의3, 영 별표 2)**
(1) 보험금액
　① 사망의 경우 : 피해자 1명당 1억5천만원의 범위에서 피해자에게 발생한 손해액을 지급할 것. 다만, 그 손해액이 2천만원 미만인 경우에는 2천만원으로 한다.
　② 부상 등급별 화재배상책임보험 보험금액의 한도

등 급	한도 금액	부상 내용
1급	3천만원	• 엉덩관절의 골절 또는 골절성 탈구 • 척추체 분쇄성 골절 • 척추체 골절 또는 탈구로 인한 각종 신경 증상으로 수술을 시행한 부상 • 외상성 머리뼈안(두개강)의 출혈로 머리뼈 절개술을 시행한 부상 • 머리뼈의 함몰골절로 신경학적 증상이 심한 부상 또는 경막밑 수종, 수활액 낭종, 거미막밑 출혈 등으로 머리뼈 절개술을 시행한 부상 • 고도의 뇌타박상(소량의 출혈이 뇌 전체에 퍼져 있는 손상을 포함한다)으로 생명이 위독한 부상(48시간 이상 혼수상태가 지속되는 경우만 해당한다) • 넓적다리뼈 몸통의 분쇄성 골절 • 정강뼈 아래 1/3 이상의 분쇄성 골절 • 화상·좌창(겉으로는 상처가 없으나 속의 피하 조직이나 장기가 손상된 부상을 말한다)·괴사상처 등으로 연부조직의 손상이 심한 부상(몸 표면의 9[%] 이상의 부상을 말한다) • 사지와 몸통의 연부조직에 손상이 심하여 유경식피술을 시행한 부상 • 위팔뼈 목 부위 골절과 몸통 분쇄골절이 중복된 경우 또는 위팔뼈 삼각골절 • 그 밖에 1급에 해당한다고 인정되는 부상

　③ 재산상 손해의 경우 : 사고 1건당 10억원의 범위에서 피해자에게 발생한 손해액을 지급할 것
(2) 안전시설 등을 설치하려는 경우 다중이용업주는 화재배상책임보험에 가입한 후 그 증명서를 소방본부장 또는 소방서장에게 제출해야 한다(법 제13조의3).
(3) 보험회사는 화재배상책임보험에 가입해야 할 자와 계약을 체결한 경우 그 사실을 보험회사의 전산시스템에 입력한 날부터 5일 이내에 소방청장, 소방본부장, 소방서장에게 알려야 한다(규칙 제14조의3).

정답 ②

29 다중이용업소에 대한 화재위험평가에 대한 설명으로 틀린 것은?

① 건축물에 대하여 화재예방과 화재로 인한 생명·신체·재산상의 피해를 방지하기 위하여 필요하다고 인정되는 경우에는 화재위험평가를 실시할 수 있다.

② 화재위험평가는 소방본부장, 소방서장, 시·도지사가 실시할 수 있다.

③ 2,000[m²] 지역 안에 다중이용업소가 50개 이상 밀집하여 있는 경우에 화재위험평가를 실시해야 한다.

④ 5층 이상인 건축물로서 다중이용업소가 10개 이상 있는 경우에 화재위험평가를 실시해야 한다.

해설 **다중이용업소에 대한 화재위험평가 등(법 제15조)**
- 실시시기 : 해당하는 지역 또는 건축물에 대하여 화재예방과 화재로 인한 생명·신체·재산상의 피해를 방지하기 위하여 필요하다고 인정되는 경우에는 화재위험평가를 실시할 수 있다.
- **실시권자 : 소방청장·소방본부장 또는 소방서장**
- 실시대상지역
  - **2,000[m²] 지역** 안에 다중이용업소가 **50개 이상** 밀집하여 있는 경우
  - 5층 이상인 건축물로서 다중이용업소가 **10개 이상** 있는 경우
  - 하나의 건축물에 다중이용업소로 사용하는 영업장 바닥면적의 합계가 **1,000[m²] 이상**인 경우

정답 ②

30 다중이용업소에 대한 화재위험평가를 실시할 수 없는 사람은?

① 행정안전부장관   ② 소방청장
③ 소방본부장   ④ 소방서장

해설 **화재위험평가 실시권자** : 소방청장·소방본부장 또는 소방서장

정답 ①

31 다중이용업소에 대한 화재위험평가를 실시대상이 아닌 것은?

① 100인 이상을 수용할 수 있는 다중이용업소가 밀집한 경우

② 2,000[m²] 지역 안에 다중이용업소가 50개·이상 밀집하여 있는 경우

③ 5층 이상인 건축물로서 다중이용업소가 10개 이상 있는 경우

④ 하나의 건축물에 다중이용업소로 사용하는 영업장 바닥면적의 합계가 1,000[m²] 이상인 경우

해설 **화재위험평가 실시대상지역(법 제15조)**
- **2,000[m²] 지역** 안에 다중이용업소가 **50개 이상** 밀집하여 있는 경우
- 5층 이상인 건축물로서 다중이용업소가 **10개 이상** 있는 경우
- 하나의 건축물에 다중이용업소로 사용하는 영업장 바닥면적의 합계가 **1,000[m²] 이상**인 경우

정답 ①

32 다중이용업소의 화재위험평가 등에 관한 설명으로 옳지 않은 것은?

① 5층 이상인 건축물로서 다중이용업소가 10개 이상인 경우 화재위험평가를 할 수 있다.

② 위험유발지수의 산정기준, 방법 등은 소방청장이 고시한다.

③ 소방서장은 화재위험유발지수가 C등급인 경우 조치를 명할 수 있다.

④ 화재위험평가 대행자가 화재위험평가서를 허위로 작성한 경우 1차 행정처분기준은 업무정지 6월이다.

해설   다중이용업소의 화재위험평가(법 제15조)
• 화재위험평가 대상
  – 2,000[m²] 지역 안에 다중이용업소가 50개 이상 밀집하여 있는 경우
  – 5층 이상인 건축물로서 다중이용업소가 10개 이상 있는 경우
  – 하나의 건축물에 다중이용업소로 사용하는 영업장 바닥면적의 합계가 1천[m²] 이상인 경우
• 위험유발지수의 산정기준·방법 등은 소방청장이 정하여 고시한다.
• 소방청장, 소방본부장 또는 소방서장은 화재위험평가 결과 그 **위험유발지수**가 디(D) 등급 또는 이(E) 등급 이상인 경우에는 해당 다중이용업주 또는 관계인에게 화재의 예방 및 안전관리에 관한 법률 제14조에 따른 조치를 명할 수 있다.

[화재위험유발지수]

등 급	평가점수	위험수준
A	80 이상	20 미만
B	60 이상 79 이하	20 이상 39 이하
C	40 이상 59 이하	40 이상 59 이하
D	20 이상 39 이하	60 이상 79 이하
E	20 미만	80 이상

• 평가대행자에 대한 행정처분(개별기준)(규칙 별표 3)

위반사항	관련 조항	행정처분기준			
		1차	2차	3차	4차 이상
법 제16조에 따른 평가대행자가 갖추어야 하는 기술인력·시설·장비가 등록요건에 미달하게 된 경우	법 제17조 제1항 제5호	-	-	-	-
• 등록요건의 기술능력에 속하는 기술인력이 부족한 경우		경고	업무정지 1개월	업무정지 3개월	업무정지 6개월
• 등록요건의 기술인력에 속하는 기술인력이 전혀 없는 경우		등록취소	-	-	-
• 1개월 이상 시험장비가 없는 경우		업무정지 6개월	등록취소	-	-
• 구비해야 하는 장비가 부족한 경우		경고	업무정지 1개월	업무정지 3개월	업무정지 6개월
• 구비해야 하는 장비가 전혀 없는 경우		등록취소	-	-	-
법 제16조 제2항 각 호의 어느 하나에 해당하는 경우	법 제17조 제1항 제1호	등록취소	-	-	-
거짓, 그 밖의 부정한 방법으로 등록한 경우	법 제17조 제1항 제2호	등록취소	-	-	-
최근 1년 이내에 2회의 업무정지처분을 받고 다시 업무정지처분 사유에 해당하는 행위를 한 경우	법 제17조 제1항 제3호	등록취소	-	-	-
다른 사람에게 등록증이나 명의를 대여한 경우	법 제17조 제1항 제4호	등록취소	-	-	-
법 제16조 제3항 제2호에 위반하여 다른 평가서의 내용을 복제한 경우	법 제17조 제1항 제6호	업무정지 3개월	업무정지 6개월	등록취소	-
법 제16조 제3항 제3호에 위반하여 평가서를 행정안전부령으로 정하는 기간 동안 보존하지 않은 경우	법 제17조 제1항 제7호	경고	업무정지 1개월	업무정지 3개월	업무정지 6개월
법 제16조 제3항 제4호에 위반하여 도급받은 화재위험평가 업무를 하도급한 경우	법 제17조 제1항 제8호	업무정지 6개월	등록취소	-	-
화재위험평가서를 허위로 작성하거나 고의 또는 중대한 과실로 평가서를 부실하게 작성한 경우	법 제17조 제1항 제9호	**업무정지 6개월**	등록취소	-	-
등록 후 2년 이내에 화재위험평가 대행업무를 개시하지 않거나 계속하여 2년 이상 화재위험평가 대행실적이 없는 경우	법 제17조 제1항 제10호	경고	등록취소	-	-
업무정지처분 기간 중 신규계약에 의하여 화재위험평가 대행업무를 한 경우	법 제17조 제2항	등록취소	-	-	-

정답 ③

지식에 대한 투자가 가장 이윤이 많이 남는 법이다.

– 벤자민 프랭클린 –

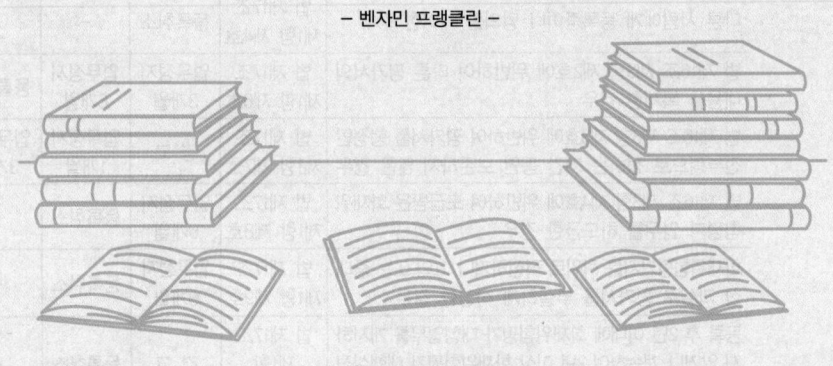

교육은 우리 자신의 무지를 점차 발견해 가는 과정이다.

– 윌 듀란트 –

교육이란 사람이 학교에서 배운 것을 잊어버린 후에 남은 것을 말한다.

– 알버트 아인슈타인 –

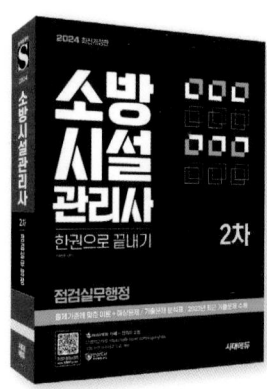

더 이상의 소방 시리즈는 없다!

▶ 오랜 현장 실무경험을 바탕으로 한 저자의 노하우 제시
▶ 2025년 시험 대비를 위한 최신 개정 법령 반영
▶ 출제경향을 한눈에 파악할 수 있는 과목 · 회차별 기출문제 분석표 수록
▶ 출제 이론에 기출연도 · 회차 표기로 보다 효율적으로 학습 가능

명쾌하다!
상세한 풀이로 완벽하게
익힐 수 있으니까!

친절하다!
핵심 내용을 쉽게
설명하고 있으니까!

소방 시리즈

알차다!
꼭 알아야 할 내용을
담고 있으니까!

핵심을 뚫는다!
시험 유형에 적합한
문제를 다루니까!

시대에듀 소방·위험물 도서리스트

소방 기술사

| 김성곤의 소방기술사 | 4×6배판 / 80,000원 |

소방시설 관리사

소방시설관리사 1차	4×6배판 / 55,000원
소방시설관리사 2차 점검실무행정	4×6배판 / 33,000원
소방시설관리사 2차 설계 및 시공	4×6배판 / 33,000원

소방설비 기사

Win-Q 소방설비기사 기계편 필기	별판 / 31,000원
Win-Q 소방설비기사 기계편 실기	별판 / 35,000원
Win-Q 소방설비기사 전기편 필기	별판 / 31,000원
Win-Q 소방설비기사 전기편 실기	별판 / 38,000원

소방 관계법령

| 화재안전기술기준 포켓북 | 별판 / 21,000원 |

위험물 기능장

| 위험물기능장 필기 | 4×6배판 / 40,000원 |
| 위험물기능장 실기 | 4×6배판 / 38,000원 |

위험물 산업기사

| Win-Q 위험물산업기사 필기 | 별판 / 25,000원 |
| Win-Q 위험물산업기사 실기 | 별판 / 26,000원 |

위험물 기능사

Win-Q 위험물기능사 필기	별판 / 23,000원
Win-Q 위험물기능사 실기	별판 / 23,000원
위험물기능사 필기+실기	4×6배판 / 32,000원

※ 도서의 가격은 변동될 수 있습니다.

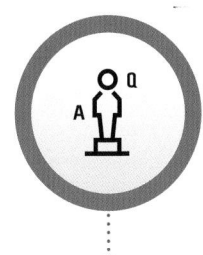

THE LAST
모의고사

소방시설관리사 1차

CBT

3회 무료쿠폰 ZZOJ-00000-CB25F

※ CBT모의고사는 쿠폰 등록 후 30일 이내에 사용 가능합니다.

응시방법

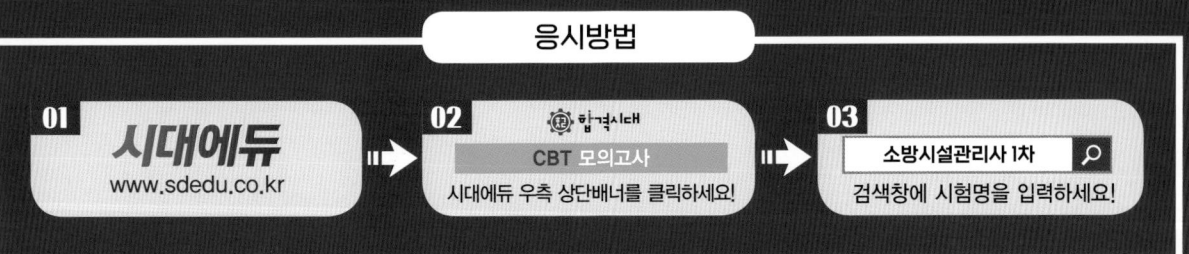

01 시대에듀
www.sdedu.co.kr

02 합격시대
CBT 모의고사
시대에듀 우측 상단배너를 클릭하세요!

03 소방시설관리사 1차
검색창에 시험명을 입력하세요!

www.sdedu.co.kr/pass_sidae

소방시설
관리사 1차
| 한권으로 끝내기

1권 핵심이론+예상문제

시대에듀

발행일 2024년 10월 5일 | **발행인** 박영일 | **책임편집** 이해욱
편저 이덕수 | **발행처** (주)시대고시기획
등록번호 제10-1521호 | **대표전화** 1600-3600 | **팩스** (02)701-8823
주소 서울시 마포구 큰우물로 75[도화동 538 성지B/D] 9F
학습문의 www.sdedu.co.kr

20년 동안 이어진
독자들의 선택!

소방시설
관리사 1차

| 한권으로 끝내기

핵심만 모아놓은 이론 요약집
2024년 최근 기출문제 수록

2권 **이론 요약집+11개년 기출**

편저_ 이덕수

안심도서
항균99.9%

온라인
동영상 강의

www.sdedu.co.kr

CBT 모의고사
3회 무료쿠폰 제공

NAVER 카페 – 진격의 소방
(소방학습카페) https://cafe.naver.com/sogonghak
소방 관련 수험자료 무료 제공

시대에듀

합격도 취업도 한 번에 성공!

시대에듀에서 여러분을 응원합니다.

편 · 저 · 자 · 약 · 력

이덕수

[경력]

現 (주)유신방재

前 거산방재

　 대성방재

　 국민소방

　 보국이엔씨

　 소방설비기사 20년 강의

　 위험물기능장, 산업기사 10년 강의

　 산업안전협회(화공분야) 8년 강의

　 소방시설관리사 5년 강의

　 화학공장(현장, 품질관리) 16년 근무

　 위험물안전관리 대행기관 5년 근무

[자격사항]

위험물기능장

소방시설관리사

소방설비기사(기계분야, 전기분야)

화공기사

산업안전기사 외 다수 취득

끝까지 책임진다! 시대에듀!

QR코드를 통해 도서 출간 이후 발견된 오류나 개정법령, 변경된 시험 정보, 최신기출문제, 도서 업데이트 자료 등이 있는지 확인해 보세요! 시대에듀 합격 스마트 앱을 통해서도 알려 드리고 있으니 구글 플레이나 앱 스토어에서 다운받아 사용하세요.

또한, 파본 도서인 경우에는 구입하신 곳에서 교환해 드립니다.

편집진행 윤진영 · 남미희 **| 표지디자인** 권은경 · 길전홍선 **| 본문디자인** 정경일 · 이현진

소방시설 관리사 1차

한권으로 끝내기

2권 **이론 요약집+11개년 기출**

PART 01   이론 요약집
PART 02   과년도 + 최근 기출문제

시대에듀

소방시설관리사 1차

www.sdedu.co.kr

PART 01 이론 요약집

CHAPTER 01 소방안전관리론 및 화재역학

제1절	연소 및 소화	1-3
제2절	화재예방관리	1-4
제3절	건축물의 소방안전	1-5
제4절	피난계획 및 인원수용	1-6
제5절	화재역학	1-6

CHAPTER 02 소방수리학, 약제화학 및 소방전기

제1절	소방수리학	1-8
제2절	약제화학	1-14
제3절	소방전기	1-16
	1. 직류회로	1-16
	2. 정전용량과 자기회로	1-19
	3. 교류회로	1-21
	4. 전기기기	1-25
	5. 전기계측	1-27
	6. 자동 제어	1-28

CHAPTER 03 위험물의 성질 · 상태 및 시설기준

제1절	위험물의 성질 · 상태	1-31
	1. 제1류 위험물	1-31
	2. 제2류 위험물	1-33
	3. 제3류 위험물	1-34
	4. 제4류 위험물	1-35
	5. 제5류 위험물	1-38
	6. 제6류 위험물	1-39
제2절	위험물의 시설기준	1-40

CHAPTER 04 소방시설의 구조원리

제1절	소화설비	1-45
제2절	경보설비	1-54
제3절	피난구조설비	1-59
제4절	소화용수설비	1-60
제5절	소화활동설비	1-61

CHAPTER 05 소방관계법령

제1절	소방기본법, 영, 규칙	1-63
제2절	소방시설공사업법, 영, 규칙	1-64
제3절	소방시설 설치 및 관리에 관한 법률, 영, 규칙	1-68
제4절	화재의 예방 및 안전관리에 관한 법률, 영, 규칙	1-72
제5절	위험물안전관리법, 영, 규칙	1-75
제6절	다중이용업소의 안전관리에 관한 특별법, 영, 규칙	1-78

CONTENTS

PART 02 과년도 + 최근 기출문제

2014년 과년도 기출문제	2-3		2020년 과년도 기출문제	2-241
2015년 과년도 기출문제	2-44		2021년 과년도 기출문제	2-284
2016년 과년도 기출문제	2-80		2022년 과년도 기출문제	2-321
2017년 과년도 기출문제	2-118		2023년 과년도 기출문제	2-362
2018년 과년도 기출문제	2-159		2024년 최근 기출문제	2-406
2019년 과년도 기출문제	2-202			

PART 01

이론 요약집

CHAPTER 01 소방안전관리론 및 화재역학

CHAPTER 02 소방수리학, 약제화학 및 소방전기

CHAPTER 03 위험물의 성질·상태 및 시설기준

CHAPTER 04 소방시설의 구조원리

CHAPTER 05 소방관계법령

소방시설관리사 1차

www.**sdedu**.co.kr

소방안전관리론 및 화재역학

제1절 **연소 및 소화**

(1) 연소의 정의

가연물이 공기 중에서 산소와 반응하여 열과 빛을 동반하는 급격한 **산화현상**

(2) 연소 시 불꽃온도와 색상

색 상	담암적색	암적색	적 색	휘적색	황적색	백적색	휘백색
온도 [℃]	520	700	850	950	1,100	1,300	1,500 이상

(3) 연소의 3요소

① 가연물
② 산소공급원
③ 점화원
④ **순조로운 연쇄반응(연소의 4요소)**

(4) 가연물의 구비조건

① **열전도율이 작을 것**
② 발열량이 클 것
③ 표면적이 넓을 것
④ 산소와 친화력이 좋을 것
⑤ **활성화 에너지가 작을 것**

(5) 고체의 연소

종류	정 의	물질명
증발 연소	고체를 가열 → 액체 → 액체를 가열 → 기체 → 기체가 연소하는 현상	황, 나프탈렌, 왁스, 파라핀
분해 연소	연소 시 열분해에 의해 발생된 가스와 공기가 혼합하여 연소하는 현상	석탄, 종이, 목재, 플라스틱
표면 연소	연소 시 열분해에 의해 가연성 가스는 발생하지 않고 그물질 자체가 연소하는 현상(작열연소)	목탄, 코크스, 금속분, 숯
내부 연소	그 물질이 가연물과 산소를 동시에 가지고 있는 가연물이 연소하는 현상	나이트로셀룰로오스 질화면 등 제5류 위험물

(6) 연소에 따른 제반사항

① **잠열(Latent Heat)과 현열**
　㉠ 잠열 : 온도변화는 없고 상태만 변화하는 것 (물의 증발잠열, 얼음의 융해잠열)
　㉡ 현열 : 상태변화는 없고 온도의 변화가 있는 것
② **인화점(Flash Point)**
　㉠ **가연성 액체**의 위험성의 척도
　㉡ **가연성 증기**를 발생할 수 있는 **최저의 온도**
③ **발화점(Ignition Point)** : 가연성 물질에 점화원을 접하지 않고도 불이 일어나는 최저의 온도

> 자연발화의 형태 : 산화열, 분해열, 미생물, 흡착열

④ **자연발화 방지대책**
　㉠ **습도를 낮게 할 것**
　㉡ 주위의 온도를 낮출 것
　㉢ 통풍을 잘 시킬 것
　㉣ 불활성 가스를 주입하여 공기와 접촉을 피할 것

(7) 열에너지(열원)의 종류

① 화학열 : 연소열, 분해열, 용해열
② 전기열 : 저항열, 유전열, 유도열, 아크열, 정전기열
③ 기계열 : 마찰열, 압축열, 마찰스파크

(8) 소화기의 종류

소화기명	소화약제	종류	적응화재	소화효과	비 고
포 소화기	$NaHCO_3$ $Al_2(SO_4)_3$ ·$18H_2O$	보통전도식 내통밀폐식 내통밀봉식	A, B급	질식, 냉각	내약제 : $Al_2(SO_4)_3$ ·$18H_2O$ 외약제 : $NaHCO_3$
강화액 소화기	H_2SO_4 K_2CO_3	축압식 화학반응식 가스가압식	A급 (무상 : A B, C급)	냉각 (무상 : 질식, 부촉매)	한랭지나 겨울철에 적합
이산화탄소 소화기	CO_2	고압가스 용기	B, C급	질식, 냉각, 피복	약제함량 : 99.5[%] 이상 수분 : 0.05[%] 이하

소화기명	소화약제	종류	적응화재	소화효과	비고
할론 소화기	할론1301 할론1211 할론2402	수동펌프식, 축압식, 수동축압식	B, C급	질식, 냉각, 부촉매	전기화재에 적합
할로겐 화합물 및 불활성 기체 소화기	할로겐 화합물 소화약제	–	A, B, C급	질식, 냉각, 부촉매	할론 대체용
	불활성 기체 소화약제	–	B, C급	질식, 냉각	
분말 소화기	제1종 분말 제2종 분말 제3종 분말 제4종 분말	축압식, 가스가압식	B, C급	질식, 냉각, 부촉매	–

(9) 소화기의 분류

① 소형 소화기 : 능력단위 1단위 이상으로, 대형소화기의 능력단위 미만

② 대형 소화기 : 능력단위가 A급 화재는 10단위 이상, B급 화재는 20단위 이상인 것으로서 소화약제 충전량은 아래 표에 기재한 충전량 이상

종 별	소화약제 충전량
포소화기	20[L] 이상
강화액소화기	60[L] 이상
물소화기	80[L] 이상
분말소화기	20[kg] 이상
할론소화기	30[kg] 이상
이산화탄소소화기	50[kg] 이상

(10) 자동차용 소화기

강화액소화기(무상으로 방사), **포소화기**, 이산화탄소소화기, 할론소화기, 분말소화기

(11) 소화기의 사용온도

종 류	강화액소화기	분말소화기	그 밖의 소화기
사용온도	-20~40[℃]	-20~40[℃]	0~40[℃]

(12) 할론소화약제

- 부촉매(소화효과)의 크기 : F < Cl < Br < I
- 전기음성도(친화력)의 크기 : F > Cl > Br > I
- 할론1301 : 소화효과가 가장 크고 독성이 가장 적다.

(13) 분말소화기

종 류	주성분	착 색	적응 화재	열분해반응식
제1종 분말	탄산수소나트륨 ($NaHCO_3$)	백 색	B, C 급	$2NaHCO_3 \xrightarrow{\Delta}$ $Na_2CO_3 + CO_2 + H_2O$
제2종 분말	탄산수소칼륨 ($KHCO_3$)	담회색	B, C 급	$2KHCO_3 \xrightarrow{\Delta}$ $K_2CO_3 + CO_2 + H_2O$
제3종 분말	제일인산암모늄 ($NH_4H_2PO_4$)	담홍색, 황색	A, B, C급	$NH_4H_2PO_4 \xrightarrow{\Delta}$ $HPO_3 + NH_3 + H_2O$
제4종 분말	탄산수소칼륨+요소 [($KHCO_3 + (NH_2)_2CO$)]	회 색	B, C 급	$2KHCO_3 + (NH_2)_2CO \xrightarrow{\Delta}$ $K_2CO_3 + 2NH_3 + 2CO_2$

제2절 화재예방관리

(1) 화재의 종류

급 수 구 분	A급	B급	C급	D급	K급
화재의 종류	일반 화재	유류 화재	전기 화재	금속 화재	주방 화재
표시색	백 색	황 색	청 색	무 색	–

① 유류화재

> 유류화재 시 주수소화 금지이유 : **연소면(화재면) 확대**

② 금속화재

ㄱ 금속화재 시 주수소화를 금지하는 이유 : **수소(H_2)가스 발생**

ㄴ **알킬알루미늄**에 적합한 소화약제 : **팽창질석, 팽창진주암**

ㄷ 알킬알루미늄은 공기나 물과 반응하면 발화한다.

(2) 산불화재

① **지표화**(地表火) : 바닥의 낙엽이 연소하는 형태
② **수관화**(樹冠火) : 나뭇가지부터 연소하는 형태
③ **수간화**(樹幹火) : 나무기둥부터 연소하는 형태
④ **지중화**(地中火) : 바닥의 썩은 나무에서 발생하는 유기물이 연소하는 형태

(3) 가연성 가스의 폭발범위와 화재의 위험성

① 하한값이 낮을수록 위험
② 상한값이 높을수록 위험
③ 연소범위가 넓을수록 위험
④ 온도(압력)가 상승할수록 위험(압력이 상승하면 하한값은 불변, 상한값은 증가. 단, 일산화탄소는 압력 상승 시 연소범위가 감소)

(4) 공기 중의 폭발범위

가 스	하한값[%]	상한값[%]
아세틸렌(C_2H_2)	2.5	81.0
수소(H_2)	4.0	75.0
일산화탄소(CO)	12.5	74.0
암모니아(NH_3)	15.0	28.0
메테인(CH_4)	5.0	15.0
이황화탄소(CS_2)	1.0	50.0
프로페인(C_3H_8)	2.1	9.5

(5) 화재의 손실 정도

① **부분소화재** : 전소, 반소화재에 해당되지 않는 것
② **반소화재** : 건물의 **30[%] 이상 70[%] 미만**이 소실된 것
③ **전소화재** : 건물의 **70[%] 이상**(입체면적에 대한 비율)이 소실되었거나 그 미만이라도 잔존부분을 보수해도 재사용이 불가능한 것

제3절 건축물의 소방안전

(1) 건축물 화재의 성질 · 상태

건축물의 종류	목조건축물	내화건축물
화재의 성질 · 상태	고온단기형	저온장기형

(2) 목조건축물 화재발생 후 경과시간

풍속[m/s] \ 화재진화과정	발화 → 최성기	최성기 → 연소낙하	발화 → 연소낙하
0~3	5~15분	6~19분	13~24분

(3) 내화건축물

① 화재 진행과정

초 기 → 성장기 → 최성기 → 종 기

② 내화건축물의 화재 시 온도
  ㉠ **내화건축물** 화재 시 **1시간** 경과 후의 온도 : **950[℃]**
  ㉡ **내화건축물** 화재 시 **3시간** 경과 후의 온도 : **1,050[℃]**

(4) 성장기

개구부 등 공기의 유통구가 생기면서 연소속도가 급격히 진행되어 **실내는 순간적으로 화염이** 가득 휩싸이는 시기

(5) 건축물의 내화구조

내화구분	내화구조의 기준
모든 벽	• **철근콘크리트조** 또는 **철골 · 철근콘크리트조**로서 두께가 10[cm] 이상인 것 • 골구를 철골조로 하고 그 양면을 두께 4[cm] 이상의 **철망모르타르** 또는 두께 5[cm] 이상의 콘크리트블록 · 벽돌 또는 석재로 덮은 것
기둥(작은 지름이 25[cm] 이상인 것)	• 철골을 두께 6[cm] 이상의 철망모르타르 또는 두께 7[cm] 이상의 콘크리트 블록 · 벽돌 또는 석재로 덮은 것 • 철골을 두께 5[cm] 이상의 콘크리트로 덮은 것
바 닥	철근콘크리트조 또는 철골 · 철근콘크리트조로서 두께가 10[cm] 이상인 것

내화구조 : 철근콘크리트조, 연와조, 석조

(6) 방화구조

구조 내용	방화구조의 기준
철망모르타르 바르기	바름 두께가 2[cm] 이상인 것
시멘트모르타르 위에 타일을 붙인 것	두께의 합계가 2.5[cm] 이상인 것
심벽에 흙으로 맞벽치기한 것	그대로 모두 인정됨

(7) 방화벽

대상 건축물	구획단지	방화벽의 구조
주요구조부가 내화구조 또는 불연재료가 아닌 연면적 1,000[m²] 이상인 건축물	연면적 1,000[m²] 미만마다 구획	• 내화구조로서 홀로 설 수 있는 구조일 것 • 방화벽의 양쪽 끝과 위쪽 끝을 건축물의 외벽면 및 지붕면으로부터 0.5[m] 이상 튀어 나오게 할 것 • 방화벽에 설치하는 출입문의 너비 및 높이는 각각 2.5[m] 이하로 하고 해당 출입문에는 **60분+ 방화문 또는 60분 방화문**을 설치할 것

(8) 건축물의 주요구조부

벽, 기둥, 바닥, 보, 지붕, 주계단

> 주요구조부 제외 : **사잇벽, 사잇기둥, 최하층의 바닥**, 작은
> 보, 차양, 옥외계단

(9) 불연재료 등

불연재료	콘크리트, 석재, 벽돌, 기와, 철강, 알루미늄, 유리, 시멘트모르타르, 회 등
준불연재료	불연재료에 준하는 방화성능을 가진 재료

제4절 피난계획 및 인원수용

(1) 피난대책의 일반적인 원칙

① 피난경로는 간단명료하게 할 것
② 피난구조설비는 **고정식 설비**를 위주로 할 것
③ 피난수단은 **원시적 방법**에 의한 것을 **원칙**으로 할 것
④ 2방향 이상의 피난통로를 확보할 것

(2) 피난동선의 특성

① 수평동선과 수직동선으로 구분한다.
② 가급적 단순한 형태가 좋다.
③ 상호반대방향으로 다수의 출구와 연결되는 것이 좋다.
④ 어느 곳에서나 2개 이상의 방향으로 피난할 수 있으며 그 말단은 화재로부터 안전한 장소이어야 한다.

(3) 화재 시 인간의 피난 행동 특성

① **귀소본능** : 평소에 사용하던 출입구나 통로 등 습관적으로 친숙해 있는 경로로 도피하려는 본능
② **지광본능** : 화재발생 시 연기와 정전 등으로 가시거리가 짧아져 시야가 흐리면 **밝은 방향**으로 **도피**하려는 본능
③ **추종본능** : 화재발생 시 최초로 행동을 개시한 사람에 따라 전체가 움직이는 본능
④ **퇴피본능** : 연기나 화염에 대한 공포감으로 화원의 반대방향으로 이동하려는 본능
⑤ **좌회본능** : 좌측으로 통행하고 시계의 반대방향으로 회전하려는 본능

(4) 건축물의 피난방향

① 수평방향의 피난 : **복도**
② 수직방향의 피난 : 승강기(수직동선), **계단**(보조수단)

(5) 피난시설의 안전구획

① 1차 안전구획 : 복도
② **2차** 안전구획 : **전실(계단부속실)**
③ 3차 안전구획 : 계단

(6) 피난방향 및 경로

구 분	구 조	특 징
T형		피난자에게 피난경로를 확실히 알려주는 형태
X형		양방향으로 피난할 수 있는 확실한 형태
H형		중앙코어방식으로 피난자의 집중으로 패닉현상이 일어날 우려가 있는 형태
Z형		중앙복도형 건축물에서의 피난경로로서 코어식 중 제일 안전한 형태

제5절 화재역학

(1) 슈테판–볼츠만(Stefan–Boltzmann) 법칙

복사열은 절대온도의 4제곱에 비례하고 열전달 면적에 비례한다.

$$Q_1 : Q_2 = (T_1 + 273)^4 : (T_2 + 273)^4$$

(2) 화재하중

① 정의 : 단위면적당 가연성 수용물의 양으로서 건물화재 시 **발열량 및 화재의 위험성**을 나타내는 용어

소방 대상물	주택, 아파트	사무실	창 고	시 장	도서관	교 실
화재하중 [kg/m²]	30~60	30~150	200~1,000	100~200	100~250	30~45

② 화재하중의 계산

$$화재하중\ Q = \frac{\sum (G_t \times H_t)}{H \times A} = \frac{Q_t}{4,500 \times A} [\text{kg/m}^2]$$

여기서, G_t : 가연물의 질량
H_t : 가연물의 단위발열량[kcal/kg]
H : 목재의 단위발열량(4,500[kcal/kg])
A : 화재실의 바닥면적[m²]
Q_t : 가연물의 전발열량[kcal]

(3) 연소생성물이 인체에 미치는 영향

① 이산화탄소(CO_2)의 영향 : 적은 양으로는 인체에 대한 해는 없고 연소 시 가장 많은 양을 차지한다.

농 도	인체에 미치는 영향
10[%]	시력장애, 1분 이내에 의식불명상태가 되어 방치 시 사망
20[%]	중추신경이 마비되어 사망

② 주요 연소생성물의 영향

가 스	현 상
CH₂CHCHO (아크롤레인)	석유제품이나 유지류가 연소할 때 생성
SO_2 (이황산가스)	황을 함유하는 유기화합물이 완전연소 시에 발생
H_2S (황화수소)	황을 함유하는 유기화합물이 불완전연소 시에 발생, 달걀 썩는 냄새가 나는 가스
CO_2 (이산화탄소)	연소가스 중 가장 많은 양을 차지, 완전연소 시 생성
CO (일산화탄소)	불완전연소 시에 다량 발생, 혈액 중의 헤모글로빈(Hb)과 결합하여 혈액 중의 산소운반 저해하여 사망

(4) 연 기

습기가 많을 때 그 전달속도가 빨라져서 사람이 방호할 수 있는 능력을 떨어지게 하며 폐 속으로 급히 흡입하면 혈압이 떨어져 혈액순환에 장애를 초래하게 되어 사망할 수 있는 화재의 연소생성물

(5) 연기의 이동속도

방 향	수평방향	수직방향	실내계단
이동속도	0.5~1.0[m/s]	2.0~3.0[m/s]	3.0~5.0[m/s]

(6) 연기유동에 영향을 미치는 요인

① 연돌(굴뚝)효과   ② 외부에서의 풍력
③ 공기유동의 영향   ④ 공조설비

⑤ 비중차
⑥ 건물 내 기류의 강제이동

(7) 연기농도와 가시거리

감광계수[m⁻¹]	가시거리[m]	상 황
0.1	20~30	연기감지기가 작동할 때의 정도
10	0.2~0.5	화재 최성기 때의 정도

(8) 플래시오버(Flash Over)

가연성 가스를 동반하는 연기와 유독가스가 방출하여 실내의 급격한 온도상승으로 실내 전체에 순간적으로 연기가 충만하는 현상

Plus one 플래시오버(Flash Over)
- 폭발적인 착화현상, 순발적인 연소확대현상
- 발생시기 : 성장기에서 최성기로 넘어가는 분기점
- 최성기시간 : 내화구조는 60분 후(950[℃]), 목조건물은 10분 후(1,100[℃]) 최성기에 도달

(9) 플래시오버에 영향을 미치는 요인

① 개구부의 크기(개구율)   ② **내장재료**
③ **화원의 크기**   ④ 가연물의 종류
⑤ 실내의 표면적

(10) 플래시오버의 지연대책

① 두꺼운 내장재 사용
② 열전도율이 큰 내장재 사용
③ 실내에 가연물 분산 적재
④ 개구부 많이 설치

(11) 유류탱크(가스탱크)에서 발생하는 현상

① 보일오버(Boil Over)
　㉠ 중질유 탱크에서 장시간 조용히 연소하다가 탱크의 잔존 기름이 갑자기 분출(Over Flow)하는 현상
　㉡ 유류탱크 바닥에 물 또는 물-기름 에멀션이 섞여 있을 때 화재가 발생하는 현상
② 블레비(BLEVE ; Boiling Liquid Expanding Vapor Explosion)
　액화가스 저장탱크의 누설로 부유 또는 확산된 액화가스가 착화원과 접촉하여 액화가스가 공기 중으로 확산, 폭발하는 현상

02 소방수리학, 약제화학 및 소방전기

제1절 소방수리학

(1) 유체의 정의

① 유체 : 어떤 힘을 작용하면 움직이려는 액체와 기체상태의 물질

② 압축성 유체 : 기체와 같이 압력을 가하면 체적이 변하는 성질을 가진 유체

③ 비압축성 유체 : 액체와 같이 압력을 가해도 체적이 변하지 않는 성질을 가진 유체

- 이상유체 : 점성이 없는 비압축성 유체
- 실제유체 : 점성이 있는 압축성 유체, 유동 시 마찰이 존재하는 유체

(2) 유체의 단위와 차원

① 온 도

$\bigcirc$ $[℃] = \dfrac{5}{9}([℉] - 32)$

$\bigcirc$ $[℉] = 1.8[℃] + 32$

$\bigcirc$ $[K] = 273.16 + [℃]$

$\bigcirc$ $[R] = 460 + [℉]$

② 힘

$\bigcirc$ $[N] = [kg \cdot m/s^2]$

$\bigcirc$ $[dyne] = [g \cdot cm/s^2]$

$\bigcirc$ $1[N] = 10^5[dyne]$

$\bigcirc$ $1[kg_f] = 9.8[N] = 9.8 \times 10^5[dyne]$

③ 일

$\bigcirc$ $[J] = [N \cdot m] = [kg \cdot m/s^2] \times [m]$
$= [kg \cdot m^2/s^2]$

$\bigcirc$ $[erg] = [dyne \cdot cm]$
$= [g \cdot cm/s^2] \times [cm]$
$= [g \cdot cm^2/s^2]$

$$W(일) = F(힘) \times s(거리)$$

④ 압 력

$1[atm] = 760[mmHg]$
$= 10.332[mH_2O]([mAq])$
$= 1.0332[kg_f/cm^2]$

$= 1,013[mbar]$
$= 101.325[kPa]([kN/m^2])$
$= 0.101325[MPa]$
$= 14.7[psi]([lb/in^2])$

⑤ 점 도

$\bigcirc$ $1[P(Poise)] = 1[g/cm \cdot s]$
$= 0.1[kg/m \cdot s]$
$= 1[dyne \cdot s/cm^2]$
$= 100[cP]$

$\bigcirc$ $1[cP(centipoise)] = 0.01[g/cm \cdot s]$
$= 0.001[kg/m \cdot s]$

물의 점도(25[℃]) $= 1[cP](= 0.01[g/cm \cdot s])$

$\bigcirc$ 동점도 $1[stokes] = 1[cm^2/s]$

$$동점도\ \nu = \dfrac{\mu}{\rho}$$

여기서, μ : 절대점도 ρ : 밀도

⑥ 비중량

$$\gamma = \dfrac{P}{RT} = \rho g$$

여기서, ρ : 밀도 g : 중력가속도
P : 절대압력 R : 기체상수
T : 절대온도

⑦ 밀 도

단위 체적당 질량 $\rho = \dfrac{W}{V}$ (여기서, W : 질량, V : 체적)

물의 밀도 $\rho = 1[g/cm^3] = 1,000[kg/m^3]$
$= 1,000[N \cdot s^2/m^4]$
$= 102[kg_f \cdot s^2/m^4]$

⑧ 비체적

$$V_s = \dfrac{1}{\rho}$$

(3) Newton의 점성법칙

① 난류 : 전단응력은 점성계수와 속도구배에 비례한다.

$$\tau = \frac{F}{A} = \mu \frac{du}{dy}$$

여기서, τ : 전단응력[N/m²]

μ : 점성계수[N·s/m²]

$\frac{du}{dy}$: 속도구배[$\frac{1}{s}$]

② 층류 : 수평 원통형 관내에 유체가 흐를 때 **전단응력은 중심선에서 0**이고 **반지름에 비례**하면서 관벽까지 직선적으로 증가한다.

$$\tau = \frac{dp}{dl} \cdot \frac{r}{2} = \frac{P_A - P_B}{l} \cdot \frac{r}{2}$$

여기서, τ : 전단응력[N/m²]

l : 길이[cm]

r : 반경[cm]

③ Newton 유체는 속도구배에 관계없이 점성계수가 일정하다.

(4) 열역학의 법칙

① 열역학의 제2법칙

㉠ 외부에서 **열을 가하지 않는 한** 항상 **고온에서 저온**으로 흐른다.

열은 스스로 저온에서 고온으로 절대로 흐르지 않는다.

㉡ 열을 완전히 일로 바꿀 수 있는 열기관을 만들 수 없다.

㉢ 자발적인 변화는 비가역적이다.

㉣ 엔트로피는 증가하는 방향으로 흐른다.

② 열역학의 제3법칙

순수한 물질이 1[atm]하에서 완전히 결정상태이면 엔트로피는 0[K]에서 0이다.

(5) 엔트로피, 엔탈피

① 엔트로피

$$\Delta S = \frac{\Delta Q}{T} [cal/g \cdot K]$$

여기서, ΔQ : 변화한 열량[cal/g]

T : 절대온도[K]

- 가역과정에서 엔트로피는 0이다($\Delta S = 0$).
- 비가역과정에서 엔트로피는 증가한다($\Delta S > 0$).
- 등엔트로피과정은 단열가역과정이다.

② 엔탈피

$$H = U + PV$$

여기서, H : 엔탈피 U : 내부에너지

P : 압력 V : 부피

완전기체의 엔탈피는 온도만의 함수이다.

(6) 유체의 흐름

① 정상류 : 임의의 한 점에서 속도, 온도, 압력, 밀도 등의 평균값이 시간에 따라 변하지 않는 흐름

$$\frac{\partial u}{\partial t} = 0, \quad \frac{\partial \rho}{\partial t} = 0$$
$$\frac{\partial p}{\partial t} = 0, \quad \frac{\partial T}{\partial t} = 0$$

② 비정상류 : 임의의 한 점에서 속도, 온도, 압력, 밀도 등의 평균값이 시간에 따라 변하는 흐름

(7) 연속방정식

① 질량유량

$$\dot{m} = A_1 u_1 \rho_1 = A_2 u_2 \rho_2 [kg/s]$$

여기서, A : 단면적[m²] u : 유속[m/s]

ρ : 밀도[kg/m³]

② 중량유량

$$G = A_1 u_1 \gamma_1 = A_2 u_2 \gamma_2 [kg_f/s]$$

여기서, A : 단면적[m²] u : 유속[m/s]

γ : 비중량[kg_f/m³]

③ 체적(용량)유량

$$Q = A_1 u_1 = A_2 u_2 [m^3/s]$$

여기서, A : 단면적[m²] u : 유속[m/s]

④ 비압축성 유체

$$\frac{u_2}{u_1} = \frac{A_1}{A_2} = \left(\frac{D_1}{D_2}\right)^2, \ u_2 = u_1 \times \left(\frac{D_1}{D_2}\right)^2$$

여기서, u : 유속[m/s] A : 단면적[m²]

D : 내경[m]

(8) 오일러의 운동방정식 적용조건

① 정상유동일 때

② 유선에 따라 입자가 운동할 때

③ 유체의 마찰이 없을 때

(9) 베르누이 방정식

① 베르누이 방정식의 적용조건
ⓐ 이상유체일 때   ⓑ 정상 흐름일 때
ⓒ 비압축성 흐름일 때   ⓓ 비점성 흐름일 때

② 베르누이 방정식

$$\frac{u_1^2}{2g} + \frac{p_1}{\gamma} + Z_1 = \frac{u_2^2}{2g} + \frac{p_2}{\gamma} + Z_2 = \text{Const}$$

여기서, u : 유속[m/s] P : 압력[N/m²]
Z : 높이[m] g : 중력가속도(9.8[m/s²])
$\frac{u^2}{2g}$: 속도수두 $\frac{P}{\gamma}$: 압력수두
Z : 위치수두 γ : 비중량[N/m³]

(10) 유체의 운동량 방정식

① 운동량 보정계수

$$\beta = \frac{1}{AV^2} \int_A u^2 dA$$

여기서, A : 단면적 V : 평균속도
u : 유속 dA : 미소단면적

② 운동에너지 보정계수

$$\alpha = \frac{1}{AV^3} \int_A v^3 dA$$

③ 힘

$$F = Q\rho u [\text{N}]$$

여기서, Q : 유량[m³/s]
ρ : 밀도(물 : 1,000[N · s²/m⁴])
u : 유속[m/s]

(11) 파스칼의 원리

밀폐된 용기에 들어 있는 유체에 작용하는 압력의 크기는 변하지 않고 모든 방향으로 전달된다. 수압기는 파스칼의 원리를 이용한 것이다.

$$\frac{F_1}{A_1} = \frac{F_2}{A_2}, \quad P_1 = P_2$$

여기서, F : 가해진 힘 A : 단면적

(12) 기체의 상태방정식

① 이상기체 상태방정식

$$PV = nRT = \frac{W}{M}RT, \quad \rho = \frac{PM}{RT}$$

여기서, P : 압력[atm] V : 부피[m³]
n : 몰수$\left(= \frac{무게}{분자량} = \frac{W}{M}\right)$
ρ : 밀도[kg/m³] R : 기체상수
T : 절대온도(273 + [℃])

Plus one   기체상수(R)의 값
• 0.08205[L · atm/g-mol · K]
• 0.08205[m³ · atm/kg-mol · K]
• 1.987[cal/g-mol · K]
• 0.7302[atm · ft³/lb-mol · R]
• 848.4[kg · m/kg-mol · K]
• 8.314 × 10⁷[erg/g-mol · K]

② 완전기체 상태방정식

$$PV = WRT = \rho RT, \quad \rho = \frac{P}{RT}$$

여기서, P : 압력[kg₁/m²] V : 부피[m³]
W : 무게[kg] ρ : 밀도[kg/m³]
R : 기체상수$\left(\frac{848}{M}[\text{kg} \cdot \text{m/kg} \cdot \text{K}]\right)$
T : 절대온도(273 + [℃] = [K])

Plus one   기체상수(R)
• 공기의 기체상수
= 286.8[J/kg · K]
= 29.27[kg · m/kg · K]
• 질소의 기체상수
= 296[J/kg · K]

완전기체 : $P = \rho RT$를 만족시키는 기체

(13) 보일, 샤를의 법칙

① 보일의 법칙
온도가 일정할 때 **기체의 부피**는 **압력**에 **반비례**한다.

② 샤를의 법칙
압력이 일정할 때 기체가 차지하는 **부피**는 **절대온도**에 **비례**한다.

③ 보일-샤를의 법칙
기체가 차지하는 **부피**는 **압력**에 **반비례**하고 **절대온도**에 **비례**한다.

$$\frac{P_1 V_1}{T_1} = \frac{P_2 V_2}{T_2}, \quad V_2 = V_1 \times \frac{P_1}{P_2} \times \frac{T_2}{T_1}$$

여기서, P : 압력[atm] V : 부피[m³]
T : 절대온도[K]

(14) 체적탄성계수

압력 P일 때 체적 V인 유체에 압력을 ΔP만큼 증가시켰을 때, 체적이 ΔV만큼 감소 시 체적탄성계수(K)

$$K = -\frac{\Delta P}{\Delta V/V} = \frac{\Delta P}{\Delta \rho/\rho}, \text{ 압축률 } \beta = \frac{1}{K}$$

여기서, P : 압력 V : 체적
ρ : 밀도 $\Delta V/V$: 체적변화(무차원)

- 등온변화 $K = P$
- 단열변화 $K = kP$ (k : 비열비)

(15) 유체의 압력

① 절대압력

완전 진공을 기준으로 측정한 압력

- 절대압 = 대기압 + 계기압력
- 절대압 = 대기압 − 진공

② 물속의 압력

$$P = P_0 + \gamma H$$

여기서, P : 물속의 압력[N/m²]
P_0 : 대기압[N/m²]
γ : 물의 비중량[N/m³]
H : 수두[m]

(16) 유체의 마찰손실

다르시-바이스바흐(Darcy-Weisbach)식 : **곧고 긴 배관**에서의 손실수두 계산에 적용

$$H = \frac{\Delta P}{\gamma} = \frac{flu^2}{2gD}[\text{m}]$$

여기서, ΔP : 압력차[N/m²]
γ : 비중량[N/m³]
f : 관마찰계수
l : 관의 길이[m]
u : 유속[m/s]
g : 중력가속도(9.8[m/s²])
D : 관의 내경[m]

(17) 레이놀즈수

$$Re = \frac{Du\rho}{\mu} = \frac{Du}{\nu} [\text{무차원}]$$

여기서, D : 관의 내경[cm] u : 유속[cm/s]
ρ : 밀도[g/cm³] μ : 점도[g/cm·s]
ν : 동점도$\left(\frac{\mu}{\rho}[\text{cm}^2/\text{s}]\right)$

Plus one 임계 레이놀즈수
- 상임계 레이놀즈수 : **층류**에서 난류로 변할 때의 레이놀즈수($Re = 4,000$)
- 하임계 레이놀즈수 : 난류에서 **층류**로 변할 때의 레이놀즈수($Re = 2,100$)

(18) 유체흐름의 종류

① 층류(Laminar Flow)

유체 입자가 질서정연하게 층과 층이 미끄러지면서 흐르는 흐름($Re \leq 2,100$)

② 난류(Turbulent Flow)

유체입자가 불규칙적으로 운동하면서 흐르는 흐름($Re \geq 4,000$)

③ 임계유속

Re가 2,100일 때의 유속

$$\text{임계유속 } u = \frac{2,100\mu}{D\rho} = \frac{2,100\nu}{D}$$

(19) 직관에서의 마찰손실

① 층류(Laminar Flow)

매끈한 수평관 내를 층류로 흐를 때 Hagen-Poiseuille 법칙이 적용된다.

$$H = \frac{\Delta P}{\gamma} = \frac{128\mu l Q}{\gamma \pi d^4}$$

여기서, ΔP : 압력차[N/m²]
Q : 유량[m³/s]
γ : 비중량[N/m³]
μ : 점도[kg/m·s]
l : 관의 길이[m]
d : 관의 내경[m]

② 난류(Turbulent Flow)

불규칙적인 유체는 Fanning 법칙이 적용된다.

$$H = \frac{\Delta P}{\gamma} = \frac{2flu^2}{gD}$$

여기서, ΔP : 압력차[N/m²] γ : 비중량[N/m³]
f : 관마찰계수 l : 관의 길이[m]
g : 중력가속도(9.8[m/s²])
d : 관의 내경[m]

구 분	층 류	난 류
Re	2,100 이하	4,000 이상
흐름 상태	정상류	비정상류
전단응력	$\tau = \frac{p_A - p_B}{l} \cdot \frac{r}{2}$	$\tau = \frac{F}{A} = \mu \frac{du}{dy}$

구 분	층 류	난 류
평균속도	$u = 0.5u_{max}$	$u = 0.8u_{max}$
손실수두	$H = \dfrac{\Delta P}{\gamma} = \dfrac{128\mu l Q}{r \pi d^4}$	$H = \dfrac{\Delta P}{r} = \dfrac{2f l u^2}{gD}$
속도 분포식	$u = u_{max}\left[1 - \left(\dfrac{r}{r_o}\right)^2\right]$	–
관마찰계수	$f = \dfrac{64}{Re}$	$f = 0.3164Re^{-\frac{1}{4}}$

③ 관마찰계수(f)

- 층류 : 상대조도와 무관하며 레이놀즈수만의 함수이다.
- 임계영역 : 상대조도와 레이놀즈수의 함수이다.
- 난류 : 상대조도와 무관하다.

> 층류일 때 $f = \dfrac{64}{Re}$

④ 관의 상당길이

$$L_e = \dfrac{Kd}{f}$$

여기서, K : 부차적 손실계수
d : 내경 f : 관마찰계수

(20) 무차원수

명 칭	무차원식	물리적인 의미
Reynolds수	$Re = \dfrac{Du\rho}{\mu}$	관성력/점성력
Eluer수	$Eu = \dfrac{\Delta P}{\rho u^2}$	압축력/관성력
Weber수	$We = \dfrac{\rho L u^2}{\sigma}$	관성력/표면장력
Cauch수	$Ca = \dfrac{\rho u^2}{K}$	유속/음속
Froude수	$Fr = \dfrac{u}{\sqrt{Lg}}$	관성력/중력

(21) 유체의 측정

① 압력 측정

ⓗ U자관 manometer의 압력차

$$\Delta P = \dfrac{g}{g_c}R(\gamma_A - \gamma_B)$$

여기서, R : Manometer 읽음
γ_A : 유체의 비중량[N/m³]
γ_B : 물의 비중량[N/m³]

ⓛ 피에조미터(Piezometer) : **유동하고 있는 유체의 정압 측정**

> 유동하고 있는 유체의 정압 측정 : 피에조미터, 정압관

ⓒ **피토-정압관** : 전압과 정압의 차이, 즉 **동압**을 측정하는 장치

ⓔ 시차액주계 : 두 개의 탱크의 지점 간의 압력을 측정하는 장치

$$P_B = P_A + \gamma_1 h_1 - \gamma_2 h_2 - \gamma_3 h_3$$

여기서, P_A, P_B : A, B점의 압력[N/m²]
γ : 비중량[N/m³]
h : 높이[m]

② 유량 측정

ⓗ 벤투리미터(Venturi Meter) : 유량측정이 정확하고, 설치비가 고가이며 압력손실이 작은 배관에 적합하다.

ⓛ 오리피스미터(Orifice Meter) : 설치하기는 쉬우나 압력손실이 큰 배관에 적합하다.

ⓒ 위어(Weir) : 다량의 유량을 측정할 때 사용한다.

ⓔ 로터미터(Rotameter) : 유체 속에 부자를 띄워서 **직접 눈으로** 유량을 읽을 수 있는 장치

③ 유속 측정

ⓗ 피토관(Pitot Tube) : 유체의 국부속도를 측정하는 장치

$$u = k\sqrt{2gH}$$

여기서, u : 유속[m/s]
k : 속도정수
g : 중력가속도(9.8[m/s²])
H : 수두[m]

ⓛ 피토-정압관(Pitot-Static Tube) : 동압을 이용하여 유속을 측정하는 장치

(22) 관부속품

① 두 개의 관을 연결할 때 : 플랜지(Flange), 유니언(Union), 니플(Nipple), 소켓(Socket), 커플링(Coupling)

② **관선의 지름을 바꿀 때 : 리듀서**(Reducer), 부싱(Bushing)

③ 관선의 방향을 바꿀 때 : 엘보(Elbow), 티(Tee), 십자(Cross), Y자관

④ 유로를 차단할 때 : 플러그(Plug), 캡(Cap), 밸브(Valve)

⑤ 지선을 연결할 때 : 티(Tee), Y자관, 십자(Cross)

(23) 펌프의 종류

① 원심펌프(Centrifugal Pump)

　㉠ **벌류트 펌프** : 회전차 주위에 **안내날개(가이드 베인)가 없고**, 양정이 낮고 양수량이 많은 곳에 사용

　㉡ 터빈펌프 : 회전차 주위에 안내날개(가이드 베인)가 있고, 양정이 높고 양수량이 적은 곳에 사용

　㉢ 원심펌프의 전효율 η_p = 체적효율×기계효율×수력효율

② 왕복펌프(Reciprocating Pump)

피스톤의 왕복운동에 의하여 유체를 수송하는 장치로서 피스톤펌프(저압), 플런저펌프(고압)가 있다.

종류 항목	원심펌프	왕복펌프
구 분	벌류트펌프, 터빈펌프	피스톤펌프, 플런저펌프
구 조	간 단	복 잡
수송량	크다.	적다.
배출속도	연속적	불연속적
양정거리	작다.	크다.
운전속도	고 속	저 속

(24) 펌프의 성능 및 양정

① 펌프의 성능

　㉠ 2대 직렬연결 : 유량 Q, 양정 $2H$

　㉡ 2대 병렬연결 : 유량 $2Q$, 양정 H

② 펌프의 양정

　㉠ 흡입양정 : 흡입수면에서 펌프의 중심까지의 거리

　㉡ 토출양정 : 펌프의 중심에서 최상층의 송출수면까지의 수직거리

　㉢ 실양정 : 흡입수면에서 최상층의 송출수면까지의 수직거리

$$실양정 = 흡입양정 + 토출양정$$

　㉣ 전양정 : 실양정 + 관부속품의 마찰손실수두 + 직관의 마찰손실수두

(25) 펌프의 동력

① 펌프의 수동력

펌프 내의 임펠러의 회전차에 의해서 펌프를 통과하는 유체에 주어진 동력으로, **전달계수와 펌프의 효율**을 고려하지 않는 것이다.

$$P[\text{kW}] = \frac{\gamma QH}{1,000}, \; P[\text{HP}] = \frac{\gamma QH}{745},$$
$$P[\text{PS}] = \frac{\gamma QH}{735}$$

여기서, γ : 물의 비중량(9,800[N/m³])
　　　　Q : 유량[m³/s]
　　　　H : 양정[m]

② 펌프의 축동력

외부의 동력원으로부터 펌프의 회전차를 구동하는데 필요한 동력으로 **전달계수**를 고려하지 않는 것이다.

$$P[\text{kW}] = \frac{\gamma \times Q \times H}{1,000 \times \eta}, \; P[\text{HP}] = \frac{\gamma \times Q \times H}{745 \times \eta},$$
$$P[\text{PS}] = \frac{\gamma \times Q \times H}{735 \times \eta}$$

여기서, γ : 물의 비중량(9,800[N/m³])
　　　　Q : 유량[m³/s]
　　　　H : 양정[m]
　　　　η : 펌프의 효율

③ 펌프의 전동력

일반적으로 전달계수와 효율을 고려한 동력을 말한다.

$$P[\text{kW}] = \frac{\gamma \times Q \times H}{\eta} \times K$$

여기서, γ : 물의 비중량(9.8[kN/m³])
　　　　Q : 유량[m³/s]
　　　　H : 전양정[m]
　　　　K : 여유율(전달계수)
　　　　η : 펌프의 효율

$$P[\text{kW}] = \frac{0.163 \times Q \times H}{\eta} \times K$$

여기서, $0.163 = \dfrac{1,000}{102 \times 60}$

Q : 유량[m³/min]

H : 전양정[m]

K : 여유율(전달계수)

η : 펌프의 효율

(26) 펌프 관련 공식

① 펌프의 상사법칙

㉠ 유량 $Q_2 = Q_1 \times \dfrac{N_2}{N_1} \times \left(\dfrac{D_2}{D_1}\right)^3$

㉡ 양정 $H_2 = H_1 \times \left(\dfrac{N_2}{N_1}\right)^2 \times \left(\dfrac{D_2}{D_1}\right)^2$

㉢ 동력 $P_2 = P_1 \times \left(\dfrac{N_2}{N_1}\right)^3 \times \left(\dfrac{D_2}{D_1}\right)^5$

여기서, N : 회전수[rpm], D : 내경[mm]

② 압축비

$$r = \sqrt[\varepsilon]{\dfrac{P_2}{P_1}}$$

여기서, ε : 단수

P_1 : 최초의 압력

P_2 : 최종의 압력

(27) 펌프에서 발생하는 현상

① 공동현상(Cavitation)

㉠ 공동현상의 발생원인

- 펌프의 마찰손실, 흡입 측 수두, **회전수(임펠러 속도)가 클 때**
- 펌프의 **흡입관경이 작을 때**
- 펌프의 설치 위치가 수원보다 높을 때
- **펌프의 흡입압력**이 유체의 증기압보다 **낮을 때**

㉡ 공동현상의 방지대책

- 펌프의 마찰손실, 흡입 측 수두, **회전수(임펠러 속도)를 작게 할 것**
- 펌프의 **흡입관경을 크게 할 것**
- 펌프의 설치 위치가 수원보다 낮게 할 것
- 펌프의 흡입압력이 유체의 증기압보다 높게 할 것

② 수격현상(Water Hammering)

㉠ 수격현상의 발생원인

- 펌프를 갑자기 정지시킬 때
- 정상운전일 때 액체의 압력변동이 생길 때
- 밸브를 급히 개폐할 때

㉡ 수격현상 방지방법

- 관로 내의 **관경을 크게** 한다.
- 관로 내의 **유속을 낮게** 한다.
- 압력강하의 경우 Flywheel을 설치한다.
- 수격방지기를 설치하여 적정압력을 유지한다.

③ 맥동현상(Surging)

㉠ 맥동현상의 발생원인

- 펌프의 양정곡선($Q-H$)이 산(山)모양의 곡선으로 상승부에서 운전하는 경우
- 유량조절밸브가 배관 중 **수조의 후방**에 있을 때
- 배관 중에 외부와 접촉할 수 있는 **공기탱크나 물탱크**가 있을 때
- 흐르는 배관의 **개폐밸브**가 잠겨 있을 때
- 운전 중인 펌프를 정지할 때

㉡ 맥동현상의 방지방법

- 펌프 내의 양수량을 증가한다.
- 임펠러의 회전수를 변화시킨다.
- 배관 내의 잔류공기를 제거한다.
- 관로의 유속을 조절한다.
- 배관 내의 불필요한 수조를 제거한다.

제2절 약제화학

(1) 물소화약제의 장점

① 인체에 무해하며 다른 약제와 혼합하여 수용액으로 사용 가능하다.

② 가격이 저렴하고 장기보존이 가능하다.

③ 냉각효과가 우수하다.

- 물의 기화열 : 539[cal/g]
- 얼음의 융해열 : 80[cal/g]

(2) 물소화약제의 성질

① 표면장력이 크다.

② **비열**과 **증발잠열**이 크다.

③ 열전도계수와 열 흡수가 크다.

④ 점도가 낮다.

⑤ 물은 **극성공유결합**을 하므로 비등점이 높다.

물의 동결방지제 : 에틸렌글라이콜, 프로필렌글라이콜, 글리세린

(3) 물소화약제의 소화효과

① 봉상주수 : 냉각효과
② 적상주수 : 냉각효과
③ 무상주수 : **질식효과, 냉각효과, 희석효과, 유화효과**

B-C유(중유) : 물분무소화설비 가능

(4) 포소화약제의 구비조건

① 포의 안정성이 좋아야 한다.
② **독성**이 **적어야** 한다.
③ 유류와의 접착성이 좋아야 한다.
④ 포의 유동성이 좋아야 한다.
⑤ 바람에 잘 견디는 힘이 커야 한다.

(5) 화학포 소화약제

$Al_2(SO_4)_3 \cdot 18H_2O + 6NaHCO_3$
$\rightarrow 2Al(OH)_3 + 3Na_2SO_4 + 6CO_2 + 18H_2O$

(6) 기계포소화약제

① 포소화약제에 따른 분류

약 제	pH	비중	특 성
합성 계면활성제포	6.5 ~ 8.5	0.9 ~ 1.2	• 고급 알코올 황산에스터와 고급 알코올 황산염을 사용하여 안정제를 첨가한 소화약제 • 저발포와 고발포를 임의로 발포할 수 있다.
수성막포	6.0 ~ 8.5	1.0 ~ 1.15	• **유류화재 진압용**으로 가장 우수하다. • Light Water 또는 **AFFF**(Aqueous Film Forming Foam)라고도 한다. • 내약품성이 좋아 타약제와 겸용이 가능하다. • 보존성이 좋고 독성이 없는 흑갈색 원액이다.
내알코올형포	6.0 ~ 8.5	0.9 ~ 1.2	• 단백질의 가수분해물에 합성세제를 혼합하여 제조한 소화약제 • 알코올류, 에스터류 등 **수용성인 액체**에 적합하다.
불화단백포	–	–	• 단백포에 불소계 **계면활성제**를 혼합하여 제조한 소화약제 • 소화성능이 우수하나 가격이 비싸다.

② 포의 팽창비에 따른 분류

구 분	팽 창 비
저발포	20배 이하
고발포	제1종 기계포 : 80배 이상 250배 미만
	제2종 기계포 : 250배 이상 500배 미만
	제3종 기계포 : 500배 이상 1,000배 미만

$$팽창비 = \frac{방출 \ 후 \ 포의 \ 체적[L]}{방출 \ 전 \ 포수용액의 \ 체적(포원액 + 물)[L]}$$
$$= \frac{방출 \ 후 \ 포의 \ 체적[L]}{\dfrac{원액의 \ 양[L]}{농도[\%]}}$$

(7) 25[%] 환원시간시험

포소화약제의 종류	25[%] 환원시간[초]
단백포소화약제	60
수성막포소화약제	60
합성계면활성제포소화약제	30

(8) 이산화탄소소화약제의 성상

① 상온에서 기체이다.
② 증기비중은 공기보다 **1.52배** 무겁다.
③ 화학적으로 안정하고 가연성, 부식성도 없다.

(9) 이산화탄소의 물성

구 분	물성치
화학식	CO_2
삼중점	$-56.3[℃]$
임계압력	72.75[atm]
임계온도	31.35[℃]
충전비	1.5 이상
허용농도	5,000[ppm](0.5[%])

(10) 이산화탄소소화약제량 측정법

① 중량측정법 : 용기밸브 개방장치 및 조작관 등을 떼어낸 후 저울을 사용하여 가스용기의 총중량을 측정한 후 용기에 부착된 중량표(명판)와 비교하여 기재중량과 계량중량의 차가 충전량의 **10[%] 이내**가 되어야 한다.
② 액면측정법 : 액화가스미터기로 액면의 높이를 측정하여 약제량을 계산한다.
③ 비파괴검사법

(11) 이산화탄소소화약제의 소화효과

① **질식효과** : 산소의 농도를 21[%]에서 15[%]로 낮추어 소화하는 방법

② **냉각효과** : 이산화탄소 가스 방출 시 기화열에 의한 방법

③ **피복효과** : 증기비중이 1.51배 무겁기 때문에 나타나는 효과

(12) 할론소화약제의 특성

① 변질, 분해가 없다.

② 전기부도체이다.

③ **금속에 대한 부식성이 적다.**

④ 연소억제작용으로 부촉매 소화효과가 크다.

⑤ 가격이 비싸다는 단점이 있다.

(13) 할론소화약제의 구비조건

① 기화되기 쉬운 저비점 물질이어야 한다.

② 공기보다 무겁고 불연성이어야 한다.

③ 증발 잔유물이 없어야 한다.

(14) 할론소화약제의 성상

약 제	분자식	분자량	적응화재
할론1301	CF_3Br	148.93	B, C급
할론1211	CF_2ClBr	165.4	A, B, C급
할론1011	CH_2ClBr	129.4	B, C급
할론2402	$C_2F_4Br_2$	259.8	B, C급

- 할론소화약제의 **소화효과** : F < Cl < Br < I
- 할론소화약제의 **전기음성도** : F > Cl > Br > I
- **휴대용 소형소화기** : **할론1211과 할론2402**(증기압이 낮아 사용)

(15) 할로겐화합물 및 불활성기체소화약제의 성상

① 불활성기체 계열

종 류	화학식
IG-01	Ar
IG-100	N_2
IG-55	N_2(50[%]), Ar(50[%])
IG-541	N_2(52[%]), Ar(40[%]), CO_2(8[%])

② 할로겐화합물계 소화효과

㉠ 억제(부촉매)효과

㉡ 질식효과

㉢ 냉각효과

(16) 분말소화약제의 성상

종 류	주성분	착 색	적응화재	열분해반응식
제1종 분말	탄산수소나트륨 ($NaHCO_3$)	백색	B, C급	$2NaHCO_3 \rightarrow Na_2CO_3 + CO_2 + H_2O$
제2종 분말	탄산수소칼륨 ($KHCO_3$)	담회색	B, C급	$2KHCO_3 \rightarrow K_2CO_3 + CO_2 + H_2O$
제3종 분말	제일인산암모늄 ($NH_4H_2PO_4$)	담홍색, 황색	A, B, C급	$NH_4H_2PO_4 \rightarrow HPO_3 + NH_3 + H_2O$
제4종 분말	탄산수소칼륨+요소 $[KHCO_3+(NH_2)_2CO]$	회색	B, C급	$2KHCO_3 + (NH_2)_2CO \rightarrow K_2CO_3 + 2NH_3 + 2CO_2$

(17) 분말소화약제의 품질기준

① 수 분

수분함유율[%]

$$= \frac{\text{초기 시료의 무게} - \text{건조 후 무게}}{\text{초기시료의 무게}} \times 100$$

> 수분함유율 : 0.2[wt%] 이하

② 분말도(입도)

Plus one 분말소화약제의 입도
- 너무 커도, 너무 미세하여도 소화효과가 떨어진다.
- 미세도의 분포가 골고루 되어 있어야 한다.
- 입도의 크기 : 20~25[μm]

(18) 분말소화약제의 소화효과

① 수증기에 의하여 산소 차단으로 발생되는 **질식효과**

② 수증기 발생 시 흡수열에 의한 **냉각효과**

③ 유리된 NH_4^+에 의한 **부촉매효과**

④ 메타인산(HPO_3)에 의한 방진작용

⑤ 탈수효과

제3절 소방전기

1 직류회로

(1) 총전하량

$$Q = n \cdot e [C]$$

여기서, n : 전자의 수 e : 전자 1개의 전하량[C]

(2) 전 류

$I[A]$: 도체의 단면을 $t[s]$ 동안에 통과하는 **전기량** (전하) $Q[C]$

$$I = \frac{Q}{t}[A], \ Q = I \cdot t[C]$$

(3) 전 압

$Q[C]$의 전하가 두 점 사이를 이동했을 때 발생한 **에너지** $W[J]$일 때의 **전위차**

$$V = \frac{W}{Q}[V]$$

(4) 기전력(EMF ; Electromotive Force)

전류를 연속적으로 흐르게 하는 힘(능력)

(5) 저항(R)

전류의 흐름을 **방해**하는 작용, 단위는 ohm($[\Omega]$)

(6) 컨덕턴스(G)

저항의 **역수**, 단위는 mho($[\mho]$, $[\Omega^{-1}]$) 또는 지멘스 [S]

구 분	저 항	컨덕턴스
단 위	ohm, $[\Omega]$	mho, $[\mho]$, $[\Omega^{-1}]$, 지멘스[S]

(7) 옴(ohm)의 법칙

전류 $I[A]$의 크기는 **전압** $V[V]$에 비례하고, **저항** $R[\Omega]$에 **반비례**한다.

$$I = \frac{V}{R}[A]$$

(8) 저항의 직렬접속

① 합성저항 $R_0 = R_1 + R_2[\Omega]$
② 전압 분배

$$V_1 = \frac{R_1}{R_1 + R_2} V[V], \ \ V_2 = \frac{R_2}{R_1 + R_2} V[V]$$

(9) 저항의 병렬접속

① 합성저항 $R_0 = \frac{R_1 R_2}{R_1 + R_2}[\Omega]$
② 전류 분배

$$I_1 = \frac{R_2}{R_1 + R_2} I[A], \ \ I_2 = \frac{R_1}{R_1 + R_2} I[A]$$

(10) 휘트스톤 브리지의 평행조건

$$PR = XQ, \ X = \frac{PR}{Q}$$

(11) 키르히호프의 법칙

① 제1법칙(KCL) : 회로망의 임의의 접속점에 출입하는 **전류의 대수합은 0**이다.
  $\sum I = 0$
② 제2법칙(KVL) : 회로망 중의 임의의 폐회로 내에서 그 폐회로를 한 방향으로 일주하였을 때, 그 폐회로의 **전압 강하와 기전력의 대수합은 0**이다.
  $\sum V = 0$

(12) 줄의 법칙(Joule's Law, 전류의 열작용)

$H = 0.24Pt = Cm\theta[cal]$

- 1[cal] = 4.184[J]
- 1[J] ≒ 0.24[cal]
- 1[kcal] : 1[kg]의 물을 14.5[℃]에서 15.5[℃] 상승시키는 데 필요한 열량
- 1[BTU] : 1[lb]의 물을 62[℉]에서 63[℉] 상승시키는 데 필요한 열량
- 1[BTU] = 0.252[kcal]

(13) 필요한 열량

$$H = Cm(t_2 - t_1)[kcal]$$

여기서, m : 중량[g]
   C : 평균비열[kcal/kg · ℃]
   t_2 : 상승 후 온도[℃]
   t_1 : 상승 전 온도[℃]

(14) 전력(Electric Power)

단위시간에 얼마만큼의 **비율**로 일을 하는가의 척도를 **정량적**으로 **표시**한 것(마력으로 환산 가능)

$$P = \frac{W}{t} = \frac{VIt}{t} = VI[W]$$

$$P = VI = I^2 R = \frac{V^2}{R}[W]$$

(15) 전력량

$t[s]$ 동안에 **전기가 한 일의 양**을 표시한 것
$W = Pt = VIt = I^2 Rt[J]$

- $1[W \times s] = 1[J]$
- $1[Wh] = 3,600[J]$
- $1[kWh] = 1,000 \times 3,600[J] = 860[kcal]$

(16) 제베크효과(Seebeck Effect)

두 종류의 **금속 양단**을 접합한 곳에 **온도차**를 주면 **기전력**이 발생하는 현상

(17) 도체의 전기저항

$R[\Omega]$은 **길이** $l[m]$에 **비례**하고 **단면적** $A[m^2]$에 **반비례**한다.

$$R = \rho \frac{l}{A} = \rho \frac{4l}{\pi D^2}[\Omega]$$

(18) 저항의 온도계수

$$R_2 = R_1\{1 + \alpha_{t_1}(t_2 - t_1)\}[\Omega]$$

여기서, R_1 : $t_1[℃]$일 때의 저항$[\Omega]$

R_2 : $t_2[℃]$일 때의 저항$[\Omega]$

α_{t_1} : t_1의 온도에서 매 $1[℃]$마다 증가하는 저항의 온도계수

$\left(\dfrac{1}{234.5 + t_1}[1/℃] \right)$

(19) 직류회로의 선로 전력손실

$$P_L = I^2 R = I^2 \cdot \rho \frac{l}{A}[W]$$

여기서, R : 선로의 저항$[\Omega]$

ρ : 고유저항$[\Omega \cdot m]$

A : 전선의 단면적$[m^2]$

l : 선로의 길이$[m]$

(20) 전해질의 저항

① 온도가 높아질수록 저항이 작아지는 **(−)의 온도계수**

② 농도가 높을수록 전류의 흐름이 크다**(도전율 증가)**.

(21) 전기분해에 관한 패러데이법칙(Faraday's Law)

① 전기분해에 의해서 석출되는 물질의 양은 전해액을 통과한 **총전기량**에 **비례**한다.

② 전기분해에 의해서 석출되는 물질의 양 $W[g]$은 전해액을 통과한 **총전기량** $Q[C]$이 같으면 그 물질의 **화학당량**(Chemical Equivalent) k에 **비례**한다.

$$W = kQ = kIt[g]$$

(22) 전지(Battery)

화학 변화에 의해서 물리적인 에너지를 전기에너지로 변환하는 장치

① **1차 전지** : 방전된 후 역으로 전지에 충전이 안돼 재사용이 불가능한 전지

> 1차 전지 : 르클랑셰전지, 망간전지, 공기전지

② **2차 전지** : 방전된 후 충전에 의해 재사용이 가능한 전지

> 2차 전지 : 납(연)축전지, 알칼리축전지

(23) 분극작용(Polarization)

전지에 전류가 흐르면 **양극 표면**에 **수소가스**가 발생하여 전류의 흐름을 방해함으로써 전지의 **기전력**을 **저하**시키는 현상

(24) 국부작용(Local Action)

전지의 전극과 **불순물**이 국부적인 하나의 회로를 구성하여 전지 내부에서 순환전류가 흘러 화학변화가 발생하여 **기전력**이 **감소**하는 현상

(25) 납(연)축전지의 충·방전 화학반응식

$$PbO_2 + 2H_2SO_4 + Pb \underset{충전}{\overset{방전}{\rightleftarrows}} PbSO_4 + 2H_2O + PbSO_4$$

(+)　　　(전해액)　　　(−)　　　(+)　　　(물)　　　(−)

(이산화납)　　　　　　(납)　　(황산납)　　　　　(황산납)

> 납축전지 방전 : (+)극 황산납, (−)극 황산납

(26) 부동충전방식의 정류기 2차 전류

I_L = 상시부하전류 + 축전지 충전전류

> 축전지 충전전류 : 납(연)축전지 용량을 10[h]에 충전하는 전류

(27) 전지의 내부 저항

$$I = \frac{E}{R+r}[A], \quad V = IR = E - Ir[V]$$

(28) 전지의 직렬접속(n개 접속)

$$E_0 = nE[V], \quad I_0 = \frac{nE}{nr+R}[A], \quad r_0 = nr[\Omega]$$

(29) 전지의 병렬접속(m개 접속)

$$E_0 = E[\text{V}], \quad I_0 = \frac{E}{\dfrac{r}{m}+R}[\text{A}], \quad r_0 = \frac{r}{m}[\Omega]$$

2 정전용량과 자기회로

(1) 정전용량(Electrostatic Capacity)

$$C = \frac{Q}{V}[\text{F}], \quad Q = CV[\text{C}]$$

(2) 평판 콘덴서의 정전용량

$$C = \varepsilon \frac{A}{l}[\text{F}]$$

(3) 콘덴서의 정전용량을 크게 하기 위한 3가지 방법
　① 극판의 **면적(A)**을 넓게 한다.
　② 극판 간의 **간격(l)**을 작게 한다.
　③ 극판 간에 넣는 유전체를 **비유전율(ε_s)**이 큰 것으로 사용한다.

(4) 콘덴서의 접속
　① 병렬접속

$$C_0 = C_1 + C_2 + C_3[\text{F}]$$

　② 직렬접속

$$C_0 = \frac{1}{\dfrac{1}{C_1}+\dfrac{1}{C_2}+\dfrac{1}{C_3}}[\text{F}]$$

$$V_1 = \frac{Q}{C_1}[\text{V}], \quad V_2 = \frac{Q}{C_2}[\text{V}], \quad V_3 = \frac{Q}{C_3}[\text{V}]$$

각 콘덴서의 **양단 전압**은 정전용량에 **반비례**

(5) 정전에너지

$$W = \frac{1}{2}VQ = \frac{1}{2}CV^2[\text{J}]$$

(6) 정전 흡입력

$$F = \frac{1}{2}\varepsilon E^2 \cdot A[\text{N}]$$

단위면적당 정전 흡인력 : **전압의 제곱에 비례**

(7) 쿨롱의 법칙(전계)

$$F = \frac{1}{4\pi\varepsilon_0} \cdot \frac{Q_1 Q_2}{\varepsilon_s r^2} = 9 \times 10^9 \times \frac{Q_1 Q_2}{r^2}[\text{N}]$$

① 진공의 유전율 : $\varepsilon_0 = 8.855 \times 10^{-12}[\text{F/m}]$
② 유전율 : $\varepsilon = \varepsilon_0 \cdot \varepsilon_s[\text{F/m}]$
③ 진공 중의 빛의 속도 : $C_0 = 3 \times 10^8[\text{m/s}]$

(8) 전계(전기장)의 세기

$$E = 9 \times 10^9 \cdot \frac{Q}{r^2} = \frac{1}{4\pi\varepsilon_0 \varepsilon_s} \cdot \frac{Q}{r^2}[\text{V/m}]$$

(9) 전위차(Potential Difference)

$$V = \frac{W}{Q} = \frac{F \cdot l}{Q} = E \cdot l[\text{V}], \quad [\text{V}] = \frac{[\text{J}]}{[\text{C}]}$$

(10) 쿨롱의 법칙(자계)

$$F = \frac{1}{4\pi\mu_0} \cdot \frac{m_1 m_2}{\mu_s r^2} = 6.33 \times 10^4 \times \frac{m_1 m_2}{r^2}[\text{N}]$$

① 매질의 투자율(Permeability)
　$\mu = \mu_0 \mu_s[\text{H/m}]$
　　여기서, μ_0 : 진공의 투자율
　　　　　 μ_s : 매질의 비투자율
　　　　　　　(진공, 공기 중에 $\mu_s = 1$)
② 진공의 비투자율
　$\mu_0 = \dfrac{1}{4\pi \times (6.33 \times 10^4)} = 4\pi \times 10^{-7}[\text{H/m}]$

(11) 자계의 세기

$$H = \frac{1}{4\pi\mu_0} \cdot \frac{m}{\mu_s r^2} = 6.33 \times 10^4 \times \frac{m}{r^2}[\text{AT/m}]$$

(12) $m[\text{Wb}]$의 자하를 놓였을 때 작용하는 자기력 (자력)

$$F = mH[\text{N}]$$

(13) 자기모멘트 $M[\text{Wb} \cdot \text{m}]$의 회전력
　$T = MH\sin\theta = mlH\sin\theta[\text{N} \cdot \text{m}]$

(14) 자속밀도(Magnetic Flux Density)
　$B = \dfrac{\Phi}{A}[\text{Wb/m}^2]$

(15) 자속밀도와 자기장

　① 진공(또는 공기) 중

$$B = \mu_0 H [\text{Wb/m}^2]$$

　② 비투자율이 μ_R인 매질 중

$$B = \mu H = \mu_0 \mu_s H [\text{Wb/m}^2]$$

(16) 자화의 세기(단위 체적당 자기모멘트)

$$J = \sigma = \frac{m}{A} = \frac{ml}{Al} = \frac{M}{V} [\text{Wb/m}^2]$$

(17) 앙페르의 오른나사 법칙

전류의 자기작용에서 **전류**에 의한 **자계(자장)의 방향**을 결정하는 법칙

(18) 비오-사바르의 법칙(Biot-Savart's Law)

전류에 의해 발생되는 자계의 세기를 나타내는 법칙

$$\Delta H = \frac{I \Delta l}{4\pi r^2} \sin\theta [\text{AT/m}]$$

(19) 원형코일 중심의 자계의 세기

$$H_0 = \frac{I}{4\pi r^2} \Delta l = \frac{NI}{2r} [\text{AT/m}], \quad r : \text{반지름[m]}$$

(20) 자력의 세기(기자력)

$$F = NI [\text{AT}]$$

(21) 전자속

자속밀도 $B [\text{Wb/m}^2]$, 단면적을 $A [\text{m}^2]$일 때,

$$\Phi = BA = \mu HA = \mu \frac{NI}{l} A = \frac{NI}{\left(\dfrac{l}{\mu A}\right)} = \frac{NI}{R} [\text{Wb}]$$

(22) 자기 저항

$$R = \frac{NI}{\Phi} = \frac{l}{\mu A} [\text{AT/Wb}]$$

(23) 앙페르의 주회 적분의 법칙

$$\sum Hl = NI [\text{AT}]$$

(24) 직선상 전류에 의한 자계의 세기

$$H = \frac{I}{2\pi r} [\text{AT/m}]$$

(25) 환상 솔레노이드 내부 자계의 세기

$$H = \frac{NI}{2\pi r} [\text{AT/m}]$$

(26) 무한장 솔레노이드 내부 자계의 세기

$$H = NI [\text{AT/m}]$$
　　여기서, N : 단위길이당 권수

(27) 플레밍의 왼손 법칙(Fleming's Left Hand Rule)

자장과 전류 사이에 작용하는 **전자력의 방향**을 결정하는 법칙(전동기)

(28) 플레밍의 오른손 법칙(Fleming's Right Hand Rule)

자계 중의 **도체가 운동**에 의해 **유도 기전력의 방향**을 결정하는 법칙(발전기)

(29) 평행 도체 사이에 작용하는 힘

동일한 방향의 전류가 흐를 때의 **흡인력**, 다른 방향으로 전류가 흐를 때는 **반발력**이 작용

$$F = BI_2 \, l = 2 \times 10^{-7} \times \frac{I_1}{r} \times I_2 \times 1$$
$$= \frac{2 I_1 I_2}{r} \times 10^{-7} [\text{N}]$$

(30) 렌츠의 법칙(유도 기전력)

전자유도에 의하여 생기는 기전력은 **자속변화를 방해**하는 전류를 발생시키는 방향으로 생기는 법칙

(31) 패러데이의 법칙(전자유도)

전자유도현상에 의하여 생기는 **유도기전력의 크기**를 정의하는 법칙

$$e = -N \frac{d\Phi}{dt} [\text{V}]$$

(32) 자체인덕턴스(Self-Inductance)

$$L = \frac{N\Phi}{I} [\text{H}]$$

(33) 상호인덕턴스

$$M = \frac{N_2 \Phi}{I_1} [\text{H}]$$

(34) 결합계수(Coupling Coefficient)

$$K = \frac{M}{\sqrt{L_1 L_2}}$$

(35) 인덕턴스의 접속(전자 결합)

- 결합 접속 : $L = L_1 + L_2 + 2M[\mathrm{H}]$
- 차동 접속 : $L = L_1 + L_2 - 2M[\mathrm{H}]$

(36) 자기 인덕턴스에 축적되는 에너지

$$W = \frac{1}{2} L I^2 [\mathrm{J}]$$

(37) 자기 흡입력

$$F = \frac{1}{2} \frac{1}{\mu_0} B^2 A [\mathrm{N}]$$

3 교류회로

(1) 정현파의 주기와 주파수

① 주기(Period)

$$T = \frac{1}{f} = \frac{2\pi}{\omega} [\mathrm{s}]$$

② 주파수(Frequency)

$$f = \frac{1}{T} = \frac{\omega}{2\pi} [\mathrm{Hz}]$$

③ 각 주파수(각속도, Angular Frequency)

$$\omega = 2\pi f [\mathrm{rad/s}]$$

(2) 위상차

주파수가 동일한 2개 이상의 교류 사이의 **시간적인 차이**

(3) 순시값(Instantaneous Value)

$$v = V_m \sin\omega t [\mathrm{V}], \ i = I_m \sin\omega t [\mathrm{A}]$$

(4) 최댓값(Maximum Value)

$$V_m = \sqrt{2}\, V, \ I_m = \sqrt{2}\, I$$

(5) 실횻값(Effective Value)

$$I = \sqrt{\frac{1}{T} \int_0^T i^2 dt} = \sqrt{\frac{1}{2\pi} \int_0^{2\pi} i^2 d(\omega t)}$$

$$= \frac{I_m}{\sqrt{2}} \fallingdotseq 0.707 I_m [\mathrm{A}]$$

(6) 평균값(Average Value)

$$I_{av} = \frac{1}{T/2} \int_0^{T/2} i\, dt = \frac{1}{\pi} \int_0^{\pi} i\, d(\omega t) = \frac{2}{\pi} I_m$$

$$\fallingdotseq 0.637 I_m [\mathrm{A}]$$

(7) 정현파의 파고율

$$\frac{최댓값}{실횻값} = \sqrt{2} \fallingdotseq 1.414$$

(8) 정현파의 파형률

$$\frac{실횻값}{평균값} = \frac{\pi}{2\sqrt{2}} \fallingdotseq 1.111$$

파형 값	구형파	삼각파	정현파	전파 정류파	반파 정류파
최댓값	1	1	1	1	1
실횻값	1	$\frac{1}{\sqrt{3}}$	$\frac{1}{\sqrt{2}}$	$\frac{1}{\sqrt{2}}$	$\frac{1}{2}$
평균값	1	$\frac{1}{2}$	$\frac{2}{\pi}$	$\frac{2}{\pi}$	$\frac{1}{\pi}$

(9) 저항(R)만의 교류회로

① **전압**과 **전류**의 위상은 **동상**이다.
② 전류의 실횻값

$$I = \frac{V}{R} [\mathrm{A}]$$

③ 전압과 전류는 주파수와 파형이 동일하다.

(10) 인덕턴스(L)만의 교류회로

① **전압**이 **전류**보다 위상이 90° **앞선다.**
② 전류의 실횻값

$$I_L = \frac{V}{\omega L} [\mathrm{A}]$$

③ 유도리액턴스

$$X_L = \omega L = 2\pi f L [\Omega]$$

(11) **콘덴서(C)만의 교류회로**

① **전압**이 **전류**보다 위상이 90° 뒤진다.

② 전류의 실횻값

$$I = \omega C V = \frac{V}{\dfrac{1}{\omega C}} [\text{A}]$$

③ 용량리액턴스

$$X_C = \frac{1}{\omega C} = \frac{1}{2\pi f C} [\Omega]$$

(12) **$R-L$ 직렬회로**

① $\dot{V} = \sqrt{V_R^2 + V_L^2} = \sqrt{(\dot{I}R)^2 + (\dot{I}X_L)^2}$
$= \dot{I} \cdot \sqrt{R^2 + (\omega L)^2} [\text{V}]$

② $\dot{I} = \dfrac{\dot{V}}{\dot{Z}} = \dfrac{\dot{V}}{\sqrt{R^2 + X_L^2}}$
$= \dfrac{\dot{V}}{\sqrt{R^2 + (\omega L)^2}} [\text{A}]$

③ $\dot{Z} = \sqrt{R^2 + X_L^2} = \sqrt{R^2 + (\omega L)^2} [\Omega]$

④ 위상차 $\theta = \tan^{-1} \dfrac{X_L}{R} = \tan^{-1} \dfrac{\omega L}{R} [\text{rad}]$

⑤ 전류($\dot{I}$)는 전압($\dot{V}$)보다 θ[rad]만큼 뒤진다(유도성 회로).

$$\text{역률 } \cos\theta = \frac{R}{\dot{Z}} = \frac{R}{\sqrt{R^2 + (\omega L)^2}}$$

(13) **$R-C$ 직렬회로**

① $\dot{V} = \sqrt{V_R^2 + V_C^2} = \sqrt{(\dot{I}R)^2 + (\dot{I}X_C)^2}$
$= \dot{I} \cdot \sqrt{R^2 + \left(\dfrac{1}{\omega C}\right)^2} [\text{V}]$

② $\dot{I} = \dfrac{\dot{V}}{\dot{Z}} = \dfrac{\dot{V}}{\sqrt{R^2 + X_C^2}}$
$= \dfrac{V}{\sqrt{R^2 + \left(\dfrac{1}{\omega C}\right)^2}} [\text{A}]$

③ $\dot{Z} = \sqrt{R^2 + X_C^2} = \sqrt{R^2 + \left(\dfrac{1}{\omega C}\right)^2} [\Omega]$

④ 위상차 $\theta = \tan^{-1} \dfrac{X_C}{R} = \tan^{-1} \dfrac{1}{\omega CR} [\text{rad}]$

⑤ 전류($\dot{I}$)는 전압($\dot{V}$)보다 θ[rad]만큼 앞선다(용량성 회로).

$$\text{역률 } \cos\theta = \frac{R}{\dot{Z}} = \frac{R}{\sqrt{R^2 + \left(\dfrac{1}{\omega C}\right)^2}}$$

(14) **$R-L-C$ 직렬 회로**

① $\dot{V} = \sqrt{V_R^2 + (V_L - V_C)^2}$
$= \sqrt{(\dot{I}R)^2 + (\dot{I}X_L - \dot{I}X_C)^2}$
$= \dot{I} \cdot \sqrt{R^2 + \left(\omega L - \dfrac{1}{\omega C}\right)^2} [\text{V}]$

② $\dot{I} = \dfrac{\dot{V}}{\dot{Z}} = \dfrac{\dot{V}}{\sqrt{R^2 + (X_L - X_C)^2}}$
$= \dfrac{\dot{V}}{\sqrt{R^2 + \left(\omega L - \dfrac{1}{\omega C}\right)^2}} [\text{A}]$

③ $\dot{Z} = \sqrt{R^2 + \left(\omega L - \dfrac{1}{\omega C}\right)^2} [\Omega]$

④ 위상차 $\theta = \tan^{-1} \dfrac{(X_L - X_C)}{R}$
$= \tan^{-1} \dfrac{\left(\omega L - \dfrac{1}{\omega C}\right)}{R} [\text{rad}]$

⑤ 위 상

㉠ $X_L > X_C \left(\omega L > \dfrac{1}{\omega C}\right)$

전류($\dot{I}$)는 전압($\dot{V}$)보다 θ[rad]만큼 뒤진다(유도성 회로).

㉡ $X_L < X_C \left(\omega L < \dfrac{1}{\omega C}\right)$

전류($\dot{I}$)는 전압($\dot{V}$)보다 θ[rad]만큼 앞선다(용량성 회로).

㉢ $X_L = X_C \left(\omega L = \dfrac{1}{\omega C}\right)$

$\dot{V}$ 와 $\dot{I}$ 는 동상이다(직렬 공진).

$$\text{역률 } \cos\theta = \frac{R}{\dot{Z}} = \frac{R}{\sqrt{R^2 + \left(\omega L - \dfrac{1}{\omega C}\right)^2}}$$

(15) 직렬 공진

① 직렬회로의 임피던스 $\omega L = \dfrac{1}{\omega C}$ (직렬 공진 조건) 일 때

> • 임피던스는 최소이다[$Z = R$(최소)].
> • 리액턴스 성분은 0이다($X_L - X_C = 0$).
> • 전압과 전류의 동상이다.
> • 전류는 최대이다 $\left(I = \dfrac{V}{Z} = \dfrac{V}{R} \right)$.

② 공진 주파수(f_0)

$$\omega L = \frac{1}{\omega C}, \quad \omega^2 = \frac{1}{LC}, \quad (2\pi f_0)^2 = \frac{1}{LC}$$

$$f_0 = \frac{1}{2\pi\sqrt{LC}}\,[\text{Hz}]$$

③ 선택도(전압 확대율, Q)

$$\frac{V_L}{V} = \frac{\omega L}{R}$$

$$\frac{V_C}{V} = \frac{1}{\omega CR}$$

$$Q = \frac{\omega L}{R} = \frac{1}{\omega CR} = \frac{1}{R} \cdot \sqrt{\frac{L}{C}}$$

(16) $R-L$ 병렬회로

① $\dot{I} = \sqrt{I_R{}^2 + I_L{}^2} = \sqrt{\left(\dfrac{\dot{V}}{R}\right)^2 + \left(\dfrac{\dot{V}}{\omega L}\right)^2}$

$\quad = \dot{V} \cdot \sqrt{\left(\dfrac{1}{R}\right)^2 + \left(\dfrac{1}{\omega L}\right)^2}\,[\text{A}]$

② $\dot{Z} = \dfrac{1}{\sqrt{\left(\dfrac{1}{R}\right)^2 + \left(\dfrac{1}{\omega L}\right)^2}}$

$\quad = \dfrac{RX_L}{\sqrt{R^2 + X_L{}^2}}\,[\Omega]$

③ 어드미턴스(Admittance) : 임피던스 $\dot{Z}$ 의 역수

$\left(Y = \dfrac{1}{\dot{Z}} \right)$

$$Y = \frac{1}{\dot{Z}} = \sqrt{\left(\frac{1}{R}\right)^2 + \left(\frac{1}{\omega L}\right)^2}$$

$$= \sqrt{G^2 + B^2}\,[\text{℧}]$$

④ 위상차 $\theta = \tan^{-1}\dfrac{I_L}{I_R} = \tan^{-1}\dfrac{R}{\omega L}\,[\text{rad}]$

⑤ 전류($\dot{I}$)는 전압($\dot{V}$)보다 θ [rad]만큼 뒤진다(유도성 회로).

> 역률 $\cos\theta = \dfrac{I_R}{I} = \dfrac{G}{Y} = \dfrac{R}{\sqrt{\left(\dfrac{1}{R}\right)^2 + \left(\dfrac{1}{\omega L}\right)^2}}$
>
> $\qquad\quad = \dfrac{X_L}{\sqrt{R^2 + X_L{}^2}} = \dfrac{\omega L}{\sqrt{R^2 + (\omega L)^2}}$

(17) $R-C$ 병렬회로

① $\dot{I} = \sqrt{I_R{}^2 + I_C{}^2} = \sqrt{\left(\dfrac{\dot{V}}{R}\right)^2 + (\omega C \dot{V})^2}$

$\quad = \dot{V} \cdot \sqrt{\left(\dfrac{1}{R}\right)^2 + (\omega C)^2}\,[\text{A}]$

② $\dot{Z} = \dfrac{1}{\sqrt{\left(\dfrac{1}{R}\right)^2 + (\omega C)^2}}\,[\Omega]$

③ $Y = \dfrac{1}{\dot{Z}} = \sqrt{\left(\dfrac{1}{R}\right)^2 + (\omega C)^2}$

$\quad = \sqrt{G^2 + B^2}\,[\text{℧}]$

④ 위상차 $\theta = \tan^{-1}\dfrac{I_C}{I_R} = \tan^{-1}\omega CR\,[\text{rad}]$

⑤ 전류($\dot{I}$)는 전압($\dot{V}$)보다 θ [rad]만큼 앞선다(용량성 회로).

> 역률 $\cos\theta = \dfrac{I_R}{I} = \dfrac{G}{Y} = \dfrac{R}{\sqrt{\left(\dfrac{1}{R}\right)^2 + (\omega C)^2}}$
>
> $\qquad\quad = \dfrac{X_C}{\sqrt{R^2 + X_C{}^2}} = \dfrac{1}{\sqrt{1 + \omega^2 C^2 R^2}}$

(18) $R-L-C$ 병렬회로

① $\dot{I} = \sqrt{I_R{}^2 + I_X{}^2}$

$\quad = \sqrt{I_R{}^2 + (I_C - I_L)^2} \quad \left(\omega C > \dfrac{1}{\omega L} \right)$

$\quad = \sqrt{\left(\dfrac{\dot{V}}{R}\right)^2 + \left(\omega C \dot{V} - \dfrac{\dot{V}}{\omega L}\right)^2}$

$\quad = \dot{V} \cdot \sqrt{\left(\dfrac{1}{R}\right)^2 + \left(\omega C - \dfrac{1}{\omega L}\right)^2}$

$\quad = \dot{V} \cdot Y\,[\text{A}]$

② $\dot{Z} = \dfrac{1}{\sqrt{\left(\dfrac{1}{R}\right)^2 + \left(\dfrac{1}{X_C} - \dfrac{1}{X_L}\right)^2}}$

$= \dfrac{1}{\sqrt{\left(\dfrac{1}{R}\right)^2 + \left(\omega C - \dfrac{1}{\omega L}\right)^2}} [\Omega]$

③ $Y = \dfrac{1}{\dot{Z}} = \sqrt{\left(\dfrac{1}{R}\right)^2 + \left(\dfrac{1}{X_C} - \dfrac{1}{X_L}\right)^2}$

$= \sqrt{\left(\dfrac{1}{R}\right)^2 + \left(\omega C - \dfrac{1}{\omega L}\right)^2} [\mho]$

④ 위상차

㉠ $\dfrac{1}{\omega L} < \omega C$ 일 경우

$\theta = \tan^{-1}\dfrac{I_X}{I_R}$

$= \tan^{-1}\left(\omega C - \dfrac{1}{\omega L}\right) \cdot R \,[\text{rad}]$

㉡ $\dfrac{1}{\omega L} > \omega C$ 인 경우

$\theta = \tan^{-1}\dfrac{I_X}{I_R}$

$= \tan^{-1}\left(\dfrac{1}{\omega L} - \omega C\right) \cdot R \,[\text{rad}]$

⑤ 위 상

㉠ $X_L > X_C \left(\dfrac{1}{\omega L} < \omega C\right)$

전류($\dot{I}$)는 전압($\dot{V}$)보다 θ[rad]만큼 앞선다
(용량성 회로).

㉡ $X_L < X_C \left(\dfrac{1}{\omega L} > \omega C\right)$

전류($\dot{I}$)는 전압($\dot{V}$)보다 θ[rad]만큼 뒤진다
(유도성 회로).

㉢ $X_L = X_C \left(\dfrac{1}{\omega L} = \omega C\right)$

$\dot{V}$ 와 $\dot{I}$ 는 동상이다(병렬 공진).

역률 $\cos\theta = \dfrac{I_R}{I} = \dfrac{G}{Y}$

$= \dfrac{\dfrac{1}{R}}{\sqrt{\left(\dfrac{1}{R}\right)^2 + \left(\dfrac{1}{X_C} - \dfrac{1}{X_L}\right)^2}}$

(19) 어드미턴스

$Y = \dfrac{1}{Z} = G + jB = \sqrt{G^2 + B^2} \,[\mho]$

(여기서, G : 컨덕턴스, B : 서셉턴스)

(20) 전 력

순시 전력 p의 1주기에 대해서 평균값

$$P = VI\cos\theta [\text{W}]$$

① 피상 전력(Apparent Power)

$P_a = VI = \sqrt{P^2 + P_r^2} \,[\text{VA}]$

② 유효 전력(Effective Power)

$P = VI\cos\theta = I^2 R \,[\text{W}]$

③ 무효 전력(Reactive Power)

$P_r = VI\sin\theta = I^2 X \,[\text{Var}]$

④ 역률 $\cos\theta = \dfrac{P}{P_a} = \dfrac{P}{VI} = \dfrac{R}{Z}$

⑤ 무효율 $\sin\theta = \dfrac{P_r}{P_a} = \dfrac{P_r}{VI} = \dfrac{X}{Z}$

(21) 복소 전력(Complex Power)

$P_a = V\overline{I} = (V_1 + jV_2) \times (I_1 - jI_2)$

$= (V_1 I_1 + V_2 I_2) + j(V_2 I_1 - V_1 I_2)$

$= P + jP_r$

① 피상 전력 $P_a = P + jP_r = \sqrt{P^2 + P_r^2} \,[\text{VA}]$

② 유효 전력 $P = V_1 I_1 + V_2 I_2 \,[\text{W}]$

③ 무효 전력 $P_r = V_2 I_1 - V_1 I_2 \,[\text{Var}]$

(22) 역률 개선

$Q_C = P(\tan\theta_1 - \tan\theta_2)$

$= P\left(\dfrac{\sin\theta_1}{\cos\theta_1} - \dfrac{\sin\theta_2}{\cos\theta_2}\right)$

$= P\left(\dfrac{\sqrt{1 - \cos^2\theta_1}}{\cos\theta_1} - \dfrac{\sqrt{1 - \cos^2\theta_2}}{\cos\theta_2}\right) [\text{VA}]$

여기서, Q_C : 개선용 콘덴서의 용량[VA]
P : 부하의 유효 전력[kW]
$\cos\theta_1$: 개선 전 역률
$\cos\theta_2$: 개선 후 역률

(23) Y결선

① $V_l = \sqrt{3}\, V_p [\text{V}]$

② $I_l = I_p [\text{A}]$

(24) △결선

① $V_l = V_p[\text{V}]$

② $I_l = \sqrt{3}\,I_p[\text{A}]$

(25) V결선

① 출력비

$$\frac{P_v}{P_\triangle} = \frac{\sqrt{3}\,V_p I_p \cos\theta}{3\,V_p I_p \cos\theta} = \frac{\sqrt{3}}{3} = 0.577$$

② 변압기 이용률

$$\frac{P_v}{P} = \frac{\sqrt{3}\,V_p I_p \cos\theta}{2\,V_p I_p \cos\theta} = \frac{\sqrt{3}}{2} = 0.866$$

(26) 3상 전력

① 피상 전력

$$P_a = 3 \cdot V_p I_p = \sqrt{3} \cdot V_l I_l$$
$$= \sqrt{P^2 + P_r{}^2}\,[\text{VA}]$$

② 유효 전력

$$P = 3 \cdot V_p I_p \cos\theta = \sqrt{3} \cdot V_l I_l \cos\theta$$
$$= 3 \cdot I_p{}^2 R\,[\text{W}]$$

③ 무효 전력

$$P_r = 3 \cdot V_p I_p \sin\theta = \sqrt{3} \cdot V_l I_l \sin\theta$$
$$= 3 \cdot I_p{}^2 X\,[\text{Var}]$$

(27) 비정현파 왜형률

$$왜형률 = \frac{전 \ 고조파의 \ 실횻값}{기본파의 \ 실횻값}$$
$$= \frac{\sqrt{I_2{}^2 + I_3{}^2 + I_4{}^2 + \cdots}}{I_1}$$

> • 비정현파 파형률 $= \dfrac{실횻값}{평균값}$
>
> • 비정현파 파고율 $= \dfrac{최댓값}{실횻값}$

4 전기기기

(1) 전기자 도체 1개의 유도 기전력

$$e = \frac{p}{a} z\varPhi \frac{N}{60}\,[\text{V}]$$

(2) 브러시 양단의 유도 기전력

$$E = e \cdot \frac{Z}{a} = p\varPhi \cdot \frac{N}{60} \cdot \frac{Z}{a} = K\varPhi N\,[\text{N}]$$

(3) 직류 발전기의 종류

① 자석 발전기(특수 소형 발전기)

② 타여자 발전기

  ㉠ 워드 + 레오나드 전압제어 방식의 전원

  ㉡ 교류 발전기의 여자기 전원으로 사용

③ 자여자 발전기

  ㉠ 분권 발전기(Shunt Generator)

> 전기화학용 전원, 전지의 충전용, 동기기의 여자용으로 사용

  ㉡ 직권 발전기(Series Generator)

    전압 승압기, 아크 용접용 발전기로 사용

  ㉢ 복권 발전기(Compound Generator)

    • 가동 복권

    • 차동 복권

(4) 직류 전동기의 역기전력

$$E_0 = V - I_a R_a = \frac{p}{a} Z\varPhi \cdot \frac{N}{60} = K\varPhi N\,[\text{V}]$$

(5) 직류 전동기의 용도

① 분권 전동기 : 공작 기계, 펌프, 압연기, **환기용 송풍기** 등에 사용(속도조정이 용이)

② 직권 전동기 : **전동차(전기철도), 크레인** 등에 사용(부하변동이 심하고, 큰 기동토크가 요구되는 부하에 적합)

③ 복권 전동기 : 크레인, 엘리베이터, 공작기계, 공기 압축기 등에 사용

(6) 변압기의 1차, 2차 유도 기전력

$$E_1 = \sqrt{2}\,\pi f N_1 \varPhi_m = 4.44 f N_1 \varPhi_m = a E_2\,[\text{V}]$$
$$E_2 = \sqrt{2}\,\pi f N_2 \varPhi_m = 4.44 f N_2 \varPhi_m = \frac{E_1}{a}\,[\text{V}]$$

(7) 권수비(변압비)

$$a = \frac{E_1}{E_2} = \frac{I_2}{I_1} = \frac{N_1}{N_2}$$

(8) 철손과 동손

① 철손(P_i) : 부하에 관계없이 일정

② 동손(P_c) : 부하의 제곱에 비례

(9) △-△ 결선

① 장 점

㉠ 변압기 외부에 제3고조파가 발생하지 않아 통신장애가 없다.

㉡ 제3고조파 여자 전류 통로를 가지므로 **정현파 전압**을 유기한다.

㉢ 변압기 1대가 고장이 나도 **V-V 결선**으로 운전하여 3상 전력을 공급한다.

② 단 점

㉠ 중성점 접지가 없어 **지락 사고 시 보호**가 **곤란**하다.

㉡ 상부하가 불평형일 때 **순환 전류**가 흐른다.

(10) Y-Y 결선

① 장 점

㉠ 중성점을 접지할 수 있으므로 고압의 경우 **이 상전압**을 **감소**시킨다.

㉡ 상전압이 선간 전압의 $\frac{1}{\sqrt{3}}$이므로 **절연**이 **용이**하여 고전압에 유리하다.

② 단 점

㉠ 제3고조파 통로가 없어 기전력의 파형은 **제3 고조파**를 포함하여 **왜형파**가 된다.

㉡ 제3고조파가 흘러 **통신선**에 **유도 장애**를 일으킨다.

(11) V-V 결선

- 이용률 = $\dfrac{\sqrt{3}\,V_p I_p}{2 V_p I_p} = 0.866$

- 출력비 = $\dfrac{\sqrt{3}\,V_p I_p}{3 V_p I_p} = 0.577$

① 장점 : 설치 방법이 **간단**하고 소용량이면 가격이 싸다.

② 단 점

㉠ 이용률이 $\dfrac{\sqrt{3}}{2} = 0.866 = 86.6[\%]$ 밖에 안 된다.

㉡ 출력이 $\dfrac{\sqrt{3}}{3} = 0.577 = 57.7[\%]$ 밖에 안 된다.

㉢ 부하의 상태에 따라서 2차 단자 전압이 **불평형**이 될 수 있다.

(12) 변압기의 병렬 운전

① 단상 변압기의 병렬 운전 조건

㉠ **극성, 1차 2차 단자 전압** 및 **권수비**가 같을 것

㉡ **% 저항강하** 및 **% 리액턴스 강하**가 같을 것

② 3상 변압기의 병렬 운전 조건

단상 변압기의 병렬 운전 조건 이외에 **상회전 방향**과 **각 변위**가 같을 것

(13) 전동기의 속도

① 동기속도(N_s) : $N_s = \dfrac{120f}{P}$ [rpm]

② 회전속도(N)

$$N = \frac{120f}{P}(1-S) = (1-S)N_s\,[\text{rpm}]$$

③ 슬립(S) : $S = \dfrac{N_s - N}{N_s} \times 100\,[\%]$

(14) 역률 개선용 콘덴서 용량

$$Q = P(\tan\theta_1 - \tan\theta_2)$$
$$= P\left(\frac{\sqrt{1-\cos^2\theta_1}}{\cos\theta_1} - \frac{\sqrt{1-\cos^2\theta_2}}{\cos\theta_2}\right)[\text{kVA}]$$

(15) 3상 유도 전동기의 기동법

① 전전압 기동법(직입 기동) : 소용량 전동기 3.7 [kW] 이하의 기동에 적합

② Y-△ 기동법 : 5.5~15[kW] 용량의 전동기 기동에 적합

③ 기동보상기 기동법[콘돌퍼(Kondorfer) 기동] : 기동 전류를 줄이고 기동 효율이 크게 요구되는 15[kW] 이상의 중대형인 펌프, 송풍기 등의 기동에 적합

④ 2차 저항 기동법 : 권선형 유도 전동기의 **2차 저항**의 크기를 조절하여 기동하는 방법

(16) 속도제어

$$N = (1-s)N_s, \quad N_s = \frac{120f}{p}$$

① **2차 저항제어**(s제어)

② **주파수 변환**(f제어)

③ **극수 변환**(p제어)

④ **2차 여자**

(17) 단상 유도 전동기의 종류

① 분상 기동형 : 소용량 200[W] 이하에서 많이 사용
② 콘덴서 기동형 : 200[W] 이상의 가정용 펌프, 송풍기 등에 많이 사용
③ **반발 기동형**은 **기동 토크**는 크나 정류자와 브러쉬의 사용으로 보수면에서 불편
④ 세이딩 코일형 : 전축용 전동기, 소형 선풍기, 출력이 매우 작은 수십[W] 이하의 소형 전동기로 사용

(18) **교류 발전기의 병렬 운전 조건**

① 기전력의 **크기**(전압)가 일치할 것
② 기전력의 **주파수**가 일치할 것
③ 기전력의 **위상**이 일치할 것
④ 기전력의 **파형**이 일치할 것

5 전기계측

(1) 오차 백분율(Percentage Error)

$$\varepsilon = \frac{M-T}{T} \times 100 [\%]$$

(2) 보정 백분율(Percentage Correction)

$$\alpha = \frac{T-M}{M} \times 100 [\%]$$

(3) 지시 계기의 3대 요소

① 구동장치
② 제어장치
③ 제동장치

(4) **가동 철편형 계기**(Moving Iron Type Instrument)

① 종 류
　㉠ 반발형(Repulsion Type)
　㉡ 반발흡인형(Combination Type)
　㉢ 흡인형(Attraction Type)
② 특 징
　㉠ 구조가 간단하고 견고하며, 가격이 저렴하다.
　㉡ 비교적 큰 전류까지 측정이 가능하다.
　㉢ 눈금은 균등 눈금에 가깝다.
　㉣ 교류 전용 계기이다.
　㉤ 오차가 크다.
　㉥ 외부 자기장의 영향을 받기 쉽다.

(5) 정류형 계기(Rectifier Type Instrument)

① 교류는 반도체 정류기에 의해 직류로 변환 후 가동 코일형 계기로 지시한다.
② 고정도, 고감도의 **교류 측정(실횻값)**에 이용한다.
③ 주로 상용주파수에 사용되며, 파형의 영향을 받기 쉽다.

(6) **전류력계형 계기**(Electrodymamo Type Instrument)

① **직류**와 **교류**를 같은 눈금으로 측정할 수 있는 정밀급 계기이다.
② 실횻값을 지시한다(상용 주파수 교류의 표준용으로 사용).
③ 코일의 인덕턴스에 의한 주파수의 영향이 크다.
④ 계기의 소비 전력이 크고, 구조가 다소 복잡하므로 주로 전력계로 널리 사용한다.
⑤ 외부 자장의 영향을 받기 쉽다.
⑥ 1[A] 이상의 전류에는 온도 보상 및 주파수 보상이 필요하다.
⑦ 자기 가열의 영향이 비교적 크다.

(7) 유도형 계기(Induction Type Instrument)

① 구조가 간단하고 견고하다.
② 구동 토크가 크고, 조정이 쉽다.
③ 외부 자장의 영향이 작다.
④ 극히 넓은 범위의 눈금을 사용한다.
⑤ 주파수의 영향이 크므로 정밀급 계기로 사용이 곤란하다.
⑥ **교류 전용** 계기이다(직류 사용 불가).
⑦ 기록장치와 전력계 및 적산전력계로 이용된다.
⑧ **잠동**(Creeping)이 발생한다.

> 잠동 : 회전 원판이 무부하 상태일 때 회전하는 현상

(8) 정전형 계기(Electrostatic Type Instrument)

① **고전압 측정**에 사용된다(전류 측정에는 사용되지 않음).
② 제곱 눈금을 사용한다.
③ 입력 임피던스가 높고, 소비 전력이 극히 작다.
④ 외부 전기장에 의한 오차가 발생한다.
⑤ 주파수, 파형의 영향이 없고, 직·교류 겸용 및 직·교류 비교기로 이용된다.

(9) 분류기(Shunt)

$$I = \frac{R_s + r_a}{R_s} I_a = \left(1 + \frac{r_a}{R_s}\right) I_a$$

배율 $n = 1 + \dfrac{r_a}{R_s}$

(10) 배율기(Multiplier)

$$V = \frac{r_v + R_m}{r_v} V_v = \left(1 + \frac{R_m}{r_v}\right) V_v$$

배율 $m = 1 + \dfrac{R_m}{r_v}$

(11) 분압기

① 저항 분압기 : 측정이 비교적 용이하나 오차의 발생 및 소비전력이 크다.
② 용량 분압기 : 구조가 간단하고 차폐가 용이하며 소비전력이 작다(내압을 고려하여 배율기 **정전 용량**을 **직렬** 접속한다).

(12) 전류측정용의 변류기(CT ; Current Transformer)

$$\frac{I_1}{I_2} = \frac{n_2}{n_1}$$

① 1차 최대전류는 임의로 결정, 2차측 전류는 일반적으로 5[A]가 되도록 규정한다.
② 2차 부담의 단위는 [VA]이다.
③ **통전 중**에 변류기 2차 측을 **개방**해서는 안 된다.

(13) 전압측정용의 계기용 변압기(PT ; Potential Transformer)

$$\text{전압비} = \frac{V_1}{V_2} = \frac{E_1}{E_2} = \frac{n_1}{n_2}$$

① 1차 전압은 임의로 결정, 2차 전압은 일반적으로 100[V] 또는 110[V]가 되도록 권수비를 결정한다.
② 안전상 1차 측에는 **퓨즈**를 설치한다.

- 전압계 : 부하에 병렬연결
- 전류계 : 부하에 직렬연결

(14) 회로 시험계(Multi Tester) 측정 기능

① 저항 측정
② 직류의 전압 전류 측정
③ 교류의 전압 측정

(15) 메거(Megger)

선로(배선)의 **절연 저항 측정**

Plus one 메거(Megger)
- 500[V]용은 100[MΩ]
- 1,000[V]용은 200[MΩ] 측정 가능

(16) 훅 온 미터(Hook On Meter)

전선의 **교류 전류 측정**

(17) 교류 전력 측정(단상 전력 간접 측정)

① 3전류계법

$$P = \frac{r}{2}(I_3{}^2 - I_1{}^2 - I_2{}^2)[\text{W}]$$

② 3전압계법

$$P = \frac{1}{2r}(E_3{}^2 - E_1{}^2 - E_2{}^2)[\text{W}]$$

6 자동 제어

(1) 제어 장치의 전력원에 의한 분류

① 자력 제어 : 조작부를 움직이는 데 필요한 에너지를 제어대상에서 **직접** 얻어서 행하는 제어
② 타력 제어 : 조작부를 움직이는 데 필요한 에너지를 **보조에너지**에서 얻어 행하는 제어

(2) 프로그램 제어(Program Control)

목표값의 변화가 미리 정해져 있어 그 정해진 대로 변화하는 제어(예 열처리로의 온도 제어, 열차의 무인운전, **무인조정 승강기**)

(3) 프로세스 제어(Process Control)

온도, 유량, 압력, 액위, 농도, 효율 등의 **공업 프로세스의 상태를 제어량**으로 하는 제어(예 온도, 압력, 유량, 액위의 제어 장치)

(4) 서보 기구(Servo Mechanism)

물체의 위치, 방향, 자세 등의 **기계적 변위를 제어량**으로 해서 목표값의 임의의 변화에 추종하도록 구성된 제어계(예 대공포의 포신제어, 미사일의 유도기구, 동력장치의 자동 속도조절)

(5) 조작량(Manipulated Variable)

제어 대상을 직접 구동할 수 있는 양으로 **제어장치의 출력**인 동시에 **제어대상**의 **입력**

(6) 제어요소(Control Element)

동작 신호를 조작량으로 변환하는 요소(**조절부**와 **조작부**)

(7) 피드백 제어의 특징

① 외부 조건의 변화에 대한 영향 감소
② 제어기 부품의 성능이 저하되어도 큰 영향을 받지 않음
③ 제어계의 특성 향상(감도, 대역폭 증가, 정확도 증가 등의 개선)
④ 전체 이득(**입력과 출력의 비**) 감소
⑤ 시스템이 복잡하고 대형이며 설비비가 고가임

(8) 시퀀스 제어(Sequence Control)

미리 정해 놓은 순서 또는 일정한 논리에 의해 **순차적**으로 진행되는 제어

(9) 시퀀스 제어의 특징

① 미리 정해진 **순서**에 의해 제어가 된다.
② **원인**과 **결과**가 확실하다.
③ 제어 결과에 따라 **조작**이 **자동적**이다.

(10) 무접점 회로의 특징

① 기계적 마멸이 없어 영구적으로 사용이 가능하다.
② 유접점에 비해 동작 속도가 1,000배 이상 빠르다.
③ 유도성 부하에 전원을 공급할 때 아크가 일어나지 않는다.

(11) 부호기와 복호기

① 부호기 : 부호화되지 않은 입력을 **부호화**시키는 장치
② 복호기 : 부호화된 신호(2진부, 10진부)를 부호가 없는 형태로 변환하는 장치

(12) 계수기

수를 헤아리는 동작을 하는 장치

(13) 증폭기기

① 전기식
   ㉠ 정지기 : 진공관, 트랜지스터, **SCR**, 자기증폭기 등
   ㉡ 회전기 : 앰플리다인, 로토트롤, 다이나모 등
② 공기식 : **노즐플래퍼**, 파일럿 밸브, 벨로스 등
③ 유압식 : 안내밸브, 분사관 등

(14) 조작용 기기

① 기계식 : 다이어프램 밸브, 밸브 포지셔너, 클러치 등
② 유압식 : 안내밸브, 조작 실린더 및 피스톤, **분사관** 등
③ 전기식 : 솔레노이드 밸브, 전동 밸브, 서보 전동기 등

(15) 검출용 기기

① 프로세스 제어용 : 온도계, 유량계, 압력계, 액면계, 비중계, 습도계, 가스 성분계, 액체 성분계 등
② 서보 기구용 : 방향 제어계, 자동위치 제어계, 추적용 레이더, 자동평형 기록계 등
③ 자동 조정용 : 정전압 장치, 발전기의 조속기 등

(16) 논리회로(Logic Circuit)

구 분	논리 기호	진리표		
AND 회로	$A \cdot B = X$	A	B	X
		0	0	0
		0	1	0
		1	0	0
		1	1	1
OR 회로	$A + B = X$	A	B	X
		0	0	0
		0	1	1
		1	0	1
		1	1	1
NOT 회로	$\overline{A} = X$	A	X	
		0	1	
		1	0	
NAND 회로	$\overline{A \cdot B} = X$	A	B	X
		0	0	1
		0	1	1
		1	0	1
		1	1	0
NOR 회로	$\overline{A + B} = X$	A	B	X
		0	0	1
		0	1	0
		1	0	0
		1	1	0

구 분	논리 기호	진리표		
		A	B	X
XOR 회로	A ⊐⊃— X B $A \oplus B = X$	0	0	0
		0	1	1
		1	0	1
		1	1	0

(17) 변환 요소의 종류

① 온도 → 변위 : 바이메탈, 액체팽창
② 온도 → 전압 : 열전대, 방사 온도계
③ 온도 → 임피던스 : 측온 저항체, 정온식감지선 형감지기
④ 압력 → 임피던스 : 스트레인 게이지
⑤ 압력 → 변위 : U자관, 벨로스, 다이어프램
⑥ 변위 → 압력 : 유압 분사관, 스프링, 노즐플래 퍼 등
⑦ 변위 → 전압 : 차동 변압기, 발진기, 전위차계 등
⑧ 변위 → 임피던스 : 가변 저항기 등
⑨ 전압 → 변위 : 전자석, 전위차계식 자동평형계 기 등
⑩ 광(빛) → 전압 : 광(태양)전지, 광전 다이오드 등
⑪ 속도 → 전압 : 발전기, 광전관 회전계 등

(18) 조절용 기기

① ON-OFF 동작
② 비례 동작(P 동작) : $X_0 = K_p x_i$
③ 비례적분 동작(PI 동작)

$$X_0 = K_p \left(x_i + \frac{1}{T_I} \int x_i \, dt \right)$$

④ 비례미분 동작(PD 동작)

$$X_0 = K_p \left(x_i + T_D \frac{dx_i}{dt} \right)$$

⑤ 비례적분미분 동작(PID 동작)

$$X_0 = K_p \left(x_i + \frac{1}{T_I} \int x_i \, dt + T_D \frac{dx_i}{dt} \right)$$

03 위험물의 성질 · 상태 및 시설기준

제1절 위험물의 성질 · 상태

[위험물의 분류]

유별	성 질	품 명	위험등급	지정수량
제1류	산화성 고체	1. 아염소산염류, 염소산염류, 과염소산염류, 무기과산화물	I	50[kg]
		2. 브로민산염류, 질산염류, 아이오딘산염류	II	300[kg]
		3. 과망가니즈산염류, 다이크로뮴산염류	III	1,000[kg]
제2류	가연성 고체	1. 황화인, 적린, 황(60[wt%] 이상)	II	100[kg]
		2. 철분(53[μm] 통과하는 것, 50[wt%] 이상), 금속분, 마그네슘(2[mm] 이상은 제외)	III	500[kg]
		3. 인화성 고체(인화점 40[℃] 미만인 고체)	III	1,000[kg]
제3류	자연발화성 물질 및 금수성 물질	1. 칼륨, 나트륨, 알킬알루미늄, 알킬리튬	I	10[kg]
		2. 황 린	I	20[kg]
		3. 알칼리금속(칼륨 및 나트륨을 제외) 및 알칼리토금속, 유기금속화합물(알킬알루미늄 및 알킬리튬을 제외)	II	50[kg]
		4. 금속의 수소화물, 금속의 인화물, 칼슘 또는 알루미늄의 탄화물	III	300[kg]
제4류	인화성 액체	1. 특수인화물(인화점 −20[℃] 이하이고 비점이 40[℃] 이하, 발화점 100[℃] 이하)	I	50[L]
		2. 제1석유류(인화점 20[℃] 미만) 비수용성 액체	II	200[L]
		수용성 액체	II	400[L]
		3. 알코올류($C_1 \sim C_3$의 포화 1가 알코올로서 농도 60[wt%] 이상)	II	400[L]
		4. 제2석유류(인화점이 21[℃] 이상 70[℃] 미만) 비수용성 액체	III	1,000[L]
		수용성 액체	III	2,000[L]
		5. 제3석유류(인화점이 70[℃] 이상 200[℃] 미만) 비수용성 액체	III	2,000[L]
		수용성 액체	III	4,000[L]

유별	성 질	품 명	위험등급	지정수량
제4류	인화성 액체	6. 제4석유류(인화점이 200[℃] 이상 250[℃] 미만)	III	6,000[L]
		7. 동식물유류(인화점이 250[℃] 미만)	III	10,000[L]
제5류	자기반응성 물질	1. 유기과산화물, 질산에스터류	I	10[kg]
		2. 하이드록실아민, 하이드록실아민염류	II	100[kg]
		3. 나이트로화합물, 나이트로소화합물, 아조화합물, 다이아조화합물, 하이드라진유도체	II	100[kg]
제6류	산화성 액체	과염소산, 과산화수소(36[wt%] 이상), 질산(비중 1.49 이상), 할로젠간화합물	I	300[kg]

1 제1류 위험물

(1) 제1류 위험물의 종류

유별	성 질	품 명	위험등급	지정수량
제1류	산화성 고체	1. 아염소산염류 ($KClO_2$, $NaClO_2$, NH_4ClO_2) 염소산염류 ($KClO_3$, $NaClO_3$, NH_4ClO_3) 과염소산염류 ($KClO_4$, $NaClO_4$, NH_4ClO_4) 무기과산화물 (K_2O_2, Na_2O_2)	I	50[kg]
		2. 브로민산염류 ($KBrO_3$, $NaBrO_3$) 질산염류 (KNO_3, $NaNO_3$, NH_4NO_3) 아이오딘산염류 (KIO_3, $AgIO_3$, NH_4IO_3)	II	300[kg]
		3. 과망가니즈산염류 ($KMnO_4$, $NaMnO_4$) 다이크로뮴산염류 [$K_2Cr_2O_7$, $Na_2Cr_2O_7$, $(NH_4)_2Cr_2O_7$]	III	1,000[kg]

(2) 제1류 위험물의 성질 및 위험성

① 대부분 무기화합물, 무색 결정 또는 백색분말의 산화성 고체이다.

② 강산화성 물질, 불연성 고체이다.

③ 가열, 충격, 마찰, 타격으로 분해되어 산소를 방출한다.

④ **비중은 1보다 크며** 물에 녹는 것도 있다.

(3) 제1류 위험물의 소화방법

① 제1류 위험물 : 냉각소화

② 알칼리금속의 과산화물(무기과산화물) : 마른 모래, 탄산수소염류 분말소화약제, 팽창질석, 팽창진주암

(4) 제1류 위험물의 반응식

① 염소산나트륨과 산과의 반응식

$2NaClO_3 + 2HCl$

$\rightarrow 2NaCl + 2ClO_2 + H_2O$

② 과산화칼륨의 반응식

㉠ 물과 반응

$2K_2O_2 + 2H_2O \rightarrow 4KOH + O_2\uparrow$

㉡ 탄산가스와의 반응

$2K_2O_2 + 2CO_2 \rightarrow 2K_2CO_3 + O_2\uparrow$

㉢ 초산과 반응

$K_2O_2 + 2CH_3COOH$

$\rightarrow 2CH_3COOK + H_2O_2$

③ 질산암모늄의 열분해반응식

$2NH_4NO_3 \rightarrow 2N_2 + 4H_2O + O_2\uparrow$

④ 과망가니즈산칼륨의 반응식

㉠ 분해반응(240[℃])

$2KMnO_4 \rightarrow K_2MnO_4 + MnO_2 + O_2\uparrow$

㉡ 묽은 황산과 반응

$4KMnO_4 + 6H_2SO_4$

$\rightarrow 2K_2SO_4 + 4MnSO_4 + 6H_2O + 5O_2\uparrow$

(5) 염소산염류

① 염소산칼륨($KClO_3$)

㉠ 무색의 단사정계 판상결정 또는 백색분말

㉡ 아염소산나트륨, 염소산나트륨, 염소산칼륨은 산과 반응하면 **이산화염소**(ClO_2)의 유독가스가 발생한다.

㉢ 냉수, 알코올에 녹지 않고, 온수나 글리세린에는 녹는다.

② 염소산나트륨($NaClO_3$)

㉠ 무색무취의 결정 또는 분말

㉡ 물, 알코올, 에터에 녹음

㉢ **조해성**이 강하므로 수분과의 접촉을 피할 것

㉣ **산과 반응**하면 **이산화염소**(ClO_2)의 유독가스가 발생한다.

(6) 과염소산염류

① 과염소산칼륨($KClO_4$)

㉠ 무색무취의 사방정계 결정

㉡ 물, 알코올, 에터에 녹지 않음

② 과염소산나트륨($NaClO_4$)

㉠ 무색 또는 백색의 결정

㉡ **조해성**이 있다.

㉢ 물, 아세톤, 알코올에 녹고, 에터(다이에틸에터)에는 녹지 않음

③ 과염소산암모늄(NH_4ClO_4)

㉠ 무색의 수용성 결정

㉡ 물, 에탄올, 아세톤, 에터에 녹음

㉢ 폭약이나 성냥원료

(7) 무기과산화물

① 과산화칼륨(K_2O_2)

㉠ 무색 또는 오렌지색의 결정

㉡ 에틸알코올에 녹음

㉢ **소화방법** : 마른 모래, 암분, 탄산수소염류 분말소화약제, 팽창질석, 팽창진주암

② 과산화나트륨(Na_2O_2)

㉠ 순수한 것은 백색이지만 보통은 황백색의 분말

㉡ 에틸알코올에 녹지 않음, 흡습성

㉢ 소화방법 : 마른 모래, 탄산수소염류 분말소화약제, 팽창질석, 팽창진주암

(8) 질산염류

① 질산칼륨(KNO_3, 초석)

㉠ 무색무취의 결정 또는 백색 결정

㉡ 물, 글리세린에 녹고, 알코올에는 녹지 않음

㉢ 강산화제, 가연물과 접촉하면 위험

㉣ **황**과 **숯가루**와 혼합하여 **흑색화약**을 제조한다.

㉤ 소화방법 : 주수소화

② 질산나트륨(NaNO₃, 칠레초석)
  ㉠ 무색무취의 결정
  ㉡ **조해성**이 있는 강산화제
  ㉢ 물, 글리세린에 녹고, 무수알코올에는 녹지 않음
  ㉣ 가연물, 유기물과 혼합하여 가열하면 폭발한다.
③ 질산암모늄(NH₄NO₃)
  ㉠ 무색무취의 결정
  ㉡ **조해성** 및 **흡수성**이 강하다.
  ㉢ 물, 알코올에 녹음(**물에 용해 시 흡열반응**)

2 제2류 위험물

(1) 제2류 위험물의 종류

유별	성질	품명	위험등급	지정수량
제2류	가연성 고체	1. 황화인(삼황화인, 오황화인, 칠황화인), 적린, 황(단사황, 사방황, 고무상황)	Ⅱ	100[kg]
		2. 철분(53[μm] 통과하는 것이 50[wt%] 이상) 금속분(150[μm] 통과하는 것이 50[wt%] 이상) 마그네슘(2[mm] 이상은 제외)	Ⅲ	500[kg]
		3. 인화성 고체(인화점 40[℃] 미만인 고체)	Ⅲ	1,000[kg]

(2) 제2류 위험물의 성질 및 위험성
① 가연성 고체로서 비교적 낮은 온도에서 착화하기 쉬운 **가연성 물질**
② 비중은 1보다 크고, **환원성 물질**
③ 산소와 결합이 용이하여 산화되기 쉽고 연소속도가 빠르다.
④ 산화제(제1류, 제6류)와 혼합한 것은 가열·충격·마찰에 의해 발화 폭발위험이 있다.

(3) 제2류 위험물의 소화방법
① 제2류 위험물 : 냉각소화
② **마그네슘, 철분, 금속분 : 마른 모래,** 탄산수소염류 분말소화약제, 팽창질석, 팽창진주암

(4) 제2류 위험물의 반응식
① 삼황화인의 연소반응식
  $P_4S_3 + 8O_2 \rightarrow 2P_2O_5 + 3SO_2\uparrow$
② 오황화인의 물과의 반응식
  $P_2S_5 + 8H_2O \rightarrow 5H_2S + 2H_3PO_4$
③ 적린의 연소반응식 : $4P + 5O_2 \rightarrow 2P_2O_5$
④ 마그네슘의 반응식
  ㉠ 연소반응 $2Mg + O_2 \rightarrow 2MgO$
  ㉡ 온수와의 반응
  $Mg + 2H_2O \rightarrow Mg(OH)_2 + H_2\uparrow$
⑤ 철분과 염산의 반응식
  $Fe + 2HCl \rightarrow 2FeCl_2 + H_2\uparrow$
⑥ 알루미늄의 반응식
  ㉠ 물과 반응
  $2Al + 6H_2O \rightarrow 2Al(OH)_3 + 3H_2$
  ㉡ 염산과 반응
  $2Al + 6HCl \rightarrow 2AlCl_3 + 3H_2$

(5) 황화인
① 삼황화인(P_4S_3)
  ㉠ 황록색의 결정 또는 분말이다.
  ㉡ 이황화탄소(CS_2), 알칼리, 질산에 녹고, 물, 염산, 황산에는 녹지 않음
  ㉢ 공기 중 약 100[℃]에서 **자연발화**한다.
② 오황화인(P_2S_5)
  ㉠ 담황색의 결정체이다.
  ㉡ **조해성**과 **흡습성**이 있고, 알코올, 이황화탄소에 녹음
  ㉢ 물 또는 알칼리에 분해하여 **황화수소와 인산**이 된다.
  ㉣ 질식소화(분말, CO_2, 건조사)해야 하며, 냉각소화는 부적합(H_2S 발생)하다.
③ 칠황화인(P_4S_7)
  ㉠ 담황색 결정이며, 조해성이 있다.
  ㉡ CS_2에 약간 녹고, 수분을 흡수하거나 냉수에서는 서서히 분해된다.
  ㉢ 더운 물에서는 급격히 분해하여 황화수소가 발생한다.

(6) 적린(붉은인, P)

① 황린의 동소체로 암적색의 분말

② 물, 에터, CS_2, 암모니아에 녹지 않음

③ **강알칼리**와 **반응**하여 유독성의 **포스핀가스**가 발생한다.

④ 이황화탄소(CS_2), 황(S), 암모니아(NH_3)와 접촉하면 발화한다.

⑤ 다량의 물로 냉각소화하며 소량의 경우 모래나 CO_2도 효과가 있다.

(7) 황

① 물이나 산에 녹지 않고, 알코올에는 소량 녹으며, **고무상황**을 **제외**하고는 CS_2에 **녹는다.**

② 공기 중에서 연소하면 **푸른빛**을 내며 **아황산가스**(SO_2)가 발생한다.

③ 분말상태로 밀폐 공간에서 공기 중 부유 시 **분진폭발**을 일으킨다.

(8) 철분(Fe)

① 은백색의 광택금속분말

② 연소하기 쉬우며 기름 묻은 철분을 장기간 방치하면 자연발화하기 쉽다.

③ 소화방법 : 질식소화(마른 모래, 건조분말)

(9) 금속분(알루미늄분, Al)

① 은백색의 경금속

② 수분, 할로젠원소와 접촉하면 자연발화의 위험

③ **산**, **물과 반응**하면 **수소**(H_2)가스 발생

(10) 마그네슘(Mg)

① 은백색의 광택이 있는 금속

② **물**과 **반응**하면 **수소가스** 발생

③ Mg분이 공기 중에 부유하면 화기에 의해 **분진폭발**의 위험

④ 소화방법 : 질식소화(마른 모래, 탄산수소염류, 팽창질석, 팽창진주암)

3 제3류 위험물

(1) 제3류 위험물의 종류

유별	성질	품명	위험등급	지정수량
제3류	자연발화성물질 및 금수성물질	1. 칼륨, 나트륨, 알킬알루미늄, 알킬리튬	I	10[kg]
		2. 황 린	I	20[kg]
		3. 알칼리금속(리튬, 루비듐, 세슘), 알칼리토금속(베릴륨, 칼슘, 바륨), 유기금속화합물(알킬알루미늄 및 알킬리튬을 제외)	II	50[kg]
		4. 금속의 수소화물(수소화리튬, 수소화나트륨, 수소화칼슘), 금속의 인화물(인화칼슘, 인화알루미늄, 인화아연), 칼슘의 탄화물(탄화칼슘), 알루미늄의 탄화물(탄화알루미늄)	III	300[kg]

(2) 제3류 위험물의 성질 및 위험성

① 대부분 무기화합물, 고체 또는 액체이다.

② 칼륨(K), 나트륨(Na), 알킬알루미늄, 알킬리튬은 물보다 가볍고 나머지는 물보다 무겁다.

③ **칼륨, 나트륨, 황린, 알킬알루미늄**은 **연소**하고 나머지는 연소하지 않는다.

④ 황린을 제외한 **금수성 물질**은 물과 반응하여 가연성 가스가 발생하고 발열한다.

(3) 제3류 위험물의 소화방법

① 소화방법 : 황린(주수소화), 기타 제3류 위험물(피복소화 : 마른 모래, 탄산수소염류)

② **알킬알루미늄**, 알킬리튬의 소화약제 : **팽창질석, 팽창진주암**

(4) 제3류 위험물의 반응식

① 나트륨의 반응식

ㄱ 연소반응

$$4Na + O_2 \rightarrow 2Na_2O$$

ㄴ 물과 반응

$$2Na + 2H_2O \rightarrow 2NaOH + H_2 \uparrow$$

ㄷ 알코올과 반응

$$2Na + 2C_2H_5OH \rightarrow 2C_2H_5ONa + H_2 \uparrow$$

ㄹ 이산화탄소와 반응

$$4Na + 3CO_2 \rightarrow 2Na_2CO_3 + C$$

② 트라이에틸알루미늄의 반응식

　　㉠ 공기와 반응

　　　$2(C_2H_5)_3Al + 21O_2$

　　　　$\rightarrow Al_2O_3 + 12CO_2 + 15H_2O$

　　㉡ 물과 반응

　　　$(C_2H_5)_3Al + 3H_2O$

　　　　$\rightarrow Al(OH)_3 + 3C_2H_6\uparrow$

③ 황린의 연소식

　　$P_4 + 5O_2 \rightarrow 2P_2O_5$

④ 인화칼슘과 물의 반응식

　　$Ca_3P_2 + 6H_2O \rightarrow 2PH_3 + 3Ca(OH)_2$

⑤ 카바이드와 물의 반응식

　　$CaC_2 + 2H_2O \rightarrow Ca(OH)_2 + C_2H_2\uparrow$

(5) 칼륨(K)

① 은백색의 광택이 있는 무른 경금속

② 연소 시 **보라색 불꽃**을 낸다.

③ 할로젠 및 산소, 수증기 등과 접촉하면 발화위험 이 있다.

④ **보호액 : 석유, 경유, 유동파라핀**

> 칼륨을 석유 속에 보관 이유 : 수분과 접촉을 차단하여 공기 산화 방지

⑤ 소화방법 : 피복소화(마른 모래, 탄산수소염류분 말, 팽창질석, 팽창진주암)

(6) 나트륨(Na)

① 은백색의 광택이 있는 무른 경금속

② 연소 시 **노란색 불꽃**을 낸다.

③ 보호액 : 석유, 경유, 유동파라핀

④ 소화방법 : 피복소화(마른 모래, 탄산수소염류분 말, 팽창질석, 팽창진주암)

(7) 알킬알루미늄

① 탄소 1개에서 4개까지의 화합물은 공기와 접촉하 면 자연발화를 일으킨다.

② 저장 용기의 상부는 불연성 가스로 봉입해야 한다.

③ 소화방법 : **팽창질석, 팽창진주암**

(8) 황린(P_4)

① 백색 또는 담황색의 자연발화성 고체

② 저장방법 : pH 9(약알칼리) 정도의 물속에 저장

> 황린의 보호액을 pH 9로 유지 : **포스핀(PH_3)의 생성을 방지**하기 위하여

③ 벤젠, 알코올에는 일부 녹고, 이황화탄소(CS_2), 삼염화인, 염화황에 녹음

④ 발화점이 매우 낮고 공기 중에 방치하면 액화되면 서 자연발화를 일으킨다.

⑤ **소화약제** : 초기소화에는 물, 포, CO_2, 건조분말

(9) 인화칼슘(Ca_3P_2)

① 적갈색의 괴상 고체, 인화석회라고도 한다.

② 알코올, 에터에 녹지 않음

③ 건조한 공기 중에서 안정하나 300[℃] 이상에서는 산화한다.

④ **물**이나 **약산**과 반응하여 **포스핀(PH_3)의 유독성 가스**를 발생한다.

(10) 탄화칼슘(CaC_2)

① 순수한 것은 무색투명하나 보통은 흑회색의 덩어 리 상태이다.

② **물과 반응**하면 수산화칼슘과 **아세틸렌**을 생성 한다.

4 제4류 위험물

(1) 제4류 위험물의 종류

유별	성질	품 명		위험등급	지정수량
제4류	인화성액체	1. **특수인화물**(인화점 −20[℃] 이하, 발화점 100[℃] 이하)		I	50[L]
		2. 제1석유류(인화점 21[℃] 미만)	**비수용성 액체**	II	200[L]
			수용성 액체	II	400[L]
		3. 알코올류(C_1~C_3의 포화1가 알코올로서 농도 60[wt%] 이상)		II	400[L]
		4. 제2석유류(인화점이 21[℃] 이상 70[℃] 미만)	비수용성 액체	III	1,000[L]
			수용성 액체	III	2,000[L]
		5. 제3석유류(인화점이 70[℃] 이상 200[℃] 미만)	비수용성 액체	III	2,000[L]
			수용성 액체	III	4,000[L]
		6. 제4석유류(인화점이 200~250[℃] 미만)		III	6,000[L]
		7. 동식물유류(인화점이 250[℃] 미만)		III	10,000[L]

① 특수인화물 : 이황화탄소, 다이에틸에터, 아세트알데하이드, 산화프로필렌, 아이소프렌
② 제1석유류
  ㉠ 비수용성 : 휘발유, 벤젠, 톨루엔, 메틸에틸케톤, 초산에스터류, 의산에스터류 등
  ㉡ **수용성 : 아세톤, 피리딘, 사이안화수소, 아세토나이트릴, 의산메틸**
③ 알코올류 : 1분자를 구성하는 탄소원자의 수가 1개부터 3개까지인 포화1가 알코올(변성알코올 포함)로서 농도가 60[wt%] 이상인 것
④ 제2석유류
  ㉠ 비수용성 : 등유, 경유, 테레핀유, 클로로벤젠, 스타이렌, 에틸벤젠, 크실렌, 장뇌유, 송근유 등
  ㉡ **수용성 : 초산, 의산, 아크릴산, 메틸셀로솔브, 에틸셀로솔브, 하이드라진**
⑤ 제3석유류
  ㉠ 비수용성 : 중유, 크레오소트유, 나이트로벤젠, 아닐린, 메타크레졸, 담금질유 등
  ㉡ 수용성 : 글리세린, 에틸렌글라이콜
⑥ 제4석유류 : 기어유, 실린더유, 가소제, 절삭유, 방청유, 윤활유 등
⑦ 동식물유류

(2) 제4류 위험물의 성질 및 위험성
① 인화성 액체
② 물보다 가볍고(일부 무겁다), 물에 녹지 않는다(일부 녹는다).
③ 증기비중은 공기보다 무겁다.
④ 연소범위의 하한이 낮기 때문에 공기 중 소량 누설되어도 연소한다.
⑤ 증기는 공기와 약간만 혼합되어도 연소한다.

(3) 제4류 위험물의 소화방법
① 소화방법 : **질식소화**(포, 이산화탄소, 할론, 할로겐화합물 및 불활성기체, 분말소화약제)
② **수용성 액체 : 알코올포소화약제**

(4) 제4류 위험물의 반응식
① 이황화탄소의 반응식
  ㉠ 연소반응
  $$CS_2 + 3O_2 \rightarrow CO_2 + 2SO_2 \uparrow$$

㉡ 물과 반응(150[℃])
$$CS_2 + 2H_2O \rightarrow CO_2 + 2H_2S \uparrow$$

② 메틸알코올 산화식
$$CH_3OH \rightarrow HCHO \rightarrow HCOOH$$

③ 에틸알코올 산화식
$$C_2H_5OH \rightarrow CH_3CHO \rightarrow CH_3COOH$$

④ 톨루엔의 연소반응식
$$C_6H_5CH_3 + 9O_2 \rightarrow 7CO_2 + 4H_2O$$

(5) 특수인화물

명 칭	화학식	인화점 [℃]	착화점 [℃]	증기 비중	연소범위 [%]
다이에틸에터	$C_2H_5OC_2H_5$	-40	180	2.55	1.7~48
이황화탄소	CS_2	-30	90	2.62	1.0~50
아세트알데하이드	CH_3CHO	-40	175	1.52	4.0~60
산화프로필렌	CH_3CHCH_2O	-37	449	2.0	2.8~37

① **다이에틸에터**
  ㉠ 물에 미량 녹고, 알코올에 녹으며, 증기는 마취성
  ㉡ 저장 : 공기 접촉 시 과산화물이 생성되므로 갈색병에 저장
  ㉢ 전기불량도체이므로 정전기가 발생에 주의
  ㉣ 소화방법 : 질식소화(이산화탄소, 할론, 할로겐화합물 및 불활성기체, 포소화약제)
② **이황화탄소**(Carbon DiSulfide)
  ㉠ 순수한 것은 무색투명한 액체, 시판용은 담황색
  ㉡ **제4류 위험물 중 착화점**이 낮고 증기는 유독
  ㉢ 물에 녹지 않고, 알코올, 에터, 벤젠 등의 유기용매에 녹음
  ㉣ 저장 : 가연성 증기 발생을 억제하기 위하여 **물속에 저장**
  ㉤ 연소 : 아황산가스 발생, 파란 불꽃
  ㉥ 소화방법 : 물 또는 질식소화(이산화탄소, 할론, 할로겐화합물 및 불활성기체, 분말소화약제)
③ **아세트알데하이드**(Acet Aldehyde)
  ㉠ 무색투명한 액체, 자극성 냄새
  ㉡ 에틸알코올을 산화하면 아세트알데하이드 생성

ⓒ 펠링반응, 은거울반응

ⓔ **구리**(Cu), **마그네슘**(Mg), **은**(Ag), **수은**(Hg)과 접촉 금지

ⓜ 저장용기 : 불연성 가스 또는 수증기 봉입장치

④ **산화프로필렌**(Propylene Oxide)

　ⓐ 무색투명한 자극성 액체

　ⓑ 구리(Cu), 마그네슘(Mg), 은(Ag), 수은(Hg)과 접촉 금지

　ⓒ 저장용기 : 불연성 가스 또는 수증기 봉입장치

　ⓓ 소화방법 : 질식소화(알코올용포, 이산화탄소, 분말)

(6) 제1석유류

명 칭	화학식	인화점 [℃]	착화점 [℃]	연소범위 [%]
아세톤	(CH₃)₂CO	−18.5	538	2.5~12.8
휘발유	C₅H₁₂~C₉H₂₀	−43	약 300	1.2~7.6
톨루엔	C₆H₅CH₃	4	480	1.27~7.0
메틸에틸케톤	CH₃COC₂H₅	−7	505	1.8~10
피리딘	C₅H₅N	16	–	1.8~12.4
초산메틸	CH₃COOCH₃	−10	–	3.1~16
의산메틸	HCOOCH₃	−19	449	5~23

① 아세톤(DiMethyl Ketone)

　ⓐ 무색투명한 자극성·휘발성 액체

　ⓑ 물에 녹음(수용성), **탈지작용**

　ⓒ 과산화물 생성으로 갈색병에 저장

　ⓓ 소화방법 : 질식소화(분무주수, **알코올용포**, 이산화탄소, 할로겐화합물 및 불활성기체소화약제)

> **탈지작용**하는 물질 : **아세톤, 메틸에틸케톤**(MEK), **초산메틸**

② 피리딘(Pyridine)

　ⓐ 순수한 것은 무색의 액체, 강한 악취와 독성

　ⓑ 약알칼리성, 수용액상태에서도 인화의 위험

　ⓒ 산, 알칼리에 안정하고, 물, 알코올, 에터에 녹음(수용성)

③ 벤젠(Benzene, 벤졸)

　ⓐ 무색투명한 방향성을 갖는 액체, 독성

　ⓑ 물에 녹지 않고, 알코올, 아세톤, 에터에 녹음

　ⓒ 비전도성이므로 정전기의 화재발생 위험

　ⓓ 소화방법 : 질식소화(포, 분말, 이산화탄소, 할론)

④ 톨루엔(Toluene, 메틸벤젠)

　ⓐ 무색투명한 독성이 있는 액체

　ⓑ 증기는 마취성이 있고 인화점이 낮다.

　ⓒ 물에 녹지 않고, 아세톤, 알코올 등 유기용제에는 잘 녹는다.

　ⓓ 벤젠보다 독성은 약하다.

⑤ 메틸에틸케톤(MEK ; Methyl Ethyl Ketone)

　ⓐ 휘발성이 강한 무색의 액체

　ⓑ 물에 대한 용해도 : 26.8

　ⓒ 물, 알코올, 에터, 벤젠 등 유기용제에 녹음

　ⓓ **탈지작용**

　ⓜ 소화방법 : 분무주수, **알코올포** 등

⑥ 초산에스터류

> **Plus one**　분자량이 증가할수록 나타나는 현상
> • 인화점, 증기비중, 비점, 점도가 **커진다.**
> • 착화점, 수용성, 휘발성, 연소범위, 비중이 **감소한다.**
> • **이성질체가 많아진다.**

(7) 알코올류

명 칭	화학식	인화점	착화점	연소범위
메틸알코올	CH₃OH	11[℃]	464[℃]	6.0~36[%]
에틸알코올	C₂H₅OH	13[℃]	423[℃]	3.1~27.7[%]

① 메틸알코올(Methyl Alcohol, Methanol, 목정)

　ⓐ 무색투명한 휘발성이 강한 액체이다.

　ⓑ 알코올류 중에서 수용성이 가장 크다(수용성).

　ⓒ **메틸알코올**은 **독성**이 있으나 에틸알코올은 독성이 없다.

　ⓓ 산화하면 메틸알코올 → 폼알데하이드 → 폼산(의산, 개미산)이 된다.

　ⓜ 화재 시에는 **알코올포**를 사용한다.

② 에틸알코올(Ethyl Alcohol, Ethanol, 주정)

　ⓐ 무색투명한 향의 냄새를 지닌 휘발성이 강한 액체

　ⓑ 물에 잘 녹으므로 수용성이다.

　ⓒ **에탄올**은 벤젠보다 **탄소(C)의 수가 적기 때문**에 **그을음**이 적게 난다.

② 산화하면 에틸알코올 → 아세트알데하이드 → 초산(아세트산)이 된다.

(8) 제2석유류

명 칭	화학식	비 중	증기 비중	인화점 [℃]	착화점 [℃]	연소범위 [%]
등 유	$C_9 \sim C_{18}$	0.78~0.8	4~5	39 이상	210 이상	0.7~5.0
경 유	$C_{15} \sim C_{20}$	0.82~0.84	4~5	41 이상	257	0.6~7.5
초 산	CH_3COOH	1.05	2.07	40	485	6.0~17
의 산	$HCOOH$	1.2	1.59	55	540	18~51

① 초산(Acetic Acid)
㉠ 자극성 냄새와 **신맛**이 나는 무색투명한 액체
㉡ 물, 알코올, 에터에 녹으며, 물보다 무겁다(수용성).
㉢ 피부와 접촉하면 수포상의 화상을 입는다.
㉣ 저장용기 : **내산성 용기**
㉤ 소화방법 : 알코올포, 이산화탄소, 할론, 분말
② 의산(Formic Acid)
㉠ 물에 녹으며, 물보다 무겁다(수용성).
㉡ 초산보다 산성이 강하며 신맛이 있다.
㉢ 피부와 접촉하면 수포상의 화상을 입는다.
㉣ 저장용기 : 내산성 용기
㉤ 소화방법 : 알코올포, 이산화탄소, 할론, 분말
③ 크실렌(Xylene)
㉠ 물에 녹지 않고, 알코올, 에터, 벤젠 등 유기용제에 녹음
㉡ 무색투명한 액체
㉢ BTX 중에서 독성이 가장 약하다.
㉣ 크실렌의 이성질체로는 o-Xylene, m-Xylene, p-Xylene가 있다.

(9) 제3석유류

명 칭	화학식	맛	독 성	비 중	비 점 [℃]	인화점 [℃]	착화점 [℃]
에틸렌 글라이콜	$CH_2(OH)CH_2(OH)$	단 맛	있다.	1.11	198	120	398
글리세린	$C_3H_5(OH)_3$	단 맛	없다.	1.26	182	160	370

5 제5류 위험물

(1) 제5류 위험물의 종류

유별	성질	품 명	위험등급	지정수량
제5류	자기반응성물질	1. 유기과산화물(MEKPO, BPO) 질산에스터류(나이트로셀룰로오스, 나이트로글리세린, 질산메틸, 질산에틸, 나이트로글라이콜)	I	10[kg]
		2. 하이드록실아민, 하이드록실아민염류	II	100[kg]
		3. 나이트로화합물(TNT, 피크르산), 나이트로소화합물, 아조화합물, 다이아조화합물, 하이드라진유도체	II	100[kg]

(2) 제5류 위험물의 성질 및 위험성

① 자기반응성 물질(가연물 + 산소)
② 하이드라진유도체를 제외하고는 유기화합물이다.
③ 모두 가연성의 액체 또는 고체물질이고 연소할 때는 다량의 가스가 발생한다.
④ 외부의 산소공급 없이도 자기연소하므로 연소속도가 빠르고 폭발적이다.

(3) 제5류 위험물의 소화방법

초기에는 다량의 **주수소화**가 적당하다.

(4) 제5류 위험물의 반응식

① 나이트로글리세린의 분해반응식
$4C_3H_5(ONO_2)_3$
$\rightarrow 12CO_2 + 10H_2O + 6N_2 + O_2 \uparrow$
② TNT의 분해반응식
$2C_6H_2CH_3(NO_2)_3$
$\rightarrow 12CO + 2C + 3N_2 \uparrow + 5H_2 \uparrow$
③ 피크르산의 분해반응식
$2C_6H_2OH(NO_2)_3$
$\rightarrow 4CO_2 + 6CO + 2C + 3N_2 \uparrow + 3H_2 \uparrow$

(5) 유기과산화물

① 과산화벤조일(Benzoyl Peroxide, 벤조일퍼옥사이드)
㉠ 무색무취의 백색 결정으로 강산화성 물질
㉡ 물에 녹지 않고, 알코올에는 약간 녹음
㉢ **희석제 : 프탈산다이메틸, 프탈산다이부틸**

② 과산화메틸에틸케톤(MEKPO ; Methyl Ethyl Ketone Peroxide)

　　　㉠ 무색, 특이한 냄새가 나는 기름 모양의 액체

　　　㉡ 물에 약간 녹고, 알코올, 에테르, 케톤에는 녹음

(6) 질산에스터류

① 나이트로셀룰로오스(NC ; Nitro Cellulose)

　　　㉠ 셀룰로오스에 진한 황산과 진한 질산의 혼산을 반응시켜 제조

　　　㉡ **물 또는 알코올로 습윤시켜 저장**(아이소프로 필알코올 30[%] 습윤시킴)

　　　㉢ 질화도가 클수록 폭발성이 크다.

② 나이트로글리세린(NG ; Nitro Glycerine)

　　　㉠ 무색투명한 기름성의 액체(공업용 : 담황색)

　　　㉡ 알코올, 에터, 벤젠, 아세톤 등 유기용제에 녹음

　　　㉢ 규조토에 흡수시켜 다이너마이트를 제조할 때 사용한다.

(7) 나이트로화합물

① 트라이나이트로톨루엔(TNT ; TriNitroToluene)

　　　㉠ 담황색의 주상 결정으로 강력한 폭약

　　　㉡ 충격에는 민감하지 않으나 급격한 타격에 의하여 폭발한다.

　　　㉢ 물에 녹지 않고, 알코올에는 가열하면 녹고, 아세톤, 벤젠, 에터에는 잘 녹는다.

　　　㉣ 충격 감도는 피크르산보다 약하다.

② 트라이나이트로페놀(TriNitroPhenol, 피크르산, 피크르산)

　　　㉠ 광택 있는 황색의 침상 결정

　　　㉡ 찬물에는 미량 녹고 알코올, 에터, 온수에는 잘 녹는다.

　　　㉢ 쓴맛과 독성이 있다.

6 제6류 위험물

(1) 제6류 위험물의 종류

유별	성질	품명	위험등급	지정수량
제6류	산화성 액체	과염소산, 과산화수소(36[wt%] 이상), 질산(비중 1.49 이상), 할로젠간화합물	I	300[kg]

(2) 제6류 위험물의 성질 및 위험성

① 산화성 액체, 무기화합물, 불연성

② 무색투명한 액체, 비중은 1보다 크다.

③ 과산화수소를 제외하고 강산성 물질, 물에 녹기 쉽고, 물과 접촉 시 발열

(3) 제6류 위험물의 소화방법

주수소화가 적합하다.

(4) 과염소산(Perchloric Acid, $HClO_4$)

① 무색무취의 유동하기 쉬운 액체, 흡습성, 휘발성

② 가열하면 폭발하고 산성이 강한 편이다.

③ 불연성 물질이지만 자극성, 산화성이 매우 크다.

(5) 과산화수소(Hydrogen Peroxide, H_2O_2)

① 투명하며 물보다 무겁고 수용액 상태는 비교적 안정하다.

② 물, 알코올, 에터에 녹고, 벤젠에는 녹지 않음

③ **구멍 뚫린 마개를 사용하는 이유** : 상온에서 서서히 분해하여 산소가 발생하므로 폭발의 위험이 있어 통기를 위하여

(6) 질산(HNO_3)

① **흡습성, 자극성, 부식성**, 습한 공기 중에서 발열하는 무색의 무거운 액체

② 진한 질산을 가열하면 적갈색의 **갈색증기(NO_2)**가 발생한다.

제2절 위험물의 시설기준

(1) 위험물제조소의 위치·구조 및 설비의 기준

① 위험물제조소의 안전거리

안전거리	해당 대상물
50[m] 이상	유형문화재, 기념물 중 지정문화재
30[m] 이상	1. 학교 2. 병원급 의료기관 3. 극장, 공연장, 영화상영관, 유사한 시설로서 300명 이상 수용할 수 있는 것 4. 아동복지시설, 노인복지시설, 장애인복지시설, 한부모가족복지시설, 어린이집, 성매매피해자 등을 위한 지원시설, 정신건강증진시설, 가정폭력피해자보호시설 및 그 밖에 이와 유사한 시설로서 20명 이상의 인원을 수용할 수 있는 것
20[m] 이상	고압가스, 액화석유가스, 도시가스를 저장 또는 취급하는 시설
10[m] 이상	주거 용도에 사용되는 것
5[m] 이상	사용전압 35,000[V]를 초과하는 특고압 가공전선
3[m] 이상	사용전압 7,000[V] 초과 35,000[V] 이하의 특고압가공전선

② 위험물제조소의 보유공지

취급하는 위험물의 최대수량	공지의 너비
지정수량의 10배 이하	3[m] 이상
지정수량의 10배 초과	5[m] 이상

③ 위험물제조소의 표지 및 게시판
  ㉠ 표지 및 게시판

구분	설치 및 표시
표지	1. 크기 : 한 변의 길이 0.3[m] 이상, 다른 한 변의 길이 0.6[m] 이상 2. 색상 : 바탕은 백색, 문자는 흑색
게시판	1. 크기 : 한 변의 길이 0.3[m] 이상, 다른 한 변의 길이 0.6[m] 이상 2. 색상 : 바탕은 백색, 문자는 흑색 3. 게시판 기재 : 유별, 품명, 저장최대수량 또는 취급최대수량, 지정수량의 배수, 위험물 안전관리자의 성명 또는 직명, 주의사항

㉡ 주의사항

위험물의 종류	주의사항	게시판 표시
제1류 위험물 중 알칼리금속의 과산화물	물기엄금	청색바탕에 백색문자
제3류 위험물 중 금수성 물질		
제2류 위험물(인화성 고체는 제외)	화기주의	적색바탕에 백색문자
제2류 위험물 중 인화성 고체	화기엄금	적색바탕에 백색문자
제3류 위험물 중 자연발화성 물질		
제4류 위험물		
제5류 위험물		
제1류 위험물의 알칼리금속의 과산화물 외의 것과 제6류 위험물	별도의 표시를 하지 않는다.	

④ 건축물의 구조
  ㉠ 지하층이 없도록 할 것
  ㉡ 벽, 기둥, 바닥, 보, 서까래 및 계단은 불연재료, 연소의 우려가 있는 외벽은 출입구 외의 개구부가 없는 내화구조의 벽으로 할 것

⑤ 환기설비
  ㉠ 환기 : 자연배기방식
  ㉡ 급기구의 설치 및 크기

구분	기준
급기구의 설치	바닥면적 150[m²]마다 1개 이상
급기구의 크기	800[cm²] 이상

  ㉢ 급기구는 낮은 곳에 설치하고 가는 눈의 구리망 등으로 인화방지망을 설치할 것

⑥ 배출설비
  ㉠ 배출설비 : 국소방식
  ㉡ 배출능력 : 1시간당 배출장소 용적의 20배 이상
  ㉢ 급기구는 높은 곳에 설치하고 가는 눈의 구리망 등으로 인화방지망을 설치할 것
  ㉣ 배풍기 : 강제배기방식

(2) 옥내저장소의 위치·구조 및 설비의 기준
① 옥내저장소의 안전거리
  위험물제조소의 안전거리와 동일함

② 옥내저장소의 보유공지

저장 또는 취급하는 위험물의 최대수량	공지의 너비	
	내화구조 건축물	그 밖의 건축물
지정수량의 5배 이하	–	0.5[m] 이상
지정수량의 5배 초과 10배 이하	1[m] 이상	1.5[m] 이상
지정수량의 10배 초과 20배 이하	2[m] 이상	3[m] 이상
지정수량의 20배 초과 50배 이하	3[m] 이상	5[m] 이상
지정수량의 50배 초과 200배 이하	5[m] 이상	10[m] 이상
지정수량의 200배 초과	10[m] 이상	15[m] 이상

③ 옥내저장소의 구조 및 설비

㉠ 저장창고는 위험물 저장을 전용으로 하는 독립된 건축물로 하고 지면에서 처마까지의 높이가 **6[m] 미만인 단층건물**로 하고 그 바닥은 지반면보다 높게 해야 한다.

㉡ 하나의 저장창고의 바닥면적은 기준면적 이하로 할 것

위험물을 저장하는 창고	기준면적
1. 제1류 위험물(아염소산염류, 염소산염류, 과염소산염류, 무기과산화물), 그 밖에 지정수량 50[kg]인 위험물 2. 제3류 위험물(칼륨, 나트륨, 알킬알루미늄, 알킬리튬), 황린, 그 밖에 지정수량 10[kg]인 위험물 3. **제4류 위험물(특수인화물, 제1석유류, 알코올류)** 4. 제5류 위험물(유기과산화물, 질산에스터류), 그 밖에 지정수량이 10[kg]인 위험물 5. 제6류 위험물	1,000[m²] 이하
이외의 위험물	2,000[m²] 이하

㉢ 지정수량의 **10배 이상**의 저장창고(**제6류 위험물**은 제외)에는 **피뢰침**을 설치할 것

(3) 옥외탱크저장소의 위치·구조 및 설비의 기준

① 옥외탱크저장소의 보유공지

저장 또는 취급하는 위험물의 최대수량	공지의 너비
지정수량의 500배 이하	3[m] 이상
지정수량의 500배 초과 1,000배 이하	5[m] 이상
지정수량의 1,000배 초과 2,000배 이하	9[m] 이상
지정수량의 2,000배 초과 3,000배 이하	12[m] 이상
지정수량의 3,000배 초과 4,000배 이하	15[m] 이상
지정수량의 4,000배 초과	해당 탱크의 수평단면의 최대 지름과 높이 중 큰 것과 같은 거리 이상(30[m] 초과 시 30[m] 이상, 15[m] 미만 시 15[m] 이상으로 한다)

② 옥외탱크저장소의 통기관의 설치기준

㉠ **밸브 없는 통기관**

• 지름 : **30[mm] 이상**

• 끝부분은 수평면보다 45° 이상 구부려 빗물 등의 침투를 막는 구조로 할 것

• 인화점이 38[℃] 미만인 위험물만을 저장 또는 취급하는 탱크에 설치하는 통기관에는 화염방지장치를 설치하고, 그 외의 탱크에 설치하는 통기관에는 40메시(Mesh) 이상의 구리망 또는 동등 이상의 성능을 가진 인화방지장치를 설치할 것. 다만, 인화점이 70[℃] 이상인 위험물만을 해당 위험물의 인화점 미만의 온도로 저장 또는 취급하는 탱크에 설치하는 통기관에는 인화방지장치를 설치하지 않을 수 있다.

• 위험물을 주입 시를 제외하고 항상 개방되어 있는 구조로 하고 폐쇄 시에는 10[kPa] 이하의 압력에서 개방되는 구조로 할 것

㉡ **대기밸브부착 통기관**

5[kPa] 이하의 압력 차이로 작동할 수 있을 것

③ 옥외탱크저장소의 방유제

㉠ **방유제**의 **용량**

• 탱크가 **하나일 때** : 탱크 용량의 **110[%] 이상**

• 탱크가 2기 이상인 때 : 가장 큰 탱크 용량의 110[%] 이상

㉡ 높이 : 0.5[m] 이상 3[m] 이하

㉢ **면적 : 80,000[m²] 이하**

㉣ 방유제 내에 최대설치 개수 : **10기 이하**(인화점이 200[℃] 이상은 예외)

> 탱크의 용량이 20만[L] 이하이고, 인화점이 70[℃] 이상 200[℃] 미만인 경우 : 20기 이하

ⓜ 방유제의 탱크 옆판으로부터 유지거리(인화점 200[℃] 이상은 제외)

탱크의 지름	이격거리
15[m] 미만	탱크 높이의 1/3 이상
15[m] 이상	탱크 높이의 1/2 이상

(4) 옥내탱크저장소의 위치 · 구조 및 설비의 기준

① 옥내저장탱크와 탱크전용실의 벽과의 사이 및 옥내저장탱크의 상호 간에는 0.5[m] 이상의 간격을 유지할 것

② 단층건축물 외의 옥내저장탱크의 용량
  ㉠ 1층 이하의 층 : 지정수량의 40배(제4석유류, 동식물유류 외의 제4류 위험물은 해당 수량이 20,000[L] 초과 시 20,000[L]) 이하
  ㉡ 2층 이상의 층 : 지정수량의 10배(제4석유류, 동식물유류 외의 제4류 위험물은 해당 수량이 5,000[L] 초과 시 5,000[L]) 이하

(5) 지하탱크저장소의 위치 · 구조 및 설비의 기준

① 지하탱크저장소의 기준
  ㉠ 탱크는 지하철, 지하가 또는 지하터널로부터 수평거리 10[m] 이내의 장소 또는 지하건축물 내의 장소에 설치하지 않을 것
  ㉡ 탱크전용실은 지하의 가장 가까운 벽, 피트, 가스관 등의 시설물 및 대지경계선으로부터 0.1[m] 이상 떨어진 곳에 설치할 것
  ㉢ 지하저장탱크의 윗부분은 지면으로부터 **0.6[m] 이상** 아래에 있을 것
  ㉣ 지하저장탱크를 2 이상 인접해 설치하는 경우에는 그 상호 간에 1[m] 이상의 간격을 둘 것(단, 2 이상의 지하저장탱크 용량의 합계가 지정수량의 100배 이하인 때에는 0.5[m] 이상)

② 지하탱크저장소의 누유검사관
  ㉠ **4개소 이상** 적당한 위치에 설치할 것
  ㉡ 이중관으로 할 것
  ㉢ 재료는 금속관 또는 경질합성수지관으로 할 것

㉣ 관은 탱크전용실의 바닥 및 탱크의 기초까지 닿게 할 것

(6) 간이탱크저장소의 위치 · 구조 및 설비의 기준

① 탱크의 수 및 용량
  ㉠ 하나의 간이탱크저장소에 설치하는 간이저장탱크는 그 수를 3 이하로 할 것
  ㉡ 동일한 품질의 위험물의 간이저장탱크를 2 이상 설치하지 않을 것

② 간이저장탱크의 밸브 없는 통기관
  ㉠ 통기관의 **지름은 25[mm] 이상**으로 할 것
  ㉡ 통기관은 옥외에 설치하되, 그 끝부분의 높이는 지상 1.5[m] 이상으로 할 것

(7) 이동탱크저장소의 위치 · 구조 및 설비의 기준

① **이동탱크저장소의 상치장소**
  ㉠ 옥외에 있는 상치장소는 화기를 취급하는 장소 또는 인근의 건축물로부터 5[m] 이상(인근 건축물이 1층인 경우 : 3[m] 이상)의 거리를 확보할 것
  ㉡ 옥내에 있는 상치장소는 벽, 바닥, 보, 서까래 및 지붕이 내화구조 또는 불연재료로 된 건축물의 1층에 설치할 것

  • 방파판의 두께 : 1.6[mm] 이상의 강철판
  • 방호틀의 두께 : 2.3[mm] 이상의 강철판
  • 이동탱크저장소의 탱크의 두께 : 3.2[mm] 이상의 강철판
  • 칸막이 : 내부에 4,000[L] 이하마다 설치
  • 주입설비의 분당배출량 : 200[L] 이하

② **이동탱크저장소의 표지**
  ㉠ **0.6[m] 이상×0.3[m] 이상**의 직사각형의 **흑색 바탕에 황색의 반사도료로 "위험물"**이라고 표기를 할 것
  ㉡ 위험물이면서 유해화학물질에 해당하는 품목의 경우에는 화학물질관리법에 따른 유해화학물질 표지를 위험물 표지와 상하 또는 좌우로 인접하여 부착할 것
  ㉢ 부착위치
    • 이동탱크저장소 : 전면 상단 및 후면 상단
    • 위험물 운반차량 : 전면 및 후면

(8) 옥외저장소의 위치·구조 및 설비의 기준

① 옥외저장소의 보유공지

저장 또는 취급하는 위험물의 최대수량	공지의 너비
지정수량의 10배 이하	3[m] 이상
지정수량의 10배 초과 20배 이하	5[m] 이상
지정수량의 20배 초과 50배 이하	9[m] 이상
지정수량의 50배 초과 200배 이하	12[m] 이상
지정수량의 200배 초과	15[m] 이상

② 옥외저장소의 선반

- ㉠ 선반은 불연재료로 만들고 견고한 지반면에 고정할 것
- ㉡ 선반의 높이는 6[m]를 초과하지 않을 것

(9) 주유취급소의 위치·구조 및 설비의 기준

① 주유취급소의 주유공지

주유취급소의 고정주유설비의 주위에는 주유를 받으려는 자동차 등이 출입할 수 있도록 너비 **15[m] 이상**, 길이 **6[m] 이상**의 콘크리트 등으로 포장한 공지를 보유할 것

② 주유취급소의 표지 및 게시판

- ㉠ **주유 중 엔진정지 : 황색 바탕에 흑색 문자**
- ㉡ 화기엄금 : 적색 바탕에 백색 문자

③ 주유취급소에서 저장·취급할 수 있는 탱크

탱크	탱크의 용량
자동차 등에 주유하기 위한 고정주유설비에 직접 접속하는 전용탱크	50,000[L] 이하
고정급유설비에 직접 접속하는 전용탱크	50,000[L] 이하
보일러 등에 직접 접속하는 전용탱크	10,000[L] 이하
자동차 등을 점검·정비하는 작업장 등에서 사용하는 폐유·윤활유 등의 위험물을 저장하는 탱크(폐유탱크)	2,000[L] 이하
고정주유설비 또는 고정급유설비에 직접 접속하는 3기 이하의 간이탱크	–

④ 주유취급소의 고정주유설비 등

- ㉠ 주유관 끝부분에서의 펌프기기의 최대 배출량

종 류	제1석유류	경 유	등 유
배출량	50[L/min] 이하	180[L/min] 이하	80[L/min] 이하

- ㉡ 고정주유설비 또는 고정급유설비의 **주유관**의 길이 **5[m] 이내**로 할 것
- ㉢ 고정주유설비 또는 고정급유설비의 설치기준

- 고정주유설비의 중심선을 기점으로 하여
  - 도로경계선까지 4[m] 이상
  - 부지경계선·담 및 건축물의 벽까지 2[m] (개구부가 없는 벽까지는 1[m]) 이상 유지
- 고정급유설비의 중심선을 기점으로 하여
  - 도로경계선까지 4[m] 이상
  - 부지경계선 및 담까지 1[m] 이상
  - 건축물의 벽까지 2[m](개구부가 없는 벽까지는 1[m]) 이상 유지

- ㉢ 고정주유설비와 고정급유설비의 사이에는 4[m] 이상의 거리를 유지할 것

⑤ 주유취급소의 건축물 등의 제한

`Plus one` **주유취급소에 설치 가능한 시설**

- 주유취급소의 업무를 행하기 위한 사무소
- 자동차 등의 세정을 위한 작업장
- 주유취급소에 출입하는 사람을 대상으로 한 점포·휴게음식점 또는 전시장
- 주유취급소의 관계자가 거주하는 주거시설
- 전기자동차용 충전설비

(10) 이송취급소의 설치제외 장소

① 철도 및 도로의 터널 안
② 고속국도, 자동차전용도로의 차도, 갓길 및 중앙분리대
③ 호수, 저수지 등으로서 수리의 수원이 되는 곳
④ 급경사지역으로서 붕괴의 위험이 있는 지역

(11) 제조소 등의 소화설비의 설치기준

① 전기설비의 소화설비

면적 **100[m²]마다** 소형수동식소화기 **1개 이상** 설치

② 소요단위 계산방법

구 분		소요단위
제조소 또는 취급소의 건축물의 외벽	내화구조	100[m²]를 1소요단위
	내화구조가 아닌 것	50[m²]를 1소요단위
저장소의 건축물의 외벽	내화구조	150[m²]를 1소요단위
	내화구조가 아닌 것	75[m²]를 1소요단위
위험물		**지정수량의 10배를** 1소요단위

③ 옥내소화전설비의 설치기준
  ㉠ 하나의 호스접속구까지의 수평거리 : 25[m] 이하
  ㉡ 수원의 수량 = **설치개수(최대 5개)×7.8[m³] 이상**
  ㉢ 노즐 선단(끝부분)의 방수압력 : 350[kPa] 이상, **방수량 : 260[L/min] 이상**
  ㉣ **비상전원 : 45분 이상**
④ 옥외소화전설비의 설치기준
  ㉠ 하나의 호스접속구까지의 수평거리 : 40[m] 이하(설치개수가 1개일 때는 2개로 할 것)
  ㉡ 수원의 수량 = 설치개수(최대 4개)×13.5[m³] 이상
  ㉢ 노즐 선단(끝부분)의 방수압력 : 350[kPa] 이상, **방수량 : 450[L/min] 이상**
⑤ 스프링클러설비의 설치기준
  ㉠ 수원의 수량
    • 폐쇄형 스프링클러헤드 = 30(30 미만일 때에는 설치개수)×2.4[m³] 이상
    • 개방형 스프링클러헤드 = 가장 많이 설치된 방사구역의 헤드 설치개수×2.4[m³] 이상
  ㉡ 방사압력 : 100[kPa] 이상, 방수량 : 80[L/min] 이상

(12) 위험물의 저장 및 운반 기준
① 옥내저장소 또는 옥외저장소에 저장 가능한 위험물(1[m] 이상 간격 둘 것)
  ㉠ 제1류 위험물(알칼리금속의 과산화물은 제외)과 제5류 위험물을 저장하는 경우
  ㉡ **제1류 위험물과 제6류 위험물**을 저장하는 경우
  ㉢ **제1류 위험물**과 제3류 위험물 중 **자연발화성 물질(황린 포함)**을 저장하는 경우
  ㉣ 제2류 위험물 중 인화성 고체와 제4류 위험물을 저장하는 경우
② 옥내저장소, 옥외저장소에 저장 시 높이(아래 높이를 초과하지 말 것)
  ㉠ 기계에 의하여 하역하는 구조로 된 용기만을 겹쳐 쌓는 경우 : 6[m]
  ㉡ 제4류 위험물 중 **제3석유류, 제4석유류, 동식물유류**를 수납하는 용기만을 겹쳐 쌓는 경우 : 4[m]

  ㉢ 그 밖의 경우(제1석유류, 제2석유류, 알코올류, 기타류) : 3[m]
③ 적재 방법
  ㉠ **고체 위험물** : 운반용기 내용적의 **95[%] 이하**의 수납률로 수납할 것
  ㉡ **액체 위험물** : 운반용기 내용적의 **98[%] 이하**의 수납률로 수납할 것
④ 운반용기의 외부 표시사항
  ㉠ 위험물의 **품명, 위험등급, 화학명** 및 수용성(제4류 위험물의 수용성인 것에 한함)
  ㉡ 위험물의 **수량**
  ㉢ **주의사항**

Plus one   주의사항
  • 제1류 위험물
    – 알칼리금속의 과산화물 : 화기·충격주의, 물기엄금, 가연물접촉주의
    – 그 밖의 것 : 화기·충격주의, 가연물접촉주의
  • 제2류 위험물
    – 철분·금속분·마그네슘 : 화기주의, 물기엄금
    – 인화성 고체 : 화기엄금
    – 그 밖의 것 : 화기주의
  • 제3류 위험물
    – 자연발화성 물품 : 화기엄금, 공기접촉엄금
    – 금수성 물품 : 물기엄금
  • 제4류 위험물 : 화기엄금
  • 제5류 위험물 : 화기엄금, 충격주의
  • 제6류 위험물 : 가연물접촉주의

⑤ 운반 시 혼재가능 유별

위험물의 구분	제1류	제2류	제3류	제4류	제5류	제6류
제1류		×	×	×	×	○
제2류	×		×	○	○	×
제3류	×	×		○	×	×
제4류	×	○	○		○	×
제5류	×	○	×	○		×
제6류	○	×	×	×	×	

04 소방시설의 구조원리

제1절 소화설비

(1) 옥내소화전설비의 수원

> 수원의 양 $= N \times 2.6[\text{m}^3]$(호스릴 옥내소화전설비를 포함)
> $(130[\text{L/min}] \times 20[\text{min}] = 2,600[\text{L}] = 2.6[\text{m}^3])$
> ※ N : 소화전 수(2개 이상은 2개로 한다)
> $1[\text{m}^3] = 1,000[\text{L}]$

(2) 옥내소화전설비의 가압송수장치

① 지하수조(펌프)방식

　㉠ 펌프의 토출량

> 펌프의 토출량 $Q \geqq N \times 130[\text{L/min}]$

　　N : 가장 많이 설치된 층의 소화전 개수(최대 2개)

> 옥내소화전설비의 규정 방수량 : $130[\text{L/min}]$ 이상,
> 방수압력 : $0.17[\text{MPa}]$ 이상

　㉡ 펌프의 양정

> 펌프의 양정 $H \geqq h_1 + h_2 + h_3 + 17$

　여기서, H : 전양정[m]
　　　　　h_1 : 호스의 마찰손실수두[m]
　　　　　h_2 : 배관의 마찰손실수두[m]
　　　　　h_3 : 낙차(실양정, 펌프의 흡입양정
　　　　　　　+토출양정)[m]
　　　　　17 : 노즐 끝부분의 방수압력 환산수두
　　　　　　　(0.17[MPa])

　㉢ 펌프의 전동기 용량

> $$P[\text{kW}] = \frac{\gamma \times Q \times H}{\eta} \times K$$

여기서, γ : 물의 비중량(9.8[kN/m³])
　　　　Q : 유량[m³/s]
　　　　H : 전양정[m]
　　　　K : 여유율(전달계수)
　　　　η : 펌프의 효율

㉣ **물올림장치**(호수조, 물마중장치, Priming Tank) : 수원의 수위가 펌프보다 낮은 위치에 있을 때 설치한다.

> **Plus one**　**물올림장치**
> • 수조의 유효수량 : **100[L] 이상**
> • 급수배관의 구경 : 15[mm] 이상
> • 물올림배관의 구경 : 25[mm] 이상
> • 오버플로관의 구경 : 50[mm] 이상
> • 설치장소 : 수원이 펌프보다 낮게 설치되어 있을 때
> • 설치이유 : 펌프케이싱과 흡입 측 배관에 항상 물을 충만하여 공기고임현상을 방지하기 위하여
> • **물올림장치**의 감수원인
> 　– 급수밸브의 차단
> 　– 자동급수장치의 고장
> 　– 배수밸브 개방

㉤ 순환배관
　펌프 내의 체절운전 시 공회전에 의한 수온상승을 방지하기 위하여 설치하는 안전밸브(Relief Valve)가 있는 배관
　• 순환배관의 구경 : **20[mm]** 이상
　• 분기점 : 펌프의 토출 측 체크밸브 이전에 분기
　• 설치이유 : **체절운전 시 수온상승 방지**
　• 순환배관상에 설치하는 Relief Valve의 작동압력 : **체절압력 미만**
　• 순환배관의 토출량 : 정격토출량의 2~3[%]

㉥ 성능시험배관
　• 분기점 : 펌프의 토출 측 **개폐밸브 이전**에 분기하여 직선으로 설치
　• 설치이유 : 정격부하 운전 시 **펌프의 성능을 시험**하기 위하여

- 펌프의 성능 : 체절운전 시 정격토출압력의 140[%]를 초과하지 않고 정격토출량의 **150[%]**로 운전 시 정격토출압력의 **65[%] 이상**이어야 한다.
  - ⊘ 압력체임버(기동용 수압개폐장치)
    - 압력체임버의 용량 : **100[L] 이상**
    - 설치 이유 : 충압펌프와 주펌프의 기동과 규격방수압력 유지
    - Range : 펌프의 정지점
    - Diff : Range에 설정된 압력에서 Diff에 설정된 만큼 떨어졌을 때 펌프가 작동하는 압력의 차이
  - ② 고가수조방식
    건축물의 옥상에 물탱크를 설치하여 낙차의 압력을 이용하는 방식

    $$H \geqq h_1 + h_2 + 17$$

    여기서, H : 필요한 낙차[m]
    h_1 : 호스의 마찰손실수두[m]
    h_2 : 배관의 마찰손실수두[m]

    > 고가수조 : 수위계, 배수관, 급수관, 오버플로관, 맨홀 설치

  - ③ 압력수조방식
    탱크 내에 물을 넣고 탱크 내의 압축공기의 압력에 의하여 송수하는 방식

    $$P \geqq P_1 + P_2 + P_3 + 0.17$$

    여기서, P : 필요한 압력[MPa]
    P_1 : 호스의 마찰손실 수두압[MPa]
    P_2 : 배관의 마찰손실 수두압[MPa]
    P_3 : 낙차의 환산수두압[MPa]

    > **Plus one** 압력수조
    > 수위계, 급수관, 급기관, 맨홀, 압력계, 안전장치, **자동식 공기압축기** 설치

- (3) 배 관
  - ① 배관의 기준
    - ㉠ 펌프의 **흡입 측 배관**에는 **버터플라이 밸브**를 설치할 수 없다.
    - ㉡ 옥내소화전 방수구와 연결되는 가지배관의 구경은 40[mm](호스릴은 25[mm]) 이상으로 할 것
    - ㉢ 주배관 중 수직배관의 구경은 50[mm](호스릴은 32[mm]) 이상으로 할 것

    > **Plus one** 연결송수관설비의 배관과 겸용할 경우
    > • 주배관의 구경 : 100[mm] 이상
    > • 방수구로 연결되는 배관 구경 : 65[mm] 이상

  - ② 배관의 압력손실
    Hagen-William's 방정식

    $$\Delta P_m = 6.053 \times 10^4 \times \frac{Q^{1.85}}{C^{1.85} \times d^{4.87}}$$

    여기서, ΔP_m : 배관 1[m]당 압력손실[MPa/m]
    Q : 유량[L/min]
    C : 조도계수
    d : 내경[mm]

- (4) 옥내소화전함 등
  - ① 옥내소화전함의 구조
    - ㉠ 함의 재질 : 두께 **1.5[mm] 이상의 강판**, 두께 **4[mm] 이상의 합성수지재료**
    - ㉡ 문짝의 면적 : 0.5[m²] 이상
    - ㉢ 위치표시등 : 부착면과 15° 이상의 각도로 10[m] 이상의 거리에서 식별 가능한 적색등

    > • **위치표시등** : 평상시 **적색등 점등**
    > • **기동표시등** : 평상시에는 소등, 펌프 기동 시에만 적색등 점등

  - ② 옥내소화전 방수구의 설치기준
    - ㉠ 방수구(개폐밸브)는 소방대상물의 층마다 설치하되 소방대상물의 각 부분으로부터 방수구까지의 **수평거리는 25[m] 이하**가 되도록 할 것
    - ㉡ 바닥으로부터 **1.5[m] 이하**가 되도록 할 것

    > 옥내소화전설비의 유효반경 : 수평거리 25[m] 이하

- (5) 옥외소화전설비의 수원

  > 수원 $\geqq N \times 7[\text{m}^3]$

  N : 옥외소화전 개수(최대 2개)

(6) 옥외소화전설비의 가압송수장치

① 지하수조(펌프)방식

ㄱ) 펌프의 토출량

$Q \geqq N(최대 2개) \times 350[\text{L/min}]$

ㄴ) 방사량 및 방사압력

$350[\text{L/min}]$ 이상, $0.25[\text{MPa}]$ 이상

ㄷ) 펌프의 양정

> 펌프의 양정 $H \geqq h_1 + h_2 + h_3 + 25$

여기서, H : 전양정[m]

h_1 : 호스의 마찰손실수두[m]

h_2 : 배관의 마찰손실수두[m]

h_3 : 낙차(실양정, 펌프의 흡입양정 + 토출양정)[m]

25 : 노즐 선단(끝부분)의 방수압력 환산수두 (0.25[MPa])

② 고가수조방식

> $H \geqq h_1 + h_2 + 25$

여기서, H : 필요한 낙차[m]

h_1 : 호스의 마찰손실수두[m]

h_2 : 배관의 마찰손실수두[m]

③ 압력수조방식

> $P \geqq P_1 + P_2 + P_3 + 0.25$

여기서, P : 필요한 압력[MPa]

P_1 : 호스의 마찰손실수두압[MPa]

P_2 : 배관의 마찰손실수두압[MPa]

P_3 : 낙차의 환산수두압[MPa]

(7) 옥외소화전함 등

① 앵글밸브

ㄱ) **앵글밸브**는 구경 **65[mm]**로서 바닥으로부터 **1.5[m] 이하**에 설치한다.

ㄴ) 옥외소화전설비의 유효반경 : 수평거리 **40[m] 이하**

② 소화전함

소화전의 개수	소화전함의 설치기준
옥외소화전이 10개 이하	옥외소화전마다 5[m] 이내의 장소에 1개 이상 설치
옥외소화전이 11개 이상 30개 이하	11개 이상의 소화전함을 각각 분산하여 설치
옥외소화전이 31개 이상	옥외소화전 3개마다 1개 이상 설치

(8) 스프링클러설비의 종류

① 스프링클러설비의 비교

종류 구분		습 식	건 식	준비작동식	일제살수식
헤 드		폐쇄형 헤드	폐쇄형 헤드	폐쇄형 헤드	개방형 헤드
배관	1차 측	가압수	가압수	가압수	가압수
	2차 측	가압수	**압축공기**	대기압	대기압
경보밸브		자동경보밸브 (알람체크밸브)	건식밸브	준비작동밸브	일제개방밸브 (델류지밸브)
감지기유무		無	無	有	有

② 스프링클러설비의 구성 부분

ㄱ) 리타딩체임버 : 오동작 방지, 배관 및 압력스위치의 손상보호

ㄴ) 액셀러레이터(건식설비) : 건식밸브 개방 시 배관 내의 압축공기를 빼주어 속도를 증가시키기 위하여 설치하며 익져스터와 액셀러레이터를 사용한다.

ㄷ) **드라이펜턴트형 헤드**(건식설비) : **하향형 헤드에만 설치**하는데 **동파 방지**

ㄹ) 감지기(준비작동식설비) : **교차회로방식**으로 설치

ㅁ) **탬퍼스위치** : 관로상의 주밸브인 게이트밸브에 요크를 걸어서 밸브의 개폐를 수신반에 전달하는 주밸브의 감시기능 스위치

(9) 스프링클러설비의 수원

① 폐쇄형 스프링클러설비의 수원

> • 29층 이하
> 수원 $= N \times 80[\text{L/min}] \times 20[\text{min}]$
> $= N \times 1.6[\text{m}^3]$
> • 30층 이상 49층 이하
> 수원[m^3] $= N \times 80[\text{L/min}] \times 40[\text{min}]$
> $= N \times 3.2[\text{m}^3]$
> • 50층 이상
> 수원[m^3] $= N \times 80[\text{L/min}] \times 60[\text{min}]$
> $= N \times 4.8[\text{m}^3]$

※ 헤드 수 : 폐쇄형 헤드의 기준개수(단, 기준개수 이하일 때에는 설치개수)

스프링클러설비의 설치장소			기준 개수
	공장	특수가연물을 저장·취급하는 것	30
		그 밖의 것	20
10층 이하인 특정소방대상물 (지하층 제외)	판매시설, 복합건축물	특수가연물을 저장·취급하는 것	30
		그 밖의 것	20
	근린생활시설, 판매시설, 운수시설 또는 복합건축물	판매시설 또는 복합건축물	20
		그 밖의 것	
	그 밖의 것	헤드의 부착높이 8[m] 이상	10
		헤드의 부착높이 8[m] 미만	
(지하층 제외)11층 이상인 특정소방대상물, 지하가 또는 지하역사			30
아파트 등	아파트		10
	각 동이 주차장으로 서로 연결된 경우의 주차장		30

② 개방형 스프링클러설비의 수원
- ㉠ 헤드의 개수가 30개 이하일 때 수원
  = 헤드 수 $\times 1.6[\text{m}^3]$
- ㉡ 헤드의 개수가 30개 초과일 때 수원
  = 헤드 수 $\times K\sqrt{10P} \times 20$
  Q(헤드의 방수량) $= K\sqrt{10P}$ [L/min]
  여기서, K : 상수(15[mm] : 80, 20[mm] : 114)
  　　　　P : 방수압력[MPa]

③ 펌프의 토출량 = 헤드 수$\times 80$[L/min]

(10) 스프링클러설비의 가압송수장치

① 가압송수장치의 설치기준

구 분 설비의 종류	규격 방사량	규격 방사압력
스프링클러소화설비	80[L/min]	0.1[MPa] 이상 1.2[MPa] 이하

② 가압송수장치의 종류
- ㉠ 지하수조(펌프)방식

$$\text{펌프의 양정 } H \geq h_1 + h_2 + 10$$

여기서, H : 전양정[m]
　　　　h_1 : 낙차(실양정, 펌프의 흡입양정 + 토출양정)[m]
　　　　h_2 : 배관의 마찰손실수두[m]
- ㉡ 고가수조방식

$$H \geq h_1 + 10$$

여기서, H : 필요한 낙차[m]
　　　　h_1 : 배관의 마찰손실수두[m]

- ㉢ 압력수조방식

$$P \geq P_1 + P_2 + 0.1$$

여기서, P : 필요한 압력[MPa]
　　　　P_1 : 낙차의 환산수두압[MPa]
　　　　P_2 : 배관의 마찰손실수두압[MPa]

(11) 스프링클러헤드의 배치

① 헤드의 배치기준
- ㉠ 스프링클러는 천장, 반자, 천장과 반자 사이 덕트, 선반 등에 설치해야 한다. 단, 폭이 **9[m] 이하**인 실내에 있어서는 **측벽**에 설치해야 한다.
- ㉡ **무대부**, 연소할 우려가 있는 개구부 : **개방형 스프링클러헤드**를 설치한다.

설치장소	설치기준
무대부, 특수가연물	수평거리 1.7[m] 이하
비내화구조	수평거리 2.1[m] 이하
내화구조	수평거리 2.3[m] 이하
아파트 등의 세대	수평거리 2.6[m] 이하

② 헤드의 배치형태
- ㉠ 정사각형(정방형)

$$S = 2R\cos 45° \quad S = L$$

여기서, S : 헤드의 간격　　R : 수평거리[m]
　　　　L : 배관간격
- ㉡ 직사각형(장방형)

$$S = \sqrt{4R^2 - L^2}$$

③ 헤드의 설치제외 장소
- ㉠ 계단실, 경사로, 승강기의 승강로, 비상용승강기의 승강장, 파이프덕트, 덕트피트, **목욕실**, 수영장, 화장실 등 유사한 장소
- ㉡ 발전실, 변전실, 변압기, 기타 **전기설비**가 설치되어 있는 장소
- ㉢ **병원의 수술실**, **응급처치실**, 펌프실 등

④ 헤드의 설치기준(폐쇄형 헤드의 표시온도)

설치장소의 최고 주위온도	표시온도
39[℃] 미만	79[℃] 미만
39[℃] 이상 64[℃] 미만	79[℃] 이상 121[℃] 미만
64[℃] 이상 106[℃] 미만	121[℃] 이상 162[℃] 미만
106[℃] 이상	162[℃] 이상

(12) 유수검지장치 및 방호구역

① 일제개방밸브가 담당하는 방호구역 : **3,000[m²]**

② 하나의 방호구역은 2개 층에 미치지 않아야 한다.

③ 유수검지장치의 설치 : 0.8[m] 이상 1.5[m] 이하

④ 개방형 스프링클러설비에서 하나의 방수구역을 담당하는 헤드의 수 : **50개 이하**

(13) 스프링클러설비의 배관

① 가지배관

　㉠ 가지배관의 배열은 토너먼트 방식이 아니어야 한다.

　㉡ 한쪽 **가지배관**에 설치하는 헤드의 개수 : **8개 이하**

② 교차배관

　㉠ 교차배관의 구경 : 40[mm] 이상

　㉡ 습식설비 또는 부압식 스프링클러설비 외의 설비

　　• 수평주행배관의 기울기 : **1/500 이상**

　　• 가지배관의 기울기 : **1/250 이상**

③ 청소구 : 교차배관의 말단에 설치

(14) 스프링클러설비의 음향장치

① 음향장치는 유수검지장치 및 일제개방밸브 등의 담당구역마다 설치하고 하나의 음향장치까지의 수평거리는 25[m] 이하가 되도록 할 것

② 층수가 11층(공동주택의 경우에는 16층) 이상인 특정소방대상물의 경보를 발하는 층

발화층	경보를 발하는 층
2층 이상의 층	발화층, 그 직상 4개 층
1층	발화층, 그 직상 4개 층, 지하층
지하층	발화층, 그 직상층, 기타의 지하층

(15) 조기반응형 스프링클러설비의 헤드의 설치장소

① 공동주택 · 노유자시설의 거실

② 오피스텔 · 숙박시설의 침실

③ 병원 · 의원의 입원실

(16) 간이스프링클러설비의 가압송수장치

① 가압송수장치의 종류 : 펌프, 고가수조, 압력수조, 가압수조

② 정격토출압력 : 가장 먼 가지배관에서 2개의 간이헤드를 동시에 개방할 경우 간이헤드 끝부분의 방수압력은 0.1[MPa] 이상

③ 간이헤드의 방수량 : 50[L/min] 이상

④ 펌프의 토출 측 : 압력계를 체크밸브 이전에 펌프 토출 측 플랜지에서 가까운 곳에 설치

⑤ 펌프의 흡입 측 : 연성계 또는 진공계 설치

> 수원 : 수조 사용 시 2개의 간이헤드에서 최소 10분 이상

(17) 간이스프링클러헤드

① 폐쇄형 간이헤드를 사용할 것(동파의 우려가 있는 장소 : 개방형 간이헤드)

② 간이스프링클러헤드의 작동온도

　㉠ 주위 천장온도 0[℃] 이상 38[℃] 이하인 경우 : 공칭 작동온도가 57[℃]에서 77[℃]의 것을 사용

　㉡ 주위 천장온도 39[℃] 이상 66[℃] 이하인 경우 : 공칭 작동온도가 79[℃]에서 109[℃]의 것을 사용

(18) 간이스프링클러헤드의 음향장치 및 기동장치

① 음향장치는 습식 유수검지장치의 담당구역마다 설치하되 하나의 음향장치까지의 수평거리 : **25[m] 이하**

② 음향장치는 **경종** 또는 **사이렌**(전자사이렌 포함)으로 할 것

③ 주음향장치는 수신기의 내부 또는 그 직근에 설치할 것

(19) 간이스프링클러헤드의 송수구 및 비상전원

① 송수구의 구경 : **65[mm]**의 **단구형** 또는 **쌍구형**으로 하고 송수배관의 안지름은 40[mm] 이상으로 할 것

② 송수구의 설치 : 0.5[m] 이상 1[m] 이하

③ 송수구 부근에는 자동배수밸브 및 체크밸브를 설치할 것

④ 비상전원 : 10분[시행령 별표 4 제1호 마목 2) 가), 6), 8)은 20분 이상]

(20) 화재조기진압용 스프링클러헤드

① 설치장소의 구조

　㉠ 층의 높이 : 13.7[m] 이하

　㉡ 천장의 기울기 : 168/1,000을 초과하지 말 것 (초과 시 반자를 지면과 수평으로 할 것)

② 수원 : 가장 먼 가지배관 3개에 각각 4개의 스프링클러헤드가 동시에 개방되었을 때 헤드 끝부분의 압력이 천장의 표 2.2.1에 의한 값으로 60분간 방사할 수 있도록 하고 계산식은 다음과 같다.

$$수원의 \ 양 \quad Q = K\sqrt{10p} \times 12 \times 60$$

여기서 Q : 수원의 양[L]
  k : 상수[L/min · MPa$^{1/2}$]
  p : 헤드 선단(끝부분)의 압력[MPa]

③ 가압송수장치
  ㉠ 고가수조를 이용한 가압송수장치

$$H = h_1 + h_2$$

  여기서, H : 필요한 낙차[m]
    h_1 : 배관의 마찰손실수두[m]
    h_2 : 최소 방사압력의 환산수두[m]

  ㉡ 압력수조를 이용한 가압송수장치

$$P = p_1 + p_2 + p_3$$

  여기서, P : 필요한 압력[MPa]
    p_1 : 낙차의 환산수두압[MPa]
    p_2 : 배관의 마찰손실수두압[MPa]
    p_3 : 최소 방사압력[MPa]

④ 배 관
  ㉠ 가지배관 사이의 거리 : 2.4[m] 이상 3.7[m] 이하(단, 천장높이 9.1[m] 이상 13.7[m] 이하 : 2.4[m] 이상 3.1[m] 이하)
  ㉡ 수직배수배관의 구경 : 50[mm] 이상
⑤ 헤 드
  ㉠ 하나의 방호면적 : 6.0[m^2] 이상 9.3[m^2] 이하
  ㉡ 가지배관의 헤드 사이의 거리
    • 천장의 높이 9.1[m] 미만 : 2.4[m] 이상 3.7[m] 이하
    • 천장의 높이 9.1[m] 이상 13.7[m] 이하 : 3.1[m] 이하
  ㉢ 헤드의 반사판은 천장 또는 반자와 평행하게 설치하고 저장물의 최상부와 914[mm] 이상 확보되도록 할 것

  ㉣ 하향식 헤드의 반사판의 위치는 천장이나 반자 아래 125[mm] 이상 355[mm] 이하일 것
  ㉤ 헤드의 작동온도는 74[℃] 이하일 것

(21) 드렌처설비의 설치기준
  ① 드렌처헤드는 개구부 위측에 2.5[m] 이내마다 1개를 설치해야 한다.
  ② 제어밸브의 설치 : 바닥으로부터 0.8[m] 이상 1.5[m] 이하
  ③ 수원 : 설치 헤드 수×1.6[m^3]

  • 드렌처설비의 규정 방수량 : 80[L/min] 이상
  • 규정 방수압력 : 0.1[MPa] 이상

(22) 물분무소화설비의 펌프의 토출량 및 수원

특정소방대상물	펌프의 토출량 [L/min]	수원[L]
특수가연물	바닥면적 (최소 50[m^2]) ×10[L/min · m^2]	바닥면적(최소 50[m^2]) ×10[L/min · m^2]×20[min]
차고 · 주차장	바닥면적 (최소 50[m^2]) ×20[L/min · m^2]	바닥면적(최소 50[m^2]) ×20[L/min · m^2]×20[min]

(23) 물분무헤드와 전기기기와의 이격거리

전압[kV]	거리[cm]	전압[kV]	거리[cm]
66 이하	70 이상	154 초과 181 이하	180 이상
66 초과 77 이하	80 이상	181 초과 220 이하	210 이상
77 초과 110 이하	110 이상	220 초과 275 이하	260 이상
110 초과 154 이하	150 이상	–	–

(24) 물분무소화설비의 배수설비
  ① 차량이 주차하는 곳에는 10[cm] 이상의 경계턱으로 배수구 설치
  ② 배수구에는 길이 40[m] 이하마다 집수관, 소화피트 등 기름분리장치를 설치

  차량이 주차하는 바닥은 배수구를 향하여 기울기 : 2/100 이상

(25) 포소화설비의 수원 및 약제량

구 분	약제량	수원의 양
① 고정포 방출구	$Q = A \times Q_1 \times T \times S$ Q : 포소화약제의 양[L] A : 저장탱크의 액표면적[m²] Q_1 : 단위포소화 수용액의 양 [L/m² · min] T : 방출시간[min] S : 포소화약제의 사용농도[%]	$Q_W = A \times Q_1 \times T$ $\times (1-S)$
② 보조 소화전	$Q = N \times S \times 8,000[L]$ Q : 포소화약제의 양[L] N : 호스접결구 개수 (3개 이상일 경우 3개) S : 포소화약제의 사용농도[%]	$Q_W = N \times 8,000$ $\times (1-S)$
③ 배관 보정	가장 먼 탱크까지의 송액관(내경 75[mm] 이하 제외)에 충전하기 위하여 필요한 양 $Q = V \times S \times 1,000[L/m^3]$ $= \dfrac{\pi}{4}d^2 \times l \times S$ Q : 포소화약제의 양[L] V : 송액관 내부의 체적[m³] S : 포소화약제 사용농도[%]	$Q_W = V \times 1,000$ $\times (1-S)$

※ 고정포방출방식 약제저장량 = ① + ② + ③

(26) 포소화설비의 가압송수장치

① 지하수조(펌프)방식

> 펌프의 양정 $H \geqq h_1 + h_2 + h_3 + h_4$

여기서, H : 전양정[m]

h_1 : 방출구 설계압력환산수두 및 노즐 선단(끝부분)의 방사압력환산수두[m]

h_2 : 배관의 마찰손실수두[m]

h_3 : 낙차[m]

h_4 : 호스의 마찰손실수두[m]

② 압력수조방식

> $P \geqq p_1 + p_2 + p_3 + p_4$

여기서, P : 필요한 압력[MPa]

p_1 : 방출구의 설계압력 또는 노즐 선단(끝부분)의 방사압력[MPa]

p_2 : 배관의 마찰손실수두압[MPa]

p_3 : 낙차의 환산수두압[MPa]

p_4 : 호스의 마찰손실수두압[MPa]

(27) 포헤드

① 팽창비율에 의한 분류

팽창비	포방출구의 종류
팽창비가 20 이하(저발포)	포헤드, 압축공기포헤드
팽창비가 80 이상 1,000 미만 (고발포)	고발포용 고정포방출구

② 포워터 스프링클러헤드 : 바닥면적 8[m²]마다 헤드 1개 이상 설치

③ 포헤드 : 바닥면적 9[m²]마다 헤드 1개 이상 설치

(28) 포혼합장치

① 펌프프로포셔너방식

펌프의 토출관과 흡입관 사이의 배관 도중에 설치한 흡입기에 펌프에서 토출된 물의 일부를 보내고, 농도조정밸브에서 조정된 포소화약제의 필요량을 포소화약제 저장탱크에서 펌프 흡입 측으로 보내어 이를 혼합하는 방식

② 라인프로포셔너방식

펌프와 발포기의 중간에 설치된 벤투리관의 벤투리작용에 따라 포소화약제를 흡입·혼합하는 방식

③ 프레셔프로포셔너방식

펌프와 발포기의 중간에 설치된 벤투리관의 벤투리작용과 펌프가압수의 포소화약제 저장탱크에 대한 압력에 따라 포소화약제를 흡입·혼합하는 방식

④ 프레셔사이드 프로포셔너방식

펌프의 토출관에 압입기를 설치하여 포소화약제 **압입용 펌프**로 포소화약제를 **압입**시켜 혼합하는 방식

⑤ 압축공기포 믹싱체임버방식

물, 포소화약제 및 공기를 믹싱챔버로 강제 주입시켜 챔버 내에서 포수용액을 생성한 후 포를 방사하는 방식

(29) 기동장치

① 포소화설비의 수동식 기동장치

㉠ 기동장치의 조작부 : 0.8[m] 이상 1.5[m] 이하

㉡ 차고, 주차장 : 방사구역마다 1개 이상 설치

㉢ 항공기 격납고 : 방사구역마다 2개 이상 설치

② 포소화설비의 자동식 기동장치

　㉠ 폐쇄형 스프링클러헤드는 표시온도가 79[℃] 미만의 것을 사용하고 1개의 스프링클러헤드의 경계면적은 20[m²] 이하로 할 것

　㉡ 부착면의 높이는 바닥으로부터 5[m] 이하로 할 것

(30) 이산화탄소설비의 특징

① **심부화재**에 적합하다.

② 화재진화 후 깨끗하다.

③ 증거보존이 양호하여 화재원인의 조사가 쉽다.

④ 비전도성이므로 **전기화재**에 적합하다.

⑤ 고압이므로 방사 시 **소음이 크다**.

(31) 이산화탄소설비의 저장용기와 용기밸브

① 저장용기의 충전비

$$충전비 = \frac{용기의\ 내용적[L]}{약제의\ 중량[kg]}$$

> **Plus one** 저장용기의 충전비
> CO₂는 68[L]의 용기에 약제의 충전량은 45[kg]이다(**충전비 : 1.5**).
> ・고압식 : 1.5 이상 1.9 이하
> ・저압식 : 1.1 이상 1.4 이하

② 저압식 저장용기

　㉠ 저압식 저장용기에는 안전밸브와 봉판을 설치할 것

> ・안전밸브 : 내압시험압력의 **0.64배부터 0.8배까지**의 압력에서 작동
> ・봉판 : 내압시험압력의 0.8배부터 내압시험압력에서 작동

　㉡ 저압식 저장용기에는 2.3[MPa] 이상 1.9[MPa] 이하에서 작동하는 압력경보장치를 설치할 것

　㉢ 저압식 저장용기에는 **−18[℃] 이하**에서 **2.1 [MPa] 이상**의 압력을 유지하는 자동냉동장치를 설치할 것

③ 저장용기

　고압식은 25[MPa] 이상, 저압식은 3.5[MPa] 이상의 내압시험압력에 합격한 것으로 할 것

④ 안전장치

　저장용기와 선택밸브 또는 개폐밸브 사이에는 배관의 최소사용설계압력과 최대허용압력 사이의 압력에서 작동하는 안전장치를 설치해야 한다.

(32) 분사헤드

방출방식	기 준
전역방출방식	방출압력 고압식 : 2.1[MPa] 이상 　　　　　저압식 : 1.05[MPa] 이상
국소방출방식	30초 이내 약제 전량 방출
호스릴방식	하나의 노즐당 약제방사량 : 60[kg/min] 이상

(33) 소화약제 저장량

① 전역방출방식

　㉠ 표면화재 방호대상물(가연성 가스, 가연성 액체)

> 탄산가스 저장량[kg]
> = 방호구역 체적[m³] × 필요가스량[kg/m³] × 보정계수 + 개구부 면적[m²] × 가산량(5[kg/m²])

방호구역 체적	필요가스량 [kg/m³]	최저한도량
45[m³] 미만	1.00	45[kg]
45[m³] 이상 150[m³] 미만	0.90	45[kg]
150[m³] 이상 1,450[m³] 미만	0.80	135[kg]
1,450[m³] 이상	0.75	1,125[kg]

　㉡ 심부화재 방호대상물(종이, 목재, 석탄, 섬유류, 합성수지류)

방호대상물	필요가스량 [kg/m³]	설계농도 [%]
유압기기를 제외한 전기 설비, 케이블실	1.3	50
체적 55[m³] 미만의 전기설비	1.6	50
서고, 전자제품창고, 목재가공품창고, 박물관	2.0	65
고무류・면화류 창고, 모피 창고, 석탄창고, 집진설비	2.7	75

② 호스릴방식

> 호스릴 이산화탄소의 하나의 노즐에 대하여 약제저장량 : 90[kg] 이상

(34) 할론소화설비의 특징

① **부촉매 효과**에 의한 연소억제작용이 크다.

② 부식성이 적고 휘발성이 크다.

③ 변질, 분해 등이 없어 장기보존이 가능하다.

④ 소화약제의 가격이 다른 약제보다 비싸다.

(35) 저장용기

① 축압식 저장용기의 압력

약 제	압 력	충전가스
할론1211	1.1[MPa] 또는 2.5[MPa]	질소(N_2)
할론1301	2.5[MPa] 또는 4.2[MPa]	질소(N_2)

② 저장용기의 충전비

약 제	할론2402	할론1211	할론1301
충전비	가압식 : 0.51 이상 0.67 미만 축압식 : 0.67 이상 2.75 이하	0.7 이상 1.4 이하	0.9 이상 1.6 이하

(36) 소화약제 저장량

① 전역방출방식

> 할론가스 저장량[kg]
> = 방호구역 체적[m^3] × 필요가스량[kg/m^3]
> + 개구부 면적[m^2] × 가산량[kg/m^2]

② 호스릴방식

소화약제의 종별	약제저장량	분당방사량
할론2402	50[kg]	45[kg]
할론1211	50[kg]	40[kg]
할론1301	45[kg]	35[kg]

(37) 할론소화설비의 분사헤드

① 전역·국소방출방식

㉠ 분사헤드의 방출압력

약 제	할론2402	할론1211	할론1301
방출압력	0.1[MPa]	0.2[MPa]	0.9[MPa]

㉡ 소화약제의 방사시간 : **10초 이내**

② 호스릴방식

㉠ 저장용기의 개방밸브는 호스릴의 설치장소에서 수동으로 개폐할 수 있는 것으로 할 것

㉡ 소화약제의 저장용기는 호스릴을 설치하는 장소마다 설치할 것

> 호스릴 할론소화설비의 유효반경 : 수평거리 20[m] 이하

(38) 할로겐화합물 및 불활성기체소화약제의 저장용기

① 방호구역 외의 장소에 설치할 것(방호구역 내에 설치 시 피난 및 조작이 용이한 피난구 부근에 설치)

② 온도가 55[℃] 이하이고 온도의 변화가 작은 곳에 설치할 것

③ 나머지 할론 저장용기와 동일함

(39) 할로겐화합물 및 불활성기체소화약제

소화약제	화학식
FC-3-1-10	C_4F_{10}
HCFC BLEND A	HCFC-123($CHCl_2CF_3$) : 4.75% HCFC-22($CHClF_2$) : 82% HCFC-124($CHClFCF_3$) : 9.5% $C_{10}H_{16}$: 9.5%
HCFC-124	$CHClFCF_3$
HFC-125	CHF_2CF_3
HFC-227ea	CF_3CHFCF_3
IG-541	N_2 : 52%, Ar : 40%, CO_2 : 8%
IG-55	N_2 : 50%, Ar : 50%
IG-100	N_2

(40) 할로겐화합물 및 불활성기체소화설비의 설치제외

① 사람이 상주하는 곳으로서 최대 허용 설계농도를 초과하는 장소

② 제3류 위험물 및 제5류 위험물을 사용하는 장소

(41) 할로겐화합물 및 불활성기체소화약제의 재충전 또는 교체시기

① 할로겐화합물소화약제 : 약제량 손실이 5[%] 초과, 압력손실이 10[%] 초과 시

② 불활성기체소화약제 : 압력손실이 5[%] 초과 시

(42) 분말소화설비의 소화약제 저장량

① 전역방출방식

> 분말 저장량[kg] = 방호구역 체적[m^3] × 필요가스량[kg/m^3] + 개구부 면적[m^2] × 가산량[kg/m^2]

약제의 종류	필요가스량 [kg/m^3]	가산량 [kg/m^2]
제1종 분말	0.60	4.5
제2종 또는 제3종 분말	0.36	2.7
제4종 분말	0.24	1.8

② 국소방출방식

$$Q = X - Y\frac{a}{A}$$

여기서, Q : 방호공간에 1[m³]에 대한 분말소화약제의 양
[kg/m³]

a : 방호대상물의 주변에 설치된 벽면적의 합계
[m²]

A : 방호공간의 벽면적(벽이 없는 경우에는 벽이
있는 것으로 가정한 해당 부분의 면적)의 합계
[m²]

X 및 Y : 수치

③ 호스릴방식

소화약제 저장량 = 노즐수 × 소화약제량

소화약제의 종별	약제저장량	분당방사량
제1종 분말	50[kg]	45[kg]
제2종 분말 또는 제3종 분말	30[kg]	27[kg]
제4종 분말	20[kg]	18[kg]

> 호스릴 분말소화설비의 유효반경 : 수평거리 15[m] 이하

(43) 분말소화설비의 저장용기

① 저장용기의 충전비

약 제	제1종 분말	제2종, 제3종 분말	제4종 분말
충전비[L/kg]	0.8	1.0	1.25

② 안전밸브 설치

㉠ 가압식 : 최고사용압력의 1.8배 이하

㉡ 축압식 : 내압시험압력의 0.8배 이하

③ 청소장치 설치 : 소화 후 잔류약제가 수분을 흡수
하여 응고되므로 청소가 필요

(44) 분말소화설비의 정압작동장치의 기능

주밸브를 개방하여 **분말소화약제를 적절히** 내보내
기 위하여 설치한다.

(45) 분말소화설비의 배관

① **동관 사용 시** : 고정압력 또는 최고사용압력의 **1.5
배 이상**의 압력에 견딜 것

② 저장용기 등으로부터 배관의 굴절부까지의 거리
는 배관 **내경의 20배 이상**으로 할 것

③ 주밸브에서 헤드까지의 배관의 분기는 **토너먼트
방식**으로 할 것

> 토너먼트 방식으로 하는 이유 : 방사량과 방사압력을
> 일정하게 하기 위하여

제2절 경보설비

(1) **자동화재탐지설비의 구성**

① 감지기   ② 수신기

③ 발신기   ④ 중계기

⑤ 음향장치   ⑥ 표시등, 전원, 배선 등

(2) **감지기의 종류**

① **차동식스포트형감지기**

주위온도가 일정상승률 이상이 되는 경우에 작동
하는 것으로서 일국소에서의 열효과에 의하여 작
동되는 것

② **차동식분포형감지기**

주위온도가 일정상승률 이상이 되는 경우에 작동
하는 것으로서 넓은 범위 내에서의 열효과의 누적
에 의하여 작동되는 것

③ **정온식감지선형감지기**

일국소의 주위온도가 일정한 온도 이상이 되는 경
우에 작동하는 것으로서 외관이 전선과 같이 선형
으로 되어 있는 것

④ **정온식스포트형감지기**

일국소의 주위온도가 일정한 온도 이상이 되는 경
우에 작동하는 것으로서 외관이 전선과 같이 선형
으로 되어 있지 않은 것

(3) **공기관식감지기**

① 차동식분포형감지기의 동작원리에 따른 방식 :
공기관식, 열전대식, 열반도체식

② 공기관식감지기의 **구성부분 : 공기관, 다이어프
램, 리크구멍, 검출부**

③ 감열부 : 공기관(중공동관 사용)

④ 공기관식감지기의 검출부와 공기관의 **접속방법** :
공기관 **접속단자**에 **삽입**한 후 **납땜**

⑤ **리크구멍**(리크공) : **오동작을 방지**하는 안전장치

(4) 열전대식감지기

① 열전대식 감지기의 구성부분 : 열전대, 미터릴레이, 접속전선

② 열전대식감지기의 미터릴레이 시험 : 검출부의 작동시험

(5) 열반도체감지기

① 열반도체 감지기의 구성부분 : 열반도체소자, 감열부, 미터릴레이

② 미터릴레이를 필요로 하는 감지기 : 열전기식(열전대식)감지기, 열반도체식감지기

> **Plus one** 제베크효과
> 2종의 금속을 양단에 결합하여 양단에 온도차를 주었을 때 기전력이 발생하는 원리

(6) 차동식스포트형감지기

① 공기의 팽창 이용 : **감열부, 리크구멍, 다이어프램, 접점**으로 구성

② 열기전력 이용 : 반도체열전대, 고감도릴레이, **온접점과 냉접점**으로 구성

(7) 정온식스포트형감지기

① 바이메탈의 활곡을 이용

② 바이메탈의 반전을 이용

③ 금속의 팽창계수차를 이용

④ 액체(기체)팽창을 이용

⑤ 가용절연물을 이용

⑥ 감열반도체소자를 이용

(8) 이온화식감지기

① **지하상가**에 설치된 제연설비 기동용 감지기 : **이온화식감지기**

② 제연설비의 댐퍼 기동 신호를 보내는 감지기 : **연기감지기**

③ 이온화식감지기의 감도시험 : 작동시험, 부작동시험

(9) 감지기의 부착높이

부착높이	감지기의 종류	설치할 수 없는 감지기
8[m] 이상 15[m] 미만	• 차동식분포형 • 이온화식1종 또는 2종 • 광전식1종 또는 2종 • 연기복합형 • 불꽃감지기	차동식스포트형

부착높이	감지기의 종류	설치할 수 없는 감지기
15[m] 이상 20[m] 미만	• 이온화식1종 또는 광전식1종 • 연기복합형 • 불꽃감지기	• 차동식스포트형 • 보상식스포트형

> **30층 이상의 특정소방대상물 : 아날로그식의 감지기 설치**

(10) 연기감지기의 설치장소

① **계단·경사로** 및 에스컬레이터 경사로

② **복도**(30[m] 미만의 것을 제외한다)

③ **엘리베이터 승강로(권상기실이 있는 경우에는 권상기실)·린넨슈트·파이프 피트** 및 **덕트** 기타 이와 유사한 장소

④ 공동주택·오피스텔·숙박시설·노유자시설, 의료시설, 입원실이 있는 의원·조산원, 고시원으로 취침·숙박·입원 등의 용도로 사용되는 거실

(11) 감지기의 설치제외 장소

① **천장** 또는 **반자**의 높이가 **20[m] 이상**인 장소

② 부식성 가스가 체류하고 있는 장소, 목욕실·화장실 기타 이와 유사한 장소

③ 먼지·가루 또는 수증기가 다량으로 체류하는 장소

(12) 감지기의 설치기준

① 감지기(차동식분포형은 제외) 공기유입구 : **1.5[m] 이상** 떨어진 곳에 설치

② 보상식스포트형감지기의 정온점 : 평상시 최고온도보다 **20[℃] 이상** 높게 설치

③ **정온식감지기는 주방, 보일러실** 등으로서 공칭작동온도 : 최고주위온도보다 **20[℃] 이상** 높게 설치

④ **스포트형감지기의 경사각도 : 45° 이상** 경사되지 않도록 부착할 것

⑤ 차동식스포트형, 보상식스포트형 및 정온식스포트형감지기의 설치기준

부착높이 및 특정소방대상물의 구분		감지기의 종류(단위 : [m²])				
		차동식·보상식 스포트형		정온식스포트형		
		1종	2종	특종	1종	2종
4[m] 미만	내화구조	90	70	70	60	20
	기타구조	50	40	40	30	15
4[m] 이상 8[m] 미만	내화구조	45	35	35	30	–
	기타구조	30	25	25	15	–

(13) 공기관식 차동식분포형감지기의 설치기준

① 공기관의 **노출 부분** : 감지구역마다 **20[m] 이상**
② 공기관과 감지구역의 각 변과의 수평거리 : 1.5[m] 이하
③ 하나의 검출부분에 접속하는 **공기관의 길이** : **100[m] 이하**
④ 공기관식의 검출부 설치 : 0.8[m] 이상 1.5[m] 이하
⑤ 공기관식 검출부의 경사각도 : 5° 이상 경사되지 않도록 부착할 것

> 공기관 상호 간의 거리 : 6[m](내화구조일 때에는 9[m]) 이하

(14) 열전대식 차동식분포형감지기의 설치기준

① 열전대식감지기의 면적기준

취부면의 높이	특정소방대상물	1개의 감지면적
15[m] 미만	내화구조	22[m²]
	기타구조	18[m²]

※ 바닥면적 72[m²](내화구조 88[m²]) 이하일 때에는 4개 이상으로 할 것

② 하나의 검출부에 접속하는 **열전대부는 20개 이하**로 할 것

(15) 열반도체식 차동식분포형감지기의 설치기준

① 감지부는 다음 기준에 의한 바닥면적마다 1개 이상으로 할 것

부착높이 및 특정소방대상물의 구분		감지기의 종류(단위 : [m²])	
		1종	2종
8[m] 미만	내화구조	65	36
	기타구조	40	23
8[m] 이상 15[m] 미만	내화구조	50	36
	기타구조	30	23

② 하나의 검출기에 접속하는 감지부는 **2개 이상 15개 이하**가 되도록 할 것

(16) 연기감지기의 설치기준

① 감지기의 부착높이에 따라 다음 표에 의한 바닥면적마다 1개 이상으로 할 것

부착높이	감지기의 종류	
	1종 및 2종	3종
4[m] 미만	150[m²]	50[m²]
4[m] 이상 20[m] 미만	75[m²]	−

② 연기감지기의 부착개수(아래 기준에 1개 이상 설치)

설치장소	복도 및 통로		계단 및 경사로	
	1종, 2종	3종	1종, 2종	3종
설치거리	보행거리 30[m]	보행거리 20[m]	수직거리 15[m]	수직거리 10[m]

③ **감지기는 벽** 또는 보로부터 **0.6[m] 이상** 떨어진 곳에 설치할 것

(17) 감지기의 형식승인 및 제품검사의 기술기준

① 감지기의 경사제한각도

종 류	스포트형감지기	차동식분포형감지기
경사각도	45° 이상	5° 이상

② 스위치
반복시험 횟수 : 10,000회(전원스위치는 5,000회)

설비의 종류	감지기, 발신기, 중계기	비상조명등
반복시험 횟수	10,000회	5,000회

③ 표시등
ⓐ 전구는 **2개 이상의 병렬**로 접속해야 한다. 다만, 방전등이나 발광다이오드의 경우에는 그렇지 않다.
ⓑ 전구에는 적당한 보호커버를 설치해야 한다. 다만, 발광다이오드의 경우에는 그렇지 않다.
ⓒ 주위의 밝기가 300[lx]인 장소에서 측정하여 앞면으로부터 3[m] 떨어진 곳에서 켜진 등이 식별 가능할 것

④ 절연저항시험
감지기의 절연된 단자 간의 절연저항 및 단자와 외함 간의 절연저항은 직류 500[V]의 절연저항계로 측정한 값이 50[MΩ](정온식감지선형감지기 : 1[m]당 1,000[MΩ]) 이상일 것

(18) P형 1급 수신기의 기능

① 화재표시작동 시험장치
② 수신기와 감지기 등과의 사이의 외부배선의 **도통 시험장치**
③ 상용전원과 **예비전원**의 **자동절환장치**
④ **예비전원의 양부시험장치**

(19) P형 2급 수신기의 기능

① 화재표시작동 시험장치
② 상용전원과 예비전원의 자동절환장치
③ 예비전원의 양부시험장치

(20) R형 수신기의 기능

① 감지구역, 경계구역을 용이하게 판별하는 **기록 장치**
② **지구등** 또는 적당한 **표시장치**
③ **화재표시 작동시험장치**
④ 수신기와 중계기 사이의 외부배선의 **단락, 단 선, 도통시험장치**
⑤ **상용전원**과 **예비전원**의 **자동절환장치**
⑥ 예비전원의 양부시험장치

(21) R형 수신기의 특징

① 선로수가 적어 경제적이다.
② 선로길이를 길게 할 수 있다.
③ 증설 또는 이설이 비교적 쉽다.
④ 반드시 **중계기**가 필요하다.
⑤ 2본의 신호선으로 중계기 100개분의 신호를 선택 수신할 수 있다.

> R형 수신기 : 외부 신호선의 단선 및 단락시험을 할 수 있는 장치 보유

(22) 수신기의 설치기준

수신기의 조작스위치 : 0.8[m] 이상 1.5[m] 이하

(23) P형 1급 수신기의 시험점검방법

① P형 1급 수신기의 화재작동시험의 점검부분
  ㉠ 릴레이의 작동
  ㉡ 램프의 단선
  ㉢ 회로의 단선
② 화재표시작동시험
  ㉠ 지구램프작동시험
  ㉡ 화재벨 작동시험
  ㉢ 화재표시램프의 시험
  ㉣ 음향장치의 시험
③ 수신기의 화재표시동작하지 않는 이유
  ㉠ 발신기의 접점의 접촉불량
  ㉡ 응답램프 불량
  ㉢ 배선의 단선

(24) P형 2급 수신기의 시험

① 화재표시의 작동시험
② 회로도통시험
③ 동시작동시험(1회선은 제외)
④ 저전압시험
⑤ 예비전원시험
⑥ 비상전원시험
⑦ 지구음향장치 작동시험

(25) 수신개시 후 소요시간

설비	P형, R형 수신기 중계기	비상방송 설비	M형 수신기	가스누설 경보기
소요시간	5초 이내	10초 이내	20초 이내	60초 이내

(26) 수신기의 절연저항시험

① **충전부와 외함 간의 절연저항** : 직류 500[V]의 절연저항계로 5[MΩ] 이상
② **교류입력 측과 외함 간** : 20[MΩ] 이상
③ 절연된 선로 간의 절연저항 : 직류 500[V]의 절연저항계로 측정한 값이 20[MΩ] 이상

(27) 발신기의 설치기준

① 스위치의 설치 위치 : **0.8[m] 이상 1.5[m] 이하**
② 하나의 발신기까지의 수평거리가 25[m] 이하가 되도록 할 것

(28) 중계기

① 중계기에 설치하는 시험장치 : 상용전원시험, 예비전원시험
② 중계기의 예비전원 : 원통밀폐형, 니켈카드뮴축전지, 무보수밀폐형 연축전지

> 도통시험하지 않는 중계기 : 수신기와 감지기 사이에 설치

(29) 중계기의 형식승인 및 제품검사의 기술기준

① 중계기의 구조 및 기능
  ㉠ 60[V]를 넘는 **접지단자**를 설치할 것
  ㉡ 수신개시 후 발신개시까지의 소요시간 : **5초 이내**
② 중계기의 반복시험 : 2,000회
③ 절연저항시험 : **충전부와 외함 간 및 절연된 선로 간** : 직류 500[V]의 절연저항계로 20[MΩ] 이상

(30) 음향장치 및 시각경보기

① 음향장치(비상방송설비도 동일함)
11층(공동주택의 경우에는 16층) 이상의 특정소방대상물

발화 층	경보를 발하는 층
2층 이상	발화층, 그 직상 4개 층
1층	발화층, 그 직상 4개 층, 지하층
지하층	발화층, 그 직상층, 기타의 지하층

② 청각장애인용 시각경보기
  ㉠ 설치장소 : 복도·통로·청각장애인용 객실 및 공용으로 사용하는 거실(로비, 회의실, 강의실, 식당, 휴게실 등)
  ㉡ **설치높이** : 바닥으로부터 **2[m] 이상 2.5[m] 이하**(다만, 천장의 높이가 2[m] 이하인 경우에는 천장으로부터 0.15[m] 이내의 장소에 설치)

(31) 배 선

① 감지기회로의 **전로저항** : **50[Ω] 이하**
② **종단저항** : 감지기회로의 **끝부분**에 설치
③ P형 수신기의 경계구역 : 7개 이하
④ 감지기 사이의 회로의 배선 : 송배전식

(32) 각 설비와 수평거리

설 비	정온식감지기		발신기	음향장치	확성기	비상콘센트
	1종	2종				
수평거리	3[m] 이하	4.5[m] 이하	25[m] 이하	25[m] 이하	25[m] 이하	50[m] 이하

(33) 축전지 설비

① 자동화재탐지설비의 비상전원 : 자가발전설비, 비상전원수전설비, 연축전지
② **자동화재탐지설비**의 비상전원의 용량 : **10분 이상**
③ 축전지설비의 구성 : 축전지, 충전장치, 보안장치, 제어장치, 역변환장치

(34) 비화재보가 계속되는 경우의 조치

① 감지기 회로 배선 및 절연상태 확인
② 수신기 내부의 계전기 접점 확인
③ 감지기 설치장소에 온도상승 요인인 감열체가 있는지를 확인
④ 수신기 내부의 표시회로의 절연상태 확인

(35) 경계구역

① 2개의 층을 하나의 **경계구역**으로 할 수 있는 면적 : **500[m²] 이하**
② 하나의 경계구역 : 600[m²] 이하, **한 변의 길이** : **50[m] 이하**
③ 별도의 경계구역 : 계단, 경사로, 엘리베이터 권상기실, 린넨슈트, 파이프덕트
④ 계단, 경사로 하나의 경계구역 : 높이 45[m] 이하

(36) 자동화재속보설비

① 소방관서에 **통보시간** : **20초 이내**
② 소방관서에 **통보횟수** : **3회 이상**
③ 자동화재속보설비 : 자동화재탐지설비와 연동

(37) B형 화재속보기의 기능

① 회로 저항측정
② 예비전원 양부시험
③ 외부 배선의 도통시험
④ 화재표시 작동시험

(38) 비상방송설비

① 확성기의 음성입력
  ㉠ **실내 1[W] 이상**
  ㉡ **실외 3[W] 이상**
② 확성기까지 수평거리 : 25[m] 이하
③ 음량조정기의 배선 : 3선식
④ 조작스위치 : 0.8~1.5[m] 이하
⑤ 비상방송개시 **소요시간** : **10초 이내**

(39) 누전경보기

① 누전경보기의 구성요소 : 수신기, 변류기, 차단기, 음향장치
② 누전경보기의 검출시험 : 누설전류를 변류기에 흘려서 실시
③ 누전경보기의 구성 : 변류기와 수신부

(40) 누전경보기의 형식승인 및 제품검사의 기술기준

① 누전경보기의 **공칭작동전류치** : **200[mA] 이하**
② 감도조정장치의 조정범위 : **최대치 1[A]**(1,000 [mA])
③ 검출누설전류설정치가 부적당하여 오보발생 : 감도조정장치의 감도 탭을 올려서 조치
④ 감도조정장치의 기능 : 변류기의 입력신호에 의한 감도를 수신기에서 조정

⑤ **절연저항시험** : 변류기는 직류 500[V]의 절연저
  항계로 시험결과 5[MΩ] 이상일 것
  ㉠ 절연된 **1차 권선**과 **2차 권선** 간의 절연저항
  ㉡ 절연된 **1차 권선**과 **외부 금속부** 간의 절연저항
  ㉢ 절연된 **2차 권선**과 **외부 금속부** 간의 절연저항

> 누전경보기의 감도조정장치의 조정범위 : 최대치
> 1[A](1,000[mA])

(41) 가스누설경보기

① 가스누설경보기의 검사방식
  ㉠ 반도체식
  ㉡ 접촉연소식
  ㉢ 기체 열전도식
② 감지소자의 주성분 : **산화주석**
③ 화재수신 후 소요시간 : **60초 이내**
④ 가스누설경보기 설치
  ㉠ 공기보다 **무거운 가스** : **아래쪽에**
  ㉡ 공기보다 가벼운 가스 : 위쪽에
⑤ 표시등의 점등색
  ㉠ **누설등**(가스의 누설을 표시하는 표시등) : **황색**
  ㉡ **지구등**(가스가 누설된 경계구역의 위치를 표
    시하는 표시등) : **황색**
⑥ 음량시험(무향실 내에서 측정하는 경우)
  ㉠ 음향장치의 중심으로부터 1[m] 떨어진 위치 :
    90[dB] 이상
  ㉡ 단독형 및 분리형 경보기 중 영업용인 경우 :
    70[dB] 이상
  ㉢ 고장표시용 등의 음압 : 60[dB] 이상

(42) 부대전기설비

① 축전지설비의 구성요소
  ㉠ 축전지   ㉡ 충전장치
  ㉢ 보안장치   ㉣ 제어장치
  ㉤ 역변환장치
② **축전지 용량** 표시 : **Ah**
③ 축전지설비의 비교

구 분	납축전지	알칼리 축전지
종 류	클래드식, 페이스트식, 전밀폐형	포켓식
공칭전압	2.0[V]	1.2[V]
공칭용량	10[Ah]	5[Ah]

④ 각 설비의 비상전원의 용량

설비의 종류	비상전원 용량(이상)
자동화재탐지설비, 비상경보설비	10분
제연설비, 비상콘센트설비, 옥내소화전설비, 유 도등	20분
무선통신보조설비의 증폭기, 자동화재탐지설비 (30층 이상)	30분
유도등과 비상조명등(지하상가, 시장, 11층 이상)	60분

제3절 **피난구조설비**

(1) 피난구조설비의 종류

① 피난기구 : 피난사다리, 완강기, 구조대, 미끄럼대,
  피난교, 피난용 트랩, 간이완강기, 공기안전매트,
  다수인 피난장비, 승강식 피난기둥
② 인명구조기구(방열복, 방화복, 공기호흡기, 인공
  소생기), 유도등 유도표지
③ 비상조명등 및 휴대용 비상조명등

(2) 피난사다리

① 금속성 고정식사다리 : **4층 이상**에 설치
② 올림식사다리
  ㉠ 상부지지점 : 안전장치 설치
  ㉡ 하부지지점 : 미끄러짐을 막는 장치설치
  ㉢ 신축하는 구조 : 축제방지장치 설치
  ㉣ 접어지는 구조 : 접힘방지장치 설치
③ 내림식사다리 : 와이어식, 접는식, 체인식

(3) 완강기

① 완강기의 구성부분 : **속도조절기, 로프, 벨트, 속
  도조절기의 연결부, 연결금속구**
② 최대사용자수 : 완강기의 최대사용하중 ÷
  1,500[kg]

(4) 미끄럼대

① 반고정식 : 미끄럼대의 하단을 위로 올려놓은
  상태
② 수납식 : 평상시에는 수납하여 놓아두는 상태

(5) 피난교

① **고정식**과 **이동식**이 있다.

② 피난교의 폭은 **60[cm]** 이상, **구배**는 **1/5 미만**으로 할 것(단, 1/5 이상의 구배일 때는 계단식으로 하고 바닥면은 미끄럼 방지를 할 것)

③ 피난교의 난간 높이는 110[cm] 이상으로 **간격은 18[cm] 이하**로 할 것

(6) 피난구유도등

① 설치장소

    ㉠ 옥내로부터 직접 지상으로 통하는 출입구 및 그 부속실의 출입구

    ㉡ 직통계단·직통계단의 계단실 및 그 부속실의 출입구

    ㉢ 출입구에 이르는 복도 또는 통로로 통하는 출입구

    ㉣ 안전구획된 거실로 통하는 출입구

② 설치높이 : 바닥으로부터 높이 **1.5[m] 이상**

(7) 통로유도등

복도통로유도등은 바닥으로부터 높이 1[m] 이하의 위치에 설치해야 한다.

유도등	설치위치	설치장소
복도통로유도등	복도, 피난구유도등 설치 시 입체형, 바닥	구부러진 모퉁이 및 기준에 따라 설치된 통로유도등을 기점으로 보행거리 20[m]마다, 바닥으로부터 1[m] 이하
거실통로유도등	거실의 통로	구부러진 모퉁이 및 보행거리 20[m]마다, 바닥으로부터 1.5[m] 이상
계단통로유도등	경사로참 또는 계단참마다	바닥으로부터 1[m] 이하

(8) 객석유도등의 설치개수

$$설치개수 = \frac{객석\ 통로의\ 직선부분\ 길이[m]}{4} - 1$$

(9) 유도등의 형식승인 및 제품검사의 기술기준

① 사용전압 : 300[V] 이하(충전부가 노출되지 않은 것은 300[V]를 초과할 수 있다)

② 전선의 굵기(인출선인 경우)는 단면적이 0.75[mm²] 이상이어야 한다.

③ 인출선의 길이 : 150[mm] 이상

④ 유도등의 반복시험 : 2,500회

(10) 비상조명등 및 휴대용 비상조명등

① 비상조명등의 비상전원 : 20분 이상

> **Plus one** 60분 이상 비상전원으로 해야 하는 시설
> • 지하층을 제외한 층수가 11층 이상의 층
> • 지하층 또는 무창층으로서 도매시장, 소매시장, 여객자동차터미널, 지하역사, 지하상가

② 휴대용 비상조명등의 설치기준

    ㉠ 숙박시설, 다중이용업소에 1개 이상 설치

    ㉡ 대규모 점포(지하상가 및 지하역사는 제외), 영화상영관 : 보행거리 50[m] 이내마다 3개 이상 설치

    ㉢ 지하상가, 지하역사 : 보행거리 25[m] 이내마다 3개 이상 설치

    ㉣ 건전지 및 충전식 배터리의 용량 : 20분 이상

③ 비상조명등의 제외장소

    ㉠ 거실의 각 부분으로부터 하나의 출입구에 이르는 보행거리가 15[m] 이내인 부분

    ㉡ 의원·경기장·공동주택·의료시설·학교의 거실

④ 휴대용 비상조명등의 제외장소

    ㉠ 지상 1층 또는 피난층으로서 복도·통로 또는 창문 등의 개구부를 통하여 피난이 용이한 경우

    ㉡ 숙박시설로서 복도에 비상조명등을 설치한 경우

제4절 소화용수설비

(1) 소화용수설비의 소화수조 등

① 소화수조의 저수량

소방대상물의 구분	기준면적[m²]
1층 및 2층의 바닥면적 합계가 15,000[m²] 이상인 소방대상물	7,500
그 밖의 소방대상물	12,500

② 소화수조 또는 저수조의 설치기준

    ㉠ 지면으로부터 **낙차**가 **4.5[m] 이하**일 것

    ㉡ 흡수부분의 **수심**이 **0.5[m] 이상**일 것

ⓒ 흡수관의 투입구가 사각형의 경우에는 한 변의 길이가 60[cm] 이상, 원형의 경우에는 지름이 60[cm] 이상일 것

(2) 소화용수설비의 가압송수장치

소화수조 또는 저수조가 지표면으로부터의 깊이가 **4.5[m] 이상**인 지하에 있는 경우에는 다음 표에 의하여 가압송수장치를 설치해야 한다.

소요수량	20[m³] 이상 40[m³] 미만	40[m³] 이상 100[m³] 미만	100[m³] 이상
1분당 양수량	1,100[L] 이상	2,200[L] 이상	3,300[L] 이상
채수구의 수	1개	2개	3개

제5절 **소화활동설비**

(1) 제연구획

① 거실과 통로는 각각 제연구획할 것
② 통로상의 제연구역은 보행중심선의 길이가 60[m]를 초과하지 않을 것
③ 하나의 제연구역은 직경 60[m] 원 내에 들어갈 수 있을 것

> 하나의 제연구역의 면적 : 1,000[m²] 이내

④ 제연구의 방식 : 회전식, 낙하식, 미닫이식

(2) 배출풍도

① 배출풍도는 아연 도금강판 등 내식성·내열성이 있는 것으로 하며, 불연재료인 단열재로 단열처리할 것
② 배출풍도의 강판의 두께는 0.5[mm] 이상으로 할 것
③ 배출기의 풍속

> • 배출기의 흡입 측 풍도 안의 풍속 : 15[m/s] 이하
> • 배출 측 풍속 : 20[m/s] 이하
> • 유입풍도 안의 풍속 : 20[m/s] 이하

(3) 배출기의 용량

$$P[\text{kW}] = \frac{Q \times P_r}{6,120 \times E} \times K$$

여기서 Q : 풍량[m³/min] P_r : 풍압[mmAq]
     E : 효율[%] K : 여유율

(4) 특피제연설비의 차압 등

① 제연구역과 옥내와의 사이에 유지해야 하는 최소 차압 40[Pa](옥내에 스프링클러설비가 설치된 경우에는 12.5[Pa]) 이상으로 해야 한다.
② 제연설비가 가동되었을 경우 출입문 개방에 필요한 힘은 110[N] 이하로 해야 한다.

(5) 연결송수관설비의 가압송수장치

① 펌프의 토출량은 2,400[L/min] 이상으로 할 것 (계단식 아파트 : 1,200[L/min] 이상)
② 펌프의 양정은 최상층에 설치된 노즐 선단(끝부분)의 압력이 0.35[MPa] 이상으로 할 것

> 최상층 방수구의 높이 70[m] 이상 : 가압송수장치 설치

(6) 연결송수관설비의 송수구

① 송수구는 연결송수관의 수직배관마다 1개 이상을 설치할 것

> 송수구의 접합부위 : 암나사, 방수구의 접합부위 : 수나사

② 송수구 부근의 설치순서

구 분	설치순서
습 식	송수구 → 자동배수밸브 → 체크밸브
건 식	송수구 → 자동배수밸브 → 체크밸브 → 자동배수밸브

③ 구경 : 65[mm]의 쌍구형

(7) 연결송수관설비의 방수구

① **방수구**는 그 특정소방대상물의 층마다 설치해야 한다(단 **아파트의 1층, 2층은 제외**).
② **11층 이상의 부분**에 설치하는 방수구는 **쌍구형**으로 해야 한다(단, 아파트의 용도로 사용되는 층은 제외).
③ 방수구의 호스접결구는 바닥으로부터 **높이 0.5 [m] 이상 1[m] 이하**의 위치에 설치해야 한다.

> • 연결송수관설비의 방수구 구경 : 65[mm]의 것
> • 연결송수관설비의 주배관의 구경 : 100[mm] 이상

(8) 연결살수설비의 송수구 등

① 송수구는 구경 **65[mm]의 쌍구형**으로 할 것(단, 살수헤드 수가 **10개 이하는 단구형**)

② 개방형 헤드를 사용하는 송수구의 호스접결구는 각 송수구역마다 설치할 것

③ 폐쇄형 헤드 사용 : 송수구 → 자동배수밸브 → 체크밸브의 순으로 설치

④ 개방형 헤드 사용 : 송수구 → 자동배수밸브

> 개방형 헤드의 하나의 송수구역에 설치하는 살수헤드의 수 : 10개 이하

(9) 연결살수설비의 배관

하나의 배관에 부착하는 살수헤드의 수	1개	2개	3개	4개 또는 5개	6개 이상 10개 이하
배관의 구경[mm]	32	40	50	65	80

① 한쪽 가지배관의 설치 헤드의 개수 : 8개 이하

② 개방형 헤드 사용 시 수평 주행 배관은 헤드를 향하여 상향으로 1/100 이상의 기울기로 설치

(10) 비상콘센트설비의 전원회로

구 분	전 압	공급용량	플러그접속기
단상 교류	220[V]	1.5[kVA] 이상	접지형 2극

(11) 비상콘센트설비의 설치

① 하나의 전용회로에 설치하는 **비상콘센트는 10개 이하**로 할 것

② 비상콘센트의 설치 : 0.8[m] 이상 1.5[m] 이하

③ 3φ, 200[V] 비상콘센트 접지극에서

  ㉠ 접지저항 : 100[Ω] 이하

  ㉡ **접지선의 굵기 : 1.6[mm] 이상**

④ 전원부와 외함 사이의 **절연저항 : 20[MΩ] 이상** (500[V]로 측정)

> 하나의 전용회로에 설치하는 비상콘센트 : 10개 이하

(12) 무선통신보조설비의 구성요소

① 옥외안테나

② 분배기

③ 누설동축케이블 및 동축케이블

④ 증폭기

(13) 누설동축케이블의 설치기준

① **누설동축케이블 및 안테나의 고압의 전로로부터 거리 : 1.5[m] 이상**

② **누설동축케이블, 동축케이블의 임피던스 : 50[Ω]**

③ **분배기의 임피던스 : 50[Ω]**

④ **무선통신보조설비의 증폭기 비상전원 : 30분 이상**

> 누설동축케이블, 동축케이블, 분배기의 임피던스 : 50[Ω]

(14) 지하구

① 연소방지설비의 배관

  ㉠ 교차배관 : 가지배관과 수평으로 설치 또는 가지배관 밑에 설치

  ㉡ 교차배관의 구경 : 40[mm] 이상

  ㉢ 수평주행배관에는 4.5[m] 이내마다 행거를 1개 이상 설치할 것

② 연소방지설비의 헤드

  ㉠ 헤드 간의 수평거리

  • 연소방지설비 전용헤드 : 2[m] 이하

  • 개방형 스프링클러헤드 : 1.5[m] 이하

  ㉡ 소방대원의 출입이 가능한 환기구·작업구마다 지하구의 양쪽방향으로 살수헤드를 설정하되 한쪽방향의 살수구역의 길이는 3[m] 이상으로 할 것. 다만, 환기구의 간격이 700[m]를 초과할 경우에는 700[m] 이내마다 살수구역을 설정하되, 지하구의 구조를 고려하여 방화벽을 설치한 경우에는 그렇지 않다.

05 소방관계법령

제1절 소방기본법, 영, 규칙

(1) 용어 정의
① 소방대상물 : 건축물, 차량, 선박(항구 안에 매어 둔 선박), 선박건조구조물, 산림, 그 밖의 인공구조물 또는 물건
② 관계인 : 소방대상물의 소유자, 관리자 또는 점유자
③ 소방대(消防隊) : 화재를 진압하고 화재, 재난·재해, 그 밖의 위급한 상황에서의 구조·구급활동 등을 하기 위하여 소방공무원, 의무소방원, 의용소방대원으로 구성된 조직체

(2) 종합상황실의 보고 발생사유
① **사망자 5명 이상, 사상자 10명 이상** 발생한 화재
② **이재민이 100명 이상** 발생한 화재
③ **재산피해액이 50억원 이상** 발생한 화재
④ 관공서, 학교, 정부미도정공장, 문화재, 지하철, 지하구의 화재
⑤ **다중이용업소**의 화재

(3) 소방장비 등에 대한 국고보조
① **국고보조의 대상 및 기준 : 대통령령**
② **국고보조 대상**
  ㉠ 소방활동장비 및 설비
    • **소방자동차**
    • **소방헬리콥터** 및 소방정
    • **소방전용통신설비** 및 전산설비
  ㉡ 소방관서용 청사의 건축

(4) 소방용수시설 및 비상소화장치의 설치 및 관리
① 소화용수시설(소화전, 급수탑, 저수조)의 설치, 유지·관리 : **시·도지사**
② 소방용수시설 및 비상소화장치의 설치기준
  ㉠ 소방대상물과의 수평거리
    • **주거지역, 상업지역, 공업지역 : 100[m] 이하**

• 그 밖의 지역 : 140[m] 이하
  ㉡ 소방용수시설별 설치기준
    • 소화전의 설치기준 : 소화전의 연결금속구의 구경은 65[mm]로 할 것
    • **급수탑**의 설치기준
      – **급수배관의 구경 : 100[mm] 이상**
      – **개폐밸브 : 지상에서 1.5[m] 이상 1.7[m] 이하**
  ㉢ 저수조의 설치기준
    • 지면으로부터의 낙차가 4.5[m] 이하일 것
    • 흡수부분의 수심이 0.5[m] 이상일 것
    • 흡수관의 투입구가 사각형의 경우에는 한 변의 길이가 60[cm] 이상, 원형의 경우에는 지름이 60[cm] 이상일 것

(5) 소방업무의 상호응원협정 사항
① 소방활동에 관한 사항
  ㉠ 화재의 경계·진압활동
  ㉡ 구조·구급업무의 지원
  ㉢ 화재조사활동
② **응원출동 대상지역 및 규모**
③ 소요경비의 부담사항(출동대원의 수당, 식사 및 의복의 수선 등)
④ **응원출동의 요청방법**
⑤ **응원출동훈련 및 평가**

(6) 소방신호
① 정의 : **화재예방, 소방활동** 또는 **소방훈련**을 위하여 사용되는 신호
② 소방신호의 종류와 방법

신호종류	발령 시기	타종신호	사이렌신호
경계신호	화재예방상 필요하다고 인정 또는 화재위험 경보 시 발령	1타와 연 2타를 반복	5초 간격을 두고 30초씩 3회
발화신호	화재가 발생한 때 발령	난 타	5초 간격을 두고 5초씩 3회

신호종류	발령 시기	타종신호	사이렌신호
해제신호	소화활동의 필요 없다고 인정할 때 발령	상당한 간격을 두고 1타씩 반복	1분간 1회
훈련신호	훈련상 필요하다고 인정할 때 발령	연 3타 반복	10초 간격을 두고 1분씩 3회

(7) 소방활동구역

① 소방활동구역의 설정 및 출입제한권자 : 소방대장

② 소방활동구역의 출입자

　㉠ 소방활동구역 안에 있는 소방대상물의 **소유자, 관리자, 점유자**

　㉡ 전기, 가스, 수도, 통신, 교통의 업무에 종사하는 사람으로서 원활한 소방활동을 위하여 필요한 사람

　㉢ 의사·간호사, 그 밖의 **구조·구급업무**에 종사하는 사람

　㉣ 취재인력 등 **보도업무**에 종사하는 사람

　㉤ **수사업무**에 종사하는 사람

(8) 화재의 조사

① 화재의 원인 및 피해 조사권자 : **소방청장, 소방본부장 또는 소방서장**

② 화재조사는 화재사실을 인지하는 즉시 장비를 활용하여 **실시**한다.

(9) 벌 칙

① 5년 이하의 징역 또는 5,000만원 이하의 벌금

　㉠ 위력(威力)을 사용하여 출동한 소방대의 화재진압, 인명구조 또는 구급활동을 방해하는 행위를 한 사람

　㉡ 소방대가 화재진압, 인명구조 또는 구급활동을 위하여 현장에 출동하거나 현장에 출입하는 것을 고의로 방해하는 행위를 한 사람

　㉢ 소방자동차의 출동을 방해한 사람

　㉣ 정당한 사유 없이 소방용수시설 또는 비상소화장치를 사용하거나 소방용수시설 또는 비상소화장치의 효용을 해하거나 그 정당한 사용을 방해한 사람

② 3년 이하의 징역 또는 3,000만원 이하의 벌금
강제처분을 방해한 사람 또는 정당한 사유 없이 그 처분에 따르지 않은 사람

③ 100만원 이하의 벌금

　㉠ 정당한 사유없이 소방대의 생활안전활동을 방해한 자

　㉡ **피난명령을 위반한 사람**

④ 500만원 이하의 과태료
화재 또는 구조·구급이 필요한 상황을 거짓으로 알린 사람

⑤ 200만원 이하의 과태료

　㉠ 한국119청소년단 또는 이와 유사한 명칭을 사용한 사람

　㉡ **소방활동구역을 출입한 사람**

제2절　소방시설공사업법, 영, 규칙

(1) 소방시설업의 등록

① 소방시설업의 등록 : **시·도지사**

② 소방시설업의 등록 결격사유

　㉠ 피성년후견인

　㉡ 소방관련 4개 법령에 따른 금고 이상의 실형의 선고를 받고 그 집행이 끝나거나(집행이 끝난 것으로 보는 경우를 포함) 면제된 날부터 **2년**이 지나지 않은 사람

　㉢ 소방관련 4개 법령에 따른 금고 이상의 형의 집행유예 선고를 받고 그 **유예기간 중에 있는 사람**

　㉣ 등록하려는 소방시설업 등록이 취소된 날부터 2년이 지나지 않은 사람

③ 등록사항의 변경신고 : **30일 이내**에 **시·도지사**에게 **신고**

(2) 소방시설업의 업종별 등록기준 및 영업범위

① 소방시설설계업

항 목 업종별	기술인력	영업범위
전문 소방시설 설계업	• 주된 기술인력 : 소방기술사 1명 이상 • 보조기술인력 : 1명 이상	모든 특정소방대상물에 설치되는 소방시설의 설계

항목 / 업종별		기술인력	영업범위
일 반 소 방 시 설 설 계 업	기계분야	• 주된 기술인력 : 소방기술사 또는 기계분야 소방설비기사 1명 이상 • 보조기술인력 : 1명 이상	• 아파트에 설치되는 기계분야 소방시설(제연설비는 제외)의 설계 • **연면적 3만[m²]**(공장의 경우에는 1만[m²]) **미만**의 특정소방대상물(제연설비가 설치되는 특정소방대상물은 제외)에 설치되는 기계분야 소방시설의 설계
	전기분야	• 주된 기술인력 : 소방기술사 또는 전기분야 소방설비기사 1명 이상 • 보조기술인력 : 1명 이상	• 아파트에 설치되는 전기분야 소방시설의 설계 • 연면적 3만[m²](공장의 경우에는 1만[m²]) 미만의 특정소방대상물에 설치되는 전기분야 소방시설의 설계

② 소방시설공사업

항목 / 업종별		기술인력	자본금 (자산평가액)	영업범위
전문소방시설공사업		• 주된 기술인력 : 소방기술사 또는 기계분야와 전기분야의 소방설비기사 각 1명(기계·전기분야의 자격을 함께 취득한 사람 1명) 이상 • **보조기술인력 : 2명 이상**	• 법인 : 1억원 이상 • 개인 : 자산평가액 1억원 이상	특정소방대상물에 설치되는 기계분야 및 전기분야의 소방시설공사·개설·이전 및 정비
일 반 소 방 시 설 공 사 업	기계분야	• 주된 기술인력 : 소방기술사 또는 기계분야 소방설비기사 1명 이상 • **보조기술인력 : 1명 이상**	• 법인 : 1억원 이상 • 개인 : 자산평가액 1억원 이상	• 연면적 10,000[m²] 미만의 특정소방대상물에 설치되는 기계분야 소방시설의 공사·개설·이전 및 정비 • 위험물제조소 등에 설치되는 기계분야 소방시설의 공사·개설·이전 및 정비

항목 / 업종별		기술인력	자본금 (자산평가액)	영업범위
일 반 소 방 시 설 공 사 업	전기분야	• 주된 기술인력 : 소방기술사 또는 전기분야 소방설비기사 1명 이상 • 보조기술인력 : 1명 이상	• 법인 : 1억원 이상 • 개인 : 자산평가액 1억원 이상	• 연면적 10,000[m²] 미만의 특정소방대상물에 설치되는 전기분야 소방시설의 공사·개설·이전 및 정비 • 위험물제조소 등에 설치되는 전기분야 소방시설의 공사·개설·이전 및 정비

(3) 소방시설업의 등록취소 및 영업정지

① 등록취소 및 영업정지권자 : 시·도지사

② 등록취소 또는 6개월 이내의 시정이나 **영업의 정지 사항**

㉠ **거짓**이나 그 밖의 부정한 방법으로 등록을 한 경우(등록취소)

㉡ 등록기준에 미달하게 된 후 30일이 경과한 경우

㉢ **등록 결격사유에 해당하게 된 경우**(등록취소)

㉣ 등록증 또는 등록수첩을 빌려준 경우

㉤ 등록을 한 후 정당한 사유 없이 1년이 지날 때까지 영업을 시작하지 않거나 계속하여 **1년 이상 휴업한 경우**

㉥ 동일인이 시공과 감리를 함께 한 경우

(4) 과징금 처분

① 과징금 처분권자 : 시·도지사

② 영업정지가 그 이용자에게 심한 불편을 주거나 그 밖에 공익을 해칠 우려가 있는 때에는 영업정지 처분에 갈음하여 부과되는 과징금 : **2억원 이하**

(5) 소방시설공사

① 착공신고 및 완공검사 : **소방본부장** 또는 **소방서장**

② 소방시설공사의 착공신고 대상

㉠ 특정소방대상물로서 다음에 해당하는 설비를 **신설하는 공사**

• 옥내소화전설비(호스릴 옥내소화전설비 포함), 옥외소화전설비, 스프링클러설비·간이스프링클러설비(캐비닛형 간이스프링클러설비 포함) 및 화재조기진압용 스프링클러설비, 물분무 등 소화설비, 연결송수관설비, 연결살수설비, 제연설비, 소화용수설비 또는 연소방지설비

- 자동화재탐지설비, 비상경보설비, 비상방송설비, 비상콘센트설비 또는 무선통신보조설비
ⓒ 특정소방대상물로서 다음에 해당하는 설비 또는 구역 등을 증설하는 공사
  - **옥내 · 옥외소화전설비**
  - 스프링클러설비 · 간이스프링클러설비 또는 물분무 등 소화설비의 방호구역, 자동화재탐지설비의 경계구역, 제연설비의 제연구역, 연결살수설비의 살수구역, 연결송수관설비의 송수구역, 비상콘센트설비의 전용회로, 연소방지설비의 살수구역
ⓒ 특정소방대상물에 설치된 소방시설 등의 전부 또는 일부를 개설, 이전 또는 정비하는 공사 **(긴급보수 또는 교체 시에는 제외)**
  - 수신반
  - 소화펌프
  - 동력(감시)제어반
③ 완공검사를 위한 현장확인 대상 특정소방대상물
  ⊙ 현장 확인자 : **소방본부장**이나 **소방서장**
  ⓒ 현장 확인 대상물
  - 문화 및 집회시설, 종교시설, 판매시설, 노유자시설, 수련시설, 운동시설, 숙박시설, 창고시설, 지하상가 및 다중이용업소
  - 다음에 해당하는 설비가 설치되는 특정소방대상물
    - 스프링클러설비 등
    - 물분무 등 소화설비(호스릴 방식의 소화설비는 제외)
  - 연면적 $10,000[m^2]$ 이상이거나 11층 이상인 특정소방대상물(아파트는 제외)
  - 가연성 가스를 제조 · 저장 또는 취급하는 시설 중 지상에 노출된 가연성 가스탱크의 저장용량 합계가 1,000[ton] 이상인 시설
④ 소방시설공사의 하자보수 보증기간
  ⊙ 2년 : 피난기구, 유도등, 유도표지, 비상경보설비, 비상조명등, 비상방송설비 및 무선통신보조설비
  ⓒ 3년 : **자동소화장치**, 옥내소화전설비, 스프링클러설비, 간이스프링클러설비, 물분무 등 소화설비, 옥외소화전설비, 자동화재탐지설비, 상수도소화용수설비, 소화활동설비(무선통신보조설비 제외)

(6) 소방공사감리
① 소방공사감리의 종류
  ⊙ **상주공사감리** : **연면적 30,000$[m^2]$ 이상의 특정소방대상물**(아파트는 제외)에 대한 소방시설의 공사, **16층(지하층 포함) 이상으로 500세대 이상인 아파트**에 대한 소방시설의 공사
  ⓒ **일반공사감리** : 상주공사감리에 해당하지 않는 소방시설의 공사
② 소방공사감리자 지정대상의 범위
  ⊙ 다음에 해당하는 소방시설을 시공할 때
  - 옥내소화전설비를 신설 또는 개설할 때
  - 스프링클러설비 등(캐비닛형 간이스프링클러설비는 제외한다)을 신설 · 개설하거나 방호 · 방수 구역을 증설할 때
  - 물분무 등 소화설비(호스릴 방식의 소화설비는 제외한다)를 신설 · 개설하거나 방호 · 방수 구역을 증설할 때
  - 옥외소화전설비를 신설 · 개설 또는 증설할 때
  - 자동화재탐지설비를 신설 또는 개설할 때
  - 비상방송설비를 신설 또는 개설할 때
  - 통합감시시설을 신설 또는 개설할 때
  - 소화용수설비를 신설 또는 개설할 때
  ⓒ 다음에 해당하는 소화활동설비를 시공할 때
  - 제연설비를 신설 · 개설하거나 제연구역을 증설할 때
  - 연결송수관설비를 신설 또는 개설할 때
  - 연결살수설비를 신설 · 개설하거나 송수구역을 증설할 때
  - 비상콘센트설비를 신설 · 개설하거나 전용회로를 증설할 때
  - 무선통신보조설비를 신설 또는 개설할 때
  - 연소방지설비를 신설 · 개설하거나 살수구역을 증설할 때
③ **소방공사감리원의 배치기준**

감리원의 배치기준		소방시설공사 현장의 기준
책임감리원	보조감리원	
행정안전부령으로 정하는 특급감리원 중 소방기술사	행정안전부령으로 정하는 초급감리원 이상의 소방공사감리원(기계분야 및 전기분야)	• 연면적 20만$[m^2]$ 이상인 특정소방대상물의 공사 현장 • 지하층을 포함한 층수가 40층 이상인 특정소방대상물의 공사 현장

감리원의 배치기준		소방시설공사 현장의 기준
책임감리원	보조감리원	
행정안전부령으로 정하는 특급감리원 이상의 소방공사 감리원(기계분야 및 전기분야)	행정안전부령으로 정하는 초급감리원 이상의 소방공사 감리원(기계분야 및 전기분야)	• 연면적 3만[m²] 이상 20만[m²] 미만인 특정소방대상물(아파트는 제외한다)의 공사 현장 • 지하층을 포함한 층수가 16층 이상 40층 미만인 특정소방대상물의 공사 현장
행정안전부령으로 정하는 고급감리원 이상의 소방공사 감리원(기계분야 및 전기분야)	행정안전부령으로 정하는 초급감리원 이상의 소방공사 감리원(기계분야 및 전기분야)	• 물분무 등 소화설비(호스릴 방식의 소화설비는 제외한다) 또는 제연설비가 설치되는 특정소방대상물의 공사 현장 • 연면적 3만[m²] 이상 20만[m²] 미만인 아파트의 공사 현장
행정안전부령으로 정하는 중급감리원 이상의 소방공사 감리원(기계분야 및 전기분야)		연면적 5천[m²] 이상 3만[m²] 미만인 특정소방대상물의 공사 현장
행정안전부령으로 정하는 초급감리원 이상의 소방공사 감리원(기계분야 및 전기분야)		• 연면적 5천[m²] 미만인 특정소방대상물의 공사 현장 • 지하구의 공사 현장

(7) 소방시설공사업의 도급

① 도급을 받은 자는 소방시설의 설계, 시공, 감리를 제3자에게 하도급할 수 없다.

② 대통령령으로 정하는 바에 따라 도급받은 소방시설공사의 일부를 다른 공사업자에게 **하도급할 수 있다**(하수급인은 재차 하도급할 수 없다).

③ 도급계약의 해지 사유

   ㉠ 소방시설업이 등록취소되거나 영업정지된 경우

   ㉡ 소방시설업을 휴업하거나 폐업한 경우

   ㉢ 정당한 사유 없이 30일 이상 소방시설공사를 계속하지 않는 경우

(8) 청 문

① 청문 실시권자 : 시·도지사

② 청문 대상 : **소방시설업 등록취소 처분, 영업정지처분, 소방기술인정 자격취소의 처분**

(9) 벌 칙

① 3년 이하의 징역 또는 3,000만원 이하의 벌금 : 소방시설업의 **등록을 하지 않고 영업을 한 자**

② 1년 이하의 징역 또는 1,000만원 이하의 벌금

   ㉠ 영업정지 처분을 받고 그 영업정지 기간에 영업을 한 자

   ㉡ 감리업자의 업무규정을 위반하여 감리를 하거나 거짓으로 감리한 자

   ㉢ 감리업자가 **공사감리자를 지정하지 않은 자**

   ㉣ 하도급 규정을 위반하여 도급받은 소방시설의 설계, 시공, 감리를 하도급한 자

③ 300만원 이하의 벌금

   ㉠ 다른 자에게 자기의 성명이나 상호를 사용하여 소방시설공사 등을 수급 또는 시공하게 하거나 소방시설업의 등록증이나 등록수첩을 빌려준 자

   ㉡ 소방시설 공사현장에 **감리원을 배치하지 않은 자**

   ㉢ 소방기술인정 자격수첩 또는 경력수첩을 빌려준 사람

   ㉣ **소방기술자가** 동시에 **둘 이상의 업체에 취업한 사람**

   ㉤ 관계인의 정당한 업무를 방해하거나 업무상 알게 된 비밀을 누설한 사람

④ 100만원 이하의 벌금

   ㉠ 소방시설업자 및 관계인의 보고 및 자료제출, 관계서류 검사 또는 질문 등 위반하여 보고 또는 자료제출을 하지 않거나 거짓으로 한 자

   ㉡ 정당한 사유 없이 관계공무원의 출입 또는 검사·조사를 거부·방해 또는 기피한 자

(10) 200만원 이하의 과태료

① 등록사항의 변경신고, 소방시설업자의 **지위승계**, 소방시설공사의 **착공신고**, 공사업자의 **변경신고**, 감리업자의 **지정신고** 또는 변경신고를 하지 **않거나 거짓으로 신고한 자**

② 관계인에게 지위승계, 행정처분 또는 휴업·폐업의 사실을 거짓으로 알린 자

③ 소방시설업자가 관계서류를 보관하지 않은 자

④ 공사업자가 소방기술자를 공사현장에 배치하지 않은 자

⑤ 공사업자가 **완공검사를 받지 않은** 자

⑥ 공사업자가 **3일** 이내에 보수하지 않거나 하자보수계획을 관계인에게 거짓으로 알린 자

⑦ 감리관계서류를 인수·인계하지 않은 자

⑧ 하도급 등의 통지를 하지 않은 자

제3절 소방시설 설치 및 관리에 관한 법률, 영, 규칙

(1) 정 의
① **무창층** : 지상층 중 다음의 요건을 모두 갖춘 개구부(건축물에서 채광・환기・통풍 또는 출입 등을 위하여 만든 창・출입구, 그 밖에 이와 비슷한 것)의 면적의 합계가 해당 층의 바닥면적의 1/30 이하가 되는 층을 말한다.
  ㉠ 크기는 지름 50[cm] 이상의 원이 통과할 수 있을 것
  ㉡ 해당 층의 바닥면으로부터 개구부 밑부분까지의 높이가 1.2[m] 이내일 것
  ㉢ 도로 또는 차량이 진입할 수 있는 빈터를 향할 것
  ㉣ 화재 시 건축물로부터 쉽게 피난할 수 있도록 창살이나 그 밖의 장애물이 설치되지 않을 것
  ㉤ 내부 또는 외부에서 쉽게 부수거나 열 수 있을 것
② **피난층** : 곧바로 지상으로 갈 수 있는 출입구가 있는 층

(2) 물분무 등 소화설비
① 물분무소화설비
② 미분무소화설비
③ 포소화설비
④ 이산화탄소소화설비
⑤ 할론소화설비
⑥ 할로겐화합물 및 불활성기체소화설비(다른 원소와 화학반응을 일으키기 어려운 기체)
⑦ 분말소화설비
⑧ 강화액소화설비
⑨ 고체에어로졸소화설비

(3) 소화활동설비
① 제연설비
② 연결송수관설비
③ 연결살수설비
④ 비상콘센트설비
⑤ 무선통신보조설비
⑥ 연소방지설비

(4) 특정소방대상물의 구분
① **근린생활시설**
  ㉠ 슈퍼마켓과 일용품 등의 소매점으로서 같은 건축물에 해당 용도로 쓰는 바닥면적의 합계가 1,000[m²] 미만인 것
  ㉡ 휴게음식점, 제과점, 일반음식점, 기원(棋院), 노래연습장 및 단란주점(단란주점은 같은 건축물에 해당 용도로 쓰는 바닥면적의 합계가 150[m²] 미만인 것만 한함)
  ㉢ 이용원, 미용원, 목욕장 및 세탁소
  ㉣ 의원, 치과의원, 한의원, 침술원, 접골원(接骨院), 조산원, 산후조리원 및 안마원(안마시술소를 포함)
  ㉤ 탁구장, 테니스장, 체육도장, 체력단련장, 에어로빅장, 볼링장, 당구장, 실내낚시터, 가상체험체육시설업(골프연습장), 물놀이형시설, 그 밖에 이와 비슷한 것으로서 같은 건축물에 해당 용도로 쓰는 바닥면적의 합계가 500[m²] 미만인 것
② **문화 및 집회시설**
  ㉠ 집회장 : 예식장, 공회당, 회의장, 마권(馬券) 장외 발매소, 마권 전화투표소, 그 밖에 이와 비슷한 것으로서 근린생활시설에 해당하지 않는 것
  ㉡ 관람장 : 경마장, 경륜장, 경정장, 자동차 경기장, 그 밖에 이와 비슷한 것과 체육관 및 운동장으로서 관람석의 바닥면적 합계가 1,000[m²] 이상인 것
  ㉢ 전시장 : 박물관, 미술관, 과학관, 문화관, 체험관, 기념관, 산업전시장, 박람회장, 견본주택, 그 밖에 이와 비슷한 것
③ **의료시설**
  ㉠ 병원 : 종합병원, 병원, 치과병원, 한방병원, 요양병원
  ㉡ 격리병원 : 전염병원, 마약진료소, 그 밖에 이와 비슷한 것
  ㉢ 정신의료기관
  ㉣ 장애인 의료재활시설
④ **업무시설**
  ㉠ 공공업무시설 : 국가 또는 지방자치단체의 청사와 외국공관의 건축물로서 근린생활시설에 해당하지 않는 것

ⓛ 일반업무시설 : 금융업소, 사무소, 신문사, 오피스텔, 주민자치센터(동사무소), 경찰서, 지구대, 파출소

ⓒ 소방서, 119안전센터, 우체국, 보건소, 공공도서관, 국민건강보험공단, 마을회관, 마을공동작업소, 마을공동구판장

ⓔ 변전소, 양수장, 정수장, 대피소, 공중화장실

⑤ 관광 휴게시설
　ⓐ 야외음악당
　ⓑ 야외극장
　ⓒ 어린이회관
　ⓓ 관망탑
　ⓔ 휴게소

⑥ 지하구
　ⓐ 전력·통신용의 전선이나 가스·냉난방용의 배관 또는 이와 비슷한 것을 집합수용하기 위하여 설치한 지하 인공구조물로서 사람이 점검 또는 보수를 하기 위하여 출입이 가능한 것 중 다음의 어느 하나에 해당하는 것
　　㉮ 전력 또는 통신사업용 지하 인공구조물로서 전력구(케이블 접속부가 없는 경우에는 제외) 또는 통신구 방식으로 설치된 것
　　㉯ ㉮외의 지하 인공구조물로서 폭이 1.8[m] 이상이고 높이가 2[m] 이상이며 길이가 50[m] 이상인 것
　ⓑ 공동구

(5) 건축허가 등의 동의대상물의 범위

① 연면적이 400[m^2] 이상인 건축물이나 시설
　ⓐ 건축 등을 하려는 학교시설 : **100[m^2] 이상**
　ⓑ 노유자시설 및 수련시설 : 200[m^2] 이상
　ⓒ 정신의료기관 : 200[m^2] 이상
　ⓓ 장애인 의료재활시설 : 300[m^2] 이상

② 지하층 또는 무창층이 있는 건축물로서 바닥면적이 150[m^2] 이상(공연장은 100[m^2] 이상)

③ 차고·주차장 또는 주차 용도로 사용되는 시설로서 다음의 어느 하나에 해당하는 것
　ⓐ 차고·주차장으로 사용되는 바닥면적이 200[m^2] 이상인 층이 있는 건축물이나 주차시설
　ⓑ 승강기 등 기계장치에 의한 주차시설로서 자동차 20대 이상을 주차할 수 있는 시설

④ 층수가 6층 이상인 건축물

⑤ 항공기격납고, 관망탑, 항공관제탑, 방송용 송수신탑

⑥ 의원·조산원·산후조리원, 전기저장시설, 지하구

⑦ 요양병원

(6) 건축허가 등의 동의여부 회신기간

① 일반대상물 : 동의 요구서류를 접수한 날부터 5일 이내

② 특급소방안전관리대상물 : 동의 요구서류를 접수한 날부터 10일 이내

(7) 소방시설의 내진설계대상

① 옥내소화전설비
② 스프링클러설비
③ 물분무 등 소화설비

(8) 성능위주설계를 해야 하는 특정소방대상물의 범위

① 연면적 20만[m^2] 이상인 특정소방대상물[다만, 공동주택 중 주택으로 쓰이는 층수가 5층 이상인 주택(아파트 등)은 제외]

② 50층 이상(지하층은 제외)이거나 지상으로부터 높이가 200[m] 이상인 아파트 등

③ 30층 이상(지하층을 포함)이거나 지상으로부터 높이가 120[m] 이상인 특정소방대상물(아파트 등은 제외)

④ 연면적 3만[m^2] 이상인 특정소방대상물로서 다음의 어느 하나에 해당하는 특정소방대상물
　ⓐ 철도 및 도시철도 시설
　ⓑ 공항시설

⑤ 창고시설 중 연면적 10만[m^2] 이상인 것 또는 지하층의 층수가 2개 층 이상이고 지하층의 바닥면적의 합이 3만[m^2] 이상인 것

⑥ 하나의 건축물에 **영화상영관이 10개 이상**인 특정소방대상물

⑦ 터널 중 수저(水底)터널 또는 길이가 5,000[m] 이상인 것

(9) 소방시설 적용기준

① 주거용 자동소화장치 : 아파트 등 및 **오피스텔**의 모든 층

② **옥내소화전설비**
　ⓐ 연면적 3,000[m^2] 이상인 것(지하가 중 터널은 제외)

ⓛ 지하층·무창층(축사는 제외)으로서 바닥면적이 600[m²] 이상인 층이 있는 것

ⓒ 층수가 4층 이상인 층 중 바닥면적이 600[m²] 이상인 층이 있는 것

ⓔ 길이가 1,000[m] 이상인 터널

③ **스프링클러설비**

㉠ 층수가 6층 이상인 특정소방대상물의 경우에는 모든 층

㉡ 기숙사(교육연구시설·수련시설 내에 있는 학생 수용을 위한 것) 또는 복합건축물로서 연면적 5,000[m²] 이상인 경우에는 모든 층

㉢ 판매시설, 운수시설 및 창고시설(물류터미널에 한정한다)로서 바닥면적의 합계가 5,000[m²] 이상이거나 수용인원이 500명 이상인 경우에는 모든 층

㉣ 조산원, 산후조리원, 정신의료기관, 종합병원, 병원, 치과병원, 한방병원, 요양병원, 노유자시설, 숙박이 가능한 수련시설, 숙박시설 용도로 사용되는 시설의 바닥면적의 합계가 600[m²] 이상인 것은 모든 층

㉤ 지하가(터널은 제외)로서 연면적 1,000[m²] 이상인 것

④ **간이스프링클러설비**

㉠ 근린생활시설 중 다음의 어느 하나에 해당하는 것

• 근린생활시설로 사용하는 부분의 바닥면적 합계가 1,000[m²] 이상인 것은 모든 층

• 의원, 치과의원 및 한의원으로서 입원실이 있는 시설

㉡ 교육연구시설 내에 합숙소로서 연면적 100[m²] 이상인 경우에는 모든 층

⑤ **물분무 등 소화설비**

㉠ 항공기 및 자동차 관련 시설 중 항공기격납고

㉡ 기계장치에 의한 주차시설을 이용하여 20대 이상의 차량을 주차할 수 있는 시설

⑥ **비상경보설비**

㉠ 연면적 400[m²] 이상인 것은 모든 층

㉡ 50명 이상의 근로자가 작업하는 옥내 작업장

⑦ **자동화재탐지설비**

㉠ 근린생활시설(목욕장은 제외한다), **의료시설(정신의료기관 또는 요양병원은 제외)**, 위락시설, 장례시설 및 복합건축물로서 **연면적 600[m²] 이상**인 경우에는 모든 층

ⓛ 지하가 중 터널로서 길이가 1,000[m] 이상인 것

⑧ **자동화재속보설비**

㉠ 노유자시설로서 바닥면적이 500[m²] 이상인 층이 있는 것

㉡ 노유자 생활시설

㉢ 보물 또는 국보로 지정된 목조건축물

⑨ **단독경보형감지기**

㉠ 교육연구시설 또는 수련시설 내에 있는 기숙사 또는 합숙소로서 연면적 2,000[m²] 미만인 것

㉡ 연면적 400[m²] 미만의 유치원

⑩ **제연설비**

지하가(터널은 제외한다)로서 연면적 1,000[m²] 이상인 것

(10) 수용인원 산정방법

① **침대가 있는 숙박시설** : 종사자수 + 침대의 수(2인용 침대는 2개로 산정)

② **침대가 없는 숙박시설** : 종사자수 + (바닥면적의 합계 ÷ 3[m²])

(11) 소방시설의 소급적용대상

① 다음의 소방시설 중 대통령령 또는 화재안전기준으로 정하는 것

㉠ 소화기구

㉡ 비상경보설비

㉢ 자동화재탐지설비

㉣ 자동화재속보설비

㉤ 피난구조설비

② 다음의 특정소방대상물에 설치하는 소방시설 중 **대통령령 또는 화재안전기준으로 정하는 것**

㉠ 공동구 : 소화기, 자동소화장치, 자동화재탐지설비, 통합감시시설, 유도등 및 연소방지설비

㉡ 전력 및 통신사업용 지하구 : 소화기, 자동소화장치, 자동화재탐지설비, 통합감시시설, 유도등 및 연소방지설비

㉢ 노유자(老幼者)시설 : 간이스프링클러설비, 자동화재탐지설비 및 단독경보형 감지기

㉣ 의료시설 : 스프링클러설비, 간이스프링클러설비, 자동화재탐지설비 및 자동화재속보설비

(12) 중앙소방기술심의위원회의 심의사항

① 화재안전기준에 관한 사항
② 소방시설의 구조 및 원리 등에서 공법이 특수한 설계 및 시공에 관한 사항
③ 소방시설의 설계 및 공사감리의 방법에 관한 사항
④ 소방시설공사의 **하자를 판단하는 기준**에 관한 사항

(13) 방염대상물품을 사용해야 하는 특정소방대상물

① 의원, 조산원, 산후조리원, 체력단련장, 공연장, 종교집회장
② 건축물의 옥내에 있는 문화 및 집회시설, 종교시설, 운동시설(수영장 제외)
③ 의료시설, 교육연구시설 중 합숙소, 노유자시설, 숙박이 가능한 수련시설
④ 숙박시설, 방송국 및 촬영소, 다중이용업의 영업소

(14) 종합점검의 대상 및 자격

점검 구분	점검대상	점검자의 자격 (주된 인력)
종 합 점 검	• 해당 특정소방대상물의 소방시설 등이 신설된 경우 • 스프링클러설비가 설치된 특정소방대상물 • 물분무 등 소화설비[호스릴(Hose Reel) 방식의 물분무 등 소화설비만을 설치한 경우는 제외]가 설치된 연면적 5,000[㎡] 이상인 특정소방대상물(위험물 제조소 등은 제외) • 다중이용업소의 안전관리에 관한 특별법 시행령 단란주점영업, 유흥주점영업, 영화상영관, 비디오물감상실업, 복합영상물제공업, 노래연습장업, 산후조리업, 고시원업, 안마시술소로서 연면적이 2,000[㎡] 이상인 것 • 제연설비가 설치된 터널 • 공공기관 중 연면적(터널 · 지하구의 경우 그 길이와 평균폭을 곱하여 계산된 값)이 1,000[㎡] 이상인 것으로서 옥내소화전설비 또는 자동화재탐지설비가 설치된 것 다만, 소방기본법 제2조 제5호에 따른 소방대가 근무하는 공공기관은 제외한다.	• 관리업에 등록된 기술인력 중 소방시설관리사 • 소방안전관리자로 선임된 소방시설관리사 또는 소방기술사

(15) 관리업의 과징금

과징금 금액 : 3,000만원 이하

(16) 소방용품의 종류

① 소화설비를 구성하는 제품 또는 기기
  ㉠ **소화기구**(소화약제 외의 것을 이용한 **간이 소화용구는 제외한다**)
  ㉡ 자동소화장치
  ㉢ 소화설비를 구성하는 소화전, **관창(菅槍)**, 소방호스, 스프링클러헤드, 기동용 수압개폐장치, 유수제어밸브 및 가스관선택밸브
② 경보설비를 구성하는 제품 또는 기기
  ㉠ **누전경보기** 및 가스누설경보기
  ㉡ 경보설비를 구성하는 **발신기**, 수신기, 중계기, **감지기** 및 음향장치(경종만 해당한다)
③ 피난구조설비를 구성하는 제품 또는 기기
  ㉠ **피난사다리**, 구조대, 완강기(지지대 포함), 간이완강기(지지대 포함)
  ㉡ **공기호흡기**(충전기를 포함한다)
  ㉢ **피난구유도등**, 통로유도등, 객석유도등 및 **예비 전원이 내장된 비상조명등**
④ 소화용으로 사용하는 제품 또는 기기
  ㉠ 소화약제[자동소화장치(상업용 주방자동소화장치, 캐비닛형 자동소화장치), 포소화설비, 이산화탄소소화설비 할론소화설비, 할로겐화합물 및 불활성기체(다른 원소와 화학 반응을 일으키기 어려운 기체) 소화설비, 분말소화설비, 강화액소화설비, 고체에어로졸소화설비용만 해당한다]
  ㉡ **방염제**(방염액 · 방염도료 및 방염성물질을 말한다)

(17) 벌 칙

① 7년 이하의 징역 또는 7천만원 이하의 벌금 : 소방시설에 폐쇄 · 차단 등의 행위를 하여 사람을 상해에 이르게 한 때
② 3년 이하의 징역 또는 3천만원 이하의 벌금
  ㉠ 소방용품의 형식승인을 받지 않고 소방용품을 제조하거나 수입한 자 또는 거짓이나 그 밖의 부정한 방법으로 형식승인을 받은 자
  ㉡ 제품검사를 받지 않거나, 합격표시를 하지 않고 소방용품을 판매 · 진열하거나 소방시설공사에 사용한 자

③ 1년 이하의 징역 또는 1천만원 이하의 벌금
  ㉠ 소방시설 등에 대하여 스스로 점검을 하지
    않거나 관리업자 등으로 하여금 정기적으로
    점검하게 하지 않은 자
  ㉡ 소방용품에 대하여 형상 등의 일부를 변경
    한 후 형식승인의 변경승인을 받지 않은 자

제4절 화재의 예방 및 안전관리에 관한 법률, 영, 규칙

(1) 정 의

① 화재안전조사 : 소방청장, 소방본부장 또는 소방
  서장(이하 "소방관서장"이라 한다)이 소방대상물,
  관계지역 또는 관계인에 대하여 소방시설 등이 소
  방 관계 법령에 적합하게 설치·관리되고 있는지,
  소방대상물에 화재의 발생 위험이 있는지 등을 확
  인하기 위하여 실시하는 현장조사·문서열람·
  보고요구 등을 하는 활동
② 화재예방강화지구 : 특별시장·광역시장·특별자
  치시장·도지사 또는 특별자치도지사(이하 "시·도
  지사"라 한다)가 화재발생 우려가 크거나 화재가 발
  생할 경우 피해가 클 것으로 예상되는 지역에 대하여
  화재의 예방 및 안전관리를 강화하기 위해 지정·관
  리하는 지역

(2) 화재안전조사

① 화재안전조사 실시권자 : 소방관서장(소방청장,
  소방본부장, 소방서장)
② 화재안전조사를 실시하는 경우
  ㉠ 자체점검이 불성실하거나 불완전하다고 인
    정되는 경우
  ㉡ 화재예방강화지구 등 법령에서 화재안전조
    사를 하도록 규정되어 있는 경우
  ㉢ 화재예방안전진단이 불성실하거나 불완전
    하다고 인정되는 경우
  ㉣ 국가적 행사 등 주요 행사가 개최되는 장소 및
    그 주변의 관계 지역에 대하여 소방안전관리
    실태를 조사할 필요가 있는 경우
  ㉤ 화재가 자주 발생하였거나 발생할 우려가 뚜
    렷한 곳에 대한 조사가 필요한 경우

㉥ 재난예측정보, 기상예보 등을 분석한 결과
    소방대상물에 화재의 발생 위험이 크다고
    판단되는 경우
  ㉦ ㉠부터 ㉥까지에서 규정한 경우 외에 화재,
    그 밖의 긴급한 상황이 발생할 경우 인명
    또는 재산 피해의 우려가 현저하다고 판단
    되는 경우
③ 화재안전조사를 실시하려는 경우
  ㉠ 조사내용 : 조사대상, 조사기간, 조사사유
  ㉡ 통지방법 : 우편, 전화, 전자메일, 문자전송
④ 화재안전조사를 실시하고자 할 때 관계인에게
  통지할 필요가 없는 경우
  ㉠ 화재가 발생할 우려가 뚜렷하여 긴급하게
    조사할 필요가 있는 경우
  ㉡ ㉠ 외에 화재안전조사의 실시를 사전에 통
    지하거나 공개하면 조사목적을 달성할 수
    없다고 인정되는 경우

(3) 화재안전조사 결과에 따른 조치

① 조치명령권자 : 소방관서장(소방청장, 소방본부
  장, 소방서장)
② 조치시기 : 소방대상물의 위치·구조·설비 또는
  관리의 상황이 화재예방을 위하여 보완될 필요가
  있거나 화재가 발생하면 인명 또는 재산의 피해가
  클 것으로 예상되는 때
③ 조치내용 : 소방대상물의 개수(改修)·이전·제
  거, 사용의 금지 또는 제한, 사용폐쇄, 공사의 정
  지 또는 중지

(4) 화재예방조치의 명령

① 명령권자 : 소방관서장
② 명령내용
  ㉠ 다음에 해당하는 행위의 금지 또는 제한
    • 모닥불, 흡연 등 화기의 취급
    • 풍등 등 소형열기구 날리기
    • 용접·용단 등 불꽃을 발생시키는 행위
    • 그 밖에 대통령령으로 정하는 화재 발생
      위험이 있는 행위
  ㉡ 목재, 플라스틱 등 가연성이 큰 물건의 제
    거, 이격, 적재 금지 등
  ㉢ 소방차량의 통행이나 소화 활동에 지장을
    줄 수 있는 물건의 이동

(5) 옮긴 물건의 보관 및 처리

① 물건을 보관하는 경우 : 소방관서장은 그날부터 14일 동안 소방관서의 인터넷 홈페이지에 공고
② 물건의 보관기간 : 공고기간 종료일 다음날부터 7일까지

(6) 특수가연물의 저장 및 취급기준

① 품명별로 구분하여 쌓을 것
② 쌓는 기준

구 분	높 이	쌓는 부분의 바닥면적	
살수설비를 설치하거나 방사능력 범위에 해당 가연물이 포함되도록 대형수동식소화기를 설치하는 경우	15[m] 이하	석탄·목탄류의 경우	300[m²] 이하
		석탄·목탄류 외의 경우	200[m²] 이하
그 외의 경우	10[m] 이하	석탄·목탄류의 경우	200[m²] 이하
		석탄·목탄류 외의 경우	50[m²] 이하

(7) 화재예방강화지구

① 지정권자 : 시·도지사
② 화재예방강화지구 지정
　㉠ 시장지역
　㉡ 공장·창고가 밀집한 지역
　㉢ 목조건물이 밀집한 지역
　㉣ 노후·불량건축물이 밀집한 지역
　㉤ 위험물의 저장 및 처리시설이 밀집한 지역
　㉥ 석유화학제품을 생산하는 공장이 있는 지역
　㉦ 산업입지 및 개발에 관한 법률 제2조 제8호에 따른 산업단지
　㉧ 소방시설·소방용수시설 또는 소방출동로가 없는 지역

(8) 화재예방강화지구의 화재안전조사

① 조사권자 : 소방관서장
② 조사내용 : 소방대상물의 위치·구조 및 설비
③ 조사횟수 : 연 1회 이상

(9) 소방안전관리대상물

구 분	항 목	기 준
특급 소방 안전 관리 대상물	선임 대상물	• 50층 이상(지하층은 제외)이거나 지상으로부터 높이가 200[m] 이상인 아파트 • 30층 이상(지하층은 포함)이거나 지상으로부터 높이가 120[m] 이상인 특정소방대상물(아파트는 제외) • 연면적이 10만[m²] 이상인 특정소방대상물(아파트는 제외한다)
	선임 자격	다음의 어느 하나에 해당하는 사람으로서 특급 소방안전관리자 자격증을 받은 사람 • 소방기술사 또는 소방시설관리사의 자격이 있는 사람 • 소방설비기사의 자격을 취득한 후 5년 이상 1급 소방안전관리대상물의 소방안전관리자로 근무한 실무경력(업무대행 시 소방안전관리자로 선임되어 근무한 경력은 제외)이 있는 사람 • 소방설비산업기사의 자격을 취득한 후 7년 이상 1급 소방안전관리대상물의 소방안전관리자로 근무한 실무경력이 있는 사람 • 소방공무원으로 20년 이상 근무한 경력이 있는 사람 • 소방청장이 실시하는 특급 소방안전관리대상물의 소방안전관리에 관한 시험에 합격한 사람
	선임 인원	1명 이상
1급 소방 안전 관리 대상물	선임 대상물	• 30층 이상(지하층은 제외한다)이거나 지상으로부터 높이가 120[m] 이상인 아파트 • 연면적 15,000[m²] 이상인 특정소방대상물(아파트 및 연립주택은 제외) • 지상층의 층수가 11층 이상인 특정소방대상물(아파트는 제외한다) • 가연성 가스를 1천톤 이상 저장·취급하는 시설
	선임 자격	다음의 어느 하나에 해당하는 사람으로서 1급 소방안전관리자 자격증을 받은 사람 • 소방설비기사 또는 소방설비산업기사의 자격이 있는 사람 • 소방공무원으로 7년 이상 근무한 경력이 있는 사람 • 소방청장이 실시하는 1급 소방안전관리대상물의 소방안전관리에 관한 시험에 합격한 사람 • 특급 소방안전관리대상물의 소방안전관리자 자격증을 발급받은 사람
	선임 인원	1명 이상

(10) 소방안전관리보조자 선임대상물, 선임자격 등(영 별표 5)

항목	기준	선임인원
선임대상물	300세대 이상인 아파트	기본 1명 300세대마다 1명 이상 추가로 선임
	아파트를 제외한 연면적이 1만5천[m²] 이상인 특정소방대상물(아파트 및 연립주택은 제외)	기본 1명 1만5천[m²] 마다 1명 이상 추가로 선임
	다음의 어느 하나에 해당하는 특정소방대상물 • 공동주택 중 기숙사 • 의료시설 • 노유자시설 • 수련시설 • 숙박시설(숙박시설로 사용되는 바닥면적의 합계가 1천500[m²] 미만이고 관계인이 24시간 상시 근무하고 있는 숙박시설은 제외)	해당 특정소방대상물이 소재하는 지역을 관할하는 소방서장이 야간이나 휴일에 해당 특정소방대상물이 이용되지 않는다는 것을 확인한 경우에는 소방안전관리보조자를 선임하지 않을 수 있음

(11) 관계인과 소방안전관리대상물의 소방안전관리자 업무

업무 내용	소방안전관리대상물	특정소방대상물의 관계인	업무대행기관의 업무
피난계획에 관한 사항과 대통령령으로 정하는 사항이 포함된 소방계획서의 작성 및 시행	○	–	–
자위소방대(自衛消防隊) 및 초기대응체계의 구성, 운영 및 교육	○	–	–
소방시설 설치 및 관리에 관한 법률 제16조에 따른 피난시설, 방화구획 및 방화시설의 관리	○	○	○
소방시설이나 그 밖의 소방 관련 시설의 관리	○	○	○
소방훈련 및 교육	○	–	–
화기(火氣) 취급의 감독	○	○	–
행정안전부령으로 정하는 바에 따른 소방안전관리에 관한 업무수행에 관한 기록·유지(제3호·제4호 및 제6호의 업무를 말한다)	○	–	–
화재발생 시 초기대응	○	○	–
그 밖에 소방안전관리에 필요한 업무	○	○	–

(12) 소방계획서 작성 시 포함사항

① 소방안전관리대상물의 위치·구조·연면적·용도 및 수용인원 등 일반 현황
② 소방안전관리대상물에 설치한 소방시설·방화시설, 전기시설·가스시설 및 위험물시설의 현황
③ 화재예방을 위한 자체점검계획 및 대응대책
④ 소방시설·피난시설 및 방화시설의 점검·정비계획
⑤ 피난층 및 피난시설의 위치와 피난경로의 설정, 화재안전취약자의 피난계획 등을 포함한 피난계획
⑥ 방화구획, 제연구획, 건축물의 내부 마감재료 및 방염물품의 사용현황과 그 밖의 방화구조 및 설비의 유지·관리계획
⑦ 소방훈련·교육에 관한 계획
⑧ 소화와 연소 방지에 관한 사항
⑨ 위험물의 저장·취급에 관한 사항(예방규정을 정하는 제조소 등은 제외)
⑩ 소방안전관리에 대한 업무수행에 관한 기록 및 유지에 관한 사항

(13) 소방안전관리자 선임, 해임

① 선임권자 : 관계인
② 선임신고 : 선임한 날부터 14일 이내에 소방본부장 또는 소방서장에게 신고
③ **소방안전관리자의 선임신고 기준**
　㉠ 신축·증축·개축·재축·대수선 또는 용도변경으로 해당 특정소방대상물의 소방안전관리자를 신규로 선임해야 하는 경우 : 해당 특정소방대상물의 사용승인일
　㉡ 증축 또는 용도변경으로 인하여 특정소방대상물이 소방안전관리대상물로 된 경우 : 증축공사의 사용승인일 또는 용도변경 사실을 건축물관리대장에 기재한 날
　㉢ 소방안전관리자의 해임, 퇴직 등으로 안전관리자 업무가 종료된 경우 : 해임, 퇴직한 날 등 근무를 종료한 날

(14) 소방안전관리 업무대행의 대상

① 지상층의 층수가 11층 이상인 1급 소방안전관리대
　상물(연면적 15,000[m²] 이상인 특정소방대상물
　과 아파트는 제외)

② 2급 소방안전관리대상물

③ 3급 소방안전관리대상물

(15) 3년 이하의 징역 또는 3천만원 이하의 벌금

① 화재안전조사 결과에 따른 조치명령을 정당한 사
　유 없이 위반한 자

② 소방안전관리자 선임명령을 정당한 사유 없이 위
　반한 자

| 제5절 | **위험물안전관리법, 영, 규칙** |

(1) 정 의

① **위험물** : **인화성** 또는 **발화성** 등의 성질을 가지는
　것으로서 대통령령으로 정하는 물품

② **지정수량** : 위험물의 종류별로 위험성을 고려하여
　대통령령으로 정하는 수량(제조소 등의 설치허가 등
　에 있어서 최저의 기준이 되는 수량)

③ **제조소** : 위험물을 제조할 목적으로 지정수량 이
　상의 위험물을 취급하기 위하여 허가 받은 장소

④ **저장소** : 지정수량 이상의 위험물을 저장하기 위
　한 대통령령으로 허가를 받은 장소

⑤ **취급소** : 지정수량 이상의 위험물을 제조 외의 목
　적으로 취급하기 위한 대통령령으로 허가를 받은
　장소

> 판매취급소 : 지정수량의 40배 이하의 위험물을 취급하
> 는 장소

⑥ **제조소 등** : 제조소, 저장소, 취급소

> 위험물안전관리법의 적용 제외 : 항공기, 선박, 철
> 도 및 궤도

(2) 위험물시설의 설치 및 변경 등

① 제조소 등을 설치·변경 시 허가권자 : 시·도지사

> 제조소 등의 변경 내용 : 위치, 구조, 설비

② 위험물의 품명·수량 또는 지정수량의 배수 변경
　시 : 변경하고자 하는 날의 1일 전까지 시·도지사
　에게 신고(법 제6조)

③ 지정수량 미만인 위험물 저장·취급 기준 : 시·
　도의 **조례**

④ 위험물의 임시저장기간 : 관할 소방서장의 승인
　을 받아 지정수량 이상의 위험물을 90일 이내에
　저장 또는 취급할 수 있다.

⑤ 제조소 등의 위치·구조 및 설비의 기술기준 :
　행정안전부령

(3) 제조소 등의 변경허가를 받아야 하는 경우

구 분	변경허가를 받아야 하는 경우
제조소 또는 일반 취급소	• 제조소 또는 일반취급소의 **위치**를 **이전**하는 경우 • 건축물의 벽·기둥·바닥·보 또는 지붕을 증설 또는 철거하는 경우 • **배출설비**를 **신설**하는 경우 • 위험물취급탱크를 신설·교체·철거 또는 보수(탱크 의 본체를 절개하는 경우)하는 경우 • 위험물취급탱크의 노즐 또는 맨홀을 신설하는 경우(노 즐 또는 맨홀의 지름이 250[mm]를 초과하는 경우에 한한다) • 위험물취급탱크의 **방유제**의 **높이** 또는 방유제 내의 **면적**을 **변경**하는 경우 • 위험물취급탱크의 탱크전용실을 증설 또는 교체하는 경우 • 300[m](지상에 설치하지 않는 배관의 경우에는 30 [m])를 초과하는 위험물 배관을 신설·교체·철거 또 는 보수(배관을 절개하는 경우에 한한다)하는 경우 • **불활성기체**(**다른 원소와 화학반응을 일으키기 어려운 기체**)**의** 봉입장치를 신설하는 경우 • 누설범위를 국한하기 위한 설비를 신설하는 경우 • 냉각장치 또는 보냉장치를 신설하는 경우 • 탱크전용실을 증설 또는 교체하는 경우 • 방화상 유효한 담을 신설·철거 또는 이설하는 경우 • 위험물의 제조설비 또는 취급설비(펌프설비를 제외한 다)를 증설하는 경우 • 옥내소화전설비·옥외소화전설비·스프링클러설비· 물분무 등 소화설비를 신설·교체(배관·밸브·압력 계·소화전본체·소화약제탱크·포헤드·포방출구 등 의 교체는 제외) 또는 철거하는 경우 • **자동화재탐지설비**를 **신설** 또는 **철거**하는 경우

구 분	변경허가를 받아야 하는 경우
옥내 저장소	• 건축물의 벽・기둥・바닥・보 또는 지붕을 증설 또는 철거하는 경우 • 배출설비를 신설하는 경우 • 온도의 상승에 의한 위험한 반응을 방지하기 위한 설비를 신설하는 경우 • 담 또는 토제를 신설・철거 또는 이설하는 경우 • 옥외소화전설비・스프링클러설비・물분무 등 소화설비를 신설・교체(배관・밸브・압력계・소화전본체・소화약제탱크・포헤드・포방출구 등의 교체는 제외) 또는 철거하는 경우 • 자동화재탐지설비를 신설 또는 철거하는 경우
옥외 탱크 저장소	• 옥외저장탱크의 위치를 이전하는 경우 • 옥외탱크저장소의 기초・지반을 정비하는 경우 • 물분무설비를 신설 또는 철거하는 경우 • 주입구의 위치를 이전하거나 신설하는 경우 • 300[m](지상에 설치하지 않는 배관의 경우에는 30[m])를 초과하는 위험물배관을 신설・교체・철거 또는 보수(배관을 절개하는 경우에 한한다)하는 경우 • 방유제(간막이 둑을 포함한다)의 높이 또는 방유제 내의 면적을 변경하는 경우 • 옥외저장탱크의 밑판 또는 옆판을 교체하는 경우 • 옥외저장탱크의 노즐 또는 맨홀을 신설하는 경우(노즐 또는 맨홀의 지름이 250[mm]를 초과하는 경우에 한한다) • 옥외저장탱크의 밑판 또는 옆판의 표면적의 20[%]를 초과하는 겹침보수공사 또는 육성보수공사를 하는 경우 • 옥외저장탱크의 애뉼러 판의 겹침보수공사 또는 육성보수공사를 하는 경우 • 옥외저장탱크의 애뉼러 판 또는 밑판이 옆판과 접하는 용접이음부의 겹침보수공사 또는 육성보수공사를 하는 경우(용접길이가 300[mm]를 초과하는 경우에 한한다) • 옥외저장탱크의 옆판 또는 밑판(애뉼러 판을 포함한다) 용접부의 절개보수공사를 하는 경우 • 옥외저장탱크의 지붕판 표면적 30[%] 이상을 교체하거나 구조・재질 또는 두께를 변경하는 경우 • 불활성기체의 봉입장치를 신설하는 경우 • 지중탱크의 누액방지판을 교체하는 경우 • 해상탱크의 정치설비를 교체하는 경우 • 물분무 등 소화설비를 신설・교체(배관・밸브・압력계・소화전본체・소화약제탱크・포헤드・포방출구 등의 교체는 제외한다) 또는 철거하는 경우 • 자동화재탐지설비를 신설 또는 철거하는 경우

(4) 완공검사
① 완공검사권자 : 시・도지사(**소방본부장** 또는 **소방서장**에게 위임)
② 제조소 등의 완공검사 신청시기
  ㉠ **지하탱크가 있는 제조소 등**의 경우 : 해당 **지하탱크를 매설하기 전**
  ㉡ **이동탱크저장소**의 경우 : 이동저장탱크를 완공하고 상시장소를 확보한 후
  ㉢ **이송취급소**의 경우 : 이송배관 공사의 **전체** 또는 **일부를 완료한 후**
  ㉣ 제조소 등의 경우 : 제조소 등의 공사를 완료한 후

(5) 제조소 등 설치자의 지위승계
제조소 등의 설치자의 **지위를 승계한 자**는 승계한 날부터 **30일 이내**에 **시・도지사**에게 **신고**

(6) 제조소 등의 용도폐지 신고
제조소 등의 **용도를 폐지한 때**에는 용도를 폐지한 날부터 **14일 이내**에 **시・도지사** 에게 **신고**

(7) 제조소 등의 과징금 처분
① 과징금 처분권자 : **시・도지사**
② **과징금 부과금액 : 2억원 이하**

(8) 위험물안전관리자
① **선임** : **관계인**
② **안전관리자 해임, 퇴직 시** : 해임하거나 퇴직한 날부터 **30일 이내**에 **안전관리자 재선임**
③ **안전관리자 선임 시** : **14일 이내**에 **소방본부장, 소방서장에게 신고**
④ 안전관리자 직무 미시행 시, 미선임 시 업무 : 위험물취급자격취득자 또는 대리자

> **대리자의 직무 기간 : 30일 이내**

(9) 예방규정을 정해야 할 제조소 등
① 지정수량의 **10배 이상**의 위험물을 취급하는 **제조소**
② 지정수량의 **10배 이상**의 위험물을 취급하는 **일반취급소**
③ 지정수량의 **100배 이상**의 위험물을 저장하는 **옥외저장소**
④ 지정수량의 **150배 이상**의 위험물을 저장하는 **옥내저장소**
⑤ 지정수량의 **200배 이상**의 위험물을 저장하는 **옥외탱크저장소**
⑥ 암반탱크저장소
⑦ 이송취급소

(10) 정기점검대상

① **예방규정**을 정해야 하는 **제조소 등**
② **지하탱크저장소**
③ **이동탱크저장소**
④ 위험물을 취급하는 탱크로서 지하에 매설된 탱크가 있는 제조소, 주유취급소, 일반취급소

(11) 탱크안전성능검사의 대상 및 검사 신청시기

검사 종류	검사 대상	신청시기
기초·지반검사	옥외탱크저장소의 액체 위험물탱크 중 그 용량이 100만[L] 이상인 탱크	위험물 탱크의 기초 및 지반에 관한 공사의 개시 전
충수·수압검사	액체 위험물을 저장 또는 취급하는 탱크	위험물을 저장 또는 취급하는 탱크에 배관 그 밖의 부속설비를 부착하기 전
용접부검사	옥외탱크저장소의 액체 위험물탱크 중 그 용량이 100만[L] 이상인 탱크	탱크 본체에 관한 공사의 개시 전
암반탱크검사	액체 위험물을 저장 또는 취급하는 암반 내의 공간을 이용한 탱크	암반탱크의 본체에 관한 공사의 개시 전

(12) 자체소방대

① 자체소방대를 설치해야 하는 사업소
  ㉠ 제4류 위험물의 최대수량의 합이 지정수량의 3,000배 이상을 취급하는 제조소 또는 일반취급소(다만, 보일러로 위험물을 소비하는 일반취급소는 제외)
  ㉡ 제4류 위험물의 최대수량이 지정수량의 50만배 이상을 저장하는 옥외탱크저장소
② 자체소방대에 두는 화학소방자동차 및 인원(영 별표 8)

사업소의 구분	화학소방자동차	자체소방대원의 수
제조소 또는 일반취급소에서 취급하는 제4류 위험물의 최대수량의 합이 지정수량의 3,000배 이상 12만배 미만인 사업소	1대	5인
제조소 또는 일반취급소에서 취급하는 제4류 위험물의 최대수량의 합이 지정수량의 12만배 이상 24만배 미만인 사업소	2대	10인
제조소 또는 일반취급소에서 취급하는 제4류 위험물의 최대수량의 합이 지정수량의 24만배 이상 48만배 미만인 사업소	3대	15인
제조소 또는 일반취급소에서 취급하는 제4류 위험물의 최대수량의 합이 지정수량의 48만배 이상인 사업소	4대	20인
옥외탱크저장소에 저장하는 제4류 위험물의 최대수량이 지정수량의 50만배 이상인 사업소	2대	10인

(13) 벌칙

① 1년 이상 10년 이하의 징역 : 제조소 등 또는 허가를 받지 않고 지정수량 이상의 위험물을 저장 또는 취급하는 장소에서 위험물을 유출·방출 또는 확산시켜 사람의 생명·신체 또는 재산에 대하여 위험을 발생시킨 사람
② 무기 또는 5년 이상의 징역 : 제조소 등 또는 허가를 받지 않고 지정수량 이상의 위험물을 저장 또는 취급하는 장소에서 위험물을 유출·방출 또는 확산시켜 사람을 사망에 이르게 한 때
③ 10년 이하의 징역 또는 금고나 1억원 이하의 벌금 : 업무상 과실로 제조소 등허가를 받지 않고 지정수량 이상의 위험물을 유출·방출 또는 확산시켜 사람을 사상(死傷)에 이르게 한 자
④ 5년 이하의 징역 또는 1억원 이하의 벌금
  제조소 등의 설치허가를 받지 않고 제조소 등을 설치한 자
⑤ 1년 이하의 징역 또는 1,000만원 이하의 벌금
  ㉠ 탱크 시험자로 등록하지 않고 탱크 시험자의 업무를 한 자
  ㉡ 정기점검을 하지 않거나 점검기록을 허위로 작성한 관계인으로서 **허가를 받은** 자
⑥ 1,500만원 이하의 벌금
  ㉠ 위험물의 **저장** 또는 **취급에 관한 중요기준**에 따르지 않은 자
  ㉡ **변경허가를 받지 않고 제조소 등을 변경**한 자
  ㉢ 제조소 등의 완공검사를 받지 않고 위험물을 저장·취급한 자
  ㉣ **안전관리자를 선임하지 않은 관계인으로서 허가를 받은** 자

다중이용업소의 안전관리에 관한 특별법, 영, 규칙

(1) 다중이용업의 안전시설 등

① 안전시설 등의 용어 정의

㉠ **피난유도선(避難誘導線)** : 햇빛이나 전등불로 축광(蓄光)하여 빛을 내거나 전류에 의하여 빛을 내는 유도체로서 화재 발생 시 등 어두운 상태에서 피난을 유도할 수 있는 시설

㉡ **비상구** : 주된 출입구와 주된 출입구 외에 화재 발생 시 등 비상시 영업장의 내부로부터 지상·옥상 또는 그 밖의 안전한 곳으로 피난할 수 있도록 건축법 시행령에 따른 직통계단·피난계단·옥외피난계단 또는 발코니에 연결된 출입구

㉢ **구획된 실(室)** : 영업장 내부에 이용객 등이 사용할 수 있는 공간을 벽이나 칸막이 등으로 구획한 공간을 말한다. 다만, 영업장 내부를 벽이나 칸막이 등으로 구획한 공간이 없는 경우에는 영업장 내부 전체 공간을 하나의 구획된 실(室)로 본다.

㉣ **영상음향차단장치** : 영상 모니터에 화상(畫像) 및 음반 재생장치가 설치되어 있어 영화, 음악 등을 감상할 수 있는 시설이나 화상 재생장치 또는 음반 재생장치 중 한 가지 기능만 있는 시설을 차단하는 장치

㉤ **방화문** : 건축법 시행령 제64조에 따른 60분+ 방화문, 60분 방화문 또는 30분 방화문으로서 언제나 닫힌 상태를 유지하거나 화재로 인한 연기의 발생 또는 온도의 상승에 따라 자동으로 닫히는 구조를 말한다. 다만, 자동으로 닫히는 구조 중 열에 의하여 녹는 퓨즈(도화선) 타입 구조의 방화문은 제외한다.

② 다중이용업소에 설치하는 안전시설 등

㉠ **소방시설**

㉮ 소화설비

• 소화기, 자동확산소화기

• 간이스프링클러설비(캐비닛형 간이스프링클러설비를 포함). 다만, 다음의 영업장에만 설치한다.

– 지하층에 설치된 영업장

– 숙박을 제공하는 형태의 다중이용업소의 영업장 중 다음에 해당하는 영업장. 다만, 지상 1층에 있거나 지상과 맞닿아 있는 층(영업장의 주된 출입구

가 건축물 외부의 지면과 직접 연결된 경우를 포함한다)에 설치된 영업장은 제외한다.

ⓐ 산후조리원의 영업장

ⓑ 고시원의 영업장

– 밀폐구조의 영업장

– 권총사격장의 영업장

㉯ **경보설비**

• 비상벨설비 또는 자동화재탐지설비. 다만, 노래반주기 등 영상음향장치를 사용하는 영업장에는 자동화재탐지설비를 설치해야 한다.

• 가스누설경보기. 다만, 가스시설을 사용하는 주방이나 난방시설이 있는 영업장에만 설치한다.

㉰ **피난설비**

• 피난기구(미끄럼대, 피난사다리, 구조대, 완강기, 다수인 피난장비, 승강식 피난기)

• **피난유도선**. 다만, 영업장 내부 피난통로 또는 복도가 있는 다음의 영업장에만 설치한다.

• 유도등, 유도표지 또는 비상조명등

• 휴대용 비상조명등

㉡ **비상구 설치제외 대상**

• 주된 출입구 외에 해당 영업장 내부에서 피난층 또는 지상으로 통하는 직통계단이 주된 출입구 중심선으로부터 수평거리로 영업장의 긴 변 길이의 1/2 이상 떨어진 위치에 별도로 설치된 경우

• 피난층에 설치된 영업장[영업장으로 사용하는 바닥면적이 33[m²] 이하인 경우로서 영업장 내부에 구획된 실(室)이 없고, 영업장 전체가 개방된 구조의 영업장을 말한다]으로서 그 영업장의 각 부분으로부터 출입구까지의 수평거리가 10[m] 이하인 경우

㉢ **영업장 내부 피난통로**

다만, 구획된 실(室)이 있는 영업장에만 설치한다.

㉣ **그 밖의 안전시설**

• 영상음향차단장치. 다만, 노래반주기 등 영상음향장치를 사용하는 영업장에만 설치한다.

• 누전차단기

• 창문(고시원업의 영업장에만 설치)

(2) 다중이용업의 안전시설 등의 설치·유지기준

안전시설 등의 종류		설치·유지기준
1. 소방 시설	**(1) 소화설비**	
	소화기 또는 자동확산소화기	영업장 안의 구획된 실마다 설치할 것
	간이스프링클러설비	소방시설 설치 및 관리에 관한 법률 제2조 제6항에 따른 화재안전기준에 따라 설치할 것. 다만, 영업장의 구획된 실마다 간이스프링클러헤드 또는 스프링클러헤드가 설치된 경우에는 그 설비의 유효범위 부분에는 간이스프링클러설비를 설치하지 않을 수 있다.
	(2) 비상벨설비 또는 자동화재탐지설비	① 영업장의 구획된 실마다 비상벨설비 또는 자동화재탐지설비 중 하나 이상을 화재안전기준에 따라 설치할 것 ② 자동화재탐지설비를 설치하는 경우에는 감지기와 지구음향장치는 영업장의 구획된 실마다 설치할 것. 다만, 영업장의 구획된 실에 비상방송설비의 음향장치가 설치된 경우 해당 실에는 지구음향장치를 설치하지 않을 수 있다. ③ 영상음향차단장치가 설치된 영업장에 자동화재탐지설비의 수신기를 별도로 설치할 것
	(3) 피난설비	
	피난기구	2층 이상 4층 이하에 위치하는 영업장의 발코니 또는 부속실과 연결되는 비상구에는 피난기구를 화재안전기준에 따라 설치할 것
	피난유도선	① 영업장 내부 피난통로 또는 복도에 유도등 및 유도표지의 화재안전기준에 따라 설치할 것 ② 전류에 의하여 빛을 내는 방식으로 할 것
	유도등, 유도표지 또는 비상조명등	영업장의 구획된 실마다 유도등, 유도표지 또는 비상조명등 중 하나 이상을 화재안전기준에 따라 설치할 것
	휴대용 비상조명등	영업장 안의 구획된 실마다 휴대용 비상조명등을 화재안전기준에 따라 설치할 것
2. 주된 출입구 및 비상구 (비상구 등)	**(1) 공통 기준**	① 설치 위치 : 비상구는 영업장(2개 이상의 층이 있는 경우에는 각각의 층별 영업장을 말한다) 주된 출입구의 반대방향에 설치하되, 주된 출입구 중심선으로부터의 수평거리가 영업장의 긴 변 길이의 2분의 1 이상 떨어진 위치에 설치할 것. 다만, 건물구조로 인하여 주된 출입구의 반대방향에 설치할 수 없는 경우에는 주된 출입구 중심선으로부터의 수평거리가 영업장의 가장 긴 대각선 길이, 가로 또는 세로 길이 중 가장 긴 길이의 1/2 이상 떨어진 위치에 설치할 수 있다. ② 비상구 등 규격 : 가로 75[cm] 이상, 세로 150[cm] 이상(비상구 문틀을 제외한 비상구의 가로길이 및 세로길이를 말한다)으로 할 것 ③ 구조 　㉠ 비상구 등은 구획된 실 또는 천장으로 통하는 구조가 아닌 것으로 할 것. 다만, 영업장 바닥에서 천장까지 불연재료로 구획된 부속실(전실), 산후조리원에 설치하는 방풍실, 녹색건축물조성지원법에 따라 설계된 방풍구조는 그렇지 않다. 　㉡ 비상구 등은 다른 영업장 또는 다른 용도의 시설(주차장은 제외)을 경유하는 구조가 아닌 것이어야 할 것 ④ 문 　㉠ 문이 열리는 방향 : 피난방향으로 열리는 구조로 할 것 　㉡ 문의 재질 : 주요구조부(영업장의 벽, 천장 및 바닥을 말한다)가 내화구조(耐火構造)인 경우 비상구 등의 문은 방화문(防火門)으로 설치할 것. 다만, 다음의 어느 하나에 해당하는 경우에는 불연재료로 설치할 수 있다. 　　㉮ 주요구조부가 내화구조가 아닌 경우 　　㉯ 건물의 구조상 비상구 등의 문이 지표면과 접하는 경우로서 화재의 연소 확대 우려가 없는 경우 　　㉰ 비상구 등의 문이 건축법 시행령 제35조에 따른 피난계단 또는 특별피난계단의 설치 기준에 따라 설치해야 하는 문이 아니거나 같은 영 제46조에 따라 설치되는 방화구획이 아닌 곳에 위치한 경우 　㉢ 주된 출입구의 문이 ㉡ ㉯에 해당하고, 다음의 기준을 모두 충족하는 경우에는 주된 출입구의 문을 자동문[미서기(슬라이딩)문을 말한다]으로 설치할 수 있다. 　　㉮ 화재감지기와 연동하여 개방되는 구조 　　㉯ 정전 시 자동으로 개방되는 구조 　　㉰ 정전 시 수동으로 개방되는 구조

안전시설 등의 종류	설치·유지기준

**2.
주된
출입구
및
비상구
(비상구
등)** **(2) 복층구조(複層構造) 영업장**
	2개 이상의 층을 내부계단 또는 통로가 설치되어 하나의 층의 내부에서 다른 층으로 출입할 수 있도록 되어 있는 구조의 영업장을 말한다)의 기준
	① 각 층마다 영업장 외부의 계단 등으로 피난할 수 있는 비상구를 설치할 것
	② 비상구의 문이 열리는 방향은 실내에서 외부로 열리는 구조로 할 것
	③ 비상구의 문의 재질은 (1) ④, ⓒ의 기준을 따를 것
	④ 영업장의 위치 및 구조가 다음의 어느 하나에 해당하는 경우에는 ①에도 불구하고 그 영업장으로 사용하는 어느 하나의 층에 비상구를 설치할 것
	  ㉠ 건축물 주요 구조부를 훼손하는 경우
	  ⓒ 옹벽 또는 외벽이 유리로 설치된 경우 등

(3) 2층 이상 4층 이하에 위치하는 영업장의 발코니 또는 부속실과 연결되는 비상구를 설치하는 경우의 기준	① 피난 시에 유효한 발코니[활하중 5[kN/m²] 이상, 가로 75[cm] 이상, 세로 150[cm] 이상, 면적 1.12[m²] 이상, 난간의 높이 100[cm] 이상인 것] 또는 부속실(불연재료로 바닥에서 천장까지 구획된 실로서 가로 75[cm] 이상, 세로 150[cm] 이상, 면적 1.12[m²] 이상인 것을 말한다)을 설치하고, 그 장소에 적합한 피난기구를 설치할 것
	② 부속실을 설치하는 경우 부속실 입구의 문과 건물 외부로 나가는 문의 규격은 (1)의 ②에 따른 비상구 등의 규격으로 할 것. 다만, 120[cm] 이상의 난간이 있는 경우에는 발판 등을 설치하고 건축물 외부로 나가는 문의 규격과 재질을 가로 75[cm] 이상, 세로 100[cm] 이상의 창호로 설치할 수 있다.
	③ 추락 등의 방지를 위하여 다음 사항을 갖추도록 할 것
	  ㉠ 발코니 및 부속실 입구의 문을 개방하면 경보음이 울리도록 경보음 발생 장치를 설치하고, 추락위험을 알리는 표지를 문(부속실의 경우 외부로 나가는 문도 포함한다)에 부착할 것
	  ⓒ 부속실에서 건물 외부로 나가는 문 안쪽에는 기둥·바닥·벽 등의 견고한 부분에 탈착이 가능한 쇠사슬 또는 안전로프 등을 바닥에서부터 120[cm] 이상의 높이에 가로로 설치할 것. 다만, 120[cm] 이상의 난간이 설치된 경우에는 쇠사슬 또는 안전로프 등을 설치하지 않을 수 있다.

2의2. 영업장 구획 등	층별 영업장은 다른 영업장 또는 다른 용도의 시설과 불연재료·준불연재료로 된 차단벽이나 칸막이로 분리되도록 할 것. 다만, ①부터 ③까지의 경우에는 분리 또는 구획하는 별도의 차단벽이나 칸막이 등을 설치하지 않을 수 있다. ① 둘 이상의 영업소가 주방 외에 객실부분을 공동으로 사용하는 등의 구조인 경우 ② 식품위생법 시행규칙 별표 14 제8호 가목 5) 다)에 해당되는 경우 ③ 영 제9조에 따른 안전시설 등을 갖춘 경우로서 실내에 설치한 유원시설업의 허가 면적 내에 관광진흥법 시행규칙 별표 1의2 제1호 가목에 따라 청소년게임제공업 또는 인터넷컴퓨터게임 시설제공업이 설치된 경우
3. 영업장내부 피난통로 **22** **23** **년 출제**	① 내부 피난통로의 폭은 120[cm] 이상으로 할 것. 다만, 양 옆에 구획된 실이 있는 영업장으로서 구획된 실의 출입문 열리는 방향이 피난통로 방향인 경우에는 150[cm] 이상으로 설치해야 한다. ② 구획된 실부터 주된 출입구 또는 비상구까지의 내부 피난통로의 구조는 세 번 이상 구부러지는 형태로 설치하지 말 것
4. 창문 **23** **년 출제**	① 영업장 층별로 가로 50[cm] 이상, 세로 50[cm] 이상 열리는 창문을 1개 이상 설치할 것 ② 영업장 내부 피난통로 또는 복도에 바깥 공기와 접하는 부분에 설치할 것(구획된 실에 설치하는 것을 제외한다)
5. 영상음향차단 장치	① 화재 시 자동화재탐지설비의 감지기에 의하여 자동으로 음향 및 영상이 정지될 수 있는 구조로 설치하되, 수동(하나의 스위치로 전체의 음향 및 영상장치를 제어할 수 있는 구조를 말한다)으로도 조작할 수 있도록 설치할 것 ② 영상음향차단장치의 수동차단스위치를 설치하는 경우에는 관계인이 일정하게 거주하거나 일정하게 근무하는 장소에 설치할 것. 이 경우 수동차단스위치와 가장 가까운 곳에 "영상음향차단스위치"라는 표지를 부착해야 한다. ③ 전기로 인한 화재발생 위험을 예방하기 위하여 부하용량에 알맞은 누전차단기(과전류차단기를 포함한다)를 설치할 것 ④ 영상음향차단장치의 작동으로 실내 등의 전원이 차단되지 않는 구조로 설치할 것
6. 보일러실과 영업장 사이의 방화구획 **23** **년 출제**	보일러실과 영업장 사이의 출입문은 방화문으로 설치하고, 개구부(開口部)에는 방화댐퍼(화재 시 연기 등을 차단하는 장치)를 설치할 것

PART **02**

과년도 + 최근 기출문제

2014~2023년   과년도 기출문제

2024년   최근 기출문제

소방시설관리사 1차
www.**sdedu**.co.kr

2014년 5월 17일 시행

과년도 기출문제

제1과목 소방안전관리론 및 화재역학

001

공기 50[vol%], 프로페인 35[vol%], 뷰테인 12[vol%], 메테인 3[vol%]인 혼합기체의 공기 중 폭발하한계는 몇 [vol%]인가?(단, 공기 중 각 가스의 폭발하한계는 메테인 5[vol%], 프로페인 2[vol%], 뷰테인 1.8[vol%]이다)

① 2.02
② 3.41
③ 4.04
④ 6.82

해설

혼합가스의 폭발범위

$$L_m = \cfrac{100}{\cfrac{V_1}{L_1} + \cfrac{V_2}{L_2} + \cfrac{V_3}{L_3}}$$

여기서, L_m : 혼합가스의 폭발한계[vol%]
100 : 가연성 가스의 [vol%] 합계
L_1, L_2, L_3 : 가연성 가스의 폭발한계[vol%]
V_1, V_2, V_3 : 가연성 가스의 용량[vol%]

$$\therefore \ L_m = \cfrac{50}{\cfrac{35}{2} + \cfrac{12}{1.8} + \cfrac{3}{5}} = 2.02[\text{vol\%}]$$

002

화상의 정의와 응급처치(치료)에 관한 설명으로 옳지 않은 것은?

① 2도 화상은 표재성 화상과 심재성 화상으로 분류된다.
② 3도 화상은 흑색화상으로 근육, 뼈까지 손상을 입는 탄화현상이다.
③ 1도 화상은 표피손상이며 시원한 물 또는 찬 수건으로 화상 부위를 식힌다.
④ 체표면적 10[%] 이상의 3도 화상은 중증화상에 속한다.

해설

화상의 종류
화상은 표피, 진피, 피하조직, 근조직으로 깊어지는 것에 따라 1도 화상, 2도 화상, 3도 화상, 4도 화상으로 구분할 수 있다.

• 1도 화상(홍반성)
최외각의 피부가 손상되어 그 부위가 분홍색이 되며 심한 통증을 느끼는 상태로 여름철에 주로 발생하는 일광화상으로 물집이 잡히지 않는 정도
• 2도 화상(수포성)
– 표재성 2도 화상 : 진피의 일부가 손상되는 정도
– 심재성 2도 화상 : 진피의 대부분이 손상되는 정도
• 3도 화상(괴사성)
화상 부위가 벗겨지고 열이 깊숙이 침투하여 검게 되는 현상
– 3도 중증화상 : 체표면적 10[%] 이상의 3도 화상
– 3도 경증화상 : 체표면적 2[%] 미만의 3도 화상
• 4도 화상
흑색화상으로 근육, 뼈까지 손상을 입는 탄화현상

003

화재의 분류와 표시색의 연결이 옳은 것은?

① 일반화재(A급)-무색
② 유류화재(B급)-황색
③ 전기화재(C급)-백색
④ 금속화재(D급)-청색

해설

화재의 분류

급 수 구 분	A급	B급	C급	D급
화재의 종류	일반 화재	유류 화재	전기 화재	금속 화재
표시색	백 색	황 색	청 색	무 색

004

건축물 화재에 관한 설명으로 옳지 않은 것은?

① 플래시오버 현상은 폭풍이나 충격파를 수반하지 않는다.

② 수분함유량이 최소 15[%] 이상인 경우에는 목재가 고온에 접촉해도 착화되기 어렵다.

③ 내화건축물의 온도-시간 표준곡선에서 화재발생 후 30분이 경과되면 온도는 약 1,000[℃] 정도에 달한다.

④ 내화건축물은 목조건축물에 비해 연소온도는 낮지만 연소지속시간은 길다.

해설

내화건축물의 온도-시간 표준곡선

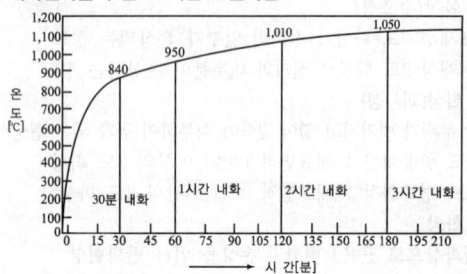

005

축압식 분말소화기에 관한 설명으로 옳지 않은 것은?

① 충전압력은 0.7~0.98[MPa]이다.

② 지시압력계가 적색을 지시하면 과충전 상태이다.

③ 지시압력계가 황색을 지시하면 정상 상태이다.

④ 소화약제와 불활성기체를 하나의 용기에 충전시켜 사용한다.

해설

축압식 분말소화기

• 충전압력 : 0.7~0.98[MPa]

• 지시압력계
 – 적색 : 과충전(Overcharge)
 – **녹색 : 정상**
 – 적색 : 재충전(Recharge)

• 축압식은 분말소화약제와 질소가스의 불연성 가스를 하나의 용기에 충전되어 있다.

006

연소용어에 관한 설명으로 옳지 않은 것은?

① 인화점은 액면에서 증발된 증기의 농도가 그 증기의 연소하한계에 도달할 때의 온도이다.

② 위험도는 연소하한계가 낮고 연소범위가 넓을수록 증가한다.

③ 연소점은 연소상태에서 점화원을 제거하여도 자발적으로 연소가 지속되는 온도이다.

④ 발화점은 파라핀계 탄화수소화합물의 경우 탄소수가 적을수록 낮아진다.

해설

파라핀계 탄화수소는 분자량(탄소수)이 클수록 발화점이 낮아진다.

007

연소의 개념과 형태에 관한 설명으로 옳은 것은?

① 폭굉발생 시 화염전파속도는 음속보다 느리다.

② 목탄(숯), 코크스, 금속분 등은 분해연소를 한다.

③ 기체연료의 연소형태는 확산연소, 예혼합연소, 증발연소가 있다.

④ 열가소성 수지는 연소되면서 용융액면이 넓어져 화재의 확산이 빨라진다.

해설

연소의 개념과 형태

• 폭굉(Detonation) : **발열반응**으로서 연소의 전파속도가 **음속보다 빠른 현상**으로 속도는 1,000~3,500[m/s]이다.

• 표면연소 : **목탄, 코크스, 숯, 금속분** 등이 열분해에 의하여 가연성 가스를 발생하지 않고 그 물질 자체가 연소하는 현상

• 기체연료의 연소형태 : 확산연소, 예혼합연소

> **증발연소 : 고체나 액체의 연소**

• 열가소성 수지 : 열에 의하여 변형되는 수지(폴리에틸렌수지, 폴리스타이렌수지, PVC수지 등)로서 연소되면서 용융액면이 넓어져 화재의 확산이 빨라진다.

008

포소화약제의 주된 소화원리와 동일한 것은?

① 식용유 화재 시 용기의 뚜껑을 덮어서 소화
② 촛불을 입으로 불어서 소화
③ 산불의 진행방향 쪽을 벌목하여 소화
④ 전기실 화재에 할로겐화합물을 소화약제로 방사하여 소화

해설

포소화약제의 소화원리는 질식소화, 냉각소화이다.
① 식용유 화재 시 용기의 뚜껑을 덮어서 소화 : 질식소화
② 촛불을 입으로 불어서 소화 : 제거소화
③ 산불의 진행방향 쪽을 벌목하여 소화 : 제거소화
④ 전기실 화재에 할로겐화합물을 소화약제로 방사하여 소화 : 질식소화, 부촉매소화

009

목재 500[kg]과 종이 박스 300[kg]이 쌓여 있는 컨테이너(폭 2.4[m], 길이 6[m], 높이 2.4[m]) 내부의 화재하중 [kg/m²]은?(단, 목재의 단위발열량은 18,855[kJ/kg]이며, 종이의 단위발열량은 16,760[kJ/kg]이다)

① 22.18   ② 53.24
③ 133.10   ④ 223.08

해설

화재하중

$$Q = \frac{\sum (G_t \times H_t)}{H \times A}$$

$$= \frac{Q_t}{4,500 \times A} [\text{kg/m}^2]$$

여기서, G_t : 가연물의 질량
H_t : 가연물의 단위발열량[kcal/kg]
H : 목재의 단위발열량(4,500[kcal/kg])
A : 화재실의 바닥면적[m²]
Q_t : 가연물의 전발열량[kcal]

$$\therefore Q = \frac{\sum (G_t \times H_t)}{4,500A}$$

$$= \frac{\begin{array}{c}(500[\text{kg}] \times 18,855[\text{kJ/kg}] + 300[\text{kg}] \times 16,760[\text{kJ/kg}]) \\ \times 0.239[\text{kcal/kJ}]\end{array}}{4,500 \times (2.4[\text{m}] \times 6[\text{m}])}$$

$$= 53.31[\text{kg/m}^2]$$

$$1[\text{cal}] = 4.184[\text{J}]$$
$$1[\text{kcal}] = 4.184[\text{kJ}]$$
$$1[\text{kJ}] = \frac{1}{4.184}[\text{kcal}] = 0.239[\text{kcal}]$$

010

가연물의 연소 시 에너지 방출속도를 측정하는 콘 칼로리미터에 관한 설명으로 옳지 않은 것은?

① 기기의 측정요소 중 가연물의 질량 감소를 측정한다.
② 가연물의 연소열에 따라 에너지 방출속도가 다를 수 있다.
③ 동일한 가연물일지라도 점화방법, 점화위치에 따라 연소속도가 다를 수 있다.
④ 가연물의 연소생성물 중 일산화탄소 농도를 측정하여 에너지 방출속도를 산출한다.

해설

콘 칼로리미터
• 기기의 측정요소 중 가연물의 질량 감소를 측정한다.
• 가연물의 연소열에 따라 에너지 방출속도가 다를 수 있다.
• 동일한 가연물일지라도 점화방법, 점화위치에 따라 연소속도가 다를 수 있다.
• 가연물의 연소생성물 중 **산소 농도**를 측정하여 에너지 방출속도를 산출한다.

011

열전달 형태에 관한 설명으로 옳지 않은 것은?

① 전자기파의 형태로 열이 전달되는 것을 복사라 한다.
② 유체의 흐름에 의하여 열이 전달되는 것을 대류라 한다.
③ 전도열량은 면적, 온도차, 열전도율에 비례하고 두께에 반비례한다.
④ 전도는 뉴턴의 냉각법칙에 따른다.

열전달 형태

- 복사(Stefan-Boltzmann법칙) : 전자기파의 형태로 열이 전달되는 것으로 복사열은 절대온도차의 4제곱에 비례한다.
- 대류(Newton의 냉각법칙) : 유체의 흐름에 의하여 열이 전달되는 것

$$q = hA(T_2 - T_1) \; [\text{kcal/h}]$$

여기서, h : 열전달계수$[\text{kcal/m}^2 \cdot \text{h} \cdot \text{℃}]$
A : 열전달면적$[\text{m}^2]$
T_2 : 가열된 물체의 온도[℃]
T_1 : 유체의 처음 온도[℃]

- 전도(푸리에 법칙)

$$q = kA\frac{dt}{dl} \; ([\text{kcal/h}] \; 또는 \; [\text{W}])$$

여기서, k : 열전도도$[\text{kcal/m} \cdot \text{h} \cdot \text{℃}, \; \text{W/m} \cdot \text{℃}]$
A : 열전달면적$[\text{m}^2]$
dt : 온도차[℃]
dl : 두께[m]

012

면적 0.8$[\text{m}^2]$의 목재표면에서 연소가 일어날 때 에너지 방출속도(Q)는 몇 [kW]인가?(단, 목재의 최대질량연소유속 m=11$[\text{g/m}^2 \cdot \text{s}]$, 기화열 L= 4[kJ/g], 유효연소열 ΔH_c=15[kJ/g]이다)

① 35.2
② 96.8
③ 132.0
④ 167.2

에너지 방출속도

$$Q = m \times A \times \Delta H_c$$

여기서, m : 질량연소속도$[\text{g/m}^2 \cdot \text{s}]$
A : 면적$[\text{m}^2]$
ΔH_c : 유효연소열[kJ/g]

$\therefore \; Q = m \times A \times \Delta H_c$
$= 11 [\text{g/m}^2 \cdot \text{s}] \times 0.8 [\text{m}^2] \times 15 [\text{kJ/g}]$
$= 132 [\text{kJ/s}] = 132 [\text{kW}]$

$$[\text{kW}] = \frac{[\text{kJ}]}{[\text{s}]}$$

013

구획된 실 화재(훈소화재는 제외)의 특징으로 옳지 않은 것은?

① 천장의 연기층은 화재의 초기단계보다 성장단계에서 빠르게 축적된다.
② 연기층이 축적되어 개방문의 상부에 도달되면 구획실 밖으로 흘러나가기 시작한다.
③ 연기 생성속도가 연기 배출속도를 초과하지 않으면 천장 연기층은 더 이상 하강하지 않는다.
④ 화재가 성장하면서 연기층은 축적되지만 연기와 가스의 온도는 더 이상 상승하지 않는다.

구획된 실에 화재가 성장하면서 연기층은 축적되지만 연기와 가스의 온도는 지속적으로 상승한다.

014

PVC가 연소될 때 생성되며 건물의 철골을 부식시키는 물질은?

① NH₃
② HCl
③ HCN
④ CO

PVC[Poly Vinyl Chloride, 폴리염화비닐$(CH_2=CHCl)_n$]은 염소(Cl)를 함유하므로 연소생성물로 염화수소(HCl, 염산)가 생성된다.

015

허용농도(TLV)가 가장 낮은 가스들로 조합된 것은?

① CO, CO₂
② HCN, H₂S
③ COCl₂, CH₂CHCHO
④ C₆H₆, NH₃

허용농도(TLV)

종 류	CO	CO₂	HCN	H₂S
명 칭	일산화탄소	이산화탄소	사이안화수소	황화수소
허용농도	50[ppm]	5,000[ppm]	10[ppm]	10[ppm]
종 류	COCl₂	CH₂CHCHO	C₆H₆	NH₃
명 칭	포스겐	아크롤레인	벤 젠	암모니아
허용농도	0.1[ppm]	0.1[ppm]	50[ppm]	25[ppm]

016

화재안전기술기준상 연기제어 시스템에 관한 설명으로 옳은 것은?

① 유입풍도 안의 풍속은 15[m/s] 이하로 해야 한다.
② 예상제연구역에 공기가 유입되는 순간의 풍속은 10[m/s] 이하가 되도록 한다.
③ 배출기의 흡입 측 풍도 안의 풍속과 배출 측 풍속은 각각 20[m/s] 이하로 해야 한다.
④ 예상제연구역에 대한 공기 유입구의 크기는 해당 예상제연구역 배출량 1[m³/min]에 대하여 35[cm²] 이상으로 해야 한다.

해설

화재안전기술기준상 연기제어 시스템
• 유입풍도 안의 풍속 : 20[m/s] 이하
• 예상제연구역에 공기가 유입되는 순간의 풍속 : 5[m/s] 이하
• 배출기의 흡입 측 풍도 안의 풍속 : 15[m/s] 이하
• 배출기의 배출 측 풍속 : 20[m/s] 이하
• 예상제연구역에 대한 공기유입구의 크기는 해당 예상제연구역 배출량 1[m³/min]에 대하여 35[cm²] 이상으로 해야 한다.

017

그림에서 연기층 하단의 강하속도(V_{sd})를 구하는 식으로 옳은 것은?(단, 플럼기체의 체적유입속도 : V_p, 천장면적 : A_c, 플럼기체의 밀도 : ρ_p, 연기층 기체의 밀도 : ρ_s이다)

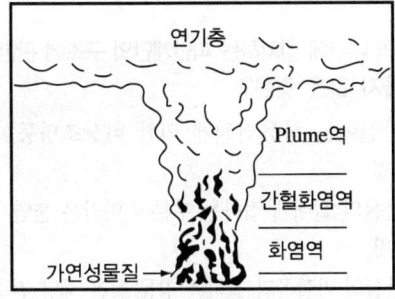

① $V_{sd} = \left(\dfrac{V_p}{A_c}\right) \cdot \left(\dfrac{\rho_p}{\rho_s}\right)$ ② $V_{sd} = \left(\dfrac{V_p}{A_c}\right) \cdot \left(\dfrac{\rho_s}{\rho_p}\right)$

③ $V_{sd} = \left(\dfrac{A_c}{V_p}\right) \cdot \left(\dfrac{\rho_p}{\rho_s}\right)$ ④ $V_{sd} = \left(\dfrac{A_c}{V_p}\right) \cdot \left(\dfrac{\rho_s}{\rho_p}\right)$

해설

연기층 하단의 강하속도(V_{sd})

$= \dfrac{\text{플럼기체의 체적 유입속도}(V_p)}{\text{천장면적}(A_c)} \times \dfrac{\text{플럼기체의 밀도}(\rho_p)}{\text{연기층기체의 밀도}(\rho_s)}$

018

화재 시 발생하는 연기량과 발연속도에 관한 설명으로 옳지 않은 것은?

① 발연량은 고분자 재료의 종류와 무관하다.
② 재료의 형상, 산소농도 등에 따라 발연속도는 크게 변한다.
③ 목질계보다 플라스틱계 재료의 발연량이 대체적으로 많다.
④ 재료의 발연량은 온도나 산소량 등에 크게 영향을 받는다.

해설

발연량은 재료의 종류, 화재 시 온도, 산소량에 따라 영향을 받는다.

019

건축물의 방화구조 기준으로 옳은 것을 모두 고른 것은?

> ㄱ. 시멘트모르타르 위에 타일을 붙인 것으로서 그 두께의 합계가 2[cm] 이상인 것
> ㄴ. 철망모르타르의 바름 두께가 2[cm] 이상인 것
> ㄷ. 작은 지름이 25[cm] 이상이 기둥으로서 철골을 두께 5[cm] 이상의 콘크리트로 덮은 것
> ㄹ. 회반죽을 바른 것으로서 그 두께의 합계가 2.5[cm] 이상인 것

① ㄱ, ㄷ   ② ㄴ, ㄹ
③ ㄱ, ㄴ, ㄹ   ④ ㄱ, ㄴ, ㄷ, ㄹ

해설

방화구조(건피방 제4조)
• **철망모르타르**로서 그 바름두께가 2[cm] 이상인 것
• 석고판 위에 **시멘트모르타르** 또는 **회반죽**을 바른 것으로서 두께의 합계가 2.5[cm] 이상인 것
• 시멘트모르타르 위에 타일을 붙인 것으로서 두께의 합계가 2.5[cm] 이상인 것
• 심벽에 흙으로 맞벽치기한 것

020

다음 중 용어에 관한 설명으로 옳지 않은 것은?

① 30분 방화문은 연기 및 불꽃을 차단할 수 있는 시간이 30분 이상인 방화문이다.
② 피난층이란 곧바로 지상으로 갈 수 있는 출입구가 있는 층을 말한다.
③ 무창층의 유효개구부는 도로 또는 차량이 진입할 수 있는 빈터로 향해야 한다.
④ 소방시설이란 소화설비, 경보설비, 피난구조설비, 소화용수설비, 그 밖에 소화활동설비로서 대통령령으로 정하는 것을 말한다.

용어 설명
• 방화문
 - 60분+방화문 : 연기 및 불꽃 차단 시간 60분 이상, 열을 차단할 수 있는 시간 30분 이상인 방화문
 - 60분 방화문 : 연기 및 불꽃 차단 시간 60분 이상인 방화문
 - 30분 방화문 : 연기 및 불꽃 차단 시간 30분 이상 60분 미만인 방화문
• 피난층 : 곧바로 지상으로 갈 수 있는 출입구가 있는 층
• 무창층의 정의
 "무창층(無窓層)"이란 지상층 중 다음의 요건을 모두 갖춘 개구부(건축물에서 채광·환기·통풍 또는 출입 등을 위하여 만든 창·출입구 그 밖에 이와 비슷한 것)의 면적의 합계가 해당 층의 바닥면적의 30분의 1 이하가 되는 층을 말한다.
 - 크기는 지름 50[cm] 이상의 원이 통과할 수 있는 있을 것
 - 해당 층의 바닥면으로부터 개구부 밑부분까지의 높이가 1.2[m] 이내일 것
 - 도로 또는 차량이 진입할 수 있는 빈터를 향할 것
 - 화재 시 건축물로부터 쉽게 피난할 수 있도록 창살이나 그 밖의 장애물이 설치되지 않을 것
 - 내부 또는 외부에서 쉽게 부수거나 열 수 있을 것
• 소방시설 : 소화설비, 경보설비, 피난구조 설비, 소화용수설비, 그 밖에 소화활동설비로서 대통령령으로 정하는 것

021

배연전용 수직샤프트를 설치하여 공기의 온도차 등에 의한 부력과 루프모니터의 흡인력으로 제연하는 방식은?

① 밀폐 제연   ② 스모크타워 제연
③ 자연 제연   ④ 기계 제연

제연설비의 종류
• 밀폐 제연방식
 화재발생 시 연기를 밀폐하여 연기의 외부유출, 외부의 신선한 공기의 유입을 막아 제연하는 방식으로 호텔이나 주택에 방연구획을 작게하는 건축물에 적합하다.
• 자연 제연방식
 화재 시 발생되는 온도 상승에 의해 발생한 부력 또는 외부 공기의 흡출효과에 의하여 내부의 실 상부에 설치된 창 또는 전용의 제연구로부터 연기를 옥외로 배출하는 방식으로 평상시 환기를 이용하는 장점은 있으나, 외부 바람으로 인해 상층부로 연소 확대되는 문제점도 있다.
• **스모크타워 제연방식**
 화재발생 시 열에 의한 온도상승에 의해 건물 내부·외부의 온도차, 제연설비의 꼭대기에 설치된 **루프 모니터** 등의 외부의 공기에 의한 흡인력에 의해 제연하는 방식으로, 고층 건물에 적합하고, 장치는 간단하다.
• 기계 제연방식
 - 제1종 기계 제연방식 : 제연팬으로 급기와 배기를 동시에 행하는 제연방식
 - 제2종 기계 제연방식 : 제연팬으로 급기를 하고 자연배기를 하는 제연방식
 - 제3종 기계 제연방식 : 제연팬으로 배기를 하고 자연급기를 하는 제연방식

022

건축물의 내부에 설치하는 피난계단의 구조에 관한 기준으로 옳지 않은 것은?

① 계단실에는 상용전원에 의한 비상조명등설비를 할 것
② 계단실의 실내에 접하는 부분의 마감은 불연재료로 할 것
③ 계단실의 바깥쪽과 접하는 창문 등은 해당 건축물의 다른 부분에 접하는 창문 등으로부터 2[m] 이상 거리를 두고 설치할 것
④ 건축물의 내부에서 계단실로 통하는 출입구의 유효너비는 0.9[m] 이상으로 할 것

피난계단의 구조

- **건축물의 내부에 설치하는 피난계단의 구조**(건피방 제19조)
  - 계단실은 창문·출입구 기타 개구부(이하 "창문 등"이라 한다)를 제외한 해당 건축물의 다른 부분과 내화구조의 벽으로 구획할 것
  - **계단실의 실내에 접하는 부분**(바닥 및 반자 등 실내에 면한 모든 부분)의 마감(마감을 위한 바탕을 포함)은 **불연재료**로 할 것
  - **계단실에는 예비전원에 의한 조명설비를 할 것**
  - **계단실의 바깥쪽과 접하는 창문 등**(망이 들어 있는 유리의 붙박이창으로서 그 면적이 각각 1[m²] 이하인 것은 제외)은 해당 건축물의 다른 부분에 설치하는 창문 등으로부터 **2[m] 이상의 거리**를 두고 설치할 것
  - 건축물의 내부와 접하는 계단실의 창문 등(출입구를 제외)은 망이 들어 있는 유리의 붙박이창으로서 그 면적을 각각 1[m²] 이하로 할 것
  - 건축물의 내부에서 계단실로 통하는 **출입구의 유효너비**는 **0.9[m] 이상**으로 하고, 그 출입구에는 피난의 방향으로 열 수 있는 것으로서 언제나 닫힌 상태를 유지하거나 화재로 인한 연기 또는 불꽃을 감지하여 자동적으로 닫히는 구조로 된 60분+방화문 또는 60분 방화문을 설치할 것. 다만, 연기 또는 불꽃을 감지하여 자동적으로 닫히는 구조로 할 수 없는 경우에는 온도를 감지하여 자동적으로 닫히는 구조로 할 수 있다.
  - 계단은 내화구조로 하고 피난층 또는 지상까지 직접 연결되도록 할 것
- **건축물의 바깥쪽에 설치하는 피난계단의 구조**
  - 계단은 그 계단으로 통하는 출입구 외의 창문 등(망이 들어 있는 유리의 붙박이창으로서 그 면적이 각각 1[m²] 이하인 것은 제외)으로부터 2[m] 이상의 거리를 두고 설치할 것
  - 건축물의 내부에서 계단으로 통하는 출입구에는 규정에 따른 60분+방화문 또는 60분 방화문을 설치할 것
  - 계단의 유효너비는 0.9[m] 이상으로 할 것
  - 계단은 내화구조로 하고 지상까지 직접 연결되도록 할 것

방화구획의 설치기준

구획 종류		구획기준
면적별 구획	10층 이하의 층	• **바닥면적 1,000[m²] 이내마다 구획** • **자동식 소화설비(스프링클러설비) 설치 시 3,000[m²] 이내마다 구획**
	11층 이상의 층	• **바닥면적 200[m²] 이내마다 구획** • 자동식 소화설비(스프링클러설비) 설치 시 600[m²] 이내마다 구획 • 내장재가 불연재료의 경우 500[m²] 이내마다 구획 • 내장재가 불연재료면서 자동식 소화설비(스프링클러설비) 설치 시 1,500[m²] 이내마다 구획
층별 구획		**매 층마다 구획**(지하 1층에서 지상으로 직접 연결하는 경사로 부위는 제외)
용도별 구획		주요구조부가 내화구조 대상에 해당하는 각 용도와 기타 부분 사이

023

건축물에 설치하는 방화구획의 기준에 관한 설명으로 옳지 않은 것은?

① 스프링클러소화설비가 설치된 10층 이하의 층은 바닥면적 3,000[m²] 이내마다 구획한다.

② 매 층마다 구획한다.

③ 11층 이상의 층은 바닥면적 600[m²] 이내마다 구획한다.

④ 벽 및 반자의 실내에 접하는 부분의 마감이 불연재료이고 스프링클러소화설비가 설치된 11층 이상의 층은 1,500[m²] 이내마다 구획한다.

024

건축물 화재에 대응한 피난계획의 일반적인 원칙으로 옳지 않은 것은?

① 2개 방향의 피난동선을 상시 확보한다.

② 피난수단은 전자기기나 기계장치로 조작하여 작동하는 것을 우선한다.

③ 피난경로에 따라서 일정한 구획을 한정하여 피난구역을 설정한다.

④ "Fool Proof"와 "Fail Safe"의 원칙을 중시한다.

피난계획의 일반적인 원칙

• 어느 곳에서도 2개 이상의 방향으로 피난할 수 있으며 그 말단은 화재로부터 안전한 장소이어야 한다.
• 피난수단은 **원시적 방법**에 의한 것을 **원칙**으로 한다.
• 피난경로에 따라서 일정한 구획을 한정하여 피난구역을 설정한다.
• "Fool Proof"와 "Fail Safe"의 원칙을 중시한다.

> • Fool Proof : 비상시 머리가 혼란하여 판단능력이 저하되는 상태로 누구나 알 수 있도록 문자나 그림 등을 표시하여 직감적으로 작용하는 것
> • Fail Safe : 하나의 수단이 고장으로 실패하여도 다른 수단에 의해 구제할 수 있도록 고려하는 것으로 양방향 피난로의 확보와 예비전원을 준비하는 것

025

다음은 화재 시 인간의 피난특성에 관한 설명이다. ( ) 안에 들어갈 내용을 순서대로 나열한 것은?

> ( )은 화재 시 본능적으로 원래 왔던 길 또는 늘 사용하는 경로로 탈출하려고 하는 것이며, ( )은 화염, 연기 등에 대한 공포감으로 인하여 위험요소로부터 멀어지려는 특성을 말한다.

① 귀소본능, 지광본능
② 지광본능, 추종본능
③ 귀소본능, 퇴피본능
④ 추종본능, 퇴피본능

화재 시 인간의 피난 행동 특성

• **귀소본능** : 평소에 사용하던 출입구나 통로 등 습관적으로 친숙해 있는 경로로 도피하려는 본능
• **지광본능** : 화재발생 시 연기나 정전 등으로 가시거리가 짧아져 시야가 흐려 밝은 방향으로 도피하려는 본능
• **추종본능** : 화재발생 시 최초로 행동을 개시한 사람에 따라 전체가 움직이는 본능(많은 사람들이 달아나는 방향으로 무의식적으로 안전하다고 느껴 위험한 곳임에도 불구하고 따라가는 경향)
• **퇴피본능** : 연기나 화염에 대한 공포감으로 화원의 반대방향으로 이동하려는 본능
• **좌회본능** : 좌측으로 통행하고 시계의 반대 방향으로 회전하려는 본능

026

엔트로피(Entropy)에 관한 설명으로 옳지 않은 것은?

① 등엔트로피 과정은 정압가역과정이다.
② 가역과정에서 엔트로피는 0이다.
③ 비가역과정에서 엔트로피는 증가한다.
④ 계가 가역적으로 흡수한 열량을 그 때의 절대온도로 나눈 값이다.

엔트로피(Entropy)

• 계가 가역적으로 흡수한 열량을 그 때의 절대온도로 나눈 값

$$S = \frac{Q}{T} \quad \Delta S = \frac{\Delta Q}{T} [\text{cal/g} \cdot \text{K}]$$

여기서, ΔQ : 변화한 열량[cal/g]
T : 절대온도[K]

• **등엔트로피** 과정은 **단열가역과정**이다.
• 가역과정에서 엔트로피는 0이다($\Delta S = 0$).
• 비가역과정에서 엔트로피는 증가한다($\Delta S > 0$).

027

동일한 고도에서 베르누이 방정식을 만족하는 유동이 유선을 따라 흐를 때 유선 내에서 일정한 값을 갖는 것은?

① 전압과 정체압
② 정압과 국소압력
③ 내부에너지
④ 동압과 속도압력

전압과 정체압은 동일한 고도에서 베르누이 방정식을 만족하는 유동이 유선을 따라 흐를 때 유선 내에서 일정한 값을 갖는다.

> **정체압** : 유속이 0인 상태에서 전압

028

4단 소화펌프가 정격유량 2[m³/min], 회전수 2,000[rpm], 양정 60[m]일 경우 비속도는 약 얼마인가?

① 351 ② 361
③ 371 ④ 381

해설

비교 회전도(Specific Speed, 비속도)

$$N_s = \frac{N\sqrt{Q}}{\left(\dfrac{H}{n}\right)^{3/4}}$$

여기서, N : 회전수[rpm]
Q : 유량[m³/min]
H : 양정[m]
n : 단수

$$\therefore N_s = \frac{N\sqrt{Q}}{\left(\dfrac{H}{n}\right)^{3/4}} = \frac{2,000[\text{rpm}] \times \sqrt{2[\text{m}^3/\text{min}]}}{\left(\dfrac{60[\text{m}]}{4}\right)^{3/4}}$$
$$= 371.09$$

029

레이놀즈수에 관한 설명으로 옳은 것은?

① 등속류와 비등속류를 구분하는 기준이 된다.
② 레이놀즈수의 물리적 의미는 관성력과 점성력의 관계를 나타낸다.
③ 정상류와 비정상류를 구분하는 기준이 된다.
④ 하임계 레이놀즈수는 층류에서 난류로 변할 때의 레이놀즈수이다.

해설

레이놀즈수
• 층류와 난류를 구분하는 척도이다.
• 레이놀즈수의 물리적 의미는 관성력과 점성력의 관계를 나타낸다.
• 임계 레이놀즈수
 – 상임계 레이놀즈수 : 층류에서 난류로 변할 때의 레이놀즈수(4,000)
 – **하임계 레이놀즈수** : 난류에서 층류로 변할 때의 레이놀즈수(2,100)

030

압축공기용 탱크 내부의 온도가 20[℃]이고, 계기압력은 345[kPa]이다. 이때 이상기체의 가정하에 탱크 내에 공기밀도는 약 몇 [kg/m³]인가?(단, 대기압은 101.3[kPa], 공기의 기체상수는 286.9[J/kg·K]이다)

① 0.08 ② 4.10
③ 5.31 ④ 77.78

해설

공기밀도

$$PV = WRT, \quad P = \frac{W}{V}RT, \quad \rho = \frac{P}{RT}$$

여기서, P : 압력 V : 부피
W : 무게 R : 기체상수
T : 절대온도

$$\therefore \rho = \frac{P}{RT}$$
$$= \frac{(345 + 101.3)[\text{kPa}] \times 1,000[\text{Pa}](\text{N/m}^2)}{286.9[\text{J/kg·K}] \times (273 + 20)[\text{K}]}$$
$$= 5.31[\text{kg/m}^3]$$

$$[\text{J}] = [\text{N} \cdot \text{m}]$$

031

소화설비 배관 직경이 300[mm]에서 450[mm]로 급격하게 확대되었을 때 작은 배관에서 큰 배관쪽으로 분당 13.8[m³]의 소화수를 보내면 연결부에서 발생하는 손실수두는 약 몇 [m]인가?(단, 중력가속도는 9.8[m/s²]이다)

① 0.17 ② 0.87
③ 1.67 ④ 2.17

해설

확대손실수두

$$손실수두 \quad H = k\frac{(u_1 - u_2)^2}{2g}$$

여기서, k : 확대손실계수(없으면 무시)

• $u_1 = \dfrac{Q}{A} = \dfrac{Q}{\dfrac{\pi}{4}d^2} = \dfrac{13.8[\text{m}^3]/60[\text{s}]}{\dfrac{\pi}{4}(0.3[\text{m}])^2} = 3.25[\text{m/s}]$

• $u_2 = \dfrac{Q}{A} = \dfrac{Q}{\dfrac{\pi}{4}d^2} = \dfrac{13.8[\text{m}^3]/60[\text{s}]}{\dfrac{\pi}{4}(0.45[\text{m}])^2} = 1.45[\text{m/s}]$

$$\therefore H = k\frac{(u_1 - u_2)^2}{2g} = \frac{(3.25 - 1.45)^2}{2 \times 9.8[\text{m/s}^2]} = 0.17[\text{m}]$$

032

개방된 큰 탱크의 바닥에 오리피스로부터 물이 8[m/s]의 속도로 흘러나올 때의 탱크 내 물의 높이는 약 몇 [m]인가?(단, 유체의 점성효과는 무시되며, 중력가속도는 9.8[m/s²]이다)

① 0.27
② 1.27
③ 2.27
④ 3.27

물의 높이

$$H = \frac{u^2}{2g}$$

$$\therefore \ H = \frac{u^2}{2g} = \frac{(8[\text{m/s}])^2}{2 \times 9.8[\text{m/s}^2]} = 3.27[\text{m}]$$

033

소화배관에 연결된 노즐의 방수량은 150[L/min], 방수압력은 0.25[MPa]이다. 이 노즐의 방수량을 200[L/min]로 증가시킬 경우 방수압력은 약 몇 [MPa]인가?

① 0.24
② 0.44
③ 4.44
④ 5.44

$$Q = K\sqrt{10P}$$

• 방출계수 K를 구하면

  $Q = K\sqrt{10P}$ 에서

  $150[\text{L/min}] = K \times \sqrt{10 \times 0.25[\text{MPa}]}$

  $K = 94.87$

• 방수압력을 구하면

  $Q = K\sqrt{10P}$ 에서

  $200[\text{L/min}] = 94.87 \times \sqrt{10P[\text{MPa}]}$

  $P = 0.44$

034

일반화재, 유류화재, 전기화재에 모두 적응성이 있는 분말소화약제의 종류와 주성분의 연결로 옳은 것은?

① 제2종 분말소화약제 – $NaHCO_3$
② 제2종 분말소화약제 – $(NH_2)_2CO$
③ 제3종 분말소화약제 – $NH_4H_2PO_4$
④ 제3종 분말소화약제 – Na_2CO_3

분말소화약제의 성상

종 류	제1종 분말	제2종 분말
주성분	탄산수소나트륨 ($NaHCO_3$)	탄산수소칼륨 ($KHCO_3$)
착 색	백 색	담회색
적응화재	B, C급	B, C급
열분해 반응식	$2NaHCO_3$ $\rightarrow Na_2CO_3 + CO_2 + H_2O$	$2KHCO_3$ $\rightarrow K_2CO_3 + CO_2 + H_2O$
종 류	제3종 분말	제4종 분말
주성분	제일인산암모늄 ($NH_4H_2PO_4$)	탄산수소칼륨 + 요소 [$KHCO_3 + (NH_2)_2CO$]
착 색	담홍색, 황색	회 색
적응화재	A, B, C급	B, C급
열분해 반응식	$NH_4H_2PO_4$ $\rightarrow HPO_3 + NH_3 + H_2O$	$2KHCO_3 + (NH_2)_2CO$ $\rightarrow K_2CO_3 + 2NH_3 + 2CO_2$

035

다음 중 부촉매효과가 없는 소화약제는?

① Halon1301소화약제
② 제1종 분말소화약제
③ HFC-125 소화약제
④ IG-541 소화약제

소화효과

• 할론소화약제 : 질식, 냉각, 부촉매 효과
• 할로겐화합물 및 불활성기체
  – 할로겐화합물소화약제 : 질식, 냉각, 부촉매 효과
  – **불활성기체소화약제 : 질식, 냉각 효과**
• 분말소화약제 : 질식, 냉각, 부촉매 효과

[불활성기체소화약제]

종 류	화학식
IG-01	Ar
IG-100	N_2
IG-55	N_2(50[%]), Ar(50[%])
IG-541	N_2(52[%]), Ar(40[%]), CO_2(8[%])

036

화재안전기술기준상 할로겐화합물 및 불활성기체별 최대허용 설계농도[%]로 옳지 않은 것은?

① HFC-227ea : 10.5[%]
② HCFC BLEND A : 10[%]
③ FK-5-1-12 : 15[%]
④ IG-55 : 43[%]

할로겐화합물 및 불활성기체별 최대허용설계농도[%]

소화약제	최대허용설계농도[%]
FC-3-1-10	40
HCFC BLEND A	10
HCFC-124	1.0
HFC-125	11.5
HFC-227ea	10.5
HFC-23	30
HFC-236fa	12.5
FIC-13I1	0.3
FK-5-1-12	10
IG-01	43
IG-100	43
IG-541	43
IG-55	43

037

탄화칼슘(CaC_2) 화재 시 가장 적합한 소화방법은?

① 물을 주수하여 냉각소화한다.
② 이산화탄소를 방사하여 질식소화한다.
③ 마른 모래로 질식소화한다.
④ 할론소화약제를 사용하여 부촉매소화한다.

해설

탄화칼슘은 물과 반응하면 아세틸렌가스를 발생하므로 물이 함유한 약제는 불가능하므로 안전한 마른 모래로 질식소화가 적합하다.

$$CaC_2 + 2H_2O \rightarrow Ca(OH)_2 + C_2H_2(\text{아세틸렌})$$

038

다음 물소화약제에 관한 설명으로 옳지 않은 것은?

① 침투제를 사용하여 물의 표면장력을 증가시키면 심부화재에 적용 가능하다.
② 다른 소화약제에 비해 비열 및 기화열이 크다.
③ 무상주수를 통해 질식, 냉각이 가능하다.
④ 희석소화를 통해 수용성 가연물질 화재에 적용 가능하다.

해설

물소화약제
• 침투제를 사용하여 물의 표면장력을 감소시켜 심부화재에 적용 가능하다.
• 다른 소화약제에 비해 비열($1[kcal/kg \cdot \degree C]$) 및 기화열($539[kcal/kg]$)이 크다.

• 무상주수를 통해 질식, 냉각, 희석, 유화 효과가 가능하다.
• 희석소화를 통해 수용성 가연물질(알코올, 케톤, 에스테르 등) 화재에 적용 가능하다.

039

화재안전기술기준상 불활성기체소화약제인 IG-541의 혼합가스 체적 성분비는?

① N_2 50[%], Ar 40[%], CO 10[%]
② N_2 52[%], Ar 40[%], CO_2 8[%]
③ CO_2 50[%], Ar 40[%], N_2 10[%]
④ CO_2 52[%], Ar 40[%], N_2 8[%]

해설

불활성기체소화약제

종류	화학식
IG-01	Ar
IG-100	N_2
IG-55	$N_2(50[\%])$, $Ar(50[\%])$
IG-541	$N_2(52[\%])$, $Ar(40[\%])$, $CO_2(8[\%])$

040

납축전지의 전해액으로 옳은 것은?

① $Cd(OH)_2$
② H_2SO_4
③ $PbSO_4$
④ MnO_2

해설

납축전지의 충·방전 화학반응식

$$\underset{(+)}{PbO_2} + \underset{(\text{전해액})}{2H_2SO_4} + \underset{(-)}{Pb} \rightarrow \underset{(+)}{PbSO_4} + \underset{(\text{물})}{2H_2O} + \underset{(-)}{PbSO_4}$$

041

전류가 흐르는 도체 주위의 자계방향을 결정하는 법칙은?

① 패러데이의 법칙
② 렌츠의 법칙
③ 플레밍의 오른손 법칙
④ 앙페르의 오른나사 법칙

- 패러데이의 법칙 : 유도 기전력의 크기는 코일을 지나가는 자속의 변화량과 코일의 권수에 비례한다는 법칙
- 렌츠의 법칙 : 유도기전력의 방향은 자속의 변화를 방해하려는 방향으로 발생하는 법칙
- 플레밍의 오른손 법칙 : 자계 중의 도체가 운동에 의해 유도 기전력의 방향을 결정하는 법칙
- **앙페르의 오른나사 법칙** : 전류의 방향을 오른나사가 진행하는 방향으로 하면 이때 발생하는 자계의 방향은 오른나사의 회전 방향이 되는 법칙

042

다음 왜형파 전압의 왜형률은 약 얼마인가?

$$v = 150\sqrt{2}\sin\omega t + 40\sqrt{2}\sin 2\omega t + 70\sqrt{2}\sin 3\omega t$$

① 0.45   ② 0.54

③ 0.67   ④ 0.85

왜형률

$$왜형률 = \frac{전고조파만의\ 실횻값}{기본파의\ 실횻값}$$

$$\therefore\ 왜형률 = \frac{전고조파만의\ 실횻값}{기본파의\ 실횻값}$$

$$= \frac{\sqrt{\left(\frac{40\sqrt{2}}{\sqrt{2}}\right)^2 + \left(\frac{70\sqrt{2}}{\sqrt{2}}\right)^2}}{\frac{150\sqrt{2}}{\sqrt{2}}} = 0.54$$

043

다음 피드백제어계 블록선도의 전달함수는?

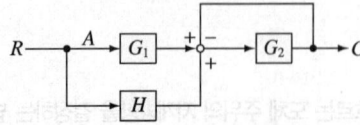

① $\dfrac{G_2(G_1 + H)}{1 + G_2}$ ② $\dfrac{G_1 + H}{1 + G_1 G_2}$

③ $\dfrac{G_1 G_2 + H}{1 + G_2}$ ④ $\dfrac{G_1}{1 + G_1 G_2 H}$

$$C = (RG_1 + RH - C)G_2 = RG_1G_2 + RHG_2 - CG_2$$
$$C(1 + G_2) = R(G_1G_2 + HG_2)$$
$$\therefore\ \frac{C}{R} = \frac{G_1G_2 + HG_2}{1 + G_2} = \frac{G_2(G_1 + H)}{1 + G_2}$$

044

정격용량 1,000[kVA], 발전기 과도 리액턴스 0.2인 자가발전기의 차단기 용량[kVA]은?

① 5,230   ② 5,720

③ 6,250   ④ 6,830

차단기 용량

$$차단기\ 용량\ P_s = \frac{1.25\,P}{x_d}$$

여기서, P : 정격용량(1,000[kVA])

x_d : 과도 리액턴스(0.2)

$$\therefore\ P_s = \frac{1.25\,P}{x_d} = \frac{1.25 \times 1,000[\text{kVA}]}{0.2}$$

$$= 6,250[\text{kVA}]$$

045

인덕턴스가 각각 $L_1 = 5[\text{H}]$, $L_2 = 10[\text{H}]$인 두 코일을 그림과 같이 연결하고 합성인덕턴스를 측정하였더니 $5[\text{H}]$이었다. 두 코일 간의 상호인덕턴스는 $M[\text{H}]$은?

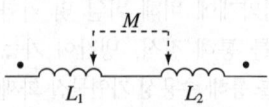

① 2   ② 3

③ 4   ④ 5

상호인덕턴스 M

합성인덕턴스(차동결합) $L = L_1 + L_2 - 2M$

$5 = 5 + 10 - 2M$, $2M = (5 + 10) - 5$, $M = 5$

046

60[Hz]인 교류전압을 인가할 때 유도성 리액턴스가 3.77[Ω]이라면 인덕턴스는 약 몇 [mH]인가?

① 0.1
② 1
③ 10
④ 100

인덕턴스(L)

$$L = \frac{X_L}{2\pi f}$$

여기서, X_L : 유도리액턴스(3.77[Ω])

f : 주파수(60[Hz])

$$\therefore L = \frac{X_L}{2\pi f} = \frac{3.77}{2\times\pi\times 60} = 0.01[\text{H}] = 10[\text{mH}]$$

047

교류전압만을 측정할 수 있는 계기는?

① 유도형 계기
② 가동코일형 계기
③ 정전형 계기
④ 열선형 계기

지시계기의 종류

종 류	기 호	문자 기호	사용 회로	구동 토크
가동 코일형		M	직 류	영구 자석의 자기장 내에 코일을 두고, 이 코일에 전류를 통과시켜 발생되는 힘을 이용
가동 철편형		S	교 류	전류에 의한 자기장이 연철편에 작용하는 힘을 사용
유도형		I	교 류	회전 자기장 또는 이동 자기장과 이것에 의한 유도 전류와의 상호 작용을 이용
전류력 계형		D	직 류 교 류	전류 상호 간에 작용하는 힘을 이용
정전형		E	직 류 교 류	충전된 대전체 사이에 작용하는 흡인력 또는 반발력(즉, 정전력)을 이용
열선형		T	직 류 교 류	다른 종류의 금속체 사이에 발생되는 기전력을 이용
정류형		R	교 류	가동코일형 계기 앞에 정류 회로를 삽입하여 교류를 측정

048

역방향 전압영역에서 동작하고 전원전압을 일정하게 유지하기 위하여 사용되는 다이오드는?

① 발광다이오드
② 터널다이오드
③ 포토다이오드
④ 제너다이오드

제너다이오드
역방향 전압영역에서 동작하고 전원전압을 일정하게 유지하기 위하여 사용되는 다이오드(정전압 정류작용)

049

평행판 콘덴서의 면적을 4배 증가시키고 간격은 2배 감소시켰다면 콘덴서의 정전용량은 처음의 몇 배인가?

① 2
② 3
③ 4
④ 8

콘덴서의 정전용량(C)

$$C = \frac{\varepsilon \times 4A}{\frac{d}{2}}$$

$$\therefore C = \frac{\varepsilon \times 4A}{\frac{d}{2}} = \frac{4\times 2\varepsilon A}{d} = \frac{8\varepsilon A}{d}$$

050

2[μF] 콘덴서를 3[kV]로 충전하면 저장되는 에너지는 몇 [J]인가?

① 6
② 9
③ 12
④ 15

정전에너지

$$W = \frac{1}{2}CV^2$$

$$\therefore W = \frac{1}{2}CV^2$$
$$= \frac{1}{2}\times(2\times 10^{-6}[\text{F}])\times(3\times 10^3[\text{V}])^2 = 9[\text{J}]$$

051

소방기본법령상 소방자동차의 우선 통행 등과 소방대의 긴급통행에 관한 설명으로 옳지 않은 것은?

① 소방자동차의 우선 통행에 관해서는 소방기본법시행령에 정한 바에 따른다.

② 모든 차와 사람은 소방자동차가 화재진압을 위해 출동할 때에는 이를 방해해서는 안 된다.

③ 소방자동차가 훈련을 위하여 필요한 때에는 사이렌을 사용할 수 있다.

④ 소방대는 화재현장에 신속하게 출동하기 위하여 긴급할 때에는 일반적인 통행에 쓰이지 않는 도로·빈터 또는 물 위로 통행할 수 있다.

해설

소방자동차의 우선 통행 등과 소방대의 긴급통행

• **소방자동차의 우선 통행 등**
 - 모든 차와 사람은 소방자동차(지휘를 위한 자동차와 구조·구급차를 포함)가 화재진압 및 구조·구급 활동을 위하여 출동을 할 때에는 이를 방해해서는 안 된다.
 - 소방자동차의 우선 통행에 관하여는 **도로교통법에서 정하는 바에 따른다.**
 - **소방자동차**가 화재진압 및 **구조·구급** 활동을 위하여 출동하거나 **훈련**을 위하여 필요할 때에는 **사이렌**을 사용할 수 있다.

• **소방대의 긴급통행**
 소방대는 화재, 재난·재해, 그 밖의 위급한 상황이 발생한 현장에 신속하게 출동하기 위하여 긴급할 때에는 일반적인 통행에 쓰이지 않는 도로·빈터 또는 물 위로 통행할 수 있다.

052

화재의 예방 및 안전관리에 관한 법령상 특수가연물에 관한 설명으로 옳은 것은?

① 100[kg] 이상의 면화류는 특수가연물로 분류된다.

② 800[kg] 이상의 사류(絲類)는 특수가연물로 분류된다.

③ 특수가연물을 저장 또는 취급하는 장소에는 품명, 최대저장수량, 단위부피당 및 질량 또는 단위체적당 질량, 관리책임자 성명·직책, 연락처 및 화기취급의 금지표지를 설치해야 한다.

④ 고무류·플라스틱류에는 합성수지의 섬유, 옷감, 종이 및 실과 이들의 넝마와 부스러기가 포함된다.

해설

특수가연물

• 종 류

품 명		수 량
면화류		200[kg] 이상
나무껍질 및 대팻밥		400[kg] 이상
넝마 및 종이부스러기		1,000[kg] 이상
사류(絲類)		1,000[kg] 이상
볏짚류		1,000[kg] 이상
가연성 고체류		3,000[kg] 이상
석탄·목탄류		10,000[kg] 이상
가연성 액체류		2[m³] 이상
목재가공품 및 나무부스러기		10[m³] 이상
고무류·플라스틱류	발포시킨 것	20[m³] 이상
	그 밖의 것	3,000[kg] 이상

• **특수가연물을 저장 또는 취급하는 장소의 표지내용**
 - 품 명
 - 최대저장수량
 - 단위부피당 질량 또는 단위체적당 질량
 - 관리책임자 성명, 직책, 연락처
 - 화기취급의 금지표시가 포함된 특수가연물 표지

• 고무류·플라스틱류 : 불연성 또는 난연성이 아닌 고체의 합성수지제품, 합성수지반제품, 원료합성수지 및 합성수지부스러기(불연성 또는 난연성이 아닌 고무제품, 고무반제품, 원료고무 및 고무 부스러기를 포함한다)를 말한다. 다만, 합성수지의 섬유·옷감·종이 및 실과 이들의 넝마와 부스러기는 제외한다.

053

소방관련법령을 위반하여 벌금에 처해지는 자는?

① 화재예방강화지구 안의 소방대상물에 대한 화재안전조사를 거부·방해 또는 기피한 자

② 특수가연물의 저장 및 취급 기준을 위반한 자

③ 화재예방강화지구에 대한 소방용수시설의 설치 명령을 위반한 자

④ 시장지역에서 화재로 오인할 우려가 있는 연막소독을 하면서 관할 소방서장에게 신고를 하지 않아 소방자동차를 출동하게 한 자

해설

벌금 및 과태료

• 화재예방강화지구 안의 소방대상물에 대한 화재안전조사를 거부·방해 또는 기피한 자 : **300만원 이하의 벌금**

• 특수가연물의 저장 및 취급 기준을 위반한 자 : 200만원 이하의 과태료

- 화재예방강화지구에 대한 소방용수시설의 설치 명령을 위반한 자 : 200만원 이하의 과태료
- 시장지역에서 화재로 오인할 우려가 있는 연막소독을 하면서 관할 소방서장에게 신고를 하지 않아 소방자동차를 출동하게 한 자 : 20만원 이하의 과태료(기본법 제57조)

054

화재예방강화지구의 지정에 관한 설명으로 옳지 않은 것은?

① 시·도지사는 화재발생 우려가 크거나 화재가 발생할 경우 피해가 클 것으로 예상되는 지역에 대하여 화재예방강화지구로 지정할 수 있다.

② 시·도지사는 화재예방강화지구 안의 소방대상물의 위치·구조 및 설비 등에 대한 화재안전조사를 분기별 1회 이상 실시해야 한다.

③ 소방관서장은 화재예방강화지구 안의 관계인에 대하여 소방상 필요한 훈련 및 교육을 연 1회 이상 실시할 수 있다.

④ 소방관서장은 화재안전조사 결과에 따른 소방대상물의 위치·구조·설비 또는 관리의 상황이 화재예방을 위하여 보완될 필요가 있을 경우에는 관계인에게 그 소방대상물에 대하여 사용의 금지 또는 제한의 조치를 명할 수 있다.

해설

화재예방강화지구

- 시·도지사는 도시의 건물 밀집지역 등 화재의 우려가 높거나 화재가 발생하는 경우로 인하여 피해가 클 것으로 예상되는 지역에 대하여 화재의 예방 및 안전관리를 강화하기 위해 화재예방강화지구로 지정할 수 있다.
- 소방관서장은 화재예방강화지구 안의 소방대상물의 위치·구조 및 설비 등에 대한 화재안전조사를 연 1회 이상 실시해야 한다.
- 소방관서장은 화재예방강화지구 안의 관계인에 대하여 소방상 필요한 훈련 및 교육을 연 1회 이상 실시할 수 있다.
- 소방관서장은 화재안전조사 결과에 따른 소방대상물의 위치·구조·설비 또는 관리의 상황이 화재예방을 위하여 보완될 필요가 있거나 화재가 발생하면 인명 또는 재산의 피해가 클 것으로 예상되는 때에는 행정안전부령으로 정하는 바에 따라 관계인에게 그 소방대상물의 개수·이전·제거, 사용의 금지 또는 제한, 사용폐쇄, 공사의 정지 또는 중지, 그 밖에 필요한 것을 명할 수 있다(화재예방법 제14조).

055

소방시설 설치 및 관리에 관한 법령상 중앙소방기술심의 위원회의 심의사항에 해당되지 않는 것은?

① 소방시설의 구조 및 원리 등에서 공법이 특수한 설계 및 시공에 관한 사항

② 소방시설의 설계 및 공사감리의 방법에 관한 사항

③ 새로운 소방시설과 소방용품 등의 도입 여부에 관한 사항

④ 소방시설에 하자가 있는지의 판단에 관한 사항

해설

- 소방시설공사의 하자를 판단하는 기준에 관한 사항 : 중앙소방기술심의위원회의 심의사항
- 소방시설에 하자가 있는지의 판단에 관한 사항 : 지방소방기술심의위원회의 심의사항

056

소방시설공사업법령상 소방시설업의 등록을 반드시 취소해야 하는 경우에 해당하지 않는 것은?

① 거짓이나 그 밖의 부정한 방법으로 등록한 경우

② 법인의 대표자가 위험물안전관리법에 따른 금고 이상의 형의 집행유예를 선고받고 그 유예기간 중에 있어서 등록의 결격사유에 해당하는 경우

③ 등록을 한 후 정당한 사유없이 1년이 지날 때까지 영업을 시작하지 않은 때의 경우

④ 영업정지 처분을 받고 영업정지 기간 중에 소방시설공사 등을 한 경우

해설

등록의 취소와 영업정지 등

- 등록취소 사유
  - **거짓**이나 그 밖의 **부정한 방법**으로 등록한 경우
  - 등록 **결격사유**에 해당하게 된 경우
  - **영업정지 기간 중에 소방시설공사 등을 한 경우**
- **6개월 이내의 영업정지 사유**
  - 등록기준에 미달하게 된 후 30일이 경과한 경우
  - 등록을 한 후 정당한 사유 없이 **1년이 지날 때까지 영업을 시작하지 않거나 계속하여 1년 이상 휴업한 때**
  - 다른 자에게 소방시설업의 등록증 또는 등록수첩을 빌려준 경우

057

소방시설 설치 및 관리에 관한 법령상 소방시설 등의 자체점검 중 종합점검에 관한 설명으로 옳지 않은 것은?

① 소방본부장이 소방안전관리가 우수하다고 인정한 특정소방대상물에 대해서는 3년의 범위에서 종합점검을 면제한다.
② 옥내소화전설비가 설치된 아파트는 종합점검 실시 대상에 해당되지 않는다.
③ 특급 소방안전관리대상물의 경우 종합점검의 점검횟수는 반기에 1회 이상 실시한다.
④ 소방시설완공검사증명서을 발급받은 신축 건축물을 제외한 건축물의 종합점검은 건축물의 사용승인일이 속하는 달의 말일까지 실시한다.

해설

• 최초점검

구 분	점검대상
정 의	법 제22조 제1항 제1호에 따른 점검
대 상	소방시설이 새로 설치되는 경우
점검자의 자격	• 소방시설관리업에 등록된 기술인력 중 소방시설관리사 • 소방안전관리자로 선임된 소방시설관리사 또는 소방기술사
점검횟수	소방시설이 새로 설치되는 경우 건축법 제22조에 따라 건축물을 사용할 수 있게 된 날부터 60일 이내에 점검을 실시한다.

• 작동점검

구 분	점검대상
정 의	소방시설 등을 인위적으로 조작하여 정상적으로 작동하는지를 점검하는 것
대 상 ①	① 간이스프링클러설비(주택전용 간이스프링클러설비는 제외)가 설치된 특정소방대상물 ② 자동화재탐지설비가 설치된 특정소방대상물
점검자의 자격 ①	① 관계인 ② 관리업에 등록된 기술인력 중 소방시설관리사 ③ 소방시설공사업법 시행규칙 별표 4의2에 따른 **특급점검자(2024. 12. 01부터 시행)** ④ 소방안전관리자로 선임된 소방시설관리사 및 소방기술사
대 상 ②	위의 대상에 해당하지 않는 특정소방대상물
점검자의 자격 ②	① 관리업에 등록된 기술인력 중 소방시설관리사 ② 소방안전관리자로 선임된 소방시설관리사 또는 소방기술사

구 분	점검대상
점검횟수	① 점검횟수 : 연 1회 이상 ② 점검시기 : 종합점검 대상은 종합점검을 받은 달부터 6개월이 되는 달에 실시한다. ③ ②에 해당하지 않는 특정소방대상물은 특정소방대상물의 사용승인일(건축물의 경우에는 건축물관리대장 또는 건물 등기사항증명서에 기재되어 있는 날, 시설물의 경우에는 시설물의 안전 및 유지관리에 관한 특별법 제55조 제1항에 따른 시설물통합정보관리체계에 저장·관리되고 있는 날을 말하며, 건축물관리대장, 건물 등기사항증명서 및 시설물통합정보관리체계를 통해 확인되지 않는 경우에는 소방시설완공검사증명서에 기재된 날을 말한다)이 속하는 달의 말일까지 실시한다. 다만, 건축물관리대장 또는 건물 등기사항증명서 등에 기입된 날이 다른 경우에는 건축물관리대장에 기재되어 있는 날을 기준으로 점검한다.
점검대상 제외	① 특정소방대상물 중 화재의 예방 및 안전관리에 관한 법률 제24조 제1항에 해당하지 않는 특정소방대상물(소방안전관리자를 선임하지 않는 대상을 말한다) ② 위험물안전관리법에 따른 위험물 제조소 등 ③ 화재의 예방 및 안전관리에 관한 법률 시행령 별표 4 제1호 가목의 특급소방안전관리대상물

• 종합점검

구 분	점검대상
정 의	소방시설 등의 작동점검을 포함하여 소방시설등의 설비별 주요 구성 부품의 구조기준이 화재안전기준과 건축법 등 관련 법령에서 정하는 기준에 적합한지 여부를 소방청장이 정하여 고시하는 소방시설 등 종합점검표에 따라 점검하는 것
대 상	① 해당 특정소방대상물의 소방시설 등이 신설된 경우 ② 스프링클러설비가 설치된 특정소방대상물 ③ 물분무 등 소화설비[호스릴(Hose Reel) 방식의 물분무 등 소화설비만을 설치한 경우는 제외]가 설치된 연면적 5,000[m²] 이상인 특정소방대상물(위험물 제조소 등은 제외) ④ 다중이용업소의 안전관리에 관한 특별법 시행령 단란주점영업, 유흥주점영업, 영화상영관, 비디오물감상실업, 복합영상물제공업, 노래연습장업, 산후조리원, 고시원업, 안마시술소로서 연면적이 2,000[m²] 이상인 것 ⑤ 제연설비가 설치된 터널 ⑥ 공공기관 중 연면적(터널·지하구의 경우 그 길이와 평균폭을 곱하여 계산된 값)이 1,000[m²] 이상인 것으로서 옥내소화전설비 또는 자동화재탐지설비가 설치된 것. 다만, 소방기본법 제2조 제5호에 따른 소방대가 근무하는 공공기관은 제외한다.

구 분	점검대상
점검자의 자격	① 소방시설관리업에 등록된 기술인력 중 소방시설관리사 ② 소방안전관리자로 선임된 소방시설관리사 또는 소방기술사

점검횟수	① 점검횟수
	  ㉠ 연 1회 이상(특급 소방안전관리대상물은 반기에 1회 이상) 실시
	  ㉡ 특급소방안전관리대상물 : 반기에 1회 이상
	  ㉢ ㉠에도 불구하고 소방본부장 또는 소방서장은 소방청장이 소방안전관리가 우수하다고 인정한 특정소방대상물에 대해서는 3년의 범위에서 소방청장이 고시하거나 정한 기간 동안 종합점검을 면제할 수 있다. 다만, 면제 기간 중 화재가 발생한 경우는 제외한다.
	② 점검시기
	  ㉠ 소방시설이 새로 설치되는 경우 : 건축물을 사용할 수 있게 된 날부터 60일 이내 실시
	  ㉡ ㉠을 제외한 특정소방대상물은 건축물의 사용승인일이 속하는 달에 실시한다. 다만, 공공기관의 안전관리에 관한 규정에 따른 학교의 경우에는 해당 건축물의 사용승인일이 1월에서 6월 사이에 있는 경우에는 6월 30일까지 실시할 수 있다.
	③ 건축물 사용승인일 이후 물분무 등 소화설비[호스릴 방식의 물분무 등 소화설비만을 설치한 경우는 제외]가 설치된 연면적 5,000[m²] 이상인 특정소방대상물(위험물 제조소 등은 제외)에 따라 종합점검 대상에 해당하게 된 때에는 그 다음 해부터 실시한다.
	④ 하나의 대지경계선 안에 2개 이상의 점검 대상 건축물 등이 있는 경우에는 그 건축물 중 사용승인일이 가장 빠른 연도의 건축물의 사용승인일을 기준으로 점검할 수 있다.

058

소방시설공사업법령상 하자보수 보증기간이 다른 소방시설은?

① 피난기구   ② 유도등
③ 무선통신보조설비   ④ 옥외소화전설비

해설

하자보수 보증기간

하자기간	해당 소방시설
2년	**피난기구, 유도등**, 유도표지, 비상경보설비, 비상조명등, 비상방송설비 및 **무선통신보조설비**
3년	자동소화장치, 옥내소화전설비, 스프링클러설비, 간이스프링클러설비, 물분무 등 소화설비, **옥외소화전설비**, 자동화재탐지설비, 상수도소화용수설비 및 소화활동설비(무선통신보조설비는 제외)

059

소방시설 설치 및 관리에 관한 법령상 지하가 중 터널의 경우 길이가 얼마 이상일 때 연결송수관설비를 설치해야 하는가?

① 500[m]   ② 1,000[m]
③ 2,000[m]   ④ 3,000[m]

해설

연결송수관설비를 설치해야 하는 특정소방대상물(위험물 저장 및 처리 시설 중 가스시설 또는 지하구는 제외)
• 층수가 5층 이상으로서 연면적 6,000[m²] 이상인 경우에는 모든 층
• 지하층을 포함하는 층수가 7층 이상인 경우에는 모든 층
• 지하층의 층수가 3층 이상이고 지하층의 바닥면적의 합계가 1,000[m²] 이상인 경우에는 모든 층
• 지하가 중 **터널**로서 길이가 **1,000[m] 이상**인 것

060

소방시설 설치 및 관리에 관한 법령상 건축허가 등의 동의에 관한 설명으로 옳지 않은 것은?

① 건축허가 등의 권한이 있는 행정기관은 건축허가 등을 할 때 미리 그 건축물 등의 시공지 또는 소재지를 관할하는 소방본부장이나 소방서장의 동의를 받아야 한다.
② 건축물 등의 사용승인에 대한 동의를 할 때에는 소방시설공사업법에 따른 소방시설공사의 완공검사증명서를 발급하는 것으로 동의를 갈음할 수 있다.
③ 건축허가 등의 동의를 요구한 기관이 그 건축허가 등을 취소하였을 때에는 취소한 날부터 7일 이내에 건축물 등의 시공지 또는 소재지를 관할하는 소방본부장이나 소방서장에게 그 사실을 통보해야 한다.
④ 건축물 등의 대수선 신고를 수리할 권한이 있는 행정기관은 그 신고를 수리하면 그 건축물 등의 시공지 또는 소재지를 관할하는 소방본부장이나 소방서장에게 수리한 날로부터 10일 이내에 그 사실을 알려야 한다.

건축허가 등의 동의

- 건축허가 등의 권한이 있는 행정기관은 건축허가 등을 할 때 미리 그 건축물 등의 시공지 또는 소재지를 관할하는 소방본부장이나 소방서장의 동의를 받아야 한다.
- 사용승인에 대한 동의를 할 때에는 소방시설공사업법 제14조 제3항에 따른 소방시설공사의 완공검사증명서를 발급하는 것으로 동의를 갈음할 수 있다. 이 경우 제1항에 따른 건축허가 등의 권한이 있는 행정기관은 소방시설공사의 완공검사증명서를 확인해야 한다.
- 건축허가 등의 동의를 요구한 기관이 그 건축허가 등을 **취소했을 때**에는 취소한 날부터 **7일 이내**에 건축물 등의 시공지 또는 소재지를 관할하는 **소방본부장**이나 **소방서장**에게 **그 사실을 통보**해야 한다.
- 건축물 등의 증축·개축·재축·용도변경 또는 대수선의 신고를 수리(受理)할 권한이 있는 행정기관은 그 신고를 수리하면 그 건축물 등의 시공지 또는 소재지를 관할하는 소방본부장이나 소방서장에게 **지체 없이** 그 사실을 알려야 한다.

061

소방시설 설치 및 관리에 관한 법령상 방염성능기준 이상의 실내장식물 등을 설치해야 하는 특정소방대상물이 아닌 것은?

① 숙박이 가능한 수련시설
② 근린생활시설 중 체력단련장
③ 의료시설 중 종합병원
④ 방송통신시설 중 촬영소 및 전신전화국

방염성능기준 이상의 실내장식물 등을 설치해야 하는 특정소방대상물

- 근린생활시설 중 의원, 조산원, 산후조리원, 체력단련장, 공연장 및 종교집회장
- 건축물의 옥내에 있는 시설로서 다음의 시설
  - 문화 및 집회시설
  - 종교시설
  - 운동시설(수영장은 제외)
- 의료시설
- 교육연구시설 중 합숙소
- 노유자시설
- 숙박이 가능한 수련시설
- 숙박시설
- 방송통신시설 중 방송국 및 촬영소
- 다중이용업소
- 층수가 11층 이상인 것(아파트는 제외)

062

화재의 예방 및 안전관리에 관한 법령상 소방안전관리자를 두어야 하는 특정소방대상물에 관한 설명으로 옳은 것은?(단, 공공기관의 소방안전관리에 관한 규정을 적용받는 특정소방대상물은 제외)

① 층수에 관계없이 지상으로부터 높이가 100[m] 이상인 것은 특급 소방안전관리대상물이다.
② 지하구는 2급 소방안전관리대상물이다.
③ 가연성 가스를 1,000톤 이상 저장·취급하는 시설은 2급 소방안전관리대상물이다.
④ 층수가 21층인 아파트는 1급 소방안전관리대상물이다.

특정소방대상물

- **특급 소방안전관리대상물**
  - **50층 이상(지하층은 제외), 높이가 200[m] 이상인 아파트**
  - 30층 이상(지하층을 포함)이거나 지상으로부터 높이가 **120[m] 이상인 특정소방대상물**(아파트는 제외)
  - 연면적 100,000[m^2] 이상인 특정소방대상물(아파트는 제외)
- **1급 소방안전관리대상물**
  - 30층 이상(지하층은 제외), 높이가 120[m] 이상인 아파트
  - 연면적 15,000[m^2] 이상인 특정소방대상물(아파트 및 연립주택은 제외)
  - 층수가 11층 이상인 특정소방대상물(아파트는 제외)
  - 가연성 가스를 1,000[ton] 이상 저장·취급하는 시설
- **2급 소방안전관리대상물**
  - 옥내소화전설비·**스프링클러설비** 또는 **물분무 등 소화설비**를 설치하는 특정소방대상물(호스릴 방식의 물분무 등 소화설비만을 설치한 경우는 제외)
  - 가스제조설비를 갖추고 도시가스사업의 허가를 받아야 하는 시설 또는 **가연성 가스를 100[ton] 이상 1,000[ton] 미만** 저장·취급하는 시설
  - **지하구**
  - **공동주택**(옥내소화전설비 또는 스프링클러설비가 설치된 공동주택으로 한정)
  - 보물 또는 국보로 지정된 목조건축물

063

소방시설 설치 및 관리에 관한 법령상 소방시설관리사에 관한 설명으로 옳은 것은?

① 소방시설관리사는 동시에 둘 이상의 업체에 취업할 수 있다.

② 소방시설관리사증을 다른 사람에게 빌려준 경우에는 소방시설관리사 자격을 정지 또는 취소할 수 있다.

③ 소방시설관리사의 자격이 취소된 날부터 2년이 지나지 않은 사람은 소방시설관리사가 될 수 없다.

④ 소방청장은 시험에서 부정한 행위를 한 응시자에 대하여는 그 시험을 정지 또는 무효로 하고 그 처분이 있는 날부터 3년간 시험 응시자격을 정지한다.

해설

소방시설관리사

• **자격취소 및 정지**(1년 이내) 사유

① **자격취소**

㉠ 거짓이나 그 밖의 부정한 방법으로 시험에 합격한 경우

㉡ 소방시설관리사증을 다른 사람에게 빌려준 경우

㉢ 동시에 둘 이상의 업체에 취업한 경우

㉣ 관리사의 결격사유에 해당하게 된 경우

② **1년 이내 자격정지**

㉠ 대행인력의 배치기준·자격·방법 등 준수사항을 지키지 않은 경우

㉡ 점검을 하지 않거나 거짓으로 한 경우

㉢ 성실하게 자체점검 업무를 수행하지 않은 경우

• **소방시설관리사의 결격사유**

– 피성년후견인

– 이 법, 소방기본법, 화재의 예방 및 안전관리에 관한 법률, 소방시설공사업법 또는 위험물안전관리법을 위반하여 금고 이상의 실형을 선고받고 그 집행이 끝나거나(집행이 끝난 것으로 보는 경우를 포함한다) 집행이 면제된 날부터 2년이 지나지 않은 사람

– 이 법, 소방기본법, 화재의 예방 및 안전관리에 관한 법률, 소방시설공사업법 또는 위험물안전관리법을 위반하여 금고 이상의 형의 집행유예를 선고받고 그 유예기간 중에 있는 사람

– 제28조에 따라 자격이 취소된 날부터 2년이 지나지 않은 사람

• 소방청장은 시험에서 부정한 행위를 한 응시자에 대하여는 그 시험을 정지 또는 무효로 하고 그 처분이 있는 날부터 2년간 시험 응시자격을 정지한다.

064

소방시설 설치 및 관리에 관한 법령상 소방청장이 한국소방산업기술원에 위탁할 수 있는 업무가 아닌 것은?

① 형식승인의 취소

② 소방용품의 형식승인

③ 성능인증의 변경인증

④ 우수 소방대상물의 선정, 표지 발급 및 관계인에 대한 포상업무

해설

업무 위임

소방청장이 한국소방산업기술원에 위탁사항

• 방염성능검사 중 대통령령으로 정하는 검사

• 소방용품의 형식승인

• 형식승인의 변경승인

• 형식승인의 취소

• 소방용품의 성능인증 및 성능인증의 취소

• 성능인증의 변경인증

• 우수품질인증 및 그 취소

065

소방시설 설치 및 관리에 관한 법령상 소방용품의 품질관리 등에 관한 설명으로 옳지 않은 것은?

① 소방청장은 제조자 또는 수입자의 소방용품에 대하여는 성능인증을 해야 한다.

② 누구든지 형식승인을 받지 않은 소방용품을 판매 목적으로 진열할 수 없다.

③ 누전경보기 및 가스누설경보기를 제조하거나 수입하려는 자는 형식승인을 받아야 한다.

④ 소방청장은 소방용품의 품질관리를 위하여 필요하다고 인정할 때에는 유통 중인 소방용품을 수집하여 검사할 수 있다.

해설

소방용품의 품질관리

• 소방청장은 제조자 또는 수입자 등의 요청이 있는 경우 소방용품에 대하여 성능인증을 할 수 있다.

• 소방용품을 판매, 판매목적으로 진열, 소방시설 공사에 사용할 수 없는 경우
  – 형식승인을 받지 않은 것
  – 형상 등을 임의로 변경한 것
  – 제품검사를 받지 않거나 합격표시를 하지 않은 것

• 소방청장은 제조자 또는 수입자 등의 요청이 있는 경우 소방용품에 대하여는 성능인증을 할 수 있다.

> **[소방용품]**
> 1. **소화설비**를 구성하는 제품 또는 기기
>   ① **소화기구**(소화약제 외의 것을 이용한 간이소화용구는 제외)
>   ② **자동소화장치**
>   ③ 소화설비를 구성하는 **소화전, 관창**(菅槍), **소방호스**, 스프링클러헤드, 기동용 수압개폐장치, 유수제어밸브 및 가스관선택밸브
> 2. **경보설비**를 구성하는 제품 또는 기기
>   ① **누전경보기** 및 **가스누설경보기**
>   ② 경보설비를 구성하는 **발신기, 수신기, 중계기, 감지기** 및 **음향장치**(경종만 한함)
> 3. **피난구조설비**를 구성하는 제품 또는 기기
>   ① **피난사다리, 구조대, 완강기**(지지대를 포함), 간이완강기(지지대를 포함)
>   ② **공기호흡기**(충전기를 포함)
>   ③ **피난구유도등, 통로유도등, 객석유도등** 및 **예비전원**이 내장된 **비상조명등**
> 4. **소화용**으로 사용하는 제품 또는 기기
>   ① **소화약제**[자동소화장치(상업용 주방자동소화장치, 캐비닛형 자동소화장치), 포소화설비, 이산화탄소소화설비 할론소화설비, 할로겐화합물 및 불활성기체소화설비, 분말소화설비, 강화액소화설비, 고체에어로졸소화설비용만 해당한다]
>   ② **방염제**(방염액·방염도료 및 방염성 물질)

• 소방청장은 소방용품의 품질관리를 위하여 필요하다고 인정할 때에는 유통 중인 소방용품을 수집하여 검사할 수 있다.

066

화재의 예방 및 안전관리에 관한 법령상 과태료의 부과 대상인 자는?

① 소방안전관리자를 선임하지 않는 자
② 소방안전관리자에게 불이익한 처우를 한 관계인
③ 소방안전관리업무를 하지 않는 자
④ 화재안전조사를 정당한 사유없이 거부·방해 또는 기피한 자

해설

300만원 이하의 과태료의 부과 대상

• 소방안전관리자를 겸한 자
• 소방안전관리 업무를 하지 않는 특정소방대상물의 관계인 또는 소방안전관리대상물의 소방안전관리자
• 관계인이 소방안전관리자의 소방안전관리업무를 지도·감독을 하지 않는 자
• 소방훈련 및 교육을 하지 않는 자
• 피난유도 안내정보를 제공하지 않는 자
• 화재예방안전진단 결과를 제출하지 않는 자

> **[벌금 및 과태료]**
> • 소방안전관리자를 선임하지 않는 자(300만원 이하의 **벌금**)
> • 소방안전관리자에게 불이익한 처우를 한 관계인(300만원 이하의 **벌금**)
> • 소방안전관리업무를 수행하지 않는 자(300만원 이하의 **과태료**)
> • 화재안전조사를 정당한 사유없이 거부·방해 또는 기피한 자(300만원 이하의 **벌금**)

067

소방시설 설치 및 관리에 관한 법령상 특정소방대상물 중 근린생활시설에 해당하는 것은?

① 유흥주점
② 마약진료소
③ 같은 건축물에 해당 용도로 쓰이는 바닥면적의 합계가 300[m²]인 볼링장
④ 같은 건축물에 해당 용도로 쓰이는 바닥면적의 합계가 500[m²]인 운전학원

해설

특정소방대상물의 분류
- 유흥주점 : 위락시설
- 마약진료소 : 의료시설
- 탁구장, 테니스장, 체육도장, 체력단련장, **에어로빅장, 볼링장, 당구장,** 실내낚시터, 가상체험체육시설업(골프연습장), 물놀이형 시설 및 그 밖에 이와 비슷한 것으로서 같은 건축물에 해당 용도로 쓰는 바닥면적의 합계가 **500[m²] 미만인 것** : 근린생활시설
- 운전학원 : 자동차 관련 시설

068

다음은 위험물안전관리법상 위험물시설의 설치 및 변경에 관한 내용이다. ( ) 안에 들어갈 내용으로 옳은 것은?

> 제조소 등의 위치·구조 또는 설비의 변경 없이 해당 제조소 등에서 저장하거나 취급하는 위험물의 품명·수량 또는 지정수량의 배수를 변경하고자 하는 자는 변경하고자 하는 날의 ( )일 전까지 행정안전부령이 정하는 바에 따라 시·도지사에게 신고해야 한다.

① 즉시   ② 1
③ 3   ④ 7

해설

제조소 등의 위치·구조 또는 설비의 변경 없이 해당 제조소 등에서 저장하거나 취급하는 **위험물의 품명·수량** 또는 **지정수량의 배수**를 **변경하고자 하는 자**는 변경하고자 하는 날의 **1일 전**까지 행정안전부령이 정하는 바에 따라 **시·도지사**에게 **신고**해야 한다.

069

위험물안전관리법에 관한 설명으로 옳은 것은?

① 위험물이라 함은 인화성 또는 발화성 등의 성질을 가지는 것으로서 행정안전부령으로 정하는 물품을 말한다.
② 지정수량이라 함은 위험물의 종류별로 위험성을 고려하여 행정안전부령으로 정하는 수량을 말한다.
③ 지정수량 미만인 위험물의 저장 또는 취급에 관한 기술상의 기준은 행정안전부령으로 정한다.
④ 위험물안전관리법은 철도 및 궤도에 의한 위험물의 저장·취급 및 운반에 있어서는 이를 적용하지 않는다.

해설

- **위험물** : 인화성 또는 발화성 등의 성질을 가지는 것으로서 **대통령령으로 정하는 물품**
- **지정수량** : 위험물의 종류별로 위험성을 고려하여 대통령령으로 정하는 수량으로서 제6호의 규정에 의한 **제조소 등의 설치허가** 등에 있어서 **최저의 기준**이 되는 수량
- **지정수량 미만인 위험물**의 저장 또는 취급에 관한 기술상의 기준은 **시·도의 조례**로 정한다.
- 위험물안전관리법은 항공기·선박(선박법 제1조의2 제1항의 규정에 따른 선박)·철도 및 궤도에 의한 위험물의 저장·취급 및 운반에 있어서는 이를 적용하지 않는다.

070

위험물안전관리법령상 위험물의 안전관리와 관련된 업무를 수행하는 자로서 안전교육대상자로 명시된 자를 모두 고른 것은?

> ㄱ. 안전관리자로 선임된 자
> ㄴ. 탱크시험자의 기술인력으로 종사한 자
> ㄷ. 위험물운송자로 종사하는 자
> ㄹ. 제조소 등을 시공한 자

① ㄱ   ② ㄱ, ㄴ
③ ㄱ, ㄴ, ㄷ   ④ ㄱ, ㄴ, ㄷ, ㄹ

안전교육대상자

- 안전관리자로 선임된 자
- 탱크시험자의 기술인력으로 종사한 자
- 위험물운반자로 종사하는 자
- 위험물운송자로 종사하는 자

[교육과정·교육대상자·교육시간·교육시기 및 교육기관]

교육과정	교육대상자	교육시간	교육시기	교육기관
강습교육	안전관리자가 되려는 사람	24시간	최초 선임되기 전	안전원
	위험물운반자가 되려는 사람	8시간	최초 종사하기 전	안전원
	위험물운송자가 되려는 사람	16시간	최초 종사하기 전	안전원
실무교육	안전관리자	8시간 이내	가. 제조소 등의 안전관리자로 선임된 날부터 6개월 이내 나. 가목에 따른 교육을 받은 후 2년마다 1회	안전원
	위험물운반자	4시간	가. 위험물운반자로 종사한 날부터 6개월 이내 나. 가목에 따른 교육을 받은 후 3년마다 1회	안전원
	위험물운송자	8시간 이내	가. 이동탱크저장소의 위험물운송자로 종사한 날부터 6개월 이내 나. 가목에 따른 교육을 받은 후 3년마다 1회	안전원
	탱크시험자의 기술인력	8시간 이내	가. 탱크시험자의 기술인력으로 등록한 날부터 6개월 이내 나. 가목에 따른 교육을 받은 후 2년마다 1회	기술원

071

위험물안전관리법령상 제조소에서 취급하는 제4류 위험물의 최대수량의 합이 지정수량의 12만배 이상 24만배 미만인 사업소의 경우 자체소방대에 두는 화학소방차 자동차 대수와 자체소방대원의 수로 옳은 것은?(단, 다른 사업소 등과 상호응원 협정은 없음)

① 1대 – 5인
② 2대 – 10인
③ 3대 – 15인
④ 4대 – 20인

자체소방대에 두는 화학소방자동차 및 인원(영 별표 8)

사업소의 구분	화학소방자동차	자체소방대원의 수
1. 제조소 또는 일반취급소에서 취급하는 제4류 위험물의 최대수량의 합이 지정수량의 3,000배 이상 12만배 미만인 사업소	1대	5인
2. 제조소 또는 일반취급소에서 취급하는 제4류 위험물의 최대수량의 합이 지정수량의 **12만배 이상 24만배 미만인 사업소**	2대	10인
3. 제조소 또는 일반취급소에서 취급하는 제4류 위험물의 최대수량의 합이 지정수량의 24만배 이상 48만배 미만인 사업소	3대	15인
4. 제조소 또는 일반취급소에서 취급하는 제4류 위험물의 최대수량의 합이 지정수량의 48만배 이상인 사업소	4대	20인
5. 옥외탱크저장소에 저장하는 제4류 위험물의 최대수량이 지정수량의 50만배 이상인 사업소	2대	10인

072

다중이용업소의 안전관리에 관한 특별법상 다중이용업소의 안전관리 기본계획의 수립권자는?

① 행정안전부장관
② 소방청장
③ 시·도지사
④ 소방본부장

해설

다중이용업소의 안전관리 기본계획

- 다중이용업소의 화재 등 재난이나 그 밖의 위급한 상황으로 인한 인적·물적 피해의 감소, 안전기준의 개발, 자율적인 안전관리능력의 향상, 화재배상책임보험제도의 정착 등을 위하여 5년마다 다중이용업소의 안전관리기본계획(이하 "기본계획"이라 한다)을 수립·시행해야 한다.
- **수립권자 : 소방청장**
- 기본계획의 내용
  - 다중이용업소의 안전관리에 관한 기본 방향
  - 다중이용업소의 자율적인 안전관리 촉진에 관한 사항
  - 다중이용업소의 화재안전에 관한 정보체계의 구축 및 관리
  - 다중이용업소의 안전 관련 법령 정비 등 제도 개선에 관한 사항
  - 다중이용업소의 적정한 유지·관리에 필요한 교육과 기술 연구·개발
  - 다중이용업소의 화재배상책임보험에 관한 기본 방향
  - 다중이용업소의 화재배상책임보험 가입관리전산망의 구축·운영
  - 다중이용업소의 화재배상책임보험제도의 정비 및 개선에 관한 사항
  - 다중이용업소의 화재위험평가의 연구·개발에 관한 사항

073

다중이용업소의 안전관리에 관한 특별법령상 이행강제금을 부과하는 경우는?

① 다중이용업소의 사용금지 또는 제한 명령을 위반한 경우
② 소방안전교육을 받지 않거나 종업원이 소방안전교육을 받도록 하지 않는 경우
③ 정기점검결과서를 보관하지 않는 경우
④ 화재배상책입보험에 가입하지 않는 경우

해설

이행강제금 부과기준(영 별표 7)

- 일반기준
  이행강제금 부과권자는 위반행위의 동기와 그 결과를 고려하여 개별기준의 이행강제금 부과기준액의 2분의 1까지 경감하여 부과할 수 있다.

- 개별기준

위반 행위	해당 법조문	이행 강제금 금액
1. 법 제9조제2항에 따른 안전시설 등에 대하여 보완 등 필요한 조치명령을 위반한 자	법 제26조 제1항	
가. 안전시설 등의 작동·기능에 지장을 주지 않는 경미한 사항		200
나. 안전시설 등을 고장상태로 방치한 경우		600
다. 안전시설 등을 설치하지 않은 경우		1,000
2. 화재안전조사 조치명령을 위반한 자	법 제26조 제1항	
가. 다중이용업소의 공사의 정지 또는 중지 명령을 위반한 경우		200
나. **다중이용업소의 사용금지 또는 제한 명령을 위반한 경우**		**600**
다. 다중이용업소의 개수·이전 또는 제거명령을 위반한 경우		1,000

074

다중이용업주의 안전시설 등에 대한 정기점검에 관한 설명으로 옳은 것은?

① 다중이용업주는 다중이용업소의 안전관리를 위하여 정기적으로 안전시설 등을 점검하고 그 점검결과 보고서를 1년간 보관해야 한다.
② 자체점검을 한 경우 이외에는 매년 1회 이상 점검해야 한다.
③ 다중이용업주는 정기점검을 직접 수행할 수 없다.
④ 다중이용업소의 종업원인 경우에는 국가기술자격법에 따라 소방기술사의 자격을 보유하였더라도 안전점검자의 자격은 없다.

해설

안전시설 등에 대한 정기점검

- **다중이용업주**는 다중이용업소의 안전관리를 위하여 정기적으로 안전시설 등을 점검하고 그 **점검결과보고서를 1년간 보관**해야 한다.
- 점검주기 : 매 분기별 1회 이상 점검(자체점검을 실시한 경우에는 자체점검을 실시한 그 분기에는 점검을 실시하지 않을 수 있다)
- 안전점검자의 자격
  - 다중이용업주, 선임된 소방안전관리자
  - 소방안전관리자, 소방시설관리사, 소방기술사, 소방설비기사, 소방설비기사 자격을 취득한 자
  - 소방시설관리업자

075

다중이용업소의 안전관리에 관한 특별법령상 다중이용업주의 화재배상책임보험가입 등에 관한 설명으로 옳지 않은 것은?

① 다중이용업주는 다중이용업주를 변경한 경우에는 화재배상책임보험에 가입한 후 그 증명서를 소방본부장 또는 소방서장에게 제출해야 한다.

② 보험회사는 화재배상책임보험의 보험금 청구를 받은 때에는 청구한 날부터 14일 이내에 피해자에게 보험금을 지급해야 한다.

③ 다중이용업주가 화재배상책임보험 청약당시 보험회사가 요청한 안전시설 등의 유지·관리에 관한 사항 등을 거짓으로 알리는 경우 보험회사는 계약을 거절할 수 있다.

④ 소방서장은 다중이용업주가 화재배상책임보험에 가입하지 않았을 때에는 허가관청에 다중이용업주에 대한 영업의 정지 등 필요한 조치를 취할 것을 요청할 수 있다.

해설

화재배상책임보험가입 등

• 다중이용업주는 다음에 해당하는 경우에는 화재배상책임보험에 가입한 후 그 증명서(보험증권 포함)을 소방본부장 또는 소방서장에게 제출해야 한다(법 제13조의3).
  - 다중이용업주를 변경한 경우
  - 다중이용업을 하려는 자는 안전시설 등을 설치하기 전에 설계도서를 첨부하여 신고하는 경우
    ⓐ 안전시설 등을 설치하려는 경우
    ⓑ 영업장 내부구조를 변경(영업장의 면적의 증가, 영업장의 구획된 실의 증가 및 내부통로구조의 변경)하려는 경우
    ⓒ 안전시설 등의 공사를 마친 경우

• 보험회사는 화재배상책임보험의 보험금 **청구를 받은 때에는 지체 없이 지급할 보험금을 결정**하고 보험금 결정 후 14일 이내에 피해자에게 보험금을 지급해야 한다(법 제13조의4).

• 다중이용업주가 화재배상책임보험 청약당시 보험회사가 요청한 안전시설 등의 유지·관리에 관한 사항 등을 거짓으로 알리는 경우 보험회사는 계약을 거절할 수 있다(영 제9조의5).

• 소방서장은 다중이용업주가 화재배상책임보험에 가입하지 않았을 때에는 허가관청에 다중이용업주에 대한 인가·허가의 취소, 영업의 정지 등 필요한 조치를 취할 것을 요청할 수 있다(법 제13조의2).

076

염소산칼륨($KClO_3$)에 관한 설명으로 옳지 않은 것은?

① 냉수, 알코올에 잘 녹는다.

② 무색결정으로 인체에 유독하다.

③ 황산과 접촉으로 격렬하게 반응하여 ClO_2를 발생한다.

④ 적린과 혼합하면 가열·충격·마찰에 의해 폭발할 수 있다.

해설

염소산칼륨

• 물 성

화학식	분자량	지정수량	비 중	융 점	분해 온도
$KClO_3$	122.5	50[kg]	2.32	약 368[℃]	400[℃]

• 무색의 단사정계 판상결정 또는 백색분말로서 상온에서 안정한 물질이다.

• 산과 반응하면 이산화염소(ClO_2)의 유독가스를 발생한다.

$$2KClO_3 + 2HCl \rightarrow 2KCl + 2ClO_2 + H_2O_2 \uparrow$$

• **냉수, 알코올에는 녹지 않고, 온수나 글리세린에는 녹는다.**

• 이산화망간(MnO_2)과 접촉하면 분해가 촉진되어 산소를 방출한다.

$$2KClO_3 \rightarrow 2KCl + 3O_2 \uparrow$$

• 황산과의 반응(이산화염소의 흰 가스 발생)

$$6KClO_3 + 3H_2SO_4$$
(염소산칼륨)　　(황산)
$$\rightarrow 3K_2SO_4 + 4ClO_2 + 2H_2O + 2HClO_4$$
(황산칼륨)　(이산화염소)　(물)　　(과염소산)

• 적린이나 목탄과 혼합하면 발화, 폭발의 위험이 있다.

077

위험물의 유별 분류 및 지정수량이 옳지 않은 것은?

① 염소화아이소사이아누르산 – 제1류 – 300[kg]

② 염소화규소화합물 – 제3류 – 300[kg]

③ 금속의 아지화합물 – 제5류 – 300[kg]

④ 할로젠간화합물 – 제6류 – 300[kg]

위험물의 분류

종 류	유 별	지정수량
염소화아이소사이아누르산	제1류 위험물	300[kg]
염소화규소화합물	제3류 위험물	300[kg]
금속의 아지화합물	제5류 위험물	100[kg]
할로젠간화합물	제6류 위험물	300[kg]

078

제2류 위험물에 관한 설명으로 옳지 않은 것은?

① 금속분, 마그네슘은 위험등급 I 에 해당한다.
② 인화성 고체인 고형알코올은 지정수량이 1,000[kg] 이다.
③ 철분, 알루미늄분은 염산과 반응하여 수소가스를 발생한다.
④ 적린, 황의 화재 시에는 물을 이용한 냉각소화가 가능하다.

해설

제2류 위험물

• 금속분, 마그네슘, 철분 : 위험등급Ⅲ
• 인화성 고체(고형알코올)의 지정수량 : 1,000[kg]
• 철분, 알루미늄은 염산과 반응하면 **수소가스**를 **발생**한다.

$$Fe + 2HCl \rightarrow FeCl_2 + H_2 \uparrow$$
$$2Al + 6HCl \rightarrow 2AlCl_3 + 3H_2 \uparrow$$

• 적린, 황의 화재 시에는 물을 이용한 냉각소화가 가능하다.

079

위험물안전관리법령상 위험물에 해당하는 것은?

① 황가루와 활석가루가 각각 50[kg]씩 혼합된 물질
② 아연분말 100[kg] 중 150[μm]의 체를 통과한 것이 60[kg]인 것
③ 철분 500[kg] 중 53[μm]의 표준체를 통과한 것이 200[kg]인 것
④ 구리분말 300[kg] 중 150[μm]의 체를 통과한 것이 100[kg]인 것

해설

위험물의 정의

• **황**
  – 순도가 **60[wt%]** 이상인 것
  – 황가루와 활석가루가 각각 50[kg]씩 혼합된 물질은 황의 농도

  – 농도[%] = $\dfrac{\text{황의 무게}}{\text{전체 무게}} \times 100 = \dfrac{50[kg]}{100[kg]} \times 100$
  $= 50[wt\%]$
  (황 50[wt%]는 위험물이 아니다)

• **금속분**
  – 알칼리금속·알칼리토류금속·철 및 마그네슘 외의 금속의 분말(**구리분·니켈분 및 150[μm]의 체를 통과하는 것이 50[wt%] 미만인 것은 제외**)
  – 아연분말은 150[μm]의 체를 통과하는 것이 60[wt%] ($\dfrac{60[kg]}{100[kg]} \times 100 = 60[wt\%]$)이므로 위험물에 해당된다.

• **철 분**
  – 철의 분말로서 53[μm]의 표준체를 통과하는 것이 **50[wt%]** 미만은 제외한다.
  – 철분의 농도[%] = $\dfrac{200[kg]}{500[kg]} \times 100 = 40[wt\%]$
  (위험물이 아니다)

• 금속분 : **구리분, 니켈분은 제외, 150[μm]의 체를 통과하는 것이 50[wt%] 미만인 것은 제외한다.**
  – 구리분말의 농도[%] = $\dfrac{100[kg]}{300[kg]} \times 100 = 33.3[wt\%]$
  (위험물이 아니다)

080

물과 반응하여 메테인(CH₄)가스를 발생하는 위험물은?

① 인화칼슘   ② 탄화알루미늄
③ 수소화리튬   ④ 탄화칼슘

해설

물과의 반응

• 인화칼슘
$Ca_3P_2 + 6H_2O \rightarrow 3Ca(OH)_2 + 2PH_3 \uparrow$ (인화수소)
• 탄화알루미늄
$Al_4C_3 + 12H_2O \rightarrow 4Al(OH)_3 + 3CH_4 \uparrow$ (메테인)
• 수소화리튬
$LiH + H_2O \rightarrow LiOH + H_2 \uparrow$ (수소)
• 탄화칼슘
$CaC_2 + 2H_2O \rightarrow Ca(OH)_2 + C_2H_2 \uparrow$ (아세틸렌)

081

ANFO폭약의 원료로 사용되는 물질로 조해성이 있고 물에 녹을 때 흡열반응을 하는 것은?

① 질산칼륨　　　　② 질산칼슘
③ 질산나트륨　　　④ 질산암모늄

해설

질산암모늄
• 물 성

화학식	분자량	비 중	융 점	분해 온도
NH_4NO_3	80	1.73	165[℃]	220[℃]

• 무색무취의 결정이다.
• 조해성 및 흡수성이 강하다.
• 물, 알코올에 녹는다(**물에 용해 시 흡열반응**).
• 조해성이 있어 수분과 접촉을 피해야 한다.

082

제3류 위험물에 관한 설명으로 옳지 않은 것은?

① 황린은 공기와 접촉하면 자연발화할 수 있다.
② 칼륨, 나트륨은 등유, 경유 등에 넣어 보관한다.
③ 지정수량을 1/10을 초과하여 운반하는 경우 제4류 위험물과 혼재할 수 없다.
④ 알킬알루미늄은 운반용기 내용적의 90[%] 이하로 수납해야 한다.

해설

제3류 위험물
• 황린은 공기와 접촉하면 자연발화할 수 있다.
• 칼륨, 나트륨은 등유, 경유, 유동파라핀 속에 넣어 보관한다.
• 지정수량을 1/10을 초과하여 운반하는 경우 **혼재가능**
　– 제1류 위험물 + 제6류 위험물
　– **제3류 위험물 + 제4류 위험물**
　– 제2류 위험물 + 제4류 위험물 + 제5류 위험물
• 알킬알루미늄 등은 운반용기 내용적의 90[%] 이하의 수납율로 하되 50[℃]의 온도에서 5[%] 이상의 공간용적을 유지해야 한다.

083

다음 위험물 중 물에 잘 녹는 것은?

① 벤 젠　　　　　② 아세톤
③ 가솔린　　　　④ 톨루엔

해설

물에 대한 용해성

종 류	물에 대한 용해 여부
벤 젠	녹지 않는다.
아세톤	녹는다(수용성).
가솔린	녹지 않는다.
톨루엔	녹지 않는다.

084

제5류 위험물에 관한 설명으로 옳지 않은 것은?

① 불티·불꽃·고온체와의 접근이나 과열·충격 또는 마찰을 피해야 한다.
② 제조소의 게시판에 표시하는 주의사항은 "충격주의"이며 적색바탕에 백색문자로 기재한다.
③ 운반용기의 외부에 표시하는 주의사항은 "화기엄금 및 충격주의"이다.
④ 유기과산화물, 나이트로화합물과 같은 자기반응성 물질은 제5류 위험물에 해당된다.

해설

제5류 위험물
• 불티·불꽃·고온체와의 접근이나 과열·충격 또는 마찰을 피해야 한다.
• 주의사항 게시판
　– **제조소**에 설치 시 : **화기엄금**
　– 운반 시 : 화기엄금 및 충격주의
• 종 류

유 별	성 질	품 명		위험 등급	지정 수량
제5류	자기 반응성 물질	1. 유기과산화물, 질산에스터류		I	10[kg]
		2. 하이드록실아민, 하이드록실아민염류		II	100[kg]
		3. 나이트로화합물, 나이트로소화합물, 아조화합물, 다이아조화합물, 하이드라진 유도체		II	100[kg]
		4. 그 밖에 행정안전부령이 정하는 것	금속의 아지화합물	II	100[kg]
			질산구아니딘	II	100[kg]

085

제6류 위험물에 관한 설명으로 옳은 것은?

① 옥내저장소의 저장창고의 바닥면적은 2,000[m²]까지 할 수 있다.
② 과산화수소는 비중이 1.49 이상인 것에 한하여 위험물로 규제한다.
③ 지정수량의 5배 이상을 취급하는 제조소에는 피뢰침을 설치해야 한다.
④ 제조소 건축물의 창 및 출입구에 유리를 이용하는 경우에는 망입유리로 해야 한다.

해설

제6류 위험물
• 옥내저장소의 저장창고의 바닥면적은 1,000[m²]까지 할 수 있다.
• 제6류 위험물에 해당되는 경우
  – **과산화수소** : 농도가 **36[wt%] 이상**인 것
  – **질산** : 비중이 **1.49 이상**인 것
• 제조소, 옥내저장소에는 지정수량의 10배 이상이면 피뢰설비를 설치해야 한다(단, 제6류 위험물은 제외).
• 제조소 건축물의 창 및 출입구에 유리를 이용하는 경우에는 망입유리로 해야 한다.

086

다이에틸에터에 10[%]-아이오딘화칼륨(KI)용액을 첨가하였을 때 어떤 색상으로 변화하면 다이에틸에터 속에 과산화물이 생성되었다고 판정할 수 있는가?

① 황 색　　　② 청 색
③ 백 색　　　④ 흑 색

해설

과산화물 검출시약 : 10[%] 아이오딘화칼륨(KI)용액(검출 시 색상 : 황색)

과산화물 제거시약 : 황산제일철 또는 환원철

087

제6류 위험물의 성상 및 위험성에 관한 설명으로 옳지 않은 것은?

① BrF₃는 자극적인 냄새가 나는 산화제이다.
② HNO₃는 유독성이 있는 부식성 액체이며 가열하면 적갈색의 NO₂를 발생한다.
③ HClO₄는 자극적인 냄새가 나는 무색 액체이며 물과 접촉하면 흡열반응을 한다.
④ BrF₅는 산과 반응하여 부식성 가스를 발생하고 물과 접촉하면 폭발위험성이 있다.

해설

제6류 위험물의 성상 및 위험성
• 트라이플루오로브로민(BrF_3, 할로젠간화합물)
  – 자극성 냄새가 나는 무색의 액체이다.
  – 부식성이 있고 산화제이다.
• 질산(HNO_3)
  – **자극성, 부식성**이 강하며 무색의 무거운 액체이다.
  – 진한질산을 가열하면 **적갈색의 갈색증기(NO_2)**가 발생한다.
• **과염소산($HClO_4$)**
  – 무색무취의 유동하기 쉬운 액체로 **흡습성**이 강하며 **휘발성**이 있다.
  – 물과 반응하면 심하게 **발열하며 반응**으로 생성된 혼합물도 강한 산화력을 가진다.
• 펜타플루오로브로민(BrF_5, 할로젠간화합물)
  – 물에 잘 녹고 심한 냄새가 나는 무색의 액체이다.
  – 부식성이 있어 산과 반응하면 부식성 가스를 발생한다.

088

위험물안전관리법령상 제조소의 안전거리 규정에 관한 설명으로 옳지 않은 것은?

① 고등교육법에서 정하는 학교는 수용인원에 관계없이 30[m] 이상 이격해야 한다.
② 영유아교육법에 의한 어린이집이 20명의 인원을 수용하는 경우는 30[m] 이상 이격해야 한다.
③ 공연법에 의한 공연장이 300명의 인원을 수용하는 경우 10[m] 이상 이격해야 한다.
④ 노인복지법에 의한 노인복지시설이 20명의 인원을 수용하는 경우 30[m] 이상 이격해야 한다.

제조소의 안전거리

건축물의 외벽 또는 공작물의 외측으로부터 해당 제조소의 외벽 또는 이에 상당하는 공작물의 외측까지의 수평거리를 안전거리라 한다.

건축물	안전거리
사용전압 7,000[V] 초과 35,000[V] 이하의 특고압 가공전선	3[m] 이상
사용전압 35,000[V] 초과의 특고압 가공전선	5[m] 이상
주거용으로 사용되는 것(제조소가 설치된 부지 내에 있는 것은 제외)	10[m] 이상
고압가스, 액화석유가스, 도시가스를 저장 또는 취급하는 시설	20[m] 이상
학교, 병원(병원급 의료기관), 극장, 공연장, 영화상영관, 그 밖에 수용인원 300명 이상 수용할 수 있는 것, 복지시설(아동복지시설, 노인복지시설, 장애인복지시설, 한부모가족복지시설), 어린이집, 성매매피해자 등을 위한 지원시설, 정신건강증진시설, 가정폭력방지 및 피해자 보호 등에 관한 법률에 따른 보호시설, 그밖에 유사한 시설로서 수용인원 20명 이상 수용할 수 있는 것	30[m] 이상
유형문화재, 기념물 중 지정문화재	50[m] 이상

089

위험물안전관리법령상 제조소의 환기설비 시설기준에 관한 설명으로 옳지 않은 것은?

① 급기구는 해당 급기구가 설치된 실의 바닥면적 150[m²]마다 1개 이상으로 해야 한다.

② 환기구는 지붕 위 또는 지상 1[m] 이상의 높이에 설치해야 한다.

③ 바닥면적 120[m²]인 경우 급기구의 크기를 600[cm²] 이상으로 해야 한다.

④ 급기구는 낮은 곳에 설치하고 가는 눈의 구리망 등으로 인화방지망을 설치해야 한다.

환기설비

- 환기 : 자연배기방식
- 급기구는 해당 급기구가 설치된 실의 바닥면적 150[m²]마다 1개 이상으로 하되 급기구의 크기는 800[cm²] 이상으로 할 것. 다만, 바닥면적 150[m²] 미만인 경우에는 다음의 크기로 할 것

바닥면적	급기구의 면적
60[m²] 미만	150[cm²] 이상
60[m²] 이상 90[m²] 미만	300[cm²] 이상
90[m²] 이상 120[m²] 미만	450[cm²] 이상
120[m²] 이상 150[m²] 미만	600[cm²] 이상

- 급기구는 낮은 곳에 설치하고 가는 눈의 구리망으로 인화방지망을 설치할 것
- 환기구는 지붕 위 또는 지상 2[m] 이상의 높이에 회전식 고정벤틸레이터 또는 루프팬방식(Roof Fan : 지붕에 설치하는 배기장치)으로 설치할 것

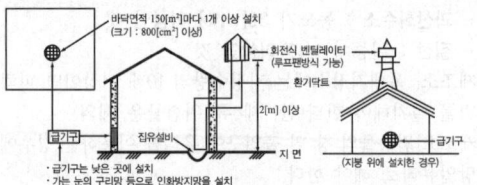

090

위험물안전관리법령상 팽창진주암(삽 1개 포함)의 1.0 능력단위에 해당하는 용량으로 옳은 것은?

① 50[L]   ② 80[L]
③ 100[L]   ④ 160[L]

소화설비의 능력단위

소화설비	용량	능력단위
소화전용(專用) 물통	8[L]	0.3
수조(소화전용 물통 3개 포함)	80[L]	1.5
수조(소화전용 물통 6개 포함)	190[L]	2.5
마른 모래(삽 1개 포함)	50[L]	0.5
팽창질석 또는 팽창진주암(삽 1개 포함)	160[L]	1.0

091

위험물안전관리법령상 제조소 등의 시설 중 각종 턱에 관한 기준으로 옳지 않은 것은?

① 액체 위험물을 취급하는 제조소의 옥외설비는 바닥의 둘레에 높이 0.15[m] 이상의 턱을 설치해야 한다.
② 판매취급소에서 위험물을 배합하는 실의 출입구 문턱의 높이는 바닥면으로부터 0.05[m] 이상이어야 한다.
③ 옥외탱크저장소에서 옥외저장탱크 펌프실의 바닥 주위에는 높이 0.2[m] 이상의 턱을 만들어야 한다.
④ 주유취급소의 펌프실 출입구에는 바닥으로부터 0.1[m] 이상의 턱을 설치해야 한다.

해설
턱의 높이
• 주유취급소의 펌프실 출입구의 턱의 높이 : 0.1[m] 이상
• 판매취급소의 배합실 출입구 문턱의 높이 : 0.1[m] 이상
• 제조소의 옥외설비는 바닥의 둘레에 턱의 높이 : 0.15[m] 이상
• 옥외탱크저장소에서 펌프실 외의 장소에 설치하는 펌프설비에는 그 직하의 지반면의 주위의 턱의 높이 : 0.15[m] 이상
• 옥외탱크저장소에서 펌프실의 바닥 주위의 턱의 높이 : 0.2[m] 이상
• 옥내탱크저장소의 탱크전용실에 펌프설비 설치 시 턱의 높이 : 0.2[m] 이상

092

위험물안전관리법령상 제조소 내의 위험물을 취급하는 배관인 강관을 강관 이외의 재질로 하는 경우 사용할 수 없는 것은?

① 폴리프로필렌
② 폴리우레탄
③ 고밀도폴리에틸렌
④ 유리섬유강화플라스틱

해설
위험물을 취급하는 배관의 종류
• 강 관
• 고밀도폴리에틸렌
• 폴리우레탄
• 유리섬유강화플라스틱

093

위험물안전관리법령상 제조소 옥외설비 바닥의 집유설비에 유분리장치를 설치해야 하는 액체 위험물의 용해도 기준으로 옳은 것은?

① 15[℃]의 물 100[g]에 용해되는 양이 0.1[g] 미만인 것
② 15[℃]의 물 100[g]에 용해되는 양이 1[g] 미만인 것
③ 20[℃]의 물 100[g]에 용해되는 양이 0.1[g] 미만인 것
④ 20[℃]의 물 100[g]에 용해되는 양이 1[g] 미만인 것

해설
옥외에서 액체위험물을 취급하는 설비의 바닥의 기준
• 바닥의 둘레에 높이 0.15[m] 이상의 턱을 설치하는 등 위험물이 외부로 흘러나가지 않도록 해야 한다.
• 바닥은 콘크리트 등 위험물이 스며들지 않는 재료로 하고, 턱이 있는 쪽이 낮게 경사지게 해야 한다.
• 바닥의 최저부에 집유설비를 해야 한다.
• **위험물(온도 20[℃]의 물 100[g]에 용해되는 양이 1[g] 미만인 것에 한함)**을 취급하는 설비에 있어서는 해당 위험물이 직접 배수구에 흘러들어가지 않도록 집유설비에 **유분리장치**를 설치해야 한다.

094

위험물안전관리법령상 위험물의 운송 및 운반에 관한 설명으로 옳지 않은 것은?

① 지정수량 이상을 운송하는 차량은 운행 전 관할소방서에 신고해야 한다.
② 알킬리튬은 운송책임자의 감독 또는 지원을 받아 운송해야 한다.
③ 제3류 위험물 중 금수성 물질은 적재 시 방수성이 있는 피복으로 덮어야 한다.
④ 위험물은 운반용기의 외부에 위험물의 품명, 수량, 주의사항 등을 표시하여 적재해야 한다.

해설

운송 및 운반 기준

• 지정수량 이상을 운송하는 차량은 소방서에 신고하지 않는다.
• 운송책임자의 감독·지원을 받아 운송해야 하는 위험물 :
  알킬알루미늄, 알킬리튬
• 방수성이 있는 피복으로 덮어야 하는 위험물
  – 제1류 위험물 중 알칼리금속의 과산화물
  – 제2류 위험물 중 철분, 마그네슘, 금속분
  – 제3류 위험물 중 금수성 물질
• 운반용기의 외부표시사항
  품명, 위험등급, 화학명 및 수용성(제4류 위험물로서 수용성인 것에 한함), 수량, 주의사항

095

위험물안전관리법령상 옥내탱크저장소의 탱크전용실을 단층건물 외의 건축물에 설치할 수 없는 위험물은?

① 적 린   ② 칼 륨
③ 경 유   ④ 질 산

해설

탱크전용실을 단층건물 외의 건축물에 설치할 수 있는 위험물

• 황화인, **적린**, 덩어리 황
• 황 린
• 제4류 위험물 중 인화점이 38[℃] 이상인 위험물(경유)
• 질 산

096

위험물안전관리법령상 옥내저장소의 지붕 또는 천장에 관한 설명으로 옳지 않은 것은?

① 황린만 저장하는 경우에는 지붕을 내화구조로 할 수 있다.
② 셀룰로이드만을 저장하는 경우에는 불연재료로 된 천장을 설치할 수 있다.
③ 할로젠화합물만 저장하는 경우에는 지붕을 내화구조로 할 수 있다.
④ 피크르산만을 저장하는 경우에는 난연재료로 된 천장을 설치할 수 있다.

해설

저장창고는 지붕을 폭발력이 위로 방출될 정도의 가벼운 불연재료로 하고, 천장을 만들지 않아야 한다. 다만, 제2류 위험물(분말상태의 것과 인화성 고체는 제외)과 제6류 위험물만의 저장창고에 있어서는 지붕을 내화구조로 할 수 있고, 제5류 위험물만의 저장창고에 있어서는 해당 저장창고 내의 온도를 저온으로 유지하기 위하여 난연재료 또는 불연재료로 된 천장을 설치할 수 있다.

[위험물의 분류]

종 류	유 별
황 린	제3류 위험물
셀룰로이드	제5류 위험물
할로젠화합물	제6류 위험물
피크르산	제5류 위험물

097

위험물안전관리법령상 제조소 건축물의 외벽이 내화구조인 경우 2소요단위에 해당하는 면적은?

① 100[m²]

② 150[m²]

③ 200[m²]

④ 300[m²]

해설

소요단위의 계산방법

• **제조소** 또는 취급소의 건축물
  – **외벽이 내화구조 : 연면적 100[m²]를 1소요단위**
  – 외벽이 내화구조가 아닌 것 : 연면적 50[m²]를 1소요단위
• 저장소의 건축물
  – 외벽이 내화구조 : 연면적 150[m²]를 1소요단위
  – 외벽이 내화구조가 아닌 것 : 연면적 75[m²]를 1소요단위
• 위험물은 지정수량의 10배 : 1소요단위
※ 연면적 100[m²]를 1소요단위로 하므로 2소요단위는 200[m²]이다.

098

위험물안전관리법령상 이송취급소에 해당하지 않는 것을 모두 고른 것은?

> ㄱ. 송유관안전관리법에 의한 송유관에 의하여 위험물을 이송하는 경우
> ㄴ. 농어촌 전기공급사업 촉진법에 따라 설치된 자가발전시설에 사용되는 위험물을 이송하는 경우
> ㄷ. 사업소와 사업소 사이의 이송배관이 제3자(해당 사업소와 관련이 있거나 유사한 사업을 하는 자에 한한다)의 토지만을 통과하는 경우로서 당해 배관의 길이가 100[m] 이하인 경우

① ㄱ, ㄴ   ② ㄴ, ㄷ
③ ㄱ, ㄷ   ④ ㄱ, ㄴ, ㄷ

해설

이송취급소에 해당되지 않는 장소

(1) 송유관안전관리법에 의한 송유관에 의하여 위험물을 이송하는 경우
(2) 제조소 등에 관계된 시설(배관은 제외) 및 그 부지가 같은 사업소 안에 있고 해당 사업소 안에서만 위험물을 이송하는 경우
(3) 사업소와 사업소의 사이에 도로(폭 2[m] 이상의 일반교통에 이용되는 도로로서 자동차의 통행이 가능한 것)만 있고 사업소와 사업소 사이의 이송배관이 그 도로를 횡단하는 경우
(4) 사업소와 사업소 사이의 이송배관이 제3자(해당 사업소와 관련이 있거나 유사한 사업을 하는 자에 한함)의 토지만을 통과하는 경우로서 해당 배관의 길이가 100[m] 이하인 경우
(5) 해상구조물에 설치된 배관(이송되는 위험물이 별표 1의 제4류 위험물 중 제1석유류인 경우에는 배관의 안지름이 30[cm] 미만인 것에 한함)으로서 해당 해상구조물에 설치된 배관의 길이가 30[m] 이하인 경우
(6) 사업소와 사업소 사이의 이송배관이 (3) 내지 (5)의 규정에 의한 경우 중 2 이상에 해당하는 경우
(7) 농어촌 전기공급사업 촉진법에 따라 설치된 자가발전시설에 사용되는 위험물을 이송하는 경우

099

위험물안전관리법령상 주유취급소의 담 또는 벽의 일부분에 부착할 수 있는 방화상 유효한 유리는 하나의 유리판의 가로길이가 몇 [m] 이내이어야 하는가?

① 0.5   ② 1.0
③ 1.5   ④ 2.0

해설

주유취급소의 담 또는 벽의 기준

(1) 주유취급소의 주위에는 자동차 등이 출입하는 쪽 외의 부분에 높이 2[m] 이상의 내화구조 또는 불연재료의 담 또는 벽을 설치하되, 주유취급소의 인근에 연소의 우려가 있는 건축물이 있는 경우에는 소방청장이 정하여 고시하는 바에 따라 방화상 유효한 높이로 해야 한다.
(2) (1)에도 불구하고 다음의 기준에 모두 적합한 경우에는 담 또는 벽의 일부분에 방화상 유효한 구조의 유리를 부착할 수 있다.
① 유리를 부착하는 위치는 주입구, 고정주유설비 및 고정급유설비로부터 4[m] 이상 이격될 것
② 유리를 부착하는 방법은 다음의 기준에 모두 적합할 것
㉠ 주유취급소 내의 지반면으로부터 70[cm]를 초과하는 부분에 한하여 유리를 부착할 것
㉡ 하나의 유리판의 가로의 길이는 2[m] 이내일 것
㉢ 유리판의 테두리를 금속제의 구조물에 견고하게 고정하고 해당 구조물을 담 또는 벽에 견고하게 착할 것
㉣ 유리의 구조는 접합유리(두장의 유리를 두께 0.76[mm] 이상의 폴리비닐부티랄 필름으로 접합한 구조)로 하되, 유리구획 부분의 내화시험방법(KS F 2845)에 따라 시험하여 비차열 30분 이상의 방화성능이 인정될 것
③ 유리를 부착하는 범위는 전체의 담 또는 벽의 길이의 10분의 2를 초과하지 않을 것

100

위험물안전관리법령상 이동탱크저장소의 기준 중 이동저장탱크에 설치하는 강철판으로 된 칸막이, 방파판, 방호틀 각각의 최소 두께를 합한 값은?

① 4.8[mm]   ② 6.9[mm]
③ 7.1[mm]   ④ 9.6[mm]

해설

이동탱크저장소의 강철판의 두께

- **방호틀** : 탱크 전복 시 부속장치(주입구, 맨홀, 안전장치) 보호(2.3[mm])
- **측면틀** : 탱크 전복 시 탱크 본체 파손 방지(3.2[mm])
- **방파판** : 위험물 운송 중 내부의 위험물의 출렁임, 쏠림 등을 완화하여 차량의 안전 확보(1.6[mm])
- **칸막이** : 탱크 전복 시 탱크의 일부가 파손되더라도 전량의 위험물의 누출 방지(3.2[mm])
- ※ 최소 두께 = 칸막이 + 방파판 + 방호틀
  = 3.2[mm] + 1.6[mm] + 2.3[mm]
  = 7.1[mm]

101

화재안전기술기준상 전기실 및 전산실에 적응성이 있는 소화기구의 소화약제는?

① 포소화약제
② 강화액소화약제
③ 할로겐화합물 및 불활성기체소화약제
④ 산알칼리소화약제

해설

전기실, 전산실의 적응소화약제 : 이산화탄소, 할론, 할로겐화합물 및 불활성기체소화약제

102

다음은 옥내소화전설비의 화재안전기술기준에 관한 내용이다. ( ) 안에 들어갈 내용이 순서대로 옳은 것은?

> 펌프의 성능은 체절운전 시 정격토출압력의 ( )[%]를 초과하지 않고, 정격토출량의 ( )[%]로 운전 시 정격토출압력의 ( )[%] 이상이 되어야 한다.

① 140, 65, 150
② 140, 150, 65
③ 150, 65, 140
④ 150, 140, 65

해설

펌프의 성능은 체절운전 시 정격토출압력의 **140[%]**를 초과하지 않고, 정격토출량의 **150[%]**로 운전 시 정격토출압력의 **65[%] 이상**이 되어야 하며, 펌프의 성능시험배관은 다음 기준에 적합해야 한다.

- 성능시험배관은 펌프의 토출 측에 설치된 개폐밸브 이전에서 분기하여 직선으로 설치하고, 유량측정장치를 기준으로 전단 직관부에 개폐밸브를 후단 직관부에는 유량조절밸브를 설치할 것
- 유량측정장치는 펌프의 정격토출량의 175[%] 이상 측정할 수 있는 성능이 있을 것

103

옥내소화전이 지상 29층에 2개, 지상 20층에 3개 설치되어 있는 지상 29층인 건축물에서 화재안전기술기준상 수원의 최소용량[m³]은?(단, 옥상수원 제외)

① 5.2
② 10.4
③ 23.4
④ 39.0

해설

옥내소화전설비의 수원의 용량

> - 30층 미만일 때 수원의 양[L]
>   = $N \times 2.6[m^3]$(호스릴 옥내소화전설비를 포함)
>   ($130[L/min] \times 20[min] = 2,600[L] = 2.6[m^3]$)

∴ 수원의 양[L] = $N \times 2.6[m^3]$ = $2 \times 2.6[m^3]$
= $5.2[m^3]$

104

옥외소화전설비의 화재안전기술기준에 관한 설명으로 옳지 않은 것은?

① 노즐 선단(끝부분)에서의 방수압력은 0.25[MPa] 이상이고, 방수량이 350[L/min] 이상이어야 한다.
② 수원은 설치개수(옥외소화전이 2개 이상 설치된 경우에는 2개)에 7[m³]를 곱한 양 이상이 되도록 해야 한다.
③ 옥외소화전이 10개 이하 설치된 때에는 옥외소화전 3개마다 1개 이상의 소화전함을 설치해야 한다.
④ 호스접결구는 특정소방대상물의 각 부분으로부터 하나의 호스접결구까지의 수평거리가 40[m] 이하가 되도록 설치하고 호스는 구경 65[mm]의 것으로 해야 한다.

옥외소화전설비의 설치기준

- 방수압력 : 0.25[MPa] 이상, 방수량 : 350[L/min] 이상
- 수원 = N(소화전수 최대 2개)×7[m³] 이상
  (350[L/min]×20[min]=7,000[L]= 7[m³])
- 옥외소화전함의 설치기준

소화전의 개수	소화전함의 설치기준
10개 이하	옥외소화전마다 5[m] 이내에 1개 이상
11개 이상 30개 이하	11개 이상을 각각 분산
31개 이상	옥외소화전 3개마다 1개 이상

- 호스접결구는 소방대상물의 각 부분으로부터 하나의 호스접결구까지의 수평거리가 40[m] 이하가 되도록 설치해야 한다.
- 호스는 구경 65[mm]의 것으로 해야 한다.

105

화재조기진압용 스프링클러설비의 화재안전기술기준에 관한 설명으로 옳지 않은 것은?

① 헤드 하나의 방호면적은 6.0[m²] 이상 9.3[m²] 이하로 한다.
② 교차배관은 가지배관 밑에 설치하고 그 구경은 최소 40[mm] 이상으로 한다.
③ 하향식 헤드의 반사판의 위치는 천장이나 반자 아래 125[mm] 이상 355[mm] 이하로 한다.
④ 천장의 높이가 9.1[m] 이상 13.7[m] 이하인 경우 가지배관 사이의 거리는 2.4[m] 이상 3.7[m] 이하로 한다.

화재조기진압용 스프링클러설비의 설치기준

- 헤드 하나의 방호면적은 6.0[m²] 이상 9.3[m²] 이하로 할 것
- 교차배관은 가지배관과 수평으로 설치하거나 또는 가지배관 밑에 설치하고, 최소구경이 40[mm] 이상이 되도록 할 것
- 하향식 헤드의 반사판의 위치는 천장이나 반자 아래 125[mm] 이상 355[mm] 이하일 것
- 가지배관 사이의 거리
  - 천장의 높이가 9.1[m] 미만인 경우 : 2.4[m] 이상 3.7[m] 이하
  - 천장의 높이가 9.1[m] 이상 13.7[m] 이하인 경우 : 2.4[m] 이상 3.1[m] 이하

106

물분무소화설비의 화재안전기술기준에 관한 설명으로 옳지 않은 것은?

① 220[kV] 초과 275[kV] 이하인 전압의 전기기기가 있는 장소에 있어서는 전기기기와 물분무헤드 사이에 210[cm] 이상 거리를 두어야 한다.
② 물분무소화설비를 설치하는 차고 또는 주차장의 배수구에는 새어나온 기름을 모아 소화할 수 있도록 길이 40[m] 이하마다 집수관·소화피트 등 기름분리장치를 설치해야 한다.
③ 수원은 절연유 봉입 변압기에 있어서 바닥 부분을 제외한 표면적을 합한 면적 1[m²]에 대하여 10[L/min]로 20분간 방수할 수 있는 양 이상으로 해야 한다.
④ 운전 시에 표면의 온도가 260[℃] 이상으로 되는 등 직접 분무를 하는 경우 그 부분에 손상을 입힐 우려가 있는 기계장치 등이 있는 장소에는 물분무헤드를 설치하지 않을 수 있다.

물분무소화설비의 화재안전기술기준

- 물분무헤드와 전기기기와의 이격거리

전압[kV]	거리[cm]	전압[kV]	거리[cm]
66 이하	70 이상	154 초과 181 이하	180 이상
66 초과 77 이하	80 이상	181 초과 220 이하	210 이상
77 초과 110 이하	110 이상	220 초과 275 이하	260 이상
110 초과 154 이하	150 이상	–	–

- 배수설비
  - 차량이 주차하는 장소의 적당한 곳에 높이 10[cm] 이상의 경계턱으로 배수구를 설치할 것
  - 배수구에는 새어나온 기름을 모아 소화할 수 있도록 길이 40[m] 이하마다 집수관·소화피트 등 기름분리장치를 설치할 것
  - 차량이 주차하는 바닥은 배수구를 향하여 100분의 2 이상의 기울기를 유지할 것
  - 배수설비는 가압송수장치의 최대송수능력의 수량을 유효하게 배수할 수 있는 크기 및 기울기로 할 것
- 펌프의 토출량과 수원의 양

소방대상물	펌프의 토출량[L/min]	수원의 양[L]
특수가연물 저장, 취급	바닥면적(50[m²] 이하는 50[m²]로)×10[L/min·m²]	바닥면적(50[m²] 이하는 50[m²]로)×10[L/min·m²]×20[min]
차고, 주차장	바닥면적(50[m²] 이하는 50[m²]로)×20[L/min·m²]	바닥면적(50[m²] 이하는 50[m²]로)×20[L/min·m²]×20[min]

소방대상물	펌프의 토출량[L/min]	수원의 양[L]
절연유 봉입변압기	표면적(바닥 부분 제외) ×10[L/min·m²]	표면적(바닥 부분 제외) ×10[L/min·m²]×20[min]
케이블 트레이, 덕트	투영된 바닥면적 ×12[L/min·m²]	투영된 바닥면적 ×12[L/min·m²]×20[min]
컨베이어 벨트	벨트 부분의 바닥면적 ×10[L/min·m²]	벨트 부분의 바닥면적 ×10[L/min·m²]×20[min]

- 물분무헤드 설치 제외
  - 물에 심하게 반응하는 물질 또는 물과 반응하여 위험한 물질을 생성하는 물질을 저장 또는 취급하는 장소
  - 고온의 물질 및 증류범위가 넓어 끓어 넘치는 위험이 있는 물질을 저장 또는 취급하는 장소
  - 운전 시에 표면의 온도가 260[℃] 이상으로 되는 등 직접 분무를 하는 경우 그 부분에 손상을 입힐 우려가 있는 기계장치 등이 있는 장소

107

바닥면적 300[m²]인 주차장에 호스릴 포소화설비를 설치하는 경우 화재안전기술기준상 포소화약제의 최소 저장량[L]은?(단, 호스접결구는 8개, 약제의 사용농도는 3[%]이다)

① 800
② 900
③ 1,000
④ 1,100

해설

옥내포소화전 방식 또는 호스릴 방식

구 분	소화약제량	수원의 양
옥내포 소화전방식 호스릴 방식	$Q = N \times S \times 6,000[L]$ N : 호스접결구수(5개 이상은 5개) S : 포소화약제의 농도[%]	$Q_w = N \times 6,000[L]$

∴ $Q = N \times S \times 6,000[L] = 5 \times 0.03 \times 6,000[L] = 900[L]$

108

이산화탄소소화설비의 화재안전기술기준에 관한 설명으로 옳은 것은?

① 저압식 저장용기의 충전비는 1.5 이상 1.9 이하로 한다.
② 소화약제의 저장용기는 온도가 50[℃] 이하인 곳에 설치한다.
③ 셀룰로이드제품 등 자기연소성 물질을 저장·취급하는 장소에는 분사헤드를 설치해야 한다.
④ 음향경보장치는 소화약제의 방출 개시 후 1분 이상 경보를 계속할 수 있는 것으로 설치해야 한다.

해설

이산화탄소소화설비의 설치기준

- 저장용기의 충전비

구 분	저압식	고압식
충전비	1.1 이상 1.4 이하	1.5 이상 1.9 이하

- 저장용기의 설치장소 기준
  - 방호구역 외의 장소에 설치할 것(단, 방호구역 내에 설치할 경우에는 조작이 용이하도록 피난구 부근에 설치)
  - 온도가 40[℃] 이하이고, 온도 변화가 작은 곳에 설치할 것
  - 직사광선 및 빗물이 침투할 우려가 없는 곳에 설치할 것
  - 방화문으로 구획된 실에 설치할 것
  - 용기의 설치장소에는 해당 용기가 설치된 곳임을 표시하는 표지를 할 것
  - 용기 간의 간격은 점검에 지장이 없도록 3[cm] 이상의 간격을 유지할 것
  - 저장용기와 집합관을 연결하는 연결배관에는 체크밸브를 설치할 것(단, 저장용기가 하나의 방호구역만을 담당하는 경우에는 예외)
- 분사헤드 설치 제외
  - 방재실·제어실 등 사람이 상시 근무하는 장소
  - 나이트로셀룰로오스·셀룰로이드제품 등 자기연소성 물질을 저장·취급하는 장소
  - 나트륨·칼륨·칼슘 등 활성금속물질을 저장·취급하는 장소
  - 전시장 등의 관람을 위하여 다수인이 출입·통행하는 통로 및 전시실 등
- 음향경보장치
  - 소화약제의 방출 개시 후 1분 이상 경보를 계속할 수 있는 것으로 할 것
  - 방송에 따른 경보장치를 설치할 경우에는 방호구역 또는 방호대상물이 있는 구획의 각 부분으로부터 하나의 확성기까지의 수평거리는 25[m] 이하가 되도록 할 것

109

화재 시 연소면이 1면에 한정되고 가연물이 비산할 우려가 없는 표면적 100[m²]인 방호대상물에 국소방출방식 할론소화약제를 적용할 경우 할론1301의 최소 저장량[kg]은?

① 748　　　　　② 850
③ 950　　　　　④ 968

국소방출방식의 약제저장량

소화약제의 종별		윗면이 개방된 용기에 저장하는 경우와 화재 시 연소면이 1면에 한정되고 가연물이 비산할 우려가 없는 경우	상기 이외의 경우
약제 저장량 [kg]	Halon 2402	방호대상물의 표면적[m²] $\times 8.8[kg/m^2] \times 1.1$	방호공간의 체적[m³] $\times \left(X - Y\frac{a}{A}\right)$ $[kg/m^3] \times 1.1$
	Halon 1211	방호대상물의 표면적[m²] $\times 7.6[kg/m^2] \times 1.1$	방호공간의 체적[m³] $\times \left(X - Y\frac{a}{A}\right)$ $[kg/m^3] \times 1.1$
	Halon 1301	방호대상물의 표면적[m²] $\times 6.8[kg/m^2] \times 1.25$	방호공간의 체적[m³] $\times \left(X - Y\frac{a}{A}\right)$ $[kg/m^3] \times 1.25$

- 방호공간 : 방호대상물의 각 부분으로부터 0.6[m]의 거리에 따라 둘러싸인 공간
- a : 방호대상물의 주위에 설치된 벽의 면적 합계[m²]
- A : 방호공간의 벽면적(벽이 없는 경우에는 벽이 있는 것으로 가정한 해당 부분의 면적)의 합계[m²]
- X 및 Y : 수치(생략)

∴ 방호대상물의 표면적[m²]$\times 6.8[kg/m^2] \times 1.25$
　$= 100[m^2] \times 6.8[kg/m^2] \times 1.25 = 850[kg]$

110

할로겐화합물 및 불활성기체소화설비의 화재안전기술기준상 A급 화재 소화농도가 30[%]일 경우 사람이 상주하는 곳에 사용이 가능한 소화약제는?

① FC-3-1-10
② HCFC-124
③ HFC-125
④ HFC-236fa

할로겐화합물 및 불활성기체 최대허용설계농도

소화약제	최대허용설계 농도[%]	소화약제	최대허용설계 농도[%]
FC-3-1-10	40	FIC-13I1	0.3
HCFC BLEND A	10	FK-5-1-12	10
HCFC-124	1.0	IG-01	43
HFC-125	11.5	IG-100	43
HFC-227ea	10.5	IG-541	43
HFC-23	30	IG-55	43
HFC-236fa	12.5		

111

분말소화약제의 화재안전기술기준상 소화약제 1[kg]당 저장용기의 내용적[L]으로 옳은 것은?

① 제1종 분말 : 0.8
② 제2종 분말 : 0.9
③ 제3종 분말 : 0.9
④ 제4종 분말 : 1.0

분말 저장용기의 충전비

소화약제의 종별	충전비
제1종 분말	0.80[L/kg]
제2종 분말	1.00[L/kg]
제3종 분말	1.00[L/kg]
제4종 분말	1.25[L/kg]

112

자동화재탐지설비의 화재안전기술기준상 감지기의 부착 높이가 8[m] 이상 15[m] 미만인 경우 설치해야 하는 감지기가 아닌 것은?

① 불꽃감지기
② 이온화식 2종 감지기
③ 차동식스포트형감지기
④ 광전식스포트형 1종 감지기

부착높이에 따른 적응 감지기

부착높이	감지기의 종류
4[m] 미만	차동식(스포트형, 분포형), 보상식스포트형 정온식(스포트형, 감지선형) 이온화식 또는 광전식(스포트형, 분리형, 공기흡입형) 열복합형, 연기복합형, 열연기복합형, 불꽃감지기
4[m] 이상 8[m] 미만	차동식(스포트형, 분포형), 보상식스포트형 정온식(스포트형, 감지선형) 특종 또는 1종, 이온화식 1종 또는 2종 광전식(스포트형, 분리형, 공기흡입형) 1종 또는 2종 열복합형 연기복합형, 열연기복합형, 불꽃감지기
8[m] 이상 15[m] 미만	**차동식분포형, 이온화식 1종 또는 2종** **광전식(스포트형, 분리형, 공기흡입형) 1종 또는 2종 연기복합형** **불꽃감지기**
15[m] 이상 20[m] 미만	이온화식 1종, 광전식(스포트형, 분리형, 공기흡입형) 1종 연기복합형, 불꽃감지기
20[m] 이상	불꽃감지기, 광전식(분리형, 공기흡입형) 중 아날로그방식

비고 1. 감지기별 부착높이 등에 대하여 별도로 형식승인을 받은 경우에는 그 성능인정 범위 내에서 사용할 수 있다.
　　2. 부착높이 20[m] 이상에 설치되는 광전식 중 아날로그방식의 감지기는 공칭감지농도 하한값이 감광율 5[%/m] 미만인 것으로 한다.

113

소방시설 설치 및 관리에 관한 법률상 자동화재속보설비를 설치해야 하는 특정소방대상물에 해당하지 않는 것은?

① 노유자 생활시설
② 노유자시설로서 바닥면적이 500[m²] 이상인 층이 있는 것
③ 보물로 지정된 목조건축물
④ 숙박시설이 없는 청소년수련시설

자동화재속보설비 설치대상물
방재실 등 화재 수신기가 설치된 장소에 24시간 화재를 감시할 수 있는 사람이 근무하고 있는 경우에는 자동화재속보설비를 설치하지 않을 수 있다.
① 노유자 생활시설
② 노유자시설로서 바닥면적이 500[m²] 이상인 층이 있는 것
③ 수련시설(숙박시설이 있는 것만 해당)로서 바닥면적이 500[m²] 이상인 층이 있는 것
④ 보물 또는 국보로 지정된 목조건축물
⑤ 근린생활시설 중 다음의 어느 하나에 해당하는 시설
　㉠ 의원, 치과의원 및 한의원으로서 입원실이 있는 시설
　㉡ 조산원 및 산후조리원
⑥ 의료시설 중 다음의 어느 하나에 해당하는 것
　㉠ 종합병원, 병원, 치과병원, 한방병원 및 요양병원(의료재활시설은 제외)
　㉡ 정신병원 및 의료재활시설로 사용되는 바닥면적의 합계가 500[m²] 이상인 층이 있는 것
⑦ 판매시설 중 전통시장

114

비상방송설비의 화재안전기술기준상 음향장치 설치기준으로 옳지 않은 것은?

① 음량조정기를 설치하는 경우 음량조정기의 배선은 2선식으로 할 것
② 음향장치는 정격전압의 80[%] 전압에서 음향을 발할 수 있는 것을 할 것
③ 다른 방송설비와 공용하는 것에 있어서는 화재 시 비상경보 외의 방송을 차단할 수 있는 구조로 할 것
④ 증폭기는 수위실 등 상시 사람이 근무하는 장소로서 점검이 편리하고 방화상 유효한 곳에 설치할 것

비상방송설비의 음향장치 설치기준

• 확성기의 음성입력은 3[W](실내에 설치하는 것에 있어서는 1[W]) 이상일 것
• 확성기는 각 층마다 설치하되, 그 층의 각 부분으로부터 하나의 확성기까지의 수평거리가 25[m] 이하가 되도록 하고, 해당 층의 각 부분에 유효하게 경보를 발할 수 있도록 설치할 것
• 음량조정기를 설치하는 경우 **음량조정기의 배선은 3선식**으로 할 것
• 조작부의 조작스위치는 바닥으로부터 0.8[m] 이상 1.5[m] 이하의 높이에 설치할 것
• 조작부는 기동장치의 작동과 연동하여 해당 기동장치가 작동한 층 또는 구역을 표시할 수 있는 것으로 할 것
• 증폭기 및 조작부는 수위실 등 상시 사람이 근무하는 장소로서 점검이 편리하고 방화상 유효한 곳에 설치할 것
• 층수가 11층(공동주택의 경우에는 16층) 이상인 특정소방대상물은 다음에 따라 경보를 발할 수 있도록 해야 한다.
　– **2층 이상의 층**에서 발화한 때에는 **발화층 및 그 직상 4개 층**에 경보를 발할 것
　– **1층**에서 발화한 때에는 **발화층·그 직상 4개 층 및 지하층**에 경보를 발할 것
　– **지하층**에서 발화한 때에는 **발화층·그 직상층 및 기타의 지하층**에 경보를 발할 것
• 다른 방송설비와 공용하는 것에 있어서는 화재 시 비상경보 외의 방송을 차단할 수 있는 구조로 할 것
• 기동장치에 따른 화재신고를 수신한 후 필요한 음량으로 화재발생 상황 및 피난에 유효한 방송이 자동으로 개시될 때까지의 소요시간은 10초 이내로 할 것
• 음향장치의 구조 및 성능
　– 정격전압의 80[%] 전압에서 음향을 발할 수 있는 것으로 할 것
　– 자동화재탐지설비의 작동과 연동하여 작동할 수 있는 것으로 할 것

115

가스누설경보기의 형식승인 및 제품검사의 기술기준상 경보기의 일반구조로 옳지 않은 것은?

① 분리형의 탐지부 외함의 두께는 강판의 경우 1.0[mm] 이상일 것
② 수신부의 외함이 합성수지인 경우 자기소화성이 있을 것
③ 접착테이프를 사용하여 쉽게 고정할 수 있을 것
④ 전원공급의 상태를 쉽게 확인할 수 있는 표시등이 있을 것

일반구조(제4조)

• 가스누설경보기의 수신부 및 분리형 가스누설경보기의 탐지부 외함은 불연성 또는 난연성의 재질이어야 하며, 외함의 두께는 다음과 같다.
　– 강판을 사용하는 경우에는 두께 1.0[mm] 이상인 것
　– 합성수지를 사용하는 경우에는 두께가 강판의 2.5배(단독형 가스누설경보기 및 분리형 가스누설경보기 중 영업용인 경우에는 1.5배)이상인 것을 사용해야 한다.
• 경보기의 수신부 및 분리형의 탐지부 외함(지구창, 지도판, 수납용 뚜껑, 스위치손잡이, 발광다이오드, 지시전기계기 및 표시명판은 제외)에 합성수지를 사용하는 경우에는 (80±2)[℃]의 온도에서 열로 인한 변형이 생기지 않아야 하며 자기소화성이 있어야 한다.
• **건물 등에 부착하도록 되어있는 것은 나사, 못 등에 의하여 쉽게 고정**시킬 수 있는 구조이어야 하며, 접착테이프 등을 사용하는 구조가 아니어야 한다.
• 전원공급의 상태를 쉽게 확인할 수 있는 표시등이 있어야 한다.
• 전원개폐스위치나 경보농도조정부 등이 노출되지 않아야 한다.
• 전원의 전압을 일정하게 하기 위하여 정전압회로 또는 정전류회로를 설치해야 하며, 온도에 영향을 받지 않도록 조치를 해야 한다.
• 극성이 있는 경우에는 오접속을 방지하기 위하여 필요한 조치를 해야 한다.
• 전선 외의 전류가 흐르는 부분과 가동축 부분의 접촉력이 충분하지 않은 곳에는 접촉부의 접촉불량을 방지하기 위하여 필요한 조치를 해야 한다.
• 정격전압이 60[V]를 초과하는 기구의 금속제 외함에는 접지단자를 설치해야 한다.

116

화재안전기술기준상 각 층의 바닥면적이 3,000[m²]인 판매시설에서 각 층마다 설치해야 하는 피난기구의 최소 개수는?

① 3 ② 4
③ 5 ④ 6

해설
피난기구의 설치개수

층마다 설치하되 아래 기준에 따라 개수 이상을 설치해야 한다.

• **숙박시설 · 노유자시설 및 의료시설**로 사용되는 층 : 바닥면적 500[m²]마다
• **위락시설 · 문화집회 및 운동시설 · 판매시설**로 사용되는 층 또는 복합용도의 층 : 바닥면적 800[m²]마다
• **계단실형 아파트** : 각 세대마다
• 그 밖의 용도의 층 : 바닥면적 1,000[m²]마다 1개 이상
∴ 3,000[m²] ÷ 800[m²] = 3.75 ⇒ 4개

117

유도등 및 유도표지의 화재안전기술기준상 통로유도등의 설치기준에 관한 내용으로 옳은 것을 모두 고른 것은?

> ㄱ. 복도통로유도등은 구부러진 모퉁이 기준에 따라 설치된 통로유도등을 기점으로 보행거리 20[m]마다 설치할 것
> ㄴ. 계단통로유도등은 바닥으로부터 높이 1[m] 이하의 위치에 설치할 것
> ㄷ. 거실통로유도등은 바닥으로부터 높이 1[m] 이상의 위치에 설치할 것

① ㄱ, ㄴ ② ㄱ, ㄷ
③ ㄴ, ㄷ ④ ㄱ, ㄴ, ㄷ

해설
유도등의 설치기준

• **복도통로유도등**
 – 복도에 설치하되 피난구유도등이 설치된 출입구의 맞은편 복도에는 입체형으로 설치하거나, 바닥에 설치할 것
 – **구부러진 모퉁이 및 기준에 따라 설치된 통로유도등을 기점으로 보행거리 20[m]마다** 설치할 것
 – 바닥으로부터 높이 1[m] 이하의 위치에 설치할 것. 다만, 지하층 또는 무창층의 용도가 도매시장 · 소매시장 · 여객자동차터미널 · 지하역사 또는 지하상가인 경우에는 복도 · 통로 중앙 부분의 바닥에 설치해야 한다.
 – 바닥에 설치하는 통로유도등은 하중에 따라 파괴되지 않는 강도의 것으로 할 것

• **계단통로유도등**
 – 각 층의 **경사로참** 또는 **계단참마다**(1개층에 경사로참 또는 계단참이 2 이상있는 경우에는 2개의 계단참마다) 설치할 것
 – 바닥으로부터 높이 1[m] 이하의 위치에 설치할 것
• **거실통로유도등**
 – 거실의 통로에 설치할 것. 다만, 거실의 통로가 벽체 등으로 구획된 경우에는 복도통로유도등을 설치해야 한다.
 – 구부러진 모퉁이 및 **보행거리 20[m]마다 설치**할 것
 – 바닥으로부터 높이 **1.5[m] 이상**의 위치에 설치할 것. 다만, 거실통로에 기둥이 설치된 경우에는 기둥 부분의 바닥으로부터 높이 1.5[m] 이하의 위치에 설치할 수 있다.

118

비상조명등의 화재안전기술기준에 관한 설명으로 옳은 것은?

① 의료시설의 거실에는 비상조명등을 설치하지 않는다.
② 휴대용 비상조명등의 설치높이는 바닥으로부터 0.5[m] 이상 1.0[m] 이하의 높이에 설치해야 한다.
③ 거실의 각 부분으로부터 하나의 출입구에 이르는 수평거리가 15[m] 이내인 부분에는 비상조명등을 설치하지 않는다.
④ 지하층을 포함한 층수가 11층 이상의 층은 비상조명등을 60분 이상 유효하게 작동시킬 수 있는 용량으로 해야 한다.

해설
비상조명등의 설치기준

• 비상조명등 제외
 – 거실의 각 부분으로부터 하나의 출입구에 이르는 **보행거리가 15[m] 이내**인 부분
 – **의원 · 경기장 · 공동주택 · 의료시설 · 학교의 거실**
• 예비전원과 비상전원은 비상조명등을 20분 이상 유효하게 작동시킬 수 있는 용량으로 할 것

> **[60분 이상으로 해야 하는 대상물]**
> • 지하층을 제외한 11층 이상의 층
> • 지하층 또는 무창층으로서 용도가 도매시장 · 소매시장 · 여객자동차터미널 · 지하역사 또는 지하상가

• 휴대용 비상조명등의 기준
 – 다음의 장소에 설치할 것
  ⓐ 숙박시설 또는 다중이용업소에는 객실 또는 영업장 안의 구획된 실마다 잘 보이는 곳(외부에 설치 시 출입문 손잡이로부터 1[m] 이내 부분)에 1개 이상 설치

ⓑ 대규모점포(지하상가 및 지하역사는 제외) 및 영화상영관에는 보행거리 50[m] 이내마다 3개 이상 설치

ⓒ 지하상가 및 지하역사에는 보행거리 25[m] 이내마다 3개 이상 설치

- **설치높이**는 바닥으로부터 0.8[m] 이상 1.5[m] 이하의 높이에 설치할 것
- 어둠 속에서 위치를 확인할 수 있도록 할 것
- 사용 시 자동으로 점등되는 구조일 것
- 외함은 난연성능이 있을 것
- 건전지를 사용하는 경우에는 방전방지조치를 해야 하고, 충전식 배터리의 경우에는 상시 충전되도록 할 것
- **건전지 및 충전식 배터리의 용량**은 20분 이상 유효하게 사용할 수 있는 것으로 할 것

119

제연설비의 화재안전기술기준에 관한 설명으로 옳은 것은?

① 하나의 제연구역은 직경 40[m] 원 내에 들어갈 수 있어야 한다.
② 제연경계의 수직거리는 2.5[m] 이내이어야 한다.
③ 거실과 통로(복도를 제외)는 각각 제연구획할 것
④ 예상제연구역의 각 부분으로부터 하나의 배출구까지의 수평거리는 10[m] 이내가 되도록 해야 한다.

해설

제연설비의 설치기준

• 제연구역
  - 하나의 제연구역의 면적은 1,000[m²] 이내로 할 것
  - 거실과 통로(복도를 포함)는 각각 제연구획할 것
  - 통로상의 제연구역은 보행중심선의 길이가 60[m]를 초과하지 않을 것
  - 하나의 제연구역은 직경 60[m] 원내에 들어갈 수 있을 것
  - 하나의 제연구역은 2 이상 층에 미치지 않도록 할 것. 다만, 층의 구분이 불분명한 부분은 그 부분을 다른 부분과 별도로 제연구획해야 한다.
• 제연경계는 제연경계의 폭이 0.6[m] 이상이고, 수직거리는 2[m] 이내이어야 한다. 다만, 구조상 불가피한 경우는 2[m]를 초과할 수 있다.
• 예상제연구역의 각 부분으로부터 하나의 배출구까지의 수평거리는 10[m] 이내가 되도록 해야 한다.

120

제연설비의 화재안전기술기준상 거실의 바닥면적이 100[m²]인 예상제연구역의 배출량[m³/h]은?

① 5,000　　　　② 6,000
③ 7,500　　　　④ 9,000

해설

거실의 바닥면적이 400[m²] 미만으로 구획(제연경계에 따른 구획을 제외한다. 다만, 거실과 통로와의 구획은 그렇지 않다)된 예상제연구역에 대한 배출량은 다음의 기준에 따른다.

• **바닥면적 1[m²]당 1[m³/min] 이상**으로 하되, 예상제연구역에 대한 **최소 배출량은 5,000[m³/h] 이상**으로 할 것
• 바닥면적이 50[m²] 미만인 예상제연구역을 통로배출방식으로 하는 경우에는 통로보행중심선의 길이 및 수직거리에 따라 다음 표에서 정하는 기준량 이상으로 할 것

통로길이	수직거리	배출량	비 고
40[m] 이하	2[m] 이하	25,000[m³/h]	벽으로 구획된 경우를 포함한다.
	2[m] 초과 2.5[m] 이하	30,000[m³/h]	
	2.5[m] 초과 3[m] 이하	35,000[m³/h]	
	3[m] 초과	45,000[m³/h]	
40[m] 초과 60[m] 이하	2[m] 이하	30,000[m³/h]	벽으로 구획된 경우를 포함한다.
	2[m] 초과 2.5[m] 이하	35,000[m³/h]	
	2.5[m] 초과 3[m] 이하	40,000[m³/h]	
	3[m] 초과	50,000[m³/h]	

∴ 거실의 바닥면적이 400[m²] 미만일 경우
배출량 100[m²] × 1[m³/min·m²] = 100[m³/min]
⇒ 6,000[m³/h]

121

지표면에서 최상층 방수구의 높이가 70[m] 이상인 특정소방대상물에 설치하는 연결송수관설비의 가압송수장치에 관한 화재안전기술기준으로 옳은 것은?

① 충압펌프가 기동이 된 경우에는 자동으로 정지되지 않도록 할 것
② 펌프의 토출량은 계단식 아파트의 경우에는 1,200 [L/min] 이상이 되는 것으로 해야 한다.
③ 펌프의 양정은 최상층에 설치된 노즐 끝부분의 압력이 0.25[MPa] 이상의 압력이 되도록 해야 한다.
④ 펌프의 토출 측에는 압력계를 체크밸브 이후에 펌프 토출 측 플랜지에서 가까운 곳에 설치해야 한다.

해설

가압송수장치의 설치기준
• 가압송수장치가 기동이 된 경우에는 자동으로 정지되지 않도록 할 것. 다만, 충압펌프의 경우에는 그렇지 않다.
• 펌프의 토출량은 2,400[L/min](계단식 아파트의 경우에는 1,200[L/min]) 이상이 되는 것으로 할 것. 다만, 해당 층에 설치된 방수구가 3개를 초과(방수구가 5개 이상인 경우에는 5개)하는 것에 있어서는 1개마다 800[L/min](계단식 아파트의 경우에는 400[L/min])를 가산한 양이 되는 것으로 할 것
• 펌프의 양정은 최상층에 설치된 노즐 선단(끝부분)의 압력이 0.35[MPa] 이상의 압력이 되도록 할 것
• 펌프의 토출 측에는 압력계를 체크밸브 이전에 펌프 토출 측 플랜지에서 가까운 곳에 설치하고, 흡입 측에는 연성계 또는 진공계를 설치할 것. 다만, 수원의 수위가 펌프의 위치보다 높거나 수직회전축 펌프의 경우에는 연성계 또는 진공계를 설치하지 않을 수 있다.

122

연결살수설비에서 폐쇄형 스프링클러헤드를 설치하는 경우 화재안전기술기준으로 옳은 것은?

① 스프링클러헤드와 그 부착면과의 거리는 55[cm] 이하로 해야 한다.
② 높이가 4[m] 이상인 공장에 설치하는 스프링클러헤드는 그 설치장소의 평상시 최고 주위온도에 관계없이 표시온도 106[℃] 이상의 것으로 할 수 있다.
③ 습식 연결살수설비 외의 설비에는 상향식 스프링클러헤드를 설치해야 한다.
④ 스프링클러헤드의 반사판은 그 부착면과 10분의 1 이상 경사되지 않게 설치해야 한다.

해설

폐쇄형 스프링클러헤드를 설치기준
• 스프링클러헤드와 그 부착면(상향식 헤드의 경우에는 그 헤드의 직상부의 천장·반자 또는 이와 비슷한 것)과의 거리는 30[cm] 이하로 할 것
• 그 설치장소의 평상시 최고주위온도에 따라 다음 표에 따른 표시온도의 것으로 설치할 것. 다만, 높이가 4[m] 이상인 공장 및 창고(랙식 창고를 포함)에 설치하는 스프링클러헤드는 그 설치장소의 평상시 최고 주위온도에 관계없이 표시온도 121[℃] 이상의 것으로 할 수 있다.

설치장소의 최고 주위온도	표시온도
39[℃] 미만	79[℃] 미만
39[℃] 이상 64[℃] 미만	79[℃] 이상 121[℃] 미만
64[℃] 이상 106[℃] 미만	121[℃] 이상 162[℃] 미만
106[℃] 이상	162[℃] 이상

• 습식 연결살수설비 외의 설비에는 **상향식 스프링클러헤드**를 설치할 것

> **[예외 규정]**
> • 드라이펜던트스프링클러헤드를 사용하는 경우
> • 스프링클러헤드의 설치장소가 동파의 우려가 없는 곳인 경우
> • 개방형 스프링클러헤드를 사용하는 경우

• 스프링클러헤드의 반사판은 그 부착면과 평행하게 설치할 것. 다만, 측벽형 헤드 또는 연소할 우려가 있는 개구부에 설치하는 스프링클러헤드의 경우에는 그렇지 않다.

123

비상콘센트설비의 화재안전기술기준상 전원회로 설치기준으로 옳지 않은 것은?

① 하나의 전용회로에 설치하는 비상콘센트는 10개 이하로 할 것
② 콘센트마다 플러그접속 차단기를 설치해야 하며, 충전부가 노출되지 않도록 할 것
③ 전원으로부터 각 층의 비상콘센트에 분기되는 경우에는 분기배선용 차단기를 보호함 안에 설치할 것
④ 비상콘센트설비의 전원회로는 단상교류 220[V]인 것으로서, 그 공급용량은 1.5[kVA] 이상인 것으로 할 것

비상콘센트설비의 전원회로 설치기준

- 하나의 전용회로에 설치하는 비상콘센트는 **10개 이하**로 할 것. 이 경우 전선의 용량은 각 비상콘센트(비상콘센트가 3개 이상인 경우에는 3개)의 공급용량을 합한 용량 이상의 것으로 해야 한다.
- **콘센트마다 배선용 차단기**(KS C 8321)를 설치해야 하며, 충전부가 노출되지 않도록 할 것
- 전원으로부터 각 층의 비상콘센트에 분기되는 경우에는 분기배선용 차단기를 보호함 안에 설치할 것
- 비상콘센트설비의 전원회로는 단상교류 220[V]인 것으로서, 그 공급용량은 1.5[kVA] 이상인 것으로 할 것
- 전원회로는 각 층에 2 이상이 되도록 설치할 것. 다만, 설치해야 할 층의 비상콘센트가 1개인 때에는 하나의 회로로 할 수 있다.

124

무선통신보조설비의 화재안전기술기준에 관한 설명으로 옳은 것은?

① 동축케이블의 임피던스는 45[Ω]으로 설치해야 한다.
② 증폭기의 전면에는 주회로 전원의 정상 여부를 표시할 수 있는 표시등 및 전류계를 설치해야 한다.
③ 지상에 설치하는 접속단자는 보행거리 300[m] 이내마다 설치하고, 다른 용도로 사용되는 접속단자에서 1.5[m] 이상의 거리를 두어야 한다.
④ "분배기"란은 신호의 전송로가 분기되는 장소에 설치하는 것으로 임피던스 매칭과 신호 균등분배를 위해 사용하는 장치를 말한다.

무선통신보조설비의 설치기준

- 누설동축케이블 또는 동축케이블의 **임피던스는 50[Ω]**으로 한다.
- 증폭기의 전면에는 주회로 전원의 정상 여부를 표시할 수 있는 표시등 및 전압계를 설치할 것
- ③은 2021년 3월 25일 화재안전기술기준 개정으로 내용이 삭제됨
- **"분배기"**란 신호의 전송로가 분기되는 장소에 설치하는 것으로 임피던스 매칭(Matching)과 신호 균등분배를 위해 사용하는 장치를 말한다.

125

지하구의 화재안전기술기준에서 연소방지설비에 관한 설명으로 옳지 않은 것은?

① 연소방지설비는 송수구로부터 3[m] 이내에 살수구역 안내표지를 설치할 것
② 방화벽을 관통하는 케이블·전선 등에는 국토교통부 고시에 따라 내화채움구조로 마감할 것
③ 급수배관(송수구로부터 연소방지설비헤드에 급수하는 배관)은 전용으로 할 것
④ 헤드 간의 수평거리는 연소방지설비 전용헤드의 경우에는 2[m] 이하로 할 것

연소방지설비의 설치기준

- **송수구의 설치기준**
  - 소방차가 쉽게 접근할 수 있는 노출된 장소에 설치하되, 눈에 띄기 쉬운 보도 또는 차도에 설치할 것
  - 송수구는 구경 65[mm]의 쌍구형으로 할 것
  - 송수구로부터 **1[m] 이내에 살수구역 안내표지**를 설치할 것
  - 지면으로부터 높이가 0.5[m] 이상 1[m] 이하의 위치에 설치할 것
  - 송수구의 가까운 부분에 자동배수밸브(또는 직경 5[mm]의 배수공)를 설치할 것. 이 경우 자동배수밸브는 배관 안의 물이 잘 빠질 수 있는 위치에 설치하되, 배수로 인하여 다른 물건 또는 장소에 피해를 주지 않아야 한다.
  - 송수구로부터 주배관에 이르는 연결배관에는 개폐밸브를 설치하지 않을 것
  - 송수구에는 이물질을 막기 위한 마개를 씌워야 한다.
- **방화벽의 설치기준**
  - 내화구조로서 홀로 설 수 있는 구조일 것
  - 방화벽의 출입문은 60분+방화문 또는 60분 방화문으로 할 것
  - 방화벽을 관통하는 케이블·전선 등에는 국토교통부 고시에 따라 내화채움구조로 마감할 것
  - 방화벽은 분기구 및 국사·변전소 등의 건축물과 지하구가 연결되는 부위(건축물로부터 20[m] 이내)에 설치할 것
- **연소방지설비의 헤드**
  - 천장 또는 벽면에 설치할 것
  - **헤드 간의 수평거리는 연소방지설비 전용헤드**의 경우에는 **2[m] 이하**, 개방형 스프링클러헤드의 경우에는 1.5[m] 이하로 할 것

2015년 5월 2일 시행 과년도 기출문제

제1과목 **소방안전관리론 및 화재역학**

001

연소에 관한 설명으로 옳지 않은 것은?

① 화학적 활성도가 큰 가연물일수록 연소가 용이하다.
② 조연성 가스는 가연물이 탈 수 있도록 도와주는 기체이다.
③ 열전도율이 작은 가연물일수록 연소가 용이하다.
④ 흡착열은 가연물의 산화반응으로 발열 축적된 것이다.

해설

연 소
• 화학적 활성도가 큰 가연물일수록 연소가 용이하다.
• 산소, 공기와 같이 조연성 가스는 연소를 도와주는 가스이다.
• 열전도율이 작은 가연물일수록 연소가 용이하다.
• 흡착열은 어떤 물질이 흡착할 때 발생하는 열량이다.

002

인화점과 발화점에 관한 설명으로 옳지 않은 것은?

① 인화점은 가연성 액체의 위험성 기준이 된다.
② 발화점은 발열량과 열전도율이 클 때 낮아진다.
③ 인화점은 점화원에 의하여 연소를 시작할 수 있는 최저온도이다.
④ 고체 가연물의 발화점은 가열된 공기의 유량, 가열 속도에 따라 달라질 수 있다.

해설

인화점 · 발화점
• 인화점은 제4류 위험물인 가연성 액체의 위험성 기준이 된다.
• 발화점은 발열량, 압력이 클 때 낮아진다.
• 발화점은 열전도율이 낮을 때 낮아진다.
• 인화점은 점화원에 의하여 연소를 시작할 수 있는 최저온도(가연성 증기를 발생하는 최저온도)이다.

003

화재의 종류에 관한 설명으로 옳지 않은 것은?

① 산소와 친화력이 강한 물질의 화재로 연기가 발생하고 연소 후 재를 남기면 A급 화재이다.
② 유류에서 발생한 증기가 공기와 혼합하여 점화되면 B급 화재이다.
③ 통전 중인 전기다리미에서 발생되는 화재는 C급 화재이다.
④ 칼륨이나 나트륨 등 금속류에 의한 화재는 K급 화재이다.

해설

금속화재(D급) : 칼륨, 나트륨, 마그네슘, 철분, 금속분 등의 화재

004

가연성 가스 또는 증기가 공기와 혼합기를 형성하였을 때 위험도가 큰 물질의 순서로 옳은 것은?

| ㄱ. 메테인 | ㄴ. 다이에틸에터 |
| ㄷ. 프로페인 | ㄹ. 가솔린 |

① ㄱ > ㄴ > ㄷ > ㄹ
② ㄱ > ㄴ > ㄹ > ㄷ
③ ㄴ > ㄹ > ㄷ > ㄱ
④ ㄴ > ㄱ > ㄹ > ㄷ

해설

위험도

가 스	하한값[%]	상한값[%]
메테인(CH_4)	5.0	15.0
다이에틸에터($C_2H_5OC_2H_5$)	1.7	48.0
프로페인(C_3H_8)	2.1	9.5
가솔린	1.2	7.6

• 위험도 계산식

$$위험도(H) = \frac{U-L}{L} = \frac{폭발상한값 - 폭발하한값}{폭발하한값}$$

- 위험도 계산

  - 메테인 $H = \dfrac{15.0 - 5.0}{5.0} = 2.0$

  - 다이에틸에터 $H = \dfrac{48.0 - 1.7}{1.7} = 27.24$

  - 프로페인 $H = \dfrac{9.5 - 2.1}{2.1} = 3.52$

  - 가솔린 $H = \dfrac{7.6 - 1.2}{1.2} = 5.33$

∴ 위험도 크기 : 다이에틸에터 > 가솔린 > 프로페인 > 메테인

005

소화방법에 관한 설명으로 옳지 않은 것은?

① 부촉매 소화 : 이산화탄소를 화원에 뿌렸다.
② 냉각소화 : 가연물질에 물을 뿌려 연소온도를 낮추었다.
③ 제거소화 : 산불화재 시 산림을 벌채하였다.
④ 질식소화 : 불연성 기체를 투입하여 산소농도를 떨어뜨렸다.

해설

소화방법
- 부촉매 소화 : 연쇄반응을 차단하여 소화하는 방법으로 할론, 할로겐화합물 및 불활성기체, 분말, 강화액(무상)소화약제가 있다.
- 냉각소화 : 물을 방사하여 발화점 이하로 낮추어 소화하는 방법
- 제거소화 : 화재현장에서 가연물을 제거하는 방법
  - 산불화재 시 전방의 산림벌채
  - 가스화재 화재 시 중간밸브 차단
  - 유전지대 화재 시 질소폭약 투하
- 질식소화 : 불연성 기체를 투입하여 산소의 농도를 15[%] 이하로 낮추어 소화하는 방법

이산화탄소소화약제의 효과 : 질식, 냉각, 피복효과

006

이산화탄소 1.2[kg]을 18[℃] 대기중(1[atm])에 방출하면 몇 [L]의 가스체로 변하는가?(기체상수가 0.082 [L·atm/mol·K]인 이상기체이다. 단, 소수점 이하는 둘째 자리에서 반올림함)

① 0.6
② 40.3
③ 610.5
④ 650.8

해설

이상기체 상태방정식

$$PV = nRT = \frac{W}{M}RT, \quad V = \frac{WRT}{PM}$$

여기서, P : 압력 [atm]
  V : 부피[L]
  n : 몰수(무게/분자량)
  W : 무게(1,200[g])
  M : 분자량(CO_2=44)
  R : 기체상수(0.082[L·atm/g-mol])
  T : 절대온도(273+[℃])

∴ $V = \dfrac{WRT}{PM}$

$$= \frac{1,200[g] \times 0.082[L \cdot atm/g-mol \cdot K] \times (273+18)[K]}{1[atm] \times 44}$$

$$= 650.8[L]$$

007

화재 시 노출피부에 대한 화상을 입힐 수 있는 최소 열유속으로 옳은 것은?

① $1[kW/m^2]$
② $4[kW/m^2]$
③ $10[kW/m^2]$
④ $15[kW/m^2]$

해설

열유속(Heat Flux) : 화재 시 열에 의한 손상을 받을 수 있는 최솟값
- 노출피부에 대한 통증 : $1[kW/m^2]$
- 노출피부에 대한 **화상** : **$4[kW/m^2]$**
- 물체의 점화 : $10{\sim}20[kW/m^2]$
- 태양에서 지구표면까지의 복사열유속 : 약 $1[kW/m^2]$

008

폭굉유도거리가 짧아질 수 있는 조건으로 옳은 것은?

① 관경이 클수록 짧아진다.
② 점화에너지가 클수록 짧아진다.
③ 압력이 낮을수록 짧아진다.
④ 연소속도가 늦을수록 짧아진다.

해설

폭굉유도거리가 짧아질 수 있는 조건
- 관경이 작을수록
- 점화에너지가 클수록
- 압력이 높을수록
- 연소속도가 빠를수록
- 관속에 장애물이 있는 경우

009

폭발범위(연소범위)에 관한 설명으로 옳지 않은 것은?

① 불활성 가스를 첨가할수록 연소범위는 넓어진다.
② 온도가 높아질수록 폭발범위는 넓어진다.
③ 혼합기를 이루는 공기의 산소농도가 높을수록 연소범위는 넓어진다.
④ 가연물의 양과 유동상태 및 방출속도 등에 따라 영향을 받는다.

해설
폭발범위(연소범위)
• 불활성 가스를 첨가할수록 안전하므로 연소범위가 좁아진다.
• 온도나 압력이 높을수록 연소범위는 넓어진다.
• 혼합기를 이루는 공기의 산소농도가 높을수록 연소범위는 넓어진다.
• 가연물의 양과 유동상태 및 방출속도 등에 따라 영향을 받는다.

010

가솔린 액면화재에서 직경 5[m], 화재크기 10[MW]일 때 화염 중심에서 15[m] 떨어진 점에서의 복사열류는 몇 [kW/m²]인가?(단, 가솔린의 경우 복사에너지 분율은 50[%]인 것으로 한다(π = 3.14, 소수점 셋째 자리에서 반올림함)

① 0.76 ② 1.35
③ 1.77 ④ 3.19

해설
복사열류

$$\dot{Q} = \frac{X_r \times \dot{q}}{4\pi C^2}$$

여기서, X_r : 복사에너지 분율
　　　　$\dot{q}$: 열방출속도[kW]
　　　　C : 화염과 수열체의 거리[m]

$$\therefore \dot{Q} = \frac{X_r \times \dot{q}}{4\pi C^2} = \frac{0.5 \times 10 \times 10^3 [\mathrm{kW}]}{4 \times 3.14 \times 15^2}$$
$$= 1.77 [\mathrm{kW/m^2}]$$

011

연소생성물 중 발생하는 연소가스에 관한 설명으로 옳지 않은 것은?

① 일산화탄소는 가연물이 불완전 연소할 때 발생하는 것으로 유독성 기체이며 연소가 가능한 물질이다.
② 사이안화수소는 모직, 견직물 등의 불완전 연소 시 발생하며 독성이 커서 인체에 치명적이다.
③ 염화수소는 폴리염화비닐 등과 같이 염소가 함유된 수지류가 탈 때 주로 생성되며 금속에 대한 강한 부식성이 있다.
④ 황화수소는 무색무취이며 인화성과 독성이 강하여 살충제의 원료로 사용된다.

해설
황화수소는 계란 썩은 냄새가 나는 무색이고 인화성과 독성이 강하여 살충제의 원료로 사용된다.

012

탄화수소계 가연물의 완전연소식으로 옳은 것은?

① 에테인 : $C_2H_6 + 3O_2 \rightarrow 2CO_2 + 3H_2O$
② 프로페인 : $C_3H_8 + 5O_2 \rightarrow 3CO_2 + 4H_2O$
③ 뷰테인 : $C_4H_{10} + 6O_2 \rightarrow 4CO_2 + 5H_2O$
④ 메테인 : $CH_4 + O_2 \rightarrow CO_2 + 2H_2O$

해설
연소반응식
• 에테인 : $C_2H_6 + 3.5O_2 \rightarrow 2CO_2 + 3H_2O$
• 프로페인 : $C_3H_8 + 5O_2 \rightarrow 3CO_2 + 4H_2O$
• 뷰테인 : $C_4H_{10} + 6.5O_2 \rightarrow 4CO_2 + 5H_2O$
• 메테인 : $CH_4 + 2O_2 \rightarrow CO_2 + 2H_2O$

013

연기 속을 투과하는 빛의 양을 측정하는 농도측정법으로 옳은 것은?

① 중량농도법 ② 입자농도법
③ 한계도달법 ④ 감광계수법

해설
감광계수법 : 연기의 농도에 따른 빛의 투과량을 측정하는 농도측정법

014

연기의 제연방식에 관한 설명으로 옳지 않은 것은?

① 밀폐제연방식은 연기를 일정구획에 한정시키는 방법으로 비교적 소규모 공간의 연기제어에 적합하다.

② 자연제연방식은 연기의 부력을 이용하여 천장, 벽에 설치된 개구부를 통해 연기를 배출하는 방식이다.

③ 기계제연방식은 기계력으로 연기를 제어하는 방식으로 제3종 기계제연방식은 급기송풍기로 가압하고 자연배출을 유도하는 방식이다.

④ 스모크타워 제연방식은 세로방향 샤프트(Shaft) 내의 부력과 지붕위에 설치된 루프모니터의 흡입력을 이용하여 제연하는 방식이다.

해설

기계제연방식
- 제1종 기계 제연방식 : 제연팬으로 급기와 배기를 동시에 행하는 제연방식
- 제2종 기계 제연방식 : 제연팬으로 급기를 하고 자연배기를 하는 제연방식
- **제3종 기계 제연방식 : 제연팬으로 배기를 하고 자연급기를 하는 제연방식**

015

건축물 내의 연기유동에 관한 설명으로 옳지 않은 것은?

① 화재실의 내부온도가 상승하면 중성대의 위치는 높아지며 외부로부터의 공기유입이 많아져서 연기의 이동이 활발하게 진행된다.

② 고층 건축물에서 연기유동을 일으키는 주요한 요인으로는 온도에 의한 기체팽창, 외부 풍압의 영향 등이 있다.

③ 연기층 두께 증가속도는 연소속도에 좌우되며 연기 유동속도는 수평방향일 경우 0.5~1[m/s], 계단실 등 수직방향일 경우 3~5[m/s]이다.

④ 연기는 부력에 의해 수직 상승하면서 확산되며 천장에서 꺾인 후 천장면을 따라 흐르다 벽과 같은 수직 장애물을 만날 경우 흐름이 정지되어 연기층을 형성한다.

해설

건축물 내의 연기유동
- 화재 시 실온이 높아지면 높아질수록 중성대의 위치는 낮아지며 중성대가 낮아지면 외부로부터의 공기유입이 적어 연소가 활발하지 못하여 실온이 내려가 중성대는 다시 높아진다.
- 고층 건축물에서 연기유동을 일으키는 주요한 요인으로는 온도에 의한 기체팽창, 외부 풍압의 영향 등이 있다.
- 연기의 이동속도

방 향	수평방향	수직방향	실내계단
이동속도	0.5~1.0 [m/s]	2.0~3.0 [m/s]	3.0~5.0 [m/s]

- 연기는 부력에 의해 수직 상승하면서 확산되며 천장에서 꺾인 후 천장면을 따라 흐르다 벽과 같은 수직 장애물을 만날 경우 흐름이 정지되어 연기층을 형성한다.

016

화재 시 연소생성물인 이산화질소(NO_2)에 관한 설명으로 옳지 않은 것은?

① 질산셀룰로이즈가 연소될 때 생성된다.

② 푸른색의 기체로 낮은 온도에서는 붉은 갈색의 액체로 변한다.

③ 이산화질소를 흡입하면 인후의 감각신경이 마비된다.

④ 공기 중에 노출된 이산화질소 농도가 200~700 [ppm]이면 인체에 치명적이다.

해설

붉은 갈색의 기체로 낮은 온도에서는 붉은 갈색의 액체로 변한다.

017

건축법에서 규정하는 방화구획에 관한 설명으로 옳지 않은 것은?

① 안전구획의 크기와 배치에 대한 사항이 고려되어야 한다.

② 내화구조로 된 바닥, 벽, 방화문 또는 자동방화셔터로 구획해야 한다.

③ 매 층마다 구획할 것(지하 1층에서 지상으로 직접 연결하는 경사로 부위를 제외한다)

④ 자동방화셔터는 피난상 유효한 갑종방화문으로부터 5[m] 이내에 설치한다.

해설

※ 건피방 제14조(방화구획의 설치기준)가 개정되어 맞지 않은 문제임

018

건축물에 방화계획에 대한 공간적 대응의 요구성능으로 옳은 것은?

① 대항성, 회피성, 일시성
② 설비성, 회피성, 도피성
③ 대항성, 도피성, 회피성
④ 영구성, 도피성, 설비성

해설

공간적 대응

• 대항성 : 건축물의 내화, 방연성능, 방화구획의 성능, 화재 방어의 대응성, 초기 소화의 대응성 등의 화재의 사상에 대응하는 성능과 항력
• 회피성 : 난연화, 불연화, 내장제한, 방화구획의 세분화, 방화훈련 등 화재의 발화, 확대 등 저감시키는 예방적 조치 또는 상황
• 도피성 : 화재 발생 시 사상과 공간적 대응 관계에서 화재로부터 피난할 수 있는 공간성과 시스템 등의 성상

019

훈소의 일반적인 진행속도[cm/s] 범위로 옳은 것은?

① 0.001~0.01
② 0.05~0.5
③ 0.1~1
④ 10~100

해설

훈소의 진행속도 : 0.001~0.01[cm/s]

020

화재온도곡선에 따른 화재의 성질·상태 중 (ㄴ)단계에서 나타나는 현상으로 옳지 않은 것은?

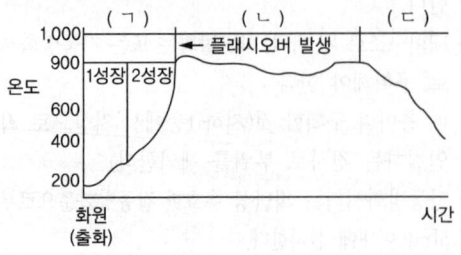

① 환기지배형보다는 연료지배형의 화재특성을 보인다.
② 창문 등 건축물의 개구부로 화염이 뿜어져 나오는 시기이다.
③ 강렬한 복사열로 인하여 인접 건물로 연소가 확산될 수 있다.
④ 실내 전체에 화염이 충만되고 연소가 최고조에 이른다.

해설

화재온도곡선
플래시오버 이후에 발생하는 환기지배형 화재로서 최성기 화재과정이다.

종류 항목	연료지배형 화재	환기지배형 화재
지배조건	• 연료량에 의하여 지배되고 • 통기량이 많고 가연물이 제한된다. • 개방된 공간	• 환기량에 의하여 지배되고 • 통기량이 많고 가연물이 많다. • 지하 무창층
발생장소	• 목조건물 • 큰 개방형 창문이 있는 건물	• 내화구조 • 극장이나 밀폐된 소규모 건물
연소속도	빠르다.	느리다.
화재의 성질·상태	• 개방된 공간의 화재 양상 • 구획화재 시 플래시오버 이전 • 성장기 화재	• 화재 후 산소부족으로 훈소상태유지 • 구획화재 시 플래시오버 이후
위험성	개구부를 통하여 상층 연소 확대	실내 공기 유입 시 백드래프트 발생
온도	• 실내온도가 낮다. • 외부에서 쉽게 찬 공기 유입	• 실외로 열 방출이 없기 때문에 실내 온도가 높다. • 다량의 가연성 가스가 존재

021

특정소방대상물의 수용인원 산정으로 옳은 것은?

• 객실 30개인 콘도미니엄(온돌방)으로서 객실 1개당 바닥면적이 66[m²]인 경우 ( )명이다.
• 단, 콘도미니엄의 종사자는 10명이다.

① 660
② 670
③ 760
④ 770

숙박시설이 있는 특정소방대상물의 수용인원 산정

- 침대가 있는 숙박시설 : 해당 특정소방대상물의 종사자수에 침대의 수(2인용 침대는 2인으로 산정한다)를 합한 수
- 침대가 없는 숙박시설 : 해당 특정소방대상물의 종사자수에 숙박시설의 바닥면적의 합계를 3[m^2]로 나누어 얻은 수를 합한 수

$$\therefore \text{수용인원} = \text{종사자수} + \frac{\text{바닥면적의 합계}}{3[m^2]}$$

$$= 10 + \frac{30개 \times 66[m^2]}{3[m^2]}$$

$$= 670명$$

022

수직 및 수평방향의 피난시설계획에 관한 설명으로 옳지 않은 것은?

① 계단실은 내화성능을 가지도록 방화구획해야 한다.

② 계단실은 연기가 침입하지 않도록 타실보다 높은 압력을 가하는 것이 좋다.

③ 피난복도의 천장은 불연재료를 사용하고 피난시설계획을 고려하여 낮게 설치한다.

④ 계단실의 실내에 접하는 부분의 마감은 불연재료로 한다.

피난복도의 천장은 불연재료를 사용하고 피난시설계획을 고려하여 높게 설치한다.

023

건축법령상 지하층에 설치하는 비상탈출구의 설치기준에 관한 설명으로 옳은 것을 모두 고른 것은?

> ㄱ. 위치 : 출입구로부터 3[m] 이상 떨어진 곳에 설치할 것
> ㄴ. 크기 : 유효너비는 0.75[m] 이상, 유효높이는 1.0[m] 이상
> ㄷ. 높이 : 바닥으로부터 비상탈출구의 아랫부분까지의 높이가 1.2[m]인 경우에는 벽체에 발판의 너비가 20[cm] 이상인 사다리를 설치할 것
> ㄹ. 구조 및 표시 : 문은 실내에서 열 수 있는 구조로 하고 내부 또는 외부에 비상탈출구 표시를 할 것

① ㄱ, ㄴ   ② ㄱ, ㄷ

③ ㄱ, ㄴ, ㄹ   ④ ㄴ, ㄷ, ㄹ

지하층에 설치하는 비상탈출구의 설치기준(건피방 제25조)

- 비상탈출구의 유효너비는 0.75[m] 이상, 유효높이는 1.5[m] 이상으로 할 것
- 비상탈출구의 문은 피난방향으로 열리도록 하고 실내에서 항상 열 수 있는 구조로 해야 하며 내부 및 외부에는 비상탈출구 표시를 할 것
- 비상탈출구는 출입구로부터 3[m] 이상 떨어진 곳에 설치할 것
- 지하층의 바닥으로부터 비상탈출구의 아랫부분까지의 높이가 1.2[m]이 되는 경우에는 벽체에 발판의 너비가 20[cm] 이상인 사다리를 설치할 것

024

건축물의 화재특성에서 플래시오버(Flash Over)와 롤오버(Roll Over)에 관한 설명으로 옳지 않은 것은?

① 플래시오버는 공간 내 전체 가연물을 발화시킨다.

② 플래시오버는 화염이 주변공간으로 확대되어 간다.

③ 롤오버 현상에서 플래시오버 현상과는 달리 감쇠기 단계에서 발생한다.

④ 내장재에 따른 플래시오버 발생시간을 보면 난연성 재료보다는 가연성 재료의 소요시간이 짧다.

감쇠기에서 발생하는 현상은 백드래프트(Back Draft)이다.

025

직통계단 및 피난계단에 관한 설명으로 옳지 않은 것은?

① 11층 이상인 공동주택의 직통계단은 거실의 각 부분으로부터 계단에 이르는 보행거리가 60[m] 이하로 설치한다.

② 5층 이상인 판매시설 용도의 층에 설치되는 직통계단 1개 이상을 특별피난계단으로 설치한다.

③ 지하층으로서 거실의 바닥면적의 합계가 200[m^2] 이상인 것은 직통계단을 2개 이상 설치한다.

④ 주요구조부가 내화구조인 5층 이상인 층의 바닥면적의 합계가 200[m^2] 이하인 경우에는 피난계단 또는 특별피난계단의 설치가 면제된다.

직통계단 및 피난계단의 설치기준

- 건축물의 피난층(직접 지상으로 통하는 출입구가 있는 층, 피난안전구역) 외의 층에서는 피난층 또는 지상으로 통하는 직통계단(경사로를 포함)을 거실의 각 부분으로부터 계단(거실로부터 가장 가까운 거리에 있는 1개소의 계단을 말한다)에 이르는 **보행거리가 30[m] 이하**가 되도록 설치해야 한다. 다만, 건축물(지하층에 설치하는 것으로서 바닥면적의 합계가 300[m²] 이상인 공연장·집회장·관람장 및 전시장은 제외한다)의 주요구조부가 내화구조 또는 불연재료로 된 건축물은 그 보행거리가 50[m](층수가 **16층 이상인 공동주택**의 경우 16층 이상인 층에 대해서는 **40[m]**) 이하가 되도록 설치할 수 있으며, 자동화 생산시설에 스프링클러 등 자동식 소화설비를 설치한 공장으로서 국토교통부령으로 정하는 공장인 경우에는 그 보행거리가 75[m](무인화 공장인 경우에는 100[m]) 이하가 되도록 설치할 수 있다.
- 5층 이상인 층의 바닥면적의 합계가 200[m²] 이상인 **판매시설**의 용도로 쓰는 층으로부터의 직통계단은 그중 **1개소 이상**을 **특별피난계단**으로 설치해야 한다(**건축법 시행령 제34조**).
- 5층 이상 또는 지하 2층 이하인 층에 설치하는 직통계단은 국토교통부령으로 정하는 기준에 따라 **피난계단 또는 특별피난계단으로 설치**해야 한다. 다만, 건축물의 주요구조부가 **내화구조** 또는 불연재료로 되어 있는 경우로서 다음의 어느 하나에 해당하는 경우에는 그렇지 않다.
  - 5층 이상인 층의 바닥면적의 합계가 200[m²] 이하인 경우
  - 5층 이상인 층의 바닥면적 200[m²] 이내마다 방화구획이 되어 있는 경우
- 지하층으로서 거실의 바닥면적의 합계가 200[m²] 이상인 것은 직통계단을 2개 이상 설치한다.
- 건축물(갓복도식 공동주택은 제외)의 11층(공동주택의 경우에는 16층) 이상인 층(바닥면적이 400m² 미만인 층은 제외) 또는 지하 3층 이하인 층(바닥면적이 400[m²] 미만인 층은 제외)으로부터 피난층 또는 지상으로 통하는 직통계단은 특별피난계단으로 설치해야 한다.

제2과목 소방수리학, 약제화학 및 소방전기

026

성능이 동일한 펌프 2대를 직렬로 연결하여 작동시킬 때 병렬연결에 비하여 그 양이 약 2배로 증가하는 것은?

① 유 량 ② 효 율
③ 동 력 ④ 양 정

펌프의 성능

펌프 2대 연결 방법		직렬 연결	병렬 연결
성 능	유 량(Q)	Q	$2Q$
	양 정(H)	$2H$	H

027

원형관 속에 유체가 층류 상태로 흐르고 있다. 이때 관의 지름을 2배로 할 경우 손실수두는 처음의 몇 배가 되는가?(단, 유량은 일정하다)

① $\dfrac{1}{16}$ ② $\dfrac{1}{8}$
③ 8 ④ 16

층류(Laminar Flow) : 매끈한 수평관 내를 층류로 흐를 때는 Hagen-Poiseulle법칙이 적용된다.

$$\text{손실수두 } H = \frac{\Delta P}{\gamma} = \frac{128\mu l Q}{\gamma \pi d^4}$$

여기서, ΔP : 압력차[N/m²]
 Q : 유량[m³/s]
 γ : 유체의 비중량[N/m³]
 l : 관의 길이[m]
 μ : 유체의 점도[kg/m·s]
 d : 관의 내경[m]

$$\therefore H = \frac{1}{d^4} = \frac{1}{2^4} = \frac{1}{16}$$

028

다르시-바이스바흐(Darcy-Weisbach) 공식에서 수두 손실에 관한 설명으로 옳지 않은 것은?

① 관 길이에 비례한다.
② 마찰손실계수에 비례한다.
③ 유속의 제곱에 비례한다.
④ 중력가속도에 비례한다.

다르시-바이스바흐(Darcy-Weisbach) 공식

$$h = \frac{\Delta P}{\gamma} = \frac{flu^2}{2gD}[\text{m}]$$

여기서, h : 마찰손실[m]

ΔP : 압력차[N/m²]

γ : 유체의 비중량(물의 비중량 9,800[N/m³])

f : 관의 마찰계수

l : 관의 길이[m]

u : 유체의 유속[m/s]

D : 관의 내경[m]

∴ 수두손실은 관의 길이, 마찰손실계수, 유속의 제곱에 비례하고 중력가속도와 내경에 반비례한다.

029

단면(5[cm]×5[cm])이 정사각형 관에 유체가 가득 차흐를 때의 수력반지름[m]은?

① 0.0125   ② 0.025

③ 0.05   ④ 0.2

해설

정사각형일 경우

$$수력반지름\ R_h = \frac{A}{l} = \frac{가로 \times 세로}{(가로 \times 2) + (세로 \times 2)}$$

∴ $R_h = \dfrac{5[\text{cm}] \times 5[\text{cm}]}{(5[\text{cm}] \times 2) + (5[\text{cm}] \times 2)} = 1.25[\text{cm}]$

$= 0.0125[\text{m}]$

030

원형관 속의 유량이 1,800[L/min]이고, 평균유속이 3[m/s]일 때 관의 지름[mm]은 약 얼마인가?

① 102.4   ② 112.9

③ 124.6   ④ 132.8

해설

용량유량

$$Q = uA, \quad D = \sqrt{\frac{4Q}{u\pi}}$$

∴ $D = \sqrt{\dfrac{4Q}{u\pi}} = \sqrt{\dfrac{4 \times 1.8[\text{m}^3]/60[\text{s}]}{3[\text{m/s}] \times \pi}} = 0.11286[\text{m}]$

$= 112.86[\text{mm}]$

031

저수조가 소화펌프보다 아래에 있으며 펌프의 토출유량 520[L/min], 전양정 64[m], 효율 55[%], 전달계수 1.2인 경우의 축동력[kW]은?

① 5.4   ② 9.9

③ 11.8   ④ 18.4

해설

Pump의 축동력 : 외부에 있는 전동기로부터 펌프의 회전차를 구동하는 데 필요한 동력

$$L_s = \frac{\gamma Q H}{\eta}[\text{kW}]$$

여기서, L_S : 축동력

γ : 유체의 비중량(= 9.8[kN/m³])

Q : 유량[m³/s]

H : 전양정[m]

∴ $L_s = \dfrac{\gamma Q H}{\eta}$

$= \dfrac{9.8[\text{kN/m}^3] \times 0.52[\text{m}^3]/60[\text{s}] \times 64[\text{m}]}{0.55}$

$= 9.88[\text{kW}]$

032

하늘을 향해 수직으로 물을 분사할 때 호스 출구의 압력이 400[kPa]이면, 호스 출구 끝부분으로부터 도달할 수 있는 물의 최대 높이[m]는 약 얼마인가?

① 10.8   ② 20.8

③ 30.8   ④ 40.8

해설

표준대기압, 1[atm]

$$
\begin{aligned}
1[\text{atm}] &= 760[\text{mmHg}] = 76[\text{cmHg}]\\
&= 29.92[\text{inHg}](\text{수은주 높이})\\
&= 1,033.2[\text{cmH}_2\text{O}] = 10.332[\text{mH}_2\text{O}]([\text{mAq}])\\
&\quad (\text{물기둥의 높이})\\
&= 1.0332[\text{kg}_f/\text{cm}^2] = 10,332[\text{kg}_f/\text{m}^2]\\
&= 14.7[\text{psi}]([\text{lb/in}^2]) = 1.013[\text{bar}]\\
&= 101,325[\text{Pa}(\text{N/m}^2)] = 101.325[\text{kPa}([\text{KN/m}^2])]\\
&= 0.101325[\text{MPa}(\text{MN/m}^2)]
\end{aligned}
$$

∴ 압력을 수두로 환산하면

$H = \dfrac{400[\text{kPa}]}{101.325[\text{kPa}]} \times 10.332[\text{m}] = 40.79[\text{m}]$

033

모세관 현상으로 인한 액체의 상승높이를 구하는 공식에 포함되지 않은 요소만을 고른 것은?

> ㄱ. 관의 길이 ㄴ. 관의 지름
> ㄷ. 밀도 ㄹ. 표면장력
> ㅁ. 전단응력

① ㄱ, ㄷ ② ㄱ, ㅁ
③ ㄴ, ㄷ, ㄹ ④ ㄷ, ㄹ, ㅁ

해설

모세관 현상(Capillarity in tube)

액체 속에 가는 관(모세관)을 넣으면 액체가 관을 따라 상승, 하강하는 현상. 응집력이 부착력보다 크면 액면이 내려가고, 부착이 응집력보다 크면 액면이 올라간다.

$$h = \frac{\Delta p}{\gamma} = \frac{4a\cos\theta}{\gamma d}$$

여기서, a : 표면장력([dyne/cm], [N/m])
  θ : 접촉각
  γ : 물의 비중량
  d : 관의 지름
∴ 공식에서 관의 길이와 전단응력은 해당되지 않는다.

034

부촉매효과로 화재를 소화하는 소화약제가 아닌 것은?

① 할론1301소화약제
② 강화액소화약제
③ 이산화탄소소화약제
④ 제2종 분말소화약제

해설

이산화탄소 소화약제 : 질식효과, 냉각효과, 피복효과

035

강화액 소화약제에 관한 설명으로 옳지 않은 것은?

① 수소이온지수(pH)는 5.5~7.5이고 응고점은 영하 16~20[℃]이다.
② 물에 탄산칼륨, 황산암모늄, 인산암모늄 및 침투제 등을 첨가한 것이다.

③ 용기 내부를 크롬도금 또는 내식성 도료로 처리하여 저장한다.
④ 사람의 피부에 닿으면 피부염, 피부모공 손상 등을 야기할 수 있다.

해설

강화액소화약제

- 강화액소화약제는 다음에 적합한 알칼리 금속염류 등을 주성분으로 하는 수용액이어야 한다.
  - 알칼리 금속염류의 수용액인 경우에는 알칼리성 반응을 나타내어야 한다.
  - 강화액소화약제의 응고점은 −20[℃] 이하이어야 한다.
- 자체의 화학반응에 의하여 발생하는 가스를 방사압력의 압력원으로 하는 강화액소화약제는 알카리 금속염류 등의 수용액 및 **응고점이 −20[℃] 이하**인 양질의 무기산 또는 이와 같은 염류이어야 하며 방사액의 수소이온농도는 **제5조** 제3호(pH 5.5~7.5)의 규정에 적합해야 한다.
- 분말상태의 알카리 금속염류 등은 잘 용해되어야 하며 수용액으로 만들었을 경우에는 규정에 적합해야 한다.
- 강화액소화약제에 강철, 황동 및 알루미늄(이하 "강철 등"이라 한다)을 (38±2)[℃]에 21일 동안 놓아두었을 때 강철 등의 중량손실이 각각 1일에 3[mg]/20[cm^2] 이하이어야 한다.

036

화재안전기술기준상 가연성 액체 또는 가연성 가스의 소화에 필요한 이산화탄소소화약제의 설계농도에 관한 기준으로 옳지 않은 것은?

① 아세틸렌 : 66[%]
② 에틸렌 : 49[%]
③ 일산화탄소 : 64[%]
④ 석탄가스, 천연가스 : 75[%]

해설

가연성 액체 또는 가연성 가스의 소화에 필요한 설계농도

방호대상물	설계농도[%]
수소(Hydrogen)	75
아세틸렌(Acetylene)	66
일산화탄소(Carbon Monoxide)	64
산화에틸렌(Ethylene Oxide)	53
에틸렌(Ethylene)	49
에테인(Ethane)	40
석탄가스, 천연가스(Coal, Natural gas)	37

방호대상물	설계농도[%]
사이클로프로페인(Cyclo Propane)	37
아이소뷰테인(Iso Butane)	36
프로페인(Propane)	36
뷰테인(Butane)	34
메테인(Methane)	34

037

분말소화약제에 요구되는 이상적 조건으로 옳지 않은 것은?

① 분체의 안식각이 클수록 유동성이 좋아진다.
② 시간경과에 따라 안정성이 높아야 한다.
③ 분말소화약제로 사용되기 위한 겉보기 비중값은 0.82[g/mL] 이상이어야 한다.
④ 수분 침투에 대한 내습성이 높아야 한다.

해설

분말소화약제의 조건
- 분체의 안식각이 낮을수록 장기간 저장 및 취급이 용이하고 안전한 상태로 유지가 가능하고 유동성이 좋아진다.
- 시간경과에 따라 안정성이 높아야 한다.
- 겉보기 비중값은 0.82[g/mL] 이상이어야 한다.
- 수분침투에 대한 내습성이 높아야 한다.
- 분말을 수면에 고르게 살포한 경우에 1시간 이내에 침강하지 않아야 한다.

038

산·알칼리 소화기에 사용되는 소화약제의 주성분은?

① $NH_4H_2PO_4$ – 진한 H_2SO_4
② $KHCO_3$ – 진한 H_2SO_4
③ $Al_2(SO_4)_3$ – 진한 H_2SO_4
④ $NaHCO_3$ – 진한 H_2SO_4

해설

산·알칼리 소화기

$$H_2SO_4 + 2NaHCO_3 \rightarrow Na_2SO_4 + 2CO_2 + 2H_2O$$
(황산)　　(탄산수소나트륨)　(황산나트륨) (이산화탄소)

039

할로겐화합물 및 불활성기체 HCFC BLEND A의 구성성분이 아닌 것은?

① HCFC-22
② HCFC-23
③ HCFC-123
④ HCFC-124

해설

할로겐화합물 및 불활성기체소화약제의 종류

소화약제	화학식
퍼플루오로뷰테인 (FC-3-1-10)	C_4F_{10}
하이드로클로로플루오로카본 혼화제(HCFC BLEND A)	HCFC-123($CHCl_2CF_3$) : 4.75[%]
	HCFC-22($CHClF_2$) : 82[%]
	HCFC-124($CHClFCF_3$) : 9.5[%]
	$C_{10}H_{16}$: 3.75[%]
클로로테트라플루오로에테인 (HCFC-124)	$CHClFCF_3$
펜타플루오로에테인 (HFC-125)	CHF_2CF_3
헵타플루오로프로페인 (HFC-227ea)	CF_3CHFCF_3
트라이플루오로메테인 (HFC-23)	CHF_3
헥사플루오로프로페인 (HFC-236fa)	$CF_3CH_2CF_3$
트라이플루오로이오다이드 (FIC-13I1)	CF_3I
불연성·불활성기체 혼합가스(IG-01)	Ar
불연성·불활성기체 혼합가스(IG-100)	N_2
불연성·불활성기체 혼합가스(IG-541)	N_2 : 52[%], Ar : 40[%], CO_2 : 8[%]
불연성·불활성기체 혼합가스(IG-55)	N_2 : 50[%], Ar : 50[%]
도데카플루오로-2-메틸펜테인 -3-원(FK-5-1-12)	$CF_3CF_2C(O)CF(CF_3)_2$

040

회로의 부하 R_L에서 소비될 수 있는 최대전력[W]은?

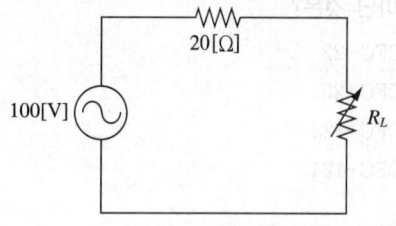

① 105
② 115
③ 125
④ 135

해설

최대전력전송조건

$$P_M = \frac{V^2}{4R} = \frac{100^2}{4 \times 20} = 125[\text{W}]$$

041

어떤 저항에 220[V]의 전압을 인가하여 2[A]의 전류가 3초 동안 흘렀다면 이때 저장에서 발생하는 열량[cal]은 약 얼마인가?

① 106
② 317
③ 440
④ 1,320

해설

$$\begin{aligned}열량\ H &= I^2 R t[J] = 0.24I^2 R t[\text{cal}] \\ &= 0.24 \times V \times I \times t \\ &= 0.24 \times 220 \times 2 \times 3 \\ &= 316.8[\text{cal}]\end{aligned}$$

042

어떤 회로의 유효전력이 70[W], 무효전력이 50[Var]이면 역률은 약 얼마인가?

① 0.58
② 0.71
③ 0.81
④ 0.98

해설

역률은 유효전력/피상전력으로

$$\begin{aligned}\cos\theta &= \frac{유효전력}{피상전력} = \frac{P}{P_A} = \frac{P}{\sqrt{(P^2 + Q^2)}} \\ &= \frac{70}{\sqrt{(70^2 + 50^2)}} = 0.81\end{aligned}$$

043

자속변화에 의한 유도기전력의 크기를 결정하는 법칙은?

① 패러데이의 전자유도법칙
② 플레밍의 왼손법칙
③ 렌츠의 법칙
④ 플레밍의 오른손법칙

해설

• 플레밍의 오른손법칙(유도기전력의 방향결정법칙) : 자계 중도선의 운동 시 유도기전력 발생 이유로 기전력의 방향을 결정하는 법칙
• 플레밍의 왼손법칙(전자력의 방향결정법칙) : 영구자계 중 도선전류에 의한 상호작용으로 전자력이 발생하는데 이 전자력의 방향을 결정하는 법칙
• 패러데이의 전자유도법칙 : 유도기전력의 크기는 자속쇄교량과 코일권수와의 곱에 비례한다는 법칙
• 렌츠의 법칙(유도기전력의 방향)전자유도에 의하여 생긴 기전력의 방향은 그 유도전류가 만드는 자속이 항상 원래의 자속의 증가 또는 감소를 방해하는 방향이다.

044

어떤 코일 2개의 극성을 달리하여 직렬 접속하였을 때 합성인덕턴스가 200[mH]와 100[mH]로 각각 측정되었다. 이 경우 두 코일의 상호인덕턴스[mH]는?

① 25
② 50
③ 75
④ 100

해설

극성을 달리하여 감극성으로 직렬 접속하였을 때
합성인덕턴스 가극성일 때 $L_0 = L_1 + L_2 + 2M = 200$
감극성일 때 $L_0 = L_1 + L_2 - 2M = 100$
이 두식을 빼면 $4M = 100$이므로 $M = 25[\text{mH}]$

045

콘덴서의 정전용량에 관한 설명으로 옳지 않은 것은?

① 유전율의 크기에 비례한다.
② 전극이 전하를 축적할 수 있는 능력의 정도이다.
③ 단위는 테슬라(Tesla)로서 [T]로 나타낸다.
④ 전극의 면적에 비례하고 전극 사이의 간격에 반비례한다.

$$C = \frac{Q}{V}[\text{F}], \quad Q = CV[\text{C}]$$

여기서, C : 전하를 축적하는 능력[F]

V : 전원전압[V]

Q : 전하[C]

• 자속의 밀도로서 자기장의 크기를 표시
• 단위면적 1[m²]를 통과하는 자속 수
• 단위는 패럿[F]이다.

046

역률이 0.8인 다음 회로에 220[V]의 실효전압을 인가하여 5[A]의 실효전류가 흐르고 있다. 이 부하가 2시간 동안 소비하는 전력량[kWh]은 약 얼마인가?

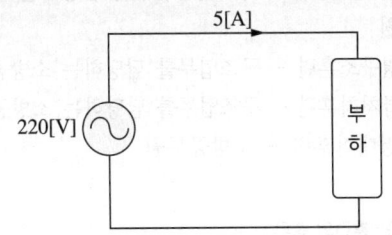

① 1.10   ② 1.76

③ 2.20   ④ 2.49

전력량은 전력(P)이 임의의 시간 t[s] 동안 한 일의 양,

$$W = P \times t = VI\cos\theta t = 220 \times 5 \times 0.8 \times 2 \times 10^{-3}$$
$$= 1.76[\text{kWh}]$$

047

그림과 같은 논리회로는?

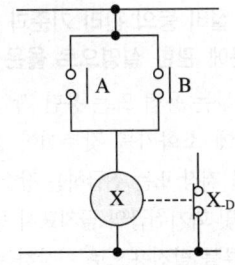

① AND회로   ② OR회로

③ NAND회로   ④ NOR회로

$\overline{X} = A + B$ 이므로 NOR회로

048

소방설비 배선에서 내화배선 또는 내열배선으로 설치가 가능한 것은?

① 옥내소화전설비의 비상전원에서 동력제어반 및 가압송수장치에 이르는 전원회로의 배선
② 비상콘센트설비 전원회로의 배선
③ 자동화재탐지설비 전원회로의 배선
④ 스프링클러설비의 상용전원으로부터 동력제어반에 이르는 배선

스프링클러설비의 배선은 다음의 기준에 따라 설치해야 한다.

• 비상전원으로부터 동력제어반 및 가압송수장치에 이르는 전원회로배선은 내화배선으로 할 것. 다만, 자가발전설비와 동력제어반이 동일한 실에 설치된 경우에는 자가발전기로부터 그 제어반에 이르는 전원회로배선은 그렇지 않다.
• **상용전원으로부터 동력제어반에 이르는 배선**, 그 밖의 스프링클러설비의 감시·조작 또는 표시등회로의 배선은 **내화배선 또는 내열배선**으로 할 것. 다만, 감시제어반 또는 동력제어반 안의 감시·조작 또는 표시등회로의 배선은 그렇지 않다.

049

그림과 같이 평형 3상회로에 선간전압 220[V]의 대칭 3상 전압을 인가할 때 한 선로에 흐르는 선전류[A]는 약 얼마인가?

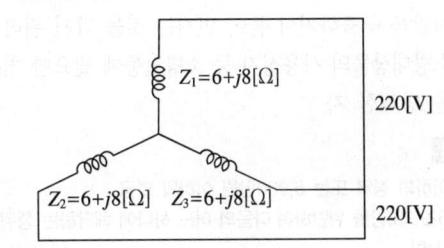

① 12.7   ② 22.0

③ 27.5   ④ 36.7

$$\text{선전류}(I_l) = \text{상전류}(I_p) = \frac{\text{상전압}(V_p)}{\text{한상의 임피던스}}$$
$$= \frac{\frac{220}{\sqrt{3}}}{6 + j8} = \frac{220}{10\sqrt{3}} = 12.7[\text{A}]$$

050

논리식 $[A\overline{B}(C+BD)+\overline{A}\,\overline{B}]C$ 를 간단히 하면?

① $\overline{A}B$ ② AB

③ $\overline{B}C$ ④ BC

해설

$[A\overline{B}(C+BD)+\overline{A}\,\overline{B}]C=[A\overline{B}C+A\overline{B}BD+\overline{A}\,\overline{B}]C$

$\qquad\qquad\qquad = [\overline{B}(AC+ABD+\overline{A})]C=\overline{B}C$

$\therefore\ AC+ABD+\overline{A}=1$

제3과목 **소방관련법령**

051

소방기본법령상 5년 이하의 징역 또는 5,000만원 이하의 벌금에 처하는 사람이 아닌 것은?

① 화재진압 및 구조·구급활동을 위하여 출동하는 소방자동차의 출동을 방해한 사람
② 정당한 사유없이 소방용수시설을 사용하거나 소방용수시설의 효용을 해치거나 그 정당한 사용을 방해한 사람
③ 출동한 소방대원에게 폭행 또는 협박을 행사하여 화재진압·인명구조 또는 구급활동을 방해한 사람
④ 사람을 구출하거나 불이 번지는 것을 막기 위하여 소방대상물의 사용정지 등 소방활동에 필요한 처분을 방해한 자

해설

5년 이하의 징역 또는 5,000만원 이하의 벌금

• 제16조 제2항을 위반하여 다음의 어느 하나에 해당하는 행위를 한 사람
 – 위력(威力)을 사용하여 출동한 소방대의 화재진압, 인명구조 또는 구급활동을 방해하는 행위
 – 소방대가 화재진압, 인명구조 또는 구급활동을 위하여 현장에 출동하거나 현장에 출입하는 것을 고의로 방해하는 행위
 – 출동한 소방대원에게 폭행 또는 협박을 행사하여 화재진압·인명구조 또는 구급활동을 방해하는 행위
 – 출동한 소방대의 소방장비를 파손하거나 그 효용을 해하여 화재진압·인명구조 또는 구급활동을 방해하는 행위

• 소방자동차의 출동을 방해한 사람
• 사람을 구출하는 일 또는 불을 끄거나 불이 번지지 않도록 하는 일을 방해한 사람
• 정당한 사유 없이 소방용수시설 또는 비상소화장치를 사용하거나 소방용수시설 또는 비상소화장치의 효용을 해치거나 그 정당한 사용을 방해한 사람

> 사람을 구출하거나 불이 번지는 것을 막기 위하여 소방대상물의 사용정지 등 소방활동에 필요한 처분을 방해한 자 : 3년 이하의 징역 또는 3,000만원 이하의 벌금

052

소방기본법령상 소방교육·훈련의 종류와 종류별 소방교육·훈련대상자의 연결이 옳지 않은 것은?

① 화재진압훈련 – 화재진압업무를 담당하는 소방공무원
② 인명구조훈련 – 구조업무를 담당하는 소방공무원
③ 응급처치훈련 – 구조업무를 담당하는 소방공무원
④ 인명대피훈련 – 소방공무원

해설

소방교육·훈련의 종류

• 화재진압훈련 : 화재진압을 담당하는 소방공무원, 화재 등 현장활동의 보조임무를 수행하는 의무소방원 및 의용소방대원
• 인명구조훈련 : 구조업무를 담당하는 소방공무원, 화재 등 현장활동의 보조임무를 수행하는 의무소방원 및 의용소방대원
• **응급처치훈련 : 구급업무**를 담당하는 소방공무원, 의무소방원 및 의용소방대원
• 인명대피훈련 : 소방공무원, 의무소방원 및 의용소방대원
• 현장지휘훈련 : 소방공무원(소방정, 소방령, 소방경, 소방위)

053

불을 사용하는 설비 등의 관리 기준과 특수가연물의 저장·취급기준에 관한 설명으로 옳은 것은?

① 불꽃을 사용하는 용접 또는 용단 작업장 주변 반경 10[m] 이내에 소화기를 갖추어야 한다.
② 특수가연물을 저장 또는 취급하는 장소에는 품명·최대저장수량 및 화기취급의 금지표시 등을 설치할 것
③ 석탄·목탄류를 발전용으로 저장하는 경우에는 반드시 품명별로 구분하여 쌓고 쌓는 부분의 바닥면적 사이는 1[m] 이상이 되도록 해야 한다.
④ 화재예방을 위하여 불을 사용할 때 지켜야 하는 사항은 소방본부장이 정한다.

불을 사용하는 설비 등의 관리 기준과 특수가연물의 저장ㆍ취급 기준
- 불꽃을 사용하는 용접 또는 용단 작업장 주변 반경 5[m] 이내에 소화기를 갖추어 둘 것
- 특수가연물을 저장 또는 취급하는 장소에는 **품명, 최대저장 수량, 단위부피당 질량 또는 단위체적당 질량, 관리책임자 성명ㆍ직책, 연락처 및 화기취급의 금지표시가 포함된 특수가연물 표지**를 설치할 것
- 다음의 기준에 따라 쌓아 저장할 것. 다만, 석탄ㆍ목탄류를 발전(發電)용으로 저장하는 경우는 제외한다.
  - 품명별로 구분하여 쌓을 것
  - 실외에 쌓아 저장하는 경우 쌓는 부분이 대지경계선, 도로 및 인접 건축물과 최소 6[m] 이상 간격을 둘 것. 다만, 쌓는 높이보다 0.9[m] 이상 높은 건축법 시행령 제2조 제7호에 따른 내화구조(이하 "내화구조"라 한다) 벽체를 설치한 경우는 그렇지 않다.
  - 실내에 쌓아 저장하는 경우 주요구조부는 내화구조이면서 불연재료여야 하고, 다른 종류의 특수가연물과 같은 공간에 보관하지 않을 것. 다만, 내화구조의 벽으로 분리하는 경우는 그렇지 않다.
  - 쌓는 부분 바닥면적의 사이는 실내의 경우 1.2[m] 또는 쌓는 높이의 1/2 중 큰 값 이상으로 간격을 두어야 하며, 실외의 경우 3[m] 또는 쌓는 높이 중 큰 값 이상으로 간격을 둘 것
  - 화재예방을 위하여 불을 사용할 때 지켜야 하는 사항은 대통령령으로 정한다.

054

소방기본법령상의 내용으로 (   )에 들어갈 말로 순서대로 바르게 나열한 것은?

> 소방의 역사와 안전문화를 발전시키고 국민의 안전의식을 높이기 위하여 소방청장은 (   )을 시ㆍ도지사는 (   )을 설립하여 운영할 수 있다.

① 소방체험관 – 소방박물관
② 소방체험관 – 소방과학관
③ 소방박물관 – 소방체험관
④ 소방박물관 – 소방과학관

설립운영권자
- 소방박물관 : 소방청장
- 소방체험관 : 시ㆍ도지사

055

소방시설공사업법령상 감리업자가 소방공사를 감리할 때 반드시 수행해야 할 업무가 아닌 것은?

① 완공된 소방시설 등의 성능시험
② 공사업자가 한 소방시설 등의 시공이 설계도서와 화재안전기준에 맞는지에 대한 지도ㆍ감독
③ 소방시설 등 설계변경 사항의 도면 수정
④ 공사업자가 작성한 시공 상세도면의 적합성 검토

소방공사감리업자의 수행업무(법 제16조)
- 소방시설 등의 설치계획표의 적법성 검토
- 소방시설 등 설계도서의 적합성(적법성과 기술상의 합리성) 검토
- **소방시설 등 설계변경 사항의 적합성 검토**
- 소방용품의 위치ㆍ규격 및 사용 자재의 적합성 검토
- **공사업자가 한 소방시설 등의 시공이 설계도서와 화재안전기술기준에 맞는지에 대한 지도ㆍ감독**
- **완공된 소방시설 등의 성능시험**
- **공사업자가 작성한 시공 상세도면의 적합성 검토**
- 피난시설 및 방화시설의 적법성 검토
- 실내장식물의 불연화(不燃化)와 방염 물품의 적법성 검토

056

소방시설공사업법령에 관한 설명으로 옳지 않은 것은?

① 감리업자가 소방공사의 감리를 마쳤을 때에는 소방공사감리 결과보고(통보)서에 소방시설공사 완공검사신청서, 소방시설 성능시험조사표, 소방공사 감리일지를 첨부하여 소방본부장 또는 소방서장에게 알려야 한다.
② 특정소방대상물의 관계인은 공사감리자가 변경된 경우에는 변경일부터 30일 이내에 소방공사감리자 변경신고서를 소방본부장 또는 소방서장에게 제출해야 한다.
③ 소방공사감리업자는 감리원을 소방공사감리현장에 배치하는 경우에는 소방공사감리원 배치통보서를 감리원 배치일부터 7일 이내에 소방본부장 또는 소방서장에게 알려야 한다.
④ 소방시설공사업자는 해당 소방시설공사의 착공 전까지 소방시설공사 착공(변경)신고서를 소방본부장 또는 소방서장에게 신고해야 한다.

감리결과의 통보 등(규칙 제19조)

법 제20조에 따라 감리업자가 소방공사의 감리를 마쳤을 때에는 별지 제29호서식의 **소방공사감리결과보고(통보)서**[전자문서로 된 소방공사감리 결과보고(통보)서를 포함]에 다음의 서류(전자문서를 포함)를 첨부하여 공사가 완료된 날부터 7일 이내에 특정소방대상물의 관계인, 소방시설공사의 도급인 및 특정소방대상물의 공사를 감리한 **건축사**에게 알리고, **소방본부장 또는 소방서장**에게 보고해야 한다.

- **소방시설 성능시험조사표** 1부
- **착공신고 후 변경된 소방시설설계도면**(변경사항이 있는 경우에만 첨부하되, 법 제11조에 따른 설계업자가 설계한 도면만 해당) 1부
- **소방공사 감리일지**(소방본부장 또는 소방서장에게 보고하는 경우에만 첨부) 1부
- **특정소방대상물의 사용승인 신청서 등 사용승인 신청을 증빙할 수 있는 서류** 1부

057

소방시설공사업법령상 소방시설업에 대한 행정처분기준 중 2차 위반 시 등록취소사항에 해당하는 것은?(단, 가중 또는 감경 사유는 고려하지 않음)

① 거짓이나 그 밖의 부정한 방법으로 등록한 경우
② 다른 자에게 등록증 또는 등록수첩을 빌려준 경우
③ 영업정지 기간 중에 소방시설공사 등을 한 경우
④ 정당한 사유없이 하수급인의 변경요구를 따르지 않은 경우

행정처분기준

위반사항	근거 법령	행정처분기준		
		1차	2차	3차
거짓이나 그 밖의 부정한 방법으로 등록한 경우	법 제9조	등록 취소		
법 제4조 제1항에 따른 등록기준에 미달하게 된 후 30일이 경과한 경우	법 제9조	경고 (시정 명령)	영업 정지 3개월	등록 취소
법 제5조 각 호의 등록 결격사유에 해당하게 된 경우	법 제9조	등록 취소		
등록을 한 후 정당한 사유 없이 1년이 지날 때까지 영업을 시작하지 않거나 계속하여 1년 이상 휴업한 때	법 제9조	경고 (시정 명령)	등록 취소	
법 제8조 제1항을 위반하여 다른 자에게 등록증 또는 등록수첩을 빌려준 경우	법 제9조	영업 정지 6개월	등록 취소	

위반사항	근거 법령	행정처분기준		
		1차	2차	3차
법 제8조 제2항을 위반하여 영업정지 기간 중에 소방시설공사 등을 한 경우	법 제9조	등록 취소		
법 제22조의2 제2항을 위반하여 정당한 사유 없이 하수급인 또는 하도급 계약내용의 변경 요구를 따르지 않은 경우	법 제9조	경고 (시정 명령)	영업 정지 1개월	등록 취소

058

소방시설 설치 및 관리에 관한 법령상 소방시설의 자체점검에 관한 설명으로 옳지 않은 것은?

① 작동점검 대상인 특정소방대상물의 관계인·소방안전관리자 또는 소방시설관리업자가 작동점검을 할 수 있다.
② 제연설비가 설치된 터널은 종합점검 대상이다.
③ 특급 소방안전관리대상물의 종합점검은 반기에 1회 이상 실시한다.
④ 종합점검 대상인 특정소방대상물의 작동점검은 종합점검을 받은 달부터 3개월이 되는 달에 실시한다.

종합점검 대상인 특정소방대상물의 작동점검은 종합점검을 받은 달부터 6개월이 되는 달에 실시한다.

059

소방시설 설치 및 관리에 관한 법령상 소방시설관리업에 관한 설명으로 옳은 것은?

① 기술인력, 장비 등 소방시설관리업의 등록기준에 관하여 필요한 사항은 행정안전부령으로 정한다.
② 소방시설관리업의 등록신청과 등록증·등록수첩의 발급·재발급 신청 그 밖에 소방시설관리업의 등록에 필요한 사항은 대통령령으로 정한다.
③ 소방기본법에 따른 금고 이상의 실형을 선고받고 그 집행이 면제된 날부터 3년이 지난 사람은 소방시설관리업의 등록을 할 수 없다.
④ 시·도지사는 소방시설관리업의 등록신청을 위하여 제출된 서류를 심사한 결과신청서 및 첨부서류의 기재내용이 명확하지 않은 경우에는 10일 이내의 기간을 정하여 이를 보완하게 할 수 있다.

소방시설관리업의 기준(법 제29조)

• 업종별 기술인력 등 관리업의 등록기준 및 영업범위 등에 필요한 사항은 대통령령으로 정한다.
• 관리업의 등록신청과 등록증·등록수첩의 발급·재발급 신청·그 밖에 관리업의 등록에 필요한 사항은 행정안전부령으로 정한다.
• 소방기본법 외 3개 법령에 따른 금고 이상의 실형을 선고받고 그 집행이 끝나거나 집행이 면제된 날부터 2년이 지나지 않은 사람은 소방시설관리업의 등록을 할 수 없다.
• 시·도지사는 소방시설관리업의 등록신청을 위하여 제출된 서류를 심사한 결과 다음에 해당하는 때에는 **10일 이내의 기간을** 정하여 이를 **보완**하게 할 수 있다.
  – 첨부서류가 미비되어 있는 경우
  – 신청서 및 첨부서류의 기재 내용이 명확하지 않은 경우

060

소방시설 설치 및 관리에 관한 법령상 건축허가 등의 동의대상물이 아닌 것은?

① 연면적이 100[m²]인 수련시설
② 차고·주차장 또는 주차용도로 사용되는 시설로서 차고·주차장으로 사용되는 층 중 바닥면적이 300[m²]인 층이 있는 시설
③ 관망탑
④ 항공기격납고

건축허가 등의 동의대상물의 범위

• 노유자시설 및 **수련시설 : 200[m²] 이상**
• 차고·주차장 또는 주차 용도로 사용되는 시설로서 다음의 어느 하나에 해당하는 것
  – 차고·주차장으로 사용되는 바닥면적이 200[m²] 이상인 층이 있는 건축물이나 주차시설
  – 승강기 등 기계장치에 의한 주차시설로서 자동차 20대 이상을 주차할 수 있는 시설
• 항공기격납고, 관망탑, 항공관제탑, 방송용 송수신탑

061

소방시설 설치 및 관리에 관한 법령상 특정소방대상물의 관계인이 특정소방대상물의 규모·용도 및 수용인원 등을 고려하여 갖추어야 하는 소방시설에 관한 설명으로 옳지 않은 것은?

① 지하가 중 터널로서 길이가 1,000[m] 이상인 터널에는 옥내소화전설비를 설치해야 한다.
② 판매시설로서 바닥면적의 합계가 5,000[m²] 이상인 경우에는 모든 층에 스프링클러설비를 설치해야 한다.
③ 위락시설로서 연면적이 600[m²] 이상인 경우 자동화재탐지설비를 설치해야 한다.
④ 지하층을 포함한 층수가 5층 이상인 관광호텔에는 방열복, 인공소생기 및 공기호흡기를 설치해야 한다.

소방시설의 설치기준

• 지하가 중 터널로서 길이가 1,000[m] 이상인 터널에는 옥내소화전설비를 설치해야 한다.
• 판매시설로서 바닥면적의 합계가 5,000[m²] 이상인 경우에는 모든 층에 스프링클러설비를 설치해야 한다.
• 위락시설로서 연면적이 600[m²] 이상인 경우 자동화재탐지설비를 설치해야 한다.
• 지하층을 포함한 층수가 **7층 이상인 관광호텔**에는 방열복 또는 방화복, 인공소생기 및 공기호흡기를 설치해야 한다.

062

소방시설 설치 및 관리에 관한 법령상 제조공정에서 방염대상물품이 아닌 것은?

① 창문에 설치하는 블라인드
② 카 펫
③ 전시용 합판
④ 두께가 2[mm] 미만인 종이벽지

제조 또는 가공공정에서 방염대상물품

• 창문에 설치하는 커튼류(블라인드를 포함한다)
• 카 펫
• 벽지류(두께가 2[mm] 미만인 종이벽지는 제외)
• 전시용 합판·목재 또는 섬유판, 무대용 합판·목재 또는 섬유판(합판·목재류의 경우 불가피하게 설치현장에서 방염처리한 것을 포함)
• 암막·무대막(영화상영관에 설치하는 스크린과 가상체험 체육시설장업에 설치하는 스크린 포함)
• 섬유류 또는 합성수지류 등을 원료로 하여 제작된 소파·의자(단란주점영업, 유흥주점영업 및 노래연습장업의 영업장에 설치하는 것으로 한정한다)

063

화재의 예방 및 안전관리에 관한 법령상 화재안전조사에 관한 설명으로 옳지 않은 것은?

① 소방청장, 소방본부장 또는 소방서장은 화재안전조사를 하려면 조사대상, 조사기간 및 조사사유 등 조사계획을 인터넷홈페이지나 전산시스템 등을 통해 사전 공개하고 10일 이상 공개해야 한다.

② 소방청장, 소방본부장 또는 소방서장은 화재안전조사를 마친 때에는 그 조사결과를 관계인에게 서면으로 통지해야 한다.

③ 화재안전조사위원회는 위원장 1명을 포함한 7명 이내의 위원으로 구성하고 위원장은 소방청장 또는 소방본부장이 된다.

④ 소방관서장은 화재안전조사 결과를 공개하려는 경우 공개기간, 공개내용 및 공개방법을 해당 소방대상물의 관계인에게 미리 알려야 한다.

해설

화재안전조사 실시하고자 할 때 조사계획의 공개기간 : 7일 이상

> 소방관서장 : 소방청장, 소방본부장, 소방서장

064

소방시설 설치 및 관리에 관한 법령상 소방시설관리사시험에 응시할 수 없는 사람은?

① 10년의 소방실무경력이 있는 사람

② 소방설비산업기사 자격을 취득한 후 2년의 소방실무경력이 있는 사람

③ 소방설비기사 + 소방실무경력 2년

④ 위험물기능장

해설

소방시설관리사의 응시자격
• 소방기술사 · 위험물기능장 · 건축사 · 건축기계설비기술사 · 건축전기설비기술사 또는 공조냉동기계기술사
• 소방설비기사 + 소방실무경력 2년 이상
• 소방설비산업기사 + 소방실무경력 3년 이상
• 이공계 분야를 전공하고 박사학위를 취득한 사람
• 소방안전관련학(소방학, 소방방재학 포함), 소방안전공학 분야에서 석사학위 이상을 취득한 사람
• 10년 이상 소방실무경력자

065

화재의 예방 및 안전관리에 관한 법령상 특급 소방안전관리대상물의 소방안전관리자로 선임할 수 없는 사람은?

① 소방설비산업기사의 자격을 취득한 후 5년간 1급 소방안전관리대상물의 소방안전관리자로 근무한 실무경력이 있는 사람

② 소방공무원으로 25년간 근무한 경력이 있는 사람

③ 소방시설관리사의 자격이 있는 사람

④ 소방기술사의 자격이 있는 사람

해설

특급 소방안전관리대상물의 소방안전관리자 선임자격
• 소방기술사 또는 소방시설관리사의 자격이 있는 사람
• **소방설비기사의 자격을 취득한 후 5년 이상 1급 소방안전관리대상물의 소방안전관리자로 근무한 실무경력이 있는 사람**
• **소방설비산업기사의 자격을 취득한 후 7년 이상 1급 소방안전관리대상물의 소방안전관리자로 근무한 실무경력이 있는 사람**
• 소방공무원으로 20년 이상 근무한 경력이 있는 사람
• 소방청장이 실시하는 특급소방안전관리 대상물의 소방안전관리에 관한 시험에 합격한 사람

066

소방시설 설치 및 관리에 관한 법령상 소방시설별 장비기준에서 소방시설별 점검장비 연결이 틀린 것은?

① 소화기구 – 저울

② 포소화설비 – 헤드결합렌치

③ 제연설비 – 차압계

④ 자동화재탐지설비 – 조도계

해설

자체점검의 장비(자동화재탐지설비)
열감지기시험기, 연감지기시험기, 공기주입시험기, 감지기시험기연결막대, 음량계

067

화재의 예방 및 안전관리에 관한 법령상 화재안전조사의 연기를 신청할 수 있는 사유가 아닌 것은?

① 화재안전조사의 실시를 사전에 통지하면 조사목적을 달성할 수 없다고 인정되는 경우
② 태풍, 홍수 등 재난이 발생한 경우
③ 관계인이 질병, 장기출장의 경우
④ 권한 있는 기관에 자체점검기록부, 교육·훈련일지 등 화재안전조사에 필요한 장부·서류 등이 압수되거나 영치되어 있는 경우

해설

화재안전조사의 연기신청 사유(영 제9조)
• 태풍, 홍수 등 재난(재난 및 안전관리 기본법 제3조 제1호에 해당하는 재난)이 발생한 경우
• 관계인이 질병, 사고, 장기출장의 경우
• 권한 있는 기관에 자체점검기록부, 교육·훈련일지 등 화재안전조사에 필요한 장부·서류 등이 압수되거나 영치(領置)되어 있는 경우
• 소방대상물의 증축·용도변경 또는 대수선 등의 공사로 화재안전조사를 실시하기 어려운 경우

068

위험물안전관리법령상 시·도지사가 면제할 수 있는 탱크안전성능검사는?

① 기초·지반검사   ② 충수·수압검사
③ 용접부검사   ④ 암반탱크검사

해설

탱크안전성능검사대상이 되는 탱크(영 제8조)
• **기초·지반검사** : 옥외탱크저장소의 액체위험물 탱크 중 그 용량이 100만[L] 이상인 탱크
• **충수(充水)·수압검사** : 액체위험물을 저장 또는 취급하는 탱크. 다만, 다음에 해당하는 탱크를 제외한다.
  – 제조소 또는 일반취급소에 설치된 탱크로서 용량이 지정수량 미만인 것
  – 고압가스안전관리법 제17조 제1항의 규정에 의한 특정설비에 관한 검사에 합격한 탱크
  – 산업안전보건법 제84조 제1항에 따른 안전인증을 받는 탱크

• **용접부검사** : 기초·지반검사 규정에 의한 탱크. 다만, 탱크의 저부에 관계된 변경공사(탱크의 옆판과 관련되는 공사를 포함하는 것을 제외한다) 시에 행해진 법 제18조 제2항의 규정에 의한 정기검사에 의하여 용접부에 관한 사항이 행정안전부령으로 정하는 기준에 적합하다고 인정된 탱크를 제외한다.
• **암반탱크검사** : 액체위험물을 저장 또는 취급하는 암반 내의 공간을 이용한 탱크

> **[탱크안전성능검사의 면제]**
> 시·도지사가 면제할 수 있는 탱크안전성능검사 : 충수·수압검사

069

위험물안전관리법령상 정기점검 대상인 제조소 등에 해당되지 않은 것은?

① 지하탱크저장소   ② 이동탱크저장소
③ 간이탱크저장소   ④ 암반탱크저장소

해설

정기점검 대상인 제조소 등
• 예방규정 대상 위험물제조소 등
  – 지정수량의 10배 이상의 위험물을 취급하는 제조소
  – 지정수량의 100배 이상의 위험물을 저장하는 옥외저장소
  – 지정수량의 150배 이상의 위험물을 저장하는 옥내저장소
  – 지정수량의 200배 이상의 위험물을 저장하는 옥외탱크저장소
  – **암반탱크저장소**
  – **이송취급소**
  – 지정수량의 10배 이상의 위험물을 취급하는 일반취급소. 다만, 제4류 위험물(특수인화물은 제외한다)만을 지정수량의 50배 이하로 취급하는 일반취급소(제1석유류·알코올류의 취급량이 지정수량의 10배 이하인 경우에 한한다)로서 다음의 어느 하나에 해당하는 것을 제외한다.
    ⓐ 보일러·버너 또는 이와 비슷한 것으로서 위험물을 소비하는 장치로 이루어진 일반취급소
    ⓑ 위험물을 용기에 옮겨 담거나 차량에 고정된 탱크에 주입하는 일반취급소
• **지하탱크저장소**
• **이동탱크저장소**
• 위험물을 취급하는 탱크로서 지하에 매설된 탱크가 있는 **제조소·주유취급소** 또는 **일반취급소**

070

위험물안전관리법령상 소방청장이 한국소방안전원에 위탁한 교육에 해당하지 않은 것은?

① 안전관리자로 선임된 자에 대한 안전교육
② 탱크시험자의 기술인력으로 종사하는 자에 대한 안전교육
③ 위험물운송자로 종사하는 자에 대한 안전교육
④ 소방청장이 실시하는 안전관리자교육을 이수한 자를 위한 안전교육

해설
안전교육대상자(영 제20조)
• 안전관리자로 선임된 자
• 탱크시험자의 기술인력으로 종사하는 자
• 위험물운반자로 종사하는 자
• 위험물운송자로 종사하는 자

071

위험물안전관리법령상 관계인이 예방규정을 정해야 하는 제조소 등이 아닌 것은?

① 지정수량의 100배의 위험물을 저장하는 옥외저장소
② 지정수량의 10배의 위험물을 취급하는 제조소
③ 지정수량의 100배의 위험물을 저장하는 옥외탱크저장소
④ 지정수량의 150배의 위험물을 저장하는 옥내저장소

해설
지정수량의 200배 이상의 위험물을 저장하는 옥외탱크저장소 : 예방규정 대상 제조소 등

072

다중이용업소의 안전관리에 관한 특별법령상 다중이용업소의 영업장에 설치·유지해야 하는 안전시설 등에 관한 설명으로 옳지 않은 것은?

① 밀폐구조의 영업장에는 간이스프링클러설비를 설치해야 한다.
② 노래반주기 등 영상음향차단장치를 사용하는 영업장에는 자동화재탐지설비를 설치해야 한다.
③ 구획된 실이 있는 노래연습장업의 영업장에는 영업장 내부 피난통로를 설치해야 한다.
④ 피난유도선은 모든 다중이용업소의 영업장에 설치해야 한다.

해설
다중이용업소의 안전시설 등
• **간이스프링클러설비**(캐비닛형 간이스프링클러설비를 포함한다) 설치대상
  - 지하층에 설치된 영업장
  - 숙박을 제공하는 형태의 다중이용업소의 영업장 중 다음에 해당하는 영업장. 다만, 지상 1층에 있거나 지상과 맞닿아 있는 층(영업장의 주된 출입구가 건축물 외부의 지면과 직접 연결된 경우를 포함한다)에 설치된 영업장은 제외한다.
    ⓐ 산후조리원의 영업장
    ⓑ 고시원의 영업장
  - 밀폐구조의 영업장
  - 권총사격장의 영업장
• **경보설비**
  - 비상벨설비 또는 자동화재탐지설비. 다만, 노래반주기 등 영상음향장치를 사용하는 영업장에는 자동화재탐지설비를 설치해야 한다.
  - 가스누설경보기. 다만, 가스시설을 사용하는 주방이나 난방시설이 있는 영업장에만 설치한다.
• **영업장 내부 피난통로**
  구획된 실(室)이 있는 영업장에만 설치한다.
• **피난유도선**
  영업장 내부 피난통로 또는 복도가 있는 영업장에만 설치한다.

073

다중이용업소의 안전관리에 관한 특별법령상 소방본부장이 관할 지역 다중이용업소의 안전관리를 위하여 수립하는 안전관리 집행계획에 포함되는 사항이 아닌 것은?

① 다중이용업소 밀집 지역의 소방시설 설치, 유지·관리와 개선계획
② 다중이용업소의 화재안전에 관한 정보체계의 구축
③ 다중이용업주와 종업원에 대한 소방안전교육·훈련계획
④ 다중이용업주와 종업원에 대한 자체지도 계획

해설
안전관리 집행계획
• 다중이용업소 밀집 지역의 소방시설 설치, 유지·관리와 개선계획
• 다중이용업주와 종업원에 대한 소방안전교육·훈련계획
• 다중이용업주와 종업원에 대한 자체지도 계획
• 다중이용업소의 화재위험평가의 실시 및 평가
• 평가결과에 따른 조치계획(화재위험지역이나 건축물에 대한 안전관리와 시설정비 등에 관한 사항을 포함한다)

074

다중이용업소의 안전관리에 관한 특별법령상 다중이용업주는 화재배상책임보험에 가입할 의무가 있다. 이 화재배상책임보험에서 부상등급과 보험 금액의 한도가 바르게 연결되지 않은 것은?

① 1급 – 3,000만원   ② 2급 – 1,500만원
③ 3급 – 1,200만원   ④ 4급 – 500만원

해설

부상등급과 보험금액

부상등급	한도급액	부상등급	한도급액
1급	3,000만원	8급	300만원
2급	1,500만원	9급	240만원
3급	1,200만원	10급	200만원
4급	1,000만원	11급	160만원
5급	900만원	12급	120만원
6급	700만원	13급	80만원
7급	500만원	14급	80만원

075

다중이용업소의 안전관리에 관한 특별법령상의 내용으로 ( )에 들어갈 말은?

소방청장은 다중이용업소의 화재 등 재난이나 그 밖의 위급한 상황으로 인한 인적·물적 피해의 감소, 안전기준의 개발, 자율적인 안전관리능력의 향상, 화재배상책임보험제도의 정착 등을 위하여 ( )마다 다중이용업소의 안전관리 기본계획을 수립·시행해야 한다.

① 1년   ② 3년
③ 5년   ④ 7년

해설

안전관리 기본계획(법 제5조)
• 수립·시행권자 : 소방청장
• 시기 : 5년마다

제4과목 위험물의 성질·상태 및 시설기준

076

제6류 위험물이 아닌 것은?

① 과염소산
② 아염소산칼륨
③ 질산(비중 1.49 이상)
④ 과산화수소(농도 36[wt%] 이상)

해설

제6류 위험물
• 질산(비중 1.49 이상)
• 과염소산
• 과산화수소(농도 36[wt%] 이상)
• 할로젠간화합물(BrF_3, IF_5)

아염소산칼륨($KClO_2$) : 제1류 위험물

077

위험물안전관리법령상 품명(위험물)별 지정수량과 위험등급이 바르게 연결된 것은?

① 알킬리튬 – 10[kg] – I급
② 황린 – 20[kg] – II등급
③ 유기금속화합물 – 300[kg] – III등급
④ 금속의 인화물 – 500[kg] – III등급

해설

위험등급

종 류	지정수량	위험등급
알킬리튬	10[kg]	I
황 린	20[kg]	I
유기금속화합물	50[kg]	II
금속의 인화물	300[kg]	III

078

제4류 위험물 중 제3석유류에 해당하는 것은?

① 중 유   ② 경 유
③ 등 유   ④ 휘발유

해설

제4류 위험물

종 류	품 명	지정수량
중 유	제3석유류(비수용성)	2,000[L]
경 유	제2석유류(비수용성)	1,000[L]
등 유	제2석유류(비수용성)	1,000[L]
휘발유	제1석유류(비수용성)	200[L]

079

제5류 위험물에 관한 설명으로 옳지 않은 것은?

① 외부의 산소 없이도 자기연소하고 연소속도가 빠르다.
② 나이트로화합물은 나이트로기가 많을수록 분해가 용이하다.
③ 지정수량 이상의 제5류 위험물 운반·적재 시 제2류, 제4류, 제6류 위험물과 혼재가 가능하다.
④ 일반적으로 다량의 물을 사용하여 냉각소화가 가능하다.

해설

제5류 위험물의 특성

• 외부의 산소 없이도 자기(내부)연소하고 연소속도가 빠르다.
• 나이트로화합물(TNT, 피크르산)은 나이트로기가 많을수록 분해가 용이하다.
• 지정수량 이상의 제5류 위험물 운반·적재 시 제2류, 제4류 위험물과 혼재가 가능하다.
• 일반적으로 다량의 물을 사용하여 냉각소화가 가능하다.

080

제2류 위험물의 특성에 관한 설명으로 옳은 것은?

① 철분은 절삭유와 같은 기름이 묻은 상태로 장시간 방치하면 자연발화하기 쉽다.
② 황은 물이나 알코올에 잘 녹으며 고온에서 탄소와 반응하면 이황화탄소가 발생한다.
③ 삼황화인은 찬 물에 잘 녹고 조해성이 있으며 연소 시 유독한 오산화인과 이산화황을 발생한다.
④ 적린은 상온에서 공기 중에 방치하면 자연발화를 일으키므로 이를 방지하기 위하여 물속에 보관해야 한다.

해설

제2류 위험물의 특성

• 철분은 절삭유와 같은 기름이 묻은 상태로 장시간 방치하면 자연발화하기 쉽다.
• 황은 물이나 산에는 녹지 않으나 알코올에는 조금 녹고 고무 상황을 제외하고는 CS_2에 잘 녹는다.
• 삼황화인은 **이황화탄소(CS_2)**, 알칼리, 질산에는 **녹고**, 물, 염소, **염산, 황산**에는 **녹지 않는다.**
• 삼황화인은 연소 시 유독한 오산화인(P_2O_5)과 이산화황(SO_2)을 발생한다.

> **[삼황화인의 연소반응식]**
> $P_4S_3 + 8O_2 \rightarrow 2P_2O_5 + 3SO_2\uparrow$

• 적린은 건조하고 서늘한 장소에 보관해야 한다.

081

제2류 위험물 마그네슘(Mg)에 관한 설명으로 옳지 않은 것은?

① 공기 중 습기와 서서히 반응하여 열이 축적되면 자연발화의 위험성이 있다.
② 미세한 분말은 밀폐공간 내 부유(浮游)하면 분진폭발의 위험이 있다.
③ 이산화탄소(CO_2) 중에서 연소한다.
④ 산이나 뜨거운 물에 반응하여 메테인(CH_4)가스를 발생시킨다.

해설

마그네슘(Mg)

• 물 성

화학식	분자량	지정수량	비 중	융점[℃]	비점[℃]
Mg	24.3	500[kg]	1.74	651	1,100

- 은백색의 광택이 있는 금속이다.
- 물과 반응하면 수소가스를 발생한다.

$$Mg + 2H_2O \rightarrow Mg(OH)_2 + H_2 \uparrow$$

- 가열하면 연소하기 쉽고 순간적으로 맹렬하게 폭발한다.

$$2Mg + O_2 \rightarrow 2MgO$$

- Mg분이 공기 중에 부유하면 화기에 의해 분진폭발의 위험이 있다.
- 할로젠원소 및 강산화제와 혼합하고 있는 것은 약간의 가열, 충격 등에 의해 발화·폭발한다.
- 소화방법 : 마른 모래, 탄산수소염류 등으로 질식소화

[마그네슘의 반응식]
- 연소반응 $2Mg + O_2 \rightarrow 2MgO$
- 물과 반응 $Mg + 2H_2O \rightarrow Mg(OH)_2 + H_2 \uparrow$
- **염산과 반응 $Mg + 2HCl \rightarrow MgCl_2 + H_2 \uparrow$**
- **황산과 반응 $Mg + H_2SO_4 \rightarrow MgSO_4 + H_2 \uparrow$**
- 질소와 반응 $3Mg + N_2 \rightarrow Mg_3N_2$(질화마그네슘)
- 이산화탄소와 반응 $Mg + CO_2 \rightarrow MgO + CO$

- 마그네슘은 산과 반응하면 수소(H_2)가스를 발생한다.

082

옥내저장소에 아세톤 18[L] 용기 100개와 초산 200[L] 용기 10개를 저장하고 있다면 이 저장소에는 지정수량의 몇 배를 저장하고 있는가?(단, 용기는 가득 차 있다고 가정한다)

① 5   ② 5.5
③ 7   ④ 9.5

지정수량의 배수
- 공식

$$\text{지정수량의 배수} = \frac{\text{저장량}}{\text{지정수량}} + \frac{\text{저장량}}{\text{지정수량}} + \cdots$$

- 지정수량

품목	품명	지정수량
아세톤	제1석유류(수용성)	400[L]
초산	제2석유류(수용성)	2,000[L]

∴ 지정수량의 배수

$$= \frac{18[L] \times 100개}{400[L]} + \frac{200[L] \times 10개}{2,000[L]}$$
$$= 5.5배$$

083

제6류 위험물에 관한 설명으로 옳지 않은 것은?

① 모두 무기화합물이며 불연성의 산화성 액체이다.
② 지정수량은 300[kg]이며 위험등급은 Ⅰ등급에 해당한다.
③ 과산화수소의 저장용기는 완전히 밀전하여 저장한다.
④ 할로젠간화합물을 제외하고 산소를 함유하고 있으며 다른 물질을 산화시킨다.

제6류 위험물
- 질산(비중 1.49 이상), 과염소산, 과산화수소(농도 36[wt%] 이상), 할로젠간화합물
- 모두 무기화합물이며 불연성의 산화성 액체이다.
- 지정수량은 300[kg]이며 위험등급은 Ⅰ등급에 해당한다.
- 과산화수소의 저장용기는 구멍 뚫린 마개를 사용하여 저장한다.
- 할로젠간화합물을 제외하고 산소를 함유하고 있으며 다른 물질을 산화시킨다.

084

물과 반응하여 가연성 가스를 발생하는 위험물만으로 나열된 것은?

① CaC_2, $LiAlH_4$, Al_4C_3
② K_2O_2, NaH, $Zn(ClO_3)_2$
③ $Ba(ClO_3)_2$, K_2O_2, CaC_2
④ $Zn(ClO_3)_2$, $Ba(ClO_3)_2$, Al_4C_3

물과의 반응
- 탄화칼슘
  $CaC_2 + 2H_2O \rightarrow Ca(OH)_2 + C_2H_2 \uparrow$ (아세틸렌)
- 수소화알루미늄리튬
  $LiAlH_4 + 4H_2O \rightarrow LiOH + Al(OH)_3 + 4H_2 \uparrow$ (수소)
- 탄화알루미늄
  $Al_4C_3 + 12H_2O \rightarrow 4Al(OH)_3 + 3CH_4 \uparrow$ (메테인)
- 과산화칼륨 $2K_2O_2 + 2H_2O \rightarrow 4KOH + O_2 \uparrow$
- 수소화나트륨 $NaH + H_2O \rightarrow NaOH + H_2 \uparrow$
- 염소산아연 $Zn(ClO_3)_2$: 물에 녹음
- 염소산바륨 $Ba(ClO_3)_2$: 물에 녹음

가연성 가스 : C_2H_2, H_2, CH_4

085

제1류 위험물인 과산화나트륨(Na$_2$O$_2$) 1[kg]이 완전 열분해 되었을 경우 생성되는 산소는 표준상태(STD)에서 약 몇 [L]인가?(단, Na의 원자량은 23, O의 원자량은 16으로 한다)

① 0.143
② 0.283
③ 143.59
④ 283.18

해설

과산화나트륨의 연소반응식

$2Na_2O_2 \ \rightarrow \ 2Na_2O \ + \ O_2$

$2 \times 78[g]$ ⤬ $22.4[L]$

$1,000[g]$ $\quad$ x

$\therefore \ x = \dfrac{1,000[g] \times 22.4[L]}{2 \times 78[g]} = 143.59[L]$

086

제1류 위험물의 성질·상태 및 위험성에 관한 설명으로 옳지 않은 것은?

① 질산칼륨은 무색결정 또는 백색분말이며 짠맛이 있다.
② 과염소산칼륨은 무색무취의 결정으로 에탄올, 에터에 잘 녹는다.
③ 질산나트륨은 무색결정으로 조해성이 있으며 칠레초석이라고도 불린다.
④ 과망가니즈산나트륨은 적린, 황, 금속분과 혼합하면 가열, 충격에 의해 폭발한다.

해설

제1류 위험물의 성질·상태 및 위험성
• 질산칼륨은 차가운 느낌의 자극이 있고 짠맛이 나는 무색의 결정 또는 **백색결정**이다.
• 과염소산칼륨은 무색무취의 사방정계 결정으로 **물, 알코올, 에터에 녹지 않는다.**
• 질산나트륨은 무색결정으로 조해성이 있으며 칠레초석이라고도 불린다.
• 과망가니즈산나트륨은 적린, 황, 금속분과 혼합하면 가열, 충격에 의해 폭발한다.

087

트라이나이트로톨루엔[C$_6$H$_2$CH$_3$(NO$_2$)$_3$] 열분해 반응 시 최종적으로 발생하는 물질이 아닌 것은?

① N$_2$
② H$_2$
③ CO
④ NO$_2$

해설

트라이나이트로톨루엔(TNT) 열분해 반응식

$$2C_6H_2CH_3(NO_2)_3 \\ \rightarrow \ 2C \ + \ 3N_2\uparrow \ + \ 5H_2\uparrow \ + \ 12CO\uparrow$$

088

위험물안전관리법령상 위험물제조소의 안전거리 적용 대상에서 제외되는 위험물은?

① 제3류 위험물
② 제4류 위험물
③ 제5류 위험물
④ 제6류 위험물

해설

제6류 위험물은 안전거리와 피뢰설비(지정수량 10배 이상) 제외대상이다.

089

위험물안전관리법령상 위험물제조소의 채광 및 조명설비에 관한 기준으로 옳지 않은 것은?

① 전선은 내화·내열전선으로 할 것
② 점멸스위치는 출입구 바깥부분에 설치할 것(다만, 스위치의 스파크로 인한 화재·폭발의 우려가 없을 경우에는 그렇지 않다)
③ 가연성 가스 등이 체류할 우려가 있는 장소의 조명등은 방폭등으로 할 것
④ 채광설비는 불연재료로 하고 연소의 우려가 없는 장소에 설치하되 채광면적을 최대로 할 것

해설
위험물제조소의 채광 및 조명설비
• 조명설비
  − 가연성 가스 등이 체류할 우려가 있는 장소의 조명등 : 방폭등
  − 전선 : 내화·내열전선
  − 점멸스위치 : 출입구 바깥부분에 설치(다만, 스위치의 스파크로 인한 화재·폭발의 우려가 없을 경우에는 그렇지 않다)
• **채광설비** : 불연재료로 하고 연소의 우려가 없는 장소에 설치하되 채광면적을 **최소로 할 것**

090

위험물안전관리법령상 제1류 위험물 중 알칼리금속의 과산화물을 운반용기 외부에 표시해야 할 주의사항으로 옳지 않은 것은?(단, 국제해상위험물규칙(IMDG Code)에 정한 기준 또는 소방청장이 정하여 고시하는 기준에 적합한 표시를 한 경우에는 제외한다)

① 물기엄금   ② 화기·충격주의
③ 공기접촉엄금   ④ 가연물접촉주의

해설
운반용기의 주의사항
• 제1류 위험물
  − **알칼리금속의 과산화물 : 화기·충격주의, 물기엄금, 가연물접촉주의**
  − 그 밖의 것 : 화기·충격주의, 가연물접촉주의
• 제2류 위험물
  − 철분·금속분·마그네슘 : 화기주의, 물기엄금
  − 인화성 고체 : 화기엄금
  − 그 밖의 것 : 화기주의
• 제3류 위험물
  − 자연발화성 물질 : 화기엄금, 공기접촉엄금
  − 금수성 물질 : 물기엄금
• 제4류 위험물 : 화기엄금
• 제5류 위험물 : 화기엄금, 충격주의
• 제6류 위험물 : 가연물접촉주의

091

위험물안전관리법령상 위험물제조소의 압력계 및 안전장치설비 중 위험물을 가압하는 설비에 설치하는 안전장치가 아닌 것은?

① 밸브 없는 통기관
② 안전밸브를 겸하는 경보장치
③ 감압 측에 안전밸브를 부착한 감압밸브
④ 자동적으로 압력의 상승을 정지시키는 장치

해설
안전장치
• 자동적으로 압력의 상승을 정지시키는 장치
• 감압 측에 안전밸브를 부착한 감압밸브
• 안전밸브를 겸하는 경보장치
• 파괴판(위험물의 성질에 따라 안전밸브의 작동이 곤란한 설비에 한한다)

092

위험물안전관리법령상 위험물제조소의 옥외에서 액체위험물을 취급하는 설비의 바닥의 둘레에 설치하는 턱의 높이 기준은?

① 0.1[m] 이상   ② 0.15[m] 이상
③ 0.3[m] 이상   ④ 0.5[m] 이상

해설
옥외시설의 바닥(옥외에서 액체위험물을 취급하는 경우)
• 바닥의 둘레에 높이 0.15[m] 이상의 턱을 설치할 것
• 바닥의 최저부에 집유설비를 할 것
• 위험물(20[℃]이 물 100[g]에 용해되는 양이 1[g] 미만인 것에 한함)을 취급하는 설비에는 집유설비에 유분리장치를 설치할 것

093

위험물안전관리법령상 제조소 등의 소화난이도 Ⅰ등급 중 황만을 저장·취급하는 옥내탱크저장소에 설치하는 소화설비는?

① 물분무소화설비
② 강화액소화설비
③ 불활성가스소화설비
④ 할로젠화합물소화설비

소화난이도등급 I 의 제조소 등에 설치해야 하는 소화설비

제조소 등의 구분			소화설비
제조소 및 일반취급소			옥내소화전설비, 옥외소화전설비, 스프링클러설비 또는 물분무 등 소화설비(화재발생 시 연기가 충만할 우려가 있는 장소에는 스프링클러설비 또는 이동식 외의 물분무 등 소화설비에 한한다)
옥외탱크저장소	지중탱크 또는 해상탱크 외의 것	황만을 저장·취급하는 것	물분무소화설비
		인화점 70[℃] 이상의 제4류 위험물만을 저장·취급하는 것	물분무소화설비 또는 고정식 포소화설비
		그 밖의 것	고정식 포소화설비(포소화설비가 적응성이 없는 경우에는 분말소화설비)
	지중탱크		고정식 포소화설비, 이동식 이외의 불활성가스소화설비 또는 이동식 이외의 할로젠화합물소화설비
	해상탱크		고정식 포소화설비, 물분무소화설비, 이동식 이외의 불활성가스소화설비 또는 이동식 이외의 할로젠화합물소화설비
옥내탱크저장소	황만을 저장·취급하는 것		물분무소화설비
	인화점 70[℃] 이상의 제4류 위험물만을 저장·취급하는 것		물분무소화설비, 고정식 포소화설비, 이동식 이외의 불활성가스소화설비, 이동식 이외의 할로젠화합물소화설비 또는 이동식 이외의 분말소화설비
	그 밖의 것		고정식 포소화설비, 이동식 이외의 불활성가스소화설비, 이동식 이외의 할로젠화합물소화설비 또는 이동식 이외의 분말소화설비

094

위험물안전관리법령상 지하탱크저장소 하나의 전용실에 경유 20,000[L]와 휘발유 10,000[L]의 저장탱크를 인접해 설치하는 경우 탱크 상호 간의 거리는 최소 몇 [m]를 유지해야 하는가?(단, 지하저장탱크 사이에 탱크전용실의 벽이나 두께 20[cm] 이상의 콘크리트 구조물이 있는 경우는 제외)

① 0.3 ② 0.5
③ 0.6 ④ 1.0

지하저장탱크의 이격거리

지하저장탱크를 2 이상 인접해 설치하는 경우에는 그 상호 간에 1[m](해당 2 이상의 지하저장탱크의 용량의 합계가 지정수량의 100배 이하인 때에는 0.5[m]) 이상의 간격을 두어야 한다.

· 공 식

$$지정수량의 \ 배수 = \frac{저장량}{지정수량} + \frac{저장량}{지정수량} + \cdots$$

· 지정수량

품 목	품 명	지정수량
경 유	제2석유류(비수용성)	1,000[L]
휘발유	제1석유류(수용성)	200[L]

∴ 지정수량의 배수 $= \dfrac{20,000[L]}{1,000[L]} + \dfrac{10,000[L]}{200[L]} = 70$배

∴ 지정수량의 배수가 70배이므로 0.5[m] 이상의 간격을 두어야 한다.

095

위험물안전관리법령상 옥내탱크저장소의 탱크전용실에 하나의 탱크를 설치하고 등유를 저장하려고 한다. 저장할 수 있는 최대용량과 그 지정수량의 배수는?

① 20,000[L] - 20배
② 20,000[L] - 40배
③ 40,000[L] - 20배
④ 40,000[L] - 40배

옥내저장탱크의 용량(동일한 탱크전용실에 옥내저장탱크를 2 이상 설치하는 경우에는 각 탱크의 용량의 합계)은 지정수량의 40배(제4석유류 및 동식물유류 외의 제4류 위험물 : 20,000[L]를 초과할 때에는 20,000[L]) 이하일 것

∴ 등유는 제4류 위험물 제2석유류(비수용성)로서 지정수량 1,000[L]이다.

- 지정수량의 40배는 1,000[L] × 40배 = 40,000[L]
- 제2석유류는 20,000[L]를 초과하면 20,000[L]로 하고 지정수량의 배수는 20,000[L]/1,000[L] = 20배이다.

096

위험물안전관리법령상 간이탱크저장소 설치기준에 관한 내용으로 옳은 것은?

① 간이저장탱크의 용량은 1,000[L] 이하이어야 한다.
② 하나의 간이탱크저장소에 설치하는 간이저장탱크 수는 5 이하로 한다.
③ 간이저장탱크는 70[kPa]의 압력으로 10분간의 수압시험을 실시하여 새거나 변형되지 않아야 한다.
④ 간이저장탱크를 옥외에 설치하는 경우 그 탱크 주위에 너비 0.5[m] 이상의 공지를 둔다.

간이탱크저장소 설치기준

- 간이저장탱크의 용량 : 600[L] 이하
- 하나의 간이탱크저장소에 설치하는 간이저장탱크의 수 : 3 이하
- 간이저장탱크는 두께 3.2[mm] 이상의 강판으로 흠이 없도록 제작해야 하며 70[kPa]의 압력으로 10분간의 수압시험을 실시하여 새거나 변형되지 않아야 한다.
- 간이저장탱크를 옥외에 설치하는 경우 그 탱크 주위에 너비 1[m] 이상의 공지를 두어야 한다.

097

위험물안전관리법령상 제조소 등에 설치하는 옥외소화전설비 수원기준에 관한 것이다. ( )에 들어갈 숫자는?

> 수원의 수량은 옥외소화전설비의 설치개수(설치개수가 4개 이상인 경우에는 4개의 옥외소화전)에 ( )[m³]를 곱한 양 이상이 되도록 설치할 것

① 2.6　　　　　② 7
③ 7.8　　　　　④ 13.5

일반건축물과 위험물제조소 등의 비교

종류 \ 항목		방수량	방수압력	배출량 (토출량)	수 원	비상전원
옥내소화전설비	일반건축물	130 [L/min]	0.17 [MPa]	N(최대 2개) ×130 [L/min]	N(최대 2개)×2.6[m³] (130[L/min]×20[min])	20분
	위험물제조소등	260 [L/min]	0.35 [MPa]	N(최대 5개) ×260 [L/min]	N(최대 5개)×7.8[m³] (260[L/min]×30[min])	45분
옥외소화전설비	일반건축물	350 [L/min]	0.25 [MPa]	N(최대 2개) ×350 [L/min]	N(최대 2개)×7[m³] (350[L/min]×20[min])	–
	위험물제조소등	450 [L/min]	0.35 [MPa]	N(최대 4개) ×450 [L/min]	N(최대4개)×13.5[m³] (450[L/min]×30[min])	45분
스프링클러설비	일반건축물	80 [L/min]	0.1 [MPa]	헤드 수×80 [L/min]	헤드 수×1.6[m³] (80[L/min]×20[min])	20분
	위험물제조소등	80 [L/min]	0.1 [MPa]	헤드 수×80 [L/min]	헤드 수×2.4[m³] (80[L/min]×30[min])	45분

098

위험물안전관리법령상 제1종 판매취급소에 관한 설명으로 옳지 않은 것은?

① 제1종 판매취급소는 저장 또는 취급하는 위험물의 수량이 지정수량의 20배 이하인 판매취급소를 말한다.
② 제1종 판매취급소의 위험물을 배합하는 실의 바닥면적은 20[m²] 이하로 한다.
③ 제1종 판매취급소로 사용되는 부분과 다른 부분과의 격벽은 내화구조로 해야 한다.
④ 제1종 판매취급소의 용도로 사용하는 부분의 창및 출입구에는 60분+방화문·60분 방화문 또는 30분 방화문을 설치해야 한다.

제1종 판매취급소 설치기준
• 제1종 판매취급소 : 저장 또는 취급하는 위험물의 수량이 지정수량의 20배 이하인 판매취급소
• 제1종 판매취급소의 배합실의 기준
  – **바닥면적은 6[m²] 이상 15[m²] 이하일 것**
  – 내화구조 또는 불연재료로 된 벽으로 구획할 것
  – 바닥은 위험물이 침투하지 않는 구조로 하여 적당한 경사를 두고 집유설비를 할 것
  – 출입구에는 수시로 열 수 있는 자동폐쇄식의 60분+방화문 또는 60분 방화문을 설치할 것
  – 출입구 문턱의 높이는 바닥면으로부터 0.1[m] 이상으로 할 것
  – 내부에 체류한 가연성의 증기 또는 가연성의 미분을 지붕 위로 방출하는 설비를 할 것
• **제1종 판매취급소**로 사용되는 부분과 다른 부분과의 격벽은 **내화구조**로 할 것
• 제1종 판매취급소의 용도로 사용하는 부분의 창 및 출입구에는 **60분+방화문·60분 방화문** 또는 **30분 방화문**을 설치할 것

099

위험물안전관리법령상 주유취급소 내에 설치하는 고정주유설비와 고정급유설비 사이에 유지해야 하는 거리 기준은?

① 1[m] 이상   ② 3[m] 이상
③ 4[m] 이상   ④ 5[m] 이상

위험물 주유취급소의 고정주유설비, 고정급유설비와의 거리
• 고정주유설비(중심선을 기점으로 하여)
  – 도로경계선 : 4[m] 이상
  – 부지경계선, 담, 건축물의 벽 : 2[m] 이상
  – 개구부가 없는 벽 : 1m이상
• 고정급유설비(중심선을 기점으로 하여)
  – 도로경계선까지 : 4[m] 이상
  – 부지경계선·담까지 : 1[m]
  – 건축물의 벽까지 : 2[m](개구부가 없는 벽까지는 1[m]) 이상 거리를 유지할 것
• **고정주유설비와 고정급유설비 사이 : 4[m] 이상**

100

위험물안전관리법령상 경유 40,000[L]를 저장하고 있는 위험물에 관한 소화설비 소요단위는?

① 2단위   ② 4단위
③ 6단위   ④ 8단위

소요단위

$$소요단위 = \frac{저장량}{지정수량 \times 10}$$

경유(제4류 위험물 제2석유류 비수용성)의 지정수량 : 1,000[L]

$$\therefore \ 소요단위 = \frac{저장량}{지정수량 \times 10} = \frac{40,000[L]}{1,000[L] \times 10} = 4단위$$

제5과목 **소방시설의 구조원리**

101

한 대의 원심펌프를 회전수를 달리하여 운전할 때의 관계식은?(단, Q : 유량, N : 회전수, H : 양정, L : 축동력)

① $\dfrac{Q_2}{Q_1} = \dfrac{N_1}{N_2}$ ② $\dfrac{H_1}{H_2} = \left(\dfrac{N_1}{N_2}\right)^2$

③ $\dfrac{L_1}{L_2} = \left(\dfrac{N_2}{N_1}\right)^3$ ④ $\dfrac{Q_1}{Q_2} = \left(\dfrac{N_1}{N_2}\right)^4$

펌프의 상사법칙
• 유 량 $Q_2 = Q_1 \times \dfrac{N_2}{N_1} \times \left(\dfrac{D_2}{D_1}\right)^3$

• 전양정 $H_2 = H_1 \times \left(\dfrac{N_2}{N_1}\right)^2 \times \left(\dfrac{D_2}{D_1}\right)^2$

• 동 력 $L_2 = L_1 \times \left(\dfrac{N_2}{N_1}\right)^3 \times \left(\dfrac{D_2}{D_1}\right)^5$

여기서, N : 회전수[rpm], D : 내경[mm]

102

바닥면적 530[m²]의 특정소방대상물인 장례식장에 설치한 소화기구의 최소 능력단위는?(단, 주요구조부는 비내화구조임)

① 3   ② 6

③ 8   ④ 11

해설

소화기구의 능력단위

특정소방대상물	소화기구의 능력단위
1. 위락시설	해당 용도의 바닥면적 30[m²]마다 능력단위 1단위 이상
2. 공연장·집회장·관람장·문화재·장례식장 및 의료시설	해당 용도의 바닥면적 50[m²]마다 능력단위 1단위 이상
3. 근린생활시설·판매시설·운수시설·숙박시설·노유자시설·전시장·공동주택·업무시설·방송통신시설·공장·창고시설·항공기 및 자동차 관련 시설, 관광휴게시설	해당 용도의 바닥면적 100[m²]마다 능력단위 1단위 이상
4. 그 밖의 것	해당 용도의 바닥면적 200[m²]마다 능력단위 1단위 이상

[비고] 소화기구의 능력단위를 산출함에 있어서 건축물의 주요구조부가 내화구조이고, 벽 및 반자의 실내에 면하는 부분이 불연재료·준불연재료 또는 난연재료로 된 특정소방대상물에 있어서는 위 표의 바닥면적의 2배를 해당 특정소방대상물의 기준면적으로 한다.

$$\therefore 능력단위 = \frac{바닥면적}{기준면적} = \frac{530[m^2]}{50[m^2]} = 10.6 \rightarrow 11단위$$

103

옥외소화전설비 노즐 끝부분의 방수압력이 0.26[MPa]에서 310[L/min]으로 방수되었다. 350[L/min]을 방수하고자 할 경우 노즐 선단(끝부분)의 방수압력[MPa]은? (단, 계산 결괏값은 소수점 넷째 자리에서 반올림함)

① 0.200   ② 0.231

③ 0.33   ④ 0.462

해설

방수압력

$$Q = K\sqrt{10P}$$

- K값을 구하면

$$Q = K\sqrt{10P}, \quad 310[\text{L/min}] = K\sqrt{10 \times 0.26[\text{MPa}]}$$
$$\therefore K = 192.3$$

- K값을 대입하여 방수압력을 구한다.

$$Q = K\sqrt{10P}, \quad 350[\text{L/min}] = 192.3\sqrt{10 \times P}$$
$$\therefore P = 0.33$$

104

스프링클러설비에 관한 설명으로 옳은 것을 모두 고른 것은?

> ㄱ. 유리벌브형 폐쇄형 헤드의 표시온도가 93[℃]인 경우 액체의 색은 초록색이어야 한다.
> ㄴ. 반응시간지수(RTI)란 기류의 온도·압력 및 작동시간에 대하여 스프링클러헤드의 반응을 예상한 지수이다.
> ㄷ. 준비작동식 유수검지장치의 작동에서 화재감지회로는 교차회로방식으로 해야 하나, 스프링클러설비의 배관에 압축공기가 채워지는 경우에는 그렇지 않다.
> ㄹ. 하부에 설치된 헤드의 방출수에 따라 감열부에 영향을 받을 우려가 있는 헤드에는 방출수를 차단할 수 있는 유효한 차폐판을 설치해야 한다.

① ㄱ, ㄴ   ② ㄱ, ㄷ

③ ㄴ, ㄹ   ④ ㄷ, ㄹ

해설

스프링클러설비

- 폐쇄형 헤드의 표시온도에 따른 색상

글라스벌브형(유리벌브형)		퓨즈블링크형(퓨즈메탈형)	
표시온도[℃]	색별	표시온도[℃]	색별
57[℃]	오렌지	77[℃] 미만	표시없음
68[℃]	빨강	78~120[℃]	흰색
79[℃]	노랑	121~162[℃]	파랑
93[℃]	초록	163~203[℃]	빨강
141[℃]	파랑	204~259[℃]	초록
182[℃]	연한 자주	260~319[℃]	오렌지
227[℃] 이상	검정	320[℃] 이상	검정

- 반응시간지수(RTI)란 기류의 온도·속도 및 작동시간에 대하여 스프링클러헤드의 반응을 예상한 지수이다.

$$RTI = r\sqrt{u}$$

여기서, r : 감열체의 시간상수[초]
        u : 기류속도[m/s]

- 상부에 설치된 헤드의 방출수에 따라 감열부에 영향을 받을 우려가 있는 헤드에는 방출수를 차단할 수 있는 유효한 차폐판을 설치해야 한다.

105

표시등의 성능인증 및 제품검사의 기술기준상 옥내소화전의 표시등은 사용전압의 몇 [%]인 전압을 24시간 연속하여 가하는 경우 단선이 발생하지 않아야 하는가?

① 130 ② 140
③ 150 ④ 160

해설

표시등의 성능인증 및 제품검사의 기술기준

- 주위온도시험 : 표시등은 주위온도가 (-20 ± 2)[℃] 및 (50 ± 2) [℃]의 온도에서 각각 12시간 놓아두는 경우 구조 및 기능에 이상이 생기지 않아야 한다.
- 표시등의 재질 : 외함은 불연성 또는 난연성 재질
- **수명시험** : 표시등은 사용전압의 **130[%]**인 전압을 **24시간** 연속하여 가하는 경우 단선, 현저한 광속변화, 전류변화 등의 현상이 발생하지 않아야 한다.
- 식별도시험
  - 표시등은 주위의 밝기가 300[lx]인 장소에서 정격전압 및 정격전압 ± 20[%]에서 측정하여 앞면으로부터 3[m] 떨어진 위치에서 켜진 등이 확실히 식별되어야 한다.
  - 표시등의 불빛은 부착면과 15° 이하의 각도로도 발산되어야 하며 주위의 밝기가 0[lx]인 장소에서 측정하여 10[m] 떨어진 위치에서 켜진 등이 확실히 식별되어야 한다.
- 진동시험 : 표시등은 통전상태에서 전진폭 1[mm]로 매분 1,000회의 진동을 임의의 방향으로 연속하여 10분간 가하는 경우 그 구조 또는 기능에 이상이 생기지 않아야 한다.
- 절연저항시험 : 표시등의 단자와 외함 간의 절연저항은 직류 500[V]의 절연저항계로 측정하는 경우 20[MΩ] 이상이어야 한다.

106

펌프의 토출관과 흡입관 사이의 배관 도중에 설치한 흡입기에 펌프에서 토출된 물의 일부를 보내고 농도조정밸브에서 조정된 포소화약제의 필요량을 포소화약제 저장탱크에서 펌프 흡입 측으로 보내어 이를 혼합하는 방식은?

① 라인 프로포셔너방식
② 프레셔 프로포셔너방식
③ 펌프 프로포셔너방식
④ 프레셔 사이드 프로포셔너방식

해설

펌프의 혼합방식

- **펌프 프로포셔너방식** : 펌프의 토출관과 흡입관 사이의 배관 도중에 설치한 흡입기에 펌프에서 토출된 물의 일부를 보내고, 농도조정밸브에서 조정된 포소화약제의 필요량을 포소화약제 저장탱크에서 펌프 흡입 측으로 보내어 이를 혼합하는 방식
- **프레셔 프로포셔너방식** : 펌프와 발포기의 중간에 설치된 벤투리관의 벤투리작용과 펌프 가압수의 포소화약제 저장탱크에 대한 압력에 따라 포소화약제를 흡입·혼합하는 방식
- **라인 프로포셔너방식** : 펌프와 발포기의 중간에 설치된 벤투리관의 벤투리작용에 따라 포소화약제를 흡입·혼합하는 방식
- **프레셔 사이드 프로포셔너방식** : 펌프의 토출관에 압입기를 설치하여 포소화약제 압입용 펌프로 포소화약제를 압입시켜 혼합하는 방식

107

바닥면적 30[m²]인 변압기실에 물분무소화설비를 설치하려고 한다. 바닥부분을 제외한 절연유 봉입 변압기의 표면적을 합한 면적이 3[m²]일 때 수원의 최소 저수량[L]은?

① 450 ② 600
③ 900 ④ 1,200

해설

펌프의 토출량과 수원의 양

소방대상물	펌프의 토출량[L/min]	수원의 양[L]
특수가연물 저장, 취급	바닥면적(50[m²] 이하는 50[m²]로) ×10[L/min·m²]	바닥면적(50[m²] 이하는 50[m²]로) ×10[L/min·m²] ×20[min]
차고, 주차장	바닥면적(50[m²] 이하는 50[m²]로) ×20[L/min·m²]	바닥면적(50[m²] 이하는 50[m²]로) ×20[L/min·m²] ×20[min]
절연유 봉입변압기	표면적(바닥 부분 제외) ×10[L/min·m²]	**표면적(바닥 부분 제외)** ×10[L/min·m²] ×20[min]
케이블 트레이, 덕트	투영된 바닥면적 ×12[L/min·m²]	투영된 바닥면적 ×12[L/min·m²] ×20[min]
컨베이어 벨트	벨트 부분의 바닥면적 ×10[L/min·m²]	벨트 부분의 바닥면적 ×10[L/min·m²] ×20[min]

$$\therefore \ \text{수원} = \text{표면적의 합계(바닥부분 제외)}$$
$$\times 10[\text{L/min} \cdot \text{m}^2] \times 20[\text{min}]$$
$$= 3\text{m}^2 \times 10[\text{L/min} \cdot \text{m}^2] \times 20[\text{min}]$$
$$= 600[\text{L}]$$

108

할론소화설비의 화재안전기술기준상 분사헤드의 방출압력의 최소기준으로 옳은 것은?

	할론1301	할론1211	할론2402
①	0.9[MPa] 이상	0.2[MPa] 이상	0.1[MPa] 이상
②	0.8[MPa] 이상	0.1[MPa] 이상	0.3[MPa] 이상
③	0.7[MPa] 이상	0.3[MPa] 이상	0.4[MPa] 이상
④	0.1[MPa] 이상	0.2[MPa] 이상	0.2[MPa] 이상

해설

분사헤드의 방출압력

종 류	방출압력
할론1301	0.9[MPa] 이상
할론1211	0.2[MPa] 이상
할론2402	0.1[MPa] 이상

109

이산화탄소소화설비의 자동식 기동장치 중 가스압력식 기동장치의 설치기준으로 옳지 않은 것은?

① 기동용 가스용기 및 해당 용기에 사용하는 밸브는 25[MPa] 이상의 압력에 견딜 수 있는 것으로 할 것

② 기동용 가스용기에는 내압시험압력의 0.8배부터 내압시험압력 이하에서 작동하는 안전장치를 설치할 것

③ 기동용 가스용기의 체적은 5[L] 이상으로 하고 해당 용기에 저장하는 질소 등의 비활성 기체는 5.0[MPa] 이상(21[℃] 기준)의 압력으로 충전할 것

④ 질소 등의 비활성 기체 기동용 가스용기에는 충전여부를 확인할 수 있는 압력게이지를 설치할 것

해설

이산화탄소소화설비의 가스압력식 기동장치의 설치기준

• 기동용 가스용기 및 해당 용기에 사용하는 밸브는 25[MPa] 이상의 압력에 견딜 수 있는 것으로 할 것

• 기동용 가스용기에는 내압시험압력의 0.8배부터 내압시험압력 이하에서 작동하는 안전장치를 설치할 것

• 기동용 가스용기의 체적은 **5[L] 이상**으로 하고 해당 용기에 저장하는 질소 등의 비활성 기체는 **6.0[MPa] 이상**(21[℃] 기준)의 압력으로 충전할 것

• 질소 등의 비활성 기체 기동용 가스용기에는 충전여부를 확인할 수 있는 압력게이지를 설치할 것

110

할로겐화합물 및 불활성기체소화설비의 화재안전기술기준상 사람이 상주하는 곳에 설치하는 소화약제의 최대허용 설계농도로 옳은 것은?

① HCFC BLEND A : 11[%]

② IG-100 : 45[%]

③ HFC-23 : 55[%]

④ HFC-227ea : 10.5[%]

해설

할로겐화합물 및 불활성기체의 최대허용설계농도

소화약제	최대허용설계농도[%]
FC-3-1-10	40
HCFC BLEND A	10
HCFC-124	1.0
HFC-125	11.5
HFC-227ea	10.5
HFC-23	30
HFC-236fa	12.5
FIC-13I1	0.3
FK-5-1-12	10
IG-01	43
IG-100	43
IG-541	43
IG-55	43

111

자동화재탐지설비 및 시각경보장치의 화재안전기술기준상의 내용으로 옳지 않은 것은?

① 외기에 면하여 상시 개방된 부분이 있는 차고에 있어서는 외기에 면하는 각 부분으로부터 5[m] 미만의 범위 안에 있는 부분은 경계구역의 면적에 산입하지 않는다.

② 하나의 경계구역의 면적은 600[m²] 이하로 할 것

③ 중계기는 수신기에서 직접 감지기회로의 도통시험을 행하지 않는 것에 있어서는 수신기와 감지기 사이에 설치할 것

④ 열전대식 차동식분포형감지기는 하나의 검출기에 접속하는 감지부는 2개 이상 15개 이하가 되도록 할 것

자동화재탐지설비 및 시각경보장치의 설치기준

• 외기에 면하여 상시 개방된 부분이 있는 차고, 주차장, 창고 등에 있어서는 외기에 면하는 각 부분으로부터 5[m] 미만의 범위 안에 있는 부분은 경계구역의 면적에 산입하지 않는다.
• 하나의 경계구역의 면적은 600[m²] 이하로 하고, 한 변의 길이는 50[m] 이하로 할 것
• 중계기는 수신기에서 직접 감지기회로의 도통시험을 행하지 않는 것에 있어서는 수신기와 감지기 사이에 설치할 것
• **열전대식 차동식분포형 감지기**는 하나의 검출기에 접속하는 감지부는 **20개 이하**로 할 것
• **열반도체식 차동식분포형 감지기**는 하나의 검출기에 접속하는 감지부는 **2개 이상 15개 이하**가 되도록 할 것

112

방호구역이 120[m³]인 공간에 전역방출방식의 분말소화설비를 설치할 때 최소 소화약제 저장량[kg]은?(단, 소화약제는 제2종 분말이며 개구부의 면적은 2[m²]로 자동폐쇄장치가 설치되어 있지 않음)

① 35.7　　　② 48.6
③ 56.3　　　④ 61.8

전역방출방식

> 소화약제 저장량[kg]
> = 방호구역 체적[m³] × 소화약제량[kg/m³]
> 　+ 개구부의 면적[m²] × 가산량[kg/m²]

※ 개구부의 면적은 자동폐쇄장치가 설치되어 있지 않은 면적이다.

분말소화약제의 소화약제량 및 가산량

약제의 종류	소화약제량	가산량
제1종 분말	0.60[kg/m³]	4.5[kg/m²]
제2종 또는 제3종 분말	0.36[kg/m³]	2.7[kg/m²]
제4종 분말	0.24[kg/m³]	1.8[kg/m²]

∴ 소화약제 저장량[kg]
$= (120[m^3] \times 0.36[kg/m^3]) + (2[m^2] \times 2.7[kg/m^2])$
$= 48.6[kg]$

113

자동화재속보설비에 관한 설명으로 옳지 않은 것은?

① 노유자 생활시설은 자동화재속보설비를 설치해야 한다.

② 문화재에 설치하는 자동화재속보설비는 속보기에 감지기를 직접 연결하는 방식(자동화재탐지설비 1개의 경계구역으로 한다)으로 할 수 있다.

③ 속보기는 연동 또는 수동 작동에 의한 다이얼링 후 소방관서와 전화접속이 이루어지지 않은 경우에는 최소 다이얼링을 포함하여 3회 이상 반복적으로 접속을 위한 다이얼링이 이루어져야 한다.

④ 속보기는 소방관서에 통신망으로 통보하도록 하며, 데이터 또는 코드전송방식을 부가적으로 설치할 수 있다.

속보기의 기능

• 작동신호를 수신하거나 수동으로 동작시키는 경우 20초 이내에 소방관서에 자동적으로 신호를 발하여 통보하되, 3회 이상 속보할 수 있어야 한다.
• 주전원이 정지한 경우에는 자동적으로 예비전원으로 전환되고, 주전원이 정상상태로 복귀한 경우에는 자동적으로 예비전원에서 주전원으로 전환되어야 한다.
• 예비전원은 자동적으로 충전되어야 하며 자동과충전방지장치가 있어야 한다.

- 화재신호를 수신하거나 속보기를 수동으로 동작시키는 경우 자동적으로 적색 화재표시등이 점등되고 음향장치로 화재를 경보해야 하며 화재표시 및 경보는 수동으로 복구 및 정지시키지 않은 한 지속되어야 한다.
- 연동 또는 수동으로 소방관서에 화재발생 음성정보를 속보 중인 경우에도 송수화장치를 이용한 통화가 우선적으로 가능해야 한다.
- 예비전원을 병렬로 접속하는 경우에는 역충전 방지 등의 조치를 해야 한다.
- 예비전원은 감시상태를 60분간 지속한 후 10분 이상 동작(화재속보 후 화재표시 및 경보를 10분간 유지하는 것을 말한다)이 지속될 수 있는 용량이어야 한다.
- **속보기**는 연동 또는 수동 작동에 의한 다이얼링 후 소방관서와 전화접속이 이루어지지 않은 경우에는 최초 다이얼링을 포함하여 **10회 이상 반복적**으로 접속을 위한 다이얼링이 이루어져야 한다. 이 경우 매회 다이얼링 완료 후 호출은 30초 이상 지속되어야 한다.
- 속보기의 송수화장치가 정상위치가 아닌 경우에도 연동 또는 수동으로 속보가 가능해야 한다.
- 음성으로 통보되는 속보내용을 통하여 해당 소방대상물의 위치, 화재발생 및 속보기에 의한 신고임을 확인할 수 있어야 한다.
- 속보기는 음성속보방식 외에 데이터 또는 코드전송방식 등을 이용한 속보기능을 부가로 설치할 수 있다. 이 경우 데이터 및 코드전송방식은 별표 1에 따른다.

[자동화재속보설비의 설치기준]
- 자동화재탐지설비와 연동으로 작동하여 자동적으로 화재신호를 소방관서에 전달되는 것으로 할 것. 이 경우 부가적으로 특정소방대상물의 관계인에게 화재 신호를 전달되도록 할 수 있다.
- 조작스위치는 바닥으로부터 0.8[m] 이상 1.5[m] 이하의 높이에 설치할 것
- 속보기는 소방관서에 통신망으로 통보하도록 하며, 데이터 또는 코드전송방식을 부가적으로 설치할 수 있다. 단, 데이터 및 코드전송방식의 기준은 소방청장이 정하여 고시한 자동화재속보설비의 속보기의 성능인증 및 제품검사의 기술기준 제5조 제12호에 따른다.
- 문화재에 설치하는 자동화재속보설비는 2.1.1.1의 기준에도 불구하고 속보기에 감지기를 직접 연결하는 방식(자동화재탐지설비 1개의 경계구역에 한한다)으로 할 수 있다.

114

누전경보기의 형식승인 및 제품검사의 기술기준상 누전경보기의 공칭작동전류치는 몇 [mA] 이하이어야 하는가?

① 200
② 250
③ 300
④ 350

해설

누전경보기의 형식승인 및 제품검사의 기술기준
- 누전경보기의 **공칭작동전류치**(누전경보기를 작동시키기 위하여 필요한 누설전류의 값으로서 제조자에 의하여 표시된 값을 말한다) : **200[mA] 이하**
- 감도조정장치 : 감도조정장치의 조정범위는 최대치가 1[A]
- 노화시험 : 변류기는 (65±2)[℃]인 공기 중에 30일간 놓아두는 경우 그 구조 및 기능에 이상이 생기지 않을 것

115

아래와 같은 평면도에서 단독경보형 감지기의 최소 설치 개수는?(단, A실과 B실 사이는 벽체 상부의 전부가 개방되어 있으며 나머지 벽체는 전부 폐쇄되어 있음)

A실 (바닥면적 [20m²])	B실 (바닥면적 [30m²])	C실 (바닥면적 [30m²])	D실 (바닥면적 [30m²])
E실 (바닥면적 160[m²])			

① 3
② 4
③ 5
④ 6

해설

단독경보형감지기는 각 실(이웃하는 실내의 바닥면적이 각각 30[m²] 미만이고 벽체의 상부의 전부 또는 일부가 개방되어 이웃하는 실내와 공기가 상호 유통되는 경우에는 이를 1개의 실로 본다)마다 설치하되, 바닥면적이 **150[m²]를 초과하는 경우에는 150[m²]마다 1개 이상** 설치할 것
- A실은 바닥면적이 20[m²]이므로 30[m²] 미만이고 B실은 30[m²] 이상이므로 A실과 B실은 단독경보형감지기를 각각 1개씩 설치해야 한다.
- C실과 D실은 단독경보형감지기를 각각 1개씩 설치한다.
- E실은 150[m²]를 초과하므로 160[m²]/150[m²]= 1.07 ⇒ 2개를 설치해야 한다.
∴ A실 1개, B실 1개, C실 1개, D실 1개, E실 2개 = 총 6개

116

피난기구의 화재안전기술기준상 피난기구의 설치기준으로 옳은 것은?

① 층마다 설치하되, 노유자시설로 사용되는 층에 있어서는 그 층의 바닥면적 500[m²]마다 1개 이상 설치할 것

② 층마다 설치하되, 위락시설로 사용되는 층에 있어서는 그 층의 바닥면적 1,000[m²]마다 1개 이상 설치할 것

③ 층마다 설치하되, 계단실형 아파트에 있어서는 각 세대마다 그 밖의 용도의 층에 있어서는 그 층의 바닥면적 1,200[m²]마다 1개 이상 설치할 것

④ 숙박시설(휴양콘도미니엄을 제외한다)의 경우에는 추가로 객실마다 완강기 또는 하나 이상의 간이완강기를 설치할 것

해설
피난기구의 설치기준
(1) 층마다 설치하되 아래 기준에 따라 1개 이상 설치할 것
(2) 숙박시설, **노유자시설**, 의료시설 : 바닥면적 **500[m²]마다**
(3) **위락시설**, 문화집회 및 운동시설, 판매시설, 복합용도 : 바닥면적 **800[m²]마다**
(4) **계단실형 아파트 : 각 세대마다**
(5) 그 밖의 용도의 층 : 바닥면적 1,000[m²]마다
(6) (1) ~ (5)에 따라 설치한 피난기구 외에 숙박시설(휴양콘도미니엄을 제외한다)의 경우에는 추가로 객실마다 완강기 또는 2 이상의 간이완강기를 설치할 것

117

비상조명등의 화재안전기술기준상 비상조명등의 설치 제외 규정 중 일부이다. (　　)에 들어갈 숫자는?

> 거실의 각 부분으로부터 하나의 출입구에 이르는 보행거리가 (　　)[m] 이내인 부분

① 15   ② 20
③ 25   ④ 30

해설
비상조명등의 설치 제외
• 거실의 각 부분으로부터 하나의 출입구에 이르는 보행거리가 **15[m]** 이내인 부분
• 의원, 경기장, 공동주택, 의료시설, 학교의 거실

118

유도등의 형식승인 및 제품검사의 기술기준상 식별도의 기준으로 (　　)에 들어갈 숫자는?

> 피난구유도등 및 거실통로유도등은 상용전원으로 등을 켜는(평상사용 상태로 연결, 사용전압에 의하여 점등 후 주위조도 10[lx]에서 30[lx]까지의 범위내로 한다) 경우에는 직선거리 (ㄱ)[m]의 위치에서 비상전원으로 등을 켜는 (비상전원에 의하여 유효점등시간 동안 등을 켠 후 주위조도 0[lx]에서 1[lx]까지의 범위 내로 한다) 경우에는 직선거리 (ㄴ)[m]의 위치에서 각기 보통시력(시력 1.0에서 1.2의 범위 내를 말한다)으로 피난유도표시에 대한 식별이 가능해야 한다.

① ㄱ : 10   ㄴ : 10
② ㄱ : 15   ㄴ : 15
③ ㄱ : 20   ㄴ : 15
④ ㄱ : 30   ㄴ : 20

해설
식별도의 기준
피난구유도등 및 거실통로유도등은 상용전원으로 등을 켜는 (평상 사용상태로 연결, 사용전압에 의하여 점등 후 주위조도를 10[lx]에서 30[lx]까지의 범위 내로 한다)경우에는 **직선거리 30[m]**의 위치에서, 비상전원으로 등을 켜는(비상전원에 의하여 유효점등시간 동안 등을 켠 후 주위조도를 0[lx]에서 1[lx]까지의 범위 내로 한다) 경우에는 **직선거리 20[m]**의 위치에서 각기 보통시력(시력 1.0에서 1.2의 범위 내를 말한다)으로 피난유도표시에 대한 식별이 가능해야 한다.

119

연결송수관설비의 설치기준으로 옳지 않은 것은?

① 건식 연결송수관설비의 송수구 부근의 자동배수밸브 및 체크밸브는 송수구, 체크밸브, 자동배수밸브 순으로 설치할 것

② 방수기구함은 피난층과 가장 가까운 층을 기준으로 3개 층마다 설치하되 그 층의 방수구마다 보행거리 5[m] 이내에 설치할 것

③ 지표면에서 최상층 방수구의 높이가 70[m] 이상의 특정소방대상물에는 연결송수관설비의 가압송수장치를 설치해야 한다.

④ 11층 이상의 아파트의 용도로 사용되는 층에 설치하는 방수구는 단구형으로 할 수 있다.

해설

연결송수관설비의 설치기준
- 송수구 부근의 설치
  - 습식 : 송수구 → 자동배수밸브 → 체크밸브
  - **건식 : 송수구 → 자동배수밸브 → 체크밸브 → 자동배수밸브**
- 방수기구함은 피난층과 가장 가까운 층을 기준으로 3개층마다 설치하되 그 층의 방수구마다 보행거리 5[m] 이내에 설치할 것
- 지표면에서 최상층 방수구의 높이가 70[m] 이상의 특정소방대상물에는 연결송수관설비의 가압송수장치를 설치해야 한다.
- 11층 이상의 부분에 설치하는 방수구는 쌍구형으로 할 것

> **[11층 이상으로서 단구형으로 할 수 있는 경우]**
> - 아파트의 용도로 사용되는 층
> - 스프링클러설비가 유효하게 설치되어 있고 방수구가 2개소 이상 설치된 층

120

바닥면적이 750[m²]인 거실에 다음과 같이 제연설비를 설치하려 할 때 배기팬 구동에 필요한 전동기 용량[kW]은?(단, 계산 결괏값은 소수점 넷째 자리에서 반올림함)

> - 예상제연구역은 직경 45[m]이고 제연경계벽의 수직거리는 3.2[m]이다.
> - 직관 덕트의 길이는 180[m], 직관덕트의 손실저항은 0.2[mmAq/m]이며, 기타 부속류 저항의 합계는 직관덕트 손실합계의 55[%]로 하고 전동기 효율은 60[%], 전달계수 K값은 1.1로 한다.

① 9.891
② 11.683
③ 15.322
④ 18.109

해설

전동기 용량[kW]
- 바닥면적 400[m²] 이상인 거실로서 예상제연구역이 직경 40[m]인 원의 범위를 초과할 경우

수직 거리	배출량
2[m] 이하	45,000[m³/h] 이상
2[m] 초과 2.5[m] 이하	50,000[m³/h] 이상
2.5[m] 초과 3[m] 이하	55,000[m³/h] 이상
3[m] 초과	65,000[m³/h] 이상

- 전동기 용량을 구하면

$$P = \frac{Q \times P_r}{6,120 \times \eta} \times K[kW]$$

여기서,
- 풍량 = 65,000[m³/h] = 65,000[m³]/60[min]
  = 1,083.33[m³/min]
- 정압 P_r = 덕트길이의 손실압 + 기타 부속류의 손실압
  = (180[m] × 0.2[mmAq/m])
  + (180[m] × 0.2[mmAq/m] × 0.55)
  = 55.8[mmAq]
- η = 효율(60[%]) = 0.6
- K = 전달계수(1.1)

$\therefore P = \dfrac{Q \times P_r}{102 \times \eta} \times K = \dfrac{1,083.33 \times 55.8}{6,120 \times 0.6} \times 1.1$
  = 18.109[kW]

121

무선통신보조설비의 설치기준으로 옳지 않은 것은?

① 누설동축케이블의 끝부분에는 무반사 종단저항을 견고하게 설치할 것
② 분배기, 분파기 및 혼합기 등의 임피던스는 100[Ω]의 것으로 할 것
③ 증폭기에는 비상전원이 부착된 것으로 하고 해당 비상전원 용량은 무선통신보조설비를 유효하게 30분 이상 작동시킬 수 있는 것으로 할 것
④ 누설동축케이블은 금속판 등에 따라 전파의 복사 또는 특성이 현저하게 저하되지 않는 위치에 설치할 것

해설

무선통신보조설비의 설치기준
- 누설동축케이블의 끝부분에는 무반사 종단저항을 견고하게 설치할 것
- **분배기, 분파기 및 혼합기 등의 임피던스는 50[Ω]의 것으로** 할 것
- 증폭기에는 비상전원이 부착된 것으로 하고 해당 비상전원 용량은 무선통신보조설비를 유효하게 30분 이상 작동시킬 수 있는 것으로 할 것
- 누설동축케이블 및 안테나는 금속판 등에 따라 전파의 복사 또는 특성이 현저하게 저하되지 않는 위치에 설치할 것

122

비상콘센트설비의 화재안전기술기준상 전원회로의 설치기준으로 옳지 않은 것은?

① 비상콘센트설비의 전원회로는 단상교류 220[V]인 것으로서 그 공급용량은 1.5[kVA] 이상인 것으로 할 것

② 전원회로는 각 층에 2 이상이 되도록 설치할 것(다만, 설치해야 할 층의 비상콘센트가 1개인 때에는 하나의 회로로 할 수 있다)

③ 비상콘센트용의 풀박스 등은 방청도장을 한 것으로서 두께 1.6[mm] 이상의 철판으로 할 것

④ 하나의 전용회로에 설치하는 비상콘센트는 15개 이하로 할 것

해설

비상콘센트설비의 전원회로 설치기준

- 비상콘센트설비의 전원회로는 단상교류 220[V]인 것으로서 그 공급용량은 1.5[kVA] 이상인 것으로 할 것
- 전원회로는 각 층에 2 이상이 되도록 설치할 것(다만, 설치해야 할 층의 비상콘센트가 1개인 때에는 하나의 회로로 할 수 있다)
- 비상콘센트용의 풀박스 등은 방청도장을 한 것으로서 두께 1.6[mm] 이상의 철판으로 할 것
- **하나의 전용회로**에 설치하는 비상콘센트는 **10개 이하**로 할 것

123

연결살수설비의 화재안전기술기준상 연결살수설비의 헤드를 설치해야 할 곳은?

① 천장·반자 중 한쪽이 불연재료로 되어 있고, 천장과 반자 사이의 거리가 0.9[m]인 부분

② 고온의 노가 설치된 장소 또는 물과 격렬하게 반응하는 물품의 저장 또는 취급장소

③ 천장 및 반자가 불연재료 외의 것으로 되어 있고 천장과 반자 사이의 거리가 1.5[m]인 부분

④ 현관으로서 바닥으로부터 높이가 20[m]인 장소

해설

연결살수설비의 헤드 설치 제외장소

- 상점(영 별표 2 제5호와 제6호의 판매시설과 운수시설을 말하며, 바닥면적이 150[m²] 이상인 지하층에 설치된 것을 제외한다)으로서 주요구조부가 내화구조 또는 방화구조로 되어 있고 바닥면적이 500[m²] 미만으로 방화구획되어 있는 특정소방대상물 또는 그 부분
- 계단실(특별피난계단의 부속실을 포함한다)·경사로·승강기의 승강로·파이프덕트·목욕실·수영장(관람석 부분을 제외한다)·화장실·직접 외기에 개방되어 있는 복도 기타 이와 유사한 장소
- 통신기기실·전자기기실·기타 이와 유사한 장소
- 발전실·변전실·변압기·기타 이와 유사한 전기설비가 설치되어 있는 장소
- 병원의 수술실·응급처치실·기타 이와 유사한 장소
- 천장과 반자 양쪽이 불연재료로 되어 있는 경우로서 그 사이의 거리 및 구조가 다음의 어느 하나에 해당하는 부분
  - 천장과 반자 사이의 거리가 2[m] 미만인 부분
  - 천장과 반자 사이의 벽이 불연재료이고 천장과 반자 사이의 거리가 2[m] 이상으로서 그 사이에 가연물이 존재하지 않는 부분
- **천장·반자 중 한쪽이 불연재료**로 되어 있고, 천장과 반자 사이의 거리가 **1[m] 미만**인 부분
- **천장 및 반자가 불연재료 외의 것**으로 되어 있고, 천장과 반자 사이의 거리가 **0.5[m] 미만**인 부분
- 펌프실·물탱크실 그 밖의 이와 비슷한 장소
- 현관 또는 로비 등으로서 바닥으로부터 **높이가 20[m] 이상**인 장소
- 냉장창고의 영하의 냉장실 또는 냉동창고의 냉동실
- **고온의 노가 설치된 장소** 또는 **물과 격렬**하게 반응하는 물품의 **저장 또는 취급장소**
- 불연재료로 된 특정소방대상물 또는 그 부분으로서 다음의 어느 하나에 해당하는 장소
  - 정수장·오물처리장 그 밖의 이와 비슷한 장소
  - 펄프공장의 작업장·음료수 공장의 세정 또는 충전하는 작업장 그 밖의 이와 비슷한 장소
  - 불연성의 금속·석재 등의 가공공장으로서 가연성물질을 저장 또는 취급하지 않는 장소
- 실내에 설치된 테니스장·게이트볼장·정구장 또는 이와 비슷한 장소로서 실내바닥·벽·천장이 불연재료 또는 준불연재료로 구성되어 있고 가연물이 존재하지 않은 장소로서 관람석이 없는 운동시설 부분(지하층은 제외한다)

124

지하구의 화재안전기술기준 중 연소방지설비의 배관에 관한 설명으로 옳지 않은 것은?

① 헤드 간의 수평거리는 개방형 스프링클러헤드의 경우 1.5[m] 이하로 한다.
② 헤드 간의 수평거리는 연소방지설비 전용헤드의 경우 2[m] 이하로 한다.
③ 하나의 배관에 연소방지설비 전용헤드가 6개 이상 설치될 경우 배관 구경은 65[mm]로 한다.
④ 송수구는 구경 65[mm]의 쌍구형으로 한다.

해설

연소방지설비
• 헤드 간의 수평거리는 **연소방지설비 전용헤드**의 경우 **2[m] 이하**, 개방형 스프링클러 헤드의 경우에는 **1.5[m] 이하**로 할 것
• 하나의 배관에 연소방지설비 전용헤드가 6개 이상 설치될 경우 배관구경은 80[mm]로 한다.

하나의 배관에 부착하는 연소방지설비 전용헤드의 개수	배관의 구경[mm]
1개	32
2개	40
3개	50
4개 또는 5개	65
6개 이상 10개	80

• 송수구는 구경 65[mm]의 쌍구형으로 할 것
• 송수구로부터 1[m] 이내에 살수구역 안내표지를 설치할 것
• 지면으로부터 높이가 0.5[m] 이상 1[m] 이하의 위치에 설치할 것

125

다음과 같은 조건에서 평면에서 "실 Ⅰ"에 급기해야 할 풍량은 최소 몇 [m³/s]인가?(단, 계산 결과값은 소수점 넷째 자리에서 반올림함)

- 각 실의 출입문(d_1, d_2)은 닫혀 있고, 각 출입문의 누설틈새는 0.02[m²]이며, 각 실의 출입문 이외의 누설틈새는 없다.
- 실 Ⅰ과 외기간의 차압은 50[Pa]로 한다.
- 풍량산출식은 $Q = 0.827 \times A \times P^{\frac{1}{2}}$ 이다. (Q : 풍량, A : 누설틈새면적, P : 차압)

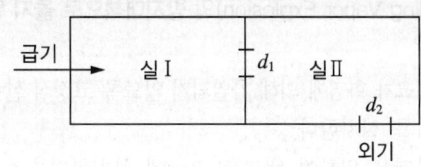

① 0.040 　　　② 0.083
③ 0.117 　　　④ 0.234

해설

풍량(Q)

$$Q = 0.827 \times A \times P^{\frac{1}{2}}$$

여기서,

A : 틈새면적 $\left(A = \dfrac{1}{\sqrt{\dfrac{1}{(0.02)^2} + \dfrac{1}{(0.02)^2}}} = 0.0141 \right)$

P : 차압(50[Pa])

$$\therefore\ Q = 0.827 \times A \times P^{\frac{1}{2}} = 0.827 \times 0.0141 \times 50^{\frac{1}{2}}$$
$$= 0.0825[\text{m}^3/\text{s}]$$

2016년 4월 30일 시행

과년도 기출문제

제1과목 소방안전관리론 및 화재역학

001

액화가스 탱크폭발인 BLEVE(Boiling Liquid Expanding Vapor Explosion)의 방지대책으로 옳지 않은 것은?

① 탱크가 화염에 의해 가열되지 않도록 고정식 살수설비를 설치한다.

② 입열을 위하여 탱크를 지상에 설치한다.

③ 용기 내압강도를 유지할 수 있도록 견고하게 탱크를 제작한다.

④ 탱크 내벽에 열전도도가 큰 알루미늄 합금박판을 설치한다.

해설

BLEVE(Boiling Liquid Expanding Vapor Explosion)

① 정의 : 액화가스 저장탱크 주위에 화재가 발생하여 기상부 탱크 상부가 국부적으로 가열되고, 강도 저하로 파열되어 내부의 가스가 분출되면서 화구를 형성하여 폭발하는 현상

② 방지대책
  • 주위의 화재 시 탱크쪽으로 입열을 방지하기 위하여 수막설비나 물분무소화설비를 설치한다.
  • 용기의 내압이 유지될 수 있도록 견고하게 탱크를 제작한다.
  • 탱크 내벽에 열전도도가 큰 알루미늄 합금박판을 설치한다.
  • 입열에 의한 탱크의 과압이 생기지 않도록 안전밸브 등 과압에 따른 압력저하장치를 설치한다.

002

연료가스의 분출속도가 연소속도보다 클 때 주위 공기의 움직임에 따라 불꽃이 노즐에서 정착하지 않고 떨어져 꺼지는 현상은?

① 불완전연소(Incomplete Combustion)

② 리프팅(Lifting)

③ 블로오프(Blow Off)

④ 역화(Back Fire)

해설

연소의 이상 현상

① 불완전연소 : 연소 시 공기와 가스의 혼합이 적절하지 않아 그을음이 발생하는 현상

② 역화(Back Fire) : 연료가스의 분출속도가 연소속도보다 느릴 때 불꽃이 연소기의 내부로 들어가 혼합관 속에서 연소하는 현상

> **[역화의 원인]**
> • 버너가 과열될 때
> • 혼합가스량이 너무 적을 때
> • 연료의 분출속도가 연소속도보다 느릴 때
> • 압력이 높을 때
> • 노즐의 부식으로 분출 구멍이 커진 경우

③ 선화(Lifting) : 연료가스의 분출속도가 연소속도보다 빠를 때 불꽃이 버너의 노즐에서 떨어져 나가 연소하는 현상으로 완전연소가 이루어지지 않으며, 역화의 반대 현상

④ **블로오프(Blow Off)** : 선화 상태에서 연료가스의 분출속도가 증가하거나 주위 공기의 유동이 심하면 화염이 노즐에서 연소하지 못하고, 떨어져서 화염이 꺼지는 현상

⑤ Yellow Tip
  • 정의 : 탄화수소가 열분해 되어 탄소입자가 생기고 미연 소상태로 적열되어 적황색이 되는 현상
  • 1차 공기가 부족할 때 발생하며, 유리탄소 입자가 많아지면 불완전연소됨

003

아이오딘값에 관한 설명으로 옳지 않은 것은?

① 유지 100[g]에 흡수된 아이오딘의 [g]수로 표시한 값이다.

② 값이 클수록 불포화도가 낮고 반응성이 작다.

③ 값이 클수록 공기 중에 노출되면 산화열 축적에 의해 자연발화하기 쉽다.

④ 아이오딘 값이 130 이상인 유지를 건성유라고 한다.

아이오딘값

• 정의 : 유지 100[g]에 흡수된 아이오딘의 [g]수로 표시한 값
• 동식물유류의 종류

구 분	아이오딘값	반응성	불포화도	종 류
건성유	130 이상	크다.	크다.	해바라기유, 동유, 아마인유, 정어리기름, 들기름
반건성유	100~130	중 간	중 간	채종유, 목화씨기름(면실유), 참기름, 콩기름
불건성유	100 이하	적다.	적다.	야자유, 올리브유, 피마자유, 동백유

• 아이오딘값이 클수록 공기 중에 노출되면 산화열 축적에 의해 자연발화하기 쉬움

004

표면연소(작열연소)에 관한 설명으로 옳지 않은 것은?

① 흑연, 목탄 등과 같이 휘발분이 거의 포함되지 않은 고체연료에서 주로 발생한다.
② 불꽃연소에 비해 일산화탄소가 발생할 가능성이 크다.
③ 화학적 소화만 소화효과가 있다.
④ 불꽃연소에 비해 연소속도가 느리고, 단위시간당 방출열량이 적다.

표면연소와 불꽃연소의 비교

구 분	불꽃연소	작열연소(표면연소)
화재구분	표면화재	심부화재
연소형태	아세틸렌, 수소, 메테인, 프로페인 등의 가연성가스	코크스, 연탄, 짚, 목탄(숯) 등 고체의 연소
불꽃여부	불꽃을 발생	불꽃을 발생하지 않음
CO 발생량	적다.	많다.
연소속도	빠르다	느리다
발열량	크다.	작다.
연쇄반응	일어남	일어나지 않음
적응화재	B, C급 화재	A급 화재
소화방법	CO_2로 34[%] 질식소화	CO_2로 34[%] 질식소화 및 냉각소화

005

40톤의 프로페인이 증기운 폭발했을 때 TNT 당량모델로 따른 TNT당량과 환산거리(폭발지점으로부터 100[m] 지점)에 관한 설명으로 옳지 않은 것은?(단, 프로페인의 연소열은 47[MJ/톤], TNT의 연소열은 4.7[MJ/톤], 폭발효율은 0.1이다)

① TNT당량은 어떤 물질이 폭발할 때 에너지와 동일 에너지를 내는 TNT 중량을 말한다.
② 환산거리는 폭발의 영향범위 산정 및 폭풍파의 특성을 결정하는 데 사용된다.
③ TNT의 당량값은 40,000[kg]이다.
④ 환산거리값은 약 5.00[m/kg$^{1/3}$]이다.

TNT당량과 환산거리

• TNT당량 : 어떤 물질이 폭발할 때 에너지와 동일 에너지를 내는 TNT 중량
• 환산거리는 폭발의 영향범위 산정 및 폭풍파의 특성을 결정하는 데 사용
• TNT당량 환산

$$W = \frac{\Delta H_c \times W_c}{1,100}[kg]$$
$$= \frac{프로페인의\ 중량[kg] \times 프로페인의\ 연소열 \times 폭발효율}{TNT의\ 연소열}$$

$$\therefore W = \frac{프로페인의\ 중량[kg] \times 프로페인의\ 연소열 \times 폭발효율}{TNT의\ 연소열}$$
$$= \frac{40[ton] \times 47[MJ/ton] \times 0.1}{4.7[MJ/ton]} = 40[ton]$$
$$= 40,000[kg]$$

• 환산거리값$(Z_e) = \dfrac{R}{W^{1/3}} = \dfrac{100}{40,000^{1/3}} = 2.93$

006

다중이용업소의 안전관리에 관한 특별법령상 다중이용업이 아닌 것은?

① 수용인원이 400명인 학원
② 지상 3층에 설치된 영업장으로 사용되는 바닥면적의 합계가 66[m^2]인 일반음식점 영업
③ 구획된 실(室) 안에 학습자가 공부할 수 있는 시설을 갖추고, 숙박 또는 숙식을 제공하는 고시원
④ 노래연습장업

식품접객업 중 다중이용업의 범위

휴게음식점영업·제과점영업 또는 일반음식점으로서 영업장
으로 사용하는 바닥면적

• 2층 이상 : 바닥면적의 합계가 100[m²] 이상(영업장이 지상
  1층 또는 지상과 직접 접하는 층에 설치되고 그 영업장의
  주된 출입구가 건축물 외부의 지면과 직접 연결되는 곳에서
  하는 영업을 제외)

• 지하층 : 바닥면적의 합계가 66[m²] 이상

007

초고층 및 지하연계복합건축물 재난관리에 관한 특별법
령상 종합방재실의 설치기준에 관한 설명으로 옳지 않은
것은?

① 종합방재실과 방화구획된 부속실을 설치할 것
② 재난 및 안전관리에 필요한 인력은 2명 이상 상주하
   도록 할 것
③ 면적은 20[m²] 이상으로 할 것
④ 종합방재실은 피난층이 아닌 2층에 설치하는 경우
   특별피난계단 출입구로부터 5[m] 이내에 위치할 것

종합방재실의 설치기준

① 종합방재실의 개수 : 1개. 다만, 100층 이상인 초고층 건
   축물 등(공동주택은 제외한다)의 관리주체는 종합방재실
   이 그 기능을 상실하는 경우에 대비하여 종합방재실을 추
   가로 설치하거나, 관계지역 내 다른 종합방재실에 보조종
   합재난관리체제를 구축하여 재난관리 업무가 중단되지 않
   도록 해야 한다.

② 종합방재실의 위치
   • 1층 또는 피난층(다만, 초고층건축물에 설치되어 있고
     특별피난계단 출입구로부터 5[m] 이내에 종합방재실을
     설치하려는 경우에는 2층 또는 지하 1층에 설치할 수
     있으며, 공동주택의 경우에는 관리사무소 내에 설치할
     수 있다)
   • 비상용승강장, 피난전용승강장 및 특별피난계단으로
     이동하기 쉬운 곳
   • 재난정보수집 및 제공, 방재활동의 거점 역할을 할 수
     있는 곳
   • 소방대가 쉽게 도달할 수 있는 곳
   • 화재 및 침수 등으로 인하여 피해를 입을 우려가 적은 곳

③ 종합방재실의 구조 및 면적
   • 다른 부분과 방화구획으로 설치할 것. 다만, 다른 제어
     실 등의 감시를 위하여 두께 7[mm] 이상의 망입유리(두
     께 16.3[mm] 이상의 접합유리 또는 두께 28[mm] 이상
     의 복층유리 포함)로 된 4[m²] 미만의 붙박이창을 설치
     할 수 있다)

• 인력의 대기 및 휴식 등을 위하여 종합방재실과 방화구
  획된 부속실을 설치할 것
• 면적은 20[m²] 이상으로 할 것
• 출입문에는 출입제한 및 통제장치를 갖출 것

④ 관리주체는 종합방재실에 재난 및 안전관리에 필요한 인력
   은 **3명 이상 상주**하도록 할 것

008

건축물의 피난·방화구조 등의 기준에 관한 규칙상 고층
건축물에 설치하는 피난용 승강기의 설치기준에 관한
설명으로 옳은 것은?

① 승강로의 상부 및 승강장에는 배연설비를 설치할 것
② 승강장에는 사용전원에 의한 조명설비만을 설치
   할 것
③ 예비전원은 전용으로 하고 30분 동안 작동할 수
   있는 용량의 것으로 할 것
④ 승강장의 바닥면적은 피난용 승강기 1대에 대하여
   4[m²]로 할 것

피난용 승강기의 설치기준(건피방 제30조)

① 승강장의 구조
   • 승강장의 출입구를 제외한 부분은 해당 건축물의 다른
     부분과 내화구조의 바닥 및 벽으로 구획할 것
   • 승강장은 각 층의 내부와 연결될 수 있도록 하되 그 출입
     구에는 60분+방화문 또는 60분 방화문을 설치할 것. 이
     경우 방화문은 언제나 닫힌 상태를 유지할 수 있는 구조
     이어야 한다.
   • 실내에 접하는 부분(바닥 및 반자 등 실내에 면한 모든
     부분을 말한다)의 마감(마감을 위한 바탕을 포함한다)은
     불연재료로 할 것
   • 건축물의 설비기준 등에 관한 규칙 제14조에 따른 배연
     설비를 설치할 것. 다만, 소방시설 설치 및 관리에 관한
     법률 시행령에 따른 제연설비를 설치한 경우에는 배연
     설비를 설치하지 않을 수 있다.

② 승강로의 구조
   • 승강로는 해당 건축물의 다른 부분과 내화구조로 구획
     할 것
   • 승강로 상부에 건축물의 설비기준 등에 관한 규칙 제14
     조에 따른 배연설비를 설치할 것

③ 기계실의 구조
   • 출입구를 제외한 부분은 해당 건축물의 다른 부분과 내
     화구조의 바닥 및 벽으로 구획할 것
   • 출입구에는 60분+방화문 또는 60분 방화문을 설치할 것

④ 전용 예비전원
   • 정전 시 피난용 승강기, 기계실, 승강장 및 폐쇄회로텔
     레비전 등의 설비를 작동할 수 있는 별도의 예비전원을
     설치할 것

- 예비전원은 **초고층건축물**의 경우에는 **2시간 이상**, 준초고층 건축물의 경우에는 **1시간 이상** 작동이 가능한 용량일 것
- 상용전원과 예비전원의 공급을 자동 또는 수동으로 전환이 가능한 설비를 갖출 것
- 전선관 및 배선은 고온에 견딜 수 있는 내열성 자재를 사용하고 방수조치를 할 것

009

열에너지원의 종류 중 화학열이 아닌 것은?

① 분해열 ② 압축열
③ 용해열 ④ 생성열

해설

열에너지원의 종류

① 화학열
- 연소열 : 어떤 물질이 완전히 산화되는 과정에서 발생하는 열(물과 이산화탄소가 생성되는 열)
- 분해열 : 어떤 화합물이 분해할 때 발생하는 열
- 용해열 : 어떤 물질이 액체에 용해될 때 발생하는 열(질산과 물의 혼합)
- 자연발화 : 어떤 물질이 외부열의 공급 없이 온도가 상승하여 발화점 이상에서 연소하는 현상

② 전기열
- 저항열 : 도체에 전류가 흐르면 전기저항 때문에 전기에너지의 일부가 열로 변할 때 발생하는 열(백열전구에서 열이 발생하는 것은 전구 내의 필라멘트의 저항에 기인한다)
- 유전열 : 누설전류에 의해 절연물질이 가열하여 절연이 파괴되어 발생하는 열
- 유도열 : 도체주위에 변화하는 자장이 존재하면 전위차를 발생하고, 이 전위차로 전류의 흐름이 일어나 도체의 저항 때문에 열이 발생하는 것
- 정전기열 : 정전기가 방전할 때 발생하는 열
- 아크열 : 보통 전류가 흐르는 회로가 나이프스위치에 의하여 또는 우발적인 접촉이나 접점이 느슨하여 전류가 끊어질 때 발생하는 열(아크의 온도는 매우 높기 때문에 인화성 물질을 점화시킬 수 있다)

③ 기계열
- 마찰열 : 두 물체를 마주대고 마찰시킬 때 발생하는 열
- **압축열** : 기체를 압축할 때 발생하는 열로서 디젤엔진을 압축하면 발생되는 열로 인하여 연료와 공기의 혼합가스가 점화되는 경우
- 마찰 스파크열 : 금속과 고체물체가 충돌할 때 발생하는 열로, 철제공구를 콘크리트 바닥에 떨어뜨리면 마찰스파크가 발생하는 경우

> 기계적 에너지 : 마찰열, 압축열

010

소방 등의 성능위주설계 방법 및 기준상 화재 및 피난 시뮬레이션의 시나리오 작성 시 국내 업무용도 건축물의 수용인원 산정기준은 1인당 몇 [m²]인가?

① 4.6 ② 9.3
③ 18.6 ④ 22.3

해설

건축물의 수용인원 산정기준

구 분	사용 용도	[m²/인]	구 분	사용 용도	[m²/인]
집회용도	고밀도지역 (고정좌석 없음)	0.65	상업용도	피난층 판매지역	2.8
	저밀도지역 (고정좌석 없음)	1.4		2층 이상 판매지역	3.7
	벤치형좌석	1인/좌석길이 45.7 [cm]		지하층 판매지역	2.8
	고정좌석	고정좌석의 수	보호용도	–	3.3
	취사장, 서가지역, 접근출입구, 좁은 통로, 화랑	9.3	의료용도	입원치료구역	22.3
	열람실	4.6		수면구역 (구내숙소)	11.1
	수영장	4.6 (물 표면)		교정, 감호용도	11.1
	수영장 데크	2.8	주거용도	호텔, 기숙사	18.6
	헬스장	4.6		아파트	18.6
	운동실, 무대	1.4		대형 숙식주거	18.6
	카지노 등	1.0	공업용도	일반 및 고위험공업	9.3
	스케이트장	4.6		특수공업	수용인원 이상
교육용도	교 실	1.9	업무용도	–	9.3
	매점, 도서관, 작업실	4.6	창고용도 (사업용도 외)	–	수용인원 이상

011

다음에서 설명하는 것은?

> 미분탄, 소맥분, 플라스틱의 분말 같은 가연성 고체가 미분말로 되어 공기 중에 부유한 상태로 폭발농도 이상으로 있을 때 착화원이 존재함으로써 발생하는 폭발현상

① 산화폭발　　　　② 분무폭발
③ 분진폭발　　　　④ 분해폭발

해설

분진폭발

미분탄, 소맥분, 플라스틱, 황, 마그네슘, 금속분의 분말 같은 가연성 고체가 미분말로 되어 공기 중에 부유한 상태로 폭발농도 이상으로 있을 때 착화원이 존재함으로써 발생하는 폭발현상

012

화재조사 용어 중 강소흔에 관한 설명으로 옳은 것은?

① 목재 등의 표면이 타 들어가 구갑상(龜甲狀)을 이루면서 탄화된 부분의 총 깊이
② 통전 상태에 있던 전선이 화재 시에 열기로 인해 전선 피복이 타버리는 과정에서 전선의 심신이 서로 접촉될 때의 방전으로 생기는 용흔
③ 목재표면이 불의 영향을 강하게 받아 심하게 탄 흔적으로 약 900[℃] 수준의 불에 탄 목재 표면층에서 나타나는 균열흔
④ 가연물이 탈 때 발생하는 그을음 등의 입자가 공간 속을 흘러가며, 물체 또는 공간 내 표면적에 연기가 접촉해서 남겨 놓은 흔적

해설

균열흔

- **완소흔** : 700~800[℃] 정도의 삼각 또는 사각형태의 수열흔
- **강소흔** : 목재표면이 불의 영향을 강하게 받아 심하게 탄 흔적으로 약 900[℃] 수준의 불에 탄 목재 표면층에서 나타나는 균열흔
- **열소흔** : 홈이 아주 깊은 1,000[℃] 정도의 대형 목조건물 화재 시 나타나는 현상
- **훈소흔** : 목재에 남겨진 흔적으로 출화부 부근에 훈소흔이 남아 있으며, 그 부분을 발화부로 추정

013

1기압 상온에서 발화점(Ignition Point)이 가장 낮은 것은?

① 황 린　　　　② 이황화탄소
③ 셀룰로이드　　　④ 아세트알데하이드

해설

발화점(착화점)

종 류	황 린	이황화탄소	셀룰로이드	아세트알데하이드
발화점	34[℃]	90[℃]	약 180[℃]	175[℃]

014

1기압 상온에서 가연성 가스의 연소범위[vol%]로 옳지 않은 것은?

① 수소 : 4~75
② 메테인 : 5~15
③ 암모니아 : 15~28
④ 일산화탄소 : 3~11.5

해설

연소범위[vol%]

수 소	메테인	암모니아	일산화탄소
4.0~75	5~15	15~28	12.5~74

015

화재성장속도 분류에서 약 1[MW]의 열량에 도달하는 시간이 600초인 것은?

① Slow 화재　　　② Medium 화재
③ Fast 화재　　　④ Ultra Fast화재

해설

화재성장곡선

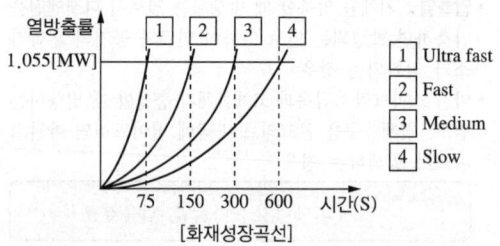

[화재성장곡선]

016

연소 시 발생하는 연소가스가 인체에 미치는 영향에 관한 설명으로 옳지 않은 것은?

① 포스겐은 독성이 매우 강한 가스로서 공기 중에 25[ppm]만 있어도 1시간 이내에 사망한다.
② 아크롤레인은 눈과 호흡기를 자극하며 기도장애를 일으킨다.
③ 이산화탄소는 그 자체의 독성은 거의 없으나 다량이 존재할 경우 사람의 호흡속도를 증가시켜 화재가스에 혼합된 유해가스의 흡입을 증가시킨다.
④ 사이안화수소는 달걀 썩는 냄새가 나는 특성이 있으며, 공기 중에 0.02[%]의 농도만으로도 치명적인 위험상태에 빠질 수가 있다.

해설

연소가스가 인체에 미치는 영향

• 포스겐($COCl_2$)은 독성이 매우 강한 가스로서 공기 중에 25[ppm]만 있어도 1시간 이내에 사망한다.
• 아크롤레인(CH_2CHCHO)은 석유제품이나 유지가 연소할 때 발생하며, 눈과 호흡기를 자극하며 기도장애를 일으킨다.
• 이산화탄소(CO_2)는 그 자체의 독성은 거의 없으나 다량이 존재할 경우 사람의 호흡속도를 증가시켜 화재가스에 혼합된 유해가스의 흡입을 증가시킨다.
• 황화수소(H_2S)는 달걀 썩는 냄새가 나는 특성이 있으며, 공기 중에 0.01[%]의 농도만으로도 치명적인 위험상태에 빠질 수가 있다.

017

연소과정에 따른 시간과 에너지의 관계를 나타내는 그림에서 연소열을 나타내는 구간은?

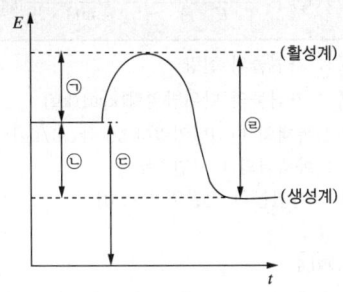

① ㉠   ② ㉡
③ ㉢   ④ ㉣

해설

연소열(Q)= W(방출에너지)－E(활성화에너지)

> 그림에서 ㉠ : 활성화에너지, ㉡ : 연소열, ㉣ : 방출에너지

018

힌클리(Hinkley) 공식을 이용하여 실내 화재 시 연기의 하강시간을 계산할 때 필요한 자료로 옳은 것을 모두 고른 것은?

> ㄱ. 화재실의 바닥면적
> ㄴ. 화재실의 높이
> ㄷ. 청결층(Clear Layer) 높이
> ㄹ. 화염 둘레길이

① ㄱ, ㄴ   ② ㄴ, ㄹ
③ ㄱ, ㄷ, ㄹ   ④ ㄱ, ㄴ, ㄷ, ㄹ

해설

힌클리(Hinkley) 공식

$$t = \frac{20A}{P\sqrt{g}}\left(\frac{1}{\sqrt{y}} - \frac{1}{\sqrt{h}}\right)[s]$$

여기서, t : 연기하강시간(청결층 깊이 y가 될 때까지의 경과
시간)[s]
　　　A : 화재실의 바닥면적[m^2]
　　　P : 화염의 둘레길이[m]
　　　g : 중력가속도(9.8[m/s^2])
　　　y : 청결층의 높이[m]
　　　h : 화재실의 높이[m]

019

국내 화재 분류에서 A급 화재에 해당하는 것은?

① 일반화재   ② 유류화재
③ 전기화재   ④ 금속화재

해설

화재분류

구 분＼급 수	A급	B급	C급	D급
화재의 종류	일반화재	유류화재	전기화재	금속화재
표시색	백 색	황 색	청 색	무 색

020

바닥으로부터 높이 0.2[m]의 위치에 개구부(가로 2[m]×세로 2[m]) 1개가 있는 창고(바닥면적 가로 3[m]×세로 4[m], 높이 3[m])에 화재가 발생하였을 때 Flash Over 발생에 필요한 최소한의 열방출속도 Q_{fo}는 몇 [kW]인가?(단, Thomas의 공식 $Q_{fo}[\text{kW}] = 7.8A_T + 378A\sqrt{H}$을 이용하여 소수점 이하 셋째 자리에서 반올림한다)

① 2,528.29 ② 2,559.49
③ 2,621.89 ④ 2,653.09

해설
Thomas식

$$Q_{fo}[\text{kW}] = 7.8A_T + 378A\sqrt{H}$$

여기서,
A_T : 실내표면적$\{(3\times3\times2)+(4\times3\times2)+(3\times4\times2)-(2\times2)=62[\text{m}^2]\}$
A : 개구부 면적$(2\times2=4[\text{m}^2])$
H : 높이$(2[\text{m}])$
$\therefore Q_{fo} = 7.8A_T + 378A\sqrt{H}$
$\qquad = 7.8\times62 + 378\times4\times\sqrt{2}$
$\qquad = 2,621.89[\text{kW}]$

021

정상 상태에서 위험분위기가 지속적으로 또는 장기적으로 존재하는 배관 내부에 적합한 방폭구조는?

① 내압방폭구조 ② 본질안전방폭구조
③ 압력방폭구조 ④ 안전증방폭구조

해설
방폭구조의 종류
- 내압(耐壓)방폭구조 : 폭발성가스가 용기 내부에서 폭발하였을 때 용기가 그 압력에 견디거나 외부의 폭발성가스가 인화되지 않도록 된 구조
- 압력(내압, 內壓)방폭구조 : 공기나 질소와 같이 불연성가스를 용기 내부에 압입시켜 내부압력을 유지함으로써 외부의 폭발성가스가 용기 내부에 침입하지 못하게 하는 구조
- 유압방폭구조 : 아크 또는 고열을 발생하는 전기설비를 용기에 넣어 그 용기 안에 다시 기름을 채워 외부의 폭발성가스와 점화원이 접촉하여 폭발의 위험이 없도록 한 구조
- 안전증방폭구조 : 폭발성가스나 증기에 점화원의 발생을 방지하기 위하여 기계적, 전기적 구조상 온도상승에 대한 안전도를 증가시키는 구조

- 본질안전방폭구조 : 전기불꽃, 아크 또는 고온에 의하여 폭발성가스나 증기에 점화되지 않는 것이 점화시험이나 기타에 의하여 확인된 구조로 정상 상태에서 위험분위기가 지속적으로 또는 장기적으로 존재하는 배관 내부에 적합한 방폭구조

022

물리적인 소화방법이 아닌 것은?

① 질식소화 ② 냉각소화
③ 제거소화 ④ 억제소화

해설
소화방법
- 물리적인 소화방법 : 질식소화, 냉각소화, 제거소화
- 화학적인 소화방법 : 억제(부촉매)소화

023

가로 10[m], 세로 10[m], 높이 5[m]인 공간에 저장되어 있는 발열량 13,500[kcal/kg]인 가연물 2,000[kg]과 발열량 9,000[kcal/kg]인 가연물 1,000[kg]이 완전 연소 하였을 때 화재하중은 몇 [kg/m²]인가?(단, 목재의 단위 발열량은 4,500[kcal/kg]이다)

① 20 ② 40
③ 60 ④ 80

해설
화재하중

$$\text{화재하중}(Q) = \frac{\sum(G_t \times H_t)}{H \times A} = \frac{Q_t}{4,500 \times A}[\text{kg/m}^2]$$

여기서, G_t : 가연물의 질량
$\qquad H_t$: 가연물의 단위발열량[kcal/kg]
$\qquad H$: 목재의 단위발열량$(4,500[\text{kcal/kg}])$
$\qquad A$: 화재실의 바닥면적[m²]
$\qquad Q_t$: 가연물의 전발열량[kcal]
$\therefore Q = \dfrac{Q_t}{4,500A}$
$\qquad = \dfrac{(13,500[\text{kcal/kg}]\times2,000[\text{kg}])+(9,000[\text{kcal/kg}]\times1,000[\text{kg}])}{4,500\times10[\text{m}]\times10[\text{m}]}$
$\qquad = 80[\text{kg/m}^2]$

024

폭연과 폭굉에 관한 설명으로 옳은 것은?

① 폭연은 압력파가 미반응 매질 속으로 음속 이하로 이동하는 폭발현상을 말한다.

② 폭연은 폭굉으로 전이될 수 없다.

③ 폭굉의 최고 압력은 초기 압력과 동일하다.

④ 폭굉의 파면에서는 온도, 압력, 밀도가 연속적으로 나타난다.

해설

폭굉과 폭연

• 폭연(Deflagration) : 발열반응으로, 연소의 전파속도가 그 물질 내에서의 음속보다 느린 현상

• 폭굉(Detonation) : 발열반응으로, 물질 내의 충격파가 생겨 반응을 일으키고 또한 반응을 유지하는 현상으로서 연소의 전파속도가 음속보다 빠른 현상

025

다음에서 설명하는 인간의 피난행동 특성은?

• 화재가 발생하면 확인하려 하고 그것이 비상사태로 확인되면 화재로부터 멀어지려고 하는 본능

• 연기, 불의 차폐물이 있는 곳으로 도망하거나 숨는다.

• 발화점으로부터 조금이라도 먼 곳으로 피난한다.

① 추종본능

② 귀소본능

③ 퇴피본능

④ 지광본능

해설

화재 시 인간의 피난 행동 특성

• 귀소본능 : 평소에 사용하던 출입구나 통로 등 습관적으로 친숙해 있는 경로로 도피하려는 본능

• 지광본능 : 화재의 공포로 인하여 밝은 방향으로 도피하려는 본능

• 추종본능 : 화재 발생 시 최초로 행동을 개시한 사람에 따라 전체가 움직이는 본능(많은 사람들이 달아나는 방향으로 무의식적으로 안전하다고 느껴 위험한 곳임에도 불구하고 따라가는 경향)

• **퇴피본능** : 연기나 화염에 대한 공포감으로 화원의 반대방향으로 이동하려는 본능

• 좌회본능 : 좌측으로 통행하고, 시계의 반대 방향으로 회전하려는 본능

026

뉴턴의 점성법칙과 관계가 없는 것은?

① 점성계수

② 속도기울기

③ 전단응력

④ 압 력

해설

뉴턴의 점성법칙은 전단응력, 점성계수, 속도구배(속도기울기)와 관련이 있다.

$$\tau = \frac{F}{A} = \mu \frac{du}{dy}$$

여기서, τ : 전단응력[dyne/cm^2]

μ : 점성계수[dyne · s/cm^2]

$\frac{du}{dy}$: 속도구배

027

다음 그림과 같이 수조 벽면에 설치된 오리피스로 유량 Q의 물이 방출되고 있다. 이때 수위가 감소하여 $h/4$가 되었다면 방출유량은 얼마인가?(단, 점성에 의한 영향 등은 무시한다)

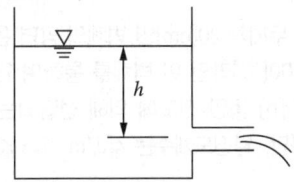

① $\frac{1}{\sqrt{2}}Q$

② $\frac{1}{2}Q$

③ $\sqrt{2}Q$

④ $2Q$

해설

방출유량

베르누이방정식 $\left(\frac{P_1}{\gamma} + \frac{u_1^2}{2g} + Z_1 = \frac{P_2}{\gamma} + \frac{u_2^2}{2g} + Z_2 \right)$

$P_1 = P_2$, $u_1 = 0$, $Z_1 - Z_2 = h$이므로, 오리피스를 통과하는 유속 $u_2 = \sqrt{2gh}$이다.

방출유량 $Q = Au_2 = A\sqrt{2gh}$,

오리피스의 단면적 $A = \frac{Q}{\sqrt{2gh}}$이다.

수위가 $h_2 = \dfrac{1}{4}h$ 감소하면 방출유량(Q_2)은 다음과 같다.

$A = A_2$에서 $\dfrac{Q}{\sqrt{2gh}} = \dfrac{Q_2}{\sqrt{2gh_2}}$ 이고,

$Q_2 = \dfrac{\sqrt{2gh_2}}{\sqrt{2gh}} Q = \sqrt{\dfrac{2g \times \dfrac{1}{4}h}{2gh}} Q = \sqrt{\dfrac{1}{4}} Q = \dfrac{1}{2} Q$

028

베르누이(Bernoulli)식에 관한 설명으로 옳지 않은 것은?

① 배관 내의 모든 지점에서 위치수두, 속도수두, 압력수두의 합은 일정하다.
② 수평으로 설치된 배관의 위치수두는 일정하다.
③ 수력구배선은 위치수두와 속도수두의 합을 이은 선을 말한다.
④ 구경이 커지면 유속이 감소되어 속도수두는 감소한다.

해설

수력구배선은 위치수두와 압력수두의 합을 나타내며, 주로 에너지선 아래에 위치한다.

029

단일 재질로 두께가 20[cm]인 벽체의 양면 온도가 각각 800[℃]와 100[℃]라면 이 벽체를 통하여 단위 면적당 [m²]당 1시간[h] 동안 전도에 의해 전달되는 열의 양은 몇 [J]인가?(단, 열전도계수는 4[J/m·h·K]이다)

① 14,000
② 16,000
③ 18,000
④ 20,000

해설

전달되는 열의 양

$$Q = \dfrac{k}{l}(T_1 - T_2)$$

여기서, k : 열전도계수(4[J/m·h·K])
　　　　l : 물체의 두께(0.2[m])
　　　　T_1 : 고온측의 온도(800+273=1,073[K])
　　　　T_2 : 저온측의 온도(100+273=373[K])

$\therefore\ Q = \dfrac{k}{l}(T_1 - T_2) = \dfrac{4}{0.2}(1,073 - 373) = 14,000\text{[J/h]}$

030

온도가 35[℃]이고 절대압력이 6,000[kPa]인 공기의 비중량은 약 몇 [N/m³]인가?(단, 공기의 기체상수는 $R = 286.8$[J/kg·K]이고, 중력가속도 $g = 9.8$[m/s²]이다)

① 579
② 666
③ 755
④ 886

해설

비중량

$$PV = WRT$$
$$P = \dfrac{W}{V}RT,\ \rho = \dfrac{P}{RT}$$

여기서,
P(압력) : 6,000×1,000(Pa[N/m²])
R(기체상수) : 286.8[J/kg·K] = 286.8[N·m/kg·K]
T(절대온도) : 273+35 = 308[K]

$\therefore\ \rho = \dfrac{P}{RT} = \dfrac{6,000 \times 1,000}{286.8 \times 308} = 67.9237$[kg$_f$/m³]

1[kg$_f$] = 9.8[N]이므로, 67.9237×9.8 = 665.65[N/m³]

031

제3종 분말소화약제에 해당하는 것을 모두 고른 것은?

ㄱ. 분자식 : $KHCO_3$
ㄴ. 적응화재 : A급, B급, C급
ㄷ. 착색 : 담회색
ㄹ. 열분해생성물 : 메타인산(HPO_3)

① ㄱ, ㄴ
② ㄱ, ㄹ
③ ㄴ, ㄷ
④ ㄴ, ㄹ

해설

제3종 분말소화약제
• 분자식 : 인산암모늄($NH_4H_2PO_4$)
• 착색 : 담홍색 또는 황색
• 적응화재 : A급, B급, C급
• 열분해반응식
　$NH_4H_2PO_4 \rightarrow HPO_3$(메타인산)$+ NH_3 + H_2O$

제2종 분말 : 담회색

032

배관의 마찰손실압력을 계산할 수 있는 하젠–윌리엄스(Hazen–Williams)식에 관한 설명으로 옳지 않은 것은?

① 마찰손실은 유량의 1.85승에 정비례한다.
② 마찰손실은 배관 내경의 4.87승에 반비례한다.
③ 마찰손실은 관마찰손실계수의 1.85승에 정비례한다.
④ 관경은 호칭경보다 배관의 내경을 대입한다.

해설

Hagen–Williams식

$$\Delta P_m = 6.053 \times 10^4 \times \frac{Q^{1.85}}{C^{1.85} \times d^{4.87}}$$

여기서, ΔP_m : 배관 1[m]당 압력손실[MPa/m]
d : 관의 내경[mm]
Q : 관의 유량[L/min]
C : 조도(Roughness)

033

원형 배관 내부로 흐르는 유체의 레이놀즈수가 1,000일 때 마찰손실계수는 얼마인가?

① 0.024
② 0.064
③ 0.076
④ 0.098

해설

층류와 난류 비교

구 분	층류	난류
Re	2,100 이하	4,000 이상
흐름 상태	정상류	비정상류
전단 응력	$\tau = -\dfrac{dp}{dl} \cdot \dfrac{r}{2} = \dfrac{P_A - P_B}{l} \cdot \dfrac{r}{2}$	$\tau = \mu \dfrac{du}{dy}$
평균 속도	$u = \dfrac{1}{2} u_{max}$	$u = 0.8 u_{max}$
손실 수두	Hagen-Poiseulle's law $H = \dfrac{128 \mu l Q}{r \pi d^4}$	Fanning's law $H = \dfrac{2fl u^2}{gD}$
속도 분포식	$u = u_{max}\left[1 - \left(\dfrac{r}{r_o}\right)^2\right]$	—
관마찰 계수	$f = \dfrac{64}{Re}$	$f = 0.3164 Re^{-\frac{1}{4}}$

$$\therefore f = \frac{64}{Re} = \frac{64}{1,000} = 0.064$$

034

펌프의 공동현상(Cavitation)의 방지방법이 아닌 것은?

① 수조의 밑 부분에 배수밸브 및 배수관을 설치해둔다.
② 펌프의 설치위치를 수조의 수위보다 낮게 한다.
③ 흡입관로의 마찰손실을 줄인다.
④ 양흡입펌프를 선정한다.

해설

공동현상의 방지 대책
• Pump의 흡입 측 수두(양정), 마찰손실을 작게 한다.
• Pump Impeller 속도를 작게 한다.
• Pump 흡입관경을 크게 한다.
• Pump 설치위치를 수원보다 낮게 해야 한다.
• Pump 흡입압력을 유체의 증기압보다 높게 한다.
• 양흡입 Pump를 사용해야 한다.
• 양흡입 Pump로 부족 시 펌프를 2대로 나눈다.

035

지름이 10[cm]인 원형배관에 물이 층류로 흐르고 있다, 이때 물의 최대 평균 유속은 약 몇 [m/s]인가?(단, 동점성계수는 $\nu = 1.006 \times 10^{-6}$[m²/s], 임계레이놀즈수는 2,100이다)

① 0.021
② 0.21
③ 2.1
④ 21

해설

평균 유속

$$Re = \frac{Du}{\nu} , \ u = \frac{Re \times \nu}{D}$$

여기서,
D : 관의 내경[cm]
u : 유속[cm/s]
ν(동점도) : 절대점도를 밀도로 나눈 값$\left(\dfrac{\mu}{\rho}\text{[m}^2\text{/s]}\right)$

$$\therefore u = \frac{Re \times \nu}{D} = \frac{2,100 \times (1.006 \times 10^{-6}\text{[m}^2\text{/s]})}{0.1\text{[m]}}$$
$$= 0.0211\text{[m/s]}$$

036

이산화탄소소화약제에 관한 설명으로 옳지 않은 것은?

① 이온결합 물질이다.
② 기체의 비중은 약 1.52로 공기보다 무겁다.
③ 1기압 상온에서 무색 기체이다.
④ 삼중점은 1기압에서 약 -56[℃]이다.

해설

이산화탄소소화약제

- 탄소원자 1개와 산소원자 2개로 **공유결합**하는 물질이다.
- 기체의 비중은 약 1.52(44/29=1.517)로 공기보다 무겁다.
- 1기압 상온에서 무색 기체이다.
- 삼중점은 1기압에서 약 -56.3[℃]이다.

037

할론소화설비의 화재안전기술기준(NFTC 107)상 할론소화약제의 저장용기 등에 관한 기준이다. ( ) 안에 들어갈 내용으로 모두 옳은 것은?

축압식 저장용기의 압력은 온도 20[℃]에서 (㉠)을 저장하는 것은 1.1[MPa] 또는 2.5[MPa], (㉡)을 저장하는 것은 2.5[MPa] 또는 4.2[MPa]이 되도록 질소가스를 축압할 것

① ㉠ 할론1211, ㉡ 할론1301
② ㉠ 할론1211, ㉡ 할론2402
③ ㉠ 할론1301, ㉡ 할론2402
④ ㉠ 할론1011, ㉡ 할론1301

해설

할론소화약제의 저장용기의 설치기준

- 축압식 저장용기의 압력

저장 방식	할론1301	할론1211	충전가스
저압식	2.5[MPa]	1.1[MPa]	질소
고압식	4.2[MPa]	2.5[MPa]	질소

- 충전비

저장 방식	할론2402		할론1211	할론1301
	가압식	축압식		
충전비	0.51 이상 0.67 미만	0.67 이상 2.75 이하	0.7 이상 1.4 이하	0.9 이상 1.6 이하

- 가압용 가스용기는 질소가스가 충전되는 것으로 하고, 그 압력은 21[℃]에서 2.5[MPa] 또는 4.2[MPa]이 되도록 해야 한다.
- 가압식 저장용기에는 2.0[MPa] 이하의 압력으로 조정할 수 있는 압력조정장치를 설치해야 한다.

- 이산화탄소 저장용기의 충전비

구 분	저압식	고압식
충전비	1.1 이상 1.4 이하	1.5 이상 1.9 이하

- 분말 저장용기의 충전비

소화약제의 종별	충전비
제1종 분말	0.80[L/kg]
제2종 분말	1.00[L/kg]
제3종 분말	1.00[L/kg]
제4종 분말	1.25[L/kg]

038

1기압에서 20[℃]의 물 10[kg]을 100[℃]의 수증기로 만들 때 필요한 열량은 약 몇 [kJ]인가?(단, 물의 비열은 4.2[kJ/kg · K], 증발잠열은 2,263.8[kJ/kg], 융해잠열은 336[kJ/kg]으로 한다)

① 15,998 ② 25,998
③ 35,998 ④ 45,998

해설

열량(Q)

$$Q = mc\Delta t + \gamma \cdot m$$

여기서, m : 물의 무게[kg]
 c : 물의 비열(4.2[kJ/kg · K])
 Δt : 온도차(100 - 20 = 80[℃] = 80[K])
 γ : 물의 증발잠열(2,263.8[kJ/kg])

$\therefore Q = mc\Delta t + \gamma \cdot m$
  $= (10[kg] \times 4.2[kJ/kg \cdot K] \times 80[K])$
  $+ (2,263.8[kJ/kg] \times 10[kg])$
  $= 25,998[kJ]$

039

할로겐 원소가 아닌 것은?

① Cl ② Br
③ At ④ Ne

해설

할로겐 원소 : 플루오린(F), 염소(Cl), 브로민(Br), 아이오딘(I), 아스티틴(At)

불활성기체(0족 원소) : 헬륨(He), 네온(Ne), 아르곤(Ar), 크립톤(Kr), 제논(Xe), 라돈(Rn)

040

농도가 6.5[wt%]인 단백포소화약제 수용액 1[kg]에 물을 첨가하여 농도가 1.5[wt%]인 단백포소화약제 수용액으로 만들고자 한다. 이때 첨가해야 하는 물의 양은 약 몇 [kg]인가?

① 2.22[kg]
② 2.78[kg]
③ 3.33[kg]
④ 3.88[kg]

해설

물의 양을 x라 하면
$0.065 \times 1[kg] = (1[kg]+x) \times 0.015$
$\therefore \ x = 3.33[kg]$

041

포소화약제가 연소표면을 덮어 공기 접촉을 차단하는 소화원리는?

① 냉각소화
② 질식소화
③ 탈수소화
④ 부촉매소화

해설

포소화약제
질식소화(약제가 연소표면을 덮어 공기 접촉을 차단하는 소화)

042

콘덴서의 정전용량에 관한 설명으로 옳지 않은 것은?

① 전극 사이에 삽입된 절연물의 투자율에 비례한다.
② 동일한 정전용량을 갖는 콘덴서 2개를 병렬 연결하면 합성 정전용량은 2배가 된다.
③ 전극이 전하를 축적할 수 있는 능력의 정도를 나타내는 비례상수이다.
④ 전극 사이의 간격에 반비례한다.

해설

정전용량

$$C = \varepsilon \frac{S}{d}$$

여기서, C : 전하량
　　　　ε : 유전율
　　　　S : 콘덴서의 단면적
　　　　d : 콘덴서 간의 간격
$\therefore$ 콘덴서는 유전율에 비례하며, 전극 사이의 간격에 반비례한다.

043

교류전력에 관한 내용으로 옳지 않은 것은?

① 저항 4[Ω]과 코일 3[Ω]이 직렬 연결되어 있고 100[V], 60[Hz]인 전압을 공급하면 유효전력은 1.6[kW]이다.
② 공진 주파수에서 유효전력과 피상전력은 같다.
③ [kVar]는 무효전력의 단위이다.
④ [kW]는 피상전력의 단위이다.

해설

교류전력
* 전력의 단위

피상전력(P_a)	유효전력(P)	무효전력(P_r)
[kVA]	[kW]	[kVar]

* 피상전력 = 유효전력+무효전력, Z(임피던스)
　　　　　 = R(저항)+jX(리액턴스)
* $P_a = VI[kVA] = I^2 Z = \dfrac{V^2}{Z}$
* $P = VI\cos\theta[kW] = I^2 R = \dfrac{V^2}{R}$
　 $= 20^2 \times 4 = 1,600[W] = 1.6[kW]$
* $P_r = VI\sin\theta[kVar] = I^2 X = \dfrac{V^2}{X}$

044

우리나라에서 사용하는 단상 220[V], 60[Hz]인 배전전압의 최댓값은 약 몇 [V]인가?

① 156
② 220
③ 311
④ 346

최댓값

$$실횻값 = \frac{최댓값}{\sqrt{2}} , \quad 최댓값 = \sqrt{2} \times 실횻값$$

$$\therefore 최댓값 = \sqrt{2} \times 실횻값$$
$$= \sqrt{2} \times 220[V]$$
$$= 311[V]$$

045

감지기 배선으로 단면적 1.5[mm²]인 구리 전선을 2[km] 사용하였다. 이 전선의 저항은 약 몇 [Ω]인가? (단, 구리의 고유저항은 1.72×10⁻⁸[Ω·m]이다)

① 8
② 12
③ 18
④ 23

전선의 저항

$$R = \rho \frac{l}{A} [\Omega]$$

여기서, R : 저항[Ω]
ρ : 고유저항[Ω·m]
l : 전선의 길이[m]
A : 단면적[m²]

$$\therefore R = \rho \frac{l}{A} = 1.72 \times 10^{-8} \times \frac{2 \times 10^3}{1.5 \times 10^{-6}[m^2]} = 23[\Omega]$$

046

옥내소화전설비의 배선 중 내화배선이 아닌 것은?

① 저독성 난연가교 폴리올레핀 절연전선
② 내열성 실리콘 고무 절연전선
③ 버스덕트
④ 내화성 에틸렌-비닐아세테이트 고무 절연케이블

내화배선 : 내열성 에틸렌-비닐아세테이트 고무 절연케이블

047

기전력이 E이고 내부저항이 r인 같은 종류의 전지 3개를 병렬 접속하여 부하저항 R에 연결하였다. 부하저항 R에 흐르는 전류 I는?

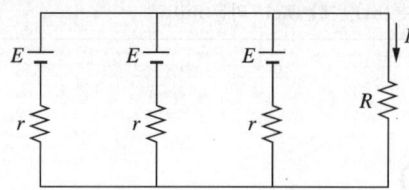

① $I = \dfrac{E}{R}$
② $I = \dfrac{E}{R+r}$
③ $I = \dfrac{3E}{R+3r}$
④ $I = \dfrac{3E}{3R+r}$

전체저항$(R_0) = R + \dfrac{1}{\dfrac{1}{r} \times 3} = R + \dfrac{r}{3} = \dfrac{3R+r}{3}$ 이므로,

전류$(I) = \dfrac{E}{R_0} = \dfrac{E}{\dfrac{3R+r}{3}} = \dfrac{3E}{3R+r} [A]$

048

다음 그림의 논리회로와 동일한 동작을 하는 회로는?

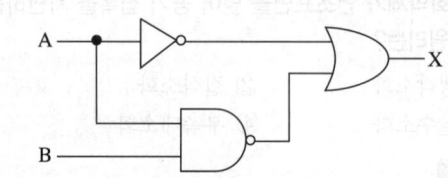

①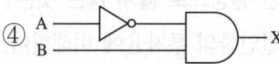

②

③

④

$\overline{AB} + \overline{A} = X$
$\overline{A} + \overline{B} + \overline{A} = X$
$\overline{A} + \overline{B} = X = \overline{AB}$

049

피드백(Feedback) 제어시스템의 특징으로 옳은 것은?

① 개루프 제어시스템에 비하여 감도(입력 대 출력비) 가 증가한다.

② 개루프 제어시스템에 비하여 대역폭이 감소한다.

③ 입력과 출력을 비교하는 기능이 있다.

④ 개루프 제어시스템에 비하여 구조는 간단하나 설치 비용이 비싸다.

해설

피드백 제어시스템의 특징

• 정확성과 감대폭이 증가한다.

• 제어계의 특성 변화에 대한 입력 대 출력비의 감도가 감소된다.

• 반드시 입력과 출력을 비교하는 장치가 있어야 한다.

050

다음 시퀀스회로에 관한 설명으로 옳지 않은 것은?

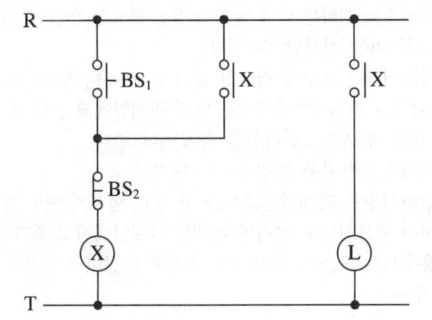

① BS_1을 누르고 BS_2를 누르지 않으면 L이 ON 상태가 된다.

② BS_1은 a 접점을 사용하였으며, BS_2는 b접점을 사용 하였다.

③ 코일 X가 접점 X를 동작시키기 때문에 인터록회로 라고 한다.

④ ON 상태가 되어 있는 L을 OFF 상태로 변화시키기 위해 BS_2를 누른다.

해설

작동상태

BS_1을 누르면 X가 가동되어 X의 a접점이 붙어서 BS_1이 떨어 져도 자기유지가 되어 L이 계속해서 작동된다. 여기서 BS_2를 누르면 모든 것이 작동을 멈춘다. 상기 문제에서 접점 X는 자기유지회로라 한다.

051

소방기본법령상 소방활동 종사명령에 관한 설명으로 옳지 않은 것은?

① 소방서장은 소방활동 종사명령을 받은 자에게 소방 활동에 필요한 보호장구를 지급하는 등 안전을 위한 조치를 해야 한다.

② 소방대장은 화재 등 위급한 상황이 발생한 현장에서 소방활동을 위하여 필요한 때에는 그 현장에 있는 자에게 소방활동 종사명령을 할 수 있다.

③ 소방대상물에 화재 등 위급한 상황이 발생한 경우 소방활동에 종사한 소방대상물의 점유자는 소방활 동 비용을 지급받을 수 있다.

④ 시·도지사는 소방활동 종사명령에 따라 소방활동 에 종사한 자가 그로 인하여 사망하거나 부상을 입은 경우에는 보상해야 한다.

해설

소방활동 종사명령에 따라 소방활동에 종사한 사람은 시·도 지사로부터 소방활동의 비용을 지급받을 수 있다.

> **[소방활동에 종사한 사람이 비용을 받을 수 없는 경우]**
> ① 소방대상물에 화재, 재난, 재해, 그 밖의 위급한 상황이 발생한 경우 그 관계인
> ② 고의 또는 과실로 화재 또는 구조·구급활동이 필요한 상황을 발생시킨 사람
> ③ 화재 또는 구조·구급현장에서 물건을 가져간 사람

052

소방기본법령상 소방신호의 종류별 신호방법에 관한 설명으로 옳은 것은?

① 경계신호의 타종신호는 1타와 연 2타를 반복하며, 사이렌신호는 5초 간격을 두고 10초씩 3회이다.

② 발화신호의 타종신호는 난타이며, 사이렌신호는 5초 간격을 두고 5초씩 3회이다.

③ 해제신호의 타종신호는 상당한 간격을 두고 1타씩 반복하며 사이렌신호는 30초간 1회이다.

④ 훈련신호의 타종신호는 연 3타 반복이며, 사이렌신 호는 30초 간격을 두고 1분씩 3회이다.

소방신호의 종류

신호종류	발령 시기	타종신호	사이렌신호
경계신호	화재예방상 필요하다고 인정 또는 화재위험 경보 시 발령	1타와 연 2타를 반복	5초 간격을 두고 30초씩 3회
발화신호	화재가 발생한 때 발령	난 타	5초 간격을 두고 5초씩 3회
해제신호	소화활동의 필요 없다고 인정할 때 발령	상당한 간격을 두고 1타씩 반복	1분간 1회
훈련신호	훈련상 필요하다고 인정할 때 발령	연 3타 반복	10초 간격을 두고 1분씩 3회

053

소방기본법령상 소방용수시설 중 저수조의 설치기준으로 옳지 않은 것은?

① 지면으로부터 낙차가 4.5[m] 이하일 것
② 흡수부분의 수심이 0.5[m] 이상일 것
③ 흡수관의 투입구가 원형의 경우에는 지름이 50[cm] 이상일 것
④ 저수조에 물을 공급하는 방법은 상수도에 연결하여 자동으로 급수되는 구조일 것

해설

저수조
• 소방용수시설의 종류 : 소화전, 급수탑, 저수조
• 설치 및 유지관리 : 시·도지사가 설치하고 유지·관리해야 한다.
• 저수조의 설치기준
  – 지면으로부터의 낙차가 4.5[m] 이하일 것
  – 흡수부분의 수심이 0.5[m] 이상일 것
  – 흡수관의 **투입구**가 사각형인 경우에는 한 변의 길이가 **60[cm] 이상**일 것
  – 저수조에 물을 공급하는 방법은 상수도에 연결하여 자동으로 급수되는 구조일 것

054

화재예방강화지구의 지정 등에 관한 설명으로 옳은 것은?

① 소방관서장은 화재예방강화지구 안의 관계인에 대하여 대통령령으로 정하는 바에 따라 소방에 필요한 훈련 및 교육을 실시할 수 있다.
② 소방관서장은 소방상 필요한 교육을 실시하고자 하는 때에는 화재예방강화지구 안의 관계인에게 교육 7일 전까지 그 사실을 통보해야 한다.
③ 소방서장은 화재가 발생할 우려가 높거나 화재로 인하여 피해가 클 것으로 예상되는 시장지역을 화재예방강화지구로 지정할 수 있다.
④ 시·도지사는 화재안전조사를 한 결과 화재의 예방과 경계를 위하여 필요한 경우 관계인에게 소방설비의 설치를 명할 수 있다.

해설

화재예방강화지구(영 제20조)
• 소방관서장은 화재예방강화지구 안의 소방대상물의 위치·구조 및 설비 등에 대한 화재안전조사를 연 1회 이상 실시해야 한다.
• 소방관서장은 화재예방강화지구 안의 관계인에 대하여 대통령령으로 정하는 바에 따라 소방상 필요한 훈련 및 교육을 연 1회 이상 실시할 수 있다.
• 소방관서장은 소방상 필요한 훈련 및 교육을 실시하고자 하는 때에는 화재예방강화지구 안의 관계인에게 훈련 또는 교육 10일 전까지 그 사실을 통보해야 한다.
• 화재예방강화지구 지정 : 시·도지사
• 소방관서장은 화재안전조사를 한 결과 화재의 예방 강화를 위하여 필요하다고 인정할 때에는 관계인에게 소화기구, 소방용수시설 또는 그 밖에 소방에 필요한 설비의 설치를 명할 수 있다.

055

소방시설공사업법령상 지하층을 포함한 층수가 40층이고 연면적이 20만[m²]인 특정소방대상물의 공사 현장에 배치해야 하는 소방기술자의 배치기준으로 옳은 것은?

① 행정안전부령으로 정하는 특급기술자인 소방기술자(기계분야 및 전기분야)
② 행정안전부령으로 정하는 고급기술자인 소방기술자(기계분야 및 전기분야)
③ 행정안전부령으로 정하는 중급기술자인 소방기술자(기계분야 및 전기분야)
④ 행정안전부령으로 정하는 초급기술자인 소방기술자(기계분야 및 전기분야)

해설

소방기술자의 배치기준(영 별표 2)

소방기술자의 배치기준	소방시설공사 현장의 기준
행정안전부령으로 정하는 특급기술자인 소방기술자(기계분야 및 전기분야)	가. 연면적 20만[m²] 이상인 특정소방대상물의 공사 현장 나. 지하층을 포함한 층수가 40층 이상인특정소방대상물의 공사 현장
행정안전부령으로 정하는 고급기술자 이상의 소방기술자(기계분야 및 전기분야)	가. 연면적 3만[m²] 이상 20만[m²] 미만인 특정소방대상물(아파트는 제외한다)의 공사 현장 나. 지하층을 포함한 층수가 16층 이상 40층 미만인 특정소방대상물의 공사 현장
행정안전부령으로 정하는 중급기술자 이상의 소방기술자(기계분야 및 전기분야)	가. 물분무 등 소화설비(호스릴 방식의 소화설비는 제외한다) 또는 제연설비가 설치되는 특정소방대상물의 공사 현장 나. 연면적 5천[m²] 이상 3만[m²] 미만인 특정소방대상물(아파트는 제외한다)의 공사 현장 다. 연면적 1만[m²] 이상 20만[m²] 미만인 아파트의 공사 현장
행정안전부령으로 정하는 초급기술자 이상의 소방기술자(기계분야 및 전기분야)	가. 연면적 1천[m²] 이상 5천[m²] 미만인 특정소방대상물(아파트는 제외한다)의 공사 현장 나. 연면적 1천[m²] 이상 1만[m²] 미만인 아파트의 공사 현장 다. 지하구(地下溝)의 공사 현장
자격수첩을 발급받은 소방기술자	연면적 1천[m²] 미만인 특정소방대상물의 공사 현장

056

소방시설공사업법령상 감리업자가 감리원 배치규정을 위반하여 소속 감리원을 소방시설공사 현장에 배치하지 않은 경우에 해당되는 벌칙 기준은?

① 100만원 이하의 벌금
② 200만원 이하의 벌금
③ 300만원 이하의 벌금
④ 500만원 이하의 벌금

해설

300만원 이하의 벌금

- 등록증이나 등록수첩을 다른 자에게 빌려준 자
- 소방시설공사 현장에 **감리원을 배치하지 않은 자**
- 규정을 위반하여 감리업자의 보완 요구에 따르지 않은 자
- 규정을 위반하여 공사감리 계약을 해지하거나 대가 지급을 거부하거나 지연시키거나 불이익을 준 자
- 자격수첩 또는 경력수첩을 빌려준 사람
- 동시에 둘 이상의 업체에 취업한 사람
- 관계인의 정당한 업무를 방해하거나 업무상 알게 된 비밀을 누설한 사람

> 등록증이나 등록수첩을 다른 자에게 빌려준 자 : 300만원 이하의 벌금

057

소방시설공사업법령상 1년 이하의 징역 또는 1,000만원 이하의 벌금에 처해질 수 없는 자는?

① 소방시설공사업법을 위반하여 시공을 한 소방시설공사업을 등록한 자
② 해당 소방시설업자가 아닌 자에게 소방시설공사 등을 도급한 특정소장대상물의 관계인
③ 공사감리 결과의 통보 또는 공사감리 결과보고서의 제출을 거짓으로 한 소방공사감리업을 등록한 자
④ 등록증이나 등록수첩을 다른 자에게 빌려준 소방시설업자

1년 이하의 징역 또는 1,000만원 이하의 벌금
- 영업정지 처분을 받고 그 영업정지 기간에 영업을 한 자
- 규정을 위반하여 설계나 시공을 한 자
- 규정을 위반하여 감리를 하거나 거짓으로 감리한 자
- 규정을 위반하여 공사감리자를 지정하지 않은 자
- 보고를 거짓으로 한 자
- 공사감리 결과의 통보 또는 공사감리 결과보고서의 제출을 거짓으로 한 자
- 해당 소방시설업자가 아닌 자에게 소방시설공사 등을 도급한 자
- 제3자에게 소방시설공사 시공을 하도급한 자

> 등록증이나 등록수첩을 다른 자에게 빌려준 자 : 300만원 이하 벌금

058

화재의 예방 및 안전관리에 관한 법령상 1급 소방안전관리 업무 강습과목으로 틀린 것은?

① 소방학개론
② 위험물·전기·가스안전관리
③ 종합방재실 운영
④ 화재원인 조사실무

화재원인 조사실무 : 특급소방안전관리자 교육과목

059

소방시설 설치 및 관리에 관한 법령상 소화활동설비에 해당하지 않는 것은?

① 상수도소화용수설비
② 무선통신보조설비
③ 비상콘센트설비
④ 연결살수설비

소화활동설비
- 제연설비
- 연결송수관설비
- 연결살수설비
- 비상콘센트설비
- 무선통신보조설비
- 연소방지설비

060

소방시설 설치 및 관리에 관한 법령상 건축허가 동의요구에 대한 조문의 내용이다. (　) 안에 들어갈 숫자가 바르게 나열된 것은?

> 소방본부장 또는 소방서장은 건축허가 등의 동의요구서류를 접수한 날부터 (　㉠　)일(허가를 신청한 건축물 등이 특급소방안전관리대상물의 경우에는 10일) 이내에 건축허가 등의 동의 여부를 회신해야 하고 동의 요구서 및 첨부서류의 보완이 필요한 경우에는 (　㉡　)일 이내의 기간을 정하여 보완을 요구할 수 있다. 건축허가 등의 동의를 요구한 기관이 그 건축허가 등을 취소하였을 때에는 최소한 날부터 (　㉢　)일 이내에 건축물 등의 시공지 또는 소재지를 관할하는 소방본부장 또는 소방서장에게 그 사실을 통보해야 한다.

① ㉠ 5, ㉡ 4, ㉢ 7
② ㉠ 5, ㉡ 5, ㉢ 7
③ ㉠ 7, ㉡ 3, ㉢ 7
④ ㉠ 7, ㉡ 4, ㉢ 5

건축허가 동의여부 회신(규칙 제3조)
① 동의요구를 받은 소방본부장 또는 소방서장은 건축허가 등의 동의요구서류를 접수한 날부터 **5일**(허가를 신청한 건축물 등이 특급소방안전관리대상물의 경우에는 10일) 이내에 건축허가 등의 동의여부를 회신해야 한다.
② 소방본부장 또는 소방서장은 ①의 규정에 불구하고 동의요구서 및 첨부서류의 보완이 필요한 경우에는 **4일 이내**의 기간을 정하여 보완을 요구할 수 있다. 이 경우 보완기간은 ①의 규정에 의한 회신기간에 산입하지 않고, 보완기간 내에 보완하지 않는 때에는 동의요구서를 반려해야 한다.
③ 건축허가 등의 동의를 요구한 기관이 그 건축허가 등을 취소하였을 때에는 취소한 날부터 **7일 이내**에 건축물 등의 시공지 또는 소재지를 관할하는 소방본부장 또는 소방서장에게 그 사실을 통보해야 한다.

061

소방시설 설치 및 관리에 관한 법령상 건축허가 등을 할 때 미리 소방본부장 또는 소방서장의 동의를 받아야 하는 건축물의 범위로 옳지 않은 것은?

① 지하층 또는 무창층이 있는 공연장으로서 바닥면적이 100[m²] 이상인 층이 있는 것
② 연면적이 200[m²] 이상인 노유자시설
③ 연면적이 300[m²] 이상인 장애인 거주시설
④ 주차용도로 사용되는 시설로 승강기 등 기계장치에 의한 주차시설로서 자동차 10대 이상을 주차할 수 있는 시설

해설

건축허가 등의 동의대상물의 범위

① 연면적이 400[m²] 이상인 건축물이나 시설. 다만, 다음의 어느 하나에 해당하는 경우, 정한 기준 이상인 건축물이나 시설로 한다.
　㉠ 건축 등을 하려는 학교시설 : 100[m²] 이상
　㉡ 노유자시설 및 수련시설 : 200[m²] 이상
　㉢ 정신의료기관(입원실이 없는 정신건강의학과 의원은 제외) : 300[m²] 이상
　㉣ 장애인 의료재활시설(장애인 의료재활시설) : 300[m²] 이상
② 지하층 또는 무창층이 있는 건축물로서 바닥면적이 150[m²] (공연장의 경우에는 100[m²]) 이상인 층이 있는 것
③ 차고 · 주차장 또는 주차 용도로 사용되는 시설로서 다음의 어느 하나에 해당하는 것
　㉠ 차고 · 주차장으로 사용되는 바닥면적이 200[m²] 이상인 층이 있는 건축물이나 주차시설
　㉡ 승강기 등 기계장치에 의한 주차시설로서 자동차 20대 이상을 주차할 수 있는 시설
④ 층수가 6층 이상인 건축물
⑤ 항공기격납고, 관망탑, 항공관제탑, 방송용 송수신탑
⑥ 의원(입원실이 있는 것으로 한정한다) · 조산원 · 산후조리원, 위험물저장 및 처리시설, 발전시설 중 풍력발전소 · 전기저장시설 · 지하구
⑦ ①에 해당하지 않는 노유자시설 중 다음의 어느 하나에 해당하는 시설(다만, ㉠의 ㉮ 및 ㉡부터 ㉺까지의 시설 중 건축법 시행령 별표 1의 단독주택 또는 공동주택에 설치되는 시설은 제외한다)
　㉠ 별표 2 제9호 가목에 따른 노인 관련 시설 중 다음의 어느 하나에 해당하는 시설
　　㉮ 노인주거복지시설 · 노인의료복지시설 및 재가노인복지시설
　　㉯ 학대피해노인 전용쉼터
　㉡ 아동복지시설(아동상담소, 아동전용시설 및 지역아동센터는 제외한다)
　㉢ 장애인 거주시설
　㉣ 정신질환자 관련 시설(공동생활가정을 제외한 재활훈련시설과 종합시설 중 24시간 주거를 제공하지 않는 시설은 제외)

　㉤ 노숙인 관련 시설 중 노숙인자활시설, 노숙인재활시설 및 노숙인요양시설
　㉥ 결핵환자나 한센인이 24시간 생활하는 노유자시설
⑧ 요양병원. 다만, 의료재활시설은 제외한다.

062

소방시설 설치 및 관리에 관한 법령상 소방청장이 정하는 내진설계기준에 맞게 설치해야 하는 소방시설은?(단, 내진설계기준을 적용해야 하는 소방시설을 설치해야 하는 특정소방대상물의 경우에 한함)

① 자동화재탐지설비
② 옥외소화전설비
③ 물분무 등 소화설비
④ 비상경보설비

해설

내진설계 소방대상물

옥내소화전설비, 스프링클러설비, 물분무 등 소화설비

063

소방시설 설치 및 관리에 관한 법령상 방염대상물품에 대한 방염성능시험기준으로 옳은 것은?(단, 고시는 고려하지 않음)

① 버너의 불꽃을 제거한 때부터 불꽃을 올리며 연소하는 상태가 그칠 때까지 시간은 30초 이내일 것
② 탄화(炭化)한 면적은 100[cm²] 이내, 탄화한 길이는 30[cm] 이내일 것
③ 불꽃에 의하여 완전히 녹을 때까지 불꽃의 접촉 횟수는 2회 이상일 것
④ 버너의 불꽃을 제거한 때부터 불꽃을 올리지 않고 연소하는 상태가 그칠 때까지 시간은 30초 이내일 것

방염성능기준

- 버너의 불꽃을 제거한 때부터 불꽃을 올리며 연소하는 상태가 그칠 때까지 시간은 20초 이내
- 버너의 불꽃을 제거한 때부터 불꽃을 올리지 않고 연소하는 상태가 그칠 때까지 시간은 30초 이내
- 탄화한 면적은 50[cm²] 이내, 탄화한 길이는 20[cm] 이내
- 불꽃에 완전히 녹을 때까지 불꽃의 접촉횟수는 3회 이상
- 소방청장이 정하여 고시한 방법으로 발연량을 측정하는 경우 최대연기밀도는 400 이하

[소방대상물에 방염권장사항]
소방본부장 또는 소방서장은 다음에 해당하는 물품의 경우에는 병염처리된 물품을 사용하도록 권장할 수 있다.
- 다중이용업소, 의료시설, 노유자시설, 숙박시설 또는 장례식장에서 사용하는 침구류·소파 및 의자
- 건축물 내부의 천장 또는 벽에 부착하거나 설치하는 가구류

064

소방시설 설치 및 관리에 관한 법령상 방염성능기준 이상의 실내장식물 등을 설치해야 하는 특정소방대상물에 해당하는 것은?

① 옥외에 설치된 문화 및 집회시설
② 건축물의 옥내에 있는 종교시설
③ 3층 건축물의 옥내에 있는 수영장
④ 층수가 11층 이상인 아파트

해설

방염성능기준 이상의 실내장식물 등을 설치해야 하는 특정소방대상물(영 제30조)
- 근린생활시설 중 의원, 조산원, 산후조리원, 체력단련장, 공연장 및 종교집회장
- 건축물의 옥내에 있는 시설로서 다음의 시설
  - 문화 및 집회시설
  - 종교시설
  - 운동시설(수영장은 제외)
- 의료시설
- 교육연구시설 중 합숙소
- 노유자시설
- 숙박이 가능한 수련시설
- 숙박시설
- 방송통신시설 중 방송국 및 촬영소
- 다중이용업소
- 층수가 11층 이상인 것(아파트는 제외)

065

소방시설 설치 및 관리에 관한 법령상 소방용품의 성능인증 등을 위반하여 합격표시를 하지 않은 소방용품을 판매한 경우의 벌칙 기준은?

① 200만원 이하의 과태료
② 300만원 이하의 벌금
③ 1년 이하의 징역 또는 1,000만원 이하의 벌금
④ 3년 이하의 징역 또는 3,000만원 이하의 벌금

해설

3년 이하의 징역 또는 3,000만원 이하의 벌금
- 관리업의 등록을 하지 않고 영업을 한 자
- 소방용품의 형식승인을 받지 않고 소방용품을 제조하거나 수입한 자 또는 거짓이나 그 밖의 부정한 방법으로 형식승인을 받은 자
- 규정을 위반하여 제품검사를 받지 않는 자 또는 거짓이나 그 밖의 부정한 방법으로 제품검사를 받은 자
- 규정을 위반하여 소방용품을 판매·진열하거나 소방시설공사에 사용한자
- 거짓이나 그 밖의 부정한 방법으로 성능인증 또는 제품검사를 받은 자
- 제품검사를 받지 않거나 합격표시를 하지 않은 소방용품을 판매·진열하거나 소방시설공사에 사용한 자
- 거짓이나 그 밖의 부정한 방법으로 전문기관으로 지정을 받은 자

066

소방시설 설치 및 관리에 관한 법령상 소방청장이 한국소방산업기술원에 위탁할 수 있는 것은?

① 합판·목재를 설치하는 현장에서 방염처리한 경우의 방염성능검사
② 소방용품에 대한 형식승인의 변경승인
③ 소방안전관리에 대한 교육 업무
④ 소방용품에 대한 교체 등의 명령에 대한 권한

해설

소방청장이 한국소방산업기술원에 위탁할 수 있는 경우
- 방염성능검사 업무
- 소방용품의 형식승인
- 소방용품에 대한 형식승인의 변경승인
- 소방용품의 형식승인의 취소
- 소방용품에 따른 성능인증 및 성능인증의 취소
- 소방용품에 따른 성능인증의 변경인증
- 우수품질인증 및 그 취소

067

소방시설 설치 및 관리에 관한 법령상 시·도지사가 소방시설관리업 등록을 반드시 취소해야 할 사유가 아닌 것은?

① 소방시설관리업자가 거짓이나 그 밖의 부정한 방법으로 등록을 한 경우
② 소방시설관리업자가 소방시설 등의 자체점검 결과를 거짓으로 보고한 경우
③ 소방시설관리업자가 피성년후견인이 된 경우
④ 소방시설관리업자가 관리업의 등록증을 다른 자에게 빌려준 경우

해설

등록취소 사유
• 거짓이나 그 밖의 부정한 방법으로 등록을 한 경우
• 등록의 결격사유에 해당하게 된 경우
 - 피성년후견인
 - 이법, 소방기본법, 소방시설공사업법, 위험물안전관리법에 따른 금고 이상의 실형을 선고받고 그 집행이 끝나거나 집행이 면제된 날부터 2년이 지나지 않은 사람
 - 이법, 소방기본법, 소방시설공사업법, 위험물안전관리법에 따른 금고 이상의 형의 집행유예를 선고받고 그 유예기간 중에 있는 사람
 - 관리업의 등록이 취소(피성년후견인으로 등록이 취소된 경우는 제외한다)된 날부터 2년이 지나지 않은 자
• 다른 자에게 등록증이나 등록수첩을 빌려준 경우

068

위험물안전관리법령상 지정수량 미만인 위험물의 저장 또는 취급에 관한 기술상의 기준을 정하는 것은?

① 대통령령
② 국토교통부령
③ 행정안전부령
④ 시·도의 조례

해설

위험물 기준
• 지정수량 미만 : 시·도의 조례의 기준
• 지정수량 이상 : 위험물안전관리법 적용

069

위험물안전관리법령상 위험물시설의 안전관리에 관한 설명으로 옳지 않은 것은?

① 위험물안전관리자를 선임해야 하는 제조소 등의 경우 안전관리자를 선임한 제조소 등의 관계인은 그 안전관리자를 해임하거나 안전관리자를 퇴직한 때에는 해임하거나 퇴직한 날부터 30일 이내에 다시 안전관리자를 선임해야 한다.
② 암반탱크저장소는 관계인이 예방규정을 정해야 하는 제조소 등에 포함된다.
③ 정기점검의 대상인 제조소 등이라 함은 액체위험물을 지정수량의 200배 이상 저장하는 옥외탱크저장소를 말한다.
④ 탱크안전성능시험자가 되고자 하는 자는 대통령령이 정하는 기술능력·시설 및 장비를 갖추어 소방청장에게 등록해야 한다.

해설

위험물시설의 안전관리
• 안전관리자를 선임한 제조소 등의 관계인은 그 안전관리자를 해임하거나 안전관리자를 퇴직한 때에는 해임하거나 퇴직한 날부터 30일 이내에 다시 안전관리자를 선임해야 한다.
• **예방규정대상 제조소 등**
 - 지정수량의 10배 이상의 위험물을 취급하는 제조소, 일반취급소
 - 지정수량의 100배 이상의 위험물을 저장하는 옥외저장소
 - 지정수량의 150배 이상의 위험물을 저장하는 옥내저장소
 - 지정수량의 200배 이상의 위험물을 저장하는 옥외탱크저장소
 - 암반탱크저장소
 - 이송취급소
• **정기점검의 대상인 제조소 등**
 - 예방규정대상 제조소 등
 - 지하탱크저장소
 - 이동탱크저장소
 - 위험물을 취급하는 탱크로서 지하에 매설된 탱크가 있는 제조소·주유취급소, 일반취급소
• 탱크안전성능시험자가 되고자 하는 자는 대통령령이 정하는 기술능력·시설 및 장비를 갖추어 **시·도지사에게 등록**해야 한다.

070

위험물안전관리법령상 취급소의 구분에 해당되지 않는 것은?

① 주유취급소　　② 판매취급소
③ 이송취급소　　④ 간이취급소

해설

위험물취급소

- 일반취급소　　　　　• 주유취급소
- 판매취급소　　　　　• 이송취급소

> 간이탱크저장소 : 저장소

071

위험물안전관리법령상 위험물탱크 안전성능검사를 받아야 하는 경우 그 신청시기에 관한 설명으로 옳은 것은?

① 기초 · 지반검사는 위험물탱크의 기초 및 지반에 관한 공사의 개시 후에 한다.
② 용접부검사는 탱크 본체에 관한 공사의 개시 전에 한다.
③ 충수 · 수압검사는 탱크에 배관 그 밖의 부속설비를 부착한 후에 한다.
④ 암반탱크검사는 암반탱크의 본체에 관한 공사의 개시 후에 한다.

해설

위험물탱크안전성능검사의 신청시기

- 기초 · 지반검사 : 위험물탱크의 기초 및 지반에 관한 공사의 개시 전
- 충수 · 수압검사 : 위험물을 저장 또는 취급하는 탱크에 배관 그 밖의 부속설비를 부착하기 전
- 용접부검사 : 탱크 본체에 관한 공사의 개시 전
- 암반탱크검사 : 암반탱크의 본체에 관한 공사의 개시 전

072

다중이용업소의 안전관리에 관한 특별법령상 안전시설 등에 해당하지 않는 것은?

① 옥내소화전설비
② 구조대
③ 영업장 내부 피난통로
④ 창 문

해설

안전시설 등(영 별표 1)

(1) 소방시설
　① 소화설비
　　㉠ 소화기 또는 자동확산소화기
　　㉡ 간이스프링클러설비(캐비닛형 간이스프링클러설비를 포함한다)
　② 경보설비
　　㉠ 비상벨설비 또는 자동화재탐지설비
　　㉡ 가스누설경보기
　③ 피난설비
　　㉠ 피난기구(미끄럼대, 피난사다리, **구조대**, 완강기)
　　㉡ 피난유도선
　　㉢ 유도등, 유도표지 및 비상조명등
　　㉣ 휴대용비상조명등
(2) 비상구
(3) **영업장 내부 피난통로**
(4) 그 밖의 안전시설
　① 영상음향차단장치
　② 누전차단기
　③ **창 문**

073

다중이용업소의 안전관리에 관한 특별법령상 다중이용업주의 화재배상책임보험의 의무가입 등에 관한 설명으로 옳은 것은?

① 보험회사는 화재배상책임보험 외에 다른 보험의 가입을 다중이용업주에게 강요할 수 있다.
② 보험회사는 화재배상책임보험의 보험금 청구를 받은 때에는 지체 없이 지급할 보험금을 결정하고 보험금 결정 후 30일 이내에 피해자에게 보험금을 지급해야 한다.
③ 다중이용업주가 화재배상책임보험 청약 당시 보험회사가 요청한 화재발생 위험에 관한 중요한 사항을 거짓으로 알린 경우 보험회사는 그 계약의 체결을 거부할 수 있다.
④ 소방서장은 다중이용업주가 화재배상책임보험에 가입하지 않았을 때에는 다중이용업주에 대한 인가 · 허가의 취소를 해야 한다.

다중이용업주의 화재배상책임보험의 의무가입 등
• 보험회사는 화재배상책임보험 외에 다른 보험의 가입을 다
  중이용업주에게 강요할 수 없다(법 제13조의5).
• 보험회사는 화재배상책임보험의 보험금 청구를 받은 때에
  는 지체 없이 지급할 보험금을 결정하고 보험금 결정 후
  14일 이내에 피해자에게 보험금을 지급해야 한다(법 제13조
  의4).
• 보험회사는 다중이용업주가 화재배상책임보험에 가입할 때
  에는 계약의 체결을 거부할 수 없다(단, 보험회사가 요청한
  안전시설 등의 유지·관리에 관한 사항 등 화재발생 위험에
  관한 중요한 사항을 알리지 않거나 거짓으로 알린 경우에는
  거부할 수 있다)(법 제13조의5).
• 소방본부장 또는 소방서장은 다중이용업주가 화재배상책임
  보험에 가입하지 않았을 때에는 허가관청에 다중이용업주
  에 대한 인가·허가의 취소, 영업의 정지 등 필요한 조치를
  취할 것을 요청할 수 있다(법 제13조의3).

074

다중이용업소의 안전관리에 관한 특별법령상 다중이용업
소의 안전관리 기본계획 등에 관한 설명으로 옳은 것은?

① 소방청장은 5년마다 다중이용업소의 안전관리 기
   본계획을 수립·시행해야 한다.
② 소방본부장은 기본계획에 따라 매년 연도별 안전관
   리계획을 수립·시행해야 한다.
③ 소방서장은 기본계획 및 연도별 계획에 따라 매년
   안전관리계획을 수립한다.
④ 국무총리는 기본계획을 수립하면 대통령에게 보고
   하고 관계 중앙행정기관의 장과 시·도지사에게
   통보한 후 이를 공고해야 한다.

다중이용업소의 안전관리계획 등
• 소방청장은 5년마다 다중이용업소의 안전관리 기본계획을
  수립·시행해야 한다.
• 소방본부장은 기본계획 및 연도별 계획에 따라 관할 지역
  다중이용업소의 안전관리를 위하여 매년 안전관리 집행계
  획을 수립하여 소방청장에게 제출해야 한다.
• 소방청장은 기본계획을 수립하면 국무총리에게 보고하고
  관계 중앙행정기관의 장과 특별시장·광역시장·도지사 또
  는 특별자치도지사(시·도지사)에게 통보한 후 이를 공고
  해야 한다.

075

다중이용업소의 안전관리에 관한 특별법령상 다중이용
업주와 종업원이 받아야 하는 소방안전교육의 교과 과정
으로 옳지 않은 것은?

① 심폐소생술 등 응급처치 요령
② 소방시설 및 방화시설의 유지·관리 및 사용방법
③ 소방시설설계 도면의 작성 요령
④ 화재안전과 관련된 법령 및 제도

소방안전교육의 교과과정(규칙 제7조)
• 화재안전과 관련된 법령 및 제도
• 다중이용업소에서 화재가 발생한 경우 초기대응 및 대피요령
• 소방시설 및 방화시설의 유지·관리 및 사용방법
• 심폐소생술등 응급처치 요령

제4과목   위험물의 성질·상태 및 시설기준

076

위험물안전관리법령상 제4류 위험물의 품명별 위험등
급이 바르게 짝지어진 것은?

① 알코올류 – Ⅰ등급
② 특수인화물 – Ⅰ등급
③ 제2석유류 중 수용성 액체 – Ⅱ등급
④ 제3석유류 중 비수용성 액체 – Ⅱ등급

위험물의 위험등급
① **위험등급Ⅰ의 위험물**
   ㉠ 제1류 위험물 중 아염소산염류, 염소산염류, 과염소산
      염류, 무기과산화물, 지정수량이 50[kg]인 위험물
   ㉡ 제3류 위험물 중 칼륨, 나트륨, 알킬알루미늄, 알킬리
      튬, 황린, 지정수량이 10[kg] 또는 20[kg]인 위험물
   ㉢ 제4류 위험물 중 **특수인화물**
   ㉣ 제5류 위험물 중 지정수량이 10[kg]인 위험물
   ㉤ 제6류 위험물
② **위험등급Ⅱ의 위험물**
   ㉠ 제1류 위험물 중 브로민산염류, 질산염류, 아이오딘산염
      류, 지정수량이 300[kg]인 위험물

ⓛ 제2류 위험물 중 황화인, 적린, 황, 지정수량이 100[kg]인 위험물

ⓒ 제3류 위험물 중 알칼리금속(칼륨, 나트륨 제외) 및 알칼리토금속, 유기금속화합물(알킬알루미늄 및 알킬리튬은 제외), 지정수량이 50[kg]인 위험물

ⓔ 제4류 위험물 중 제1석유류, **알코올류**

ⓜ 제5류 위험물 중 위험등급 I 에 정하는 위험물 외의 것

③ 위험등급Ⅲ의 위험물 : ① 및 ②에 정하지 않은 위험물

종 류	알코올류	특수인화물	제2석유류 (수용성 액체)	제3석유류 (비수용성 액체)
위험 등급	Ⅱ등급	Ⅰ등급	Ⅲ등급	Ⅲ등급

077

상온에서 저장·취급 시 물과 접촉하면 위험한 것을 모두 고른 것은?

ㄱ. 과산화나트륨	ㄴ. 적 린
ㄷ. 칼 륨	ㄹ. 트라이메틸알루미늄

① ㄱ, ㄴ, ㄷ
② ㄱ, ㄴ, ㄹ
③ ㄱ, ㄷ, ㄹ
④ ㄴ, ㄷ, ㄹ

물과 반응하면 가연성 및 조연성 가스가 발생하므로 위험하다.

• 과산화나트륨
$2Na_2O_2+2H_2O \rightarrow 4NaOH+O_2$(산소)

• 칼 륨
$2K+2H_2O \rightarrow 2KOH+H_2$(수소)

• 트라이메틸알루미늄
$(CH_3)_3Al+3H_2O \rightarrow Al(OH)_3+3CH_4$(메테인)

078

제2류 위험물에 관한 설명으로 옳지 않은 것은?

① 철분, 마그네슘은 산과 반응하여 산소를 발생한다.
② 황은 가연성고체로 푸른 불꽃을 내며 연소한다.
③ 적린이 연소하면 유독성의 P_2O_5가 발생한다.
④ 산화제와 혼합하면 가열, 충격, 마찰에 의해 발화·폭발의 위험이 있다.

철분, 마그네슘은 산과 반응하여 수소를 발생한다.

• 철 분
$Fe+2HCl \rightarrow FeCl_2+H_2\uparrow$

• 마그네슘
$Mg+2HCl \rightarrow MgCl_2+H_2\uparrow$

079

제3류 위험물인 황린에 관한 설명으로 옳은 것은?

① 증기는 자극성과 독성이 없다.
② 환원력이 약해 산소농도가 높아야 연소한다.
③ 갈색 또는 회색의 고체로 증기는 공기보다 가볍다.
④ 공기 중에서 자연발화의 위험성이 있어 물속에 저장한다.

황 린

• 물 성

화학식	발화점	지정 수량	비 점	융 점	비 중	증기 비중
P_4	34[℃]	20[kg]	280[℃]	44[℃]	1.82	4.3

• 백색 또는 담황색의 자연발화성 고체이다.
• 물과 반응하지 않기 때문에 pH 9(약알칼리) 정도의 물속에 저장하며 보호액이 증발되지 않도록 한다.

> 황린은 포스핀(PH_3)의 생성을 방지하기 위하여 pH 9인 물속에 저장한다.

• 벤젠, 알코올에는 일부 녹고, 이황화탄소(CS_2), 삼염화인, 염화황에는 잘 녹는다.
• 증기는 공기보다 무겁고 자극적이며 맹독성인 물질이다.
• 발화점이 매우 낮고 산소와 결합 시 산화열이 크며, 공기 중에 방치하면 액화되면서 자연발화를 일으킨다.

> 황린은 발화점(착화점)이 낮기 때문에 자연발화를 일으킨다.

• 공기를 차단하고 황린을 250℃로 가열하면 적린이 생성된다.
• 초기소화에는 물, 포, CO_2, 건조분말소화약제가 유효하다.

080

나이트로셀룰로오스에 관한 설명으로 옳지 않은 것은?

① 질산에스터류에 속하며, 자기반응성 물질이다.
② 직사광선에 의해 분해하여 자연발화할 수 있다.
③ 질화도가 클수록 분해도, 폭발성, 위험도가 감소한다.
④ 저장·운반 시에는 물 또는 알코올을 첨가하여 위험성을 감소시킨다.

해설

나이트로셀룰로오스

• 질산에스터류에 속하며, 자기반응성 물질이다.
• 직사광선에 의해 분해하여 자연발화할 수 있다.
• 질화도가 클수록 분해도, 폭발성, 위험도가 증가한다.
• 저장·운반 시에는 물 또는 알코올을 첨가하여 위험성을 감소시킨다.

081

제1류 위험물에 관한 설명으로 옳지 않은 것은?

① 과망가니즈산칼륨과 다이크로뮴산암모늄의 색상은 각각 등적색과 흑색이다.
② 염소산칼륨은 황산과 반응하여 이산화염소를 발생한다.
③ 아염소산나트륨은 강산화제이며, 가열에 의해 분해하여 산소를 발생한다.
④ 질산암모늄은 급격한 가열, 충격에 분해하여 폭발할 수 있다.

해설

제1류 위험물

• **과망가니즈산칼륨 : 흑자색의 주상결정**
• **다이크로뮴산암모늄 : 적색 또는 등적색**(오렌지색)의 단사정계 침상결정
• 염소산칼륨은 황산과 반응하면 이산화염소의 흰 가스가 발생한다.

$$6KClO_3 + 3H_2SO_4 \rightarrow 3K_2SO_4 + 4ClO_2 + 2H_2O + 2HClO_4$$
(염소산칼륨)　(황산)　(황산칼륨)(이산화염소)(물)　(과염소산)

• 아염소산나트륨은 강산화제이며, 가열에 의해 분해하여 산소를 발생한다.

$$NaClO_2 \rightarrow NaCl + O_2$$

• 질산암모늄은 급격한 가열, 충격에 분해하여 폭발할 수 있다.

082

제6류 위험물에 관한 설명으로 옳지 않은 것은?

① 모두 불연성물질이다.
② 위험물안전관리법령상 모든 품명의 위험등급은 Ⅱ등급이다.
③ 과산화수소 저장용기의 뚜껑은 가스가 배출되는 구조로 한다.
④ 질산이 목탄분, 솜뭉치와 같은 가연물에 스며들면 자연발화의 위험이 있다.

해설

제6류 위험물

• 산화성 액체이며, 무기화합물로 이루어진 불연성 물질이다.
• 무색투명하며, 비중은 1보다 크고 표준상태에서는 모두가 액체이다.
• 모든 품명의 **위험등급은 Ⅰ등급**이다.
• 과산화수소 저장용기의 뚜껑은 가스가 배출되는 구조로 한다.
• 연소 시 산화성이 커 다른 물질의 연소를 돕는다.
• 질산이 목탄분, 솜뭉치와 같은 가연물에 스며들면 자연발화의 위험이 있다.

083

제5류 위험물인 유기과산화물에 관한 설명으로 옳지 않은 것은?

① 불티, 불꽃 등의 화기를 엄금한다.
② 직사광선을 피하고 냉암소에 저장한다.
③ 누출 시 과산화수소로 혼합시켜 제거한다.
④ 벤조일퍼옥사이드는 진한 황산과 혼촉 시 분해를 일으켜 폭발한다.

해설

유기과산화물

• 불티, 불꽃 등의 화기를 엄금한다.
• 직사광선을 피하고 냉암소에 저장한다.
• 누출 시 물로 제거한다.
• 벤조일퍼옥사이드는 진한 황산과 혼촉 시 분해를 일으켜 폭발한다.

084

위험물안전관리법령상 제2류 위험물에 관한 설명으로 옳지 않은 것은?

① 황은 순도가 60[wt%] 이상인 것을 말하며, 지정수량은 100[kg]이다.

② 마그네슘은 직경 2[mm] 이상의 막대 모양의 것을 말하며, 지정수량은 100[kg]이다.

③ 인화성 고체라 함은 고형알코올 그 밖에 1기압에서 인화점이 40[℃] 미만인 고체를 말하며, 지정수량은 1,000[kg]이다.

④ 철분이라 함은 철의 분말로서 53[μm]의 표준체를 통과하는 것이 50[wt%] 이상이어야 하며, 지정수량은 500[kg]이다.

해설

제2류 위험물의 정의

- 황 : 순도가 60[wt%] 이상인 것을 말하며, 순도측정을 하는 경우 불순물은 활석 등 불연성 물질과 수분으로 한정한다.
- 철분 : 철의 분말로서 53[μm]의 표준체를 통과하는 것 (50[wt%] 미만은 제외)
- 금속분 : 알칼리금속·알칼리토금속류·철 및 마그네슘 외의 금속의 분말(구리분·니켈분 및 150[μm]의 체를 통과하는 것이 50[wt%] 미만인 것은 제외)

> **[마그네슘에 해당하지 않는 것]**
> ① 2[mm]의 체를 통과하지 않는 덩어리 상태의 것
> ② 직경 2[mm] 이상의 막대 모양의 것

- 인화성고체 : 고형알코올 그 밖에 1기압에서 인화점이 40 [℃] 미만인 고체
- 철분, 마그네슘의 지정수량 : 500[kg]

085

위험물안전관리법령상 제3류 위험물의 품명별 지정수량이 바르게 짝지어진 것은?

① 나트륨, 황린 – 10[kg]

② 알킬알루미늄, 알킬리튬 – 20[kg]

③ 금속의 수소화물, 금속의 인화물 – 50[kg]

④ 칼슘의 탄화물, 알루미늄의 탄화물 – 300[kg]

해설

제3류 위험물의 지정수량

종 류	지정수량
나트륨	10[kg]
황 린	20[kg]
알킬알루미늄, 알킬리튬	10[kg]
금속의 수소화물, 금속의 인화물, 칼슘 또는 알루미늄의 탄화물	300[kg]

086

위험물안전관리법령상 연면적 500[m²] 이상인 제조소에 반드시 설치해야 하는 경보설비는?

① 확성장치 ② 비상경보설비

③ 비상방송설비 ④ 자동화재탐지설비

해설

제조소 등의 경보설비 설치기준

제조소 등의 구분	제조소 등의 규모, 저장 또는 취급하는 위험물의 종류 및 최대수량 등	경보설비
가. 제조소 및 일반취급소	• 연면적이 500[m²] 이상인 것 • 옥내에서 지정수량의 100배 이상을 취급하는 것(고인화점위험물만을 100[℃] 미만의 온도에서 취급하는 것은 제외) • 일반취급소로 사용되는 부분 외의 부분이 있는 건축물에 설치된 일반취급소(일반취급소와 일반취급소 외의 부분이 내화구조의 바닥 또는 벽으로 개구부 없이 구획된 것은 제외)	자동화재탐지설비
나. 옥내저장소	• 지정수량의 100배 이상을 저장 또는 취급하는 것(고인화점위험물만을 저장 또는 취급하는 것은 제외) • 저장창고의 연면적이 150[m²]를 초과하는 것[연면적 150[m²] 이내마다 불연재료의 격벽으로 개구부 없이 완전히 구획된 저장창고와 제2류 위험물(인화성고체는 제외) 또는 제4류 위험물(인화점이 70[℃] 미만인 것은 제외)만을 저장 또는 취급하는 저장창고는 그 연면적이 500[m²] 이상인 것을 말한다] • 처마 높이가 6[m] 이상인 단층 건물의 것 • 옥내저장소로 사용되는 부분 외의 부분이 있는 건축물에 설치된 옥내저장소[옥내저장소와 옥내저장소 외의 부분이 내화구조의 바닥 또는 벽으로 개구부 없이 구획된 것과 제2류(인화성고체는 제외) 또는 제4류의 위험물(인화점이 70[℃] 미만인 것은 제외)만을 저장 또는 취급하는 것은 제외]	
다. 옥내탱크저장소	단층 건물 외의 건축물에 설치된 옥내탱크저장소로서 소화난이도등급 Ⅰ에 해당하는 것	
라. 주유취급소	옥내주유취급소	

제조소 등의 구분	제조소 등의 규모, 저장 또는 취급하는 위험물의 종류 및 최대수량 등	경보 설비
마. 옥외탱크 저장소	특수인화물, 제1석유류 및 알코올류를 저장 또는 취급하는 탱크의 용량이 1,000만[L] 이상인 것	• 자동화재탐지설비 • 자동화재속보설비
바. 가목부터 마목까지의 규정에 따른 자동화재탐지설비 설치 대상 제조소 등에 해당하지 않는 제조소 등(이송취급소는 제외)	지정수량의 10배 이상을 저장 또는 취급하는 것	자동화재탐지설비, 비상경보설비, 확성장치 또는 비상방송설비 중 1종 이상

087

이황화탄소에 관한 설명으로 옳지 않은 것은?

① 인화점이 낮고 휘발이 용이하여 화재위험성이 크다.
② 공기 중에서 연소하면 유독성의 이산화황을 발생한다.
③ 증기는 공기보다 무겁고 매우 유독하여 흡입 시 신경계통에 장애를 준다.
④ 액체비중이 물보다 작고 물에 녹기 어렵기 때문에 수조탱크에 넣어 보관한다.

해설

이황화탄소(Carbon Disulfide)
• 물 성

화학식	분자량	지정수량	비 중	비 점	인화점	착화점	연소범위
CS_2	76	50[L]	1.26	46[℃]	-30[℃]	90[℃]	1.0~50[%]

• 순수한 것은 무색투명한 액체이며, 시판용은 담황색이다.
• 제4류 위험물 중 착화점이 낮고 증기는 유독하다.
• 물에 녹지 않고 알코올, 에터, 벤젠 등의 유기용매에 잘 녹는다.
• 가연성 증기 발생을 억제하기 위하여 물속에 저장한다.
• 연소 시 아황산(이산화황)가스를 발생하며, 파란 불꽃을 나타낸다.

[이황화탄소의 반응식]
① 연소반응식
$CS_2+3O_2 \rightarrow CO_2+2SO_2$
② 물과 반응(150[℃])
$CS_2+2H_2O \rightarrow CO_2+2H_2S$

088

위험물안전관리법령상 제조소의 특례기준에서 은·수은·구리·마그네슘 또는 이들의 합금으로 된 취급설비를 사용해서는 안 되는 위험물은?

① 아세트알데하이드　　② 휘발유
③ 톨루엔　　　　　　　④ 아세톤

해설

아세트알데하이드와 산화프로필렌은 은(Ag)·수은(Hg)·구리(Cu)·마그네슘(Mg) 또는 이들의 합금으로 된 취급설비를 사용하면 아세틸레이트의 폭발성물질을 생성하므로 위험하다.

089

위험물안전관리법령상 제조소에 피뢰침을 설치해야 하는 경우 취급하는 위험물의 수량은 지정수량의 최소 몇 배 이상이어야 하는가?(단, 제조소에서 취급하는 위험물은 경유이며, 제조소에 피뢰침을 반드시 설치하는 경우에 한한다)

① 5　　　　　　　　　② 10
③ 15　　　　　　　　　④ 20

해설

제조소 등의 피뢰설비 설치기준
지정수량의 10배 이상(제6류 위험물은 제외)

090

제6류 위험물인 과염소산에 관한 설명으로 옳지 않은 것은?

① 공기와 접촉 시 황적색의 인화수소가 발생한다.
② 무색무취의 액체로 물과 접촉하면 발열한다.
③ 무수물은 불안정하여 가열하면 폭발적으로 분해한다.
④ 저장 시에는 가연성물질과 접촉을 피해야 한다.

해설

과염소산($HClO_4$)
• 무색무취의 액체로 물과 접촉하면 발열한다.
• 무수물은 불안정하여 가열하면 폭발적으로 분해한다.
• 저장 시에는 가연성물질과 접촉을 피해야 한다.

[인화칼슘과 물의 반응]
$Ca_3P_2+6H_2O \rightarrow 3Ca(OH)_2+2PH_3$

091

위험물안전관리법령상 주유취급소의 위치·구조 및 설비의 기준에 관한 조문의 일부이다. ( )에 들어갈 숫자가 바르게 나열된 것은?

> 사무실 등의 창 및 출입구에 유리를 사용하는 경우에는 망입유리 또는 강화유리로 할 것. 이 경우 강화유리의 두께는 창에는 (㉠)[mm] 이상, 출입구에는 (㉡)[mm] 이상으로 해야 한다.

① ㉠ 5, ㉡ 10   ② ㉠ 5, ㉡ 12
③ ㉠ 8, ㉡ 10   ④ ㉠ 8, ㉡ 12

해설

주유취급소의 위치·구조 및 설비의 기준

• 사무실 등의 창 및 출입구에 유리를 사용하는 경우에는 망입유리 또는 강화유리로 할 것. 이 경우 강화유리의 두께는 **창**에는 **8[mm] 이상**, **출입구**에는 **12[mm] 이상**으로 해야 한다.
• 건축물 중 사무실 그 밖의 화기를 사용하는 곳은 누설한 가연성의 증기가 그 내부에 유입되지 않도록 다음의 기준에 적합한 구조로 할 것
  – 출입구는 건축물의 안에서 밖으로 수시로 개방할 수 있는 자동폐쇄식의 것으로 할 것
  – 출입구 또는 사이통로의 문턱의 높이를 15[cm] 이상으로 할 것
  – 높이 1[m] 이하의 부분에 있는 창 등은 밀폐시킬 것

092

위험물안전관리법령상 소화설비, 경보설비 및 피난설비의 기준에 관한 조문의 일부이다. ( )에 들어갈 숫자는?

> 제조소 등에 전기설비(전기배선, 조명기구 등은 제외한다)가 설치된 경우에는 해당 장소의 면적 100[m²]마다 소형수동식소화기를 ( )개 이상 설치할 것

① 1   ② 2
③ 3   ④ 4

해설

전기설비의 소화설비

제조소 등에 전기설비(전기배선, 조명기구 등은 제외한다)가 설치된 경우에는 해당 장소의 면적 100[m²]마다 소형수동식소화기를 1개 이상 설치할 것

093

위험물안전관리법령상 제조소에 설치하는 배출설비에 관한 설명으로 옳지 않은 것은?

① 위험물취급설비가 배관이음 등으로만 된 경우에는 전역방식으로 할 수 있다.
② 전역방식 배출설비의 배출능력은 1시간당 바닥면적 1[m²]당 15[m³] 이상으로 해야 한다.
③ 배출구는 지상 2[m] 이상으로서 연소의 우려가 없는 장소에 설치해야 한다.
④ 배풍기·배출덕트·후드 등을 이용하여 강제적으로 배출하는 것으로 해야 한다.

해설

제조소 등의 배출설비

가연성의 증기 또는 미분이 체류할 우려가 있는 건축물에는 그 증기 또는 미분을 옥외의 높은 곳으로 배출할 수 있도록 다음의 기준에 의하여 배출설비를 설치해야 한다.
• 배출설비는 국소방식으로 해야 한다. 다만, 다음에 해당하는 경우에는 전역방식으로 할 수 있다.
  – 위험물취급설비가 배관이음 등으로만 된 경우
  – 건축물의 구조·작업장소의 분포 등의 조건에 의하여 전역방식이 유효한 경우
• 배출설비는 배풍기(오염된 공기를 뽑아내는 통풍기), 배출덕트(공기배출통로), 후드 등을 이용하여 강제적으로 배출하는 것으로 할 것
• 배출능력은 1시간당 배출장소 용적의 20배 이상인 것으로 해야 한다. 다만, **전역방식의 경우**에는 바닥면적 1[m²]당 18[m³] 이상으로 할 수 있다.
• 배출설비의 급기구 및 배출구는 다음의 기준에 의해야 한다.
  – 급기구는 높은 곳에 설치하고, 가는 눈의 구리망 등으로 인화방지망을 설치할 것
  – 배출구는 지상 2[m] 이상으로서 연소의 우려가 없는 장소에 설치하고, 배출덕트가 관통하는 벽부분의 바로 가까이에 화재 시 자동으로 폐쇄되는 방화댐퍼(화재 시 연기 등을 차단하는 장치)를 설치할 것
• 배풍기는 강제배기방식으로 하고, 옥내덕트의 내압이 대기압 이상이 되지 않는 위치에 설치해야 한다.

094

위험물안전관리법령상 제조소와 수용인원 300명 이상인 영화상영관의 안전거리 기준으로 옳은 것은? (단, 제6류 위험물을 취급하는 제조소를 제외한다)

① 10[m] 이상   ② 20[m] 이상
③ 30[m] 이상   ④ 50[m] 이상

해설

제조소의 안전거리

건축물	안전거리
사용전압 7,000[V] 초과 35,000[V] 이하의 특고압 가공전선	3[m] 이상
사용전압 35,000[V] 초과의 특고압 가공전선	5[m] 이상
주거용으로 사용되는 것(제조소가 설치된 부지 내에 있는 것을 제외)	10[m] 이상
고압가스, 액화석유가스, 도시가스를 저장 또는 취급하는 시설	20[m] 이상
학교, 병원(병원급 의료기관), 극장, 공연장, **영화상영관**, 그 밖에 수용인원 300명 이상의 인원을 수용할 수 있는 것 아동복지시설, 노인복지시설, 장애인복지시설, 한부모가족복지시설, 어린이집, 성매매피해자 등을 위한 지원시설, 정신건강증진시설, 가정폭력피해자보호시설 및 그 밖에 수용인원 20명 이상의 인원을 수용할 수 있는 것	30[m] 이상
유형문화재, 지정문화재	50[m] 이상

095

옥외탱크저장소의 하나의 방유제 안에 3기의 아세톤 저장탱크가 있다. 위험물안전관리법령상 탱크 주위에 설치해야 할 방유제의 용량은 최소 몇 [L] 이상이어야 하는가?(단, 아세톤 저장탱크의 용량은 각각 10,000[L], 20,000[L], 30,000[L]이다)

① 10,000   ② 22,000
③ 33,000   ④ 60,000

해설

방유제, 방유턱의 용량
- 위험물제조소의 옥외에 있는 위험물 취급탱크의 방유제의 용량
  - 1기일 때 : 탱크용량 × 0.5(50[%])
  - 2기 이상일 때 : 최대탱크용량 × 0.5 + (나머지 탱크용량 합계 × 0.1)
- 위험물제조소의 옥내에 있는 위험물 취급탱크의 방유턱의 용량
  - 1기일 때 : 탱크용량 이상
  - 2기 이상일 때 : 최대 탱크용량 이상
- 위험물옥외탱크저장소의 방유제의 용량
  - 1기일 때 : 탱크용량×1.1(110[%]) (비인화성 물질×100[%])
  - 2기 이상일 때 : 최대 탱크용량×1.1(110[%]) (비인화성 물질×100[%])
- ∴ 방유제의 용량 = 최대 탱크용량×1.1
  - = 30,000[L] × 1.1 = 33,000[L]

096

위험물안전관리법령상 용량 80[L] 수조(소화전용 물통 3개 포함)의 능력단위는?

① 0.5   ② 1.0
③ 1.5   ④ 2.0

해설

소화설비의 능력단위

소화설비	용량	능력단위
소화전용(轉用) 물통	8[L]	0.3
수조(소화전용 물통 3개 포함)	80[L]	1.5
수조(소화전용 물통 6개 포함)	190[L]	2.5
마른 모래(삽 1개 포함)	50[L]	0.5
팽창질석 또는 팽창진주암(삽 1개 포함)	160[L]	1.0

097

위험물안전관리법령상 판매취급소의 위치·구조 및 설비의 기준으로 옳지 않은 것은?

① 제1종 판매취급소는 건축물의 1층에 설치할 것
② 제1종 판매취급소의 용도로 사용하는 부분의 창 및 출입구에는 60분+방화문·60분 방화문 또는 30분 방화문을 설치할 것
③ 제2종 판매취급소의 용도로 사용하는 부분은 벽·기둥·바닥 및 보를 내화구조로 할 것
④ 제2종 판매취급소의 용도로 사용하는 부분에 천장이 있는 경우에는 이를 난연재료로 할 것

해설

판매취급소의 위치·구조 및 설비의 기준
① 제1종 판매취급소(지정수량의 20배 이하)
- 제1종 판매취급소는 건축물의 1층에 설치할 것
- 제1종 판매취급소의 용도로 사용되는 건축물의 부분은 내화구조 또는 불연재료로 하고, 판매취급소로 사용되는 부분과 다른 부분과의 격벽은 내화구조로 할 것
- 제1종 판매취급소의 용도로 사용하는 건축물의 부분은 보를 불연재료로 하고, 천장을 설치하는 경우에는 천장을 불연재료로 할 것
- 제1종 판매취급소의 용도로 사용하는 부분에 상층이 있는 경우에 있어서는 그 상층의 바닥을 내화구조로 하고, 상층이 없는 경우에 있어서는 지붕을 내화구조 또는 불연재료로 할 것
- 제1종 판매취급소의 용도로 사용하는 부분의 창 및 출입구에는 60분+방화문·60분 방화문 또는 30분 방화문을 설치할 것

- 위험물을 배합하는 실의 기준
  - 바닥면적은 6[m²] 이상 15[m²] 이하로 할 것
  - 내화구조 또는 불연재료로 된 벽으로 구획할 것
  - 바닥은 위험물이 침투하지 않는 구조로 하여 적당한 경사를 두고 집유설비를 할 것
  - 출입구에는 수시로 열 수 있는 자동폐쇄식의 60분+ 방화문 또는 60분 방화문을 설치할 것
  - 출입구 문턱의 높이는 바닥면으로부터 0.1[m] 이상으로 할 것
  - 내부에 체류한 가연성의 증기 또는 가연성의 미분을 지붕 위로 방출하는 설비를 할 것
② 제2종 판매취급소(지정수량의 40배 이하)
  - 제2종 판매취급소의 용도로 사용하는 부분은 **벽 · 기둥 · 바닥 및 보를 내화구조**로 하고, **천장이 있는 경우에는 이를 불연재료**로 하며, 판매취급소로 사용되는 부분과 다른 부분과의 격벽은 내화구조로 할 것
  - 제2종 판매취급소의 용도로 사용하는 부분에 상층이 있는 경우에 있어서는 상층의 바닥을 내화구조로 하는 동시에 상층으로의 연소를 방지하기 위한 조치를 강구하고, 상층이 없는 경우에는 지붕을 내화구조로 할 것
  - 제2종 판매취급소의 용도로 사용하는 부분 중 연소의 우려가 없는 부분에 한하여 창을 두되, 해당 창에는 60분 +방화문 · 60분 방화문 또는 30분 방화문을 설치할 것
  - 제2종 판매취급소의 용도로 사용하는 부분의 출입구에는 60분+방화문 · 60분 방화문 또는 30분 방화문을 설치할 것. 다만, 해당 부분 중 연소의 우려가 있는 벽에 설치하는 출입구에는 수시로 열 수 있는 자동폐쇄식의 60분+방화문 또는 60분 방화문을 설치해야 한다.

098

위험물안전관리법령상 옥내저장소의 표지 및 게시판의 기준으로 옳지 않은 것은?

① 표지의 바탕은 백색으로, 문자는 흑색으로 할 것
② 표지는 한 변의 길이가 0.3[m] 이상, 다른 한 변의 길이가 0.6[m] 이상인 직사각형으로 할 것
③ 인화성 고체를 제외한 제2류 위험물에 있어서는 "화기엄금"의 게시판을 설치할 것
④ "물기엄금"을 표시하는 게시판에 있어서는 청색바탕에 백색문자로 할 것

해설

옥내저장소의 표지 및 게시판의 기준
- 표지의 바탕은 백색으로, 문자는 흑색으로 할 것
- 표지는 한 변의 길이가 0.3[m] 이상, 다른 한 변의 길이가 0.6[m] 이상인 직사각형으로 할 것
- 제2류 위험물
  - 인화성 고체 : 화기엄금(적색바탕에 백색문자)
  - 그 밖의 것(인화성 고체는 제외) : 화기주의
- 표시하는 게시판에 있어서는 청색바탕에 백색문자로 할 것

099

위험물안전관리법령상 간이탱크저장소의 위치 · 구조 및 설비의 기준에 관한 조문의 일부이다. ( )에 들어갈 숫자가 바르게 나열된 것은?

> 간이저장탱크는 두께 (㉠)[mm] 이상 강판으로 흠이 없도록 제작해야 하며 (㉡)[kPa]의 압력으로 10분간의 수압시험을 실시하여 새거나 변형되지 않아야 한다.

① ㉠ 2.3, ㉡ 60
② ㉠ 2.3, ㉡ 70
③ ㉠ 3.2, ㉡ 60
④ ㉠ 3.2, ㉡ 70

해설

간이탱크저장소의 수압시험
간이저장탱크는 두께 **3.2[mm] 이상**의 강판으로 흠이 없도록 제작해야 하며, **70[kPa]의 압력**으로 10분간의 **수압시험**을 실시하여 새거나 변형되지 않아야 한다.

100

위험물안전관리법령상 에탄올 2,000[L]를 취급하는 제조소 건축물 주위에 보유해야 할 공지의 너비기준으로 옳은 것은?

① 2[m] 이상
② 3[m] 이상
③ 4[m] 이상
④ 5[m] 이상

해설

공지의 너비
- 지정수량의 배수 $= \dfrac{\text{저장량}}{\text{지정수량}} = \dfrac{2,000[L]}{400[L]} = 5.0$배
- 보유공지

취급하는 위험물의 최대수량	10배 이하	10배 초과
보유공지의 너비	3[m] 이상	5[m] 이상

∴ 지정수량의 배수가 5배이므로 보유공지는 3[m] 이상으로 한다.

101

가로 40[m], 세로 30[m]의 특수가연물 저장소에 스프링 클러설비를 하고자 한다. 정방형으로 헤드를 배치할 경우 필요한 헤드의 최소 설치개수는?

① 130
② 140
③ 181
④ 221

해설

스프링클러헤드의 배치기준

설치장소		설치기준
폭 1.2[m]를 초과하는 천장, 반자, 천장과 반자 사이, 덕트, 선반, 기타 이와 유사한 부분	무대부, 특수가연물을 저장 또는 취급하는 장소	수평거리 1.7[m] 이하
	비내화구조	수평거리 2.1[m] 이하
	내화구조	수평거리 2.3[m] 이하
아파트 등의 세대		수평거리 2.6[m] 이하
랙식 창고	라지드롭형 스프링클러헤드 설치	특수가연물을 저장·취급	수평거리 1.7[m] 이하
	비내화구조	수평거리 2.1[m] 이하
	내화구조	수평거리 2.3[m] 이하
	라지드롭형 스프링클러헤드(습식, 건식 외의 것)	랙 높이 3[m] 이하마다

- 헤드 간의 거리 $S = 2\cos\theta = 2 \times 1.7 \times \cos45$
  $= 3.4 \times 0.707 = 2.40$
- 가로의 헤드 수 = 40[m] ÷ 2.4 = 16.67 = 17개
- 세로의 헤드 수 = 30[m] ÷ 2.4 = 12.5 = 13개
- ∴ 전체 헤드 수 = 17개 × 13개 = 221개

102

도로터널의 화재안전기술기준상 소화기 설치기준으로 옳은 것은?

① 소화기의 총중량은 7[kg] 이하로 할 것
② B급 화재 시 소화기의 능력단위는 3단위 이상으로 할 것
③ 소화기는 바닥면으로부터 1.2[m] 이하의 높이에 설치할 것
④ 편도 2차선 이상의 양방향 터널에는 한쪽 측벽에 50[m] 이내의 간격으로 소화기 2개 이상을 설치할 것

해설

도로터널의 화재안전기술기준상 소화기 설치기준

- 소화기의 능력단위는 A급 화재는 3단위 이상, B급 화재는 5단위 이상, C급 화재에 적응성이 있는 것으로 할 것
- 소화기의 총 중량은 사용 및 운반의 편리성을 고려하여 7[kg] 이하로 할 것
- 소화기는 주행차로의 우측 측벽에 50[m] 이내의 간격으로 2개 이상을 설치하며, 편도 2차선 이상의 양방향 터널과 4차로 이상의 일방향 터널의 경우에는 양쪽 측벽에 50[m] 이내의 간격으로 엇갈리게 2개 이상을 설치할 것
- 소화기는 바닥면(차로 또는 보행로)으로부터 1.5[m] 이하의 높이에 설치할 것

103

바닥면적 100[m²]인 지하주차장에 물분무소화설비를 설치할 경우 필요한 수원의 최소량은?

① 2,000[L]
② 20,000[L]
③ 40,000[L]
④ 80,000[L]

해설

물분무소화설비의 수원

차고, 주차장일 때

수원 = 바닥면적(50[m²] 이하이면 50[m²]) × 20[L/min · m²] × 20[min]

∴ 수원 = 100[m²] × 20[L/min · m²] × 20[min]
     = 40,000[L]

104

스프링클러설비의 화재안전기술기준상 배관에 관한 기준으로 옳지 않은 것은?

① 배관 내 사용압력이 1.2[MPa] 이상일 경우에는 압력배관용 탄소강관(KS D 3562)을 사용한다.
② 배관의 구경 계산 시 수리계산에 따르는 경우 교차배관의 유속은 6[m/s]를 초과할 수 없다.
③ 펌프의 성능시험배관은 펌프의 토출 측에 설치된 개폐밸브 이전에서 분기하여 직선으로 설치해야 한다.
④ 가압송수장치의 체절운전 시 수온의 상승을 방지하기 위하여 체크밸브와 펌프 사이에서 분기한 구경 20[mm] 이상의 배관에 체절압력 미만에서 개방되는 릴리프밸브를 설치해야 한다.

해설

스프링클러설비의 화재안전기술기준상 배관 기준
- 배관 내 사용압력이 1.2[MPa] 이상일 경우
  - 압력배관용 탄소강관(KS D 3562)
  - 배관용 아크용접 탄소강강관(KS D 3583)
- 배관의 구경 계산 시 수리계산에 따르는 경우 **가지배관**의 유속은 6[m/s], 그 밖의 배관의 유속은 10[m/s]를 초과할 수 없다.
- 펌프의 성능시험배관은 펌프의 토출 측에 설치된 개폐밸브 이전에서 분기하여 직선으로 설치하고, 유량측정장치를 기준으로 전단 직관부에 개폐밸브를 후단 직관부에는 유량조절밸브를 설치할 것
- 가압송수장치의 체절운전 시 수온의 상승을 방지하기 위하여 체크밸브와 펌프 사이에서 분기한 구경 20[mm] 이상의 배관에 체절압력 미만에서 개방되는 릴리프밸브를 설치해야 한다.

해설

자동화재탐지설비의 연기감지기를 사용하는 경우 설치기준(NFTC 203)
- 감지기 부착높이에 따라 다음 표에 따른 바닥면적마다 1개 이상으로 할 것

부착높이	감지기의 종류	
	1종 및 2종	3종
4[m] 미만	150	50
4[m] 이상 20[m] 미만	75	–

- 감지기의 복도 및 통로에 설치기준

복도 및 통로		계단 및 경사로	
1종 및 2종	3종	1종 및 2종	3종
보행거리 30[m]마다	보행거리 20[m]마다	수직거리 15[m]마다	수직거리 10[m]마다

- 천장 또는 반자가 낮은 실내 또는 좁은 실내에 있어서는 출입구의 가까운 부분에 설치할 것
- 천장 또는 **반자부근에 배기구가 있는 경우**에는 그 부근에 설치할 것
- 감지기는 벽 또는 보로부터 0.6[m] 이상 떨어진 곳에 설치할 것

105

포소화설비의 화재안전기술기준상 자동식기동장치로 자동화재탐지설비의 연기감지기를 사용하는 경우 설치기준으로 옳은 것은?

① 감지기는 보로부터 0.3[m] 이상 떨어진 곳에 설치한다.
② 반자부근에 배기구가 있는 경우에는 그 부근에 설치한다.
③ 천장 또는 반자가 낮은 실내에는 출입구의 먼 부분에 설치한다.
④ 좁은 실내에 있어서는 출입구의 먼 부분에 설치한다.

106

자동화재탐지설비의 감지기 설치기준으로 옳은 것은?

① 정온식 감지기는 주방·보일러 등으로서 다량의 화기를 취급하는 장소에 설치하되 공칭작동온도가 최고주위온도보다 10[℃] 이상 높은 것으로 설치할 것
② 감지기(차동식분포형의 것을 제외한다)는 실내로의 공기유입구로부터 0.8[m] 이상 떨어진 위치에 설치할 것
③ 스포트형감지기는 65° 이상 경사되지 않도록 부착할 것
④ 감지기는 천장 또는 반자의 옥내에 면하는 부분에 설치할 것

해설

자동화재탐지설비의 감지기 설치기준
- **정온식 감지기**는 주방·보일러 등으로서 다량의 화기를 취급하는 장소에 설치하되 공칭작동온도가 최고주위온도보다 **20[℃] 이상 높은 것으로** 설치할 것
- 감지기(차동식분포형의 것을 제외한다)는 실내로의 **공기유입구로부터 1.5[m] 이상** 떨어진 위치에 설치할 것
- **스포트형감지기**는 **45° 이상 경사**되지 않도록 부착할 것
- 감지기는 천장 또는 반자의 옥내에 면하는 부분에 설치할 것

107

분말소화설비의 화재안전기술기준상 전역방출방식일 때 방호구역의 체적 1[m³]에 대한 소화약제량으로 옳은 것은?

① 제1종 분말 : 0.6[kg]
② 제2종 분말 : 0.24[kg]
③ 제3종 분말 : 0.24[kg]
④ 제4종 분말 : 0.36[kg]

해설
전역방출방식 소화약제량

소화약제 저장량[kg]＝방호구역 체적[m³] × 소화약제량[kg/m³] + 개구부의 면적[m²] × 가산량[kg/m²]

※ 개구부의 면적은 자동폐쇄장치가 설치되어 있지 않는 면적이다.

약제의 종류	소화약제량	가산량
제1종 분말	0.60[kg/m³]	4.5[kg/m²]
제2종 또는 제3종 분말	0.36[kg/m³]	2.7[kg/m²]
제4종 분말	0.24[kg/m³]	1.8[kg/m²]

108

분말소화설비의 화재안전기술기준상 가압식 분말소화설비 소화약제 저장용기에 설치하는 안전밸브의 작동압력 기준은?

① 최고사용압력의 1.8배 이하
② 최고사용압력의 0.8배 이하
③ 내압시험압력의 1.8배 이하
④ 내압시험압력의 0.8배 이하

해설
안전밸브의 작동 압력
• 가압식 : 최고사용압력의 1.8배 이하
• 축압식 : 내압시험압력의 0.8배 이하

109

다음 조건에서 이산화탄소소화설비를 설치할 때 필요한 최소 소화약제량은?

> • 화재 시 연소면이 한정되고 가연물이 비산할 우려가 없는 장소
> • 방호대상물 표면적 : 20[m²]
> • 국소방출방식의 고압식

① 260[kg] ② 286[kg]
③ 364[kg] ④ 520[kg]

해설
국소방출방식의 약제량

① 윗면이 개방된 용기에 저장하는 경우와 화재 시 연소면이 한정되고 가연물이 비산할 우려가 없는 경우
∴ 약제량 ＝ 방호대상물의 표면적[m²]×13[kg/m²]
×1.4(고압식 : 1.4, 저압식 : 1.1)
＝ 20[m²]×13[kg/m²]×1.4 ＝ 364[kg]
② ① 외의 경우 국소방출방식의 약제량

$$방호공간체적 \times \left(8 - 6\frac{a}{A}\right) \times 1.4(고압식)$$

여기서,
Q : 방호공간 1[m³]에 대한 이산화탄소소화약제의 양 [kg/m³]
a : 방호대상물의 주위에 설치된 벽의 면적의 합계[m²]
A : 방호공간의 벽면적(벽이 없는 경우에는 벽이 있는 것으로 가정한 해당 부분의 면적)의 합계[m²]

110

승강식 피난기 및 하향식 피난구용 내림식 사다리 설치기준에 관한 설명으로 옳은 것은?

① 대피실 내에는 일반 백열등을 설치할 것
② 사용 시 기울거나 흔들리지 않도록 설치할 것
③ 대피실의 면적은 3[m²](2세대 이상일 경우에는 5[m²]) 이상으로 할 것
④ 착지점과 하강구는 상호 수평거리 5[cm] 이상의 간격을 둘 것

승강식 피난기 및 하향식 피난구용 내림식 사다리 설치기준

- 승강식 피난기 및 하향식 피난구용 내림식 사다리는 설치경로가 설치층에서 피난층까지 연계될 수 있는 구조로 설치할 것. 단, 건축물의 구조 및 설치 여건상 불가피한 경우는 그렇지 않다.
- 대피실의 면적은 2[m²](2세대 이상일 경우에는 3[m²]) 이상으로 하고, 건축법 시행령 제46조 제4항의 규정에 적합해야 하며 하강구(개구부) 규격은 직경 60[cm] 이상일 것. 단, 외기와 개방된 장소에는 그렇지 않다.
- 하강구 내측에는 기구의 연결 금속구 등이 없어야 하며, 전개된 피난기구는 하강구 수평투영면적 공간 내의 범위를 침범하지 않는 구조이어야 할 것. 단, 직경 60[cm] 크기의 범위를 벗어난 경우이거나, 직하층의 바닥면으로부터 높이 50[cm] 이하의 범위는 제외한다.
- 대피실의 출입문은 60분+방화문 또는 60분 방화문으로 설치하고, 피난방향에서 식별할 수 있는 위치에 "대피실" 표지판을 부착할 것. 단, 외기와 개방된 장소에는 그렇지 않다.
- **착지점과 하강구는 상호 수평거리 15[cm] 이상의 간격을 둘 것**
- **대피실 내에는 비상조명등을 설치할 것**
- 대피실에는 층의 위치표시와 피난기구 사용설명서 및 주의사항 표지판을 부착할 것
- 대피실 출입문이 개방되거나, 피난기구 작동 시 해당층 및 직하층 거실에 설치된 표시등 및 경보장치가 작동되고, 감시제어반에서는 피난기구의 작동을 확인할 수 있어야 할 것
- 사용 시 기울거나 흔들리지 않도록 설치할 것

111

비상경보설비 및 단독경보형감지기의 화재안전기술기준상 용어의 정의로 옳지 않은 것은?

① "비상벨설비"란 화재발생 상황을 경종으로 경보하는 설비를 말한다.
② "자동식사이렌설비"란 화재발생 상황을 사이렌으로 경보하는 설비를 말한다.
③ "발신기"란 화재발생 신호를 수신기에 자동으로 발신하는 장치를 말한다.
④ "단독경보형감지기"란 화재발생 상황을 단독으로 감지하여 자체에 내장된 음향장치로 경보하는 감지기를 말한다.

화재안전기술기준상 용어 정의

- 비상벨설비 : 화재발생 상황을 경종으로 경보하는 설비
- 자동식사이렌설비 : 화재발생 상황을 사이렌으로 경보하는 설비
- **발신기 : 화재발생 신호를 수신기에 수동으로 발신하는 장치**
- 단독경보형감지기 : 화재발생 상황을 단독으로 감지하여 자체에 내장된 음향장치로 경보하는 감지기

112

누전경보기의 화재안전기술기준상 누전경보기의 설치기준으로 옳은 것은?

① 변류기를 옥외의 전로에 설치하는 경우에는 옥내형으로 설치할 것
② 누전경보기의 전원을 분기할 때에는 다른 차단기에 따라 전원이 차단되도록 할 것
③ 누전경보기 전원의 개폐기에는 누전경보기용임을 표시한 표지를 할 것
④ 누전경보기의 전원은 분전반으로부터 전용회로로 하고, 각 극에 개폐기 및 25[A] 이하의 과전류차단기를 설치할 것

누전경보기의 설치기준

- 누전경보기 설치방법
  - 경계전로의 정격전류가 60[A]를 초과하는 전로에 있어서는 1급 누전경보기를, 60[A] 이하의 전로에 있어서는 1급 또는 2급 누전경보기를 설치할 것. 다만, 정격전류가 60[A]를 초과하는 경계전로가 분기되어 각 분기회로의 정격전류가 60[A] 이하로 되는 경우 해당 분기회로마다 2급 누전경보기를 설치한 때에는 해당 경계전로에 1급 누전경보기를 설치한 것으로 본다.
  - 변류기는 특정소방대상물의 형태, 인입선의 시설방법 등에 따라 옥외 인입선의 제1지점의 부하 측 또는 제2종 접지선 측의 점검이 쉬운 위치에 설치할 것. 다만, 인입선의 형태 또는 특정소방대상물의 구조상 부득이한 경우에는 인입구에 근접한 옥내에 설치할 수 있다.
  - 변류기를 옥외의 전로에 설치하는 경우에는 **옥외형**으로 설치할 것
- 전원의 설치기준
  - 전원은 분전반으로부터 전용회로로 하고, **각 극에 개폐기 및 15[A] 이하의 과전류차단기**(배선용 차단기에 있어서는 20[A] 이하의 것으로 각 극을 개폐할 수 있는 것)를 설치할 것
  - 전원을 분기할 때에는 다른 차단기에 따라 **전원이 차단되지 않도록** 할 것
  - 전원의 개폐기에는 **누전경보기용**임을 표시한 **표지**를 할 것

113

할로겐화합물 및 불활성기체소화설비 설치 시 화재안전기술기준으로 옳지 않은 것은?

① 저장용기는 온도가 65[℃] 이상이고 온도의 변화가 작은 곳에 설치할 것
② 방화문으로 구획된 실에 설치할 것
③ 수동식 기동장치는 해당 방호구역의 출입구 부근 등 조작을 하는 자가 쉽게 피난할 수 있는 장소에 설치할 것
④ 수동식 기동장치는 50[N] 이하의 힘을 가하여 기동할 수 있는 구조로 할 것

해설

할로겐화합물 및 불활성기체소화설비 설치기준
- 저장용기의 설치기준
  - 방호구역 외의 장소에 설치할 것. 다만, 방호구역 내에 설치할 경우에는 피난 및 조작이 용이하도록 피난구 부근에 설치해야 한다.
  - 온도가 55[℃] 이하이고 온도의 변화가 작은 곳에 설치할 것
  - 직사광선 및 빗물이 침투할 우려가 없는 곳에 설치할 것
  - 저장용기를 방호구역 외에 설치한 경우에는 방화문으로 구획된 실에 설치할 것
  - 용기의 설치장소에는 해당 용기가 설치된 곳임을 표시하는 표지를 할 것
  - 용기 간의 간격은 점검에 지장이 없도록 3[cm] 이상의 간격을 유지할 것
  - 저장용기와 집합관을 연결하는 연결배관에는 체크밸브를 설치할 것(다만, 저장용기가 하나의 방호구역만을 담당하는 경우에는 그렇지 않다)
- 수동식 기동장치의 설치기준
  - 방호구역마다 설치할 것
  - 해당 방호구역의 출입구 부근 등 조작을 하는 자가 쉽게 피난할 수 있는 장소에 설치할 것
  - 기동장치의 조작부는 바닥으로부터 0.8[m] 이상 1.5[m] 이하의 위치에 설치하고, 보호판 등에 따른 보호장치를 설치할 것
  - 기동장치 인근의 보기 쉬운 곳에 "할로겐화합물 및 불활성기체소화설비 수동식 기동장치"라는 표지를 할 것
  - 전기를 사용하는 기동장치에는 전원표시등을 설치할 것
  - 기동장치의 방출용 스위치는 음향경보장치와 연동하여 조작될 수 있는 것으로 할 것
  - 50[N] 이하의 힘을 가하여 기동할 수 있는 구조로 할 것
  - 기동장치에는 보호장치를 설치해야 하며, 보호장치를 개방하는 경우 기동장치에 설치된 버저 또는 벨 등에 의하여 경고음을 발할 것
  - 기동장치를 옥외에 설치하는 경우 빗물 또는 외부 충격의 영향을 받지 않도록 설치할 것

114

자동화재속보설비의 화재안전기술기준에 관한 설명으로 옳지 않은 것은?

① 문화재에 설치하는 자동화재속보설비는 속보기에 감지기를 직접 연결하는 방식(자동화재탐지설비 1개의 경계구역에 한한다)으로 할 수 있다.
② 조작스위치는 통상 1[m] 미만으로 설치하지만 특별한 높이 규정은 없으며, 신속한 전달이 중요하다.
③ 자동화재탐지설비와 연동으로 작동하여 자동적으로 화재 신호를 소방관서에 전달되는 것으로 해야 한다.
④ 속보기는 소방관서에 통신망으로 통보하도록 하며, 데이터 또는 코드전송 방식을 부가적으로 설치할 수 있다.

해설

자동화재속보설비의 설치기준
- 자동화재탐지설비와 연동으로 작동하여 자동적으로 화재 신호를 소방관서에 전달되는 것으로 할 것(이 경우 부가적으로 특정소방대상물의 관계인에게 화재 신호를 전달되도록 할 수 있다)
- 조작스위치는 바닥으로부터 0.8[m] 이상 1.5[m] 이하의 높이에 설치할 것
- 속보기는 소방관서에 통신망을 통보하도록 하며, 데이터 또는 코드전송방식을 부가적으로 설치할 수 있다(단, 데이터 및 전송방식의 기준은 소방청장이 정하여 고시한 자동화재속보설비의 속보기의 성능인증 및 제품검사의 기술기준 제5조 제12호에 따른다)
- 문화재에 설치하는 자동화재속보설비는 속보기에 감지기를 직접 연결하는 방식(자동화재탐지설비 1개의 경계구역에 한한다)으로 할 수 있다.

115

광원점등 방식의 피난유도선에 관한 설치기준으로 옳은 것을 모두 고른 것은?

ㄱ. 바닥에 설치되는 피난유도 표시부는 노출하는 방식을 사용할 것
ㄴ. 수신기로부터의 화재신호 및 수동조작에 의하여 광원이 점등되도록 설치할 것
ㄷ. 피난유도 표시부는 바닥으로부터 높이 1.5[m] 이하의 위치 또는 바닥면에 설치할 것
ㄹ. 피난유도 표시부는 50[cm] 이내의 간격으로 연속적으로 설치하되 실내장식물 등으로 설치가 곤란할 경우 1[m] 이내로 설치할 것

① ㄱ, ㄹ   ② ㄱ, ㄷ
③ ㄴ, ㄷ   ④ ㄴ, ㄹ

해설

광원점등 방식의 피난유도선 설치기준

• 구획된 각 실로부터 주출입구 또는 비상구까지 설치할 것
• 피난유도 표시부는 바닥으로부터 높이 1[m] 이하의 위치 또는 바닥면에 설치할 것
• 피난유도 표시부는 50[cm] 이내의 간격으로 연속되도록 설치하되 실내장식물 등으로 설치가 곤란할 경우 1[m] 이내로 설치할 것
• 수신기로부터의 화재신호 및 수동조작에 의하여 광원이 점등되도록 설치할 것
• 비상전원이 상시 충전상태를 유지하도록 설치할 것
• 바닥에 설치되는 피난유도 표시부는 매립하는 방식을 사용할 것
• 피난유도 제어부는 조작 및 관리가 용이하도록 바닥으로부터 0.8[m] 이상 1.5[m] 이하의 높이에 설치할 것

116

다음 조건의 창고건물에 옥외소화전이 4개 설치되어 있을 때 전동기 펌프의 설계동력은?(단, 주어진 조건외의 다른 조건은 고려하지 않고 계산 결괏값은 소수점 셋째 자리에서 반올림함)

• 펌프에서 최고위 방수구까지의 높이 : 10[m]
• 배관의 마찰손실수두 : 40[m]
• 호스의 마찰손실수두 : 5[m]
• 펌프의 효율 : 65[%]
• 전달계수 : 1.1

① 14.34[kW]   ② 15.45[kW]
③ 17.75[kW]   ④ 30.90[kW]

해설

전동기 용량

$$P[\text{kW}] = \frac{\gamma \times Q \times H}{\eta} \times K$$

여기서, γ : 물의 비중량(9.8[kN/m³])
$\quad Q$: 방수량(350[L/min]×2개
$\quad\quad = 700[\text{L/min}] = 0.7[\text{m}^3]/60[\text{s}])$
$\quad H$: 펌프의 양정[m]

$$H = h_1 + h_2 + h_3 + 25$$

h_1 : 호스의 마찰손실수두[m]
h_2 : 배관의 마찰손실수두[m]
h_3 : 낙차[m]
∴ $H = h_1 + h_2 + h_3 + 25$
$\quad = 5[\text{m}] + 40[\text{m}] + 10[\text{m}] + 25 = 80[\text{m}]$
K : 전달계수(여유율, 1.1)
η : Pump의 효율(65[%]=0.65)

∴ $P[\text{kW}] = \dfrac{\gamma \times Q \times H}{\eta} \times K$
$\quad = \dfrac{9.8 \times (0.7/60) \times 80}{0.65} \times 1.1$
$\quad = 15.48[\text{kW}]$

117

자동화재탐지설비의 수신기 설치기준으로 옳지 않은 것은?

① 수신기의 조작스위치는 바닥으로부터 높이가 0.8[m] 이상 1.5[m] 이하인 장소에 설치할 것
② 해당 특정소방대상물의 경계구역을 각각 표시할 수 있는 회선수 미만의 수신기를 설치할 것
③ 하나의 경계구역은 하나의 표시등 또는 하나의 문자로 표시되도록 할 것
④ 수신기의 음향기구는 그 음량 및 음색이 다른 기기의 소음 등과 명확히 구별될 수 있는 것으로 할 것

해설

수신기 설치기준(NFTC 203)

• 수위실 등 상시 사람이 근무하는 장소에 설치할 것(다만, 사람이 상시 근무하는 장소가 없는 경우에는 관계인이 쉽게 접근할 수 있고 관리가 용이한 장소에 설치할 수 있다)
• 수신기가 설치된 장소에는 경계구역 일람도를 비치할 것[다만, 모든 수신기와 연결되어 각 수신기의 상황을 감시하고 제어할 수 있는 수신기(이하 "주수신기"라 한다)를 설치하는 경우에는 주수신기를 제외한 기타 수신기는 그렇지 않다]

- 수신기의 음향기구는 그 음량 및 음색이 다른 기기의 소음 등과 명확히 구별될 수 있는 것으로 할 것
- 수신기는 감지기·중계기 또는 발신기가 작동하는 경계구역을 표시할 수 있는 것으로 할 것
- 화재·가스 전기 등에 대한 종합방재반을 설치한 경우에는 해당 조작반에 수신기의 작동과 연동하여 감지기·중계기 또는 발신기가 작동하는 경계구역을 표시할 수 있는 것으로 할 것
- 하나의 경계구역은 하나의 표시등 또는 하나의 문자로 표시되도록 할 것
- 수신기의 조작스위치는 바닥으로부터의 높이가 0.8[m] 이상 1.5[m] 이하인 장소에 설치할 것
- 하나의 특정소방대상물에 2 이상의 수신기를 설치하는 경우에는 수신기를 상호 간 연동하여 화재발생 상황을 각 수신기마다 확인할 수 있도록 할 것
- 화재로 인하여 하나의 층의 지구음향장치 또는 배선이 단락되어도 다른 층의 화재통보에 지장이 없도록 각 층 배선상에 유효한 조치를 할 것

> **[수신기 설치기준]**(NFTC 203 2.2.1)
> 2.2.1.1 해당 특정소방대상물의 경계구역을 각각 표시할 수 있는 **회선 수 이상의 수신기를 설치**할 것
> 2.2.1.2 해당 특정소방대상물에 가스누설탐지설비가 설치된 경우에는 가스누설탐지설비로부터 가스누설신호를 수신하여 가스누설경보를 할 수 있는 수신기를 설치할 것(가스누설탐지설비의 수신부를 별도로 설치한 경우에는 제외한다)

118

비상조명등의 화재안전기술기준에 따라 지하상가에 휴대용 비상조명등을 설치할 때 옳은 것은?

① 보행거리 50[m]마다 3개를 설치하였다.
② 보행거리 50[m]마다 1개를 설치하였다.
③ 보행거리 25[m]마다 3개를 설치하였다.
④ 바닥으로부터 1.8[m] 높이에 설치하였다.

해설

휴대용 비상조명등 설치기준

- 휴대용 비상조명등의 설치개수
  - 숙박시설 또는 다중이용업소에는 객실 또는 영업장 안의 구획된 실마다 잘 보이는 곳(외부에 설치 시 출입문 손잡이로부터 1[m] 이내 부분)에 1개 이상 설치
  - 대규모점포(지하상가 및 지하역사는 제외) 및 영화상영관에는 보행거리 50[m] 이내마다 3개 이상 설치
  - **지하상가** 및 **지하역사**에는 **보행거리 25[m] 이내마다 3개 이상** 설치
- 설치높이는 바닥으로부터 0.8[m] 이상 1.5[m] 이하의 높이에 설치할 것

- 어둠 속에서 위치를 확인할 수 있도록 할 것
- 사용 시 자동으로 점등되는 구조일 것
- 외함은 난연성능이 있을 것
- 건전지를 사용하는 경우에는 방전방지조치를 해야 하고, 충전식 배터리의 경우에는 상시 충전되도록 할 것
- 건전지 및 충전식 배터리의 용량은 20분 이상 유효하게 사용할 수 있는 것으로 할 것

119

지하구의 화재안전기술기준에서 방화벽을 설치하려고 한다. 방화벽의 설치기준으로 옳지 않은 것은?

① 내화구조로서 홀로 설 수 있는 구조일 것
② 방화벽의 출입문은 60분+방화문 또는 60분 방화문으로 할 것
③ 방화벽을 관통하는 케이블·전선 등에는 국토교통부 고시에 따라 내열채움구조로 마감할 것
④ 방화벽은 분기구 및 국사·변전소 등의 건축물과 지하구가 연결되는 부위(건축물로부터 20[m] 이내)에 설치할 것

해설

방화벽의 설치기준

- 내화구조로서 홀로 설 수 있는 구조일 것
- 방화벽의 출입문은 60분+방화문 또는 60분 방화문으로 할 것
- 방화벽을 관통하는 케이블·전선 등에는 국토교통부 고시에 따라 내화채움구조로 마감할 것
- 방화벽은 분기구 및 국사·변전소 등의 건축물과 지하구가 연결되는 부위(건축물로부터 20[m] 이내)에 설치할 것

120

비상콘센트설비의 전원부와 외함 사이의 정격전압이 250[V]일 때 절연내력시험 전압은?

① 1,000[V]   ② 1,200[V]
③ 1,250[V]   ④ 1,500[V]

해설

비상콘센트설비의 전원부와 외함 사이의 절연저항 및 절연내력의 기준

- 절연저항은 전원부와 외함 사이를 500[V] 절연저항계로 측정할 때 20[MΩ] 이상일 것
- 절연내력은 전원부와 외함 사이에 정격전압이 150[V] 이하인 경우에는 1,000[V]의 실효전압을, 정격전압이 150[V] 이상인 경우에는 그 정격전압에 2를 곱하여 1,000을 더한 실효전압을 가하는 시험에서 1분 이상 견디는 것으로 할 것
- ∴ 절연내력시험 전압 = (250[V]×2)+1,000 = 1,500[V]

121

연결살수설비를 설치해야 할 특정소방대상물 또는 그 부분으로서 연결살수설비 헤드 설치 제외 장소가 아닌 것은?

① 목욕실
② 발전실
③ 병원의 수술실
④ 수영장 관람석

연결살수설비 헤드 설치 제외 장소

- 상점(영 별표 2 제5호와 제6호의 판매시설과 운수시설을 말하며, 바닥면적이 150[m²] 이상인 지하층에 설치된 것을 제외한다)으로서 주요구조부가 내화구조 또는 방화구조로 되어 있고 바닥면적이 500[m²] 미만으로 방화구획되어 있는 특정소방대상물 또는 그 부분
- 계단실(특별피난계단의 부속실을 포함한다) · 경사로 · 승강기의 승강로 · 파이프덕트 · 목욕실 · **수영장(관람석 부분을 제외한다)** · 화장실 · 직접 외기에 개방되어 있는 복도 · 기타 이와 유사한 장소
- 통신기기실 · 전자기기실 · 기타 이와 유사한 장소
- 발전실 · 변전실 · 변압기 · 기타 이와 유사한 전기설비가 설치되어 있는 장소
- 병원의 수술실 · 응급처치실 · 기타 이와 유사한 장소
- 펌프실 · 물탱크실 · 그 밖의 이와 비슷한 장소
- 현관 또는 로비 등으로서 바닥으로부터 높이가 20[m] 이상인 장소
- 냉장창고의 냉장실 또는 냉동창고의 냉동실
- 고온의 노가 설치된 장소 또는 물과 격렬하게 반응하는 물품의 저장 또는 취급장소
- 불연재료로 된 특정소방대상물 또는 그 부분으로서 다음의 어느 하나에 해당하는 장소
  - 정수장 · 오물처리장 · 그 밖의 이와 비슷한 장소
  - 펄프공장의 작업장 · 음료수공장의 세정 또는 충전하는 작업장 · 그 밖의 이와 비슷한 장소
  - 불연성의 금속 · 석재 등의 가공공장으로서 가연성물질을 저장 또는 취급하지 않는 장소
- 실내에 설치된 테니스장 · 게이트볼장 · 정구장 또는 이와 비슷한 장소로서 실내바닥 · 벽 · 천장이 불연재료 또는 준불연재료로 구성되어 있고 가연물이 존재하지 않는 장소로서 관람석이 없는 운동시설 부분(지하층은 제외한다)

122

특별피난계단의 계단실 및 부속실 제연설비 화재안전기술기준상 급기송풍기의 설치기준으로 옳지 않은 것은?

① 송풍기의 송풍능력은 송풍기가 담당하는 제연구역에 대한 급기량의 1.5배 이상으로 할 것
② 송풍기에는 풍량조절장치를 설치하여 풍량조절을 할 수 있도록 할 것
③ 송풍기에는 풍량을 실측할 수 있는 유효한 조치를 할 것
④ 송풍기는 옥내의 화재감지기의 동작에 따라 작동하도록 할 것

급기송풍기의 설치기준

- 송풍기의 송풍능력은 송풍기가 담당하는 제연구역에 대한 급기량의 1.15배 이상으로 할 것(다만, 풍도에서의 누설을 실측하여 조정하는 경우에는 그렇지 않다)
- 송풍기에는 풍량조절장치를 설치하여 풍량조절을 할 수 있도록 할 것
- 송풍기에는 풍량을 실측할 수 있는 유효한 조치를 할 것
- 송풍기는 인접장소의 화재로부터 영향을 받지 않고 접근 및 점검이 용이한 곳에 설치할 것
- 송풍기는 옥내의 화재감지기의 동작에 따라 작동하도록 할 것
- 송풍기와 연결되는 캔버스는 내열성(석면재료를 제외한다)이 있는 것으로 할 것

123

연결송수관설비 방수구의 설치기준으로 옳지 않은 것은?

① 아파트의 경우 계단으로부터 5[m] 이내에 설치한다.
② 바닥면적이 1,000[m²] 미만인 층에 있어서는 계단 부속실로부터 10[m] 이내에 설치한다.
③ 방수구는 개폐기능을 가진 것으로 설치해야 하며 평상시 닫힌 상태를 유지한다.
④ 방수구는 연결송수관설비의 전용방수구 또는 옥내소화전 방수구로서 구경 65[mm]의 것으로 설치한다.

방수구의 설치기준

① 연결송수관설비의 방수구는 그 특정소방대상물의 층마다 설치할 것

② 아파트 또는 바닥면적이 1,000[m²] 미만인 층 : 계단(계단이 둘 이상 있는 경우에는 그중 1개의 계단을 말한다)으로부터 5[m] 이내에 설치할 것. 이 경우 부속실이 있는 계단은 부속실의 옥내 출입구로부터 5[m] 이내에 설치할 수 있다.

③ 바닥면적 1,000[m²] 이상인 층(아파트는 제외) : 각 계단(계단 부속실을 포함하여 계단이 셋 이상 있는 경우에는 그중 두 개의 계단을 말한다)으로부터 5[m] 이내에 설치할 것. 이 경우 부속실이 있는 계단은 부속실의 옥내 출입구로부터 5[m] 이내에 설치할 수 있다.

④ ①, ②에 따라 설치하는 방수구로부터 그 층의 각 부분까지의 거리가 다음 기준을 초과하는 경우에는 그 기준 이하가 되도록 방수구를 추가하여 설치할 것
　㉠ 지하가(터널은 제외) 또는 지하층의 바닥면적의 합계가 3,000[m²] 이상 : 수평거리 25[m]
　㉡ ㉠에 해당하지 않는 것 : 수평거리 50[m]

⑤ 11층 이상의 부분에 설치하는 방수구는 쌍구형으로 할 것

⑥ 방수구의 호스접결구는 바닥으로부터 높이 0.5[m] 이상 1[m] 이하의 위치에 설치할 것
⑦ **방수구**는 연결송수관설비의 전용방수구 또는 옥내소화전방수구로서 **구경 65[mm]의 것**으로 설치할 것
⑧ 방수구는 개폐기능을 가진 것으로 설치해야 하며, 평상시 닫힌 상태를 유지할 것

124

다음 조건의 거실제연설비의 다익형 송풍기를 사용할 경우 최소 축동력은?(단, 계산 결괏값은 소수점 둘째 자리에서 반올림함)

• 송풍기 전압 : 50[mmAq]
• 효율 : 55[%]
• 송풍기 풍량 : 39,600[CMH]

① 9.8[kW]　　② 10.5[kW]
③ 11.8[kW]　　④ 15.5[kW]

해설

펌프의 축동력

$$L = \frac{PQ}{102 \times 60 \times \eta_t}$$

여기서, 압력$(P) = \dfrac{50[\text{mmAq}]}{10,332[\text{mmAq}]} \times 10,332[\text{kg}_f/\text{m}^2]$

$\qquad\qquad = 50[\text{kg}_f/\text{m}^2]$

$\quad$ 송출량$(Q) = 39,600[\text{CMH}]$

$\qquad\qquad = 39,600[\text{m}^3/\text{h}]$

$\qquad\qquad = 39,600[\text{m}^3]/60[\text{min}]$

$\qquad\qquad = 660[\text{m}^3/\text{min}]$

$\therefore\ L = \dfrac{PQ}{102 \times 60 \times \eta_t} = \dfrac{50 \times 660}{102 \times 60 \times 0.55}$

$\quad = 9.8[\text{kW}]$

125

옥내소화전설비의 화재안전기술기준상 수조의 설치기준으로 옳지 않은 것은?

① 수조의 외측에 수위계를 설치할 것
② 동결방지조치를 하거나 동결의 우려가 없는 장소에 설치할 것
③ 수조의 밑 부분에는 청소용 배수밸브 또는 배수관을 설치할 것
④ 수조의 상단이 바닥보다 높은 때에는 수조의 외측에 이동식 사다리를 설치할 것

해설

수조의 설치기준
• 점검에 편리한 곳에 설치할 것
• 동결방지조치를 하거나 동결의 우려가 없는 장소에 설치할 것
• 수조의 외측에 수위계를 설치할 것(다만, 구조상 불가피한 경우에는 수조의 맨홀 등을 통하여 수조 안의 물의 양을 쉽게 확인할 수 있도록 해야 한다)
• 수조의 상단이 바닥보다 높은 때에는 수조의 외측에 **고정식 사다리**를 설치할 것
• 수조가 실내에 설치된 때에는 그 실내에 조명설비를 설치할 것
• 수조의 밑부분에는 청소용 배수밸브 또는 배수관을 설치할 것
• 수조의 외측의 보기 쉬운 곳에 "옥내소화전소화설비용 수조"라고 표시한 표지를 할 것(이 경우 그 수조를 다른 설비와 겸용하는 때에는 그 겸용되는 설비의 이름을 표시한 표지를 함께 해야 한다)
• 옥내소화전 펌프의 흡수배관 또는 옥내소화전설비의 수직배관과 수조의 접속부분에는 "옥내소화전소화설비용 배관"이라고 표시한 표지를 할 것

2017년 4월 29일 시행 과년도 기출문제

제1과목 소방안전관리론 및 화재역학

001

프로페인(C_3H_8) 2몰과 산소(O_2) 10몰이 반응할 경우 이산화탄소(CO_2)는 몇 몰이 생성되는가?

① 2   ② 4
③ 6   ④ 8

해설

프로페인의 연소반응식

$C_3H_8 + 5O_2 \rightarrow 3CO_2 + 4H_2O$
1[mol]   5[mol]   3[mol]
2[mol]   10[mol] $\rightarrow$ 6[mol]이 생성

002

폭발성 분위기 내에 표준용기의 접합면 틈새를 통하여 폭발화염이 내부에서 외부로 전파되지 않는 최대안전틈새(화염일주한계)가 가장 넓은 물질은?

① 뷰테인   ② 에틸렌
③ 수 소   ④ 아세틸렌

해설

최대안전틈새범위(안전간극)

• 정의 : 내용적이 8[L]이고 틈새 깊이가 25[mm]인 표준용기 안에서 가스가 폭발할 때 발생한 화염이 용기 밖으로 전파하여 가연성 가스에 점화되지 않는 최댓값
• 가연성 가스의 폭발등급 및 이에 대응하는 내압방폭구조의 폭발등급

구분 폭발등급	최대안전틈새 범위	대상 물질
A	0.9[mm] 이상	메테인, 에테인, 뷰테인, 일산화탄소, 암모니아
B	0.5[mm] 초과 0.9[mm] 미만	**에틸렌**, 사이안화수소, 산화에틸렌
C	0.5[mm] 이하	**수소, 아세틸렌**

003

열에너지원 중 기계적 열에너지가 아닌 것은?

① 마찰열   ② 압축열
③ 마찰스파크   ④ 유도열

해설

열에너지(열원)의 종류

• 화학열
 – 연소열 : 어떤 물질이 완전히 산화되는 과정에서 발생하는 열(물과 이산화탄소가 생성되는 열)
 – 분해열 : 어떤 화합물이 분해할 때 발생하는 열
 – 용해열 : 어떤 물질이 액체에 용해될 때 발생하는 열(질산과 물의 혼합)
 – 자연발화 : 어떤 물질이 외부열의 공급 없이 온도가 상승하여 발화점 이상에서 연소하는 현상

• 전기열
 – 저항열 : 도체에 전류가 흐르면 전기저항 때문에 전기에너지의 일부가 열로 변할 때 발생하는 열(백열전구에서 열이 발생하는 것은 전구 내의 필라멘트의 저항에 기인한다)
 – 유전열 : 누설전류에 의해 절연물질이 가열하여 절연이 파괴되어 발생하는 열
 – **유도열** : 도체 주위에 변화하는 자장이 존재하면 전위차를 발생하고, 이 전위차로 전류의 흐름이 일어나 도체의 저항 때문에 열이 발생하는 것
 – 정전기열 : 정전기가 방전할 때 발생하는 열
 – 아크열 : 보통 전류가 흐르는 회로가 나이프스위치에 의하여 또는 우발적인 접촉이나 접점이 느슨하여 전류가 끊어질 때 발생하는 열(아크의 온도는 매우 높기 때문에 인화성물질을 점화시킬 수 있다)

• 기계열
 – 마찰열 : 두 물체를 마주대고 마찰시킬 때 발생하는 열
 – 압축열 : 기체를 압축할 때 발생하는 열(디젤엔진을 압축하면 발생되는 열로 인하여 연료와 공기의 혼합가스가 점화되는 경우)
 – 마찰스파크열 : 금속과 고체물체가 충돌할 때 발생하는 열(철제공구를 콘크리트 바닥에 떨어뜨리면 마찰스파크가 발생하는 경우)

004

폭굉유도거리가 짧아질 수 있는 조건으로 옳지 않은 것은?

① 점화에너지가 클수록 짧아진다.
② 정상 연소속도가 큰 가스일수록 짧아진다.
③ 관경이 작을수록 짧아진다.
④ 압력이 낮을수록 짧아진다.

폭굉유도거리(DID)
• 정의 : 최초의 완만한 연소가 격렬한 폭굉으로 발전할 때까지의 거리
• 폭굉유도거리가 **짧아지는 조건**
  - **압력이 높을수록**
  - 관경이 작을수록
  - 관속에 장애물이 있는 경우
  - 점화원의 에너지가 강할수록
  - 정상연소속도가 큰 혼합물일수록

005

메테인 30[vol%], 에테인 30[vol%], 뷰테인 40[vol%]인 혼합기체의 공기 중 폭발하한계는 약 몇 [vol%]인가? (단, 공기 중 각 가스의 폭발하한계는 메테인 5.0[vol%], 에테인 3.0[vol%], 뷰테인 1.8[vol%]이다)

① 2.62   ② 3.28
③ 4.24   ④ 5.27

혼합기체의 폭발하한계

$$L_m = \frac{100}{\dfrac{V_1}{L_1} + \dfrac{V_2}{L_2} + \dfrac{V_3}{L_3}}$$

여기서, L_m : 혼합가스의 폭발한계[vol%]
　　　　V_1, V_2, V_3 : 가연성 가스의 용량[vol%]
　　　　L_1, L_2, L_3 : 가연성 가스의 폭발한계[vol%]

$$\therefore L_m = \frac{100}{\dfrac{V_1}{L_1} + \dfrac{V_2}{L_2} + \dfrac{V_3}{L_3}} = \frac{100}{\dfrac{30}{5.0} + \dfrac{30}{3.0} + \dfrac{40}{1.8}}$$

$$= 2.62[vol\%]$$

006

유류 저장탱크 내부의 물이 점성을 가진 뜨거운 기름의 표면 아래에서 끓을 때 화재를 수반하지 않고 기름이 넘치는 형상은?

① 슬롭오버(Slop Over)
② 플레임오버(Flame Over)
③ 보일오버(Boil Over)
④ 프로스오버(Froth Over)

유류탱크(가스탱크)에서 발생하는 현상
• 유류탱크
  - 보일오버(Boil Over)
    ⓐ 중질유 탱크에서 장시간 조용히 연소하다가 탱크의 잔존기름이 갑자기 분출(Over Flow)하는 현상
    ⓑ 유류탱크 바닥에 물 또는 물-기름에 에멀션이 섞여 있을 때 화재가 발생하는 현상
    ⓒ 연소유면으로부터 100[℃] 이상의 열파가 탱크저부에 고여 있는 물을 비등하게 하면서 연소유를 탱크 밖으로 비산하며 연소하는 현상
  - 슬롭오버(Slop Over) : 화재 발생 후 물이 연소유의 뜨거운 표면에 들어갈 때 비등, 기화하여 위험물이 탱크 밖으로 비산하는 현상
  - **프로스오버**(Froth Over) : 물이 뜨거운 기름 표면 아래서 끓을 때 화재를 수반하지 않는 용기에서 넘쳐흐르는 현상
• 가스탱크
  - 자유공간 증기운 폭발(UVCE ; Unconfined Vapor Cloud Explosion) : 가스저장탱크에서 유출된 가스가 대기 중의 공기와 혼합하여 구름을 형성하여 돌아다니다 점화원과 접촉하면 발생할 수 있는 격렬한 폭발사고로 이를 증기운 폭발이라 한다. 이 중 밀폐된 공간이 아닌 자유공간에서의 폭발을 UVCE라고 한다.

> **[증기운 폭발(Vapor Cloud Explosion, VCE)의 발생 조건]**
> • 누출되는 물질이 가연성 물질일 때
> • 발화하기 전에 증기운의 형성이 좋을 때
> • 가연성 증기가 폭발한계 내에 존재할 때
> • 증기운이 고립된 지역에서 형성되거나 증기운의 일부분이 난류성 혼합으로 존재할 때

  - 블레비(BLEVE ; Boiling Liquid Expanding Vapor Explosion) : 액화가스 저장탱크의 누설로 부유 또는 확산된 액화가스가 착화원과 접촉하여 액화가스가 공기 중으로 확산, 폭발하는 현상

007

최소발화(점화)에너지에 영향을 미치는 인자에 관한 설명으로 옳지 않은 것은?

① 온도가 높을수록 최소발화에너지가 낮아진다.
② 압력이 낮을수록 최소발화에너지가 낮아진다.
③ 산소의 분압이 높아지면 연소범위 내에서 최소발화에너지가 낮아진다.
④ 연소범위에 따라서 최소발화에너지는 변하며, 화학양론비 부근에서 가장 낮다.

해설

최소발화에너지(MIE)에 미치는 영향
• 온도, 압력이 높으면 최소발화에너지가 낮아지므로 위험도는 증가한다.
• 연소속도가 클수록 MIE값은 낮아진다.
• 가연성 가스의 조성이 완전연소조성농도 부근일 경우 MIE는 최저가 된다.
• 연소범위에 따라서 최소발화에너지는 변하며, 화학양론비 부근에서 가장 낮다.

008

1기압 상온에서 인화점이 낮은 것에서 높은 것으로 옳게 나열한 것은?

① 아세톤 < 이황화탄소 < 메틸알코올 < 벤젠
② 이황화탄소 < 아세톤 < 벤젠 < 메틸알코올
③ 벤젠 < 이황화탄소 < 아세톤 < 메틸알코올
④ 아세톤 < 벤젠 < 메틸알코올 < 이황화탄소

해설

제4류 위험물의 인화점

구 분\종 류	유 별	인화점
이황화탄소	특수인화물	−30[℃]
아세톤	제1석유류	−18[℃]
벤 젠	제1석유류	−11[℃]
메틸알코올	알코올류	11[℃]

009

연소속도에 영향을 미치는 요인에 관한 설명으로 옳지 않은 것은?

① 화염온도가 높을수록 연소속도는 증가한다.
② 미연소 가연성 기체의 비열이 클수록 연소속도는 증가한다.
③ 미연소 가연성 기체의 열전도율이 클수록 연소속도는 증가한다.
④ 미연소 가연성 기체의 밀도가 작을수록 연소속도는 증가한다.

해설

연소속도에 영향을 미치는 요인
• 화염의 온도가 높을수록 연소속도는 증가한다.
• 열전도율이 클수록 연소속도는 증가한다.
• 비열, 밀도, 분자량이 작을수록 연소속도는 증가한다.

010

목재 300[kg]과 고무 500[kg]이 쌓여 있는 공간(가로 4[m], 세로 8[m], 높이 6[m])의 내부 화재하중[kg/m²]은 약 얼마인가?(단, 목재의 단위발열량은 18,855[kJ/kg], 고무의 단위발열량은 42,430[kJ/kg]이다)

① 44.54   ② 46.62
③ 48.22   ④ 50.62

해설

화재하중

$$화재하중(Q) = \frac{\sum(G_t \times H_t)}{H \times A} = \frac{Q_t}{4,500 \times A}[kg/m^2]$$

여기서, G_t : 가연물의 질량
　　　　H_t : 가연물의 단위발열량[kcal/kg]
　　　　H : 목재의 단위발열량(4,500[kcal/kg])
　　　　A : 화재실의 바닥면적[m²]
　　　　Q_t : 가연물의 전발열량[kcal]

$$\therefore 화재하중(Q) = \frac{Q_t}{4,500 \times A}[kg/m^2]$$

$$= \frac{(300[kg] \times 18,855[kJ/kg] + 500[kg] \times 42,430[kJ/kg]) \times 0.239[kcal/kJ]}{4,500 \times (4[m] \times 8[m])}$$

$$= 44.60[kg/m^2]$$

$$1[cal] = 4.184[J]$$
$$1[kcal] = 4.184[kJ]$$
$$1[kJ] = \frac{1}{4.184} = 0.239[kcal]$$

011

건축물 피난계획 수립 시 Fool Proof를 적용한 사례로 옳지 않은 것은?

① 소화·경보설비의 위치, 유도표지에 판별이 쉬운 색채를 사용한다.
② 피난방향으로 열리는 출입문을 설치한다.
③ 도어노브는 회전식이 아닌 레버식을 사용한다.
④ 정전 시를 대비한 비상조명등을 설치하며, 피난경로는 2방향 이상 피난로를 확보한다.

Fool Proof와 Fail Safe

- **Fool Proof** : 비상시 머리가 혼란하여 판단능력이 저하되는 상태로 누구나 알 수 있도록 문자나 그림 등을 표시하여 직감적으로 작용하는 것
- **Fail Safe** : 하나의 수단이 고장으로 실패하여도 다른 수단에 의해 구제할 수 있도록 고려하는 것으로, 양방향 피난로의 확보와 예비전원을 준비하는 것 등

> **Fail Safe** : 정전 시를 대비한 비상조명등을 설치하며, 피난경로는 2방향 이상 피난로를 확보한다.

012

구획실 내 화염(가로 2[m], 세로 2[m])에서 발생되는 연기발생량[kg/s]을 힌클리(Hinkley) 공식을 이용해 계산하면 약 얼마인가?(단, 청결층(Clear Layer)의 높이 1.8[m], 공기의 밀도 1.22[kg/m³], 외기의 온도 290[K], 화염의 온도 1,100[K], 중력가속도 9.81[m/s²]이다)

① 3.15　　　　② 3.32
③ 3.63　　　　④ 3.87

연기발생량

$$K = 0.188 PY^{\frac{3}{2}} \, [\text{kg/s}]$$

여기서, K : 발열량[kg/s]
　　　　P : 화염의 둘레(2×2+2×2)
　　　　Y : 청결층 높이[m]

$\therefore K = 0.188 PY^{\frac{3}{2}} \, [\text{kg/s}] = 0.188 \times 8 \times 1.8^{\frac{3}{2}} \, [\text{kg/s}]$
　　　$= 3.63 [\text{kg/s}]$

013

건축물의 화재안전에 대한 공간적 대응방법에 해당되지 않는 것은?

① 건축물 내장재의 난연·불연화성능
② 건축물의 내화성능
③ 건축물의 방화구획성능
④ 건축물의 제연설비성능

방재계획의 안전성 대응

- **공간적 대응**
  - 대항성 : 건축물의 내화, 방연성능, 방화구획의 성능, 화재방어의 대응성, 초기 소화의 대응성 등 화재의 사상에 대응하는 성능과 항력
  - 회피성 : 난연화, 불연화, 내장제한, 방화구획의 세분화, 방화훈련 등 화재의 발화, 확대 등을 저감시키는 예방적 조치 또는 상황
  - 도피성 : 화재 발생 시 사상과 공간적 대응 관계에서 화재로부터 피난할 수 있는 공간성과 시스템 등의 성상

> **공간적 대응** : 대항성, 회피성, 도피성

- **설비적 대응** : 대항성의 방연성능 현상으로 제연설비, 방화문, 방화셔터, 자동화재탐지설비, 스프링클러설비 등에 의한 대응

014

건축물의 피난·방화구조 등의 기준에 관한 규칙상 건축물의 내화구조로 옳지 않은 것은?(단, 특별건축구역 등 기타 사항은 고려하지 않는다)

① 외벽 중 비내력벽의 경우 철골철근콘크리트조로서 두께가 5[cm] 이상인 것
② 보의 경우 철골을 두께 5[cm] 이상의 콘크리트로 덮은 것
③ 벽의 경우 철재로 보강된 콘크리트블록조·벽돌조 또는 석조로서 철재에 덮은 콘크리트블록 등의 두께가 5[cm] 이상인 것
④ 기둥의 경우 그 작은 지름이 25[cm] 이상인 것으로서 철골을 두께 5[cm] 이상의 콘크리트로 덮은 것

내화구조

철근콘크리트조, 연와조, 석조 그리고 표와 같이 내화성능을 가진 것

내화구분		내화구조의 기준
벽	모든 벽	① **철근콘크리트조** 또는 철골·철근콘크리트조로서 두께가 10[cm] 이상인 것 ② 골구를 철골조로 하고 그 양면을 두께 4[cm] 이상의 철망모르타르 또는 두께 5[cm] 이상의 콘크리트 블록·벽돌 또는 석재로 덮은 것 ③ 철재로 보강된 콘크리트블록조·벽돌조 또는 석조로서 철재에 덮은 두께가 5[cm] 이상인 것 ④ 벽돌조로서 두께가 19[cm] 이상인 것 ⑤ 고온·고압의 증기로 양생된 경량기포 콘크리트 패널 또는 경량기포 콘크리트 블록조로서 두께가 10[cm] 이상인 것
	외벽 중 비내력벽	① **철근콘크리트조** 또는 철골·철근콘크리트조로서 두께가 **7[cm] 이상인 것** ② 골구를 철골조로 하고 그 양면을 두께 3[cm] 이상의 철망모르타르로 덮은 것 또는 두께 4[cm] 이상의 콘크리트 블록·벽돌 또는 석재로 덮은 것 ③ 철재로 보강된 콘크리트 블록조·벽돌조 또는 석조로서 철재에 덮은 콘크리트블록 등의 두께가 4[cm] 이상인 것 ④ 무근콘크리트조·콘크리트블록조·벽돌조 또는 석조로서 두께가 7[cm] 이상인 것
기둥(작은 지름이 25[cm] 이상인 것)		① 철근콘크리트조 또는 철골·철근콘크리트조 ② 철골을 두께 6[cm] 이상의 철망모르타르 또는 철골을 두께 7[cm] 이상의 콘크리트 블록·벽돌 또는 석재로 덮은 것 ③ 철골을 두께 5[cm] 이상의 콘크리트로 덮은 것
바 닥		① 철근콘크리트조 또는 철골·철근콘크리트조로서 두께가 10[cm] 이상인 것 ② 철재로 보강된 콘크리트블록조·벽돌조 또는 석조로서 철재에 덮은 두께가 5[cm] 이상인 것 ③ 철재의 양면을 두께 5[cm] 이상의 철망모르타르 또는 콘크리트로 덮은 것
보 (지붕틀 포함)		① 철근콘크리트조 또는 철골·철근콘크리트조 ② 철골을 두께 6[cm](경량 골재를 사용하는 경우에는 5[cm]) 이상의 철망모르타르 또는 두께 5[cm] 이상의 콘크리트로 덮은 것 ③ 철골조의 지붕틀(바닥으로부터 그 아랫부분까지의 높이가 4[m] 이상인 것에 한한다)로서 바로 아래에 반자가 없거나 불연재료로 된 반자가 있는 것
지 붕		① 철근콘크리트조 또는 철골·철근콘크리트조 ② 철재로 보강된 콘크리트블록조·벽돌조 또는 석조 ③ 철재로 보강된 유리블록 또는 망입유리로 된 것
계 단		① 철근콘크리트조 또는 철골·철근콘크리트조 ② 무근 콘크리트조·콘크리트블록조·돌조 또는 석조 ③ 철재로 보강된 콘크리트블록조·벽돌조 또는 석조 ④ 철골조

015

건축법령상 방화구획 등의 설치 대상건축물 중 방화구획 설치를 적용하지 않거나 그 사용에 지장이 없는 범위에서 완화하여 적용할 수 있는 것이 아닌 것은?(단, 특별건축구역 등 기타 사항은 고려하지 않는다)

① 장례시설의 용도로 쓰는 거실로서 시선 및 활동공간의 확보를 위하여 불가피한 부분

② 승강기의 승강로 부분으로서 그 건축물의 다른 부분과 방화구획으로 구획된 부분

③ 주요구조부가 난연재료로 된 주차장

④ 복층형 공동주택의 세대별 층간 바닥 부분

방화구획을 적용하지 않거나 완화하여 적용할 수 있는 경우(영 제46조)

• 문화 및 집회시설(동·식물원은 제외한다), 종교시설, 운동시설 또는 장례시설의 용도로 쓰는 거실로서 시선 및 활동공간의 확보를 위하여 불가피한 부분

• 물품의 제조·가공 및 운반(보관은 제외한다) 등에 필요한 고정식 대형기기 설비의 설치를 위하여 불가피한 부분. 다만, 지하층인 경우에는 지하층의 외벽 한쪽 면(지하층의 바닥면에서 지상층 바닥 아래 면까지의 외벽 면적 중 1/4 이상이 되는 면을 말한다) 전체가 건물 밖으로 개방되어 보행과 자동차의 진입·출입이 가능한 경우에 한정한다.

• 계단실·복도 또는 승강기의 승강장 및 승강로로서 그 건축물의 다른 부분과 방화구획으로 구획된 부분. 다만, 해당 부분에 위치하는 설비배관 등이 바닥을 관통하는 부분은 제외한다.

• 건축물의 최상층 또는 피난층으로서 대규모 회의장·강당·스카이라운지·로비 또는 피난안전구역 등의 용도로 쓰는 부분으로서 그 용도로 사용하기 위하여 불가피한 부분

• 복층형 공동주택의 세대별 층간 바닥 부분

• **주요구조부가 내화구조 또는 불연재료로 된 주차장**

• 단독주택, 동물 및 식물 관련 시설 또는 교정 및 군사시설 중 군사시설(집회, 체육, 창고 등의 용도로 사용되는 시설만 해당한다)로 쓰는 건축물

• 건축물의 1층과 2층의 일부를 동일한 용도로 사용하며 그 건축물의 다른 부분과 방화구획으로 구획된 부분(바닥면적의 합계가 500[m²] 이하인 경우로 한정한다)

016

굴뚝효과(Stack Effect)에 관한 설명으로 옳은 것은?

① 건물 내부와 외부의 온도차가 클수록 발생가능성이 낮다.

② 일반적으로 고층 건물보다 저층 건물에서 더 크다.

③ 층간 공기 누설과 관계가 없다.

④ 건물 내부와 외부의 공기밀도차로 인해 발생한 압력차로 발생한다.

굴뚝효과(Stack Effect)

• 정의 : 건물의 외부온도가 실내온도보다 낮을 때에는 건물 내부의 공기는 밀도차에 의해 상부로 유동하고, 이로 인해 건물의 높이에 따라 어떤 압력차가 형성되는 현상

• 연기이동의 특성

  – 중성대 하부층에서 화재가 발생한 경우 연기는 건물의 심부로 침투하면서 상부층으로 이동하며, 연기 자체의 온도에 의한 부력으로 상승속도가 더욱 증가한다.

  – 중성대의 상부층에서 화재가 발생한 경우 연기는 건물외부로 누출되면서 상승하고, 연기 자체의 온도에 의한 부력으로 상승속도가 더욱 증가한다.

• 영향을 주는 요인

  – 건물의 높이

  – 외벽의 기밀성

  – 건물의 층간 공기 누출

  – 누설틈새

  – 건물의 구획

  – 공조시설의 종류

  – 내·외부 온도차

017

연기의 피난한계에서 발광형 표지 및 주간 창의 가시거리(간파거리)는?(단, L은 가시거리, C_s는 감광계수이다)

① $L = \dfrac{1 \sim 2}{C_s}$ [m] ② $L = \dfrac{3 \sim 4}{C_s}$ [m]

③ $L = \dfrac{5 \sim 10}{C_s}$ [m] ④ $L = \dfrac{11 \sim 15}{C_s}$ [m]

연기농도와 가시거리

$$L = \frac{C_v}{C_s}$$

여기서, L : 가시거리 C_v : 물체별 가시거리

  C_s : 감광계수

• 가시거리의 한계 : 건물에 익숙한 사람은 5[m], 불특정다수인은 30[m]를 적용한다.

• 물체별 가시거리 : 반사판형 표지는 2~4[m], 발광형 표지는 5~10[m]를 적용한다.

$$L = \frac{5 \sim 10}{C_s} \text{ [m]}$$

018

제한된 공간에서 연기 이동과 확산에 관한 설명으로 옳지 않은 것은?

① 고층 건물의 연기 이동을 일으키는 주요 인자는 부력, 팽창, 바람 영향 등이다.

② 중성대에서 연기의 흐름이 가장 활발하다.

③ 계단에서 연기 수직 이동속도는 일반적으로 3~5[m/s]이다.

④ 거실에서 연기 수평 이동속도는 일반적으로 0.5~1.0[m/s]이다.

연기 이동과 확산

• 고층 건물의 연기 이동을 일으키는 주요 인자는 부력, 팽창, 바람 영향 등이다.

• 중성대 하부층은 공기 유입만 가능하여 연기가 확산되지 않고 중성대 상부층은 연기를 유출시키는 연돌효과에 의해 연기가 상부층부터 충만된다.

• 연기의 이동속도

방 향	수평방향	수직방향	실내계단
이동속도 [m/s]	0.5~1.0	2.0~3.0	3.0~5.0

019

공간 화재 특성에 관한 설명으로 옳지 않은 것은?

① 플래시오버는 실내의 국소화재로부터 실내 모든 가연물 표면이 연소하는 현상을 말한다.

② 백드래프트는 신선한 공기가 유입되어 실내에 축적되었던 가연성 가스가 단시간에 폭발적으로 연소하는 현상이다.

③ 환기지배형 화재란 환기가 충분한 상태에서 가연물의 양에 따라 제어되는 화재를 발한다.

④ 공간 화재에서 연기와 공기의 유동은 주로 온도상승에 의한 부력의 영향 때문이다.

해설

환기지배형 화재와 연료지배형 화재

종류 항목	연료지배형 화재	환기지배형 화재
정 의	공기가 충분한 상태에서는 가연물의 양에 따라 제어되는 화재	연료가 충분해도 화재가 진행되면 산소가 소진되어 원활한 연소가 이루어지지 못하므로 산소의 유입량에 따라 제어되는 화재
지배조건	• 연료량에 의하여 지배 • 통기량이 많고 가연물이 제한됨 • 개방된 공간	• 환기량에 의하여 지배 • 통기량이 많고 가연물이 많음 • 지하 무창층
발생장소	• 목조건물 • 큰 개방형 창문이 있는 건물	• 내화구조 • 극장이나 밀폐된 소규모 건물
연소속도	빠 름	느 림
화재의 성질·상태	• 개방된 공간의 화재양상 • 구획화재 시 플래시오버 이전 • 성장기 화재	• 화재 후 산소부족으로 훈소상태 유지 • 구획화재 시 플래시오버 이후
위험성	개구부를 통하여 상층 연소 확대	실내 공기 유입 시 백드래프트 발생
온 도	• 실내온도가 낮음 • 외부에서 쉽게 찬 공기 유입	• 실외로 열 방출이 없기 때문에 실내 온도가 높음 • 다량의 가연성 가스가 존재

020

연기 제연방식에 관한 설명으로 옳은 것은?

① 밀폐제연방식은 비교적 대규모 공간의 연기 제어에 적합하다.

② 자연제연방식은 실내·외의 온도, 개구부의 높이나 형상, 외부 바람 등에 영향을 받는다.

③ 스모크타워 제연방식은 기계배연의 한 방법으로 저층 건물에 적합하다.

④ 기계제연방식은 넓은 면적의 구획과 좁은 면적의 구획을 공동 배연할 경우 넓은 면적에서 현저한 압력저하가 일어난다.

해설

연기 제연방식

• 밀폐제연방식 : 화재 발생 시 연기를 밀폐하여 연기의 외부 유출, 외부의 신선한 공기의 유입을 막아 제연하는 방식으로 호텔이나 주택 등 방연구획을 작게 하는 건축물에 적합하다.

• **자연제연방식** : 화재 시 발생되는 온도 상승에 의해 발생한 부력 또는 외부 공기의 흡출효과에 의하여 내부의 실 상부에 설치된 창 또는 전용의 제연구로부터 연기를 옥외로 배출하는 방식으로 **실내·외의 온도, 개구부의 높이나 형상, 외부 바람 등에 영향을 받는다.**

• 스모크타워 제연방식 : 화재 발생 시 열에 의한 온도상승에 의해 건물 내·외부의 온도차, 제연설비의 꼭대기에 설치된 루프 모니터 등의 외부의 공기에 의한 흡인력에 의해 제연하는 방식으로, 고층 건물에서 적합하고 장치는 간단하다.

• 기계제연방식
  - 제1종 기계제연방식 : 제연팬으로 급기와 배기를 동시에 행하는 제연방식
  - 제2종 기계제연방식 : 제연팬으로 급기를 하고, 자연배기를 하는 제연방식
  - 제3종 기계제연방식 : 제연팬으로 배기를 하고, 자연급기를 하는 제연방식

021

연소물질과 연소 시 생성되는 연소가스의 연결이 옳은 것을 모두 고른 것은?(단, 불완전연소를 포함한다)

> ㄱ. PVC – 황화수소
> ㄴ. 나일론 – 암모니아
> ㄷ. 폴리스타이렌 – 사이안화수소
> ㄹ. 레이온 – 아크롤레인

① ㄱ, ㄴ   ② ㄱ, ㄷ
③ ㄴ, ㄹ   ④ ㄷ, ㄹ

해설
연소생성물

종류	연소생성물	종류	연소생성물
PVC	염화수소	폴리스타이렌	벤젠(C_6H_6)
나일론	암모니아	레이온	아크롤레인

022

화재 시 연기 성질에 관한 설명으로 옳지 않은 것은?

① 연기란 연소가스에 부가하여 미세하게 이루어진 미립자와 에어로졸성의 불안정한 액체 입자로 구성한다.
② 연기 입자의 크기는 0.01~10[μm]에 이르는 정도이다.
③ 탄소입자가 다량으로 함유된 연기는 농도가 짙으며, 검게 보인다.
④ 연기의 생성은 화재 크기와는 관계가 없고, 층 면적과 구획 크기와 관계가 있다.

해설
연기의 성질

• 연기란 연소가스에 부가하여 미세하게 이루어진 미립자와 에어로졸성의 불안정한 액체 입자로 구성한다.
• 연기 입자의 크기는 0.01~10[μm]에 이르는 정도이다.
• 탄소입자가 다량으로 함유된 연기는 농도가 짙으며, 검게 보인다.
• 연기의 생성은 화재 크기와 관계가 있고, 층 면적과 구획 크기와 관계가 있다.

023

표준대기압 조건에서 내부와 외부가 각각 25[℃]와 -10[℃]이고 높이가 170[m]인 건물에서 중성대가 건물의 중간 높이에 위치한다고 가정하면, 건물 샤프트의 최상부와 외부 사이에 굴뚝효과에 의한 압력차[Pa]는 약 얼마인가?

① 94.76   ② 113.24
③ 131.34   ④ 150.16

해설
압력차

$$\Delta P = 3,460 h_2 \left(\frac{1}{T_o} - \frac{1}{T_i} \right)$$

여기서, h_2 : 중성대로부터 상층부까지의 거리
T_o : 외부 절대온도
T_i : 내부 절대온도

$$\therefore \Delta P = 3,460 h_2 \left(\frac{1}{T_o} - \frac{1}{T_i} \right)$$
$$= 3,460 \times \left(\frac{170}{2} \right) \times \left(\frac{1}{273-10} - \frac{1}{273+25} \right)$$
$$= 131.34[Pa]$$

024

난류화염으로부터 10[℃]의 벽으로 전달되는 대류 열유속[kW/m²]은?(단, 대류열전달계수 h 값은 5[W/m²·℃]을 사용하고, 시간 평균 최대화염온도는 약 900[℃]이다)

① 3.16   ② 4.45
③ 5.41   ④ 6.12

해설
대류열유속

$$Q = h(T_2 - T_1)$$

여기서, Q : 대류열유속[W/m²]
h : 대류열전달계수[W/m²·℃]
$T_2 - T_1$: 온도차[℃]

$\therefore Q = h(T_2 - T_1) = 5[W/m^2 \cdot ℃] \times (900-10)[℃]$
$= 4,450[W/m^2] = 4.45[kW/m^2]$

025

목조건축물의 화재 특성으로 옳지 않은 것은?

① 화염의 분출면적이 작고 복사열이 커서 접근하기 어렵다.
② 습도가 낮을수록 연소확대가 빠르다.
③ 횡방향보다 종방향의 화재성장이 빠르다.
④ 화재 최성기 이후 비화에 의해 화재확대의 위험성이 높다.

해설

목조건축물은 화염의 분출면적이 크고 복사열이 커서 접근하기 어렵다.

제2과목 소방수리학, 약제화학 및 소방전기

026

아보가드로(Avogadro)의 법칙에 관한 설명으로 옳은 것은?

① 온도가 일정할 때 기체의 압력은 부피에 반비례한다.
② 0[℃], 1기압에서 모든 기체 1몰의 부피는 22.4[L]이다.
③ 압력이 일정할 때 기체의 부피는 절대온도에 비례한다.
④ 밀폐된 용기에서 유체에 가한 압력은 모든 방향에서 같은 크기로 전달된다.

해설

• 보일샤를의 법칙

$$V_2 = V_1 \times \frac{P_1}{P_2} \times \frac{T_2}{T_1} \qquad P_2 = P_1 \times \frac{V_1}{V_2} \times \frac{T_2}{T_1}$$

  – 보일의 법칙 : 온도가 일정할 때 기체의 부피는 압력에 반비례한다.
  – 샤를의 법칙 : 압력이 일정할 때 기체의 부피는 절대온도에 비례한다.
• 아보가드로의 법칙 : 표준상태(0[℃], 1기압)에서 모든 기체 1몰[g-mol]의 부피는 22.4[L]이다.
• 파스칼의 원리 : 밀폐된 용기에서 유체에 가한 압력은 모든 방향에서 같은 크기로 전달된다.

027

관성력과 점성력의 비를 나타내는 무차원수는?

① 웨버(Weber) 수
② 프루드(Froude) 수
③ 오일러(Euler) 수
④ 레이놀즈(Reynolds) 수

해설

무차원식의 관계

명칭	무차원식	물리적 의미
레이놀즈수	$Re = \dfrac{Du\rho}{\mu} = \dfrac{Du}{\nu}$	$Re = \dfrac{관성력}{점성력}$
오일러수	$Eu = \dfrac{\Delta P}{\rho u^2}$	$Eu = \dfrac{압축력}{관성력}$
웨버수	$We = \dfrac{\rho L u^2}{\sigma}$	$We = \dfrac{관성력}{표면장력}$
코시수	$Ca = \dfrac{\rho u^2}{K}$	$Ca = \dfrac{관성력}{탄성력}$
마하수	$M = \dfrac{u}{c}$	$M = \dfrac{유속}{음속}$
프루드수	$Fr = \dfrac{u}{\sqrt{gL}}$	$Fr = \dfrac{관성력}{중력}$

028

배관 내 동압을 측정할 수 없는 장치는?

① 피토관
② 피에조미터
③ 시차액주계
④ 피토–정압관

해설

피에조미터(Piezometer)

탱크나 어떤 용기 속의 압력을 측정하기 위하여 수직으로 세운 투명한 관으로, 유동하고 있는 유체에서 교란되지 않는 유체의 정압을 측정하는 피에조미터와 정압관이 있다.

피토관, 시차액주계, 피토–정압관 : 유체의 동압 측정

029

다음과 같이 단면이 원형인 연직점축소관에서 위에서 아래로 물이 $0.3[\text{m}^3/\text{s}]$로 흐를 때, 상·하 단면에서의 압력차는?(단, 관내 에너지손실은 무시하고, 물의 밀도는 $1,000[\text{kg/m}^3]$, 중력가속도는 $10.0[\text{m/s}^2]$, 원주율은 3.0이다)

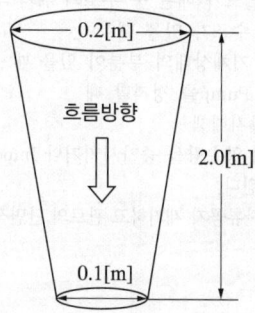

① $73[\text{N/cm}^2]$　　② $73[\text{kN/m}^2]$
③ $75[\text{N/cm}^2]$　　④ $75[\text{kN/m}^2]$

해설

오일러방정식을 이용하여 압력차를 구한다.

$$\frac{P_1}{\rho}+\frac{u_1^2}{2}+gZ_1 = \frac{P_2}{\rho}+\frac{u_2^2}{2}+gZ_2$$

$$\frac{P_1}{\rho}-\frac{P_2}{\rho}+gZ_1-gZ_2 = \frac{u_2^2}{2}-\frac{u_1^2}{2}$$

$$\frac{1}{\rho}(P_1-P_2)+g(Z_1-Z_2) = \frac{1}{2}(u_2^2-u_1^2)$$

$$\frac{1}{\rho}(P_1-P_2) = \frac{1}{2}(u_2^2-u_1^2)-g(Z_1-Z_2)$$

$$\therefore\ P_1-P_2 = \rho\left[\frac{1}{2}(u_2^2-u_1^2)-g(Z_1-Z_2)\right]$$

$$= 1,000\times\left[\frac{1}{2}(40^2-10^2)-(10\times2)\right]$$

$$= 730,000[\text{N/m}^2] = 73[\text{N/cm}^2]$$

[u_1과 u_2를 구하면]

$Q=uA=u\times\dfrac{\pi}{4}d^2$ 에서 유속 $u=\dfrac{4Q}{\pi d^2}$

$$u_1 = \frac{4Q}{\pi d_1^2} = \frac{4\times0.3[\text{m}^3/\text{s}]}{3\times(0.2[\text{m}])^2} = 10[\text{m/s}]$$

$$u_2 = \frac{4Q}{\pi d_2^2} = \frac{4\times0.3[\text{m}^3/\text{s}]}{3\times(0.1[\text{m}])^2} = 40[\text{m/s}]$$

030

안지름 $2.0[\text{cm}]$인 노즐을 통하여 매초 $0.06[\text{m}^3]$의 물을 수평으로 방사할 때, 노즐에서 발생하는 반발력[kN]은?(단, 물의 밀도는 $1,000[\text{kg/m}^3]$이고, 원주율은 3.0이다)

① 1.0　　② 1.2
③ 10　　④ 12

해설

반발력

호스의 조건이 없으므로 힘의 평형을 고려하면 노즐에서의 분사력이 노즐에서의 반발력과 같다.

$$F = \rho Q u$$

여기서, F : 힘[N]　　ρ : 밀도($1,000[\text{kg/m}^3]$)
　　　　Q : 유량$[\text{m}^3/\text{s}]$　　u : 유속[m/s]

• 연속방정식

$$Q=uA=u\times\frac{\pi}{4}d^2 u,\ u=\frac{4Q}{\pi d^2}$$

$$\therefore\ \text{유속}\ u = \frac{4Q}{\pi d^2} = \frac{4\times0.06[\text{m}^3/\text{s}]}{3\times(0.02[\text{m}])^2} = 200[\text{m/s}]$$

• 반발력

$$F = \rho Q u = 1,000[\text{kg/m}^3]\times0.06[\text{m}^3/\text{s}]\times200[\text{m/s}]$$

$$= 12,000[\text{kg}\cdot\text{m/s}^2] = 12,000[\text{N}] = 12[\text{kN}]$$

031

물의 특성을 나타내는 식과 그에 대한 차원식이 모두 옳게 표현된 것은?(단, 물의 점성계수는 μ, 동점성계수는 ν, 밀도는 ρ, 비중량은 γ, 중력가속도는 g, 질량은 M, 길이는 L, 시간은 T이다)

① $\mu = \rho\times\nu\,[\text{ML}^{-1}\text{T}^{-1}]$
② $\gamma = \rho\times g\,[\text{ML}^{-2}\text{T}^{-1}]$
③ $\rho = \nu\times\mu\,[\text{ML}^{-3}]$
④ $\gamma = \rho\times g\,[\text{ML}^{-3}\text{T}^{-1}]$

해설

점성계수

$$\text{동점도}\ \nu=\frac{\mu}{\rho}\,[\text{cm}^2/\text{s}],$$

$$\mu = \rho[\text{kg/m}^3]\times\nu[\text{m}^2/\text{s}] = \text{kg/m}\cdot\text{s}\,[\text{ML}^{-1}\text{T}^{-1}]$$

032

개방된 물탱크 A의 수면으로부터 5[m] 아래에 지름 10[mm]인 오리피스를 부착하였다. 그 아래쪽에 설치한 한 변의 길이가 75[cm]인 정사각형 수조 안으로 물을 낙하시켜서 16분 40초 후에 수조의 수심이 0.8[m] 상승하였다면, 오리피스의 유량계수는?(단, 물탱크 A의 수심은 변화 없고, 수축계수는 1.0, 원주율은 3.0, 중력가속도는 10.0[m/s²]이다)

① 0.45   ② 0.50
③ 0.60   ④ 0.75

① 먼저 문제를 이해하면

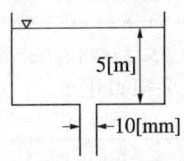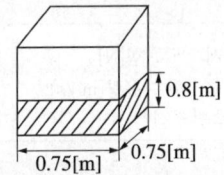

② 오리피스의 유량계수

$$Q = C_V C_o A \sqrt{2gH}, \quad C_V = \frac{Q}{C_o A \sqrt{2gH}}$$

여기서, C_V : 유량계수 C_o : 수축계수
A : 면적 g : 중력가속도
H : 양정

체적유량(Q) $= \dfrac{\text{체적}}{\text{시간}} = \dfrac{0.75[\text{m}] \times 0.75[\text{m}] \times 0.8[\text{m}]}{16 \times 60[\text{s}] + 40[\text{s}]}$

$= 0.00045[\text{m}^3/\text{s}]$

$\therefore C_V = \dfrac{Q}{C_o A \sqrt{2gH}} = \dfrac{Q}{C_o\left(\dfrac{\pi}{4}d^2\right)\sqrt{2gH}}$

$= \dfrac{0.00045}{1 \times \dfrac{3}{4} \times 0.01^2 \times \sqrt{2 \times 10 \times 5}} = 0.6$

033

서징(Surging) 현상에 관한 설명으로 옳은 것은?

① 만관흐름에서 관로 끝에 위치한 밸브를 갑자기 닫을 경우 발생한다.
② 펌프의 흡입측 배관의 물의 정압이 기존의 수증기압보다 낮아져서 기포가 발생한다.
③ 수주분리(Column Separation)가 생겨 재결합 시에 발생하는 격심한 충격파로 관로에 피해를 발생시킨다.
④ 펌프 운전 중에 계기압력의 눈금이 어떤 주기를 가지고 큰 진폭으로 흔들리고, 토출량도 어떤 범위에서 주기적인 변동이 발생된다.

맥동현상(Surging)

Pump의 입구와 출구에 부착된 진공계와 압력계의 침이 흔들리고 동시에 토출유량이 변화를 가져오는 현상

- 맥동현상의 발생원인
  - Pump의 양정곡선(Q–H)을 산(山) 모양의 곡선의 상승부에서 운전하는 경우
  - 유량조절 밸브가 배관 중 수조의 위치 후방에 있을 때
  - 배관 중에 수조가 있을 때
  - 배관 중에 기체상태의 부분이 있을 때
  - 운전 중인 Pump를 정지할 때
- 맥동현상의 방지대책
  - Pump 내의 양수량을 증가시키거나 Impeller의 회전수를 변화시킨다.
  - 관로 내의 잔류공기 제거하고 관로의 단면적 유속·저장을 조절한다.

034

제1종 분말소화약제의 주성분인 탄산수소나트륨 10[kg] 전량이 850[℃]에서 2차 열분해 될 때 생성되는 이산화탄소 발생량[kg]은 약 얼마인가?(단, 원자량은 Na : 23, H : 1, C : 12, O : 16으로 한다)

① 2.62   ② 3.48
③ 5.24   ④ 10.48

제1종 분말소화약제

- 1차 분해반응식(270[℃])
  : $2NaHCO_3 \rightarrow Na_2CO_3 + CO_2 + H_2O - Q[\text{kcal}]$
- 2차 분해반응식(850[℃])
  : $2NaHCO_3 \rightarrow Na_2O + 2CO_2 + H_2O - Q[\text{kcal}]$

$2NaHCO_3 \rightarrow Na_2O + 2CO_2 + H_2O$
$2 \times 84[\text{kg}] \quad\quad 2 \times 44[\text{kg}]$
$10[\text{kg}] \quad\quad\quad\quad x$

$\therefore x = \dfrac{10[\text{kg}] \times 2 \times 44[\text{kg}]}{2 \times 84[\text{kg}]} = 5.24[\text{kg}]$

035

이산화탄소소화약제에 관한 설명으로 옳지 않은 것은?

① 무색무취이며, 전기적으로 비전도성이고 공기보다 약 1.5배 무겁다.
② 임계온도는 약 31.35[℃]이고, 삼중점은 0.42[MPa]에서 약 -56[℃]이다.
③ B급과 C급 화재에 사용된다.
④ 한국산업규격에 따른 품질에 관한 액화이산화탄소 분류에서 제1종과 제2종을 소화약제로 사용한다.

이산화탄소소화약제
• 무색무취이며, 전기적으로 비전도성이고 공기보다 약 1.5배 무겁다.
• 임계온도는 약 31.35[℃]이고, 삼중점은 0.42[MPa]에서 약 -56[℃]이다.
• B급과 C급 화재에 사용된다.
• 한국산업규격에 따른 품질에 관한 액화이산화탄소 분류에서 제1종, 제2종, 제3종이 있으며 주로 제2종 소화약제로 사용한다.

036

소화원액 15[L]로 3[%] 합성계면활성제포 수용액을 만들었다. 이 수용액을 이용하여 발생시킨 포의 총 부피가 325[m³]일 때, 팽창비는?

① 450   ② 550
③ 650   ④ 750

팽창비

$$\text{팽창비} = \frac{\text{방출 후 포의 체적[L]}}{\text{방출 전 포수용액의 체적[L]}}$$

$$= \frac{\text{방출 후 포의 체적[L]}}{\dfrac{\text{원액의 양[L]}}{\text{농도}}}$$

$$= \frac{325{,}000[\text{L}]}{15[\text{L}]/0.03} = 650 \text{배}$$

037

화재안전기술기준(NFTC 107A)에서 정한 할로겐화합물 및 불활성기체소화약제의 최대허용설계농도 기준으로 옳지 않은 것은?

① HCFC-124 : 1.0[%]
② HFC-227ea : 10.5[%]
③ HFC-125 : 12.5[%]
④ FC-3-1-10 : 40[%]

할로겐화합물 및 불활성기체소화약제 최대허용설계농도

소화약제	최대허용설계농도[%]
FC-3-1-10	40
HCFC BLEND A	10
HCFC-124	1.0
HFC-125	11.5
HFC-227ea	10.5
HFC-23	30
HFC-236fa	12.5
FIC-13I1	0.3
FK-5-1-12	10
IG-01, IG-100, IG-541, IG-55	43

038

금속화재에 적응성이 없는 분말소화약제는?

① G-1
② MET-L-X
③ Na-X
④ CDC(Compatible Dry Chemical)

금속화재

종 류	구 성	적용대상	특 징
G-1	흑연과 유기인이 입혀진 코크스	Mg, Al, K, Na	• 흑연은 열을 흡수하여 금속을 냉각 • 유기인은 증기를 발생시켜 산소를 차단
MET-L-X	NaCl + 첨가물	Na	• 대형금속화재에 적합 • 염화나트륨(NaCl, 소금)에 내습용 첨가제와 플라스틱이 첨가됨
Na-X	탄산나트륨 + 첨가제	Na, K	염소가 포함되지 않는 소화약제

039

질식소화를 위한 연소한계 산소농도가 15[vol%]인 가연물질의 소화에 필요한 CO_2 가스의 최소소화농도[vol%]는?(단, 무유출(No Efflux) 방식을 전제로 하고, 공기 중 산소는 20[vol%]이다)

① 20   ② 25

③ 33   ④ 40

해설

CO_2 가스의 최소소화농도[vol%]

$$CO_2 농도[\%] = \frac{20 - O_2}{20} \times 100$$

이 문제는 공기 중 산소농도가 20[%]라고 하였으므로, 21이 아니고 20으로 해야 함

$$\therefore CO_2 농도[\%] = \frac{20 - O_2}{20} \times 100 = \frac{20 - 15}{20} \times 100$$
$$= 25[\%]$$

040

다음 중 오존파괴지수가 가장 높은 소화약제는?

① Halon2402   ② Halon1211

③ CFC 12   ④ CFC 113

해설

오존파괴지수

소화약제	오존파괴지수
할론2402	6.6
할론1211	2.4
CFC 12	1.0
CFC 113	0.8

041

열분해로 생성된 불연성의 용융물질에 의한 방진소화효과를 발생시키는 분말소화약제는?

① $NH_4H_2PO_4$

② $KHCO_3$

③ $NaHCO_3$

④ $KHCO_3 + CO(NH_2)_2$

해설

제3종 분말소화약제(제1인산암모늄, $NH_4H_2PO_4$)의 소화효과

• 열분해 시 암모니아와 수증기에 의한 질식효과
• 열분해에 의한 냉각효과
• 유리된 암모늄염(NH_4^+)에 의한 부촉매 효과
• 메타인산(HPO_3)에 의한 방진작용(가연물이 숯불형태로 연소하는 것을 방지하는 작용)
• 탈수효과

042

100[Ω]의 저항부하 2개만으로 직렬 연결된 회로에 AC 60[Hz], 220[V]의 교류전원을 인가하였을 때, 역률은 얼마인가?

① 1   ② 0.9

③ 0.8   ④ 0.7

해설

역률($\cos\theta$)

• 저항(R)만 있는 부하의 경우 : 전류와 전압의 위상이 같은 회로이므로, 위상차가 0도이다. 따라서 역률 $\cos 0° = 1$이 된다.
• 인덕턴스(L)만 있는 부하의 경우 : 전류가 전압보다 90도 뒤진 회로이므로, 위상차가 90도이다. 따라서 역률 $\cos 90° = 0$이 된다.
• 커패시턴스(C)만 있는 부하의 경우 : 전류가 전압보다 90도 앞선 회로이므로, 위상차가 90도이다. 따라서 역률 $\cos 90° = 0$이 된다.

043

단면적이 2[mm²]이고, 길이가 2[km]인 원형 구리 전선의 저항은 약 얼마인가?(단, 구리의 고유저항은 1.72×10^{-8}[Ω·m]이다)

① 1.72[mΩ]   ② 17.2[mΩ]

③ 1.72[Ω]   ④ 17.2[Ω]

해설

구리전선(R)의 저항

$$R = \rho \frac{l}{A}$$

여기서, ρ : 고유저항[Ω·m]
$\quad\quad l$: 길이[m]
$\quad\quad A$: 단면적[m²]

$$\therefore R = \rho \frac{l}{A} = 1.72 \times 10^{-8} \times \frac{2 \times 10^3}{2 \times (10^{-3})^2} = 17.2[Ω]$$

044

다음 회로에서 4[Ω]의 저항에 흐르는 전류는?

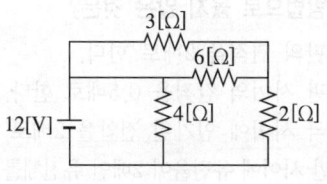

① 1[A] ② 2[A]
③ 3[A] ④ 6[A]

해설

회로를 변경하여 전류를 구하면

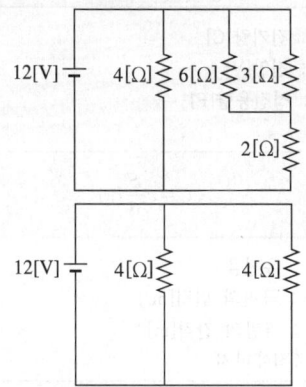

• 전체전류 $= \dfrac{12[\text{V}]}{\text{전체저항}} = \dfrac{12}{\dfrac{1}{\dfrac{1}{4}} + \dfrac{1}{\dfrac{1}{4}}} = \dfrac{12}{\dfrac{4}{2}} = 6[\text{A}]$

• 4[Ω]에 흐르는 전류는 $I_{4}[\Omega] = \dfrac{4}{4+4} \times 6 = 3[\text{A}]$

045

다음은 정현파 교류전압 파형의 한 주기를 나타내었다. 시간(t)에 따른 전압의 순시값을 가장 근사하게 표현한 것은?

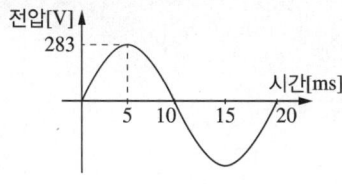

① $v(t) = \sqrt{2} \cdot 200 \cdot \sin 40\pi t$
② $v(t) = \sqrt{2} \cdot 200 \cdot \sin 100\pi t$
③ $v(t) = \sqrt{2} \cdot 220 \cdot \sin 40\pi t$
④ $v(t) = \sqrt{2} \cdot 220 \cdot \sin 100\pi t$

해설

순시값

• 최댓값 $283 = \sqrt{2} \times 200$
• $\sin 2f\pi t = \sin 100\pi t$

$2f = 2 \times \dfrac{1}{t} = 2 \times \dfrac{1}{20 \times 10^{-3}} = 100$

046

자화되지 않은 강자성체를 외부 자계 내에 놓았더니 히스테리시스 곡선(Hysteresis Loop)이 나타났다. 이에 관한 설명으로 옳은 것을 모두 고른 것은?

ㄱ. 외부자계의 세기를 계속 증가시키면 강자성체의 자속밀도가 계속 증가한다.
ㄴ. 자계의 세기를 0에서 증가시켰다가 다시 0으로 감소시키면 강자성체에는 잔류자기(Residual Magneti-zation)가 남게 된다.
ㄷ. 히스테리시스 곡선이 이루는 면적에 해당하는 에너지는 손실이다.
ㄹ. 주파수를 낮추면 히스테리시스 곡선이 이루는 면적을 키울 수 있다.

① ㄱ
② ㄴ, ㄷ
③ ㄴ, ㄷ, ㄹ
④ ㄱ, ㄴ, ㄷ, ㄹ

해설

히스테리시스 곡선(Hysteresis Loop)

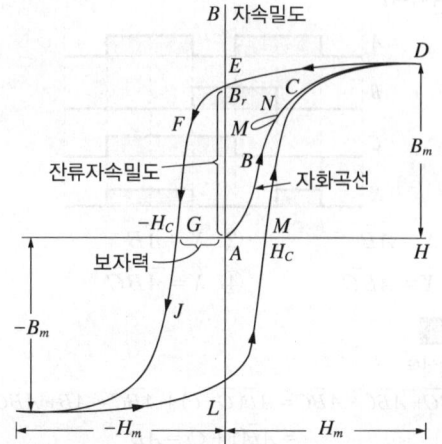

- 외부자계의 세기를 계속 증가시키면 강자성체의 자속밀도가 증가하다가 포화된다.
- 자계의 세기를 0에서 증가시켰다가 다시 0으로 감소시키면 강자성체에는 잔류자기(잔류자속밀도)가 남게 된다.
- 히스테리시스 곡선이 이루는 면적에 해당하는 에너지는 손실이다.
- 주파수를 낮추면 히스테리시스 곡선이 이루는 면적을 줄일 수 있다.

> 히스테리시스 손실(히스테리시스손의 면적)
> $= n_h f B_m^{1.6}\,[\mathrm{Wb/m^2}]$

047

다음 논리회로에 대한 논리식을 가장 간략화한 것은?

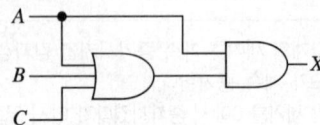

① $X = A$
② $X = AB$
③ $X = BC$
④ $X = AB + BC$

> 해설

논리식
$(A + B + C)A = AA + AB + AC = A + A(B + C)$
$= (1 + B + C)A = 1 \cdot A = A$

048

다음 타임차트의 논리식은?(단, A, B, C는 입력, X는 출력이다)

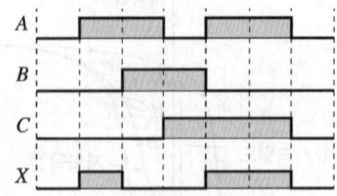

① $X = A\overline{B}$
② $X = \overline{A}B$
③ $X = AB\overline{C}$
④ $X = \overline{A}B\overline{C}$

> 해설

타임차트
$A\overline{B}\overline{C} + A\overline{B}C + A\overline{B}C = A\overline{B}(\overline{C} + C) + A\overline{B}C = A\overline{B} + A\overline{B}C$
$= A\overline{B}(1 + C) = A\overline{B}$

049

콘덴서(Condenser)에 축적되는 에너지를 2배로 만들기 위한 방법으로 옳지 않은 것은?

① 두 극판의 면적을 2배로 한다.
② 두 극판 사이의 간격을 0.5배로 한다.
③ 두 전극 사이에 인가된 전압을 2배로 한다.
④ 두 극판 사이에 유전율이 2배인 유전체를 삽입한다.

> 해설

콘덴서의 축적에너지

> $$W = \frac{1}{2}QV = \frac{1}{2}CV^2 = \frac{1}{2}Q^2V\,[\mathrm{J}]$$

여기서, Q : 전기량[C]
　　　　V : 전압[V]
　　　　C : 정전용량[F]

- 정전용량

> $$C = \varepsilon\frac{S}{d}\,[\mathrm{F}]$$

여기서, ε : 유전율
　　　　S : 극판의 면적[$\mathrm{m^2}$]
　　　　d : 극판의 간격[m]

- 콘덴서의 축적에너지

> $$W = \frac{1}{2}CV^2 = \frac{1}{2}\left(\varepsilon\frac{S}{d}\right)V^2\,[\mathrm{F}]$$

여기서, ε : 유전율
　　　　S : 극판의 면적[$\mathrm{m^2}$]
　　　　d : 극판의 간격[m]

이므로 콘덴서에 축적되는 에너지를 2배로 만들기 위한 방법은 다음과 같다.
－ 두 극판의 면적(S)을 2배로 한다.
－ 두 극판 사이의 간격(d)을 0.5배로 한다.
－ 두 전극 사이에 인가된 전압(V)을 $\sqrt{2}$ 배로 한다.
－ 두 극판 사이에 유전율(ε)이 2배인 유전체를 삽입한다.

050

다음은 금속관을 사용한 소방용 옥내배선 그림 기호의 일부분이다. 공사방법으로 옳지 않은 것은?

$$\underline{\qquad /\!/\!/\!/ \qquad}$$
HFIX 1.5 (16)

① 천장은폐배선을 한다.
② 직경 1.5[mm]인 전선 4가닥을 사용한다.
③ 내경 16[mm]의 후강전선관을 사용한다.
④ 저독성 난연 가교 폴리올레핀 절연 전선을 사용한다.

해설

직경 1.5[mm²]인 전선 4가닥을 사용한다.

제3과목 소방관련법령

051

소방기본법령상 소방청장이 수립 · 시행하는 종합계획에 포함되어야 하는 사항에 해당하지 않는 것은?

① 소방전문인력 양성
② 화재안전분야 국제경쟁력 향상
③ 소방업무의 교육 및 홍보
④ 소방기술의 연구 · 개발 및 보급

해설

종합계획의 포함사항(법 제6조)
• 소방서비스의 질 향상을 위한 정책의 기본방향
• 소방업무에 필요한 체계의 구축, 소방기술의 연구 · 개발 및 보급
• 소방업무에 필요한 장비의 구비
• 소방전문인력 양성
• 소방업무에 필요한 기반조성
• 소방업무의 교육 및 홍보(제21조에 따른 소방자동차의 우선 통행 등에 관한 홍보를 포함한다)

052

소방기본법령상 소방활동에 필요한 소방용수시설을 설치하고 유지 · 관리해야 하는 자는?(단, 권한의 위임 등 기타 사항은 고려하지 않음)

① 소방본부장 · 소방서장
② 시장 · 군수
③ 시 · 도지사
④ 소방청장

해설

소방용수시설의 설치 및 관리
• 설치권자 : 시 · 도지사
• 소방용수시설의 종류 : 소화전, 급수탑, 저수조
• 소방용수시설의 설치기준 : 행정안전부령
• 소화전을 설치하는 일반수도사업자는 관할 소방서장과 사전 협의를 거친 후 소화전을 설치해야 하며, 설치 사실을 관할 소방서장에게 통지하고, 그 소화전을 유지 · 관리해야 한다.

053

화재예방강화지구의 지정 대상지역에 해당하지 않는 것은?

① 주택이 밀집한 지역
② 공장 · 창고가 밀집한 지역
③ 석유화학제품을 생산하는 공장이 있는 지역
④ 소방시설 · 소방용수시설 또는 소방출동로가 없는 지역

해설

화재예방강화지구의 지정 대상지역(화재예방법 제18조)
① 시장지역
② 공장 · 창고가 밀집한 지역
③ 목조건물이 밀집한 지역
④ 노후 · 불량 건축물이 밀집한 지역
⑤ 위험물의 저장 및 처리시설이 밀집한 지역
⑥ 석유화학제품을 생산하는 공장이 있는 지역
⑦ 산업입지 및 개발에 관한 법률 제2조 제8호에 따른 산업단지
⑧ 소방시설 · 소방용수시설 또는 소방출동로가 없는 지역
⑨ 물류시설의 개발 및 운영에 관한 법률 제2조 제6호에 따른 물류단지
⑩ 그 밖에 ①부터 ⑨까지에 준하는 지역으로서 소방관서장이 화재예방강화지구로 지정할 필요가 있다고 인정하는 지역

054

특수가연물의 저장 및 취급기준에 관한 설명으로 옳지 않은 것은?

① 살수설비를 설치하는 경우에는 쌓는 높이는 15[m] 이하가 되도록 할 것
② 발전용으로 저장하는 석탄·목탄류는 품명별로 구분하여 쌓을 것
③ 쌓는 부분의 바닥면적 사이는 실내의 경우 1.2[m] 이상이 되도록 할 것
④ 특수가연물을 저장 또는 취급하는 장소에는 품명·최대수량 및 화기취급의 금지표지를 설치할 것

해설

특수가연물의 저장 및 취급기준
- 특수가연물을 저장 또는 취급하는 장소에는 품명·최대저장수량, 단위부피당 질량 또는 단위체적당 질량, 관리책임자 성명·직책, 연락처 및 화기취급의 금지표시를 설치할 것
- 다음의 기준에 따라 쌓아 저장할 것. 다만, 석탄·목탄류를 발전(發電)용으로 저장하는 경우에는 그렇지 않다.
  - 품명별로 구분하여 쌓을 것
  - 쌓는 기준

구 분	높 이
살수설비를 설치하거나 방사능력 범위에 해당 특수가연물이 포함되도록 대형수동식소화기를 설치하는 경우	15[m] 이하
그 밖의 경우	10[m] 이하

  - 쌓는 부분의 바닥면적 사이는 실내의 경우 1.2[m] 또는 쌓는 높이의 1/2 중 큰 값 이상으로 간격을 두어야 하며, 실외의 경우 3[m] 또는 쌓는 높이 중 큰 값 이상으로 간격을 둘 것

055

소방시설공사업법령상 중급기술자 이상의 소방기술자(기계 및 전기분야) 배치기준으로 옳지 않은 것은?

① 호스릴 방식의 포소화설비가 설치되는 특정소방대상물의 공사 현장
② 아파트가 아닌 특정소방대상물로서 연면적 2만[m²]인 공사 현장
③ 연면적 2만[m²]인 아파트 공사 현장
④ 제연설비가 설치되는 특정소방대상물의 공사 현장

해설

소방기술자(기계 및 전기분야) 배치기준(영 별표 2)

소방기술자의 배치기준	소방시설공사 현장의 기준
1. 행정안전부령으로 정하는 특급기술자인 소방기술자(기계분야 및 전기분야)	가. 연면적 20만[m²] 이상인 특정소방대상물의 공사 현장 나. 지하층을 포함한 층수가 40층 이상인 특정소방대상물의 공사 현장
2. 행정안전부령으로 정하는 고급기술자이상의 소방기술자(기계분야 및 전기분야)	가. 연면적 3만[m²] 이상 20만[m²] 미만인 특정소방대상물(아파트는 제외한다)의 공사 현장 나. 지하층을 포함한 층수가 16층 이상 40층 미만인 특정소방대상물의 공사 현장
3. 행정안전부령으로 정하는 중급기술자 이상의 소방기술자(기계분야 및 전기분야)	가. **물분무 등 소화설비(호스릴 방식의 소화설비는 제외)** 또는 제연설비가 설치되는 특정소방대상물의 공사 현장 나. 연면적 5천[m²] 이상 3만[m²] 미만인 특정소방대상물(아파트는 제외한다)의 공사 현장 다. 연면적 1만[m²] 이상 20만[m²] 미만인 아파트의 공사 현장
4. 행정안전부령으로 정하는 초급기술자 이상의 소방기술자(기계분야 및 전기분야)	가. 연면적 1천[m²] 이상 5천[m²] 미만인 특정소방대상물(아파트는 제외한다)의 공사 현장 나. 연면적 1천[m²] 이상 1만[m²] 미만인 아파트의 공사 현장 다. 지하구(地下溝)의 공사 현장
5. 법 제28조에 따라 자격수첩을 발급받은 소방기술자	연면적 1천[m²] 미만인 특정소방대상물의 공사 현장

056

소방시설 설치 및 관리에 관한 법령상 특정소방대상물에 대하여 관계인이 소방시설 등을 정기적으로 자체점검할 때 소방시설별로 갖추어야 하는 점검장비의 연결이 옳지 않은 것은?

① 포소화설비 - 헤드결합렌치
② 할로겐화합물 및 불활성기체소화설비 - 절연저항계
③ 옥내소화전설비 - 차압계
④ 제연설비 - 폐쇄력측정기

소방시설별 점검장비(규칙 별표 3)

소방시설	장비	규격
공통시설	방수압력측정계, 절연저항계(절연저항측정기), 전류전압측정계	-
소화기구	저울	-
옥내소화전설비, 옥외소화전설비	소화전밸브압력계	-
스프링클러설비, 포소화설비	헤드결합렌치(볼트, 너트, 나사 등을 죄거나 푸는 공구)	-
이산화탄소소화설비, 분말소화설비, 할론소화설비, 할로겐화합물 및 불활성기체(다른 원소와 화학반응을 일으키기 어려운 기체)소화설비	검량계, 기동관누설시험기, 그 밖에 소화약제의 저장량을 측정할 수 있는 점검기구	-
자동화재탐지설비, 시각경보기	열감지기시험기, 연(煙)감지기시험기, 공기주입시험기, 감지기시험기연결폴대, 음량계	-
누전경보기	누전계	누전전류 측정용
무선통신보조설비	무선기	통화시험용
제연설비	풍속풍압계, 폐쇄력측정기, 차압계(압력차 측정기)	-
통로유도등, 비상조명등	조도계(밝기 측정기)	최소눈금이 0.1럭스 이하인 것

057

소방시설공사업법령상 소방시설업자의 지위승계가 가능한 자에게 해당하는 것을 모두 고른 것은?

> ㄱ. 소방시설업자가 사망한 경우 그 상속인
> ㄴ. 소방시설업자가 그 영업을 양도한 경우 그 양수인
> ㄷ. 법인인 소방시설업자가 다른 법인과 합병한 경우 합병 후 존속하는 법인이나 합병으로 설립되는 법인

① ㄱ, ㄴ, ㄷ   ② ㄱ, ㄷ
③ ㄴ, ㄷ   ④ ㄱ, ㄴ

소방시설업자의 지위승계가 가능한 자(법 제7조)
- 소방시설업자가 사망한 경우 그 상속인
- 소방시설업자가 그 영업을 양도한 경우 그 양수인
- 법인인 소방시설업자가 다른 법인과 합병한 경우 합병 후 존속하는 법인이나 합병으로 설립되는 법인

058

소방시설 설치 및 관리에 관한 법령상 소방시설 등의 자체점검 시 점검인력 배치기준 중 종합점검에서 점검인력 1단위가 하루 동안 점검할 수 있는 특정소방대상물의 연면적[m²] 기준은?

① 7,000   ② 8,000
③ 9,000   ④ 10,000

점검인력 배치기준[24.12.01 시행]

종류＼대상물	일반건축물	아파트
종합점검	점검인력 1단위 : 8,000[m²] (보조기술인력 1명 추가 시 : 2,000[m²])	점검인력 1단위 : 250세대 (보조기술인력 1명 추가 시 : 60세대)
작동점검	점검인력 1단위 : 10,000[m²] (보조기술인력 1명 추가 시 : 2,500[m²])	점검인력 1단위 : 250세대 (보조기술인력 1명 추가 시 : 60세대)

※ 점검인력 1단위 : 소방시설관리사(1명) + 보조기술인력(2명)

059

소방시설 설치 및 관리에 관한 법령상 소방시설관리업의 등록기준으로 옳지 않은 것은?

① 소방설비산업기사는 보조기술인력 자격이 없다.
② 보조기술인력을 소방설비기사 2명 이상이다.
③ 소방공무원으로 3년 이상 근무하고 소방시설 인정 자격수첩을 발급받은 사람은 보조기술인력이 될 수 있다.
④ 주된 기술인력은 소방시설관리사 1명 이상이다.

소방시설관리업의 등록기준
① 주된 기술인력 : 소방시설관리사 1명 이상
② 보조기술인력
    다음의 어느 하나에 해당하는 사람 2명 이상. 다만, ⓒ부터 ⓔ까지의 규정에 해당하는 사람은 소방시설공사업법 제28조 제2항에 따른 소방기술 인정 자격수첩을 발급받은 사람이어야 한다.
    ⊙ 소방설비기사 또는 소방설비산업기사
    ⓛ 소방공무원으로 3년 이상 근무한 사람
    ⓒ 소방 관련 학과의 학사학위를 취득한 사람
    ⓔ 행정안전부령으로 정하는 소방기술과 관련된 자격·경력 및 학력이 있는 사람
    ※ 2024. 12. 01부터 등록기준이 개정됩니다.

060

화재의 예방 및 안전관리에 관한 법령상 연면적 126,000 [m^2]의 업무시설인 건축물에서 소방안전관리보조자를 최소 몇 명을 선임해야 하는가?

① 5   ② 6
③ 8   ④ 9

소방안전관리보조자 선임
① 300세대 이상인 아파트
② 연면적이 15,000[m^2] 이상인 특정소방대상물(아파트 및 연립주택은 제외한다)
③ ① 및 ②에 따른 특정소방대상물을 제외한 특정소방대상물 중 다음의 어느 하나에 해당하는 특정소방대상물
    ⊙ 공동주택 중 기숙사
    ⓛ 의료시설
    ⓒ 노유자시설
    ⓔ 수련시설
    ⓜ 숙박시설(숙박시설로 사용되는 바닥면적의 합계가 1,500 [m^2] 미만이고, 관계인이 24시간 상시 근무하고 있는 숙박시설은 제외한다)

※ 소방안전관리보조자의 선임 수
$$= \frac{126,000[m^2]}{15,000[m^2]} = 8.4(소수점\ 이하는\ 삭제) \to 8명$$

061

소방시설 설치 및 관리에 관한 법령상 소방본부장이나 소방서장에게 건축허가 동의를 받아야 하는 건축물은?

① 연면적 50[m^2]인 학교시설
② 주차장으로 사용되는 바닥면적 150[m^2]인 층이 있는 주차시설
③ 연면적 50[m^2]인 위험물 저장 및 처리시설
④ 숙박시설이 있는 수련시설로서 수용인원 50인 이상인 것

건축허가 등의 동의대상물의 범위(영 제7조)
① 연면적이 400[m^2] 이상인 건축물이나 시설. 다만, 다음의 어느 하나에 해당하는 경우, 정한 기준 이상인 건축물이나 시설로 한다.
    ⊙ 건축 등을 하려는 학교시설 : 100[m^2] 이상
    ⓛ 노유자시설 및 수련시설 : 200[m^2] 이상
    ⓒ 정신의료기관(입원실이 없는 정신건강의학과 의원은 제외) : 300[m^2] 이상
    ⓔ 장애인 의료재활시설 : 300[m^2] 이상
② 지하층 또는 무창층이 있는 건축물로서 바닥면적이 150[m^2] (공연장의 경우에는 100[m^2]) 이상인 층이 있는 것
③ 차고·주차장 또는 주차 용도로 사용되는 시설로서 다음의 어느 하나에 해당하는 것
    ⊙ 차고·주차장으로 사용되는 바닥면적이 200[m^2] 이상인 층이 있는 건축물이나 주차시설
    ⓛ 승강기 등 기계장치에 의한 주차시설로서 자동차 20대 이상을 주차할 수 있는 시설
④ 층수가 6층 이상인 건축물
⑤ 항공기격납고, 관망탑, 항공관제탑, 방송용 송수신탑
⑥ 의원(입원실이 있는 것으로 한정한다)·조산원·산후조리원, 위험물저장 및 처리시설, 발전시설 중 풍력발전소·전기저장시설, 지하구
⑦ ①에 해당하지 않는 노유자시설 중 다음의 어느 하나에 해당하는 시설(다만, ⊙의 ㉮ 및 ⓛ부터 ⓜ까지의 시설 중 건축법 시행령 별표 1의 단독주택 또는 공동주택에 설치되는 시설은 제외한다)
    ⊙ 별표 2 제9호 가목에 따른 노인 관련 시설 중 다음의 어느 하나에 해당하는 시설
        ㉮ 노인주거복지시설·노인의료복지시설 및 재가노인복지시설
        ㉯ 학대피해노인 전용쉼터
    ⓛ 아동복지시설(아동상담소, 아동전용시설 및 지역아동센터는 제외한다)
    ⓒ 장애인 거주시설
    ⓔ 정신질환자 관련 시설(공동생활가정을 제외한 재활훈련시설과 종합시설 중 24시간 주거를 제공하지 않는 시설은 제외)

ⓓ 노숙인 관련 시설 중 노숙인자활시설, 노숙인재활시설 및 노숙인요양시설

ⓔ 결핵환자나 한센인이 24시간 생활하는 노유자시설

⑧ 요양병원. 다만, 의료재활시설은 제외한다.

⑨ 공장 또는 창고시설로서 750배 이상의 특수가연물을 저장·취급하는 것

⑩ 가스시설로서 지상에 노출된 탱크의 저장용량의 합계가 100톤 이상인 것

062

소방시설 설치 및 관리에 관한 법령상 방염성능검사 결과가 방염성능기준에 부합하지 않는 것은?

① 탄화한 길이는 22[cm]이었다.

② 버너의 불꽃을 제거한 때부터 불꽃을 올리며 연소하는 상태가 그칠 때까지 시간이 18초이었다.

③ 버너의 불꽃을 제거한 때부터 불꽃을 올리지 않고 연소하는 상태가 그칠 때까지 시간이 27초이었다.

④ 탄화한 면적은 45[cm^2]이었다.

해설

방염성능기준(영 제31조)

• 버너의 불꽃을 제거한 때부터 불꽃을 올리며 연소하는 상태가 그칠 때까지 시간은 20초 이내일 것

• 버너의 불꽃을 제거한 때부터 불꽃을 올리지 않고 연소하는 상태가 그칠 때까지 시간은 30초 이내일 것

• 탄화(炭化)한 면적은 50[cm^2] 이내, **탄화한 길이는 20[cm] 이내일 것**

• 불꽃에 의하여 완전히 녹을 때까지 불꽃의 접촉 횟수는 3회 이상일 것

• 소방청장이 정하여 고시한 방법으로 발연량(發煙量)을 측정하는 경우 최대연기밀도는 400 이하일 것

063

화재의 예방 및 안전관리에 관한 법령상 1년 이하의 징역 또는 1,000만원 이하의 벌금에 처할 수 있는 것은?

① 화재안전조사를 정당한 사유 없이 거부·방해 또는 기피한 자

② 자격증을 다른 사람에게 빌려주거나 빌리거나 이를 알선한 자

③ 소방안전관리자를 선임해야 하는 관계자가 소방안전관리자를 선임하지 않은 자

④ 소방안전관리자에게 불이익한 처우를 한 관계인

해설

벌칙(법 제50조)

• 화재안전조사를 정당한 사유 없이 거부·방해 또는 기피한 자 : 300만원 이하의 벌금

• 자격증을 다른 사람에게 빌려주거나 빌리거나 이를 알선한 자 : 1년 이하의 징역 또는 1,000만원 이하의 벌금

• 소방안전관리자를 선임해야 하는 관계자가 소방안전관리자를 선임하지 않은 자 : 300만원 이하의 벌금

• 소방안전관리자에게 불이익한 처우를 한 관계인 : 300만원 이하의 벌금

064

소방시설 설치 및 관리에 관한 법령상 소방용품 중 형식승인을 받지 않아도 되는 것은?(단, 연구개발 목적의 용도로 제조하거나 수입하는 것은 제외함)

① 방염제

② 공기호흡기

③ 유도표지

④ 누전경보기

해설

형식승인 소방용품

- 소화설비를 구성하는 제품 또는 기기
  - 소화기구(소화약제 외의 것을 이용한 간이소화용구는 제외한다)
  - 자동소화장치
  - 소화설비를 구성하는 소화전, 관창(菅槍), 소방호스, 스프링클러헤드, 기동용 수압개폐장치, 유수제어밸브 및 가스관선택밸브
- 경보설비를 구성하는 제품 또는 기기
  - **누전경보기** 및 가스누설경보기
  - 경보설비를 구성하는 발신기, 수신기, 중계기, 감지기 및 음향장치(경종만 해당한다)
- 피난구조설비를 구성하는 제품 또는 기기
  - 피난사다리, 구조대, 완강기(지지대를 포함한다), 간이완강기(지지대를 포함한다)
  - **공기호흡기**(충전기를 포함한다)
  - 피난구유도등, 통로유도등, 객석유도등 및 예비 전원이 내장된 비상조명등
- 소화용으로 사용하는 제품 또는 기기
  - 소화약제(상업용 주방자동소화장치, 캐비닛형 자동소화장치, 포소화설비, 이산화탄소소화설비, 할론소화설비, 할로겐화합물 및 불활성기체소화설비, 분말소화설비, 강화액소화설비, 고체에어로졸소화설비만 해당한다)
  - **방염제**(방염액·방염도료 및 방염성물질을 말한다)
- 그 밖에 행정안전부령으로 정하는 소방 관련 제품 또는 기기

065

소방시설 설치 및 관리에 관한 법령상 신축하는 특정소방대상물 중 성능위주설계를 해야 하는 장소에 해당하지 않는 것은?

① 높이가 120[m]인 업무시설
② 연면적 23만[m²]인 아파트
③ 지하 5층이며 지상 29층인 의료시설
④ 연면적 4만[m²]인 공항시설

해설

성능위주설계를 해야 하는 특정소방대상물(영 제9조)

- **연면적 20만[m²] 이상**인 특정소방대상물. 다만, 아파트 등은 제외한다.
- 50층 이상(지하층은 제외한다)이거나 지상으로부터 높이가 200[m] 이상인 아파트 등
- 30층 이상(지하층을 포함한다)이거나 지상으로부터 높이가 120[m] 이상인 특정소방대상물(아파트 등은 제외한다)
- **연면적 3만[m²] 이상**인 특정소방대상물로서 다음의 어느 하나에 해당하는 특정소방대상물
  - 철도 및 도시철도 시설
  - **공항시설**
- 창고시설 중 연면적 10만[m²] 이상인 것 또는 지하층의 층수가 2개층 이상이고 지하층의 바닥면적의 합계가 3만[m²] 이상인 것
- 하나의 건축물에 영화상영관이 10개 이상인 특정소방대상물
- 초고층 및 지하연계 복합건축물 재난관리에 관한 특별법 제2조 제2호에 따른 지하연계 복합건축물에 해당하는 특정소방대상물
- 터널 중 수저터널 또는 길이가 5,000[m] 이상인 것

066

화재의 예방 및 안전관리에 관한 법령상 화재안전조사에 관한 설명으로 옳은 것은?

① 화재안전조사의 연기를 신청하려는 관계인은 화재안전조사 시작 1일 전까지 전화로 연기 신청을 할 수 있다.
② 화재안전조사를 하는 관계 공무원은 관계인에게 필요한 자료제출을 명할 수 있지만, 필요한 보고를 하도록 할 수는 없다.
③ 관계인이 장기출장으로 화재안전조사에 참여할 수 없는 경우에는 연기신청을 할 수 없다.
④ 소방관서장은 화재안전조사의 연기를 승인한 경우라도 연기기간이 끝나기 전에 연기사유가 없어졌거나 긴급히 조사를 해야 할 사유가 발생하였을 때에는 관계인에게 통보하고 화재안전조사를 할 수 있다.

해설

화재안전조사

- 화재안전조사의 연기를 신청하려는 관계인은 화재안전조사 **시작 3일 전까지** 화재안전조사 연기신청서(전자문서로 된 신청서를 포함한다)에 화재안전조사를 받기가 곤란함을 증명할 수 있는 서류(전자문서로 된 신청서를 포함한다)를 첨부하여 소방청장, 소방본부장 또는 소방서장에게 제출해야 한다.
- 화재안전조사를 하는 관계 공무원은 관계인에게 필요한 자료제출을 명할 수 있고 **필요한 보고를 하도록 할 수는 있다.**

- 관계인이 질병, 장기출장으로 화재안전조사를 받기 곤란한 경우에는 **연기신청**을 할 수 있다.
- 소방관서장은 화재안전조사의 연기를 승인한 경우라도 연기기간이 끝나기 전에 연기사유가 없어졌거나 긴급히 조사를 해야 할 사유가 발생하였을 때에는 관계인에게 통보하고 화재안전조사를 할 수 있다(영 제9조 제3항).

067

위험물안전관리법령상 위험물시설의 설치 및 변경에 관한 설명으로 옳지 않은 것은?(단, 권한의 위임 등 기타 사항을 고려하지 않음)

① 제조소 등을 설치하고자 하는 자는 그 설치장소를 관할하는 시·도지사의 허가를 받아야 한다.
② 제조소 등의 위치·구조 등의 변경 없이 해당 제조소 등에서 저장하는 위험물의 품명·수량 등을 변경하고자 하는 자는 변경하고자 하는 날까지 시·도지사의 허가를 받아야 한다.
③ 군사목적으로 제조소 등을 설치하고자 하는 군부대의 장이 제조소 등의 소재지를 관할하는 시·도지사와 협의한 경우에는 허가를 받은 것으로 본다.
④ 군부대의 장은 국가기밀에 속하는 제조소 등의 설비를 변경하고자 하는 경우에는 해당 제조소 등의 변경공사를 착수하기 전에 그 공사의 설계도서와 서류제출을 생략할 수 있다.

해설

위험물시설의 설치 및 변경(법 제6조, 제7조, 영 제7조)
- 제조소 등을 설치하고자 하는 자는 그 설치장소를 관할하는 시·도지사(특별시장·광역시장·특별자치시장·도지사 또는 특별자치도지사)의 허가를 받아야 한다.
- 제조소 등의 위치·구조 또는 설비의 변경 없이 해당 제조소 등에서 저장하거나 취급하는 위험물의 **품명·수량** 또는 **지정수량의 배수를 변경하고자 하는 자**는 변경하고자 하는 날의 **1일 전까지 시·도지사에게 신고**해야 한다.
- 군사목적으로 제조소 등을 설치하고자 하는 군부대의 장이 제조소 등의 소재지를 관할하는 시·도지사와 협의한 경우에는 허가를 받은 것으로 본다.
- 군부대의 장은 국가기밀에 속하는 제조소 등의 설비를 변경하고자 하는 경우에는 해당 제조소 등의 변경공사를 착수하기 전에 그 공사의 설계도서와 서류제출을 생략할 수 있다.

068

위험물안전관리법령상 허가를 받고 설치해야 하는 제조소 등을 모두 고른 것은?

> ㄱ. 공동주택의 중앙난방시설을 위한 취급소
> ㄴ. 농예용으로 필요한 건조시설을 위한 지정수량 20배 이하의 저장소
> ㄷ. 축산용으로 필요한 난방시설을 위한 지정수량 20배 이상의 취급소

① ㄱ, ㄴ   ② ㄱ, ㄷ
③ ㄴ, ㄷ   ④ ㄱ, ㄴ, ㄷ

해설

다음의 어느 하나에 해당하는 제조소 등의 경우에는 허가를 받지 않고 해당 제조소 등을 설치하거나 그 위치·구조 또는 설비를 변경할 수 있으며, 신고를 하지 않고 위험물의 품명·수량 또는 지정수량의 배수를 변경할 수 있다(법 제6조).
- 주택의 난방시설(공동주택의 중앙난방시설을 제외한다)을 위한 저장소 또는 취급소
- 농예용·축산용 또는 수산용으로 필요한 난방시설 또는 건조시설을 위한 지정수량 20배 이하의 저장소

069

위험물안전관리법령상 탱크안전성능검사의 내용에 해당하지 않는 것은?

① 수직·수평검사   ② 충수·수압검사
③ 기초·지반검사   ④ 암반탱크검사

해설

탱크안전성능검사의 대상이 되는 탱크(영 제8조)
① **기초·지반검사** : 옥외탱크저장소의 액체위험물탱크 중 그 용량이 100만[L] 이상인 탱크
② **충수(充水)·수압검사** : 액체위험물을 저장 또는 취급하는 탱크. 다만, 다음의 어느 하나에 해당하는 탱크는 제외한다.
  ㉠ 제조소 또는 일반취급소에 설치된 탱크로서 용량이 지정수량 미만인 것
  ㉡ 고압가스 안전관리법 제17조 제1항에 따른 특정설비에 관한 검사에 합격한 탱크
  ㉢ 산업안전보건법 제34조 제2항에 따른 안전인증을 받은 탱크
③ **용접부검사** : ①의 규정에 의한 탱크. 다만, 탱크의 저부에 관계된 변경공사(탱크의 옆판과 관련되는 공사를 포함하는 것을 제외한다) 시에 행해진 법 제18조 제2항의 규정에 의한 정기검사에 의하여 용접부에 관한 사항이 행정안전부령으로 정하는 기준에 적합하다고 인정된 탱크를 제외한다.
④ **암반탱크검사** : 액체위험물을 저장 또는 취급하는 암반 내의 공간을 이용한 탱크

070

위험물안전관리법령상 과징금에 관한 설명으로 옳지 않은 것은?

① 시·도지사는 제조소 등에 대한 사용의 취소가 공익을 해칠 우려가 있는 때에는 사용 취소처분에 갈음하여 1억원 이하의 과징금을 부과할 수 있다.

② 과징금의 징수절차에 관하여는 국고금 관리법 시행규칙을 준용한다.

③ 1일당 과징금의 금액은 해당 제조소 등의 연간 매출액을 기준으로 하여 산정한다.

④ 시·도지사는 과징금을 납부해야 하는 자가 납부기한까지 이를 납부하지 않은 때에는 지방행정제재·부과금의 징수에 관한 법률에 따라 징수한다.

해설

과징금 처분(법 제13조, 규칙 제27조, 별표 3의2)

· 시·도지사는 제조소 등에 대한 사용의 정지가 그 이용자에게 심한 불편을 주거나 그 밖에 공익을 해칠 우려가 있는 때에는 사용정지 처분에 갈음하여 **2억원 이하의 과징금을 부과할 수 있다.**

· 과징금의 징수절차에 관하여는 국고금 관리법 시행규칙을 준용한다.

· 과징금의 금액은 해당 제조소 등의 1일 평균 매출액을 기준으로 하여 산정한다. 이 경우 1일 평균 매출액은 전년도의 1년간의 총매출액의 1일 평균 매출액을 기준으로 한다.

· 시·도지사는 과징금을 납부해야 하는 자가 납부기한까지 이를 납부하지 않은 때에는 지방행정제재·부과금의 징수 등에 관한 법률에 따라 징수한다.

071

위험물안전관리법령상 탱크시험자로 등록하거나 탱크시험자의 업무에 종사할 수 있는 경우는?

① 피성년후견인

② 소방기본법에 따른 금고 이상의 형의 집행유예 선고를 받고 그 유예기간 중에 있는 자

③ 소방시설공사업법에 따른 금고 이상의 실형의 선고를 받고 그 집행이 종료되거나 집행이 면제된 날부터 1년이 된 자

④ 탱크시험자의 등록이 취소된 날부터 3년이 된 자

해설

탱크시험자로 등록하거나 탱크시험자의 업무에 종사할 수 없는 사람(법 제16조)

① 피성년후견인

② 이 법, 소방기본법, 화재의 예방 및 안전관리에 관한 법률, 소방시설 설치 및 관리에 관한 법률 또는 소방시설공사업법에 따른 금고 이상의 실형의 선고를 받고 그 집행이 종료(집행이 종료된 것으로 보는 경우를 포함한다)되거나 집행이 면제된 날부터 2년이 지나지 않은 자

③ 이 법, 소방기본법, 화재의 예방 및 안전관리에 관한 법률, 소방시설 설치 및 관리에 관한 법률 또는 소방시설공사업법에 따른 금고 이상의 형의 집행유예 선고를 받고 그 유예기간 중에 있는 자

④ 탱크시험자의 **등록이 취소**(①에 해당하여 자격이 취소된 경우는 제외한다)된 날부터 **2년이 지나지 않은 자**

⑤ 법인으로서 그 대표자가 ① 내지 ④의 하나에 해당하는 경우

072

다중이용업소의 안전관리에 관한 특별법령상 다중이용
업소의 안전관리기본계획(이하 "기본계획"이라 한다)
의 수립·시행에 관한 설명으로 옳지 않은 것은?

① 기본계획에는 다중이용업소의 안전관리에 관한 기
본방향이 포함되어야 한다.
② 소방청장은 수립된 기본계획을 시·도지사에게 통
보해야 한다.
③ 시·도지사는 기본계획에 따라 연도별 계획을 수립·
시행해야 한다.
④ 소방청장은 5년마다 다중이용업소의 기본계획을
수립·시행해야 한다.

해설
다중이용업소의 안전관리기본계획의 수립·시행(법 제5조)
① **소방청장**은 다중이용업소의 화재 등 재난이나 그 밖의 위
급한 상황으로 인한 인적·물적 피해의 감소, 안전기준의
개발, 자율적인 안전관리능력의 향상, 화재배상책임보험
제도의 정착 등을 위하여 5년마다 다중이용업소의 **안전관
리기본계획을 수립·시행**해야 한다.
② 기본계획에는 다음의 사항이 포함되어야 한다.
  ㉠ 다중이용업소의 안전관리에 관한 기본 방향
  ㉡ 다중이용업소의 자율적인 안전관리 촉진에 관한 사항
  ㉢ 다중이용업소의 화재안전에 관한 정보체계의 구축 및 관리
  ㉣ 다중이용업소의 안전 관련 법령 정비 등 제도 개선에
   관한 사항
  ㉤ 다중이용업소의 적정한 유지·관리에 필요한 교육과
   기술 연구·개발
  ㉥ 다중이용업소의 화재배상책임보험에 관한 기본 방향
  ㉦ 다중이용업소의 화재배상책임보험 가입관리전산망(이
   하 "책임보험전산망"이라 한다)의 구축·운영
  ㉧ 다중이용업소의 화재배상책임보험제도의 정비 및 개
   선에 관한 사항
  ㉨ 다중이용업소의 화재위험평가의 연구·개발에 관한
   사항
  ㉩ 그 밖에 다중이용업소의 안전관리에 관하여 대통령령
   으로 정하는 사항
③ **소방청장**은 기본계획에 따라 매년 **연도별 안전관리계획(연
도별 계획)을 수립·시행**해야 한다.
④ 소방청장은 ① 및 ③에 따라 수립된 기본계획 및 연도별계
획을 관계 중앙행정기관의 장과 특별시장·광역시장·
도지사 또는 특별자치도지사(시·도지사)에게 통보해야
한다.
⑤ 소방청장은 기본계획 및 연도별계획을 수립하기 위하여
필요하면 관계 중앙행정기관의 장 및 시·도지사에게 관
련된 자료의 제출을 요구할 수 있다. 이 경우 자료 제출을
요구받은 관계 중앙행정기관의 장 또는 시·도지사는 특
별한 사유가 없으면 요구에 따라야 한다.

073

다중이용업소의 안전관리에 관한 특별법령상 화재위험
평가대행자의 등록을 반드시 취소해야 하는 사유에 해
당하지 않는 것은?

① 평가서를 거짓으로 작성하거나 고의 또는 중대한
과실로 평가서를 부실하게 작성한 경우
② 다른 사람에게 등록증이나 명의를 대여한 경우
③ 거짓이나 그 밖의 부정한 방법으로 등록한 경우
④ 최근 1년 이내에 2회의 업무정지 처분을 받고 다
시 업무정지 처분 사유에 해당하는 행위를 한 경우

해설
화재위험평가대행자의 등록취소 등(법 제17조)
등록을 취소하거나 6개월 이내의 기간을 정하여 업무의 정지
를 명할 수 있다.
• 제16조 제2항(화재위험평가대행자로 등록할 수 없는 사람) 각
호의 어느 하나에 해당하는 경우. 다만, 제16조 제2항 제5호에
해당하는 경우 6개월 이내에 그 임원을 바꾸어 임명한 경우는
제외한다(**등록 취소**).
• 거짓이나 그 밖의 부정한 방법으로 등록한 경우(**등록 취소**)
• 최근 1년 이내에 2회의 업무정지 처분을 받고 다시 업무정
지처분 사유에 해당하는 행위를 한 경우(**등록 취소**)
• 다른 사람에게 등록증이나 명의를 대여한 경우(**등록 취소**)
• 등록기준에 미치지 못하게 된 경우
• 규정을 위반하여 다른 평가서의 내용을 복제한 경우
• 규정을 위반하여 평가서를 행정안전부령으로 정하는 기간
동안 보존하지 않은 경우
• 규정을 위반하여 도급받은 화재위험평가 업무를 하도급 한
경우
• **평가서를 거짓으로 작성하거나 고의 또는 중대한 과실로 평가
서를 부실하게 작성한 경우**
• 등록 후 2년 이내에 화재위험평가 대행 업무를 시작하지
않거나 계속하여 2년 이상 화재위험평가 대행 실적이 없는
경우

074

다중이용업소의 안전관리에 관한 특별법령상 화재배상
책임보험의 가입 촉진 및 관리에 관한 설명으로 옳지
않은 것은?

① 다중이용업주는 다중이용업주를 변경한 경우 화재
배상책임보험에 가입한 후 그 증명서를 소방서장에
게 제출해야 한다.

② 화재배상책임보험에 가입한 다중이용업주는 화재
배상책임보험에 가입한 영업소임을 표시하는 표지
를 부착할 수 있다.

③ 보험회사는 화재배상책임보험에 가입해야 할 자와
계약을 체결한 경우 소방서장에게 알려야 한다.

④ 소방서장은 다중이용업주가 화재배상책임보험에
가입하지 않은 경우 허가취소를 하거나 영업정지를
할 수 있다.

해설

화재배상책임보험의 가입 촉진 및 관리(법 제13조의3)

• 다중이용업주는 다음의 어느 하나에 해당하는 경우에는 화
재배상책임보험에 가입한 후 그 증명서(보험증권을 포함한
다)를 소방본부장 또는 소방서장에게 제출해야 한다.
  – 제7조 제2항 제3호 중 다중이용업주를 변경한 경우
  – 제9조 제3항 각 호에 따른 신고를 할 경우

• 화재배상책임보험에 가입한 다중이용업주는 행정안전부령
으로 정하는 바에 따라 화재배상책임보험에 가입한 영업소
임을 표시하는 표지를 부착할 수 있다.

• 보험회사는 화재배상책임보험의 계약을 체결하고 있는 다
중이용업주에게 그 계약 종료일의 75일 전부터 30일 전까지
의 기간 및 30일 전부터 10일 전까지의 기간에 각각 그 계약
이 끝난다는 사실을 알려야 한다. 다만, 다음의 어느 하나에
해당하는 경우에는 그렇지 않다.
  – 보험기간이 1개월 이내인 계약의 경우
  – 다중이용업주가 자기와 다시 계약을 체결한 경우
  – 다중이용업주가 다른 보험회사와 새로운 계약을 체결한
    사실을 안 경우

• **소방본부장 또는 소방서장**은 다중이용업주가 화재배상책
임보험에 가입하지 않았을 때에는 **허가관청에 다중이용업주에
대한 인가·허가의 취소, 영업의 정지** 등 **필요한 조치를 취할
것을 요청**할 수 있다.

075

다중이용업소의 안전관리에 관한 특별법령상 용어의
설명으로 옳지 않은 것은?

① "안전시설 등"이란 소방시설, 비상구, 영업장 내부
피난통로, 그 밖의 안전시설을 말한다.

② "영업장의 내부구획"이란 다중이용업소의 영업장
내부를 이용객들이 사용할 수 있도록 벽 또는 칸막이
등을 사용하여 구획된 실을 만드는 것을 말한다.

③ "실내장식물"이란 건축물 내부의 천장 또는 벽·바
닥 등에 설치하는 것으로 옷장, 찬장 등 가구류가
포함된다.

④ "다중이용업"이란 불특정다수인이 이용하는 영업
중 화재 등 재난 발생 시 생명·신체·재산상의
피해가 발생할 우려가 높은 영업을 말한다.

해설

용어 정의(법 제2조, 영 제3조)

• 다중이용업 : 불특정 다수인이 이용하는 영업 중 화재 등 재난
발생 시 생명·신체·재산상의 피해가 발생할 우려가 높은
것으로서 대통령령으로 정하는 영업

• 안전시설 등 : 소방시설, 비상구, 영업장 내부 피난통로, 그
밖의 안전시설로서 대통령령으로 정하는 것

• **실내장식물** : 건축물 내부의 천장 또는 벽에 설치하는 것으로
서 대통령령으로 정하는 것. 다만, **가구류(옷장, 찬장,** 식탁,
식탁용 의자, 사무용 책상, 사무용 의자, 계산대 및 그 밖에
이와 비슷한 것을 말한다)와 **너비 10[cm]** 이하인 반자돌림대
등과 건축법 제52조에 따른 **내부마감재료는 제외**한다.

• 화재위험평가 : 다중이용업의 영업소(이하 "다중이용업소"
라 한다)가 밀집한 지역 또는 건축물에 대하여 화재 발생
가능성과 화재로 인한 불특정 다수인의 생명·신체·재산상
의 피해 및 주변에 미치는 영향을 예측·분석하고 이에 대한
대책을 마련하는 것

• 밀폐구조의 영업장 : 지상층에 있는 다중이용업소의 영업장
중 채광·환기·통풍 및 피난 등이 용이하지 못한 구조로 되
어 있으면서 대통령령으로 정하는 기준에 해당하는 영업장

• 영업장의 내부구획 : 다중이용업소의 영업장 내부를 이용객
들이 사용할 수 있도록 벽 또는 칸막이 등을 사용하여 구획
된 실(室)을 만드는 것

076

제1류 위험물의 관한 설명으로 옳지 않은 것은?

① 모두 불연성 물질이며, 강력한 산화제로 열분해하여 산소를 발생시킨다.
② 브로민산염류, 질산염류, 아이오딘산염류는 지정수량이 300[kg]이고 위험등급 Ⅱ에 해당된다.
③ 물에 녹아 수용액 상태가 되면 산화성이 없어진다.
④ 무기과산화물, 퍼옥소붕산염류, 삼산화크로뮴은 물과 반응하여 산소를 발생하고 발열한다.

해설

제1류 위험물
• 모두 불연성 물질이며, 강력한 산화제로 열분해하여 산소를 발생시킨다.
• 브로민산염류, 질산염류, 아이오딘산염류는 지정수량이 300[kg]이고 위험등급 Ⅱ에 해당된다.
• 물에 녹아 수용액 상태가 되면 산화성이 약해진다.
• 무기과산화물, 퍼옥소붕산염류, 삼산화크로뮴은 물과 반응하여 산소를 발생하고 발열한다.

077

제1류 위험물인 질산염류에 관한 설명으로 옳은 것은?

① 질산나트륨은 흑색화약의 원료로 사용된다.
② 질산칼륨은 ANFO 폭약의 원료로 사용된다.
③ 강력한 산화제로 염소산염류에 비해 불안정하여 폭약의 원료로 사용된다.
④ 물에 잘 녹으며 조해성이 있는 것이 많다.

해설

제1류 위험물인 질산염류
• 질산칼륨과 황, 숯가루를 혼합하여 흑색화약을 제조한다.
• 질산암모늄과 경유를 혼합하여 ANFO(안포폭약)를 제조한다.
• 염소산염류에 비해 안정하여 폭약의 원료로 사용된다.
• 물에 잘 녹으며 조해성이 있는 것이 많다.

078

제2류 위험물인 황화인에 관한 설명으로 옳지 않은 것은?

① 대표적으로 안정된 황화인은 P_4S_3, P_2S_5, P_4S_7이 있다.
② P_4S_3, P_2S_5, P_4S_7의 연소생성물은 오산화인과 이산화황으로 동일하며, 유독하다.
③ P_4S_3, P_2S_5, P_4S_7는 찬물과 반응하여 가연성 가스인 황화수소가 발생된다.
④ 가열에 의해 매우 쉽게 연소하며, 때에 따라 폭발한다.

해설

제2류 위험물인 황화인
• 황화인의 종류

종 류	P_4S_3	P_2S_5	P_4S_7
명 칭	삼황화인	오황화인	칠황화인

• 황화인의 연소생성물
 – 삼황화인 $P_4S_3 + 8O_2 \rightarrow 2P_2O_5$(오산화인) $+ 3SO_2$(이산화황, 아황산가스)
 – 오황화인 $2P_2S_5 + 15O_2 \rightarrow 2P_2O_5 + 10SO_2$
• 온수와 반응
 오황화인 $P_2S_5 + 8H_2O \rightarrow 5H_2S$(황화수소) $+ 2H_3PO_4$(인산)
• 가열에 의해 매우 쉽게 연소하며, 때에 따라 폭발한다.

079

물과 반응하여 가연성 가스인 메테인(CH_4)이 발생되는 위험물을 모두 고른 것은?

ㄱ. 인화알루미늄	ㄴ. 다이에틸아연
ㄷ. 탄화알루미늄	ㄹ. 수소알루미늄리튬
ㅁ. 메틸리튬	

① ㄷ, ㅁ
② ㄹ, ㅁ
③ ㄱ, ㄴ, ㄹ
④ ㄷ, ㄹ, ㅁ

해설

물과 반응
• 인화알루미늄
 $AlP + 3H_2O \rightarrow Al(OH)_3 + PH_3$(포스핀)
• 다이에틸아연
 $Zn(C_2H_5)_2 + 2H_2O \rightarrow Zn(OH)_2 + 2C_2H_6$(에테인)
• 탄화알루미늄
 $Al_4C_3 + 12H_2O \rightarrow 4Al(OH)_3 + Al(OH)_3 + 3CH_4$(메테인)
• 수소알루미늄리튬
 $LiAlH_4 + 4H_2O \rightarrow LiOH + Al(OH)_3 + 4H_2$(수소)
• 메틸리튬
 $CH_3Li + H_2O \rightarrow LiOH + CH_4$(메테인)

080

아세트알데하이드(Acetaldehyde)를 취급하는 제조 설비의 재질로 사용할 수 있는 것은?

① 구 리   ② 마그네슘
③ 은   ④ 철

해설

아세트알데하이드나 산화프로필렌은 **구리(Cu), 마그네슘(Mg), 은(Ag), 수은(Hg)**과 반응하면 아세틸레이트를 생성하므로 사용할 수 없다.

081

특수인화물에 해당하지 않는 것은?

① $C_2H_5OC_2H_5$ ② CH_3CHCH_2O
③ CH_3COCH_3 ④ CH_3CHO

해설

제4류 위험물의 분류

종 류	명 칭	품 명	지정수량
$C_2H_5OC_2H_5$	다이에틸에터	특수인화물	50[L]
CH_3CHCH_2O	산화프로필렌	특수인화물	50[L]
CH_3COCH_3	아세톤	제1석유류 (수용성)	400[L]
CH_3CHO	아세트알데하이드	특수인화물	50[L]

082

다이에틸에터를 장시간 저장할 때 폭발성의 불안정한 과산화물을 생성한다. 이러한 과산화물 생성방지를 위한 방법으로 옳은 것은?

① 10[%] KI 용액을 첨가한다.
② 40[mesh]의 구리망을 넣어준다.
③ 30[%] 황산제일철을 넣어준다.
④ $CaCl_2$를 넣어준다.

해설

다이에틸에터의 과산화물 생성방지

• 과산화물 생성방지 : 40[mesh]의 구리망을 넣어준다.
• 과산화물 검출시약 : 10[%] KI(아이오딘화칼륨) 용액을 첨가한다(검출 시 : 황색).
• 과산화물 제거시약 : 황산제일철, 환원철

083

제5류 위험물 중 나이트로화합물에 해당하는 물질로만 이루어진 것은?

① 나이트로셀룰로오스, 나이트로글리세린, 나이트로글라이콜
② 트라이나이트로톨루엔, 다이나이트로페놀, 나이트로글라이콜
③ 나이트로글리세린, 펜트리트, 다이나이트로톨루엔
④ 트라이나이트로톨루엔, 피크르산, 테트릴

해설

위험물의 분류

품 명	종 류
나이트로 화합물	트라이나이트로톨루엔(TNT), 트라이나이트로페놀(피크르산), 테트릴, 헥소겐, 다이나이트로페놀, 다이나이트로벤젠, 다이나이트로톨루엔
질산 에스터류	나이트로셀룰로오스, 나이트로글리세린, 셀룰로이드, 나이트로글라이콜, 펜트리트
유기 과산화물	과산화벤조일, 과산화메틸에틸케톤, 과산화초산, 아세틸퍼옥사이드

084

트라이나이트로톨루엔(TNT)의 열분해 생성물이 아닌 것은?

① H_2 ② CO_2
③ CO ④ N_2

해설

분해반응식

• 트라이나이트로톨루엔(TNT)
  $2C_6H_2CH_3(NO_2)_3 \rightarrow 2C + 3N_2 + 5H_2 + 12CO$
• 트라이나이트로페놀(피크르산)
  $2C_6H_2OH(NO_2)_3 \rightarrow 2C + 3N_2 + 3H_2 + 4CO_2 + 6CO$

085

옥내저장소에 질산칼륨 450[kg], 염소산칼륨 300[kg], 질산 600[L]를 저장하고 있다. 이 저장소는 지정수량의 몇 배를 저장하고 있는가?(단, 저장 중인 질산의 비중은 1.5이다)

① 5.5   ② 9.5
③ 10.5   ④ 12.5

지정수량의 배수

- 질산을 무게로 환산하면

$$\rho(밀도) = \frac{W(무게)}{V(부피)}, \quad W = \rho \times V$$

무게 $W = 1.5[kg/L] \times 600[L] = 900[kg]$

- 지정수량의 배수

$$지정수량의\ 배수 = \frac{저장량}{지정수량} + \frac{저장량}{지정수량} + \cdots$$

- 지정수량

종류	품명	지정수량
질산칼륨	제1류 위험물 질산염류	300[kg]
염소산칼륨	제1류 위험물 염소산염류	50[kg]
질산	제6류 위험물	300[kg]

- 지정수량의 배수 $= \frac{450[kg]}{300[kg]} + \frac{300[kg]}{50[kg]} + \frac{900[kg]}{300[kg]}$

$$= 10.5배$$

086

제6류 위험물에 관한 설명을 옳지 않은 것은?

① 농도가 30[wt%]인 과산화수소는 위험물안전관리법령상의 위험물이다.

② 과산화수소의 자연분해 방지를 위해 용기에 인산 또는 요산을 첨가한다.

③ 질산은 염산과 일정한 비율로 혼합되면 금과 백금을 녹일 수 있는 왕수가 된다.

④ 과염소산은 가열하면 폭발적으로 분해되고 유독성 염화수소를 발생한다.

제6류 위험물

- **과산화수소** : 농도가 36[wt%] 이상인 것
- 질산 : 비중이 1.49 이상인 것
- 과산화수소의 자연분해 방지 : 인산, 요산을 첨가
- 왕수(진한 질산 1부피+진한 염산 3부피)는 금과 백금을 녹일 수 있다.
- 과염소산은 가열하면 폭발적으로 분해되고 유독성 염화수소(HCl)를 발생한다.

$$HClO_4 \rightarrow HCl + 2O_2$$

087

위험물안전관리법령상 위험물별 지정수량과 위험등급의 연결이 옳지 않은 것은?

① 에틸알코올, 아세톤 - 400[L] - Ⅱ등급

② 질산암모늄, 수소화리튬 - 300[kg] - Ⅲ등급

③ 알킬알루미늄, 유기과산화물 - 10[kg] - Ⅰ등급

④ 철분, 마그네슘 - 500[kg] - Ⅲ등급

지정수량과 위험등급

종류	품명	지정수량	위험등급
에틸알코올	제4류 위험물 알코올류	400[L]	Ⅱ
아세톤	제4류 위험물 제1석유류(수용성)	400[L]	Ⅱ
질산암모늄	제1류 위험물 질산염류	300[kg]	Ⅱ
수소화리튬	제3류 위험물 금속의 수소화물	300[kg]	Ⅲ
알킬알루미늄	제3류 위험물 알킬알루미늄	10[kg]	Ⅰ
유기과산화물	제5류 위험물 유기과산화물	10[kg]	Ⅰ
철분	제2류 위험물 철분	500[kg]	Ⅲ
마그네슘	제2류 위험물 마그네슘	500[kg]	Ⅲ

088

위험물안전관리법령상 옥외탱크저장소 주위에 확보해야 하는 보유공지는 어느 부분을 기준으로 너비를 확보하는가?

① 방유제의 내벽

② 옥외저장탱크의 측면

③ 옥외저장탱크 밑판의 중심

④ 펌프시설의 중심

해설

옥외탱크저장소의 보유공지는 위험물의 최대수량에 따라 **옥외저장탱크의 측면**으로부터 다음의 표에 의한 **너비의 공지를 보유해야 한다**(규칙 별표 6).

저장 또는 취급하는 위험물의 최대수량	공지의 너비
지정수량의 500배 이하	3[m] 이상
지정수량의 500배 초과 1,000배 이하	5[m] 이상
지정수량의 1,000배 초과 2,000배 이하	9[m] 이상
지정수량의 2,000배 초과 3,000배 이하	12[m] 이상
지정수량의 3,000배 초과 4,000배 이하	15[m] 이상
지정수량의 4,000배 초과	해당 탱크의 수평단면의 최대지름(가로형인 경우에는 긴 변)과 높이 중 큰 것과 같은 거리 이상. 다만, 30[m] 초과의 경우에는 30[m] 이상으로 할 수 있고, 15[m] 미만의 경우에는 15[m] 이상으로 해야 한다.

089

위험물안전관리법령상 하이드록실아민 등을 취급하는 제조소의 담 또는 토제 설치기준에 관한 내용이다. ( )에 알맞은 숫자를 순서대로 나열한 것은?

> 제조소 주위에는 공작물의 외측으로부터 ( )[m] 이상 떨어진 장소에 담 또는 토제를 설치하고 담의 두께는 ( )[cm] 이상의 철근콘크리트조로 하고, 토제의 경우 경사면의 경사도는 ( )도 미만으로 한다.

① 2, 15, 60
② 2, 20, 45
③ 3, 15, 60
④ 3, 20, 45

해설

제조소의 주위에는 다음에 정하는 기준에 적합한 담 도는 토제(土堤)를 설치할 것
- 담 또는 토제는 해당 제조소의 외벽 또는 이에 상당하는 공작물의 외측으로부터 **2[m] 이상** 떨어진 장소에 설치할 것
- 담 또는 토제의 높이는 해당 제조소에 있어서 하이드록실아민 등을 취급하는 부분의 높이 이상으로 할 것
- 담은 두께 **15[cm] 이상**의 철근콘크리트조·철골철근콘크리트조 또는 두께 20[cm] 이상의 보강콘크리트블록조로 할 것
- 토제의 경사면의 **경사도는 60° 미만**으로 할 것

090

위험물안전관리법령상 제조소 등에 설치하는 비상구 설치기준으로 옳지 않은 것은?

① 출입구와 같은 방향에 있지 않고, 출입구로부터 3[m] 이상 떨어져 있을 것
② 작업장 각 부분으로부터 하나의 비상구까지 수평거리는 50[m] 이하가 되도록 할 것
③ 비상구의 너비는 0.75[m] 이상, 높이는 1.5[m] 이상으로 할 것
④ 피난 방향으로 열리는 구조이며, 항상 잠겨 있는 구조로 할 것

해설

제조소 등에 설치하는 비상구 설치기준(산업안전보건기준에 관한 규칙 제17조)
① 사업주는 별표 1에 규정된 위험물질을 제조·취급하는 작업장과 그 작업장이 있는 건축물에 제11조에 따른 출입구 외에 안전한 장소로 대피할 수 있는 비상구 1개 이상을 다음의 기준에 맞는 구조로 설치해야 한다.
   ㉠ 출입구와 같은 방향에 있지 않고, 출입구로부터 3[m] 이상 떨어져 있을 것
   ㉡ 작업장의 각 부분으로부터 하나의 비상구 또는 출입구까지의 수평거리가 50[m] 이하가 되도록 할 것
   ㉢ 비상구의 너비는 0.75[m] 이상으로 하고, 높이는 1.5[m] 이상으로 할 것
   ㉣ 비상구의 문은 피난 방향으로 열리도록 하고, 실내에서 항상 열 수 있는 구조로 할 것
② 사업주는 ①에 따른 비상구에 문을 설치하는 경우 항상 사용할 수 있는 상태로 유지해야 한다.

091

위험물 제조소의 옥외에 있는 위험물 취급탱크 2기가 방유제 내에 있다. 방유제의 최소 내용적[m³]은 얼마인가?

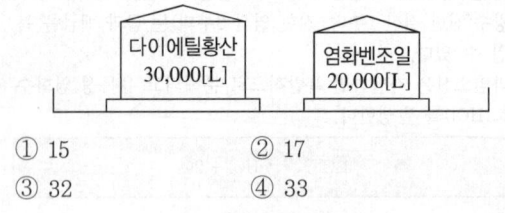

다이에틸황산 30,000[L]   염화벤조일 20,000[L]

① 15
② 17
③ 32
④ 33

위험물 제조소의 방유제, 방유턱의 용량(규칙 별표 4)
• 옥외에 있는 위험물 취급탱크의 방유제 용량
  – 탱크 1기일 때 : 탱크용량 × 0.5
  – 탱크 2기 이상일 때 : (탱크용량 × 0.5) + (나머지 탱크 용량합계 × 0.1)
• 옥내에 있는 위험물 취급탱크의 방유턱 용량
  – 탱크 1기일 때 : 탱크용량 이상
  – 탱크 2기 이상일 때 : 최대탱크용량 이상
※ 방유제 용량 = (30,000[L] × 0.5) + (20,000[L] × 0.1)
  = 17,000[L] = 17[m³]

> 1[m³] = 1,000[L]

092

위험물안전관리법령상 옥외저장소에 저장 또는 취급할 수 없는 위험물은?(단, 국제해상위험물규칙에 적합한 용기에 수납된 경우, 보세구역 안에 저장하는 경우는 제외한다)

① 벤 젠　　　　　② 톨루엔
③ 피리딘　　　　　④ 에틸알코올

옥외저장소에 저장할 수 있는 위험물(영 별표 2)
• 제2류 위험물 중 황, 인화성 고체(인화점이 0[℃] 이상인 것에 한함)
• 제4류 위험물 중 제1석유류(인화점이 0[℃] 이상인 것에 한함), 제2석유류, 제3석유류, 제4석유류, 알코올류, 동식물유류
• 제6류 위험물

[제4류 위험물의 인화점]				
종 류	벤 젠	톨루엔	피리딘	에틸알코올
인화점	−11[℃]	4[℃]	16[℃]	13[℃]

093

위험물안전관리법령상 이송취급소를 설치할 수 없는 장소는?(단, 지형상황 등 부득이한 경우 또는 횡단의 경우는 제외한다)

① 시가지 도로의 노면 아래
② 산림 또는 평야
③ 고속국도의 갓길
④ 지하 또는 해저

이송취급소의 설치 제외 장소(규칙 별표 15)
• 철도 및 도로의 터널 안
• 고속국도 및 자동차 전용도로의 차도·갓길 및 중앙분리대
• 호수·저수지 등으로서 수리의 수원이 되는 곳
• 급경사지역으로서 붕괴의 위험이 있는 지역

094

위험물안전관리법령상 옥내저장탱크의 대기밸브 부착 통기관은 얼마 이하의 압력차[kPa]로 작동되어야 하는가?

① 5　　　　　② 7
③ 10　　　　　④ 20

옥내저장탱크의 통기관(규칙 별표 7)
• 밸브 없는 통기관
  – 통기관의 끝부분은 건축물의 창·출입구 등의 개구부로부터 1[m] 이상 떨어진 옥외의 장소에 지면으로부터 4[m] 이상의 높이로 설치하되, 인화점이 40[℃] 미만인 위험물의 탱크에 설치하는 통기관에 있어서는 부지경계선으로부터 1.5[m] 이상 거리를 둘 것. 다만, 고인화점 위험물만을 100[℃] 미만의 온도로 저장 또는 취급하는 탱크에 설치하는 통기관은 그 끝부분을 탱크전용실 내에 설치할 수 있다.
  – 통기관은 가스 등이 체류할 우려가 있는 굴곡이 없도록 할 것
• 대기밸브 부착 통기관
  – 5[kPa] 이하의 압력차이로 작동할 수 있을 것

095

위험물안전관리법령상 옥내탱크저장소의 저장탱크에 크레오소트유(Creosote Oil)를 저장하고자 할 때 최대용량[L]은?(단, 옥내탱크저장소는 단층건축물에 설치되어 있다)

① 20,000　　　　　② 40,000
③ 60,000　　　　　④ 80,000

옥내저장탱크의 용량
• 단층건축물에 설치하는 경우
  – 제4석유류, 동식물유류 : **지정수량의 40배 이하**
  – 제4석유류, 동식물유류 외의 제4류 위험물 : 최대 20,000[L]
• 단층건물 외의 건축물에 설치하는 것
  – 1층 이하의 층
    ⓐ 제4석유류, 동식물유류 : 지정수량의 40배 이하
    ⓑ 제4석유류, 동식물유류 외의 제4류 위험물 : 최대 20,000[L]
  – 2층 이상의 층
    ⓐ 제4석유류, 동식물유류 : 지정수량의 10배 이하
    ⓑ 제4석유류, 동식물유류 외의 제4류 위험물 : 최대 5,000[L]

> ※ 크레오소트유 : 제4류 위험물 제3석유류

096

다음 그림과 같은 저장탱크에 중유를 저장하고자 한다. 지정수량의 최대 몇 배를 저장할 수 있는가?(단, 공간용적은 10[%]이고, 원주율은 3.14, 소수점 셋째 자리에서 반올림한다)

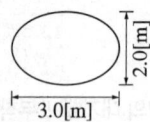 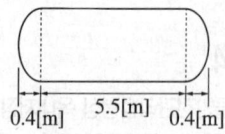

① 12.22
② 13.03
③ 13.58
④ 14.47

지정수량의 배수

$$내용적(V) = \frac{\pi ab}{4}\left(l + \frac{l_1 + l_2}{3}\right)$$

- 내용적(V)

$$= \frac{\pi ab}{4}\left(l + \frac{l_1 + l_2}{3}\right) = \frac{3.14 \times 3 \times 2}{4}\left(5.5 + \frac{0.4 + 0.4}{3}\right)$$
$$= 27.16[m^3]$$

- 지정수량의 배수
  - 중유의 지정수량 : 2,000[L](제4류 제3석유류의 비수용성)
  - 탱크용량 = 27.16 × 1,000[L] × 0.9 = 24,444[L]

∴ 지정수량의 배수 = $\frac{저장량}{지정수량}$ = $\frac{24,444[L]}{2,000[L]}$ = 12.22배

097

위험물안전관리법령상 수소충전설비를 설치한 주유취급소의 충전설비 설치 기준으로 옳지 않은 것은?

① 자동차 등의 충돌을 방지하는 조치를 마련할 것
② 충전호스는 200[kgf] 이하의 하중에 의하여 파단 또는 이탈되어야 할 것
③ 급유공지 또는 주유공지에 설치할 것
④ 충전호스는 자동차 등의 가스충전구와 정상적으로 접속하지 않는 경우에는 가스가 공급되지 않는 구조로 할 것

압축수소충전설비 설치 주유취급소의 충전설비의 설치기준
- 위치는 주유공지 또는 급유공지 외의 장소로 하되, 주유공지 또는 급유공지에서 압축수소를 충전하는 것이 불가능한 장소로 할 것
- 충전호스는 자동차 등의 가스충전구와 정상적으로 접속하지 않는 경우에는 가스가 공급되지 않는 구조로 하고, 200[kgf] 이하의 하중에 의하여 파단 또는 이탈되어야 하며, 파단 또는 이탈된 부분으로부터 가스 누출을 방지할 수 있는 구조일 것

- 자동차 등의 충돌을 방지하는 조치를 마련할 것
- 자동차 등의 충돌을 감지하여 운전을 자동으로 정지시키는 구조일 것

098

제4류 위험물 제1석유류인 아세톤 1,000[L]를 사용하는 취급소의 살수기준 면적이 465[m²]이라면, 소화설비 적응성을 갖기 위한 스프링클러설비의 최소 방사량[m³/min]은?(단, 위험물을 취급하는 설비 또는 부분이 넓게 분산되어 있지 않으며, 소수점 셋째 자리에서 반올림한다)

① 3.77
② 4.05
③ 5.67
④ 6.10

최소 방사량(위험물법 규칙 별표 17)

살수기준 면적[m²]	방사밀도[L/m²·분]	
	인화점 38[℃] 미만	인화점 38[℃] 이상
279 미만	16.3 이상	12.2 이상
279 이상 372 미만	15.5 이상	11.8 이상
372 이상 465 미만	13.9 이상	9.8 이상
465 이상	12.2 이상	8.1 이상

비고 : 살수기준 면적은 내화구조의 벽 및 바닥으로 구획된 하나의 실의 바닥면적을 말하고, 하나의 실의 바닥면적이 465[m²] 이상인 경우의 살수기준 면적은 465[m²]로 한다. 다만, 위험물의 취급을 주된 작업내용으로 하지 않고 소량의 위험물을 취급하는 설비 또는 부분이 넓게 분산되어 있는 경우에는 방사밀도는 8.2[L/m²·분] 이상, 살수기준 면적은 279[m²] 이상으로 할 수 있다.

- 제1석유류인 아세톤의 인화점 : −18[℃]
- 최소 방사량 = 12.2[L/m²·min] × 465[m²]
  = 5,673[L/min] = 5.67[m³/min]

099

위험물안전관리법령상 제1종 판매취급소의 위치·구조 및 설비의 기준에 관한 설명으로 옳지 않은 것은?

① 상층이 없는 경우 지붕은 내화구조 또는 불연재료로 한다.
② 취급하는 위험물은 지정수량 20배 이하로 한다.
③ 상층이 있는 경우 상층의 바닥을 내화구조로 한다.
④ 저장하는 위험물은 지정수량 40배 이하로 한다.

제1종 판매취급소의 위치 · 구조 및 설비의 기준(규칙 별표 17)

- **제1종 판매취급소** : 저장 또는 취급하는 위험물의 수량이 지정수량의 **20배 이하**인 판매취급소
- 제1종 판매취급소는 건축물의 1층에 설치할 것
- 제1종 판매취급소의 용도로 사용되는 건축물의 부분은 내화구조 또는 불연재료로 하고, 판매취급소로 사용되는 부분과 다른 부분과의 격벽은 내화구조로 할 것
- 제1종 판매취급소의 용도로 사용하는 건축물의 부분은 보를 불연재료로 하고, 천장을 설치하는 경우에는 천장을 불연재료로 할 것
- 제1종 판매취급소의 용도로 사용하는 부분에 상층이 있는 경우에 있어서는 그 상층의 바닥을 내화구조로 하고, 상층이 없는 경우에 있어서는 지붕을 내화구조 또는 불연재료로 할 것
- 제1종 판매취급소의 용도로 사용하는 부분의 창 및 출입구에는 60분+방화문 · 60분 방화문 또는 30분 방화문을 설치할 것
- 제1종 판매취급소의 용도로 사용하는 부분의 창 또는 출입구에 유리를 이용하는 경우에는 망입유리로 할 것

100

위험물안전관리법령상 주유취급소의 위치 · 구조 및 설비의 기준에 관한 내용이다. (   )에 알맞은 숫자를 순서대로 나열한 것은?

> 주유취급소의 고정주유설비의 주위에는 주유를 받으려는 자동차 등이 출입할 수 있도록 너비 (   )[m] 이상, 길이 (   )[m] 이상의 콘크리트 등으로 포장한 공지를 보유해야 한다.

① 6, 10   ② 6, 15
③ 10, 6   ④ 15, 6

주유공지 및 급유공지

① 주유취급소의 고정주유설비(펌프기기 및 호스기기로 되어 위험물을 자동차 등에 직접 주유하기 위한 설비로서 현수식의 것을 포함한다)의 주위에는 주유를 받으려는 자동차 등이 출입할 수 있도록 **너비 15[m] 이상, 길이 6[m] 이상**의 콘크리트 등으로 포장한 공지(이하 "주유공지"라 한다)를 보유해야 하고, 고정급유설비(펌프기기 및 호스기기로 되어 위험물을 용기에 옮겨 담거나 이동저장탱크에 주입하기 위한 설비로서 현수식의 것을 포함한다)를 설치하는 경우에는 고정급유설비의 호스기기의 주위에 필요한 공지(이하 "급유공지"라 한다)를 보유해야 한다.

② ①의 규정에 의한 공지의 바닥은 주위 지면보다 높게 하고, 그 표면을 적당하게 경사지게 하여 새어나온 기름 그 밖의 액체가 공지의 외부로 유출되지 않도록 배수구 · 집유설비 및 유분리장치를 해야 한다.

101

특정소방대상물별 소화기구의 능력단위기준에 관한 설명으로 옳은 것은?(단, 주요구조부는 내화구조가 아님)

① 위락시설 : 바닥면적 50[m^2]마다 능력단위 1단위 이상

② 장례식장 : 바닥면적 100[m^2]마다 능력단위 1단위 이상

③ 관광휴게시설 : 바닥면적 100[m^2]마다 능력단위 1단위 이상

④ 창고시설 : 바닥면적 200[m^2]마다 능력단위 1단위 이상

소화기구의 능력단위기준

특정소방대상물	소화기구의 능력단위
1. 위락시설	해당 용도의 바닥면적 30[m^2] 마다 능력단위 1단위 이상
2. 공연장 · 집회장 · 관람장 · 문화재 · 장례식장 및 의료시설	해당 용도의 바닥면적 50[m^2] 마다 능력단위 1단위 이상
3. 근린생활시설 · 판매시설 · 운수시설 · 숙박시설 · 노유자시설 · 전시장 · 공동주택 · 업무시설 · 방송통신시설 · 공장 · 창고시설 · 항공기 및 자동차 관련 시설 및 관광휴게시설	해당 용도의 바닥면적 100[m^2] 마다 능력단위 1단위 이상
4. 그 밖의 것	해당 용도의 바닥면적 200[m^2] 마다 능력단위 1단위 이상

※ 주요구조부가 내화구조이고 벽 및 반자의 실내에 면하는 부분이 불연재료 · 준불연재료 또는 난연재료인 경우에는 바닥면적의 2배를 기준면적으로 한다.

102

도로터널의 화재안전기술기준에 관한 내용으로 옳지 않은 것은?

① 소화전함과 방수구는 주행차로 우측 측벽을 따라 50[m] 이내의 간격으로 설치하며, 편도 2차선 이상의 양방향 터널이나 4차로 이상의 일방향 터널의 경우에는 양쪽 측벽에 각각 50[m] 이내의 간격으로 엇갈리게 설치할 것

② 물분무설비의 하나의 방수구역은 25[m] 이상으로 하며, 4개 방수구역을 동시에 20분 이상 방수할 수 있는 수량을 확보할 것

③ 제연설비의 설계화재강도는 20[MW]를 기준으로 하고, 이때 연기발생률은 80[m³/s]로 할 것

④ 연결송수관설비의 방수압력은 0.35[MPa] 이상, 방수량은 400[L/min] 이상을 유지할 수 있도록 할 것

해설
도로터널의 화재안전기술기준
- 옥내소화전설비의 소화전함과 방수구는 주행차로 우측 측벽을 따라 50[m] 이내의 간격으로 설치하며, 편도 2차선 이상의 양방향 터널이나 4차로 이상의 일방향 터널의 경우에는 양쪽 측벽에 각각 50[m] 이내의 간격으로 엇갈리게 설치할 것
- **물분무설비의 하나의 방수구역은 25[m] 이상으로 하며, 3개 방수구역을 동시에 40분 이상 방수할 수 있는 수량을 확보할 것**
- 제연설비의 설계화재강도 20[MW]를 기준으로 하고, 이때 연기발생률은 80[m³/s]로 하며, 배출량은 발생된 연기와 혼합된 공기를 충분히 배출할 수 있는 용량 이상을 확보할 것
- 연결송수관설비의 방수압력은 0.35[MPa] 이상, 방수량은 400[L/min] 이상을 유지할 수 있도록 할 것

103

미분무소화설비의 방수구역 내에 설치된 미분무헤드의 개수가 20개, 헤드 1개당 설계유량은 50[L/min], 방사시간 1시간, 배관의 총체적 0.06[m³]이며, 안전율은 1.2일 경우 본 소화설비에 필요한 최소 수원의 양[m³]은?

① 72.06 　　　　② 74.06
③ 76.06 　　　　④ 78.06

해설
수원의 양

$$Q = N \times D \times T \times S \times V$$

여기서, Q : 수원의 양[m³]
　　　　N : 방호구역(방수구역) 내 헤드의 개수
　　　　D : 설계유량[m³/min]
　　　　T : 설계방수시간[min]
　　　　S : 안전율(1.2 이상)
　　　　V : 배관의 총체적[m³]

$\therefore \ Q = N \times D \times T \times S \times V$
　　　$= (20 \times 0.05 [\text{m}^3/\text{min}] \times 60 [\text{min}] \times 1.2) + 0.06 [\text{m}^3]$
　　　$= 72.06 [\text{m}^3]$

104

경유를 저장한 직경 40[m]인 플로팅루프 탱크에 고정포방출구를 설치하고 소화약제는 수성막포농도 3[%], 분당 방출량 10[L/m²], 방사시간 20분으로 설계할 경우 본 포소화설비의 고정포방출구에 필요한 소화약제량[L]은 약 얼마인가?(단, 탱크내면과 굽도리판의 간격은 1.4[m], 원주율은 3.14, 기타 제시되지 않은 것은 고려하지 않음)

① 1,018.11 　　　② 1,108.11
③ 1,058.11 　　　④ 1,208.11

해설
소화약제량[L]

$$Q = A \times Q_1 \times T \times S$$

여기서, A : 탱크의 단면적 산정 시 탱크 벽면과 굽도리판 사이에만 포를 방출하므로 양쪽 벽면을 고려해서 면적을 산정해야 한다.

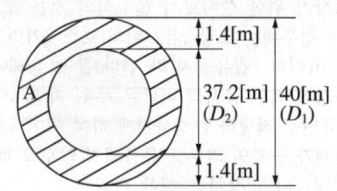

$$A = \frac{\pi}{4}(D_1^2 - D_2^2)$$

$$= \frac{3.14}{4}(40[\text{m}])^2 - (37.2[\text{m}])^2 = 169.6856[\text{m}^2]$$

여기서, Q : 방출량

T : 방사시간[min]

S : 농도[%]

$$\therefore Q = A \times Q_1 \times T \times S$$

$$= 169.6856[\text{m}^2] \times 10[\text{L/m}^2 \cdot \text{min}] \times 20[\text{min}] \times 0.03$$

$$= 1,018.11[\text{L}]$$

105

소화수조 및 저수조의 화재안전기술기준에 관한 내용으로 옳지 않은 것은?

① 지하에 설치하는 소화용수설비의 흡수관투입구는 그 한 변이 0.6[m] 이상이거나 직경이 0.6[m] 이상인 것, 소요수량이 80[m³] 미만인 것은 1개 이상, 80[m³] 이상인 것은 2개 이상을 설치한다.

② 1층과 2층의 바닥면적의 합계가 32,000[m²]인 경우 소화수조의 저수량은 100[m³] 이상이어야 한다.

③ 소화수조 또는 저수조가 지표면으로부터 깊이가 4.5[m] 이상인 지하에 있는 경우에는 소요수량에 관계없이 가압송수장치의 분당 양수량은 1,100[L] 이상으로 설치한다.

④ 소화용수설비를 설치해야 할 특정소방대상물에 있어서 유수의 양이 0.8[m³/min] 이상인 유수를 사용할 수 있는 경우에는 소화수조를 설치하지 않을 수 있다.

해설

소화수조 및 저수조의 화재안전기술기준

• 지하에 설치하는 소화용수설비의 흡수관투입구는 그 한 변이 0.6[m] 이상이거나 직경이 0.6[m] 이상인 것으로 하고, 소요수량이 80[m³] 미만인 것은 1개 이상, 80[m³] 이상인 것은 2개 이상을 설치해야 하며, "흡관투입구"라고 표시한 표지를 할 것

• 소화수조의 저수량

소방대상물의 구분	면 적
1. 1층 및 2층의 바닥면적의 합계가 15,000[m²] 이상인 소방대상물	7,500[m²]
2. 1에 해당되지 않는 그 밖의 소방대상물	12,500[m²]

$$\therefore \text{저수량} = \frac{32,000[\text{m}^2]}{7,500[\text{m}^2]} = 4.27 \rightarrow 5 \times 20[\text{m}^3]$$

$$= 100[\text{m}^3]$$

• 소화수조 또는 저수조가 지표면으로부터의 깊이(수조 내부 바닥까지의 길이를 말한다)가 4.5[m] 이상인 지하에 있는 경우에는 다음 표에 따라 가압송수장치를 설치해야 한다. 다만, 2.1.2에 따른 저수량을 지표면으로부터 4.5[m] 이하인 지하에서 확보할 수 있는 경우에는 소화수조 또는 저수조의 지표면으로부터의 깊이에 관계없이 가압송수장치를 설치하지 않을 수 있다.

소요수량	가압송수장치의 1분당 양수량
20[m³] 이상 40[m³] 미만	1,100[L] 이상
40[m³] 이상 100[m³] 미만	2,200[L] 이상
100[m³] 이상	3,300[L] 이상

• 소화용수설비를 설치해야 할 특정소방대상물에 있어서 유수의 양이 0.8[m³/min] 이상인 유수를 사용할 수 있는 경우에는 소화수조를 설치하지 않을 수 있다.

106

스프링클러설비의 화재안전기술기준에 관한 내용으로 옳은 것은?

① 50층인 초고층건축물에 스프링클러설비를 설치할 때 본 설비의 유효수량과 옥상에 설치한 수원의 양을 합한 수원의 양은 100[m³]이다.

② 소방펌프의 성능은 체절운전 시 정격토출압력의 150[%]를 초과하지 않고, 정격토출량의 140[%]로 운전 시 정격토출압력의 65[%] 이상이 되어야 한다.

③ 성능시험배관은 펌프의 토출 측에 설치된 개폐밸브 이후에서 분기하여 직선으로 설치하고, 유량측정장치를 기준으로 전단 및 후단의 직관부에 개폐밸브를 설치한다.

④ 가압송수장치에는 체절운전 시 수온의 상승을 방지하기 위한 순환배관을 설치할 것. 다만, 충압펌프의 경우에는 그렇지 않다.

스프링클러설비의 화재안전기술기준

- 50층인 초고층건축물의 수원의 양
  - 고층건축물의 화재안전기술기준에서 수원의 양
    $= 30$개 $\times 4.8[\text{m}^3] = 144[\text{m}^3]$
  - 옥상에 1/3을 설치해야 하므로 $144[\text{m}^3] \times 1/3$
    $= 48[\text{m}^3]$
- ∴ 전체 수원의 양 $= 144[\text{m}^3] + 48[\text{m}^3] = 192[\text{m}^3]$

> - 11층 이상이므로 헤드는 30개
> - 50층 이상이므로 수원은 $4.8[\text{m}^3]$을 곱한 양 이상으로 한다.

- 펌프의 성능은 체절운전 시 정격토출압력의 140[%]를 초과하지 않고, 정격토출량의 150[%]로 운전 시 정격토출압력의 65[%] 이상이 되어야 한다.
- 펌프의 성능시험배관의 설치기준
  - 성능시험배관은 펌프의 토출 측에 설치된 개폐밸브 이전에서 분기하여 직선으로 설치하고, 유량측정장치를 기준으로 전단 직관부에 개폐밸브를 후단 직관부에는 유량조절밸브를 설치할 것
  - 유량측정장치는 펌프의 정격토출량의 175[%] 이상 측정할 수 있는 성능이 있을 것
- 가압송수장치에는 체절운전 시 수온의 상승을 방지하기 위한 순환배관을 설치할 것. 다만, 충압펌프의 경우에는 그렇지 않다.

107

승강식 피난기 및 하향식 피난구용 내림식 사다리에 관한 설치기준으로 옳은 것은?

① 하강구 내측에는 기구의 연결 금속구 등이 있어야 하며, 전개된 피난기구는 하강구 수직투영면적 공간 내의 범위를 침범하지 않는 구조이어야 할 것

② 승강식 피난기 및 하향식 피난구용 내림식 사다리는 설치경로가 설치층에서 피난층까지 연계될 수 있는 구조로 설치할 것. 단, 건축물 규모가 지상 4층 이하로서 구조 및 설치 여건상 불가피한 경우는 그렇지 않다.

③ 대피실의 출입문은 60분+방화문 또는 60분 방화문으로 설치하고, 피난방향에서 식별할 수 있는 위치에 "대피실" 표지판을 부착할 것. 단, 외기와 개방된 장소에는 그렇지 않다. 또한 착지점과 하강구는 상호 수평거리 15[cm] 이상의 간격을 둘 것

④ 대피실 출입문이 개방되거나, 피난기구 작동 시 해당층 및 직상층 거실에 설치된 유도표지 및 시각장치가 작동되고, 감시 제어반에서는 피난기구의 작동을 확인할 수 있어야 할 것

승강식 피난기 및 하향식 피난구용 내림식 사다리의 설치기준

- 승강식 피난기 및 하향식 피난구용 내림식 사다리는 설치경로가 설치층에서 피난층까지 연계될 수 있는 구조로 설치할 것. 단, 건축물의 구조 및 설치 여건상 불가피한 경우는 그렇지 않다.
- 대피실의 면적은 $2[\text{m}^2]$(2세대 이상일 경우에는 $3[\text{m}^2]$) 이상으로 하고, 건축법 시행령 제46조 제4항의 규정에 적합해야 하며 하강구(개구부) 규격은 직경 60[cm] 이상일 것. 단, 외기와 개방된 장소에는 그렇지 않다.
- 하강구 내측에는 기구의 연결 금속구 등이 없어야 하며, 전개된 피난기구는 하강구 수평투영면적 공간 내의 범위를 침범하지 않는 구조이어야 할 것. 단, 직경 60[cm] 크기의 범위를 벗어난 경우이거나, 직하층의 바닥면으로부터 높이 50[cm] 이하의 범위는 제외한다.
- 대피실의 출입문은 60분+방화문 또는 60분 방화문으로 설치하고, 피난방향에서 식별할 수 있는 위치에 "대피실" 표지판을 부착할 것. 단, 외기와 개방된 장소에는 그렇지 않다.
- 착지점과 하강구는 상호 수평거리 15[cm] 이상의 간격을 둘 것
- 대피실 내에는 비상조명등을 설치할 것
- 대피실에는 층의 위치표시와 피난기구 사용설명서 및 주의사항 표지판을 부착할 것
- 대피실 출입문이 개방되거나, 피난기구 작동 시 해당층 및 직하층 거실에 설치된 표시등 및 경보장치가 작동되고, 감시제어반에서는 피난기구의 작동을 확인할 수 있어야 할 것
- 사용 시 기울거나 흔들리지 않도록 설치할 것
- 승강식 피난기는 한국소방산업기술원 또는 법 제46조 제1항에 따라 성능시험기관으로 지정받은 기관에서 그 성능을 검증받은 것으로 설치할 것

108

특정소방대상물에 아래의 조건에 따라 소방펌프를 설치할 경우 전동기의 설계용량[kW]은 약 얼마인가?

- 전달계수(전동기 직결) : 1.1
- 정격토출량 : 1,500[L/min]
- 전양정 : 40[m]
- 펌프 효율 : 75[%]

① 12.4
② 14.4
③ 16.4
④ 20.4

해설

전동기의 설계용량

$$P[\text{kW}] = \frac{\gamma QH}{\eta} \times K$$

여기서, γ : 물의 비중량(9.8[kN/m³])
$\quad\quad Q$: 토출량[m³/s]
$\quad\quad H$: 전양정[m]
$\quad\quad K$: 여유율(전달계수)
$\quad\quad \eta$: 펌프의 효율[%]

$\therefore\ P[\text{kW}] = \dfrac{\gamma QH}{\eta} \times K$

$\quad\quad\quad\quad = \dfrac{9.8[\text{kN/m}^3] \times 1.5[\text{m}^3]/60[\text{s}] \times 40[\text{m}]}{0.75} \times 1.1$

$\quad\quad\quad\quad = 14.37[\text{kW}]$

109

소방시설 도시기호의 명칭을 순서대로 연결한 것은?

(ㄱ)	(ㄴ)	(ㄷ)	(ㄹ)

① 릴리프밸브(일반), 앵글밸브, 가스체크밸브, 감압밸브
② 앵글밸브, 릴리프밸브(일반), 감압밸브, 가스체크밸브
③ 앵글밸브, 릴리프밸브(일반), 가스체크밸브, 감압밸브
④ 릴리프밸브(일반), 가스체크밸브, 앵글밸브, 감압밸브

해설

밸브류 도시기호

명 칭	도시기호	명 칭	도시기호
체크밸브		릴리프밸브 (이산화탄소용)	
가스체크밸브		**릴리프밸브 (일반)**	
선택밸브		동체크밸브	
경보밸브 (습식)		**앵글밸브**	
경보밸브 (건식)		FOOT밸브	

명 칭	도시기호	명 칭	도시기호
프리액션밸브		볼밸브	
경보델류지 밸브	D	자동배수밸브	
프리액션밸브 수동조작함	SVP	**감압밸브**	

110

고층건축물의 화재안전기술기준에 따른 피난안전구역에 설치하는 소방시설 중 피난유도선의 설치기준으로 옳지 않은 것은?

① 피난안전구역이 설치된 층의 계단실 출입구에서 피난안전구역 주출입구 또는 비상구까지 설치할 것
② 계단실에 설치하는 경우 계단 및 계단참에 설치할 것
③ 피난유도 표시부의 너비는 최소 20[mm] 이하로 설치할 것
④ 광원점등방식(전류에 의하여 빛을 내는 방식)으로 설치하되, 60분 이상 유효하게 작동할 것

해설

피난안전구역에 설치하는 소방시설 설치기준(표 2.6.1)

구 분	설치기준
1. 제연설비	피난안전구역과 비 제연구역 간의 차압은 50[Pa](옥내에 스프링클러설비가 설치된 경우에는 12.5[Pa]) 이상으로 해야 한다. 다만, 피난안전구역의 한쪽 면 이상이 외기에 개방된 구조의 경우에는 설치하지 않을 수 있다.
2. 피난유도선	피난유도선은 다음의 기준에 따라 설치해야 한다. 가. 피난안전구역이 설치된 층의 계단실 출입구에서 피난안전구역 주출입구 또는 비상구까지 설치할 것 나. 계단실에 설치하는 경우 계단 및 계단참에 설치할 것 다. **피난유도 표시부의 너비는 최소 25[mm] 이상으로 설치할 것** 라. 광원점등방식(전류에 의하여 빛을 내는 방식)으로 설치하되, 60분 이상 유효하게 작동할 것

구 분	설치기준
3. 비상조명등	피난안전구역의 비상조명등은 상시 조명이 소등된 상태에서 그 비상조명등이 점등되는 경우 각 부분의 바닥에서 조도는 10[lx] 이상이 될 수 있도록 설치할 것
4. 휴대용 비상조명등	가. 피난안전구역에는 휴대용 비상조명등을 다음의 기준에 따라 설치해야 한다. 　1) 초고층 건축물에 설치된 피난안전구역 : 피난안전구역 위층의 재실자수(건축물의 피난·방화구조 등의 기준에 관한 규칙 별표 1의2에 따라 산정된 재실자수를 말한다)의 1/10 이상 　2) 지하연계 복합건축물에 설치된 피난안전구역 : 피난안전구역이 설치된 층의 수용인원(영 별표 2에 따라 산정된 수용인원을 말한다)의 1/10 이상 나. 건전지 및 충전식 건전지의 용량은 40분 이상 유효하게 사용할 수 있는 것으로 한다. 다만, 피난안전구역이 50층 이상에 설치되어 있을 경우의 용량은 60분 이상으로 할 것
5. 인명구조 기구	가. 방열복, 인공소생기를 각 2개 이상 비치할 것 나. 45분 이상 사용할 수 있는 성능의 공기호흡기(보조마스크를 포함한다)를 2개 이상 비치해야 한다. 다만, 피난안전구역이 50층 이상에 설치되어 있을 경우에는 동일한 성능의 예비용기를 10개 이상 비치할 것 다. 화재 시 쉽게 반출할 수 있는 곳에 비치할 것 라. 인명구조기구가 설치된 장소의 보기 쉬운 곳에 "인명구조기구"라는 표지판등을 설치할 것

111

소방관련법령에서 제시된 소방시설의 분류로 옳지 않은 것은?

① 경보설비 : 자동화재탐지설비, 비상경보설비, 비상방송설비, 가스누설경보기
② 피난구조설비 : 피난기구, 인명구조기구, 유도등, 비상조명등, 제연설비
③ 소화설비 : 소화기구, 소화전설비(옥내, 옥외), 물분무소화설비, 미분무소화설비
④ 소화활동설비 : 연결살수설비, 연소방지설비, 무선통신보조설비, 비상콘센트설비

해설

제연설비 : 소화활동설비

112

다중이용업 소방시설 등의 점검사항 중 그 밖의 안전시설로 옳지 않은 것은?

① 영상음향차단장치　② 피난유도선
③ 누전차단기　　　　④ 방화문

해설

다중이용업소 안전시설 등
• 영상음향차단장치
• 누전차단기
• 피난유도선

113

휴대용 비상조명등의 설치기준으로 옳지 않은 것은?

① 숙박시설 또는 다중이용업소에는 객실 또는 영업장의 구획된 실마다 잘 보이는 곳(외부에 설치 시 출입문 손잡이로부터 1[m] 이내 부분)에 1개 이상 설치할 것
② 유통산업발전법에 따른 대규모점포(지하상가 및 지하역사는 제외한다)와 영화상영관에는 보행거리 50[m] 이내마다 2개를 설치할 것
③ 지하상가 및 지하역사에는 보행거리 25[m] 이내마다 3개 이상 설치할 것
④ 설치높이는 바닥으로부터 0.8[m] 이상 1.5[m] 이하의 높이에 설치할 것

해설

휴대용 비상조명등의 설치기준
• 다음의 장소에 설치할 것
　－ 숙박시설 또는 다중이용업소에는 객실 또는 영업장 안의 구획된 실마다 잘 보이는 곳(외부에 설치 시 출입문 손잡이로부터 1[m] 이내 부분)에 1개 이상 설치
　－ 유통산업발전법 제2조 제3호에 따른 **대규모점포**(지하상가 및 지하역사는 제외한다)와 **영화상영관**에는 **보행거리 50[m] 이내마다 3개 이상** 설치
　－ 지하상가 및 지하역사에는 보행거리 25[m] 이내마다 3개 이상 설치
• 설치높이는 바닥으로부터 0.8[m] 이상 1.5[m] 이하의 높이에 설치할 것
• 어둠 속에서 위치를 확인할 수 있도록 할 것
• 사용 시 자동으로 점등되는 구조일 것
• 외함은 난연성능이 있을 것
• 건전지를 사용하는 경우에는 방전방지조치를 해야 하고, 충전식 배터리의 경우에는 상시 충전되도록 할 것
• 건전지 및 충전식 배터리의 용량은 20분 이상 유효하게 사용할 수 있는 것으로 할 것

114

소방시설의 내진설계기준으로 옳은 것은?

① 배관에 대한 내진설계를 실시할 경우 지진분리이음은 배관의 수직지진하중에 따라 산정해야 한다.
② 배관의 변형을 최소화하기 위하여 소화설비 주요 부품과 벽체 상호 간을 견고하게 고정해야 한다.
③ 건축 구조부재 상호 간의 상대변위에 의한 배관의 응력을 최대화시키기 위하여 신축배관을 사용하거나 적당한 이격거리를 유지해야 한다.
④ 건물의 지진분리 이음에 설치된 위치의 배관에는 직경과 상관없이 지진분리장치를 설치해야 한다.

해설
※ 2021년 2월 19일 내진설계기준 개정으로 기준에 맞지 않는 문제임

115

수평 배관의 직경이 확대되면서 유속이 16[m/s]에서 6[m/s]로 변동될 경우 압력수두[m]는 얼마인가?(단, 중력가속도 10[m/s²]이다)

① 4   ② 8
③ 11   ④ 15

해설
압력수두

$$H = \frac{P_1}{\gamma} + \frac{u_1^2}{2g} + Z_1 = \frac{P_2}{\gamma} + \frac{u_1^2}{2g} + Z_2$$

여기서, H : 전수두[m]
P_1, P_2 : 압력[N/m²]
γ : 물의 비중량[N/m³]
u_1, u_2 : 유속(16[m/s], 6[m/s])
g : 중력가속도(10[m/s²])
Z_1, Z_2 : 위치수두[m]

Z_1과 Z_2는 동일하므로

$$\frac{P_1 - P_2}{\gamma} = \frac{u_2^2 - u_1^2}{2g}$$

$$\therefore H = \frac{u_2^2 - u_1^2}{2g} = \frac{(16[\text{m/s}])^2 - (6[\text{m/s}])^2}{2 \times 10[\text{m/s}^2]} = 11[\text{m}]$$

116

절연유 봉입 변압기 설비에 물분무소화설비를 설치한 경우 필요한 저수량[m³]은 얼마인가?(단, 바닥면적을 제외한 변압기의 표면적은 24[m²])

① 1.2   ② 2.4
③ 3.6   ④ 4.8

해설
절연유 봉입 변압기는 바닥부분을 제외한 표면적을 합한 면적 1[m²]에 대하여 10[L/min]로 20분간 방수할 수 있는 양 이상으로 할 것

∴ 저수량 = 24[m²] × 10[L/min · m²] × 20[min]
= 4,800[L] = 4.8[m³]

117

다음 간이소화 용구를 배치했을 때 능력단위의 합은?

- 삽을 상비한 마른 모래(50[L], 4포)
- 삽을 상비한 팽창질석(80[L], 4포)

① 2단위   ② 3단위
③ 4단위   ④ 5단위

해설
소화약제 외의 것을 이용한 간이소화용구의 능력단위

간이소화용구		능력단위
1. 마른 모래	삽을 상비한 50[L] 이상의 것 1포	0.5 단위
2. 팽창질석 또는 팽창진주암	삽을 상비한 80[L] 이상의 것 1포	

- 삽을 상비한 마른 모래는 50[L] 이상의 것 1포가 0.5단위이므로 4포는 0.5 × 4 = 2단위
- 삽을 상비한 팽창질석은 80[L] 이상의 것 1포가 0.5단위이므로 4포는 0.5 × 4 = 2단위
- ∴ 능력단위의 합 = 2단위 + 2단위 = 4단위

118

무선통신보조설비의 화재안전기술기준상 누설동축케이블 등의 설치기준으로 옳지 않은 것은?

① 누설동축케이블은 화재에 따라 해당 케이블의 피복이 소실된 경우에 케이블 본체가 떨어지지 않도록 4[m] 이내마다 금속제 또는 자기제 등의 지지금구로 벽·천장·기둥 등에 견고하게 고정시킬 것

② 누설동축케이블의 중간부분에는 무반사 종단저항을 견고하게 설치할 것

③ 누설동축케이블 및 안테나는 금속판 등에 따라 전파의 복사 또는 특성이 현저하게 저하되지 않는 위치에 설치할 것

④ 누설동축케이블 및 안테나는 고압의 전로로부터 1.5[m] 이상 떨어진 위치에 설치할 것

해설

누설동축케이블 등의 설치기준

- 누설동축케이블 및 동축케이블은 화재에 따라 해당 케이블의 피복이 소실된 경우에 케이블 본체가 떨어지지 않도록 4[m] 이내마다 금속제 또는 자기제 등의 지지금구로 벽·천장·기둥 등에 견고하게 고정시킬 것
- 누설동축케이블의 **끝부분**에는 **무반사 종단저항**을 견고하게 설치할 것
- 누설동축케이블 및 안테나는 금속판 등에 따라 전파의 복사 또는 특성이 현저하게 저하되지 않는 위치에 설치할 것
- 누설동축케이블 및 안테나는 고압의 전로로부터 1.5[m] 이상 떨어진 위치에 설치할 것

119

스프링클러설비의 화재안전기술기준상 설치장소의 최고주위온도가 79[℃]인 경우 표시온도 몇 [℃]의 폐쇄형 스프링클러헤드를 설치해야 하는가?(단, 높이가 4[m] 이상인 공장 및 창고는 제외한다)

① 64[℃] 이상 106[℃] 미만
② 79[℃] 이상 121[℃] 미만
③ 121[℃] 이상 162[℃] 미만
④ 162[℃] 이상

해설

폐쇄형 스프링클러헤드는 그 설치장소의 평상시 최고주위온도에 따른 표시온도

설치장소의 최고주위온도	표시온도
39[℃] 미만	79[℃] 미만
39[℃] 이상 64[℃] 미만	79[℃] 이상 121[℃] 미만
64[℃] 이상 106[℃] 미만	121[℃] 이상 162[℃] 미만
106[℃] 이상	162[℃] 이상

120

자동화재탐지설비의 화재안전기술기준상 20[m] 이상의 높이에 설치할 수 있는 감지기는?

① 차동식분포형 공기관식 감지기
② 광전식스포트형 중 아날로그방식
③ 이온화식스포트형 중 아날로그방식
④ 광전식공기흡입형 중 아날로그방식

해설

부착높이에 따른 감지기 설치대상

부착높이	감지기의 종류
4[m] 미만	• 차동식(스포트형, 분포형) • 보상식 스포트형 • 정온식(스포트형, 감지선형) • 이온화식 또는 광전식(스포트형, 분리형, 공기흡입형) • 열복합형 • 연기복합형 • 열연기복합형 • 불꽃감지기
4[m] 이상 8[m] 미만	• 차동식(스포트형, 분포형) • 보상식스포트형 • 정온식(스포트형, 감지선형) 특종 또는 1종 • 이온화식 1종 또는 2종 • 광전식(스포트형, 분리형, 공기흡입형) 1종 또는 2종 • 열복합형 • 연기복합형 • 열연기복합형 • 불꽃감지기
8[m] 이상 15[m] 미만	• 차동식분포형 • 이온화식 1종 또는 2종 • 광전식(스포트형, 분리형, 공기흡입형) 1종 또는 2종 • 연기복합형 • 불꽃감지기

부착높이	감지기의 종류
15[m] 이상 20[m] 미만	• 이온화식 1종 또는 2종 • 광전식(스포트형, 분리형, 공기흡입형) 1종 • 연기복합형 • 불꽃감지기
20[m] 이상	불꽃감지기, 광전식(분리형, 공기흡입형) 중 아날로그방식

121

각 층의 바닥면적이 500[m²]인 건축물에 다음 조건에 따라 자동화재탐지설비를 설치하는 경우 P형 수신기의 필요한 최소가닥수는?(단, 계단은 고려하지 않음)

- 건축물은 지하 2층, 지상 6층
- 수신기는 1층에 설치
- 6회로마다 발신기 공통선, 경종·표시등공통선은 1선씩 추가함

① 20가닥 ② 21가닥
③ 24가닥 ④ 28가닥

해설

최소가닥수

층 회로	지하 2층	지하 1층	1층	2층	3층	4층	5층	6층	계
회로선	1	2	3	4	5	6	7	8	8
공통(회로)선	1	1	1	1	1	1	2	2	2
응답선	1	1	1	1	1	1	1	1	1
표시등선	1	1	1	1	1	1	1	1	1
표시등 공통선	1	1	1	1	1	1	2	2	2
경종선	1	1	2	3	4	5	6	7	7
합계									21

122

건설현장의 화재안전기술기준상 용어의 정의로 옳지 않은 것은?

① "소화기"란 소화약제를 압력에 따라 방사하는 기구로서 사람이 수동으로 조작하여 소화하는 것을 말한다.
② "간이소화장치"란 건설현장에서 화재발생 시 신속한 화재 진압이 가능하도록 물을 방수하는 형태의 소화장치를 말한다.
③ "비상경보장치"란 발신기, 경종, 표시등 및 시각경보장치가 결합된 형태의 것으로서 화재위험작업 공간 등에서 자동조작에 의해서 화재경보상황을 알려줄 수 있는 비상벨 장치를 말한다.
④ "간이피난유도선"이란 화재발생 시 작업자의 피난을 유도할 수 있는 케이블 형태의 장치를 말한다.

해설

용어 정의

- 소화기 : 소화약제를 압력에 따라 방사하는 기구로서 사람이 수동으로 조작하여 소화하는 것
- 간이소화장치 : 건설현장에서 화재발생 시 신속한 화재진압이 가능하도록 물을 방수하는 형태의 소화장치
- **비상경보장치** : 발신기, 경종, 표시등 및 시각경보장치가 결합된 형태의 것으로서 화재위험작업 공간 등에서 수동조작에 의해서 화재경보상황을 알려줄 수 있는 비상벨 장치
- 간이피난유도선 : 화재발생 시 작업자의 피난을 유도할 수 있는 케이블 형태의 장치

123

연면적이 65,000[m²]인 5층 건축물에 설치되어야 하는 소화수조 또는 저수조의 최소 저수량은?(단, 각 층의 바닥면적은 동일)

① 160[m³] 이상
② 180[m³] 이상
③ 200[m³] 이상
④ 220[m³] 이상

소화수조의 저수량

소방대상물의 구분	면 적
1. 1층 및 2층의 바닥면적의 합계가 15,000[m²] 이상인 소방대상물	7,500[m²]
2. 1에 해당되지 않는 그 밖의 소방대상물	12,500[m²]

$$\therefore \ 저수량 = \frac{65,000\text{m}^2}{7,500\text{m}^2} = 8.67$$

$$\Rightarrow 9 \times 20\text{m}^3 = 180\text{m}^3 \ 이상$$

124

다음 조건에서 이산화탄소소화설비를 설치할 경우 감지기의 최소설치 개수는?

- 내화구조의 공장 건축물로 바닥면적 800[m²]
- 차동식스포트형 2종 감지기 설치
- 감지기 부착높이 7.5[m]

① 23 ② 32
③ 46 ④ 64

해설

감지기의 설치개수

- 차동식스포트형·보상식스포트형 및 정온식스포트형 감지기는 그 부착높이 및 특정소방대상물에 따라 다음 표에 따른 바닥면적마다 1개 이상을 설치할 것

부착높이 및 소방대상물의 구분		감지기의 종류(단위 : [m²])				
		차동식·보상식스포트형		정온식스포트형		
		1종	2종	특종	1종	2종
4[m] 미만	내화구조	90	70	70	60	20
	기타구조	50	40	40	30	15
4[m] 이상 8[m] 미만	내화구조	45	35	35	30	–
	기타구조	30	25	25	15	–

$$\therefore \ 감지기 \ 설치개수 = \left(\frac{800[\text{m}^2]}{35[\text{m}^2]} \right)$$

$$= 22.85 \Rightarrow 23개 \times 2(교차회로) = 46개$$

125

소방시설의 내진설계기준상 용어의 정의로 옳지 않은 것은?

① "내진"이란 면진, 제진을 포함한 지진으로부터 소방시설의 피해를 줄일 수 있는 구조를 의미하는 포괄적인 개념을 말한다.

② "면진"이란 건축물과 소방시설을 지진동으로부터 격리시켜 지반진동으로 인한 지진력이 직접 구조물로 전달되는 양을 감소시킴으로써 내진성을 확보하는 수동적인 지진 제어 기술을 말한다.

③ "세장비(L/r)"란 버팀대의 길이(L)와 최소회전반경(r)의 비율을 말하며, 세장비가 작을수록 좌굴(Buckling) 현상이 발생하여 지진발생 시 파괴되거나 손상을 입기 쉽다.

④ "내진스토퍼"란 지진하중에 의해 과도한 변위가 발생하지 않도록 제한하는 장치를 말한다.

해설

내진설계 기준상 용어 정의

- 내진 : 면진, 제진을 포함한 지진으로부터 소방시설의 피해를 줄일 수 있는 구조를 의미하는 포괄적인 개념
- 면진 : 건축물과 소방시설을 지진동으로부터 격리시켜 지반진동으로 인한 지진력이 직접 구조물로 전달되는 양을 감소시킴으로써 내진성을 확보하는 수동적인 지진 제어 기술
- 제진 : 별도의 장치를 이용하여 지진력에 상응하는 힘을 구조물 내에서 발생시키거나 지진력을 흡수하여 구조물이 부담해야 하는 지진력을 감소시키는 지진 제어 기술
- 세장비(L/r) : 흔들림 방지 버팀대 지지대의 길이(L)와, 최소단면2차반경(r)의 비율을 말하며, 세장비가 커질수록 좌굴(Buckling)현상이 발생하여 지진 발생 시 파괴되거나 손상을 입기 쉽다.
- 내진스토퍼 : 지진하중에 의해 과도한 변위가 발생하지 않도록 제한하는 장치
- 근입 깊이 : 앵커볼트가 벽면 또는 바닥면 속으로 들어가 인발력에 저항할 수 있는 구간의 길이
- 상쇄배관(offset) : 영향구역 내의 직선배관이 방향 전환한 후 다시 같은 방향으로 연속될 경우, 중간에 방향 전환된 짧은 배관은 단부로 보지 않고 상쇄하여 직선으로 볼 수 있는 것을 말하며, 짧은 배관의 합산길이는 3.7[m] 이하여야 한다.

과년도 기출문제

제1과목 소방안전관리론 및 화재역학

001

다음에서 설명하는 용어는?

- 생물체의 성장기능, 신진대사 등에 영향에 주는 최소량으로 인체에 미치는 독성최소농도를 말함
- 이것보다 설계농도가 높은 소화약제는 사람이 없거나 30초 이내에 대피할 수 있는 장소에서만 사용할 수 있음

① ODP
② GWP
③ NOAEL
④ LOAEL

해설

용어 정의
- **오존파괴지수**(ODP)
  어떤 물질의 오존파괴능력을 상대적으로 나타내는 지표의 정의

  $$ODP = \frac{\text{어떤 물질 } 1[kg]\text{이 파괴하는 오존량}}{CFC-11(CFCl_3)\ 1[kg]\text{이 파괴하는 오존량}}$$

- **지구온난화지수**(GWP)
  어떤 물질이 기여하는 온난화 정도를 상대적으로 나타내는 지표의 정의

  $$GWP = \frac{\text{어떤 물질 } 1[kg]\text{이 기여하는 온난화 정도}}{CO_2\ 1[kg]\text{이 기여하는 온난화 정도}}$$

- **NOAEL**(No Observed Adverse Effect Level)
  심장 독성시험 시 심장에 영향을 미치지 않는 최대 허용농도
- **LOAEL**(Lowest Observed Adverse Effect Level)
  - 생물체의 성장기능, 신진대사 등에 영향에 주는 최소량으로 인체에 미치는 독성 최소 농도
  - 심장 독성시험 시 심장에 영향을 미칠 수 있는 최소 허용 농도
  - 이것보다 설계농도가 높은 소화약제는 사람이 없거나 30초 이내에 대피할 수 있는 장소에서만 사용할 수 있다.

002

전기화재의 원인과 주된 방지대책에 연결이 옳지 않은 것은?

① 낙뢰 – 피뢰설비
② 정전기 – 방진설비
③ 스파크 – 방폭설비
④ 과전류 – 적정용량의 배선 및 차단기 설치

해설

정전기화재의 방지대책
- 정전기 대전현상
  - 유동대전
  - 충돌대전
  - 비말대전
  - 마찰대전
  - 박리대전
- 정전기 발생요인
  - 필터를 통과 할 때(유속이 증가하므로)
  - 유속이 높을 때(유속을 1[m/s] 이하로 해야 한다)
  - 비전도성 부유물질이 많을 때
  - 와류가 형성될 때
- 정전기 방지법
  - 접지한다.
  - 공기를 이온화 한다.
  - 상대습도를 70[%] 이상으로 한다.

> 정전기 – 접지설비

003

연소현상에서 역화(Back Fire)의 원인으로 옳지 않은 것은?

① 분출 혼합가스의 압력이 비정상적으로 높을 때
② 분출 혼합가스의 양이 매우 적을 때
③ 연소속도보다 혼합가스의 분출속도가 느릴 때
④ 노즐의 부식 등으로 분출구가 커질 때

연소 시 이상 현상
- **불완전연소** : 연소 시 공기와 가스의 혼합이 적절하지 않아 그을음이 발생하는 현상

> **[그을음의 발생 원인]**
> – 산소(공기)가 부족할 때
> – 연소온도가 낮을 때
> – 연료의 공급 상태가 불안정할 때

- **역화(Back Fire)** : 연료가스의 **분출속도가 연소속도보다 느릴 때** 불꽃이 연소기의 내부로 들어가 혼합관속에서 연소하는 현상

> **[역화의 원인]**
> – 버너가 과열될 때
> – 분출 혼합가스량이 너무 적을 때
> – 연료의 분출속도가 연소속도보다 느릴 때
> – 압력이 높을 때
> – 노즐의 부식으로 분출 구멍이 커진 경우

- **선화(Lifting)** : 연료가스의 **분출속도가 연소속도보다 빠를 때** 불꽃이 버너의 노즐에서 떨어져 나가서 연소하는 현상으로 완전연소가 이루어지지 않으며 역화의 반대 현상이다.
- **블로오프(Blow-off) 현상** : 선화상태에서 연료가스의 분출 속도가 증가하거나 주위 공기의 유동이 심하면 화염이 노즐 에서 연소하지 못하고 떨어져서 화염이 꺼지는 현상

004

폭발의 종류와 해당 물질의 연결이 옳지 않은 것은?

① 분해폭발 – 아세틸렌
② 증기폭발 – 염화비닐
③ 분진폭발 – 석탄가루
④ 중합폭발 – 사이안화수소

폭발의 종류
- **분해폭발** : **아세틸렌, 산화에틸렌, 하이드라진**과 같이 분해하 면서 폭발하는 현상
- **증기폭발** : 액체를 급속하게 가열하면 액체 내부에서 급격한 상변화가 일어나 비등에 의한 폭발하는 현상
- **분진폭발** : 알루미늄, 마그네슘, 아연분말, 농산물, 플라스 틱, **석탄**, 황과 같이 공기 속을 떠다니는 아주 작은 고체 알갱이(분진 : 75$[\mu m]$ 이하의 고체입자로서 공기 중에 떠 있는 분체)가 적당한 농도 범위에 있을 때 불꽃이나 점화원 으로 인하여 폭발하는 현상
- **중합폭발** : **염화비닐, 사이안화수소**와 같이 단량체가 일정 온 도와 압력으로 반응이 진행되어 분자량이 큰 중합체가 되어 폭발하는 현상

005

다음에 제시된 가연성기체의 폭발한계 범위에서 위험 도가 낮은 것부터 높은 순으로 바르게 나열한 것은?

> ㄱ. 수소(4.0~75.0[vol%])
> ㄴ. 아세틸렌(2.5~81.0[vol%])
> ㄷ. 다이에틸에터(1.7~48.0[vol%])
> ㄹ. 프로페인(2.1~9.5[vol%])

① ㄷ < ㄱ < ㄹ < ㄴ
② ㄷ < ㄹ < ㄴ < ㄱ
③ ㄹ < ㄱ < ㄷ < ㄴ
④ ㄹ < ㄷ < ㄴ < ㄱ

위험도
- **폭발범위**

종류	수 소	아세틸렌	다이에틸 에터	프로페인
폭발범위	4.0~ 75.0[%]	2.5~ 81.0[%]	1.7~ 48.0[%]	2.1~ 9.5[%]

- **위험도**

> $$위험도(H) = \frac{상한값 - 하한값}{하한값}$$

– 수소 위험도$(H) = \dfrac{상한값 - 하한값}{하한값}$

$$= \frac{75.0 - 4.0}{4.0} = 17.75$$

– 아세틸렌 위험도$(H) = \dfrac{상한값 - 하한값}{하한값}$

$$= \frac{81.0 - 2.5}{2.5} = 31.40$$

– 다이에틸에터 위험도$(H) = \dfrac{상한값 - 하한값}{하한값}$

$$= \frac{48.0 - 1.7}{1.7} = 27.24$$

– 프로페인 위험도$(H) = \dfrac{상한값 - 하한값}{하한값}$

$$= \frac{9.5 - 2.1}{2.1} = 3.52$$

∴ 위험도 : 프로페인 < 수소 < 다이에틸에터 < 아세틸렌

006

국내의 A급화재, B급화재, C급화재, D급화재를 표시색과 가연물에 따른 화재분류로 바르게 연결한 것은?

① A급화재 – 적색화재 – 일반화재
② B급화재 – 백색화재 – 유류화재
③ C급화재 – 청색화재 – 전기화재
④ D급화재 – 황색화재 – 금속화재

해설

화재의 분류

등 급	A급	B급	C급	D급
화재의 종류	일반화재	유류화재	전기화재	금속화재
표시색상	백 색	황 색	청 색	무 색

007

화재 소화방법 중 자유 라디칼(Free Radical) 생성과 관계되는 것은?

① 냉각소화　　　② 제거소화
③ 질식소화　　　④ 억제소화

해설

소화의 종류

• 냉각소화 : 화재 현장에 물을 주수하여 발화점 이하로 온도를 낮추어 소화하는 방법
• 제거소화 : 화재 현장에서 가연물을 없애주어 소화하는 방법
• 질식소화 : 공기 중의 산소의 농도를 21[%]에서 15[%] 이하로 낮추어 소화하는 방법
• 화학소화(부촉매효과) : 연쇄반응을 차단하여 소화하는 방법

> **[억제소화(부촉매효과)]**
> ① 자유라디칼을 생성과 관련이 있다.
> ② 화학소화제는 **연쇄반응을 억제**하면서 동시에 **냉각, 산소 희석, 연료제거** 등의 작용을 한다.
> ③ 화학소화제는 불꽃연소에는 매우 효과적이나 표면연소에는 효과가 없다.

008

폭굉(Detonation)에 관한 설명으로 옳지 않은 것은?

① 화염전파속도가 음속보다 빠르다.
② 온도상승은 충격파의 압력에 비례한다.
③ 화재전파의 연속성을 갖는다.
④ 폭굉파를 형성하여 물리적인 충격에 의한 피해가 크다.

해설

폭연과 폭굉의 비교

구 분	폭 연	폭 굉
전파속도	0.1~10[m/s]로서 음속 이하	1,000~3,500[m/s]로서 음속 이상
전파에 필요한 에너지	전도, 대류, 복사	충격에너지
폭발압력	초기압력의 10배 이하	10배 이상 (충격파발생)
화재파급효과	크다.	작다.
충격파발생	발생하지 않는다.	발생한다.

009

건축법령상 요양병원의 피난층 외에 층에 설치해야 하는 시설에 해당하지 않는 것은?

① 각 층마다 별도로 방화구획된 대피공간
② 발코니의 바닥에 국토교통부령으로 정하는 하향식 피난구
③ 계단을 이용하지 않고 건물 외부의 지상으로 통하는 경사로 또는 인접 건축물로 피난할 수 있도록 설치하는 연결복도 또는 연결통로
④ 거실에 접하여 설치된 노대 등

해설

요양병원, 정신병원, 노인복지법 제34조 제1항 제1호에 따른 노인요양시설, 장애인 거주시설 및 장애인 의료재활시설의 피난층 외의 층에 설치하는 시설(영 제46조)

• 각 층마다 별도로 방화구획된 대피공간
• 거실에 접하여 설치된 노대 등
• 계단을 이용하지 않고 건물 외부의 지상으로 통하는 경사로 또는 인접 건축물로 피난할 수 있도록 설치하는 연결복도 또는 연결통로

010

건축물의 연소확대 방지를 위한 구획방법으로 옳지 않은 것은?

① 일정한 면적마다 방화구획을 함으로써 화재규 모를 가능한 한 작은 범위로 줄이고 피해를 최소 한으로 한다.

② 외벽의 개구부에는 내화구조의 차양, 발코니 등을 설치하지 않는 것이 바람직하며, 고온의 화기가 상부로 올라가도록 구획한다.

③ 건축물을 수직으로 관통하는 부분은 다른 층으로 화재가 확산되지 않도록 구획한다.

④ 복합건축물에서 화재위험을 많이 내포하고 있 는 공간을 그 밖의 공간과 구획하여 화재 시 피해를 줄인다.

> **해설**
>
> **연소확대 방지를 위한 구획방법**
> • 일정한 면적마다 방화구획을 함으로써 화재규모를 가능한 한 작은 범위로 줄이고 피해를 최소한으로 한다.
> • 외벽의 개구부에는 내화구조의 차양, 발코니 등을 설치하는 것이 바람직하며, 고온의 화기가 상부로 올라가면 연소 확 대를 하므로 위험하다.
> • 건축물을 수직으로 관통하는 부분은 다른 층으로 화재가 확 산되지 않도록 구획한다.
> • 복합건축물에서 화재위험을 많이 내포하고 있는 공간을 그 밖 의 공간과 구획하여 화재 시 피해를 줄인다.

011

내화건축물의 화재 특성으로 옳지 않은 것은?

① 공기의 유입이 불충분하여 발염연소가 억제된다.
② 열이 외부로 방출되는 것보다 축적되는 것이 많다.
③ 저온장기형의 특성을 나타낸다.
④ 목조건축물에 비해 밀도가 낮기 때문에 초기에 연소 가 빠르다.

> **해설**
>
> 내화건축물은 목조건축물에 비해 초기엔 연소가 느리다.
>
> **[건축물 화재의 성질·상태]**
> • **내화건축물** 화재의 성질·상태 : **저온 장기형**
> • **목조건축물** 화재의 성질·상태 : **고온 단기형**

012

건축물의 피난·방화구조 등의 기준에 관한 규칙상 건축 물의 출입구에 설치하는 회전문의 설치기준으로 옳지 않은 것은?

① 계단이나 에스컬레이터로부터 1.5[m] 이상의 거리 를 둘 것

② 출입에 지장이 없도록 일정한 방향으로 회전하는 구조로 할 것

③ 회전문의 회전속도는 분당 회전수가 8회를 넘지 않도록 할 것

④ 자동회전문은 충격이 가해지거나 사용자가 위험한 위치에 있는 경우에는 전자감지장치 등을 사용하여 정지하는 구조로 할 것

> **해설**
>
> **회전문의 설치기준(건피방 제12조)**
> • **계단이나 에스컬레이터로부터 2[m] 이상**의 거리를 둘 것
> • 회전문과 문틀 사이 및 바닥 사이는 다음에서 정하는 간격을 확보하고 틈 사이를 고무와 고무벨트의 조합체 등을 사용하 여 신체나 물건 등에 손상이 없도록 할 것
> – 회전문과 문틀 사이는 5[cm] 이상
> – 회전문과 바닥 사이는 3[cm] 이하
> • 출입에 지장이 없도록 일정한 방향으로 회전하는 구조로 할 것
> • 회전문의 중심축에서 회전문과 문틀 사이의 간격을 포함한 회 전문날개 끝부분까지의 길이는 140[cm] 이상이 되도록 할 것
> • **회전문의 회전속도는 분당 회전수가 8회를 넘지 않도록 할 것**
> • 자동회전문은 충격이 가해지거나 사용자가 위험한 위치에 있는 경우에는 전자감지장치 등을 사용하여 정지하는 구조 로 할 것

013

건축물 실내화재에서 화재의 성질·상태에 영향을 주는 주된 요인으로 옳지 않은 것은?

① 인접실의 크기
② 실의 개구부 위치 및 크기
③ 실의 넓이와 모양
④ 화원의 위치와 크기

> **해설**
>
> **실내화재에서 화재의 성질·상태에 영향을 주는 요인**
> • 화재실의 크기
> • 실의 개구부 위치 및 크기
> • 실의 넓이와 모양
> • 화원의 위치와 크기
> • 내장재료

014

바닥면적이 200[m²]인 창고에 의류 1,000[kg], 고무제품 2,000[kg]이 적재되어 있는 경우 완전 연소되었을 때 화재하중은 약 몇 [kg/m²]인가?(단, 의류, 고무, 목재의 단위발열량은 각각 5,000[kcal/kg], 9,000[kcal/kg], 4,500[kcal/kg]이다)

① 15.56   ② 20.56
③ 25.56   ④ 30.56

해설
화재하중

$$화재하중\ Q = \frac{\sum(G_t \times H_t)}{H \times A} = \frac{Q_t}{4,500 \times A}\,[kg/m^2]$$

여기서, G_t : 가연물의 질량
　　　　H_t : 가연물의 단위발열량[kcal/kg]
　　　　H : 목재의 단위발열량(4,500[kcal/kg])
　　　　A : 화재실의 바닥면적[m²]
　　　　Q_t : 가연물의 전발열량[kcal]

$$\therefore Q = \frac{\sum(G_t \times H_t)}{H \times A}$$
$$= \frac{(5,000[kcal/kg] \times 1,000[kg]) + (9,000[kcal/kg] \times 2,000[kg])}{4,500[kcal/kg] \times 200[m^2]}$$
$$= 25.56[kg/m^2]$$

015

열전달의 형태에 관한 설명으로 옳지 않은 것은?

① 전도는 열이 직접 접촉하여 전달되는 것이다.
② 대류는 유체의 흐름으로 열이 이동하는 현상이다.
③ 비화는 화재의 이동경로, 연소 확산에 영향을 미치지 않는다.
④ 복사는 진공사태에서 손실이 없으며, 복사열은 일직선으로 이동한다.

해설
비 화

목조건축물의 화재원인으로 불티가 바람에 날려 원거리의 가연물에 착화하는 현상으로 화재의 이동경로, 연소 확산에 영향을 미친다.

016

다음에서 설명하는 용어는?

> 밀폐된 공간의 화재 시 산소농도 저하로 불꽃을 내지 못하고 가연물질의 열분해에 의해 발생된 가연성가스가 축적된 경우, 진화를 위하여 출입문 등을 개방할 때 신선한 공기의 유입으로 폭발적인 연소가 다시 시작되는 현상

① 롤오버(Roll Over)
② 백드래프트(Back Draft)
③ 보일오버(Boil Over)
④ 슬롭오버(Slop Over)

해설
용 어

- 롤오버(Roll Over) : 화재 발생 시 천장부근에 축적된 가연성가스가 연소범위에 도달하면 천장전체의 연소가 시작하여 불덩어리가 천장을 굴러다니는 것처럼 뿜어져 나오는 현상
- **백드래프트(Back Draft)** : 신선한 공기가 유입되어 실내에 축적되었던 가연성 가스가 단시간에 폭발적으로 연소하는 현상
- 보일오버(Boil Over) : 연소유면으로부터 100[℃] 이상의 열파가 탱크저부에 고여 있는 물을 비등하게 하면서 연소유를 탱크 밖으로 비산하며 연소하는 현상
- 슬롭오버(Slop Over) : 화재 발생 후 물이 연소유의 뜨거운 표면에 들어갈 때 비등, 기화하여 위험물이 탱크 밖으로 비산하는 현상
- 프로스오버(Froth Over) : 물이 뜨거운 기름 표면 아래서 끓을 때 화재를 수반하지 않는 용기에서 넘쳐흐르는 현상
- 블레비(BLEVE ; Boiling Liquid Expanding Vapor Explosion) 액화가스 저장탱크의 누설로 부유 또는 확산된 액화가스가 착화원과 접촉하여 액화가스가 공기 중으로 확산, 폭발하는 현상

017

분진폭발에 영향을 미치는 요소에 관한 설명으로 옳지 않은 것은?

① 분진의 입자가 작고 밀도가 작을수록 표면적이 크고 폭발하기 쉽다.
② 분진의 발열량이 크고 휘발성이 클수록 폭발하기 쉽다.
③ 분진의 부유성이 클수록 공기 중에 체류하는 시간이 긴 동시에 위험성도 커진다.
④ 분진의 형상과 표면의 상태에 관계없이 폭발성을 일정하다.

해설

분진폭발에 영향을 미치는 요인

- 분진의 입자가 작고 밀도가 작을수록 표면적이 크고 폭발하기 쉽다.
- 분진의 발열량이 크고 휘발성이 클수록 폭발하기 쉽다.
- 분진의 부유성이 클수록 공기 중에 체류하는 시간이 긴 동시에 위험성도 커진다.
- 분진의 형상과 표면의 상태에 따라 폭발성이 다르다.

018

물질 연소 시 발생되는 열에너지원의 종류와 열원의 연결이 옳은 것을 모두 고른 것은?

> ㄱ. 화학적 에너지 – 분해열, 연소열
> ㄴ. 전기적 에너지 – 저항열, 유전열
> ㄷ. 기계적 에너지 – 마찰스파크열, 아크열
> ㄹ. 원자력 에너지 – 원자핵 중성자 입자를 충동시킬 때 발생하는 열, 낙뢰에 의한 열

① ㄱ, ㄴ   ② ㄱ, ㄹ
③ ㄴ, ㄷ   ④ ㄴ, ㄹ

해설

열에너지(열원)의 종류

- **화학열**
  - **연소열** : 어떤 물질이 완전히 산화되는 과정에서 발생하는 열(물과 이산화탄소가 생성되는 열)
  - **분해열** : 어떤 화합물이 분해할 때 발생하는 열
  - 용해열 : 어떤 물질이 액체에 용해될 때 발생하는 열(질산과 물의 혼합)
  - 자연발화 : 어떤 물질이 외부열의 공급 없이 온도가 상승하여 발화점 이상에서 연소하는 현상
- **전기열**
  - **저항열** : 도체에 전류가 흐르면 전기저항 때문에 전기에너지의 일부가 열로 변할 때 발생하는 열(백열전구에서 열이 발생하는 것은 전구 내의 필라멘트의 저항에 기인한다)
  - **유전열** : 누설전류에 의해 절연물질이 가열하여 절연이 파괴되어 발생하는 열
  - 유도열 : 도체 주위에 변화하는 자장이 존재하면 전위차를 발생하고 이 전위차로 전류의 흐름이 일어나 도체의 저항 때문에 열이 발생하는 것
  - 정전기열 : 정전기가 방전할 때 발생하는 열
  - 아크열 : 보통전류가 흐르는 회로가 나이프스위치에 의하여 또는 우발적인 접촉이나 접점이 느슨하여 전류가 끊어질 때 발생하는 열

- **기계열**
  - 마찰열 : 두 물체를 마주대고 마찰시킬 때 발생하는 열
  - 압축열 : 기체를 압축할 때 발생하는 열로서 디젤엔진을 압축하면 발생되는 열로 인하여 연료와 공기의 혼합가스가 점화되는 경우이다.
  - **마찰 스파크열** : 금속과 고체물체가 충돌할 때 발생하는 열로서 철제공구를 콘크리트 바닥에 떨어뜨리면 마찰스파크가 발생하는 경우이다.

019

거실제연설비의 소요배출량 27,000[m³/h], 송풍기 전압 (全壓) 60[mmAq], 효율 55[%], 여유율 20[%]인 다익형 송풍기의 축동력[kW]과, 본 송풍기를 그대로 사용하고 배출량만 20[%]로 증가시킬 경우 회전수[rpm]는 약 얼마인가?(단, 다익형 송풍기의 초기회전수는 1,200[rpm]이다)

① 축동력 6.63, 회전수 1,350
② 축동력 6.63, 회전수 1,480
③ 축동력 9.63, 회전수 1,440
④ 축동력 9.63, 회전수 1,450

해설

축동력과 회전수

- 송풍기의 축동력

$$L = \frac{PQ}{102 \times 60 \times \eta_t} \times K$$

여기서,
- 압력
$$P = \frac{60[\text{mmAq}]}{10,332[\text{mmAq}]} \times 10,332[\text{kg}_f/\text{m}^2] = 60[\text{kg}_f/\text{m}^2]$$
- 배출량 $Q = 27,000[\text{m}^3/\text{h}] = 27,000/60[\text{m}^3/\text{min}]$
$$= 450[\text{m}^3/\text{min}]$$
- 여유율(20[%]=1.2)
$$\therefore L = \frac{PQ}{102 \times 60 \times \eta_t} = \frac{60 \times 450}{102 \times 60 \times 0.55} \times 1.2 = 9.63[\text{kW}]$$

- 회전수

$$Q_2 = Q_1 \times \frac{N_2}{N_1} \times \left(\frac{D_2}{D_1}\right)^3$$

여기서, 배출량 $Q_1 = 450[\text{m}^3/\text{min}]$,

배출량 $Q_2 = 450[\text{m}^3/\text{min}] \times 1.2$
$$= 540[\text{m}^3/\text{min}]$$

회전수 $N_1 = 1,200[\text{rpm}]$

20[%] 증가 후 회전수 : N_2

$$\therefore N_2 = \frac{N_1 \times Q_2}{Q_1} = \frac{1,200 \times 540}{450} = 1,440[\text{rpm}]$$

020

인간의 피난행동 특성에 관한 설명으로 옳지 않은 것은?

① 퇴피본능 : 반사적으로 위험으로부터 멀리하려는 본능
② 폐쇄공간지향본능 : 가능한 좁은 공간을 찾아 이동하다가 위험성이 높아지면 의외의 넓은 공간을 찾는 본능
③ 지광본능 : 화재 시 연기 및 정전 등으로 시야가 흐려질 때 어두운 곳에서 개구부, 조명부 등의 밝은 빛을 따르려는 본능
④ 귀소본능 : 피난 시 평소에 사용하는 문, 길, 통로를 사용하거나 자신이 왔었던 길로 되돌아가려는 본능

화재 시 인간의 피난 행동 특성
• **귀소본능** : 평소에 사용하던 출입구나 통로 등 습관적으로 친숙해 있는 경로로 도피하려는 본능
• **지광본능** : 화재의 공포로 인하여 밝은 방향으로 도피하려는 본능
• **추종본능** : 화재 발생 시 최초로 행동을 개시한 사람에 따라 전체가 움직이는 본능(많은 사람들이 달아나는 방향으로 무의식적으로 안전하다고 느껴 위험한 곳임에도 불구하고 따라가는 경향)
• **퇴피본능** : 연기나 화염에 대한 공포감으로 화원의 반대방향으로 이동하려는 본능
• **좌회본능** : 좌측으로 통행하고 시계의 반대 방향으로 회전하려는 본능

021

피난시설계획에 관한 설명으로 옳지 않은 것은?

① 피난수단은 원시적인 방법에 의한 것을 원칙으로 한다.
② 피난대책은 Fool Proof와 Fail Safe의 원칙을 중시해야 한다.
③ 피난경로에 따라 일정한 구획을 한정하여 피난 Zone을 설정하고, 안전성을 높이도록 한다.
④ 피난구조설비는 이동식 시설에 의해야 하고, 가구식의 기구나 장치 등은 극히 예외적인 보조수단으로 생각해야 한다.

피난계획의 일반적인 원칙
• 피난경로는 간단명료하게 할 것
• 피난구조설비는 **고정식설비**를 위주로 할 것
• 피난수단은 **원시적 방법**에 의한 것을 원칙으로 할 것
• 2방향 이상의 피난통로를 확보할 것
• 피난대책은 **Fool Proof와 Fail Safe의 원칙**을 중시해야 한다.
• 피난경로에 따라서는 피난존(Zone)을 설정할 것
• 피난로는 패닉(Panic)현상이 일어나지 않도록 상호 반대방향으로 대칭인 형태가 좋다.

022

특별피난계단의 계단실 및 부속실 제연설비의 화재안전 기술기준상 시험, 측정 및 조정 등의 기준으로 옳은 것은?

① 제연구역의 모든 출입문 등의 크기와 열리는 방향이 설계 시와 동일한지 여부를 확인하고 동일하지 않은 경우 급기량과 보충량 등을 다시 산출하여 조정가능 여부 또는 재설계·개수의 여부를 결정할 것
② 제연구역의 출입문 및 복도와 거실(옥내가 복도와 거실로 되어 있는 경우에 한한다) 사이의 출입문마다 제연설비가 작동하고 있는 상태에서 그 폐쇄력을 측정할 것
③ 둘 이상의 특정소방대상물이 지하에 설치된 주차장으로 연결되어 있는 경우에는 주차장에서 둘 이상의 특정소방대상물의 제연구역으로 들어가는 출구에 설치된 제연용 연기감지기의 작동에 따라 특정소방대상물의 해당 수직풍도에 연결된 일부 제연구역의 댐퍼가 개방되도록 할 것
④ 제연구역의 출입문이 일부 닫혀 있는 상태에서 제연설비를 가동시킨 후 출입문의 개방에 필요한 힘을 측정할 것

특별피난계단의 계단실 및 부속실 제연설비의 화재안전기술기준상
시험, 측정 및 조정 등의 기준
- 제연구역의 모든 출입문 등의 크기와 열리는 방향이 설계
  시와 동일한지 여부를 확인하고 **동일하지 않은 경우 급기량
  과 보충량 등을 다시 산출하여 조정가능여부 또는 재설계·개
  수의 여부**를 결정할 것
- 제연구역의 출입문 및 복도와 거실(옥내가 복도와 거실로
  되어 있는 경우에 한한다) 사이의 출입문마다 **제연설비가 작
  동하고 있지 않은 상태**에서 그 폐쇄력을 측정할 것
- 옥내의 층별로 화재감지기(수동기동장치를 포함한다)를 동
  작시켜 제연설비가 작동하는지 여부를 확인할 것. 다만, 둘
  이상의 특정소방대상물이 지하에 설치된 주차장으로 연결
  되어 있는 경우에는 주차장에서 **하나의 특정소방대상물의 제
  연구역으로 들어가는** 입구에 설치된 제연용 연기감지기의 작
  동에 따라 특정소방대상물의 해당 수직풍도에 연결된 모든
  제연구역의 댐퍼가 개방되도록 하고 비상전원을 작동시켜
  급기 및 배기용 송풍기의 성능이 정상인지 확인할 것
- 제연구역의 출입문이 **모두 닫혀 있는 상태**에서 제연설비를
  가동시킨 후 출입문의 개방에 필요한 힘을 측정하여 2.3.2
  의 규정에 따른 개방력에 적합한지 여부를 확인하고, 적합
  하지 않은 경우에는 급기구의 개구율 조정 및 플랩댐퍼(설
  치하는 경우에 한한다)와 풍량조절용댐퍼 등의 조정에 따라
  적합하도록 조치할 것

023

압력 0.8[MPa], 온도 20[℃]의 CO_2 기체 10[kg]을 저장
한 용기의 체적[m³]은 약 얼마인가?(단, CO_2의 기체상
수 $R = 19.26[kg_f \cdot m/kg \cdot K]$, 절대온도는 273[K]이다)

① 0.71   ② 1.71
③ 2.71   ④ 3.71

용기의 체적

$$PV = WRT, \quad V = \frac{WRT}{P}$$

여기서, P : 압력[atm] V : 부피[m³]
       W : 무게[kg]
       R : 기체상수[$kg_f \cdot m/kg \cdot K$]
       T : 절대온도[K]

$$\therefore \ V = \frac{WRT}{P}$$
$$= \frac{10[kg] \times 19.26[kg_f \cdot m/kg \cdot K] \times (273+20)[K]}{\frac{0.8[MPa]}{0.101325[MPa]} \times 10,332[kg_f/m^2]}$$
$$= 0.69[m^3]$$

압력 0.8[MPa]을 환산하면
$$\frac{0.8[MPa]}{0.101325[MPa]} \times 10,332[kg_f/m^2] = 81,575.13[kg_f/m^2]$$
$$V = \frac{10[kg] \times 19.26[kg_f \cdot m/kg \cdot K] \times (273+20)[K]}{81,575.13[kg_f/m^2]}$$
$$= 0.69$$

024

자연발화 방지방법으로 옳지 않은 것은?

① 통풍을 잘 시킴
② 습도를 높게 유지
③ 열의 축적을 방지
④ 주위의 온도를 낮춤

자연발화 방지법
- 습도를 낮게 할 것
- 주위의 온도를 낮출 것
- 통풍을 잘 시킬 것
- 불활성가스를 주입하여 공기와 접촉을 피할 것

025

건축물 내 연기유동의 원인을 모두 고른 것은?

> ㄱ. 부력효과
> ㄴ. 바람에 의한 압력 차
> ㄷ. 굴뚝(연돌)효과
> ㄹ. 공기조화설비의 영향

① ㄱ, ㄷ   ② ㄴ, ㄹ
③ ㄱ, ㄴ, ㄷ   ④ ㄱ, ㄴ, ㄷ, ㄹ

연기유동의 원인
- 부력효과
- 바람에 의한 압력 차
- 굴뚝(연돌)효과
- 공기조화설비의 영향
- 기체팽창
- 외부풍압의 영향

026

합성계면활성제 포소화약제 2[%]형 원액 12[L]를 사용하여 팽창률을 100이 되도록 포를 방출할 때, 방출된 포의 부피[m³]는?

① 24 ② 60
③ 240 ④ 600

해설

팽창비

$$팽창비 = \frac{방출\ 후\ 포의\ 체적[m^3]}{방출\ 전\ 포\ 수용액의\ 체적[m^3]}$$

$$= \frac{방출\ 후\ 포의\ 체적[m^3]}{\dfrac{원액의\ 양[m^3]}{농도}}$$

$$100 = \frac{x}{12[L]/0.02}$$

$$\therefore\ x = 60,000[L] = 60[m^3]$$

027

이상기체 상태방정식에서 기체상수의 근삿값이 아닌 것은?

① $8.31\left[\dfrac{J}{mol \cdot K}\right]$ ② $82\left[\dfrac{cm^3 \cdot atm}{mol \cdot K}\right]$

③ $0.082\left[\dfrac{L \cdot atm}{mol \cdot K}\right]$ ④ $8.2 \times 10^{-3}\left[\dfrac{m^3 \cdot atm}{mol \cdot K}\right]$

해설

기체상수(R)의 값
- $0.08205[L \cdot atm/g\text{-}mol \cdot K]$
- $0.08205[m^3 \cdot atm/kg\text{-}mol \cdot K]$
- $1.987[cal/g\text{-}mol \cdot K]$
- $0.7302[atm \cdot ft^3/lb\text{-}mol \cdot R]$
- $848.4[kg \cdot m/kg\text{-}mol \cdot K]$
- $8.314 \times 10^7[erg/g\text{-}mol \cdot K]$

$1[J] = 10^7[erg],\ 1[m^3] = 1,000[L],\ 1[L] = 1,000[cm^3]$

028

표준상태에서 물질의 증발잠열[cal/g]이 가장 작은 것은?

① 에틸알코올 ② 아세톤
③ 액화질소 ④ 액화프로페인

해설

증발잠열

종류	에틸알코올	아세톤	액화질소	액화프로페인
증발잠열	204.0 [kcal/kg]	124.5 [kcal/kg]	47.74 [kcal/kg]	102 [kcal/kg]

029

1,000[K]에서 기체의 열용량$\left(C_p^{1,000[K]}, \left[\dfrac{J}{mol \cdot K}\right]\right)$이 가장 높은 물질에서 낮은 순서로 옳은 것은?

① $CO_2 > H_2O(g) > N_2 > He$
② $H_2O(g) > CO_2 > N_2 > He$
③ $He > CO_2 > H_2O(g) > N_2$
④ $H_2O(g) > He > N_2 > CO_2$

해설

각 물질의 몰열용량

종류	CO_2 (이산화탄소)	H_2O 액체	H_2O 수증기	N_2 (질소)	He (헬륨)
몰열용량	37[J/ mol · K]	75.4[J/ mol · K]	33.6[J/ mol · K]	29.12[J/ mol · K]	20.79[J/ mol · K]

030

프로페인가스 1몰이 완전연소 시 생성되는 생성물에서 질소기체가 차지하는 부피비[%]는 약 얼마인가?(단, 생성물은 모두 기체로 가정하고, 공기 중의 산소는 21[vol%], 질소는 79[vol%]이다)

① 18.8 ② 22.4
③ 72.9 ④ 79.0

부피비[%]

공기 속의 산소와 질소의 부피비[%]는 21 : 79이므로 연소가스 속의 질소량은 산소량의 79/21 = 3.76배를 함유하게 된다.

$$C_mH_n + \left(m + \frac{n}{4}\right)O_2 + \left(m + \frac{n}{4}\right)N_2$$
$$\rightarrow mCO_2 + \frac{n}{2}H_2O + \left(m + \frac{n}{4}\right)N_2$$

- $C_3H_8 + \left(3 + \frac{8}{4}\right)O_2 + \frac{79}{21}\left(3 + \frac{8}{4}\right)N_2$
  $\rightarrow 3CO_2 + \frac{8}{2}H_2O + \frac{79}{21}\left(3 + \frac{8}{4}\right)N_2$

  $C_3H_8 + 5O_2 + (3.76 \times 5)N_2$
  $\rightarrow 3CO_2 + 4H_2O + (3.76 \times 5)N_2$
- 생성물질의 총몰수 = 3 + 4 + (3.76 × 5) = 25.8[mol]

$\therefore$ 질소의 부피(몰분율) $= \frac{3.76 \times 5}{25.8} \times 100 = 72.87[\%]$

031

할로겐화합물 및 불활성기체소화설비의 화재안전기술기준(NFTC 107A)에 의한 할로겐화합물 및 불활성기체소화약제의 최대허용설계농도[%]가 옳은 것을 모두 고른 것은?

ㄱ. FC-3-1-10 : 40 　　ㄴ. IG-55 : 43
ㄷ. HCFC-124 : 1.0 　　ㄹ. HFC-23 : 40
ㅁ. FK-5-1-12 : 10 　　ㅂ. HCFC BLEND A : 20

① ㄱ, ㄴ, ㄷ, ㅁ 　　② ㄱ, ㄷ, ㄹ, ㅁ
③ ㄴ, ㄷ, ㄹ, ㅂ 　　④ ㄴ, ㄹ, ㅁ, ㅂ

할로겐화합물 및 불활성기체소화약제의 최대허용설계농도[%]

소화약제	최대허용설계농도[%]
FC-3-1-10	40
HCFC-124	1.0
HFC-125	11.5
HFC-227ea	10.5
HFC-23	30
HFC-236fa	12.5
FIC-13I1	0.3
HCFC BLEND A, FK-5-1-12	10
IG-01, IG-55, IG-100, IG-541	43

032

이산화탄소소화약제에 관한 설명으로 옳지 않은 것은?

① 이산화탄소는 연소물 주변의 산소 농도를 저하시켜 질식소화한다.
② 심부화재의 경우 고농도의 이산화탄소를 장시간 방출시켜 재발화를 방지할 수 있다.
③ 통신기기실, 전산기기실, 변전실 화재에 적응성이 있다.
④ 마그네슘 화재에 적응성이 있다.

이산화탄소는 마그네슘과 반응하면 가연성 가스인 일산화탄소를 생성하므로 적합하지 않다.

$$Mg + CO_2 \rightarrow MgO + CO$$

033

제3종 분말소화약제의 열분해 시 생성되는 오쏘(Ortho)인산의 화학식으로 옳은 것은?

① H_3PO_4 　　② HPO_3
③ $H_4P_2O_5$ 　　④ $H_4P_2O_7$

제3종 분말
- 190[℃]에서 분해
  $NH_4H_2PO_4 \rightarrow NH_3 + H_3PO_4$(인산, 오쏘인산)
- 215[℃]에서 분해
  $2H_3PO_4 \rightarrow H_2O + H_4P_2O_7$(피로인산)
- 300[℃]에서 분해
  $H_4P_2O_7 \rightarrow H_2O + 2HPO_3$(메타인산)

H_3PO_4 = 오쏘인산 = 오르토인산

034

다음 용어 정의에 대한 공식과 단위 연결이 옳지 않은 것은?(단, W : 일, Q : 전하량, t : 시간, ρ : 고유저항, l : 길이, S : 단면적)

① 전압 $V = \frac{Q}{W}$[C/J] 　② 전류 $I = \frac{Q}{t}$[C/J]

③ 전력 $P = \frac{W}{t}$[J/s] 　④ 저항 $R = \rho\frac{l}{S}$[Ω]

공식과 단위 연결

• 전압 : 전하가 한 일

$$V = \frac{W}{Q} \,[\text{J/C}]$$

여기서, V : 전압[V] W : 일[J] Q : 전하량[C]
• 전류 : 도선의 어떤 지점을 통과하는 단위시간당 전하량

$$I = \frac{Q}{t} \,[\text{C/s}]$$

여기서, I : 전류[C/s = A] Q : 전하량[C]
     t : 시간[s]
• 전력 : 단위시간당에 소비 또는 변화할 수 있는 에너지

$$P = \frac{W}{t} \,[\text{J/s = W}]$$

여기서, P : 전력[W] W : 에너지[J] t : 시간[s]
• 저항 : 전류가 도체 내를 흐를 때 방해하는 작용을 하는 요소

$$R = \rho \frac{l}{S} \,[\Omega]$$

여기서, R : 저항[Ω] ρ : 고유저항
     l : 길이[m] S : 단면적[mm²]

035

자동제어계의 제어동작에 의한 분류 중 옳지 않은 제어방식은?

① PD제어 ② PE제어
③ PI제어 ④ P제어

해설

자동제어계의 제어동작에 의한 분류

분류		특성
연속 제어	비례제어(P동작)	잔류편차(Off-set) 발생
	미분제어(D동작)	오차가 커지는 것을 미연방지, 진동억제
	적분제어(I동작)	잔류편차(Off-set) 제거
	비례미분제어 (PD동작)	오버슈트(Overshoot)감소, 응답속도 개선
	비례적분제어 (PI동작)	잔류편차를 제거하여 정상특성 개선, 간헐현상 발생
	비례적분미분제어 (PID동작)	PI + PD, 가장 최적의 제어동작
불연속 제어	On-Off 제어(2위치제어)	-

036

논리식 $X = A \cdot \overline{B}$에 맞는 타임 차트는?(단 A, B는 입력, X는 출력)

① 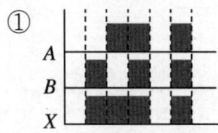 ②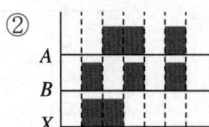

③ 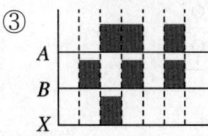 ④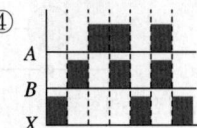

해설

타임차트

(1) 각 타임 차트별 진리표

①

A	B	$\overline{B}$	X
0	0	1	0
0	1	0	1
1	0	1	1
1	1	0	1

②

A	B	$\overline{B}$	X
0	0	1	0
0	1	0	1
1	0	1	1
1	1	0	0

③

A	B	$\overline{B}$	X
0	0	1	0
0	1	0	0
1	0	1	1
1	1	0	0

④

A	B	$\overline{B}$	X
0	0	1	1
0	1	0	0
1	0	1	0
1	1	0	0

(2) AND회로
　① 개념 : 두 개의 접점 A, B가 모두 동작해야 출력되는 회로
　② 유접점(시퀀스)

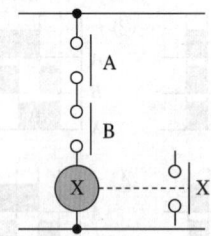

　③ 무접점(논리회로)

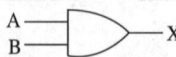

　④ 논리식
　　$X = A \cdot B$
　⑤ 진리표

입 력		출 력
A	B	$A \cdot B = C$
0	0	0
0	1	0
1	0	0
1	1	1

(3) 풀 이

A	B	$\bar{B}$	X
0	0	1	0
0	1	0	0
1	0	1	1
1	1	0	0

$X = A \cdot \bar{B}$에서 2개 동작 시에만 동작해야 하므로 답은 3번이다.

037

다음 그림의 유접점 회로와 동일한 무접점 회로는?

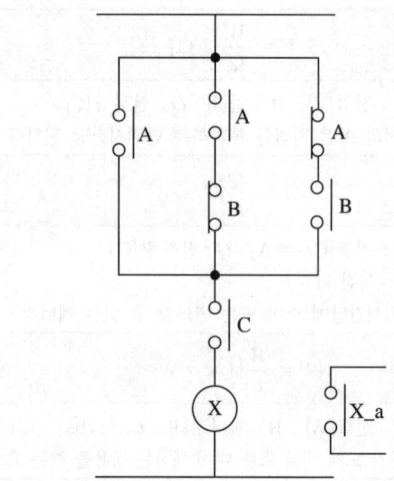

①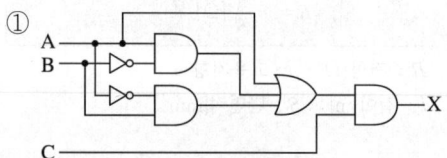

②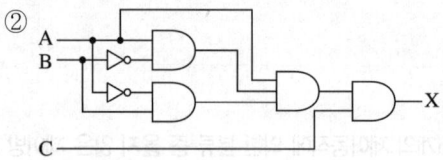

③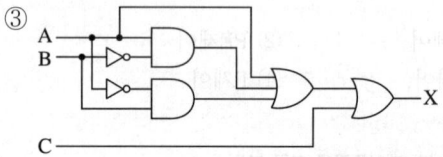

④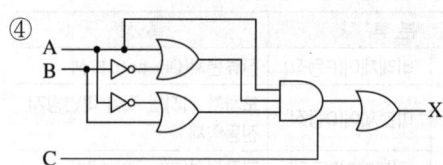

해설

무접점 회로

1. 회로별 특성
   (1) NOT회로
      ① 개념 : 부정(반전)회로 : A조건이 만족되면 출력이 부정(OFF)이 되는 회로
      ② 유접점(시퀀스)

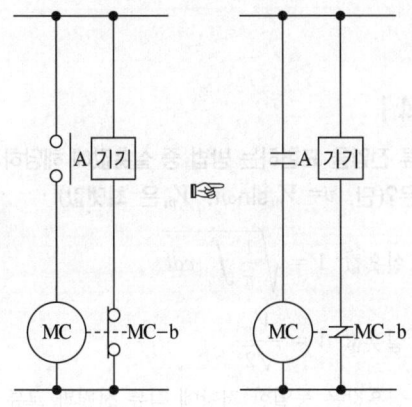

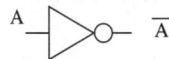

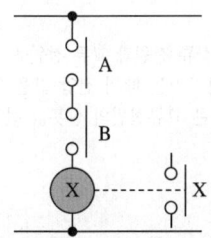

      ③ 무접점(논리회로)

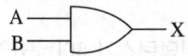

      NOT 회로

      ④ 논리식
      $$Y = \overline{A} = NOT\ A$$

   (2) AND회로
      ① 개념 : 두 개의 접점 A, B가 모두 동작해야 출력되는 회로
      ② 유접점(시퀀스)

      ③ 무접점(논리회로)

      ④ 논리식
      $$X = A \cdot B$$

   (3) OR회로
      ① 개념 : 두 개의 접점 중 하나만 동작해도 출력되는 회로를 말한다.
      ② 유접점(시퀀스)

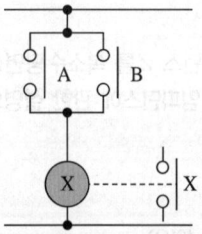

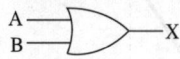

      ③ 무접점(논리회로)

      ④ 논리식
      $$X = A + B$$

2. 논리식
   ① 시퀀스(유접점)의 논리식
   $$X = [A + (A\overline{B}) + (\overline{A}B)] \cdot C$$
   ② 무접점(논리회로)의 논리식
   ㉠ $X = [x \cdot C] = [A + A\overline{B} + \overline{A}B] \cdot C$
   ㉡ $X = [xC] = [A \cdot A\overline{B} \cdot \overline{A}B] \cdot C$
   ㉢ $X = [x + c] = [A + A\overline{B} + \overline{A}B] + C$
   ㉣ $X = [x + C] = [A \cdot (A + \overline{B}) \cdot (\overline{A} + B)] + C$

038

전압 220[V] 저항부하 110[Ω]인 회로에 1시간 동안 전류를 흘렸을 때 이 저항에서의 발열량[kcal]은 약 얼마인가?

① 26   ② 380
③ 440   ④ 1,584

해설

발열량

$$Q = 0.24\,I^2 R\,t\,[\text{cal}]$$

여기서, I : 전류$\left(\dfrac{\text{전압}}{\text{부하}}\right)$ R : 저항부하 t : 시간[s]

$$\therefore\ Q = 0.24 I^2 R t\,[\text{cal}] = 0.24 \times \left(\frac{220}{110}\right)^2 \times 110 \times 3,600$$

$$= 380,160\,[\text{cal}] = 380\,[\text{kcal}]$$

039

$R-L$ 직렬회로의 임피던스 Z를 복소수평면상에 표현한 그림이다. 이 회로의 임피던스에 관한 설명으로 옳지 않은 것은?

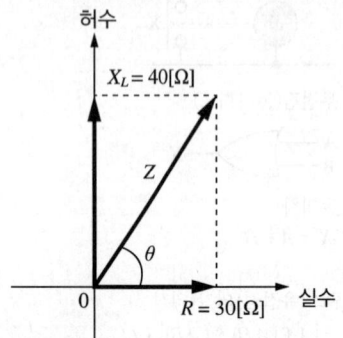

① 임피던스 $Z=50\angle\theta$
② 임피던스 $Z=30+j40$
③ 임피던스 위상각 $\theta\fallingdotseq53.1°$
④ 임피던스 $Z=50(\sin\theta+j\cos\theta)$

해설

임피던스

- 복소수 표현 $Z=R+jX=30+j40$
- 극좌표 표현 $Z=\sqrt{30^2+40^2}\angle\theta=50\angle\theta$
- 삼각함수 표현 $Z=50(\cos\theta+j\sin\theta)$
- 임피던스 위상각 $\theta=\tan^{-1}\left(\dfrac{X}{R}\right)=\tan^{-1}\left(\dfrac{40}{30}\right)=53.1$

040

교류전원이 인가되는 다음 $R-L$ 직렬 회로의 역률은 약 얼마인가?

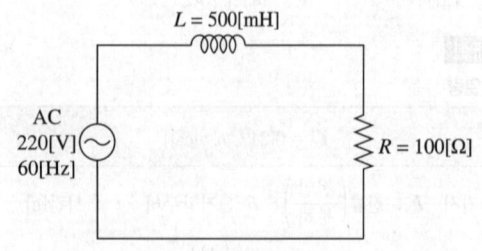

① 0.196
② 0.258
③ 0.389
④ 0.469

해설

역률

$$\cos\theta=\frac{R}{Z}=\frac{R}{\sqrt{R^2+X^2}}$$
$$=\frac{100}{\sqrt{100^2+(2\pi\times60\times500\times10^{-3})^2}}=0.469$$

041

교류 전압을 표현하는 방법 중 실횻값에 해당하지 않는 것은?(단, $v=V_m\sin\omega t$, V_m은 최댓값)

① 실횻값 $V=\sqrt{\dfrac{1}{\pi}\displaystyle\int_0^\pi vdt}$

② 실횻값 $V=\dfrac{V_m}{\sqrt{2}}$

③ 실횻값은 동일한 저항에 직류 전원과 교류 전원을 각각 인가했을 경우 평균전력이 같아지는 때의 전압 값을 의미한다.

④ 교류 220[V]와 380[V] 등은 교류전원의 실횻값 전압을 의미한다.

해설

실횻값

- 실횻값 $V=\sqrt{\dfrac{1}{\pi}\displaystyle\int_0^\pi v^2dt}$

- 실횻값 $V=\dfrac{V_m}{\sqrt{2}}$

- 실횻값은 동일한 저항에 직류 전원과 교류 전원을 각각 인가했을 경우 평균전력이 같아지는 때의 전압 값을 의미한다.
- 교류 220[V]와 380[V] 등은 교류전원의 실횻값 전압을 의미한다.

042

권선수 500회이고 자기인덕턴스가 50[mH]인 코일에 2[A]의 전류를 흘렸을 때의 자속[Wb]은 얼마인가?

① 1×10^{-4}
② 2×10^{-4}
③ 3×10^{-4}
④ 4×10^{-4}

해설

자속

$$LI=N\phi,\ \phi=\frac{LI}{N}=\frac{50\times10^{-3}\times2}{500}=2\times10^{-4}[\text{Wb}]$$

043

동일한 성능 펌프 2대를 연결하여 운용하는 경우에 관한 설명 중 옳은 것은?

① 직렬로 연결한 경우 양정이 약 2배가 된다.
② 직렬로 연결한 경우 유량이 약 4배가 된다.
③ 병렬로 연결한 경우 양정이 약 2배가 된다.
④ 병렬로 연결한 경우 유량이 약 4배가 된다.

해설

펌프의 성능

펌프 2대 연결 방법		직렬 연결	병렬 연결
성 능	유량(Q)	Q	$2Q$
	양정(H)(=압력, P)	$2H(2P)$	$H(P)$

044

물이 지름 0.5[m] 관로에 유속 2[m/s]로 흐를 때, 100[m] 구간에서 발생하는 손실수두[m]는 약 얼마인가?(단, 마찰손실계수는 0.019이다)

① 0.35 ② 0.58
③ 0.77 ④ 0.98

해설

마찰손실수두

$$H = \frac{\Delta P}{\gamma} = \frac{flu^2}{2gD}[\text{m}]$$

여기서, H : 마찰손실[m] ΔP : 압력차[N/m²]
γ : 유체의 비중량[N/m³]
f : 관의 마찰계수(0.019) l : 관의 길이[m]
u : 유체의 유속[m/s] D : 관의 내경[m]

$$\therefore H = \frac{0.019 \times 100[\text{m}] \times (2[\text{m/s}])^2}{2 \times 9.8[\text{m/s}^2] \times 0.5[\text{m}]} = 0.775[\text{m}]$$

045

A광역시 교외에 위치한 산업단지의 노후화된 물탱크 안전진단 결과 철거결정이 내려졌다. 물탱크 구조물을 해체하기 전에 탱크 안의 물을 먼저 배수해야 하는데 수위 변화에 따른 유속 및 유량이 변화할 것으로 예상된다. 물을 대기압 하의 물탱크 바닥 오리피스에서 분출시킬 때 최대유량[m³/s]은 약 얼마인가?(단, 오리피스의 지름은 5[cm], 초기수위는 3[m]이다)

① 0.002 ② 0.005
③ 0.010 ④ 0.015

해설

유 량

$$Q = uA, \quad u = \sqrt{2gH}$$

여기서,
$$u = \sqrt{2gH} = \sqrt{2 \times 9.8[\text{m/s}^2] \times 3[\text{m}]} = 7.67[\text{m/s}]$$
$$A = \frac{\pi}{4}D^2 = \frac{\pi}{4}(0.05[\text{m}])^2 = 0.00196[\text{m}^2]$$
$$\therefore Q = uA = 7.67[\text{m/s}] \times 0.00196[\text{m}^2] = 0.015[\text{m}^3/\text{s}]$$

046

베르누이 방정식은 완전유체를 대상으로 하며 몇 가지 제한조건을 전제로 한다. 이 제한조건에 해당하는 것은?

① 비정상 유체유동
② 압축성 유체유동
③ 점성 유체유동
④ 비회전성 유체유동

해설

베르누이 방정식 "$\dfrac{P}{\rho} + \dfrac{u^2}{2g} + z = E =$일정"을 적용하는 조건

• 정상상태의 유체유동 : 유동장 내의 임의의 점에서 흐름의 특성이 시간에 따라 변화하지 않는 흐름상태이다.
• 비점성, 비압축성인 유체유동 : 압력변화에 대하여 밀도변화가 없는 유체의 운동이다.
• 비회전성 유체유동 : 유선에 따라 입자의 회전속도가 다르기 때문에 회전운동에너지가 차지하는 비율이 유선마다 달라진다. 그러나 비회전성 유체유동에서는 유동장 내의 모든 유선이 갖는 총 기계적에너지(E)는 같다.

047

물이 지름 2[mm]인 원형관에 0.25[cm³/s]로 흐르고 있을 때, 레이놀즈수는 약 얼마인가?(단, 동점성계수는 0.0112[cm²/s]이다)

① 106 ② 142
③ 206 ④ 410

레이놀즈수(Re)

$$Re = \frac{Du}{\nu}$$

여기서, D : 내경(0.2[cm])

u : 유속($[u = \frac{Q}{A} = \frac{Q}{\frac{\pi}{4}d^2} = \frac{0.25[\text{cm}^3/\text{s}]}{\frac{\pi}{4}(0.2[\text{cm}])^2}$

$\qquad = 7.96[\text{cm/s}])$

ν : 동점도(0.0112[cm^2/s])

∴ 레이놀즈수를 구하면

$$Re = \frac{Du}{\nu} = \frac{0.2 \times 7.96}{0.0112} = 142.14(층류)$$

048

단면적 2.5[cm^2], 길이 1.4[m]인 소방장비의 무게가 지상에서 2.75[kgf]일 때, 물속에서의 무게[kgf]는 얼마인가?

① 0.9

② 1.4

③ 1.9

④ 2.4

물속의 무게

• 공기 중에서의 무게 $W_a = 2.75[\text{kg}_\text{f}]$이고

  부력

$$F_B = \gamma V = 1{,}000\left[\frac{\text{kgf}}{\text{m}^3}\right] \times (2.5 \times 10^{-4}[\text{m}^2] \times 1.4[\text{m}])$$

$\qquad = 0.35[\text{kgf}]$

• $W_a = W + F_B$에서 물속에서 무게

  $W = W_a - F_B = (2.75 - 0.35)[\text{kgf}] = 2.4[\text{kgf}]$

049

유체의 압력 표시방법에 관한 설명으로 옳지 않은 것은?

① 계기압은 대기압을 0으로 놓고 측정하는 압력이다.

② 해수면에서 표준대기압은 약 101.3[kPa]이다.

③ 계기압은 절대압과 대기압의 합이다.

④ 이상기체 방정식에서 부피는 절대압을 사용한다.

압 력

• 계기압 : 대기압을 0으로 놓고 측정하는 압력

• 표준대기압 1[atm] = 101,325[Pa] = 101.325[kPa]

$\qquad = 0.101325[\text{MPa}]$

• 절대압력 = 대기압력 + 계기압력

• 계기압력 = 절대압력 − 대기압력

• 이상기체 방정식에서 부피는 절대압을 사용한다.

050

2개의 피스톤으로 구성된 유압잭의 작동원리에 관한 설명 중 옳지 않은 것은?(단, W : 일, P : 압력, F : 힘, A : 피스톤의 단면적, L : 피스톤이 이동한 거리)

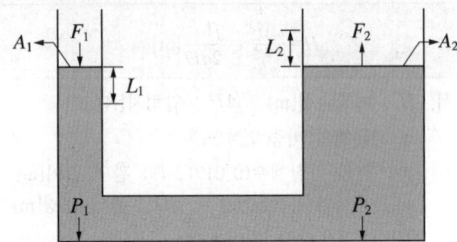

① $F_1 < F_2$

② $P_1 = P_2$

③ $L_1 < L_2$

④ $W_1 = W_2$

파스칼의 원리를 적용하면 $P_1 = P_2$이다.

• 압력 $P = \frac{F}{A}$이므로 $\frac{F_1}{A_1} = \frac{F_2}{A_2}$에서

  $\downarrow F_1 \uparrow A_2 = \uparrow F_2 \downarrow A_1$이다.

  따라서, 힘 $F_1 < F_2$이다.

• $A_1 L_1 = A_2 L_2$에서 $\downarrow A_1 \uparrow L_1 = \uparrow A_2 \downarrow L_2$이다.

  따라서, 피스톤이 이동한 거리 $L_1 > L_2$이다.

• 일 $W = FL$이므로 $F_1 L_1 = F_2 L_2$에서

  $\downarrow F_1 \uparrow L_1 = \uparrow F_2 \downarrow L_2$이다.

  따라서, 일은 $W_1 = W_2$이다.

제3과목 소방관련법령

051

소방기본법령상 국고보조 대상사업의 범위와 기준보조율에 관한 설명으로 옳은 것은?

① 국고보조 대상사업의 범위에 따른 소방활동장비 및 설비의 종류와 규격은 대통령령으로 정한다.

② 방화복 등 소방활동에 필요한 소방장비의 구입 및 설치는 국고보조 대상사업의 범위에 해당한다.

③ 소방헬리콥터 및 소방정의 구입 및 설치는 국고보조 대상사업의 범위에 해당하지 않는다.

④ 국고보조 대상사업의 기준보조율은 보조금 관리에 관한 법률 시행규칙에서 정하는 바에 따른다.

해설

국고보조 대상사업의 범위와 기준보조율

• 소방활동장비 및 설비의 종류와 규격은 **행정안전부령**으로 정한다.
• **국고보조 대상사업의 범위**
  – 다음의 소방활동장비와 설비의 구입 및 설치
    ⓐ 소방자동차
    ⓑ **소방헬리콥터 및 소방정**
    ⓒ 소방전용통신설비 및 전산설비
    ⓓ 그 밖에 **방화복 등 소방활동에 필요한 소방장비**
  – 소방관서용 청사의 건축(건축법 제2조 제1항 제8호에 따른 건축을 말한다)
• 국고보조 대상사업의 기준보조율은 **보조금 관리에 관한 법률 시행령**에서 정하는 바에 따른다.

052

소방관련법령상 100만원의 벌금에 처해질 수 있는 자는?

① 실무교육을 받지 않은 소방안전관리자

② 정당한 사유 없이 소방대의 생활안전활동을 방해한 자

③ 화재예방강화지구 안의 소방대상물에 대한 화재안전조사를 기피한 자

④ 점검인력의 배치기준을 위반한 자

해설

100만원 이하의 벌금(소방기본법 제54조)

• 정당한 사유 없이 소방대의 생활안전활동을 방해한 자
• 정당한 사유 없이 소방대가 현장에 도착할 때까지 사람을 구출하는 조치 또는 불을 끄거나 불이 번지지 않도록 하는 조치를 하지 않은 사람
• 정당한 사유 없이 물의 사용이나 수도의 개폐장치의 사용 또는 조작을 하지 못하게 하거나 방해한 자

053

화재 진압 등 소방활동을 위하여 필요할 때에는 소방용수 외에 댐·저수지 또는 수영장 등의 물을 사용하거나 수도(水道)의 개폐장치 등을 조작할 수 없는 사람은?

① 행정안전부장관

② 소방청장

③ 소방본부장

④ 소방서장

해설

화재 진압 등 소방활동을 위하여 필요할 때에는 소방용수 외에 댐·저수지 또는 수영장 등의 물을 사용하거나 수도(水道)의 개폐장치 등을 조작할 수 있는 사람 : 소방청장, 소방본부장, 소방서장

054

소방시설공사업법령상 합병의 경우 소방시설업자 지위 승계를 신고하려는 자가 제출해야 하는 서류가 아닌 것은?

① 소방시설업 합병신고서

② 합병계약서 사본

③ 합병 후 법인의 소방시설업 등록증 및 등록수첩

④ 합병공고문 사본

지위 승계 시 첨부 서류(규칙 제7조)
- 양도·양수의 경우(분할 또는 분할합병에 따른 양도·양수의 경우를 포함한다) 다음의 서류
  - 소방시설업 지위승계신고서
  - 양도인 또는 합병 전 법인의 소방시설업 등록증 및 등록수첩
  - 양도·양수 계약서 사본, 분할계획서 사본 또는 분할합병계약서 사본(법인의 경우 양도·양수에 관한 사항을 의결한 주주총회 등의 결의서 사본을 포함한다)
  - 양도·양수 공고문 사본
- 상속의 경우 : 다음의 서류
  - 소방시설업 지위승계신고서
  - 피상속인의 소방시설업 등록증 및 등록수첩
  - 상속인임을 증명하는 서류
- 합병의 경우 : 다음의 서류
  - 소방시설업 합병신고서
  - 합병 전 법인의 소방시설업 등록증 및 등록수첩
  - 합병계약서 사본(합병에 관한 사항을 의결한 총회 또는 창립총회 결의서 사본을 포함한다)
  - 합병공고문 사본

055

소방시설공사업법령상 수수료 기준으로 옳지 않은 것은?

① 전문 소방시설설계업을 등록하려는 자 – 4만원
② 소방시설업 등록증을 재발급 받으려는 자 – 2만원
③ 소방시설업자의 지위승계 신고를 하려는 자 – 2만원
④ 일반 소방시설공사업을 등록하려는 자 – 분야별 2만원

해설

수수료 기준(규칙 별표 7)
- 법 제4조 제1항에 따라 **소방시설업을 등록하려는 자**
  - **전문 소방시설설계업 : 4만원**
  - 일반 소방시설설계업 : 분야별 2만원
  - 전문 소방시설공사업 : 4만원
  - **일반 소방시설공사업 : 분야별 2만원**
  - 전문 소방공사감리업 : 4만원
  - 일반 소방공사감리업 : 분야별 2만원
  - 방염처리업 : 업종별 4만원
- **소방시설업 등록증** 또는 등록수첩을 **재발급 받으려는 자** : 소방시설업 등록증 또는 등록수첩별 각각 1만원
- 소방시설업자의 **지위승계 신고를 하려는 자 : 2만원**

056

소방시설공사업법령상 하도급계약심사위원회의 구성 및 운영에 관한 설명으로 옳은 것은?

① 하도급계약심사위원회는 위원장 1명과 부위원장 1명을 제외한 10명 이내의 위원으로 구성한다.
② 소방 분야 연구기관의 연구위원급 이상인 사람은 위원회의 부위원장으로 위촉될 수 있다.
③ 위원회의 회의는 재적위원 과반수의 출석으로 개의하고, 출석위원 3분의 2 이상 찬성으로 의결한다.
④ 위원의 임기는 2년으로 하되, 두 차례까지 연임할 수 있다.

해설

하도급계약심사위원회의 구성 및 운영(영 제12조의3)
- 위원장 1명과 부위원장 1명을 **포함하여 10명 이내의 위원으**로 구성한다.
- **부위원장과 위원의 자격**
  - 해당 발주기관의 과장급 이상 공무원(공공기관의 경우에는 2급 이상의 임직원을 말한다)
  - **소방 분야 연구기관의 연구위원급 이상인 사람**
  - 소방 분야의 박사학위를 취득하고 그 분야에서 3년 이상 연구 또는 실무경험이 있는 사람
  - 대학(소방 분야로 한정한다)의 조교수 이상인 사람
  - 소방기술사 자격을 취득한 사람
- 위원회의 회의는 재적위원 과반수의 출석으로 개의(開議)하고, 출석위원 과반수의 찬성으로 의결한다.
- 위원의 임기는 3년으로 하며, 한 차례만 연임할 수 있다.

057

소방시설공사업법령상 하자보수 대상 소방시설과 하자보수 보증기간의 연결이 옳지 않은 것은?

① 피난기구 – 3년
② 자동화재탐지설비 – 3년
③ 자동소화장치 – 3년
④ 간이스프링클러설비 – 3년

해설

하자보수 보증기간(영 제6조)
- **2년** : 피난기구, 유도등, 유도표지, 비상경보설비, 비상조명등, 비상방송설비 및 무선통신보조설비
- **3년** : **자동소화장치**, 옥내소화전설비, 스프링클러설비, **간이스프링클러설비**, 물분무 등 소화설비, 옥외소화전설비, **자동화재탐지설비**, 상수도소화용수설비 및 소화활동설비(무선통신보조설비는 제외한다)

058

소방시설공사업법령상 영업정지가 그 이용자에게 불편을 주거나 그 밖에 공익을 해칠 우려가 있을 때에 시 · 도지사가 영업정지처분을 갈음하여 과징금을 부과할 수 있는 경우는?

① 사업수행능력 평가에 관한 서류를 위조하거나 변조하는 등 거짓이나 그 밖의 부정한 방법으로 입찰에 참여한 경우
② 동일한 특정소방대상물의 소방시설에 대한 시공과 감리를 함께 할 수 없으나 이를 위반하여 시공과 감리를 함께 한 경우
③ 정당한 사유 없이 관계 공무원의 출입 또는 검사 · 조사를 거부 · 방해 또는 기피한 경우
④ 공사감리자를 변경하였을 때에는 새로 지정된 공사감리자와 종전의 공사감리자는 감리 업무 수행에 관한 사항과 관계 서류를 인수 · 인계해야 하나, 인수 · 인계를 기피한 경우

해설

과징금을 부과할 수 없는 경우(규칙 별표 2)

별표 1 제2호 행정처분 개별기준 중 **나목 · 바목 · 거목 : 노목 · 도목 및 로목**의 위반사항에는 법 제10조 제1항에 따른 **영업정지를 갈음하여 과징금을 부과할 수 없다.**

> 나. 법 제4조 제1항에 따른 등록기준에 미달하게 된 후 30일이 경과한 경우(법 제9조 제1항 제2호 단서에 해당하는 경우는 제외한다)
> 바. 법 제8조 제2항을 위반하여 영업정지 기간 중에 소방시설공사 등을 한 경우
> 거. 법 제17조 제3항을 위반하여 인수 · 인계를 거부 · 방해 · 기피한 경우
> 노. 법 제26조의2 제1항 후단에 따른 사업수행능력 평가에 관한 서류를 위조하거나 변조하는 등 거짓이나 그 밖의 부정한 방법으로 입찰에 참여한 경우
> 도. 법 제31조에 따른 명령을 위반하여 보고 또는 자료 제출을 하지 않거나 거짓으로 보고 또는 자료 제출을 한 경우
> 로. 정당한 사유 없이 법 제31조에 따른 관계 공무원의 출입 또는 검사 · 조사를 거부 · 방해 또는 기피한 경우

059

소방시설 설치 및 관리에 관한 법령상 특정소방대상물이 증축되는 경우에 기존 부분에 대해서는 증축 당시의 소방시설의 설치에 관한 대통령령 또는 화재안전기준을 적용하지 않는 경우가 있다. 이 경우에 해당하지 않는 것은?

① 기존 부분과 증축 부분이 방화문으로 구획되어 있는 경우
② 기존 부분과 증축 부분이 자동방화셔터로 구획되어 있는 경우
③ 자동차 생산공장 내부에 연면적 50[m²]의 직원 휴게실을 증축하는 경우
④ 자동차 생산공장 등 화재 위험이 낮은 특정소방대상물에 캐노피(기둥으로 받치거나 매달아 놓은 덮개를 말하며, 3면 이상에 벽이 없는 구조의 것을 말한다)를 설치하는 경우

해설

기존 부분에 대해서는 증축 당시의 소방시설의 설치에 관한 대통령령 또는 화재안전기준을 적용하지 않는 경우(영 제15조)

- 기존 부분과 증축 부분이 내화구조(耐火構造)로 된 바닥과 벽으로 구획된 경우
- 기존 부분과 증축 부분이 자동방화셔터 또는 60분+방화문으로 구획되어 있는 경우
- 자동차 생산공장 등 화재 위험이 낮은 특정소방대상물 내부에 연면적 33[m²] 이하의 직원 휴게실을 증축하는 경우
- 자동차 생산공장 등 화재 위험이 낮은 특정소방대상물에 캐노피(기둥으로 받치거나 매달아 놓은 덮개를 말하며, 3면 이상에 벽이 없는 구조의 것을 말한다)를 설치하는 경우

060

소방시설 설치 및 관리에 관한 법령상 임시소방시설(건설현장)에 해당하지 않는 것은?

① 비상경보장치
② 간이완강기
③ 간이소화장치
④ 간이피난유도선

임시소방시설(건설현장)의 종류
- 소화기
- 간이소화장치
- 비상경보장치
- 가스누설경보기
- 간이피난유도선
- 비상조명등
- 방화포

061

화재의 예방 및 안전관리에 관한 법령상 1급 소방안전관리대상물에 해당하는 것은?(단, 공공기관의 소방안전관리에 관한 규정을 적용받는 특정소방대상물은 제외함)

① 스프링클러설비가 설치된 특정소방대상물
② 철강 등 불연성 물품을 저장·취급하는 창고
③ 층수가 10층이고 연면적이 15,000[m^2]인 판매시설
④ 층수가 20층이고 지상으로부터 높이가 60[m]인 아파트

소방안전관리대상물의 분류
- 특급 소방안전관리대상물
  - 50층 이상(지하층은 제외)이거나 지상으로부터 높이가 200[m] 이상인 아파트
  - 30층 이상(지하층을 포함)이거나 지상으로부터 높이가 120[m] 이상인 특정소방대상물(아파트는 제외)
  - 연면적이 10만[m^2] 이상인 특정소방대상물(아파트는 제외)
- **1급 소방안전관리대상물**
  - **30층 이상(지하층은 제외)이거나 지상으로부터 높이가 120[m] 이상인 아파트**
  - **연면적 1만5천[m^2] 이상인 특정소방대상물(아파트 및 연립주택은 제외)**
  - 층수가 11층 이상인 특정소방대상물(아파트는 제외)
  - 가연성 가스를 1,000[ton] 이상 저장·취급하는 시설
- 2급 소방안전관리대상물
  특급과 1급 소방안전관리대상물을 제외한 다음의 어느 하나에 해당하는 것
  - 옥내소화전설비·스프링클러설비 또는 물분무 등 소화설비를 설치하는 특정소방대상물[호스릴(Hose Reel) 방식의 물분무 등 소화설비만을 설치한 경우는 제외한다]
  - 가스 제조설비를 갖추고 도시가스사업의 허가를 받아야 하는 시설 또는 가연성 가스를 100[ton] 이상 1,000[ton] 미만 저장·취급하는 시설

- 지하구
- 공동주택관리법의 어느 하나에 해당하는 공동주택(옥내소화전설비 또는 스프링클러설비가 설치된 공동주택으로 한정한다)
- 문화재보호법 제23조에 따라 보물 또는 국보로 지정된 목조건축물
- 3급 소방안전관리대상물
  간이스프링클러설비 또는 자동화재탐지설비를 설치해야 하는 특정소방대상물

062

소방시설 설치 및 관리에 관한 법령에 대한 설명으로 옳은 것은?

① 시·도지사는 소방시설관리업 등록증(등록수첩) 재발급신청서를 제출받은 경우에는 3일 이내에 소방시설관리업 등록증 또는 등록수첩을 재발급해야 한다.
② 소방시설관리업자가 소방시설관리업을 폐업한 때에는 3일 이내에 소재지를 관할하는 소방서장에게 그 소방시설관리업 등록증 및 등록수첩을 반납해야 한다.
③ 시·도지사는 소방시설관리업자로부터 소방시설관리업 등록사항 변경신고를 받은 경우에는 7일 이내에 소방시설관리업 등록증 및 등록수첩을 새로 내주어야 한다.
④ 피성년후견인이 금고 이상의 형의 집행유예를 선고받고 그 유예기간이 종료된 경우에는 소방시설관리업의 등록을 할 수 있다.

소방시설관리업의 등록증·등록수첩의 재발급 및 반납
① 시·도지사는 **재발급신청서를 제출받은 경우에는 3일 이내에 소방시설관리업 등록증 또는 등록수첩을 재발급해야** 한다.
② 소방시설관리업자는 **지체없이** 시·도지사에게 그 소방시설관리업 등록증 및 등록수첩을 반납해야 하는 경우
  ㉠ 등록이 취소된 때
  ㉡ 소방시설관리업을 **폐업한 때**
  ㉢ 재발급을 받은 때. 다만, 등록증 또는 등록수첩을 잃어버리고 재발급을 받은 경우에는 이를 다시 찾은 경우로 한정한다.

③ 시·도지사는 변경신고를 받은 경우에는 5일 이내에 소방시설관리업 등록증 및 등록수첩을 새로 발급하거나 규정에 의하여 제출된 소방시설관리업 등록증 및 등록수첩과 기술인력의 기술자격증(자격수첩)에 그 변경된 사항을 적은 후 내주어야 한다.

④ 소방시설관리업의 등록 결격사유
  ㉠ 피성년후견인
  ㉡ 이 법, 소방기본법, 화재의 예방 및 안전관리에 관한 법률, 소방시설공사업법 또는 위험물안전관리법을 위반하여 금고 이상의 실형을 선고받고 그 집행이 끝나거나(집행이 끝난 것으로 보는 경우를 포함한다) 집행이 면제된 날부터 2년이 지나지 않은 사람
  ㉢ 이 법, 소방기본법, 화재의 예방 및 안전관리에 관한 법률, 소방시설공사업법 또는 위험물안전관리법에 따른 금고 이상의 형의 집행유예를 선고받고 그 유예기간 중에 있는 사람
  ㉣ 관리업의 등록이 취소(등록이 취소된 경우는 제외한다)된 날부터 2년이 지나지 않은 자
  ㉤ 임원 중에 ㉠부터 ㉣까지의 어느 하나에 해당하는 사람이 있는 법인

063

소방시설 설치 및 관리에 관한 법령상 특정소방대상물의 설명으로 옳지 않은 것은?

① 의원은 근린생활시설이다.
② 보건소는 업무시설이다.
③ 요양병원은 의료시설이다.
④ 동물원은 동물 및 식물 관련 시설이다.

해설
특정소방대상물

특정대상물	의 원	보건소	요양병원	동물원
구 분	근린생활 시설	업무 시설	의료 시설	문화 및 집회시설

064

소방시설 설치 및 관리에 관한 법령상 주택용 소방시설을 설치해야 하는 대상을 모두 고른 것은?

ㄱ. 다중주택	ㄴ. 다가구주택
ㄷ. 연립주택	ㄹ. 기숙사

① ㄱ, ㄹ   ② ㄴ, ㄹ
③ ㄱ, ㄴ, ㄷ   ④ ㄴ, ㄷ, ㄹ

해설
주택에 설치하는 소방시설
• 건축법 제2조 제2항 제1호의 단독주택
• 건축법 제2조 제2항 제2호의 공동주택(아파트 및 기숙사는 제외한다)

065

소방시설 설치 및 관리에 관한 법령상 무선통신보조설비를 설치해야 하는 특정소방대상물에 해당하지 않는 것은?(단, 위험물 저장 및 처리 시설 중 가스시설은 제외함)

① 공동구
② 지하가(터널은 제외)로서 연면적 1,000[m²] 이상인 것
③ 층수가 30층 이상인 것으로 11층 이상 부분의 모든 층
④ 지하층의 층수가 3층 이상이고 지하층의 바닥면적의 합계가 1천[m²] 이상인 것은 지하층의 모든 층

해설
무선통신보조설비를 설치해야 하는 특정소방대상물
• 지하가(터널은 제외한다)로서 연면적 1,000[m²] 이상인 것
• 지하층의 바닥면적의 합계가 3,000[m²] 이상인 것 또는 **지하층의 층수가 3층 이상**이고 지하층의 바닥면적의 합계가 1,000[m²] 이상인 것은 지하층의 모든 층
• 지하가 중 터널로서 길이가 500[m] 이상인 것
• 지하가 중 **공동구**
• 층수가 30층 이상인 것으로서 **16층 이상 부분의 모든 층**

066

소방시설 설치 및 관리에 관한 법령상 우수품질 제품에 대한 인증 및 지원에 관한 설명으로 옳은 것은?

① 우수품질인증을 받으려는 자는 대통령령으로 정하는 바에 따라 시·도지사에게 신청해야 한다.
② 우수품질인증을 받은 소방용품에는 KS인증 표시를 한다.
③ 우수품질인증의 유효기간은 5년의 범위에서 행정 안전부령으로 정한다.
④ 중앙행정기관은 건축물의 신축으로 소방용품을 신규 비치해야 하는 경우 우수품질 인증 소방용품을 반드시 구매·사용해야 한다.

해설

우수품질 제품에 대한 인증(법 제43조, 제44조)
• 우수품질인증을 받으려는 자는 행정안전부령으로 정하는 바에 따라 **소방청장에게 신청**해야 한다.
• 우수품질인증을 받은 소방용품에는 **우수품질인증 표시**를 할 수 있다.
• **우수품질인증의 유효기간**은 **5년의 범위**에서 **행정안전부령**으로 정한다.
• 다음의 어느 하나에 해당하는 기관 및 단체는 건축물의 신축·증축 및 개축 등으로 소방용품을 변경 또는 신규 비치해야 하는 경우 우수품질인증 소방용품을 우선 **구매·사용**하도록 노력해야 한다.
  – **중앙행정기관**
  – 지방자치단체
  – 공공기관의 운영에 관한 법률 제4조에 따른 공공기관
  – 그 밖에 대통령령으로 정하는 기관

067

화재의 예방 및 안전관리에 관한 법령상 소방본부장의 화재안전조사위원회의 위원으로 임명하거나 위촉할 수 없는 사람은?

① 소방기술사
② 소방관련 분야의 석사학위 이상을 취득한 사람
③ 과장급 직위 이상의 소방공무원
④ 소방공무원 교육훈련기관에서 소방과 관련한 연구에 3년 이상 종사한 사람

해설

화재안전조사위원회의 구성 등(영 제11조)
• 위원장 : 1명, 위원장을 포함하여 7명 이내의 위원
• 위원장 : 소방관서장
• 위원회의 위원
  – 과장급 직위 이상의 소방공무원
  – 소방기술사
  – 소방시설관리사
  – 소방 관련 분야의 석사학위 이상을 취득한 사람
  – 소방 관련 법인 또는 단체에서 소방 관련 업무에 5년 이상 종사한 사람
  – **소방공무원 교육훈련기관**, 고등교육법 제2조의 학교 또는 연구소에서 소방과 관련한 교육 또는 연구에 **5년 이상** 종사한 사람

068

위험물안전관리법령상 허가를 받지 않고 지정수량 이상의 위험물을 저장 또는 취급하는 자에 대한 조치명령에 관한 기준으로 옳은 것은?

① 소방서장은 수산용으로 필요한 난방시설을 위한 지정수량 20배의 저장소를 설치한 자에 대하여 제거 등 필요한 조치를 명할 수 있다.
② 소방본부장은 주택의 난방시설(공동주택의 중앙난방시설은 제외한다)을 위한 취급소를 설치한 자에 대하여 제거 등 필요한 조치를 명할 수 있다.
③ 시·도지사는 축산용으로 필요한 난방시설을 위한 지정수량의 20배의 저장소를 설치한 자에 대하여 제거 등 필요한 조치를 명할 수 있다.
④ 소방서장은 농예용으로 필요한 건조시설을 위한 지정수량의 30배의 저장소를 설치한 자에 대하여 제거 등 필요한 조치를 명할 수 있다.

해설

다음의 어느 하나에 해당하는 제조소 등의 경우에는 허가를 받지 않고 해당 제조소 등을 설치하거나 그 위치·구조 또는 설비를 변경할 수 있으며, 신고를 하지 않고 위험물의 품명·수량 또는 지정수량의 배수를 변경할 수 있다(법 제6조).
• **주택의 난방시설**(공동주택의 중앙난방시설은 제외한다)을 위한 **저장소** 또는 **취급소**
• **농예용·축산용** 또는 **수산용**으로 필요한 **난방시설** 또는 **건조시설**을 위한 **지정수량 20배** 이하의 **저장소**

069

위험물안전관리법령상 기계에 의하여 하역하는 구조로 된 운반용기에 대한 수납기준으로 옳은 것은?

① 금속제의 운반용기는 3년 6개월 이내에 실시한 운반용기의 외부의 점검 및 7년 이내의 사이에 실시한 운반용기의 내부의 점검에서 누설 등 이상이 없을 것
② 경질플라스틱제의 운반용기에 액체위험물을 수납하는 경우에는 해당 운반용기는 제조된 때로부터 7년 이내의 것으로 할 것
③ 플라스틱 내 용기 부착의 운반용기에 있어서는 3년 6개월 이내에 실시한 기밀시험에서 누설 등 이상이 없을 것
④ 금속제의 운반용기에 액체위험물을 수납하는 경우에는 55[℃]의 온도에서 증기압이 130[kPa] 이하가 되도록 수납할 것

해설

기계에 의하여 하역하는 구조로 된 운반용기에 대한 수납(규칙 별표 19)
• 다음의 규정에 의한 요건에 적합한 운반용기에 수납할 것
  – 부식, 손상 등 이상이 없을 것
  – **금속제의 운반용기, 경질플라스틱제의 운반용기** 또는 **플라스틱 내 용기** 부착의 운반용기에 있어서는 다음에 정하는 시험 및 점검에서 누설 등 이상이 없을 것
    ⓐ **2년 6개월 이내**에 실시한 **기밀시험**(액체의 위험물 또는 10[kPa] 이상의 압력을 가하여 수납 또는 배출하는 고체의 위험물을 수납하는 운반용기에 한한다)
    ⓑ **2년 6개월 이내**에 실시한 운반용기의 외부의 점검·부속설비의 기능점검 및 **5년 이내**의 사이에 실시한 운반용기의 내부의 점검
• 복수의 폐쇄장치가 연속하여 설치되어 있는 운반용기에 위험물을 수납하는 경우에는 용기본체에 가까운 폐쇄장치를 먼저 폐쇄할 것
• **액체위험물**을 수납하는 경우에는 **55[℃]의 온도**에서의 증기압이 **130[kPa] 이하**가 되도록 수납할 것

070

위험물안전관리법령상 안전교육의 교육대상자와 교육 시기의 연결이 옳지 않은 것은?

① 안전관리자 – 신규 종사 후 3년마다 1회
② 위험물운송자 – 신규 종사 후 3년마다 1회
③ 탱크시험자의 기술인력 – 신규 종사 후 2년마다 1회
④ 위험물운송자가 되고자 하는 자 – 최초 종사 전

해설

교육과정·교육대상자·교육시간·교육시기 및 교육기관

교육과정	교육대상자	교육시간	교육시기	교육기관
강습교육	안전관리자가 되려는 사람	24시간	최초 선임되기 전	안전원
	위험물운반자가 되려는 사람	8시간	최초 종사하기 전	안전원
	위험물운송자가 되려는 사람	16시간	최초 종사하기 전	안전원
실무교육	안전관리자	8시간 이내	가. 제조소 등의 안전관리자로 선임된 날부터 6개월 이내 나. 가목에 따른 교육을 받은 후 2년마다 1회	안전원
	위험물운반자	4시간	가. 위험물운반자로 종사한 날부터 6개월 이내 나. 가목에 따른 교육을 받은 후 3년마다 1회	안전원
	위험물운송자	8시간 이내	가. 이동탱크저장소의 위험물운송자로 종사한 날부터 6개월 이내 나. 가목에 따른 교육을 받은 후 3년마다 1회	안전원
	탱크시험자의 기술인력	8시간 이내	가. 탱크시험자의 기술인력으로 등록한 날부터 6개월 이내 나. 가목에 따른 교육을 받은 후 2년마다 1회	기술원

071

위험물안전관리법령상 제1류 위험물의 지정수량으로 옳지 않은 것은?

① 과염소산염류 – 50[kg]
② 브로민산염류 – 200[kg]
③ 아이오딘산염류 – 300[kg]
④ 다이크로뮴산염류 – 1,000[kg]

해설

제1류 위험물의 지정수량

품 명	과염소산 염류	브로민산 염류	아이오딘산 염류	다이크로뮴 산염류
지정수량	50[kg]	300[kg]	300[kg]	1,000[kg]

072

위험물안전관리법령상 위험물시설의 설치 및 변경 등에 관한 조문의 일부이다. ( )에 들어갈 말을 바르게 나열한 것은?

> 제조소 등의 위치·구조 또는 설비의 변경없이 해당 제조소 등에서 저장하거나 취급하는 위험물의 품명·수량 또는 지정수량의 배수를 변경하고자 하는 자는 변경하고자 하는 날의 (ㄱ) 전까지 (ㄴ)이 정하는 바에 따라 (ㄷ)에게 신고해야 한다.

① ㄱ : 1일, ㄴ : 대통령령, ㄷ : 소방서장
② ㄱ : 1일, ㄴ : 행정안전부령, ㄷ : 시·도지사
③ ㄱ : 3일, ㄴ : 대통령령, ㄷ : 소방서장
④ ㄱ : 3일, ㄴ : 행정안전부령, ㄷ : 시·도지사

해설

위험물의 설치 및 변경 등(법 제6조)

제조소 등의 위치·구조 또는 설비의 변경없이 해당 제조소 등에서 저장하거나 취급하는 위험물의 **품명·수량 또는 지정 수량의 배수를 변경**하고자 하는 자는 변경하고자 하는 날의 **1일 전**까지 **행정안전부령**이 정하는 바에 따라 **시·도지사**에게 신고해야 한다.

073

다중이용업소의 안전관리에 관한 특별법령상 화재를 예방하고 화재로 인한 생명·신체·재산상의 피해를 방지하기 위하여 필요하다고 인정하는 경우 화재위험평가를 할 수 있는 지역 또는 건축물에 해당하는 것은?

① 30,000[m²] 지역 안에 있는 다중이용업소가 40개 이상 밀집하여 있는 경우
② 하나의 건축물에 다중이용업소로 사용하는 영업장 바닥면적의 합계가 500[m²] 이상인 경우
③ 5층 이상인 건축물로서 다중이용업소가 10개 이상 있는 경우
④ 4,000[m²] 지역 안에 4층 이하인 건축물로서 다중이용업소가 20개 이상 밀집하여 있는 경우

해설

화재위험평가 대상지역(법 제15조)
• 2,000[m²] 지역 안에 다중이용업소가 50개 이상 밀집하여 있는 경우
• **5층 이상**인 건축물로서 **다중이용업소가 10개 이상** 있는 경우
• 하나의 건축물에 다중이용업소로 사용하는 영업장 바닥면적의 합계가 1,000[m²] 이상인 경우

074

다중이용업소의 안전관리에 관한 특별법령상 관련 행정 기관의 통보사항에 관한 내용이다. ( )에 들어갈 말을 바르게 나열한 것은?

> 허가관청은 다중이용업주가 휴업 후 영업을 재개(再開)하였을 때에는 그 신고를 수리한 날부터 (ㄱ) 이내에 (ㄴ)에게 통보해야 한다.

① ㄱ : 14일, ㄴ : 시·도지사
② ㄱ : 30일, ㄴ : 시·도지사
③ ㄱ : 14일, ㄴ : 소방본부장 또는 소방서장
④ ㄱ : 30일, ㄴ : 소방본부장 또는 소방서장

해설

관련행정기관의 통보사항(법 제7조)
허가관청은 다중이용업주가 다음의 어느 하나에 해당하는 행위를 하였을 때에는 그 신고를 수리(受理)한 날부터 **30일 이내에 소방본부장 또는 소방서장**에게 통보해야 한다.
• 휴업·폐업 또는 **휴업 후 영업의 재개(再開)**
• 영업 내용의 변경
• 다중이용업주의 변경 또는 다중이용업주 주소의 변경
• 다중이용업소 상호 또는 주소의 변경

075

다중이용업소의 안전관리에 관한 특별법령상 다중이용업소의 안전관리기본계획에 포함되어야 할 사항으로 옳지 않은 것은?

① 다중이용업소의 자율적인 안전관리 촉진에 관한 사항
② 다중이용업소의 화재안전에 관한 정보체계의 구축 및 관리
③ 다중이용업소의 적정한 유지·관리에 필요한 교육과 기술 연구·개발
④ 다중이용업소의 종업원에 대한 자체지도 계획

해설

안전관리기본계획의 포함사항(법 제5조)
• 다중이용업소의 안전관리에 관한 기본 방향
• **다중이용업소의 자율적인 안전관리 촉진에 관한 사항**
• **다중이용업소의 화재안전에 관한 정보체계의 구축 및 관리**
• 다중이용업소의 안전 관련 법령 정비 등 제도 개선에 관한 사항
• **다중이용업소의 적정한 유지·관리에 필요한 교육과 기술 연구·개발**
• 다중이용업소의 화재배상책임보험에 관한 기본 방향
• 다중이용업소의 화재배상책임보험 가입관리전산망(이하 "책임보험전산망"이라 한다)의 구축·운영
• 다중이용업소의 화재배상책임보험제도의 정비 및 개선에 관한 사항
• 다중이용업소의 화재위험평가의 연구·개발에 관한 사항

제4과목 위험물의 성질·상태 및 시설기준

076

물과 반응하여 수산화나트륨을 발생하는 무기과산화물은?

① 다이크로뮴산나트륨
② 과망가니즈산나트륨
③ 과산화나트륨
④ 과염소산나트륨

해설

제1류 위험물
• 다이크로뮴산나트륨, 과망가니즈산나트륨, 과염소산나트륨은 물에 녹는다.
• 과산화나트륨은 물과 반응하면 수산화나트륨(NaOH)과 산소(O_2)를 발생한다.

$$2Na_2O_2 + 2H_2O \rightarrow 4NaOH + O_2 \uparrow + 발열$$

077

제2류 위험물에 관한 설명으로 옳은 것은?

① 적린은 황린에 비해 화학적으로 활성이 크고 공기 중에서 불안정하다.
② 마그네슘 화재 시 물을 주수하면 메테인가스가 발생하여 폭발적으로 연소한다.
③ 황은 연소될 때 오산화인이 생성된다.
④ 철분은 상온에서 묽은 산과 반응하여 수소가스를 발생한다.

해설

제2류 위험물
• 적린은 황린에 비해 공기 중에서 안정하다.
• 마그네슘 화재 시 물을 주수하면 수소가스가 발생하여 폭발적으로 연소한다.

$$Mg + 2H_2O \rightarrow Mg(OH)_2 + H_2 \uparrow$$

• 황은 공기 중에서 연소하면 푸른빛을 내며 **이산화황**(SO_2)을 발생한다.

$$S + O_2 \rightarrow SO_2$$

• 철분은 상온에서 묽은 산과 반응하여 수소가스를 발생한다.

$$Fe + 2HCl \rightarrow FeCl_2 + H_2 \uparrow$$

078

위험물안전관리법령상 제2류 위험물인 금속분에 해당되는 것은?(단, 150[μm]의 체를 통과하는 것이 50[wt%] 미만인 것은 제외한다)

① 칼슘분　　　　　② 니켈분
③ 세슘분　　　　　④ 아연분

금속분 : 알칼리금속·알칼리토류금속·철 및 마그네슘 외의 금속의 분말(구리분·니켈분 및 150[μm]의 체를 통과하는 것이 50[wt%] 미만인 것은 제외)

금속분 : 알루미늄(Al)분말, 아연(Zn)분말, 타이타늄(Ti)분말, 코발트(Co)분말

079

황린이 공기 중에서 완전연소 할 때 생성되는 물질은?

① 오산화인   ② 황화수소
③ 인화수소   ④ 이산화황

해설

황린은 공기 중에서 연소 시 **오산화인(P₂O₅)의 흰 연기**를 발생한다.

$$P_4 + 5O_2 \rightarrow 2P_2O_5$$

080

탄화칼슘 10[kg]이 질소와 고온에서 모두 반응한다고 가정할 때 생성되는 칼슘시안아미드(Calcium Cyan-amide)의 질량[kg]은?(단, 원자량은 Ca는 40, C는 12, N는 14로 한다)

① 10.3   ② 12.5
③ 14.4   ④ 25.0

해설

탄화칼슘은 약 700[℃] 이상에서 질소와 반응하면 칼슘시안아미드(석회질소, **CaCN₂**)가 생성된다.

$$CaC_2 + N_2 \rightarrow CaCN_2 + C$$

64[kg] ╳ 80[kg]
10[kg] ╳ x

$$\therefore x = \frac{10[kg] \times 80[kg]}{64[kg]} = 12.5[kg]$$

[분자량]
① CaC₂ = 40 + (12×2) = 64
② CaCN₂ = 40 + 12 + (14×2) = 80

081

아세트알데하이드에 관한 설명으로 옳지 않은 것은?

① 공기 중에서 산화되면 에틸알코올이 생성된다.
② 강산화제와 접촉 시 혼촉발화의 위험성이 있다.
③ 인화점이 낮아 상온에서 인화하기 쉬운 물질이다.
④ 구리, 은, 마그네슘과 반응하여 폭발성 물질을 생성한다.

해설

에틸알코올의 산화, 환원반응식

$$C_2H_5OH \underset{환원}{\overset{산화}{\rightleftharpoons}} CH_3CHO \underset{환원}{\overset{산화}{\rightleftharpoons}} CH_3COOH$$
(에틸알코올) (아세트알데하이드) (초산)

082

탄화알루미늄과 트라이에틸알루미늄이 각각 물과 반응할 때 생성되는 기체는?

	탄화알루미늄	트라이에틸알루미늄
①	CH₄	C₂H₆
②	C₂H₂	H₂
③	CH₄	C₂H₄
④	C₂H₆	H₂

해설

물과 반응
• 탄화알루미늄
$$Al_4C_3 + 12H_2O \rightarrow 4Al(OH)_3 + 3CH_4$$
• 트라이에틸알루미늄
$$(C_2H_5)_3Al + 3H_2O \rightarrow Al(OH)_3 + 3C_2H_6$$

083

제4류 위험물에 관한 설명으로 옳지 않은 것은?

① 크레오소트유는 콜타르를 증류하여 제조하며 나프탈렌과 안트라센을 포함한 혼합물이다.
② 콜로디온은 용제인 에탄올과 에터가 증발하고 나면 제6류 위험물과 같은 산화성을 나타낸다.
③ 이황화탄소는 액체비중이 물보다 크며 완전연소 시 이산화황과 이산화탄소가 생성된다.
④ 아이소프로필알코올은 25[℃]에서 인화의 위험이 있고 증기는 공기보다 무거워 낮은 곳에 체류한다.

해설

제4류 위험물

· 크레오소트유 : 콜타르를 증류하여 제조하며 나프탈렌과 안 트라센을 포함한 혼합물

· 콜로디온 : 질화도가 낮은 질화면(나이트로셀룰로오스)에 부피비로 에틸알코올 3과 에터 1의 혼합용액에 녹인 것

· 이황화탄소는 액체비중(1.26)이 물보다 크며 완전연소 시 이산화황과 이산화탄소가 생성된다.

> **[이황화탄소의 완전연소반응식]**
> $CS_2 + 3O_2 \rightarrow CO_2$(이산화탄소) $+ 2SO_2$(이산화황)

· 아이소프로필알코올은 인화점이 11.7[℃]이므로 25[℃]에 서 인화의 위험이 있고 증기는 공기보다 무거워 낮은 곳에 체류한다.

> 아이소프로필알코올의 비중 $= \dfrac{분자량}{공기의\ 평균분자량}$
> $= \dfrac{60}{29} = 2.07$

※ 아이소프로필알코올(C_3H_7OH)의 분자량 : 60

084

트라이나이트로페놀에 관한 설명으로 옳지 않은 것은?

① 300[℃] 이상으로 가열하면 폭발한다.

② 순수한 것은 상온에서 황색의 액체이다.

③ 에탄올에 녹는다.

④ 피크르산이라고도 한다.

해설

트라이나이트로페놀(Trinitro Phenol, 피크르산)

· 물 성

화학식	지정수량	융 점	착화점	비 중
$C_6H_2OH(NO_2)_3$	100[kg]	121[℃]	300[℃]	1.8

· 광택있는 **황색**의 **침상결정**이다.

· 나이트로화합물류 중 분자구조 내에 하이드록시기(−OH)를 갖 는 위험물이다.

· **쓴맛**과 **독성**이 있고 알코올, 에터, 벤젠, 더운물에는 잘 녹는다.

085

위험물안전관리법령상 지정수량 이상의 위험물을 운반 하는 경우 질산에틸과 함께 운반할 수 있는 것은?

① 염소산암모늄, 과망가니즈산칼륨

② 적린, 아크릴산

③ 아세톤, 황린

④ 등유, 과염소산

해설

운반 시 혼재가능

· 질산에틸 : 제5류 위험물

종 류	유 별	품 명
염소산암모늄	제1류 위험물	염소산염류
과망가니즈산칼륨	제1류 위험물	과망가니즈산염류
적 린	제2류 위험물	적 린
아크릴산	제4류 위험물	제2석유류
아세톤	제4류 위험물	제1석유류
황 린	제3류 위험물	황 린
등 유	제4류 위험물	제2석유류
과염소산	제6류 위험물	과염소산

· **혼재 가능**

 − 제1류 위험물 + 제6류 위험물

 − 제3류 위험물 + 제4류 위험물

 − **제5류 위험물 + 제2류 위험물 + 제4류 위험물**

∴ 질산에틸(제5류 위험물) + 적린(제2류 위험물) + 아크릴산 (제4류 위험물)은 운반 시 혼재할 수 있다.

086

고농도의 경우 충격, 마찰에 의해 단독으로도 폭발할 수 있으며, 분해 시 발생기 산소가 발생하는 물질은?

① 트라이에틸알루미늄

② 인화칼슘

③ 하이드라진

④ 과산화수소

해설

과산화수소는 농도 **60[%] 이상**은 충격, 마찰에 의해서도 단독 으로 **분해폭발 위험**이 있고 분해 시 발생기 산소가 발생한다.

087

위험물안전관리법령상 위험물별 지정수량과 위험등급의 연결로 옳지 않은 것은?

① 염소산칼륨, 과산화마그네슘 – 50[kg] – Ⅰ등급
② 질산, 과산화수소 – 300[kg] – Ⅰ등급
③ 수소화리튬, 다이에틸아연 – 300[kg] – Ⅲ등급
④ 피크르산, 메틸하이드라진 – 100[kg] – Ⅱ등급

해설

위험물별 지정수량과 위험등급

종류	유별	품명	지정수량	위험등급
염소산칼륨	제1류 위험물	염소산염류	50[kg]	Ⅰ
과산화마그네슘	제1류 위험물	무기과산화물	50[kg]	Ⅰ
질산	제6류 위험물	–	300[kg]	Ⅰ
과산화수소	제6류 위험물	–	300[kg]	Ⅰ
수소화리튬	제3류 위험물	금속의 수소화물	300[kg]	Ⅲ
다이에틸아연	제3류 위험물	제3류 위험물 유기금속화합물	50[kg]	Ⅱ
피크르산	제5류 위험물	나이트로화합물	100[kg]	Ⅱ
메틸하이드라진	제5류 위험물	하이드라진 유도체	100[kg]	Ⅱ

088

위험물안전관리법령상 위험물제조소에 옥외소화전이 5개 있을 경우 확보해야 할 수원의 최소 수량[m³]은?

① 14　　　　　② 31.2
③ 54　　　　　④ 67.5

해설

옥외소화전설비의 방수량, 방수압력 등

방수량	방수압력	배출량	수원	비상전원
450 [L/min] 이상	0.35 [MPa] 이상	N(최대 4개) ×450 [L/min])	N(최대 4개) ×13.5[m³] (450[L/min] ×30[min])	45분

∴ 수원 = N(최대 4개) × 13.5[m³] = 4 × 13.5[m³]
　　　　= 54[m³]

089

위험물안전관리법령상 위험물을 취급하는 제조소 건축물의 지붕을 내화구조로 할 수 있는 것은?

① 과염소산
② 과망가니즈산칼륨
③ 부틸리튬
④ 산화프로필렌

해설

제조소의 지붕을 내화구조로 할 수 있는 경우
• 제2류 위험물(분말상태의 것과 인화성 고체는 제외)
• 제4류 위험물 중 제4석유류, 동식물유류
• 제6류 위험물

종류	과염소산	과망가니즈산칼륨	부틸리튬	산화프로필렌
유별	제6류 위험물	제1류 위험물	제3류 위험물	제4류 위험물

090

위험물안전관리법령상 철분을 취급하는 위험물제조소에 설치해야 하는 주의사항을 표시한 게시판의 내용으로 옳은 것은?

① 물기주의
② 물기엄금
③ 화기주의
④ 화기엄금

해설

제조소의 주의사항을 표시한 게시판

위험물의 종류	주의사항	게시판의 색상
제1류 위험물 중 알칼리금속의 과산화물	물기엄금	청색바탕에 백색문자
제3류 위험물 중 금수성 물질		
제2류 위험물(인화성 고체는 제외) – 철분	**화기주의**	**적색바탕에 백색문자**
제2류 위험물 중 인화성 고체	화기엄금	적색바탕에 백색문자
제3류 위험물 중 자연발화성 물질		
제4류 위험물		
제5류 위험물		

091

위험물안전관리법령상 위험물제조소의 환기설비에 관한 기준 중 다음 (   )에 들어갈 내용으로 옳은 것은?

> 환기구는 지붕 위 또는 지상 (   )[m] 이상의 높이에 회전식 고정벤틸레이터 또는 루프팬방식으로 설치할 것

① 1   ② 2
③ 3   ④ 4

해설

제조소의 환기설비

- 환기 : 자연배기방식
- 급기구는 해당 급기구가 설치된 실의 바닥면적 150[m^2]마다 1개 이상으로 하되 급기구의 크기는 800[cm^2] 이상으로 할 것. 다만 바닥면적 150[m^2] 미만인 경우에는 다음의 크기로 할 것

바닥면적	급기구의 면적
60[m^2] 미만	150[cm^2] 이상
60[m^2] 이상 90[m^2] 미만	300[cm^2] 이상
90[m^2] 이상 120[m^2] 미만	450[cm^2] 이상
120[m^2] 이상 150[m^2] 미만	600[cm^2] 이상

- 급기구는 낮은 곳에 설치하고 가는 눈의 구리망으로 인화방지망을 설치할 것
- **환기구**는 지붕 위 또는 **지상 2[m] 이상**의 높이에 **회전식 고정벤틸레이터** 또는 **루프팬방식**(Roof Fan : 지붕에 설치하는 배기장치)으로 설치할 것

092

위험물안전관리법령상 위험물제조소와 인근 건축물 등과의 안전거리가 다음 중 가장 긴 것은?(단, 제6류 위험물을 취급하는 제조소를 제외한다)

① 초·중등교육법에 정하는 학교
② 사용전압이 35,000[V]를 초과하는 특고압가공전선
③ 도시가스사업법의 규정에 의한 가스공급시설
④ 기념물 중 지정문화재

해설

제조소의 안전거리

건축물	안전거리
사용전압 7,000[V] 초과 35,000[V] 이하의 특고압 가공전선	3[m] 이상
사용전압 35,000[V] 초과의 특고압 가공전선	5[m] 이상
건축물 그 밖의 공작물로서 주거용으로 사용되는 것(제조소가 설치된 부지 내에 있는 것을 제외)	10[m] 이상
고압가스, 액화석유가스, 도시가스를 저장 또는 취급하는 시설	20[m] 이상
학교, 병원(병원급 의료기관), 극장(공연장, 영화상영관으로서 수용인원 300명 이상 수용할 수 있는 것), 아동복지시설, 노인복지시설, 장애인복지시설, 한부모가족복지시설, 어린이집, 성매매피해자등을 위한 지원시설, 정신건강증진시설, 가정폭력방지 및 피해자 보호시설, 그 밖에 수용인원 20명 이상 수용할 수 있는 것	30[m] 이상
유형문화재와 기념물 중 **지정문화재**	50[m] 이상

093

위험물안전관리법령상 지하탱크저장소의 기준에 관한 설명으로 옳은 것은?(단 이중벽탱크와 특수누설방지구조는 제외한다)

① 지하저장탱크의 윗부분은 지면으로부터 0.5[m] 이상 아래에 있어야 한다.

② 지하저장탱크와 탱크전용실의 안쪽과의 사이는 5[cm] 이상의 간격을 유지하도록 한다.

③ 지하저장탱크는 용량이 1,500[L] 이하일 때 탱크의 최대 직경은 1,067[mm], 강철판의 최소 두께는 4.24[mm]로 한다.

④ 철근콘크리트 구조인 탱크전용실의 벽·바닥 및 뚜껑은 두께 0.3[m] 이상으로 하고 그 내부에는 직경 9[mm]부터 13[mm]까지의 철근을 가로 및 세로로 5[cm]부터 20[cm]까지의 간격으로 배치한다.

해설

지하탱크저장소의 기준

• **탱크전용실**은 지하의 가장 가까운 벽·피트(Pit : 인공지하구조물)·가스관 등의 시설물 및 대지경계선으로부터 **0.1[m] 이상** 떨어진 곳에 설치하고, 지하저장탱크와 탱크전용실의 안쪽과의 사이는 **0.1[m] 이상의 간격**을 유지하도록 하며, 해당 탱크의 주위에 **마른 모래 또는 습기** 등에 의하여 응고되지 않는 입자지름 **5[mm] 이하**의 **마른 자갈분**을 채워야 한다.

• **지하저장탱크의 윗부분**은 **지면으로부터 0.6[m] 이상** 아래에 있어야 한다.

• 지하저장탱크를 2 이상 인접해 설치하는 경우에는 그 상호간에 1[m](해당 2 이상의 **지하저장탱크의 용량의 합계**가 지정수량의 **100배 이하**인 때에는 **0.5[m]**) 이상의 간격을 유지해야 한다.

• 탱크용량에 따른 최대 직경과 최소 두께

탱크용량 (단위[L])	탱크의 최대 직경 (단위[mm])	강철판의 최소 두께 (단위[mm])
1,000 이하	1,067	3.20
1,000 초과 2,000 이하	1,219	3.20
2,000 초과 4,000 이하	1,625	3.20
4,000 초과 15,000 이하	2,450	4.24
15,000 초과 45,000 이하	3,200	6.10
45,000 초과 75,000 이하	3,657	7.67
75,000 초과 189,000 이하	3,657	9.27
189,000 초과	–	10.00

• 탱크전용실의 구조(철근콘크리트구조)
  - **벽, 바닥, 뚜껑의 두께 : 0.3[m] 이상**
  - 벽, 바닥 및 뚜껑의 내부에는 직경 9[mm]부터 13[mm]까지의 철근을 가로 및 세로로 5[cm]부터 20[cm]까지의 간격으로 배치할 것
  - 벽, 바닥 및 뚜껑의 재료에 수밀콘크리트를 혼입하거나 벽, 바닥 및 뚜껑의 중간에 아스팔트층을 만드는 방법으로 적정한 방수조치를 할 것

094

위험물안전관리법령상 이동탱크저장소의 기준에 관한 설명으로 옳은 것을 모두 고른 것은?

> ㄱ. 이동탱크저장소에 주입설비를 설치하는 경우에는 주입설비의 길이는 60[m] 이내로 하고, 분당배출량은 250[L] 이하로 할 것
> ㄴ. 탱크는 두께 3.2[mm] 이상의 강철판 또는 이와 동등 이상의 강도·내식성 및 내열성이 있다고 인정하여 소방청장이 정하여 고시하는 재료 및 구조로 위험물이 새지 않게 제작할 것
> ㄷ. 제4류 위험물 중 특수인화물, 제1석유류 또는 제2석유류의 이동탱크저장소에는 정해진 기준에 의하여 접지도선을 설치할 것
> ㄹ. 방호틀은 두께 1.6[mm] 이상의 강철판 또는 이와 동등 이상의 기계적 성질이 있는 재료로써 산모양의 형상으로 할 것

① ㄱ, ㄹ
② ㄴ, ㄷ
③ ㄱ, ㄷ, ㄹ
④ ㄱ, ㄴ, ㄷ, ㄹ

해설

이동탱크저장소의 기준

• 이동탱크저장소에 주입설비를 설치하는 경우에는 **주입설비의 길이는 50[m] 이내**로 하고, **분당배출량은 200[L] 이하**로 할 것

• 탱크는 두께 3.2[mm] 이상의 강철판 또는 이와 동등 이상의 강도·내식성 및 내열성이 있다고 인정하여 소방청장이 정하여 고시하는 재료 및 구조로 위험물이 새지 않게 제작할 것

• 제4류 위험물 중 **특수인화물, 제1석유류 또는 제2석유류**의 이동탱크저장소에는 정해진 기준에 의하여 **접지도선**을 설치할 것

• **방호틀**은 **두께 2.3[mm] 이상의 강철판** 또는 이와 동등 이상의 기계적 성질이 있는 재료로써 산모양의 형상으로 할 것

095

위험물안전관리법령상 옥외탱크저장소 탱크 주위에 설치하는 방유제의 설치기준 중 ( )에 들어갈 내용으로 옳게 나열된 것은?

> 방유제는 두께 (ㄱ)[m] 이상, 지하매설깊이 (ㄴ)[m] 이상으로 할 것. 다만, 방유제와 옥외저장탱크 사이의 지반면 아래에 불침윤성(不浸潤性) 구조물을 설치하는 경우에는 지하매설깊이를 해당 불침윤성 구조물까지로 할 수 있다.

① ㄱ : 0.1, ㄴ : 0.5
② ㄱ : 0.1, ㄴ : 1.0
③ ㄱ : 0.2, ㄴ : 0.5
④ ㄱ : 0.2, ㄴ : 1.0

해설

방유제는 높이 0.5[m] 이상 3[m] 이하, 두께 0.2[m] 이상, 지하매설깊이 1[m] 이상으로 할 것. 다만, 방유제와 옥외저장탱크 사이의 지반면 아래에 불침윤성(不浸潤性) 구조물을 설치하는 경우에는 지하매설깊이를 해당 불침윤성 구조물까지로 할 수 있다.

096

위험물안전관리법령상 위험물저장소의 건축물 외벽이 내화구조이고 연면적이 900[m²]인 경우, 소화설비의 설치기준에 의한 소화설비 소요단위의 계산값은?

① 6 ② 9
③ 12 ④ 18

해설

소요단위의 계산방법
- **제조소** 또는 **취급소**의 건축물
  - 외벽이 내화구조 : 연면적 100[m²]를 1소요단위
  - 외벽이 내화구조가 아닌 것 : 연면적 50[m²]를 1소요단위
- **저장소**의 건축물
  - 외벽이 **내화구조** : 연면적 150[m²]를 1소요단위
  - 외벽이 내화구조가 아닌 것 : 연면적 75[m²]를 1소요단위
- 위험물은 지정수량의 10배 : 1소요단위

∴ 소요단위 $= \dfrac{900[\text{m}^2]}{150[\text{m}^2]} = 6$ 단위

097

위험물안전관리법령상 옥외저장소에 저장할 수는 없는 위험물을 모두 고른 것은?(단, 국제해상위험물규칙에 적합한 용기에 수납된 경우와 관세법상 보세구역 안에 저장하는 경우는 제외한다)

> ㄱ. 황 ㄴ. 인화알루미늄
> ㄷ. 벤젠 ㄹ. 에틸알코올
> ㅁ. 초산 ㅂ. 적린
> ㅅ. 과염소산

① ㄱ, ㄹ, ㅅ
② ㄴ, ㄷ, ㅂ
③ ㄴ, ㅁ, ㅂ
④ ㄷ, ㅁ, ㅅ

해설

옥외에 저장할 수 있는 위험물
- 제2류 위험물 중 **황** 또는 인화성 고체(인화점이 0[℃] 이상인 것에 한한다)
- 제4류 위험물 중 **제1석유류(인화점이 0[℃] 이상**인 것에 한한다)·**알코올류·제2석유류**·제3석유류·제4석유류 및 동식물유류
- **제6류 위험물**
- 제2류 위험물 및 제4류 위험물 중 특별시·광역시·특별자치시·도 또는 특별자치도의 조례로 정하는 위험물(관세법에 따른 보세구역 안에 저장하는 경우로 한정한다)
- 국제해사기구에 관한 협약에 의하여 설치된 국제해사기구가 채택한 국제해상위험물규칙(IMDG Code)에 적합한 용기에 수납된 위험물

종 류	유별 및 품명	인화점	옥외저장여부
황	제2류 위험물	–	가 능
인화알루미늄	제3류 위험물	–	불가능
벤 젠	제4류 위험물 제1석유류	–11[℃]	불가능
에틸알코올	제4류 위험물 알코올류	13[℃]	가 능
초 산	제4류 위험물 제2석유류	40[℃]	가 능
적 린	제2류 위험물	–	불가능
과염소산	제6류 위험물	–	가 능

098

위험물안전관리법령상 제1종 판매취급소의 위험물을 배합하는 실에 관한 기준으로 옳은 것은?

① 바닥면적은 6[m²] 이상 15[m²] 이하로 할 것
② 방화구조 또는 난연재료로 된 벽으로 구획할 것
③ 출입구 문턱의 높이는 바닥면으로부터 5[cm] 이상으로 할 것
④ 출입구에는 수시로 열 수 있는 자동폐쇄식의 30분 방화문을 설치할 것

해설

제1종 판매취급소의 위험물을 배합실의 기준
• 바닥면적은 6[m²] 이상 15[m²] 이하일 것
• 내화구조 또는 **불연재료**로 된 벽으로 구획할 것
• 바닥은 위험물이 침투하지 않는 구조로 하여 **적당한 경사**를 두고 **집유설비**를 할 것
• 출입구에는 수시로 열 수 있는 **자동폐쇄식의 60분+방화문 또는 60분 방화문**을 설치할 것
• **출입구 문턱의 높이**는 바닥면으로부터 0.1[m] 이상으로 할 것
• 내부에 체류한 가연성의 증기 또는 가연성의 미분을 지붕위로 방출하는 설비를 할 것

099

위험물안전관리법령상 이송취급소에 관한 기준 중 (   )에 들어갈 내용으로 옳은 것은?

내압시험 시 배관등은 최대상용압력의 (   )배 이상의 압력으로 4시간 이상 수압을 가하여 누설 그 밖의 이상이 없을 것

① 1   ② 1.1
③ 1.25   ④ 1.5

해설

이송취급소의 내압시험
배관 등은 **최대상용압력의 1.25배 이상**의 압력으로 **4시간 이상 수압**을 가하여 누설 그 밖의 이상이 없을 것

100

위험물안전관리법령상 주유취급소의 담 또는 벽의 일부분에 방화상 유효한 구조의 유리를 부착할 때 설치기준으로 옳지 않은 것은?

① 하나의 유리판의 가로 길이는 2[m] 이내일 것
② 주유취급소 내의 지반면으로부터 70[cm]를 초과하는 부분에 한하여 유리를 부착할 것
③ 유리를 부착하는 범위는 전체의 담 또는 벽의 길이의 10분의 3을 초과하지 않을 것
④ 유리를 부착하는 위치는 주입구, 고정주유설비 및 고정급유설비로부터 4[m] 이상 거리를 둘 것

해설

주유취급소의 담 또는 벽에 유리를 부착하는 방법
• 주유취급소 내의 지반면으로부터 **70[cm]를 초과하는 부분**에 한하여 유리를 부착할 것
• 하나의 **유리판의 가로의 길이는 2[m] 이내**일 것
• 유리판의 테두리를 금속제의 구조물에 견고하게 고정하고 해당 구조물을 담 또는 벽에 견고하게 부착할 것
• **유리의 구조**는 접합유리(두장의 유리를 두께 0.76[mm] 이상의 폴리비닐 부티랄 필름으로 접합한 구조)로 하되, 유리구획부분의 내화시험방법(KS F 2845)에 따라 시험하여 **비차열 30분 이상**의 방화성능이 인정될 것
• 유리를 부착하는 범위는 전체의 담 또는 벽의 길이의 2/10을 초과 하지 않을 것
• 유리를 부착하는 위치는 주입구, 고정주유설비 및 고정급유설비로부터 **4[m] 이상** 거리를 둘 것

101

소화기구 및 자동소화장치의 화재안전기술기준상 상업용 주방자동소화장치의 설치기준이 아닌 것은?

① 소화장치는 조리기구의 종류별로 성능인증 받은 설계 매뉴얼에 적합하게 설치할 것
② 감지부는 성능인증 받는 유효높이 및 위치에 설치할 것
③ 차단장치(전기 또는 가스)는 상시 확인 및 점검이 가능하도록 설치할 것
④ 수신부는 주위의 열기구 또는 습기 등과 주위온도에 영향을 받지 않고 사용자가 상시 볼 수 있는 장소에 설치할 것

해설
상업용 주방자동소화장치의 설치기준
• 소화장치는 조리기구의 종류별로 성능인증 받은 설계 매뉴얼에 적합하게 설치 할 것
• 감지부는 성능인증 받는 유효높이 및 위치에 설치할 것
• 차단장치(전기 또는 가스)는 상시 확인 및 점검이 가능하도록 설치할 것
• 후드에 방출되는 분사헤드는 후드의 가장 긴 변의 길이까지 방출될 수 있도록 약제 방출 방향 및 거리를 고려하여 설치할 것
• 덕트에 방출되는 분사헤드는 성능인증 받는 길이 이내로 설치할 것

Plus one
주거용 주방자동소화장치의 설치기준
• 소화약제 방출구는 환기구(주방에서 발생하는 열기류 등을 밖으로 배출하는 장치를 말한다)의 청소부분과 분리되어 있어야 하며, 형식승인 받은 유효 설치 높이 및 방호면적에 따라 설치할 것
• 감지부는 형식승인 받은 유효한 높이 및 위치에 설치할 것
• 차단장치(전기 또는 가스)는 상시 확인 및 점검이 가능하도록 설치할 것
• 가스용 주방자동소화장치를 사용하는 경우 탐지부는 수신부와 분리하여 설치하되, 공기보다 가벼운 가스를 사용하는 경우에는 천장면으로부터 30[cm] 이하의 위치에 설치하고, 공기보다 무거운 가스를 사용하는 장소에는 바닥 면으로부터 30[cm] 이하의 위치에 설치할 것
• **수신부**는 주위의 열기류 또는 습기 등과 주위온도에 영향을 받지 않고 사용자가 상시 볼 수 있는 장소에 설치할 것

102

펌프의 제원이 전양정 50[m], 유량 6[m³/min], 4극 유도전동기 60[Hz], 슬립 3[%]일 때, 비속도는 약 얼마인가?

① 210.11
② 214.60
③ 227.45
④ 235.31

해설
비속도
• 전동기의 동기속도 $N_s = \dfrac{120f}{P}$ 에서

$$N_s = \frac{120 \times 60[\text{Hz}]}{4\text{극}} = 1,800[\text{rpm}]$$

• 슬립 $s = \dfrac{N_s - N}{N_s}$ 에서 실제속도

$$N = N_s - sN_s$$
$$= 1,800[\text{rpm}] - 0.03 \times 1,800[\text{rpm}] = 1,746[\text{rpm}]$$

• 비속도 $n_s = N\left(\dfrac{\sqrt{Q}}{H^{3/4}}\right)$ 에서

$$n_s = 1,746[\text{rpm}] \times \left(\frac{\sqrt{6[\text{m}^3/\text{min}]}}{(50[\text{m}])^{3/4}}\right) = 227.45$$

103

무선통신보조설비의 화재안전기술기준상 (　　)에 들어갈 내용으로 옳게 묶인 것은?

> 무선통신보조설비의 무선기기 접속 단자를 지상에 설치할 경우 (　　)거리 (　　)[m] 이내마다 설치하고, 다른 용도로 사용되는 접속단자에서 (　　)[m] 이상의 거리를 둘 것

① 수평, 300, 5
② 보행, 100, 3
③ 수평, 100, 3
④ 보행, 300, 5

해설
※ 2021년 3월 25일 화재안전기준 개정으로 맞지 않는 문제임

104

특별피난계단의 계단실 및 부속실 제연설비의 화재안전기술기준상 제연구획에 대한 급기 기준으로 옳지 않은 것은?

① 계단실 및 부속실을 동시에 제연하는 경우 계단실에 대해서는 그 부속실의 수직풍도를 통해 급기할 수 있다.

② 하나의 수직풍도마다 전용의 송풍기로 급기할 것

③ 부속실을 제연하는 경우 동일 수직선상에 2대 이상의 급기송풍기가 설치되어 있는 경우에는 수직풍도를 분리하여 설치할 수 있다.

④ 계단실을 제연하는 경우 전용 수직풍도를 설치하거나 부속실에 급기풍도를 직접 연결하여 급기하는 방식으로 할 것

해설

급기의 기준

• 부속실을 제연하는 경우 동일수직선상의 모든 부속실은 하나의 전용 수직풍도를 통해 동시에 급기할 것. 다만, 동일수직선상에 2대 이상의 급기송풍기가 설치되는 경우에는 수직풍도를 분리하여 설치할 수 있다.

• 계단실 및 부속실을 동시에 제연하는 경우 계단실에 대하여는 그 부속실의 수직풍도를 통해 급기할 수 있다.

• **계단실만 제연하는 경우에는 전용 수직풍도를 설치하거나 계단실에 급기풍도 또는 급기송풍기를 직접 연결**하여 급기하는 방식으로 할 것

• 하나의 수직풍도마다 전용의 송풍기로 급기할 것

• 비상용 승강기의 승강장을 제연하는 경우에는 비상용 승강기의 승강로를 급기풍도로 사용할 수 있다.

105

연결송수관설비의 화재안전기술기준상 배관 등의 설치기준으로 옳지 않은 것은?

① 지상 11층 이상인 특정소방대상물에 있어서는 습식설비로 할 것

② 주배관의 구경은 100[mm] 이상의 것으로 할 것

③ 연결송수관설비의 배관은 주배관의 구경이 100[mm] 이상인 옥내소화전설비·스프링클러설비 또는 물분무 등 소화설비의 배관과 겸용할 수 있다.

④ 배관 내 사용압력이 1.2[MPa] 이상일 경우에는 일반배관용 스테인리스강관(KS D 3595) 또는 배관용 스테인리스강관(KS D 3576)을 사용한다.

해설

연결송수관설비 배관등의 설치기준

• 주배관의 구경은 100[mm] 이상의 것으로 할 것

• 지면으로부터의 높이가 31[m] 이상인 특정소방대상물 또는 **지상 11층 이상인** 특정소방대상물에 있어서는 **습식설비로** 할 것

• 배관과 배관이음쇠
  – 배관 내 **사용압력이 1.2[MPa] 미만일 경우**에는 다음의 어느 하나에 해당하는 것
    ⓐ 배관용 탄소강관(KS D 3507)
    ⓑ 이음매 없는 구리 및 구리합금관(KS D 5301). 다만, 습식의 배관에 한한다.
    ⓒ 배관용 스테인리스강관(KS D 3576) 또는 일반배관용 스테인리스강관(KS D 3595)
    ⓓ 덕타일 주철관(KS D 4311)
  – 배관 내 **사용압력이 1.2[MPa] 이상일 경우**에는 다음의 어느 하나에 해당하는 것
    ⓐ 압력배관용 탄소강관(KS D 3562)
    ⓑ 배관용 아크용접 탄소강강관(KS D 3583)

• 연결송수관설비의 배관은 **주배관의 구경이 100[mm] 이상인** 옥내소화전설비·스프링클러설비 또는 물분무 등 소화설비의 **배관과 겸용할** 수 있다.

106

소방시설용 비상전원수전설비의 화재안전기술기준상 다음 설명에 해당하는 용어는?

소방회로 및 일반회로 겸용의 것으로 수전설비, 변전설비 그 밖의 기기 및 배선을 금속제 외함에 수납한 것을 말한다.

① 공용 큐비클식
② 공용 배전반
③ 공용 분전반
④ 전용 큐비클식

비상전원수전설비의 용어
• 전용큐비클식 : 소방회로용의 것으로 수전설비, 변전설비, 그 밖의 기기 및 배선을 금속제 외함에 수납한 것을 말한다.
• **공용큐비클식 : 소방회로 및 일반회로 겸용의 것**으로서 수전설비, 변전설비, 그 밖의 기기 및 배선을 금속제 외함에 수납한 것을 말한다.
• 전용배전반 : 소방회로 전용의 것으로서 개폐기, 과전류차단기, 계기, 그 밖의 배선용기기 및 배선을 금속제 외함에 수납한 것을 말한다.
• 공용배전반 : 소방회로 및 일반회로 겸용의 것으로서 개폐기, 과전류차단기, 계기, 그 밖의 배선용기기 및 배선을 금속제 외함에 수납한 것을 말한다.
• 전용분전반 : 소방회로 전용의 것으로서 분기 개폐기, 분기 과전류차단기, 그 밖의 배선용기기 및 배선을 금속제 외함에 수납한 것을 말한다.
• 공용분전반 : 소방회로 및 일반회로 겸용의 것으로서 분기 개폐기, 분기과전류차단기, 그 밖의 배선용기기 및 배선을 금속제 외함에 수납한 것을 말한다.

107

연결살수설비의 화재안전기술기준상 (　　)에 들어갈 내용으로 옳게 묶인 것은?

송수구는 구경 (　　)[mm]의 쌍구형으로 설치할 것. 다만, 하나의 송수구역에 부착하는 살수헤드의 수가 (　　)개 이하인 것은 단구형의 것으로 할 수 있다.

① 40, 3
② 40, 10
③ 65, 10
④ 100, 20

연결살수설비의 송수구 설치기준
• 소방차가 쉽게 접근할 수 있고 노출된 장소에 설치할 것
• 가연성 가스의 저장·취급시설에 설치하는 연결살수설비의 송수구는 그 방호대상물로부터 20[m] 이상의 거리를 두거나 방호대상물에 면하는 부분이 높이 1.5[m] 이상 폭 2.5[m] 이상의 철근콘크리트 벽으로 가려진 장소에 설치해야 한다.
• 송수구는 구경 **65[mm]의 쌍구형**으로 설치할 것. 다만, 하나의 송수구역에 부착하는 **살수헤드의 수가 10개 이하인 것은 단구형의 것**으로 할 수 있다.
• 개방형 헤드를 사용하는 송수구의 호스접결구는 각 송수구역마다 설치할 것. 다만, 송수구역을 선택할 수 있는 선택밸브가 설치되어 있고 각 송수구역의 주요구조부가 내화구조로 되어 있는 경우에는 그렇지 않다.
• 지면으로부터 높이가 **0.5[m] 이상 1[m] 이하**의 위치에 설치할 것
• 송수구로부터 주배관에 이르는 연결배관에는 개폐밸브를 설치하지 않을 것. 다만, 스프링클러설비·물분무소화설비·포소화설비 또는 연결송수관설비의 배관과 겸용하는 경우에는 그렇지 않다.
• 송수구의 부근에는 "연결살수설비 송수구"라고 표시한 표지와 **송수구역 일람표**를 설치할 것. 다만, 선택밸브를 설치한 경우에는 그렇지 않다.
• 송수구에는 이물질을 막기 위한 마개를 씌울 것

108

4단 펌프인 수평 회전축 소화펌프를 운전하면서 물의 압력을 측정하였더니 흡입 측 압력이 0.09[MPa], 토출 측 압력이 0.98[MPa]이었다. 이 펌프 1단의 임펠러에 가해지는 토출압력[MPa]은 약 얼마인가?

① 0.13
② 0.16
③ 0.19
④ 0.21

압축비

$$압축비(r) = \sqrt[\varepsilon]{\frac{p_2}{p_1}}$$

여기서, ε : 단수　　p_1 : 최초의 압력　　p_2 : 최종의 압력

압축비 $r = \sqrt[\varepsilon]{\frac{p_2}{p_1}} = \sqrt[4]{\frac{0.98}{0.09}} = 1.817$

압축비 $r = \frac{p_2}{p_1}$ 에서 1단의 토출압력

∴ $p_2 = r \times p_1 = 1.817 \times 0.09 = 0.164[MPa]$

109

피난기구의 화재안전기술기준의 설치장소별 피난기구 적응성에서 4층 이상 10층 이하의 노유자시설에 설치할 수 있는 피난기구로 묶인 것은?

① 구조대, 미끄럼대
② 피난교, 승강식 피난기
③ 피난용 트랩, 승강식 피난기
④ 피난교, 완강기

해설

소방대상물의 설치장소별 피난기구의 적응성

설치 장소별 구분 ＼ 층별	1층	2층	3층	4층 이상 10층 이하
노유자시설	미끄럼대 · 구조대 · 피난교 · 다수인 피난장비 · 승강식 피난기			구조대 · 피난교, 다수인 피난장비, 승강식 피난기
의료시설 · 근린생활시설 중 입원실이 있는 의원 · 접골원 · 조산소	–	–	미끄럼대 · 구조대 · 피난교 · 피난용 트랩 · 다수인 피난장비 · 승강식 피난기	구조대 · 피난교 · 피난용 트랩 · 다수인 피난장비 · 승강식 피난기
다중이용업소로서 영업장의 위치가 4층 이하인 다중이용업소		–	미끄럼대 · 피난사다리 · 구조대 · 완강기 · 다수인 피난장비 · 승강식 피난기	
그 밖의 것	–	–	미끄럼대 · 피난사다리 · 구조대 · 완강기 · 피난교 · 피난용 트랩 · 간이완강기 · 공기안전매트 · 다수인 피난장비 · 승강식 피난기	피난사다리 · 구조대 · 완강기 · 피난교 · 간이완강기 · 공기안전매트 · 다수인 피난장비 · 승강식 피난기

110

유도등 및 유도표지의 화재안전기술기준상 축광방식 피난유도선의 설치기준에 관한 설명으로 옳지 않은 것은?

① 바닥으로부터 높이 50[cm] 이하의 위치 또는 바닥면에 설치할 것
② 구획된 각 실로부터 주출입구 또는 비상구까지 설치할 것
③ 피난유도 표시부는 1[m] 이내의 간격으로 연속되도록 설치할 것
④ 외부의 빛 또는 조명장치에 의하여 상시 조명이 제공되거나 비상조명등에 의한 조명이 제공되도록 설치할 것

해설

축광방식의 피난유도선의 설치기준

- 구획된 각 실로부터 주출입구 또는 비상구까지 설치할 것
- 바닥으로부터 높이 50[cm] 이하의 위치 또는 바닥 면에 설치할 것
- **피난유도 표시부는 50[cm] 이내의 간격**으로 연속되도록 설치
- 부착대에 의하여 견고하게 설치할 것
- 외부의 빛 또는 조명장치에 의하여 상시 조명이 제공되거나 비상조명등에 의한 조명이 제공되도록 설치할 것

Plus one **광원점등방식의 피난유도선 설치기준**
- 구획된 각 실로부터 주출입구 또는 비상구까지 설치할 것
- 피난유도 표시부는 바닥으로부터 높이 1[m] 이하의 위치 또는 바닥면에 설치 할 것
- 피난유도 표시부는 50[cm] 이내의 간격으로 연속되도록 설치하되 실내장식물 등으로 설치가 곤란할 경우 1[m] 이내로 설치할 것
- 수신기로부터의 화재신호 및 수동조작에 의하여 광원이 점등되도록 설치할 것
- 비상전원이 상시 충전상태를 유지하도록 설치할 것
- 바닥에 설치되는 피난유도 표시부는 매립하는 방식을 사용할 것
- 피난유도 제어부는 조작 및 관리가 용이하도록 바닥으로부터 0.8[m] 이상 1.5[m] 이하의 높이에 설치할 것

111

자동화재탐지설비 및 시각경보장치의 화재안전기술기준상 다음 조건을 만족하는 소방대상물의 최소 경계구역 수는?

> • 층별 바닥면적 605[m²](55[m] × 11[m])인 10층 규모의 대상물
> • 지하 2층, 지상 8층 구조이고, 높이가 43[m]인 소방대상물
> • 건물 중앙부에 지하까지 연계된 계단 및 엘리베이터 설치

① 12개
② 21개
③ 23개
④ 24개

해설

경계구역 수

• 층 별

　하나의 경계구역은 600[m²] 이하이므로 지하 2층과 지상 8층은 총 10개의 층이다.

$$∴ 회로 = \frac{605[m^2]}{600[m^2]} = 1.008 → 2회로 × 10개 = 20회로$$

• 별도의 경계구역
　– 계단은 지하와 지상으로 각각 1회로 총 2회로
　– 엘리베이터 1회로
• 총회로수 = 20회로 + 2회로 + 1회로 = 23회로

> **[자동화재탐지설비의 경계구역]**
> • 2개층을 하나의 경계구역으로 할 수 있는 면적 : 500[m²] 이하
> • 하나의 경계구역 : 600[m²] 이하, 한 변의 길이 : 50[m] 이하
> • 별도의 경계구역 : 계단, 경사로, 엘리베이터 권상기실, 리넨슈트, 파이프덕트
> • 계단, 경사로 하나의 경계구역 : 높이 45[m] 이하(지상과 지하는 각각 하나의 경계구역으로 한다)

112

자동화재탐지설비 및 시각경보장치의 화재안전기술기준상 다음 조건에서 설명하고 있는 감지기는?

> • 분전반 내부에 설치하는 경우 접착제를 이용하여 돌기를 바닥에 고정시키고 그곳에 감지기를 설치할 것
> • 감지기와 감지구역의 각 부분과의 수평거리가 내화구조의 경우 1종 4.5[m] 이하, 2종 3[m] 이하로 할 것
> • 단자부와 마감 고정금구와의 설치간격은 10[cm] 이내로 설치할 것

① 정온식감지선형
② 열전대식 차동식분포형
③ 광전식분리형
④ 열연복합형

해설

정온식감지선형감지기의 설치기준

• 보조선이나 고정금구를 사용하여 감지선이 늘어지지 않도록 설치할 것
• **단자부와 마감 고정금구와의 설치간격**은 10[cm] 이내로 설치할 것
• 감지선형 감지기의 굴곡반경은 5[cm] 이상으로 할 것
• 감지기와 감지구역의 각 부분과의 **수평거리가 내화구조의 경우 1종 4.5[m] 이하, 2종 3[m] 이하로 할 것**. 기타 구조의 경우 1종 3[m] 이하, 2종 1[m] 이하로 할 것
• 케이블트레이에 감지기를 설치하는 경우에는 케이블트레이 받침대에 마감금구를 사용하여 설치할 것
• 창고의 천장 등에 지지물이 적당하지 않은 장소에서는 보조선을 설치하고 그 보조선에 설치할 것
• 분전반 내부에 설치하는 경우 접착제를 이용하여 돌기를 바닥에 고정시키고 그곳에 감지기를 설치할 것
• 그 밖의 설치방법은 형식승인 내용에 따르며 형식승인 사항이 아닌 것은 제조사의 시방서에 따라 설치할 것

113

스프링클러설비가 설치된 복합건축물로서 배관 길이 80[m], 관경 100[mm], 마찰손실계수 0.03인 배관을 통해 높이 60[m]까지 소화수를 공급할 경우, 펌프의 이론 소요동력[kW]은 약 얼마인가?(단, 펌프효율 : 0.8, 전달계수 : 1.15, 중력가속도 : 9.8[m/s²], 헤드의 방수압 : 10[mAq], π : 3.14, 헤드는 표준형이다)

① 47.28
② 52.28
③ 57.28
④ 62.28

해설

펌프의 이론 소요동력

$$P[\text{kW}] = \frac{0.163QH}{\eta} \times K$$

여기서, $0.163 = 1,000 \div 60 \div 102$

Q : 유량($Q = 80[\text{L/min}] \times 30$
$= 2,400[\text{L/min}]$
$= 2.4[\text{m}^3/\text{min}])$

H : 전양정($H = h_1 + h_2 + 10$)

• $h_1 = 60[\text{m}]$

• $u = \dfrac{Q}{A} = \dfrac{Q}{\frac{\pi}{4}D^2} = \dfrac{2.4[\text{m}^3]/60[\text{s}]}{\frac{\pi}{4}(0.1[\text{m}])^2} = 5.1[\text{m/s}]$

• $h_2 = \dfrac{flu^2}{2gD} = \dfrac{0.03 \times 80[\text{m}] \times (5.1[\text{m/s}])^2}{2 \times 9.8[\text{m/s}^2] \times 0.1[\text{m}]} = 31.85[\text{m}]$

∴ $H = h_1 + h_2 + 10 = 60[\text{m}] + 31.85[\text{m}] + 10$
$= 101.85[\text{m}]$

η : 펌프효율(0.8)

K : 전달계수(1.15)

∴ $P[\text{kW}] = \dfrac{0.163QH}{\eta} \times K$

$= \dfrac{0.163 \times 2.4 \times 101.85}{0.8} \times 1.15 = 57.28[\text{kW}]$

114

비상콘센트설비의 화재안전기술기준상 전원 및 콘센트 등 설치기준으로 옳지 않은 것은?

① 지하층을 포함한 층수가 7층 이상으로서 연면적 2,000[m²] 이상인 소방대상물에 설치하는 비상콘센트설비는 자가발전설비를 비상전원으로 설치한다.
② 하나의 전용회로에 설치하는 비상콘센트는 10개 이하로 할 것
③ 비상콘센트용의 풀박스 등은 방청도장을 한 것으로서, 두께 1.6[mm] 이상의 철판으로 할 것
④ 비상콘센트설비의 전원회로는 단상교류 220[V]인 것으로서, 그 공급용량은 1.5[kVA] 이상인 것으로 할 것

해설

비상콘센트설비의 전원 및 콘센트 등 설치기준

• 상용전원회로의 배선은 저압수전인 경우에는 인입개폐기의 직후에서, 고압수전 또는 특고압수전인 경우에는 전력용변압기 2차측의 주차단기 1차측 또는 2차측에서 분기하여 전용배선으로 할 것
• 지하층을 제외한 층수가 7층 이상으로서 **연면적이 2,000[m²] 이상**이거나 지하층의 바닥면적의 합계가 3,000[m²] 이상인 특정소방대상물의 비상콘센트설비에는 자가발전설비, 비상전원수전설비, 축전지설비 또는 전기저장장치(외부 전기에너지를 저장해 두었다가 필요한 때 전기를 공급하는 장치)를 **비상전원**으로 설치할 것. 다만, 2 이상의 변전소에서 전력을 동시에 공급받을 수 있거나 하나의 변전소로부터 전력의 공급이 중단되는 때에는 자동으로 다른 변전소로부터 전력을 공급받을 수 있도록 상용전원을 설치한 경우에는 비상전원을 설치하지 않을 수 있다.
• 하나의 **전용회로**에 설치하는 **비상콘센트는 10개 이하**로 할 것. 이 경우 전선의 용량은 각 비상콘센트(비상콘센트가 3개 이상인 경우에는 3개)의 공급용량을 합한 용량 이상의 것으로 해야 한다.
• 비상콘센트용의 풀박스 등은 방청도장을 한 것으로서 **두께 1.6[mm] 이상**의 철판으로 할 것
• 비상콘센트설비의 전원회로는 단상교류 **220[V]**인 것으로서, 그 공급용량은 **1.5[kVA] 이상**인 것으로 할 것

115

자동화재탐지설비 및 시각경보장치의 화재안전기술기준상 광전식분리형감지기의 설치기준으로 옳은 것은?

① 광축은 나란한 벽으로부터 0.6[m] 이상 이격하여 설치할 것
② 광축의 높이는 천장 등 높이의 60[%] 이상으로 할 것
③ 감지기의 송광부와 수광부는 설치된 뒷벽으로부터 30[cm] 이내 위치에 설치할 것
④ 감지기의 수평면은 햇빛이 잘 비추는 곳으로 놓이도록 설치할 것

광전식분리형감지기의 설치기준
- 감지기의 **수광면은 햇빛을 직접 받지 않도록 설치할 것**
- 광축(송광면과 수광면의 중심을 연결한 선)은 나란한 벽으로부터 **0.6[m] 이상 이격**하여 설치할 것
- 감지기의 송광부와 수광부는 설치된 뒷벽으로부터 1[m] 이내 위치에 설치할 것
- **광축의 높이**는 천장 등(천장의 실내에 면한 부분 또는 상층의 바닥하부면을 말한다) 높이의 **80[%] 이상**일 것
- 감지기의 광축의 길이는 공칭감시거리 범위 이내일 것
- 그 밖의 설치기준은 형식승인 내용에 따르며 형식승인 사항이 아닌 것은 제조사의 시방서에 따라 설치할 것

116

자동화재탐지설비 및 시각경보장치의 화재안전기술기준상 수신기의 설치기준으로 옳은 것은?

① 6층 이상의 소방대상물에는 발신기와 전화통화가 가능한 수신기를 설치할 것
② 수신기는 감지기, 중계기 또는 발신기가 작동하는 경계구역을 표시할 수 있는 것으로 설치할 것
③ 하나의 경계구역은 여러 개의 표시등으로 표시하여 공동감시가 가능하도록 설치할 것
④ 실내면적이 50[m²] 이상으로 열이나 연기 등으로 인하여 감지기가 일시적인 화재신호를 발신할 우려가 있는 경우에는 축적기능이 있는 수신기를 설치할 것

수신기의 설치기준
- 수위실 등 상시 사람이 근무하는 장소에 설치할 것. 다만, 사람이 상시 근무하는 장소가 없는 경우에는 관계인이 쉽게 접근할 수 있고 관리가 용이한 장소에 설치할 수 있다.
- 수신기가 설치된 장소에는 경계구역 일람도를 비치할 것. 다만, 모든 수신기와 연결되어 각 수신기의 상황을 감시하고 제어할 수 있는 수신기(이하 "주수신기"라 한다)를 설치하는 경우에는 주수신기를 제외한 기타 수신기는 그렇지 않다.
- 수신기의 음향기구는 그 음량 및 음색이 다른 기기의 소음 등과 명확히 구별될 수 있는 것으로 할 것
- **수신기는 감지기·중계기 또는 발신기가 작동하는 경계구역을 표시할 수 있는 것으로 할 것**

- 화재·가스 전기 등에 대한 종합방재반을 설치한 경우에는 해당 조작반에 수신기의 작동과 연동하여 감지기·중계기 또는 발신기가 작동하는 경계구역을 표시할 수 있는 것으로 할 것
- **하나의 경계구역은 하나의 표시등 또는 하나의 문자로 표시되도록 할 것**
- 수신기의 조작스위치는 바닥으로부터의 높이가 0.8[m] 이상 1.5[m] 이하인 장소에 설치할 것
- 하나의 특정소방대상물에 2 이상의 수신기를 설치하는 경우에는 수신기를 상호 간 연동하여 화재발생 상황을 각 수신기마다 확인할 수 있도록 할 것
- 화재로 인하여 하나의 층의 지구음향장치 또는 배선이 단락되어도 다른 층의 화재통보에 지장이 없도록 각 층 배선상에 유효한 조치를 할 것
- 자동화재탐지설비의 수신기는 특정소방대상물 또는 그 부분이 지하층·무창층 등으로서 환기가 잘되지 않거나 **실내면적이 40[m²] 미만인 장소**, 감지기의 부착면과 실내바닥과의 거리가 2.3[m] 이하인 장소로서 일시적으로 발생한 열·연기 또는 먼지 등으로 인하여 감지기가 화재신호를 발신할 우려가 있는 때에는 축적기능 등이 있는 것(축적형감지기가 설치된 장소에는 감지기회로의 감시전류를 단속적으로 차단시켜 화재를 판단하는 방식외의 것을 말한다)으로 설치해야 한다. 다만, 2.4.1 단서에 따라 감지기를 설치한 경우에는 그렇지 않다.

117

포소화설비의 화재안전기술기준상 포헤드 및 고정포방출구 설치기준으로 옳지 않은 것은?

① 포헤드의 1분당 바닥면적 1[m²]당 방사량은 차고·주차장에 합성계면활성제포소화약제 6.5[L] 이상이다.
② 포헤드 및 고정포방출구의 팽창비가 20 이하인 경우에는 포헤드, 압축공기포헤드를 사용한다.
③ 포워터스프링클러헤드는 특정소방대상물의 천장 또는 반자에 설치하되, 바닥면적 8[m²]마다 1개 이상으로 하여 해당 방호대상물의 화재를 유효하게 소화할 수 있도록 할 것
④ 포헤드는 특정소방대상물의 천장 또는 반자에 설치하되, 바닥면적 9[m²]마다 1개 이상으로 하여 해당 방호대상물의 화재를 유효하게 소화할 수 있도록 할 것

해설

포헤드 및 고정포방출구 설치기준

• 포의 팽창비율에 따른 포 방출구

팽창비율에 의한 포의 종류	포방출구의 종류
팽창비가 20 이하인 것(저발포)	포헤드, 압축공기포헤드
팽창비가 80 이상 1,000 미만인 것 (고발포)	고발포용 고정포방출구

• 설치기준
- 포워터스프링클러헤드
ⓐ 특정소방대상물의 천장 또는 반자에 설치할 것
ⓑ 바닥면적 8[m²]마다 1개 이상 설치할 것
- 포헤드
ⓐ 특정소방대상물의 천장 또는 반자에 설치할 것
ⓑ 바닥면적 9[m²]마다 1개 이상으로 설치할 것
ⓒ 포헤드의 분당 방사량

소방대상물	포소화약제의 종류	바닥면적 1[m²]당 방사량
차고 · 주차장 및 항공기격납고	단백포소화약제	6.5[L] 이상
	합성계면활성제포 소화약제	8.0[L] 이상
	수성막포소화약제	3.7[L] 이상
소방기본법 영 별표 2의 특수가연물을 저장 · 취급하는 소방대상물	단백포소화약제	6.5[L] 이상
	합성계면활성제포 소화약제	6.5[L] 이상
	수성막포소화약제	6.5[L] 이상

118

소방시설의 내진설계기준에서 규정하고 있는 배관의 내진설계 기준으로 옳지 않은 것은?

① 건물의 지진분리이음이 설치된 위치의 배관에는 직경과 상관없이 지진분리장치를 설치해야 한다.
② 배관에 대한 내진설계를 실시할 경우 지진분리이음은 배관의 수평 · 수직 지진하중을 산정해야 한다.
③ 배관의 변형을 최소화하고 소화설비 주요 부품사이의 유연성을 증가시킬 수 있는 것으로 설치해야 한다.
④ 버팀대와 고정장치는 소화설비의 동작 및 살수를 방해하지 않아야 한다.

해설

※ 2021년 2월 19일 법 개정으로 기준에 맞지 않는 문제임

119

스프링클러설비의 화재안전기술기준상 폐쇄형 스프링클러설비의 방호구역 · 유수검지장치의 기준으로 옳지 않은 것은?

① 자연낙차에 따른 압력수가 흐르는 배관 상에 설치된 유수검지장치는 화재 시 물의 흐름을 검지할 수 있는 최대한의 압력이 얻어질 수 있도록 수조의 상단으로부터 낙차를 두어 설치할 것
② 하나의 방호구역에는 1개 이상의 유수검지장치를 설치하되, 화재발생 시 접근이 쉽고 점검하기 편리한 장소에 설치할 것
③ 스프링클러헤드에 공급되는 물은 유수검지장치를 지나도록 할 것. 다만, 송수구를 통하여 공급되는 물은 그렇지 않다.
④ 조기반응형 스프링클러헤드를 설치하는 경우에는 습식 유수검지장치 또는 부압식 스프링클러설비를 설치할 것

해설

폐쇄형 스프링클러설비의 방호구역 · 유수검지장치의 기준

• 자연낙차에 따른 압력수가 흐르는 **배관 상에 설치된 유수검지장치**는 화재 시 물의 흐름을 검지할 수 있는 **최소한의 압력**이 얻어질 수 있도록 **수조의 하단**으로부터 낙차를 두어 설치할 것
• **하나의 방호구역**에는 **1개 이상의 유수검지장치를 설치**하되, 화재발생 시 접근이 쉽고 점검하기 편리한 장소에 설치할 것
• 스프링클러헤드에 공급되는 물은 유수검지장치를 지나도록 할 것. 다만, 송수구를 통하여 공급되는 물은 그렇지 않다.
• **조기반응형 스프링클러헤드**를 설치하는 경우에는 **습식 유수검지장치** 또는 **부압식 스프링클러설비**를 설치할 것

120

미분무소화설비의 화재안전기술기준상 헤드의 설치기준으로 옳지 않은 것은?

① 미분무헤드는 설계도면과 동일하게 설치해야 한다.
② 미분무헤드는 소방대상물의 천장·반자·천장과 반자 사이·덕트·선반·기타 이와 유사한 부분에 설계자의 의도에 적합하도록 설치해야 한다.
③ 미분무설비에 사용되는 헤드는 개방형 헤드를 설치해야 한다.
④ 미분무헤드는 배관, 행거 등으로부터 살수가 방해되지 않도록 설치해야 한다.

해설

미분무소화설비의 헤드 설치기준

• 미분무헤드는 소방대상물의 천장·반자·천장과 반자 사이·덕트·선반·기타 이와 유사한 부분에 설계자의 의도에 적합하도록 설치해야 한다.
• 하나의 헤드까지의 수평거리 산정은 설계자가 제시해야 한다.
• **미분무설비에 사용되는 헤드**는 **조기반응형 헤드를 설치**해야 한다.
• 폐쇄형 미분무헤드는 그 설치장소의 평상시 최고주위온도에 따라 다음 식에 따른 표시온도의 것으로 설치해야 한다.

$$T_a = 0.9\,T_m - 27.3\,[\,\mathbb{C}\,]$$

여기서, T_a : 최고주위온도, T_m : 헤드의 표시온도
• 미분무헤드는 배관, 행거 등으로부터 살수가 방해되지 않도록 설치해야 한다.
• 미분무헤드는 설계도면과 동일하게 설치해야 한다.
• 미분무헤드는 "한국소방산업기술원" 또는 법 제46조 제1항의 규정에 따라 성능시험기관으로 지정받은 기관에서 검증받아야 한다.

121

간이스프링클러설비의 화재안전기술기준상 상수도 직결형의 배관 및 밸브 설치순서로 옳은 것은?

① 수도용계량기, 급수차단장치, 개폐표시형밸브, 압력계, 체크밸브, 유수검지장치, 2개의 시험밸브의 순으로 설치할 것
② 수도용계량기, 급수차단장치, 개폐표시형밸브, 체크밸브, 압력계, 유수검지장치, 2개의 시험밸브의 순으로 설치할 것
③ 급수차단장치, 수도용계량기, 개폐표시형밸브, 체크밸브, 압력계, 유수검지장치, 2개의 시험밸브의 순으로 설치할 것
④ 수도용계량기, 개폐표시형밸브, 급수차단장치, 체크밸브, 압력계, 유수검지장치, 2개의 시험밸브의 순으로 설치할 것

해설

간이스프링클러설비의 배관 및 밸브 등의 순서

• **상수도직결형**
  – **수도용계량기, 급수차단장치, 개폐표시형밸브, 체크밸브, 압력계, 유수검지장치**(압력스위치 등 유수검지장치와 동등 이상의 기능과 성능이 있는 것을 포함한다), **2개의 시험밸브**의 순으로 설치할 것
  – 간이스프링클러설비 이외의 배관에는 화재 시 배관을 차단할 수 있는 급수차단장치를 설치할 것
• **펌프 등의 가압송수장치**를 이용하여 배관 및 밸브 등을 설치하는 경우 수원, 연성계 또는 진공계(수원이 펌프보다 높은 경우를 제외한다), 펌프 또는 압력수조, 압력계, 체크밸브, 성능시험배관, 개폐표시형밸브, 유수검지장치, 시험밸브의 순으로 설치할 것
• **가압수조를 가압송수장치**로 이용하여 배관 및 밸브등을 설치하는 경우 수원, 가압수조, 압력계, 체크밸브, 성능시험배관, 개폐표시형밸브, 유수검지장치, 2개의 시험밸브의 순으로 설치할 것
• **캐비닛형의 가압송수장치**에 배관 및 밸브 등을 설치하는 경우 수원, 연성계 또는 진공계(수원이 펌프보다 높은 경우를 제외한다), 펌프 또는 압력수조, 압력계, 체크밸브, 개폐표시형밸브, 2개의 시험밸브의 순으로 설치할 것. 다만, 소화용수의 공급은 상수도와 직결된 바이패스관 또는 펌프에서 공급받아야 한다.

122

판매시설이 설치된 지상 5층 복합건축물 각 층에 최대 옥내소화전 3개와 폐쇄형 스프링클러헤드 60개가 설치되어 있을 경우, 필요한 수원의 양[m³]은?

① 101.2 ② 57.8

③ 53.2 ④ 52.6

해설

수원의 양

- 옥내소화전 수원 = N(최대 2개) × 2.6[m³]
  = 2 × 2.6[m³] = 5.2[m³]
- 스프링클러설비의 수원 = N(헤드 수) × 1.6[m³]
  = 30 × 1.6[m³] = 48[m³]
- ∴ 옥내소화전 + 스프링클러설비 = 5.2[m³] + 48[m³]
  = 53.2[m³]

스프링클러설비의 설치장소			기준 개수
지하층을 제외한 층수가 10층 이하인 특정소방대상물	공장	특수가연물 저장·취급	30
		그 밖의 것	20
	근린생활시설·판매시설·운수시설 또는 복합건축물	판매시설 또는 복합건축물(판매시설이 설치되는 복합건축물을 말한다)	30
		그 밖의 것	20
	그 밖의 것	헤드의 부착높이 8[m] 이상	20
		헤드의 부착높이 8[m] 미만	10
지하층을 제외한 11층 이상인 특정소방대상물, 지하가 또는 지하역사			30
아파트(공동주택의 화재안전 기술기준)	아파트		10
	각 동이 주차장으로 서로 연결된 경우의 주차장		30
창고시설(랙식 창고를 포함한다. 라지드롭형 스프링클러헤드 사용)			30

123

소방시설 설치 및 관리에 관한 법령상 옥외소화전설비 설치 대상으로 옳은 것은?

① 동일구 내 각각의 건축물이 다른 건축물의 2층 외벽으로부터 수평거리가 10.5[m]이며, 지상 1층 및 2층 바닥면적 합계가 5,000[m²]인 건축물

② 가연성 액체류 1,000[m³] 이상을 저장하는 창고

③ 국보로 지정된 석조건축물

④ 볏짚류 750,000[kg] 이상을 저장하는 창고

해설

옥외소화전설비를 설치해야 하는 특정소방대상물

(아파트 등, 위험물 저장 및 처리 시설 중 가스시설, 지하구 또는 지하가 중 터널은 제외한다)는 다음의 어느 하나와 같다.

① 지상 1층 및 2층의 **바닥면적의 합계가 9,000[m²] 이상**인 것. 이 경우 같은 구(區) 내의 둘 이상의 특정소방대상물이 행정안전부령으로 정하는 연소(延燒) 우려가 있는 구조인 경우에는 이를 하나의 특정소방대상물로 본다.

[연소우려가 있는 건축물의 구조]
• 건축물대장의 건축물 현황도에 표시된 대지경계선 안에 둘 이상의 건축물이 있는 경우
• 각각의 건축물이 다른 건축물의 외벽으로부터 수평거리가 1층의 경우에는 6[m] 이하, **2층 이상의 층**의 경우에는 **10[m] 이하**인 경우
• 개구부(영 제2조 제1호에 따른 개구부를 말한다)가 다른 건축물을 향하여 설치되어 있는 경우

② **보물 또는 국보로 지정된 목조건축물**

③ ①에 해당하지 않는 **공장 또는 창고시설**로서 화재의 예방 및 안전관리에 관한 법률 시행령 별표 2에서 정하는 수량의 **750배 이상의 특수가연물을 저장·취급**하는 것

[특수가연물의 수량]	
품 명	**수 량**
가연성 액체류	2[m³] 이상
볏짚류	1,000[kg] 이상

㉠ 가연성 액체류 1,000[m³] 이상을 저장하는 창고일 때 수량의 배수 = $\frac{1,000[m³]}{2[m³]}$ = 500배

㉡ 볏짚류 750,000[kg] 이상을 저장하는 창고일 때 수량의 배수 = $\frac{750,000[kg]}{1,000[kg]}$ = 750배

124

자동화재탐지설비 및 시각경보장치의 화재안전기술기준상 청각장애인용 시각경보장치의 설치기준으로 옳지 않은 것은?

① 설치높이는 바닥으로부터 2[m] 이상 2.5[m] 이하의 장소에 설치할 것
② 천장의 높이가 2[m] 이하인 경우에는 천장으로부터 1[m] 이내의 장소에 설치해야 한다.
③ 복도·통로·청각장애인용 객실 및 공용으로 사용하는 거실에 설치하며, 각 부분으로부터 유효하게 경보를 발할 수 있는 위치에 설치할 것
④ 공연장·집회장·관람장 또는 이와 유사한 장소에 설치하는 경우에는 시선이 집중되는 무대부 부분 등에 설치할 것

해설
청각장애인용 시각경보장치의 설치기준
- 복도·통로·청각장애인용 객실 및 공용으로 사용하는 거실(로비, 회의실, 강의실, 식당, 휴게실, 오락실, 대기실, 체력단련실, 접객실, 안내실, 전시실, 기타 이와 유사한 장소를 말한다)에 설치하며, 각 부분으로부터 유효하게 경보를 발할 수 있는 위치에 설치할 것
- 공연장·집회장·관람장 또는 이와 유사한 장소에 설치하는 경우에는 시선이 집중되는 무대부 부분 등에 설치할 것
- 설치높이는 바닥으로부터 **2[m] 이상 2.5[m] 이하**의 장소에 설치할 것. 다만, **천장의 높이가 2[m] 이하인 경우에는 천장으로부터 0.15[m] 이내**의 장소에 설치해야 한다.
- 시각경보장치의 광원은 전용의 축전지설비 또는 전기저장장치(외부 전기에너지를 저장해 두었다가 필요한 때 전기를 공급하는 장치)에 의하여 점등되도록 할 것. 다만, 시각경보기에 작동전원을 공급할 수 있도록 형식승인을 얻은 수신기를 설치 한 경우에는 그렇지 않다.

125

소방펌프 시운전 시 공급유량이 원활하지 않아 펌프 임펠러 교체로 회전수를 변경하였다. 이때 소요 펌프동력[kW]은 약 얼마인가?

- 회전수 N_1 : 1,800[rpm], N_2 : 1,980[rpm]
- 임펠러 직경 D_1 : 400[mm], D_2 : 440[mm]
- 유량 : 3,050[L/min]
- 양정 H_1 : 85[m], 전달계수 : 1.1, 펌프효율 : 0.75

① 61.98   ② 70.74
③ 80.74   ④ 90.74

해설
소요 펌프동력[kW]
- 변경 후의 양정(H_2)

$$H_2 = H_1 \times \left(\frac{N_2}{N_1}\right)^2 \times \left(\frac{D_2}{D_1}\right)^2$$

$$= 85[m] \times \left(\frac{1,980}{1,800}\right)^2 \times \left(\frac{440}{400}\right)^2 = 124.45[m]$$

- 변경 후의 펌프 동력(P)

$$P = \frac{0.163QH}{\eta} \times K$$

$$= \frac{0.163 \times 3.05[\mathrm{m^3/min}] \times 124.45[m]}{0.75} \times 1.1$$

$$= 90.74[kW]$$

[다른 방법]

$$P = \frac{\gamma QH}{\eta} \times K$$

$$= \frac{9.8[\mathrm{kN/m^3}] \times 3.05/60[\mathrm{m^3/s}] \times 124.45[m]}{0.75} \times 1.1$$

$$= 90.93[kW]$$

2019년 5월 11일 시행 과년도 기출문제

제1과목 소방안전관리론 및 화재역학

001

공기 중의 산소농도가 증가할수록 화재 시 일어나는 현상으로 옳지 않은 것은?

① 점화에너지가 커진다.
② 발화온도가 낮아진다.
③ 폭발범위가 넓어진다.
④ 연소속도가 빨라진다.

해설

공기 중의 산소농도가 증가하면 위험하다.
- 점화에너지가 작을수록 위험하다.
- 발화온도(착화온도, 착화점)가 낮을수록 위험하다.
- 폭발(연소)범위가 넓을수록 위험하다.
- 연소속도가 빠르면 위험하다.

002

물이 어는 온도(0[℃])를 화씨온도[℉]와 절대온도[R]로 나타낸 것으로 옳은 것은?

① 0[℉], 460[R]
② 0[℉], 492[R]
③ 32[℉], 460[R]
④ 32[℉], 492[R]

해설

온도의 단위 환산
- [℉](화씨온도) $= 1.8 \times$ [℃] $+ 32$
  $= 1.8 \times 0 + 32$
  $= 32$[℉]
- [R](랭킨온도) $=$ [℉] $+ 460$
  $= 32 + 460$
  $= 492$[R]

003

가연물의 종류와 연소형태의 연결이 옳지 않은 것은?

① 숯 – 표면연소
② 에틸벤젠 – 자기연소
③ 가솔린 – 증발연소
④ 종이 – 분해연소

해설

연소형태

항목 / 종류	정 의	해당 물질
표면연소	열분해에 의하여 가연성가스를 발생하지 않고 그 물질 자체가 연소하는 현상	숯, 목탄, 금속분, 코크스
자기연소	물질이 가연물과 산소를 동시에 가지고 있는 가연물이 연소하는 현상	나이트로셀룰로오스, 질화면
증발연소	액체를 가열하면 증기가 되어 증기가 연소하는 현상	제4류 위험물(가솔린, 등유, 에틸벤젠)
분해연소	연소 시 열분해에 의해 발생된 가스와 공기가 혼합하여 연소하는 현상	석탄, 종이, 목재, 플라스틱

004

다음 물질의 증기비중이 낮은 것부터 높은 순으로 바르게 나열한 것은?

> ㄱ. 톨루엔(Toluene)
> ㄴ. 벤젠(Benzene)
> ㄷ. 에틸알코올(Ethyl Alcohol)
> ㄹ. 자일렌(Xylene)

① ㄴ-ㄱ-ㄹ-ㄷ
② ㄴ-ㄷ-ㄱ-ㄹ
③ ㄷ-ㄱ-ㄹ-ㄴ
④ ㄷ-ㄴ-ㄱ-ㄹ

001 ① 002 ④ 003 ② 004 ④ 정답

증기비중

증기비중은 분자량이 작을수록 작으며, 1보다 크면 공기보다 무거워서 바닥으로 가라앉고, 1보다 작으면 공기보다 가벼워서 바닥에서 위로 올라간다.

종류 \ 항목	화학식	분자량	증기비중
톨루엔	$C_6H_5CH_3$	92	증기비중 $= \dfrac{분자량}{29}$ $= \dfrac{92}{29} = 3.17$
벤젠	C_6H_6	78	증기비중 $= \dfrac{분자량}{29}$ $= \dfrac{78}{29} = 2.69$
에틸알코올	C_2H_5OH	46	증기비중 $= \dfrac{분자량}{29}$ $= \dfrac{46}{29} = 1.59$
자일렌 (크실렌)	$C_6H_4(CH_3)_2$	106	증기비중 $= \dfrac{분자량}{29}$ $= \dfrac{106}{29} = 3.66$

005

건축물의 피난·방화구조 등의 기준에 관한 규칙에서 정하고 있는 갑종방화문의 성능기준으로 (   )에 들어갈 내용으로 옳은 것은?

> 갑종방화문은 국토교통부장관이 정하여 고시하는 시험기준에 따라 시험한 결과 다음의 구분에 따른 기준에 적합해야 한다.
> 1. 갑종방화문 : 다음의 성능을 모두 확보할 것
>   가. 비차열(非遮熱) (㉠) 이상
>   나. 차열(遮熱) (㉡) 이상(영 제46조 제4항에 따라 아파트 발코니에 설치하는 대피공간의 갑종방화문만 해당한다)

① ㉠ : 30분, ㉡ : 30분
② ㉠ : 30분, ㉡ : 1시간
③ ㉠ : 1시간, ㉡ : 30분
④ ㉠ : 1시간, ㉡ : 1시간

※ 2021년 8월 7일 개정으로 기준에 맞지 않음(건축법 시행령 제64조 참조)

006

산불화재의 형태에 관한 설명으로 옳지 않은 것은?

① 지중화는 산림 지중에 있는 유기질 층이 타는 것이다.
② 지표화는 산림 지면에 떨어져 있는 낙엽, 마른풀 등이 타는 것이다.
③ 수관화는 나무의 줄기가 타는 것이다.
④ 비화는 강풍 등에 의해 불꽃이 날아가 타는 것이다.

산불화재의 형태
- 지표화(地表火) : 바닥의 낙엽, 마른풀이 연소하는 형태
- 수관화(樹冠火) : 나뭇가지부터 연소하는 형태
- 수간화(樹幹火) : 나무기둥부터 연소하는 형태
- 지중화(地中火) : 바닥의 썩은 나무에서 발생하는 유기물이 연소하는 형태

> 비화 : 화재현장에서 불꽃이 먼 지역까지 날아가 발화하는 현상

007

다음에서 설명하는 폭발은?

> 물속에서 사고로 인해 액화천연가스가 분출되었을 때, 이 물질이 급격한 비등현상으로 체적팽창 및 상변화로 인하여 고압이 형성되어 일어나는 폭발현상이다.

① 증기폭발
② 분해폭발
③ 중합폭발
④ 산화폭발

폭발
- 증기폭발 : 물속에서 사고로 인해 액화천연가스가 분출되었을 때, 이 물질이 급격한 비등현상으로 체적팽창 및 상변화로 인하여 고압이 형성되어 일어나는 폭발현상
- 분해폭발 : **아세틸렌, 산화에틸렌, 하이드라진**과 같이 분해하면서 폭발하는 현상
- 중합폭발 : **시안화수소**와 같이 단량체가 일정 온도와 압력으로 반응이 진행되어 분자량이 큰 중합체가 되어 폭발하는 현상
- 산화폭발 : 가스가 공기 중에 누설 또는 인화성 액체탱크에 공기가 유입되면서 탱크 내에도 점화원이 유입되어 폭발하는 현상

008

온도변화에 따른 연소범위에서 ( )에 들어갈 내용으로 옳은 것은?

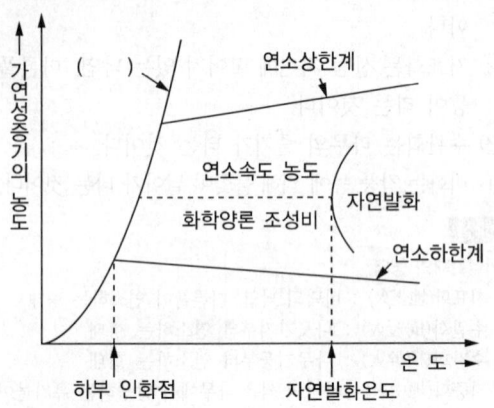

① 삼중압선
② 연소점곡선
③ 공연비곡선
④ 포화증기압선

해설

포화증기압선
- 포화증기압 : 액체상태가 기체상태로 변할 수 없는 포화상태의 수증기 압력
- 포화증기압선의 좌측부분은 액체상태이고 우측부분은 기체상태로 존재하고 연소범위를 판단하는 부분이다.

009

화재의 종류별 특성에 관한 설명으로 옳지 않은 것은?

① 금속화재는 나트륨, 칼륨 등 금속가연물에 의한 화재로 물에 의한 냉각소화가 효과적이다.
② 유류화재는 인화성 액체에 의한 화재로 포(Foam)를 이용한 질식소화가 효과적이다.
③ 전기화재는 통전 중인 전기기기에서 발생하는 화재로 이산화탄소에 의한 질식소화가 효과적이다.
④ 일반화재는 종이, 목재에 의한 화재로 물에 의한 냉각소화가 효과적이다.

해설

금속화재는 나트륨, 칼륨 등은 마른 모래, 팽창질석, 팽창진주암 등 질식소화를 해야 하고, 물에 의한 주수소화는 가연성 가스인 수소를 발생하므로 위험하다.

- $2K + 2H_2O \rightarrow 2KOH + H_2$
- $2Na + 2H_2O \rightarrow 2NaOH + H_2$

010

두께 3[cm]인 내열판의 한쪽 면의 온도는 500[℃], 다른 쪽 면의 온도는 50[℃]일 때, 이 판을 통해 일어나는 열전달량[W/m²]은?(단, 내열판의 열전도도는 0.1[W/m·℃]이다)

① 13.5
② 150.0
③ 1,350.0
④ 1,500.0

해설

열전달량[W/m²]

$$Q = k\frac{dt}{dl}$$

여기서, k : 열전도도[W/m·℃]
dt : 온도차[℃]
dl : 두께[m]

$$\therefore Q = k\frac{dt}{dl} = 0.1[\text{W/m}\cdot\text{℃}] \times \frac{(500-50)[\text{℃}]}{0.03[\text{m}]}$$
$$= 1,500[\text{W/m}^2]$$

011

피난원칙 중 페일세이프(Fail Safe)에 관한 설명으로 옳은 것은?

① 피난경로는 간단명료하게 해야 한다.
② 피난수단은 원시적 방법에 의한 것을 원칙으로 한다.
③ 비상시 판단능력 저하에 대비하여 누구나 알 수 있도록 피난수단 등을 문자나 그림 등으로 표시한다.
④ 피난 시 하나의 수단이 고장으로 실패하여도 다른 수단에 의해 피난할 수 있도록 하는 것을 말한다.

해설

Fail Safe : 하나의 수단이 고장으로 실패하여도 다른 수단에 의해 구제할 수 있도록 고려하는 것으로, 양방향 피난로의 확보와 예비전원을 준비하는 것 등이다.

> **Fool Proof** : 비상시 머리가 혼란하여 판단능력이 저하되는 상태에서도 누구나 알 수 있도록 문자나 그림 등을 표시하여 직감적으로 작용하는 것

2-204 ∷ PART 02 과년도 + 최근 기출문제

008 ④ 009 ① 010 ④ 011 ④ **정답**

012

소방시설 설치 및 관리에 관한 법령상 특정소방대상물의 규모 등에 따라 갖추어야 하는 소방시설의 수용인원 산정 방법으로 ( )에 들어갈 내용으로 옳은 것은?

> 숙박시설이 있는 특정소방대상물에서 침대가 없는 숙박시설의 경우 해당 특정소방대상물의 종사자 수에 숙박시설 바닥면적의 합계를 ( )[m²]로 나누어 얻은 수를 합한 수

① 0.45
② 1.9
③ 3
④ 4.6

해설

수용인원 산정방법(영 별표 7)

① 숙박시설이 있는 특정소방대상물
  ㉠ 침대가 있는 숙박시설 : 해당 특정소방물의 종사자 수에 침대 수(2인용 침대는 2개로 산정)를 합한 수
  ㉡ **침대가 없는 숙박시설** : 해당 특정소방대상물의 종사자 수에 숙박시설 바닥면적의 합계를 3[m²]로 나누어 얻은 수를 합한 수
② ① 외의 특정소방대상물
  ㉠ 강의실 · 교무실 · 상담실 · 실습실 · 휴게실 용도로 쓰이는 특정소방대상물 : 해당 용도로 사용하는 바닥면적의 합계를 1.9[m²]로 나누어 얻은 수
  ㉡ 강당, 문화 및 집회시설, 운동시설, 종교시설 : 해당 용도로 사용하는 바닥면적의 합계를 4.6[m²]로 나누어 얻은 수(관람석이 있는 경우 고정식 의자를 설치한 부분은 그 부분의 의자 수로 하고, 긴 의자의 경우에는 의자의 정면 너비를 0.45[m]로 나누어 얻은 수로 한다)
  ㉢ 그 밖의 특정소방대상물 : 해당 용도로 사용하는 바닥면적의 합계를 3[m²]로 나누어 얻은 수

[비고]
1. 위 표에서 바닥면적을 산정할 때에는 복도(건축법 시행령 제2조 제11호에 따른 준불연재료 이상의 것을 사용하여 바닥에서 천장까지 벽으로 구획한 것을 말한다), 계단 및 화장실의 바닥면적을 포함하지 않는다.
2. 계산 결과 소수점 이하의 수는 반올림한다.

013

다음에서 설명하는 화재 현상은?

> 중질유(重質油) 탱크 화재 시 유류표면 온도가 물의 비점 이상일 때 소화용수를 유류표면에 방수시키면 물이 수증기로 변하면서 급격한 부피팽창으로 인해 유류가 탱크의 외부로 분출되는 현상이다.

① 보일오버(Boil Over)
② 슬롭오버(Slop Over)
③ 프로스오버(Froth Over)
④ 플래시오버(Flash Over)

해설

슬롭오버(Slop Over)

중질유(重質油) 탱크 화재 시 유류표면 온도가 물의 비점 이상일 때 소화용수를 유류표면에 방수시키면 물이 수증기로 변하면서 급격한 부피팽창으로 인해 유류가 탱크의 외부로 분출되는 현상

014

건축물의 피난 · 방화구조 등의 기준에 관한 규칙에서 정하고 있는 건축물의 피난안전구역의 설치기준 중 구조 및 설비기준으로 옳지 않은 것은?

① 피난안전구역의 높이는 2.1[m] 이상일 것
② 피난안전구역의 내부 마감재료는 준불연재료로 설치할 것
③ 비상용 승강기는 피난안전구역에서 승하차할 수 있는 구조로 설치할 것
④ 건축물의 내부에서 피난안전구역으로 통하는 계단은 특별피난계단의 구조로 설치할 것

해설

피난안전구역의 설치기준(건피방 제8조의2)

- 피난안전구역은 해당 건축물의 1개층을 대피공간으로 하며, 대피에 장애가 되지 않는 범위에서 기계실, 보일러실, 전기실 등 건축설비를 설치하기 위한 공간과 같은 층에 설치할 수 있다. 이 경우 피난안전구역은 건축설비가 설치되는 공간과 내화구조로 구획해야 한다.
- 피난안전구역에 연결되는 특별피난계단은 피난안전구역을 거쳐서 상 · 하층으로 갈 수 있는 구조로 설치해야 한다.
- 피난안전구역의 구조 및 설비 기준
  - 피난안전구역의 바로 아래층 및 위층은 녹색건축물 조성 지원법 제15조 제1항에 따라 국토교통부장관이 정하여 고시한 기준에 적합한 단열재를 설치할 것. 이 경우 아래층은 최상층에 있는 거실의 반자 또는 지붕 기준을 준용하고, 위층은 최하층에 있는 거실의 바닥 기준을 준용할 것
  - **피난안전구역의 내부 마감재료는 불연재료로 설치할 것**
  - **건축물의 내부에서 피난안전구역으로 통하는 계단은 특별피난계단의 구조로 설치할 것**
  - **비상용 승강기는 피난안전구역에서 승하차할 수 있는 구조로 설치할 것**
  - 피난안전구역에는 식수 공급을 위한 급수전을 1개소 이상 설치하고 예비전원에 의한 조명설비를 설치할 것
  - 관리사무소 또는 방재센터 등과 긴급연락이 가능한 경보 및 통신시설을 설치할 것
  - **피난안전구역의 높이는 2.1[m] 이상일 것**
  - 건축물의 설비기준 등에 관한 규칙 제14조에 따른 배연설비를 설치할 것

015

화재성장속도의 분류별 약 1[MW]의 열량에 도달하는 시간으로 (   )에 들어갈 내용으로 옳은 것은?

화재성장 속도	Slow	Medium	Fast	Ultrafast
시간[s]	600	(ㄱ)	(ㄴ)	(ㄷ)

① ㄱ : 200, ㄴ : 100, ㄷ : 50
② ㄱ : 300, ㄴ : 150, ㄷ : 75
③ ㄱ : 400, ㄴ : 200, ㄷ : 100
④ ㄱ : 450, ㄴ : 300, ㄷ : 150

1[MW]의 열량에 도달하는 시간

화재성장 속도	Slow	Medium	Fast	Ultrafast
시간[s]	600	300	150	75

016

내화건축물의 구획실 내에서 가연물의 연소 시, 성장기의 지배적 열전달로 옳은 것은?

① 복 사
② 대 류
③ 전 도
④ 확 산

대류는 화재 초기에서 성장기의 지배적인 열전달방법이다.

> **대류** : 두 개의 상 간의 온도차로 인하여 발생되는 열전달방법으로 화로에 의하여 방 안이 더워지는 현상이다.

017

화재로 인해 공장 벽체의 내부 표면온도가 450[℃]까지 상승하였으며, 벽체 외부의 공기온도는 15[℃]일 때 벽체 외부 표면온도[℃]는 약 얼마인가?(단, 벽체의 두께는 200[mm]이고, 벽체의 열전도계수는 0.69[W/m · K], 대류열전달계수는 12[W/m² · K]이다. 복사의 영향과 벽체 상·하부로의 열전달 및 기타의 손실은 무시하며, 0[℃]는 273[K]이고, 소수점 이하 셋째자리에서 반올림한다)

① 112.14
② 121.14
③ 235.14
④ 385.14

외부 표면온도

벽체 외부 표면온도 t_1
벽체 내부 표면온도 $t_2 = 450[℃] = 723[K]$
벽체 외부 공기온도 $t_0 = 15[℃] = 288[K]$
대류열전달계수 $\alpha = 12[W/m^2 \cdot K]$
벽 체
0.2[m]
열전도계수 $\lambda = 0.69[W/m \cdot K]$

에너지보존법칙에서 외기의 대류열량과 벽체의 전도열량은 같다.

$$\alpha(t_1 - t_0) = \frac{\lambda}{l}(t_2 - t_1)$$

$$12\frac{[W]}{[m^2 \cdot K]} \times (t_1 - 288[K]) = \frac{0.69\frac{[W]}{[m \cdot K]}}{0.2[m]} \times (723[K] - t_1)$$

$$12t_1 - 3,456 = 2,494.35 - 3.45t_1$$

$$15.45t_1 = 5,950.35$$

∴ 벽체 외부의 표면온도 $t_1 = \frac{5,950.35}{15.45} = 385.136[K]$

$$= 385.136[K] - 273 = 112.14[℃]$$

018

다음에서 설명하는 연소생성물은?

> 질소가 함유된 수지류 등의 연소 시 생성되는 유독성 가스로서 다량 노출 시 눈, 코, 인후 및 폐에 심한 손상을 주며, 냉동창고 냉동기의 냉매로도 쓰이고 있다.

① 이산화질소(NO_2)
② 이산화탄소(CO_2)
③ 암모니아(NH_3)
④ 시안화수소(HCN)

암모니아(NH_3)의 성질

질소가 함유된 수지류 등의 연소 시 생성되는 유독성 가스로서 허용농도가 100[ppm]으로 다량 노출 시 눈, 코, 인후 및 폐에 심한 손상을 주며, 냉동창고 냉동기의 냉매로도 쓰인다.

019

연소생성물 중 연기가 인간에 미치는 유해성을 모두 고른 것은?

> ㄱ. 시각적 유해성
> ㄴ. 심리적 유해성
> ㄷ. 생리적 유해성

① ㄱ, ㄴ   ② ㄱ, ㄷ
③ ㄴ, ㄷ   ④ ㄱ, ㄴ, ㄷ

해설
연기가 인간에 미치는 유해성
- 시각적 유해성 : 연기 발생에 의하여 가시도의 저하로 피난에 장해가 발생된다.
- 심리적 유해성 : 가시도의 저하, 연기 발생 등으로 발생하는 불안감, 공포로 이성적인 행동이 상실된다.
- 생리적 유해성 : 일산화탄소와 기타 유해가스 발생, 이산화탄소 증가, 산소 감소로 인하여 인체에 치명적이다.

020

연기농도를 측정하는 감광계수, 중량농도법, 입자농도법의 단위를 순서대로 나열한 것으로 옳은 것은?

① $[m^{-1}]$, $[개/cm^3]$, $[mg/m^3]$
② $[m^{-1}]$, $[mg/m^3]$, $[개/cm^3]$
③ $[m^{-3}]$, $[mg/m^3]$, $[개/cm^3]$
④ $[m^{-3}]$, $[개/cm^3]$, $[mg/m^3]$

해설
연기의 농도 측정법
- 절대농도
  - 입자농도법 : 단위 체적당 연기의 입자 개수를 측정하는 방법$[개/cm^3]$으로 형상, 크기, 색상과는 관계가 없다.
  - 중량농도법 : 단위 체적당 연기의 입자 무게를 측정하는 방법$[mg/m^3]$으로 입경, 입자의 색상과는 관계가 없다.
- 상대농도
  - 투과율법 : 연기 속을 투과하는 빛의 양을 측정하는 방법(투과율)으로 감광계수$[m^{-1}]$를 사용한다.
  - 산란광도법 : 빛이 입자에 부딪혀서 산란하는 성질이나 감쇠 또는 전리전류의 감소 등에 의하여 나타내는 방법
  - Lambert-Beer 법칙

$$I = I_0 e^{-C_s L}, \quad C_s = \frac{1}{L} \ln \frac{I_0}{I}$$

여기서, C_s : 감광계수$[m^{-1}]$
L : 광원과 수광체 간의 거리[m], 즉 연기두께
I : 연기가 있을 때의 빛의 세기[lx]
I_0 : 연기가 없을 때의 빛의 세기[lx]

> **감광계수** : 연기의 농도에 따른 빛의 투과량으로부터 계산한 농도

021

제연방식으로 ( )에 들어갈 내용으로 옳은 것은?

> (ㄱ) – 화재에 의해서 발생한 열기류의 부력 또는 외부 바람의 흡출효과에 의해 실의 상부에 설치된 창 또는 전용의 제연구로부터 연기를 옥외로 배출하는 방식
> (ㄴ) – 화재 시 온도 상승에 의하여 생긴 실내 공기의 부력이나 지붕상에 설치된 루프모니터 등이 외부 바람에 의해 동작하면서 생긴 흡입력을 이용하여 제연하는 방식

① ㄱ : 자연제연방식, ㄴ : 기계제연방식
② ㄱ : 밀폐제연방식, ㄴ : 급배기 기계제연방식
③ ㄱ : 밀폐제연방식, ㄴ : 스모크타워 제연방식
④ ㄱ : 자연제연방식, ㄴ : 스모크타워 제연방식

해설
제연설비의 종류
- **밀폐제연방식** : 화재 발생 시 연기를 밀폐하여 연기의 외부 유출, 외부의 신선한 공기의 유입을 막아 제연하는 방식으로 호텔이나 주택에 방연구획을 작게 하는 건축물에 적합하다.
- **자연제연방식** : 화재 시 발생되는 온도 상승에 의해 발생한 부력 또는 외부 공기의 흡출효과에 의하여 내부의 실 상부에 설치된 창 또는 전용의 제연구로부터 연기를 옥외로 배출하는 방식으로 평상시 환기할 때 이용하는 장점은 있으나, 외부 바람으로 인해 상층부로 연소가 확대되는 문제점도 있다.
- **스모크타워 제연방식** : 화재 발생 시 열에 의한 온도 상승에 의해 건물 내부·외부의 온도차, 제연설비의 꼭대기에 설치된 루프 모니터 등의 외부의 공기에 의한 흡인력에 의해 제연하는 방식으로, 고층 건물에 적합하고, 장치는 간단하다.
- **기계제연방식**
  - 제1종 기계제연방식 : 제연팬으로 급기와 배기를 동시에 행하는 제연방식
  - 제2종 기계제연방식 : 제연팬으로 급기를 하고 자연배기를 하는 제연방식
  - 제3종 기계제연방식 : 제연팬으로 배기를 하고 자연급기를 하는 제연방식

022

면적이 0.15[m²]인 합판이 연소되면서 발생한 열방출량(Heat Release Rate)[kW]은 약 얼마인가?(단, 평균 질량감소율은 0.03[kg/m² · s], 연소열은 25[kJ/g], 연소효율은 55[%]이며, 소수점 이하 셋째자리에서 반올림한다)

① 0.06   ② 0.20
③ 61.88   ④ 204.50

해설

열방출량

$$Q = m A \Delta H_c$$

여기서, Q : 열방출량[kW]
        m : 질량감소율[kg/m² · s] = 30[g/m² · s]
        ΔH_c : 연소열[kJ/g]

$\therefore Q = m A \Delta H_c$
     $= 30[g/m^2 \cdot s] \times 0.15[m^2] \times 25[kJ/g] \times 0.55$
     $= 61.88[kW]$

[단위환산]

$$\frac{[g]}{[m^2 \cdot s]} \times \frac{[m^2]}{1} \times \frac{[kJ]}{[g]} = \frac{[kJ]}{[s]} = [kW]$$

023

화재플럼(Fire Plume)에 관한 설명으로 옳지 않은 것은?

① 측면에서 층류에 의한 부분적인 와류를 생성한다.
② 내부에 형성되는 기류는 중앙부의 부력이 가장 강하다.
③ 열원으로부터 점차 멀어질수록 주변으로 넓게 퍼져가는 모습을 나타낸다.
④ 고온의 연소생성물은 부력에 의해 위로 상승한다.

해설

화재플럼(Fire Plume)

• 부력 플럼이 유체를 상승시키고 차가운 끝부분이 아래로 내려와서 와류를 생성한다.
• 내부에 형성되는 기류는 중앙부의 부력이 가장 강하다.
• 열원으로부터 점차 멀어질수록 주변으로 넓게 퍼져가는 모습을 나타낸다.
• 고온의 연소생성물은 부력에 의해 위로 상승한다.

024

다음에서 설명하는 연소방식은?

> 점도가 높고 비휘발성인 액체를 일단 가열 등의 방법으로 점도를 낮추고 버너 등을 사용하여 액체의 입자를 안개상으로 분출하여 액체 표면적을 넓게 하여 공기와의 접촉면을 많게 하는 연소방법이다.

① 자기연소   ② 확산연소
③ 분무연소   ④ 예혼합연소

해설

연소방식

• 자기(내부)연소 : 제5류 위험물인 나이트로셀룰로오스, 질화면 등 그 물질이 가연물과 산소를 동시에 가지고 있는 가연물이 연소하는 현상
• **확산연소** : **수소, 아세틸렌, 프로페인, 뷰테인** 등 화염의 **안정 범위가 넓고** 조작이 용이하여 **역화의 위험이 없는 연소**로서 발염연소 또는 **불꽃연소**라고 한다.
• **분무연소** : **점도가 높고 비휘발성인 액체를 일단 가열 등의 방법**으로 점도를 낮추고 버너 등을 사용하여 액체의 입자를 안개상으로 분출하여 액체 표면적을 넓게 하여 공기와의 접촉면을 많게 하는 연소
• 예혼합연소 : 밀폐된 용기에 기체연료를 미리 공기와 혼합시켜 놓고 점화하여 연소하는 현상으로, 전 1차 공기식 연소법, 분젠식 연소법, 세미분젠식 연소법이 있다.

025

환기구로 에너지가 유출되는 것을 의미하는 환기계수로 옳은 것은?(단, A는 면적, H는 높이이다)

① $A\sqrt{H}$ ② $H\sqrt{A}$
③ $A^2\sqrt{H}$ ④ $\sqrt{\dfrac{A}{H}}$

해설

환기계수

• 환기계수는 개구부의 면적과 높이의 함수이며, 내화구조 건축물에서 최성기 화재는 개구부의 환기계수에 영향을 받아 환기지배형 화재가 된다.
• $A\sqrt{H}$일 때는 환기구로 에너지가 유출되는 것이다.

026

이상기체의 부피변화와 관련된 것은?

① 아르키메데스(Archimedes)의 원리

② 아보가드로(Avogadro)의 법칙

③ 베르누이(Bernoulli)의 정리

④ 하젠-윌리엄스(Hazen-Williams)의 공식

해설

산소를 예로 들면, 산소의 화학식은 O_2로서 분자량은 32.00이고 6.0238×10^{23}개의 산소분자로 이루어져 있다. 1[mol]이 차지하는 부피는 22.4[L]로 아보가드로 법칙에 따라 모든 기체는 같은 값을 갖는다.

027

모세관 현상으로 인해 물이 상승할 때, 그 상승 높이에 관한 설명으로 옳지 않은 것은?

① 관의 직경에 비례한다.

② 표면장력에 비례한다.

③ 물의 비중량에 반비례한다.

④ 수면과 관의 접촉각이 커질수록 감소한다.

해설

모세관 현상

• 액체 속에 가는 관(모세관)을 넣으면 액체가 관을 따라 상승, 하강하는 현상이다. 응집력이 부착력보다 크면 액면이 내려가고, 부착력이 응집력보다 크면 액면이 올라간다.

$$h = \frac{\Delta p}{\gamma} = \frac{4a\cos\theta}{\gamma d}$$

여기서, a : 표면장력([dyne/cm], [N/m])

θ : 접촉각

γ : 물의 비중량

d : 내경

g : 중력가속도($9.8[m/sec^2]$)

ρ : 액체의 밀도[kg/m^3]

• 상승 높이는 관의 직경에 반비례한다.

028

다르시-바이스바흐(Darcy-Weisbach) 공식에서 마찰손실수두에 관한 설명으로 옳지 않은 것은?

① 관의 직경에 반비례한다.

② 관의 길이에 비례한다.

③ 마찰손실계수에 비례한다.

④ 유속에 반비례한다.

해설

유체의 마찰손실

$$h = \frac{\Delta P}{\gamma} = \frac{flu^2}{2gD}[m]$$

여기서, h : 마찰손실[m]

ΔP : 압력차[N/m^2]

γ : 유체의 비중량[N/m^3]

f : 관의 마찰계수

l : 관의 길이[m]

u : 유체의 유속[m/s]

D : 관의 내경[m]

∴ 마찰손실수두(h)는 유속의 제곱에 비례한다.

029

상·하판의 간격이 5[cm]인 두 판 사이에 점성계수가 0.001[N·s/m²]인 뉴턴 유체(Newtonian Fluid)가 있다. 상판이 수평방향으로 2.5[m/s]로 움직일 때, 발생하는 전단응력[N/m²]은?(단, 하판은 고정되어 있다)

① 0.05

② 0.50

③ 5.00

④ 50.0

해설

전단응력

$$\tau = \frac{F}{A} = \mu \frac{du}{dy}$$

∴ $\tau = 0.001[N \cdot s/m^2] \times \dfrac{2.5[m/s]}{0.05[m]} = 0.05[N/m^2]$

정답 026 ② 027 ① 028 ④ 029 ①

030

전양정이 30[m]인 펌프가 물을 0.03[m³/s]로 수송할 때, 펌프의 축동력[kW]은 약 얼마인가?(단, 물의 비중량은 9,800[N/m³], 중력가속도는 9.8[m/s²], 펌프의 효율은 60[%]이다)

① 1.44
② 1.47
③ 14.7
④ 144

해설

펌프의 축동력

$$P = \frac{\gamma \, Q H}{\eta} [\text{kW}]$$

여기서, γ : 물의 비중량(9.8[kN/m³])
Q : 유량[m³/s]
H : 양정[m]
η : 효율

∴ 축동력 $P = \dfrac{\gamma \, Q H}{\eta}$

$$= \frac{9.8[\text{kN/m}^3] \times 0.03[\text{m}^3/\text{s}] \times 30[\text{m}]}{0.6}$$

$$= 14.7[\text{kW}]$$

031

배관 내 평균 유속 5[m/s]로 물이 흐르고 있다가 갑작스런 밸브의 잠김으로 발생되는 압력 상승[MPa]은 약 얼마인가?(단, 물의 비중량은 9,800[N/m³], 유체 내 압축파의 전달속도는 1,494[m/s], 중력가속도는 9.8[m/s²]이다)

① 7.32
② 7.47
③ 73.2
④ 74.7

해설

압력 상승
갑작스런 밸브의 닫힘으로 발생하는 압력변화의 크기

$$P_w = \rho C u = \frac{\gamma}{g} C u [\text{Pa}]$$

• 비중량 $\gamma = \rho g$에서

밀도 $\rho = \dfrac{\gamma}{g} = \dfrac{9,800[\text{N/m}^3]}{9.8[\text{m/s}^2]} = 1,000[\text{N} \cdot \text{s}^2/\text{m}^4]$

• 유체 내의 음속(압축파의 전달속도) $C = 1,494[\text{m/s}]$
• 배관 내 평균유속 $u = 5[\text{m/s}]$

∴ 압력변화의 크기

$$P_w = 1,000\frac{[\text{N} \cdot \text{s}^2]}{[\text{m}^4]} \times 1,494\frac{[\text{m}]}{[\text{s}]} \times 5\frac{[\text{m}]}{[\text{s}]}$$

$$= 7,470,000[\text{Pa}]([\text{N/m}^2]) = 7.47[\text{MPa}]$$

$$1[\text{atm}] = 101,325[\text{Pa}]([\text{N/m}^2])$$
$$= 101.325[\text{kPa}]([\text{kN/m}^2])$$
$$= 0.101325[\text{MPa}]([\text{MN/m}^2])$$

032

폭이 a이고, 높이가 b인 직사각형 단면을 갖는 배관의 마찰손실수두를 계산할 때, 수력반지름(Hydraulic Radius)은?

① $\dfrac{2ab}{(a+b)}$
② $\dfrac{ab}{2(a+b)}$
③ $\dfrac{(a+b)}{2ab}$
④ $\dfrac{(a+b)}{4ab}$

해설

수력반지름

$$\text{수력반지름 } R_h = \frac{A}{l} (\text{여기서, } A : \text{단면적}, \, l : \text{길이})$$

• 원 관일 때, 수력반지름 $R_h = \dfrac{\frac{\pi d^2}{4}}{\pi d} = \dfrac{d}{4}, \ d = 4R_h$

• 가로가 a이고 세로가 b인 정사각형 단면을 갖는 배관일 때 ($a = b$),

수력반지름 $R_h = \dfrac{A}{l} = \dfrac{a \times a}{2a + 2b} = \dfrac{a \times a}{2a + 2a} = \dfrac{a^2}{4a} = \dfrac{a}{4}$

• 폭이 a이고 높이가 b인 직사각형 단면을 갖는 배관일 때, 수력반지름

$$R_h = \frac{A}{l} = \frac{a \times b}{2a + 2b} = \frac{ab}{2a + 2b} = \frac{ab}{2(a+b)}$$

033

층류 상태로 직경 5[cm]인 원형 관 내 흐를 수 있는 물의 최대 유량[m³/s]은 약 얼마인가?(단, 물의 비중량은 9,800[N/m³], 물의 점성계수는 $10 \times 10^{-3}[\text{N} \cdot \text{s/m}^2]$, 층류의 상한계 레이놀즈(Reynolds)수는 2,000, 중력가속도는 9.8[m/s²], 원주율은 3.0이다)

① 7.35×10^{-4}
② 7.5×10^{-4}
③ 7.35×10^{-2}
④ 7.5×10^{-2}

유 량

$$Q = uA$$

- 레이놀즈 공식에서 유속을 구하면,

$$Re = \frac{Du\rho}{\mu}, \quad u = \frac{Re \times \mu}{D \times \left(\frac{\gamma}{g}\right)}$$

$$= \frac{2,000 \times 10 \times 10^{-3}[\text{N} \cdot \text{s/m}^2]}{0.05[\text{m}] \times \left(\dfrac{9,800[\text{N/m}^3]}{9.8[\text{m/s}^2]}\right)} = 0.4[\text{m/s}]$$

- 유량을 구하면,

$$Q = uA = 0.4[\text{m/s}] \times \frac{3}{4}(0.05[\text{m}])^2 = 7.5 \times 10^{-4}[\text{m}^3/\text{s}]$$

034

관수로 흐름의 유량을 측정할 수 없는 장치는?

① 피토관(Pitot Tube)

② 오리피스(Orifice)

③ 벤투리미터(Venturi Meter)

④ 파샬플룸(Parshall Flume)

해설

파샬플룸(Parshall Flume) : 개수로의 유량 측정장치

035

분말소화약제에 관한 설명으로 옳지 않은 것은?

① 분말의 안식각이 작을수록 유동성이 커진다.

② 제1종 분말소화약제를 저장하는 경우 분말소화약제 1[kg]당 저장용기의 내용적은 0.8[L]이다.

③ 제2종 분말소화약제를 주성분은 탄산수소나트륨($NaHCO_3$)이다.

④ 제3종 분말소화약제를 주성분은 제1인산암모늄($NH_4H_2PO_4$)이다.

해설

분말소화약제

- 분말의 안식각이 작을수록 유동성이 커진다.
- 저장용기의 충전비

소화약제의 종별	충전비
제1종 분말	0.80[L/kg]
제2종 분말	1.00[L/kg]
제3종 분말	1.00[L/kg]
제4종 분말	1.25[L/kg]

- 약제의 물성

종 류	주성분	착 색	적응화재	열분해반응식
제1종 분말	탄산수소나트륨 ($NaHCO_3$)	백 색	B, C급	$2NaHCO_3 \rightarrow Na_2CO_3 + CO_2 + H_2O$
제2종 분말	탄산수소칼륨 ($KHCO_3$)	담회색	B, C급	$2KHCO_3 \rightarrow K_2CO_3 + CO_2 + H_2O$
제3종 분말	제일인산암모늄 ($NH_4H_2PO_4$)	담홍색	A, B, C급	$NH_4H_2PO_4 \rightarrow HPO_3 + NH_3 + H_2O$
제4종 분말	탄산수소칼륨 + 요소[$KHCO_3$ + $(NH_2)_2CO$]	회 색	B, C급	$2KHCO_3 + (NH_2)_2CO \rightarrow K_2CO_3 + 2NH_3 + 2CO_2$

036

1기압 20[℃]에서 기체상태로 존재하는 것을 모두 고른 것은?

```
ㄱ. Halon1211
ㄴ. Halon1301
ㄷ. Halon2402
```

① ㄱ, ㄴ 　　　　② ㄱ, ㄷ

③ ㄴ, ㄷ 　　　　④ ㄱ, ㄴ, ㄷ

해설

할론소화약제의 상태

상 태	할론소화약제의 종류
기체상태	할론1301, 할론1211
액체상태	할론2402, 할론1011

037

이산화탄소소화설비의 화재안전기술기준상 소화에 필요한 이산화탄소의 설계농도[%]가 가장 높은 것은?

① 프로페인
② 에틸렌
③ 산화에틸렌
④ 에테인

해설

가연성 액체 또는 가연성 가스의 소화에 필요한 설계농도

방호대상물	설계농도 [%]
수소(Hydrogen)	75
아세틸렌(Acetylene)	66
일산화탄소(Carbon Monoxide)	64
산화에틸렌(Ethylene Oxide)	53
에틸렌(Ethylene)	49
에테인(Ethane)	40
석탄가스, 천연가스(Coal, Natural gas)	37
사이클로프로페인(Cyclo Propane)	37
아이소뷰테인(Iso Butane)	36
프로페인(Propane)	36
뷰테인(Butane)	34
메테인(Methane)	34

038

단백포소화약제 3[%]형 18[L]를 이용하여 팽창비가 5가 되도록 포를 방출할 때 발생된 포의 체적[m³]은?

① 0.08
② 0.3
③ 3.0
④ 6.0

해설

포의 체적

$$팽창비 = \frac{방출\ 후\ 포의\ 체적[L]}{방출\ 전\ 포수용액의\ 체적(포원액+물)[L]}$$

$$= \frac{방출\ 후\ 포의\ 체적[L]}{\frac{원액의\ 양[L]}{농도[\%]}}$$

$$\therefore\ 방출\ 후\ 포의\ 체적 = 팽창비 \times \frac{원액의\ 양}{농도}$$

$$= 5 \times \frac{18[L]}{0.03} = 3,000[L]$$

$$= 3[m^3]$$

039

물에 관한 설명으로 옳지 않은 것은?

① 압력이 감소함에 따라 비등점은 낮아진다.
② 물의 기화열은 융해열보다 크다.
③ 물의 표면장력을 낮추는 경우 침투성이 강화된다.
④ 온도가 상승할수록 물의 점도는 증가한다.

해설

물의 특성
• 압력이 감소함에 따라 비등점은 낮아진다.
• 물의 기화열(539[cal/g])은 융해열(80[cal/g])보다 크다.
• 물의 표면장력을 낮추는 경우 침투성이 강화된다.
• 온도가 상승할수록 물의 점도는 감소한다.

040

연소에 관한 설명으로 옳지 않은 것은?

① 자기반응성 물질은 외부에서 공급되는 산소가 없는 경우 연소하지 않는다.
② 연소는 산화반응의 일종이다.
③ 메테인이 완전연소를 하는 경우 이산화탄소가 발생한다.
④ 일산화탄소는 연소가 가능한 가연성물질이다.

해설

연소
• 자기반응성 물질(제5류 위험물)은 외부에서 산소 공급이 없어도 연소한다.
• 연소는 급격한 산화반응의 일종이다.
• 메테인이 완전연소를 하는 경우 이산화탄소가 발생한다.

$$CH_4 + 2O_2 \rightarrow CO_2 + 2H_2O$$

• 일산화탄소(CO)는 연소가 가능한 가연성물질이고, 이산화탄소(CO_2)는 산소와 더 이상 반응하지 않으므로 불연성물질이다.

041

벤투리관의 벤투리 작용을 이용하는 기계 포소화약제의 혼합방식을 모두 고른 것은?

> ㄱ. 프레셔 사이드 프로포셔너 방식
> ㄴ. 라인 프로포셔너 방식
> ㄷ. 프레셔 프로포셔너 방식

① ㄱ, ㄴ   ② ㄱ, ㄷ
③ ㄴ, ㄷ   ④ ㄱ, ㄴ, ㄷ

해설

포소화설비의 혼합장치

- 펌프 프로포셔너 방식(Pump Proportioner, 펌프 혼합방식) : 펌프의 토출관과 흡입관 사이의 배관 도중에 설치한 흡입기에 펌프에서 토출된 물의 일부를 보내고 농도조정밸브에서 조정된 포소화약제의 필요량을 포소화약제 저장탱크에서 펌프 흡입 측으로 보내어 약제를 혼합하는 방식
- **라인 프로포셔너 방식**(Line Proportioner, 관로 혼합방식) : 펌프와 발포기의 중간에 설치된 **벤투리관의 벤투리 작용**에 따라 포소화약제를 흡입·혼합하는 방식
- **프레셔 프로포셔너 방식**(Pressure proportioner, 차압 혼합방식) : 펌프와 발포기의 중간에 설치된 **벤투리관의 벤투리 작용**과 펌프 가압수의 포소화약제 저장탱크에 대한 압력에 따라 포소화약제를 흡입·혼합하는 방식
- 프레셔 사이드 프로포셔너 방식(Pressure Side Proportioner, 압입 혼합방식) : 펌프의 토출관에 압입기를 설치하여 포소화약제 압입용 펌프로 포소화약제를 압입시켜 혼합하는 방식

042

다음 진리표를 만족하는 시퀀스 회로를 설계하고자 한다. 출력에 관한 논리식으로 옳지 않은 것은?

입 력		출 력
A	B	X
0	0	1
0	1	0
1	0	1
1	1	1

① $X = \overline{A} \cdot \overline{B} + A \cdot \overline{B} + A \cdot B$

② $X = \overline{A} + A \cdot B$

③ $X = \overline{A} \cdot \overline{B} + A$

④ $X = A + \overline{B}$

해설

출력에 관한 논리식

① $X = \overline{A} \cdot \overline{B} + A \cdot \overline{B} + A \cdot B$
   $= \overline{B}(\overline{A} + A) + A \cdot B = \overline{B} + A \cdot B$

입 력				출 력
A	B	$\overline{B}$	$A \cdot B$	$\overline{B} + A \cdot B$
0	0	1	0	1
0	1	0	0	0
1	0	1	0	1
1	1	0	1	1

② $X = \overline{A} + A \cdot B$

입 력				출 력
A	B	$\overline{A}$	$A \cdot B$	$\overline{A} + A \cdot B$
0	0	1	0	1
0	1	1	0	1
1	0	0	0	0
1	1	0	1	1

③ $X = \overline{A} \cdot \overline{B} + A$

입 력					출 력
A	B	$\overline{A}$	$\overline{B}$	$\overline{A} \cdot \overline{B}$	$\overline{A} \cdot \overline{B} + A$
0	0	1	1	1	1
0	1	1	0	0	0
1	0	0	1	0	1
1	1	0	0	0	1

④ $X = A + \overline{B}$

입 력			출 력
A	B	$\overline{B}$	$A + \overline{B}$
0	0	1	1
0	1	0	0
1	0	1	1
1	1	0	1

043

전기력선의 기본 성질에 관한 설명으로 옳지 않은 것은?

① 전기력선은 서로 교차하지 않는다.
② 전계의 세기는 전기력선의 밀도와 같다.
③ 전기력선은 등전위면과 직교한다.
④ 전계의 세기는 도체 내부에서 가장 크다.

전기력선의 성질

• 전기력선은 (+)전하에서 나와 (−)전하로 들어감
• 전기력선은 도중에 분리되거나 교차되지 않음
• 전기력선 위의 한 점에서 그은 접선의 방향이 그 지점에서의 전기장의 방향임
• 전기장에 수직한 단위 면적을 지나는 전기력선의 수는 전기장의 세기에 비례함
• 전기력선이 조밀하게 나타나는 곳은 전기장의 세기가 크고, 전기력선이 듬성듬성 나타나는 곳은 전기장의 세기가 작음
• 전기력선은 등전위면과 직교함

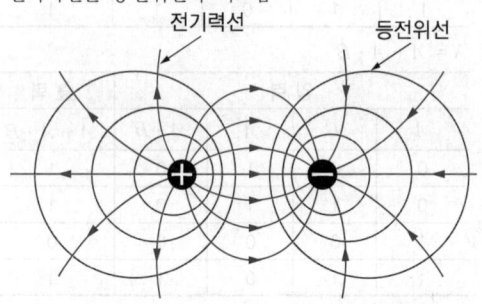

044

다음 그림과 같이 직렬로 접속된 2개의 코일에 10[A]의 전류를 흘릴 경우, 합성코일에 발생하는 에너지[J]는 얼마인가?(단, 결합계수는 0.6이다)

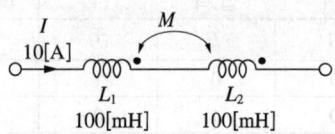

① 4　　　　　　② 10
③ 12　　　　　④ 16

해설

에너지

$$W = \frac{1}{2}LI^2[\text{J}]$$

여기서,
L(가동접속 합성인덕턴스)
$= L_1 + L_2 + 2M$
$= L_1 + L_2 + 2K\sqrt{L_1 L_2}[\text{H}]$
$L = 0.1 + 0.1 + 2 \times 0.6 \times 0.1 = 0.32[\text{H}]$
$\therefore \ W = \frac{1}{2}LI^2 = \frac{1}{2} \times 0.32 \times 10^2 = 16[\text{J}]$

045

동일한 배터리와 전구를 사용하여 다음 그림과 같이 2개의 회로를 구성하였다. 다음 중 옳은 것은?

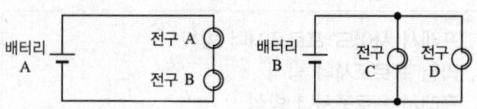

① 모든 전구의 밝기는 동일하다.
② 모든 배터리의 사용시간은 동일하다.
③ 전구 C는 전구 A보다 밝다.
④ 배터리 B의 사용시간은 배터리 A보다 길다.

해설

2개의 회로 구성

전구 밝기의 결과는 전구에 흐르는 전류의 크기에 기인한다. 예를 들어 배터리는 10[V]이고 전구는 5[Ω]이라고 가정할 때,

• 직렬 전구에 흐르는 전류는 $I = \dfrac{10}{5+5} = 1[\text{A}]$

• 회로 전체에 흐르는 전류 $I = \dfrac{10}{\dfrac{5 \times 5}{5 + 5}} = 4[\text{A}]$

∴ 전구 C에 흐르는 전류는 $I_C = \dfrac{5}{5+5} \times 4 = 2[\text{A}]$

∵ 전구 A에 흐르는 전류는 1[A]이고, 전구 C에 흐르는 전류는 2[A]로 전구 A에 비하여 전구 C가 밝다.

046

정전용량 1[F]에 해당하는 것은?

① 1[V]의 전압을 가하여 1[C]의 전하가 축적된 경우
② 1[W]의 전략을 1초 동안 사용한 경우
③ 1[C]의 전하가 1초 동안 흐른 경우
④ 1[C]의 전하가 이동하여 1[J]의 일을 한 경우

해설

정전용량 1[F]

$$Q = CV, \ C = \frac{Q}{V}\left[\text{F} = \frac{\text{C}}{\text{V}}\right]$$

∴ 정전용량은 전하량에 대한 전압의 비로 1[V] 전압을 가하여 1[C]의 전하가 축적된 경우이다.

047

다음 그림과 같은 저항기의 값이 4.7[MΩ]이고 허용오차가 ±10[%]일 때, 이 저항기의 색띠(Color Code)를 바르게 나열한 것은?

제 제 제 제
1 2 3 4
색 색 색 색
띠 띠 띠 띠

	제1색띠	제2색띠	제3색띠	제4색띠
①	적색 (Red)	청색 (Blue)	황색 (Yellow)	금색 (Gold)
②	녹색 (Green)	회색 (Gray)	청색 (Blue)	금색 (Gold)
③	황색 (Yellow)	자색 (Violet)	녹색 (Green)	은색 (Silver)
④	등색 (Orange)	녹색 (Green)	회색 (Gray)	은색 (Silver)

해설

저항기의 색띠

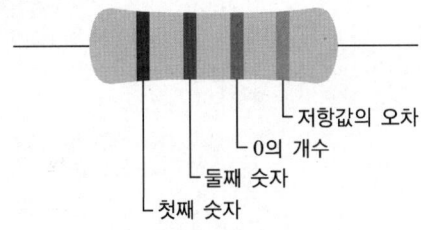

└ 저항값의 오차
└ 0의 개수
└ 둘째 숫자
└ 첫째 숫자

주황색 주황색 빨간색 금색

3, 3, 2(0이 2개란 의미)
3,300[Ω] = 3.3[kΩ]

노란색 보라색 노란색 금색

4, 7, 4(0이 4개란 의미)
470,000[Ω] = 470[kΩ]

색	값	색	값
검은색	0	파란색	6
갈 색	1	보라색	7
빨간색	2	회 색	8
주황색	3	하얀색	9
노란색	4	은 색	±10[%]
초록색	5	금 색	±5[%]

$4.7[\mathrm{M}\Omega] = 4.7 \times 10^6 = 47 \times 10^5$

첫 번째 색띠 : 4(노란색 = 황색), 두 번째 색띠 : 7(보라색 = 자색)

세 번째 색띠 : 10^5(초록색), 네 번째 색띠 : ±10[%](은색)

048

소비전력이 3[W]인 스피커에 DC 1.5[V], 2,000[mAh]의 배터리 2개를 병렬연결하여 사용하고 있다. 이 스피커를 최대 출력으로 사용할 경우, 예상되는 사용시간은?

① 1시간 ② 2시간

③ 4시간 ④ 8시간

해설

배터리 2개를 병렬연결 시 전압은 같고 시간은 2배 증가한다.

$P = VI$, $I = \dfrac{P}{V} = \dfrac{3[\mathrm{W}]}{1.5[\mathrm{V}]} = 2[\mathrm{A}]$

$\therefore$ 사용시간 $= \dfrac{2,000[\mathrm{mAh}]}{2[\mathrm{A}]} = 1,000[\mathrm{mh}] = 1[\mathrm{h}]$

049

대칭 3상 Y결선 회로에 관한 설명으로 옳지 않은 것은?

① 상전압은 선간전압보다 위상이 30° 앞선다.

② 선간전압의 크기는 상전압의 $\sqrt{3}$ 배이다.

③ 상전류와 선전류의 크기는 같다.

④ 각 상의 위상차는 120°이다.

해설

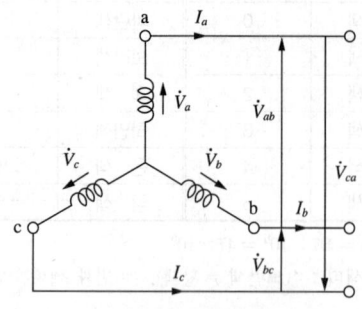

[Y결선의 3상 교류]

- 상전압 V_p과 선간전압 V_l
  - 선간전압 V_l은 상전압 V_p보다 $\sqrt{3}$ 배 크다.

  $$V_l = \sqrt{3}\, V_p [\mathrm{V}]$$

  - 선간전압 V_l의 위상은 상전압 V_p보다 $\dfrac{\pi}{6}[\mathrm{rad}](=30°)$ 앞선다.

  $$V_l = \sqrt{3}\, V_p \angle \dfrac{\pi}{6}[\mathrm{V}]$$

- 상전류 I_p와 선간전류 I_l

  $$I_p = I_l$$

050

다음과 같은 $R-L-C$ 직렬회로에
$v(t) = \sqrt{2} \cdot 220 \cdot \sin 120\pi t[\mathrm{V}]$의 순시전압을 인가한 경우, 회로에 흐르는 실효전류[A]는 얼마인가?

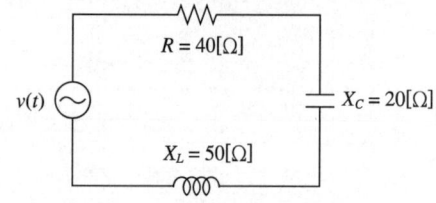

① 2.0
② 3.1
③ 4.4
④ 5.5

해설

실효전류

$Z = R + j(X_L - X_C) = 40 + j(50 - 20) = 40 + j30$

$I = \dfrac{V}{Z} = \dfrac{220}{40 + j30} = 4.4[\mathrm{A}]$

051

소방기본법령상 소방대의 생활안전활동에 해당하지 않는 것은?

① 붕괴, 낙하 등이 우려되는 고드름, 나무, 위험 구조물 등의 제거활동
② 위해동물, 벌 등의 포획 및 퇴치활동
③ 단전사고 시 비상전원 또는 조명의 공급
④ 집회·공연 등 각종 행사 시 사고에 대비한 근접대기 등 지원활동

해설

소방대의 생활안전활동(법 제16조의3)
- 붕괴, 낙하 등이 우려되는 고드름, 나무, 위험 구조물 등의 제거활동
- 위해동물, 벌 등의 포획 및 퇴치활동
- 끼임, 고립 등에 따른 위험 제거 및 구출활동
- 단전사고 시 비상전원 또는 조명의 공급
- 그 밖에 방치하면 급박해질 우려가 있는 위험을 예방하기 위한 활동

052

소방기본법령상 보상제도에 관한 설명이다. (   )에 들어갈 말을 순서대로 바르게 나열한 것은?

> 소방청장 또는 시·도지사는 소방기본법 제16조의3 제1항에 따른 조치로 인하여 손실을 입은 자 등에게 (   )의 심사·의결에 따라 정당한 보상을 해야 한다. 이러한 보상을 청구할 수 있는 권리는 손실이 있음을 안 날로부터 (   ), 손실이 발생한 날부터 (   )간 행사하지 않으면 시효의 완성으로 소멸한다.

① 손해보상심의위원회 – 3년 – 5년
② 손실보상심의위원회 – 3년 – 5년
③ 손해보상심의위원회 – 5년 – 10년
④ 손실보상심의위원회 – 5년 – 10년

손실보상(법 제49조의2)

① 소방청장 또는 시·도지사는 다음의 어느 하나에 해당하는 자에게 제3항의 손실보상심의위원회의 심사·의결에 따라 정당한 보상을 해야 한다.

  ㉠ 제16조의3 제1항에 따른 조치로 인하여 손실을 입은 자

  ㉡ 제24조 제1항 전단에 따른 소방활동 종사로 인하여 사망하거나 부상을 입은 자

  ㉢ 제25조 제2항 또는 제3항에 따른 처분으로 인하여 손실을 입은 자. 다만, 같은 조 제3항에 해당하는 경우로서 법령을 위반하여 소방자동차의 통행과 소방활동에 방해가 된 경우는 제외한다.

  ㉣ 제27조 제1항 또는 제2항에 따른 조치로 인하여 손실을 입은 자

  ㉤ 그 밖에 소방기관 또는 소방대의 적법한 소방업무 또는 소방활동으로 인하여 손실을 입은 자

② ①에 따라 손실보상을 청구할 수 있는 권리는 **손실이 있음을 안 날부터 3년, 손실이 발생한 날부터 5년간** 행사하지 않으면 **시효의 완성으**로 소멸한다.

053

소방기본법령상 소방자동차 전용구역에 관한 설명으로 옳지 않은 것은?

① 세대수가 100세대 이상인 아파트의 건축주는 소방자동차 전용구역을 설치해야 한다.

② 소방자동차 전용구역 노면표지 도료의 색채는 황색을 기본으로 하되, 문자(P, 소방차 전용)는 백색으로 표시한다.

③ 소방자동차 전용구역에 물건 등을 쌓거나 주차하는 등의 방해행위를 해서는 안 된다.

④ 전용구역 방해행위를 한 자는 100만원 이하의 벌금에 처한다.

소방자동차 전용구역(영 제17조의12, 제7조의14, 영 별표 2의5)

① **소방자동차 전용구역 설치대상**

  ㉠ 아파트 중 세대수가 **100세대 이상인 아파트**

  ㉡ 기숙사 중 **3층 이상의 기숙사**

② 소방자동차 전용구역 노면표지 도료의 **색채는 황색**을 기본으로 하되, **문자(P, 소방차 전용)는 백색**으로 표시한다.

③ 소방자동차 전용구역에 물건 등을 쌓거나 주차하는 등의 방해행위를 해서는 안 된다.

④ 전용구역에 차를 주차하거나 **전용구역에의 진입을 가로막는 등의 방해행위를 한 자**에게는 **100만원 이하의 과태료**를 부과한다(법 제56조).

054

소방기본법령상 용어의 정의에 관한 설명으로 옳지 않은 것은?

① "관계인"이란 소방대상물의 소유자·관리자 또는 점유자를 말한다.

② "관계지역"이란 소방대상물이 있는 장소 및 그 이웃 지역으로서 화재의 예방·경계·진압, 구조·구급 등의 활동에 필요한 지역을 말한다.

③ "소방대"란 화재를 진압하고 화재, 재난·재해, 그 밖의 위급한 상황에서 구조·구급활동 등을 하기 위하여 소방공무원, 의무소방원, 의용소방대원, 사회복무요원으로 구성된 조직체를 말한다.

④ "소방본부장"이란 특별시·광역시·특별자치시·도 또는 특별자치도에서 화재의 예방·경계·진압·조사 및 구조·구급 등의 업무를 담당하는 부서의 장을 말한다.

소방대(법 제2조)

화재를 진압하고 화재, 재난·재해, 그 밖의 위급한 상황에서 구조·구급활동 등을 하기 위하여 다음의 사람으로 구성된 조직체를 말한다.

• 소방공무원법에 따른 **소방공무원**

• 의무소방대설치법 제3조에 따라 임용된 **의무소방원**(義務消防員)

• 의용소방대 설치 및 운영에 관한 법률에 따른 **의용소방대원**(義勇消防隊員)

055

소방시설공사업법령상 용어에 관한 설명으로 옳은 것은?

① 방염처리업은 소방시설업에 포함된다.

② 위험물기능장은 소방기술자 대상에 포함되지 않는다.

③ 소방시설관리업은 소방시설업에 포함된다.

④ 화재감식평가기사는 소방기술자 대상에 포함된다.

소방시설공사업법령상 용어(법 제2조)

• **소방시설업의 종류**
  – 소방시설설계업 : 소방시설공사에 기본이 되는 공사계획, 설계도면, 설계설명서, 기술계산서 및 이와 관련된 서류를 작성하는 영업
  – 소방시설공사업 : 설계도서에 따라 소방시설을 신설, 증설, 개설, 이전 및 정비하는 영업
  – 소방공사감리업 : 소방시설공사에 관한 발주자의 권한을 대행하여 소방시설공사가 설계도서와 관계 법령에 따라 적법하게 시공되는지를 확인하고, 품질·시공 관리에 대한 기술지도를 하는 영업
  – **방염처리업** : 소방시설 설치 및 관리에 관한 법률 제20조 제1항에 따른 방염대상물품에 대하여 방염처리하는 영업
• **소방시설업자** : 소방시설업을 경영하기 위하여 제4조에 따라 소방시설업을 등록한 자
• **감리원** : 소방공사감리업자에 소속된 소방기술자로서 해당 소방시설공사를 감리하는 사람
• **소방기술자** : 제28조에 따라 소방기술 경력 등을 인정받은 사람과 다음의 어느 하나에 해당하는 사람으로서 소방시설업과 소방시설 설치 및 관리에 관한 법률에 따른 소방시설관리업의 기술인력으로 등록된 사람을 말한다.
  – 소방시설 설치 및 관리에 관한 법률에 따른 소방시설관리사
  – 국가기술자격 법령에 따른 소방기술사, 소방설비기사, 소방설비산업기사, **위험물기능장**, 위험물산업기사, 위험물기능사

056

소방시설공사업법령상 완공검사를 위한 현장확인 대상 특정소방대상물이 아닌 것은?

① 판매시설 ② 창고시설
③ 노유자시설 ④ 운수시설

해설

완공검사를 위한 현장확인 대상 특정소방대상물(영 제5조)
• 문화 및 집회시설, 종교시설, **판매시설, 노유자(老幼者)시설**, 수련시설, 운동시설, 숙박시설, **창고시설**, 지하상가 및 다중이용업소의 안전관리에 관한 특별법에 따른 다중이용업소

• 다음에 해당하는 설비가 설치되는 특정소방대상물
  – 스프링클러설비 등
  – 물분무 등 소화설비(호스릴 방식의 소화설비는 제외)
• 연면적 10,000[m²] 이상이거나 11층 이상인 특정소방대상물(아파트는 제외)
• 가연성가스를 제조·저장 또는 취급하는 시설 중 지상에 노출된 가연성 가스탱크의 저장용량 합계가 1,000[ton] 이상인 시설

057

소방시설 설치 및 관리에 관한 법령상 소방시설에 대한 설명으로 옳은 것은?

① 수용인원 50명인 문화 및 집회시설 중 영화상영관은 공기호흡기를 설치해야 한다.
② 비상경보설비는 소방시설의 내진설계기준에 맞게 설치해야 한다.
③ 분말형태의 소화약제를 사용하는 소화기의 내용연수는 5년으로 한다.
④ 불연성물품을 저장하는 창고는 옥외소화전 및 연결살수설비를 설치하지 않을 수 있다.

해설

소방시설 설치기준
• 인명구조기구 설치기준(NFTC 302, 표 2.1.1.1)

특정소방대상물	인명구조기구	설치 수량
지하층을 포함하는 층 수가 7층 이상인 관광호텔 및 5층 이상인 병원	• 방열복 또는 방화복(안전모, 보호장갑 및 안전화를 포함) • 공기호흡기 • 인공소생기	각 2개 이상 비치할 것. 다만, 병원의 경우에는 인공소생기를 설치하지 않을 수 있다.
• 문화 및 집회시설 중 수용인원 100명 이상의 영화상영관 • 판매시설 중 대규모 점포 • 운수시설 중 지하역사 • 지하가 중 지하상가	공기호흡기	층마다 2개 이상 비치할 것. 다만, 각 층마다 갖추어 두어야 할 공기호흡기 중 일부를 직원이 상주하는 인근 사무실에 갖추어 둘 수 있다.
• 물분무 등 소화설비 중 이산화탄소소화설비를 설치해야 하는 특정소방대상물	공기호흡기	이산화탄소소화설비가 설치된 장소의 출입구 외부 인근에 1개 이상 비치할 것

- 소방시설의 **내진설계대상**(영 제8조)
  - 옥내소화전설비
  - 스프링클러설비
  - 물분무 등 소화설비
- 분말형태의 소화약제를 사용하는 **소화기의 내용연수는 10년**으로 한다(영 제19조).
- 소방시설을 설치하지 않을 수 있는 특정소방대상물 및 소방시설의 범위(영 별표 6)

구 분	특정소방대상물	소방시설
화재 위험도가 낮은 특정소방대상물	석재, 불연성금속, 불연성 건축재료 등의 가공공장·기계 조립공장 또는 **불연성 물품을 저장하는 창고**	옥외소화전 및 연결살수설비
화재안전기준을 적용하기 어려운 특정소방대상물	펄프공장의 작업장, 음료수 공장의 세정 또는 충전을 하는 작업장, 그 밖에 이와 비슷한 용도로 사용하는 것	스프링클러설비, 상수도소화용수설비 및 연결살수설비
	정수장, 수영장, 목욕장, 농예·축산·어류양식용 시설, 그 밖에 이와 비슷한 용도로 사용되는 것	자동화재탐지설비, 상수도소화용수설비 및 연결살수설비
화재안전기준을 달리 적용해야 하는 특수한 용도 또는 구조를 가진 특정소방대상물	원자력발전소, 중·저준위방사성폐기물처리시설	연결송수관설비 및 연결살수설비
위험물 안전관리법 제19조에 따른 자체소방대가 설치된 특정소방대상물	자체소방대가 설치된 위험물 제조소 등에 부속된 사무실	옥내소화전설비, 소화용수설비, 연결살수설비 및 연결송수관설비

058

소방시설공사업법령상 소방시설업자협회의 업무에 해당하지 않는 것은?

① 소방산업의 발전 및 소방기술의 향상을 위한 지원
② 소방시설업의 기술발전과 관련된 국제교류·활동 및 행사의 유치
③ 소방시설업의 사익증진과 과태료 부과 업무에 관한 사항
④ 소방시설업의 기술발전과 소방기술의 진흥을 위한 조사·연구·분석 및 평가

해설

소방시설업자협회의 업무(법 제30조의3)
- 소방시설업의 기술발전과 소방기술의 진흥을 위한 조사·연구·분석 및 평가
- 소방산업의 발전 및 소방기술의 향상을 위한 지원
- 소방시설업의 기술 발전과 관련된 국제교류·활동 및 행사의 유치
- 이 법에 따른 위탁 업무의 수행

059

소방시설 설치 및 관리에 관한 법령상 시·도지사가 소방시설관리업 등록을 반드시 취소해야 하는 사유로 옳은 것을 모두 고른 것은?

ㄱ. 소방시설관리업자가 거짓이나 그 밖의 부정한 방법으로 등록을 한 경우
ㄴ. 소방시설관리업자가 소방시설 등의 자체점검 결과를 거짓으로 보고한 경우
ㄷ. 소방시설관리업자가 관리업의 등록기준에 미달하게 된 경우
ㄹ. 소방시설관리업자가 관리업의 등록증을 다른 자에게 빌려준 경우

① ㄱ, ㄴ   ② ㄱ, ㄹ
③ ㄴ, ㄷ   ④ ㄷ, ㄹ

해설

소방시설관리업의 등록 취소사유(법 제35조)
- 거짓이나 그 밖의 부정한 방법으로 등록을 한 경우
- 등록의 결격사유에 해당하게 된 경우. 다만, 제30조 제5호에 해당하는 법인으로서 결격사유에 해당하게 된 날부터 2개월 이내에 그 임원을 결격사유가 없는 임원으로 바꾸어 선임한 경우는 제외한다.
- 다른 자에게 등록증이나 등록수첩을 빌려준 경우

060

화재의 예방 및 안전관리에 관한 법령상 화재안전영향평가위원회의 위원의 자격 중 "법인 또는 단체에서 화재안전 관련 업무를 수행하는 사람"이 될 수 없는 기관이나 단체는?

① 안전원　　　　② 기술원
③ 가스안전공사　④ 감독원

해설

화재안전영향가심의회의 위원

소방기술사 등 대통령령으로 정하는 화재안전과 관련된 분야의 학식과 경험이 풍부한 전문가
- 소방기술사
- 다음의 기관이나 법인 또는 단체에서 화재안전 관련 업무를 수행하는 사람으로서 해당 기관이나 법인 또는 단체의 장이 추천하는 사람
  - 안전원
  - 기술원
  - 화재보험협회
  - 가스안전공사
  - 전기안전공사

061

소방시설 설치 및 관리에 관한 법령상 연소방지설비는 어떤 소방시설에 속하는가?

① 소화설비　　　② 소화용수설비
③ 소화활동설비　④ 피난구조설비

해설

소화활동설비 : 화재를 진압하거나 인명구조활동을 위하여 사용하는 설비로서 다음의 것(영 별표 1)
- 제연설비　　　　　· 연결송수관설비
- 연결살수설비　　　· 비상콘센트설비
- 무선통신보조설비　· 연소방지설비

062

소방시설 설치 및 관리에 관한 법령상 방염대상물품이 아닌 것은?

① 철재를 원료로 제작된 의자
② 카 펫
③ 전시용 합판
④ 창문에 설치하는 커튼류

해설

방 염
- 방염성능기준 이상의 실내장식물 등을 설치해야 하는 특정소방대상물(영 제30조)
  - 근린생활시설 중 의원, 조산원, 산후조리원, 체력단련장, 공연장 및 종교집회장
  - 건축물의 옥내에 있는 다음의 시설
    ⓐ 문화 및 집회시설
    ⓑ 종교시설
    ⓒ 운동시설(수영장은 제외)
  - 의료시설
  - 교육연구시설 중 합숙소
  - 노유자시설
  - 숙박이 가능한 수련시설
  - 숙박시설
  - 방송통신시설 중 방송국 및 촬영소
  - 다중이용업소
  - 층수가 11층 이상인 것(아파트는 제외)
- 방염대상물품 및 방염성능기준(영 제31조)
  - 제조 또는 가공 공정에서 방염처리를 한 물품
    ⓐ 창문에 설치하는 커튼류(블라인드를 포함)
    ⓑ 카 펫
    ⓒ 전시용 합판 또는 섬유판, 무대용 합판 또는 섬유판
    ⓒ 벽지류(두께가 2[mm] 미만인 종이벽지는 제외)
    ⓓ 전시용 합판·목재 또는 섬유판, 무대용 합판·목재 또는 섬유판(합판·목재류의 경우 불가피하게 설치현장에서 방염처리한 것을 포함한다)
    ⓔ 암막·무대막(영화상영관에 설치하는 스크린과 가상체험 체육시설업에 설치하는 스크린을 포함)
    ⓕ 섬유류 또는 합성수지류 등을 원료로 하여 제작된 소파·의자(단란주점영업, 유흥주점영업 및 노래연습장업의 영업장에 설치하는 것만 해당)
  - 건축물 내부의 천장이나 벽에 부착하거나 설치하는 것으로서 다음의 어느 하나에 해당하는 것을 말한다. 다만, 가구류(옷장, 찬장, 식탁, 식탁용 의자, 사무용 책상, 사무용 의자, 계산대 및 그 밖에 이와 비슷한 것)와 너비 10[cm] 이하인 반자돌림대 등과 건축법 제52조에 따른 내부 마감재료는 제외한다.
    ⓐ 종이류(두께 2[mm] 이상인 것)·합성수지류 또는 섬유류를 주원료로 한 물품
    ⓑ 합판이나 목재
    ⓒ 공간을 구획하기 위하여 설치하는 간이 칸막이(접이식 등 이동 가능한 벽체나 천장 또는 반자가 실내에 접하는 부분까지 구획하지 않는 벽체)
    ⓓ 흡음(吸音)을 위하여 설치하는 흡음재(흡음용 커튼을 포함한다)
    ⓔ 방음(防音)을 위하여 설치하는 방음재(방음용 커튼을 포함)

063

화재의 예방 및 안전관리에 관한 법령상 소방안전관리대상물의 관계인이 소방안전관리자를 선임한 경우에는 소방안전관리대상물의 출입자가 쉽게 알 수 있도록 게시해야 하는 사항이 아닌 것은?

① 소방안전관리자의 성명
② 소방안전관리자의 소방 관련 경력
③ 소방안전관리자의 연락처
④ 소방안전관리자의 선임일자

해설

소방안전관리자 현황표(규칙 별표 2)

소방안전관리자 현황표(대상명 :   )
이 건축물의 소방안전관리자는 다음과 같습니다.
□ 소방안전관리자 :   (선임일자 :   년   월   일)
□ 소방안전관리대상물 등급 :   급
소방안전관리자 근무 위치(화재수신기 위치) :
화재의 예방 및 안전관리에 관한 법률 제26조 제1항에 따라 이 표지를 붙입니다.
소방안전관리자 연락처 :

064

소방시설 설치 및 관리에 관한 법령상 과태료 처분에 해당하는 경우는?

① 형식승인의 변경승인을 받지 않은 자
② 소방시설을 화재안전기준에 따라 설치·관리하지 않는 자
③ 영업정지처분을 받고 그 영업정지기간 중에 관리업의 업무를 한 자
④ 소방시설 등에 대한 자체 점검을 하지 않거나 관리업자 등으로 하여금 정기적으로 점검하게 하지 않은 자

해설

300만원 이하의 과태료
• 소방시설을 화재안전기준에 따라 설치·관리하지 않는 자
• 피난시설, 방화구획 또는 방화시설의 폐쇄·훼손·변경 등의 행위를 한 자

[벌 금]
• 3년 이하의 징역 또는 3,000만원 이하의 벌금 : 소방용품의 형식승인을 받지 않고 소방용품을 제조하거나 수입한 자
• 1년 이하의 징역 또는 1,000만원 이하의 벌금
 – 영업정지처분을 받고 그 영업정지기간 중에 관리업의 업무를 한 자
 – 소방시설 등에 대한 자체 점검을 하지 않거나 관리업자 등으로 하여금 정기적으로 점검하게 하지 않은 자

065

소방시설 설치 및 관리에 관한 법령상 방염성능기준 이상의 실내장식물 등을 설치해야 하는 특정소방대상물이 아닌 것은?

① 공항시설
② 숙박시설
③ 의료시설 중 종합병원
④ 노유자시설

해설

방염성능기준 이상의 실내장식물 등을 설치해야 하는 특정소방대상물(영 제30조)
• 근린생활시설 중 의원, 조산원, 산후조리원, 체력단련장, 공연장 및 종교집회장
• 건축물의 옥내에 있는 다음의 시설
 – 문화 및 집회시설
 – 종교시설
 – 운동시설(수영장은 제외)
• 의료시설
• 교육연구시설 중 합숙소
• 노유자시설
• 숙박이 가능한 수련시설
• 숙박시설
• 방송통신시설 중 방송국 및 촬영소
• 다중이용업소
• 층수가 11층 이상인 것(아파트는 제외)

066

위험물안전관리법령상 시·도지사의 허가를 받아야 설치할 수 있는 제조소 등은?

① 주택의 난방시설을 위한 취급소
② 축산용으로 필요한 건조시설을 위한 지정수량 20배 이하의 저장소
③ 공동주택의 중앙난방시설을 위한 저장소
④ 농예용으로 필요한 건조시설을 위한 지정수량 20배 이하의 저장소

해설

다음 어느 하나에 해당하는 제조소 등의 경우에는 허가를 받지 않고 해당 제조소 등을 설치하거나 그 위치·구조 또는 설비를 변경할 수 있으며, 신고를 하지 않고 위험물의 품명·수량 또는 지정수량의 배수를 변경할 수 있다(법 제6조).

• **주택의 난방시설**(공동주택의 중앙난방시설은 제외)을 위한 저장소 또는 **취급소**
• **농예용·축산용** 또는 수산용으로 필요한 난방시설 또는 건조시설을 위한 지정수량 **20배 이하의 저장소**

067

위험물안전관리법령상 탱크안전성능검사의 대상이 되는 탱크 등에 관한 내용이다. (   )에 들어갈 숫자로 옳은 것은?

> 기초·지반 검사 : 옥외탱크저장소의 액체위험물탱크 중 그 용량이 (   )만[L] 이상인 탱크

① 20
② 50
③ 70
④ 100

해설

탱크안전성능검사의 대상이 되는 탱크(위험물법 영 제8조)

• **기초·지반검사** : 옥외탱크저장소의 액체위험물탱크 중 그 용량이 **100만[L] 이상**인 탱크
• **충수(充水)·수압검사** : 액체위험물을 저장 또는 취급하는 탱크. 다만, 다음의 어느 하나에 해당하는 탱크는 제외한다.
  – 제조소 또는 일반취급소에 설치된 탱크로서 용량이 지정수량 미만인 것
  – 고압가스안전관리법 제17조 제1항에 따른 특정설비에 관한 검사에 합격한 탱크
  – 산업안전보건법 제84조 제1항에 따른 안전인증을 받은 탱크

• 용접부검사 : 기초·지반검사의 규정에 의한 탱크. 다만, 탱크의 저부에 관계된 변경공사(탱크의 옆판과 관련되는 공사를 포함하는 것을 제외한다) 시에 행해진 법 제18조 제3항에 따른 정기검사에 의하여 용접부에 관한 사항이 행정안전부령으로 정하는 기준에 적합하다고 인정된 탱크를 제외한다.
• 암반탱크검사 : 액체위험물을 저장 또는 취급하는 암반 내의 공간을 이용한 탱크

068

위험물안전관리법령상 제조소 등의 위험물안전관리자에 관한 설명으로 옳은 것은?

① 제조소 등의 관계인이 안전관리자가 질병 등의 사유로 일시적으로 직무를 수행할 수 없어 대리자를 지정하는 경우, 대리자가 안전관리자의 직무를 대행하는 기간은 15일을 초과할 수 없다.
② 제조소 등의 관계인이 안전관리자를 해임한 경우 그 관계인 또는 안전관리자는 소방본부장이나 소방서장에게 그 사실을 알려 해임된 사실을 확인받을 수 있다.
③ 제조소 등의 관계인이 안전관리자를 선임한 경우에는 선임한 날부터 30일 이내에 소방본부장 또는 소방서장에게 신고해야 한다.
④ 안전관리자를 선임한 제조소 등의 관계인은 안전관리자가 퇴직한 때에는 퇴직한 날부터 60일 이내에 다시 안전관리자를 선임해야 한다.

해설

제조소 등의 위험물안전관리자(법 제15조)

• 제조소 등의 관계인이 안전관리자가 질병 등의 사유로 일시적으로 직무를 수행할 수 없어 대리자를 지정하는 경우, 대리자가 안전관리자의 직무를 대행하는 기간은 **30일을 초과할 수 없다.**
• 제조소 등의 관계인이 안전관리자를 해임한 경우 그 관계인 또는 안전관리자는 소방본부장이나 소방서장에게 그 사실을 알려 해임된 사실을 확인받을 수 있다.
• 제조소 등의 관계인이 **안전관리자를 선임한 경우**에는 선임한 날부터 **14일 이내**에 소방본부장 또는 소방서장에게 신고해야 한다.
• 안전관리자를 선임한 제조소 등의 관계인은 안전관리자가 퇴직한 때에는 퇴직한 날부터 **30일 이내**에 **다시 안전관리자를 선임**해야 한다.

069

위험물안전관리법령상 과태료 처분에 해당하는 경우는?

① 정기점검 결과를 기록·보존하지 않은 자
② 제조소 등의 설치허가를 받지 않고 제조소 등을 설치한 자
③ 안전관리자 또는 그 대리자가 참여하지 않은 상태에서 위험물을 취급한 자
④ 위험물의 운반에 관한 중요기준에 따르지 않은 자

해설

500만원 이하의 과태료
- 위험물을 임시로 취급하는 경우 승인을 받지 않은 자
- 위험물의 저장 또는 취급에 관한 세부기준을 위반한 자
- 품명 등의 변경신고를 기간 이내에 하지 않거나 허위로 한 자
- 지위승계신고를 기간 이내에 하지 않거나 허위로 한 자
- 제조소 등의 폐지신고, 안전관리자의 선임신고를 기간 이내에 하지 않거나 허위로 한 자
- 사용 중지신고 또는 재개신고를 기간 이내에 하지 않거나 거짓으로 한 자
- 등록사항의 변경신고를 기간 이내에 하지 않거나 허위로 한 자
- 예방규정을 준수하지 않은 자
- 점검결과를 기록·보존하지 않은 자
- 기간 이내에 점검결과를 제출하지 않은 자
- 위험물의 운반에 관한 세부기준을 위반한 자
- 위험물의 운송에 관한 기준을 따르지 않은 자
- 정기점검결과를 기록·보존하지 않는 자
- 위험물의 운반에 관한 세부기준을 위반한 자
- 위험물의 운송에 관한 기준을 따르지 않는 자

070

위험물안전관리법령상 정기점검의 대상인 제조소 등이 아닌 것은?

① 판매취급소
② 이동탱크저장소
③ 이송취급소
④ 지하탱크저장소

해설

정기점검대상(위험물법 영 제15~16조)
- 예방규정을 정해야 하는 제조소 등
  - 지정수량의 10배 이상의 위험물을 취급하는 제조소
  - 지정수량의 100배 이상의 위험물을 저장하는 옥외저장소
  - 지정수량의 150배 이상의 위험물을 저장하는 옥내저장소
  - 지정수량의 200배 이상의 위험물을 저장하는 옥외탱크저장소

- 암반탱크저장소
- 이송취급소
- 지정수량의 10배 이상의 위험물을 취급하는 일반취급소. 다만, 제4류 위험물(특수인화물을 제외한다)만을 지정수량의 50배 이하로 취급하는 일반취급소(제1석유류·알코올류의 취급량이 지정수량의 10배 이하인 경우에 한한다)로서 다음의 어느 하나에 해당하는 것을 제외한다.
  ⓐ 보일러·버너 또는 이와 비슷한 것으로서 위험물을 소비하는 장치로 이루어진 일반취급소
  ⓑ 위험물을 용기에 옮겨 담거나 차량에 고정된 탱크에 주입하는 일반취급소
- 지하탱크저장소
- 이동탱크저장소
- 위험물을 취급하는 탱크로서 지하에 매설된 탱크가 있는 제조소·주유취급소 또는 일반취급소

071

다중이용업소의 안전관리에 관한 특별법령상 안전시설 등의 설치·유지에 관한 설명이다. (   )에 들어갈 내용으로 옳은 것은?

> 숙박을 제공하는 형태의 다중이용업소의 영업장 또는 밀폐구조의 영업장 중 대통령령으로 정하는 영업장에는 소방시설 중 (   )를(을) 행정안전부령으로 정하는 기준에 따라 설치해야 한다.

① 간이스프링클러설비
② 비상조명등
③ 자동화재탐지설비
④ 가스누설경보기

해설

다중이용업소에 설치하는 소화설비(영 별표 1의2)
- 소화기 또는 자동확산소화기
- 간이스프링클러설비(캐비닛형 간이스프링클러설비를 포함). 다만, 다음의 영업장에만 설치한다.
  - 지하층에 설치된 영업장
  - 숙박을 제공하는 형태의 다중이용업소의 영업장 중 다음에 해당하는 영업장. 다만, 지상 1층에 있거나 지상과 맞닿아 있는 층(영업장의 주된 출입구가 건축물 외부의 지면과 직접 연결된 경우를 포함한다)에 설치된 영업장은 제외한다.
    ⓐ 산후조리원의 영업장
    ⓑ 고시원의 영업장
  - 밀폐구조의 영업장
  - 권총사격장의 영업장

072

다중이용업소의 안전관리에 관한 특별법령상 화재배상책임보험의 가입과 관련하여 과태료 부과 대상에 해당하지 않는 것은?

① 화재배상책임보험에 가입하지 않은 다중이용업주
② 정당한 사유 없이 계약 체결을 거부한 보험회사
③ 화재배상책임보험 외의 보험 가입을 권유한 보험회사
④ 임의로 계약을 해제 또는 해지한 보험회사

해설

300만원 이하의 과태료(법 제25조)

• 화재배상책임보험에 가입하지 않은 다중이용업주
• 제13조의3 제3항 또는 제4항을 위반하여 통지를 하지 않은 보험회사
• 다중이용업주와의 화재배상책임보험 계약 체결을 거부하거나 제13조의6을 위반하여 임의로 계약을 해제 또는 해지한 보험회사

073

다중이용업소의 안전관리에 관한 특별법령상 다중이용업에 해당하지 않는 것은?

① 비디오물감상실업
② 노래연습장업
③ 산후조리업
④ 노인의료복지업

해설

다중이용업(영 제2조)

• 식품위생법 시행령 제21조 제8호에 따른 식품접객업 중 다음의 어느 하나에 해당하는 것
 – 휴게음식점영업·제과점영업 또는 일반음식점영업으로서 영업장으로 사용하는 바닥면적의 합계가 100[m²](영업장이 지하층에 설치된 경우에는 그 영업장의 바닥면적 합계가 66[m²]) 이상인 것. 다만, 영업장(내부 계단으로 연결된 복층구조의 영업장을 제외)이 다음의 어느 하나에 해당하는 층에 설치되고 그 영업장의 주된 출입구가 건축물 외부의 지면과 직접 연결되는 곳에서 하는 영업을 제외한다.
  ⓐ 지상 1층
  ⓑ 지상과 직접 접하는 층
 – 단란주점영업과 유흥주점영업
• 식품위생법 시행령 제21조 제9호에 따른 공유주방 운영업 중 휴게음식점영업·제과점영업 또는 일반음식점영업에 사용되는 공유주방을 운영하는 영업으로서 영업장 바닥면적의 합계가 100[m²](영업장이 지하층에 설치된 경우에는 그 바닥면적 합계가 66[m²]) 이상인 것. 다만, 영업장(내부계

단으로 연결된 복층구조의 영업장은 제외한다)이 다음의 어느 하나에 해당하는 층에 설치되고 그 영업장의 주된 출입구가 건축물 외부의 지면과 직접 연결되는 곳에서 하는 영업은 제외한다.
 – 지상 1층
 – 지상과 직접 접하는 층
• **영화상영관·비디오물감상실업·비디오물소극장업 및 복합영상물제공업**
• **학 원**
 – 산정된 수용인원이 300명 이상인 것
 – 수용인원 100명 이상 300명 미만으로서 다음의 어느 하나에 해당하는 것. 다만, 학원으로 사용하는 부분과 다른 용도로 사용하는 부분(학원의 운영권자를 달리하는 학원과 학원을 포함)이 건축법 시행령 제46조에 따른 방화구획으로 나누어진 경우는 제외한다.
  ⓐ 하나의 건축물에 학원과 기숙사가 함께 있는 학원
  ⓑ 하나의 건축물에 학원이 둘 이상 있는 경우로서 학원의 수용인원이 300명 이상인 학원
  ⓒ 하나의 건축물에 다중이용업 중 어느 하나 이상의 다중이용업과 학원이 함께 있는 경우
• 목욕장업으로서 다음에 해당하는 것
 – 하나의 영업장에서 공중위생관리법 제2조 제1항 제3호 가목에 따른 목욕장업 중 맥반석·황토·옥 등을 직접 또는 간접 가열하여 발생하는 열기나 원적외선 등을 이용하여 땀을 배출하게 할 수 있는 시설 및 설비를 갖춘 것으로서 수용인원(물로 목욕을 할 수 있는 시설부분의 수용인원은 제외)이 100명 이상인 것
 – 공중위생관리법 제2조 제1항 제3호 나목의 시설 및 설비를 갖춘 목욕장업
• 게임제공업·인터넷컴퓨터게임시설제공업 및 복합유통게임제공업. 다만, 게임제공업 및 인터넷컴퓨터게임시설제공업의 경우에는 영업장(내부 계단으로 연결된 복층구조의 영업장은 제외)이 다음의 어느 하나에 해당하는 층에 설치되고 그 영업장의 주된 출입구가 건축물 외부의 지면과 직접 연결된 구조에 해당하는 경우는 제외한다.
 – 지상 1층
 – 지상과 직접 접하는 층
• **노래연습장업**
• **산후조리업**
• **고시원업**[구획된 실(室) 안에 학습자가 공부할 수 있는 시설을 갖추고 숙박 또는 숙식을 제공하는 형태의 영업]
• **권총사격장**(실내사격장에 한정한다)
• **가상체험 체육시설업**(실내에 1개 이상의 별도의 구획된 실을 만들어 골프 종목의 운동이 가능한 시설을 경영하는 영업으로 한정한다)
• **안마시술소**
• 전화방업, 화상대화방업, 수면방업, 콜라텍업, 방탈출카페업, 키즈카페업, 만화카페업

074

다중이용업소의 안전관리에 관한 특별법령상 이행강제금에 대한 설명으로 옳지 않은 것은?

① 이행강제금의 1회 부과 한도는 1,000만원 이하이다.
② 조치 명령을 받은 자가 조치 명령을 이행하면, 이미 부과된 이행강제금도 징수할 수 없다.
③ 이행강제금을 부과하기 전에 이행강제금을 부과·징수한다는 것을 미리 문서로 알려주어야 한다.
④ 최초의 조치 명령을 한 날을 기준으로 매년 2회의 범위에서 그 조치 명령이 이행될 때까지 반복하여 이행강제금을 부과·징수할 수 있다.

이행강제금(법 제26조)
• 소방청장, 소방본부장 또는 소방서장은 제9조 제2항, 제10조 제3항, 제10조의2 제3항 또는 제15조 제2항에 따라 조치 명령을 받은 후 그 정한 기간 이내에 그 명령을 이행하지 않는 자에게는 1,000만원 이하의 이행강제금을 부과한다.
• 소방청장, 소방본부장 또는 소방서장은 이행강제금을 부과할 때에는 이행강제금의 금액, 이행강제금의 부과 사유, 납부기한, 수납기관, 이의 제기 방법 및 이의 제기 기관 등을 적은 문서로 해야 한다.
• 소방청장, 소방본부장 또는 소방서장은 이행강제금을 부과하기 전에 이행강제금을 부과·징수한다는 것을 미리 문서로 알려주어야 한다.
• 소방청장, 소방본부장 또는 소방서장은 **조치 명령을 받은 자가 명령을 이행하면 새로운 이행강제금의 부과를 즉시 중지**하되, 이미 부과된 이행강제금은 징수해야 한다.
• 소방청장, 소방본부장 또는 소방서장은 최초의 조치 명령을 한 날을 기준으로 매년 2회의 범위에서 그 조치 명령이 이행될 때까지 반복하여 이행강제금을 부과·징수할 수 있다.

075

다중이용업소의 안전관리에 관한 특별법령상 영업장 내부를 구획하고자 할 때 천장(반자 속)까지 불연재료로 구획해야 하는 업종에 해당하는 것은?

① 산후조리업
② 게임제공업
③ 단란주점영업
④ 고시원업

다중이용업소의 영업장 내부를 구획하고자 할 때 천장(반자 속)까지 불연재료로 구획해야 하는 업종(법 제10조의2)
• 단란주점 및 유흥주점영업
• 노래연습장업

제4과목 위험물의 성질·상태 및 시설기준

076

아염소산나트륨($NaClO_2$)에 관한 설명으로 옳지 않은 것은?

① 매우 불안정하여 180[℃] 이상 가열하면 발열 분해하여 O_2를 발생한다.
② 가연성물질로서 가열, 충격, 마찰에 의해 발화, 폭발한다.
③ 암모니아, 아민류와 반응하여 폭발성의 물질을 생성한다.
④ 수용액 상태에서도 산화력을 가지고 있다.

아염소산나트륨($NaClO_2$) : 제1류 위험물로서 불연성물질이다.

077

황 480[g]이 공기 중에서 완전연소할 때 발생되는 이산화황(SO_2) 가스의 발생량[g]은?(단, 황의 원자량은 32, 산소의 원자량은 16으로 한다)

① 630
② 730
③ 850
④ 960

이산화황(SO_2) 가스의 발생량

$$S\ +\ O_2\ \rightarrow\ SO_2$$
32[g] ⟍ 64[g]
480[g] ⟍ x

$$\therefore\ x = \frac{480[g] \times 64[g]}{32[g]} = 960[g]$$

078

나트륨(Na)에 관한 설명으로 옳지 않은 것은?

① 수은과 격렬하게 반응하여 나트륨아말감을 만든다.
② 물과 격렬하게 반응하여 발열하고 O_2를 발생한다.
③ 에틸알코올과 반응하여 H_2를 발생한다.
④ 질산과 격렬하게 반응하여 H_2를 발생한다.

해설

나트륨(Na)은 물과 격렬하게 반응하여 발열하고 H_2(수소)를 발생한다.

$$2Na + 2H_2O \rightarrow 2NaOH + H_2$$

079

철분(Fe)에 관한 설명으로 옳지 않은 것은?

① 절삭유와 같은 기름이 묻은 철분을 장기 방치하면 자연발화하기 쉽다.
② 용융 황과 접촉하면 폭발하며 무기과산화물과 혼합한 것은 소량의 물에 의해 발화한다.
③ 금속의 온도가 충분히 높을 때 수증기와 반응하면 O_2를 발생한다.
④ 발연질산에 넣었다가 꺼내면 산화 피막을 형성하여 부동태가 된다.

해설

철분(Fe)은 산(염산 ; HCl)과 반응 또는 더운물, 수증기와 반응하여 **수소(H_2)가스를 발생**한다.

$$Fe + 2HCl \rightarrow FeCl_2 + H_2$$

080

다이에틸에터($C_2H_5OC_2H_5$)에 관한 설명으로 옳지 않은 것은?

① 물과 접촉 시 격렬하게 반응한다.
② 비점, 인화점, 발화점이 매우 낮고 연소범위가 넓다.
③ 연소범위의 하한치가 낮아 약간의 증기가 누출되어도 폭발을 일으킨다.
④ 증기압이 높아 저장용기가 가열되면 변형이나 파손되기 쉽다.

해설

다이에틸에터
• 물 성

화학식	분자량	비 중	비 점	인화점	착화점	증기 비중	연소 범위
$C_2H_5OC_2H_5$	74.12	0.7	34 [℃]	-40 [℃]	180 [℃]	2.55	1.7~ 48[%]

• 휘발성이 강한 무색투명한 특유의 향이 있는 액체이다.
• 물에 약간 녹고, 알코올에 잘 녹으며 발생된 증기는 마취성이 있다.
• 공기와 장기간 접촉하면 과산화물이 생성되므로 갈색병에 저장해야 한다.
• 증기압이 높아 저장용기가 가열되면 변형이나 파손되기 쉽다.

081

제3류 위험물이 아닌 것은?

① 황 린
② 다이크로뮴산염
③ 탄화칼슘
④ 알킬리튬

해설

위험물의 분류

종 류	황 린	다이크로뮴산염	탄화칼슘	알킬리튬
유 별	제3류 위험물	제1류 위험물	제3류 위험물	제3류 위험물
품 명	황 린	다이크로뮴산염류	칼슘의 탄화물	알킬리튬

082

하이드라진(N_2H_4)에 관한 설명으로 옳지 않은 것은?

① 공기 중에서 가열하면 약 180[℃]에서 다량의 NH_3, N_2, H_2를 발생한다.
② 산소가 존재하지 않아도 폭발할 수 있다.
③ 강알칼리, 강환원제와는 반응하지 않는다.
④ CuO, CaO, HgO, BaO과 접촉할 때 불꽃이 발생하며 혼촉발화한다.

하이드라진(N_2H_4)
- 약알칼리성으로 공기 중에서 약 180[℃]에서 열분해하여 암모니아(NH_3), 질소(N_2), 수소(H_2)로 분해된다.

$$2N_2H_4 \rightarrow 2NH_3 + N_2 + H_2$$

- 산소가 존재하지 않아도 폭발할 수 있다.
- 강환원제와 반응한다.
- CuO, CaO, HgO, BaO과 접촉할 때 불꽃이 발생하며 혼촉발화한다.

083

과염소산($HClO_4$)에 관한 설명으로 옳지 않은 것은?

① 종이, 나뭇조각 등의 유기물과 접촉하면 연소·폭발한다.
② 알코올과 에터에 폭발위험이 있고, 불순물과 섞여 있는 것은 폭발이 용이하다.
③ 물과 반응하면 심하게 발열하며 소리를 낸다.
④ 아염소산보다는 약한 산이다.

산의 세기

종류	과염소산	염소산	아염소산	차아염소산
화학식	$HClO_4$	$HClO_3$	$HClO_2$	$HClO$
산의 세기	1	2	3	4

084

나이트로소화합물에 관한 설명으로 옳은 것은?

① 분해가 용이하고 가열 또는 충격·마찰에 안정하다.
② 연소속도가 느리다.
③ 나이트로소기(−NO)가 결합된 유기화합물이다.
④ 질식소화가 효과적이다.

나이트로소화합물
- 정의 : 나이트로소기(−NO)를 가진 화합물
- 특성
 - 산소를 함유하고 있는 자기연소성, 폭발성 물질이다.
 - 대부분 불안정하며 연소속도가 빠르다.
 - 가열, 마찰, 충격에 의해 폭발의 위험이 있다.
 - 냉각소화가 효과적이다.

085

위험물안전관리법령상 제조소의 위치·구조 및 설비의 기준에서 지정수량 5배의 하이드록실아민(NH_2OH)을 취급하는 위험물 제조소의 외벽과 병원(의료법에 의한 병원급 의료기관)의 안전거리로 옳은 것은?

① 58[m] 이상   ② 68[m] 이상
③ 78[m] 이상   ④ 88[m] 이상

하이드록실아민의 안전거리(규칙 별표 4)

$$D = 51.1\sqrt[3]{N}$$

여기서, N : 지정수량의 배수(하이드록실아민의 지정수량 : 100[kg])

$\therefore D = 51.1\sqrt[3]{N} = 51.1 \times \sqrt[3]{5} = 87.4[m]$

086

제4류 위험물 중 제1석유류가 아닌 것은?

① 벤젠   ② 아세톤
③ 에틸렌글라이콜   ④ 메틸에틸케톤

제4류 위험물의 분류

종류	벤젠	아세톤	에틸렌글라이콜	메틸에틸케톤
화학식	C_6H_6	CH_3COCH_3	CH_2OHCH_2OH	$CH_3COC_2H_5$
품명	제1석유류 (비수용성)	제1석유류 (수용성)	제3석유류 (수용성)	제1석유류 (비수용성)

087

위험물안전관리법령상 소화설비, 경보설비 및 피난설비의 기준에서 위험물제조소의 연면적이 2,000[m²] 또는 저장 및 취급하는 위험물이 지정수량의 150배 이상인 위험물제조소에 설치해야 하는 소화설비로 옳은 것을 모두 고른 것은?

ㄱ. 옥내소화전설비	ㄴ. 옥외소화전설비
ㄷ. 상수도소화전설비	ㄹ. 물분무소화설비

① ㄱ, ㄴ, ㄷ   ② ㄱ, ㄴ, ㄹ
③ ㄱ, ㄷ, ㄹ   ④ ㄴ, ㄷ, ㄹ

소화난이도등급Ⅰ에 해당하는 제조소 등(규칙 별표 17)
· 구 분

제조소 등의 구분	제조소 등의 규모, 저장 또는 취급하는 위험물의 품명 및 최대 수량 등
제조소 일반취급소	연면적 1,000[m²] 이상인 것
	지정수량의 100배 이상인 것(고인화점위험물 만을 100[℃] 미만의 온도에서 취급하는 것 및 제48조의 위험물을 취급하는 것은 제외)
	지반면으로부터 6[m] 이상의 높이에 위험물 취 급설비가 있는 것(고인화점위험물만을 100[℃] 미만의 온도에서 취급하는 것은 제외)
	일반취급소로 사용되는 부분 외의 부분을 갖는 건축물에 설치된 것(내화구조로 개구부 없이 구획된 것 및 고인화점위험물만을 100[℃] 미 만의 온도에서 취급하는 것은 제외)

· 소화난이도등급Ⅰ의 제조소 및 일반취급소에 설치해야 하는
소화설비

제조소 등의 구분	소화설비
제조소 및 일반취급소	옥내소화전설비, 옥외소화전설비, 스프링클러 설비 또는 물분무 등 소화설비(화재 발생 시 연기 가 충만할 우려가 있는 장소에는 스프링클러설비 또는 이동식 외의 물분무 등 소화설비에 한함)

088

다음 물질 중 발화점이 가장 낮은 것은?

① 아크롤레인
② 톨루엔
③ 메틸에틸케톤
④ 초산에틸

제4류 위험물의 발화점

종 류	아크롤레인	톨루엔	메틸에틸케톤	초산에틸
품 명	제1석유류 (비수용성)	제1석유류 (비수용성)	제1석유류 (비수용성)	제1석유류 (비수용성)
발화점	220[℃]	480[℃]	505[℃]	429[℃]

089

**분자량 227[g/mol]인 나이트로글리세린[$C_3H_5(ONO_2)_3$]
2,000[g]이 부피 1,500[mL]인 비파괴성 용기에서 폭발
하였다. 폭발 당시의 온도가 500[℃]라면, 이때의 압력
[atm]은?(단, 절대온도 273[K], 기체상수 0.082[L ·
atm/K · mol]이며, 소수점 이하는 절삭한다)**

① 372
② 400
③ 485
④ 575

이상기체 상태방정식을 이용하여 압력을 구하면

$$PV = nRT = \frac{W}{M}RT, \ P = \frac{WRT}{VM}$$

여기서 P : 압력[atm] V : 부피([L], [m³])
　　　 M : 분자량   　 W : 무게
　　　 R : 기체상수(0.082[L · atm/mol · K])
　　　 T : 절대온도(273+[℃])
∴ $P = \dfrac{WRT}{VM} = \dfrac{2,000[g] \times 0.082 \times (273 + 500)[K]}{1.5[L] \times 227[g/mol]}$
　　= 372.31[atm]

090

**위험물안전관리법령상 제조소의 위치 · 구조 및 설비의
기준에서 배관의 설치에 관한 설명으로 옳은 것은?**

① 배관의 재질은 폴리에틸렌(PE)관 그 밖에 이와 유사
한 금속성으로 해야 한다.
② 배관에 걸리는 최대 상용압력의 1.2배 이상의 압력
으로 내압시험을 실시해야 한다.
③ 지상에 설치하는 배관은 지진 · 풍압 · 지반침하
및 온도 변화에 안전한 구조의 지지물에 설치해야
한다.
④ 지하에 매설하는 배관은 지면에 미치는 중량이 해당
배관에 미치도록 하여 안전하게 해야 한다.

배관의 기준(규칙 별표 4)
· 배관의 재질은 한국산업규격의 유리섬유강화플라스틱 · 고
밀도폴리에틸렌 또는 폴리우레탄으로 할 것
· 배관에 걸리는 최대 상용압력의 1.5배 이상의 압력으로 내압
시험(불연성의 액체 또는 기체를 이용하여 실시하는 시험을
포함)을 실시하여 누설 그 밖의 이상이 없는 것으로 해야 한다.

- 배관을 지상에 설치하는 경우에는 지진·풍압·지반침하 및 온도변화에 안전한 구조의 지지물에 설치하되, 지면에 닿지 않도록 하고 배관의 외면에 부식방지를 위한 도장을 해야 한다. 다만, 불변강관 또는 부식의 우려가 없는 재질의 배관의 경우에는 부식방지를 위한 도장을 않을 수 있다.
- 배관을 지하에 매설하는 경우에는 다음의 기준에 적합하게 해야 한다.
  - 금속성 배관의 외면에는 부식방지를 위하여 도장·복장·코팅 또는 전기방식 등의 필요한 조치를 할 것
  - 배관의 접합부분(용접에 의한 접합부 또는 위험물의 누설의 우려가 없다고 인정되는 방법에 의하여 접합된 부분을 제외)에는 위험물의 누설 여부를 점검할 수 있는 점검구를 설치할 것
  - 지면에 미치는 중량이 해당 배관에 미치지 않도록 보호할 것

091

다음은 위험물안전관리법령상 제조소의 위치·구조 및 설비의 기준에 관한 내용이다. ( )에 알맞은 숫자를 순서대로 나열한 것은?

> Ⅱ. 보유공지
> 1. 위험물을 취급하는 건축물 그 밖의 시설(위험물을 이송하기 위한 배관 그 밖에 이와 유사한 시설을 제외한다)의 주위에는 그 취급하는 위험물의 최대수량에 따라 다음 표에 의한 너비의 공지를 보유해야 한다.
>
> | 취급하는 위험물의 최대 수량 | 공지의 너비 |
> |---|---|
> | 지정수량의 10배 이하 | ( )[m] 이상 |
> | 지정수량의 10배 초과 | ( )[m] 이상 |

① 1, 3   ② 2, 3
③ 3, 5   ④ 5, 7

해설

위험물제조소의 보유공지(규칙 별표 4)

취급하는 위험물의 최대 수량	공지의 너비
지정수량의 10배 이하	3[m] 이상
지정수량의 10배 초과	5[m] 이상

092

위험물안전관리법령상 제조소의 위치·구조 및 설비의 기준에서 표지 및 게시판에 관한 설명으로 옳지 않은 것은?

① "위험물제조소"의 표지는 백색바탕에 흑색문자로 할 것
② 제1류 위험물의 "물기엄금"의 표지는 청색바탕에 백색문자로 할 것
③ 제4류 위험물의 "화기엄금"의 표지는 적색바탕에 백색문자로 할 것
④ 제5류 위험물의 "화기주의"의 표지는 적색바탕에 백색문자로 할 것

해설

제조소의 표지 및 게시판(규칙 별표 4)
- "위험물 제조소"라는 표지를 설치
  - 표지의 크기 : 한 변의 길이 0.3[m] 이상, 다른 한 변의 길이 0.6[m] 이상
  - 표지의 색상 : 백색바탕에 흑색문자
- 방화에 관하여 필요한 사항을 게시한 게시판 설치
  - 게시판의 크기 : 한 변의 길이 0.3[m] 이상, 다른 한 변의 길이 0.6[m] 이상
  - 기재 내용 : 위험물의 유별·품명 및 저장최대수량 또는 취급최대수량, 지정수량의 배수 및 안전관리자의 성명 또는 직명
  - 게시판의 색상 : 백색바탕에 흑색문자
- 주의사항을 표시한 게시판 설치

위험물의 종류	주의 사항	게시판의 색상
• 제1류 위험물 중 알칼리금속의 과산화물 • 제3류 위험물 중 금수성 물질	물기 엄금	청색바탕에 백색문자
제2류 위험물(인화성 고체는 제외)	화기 주의	적색바탕에 백색문자
• 제2류 위험물 중 인화성 고체 • 제3류 위험물 중 자연발화성 물질 • 제4류 위험물 • 제5류 위험물	화기 엄금	적색바탕에 백색문자

093

위험물안전관리법령상 브로민산칼륨($KBrO_3$)의 지정 수량[kg]은?

① 50   ② 100
③ 200   ④ 300

브로민산칼륨(KBrO$_3$, 제1류 위험물의 브로민산염류)의 지정수량 : 300[kg]

094

위험물안전관리법령상 옥외탱크저장소의 위치·구조 및 설비의 기준에서 인화성 액체위험물(이황화탄소를 제외한다) 옥외탱크저장소의 탱크 주위에 설치하는 방유제의 설치 높이 기준으로 옳은 것은?

① 0.1[m] 이상 1[m] 이하

② 0.3[m] 이상 2[m] 이하

③ 0.5[m] 이상 3[m] 이하

④ 0.7[m] 이상 4[m] 이하

옥외탱크저장소의 방유제(이황화탄소는 제외 ; 규칙 별표 6)
- 방유제의 용량
  - 탱크가 하나일 때 : 탱크용량의 110[%] 이상(인화성이 없는 액체위험물은 100[%])
  - 탱크가 2기 이상일 때 : 탱크 중 용량이 최대인 것의 용량의 110[%] 이상(인화성이 없는 액체 위험물은 100[%])
- 방유제의 높이 : 0.5[m] 이상 3[m] 이하
- 방유제 내의 면적 : 80,000[m^2] 이하
- 방유제 내에 설치하는 옥외저장탱크의 수는 10(방유제 내에 설치하는 모든 옥외저장탱크의 용량이 200,000[L] 이하이고, 위험물의 인화점이 70[℃] 이상 200[℃] 미만인 경우에는 20) 이하로 할 것(단, 인화점이 200[℃] 이상인 옥외저장탱크는 제외)

> [방유제 내에 탱크의 설치 개수]
> - 제1석유류, 제2석유류 : 10기 이하
> - 제3석유류(인화점 70[℃] 이상 200[℃] 미만) : 20기 이하
> - 제4석유류(인화점이 200[℃] 이상) : 제한 없음

- 방유제 외면의 1/2 이상은 자동차 등이 통행할 수 있는 3[m] 이상의 노면 폭을 확보한 구내도로에 직접 접하도록 할 것
- 방유제는 탱크의 옆판으로부터 일정 거리를 유지할 것(단, 인화점이 200[℃] 이상인 위험물은 제외)
  - 지름이 15[m] 미만인 경우 : 탱크 높이의 1/3 이상
  - 지름이 15[m] 이상인 경우 : 탱크 높이의 1/2 이상
- 방유제의 재질 : 철근콘크리트, 흙

095

위험물안전관리법령상 옥외저장소의 위치·구조 및 설비의 기준에서 옥외탱크저장소에 위험물을 저장하는 경우 저장장소 주위에 배수구 및 집유설비를 설치해야 하는 위험물이 아닌 것은?

① 에틸알코올   ② 다이에틸에터

③ 톨루엔   ④ 초산에틸

배수구 및 집유설비 설치(위험물법 규칙 별표 11)
- 설치기준 : 옥외저장소에서 제1석유류 또는 알코올류를 저장 또는 취급하는 장소의 주위에는 배수구 및 집유설비를 설치해야 한다. 이 경우 제1석유류(온도 20[℃]의 물 100[g]에 용해되는 양이 1[g] 미만인 것에 한함)를 저장 또는 취급하는 장소에 있어서는 집유설비에 유분리장치를 설치해야 한다.
- 제4류 위험물의 구분

종 류	에틸알코올	다이에틸에터	톨루엔	초산에틸
품 명	알코올류	특수인화물	제1석유류	제1석유류

096

위험물안전관리법령상 옥외탱크저장소의 위치·구조 및 설비의 기준에서 무연가솔린 5,000[L]를 저장하는 위험물 옥외탱크저장소에는 접지시설을 하거나 피뢰침을 설치해야 한다. 이 경우 위험물 옥외탱크저장소에 피뢰침을 설치하지 않을 수 있는 접지시설의 저항값으로 옳은 것은?

① 5[Ω] 이하   ② 10[Ω] 이하

③ 15[Ω] 이하   ④ 20[Ω] 이하

위험물 옥외탱크저장소에 피뢰침을 설치하지 않을 수 있는 접지시설의 저항값(규칙 별표 6) : 5[Ω] 이하

097

위험물안전관리법령상 이송취급소의 위치·구조 및 설비의 기준에서 배관을 지하에 매설하는 경우 건축물의 외면으로부터 배관까지의 안전거리는?(단, 지하가 내의 건축물을 제외한다)

① 0.5[m] 이상   ② 0.75[m] 이상

③ 1.0[m] 이상   ④ 1.5[m] 이상

이송취급소의 배관을 지하에 매설하는 경우 안전거리(규칙 별표 15)

② 또는 ③의 공작물에 있어서는 적절한 누설확산방지조치를 하는 경우에 그 안전거리를 2분의 1의 범위 안에서 단축할 수 있다.

① 건축물(지하가 내의 건축물을 제외) : 1.5[m] 이상
② 지하가 및 터널 : 10[m] 이상
③ 수도법에 의한 수도시설(위험물의 유입 우려가 있는 것에 한함) : 300[m] 이상

098

위험물안전관리법령상 제조소의 위치 · 구조 및 설비의 기준에서 위험물을 취급하는 경우 건축물의 지붕(작업 공정상 제조 기계시설 등이 2층 이상에 연결되어 설치된 경우에는 최상층의 지붕을 말한다)을 내화구조로 할 수 없는 것은?

① 제1류 위험물
② 제2류 위험물(분말상태의 것과 인화성 고체 제외)
③ 제4류 위험물 중 제4석유류 · 동식물유류
④ 제6류 위험물을 취급하는 건축물

해설

제조소의 위치 · 구조 및 설비의 기준(규칙 별표 4)

지붕(작업공정상 제조기계시설 등이 2층 이상에 연결되어 설치된 경우에는 최상층의 지붕)은 폭발력이 위로 방출될 정도의 가벼운 불연재료로 덮어야 한다. 다만, 위험물을 취급하는 건축물이 다음에 해당하는 경우에는 그 지붕을 내화구조로 할 수 있다.

• 제2류 위험물(분말상태의 것과 인화성 고체를 제외), 제4류 위험물 중 제4석유류 · 동식물유류 또는 제6류 위험물을 취급하는 건축물인 경우
• 다음의 기준에 적합한 밀폐형 구조의 건축물인 경우
  - 발생할 수 있는 내부의 과압(過壓) 또는 부압(負壓)에 견딜 수 있는 철근콘크리트조일 것
  - 외부 화재에 90분 이상 견딜 수 있는 구조일 것

099

위험물안전관리법령상 옥내저장소의 위치 · 구조 및 설비의 기준에서 제4류 위험물 중 아세톤을 보관하는 하나의 옥내저장창고(2 이상의 구획된 실이 있는 때에는 각 실의 바닥면적의 합계로 한다)의 최대 바닥면적[m²]은?

① 500   ② 1,000
③ 1,500   ④ 2,000

해설

옥내저장창고의 기준면적(규칙 별표 5)

위험물을 저장하는 창고의 종류	기준면적
① 제1류 위험물 중 아염소산염류, 염소산염류, 과염소산염류, 무기과산화물, 그 밖에 지정수량이 50[kg]인 위험물 ② 제3류 위험물 중 칼륨, 나트륨, 알킬알루미늄, 알킬리튬, 그 밖에 지정수량이 10[kg]인 위험물 및 황린 ③ 제4류 위험물 중 특수인화물, 제1석유류(아세톤) 및 알코올류 ④ 제5류 위험물 중 유기과산화물, 질산에스터류, 그 밖에 지정수량이 10[kg]인 위험물 ⑤ 제6류 위험물	1,000[m²] 이하
①～⑤의 위험물 외의 위험물을 저장하는 창고	2,000[m²] 이하
위의 전부에 해당하는 위험물을 내화구조의 격벽으로 완전히 구획된 실에 각각 저장하는 창고(①～⑤의 위험물을 저장하는 실의 면적은 500[m²]을 초과할 수 없음)	1,500[m²] 이하

100

위험물안전관리법령상 수소충전설비를 설치한 주유취급소의 특례에 관한 설명으로 옳지 않은 것은?

① 충전설비의 위치는 주유공지 또는 급유공지 내의 장소로 한다.
② 충전설비는 자동차 등의 충돌을 방지하는 조치를 마련해야 한다.
③ 충전설비는 자동차 등의 충돌을 감지하여 운전을 자동으로 정지시키는 구조이어야 한다.
④ 충전설비의 충전호스는 자동차 등의 가스충전구와 정상적으로 접속하지 않는 경우에는 가스가 공급되지 않는 구조로 해야 한다.

수소충전설비의 기준(규칙 별표 13)
• 위치는 **주유공지 또는 급유공지 외의 장소**로 하되, 주유공지 또는 급유공지에서 압축수소를 충전하는 것이 불가능한 장소로 할 것
• 충전호스는 자동차 등의 가스충전구와 정상적으로 접속하지 않는 경우에는 가스가 공급되지 않는 구조로 하고, 200[kgf] 이하의 하중에 의하여 파단 또는 이탈되어야 하며, 파단 또는 이탈된 부분으로부터 가스 누출을 방지할 수 있는 구조일 것
• 자동차 등의 충돌을 방지하는 조치를 마련할 것
• 자동차 등의 충돌을 감지하여 운전을 자동으로 정지시키는 구조일 것

소방시설의 구조원리

101

비상방송설비의 화재안전기술기준상 배선의 설치기준으로 옳은 것은?

① 화재로 인하여 하나의 층의 확성기 또는 배선이 단락 또는 단선되어도 다른 층의 화재통보에 지장이 없도록 한다.
② 전원회로의 배선은 옥내소화전설비의 화재안전기술기준(NFTC 102)에 따른 내화배선 또는 내열배선에 따라 설치한다.
③ 전원회로의 부속회로는 전로와 대지 사이 및 배선 상호 간의 절연저항은 1경계구역마다 직류 500[V]의 절연저항측정기를 사용하여 측정한 절연저항이 0.1[MΩ] 이상이 되도록 한다.
④ 비상방송설비의 배선은 다른 전선과 별도의 관, 덕트, 몰드 또는 풀박스 등에 설치한다. 다만, 100[V] 미만의 약전류회로에 사용하는 전선으로서 각각의 전압이 같을 때에는 그렇지 않다.

해설
비상방송설비의 배선 설치기준
• 화재로 인하여 하나의 층의 확성기 또는 배선이 단락 또는 단선되어도 다른 층의 화재통보에 지장이 없도록 할 것
• 전원회로의 배선은 옥내소화전설비의 화재안전기술기준(NFTC 102) 2.7.2의 표 2.7.2(1)에 에 따른 내화배선에 따르고, 그 밖의 배선은 옥내소화전설비의 화재안전기술기준(NFTC 102) 2.7.2의 표 2.7.2(1) 또는 표 2.7.2(2)에 따른 내화배선 또는 내열배선에 따라 설치할 것

• 전원회로의 전로와 대지 사이 및 배선 상호 간의 절연저항은 전기사업법 제67조에 따른 기술기준이 정하는 바에 따르고, 부속회로의 전로와 대지 사이 및 배선 상호 간의 절연저항은 1경계구역마다 직류 250[V]의 절연저항측정기를 사용하여 측정한 절연저항이 0.1[MΩ] 이상이 되도록 할 것
• 비상방송설비의 배선은 다른 전선과 별도의 관·덕트(절연효력이 있는 것으로 구획한 때에는 그 구획된 부분은 별개의 덕트로 봄) 몰드 또는 풀박스 등에 설치할 것. 다만, 60[V] 미만의 약전류회로에 사용하는 전선으로서 각각의 전압이 같을 때에는 그렇지 않다.

102

수신기 형식승인 및 제품검사의 기술기준상 수신기의 구조 및 일반기능으로 옳지 않은 것은?

① 화재신호를 수신하는 경우 P형, P형복합식, GP형, GP형복합식, R형, R형복합식, GR형 또는 GR형복합식의 수신기에 있어서는 2 이상의 지구표시장치에 의하여 각각 화재를 표시할 수 있어야 한다.
② 예비전원회로에는 단락사고 등으로부터 보호하기 위한 퓨즈 등 과전류 보호장치를 설치해야 한다.
③ 수신기(1회선용은 제외한다)는 2회선이 동시에 작동하여도 화재표시가 되어야 하며, 감지기의 감지 또는 발신기의 발신 개시로부터 P형, P형복합식, GP형, GP형복합식, R형, R형복합식, GR형 또는 GR형복합식 수신기의 수신 완료까지의 소요시간은 5초(축적형의 경우에는 60초) 이내이어야 한다.
④ 부식에 의하여 전기적 기능에 영향을 초래할 우려가 있는 부분은 칠, 도금 등으로 유효하게 내식가공을 하거나 방청가공을 해야 하며, 기계적 기능에 영향이 있는 단자, 나사 및 와셔 등은 동합금이나 이와 동등 이상의 내식성능이 있는 재질을 사용해야 한다.

해설
수신기의 구조 및 일반기능(수신기 형식승인 및 제품검사의 기술기준 제3조)
• 화재신호를 수신하는 경우 P형, P형복합식, GP형, GP형복합식, R형, R형복합식, GR형 또는 GR형복합식의 수신기에 있어서는 2 이상의 지구표시장치에 의하여 각각 화재를 표시할 수 있어야 한다.
• 예비전원회로에는 단락사고 등으로부터 보호하기 위한 퓨즈 등 과전류 보호장치를 설치해야 한다.

- 수신기(1회선용은 제외)는 2회선이 동시에 작동하여도 화재 표시가 되어야 하며, 감지기의 감지 또는 발신기의 발신 개시로부터 P형, P형복합식, GP형 GP형복합식, R형, R형복합식, GR형 또는 GR형복합식 수신기의 수신 완료까지의 소요시간은 5초(축적형의 경우에는 60초) 이내이어야 한다.
- 부식에 의하여 기계적 기능에 영향을 초래할 우려가 있는 부분은 칠, 도금 등으로 유효하게 내식가공을 하거나 방청가공을 해야 하며, **전기적 기능에 영향이 있는 단자**, 나사 및 와셔 등은 동합금이나 이와 동등 이상의 내식성능이 있는 재질을 사용해야 한다.

103

스프링클러설비의 화재안전기술기준상 다음 조건에서 폐쇄형 스프링클러헤드의 기준 개수는?

> 특정소방대상물(지하 2층~지상 50층, 각 층 층고 2.8[m])로서 주차장(지하 2개층)을 공유하는 아파트(지하층을 제외한 층수가 50층)와 오피스텔(지하층을 제외한 층수가 15층)이 각각 별동으로 건설되어 소화설비는 완전 별개로 운영된다.

① 아파트 : 10개, 오피스텔 : 10개
② 아파트 : 10개, 오피스텔 : 30개
③ 아파트 : 20개, 오피스텔 : 20개
④ 아파트 : 20개, 오피스텔 : 30개

해설

폐쇄형 스프링클러헤드의 기준 개수

스프링클러설비의 설치장소			헤드의 개수
지하층을 제외한 10층 이하인 특정소방대상물	공장	특수가연물을 저장·취급하는 것	30
		그 밖의 것	20
	근린생활시설·판매시설·운수시설 또는 복합건축물	판매시설 또는 복합건축물(판매시설이 설치되는 복합건축물을 말한다)	30
		그 밖의 것	20
	그 밖의 것	헤드의 부착높이 8[m] 이상	20
		헤드의 부착높이 8[m] 미만	10
지하층을 제외한 11층 이상인 특정소방대상물, 지하가 또는 지하역사			30
아파트(공동주택의 화재안전기술기준)	아파트		10
	각 동이 주차장으로 서로 연결된 경우의 주차장		30
창고시설(랙식 창고를 포함한다. 라지드롭형 스프링클러헤드 사용)			30

104

화재안전기술기준상 배관의 기울기에 관한 내용으로 옳지 않은 것은?

① 습식 스프링클러설비 또는 부압식 스프링클러설비 외의 설비에는 헤드를 향하여 상향으로 수평주행배관의 기울기를 500분의 1 이상, 가지배관의 기울기는 250분의 1 이상으로 할 것. 다만, 배관의 구조상 기울기를 줄 수 없는 경우에는 배수를 원활하게 할 수 있도록 배수밸브를 설치해야 한다.
② 간이스프링클러설비의 배관을 수평으로 할 것. 다만, 배관의 구조상 소화수가 남아 있는 곳에는 배수밸브를 설치해야 한다.
③ 연소방지설비 헤드 간 수평거리는 연소방지설비 전용헤드의 경우에는 2[m] 이하로 한다.
④ 개방형 미분무소화설비에는 헤드를 향하여 하향으로 수평주행배관의 기울기를 1,000분의 1 이상, 가지배관의 기울기를 500분의 1 이상으로 할 것. 다만, 배관의 구조상 기울기를 줄 수 없는 경우에는 배수를 원활하게 할 수 있도록 배수밸브를 설치해야 한다.

해설

미분무설비 배관의 배수를 위한 기울기 설치기준

- 폐쇄형 미분무 소화설비의 배관을 수평으로 할 것. 다만, 배관의 구조상 소화수가 남아 있는 곳에는 배수밸브를 설치해야 한다.
- 개방형 미분무 소화설비에는 헤드를 향하여 상향으로 **수평주행배관의 기울기를 1/500 이상, 가지배관의 기울기를 1/250 이상**으로 할 것. 다만, 배관의 구조상 기울기를 줄 수 없는 경우에는 배수를 원활하게 할 수 있도록 배수밸브를 설치해야 한다.

105

소방용 가압송수장치 전동기가 3상3선식 380[V]로 작동하고 있다. 전동기의 용량이 85[kW], 역률 90[%], 전기공급설비로부터 100[m] 떨어져 있으며 전선에서의 전압강하를 10[V]까지 허용할 경우 전선의 최소 굵기 [mm²]는 약 얼마인가?

① 41.1
② 42.1
③ 43.2
④ 44.2

전선의 최소 굵기

$$P = \sqrt{3}\,VI\cos\theta, \quad I = \frac{P}{\sqrt{3}\,V\cos\theta}$$

• 전류

$$I = \frac{P}{\sqrt{3}\,V\cos\theta} = \frac{85 \times 10^3[\text{W}]}{\sqrt{3} \times 380[\text{V}] \times 0.9} = 143.49[\text{A}]$$

$$e = \frac{30.8\,LI}{1,000\,A} \quad (\text{3상 3선식})$$

$$\therefore A = \frac{30.8\,LI}{1,000\,e} = \frac{30.8 \times 100[\text{m}] \times 143.49[\text{A}]}{1,000 \times 10[\text{V}]}$$
$$\fallingdotseq 44.2[\text{mm}^2]$$

106

P형 1급 수신기와 감지기와의 배선회로에서 회로 종단저항은 10[kΩ]이고, 감지기 회로저항은 30[Ω], 릴레이저항은 20[Ω], 회로전압 DC 24[V]일 때, 평상시 수신반에서의 감시전류[mA]는 약 얼마인가?

① 2.39   ② 3.39
③ 4.25   ④ 5.25

감시전류

$$\therefore \text{감시전류} = \frac{\text{회로전압}}{\text{릴레이저항} + \text{회로저항} + \text{종단저항}}$$
$$= \frac{24}{20 + 30 + 10 \times 10^3} = 0.002388[\text{A}]$$
$$\fallingdotseq 2.39[\text{mA}]$$

107

고가수조를 보호하기 위하여 피뢰침을 설치한 경우 피뢰부의 소방시설 도시기호는?

① 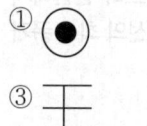   ②

③ 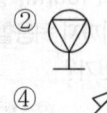   ④

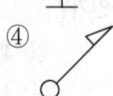

소방시설 도시기호(소방시설 자체점검사항 등에 관한 고시 별표)

도시기호	⊙	↑	▽
명 칭	피뢰부(평면도)	피뢰부(입면도)	스피커
도시기호	⊥	↗	
명 칭	화재댐퍼	전선관(입상)	

108

지상 30층 아파트에 스프링클러설비가 설치되어 있고 세대별 헤드 수가 12개일 때, 옥상수조 수원의 양을 포함하여 확보해야 할 스프링클러설비 최소 수원의 양 [m³]은 약 얼마 이상인가?

① 32.0   ② 38.4
③ 42.7   ④ 51.2

수 원
• 헤드의 개수

스프링클러설비의 설치장소			헤드의 개수
지하층을 제외한 10층 이하인 특정소방대상물	공 장	특수가연물을 저장·취급하는 것	30
		그 밖의 것	20
	근린생활시설·판매시설·운수시설 또는 복합건축물	판매시설 또는 복합건축물(판매시설이 설치되는 복합건축물을 말한다)	30
		그 밖의 것	20
	그 밖의 것	헤드의 부착높이 8[m] 이상	20
		헤드의 부착높이 8[m] 미만	10
지하층을 제외한 11층 이상인 특정소방대상물, 지하가 또는 지하역사			30
아파트(공동주택의 화재안전기술기준)	아파트		10
	각 동이 주차장으로 서로 연결된 경우의 주차장		30
창고시설(랙식 창고를 포함한다. 라지드롭형 스프링클러 헤드 사용)			30

• 수원 : 아파트의 헤드 기준 개수는 10개이고, 30층 이상 고층 건축물은 40분 이상 작동되어야 하므로,
수원 = 10개 × 80[L/min] × 40[min] = 32,000[L] = 32[m³] (수조의 양)이다.
• 현장에는 주로 예비펌프가 없을 때 옥상에 유효수량의 1/3을 설치해야 한다.
$$\therefore 32[\text{m}^3] + \left(32[\text{m}^3] \times \frac{1}{3}\right) = 42.67[\text{m}^3]$$

109

화재안전기술기준상 음향장치 및 음향경보장치 기준으로 옳지 않은 것은?

① 비상벨설비 또는 자동식사이렌설비의 음향장치의 음량은 부착된 음향장치의 중심으로부터 1[m] 떨어진 위치에서 90[dB] 이상이 되는 것으로 해야 한다.

② 화재조기진압용 스프링클러설비의 음향장치의 음량은 부착된 음향장치의 중심으로부터 1[m] 떨어진 위치에서 90[dB] 이상이 되는 것으로 한다.

③ 이산화탄소소화설비의 음향경보장치는 소화약제의 방출 개시 후 30초 이상 경보를 계속할 수 있는 것으로 한다.

④ 할로겐화합물 및 불활성기체소화설비의 음향경보장치는 소화약제의 방출 개시 후 1분 이상 경보를 계속할 수 있는 것으로 한다.

> **해설**
> **음향장치**
> - 비상벨설비 또는 자동식사이렌설비의 음향장치의 음량은 부착된 음향장치의 중심으로부터 1[m] 떨어진 위치에서 90[dB] 이상이 되는 것으로 해야 한다.
> - 스프링클러설비와 화재조기진압용 스프링클러설비의 음향장치의 기준
>   - 정격전압의 80[%] 전압에서 음향을 발할 수 있는 것으로 할 것
>   - 음량은 부착된 음향장치의 중심으로부터 1[m] 떨어진 위치에서 90[dB] 이상이 되는 것으로 할 것
> - 이산화탄소소화설비의 음향경보장치는 소화약제의 방출 개시 후 **1분 이상** 경보를 계속할 수 있는 것으로 한다.
> - 할로겐화합물 및 불활성기체소화설비의 음향경보장치는 소화약제의 방출 개시 후 1분 이상 경보를 계속할 수 있는 것으로 한다.

110

지하구의 화재안전기술기준에서 연소방지설비에 관한 기준으로 옳지 않은 것은?

① 배관의 구경이 65[mm]일 때 하나의 배관에 부착하는 전용헤드의 수는 6개이다.

② 수평주행배관에는 4.5[m] 이내마다 행거를 1개 이상 설치할 것

③ 개방형 스프링클러헤드일 경우 헤드 간의 수평거리는 1.5[m] 이하로 할 것

④ 소방대원의 출입이 가능한 환기구·작업구마다 지하구의 양쪽 방향으로 살수헤드를 설정하되 한쪽 방향의 살수구역의 길이는 3[m] 이상으로 할 것

> **해설**
> **연소방지설비**
> 연소방지설비 전용헤드 수별 급수관의 구경
>
> | 배관의 구경 | 하나의 배관에 부착하는 연소방지설비의 전용헤드의 개수 |
> |---|---|
> | 32[mm] | 1개 |
> | 40[mm] | 2개 |
> | 50[mm] | 3개 |
> | 65[mm] | 4개 또는 5개 |
> | 80[mm] | 6개 이상 |

111

다음 직병렬 복합 누설경로 그림에서 제연실에서의 총유효 누설면적[m²]은 얼마인가?(단, $A_1 = A_2 = A_3 = 0.02[\text{m}^2]$, $A_4 = A_5 = 0.01[\text{m}^2]$, 소수점 이하 넷째 자리에서 반올림한다)

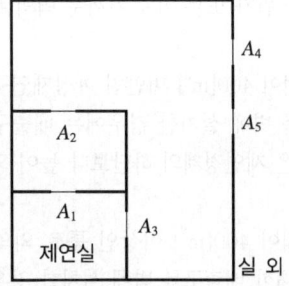

$Q = 0.827 A P^{\frac{1}{2}}$

Q : 가압을 위한 급기량[m³/s]

A : 유효 누설면적[m²]

P : 차압[Pa]

① 0.007   ② 0.017

③ 0.027   ④ 0.037

유효 누설면적

- A_1, A_2는 직렬관계이다.

$$A_{1 \sim 2} = \frac{1}{\sqrt{\frac{1}{(A_1)^2} + \frac{1}{(A_2)^2}}}$$

$$= \frac{1}{\sqrt{\frac{1}{(0.02[m^2])^2} + \frac{1}{(0.02[m^2])^2}}} = 0.0141[m^2]$$

- $A_{1 \sim 2}$, A_3 누설면적이 병렬관계이므로

$$A_{1 \sim 3} = A_{1 \sim 2} + A_3 = 0.0141 + 0.02 = 0.0341[m^2]$$

- A_4, A_5 누설면적이 병렬관계이므로

$$A_{4 \sim 5} = A_4 + A_5 = 0.01 + 0.01 = 0.02[m^2]$$

- $A_{1 \sim 3}$, $A_{4 \sim 5}$는 직렬관계이다.

$$\therefore A_{1 \sim 5} = \frac{1}{\sqrt{\frac{1}{(A_{1 \sim 3})^2} + \frac{1}{(A_{4 \sim 5})^2}}}$$

$$= \frac{1}{\sqrt{\frac{1}{(0.0341[m^2])^2} + \frac{1}{(0.02[m^2])^2}}}$$

$$= 0.0172[m^2]$$

112

제연설비의 화재안전기술기준상 예상제연구역에 대한 배출구의 설치기준으로 옳은 것은?

① 바닥면적이 400[m²] 미만인 예상제연구역이 벽으로 구획되어 있는 경우의 배출구는 바닥 이외의 천장·반자 또는 이에 가까운 벽의 부분에 설치한다.

② 바닥면적이 400[m²] 미만인 예상제연구역의 경우 배출구를 벽에 설치한 경우에는 배출구의 중심이 가장 짧은 제연경계의 하단보다 높이 되도록 해야 한다.

③ 바닥면적이 400[m²] 이상인 통로 외의 예상제연구역에 대한 배출구를 벽에 설치한 경우에는 배출구의 하단과 바닥 간의 최단 거리가 2[m] 이상이어야 한다.

④ 바닥면적이 400[m²] 이상인 통로 예상제연구역 중 어느 한 부분이 제연경계로 구획되어 있을 경우 배출구를 벽 또는 제연경계에 설치하는 경우에는 제연경계의 수직거리가 가장 짧은 제연경계의 하단보다 낮게 설치해야 한다.

배출구의 설치기준

- 바닥면적이 400[m²] 미만인 예상제연구역(통로인 예상제연구역을 제외)이 벽으로 구획되어 있는 경우의 배출구는 천장 또는 반자와 바닥 사이의 중간 윗부분에 설치할 것

- 통로인 예상제연구역과 바닥면적이 400[m²] 이상인 통로 외의 예상제연구역에 대한 배출구의 위치

  - 예상제연구역이 벽으로 구획되어 있는 경우의 배출구는 천장·반자 또는 이에 가까운 벽의 부분에 설치할 것. 다만, **배출구를 벽에 설치한 경우에는 배출구의 하단과 바닥 간의 최단 거리가 2[m] 이상**이어야 한다.

  - 예상제연구역 중 어느 한 부분이 제연경계로 구획되어 있을 경우에는 천장·반자 또는 이에 가까운 벽의 부분(제연경계를 포함)에 설치할 것. 다만, 배출구를 벽 또는 제연경계에 설치하는 경우에는 배출구의 하단이 해당 예상제연구역에서 제연경계의 폭이 가장 짧은 제연경계의 하단보다 높이 되도록 설치해야 한다.

113

유도등 및 유도표지의 화재안전기술기준상 피난구유도등 설치 제외 대상에 관한 설명이다. (   )에 들어갈 특정소방대상물로 옳지 않은 것은?

출입구가 3 이상 있는 거실로서 그 거실 각 부분으로부터 하나의 출입구에 이르는 보행거리가 30[m] 이하인 경우에는 주된 출입구 2개소 외의 출입구(유도표지가 부착된 출입구를 말한다). 다만, (   )의 경우에는 그렇지 않다.

① 공연장, 숙박시설
② 노유자시설, 공동주택
③ 판매시설, 집회장
④ 전시장, 장례식장

피난구유도등 설치 제외 대상

- 바닥면적이 1,000[m²] 미만인 층으로서 옥내로부터 직접 지상으로 통하는 출입구(외부의 식별이 용이한 경우에 한함)

- 대각선 길이가 15[m] 이내인 구획된 실의 출입구

- 거실 각 부분으로부터 하나의 출입구에 이르는 보행거리가 20[m] 이하이고 비상조명등과 유도표지가 설치된 거실의 출입구

- 출입구가 3 이상 있는 거실로서 그 거실 각 부분으로부터 하나의 출입구에 이르는 보행거리가 30[m] 이하인 경우에는 주된 출입구 2개소 외의 출입구(유도표지가 부착된 출입구를 말함). 다만, **공연장·집회장·관람장·전시장·판매시설·운수시설·숙박시설·노유자시설·의료시설·장례식장**의 경우에는 그렇지 않다.

114

할로겐화합물 및 불활성기체소화설비의 화재안전기술 기준상 배관의 설치기준으로 옳지 않은 것은?

① 할로겐화합물 및 불활성기체소화설비의 배관은 전용으로 해야 한다.

② 강관을 사용하는 경우의 배관은 압력배관용탄소강관(KS D 3562) 또는 이와 동등 이상의 강도를 가진 것으로서 아연도금 등에 따라 방식처리된 것을 사용해야 한다.

③ 배관과 배관, 배관과 배관부속 및 밸브류의 접속은 나사접합, 용접접합, 압축접합 또는 플랜지접합 등의 방법을 사용해야 한다.

④ 배관의 구경은 해당 방호구역에 할로겐화합물소화약제는 10초 이내에, 불활성기체소화약제는 A·C 급 화재 1분, B급 화재 2분 이내에 방호구역 각 부분에 최소 설계농도에 95[%] 이상 해당하는 약제량이 방출되도록 해야 한다.

해설

할로겐화합물 및 불활성기체소화설비의 배관 설치기준

• 배관은 전용으로 할 것
• 강관을 사용하는 경우의 배관은 압력배관용탄소강관(KS D 3562) 또는 이와 동등 이상의 강도를 가진 것으로서 아연도금 등에 따라 방식처리된 것을 사용할 것
• 동관을 사용하는 경우의 배관은 이음이 없는 동 및 동합금관(KS D 5301)의 것을 사용할 것
• 배관과 배관, 배관과 배관부속 및 밸브류의 접속은 나사접합, 용접접합, 압축접합 또는 플랜지접합 등의 방법을 사용해야 한다.
• 배관의 구경은 해당 방호구역에 할로겐화합물소화약제는 10초 이내에, 불활성기체소화약제는 **A·C급 화재 2분, B급 화재 1분 이내**에 방호구역 각 부분에 최소 설계농도의 95[%] 이상 해당하는 약제량이 방출되도록 해야 한다.

115

자동화재탐지설비 및 시각경보장치의 화재안전기술기 준상 부착높이가 8[m] 이상 15[m] 미만일 경우 적응성이 있는 감지기의 종류로 옳지 않은 것은?

① 차동식스포트형
② 차동식분포형
③ 연기복합형
④ 불꽃감지기

해설

감지기의 부착높이

부착높이	감지기의 종류
4[m] 미만	• **차동식(스포트형, 분포형)** • 보상식스포트형 • 정온식(스포트형, 감지선형) • 이온화식 또는 광전식(스포트형, 분리형, 공기흡입형) • **열복합형** • 연기복합형 • 열연기복합형 • **불꽃감지기**
4[m] 이상 8[m] 미만	• **차동식(스포트형, 분포형)** • **보상식스포트형** • **정온식(스포트형, 감지선형) 특종 또는 1종** • 이온화식 1종 또는 2종 • 광전식(스포트형, 분리형, 공기흡입형) 1종 또는 2종 • **열복합형** • 연기복합형 • 열연기복합형 • 불꽃감지기
8[m] 이상 15[m] 미만	• **차동식분포형** • 이온화식 1종 또는 2종 • 광전식(스포트형, 분리형, 공기흡입형) 1종 또는 2종 • **연기복합형** • **불꽃감지기**
15[m] 이상 20[m] 미만	• **이온화식 1종** • 광전식(스포트형, 분리형, 공기흡입형) 1종 • 연기복합형 • 불꽃감지기
20[m] 이상	• 불꽃감지기 • 광전식(분리형, 공기흡입형) 중 아날로그 방식

116

자동화재탐지설비 및 시각경보장치의 화재안전기술기 준상 지상 15층, 지하 3층으로 연면적이 3,000[m²]를 초과하는 특정소방대상물에 화재가 발생하여 자동화재 탐지설비를 통해 지하 1층, 지하 2층, 지하 3층, 지상 1층에 경보가 발해진 경우, 발화층은?

① 지하 3층   ② 지하 2층
③ 지하 1층   ④ 지상 2층

해설
음향장치

층수가 11층(공동주택의 경우에는 16층) 이상의 특정소방대상물은 다음에 따라 경보를 발할 수 있도록 해야 한다.

• 2층 이상의 층에서 발화한 때에는 발화층 및 그 직상 4개층에 경보를 발할 것
• 1층에서 발화한 때에는 발화층 · 그 직상 4개층 및 지하층에 경보를 발할 것
• 지하층에서 발화한 때에는 발화층 · 그 직상층 및 기타의 지하층에 경보를 발할 것

∴ 지하 1층에 화재가 발생하므로 나머지 지하층(지하 2층, 지하 3층)과 직상층(지상 1층)에 경보를 발해야 한다.

117

할로겐화합물 및 불활성기체소화설비의 화재안전기술기준상 소화약제의 최대허용설계농도[%] 기준으로 옳은 것은?

① HCFC-124 : 2.0　　② HFC-227ea : 10.5
③ HFC-236fa : 13.5　④ IG-100 : 53

해설
최대허용설계농도[%]

소화약제	최대허용설계농도[%]
FC-3-1-10	40
HCFC BLEND A	10
HCFC-124	**1.0**
HFC-125	11.5
HFC-227ea	**10.5**
HFC-23	30
HFC-236fa	**12.5**
FIC-13I1	0.3
FK-5-1-12	10
IG-01	43
IG-100	43
IG-541	43
IG-55	43

118

분말소화설비를 방호구역에 전역방출방식으로 설치하고자 한다. 소화약제는 제4종 분말이고, 방호구역의 체적이 150[m³], 개구부의 면적이 3[m²]이며, 자동폐쇄장치를 설치하지 않은 경우 분말소화약제의 최소 저장량[kg]은?

① 41.4　　　　　② 49.5
③ 59.4　　　　　④ 67.5

해설
소화약제 저장량[kg]

$= 방호체적[m^3] \times 필요약제량[kg/m^3] + 개구부의 면적[m^2] \times 가산량[kg/m^2]$

$= 150[m^3] \times 0.24[kg/m^3] + 3[m^2] \times 1.8[kg/m^2]$

$= 41.4[kg]$

[분말소화약제량]		
약제의 종류	소화약제량	가산량
제1종 분말	0.60[kg/m³]	4.5[kg/m²]
제2종 또는 제3종 분말	0.36[kg/m³]	2.7[kg/m²]
제4종 분말	0.24[kg/m³]	1.8[kg/m²]

119

자동화재속보설비의 화재안전기술기준상 설치기준으로 옳은 것은?

① 조작스위치는 바닥으로부터 1.5[m] 이하의 높이에 설치한다.
② 속보기는 소방관서에 통신망으로 통보하도록 하며, 데이터 또는 코드전송방식을 부가적으로 설치할 수 없다.
③ 노유자시설에 설치하는 자동화재속보설비는 속보기에 감지기를 직접 연결하는 방식으로 한다.
④ 자동화재탐지설비와 연동으로 작동하여 자동적으로 화재 신호를 소방관서에 전달되는 것으로 한다.

해설
자동화재속보설비의 설치기준

• **자동화재탐지설비와 연동으로 작동하여 자동적으로 화재 신호를 소방관서에 전달되는 것으로 할 것.** 이 경우 부가적으로 특정소방대상물의 관계인에게 화재 신호를 전달되도록 할 수 있다.
• **조작스위치는 바닥으로부터 0.8[m] 이상 1.5[m] 이하**의 높이에 설치할 것
• **속보기는 소방관서에 통신망으로 통보하도록 하며, 데이터 또는 코드전송방식을 부가적으로 설치할 수 있다.**
• **문화재에 설치하는 자동화재속보설비는 속보기에 감지기를 직접 연결하는 방식**(자동화재탐지설비 1개의 경계구역에 한함)으로 할 수 있다.
• 속보기는 소방청장이 정하여 고시한 자동화재속보설비의 속보기의 성능인증 및 제품검사의 기술기준에 적합한 것으로 설치할 것

120

화재조기진압용 스프링클러설비의 화재안전기술기준상 헤드에 관한 기준으로 옳지 않은 것은?

① 헤드의 작동온도는 74[℃] 이하로 한다.

② 하향식 헤드의 반사판의 위치는 천장이나 반자 아래 115[mm] 이상 355[mm] 이하로 한다.

③ 헤드의 반사판은 천장 또는 반자와 평행하게 설치하고, 저장물의 최상부와 914[mm] 이상 확보되도록 한다.

④ 헤드 하나의 방호면적은 6.0[m²] 이상 9.3[m²] 이하로 한다.

화재조기진압용 스프링클러설비의 헤드 설치기준
- 헤드 하나의 방호면적은 6.0[m²] 이상 9.3[m²] 이하로 할 것
- 가지배관의 헤드 사이의 거리는 천장의 높이가 9.1[m] 미만인 경우에는 2.4[m] 이상 3.7[m] 이하로, 9.1[m] 이상 13.7[m] 이하인 경우에는 3.1[m] 이하로 할 것
- 헤드의 반사판은 천장 또는 반자와 평행하게 설치하고 저장물의 최상부와 914[mm] 이상 확보되도록 할 것
- **하향식 헤드의 반사판의 위치는 천장이나 반자 아래 125[mm] 이상 355[mm] 이하일 것**
- 상향식 헤드의 감지부 중앙은 천장 또는 반자와 101[mm] 이상 152[mm] 이하이어야 하며, 반사판의 위치는 스프링클러배관의 윗부분에서 최소 178[mm] 상부에 설치되도록 할 것
- 헤드와 벽과의 거리는 헤드 상호 간 거리의 1/2을 초과하지 않아야 하며 최소 102[mm] 이상일 것
- 헤드의 작동온도는 **74[℃] 이하**일 것. 다만, 헤드 주위의 온도가 38[℃] 이상의 경우에는 그 온도에서의 화재시험 등에서 헤드작동에 관하여 공인기관의 시험을 거친 것을 사용할 것
- 상부에 설치된 헤드의 방출수에 따라 감열부에 영향을 받을 우려가 있는 헤드에는 방출수를 차단할 수 있는 유효한 차폐판을 설치할 것

121

물분무소화설비의 화재안전기술기준상 물분무소화설비를 투영된 바닥면적이 50[m²]인 케이블트레이에 설치하는 경우 필요한 최소 수원의 양[m³]은 얼마 이상인가?

① 10
② 12
③ 20
④ 24

물분무소화설비의 펌프의 토출량과 수원의 양

소방대상물	펌프의 토출량[L/min]	수원의 양[L]
특수가연물 저장, 취급	바닥면적(50[m²] 이하는 50[m²]로) × 10[L/min · m²]	바닥면적(50[m²] 이하는 50[m²]로) × 10[L/min · m²] × 20[min]
차고, 주차장	바닥면적(50[m²] 이하는 50[m²]로) × 20[L/min · m²]	바닥면적(50[m²] 이하는 50[m²]로) × 20[L/min · m²] × 20[min]
절연유 봉입변압기	표면적(바닥부분 제외) × 10[L/min · m²]	표면적(바닥부분 제외) × 10[L/min · m²] × 20[min]
케이블 트레이, 덕트	투영된 바닥면적 × 12[L/min · m²]	투영된 바닥면적 × 12[L/min · m²] × 20[min]
컨베이어 벨트	벨트부분의 바닥면적 × 10[L/min · m²]	벨트 부분의 바닥면적 × 10[L/min · m²] × 20[min]

$$\therefore \ 수원 = 투영된 \ 바닥면적 \times 12[L/min \cdot m^2] \times 20[min]$$
$$= 50[m^2] \times 12[L/min \cdot m^2] \times 20[min]$$
$$= 12,000[L]$$
$$= 12[m^3]$$

122

이산화탄소소화설비의 화재안전기술기준상 이산화탄소 소화약제 양[kg]으로 옳은 것은?

방호구역 체적	방호구역의 체적 1[m³]에 대한 소화약제의 양
45[m³] 미만	ㄱ
45[m³] 이상 150[m³] 미만	ㄴ
150[m³] 이상 1,450[m³] 미만	ㄷ
1,450[m³] 이상	ㄹ

① ㄱ : 0.75
② ㄴ : 0.75
③ ㄷ : 0.75
④ ㄹ : 0.75

전역방출방식(표면화재 방호대상물)의 이산화탄소 소화약제 양[kg]
= 방호구역 체적[m³] × 필요가스량[kg/m³] × 보정계수 + 개구부 면적[m²] × 가산량(5[kg/m²])

방호구역 체적	필요가스량	최저 한도의 양
45[m³] 미만	1.00[kg/m³]	45[kg]
45[m³] 이상 150[m³] 미만	0.90[kg/m³]	
150[m³] 이상 1,450[m³] 미만	0.80[kg/m³]	135[kg]
1,450[m³] 이상	0.75[kg/m³]	1,125[kg]

123

연결송수관설비의 화재안전기술기준상 송수구의 설치기준으로 옳지 않은 것은?

① 습식의 경우에는 송수구·체크밸브·자동배수밸브의 순으로 설치한다.
② 지면으로부터 높이가 0.5[m] 이상 1.0[m] 이하의 위치에 설치한다.
③ 구경 65[mm]의 쌍구형으로 한다.
④ 가까운 곳의 보기 쉬운 곳에 송수압력범위를 표시한 표지를 한다.

해설
연결송수관설비의 송수구 설치기준

- 소방차가 쉽게 접근할 수 있고 잘 보이는 장소에 설치할 것
- 지면으로부터 높이가 **0.5[m] 이상 1[m] 이하의 위치**에 설치할 것
- 송수구는 화재층으로부터 지면으로 떨어지는 유리창 등이 송수 및 그 밖의 소화작업에 지장을 주지 않는 장소에 설치할 것
- 송수구로부터 연결송수관설비의 주배관에 이르는 연결배관에 개폐밸브를 설치한 때에는 그 개폐상태를 쉽게 확인 및 조작할 수 있는 옥외 또는 기계실 등의 장소에 설치할 것. 이 경우 개폐밸브에는 그 밸브의 개폐상태를 감시제어반에서 확인할 수 있도록 급수개폐밸브 작동표시 스위치를 다음의 기준에 따라 설치해야 한다.
  - 급수개폐밸브가 잠길 경우 탬퍼 스위치의 동작으로 인하여 감시제어반 또는 수신기에 표시되어야 하며 경보음을 발할 것
  - 탬퍼 스위치는 감시제어반 또는 수신기에서 동작의 유무 확인과 동작시험, 도통시험을 할 수 있을 것
  - 급수개폐밸브의 작동표시 스위치에 사용되는 전기배선은 내화전선 또는 내열전선으로 설치할 것
- **구경 65[mm]의 쌍구형으로 할 것**
- 송수구에는 그 가까운 곳의 보기 쉬운 곳에 **송수압력범위를 표시한 표지**를 할 것
- 송수구는 연결송수관의 수직배관마다 1개 이상을 설치할 것. 다만, 하나의 건축물에 설치된 각 수직배관이 중간에 개폐밸브가 설치되지 않은 배관으로 상호 연결되어 있는 경우에는 건축물마다 1개씩 설치할 수 있다.
- 송수구의 부근에는 자동배수밸브 및 체크밸브를 다음의 기준에 따라 설치할 것. 이 경우 자동배수밸브는 배관 안의 물이 잘빠질 수 있는 위치에 설치하되, 배수로 인하여 다른 물건이나 장소에 피해를 주지 않아야 한다.
  - **습식의 경우에는 송수구·자동배수밸브·체크밸브의 순으로 설치할 것**
  - 건식의 경우에는 송수구·자동배수밸브·체크밸브·자동배수밸브의 순으로 설치할 것
- 송수구에는 가까운 곳의 보기 쉬운 곳에 "연결송수관설비송수구"라고 표시한 표지를 설치할 것
- 송수구에는 이물질을 막기 위한 마개를 씌울 것

124

피난기구의 화재안전기술기준상 숙박시설의 각 층의 바닥면적이 2,500[m²]일 경우 층마다 설치해야 하는 피난기구의 최소 개수는?

① 3개　　　　　② 4개
③ 5개　　　　　④ 6개

해설
피난기구의 개수 설치기준
피난기구는 층마다 설치하되 다음 기준에 따른 개수 이상을 설치해야 한다.

특정소방대상물	설치기준(1개 이상)
숙박시설·노유자시설 및 의료시설	바닥면적 500[m²]마다
위락시설·문화집회 및 운동시설, 판매시설	바닥면적 800[m²]마다
계단실형 아파트	각 세대마다
그 밖의 용도의 층	바닥면적 1,000[m²]마다

$$\therefore \ 피난기구 = \frac{2,500[m^2]}{500[m^2]} = 5개$$

125

이산화탄소소화설비의 화재안전기술기준상 소화약제의 저장용기 설치기준으로 옳지 않은 것은?

① 직사광선 및 빗물이 침투할 우려가 없는 곳에 설치할 것
② 방화문으로 구획된 실에 설치할 것
③ 온도가 45[℃] 이하이고, 온도 변화가 작은 곳에 설치할 것
④ 방호구역 외의 장소에 설치할 것

해설
이산화탄소소화설비의 저장용기 설치기준

- 방호구역 외의 장소에 설치할 것. 다만, 방호구역 내에 설치할 경우에는 피난 및 조작이 용이하도록 피난구 부근에 설치해야 한다.
- **온도가 40[℃] 이하이고, 온도 변화가 작은 곳에 설치할 것**
- 직사광선 및 빗물이 침투할 우려가 없는 곳에 설치할 것
- 방화문으로 구획된 실에 설치할 것
- 용기의 설치장소에는 해당 용기가 설치된 곳임을 표시하는 표지를 할 것
- 용기 간의 간격은 점검에 지장이 없도록 3[cm] 이상의 간격을 유지할 것
- 저장용기와 집합관을 연결하는 연결배관에는 체크밸브를 설치할 것. 다만, 저장용기가 하나의 방호구역만을 담당하는 경우에는 그렇지 않다.

과년도 기출문제

제1과목 소방안전관리론 및 화재역학

001

제3종 분말소화약제가 열분해 될 때 생성되는 물질이 아닌 것은?

① NH_3
② CO_2
③ HPO_3
④ H_2O

해설

분말 소화약제 열분해 반응식

• 제1종 분말
  – 1차 분해반응식(270[℃]) : $2NaHCO_3 \rightarrow Na_2CO_3 + CO_2 + H_2O$
  – 2차 분해반응식(850[℃]) : $2NaHCO_3 \rightarrow Na_2O + 2CO_2 + H_2O$

• 제2종 분말
  – 1차 분해반응식(190[℃]) : $2KHCO_3 \rightarrow K_2CO_3 + CO_2 + H_2O$
  – 2차 분해반응식(590[℃]) : $2KHCO_3 \rightarrow K_2O + 2CO_2 + H_2O$

• 제3종 분말
  – 190[℃]에서 분해 : $NH_4H_2PO_4 \rightarrow NH_3 + H_3PO_4$
  – 215[℃]에서 분해 : $2H_3PO_4 \rightarrow H_2O + H_4P_2O_7$
  – 300[℃]에서 분해 : $H_4P_2O_7 \rightarrow H_2O + 2HPO_3$

• 제4종 분말
  $2KHCO_3 + (NH_2)_2CO \rightarrow K_2CO_3 + 2NH_3 + 2CO_2$

002

일반화재(A급 화재)에 물을 소화약제로 사용할 경우 분무상으로 방수할 때 증대되는 소화효과는?

① 부촉매효과
② 억제효과
③ 냉각효과
④ 유화효과

해설

일반화재(A급 화재)에 물(분무주수)을 사용하면 냉각효과가 증대된다.

003

25[℃]의 물 200[L]를 대기압에서 가열하여 모두 기화시켰을 때 물의 흡수열량은 몇 [kJ]인가?(단, 물의 비열은 4.18[kJ/kg·℃], 증발잠열은 2,255.5[kJ/kg]이며, 기타 조건은 무시한다)

① 107,920
② 342,000
③ 451,100
④ 513,800

해설

흡수열량

$Q = Q_1 + Q_2$
$= mc\Delta t + \gamma \cdot m = 200[kg] \times 4.18[kJ/kg℃] \times (100 - 25)[℃] + 2,255.5[kJ/kg] \times 200[kg]$
$= 513,800[kJ]$

물의 비중이 1이므로 200[L] = 200[kg]

004

K급 화재(주방 화재)에 관한 설명으로 옳지 않은 것은?

① 비누화현상을 일으키는 중탄산나트륨 성분의 소화약제가 적응성이 있다.
② 인화점과 발화점의 차이가 작아 재발화의 우려가 큰 식용유 화재를 말한다.
③ 주방에서 동식물유를 취급하는 조리기구에서 일어나는 화재를 말한다.
④ K급 화재용 소화기의 소화능력시험은 소화기의 B급 화재 소화능력시험에 따른다.

해설

K급 화재(주방 화재)

• K급 화재는 주방에서 동식물유를 취급하는 조리기구에서 일어나는 화재를 말한다.
• 비누화현상을 일으키는 중탄산나트륨(제1종 분말) 성분의 소화약제가 적응성이 있다.
• 인화점과 발화점의 차이가 작아 재발화의 우려가 큰 식용유 화재를 말한다.
• K급 화재용 소화기의 소화능력시험은 K급 화재용 소화기의 소화성능시험에 적합해야 하며 K급 화재에 대한 능력단위는 지정하지 않는다.

005

고체가연물의 점화(발화)시간은 물체의 두께와 밀접한 관계가 있는데 열적으로 얇은 고체가연물(두께가 약 2[mm] 미만)의 경우 점화시간 계산 시 주요 영향요소가 아닌 것은?

① 열전도도[W/m·K]   ② 정압비열[J/kg·K]

③ 순열유속[W/m²]   ④ 밀도[kg/m³]

해설
발화시간
- 얇은 재료의 발화시간

$$Tig = \rho \, c \, l \left[\frac{Tig - T_\infty}{q} \right]$$

여기서, Tig : 발화온도
ρ : 밀도[kg/m³]
c : 비열[J/kg·K]
l : 고체의 두께[m]
T_∞ : 대기온도[K]
q : 연료표면의 순수 열유속[W/m²]

- 두꺼운 재료의 발화시간

$$Tig = C(k\,\rho\,c) \left[\frac{Tig - T_\infty}{q} \right]^2$$

여기서, Tig : 발화온도
C : 상수
k : 열전도도[W/m·K]
ρ : 밀도[kg/m³]
c : 비열[J/kg·K]
T_∞ : 대기온도[K]
q : 연료표면의 순수 열유속[W/m²]

006

분진폭발의 특징으로 옳지 않은 것은?

① 열분해에 의해 유독성가스가 발생될 수 있다.

② 폭발과 관련된 연소속도 및 폭발압력이 가스폭발에 비해 낮다.

③ 1차 폭발로 인해 2차 폭발이 야기될 수 있어 피해범위가 크다.

④ 가스폭발에 비해 발생 에너지가 적고 상대적으로 저온이다.

해설
분진폭발의 특징
- 열분해에 의해 유독성가스가 발생될 수 있다.
- 연소속도, 폭발압력은 가스폭발에 비해 작지만 발생에너지와 파괴력은 더 크다.
- 1차 폭발로 인해 2차 폭발이 야기되며 피해범위가 크다.
- 폭발압력의 전파속도는 300[m/s]이고 폭발온도는 2,000~3,000[℃] 정도이다.

007

내화구조 건축물의 내화성능 요구조건에 해당하지 않는 것은?

① 차연성   ② 차열성

③ 차염성   ④ 하중지지력

해설
내화구조 건축물의 내화성능 기준
- 차열성
- 차염성
- 하중지지력

008

다음과 같은 특성을 가진 연소형태는?

- 가스폭발 메커니즘
- 분젠버너의 연소(급기구 개방)
- 화염전방에 압축파, 충격파, 단열압축 발생
- 화염속도 = 연소속도 + 미연소가스 이동속도

① 표면연소   ② 확산연소

③ 예혼합연소   ④ 자기연소

해설
예혼합연소
- 정의 : 밀폐된 용기에 기체연료를 미리 공기와 혼합시켜 놓고 점화하여 연소하는 현상
- 가스폭발 메커니즘으로 휘발유 엔진의 화염, 분젠가스버너의 연소, 아세틸렌과 산소용접기 토치의 화염 등
- 화염전방에 압축파, 충격파, 단열압축 등이 발생한다.
- 화염속도 = 연소속도 + 미연소가스 이동속도

009

초고층 및 지하연계 복합건축물 재난관리에 관한 특별법령에서 정한 피난안전구역에 설치해야 하는 소방시설이 아닌 것은?

① 소화기 및 간이소화용구
② 자동화재속보설비
③ 비상조명등 및 휴대용 비상조명등
④ 자동화재탐지설비

해설

피난안전구역의 소방시설(영 제14조)

- 소화설비 중 **소화기구**(소화기 및 간이소화용구만 해당한다), 옥내소화전설비 및 **스프링클러설비**
- 경보설비 중 **자동화재탐지설비**
- 피난설비 중 **방열복, 공기호흡기**(보조마스크를 포함한다), 인공소생기, **피난유도선**(피난안전구역으로 통하는 직통계단 및 특별피난계단을 포함한다), 피난안전구역으로 피난을 유도하기 위한 **유도등·유도표지, 비상조명등 및 휴대용 비상조명등**
- 소화활동설비 중 **제연설비, 무선통신보조설비**

010

가연성 액체의 화재발생 위험에 관한 설명으로 옳은 것은?

① 인화점, 발화점이 높을수록 위험하다.
② 연소범위가 좁을수록 위험하다.
③ 증기압이 높고 연소속도가 빠를수록 위험하다.
④ 증발열, 비열이 클수록 위험하다.

해설

가연성 액체의 위험성

- 인화점, 발화점이 낮을수록 위험하다.
- 연소범위가 넓을수록 위험하다.
- 증기압이 높고 연소속도가 빠를수록 위험하다.
- 증발열, 비열이 작을수록 위험하다.

011

피난계획의 일반적인 원칙으로 옳지 않은 것은?

① 건물 내 임의의 지점에서 피난 시 한 방향이 화재로 사용이 불가능하면 다른 방향으로 사용되도록 한다.
② 피난수단은 보행에 의한 피난을 기본으로 하고 인간 본능을 고려하려 설계한다.
③ 피난경로는 굴곡부가 많거나 갈림길이 생기지 않도록 간단하고 명료하게 설계한다.
④ 피난경로의 안전구획을 1차는 계단, 2차는 복도로 설정한다.

해설

피난시설의 안전구획

1차 안전구획	2차 안전구획	3차 안전구획
복 도	전실(계단부속실)	계 단

012

바닥면적이 300[m²]인 창고에 목재 1,000[kg]과 기타 가연물 1,000[kg]이 적재되어 있는 경우 화재하중[kg/m²]은 얼마인가?(단, 목재의 단위발열량은 4,500[kcal/kg], 기타 가연물의 단위발열량은 5,000[kJ/kg]이며, 소수점 이하 셋째자리에서 반올림한다)

① 2.11 ② 4.22
③ 7.04 ④ 14.08

해설

화재하중

$$화재하중\ Q = \frac{\sum(G_t \times H_t)}{H \times A} = \frac{Q_t}{4,500 \times A}\,[\text{kg/m}^2]$$

여기서, G_t : 가연물의 질량[kg]
H_t : 가연물의 단위발열량[kcal/kg]
H : 목재의 단위발열량[4,500kcal/kg]
A : 화재실의 바닥면적[m²]
Q_t : 가연물의 전발열량[kcal]

∴ 화재하중

$$Q = \frac{\sum(G_t \times H_t)}{H \times A}$$

$$= \frac{(4,500[\text{kcal/kg}] \times 1,000[\text{kg}]) + \left(\frac{5,000}{4.184}[\text{kcal/kg}]\right) \times 1,000[\text{kg}])}{4,500[\text{kcal/kg}] \times 300[\text{m}^2]}$$

$$= 4.22[\text{kg/m}^2]$$

$$1[\text{kcal}] = 4.184[\text{kJ}]$$

013

다중이용업소의 안전관리에 관한 특별법령상 다중이용업소에 설치·유지해야 하는 피난설비에서 피난기구가 아닌 것은?

① 피난사다리
② 피난유도선
③ 구조대
④ 완강기

다중이용업소에 설치하는 소방시설(영 별표 1의2)

• 소화설비
  – 소화기 또는 자동확산소화기
  – 간이스프링클러설비(캐비닛형 간이스프링클러설비를 포함한다)
    ⓐ 지하층에 설치된 영업장
    ⓑ 숙박을 제공하는 형태의 다중이용업소의 영업장 중 다음에 해당하는 영업장. 다만, 지상 1층에 있거나 지상과 맞닿아 있는 층(영업장의 주된 출입구가 건축물 외부의 지면과 직접 연결된 경우를 포함한다)에 설치된 영업장은 제외한다.
      ○ 산후조리원의 영업장
      ○ 고시원의 영업장
    ⓒ 밀폐구조의 영업장
    ⓓ 권총사격장의 영업장
• 경보설비
  – 비상벨설비 또는 자동화재탐지설비. 다만, 노래반주기 등 영상음향장치를 사용하는 영업장에는 자동화재탐지설비를 설치해야 한다.
  – 가스누설경보기. 다만, 가스시설을 사용하는 주방이나 난방시설이 있는 영업장에만 설치한다.
• 피난설비
  – **피난기구**
    ⓐ 미끄럼대
    ⓑ 피난사다리
    ⓒ 구조대
    ⓓ 완강기
    ⓔ 다수인 피난장비
    ⓕ 승강식 피난기
  – 피난유도선. 다만, 영업장 내부 피난통로 또는 복도가 있는 영업장에만 설치한다.
  – 유도등, 유도표지 또는 비상조명등
  – 휴대용 비상조명등

피난유도선 : 피난설비

014

구획실 화재에서 화재가혹도에 관한 설명으로 옳지 않은 것은?

① 화재가혹도는 최고온도의 지속시간으로 화재가 건물에 피해를 입히는 능력의 정도를 나타낸다.
② 화재가혹도는 화재하중과 화재강도로 구성되며, 화재강도는 단위면적당 가연물의 양으로 계산한다.
③ 화재가혹도를 낮추기 위해서는 가연물을 최소단위로 저장하고 불연성 밀폐용기에 보관한다.
④ 화재가혹도에 견디는 내력을 화재저항이라고 하며 건축물의 내화구조, 방화구조 등을 의미한다.

화재가혹도

• 정 의
  – 최고온도의 지속시간으로 화재가 건물에 피해를 입히는 능력의 정도로서 주수율[L/m² · min]을 결정하는 인자이다.
  – 화재 시 최고온도와 그때의 지속시간은 화재의 규모를 판단하는 중요한 요소가 된다.

화재가혹도 = 최고온도 × 지속시간

  – 화재강도는 단위시간당 축적되는 열량을 말하며 열축적율이 커지면 화재강도는 커진다.
  – 화재가혹도에 견디는 내력을 화재저항이라고 하며 건축물의 내화구조, 방화구조 등을 의미한다.
• 화재가혹도가 크면 기타 재산의 손실은 커지고 화재가혹도가 작으면 그 손실은 작아지는 것이다.
• 화재가혹도를 낮추기 위해서는 가연물을 최소단위로 저장하고 불연성 밀폐용기에 보관한다.

015

건축물의 피난·방화구조 등의 기준에 관한 규칙에서 소방관 진입창의 기준으로 옳지 않은 것은?

① 2층 이상 11층 이하인 층에 각각 1개소 이상 설치할 것
② 창문의 한쪽 모서리에 타격지점을 지름 3[cm] 이상의 원형으로 표시할 것
③ 강화유리 또는 배강도유리로서 그 두께가 6[mm] 이상인 것
④ 창문의 가운데에 지름 20[cm] 이상의 역삼각형을 야간에도 알아볼 수 있도록 빛 반사 등으로 붉은색으로 표시할 것

해설

소방관 진입창의 기준(제18조의2)

① **2층 이상 11층 이하인** 층에 **각각 1개소 이상 설치**할 것. 이 경우 소방관이 진입할 수 있는 창의 가운데에서 벽면 끝까지의 수평거리가 40[m] 이상인 경우에는 40[m] 이내마다 소방관이 진입할 수 있는 창을 추가로 설치해야 한다.

② 소방차 진입로 또는 소방차 진입이 가능한 공터에 면할 것

③ 창문의 가운데에 지름 **20[cm] 이상의 역삼각형**을 야간에도 알아볼 수 있도록 빛 반사 등으로 붉은색으로 표시할 것

④ 창문의 한쪽 모서리에 타격지점을 **지름 3[cm] 이상의 원형**으로 표시할 것

⑤ 창문의 크기는 폭 90[cm] 이상, 높이 1.2[m] 이상으로 하고, 실내 바닥면으로부터 창의 아랫부분까지의 높이는 80[cm] 이내로 할 것

⑥ 다음의 어느 하나에 해당하는 유리를 사용할 것

　㉠ 플로트판유리로서 그 두께가 6[mm] 이하인 것

　㉡ **강화유리 또는 배강도유리로서 그 두께가 5[mm] 이하**인 것

　㉢ ㉠ 또는 ㉡에 해당하는 유리로 구성된 이중 유리로서 그 두께가 24[mm] 이하인 것

016

화재 시 인간의 피난행동 특성에 관한 설명으로 옳지 않은 것은?

① 처음에 들어온 빌딩 등에서 내부 상황을 모를 경우 들어왔던 경로로 피난하려는 본능을 귀소본능이라 한다.

② 건물 내부에 연기로 인해 시야가 제한을 받을 경우 빛이 새어나오는 방향으로 피난하려는 본능을 지광본능이라 한다.

③ 열린 느낌이 드는 방향으로 피난하려는 경향을 직진성이라 한다.

④ 안전하다고 생각되는 경로로 피난하려는 경향을 이성적 안전지향성이라 한다.

해설

화재 시 인간의 피난행동 특성

• 귀소본능 : 평소에 사용하던 출입구나 통로 등 습관적으로 친숙해 있는 경로로 도피하려는 본능

• 지광본능 : 화재 발생 시 연기나 정전 등으로 가시거리가 짧아져 시야가 흐려 밝은 방향으로 도피하려는 본능

• 추종본능 : 화재 발생 시 최초로 행동을 개시한 사람에 따라 전체가 움직이는 본능

• 퇴피본능 : 연기나 화염에 대한 공포감으로 화원의 반대방향으로 이동하려는 본능

• 좌회본능 : 좌측으로 통행하고 시계의 반대방향으로 회전하려는 본능

• **직진성** : 곧바로 계단이나 통로를 선택하고 직진하려는 경향

• 이성적 안전지향성 : 먼 곳의 옥외계단으로 향하는 것처럼 본능적으로 안전하다고 믿고 있는 경로로 향하는 경향

017

아레니우스(Arrhenius)의 반응속도식에 관한 설명으로 옳은 것은?

① 활성화에너지가 클수록 반응속도는 증가한다.

② 기체상수가 클수록 반응속도는 증가한다.

③ 온도가 높을수록 반응속도는 감소한다.

④ 가연물의 밀도가 높을수록 반응속도는 증가한다.

해설

아레니우스(Arrhenius)의 반응속도식

$$V = C \times e^{-\frac{E_a}{RT}}$$

여기서, V : 반응속도　　　　C : 충돌빈도계수
E_a : 활성화에너지　R : 기체상수
T : 절대온도

$e^{-\frac{E_a}{RT}}$: 온도 T에서 에너지 E_a 이상을 가진 충돌의 분율

• 활성화에너지가 클수록 반응속도는 감소한다.

• 기체상수가 클수록 반응속도는 증가한다.

• 온도와 압력이 높을수록 반응속도는 증가한다.

• 분자 간의 충돌빈도수가 증가할수록 반응속도는 증가한다.

• 시간 변화량에 대한 농도 변화량이 클수록 반응속도는 증가한다.

018

가로 50[cm], 세로 60[cm]인 벽면의 양쪽 온도가 350[℃]와 30[℃]이고 벽을 통한 이동열량이 250[W]일 때 이 벽의 두께 t[m]는?(단, 열전도도는 0.8[W/m·K]이고 기타 조건은 무시하며, 소수점 이하 셋째자리에서 반올림한다)

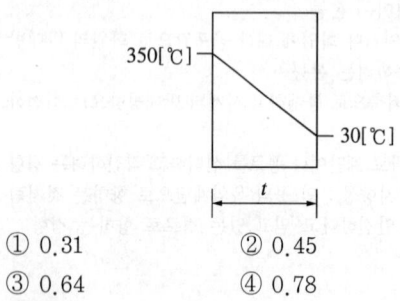

① 0.31   ② 0.45
③ 0.64   ④ 0.78

푸리에(Fourier)의 법칙

$$q = kA\frac{dt}{dl}$$

여기서, k : 열전도도[kcal/m·h·℃ 또는 W/m·℃]
       A : 열전달면적[m²]
       $\dfrac{dt}{dl}$: 온도구배(단위길이당 온도차)

$$\therefore \; dl = \frac{kA\,dt}{q} = \frac{0.8[\text{W/m}\cdot\text{K}] \times (0.5 \times 0.6)[\text{m}^2] \times [(350+273)[\text{K}] - (30+273)[\text{K}]]}{250[\text{W}]}$$
$$= 0.31[\text{m}]$$

019

건축물의 피난·방화구조 등의 기준에 관한 규칙에서 정한 건축물의 내부에 설치하는 피난계단의 구조의 기준으로 옳지 않은 것은?

① 계단실은 창문·출입구 기타 개구부를 제외한 해당 건축물의 다른 부분과 내화구조의 벽으로 구획할 것
② 건축물의 내부와 접하는 계단실의 창문 등(출입구를 제외한다)은 망이 들어 있는 유리의 붙박이창으로서 그 면적을 각각 1[m²] 이하로 할 것
③ 건축물의 내부에서 계단실로 통하는 출입구의 유효너비는 0.9[m] 이상으로 할 것
④ 계단실의 바깥쪽과 접하는 창문 등은 해당 건축물의 다른 부분에 설치하는 창문 등으로부터 1[m] 이하의 거리를 두고 설치할 것

건축물의 내부에 설치하는 피난계단의 구조의 기준(제9조)
- 계단실은 창문·출입구 기타 개구부를 제외한 해당 건축물의 다른 부분과 내화구조의 벽으로 구획할 것
- 계단실의 실내에 접하는 부분(바닥 및 반자 등 실내에 면한 모든 부분을 말한다)의 마감(마감을 위한 바탕을 포함한다)은 불연재료로 할 것
- 계단실에는 예비전원에 의한 조명설비를 할 것
- 계단실의 바깥쪽과 접하는 창문 등(망이 들어 있는 유리의 붙박이창으로서 그 면적이 각각 1[m²] 이하인 것을 제외한다)은 해당 건축물의 다른 부분에 설치하는 창문 등으로부터 **2[m] 이상**의 거리를 두고 설치할 것
- 건축물의 내부와 접하는 계단실의 창문 등(출입구를 제외한다)은 망이 들어 있는 유리의 붙박이창으로서 그 면적을 각각 1[m²] 이하로 할 것
- 건축물의 내부에서 계단실로 통하는 출입구의 유효너비는 0.9[m] 이상으로 하고, 그 출입구에는 피난의 방향으로 열 수 있는 것으로서 언제나 닫힌 상태를 유지하거나 화재로 인한 연기 또는 불꽃을 감지하여 자동적으로 닫히는 구조로 된 60분+방화문 또는 60분 방화문을 설치할 것. 다만, 연기 또는 불꽃을 감지하여 자동적으로 닫히는 구조로 할 수 없는 경우에는 온도를 감지하여 자동적으로 닫히는 구조로 할 수 있다.
- 계단은 내화구조로 하고 피난층 또는 지상까지 직접 연결되도록 할 것

020

구획실에서 화재의 지속시간에 관한 설명으로 옳지 않은 것은?

① 화재실 단위면적당 가연물의 양에 비례한다.
② 화재실 바닥면적에 비례한다.
③ 화재실 개구부 면적에 비례한다.
④ 화재실 개구부 높이의 제곱근에 반비례한다.

화재의 지속시간

$$\text{지속시간} \; F = \frac{A_f}{A\sqrt{H}}$$

여기서, A_f : 실의 바닥면적[m²]
       A : 개구부 면적[m²]
       H : 개구부 높이[m]
- 화재실 내에 가연물의 양이 많으면 화재지속시간이 길어진다.
- 화재실 바닥면적이 크면 화재지속시간이 길어진다.
- 화재실 개구부의 면적이 크면 화재지속시간이 짧아진다.
- 화재실 개구부 높이의 제곱근에 반비례한다.

021

에탄올(C_2H_5OH) 1[kmol]을 완전 연소하는 데 필요한 이론적인 산소(O_2)의 체적[m³]은?(단, 0[℃], 1기압 표준상태를 기준으로 하며, 소수점 이하 둘째자리에서 반올림한다)

① 67.2
② 69.4
③ 70.6
④ 74.0

해설

에탄올(에틸알코올)의 연소반응식

C_2H_5OH + $3O_2$ → $2CO_2$ + $3H_2O$

$\begin{array}{cc} 1[\text{kmol}] & 3 \times 22.4[\text{m}^3] \\ 1[\text{kmol}] & x \end{array}$

$\therefore x = \dfrac{1[\text{kmol}] \times 3 \times 22.4[\text{m}^3]}{1[\text{kmol}]} = 67.2[\text{m}^3]$

> 표준상태(0[℃], 1기압)에서 기체 1[kg-mol]이 차지하는 부피 : 22.4[m³]

022

힌클리(Hinkley)의 연기하강시간(t)에 관한 식으로 옳은 것은?(단, t는 연기의 하강시간[s], A는 바닥면적 [m²], P_f는 화재둘레[m], g는 중력가속도[m/s²], H는 층고[m], Y는 청결층 높이[m]이다)

① $t = \dfrac{20A}{P_f \times g}\left(\dfrac{1}{\sqrt{H}} - \dfrac{1}{\sqrt{Y}}\right)$

② $t = \dfrac{20A}{P_f \times \sqrt{g}}\left(\dfrac{1}{\sqrt{H}} - \dfrac{1}{\sqrt{Y}}\right)$

③ $t = \dfrac{20A}{P_f \times g}\left(\dfrac{1}{\sqrt{Y}} - \dfrac{1}{\sqrt{H}}\right)$

④ $t = \dfrac{20A}{P_f \times \sqrt{g}}\left(\dfrac{1}{\sqrt{Y}} - \dfrac{1}{\sqrt{H}}\right)$

해설

힌클리(Hinkley) 공식

> $$t = \frac{20A}{P_f\sqrt{g}}\left(\frac{1}{\sqrt{Y}} - \frac{1}{\sqrt{H}}\right)[\text{s}]$$

여기서, t : 연기하강시간(청결층 깊이 Y가 될 때까지의 경과시간)[s]
    A : 화재실의 바닥면적[m²]
    P_f : 화염의 둘레길이[m]
    g : 중력가속도(9.8[m/s²])
    Y : 청결층의 높이[m]
    H : 화재실의 높이[m]

023

연소생성물질의 특성에 관한 설명으로 옳지 않은 것은?

① 일산화탄소(CO)는 불연성 기체로서 호흡률을 높여 독성가스 흡입을 증가시킨다.
② 아크롤레인(CH_2CHCHO)은 석유류 제품 및 유지(기름) 성분의 물질이 연소할 때 발생한다.
③ 황화수소(H_2S)는 계란 썩은 것 같은 냄새가 난다.
④ 염화수소(HCl)는 PVC 등 염소함유물질이 연소할 때 생성된다.

해설

일산화탄소(CO)는 가연성 기체이고 이산화탄소(CO_2)는 불연성 기체이다.

024

고층건축물의 화재 시 굴뚝효과(Stack Effect)에 의한 샤프트와 외기의 압력차에 관한 설명으로 옳은 것은?

① 외기 온도가 높을수록 감소한다.
② 샤프트 내부 온도가 높을수록 감소한다.
③ 중성대(면) 위의 거리(높이)가 클수록 감소한다.
④ 샤프트 내부와 외기의 온도차가 클수록 감소한다.

해설

굴뚝효과(Stack Effect)에 의한 샤프트와 외기의 압력차
• 외기 온도가 높을수록 감소한다.
• 샤프트 내부 온도가 낮을수록 감소한다.
• 중성대(면) 위의 거리(높이)가 작을수록 감소한다.
• 샤프트 내부와 외기의 온도차가 작을수록 감소한다.

025

연기농도와 피난한계에 관한 설명으로 옳지 않은 것은? (단, C_s는 감광계수이다)

① 반사형 표지 및 문짝의 가시거리(L)는 $\dfrac{2 \sim 4}{C_s}$[m] 이다.

② 발광형 표지 및 주간 창의 가시거리(L)는 $\dfrac{5 \sim 10}{C_s}$[m] 이다.

③ 가시거리(L)와 감광계수(C_s)는 비례한다.

④ 감광계수(C_s)는 입사된 광량에 대한 투과된 광량의 감쇄율로 단위는 [m^{-1}]이다.

해설

연기농도와 피난한계

• 반사형 표지 및 문짝의 가시거리(L) = $\dfrac{2 \sim 4}{C_s}$[m]

  (C_s : 감광계수)

• 발광형 표지 및 주간 창의 가시거리(L) = $\dfrac{5 \sim 10}{C_s}$[m]

  (C_s : 감광계수)

• 감광계수에 따른 가시거리

감광계수 [m^{-1}]	가시거리 [m]	상 황
0.1	20~30	연기 감지기가 작동할 때의 정도
0.3	5	건물 내부에 익숙한 사람이 피난에 지장을 느낄 정도
0.5	3	어두침침한 것을 느낄 정도
1	1~2	거의 앞이 보이지 않을 정도
10	0.2~0.5	화재 최성기 때의 정도
30	–	출화실에서 연기가 분출될 때의 연기 농도

※ 가시거리(L)와 감광계수(C_s)는 반비례한다.

• 감광계수(C_s)는 입사된 광량에 대한 투과된 광량의 감쇄율로 단위는 [m^{-1}]이다.

026

그림과 같이 안지름 600[mm]의 본관에 안지름 200[mm]인 벤투리미터가 장치되어 있다. 압력수두차가 2[m]이면 유량[m³/s]은 약 얼마인가?(단, 유량계수는 0.98이다)

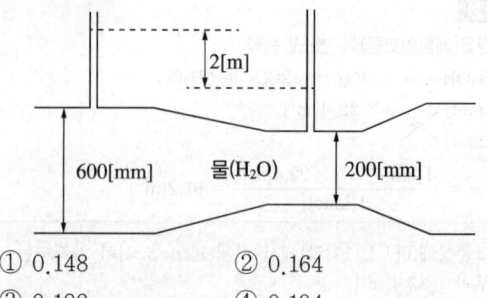

① 0.148
② 0.164
③ 0.188
④ 0.194

해설

유 량

$$Q = \frac{CA_2}{\sqrt{1 - \left(\dfrac{A_2}{A_1}\right)^2}} \sqrt{\frac{2g}{\gamma}(P_1 - P_2)}$$

$$= \frac{CA_2}{\sqrt{1 - \left(\dfrac{A_2}{A_1}\right)^2}} \sqrt{2gh}$$

여기서, C : 유량계수, A_1, A_2 : 면적[m²]

g : 중력가속도(9.8[m/s²], γ : 비중량[kgf/m³]

$P_1 - P_2$: 압력차, $h : 2$[mH₂O]

$$\therefore\ Q = \frac{CA_2}{\sqrt{1 - \left(\dfrac{A_2}{A_1}\right)^2}} \sqrt{2gh}$$

$$= \frac{0.98 \times \dfrac{\pi}{4}(0.2[\text{m}])^2}{\sqrt{1 - \left(\dfrac{\dfrac{\pi}{4}(0.2[\text{m}])^2}{\dfrac{\pi}{4}(0.6[\text{m}])^2}\right)^2}} \times \sqrt{2 \times 9.8[\text{m/s}^2] \times 2[\text{m}]}$$

$$= 0.194[\text{m}^3/\text{s}]$$

027

지름 50[mm]의 관에 20[℃]의 물이 흐를 경우 한계유속 [cm/s]은 얼마인가?(단, 수온 20[℃]에서의 동점성계수는 1×10^{-2}[stokes]이고, 한계레이놀즈수(Re)는 2,000이다)

① 2   ② 4
③ 8   ④ 10

해설

레이놀즈수가 2,000일 때 한계유속

$$Re(2,000) = \frac{Du\rho}{\mu}$$

$$\therefore u = \frac{2,000 \times \mu}{D\rho} = \frac{2,000 \times (1 \times 10^{-2}[cm^2/s])}{5[cm] \times 1[g/cm^3]}$$

$$= 4[cm/s]$$

물의 밀도 : $1[g/cm^3]$,   [stokes] = $[cm^2/s]$

028

단위질량당 체적을 나타내는 용어는?

① 밀 도   ② 비 중
③ 비체적   ④ 비중량

해설

용 어
• 밀도 : 단위체적당 질량$[kg/m^3]$
• 비중 : 대기압하에서 어떤 물질의 밀도와 물(4[℃])의 밀도와 비로 정의하는데 단위가 없다.
• 비체적 : 밀도의 역수로서 단위질량당 체적$[m^3/kg]$
• 비중량 : 단위체적당 중량$[kg_f/m^3]$

029

지름 2[m]인 원형 수조의 측벽 하단부에 지름 50[mm]의 구멍이 있다. 이 수조의 수위를 50[cm] 이상으로 유지하기 위해서 수조에 공급해야 할 최소 유량[cm³/s]은 약 얼마인가?(단, 유출구에서의 유량계수는 0.75이다)

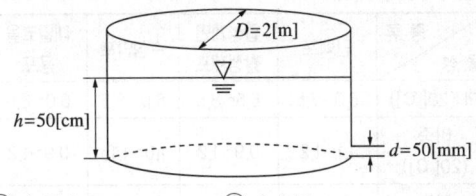

① 4,610   ② 6,140
③ 7,370   ④ 8,190

해설

해설

유량

$$Q = CA_2\sqrt{2gh}$$

여기서, C : 유량계수, A_2 : 유출구의 면적$[cm^2]$
       g : 중력가속도(980$[cm/s^2]$), h : 수두(낙차, [cm])

연속방정식에서 원형 수조에 들어오는 물의 양과 유출구에서 나가는 물의 양은 같다.
따라서, 유출구에서 나가는 물의 양을 구하면 수조에 공급하는 물의 양을 알 수 있다.

$$\therefore Q = 0.75 \times \left\{\frac{\pi}{4} \times (5[cm])^2\right\} \times \sqrt{2 \times 980[cm/s^2] \times 50[cm]}$$

$$= 4,610[cm^3/s]$$

030

베르누이 방정식에 관한 설명으로 옳지 않은 것은?

① 에너지 방정식이라고도 한다.
② 에너지 보존법칙을 유체의 흐름에 적용한 것이다.
③ 동수경사선은 위치수두와 압력수두를 합한 선을 연결한 것이다.
④ 적용조건은 이상유체, 정상류, 비압축성흐름, 점성흐름이다.

해설

베르누이 방정식 적용 조건
• 이상유체
• 정상흐름
• 비압축성흐름
• 비점성흐름

031

유적선에 관한 설명으로 옳은 것은?

① 어느 한 순간에 주어진 유체입자의 흐름방향을 나타낸 것이다.
② 흐름을 직각으로 끊는 횡단면적을 말한다.
③ 유체입자의 실제 운동 경로를 말하며, 경우에 따라 유선과 일치할 수도 있다.
④ 단위시간에 그 단면을 통과하는 물의 용적이다.

해설

유적선(流跡線) : 한 유체입자가 일정기간 동안에 움직인 경로

032

비중 0.93인 물체가 해수면 위에 떠 있다. 이 물체가 해수면 위로 나온 부분의 체적이 200[cm³]일 때, 물속에 잠긴 부분의 체적[cm³]은 얼마인가?(단, 해수의 비중은 1.03이다)

① 1,860   ② 2,060
③ 2,260   ④ 2,460

해설

잠긴 부분의 체적

- 물체의 무게 $W = \gamma(V + V_1) = s\gamma_w(V + V_1)$
- 부력 $F_B = \gamma V_1 = s\gamma_w V_1$

여기서, V : 물체가 물속에 잠기지 않은 부분의 부피
$\qquad\quad V_1$: 물체가 물속에 잠긴 부분의 부피
$\qquad\quad \gamma$: 물의 비중량(1,000[kgf/m³])
- 물체의 무게와 부력은 같으므로 $W = F_B$
$0.93 \times 1,000[\text{kgf/m}^3] \times (200[\text{cm}^3] + V_1)$
$= 1.03 \times 1,000[\text{kgf/m}^3] \times V_1$
- 좌측과 우측의 1,000[kgf/m³]은 같으므로 소거하면
$0.93 \times 200[\text{cm}^3] + 0.93 V_1 = 1.03 V_1$
$\therefore V_1 = \dfrac{0.93 \times 200[\text{cm}^3]}{1.03 - 0.93} = 1,860[\text{cm}^3]$

033

펌프의 축동력이 26.4[kW], 기계의 손실동력이 4[kW]인 송수펌프가 있다. 이 송수펌프의 기계효율(η_m)은 약 얼마인가?

① 0.65   ② 0.75
③ 0.85   ④ 0.95

해설

펌프의 기계효율

$$\eta_m = 1 - \frac{L_m}{L}$$

여기서, L_m : 기계의 손실동력, L : 축동력
$\therefore \eta_m = 1 - \dfrac{4[\text{kW}]}{26.4[\text{kW}]} = 0.848$

034

펌프의 비속도(N_s)에 관한 설명으로 옳지 않은 것은?

① 토출량과 양정이 동일한 경우 회전수(N)가 낮을수록 비속도가 커진다.
② 임펠러의 상사성과 펌프의 특성 및 펌프의 형식을 결정하는 데 이용되는 값이다.
③ 양흡입 펌프의 경우 토출량의 1/2로 계산한다.
④ 회전수와 양정이 일정할 때 토출량이 클수록 비속도가 커진다.

해설

비교회전도(Specific Speed, 비속도)

$$N_s = \frac{N\sqrt{Q}}{\left(\dfrac{H}{n}\right)^{3/4}}$$

여기서, N : 회전수[rpm], Q : 유량[m³/min]
$\qquad\quad H$: 양정[m], n : 단수
∴ 토출량과 양정이 동일한 경우 회전수(N)가 클수록 비속도가 커진다.

035

포소화약제 포원액의 비중 기준으로 옳은 것은?

① 단백포 소화약제 : 0.90 이상 2.00 이하
② 합성계면활성제포 소화약제 : 1.10 이상 1.20 이하
③ 수성막포 소화약제 : 1.00 이상 1.15 이하
④ 알코올형포 소화약제 : 0.60 이상 1.20 이하

해설

포원액의 물성 기준

종류 물성	단백포	합성계면 활성제포	수성막포	내알코올 용포
PH(20[℃])	6.0~7.5	6.5~8.5	6.0~8.5	6.0~8.5
비중 (20[℃])	1.1~1.2	0.9~1.2	1.0~1.15	0.9~1.2
점도 [stokes]	400 이하	200 이하	200 이하	3,500 이하

036

소화약제에 관한 설명으로 옳지 않은 것은?

① 제1종 분말소화약제에 탄산마그네슘 등의 분산제를 첨가해서 유동성을 향상시킨다.
② 포소화약제 중 수성막포의 팽창비는 6배 이상, 기타 포소화약제의 팽창비는 5배 이상이다.
③ 물소화약제에 증점제를 첨가하여 가연물에 대한 물의 잔류시간을 길게 한다.
④ 물의 증발잠열은 약 539[kcal/kg]이다.

해설

포소화약제의 팽창비

종류 물성	단백포	합성계면 활성제포	수성막포	내알코올 용포
팽창비	6배 이상	저발포 6배 이상 고발포 80배 이상	5배 이상	6배 이상

037

온도 변화 없이 밀폐된 공간에 산소 21[vol%], 질소 79[vol%]인 공기 353[ft^3]이 가득 차 있다. 이 공간에 순수한 이산화탄소가 417[L]가 방출될 때, 이산화탄소 농도[vol%]는?(단, 1[ft] = 0.3048[m]이다)

① 2
② 3
③ 4
④ 6

해설

이산화탄소 농도[vol%]

CO_2의 농도

$$= \frac{\text{방출된 } CO_2 \text{가스량}[m^3]}{\text{방호구역 체적}[m^3] + \text{방출된 } CO_2 \text{가스량}[m^3]} \times 100$$

$$= \frac{0.417[m^3]}{\left[353[ft^3] \times \dfrac{(0.3048[m^3])}{1ft^3} \right] + 0.417[m^3]} \times 100 = 4[\%]$$

$$1[m^3] = 1,000[L]$$

038

표준상태에서 한계산소농도가 가장 큰 가연성물질은?

① 메테인
② 수 소
③ 에틸렌
④ 일산화탄소

해설

최소산소농도 = 연소하한계 × 산소몰수
• 연소반응식
  ① 메테인 $CH_4 + 2O_2 \rightarrow CO_2 + 2H_2O$
  ② 수 소 $2H_2 + O_2 \rightarrow 2H_2O$
  ③ 에틸렌 $C_2H_4 + 3O_2 \rightarrow 2CO_2 + 2H_2O$
  ④ 일산화탄소 $CO + \dfrac{1}{2}O_2 \rightarrow CO_2$

• 연소범위

종류	메테인	수소	에틸렌	일산화탄소
연소범위	5.0~15.0	4.0~75.0	2.7~36.0	12.5~74.0

• 최소산소농도
  ① 메테인 = 5 × 2[mol] = 10[%]
  ② 수 소 = 4 × 1[mol] = 4[%]
  ③ 에틸렌 = 2.7 × 3[mol] = 8.1[%]
  ④ 일산화탄소 = 12.5 × 0.5[mol] = 6.25[%]

039

할로겐화합물 소화약제의 최대허용설계농도가 큰 순서대로 나열한 것은?

① HCFC-124 > HFC-125 > IG-100 > HFC-23
② HFC-23 > HCFC-124 > HFC-125 > IG-100
③ IG-100 > HFC-23 > HFC-125 > HCFC-124
④ IG-100 > HFC-125 > HCFC-124 > HFC-23

해설

최대허용설계농도

소화약제	최대허용 설계농도[%]	소화약제	최대허용 설계농도[%]
IG-01	43	HFC-125	11.5
IG-100	43	HFC-227ea	10.5
IG-555	43	HCFC-BLEND A	10
IG-541	43	FK-5-1-12	10
FC-3-1-10	40	FIC-13I1	0.3
HFC-23	30	HCFC-124	1.0
HFC-236fa	12.5		

040

분말소화약제에 관한 설명으로 옳지 않은 것은?

① 제3종 분말소화약제는 제1종과 제2종에 비해 낮은 온도에서 열분해한다.
② 제2종 분말소화약제의 구성성분이 제1종보다 반응성이 커서 소화능력이 우수하다.
③ 분말소화약제는 작열연소보다 불꽃연소에 소화효과가 우수하다.
④ 제1종 분말소화약제가 590[℃] 이상에서 분해될 때 Na_2O가 생성된다.

해설

분말소화약제 열분해 반응식

1차 분해반응식(270[℃])

: $2NaHCO_3 \rightarrow Na_2CO_3 + CO_2 + H_2O$

- 제1종 분말
  - 1차 분해반응식(270[℃]) : $2NaHCO_3$
    $\rightarrow Na_2CO_3 + CO_2 + H_2O$
  - 2차 분해반응식(850[℃]) : $2NaHCO_3$
    $\rightarrow Na_2O + 2CO_2 + H_2O$
- 제2종 분말
  - 1차 분해반응식(190[℃]) : $2KHCO_3$
    $\rightarrow K_2CO_3 + CO_2 + H_2O$
  - 2차 분해반응식(590[℃]) : $2KHCO_3$
    $\rightarrow K_2O + 2CO_2 + H_2O$
- 제3종 분말
  - 190[℃]에서 분해 : $NH_4H_2PO_4 \rightarrow NH_3 + H_3PO_4$
  - 215[℃]에서 분해 : $2H_3PO_4 \rightarrow H_2O + H_4P_2O_7$
  - 300[℃]에서 분해 : $H_4P_2O_7 \rightarrow H_2O + 2HPO_3$
- 제4종 분말
  $2KHCO_3 + (NH_2)_2CO \rightarrow K_2CO_3 + 2NH_3 + 2CO_2$

041

할로겐화합물 및 불활성기체소화설비의 화재안전기술기준상 저장용기의 최대충전밀도가 가장 큰 것은?

① FK-5-1-12　　② FC-3-1-10
③ HCFC BLEND A　④ HCFC-124

해설

저장용기의 최대충전밀도

소화약제	최대충전밀도[kg/m³]
FK-5-1-12	1,441.7
FC-3-1-10	1,281.4
HCFC-BLEND A	900.2
HCFC-124	1,185.4

042

할로겐화합물 및 불활성기체소화설비의 화재안전기술기준상 할로겐화합물 소화약제 저장용기의 설치기준으로 옳은 것은?

① 저장용기를 방호구역 내에 설치한 경우에는 방화문으로 구획된 실에 설치할 것
② 용기 간의 간격은 점검에 지장이 없도록 3[cm] 이상의 간격을 유지할 것
③ 온도가 65[℃] 이하이고 온도 변화가 작은 곳에 설치할 것
④ 하나의 방호구역을 담당하는 경우에도 저장용기와 집합관을 연결하는 연결배관에는 체크밸브를 설치할 것

해설

할로겐화합물 소화약제 저장용기의 설치기준

- 방호구역 외의 장소에 설치할 것. 다만 방호구역 내에 설치하는 경우에는 피난 및 조작이 용이하도록 피난구 부근에 설치해야 한다.
- 온도가 55[℃] 이하이고 온도 변화가 작은 곳에 설치할 것
- 직사광선 및 빗물이 침투할 우려가 없는 곳에 설치할 것
- 저장용기를 방호구역 외에 설치한 경우에는 방화문으로 구획된 실에 설치할 것
- 용기 간의 간격은 점검에 지장이 없도록 3[cm] 이상의 간격을 유지할 것
- 저장용기와 집합관을 연결하는 연결배관에는 체크밸브를 설치할 것. 다만, 저장용기가 하나의 방호구역만을 담당하는 경우에는 그렇지 않다.

043

다음 그림은 교류 실횻값 3[A]의 전류 파형이다. 이 파형을 표현한 수식으로 옳지 않은 것은?

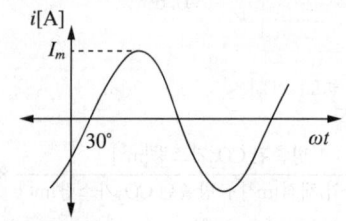

① $i = 3\sin(\omega t - 30°)$
② $i = 3 \angle -30°$
③ $i = 2.6 - j1.5$
④ $i = 3\,e^{-j30}$

해설

정현파 표시방법

- 사인파 함수로 표현 : $i = 3\sqrt{2}\sin(\omega t - 30°)$
- 극좌표 표현 : $i = $ 실횻값$\angle$각도, $i = 3\angle -30°$
- 복소수로 표시
  $i = $ 실횻값$(\cos\theta - j\sin\theta) = 3(\cos 30° - j\sin 30°)$
  $= 3\left(\dfrac{\sqrt{3}}{2} - j\dfrac{1}{2}\right) = 2.6 - j1.5$
- 지수함수로 표현 : $i = $ 실횻값$e^{-j각도}$, $i = 3\,e^{-j30}$

044

전계 내에서 전하 사이에 작용하는 힘, 전위를 표현한 식으로 옳지 않은 것은?(단, F : 힘, Q : 전하, r : 거리, V : 전위, K : 비례상수, E : 전계)

① $F = QE$[N]   ② $E = K\dfrac{Q}{r^2}$[V/m]

③ $V = K\dfrac{Q}{r}$[V]   ④ $F = K\dfrac{Q_1 Q_2}{r}$[N]

해설

전계 내에서 전하 사이에 작용하는 힘(전위 표현식)

- 힘과 전계의 세기 관계 $F = QE$[N]
- 전계의 세기 $E = \dfrac{1}{4\pi\epsilon}\dfrac{Q}{r^2} = K\dfrac{Q}{r^2}$[V/m]
- 전위 $V = \dfrac{1}{4\pi\epsilon}\dfrac{Q}{r} = K\dfrac{Q}{r}$[V]
- 힘의 세기 $F = \dfrac{1}{4\pi\epsilon}\dfrac{Q^2}{r^2} = K\dfrac{Q^2}{r^2}$[N]

045

다음 회로에서 10[Ω]의 저항에 흐르는 전류 I[A]는?

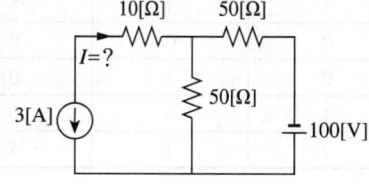

① 3   ② 1.5
③ −1.5   ④ −3

해설

중첩의 원리에서 전류 $I = I_{11} + I_{12}$

- 전압원 단락

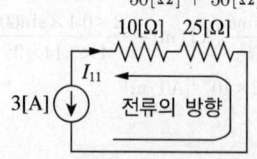

병렬회로의 합성저항 $R = \dfrac{50[\Omega] \times 50[\Omega]}{50[\Omega] + 50[\Omega]} = 25[\Omega]$

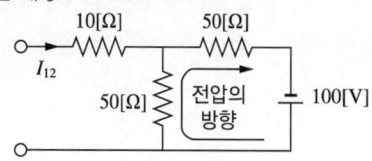

∴ 직렬회로에서는 전류가 일정하고 전류의 흐름방향이 반 시계방향이므로 전류값은 (−)값이 된다.
따라서, 전류 $I_{11} = -3$[A]이다.

- 전류원 개방

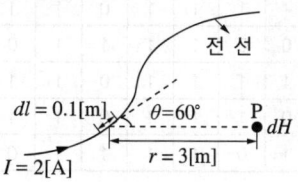

전압 100[V]를 인가하면 전류는 저항 50[Ω]에만 흐르고 저항 10[Ω]에는 전류가 흐르지 않는다.
따라서, 개방상태이므로 10[Ω]에 흐르는 전류 $I_{12} = 0$[A] 이다.
∴ 전류 $I = I_{11} + I_{12} = -3$[A] $+ 0$[A] $= -3$[A]

046

그림과 같이 전류가 흐를 때 미소길이(dl) 0.1[m]인 전선의 일부에서 발생한 자속이 P점에 영향을 줄 경우 P점에서 측정한 자기장의 세기 dH[AT/m]는 약 얼마인 가?(단, $\pi = 3.14$이다)

전선
$dl = 0.1$[m]
$\theta = 60°$
P
dH
$I = 2$[A]
$r = 3$[m]

① 1.732×10^{-3} ② 1.532×10^{-3}
③ 1.414×10^{-3} ④ 1.212×10^{-3}

비오-사바르의 법칙 : 전류에 의해 발생되는 자계의 세기를 나타내는 법칙

$$dH = \frac{I\,dl\sin\theta}{4\pi r^2}[\text{AT/m}]$$

여기서, I : 전류(2[A])　　dl : 미소길이(0.1[m])
　　　　θ : 각도　　　　r : 반지름(3[m])

$$\therefore dH = \frac{I\,dl\sin\theta}{4\pi r^2}[\text{AT/m}] = \frac{2\times0.1\times\sin60°}{4\times3.14\times3^2}$$

$$= 1.532\times10^{-3}[\text{AT/m}]$$

047

다음 무접점 논리회로의 출력을 표현한 진리표의 내용이 옳게 작성된 것은?

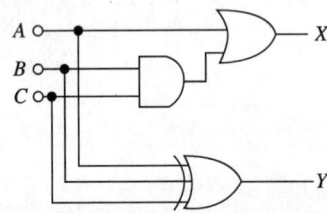

A	B	C	가		나		다		라	
			X	Y	X	Y	X	Y	X	Y
0	0	0	0	0	0	0	0	1	1	1
0	0	1	0	1	0	1	0	0	1	0
0	1	0	0	1	0	1	0	0	1	0
0	1	1	1	1	1	0	1	1	0	1
1	0	0	1	1	1	1	1	0	0	0
1	0	1	1	1	1	0	1	1	0	0
1	1	0	1	1	1	0	1	1	0	1
1	1	1	0	1	1	1	1	0	0	1

① 가　　　　② 나
③ 다　　　　④ 라

논리회로
• 기본 논리회로
　– AND회로 : $X = A \cdot B$

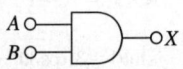

입 력		출 력
A	B	X
0	0	0
1	0	0
0	1	0
1	1	1

　– OR회로 : $X = A + B$

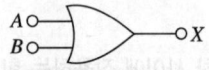

입 력		출 력
A	B	X
0	0	0
1	0	1
0	1	1
1	1	1

　– 배타적 OR회로 : $X = A \oplus B$

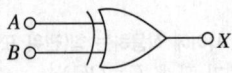

입 력		출 력
A	B	X
0	0	0
1	0	1
0	1	1
1	1	0

• 논리회로의 출력
　– $X = A + B \cdot C$의 진리표

B	C	$B \cdot C$
0	0	0
0	1	0
1	0	0
1	1	1
0	0	0
0	1	0
1	0	0
1	1	1

A	$B \cdot C$	$X = A + B \cdot C$
0	0	0
0	0	0
0	0	0
0	1	1
1	0	1
1	0	1
1	0	1
1	1	1

- $Y = A \oplus B \oplus C$의 진리표

A	B	$A \oplus B$
0	0	0
0	0	0
0	1	1
0	1	1
1	0	1
1	0	1
1	1	0
1	1	0

C	$A \oplus B$	$Y = A \oplus B \oplus C$
0	0	0
1	0	1
0	1	1
1	1	0
0	1	1
1	1	0
0	0	0
1	0	1

048

다음 회로에서 스위치 PB₂를 ON시키면 램프가 점등된다. 스위치 PB₂를 OFF하여도 램프가 계속 점등상태가 되기 위해서는 어떤 회로를 어느 위치에 연결해야 하는가?

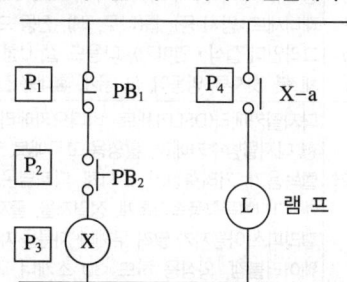

① 자기유지회로를 P₁위치에 연결한다.
② 자기유지회로를 P₂위치에 연결한다.
③ 인터록회로를 P₃위치에 연결한다.
④ 인터록회로를 P₄위치에 연결한다.

해설

자기유지회로
• 계전기가 여자 된 후에도 동작기능이 계속해서 유지되는 것을 자기유지라 하며 릴레이나 계전기의 경우에는 메모리 기능이 있어 동작을 기억할 수 있다.
• 자기유지회로는 a접점을 사용한 기동용 푸시버튼스위치 (PB₂)에 연결해야 한다.
• 회로도

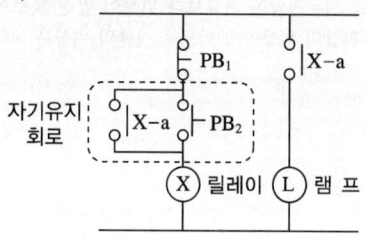

049

다음 $R-L$ 직렬회로에서 전압의 위상을 0°로 할 때 회로의 전류(I) 및 전류 위상(θ)을 올바르게 나열한 것은?

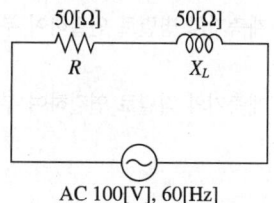

AC 100[V], 60[Hz]

① $I = 1.5$[A], $\theta = -30°$
② $I = 1.4$[A], $\theta = -45°$
③ $I = 1.3$[A], $\theta = -60°$
④ $I = 1.2$[A], $\theta = -90°$

전류(I) 및 전압과 전류 위상(θ)

• 전류(I)

– 임피던스 $Z = \sqrt{R^2 + X_L^2}$ 에서

$Z = \sqrt{(50[\Omega])^2 + (50[\Omega])^2} = 70.7[\Omega]$

– 전류 $I = \dfrac{V}{Z}$ 에서 $I = \dfrac{100[V]}{70.7[\Omega]} = 1.4[A]$

• 전압과 전류 위상(θ)

– $\tan\theta = \dfrac{X_L}{R}$ 에서 위상 $\theta = \tan^{-1}\dfrac{X_L}{R}$ 이므로

$\theta = \tan^{-1}\dfrac{50[\Omega]}{50[\Omega]} = 45°$

– $R-L$ 직렬회로는 전압이 전류보다 위상이 앞선 회로이다. 따라서, 전압의 위상이 0°이므로 전류의 위상은 -45°가 된다.

050

전압 계측기의 측정범위를 확장하여 더 높은 전압을 측정하기 위한 방법으로 옳은 것은?

① 분류기를 계측기와 병렬로 연결하여 부하에 직렬로 연결한다.

② 분류기를 계측기와 직렬로 연결하여 부하에 병렬로 연결한다.

③ 배율기를 계측기와 병렬로 연결하여 부하에 직렬로 연결한다.

④ 배율기를 계측기와 직렬로 연결하여 부하에 병렬로 연결한다.

해설

전압측정 방법

• 배율기 : 전압계의 측정범위를 확대하기 위해 계측기와 직렬로 연결하여 부하에 병렬로 접속하는 저항

• 분류기 : 전류의 측정범위를 확대하기 위해 계측기와 병렬로 접속하는 저항

051

소방기본법령상 소방대상물에 화재가 발생한 경우 정당한 사유 없이 소방대가 현장에 도착할 때까지 사람을 구출하는 조치를 하지 않은 관계인에게 처할 수 있는 벌칙으로 옳은 것은?

① 100만원 이하의 벌금
② 200만원 이하의 벌금
③ 300만원 이하의 벌금
④ 400만원 이하의 벌금

해설

100만원 이하의 벌금

• 정당한 사유 없이 소방대의 생활안전활동을 방해한 자

• 정당한 사유 없이 소방대가 현장에 도착할 때까지 사람을 구출하는 조치 또는 불을 끄거나 불이 번지지 않도록 하는 조치를 하지 않은 사람

• 피난 명령을 위반한 사람

• 정당한 사유 없이 물의 사용이나 수도의 개폐장치의 사용 또는 조작을 하지 못하게 하거나 방해한 자

• 위험시설 등에 대한 긴급조치를 정당한 사유없이 방해한 자

052

소방기본법령상 소방본부 화재조사 전담부서에 갖추어야 할 장비 및 시설 중 감식·감정용 기기에 속하지 않는 것은?

① 클램프미터　　② 검전기
③ 슈미트해머　　④ 거리측정기

해설

화재조사전담부서에 갖추어야 할 장비 및 시설

• 소방본부(거점소방서 포함)

구분	기자재명 및 시설규모
발굴용구 (1종세트)	공구류(니퍼, 펜치, 와이어커터, 드라이버세트, 스패너세트, 망치 등), 톱(나무, 쇠), 전동 드릴, 전동 그라인더(절삭·연마기), 다용도 칼, U형 자석, 돌채, 붓, 빗자루, 양동이, 삽, 곡괭이, 휴대용 진공청소기
기록용기기 (16종)	디지털카메라(DSLR)세트, 비디오카메라세트, 소형 디지털방수카메라, 촬영용 고무매트, TV, 디지털녹음기, 거리측정기, 초시계, 디지털온도·습도계, 디지털풍향풍속기록계, 정밀저울, 줄자, 버니어 캘리퍼스(아들자가 달려 두께나 지름을 재는 기구), 웨어러블캠, 외장용 하드, 3D 스캐너

구분	기자재명 및 시설규모
감식·감정용 기기(16종)	절연저항계(절연저항측정기), 회로계(멀티미터), 클램프미터, 정전기측정장치, 누설전류계, 검전기, 복합가스측정기, 가스(유증)검지기, 확대경, 실체현미경, 적외선열상카메라, 접지저항계, 휴대용디지털현미경, 탄화심도계, 슈미트해머, 내시경카메라
조명기기 (4종)	발전기, 이동용조명기, 휴대용랜턴, 헤드랜턴
안전장비 (8종)	보호용작업복, 보호용장갑, 안전화, 안전모, 마스크(방진마스크, 방독마스크), 보안경, 안전고리, 공기호흡기세트
증거수집 장비(6종)	증거물 수집기구세트(핀셋류, 가위류 등), 증거물 보관세트(상자, 봉투, 밀폐용기, 유증수집용 캔 등), 증거물 표지(번호, 화살·○표, 스티커), 증거물 태그, 접자, 라텍스장갑
화재조사차량 (2종)	화재조사용 전용차량, 화재조사 첨단 분석차량(비파괴 검사기, 실체현미경 등 탑재)
보조장비 (7종)	노트북컴퓨터, 소화기, 전선 릴, 이동용 에어 컴프레서, 접이식사다리, 화재조사 전용 의복, 화재조사용 가방
추가 권장 장비 (20종)	가스크로마토그래피, 고속카메라세트, 화재모의실험체계(화재시뮬레이션시스템), X선 촬영기, 금속현미경, 시편(試片)절단기, 시편성형기, 시편연마기, 접점저항계, 직류전압전류계, 교류전압전류계, 오실로스코프(변화가 심한 전기 현상의 파형을 눈으로 관찰하는 장치), 주사전자현미경, 인화점측정기, 발화점측정기, 미량융점측정기, 온도기록계, 폭발압력측정기세트, 전압조정기(직류, 교류), 적외선 분광광도계
화재조사 분석실	화재조사분석실의 구성장비를 유효하게 보존·사용할 수 있고, 환기 및 수도·배관시설이 있는 30[m²] 이상의 실(室)
화재조사분석실 구성장비 (10종)	증거물보관함, 시료보관함, 실험작업대, 핸드 바이스(Hand Vise : 가공물 고정을 위한 소형 기구), 개수대, 초음파세척기, 실험용 기구류(비커, 피펫, 유리병 등), 드라이어, 항온항습기, 자동 데시케이터(물질 건조, 흡습성 시료 보존을 위한 유리 건조기)

• 소방서

구분	기자재명
발굴용구 (1종세트)	공구류(니퍼, 펜치, 와이어커터, 드라이버세트, 스패너세트, 망치, 등), 톱(나무, 쇠), 전동 드릴, 전동 그라인더, 다용도 칼, U형 자석, 뜰채, 붓, 빗자루, 양동이, 삽, 긁개, 휴대용 진공청소기
기록용기기 (15종)	디지털카메라(DSLR)세트, 비디오카메라세트, 소형 디지털방수카메라, 촬영용 고무매트, TV, 디지털녹음기, 거리측정기, 초시계, 디지털온도·습도계, 디지털풍향풍속기록계, 정밀저울, 줄자, 버니어 캘리퍼스, 웨어러블캠, 외장용 하드
감식용기기 (10종)	절연저항계, 회로계(멀티미터), 클램프미터, 누설전류계, 검전기, 복합가스측정기, 가스(유증)검지기, 확대경, 실체현미경, 탄화심도계

구분	기자재명
조명기기 (4종)	발전기, 이동용조명기, 휴대용랜턴, 헤드랜턴
안전장비 (8종)	보호용작업복, 보호용장갑, 안전화, 안전모, 마스크(방진마스크, 방독마스크), 보안경, 안전고리, 공기호흡기세트
증거수집 장비(6종)	증거물 수집기구세트(핀셋류, 가위류 등), 증거물 보관세트(상자, 봉투, 밀폐용기, 유증수집용 캔 등), 증거물 표지(번호, 화살·○표, 스티커), 증거물 태그, 접자, 라텍스장갑
화재조사차량 (1종)	화재조사용 전용차량
보조장비 (7종)	노트북컴퓨터, 소화기, 전선 릴, 이동용 에어 컴프레서, 접이식사다리, 화재조사 전용 의복, 화재조사용 가방
추가 권장 장비 (2종)	휴대용디지털현미경, 정전기측정장치
화재조사 분석실	화재조사분석실의 구성장비를 유효하게 보존·사용할 수 있고, 환기 및 수도·배관시설이 있는 20[m²] 이상의 실(室)
화재조사분석실 구성장비 (10종)	증거물보관함, 시료보관함, 실험작업대, 바이스, 개수대, 초음파세척기, 실험용 기구류(비커, 피펫, 유리병 등), 드라이어, 항온항습기, 자동 데시케이터

053

소방기본법령상 소방대장이 화재 현장에 소방활동구역을 정하여 출입을 제한하는 경우, 소방활동에 필요한 사람으로서 그 구역에 출입이 가능하지 않은 자는?

① 소방활동구역 안에 있는 소방대상물의 소유자
② 전기 업무에 종사하는 사람으로서 원활한 소방활동을 위하여 필요한 사람
③ 구조·구급업무에 종사하는 사람
④ 시·도지사가 소방활동을 위하여 출입을 허가한 사람

해설

소방활동구역의 출입자
• 소방활동구역 안에 있는 소방대상물의 소유자·관리자 또는 점유자
• 전기·가스·수도·통신·교통의 업무에 종사하는 사람으로서 원활한 소방활동을 위하여 필요한 사람
• 의사·간호사 그 밖의 구조·구급업무에 종사하는 사람
• 취재인력 등 보도업무에 종사하는 사람
• 수사업무에 종사하는 사람
• 그 밖에 **소방대장**이 소방활동을 위하여 출입을 허가한 사람

054

소방기본법령상 소방본부의 종합상황실 실장이 소방청의 종합상황실에 보고해야 하는 화재가 아닌 것은?

① 사상자가 10인 이상 발생한 화재
② 재산피해액이 30억원 이상 발생한 화재
③ 연면적 15,000[m²] 이상인 공장에서 발생한 화재
④ 항구에 매어둔 총톤수가 1,000[ton] 이상인 선박에서 발생한 화재

종합상황실에 보고해야 하는 화재
- 다음의 어느 하나에 해당하는 화재
  - **사망자가 5인 이상 발생하거나 사상자가 10인 이상 발생한** 화재
  - 이재민이 100인 이상 발생한 화재
  - **재산피해액이 50억원 이상 발생한** 화재
  - 관공서·학교·정부미도정공장·문화재·지하철 또는 지하구의 화재
  - 관광호텔, 층수가 11층 이상인 건축물, 지하상가, 시장, 백화점, 지정수량의 3,000배 이상의 위험물의 제조소·저장소·취급소, 층수가 5층 이상이거나 객실이 30실 이상인 숙박시설, 층수가 5층 이상이거나 병상이 30개 이상인 종합병원·정신병원·한방병원·요양소, 연면적 15,000[m²] 이상인 공장 또는 화재예방강화지구에서 발생한 화재
  - 철도차량, 항구에 매어둔 총 톤수가 1,000[ton] 이상인 선박, 항공기, 발전소 또는 변전소에서 발생한 화재
  - 가스 및 화약류의 폭발에 의한 화재
  - 다중이용업소의 안전관리에 관한 특별법 제2조에 따른 다중이용업소의 화재
- 긴급구조대응활동 및 현장지휘에 관한 규칙에 의한 통제단장의 현장지휘가 필요한 재난상황
- 언론에 보도된 재난상황
- 그 밖에 소방청장이 정하는 재난상황

055

소방시설공사업법령상 200만원 이하의 과태료 부과대상이 아닌 경우는?

① 소방기술자를 공사 현장에 배치하지 않은 자
② 감리 관계서류를 인수·인계하지 않은 자
③ 방염성능기준 미만으로 방염을 한 자
④ 감리업자의 보완 요구에 따르지 않은 자

200만원 이하의 과태료 부과대상(법 제40조)
- 등록사항 변경신고, 소방시설업자의 휴업·폐업의 신고, 소방시설업자의 지위승계, 착공신고, 착공신고의 변경신고, 공사감리자 지정을 위반하여 신고를 하지 않거나 거짓으로 신고한 자
- 관계인에게 지위승계, 행정처분 또는 휴업·폐업의 사실을 거짓으로 알린 자
- 소방시설업자가 하자보수 보증기간 동안 관계 서류를 보관하지 않은 자
- 소방기술자를 공사 현장에 배치하지 않은 자
- 완공검사를 받지 않은 자
- 규정을 위반하여 3일 이내에 하자를 보수하지 않거나 하자보수계획을 관계인에게 거짓으로 알린 자
- 규정을 위반하여 감리 관계 서류를 인수·인계하지 않은 자
- 배치통보 및 변경통보를 하지 않거나 거짓으로 통보한 자
- 방염성능기준 미만으로 방염을 한 자
- 방염처리업자는 전년도 방염처리실적의 자료제출을 거짓으로 한 자
- 도급계약 체결 시 의무를 이행하지 않은 자(하도급 계약의 경우에는 하도급 받은 소방시설업자는 제외한다)
- 하도급 등의 통지를 하지 않은 자
- 공사대금의 지급보증, 담보의 제공 또는 보험료등의 지급을 정당한 사유 없이 이행하지 않은 자
- 시공능력 평가에 관한 서류를 거짓으로 제출한 자
- 사업수행능력 평가에 관한 서류를 위조하거나 변조하는 등 거짓이나 그 밖의 부정한 방법으로 입찰에 참여한 자
- 감독에 따른 명령을 위반하여 보고 또는 자료 제출을 하지 않거나 거짓으로 보고 또는 자료 제출을 한 자

> 감리업자의 보완 요구에 따르지 않은 자 : 300만원 이하의 벌금

056

소방시설공사업법령상 방염처리능력평가액 계산식으로 옳은 것은?

① 방염처리능력평가액 = 실적평가액 + 기술력평가액 + 연평균 방염처리실적액 ± 신인도평가액
② 방염처리능력평가액 = 실적평가액 + 자본금평가액 + 기술력평가액 ± 신인도평가액
③ 방염처리능력평가액 = 실적평가액 + 자본금평가액 + 기술력평가액 + 경력평가액 ± 신인도평가액
④ 방염처리능력평가액 = 실적평가액 + 자본금평가액 + 연평균 방염처리실적액 ± 신인도평가액

방염처리능력평가액 = 실적평가액 + 자본금평가액 + 기술력평가액 + 경력평가액 ± 신인도평가액

> 신인도평가액 = (실적평가액 + 자본금평가액 + 기술력평가액 + 경력평가액) × 신인도 반영비율 합계

057

소방시설공사업법령상 소방시설업 등록취소와 영업정지 등에 관한 설명으로 옳지 않은 것은?

① 거짓으로 등록한 경우 6개월 이내의 기간을 정하여 시정이나 그 영업의 정지를 명할 수 있다.

② 등록을 한 후 정당한 사유 없이 1년이 지날 때까지 영업을 시작하지 않은 때에는 등록을 취소할 수 있다.

③ 소방시설업자가 영업정지 기간 중에 소방시설공사 등을 한 경우에는 등록을 취소해야 한다.

④ 다른 자에게 등록증을 빌려준 경우에는 6개월 이내의 기간을 정하여 그 영업의 정지를 명할 수 있다.

등록취소 및 6개월 이내의 기간을 정하여 시정이나 영업정지를 명할 수 있는 경우(법 제9조)

• 거짓이나 그 밖의 부정한 방법으로 등록한 경우(등록취소)
• 등록기준에 미달하게 된 후 30일이 경과한 경우. 다만, 자본금기준에 미달한 경우 중 채무자 회생 및 파산에 관한 법률에 따라 법원이 회생절차의 개시의 결정을 하고 그 절차가 진행 중인 경우 등 대통령령으로 정하는 경우는 30일이 경과한 경우에도 예외로 한다.
• 등록 결격사유에 해당하게 된 경우(등록취소)
• 등록을 한 후 정당한 사유 없이 1년이 지날 때까지 영업을 시작하지 않거나 계속하여 1년 이상 휴업한 때
• 다른 자에게 자기의 성명이나 상호를 사용하여 소방시설공사 등을 수급 또는 시공하게 하거나 소방시설업의 등록증 또는 등록수첩을 빌려준 경우
• 영업정지 기간 중에 소방시설공사 등을 한 경우(등록취소)
• 통지를 하지 않거나 관계서류를 보관하지 않은 경우
• 방염처리능력 평가에 관한 서류를 거짓으로 제출한 경우
• 도급받은 소방시설의 설계, 시공, 감리를 하도급한 경우
• 하도급 받은 소방시설공사를 다시 하도급한 경우
• 시공능력 평가에 관한 서류를 거짓으로 제출한 경우

058

화재의 예방 및 안전관리에 관한 법령상 화재안전조사위원회의 구성·운영에 관한 설명으로 옳은 것을 모두 고른 것은?

> ㄱ. 화재안전조사위원회는 위원장 1명을 포함하여 7명 이내의 위원으로 성별을 고려하여 구성한다.
> ㄴ. 소방본부장은 소방공무원을 위원회의 위원으로 위촉할 수 있다.
> ㄷ. 위원장은 소방관서장이 된다.

① ㄱ   ② ㄱ, ㄷ
③ ㄴ, ㄷ   ④ ㄱ, ㄴ, ㄷ

화재안전조사위원회의 구성·편성(영 제11조)

• 위원장 1명을 포함하여 7명 이내의 위원으로 성별을 고려하여 구성한다.
• 위원회의 위원장은 소방관서장이 된다.
• 위원회의 위원(소방관서장이 임명·위촉한다)
 - 과장급 직위 이상의 소방공무원
 - 소방기술사
 - 소방시설관리사
 - 소방 관련 분야의 석사 이상 학위를 취득한 사람
 - 소방 관련 법인 또는 단체에서 소방 관련 업무에 5년 이상 종사한 사람

059

소방시설 설치 및 관리에 관한 법령상 건축허가 등을 할 때 미리 소방본부장 또는 소방서장의 동의를 받아야 하는 건축물은?

① 층수가 5층 이상인 건축물

② 주차장으로 사용되는 바닥면적이 $200[m^2]$인 층이 있는 주차시설

③ 승강기 등 기계장치에 의한 주차시설로서 자동차 15대 이상을 주차할 수 있는 시설

④ 연면적이 $150[m^2]$인 장애인 의료재활시설

해설

건축허가 등의 동의대상물의 범위 등

① 연면적이 400[m²] 이상인 건축물이나 시설. 다만, 다음의 어느 하나에 해당하는 건축물이나 시설은 다음에 정한 기준 이상으로 건축물이나 시설로 한다.
  ㉠ 건축 등을 하려는 학교시설 : 100[m²] 이상
  ㉡ 노유자시설 및 수련시설 : 200[m²] 이상
  ㉢ 정신의료기관(입원실이 없는 정신건강의학과 의원은 제외) : 300[m²] 이상
  ㉣ 장애인의료재활시설 : 300[m²] 이상
② 지하층 또는 무창층이 있는 건축물로서 바닥면적이 150[m²](공연장의 경우에는 100[m²]) 이상인 층이 있는 것
③ 차고・주차장 또는 주차 용도로 사용되는 시설로서 다음의 어느 하나에 해당하는 것
  ㉠ 차고・주차장으로 사용되는 바닥면적이 200[m²] 이상인 층이 있는 건축물이나 주차시설
  ㉡ 승강기 등 기계장치에 의한 주차시설로서 자동차 20대 이상을 주차할 수 있는 시설
④ 층수가 6층 이상인 건축물
⑤ 항공기격납고, 관망탑, 항공관제탑, 방송용 송수신탑
⑥ 의원(입원실이 있는 것으로 한정한다)・조산원・산후조리원, 위험물저장 및 처리시설, 발전시설 중 풍력발전소・전기저장시설, 지하구
⑦ ①에 해당하지 않는 노유자시설 중 다음의 어느 하나에 해당하는 시설(다만, ㉠의 ㉰ 및 ㉡부터 ㉣까지의 시설 중 건축법 시행령 별표 1의 단독주택 또는 공동주택에 설치되는 시설은 제외한다)
  ㉠ 별표 2 제9호 가목에 따른 노인 관련 시설 중 다음의 어느 하나에 해당하는 시설
    ㉰ 노인주거복지시설・노인의료복지시설 및 재가노인복지시설
    ㉱ 학대피해노인 전용쉼터
  ㉡ 아동복지시설(아동상담소, 아동전용시설 및 지역아동센터는 제외한다)
  ㉢ 장애인 거주시설
  ㉣ 정신질환자 관련 시설(공동생활가정을 제외한 재활훈련시설과 종합시설 중 24시간 주거를 제공하지 않는 시설은 제외)
  ㉤ 노숙인 관련 시설 중 노숙인자활시설, 노숙인재활시설 및 노숙인요양시설
  ㉥ 결핵환자나 한센인이 24시간 생활하는 노유자시설
⑧ 요양병원 다만, 의료재활시설은 제외한다.
⑨ 공장 또는 창고시설로서 750배 이상의 특수가연물을 저장・취급하는 것
⑩ 가스시설로서 지상에 노출된 탱크의 저장용량의 합계가 100[ton] 이상인 것

060

소방시설 설치 및 관리에 관한 법령상 소방시설관리사시험에 응시할 수 없는 사람은?

① 건축사
② 소방설비산업기사 자격을 취득한 후 2년의 소방실무경력이 있는 사람
③ 소방설비기사 + 2년 이상 소방실무경력
④ 위험물기능장

해설

소방시설관리사의 응시자격(영 부칙 제6조)[26.12.31까지 적용]
• 소방기술사・위험물기능장・건축사・건축기계설비기술사・건축전기설비기술사 또는 공조냉동기계기술사
• 소방설비기사 + 2년 이상 소방실무경력
• 소방설비산업기사 + 3년 이상 소방실무경력
• 이공계 분야를 전공하고 박사학위를 취득한 사람
• 소방안전 관련학(소방학 및 소방방재학을 포함) 또는 소방안전공학(소방방재공학 및 안전공학을 포함)분야에서 석사학위 이상을 취득한 사람

061

소방시설 설치 및 관리에 관한 법령상 벌칙에 관한 설명으로 옳지 않은 것은?

① 소방시설관리업의 등록을 하지 않고 영업을 한 자는 2년 이하의 징역 또는 2,000만원 이하의 벌금에 처한다.
② 특정소방대상물의 관계인이 소방시설을 유지・관리할 때 소방시설의 기능과 성능에 지장을 줄 수 있는 폐쇄・차단 등의 행위를 한 경우 5년 이하의 징역 또는 5,000만원 이하의 벌금에 처한다.
③ 특정소방대상물의 관계인이 소방시설을 유지・관리할 때 소방시설의 기능과 성능에 지장을 줄 수 있는 폐쇄・차단 등의 행위를 하여 상해에 이르게 한 때에는 7년 이하의 징역 또는 7,000만원 이하의 벌금에 처한다.
④ 특정소방대상물의 관계인이 소방시설을 유지・관리할 때 소방시설의 기능과 성능에 지장을 줄 수 있는 폐쇄・차단 등의 행위를 하여 사람을 사망에 이르게 한 때에는 10년 이하의 징역 또는 1억원 이하의 벌금에 처한다.

벌 칙

- 관리업의 등록을 하지 않고 영업을 한 자 : 3년 이하의 징역 또는 3,000만원 이하의 벌금
- 관계인이 소방시설을 유지·관리할 때 소방시설의 기능과 성능에 지장을 줄 수 있는 폐쇄·차단 등의 행위를 한 경우
  - 폐쇄·차단 등의 행위를 하여 피해가 없는 경우 : 5년 이하의 징역 또는 5,000만원 이하의 벌금
  - 폐쇄·차단 등의 행위를 하여 상해에 이르게 한 경우 : 7년 이하의 징역 또는 7,000만원 이하의 벌금
  - 폐쇄·차단 등의 행위를 하여 사망에 이르게 한 경우 : 10년 이하의 징역 또는 1억원 이하의 벌금

062

소방시설 설치 및 관리에 관한 법령상 특정소방대상물의 관계인이 특정소방대상물의 규모·용도 및 수용인원 등을 고려하여 갖추어야 하는 소방시설에 관한 설명으로 옳은 것은?

① 아파트 등 및 16층 이상 오피스텔의 모든 층에는 주거용 주방자동소화장치를 설치해야 한다.

② 창고시설(물류터미널은 제외한다)로서 바닥면적의 합계가 5,000[m²] 이상인 경우에는 모든 층에 스프링클러설비를 설치해야 한다.

③ 기계장치에 의한 주차시설을 이용하여 15대 이상의 차량을 주차할 수 있는 것은 물분무 등 소화설비를 설치해야 한다.

④ 위락시설로서 연면적 500[m²] 이상인 것은 자동화재탐지설비를 설치해야 한다.

소방시설의 설치기준

- 주거용 주방자동소화장치 : 아파트 등 및 오피스텔의 모든 층
- 스프링클러설비 : 창고시설(물류터미널은 제외한다)로서 바닥면적의 합계가 5,000[m²] 이상인 경우에는 모든 층
- 물분무 등 소화설비 : 기계장치에 의한 주차시설을 이용하여 20대 이상의 차량을 주차할 수 있는 시설
- 자동화재탐지설비 : 근린생활시설(목욕장은 제외한다), 의료시설(정신의료기관 또는 요양병원은 제외한다), 위락시설, 장례시설 및 복합건축물로서 연면적 600[m²] 이상인 경우에는 모든 층

063

소방시설 설치 및 관리에 관한 법령상 소방용품의 품질관리 등에 관한 설명으로 옳지 않은 것은?

① 연구개발 목적으로 제조하거나 수입하는 소방용품은 소방청장의 형식승인을 받아야 한다.

② 누구든지 형식승인을 받지 않은 소방용품을 판매하거나 판매 목적으로 진열하거나 소방시설공사에 사용할 수 없다.

③ 소방청장은 제조자 또는 수입자 등의 요청이 있는 경우 소방용품에 대하여 성능인증을 할 수 있다.

④ 소방청장은 소방용품의 품질관리를 위하여 필요하다고 인정할 때에는 유통 중인 소방용품을 수집하여 검사할 수 있다.

소방용품의 품질관리 등(법 제37조, 제40조)

① 대통령령으로 정하는 소방용품을 제조하거나 수입하려는 자는 **소방청장의 형식승인**을 받아야 한다. 다만, **연구개발 목적으로** 제조하거나 수입하는 소방용품은 **그렇지 않다.**

② 형식승인을 받으려는 자는 행정안전부령으로 정하는 기준에 따라 형식승인을 위한 시험시설을 갖추고 소방청장의 심사를 받아야 한다. 다만, 소방용품을 수입하는 자가 판매를 목적으로 하지 않고 자신의 건축물에 직접 설치하거나 사용하려는 경우 등 행정안전부령으로 정하는 경우에는 시험시설을 갖추지 않을 수 있다.

③ 형식승인을 받은 자는 그 소방용품에 대하여 소방청장이 실시하는 제품검사를 받아야 한다.

④ 누구든지 다음의 어느 하나에 해당하는 소방용품을 판매하거나 판매 목적으로 진열하거나 소방시설공사에 사용할 수 없다.
  ㉠ 형식승인을 받지 않은 것
  ㉡ 형상 등을 임의로 변경한 것
  ㉢ 제품검사를 받지 않거나 합격표시를 하지 않은 것

⑤ 소방청장은 제조자 또는 수입자 등의 요청이 있는 경우 소방용품에 대하여 성능인증을 할 수 있다.

⑥ 소방청장, 소방본부장 또는 소방서장은 ④를 위반한 소방용품에 대하여는 그 제조자·수입자·판매자 또는 시공자에게 수거·폐기 또는 교체 등 행정안전부령으로 정하는 필요한 조치를 명할 수 있다.

064

소방시설 설치 및 관리에 관한 법령상 특정소방대상물에 설치 또는 부착하는 방염대상물품의 방염성능기준으로 옳지 않은 것은?(단, 고시는 제외함)

① 버너의 불꽃을 제거한 때부터 불꽃을 올리며 연소하는 상태가 그칠 때까지 시간은 20초 이내일 것
② 버너의 불꽃을 제거한 때부터 불꽃을 올리지 않고 연소하는 상태가 그칠 때까지 시간은 30초 이내일 것
③ 탄화(炭化)한 면적은 50[cm^2] 이내, 탄화한 길이는 30[cm] 이내일 것
④ 불꽃에 의하여 완전히 녹을 때까지 불꽃의 접촉 횟수는 3회 이상일 것

해설

방염대상물품 및 방염성능기준
- 방염대상물품
  - 제조 또는 가공 공정에서 방염처리를 한 물품
    ⓐ 창문에 설치하는 커튼류(블라인드를 포함한다)
    ⓑ 카 펫
    ⓒ 벽지류(두께가 2[mm] 미만인 종이벽지는 제외)
    ⓓ 전시용 합판·목재 또는 섬유판, 무대용 합판·목재 또는 섬유판(합판·목재류의 경우 불가피하게 설치 현장에서 방염처리한 것을 포함)
    ⓔ 암막·무대막(영화상영관에 설치하는 스크린과 가상체험 체육시설업에 설치하는 스크린을 포함한다)
    ⓕ 섬유류 또는 합성수지류 등을 원료로 하여 제작된 소파·의자(단란주점영업, 유흥주점영업 및 노래연습장업의 영업장에 설치하는 것만 해당한다)
  - 건축물 내부의 천장이나 벽에 부착하거나 설치하는 것으로서 다음의 어느 하나에 해당하는 것. 다만, 가구류(옷장, 찬장, 식탁, 식탁용 의자, 사무용 책상, 사무용 의자, 계산대 및 그 밖에 이와 비슷한 것을 말한다)와 너비 10[cm] 이하인 반자돌림대 등과 내부마감재료는 제외한다.
    ⓐ 종이류(두께 2[mm] 이상인 것을 말한다)·합성수지류 또는 섬유류를 주원료로 한 물품
    ⓑ 합판이나 목재
    ⓒ 공간을 구획하기 위하여 설치하는 간이 칸막이(접이식 등 이동 가능한 벽체나 천장 또는 반자가 실내에 접하는 부분까지 구획하지 않는 벽체를 말한다)
    ⓓ 흡음을 위하여 설치하는 흡음재(흡음용 커튼을 포함한다)
    ⓔ 방음을 위하여 설치하는 방음재(방음용 커튼을 포함한다)
- 방염성능기준
  - 버너의 불꽃을 제거한 때부터 **불꽃을 올리며** 연소하는 상태가 그칠 때까지 시간은 **20초** 이내일 것
  - 버너의 불꽃을 제거한 때부터 **불꽃을 올리지 않고** 연소하는 상태가 그칠 때까지 시간은 **30초** 이내일 것

- 탄화(炭化)한 면적은 50[cm^2] 이내, 탄화한 길이는 20[cm] 이내일 것
- 불꽃에 의하여 완전히 녹을 때까지 불꽃의 접촉 횟수는 3회 이상일 것
- 소방청장이 정하여 고시한 방법으로 발연량(發煙量)을 측정하는 경우 최대연기밀도는 400 이하일 것
- 방염처리물품
  - 권장권자 : 소방본부장 또는 소방서장
  - 권장물품 대상
    ⓐ 다중이용업소, 의료시설, 노유자시설, 숙박시설 또는 장례식장에서 사용하는 침구류·소파 및 의자
    ⓑ 건축물 내부의 천장 또는 벽에 부착하거나 설치하는 가구류

065

화재의 예방 및 안전관리에 관한 법령상 소방안전관리자를 선임해야 하는 2급 소방안전관리대상물이 아닌 것은?(단, 공공기관의 소방안전관리에 관한 규정을 적용받는 특정소방대상물은 제외함)

① 가연성 가스를 1,000[ton] 이상 저장·취급하는 시설
② 지하구
③ 국보로 지정된 목조건축물
④ 가스 제조설비를 갖추고 도시가스사업의 허가를 받아야 하는 시설

해설

2급 소방안전관리대상물
- 옥내소화전설비, 스프링클러설비, 물분무 등 소화설비(호스릴방식의 물분무 등 소화설비만을 설치한 경우는 제외한다)를 설치해야 하는 특정소방대상물
- 가스 제조설비를 갖추고 도시가스사업의 허가를 받아야 하는 시설 또는 가연성 가스를 100[ton] 이상 1,000[ton] 미만 저장·취급하는 시설
- 지하구
- 공동주택
- 보물 또는 국보로 지정된 목조건축물

066

소방시설 설치 및 관리에 관한 법령상 소방시설 등의 자체 점검 시 점검인력 배치기준 중 작동점검에서 점검인력 1단위가 하루 동안 점검할 수 있는 특정소방대상물의 연면적(점검한도 면적) 기준은?

① 5,000[m²]
② 8,000[m²]
③ 10,000[m²]
④ 12,000[m²]

해설

연면적(점검한도 면적) 기준[24.12.01 시행]

• 일반건축물의 점검한도 면적

면 적 구 분	점검한도 면적	보조기술인력 1명 추가	보조기술인력 4명 추가
종합점검	8,000[m²]	2,000[m²]	8,000[m²] + 8,000[m²] = 16,000[m²]
작동점검	10,000[m²]	2,500[m²]	10,000[m²] + 10,000[m²] = 20,000[m²]

• 아파트의 점검한도 면적

세대수 구 분	점검한도 세대수	보조기술인력 1명 추가	보조기술인력 4명 추가
종합점검	250세대	60세대	250세대 + 240세대 = 490세대
작동점검	250세대	60세대	250세대 + 240세대 = 490세대

※ 점검인력 1단위(3명) : 소방시설관리사 1명 + 보조기술인력 2명

067

소방시설 설치 및 관리에 관한 법령상 제품검사 전문기관의 지정 등에 관한 설명으로 옳지 않은 것은?

① 소방청장은 제품검사 전문기관이 거짓으로 지정을 받은 경우 6개월 이내의 기간을 정하여 그 업무의 정지를 명할 수 있다.
② 소방청장은 제품검사 전문기관이 정당한 사유 없이 1년 이상 계속하여 제품검사 등 지정받은 업무를 수행하지 않은 경우 그 지정을 취소할 수 있다.
③ 소방청장 또는 시·도지사는 전문기관의 지정취소 또는 업무정지 처분을 하려면 청문을 해야 한다.
④ 전문기관은 제품검사 실시 현황을 소방청장에게 보고해야 한다.

해설

제품검사 전문기관의 지정 등

① **전문기관의 지정취소(법 제47조)**
소방청장은 전문기관이 다음의 어느 하나에 해당할 때에는 그 지정을 취소하거나 6개월 이내의 기간을 정하여 그 업무의 정지를 명할 수 있다. 다만, ㉠에 해당할 때에는 그 지정을 취소해야 한다.
㉠ 거짓이나 그 밖의 **부정한 방법으로 지정을 받은 경우(지정취소)**
㉡ 정당한 사유 없이 1년 이상 계속하여 제품검사 또는 실무교육 등 지정받은 업무를 수행하지 않은 경우
㉢ 전문기관의 지정 요건을 갖추지 못하거나 제46조 제3항에 따른 조건을 위반한 경우
㉣ 감독 결과 이 법이나 다른 법령을 위반하여 전문기관으로서의 업무를 수행하는 것이 부적당하다고 인정되는 경우
② 청문 실시(법 제49조)
㉠ 실시권자 : 소방청장 또는 시·도지사
㉡ 청문 대상 : 제품검사전문기관의 지정취소 및 업무정지
③ 전문기관은 행정안전부령으로 정하는 바에 따라 제품검사 실시 현황을 소방청장에게 보고해야 한다(법 제46조).

068

위험물안전관리법령상 자체소방대의 설치 의무가 있는 제4류 위험물을 취급하는 일반취급소는?(단, 지정수량의 3,000배 이상임)

① 용기에 위험물을 옮겨 담는 일반취급소
② 보일러 그 밖에 이와 유사한 장치로 위험물을 소비하는 일반취급소
③ 이동저장탱크 그 밖에 이와 유사한 것에 위험물을 주입하는 일반취급소
④ 세정을 위하여 위험물을 취급하는 일반취급소

해설

자체소방대
지정수량의 3,000배 이상의 제4류 위험물을 취급하는 제조소 또는 일반취급소에는 자체소방대를 설치해야 한다.

> **[자체소방대의 설치 제외대상인 일반취급소]**
> - 보일러, 버너 그 밖에 이와 유사한 장치로 위험물을 소비하는 일반취급소
> - 이동저장탱크 그 밖에 이와 유사한 것에 위험물을 주입하는 일반취급소
> - 용기에 위험물을 옮겨 담는 일반취급소
> - 유압장치, 윤활유순환장치 그 밖에 이와 유사한 장치로 위험물을 취급하는 일반취급소
> - 광산보안법의 적용을 받는 일반취급소

069

위험물안전관리법령상 1인의 안전관리자를 중복하여 선임할 수 있는 저장소에 해당되지 않는 것은?(단, 저장소는 동일 구내에 있고 동일인이 설치함)

① 30개 이하의 옥내저장소
② 30개 이하의 옥외탱크저장소
③ 10개 이하의 옥외저장소
④ 10개 이하의 암반탱크저장소

해설

1인의 안전관리자를 중복하여 선임할 수 있는 저장소 등
- 10개 이하의 옥내저장소
- 30개 이하의 옥외탱크저장소
- 옥내탱크저장소
- 지하탱크저장소
- 간이탱크저장소
- 10개 이하의 옥외저장소
- 10개 이하의 암반탱크저장소

070

위험물안전관리법령상 시 · 도지사가 한국소방산업기술원에 위탁하는 업무에 해당하지 않는 것은?

① 암반탱크안전성능검사
② 암반탱크저장소의 변경에 따른 완공검사
③ 암반탱크저장소의 설치에 따른 완공검사
④ 용량이 50만[L] 이상인 액체위험물을 저장하는 탱크안전성능검사

해설

업무의 위탁
- 한국소방산업기술원(기술원)에 위탁하는 경우(영 제22조)
  - 시 · 도지사의 탱크안전성능검사 중 다음의 어느 하나에 해당하는 탱크에 대한 탱크안전성능검사
    ⓐ 용량이 100만[L] 이상인 액체위험물을 저장하는 탱크
    ⓑ 암반탱크
    ⓒ 지하탱크저장소의 위험물탱크 중 행정안전부령이 정하는 액체위험물탱크
  - 시 · 도지사의 완공검사에 관한 권한 중 다음의 어느 하나에 해당하는 완공검사
    ⓐ 지정수량의 3,000배 이상의 위험물을 취급하는 제조소 또는 일반취급소의 설치 또는 변경(사용 중인 제조소 또는 일반취급소의 보수 또는 부분적인 증설은 제외한다)에 따른 완공검사
    ⓑ 옥외탱크저장소(저장용량이 50만[L] 이상인 것만 해당한다) 또는 암반탱크저장소의 설치 또는 변경에 따른 완공검사
  - 법 제20조 제2항에 따른 시 · 도지사의 운반용기 검사

071

다음은 위험물안전관리법령상 주유취급소 피난설비의 기준에 관한 내용이다. (   )에 들어갈 내용이 옳은 것은?

> 법 제5조 제4항의 규정에 의하여 주유취급소 중 건축물의 (ㄱ)층 이상의 부분을 점포 · (ㄴ)음식점 또는 전시장의 용도로 사용하는 것과 (ㄷ) 주유취급소에는 피난설비를 설치해야 한다.

① ㄱ : 2, ㄴ : 일반, ㄷ : 철도
② ㄱ : 2, ㄴ : 휴게, ㄷ : 옥내
③ ㄱ : 3, ㄴ : 일반, ㄷ : 철도
④ ㄱ : 3, ㄴ : 휴게, ㄷ : 옥내

피난설비(규칙 별표 17)
- 주유취급소 중 건축물의 **2층 이상**의 부분을 **점포 · 휴게음식점** 또는 **전시장**의 용도로 사용하는 것에 있어서는 해당 건축물의 2층 이상으로부터 주유취급소의 부지 밖으로 통하는 출입구와 해당 출입구로 통하는 통로 · 계단 및 출입구에 유도등을 설치해야 한다.
- 옥내주유취급소에 있어서는 해당 사무소 등의 출입구 및 피난구와 해당 피난구로 통하는 통로 · 계단 및 출입구에 유도등을 설치해야 한다.
- 유도등에는 비상전원을 설치해야 한다.

072

다중이용업소의 안전관리에 관한 특별법령상 보험회사가 화재배상책임보험의 보험금 청구를 받은 경우, 지급할 보험금을 결정한 후 피해자에게 며칠 이내에 보험금을 지급해야 하는가?

① 7일
② 10일
③ 14일
④ 30일

보험금의 지급(법 제13조의4)
보험회사는 화재배상책임보험의 보험금 청구를 받은 때에는 지체 없이 지급할 보험금을 결정하고 보험금 결정 후 **14일 이내**에 피해자에게 보험금을 지급해야 한다.

073

다중이용업소의 안전관리에 관한 특별법령상 화재위험 평가대행자가 등록사항을 변경할 때 소방청장에게 등록해야 하는 중요사항이 아닌 것은?

① 사무소의 소재지
② 등록번호
③ 평가대행자의 명칭이나 상호
④ 기술인력의 보유현황

화재위험평가대행자의 등록사항 변경 신청 시 중요사항(영 제15조)
- 대표자
- 사무소의 소재지
- 평가대행자의 명칭이나 상호
- 기술인력의 보유현황

074

다중이용업소의 안전관리에 관한 특별법령상 소방안전교육 강사의 자격 요건으로 옳은 것은?

① 소방 관련학의 학사학위 이상을 가진 자
② 대학에서 소방안전 관련 학과를 졸업하고 소방 관련 기관에서 3년 이상 강의경력이 있는 자
③ 소방설비기사 자격을 소지한 소방장 이상의 소방공무원
④ 소방설비산업기사 및 위험물기능사 자격을 소지한 자로서 소방 관련 기관에서 3년 이상 강의경력이 있는 자

소방안전교육의 인력(규칙 별표 1)
- 인원 : 강사 4인 및 교무요원 2인 이상
- 강사의 자격요건
 - 소방 관련학의 **석사학위 이상**을 가진 자
 - 전문대학 또는 이와 동등 이상의 교육기관에서 소방안전 관련 학과 전임강사 이상으로 재직한 자
 - 소방기술사, 위험물기능장, 소방시설관리사, 소방안전교육사자격을 소지한 자
 - **소방설비기사** 및 위험물산업기사 자격을 소지한 자로서 소방 관련 기관(단체)에서 **2년 이상 강의경력**이 있는 자
 - **소방설비산업기사** 및 **위험물기능사** 자격을 소지한 자로서 소방 관련 기관(단체)에서 **5년 이상 강의경력**이 있는 자
 - 대학 또는 이와 동등 이상의 교육기관에서 **소방안전 관련 학과를 졸업**하고 소방 관련 기관(단체)에서 **5년 이상 강의경력**이 있는 자
 - 소방 관련 기관(단체)에서 10년 이상 실무경력이 있는 자로서 5년 이상 강의경력이 있는 자
 - 소방위 이상의 소방공무원 또는 **소방설비기사 자격**을 소지한 **소방장 이상의 소방공무원**
 - 간호사 또는 응급구조사 자격을 소지한 소방공무원(응급처치 교육에 한한다)

> 외래 초빙강사 : 강사의 자격요건에 해당하는 자일 것

075

다중이용업소의 안전관리에 관한 특별법령상 다중이용업주의 안전시설 등에 대한 정기점검에 관한 설명으로 옳은 것은?

① 정기적으로 안전시설 등을 점검하고 그 점검결과서를 작성하여 6개월간 보관해야 한다.
② 다중이용업주는 정기점검을 소방시설관리업자에게 위탁할 수 있다.
③ 정기적인 안전점검은 매월 1회 이상 해야 한다.
④ 해당 영업장의 다중이용업주는 정기점검을 직접 수행할 수 없다.

해설

다중이용업주의 안전시설 등에 대한 정기점검
- 다중이용업주는 다중이용업소의 안전관리를 위하여 정기적으로 안전시설 등을 점검하고 그 점검결과서를 1년간 보관해야 한다(법 제13조).
- 다중이용업주는 정기점검을 행정안전부령으로 정하는 바에 따라 소방시설 설치 및 관리에 관한 법률 제29조에 따른 소방시설관리업자에게 위탁할 수 있다(법 제13조).
- 안전점검의 대상, 점검자의 자격, 점검주기, 점검방법, 그 밖에 필요한 사항은 행정안전부령으로 정한다(법 제13조).
- 안전점검의 대상, 점검자의 자격 등(규칙 제14조)
  – 안전점검 대상 : 다중이용업소의 영업장에 설치된 영 제9조의 안전시설 등
  – 안전점검자의 자격
    ⓐ 해당 영업장의 다중이용업주 또는 다중이용업소가 위치한 특정소방대상물의 소방안전관리자(소방안전관리자가 선임된 경우에 한한다)
    ⓑ 해당 업소의 종업원 중 소방안전관리자 자격을 취득한 자, 소방기술사·소방설비기사 또는 소방설비산업기사 자격을 취득한 자
    ⓒ 소방시설관리업자
  – 점검주기 : 매 분기별 1회 이상 점검. 다만, 소방시설 설치 및 관리에 관한 법률 제22조 제1항에 따라 자체점검을 실시한 경우에는 자체점검을 실시한 그 분기에는 점검을 실시하지 않을 수 있다.
  – 점검방법 : 안전시설 등의 작동 및 유지·관리 상태를 점검한다.

제4과목 위험물의 성질·상태 및 시설기준

076

과산화칼륨이 다량의 물과 완전 반응하여 표준상태(0[℃], 1기압)에서 112[m³]의 산소가 발생하였다면 과산화칼륨의 반응량[kg]은?(단, K_2O_2 1[mol]의 분자량은 110[g]이다)

① 11
② 110
③ 1,100
④ 11,000

해설

과산화칼륨의 반응량

$$2K_2O_2 + 2H_2O \rightarrow 4KOH + O_2$$

$2 \times 110[kg]$ ⟶ $22.4[m^3]$
x ⟶ $112[m^3]$

$$\therefore x = \frac{2 \times 110[kg] \times 112[m^3]}{22.4[m^3]} = 1,100[kg]$$

> 표준상태(0[℃], 1기압)에서 기체 1[g-mol]이 차지하는 부피 : 22.4[L]
> 표준상태(0[℃], 1기압)에서 기체 1[kg-mol]이 차지하는 부피 : 22.4[m³]

077

위험물안전관리법령상 제2류 위험물 인화성고체로 분류되는 것은?

① 고형알코올
② 마그네슘
③ 적 린
④ 황 린

해설

위험물의 분류

종 류	고형알코올	마그네슘	적 린	황 린
유 별	제2류 위험물	제2류 위험물	제2류 위험물	제3류 위험물
품 명	인화성 고체	–	–	–

078

과염소산암모늄과 알루미늄 분말이 반응하여 폭발사고가 발생하였다. 이에 관한 설명으로 옳은 것은?

① 알루미늄은 급격히 환원되어 고온에서 염화알루미늄이 생성된다.

② 과염소산암모늄은 전자를 주는 물질을 발생하여 알루미늄 분말을 환원시키는 반응이다.

③ 산화성물질과 환원성물질의 반응으로 많은 가스 발생을 수반하는 폭발반응이다.

④ 가연성 산화제와 알루미늄의 급격한 산화·환원 반응으로 압력이 발화원으로 작용한 것이다.

해설

과염소산암모늄(제1류 위험물, 산화성물질)과 알루미늄(제2류 위험물, 환원성물질)이 반응하면 많은 가스를 발생하며 폭발한다.

079

위험물안전관리법령상 제3류 위험물의 성질·상태에 관한 설명으로 옳지 않은 것은?

① 트라이에틸알루미늄은 상온상압에서 액체이다.

② 금수성 물질은 물과 접촉하면 발화·폭발한다.

③ 트라이메틸알루미늄은 물보다 가볍다.

④ 알킬알루미늄은 물과 반응하여 산소를 발생한다.

해설

제3류 위험물의 성질·상태

• 트라이에틸알루미늄[$(C_2H_5)_3Al$]은 무색투명하고 상온상압에서 액체이다.

• 금수성 물질은 물과 반응하면 가연성가스인 수소, 아세틸렌, 포스핀가스를 발생한다.

  – 나트륨　$2Na + 2H_2O → 2NaOH + H_2$(수소)

  – 탄화칼슘　$CaC_2 + 2H_2O → Ca(OH)_2 + C_2H_2$(아세틸렌)

  – 인화칼슘　$Ca_3P_2 + 6H_2O → 3Ca(OH)_2 + 2PH_3$(포스핀)

• 트라이메틸알루미늄은 비중이 0.75 정도로 물보다 가볍다.

• 알킬알루미늄은 물과 반응하여 메테인이나 에테인을 발생한다.

  – 트라이메틸알루미늄

    $(CH_3)_3Al + 3H_2O → Al(OH)_3 + 3CH_4$(메테인)

  – 트라이에틸알루미늄

    $(C_2H_5)_3Al + 3H_2O → Al(OH)_3 + 3C_2H_6$(에테인)

080

마그네슘에 관한 설명으로 옳은 것을 모두 고른 것은?

> ㄱ. 이산화탄소 소화약제를 사용할 수 없다.
> ㄴ. $2Mg + O_2 → 2MgO$는 발열반응이다.
> ㄷ. 무기과산화물과 혼합한 것은 마찰·충격에 의하여 발화하지 않는다.
> ㄹ. 강산과 반응하여 산소를 발생시킨다.

① ㄱ, ㄴ　　　　② ㄱ, ㄷ
③ ㄴ, ㄷ　　　　④ ㄴ, ㄹ

해설

마그네슘(Mg)

• 물 성

화학식	유 별	원자량	비 중	융 점	비 점
Mg	제2류 위험물	24.3	1.74	651[℃]	1,100[℃]

• 은백색의 광택이 있는 금속이다.

• 물이나 산과 반응하면 수소(H_2)가스를 발생한다.

> $Mg + 2H_2O → Mg(OH)_2 + H_2↑$
> $Mg + 2HCl → MgCl_2 + H_2↑$

• 가열하면 연소하기 쉽고 순간적으로 맹렬하게 폭발한다.

> $2Mg + O_2 → 2MgO + Q[kcal]$(발열반응)

• 고온에서 질소와 반응하여 질화마그네슘(Mg_3N_2)을 생성한다.

> $3Mg + N_2 → Mg_3N_2$

• 이산화탄소와 반응하면 가연성가스인 일산화탄소를 생성하므로 소화약제로 사용할 수 없다.

> $Mg + CO_2 → MgO + CO$

• 공기 중에서 연소하면 산화마그네슘이 생성되고, 이중 75[%]는 산소와 결합하고, 25[%]는 질소와 결합해서 질화마그네슘을 생성한다.

> ① $2Mg + O_2 → 2MgO$
> ② $3Mg + N_2 → Mg_3N_2$

• Mg분이 공기 중에 부유하면 화기에 의해 분진폭발의 위험이 있다.

• 제1류 위험물인 무기과산화물과 혼합하면 마찰·충격에 의하여 발화한다.

081

위험물안전관리법령상 옥외탱크저장소에서 보유공지를 단축할 수 있는 물분무설비의 기준으로 옳은 것은?

① 탱크에 보강링이 설치된 경우에는 보강링의 인접한 바로 위에 분무헤드를 설치한다.
② 탱크 표면에 방사하는 물의 양은 탱크의 원주길이 1[m]에 대하여 분당 37[L] 이상으로 할 것
③ 수원의 양은 15분 이상 방사할 수 있는 수량으로 한다.
④ 화재 시 1[m²]당 10[kW] 이상의 복사열에 노출되는 표면을 갖는 인접한 옥외저장탱크에 설치한다.

해설

보유공지를 단축할 수 있는 물분무설비의 기준
공지단축 옥외저장탱크의 화재 시 1[m²]당 20[kW] 이상의 복사열에 노출되는 표면을 갖는 인접한 옥외저장탱크가 있으면 해당 표면에도 다음의 기준에 적합한 물분무설비로 방호조치를 함께해야 한다.
① 탱크의 표면에 방사하는 물의 양은 탱크의 원주길이 1[m]에 대하여 분당 37[L] 이상으로 할 것
② 수원의 양은 ①의 규정에 의한 수량으로 20분 이상 방사할 수 있는 수량으로 할 것
③ 탱크에 보강링이 설치된 경우에는 보강링의 아래에 분무헤드를 설치하되, 분무헤드는 탱크의 높이 및 구조를 고려하여 분무가 적정하게 이루어질 수 있도록 배치할 것
④ 물분무소화설비의 설치기준에 준할 것

082

질산암모늄에 관한 설명으로 옳지 않은 것은?

① 강환원제이다.
② 질소비료의 원료이다.
③ 화약, 폭약의 산소공급제이다.
④ 분해폭발하면 다량의 가스가 발생한다.

해설

ANFO 폭약(질산암모늄)
• 물 성

화학식	지정수량	위험등급	분자량	비중	융점	분해온도
NH_4NO_3	300[kg]	II	80	1.73	165[℃]	220[℃]

• 무색무취의 결정으로 강산화제이다.
• 조해성 및 흡수성이 강하다.
• 물, 알코올에 녹는다(물에 용해 시 흡열반응).
• 분해반응-(220[℃])식 $NH_4NO_3 \rightarrow N_2O + 2H_2O$
• 폭발반응식 $2NH_4NO_3 \rightarrow N_2 + 4H_2O + O_2$

083

위험물안전관리법령상 제4류 위험물 중 알코올류에 해당하는 것은?

① $C_2H_4(OH)_2$
② C_3H_7OH
③ $C_5H_{11}OH$
④ C_6H_5OH

해설

알코올류
• 정의 : 1분자를 구성하는 탄소원자의 수가 1개부터 3개까지인 포화1가 알코올(변성알코올을 포함한다)을 말한다. 다만, 다음의 어느 하나에 해당하는 것은 제외한다.
 − 1분자를 구성하는 탄소원자의 수가 1개 내지 3개의 포화가 알코올의 함유량이 60[wt%] 미만인 수용액
 − 가연성액체량이 60[wt%] 미만이고 인화점 및 연소점(태그개방식 인화점측정기에 의한 연소점을 말한다)이 에틸알코올 60[wt%] 수용액의 인화점 및 연소점을 초과하는 것
• 알코올류에 해당하는 것
 − 메틸알코올(CH_3OH)
 − 에틸알코올(C_2H_5OH)
 − 프로필알코올(C_3H_7OH)
• 본문의 위험물

종 류	$C_2H_4(OH)_2$	C_3H_7OH	$C_5H_{11}OH$	C_6H_5OH
명 칭	에틸렌글라이콜	프로필알코올	아밀알코올	페 놀
유 별	제4류 위험물 제3석유류 (수용성)	제4류 위험물 알코올류	제4류 위험물 제1석유류 (비수용성)	비위험물

084

위험물안전관리법령상 제5류 위험물에 해당하지 않는 것은?

① 나이트로벤젠[$C_6H_5NO_2$]
② 트라이나이트로페놀[$C_6H_2(NO_2)_3OH$]
③ 트라이나이트로톨루엔[$C_6H_2(NO_2)_3CH_3$]
④ 나이트로글리세린[$C_3H_5(ONO_2)_3$]

081 ② 082 ① 083 ② 084 ① 정답

위험물의 분류

종 류	나이트로 벤젠	트라이 나이트로 페놀 (피크르산)	트라이 나이트로 톨루엔 (TNT)	나이트로 글리세린
화학식	$C_6H_5NO_2$	$C_6H_2(NO_2)_3OH$	$C_6H_2(NO_2)_3CH_3$	$C_3H_5(ONO_2)_3$
유 별	제4류 위험물	제5류 위험물	제5류 위험물	제5류 위험물
품 명	제3석유류 (비수용성)	나이트로화 합물	나이트로화 합물	질산에스터류
지정 수량	2,000[L]	100[kg]	100[kg]	10[kg]

085

과산화수소(H_2O_2)에 관한 설명으로 옳지 않은 것은?

① 강산화제이나 환원제로 작용할 때도 있다.
② 60[wt%] 이상의 농도에서 가열·충격 시 단독으로
   도 폭발한다.
③ 석유, 벤젠에 용해되지 않는다.
④ 분해 시 산소를 발생하므로 안정제로 이산화망간을
   사용한다.

과산화수소(Hydrogen Peroxide)

• 물 성

화학식	비 점	융 점	비 중	용 도
H_2O_2	152[℃]	-17[℃]	1.46	산화제, 환원제

• 점성이 있는 무색 액체(다량일 경우 : 청색)이다.
• 물, 알코올·에터에는 녹지만, 석유, 벤젠에는 녹지 않는다.
• 농도 60[wt%] 이상은 충격, 마찰에 의해서도 단독으로 분해
  폭발 위험이 있다.
• 나이트로글리세린, 하이드라진과 혼촉하면 분해하여 발화,
  폭발한다.
• 저장용기는 밀봉하지 말고 구멍이 있는 마개를 사용해야 한다.

- **과산화수소의 안정제** : 인산(H_3PO_4), 요산($C_5H_4N_4O_3$)
- **옥시풀** : 과산화수소 3[%] 용액의 소독약
- 과산화수소의 저장용기 : 착색 유리병
- **구멍 뚫린 마개를 사용하는 이유** : 상온에서 서서히 분해
  하여 산소를 발생하여 폭발의 위험이 있어 통기를 위하여

086

스타이렌($C_6H_5CH = CH_2$)의 성상 및 위험성에 관한 설
명으로 옳지 않은 것은?

① 무색투명한 액체로서 마취성이 있으며 독성이 매
   우 강하다.
② 실온에서 인화의 위험이 있으며 연소 시 폭발성
   유기과산화물을 생성한다.
③ 산화제와 중합반응하여 생성된 폴리스타이렌수지
   는 분해폭발성 물질이다.
④ 강산성 물질과의 혼촉 시 발열·발화한다.

스타이렌

• 물 성

화학식	품 명	지정수량	인화점	착화점
$C_6H_5CH=CH_2$	제2석유류 (비수용성)	1,000[L]	32[℃]	490[℃]

• 무색투명한 액체로서 마취성이 있으며 독성이 매우 강하다.
• 실온에서 인화의 위험이 있으며 연소 시 폭발성 유기과산화
  물을 생성한다.
• 강산성 물질과의 혼촉 시 발열·발화한다.
• 산화제와 중합반응하여 생성된 폴리스타이렌수지는 열가소
  성수지이다.

087

위험물안전관리법령상 암반탱크저장소의 암반탱크 설
치기준에서 암반투수계수[m/s] 기준은?

① 1×10^{-5} 이하   ② 1×10^{-6} 이하
③ 1×10^{-7} 이하   ④ 1×10^{-8} 이하

암반투수계수 : 1×10^{-5} 이하(1초당 10만분의 1[m] 이하)

088

위험물안전관리법령상 옥내저장탱크에 불활성가스를
봉입하여 저장해야 하는 것은?

① 아세트산에틸   ② 아세트알데하이드
③ 메틸에틸케톤   ④ 과산화벤조일

옥외저장탱크·옥내저장탱크·지하저장탱크 또는 이동저장
탱크에 새롭게 아세트알데하이드 등을 주입하는 때에는 미리
해당 탱크 안의 공기를 불활성기체와 치환하여 둘 것

089

탄화칼슘 16[kg]이 다량의 물과 완전 반응하여 생성되는 수산화칼슘의 질량[kg]은?(단, Ca의 원자량은 40이다)

① 15.5 ② 16.3
③ 18.5 ④ 19.3

해설

수산화칼슘의 질량[kg]

$$CaC_2 + 2H_2O \rightarrow Ca(OH)_2 + C_2H_2$$

64[kg] ⤬ 74[kg]
16[kg] ⟍ x

$$\therefore x = \frac{16[kg] \times 74[kg]}{64[kg]} = 18.5[kg]$$

090

가솔린(휘발유)에 관한 설명으로 옳지 않은 것은?

① 주요성분은 탄소수가 $C_5 \sim C_9$의 포화·불포화 탄화수소의 혼합물이다.
② 비전도성으로 정전유도현상에 의해 착화·폭발할 수 있다.
③ 유기용제에는 녹지 않으며 유지, 수지 등을 잘 녹인다.
④ 액체 상태는 물보다 가볍고, 증기 상태는 공기보다 무겁다.

해설

가솔린(휘발유)
• 주요성분은 탄소수가 $C_5 \sim C_9$의 포화·불포화 탄화수소의 혼합물이다.
• 비전도성으로 정전유도현상에 의해 착화·폭발할 수 있다.
• 유기용제에는 잘 녹으며 유지, 수지 등을 잘 녹인다.
• 액체 상태는 물보다 가볍고, 증기 상태는 공기보다 무겁다(액체의 비중은 0.65~0.80, 증기의 비중은 3~4이다).

091

위험물안전관리법령상 옥외저장소에 저장할 수 있는 것은?(단, 국제해상위험물규칙 등 예외규정은 적용하지 않는다)

① 염소산나트륨 ② 과염소산
③ 질산에틸 ④ 황 린

해설

옥외저장소에 저장 가능한 위험물
• 제2류 위험물의 황 또는 인화성고체(인화점이 0[℃] 이상인 것에 한함)
• 제4류 위험물 중 제1석유류(인화점이 0[℃] 이상인 것에 한함), 제2석유류, 제3석유류, 제4석유류, 알코올류, 동식물유류
• 제6류 위험물

[위험물의 분류]

종 류	염소산나트륨	과염소산	질산에틸	황 린
유 별	제1류 위험물	제6류 위험물	제5류 위험물	제3류 위험물
품 명	염소산염류	–	질산에스터류	–

092

위험물안전관리법령상 염소산칼륨을 1일 1,000[kg] 생산하고 있는 제조소의 소화기 비치량을 산정하기 위한 총 소요단위는?(단, 제조소이 연면적은 300[m²]이고, 제조소의 외벽은 내화구조이다)

① 5 ② 6
③ 7 ④ 8

해설

소요단위의 계산방법
① 제조소 또는 취급소의 건축물
  ㉠ 외벽이 내화구조 : 연면적 100[m²]를 1소요단위
  ㉡ 외벽이 내화구조가 아닌 것 : 연면적 50[m²]를 1소요단위
② 저장소의 건축물
  ㉠ 외벽이 내화구조 : 연면적 150[m²]를 1소요단위
  ㉡ 외벽이 내화구조가 아닌 것 : 연면적 75[m²]를 1소요단위
③ 위험물은 지정수량의 10배 : 1소요단위

㉠ 소요단위

$$소요단위 = \frac{취급(저장)량}{지정수량 \times 10}$$

㉡ 염소산칼륨

유 별	화학식	품 명	지정수량
제1류 위험물	$KClO_3$	염소산염류	50[kg]

④ 제조소 등의 옥외에 설치된 공작물은 외벽이 내화구조인 것으로 간주하고 공작물의 최대수평투영면적을 연면적으로 간주하여 ① 및 ②의 규정에 의하여 소요단위를 산정한다.
∴ 소요단위 = 건축물 + 위험물

$$= \frac{300[m^2]}{100[m^2]} + \frac{1,000[kg]}{50[kg] \times 10} = 5단위$$

093

위험물안전관리법령상 일반취급소 하나의 층에 옥내소화전 3개가 설치되어 있다. 확보해야 할 수원의 최소양[m³]은?

① 7.8 ② 11.7
③ 15.6 ④ 23.4

해설

옥내소화전설비의 배출량, 방수압력, 수원 등

방수량	방수압력	배출량	수 원	비상전원
260[L/min] 이상	0.35[MPa] 이상	N(최대 5개) ×260[L/min]	N(최대 5개) ×7.8[m³] (260[L/min]× 30[min])	45분

∴ 수원 = N(소화전의 수, 최대 5개) × 7.8[m³]
  = 3 × 7.8[m³] = 23.4[m³]

※ 일반건축물의 옥내소화전설비의 배출량, 방수압력, 방사시간, 수원이 다르다.

094

위험물안전관리법령상 주유취급소 내 건축물 등의 구조기준으로 옳지 않은 것은?(단, 단서조항은 적용되지 않는다)

① 건축물의 벽·기둥·바닥·보 및 지붕을 내화구조 또는 불연재료로 할 수 있다.

② 주거시설 용도로 사용하는 부분은 개구부가 없는 내화구조의 바닥 또는 벽으로 해당 건축물의 다른 부분과 구획하고 주유를 위한 작업장 등 위험물 취급장소에 면한 쪽의 벽에는 출입구를 설치할 수 없다.

③ 사무실 등의 창 및 출입구에 유리를 사용하는 경우에는 망입유리 또는 강화유리로 해야 한다.

④ 자동차 등의 점검·정비를 행하는 설비는 고정주유설비로부터 2[m] 이상, 도로경계선으로부터 1[m] 이상 떨어진 장소에 설치해야 한다.

해설

주유취급소 건축물 등의 구조기준

• 건축물의 벽·기둥·바닥·보 및 지붕을 내화구조 또는 불연재료로 할 것. 다만, 면적의 합이 500[m²]를 초과하는 경우에는 건축물의 벽을 내화구조로 해야 한다.

• 주거시설 용도로 사용하는 부분은 개구부가 없는 내화구조의 바닥 또는 벽으로 해당 건축물의 다른 부분과 구획하고 주유를 위한 작업장 등 위험물 취급장소에 면한 쪽의 벽에는 출입구를 설치하지 않을 것

• 사무실 등의 창 및 출입구에 유리를 사용하는 경우에는 망입유리 또는 강화유리로 할 것. 이 경우 강화유리의 두께는 창에는 8[mm] 이상, 출입구에는 12[mm] 이상으로 해야 한다.

• 자동차 등의 점검·정비를 행하는 설비
  – 고정주유설비로부터 4[m] 이상, 도로경계선으로부터 2[m] 이상 떨어지게 할 것. 다만, 자동차 등의 점검 및 간이정비를 위한 작업장 중 바닥 및 벽으로 구획된 옥내의 작업장에 설치하는 경우에는 그렇지 않다.
  – 위험물을 취급하는 설비는 위험물의 누설·넘침 또는 비산을 방지할 수 있는 구조로 할 것

095

위험물안전관리법령상 제조소의 옥외위험물 취급탱크가 메틸알코올 1[m³]과 아세톤 0.5[m³]가 있다. 이를 하나의 방유제 내에 설치하고자 할 때 방유제 기준에 관한 검토사항으로 옳은 것은?

① 방유제 용량은 0.55[m³] 이상이 되도록 설치해야 한다.

② 방유제 용량은 1.1[m³] 이상이 되도록 설치해야 한다.

③ 취급하는 위험물의 상태가 액체이므로 방유제를 설치하지 않아도 된다.

④ 위험물 저장탱크의 용량이 지정수량 기준에 미달하여 방유제를 설치하지 않아도 된다.

방유제, 방유턱의 용량

- 위험물제조소의 옥외에 있는 위험물 취급탱크의 방유제의 용량
  - 1기일 때 : 탱크용량×0.5(50[%])
  - 2기 이상일 때 : 최대 탱크용량×0.5 + (나머지 탱크 용량 합계×0.1)
- 위험물제조소의 옥내에 있는 위험물 취급탱크의 방유턱의 용량
  - 1기일 때 : 탱크용량 이상
  - 2기 이상일 때 : 최대 탱크용량 이상
- 위험물옥외탱크저장소의 방유제의 용량
  - 1기일 때 : 탱크용량×1.1(110[%])(비인화성 물질×100[%])
  - 2기 이상일 때 : 최대 탱크용량 × 1.1(110[%])(비인화성 물질 × 100[%])
- ∴ 방유제 용량 = 최대 탱크용량×0.5 + (나머지 탱크 용량합계×0.1) = (1[m^3]×0.5) + (0.5[m^3]×0.1) = 0.55[m^3]
- ※ 액체위험물을 탱크에 저장하면 방유제를 설치해야 한다.

096

위험물안전관리법령상 제조소 등에서 "화기엄금" 게시판을 설치해야 하는 위험물을 모두 고른 것은?

> ㄱ. 제2류 위험물(인화성 고체 제외)
> ㄴ. 제4류 위험물
> ㄷ. 제3류 위험물 중 자연발화성 물질
> ㄹ. 제5류 위험물

① ㄴ, ㄹ   ② ㄱ, ㄴ, ㄷ
③ ㄱ, ㄷ, ㄹ   ④ ㄴ, ㄷ, ㄹ

제조소 게시판의 주의사항

위험물의 종류	주의사항	게시판의 색상
제1류 위험물 중 알칼리금속의 과산화물 제3류 위험물 중 금수성물질	물기엄금	청색바탕에 백색문자
제2류 위험물(인화성 고체는 제외)	화기주의	적색바탕에 백색문자
제2류 위험물 중 인화성 고체 제3류 위험물 중 자연발화성 물질 제4류 위험물 제5류 위험물	화기엄금	적색바탕에 백색문자

097

위험물안전관리법령상 유별을 달리하는 위험물 상호 간 1[m] 이상의 간격을 두더라도 동일한 옥내저장소에 저장할 수 없는 것은?

① 제1류 위험물과 제6류 위험물
② 제2류 위험물 중 인화성 고체와 제4류 위험물
③ 제4류 위험물과 제5류 위험물(유기과산화물은 제외)
④ 제1류 위험물(알칼리금속의 과산화물은 제외)과 제5류 위험물

혼재 여부

- 옥내저장소 또는 옥외저장소에 저장하는 경우
  유별을 달리하는 위험물은 동일한 저장소에 저장하지 않아야 한다. 다만, 옥내저장소 또는 옥외저장소에 있어서 다음의 각 목의 규정에 의한 위험물을 저장하는 경우로서 위험물을 유별로 정리하여 저장하는 한편, 서로 1[m] 이상의 간격을 두는 경우에는 그렇지 않다.
  - 제1류 위험물(알칼리금속의 과산화물 또는 이를 함유한 것을 제외)과 제5류 위험물을 저장하는 경우
  - 제1류 위험물과 제6류 위험물을 저장하는 경우
  - 제1류 위험물과 제3류 위험물 중 자연발화성 물질(황린 또는 이를 함유한 것에 한한다)을 저장하는 경우
  - 제2류 위험물 중 인화성 고체와 제4류 위험물을 저장하는 경우
  - 제3류 위험물 중 알칼알루미늄 등과 제4류 위험물(알킬알루미늄 또는 알킬리튬을 함유한 것에 한한다)을 저장하는 경우
  - 제4류 위험물 중 유기과산화물 또는 이를 함유하는 것과 제5류 위험물 중 유기과산화물 또는 이를 함유한 것을 저장하는 경우
- 운반 시 유별을 달리하는 위험물의 혼재기준(별표 19 관련)

위험물의 구분	제1류	제2류	제3류	제4류	제5류	제6류
제1류		×	×	×	×	○
제2류	×		×	○	○	×
제3류	×	×		○	×	×
제4류	×	○	○		○	×
제5류	×	○	×	○		×
제6류	○	×	×	×	×	

비고 1. "×"표시는 혼재할 수 없음을 표시한다.
    2. "○"표시는 혼재할 수 있음을 표시한다.
    3. 이 표는 지정수량의 $\frac{1}{10}$ 이하의 위험물에 대하여는 적용하지 않는다.

098

위험물안전관리법령상 일반취급소에 해당하는 것을 모두 고른 것은?(단, 위험물은 지정수량의 배수 이상이다)

구 분	반응원료	중간생성물	최종생성물
ㄱ	위험물	위험물	비위험물
ㄴ	위험물	비위험물	비위험물
ㄷ	비위험물	위험물	위험물
ㄹ	비위험물	위험물	비위험물
ㅁ	비위험물	비위험물	위험물

① ㄱ, ㄴ   ② ㄱ, ㄴ, ㄹ
③ ㄱ, ㄷ, ㄹ   ④ ㄷ, ㄹ, ㅁ

해설

위험물제조소와 일반취급소의 구분

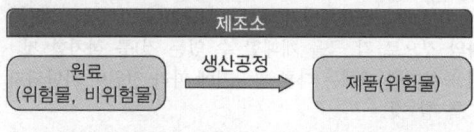

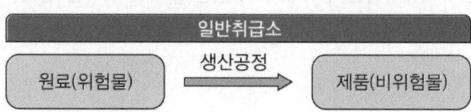

099

위험물안전관리법령상 제조소의 바닥면적이 110[m²]인 경우 환기설비 중 급기구의 면적 기준으로 옳은 것은?

① 300[cm²] 이상   ② 450[cm²] 이상
③ 600[cm²] 이상   ④ 800[cm²] 이상

해설

환기설비
- 환기 : 자연배기방식
- 급기구는 해당 급기구가 설치된 실의 바닥면적 150[m²]마다 1개 이상으로 하되 급기구의 크기는 800[cm²] 이상으로 할 것. 다만 바닥면적 150[m²] 미만인 경우에는 다음의 크기로 할 것

바닥면적	급기구의 면적
60[m²] 미만	150[cm²] 이상
60[m²] 이상 90[m²] 미만	300[cm²] 이상
90[m²] 이상 120[m²] 미만	450[cm²] 이상
120[m²] 이상 150[m²] 미만	600[cm²] 이상

- 급기구는 낮은 곳에 설치하고 가는 눈의 구리망으로 인화방지망을 설치할 것
- 환기구는 지붕 위 또는 지상 2[m] 이상의 높이에 회전식 고정벤틸레이터 또는 루프팬방식(Roof Fan : 지붕에 설치하는 배기장치)으로 설치할 것

100

위험물안전관리법령상 하이드록실아민을 1일 150[kg] 취급하는 제조소의 최소 안전거리[m]는 약 얼마인가?

① 41   ② 50
③ 59   ④ 63

해설

하이드록실아민 등을 취급하는 제조소의 안전거리

> $$D = 51.1 \sqrt[3]{N}$$
> 여기서, N : 지정수량의 배수(하이드록실아민의 지정수량 : 100[kg])
>
> 지정수량의 배수 $= \dfrac{150[\text{kg}]}{100[\text{kg}]} = 1.5$

∴ 안전거리 $D = 51.1 \sqrt[3]{1.5} = 58.49[\text{m}]$

101

비상콘센트설비의 화재안전기술기준상 ( )에 들어갈 기준은?

> 절연내력은 전원부와 외함 사이에 정격전압이 150[V] 이하인 경우에는 (ㄱ)[V]의 실효전압을, 정격전압이 150[V] 이상인 경우에는 그 정격전압에 2를 곱하여 1,000을 더한 실효전압을 가하는 시험에서 (ㄴ)분 이상 견디는 것으로 할 것

① ㄱ : 500, ㄴ : 1
② ㄱ : 1,000, ㄴ : 1
③ ㄱ : 500, ㄴ : 3
④ ㄱ : 1,000, ㄴ : 3

해설

비상콘센트설비의 전원부와 외함 사이의 절연저항 및 절연내력의 기준

• 절연저항은 전원부와 외함 사이를 500[V] 절연저항계로 측정할 때 20[MΩ] 이상일 것
• 절연내력은 전원부와 외함 사이에 정격전압이 150[V] 이하인 경우에는 **1,000[V]**의 실효전압을, 정격전압이 150[V] 이상인 경우에는 그 정격전압에 2를 곱하여 1,000을 더한 실효전압을 가하는 시험에서 **1분** 이상 견디는 것으로 할 것

102

누전경보기의 화재안전기술기준상 설치기준으로 옳지 않은 것은?

① 경계전로의 정격전류가 60[A]를 초과하는 전로에 있어서는 1급 누전경보기를, 60[A] 이하의 전로에 있어서는 1급 또는 2급 누전경보기를 설치할 것
② 변류기는 특정소방대상물의 형태, 인입선의 시설방법 등에 따라 옥외 인입선의 제1지점의 부하 측 또는 제2종 접지선 측의 점검이 쉬운 위치에 설치할 것
③ 전원은 분전반으로부터 전용회로로 하고, 각 극에 개폐기 및 30[A] 이하의 과전류차단기(배선용 차단기에 있어서는 20[A] 이하의 것으로 각 극을 개폐할 수 있는 것)를 설치할 것
④ 변류기를 옥외의 전로에 설치하는 경우에는 옥외형으로 설치할 것

해설

누전경보기의 설치기준

• 경계전로의 정격전류가 60[A]를 초과하는 전로에 있어서는 1급 누전경보기를, 60[A] 이하의 전로에 있어서는 1급 또는 2급 누전경보기를 설치할 것. 다만, 정격전류가 60[A]를 초과하는 경계전로가 분기되어 각 분기회로의 정격전류가 60[A] 이하로 되는 경우 해당 분기회로마다 2급 누전경보기를 설치한 때에는 해당 경계전로에 1급 누전경보기를 설치한 것으로 본다.
• 변류기는 특정소방대상물의 형태, 인입선의 시설방법 등에 따라 옥외 인입선의 제1지점의 부하 측 또는 제2종 접지선 측의 점검이 쉬운 위치에 설치할 것. 다만, 인입선의 형태 또는 특정소방대상물의 구조상 부득이한 경우에는 인입구에 근접한 옥내에 설치할 수 있다.
• 변류기를 옥외의 전로에 설치하는 경우에는 옥외형으로 설치할 것
• 전원은 분전반으로부터 전용회로로 하고, 각 극에 개폐기 및 **15[A] 이하의 과전류차단기(배선용 차단기에 있어서는 20[A] 이하**의 것으로 각 극을 개폐할 수 있는 것)를 설치할 것
• 전원을 분기할 때에는 다른 차단기에 따라 전원이 차단되지 않도록 할 것
• 전원의 개폐기에는 누전경보기용임을 표시한 표지를 할 것

103

유도등 및 유도표지의 화재안전기술기준상 피난유도선 설치기준으로 옳은 것은?

① 축광방식의 피난유도선은 바닥으로부터 높이 50[cm] 이하의 위치 또는 바닥 면에 설치할 것
② 축광방식의 피난유도 표시부는 60[cm] 이내의 간격으로 연속되도록 설치할 것
③ 광원점등방식의 피난유도 표시부는 바닥으로부터 높이 1.5[m] 이하의 위치 또는 바닥면에 설치할 것
④ 광원점등방식의 피난유도 표시부는 60[cm] 이내의 간격으로 연속되도록 설치하되 실내장식물 등으로 설치가 곤란할 경우 1.5[m] 이내로 설치할 것

피난유도선 설치기준

• **축광방식의 피난유도선**
 - 구획된 각 실로부터 주출입구 또는 비상구까지 설치할 것
 - 바닥으로부터 **높이 50[cm] 이하**의 위치 또는 바닥면에 설치할 것
 - **피난유도 표시부는 50[cm] 이내**의 간격으로 연속되도록 설치할 것
 - 부착대에 의하여 견고하게 설치할 것
 - 외부의 빛 또는 조명장치에 의하여 상시 조명이 제공되거나 비상조명등에 의한 조명이 제공되도록 설치할 것

• **광원점등방식의 피난유도선**
 - 구획된 각 실로부터 주출입구 또는 비상구까지 설치할 것
 - 피난유도 표시부는 바닥으로부터 **높이 1[m] 이하**의 위치 또는 바닥면에 설치할 것
 - **피난유도 표시부는 50[cm] 이내**의 간격으로 연속되도록 설치하되 실내장식물 등으로 설치가 곤란할 경우 **1[m] 이내**로 설치할 것
 - 수신기로부터의 화재신호 및 수동조작에 의하여 광원이 점등되도록 설치할 것
 - 비상전원이 상시 충전상태를 유지하도록 설치할 것
 - 바닥에 설치되는 피난유도 표시부는 매립하는 방식을 사용할 것
 - 피난유도 제어부는 조작 및 관리가 용이하도록 바닥으로부터 0.8[m] 이상 1.5[m] 이하의 높이에 설치할 것

104

단상 2선식 220[V]로 수전하는 곳에 부하전력이 65[kW], 역률이 85[%], 구내배선의 길이가 100[m]일 때 전압강하를 5[V]까지 허용하는 경우 배선의 최소 굵기[mm²]는 약 얼마인가?

① 121.46 ② 142.89
③ 210.36 ④ 247.49

배선의 최소 굵기

$$e = \frac{35.6LI}{1{,}000A}, \quad A = \frac{35.6LI}{1{,}000e}$$

$P = VI\cos\theta, \quad I = \dfrac{P}{V\cos\theta} = \dfrac{65 \times 10^3}{220 \times 0.85} = 347.594[\text{A}]$

∴ 배선의 굵기

$A = \dfrac{35.6LI}{1{,}000e} = \dfrac{35.6 \times 100 \times 347.594}{1{,}000 \times 5} = 247.49[\text{mm}^2]$

105

비상방송설비의 화재안전기술기준상 용어의 정의 및 음향장치에 관한 내용으로 옳지 않은 것은?

① 음량조절기란 가변저항을 이용하여 전류를 변화시켜 음량을 크게 하거나 작게 조절할 수 있는 장치를 말한다.
② 증폭기란 전류량을 늘려 감도를 좋게 하고 미약한 음성전류를 커다란 음성전류로 변화시켜 소리를 크게 하는 장치를 말한다.
③ 음량조정기를 설치하는 경우 음량조정기의 배선은 3선식으로 할 것
④ 하나의 특정소방대상물에 2 이상의 조작부가 설치되어 있는 때에는 각각의 조작부가 있는 장소 상호간에 동시통화가 가능한 설비를 설치할 것

비상방송설비의 화재안전기술기준

• **음량조절기** : 가변저항을 이용하여 전류를 변화시켜 음량을 크게 하거나 작게 조절할 수 있는 장치
• **증폭기** : **전압전류의 진폭을 늘려** 감도를 좋게 하고 미약한 음성전류를 커다란 음성전류로 변화시켜 소리를 크게 하는 장치
• **음향장치**
 - 확성기의 **음성입력은 3[W](실내**에 설치하는 것에 있어서는 **1[W]) 이상**일 것
 - 확성기는 각 층마다 설치하되, 그 층의 각 부분으로부터 하나의 확성기까지의 수평거리가 25[m] 이하가 되도록 하고, 해당 층의 각 부분에 유효하게 경보를 발할 수 있도록 설치할 것
 - 음량조정기를 설치하는 경우 음량조정기의 배선은 **3선식**으로 할 것
 - 조작부의 조작스위치는 바닥으로부터 0.8[m] 이상 1.5[m] 이하의 높이에 설치할 것
 - 조작부는 기동장치의 작동과 연동하여 해당 기동장치가 작동한 층 또는 구역을 표시할 수 있는 것으로 할 것
 - 증폭기 및 조작부는 수위실 등 상시 사람이 근무하는 장소로서 점검이 편리하고 방화상 유효한 곳에 설치할 것
 - **층수가 11층(공동주택의 경우에는 16층) 이상**의 특정소방대상물은 다음의 기준에 따라 경보를 발할 수 있도록 해야 한다.
  ⓐ 2층 이상의 층에서 발화한 때에는 발화층 및 그 직상 4개층에 경보를 발할 것
  ⓑ **1층에서 발화**한 때에는 **발화층ㆍ그 직상 4개층** 및 **지하층에 경보**를 발할 것
  ⓒ 지하층에서 발화한 때에는 발화층ㆍ그 직상층 및 기타의 지하층에 경보를 발할 것
 - 다른 방송설비와 공용하는 것에 있어서는 화재 시 비상경보 외의 방송을 차단할 수 있는 구조로 할 것
 - 다른 전기회로에 따라 유도장애가 생기지 않도록 할 것

- 하나의 특정소방대상물에 2 **이상의 조작부**가 설치되어 있는 때에는 각각의 조작부가 있는 장소 상호 간에 **동시 통화가 가능한 설비**를 설치하고, 어느 조작부에서도 해당 특정소방대상물의 전 구역에 방송을 할 수 있도록 할 것
- 기동장치에 따른 화재신호를 수신한 후 필요한 음량으로 화재발생 상황 및 피난에 유효한 방송이 자동으로 개시될 때까지의 소요시간은 10초 이내로 할 것
- 음향장치는 다음의 기준에 따른 구조 및 성능의 것으로 해야 한다.
  ⓐ 정격전압의 80[%] 전압에서 음향을 발할 수 있는 것을 할 것
  ⓑ 자동화재탐지설비의 작동과 연동하여 작동할 수 있는 것으로 할 것

106

자동화재탐지설비 및 시각경보장치의 화재안전기술기준상 발신기 설치기준으로 옳지 않은 것은?

① 벽이 설치되지 않은 대형공간의 경우 발신기는 설치 대상장소의 가장 가까운 장소의 벽 또는 기둥에 설치할 것
② 조작이 쉬운 장소에 설치하고, 스위치는 바닥으로부터 0.8[m] 이상 1.5[m] 이하의 높이에 설치할 것
③ 특정소방대상물의 층마다 설치하되, 해당 층의 각 부분으로부터 하나의 발신기까지의 수평거리가 25[m] 이하가 되도록 할 것. 다만, 복도 또는 별도로 구획된 실로서 보행거리가 40[m] 이상일 경우에는 추가로 설치해야 한다.
④ 발신기의 위치를 표시하는 표시등은 함의 상부에 설치하되, 그 불빛은 부착면으로부터 10° 이상의 범위 안에서 부착지점으로부터 10[m] 이내의 어느 곳에서도 쉽게 식별할 수 있는 적색등으로 해야 한다.

해설
발신기의 설치기준
① 조작이 쉬운 장소에 설치하고, 스위치는 바닥으로부터 0.8[m] 이상 1.5[m] 이하의 높이에 설치할 것
② 특정소방대상물의 층마다 설치하되, 해당 층의 각 부분으로부터 하나의 발신기까지의 수평거리가 25[m] 이하가 되도록 할 것. 다만, 복도 또는 별도로 구획된 실로서 보행거리가 40[m] 이상일 경우에는 추가로 설치해야 한다.
③ ②에도 불구하고 ②의 기준을 초과하는 경우로서 기둥 또는 벽이 설치되지 않은 대형공간의 경우 발신기는 설치 대상 장소의 가장 가까운 장소의 벽 또는 기둥 등에 설치할 것

④ 발신기의 위치를 표시하는 표시등은 함의 상부에 설치하되, 그 불빛은 부착면으로부터 15° 이상의 범위 안에서 부착지점으로부터 10[m] 이내의 어느 곳에서도 쉽게 식별할 수 있는 **적색등**으로 해야 한다.

107

소방펌프에 전기를 공급하는 전동기설비가 있을 때 모터의 전부하전류[A]는 약 얼마인가?(단, 전압은 단상 220[V], 모터용량은 20[kW], 역률은 90[%], 효율은 70[%]이다)

① 58　　② 83
③ 101　　④ 144

해설
전부하전류
$P = VI\cos\theta \times \eta$
$I = \dfrac{P}{V\cos\theta \times \eta} = \dfrac{20 \times 10^3}{220 \times 0.9 \times 0.7} = 144.30[A]$

108

도로터널의 화재안전기술기준상 옥내소화전설비의 설치기준으로 옳은 것은?

① 소화전함과 방수구는 편도 2차선 이상의 양방향 터널이나 4차로 이상의 일방향 터널의 경우에는 양쪽 측벽에 각각 60[m] 이내의 간격으로 엇갈리게 설치할 것
② 소화전함에는 옥내소화전 방수구 1개, 15[m] 이상의 소방호스 2본 이상 및 방수노즐을 비치할 것
③ 가압송수장치는 옥내소화전 2개(4차로 이상의 터널인 경우 3개)를 동시에 사용할 경우 각 옥내소화전의 노즐 끝부분에서의 방수압력은 0.35[MPa] 이상이고 방수량은 190[L/min] 이상이 되는 성능의 것으로 할 것
④ 방수구는 40[mm] 구경의 단구형을 옥내소화전이 설치된 도로의 바닥면으로부터 1.5[m] 이하의 높이에 설치할 것

도로터널의 옥내소화전설비의 설치기준

- 소화전함과 방수구는 주행차로 우측 측벽을 따라 50[m] 이내의 간격으로 설치하며, 편도 2차선 이상의 양방향 터널이나 4차로 이상의 일방향 터널의 경우에는 양쪽 측벽에 각각 50[m] 이내의 간격으로 엇갈리게 설치할 것
- 수원은 그 저수량이 옥내소화전의 설치개수 2개(4차로 이상의 터널의 경우 3개)를 동시에 40분 이상 사용할 수 있는 충분한 양 이상을 확보할 것
- 가압송수장치는 옥내소화전 2개(4차로 이상의 터널인 경우 3개)를 동시에 사용할 경우 각 옥내소화전의 노즐 선단(끝부분)에서의 방수압력은 0.35[MPa] 이상이고 방수량은 190[L/min] 이상이 되는 성능의 것으로 할 것. 다만, 하나의 옥내소화전을 사용하는 노즐 선단(끝부분)에서의 방수압력이 0.7[MPa]을 초과할 경우에는 호스접결구의 인입 측에 감압장치를 설치해야 한다.
- 압력수조나 고가수조가 아닌 전동기 및 내연기관에 의한 펌프를 이용하는 가압송수장치는 주펌프와 동등 이상의 성능이 있는 별도의 펌프로서 내연기관의 기동과 연동하여 작동되거나 비상전원을 연결한 예비펌프를 설치할 것
- 방수구는 40[mm] 구경의 단구형을 옥내소화전이 설치된 벽면의 바닥면으로부터 1.5[m] 이하의 높이에 설치할 것
- 소화전함에는 옥내소화전 방수구 1개, 15[m] 이상의 소방호스 3본 이상 및 방수노즐을 비치할 것
- 옥내소화전설비의 비상전원은 40분 이상 작동할 수 있을 것

109

간이스프링클러설비의 화재안전기술기준상 급수배관의 설치기준으로 옳지 않은 것은?

① 상수도직결형의 경우에는 수도배관 호칭지름 25[mm] 이상의 배관이어야 한다.
② 배관과 연결되는 이음쇠 등의 부속품은 물이 고이는 현상을 방지하는 조치를 해야 한다.
③ 급수를 차단할 수 있는 개폐밸브는 개폐표시형으로 해야 한다.
④ 수리계산에 의하는 경우 가지배관의 유속은 6[m/s], 그 밖의 배관의 유속은 10[m/s]를 초과할 수 없다.

간이스프링클러설비 급수배관의 설치기준

- 전용으로 할 것. 다만, **상수도직결형의 경우에는** 수도배관 호칭지름 **32[mm] 이상**의 배관이어야 하고, 간이헤드가 개방될 경우에는 유수신호 작동과 동시에 다른 용도로 사용하는 배관의 송수를 자동 차단할 수 있도록 해야 하며, 배관과 연결되는 이음쇠 등의 부속품은 물이 고이는 현상을 방지하는 조치를 해야 한다.

- 급수를 차단할 수 있는 개폐밸브는 개폐표시형으로 할 것. 이 경우 펌프의 흡입측 배관에는 버터플라이밸브외의 개폐표시형밸브를 설치해야 한다.
- 배관의 구경은 제5조 제1항에 적합하도록 수리계산에 의하거나 별표 1의 기준에 따라 설치할 것. 다만, 수리계산에 의하는 경우 가지배관의 유속은 6[m/s], 그 밖의 배관의 유속은 10[m/s]를 초과할 수 없다.

110

P형 1급 수신기와 감지기 사이에 배선회로에서 종단저항은 10[kΩ], 배선저항 100[Ω], 릴레이저항은 800[Ω]이며 회로전압은 24[V]일 때 감지기 동작 시 흐르는 전류[mA]는 약 얼마인가?

① 11.63 ② 12.63
③ 23.67 ④ 26.67

전 류

- 감지기 감시회로 전류

$$I = \frac{회로전압}{릴레이저항 + 배선저항 + 종단저항}[A]$$

- 감지기 동작 시 전류

$$I = \frac{회로전압}{릴레이저항 + 배선저항} = \frac{24}{800 + 100}$$
$$= 0.02667[A] = 26.67[mA]$$

111

고층건축물의 화재안전기술기준상 피난안전구역에 설치하는 소방시설 설치기준으로 옳지 않은 것은?

① 피난유도선 설치기준에서 피난유도 표시부의 너비는 최소 25[mm] 이상으로 설치할 것
② 인명구조기구는 피난안전구역이 50층 이상에 설치되어 있을 경우에는 동일한 성능의 예비용기를 5개이상 비치할 것
③ 비상조명등은 상시 조명이 소등된 상태에서 그 비상조명등이 점등되는 경우 각 부분의 바닥에서 조도는 10[lx] 이상이 될 수 있도록 설치할 것
④ 제연설비는 피난안전구역과 비제연구역 간의 차압은 50[Pa](옥내에 스프링클러설비가 설치된 경우에는 12.5[Pa]) 이상으로 해야 한다.

해설

피난안전구역에 설치하는 소방시설 설치기준

구 분	설치기준
제연설비	피난안전구역과 비제연구역 간의 차압은 50[Pa](옥내에 스프링클러설비가 설치된 경우에는 12.5 [Pa] **이상**)으로 해야 한다. 다만 피난안전구역의 한쪽 면 이상이 외기에 개방된 구조의 경우에는 설치하지 않을 수 있다.
피난 유도선	피난유도선은 다음의 기준에 따라 설치해야 한다. 가. 피난안전구역이 설치된 층의 계단실 출입구에서 피난안전구역 주 출입구 또는 비상구까지 설치할 것 나. 계단실에 설치하는 경우 계단 및 계단참에 설치할 것 다. **피난유도 표시부의 너비는 최소 25[mm] 이상**으로 설치할 것 라. 광원점등방식(전류에 의하여 빛을 내는 방식)으로 설치하되, 60분 이상 유효하게 작동할 것
비상 조명등	피난안전구역의 **비상조명등**은 상시 조명이 소등된 상태에서 그 비상조명등이 점등되는 경우 각 부분의 바닥에서 조도는 10[lx] **이상**이 될 수 있도록 설치할 것
휴대용 비상 조명등	가. 피난안전구역에는 휴대용 비상조명등을 다음의 기준에 따라 설치해야 한다. 　1) 초고층 건축물에 설치된 피난안전구역 : 피난안전구역 위층의 재실자수(건축물의 피난·방화구조 등의 기준에 관한 규칙 별표 1의2에 따라 산정된 재실자 수를 말한다)의 1/10 이상 　2) 지하연계 복합건축물에 설치된 피난안전구역 : 피난안전구역이 설치된 층의 수용인원(영 별표 2에 따라 산정된 수용인원을 말한다)의 1/10 이상 나. 건전지 및 충전식 건전지의 용량은 40분 이상 유효하게 사용할 수 있는 것으로 한다. 다만, 피난안전구역이 50층 이상에 설치되어 있을 경우의 용량은 60분 이상으로 할 것
인명구조 기구	가. 방열복, 인공소생기를 각 2개 이상 비치할 것 나. 45분 이상 사용할 수 있는 성능의 공기호흡기(보조마스크를 포함한다)를 2개 이상 비치해야 한다. 다만, **피난안전구역이 50층 이상에 설치되어 있을 경우에는 동일한 성능의 예비용기를 10개 이상** 비치할 것 다. 화재 시 쉽게 반출할 수 있는 곳에 비치할 것 라. 인명구조기구가 설치된 장소의 보기 쉬운 곳에 "인명구조기구"라는 표지판 등을 설치할 것

112

소방펌프의 정격유량과 압력이 각각 0.1[m³/s] 및 0.5[MPa]일 경우 펌프의 수동력[kW]은 약 얼마인가?

① 30 ② 40
③ 50 ④ 60

해설

펌프의 수동력

$$수동력 \ P[\text{kW}] = \gamma QH$$

여기서, γ : 물의 비중량(9.8[kN/m³])
$\quad\quad Q$: 토출량(0.1[m³/s])
$\quad\quad H$: 전양정
$\quad\quad (\dfrac{0.5[\text{MPa}]}{0.101325[\text{MPa}]} \times 10.332[\text{m}]$
$\quad\quad = 50.98[\text{m}])$
$\therefore P[\text{kW}] = 9.8 \times 0.1 \times 50.98$
$\quad\quad\quad = 49.96[\text{kW}]$

113

지상 40층짜리 아파트에 스프링클러설비가 설치되어 있고 세대별 헤드 수가 8개일 때 확보해야 할 수원의 양[m³]은?(단, 옥상수조 수원의 양은 고려하지 않는다)

① 12.8 ② 16.0
③ 25.6 ④ 32.0

해설

수원

• 헤드 수 : 8개
• 방사시간
　－ 29층 이하 : 20분
　－ 30층 이상 49층 이하 : 40분
　－ 50층 이상 : 60분
∴ 수원 = 8개 × 80[L/min] × 40[min]
　　　 = 25,600[L] = 25.6[m³]

$$1[\text{m}^3] = 1,000[\text{L}]$$

114

물분무소화설비의 화재안전기술기준상 수원의 저수량 기준으로 옳은 것은?

① 컨베이어 벨트 등은 벨트부분의 바닥면적 1[m²]에 대하여 8[L/min]로 20분간 방수할 수 있는 양 이상으로 할 것

② 차고 또는 주차장은 그 바닥면적 1[m²]에 대하여 10[L/min]로 20분간 방수할 수 있는 양 이상으로 할 것

③ 절연유 봉입 변압기는 바닥부분을 제외한 표면적을 합한 면적 1[m²]에 대하여 8[L/min]로 20분간 방수할 수 있는 양 이상으로 할 것

④ 케이블 트레이, 케이블 덕트 등은 투영된 바닥면적 1[m²]에 대하여 12[L/min]로 20분간 방수할 수 있는 양 이상으로 할 것

해설

물분무소화설비의 수원

소방대상물	펌프의 토출량[L/min]	수원의 양[L]
특수가연물 저장, 취급	바닥면적(50[m²] 이하는 50[m²]로) × 10[L/min · m²]	바닥면적(50[m²] 이하는 50[m²]로) × 10[L/min · m²] × 20[min]
차고, 주차장	바닥면적(50[m²] 이하는 50[m²]로) × 20[L/min · m²]	바닥면적(50[m²] 이하는 50[m²]로) × 20[L/min · m²] × 20[min]
절연유 봉입변압기	표면적(바닥부분 제외) × 10[L/min · m²]	표면적(바닥부분 제외) × 10[L/min · m²] × 20[min]
케이블 트레이, 케이블 덕트	투영된 바닥면적 × 12[L/min · m²]	투영된 바닥면적 × 12[L/min · m²] × 20[min]
컨베이어 벨트	벨트 부분의 바닥면적 × 10[L/min · m²]	벨트 부분의 바닥면적 × 10[L/min · m²] × 20[min]

115

옥외소화전설비의 화재안전기술기준상 소화전함 설치 기준으로 옳지 않은 것은?

① 옥외소화전이 10개 이하 설치된 때에는 옥외소화전마다 5[m] 이내의 장소에 1개 이상의 소화전함을 설치해야 한다.

② 옥외소화전이 11개 이상 30개 이하 설치된 때에는 11개 이상의 소화전함을 각각 분산하여 설치해야 한다.

③ 옥외소화전이 31개 이상 설치된 때에는 옥외소화전 2개마다 1개 이상의 소화전함을 설치해야 한다.

④ 가압송수장치의 조작부 또는 그 부근에는 가압송수장치의 기동을 명시하는 적색등을 설치해야 한다.

해설

소화전함 설치기준

옥외소화전설비에는 옥외소화전마다 그로부터 5[m] 이내의 장소에 소화전함을 다음의 기준에 따라 설치해야 한다.

• 옥외소화전이 10개 이하 설치된 때에는 옥외소화전마다 5[m] 이내의 장소에 1개 이상의 소화전함을 설치해야 한다.
• 옥외소화전이 11개 이상 30개 이하 설치된 때에는 11개 이상의 소화전함을 각각 분산하여 설치해야 한다.
• 옥외소화전이 31개 이상 설치된 때에는 옥외소화전 3개마다 1개 이상의 소화전함을 설치해야 한다.
• 옥외소화전설비의 소화전함 표면에는 "옥외소화전"이라고 표시한 표지를 하고, 가압송수장치의 조작부 또는 그 부근에는 가압송수장치의 기동을 명시하는 적색등을 설치해야 한다.

116

지상 11층의 내화구조 건물에서 특별피난계단용 부속실의 급기 가압용 송풍기의 동력[kW]은 약 얼마인가?

- 총 누설량 : 2.1[m³/s]
- 총 보충량 : 0.75[m³/s]
- 송풍기 모터효율 : 50[%]
- 송풍기 압력 : 1,000[Pa]
- 전달계수 : 1.1
- 송풍기 풍량의 여유율 : 15[%]

① 1.68　　　　② 7.21
③ 16.8　　　　④ 72.1

해설

송풍기의 동력

$$동력\ P[\text{kW}] = \frac{Q \times P_r}{102 \times \eta}$$

여기서, Q : 풍량[m³/s], P_r : 풍압[kg_f/m²]
η : 효율[%]

$$\therefore P[\text{kW}] = \frac{Q \times P_r}{102 \times \eta}$$

$$= \frac{[(2.1+0.75)[\text{m}^3/\text{s}] \times 1.15] \times}{\left(\frac{1,000[\text{Pa}]}{101,325[\text{Pa}]} \times 10,332[\text{kgf}/\text{m}^2]\right)}{102 \times 0.5} \times 1.1$$

$$= 7.21[\text{kW}]$$

117

이산화탄소 소화설비 화재안전기술기준상 호스릴 이산화탄소 소화설비 설치 기준으로 옳지 않은 것은?

① 방호대상물의 각 부분으로부터 하나의 호스접결구까지의 수평거리가 15[m] 이하가 되도록 할 것
② 노즐은 20[℃]에서 하나의 노즐마다 50[kg/min] 이상의 소화약제를 방출할 수 있는 것으로 할 것
③ 소화약제 저장용기는 호스릴을 설치하는 장소마다 설치할 것
④ 화재 시 현저하게 연기가 찰 우려가 없는 장소로서 지상 1층 및 피난층에 있는 부분으로서 지상에서 수동 또는 원격조작에 따라 개방할 수 있는 개구부의 유효면적의 합계가 바닥면적의 15[%] 이상이 되는 부분에 설치할 수 있다.

해설

호스릴 이산화탄소 소화설비 설치기준
• 방호대상물의 각 부분으로부터 하나의 호스접결구까지의 **수평거리가 15[m] 이하**가 되도록 할 것
• 노즐은 20[℃]에서 하나의 노즐마다 **60[kg/min] 이상**의 소화약제를 방출할 수 있는 것으로 할 것
• 소화약제 저장용기는 **호스릴을 설치하는 장소**마다 설치할 것
• 소화약제 저장용기의 개방밸브는 호스의 설치장소에서 수동으로 개폐할 수 있는 것으로 할 것
• 소화약제 저장용기의 가장 가까운 곳의 보기 쉬운 곳에 표시등을 설치하고, 호스릴 이산화탄소 소화설비가 있다는 뜻을 표시한 표지를 할 것
• 화재 시 현저하게 연기가 찰 우려가 없는 장소로서 다음 각 호의 어느 하나에 해당하는 장소(차고 또는 주차의 용도로 사용되는 부분 제외)에는 호스릴 이산화탄소 소화설비를 설치할 수 있다.
 – 지상 1층 및 피난층에 있는 부분으로서 지상에서 수동 또는 원격조작에 따라 개방할 수 있는 개구부의 유효면적의 합계가 바닥면적의 **15[%] 이상**이 되는 부분
 – 전기설비가 설치되어 있는 부분 또는 다량의 화기를 사용하는 부분(해당 설비의 주위 5[m] 이내의 부분을 포함한다)의 바닥면적이 해당 설비가 설치되어 있는 구획의 바닥면적의 1/5 미만이 되는 부분

118

할로겐화합물 및 불활성기체소화설비의 화재안전기술기준상 용어의 정의로 옳지 않은 것은?

① "할로겐화합물 및 불활성기체소화약제"란 할로겐화합물(할론1301, 할론2402, 할론1211 제외) 및 불활성기체로서 전기적으로 전도성이며 휘발성이 있거나 증발 후 잔여물을 남기지 않는 소화약제를 말한다.
② "할로겐화합물소화약제"란 플루오린, 염소, 브로민 또는 아이오딘 중 하나 이상의 원소를 포함하고 있는 유기화합물을 기본성분으로 하는 소화약제를 말한다.
③ "불활성기체소화약제"란 헬륨, 네온, 아르곤 또는 질소가스 중 하나 이상의 원소를 기본성분으로 하는 소화약제를 말한다.
④ "충전밀도"란 용기의 단위용적당 소화약제의 중량의 비율을 말한다.

해설

용어의 정의
• 할로겐화합물 및 불활성기체소화약제 : 할로겐화합물(할론1301, 할론2402, 할론1211 제외) 및 불활성기체로서 전기적으로 **비전도성**이며 휘발성이 있거나 증발 후 잔여물을 남기지 않는 소화약제
• 할로겐화합물소화약제 : 플루오린, 염소, 브로민 또는 아이오딘 중 하나 이상의 원소를 포함하고 있는 유기화합물을 기본성분으로 하는 소화약제
• 불활성기체소화약제 : 헬륨, 네온, 아르곤 또는 질소가스 중 하나 이상의 원소를 기본성분으로 하는 소화약제
• 충전밀도 : 용기의 단위용적당 소화약제의 중량의 비율

119

피난기구의 화재안전기술기준이다. ( )에 들어갈 피난기구로 옳은 것은?

> 피난기구를 설치하는 개구부는 서로 동일직선상이 아닌 위치에 있을 것. 다만, (ㄱ)·(ㄴ)·(ㄷ)·아파트에 설치되는 피난기구(다수인 피난장비는 제외한다) 기타 피난상 지장이 없는 것에 있어서는 그렇지 않다.

① ㄱ : 구조대, ㄴ : 피난교, ㄷ : 피난용트랩
② ㄱ : 구조대, ㄴ : 피난교, ㄷ : 간이완강기
③ ㄱ : 피난교, ㄴ : 피난용트랩, ㄷ : 피난사다리
④ ㄱ : 피난교, ㄴ : 피난용트랩, ㄷ : 간이완강기

피난기구의 설치기준
- 피난기구는 계단·피난구 기타 피난시설로부터 적당한 거리에 있는 안전한 구조로 된 피난 또는 소화활동상 유효한 개구부(가로 0.5[m] 이상 세로 1[m] 이상인 것을 말한다. 이 경우 개구부 하단이 바닥에서 1.2[m] 이상이면 발판 등을 설치해야 하고, 밀폐된 창문은 쉽게 파괴할 수 있는 파괴장치를 비치해야 한다)에 고정하여 설치하거나 필요한 때에 신속하고 유효하게 설치할 수 있는 상태에 둘 것
- 피난기구를 설치하는 개구부는 서로 동일직선상이 아닌 위치에 있을 것. 다만, **피난교·피난용트랩·간이완강기·아파트**에 설치되는 피난기구(다수인 피난장비는 제외한다) 기타 피난 상 지장이 없는 것에 있어서는 그렇지 않다.
- 피난기구는 특정소방대상물의 기둥·바닥·보 기타 구조상 견고한 부분에 볼트조임·매입·용접 기타의 방법으로 견고하게 부착할 것
- 4층 이상의 층에 피난사다리(하향식 피난구용 내림식사다리는 제외한다)를 설치하는 경우에는 금속성 고정사다리를 설치하고, 해당 고정사다리에는 쉽게 피난할 수 있는 구조의 노대를 설치할 것
- 완강기로프의 길이는 부착 위치에서 지면 기타 피난상 유효한 착지면까지의 길이로 할 것
- 미끄럼대는 안전한 강하속도를 유지하도록 하고, 전락방지를 위한 안전조치를 할 것
- 미끄럼대는 안전한 강하속도를 유지하도록 하고, 전락방지를 위한 안전조치를 할 것
- 구조대의 길이는 피난상 지장이 없고 안정한 강하속도를 유지할 수 있는 길이로 할 것

120

소방시설의 내진설계 기준상 수평배관 흔들림 방지 버팀대 설치기준으로 옳은 것은?

① 횡방향 흔들림 방지 버팀대의 설계하중은 설치된 위치의 좌우 5[m]를 포함한 15[m] 내의 배관에 작용하는 횡방향 수평지진하중으로 산정한다.

② 횡방향 흔들림 방지 버팀대는 배관구경에 관계없이 모든 주배관, 교차배관에 설치해야 한다.

③ 마지막 버팀대와 배관 단부 사이의 거리는 2[m]를 초과하지 않아야 한다.

④ 버팀대의 간격은 중심선 기준으로 최대간격이 15[m]를 초과하지 않아야 한다.

① 횡방향 흔들림 방지 버팀대의 설계하중은 설치된 위치의 좌우 6[m]를 포함한 12[m] 이내의 배관에 작용하는 횡방향 수평지진하중으로 영향구역 내의 수평주행배관, 교차배관, 가지배관의 하중을 포함하여 산정한다.

② 배관 구경에 관계없이 모든 수평주행배관·교차배관 및 옥내소화전설비의 수평배관에 설치해야 하고, 가지배관 및 기타배관에는 구경 65[mm] 이상인 배관에 설치해야 한다. 다만, 옥내소화전설비의 수직배관에서 분기된 구경 50[mm] 이하의 수평배관에 설치되는 소화전함이 1개인 경우에는 횡방향 흔들림 방지 버팀대를 설치하지 않을 수 있다.

③ 마지막 흔들림 방지 버팀대와 배관 단부 사이의 거리는 1.8[m]를 초과하지 않아야 한다.

④ 흔들림 방지 버팀대의 간격은 중심선을 기준으로 최대간격이 12[m]를 초과하지 않아야 한다.

121

연결송수관설비의 화재안전기술기준상 송수구가 부설된 옥내소화전을 설치한 특정소방대상물 중 방수구를 설치하지 않아도 되는 층은?

① 지하층의 층수가 2 이하인 숙박시설의 지하층

② 지하층의 층수가 2 이하인 창고시설의 지하층

③ 지하층의 층수가 2 이하인 관람장의 지하층

④ 지하층의 층수가 2 이하인 공장의 지하층

방수구의 설치기준
① 연결송수관설비의 방수구는 그 특정소방대상물의 층마다 설치할 것. 다만, 다음의 어느 하나에 해당하는 층에는 **설치하지 않을 수 있다.**
　㉠ 아파트의 1층 및 2층
　㉡ 소방차의 접근이 가능하고 소방대원이 소방차로부터 각 부분에 쉽게 도달할 수 있는 피난층
　㉢ 송수구가 부설된 옥내소화전을 설치한 특정소방대상물(집회장·**관람장**·백화점·도매시장·소매시장·판매시설·**공장**·**창고시설** 또는 지하가를 **제외**한다)로서 다음의 어느 하나에 해당하는 층
　　• 지하층을 제외한 층수가 4층 이하이고 연면적이 6,000[m²] 미만인 특정소방대상물의 지상층
　　• **지하층의 층수가 2 이하인 특정소방대상물의 지하층**
② 아파트 또는 바닥면적이 1,000[m²] 미만인 층에 있어서는 계단(계단이 2 이상 있는 경우에는 그중 1개의 계단을 말한다)으로부터 5[m] 이내에 설치할 것. 이 경우 부속실이 있는 계단은 부속실의 옥내 출입구로부터 5[m] 이내에 설치할 수 있다.
③ 바닥면적 1,000[m²] 이상인 층(아파트를 제외한다)에 있어서는 각 계단(계단의 부속실을 포함하며 계단이 3 이상 있는 층의 경우에는 그중 2개의 계단을 말한다)으로부터 5[m] 이내에 설치할 것. 이 경우 부속실이 있는 계단은 부속실의 옥내 출입구로부터 5[m] 이내에 설치할 수 있다.
④ ②, ③에 따라 설치하는 방수구로부터 그 층의 각 부분까지의 거리가 다음의 기준을 초과하는 경우에는 그 기준 이하가 되도록 방수구를 추가하여 설치할 것

① 지하가(터널은 제외한다) 또는 지하층의 바닥면적의 합계가 3,000[m²] 이상 : 수평거리 25[m]
ⓛ ⊙에 해당하지 않는 것 : 수평거리 50[m]
⑤ 11층 이상의 부분에 설치하는 방수구는 쌍구형으로 할 것. 다만, 다음의 어느 하나에 해당하는 층에는 단구형으로 설치할 수 있다.
⊙ 아파트의 용도로 사용되는 층
ⓛ 스프링클러설비가 유효하게 설치되어 있고 방수구가 2개소 이상 설치된 층

122

특별피난계단의 계단실 및 부속실 제연설비의 화재안전기술기준상 수직풍도에 따른 배출기준으로 옳지 않은 것은?

① 배출댐퍼는 두께 1.5[mm] 이상의 강판 또는 이와 동등 이상의 성능이 있는 것으로 설치해야 하며 비 내식성 재료의 경우에는 부식방지 조치를 할 것
② 수직풍도의 내부면은 두께 0.5[mm] 이상의 아연도 금강판 또는 동등 이상의 내식성·내열성이 있는 것으로 마감되는 접합부에 대하여는 통기성이 없도록 조치할 것
③ 화재층의 옥내에 설치된 화재감지기의 동작에 따라 전 층의 댐퍼가 개방될 것
④ 열기류에 노출되는 송풍기 및 그 부품들은 250[℃]의 온도에서 1시간 이상 가동상태를 유지할 것

해설

수직풍도에 따른 배출기준

① 수직풍도는 내화구조로 하되 건축물의 피난·방화구조 등의 기준에 관한 규칙 제3조 제1호 또는 제2호의 기준 이상의 성능으로 할 것
② 수직풍도의 내부면은 두께 0.5[mm] 이상의 아연도금강판 또는 동등 이상의 내식성·내열성이 있는 것으로 마감되는 접합부에 대하여는 통기성이 없도록 조치할 것
③ 각층의 옥내와 면하는 수직풍도의 관통부에 설치하는 배출 댐퍼의 기준
⊙ 배출댐퍼는 두께 1.5[mm] 이상의 강판 또는 이와 동등 이상의 성능이 있는 것으로 설치해야 하며 비내식성 재료의 경우에는 부식방지 조치를 할 것
ⓛ 평상시 닫힌 구조로 기밀상태를 유지할 것
ⓒ 개폐여부를 해당 장치 및 제어반에서 확인할 수 있는 감지기능을 내장하고 있을 것
ⓔ 구동부의 작동상태와 닫혀 있을 때의 기밀상태를 수시로 점검할 수 있는 구조일 것
ⓜ 풍도의 내부마감상태에 대한 점검 및 댐퍼의 정비가 가능한 이·탈착구조로 할 것

ⓗ 화재 층에 설치된 **화재감지기의 동작**에 따라 **해당 층의 댐퍼가 개방**될 것
ⓢ 개방 시의 실제개구부(개구율을 감안한 것을 말한다)의 크기는 2.11.1.4의 기준에 따라 수직풍도의 최소 내부단면적 이상으로 할 것
ⓞ 댐퍼는 풍도 내의 공기흐름에 지장을 주지 않도록 수직풍도의 내부로 돌출하지 않게 설치할 것
④ 수직풍도의 내부단면적은 다음의 기준에 적합할 것
⊙ 자연배출식의 경우 다음 식에 따라 산출하는 수치 이상으로 할 것. 다만, 수직풍도의 길이가 100[m]를 초과하는 경우에는 산출수치의 1.2배 이상의 수치를 기준으로 해야 한다.

$$A_P = Q_N \,/\, 2$$

여기서, A_P : 수직풍도의 내부단면적[m²]
Q_N : 수직풍도가 담당하는 1개 층의 제연구역의 출입문(옥내와 면하는 출입문을 말한다) 1개의 면적[m²]과 방연풍속[m/s]을 곱한 값[m³/s]

ⓛ 송풍기를 이용한 기계배출식의 경우 풍속 15[m/s] 이하로 할 것
⑤ 기계배출식에 따라 배출하는 경우 배출용 송풍기는 다음의 기준에 적합할 것
⊙ **열기류에 노출되는 송풍기** 및 그 부품들은 250[℃]의 온도에서 **1시간 이상 가동상태**를 유지할 것
ⓛ 송풍기의 풍량은 ④ ⊙의 기준에 따른 Q_N에 여유량을 더한 양을 기준으로 할 것
ⓒ 송풍기는 화재감지기의 동작에 따라 연동하도록 할 것
ⓔ 송풍기의 풍량을 실측할 수 있는 유효한 조치를 할 것
ⓜ 송풍기는 다른 장소와 구획되고 접근과 점검이 용이한 장소에 설치할 것
⑥ 수직풍도의 상부의 말단(기계배출식의 송풍기도 포함한다)은 빗물이 흘러들지 않는 구조로 하고, 옥외의 풍압에 따라 배출성능이 감소하지 않도록 유효한 조치를 할 것

123

바닥면적이 가로 30[m], 세로 20[m]인 아래의 특정소방대상물에서 소화기구의 능력단위를 산정한 값으로 옳은 것은?(단, 건축물의 주요구조부는 내화구조가 아님)

ㄱ : 숙박시설	ㄴ : 장례식장
ㄷ : 위락시설	ㄹ : 교육연구시설

① ㄱ : 6, ㄴ : 12, ㄷ : 20, ㄹ : 3
② ㄱ : 12, ㄴ : 6, ㄷ : 12, ㄹ : 6
③ ㄱ : 6, ㄴ : 6, ㄷ : 12, ㄹ : 3
④ ㄱ : 12, ㄴ : 12, ㄷ : 20, ㄹ : 6

소화기구의 능력단위

특정소방대상물	소화기구의 능력단위
1. 위락시설	해당 용도의 바닥면적 30[m²] 마다 능력단위 1단위 이상
2. 공연장·집회장·관람장·문화재·장례식장 및 의료시설	해당 용도의 바닥면적 50[m²] 마다 능력단위 1단위 이상
3. 근린생활시설·판매시설·운수시설·**숙박시설**·노유자시설·전시장·공동주택·업무시설·방송통신시설·공장·창고시설·항공기 및 자동차 관련 시설 및 관광휴게시설	해당 용도의 바닥면적 100[m²] 마다 능력단위 1단위 이상
4. 그 밖의 것(교육연구시설)	해당 용도의 바닥면적 200[m²] 마다 능력단위 1단위 이상

[비고]
소화기구의 능력단위를 산출함에 있어서 건축물의 주요구조부가 내화구조이고, 벽 및 반자의 실내에 면하는 부분이 불연재료·준불연재료 또는 난연재료로 된 특정소방대상물에 있어서는 위 표의 **바닥면적의 2배**를 해당 특정소방대상물의 기준면적으로 한다.

∴ 소화기구의 능력단위
ㄱ. 숙박시설 : (30[m] × 20[m])/100[m²] = 6단위
ㄴ. 장례식장 : (30[m] × 20[m])/50[m²] = 12단위
ㄷ. 위락시설 : (30[m] × 20[m])/30[m²] = 20단위
ㄹ. 교육연구시설 : (30[m] × 20[m])/200[m²] = 3단위

124

특별피난계단의 계단실 및 부속실 제연설비의 화재안전기술기준상 제연구역으로부터 공기가 누설하는 출입문의 틈새면적을 산출하는 기준이다. ( )에 들어갈 값으로 옳은 것은?

$$A = (L/l) \times Ad$$

A : 출입문의 틈새[m²]
L : 출입문 틈새의 길이[m]
l : 외여닫이문이 설치되어 있는 경우에는 5.6, 쌍여닫이문이 설치되어 있는 경우에는 9.2, 승강기의 출입문이 설치되어 있는 경우에는 8.0으로 할 것
Ad : 외여닫이문으로 제연구역의 실내 쪽으로 열리도록 설치하는 경우에는 (ㄱ) 제연구역의 실외 쪽으로 열리도록 설치하는 경우에는 (ㄴ), 쌍여닫이문의 경우에는 (ㄷ), 승강기의 출입문에 대하여는 0.06 으로 할 것

① ㄱ : 0.01, ㄴ : 0.02, ㄷ : 0.03
② ㄱ : 0.02, ㄴ : 0.03, ㄷ : 0.04
③ ㄱ : 0.03, ㄴ : 0.04, ㄷ : 0.05
④ ㄱ : 0.04, ㄴ : 0.05, ㄷ : 0.06

출입문의 틈새면적을 산출하는 기준

$$A = (L/l) \times Ad$$

여기서, A : 출입문의 틈새[m²]
L : 출입문 틈새의 길이[m]. 다만, L의 수치가 l의 수치 이하인 경우에는 l의 수치로 할 것
l : 외여닫이문이 설치되어 있는 경우에는 5.6, 쌍여닫이문이 설치되어 있는 경우에는 9.2, 승강기의 출입문이 설치되어 있는 경우에는 8.0으로 할 것
Ad : 외여닫이문으로 제연구역의 실내 쪽으로 열리도록 설치하는 경우에는 0.01, 제연구역의 실외 쪽으로 열리도록 설치하는 경우에는 0.02, 쌍여닫이문의 경우에는 0.03, 승강기의 출입문에 대하여는 0.06으로 할 것

125

내화건축물 소화용수설비 최소 유효저수량[m³]은?(단, 소수점 이하의 수는 1로 본다)

• 지상 8층
• 각 층의 바닥면적은 각각 5,000[m²]
• 대지면적은 25,000[m²]

① 60
② 80
③ 100
④ 120

유효저수량

소화수조 또는 저수조의 저수량은 특정소방대상물의 연면적을 다음 표에 따른 기준면적으로 나누어 얻은 수(소수점 이하의 수는 1로 본다)에 20[m³]를 곱한 양 이상이 되도록 해야 한다.

소방대상물의 구분	면 적
1. 1층 및 2층의 바닥면적 합계가 15,000[m²] 이상인 소방대상물	7,500m²]
2. 제1호에 해당하지 않는 그 밖의 소방대상물	12,500[m²]

∴ 수원 = (연면적/기준면적) × 20[m³]
= (8층 × 5,000 [m²])/12,500[m²]
= 3.2 ⟹ 4 × 20[m³] = 80[m³]

2021년 5월 8일 시행

과년도 기출문제

001

최소발화에너지(MIE)에 영향을 주는 요소에 관한 내용으로 옳지 않은 것은?

① MIE는 온도가 상승하면 작아진다.
② MIE는 압력이 상승하면 작아진다.
③ MIE는 화학양론적 조성 부근에서 가장 크다.
④ MIE는 연소속도가 빠를수록 작아진다.

해설

최소착화에너지(MIE)가 낮아지는 조건

• 온도와 압력이 높을 때
• 산소의 농도가 높을 때
• 표면적이 넓을 때
• 연소속도가 빠를 때
• 가연성가스의 조성이 완전연소 조성농도의 부근일 경우 MIE는 최저가 된다.

> MIE는 처음 연소에 필요한 에너지로서 작을수록 위험하다.

002

화재를 일으키는 열원과 그 종류의 연결로 옳지 않은 것은?

① 화학적 열원 - 발효열, 유전발열, 압축열
② 기계적 열원 - 압축열, 마찰열, 마찰스파크
③ 전기적 열원 - 유전발열, 저항발열, 유도발열
④ 화학적 열원 - 분해열, 중합열, 흡착열

해설

열에너지(열원)의 종류

• **화학열**
  ① 연소열 : 어떤 물질이 완전히 산화되는 과정에서 발생하는 열(물과 이산화탄소가 생성되는 열)
  ② 분해열 : 어떤 화합물이 분해할 때 발생하는 열
  ③ 용해열 : 어떤 물질이 액체에 용해될 때 발생하는 열

④ 자연발화 : 어떤 물질이 외부열의 공급 없이 온도가 상승하여 발화점 이상에서 연소하는 현상

• **전기열**
  ① 저항열 : 도체에 전류가 흐르면 전기저항 때문에 전기에너지의 일부가 열로 변할 때 발생하는 열(백열전구에서 열이 발생하는 것은 전구 내의 필라멘트의 저항에 기인한다)
  ② 유전열 : 누설전류에 의해 절연물질이 가열하여 절연이 파괴되어 발생하는 열
  ③ 유도열 : 도체 주위에 변화하는 자장이 존재하면 전위차를 발생하고 이 전위차로 전류의 흐름이 일어나 도체의 저항 때문에 열이 발생하는 것
  ④ 정전기열 : 정전기가 방전할 때 발생하는 열
  ⑤ 아크열 : 보통전류가 흐르는 회로가 나이프스위치에 의하여 또는 우발적인 접촉이나 접점이 느슨하여 전류가 끊어질 때 발생하는 열(아크의 온도는 매우 높기 때문에 인화성 물질을 점화시킬 수 있다)

• **기계열**
  ① 마찰열 : 두 물체를 마주대고 마찰시킬 때 발생하는 열
  ② 압축열 : 기체를 압축할 때 발생하는 열로서 디젤엔진을 압축하면 발생되는 열로 인하여 연료와 공기의 혼합가스가 점화되는 경우이다.
  ③ 마찰 스파크열 : 금속과 고체물체가 충돌할 때 발생하는 열로서 철제공구를 콘크리트 바닥에 떨어뜨리면 마찰스파크가 발생하는 경우이다.

003

화재의 소화방법과 소화효과의 연결로 옳지 않은 것은?

① 물리적 소화 - 질식소화 - 산소 차단
② 화학적 소화 - 질식소화 - 점화에너지 차단
③ 물리적 소화 - 제거소화 - 가연물 차단
④ 화학적 소화 - 억제소화 - 연쇄반응 차단

해설

질식소화는 산소의 농도를 15[%] 이하로 낮추어 소화하는 방법으로 산소 차단이다.

004

분말소화약제의 종별에 따른 주성분 및 화재적응성을 나열한 것으로 옳지 않은 것은?

① 제1종 - 탄산수소나트륨 - B, C급
② 제2종 - 탄산수소칼륨 - B, C급
③ 제3종 - 제1인산암모늄 - A, B, C급
④ 제4종 - 인산 + 요소 - A, B, C급

해설

분말소화약제의 성상

종 류	주성분	착 색	적응 화재
제1종 분말	탄산수소나트륨, 중탄산나트륨 (NaHCO₃)	백 색	B, C급
제2종 분말	탄산수소칼륨, 중탄산칼륨 (KHCO₃)	담회색	B, C급
제3종 분말	제일인산암모늄, 인산암모늄 (NH₄H₂PO₄)	담홍색	A, B, C급
제4종 분말	탄산수소칼륨 + 요소 (KHCO₃ + (NH₂)₂CO)	회 색	B, C급

005

폭발의 종류와 형식 중 응상폭발이 아닌 것은?

① 가스폭발
② 전선폭발
③ 수증기폭발
④ 액화가스의 증기폭발

해설

폭발의 종류(물리적인 상태에 따라 구분)

종 류	정 의	종 류
응상 폭발	용융 금속이나 금속조각 같은 고온물질이 물속에 투입되었을 때 물이 급격한 과열상태로 비등하여 폭발하는 현상	• 수증기폭발 • 액화가스의 증기폭발 • 과열액체 증기폭발 • 전선폭발
기상 폭발	가연성가스와 조연성가스의 혼합기체에서 발생하는 폭발	• 가스폭발 • 가스의 분해폭발 • 분무폭발 • 분진폭발 • 증기운폭발

006

소화기구 및 자동소화장치의 화재안전기술기준상 주방에서 동·식물유를 취급하는 조리기구에서 일어나는 화재를 나타내는 등급으로 옳은 것은?

① A급 화재
② B급 화재
③ C급 화재
④ K급 화재

해설

K급 화재

주방에서 식용유 취급 시 발생하는 화재로서 기존의 건축물에 설치하는 소화기 외에 주방에는 1개 이상의 K급소화기를 설치해야 한다.

007

화재 시 열적 손상에 관한 설명으로 옳지 않은 것은?

① 1도 화상은 홍반성 화상 등의 변화가 피부의 표층에 나타나는 것으로 환부가 빨갛게 되며 가벼운 통증을 수반하는 단계이다.
② 대류열과 복사열은 열적 손상으로 인한 화상을 일으킬 수 있다.
③ 마취성, 자극성, 독성 및 부식성 연소생성물은 열적 손상만을 일으킨다.
④ 3도 화상은 생체 내의 조직이나 세포가 국부적으로 죽는 괴사가 진행되는 단계이다.

해설

마취성, 자극성, 독성 및 부식성 연소생성물은 인체에 대한 손상을 일으킨다.

008

연소 메커니즘에서 확산연소와 예혼합연소에 관한 설명으로 옳지 않은 것은?

① 확산연소는 열방출속도가 높고, 예혼합연소는 열방출속도가 낮다.
② 예혼합연소에서 화염면의 압력이 전파되면 충격파를 형성한다.
③ 예혼합연소에는 분젠버너 연소, 가정용 가스기기 연소, 가스폭발 등이 있다.
④ 확산연소에는 성냥연소, 양초연소, 액면연소 등이 있다.

예혼합연소는 확산연소보다 열방출속도가 빠르다.

009

폭굉이 발생할 수 있는 조건하에서 유도거리(DID)가 짧아지는 조건으로 옳지 않은 것은?

① 압력이 높아진다.
② 점화에너지가 작아진다.
③ 관경이 가늘어진다.
④ 정상연소 속도가 빨라진다.

폭굉유도거리(DID)
• 정의 : 최초의 완만한 연소가 격렬한 폭굉으로 발전할 때까지의 거리
• **폭굉유도거리가 짧아지는 조건**
  – **압력이 높을수록**
  – 관경이 작을수록
  – 관 속에 장애물이 있는 경우
  – **점화원의 에너지가 강할수록**
  – 정상연소 속도가 빠를수록

010

건축물의 피난·방화구조 등의 기준에 관한 규칙상 건축물에 설치하는 특별피난계단 구조에 관한 기준으로 옳지 않은 것은?

① 부속실에는 예비전원에 의한 조명설비를 할 것
② 계단은 내화구조로 하고 피난층 또는 지상까지 직접 연결되도록 할 것
③ 계단실의 실내에 접하는 부분의 마감은 불연재료로 할 것
④ 계단실은 창문 등을 제외하고는 내화구조의 벽으로 구획할 것

특별피난계단의 구조(건피방 제9조)
• 건축물의 내부와 계단실은 노대를 통하여 연결하거나 외부를 향하여 열 수 있는 면적 1[m²] 이상인 창문(바닥으로부터 1[m] 이상의 높이에 설치한 것에 한한다) 또는 규정에 적합한 구조의 배연설비가 있는 면적 3[m²] 이상인 부속실을 통하여 연결할 것
• **계단실·노대 및 부속실**(비상용승강기의 승강장을 겸용하는 부속실을 포함한다)은 **창문 등을 제외하고는 내화구조의 벽으로 각각 구획할 것**
• **계단실 및 부속실의 실내에 접하는 부분**(바닥 및 반자 등 실내에 면한 모든 부분을 말한다)의 마감(마감을 위한 바탕을 포함)은 **불연재료로 할 것**
• **계단실에는 예비전원에 의한 조명설비를 할 것**
• 계단실·노대 또는 부속실에 설치하는 건축물의 바깥쪽에 접하는 창문 등(망이 들어 있는 유리의 붙박이창으로서 그 면적이 각각 1[m²] 이하인 것을 제외한다)은 계단실·노대 또는 부속실 외의 해당 건축물의 다른 부분에 설치하는 창문 등으로부터 2[m] 이상의 거리를 두고 설치할 것
• 계단실에는 노대 또는 부속실에 접하는 부분 외에는 건축물의 내부와 접하는 창문 등을 설치하지 않을 것
• 계단실의 노대 또는 부속실에 접하는 창문 등(출입구를 제외한다)은 망이 들어 있는 유리의 붙박이창으로서 그 면적을 각각 1[m²] 이하로 할 것
• 노대 및 부속실에는 계단실 외의 건축물의 내부와 접하는 창문 등(출입구를 제외한다)을 설치하지 않을 것
• 건축물의 내부에서 노대 또는 부속실로 통하는 출입구에는 60+방화문 또는 60분 방화문을 설치하고, 노대 또는 부속실로부터 계단실로 통하는 출입구에는 60+방화문, 60분 방화문 또는 영 제64조 제1항 제3호의 30분 방화문을 설치할 것. 이 경우 방화문은 언제나 닫힌 상태를 유지하거나 화재로 인한 연기 또는 불꽃을 감지하여 자동적으로 닫히는 구조로 해야 하고, 연기 또는 불꽃으로 감지하여 자동적으로 닫히는 구조로 할 수 없는 경우에는 온도를 감지하여 자동적으로 닫히는 구조로 할 수 있다.
• **계단은 내화구조로 하되, 피난층 또는 지상까지 직접 연결되도록 할 것**
• 출입구의 유효너비는 0.9[m] 이상으로 하고 피난의 방향으로 열 수 있을 것

011

건축법령상 아파트 48층의 거실 각 부분에서 가장 가까운 직통계단까지 최소 설치기준으로 옳은 것은?(단, 주요구조부가 내화구조이며, 아파트 전체 층수는 50층이다)

① 직통거리 30[m] 이하
② 보행거리 40[m] 이하
③ 직통거리 50[m] 이하
④ 보행거리 30[m] 이하

직통계단의 설치(영 제34조)

건축물의 피난층(직접 지상으로 통하는 출입구가 있는 층 및 피난안전구역을 말한다) 외의 층에서는 피난층 또는 지상으로 통하는 직통계단(경사로를 포함한다)을 거실의 각 부분으로부터 계단(거실로부터 가장 가까운 거리에 있는 1개소의 계단을 말한다)에 이르는 보행거리가 30[m] 이하가 되도록 설치해야 한다.

- 건축물(지하층에 설치하는 것으로서 바닥면적의 합계가 300[m²] 이상인 공연장·집회장·관람장 및 전시장은 제외한다)의 주요구조부가 내화구조 또는 불연재료로 된 건축물은 그 보행거리가 50[m] 이하가 되도록 설치할 수 있다.
- 층수가 16층 이상인 **공동주택의 경우 16층 이상인 층 : 보행거리 40[m] 이하가 되도록 설치**
- 자동화 생산시설에 스프링클러설비 등 자동식 소화설비를 설치한 공장으로서 국토교통부령으로 정하는 공장인 경우에는 그 보행거리가 75[m](무인화 공장인 경우에는 100[m]) 이하가 되도록 설치할 수 있다.

012

다음에서 설명하는 화재 시 인간의 피난행동 특성으로 옳은 것은?

> 연기와 정전 등으로 가시거리가 짧아져 시야가 흐려지거나 밀폐공간에서 공포 분위기가 조성될 때 개구부 등의 불빛을 따라 행동하는 본능

① 귀소본능　　② 지광본능
③ 추종본능　　④ 좌회본능

인간의 피난행동 특성
- 귀소본능 : 평소에 사용하던 출입구나 통로 등 습관적으로 친숙해 있는 경로로 도피하려는 본능
- **지광본능** : 화재 발생 시 연기나 정전 등으로 가시거리가 짧아져 시야가 흐려 **밝은 방향으로 도피하려는 본능**
- 추종본능 : 화재 발생 시 최초로 행동을 개시한 사람에 따라 전체가 움직이는 본능
- 퇴피본능 : 연기나 화염에 대한 공포감으로 화원의 반대방향으로 이동하려는 본능
- 좌회본능 : 좌측으로 통행하고 시계의 반대방향으로 회전하려는 본능

013

건축물 피난·방화구조 등의 기준에 관한 규칙상 건축물의 주요구조부 중 계단의 내화구조 기준으로 옳지 않은 것은?

① 철근콘크리트조　　② 철재로 보강된 망입유리
③ 콘크리트블록조　　④ 철재로 보강된 벽돌조

계단의 내화구조 기준
- 철근콘크리트조 또는 철골철근콘크리트조
- 무근콘크리트조·콘크리트블록조·벽돌조 또는 석조
- 철재로 보강된 콘크리트블록조·벽돌조 또는 석조
- 철골조

014

구획실 화재 시 발생하는 연기의 유해성 및 제연에 관한 설명으로 옳지 않은 것은?

① 화재 시 발생하는 연기 및 독성가스는 공급되는 공기량에 따라 농도가 변화한다.
② 화재실의 제연은 거주자의 피난경로와 소방대원의 진압경로를 확보하는 것이 주목적이다.
③ 화재실의 제연은 화재실의 플래시오버(Flashover) 성장을 억제하는 효과가 있다.
④ 화재 최성기에는 공기를 유입시키는 기계제연이 효과적이다.

화재 최성기에 공기를 유입시키는 것은 적합하지 않다.

015

건축물 종합방재계획 중 평면계획 수립 시 유의사항으로 옳지 않은 것은?

① 화재를 작은 범위로 한정하기 위한 유효한 피난구획으로 조닝(Zoning)화 할 필요가 있다.
② 계단은 보행거리를 기준으로 균등 배치하고, 계단으로 통하는 복도 등 피난로는 단순하게 설계해야 한다.
③ 소방활동상 필요한 층과 층을 연결하는 수직 피난로는 피난이 용이한 개방구조로 상호 연결되도록 해야 한다.
④ 지하가와 호텔, 차고 및 극장과 백화점 등은 용도별 구획 및 별도 경로의 피난로를 설치한다.

소방활동상 필요한 층과 층을 연결하는 수직 피난로는 피난이 용이한 밀폐구조로 상호 연결되도록 해야 한다.

016

내화건축물과 비교한 목조건축물의 화재 특성으로 옳지 않은 것은?

① 화재 최고온도가 낮다.
② 최성기에 도달하는 시간이 빠르다.
③ 연소 지속시간이 짧다.
④ 플래시오버(Flashover)에 도달하는 시간이 빠르다.

목조건축물의 화재 특성
• 고온 단기형이다.
• 화재 최고온도가 높다.
• 최성기에 도달하는 시간이 빠르다.
• 연소 지속시간이 짧다.
• 플래시오버(Flashover)에 도달하는 시간이 빠르다.

017

다음 (   ) 안에 들어갈 내용으로 옳은 것은?

> 내화건축물의 구획실에서 화재가 발생할 경우, 성장기 단계에서는 (ㄱ)가, 최성기 단계에서는 (ㄴ)가 지배적인 열전달 기전이다.

① ㄱ : 대류, ㄴ : 복사
② ㄱ : 대류, ㄴ : 전도
③ ㄱ : 복사, ㄴ : 복사
④ ㄱ : 전도, ㄴ : 대류

내화건축물의 구획실에서 화재가 발생할 경우, 성장기 단계에서는 대류가, 최성기 단계에서는 복사가 지배적인 열전달 현상이다.

018

유효연소열이 50[kJ/g], 질량연소유속(Mass Burning Flux)이 100[g/m²·s]인 액체 연료가 누출되어 직경 2[m]의 풀 전면에 화재가 발생한 경우 열방출속도(HRR)는?(단, $\pi ≒ 3.14$로 한다)

① 10,000[kW]
② 11,500[kW]
③ 13,020[kW]
④ 15,700[kW]

열방출속도
열방출속도 $Q = \Delta H_c \times m$[kW]
여기서, ΔH_c : 연소열[kJ/g], m : 질량연소속도[g/s]

질량연소속도 $m = 100\left[\dfrac{\text{g}}{\text{m}^2 \cdot \text{s}}\right] \times \left\{\dfrac{\pi}{4} \times (2[\text{m}])^2\right\}$

$= 100\left[\dfrac{\text{g}}{\text{m}^2 \cdot \text{s}}\right] \times \left\{\dfrac{3.14}{4} \times (2[\text{m}])^2\right\}$

$= 314[\text{g/s}]$

∴ 열방출속도 $Q = 50\left[\dfrac{\text{kJ}}{\text{g}}\right] \times 314\left[\dfrac{\text{g}}{\text{s}}\right]$

$= 15,700[\text{kJ/s}] = 15,700[\text{kW}]$

> $[\text{J/s}] = [\text{W}](\text{Watt}), \quad [\text{kJ/s}] = [\text{kW}]$

019

물체 표면의 절대온도가 100[K]에서 300[K]로 증가하는 경우 물체 표면에서 복사되는 에너지는 몇 배 증가하는가?(단, 다른 모든 조건은 동일하다)

① 3배
② 16배
③ 27배
④ 81배

복사에너지

$\dfrac{T_2}{T_1} = \dfrac{(300)^4[\text{K}]}{(100)^4[\text{K}]} = 81$배

020

프로페인가스 연소반응식이 다음과 같을 때 프로페인가스 1[g] 완전연소하면 발생하는 열량[kcal]은?(단, 소수점 셋째 자리에서 반올림한다)

> $C_3H_8 + 5O_2 \rightarrow 3CO_2 + 4H_2O + 530.6[\text{kcal}]$

① 1.21
② 10.05
③ 12.06
④ 24.50

해설

열 량

$$C_3H_8 + 5O_2 \rightarrow 3CO_2 + 4H_2O + 530.6[kcal]$$

$$
\begin{array}{l}
44[g] \longrightarrow 530.6[kcal] \\
1[g] \longrightarrow x
\end{array}
$$

$$\therefore \ x = \frac{1[g] \times 530.6[kcal]}{44[g]} = 12.06[kcal]$$

021

건축물 구획실 화재 시 화재실의 중성대에 관한 설명으로 옳지 않은 것은?

① 중성대는 화재실 내부의 실온이 높아질수록 낮아지고, 실온이 낮아질수록 높아진다.
② 화재실의 중성대 상부 압력은 실외압력보다 높고 하부의 압력은 실외압력보다 낮다.
③ 화재실 상부에 큰 개구부가 있다면 중성대는 올라간다.
④ 중성대의 위치는 건축물의 높이와 건축물 내·외부의 온도차가 결정의 주요요인이다.

해설

중성대의 위치는 본문을 참조하고 굴뚝효과는 건축물의 높이와 건축물 내·외부의 온도차가 영향을 주는 요인이다.

022

화재 시 발생한 부력을 주로 이용하는 제연방식을 모두 고른 것은?

> ㄱ. 스모크타워제연방식
> ㄴ. 자연제연방식
> ㄷ. 급배기 기계제연방식

① ㄱ ② ㄱ, ㄴ
③ ㄴ, ㄷ ④ ㄱ, ㄴ, ㄷ

해설

화재 시 발생한 부력을 주로 이용하는 제연방식 : 자연제연방식, 스모크타워제연방식

023

다음 연소가스의 허용농도(TLV−TWA)를 낮은 것에서 높은 순서로 옳게 나열한 것은?

> ㄱ. 일산화탄소
> ㄴ. 이산화탄소
> ㄷ. 포스겐
> ㄹ. 염화수소

① ㄱ-ㄹ-ㄴ-ㄷ ② ㄷ-ㄱ-ㄹ-ㄴ
③ ㄷ-ㄹ-ㄱ-ㄴ ④ ㄹ-ㄷ-ㄴ-ㄱ

해설

허용농도(TLV)

명 칭	일산화탄소	이산화탄소	포스겐	염화수소
화학식	CO	CO_2	$COCl_2$	HCl
허용농도	50[ppm]	5,000[ppm]	0.1[ppm]	5[ppm]

024

고층건축물에서의 연돌효과(Stack Effect)에 관한 설명으로 옳지 않은 것은?

① 건축물 내부의 온도가 외부의 온도보다 높은 경우 연돌효과가 발생한다.
② 건축물 외부 공기의 온도보다 내부의 공기 온도가 높아질수록 연돌효과가 커진다.
③ 건축물 내부의 온도가 외부의 온도보다 같은 경우 연돌효과가 발생하지 않는다.
④ 건축물의 높이가 낮아질수록 연돌효과는 증가한다.

해설

연돌효과(Stack Effect)
• 건축물 내부의 온도가 외부의 온도보다 높은 경우 연돌효과가 발생한다.
• 건축물 외부 공기의 온도보다 내부의 공기 온도가 높아질수록 연돌효과가 커진다.
• 건축물의 높이가 높을수록 연돌효과는 증가한다.

025

질량연소유속(Mass Burning Flux)이 20[g/m² · s]인 연료에 화재가 발생하면서 생성된 일산화탄소의 수율이 0.004[g/g]인 경우 일산화탄소의 생성속도는?(단, 연소면적은 2[m²]이다)

① 0.04[g/s]　　　② 0.08[g/s]
③ 0.16[g/s]　　　④ 0.22[g/s]

해설
일산화탄소의 생성속도

속도 = 질량연소유속[g/m² · s] × 수율[g/g] × 면적[m²]
　　 = 20 × 0.004 × 2
　　 = 0.16[g/s]

제2과목 소방수리학, 약제화학 및 소방전기

026

점성계수 및 동점성계수에 관한 설명으로 옳지 않은 것은?

① 액체의 경우 온도상승에 따라 점성계수 값이 감소한다.
② 기체의 경우 온도상승에 따라 점성계수 값이 증가한다.
③ 동점성계수는 점성계수를 유속으로 나눈 값이다.
④ 점성계수는 유체의 전단응력과 속도경사 사이의 비례상수이다.

해설
점성계수 및 동점성계수
• 액체의 점성계수는 온도상승에 따라 감소한다.
• 기체의 점성계수는 온도상승에 따라 증가한다.

$$\nu = \frac{\mu}{\rho}[cm^2/s]$$

여기서, μ : 절대점도[g/cm · s]　ρ : 밀도[g/cm³]
∴ **동점성계수**는 점성계수(절대점도)를 **밀도로 나눈** 값이다.

027

소방장비의 공기 중 무게가 2[kg]이고 수중에서의 무게가 0.5[kg]일 때, 이 장비의 비중은 약 얼마인가?

① 1.33　　　② 2.45
③ 3.25　　　④ 4.00

해설
장비의 비중

$$비중 = \frac{공기 \ 중 \ 무게}{공기 \ 중 \ 무게 - 수중에서의 \ 무게}$$

$$= \frac{2[kg]}{2[kg] - 0.5[kg]} = 1.33$$

028

수면표고차가 10[m]인 두 저수지 사이에 설치된 500[m] 길이의 원형관으로 1.0[m³/s]의 물을 송수할 때, 관의 지름[mm]은 약 얼마인가?(단, π는 3.14이고, 매닝 조도계수는 0.013이며, 마찰 이외의 손실은 무시한다)

① 105　　　② 258
③ 484　　　④ 633

해설
관의 지름

• 유속 $u = \frac{1}{n} \times R^{\frac{2}{3}} \times I^{\frac{1}{2}} = \frac{1}{n} \times \left(\frac{d}{4}\right)^{\frac{2}{3}} \times \left(\frac{H}{L}\right)^{\frac{1}{2}}$[m/s]

여기서, R : 동수반지름[m], I : 동수경사

• 연속방정식 $Q = Au = \frac{\pi}{4}d^2u$에서 유속 $u = \frac{4Q}{\pi d^2}$[m/s]

∴ $\frac{4Q}{\pi d^2} = \frac{1}{n} \times \left(\frac{d}{4}\right)^{\frac{2}{3}} \times \left(\frac{H}{L}\right)^{\frac{1}{2}}$에서

$d^2 \times \left(\frac{d}{4}\right)^{\frac{2}{3}} = \frac{4nQ}{\pi\left(\frac{H}{L}\right)^{\frac{1}{2}}}$ 이고

$d^2 \times 0.3969 d^{\frac{2}{3}} = \frac{4 \times 0.013 \times 1}{3.14 \times \left(\frac{10}{500}\right)^{\frac{1}{2}}} = 0.1171$

$0.3969 d^{\frac{6}{3} + \frac{2}{3}} = 0.1171$

$0.3969 d^{\frac{8}{3}} = 0.1171$

$d = \left(\frac{0.1171}{0.3969}\right)^{\frac{3}{8}} = 0.6327[m] = 632.7[mm]$

029

지름 10[cm]인 원형관로를 통하여 0.2[m³/s]의 물이 수조에 유입된다. 이 경우 단면 급확대로 인한 손실수두 [m]는 약 얼마인가?(단, π는 3.14이고, 중력가속도는 981[cm/s²]이다)

① 22.20   ② 33.09
③ 45.98   ④ 54.25

해설

손실수두

$$H = \frac{u^2}{2g}$$

여기서, H : 손실수두[m]

$$u = \frac{Q}{A} = \frac{Q}{\frac{\pi}{4}D^2} = \frac{4Q}{\pi D^2}$$

$$= \frac{4 \times 0.2[\text{m}^3/\text{s}]}{3.14 \times (0.1[\text{m}])^2} = 25.478[\text{m/s}]$$

g : 중력가속도(9.8[m/s²])

$$\therefore H = \frac{u^2}{2g} = \frac{(25.478[\text{m/s}])^2}{2 \times 9.81[\text{m/s}^2]} = 33.085[\text{m}]$$

030

지름 2[mm]인 유리관에 0.25[cm³/s]의 물이 흐를 때, 마찰손실계수는 약 얼마인가?(단, π는 3.14이고, 동점성계수는 1.12×10^{-2}[cm²/s]이다)

① 0.02   ② 0.13
③ 0.45   ④ 0.66

해설

마찰손실계수

$$Re = \frac{Du}{\nu}$$

여기서, D : 내경(2[mm]=0.2[cm])

u : 유속

$$\left(\begin{array}{l} u = \dfrac{Q}{A} \\ \\ = \dfrac{0.25[\text{cm}^3/\text{s}]}{\dfrac{\pi}{4}(0.2[\text{cm}])^2} = 7.96[\text{cm/s}] \end{array} \right)$$

ν : 동점성계수(1.12×10^{-2}[cm²/s])

$$Re = \frac{Du}{\nu} = \frac{0.2 \times 7.96}{1.12 \times 10^{-2}} = 142.14$$

$$\therefore \text{층류일 때 마찰손실계수} = \frac{64}{Re} = \frac{64}{142.14} = 0.45$$

031

물이 원형관 내에서 층류 상태로 흐르고 있다. 관 지름이 3배로 커질 때 수두손실은 처음의 몇 배로 변화하는가? (단, 관 지름 증가에 따른 유속변화 이외의 모든 물리량은 변하지 않는다)

① $\dfrac{1}{81}$ ② $\dfrac{1}{9}$
③ 9   ④ 81

해설

층류일 때 손실수두

$$\text{손실수두} \ H = \frac{128\mu l Q}{\gamma \pi d^4}$$

여기서, μ : 유체의 점도[N · s/m²]

l : 관의 길이[m]

Q : 유량[m³/s]

γ : 유체의 비중량[N/m³]

d : 관의 내경[m]

$$\therefore \text{손실수두} \ H = \frac{1}{d^4} = \frac{1}{3^4} = \frac{1}{81}$$

032

베르누이 방정식을 물이 흐르는 관로에 적용할 때 제한조건으로 옳지 않은 것은?

① 비정상류 흐름
② 비압축성 유체
③ 비점성 유체
④ 유선을 따르는 흐름

해설

베르누이 방정식 "$\dfrac{P}{\rho} + \dfrac{u^2}{2} + gz = E = $**일정**"을 적용하는 조건

• **정상상태의 유체유동** : 유동장 내의 임의의 점에서 흐름의 특성이 시간에 따라 변화하지 않는 흐름상태이다.
• **비점성, 비압축성인 유체유동** : 압력변화에 대하여 밀도변화가 없는 유체의 운동이다.
• **비회전성 유체유동** : 유선에 따라 입자의 회전속도가 다르기 때문에 회전운동에너지가 차지하는 비율이 유선마다 달라진다. 그러나 비회전성 유체유동에서는 유동장 내의 모든 유선이 갖는 총 기계적에너지는 같다.

033

원형 유리관 내에 모세관 현상으로 물이 상승할 때, 그 상승높이에 관한 설명으로 옳은 것은?

① 유리관의 지름에 반비례한다.
② 물의 밀도에 비례한다.
③ 중력가속도에 비례한다.
④ 물의 표면장력에 반비례한다.

해설

모세관 현상

$$h = \frac{4\sigma \cos\theta}{\gamma d}$$

여기서, σ : 표면장력[N/m]
　　　　θ : 접촉각
　　　　γ : 비중량[N/m³]
　　　　d : 내경[m]
∴ 상승높이(h)는 관의 지름에 반비례한다.

034

주로 물리량과 그 차원이 옳게 짝지어진 것은?

① 표면장력 : $[FL^{-2}]$
② 점성계수 : $[L^2T^{-1}]$
③ 단위중량 : $[FL^{-4}T^2]$
④ 에너지 : $[FL]$

해설

차 원

종 류	표면장력	점성계수	비중량	에너지
차 원	FL^{-1}	FTL^{-2}	$FL^{-4}T^2$	FL
단 위	[N/m]	[N·s/m²]	[N·s²/m⁴]	[N·m]

※ 비중량 단위 $=[N \cdot s^2/m^4]$

$$= \left[\frac{kg_f \times \frac{m}{s^2} \times s^2}{m^4} \right]$$

$$= [kg_f/m^3]$$

035

금속화재에 관한 설명으로 옳지 않은 것은?

① 가연성금속에 의한 화재이다.
② 금속이 괴상이 아닌 고운 분말이나 가는 선의 형태로 존재하면 화재의 위험성은 커진다.
③ 금속화재를 일으키는 Na, K 등은 물과 만나면 수소가스를 발생시키는 금수성 물질이다.
④ 소화 시 강화액 소화약제를 사용한다.

해설

금속화재는 K(칼륨), Na(나트륨)의 화재를 말하며 물과 반응하면 가연성가스인 수소를 발생하므로 강화액 소화약제는 적합하지 않다.

036

고발포 포소화약제의 발포배율과 환원시간에 관한 설명으로 옳지 않은 것은?

① 발포배율이 커지면 환원시간은 짧아진다.
② 환원시간이 짧을수록 양호한 포소화약제이다.
③ 포의 막이 두꺼울수록 환원시간은 길어진다.
④ 발포배율이 작은 포는 포의 직경이 작아서 포의 막은 두껍다.

해설

환원시간이 길수록 양호한 포소화약제이다.

037

이산화탄소소화설비의 화재안전기술기준상 배관 등에 관한 내용으로 옳은 것은?

① 전역방출방식에 있어서 가연성액체 또는 가연성가스 등 표면화재 방호대상물의 경우에는 1분 내에 방사될 수 있는 것으로 해야 한다.
② 전역방출방식에 있어서 종이, 목재, 석탄, 섬유류, 합성수지류 등 심부화재 방호대상물의 경우에는 10분 내에 방사될 수 있는 것으로 해야 한다.
③ 국소방출방식의 경우에는 1분 내에 방사될 수 있는 것으로 해야 한다.
④ 전역방출방식에 있어서 심부화재 방호대상물의 경우에는 설계농도가 3분 이내 40[%]에 도달해야 한다.

이산화탄소 소화설비의 화재안전기술기준상 배관 등
- 전역방출방식에 있어서 가연성액체 또는 가연성가스 등 **표면화재** 방호대상물의 경우에는 **1분 내에** 방사될 수 있는 것으로 해야 한다.
- 전역방출방식에 있어서 종이, 목재, 석탄, 섬유류, 합성수지류 등 **심부화재** 방호대상물의 경우에는 **7분 내에** 방사될 수 있는 것으로 해야 한다. 이 경우 **설계농도가 2분 이내 30[%]**에 도달해야 한다.
- 국소방출방식의 경우에는 **30초 내에** 방사될 수 있는 것으로 한다.

038

강화액 소화약제에 관한 설명으로 옳은 것은?

① 알칼리 금속염류 등을 주성분으로 하는 수용액이다.
② 소화약제의 용액은 약산성이다.
③ 화염과 접촉 시 열분해에 의하여 질소가 발생하여 질식소화 한다.
④ 전기화재 시 무상방사 하는 경우라도 소화약제로 사용할 수 없다.

강화액 소화약제
- **탄산칼륨 등 알칼리 금속염류** 등을 주성분으로 하는 수용액이다.
- −20[℃]에 응고하지 않도록 물의 침투능력을 향상시킨 소화약제이다.
- 소화약제의 용액은 약알칼리성이다.
- 전기화재 시 무상방사 하는 경우라도 소화약제로 사용할 수 있다.

039

불활성기체 소화약제 IG-541에 포함되어 있지 않은 성분은?

① Ar
② CO_2
③ He
④ N_2

불활성기체 소화약제의 종류

소화약제	화학식
불연성·불활성기체혼합가스(IG-01)	Ar
불연성·불활성기체혼합가스(IG-100)	N_2
불연성·불활성기체혼합가스(IG-541)	N_2 : 52[%], Ar : 40[%], CO_2 : 8[%]
불연성·불활성기체혼합가스(IG-55)	N_2 : 50[%], Ar : 50[%]

∴ IG-541은 질소(N_2), 아르곤(Ar), 이산화탄소(CO_2)로 구성되어 있다.

040

이산화탄소 소화약제 600[kg]을 내용적 68[L]의 이산화탄소 저장용기에 충전할 때 필요한 저장용기의 최소 개수는?(단, 충전비는 1.6[L/kg]으로 한다)

① 9
② 11
③ 13
④ 15

충전비

$$충전비 = \frac{용기의\ 내용적[L]}{충전하는\ 탄산가스의\ 중량[kg]}$$

- 이산화탄소의 중량 $= \frac{68[L]}{1.6[L/kg]} = 42.5[kg]$
- 저장용기의 개수 $= \frac{600[kg]}{42.5[kg]} = 14.12 \Rightarrow 15$병

041

공기 중 산소가 21[vol%], 질소가 79[vol%]일 때, 메테인 가스 1몰이 완전연소 되었다. 이때 반응 생성물에서 질소 기체가 차지하는 부피비[%]는 약 얼마인가?(단, 생성물은 모두 기체로 가정한다)

① 44.8
② 56.0
③ 71.5
④ 75.2

메테인가스의 완전연소식(1[mol] 기준)

$$CH_4 + 2O_2 + 2 \times \frac{79}{21}N_2 \rightarrow CO_2 + 2H_2O + 2 \times \frac{79}{21}N_2$$

$1[m^3]$ $2[m^3]$ $1[m^3]$ $2[m^3]$ $7.5238[m^3]$

• $1[m^3]$의 메테인을 완전연소 시키려면 산소량은 $2[m^3]$이 필요하고 공기량은 $2[m^3]/0.21 = 9.5238[m^3]$이 필요하다.
이때 질소량은
$2[m^3] \times 79[vol\%]/21[vol\%] = 7.5238[m^3]$이다.

• 반응 생성물의 합
$= 1[[m^3]+2[m^3]+7.5238[m^3]=10.5238[m^3]$

∴ 질소기체가 차지하는 부피비
$$= \frac{7.5238[m^3]}{10.5238[m^3]} \times 100[\%] = 71.49[\%]$$

042

다음 〈가〉와 같은 무접점 회로가 있다. 이 회로의 PB_1, PB_2, PB_3에 대한 타임차트가 〈나〉와 같을 때, 출력값 R_1, R_2에 대한 타임차트로 옳은 것은?

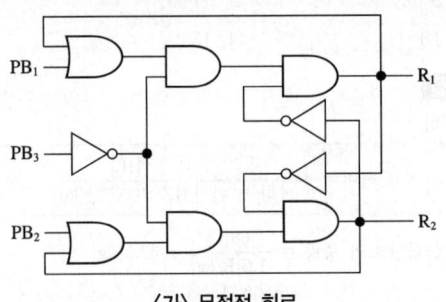

〈가〉 무접점 회로

〈나〉 타임차트

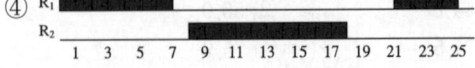

043

저항 R과 인덕턴스 L이 직렬로 연결된 $R-L$ 직렬회로에서 교류전압을 인가할 때 회로에 흐르는 전류의 위상으로 옳은 것은?

① 전압보다 $\tan^{-1}\dfrac{R}{\omega L}$ 만큼 앞선다.

② 전압보다 $\tan^{-1}\dfrac{R}{\omega L}$ 만큼 뒤진다.

③ 전압보다 $\tan^{-1}\dfrac{\omega L}{R}$ 만큼 앞선다.

④ 전압보다 $\tan^{-1}\dfrac{\omega L}{R}$ 만큼 뒤진다.

인터록회로(병렬 우선회로, 선입력 우선회로)

• 논리식
  - $R_1 = (PB_1 + R_1) \cdot \overline{PB_3} \cdot \overline{R_2}$
  - $R_2 = (PB_2 + R_2) \cdot \overline{PB_3} \cdot \overline{R_1}$

• 논리식을 이용하여 유접점 회로를 작성한다.

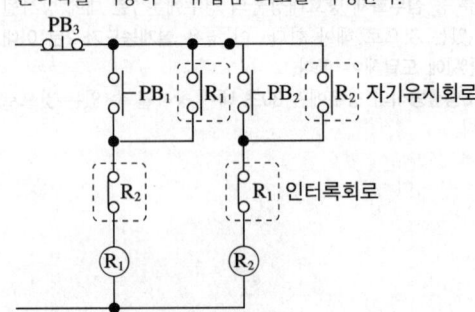

∴ 타임차트를 작성한다.

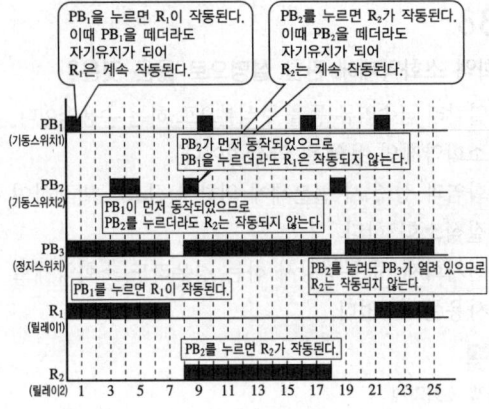

> **해설**

전류의 위상

- R(저항)$-L$(인덕턴스) 직렬회로 : 전류는 전압보다 위상이 $\theta\left(\tan^{-1}\dfrac{\omega L}{R}\right)$ 만큼 뒤진다.
- R(저항)$-C$(콘덴서) 직렬회로 : 전류는 전압보다 위상이 $\theta\left(\tan^{-1}\dfrac{1}{\omega CR}\right)$ 만큼 앞선다.

044

전원과 부하가 모두 △결선된 3상 평형회로가 있다. 전원 전압 400[V], 부하 임피던스 $12+j16[\Omega]$인 경우 선전류[A]는?

① 10
② $10\sqrt{3}$
③ 20
④ $20\sqrt{3}$

> **해설**

선전류

- 선간전압(V_l)과 상전압(V_p)의 관계 $V_l = V_p$
- 선전류(I_l)과 상전류(I_p)의 관계 $I_l = \sqrt{3}\,I_p$

$\therefore$ 선전류 $I_l = \dfrac{\sqrt{3}\,V_p}{R} = \dfrac{\sqrt{3}\,V_l}{R}$ 에서

$$I_l = \frac{\sqrt{3}\times 400[\text{V}]}{\sqrt{(12[\Omega])^2+(16[\Omega])^2}} = \frac{\sqrt{3}\times 400[\text{V}]}{20[\Omega]}$$
$$= 20\sqrt{3}\,[\text{A}]$$

045

다음과 같은 비정현파 전압, 전류에 관한 평균전력[W]은?

$$v = 100\sin(\omega t + 30°) - 30\sin(3\omega t + 60°)$$
$$\quad + 10\sin(5\omega t + 30°)[\text{V}]$$
$$i = 30\sin(\omega t - 30°) + 20\sin(3\omega t - 30°)$$
$$\quad + 5\cos(5\omega t - 60°)[\text{A}]$$

① 750
② 775
③ 1,225
④ 1,825

> **해설**

비정현파의 평균전력

- 전압

$$v = \underbrace{100\sin(\omega t + 30°)}_{\text{기본파}} - \underbrace{30\sin(3\omega t + 60°)}_{\text{제3고조파}}$$
$$\quad + \underbrace{10\sin(5\omega t + 30°)[\text{V}]}_{\text{제5고조파}}$$

- 전류

$$i = \underbrace{30\sin(\omega t - 30°)}_{\text{기본파}} + \underbrace{20\sin(3\omega t - 30°)}_{\text{3고조파}}$$
$$\quad + \underbrace{5\cos(5\omega t - 60°)[\text{A}]}_{\text{5고조파}}$$

$-\cos\theta = \sin\theta + 90°$ 이므로

전류

$$i = \underbrace{30\sin(\omega t - 30°)}_{\text{기본파}} + \underbrace{20\sin(3\omega t - 30°)}_{\text{3고조파}}$$
$$\quad + \underbrace{5\sin(5\omega t + 30°)[\text{A}]}_{\text{5고조파}}$$

- 위상차
  - 기본파 $\theta_1 = 30° - (-30°) = 60°$
  - 3고조파 $\theta_3 = 60° - (-30°) = 90°$
  - 5고조파 $\theta_5 = 30° - 30° = 0°$

$\therefore$ 평균전력 $P = V_1 I_1 \cos\theta_1 + V_3 I_3 \cos\theta_3 + V_5 I_5 \cos\theta_5$ 에서

$$P = \frac{100[\text{V}]}{\sqrt{2}}\times\frac{30[\text{A}]}{\sqrt{2}}\cos 60° - \frac{30[\text{V}]}{\sqrt{2}}\times\frac{20[\text{A}]}{\sqrt{2}}\cos 90°$$
$$+ \frac{10[\text{V}]}{\sqrt{2}}\times\frac{5[\text{A}]}{\sqrt{2}}\cos 0° = 775[\text{W}]$$

046

이종 금속을 접합하여 폐회로를 만든 후 두 접합 점의 온도를 다르게 하여 열전류를 얻는 열전현상으로 옳은 것은?

① 펠티에 효과(Peltier Effect)
② 제베크 효과(Seebeck Effect)
③ 톰슨 효과(Thomson Effect)
④ 핀치 효과(Pinch Effect)

> **해설**

효과

- **제베크 효과** : 서로 다른 두 개의 금속도선의 양끝을 연결하여 폐회로를 구성한 후 두 접합 점에 온도차를 주면 두 접점 사이에서 열기전력이 발생하는 효과이다.
- **톰슨 효과** : 동일한 금속으로 된 도체의 양끝에 전위차가 가해지면 이 도체의 양끝에서 열의 흡수나 방출이 일어나는 현상이다.
- **펠티에 효과** : 서로 다른 두 종류의 금속을 접속하여 여기에 전류를 통하면, 줄열 외에 그 접점에서 열의 발생 또는 흡수가 일어나고, 또 전류의 방향을 반대로 하면 이 현상은 반대로 되어 열의 발생은 흡수되고, 열의 흡수는 발생으로 변한다는 효과이다.
- **핀치 효과** : 유동성 도전 물질의 경우에는 통전이 되고 있는 각 부분의 상호 작용력에 의해서 통전 방향과 직각 방향에 수축이 발생하고 경우에 따라서는 파괴 현상이 생기는 현상이다.

047

전기력선의 성질에 관한 설명으로 옳지 않은 것은?

① 전기력선의 밀도는 전계의 세기와 같다.
② 두 개의 전기력선은 교차하지 않는다.
③ 전기력선의 방향은 전계의 방향과 일치하지 않는다.
④ 전기력선은 등전위면과 직교한다.

해설

전기력선의 성질
• 전기력선은 양(+)전하에서 나와 음(−)전하로 들어간다.
• 전기력선의 밀도는 그 점에서의 전기장(전계)의 세기와 같다.
• 두 개의 전기력선은 서로 교차하지 않는다.
• 전기력선의 접선방향은 그 점에서의 전기장(전계)의 방향과 일치한다.
• 전기력선은 등전위면과 직교한다.

048

상호인덕턴스가 150[mH]인 회로가 있다. 1차 코일에 흐르는 전류가 0.5초 동안 5[A]에서 20[A]로 변화할 때, 2차 유도기전력[V]은?

① 3   ② 4.5
③ 6   ④ 7.5

해설

유도기전력

$e = M\dfrac{di}{dt}$ 에서

$e = 150 \times 10^{-3}[\text{H}] \times \dfrac{(20-5)[\text{A}]}{0.5[\text{s}]} = 4.5[\text{V}]$

049

전력용반도체 소자에 관한 설명으로 옳지 않은 것은?

① SCR(Silicon Controlled Rectifier)은 소호기능이 없으며, 전류는 양극(A)과 음극(K) 전압의 극성이 바뀌면 차단된다.
② TRIAC(Triode AC Switch)은 SCR 2개를 역방향으로 병렬연결한 형태로 양방향제어가 가능하다.
③ GTO(Gate Turn Off Thyristor)는 도통시점과 소호시점을 임의로 제어할 수 있는 양방향성 소자이다.
④ IGBT(Insulated Gate Bipolar Transistor)는 고속 스위칭이 가능하며 대전류 출력특성이 있다.

해설

GTO(게이트 턴 오프 사이리스터)
게이트에 역방향의 전류를 흐르게 하는 것으로 턴 오프할 수 있는 기능을 가진 사이리스터로서 단방향 소자이다.

050

전동기 기동에 관한 설명으로 옳지 않은 것은?

① 농형 유도전동기의 Y−△ 기동 시 기동전류는 △결선하여 기동한 경우의 1/3이 된다.
② 권선형 유도전동기 기동 시 기동전류를 제한하기 위하여 기동보상기법이 주로 사용된다.
③ 분상 기동형 단상 유도전동기는 병렬로 연결되어 있는 주권선과 보조권선에 의해 회전자계를 만들어 기동한다.
④ 콘덴서 기동형 단상 유도전동기는 기동권선에 직렬로 콘덴서를 연결하여 주권선과 기동권선 사이에 위상차를 만들어 기동한다.

해설

3상 유도전동기의 기동법
• 농형 유도전동기의 기동법
  – 전전압 기동법 : 직접 정격전압을 가해 기동시키는 방법이다.
  – Y−△ 기동법 : 고정자 권선을 Y결선으로 하여 상전압을 줄여 기동전류를 줄이고 나중에 △결선으로 하여 전전압으로 운전하는 방식으로서 기동전류와 기동토크가 $\dfrac{1}{3}$로 감소한다.
  – 기동보상기법 : 단권변압기를 사용하여 공급전압을 낮추어 기동시키는 방법이다.
• 권선형 유도전동기의 기동법
  – 2차 저항 기동법 : 비례추이의 원리를 이용하여 기동전류를 작게 하고 기동토크를 크게 하여 기동하는 방법이다.

051

소방기본법령상 소방업무의 응원에 관한 설명으로 옳은 것은?

① 소방청장은 소방활동을 할 때에 필요한 경우에는 시·도지사에게 소방업무의 응원을 요청해야 한다.

② 소방업무의 응원을 위하여 파견된 소방대원은 응원을 요청한 소방본부장 또는 소방서장의 지휘에 따라야 한다.

③ 소방업무의 응원 요청을 받은 소방서장은 정당한 사유가 있어도 그 요청을 거절할 수 없다.

④ 소방서장은 소방업무의 응원을 요청하는 경우를 대비하여 출동 대상지역 및 규모와 필요한 경비의 부담 등에 관하여 필요한 사항을 대통령령으로 정하는 바에 따라 이웃하는 소방서장과 협의하여 미리 규약으로 정해야 한다.

해설

소방업무의 응원(법 제11조)

• 소방본부장이나 소방서장은 소방활동을 할 때에 긴급한 경우에는 이웃한 소방본부장 또는 소방서장에게 소방업무의 응원(應援)을 요청할 수 있다.

• 소방업무의 응원을 위하여 파견된 소방대원은 응원을 요청한 소방본부장 또는 소방서장의 지휘에 따라야 한다.

• 소방업무의 응원 요청을 받은 소방본부장 또는 소방서장은 정당한 사유 없이 그 요청을 거절하여서는 안 된다.

• 시·도지사는 소방업무의 응원을 요청하는 경우를 대비하여 출동 대상지역 및 규모와 필요한 경비의 부담 등에 관하여 필요한 사항을 행정안전부령으로 정하는 바에 따라 이웃하는 시·도지사와 협의하여 미리 규약(規約)으로 정해야 한다.

052

화재의 예방 및 안전관리에 관한 법령상 특수가연물에 해당하지 않는 것은?

① 볏짚류 500[kg]

② 면화류 200[kg]

③ 사류(絲類) 1,000[kg]

④ 넝마 및 종이부스러기 1,000[kg]

해설

특수가연물(영 별표 2)

품 명		수 량
면화류		200[kg] 이상
나무껍질 및 대팻밥		400[kg] 이상
넝마 및 종이부스러기		1,000[kg] 이상
사류(絲類)		1,000[kg] 이상
볏짚류		**1,000[kg] 이상**
가연성 고체류		3,000[kg] 이상
석탄·목탄류		10,000[kg] 이상
가연성 액체류		2[m³] 이상
목재가공품 및 나무부스러기		10[m³] 이상
고무류·플라스틱류	발포시킨 것	20[m³] 이상
	그 밖의 것	3,000[kg] 이상

053

소방기본법령상 소방용수시설 중 저수조의 설치기준으로 옳지 않은 것은?

① 소방펌프자동차가 쉽게 접근할 수 있도록 할 것

② 흡수에 지장이 없도록 토사 및 쓰레기 등을 제거할 수 있는 설비를 갖출 것

③ 흡수부분의 수심이 0.5[m] 이상일 것

④ 지면으로부터의 낙차가 5.5[m] 이하일 것

해설

저수조의 설치기준

• 지면으로부터의 **낙차가 4.5[m] 이하일 것**

• 흡수부분의 수심이 0.5[m] 이상일 것

• 소방펌프자동차가 쉽게 접근할 수 있도록 할 것

• 흡수에 지장이 없도록 토사 및 쓰레기 등을 제거할 수 있는 설비를 갖출 것

• 흡수관의 투입구가 사각형의 경우에는 한 변의 길이가 60[cm] 이상, 원형의 경우에는 지름이 60[cm] 이상일 것

• 저수조에 물을 공급하는 방법은 상수도에 연결하여 자동으로 급수되는 구조일 것

054

소방관련법령상 벌칙 기준에 관한 설명으로 옳지 않은 것은?

① 화재안전조사를 정당한 사유없이 거부·방해한 자는 500만원 이하의 벌금에 처한다.

② 위력을 사용하여 출동한 소방대의 화재진압·인명구조 또는 구급활동을 방해하는 행위를 한 사람은 5년 이하의 징역 또는 5,000만원 이하의 벌금에 처한다.

③ 소방안전관리업무를 하지 않는 소방안전관리자는 300만원 이하의 과태료에 처한다.

④ 소방안전관리자에게 불이익한 처우를 한 관계인은 300만원 이하의 벌금에 처한다.

해설

벌 칙

- 화재안전조사를 정당한 사유없이 거부·방해 또는 기피한 자 : 300만원 이하의 벌금
- 위력을 사용하여 출동한 소방대의 화재진압·인명구조 또는 구급활동을 방해하는 행위를 한 사람 : 5년 이하의 징역 또는 5,000만원 이하의 벌금
- 소방안전관리업무를 하지 않는 소방안전관리자 : 300만원 이하의 과태료
- 소방안전관리자에게 불이익한 처우를 한 관계인 : 300만원 이하의 벌금

055

소방시설공사업법령상 소방기술자의 자격취소 또는 소방시설업의 등록취소에 관한 설명으로 옳지 않은 것은?

① 소방시설업자가 거짓이나 그 밖의 부정한 방법으로 등록한 경우 시·도지사는 그 등록을 취소해야 한다.

② 소방기술 인정 자격수첩을 발급받은 자가 그 자격수첩을 다른 사람에게 빌려준 경우 소방청장은 그 자격을 취소해야 한다.

③ 소방시설업자가 다른 자에게 등록수첩을 빌려준 경우 소방청장은 그 등록을 취소해야 한다.

④ 소방시설업자가 등록 결격사유에 해당하게 된 경우 시·도지사는 그 등록을 취소해야 한다.

해설

소방시설업의 등록 취소(법 제9조)

- 거짓이나 그 밖의 부정한 방법으로 등록한 경우
- 등록 결격사유에 해당하게 된 경우
- 규정을 위반하여 영업정지 기간 중에 소방시설공사 등을 한 경우

> **소방시설업자가 다른 자에게 등록증이나 등록수첩을 빌려준 경우** : 6개월 이내의 영업정지

056

소방시설공사업법령상 하도급계약심사위원회의 구성으로 옳은 것은?

① 위원장 1명과 부위원장 1명을 제외하여 21명 이내의 위원으로 구성한다.

② 위원장 1명과 부위원장 2명을 포함하여 5~9명 이내의 위원으로 구성한다.

③ 위원장 1명과 부위원장 1명을 제외하여 9명 이내의 위원으로 구성한다.

④ 위원장 1명과 부위원장 1명을 포함하여 10명 이내의 위원으로 구성한다.

해설

하도급계약심사위원회의 구성(영 제12조의 3)

- 위원장 1명과 부위원장 1명을 포함하여 10명 이내의 위원으로 구성한다.
- 위원회의 위원장은 발주기관의 장(발주기관이 특별시·광역시·특별자치시·도 및 특별자치도인 경우에는 해당 기관 소속 2급 또는 3급 공무원 중에서, 발주기관이 제12조의2 제2항에 따른 공공기관인 경우에는 1급 이상 임직원 중에서 발주기관의 장이 지명하는 사람)이 되고, 부위원장과 위원은 다음의 어느 하나에 해당하는 사람 중에서 위원장이 임명하거나 성별을 고려하여 위촉한다.
  - 해당 발주기관의 과장급 이상 공무원(공공기관의 경우에는 2급 이상의 임직원을 말한다)
  - 소방 분야 연구기관의 연구위원급 이상인 사람
  - 소방 분야의 박사학위를 취득하고 그 분야에서 3년 이상 연구 또는 실무경험이 있는 사람
  - 대학(소방 분야로 한정한다)의 조교수 이상인 사람
  - 국가기술자격법에 따른 소방기술사 자격을 취득한 사람
- 위원의 임기는 3년으로 하며, 한 차례만 연임할 수 있다.

057

소방시설공사업법령상 소방기술자의 배치기준이다. ( )에 들어갈 내용으로 옳게 나열한 것은?

소방기술자의 배치기준	소방시설공사 현장의 기준
가. 행정안전부령으로 정하는 특급기술자인 소방기술자(기계분야 및 전기분야)	1) 연면적 (ㄱ)제곱미터 이상인 특정소방대상물의 공사 현장 2) 지하층을 (ㄴ)한 층수가 (ㄷ)층 이상인 특정소방대상물의 공사 현장)

① ㄱ : 10만, ㄴ : 포함, ㄷ : 20
② ㄱ : 10만, ㄴ : 제외, ㄷ : 30
③ ㄱ : 20만, ㄴ : 포함, ㄷ : 40
④ ㄱ : 20만, ㄴ : 제외, ㄷ : 50

해설

소방기술자의 배치기준(영 별표 2)

소방기술자의 배치기준	소방시설공사 현장의 기준
가. 행정안전부령으로 정하는 특급기술자인 소방기술자(기계분야 및 전기분야)	1) 연면적 **20만**[m²] 이상인 특정소방대상물의 공사 현장 2) 지하층을 **포함한** 층수가 **40층** 이상인 특정소방 대상물의 공사 현장
나. 행정안전부령으로 정하는 고급기술자 이상의 소방기술자 (기계분야 및 전기분야)	1) 연면적 3만[m²] 이상 20만[m²] 미만인 특정소방대상물(아파트는 제외)의 공사 현장 2) 지하층을 포함한 층수가 16층 이상 40층 미만인 특정소방대상물의 공사 현장
다. 행정안전부령으로 정하는 중급기술자 이상의 소방기술자 (기계분야 및 전기분야)	1) 물분무 등 소화설비(호스릴 방식의 소화설비는 제외한다) 또는 제연설비가 설치되는 특정소방대상물의 공사 현장 2) 연면적 5,000[m²] 이상 3만[m²] 미만인 특정소방대상물(아파트는 제외)의 공사 현장 3) 연면적 1만[m²] 이상 20만[m²] 미만인 아파트의 공사 현장
라. 행정안전부령으로 정하는 초급기술자 이상의 소방기술자 (기계분야 및 전기분야)	1) 연면적 1,000[m²] 이상 5,000[m²] 미만인 특정소방대상물(아파트는 제외)의 공사 현장 2) 연면적 1,000[m²] 이상 1만[m²] 미만인 아파트의 공사 현장 3) 지하구(地下溝)의 공사 현장
마. 법 제28조 제2항에 따라 자격수첩을 발급받은 소방기술자	연면적 1,000[m²] 미만인 특정소방대상물의 공사 현장

058

소방시설 설치 및 관리에 관한 법령상 소방시설등 자체점검기록표의 내용과 규격으로 틀린 것은?

① 대상물명, 주소, 점검구분, 점검자, 점검기간, 불량사항, 정비기간을 기재해야 한다.
② 자체점검 결과 보고를 마친 관계인은 보고한 날부터 7일 이내에 별표 5의 소방시설 등 자체점검기록표를 작성하여 특정소방대상물의 출입자가 쉽게 볼 수 있는 장소에 30일 이상 게시해야 한다.
③ 기록표의 규격은 A4 용지(가로 297[mm] × 세로 210[mm])이다
④ 기록표의 재질은 아트지(스티커) 또는 종이이다.

해설

소방시설점검기록표(규칙 별표 5)
• 기재내용

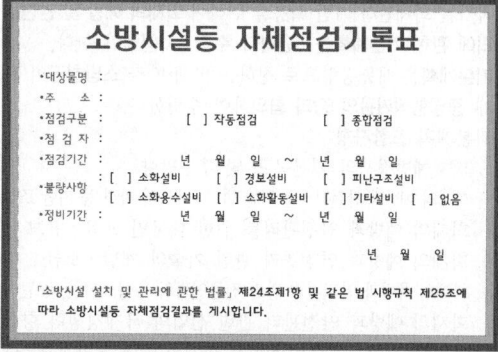

• 자체점검 결과 보고를 마친 관계인은 보고한 날부터 10일 이내에 별표 5의 소방시설 등 자체점검기록표를 작성하여 특정소방대상물의 출입자가 쉽게 볼 수 있는 장소에 30일 이상 게시해야 한다.
• 점검기록표의 규격
  - 규격 : A4 용지(가로 297[mm] × 세로 210[mm])
  - 재질 : 아트지(스티커) 또는 종이
  - 외측 테두리 : 파랑색(RGB 65, 143, 222)
  - 내측 테두리 : 하늘색(RGB 193, 214, 237)
  - 글씨체(색상)
    ⓐ 소방시설 점검기록표 : HY헤드라인M, 45포인트(외측 테두리와 동일)
    ⓑ 본문 제목 : 윤고딕230, 20포인트(외측 테두리와 동일)
    본문 내용 : 윤고딕230, 20포인트(검정색)
    ⓒ 하단 내용 : 윤고딕240, 20포인트(법명은 파랑색, 그 외 검정색)

059

화재의 예방 및 안전관리에 관한 법령상 화재안전정책기본계획(이하 "기본계획"이라 함) 등의 수립 및 시행에 관한 설명으로 옳지 않은 것은?

① 국가는 화재안전 기반 확충을 위하여 화재의 예방 및 안전관리에 관한 기본계획을 5년마다 수립·시행해야 한다.

② 기본계획은 대통령령으로 정하는 바에 따라 소방청장이 관계 중앙행정기관의 장과 협의하여 수립한다.

③ 기본계획에는 화재안전분야 국제경쟁력 향상에 관한 사항이 포함되어야 한다.

④ 소방청장은 기본계획을 시행하기 위하여 2년마다 시행계획을 수립·시행해야 한다.

화재안전정책기본계획 등의 수립·시행(법 제4조, 영 제3조)
• 국가는 화재안전 기반 확충을 위하여 **화재의 예방 및 안전관리에 관한 기본계획**을 **5년마다 수립·시행**해야 한다.
• **기본계획**은 대통령령으로 정하는 바에 따라 **소방청장**이 관계 중앙행정기관의 장과 **협의**하여 수립한다.
• 기본계획 포함사항
  – 화재예방정책의 기본목표 및 추진방향
  – 화재의 예방과 안전관리를 위한 법령·제도의 마련 등 기반 조성
  – 화재의 예방 및 안전관리를 위한 대국민 교육·홍보
  – 화재의 예방 및 안전관리 관련 기술의 개발·보급
  – 화재의 예방과 안전관리 관련 전문인력의 육성·지원 및 관리
  – 화재의 예방과 안전관리 관련 산업의 국제경쟁력 향상
  – 그 밖에 대통령령으로 정하는 화재의 예방과 안전관리에 필요한 사항
    ⓐ 화재발생 현황
    ⓑ 소방대상물의 환경 및 화재위험특성 변화 추세 등 화재예방정책의 여건 변화에 관한 사항
    ⓑ 소방시설의 설치·관리 및 화재안전기준의 개선에 관한 사항
    ⓓ 계절별·시기별·소방대상물별 화재예방대책의 추진 및 평가 등에 관한 사항
• 소방청장은 **기본계획**을 시행하기 위하여 **매년 시행계획을 수립·시행**해야 한다.

060

소방시설 설치 및 관리에 관한 법령상 화재안전기준 또는 대통령령이 변경되어 그 기준이 강화되는 경우 기존의 특정소방대상물의 소방시설에 대하여 강화된 기준을 적용하는 소방시설로 옳지 않은 것은?

① 소화기구

② 노유자시설에 설치하는 비상콘센트설비

③ 의료시설에 설치하는 자동화재탐지설비

④ 국토의 계획 및 이용에 관한 법률에 따른 공동구에 설치해야 하는 소방시설

소급적용 대상(법 제13조, 영 제13조)
• 다음 소방시설 중 대통령령으로 정하는 것
  – **소화기구**
  – 비상경보설비
  – 자동화재탐지설비
  – 자동화재속보설비
  – 피난구조설비
• 다음의 지하구에 설치해야 하는 소방시설
  – **공동구 : 소화기, 자동소화장치, 자동화재탐지설비, 통합감시설, 유도등 및 연소방지설비**
  – 전력 또는 통신사업용 지하구 : **소화기, 자동소화장치, 자동화재탐지설비, 통합감시설, 유도등 및 연소방지설비**
  – 노유자(老幼者)시설 : 간이스프링클러설비, 자동화재탐지설비 및 단독경보형 감지기
  – **의료시설 : 스프링클러설비, 간이스프링클러설비, 자동화재탐지설비 및 자동화재속보설비**

061

화재의 예방 및 안전관리에 관한 법령상 소방안전관리대상물의 소방계획서에 포함되어야 하는 사항이 아닌 것은?

① 국가화재안전정책의 여건 변화에 관한 사항

② 소방시설·피난시설 및 방화시설의 점검·정비계획

③ 화재예방을 위한 자체점검계획 및 대응대책

④ 화기 취급 작업에 대한 사전 안전조치 및 감독 등 공사 중 소방안전관리에 관한 사항

소방계획서에 포함 사항(영 제27조)
- 소방안전관리대상물의 위치·구조·연면적·용도 및 수용 인원 등 일반 현황
- 소방안전관리대상물에 설치한 소방시설·방화시설(防火施設), 전기시설·가스시설 및 위험물시설의 현황
- **화재예방을 위한 자체점검계획 및 대응대책**
- **소방시설·피난시설 및 방화시설의 점검·정비계획**
- 피난층 및 피난시설의 위치와 피난경로의 설정, 화재안전취약자의 피난계획 등을 포함한 피난계획
- 방화구획, 제연구획, 건축물의 내부 마감재료 및 방염대상물품의 사용현황과 그 밖의 방화구조 및 설비의 유지·관리계획
- 소방훈련·교육에 관한 계획
- 소방안전관리대상물의 근무자 및 거주자의 자위소방대 조직과 대원의 임무(화재안전취약자의 피난 보조 임무를 포함한다)에 관한 사항
- **화기 취급 작업에 대한 사전 안전조치 및 감독 등 공사 중 소방안전관리에 관한 사항**
- 소화에 관한 사항과 연소 방지에 관한 사항
- 위험물의 저장·취급에 관한 사항(위험물안전관리법 제17조에 따라 예방규정을 정하는 제조소 등은 제외한다)
- 소방안전관리에 대한 업무수행에 관한 기록 및 유지에 관한 사항
- 화재발생 시 화재경보, 초기소화 및 피난유도 등 초기대응에 관한 사항

062

화재의 예방 및 안전관리에 관한 법령상 소방안전관리대상물의 관계인이 피난시설의 위치, 피난경로 또는 대피요령이 포함된 피난유도 안내정보를 근무자 또는 거주자에게 정기적으로 제공하는 방법으로 옳지 않은 것은?

① 연 2회 피난안내 교육을 실시하는 방법
② 연 1회 피난안내 방송을 실시하는 방법
③ 피난안내도를 층마다 보기 쉬운 위치에 게시하는 방법
④ 엘리베이터, 출입구 등 시청이 용이한 지역에 피난안내 영상을 제공하는 방법

피난유도 안내정보의 제공
- 연 2회 피난안내 교육을 실시하는 방법
- 분기별 1회 이상 피난안내 방송을 실시하는 방법
- 피난안내도를 층마다 보기 쉬운 위치에 게시하는 방법
- 엘리베이터, 출입구 등 시청이 용이한 지역에 피난안내 영상을 제공하는 방법

063

소방시설 설치 및 관리에 관한 법령상 옥외소화전설비에 관한 내용이다. ( )에 들어갈 내용으로 옳게 나열한 것은?

> 사. 옥외소화전설비를 설치해야 하는 특정소방대상물(아파트 등, 위험물 저장 및 처리시설 중 가스시설, 지하구 또는 지하가 중 터널은 제외한다)은 다음의 어느 하나와 같다.
> 1) 지상 1층 및 2층의 바닥면적의 합계가 (ㄱ)[m²] 이상인 것. 이 경우 같은 구(區) 내의 둘 이상의 특정소방대상물이 행정안전부령으로 정하는 (ㄴ)인 경우에는 이를 하나의 특정소방대상물로 본다.
> 2) 문화유산 중 보물 또는 국보로 지정된 목조건축물
> 3) 1)에 해당하지 않는 공장 또는 창고시설로서 화재의 예방 및 안전관리에 관한 법률 시행령 별표 2에서 정하는 수량의 (ㄷ)배 이상의 특수가연물을 저장·취급하는 것

① ㄱ : 6,000, ㄴ : 연소 우려가 있는 개구부,
　ㄷ : 650
② ㄱ : 7,000, ㄴ : 연소 우려가 있는 구조,
　ㄷ : 650
③ ㄱ : 8,000, ㄴ : 연소 우려가 있는 개구부,
　ㄷ : 750
④ ㄱ : 9,000, ㄴ : 연소 우려가 있는 구조,
　ㄷ : 750

옥외소화전설비의 설치대상물
아파트 등, 위험물 저장 및 처리시설 중 가스시설, 지하구 또는 지하가 중 터널을 제외한 다음에 해당하는 특정소방대상물
- **지상 1층 및 2층의 바닥면적의 합계가 9,000[m²] 이상인 것.** 이 경우 같은 구(區) 내의 둘 이상의 특정소방대상물이 행정안전부령으로 정하는 **연소(延燒) 우려가 있는 구조**인 경우에는 이를 하나의 특정소방대상물로 본다.
- 문화유산 중 보물 또는 국보로 지정된 목조건축물
- 공장 또는 창고시설로서 화재의 예방 및 안전관리에 관한 법률 시행령 별표 2에서 정하는 수량의 **750배 이상의 특수가연물을 저장·취급**하는 것

064

소방시설 설치 및 관리에 관한 법령상 방염성능기준 이상의 실내장식물 등을 설치해야 하는 특정소방대상물에 해당하지 않는 것은?(단, 11층 미만인 특정소방대상물임)

① 교육연구시설 중 합숙소
② 건축물의 옥내에 있는 수영장
③ 근린생활시설 중 종교집회장
④ 방송통신시설 중 촬영소

해설

방염성능기준 이상의 실내장식물 등을 설치해야 하는 특정소방대상물

- 근린생활시설 중 의원, 체력단련장, 공연장 및 **종교집회장**
- 건축물의 옥내에 있는 시설로서 다음의 시설
  - 문화 및 집회시설
  - 종교시설
  - **운동시설(수영장은 제외한다)**
- 의료시설
- **교육연구시설 중 합숙소**
- 노유자시설
- 숙박이 가능한 수련시설
- 숙박시설
- 방송통신시설 중 방송국 및 **촬영소**
- 장례시설 중 장례식장
- 단란주점영업, 유흥주점영업, 노래연습장의 영업장
- 다중이용업소
- 층수가 11층 이상인 것(아파트는 제외한다)

065

화재의 예방 및 안전관리에 관한 법령상 화재의 예방 및 안전관리 기본계획 등의 수립·시행에 관한 설명으로 옳지 않은 것은?

① 소방청장은 화재의 예방 및 안전관리에 관한 기본계획을 5년마다 수립·시행해야 한다.
② 소방청장은 기본계획을 시행하기 위하여 3년마다 시행계획을 수립·시행해야 한다.
③ 소방청장은 기본계획을 시행하기 위한 계획(시행계획)을 계획 시행 전년도 10월 31일까지 수립해야 한다.
④ 소방청장은 관계 중앙행정기관의 장과 시·도지사에게 기본계획 및 시행계획을 각각 계획 시행 전년도 10월 31일까지 통보해야 한다.

해설

화재의 예방 및 안전관리 기본계획의 수립·시행

- 소방청장은 화재의 예방 및 안전관리에 관한 기본계획을 5년마다 수립·시행해야 한다.
- 소방청장은 기본계획을 시행하기 위하여 매년 시행계획을 수립·시행해야 한다.
- 소방청장은 기본계획을 시행하기 위한 계획(시행계획)을 계획 시행 전년도 10월 31일까지 수립해야 한다.
- 소방청장은 관계 중앙행정기관의 장과 특별시장·광역시장·특별자치시장·도지사 또는 특별자치도지사(이하 "시·도지사"라 한다)에게 기본계획 및 시행계획을 각각 계획 시행 전년도 10월 31일까지 통보해야 한다.
- 통보를 받은 관계 중앙행정기관의 장 및 시·도지사는 세부시행계획을 수립하여 계획 시행 전년도 12월 31일까지 소방청장에게 통보해야 한다.

066

소방시설 설치 및 관리에 관한 법령상 건축물의 신축·증축 및 개축 등으로 소방용품을 변경 또는 신규 비치해야 하는 경우 우수품질인증 소방용품을 우선 구매·사용하도록 노력해야 하는 기관 및 단체를 모두 고른 것은?

> ㄱ. 지방자치단체
> ㄴ. 공공기관의 운영에 관한 법률에 따른 공공기관
> ㄷ. 지방자치단체 출자·출연 기관의 운영에 관한 법률에 따른 출자·출연기관

① ㄱ, ㄴ   ② ㄱ, ㄷ
③ ㄴ, ㄷ   ④ ㄱ, ㄴ, ㄷ

해설

우수품질인증 소방용품에 대한 지원(법 제44조)
다음의 어느 하나에 해당하는 기관 및 단체는 건축물의 신축·증축 및 개축 등으로 소방용품을 변경 또는 신규 비치해야 하는 경우 우수품질인증 소방용품을 우선 구매·사용하도록 노력해야 한다.

- 중앙행정기관
- 지방자치단체
- 공공기관의 운영에 관한 법률 제4조에 따른 공공기관
- 그 밖에 대통령령으로 정하는 기관
  - 지방공기업법 제49조에 따라 설립된 지방공사 및 같은 법 제76조에 따라 설립된 지방공단
  - 지방자치단체 출자·출연 기관의 운영에 관한 법률 제2조에 따른 출자·출연기관

067

화재의 예방 및 안전관리에 관한 법령상 특급 소방안전관리대상물의 소방안전관리에 관한 강습교육 과정별 교육시간 운영 편성기준 중 특급 소방안전관리자에 관한 강습교육 시간으로 옳은 것은?

① 이론 : 16시간, 실무 : 64시간
② 이론 : 48시간, 실무 : 112시간
③ 이론 : 32시간, 실무 : 48시간
④ 이론 : 40시간, 실무 : 40시간

해설

2022. 12. 01 법 개정으로 현재 맞지 않는 문제임

068

위험물안전관리법령상 제조소 등에 대한 정기점검 및 정기검사에 관한 설명으로 옳지 않은 것은?

① 이동탱크저장소는 정기점검의 대상이다.
② 액체위험물을 저장 또는 취급하는 50만[L] 이상의 옥외탱크저장소는 정기검사의 대상이다.
③ 소방본부장 또는 소방서장은 해당 제조소 등에 대하여 연 1회 이상 정기점검을 실시해야 한다.
④ 정기점검의 내용·방법 등에 관한 기술상의 기준과 그 밖의 점검에 관하여 필요한 사항은 소방청장이 정하여 고시한다.

해설

정기점검 및 정기검사(영 제16조, 제17조)
• 정기점검 대상인 제조소 등
  – 예방규정을 정해야 하는 제조소 등
  – 지하탱크저장소
  – 이동탱크저장소
  – 위험물을 취급하는 탱크로서 지하에 매설된 탱크가 있는 제조소·주유취급소 또는 일반취급소
• 액체위험물을 저장 또는 취급하는 50만[L] 이상의 옥외탱크저장소는 정기검사의 대상이다.
• 제조소 등의 관계인은 해당 제조소 등에 대하여 연 1회 이상 정기점검을 실시해야 한다(규칙 제64조).
• 제조소 등의 위치·구조 및 설비가 기술기준에 적합한지를 점검하는 데 필요한 정기점검의 내용·방법 등에 관한 기술상의 기준과 그 밖의 점검에 관하여 필요한 사항은 소방청장이 정하여 고시한다(규칙 제66조).

• 정기점검의 대상이 되는 제조소 등의 관계인 가운데 대통령령으로 정하는 제조소 등(50만[L] 이상의 액체위험물을 저장 또는 취급하는 옥외탱크저장소)의 관계인은 행정안전부령으로 정하는 바에 따라 소방본부장 또는 소방서장으로부터 해당 제조소 등이 제5조 제4항에 따른 기술기준에 적합하게 유지되고 있는지의 여부에 대하여 정기적으로 검사를 받아야 한다(법 제18조).

069

위험물안전관리법령상 지정수량 이상의 위험물을 저장하기 위한 저장소의 구분에 포함되지 않는 것은?

① 옥내저장소
② 옥외저장소
③ 지하저장소
④ 이동탱크저장소

해설

저장소의 구분
• 옥내저장소   • 옥외저장소
• 옥내탱크저장소   • 옥외탱크저장소
• 지하탱크저장소   • 이동탱크저장소
• 암반탱크저장소   • 간이탱크저장소

070

위험물안전관리법령상 탱크안전성능검사에 해당하지 않는 것은?

① 기초·지반검사
② 충수·수압검사
③ 밀폐·재질 검사
④ 암반탱크검사

해설

위험물탱크의 탱크안전성능검사

구 분	검사 대상	신청 시기
1. 기초·지반검사	옥외탱크저장소의 액체위험물탱크 중 그 용량이 100만[L] 이상인 탱크	위험물탱크의 기초 및 지반에 관한 공사의 개시 전
2. 충수·수압검사	액체위험물을 저장 또는 취급하는 탱크	위험물을 저장 또는 취급하는 탱크에 배관 그 밖의 부속설비를 부착하기 전
3. 용접부검사	옥외탱크저장소의 액체위험물탱크 중 그 용량이 100만[L] 이상인 탱크	탱크본체에 관한 공사의 개시 전
4. 암반탱크검사	액체위험물을 저장 또는 취급하는 암반 내의 공간을 이용한 탱크	암반탱크의 본체에 관한 공사의 개시 전

071

위험물안전관리법령상 위험물의 안전관리와 관련된 업무를 수행하는 자가 받아야 하는 안전교육에 관한 설명으로 옳은 것은?

① 안전교육대상자는 시·도지사가 실시하는 교육을 받아야 한다.

② 모든 제조소 등의 관계인은 안전교육대상자이다.

③ 시·도지사는 안전교육을 강습교육과 실무교육으로 구분하여 실시한다.

④ 시·도지사, 소방본부장 또는 소방서장은 안전교육 대상자가 교육을 받지 않은 때에는 그 교육대상자가 교육을 받을 때까지 위험물안전관리법의 규정에 따라 그 자격으로 행하는 행위를 제한할 수 있다.

해설

안전교육(법 제28조)

• 안전관리자·탱크시험자·위험물운반자·위험물운송자 등 위험물의 안전관리와 관련된 업무를 수행하는 자로서 대통령령이 정하는 자는 해당 업무에 관한 능력의 습득 또는 향상을 위하여 소방청장이 실시하는 교육을 받아야 한다.

• 소방청장은 안전교육을 강습교육과 실무교육으로 구분하여 실시한다.

• 시·도지사, 소방본부장 또는 소방서장은 안전교육대상자가 교육을 받지 않은 때에는 그 교육대상자가 교육을 받을 때까지 위험물안전관리법의 규정에 따라 그 자격으로 행하는 행위를 제한할 수 있다.

072

다중이용업소의 안전관리에 관한 특별법령상 다른 법률에 따라 다중이용업의 허가·인가·등록·신고수리를 하는 행정기관이 허가 등을 한 날부터 14일 이내에 관할 소방본부장 또는 소방서장에게 통보해야 하는 사항을 모두 고른 것은?

> ㄱ. 다중이용업의 종류·영업장 면적
> ㄴ. 허가 등 일자
> ㄷ. 화재배상책임보험 가입여부

① ㄱ, ㄴ   ② ㄱ, ㄷ

③ ㄴ, ㄷ   ④ ㄱ, ㄴ, ㄷ

해설

관련 행정기관의 허가 등의 통보사항(법 규칙 제4조)

• 영업주의 성명·주소

• 다중이용업소의 상호·소재지

• 다중이용업의 종류·영업장 면적

• 허가 등 일자

073

다중이용업소의 안전관리에 관한 특별법령상 '밀폐구조의 영업장'에 대한 용어의 정의이다. (   )에 들어갈 내용으로 옳게 나열한 것은?

> (ㄱ)에 있는 다중이용업소의 영업장 중 채광·환기·통풍 및 (ㄴ) 등이 용이하지 못한 구조로 되어 있으면서 대통령령으로 정하는 기준에 해당하는 영업장을 말한다.

① ㄱ : 지하층, ㄴ : 피 난

② ㄱ : 지하층, ㄴ : 소화활동

③ ㄱ : 지상층, ㄴ : 피 난

④ ㄱ : 지상층, ㄴ : 소화활동

해설

밀폐구조의 영업장 : 지상층에 있는 다중이용업소의 영업장 중 채광·환기·통풍 및 **피난** 등이 용이하지 못한 구조로 되어 있으면서 대통령령으로 정하는 기준에 해당하는 영업장으로서 다음 따른 요건을 모두 갖춘 개구부의 면적의 합계가 영업장으로 사용하는 바닥면적의 1/30 이하가 되는 것을 말한다.

• 크기는 지름 50[cm] 이상의 원이 통과할 수 있을 것

• 해당 층의 바닥면으로부터 개구부 밑부분까지의 높이가 1.2[m] 이내일 것

• 도로 또는 차량이 진입할 수 있는 빈터를 향할 것

• 화재 시 건축물로부터 쉽게 피난할 수 있도록 창살이나 그 밖의 장애물이 설치되지 않을 것

• 내부 또는 외부에서 쉽게 부수거나 열 수 있을 것

074

다중이용업소의 안전관리에 관한 특별법령상 이행강제금의 부과권자가 아닌 자는?

① 소방청장
② 소방본부장
③ 소방서장
④ 시·군·구청장

해설

이행강제금(법 제26조)
- 부과권자 : 소방청장, 소방본부장 또는 소방서장
- 부과금액 : 1,000만원 이하

075

다중이용업소의 안전관리에 관한 특별법령상 안전시설 등의 구분(소방시설, 비상구, 영업장 내부피난통로, 그 밖의 안전시설) 중 그 밖의 안전시설에 해당하지 않는 것은?

① 휴대용 비상조명등
② 영상음향차단장치
③ 누전차단기
④ 창 문

해설

안전시설 중 그 밖의 안전시설(영 별표 1의2)
- 영상음향차단장치(노래반주기 등 영상음향장치를 사용하는 영업장에만 설치한다)
- 누전차단기
- 창문(고시원업의 영업장에만 설치한다)

076

위험물안전관리법령상 제1류 위험물에 해당하는 것은?

① 과아이오딘산
② 질산구아니딘
③ 염소화규소화합물
④ 할로젠간화합물

해설

위험물의 분류

종 류	유 별
과아이오딘산	제1류 위험물
질산구아니딘	제5류 위험물
염소화규소화합물	제3류 위험물
할로젠간화합물	제6류 위험물

077

위험물에 관한 설명으로 옳지 않은 것은?

① 다이크로뮴산암모늄은 융점 이상으로 가열하면 분해되어 Cr_2O_3가 생성된다.
② 적린은 독성이 강한 자연발화성물질로 황린의 동소체이다.
③ 수소화나트륨이 물과 반응하면 수산화나트륨이 생성된다.
④ 나이트로셀룰로오스는 물이나 알코올에 습윤하면 운반 시 위험성이 낮아진다.

해설

위험물의 설명
- 다이크로뮴산암모늄은 융점 이상으로 가열하면 분해되어 Cr_2O_3가 생성된다.

$$(NH_4)_2Cr_2O_7 \rightarrow Cr_2O_3 + N_2 + 4H_2O$$

- 적린 : 제2류 위험물로서 **가연성고체**이고 황린의 동소체이다.
- 수소화나트륨이 물과 반응하면 수산화나트륨이 생성된다.

$$NaH + H_2O \rightarrow NaOH + H_2$$

- 나이트로셀룰로오스는 물이나 알코올에 습윤하면 운반 시 위험성이 낮아진다.

078

위험물의 지정수량과 위험등급에 관한 내용이다. ( )에 들어갈 내용으로 옳은 것은?

품 명	지정수량[kg]	위험등급
무기과산화물	(ㄱ)	I
인화성고체	(ㄴ)	III
아조화합물	100	(ㄷ)

① ㄱ : 50, ㄴ : 1,000, ㄷ : I
② ㄱ : 50, ㄴ : 1,000, ㄷ : II
③ ㄱ : 100, ㄴ : 500, ㄷ : II
④ ㄱ : 100, ㄴ : 500, ㄷ : III

해설
위험물의 지정수량과 위험등급

품 명	지정수량[kg]	위험등급
무기과산화물	50	I
인화성고체	1,000	III
아조화합물	100	II

079

인화알루미늄이 물과 반응할 때 생성되는 가스는?

① P_2O_5
② C_2H_6
③ PH_3
④ H_3PO_4

해설
인화알루미늄이 물과 반응

$$AlP + 3H_2O \rightarrow Al(OH)_3 + PH_3(포스핀)$$

080

위험물안전관리법령상 위험물의 성질에 따른 제조소의 특례 중 취급하는 설비에 철이온 등의 혼입에 의한 위험한 반응을 방지하기 위한 조치를 강구해야 하는 물질은?

① 산화프로필렌
② 하이드록실아민
③ 메틸리튬
④ 하이드라진

해설
하이드록실아민 등을 취급하는 제조소의 특례
• 안전거리

$$D = 51.1\sqrt[3]{N}$$

여기서, D : 거리[m]
N : 해당 제조소에서 취급하는 하이드록실아민 등의 지정수량의 배수

• 하이드록실아민 등을 취급하는 설비에는 하이드록실아민 등의 온도 및 농도의 상승에 의한 위험한 반응을 방지하기 위한 조치를 강구할 것
• 하이드록실아민 등을 취급하는 설비에는 철이온 등의 혼입에 의한 위험한 반응을 방지하기 위한 조치를 강구할 것

081

위험물의 분류 및 표지에 관한 기준상 GHS의 물리적 위험성과 그림문자의 연결로 옳지 않은 것은?

①
자연발화성 액체

②
둔감화된 폭발성 물질

③
금속부식성 물질

④
산화성 액체

해설
GHS의 기준

구 분	표시사항
자연발화성 액체	
불안정한 폭발성물질 또는 화약류	
금속부식성 물질	
산화성 액체	

082

위험물안전관리법령상 위험물을 운반용기에 수납하는 기준이다. ( )에 들어갈 내용으로 옳은 것은?

> 자연발화성 물질 중 알킬알루미늄 등은 운반용기의 내용적의 (ㄱ)[%] 이하의 수납률로 수납하되, 50[℃]의 온도에서 (ㄴ)[%] 이상의 공간용적을 유지하도록 할 것

① ㄱ : 80, ㄴ : 10
② ㄱ : 85, ㄴ : 10
③ ㄱ : 90, ㄴ : 5
④ ㄱ : 95, ㄴ : 5

해설

제3류 위험물의 운반용기 기준
- 자연발화성 물질에 있어서는 불활성 기체를 봉입하여 밀봉하는 등 공기와 접하지 않도록 할 것
- 자연발화성 물질 외의 물품에 있어서는 파라핀·경유·등유 등의 보호액으로 채워 밀봉하거나 불활성 기체를 봉입하여 밀봉하는 등 수분과 접하지 않도록 할 것
- 자연발화성 물질 중 알킬알루미늄 등은 운반용기의 내용적의 **90[%] 이하의 수납률**로 수납하되, **50[℃]의 온도에서 5[%] 이상의 공간용적**을 유지하도록 할 것

083

위험물안전관리법령상 위험물을 운반하기 위하여 적재하는 경우, 차광성이 있는 피복으로 가리지 않아도 되는 것은?

① 염소산나트륨
② 아세트알데하이드
③ 황 린
④ 마그네슘

해설

적재위험물에 따른 조치(규칙 별표 19)
- 차광성이 있는 것으로 피복
  - 제1류 위험물(염소산나트륨)
  - 제3류 위험물 중 자연발화성 물질(황린)
  - 제4류 위험물 중 특수인화물(아세트알데하이드)
  - 제5류 위험물
  - 제6류 위험물
- 방수성이 있는 것으로 피복
  - 제1류 위험물 중 알칼리금속의 과산화물
  - **제2류 위험물 중 철분·금속분·마그네슘**
  - 제3류 위험물 중 금수성 물질

084

칼륨 39[g]이 물과 완전 반응하였을 때 이론적으로 발생할 수 있는 수소의 질량[g]은 약 얼마인가?(단, 칼륨 1몰의 원자량은 39[g/mol]이다)

① 1
② 2
③ 3
④ 4

해설

수소의 질량

$$2K + 2H_2O \rightarrow 2KOH + H_2$$

$$2 \times 39[g] \qquad\qquad\qquad 2[g]$$
$$39[g] \qquad\qquad\qquad\qquad x$$

$$\therefore x = \frac{39[g] \times 2[g]}{2 \times 39[g]} = 1[g]$$

085

다음 제4류 위험물을 인화점이 높은 것부터 낮은 순서대로 옳게 나열한 것은?

> ㄱ. 톨루엔
> ㄴ. 아세트알데하이드
> ㄷ. 초 산
> ㄹ. 글리세린
> ㅁ. 벤 젠

① ㄱ-ㄷ-ㄴ-ㄹ-ㅁ
② ㄴ-ㅁ-ㄱ-ㄷ-ㄹ
③ ㄹ-ㄷ-ㄱ-ㅁ-ㄴ
④ ㄹ-ㄷ-ㅁ-ㄱ-ㄴ

해설

제4류 위험물의 인화점

종 류 항 목	톨루엔	아세트알데하이드	초 산	글리세린	벤 젠
구 분	제1석유류 (비수용성)	특수인화물	제2석유류 (수용성)	제3석유류 (수용성)	제1석유류 (비수용성)
인화점	4[℃]	-40[℃]	40[℃]	160[℃]	-11[℃]
지정수량	200[L]	50[L]	2,000[L]	4,000[L]	200[L]

086

메틸알코올 32[g]을 공기 중에서 완전연소 시키기 위하여 필요한 공기량[g]은 약 얼마인가?(단, 공기 중에 산소는 20[vol%], 질소는 80[vol%]이다)

① 54
② 108
③ 216
④ 432

필요한 공기량

$$CH_3OH + 1.5O_2 \rightarrow CO_2 + 2H_2O$$
$$1[mol]([32g]) \quad 1.5[mol]$$

- 공기의 몰수 = $1.5[mol] \div 0.2 = 7.5[mol]$
- 공기의 평균분자량 = $(32 \times 0.2) + (28 \times 0.8) = 28.8[g]$
- 공기 $1[mol] : 28.8[g]$ = 공기 $7.5[mol] : x$

$$\therefore x = \frac{28.8[g] \times 7.5[mol]}{1[mol]} = 216[g]$$

087

제4류 위험물인 사이안화수소에 관한 설명으로 옳지 않은 것은?

① 특이한 냄새가 난다.
② 맹독성 물질이다.
③ 염료, 농약, 의약 등에 사용된다.
④ 증기비중이 1보다 크다.

해설

사이안화수소(HCN)는 제1석유류로서 증기비중$\left(\dfrac{27}{29} = 0.93\right)$ 이 공기보다 가볍다.

088

위험물안전관리법령상 옥내저장소의 위치·구조 및 설비의 기준에 따라 위험물 저장창고의 바닥을 물이 스며 나오거나 스며들지 않는 구조로 해야 하는 위험물이 아닌 것은?

① 과산화나트륨
② 철 분
③ 칼 륨
④ 나이트로글리세린

해설

저장창고의 바닥은 물이 스며 나오거나 스며들지 않는 구조로 해야 하는 위험물

- 제1류 위험물의 알칼리금속의 과산화물(**과산화나트륨**)
- 제2류 위험물의 **철분**, 금속분, 마그네슘
- 제3류 위험물 중 금수성 물질(**칼륨**)
- 제4류 위험물

089

$27[℃]$, $0.5[atm]$($50,662[Pa]$)에서 과산화수소 1몰은 약 몇 [g]인가?

① 8.5
② 17.0
③ 34.0
④ 68.0

해설

과산화수소 1몰의 무게

- 과산화수소(H_2O_2)의 분자량 : $34[g/mol]$
- 몰수 $n = \dfrac{W}{M}$에서 질량

$$W = nM = 1[mol] \times 34[g/mol] = 34[g]$$

090

위험물안전관리법령상 주유취급소에 캐노피를 설치하는 경우 주유취급소의 위치·구조 및 설비의 기준에 해당하지 않는 것은?

① 배관이 캐노피 내부를 통과할 경우에는 1개 이상의 점검구를 설치할 것
② 캐노피의 면적은 주유를 취급하는 곳의 바닥면적의 1/3 이하로 할 것
③ 캐노피 외부의 점검이 곤란한 장소에 배관을 설치하는 경우에는 용접이음으로 할 것
④ 캐노피 외부의 배관이 일광열의 영향을 받을 우려가 있는 경우에는 단열재로 피복할 것

해설

캐노피의 설치기준

- 배관이 캐노피 내부를 통과할 경우에는 1개 이상의 점검구를 설치할 것
- 캐노피 외부의 점검이 곤란한 장소에 배관을 설치하는 경우에는 용접이음으로 할 것
- 캐노피 외부의 배관이 일광열의 영향을 받을 우려가 있는 경우에는 단열재로 피복할 것

091

위험물안전관리 법령상 옥외저장소에 지정수량 이상을 저장할 수 있는 위험물을 모두 고른 것은?(단, 옥외에 있는 탱크에 위험물을 저장하는 장소는 제외한다)

> ㄱ. 과산화수소
> ㄴ. 메틸알코올
> ㄷ. 황 린
> ㄹ. 올리브유

① ㄱ, ㄷ   ② ㄴ, ㄹ
③ ㄱ, ㄴ, ㄹ   ④ ㄱ, ㄷ, ㄹ

해설
옥외저장소에 저장할 수 있는 위험물
- 제2류 위험물 중 황, 인화성 고체(인화점이 0[℃] 이상인 것에 한함)
- 제4류 위험물 중 **제1석유류(인화점이 0[℃] 이상인 것에 한함)**, 제2석유류, 제3석유류, 제4석유류, **알코올류, 동식물유류(올리브유)**
- **제6류 위험물(과산화수소)**

092

제5류 위험물의 성질에 관한 설명으로 옳지 않은 것은?

① 강산화제, 강산류와 혼합한 것은 발화를 촉진시키고 위험성도 증가한다.
② 다이아조화합물은 위험등급 I로 고농도인 경우 충격에 민감하여 연소 시 순간적으로 폭발한다.
③ 나이트로화합물은 화기, 가열, 충격 등에 민감하여 폭발위험이 있다.
④ 외부의 산소공급이 없어도 자기 연소하므로 연소속도가 빠르다.

해설
다이아조화합물 : 위험등급 Ⅱ

093

위험물안전관리법령상 제조소에 설치하는 배출설비에 관한 설명으로 옳지 않은 것은?

① 배출능력은 1시간당 배출장소 용적의 10배 이상인 것으로 해야 한다. 다만, 전역방식의 경우에는 바닥면적 1[m²]당 18[m³] 이상으로 할 수 있다.
② 위험물취급설비가 배관이음 등으로만 된 경우에는 전역방식으로 할 수 있다.
③ 배출구는 지상 2[m] 이상으로서 연소의 우려가 없는 장소에 설치해야 한다.
④ 배풍기·배출 덕트·후드 등을 이용하여 강제적으로 배출하는 것으로 해야 한다.

해설
배출설비
- 배출능력은 1시간당 배출장소 용적의 **20배 이상**인 것으로 해야 한다. 다만, 전역방식의 경우에는 바닥면적 1[m²]당 18[m³] 이상으로 할 수 있다.
- 위험물취급설비가 배관이음 등으로만 된 경우에는 전역 방식으로 할 수 있다.
- 배출구는 지상 2[m] 이상으로서 연소의 우려가 없는 장소에 설치해야 한다.
- 배풍기(오염된 공기를 뽑아내는 통풍기)·배출 덕트(공기 배출 통로)·후드 등을 이용하여 강제적으로 배출하는 것으로 해야 한다.
- 급기구는 높은 곳에 설치하고 가는 눈의 구리망 등으로 인화방지망을 설치할 것

094

물과 반응하여 수소가스가 발생하는 것은?

① 톨루엔   ② 적 린
③ 루비듐   ④ 트라이나이트로페놀

해설
물과 반응
- 톨루엔과 적린은 물과 섞이지 않는다.
- 루비듐은 물과 반응하면 수소가스를 발생한다.

$$2Rb + 2H_2O \rightarrow 2RbOH + H_2$$

- 트라이나이트로페놀은 더운물에 녹는다.

095

위험물안전관리법령상 소화설비, 경보설비 및 피난설비의 기준에서 제조소 등에 전기설비가 설치된 경우 해당 장소의 면적이 400[m²]일 때, 소형수동식소화기를 최소 몇 개 이상 설치해야 하는가?(단, 전기배선, 조명기구 등은 제외한다)

① 1   ② 2

③ 3   ④ 4

해설

제조소 등에 전기설비(전기배선, 조명기구 등은 제외)가 설치된 경우 : 면적 100[m²]마다 소형수동식소화기 1개 이상을 설치할 것

$$\therefore \text{소화기 설치개수} = \frac{400[m^2]}{100[m^2]} = 4개$$

096

위험물안전관리법령상 제조소의 안전거리 기준에 관한 설명으로 옳지 않은 것은?(단, 제6류 위험물을 취급하는 제조소를 제외한다)

① 초·중등교육법 제2조 및 고등교육법 제2조에 정하는 학교는 수용인원에 관계없이 30[m] 이상 이격해야 한다.
② 아동복지법에 따른 아동복지시설에 20명 이상의 인원을 수용하는 경우는 30[m] 이상 이격해야 한다.
③ 공연법에 의한 공연장이 300명 이상의 인원을 수용하는 경우는 30[m] 이상 이격해야 한다.
④ 노인복지법에 의한 노인복지시설에 20명 이상의 인원을 수용하는 경우는 20[m] 이상 이격해야 한다.

해설

제조소의 안전거리 기준

건축물	안전거리
사용전압 7,000[V] 초과 35,000[V] 이하의 특고압 가공전선	3[m] 이상
사용전압 35,000[V] 초과의 특고압 가공전선	5[m] 이상
건축물 그 밖의 공작물로서 주거용으로 사용되는 것(제조소가 설치된 부지 내에 있는 것을 제외)	10[m] 이상
고압가스, 액화석유가스, 도시가스를 저장 또는 취급하는 시설	20[m] 이상

건축물	안전거리
학교, 병원(병원급 의료기관), 극장, 공연장, 영화상영관 및 그 밖에 유사한 시설로서 수용인원 300명 이상, 복지시설(아동복지시설, 노인복지시설, 장애인복지시설, 한부모가족복지시설), 어린이집, 성매매피해자 등을 위한 지원시설, 정신건강증진시설, 가정폭력방지해자 보호시설 및 그밖에 이와 유사한 시설로서 수용인원 20명 이상	30[m] 이상
유형문화재와 기념물 중 지정문화재	50[m] 이상

097

위험물안전관리법령상 제조소의 환기설비 시설기준에 관한 설명으로 옳지 않은 것은?

① 바닥면적이 120[m²]인 경우, 급기구의 면적은 300[cm²] 이상으로 해야 한다.
② 환기구는 지붕 위 또는 지상 2[m] 이상의 높이에 회전식 고정벤틸레이터 또는 루프팬방식으로 설치할 것
③ 급기구는 해당 급기구가 설치된 실의 바닥면적 150[m²]마다 1개 이상으로 해야 한다.
④ 급기구는 낮은 곳에 설치하고 가는 눈의 구리망 등으로 인화방지망을 설치해야 한다.

해설

환기설비
· 환기 : 자연배기방식
· 급기구는 해당 급기구가 설치된 실의 바닥면적 150[m²]마다 1개 이상으로 하되 급기구의 크기는 800[cm²] 이상으로 할 것. 다만 바닥면적 150[m²] 미만인 경우에는 다음의 크기로 할 것

바닥면적	급기구의 면적
60[m²] 미만	150[cm²] 이상
60[m²] 이상 90[m²] 미만	300[cm²] 이상
90[m²] 이상 120[m²] 미만	450[cm²] 이상
120[m²] 이상 150[m²] 미만	600[cm²] 이상

· 급기구는 낮은 곳에 설치하고 가는 눈의 구리망으로 인화방지망을 설치할 것
· 환기구는 지붕 위 또는 지상 2[m] 이상의 높이에 회전식 고정벤틸레이터 또는 루프팬방식(Roof Fan : 지붕에 설치하는 배기장치)으로 설치할 것

098

위험물안전관리법령상 위험물제조소에서 위험물을 가압하는 설비 또는 그 취급하는 위험물의 압력이 상승할 우려가 있는 설비에 설치하는 안전장치가 아닌 것은?

① 대기밸브부착 통기관
② 자동적으로 압력의 상승을 정지시키는 장치
③ 안전밸브를 겸하는 경보장치
④ 감압 측에 안전밸브를 부착한 감압밸브

해설

위험물의 압력이 상승할 우려가 있는 설비에 설치하는 안전장치
• 안전밸브 : 자동적으로 압력의 상승을 정지시키는 장치
• 안전밸브 경보장치 : 안전밸브를 겸하는 경보장치
• 감압밸브 : 감압 측에 안전밸브를 부착한 감압밸브
• 파괴판(위험물의 성질에 따라 안전밸브의 작동이 곤란한 가압설비에 한한다)

099

위험물안전관리법령상 제1종 판매취급소의 위치·구조 및 설비의 기준으로 옳지 않은 것은?

① 판매취급소는 건축물의 1층에 설치할 것
② 판매취급소의 용도로 사용하는 부분의 창 및 출입구에는 60분+방화문·60분 방화문 또는 30분 방화문을 설치할 것
③ 판매취급소로 사용되는 부분과 다른 부분과의 격벽은 내화구조로 할 것
④ 판매취급소의 용도로 사용하는 건축물의 부분은 보를 불연재료로 하고, 천장을 설치하는 경우에는 천장을 난연재료로 할 것

해설

제1종 판매취급소의 기준(지정수량의 20배 이하)
• 제1종 판매취급소는 건축물의 1층에 설치할 것
• 판매취급소의 용도로 사용하는 부분의 창 및 출입구에는 60분+방화문·60분 방화문 또는 30분 방화문을 설치할 것
• 제1종 판매취급소의 용도로 사용되는 건축물의 부분은 내화구조 또는 불연재료로 하고, 판매취급소로 사용되는 부분과 다른 부분과의 격벽은 내화구조로 할 것
• 제1종 판매취급소의 용도로 사용하는 건축물의 부분은 보를 불연재료로 하고, 천장을 설치하는 경우에는 천장을 불연재료로 할 것

100

위험물안전관리법령상 제1류 위험물을 저장하는 옥내저장소의 저장창고는 지면에서 처마까지의 높이를 몇 [m] 미만인 단층건물로 하는가?

① 6 ② 8
③ 10 ④ 12

해설

옥내저장소의 저장창고는 지면에서 처마까지의 높이 : 6[m] 미만

제5과목 **소방시설의 구조원리**

101

제연설비의 화재안전기술기준상 제연설비에 관한 기준으로 옳은 것은?

① 하나의 제연구역의 면적은 1,500[m²] 이내로 할 것
② 하나의 제연구역은 직경 100[m] 원 내에 들어갈 수 있을 것
③ 하나의 제연구역은 2 이상 층에 미치지 않도록 할 것. 다만, 층의 구분이 불분명한 부분은 그 부분을 다른 부분과 별도로 제연구획해야 한다.
④ 통로상의 제연구역은 수평거리가 100[m]를 초과하지 않을 것

해설

제연설비에 관한 기준
• 하나의 제연구역의 면적은 1,000[m²] 이내로 할 것
• 거실과 통로(복도를 포함한다)는 각각 제연구획할 것
• 통로상의 제연구역은 보행중심선의 길이가 60[m]를 초과하지 않을 것
• 하나의 제연구역은 직경 60[m] 원 내에 들어갈 수 있을 것
• 하나의 제연구역은 2 이상 층에 미치지 않도록 할 것. 다만, 층의 구분이 불분명한 부분은 그 부분을 다른 부분과 별도로 제연구획 해야 한다.

102

할로겐화합물 및 불활성기체소화설비의 화재안전기술기준에서 정하고 있는 할로겐화합물 및 불활성기체소화약제 최대허용설계농도 중 다음에서 최대허용설계농도[%]가 가장 낮은 소화약제는?

① IG-55　　　　　② HFC-23

③ HFC-125　　　　④ FK-5-1-12

해설

최대허용설계농도[%]

소화약제	최대허용 설계농도[%]
FC-3-1-10	40
HCFC BLEND A	10
HCFC-124	1.0
HFC-125	11.5
HFC-227ea	10.5
HFC-23	30
HFC-236fa	12.5
FIC-13I1	0.3
FK-5-1-12	10
IG-01, IG-100, IG-541, IG-55	43

103

분말소화설비의 화재안전기술기준상 가압용 가스용기에 관한 기준으로 옳지 않은 것은?

① 분말소화약제의 가스용기는 분말소화약제의 저장용기에 접속하여 설치해야 한다.

② 가압용가스에 질소가스를 사용하는 것의 질소가스는 소화약제 1[kg]마다 10[L] 이상으로 할 것

③ 분말소화약제의 가압용가스 용기를 3병 이상 설치한 경우에는 2개 이상의 용기에 전자개방밸브를 부착해야 한다.

④ 가압용가스에 이산화탄소를 사용하는 것의 이산화탄소는 소화약제 1[kg]에 대하여 20[g]에 배관의 청소에 필요한 양을 가산한 양 이상으로 할 것

해설

가압용 가스용기에 관한 기준

• 분말소화약제의 가스용기는 분말소화약제의 저장용기에 접속하여 설치해야 한다.

• 분말소화약제의 가압용가스 용기를 3병 이상 설치한 경우에는 2개 이상의 용기에 전자개방밸브를 부착해야 한다.

• 분말소화약제의 가압용가스 용기에는 2.5[MPa] 이하의 압력에서 조정이 가능한 압력조정기를 설치해야 한다.

• 가압용가스 또는 축압용가스의 설치기준

 - 가압용가스 또는 축압용가스는 질소가스 또는 이산화탄소로 할 것

 - **가압용가스에 질소가스를 사용**하는 것의 질소가스는 소화약제 1[kg]마다 40[L](35[℃]에서 1기압의 압력상태로 환산한 것) **이상**, 이산화탄소를 사용하는 것의 이산화탄소는 소화약제 1[kg]에 대하여 20[g]에 배관의 청소에 필요한 양을 가산한 양 이상으로 할 것

 - 축압용가스에 질소가스를 사용하는 것의 질소가스는 소화약제 1[kg]에 대하여 10[L](35[℃]에서 1기압의 압력상태로 환산한 것) 이상, 이산화탄소를 사용하는 것의 이산화탄소는 소화약제 1[kg]에 대하여 20[g]에 배관의 청소에 필요한 양을 가산한 양 이상으로 할 것

 - 배관의 청소에 필요한 양의 가스는 별도의 용기에 저장할 것

104

지하구의 화재안전기술기준상 방화벽의 설치기준으로 옳지 않은 것은?

① 내화구조로서 홀로 설 수 있는 구조일 것

② 방화벽의 출입문은 30분 방화문으로 설치할 것

③ 방화벽은 분기구 및 국사·변전소 등의 건축물과 지하구가 연결되는 부위(건축물로부터 20[m] 이내)에 설치할 것

④ 방화벽을 관통하는 케이블·전선 등에는 국토교통부 고시(건축자재 등 품질인증 및 관리기준)에 따라 내화채움구조로 마감할 것

해설

방화벽의 설치기준

• 내화구조로서 홀로 설 수 있는 구조일 것

• 방화벽의 출입문은 **60분+방화문** 또는 **60분 방화문**으로 설치할 것

• 방화벽을 관통하는 케이블·전선 등에는 국토교통부 고시(건축자재 등 품질인증 및 관리기준)에 따라 내화채움구조로 마감할 것

• 방화벽은 분기구 및 국사·변전소 등의 건축물과 지하구가 연결되는 부위(건축물로부터 20[m] 이내)에 설치할 것

• 자동폐쇄장치를 사용하는 경우에는 자동폐쇄장치의 성능인증 및 제품검사의 기술기준에 적합한 것으로 설치할 것

105

연결송수관설비의 화재안전기술기준상 배관에 관한 설치기준의 일부이다. ( )에 들어갈 것으로 옳은 것은?

> - 주배관의 구경은 (ㄱ)[mm] 이상의 것으로 할 것
> - 지면으로부터의 높이가 31[m] 이상인 특정소방대상물 또는 지상(ㄴ)층 이상인 특정소방대상물에 있어서는 습식설비로 할 것

① ㄱ : 100, ㄴ : 9
② ㄱ : 100, ㄴ : 11
③ ㄱ : 150, ㄴ : 9
④ ㄱ : 150, ㄴ : 11

해설
연결송수관설비의 배관기준
- 주배관의 구경은 100[mm] 이상의 것으로 할 것
- 지면으로부터의 높이가 31[m] 이상인 특정소방대상물 또는 **지상 11층 이상**인 특정소방대상물에 있어서는 **습식설비**로 할 것

106

무선통신보조설비의 화재안전기술기준상 누설동축케이블 설치기준으로 옳지 않은 것은?

① 누설동축케이블과 이에 접속하는 안테나 또는 동축케이블과 이에 접속하는 안테나로 구성할 것
② 누설동축케이블의 끝부분에는 무반사 종단저항을 견고하게 설치할 것
③ 해당 전로에 정전기 차폐장치를 유효하게 설치한 경우에도 누설동축케이블 및 안테나는 고압의 전로로부터 1[m] 이상 떨어진 위치에 설치할 것
④ 누설동축케이블 및 동축케이블은 불연 또는 난연성의 것으로서 습기에 따라 전기의 특성이 변질되지 않는 것으로 하고, 노출하여 설치한 경우에는 피난 및 통행에 장애가 없도록 할 것

해설
누설동축케이블 설치기준
- 소방전용주파수대에서 전파의 전송 또는 복사에 적합한 것으로서 소방전용의 것으로 할 것. 다만, 소방대 상호 간의 무선연락에 지장이 없는 경우에는 다른 용도와 겸용할 수 있다.
- 누설동축케이블과 이에 접속하는 안테나 또는 동축케이블과 이에 접속하는 안테나로 구성할 것
- 누설동축케이블 및 동축케이블은 불연 또는 난연성의 것으로서 습기에 따라 전기의 특성이 변질되지 않는 것으로 하고, 노출하여 설치한 경우에는 피난 및 통행에 장애가 없도록 할 것
- 누설동축케이블 및 동축케이블은 화재에 따라 해당 케이블의 피복이 소실된 경우에 케이블 본체가 떨어지지 않도록 4[m] 이내마다 금속제 또는 자기제 등의 지지금구로 벽·천장·기둥 등에 견고하게 고정시킬 것. 다만, 불연재료로 구획된 반자 안에 설치하는 경우에는 그렇지 않다.
- 누설동축케이블 및 안테나는 금속판 등에 따라 전파의 복사 또는 특성이 현저하게 저하되지 않는 위치에 설치할 것
- **누설동축케이블 및 안테나는 고압의 전로로부터 1.5[m] 이상 떨어진 위치**에 설치할 것. 다만, 해당 전로에 정전기 차폐장치를 유효하게 설치한 경우에는 그렇지 않다.
- 누설동축케이블의 끝부분에는 무반사 종단저항을 견고하게 설치할 것

107

연결살수설비의 화재안전기술기준상 송수구의 설치높이로 옳은 것은?

① 지면으로부터 높이가 0.5[m] 이상 1[m] 이하의 위치에 설치할 것
② 지면으로부터 높이가 0.8[m] 이상 1.5[m] 이하의 위치에 설치할 것
③ 지면으로부터 높이가 1[m] 이상 1.5[m] 이하의 위치에 설치할 것
④ 지면으로부터 높이가 1.5[m] 이상 2[m] 이하의 위치에 설치할 것

해설
송수구의 설치높이 : 지면으로부터 0.5[m] 이상 1[m] 이하

108

미분무소화설비의 화재안전기술기준에 관한 내용으로 옳지 않은 것은?

① 중압 미분무소화설비란 사용압력이 0.5[MPa]을 초과하고 5.5[MPa] 이하인 미분무소화설비를 말한다.

② 사용되는 필터 또는 스트레이너의 메시는 헤드 오리피스 지름의 80[%] 이하가 되어야 한다.

③ 설비에 사용되는 구성요소는 STS 304 이상의 재료를 사용해야 한다.

④ 가압송수장치가 기동되는 경우에는 자동으로 정지되지 않도록 해야 한다.

해설

미분무소화설비의 화재안전기술기준

• 저압 미분무소화설비 : 최고사용압력이 1.2[MPa] 이하인 미분무소화설비

• **중압 미분무소화설비** : 사용압력이 **1.2[MPa]을 초과**하고 **3.5[MPa] 이하**인 미분무소화설비

• 고압 미분무소화설비 : 최저사용압력이 3.5[MPa]을 초과하는 미분무소화설비

• 수원에 사용되는 필터 또는 스트레이너의 메시는 헤드 오리피스 지름의 80[%] 이하가 되어야 한다.

• 배관의 설비에 사용되는 구성요소는 STS 304 이상의 재료를 사용해야 한다.

• 가압송수장치가 기동되는 경우에는 자동으로 정지되지 않도록 해야 한다.

109

소화기구 및 자동소화장치의 화재안전기술기준상 다음 조건에 따른 의료시설에 설치해야 하는 소형소화기의 최소 설치개수는?

• 소형소화기 1개의 능력단위는 3단위이다.
• 의료시설은 15층에만 있으며, 바닥면적은 가로 40[m]× 세로 40[m]이다.
• 주요구조부가 내화구조이고, 벽 및 반자의 실내에 면하는 부분이 난연재료로 되어 있다.

① 4개   ② 6개
③ 9개   ④ 11개

해설

소형소화기의 최소 설치개수

• 능력단위

특정소방대상물	소화기구의 능력단위
1. 위락시설(위락시설)	해당 용도의 바닥면적 30[m²]마다 능력단위 1 단위 이상
2. 공연장·집회장·관람장·문화재·장례식장 및 의료시설	해당 용도의 바닥면적 50[m²]마다 능력단위 1 단위 이상
3. 근린생활시설·판매시설·운수시설·숙박시설·노유자시설·전시장·공동주택·업무시설·방송통신시설·공장·창고시설·항공기 및 자동차 관련 시설 및 관광휴게시설	해당 용도의 바닥면적 100[m²]마다 능력단위 1단위 이상
4. 그 밖의 것	해당 용도의 바닥면적 200[m²]마다 능력단위 1단위 이상

[비고]

소화기구의 능력단위를 산출함에 있어서 건축물의 **주요구조부가 내화구조**이고, **벽 및 반자의 실내에 면하는 부분이 불연재료·준불연재료 또는 난연재료**로 된 특정소방대상물에 있어서는 위 표의 바닥면적의 2배를 해당 특정소방대상물의 기준면적으로 한다.

$$\therefore \ 능력단위 = \frac{40[m] \times 40[m]}{50[m^2] \times 2배} = 16단위$$

$$\therefore \ 소화기 \ 개수 = \frac{16단위}{3단위} = 5.33 \Rightarrow 6개$$

110

포소화설비의 화재안전기술기준에서 정하고 있는 가압송수장치의 포워터스프링클러헤드 표준방사량으로 옳은 것은?

① 50[L/min] 이상
② 65[L/min] 이상
③ 70[L/min] 이상
④ 75[L/min] 이상

해설

가압송수장치의 표준방사량

구 분	표준방사량
포워터스프링클러헤드	75[L/min] 이상
포헤드·고정포방출구 또는 이동식포노즐·압축공기포헤드	각 포헤드·고정포방출구 또는 이동식 포노즐의 설계압력에 따라 방출되는 소화약제의 양

111

옥내소화전설비에서 옥내소화전 2개 설치 시 최소유량은 260[L/min]이다. 펌프성능시험에서 다음 ( )에 들어갈 것으로 옳은 것은?

구 분	체절운전 시	정격토출량 100[%] 운전 시	정격토출량 150[%] 운전 시
펌프 토출량	(ㄱ)[L/min]	260[L/min]	390[L/min]
펌프 토출압	1.4[MPa]	1[MPa]	(ㄴ)[MPa] 이상

① ㄱ : 0, ㄴ : 0.65
② ㄱ : 0, ㄴ : 1.5
③ ㄱ : 130, ㄴ : 0.65
④ ㄱ : 130, ㄴ : 1.5

정격토출량과 토출압

펌프의 성능은 체절운전 시 정격토출압력의 140[%]를 초과하지 않고, 정격토출량의 150[%]로 운전 시 정격토출압력의 65[%] 이상이 되어야 한다.

구 분	체절운전 시	정격토출량 100[%] 운전 시	정격토출량 150[%] 운전 시
펌프 토출량	0[L/min]	260[L/min]	260×1.5 = 390[L/min]
펌프 토출압	1.4[MPa] 이하	1[MPa]	1×0.65 = 0.65[MPa] 이상

112

옥외소화전 5개가 설치된 특정소방대상물이 있다. 펌프 방식을 사용하여 소화수를 공급할 때, 펌프의 전동기 최소용량[kW]은 약 얼마인가?

- 실양정 20[m], 호스길이 25[m](호스의 마찰손실수두는 호스길이 100[m]당 4[m])
- 배관 및 배관부속품 마찰손실수두 10[m], 펌프효율 50[%]
- 전달계수(K) 1.1, 관창에서의 방수압 29[mAq]
- 주어진 조건 이외의 다른 조건은 고려하지 않고, 계산 결과 값은 소수점 셋째자리에서 반올림함

① 1.51   ② 12.43
③ 15.10   ④ 20.51

전동기 용량

$$동력\ P = \frac{\gamma QH}{\eta} \times K$$

여기서, γ : 물의 비중량(9.8[kN/m^3])

Q : 토출량(2개 × 350[L/min] = 700[L/min]
= 0.7/60[m^3/s] = 0.01167[m^3/s])

H : 전양정

$$H = h_1 + h_2 + h_3 + 29$$

- h_1 (호스의 마찰손실수두) = $25[m] \times \frac{4[m]}{100[m]} = 1[m]$
- h_2 (배관의 마찰손실수두) = 10[m]
- h_3 (낙차의 마찰손실수두) = 20[m]
- 방수압 = 29[mAq] = 29[mH$_2$O]

$H = 1[m] + 10[m] + 20[m] + 29[m] = 60[m]$

∴ 동력 $P = \frac{\gamma QH}{\eta} \times K$

$$= \frac{9.8 \times 0.01167 \times 60}{0.5} \times 1.1 = 15.10[kW]$$

113

스프링클러설비의 화재안전기술기준상 헤드에 관한 기준으로 옳은 것은?

① 살수가 방해되지 않도록 벽과 스프링클러헤드 간의 공간은 10[cm] 이상으로 한다.
② 스프링클러헤드와 그 부착면과의 거리는 60[cm] 이하로 한다.
③ 상부에 설치된 헤드의 방출수에 따라 감열부에 영향을 받을 우려가 있는 헤드에는 방출수를 차단할 수 있는 유효한 반사판을 설치한다.
④ 측벽형을 설치하는 경우 긴 변의 한쪽 벽에 일렬로 설치하고 4[m] 이내마다 설치한다.

스프링클러설비 헤드 설치기준

- **살수가 방해되지 않도록** 스프링클러헤드로부터 반경 **60[cm] 이상의 공간을 보유할 것**. 다만, **벽과 스프링클러헤드 간의 공간은 10[cm] 이상**으로 한다.
- 스프링클러헤드와 그 부착면(상향식헤드의 경우에는 그 헤드의 직상부의 천장·반자 또는 이와 비슷한 것을 말한다)과의 거리는 **30[cm] 이하**로 할 것
- 상부에 설치된 헤드의 방출수에 따라 감열부에 영향을 받을 우려가 있는 헤드에는 방출수를 차단할 수 있는 유효한 **차폐판**을 설치할 것

- 측벽형 스프링클러헤드를 설치하는 경우 긴 변의 한쪽 벽에 일렬로 설치(폭이 4.5[m] 이상 9[m] 이하인 실에 있어서는 긴 변의 양쪽에 각각 일렬로 설치하되 마주보는 스프링클러헤드가 나란히꼴이 되도록 설치)하고 **3.6[m] 이내**마다 설치할 것

114

건축물의 높이가 3.5[m]인 특수가연물을 저장 또는 취급하는 랙식 창고에 스프링클러설비를 설치하고자 한다. 바닥면적 가로 40[m] × 세로 66[m]라고 한다면, 스프링클러헤드를 정방형으로 배치할 경우 헤드의 최소 설치개수는?

① 332개
② 433개
③ 476개
④ 512개

해설

스프링클러설비헤드의 설치기준

설치장소			설치기준
폭 1.2[m]를 초과하는 천장, 반자, 천장과 반자 사이, 덕트, 선반, 기타 이와 유사한 부분		무대부, 특수가연물을 저장 또는 취급하는 장소	수평거리 1.7[m] 이하
		비내화구조	수평거리 2.1[m] 이하
		내화구조	수평거리 2.3[m] 이하
아파트 등의 세대			수평거리 2.6[m] 이하
랙식 창고	라지드롭형 스프링클러헤드 설치	특수가연물을 저장·취급	수평거리 1.7[m] 이하
		비내화구조	수평거리 2.1[m] 이하
		내화구조	수평거리 2.3[m] 이하
	라지드롭형 스프링클러헤드(습식, 건식 외의 것)		랙 높이 3[m] 이하마다

헤드 간의 거리

$S = 2r\cos\theta = 2 \times 1.7[m] \times \cos 45° = 2.40[m]$이므로

- 가로에 설치 헤드 수
  $40[m] ÷ 2.40[m] = 16.67 \Rightarrow 17$개
- 세로에 설치 헤드 수
  $66[m] ÷ 2.40[m] = 27.5 \Rightarrow 28$개
  ∴ 전체 설치 헤드 수 = 17개 × 28개 = 476개

115

옥내소화전설비의 화재안전기술기준에 관한 내용으로 옳은 것은?

① 물올림장치란 옥내소화전설비의 관창에서 압력변동을 검지하여 자동적으로 펌프를 기동시키는 것으로서 압력체임버 또는 기동용 압력스위치 등을 말한다.
② 펌프의 토출 측에는 진공계를 체크밸브 이전에 펌프 토출 측 플랜지에서 가까운 곳에 설치한다.
③ 가압송수장치의 기동을 표시하는 표시등은 옥내소화전함의 내부에 설치하되 황색등으로 한다.
④ 옥내소화전설비의 수원은 그 저수량이 옥내소화전의 설치개수가 가장 많은 층의 설치개수(2개 이상 설치된 경우에는 2개)에 2.6[m³]를 곱한 양 이상이 되도록 해야 한다.

해설

옥내소화전설비의 화재안전기술기준

- 물올림장치 : 수원이 펌프보다 낮게 설치된 경우에 설치하는 것으로 펌프 1차 측 배관에 물을 충수하여 화재 시 신속하게 물을 공급하기 위한 장치이다.
- **기동용 수압개폐장치** : 소화설비의 배관 내 압력변동을 검지하여 자동적으로 펌프를 기동 및 정지시키는 것으로서 압력체임버 또는 기동용 압력스위치 등(주펌프는 수동정지)
- 펌프의 토출 측에는 **압력계**를 체크밸브 이전에 펌프 토출 측 플랜지에서 가까운 곳에 설치하고, **흡입 측**에는 **연성계 또는 진공계**를 설치할 것
- 가압송수장치의 **기동을 표시하는 표시등**은 옥내소화전함의 상부에 설치하되 **적색등**으로 한다.
- 옥내소화전설비의 수원
  = 소화전 수(최대 2개) × 2.6[m³](130[L/min] × 20[min]
  = 2,600[L] = 2.6[m³])

116

옥내소화전설비의 화재안전기술기준상 가압송수장치의 내연기관에 관한 내용으로 옳지 않은 것은?

① 내연기관의 기동은 소화전함의 위치에서 원격조작이 가능하고, 기동을 명시하는 적색등을 설치할 것
② 제어반에 따라 내연기관의 자동기동 및 수동기동이 가능하고, 상시 충전되어 있는 축전지설비를 갖출 것
③ 내연기관의 연료량은 펌프를 20분(층수가 30층 이상 49층 이하는 40분, 50층 이상은 60분) 이상 운전할 수 있는 용량일 것
④ 내연기관의 충압펌프는 정격부하운전 시험 및 수온의 상승을 방지하기 위하여 순환배관을 설치할 것

해설

가압송수장치의 내연기관

- 내연기관의 기동은 기동장치를 설치하거나 또는 소화전함의 위치에서 원격조작이 가능하고 기동을 명시하는 적색등을 설치할 것
- 제어반에 따라 내연기관의 자동기동 및 수동기동이 가능하고, 상시 충전되어 있는 축전지설비를 갖출 것
- 내연기관의 연료량은 펌프를 20분(층수가 30층 이상 49층 이하는 40분, 50층 이상은 60분) 이상 운전할 수 있는 용량일 것
- 가압송수장치에는 정격부하운전 시 펌프의 성능을 시험하기 위한 배관을 설치할 것. 다만, 충압펌프의 경우에는 그렇지 않다.
- 가압송수장치에는 **체절운전 시 수온의 상승을 방지**하기 위한 **순환배관을 설치**할 것. 다만, **충압펌프의 경우에는 그렇지 않다.**

117

다음 조건에서 준비작동식 유수검지장치를 설치할 경우 광전식 스포트형 2종 연기감지기의 최소 설치개수는?

- 감지기 부착높이 7.5[m]이며, 교차회로방식 적용
- 주요구조부가 내화구조인 공장으로 바닥면적 1,900[m²]

① 26개 ② 28개
③ 52개 ④ 56개

해설

연기감지기의 부착높이에 따른 감지기의 바닥면적

부착높이	감지기의 종류	
	1종 및 2종	3종
4[m] 미만	150[m²]	50[m²]
4[m] 이상 20[m] 미만	75[m²]	–

∴ 감지기 설치개수 = 1,900[m²] ÷ 75[m²] = 25.3 ⇒ 26개
준비작동식 스프링클러설비는 교차회로방식으로 설치해야 하므로 26개 × 2회로 = 52개

118

소방시설 설치 및 관리에 관한 법령상 시각경보기를 설치해야 하는 특정소방대상물이 아닌 것은?

① 근린생활시설, 문화 및 집회시설, 종교시설, 판매시설, 운수시설, 의료시설, 노유자시설
② 운동시설, 업무시설, 숙박시설, 위락시설, 관광휴게시설, 발전시설 및 장례시설
③ 교육연구시설 중 도서관, 방송통신시설 중 방송국
④ 지하가 중 지하상가

해설

시각경보기 설치대상(영 별표 4)

자동화재탐지설비를 설치해야 하는 특정소방대상물 중 다음의 어느 하나에 해당하는 것으로 한다.

- 근린생활시설, 문화 및 집회시설, 종교시설, 판매시설, 운수시설, 의료시설, 노유자시설
- 운동시설, 업무시설, 숙박시설, 위락시설, 창고시설 중 물류터미널, 발전시설 및 장례시설
- 교육연구시설 중 도서관, 방송통신시설 중 방송국
- 지하가 중 지하상가

119

피난기구의 화재안전기술기준의 설치장소별 피난기구 적응성에서 노유자시설의 층별 적응성이 있는 피난기구의 연결이 옳은 것은?

① 지하 1층 – 피난교
② 지상 2층 – 완강기
③ 지상 3층 – 승강식 피난기
④ 지상 4층 – 미끄럼대

해설

소방대상물의 설치장소별 피난기구의 적응성

설치장소별 구분	1층	2층	3층	4층 이상 10층 이하
노유자시설	미끄럼대·구조대·피난교·다수인 피난장비·승강식 피난기			구조대·피난교, 다수인 피난장비, 승강식 피난기
의료시설·근린생활시설 중 입원실이 있는 의원·접골원·조산원	–	–	미끄럼대·구조대·피난교·피난용 트랩·다수인 피난장비·승강식 피난기	구조대·피난교·피난용 트랩·다수인 피난장비·승강식 피난기
다중이용업소로서 영업장의 위치가 4층 이하인 다중이용업소	–		미끄럼대·피난사다리·구조대·완강기·다수인 피난장비·승강식 피난기	
그 밖의 것	–	–	**미끄럼대**·피난사다리·구조대·완강기·피난교·**피난용 트랩**·간이완강기·공기안전매트·다수인 피난장비·승강식 피난기	피난사다리·구조대·완강기·피난교·간이완강기·공기안전매트·다수인 피난장비·**승강식 피난기**

120

소방시설의 내진설계기준에 관한 내용으로 옳지 않은 것은?

① 상쇄배관(Offset)이란 영향구역 내의 직선 배관이 방향전환한 후 다시 같은 방향으로 연속될 경우, 중간에 방향전환 된 짧은 배관은 단부로 보지 않고 상쇄하여 직선으로 볼 수 있는 것을 말하며, 짧은 배관의 합산길이는 3.7[m] 이하여야 한다.

② 하나의 수평직선배관은 최소 2개의 횡방향 흔들림 방지 버팀대와 1개의 종방향 흔들림 방지 버팀대를 설치해야 한다.

③ 수평직선배관 횡방향 흔들림 방지 버팀대의 간격은 중심선을 기준으로 최대간격이 12[m]를 초과하지 않아야 한다.

④ 수평직선배관 종방향 흔들림 방지 버팀대의 설계하중은 영향구역 내의 수평주행배관, 교차배관, 가지배관의 하중을 포함하여 산정한다.

해설
내진설계 기준
- 상쇄배관(Offset)이란 영향구역 내의 직선 배관이 방향전환한 후 다시 같은 방향으로 연속될 경우, 중간에 방향전환된 짧은 배관은 단부로 보지 않고 상쇄하여 직선으로 볼 수 있는 것을 말하며, 짧은 배관의 합산길이는 3.7[m] 이하여야 한다.
- 하나의 수평직선배관은 최소 2개의 횡방향 흔들림 방지 버팀대와 1개의 종방향 흔들림 방지 버팀대를 설치해야 한다. 다만, 영향구역 내 배관의 길이가 6[m] 미만인 경우에는 횡방향과 종방향 흔들림 방지 버팀대를 각 1개씩 설치할 수 있다.
- 수평직선배관 횡방향 흔들림 방지 버팀대의 간격은 중심선을 기준으로 최대간격이 12[m]를 초과하지 않아야 한다.
- 수평직선배관 종방향 흔들림 방지 버팀대의 설계하중은 설치된 위치의 좌우 12[m]를 포함한 24[m] 이내의 배관에 작용하는 수평지진하중으로 영향구역 내의 수평주행배관, 교차배관 하중을 포함하여 산정하며, 가지배관의 하중은 제외한다.
- 횡방향 흔들림 방지 버팀대의 설계하중은 설치된 위치의 좌우 6[m]를 포함한 12[m] 이내의 배관에 작용하는 횡방향 수평지진하중으로 영향구역 내의 수평주행배관, 교차배관, 가지배관의 하중을 포함하여 산정한다.

121

지하구의 화재안전기술기준상 자동화재탐지설비에 관한 설치기준의 일부이다. ( )에 들어갈 것으로 옳은 것은?

> 지하구 천장의 중심부에 설치하되 감지기와 천장 중심부 하단과의 수직거리는 ( )[cm] 이내로 할 것. 다만, 형식승인 내용에 설치방법이 규정되어 있거나, 중앙기술심의위원회의 심의를 거쳐 제조사 시방서에 따른 설치방법이 지하구 화재에 적합하다고 인정되는 경우에는 형식승인 내용 또는 심의 결과에 의한 제조사 시방서에 따라 설치할 수 있다.

① 30   ② 45
③ 60   ④ 80

해설
지하구의 화재안전기술기준상 자동화재탐지설비에 관한 설치기준
- 감지기는 다음에 따라 설치해야 한다.
  - 자동화재탐지설비 및 시각경보장치의 화재안전기술기준(NFTC 203) 2.4.1(1)부터 2.4.1(8)의 감지기 중 먼지·습기 등의 영향을 받지 않고 발화지점(1[m] 단위)과 온도를 확인할 수 있는 것을 설치할 것
  - 지하구 천장의 중심부에 설치하되 **감지기와 천장 중심부 하단과의 수직거리는 30[cm] 이내**로 할 것. 다만, 형식승인 내용에 설치방법이 규정되어 있거나, 중앙기술심의위원회의 심의를 거쳐 제조사 시방서에 따른 설치방법이 지하구 화재에 적합하다고 인정되는 경우에는 형식승인 내용 또는 심의결과에 의한 제조사 시방서에 따라 설치할 수 있다.
  - 발화지점이 지하구의 실제거리와 일치하도록 수신기 등에 표시할 것
  - 공동구 내부에 상수도용 또는 냉·난방용 설비만 존재하는 부분은 감지기를 설치하지 않을 수 있다.
- 발신기, 지구음향장치 및 시각경보기는 설치하지 않을 수 있다.

122

자동화재탐지설비 및 시각경보장치의 화재안전기술기준상 감지기에 관한 내용으로 옳은 것은?

① 공기관식 차동식분포형감지기 공기관의 노출부분은 감지구역마다 10[m] 이상이 되도록 한다.

② 감지기는 실내로의 공기유입구로부터 0.6[m] 이상 떨어진 위치에 설치한다.

③ 광전식분리형감지기의 광축은 나란한 벽으로부터 0.5[m] 이상 이격하여 설치한다.

④ 파이프덕트 등 그 밖의 이와 비슷한 것으로서 2개 층마다 방화구획된 것이나 수평단면적이 5[m²] 이하인 것은 감지기를 설치하지 않을 수 있다.

해설
감지기의 설치기준

• 공기관식 차동식분포형감지기 공기관의 노출부분은 감지구역마다 **20[m] 이상**이 되도록 할 것
• 감지기(차동식분포형의 것을 제외)는 실내로의 공기유입구로부터 **1.5[m] 이상** 떨어진 위치에 설치할 것
• 광전식분리형감지기의 광축(송광면과 수광면의 중심을 연결한 선)은 나란한 벽으로부터 **0.6[m] 이상** 이격하여 설치할 것
• 파이프덕트 등 그 밖의 이와 비슷한 것으로서 2개 층마다 방화구획된 것이나 수평단면적이 5[m²] 이하인 것은 감지기를 설치하지 않을 수 있다.

123

유도등 및 유도표지의 화재안전기술기준상 다음 조건에 따른 객석유도등의 최소 설치 개수는?

> • 공연장 객석의 좌우, 양 측면에 직선부분의 길이가 22[m]인 통로가 각 1개씩 2개소 설치되어 있다.
> • 공연장 객석의 후면에 직선부분의 길이가 18[m]인 통로가 1개소 설치되어 있다.
> • 상기 이외의 통로는 객석유도등 설치 대상에 포함하지 않는 것으로 한다.

① 9개   ② 11개
③ 14개   ④ 17개

해설
객석유도등의 설치개수

• 직선부분의 길이가 22[m]인 통로가 각 1개씩 2개소

$$객석유도등의 설치개수 = \frac{객석 통로의 직선 부분 길이[m]}{4} - 1$$

$$= \frac{22[m] \times 2개소}{4} - 1 = 10개$$

• 공연장 객석의 후면에 직선부분의 길이가 18[m]인 통로가 1개소

$$객석유도등의 설치개수 = \frac{객석 통로의 직선 부분 길이[m]}{4} - 1$$

$$= \frac{18[m]}{4} - 1 = 3.5개 \Rightarrow 4개$$

∴ 객석유도등의 설치개수 = 10개 + 4개 = 14개

124

비상방송설비의 화재안전기술기준상 음향장치의 설치기준으로 옳은 것은?

① 증폭기 및 조작부는 수위실 등 상시 사람이 근무하는 장소로서 점검이 편리하고 방화상 유효한 곳에 설치할 것

② 기동장치에 따른 화재신고를 수신한 후 필요한 음량으로 화재발생 상황 및 피난에 유효한 방송이 자동으로 개시될 때까지의 소요시간은 30초 이내로 할 것

③ 층수가 3층 이상으로서 연면적이 2,000[m²]를 초과하는 특정소방대상물 지상 1층에서 발화한 때에는 발화층·그 직상층 및 지하층에 경보를 발할 것

④ 확성기의 음성입력은 1[W](실외에 설치하는 것에 있어서는 2[W]) 이상일 것

해설
음향장치의 설치기준

- 확성기의 음성입력은 3[W](실내에 설치하는 것에 있어서는 1[W]) 이상일 것
- 확성기는 각 층마다 설치하되, 그 층의 각 부분으로부터 하나의 확성기까지의 수평거리가 25[m] 이하가 되도록 하고, 해당 층의 각 부분에 유효하게 경보를 발할 수 있도록 설치할 것
- 음량조정기를 설치하는 경우 음량조정기의 배선은 3선식으로 할 것
- 조작부의 조작스위치는 바닥으로부터 0.8[m] 이상 1.5[m] 이하의 높이에 설치할 것
- 조작부는 기동장치의 작동과 연동하여 해당 기동장치가 작동한 층 또는 구역을 표시할 수 있는 것으로 할 것
- 증폭기 및 조작부는 수위실 등 상시 사람이 근무하는 장소로서 점검이 편리하고 방화상 유효한 곳에 설치할 것
- **층수가 11층(공동주택의 경우에는 16층) 이상의 특정소방대상물은 다음의 기준에 따라 경보를 발할 수 있다.**
  - 2층 이상의 층에서 발화한 때에는 **발화층 및 그 직상 4개층**에 경보를 발할 것
  - 1층에서 발화한 때에는 **발화층·그 직상 4개층 및 지하층**에 경보를 발할 것
  - 지하층에서 발화한 때에는 **발화층·그 직상층 및 기타의 지하층**에 경보를 발할 것
- 다른 방송설비와 공용하는 것에 있어서는 화재 시 비상경보 외의 방송을 차단할 수 있는 구조로 할 것
- 다른 전기회로에 따라 유도장애가 생기지 않도록 할 것
- 하나의 특정소방대상물에 2 이상의 조작부가 설치되어 있는 때에는 각각의 조작부가 있는 장소 상호 간에 동시통화가 가능한 설비를 설치하고, 어느 조작부에서도 해당 특정소방대상물의 전 구역에 방송을 할 수 있도록 할 것
- 기동장치에 따른 화재신호를 수신한 후 필요한 음량으로 화재발생 상황 및 피난에 유효한 방송이 자동으로 개시될 때까지의 소요시간은 **10초 이내**로 할 것

125

자동화재탐지설비 및 시각경보장치의 화재안전기술기준상 경계구역의 설정기준으로 옳지 않은 것은?

① 하나의 경계구역의 면적은 600[m²] 이하로 하고 한 변의 길이는 50[m] 이하로 할 것

② 외기에 면하여 상시 개방된 부분이 있는 차고·주차장·창고 등에 있어서는 외기에 면하는 각 부분으로부터 5[m] 미만의 범위 안에 있는 부분은 경계구역의 면적에 산입하지 않는다.

③ 하나의 경계구역이 2 이상의 건축물에 미치지 않도록 할 것

④ 하나의 경계구역이 2 이상의 층에 미치지 않도록 할 것. 다만, 600[m²] 이하의 범위 안에서는 2개의 층을 하나의 경계구역으로 할 수 있다.

해설
경계구역의 설정기준

- 하나의 경계구역이 2 이상의 건축물에 미치지 않도록 할 것
- 하나의 경계구역이 2 이상의 층에 미치지 않도록 할 것. 다만, **500[m²] 이하의 범위 안에서는 2개의 층을 하나의 경계구역**으로 할 수 있다.
- 하나의 **경계구역의 면적은 600[m²] 이하**로 하고 한 변의 길이는 **50[m] 이하**로 할 것. 다만, 해당 특정소방대상물의 주된 출입구에서 그 내부 전체가 보이는 것에 있어서는 한 변의 길이가 50[m]의 범위 내에서 1,000[m²] 이하로 할 수 있다.
- 계단(직통계단 외의 것에 있어서는 떨어져 있는 상하계단의 상호 간의 수평거리가 5[m] 이하로서 서로 간에 구획되지 않는 것에 한한다)·경사로(에스컬레이터경사로 포함)·엘리베이터 승강로(권상기실이 있는 경우에는 권상기실)·린넨슈트·파이프 피트 및 덕트 기타 이와 유사한 부분에 대하여는 별도로 경계구역을 설정하되, 하나의 경계구역은 높이 45[m] 이하(계단 및 경사로에 한한다)로 하고, 지하층의 계단 및 경사로(지하층의 층수가 1일 경우는 제외)는 별도로 하나의 경계구역으로 해야 한다.
- 외기에 면하여 상시 개방된 부분이 있는 차고·주차장·창고 등에 있어서는 외기에 면하는 각 부분으로부터 5[m] 미만의 범위 안에 있는 부분은 경계구역의 면적에 산입하지 않는다.

2022년 5월 21일 시행 과년도 기출문제

제1과목 소방안전관리론 및 화재역학

001

가연물이 점화원과 접촉했을 때 연소가 시작되는 최저온도는?

① 발화점 ② 연소점
③ 인화점 ④ 산화점

해설

인화점 : 가연물이 점화원과 접촉했을 때 연소가 시작되는 최저온도

002

표준상태에서 5[mol]의 뷰테인가스(C_4H_{10})가 완전연소를 하는데 요구되는 산소(O_2)의 부피[m^3]는?

① 0.728 ② 0.828
③ 728   ④ 828

해설

산소의 부피

$$C_4H_{10}\ +\ 6.5O_2\ \rightarrow\ 4CO_2\ +\ 5H_2O$$

$$1[\text{mol}] \diagdown 6.5 \times 22.4[\text{L}]$$
$$5[\text{mol}] \diagdown x$$

$$\therefore x = \frac{5[\text{mol}] \times 6.5 \times 22.4[\text{L}]}{1[\text{mol}]} = 728[\text{L}] = 0.728[\text{m}^3]$$

- 표준상태(0[℃], 1[atm])에서 기체 1[g-mol]이 차지하는 부피 : 22.4[L]
- 표준상태(0[℃], 1[atm])에서 기체 1[kg-mol]이 차지하는 부피 : 22.4[m^3]

003

화재 시 물질의 비열과 증발잠열을 이용하여 소화하는 방법은?

① 냉각소화 ② 제거소화
③ 질식소화 ④ 억제소화

해설

냉각소화 : 물의 비열과 증발잠열을 이용하여 발화점 이하로 낮추어 소화하는 방법

004

연소속도보다 가스 분출속도가 클 때 주위에 공기유동이 심하여 불꽃이 노즐에서 떨어진 후 꺼지는 현상은?

① 백파이어(Back Fire)
② 링파이어(Ring Fire)
③ 블로우오프(Blow Off)
④ 롤오버(Roll Over)

해설

연소의 이상현상

- 역화(Back Fire)
  연료가스의 분출속도가 연소속도보다 느릴 때 불꽃이 연소기의 내부로 들어가 혼합관 속에서 연소하는 현상
- 블로우 오프(Blow-off)현상
  선화상태에서 연료가스의 분출속도가 증가하거나 주위 공기의 유동이 심하면 화염이 노즐에서 연소하지 못하고 떨어져서 화염이 꺼지는 현상
- 롤 오버(Roll Over)
  화재 발생 시 천장부근에 축적된 가연성가스가 연소범위에 도달하면 천장전체의 연소가 시작하여 불덩어리가 천장을 굴러다니는 것처럼 뿜어져 나오는 현상

005

다음에서 설명하는 화재현상은?

> 위험물 저장탱크 내에 저장된 양이 내용적 1/2 이하로 충전된 경우 화재로 인하여 증기압력이 상승하고 저장탱크 내의 유류를 외부로 분출하면서 탱크가 파열되는 현상이다.

① 보일오버(Boil Over)
② 슬롭오버(Slop Over)
③ 프로스오버(Froth Over)
④ 오일오버(Oil Over)

오일오버(Oil Over)

위험물 저장탱크 내에 저장된 양이 내용적 1/2(= 50[%])이하로 충전된 경우 화재로 인하여 증기압력이 상승하고 저장탱크 내의 유류를 외부로 분출하면서 탱크가 파열되는 현상

006

분진폭발에 관한 설명으로 옳은 것을 모두 고른 것은?

> ㉠ 화학적 폭발로 가연성 고체의 미분이 티끌이 되어 공기 중에 부유하고 있을 때 어떤 착화원의 에너지를 받으면 폭발하는 현상이다.
> ㉡ 입자표면에 열에너지가 주어져서 온도가 상승한다.
> ㉢ 폭발의 입자가 비산하므로 이것에 접촉되는 가연물은 국부적으로 심한 탄화를 일으킨다.
> ㉣ 분진의 입자와 밀도가 작을수록 표면적이 커져서 폭발이 잘 일어난다.

① ㉠
② ㉠, ㉡
③ ㉠, ㉡, ㉢
④ ㉠, ㉡, ㉢, ㉣

분진폭발

• 정 의

화학적 폭발로 가연성 고체의 미분(분진 : 75[μm] 이하의 고체입자로서 공기 중에 떠있는 분체)이 티끌이 되어 공기 중에 부유하고 있을 때 어떤 착화원의 에너지를 받으면 폭발하는 현상

• 분진폭발의 조건
- 가연성일 것
- 미분상태일 것
- 지연성가스(공기)중에서 교반과 유동될 것
- 점화원이 존재하고 있을 것

• 분진폭발의 특성
- 가스폭발에 비해 일산화탄소(CO)의 양이 많이 발생한다.
- 입자표면에 열에너지가 주어져서 온도가 상승한다.
- 폭발의 입자가 비산하므로 이것에 접촉되는 가연물은 국부적으로 심한 탄화를 일으킨다.
- 분진의 입자와 밀도가 작을수록 표면적이 커져서 폭발이 잘 일어난다.

007

화재의 분류에 관한 설명으로 옳은 것을 모두 고른 것은?

> ㉠ A급 화재의 표시색상은 백색이다.
> ㉡ B급 화재의 원인물질은 인화성액체 등 기름 성분이다.
> ㉢ C급 화재는 전기화재를 말한다.
> ㉣ K급 화재는 금속화재를 말한다.

① ㉠, ㉢
② ㉡, ㉣
③ ㉠, ㉡, ㉢
④ ㉠, ㉡, ㉢, ㉣

화재의 분류

급 수\\구 분	A급	B급	C급	D급	K급
화재의 종류	일반화재	유류화재	전기화재	금속화재	주방화재
표시색	백색	황색	청색	무색	–

008

폭연과 폭굉에 관한 설명으로 옳지 않은 것은?

① 폭연의 충격과 전파속도는 음속보다 느리다.

② 폭굉은 파면에서 온도, 압력, 밀도가 연속적으로 나타난다.

③ 폭연은 폭굉으로 전이될 수 있다.

④ 폭굉의 폭발반응은 충격파에너지에 의한 화학반응에 의해 전파되어 가는 현상이다.

폭연과 폭굉

구 분	폭 연	폭 굉
전파속도	0.1~10[m/s]로서 음속 이하	1,000~3,500[m/s]로서 음속 이상
전파에 필요한 에너지	전도, 대류, 복사	충격에너지
폭발압력	초기압력의 10배 이하	10배 이상(충격파발생)
화재파급 효과	크다.	작다.
충격파발생	발생하지 않는다.	발생한다.

009

플래시오버(Flash Over)와 백드래프트(Back Draft)에 관한 설명으로 옳지 않은 것은?

① 플래시오버는 층 전체가 순식간에 화염에 휩싸이면서 모든 공간을 통하여 입체적으로 확대되는 현상이다.

② 백드래프트는 밀폐된 공간에서 화재가 발생하여 산소농도 저하로 불꽃을 내지 못하고 가연물질의 열분해에 의해 발생된 가연성가스가 축적되면서 갑자기 유입된 신선한 공기로 급격히 연소가 활발해지는 현상이다.

③ 플래시오버의 방지대책으로 가연물의 양을 제한하는 방법이 있다.

④ 백드래프트가 발생하는 주요 원인은 복사열이다.

플래시오버와 백드래프트의 비교

구 분\n항 목	Flash Over	Back Draft
정 의	가연성가스를 동반하는 연기와 유독가스가 방출하여 실내의 급격한 온도상승으로 실내 전체로 확산되어 연소하는 현상	밀폐된 공간에서 소방대가 화재진압을 위하여 화재실의 문을 개방할 때 신선한 공기유입으로 실내에 축적되었던 가연성가스가 폭발적으로 연소함으로서 화재가 폭풍을 동반하여 실외로 분출되는 현상
발생시기	성장기(1단계)	감쇠기(3단계)
조 건	• 산소농도 : 10[%]\n• CO_2 / CO= 150	실내가 충분히 가열하여 다량의 가연성가스가 축적할 때
공급요인	열의 공급	산소의 공급
폭풍 혹은 충격파	수반하지 않는다.	수반한다.
피 해	• 인접 건축물에 대한 연소확대 위험\n• 개구부에서 화염 혹은 농연의 분출	• Flash Ball의 형성\n• 농연의 분출
방지대책	• 가연물의 제한\n• 개구부의 제한\n• 천장의 불연화\n• 화원의 억제	• 폭발력의 억제\n• 격리 및 환기\n• 소화

010

건축물의 피난·방화구조 등의 기준에 관한 규칙상 발코니의 바닥에 국토교통부령으로 정하는 하향식피난구의 설치기준으로 옳지 않은 것은?

① 피난구의 덮개는 품질시험을 실시한 결과 비차열 1시간 이상의 내화성능을 가져야 할 것

② 피난구의 유효 개구부 규격은 직경 50[cm] 이상일 것

③ 상층·하층간 피난구의 수평거리는 15[cm] 이상 떨어져 있을 것

④ 사다리는 바로 아래층의 바닥면으로부터 50[cm] 이하까지 내려오는 길이로 할 것

하향식피난구의 설치기준(건피방 제14조)

- 피난구의 덮개(덮개와 사다리, 승강식피난기 또는 경보시스템이 일체형으로 구성된 경우에는 그 사다리, 승강식피난기 또는 경보시스템을 포함한다)는 품질시험을 실시한 결과 비차열 1시간 이상의 내화성능을 가져야 하며, 피난구의 유효 개구부 규격은 직경 60[cm] 이상일 것
- 상층·하층간 피난구의 수평거리는 15[cm] 이상 떨어져 있을 것
- 아래층에서는 바로 위층의 피난구를 열 수 없는 구조일 것
- 사다리는 바로 아래층의 바닥면으로부터 50[cm] 이하까지 내려오는 길이로 할 것
- 덮개가 개방될 경우에는 건축물관리시스템 등을 통하여 경보음이 울리는 구조일 것
- 피난구가 있는 곳에는 예비전원에 의한 조명설비를 설치할 것

011

건축물의 피난·방화구조 등의 기준에 관한 규칙상 내화구조가 아닌 것은?

① 외벽 중 비내력벽의 경우에는 철근콘크리조로서 두께가 7[cm] 이상인 것

② 기둥의 경우에는 그 작은 지름이 20[cm] 이상인 것으로서 철근콘크리트조인 것(고강도 콘크리조를 사용하는 경우가 아님)

③ 바닥의 경우에는 철근콘크리트조로서 두께가 10[cm] 이상인 것

④ 보의 경우에는 철근콘크리트조인 것(고강도 콘크리조를 사용하는 경우가 아님)

해설

내화구조(건피방 제3조)

- 외벽 중 비내력벽인 경우에는 철근콘크리트조 또는 철골철근콘크리트조로서 두께가 7[cm] 이상인 것
- 기둥의 경우에는 그 작은 지름이 25[cm] 이상인 것으로서 다음의 어느 하나에 해당하는 것. 다만, 고강도 콘크리트(설계기준강도가 50[MPa] 이상인 콘크리트를 말한다)를 사용하는 경우에는 국토교통부장관이 정하여 고시하는 고강도 콘크리트 내화성능 관리기준에 적합해야 한다.
  - 철근콘크리트조 또는 철골철근콘크리트조
  - 철골을 두께 6[cm](경량골재를 사용하는 경우에는 5[cm]) 이상의 철망모르타르 또는 두께 7[cm] 이상의 콘크리트블록·벽돌 또는 석재로 덮은 것
  - 철골을 두께 5[cm] 이상의 콘크리트로 덮은 것
- 바닥의 경우에는 철근콘크리트조 또는 철골철근콘크리트조로서 두께가 10[cm] 이상인 것

- 보(지붕틀을 포함한다)의 경우에는 다음의 어느 하나에 해당하는 것. 다만, 고강도 콘크리트를 사용하는 경우에는 국토교통부장관이 정하여 고시하는 고강도 콘크리트내화성능 관리기준에 적합해야 한다.
  - 철근콘크리트조 또는 철골철근콘크리트조
  - 철골을 두께 6[cm](경량골재를 사용하는 경우에는 5[cm]) 이상의 철망모르타르 또는 두께 5[cm] 이상의 콘크리트로 덮은 것
  - 철골조의 지붕틀(바닥으로부터 그 아랫부분까지의 높이가 4[m] 이상인 것에 한한다)로서 바로 아래에 반자가 없거나 불연재료로 된 반자가 있는 것

012

건축물의 피난·방화구조 등의 기준에 관한 규칙 및 건축법령상 피난 및 방화구조 등에 관한 내용으로 옳은 것은?

① 시멘트모르타르 위에 타일을 붙인 것으로서 그 두께의 합계가 2[cm] 이상인 것은 방화구조이다.

② 초고층 건축물에는 피난층 또는 지상으로 통하는 직통계단과 직접 연결되는 피난안전구역을 지상층으로부터 최대 30개 층마다 1개소 이상 설치해야 한다.

③ 소방관 진입창의 기준은 창문의 가운데에 지름 20[cm] 이상의 사각형을 야간에도 알아볼 수 있도록 빛 반사등으로 붉은색으로 표시할 것

④ 지하층의 비상탈출구는 지하층의 바닥으로부터 비상탈출구의 아랫부분까지의 높이가 1.2[m] 이상이 되는 경우에는 벽체에 발판의 너비가 15[cm] 이상인 사다리를 설치할 것

해설

방화구조

(1) **방화구조의 기준(건피방 제4조)**

구조 내용	방화구조의 기준
철망 모르타르 바르기	바름 두께가 2[cm] 이상인 것
• 석고판 위에 시멘트 모르타르, 회반죽을 바른 것 • 시멘트 모르타르위에 타일을 붙인 것	두께의 합계가 2.5[cm] 이상인 것
심벽에 흙으로 맞벽치기한 것	그대로 모두 인정됨

(2) **피난안전구역(건축법 영 제34조)**

① 초고층 건축물에는 피난층 또는 지상으로 통하는 직통계단과 직접 연결되는 피난안전구역을 지상층으로부터 최대 30개 층마다 1개소 이상 설치해야 한다.

② 준초고층 건축물에는 피난층 또는 지상으로 통하는 직통계단과 직접 연결되는 피난안전구역을 해당 건축물 전체 층수의 1/2에 해당하는 층으로부터 상하 5개 층 이내에 1개소 이상 설치해야 한다. 다만, 국토교통부령으로 정하는 기준에 따라 피난층 또는 지상으로 통하는 직통계단을 설치하는 경우에는 그렇지 않다.

(3) **소방관 진입창의 기준**(건피방 제18조의2)

① 2층 이상 11층 이하인 층에 각각 1개소 이상 설치할 것. 이 경우 소방관이 진입할 수 있는 창의 가운데에서 벽면 끝까지의 수평거리가 40[m] 이상인 경우에는 40[m] 이내마다 소방관이 진입할 수 있는 창을 추가로 설치해야 한다.

② 소방차 진입로 또는 소방차 진입이 가능한 공터에 면할 것

③ 창문의 가운데에 지름 20[cm] 이상의 역삼각형을 야간에도 알아볼 수 있도록 빛 반사 등으로 붉은색으로 표시할 것

④ 창문의 한쪽 모서리에 타격지점을 지름 3[cm] 이상의 원형으로 표시할 것

⑤ 창문의 크기는 폭 90[cm] 이상, 높이 1.2[m] 이상으로 하고, 실내 바닥면으로부터 창의 아랫부분까지의 높이는 80[cm] 이내로 할 것

⑥ 다음의 어느 하나에 해당하는 유리를 사용할 것
  ㉠ 플로트판유리로서 그 두께가 6[mm] 이하인 것
  ㉡ 강화유리 또는 배강도유리로서 그 두께가 5[mm] 이하인 것
  ㉢ ㉠ 또는 ㉡에 해당하는 유리로 구성된 이중 유리로서 그 두께가 24[mm] 이하인 것

(4) **지하층의 비상탈출구 기준**(건피방 제25조)

① 비상탈출구의 유효너비는 0.75[m] 이상으로 하고, 유효높이는 1.5[m] 이상으로 할 것

② 비상탈출구의 문은 피난방향으로 열리도록 하고, 실내에서 항상 열 수 있는 구조로 해야 하며, 내부 및 외부에는 비상탈출구의 표시를 할 것

③ 비상탈출구는 출입구로부터 3[m] 이상 떨어진 곳에 설치할 것

④ 지하층의 바닥으로부터 비상탈출구의 아랫부분까지의 높이가 1.2[m] 이상이 되는 경우에는 벽체에 발판의 너비가 20[cm] 이상인 사다리를 설치할 것

⑤ 비상탈출구는 피난층 또는 지상으로 통하는 복도나 직통계단에 직접 접하거나 통로 등으로 연결될 수 있도록 설치해야 하며, 피난층 또는 지상으로 통하는 복도나 직통계단까지 이르는 피난통로의 유효너비는 0.75[m] 이상으로 하고, 피난통로의 실내에 접하는 부분의 마감과 그 바탕은 불연재료로 할 것

⑥ 비상탈출구의 진입부분 및 피난통로에는 통행에 지장이 있는 물건을 방치하거나 시설물을 설치하지 않을 것

⑦ 비상탈출구의 유도등과 피난통로의 비상조명등의 설치는 소방법령이 정하는 바에 의할 것

013

건축물의 피난·방화구조 등의 기준에 관한 규칙상 특별피난계단의 구조에 관한 설명으로 옳지 않은 것은?

① 계단실의 노대 또는 부속실에 접하는 창문 등(출입구를 제외한다)은 망이 들어 있는 유리의 붙박이창으로서 그 면적을 각각 2[m²] 이하로 할 것

② 노대 및 부속실에는 계단실 외의 건축물의 내부와 접하는 창문 등(출입구를 제외한다)을 설치하지 않을 것

③ 출입구의 유효너비는 0.9[m] 이상으로 하고 피난의 방향으로 열 수 있을 것

④ 계단은 내화구조로 하되 피난층 또는 지상까지 직접 연결되도록 할 것

해설

특별피난계단의 구조(건피방 제9조)
• 계단실의 노대 또는 부속실에 접하는 창문 등(출입구를 제외한다)은 망이 들어 있는 유리의 붙박이창으로서 그 면적을 각각 1[m²] 이하로 할 것
• 노대 및 부속실에는 계단실 외의 건축물의 내부와 접하는 창문등(출입구를 제외한다)을 설치하지 않을 것
• 출입구의 유효너비는 0.9[m] 이상으로 하고 피난의 방향으로 열 수 있을 것
• 계단은 내화구조로 하되 피난층 또는 지상까지 직접 연결되도록 할 것

014

건축법령상 대지 안의 피난 및 소화에 필요한 통로 설치에 관하여 ( )에 들어갈 내용으로 옳은 것은?

바닥면적의 합계가 (㉠)[m²] 이상인 문화 및 집회시설, 종교시설, 의료시설, 위락시설 또는 장례시설은 유효 너비 (㉡)[m] 이상의 통로를 확보해야 한다.

① ㉠ 300, ㉡ 2
② ㉠ 300, ㉡ 3
③ ㉠ 500, ㉡ 2
④ ㉠ 500, ㉡ 3

해설

대지 안의 피난 및 소화에 필요한 통로 설치(영 제41조)
• 통로의 너비는 다음의 구분에 따른 기준에 따라 확보할 것
  – 단독주택 : 유효 너비 0.9[m] 이상
  – 바닥면적의 합계가 500[m²] 이상인 문화 및 집회시설,
    종교시설, 의료시설, 위락시설 또는 장례 시설 : 유효 너
    비 3[m] 이상
  – 그 밖의 용도로 쓰는 건축물 : 유효 너비 1.5[m] 이상
• 필로티 내 통로의 길이가 2[m] 이상인 경우에는 피난 및 소
  화활동에 장애가 발생하지 않도록 자동차 진입억제용 말뚝
  등 통로 보호시설을 설치하거나 통로에 단차(段差)를 둘 것

015

다음에서 설명하는 건축물의 화재 시 인간의 피난 행동특
성은?

> 화재 초기에는 주변 상황의 확인을 위하여 서로 모이지
> 만 화세의 급격한 확대로 각자의 공포감이 증가되며 발
> 화지점의 반대방향으로 이동, 즉 반사적으로 위험으로부
> 터 멀리하려는 본능이다.

① 귀소본능   ② 추종본능
③ 퇴피본능   ④ 지광본능

해설

화재 시 인간의 피난 행동 특성
• 귀소본능[일상동선 지향형] : 평소에 사용하던 출입구나 통
  로 등 습관적으로 친숙해 있는 경로로 도피하려는 본능
• 지광본능[향광성(向光性)] : 밝은 방향으로 도피하려는 본능
• 추종본능[부하뇌동성] : 화재 발생 시 최초로 행동을 개시한
  사람에 따라 전체가 움직이는 본능(많은 사람들이 달아나는
  방향으로 무의식적으로 안전하다고 느껴 위험한 곳임에도
  불구하고 따라가는 경향)
• 퇴피본능 : 연기나 화염에 대한 공포감으로 화원의 반대방
  향으로 이동하려는 본능
• 좌회본능 : 좌측으로 통행하고 시계의 반대 방향으로 회전
  하려는 본능

016

화재 시 인간의 피난행동 특성을 고려하여 혼란을 최소화
하는 건축물 피난계획의 일반적인 원칙에 관한 설명으로
옳지 않은 것은?

① 피난경로 중 방향이 화재 등의 재난으로 사용할
   수 없을 경우에는 다른 방향이 사용되도록 고려하는
   페일세이프(Fail Safe) 원칙이 필요하다.
② 피난설비는 이동식 기구와 이동식 장치(피난기구)등
   이 원칙이며 고장시설은 탈출에 늦은 소수 사람에
   대한 극히 예외적인 보조 수단으로 고려한다.
③ 피난경로에 따라 일정 구역을 한정하여 피난 존으로
   설정하고 최종 안전한 피난 장소쪽으로 진행됨에
   따라 각 존의 안전성을 높인다.
④ 피난로에는 정전 시에도 피난방향을 명백히 확인할
   수 있는 표시를 한다.

해설

피난설비는 고정식설비를 위주로 하고 피난수단은 원시적 방
법에 의한 것을 원칙으로 한다.

017

공간(가로 10[m], 세로 30[m], 높이 5[m])에 목재
1,000[kg]과 가연성 A물질 2,000[kg]이 적재되어 있는
경우 완전연소 하였을 때 화재하중은 약 몇 [kg/m²]인가?
(단, 목재의 단위발열량은 4,500[kcal/kg], 가연성 A물
질의 단위발열량은 3,000[kJ/kg]이다)

① 0.88
② 2.60
③ 4.40
④ 6.32

화재하중

$$Q = \frac{\sum (G_t \times H_t)}{H \times A}$$

여기서 Q : 하재하중[kg/m²]

G_t : 가연물 질량[kg]

H_t : 가연물의 단위발열량[kcal/kg]

H : 목재의 단위발열량(4,500[kcal/kg])

A : 화재실의 바닥면적[m²]

$$\therefore Q = \frac{\sum (G_t \times H_t)}{H \times A}$$

$$= \frac{\begin{array}{c}(4,500[\text{kcal/kg}] \times 1,000[\text{kg}])\\ +[(3,000[\text{kJ/kg}] \times 2,000[\text{kg}])\\ \times 0.239[\text{kcal/kJ}]\end{array}}{4,500[\text{kcal/kg}] \times (10 \times 30)[\text{m}^2]}$$

$$= 4.40[\text{kg/m}^2]$$

1[cal] = 4.184[J], 1[kcal] = 4.184[kJ]

$1[\text{kJ}] = \dfrac{1}{4.184}[\text{kcal}] = 0.239[\text{kcal}]$

018

목조건축물과 비교한 내화건축물의 화재 특성에 관한 설명으로 옳은 것은?

① 화염의 분출면적이 크고 복사열이 커서 접근하기 어렵다.

② 횡방향보다 종방향의 화재성상이 빠르다.

③ 최성기에 도달하는 시간이 빠르다.

④ 저온장기형의 특성을 갖는다.

화재성상

• 내화건축물 : 저온장기형

• 목조건축물 : 고온단기형

019

고체 가연물의 연소방식이 아닌 것은?

① 분무연소

② 분해연소

③ 작열연소

④ 증발연소

고체의 연소방식

• 표면연소(작열연소) : 목탄, 코크스, 숯, 금속분 등이 열분해에 의하여 가연성가스를 발생하지 않고 그 물질 자체가 연소하는 현상

• 분해연소 : 석탄, 종이, 목재, 플라스틱 등의 연소 시 열분해에 의해 발생된 가스와 공기가 혼합하여 연소하는 현상

• 증발연소 : 황, 나프탈렌, 왁스, 파라핀 등과 같이 고체를 가열하면 열분해는 일어나지 않고 고체가 액체로 되어 일정 온도가 되면 액체가 기체로 변화하여 기체가 연소하는 현상

• 자기연소(내부연소) : 제5류 위험물인 나이트로셀룰로오스, 질화면 등 그 물질이 가연물과 산소를 동시에 가지고 있는 가연물이 연소하는 현상

020

연소속도를 결정하는 인자가 아닌 것은?

① 비중량

② 산소농도

③ 촉 매

④ 온 도

연소속도를 결정하는 인자

• 가연물의 온도

• 가연물의 종류

• 가연물의 입자

• 산소의 농도

• 압 력

• 발열량

• 활성화에너지

• 촉 매

021

열전달 방법 중 복사에 관한 설명으로 옳지 않은 것은?

① 물질에서 방사되는 에너지가 전자기적인 파동에 의해 전달되는 현상이다.
② 진공상태에서는 손실이 없으며 공기 중에서도 거의 손실 없다.
③ 복사열은 절대온도 제곱에 비례하고 열전달면적에 반비례한다.
④ 스테판 볼츠만 법칙이 적용된다.

해설
스테판 볼츠만 법칙
복사열은 절대온도차의 4제곱에 비례하고 열전달면적에 비례한다.

$$Q = aAF(T_1^4 - T_2^4)[\text{kcal/hr}]$$

022

구획실에서 10[m] 직경의 크기를 갖는 화재가 발생하였다. 화재 방출열량이 200[MW]일 때 화재중심에서 수평방향으로 25[m] 떨어진 한 지점으로 전달되는 복사열량[kW/m²]은?(단, 거리 감소에 의한 복사에너지는 30[%]가 전달되는 것으로 하고 $\pi = 3.14$로 하고 소수점 이하 셋째 자리에서 반올림한다)

① 3.82
② 7.64
③ 25.48
④ 50.96

해설
복사열량

$$Q = \frac{X_r \cdot q}{4\pi C^2}$$

여기서, X_r : 복사에너지 분율(=30[%] = 0.3)
　　　　q : 방출열량(= 200[MW] = 200×10^3[kW])
　　　　C : 화염과 수열체의 거리(= 25[m])

$$\therefore Q = \frac{X_r \cdot q}{4\pi C^2} = \frac{0.3 \times 200 \times 10^3}{4 \times 3.14 \times (25)^2} = 7.64[\text{kW/m}^2]$$

023

다음에서 발생하는 연소생성물은?

> 화재 시 발생하는 연소가스로서 자체는 유독성가스는 아니나 호흡률을 증대시켜 화재 현장에 공존하는 다른 유독가스의 흡입량 증가로 인명피해를 유발한다.

① CO
② CO_2
③ H_2S
④ CH_2CHCHO

해설
이산화탄소(CO_2) : 자체는 독성이 없으나 밀폐된 공간에서 가스의 흡입량 증가로 인명피해를 유발하는 가스

024

연기의 제어방법 중 희석에 관한 설명으로 옳은 것은?

① 희석에 의한 연기제어는 연기를 외부로 내보내는 것이다.
② 스모크샤프트를 설치하여 제어하는 방법이다.
③ 출입문이나 벽을 이용하여 장소 간 압력차를 이용하는 방법이다.
④ 신선한 다량의 공기를 유입하여 연기생성물을 위험 수준 이하로 유지한다.

해설
연기의 제어방법
• 희석 : 내부의 연기는 외부로 배출하고, 외부의 신선한 공기를 유입하여 위험 수준 이하로 희석시키는 방법
• 배기 : 스모크샤프트와 같이 내부의 연기를 외부로 배출시키는 방법
• 차단 : 출입문, 벽, 댐퍼 등 차단물을 설치하는 방법과 방호대상물과 연기체류장소 사이의 압력차를 이용하는 방법으로 연기가 들어오지 못하도록 차단하는 것이다.

025

화재 시 고층빌딩에서 연기가 이동하게 하는 주요 요소로 옳지 않은 것은?

① 역화현상
② 온도 상승에 의한 공기팽창
③ 굴뚝효과
④ 건물 내 기류에 의한 강제이동

해설

연기의 이동 요소
- 연돌(굴뚝)효과
- 외부에서의 풍력
- 공기유동의 영향
- 건물 내 기류의 강제이동
- 비중차
- 공조설비
- 온도 상승에 따른 증기팽창

제2과목 **소방수리학, 약제화학 및 소방전기**

026

유체의 점성계수가 0.8[poise]이고 비중이 1.1일 때 동점성계수(ν)는 약 몇 [stokes]인가?

① 0.088
② 0.727
③ 0.880
④ 7.270

해설

동점성계수

$$\nu = \frac{\mu}{\rho}[cm^2/s]$$

여기서, μ : 절대점도(0.8[poise] = 0.8[g/cm · s])
　　　　ρ : 밀도(1.1[g/cm³])

$$\therefore \nu = \frac{\mu}{\rho} = \frac{0.8[g/cm \cdot s]}{1.1[g/cm^3]} = 0.727[cm^2/s = stokes]$$

027

지상의 유체에 관한 설명으로 옳지 않은 것은?

① 유체는 공간상으로 넓게 떨어져 있는 원자들로 구성되어 있으나 물질의 원자적 본질을 무시하고 구멍이 없는 연속체로 볼 수 있다.
② 주어진 온도에서 순수 물질이 상변화를 하는 압력을 포화압력이라 한다.
③ 동력장 내에서 시스템의 고도에 따른 결과로 시스템이 보유하는 에너지를 위치에너지라 한다.
④ 기체상수 R은 특정한 이상기체에 대하여 정해져 있으며 이상기체에서의 음속은 압력의 함수이다.

해설

이상기체
- 이상기체 상태방정식

$$Pv_s = RT$$

　여기서, P : 압력[Pa]
　　　　　v_s : 비체적[m³/kg]
　　　　　R : 기체상수[J/kg · K]
　　　　　T : 절대온도[K]

　∴ 기체상수란 단위질량의 기체를 압축하여 단위 온도를 높이는데 소요되는 에너지로서 각 기체는 고유의 기체상수 값을 갖는다.

- 음속 $c = \sqrt{\dfrac{kP}{\rho}} = \sqrt{kRT}[m/s]$

　여기서, k : 비열비, P : 압력[Pa], ρ : 밀도[kg/m³],
　　　　　R : 기체상수[J/kg · K], T : 절대온도[K]

　∴ 이상기체의 음속은 압력과 밀도의 관계식에 의해 계산되며 보다 편리하게 계산하기 위하여 온도만의 함수로 표현하면 음속은 절대온도의 제곱근에 비례한다.

028

베르누이 방정식의 가정조건으로 옳지 않은 것은?

① 동일한 유선을 따르는 흐름이다.
② 압축성 유체의 흐름이다.
③ 정상상태의 흐름이다.
④ 마찰이 없는 흐름이다.

해설

베르누이 방정식의 적용조건 : 비점성유체, 비압축성유체, 정상류, 동일한 유선을 따르는 흐름

029

가로 8[m], 세로 8[m], 높이 3[m]인 실내의 절대압력이 100[kPa], 온도가 25[℃]이다. 실내 공기의 질량은 약 몇 [kg]인가?(단, 공기의 기체상수 $R = 0.287$[kPa · m³/kg · K]이다)

① 1.17

② 224.49

③ 348.43

④ 2,675.96

해설

공기의 질량

$$PV = WRT, \quad W = \frac{PV}{RT}$$

여기서, W : 질량[kg]

P : 압력(100[kPa])

V : 부피($8 \times 8 \times 3$[m³])

R : 기체상수(0.287[kPa · m³/kg · K])

T : 절대온도(273 + 25 = 298[K])

$\therefore W = \dfrac{PV}{RT} = \dfrac{100 \times (8 \times 8 \times 3)}{0.287 \times 298} = 224.49$[kg]

030

수평면과 상방향으로 45° 경사를 갖는 지름 250[mm]인 원관에서 유출하는 물의 평균 유출속도가 9.8[m/s]이다. 원관의 출구로부터 물의 최대 수직상승 높이는 약 몇 [m]인가?

① 0.25

② 0.49

③ 2.45

④ 4.90

해설

포물선운동에서 최대 수직상승 높이에 따른 물성

• 최대 수직상승 높이까지 도달시간 $t = \dfrac{u_0 \sin\theta}{g}$ [s]

• 최대 수직상승 높이까지 수평거리 $S = \dfrac{u_0 \sin\theta \cos\theta}{g}$ [m]

• 최대 수직 상승높이 $H = \dfrac{(u_0 \sin\theta)^2}{2g}$ [m]

여기서, u_0 : 속도(9.8[m/s])

g : 중력가속도(9.8[m/s²])

$\therefore H = \dfrac{(u_0 \sin\theta)^2}{2g} = \dfrac{(9.8\text{[m/s]} \times \sin45°)^2}{2 \times 9.8\text{[m/s}^2\text{]}} = 2.45$[m]

031

내경이 250[mm]인 원관을 통해 비압축성유체가 흐르고 있다. 체적 유량이 40[L/s]일 때 레이놀즈수(Re)는 약 얼마인가?(단, 동점성계수는 0.120×10^{-3}[m²/s]이다)

① 1,698

② 2,084

③ 3,396

④ 4,168

해설

레이놀즈수(Re)

$$Re = \frac{Du}{\nu}$$

여기서, D : 내경(0.2[cm])

u : 유속($u = \dfrac{Q}{A} = \dfrac{Q}{\frac{\pi}{4}d^2} = \dfrac{0.04\text{[m}^3\text{/s]}}{\frac{\pi}{4}(0.25\text{[m}^2\text{]})}$

$= 0.8149$[m/s])

ν : 동점도계수(0.00012[m²/s])

$\therefore$ 레이놀즈수를 구하면

$Re = \dfrac{Du}{\nu} = \dfrac{0.25 \times 0.8149}{0.00012} = 1,697.71$(층류)

032

유체가 원관을 층류로 흐를 때 발생하는 마찰손실계수에 관한 설명으로 옳은 것은?

① 레이놀즈수의 함수이다.

② 레이놀즈와 상대조도의 함수이다.

③ 마하수와 코시수의 함수이다.

④ 상대조도와 오일러의 함수이다.

해설

마찰손실계수

• 층류 : 상대조도와 무관하며 레이놀즈수의 함수이다.

• 임계영역 : 레이놀즈와 상대조도의 함수이다.

• 난류 : 상대조도와 무관하다.

033

물이 내경 200[mm]인 직선 원관에 평균유속 3[m/s]로 80[m]를 유하할 때 손실수두는 약 몇 [m]인가?(단, 관마찰계수 f = 0.042이다)

① 1.54
② 2.57
③ 5.14
④ 7.71

해설

손실수두

$$H = \frac{flu^2}{2gD}$$

여기서, f : 관마찰계수(0.042)

$\quad\quad\quad l$: 길이(80[m])

$\quad\quad\quad u$: 유속(3[m/s])

$\quad\quad\quad g$: 중력가속도(9.8[m/s^2])

$\quad\quad\quad D$: 내경(= 200[mm] = 0.2[m])

$$\therefore H = \frac{flu^2}{2gD} = \frac{0.042 \times 80[\text{m}] \times (3[\text{m/s}])^2}{2 \times 9.8[\text{m/s}^2] \times 0.2[\text{m}]} = 7.71[\text{m}]$$

034

회전펌프의 장단점으로 옳지 않은 것은?

① 소용량, 고양정, 고점도 액체의 수송이 가능하다.
② 송출량의 맥동이 없고 구조가 간단하다.
③ 흡입양정이 작다.
④ 행정의 조절로 토출량을 조절할 수 있다.

해설

회전펌프의 장단점

• 소용량, 고양정, 고점도 액체의 수송이 가능하다.
• 송출량의 맥동이 없고 구조가 간단하다.
• 흡입양정이 작다.

035

화재 종류에 따른 소화약제의 적응성에 관한 내용으로 옳지 않은 것은?

① A급 화재의 경우 수성막포를 사용하여 질식효과로 소화할 수 있다.
② B급 화재의 경우 물을 사용하여 부촉매효과로 소화할 수 있다.
③ C급 화재의 경우 A, B, C급 분말을 사용하여 부촉매효과로 소화할 수 있다.
④ K급 화재의 경우 강화액을 사용하여 냉각효과로 소화할 수 있다.

해설

B급 화재 : 분말, 할론, 할로겐화합물 및 불활성기체를 사용하여 질식효과로 소화

036

이산화탄소 소화약제의 저장용기 설치기준으로 옳지 않은 것은?

① 저장용기의 충전비는 고압식은 1.5 이상 1.9 이하로 할 것
② 저장용기의 충전비는 저압식은 1.1 이상 1.4 이하로 할 것
③ 저장식 저장용기에는 액면계 및 압력계와 1.9[MPa] 이상 1.5[MPa] 이하의 압력에서 작동하는 압력경보장치를 설치할 것
④ 저장용기는 고압식은 25[MPa] 이상, 저압식은 3.5[MPa] 이상의 내압시험압력에 합격한 것으로 할 것

저장용기

- 저장용기의 충전비

구 분	저압식	고압식
충전비	1.1 이상 1.4 이하	1.5 이상 1.9 이하

$$충전비 = \frac{용기의\ 내용적[L]}{충전하는\ 탄산가스의\ 중량[kg]}$$

- 저장용기는 고압식은 25[MPa] 이상, 저압식은 3.5[MPa] 이상의 내압시험에 합격한 것으로 할 것
- 저압식 저장용기의 설치기준
  - 내압시험압력의 0.64배 내지 0.8배의 압력에서 작동하는 안전밸브를 설치할 것
  - 내압시험압력의 0.8배 내지 내압시험압력에서 작동하는 봉판을 설치할 것
  - 액면계 및 압력계와 2.3[MPa] 이상 1.9[MPa] 이하의 압력에서 작동하는 압력경보장치를 설치할 것
  - 용기내부의 온도가 영하 18[℃] 이하에서 2.1[MPa]의 압력을 유지할 수 있는 자동냉동장치를 설치할 것

037

가연물질이 뷰테인(Butane)인 경우 이산화탄소의 최소소화농도(vol[%])와 설계농도(vol[%])를 순서대로 옳게 나열한 것은?

① 24, 34
② 28, 34
③ 34, 41
④ 38, 41

이산화탄소의 농도

- 최소소화농도[설계농도 = 소화농도 × 1.2(안전율)]
  ∴ 소화농도 = 설계농도/1.2 = 34 ÷ 1.2 = 28.3[%]
- 설계농도

방호대상물	설계농도[%]
수소(Hydrogen)	75
아세틸렌(Acetylene)	66
일산화탄소(Carbon Monoxide)	64
산화에틸렌(Ethylene Oxide)	53
에틸렌(Ethylene)	49
에테인(Ethane)	40
석탄가스, 천연가스(Coal, Natural gas)	37
사이클로프로페인(CycloPropane)	37
아이소뷰테인(IsoButane)	36
프로페인(Propane)	36
뷰테인(Butane)	**34**
메테인(Methane)	34

038

할로겐화합물 및 불활성기체 소화약제의 종류 중 HFC계열로 옳지 않은 것은?

① CHF_3
② CHF_2CF_3
③ CHClFCF_3
④ CF_3CHFCF_3

할로겐화합물

- 분류

계 열	정 의	해당 물질
HFC(HydroFluoro Carbons)계열	C(탄소)에 F(플루오린)와 H(수소)가 결합된 것	HFC-125, HFC-227ea HFC-23, HFC-236fa
HCFC (HydroChloroFluoro Carbons)계열	C(탄소)에 Cl(염소), F(플루오린), H(수소)가 결합된 것	HCFC-BLEND A, HCFC-124
FIC(Fluorolodo Carbons) 계열	C(탄소)에 F(플루오린)와 I(옥소)가 결합된 것	FIC-13I1
FC(PerFluoro Carbons)계열	C(탄소)에 F(플루오린)가 결합된 것	FC-3-1-10, FK-5-1-12

- 종 류

소화약제	화학식
퍼플루오로뷰테인(이하 "FC-3-1-10"이라 한다)	C_4F_{10}
하이드로클로로플루오로카본혼화제(이하 "HCFC BLEND A"라 한다)	HCFC-123(CHCl_2CF_3) : 4.75% HCFC-22(CHClF_2) : 82% HCFC-124(CHClFCF_3) : 9.5% $C_{10}H_{16}$: 3.75%
클로로테트라플루오로에테인(이하 "HCFC-124"라한다)	CHClFCF_3
펜타플루오로에테인(이하 "HFC-125"라 한다)	CHF_2CF_3
헵타플루오로프로페인(이하 "HFC-227ea"라 한다)	CF_3CHFCF_3
트라이플루오로메테인(이하 "HFC-23"라 한다)	CHF_3
헥사플루오로프로페인(이하 "HFC-236fa"라 한다)	CF_3CH_2CF_3
트라이플루오로이오다이드(이하 "FIC-13I1"라 한다)	CF_3I
불연성·불활성기체혼합가스(이하"IG-01"이라 한다)	Ar
불연성·불활성기체혼합가스(이하"IG-100"이라 한다)	N_2
불연성·불활성기체혼합가스(이하"IG-541"이라 한다)	N_2 : 52%, Ar : 40%, CO_2 : 8%
불연성·불활성기체혼합가스(이하"IG-55"이라 한다)	N_2 : 50%, Ar : 50%
도데카플루오로-2-메틸펜테인-3-원(이하"FK-5-1-12"이라 한다)	CF_3CF_2C(O)CF(CF_3)_2

039

포소화약제의 혼합장치 설치방식 중 펌프와 발포기의 중간에 설치된 벤투리관의 벤투리 작용에 따라 포 소화약제를 흡입·혼합하는 방식으로 옳은 것은?

① 라인 프로포셔너 방식
② 펌프 프로포셔너 방식
③ 압축공기포 프로포셔너 방식
④ 프레져사이드 프로포셔너 방식

혼합장치

- 라인 프로포셔너 방식(Line Proportioner, 관로 혼합방식) : 펌프와 발포기의 중간에 설치된 벤투리관의 벤투리 작용에 따라 포소화약제를 흡입·혼합하는 방식. 이 방식은 옥외 소화전에 연결 주로 1층에 사용하며 원액 흡입력 때문에 송수압력의 손실이 크고, 토출 측 호스의 길이, 포원액 탱크의 높이 등에 민감하므로 아주 정밀설계와 시공을 요한다.
- 펌프 프로포셔너 방식(Pump Proportioner, 펌프 혼합방식) : 펌프의 토출관과 흡입관 사이의 배관 도중에 설치한 흡입기에 펌프에서 토출된 물의 일부를 보내고 농도조정밸브에서 조정된 포소화약제의 필요량을 포소화약제 저장탱크에서 펌프 흡입 측으로 보내어 약제를 혼합하는 방식
- 프레져 프로포셔너 방식(Pressure Proportioner, 차압 혼합방식) : 펌프와 발포기의 중간에 설치된 벤투리관의 벤투리작용과 펌프 가압수의 포소화약제 저장탱크에 대한 압력에 따라 포소화약제를 흡입·혼합하는 방식
- 프레져 사이드 프로포셔너 방식(Pressure Side Proportioner, 압입 혼합방식) : 펌프의 토출관에 압입기를 설치하여 포소화약제 압입용 펌프로 포소화약제를 압입시켜 혼합하는 방식

040

표준상태에서 0[℃]의 얼음 1[g]이 0[℃] 물로 변화하는 데 필요한 용융열[cal/g]은 약 얼마인가?

① 23.4   ② 24.9
③ 30.1   ④ 79.7

- 물의 비열 : 1[cal/g·℃]
- 물의 증발잠열 : 539[cal/g]
- 얼음의 용해잠열(용융열) : 79.79[cal/g] ≒ 80[cal/g]

041

할로겐화합물 및 불활성기체 소화약제의 최대허용설계농도로 옳지 않은 것은?

① HCFC-124 : 1.0[%]
② HFC-236fa : 12.5[%]
③ IG-100 : 30[%]
④ HFC-23 : 30[%]

최대허용설계농도

소화약제	최대허용설계농도[%]
FC-3-1-10	40
HCFC BLEND A	10
HCFC-124	1.0
HFC-125	11.5
HFC-227ea	10.5
HFC-23	30
HFC-236fa	12.5
FIC-13I1	0.3
FK-5-1-12	10
IG-01	43
IG-100	43
IG-541	43
IG-55	43

042

분말소화약제의 저장용기 설치기준으로 옳은 것은?

① 저장용기에는 가압식은 최고사용압력의 2.5배 이하, 축압식은 용기의 내압시험압력의 0.8배 이하의 압력에서 작동하는 안전밸브를 설치할 것
② 제1종 분말소화약제 1[kg]당 저장용기의 내용적은 0.8[L]로 하고 저장용기의 충전비는 0.8 이상으로 할 것
③ 제2종 분말소화약제 1[kg]당 저장용기의 내용적은 1.25[L]로 하고 저장용기의 충전비는 0.8 이상으로 할 것
④ 제3종 분말소화약제 1[kg]당 저장용기의 내용적은 1[L]로 하고 저장용기의 충전비는 1.1 이상으로 할 것

해설

저장용기의 설치기준

• 저장용기의 충전비

소화약제의 종별	충전비
제1종 분말	0.80[L/kg]
제2종 분말	1.00[L/kg]
제3종 분말	1.00[L/kg]
제4종 분말	1.25[L/kg]

• 안전밸브 설치기준
  – 가압식 : 최고사용압력의 1.8배 이하
  – 축압식 : 내압시험 압력의 0.8배 이하
• 저장용기에는 저장용기의 내부압력이 설정 압력으로 되었
  을 때 주밸브를 개방하는 정압작동장치를 설치할 것

043

소방시설 도시기호 중 비상분전반에 해당하는 기호는?

① 　②

③ 　④

해설

소방시설 도시기호

명 칭	할로겐화합물 소화기	비상분전반	표시등	연기감지기
도시 기호	△	✕	◑	S

044

전자장 해석을 위한 미분연산에 관한 설명 중 옳지 않은 것은?

① 벡터계의 미분계산에는 미분연산자 ▽(델)을 사용한다.

② ▽V는 스칼라 함수 V의 변화율(경도)을 의미한다.

③ 벡터 E의 발산은 단위 체적에서 발산하는 선속수를 의미하며 $\nabla^2 \cdot E$로 표시한다.

④ ▽ · ▽을 라플라시안이라 부른다.

해설

벡터의 발산(Divergence)

벡터의 E의 발산은 단위 체적에서 발산하는 선속수를 의미하며 ▽ · E=div E로 표시한다.

045

자계에 관한 설명으로 옳지 않은 것은?

① 도체의 운동에 의한 전자유도현상에 의해 발생되는 유도기전력의 방향은 플레밍의 왼손법칙에 따라 결정된다.

② 자계의 크기나 자성체 내부의 자기적인 상태를 나타내기 위하여 자속의 방향에 수직인 단위 면적을 통과하는 자속의 수를 자속밀도라 한다.

③ 자석 사이에 작용하는 힘을 양적으로 취급하는데 전계에서와 같이 쿨롱의 법칙을 이용한다.

④ 암페어의 주회법칙은 전류에 의한 자계의 세기를 구하는 데 사용한다.

해설

플레밍의 법칙

• 플레밍의 왼손법칙 : 자기장 내에 있는 도체에 전류를 흘리면 전자력이 발생하고 전자력의 방향을 결정하는 법칙으로서 전동기의 원리에 적용되고 있다.

• 플레밍의 오른손법칙 : 자기장 내에 도체를 놓고 운동을 하면 도체에는 유도기전력이 발생하고 유도기전력의 방향을 결정하는 법칙으로서 발전기의 원리에 적용되고 있다.

046

그림과 같이 전압파형의 평균값[V]은 얼마인가?

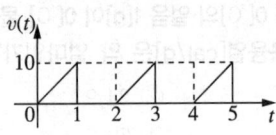

① 2.5

② 3.5

③ 4.0

④ 5.0

교류파형에 따른 실효값과 평균값

파형의 종류	파 형	실효값	평균값
정현파		$\dfrac{V_m}{\sqrt{2}}$	$\dfrac{2V_m}{\pi}$
정현 반파		$\dfrac{V_m}{\sqrt{2}} \times \dfrac{1}{\sqrt{2}}$ $=\dfrac{V_m}{2}$	$\dfrac{2V_m}{\pi} \times \dfrac{1}{2}$ $=\dfrac{V_m}{\pi}$
삼각 (톱니)파		$\dfrac{V_m}{\sqrt{3}}$	$\dfrac{V_m}{2}$
삼각 (톱니) 반파		$\dfrac{V_m}{\sqrt{3}} \times \dfrac{1}{\sqrt{2}}$ $=\dfrac{V_m}{\sqrt{6}}$	$\dfrac{V_m}{2} \times \dfrac{1}{2}$ $=\dfrac{V_m}{4}$
구형파		V_m	V_m
구형 반파		$V_m \times \dfrac{1}{\sqrt{2}}$ $=\dfrac{V_m}{\sqrt{2}}$	$V_m \times \dfrac{1}{2}$ $=\dfrac{V_m}{2}$

그림에서 파형은 삼각(톱니)반파이고, 최대값(V_m)은 그림에서 10[V]이다.

$\therefore$ 평균값 $V_a = \dfrac{V_m}{4} = \dfrac{10[\text{V}]}{4} = 2.5[\text{V}]$

047

2대의 단상변압기로 3상 전력을 얻는 V결선 방식의 이용률은 약 몇 [%]인가?

① 22.9   ② 33.3
③ 57.7   ④ 86.6

V결선

• 이용률

$\alpha = \dfrac{V$결선의 출력$}{2$대의 정격용량$} = \dfrac{\sqrt{3}\,V_{2n} I_{2n}}{2\,V_{2n} I_{2n}} \times 100[\%] = 86.6[\%]$

• 출력의 비

$\beta = \dfrac{V$결선의 출력$}{\triangle$결선의 출력$} = \dfrac{\sqrt{3}\,V_{2n} I_{2n}}{3\,V_{2n} I_{2n}} \times 100[\%] = 57.7[\%]$

여기서, V_{2n} : 2차 정격전압[V], I_{2n} : 2차 정격전류[A]

048

그림과 같은 RLC 직렬회로에서 $v(t)$의 실효값이 220[V]일 때 회로에 흐르는 실효전류[A]는 얼마인가?

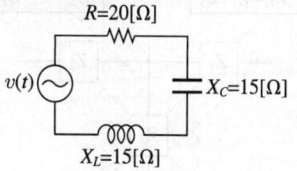

① 4.4
② 6.3
③ 7.3
④ 11.0

RLC 직렬회로

용량성 리액턴스 $X_C = 15[\Omega]$와 유도성 리액턴스 $X_L = 15[\Omega]$가 같다. 따라서, 직렬공진회로($X_L = X_C$)이므로 위상이 동상이다.

$\therefore$ 실효전류 $I = \dfrac{V}{Z} = \dfrac{V}{\sqrt{R^2 + (X_L - X_C)^2}}$ 에서

$I = \dfrac{V}{Z} = \dfrac{V}{R} = \dfrac{220[\text{V}]}{20[\Omega]} = 11[\text{A}]$

049

그림과 같은 T형 회로의 임피던스 파라미터 중 옳지 않은 것은?

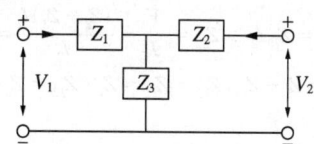

① $Z_{11} = Z_1 + Z_3$
② $Z_{12} = Z_1$
③ $Z_{21} = Z_3$
④ $Z_{22} = Z_2 + Z_3$

T형 회로의 임피던스 파라미터

[풀이1]

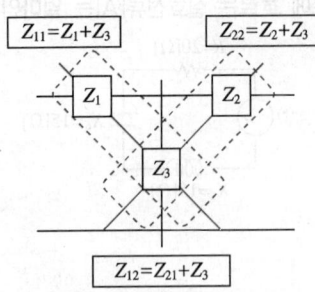

$Z_{11}=Z_1+Z_3$ $\quad$ $Z_{22}=Z_2+Z_3$

$Z_{12}=Z_{21}+Z_3$

$\therefore\ Z_{11}=Z_1+Z_3,\ Z_{12}=Z_{21}+Z_3,\ Z_{22}=Z_2+Z_3$

[풀이2]

행렬식 $\begin{bmatrix} V_1 \\ V_2 \end{bmatrix} = \begin{bmatrix} Z_{11} & Z_{12} \\ Z_{21} & Z_{22} \end{bmatrix}\begin{bmatrix} I_1 \\ I_2 \end{bmatrix}$ 에서 $V_1=Z_{11}I_1+Z_{12}I_2,$

$V_2=Z_{21}I_1+Z_{22}I_2$

(1) 전류 $I_2=0$일 때

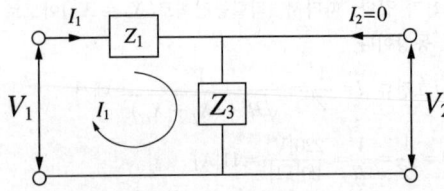

• $V_1=(Z_1+Z_2)I_1$ $\quad$ • $V_2=Z_3I_1$

① $V_1=Z_{11}I_1\ :\ Z_{11}=\dfrac{V_1}{I_1}=\dfrac{(Z_1+Z_3)I_1}{I_1}=Z_1+Z_3$

② $V_2=Z_{21}I_1\ :\ Z_{21}=\dfrac{V_2}{I_1}=\dfrac{Z_3I_1}{I_1}=Z_3$

(2) 전류 $I_1=0$일 때

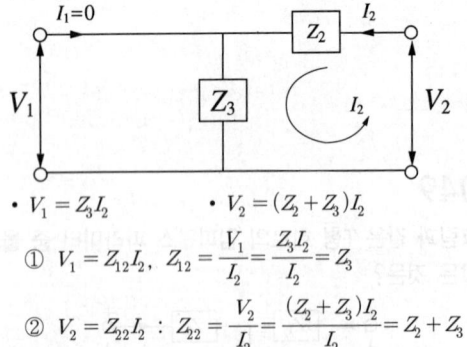

• $V_1=Z_3I_2$ $\quad$ • $V_2=(Z_2+Z_3)I_2$

① $V_1=Z_{12}I_2,\ Z_{12}=\dfrac{V_1}{I_2}=\dfrac{Z_3I_2}{I_2}=Z_3$

② $V_2=Z_{22}I_2\ :\ Z_{22}=\dfrac{V_2}{I_2}=\dfrac{(Z_2+Z_3)I_2}{I_2}=Z_2+Z_3$

$\therefore\ Z_{11}=Z_1+Z_3,\ Z_{12}=Z_{21}=Z_3,\ Z_{22}=Z_2+Z_3$

050

그림과 같은 피드백제어계 블록선도의 전달함수는?

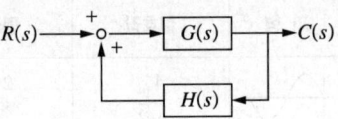

① $\dfrac{G(s)}{1+G(s)\cdot H(s)}$

② $\dfrac{H(s)}{1+G(s)\cdot H(s)}$

③ $\dfrac{G(s)}{1-G(s)\cdot H(s)}$

④ $\dfrac{H(s)}{1-G(s)\cdot H(s)}$

블록선도의 전달함수

출력 $C(s)=R(s)\cdot G(s)+C(s)\cdot G(s)\cdot H(s)$

$\quad C(s)-C(s)\cdot G(s)\cdot H(s)=R(s)\cdot G(s)$

$\quad \{1-G(s)\cdot H(s)\}C(s)=R(s)\cdot G(s)$

$\therefore\ \dfrac{C(s)}{R(s)}=\dfrac{G(s)}{1-G(s)\cdot H(s)}$

051

소방기본법령상 소방자동차 전용구역에 관한 설명으로 옳은 것은?

① 소방자동차 전용구역 노면표지 도료의 색채는 백색을 기본으로 하되, 문자(P, 소방차 전용)는 황색으로 표시한다.

② 세대수가 80세대인 아파트의 건축주는 소방자동차 전용구역을 설치해야 한다.

③ 전용구역 노면표지의 외곽선은 빗금무늬로 표시하되, 빗금은 두께를 30[cm]로 하여 50[cm] 간격으로 표시한다.

④ 전용구역에 차를 주차하거나 전용구역에의 진입을 가로막는 등의 방해 행위를 한 자에게는 200만원 이하의 과태료를 부과한다.

해설

• 전용구역의 설치방법(영 별표 2의5)

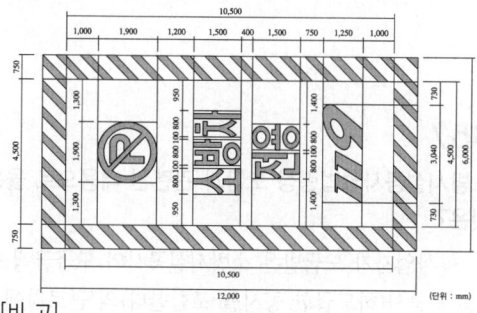

[비 고]

1. 전용구역 노면표지의 외곽선은 빗금무늬로 표시하되, 빗금은 두께를 30[cm]로 하여 50[cm] 간격으로 표시한다.

2. 전용구역 노면표지 도료의 색채는 황색을 기본으로 하되, 문자(P, 소방차 전용)는 백색으로 표시한다.

• **전용구역 설치대상(영 제7조의2)**
  – 아파트 중 세대수가 **100세대 이상인 아파트**
  – 기숙사 중 **3층 이상의 기숙사**

• 전용구역에 차를 주차하거나 전용구역에의 진입을 가로막는 등의 방해 행위를 한 자 : **100만원 이하의 과태료**

052

소방기본법령상 소방지원활동으로 명시되지 않는 것은?

① 산불에 대한 예방·진압 등 지원활동

② 단전사고 시 비상전원 또는 조명의 공급 지원

③ 자연재해에 따른 급수·배수 및 제설 등 지원활동

④ 집회·공연 등 각종 행사 시 사고에 대비한 근접대기 등 지원활동

해설

소방지원활동(법 제16조의2)
• 산불에 대한 예방·진압 등 지원활동
• 자연재해에 따른 급수·배수 및 제설 등 지원활동
• 집회·공연 등 각종 행사 시 사고에 대비한 근접대기 등 지원활동
• 화재, 재난·재해로 인한 피해복구 지원활동
• 그 밖에 행정안전부령으로 정하는 활동

053

소방기본법령상 벌칙에 관한 설명이다. ( )에 들어갈 내용으로 옳은 것은?

> 정당한 사유 없이 출동한 소방대원에게 폭행 또는 협박을 행사하여 화재진압·인명구조 또는 구급활동을 방해하는 행위를 한 사람은 (㉠)년 이하의 징역 또는 (㉡)천만원 이하의 벌금에 처한다.

① ㉠ : 3, ㉡ : 3
② ㉠ : 3, ㉡ : 5
③ ㉠ : 5, ㉡ : 3
④ ㉠ : 5, ㉡ : 5

해설

5년 이하의 징역 또는 5,000만원 이하의 벌금

• 제16조 제2항을 위반하여 다음의 어느 하나에 해당하는 행위를 한 사람
  – 위력(威力)을 사용하여 출동한 소방대의 화재진압·인명구조 또는 구급활동을 방해하는 행위
  – 소방대가 화재진압·인명구조 또는 구급활동을 위하여 현장에 출동하거나 현장에 출입하는 것을 고의로 방해하는 행위
  – 출동한 소방대원에게 폭행 또는 협박을 행사하여 화재진압·인명구조 또는 구급활동을 방해하는 행위
  – 출동한 소방대의 소방장비를 파손하거나 그 효용을 해하여 화재진압·인명구조 또는 구급활동을 방해하는 행위
• 소방자동차의 출동을 방해한 사람
• 사람을 구출하는 일 또는 불을 끄거나 불이 번지지 않도록 하는 일을 방해한 사람
• 정당한 사유 없이 소방용수시설 또는 비상소화장치를 사용하거나 소방용수시설 또는 비상소화장치의 효용을 해치거나 그 정당한 사용을 방해한 사람

054

소방기본법령상 화재예방, 소방활동 또는 소방훈련을 위하여 사용되는 소방신호의 종류로 명시되지 않는 것은?

① 발화신호   ② 위기신호
③ 해제신호   ④ 훈련신호

해설

소방신호
• 경계신호 : 화재예방상 필요하다고 인정되거나 법 제14조의 규정에 의한 화재위험경보시 발령
• 발화신호 : 화재가 발생한 때 발령
• 해제신호 : 소화활동이 필요없다고 인정되는 때 발령
• 훈련신호 : 훈련상 필요하다고 인정되는 때 발령

055

소방시설공사업법령상 소방시설별 하자보수 보증기간이 3년으로 규정되어 있는 소방시설을 모두 고른 것은?

> ㉠ 비상방송설비
> ㉡ 옥내소화전설비
> ㉢ 무선통신보조설비
> ㉣ 자동화재탐지설비

① ㉠, ㉡   ② ㉠, ㉢
③ ㉡, ㉣   ④ ㉢, ㉣

해설

하자보수 보증기간(법 제6조)

보증기간	해당 소방시설
2년	피난기구, 유도등, 유도표지, 비상경보설비, 비상조명등, 비상방송설비 및 무선통신보조설비
3년	자동소화장치, 옥내소화전설비, 스프링클러설비, 간이스프링클러설비, 물분무 등 소화설비, 옥외소화전설비, 자동화재탐지설비, 상수도소화용수설비 및 소화활동설비(무선통신보조설비는 제외한다)

056

소방시설공사업법령상 착공신고를 한 공사업자가 변경신고를 해야 하는 경우에 해당되지 않는 것은?

① 시공사가 변경된 경우
② 소방시설공사 기간이 변경된 경우
③ 설치되는 소방시설의 종류가 변경된 경우
④ 책임시공 및 기술관리 소방기술자가 변경된 경우

해설

착공신고를 한 공사업자가 변경신고를 해야 하는 경우(규칙 제12조)
• 시공자
• 설치되는 소방시설의 종류
• 책임시공 및 기술관리 소방기술자

057

소방시설공사업법령상 도급과 관련된 내용으로 옳은 것은?

① 공사업자가 도급받은 소방시설공사의 도급금액 중 그 공사(하도급한 공사를 포함한다)의 근로자에게 지급해야 할 임금에 해당하는 금액은 그 반액(半額)까지 압류할 수 있다.
② 하수급인은 하도급 받은 소방시설공사를 제3자에게 하도급할 수 없다. 다만, 시공의 경우에는 대통령령으로 정하는 바에 따라 도급받은 소방시설공사의 일부를 다른 공사업자에게 하도급할 수 있다.
③ 공사금액이 10억원 이상인 소방시설공사의 발주자는 하수급인의 시공 및 수행능력, 하도급계약의 적정성 등을 심사하기 위하여 하도급계약심사위원회를 두어야 한다.
④ 특정소방대상물의 관계인 또는 발주자는 해당 도급계약의 수급인의 정당한 사유없이 30일 이상 소방시설공사를 계속하지 않는 경우 도급계약을 해지할 수 있다.

도 급

- 공사업자가 도급받은 소방시설공사의 도급금액 중 그 공사(하도급 한 공사를 포함한다)의 근로자에게 지급해야 할 임금에 해당하는 금액은 압류할 수 없다(법 제21조의2).
- 도급을 받은 자는 소방시설의 설계, 시공, 감리를 제3자에게 하도급 할 수 없다. 다만, 시공의 경우에는 대통령령으로 정하는 바에 따라 도급받은 소방시설공사의 일부를 다른 공사업자에게 하도급할 수 있다(법 제22조).
- 발주자는 하수급인이 계약 내용을 수행하기에 현저하게 부적당하다고 인정되거나 하도급계약금액이 대통령령으로 정하는 비율에 따른 금액에 미달하는 경우에는 하수급인의 시공 및 수행능력, 하도급계약 내용의 적정성 등을 심사할 수 있는 하도급계약심사위원회를 두어야 한다(법 제22조의2).
  - 하도급계약금액이 도급금액 중 하도급 부분에 상당하는 금액[하도급하려는 소방시설공사 등에 대하여 수급인의 도급금액 산출내역서의 계약단가(직접·간접 노무비, 재료비 및 경비를 포함한다)를 기준으로 산출한 금액에 일반관리비, 이윤 및 부가가치세를 포함한 금액을 말하며, 수급인이 하수급인에게 직접 지급하는 자재의 비용 등 관계 법령에 따라 수급인이 부담하는 금액은 제외한다]의 82/100에 해당하는 금액에 미달하는 경우(영 제12조의2)
  - 하도급계약금액이 소방시설공사 등에 대한 발주자의 예정가격의 60/100에 해당하는 금액에 미달하는 경우(영 제12조의2)
- 도급 계약의 해지사유(법 제23조)
  - 소방시설업이 등록취소되거나 영업정지된 경우
  - 소방시설업을 휴업하거나 폐업한 경우
  - 정당한 사유 없이 30일 이상 소방시설공사를 계속하지 않는 경우
  - 제22조의2 제2항(하도급 계약의 적정성 심사 등)에 따른 요구에 정당한 사유 없이 따르지 않는 경우

058

소방시설 설치 및 관리에 관한 법령상 소방시설 등의 자체점검에 관한 설명이다. ( ) 안에 들어갈 내용으로 옳은 것은?

- 작동점검을 실시해야 하는 종합점검대상물의 작동점검은 연 1회 이상 실시해야 하며 종합점검을 받은 달부터 (㉠)개월이 되는 달에 실시한다.
- 소방안전관리대상물의 관계인은 자체점검이 끝난 날부터 (㉡)일 이내에 자체점검실시결과 보고서를 소방본부장 또는 소방서장에게 제출해야 하며 그 점검결과를 (㉢)년간 자체 보관해야 한다.

① ㉠ : 3, ㉡ : 14, ㉢ : 1
② ㉠ : 6, ㉡ : 15, ㉢ : 1
③ ㉠ : 6, ㉡ : 15, ㉢ : 2
④ ㉠ : 6, ㉡ : 14, ㉢ : 2

자체점검

- 작동점검은 종합점검을 받은 달부터 6개월이 되는 달에 실시한다.

[소방시설 등 자체점검 실시결과 보고서 보고라인]

- 자체점검 실시한 경우 점검이 끝난 날부터 10일 이내 관계인에게 제출 → 관계인은 점검이 끝난 날부터 15일 이내 소방시설 등의 자체점검결과 이행계획서를 첨부하여 소방본부장 또는 소방서장에게 보고해야 한다.
- 보고한 관계인은 그 점검결과를 점검이 끝난 날부터 2년간 자체 보관해야 한다.

059

소방시설 설치 및 관리에 관한 법령상 임시소방시설(건설현장)에 해당하는 것은?

① 간이완강기 ② 공기호흡기
③ 간이피난유도선 ④ 비상콘센트설비

060

소방시설 설치 및 관리에 관한 법령상 특정소방대상물 중 업무시설이 아닌 것은?

① 마을회관 ② 우체국
③ 보건소 ④ 소년분류심사원

061

소방시설 설치 및 관리에 관한 법령상 건축허가 등의 동의대상물에 해당하는 것은?

① 수련시설로서 연면적이 200[m²]인 건축물
② 정신건강증진 및 정신질환자 복지서비스 지원에 관한 법률에 따른 정신의료기관으로서 연면적이 200[m²]인 건축물
③ 장애인복지법에 따른 장애인 의료재활시설로서 연면적이 200[m²]인 건축물
④ 승강기 등 기계장치에 의한 주차시설로서 자동차 10대 이하를 주차할 수 있는 시설

062

소방시설 설치 및 관리에 관한 법령상 특정소방대상물의 관계인이 간이스프링클러설비를 설치해야 하는 대상이 아닌 것은?

① 입원실이 없는 의원으로서 연면적이 600[m²] 미만인 시설
② 한방병원으로 사용되는 바닥면적의 합계가 600[m²] 미만인 시설
③ 교육연구시설 내에 합숙소로서 연면적 100[m²] 이상인 경우에는 모든 층
④ 숙박시설로 사용되는 바닥면적의 합계가 300[m²] 이상 600[m²] 미만인 시설

해설
간이스프링클러설비 설치대상물
(1) 공동주택 중 연립주택 및 다세대주택
(2) 근린생활시설 중 다음의 어느 하나에 해당하는 것
  ① 근린생활시설로 사용하는 부분의 바닥면적 합계가 1,000[m²] 이상인 것은 모든 층
  ② 의원, 치과의원 및 한의원으로서 입원실이 있는 시설
  ③ 조산원 및 산후조리원으로서 연면적 600[m²] 미만인 시설
(3) 의료시설 중 다음의 어느 하나에 해당하는 시설
  ① 종합병원, 병원, 치과병원, 한방병원 및 요양병원(의료재활시설은 제외한다)으로 사용되는 바닥면적의 합계가 600[m²] 미만인 시설
  ② 정신의료기관 또는 의료재활시설로 사용되는 바닥면적의 합계가 300[m²] 이상 600[m²] 미만인 시설
  ③ 정신의료기관 또는 의료재활시설로 사용되는 바닥면적의 합계가 300[m²] 미만이고, 창살(철재·플라스틱 또는 목재 등으로 사람의 탈출 등을 막기 위하여 설치한 것을 말하며, 화재 시 자동으로 열리는 구조로 되어 있는 창살은 제외한다)이 설치된 시설
(4) 교육연구시설 내에 합숙소로서 연면적 100[m²] 이상인 경우에는 모든 층
(5) 노유자시설로서 다음의 어느 하나에 해당하는 시설
  ① 제7조 제1항 제7호 각 목에 따른 시설(같은 호 가목2) 및 같은 호 나목부터 바목까지의 시설 중 단독주택 또는 공동주택에 설치되는 시설은 제외하며, 이하 "노유자 생활시설"이라 한다)
  ② ①에 해당하지 않는 노유자시설로 해당 시설로 사용하는 바닥면적의 합계가 300[m²] 이상 600[m²] 미만인 시설
  ③ ①에 해당하지 않는 노유자시설로 해당 시설로 사용하는 바닥면적의 합계가 300[m²] 미만이고, 창살(철재·플라스틱 또는 목재 등으로 사람의 탈출 등을 막기 위하여 설치한 것을 말하며, 화재 시 자동으로 열리는 구조로 되어 있는 창살은 제외한다)이 설치된 시설
(6) 숙박시설로 사용되는 바닥면적의 합계가 300[m²] 이상 600[m²] 미만인 시설
(7) 건물을 임차하여 출입국관리법 제52조 제2항에 따른 보호시설로 사용하는 부분
(8) 복합건축물(하나의 건축물이 근린생활시설, 판매시설, 업무시설, 숙박시설 또는 위락시설의 용도와 주택의 용도로 함께 사용되는 것)로서 연면적 1,000[m²] 이상인 것은 모든 층

063

소방시설 설치 및 관리에 관한 법령상 소방기술심의위원회에 관한 설명으로 옳은 것은?

① 중앙위원회는 성별을 고려하여 위원장을 포함한 21명 이내의 위원으로 구성한다.
② 중앙위원회 위원 중 위촉위원의 임기는 3년으로 한다.
③ 지방위원회 위원 중 위촉위원의 임기는 2년으로 하되 연임할 수 없다.
④ 지방위원회는 위원장을 포함하여 5명 이상 9명 이하의 위원으로 구성한다.

해설
소방기술심의위원회의 구성(영 제21조, 제22조)
- 중앙소방기술심의위원회(중앙위원회)는 성별을 고려하여 위원장을 포함한 60명 이내의 위원으로 구성한다.
- 지방소방기술심의위원회(지방위원회)는 위원장을 포함하여 5명 이상 9명 이하의 위원으로 구성한다.
- 중앙위원회의 회의는 위원장과 위원장이 회의마다 지정하는 6명 이상 12명 이하의 위원으로 구성하고, 중앙위원회는 분야별 소위원회를 구성·운영할 수 있다.
- 중앙위원회의 위원 임명권자 : 소방청장
- 중앙위원회의 위원 자격
  – 과장급 직위 이상의 소방공무원
  – 소방기술사
  – 석사 이상의 소방 관련 학위를 소지한 사람
  – 소방시설관리사
  – 소방관련 법인·단체에서 소방 관련 업무에 5년 이상 종사한 사람
  – 소방공무원 교육기관, 대학교 또는 연구소에서 소방과 관련된 교육이나 연구에 5년 이상 종사한 사람
- 중앙위원회의 위원장은 소방청장이 해당 위원 중에서 위촉하고, 지방위원회의 위원장은 시·도지사가 해당 위원 중에서 위촉한다.
- 중앙위원회 및 지방위원회의 위원 중 위촉위원의 임기는 2년으로 하되, 한 차례만 연임할 수 있다.

064

화재의 예방 및 안전관리에 관한 법령상 소방안전관리보조자를 두어야 하는 특정소방대상물에 해당하지 않는 것은?(단, 야간과 휴일에 이용하고 있으며 연면적이 15,000[m²] 미만임을 전제한다)

① 치료감호시설   ② 수련시설
③ 의료시설   ④ 노유자시설

해설

소방안전관리보조자를 두어야 하는 특정소방대상물(영 별표 5)
(1) 아파트(300세대 이상인 아파트만 해당한다)
(2) 아파트를 제외한 연면적이 15,000[m²] 이상인 특정소방대상물
(3) (1), (2)를 제외한 다음에 해당하는 특정소방대상물
    ① 공동주택 중 기숙사
    ② 의료시설
    ③ 노유자시설
    ④ 수련시설
    ⑤ 숙박시설(숙박시설로 사용되는 바닥면적의 합계가 1,500[m²] 미만이고 관계인이 24시간 상시 근무하고 있는 숙박시설은 제외한다)

065

화재의 예방 및 안전관리에 관한 법령상 화재의 예방 및 안전관리 기본계획 등의 수립·시행에 관한 설명이다. ( )에 들어갈 내용으로 옳은 것은?

> • 소방청장은 화재예방정책을 체계적·효율적으로 추진하고 이에 필요한 기반 확충하여 화재의 예방 및 안전관리에 관한 기본계획을 (㉠)년마다 수립·시행해야 한다.
> • 소방청장은 관계 중앙행정기관의 장과 특별시장·광역시장·특별자치시장·도지사 또는 특별자치도지사에게 법 제4조 제5항에 따른 기본계획 및 시행계획을 계획 시행 전년도 (㉡)까지 통보해야 한다.

① ㉠ : 3, ㉡ 10월 31일   ② ㉠ : 3, ㉡ 12월 31일
③ ㉠ : 5, ㉡ 10월 31일   ④ ㉠ : 5, ㉡ 12월 31일

해설

화재의 예방 및 안전관리 기본계획 등의 수립·시행(법 제4조, 영 제5조)
• 소방청장은 화재예방정책을 체계적·효율적으로 추진하고 이에 필요한 기반 확충을 위하여 화재의 예방 및 안전관리에 관한 기본계획을 5년마다 수립·시행해야 한다.
• 소방청장은 관계 중앙행정기관의 장과 특별시장·광역시장·특별자치시장·도지사 또는 특별자치도지사에게 법 제4조 제5항에 따른 기본계획 및 시행계획을 계획 시행 전년도 10월 31일까지 통보해야 한다.

066

소방시설 설치 및 관리에 관한 법령상 1차 위반행위를 한 경우 소방청장이 소방시설관리사의 자격을 취소해야 하는 사항은?

① 동시에 둘 이상의 업체에 취업한 경우
② 자체점검을 하지 않는 경우
③ 거짓으로 자체점검을 한 경우
④ 성실하게 자체점검업무를 수행하지 않는 경우

해설

소방시설관리사에 대한 행정처분기준(규칙 별표 8)

위반사항	근거 법조문	행정처분기준		
		1차	2차	3차
• 거짓, 그 밖의 부정한 방법으로 시험에 합격한 경우	법 제28조 제1호	자격취소		
• 화재의 예방 및 안전관리에 관한 법률 제25조 제2항에 따른 대행인력의 배치기준·자격·방법 등 준수사항을 지키지 않는 경우	법 제28조 제2호	경고 (시정명령)	자격정지 6개월	자격취소
• 법 제22조에 따른 점검을 하지 않거나 거짓으로 한 경우				
– 점검을 하지 않은 경우	법 제28조 제3호	자격정지 1개월	자격정지 6개월	자격취소
– 거짓으로 점검한 경우		경고 (시정명령)	자격정지 6개월	자격취소
• 법 제25조 제7항을 위반하여 소방시설관리사증을 다른 사람에게 빌려준 경우	법 제28조 제4호	자격취소		
• 법 제25조 제8항을 위반하여 동시에 둘 이상의 업체에 취업한 경우	법 제28조 제5호	자격취소		
• 법 제27조 제9항을 위반하여 성실하게 자체점검업무를 수행하지 않는 경우	법 제28조 제6호	경고 (시정명령)	자격정지 6개월	자격취소
• 법 제25조 각 호의 어느 하나의 결격사유에 해당하게 된 경우	법 제28조 제7호	자격취소		

067

화재의 예방 및 안전관리에 관한 법령상 수수료 또는 교육비 반환에 관한 설명이다. ( )에 들어갈 내용으로 옳은 것은?

> • 시험시행일 또는 교육실시일 (㉠)일 전까지 접수를 취소하는 경우 : 납입한 수수료 또는 교육비의 전부
> • 시험시행일 또는 교육실시일 (㉡)일 전까지 접수를 취소하는 경우 : 납입한 수수료 또는 교육비의 100분의 50

① ㉠ : 14, ㉡ : 7   ② ㉠ : 20, ㉡ : 10
③ ㉠ : 30, ㉡ : 15   ④ ㉠ : 40, ㉡ : 20

해설
수수료 또는 교육비를 반환(규칙 제49조)
• 수수료 또는 교육비를 과오납한 경우 : 그 과오납한 금액의 전부
• 시험시행기관 또는 교육실시기관의 귀책사유로 시험에 응시하지 못하거나 교육을 받지 못한 경우 : 납입한 수수료 또는 교육비의 전부
• 직계가족의 사망, 본인의 사고 또는 질병, 격리가 필요한 감염병이나 예견할 수 없는 기후상황 등으로 인해 시험에 응시하지 못하거나 교육을 받지 못한 경우 : 납입한 수수료 또는 교육비의 전부
• 원서접수기간 또는 교육신청기간 내에 접수를 철회한 경우 : 납입한 수수료 또는 교육비의 전부
• 시험시행일 또는 교육실시일 20일 전까지 접수를 취소하는 경우 : 납입한 수수료 또는 교육비의 전부
• 시험시행일 또는 교육실시일 10일 전까지 접수를 취소하는 경우 : 납입한 수수료 또는 교육비의 100분의 50

068

소방시설 설치 및 관리에 관한 법령상 벌칙에 관한 설명으로 옳지 않은 것은?

① 관리업의 등록을 하지 않고 영업을 한 자는 3년 이하의 징역 또는 3천만원 이하의 벌금에 처한다.
② 합격표시를 하지 않는 소방용품을 판매·진열하거나 소방시설공사에 사용한 자는 3년 이하의 징역 또는 3천만원 이하의 벌금에 처한다.
③ 관리업의 등록증이나 등록수첩을 다른 자에게 빌려준 자는 1년 이하의 징역 또는 1천만원 이하의 벌금에 처한다.
④ 영업정지처분을 받고 그 영업정지기간 중에 관리업의 업무를 한 자는 3백만원 이하의 벌금에 처한다.

해설
벌 칙
영업정지처분을 받고 그 영업정지기간 중에 관리업의 업무를 한 자는 1년 이하의 징역 또는 1천만원 이하의 벌금에 처한다.

069

위험물안전관리법령상 위험물의 성질과 품명이 바르게 연결된 것은?

① 산화성고체 – 과염소산염류
② 자연발화성 및 금수성물질 – 특수인화물
③ 인화성 액체 – 아조화합물
④ 자기반응성물질 – 과산화수소

해설
위험물의 성질과 품명

품 명	과염소산염류	특수인화물	아조화합물	과산화수소
유 별	제1류 위험물	제4류 위험물	제5류 위험물	제6류 위험물
성 질	산화성 고체	인화성 액체	자기반응성물질	산화성 액체

070

위험물안전관리법령상 동일구 내에 있거나 상호 100[m] 이내의 거리에 있는 다수의 저장소로서 동일인이 설치한 경우 1인의 안전관리자를 중복하여 선임할 수 없는 것은?

① 10개의 옥내저장소
② 30개의 옥외저장소
③ 10개의 암반탱크저장소
④ 30개의 옥외탱크저장소

해설
1인의 안전관리자를 중복하여 선임할 수 있는 저장소 등
• 10개 이하의 옥내저장소
• 30개 이하의 옥외탱크저장소
• 옥내탱크저장소
• 지하탱크저장소
• 간이탱크저장소
• **10개 이하의 옥외저장소**
• 10개 이하의 암반탱크저장소

071

위험물안전관리법령상 제조소 등에서 위험물을 유출·방출 또는 확산시켜 사람의 생명·신체 또는 재산에 대하여 위험을 발생시킨 자에게 적용되는 벌칙 기준은?

① 1년 이상 10년 이하의 징역
② 7년 이하의 금고 또는 7천만원 이하의 벌금
③ 5년 이하의 금고 또는 1억원 이하의 벌금
④ 10년 이하의 금고 또는 1억원 이하의 벌금

해설

벌 칙
• 무기 또는 3년 이상의 징역 : 제조소 등 또는 허가를 받지 않고 지정수량 이상의 위험물을 저장 또는 취급하는 장소에서의 위험물을 유출·방출 또는 확산시켜 사람을 상해(傷害)에 이르게 한 때
• 무기 또는 5년 이상의 징역 : 제조소 등 또는 허가를 받지 않고 지정수량 이상의 위험물을 저장 또는 취급하는 장소에서의 위험물을 유출·방출 또는 확산시켜 사람을 사망에 이르게 한 때
• 1년 이상 10년 이하의 징역 : 제조소 등 또는 허가를 받지 않고 지정수량 이상의 위험물을 저장 또는 취급하는 장소에서의 위험물을 유출·방출 또는 확산시켜 사람의 생명·신체 또는 재산에 대하여 위험을 발생시킨 사람
• 7년 이하의 금고 또는 7,000만원 이하의 벌금 : 업무상 과실로 제조소 등에서 위험물을 유출·방출 또는 확산시켜 사람의 생명·신체 또는 재산에 대하여 위험을 발생시킨 사람
• 10년 이하의 징역 또는 금고나 1억원 이하의 벌금 : 업무상 과실로 제조소 등 또는 허가를 받지 않고 지정수량 이상의 위험물을 저장 또는 취급하는 장소에서의 위험물을 유출·방출 또는 확산시켜 사람을 사상(死傷)에 이르게 한 사람

072

다중이용업소의 안전관리에 관한 특별법령상 소방청장, 소방본부장 또는 소방서장이 화재를 예방하고 화재로 인한 생명·신체·재산상의 피해를 방지하기 위하여 필요하다고 인정하는 경우 화재위험평가를 할 수 있는 지역 또는 건축물은?

① 3,000[m²] 지역 안에 다중이용업소가 40개 이상 밀집하여 있는 경우
② 10층 이상인 건축물로서 다중이용업소가 5개 이상 있는 경우
③ 하나의 건축물에 다중이용업소로 사용하는 영업장 바닥면적의 합계가 1,000[m²]인 경우
④ 4층인 건축물로서 다중이용업소로 사용하는 영업장 바닥면적의 합계가 500[m²]인 경우

해설

화재위험평가(법 제15조)
• 실시 시기 : 해당하는 지역 또는 건축물에 대하여 화재를 예방하고 화재로 인한 생명·신체·재산상의 피해를 방지하기 위하여 필요하다고 인정되는 경우에는 화재위험평가를 실시할 수 있다.
• 실시권자 : 소방청장, 소방본부장 또는 소방서장
• 실시대상지역
  – 2,000[m²] 지역 안에 다중이용업소가 50개 이상 밀집하여 있는 경우
  – 5층 이상인 건축물로서 다중이용업소가 10개 이상 있는 경우
  – 하나의 건축물에 다중이용업소로 사용하는 영업장 바닥면적의 합계가 1,000[m²] 이상인 경우

073

다중이용업소의 안전관리에 관한 특별법령상 소방청장이 작성하는 다중이용업소의 안전관리 기본계획 수립지침에 포함시켜야 하는 내용 중 화재 등 재난 발생을 줄이기 위한 중·장기대책으로 명시된 사항은?

① 화재피해 원인조사 및 분석
② 안전관리정보의 전달·관리체계 구축
③ 다중이용업소 안전시설 등의 관리 및 유지계획
④ 화재 등 재난발생에 대비한 교육·훈련과 예방에 관한 홍보

해설

안전관리 기본계획 수립지침에 포함시켜야 하는 내용(영 제5조)
• 화재 등 재난 발생 경감대책
  – 화재피해 원인조사 및 분석
  – 안전관리정보의 전달·관리체계 구축
  – 화재 등 재난 발생에 대비한 교육·훈련과 예방에 관한 홍보
• 화재 등 재난 발생을 줄이기 위한 중·장기 대책
  – 다중이용업소 안전시설 등의 관리 및 유지계획
  – 소관 법령 및 관련 기준의 정비

074

다중이용업소의 안전관리에 관한 특별법령상 양 옆에 구획된 실이 있는 영업장으로서 구획된 실의 출입문 열리는 방향이 피난통로 방향인 경우 다중이용업주 및 다중이용업을 하려는 자가 설치·유지해야 하는 영업장 내부 피난통로의 폭은?

① 75[cm] 이상   ② 100[cm] 이상
③ 120[cm] 이상   ④ 150[cm] 이상

해설

영업장 내부 피난통로(규칙 별표 2)

• 내부 피난통로의 폭은 120[cm] 이상으로 할 것(다만, 양 옆에 구획된 실이 있는 영업장으로서 구획된 실의 출입문 열리는 방향이 피난통로 방향인 경우에는 150[cm] 이상으로 설치해야 한다)
• 구획된 실부터 주된 출입구 또는 비상구까지의 내부 피난통로의 구조는 세 번 이상 구부러지는 형태로 설치하지 말 것

075

다중이용업소의 안전관리에 관한 특별법령상 소방안전교육에 필요한 교육인력 및 시설·장비기준에 관한 설명으로 옳은 것은?

① 소방관련기관에서 5년 이상의 실무경력이 있는 자로서 3년의 강의 경력이 있는 자는 강사의 자격요건을 충족한다.
② 소방위 이상의 소방공무원은 강사의 자격요건을 충족한다.
③ 바닥면적 50[m²]인 사무실은 교육시설 기준을 충족한다.
④ 바닥면적 80[m²]인 실습실·체험실은 교육시설 기준을 충족한다.

해설

소방안전교육에 필요한 교육인력 및 시설·장비기준(규칙 별표 1)

• 강사의 자격요건
  – 소방 관련학의 석사학위 이상을 가진 자
  – 전문대학 또는 이와 동등 이상의 교육기관에서 소방안전 관련 학과 전임강사 이상으로 재직한 자
  – 소방기술사, 위험물기능장, 소방시설관리사, 소방안전교육사자격을 소지한 자
  – 소방설비기사 및 위험물산업기사 자격을 소지한 자로서 소방 관련 기관(단체)에서 2년 이상 강의경력이 있는 자
  – 소방설비산업기사 및 위험물기능사 자격을 소지한 자로서 소방 관련 기관(단체)에서 5년 이상 강의경력이 있는 자

– 대학 또는 이와 동등 이상의 교육기관에서 소방안전 관련 학과를 졸업하고 소방 관련 기관(단체)에서 5년 이상 강의경력이 있는 자
– 소방 관련 기관(단체)에서 10년 이상 실무경력이 있는 자로서 5년 이상 강의경력이 있는 자
– 소방위 또는 지방소방위 이상의 소방공무원 또는 소방설비기사 자격을 소지한 소방장 또는 지방소방장 이상의 소방공무원
– 간호사 또는 응급의료에 관한 법률 제36조에 따른 응급구조사 자격을 소지한 소방공무원(응급처치 교육에 한한다)
• 교육시설
– 사무실 : 바닥면적이 60[m²] 이상일 것
– 강의실 : 바닥면적이 100[m²] 이상이고, 의자·탁자 및 교육용 비품을 갖출 것
– 실습실·체험실 : 바닥면적이 100[m²] 이상

076

제4류 위험물 중 제2석유류에 해당하는 것은?

① 중 유
② 아세톤
③ 경 유
④ 이황화탄소

해설

제4류 위험물

종류 항목	중 유	아세톤	경 유	이황화탄소
품 명	제3석유류 (비수용성)	제1석유류 (수용성)	제2석유류 (비수용성)	특수인화물
지정수량	2,000[L]	400[L]	1,000[L]	50[L]

077

다음 제4류 위험물의 인화점이 높은 것부터 낮은 순서대로 옳게 나열한 것은?

> ㉠ 이황화탄소
> ㉡ 아이소프렌
> ㉢ 메틸에틸케톤
> ㉣ 아세톤

① ㉠-㉡-㉢-㉣   ② ㉠-㉡-㉣-㉢
③ ㉢-㉠-㉡-㉣   ④ ㉢-㉣-㉠-㉡

해설
인화점

종류 \ 항목	이황화탄소	아이소프렌	메틸에틸케톤	아세톤
품 명	특수인화물	특수인화물	제1석유류	제1석유류
인화점	-30℃	-54℃	-7℃	-18.5℃

078

하이드록실아민의 성상에 관한 설명으로 옳지 않은 것은?

① 물, 메탄올에 녹는다.
② 금속과 접촉하면 가연성의 C_2H_2 가스가 발생한다.
③ 암모니아에서 수소가 수산기로 치환되어 생성된 무색의 침상결정 물질이다.
④ 습기와 이산화탄소가 존재하면 분해, 가열되면서 폭발할 수 있다.

해설
하이드록실아민
• 물 성

화학식	지정수량	분자량	비 점
NH_2OH	100kg	33	116℃

• 무색의 사방정계 침상결정이다,
• 물이나 에탄올에 녹는다.
• 습기와 이산화탄소가 존재하면 분해, 가열되면서 폭발할 수 있다.

079

공기 중에서 에틸알코올 46[g]을 완전연소 시키기 위해서 필요한 공기량[g]은 약 얼마인가?(단, 공기 중에서 산소는 23.2[wt%]이다)

① 206
② 275
③ 320
④ 414

해설
공기량

C_2H_5OH + $3O_2$ → $2CO_2$ + $3H_2O$

46[g] ✕ 3 × 32[g]
46[g] x

$x = \dfrac{46[g] \times 3 \times 32[g]}{46[g]} = 96[g]$ (이론산소량)

∴ 공기 중에서 산소는 23.2[wt%]이므로
이론공기량 = 96[g] ÷ 0.232 = 413.8[g]

080

48[g]의 수소화나트륨이 물과 완전반응 하였을 때 이론적으로 발생 가능한 수소질량[g]은 약 얼마인가?(단, 수소화나트륨 1[mol]의 분자량은 24[g]이다)

① 1
② 2
③ 3
④ 4

해설
발생하는 수소의 질량

NaH + H_2O → $NaOH$ + H_2

24[g] ✕ 2[g]
48[g] x

∴ $x = \dfrac{48[g] \times 2[g]}{24[g]} = 4[g]$

081

위험물안전관리법령상 제6류 위험물의 성상에 관한 설명으로 옳은 것을 모두 고른 것은?

> ㉠ 무기화합물이다.
> ㉡ 유독성 증기가 발생하기 쉽다.
> ㉢ 유기물과 혼합하면 착화할 염려가 있다.

① ㉠, ㉡
② ㉠, ㉢
③ ㉡, ㉢
④ ㉠, ㉡, ㉢

해설

제6류 위험물의 성상
• 산화성 액체이며 무기화합물이다.
• 무색투명하며 비중은 1보다 크고 표준상태에서는 모두 액체이다.
• 증기가 발생하기 쉽고 유독하다.
• 불연성 물질이며 가연물, 유기물 등과 혼합으로 착화할 염려가 있다.

082

메틸알코올과 에틸알코올의 성상에 관한 설명으로 옳지 않은 것은?

① 포화 1가 알코올이다.
② 연소하한계는 메틸알코올이 에틸알코올보다 낮다.
③ 인화점은 상온(20[℃])보다 낮고, 비점은 100[℃] 미만이다.
④ 연소 시 불꽃이 잘 보이지 않으므로 화상의 위험이 있다.

해설

메틸알코올과 에틸알코올의 비교

종류 항 목	메틸알코올	에틸알코올
화학식	CH_3OH	C_2H_5OH
알코올의 가수	1가	1가
인화점	11[℃]	13[℃]
비 점	64.7[℃]	80[℃]
연소범위	6.0~36.0[%]	3.1~27.7[%]

083

질산암모늄 8[kg]이 급격한 가열, 충격으로 완전 분해 폭발되어 질소, 수증기, 산소로 분해되었다. 이때 생성되는 질소의 양[kg]은?(단, 질소의 원자량은 14, 수소의 원자량은 1, 산소의 원자량은 16이다)

① 1.4
② 2.8
③ 4.2
④ 5.6

해설

질소의 양

$$2NH_4NO_3 \rightarrow 4H_2O + 2N_2 + O_2$$

$2 \times 80[kg]$ $2 \times 28[g]$

$8[kg]$ x

$$\therefore x = \frac{8[kg] \times 2 \times 28[kg]}{2 \times 80[kg]} = 2.8[kg]$$

084

위험물안전관리법령상 위험물 위험등급-품명-지정수량의 연결로 옳지 않은 것은?

① Ⅰ등급 - 알킬리튬 - 10[kg]
② Ⅱ등급 - 황화인 - 100[kg]
③ Ⅱ등급 - 알카리토금속 - 50[kg]
④ Ⅲ등급 - 다이에틸에터 - 50[kg]

해설

위험등급, 품명, 지정수량

종류 항 목	알킬리튬	황화인	알카리 토금속	다이에틸 에터
지정수량	10[kg]	100[kg]	50[kg]	50[L]
위험등급	Ⅰ등급	Ⅱ등급	Ⅱ등급	Ⅰ등급

085

위험물안전관리법령상 제조소에 설치하는 배출설비의 배출능력 기준은?(단, 배출설비는 국소방식이다)

① 1시간당 배출장소 용적의 10배 이상
② 1시간당 배출장소 용적의 15배 이상
③ 1시간당 배출장소 용적의 20배 이상
④ 1시간당 배출장소 용적의 25배 이상

해설

배출설비의 배출능력은 1시간당 배출장소 용적의 20배 이상인 것으로 할 것(전역방출방식은 바닥면적 1[m²]당 18[m³] 이상)

086

위험물안전관리법령상 제조소 등에 설치하는 옥외소화전설비에 관한 기준이다. (   )에 들어갈 내용으로 옳은 것은?

옥외소화전설비는 모든 옥외소화전(설치개수가 4개 이상인 경우는 4개의 옥외소화전)을 동시에 사용할 경우에 각 노즐 선단(끝부분)의 방수압력이 (㉠)[kPa] 이상이고 방수량이 1분당 (㉡)[L] 이상의 성능이 되도록 할 것

① ㉠ 100, ㉡ 80
② ㉠ 100, ㉡ 260
③ ㉠ 170, ㉡ 350
④ ㉠ 350, ㉡ 450

해설

제조소 등에 설치하는 옥내 · 옥외소화전설비 기준

종류 항목	옥내소화전설비	옥외소화전설비
방수량	260[L/min] 이상	450[L/min] 이상
방수압력	350[kPa] 이상 (0.35[kPa] 이상)	350[kPa] 이상 (0.35[kPa]이상)
토출량	N(최대 5개) × 260[L/min] 이상	N(최대 4개) × 450[L/min] 이상
수원	N(최대 5개) × 7.8[m³] (= 260[L/min] ×30[min])	N(최대 4개)×13.5[m³] (= 450[L/min] ×30[min])
비상전원	45분 이상	45분 이상

087

위험물안전관리법령상 제5류 위험물을 취급하는 위험물제조소에 설치하는 게시판의 주의사항으로 옳은 것은?

① 화기엄금
② 화기주의
③ 물기엄금
④ 물기주의

해설

위험물제조소의 주의사항

위험물의 종류	주의사항	게시판의 색상
• 제1류 위험물 중 알칼리금속의 과산화물 • 제3류 위험물 중 금수성 물질	물기엄금	청색바탕에 백색문자
• 제2류 위험물(인화성 고체는 제외)	화기주의	적색바탕에 백색문자
• 제2류 위험물 중 인화성 고체 • 제3류 위험물 중 자연발화성 물질 • 제4류 위험물 • 제5류 위험물	화기엄금	적색바탕에 백색문자

088

위험물안전관리법령상 소화설비, 경보설비 및 피난설비의 기준에서 용량 190[L]인 수조(소화전용 물통 6개 포함)의 능력단위는?

① 1.0
② 1.5
③ 2.5
④ 3.0

해설

소화설비의 능력단위

소화설비	용 량	능력단위
소화전용(專用)물통	8[L]	0.3
수조(소화전용 물통 3개 포함)	80[L]	1.5
수조(소화전용 물통 6개 포함)	190[L]	2.5
마른 모래(삽 1개 포함)	50[L]	0.5
팽창질석 또는 팽창진주암(삽 1개 포함)	160[L]	1.0

089

위험물안전관리법령상 제조소의 위치·구조 및 설비의 환기설비 기준에서 급기구가 설치된 실의 바닥면적이 60[m²]일 경우 급기구의 면적은?

① 150[cm²] 이상 ② 300[cm²] 이상
③ 450[cm²] 이상 ④ 600[cm²] 이상

해설

급기구의 면적

급기구는 해당 급기구가 설치된 실의 바닥면적 150[m²]마다 1개 이상으로 하되 급기구의 크기는 800[cm²] 이상으로 할 것. 다만 바닥면적 150[m²] 미만인 경우에는 다음의 크기로 할 것

바닥면적	급기구의 면적
60[m²] 미만	150[cm²] 이상
60[m²] 이상 90[m²] 미만	300[cm²] 이상
90[m²] 이상 120[m²] 미만	450[cm²] 이상
120[m²] 이상 150[m²] 미만	600[cm²] 이상

090

위험물안전관리법령상 하이드록실아민 등을 취급하는 제조소의 특례에서 제조소 주위에 설치하는 담 또는 토제의 설치기준으로 옳지 않은 것은?

① 담은 두께 10[cm] 이상의 철근콘크리트조·철골철 근콘크리트조로 할 것
② 담은 두께 20[cm] 이상의 보강콘크리트 블록조로 할 것
③ 담 또는 토제는 해당 제조소의 외벽 또는 이에 상당 하는 공작물의 외측으로부터 2[m] 이상 떨어진 장소 에 설치할 것
④ 토제의 경사면의 경사도는 60° 미만으로 할 것

해설

하이드록실아민 등을 취급하는 제조소 주위의 담 또는 토제(土堤)의 설치기준

• 담 또는 토제는 해당 제조소의 외벽 또는 이에 상당하는 공 작물의 외측으로부터 2[m] 이상 떨어진 장소에 설치할 것
• 담 또는 토제의 높이는 해당 제조소에 있어서 하이드록실아 민 등을 취급하는 부분의 높이 이상으로 할 것
• 담은 두께 15[cm] 이상의 철근콘크리트조·철골철근콘크 리트조 또는 두께 20[cm] 이상의 보강콘크리트 블록조로 할 것
• 토제의 경사면의 경사도는 60° 미만으로 할 것

• 하이드록실아민 등을 취급하는 설비에는 하이드록실아민 등의 온도 및 농도의 상승에 의한 위험한 반응을 방지하기 위한 조치를 강구할 것
• 하이드록실아민 등을 취급하는 설비에는 철이온 등의 혼입 에 의한 위험한 반응을 방지하기 위한 조치를 강구할 것

091

위험물안전관리법령상 소화설비, 경보설비 및 피난설 비의 기준에서 연면적이 300[m²]인 위험물제조소의 소요단위는?(단, 제조소의 건축물 외벽은 내화구조가 아니다)

① 3 ② 4
③ 5 ④ 6

해설

소요단위

• 제조소 또는 취급소의 건축물
  – 외벽이 내화구조 : 연면적 100[m²]를 1소요단위
  – 외벽이 내화구조가 아닌 것 : 연면적 50[m²]를 1소요단위
• 저장소의 건축물
  – 외벽이 내화구조 : 연면적 150[m²]를 1소요단위
  – 외벽이 내화구조가 아닌 것 : 연면적 75[m²]를 1소요단위
• 위험물은 지정수량의 10배 : 1소요단위

위험물의 소요단위 = 저장(취급)수량 ÷ (지정수량 × 10)

$$\therefore \text{소요단위} = \frac{\text{연면적}}{\text{기준면적}} = \frac{300[\text{m}^2]}{50[\text{m}^2]} = 6단위$$

092

위험물안전관리법령상 제조소의 위치·구조 및 설비의 기준에서 위험물을 취급하는 건축물의 지붕(작업공정 상 제조기계시설 등이 2층 이상에 연결되어 설치된 경우 에는 최상층의 지붕을 말한다)을 내화구조로 할 수 있는 건축물을 모두 고른 것은?

㉠ 제6류 위험물을 취급하는 건축물
㉡ 제4류 위험물 중 제4석유류·동식물유류를 취급하는 건축물
㉢ 외부화재에 60분 이상 견딜 수 있는 밀폐형 구조의 건축물

① ㉠, ㉡ ② ㉠, ㉢
③ ㉡, ㉢ ④ ㉠, ㉡, ㉢

해설

지붕을 내화구조로 할 수 있는 경우
• 제2류 위험물(분말 상태의 것과 인화성 고체는 제외)
• 제4류 위험물 중 제4석유류, 동식물유류
• 제6류 위험물

093

위험물안전관리법령상 소화설비, 경보설비 및 피난설비의 기준에서 소화난이도등급 I 의 주유취급소 중 건축물에 한정하여 설치하는 소화설비는?

① 옥내소화전설비   ② 옥외소화전설비
③ 스프링클러설비   ④ 연결송수관설비

해설

소화난이도등급 I 의 제조소 등에 설치해야 하는 소화설비

제조소등의 구분		소화설비
제조소 및 일반취급소		옥내소화전설비, 옥외소화전설비, 스프링클러설비 또는 물분무 등 소화설비(화재발생 시 연기가 충만할 우려가 있는 장소에는 스프링클러설비 또는 이동식 외의 물분무 등 소화설비에 한한다)
주유취급소		스프링클러설비(건축물에 한정한다), 소형수동식소화기 등(능력단위의 수치가 건축물 그 밖의 공작물 및 위험물의 소요단위의 수치에 이르도록 설치할 것)
옥외탱크저장소	지중탱크 또는 해상탱크 외의 것	황만을 저장·취급하는 것	물분무소화설비
		인화점 70[℃] 이상의 제4류 위험물만을 저장·취급하는 것	물분무소화설비 또는 고정식 포소화설비
		그 밖의 것	고정식 포소화설비(포소화설비가 적응성이 없는 경우에는 분말소화설비)
	지중탱크		고정식 포소화설비, 이동식 이외의 불활성가스소화설비 또는 이동식 이외의 할로젠화합물소화설비
	해상탱크		고정식 포소화설비, 물분무소화설비, 이동식 이외의 불활성가스소화설비 또는 이동식 이외의 할로젠화합물소화설비

094

위험물안전관리법령상 제4류 위험물 중 이동탱크저장소에 저장하는 경우 접지도선을 설치해야 하는 것으로 명시되어 있지 않은 것은?

① 특수인화물   ② 제1석유류
③ 제2석유류   ④ 제3석유류

해설

이동탱크저장소의 접지도선 : 특수인화물, 제1석유류, 제2석유류

095

위험물안전관리법령상 이동탱크저장소의 이동저장탱크에 설치하는 안전장치 및 방파판의 기준으로 옳지 않은 것은?

① 하나의 구획부분에 2개 이상의 방파판을 이동탱크저장소의 진행방향과 수직으로 설치하되, 각 방파판은 그 높이 및 칸막이로부터의 거리를 다르게 할 것
② 방파판의 두께 1.6[mm] 이상의 강철판 또는 이와 동등 이상의 강도·내열성 및 내식성이 있는 금속성의 것으로 할 것
③ 상용압력이 20[kPa] 이하인 탱크에 있어서는 20[kPa] 이상 24[kPa] 이하의 압력에서 안전장치가 작동하는 것으로 할 것
④ 상용압력이 20[kPa]를 초과하는 탱크에 있어서는 사용압력의 1.1배 이하의 압력에서 안전장치가 작동하는 것으로 할 것

해설

이동저장탱크에 설치하는 안전장치 및 방파판의 기준
• 안전장치의 작동 압력
 – 상용압력이 20[kPa] 이하인 탱크 : 20[kPa] 이상 24[kPa] 이하의 압력
 – 상용압력이 20[kPa]을 초과하는 탱크 : 상용압력의 1.1배 이하의 압력
• 방파판
 – 두께 : 1.6[mm] 이상의 강철판 또는 이와 동등 이상의 강도·내열성 및 내식성이 있는 금속성의 것으로 할 것
 – 하나의 구획부분에 2개 이상의 방파판을 이동탱크저장소의 진행방향과 평행으로 설치하되, 각 방파판은 그 높이 및 칸막이로부터의 거리를 다르게 할 것
 – 하나의 구획부분에 설치하는 각 방파판의 면적의 합계는 해당 구획부분의 최대 수직단면적의 50[%] 이상으로 할 것. 다만, 수직단면이 원형이거나 짧은 지름이 1[m] 이하의 타원형일 경우에는 40[%] 이상으로 할 수 있다.

096

위험물안전관리법령상 주유취급소의 위치·구조 및 설비의 기준에서 이동저장탱크에 주입하기 위한 고정급유설비의 펌프기기가 분당 배출량이 200[L] 이상인 경우 주유설비에 관계된 모든 배관의 안지름[mm] 기준은?

① 32[mm] 이상   ② 40[mm] 이상

③ 50[mm] 이상   ④ 65[mm] 이상

해설

펌프기기는 주유관 끝부분에서의 최대배출량이 제1석유류의 경우에는 분당 50[L] 이하, 경유의 경우에는 분당 180[L] 이하, 등유의 경우에는 분당 80[L] 이하인 것으로 할 것. 다만, 이동저장탱크에 주입하기 위한 고정급유설비의 펌프기기는 최대배출량이 분당 300[L] 이하인 것으로 할 수 있으며, 분당 배출량이 200[L] 이상인 것의 경우에는 주유설비에 관계된 모든 배관의 안지름을 40[mm] 이상으로 해야 한다.

097

위험물안전관리법령상 옥내탱크저장소 중 탱크전용실을 단층건물 외의 건축물에 설치하는 경우 탱크전용실을 건축물의 1층 또는 지하층에 설치해야 하는 것은?

① 질산의 탱크전용실

② 중유의 탱크전용실

③ 실린더유의 탱크전용실

④ 크레오소트유의 탱크전용실

해설

황화인, 적린, 덩어리 황, 황린, 질산의 탱크전용실 : 1층 또는 지하층에 설치

098

위험물안전관리법령상 인화성 액체위험물(이황화탄소를 제외한다)의 옥외탱크저장소의 탱크 주위에 설치해야 하는 방유제에 관한 내용이다. 아래 조건에 방유제 내에 설치할 수 있는 옥외저장탱크의 최대 수는?

> 방유제 내에 설치하는 모든 옥외저장탱크의 용량이 20만 [L] 이하이고, 해당 옥외저장탱크에 저장 또는 취급하는 위험물의 인화점이 70[℃] 이상 200[℃] 미만인 경우

① 10   ② 15

③ 20   ④ 25

해설

옥외탱크저장소의 방유제 내에 설치하는 탱크의 수(용량이 20만[L] 이하일 때)
• 제1석유류, 제2석유류 : 10기 이하
• 제3석유류(인화점이 70[℃] 이상 200[℃] 미만) : 20기 이하
• 제4석유류(인화점이 200[℃] 이상) : 제한 없음

099

위험물안전관리법령상 간이탱크저장소의 간이저장탱크에 설치해야 하는 "밸브 없는 통기관"의 설비기준으로 옳지 않은 것은?

① 통기관의 지름은 25[mm] 이상으로 할 것

② 통기관은 옥외에 설치하되, 그 끝부분의 높이는 지상 1.5[m] 이상으로 할 것

③ 인화점이 80[℃] 이상의 위험물만을 해당 위험물의 인화점 미만의 온도로 저장 또는 취급하는 탱크에 설치하는 통기관에는 인화방지장치를 할 것

④ 통기관의 끝부분은 수평면에 대하여 아래로 45° 이상 구부려 빗물 등이 침투하지 않도록 할 것

해설

간이저장탱크에 밸브 없는 통기관의 설비기준
• 통기관의 지름은 25[mm] 이상으로 할 것
• 통기관은 옥외에 설치하되, 그 끝부분의 높이는 지상 1.5[m] 이상으로 할 것
• 통기관의 끝부분은 수평면에 대하여 아래로 45° 이상 구부려 빗물 등이 침투하지 않도록 할 것
• 가는 눈의 구리망 등으로 인화방지장치를 할 것(다만, 인화점이 70[℃] 이상의 위험물만을 해당 위험물의 인화점 미만의 온도로 저장 또는 취급하는 탱크에 설치하는 통기관에 있어서는 그렇지 않다)

100

위험물안전관리법령상 위험물의 성질에 따른 옥내저장소의 특례에서 지정과산화물을 저장 또는 취급하는 옥내저장소에 대해 강화되는 저장창고의 기준으로 옳지 않은 것은?

① 저장창고는 200[m²] 이내마다 격벽으로 완전하게 구획할 것
② 저장창고의 격벽은 두께 30[cm] 이상의 철근콘크리트조 또는 철골철근콘크리트조로 하거나 두께 40[cm] 이상의 보강콘크리트블록조로 할 것
③ 저장창고의 외벽은 두께 20[cm] 이상의 철근콘크리트조나 철골철근콘크리트조 또는 두께 30[cm] 이상의 보강콘크리트블록조로 할 것
④ 저장창고의 창은 바닥면으로부터 2[m] 이상의 높이에 둘 것

해설
옥내저장소의 저장창고의 기준
- 저장창고는 150[m²] 이내마다 격벽으로 완전하게 구획할 것. 이 경우 해당 격벽은 두께 30[cm] 이상의 철근콘크리트조 또는 철골철근콘크리트조로 하거나 두께 40[cm] 이상의 보강콘크리트블록조로 하고 해당 저장창고의 양측의 외벽으로부터 1[m] 이상, 상부의 지붕으로부터 50[cm] 이상 돌출하게 해야 한다.
- 저장창고의 외벽은 두께 20[cm] 이상의 철근콘크리트조나 철골철근콘크리트조 또는 두께 30[cm] 이상의 보강콘크리트블록조로 할 것
- 저장창고의 지붕은 다음의 어느 하나에 적합할 것
  - 중도리(서까래 중간을 받치는 수평의 도리) 또는 서까래의 간격은 30[cm] 이하로 할 것
  - 지붕의 아래쪽 면에는 한 변의 길이가 45[cm] 이하의 환강(丸鋼)·경량형강(輕量形鋼) 등으로 된 강제(鋼製)의 격자를 설치할 것
  - 지붕의 아래쪽 면에 철망을 쳐서 불연재료의 도리(서까래를 받치기 위해 기둥과 기둥 사이에 설치한 부재)·보 또는 서까래에 단단히 결합할 것
  - 두께 5[cm] 이상, 너비 30[cm] 이상의 목재로 만든 받침대를 설치할 것
- 저장창고의 출입구에는 60분+방화문 또는 60분 방화문을 설치할 것
- 저장창고의 창은 바닥면으로부터 2[m] 이상의 높이에 두되, 하나의 벽면에 두는 창의 면적의 합계를 해당 벽면의 면적의 1/80 이내로 하고, 하나의 창의 면적을 0.4[m²] 이내로 할 것

101

화재안전기술기준상 설치높이 기준이 다른 것은?

① 포소화설비의 송수구
② 옥내소화전설비의 방수구
③ 연결송수관설비의 송수구
④ 소화용수설비의 채수구

해설
설치높이

대상물	송수구	방수구	채수구
대상물	옥내소화전설비 스프링클러설비 간이스프링클설비 (펌프방식) 화재조기진압용 스프링클설비 물분무소화설비 포소화설비 연결송수관설비 연결살수설비	옥내소화전설비	소화용수설비
설치높이	지면으로부터 0.5[m] 이상 1[m]이하	바닥으로부터 1.5[m] 이하	지면으로부터 0.5[m] 이상 1[m] 이하

102

옥내소화전설비의 화재안전기술기준상 배관에 관한 내용으로 옳지 않은 것은?

① 펌프의 흡입 측 배관은 공기 고임이 생기지 않는 구조로 하고 여과장치를 설치해야 한다.
② 연결송수관설비의 배관과 겸용할 경우의 주배관은 구경 100[mm] 이상, 방수구로 연결되는 배관의 구경은 65[mm] 이상인 것으로 해야 한다.
③ 펌프의 흡입 측 배관은 수조가 펌프보다 낮게 설치된 경우에는 충압펌프를 제외한 각 펌프마다 수조로부터 별도로 설치해야 한다.
④ 펌프의 토출 측 주배관의 구경은 유속이 4[m/s] 이하가 될 수 있는 크기 이상으로 해야 한다.

옥내소화전설비의 배관
- 펌프의 흡입 측 배관
  - 공기 고임이 생기지 않는 구조로 하고 여과장치를 설치할 것
  - 수조가 펌프보다 낮게 설치된 경우에는 각 펌프(충압펌프를 포함한다)마다 수조로부터 별도로 설치할 것
- 연결송수관설비의 배관과 겸용할 경우
  - 주배관의 구경 : 100[mm] 이상
  - 방수구로 연결되는 배관의 구경은 : 65[mm] 이상
- 펌프의 토출 측 주배관의 구경은 유속이 4[m/s] 이하가 될 수 있는 크기 이상으로 해야 하고, 옥내소화전방수구와 연결되는 가지배관의 구경은 40[mm](호스릴 옥내소화전설비의 경우에는 25[mm]) 이상으로 해야 하며, 주배관 중 수직배관의 구경은 50[mm](호스릴 옥내소화전설비의 경우에는 32[mm]) 이상으로 해야 한다.

103

자동화재탐지설비 및 시각경보장치의 화재안전기술기준상 설치장소별 감지기 적응성에서 연기감지기를 설치할 수 있는 경우 연기가 멀리 이동해서 감지기에 도달하는 계단, 경사로와 같은 장소에 적응성이 있는 감지기 종류로 묶인 것은?

① 이온화식스포트형, 광전식분리형
② 이온아날로그식스포트형, 광전아날로그식분리형
③ 광전아날로그식분리형, 광전식분리형
④ 이온아날로그식스포트형, 이온화식스포트형

설치장소별 감지기 적응성

설치장소		적응열감지기					적응연기감지기						불꽃감지기
환경상태	적응장소	차동식스포트형	차동식분포형	보상식스포트형	정온식	열아날로그식	이온화식스포트형	이온아날로그식스포트형	광전식스포트형	광전아날로그식스포트형	광전식분리형	광전아날로그식분리형	불꽃감지기
흡연에 의해 연기가 체류하며 환기가 되지 않는 장소	회의실, 응접실, 휴게실, 노래연습실, 오락실, 다방, 음식점, 대합실, 카바레 등의 객실, 집회장, 연회장 등	○	○	○					○	○	○	○	
취침시설로 사용하는 장소	호텔 객실, 여관, 수면실 등						○	○	○	○	○	○	
연기이외의 미분이 떠다니는 장소	복도, 통로 등						○	○	○	○	○	○	○
바람에 영향을 받기 쉬운 장소	로비, 교회, 관람장, 옥탑에 있는 기계실		○							○	○	○	○
연기가 멀리 이동해서 감지기에 도달하는 장소	계단, 경사로									○	○	○	○
훈소화재의 우려가 있는 장소	전화기기실, 통신기기실, 전산실, 기계제어실									○	○	○	
넓은 공간으로 천장이 높아 열 및 연기가 확산하는 장소	체육관, 항공기 격 납고, 높은 천장의 창고·공장, 관람석 상부 등 감지기 부착 높이가 8[m] 이상의 장소		○								○	○	○

104

자동화재탐지설비 및 시각경보장치의 화재안전기술기준상 연기감지기 설치기준으로 옳은 것을 모두 고른 것은?

> ㉠ 천장 또는 반자가 낮은 실내에 있어서는 출입구의 가까운 부분에 설치할 것
> ㉡ 천장 또는 반자 부근에 배기구가 있는 경우에는 그 부근에 설치할 것
> ㉢ 감지기는 벽 또는 보로부터 0.6[m] 이상 떨어진 곳에 설치할 것

① ㉠, ㉡
② ㉠, ㉢
③ ㉡, ㉢
④ ㉠, ㉡, ㉢

해설

연기감지기 설치기준

• 감지기의 부착높이에 따라 다음 표에 의한 바닥면적마다 1개 이상으로 할 것

부착높이	감지기의 종류(단위 : [m²])	
	1종 및 2종	3종
4[m] 미만	150	50
4[m] 이상 20[m] 미만	75	-

• 연감지기의 부착개수(아래 기준에 1개 이상 설치)

설치장소	복도 및 통로		계단 및 경사로	
	1종, 2종	3종	1종, 2종	3종
설치거리	보행거리 30[m]	보행거리 20[m]	수직거리 15[m]	수직거리 10[m]

• 천장 또는 반자가 낮은 실내 또는 좁은 실내에 있어서는 출입구의 가까운 부분에 설치할 것
• 천장 또는 반자부근에 배기구가 있는 경우에는 그 부근에 설치할 것
• 감지기는 벽 또는 보로부터 0.6[m] 이상 떨어진 곳에 설치할 것

105

포소화설비의 화재안전기술기준상 주차장에 설치하는 호스릴포소화설비 또는 포소화전설비 기준으로 옳지 않은 것은?(단, 주차장은 지상 1층으로서 지붕이 없다)

① 호스릴함 또는 호스함은 바닥으로부터 높이 1.5[m] 이하의 위치에 설치하고 그 표면에는 "포스릴함(또는 포소화전함)"이라고 표시한 표지와 적색의 위치표시등을 설치할 것
② 호스릴포방수구 또는 포소화전방수구가 5개 이상 설치된 경우에는 5개를 동시에 사용할 경우 포노즐 끝부분의 포수용액 방사압력이 0.25[MPa] 이상일 것
③ 호스릴 또는 호스를 호스릴포방수구 또는 포소화전방수구로 분리하여 비치하는 때에는 그로부터 3[m] 이내의 거리에 호스릴함 또는 호스함을 설치할 것
④ 방호대상물의 각 부분으로부터 하나의 호스릴포방수구까지의 수평거리는 15[m] 이하(포소화전방수구의 경우에는 25[m] 이하)가 되도록 하고 호스릴 또는 호스의 길이는 방호대상물의 각 부분에 포가 유효하게 뿌려질 수 있도록 할 것

해설

차고 · 주차장에 설치하는 호스릴포소화설비 또는 포소화전설비의 기준

• 특정소방대상물의 어느 층에 있어서도 그 층에 설치된 호스릴포방수구 또는 포소화전방수구(호스릴포방수구 또는 포소화전방수구가 5개 이상 설치된 경우에는 5개)를 동시에 사용할 경우 각 이동식 포노즐 선단의 포수용액 방사압력이 0.35[MPa] 이상이고 300[L/min] 이상(1개 층의 바닥면적이 200[m²] 이하인 경우에는 230[L/min] 이상)의 포수용액을 수평거리 15[m] 이상으로 방사할 수 있도록 할 것
• 저발포의 포소화약제를 사용할 수 있는 것으로 할 것
• 호스릴 또는 호스를 호스릴포방수구 또는 포소화전방수구로 분리하여 비치하는 때에는 그로부터 3[m] 이내의 거리에 호스릴함 또는 호스함을 설치할 것
• 호스릴함 또는 호스함은 바닥으로부터 높이 1.5[m] 이하의 위치에 설치하고 그 표면에는 "포호스릴함(또는 포소화전함)"이라고 표시한 표지와 적색의 위치표시등을 설치할 것
• 방호대상물의 각 부분으로부터 하나의 호스릴포방수구까지의 수평거리는 15[m] 이하(포소화전방수구의 경우에는 25[m] 이하)가 되도록 하고 호스릴 또는 호스의 길이는 방호대상물의 각 부분에 포가 유효하게 뿌려질 수 있도록 할 것

106

옥내소화전설비의 화재안전기술기준상 펌프의 정격토출량이 650[L/min]일 때 성능시험배관의 유량측정장치 용량은 몇 [L/min] 이상으로 해야 하는가?

① 650.5
② 910.5
③ 975.5
④ 1,137.5

해설

유량측정장치는 펌프의 정격토출량의 175[%] 이상 측정할 수 있는 성능이 있을 것

$\therefore$ $650[\text{L/min}] \times 1.75 = 1,137.5[\text{L/min}]$

107

다음의 특정소방대상물에서 소화기구의 능력단위를 산출한 값은?(단, 각 건축물의 주요구조부는 비내화구조이고, 바닥면적은 550[m²]이다)

> ㉠ 관광휴게시설
> ㉡ 의료시설
> ㉢ 위락시설
> ㉣ 근린생활시설

① ㉠ : 3, ㉡ : 11, ㉢ : 19, ㉣ : 6
② ㉠ : 3, ㉡ : 19, ㉢ : 11, ㉣ : 6
③ ㉠ : 6, ㉡ : 11, ㉢ : 19, ㉣ : 3
④ ㉠ : 6, ㉡ : 11, ㉢ : 19, ㉣ : 6

해설

특정소방대상물별 소화기구의 능력단위기준

특정소방대상물	소화기구의 능력단위
위락시설	해당 용도의 바닥면적 30[m²]마다 능력단위 1단위 이상
공연장·집회장·관람장·문화재·장례식장 및 **의료시설**	해당 용도의 바닥면적 50[m²]마다 능력단위 1단위 이상
근린생활시설·판매시설·운수시설·숙박시설·노유자시설·전시장·공동주택·업무시설·방송통신시설·공장·창고시설·항공기 및 자동차 관련 시설 및 **관광휴게시설**	해당 용도의 바닥면적 100[m²]마다 능력단위 1단위 이상
그 밖의 것	해당 용도의 바닥면적 200[m²]마다 능력단위 1단위 이상

• 관광휴게시설의 능력단위

$= \dfrac{\text{바닥면적}[\text{m}^2]}{\text{기준면적}[\text{m}^2]} = \dfrac{550[\text{m}^2]}{100[\text{m}^2]} = 5.5 \Rightarrow 6\text{단위}$

• 의료시설의 능력단위

$= \dfrac{\text{바닥면적}[\text{m}^2]}{\text{기준면적}[\text{m}^2]} = \dfrac{550[\text{m}^2]}{50[\text{m}^2]} = 11\text{단위}$

• 위락시설의 능력단위

$= \dfrac{\text{바닥면적}[\text{m}^2]}{\text{기준면적}[\text{m}^2]} = \dfrac{550[\text{m}^2]}{30[\text{m}^2]} = 18.33 \Rightarrow 19\text{단위}$

• 근린생활시설의 능력단위

$= \dfrac{\text{바닥면적}[\text{m}^2]}{\text{기준면적}[\text{m}^2]} = \dfrac{550[\text{m}^2]}{100[\text{m}^2]} = 5.5 \Rightarrow 6\text{단위}$

108

전양정 150[m], 토출량 20[m³/min], 회전수 1,800[rpm]인 펌프가 있다. 이때 편흡입 2단 펌프와 양흡입 1단 펌프의 비속도는 약 얼마인가?

① 315.9, 132.8
② 315.9, 143.6
③ 354.1, 132.8
④ 354.1, 143.6

해설

비교 회전도(Specific Speed, 비속도)

(1) 편흡입 펌프는 토출량을 그대로 계산한다.

$$N_s = \frac{N\sqrt{Q}}{\left(\dfrac{H}{n}\right)^{3/4}}$$

여기서, N : 회전수[rpm]　Q : 유량[m³/min],
　　　　H : 양정[m]　　　n : 단수

$\therefore$ 편흡입 2단 펌프

$N_s = \dfrac{N\sqrt{Q}}{\left(\dfrac{H}{n}\right)^{3/4}} = \dfrac{1,800[\text{rpm}] \times \sqrt{20[\text{m}^3/\text{min}]}}{\left(\dfrac{150[\text{m}]}{2}\right)^{3/4}}$

$= 315.86$

(2) 양흡입 펌프는 토출량을 $\dfrac{1}{2}$로 비속도를 계산한다.

$$N_s = \frac{N\sqrt{\dfrac{Q}{2}}}{\left(\dfrac{H}{n}\right)^{3/4}}$$

여기서, N : 회전수[rpm]　Q : 유량[m³/min]
　　　　H : 양정[m]　　　n : 단수

$\therefore$ 양흡입 1단 펌프

$N_s = \dfrac{N\sqrt{Q}}{\left(\dfrac{H}{n}\right)^{3/4}} = \dfrac{1,800[\text{rpm}] \times \sqrt{\dfrac{20[\text{m}^3/\text{min}]}{2}}}{\left(\dfrac{150[\text{m}]}{1}\right)^{3/4}}$

$= 132.8$

109

공기관식 차동식분포형 감지기의 화재작동시험을 했을 경우 작동시간이 규정(기준)시간보다 늦은 경우가 아닌 것은?

① 리크 저항값이 규정치보다 작다.
② 접점 수고값이 규정치보다 낮다.
③ 주입한 공기량에 비해 공기관 길이가 길다.
④ 공기관에 작은 구멍이 있다.

작동개시시간에 이상이 있는 경우

- 기준치 이상인 경우(작동시간이 느린 경우)
  - 리크 저항치가 규정치보다 작다(리크구멍이 크다).
  - 접점 수고값이 규정치보다 높다(힘 또는 간격이 크다).
  - 공기관의 누설, 폐쇄, 변형상태
  - 공기관의 길이가 주입량에 비해 길다.
  - 공기관의 접점의 접촉 불량
- 기준치 미달인 경우(작동시간이 빠른 경우)
  - 리크 저항치가 규정치보다 크다.
  - 접점 수고값이 규정치보다 낮다.
  - 공기관의 길이가 주입량에 비해 짧다.

110

할로겐화합물 및 불활성기체소화설비의 화재안전기술 기준상 배관의 두께(t)산출 계산식 중 최대허용응력(SE)값은?

- 배관재질 인장강도 : 380,000[kPa]
- 배관재질 항복점 : 220,000[kPa]
- 배관이음효율 : 0.85

① 96,900[kPa]   ② 102,750[kPa]
③ 124,667[kPa]   ④ 149,600[kPa]

배관의 두께

$$관의 두께(t) = \frac{PD}{2SE} + A$$

여기서, P : 최대허용압력[kPa], D : 배관의 바깥지름[mm]
SE : 최대허용응력[kPa](배관재질의 인장강도의 1/4값과 항복점의 2/3값 중 적은 값 × 배관이음효율 × 1.2)
A : 나사이음, 홈이음 등의 허용값(헤드 설치부분은 제외)
  - 나사이음 : 나사의 높이
  - 절단홈이음 : 홈의 깊이
  - 용접이음 : 0

① 배관재질의 인장강도의 1/4값 = 380,000[kPa] × 1/4
                              = 95,000[kPa]
② 항복점의 2/3값 = 220,000[kPa] × 2/3
                 = 146,666.67[kPa]
③ 배관이음 효율
  - 이음매 없는 배관 : 1.0
  - 전기저항 용접배관 : 0.85
  - 가열맞대기 용접배관 : 0.60
∴ 최대허용응력(SE) = 95,000[kPa] × 0.85 × 1.2
                     = 96,900[kPa]

111

자동화재탐지설비의 수신기의 시험방법이 아닌 것은?

① 예비전원시험
② 유통시험
③ 수신기의 시험방법
④ 회로도통시험

수신기의 시험방법

- 수신기의 시험방법
- 회로도통시험
- 공통선시험
- 동시작동시험
- 저전압시험
- 회로저항시험
- 지구음향작동시험
- 예비전원시험
- 비상전원시험
- 절연저항시험

[공기관식 차동식분포형 감지기의 시험방법]
  - 화재작동시험
  - 작동계속시험
  - 유통시험
  - 접점수고시험

112

소방시설의 내진설계기준상 흔들림 방지 버팀대의 설치기준으로 옳지 않은 것은?

① 흔들림 방지 버팀대가 부착된 건축 구조부재는 소화배관에 의해 추가된 지진하중을 견딜 수 있어야 한다.

② 흔들림 방지 버팀대의 세장비(L/r)는 300을 초과하지 않아야 한다.

③ 2방향 흔들림 방지 버팀대는 횡방향 및 종방향 흔들림 방지 버팀대의 역할을 동시에 할 수 있어야 한다.

④ 흔들림 방지 버팀대는 내력을 충분히 발휘할 수 있도록 견고하게 설치해야 한다.

흔들림 방지 버팀대의 설치기준

• 흔들림 방지 버팀대는 내력을 충분히 발휘할 수 있도록 견고하게 설치해야 한다.

• 배관에는 횡방향 및 종방향의 수평지진하중에 모두 견디도록 흔들림 방지 버팀대를 설치해야 한다.

• 흔들림 방지 버팀대가 부착된 건축 구조부재는 소화배관에 의해 추가된 지진하중을 견딜 수 있어야 한다.

• 흔들림 방지 버팀대의 세장비(L/r)는 300을 초과하지 않아야 한다.

• 4방향 흔들림 방지 버팀대는 횡방향 및 종방향 흔들림 방지 버팀대의 역할을 동시에 할 수 있어야 한다.

• 하나의 수평직선배관은 최소 2개의 횡방향 흔들림 방지 버팀대와 1개의 종방향흔들림 방지 버팀대를 설치해야 한다. 다만, 영향구역 내 배관의 길이가 6[m] 미만인 경우에는 횡방향과 종방향 흔들림 방지 버팀대를 각 1개씩 설치할 수 있다.

113

스프링클러설비의 화재안전기술기준상 폐쇄형 스프링클러헤드를 사용하는 경우 수원의 저수량 산정 시 스프링클러 헤드 기준개수가 가장 많은 장소는?(단, 층이나 세대에 설치된 헤드 개수는 기준개수보다 많다)

① 지하역사

② 지하층을 제외한 층수가 10층인 의료시설로 헤드의 부착높이가 8[m] 이상인 것

③ 지하층을 제외한 층수가 35층인 아파트

④ 지하층을 제외한 층수가 10층인 판매시설이 설치되지 않는 복합건축물

폐쇄형 스프링클러헤드의 기준개수

스프링클러설비의 설치장소			기준개수
지하층을 제외한 층수가 10층 이하인 특정소방대상물	공 장	특수가연물 저장·취급	30
		그 밖의 것	20
	근린생활시설·판매시설·운수시설 또는 복합건축물	판매시설 또는 복합건축물(판매시설이 설치되는 복합건축물을 말한다)	30
		그 밖의 것	20
	그 밖의 것	헤드의 부착높이가 8[m] 이상	20
		헤드의 부착높이가 8[m] 미만	10
지하층을 제외한 11층 이상인 특정소방대상물, 지하가 또는 지하역사			30
아파트(공동주택의 화재안전기술기준)	아파트		10
	각 동이 주차장으로 서로 연결된 경우의 주차장		30
창고시설(랙식 창고를 포함한다. 라지드롭형 스프링클러헤드 사용)			30

∴ 지하역사는 헤드의 기준개수가 30개로 가장 많다.

114

소방시설 설치 및 관리에 관한 법령상 물분무 등 소화설비를 설치해야 하는 특정소방대상물은?(단, 위험물 저장 및 처리시설 중 가스시설 또는 지하구는 제외한다)

① 항공기 및 자동차 관련 시설 중 자동차정비공장

② 연면적 600[m²] 이상인 차고, 주차용 건축물 또는 철골 조립식 주차시설

③ 건축물의 내부에 설치된 차고·주차장으로서 사용되는 면적이 200[m²] 이상인 경우 해당 부분

④ 기계장치에 의한 주차시설을 이용하여 10대 이상의 차량을 주차할 수 있는 시설

물분무 등 소화설비 설치대상물

• 항공기 및 자동차 관련 시설 중 항공기격납고

• 차고, 주차용 건축물 또는 철골 조립식 주차시설. 이 경우 연면적 800[m²] 이상인 것만 해당한다.

• 건축물의 내부에 설치된 차고·주차장으로서 사용되는 면적이 200[m²] 이상인 경우 해당 부분(50세대 미만 연립주택 및 다세대주택은 제외)

• 기계장치에 의한 주차시설을 이용하여 20대 이상의 차량을 주차할 수 있는 시설

- 특정소방대상물에 설치된 전기실·발전실·변전실(가연성 절연유를 사용하지 않는 변압기·전류차단기 등의 전기기기와 가연성 피복을 사용하지 않은 전선 및 케이블만을 설치한 전기실·발전실 및 변전실은 제외한다)·축전지실·통신기기실 또는 전산실, 그 밖에 이와 비슷한 것으로서 바닥면적이 300[m²] 이상인 것[하나의 방화구획 내에 둘 이상의 실(室)이 설치되어 있는 경우에는 이를 하나의 실로 보아 바닥면적을 산정한다]. 다만, 내화구조로 된 공정제어실 내에 설치된 주조정실로서 양압시설이 설치되고 전기기기에 220[V] 이하인 저전압이 사용되며 종업원이 24시간 상주하는 곳은 제외한다.
- 소화수를 수집·처리하는 설비가 설치되어 있지 않은 중·저준위방사성폐기물의 저장시설. 다만, 이시설에는 이산화탄소소화설비, 할론소화설비 또는 할로겐화합물 및 불활성기체 소화설비를 설치해야 한다.
- 지하가 중 예상 교통량, 경사도 등 터널의 특성을 고려하여 행정안전부령으로 정하는 터널. 다만, 이 시설에는 물분무소화설비를 설치해야 한다.
- 국가유산 중 지정문화유산(문화유산자료는 제외) 또는 천연기념물 등(자연유산자료는 제외)으로서 소방청장이 국가유산청장관 협의하여 정하는 것

115

다음은 스프링클러설비의 화재안전기술기준상 전동기 또는 내연기관에 따른 펌프를 이용하는 가압송수장치 설치기준이다. (   ) 안에 들어갈 소방시설의 명칭을 소방시설 도시기호로 옳게 나타낸 것은?

> 펌프의 토출 측에는 (㉠)를 체크밸브 이전에 펌프 토출 측 플랜지에서 가까운 곳에 설치하고 흡입 측에는 (㉡) 또는 진공계를 설치할 것. 다만, 수원의 수위가 펌프의 위치보다 높거나 수직회전축 펌프의 경우에는 (㉡) 또는 진공계를 설치하지 않을 수 있다.

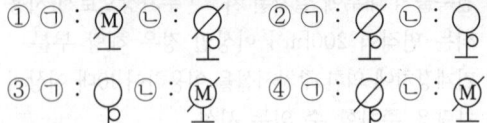

해설

펌프의 토출 측에는 압력계를 체크밸브 이전에 펌프 토출 측 플랜지에서 가까운 곳에 설치하고 흡입 측에는 연성계 또는 진공계를 설치할 것. 다만, 수원의 수위가 펌프의 위치보다 높거나 수직회전축 펌프의 경우에는 연성계 또는 진공계를 설치하지 않을 수 있다.

명칭	압력계	연성계	유량계
도시기호	⏀	⏀	Ⓜ

116

다음 조건의 차고에 분말소화설비를 설치하려고 한다. 분말소화설비의 화재안전기술기준상 필요한 분말소화약제의 최소 저장량[kg]은?

> - 약제방출방식 : 전역방출방식
> - 방호구경 체적 : 가로(10[m]) × 세로(20[m]) × 높이(2.5[m])
> - 개구부 면적 : 가로(2[m]) × 세로(3[m])
> - 개구부에는 자동폐쇄장치를 설치한다.

① 120   ② 140
③ 160   ④ 180

해설

분말소화약제의 최소 저장량

> 소화약제 저장량[kg] = 방호구역 체적[m³] × 필요약제량[kg/m³] + 개구부의 면적[m²] × 가산량[kg/m²]

※ 개구부의 면적은 자동폐쇄장치가 설치되어 있지 않는 면적이다.

약제의 종류	소화약제량	가산량
제1종 분말	0.60[kg/m³]	4.5[kg/m²]
제2종 또는 제3종 분말	0.36[kg/m³]	2.7[kg/m²]
제4종 분말	0.24[kg/m³]	1.8[kg/m²]

∴ 소화약제 저장량[kg] = (10×20×2.5)[m³]×0.36[kg/m³]
= 180[kg]

117

할론소화설비의 화재안전기술기준상 자동식 기동장치에 관한 기준으로 옳은 것은?

① 기계식 기동장치로서 7병 이상의 저장용기를 동시에 개방하는 설비는 2병 이상의 저장용기에 전자개방밸브를 부착할 것
② 가스압력식 기동장치의 기동용 가스용기에는 내압시험압력 0.6배부터 내압시험압력 이하에서 작동하는 안전장치를 설치할 것
③ 가스압력식 기동장치에서 기동용 가스용기의 용적은 1[L] 이상으로 하고, 해당 용기에 저장하는 이산화탄소의 양은 0.6[kg] 이상으로 하며, 충전비는 1.5 이상 1.9 이하로 할 수 있다.
④ 가스압력식 기동장치의 기동용 가스용기 및 해당 용기에 사용하는 밸브는 20[MPa] 이상의 압력에 견딜 수 있는 것으로 할 것

할론소화설비의 자동식 기동장치
- 자동식 기동장치에는 수동으로도 기동할 수 있는 구조로 할 것
- 전기식 기동장치로서 7병 이상의 저장용기를 동시에 개방하는 설비는 2병 이상의 저장용기에 전자개방밸브를 부착할 것
- 가스압력식 기동장치는 다음의 기준에 따를 것
  - 기동용 가스용기 및 해당 용기에 사용하는 밸브는 25[MPa] 이상의 압력에 견딜 수 있는 것으로 할 것
  - 기동용 가스용기에는 내압시험압력 0.8배부터 내압시험압력 이하에서 작동하는 안전장치를 설치할 것
  - 기동용 가스용기의 체적은 5[L] 이상으로 하고, 해당 용기에 저장하는 질소 등의 비활성 기체는 6.0[MPa] 이상(21[℃] 기준)의 압력으로 충전할 것. 다만, 기동용 가스용기의 체적을 1[L] 이상으로 하고, 해당 용기에 저장하는 이산화탄소의 양은 0.6[kg] 이상으로 하며, 충전비는 1.5 이상 1.9 이하의 기동용 가스용기로 할 수 있다.
- 기계식 기동장치는 저장용기를 쉽게 개방할 수 있는 구조로 할 것

118

연결송수관설비의 화재안전기술기준에 관한 내용으로 옳지 않은 것은?

① 방수기구함은 피난층과 가장 가까운 층을 기준으로 3개 층마다 설치하되, 그 층의 방수구마다 수평거리 5[m] 이내에 설치할 것
② 송수구는 구경 65[mm]의 쌍구형으로 할 것
③ 충압펌프를 제외한 가압송수장치는 부식 등으로 인한 펌프의 고착을 방지할 수 있도록 펌프축은 스테인리스 등 부식에 강한 재질을 사용할 것
④ 습식의 경우 송수구 부근에는 송수구·자동배수밸브·체크밸브의 순서로 설치할 것

연결송수관설비의 설치기준
- 방수기구함은 피난층과 가장 가까운 층을 기준으로 3개 층마다 설치하되, 그 층의 **방수구마다 보행거리 5[m] 이내**에 설치할 것
- 송수구는 구경 65[mm]의 쌍구형으로 할 것
- 충압펌프를 제외한 가압송수장치는 부식 등으로 인한 펌프의 고착을 방지할 수 있도록 펌프축은 스테인리스 등 부식에 강한 재질을 사용할 것
- 습식의 경우 송수구 부근에는 송수구·자동배수밸브·체크밸브의 순서로 설치할 것

119

지하 2층, 지상 30층, 연면적 80,000[m²]인 특정소방대상물의 지상 2층에 화재가 발생하였을 경우 비상방송설비의 음향장치가 경보되는 층이 아닌 것은?

① 지상 1층　　② 지상 2층
③ 지상 3층　　④ 지상 4층

비상방송설비의 음향장치가 경보되는 층(고층건축물 : 30층 이상인 건축물)

발화층	경보를 발해야 하는 층
2층 이상	발화층, 그 직상 4개층
1층	발화층, 그 직상 4개층, 지하층
지하층	발화층, 그 직상층, 기타의 지하층

※ 지상 2층 화재 발생 : 발화층(지상 2층), 그 직상 4개층(지상 3층, 4층, 5층, 6층)

120

피난기구의 화재안전기술기준상 승강식피난기 및 하향식 피난구용 내림식 사다리 설치기준으로 옳지 않은 것은?

① 대피실 내에는 비상조명등을 설치할 것
② 대피실에는 층의 위치표시와 피난기구 사용설명서 및 주의사항 표지판을 부착할 것
③ 사용 시 기울거나 흔들리지 않도록 설치할 것
④ 대피실 출입문이 개방되거나, 피난기구 작동 시 해당층 및 직상층 거실에 설치된 표시등 및 경보장치가 작동되고, 감시제어반에서는 피난기구의 작동을 확인할 수 있어야 할 것

승강식피난기 및 하향식 피난구용 내림식사다리의 설치기준
- 승강식피난기 및 하향식 피난구용 내림식사다리는 설치경로가 설치층에서 피난층까지 연계될 수 있는 구조로 설치할 것. 다만, 건축물의 구조 및 설치 여건상 불가피한 경우에는 그렇지 않다.
- 대피실의 면적은 2[m²](2세대 이상일 경우에는 3[m²]) 이상으로 하고, 하강구(개구부) 규격은 직경 60[cm] 이상일 것. 단, 외기와 개방된 장소에는 그렇지 않다.
- 하강구 내측에는 기구의 연결 금속구 등이 없어야 하며 전개된 피난기구는 하강구 수평투영면적 공간 내의 범위를 침범하지 않는 구조이어야 할 것. 다만, 직경 60[cm] 크기의 범위를 벗어난 경우이거나, 직하층의 바닥면으로부터 높이 50[cm] 이하의 범위는 제외한다.

- 대피실의 출입문은 60분+방화문 또는 60분 방화문으로 설치하고, 피난방향에서 식별할 수 있는 위치에 "대피실" 표지판을 부착할 것. 다만, 외기와 개방된 장소에는 그렇지 않다.
- 착지점과 하강구는 상호 수평거리 15[cm] 이상의 간격을 둘 것
- 대피실 내에는 비상조명등을 설치할 것
- 대피실에는 층의 위치표시와 피난기구 사용설명서 및 주의사항 표지판을 부착할 것
- 대피실 출입문이 개방되거나, **피난기구 작동 시 해당층 및 직하층 거실에 설치된 표시등 및 경보장치가 작동**되고, 감시 제어반에서는 피난기구의 작동을 확인할 수 있어야 할 것
- 사용 시 기울거나 흔들리지 않도록 설치할 것

121

다음은 유도등 및 유도표지의 화재안전기술기준상 통로유도등의 설치기준에 관한 내용이다. ( ) 안에 들어갈 것으로 옳은 것은?

- 복도통로유도등은 구부러진 모퉁이 및 설치된 통로유도등을 기점으로 보행거리 (㉠)[m] 마다 설치할 것
- 계단통로유도등은 바닥으로부터 높이 (㉡)[m] 이하의 위치에 설치할 것

① ㉠ : 15, ㉡ : 1　② ㉠ : 15, ㉡ : 1.5
③ ㉠ : 20, ㉡ : 1　④ ㉠ : 20, ㉡ : 1.5

해설

통로유도등의 설치기준
(1) 복도통로유도등의 설치
　① 복도에 설치하되 피난구유도등이 설치된 출입구의 맞은편 복도에는 입체형으로 설치하거나, 바닥에 설치할 것
　② 구부러진 모퉁이 및 ①에 따라 설치된 통로유도등을 기점으로 보행거리 20[m]마다 설치할 것
　③ 바닥으로부터 높이 1[m] 이하의 위치에 설치할 것. 다만, 지하층 또는 무창층의 용도가 도매시장·소매시장·여객자동차터미널·지하역사 또는 지하상가인 경우에는 복도·통로 중앙부분의 바닥에 설치해야 한다.
　④ 바닥에 설치하는 통로유도등은 하중에 따라 파괴되지 않는 강도의 것으로 할 것
(2) 거실통로유도등의 설치
　① 거실의 통로에 설치할 것. 다만, 거실의 통로가 벽체 등으로 구획된 경우에는 복도통로유도등을 설치해야 한다.
　② 구부러진 모퉁이 및 보행거리 20[m]마다 설치할 것
　③ 바닥으로부터 높이 1.5[m] 이상의 위치에 설치할 것. 다만, 거실통로에 기둥이 설치된 경우에는 기둥부분의 바닥으로부터 높이 1.5[m] 이하의 위치에 설치할 수 있다.
(3) 계단통로유도등의 설치
　① 각 층의 경사로 참 또는 계단참마다(1개 층에 경사로 참 또는 계단참이 2 이상 있는 경우에는 2개의 계단참마다)설치할 것
　② 바닥으로부터 높이 1[m] 이하의 위치에 설치할 것

122

다음 조건의 거실에 제연설비를 설치할 때 배기팬 구동에 필요한 전동기 용량[kW]은 약 얼마인가?

- 바닥면적 800[m²]인 거실로서 예상제연구역은 직경 50[m], 제연경계벽의 수직거리는 2.4[m]임
- 배연 Duct 길이는 200[m], Duct 저항은 1[m]당 0.2[mmAq]임
- 배출구 저항은 10[mmAq], 배기그릴저항은 5[mmAq], 관부속품 저항은 Duct 저항의 55[%]임
- 효율은 60[%], 전달계수는 1.1임
- 예상제연구역의 배출량 기준

예상제연구역	제연경계 수직거리	배출량
직경 40[m]인 원의 범위를 초과하는 경우	2[m] 이하	45,000[m³/hr] 이상
	2[m] 초과 2.5[m] 이하	50,000[m³/hr] 이상
	2.5[m] 초과 35[m] 이하	55,000[m³/hr] 이상
	3[m] 초과	65,000[m³/hr] 이상

① 15.2
② 19.2
③ 23.2
④ 27.2

해설

전동기 용량
(1) 예상제연구역이 40[m]를 초과하고 제연경계벽의 수직거리가 2.4[m]이므로 배출량은 50,000[m³/hr]이다.
　50,000[m³]/3,600[s] = 13.89[m³/s]
(2) 전체저항
　① 덕트저항 = 0.2[mmAq/m] × 200[m] = 40[mmAq]
　② 배출구 저항 = 10[mmAq]
　③ 배기그릴저항 = 5[mmAq]
　④ 관부속품 저항 = 40[mmAq] × 0.55 = 22[mmAq]
　∴ 전체저항 = 40 + 10 + 5 + 22 = 77[mmAq]
(3) 전동기 용량

$$전동기\ 용량[kW] = \frac{Q \times Pr}{102 \times \eta} \times K$$

여기서, Q : 풍량(13.89[m³/s])
　　　　Pr : 풍압(77[mmAq])
　　　　n : 효율(60[%]=0.6)
　　　　K : 전달계수(1.1)

∴ 전동기 용량$[kW] = \dfrac{Q \times Pr}{102 \times \eta} \times K = \dfrac{13.89 \times 77}{102 \times 0.6} \times 1.1$

　　　　　　 = 19.22[kW]

123

비상콘센트설비의 화재안전기술기준상 비상콘센트설비의 전원부와 외함사이의 정격전압이 다음과 같을 때 절연내력 시험전압[V]은?

정격전압[V]	절연내력 시험전압[V]
100	(㉠)
250	(㉡)

① ㉠ : 250, ㉡ : 750
② ㉠ : 500, ㉡ : 1,000
③ ㉠ : 750, ㉡ : 1,250
④ ㉠ : 1,000, ㉡ : 1,500

해설

비상콘센트설비의 전원부와 외함 사이의 절연저항 및 절연내력
- 절연저항은 전원부와 외함 사이를 500[V] 절연저항계로 측정할 때 20[MΩ] 이상일 것
- 절연내력은 전원부와 외함 사이에 정격전압이 150[V] 이하인 경우에는 1,000[V]의 실효전압을, 정격전압이 150[V] 이상인 경우에는 그 정격전압에 2를 곱하여 1,000을 더한 실효전압을 가하는 시험에서 1분 이상 견디는 것으로 할 것

정격전압[V]	절연내력 시험전압[V]
100	150[V] 이하인 경우에는 1,000[V]
250	(250[V] × 2) + 1,000[V] = 1,500[V]

124

무선통신보조설비의 화재안전기술기준에 관한 내용으로 옳지 않은 것은?

① 누설동축케이블 또는 동축케이블과 이에 접속하는 안테나가 설치된 층은 계단실, 승강기, 별도 구획된 실을 제외한 모든 부분에서 유효하게 통신이 가능할 것
② 증폭기에는 비상전원이 부착된 것으로 하고 해당 비상전원 용량은 무선통신보조설비를 유효하게 30분 이상 작동시킬 수 있는 것으로 할 것
③ 누설동축케이블의 끝부분에는 무반사 종단저항을 견고하게 설치할 것
④ 분배기·분파기 및 혼합기 등의 임피던스는 50[Ω]의 것으로 할 것

해설

무선통신보조설비의 화재안전기술기준
- 누설동축케이블 또는 동축케이블과 이에 접속하는 안테나가 설치된 층은 모든 부분(계단실, 승강기, 별도 구획된 실 포함)에서 유효하게 통신이 가능할 것
- 증폭기에는 비상전원이 부착된 것으로 하고 해당 비상전원 용량은 무선통신보조설비를 유효하게 30분 이상 작동시킬 수 있는 것으로 할 것
- 누설동축케이블의 끝부분에는 무반사 종단저항을 견고하게 설치할 것
- 분배기·분파기 및 혼합기 등의 임피던스는 50[Ω]의 것으로 할 것

125

누전경보기의 화재안전기술기준상 누전경보기의 설치방법 등에 관한 내용으로 옳지 않은 것은?

① 경계전로의 정격전류가 60[A]를 초과하는 전로에 있어서는 1급 누전경보기를 설치할 것
② 경계전로의 정격전류가 60[A] 이하의 전로에 있어서는 1급 또는 2급 누전경보기를 설치할 것
③ 정격전류가 60[A]를 초과하는 경계전로가 분기되어 각 분기회로의 정격전류가 60[A] 이하로 되는 경우 해당 분기회로마다 2급 누전경보기를 설치한 때에는 해당 경계전로에 1급 누전경보기를 설치한 것으로 본다.
④ 변류기는 특정소방대상물의 형태, 인입선의 시설방법 등에 따라 옥외 인입선의 제1지점의 부하 측 또는 제1종 접지선 측의 점검이 쉬운 위치에 설치할 것

해설

누전경보기의 설치방법
- 경계전로의 정격전류가 60[A]를 초과하는 전로에 있어서는 1급 누전경보기를, 60[A] 이하의 전로에 있어서는 1급 또는 2급 누전경보기를 설치할 것. 다만, 정격전류가 60[A]를 초과하는 경계전로가 분기되어 각 분기회로의 정격전류가 60[A] 이하로 되는 경우 해당 분기회로마다 2급 누전경보기를 설치한 때에는 해당 경계전로에 1급 누전경보기를 설치한 것으로 본다.
- 변류기는 특정소방대상물의 형태, 인입선의 시설방법 등에 따라 옥외 인입선의 제1지점의 부하 측 또는 제2종 접지선 측의 점검이 쉬운 위치에 설치할 것. 다만, 인입선의 형태 또는 특정소방대상물의 구조상 부득이한 경우에는 인입구에 근접한 옥내에 설치할 수 있다.
- 변류기를 옥외의 전로에 설치하는 경우에는 옥외형으로 설치할 것

2023년 5월 20일 시행 과년도 기출문제

제1과목 소방안전관리론 및 화재역학

001

Methane 20[vol%], Butane 30[vol%], Propane 50[vol%]인 혼합기체의 공기 중 폭발하한계는 약 몇 [vol%]인가?(단, 공기 중 각 가스의 폭발하한계는 Methane 5.0[vol%], Butane 1.8[vol%], Propane 2.1[vol%]임)

① 1.86
② 2.25
③ 2.86
④ 3.29

해설

혼합기체의 폭발하한계

$$L_m = \cfrac{100}{\cfrac{V_1}{L_1} + \cfrac{V_2}{L_2} + \cfrac{V_3}{L_3}}$$

여기서, L_m : 혼합가스의 폭발한계[vol%]
V_1, V_2, V_3 : 가연성 가스의 용량[vol%]
L_1, L_2, L_3 : 가연성 가스의 폭발한계[vol%]

$$\therefore L_m = \cfrac{100}{\cfrac{V_1}{L_1} + \cfrac{V_2}{L_2} + \cfrac{V_3}{L_3}} = \cfrac{100}{\cfrac{20}{5.0} + \cfrac{30}{1.8} + \cfrac{50}{2.1}}$$

$$= 2.25[\text{vol\%}]$$

002

다음에서 설명하고 있는 현상은?

> 밀폐된 유류저장탱크가 가열로 인해 유류의 비등과 압력 상승으로 폭발하는 현상으로 점화원에 의해 분출된 유증기가 착화되어 저장탱크 위쪽에 공 모양의 화구를 형성하기도 한다.

① Boil Over
② Slop Over
③ UVCE(Unconfined Vapor Cloud Explosion)
④ BLEVE(Boiling Liquid Expanding Vapor Explosion)

해설

유류탱크에서 발생하는 현상

• 보일오버(Boil Over) : 연소유면으로부터 100[℃] 이상의 열파가 탱크저부에 고여 있는 물을 비등하게 하면서 연소유를 탱크 밖으로 비산하며 연소하는 현상
• 슬롭오버(Slop Over) : 화재 발생 후 물이 연소유의 뜨거운 표면에 들어갈 때 비등, 기화하여 위험물이 탱크 밖으로 비산하는 현상
• **프로스오버**(Froth Over) : 물이 뜨거운 기름 표면 아래서 끓을 때 화재를 수반하지 않는 용기에서 넘쳐흐르는 현상
• 자유공간 증기운 폭발(UVCE ; Unconfined Vapor Cloud Explosion) : 가스저장탱크에서 유출된 가스가 대기 중의 공기와 혼합하여 구름을 형성하여 돌아다니다 점화원과 접촉하면 발생할 수 있는 격렬한 폭발사고로 이를 증기운 폭발이라 한다. 이 중 밀폐된 공간이 아닌 자유공간에서의 폭발을 UVCE라고 한다.
• 블레비(BLEVE ; Boiling Liquid Expanding Vapor Explosion) : 액화가스 저장탱크의 누설로 부유 또는 확산된 액화가스가 착화원과 접촉하여 액화가스가 공기 중으로 확산·폭발하는 현상, 밀폐된 유류저장탱크가 가열로 인해 유류의 비등과 압력상승으로 폭발하는 현상으로 점화원에 의해 분출된 유증기가 착화되어 저장탱크 위쪽에 공 모양의 화구를 형성하기도 한다.

003

다음 ( )에 들어갈 내용으로 옳은 것은?

가. $GWP = \dfrac{\text{비교물질 1[kg]이 기여하는 지구온난화 정도}}{(\text{ㄱ}) 1[kg]이 기여하는 지구온난화 정도}$

나. $ODP = \dfrac{\text{비교물질 1[kg]이 파괴하는 오존량}}{(\text{ㄴ}) 1[kg]이 파괴하는 오존량}$

① ㄱ : CO   ㄴ : CFC-11
② ㄱ : CFC-12   ㄴ : CO
③ ㄱ : CO_2 ㄴ : CFC-11
④ ㄱ : CFC-12   ㄴ : CO_2

해설

ODP, GWP

- 오존파괴지수(ODP)

어떤 물질의 오존 파괴능력을 상대적으로 나타내는 지표를 ODP(Ozone Depletion Potential, 오존파괴지수)라 한다. 이 ODP는 기준물질로 CFC-11($CFCl_3$)의 ODP를 1로 정하고 상대적으로 어떤 물질의 대기권에서의 수명, 물질의 단위질량당 염소나 브로민 질량의 비, 활성염소와 브로민의 오존 파괴능력 등을 고려하여 그 물질의 ODP가 정해지는데 그 계산식은 다음과 같다.

$$ODP = \dfrac{\text{어떤 물질 1[kg]이 파괴하는 오존량}}{\text{CFC-11 1[kg]이 파괴하는 오존량}}$$

- 지구 온난화지수(GWP)

일정무게의 CO_2가 대기 중에 방출되어 지구온난화에 기여하는 정도를 1로 정하였을 때 같은 무게의 어떤 물질

$$GWP = \dfrac{\text{물질 1[kg]이 기여하는 지구온난화 정도}}{CO_2 \ 1[kg]이 기여하는 지구온난화 정도}$$

004

연소점, 인화점 및 발화점에 관한 내용으로 옳지 않은 것은?

① 연소점, 인화점, 발화점 순으로 온도가 높다.
② 인화점은 외부에너지(점화원)에 의해 발화하기 시작되는 최저온도를 말한다.
③ 발화점은 점화원 없이 스스로 발화할 수 있는 최저온도를 말한다.
④ 연소점은 외부에너지(점화원)를 제거해도 연소가 지속되는 최저온도를 말한다.

해설

연소점, 인화점 및 발화점

- 온도는 발화점 > 연소점 > 인화점의 순서이다.
- 인화점 : 외부에너지(점화원)에 의해 발화하기 시작되는 최저온도
- 발화점 : 점화원 없이 스스로 발화할 수 있는 최저온도
- 연소점 : 외부에너지(점화원)를 제거해도 연소가 지속되는 최저온도로서 인화점보다 10[℃] 정도 높다.

005

가연성기체의 폭발한계범위에서 위험도가 가장 높은 것은?

① 수 소
② 에틸렌
③ 아세틸렌
④ 에테인

해설

위험도

종 류	하한값[%]	상한값[%]
수 소	4.0	75.0
에틸렌	2.7	36.0
아세틸렌	2.5	81.0
에테인	3.0	12.4

- 위험도 계산식

$$\text{위험도}(H) = \dfrac{U - L}{L} = \dfrac{\text{폭발상한값} - \text{폭발하한값}}{\text{폭발하한값}}$$

- 위험도 계산

  - 수소 $H = \dfrac{75.0 - 4.0}{4.0} = 17.75$

  - 에틸렌 $H = \dfrac{36.0 - 2.7}{2.7} = 12.33$

  - 아세틸렌 $H = \dfrac{81.0 - 2.5}{2.5} = 31.4$

  - 에테인 $H = \dfrac{12.4 - 3.0}{3.0} = 3.13$

∴ 위험도 크기 : 아세틸렌 > 수소 > 에틸렌 > 에테인

006

아레니우스(Arrhenius)의 반응속도식에 관한 설명으로 옳지 않은 것은?

① 온도가 높을수록 반응속도는 증가한다.
② 압력이 높을수록 반응속도는 감소한다.
③ 활성화에너지가 클수록 반응속도는 감소한다.
④ 분자의 충돌 횟수가 많을수록 반응속도는 증가한다.

해설

아레니우스(Arrhenius)의 반응속도식

$$V = C \times e^{-\frac{E_a}{RT}}$$

여기서, V : 반응속도　　　C : 충돌빈도계수
　　　　E_a : 활성화에너지　R : 기체상수
　　　　T : 절대온도

• 활성화에너지가 클수록 반응속도는 감소한다.
• 기체상수가 클수록 반응속도는 증가한다.
• 온도나 압력이 높을수록 반응속도는 증가한다.
• 분자의 충돌횟수가 많을수록 반응속도는 증가한다.

007

폭발의 분류에서 기상폭발이 아닌 것은?

① 가스폭발　　　　② 분해폭발
③ 수증기폭발　　　④ 분진폭발

해설

폭발의 종류(물리적인 상태에 따라 구분)

종류	정의	종류
응상폭발	용융 금속이나 금속조각 같은 고온물질이 물속에 투입되었을 때 물이 급격한 과열상태로 비등하여 폭발하는 현상	• 수증기폭발 • 액화가스의 증기폭발 • 과열액체 증기폭발 • 전선폭발
기상폭발	가연성가스와 조연성가스의 혼합기체에서 발생하는 폭발	• 가스폭발 • 가스의 분해폭발 • 분무폭발 • 분진폭발 • 증기운폭발

008

소실정도에 따른 화재분류에 관한 설명이다. ( )에 들어갈 내용으로 옳은 것은?

> ( )란 건물의 30[%] 이상 70[%] 미만이 소실된 것이다.

① 즉 소　　　　　② 전 소
③ 부분소　　　　④ 반 소

해설

화재의 소실정도
• **전소 화재** : 건물의 70[%] 이상(입체 면적에 대한 비율)이 소실되었거나 또는 그 미만이라도 잔존부분을 보수해도 재사용이 불가능한 것
• **반소 화재** : **건물의 30[%] 이상 70[%] 미만**이 소실된 것
• **부분소 화재** : 전소, 반소화재에 해당되지 않는 것

009

폭발의 종류와 해당 폭발이 일어날 수 있는 물질의 연결이 옳은 것은?

① 산화폭발 - 가연성가스
② 분진폭발 - 사이안화수소
③ 중합폭발 - 아세틸렌
④ 분해폭발 - 염화비닐

해설

폭발의 종류
• **산화폭발** : 가스가 공기 중에 누설 또는 인화성 액체탱크에 공기가 유입된 경우 탱크 내에 점화원이 유입되어 폭발하는 현상으로 **가연성가스**가 해당된다.
• **분진폭발** : 공기 속을 떠다니는 아주 작은 고체 알갱이(분진 : 75[μm] 이하의 고체입자로서 공기 중에 떠 있는 분체)가 적당한 농도 범위에 있을 때 불꽃이나 점화원으로 인하여 폭발하는 현상으로 알루미늄분말, 마그네슘분말, 아연분말, 농산물, 플라스틱, 석탄, 황 등이 있다.
• **중합폭발** : **사이안화수소**와 같이 단량체가 일정 온도와 압력으로 반응이 진행되어 분자량이 큰 중합체가 되어 폭발하는 현상
• **분해폭발** : **아세틸렌, 산화에틸렌, 하이드라진**과 같이 분해하면서 폭발하는 현상

010

건축물의 피난·방화구조 등의 기준에 관한 규칙상 피난안전구역의 면적 산정기준에서 문화·집회 용도에서 고정좌석을 사용하지 않는 공간의 재실자 밀도 기준으로 옳은 것은?

① 0.28 ② 0.45

③ 2.80 ④ 9.30

해설

피난안전구역의 면적 산정기준(별표 1의 2)

- 피난안전구역의 면적

> (피난안전구역 윗층의 재실자 수 × 0.5) × 0.28[m²]

- 피난안전구역 윗층의 재실자 수는 해당 피난안전구역과 다음 피난안전구역 사이의 용도별 바닥면적을 사용 형태별 재실자 밀도로 나눈 값의 합계를 말한다. 다만, 문화·집회용도 중 벤치형 좌석을 사용하는 공간과 고정좌석을 사용하는 공간은 다음의 구분에 따라 피난안전구역 윗층의 재실자 수를 산정한다.
  ① 벤치형 좌석을 사용하는 공간 : 좌석길이 / 45.5[cm]
  ② 고정좌석을 사용하는 공간 : 휠체어 공간 수 + 고정좌석 수
- 피난안전구역 설치 대상 건축물의 용도에 따른 사용 형태별 재실자 밀도

용 도	사용 형태별		재실자 밀도
문화·집회	고정좌석을 사용하지 않는 공간		0.45
	고정좌석이 아닌 의자를 사용하는 공간		1.29
	벤치형 좌석을 사용하는 공간		–
	고정좌석을 사용하는 공간		–
	무 대		1.40
	게임제공업 등의 공간		1.02
운 동	운동시설		4.60
교 육	도서관	서 고	9.30
		열람실	4.60
	학교 및 학원	교 실	1.90
보 육	보호시설		3.30
의 료	입원치료구역		22.3
	수면구역		11.1
교 정	교정시설 및 보호관찰소 등		11.1
주 거	호텔 등 숙박시설		18.6
	공동주택		18.6
업 무	업무시설, 운수시설 및 관련 시설		9.30
판 매	지하층 및 1층		2.80
	그 외의 층		5.60
	배송공간		27.9

용 도	사용 형태별	재실자 밀도
저 장	창고, 자동차 관련 시설	46.5
산 업	공 장	9.30
	제조업 시설	18.6

※ 계단실, 승강로, 복도 및 화장실은 사용 형태별 재실자 밀도의 산정에서 제외하고, 취사장·조리장의 사용 형태별 재실자 밀도는 9.30으로 본다.

011

가로 10[m], 세로 5[m], 높이 10[m]인 실내공간에 저장되어 있는 발열량 10,500[kcal/kg]인 가연물 1,000[kg]과 발열량 7,500[kcal/kg]인 가연물 2,000[kg]이 완전연소 하였을 때 화재하중[kg/m²]은 약 얼마인가?(단, 목재의 단위발열량은 4,500[kcal/kg]임)

① 56.67

② 70.36

③ 113.33

④ 120.56

해설

화재하중

$$화재하중(Q) = \frac{\sum (G_t \times H_t)}{H \times A} = \frac{Q_t}{4,500 \times A}[kg/m^2]$$

여기서, G_t : 가연물의 질량[kg]

H_t : 가연물의 단위발열량[kcal/kg]

H : 목재의 단위발열량(4,500[kcal/kg])

A : 화재실의 바닥면적[m²]

Q_t : 가연물의 전발열량[kcal]

$$\therefore Q = \frac{Q_t}{4,500A}$$

$$= \frac{(10,500[kcal/kg] \times 1,000[kg]) + (7,500[kcal/kg] \times 2,000[kg])}{4,500[kcal/kg] \times 10[m] \times 5[m]}$$

$$= 113.33[kg/m^2]$$

012

내화건축물과 비교한 목조건축물의 화재 특성에 관한 설명으로 옳은 것을 모두 고른 것은?

> ㄱ. 최성기에 도달하는 시간이 빠르다.
> ㄴ. 저온장기형의 특성을 갖는다.
> ㄷ. 화염의 분출면적이 크고, 복사열이 커서 접근하기 어렵다.
> ㄹ. 횡방향보다 종방향의 화재성장이 빠르다.

① ㄴ, ㄷ
② ㄷ, ㄹ
③ ㄱ, ㄴ, ㄹ
④ ㄱ, ㄷ, ㄹ

해설

목조건축물의 화재 특성
- 최성기에 도달하는 시간이 빠르다(1,100[℃] 도달하는데 10분 걸린다)
- 고온단기형이다.
- 화염의 분출면적이 크고, 복사열이 커서 접근하기 어렵다.
- 횡방향보다 종방향의 화재성장이 빠르다.

013

건축물의 피난·방화구조 등의 기준에 관한 규칙상 벽의 내화구조에 관한 내용으로 옳지 않은 것은?

① 철근콘크리트조 또는 철골철근콘크리트조로서 두께가 10[cm] 이상인 것
② 철재로 보강된 콘크리트블록조·벽돌조 또는 석조로서 철재에 덮은 콘크리트블록 등의 두께가 5[cm] 이상인 것
③ 벽돌조로서 두께가 15[cm] 이상인 것
④ 고온·고압의 증기로 양생된 경량기포 콘크리트패널 또는 경량기포 콘크리트블록조로서 두께가 10[cm] 이상인 것

해설

벽의 내화구조(건피방 제3조)
- 철근콘크리트조 또는 철골철근콘크리트조로서 두께가 10[cm] 이상인 것
- 골구를 철골조로 하고 그 양면을 두께 4[cm] 이상의 철망모르타르(그 바름바탕을 불연재료로 한 것으로 한정한다) 또는 두께 5[cm] 이상의 콘크리트블록·벽돌 또는 석재로 덮은 것
- 철재로 보강된 콘크리트블록조·벽돌조 또는 석조로서 철재에 덮은 콘크리트블록 등의 두께가 5[cm] 이상인 것
- **벽돌조로서 두께가 19[cm] 이상인 것**
- 고온·고압의 증기로 양생된 경량기포 콘크리트패널 또는 경량기포 콘크리트블록조로서 두께가 10[cm] 이상인 것

014

건축물의 피난·방화구조 등의 기준에 관한 규칙상 피난안전구역 설치기준에 관한 설명으로 옳은 것은?

① 피난안전구역의 내부마감재료는 난연재료로 설치할 것
② 비상용 승강기는 피난안전구역에서 승하차할 수 있는 구조로 설치할 것
③ 건축물의 내부에서 피난안전구역으로 통하는 계단은 피난계단의 구조로 설치할 것
④ 피난안전구역의 높이는 1.8[m] 이상일 것

해설

피난안전구역의 설치기준(건피방 제8조의 2)
- 피난안전구역의 바로 아래층 및 위층은 녹색건축물 조성 지원법 제15조 제1항에 따라 국토교통부장관이 정하여 고시한 기준에 적합한 단열재를 설치할 것. 이 경우 아래층은 최상층에 있는 거실의 반자 또는 지붕 기준을 준용하고, 위층은 최하층에 있는 거실의 바닥 기준을 준용할 것
- 피난안전구역의 **내부마감재료는 불연재료로** 설치할 것
- 건축물의 내부에서 피난안전구역으로 통하는 계단은 **특별피난계단의 구조로** 설치할 것
- 비상용 승강기는 피난안전구역에서 **승하차할 수 있는 구조로** 설치할 것
- 피난안전구역에는 식수공급을 위한 급수전을 1개소 이상 설치하고 예비전원에 의한 조명설비를 설치할 것
- 관리사무소 또는 방재센터 등과 긴급연락이 가능한 경보 및 통신시설을 설치할 것
- 별표 1의2에서 정하는 기준에 따라 산정한 면적 이상일 것
- **피난안전구역의 높이는 2.1[m] 이상일 것**

015

초고층 및 지하연계 복합건축물 재난관리에 관한 특별법 시행령상 피난안전구역 면적 산정기준에 관한 설명으로 (   )에 들어갈 내용으로 옳은 것은?

> 지하층이 하나의 용도로 사용되는 경우
> 피난안전구역 면적 = (수용인원 × 0.1) × (   )[m²]

① 0.28
② 0.50
③ 0.70
④ 1.80

피난안전구역 면적 산정기준

- 지하층이 하나의 용도로 사용되는 경우
  피난안전구역 면적 = (수용인원 × 0.1) × 0.28[m²]
- 지하층이 둘 이상의 용도로 사용되는 경우
  피난안전구역 면적 = (사용형태별 수용인원의 합 × 0.1) × 0.28[m²]

016

다음에서 설명하는 화재 시 인간의 피난행동 특성으로 옳은 것은?

> 피난 시 인간은 평소에 사용하는 문이나 통로를 사용하거나, 자신이 왔던 길로 되돌아가려는 본능이 있다.

① 귀소본능
② 지광본능
③ 추정본능
④ 회피본능

화재 시 인간의 피난 행동 특성

- **귀소본능** : 평소에 사용하던 출입구나 통로 등 습관적으로 **친숙해 있는 경로로 도피하려는 본능**
- **지광본능** : 화재의 공포로 인하여 밝은 방향으로 도피하려는 본능
- **추종본능** : 화재 발생 시 최초로 행동을 개시한 사람에 따라 전체가 움직이는 본능(많은 사람들이 달아나는 방향으로 무의식적으로 안전하다고 느껴 위험한 곳임에도 불구하고 따라가는 경향)
- **퇴피본능** : 연기나 화염에 대한 공포감으로 화원의 반대 방향으로 이동하려는 본능
- **좌회본능** : 좌측으로 통행하고, 시계의 반대 방향으로 회전하려는 본능

017

건축물의 피난·방화구조 등의 기준에 관한 규칙상 건축물의 바깥쪽에 설치하는 피난계단의 구조에 관한 설명으로 옳은 것을 모두 고른 것은?

> ㄱ. 계단은 그 계단으로 통하는 출입구 외의 창문 등(망이 들어 있는 유리의 붙박이창으로서 그 면적이 각각 1[m²] 이하인 것을 제외한다)으로부터 1.5[m] 이상의 거리를 두고 설치할 것
> ㄴ. 계단은 불연구조로 하고 지상까지 직접 연결되도록 할 것
> ㄷ. 계단의 유효너비는 0.9[m] 이상으로 할 것
> ㄹ. 건축물의 내부에서 계단으로 통하는 출입구에는 60+방화문 또는 60분 방화문을 설치할 것

① ㄱ, ㄴ
② ㄱ, ㄹ
③ ㄴ, ㄷ
④ ㄷ, ㄹ

건축물의 바깥쪽에 설치하는 피난계단의 구조(건피방 제9조)

- 계단은 그 계단으로 통하는 출입구 외의 창문 등(망이 들어 있는 유리의 붙박이창으로서 그 면적이 각각 1[m²] 이하인 것을 제외한다)으로부터 2[m] 이상의 거리를 두고 설치할 것
- 건축물의 내부에서 계단으로 통하는 출입구에는 60+방화문 또는 60분 방화문을 설치할 것
- 계단의 유효너비는 0.9[m] 이상으로 할 것
- 계단은 내화구조로 하고 지상까지 직접 연결되도록 할 것

018

화재실 내부에 발생한 난류화염에 벽체가 노출되었다. 화염으로부터 벽체에 전달되는 대류 열유속[W/m²]은 얼마인가?(단, 대류 열전달계수는 7[W/m²·℃], 난류화염의 온도는 900[℃], 벽체의 온도는 30[℃], 벽체면적은 2[m²]임)

① 6,090
② 6,510
③ 12,180
④ 13,020

대류열유속

$$Q = h(T_2 - T_1)$$

여기서, Q : 대류 열유속[W/m²]
$\quad h$: 대류 열전달계수[W/m²·℃]
$\quad T_2 - T_1$: 온도차[℃]

$\therefore Q = h(T_2 - T_1) = 7[\text{W/m}^2 \cdot ℃] \times (900 - 30)[℃]$
$\quad = 6,090[\text{W/m}^2]$

019

고체가연물의 한 쪽 면이 가열되고 있는 조건에서 점화시간에 관한 설명으로 옳지 않은 것은?

① 얇은 가연물이 두꺼운 가연물보다 빨리 점화된다.
② 밀도가 높을수록 점화하기까지의 시간이 짧아진다.
③ 가연물의 발화점이 낮을수록 점화하기까지의 시간이 짧아진다.
④ 비열이 클수록 점화하기까지의 시간이 길어진다.

해설

점화시간(고체가연물의 한 쪽 면이 가열되고 있는 조건)
• 얇은 가연물이 두꺼운 가연물보다 빨리 점화된다.
• 밀도가 낮을수록 점화하기까지의 시간이 짧아진다.
• 가연물의 발화점이 낮을수록 점화하기까지의 시간이 짧아진다.
• 비열이 작을수록 점화하기까지의 시간이 짧아진다.

020

화재성장속도 분류에서 약 1[MW]의 열량에 도달하는 시간이 300초인 것은?

① Slow 화재   ② Medium 화재
③ Fast 화재   ④ Ultra Fast화재

해설

화재성장곡선

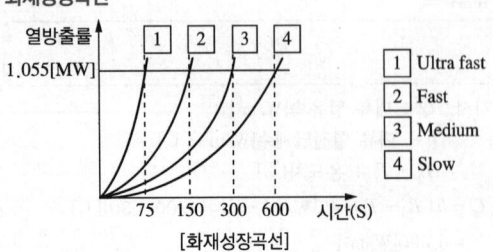

[화재성장곡선]

021

연소생성물 중 발생하는 연소가스에 관한 설명으로 옳지 않은 것은?

① 사이안화수소는 울, 실크, 나일론과 같이 질소를 함유하는 물질 등이 연소할 때 발생한다.
② 일산화탄소는 가연물이 불완전 연소할 때 발생하는 것으로 독성가스이며 연소가 가능한 물질이다.
③ 이산화탄소는 흡입하면 호흡이 촉진되어 화재에 의해 발생하는 독성가스나 수증기를 흡입하는 양이 늘어난다.
④ 황화수소는 폴리염화비닐(PVC)이 화재로 인해 분해됐을 때 다량 발생하며, 금속에 대한 강한 부식성이 있다.

해설

연소가스
• 사이안화수소(HCN) : 울, 실크, 나일론과 같이 질소를 함유하는 물질 등이 연소할 때 발생
• 일산화탄소(CO) : 가연물이 불완전 연소할 때 발생하는 것으로 독성가스이며 연소가 가능한 물질
• 이산화탄소(CO_2) : 흡입하면 호흡이 촉진되어 화재에 의해 발생하는 독성가스나 수증기를 흡입하는 양이 증가
• 황화수소(H_2S) : **황을 함유**하는 유기화합물이 **불완전 연소 시** 발생, 달걀 썩는 듯한 냄새가 나는 가스
• 염화수소(HCl) : **PVC(폴리염화비닐)**와 같이 염소가 함유된 물질의 연소 시 생성

022

열방출속도가 2[MW]로 연소 중인 화재를 진압하는 데 필요한 최소 방수량[g/s]은 약 얼마인가?(단, 물의 온도는 20[℃], 기화온도는 100[℃], 기화열은 2,260[J/g]이며, 물의 냉각효과가 열방출속도보다 크면 소화됨)

① 715.16
② 746.83
③ 770.89
④ 884.96

열방출속도

$$q = mC\Delta t + m\gamma = m(C\Delta t + \gamma)[\text{W}]$$
$$\underbrace{}_{\text{현열}} \quad \underbrace{}_{\text{잠열}}$$

여기서, q : 열방출속도[W 또는 J/s]

$\quad m$: 방수량[g/s]

$\quad C$: 물의 비열(4.18[J/g · ℃])

$\quad \Delta t$: 온도차[℃]

$\quad \gamma$: 기화열[J/g]

$\therefore$ 방수량 $m = \dfrac{q}{C\Delta t + \gamma}$

$\qquad = \dfrac{2 \times 10^6 [\text{J/s}]}{4.18[\text{J/g} \cdot ℃] \times (100 - 20)[℃] + 2,260[\text{J/g}]}$

$\qquad = 770.89 [\text{g/s}]$

023

면적 1[m²]의 목재표면에서 연소가 일어날 때 에너지 방출율 $\dot{Q}$는 얼마인가?(단, 목재의 최대 질량연소유속 $\dot{m}''$은 720[g/m² · min], 기화열 L은 4[kJ/g], 유효 연소열 ΔH_c는 14[kJ/g]임)

① 120[kW]

② 168[kW]

③ 7.20[kW]

④ 10.08[kW]

에너지방출율

$$\text{에너지방출율 } \dot{Q} = \Delta H_c \times \dot{m}''[\text{kW}]$$

여기서, ΔH_c : 연소열[kJ/g], $\dot{m}''$: 질량연소속도[g/s]

질량연소속도 $\dot{m}'' = 720[\text{g/m}^2] \div 60[\text{s}] \times 1[\text{m}^2] = 12[\text{g/s}]$

$\therefore$ 에너지방출율 $\dot{Q} = 14[\text{kJ/g}] \times 12[\text{g/s}] = 168[\text{kJ/s}]$

$\qquad\qquad\qquad = 168[\text{kW}]$

$$[\text{J/s}] = [\text{W}](\text{Watt}), \ [\text{kJ/s}] = [\text{kW}]$$

024

제연설비의 예상제연구역에 관한 배출량의 기준으로 옳지 않은 것은?(단, 거실의 수직거리 2[m] 이하의 공간임)

① 바닥면적이 400[m²] 미만으로 구획된 예상제연구역에서 바닥면적 1[m²]당 1[m³/min] 이상으로 하되, 예상제연구역에 대한 최소 배출량은 1,000[m³/h] 이상으로 할 것

② 바닥면적이 400[m²] 이상인 거실의 예상제연구역에서 예상제연구역이 직경 40[m]인 원의 범위 안에 있을 경우 배출량은 40,000[m³/h] 이상으로 할 것

③ 바닥면적이 400[m²] 이상인 거실의 예상제연구역에서 예상제연구역이 직경 40[m]인 원의 범위를 초과할 경우 배출량은 45,000[m³/h] 이상으로 할 것

④ 예상제연구역이 통로인 경우의 배출량은 45,000 [m³/h] 이상으로 할 것

제연설비의 배출량

- 바닥면적이 400[m²] 미만으로 구획된 예상제연구역에서 바닥면적 1[m²]당 1[m³/min] 이상으로 하되, 예상제연구역에 대한 최소 배출량은 5,000[m³/h] 이상으로 할 것
- 바닥면적이 400[m²] 이상인 거실의 예상제연구역에서 예상제연구역이 직경 40[m]인 원의 범위 안에 있을 경우 배출량은 40,000[m³/h] 이상으로 할 것
- 바닥면적이 400[m²] 이상인 거실의 예상제연구역에서 예상제연구역이 직경 40[m]인 원의 범위를 초과할 경우 배출량은 45,000[m³/h] 이상으로 할 것
- 예상제연구역이 통로인 경우의 배출량은 45,000[m³/h] 이상으로 할 것

025

구획된 화재 시 화재실의 중성대에 관한 설명으로 옳은 것은?

① 중성대는 화재실 내부의 실온이 낮아질수록 낮아지고, 실온이 높아질수록 높아진다.

② 화재실의 중성대 상부 압력은 실외압력보다 낮고 하부의 압력은 실외압력보다 높다.

③ 중성대에서 연기의 흐름이 가장 활발하다.

④ 화재실의 상부에 큰 개구부가 있다면 중성대는 높아진다.

해설

중성대

- 중성대는 화재실 내부의 실온이 높아질수록 낮아지고, 실온이 낮아질수록 높아진다.
- 화재실의 중성대 상부 압력은 실외압력보다 높고 하부의 압력은 실외압력보다 낮다.
- 화재실 상부에 큰 개구부가 있다면 중성대는 높아진다.

제2과목 소방수리학, 약제화학 및 소방전기

026

다음 중 유체에 해당하는 것을 모두 고른 것은?

```
ㄱ. 고 체
ㄴ. 액 체
ㄷ. 기 체
```

① ㄴ   ② ㄱ, ㄷ
③ ㄴ, ㄷ   ④ ㄱ, ㄴ, ㄷ

해설

유 체

- 압축성유체 : 압력을 가했을 때 밀도 변화가 있는 유체(기체)
- 비압축성유체 : 압력을 가했을 때 밀도 변화가 거의 없는 유체(액체)

027

어떤 액체의 동점성계수가 0.002[m²/s], 비중이 1.1일 때 이 액체의 점성계수[N · s/m²]는 얼마인가?(단, 중력 가속도는 9.8[m/s²], 물의 단위중량은 9.8[kN/m³]이다)

① 2.2   ② 6.8
③ 10.1   ④ 15.7

해설

점성계수

$$\nu = \frac{\mu}{\rho}, \ \mu = \upsilon \times \rho$$

여기서, μ : 점성계수[N · s/m²]

ρ : 밀도($1.1 \times 1,000$[N · s²/m⁴])

$\therefore \mu = \upsilon \times \rho = 0.002[\text{m}^2/\text{s}] \times (1.1 \times 1,000[\text{N} \cdot \text{s}^2/\text{m}^4])$

$= 2.2[\text{N} \cdot \text{s/m}^2]$

028

관수로 흐름에서 미소손실에 해당하지 않는 것은?

① 단면 급확대손실
② 단면 급축소손실
③ 밸브손실
④ 마찰손실

해설

관마찰손실

- **주손실** : 관로마찰에 의한 손실
- **부차적 손실(미소손실)** : 급격한 확대 및 축소손실, 관부속품 (밸브)에 의한 손실

029

이상유체 흐름에서 베르누이 방정식의 전수두(Total Head)를 구성하는 수두가 아닌 것은?

① 위치수두
② 마찰손실수두
③ 압력수두
④ 속도수두

해설

베르누이 방정식

$$\frac{u^2}{2g} + \frac{p}{\gamma} + Z = H$$

- 속도수두 : $\dfrac{u^2}{2g}$[m]

- 압력수두 : $\dfrac{p}{\gamma}$[m]

- 위치수두 : Z[m]

030

내경이 0.5[m]인 주철관에서 물이 400[m]를 흐르는 동안 발생한 손실수두가 10[m]이다. 이때 유량[m³/s]은 약 얼마인가?(단, Manning의 평균유속공식을 사용하며, 주철관의 조도계수는 0.015, π는 3.14이다)

① 0.517
② 2.696
③ 4.529
④ 6.315

유량 계산

• Manning 공식

$$평균유속 \ u = \frac{1}{n} R^{\frac{2}{3}} I^{\frac{1}{2}} \ [\text{m/s}]$$

여기서 n : 조도계수, R : 경심(원형관인 경우 $d/4$)

I : 동수경사

$$\therefore \ u = \frac{1}{n} R^{\frac{2}{3}} I^{\frac{1}{2}} = \frac{1}{0.015} \times \left(\frac{0.5[\text{m}]}{4}\right)^{\frac{2}{3}} \times \left(\frac{10[\text{m}]}{400[\text{m}]}\right)^{\frac{1}{2}}$$

$$= 2.6352[\text{m/s}]$$

• 유량 $Q = Au = \left(\frac{\pi}{4} \times d^2\right) u \ [\text{m}^3\text{/s}]$

$$\therefore \ Q = \left(\frac{\pi}{4} \times d^2\right) u = \left\{\frac{3.14}{4} \times (0.5[\text{m}])^2\right\} \times 2.6352[\text{m/s}]$$

$$= 0.5172[\text{m}^3\text{/s}]$$

031

내경이 각각 30[cm]와 20[cm]인 관이 서로 연결되어 있다. 내경 30[cm] 관에서의 유속이 1.5[m/s]일 때 20[cm] 관에서의 유속[m/s]은 얼마인가?(단, 정상류 흐름이며, π는 3.14이다)

① 0.951   ② 3.375

③ 5.691   ④ 8.284

해설

유 속

$$\frac{u_2}{u_1} = \left(\frac{D_1}{D_2}\right)^2$$

$$u_2 = u_1 \left(\frac{D_1}{D_2}\right)^2 = 1.5[\text{m/s}] \times \left(\frac{0.3[\text{m}]}{0.2[\text{m}]}\right)^2 = 3.375[\text{m/s}]$$

032

다음에서 설명하는 현상으로 옳은 것은?

> 펌프의 내부에서 유속이 급변하거나 와류 발생, 유로 장애 등에 의하여 유체의 압력이 저하되어 포화수증기압에 가까워지면, 물속에 용존되어 있는 기체가 액체 중에서 분리되어 기포로 되며 더욱이 포화수증기압 이하로 되면 물이 기화되어 흐름 중에 공동이 생기는 현상이다.

① 모세관 현상

② 사이폰

③ 도수현상(Hydraulic Jump)

④ 캐비테이션

해설

공동현상(cabitation)

Pump의 흡입 측 배관 내에서 발생하는 것으로, 배관 내의 수온 상승으로 물이 수증기로 변화하여 물이 Pump로 흡입되지 않는 현상

033

Darcy-Weisbach의 마찰손실공식에 관한 설명 중 옳지 않은 것은?

① 마찰손실수두는 관경에 반비례한다.

② 마찰손실수두는 마찰손실계수에 비례한다.

③ 마찰손실수두는 관의 길에 비례한다.

④ 마찰손실수두는 유속의 제곱에 반비례한다.

해설

Darcy-Weisbach의 마찰손실공식

$$H = \frac{\Delta P}{\gamma} = \frac{flu^2}{2gD} [\text{m}]$$

여기서, H : 마찰손실수두[m] ΔP : 압력차[N/m²]

γ : 유체의 비중량(물의 비중량 = 9,800[N/m³])

f : 관마찰계수 l : 관의 길이[m]

u : 유체의 유속[m/s]

D : 관의 내경[m]

g : 중력가속도(9.8[m/s²])

∴ 마찰손실수두는 유속의 제곱에 비례한다.

034

레이놀즈(Reynols) 수로 알 수 있는 유체의 흐름은?

① 충류, 난류, 천이류
② 사류, 상류, 한계류
③ 충류, 난류, 한계류
④ 사류, 상류, 천이류

해설

레이놀즈(Reynols) 수

레이놀즈수	$Re \leqq 2,100$	$2,100 < Re < 4,000$	$Re \geqq 4,000$
유체의 흐름	충류	천이영역(임계영역)	난류

035

소화약제에 관한 설명으로 옳은 것을 모두 고른 것은?

> ㄱ. 아르곤은 불활성기체소화약제이다.
> ㄴ. 알콜형포소화약제는 아세톤 화재에 적응성이 있다.
> ㄷ. 할로겐화합물소화약제인 HFC-125의 화학식은 CHF_2CF_3이다.
> ㄹ. 주방화재에는 냉각과 질식효과가 우수한 소화약제가 적응성이 있다.

① ㄱ, ㄴ
② ㄷ, ㄹ
③ ㄱ, ㄴ, ㄷ
④ ㄱ, ㄴ, ㄷ, ㄹ

해설

소화약제

• 아르곤(Ar)은 할로겐화합물 및 불활성기체 소화약제 중 불활성기체소화약제이다.
• 알콜형포소화약제는 수용성액체(아세톤) 화재에 적응성이 있다.
• HFC-125의 화학식은 CHF_2CF_3이다.
• 주방(식용유)화재에는 제1종 분말소화약제가 적합하고 냉각과 질식효과가 있다.

036

할로겐화합물 및 불활성기체소화설비의 화재안전성능기준상 할로겐화합물 및 불활성기체소화약제의 저장용기에 관한 내용이다. ( )에 들어갈 내용으로 옳은 것은?

> 저장용기의 약제량 손실이 (ㄱ)[%]를 초과하거나 압력손실이 (ㄴ)[%]를 초과할 경우에는 재충전하거나 저장용기를 교체할 것. 다만, 불활성기체 소화약제 저장용기의 경우에는 압력손실이 (ㄷ)[%]를 초과할 경우 재충전하거나 저장용기를 교체해야 한다.

① ㄱ : 5, ㄴ : 5, ㄷ : 5
② ㄱ : 5, ㄴ : 10, ㄷ : 5
③ ㄱ : 10, ㄴ : 10, ㄷ : 15
④ ㄱ : 10, ㄴ : 15, ㄷ : 10

해설

할로겐화합물 및 불활성기체소화약제의 저장용기(성능기준 제6조)
저장용기의 약제량 손실이 5[%]를 초과하거나 압력손실이 10[%]를 초과할 경우에는 재충전하거나 저장용기를 교체할 것. 다만, 불활성기체 소화약제 저장용기의 경우에는 압력손실이 5[%]를 초과할 경우 재충전하거나 저장용기를 교체해야 한다.

037

이산화탄소소화설비의 화재안전기술기준상 이산화탄소소화약제 소요량의 방출기준에 관한 내용이다. ( )에 들어갈 내용으로 옳은 것은?

> 전역방출방식에 있어서 종이, 목재, 석탄, 섬유류, 합성수지류 등 심부화재 방호대상물의 경우에는 (ㄱ)분, 이 경우 2분 이내에 설계농도의(ㄴ)[%]에 도달해야 한다.

① ㄱ : 5, ㄴ : 30
② ㄱ : 5, ㄴ : 50
③ ㄱ : 7, ㄴ : 30
④ ㄱ : 7, ㄴ : 50

해설

이산화탄소소화약제 소요량의 방출기준
• 전역방출방식에 있어서 가연성액체 또는 가연성가스 등 표면화재 방호대상물의 경우 : 1분 이내 방출
• 전역방출방식에 있어서 종이, 목재, 석탄, 섬유류, 합성수지류 등 심부화재 방호대상물의 경우에는 7분. 이 경우 2분 이내에 설계농도의 30[%]에 도달해야 한다.
• 국소방출방식의 경우 : 30초 이내 방출

038

소화약제원액 12[L]를 사용하여 3[%]의 수성막포소화약제 수용액을 만들었다. 이 수용액을 모두 사용하여 발생시킨 포의 총부피가 4[m³]일 때 포의 팽창비는 얼마인가?

① 5
② 8
③ 10
④ 14

팽창비

$$\text{팽창비} = \frac{\text{방출 후 포의 체적[L]}}{\text{방출 전 포수용액의 체적(포원액 + 물)[L]}}$$

$$= \frac{\text{방출 후 포의 체적[L]}}{\dfrac{\text{원액의 양[L]}}{\text{농도[\%]}}}$$

$$= \frac{4,000[L]}{\dfrac{12[L]}{0.03}} = 10$$

039

소화약제의 형식승인 및 제품검사의 기술기준상 포소화약제에 관한 내용으로 옳지 않은 것은?(단, 측정값은 기술기준의 시험방법에 따라 측정하며, 오차범위는 고려하지 않는다)

① 유동점은 사용 하한온도보다 2.5[℃] 이하이어야 한다.
② 수성막포소화약제의 수소이온농도의 범위는 6.0 이상 8.5 이하이어야 한다.
③ 알콜형포소화약제의 비중의 범위는 0.90 이상 1.20 이하이어야 한다.
④ 고발포용포소화약제는 거품의 팽창율은 500배 이상이어야 하며, 발포전 포수용액 용량의 25[%]인 포수용액이 거품으로부터 환원되는데 필요한 시간이 1분 이하이어야 한다.

소화약제의 형식승인 및 제품검사의 기술기준
• 유동점은 사용 하한온도보다 2.5[℃] 이하이어야 한다.
• 수성막포소화약제의 수소이온농도의 범위는 6.0 이상 8.5 이하이어야 한다.
• 알콜형포소화약제의 비중의 범위는 0.90 이상 1.20 이하이어야 한다.

종류\물성	단백포	합성계면활성제포	수성막포	내알코올형포
pH(20[℃])	6.0~7.5	6.5~8.5	6.0~8.5	6.0~8.5
비중(20[℃])	1.1~1.2	0.9~1.2	1.0~1.15	0.9~1.2
점도[cSt]	400 이하	200 이하	200 이하	3,500 이하
유동점[℃]	영하 7.5	영하 12.5	영하 22.5	영하 22.5
팽창비	6배 이상	저발포 6배 이상 / 고발포 80배 이상	5배 이상	6배 이상

• 고발포용 포소화약제는 (20 ± 2)[℃]인 포수용액을 수압력 0.1[MPa], 방수량 매분 6[L], 풍량 매분 13[cm³]인 조건에서 별표 3의 표준발포장치를 사용하여 발포시키는 경우 거품의 팽창율은 500배 이상이어야 하며, 발포전 포수용액 용량의 25[%]인 포수용액이 거품으로부터 환원되는데 필요한 시간이 **3분 이하**이어야 한다. 변질시험 후의 포수용액에 있어서도 또한 같다.

040

할론소화약제의 특징에 관한 설명으로 옳은 것은?

① 할론 1211의 화학식은 CF_3ClBr이다.
② 할론 2402는 에테인(Ethane)의 유도체이다.
③ 오존파괴지수는 할론 1211이 할론 1301보다 크다.
④ 할론 1301은 상온과 상압에서 액체이며, 주된 소화효과는 억제소화이다.

할론소화약제의 특징

• 할론소화약제의 물성

종류 물성	할론1301	할론1211	할론2402
분자식	CF_3Br	CF_2ClBr	$C_2F_4Br_2$
분자량	148.93	165.4	259.8
상태(21[℃])	기 체	기 체	액 체
유도체	메테인(CH_4)	메테인(CH_4)	에테인(C_2H_6)
오존층파괴지수	14.1	2.4	6.6
증기비중	5.1	5.7	9.0
증발잠열[kJ/kg]	119	130.6	105
임계온도[℃]	67.0	153.8	214.6

• 할론소화효과 : 질식소화, 억제(부촉매)소화

041

소화약제인 물에 관한 설명으로 옳지 않은 것은?(단, 물의 비열은 1[cal/g · ℃]이다)

① 물의 용융잠열은 약 79.7[cal/g]이다.

② 물은 극성분자로 분자 간에는 수소결합을 한다.

③ 1기압에서 20[℃]의 물 1[g]을 100[℃]의 수증기로 만들기 위해서는 약 619.6[cal]가 필요하다.

④ 물의 임계온도는 약 374[℃]로 임계온도 이상에서는 압력을 조금만 가해도 쉽게 액화된다.

물 소화약제

• 물 성

항 목	수 치	항 목	수 치
융 점	0[℃]	증발열	539.03[cal/g]
비 점	100[℃]	융해열 (융융잠열)	80[cal/g]
점 도(20[℃])	1[cp=centipoise]	비 열	1[cal/g · ℃]
비 중	1	결합형태	수소결합
밀도(4[℃])	1[g/cm³]		

• 1기압에서 20[℃]의 물 1[g]을 100[℃]의 수증기로 만들기 위한 열량

$Q = m\,C\Delta t + \gamma \cdot m$
$= 1[g] \times 1[cal/g \cdot ℃] \times (100 - 20)[℃] + (539[cal/g] \times 1[g])$
$= 619[cal]$

• 물의 임계온도는 약 374[℃]로 이 온도 이상에서는 아무리 큰 압력을 가해도 물(액체)이 되지 않는다.

042

분말소화약제에 관한 설명으로 옳은 것은?

① 제1종 분말의 주성분은 $KHCO_3$이다.

② 차고 또는 주차장에 설치하는 분말소화설비의 소화약제는 제3종 분말을 사용한다.

③ 칼륨의 중탄산염이 주성분이 소화약제는 황색, 인산염이 주성분인 소화약제는 담홍색으로 각각 착색해야 한다.

④ 분말상태의 소화약제는 굳거나 덩어리지거나 변질 등 그 밖의 이상이 생기지 않아야 하며 페니트로미터(Penetrometer) 시험기로 시험한 경우 10[mm] 이하 침투되어야 한다.

분말소화약제

• 차고 또는 주차장 : 제3종 분말

• 분말소화약제의 착색

종 류	제1종 분말	제2종 분말	제3종 분말	제4종 분말
화학식	$NaHCO_3$	$KHCO_3$	$NH_4H_2PO_4$	$KHCO_3 + (NH_2)_2CO$
착 색	백 색	담회색	담홍색(황색)	회 색

• 분말상태의 소화약제는 굳거나 덩어리지거나 변질 등 그 밖의 이상이 생기지 않아야 하며 페니트로미터(Penetrometer) 시험기로 시험한 경우 15[mm] 이상 침투되어야 한다(소화약제의 형식승인 및 제품검사의 기술기준 제7조).

043

다음 회로에서 전류 I[A]는 얼마인가?

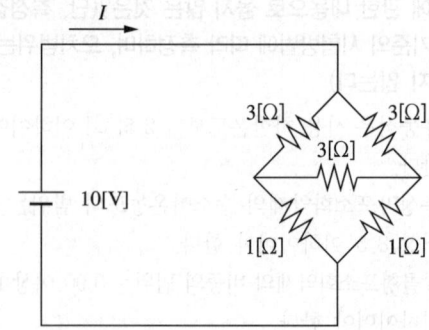

① 3

② 4

③ 5

④ 6

휘트스톤브리지 회로

휘트스톤브리지 원리에 의해 평형조건이 성립하므로 등가회로는 다음과 같다.

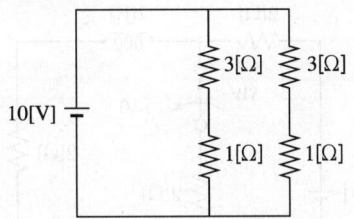

• 합성저항 $R = \dfrac{(3[\Omega]+1[\Omega]) \times (3[\Omega]+1[\Omega])}{(3[\Omega]+1[\Omega])+(3[\Omega]+1[\Omega])} = 2[\Omega]$

• 전류 $I = \dfrac{V}{R} = \dfrac{10[V]}{2[\Omega]} = 5[A]$

044

완전 도체에 관한 설명으로 옳지 않은 것은?

① 전하는 도체 내부에 균일하게 분포한다.

② 도체 내부의 전기장의 세기는 0이다.

③ 도체 표면은 등전위면이고 도체 내부의 전위는 표면 전위와 같다.

④ 도체 표면에서 전기장의 방향은 도체 표면에 항상 수직이다.

해설

완전 도체의 정전기적 특성

• 완전 도체 내의 전기장 세기는 0이다.

• 완전 도체 표면과 내부는 모두 동일한 전위를 갖는다.

• 완전 도체 내부에 전하밀도는 0이며 전하는 완전 도체 표면에만 존재한다.

045

인덕터의 자기 인덕턴스(Self Inductance)에 관한 설명으로 옳지 않은 것은?

① 코일 안에 삽입된 절연물의 투자율에 비례한다.

② 동일한 인덕턴스를 갖는 인덕터 2개를 직렬 연결하면 합성 인덕턴스는 2배가 된다.

③ 코일이 전하를 축적할 수 있는 능력의 정도를 나타내는 비례상수이다.

④ 인덕터에 흐르는 전류가 일정하다면 인덕터에 저장된 에너지는 인덕턴스에 비례한다.

해설

자기 인덕턴스(L)

• 비례상수 자기 인덕턴스(L)는 코일의 자기유도 능력의 정도를 나타내는 코일 고유의 값이다.

$LI = N\phi$ [H]

여기서, L : 자기 인덕턴스[H], I : 전류[A], N : 코일의 감은 횟수, ϕ : 자속[Wb]

• 코일의 자기 인덕턴스(L)는 코일에 1[A]의 전류를 흘렸을 때의 쇄교 자속수와 같다.

• 자계에너지 $W = \dfrac{1}{2}LI^2$ [W]

자기 인덕턴스(L)인 코일에 전류(I)가 흐를 때 코일 내에 자계에너지(W)로 축적된다.

046

진공 중에서 2[m] 떨어져 평행하게 놓여 있는 무한히 긴 두 도체에 같은 방향으로 직류 전류가 각각 1[A] 흐르고 있다. 이때 단위길이당 작용하는 힘의 방향과 크기[N/m]는?(단, μ_0는 진공에서의 투자율이다)

① 인력, $\dfrac{\mu_0}{4\pi}$

② 척력, $\dfrac{\mu_0}{4\pi}$

③ 인력, $\dfrac{\mu_0}{2\pi}$

④ 척력, $\dfrac{\mu_0}{2\pi}$

해설

전자력

• 평행한 두 직선 도체에 전류가 같은 방향으로 흐르면 흡인력이 작용하고, 전류가 반대 방향으로 흐르면 반발력이 작용한다.

• 전자력

$$F = \dfrac{\mu_0 I_1 I_2}{2\pi r} \ [N/m]$$

여기서, μ_0 : 진공에서의 투자율, $I_1 \cdot I_2$: 전류, r : 거리

$\therefore F = \dfrac{\mu_0 \times 1[A] \times 1[A]}{2\pi \times 2[m]} = \dfrac{\mu_0}{4\pi} \ [N/m]$

047

다음 회로의 부하 R_L에서 소비되는 평균전력이 최대가 될 때 $R_L[\Omega]$은 얼마인가?(단, $Z_s = 4 + j3[\Omega]$이다)

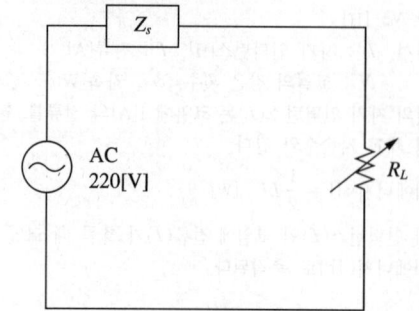

① 3
② 4
③ 5
④ 6

해설

소비전력

• 임피던스 $Z_s = R + jX = 4 + j3$ [Ω]

• 실효전류 $I = \dfrac{V}{Z} = \dfrac{V}{\sqrt{(R+R_L)^2 + X^2}}$ [A]

• 소비전력 $P = IV = I^2 R_L = \left(\dfrac{V}{\sqrt{(R+R_L)^2 + X^2}}\right)^2 R_L$

$\qquad\qquad = \dfrac{V^2 R_L}{(R+R_L)^2 + X^2}$ [W]

• 소비전력이 최대가 되는 조건

$\dfrac{dP}{dR_L} = \dfrac{d}{dR_L}\left(\dfrac{V^2 R_L}{(R+R_L)^2 + X^2}\right)$에서

$\dfrac{V^2\{(R+R_L)^2 + X^2\} - V^2 R_L \times 2(R+R_L)}{\{(R+R_L)^2 + X^2\}^2}$

분자의 값이 0이면 소비전력이 최대가 되므로

$V^2\{(R+R_L)^2 + X^2\} - V^2 R_L \times 2(R+R_L) = 0$

$V^2\{(R+R_L)^2 + X^2\} = V^2 R_L \times 2(R+R_L)$

$(R+R_L)^2 + X^2 = 2R_L(R+R_L)$

$R^2 + 2RR_L + R_L^2 + X^2 = 2RR_L + 2R_L^2$

$R_L^2 = R^2 + X^2$

$\therefore R_L = \sqrt{R^2 + X^2} = \sqrt{(4[\Omega])^2 + (3[\Omega])^2} = 5[\Omega]$

048

다음 회로에서 충분한 시간이 지난 다음 $t = 0$에서 스위치가 열린다면 $t \geq 0$에서 출력전압 $v_0(t)$[V]는?

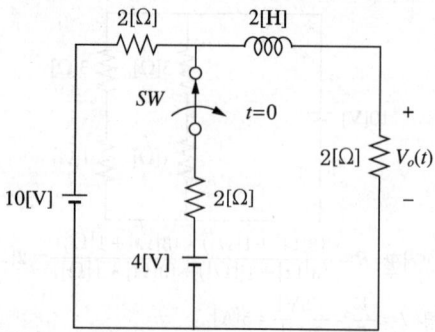

① $v_0(t) = 10 - \dfrac{2}{3}e^{-2t}$

② $v_0(t) = 10 - \dfrac{2}{3}e^{-t}$

③ $v_0(t) = 5 - \dfrac{1}{3}e^{-2t}$

④ $v_0(t) = 5 - \dfrac{1}{3}e^{-t}$

해설

$R-L$회로(1차 회로)의 출력전압

① 스위치(SW) On

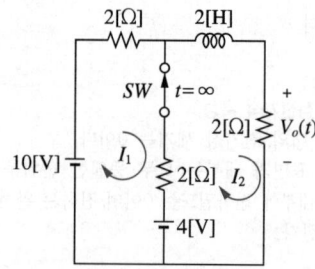

키르히호프의 전압법칙(KVL)을 적용하여 시간 $t = \infty$에서 저항 2[Ω]에 흐르는 전류를 구한다.

• $10[V] - 4[V] = 2I_1 + 2(I_1 - I_2)$에서 $4I_1 - 2I_2 = 6$이고

$\therefore 2I_1 - I_2 = 3$ ------ ① 식

• $4[V] = 2(I_2 - I_1) + 2I_2$에서 $4I_2 - 2I_1 = 4$이고

$\therefore -I_1 + 2I_2 = 2$ ----- ② 식

• 전류 I_1을 소거하기 위하여 $2 \times$② 식 + ① 식을 한다.

$$\begin{array}{r} -2I_1 + 4I_2 = 4 \\ + \quad 2I_1 - I_2 = 3 \\ \hline 3I_2 = 7 \end{array}$$

$\qquad \therefore$ 초기전류 $I_2 = \dfrac{7}{3}$[A]

② 스위치(SW) Off

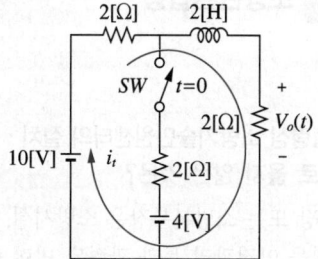

- 스위치 Off 시 초기 전류는 $I_2 = \dfrac{7}{3}$[A]이므로 전류방정식은 다음과 같다.

$$I = \frac{E}{R} + Ae^{-\frac{R}{L}t} \text{ 에서 } \frac{7}{3} = \frac{E}{R} + Ae^{-\frac{4}{2}t} = \frac{E}{R} + Ae^{-2t}$$

- 직렬회로의 합성저항

$R = R_1 + R_2 = 2[\Omega] + 2[\Omega] = 4[\Omega]$, 전압 $E = 10$[V]이고,

시간 $t = 0$이므로 전류방정식 $\dfrac{E}{R} + Ae^{-2t} = \dfrac{7}{3}$ 에서

$$\frac{E}{R} + Ae^{-2t} = \frac{10}{4} + Ae^{-2 \times 0} = \frac{10}{4} + A = \frac{7}{3}$$

$$\therefore A = \frac{7}{3} - \frac{10}{4} = \frac{28}{12} - \frac{30}{12} = -\frac{2}{12} = -\frac{1}{6}$$

- 과도전류 $i(t) = \dfrac{E}{R} + Ae^{-\frac{R}{L}t}$ 에서 $A = -\dfrac{1}{6}$ 일 때

$$i(t) = \frac{10}{4} - \frac{1}{6}e^{-\frac{4}{2}t} = \frac{5}{2} - \frac{1}{6}e^{-2t} \text{[A]}$$

- $\therefore$ 저항 $2[\Omega]$에서의 출력전압

$$v_o(t) = Ri(t) = 2 \times \left(\frac{5}{2} - \frac{1}{6}e^{-2t}\right) = 5 - \frac{1}{3}e^{-2t} \text{[V]}$$

049

다음 회로와 같은 T형 회로의 어드미턴스 파라미터(S) 중 옳지 않은 것은?

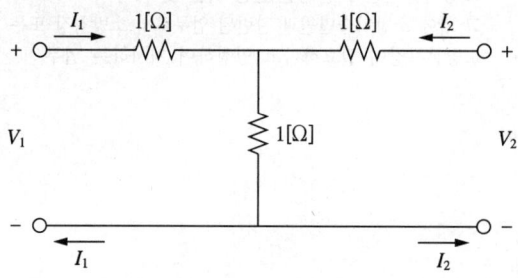

① $Y_{11} = \dfrac{2}{3}$ ② $Y_{12} = \dfrac{1}{3}$

③ $Y_{21} = -\dfrac{1}{3}$ ④ $Y_{22} = \dfrac{2}{3}$

해설

T형 회로의 어드미턴스 파라미터

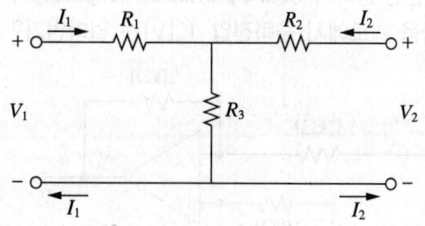

- 2차 측 단락 입력 어드미턴스

$$Y_{11} = \frac{I_1}{V_1} \mid_{V_2 = 0} = \frac{1}{V_1} \times \frac{V_1}{R_1 + \dfrac{R_2 \times R_3}{R_2 + R_3}}$$

$$= \frac{1}{V_1} \times \frac{V_1}{1[\Omega] + \dfrac{1[\Omega] \times 1[\Omega]}{1[\Omega] + 1[\Omega]}} = \frac{2}{3}[\mho]$$

- 1차 측 단락 전달 어드미턴스

$$Y_{12} = \frac{I_1}{V_2} \mid_{V_1 = 0} = \frac{-\dfrac{R_3}{R_1 + R_3} I_2}{V_2}$$

$$= \frac{-\dfrac{R_3}{R_1 + R_3}}{V_2} \times \frac{V_2}{R_2 + \dfrac{R_1 \times R_3}{R_1 + R_3}}$$

$$= \frac{-\dfrac{1[\Omega]}{1[\Omega] + 1[\Omega]}}{V_2} \times \frac{V_2}{1[\Omega] + \dfrac{1[\Omega] \times 1[\Omega]}{1[\Omega] + 1[\Omega]}}$$

$$= -\frac{1}{3}[\mho]$$

- 1차 측 단락 전달 어드미턴스

$$Y_{21} = \frac{I_2}{V_1} \mid_{V_2 = 0} = Y_{12} = -\frac{1}{3}[\mho]$$

- 2차 측 단락 출력 어드미턴스

$$Y_{22} = \frac{I_2}{V_2} \mid_{V_1 = 0} = \frac{1}{V_2} \times \frac{V_2}{R_2 + \dfrac{R_1 \times R_3}{R_1 + R_3}}$$

$$= \frac{1}{V_2} \times \frac{V_2}{1[\Omega] + \dfrac{1[\Omega] \times 1[\Omega]}{1[\Omega] + 1[\Omega]}} = \frac{2}{3}[\mho]$$

050

이상적인 연산 증폭기(Ideal Operational Amplifier)가 포함된 다음 회로에서 출력전압 V_0[V]는 얼마인가?

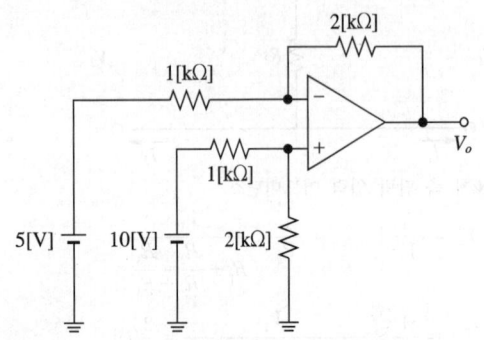

① 2.5
② 5.0
③ 10.0
④ 15.0

해설

연산증폭기를 이용한 감산기

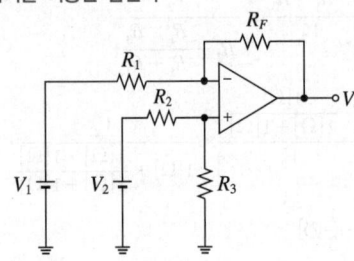

- 반전 입력전압 V_1만 존재하고, $V_2 = 0$인 경우

  출력전압 $V_{o1} = -\left(\dfrac{R_F}{R_1}\right)V_1$

- 비반전 입력전압 V_2만 존재하고, $V_1 = 0$인 경우

  출력전압 $V_{o2} = \left(1 + \dfrac{R_F}{R_1}\right)\left(\dfrac{R_3}{R_2 + R_3}\right)V_2$

- 입력전압 V_1, V_2가 모두 존재하고, $\dfrac{R_F}{R_1} = \dfrac{R_3}{R_2}$인 경우

  출력전압 $V_o = V_{o1} + V_{o2} = \dfrac{R_F}{R_1}(V_2 - V_1)$

$\therefore V_o = \dfrac{R_F}{R_1}(V_2 - V_1) = \dfrac{2[\mathrm{k\Omega}]}{1[\mathrm{k\Omega}]} \times (10[\mathrm{V}] - 5[\mathrm{V}]) = 10[\mathrm{V}]$

051

소방기본법령상 소방기술민원센터의 설치·운영에 관한 내용으로 옳지 않은 것은?

① 소방청장 또는 소방본부장은 소방시설, 소방공사 및 위험물 안전관리 등과 관련된 법령 해석 등의 민원을 종합적으로 접수하여 처리할 수 있는 소방기술민원센터를 설치·운영할 수 있다.
② 소방기술민원센터는 센터장을 포함하여 30명 이내로 구성한다.
③ 소방기술민원센터의 설치·운영 등에 필요한 사항은 대통령령으로 정한다.
④ 소방기술민원과 관련된 현장 확인 및 처리는 소방기술민원센터의 업무에 해당한다.

해설

소방기술민원센터의 설치·운영(기본법)

- 소방청장 또는 소방본부장은 소방시설, 소방공사 및 위험물 안전관리 등과 관련된 법령 해석 등의 민원을 종합적으로 접수하여 처리할 수 있는 기구(소방기술민원센터)를 설치·운영할 수 있다(법 제4조의3).
- 소방기술민원센터의 설치·운영 등에 필요한 사항은 대통령령으로 정한다(법 제4조의3).
- 소방청장 또는 소방본부장은 소방기술민원센터를 소방청 또는 소방본부에 각각 설치·운영한다(영 제1조의2).
- 소방기술민원센터는 센터장을 포함하여 18명 이내로 구성한다(영 제1조의 2).
- 소방기술민원센터의 업무(영 제1조의 2)
  - 소방시설, 소방공사와 위험물 안전관리 등과 관련된 법령 해석 등의 민원(이하 "소방기술민원"이라 한다)의 처리
  - 소방기술민원과 관련된 질의회신집 및 해설서 발간
  - 소방기술민원과 관련된 정보시스템의 운영·관리
  - 소방기술민원과 관련된 현장 확인 및 처리
  - 그 밖에 소방기술민원과 관련된 업무로서 소방청장 또는 소방본부장이 필요하다고 인정하여 지시하는 업무

052

소방기본법령상 소방대장이 정한 소방활동구역에 출입이 제한될 수 있는 자는?(단, 소방대장이 소방활동을 위하여 출입을 허가한 사람은 고려하지 않음)

① 소방활동구역 안에 있는 소방대상물의 소유자·관리자 또는 점유자
② 의사·간호사 그 밖의 구조·구급업무에 종사하는 사람
③ 화재보험업무에 종사하는 사람
④ 취재인력 등 보도업무에 종사하는 사람

소방활동구역의 출입자(영 제8조)
• 소방활동구역 안에 있는 소방대상물의 소유자·관리자 또는 점유자
• 전기·가스·수도·통신·교통의 업무에 종사하는 사람으로서 원활한 소방활동을 위하여 필요한 사람
• 의사·간호사 그 밖의 구조·구급업무에 종사하는 사람
• 취재인력 등 보도업무에 종사하는 사람
• 수사업무에 종사하는 사람
• 그 밖에 소방대장이 소방활동을 위하여 출입을 허가한 사람

053

소방기본법령상 소방용수시설의 설치 및 관리 등에 관한 내용으로 옳은 것은?

① 소방본부장 또는 소방서장은 소방활동에 필요한 소방용수시설을 설치하고 유지·관리해야 한다.
② 소방본부장 또는 소방서장은 소방자동차의 진입이 곤란한 지역 등 화재발생 시에 초기 대응이 필요한 지역으로서 대통령령으로 정하는 지역에 비상소화장치를 설치하고 유지·관리할 수 있다.
③ 소방본부장 또는 소방서장은 원활한 소방활동을 위하여 소방용수시설에 대한 조사를 연 1회 실시해야 한다.
④ 비상소화장치는 비상소화장치함, 소화전, 소화호스, 관창을 포함하여 구성해야 한다.

소방용수시설의 설치 및 관리(법 제10조, 규칙 제6조, 제7조)
• 시·도지사는 소방활동에 필요한 **소화전·급수탑·저수조**를 설치하고 **유지·관리**해야 한다. 다만, 수도법에 따라 소화전을 설치하는 일반수도사업자는 관할 소방서장과 사전협의를 거친 후 소화전을 설치해야 하며, 설치 사실을 관할 소방서장에게 통지하고, 그 소화전을 유지·관리해야 한다.
• **시·도지사**는 소방자동차의 진입이 곤란한 지역 등 화재발생 시에 초기 대응이 필요한 지역으로서 대통령령으로 정하는 지역에 소방호스 또는 호스릴 등을 소방용수시설에 연결하여 화재를 진압하는 시설이나 장치(이하 "**비상소화장치**"라 한다)를 **설치하고 유지·관리할 수 있다.**
• 소방용수시설과 비상소화장치의 설치기준은 행정안전부령으로 정한다.
• 소방본부장 또는 소방서장은 원활한 소방활동을 위하여 다음의 조사를 **월 1회 이상 실시**해야 한다(규칙 제7조).
  − 법 제10조의 규정에 의하여 설치된 소방용수시설에 대한 조사
  − 소방대상물에 인접한 도로의 폭·교통상황, 도로주변의 토지의 고저·건축물의 개황 그 밖의 소방활동에 필요한 지리에 대한 조사
• **비상소화장치는 비상소화장치함, 소화전, 소방호스**(소화전의 방수구에 연결하여 소화용수를 방수하기 위한 도관으로서 호스와 연결금속구로 구성되어 있는 소방용릴호스 또는 소방용고무내장호스를 말한다), 관창(소방호스용 연결금속구 또는 중간연결금속구 등의 끝에 연결하여 소화용수를 방수하기 위한 나사식 또는 차입식 토출기구를 말한다)을 포함하여 구성할 것(규칙 제6조)

054

소방기본법령상 500만원 이하의 과태료 처분을 받을 수 있는 자는?

① 화재 또는 구조·구급이 필요한 상황을 거짓으로 알린 자
② 정당한 사유 없이 소방대의 생활안전활동을 방해한 자
③ 정당한 사유 없이 소방대가 현장에 도착할 때까지 사람을 구출하는 조치를 하지 않은 관계인
④ 소방대장의 피난 명령을 위반한 자

과태료
- 500만원 이하의 과태료
  - 화재 또는 구조·구급이 필요한 상황을 거짓으로 알린 사람
  - 정당한 사유 없이 화재, 재난·재해, 그 밖의 위급한 상황을 소방본부, 소방서 또는 관계 행정기관에 알리지 않은 관계인
- 100만원 이하의 벌금
  - 정당한 사유 없이 소방대의 생활안전활동을 방해한 자
  - 정당한 사유 없이 소방대가 현장에 도착할 때까지 사람을 구출하는 조치 또는 불을 끄거나 불이 번지지 않도록 하는 조치를 하지 않은 사람
  - 소방본부장, 소방서장 또는 소방대장의 피난 명령을 위반한 사람

055

소방시설공사업법령상 용어의 정의에 관한 내용으로 옳지 않은 것은?

① "소방시설설계업"이란 소방시설공사에 기본이 되는 공사계획, 설계도면, 설계 설명서, 기술계산서 및 이와 관련된 서류를 작성하는 영업을 말한다.
② "소방시설업자"란 소방시설업을 경영하기 위하여 소방시설업을 등록한 자를 말한다.
③ "발주자"란 소방시설의 설계, 시공, 감리 및 방염을 소방시설업자에게 도급하는 자를 말한다. 다만, 수급인으로서 도급받은 공사를 하도급하는 자는 제외한다.
④ "감리원"이란 소방시설공사업자에 소속된 소방기술자로서 해당 소방시설공사를 감리하는 사람을 말한다.

공사업법의 용어 정의(법 제2조)
- 소방시설설계업 : 소방시설공사에 기본이 되는 공사계획, 설계도면, 설계 설명서, 기술계산서 및 이와 관련된 서류(이하 "설계도서"라 한다)를 작성(이하 "설계"라 한다)하는 영업
- 소방시설업자 : 소방시설업을 경영하기 위하여 소방시설업을 등록한 자
- 발주자 : 소방시설의 설계, 시공, 감리 및 방염을 소방시설업자에게 도급하는 자(다만, 수급인으로서 도급받은 공사를 하도급하는 자는 제외한다)
- 감리원 : 소방공사감리업자에 소속된 소방기술자로서 해당 소방시설공사를 감리하는 사람

056

소방시설공사업법령상 소방본부장이나 소방서장이 완공검사를 위해 현장확인을 할 수 있는 특정소방대상물로 옳지 않은 것은?

① 스프링클러설비가 설치되는 특정소방대상물
② 가연성 가스를 제조·저장 또는 취급하는 시설 중 지상에 노출된 가연성 가스탱크의 저장 용량 합계가 100[t] 이상인 시설
③ 연면적 10,000[m²] 이상이거나 11층 이상인 특정소방대상물(아파트는 제외)
④ 다중이용업소의 안전관리에 관한 특별법에 따른 다중이용업소

완공검사를 위한 현장확인 대상 특정소방대상물의 범위(영 제5조)
- 문화 및 집회시설, 종교시설, 판매시설, 노유자시설, 수련시설, 운동시설, 숙박시설, 창고시설, 지하상가 및 다중이용업소
- 다음의 어느 하나에 해당하는 설비가 설치되는 특정소방대상물
  - 스프링클러설비 등
  - 물분무 등 소화설비(호스릴 방식의 소화설비는 제외한다)
- 연면적 10,000[m²] 이상이거나 11층 이상인 특정소방대상물(아파트는 제외한다)
- 가연성 가스를 제조·저장 또는 취급하는 시설 중 지상에 노출된 **가연성 가스탱크의 저장용량 합계가 1,000[t] 이상**인 시설

057

소방시설공사업법령상 일반 공사감리 대상 감리원의 세부 배치기준이다. ( )에 들어갈 내용은?

> 1명의 감리원이 담당하는 소방공사감리현장은 (ㄱ)개 이하(자동화재탐지설비 또는 옥내소화전설비 중 어느 하나만 설치하는 2개의 소방공사감리현장이 최단 차량주행거리로 (ㄴ)[km] 이내에 있는 경우에는 1개의 소방공사감리현장으로 본다)로서 감리현장 연면적의 총 합계가 (ㄷ)만[m²] 이하일 것. 다만, 일반 공사감리 대상인 아파트의 경우에는 연면적의 합계에 관계없이 1명의 감리원이 (ㄹ)개 이내의 공사현장을 감리할 수 있다.

① ㄱ : 3, ㄴ : 30, ㄷ : 20, ㄹ : 5
② ㄱ : 3, ㄴ : 50, ㄷ : 20, ㄹ : 3
③ ㄱ : 5, ㄴ : 30, ㄷ : 10, ㄹ : 5
④ ㄱ : 5, ㄴ : 50, ㄷ : 10, ㄹ : 5

감리원의 세부 배치기준(규칙 제16조)
- 상주 공사감리 대상인 경우
  - 기계분야의 감리원 자격을 취득한 사람과 전기분야의 감리원 자격을 취득한 사람 각 1명 이상을 감리원으로 배치할 것. 다만, 기계분야 및 전기분야의 감리원 자격을 함께 취득한 사람이 있는 경우에는 그에 해당하는 사람 1명 이상을 배치할 수 있다.
  - 소방시설용 배관(전선관을 포함한다)을 설치하거나 매립하는 때부터 소방시설 완공검사증명서를 발급받을 때까지 소방공사감리현장에 감리원을 배치할 것
- 일반 공사감리 대상인 경우
  - 기계분야의 감리원 자격을 취득한 사람과 전기분야의 감리원 자격을 취득한 사람 각 1명 이상을 감리원으로 배치할 것. 다만, 기계분야 및 전기분야의 감리원 자격을 함께 취득한 사람이 있는 경우에는 그에 해당하는 사람 1명 이상을 배치할 수 있다.
  - 별표 3에 따른 기간 동안 감리원을 배치할 것
  - 감리원은 주 1회 이상 소방공사감리현장에 배치되어 감리할 것
  - **1명의 감리원**이 담당하는 소방공사감리현장은 **5개 이하** (자동화재탐지설비 또는 옥내소화전설비 중 어느 하나만 설치하는 2개의 소방공사감리현장이 최단 차량주행거리로 **30[km] 이내**에 있는 경우에는 1개의 소방공사감리현장으로 본다)로서 감리현장 연면적의 총합계가 **10만[m²] 이하**일 것. 다만, 일반 공사감리 대상인 아파트의 경우에는 연면적의 합계에 관계없이 1명의 감리원이 **5개 이내의 공사현장**을 감리할 수 있다.

058

화재의 예방 및 안전관리에 관한 법령상 시·도지사가 화재예방강화지구로 지정하여 관리할 수 있는 지역이 아닌 것은?(단, 소방관서장이 화재예방강화지구로 지정할 필요가 있다고 인정하는 지역은 고려하지 않음)

① 시장지역
② 상업지역
③ 석유화학제품을 생산하는 공장이 있는 지역
④ 노후·불량건축물이 밀집한 지역

화재예방강화지구 지정(법 제18조)
- **시장지역**
- 공장·창고가 밀집한 지역
- 목조건물이 밀집한 지역
- **노후·불량건축물이 밀집한 지역**
- 위험물의 저장 및 처리 시설이 밀집한 지역
- **석유화학제품을 생산하는 공장이 있는 지역**
- 산업입지 및 개발에 관한 법률 제2조 제8호에 따른 산업단지
- 소방시설·소방용수시설 또는 소방출동로가 없는 지역
- 물류시설의 개발 및 운영에 관한 법률 제2조 제6호에 따른 물류단지
- 그 밖에 소방관서장이 화재예방강화지구로 지정할 필요가 있다고 인정하는 지역

059

화재의 예방 및 안전관리에 관한 법령상 소방서장이 소방안전관리대상물 중 불특정다수인이 이용하는 특정소방대상물의 근무자 등에 불시에 소방훈련과 교육을 실시할 수 있는 대상이 아닌 것은?(단, 소방본부장 또는 소방서장이 소방훈련·교육이 필요하다고 인정하는 특정소방대상물은 고려하지 않음)

① 위락시설
② 의료시설
③ 교육연구시설
④ 노유자시설

불시 소방훈련·교육 대상(영 제39조)
- 의료시설
- 교육연구시설
- 노유자시설
- 그 밖에 화재 발생 시 불특정 다수의 인명피해가 예상되어 소방본부장 또는 소방서장이 소방훈련·교육이 필요하다고 인정하는 특정소방대상물

060

화재의 예방 및 안전관리에 관한 법령상 화재안전영향평가심의회 구성·운영사항으로 옳지 않은 것은?

① 소방청장은 화재안전과 관련된 분야의 학식과 경험이 풍부한 전문가로서 소방기술사를 위원으로 위촉할 수 있다.
② 위촉위원의 임기는 2년으로 하며 두 차례 연임할 수 있다.
③ 위원장이 부득이한 사유로 직무를 수행할 수 없을 때에는 위원장이 지명한 위원이 그 직무를 대행한다.
④ 위원장 1명을 포함한 12명 이내의 위원으로 구성한다.

해설

화재안전영향평가심의회 구성·운영사항(법 제22조, 영 제22조)
• 소방청장은 화재안전영향평가에 관한 업무를 수행하기 위하여 화재안전영향평가심의회를 구성·운영할 수 있다.
• 심의회는 위원장 1명을 포함한 12명 이내의 위원으로 구성한다.
• 위원장은 위원 중에서 호선하고, 위원은 다음의 사람으로 한다.
  − 화재안전과 관련되는 법령이나 정책을 담당하는 관계 기관의 소속 직원으로서 대통령령으로 정하는 사람
  − 소방기술사 등 대통령령으로 정하는 화재안전과 관련된 분야의 학식과 경험이 풍부한 전문가로서 소방청장이 위촉한 사람
• 위촉위원의 **임기는 2년**으로 하며 **한 차례만 연임**할 수 있다.
• 위원장이 부득이한 사유로 직무를 수행할 수 없을 때에는 위원장이 지명한 위원이 그 직무를 대행한다.
• 소방청장은 심의회의 위원이 다음의 어느 하나에 해당하는 경우에는 해당 위원을 해촉할 수 있다.
  − 심신장애로 직무를 수행할 수 없게 된 경우
  − 직무와 관련된 비위사실이 있는 경우
  − 직무태만, 품위손상이나 그 밖의 사유로 위원으로 적합하지 않다고 인정되는 경우
  − 위원 스스로 직무를 수행하기 어렵다는 의사를 밝히는 경우

061

화재의 예방 및 안전관리에 관한 법령상 화재안전조사 통지를 받은 관계인은 소방관서장에게 화재안전조사 연기를 신청할 수 있다. 연기신청 사유에 해당하는 것을 모두 고른 것은?

> ㄱ. 관계인이 운영하는 사업에 부도 또는 도산 등 중대한 위기가 발생하여 화재안전조사를 받을 수 없는 경우
> ㄴ. 권한 있는 기관에 화재안전조사에 필요한 장부·서류 등이 압수되거나 영치(領置)되어 있을 경우
> ㄷ. 소방대상물의 증축·용도변경 또는 대수선 등의 공사로 화재안전조사를 실시하기 어려운 경우

① ㄱ   ② ㄴ
③ ㄴ, ㄷ   ④ ㄱ, ㄴ, ㄷ

해설

화재안전조사 연기신청사유(영 제9조)
• 재난 및 안전관리 기본법 제3조 제1호에 해당하는 재난이 발생한 경우
• 관계인의 질병, 사고, 장기출장의 경우
• 권한 있는 기관에 자체점검기록부, 교육·훈련일지 등 화재안전조사에 필요한 장부·서류 등이 압수되거나 영치(領置)되어 있는 경우
• 소방대상물의 증축·용도변경 또는 대수선 등의 공사로 화재안전조사를 실시하기 어려운 경우

062

소방시설 설치 및 관리에 관한 법령상 특정소방대상물의 노유자 시설에 해당하지 않는 것은?

① 장애인 의료재활시설
② 정신요양시설
③ 학교의 병설유치원
④ 정신재활시설(생산품판매시설은 제외)

노유자시설(영 별표 2)

- **노인 관련 시설** : 노인주거복지시설, **노인의료복지시설**, 노인 여가복지시설, 주·야간보호서비스나 단기보호서비스를 제공하는 재가노인복지시설(재가장기요양기관을 포함), 노인보호전문기관, 노인일자리지원기관, 학대피해노인 전용 쉼터
- **아동 관련 시설** : **아동복지시설**, 어린이집, **유치원**[학교의 교사 중 병설유치원으로 사용되는 부분을 포함]
- **장애인 관련 시설** : 장애인 거주시설, 장애인 지역사회재활시설(장애인 심부름센터, 한국수어통역센터, 점자도서 및 녹음서 출판시설 등 장애인이 직접 그 시설 자체를 이용하는 것을 주된 목적으로 하지 않는 시설은 제외), 장애인 직업재활시설
- **정신질환자 관련 시설** : 정신재활시설(생산품판매시설은 제외), 정신요양시설
- **노숙인 관련 시설** : 노숙인복지시설(노숙인일시보호시설, 노숙인자활시설, 노숙인재활시설, 노숙인요양시설 및 쪽방삼담소만 해당), 노숙인종합지원센터
- 사회복지시설 중 결핵환자 또는 한센인 요양시설 등 다른 용도로 분류되지 않는 것
- ※ **장애인 의료재활시설** : **의료시설**

063

소방시설 설치 및 관리에 관한 법령상 내진설계를 해야 하는 소방시설이 아닌 것은?

① 옥내소화전설비   ② 강화액소화설비
③ 연결송수관설비   ④ 포소화설비

소방시설의 내진설계대상(영 제8조)

- 옥내소화전설비
- 스프링클러설비
- 물분무 등 소화설비(포소화설비, 강화액소화설비)
- ※ 연결송수관설비 : 소화활동설비

064

소방시설 설치 및 관리에 관한 법령상 지하가 중 길이가 750[m]인 터널에 설치해야 하는 소방시설은?

① 옥외소화전설비
② 자동화재탐지설비
③ 무선통신보조설비
④ 연결살수설비

터널 설치기준(영 별표 4)

- 자동화재탐지설비 : 터널의 길이가 1,000[m] 이상인 것
- 무선통신보조설비 : 터널의 길이가 500[m] 이상인 것
- 옥외소화전설비와 연결살수설비는 터널에 설치할 필요가 없다.

065

소방시설 설치 및 관리에 관한 법령상 자동소화장치 종류가 아닌 것은?

① 가스자동소화장치
② 액체에어로졸자동소화장치
③ 주거용 주방자동소화장치
④ 분말자동소화장치

자동소화장치

- 주거용 주방자동소화장치
- 상업용 주방자동소화장치
- 캐비닛형 자동소화장치
- 가스자동소화장치
- 분말자동소화장치
- 고체에어로졸자동소화장치

066

소방시설 설치 및 관리에 관한 법령상 특정소방대상물에 설치해야 하는 소방시설 가운데 기능과 성능이 유사한 소방시설의 설치를 유효범위에서 면제할 수 있는 경우를 모두 고른 것은?

ㄱ. 상업용 주방자동소화장치를 설치해야 하는 특정소방대상물에 물분무 등 소화설비를 화재안전기준에 적합하게 설치할 경우
ㄴ. 누전경보기를 설치해야 하는 특정소방대상물에 아크경보기 또는 누전차단장치를 설치한 경우
ㄷ. 비상조명등을 설치해야 하는 특정소방대상물에 피난구유도등 또는 객석유도등을 화재안전기준에 적합하게 설치한 경우
ㄹ. 연소방지설비를 설치해야 하는 특정소방대상물에 미분무소화설비를 화재안전기준에 적합하게 설치한 경우

① ㄹ
② ㄱ, ㄴ
③ ㄴ, ㄷ
④ ㄴ, ㄷ, ㄹ

해설

특정소방대상물의 소방시설 면제대상(영 별표 5)

설치가 면제되는 소방시설	설치가 면제되는 기준
자동소화장치(주거용 및 상업용 주방자동소화장치는 제외)	물분무 등 소화설비
옥내소화전설비	호스릴 방식의 미분무소화설비 또는 옥외소화전설비
스프링클러설비	• 자동소화장치 및 물분무 등 소화설비 • 전기저장시설에 소화설비를 소방청장이 정하여 고시하는 방법에 따라 설치한 경우
누전경보기	그 부분에 아크경보기(옥내 배전선로의 단선이나 선로 손상 등으로 인하여 발생하는 아크를 감지하고 경보하는 장치를 말한다) 또는 전기 관련 법령에 따른 지락차단장치를 설치한 경우
비상조명등	피난구유도등 또는 통로유도등
상수도소화용수설비	• 상수도소화용수설비를 설치해야 하는 특정소방대상물의 각 부분으로부터 수평거리 140[m] 이내에 공공의 소방을 위한 소화전이 화재안전기준에 적합하게 설치되어 있는 경우에는 설치가 면제된다. • 소방본부장 또는 소방서장이 상수도소화용수설비의 설치가 곤란하다고 인정하는 경우로서 화재안전기준에 적합한 소화수조 또는 저수조가 설치되어 있거나 이를 설치하는 경우에는 그 설비의 유효범위에서 설치가 면제된다.
제연설비	• 제연설비를 설치해야 하는 특정소방대상물에 다음의 어느 하나에 해당하는 설비를 설치한 경우에는 설치가 면제된다. – 공기조화설비를 화재안전기준의 제연설비기준에 적합하게 설치하고 공기조화설비가 화재 시 제연설비 기능으로 자동전환되는 구조로 설치되어 있는 경우 – 직접 외부 공기와 통하는 배출구의 면적의 합계가 해당 제연구역[제연경계(제연설비의 일부인 천장을 포함한다)에 의하여 구획된 건축물 내의 공간을 말한다] 바닥면적의 1/100 이상이고, 배출구부터 각 부분까지의 수평거리가 30[m] 이내이며, 공기유입구가 화재안전기준에 적합하게(외부 공기를 직접 자연 유입할 경우에 유입구의 크기는 배출구의 크기 이상이어야 한다) 설치되어 있는 경우 • 제연설비를 설치해야 하는 특정소방대상물 중 노대와 연결된 특별피난계단, 노대가 설치된 비상용 승강기의 승강장 또는 배연설비가 설치된 피난용 승강기의 승강장에는 설치가 면제된다.
연소방지설비	스프링클러설비, 물분무소화설비 또는 미분무소화설비

067

소방시설 설치 및 관리에 관한 법령상 관계 공무원이 출입·검사 업무를 수행하면서 알게 된 비밀을 다른 사람에게 누설할 경우에 벌칙은?

① 100만원 이하 벌금
② 300만원 이하 벌금
③ 500만원 이하 벌금
④ 1년 이하의 징역 또는 1천만원 이하의 벌금

1년 이하의 징역 또는 1천만원 이하의 벌금(법 제58조)

• 소방시설 등에 대하여 스스로 점검을 하지 않거나 관리업자 등으로 하여금 정기적으로 점검하게 하지 않은 자
• 소방시설관리사증을 다른 사람에게 빌려주거나 빌리거나 이를 알선한 자
• 동시에 둘 이상의 업체에 취업한 자
• 자격정지처분을 받고 그 자격정지기간 중에 관리사의 업무를 한 자
• 관리업의 등록증이나 등록수첩을 다른 자에게 빌려주거나 빌리거나 이를 알선한 자
• 영업정지처분을 받고 그 영업정지기간 중에 관리업의 업무를 한 자
• 제품검사에 합격하지 않은 제품에 합격표시를 하거나 합격표시를 위조 또는 변조하여 사용한 자
• 소방용품에 대하여 형상 등의 일부를 변경한 후 형식승인의 변경승인을 받지 않은 자
• 제품검사에 합격하지 않은 소방용품에 성능인증을 받았다는 표시 또는 제품검사에 합격하였다는 표시를 하거나 성능인증을 받았다는 표시 또는 제품검사에 합격하였다는 표시를 위조 또는 변조하여 사용한 자
• 성능인증의 변경인증을 받지 않은 자
• 우수품질인증을 받지 않은 제품에 우수품질인증 표시를 하거나 우수품질인증 표시를 위조하거나 변조하여 사용한 자
• 관계 공무원은 관계인의 정당한 업무를 방해하거나 출입·검사 업무를 수행하면서 알게 된 비밀을 다른 사람에게 누설한 자

068

위험물안전관리법령상 과징금 처분에 관한 조문이다. ( )에 들어갈 내용은?

> (ㄱ)은(는) 위험물안전관리법 제12조 각 호의 어느 하나에 해당하는 경우로서 제조소 등에 대한 사용의 정지가 그 이용자에게 심한 불편을 주거나 그 밖에 공익을 해칠 우려가 있는 때에는 사용정지처분에 갈음하여 (ㄴ) 이하의 과징금을 부과할 수 있다.

① ㄱ : 소방청장, ㄴ : 1억원
② ㄱ : 소방청장, ㄴ : 2억원
③ ㄱ : 시도지사, ㄴ : 1억원
④ ㄱ : 시·도지사, ㄴ : 2억원

과징금(법 제13조)
시·도지사는 제12조(제조소 등 설치허가의 취소와 사용정지 등) 각 호의 어느 하나에 해당하는 경우로서 제조소 등에 대한 사용의 정지가 그 이용자에게 심한 불편을 주거나 그 밖에 공익을 해칠 우려가 있는 때에는 사용정지처분에 갈음하여 **2억원 이하의 과징금**을 부과할 수 있다.

069

위험물안전관리법령상 제3류 위험물의 지정수량 기준으로 옳은 것은?

① 알킬리튬 - 20[kg]
② 황 린 - 50[kg]
③ 금속의 수소화물 - 300[kg]
④ 칼슘 또는 알루미늄의 탄화물 - 500[kg]

제3류 위험물의 지정수량(영 별표 1)

종 류	알킬리튬	황 린	금속의 수소화물	칼슘 또는 알루미늄의 탄화물
지정수량	10[kg]	20[kg]	300[kg]	300[kg]

070

위험물안전관리법령상 소화난이도등급 I에 해당하는 제조소 등이 아닌 것은?

① 옥내탱크저장소로 액표면적 30[m²] 이상인 것 (제6류 위험물을 저장하는 것 및 고인화점 위험물만을 100[℃] 미만의 온도에서 저장하는 것은 제외)
② 암반탱크저장소로 고체 위험물만을 저장하는 것으로서 지정수량의 100배 이상인 것
③ 옥내저장소로 처마높이가 6[m] 이상인 단층건물의 것
④ 이송취급소

소화난이도등급 I 에 해당하는 제조소 등(규칙 별표 17)

제조소 등의 구분	제조소 등의 규모, 저장 또는 취급하는 위험물의 품명 및 최대수량 등
옥내저장소	지정수량의 150배 이상인 것(고인화점 위험물만을 저장하는 것 및 제48조의 위험물을 저장하는 것은 제외)
	연면적 150[m²]을 초과하는 것(150[m²] 이내마다 불연재료로 개구부 없이 구획된 것 및 인화성 고체 외의 제2류 위험물 또는 인화점 70[℃] 이상의 제4류 위험물만을 저장하는 것은 제외)
	처마높이가 6[m] 이상인 단층건물의 것
	옥내저장소로 사용되는 부분 외의 부분이 있는 건축물에 설치된 것(내화구조로 개구부 없이 구획된 것 및 인화성 고체 외의 제2류 위험물 또는 인화점 70[℃] 이상의 제4류 위험물만을 저장하는 것은 제외)
옥내 탱크저장소	액표면적이 40[m²] 이상인 것(제6류 위험물을 저장하는 것 및 고인화점 위험물만을 100[℃] 미만의 온도에서 저장하는 것은 제외)
	바닥면으로부터 탱크 옆판의 상단까지 높이가 6[m] 이상인 것(제6류 위험물을 저장하는 것 및 고인화점 위험물만을 100[℃] 미만의 온도에서 저장하는 것은 제외)
	탱크전용실이 단층건물 외의 건축물에 있는 것으로서 인화점 38[℃] 이상 70[℃] 미만의 위험물을 지정수량의 5배 이상 저장하는 것(내화구조로 개구부 없이 구획된 것은 제외)
암반 탱크저장소	액표면적이 40[m²] 이상인 것(제6류 위험물을 저장하는 것 및 고인화점 위험물만을 100[℃] 미만의 온도에서 저장하는 것은 제외)
	고체 위험물을 저장하는 것으로서 지정수량의 100배 이상인 것
이송취급소	모든 대상

071

위험물안전관리법령상 인화성액체위험물(이황화탄소는 제외) 옥외탱크저장소의 방유제에 관한 사항이다. ( )에 들어갈 내용은?

> 방유제는 높이 (ㄱ)[m] 이상 (ㄴ)[m] 이하, 두께 (ㄷ)[m] 이상, 지하매설깊이 1[m] 이상으로 할 것. 다만, 방유제와 옥외저장탱크 사이의 지반면 아래에 불침윤성(不浸潤性 : 수분 흡수를 막는 성질) 구조물을 설치하는 경우에는 지하매설깊이를 해당 불침윤성 구조물까지로 할 수 있다.

① ㄱ : 0.3, ㄴ : 2, ㄷ : 0.1
② ㄱ : 0.3, ㄴ : 2, ㄷ : 0.2
③ ㄱ : 0.5, ㄴ : 3, ㄷ : 0.1
④ ㄱ : 0.5, ㄴ : 3, ㄷ : 0.2

옥외탱크저장소의 방유제(이황화탄소 제외)(규칙 별표 6)
- 방유제의 높이 : 0.5[m] 이상 3[m] 이하, 두께 0.2[m] 이상, 지해매설깊이 1[m] 이상
- 방유제 내의 면적 : 80,000[m²] 이하

072

다중이용업소의 안전관리에 관한 특별법령상 피난안내도에 대한 기준으로 옳은 것은?

① 피난안내도의 크기는 A4(210[mm]×297[mm]) 이상의 크기로 할 것
② 피난안내도의 동선은 주 출입구에서 피난층까지로 할 것
③ 피난안내도에 사용하는 언어는 한글 및 2개 이상의 외국어로 사용하여 작성할 것
④ 피난안내도는 소화기, 옥내소화전 등 소방시설의 위치 및 사용방법을 포함할 것

- 피난안내도 및 피난안내 영상물에 포함되어야 할 내용(규칙 별표 2의2)
  - 화재 시 대피할 수 있는 비상구 위치
  - 구획된 실 등에서 비상구 및 출입구까지의 피난 동선
  - **소화기, 옥내소화전 등 소방시설의 위치 및 사용방법**
  - 피난 및 대처방법
- 피난안내도의 크기 및 재질(규칙 별표 2의2)
  - 크기 : **B4(257[mm]×364[mm]) 이상**의 크기로 할 것. 다만, 각 층별 영업장의 면적 또는 영업장이 위치한 층의 바닥면적이 각각 400[m²] 이상인 경우에는 A3(297[mm]× 420[mm]) 이상의 크기로 해야 한다.
  - 재질 : 종이(코팅처리한 것을 말한다), 아크릴, 강판 등 쉽게 훼손 또는 변형되지 않는 것으로 할 것
  - 피난안내도 및 피난안내 영상물에 사용하는 언어 : 피난안내도 및 피난안내영상물은 **한글 및 1개 이상의 외국어를 사용**하여 작성해야 한다.
- 피난안내도 비치 위치
  - 영업장 주 출입구 부분의 손님이 쉽게 볼 수 있는 위치
  - 구획된 실의 벽, 탁자 등 손님이 쉽게 볼 수 있는 위치
  - 게임산업진흥에 관한 법률 제2조 제7호의 인터넷컴퓨터게임시설제공업 영업장의 인터넷컴퓨터게임시설이 설치된 책상. 다만, 책상 위에 비치된 컴퓨터에 피난안내도를 내장하여 새로운 이용객이 컴퓨터를 작동할 때마다 피난안내도가 모니터에 나오는 경우에는 책상에 피난안내도가 비치된 것으로 본다.

안전관리기본계획의 수립·시행 등(법 제5조)
- 기본계획의 포함사항
  - 다중이용업소의 안전관리에 관한 기본 방향
  - 다중이용업소의 자율적인 안전관리 촉진에 관한 사항
  - 다중이용업소의 화재안전에 관한 정보체계의 구축 및 관리
  - 다중이용업소의 안전 관련 법령 정비 등 제도 개선에 관한 사항
  - 다중이용업소의 적정한 유지·관리에 필요한 교육과 기술 연구·개발
  - 다중이용업소의 화재배상책임보험에 관한 기본 방향
  - 다중이용업소의 화재배상책임보험 **가입관리전산망**(이하 "책임보험전산망"이라 한다)**의 구축·운영**
  - 다중이용업소의 화재배상책임보험제도의 정비 및 개선에 관한 사항
  - 다중이용업소의 화재위험평가의 연구·개발에 관한 사항
  - 그 밖에 다중이용업소의 안전관리에 관하여 대통령령으로 정하는 사항(영 제6조)
    ⓐ 안전관리 중·장기 기본계획에 관한 사항
      ㉮ 다중이용업소의 안전관리체제
      ㉯ 안전관리실태평가 및 개선계획
    ⓑ 시·도 안전관리기본계획에 관한 사항
- 소방청장은 매년 **연도별 안전관리계획**을 전년도 **12월 31일**까지 수립해야 한다(영 제7조).
- **소방청장은 기본계획을 수립하면 국무총리에게 보고**하고 관계 중앙행정기관의 장과 특별시장·광역시장·도지사 또는 특별자치도지사에게 통보한 후 이를 공고해야 한다(영 제4조).
- **소방청장**은 안전관리 기본계획을 수립한 경우에는 이를 **관보에 공고**한다(규칙 제3조).

073

다중이용업소의 안전관리에 관한 특별법령상 안전관리기본계획에 대한 내용으로 옳지 않은 것은?

① 안전관리 기본계획에는 다중이용업소의 화재배상책임보험 가입관리전산망의 구축·운영이 포함되어야 한다.
② 소방청장은 매년 연도별 안전관리계획을 전년도 10월 31일까지 수립해야 한다.
③ 소방청장은 안전관리 기본계획을 수립하면 국무총리에게 보고하고 관계 중앙행정기관의 장과 시·도지사에게 통보한 후 이를 공고해야 한다.
④ 소방청장은 안전관리 기본계획을 수립한 경우에는 이를 관보에 공고한다.

074

다중이용업소의 안전관리에 관한 특별법령상 안전관리우수업소에 대한 내용으로 옳은 것은?

① 안전관리우수업소 표지의 규격은 가로 450[mm]× 세로 300[mm]이다.
② 안전관리우수업소 인정 예정공고의 내용에 이의가 있는 사람은 예정공고일부터 30일 이내에 소방본부장이나 소방서장에게 전자우편이나 서면으로 이의신청을 할 수 있다.
③ 안전관리우수업소의 요건은 공표일 기준으로 최근 2년 동안 소방·건축·전기 및 가스 관련 법령 위반사실이 없어야 한다.
④ 소방본부장이나 소방서장은 안전관리우수업소에 대하여 소방안전교육 및 화재위험평가를 면제할 수 있다.

안전관리우수업소

- **안전관리우수업소 표지의 규격은 가로 450[mm]×세로 300 [mm]이다**(규칙 별표 4).
- 안전관리우수업소 인정 예정공고의 내용에 이의가 있는 사람은 안전관리우수업소 인정 예정 공고일부터 20일 이내에 소방본부장이나 소방서장에게 전자우편이나 서면으로 이의신청을 할 수 있다(영 제20조).
- 안전관리우수업소의 선정요건(영 제19조)
  - 공표일 기준으로 최근 3년 동안 소방시설 설치 및 관리에 관한 법률 제16조 제1항 각 호의 위반행위가 없을 것
  - 공표일 기준으로 최근 3년 동안 소방·건축·전기 및 가스 관련 법령 위반 사실이 없을 것
  - 공표일 기준으로 최근 3년 동안 화재 발생 사실이 없을 것
  - 자체계획을 수립하여 종업원의 소방교육 또는 소방훈련을 정기적으로 실시하고 공표일 기준으로 최근 3년 동안 그 기록을 보관하고 있을 것
- 소방본부장이나 소방서장은 안전관리우수업소에 해당하는 다중이용업소에 대하여는 행정안전부령으로 정하는 기간 동안 소방안전교육 및 화재안전조사를 면제할 수 있다(법 제21조).

075

다중이용업소의 안전관리에 관한 특별법령상 안전시설 등의 설치·유지 기준으로 옳지 않은 것은?(단, 소방청장의 고시는 고려하지 않음)

① 영업장 층별로 가로 50[cm] 이상, 세로 50[cm] 이상 열리는 창문을 1개 이상 설치할 것
② 영업장 내부 피난통로 또는 복도에 바깥 공기와 접하는 부분에 창문을 설치할 것(구획된 실에 설치하는 것은 제외)
③ 보일러실과 영업장 사이의 출입문은 방화문으로 설치하고, 개구부에는 방화댐퍼(화재 시 연기 등을 차단하는 장치)를 설치할 것
④ 구획된 실부터 주된 출입구 또는 비상구까지의 내부 피난통로의 구조는 네 번 이상 구부러지는 형태로 설치하지 말 것

안전시설 등의 설치·유지 기준(규칙 별표 2)

- 창 문
  - 영업장 층별로 가로 50[cm] 이상, 세로 50[cm] 이상 열리는 창문을 1개 이상 설치할 것
  - 영업장 내부 피난통로 또는 복도에 바깥 공기와 접하는 부분에 설치할 것(구획된 실에 설치하는 것을 제외한다)
- 보일러실과 영업장 사이의 방화구획
  - 보일러실과 영업장 사이의 출입문은 방화문으로 설치하고, 개구부에는 방화댐퍼(화재 시 연기 등을 차단하는 장치)를 설치할 것
- 영업장 내부 피난통로
  - 내부 피난통로의 폭은 120[cm] 이상으로 할 것. 다만, 양 옆에 구획된 실이 있는 영업장으로서 구획된 실의 출입문 열리는 방향이 피난통로 방향인 경우에는 150[cm] 이상으로 설치해야 한다.
  - 구획된 실부터 주된 출입구 또는 비상구까지의 내부 피난통로의 구조는 **세 번 이상 구부러지는 형태**로 설치하지 말 것

076

제1류 위험물인 산화성 고체에 관한 설명으로 옳은 것은?

① 가연성 유기화합물과 혼합 시 연소 위험성이 증가한다.
② 무기과산화물 관련 대형화재인 경우 질식소화는 효과가 없으며 다량의 물을 사용하여 소화하는 것이 좋다.
③ 제6류 위험물인 산화성 액체와 혼합하면 대부분 산화성이 감소한다.
④ 물에 녹는 것이 많으며 수용액 상태에서는 산화성이 없어지고 환원제로 작용한다.

산화성 고체(제1류 위험물)

- 가연성 유기화합물(제5류 위험물)과 혼합 시 연소 위험성이 증가한다.
- 무기과산화물(K_2O_2, Na_2O_2)은 불연성물질이지만 화재 시 주수소화하면 산소가 발생하므로 위험하다.
- 제6류 위험물(산화성 액체)과 혼합하면 대부분 산화성이 증가한다.
- 물에 녹는 것이 많으며 산화성 물질이다.

077

다음 위험물들의 지정수량을 모두 합한 값[kg]은?

> 황린(P₄), 황(S), 알루미늄분(Al), 칼륨(K)

① 310
② 450
③ 520
④ 630

지정수량(영 별표 1)

종 류	황 린	황	알루미늄	칼 륨
유 별	제3류 위험물	제2류 위험물	제2류 위험물	제3류 위험물
지정수량	20[kg]	100[kg]	500[kg]	10[kg]

∴ 지정수량의 합계 = 20 + 100 + 500 + 10 = 630[kg]

078

제2류 위험물인 Mg에 관한 설명으로 옳지 않은 것은?

① 상온에서는 비교적 안정하지만 뜨거운 물이나 과열 수증기와 접촉하면 격렬하게 H_2를 발생한다.
② 황산과 반응하여 H_2를 발생한다.
③ Mg 분말 화재 발생 시 이산화탄소 소화약제를 사용한다.
④ Br_2와 반응하여 금속 할로겐화합물을 만든다.

Mg(마그네슘)

• 물과 반응 $Mg + 2H_2O \rightarrow Mg(OH)_2 + H_2$
  (수소)
• 황산과 반응 $Mg + H_2SO_4 \rightarrow MgSO_4 + H_2$
  (수소)
• 이산화탄소와 반응하면 가연성 가스인 일산화탄소(CO)가 발생하므로 위험하다.

> $Mg + CO_2 \rightarrow MgO + CO$

• Br_2와 반응하여 금속 할로겐화합물을 만든다.

079

황린(P_4)과 황화인(P_2S_5)에 관한 설명으로 옳지 않은 것은?

① 황린은 공기 중에서 연소 시 유해가스인 백색의 P_2O_5가 발생되나 황화인은 연소 시 P_2O_5가 발생되지 않는다.
② 황린은 황화인보다 지정수량이 더 적다.
③ 황린은 수산화칼륨 용액과 반응하여 유해한 PH_3를 발생한다.
④ 황화인은 물과 접촉 시 유해성, 가연성의 H_2S를 발생시키므로 화재소화 시 CO_2 등을 이용한 질식소화를 한다.

황린과 황화인

종 류	황 린	황화인
유 별	제3류 위험물	제2류 위험물
지정수량	20[kg]	100[kg]
연소반응식	$P_4 + 5O_2 \rightarrow 2P_2O_5$	$2P_2S_5 + 15O_2 \rightarrow 2P_2O_5 + 10SO_2$
수산화칼륨	$P_4 + 3KOH + 3H_2O \rightarrow 3KH_2PO_2 + PH_3$(포스핀)	–
물과 반응	반응하지 않는다.	$P_2S_5 + 8H_2O \rightarrow 5H_2S\uparrow + 2H_3PO_4$

080

물과 반응하여 수소를 발생시킬 수 있는 물질은?

① K_2O_2
② Li
③ 적린(P)
④ AlP

물과 반응

• 과산화칼륨 $2K_2O_2 + 2H_2O \rightarrow 4KOH + O_2$
  (산소)
• 리 튬 $2Li + 2H_2O \rightarrow 2LiOH + H_2$
  (수소)
• 적린은 물과 반응하지 않는다.
• 인화알루미늄 $AlP + 3H_2O \rightarrow Al(OH)_3 + PH_3$
  (포스핀, 인화수소)

081

C_6H_6 2몰을 공기 중에서 완전히 연소시킬 때 발생되는 이산화탄소의 양[g]은?

① 66
② 132
③ 264
④ 528

해설

이산화탄소의 양
$2C_6H_6 + 15O_2 \rightarrow 12CO_2 + 6H_2O$
2[mol]   12[mol]
∴ 반응식에서 벤젠 2[mol]이 산소와 반응하면 12[mol]의 이산화탄소가 생성되므로
이산화탄소의 무게는 12[mol] × 44[g/mol] = 528[g]

082

제4류 위험물의 지정수량 크기를 작은 것부터 큰 것까지의 순서로 옳은 것은?

① 경유 < 아세트산 < 아이소프로필알코올 < 에틸렌글라이콜
② 아이소프로필알코올 < 경유 < 아세트산 < 에틸렌글라이콜
③ 아이소프로필알코올 < 에틸렌글라이콜 < 경유 < 아세트산
④ 경유 < 이소프로필알코올 < 에틸렌글라이콜 < 아세트산

해설

지정수량

종 류	아이소프로필알코올	경 유	아세트산	에틸렌글라이콜
품 명	알코올류	제2석유류 (비수용성)	제2석유류 (수용성)	제3석유류 (수용성)
지정수량	400[L]	1,000[L]	2,000[L]	4,000[L]

083

제4류 위험물에 관한 설명으로 옳지 않은 것은?

① 벤젠 증기는 공기보다 무거워서 낮은 곳에 체류하므로, 점화원에 의해 불이 일시에 번질 위험이 있다.
② 휘발유는 전기가 잘 통하므로 인화되기 쉽다.
③ 사이안화수소 기체는 공기보다 약간 가벼우며 맹독성 물질이다.
④ 이황화탄소를 물을 채운 수조탱크 중에 저장하면 가연성 증기의 발생이 억제되어 안전하다.

해설

• 벤젠은 공기보다 2.69배 무거워서 낮은 곳에 체류하므로, 점화원에 의해 불이 일시에 번질 위험이 있다.

$$증기비중 = \frac{분자량}{29} = \frac{78}{29} = 2.69$$

• **휘발유(제4류 위험물)는 전기부도체이다.**
• **사이안화수소** 기체는 공기보다 약간 가벼우며 (HCN = 27/29 = 0.93) 맹독성 물질이다.
• 이황화탄소를 물을 채운 수조탱크 중에 저장하면 가연성 증기의 발생이 억제되어 안전하다.

084

제6류 위험물인 과염소산의 성질로 옳지 않은 것은?

① 무색무취의 조연성 무기화합물이다.
② 철, 아연과 격렬히 반응하여 산화물을 만든다.
③ 물과 접촉하면 발열하며 고체수화물을 만든다.
④ 염소산 중 아염소산보다 약한 산이다.

해설

과염소산($HClO_4$)
• 무색무취의 조연성 무기화합물이다.
• 철, 아연과 격렬히 반응하여 산화물을 만든다.
• 과염소산은 물과 작용해서 **6종의 고체수화물**을 만든다.
• 비중이 물보다 **무거운 무색의 액체**이다.
• **염소산** 중에서 가장 **강한 산**이다.

화학식	$HClO$	$HClO_2$	$HClO_3$	$HClO_4$
명 칭	차아염소산	아염소산	염소산	과염소산

∴ 산의 강도 : $HClO < HClO_2 < HClO_3 < HClO_4$

085

과산화칼륨과 아세트산이 반응하여 발생하는 제6류 위험물의 분해 시 생성되는 물질로 옳은 것은?

① KOH, O_2
② H_2, CO_2
③ C_2H_2, CO_2
④ H_2O, O_2

과산화칼륨과 아세트산(초산)의 반응

• $K_2O_2 + 2CH_3COOH \rightarrow 2CH_3COOK + H_2O_2$
　　　　　　　　　　　　　(초산칼륨)(과산화수소)
• 과산화수소의 분해반응식　$2H_2O_2 \rightarrow 2H_2O + O_2$

086

제5류 위험물인 나이트로글리세린에 관한 설명으로 옳지 않은 것은?

① 동결하면 체적이 수축한다.
② 다이너마이트의 원료로 사용된다.
③ 충격에 둔감하기 때문에 액체 상태로 운반한다.
④ 질산과 황산의 혼산 중에 글리세린을 반응시켜 제조한다.

나이트로글리세린은 가열, 마찰, 충격에 민감하므로 폭발을 방지하기 위하여 다공성 물질(규조토, 톱밥, 소맥분, 전분)에 흡수시킨다.

087

위험물안전관리법령상 제6류 위험물은?

① H_3PO_4
② HCl
③ $HClO_4$
④ H_2SO_4

위험물의 분류

종 류	H_3PO_4	HCl	$HClO_4$	H_2SO_4
명 칭	인 산	염산(염화수소)	과염소산	황 산
유 별	비위험물	비위험물	제6류 위험물	비위험물

088

위험물안전관리법령상 액체위험물을 취급하는 옥외설비의 바닥에 관한 기준으로 옳지 않은 것은?

① 바닥의 둘레에 높이 0.15[m] 이상의 턱을 설치한다.
② 바닥은 턱이 있는 쪽이 높게 경사지게 한다.
③ 바닥의 최저부에 집유설비를 한다.
④ 바닥은 콘크리트 등 위험물이 스며들지 않는 재료로 한다.

옥외시설의 바닥(옥외에서 액체위험물을 취급하는 경우)(규칙 별표 4)

• 바닥의 둘레에 높이 **0.15[m] 이상**의 턱을 설치하는 등 위험물이 외부로 흘러나가지 않도록 할 것
• 바닥은 콘크리트 등 위험물이 스며들지 않는 재료로 하고, **턱이 있는 쪽이 낮게 경사지게 할 것**
• 바닥의 **최저부**에 **집유설비**를 할 것
• 위험물(20[℃]이 물 100[g]에 용해되는 양이 1[g] 미만인 것에 한함)을 취급하는 설비에 있어서는 해당 위험물이 직접 배수구에 흘러들어가지 않도록 집유설비에 **유분리장치**를 설치할 것

089

위험물안전관리법령상 위험물을 취급하는 건축물에 설치하는 환기설비의 설치기준으로 옳은 것을 모두 고른 것은?(단, 배출설비는 설치되어 있지 않다)

> ㄱ. 환기는 강제배기방식으로 한다.
> ㄴ. 급기구는 높은 곳에 설치한다.
> ㄷ. 급기구는 가는 눈의 구리망 등으로 인화방지망을 설치한다.
> ㄹ. 급기구가 설치된 실의 바닥면적이 80[m²]인 경우 급기구의 면적은 300[cm²] 이상으로 한다.

① ㄱ, ㄷ   ② ㄴ, ㄹ
③ ㄷ, ㄹ   ④ ㄴ, ㄷ, ㄹ

해설

제조소의 환기설비
• 환기 : 자연배기방식
• 급기구는 해당 급기구가 설치된 실의 바닥면적 150[m²]마다 1개 이상으로 하되, 급기구의 크기는 800[cm²] 이상으로 할 것. 다만, 바닥면적이 150[m²] 미만인 경우에는 다음의 크기로 해야 한다.

바닥면적	60[m²] 미만	60[m²] 이상 90[m²] 미만	90[m²] 이상 120[m²] 미만	120[m²] 이상 150[m²] 미만
급기구의 면적	150[cm²] 이상	300[cm²] 이상	450[cm²] 이상	600[cm²] 이상

• 급기구는 낮은 곳에 설치하고 가는 눈의 구리망 등으로 인화방지망을 설치할 것
• 환기구는 지붕 위 또는 지상 2[m] 이상의 높이에 회전식 고정 벤틸레이터 또는 루프팬방식(Roof Fan : 지붕에 설치하는 배기장치)으로 설치할 것

090

제5류 위험물 중 나이트로화합물에 속하는 것은?

① 피크린산
② 나이트로셀룰로오스
③ 나이트로글라이콜
④ 황산하이드라진

해설

제5류 위험물의 분류

종류	피크린산	나이트로셀룰로오스	나이트로글라이콜	황산하이드라진
품명	나이트로화합물	질산에스터류	질산에스터류	하이드라진유도체

091

위험물안전관리법령상 위험물을 취급하는 건축물의 지붕(작업공정상 제조기계시설 등이 2층 이상에 연결되어 설치된 경우에는 최상층의 지붕을 말한다)을 내화구조로 할 수 있는 건축물로 옳은 것은?

① 제4석유류를 취급하는 건축물
② 질산염류를 취급하는 건축물
③ 알킬알루미늄을 취급하는 건축물
④ 하이드록실아민을 취급하는 건축물

해설

지붕을 내화구조로 할 수 있는 경우(규칙 별표 4)
• 제2류 위험물(분말상태의 것과 인화성 고체는 제외)
• 제4류 위험물 중 제4석유류, 동식물유류
• 제6류 위험물

092

위험물안전관리법령상 위험물제조소에 설치한 소화설비의 용량과 능력단위의 연결로 옳지 않은 것은?

① 마른 모래(삽 1개 포함) : 50[L] − 0.5
② 팽창진주암(삽 1개 포함) : 160[L] − 1.0
③ 소화전용 물통 : 8[L] − 0.3
④ 수조(소화전용 물통 3개 포함) : 80[L] − 2.5

해설

소화설비의 능력단위(규칙 별표 17)

소화설비	용량	능력단위
소화전용(專用) 물통	8[L]	0.3
수조(소화전용 물통 3개 포함)	80[L]	1.5
수조(소화전용 물통 6개 포함)	190[L]	2.5
마른 모래(삽 1개 포함)	50[L]	0.5
팽창질석 또는 팽창진주암(삽 1개 포함)	160[L]	1.0

093

위험물안전관리법령상 제3석유류를 취급하는 설비가 집중되어 있는 위험물 취급장소의 살수기준 면적이 300[m²]인 경우 스프링클러설비가 소화 적응성이 있기 위한 최소 방사량[L/min]으로 옳은 것은?(단, 위험물의 취급을 주된 작업으로 한다)

① 2,940
② 3,540
③ 4,650
④ 4,890

해설

최소 방사량(규칙 별표 17)

살수기준 면적[m²]	방사밀도 [L/m²·min]		비 고
	인화점 38[℃] 미만	인화점 38[℃] 이상	
279 미만	16.3 이상	12.2 이상	살수면적은 내화구조의 벽 및 바닥으로 구획된 하나의 실의 바닥 면적을 말하고 하나의 실의 바닥 면적이 465[m²] 이상인 경우의 살수기준 면적은 465[m²]로 한다. 다만, 위험물의 취급을 주된 작업 내용으로 하지 않고 소량의 위험물을 취급하는 설비 또는 부분이 넓게 분산되어 있는 경우에는 방사밀도는 8.2[L/m²·min] 이상, 살수기준 면적은 279[m²] 이상으로 할 수 있다.
279 이상 372 미만	15.5 이상	11.8 이상	
372 이상 465 미만	13.9 이상	9.8 이상	
465 이상	12.2 이상	8.1 이상	

- 제3석유류 : 인화점이 70[℃] 이상 200[℃] 미만인 것
∴ 최소 방사량 = 살수기준 면적 × 방사밀도
$$= 300[m^2] \times 11.8[L/m^2 \cdot min] = 3,540[L/min]$$

094

위험물 제조소 등의 옥외에서 액체위험물을 취급하는 설비의 집유설비에 유분리장치를 설치하지 않아도 되는 위험물을 모두 고른 것은?

> ㄱ. 아세톤
> ㄴ. 아세트산
> ㄷ. 아세트알데하이드

① ㄱ
② ㄴ
③ ㄴ, ㄷ
④ ㄱ, ㄴ, ㄷ

해설

유분리장치 설치(규칙 별표 4)

위험물(온도 20[℃]의 물 100[g]에 용해되는 양이 1[g] 미만인 것에 한함)을 취급하는 설비에 있어서는 해당 위험물이 직접 배수구에 흘러들어가지 않도록 집유설비에 유분리장치를 설치할 것

∴ 물 100[g]에 용해되는 양이 1[g] 미만인 것은 비수용성이므로

- 아세톤 : 제1석유류(수용성)
- 아세트산 : 제2석유류(수용성)
- 아세트알데하이드 : 특수인화물(법령에서는 수용성, 비수용성의 구분이 없으나 일반적으로 아세트알데하이드는 물에 잘 녹는다)

095

제조소 등에서 저장·취급하는 위험물 유별 주의사항을 표시한 게시판으로 옳게 연결된 것은?

① 제4류, 제5류 – 화기엄금 – 적색바탕, 백색문자
② 제2류 – 화기주의 – 적색바탕, 황색문자
③ 제3류 – 물기주의 – 청색바탕, 백색문자
④ 제1류, 제6류 – 물기엄금 – 백색바탕, 적색문자

해설

주의사항(위험물법 규칙 별표 4)

위험물의 종류	주의 사항	게시판 표시
제2류 위험물 중 인화성 고체	화기 엄금	적색바탕에 백색문자
제3류 위험물 중 자연발화성 물질		
제4류 위험물, 제5류 위험물		
제1류 위험물 중 알칼리금속의 과산화물	물기 엄금	청색바탕에 백색문자
제3류 위험물 중 금수성 물질		
제2류 위험물(인화성 고체 제외)	화기 주의	적색바탕에 백색문자

096

이동탱크저장소 시설기준으로 옳지 않은 것은?

① 옥내에 있는 상치장소는 지붕이 내화구조 또는 불연재료로 된 건축물의 1층에 설치해야 한다.

② 이동저장탱크는 그 내부에 4,000[L] 이하마다 3.2[mm] 이상의 강철판으로 칸막이를 설치해야 한다.

③ 제4류 위험물 중 알코올류, 제1석유류 또는 제2석유류의 이동탱크저장소는 접지도선을 설치해야 한다.

④ 이동저장탱크에 설치하는 안전장치는 상용압력이 20[kPa]를 초과하는 탱크에 있어서는 상용압력의 1.1배 이하의 압력에서 작동하도록 해야 한다.

해설
이동탱크저장소 시설기준(위험물법 규칙 별표 10)
• 옥내에 있는 **상치장소**는 벽·바닥·보·서까래 및 지붕이 내화구조 또는 불연재료로 된 건축물의 **1층**에 **설치해야** 한다.
• 이동저장탱크는 그 내부에 4,000[L] 이하마다 3.2[mm] 이상의 강철판으로 칸막이를 설치해야 한다.
• **접지도선 설치 : 특수인화물, 제1석유류, 제2석유류**
• **안전장치의 작동압력**
  – 상용압력이 **20[kPa] 이하**인 탱크 : **20[kPa] 이상 24[kPa] 이하의 압력**
  – 상용압력이 **20[kPa]를 초과 : 상용압력의 1.1배 이하의 압력**

097

알킬리튬을 취급하는 옥외탱크저장소 설치기준에 관한 설명으로 옳지 않은 것은?

① 옥외저장탱크의 주위에는 누설범위를 국한하기 위한 설비를 설치해야 한다.

② 옥외저장탱크에는 냉각장치 또는 수증기 봉입장치를 설치해야 한다.

③ 옥외저장탱크에는 헬륨, 네온 등 불활성기체를 봉입하는 장치를 설치해야 한다.

④ 누설된 알킬리튬을 안전한 장소에 설치된 조에 끌어들일 수 있는 설비를 설치해야 한다.

해설
알킬알루미늄(알킬리튬) 등의 옥외저장탱크에는 불활성기체를 봉입하는 장치를 설치할 것(규칙 별표 18)

098

경유 1,000[kL]를 하나의 옥외저장탱크에 저장할 때, 지정수량의 배수와 보유공지의 너비로 옳은 것은?

① 100배, 3[m] 이상

② 1,000배, 5[m] 이상

③ 1,500배, 9[m] 이상

④ 2,000배, 12[m] 이상

해설
옥외탱크저장소의 보유공지(위험물법 규칙 별표 6)

저장 또는 취급하는 위험물의 최대수량	공지의 너비
지정수량의 500배 이하	3[m] 이상
지정수량의 500배 초과 1,000배 이하	5[m] 이상
지정수량의 1,000배 초과 2,000배 이하	9[m] 이상
지정수량의 2,000배 초과 3,000배 이하	12[m] 이상
지정수량의 3,000배 초과 4,000배 이하	15[m] 이상
지정수량의 4,000배 초과	해당 탱크의 수평단면의 **최대지름**(가로형은 긴 변)과 높이 중 **큰 것과 같은 거리 이상**(단, 30[m] 초과 시 30[m] 이상으로, 15[m] 미만 시 15[m] 이상으로 할 것)

$$\therefore \text{지정수량의 배수} = \frac{\text{저장량}}{\text{지정수량}} = \frac{1,000,000[\text{L}]}{1,000[\text{L}]} = 1,000\text{배}$$

⇒ 보유공지는 5[m] 이상 확보해야 한다.

099

주유취급소의 고정주유설비 주위에 주유를 받으려는 자동차 등이 출입할 수 있도록 보유해야 하는 주유공지의 너비와 길이 기준으로 옳은 것은?

① 너비 10[m] 이상, 길이 4[m] 이상

② 너비 10[m] 이상, 길이 6[m] 이상

③ 너비 15[m] 이상, 길이 4[m] 이상

④ 너비 15[m] 이상, 길이 6[m] 이상

해설
주유취급소의 주유공지(위험물법 규칙 별표 13)
• **주유공지 : 너비 15[m] 이상, 길이 6[m] 이상**
• **공지의 바닥 :** 주위 지면보다 높게 하고, 적당한 기울기, 배수구·집유설비·유분리장치를 설치

100

위험물안전관리법령상 위험물을 취급하는 건축물에 설치하는 배출설비의 설치기준으로 옳지 않은 것은?

① 배풍기는 강제배기방식으로 한다.
② 배출능력은 1시간 배출장소 용적의 20배 이상인 것으로 한다.
③ 배출구는 지상 2[m] 이상으로서 연소의 우려가 없는 장소에 설치한다.
④ 위험물취급설비가 배관이음 등으로만 된 경우에는 국소방식으로만 해야 한다.

해설

배출설비의 설치기준(규칙 별표 4)

- **설치장소** : 가연성 증기 또는 미분이 체류할 우려가 있는 건축물
- **배출설비** : 국소방식(단, 위험물취급설비가 배관이음 등으로만 된 경우나 건축물의 구조·작업장소의 분포 등의 조건에 의하여 전역방식이 유효한 경우에는 전역방식으로 할 수 있음)
- 배출설비는 배풍기(오염된 공기를 뽑아내는 통풍기), 배출덕트(공기배출통로), 후드 등을 이용하여 강제적으로 배출하는 것으로 할 것
- **배출능력**은 1시간당 배출장소 용적의 **20배 이상**인 것으로 할 것(전역방식의 경우 : 바닥면적 $1[m^2]$당 $18[m^3]$ 이상)
- **급기구**는 **높은 곳**에 설치하고 가는 눈의 구리망 등으로 인화방지망을 설치할 것
- **배출구**는 **지상 2[m] 이상**으로서 연소의 우려가 없는 장소에 설치하고, 배출덕트가 관통하는 벽부분의 바로 가까이에 화재 시 자동으로 폐쇄되는 방화댐퍼(화재 시 연기 등을 차단하는 장치)를 설치할 것
- **배풍기** : 강제배기방식

제5과목 소방시설의 구조원리

101

소화기구 및 자동소화장치의 화재안전기술기준상 다음 조건에 따른 소화기의 최소 설치개수는?

- 특정소방대상물 : 문화재(주요구조부는 비내화구조임)
- 바닥면적 : 1,000[m²]
- 소화기 1개의 능력단위 : A급 5단위

① 4개   ② 5개
③ 6개   ④ 7개

해설

특정소방대상물별 소화기구의 능력단위(NFTC 101)

특정소방대상물	소화기구의 능력단위
1. 위락시설	해당 용도의 바닥면적 30[m²] 마다 능력단위 1단위 이상
2. 공연장·집회장·관람장·문화재·장례식장 및 **의료시설**	해당 용도의 바닥면적 50[m²] 마다 능력단위 1단위 이상
3. 근린생활시설·판매시설·운수시설·숙박시설·노유자시설·전시장·**공동주택**·업무시설·방송통신시설·공장·창고시설·항공기 및 자동차관련 시설, 관광휴게시설	해당 용도의 바닥면적 100[m²] 마다 능력단위 1단위 이상
4. 그 밖의 것	해당 용도의 바닥면적 200[m²] 마다 능력단위 1단위 이상

[비고]
소화기구의 능력단위를 산출함에 있어서 건축물의 주요구조부가 내화구조이고, 벽 및 반자의 실내에 면하는 부분이 불연재료·준불연재료 또는 난연재료로 된 특정소방대상물에 있어서는 위 표의 바닥면적의 2배를 해당 특정소방대상물의 기준면적으로 한다.

소화기의 능력단위 $= \dfrac{1,000[m^2]}{50[m^2]} = 20$단위

A급 5단위의 소화기를 사용하므로

∴ 소화기 갯수 $= \dfrac{20단위}{5단위} = 4$개

102

옥내소화전설비의 화재안전기술기준상 펌프를 이용하는 가압송수장치의 설치기준에 관한 내용으로 옳지 않은 것은?

① 펌프는 전용으로 할 것(다만, 다른 소화설비와 겸용하는 경우 각각의 소화설비의 성능에 지장이 없을 때에는 그렇지 않다)
② 동결방지조치를 하거나 동결의 우려가 없는 장소에 설치할 것
③ 펌프의 토출 측에는 압력계를 체크밸브 이후에 설치하고, 흡입 측에는 연성계 또는 진공계를 설치할 것
④ 펌프축은 스테인리스 등 부식에 강한 재질을 사용할 것

해설
수계소화설비의 가압송수장치(NFTC 102)
펌프의 **토출 측**에는 **압력계**를 체크밸브 이전에 펌프 토출 측 플랜지에서 가까운 곳에 설치하고 **흡입 측**에는 **연성계** 또는 **진공계**를 설치할 것

103

옥내소화전설비의 화재안전기술기준상 배관 내 사용압력이 1.2[MPa] 이상일 경우에 사용할 수 있는 배관으로 옳은 것은?

① 배관용 아크용접 탄소강 강관(KS D 3583)
② 배관용 스테인리스 강관(KS D 3576)
③ 덕타일 주철관(KS D 4311)
④ 일반배관용 스테인리스 강관(KS D 3595)

해설
배관의 재질
• **배관 내 사용압력이 1.2[MPa] 미만일 경우(NFTC 102)**
  – 배관용 탄소강관(KS D 3507)
  – 이음매 없는 구리 및 구리합금관(KS D 5301). 다만, 습식의 배관에 한한다.
  – 배관용 스테인리스 강관(KS D 3576) 또는 일반배관용 스테인리스 강관(KS D 3595)
  – 덕타일 주철관(KS D 4311)
• **배관 내 사용압력이 1.2[MPa] 이상일 경우**
  – 압력배관용 탄소 강관(KS D 3562)
  – 배관용 아크용접 탄소강 강관(KS D 3583)

104

10층 건물에 옥내소화전이 각 층에 3개씩 설치되었다. 펌프의 성능시험에 정격 토출압력이 0.8[MPa]일 때 ( )에 들어갈 것으로 옳은 것은?

구 분	유량 [L/min]	펌프토출압력 [MPa]
체절운전 시	(ㄱ)	(ㄴ)
정격토출량의 150[%] 운전 시	(ㄷ)	(ㄹ)

① ㄱ : 0, ㄴ : 1.2 미만
② ㄱ : 0, ㄴ : 1.2 이상
③ ㄷ : 390, ㄹ : 0.52 미만
④ ㄷ : 390, ㄹ : 0.52 이상

해설
펌프의 성능시험(NFTC 102)

구 분	유량 [L/min]	펌프토출압력 [MPa]
체절운전 시	0	1.12 이하
정격토출량의 150[%] 운전 시	390	0.52 이상

• 펌프의 성능은 체절운전 시 정격토출압력의 140[%]를 초과하지 않고 정격토출량의 150[%]로 운전 시 정격토출압력의 65[%] 이상이 되어야 하며 펌프의 성능을 시험할 수 있는 성능시험배관을 설치할 것. 다만, 충압펌프의 경우에는 그렇지 않다.
  – 체절운전 시 펌프토출압력 = 0.8[MPa] × 1.4 = 1.12[MPa] 이하
  – 정격토출량의 150[%] 운전 시 유량 = 2개(소화전의 수가 2개 이상은 2개) × 130[L/min] × 1.5 = 390[L/min]
  – 정격토출량의 150[%] 운전 시 펌프토출압력 = 0.8[MPa] × 0.65 = 0.52[MPa] 이상

105

옥외소화전설비의 설치에 관한 내용으로 옳은 것은?

① 호스접결구는 지면으로부터 높이가 0.8[m] 이상 1.5[m] 이하의 위치에 설치해야 한다.
② 옥외소화전이 11개 이상 30개 이하 설치된 때에는 10개 이하의 소화전함을 각각 분산하여 설치해야 한다.
③ 배관과 배관이음쇠는 배관용 스테인리스 강관(KS D 3576)의 이음을 용접으로 할 경우 텅스텐 불활성 가스 아크 용접방식에 따른다.
④ 펌프의 토출측 배관은 공기 고임이 생기지 않는 구조로 하고 여과장치를 설치해야 한다.

해설

옥외소화전설비(NFTC 109)

- 호스접결구는 **지면으로부터 높이가 0.5[m] 이상 1[m] 이하의 위치**에 설치해야 한다.
- 소화전함

소화전의 개수	설치기준
10개 이하	옥외소화전마다 5[m] 이내에 1개 이상
11개 이상 30개 이하	11개 이상을 각각 분산
31개 이상	옥외소화전 3개마다 1개 이상

- 배관과 배관이음쇠는 다음의 어느 하나에 해당하는 것 또는 동등 이상의 강도·내식성 및 내열성 등을 국내·외 공인기관으로부터 인정받은 것을 사용해야 하고, 배관용 스테인리스 강관(KS D 3576)의 이음을 용접으로 할 경우에는 텅스텐 불활성 가스 아크용접(Tungsten Inertgas Arc Welding) 방식에 따른다.
- 펌프의 흡입 측 배관은 공기 고임이 생기지 않는 구조로 하고 여과장치를 설치할 것

[비고]
1. 폐쇄형 스프링클러헤드를 사용하는 설비의 경우로서 1개 층에 하나의 급수배관(또는 밸브 등)이 담당하는 구역의 최대면적은 3,000[m²]를 초과하지 않을 것
2. 폐쇄형 스프링클러헤드를 설치하는 경우에는 "가"란의 헤드 수에 따를 것. 다만, 100개 이상의 헤드를 담당하는 급수배관(또는 밸브)의 구경을 100[mm]로 할 경우에는 수리계산을 통하여 2.5.3.3의 단서에서 규정한 배관의 유속에 적합하도록 할 것
3. 폐쇄형 스프링클러헤드를 설치하고 반자 아래의 헤드와 반자 속의 헤드를 동일 급수관의 가지관상에 병설하는 경우에는 "나"란의 헤드 수에 따를 것
4. 2.7.3.1의 경우로서 폐쇄형 스프링클러헤드를 설치하는 설비의 배관구경은 "다"란에 따를 것
5. 개방형 스프링클러헤드를 설치하는 경우 하나의 방수구역이 담당하는 헤드의 개수가 30개 이하일 때는 "다"란의 헤드 수에 의하고, 30개를 초과할 때는 수리계산 방법에 따를 것

106

스프링클러설비의 화재안전기술기준상 스프링클러헤드 수별 급수관의 구경을 산정하려고 한다. 다음 조건에 맞는 급수관의 최소 구경으로 옳은 것은?

> - 반자 아래의 헤드와 반자 속의 헤드를 동일 급수관의 가지관상에 병설하는 경우
> - 폐쇄형 스프링클러헤드 수 : 7개
> - 수리계산방식은 고려하지 않음

① 32[mm]　　　　② 40[mm]
③ 50[mm]　　　　④ 65[mm]

해설

급수관의 최소 구경

(단위 : [mm])

급수관의 구경 / 구분	25	32	40	50	65	80	90	100	125	150
가	2	3	5	10	30	60	80	100	160	161 이상
나	2	4	7	15	30	60	65	100	160	161 이상
다	1	2	5	8	15	27	40	55	90	91 이상

107

물분무소화설비의 화재안전기술기준상 물분무헤드의 설치제외 장소로 옳지 않은 것은?

① 물에 심하게 반응하는 물질 또는 물과 반응하여 위험한 물질을 생성하는 물질을 저장 또는 취급하는 장소
② 고온의 물질 및 증류범위가 넓어 끓어 넘치는 위험이 있는 물질을 저장 또는 취급하는 장소
③ 운전 시에 표면의 온도가 260[℃] 이상으로 되는 등 직접 분무를 하는 경우 그 부분에 손상을 입힐 우려가 있는 기계장치 등이 있는 장소
④ 통신기기실·전자기기실·기타 이와 유사한 장소

해설

물분무헤드의 설치제외 장소(NFTC 104)

- 물에 심하게 반응하는 물질 또는 물과 반응하여 위험한 물질을 생성하는 물질을 저장 또는 취급하는 장소
- 고온의 물질 및 증류범위가 넓어서 끓어 넘치는 위험이 있는 물질을 저장 또는 취급하는 장소
- 운전 시에 표면의 온도가 260[℃] 이상으로 되는 등 직접 분무를 하는 경우 그 부분에 손상을 입힐 우려가 있는 기계장치 등이 있는 장소

108

포소화설비의 화재안전기술기준상 차고에 전역방출방식의 고발포용 고정방출구를 설치하려고 한다. 팽창비가 500인 경우 관포체적 1[m³]에 대하여 1분당 최소 포수용액 방출량은?

① 0.16[L]　　　② 0.18[L]
③ 0.29[L]　　　④ 0.31[L]

해설

최소 포수용액 방출량(NFTC 105)
고정포방출구(포발생기가 분리되어 있는 것은 해당 포발생기를 포함한다)는 특정소방대상물 및 포의 팽창비에 따른 종별에 따라 해당 방호구역의 관포체적(해당 바닥면으로부터 방호대상물의 높이보다 0.5[m] 높은 위치까지의 체적을 말한다) 1[m³]에 대하여 1분당 방출량이 다음 표에 따른 양 이상이 되도록 할 것

소방대상물	포의 팽창비	1[m³]에 대한 분당 포수용액 방출량
항공기격납고	팽창비 80 이상 250 미만의 것	2.00[L]
	팽창비 250 이상 500 미만의 것	0.50[L]
	팽창비 500 이상 1,000 미만의 것	0.29[L]
차고 또는 주차장	팽창비 80 이상 250 미만의 것	1.11[L]
	팽창비 250 이상 500 미만의 것	0.28[L]
	팽창비 500 이상 1,000 미만의 것	0.16[L]
특수가연물을 저장 또는 취급하는 소방대상물	팽창비 80 이상 250 미만의 것	1.25[L]
	팽창비 250 이상 500 미만의 것	0.31[L]
	팽창비 500 이상 1,000 미만의 것	0.18[L]

109

할로겐화합물 및 불활성기체소화설비의 화재안전기술기준상 음향경보장치의 설치기준으로 옳은 것은?

① 수동식 기동장치 및 자동식 기동장치를 설치한 것은 화재감지기와 연동하여 자동으로 경보를 발하는 것으로 할 것
② 방호구역 또는 방호대상물이 있는 구획 외부에 있는 자에게 유효하게 경보할 수 있는 것으로 할 것
③ 방호구역 또는 방호대상물이 있는 구획의 각 부분으로부터 하나의 확성기까지의 수평거리는 25[m] 이하가 되도록 할 것
④ 제어반의 복구스위치를 조작할 경우 경보를 정지할 수 있는 것으로 할 것

해설

음향경보장치(NFTC 107A)
- 수동식 기동장치를 설치한 것은 그 기동장치의 조작과정에서, **자동식 기동장치**를 설치한 것은 **화재감지기와 연동**하여 **자동으로 경보를 발하는 것**으로 할 것
- 소화약제의 방출 개시 후 1분 이상 경보를 계속할 수 있는 것으로 할 것
- 방호구역 또는 방호대상물이 있는 **구획 안에 있는 자**에게 유효하게 경보할 수 있는 것으로 할 것
- 방송에 따른 경보장치를 설치할 경우에는 다음의 기준에 따라야 한다.
  - 증폭기 재생장치는 화재 시 연소의 우려가 없고, 유지관리가 쉬운 장소에 설치할 것
  - 방호구역 또는 방호대상물이 있는 구획의 각 부분으로부터 하나의 확성기까지의 **수평거리는 25[m] 이하**가 되도록 할 것
  - 제어반의 복구스위치를 조작해도 **경보를 계속 발할 수 있**는 것으로 할 것

110

이산화탄소소화설비의 화재안전성능기준에 관한 내용으로 옳은 것은?

① 설계농도란 규정된 실험 조건의 화재를 소화하는데 필요한 소화약제의 농도(형식승인 대상의 소화약제는 형식승인된 소화농도)를 말한다.

② 방호구역에는 소화약제 방출 시 과압으로 인한 구조물 등의 손상을 방지하기 위하여 급기구를 설치해야 한다.

③ 분사헤드는 사람이 상시 근무하거나 다수인이 출입·통행하는 곳과 자기연소성물질 또는 활성금속물질 등을 저장하는 장소에는 설치해서는 안 된다.

④ 지하층, 무창층 및 밀폐된 거실 등에 방출된 소화약제를 배출하기 위한 자동폐쇄장치를 갖추어야 한다.

해설

이산화탄소소화설비의 화재안전성능기준

• 설계농도 : 방호대상물 또는 방호구역의 소화약제 저장량을 산출하기 위한 농도로서 소화농도에 안전율을 고려하여 설정한 농도를 말한다(제3조).

• 이산화탄소소화설비가 설치된 방호구역에는 소화약제 방출 시 과압으로 인한 구조물 등의 손상을 방지하기 위하여 과압배출구를 설치해야 한다(제17조).

• 분사헤드는 사람이 상시 근무하거나 다수인이 출입·통행하는 곳과 자기연소성물질 또는 활성금속물질 등을 저장하는 장소에는 설치해서는 안 된다(제11조).

• 지하층, 무창층 및 밀폐된 거실 등에 이산화탄소소화설비를 설치한 경우에는 방출된 소화약제를 배출하기 위한 배출설비를 갖추어야 한다(제16조).

111

다음 조건의 전기실에 불활성기체소화설비를 설치하려고 한다. 화재안전기술기준상 필요한 화재감지기의 최소 설치개수는?

• 주요구조부 : 내화구조
• 전기실 바닥면적 : 500[m²]
• 감지기 부착높이 : 4.5[m]
• 적용 감지기 : 차동식 스포트형(2형)

① 8개   ② 15개
③ 24개   ④ 30개

해설

화재감지기의 최소 설치개수(NFTC 203)

부착높이 및 특정소방대상물의 구분		감지기의 종류(단위 : [m²])				
		차동식·보상식스포트형		정온식스포트형		
		1종	2종	특종	1종	2종
4[m] 미만	주요구조부가 내화구조로 된 특정소방대상물 또는 그 부분	90	70	70	60	20
	기타 구조의 특정소방대상물 또는 그 부분	50	40	40	30	15
4[m] 이상 8[m] 미만	주요구조부가 내화구조로 된 특정소방대상물 또는 그 부분	45	35	35	30	–
	기타 구조의 특정소방대상물 또는 그 부분	30	25	25	15	–

$$감지기 \ 설치개수 = \frac{바닥면적}{기준면적} = \frac{500[m^2]}{35[m^2]} = 14.3 \Rightarrow 15개$$

∴ 불활성기체소화설비는 교차회로방식이므로 15개 × 2 = 30개

112

다음 조건의 주차장에 전역방출방식의 분말소화설비를 설치하려고 한다. 화재안전기술기준상 필요한 소화약제의 최소 저장용기 수(병)는?

• 방호구역 체적 : 450[m³]
• 개구부의 면적 : 10[m²](자동폐쇄장치 미설치)
• 저장용기 내용적 : 68[L]

① 2   ② 3
③ 4   ④ 5

저장용기의 병수(NFTC 108)

차고, 주차장에는 제3종 분말을 설치해야 하므로

• 분말소화설비의 전역방출방식의 소화약제량

약제의 종류	제1종 분말	제2종, 제3종 분말	제4종 분말
필요약제량 [kg/m³]	0.60	0.36	0.24

• 분말소화약제의 가산량

약제의 종류	제1종 분말	제2종 또는 제3종 분말	제4종 분말
가산량	4.5[kg/m²]	2.7[kg/m²]	1.8[kg/m²]

• 소화약제 저장량[kg]

= 방호구역 체적[m³] × 필요약제량[kg/m³] + 개구부 면적[m²] × 가산량[kg/m²]

= 450[m³] × 0.36[kg/m³] + 10[m²] × 2.7[kg/m²]

= 189[kg]

• 제3종 분말소화약제의 충전비는 1이므로

$$충전비[L/kg] = \frac{용기의\ 내용적[L]}{약제의\ 중량[kg]},$$

$$약제의\ 중량 = \frac{용기의\ 내용적}{충전비} = \frac{68[L]}{1[L/kg]} = 68[kg]$$

∴ 저장용기의 병수 $= \frac{189[kg]}{68[kg]} = 2.78 \Rightarrow 3$병

저장용기의 병수(NFTC 107A)

소화약제 저장량

$$W = \frac{V}{S} \times \left(\frac{C}{100 - C} \right)$$

여기서, W : 소화약제의 무게[kg]

V : 방호구역의 체적(650[m³])

S : 소화약제별 선형상수$(K_1 + K_2 \times t)$[m³/kg]

= 0.1269 + 0.0005 × 25 = 0.1394[m³/kg]

C : 체적에 따른 소화약제의 설계농도(10.5[%])

소화약제	최대허용 설계농도[%]	소화약제	최대허용 설계농도[%]
FC-3-1-10	40	HFC-236fa	12.5
HCFC BLEND A	10	FIC-13I1	0.3
HCFC-124	1.0	FK-5-1-12	10
HFC-125	11.5	IG-01, IG-100	43
HFC-227ea	10.5	IG-541, IG-55	43
HFC-23	30		

∴ $W = \frac{V}{S} \times \left(\frac{C}{100 - C} \right) = \frac{650}{0.1394} \times \frac{10.5}{100 - 10.5}$

= 547.04[kg]

저장용기의 병수 $= \frac{547.04[kg]}{50[kg]} = 10.94 \Rightarrow 11$병

113

다음 조건의 방호구역에 할로겐화합물 소화설비를 설치하려고 한다. 화재안전기술기준상 필요한 소화약제의 최소 저장용기 수(병)는?

• 방호구역 체적 : 650[m³]
• 소화약제 : HFC-227ea
• 선형상수 : $K_1 = 0.1269$, $K_2 = 0.0005$
• 방호구역 최소예상온도 : 25[℃]
• 설계농도 : 최대허용설계농도 적용
• 저장용기 : 68[L] 내용적에 50[kg] 저장

① 9 　　　　② 11
③ 13 　　　　④ 40

114

자동화재탐지설비 및 시각경보장치의 화재안전기술기준상 다음 장소에 연기감지기를 설치해야 하는 특정소방대상물로 옳지 않은 것은?

취침·숙박·입원 등 이와 유사한 용도로 사용되는 거실

① 공동주택·오피스텔·숙박시설·위락시설
② 교육연구시설 중 합숙소
③ 의료시설, 근린생활시설 중 입원실이 있는 의원·조산원
④ 교정 및 군사시설

연기감지기 설치 대상

- 계단·경사로 및 에스컬레이터 경사로
- 복도(30[m] 미만의 것을 제외한다)
- 엘리베이터 승강로(권상기실이 있는 경우에는 권상기실)· 린넨슈트·파이프 피트 및 덕트 기타 이와 유사한 장소
- 천장 또는 반자의 높이가 15[m] 이상 20[m] 미만의 장소
- 다음의 어느 하나에 해당하는 특정소방대상물의 취침·숙박·입원 등 이와 유사한 용도로 사용되는 거실
  - **공동주택·오피스텔·숙박시설·노유자시설·수련시설**
  - 교육연구시설 중 합숙소
  - 의료시설, 근린생활시설 중 입원실이 있는 의원·조산원
  - 교정 및 군사시설
  - 근린생활시설 중 고시원

115

다음은 자동화재탐지설비 및 시각경보장치의 화재안전기술기준상 청각장애인용 시각경보장치의 설치기준이다. ( )에 들어갈 것으로 옳은 것은?

> 설치높이는 바닥으로부터 (ㄱ)[m] 이상 (ㄴ)[m] 이하의 장소에 설치할 것 다만, 천장의 높이가 (ㄱ)[m] 이하인 경우에는 천장으로부터 (ㄷ)[m] 이내의 장소에 설치해야 한다.

① ㄱ : 1.5, ㄴ : 2.0, ㄷ : 0.1
② ㄱ : 1.5, ㄴ : 2.0, ㄷ : 0.15
③ ㄱ : 2.0, ㄴ : 2.5, ㄷ : 0.1
④ ㄱ : 2.0, ㄴ : 2.5, ㄷ : 0.15

청각장애인용 시각경보장치의 설치기준(NFTC 203)

- 복도·통로·청각장애인용 객실 및 공용으로 사용하는 거실(로비, 회의실, 강의실, 식당, 휴게실, 오락실, 대기실, 체력단련실, 접객실, 안내실, 전시실, 기타 이와 유사한 장소를 말한다)에 설치하며, 각 부분으로부터 유효하게 경보를 발할 수 있는 위치에 설치할 것
- 공연장·집회장·관람장 또는 이와 유사한 장소에 설치하는 경우에는 시선이 집중되는 무대부 부분 등에 설치할 것
- 설치높이는 바닥으로부터 **2[m] 이상 2.5[m] 이하**의 장소에 설치할 것. 다만, 천장의 높이가 2[m] 이하인 경우에는 천장으로부터 **0.15[m] 이내**의 장소에 설치해야 한다.
- 시각경보장치의 광원은 전용의 축전지설비 또는 전기저장장치(외부 전기에너지를 저장해 두었다가 필요한 때 전기를 공급하는 장치)에 의하여 점등되도록 할 것. 다만, 시각경보기에 작동전원을 공급할 수 있도록 형식승인을 얻은 수신기를 설치한 경우에는 그렇지 않다.

116

특별피난계단의 계단실 및 부속실 제연설비의 화재안전기술기준상 다음 조건에 따른 출입문의 틈새면적[m²]은?

> - 출입문 틈새의 길이[L] : 7[m]
> - 설치된 출입문(l, A_d) : 제연구역의 실내 쪽으로 열리도록 설치하는 외여닫이문
> - 소수점 다섯째 자리에서 반올림함

① 0.01
② 0.0125
③ 0.0152
④ 0.0228

출입문의 틈새면적(NFTC 501A)

$$A = \left(\frac{L}{l}\right) \times A_d$$

여기서, A : 출입문의 틈새[m²]
　　　　L : 출입문 틈새의 길이[m]. 다만, L의 수치가 l의 수치 이하인 경우에는 l의 수치로 할 것

l와 A_d의 수치

출입문 형태		기준틈새길이 (l)	기준틈새면적 (A_d)
외여닫이 문	제연구역의 실내 쪽으로 개방	5.6[m]	0.01[m²]
	제연구역의 실외 쪽으로 개방	5.6[m]	0.02[m²]
쌍여닫이 문		9.2[m]	0.03[m²]
승강기 출입문		8.0[m]	0.06[m²]

$$\therefore A = \left(\frac{L}{l}\right) \times A_d = \left(\frac{7[\text{m}]}{5.6[\text{m}]}\right) \times 0.01[\text{m}^2] = 0.0125[\text{m}^2]$$

117

유도등 및 유도표지의 화재안전기술기준상 설치기준에 관한 내용으로 옳은 것은?

① 피난구유도등은 피난구의 바닥으로부터 높이 1.2[m] 이상으로서 출입구에 인접하도록 설치할 것
② 복도통로유도등은 구부러진 모퉁이를 기점으로 보행거리 25[m]마다 설치할 것
③ 유도표지는 각 층마다 복도 및 통로의 각 부분으로부터 보행거리가 20[m] 이하가 되는 곳에 설치할 것
④ 축광방식의 피난유도선은 바닥으로부터 높이 50[cm] 이하의 위치 또는 바닥 면에 설치할 것

유도등 및 유도표지

• **피난구유도등**은 피난구의 바닥으로부터 높이 1.5[m] 이상으로서 출입구에 인접하도록 설치할 것
• **복도통로유도등**은 구부러진 모퉁이 및 설치된 통로유도등을 기점으로 보행거리 20[m]마다 설치할 것
• **유도표지**는 계단에 설치하는 것을 제외하고는 각 층마다 복도 및 통로의 각 부분으로부터 하나의 유도표지까지의 보행거리 15[m] 이하가 되는 곳과 구부러진 모퉁이의 벽에 설치할 것
• **축광방식의 피난유도선**
  – 구획된 실로부터 주출입구 또는 비상구까지 설치할 것
  – 바닥으로부터 높이 50[cm] 이하의 위치 또는 바닥면에 설치할 것
  – 피난유도 표시부는 50[cm] 이내의 간격으로 연속되도록 설치할 것
  – 부착대에 의하여 견고하게 설치할 것
  – 외부의 빛 또는 조명장치에 의하여 상시 조명이 제공되거나 비상조명등에 의한 조명이 제공되도록 설치할 것

118

비상경보설비 및 단독경보형감지기의 화재안전기술기준상 단독경보형감지기 설치기준에 관한 내용으로 옳지 않은 것은?

① 각 실(이웃하는 실내의 바닥면적이 각각 30[m²] 미만이고 벽체의 상부의 전부 또는 일부가 개방되어 이웃하는 실내와 공기가 상호 유통되는 경우에는 이를 1개의 실로 본다)마다 설치하되, 바닥면적이 150[m²]를 초과하는 경우에는 150[m²]마다 1개 이상 설치할 것
② 계단실은 최상층의 계단실 천장(외기가 상통하는 계단실의 경우를 포함한다)에 설치할 것
③ 건전지를 주전원으로 사용하는 단독경보형감지기는 정상적인 작동상태를 유지할 수 있도록 주기적으로 건전지를 교환할 것
④ 상용전원을 주전원으로 사용하는 단독경보형감지기의 2차전지는 소방시설 설치 및 관리에 관한 법률 제40조에 따라 제품검사에 합격한 것을 사용할 것

단독경보형감지기 설치기준(NFTC 201)

• **각 실**(이웃하는 실내의 바닥면적이 각각 **30[m²]** 미만이고 벽체의 상부의 전부 또는 일부가 개방되어 이웃하는 실내와 공기가 상호 유통되는 경우에는 이를 1개의 실로 본다)**마다** 설치하되, 바닥면적이 150[m²]를 초과하는 경우에는 150[m²]마다 1개 이상 설치할 것
• **최상층**의 **계단실의 천장**(외기가 상통하는 계단실의 경우를 제외한다)에 설치할 것
• 건전지를 주전원으로 사용하는 단독경보형감지기는 **정상적인 작동상태**를 유지할 수 있도록 건전지를 **교환**할 것
• 상용전원을 주전원으로 사용하는 단독경보형감지기의 2차전지는 소방시설 설치 및 관리에 관한 법률 제40조에 따라 제품검사에 합격한 것을 사용할 것

119

연결송수관설비의 화재안전기술기준상 방수구는 특정소방대상물의 층마다 설치해야 한다. 방수구 설치를 제외할 수 있는 것으로 옳지 않은 것은?

① 아파트의 1층 및 2층
② 소방차의 접근이 가능하고 소방대원이 소방차로부터 각 부분에 쉽게 도달할 수 있는 피난층
③ 송수구가 부설된 옥내소화전을 설치한 특정소방대상물(집회장·관람장·백화점·도매시장·소매시장·판매시설·공장·창고시설 또는 지하가를 제외한다)로서 지하층을 제외한 층수가 5층 이하이고 연면적이 6,000[m²] 이하인 특정소방대상물의 지상층
④ 송수구가 부설된 옥내소화전을 설치한 특정소방대상물(집회장·관람장·백화점·도매시장·소매시장·판매시설·공장·창고시설 또는 지하가를 제외한다)로서 지하층의 층수가 2 이하인 특정소방대상물의 지하층

방수구 층마다 설치 예외(NFTC 502)

• **아파트의 1층 및 2층**
• 소방차의 접근이 가능하고 소방대원이 소방차로부터 각 부분에 쉽게 도달할 수 있는 피난층
• 송수구가 부설된 옥내소화전을 설치한 특정소방대상물(집회장·관람장·백화점·도매시장·소매시장·판매시설·공장·창고시설 또는 지하가는 제외)로서 **다음의 어느 하나에 해당하는 층**
  – 지하층을 제외한 층수가 4층 이하이고 연면적이 6,000[m²] 미만인 특정소방대상물의 지상층
  – 지하층의 층수가 2 이하인 특정소방대상물의 지하층

120

고층건축물의 화재안전기술기준상 피난안전구역에 설치하는 소방시설의 설치기준에 관한 내용으로 옳은 것은?

① 제연설비의 피난안전구역과 비제연구역 간의 차압은 40[Pa](옥내소화전설비가 설치된 경우에는 12.5[Pa]) 이상으로 해야 한다.

② 피난유도선의 피난유도 표시부 너비는 최소 25[mm] 이상으로 설치할 것

③ 비상조명등은 각 부분의 바닥에서 조도는 1[lx] 이상이 될 수 있도록 설치할 것

④ 인명구조기구 중 방열복, 인공소생기를 각 1개 이상 비치할 것

해설

피난안전구역에 설치하는 소방시설 설치기준(NFTC 604)

구 분	설치기준
제연설비	피난안전구역과 비제연구역 간의 차압은 50[Pa](옥내에 **스프링클러설비가 설치된 경우**에는 12.5[Pa]) **이상**으로 해야 한다. 다만, 피난안전구역의 한쪽 면 이상이 외기에 개방된 구조의 경우에는 설치하지 않을 수 있다.
피난유도선	피난유도선은 다음의 기준에 따라 설치해야 한다. • 피난안전구역이 설치된 층의 계단실 출입구에서 피난안전구역 주출입구 또는 비상구까지 설치할 것 • 계단실에 설치하는 경우 계단 및 계단참에 설치할 것 • **피난유도 표시부의 너비는 최소 25[mm] 이상**으로 설치할 것 • 광원점등방식(전류에 의하여 빛을 내는 방식)으로 설치하되, 60분 이상 유효하게 작동할 것
비상조명등	피난안전구역의 비상조명등은 상시 조명이 소등된 상태에서 그 비상조명등이 점등되는 경우 각 부분의 바닥에서 조도는 10[lx] 이상이 될 수 있도록 설치할 것
휴대용 비상조명등	• 피난안전구역에는 휴대용 비상조명등을 다음의 기준에 따라 설치해야 한다. – 초고층 건축물에 설치된 피난안전구역 : 피난안전구역 윗층의 재실자수(건축물의 피난·방화구조 등의 기준에 관한 규칙 별표 1의2에 따라 산정된 재실자 수를 말함)의 1/10 이상 – 지하연계 복합건축물에 설치된 피난안전구역 : 피난안전구역이 설치된 층의 수용인원(영 별표 7에 따라 산정된 수용인원)의 1/10 이상 • 건전지 및 충전식 건전지의 용량은 40분 이상 유효하게 사용할 수 있는 것으로 한다. 다만, 피난안전구역이 50층 이상에 설치되어 있을 경우의 용량은 60분 이상으로 할 것

구 분	설치기준
인명구조기구	• 방열복, 인공소생기를 각 2개 이상 비치할 것 • 45분 이상 사용할 수 있는 성능의 공기호흡기(보조마스크를 포함)를 2개 이상 비치해야 한다. 다만, 피난안전구역이 50층 이상에 설치되어 있을 경우에는 동일한 성능의 예비용기를 10개 이상 비치할 것 • 화재 시 쉽게 반출할 수 있는 곳에 비치할 것 • 인명구조기구가 설치된 장소의 보기 쉬운 곳에 "인명구조기구"라는 표지판 등을 설치할 것

121

소화수조 및 저수조의 화재안전기술기준상 설치기준에 관한 내용으로 옳지 않은 것은?

① 소화수조 및 저수조의 채수구 또는 흡수관투입구는 소방차가 5[m] 이내의 지점까지 접근할 수 있는 위치에 설치해야 한다.

② 1층 및 2층의 바닥면적의 합계가 15,000[m²] 이상인 특정소방대상물은 7,500[m²]로 나누어 얻은 수(소수점 이하의 수는 1로 본다)에 20[m³]를 곱한 양 이상이 되도록 해야 한다.

③ 채수구의 수는 소요수량이 100[m³] 이상인 경우 3개 이상 설치해야 한다.

④ 소화수조 또는 저수조가 지표면으로부터 깊이(수조 내부 바닥까지의 길이를 말한다)가 4.5[m] 이상인 지하에 있는 경우에는 가압송수장치를 설치해야 한다.

정답 120 ② 121 ①

2023년 5월 20일 시행 :: 2-403

소화수조 및 저수조(NFTC 402)

- 소화수조 또는 저수조의 채수구 또는 흡수관의 투입구는 소방차가 2[m] 이내의 지점까지 접근할 수 있는 위치에 설치할 것
- 소화수조 또는 저수조의 저수량은 소방대상물의 연면적을 다음 표에 의한 기준면적으로 나누어 얻은 수(소수점 이하의 수는 1로 본다)에 20[m³]를 곱한 양 이상이 되도록 할 것

소방대상물의 구분	면적[m²]
① 1층 및 2층의 바닥면적의 합계가 15,000[m²] 이상인 소방대상물	7,500
② ①에 해당하지 않는 그 밖의 특정소방대상물	12,500

- 소요수량에 따른 채수구의 개수

소요수량	20[m³] 이상 40[m³] 미만	40[m³] 이상 100[m³] 미만	100[m³] 이상
채수구의 수	1개	2개	3개

- 소화수조 또는 저수조가 지표면으로부터의 깊이(수조 내부 바닥까지의 길이)가 4.5[m] 이상인 지하에 있는 경우에는 다음 표에 따라 **가압송수장치**를 설치해야 한다.

소요수량	20[m³] 이상 40[m³] 미만	40[m³] 이상 100[m³] 미만	100[m³] 이상
가압송수장치의 1분당 양수량	1,100[L] 이상	2,200[L] 이상	3,300[L] 이상

122

화재안전기술기준에서 정하는 방화구획 등의 설치기준에 관한 내용으로 옳지 않은 것은?

① 지하구 방화벽의 출입문은 건축법 시행령 제64조에 따른 방화문으로서 60분+방화문 또는 60분 방화문으로 설치할 것
② 소방시설용 비상전원수전설비를 고압으로 수전하는 경우 방화구획하지 않을 수 있다.
③ 전기저장장치 설치장소의 벽체, 바닥 및 천장은 건축물의 피난·방화구조 등의 기준에 관한 규칙에 따라 건축물의 다른 부분과 방화구획해야 한다. 다만, 배터리실 외의 장소와 옥외형 전기저장장치 설비는 방화구획하지 않을 수 있다.
④ 제연설비 비상전원의 설치장소는 다른 장소와 방화구획할 것

방화구획 등의 설치기준

- 지하구 방화벽의 출입문은 건축법 시행령 제64조에 따른 방화문으로서 60분+방화문 또는 60분 방화문으로 설치할 것 (NFTC 605)
- 소방시설용 비상전원수전설비를 특별고압 또는 고압으로 수전하는 경우에는 전용의 방화구획 내에 설치할 것(NFTC 602)
- 전기저장장치 설치장소의 벽체, 바닥 및 천장은 건축물의 피난·방화구조 등의 기준에 관한 규칙에 따라 건축물의 다른 부분과 방화구획해야 한다. 다만, 배터리실 외의 장소와 옥외형 전기저장장치 설비는 방화구획하지 않을 수 있다 (NFTC 607).
- 제연설비 비상전원의 설치장소는 다른 장소와 방화구획할 것. 이 경우 그 장소에는 비상전원의 공급에 필요한 기구나 설비 외의 것(열병합발전설비에 필요한 기구나 설비는 제외한다)을 두어서는 안 된다(NFTC 501).

123

가스누설경보기의 화재안전기술기준상 일산화탄소 경보기 중 단독형경보기의 설치기준으로 옳은 것을 모두 고른 것은?

> ㄱ. 단독형경보기는 천장으로부터 경보기 하단까지의 거리가 0.5[m] 이하가 되도록 설치할 것
> ㄴ. 가스누설 경보음향장치는 수신부로부터 1[m] 떨어진 위치에서 음압이 70[dB] 이상일 것
> ㄷ. 가스누설 경보음향의 음량과 음색이 다른 기기의 소음 등과 명확히 구별될 것

① ㄱ, ㄴ
② ㄱ, ㄷ
③ ㄴ, ㄷ
④ ㄱ, ㄴ, ㄷ

일산화탄소 경보기 중 단독형경보기의 설치기준

- 가스누설 경보음향의 음량과 음색이 다른 기기의 소음 등과 명확히 구별될 것
- 가스누설 경보음향장치는 수신부로부터 1[m] 떨어진 위치에서 음압이 70[dB] 이상일 것
- 단독형 경보기는 천장으로부터 경보기 하단까지의 거리가 0.3[m] 이하가 되도록 설치할 것
- 경보기가 설치된 장소에는 관계자 등에게 신속히 연락할 수 있도록 비상연락 번호를 기재한 표를 비치할 것

124

무선통신보조설비의 화재안전기술기준상 설치기준으로 옳지 않은 것은?

① 증폭기에는 비상전원이 부착된 것으로 하고 해당 비상전원 용량은 무선통신보조설비를 유효하게 20분 이상 작동시킬 수 있는 것으로 할 것
② 수신기가 설치된 장소 등 사람이 상시 근무하는 장소에는 옥외안테나의 위치가 모두 표시된 옥외안테나 위치표시도를 비치할 것
③ 분배기·분파기 및 혼합기 등의 임피던스는 50[Ω]의 것으로 할 것
④ 누설동축케이블 및 동축케이블의 임피던스는 50[Ω]으로 하고, 이에 접속하는 안테나·분배기 기타의 장치는 해당 임피던스에 적합한 것으로 할 것

해설

무선통신보조설비의 설치기준(NFTC 505)
• 증폭기에는 비상전원이 부착된 것으로 하고 해당 **비상전원** 용량은 무선통신보조설비를 유효하게 **30분** 이상 작동시킬 수 있는 것으로 할 것
• 수신기가 설치된 장소 등 사람이 상시 근무하는 장소에는 옥외안테나의 위치가 모두 표시된 옥외안테나 위치표시도를 비치할 것
• 분배기·분파기 및 혼합기 등의 임피던스는 50[Ω]의 것으로 할 것
• 누설동축케이블 또는 동축케이블의 **임피던스는 50[Ω]으로** 하고, 이에 접속하는 안테나·분배기 기타의 장치는 해당 임피던스에 적합한 것으로 해야 한다.

125

다음은 비상콘센트설비의 화재안전기술기준상 전원의 설치기준이다. ( )에 들어갈 것으로 옳은 것은?

> 지하층을 제외한 층수가 (ㄱ)층 이상으로서 연면적이 (ㄴ)[m²] 이상이거나 지하층의 바닥면적의 합계가 (ㄷ)[m²] 이상인 특정소방대상물의 비상콘센트설비에는 자가발전설비, 비상전원수전설비, 축전지설비 또는 전기저장장치(외부 전기에너지를 저장해 두었다가 필요한 때 전기를 공급하는 장치를 말한다)를 비상전원으로 설치할 것

① ㄱ : 5, ㄴ : 1,000, ㄷ : 2,00
② ㄱ : 5, ㄴ : 1,000, ㄷ : 3,000
③ ㄱ : 7, ㄴ : 1,000, ㄷ : 2,000
④ ㄱ : 7, ㄴ : 2,000, ㄷ : 3,000

해설

자가발전설비, 비상전원수전설비, 축전지설비 또는 전기저장장치를 비상전원으로 설치해야 하는 특정소방대상물(NFTC 504)
• 지하층을 제외한 층수가 **7층 이상**으로서 연면적이 **2,000 [m²] 이상**
• 지하층의 바닥면적의 합계가 3,000[m²] 이상

최근 기출문제

2024년 5월 11일 시행

제1과목 소방안전관리론 및 화재역학

001

고체 가연물의 연소방식이 아닌 것은?

① 표면연소
② 예혼합연소
③ 분해연소
④ 자기연소

해설

고체의 연소

- **표면연소** : **목탄, 코크스, 숯, 금속분** 등이 열분해에 의하여 가연성 가스는 발생하지 않고 그 물질 자체가 연소하는 현상
- **분해연소** : **석탄, 종이, 목재, 플라스틱** 등의 연소 시 열분해에 의해 발생된 가스와 공기가 혼합하여 연소하는 현상
- **증발연소** : **황, 나프탈렌**, 왁스, 파라핀 등과 같이 고체를 가열하면 열분해는 일어나지 않고 고체가 액체로 되어 일정 온도가 되면 액체가 기체로 변화하여 기체가 연소하는 현상
- **자기연소(내부연소)** : 제5류 위험물인 나이트로셀룰로오스, 질화면 등 가연물과 산소를 동시에 가지고 있는 가연물이 연소하는 현상

예혼합연소 : 기체의 연소

002

면적이 0.12[m²]인 합판이 완전 연소 시 열방출량[kW]은?(단, 평균 질량감소율은 1,800[g/m²·min], 연소율은 25[kJ/g], 연소효율은 50[%]로 가정한다)

① 45[kW]
② 270[kW]
③ 450[kW]
④ 2,700[kW]

해설

열방출량

$$q = \dot{m} \times A \times \Delta H_c \times \eta \, [\text{kW}]$$

여기서, $\dot{m}$: 질량감소속도(평균 질량감소율, [g/m²·s])
A : 연소면적[m²]
ΔH_c : 연소열[kJ/g]
η : 연소효율

$$\therefore \ q = \left(1,800\left[\frac{\text{g}}{\text{m}^2 \cdot \text{min}}\right] \times \frac{1[\text{min}]}{60[\text{s}]}\right) \times 0.12[\text{m}^2]$$
$$\times 25[\text{kJ/g}] \times 0.5$$
$$= 45[\text{kW}]$$

Plus one 단위환산

- $\dfrac{\text{g}}{\text{m}^2 \cdot \text{s}} \times \dfrac{\text{m}^2}{1} \times \dfrac{\text{kJ}}{\text{g}} = \text{kW}$
- $\text{J/s} = \text{W}$
- $\text{kJ/s} = \text{kW}$

003

내화건축물의 구획실 내에서 가연물의 연소 시, 최성기의 지배적 열전달로 옳은 것은?

① 확 산
② 전 도
③ 대 류
④ 복 사

해설

건축물의 구획실 내에서 가연물이 연소할 때 최성기에서는 복사의 열전달이 지배적이다.

004

최소발화에너지(MIE)에 영향을 주는 요소에 관한 내용으로 옳은 것은?(단, 일반적인 경향성으로 예외는 적용하지 않는다)

① 온도가 낮을수록 MIE는 감소한다.
② 압력이 상승하면 MIE는 증가한다.
③ 산소농도가 증가할수록 MIE는 감소한다.
④ MIE는 화학양론적 조성 부근에서 가장 크다.

해설

최소발화에너지(MIE)
- 온도, 압력이 높으면 최소착화에너지가 낮아지므로 위험도는 증가한다.
- 연소속도가 클수록 MIE값은 작다.
- 가연성 가스의 조성이 완전연소 조성 농도의 부근일 경우 MIE는 최저가 된다.
- 산소농도가 증가할수록 MIE는 감소한다.
- 질소, 이산화탄소 등 불연성 가스를 투입할 때 MIE는 커진다.

005

표준상태에서 5[g-mol]의 프로페인 가스(C_3H_8)가 완전 연소할 때 발생하는 이산화탄소(CO_2)의 부피[m^3]는?

① 0.336[m^3] ② 0.560[m^3]
③ 336[m^3] ④ 560[m^3]

해설

프로페인의 연소반응식

$$C_3H_8 \ + \ 5O_2 \ \rightarrow \ 3CO_2 \ + \ 4H_2O$$

$1[g-mol]$ ⟋ $3 \times 22.4[L]$
$5[g-mo]$ ⟍ x

$$\therefore \ x = \frac{5[g-mol] \times 3 \times 22.4[L]}{1[g-mol]} = 336[L] = 0.336[m^3]$$

006

물질을 연소시키는 열에너지원의 종류와 발생되는 열원의 연결이 옳은 것을 모두 고른 것은?

> ㄱ. 전기적 에너지 – 유도열, 아크열
> ㄴ. 기계적 에너지 – 마찰열, 압축열
> ㄷ. 화학적 에너지 – 연소열, 자연발열

① ㄱ ② ㄱ, ㄴ
③ ㄴ, ㄷ ④ ㄱ, ㄴ, ㄷ

해설

열에너지원의 종류
- 화학열
  - 연소열 : 어떤 물질이 완전히 산화되는 과정에서 발생하는 열(물과 이산화탄소가 생성되는 열)
  - **분해열** : 어떤 화합물이 **분해될 때** 발생하는 열
  - 용해열 : 어떤 물질이 액체에 용해될 때 발생하는 열(예 질산과 물의 혼합)
  - 자연발열 : 어떤 물질이 외부열의 공급 없이 온도가 상승하는 현상
- 전기열
  - 저항열 : 도체에 전류가 흐르면 전기저항 때문에 전기에너지의 일부가 열로 변할 때 발생하는 열(예 백열전구에서 열이 발생하는 것은 전구 내 필라멘트의 저항에 기인한다)
  - 유전열 : 누설전류에 의해 절연물질이 가열하여 절연이 파괴되어 발생하는 열
  - 유도열 : 도체 주위에 변화하는 자장이 존재하면 전위차를 발생하고 이 전위차로 전류의 흐름이 일어나 도체의 저항 때문에 열이 발생하는 것
  - 정전기열 : 정전기가 방전할 때 발생하는 열
  - 아크열 : **보통 전류가 흐르는 회로가 나이프스위치에 의하여** 또는 **우발적인 접촉**이나 **접점이 느슨하여 전류가 끊어질 때 발생하는 열**(아크의 온도는 매우 높기 때문에 인화성 물질을 점화시킬 수 있다)
- 기계열
  - 마찰열 : 두 물체를 맞대고 마찰시킬 때 발생하는 열
  - 압축열 : 기체를 압축할 때 발생하는 열로서 디젤엔진을 압축하면 발생되는 열로 인하여 연료와 공기의 혼합가스가 점화되는 경우
  - 마찰 스파크열 : 금속과 고체 물체가 충돌할 때 발생하는 열로서 철제공구를 콘크리트 바닥에 떨어뜨리면 마찰

007

두께 3[cm]인 내열판의 한쪽 면의 온도는 400[℃], 다른 쪽의 온도는 40[℃]일 때, 이 판을 통해 일어나는 열유속[W/m²]은?(단, 내열판의 열전도도는 0.1[W/m·℃]이다)

① 1.2[W/m²]
② 12[W/m²]
③ 120[W/m²]
④ 1,200[W/m²]

해설

열유속

$$q = \frac{\lambda}{l} \times \Delta t \, [\text{W/m}^2]$$

여기서, λ : 열전도도[W/m·℃]

Δt : 온도차[℃]

$$\therefore \ q = \frac{0.1[\text{W/m} \cdot \text{℃}]}{0.03[\text{m}]} \times (400 - 40)[\text{℃}] = 1,200[\text{W/m}^2]$$

008

연소생성물과 주요 특성의 연결로 옳지 않은 것은?

① CO – 헤모글로빈과 결합해 산소 운반 기능 약화
② H₂S – 계란 썩은 냄새
③ COCl₂ – 맹독성 가스로 허용농도는 0.1[ppm]
④ HCN – 맹독성 가스로 0.3[ppm]의 농도에서 즉사

해설

연소생성물

항 목 종 류	특 성	허용농도
CO	• 유기물 불완전연소 시 발생 • 헤모글로빈과 결합해 산소 운반 기능 약화	50[ppm]
H₂S	• 황을 함유하는 유기화합물이 불완전연소 시 발생 • 계란 썩은 냄새	10[ppm]
COCl₂	맹독성 가스로서 연소 시에는 거의 발생하지 않으나 사염화탄소 소화약제 사용 시 발생	0.1[ppm]
HCN	독성 가스로서 멜라민, 폴리우레탄 연소 시 발생하며 0.3[%](3,000[ppm]) 이상 농도에서는 즉사한다.	10[ppm]

009

다음 중 설명하는 효과로 옳은 것은?

> 건축물 내부와 외부의 온도차·공기 밀도차로 인하여 발생하며, 일반적으로 저층보다 고층건축물에서 더 큰 효과를 나타낸다.

① 플래시오버
② 백드래프트
③ 굴뚝효과
④ 롤오버

해설

굴뚝효과(Stack Effect)

• 정의 : 화재 시 실내·외 온도차가 커서 건물 내부와 외부의 압력 차이로 부력이 발생해 저층부에 공기가 유입되어 연기가 수직공간을 따라 상승하는 현상
• 영향을 주는 요인
  – 건물의 높이
  – 외벽의 기밀성
  – 건물의 층간 공기 누출
  – 누설틈새
  – 건물의 구획
  – 공조시설의 종류
  – 내·외부 온도차

010

건축물의 피난·방화구조 등의 기준에 관한 규칙상 방화구획의 설치기준 중 ( )에 들어갈 내용으로 옳은 것은?

> • 10층 이하의 층은 바닥면적 (ㄱ)[m²](스프링클러 기타 이와 유사한 자동식 소화설비를 설치한 경우가 아님) 이내마다 구획할 것
> • 11층 이상의 층은 바닥면적 (ㄴ)[m²](스프링클러 기타 이와 유사한 자동식 소화설비를 설치한 경우가 아님) 이내마다 구획할 것(다만, 벽 및 반자의 실내에 접하는 부분의 마감을 불연재료로 한 경우가 아님)

① ㄱ : 500, ㄴ : 200
② ㄱ : 500, ㄴ : 300
③ ㄱ : 1,000, ㄴ : 200
④ ㄱ : 1,000, ㄴ : 300

방화구획의 설치기준

구획 종류	구획기준		구획부분의 구조
면적별 구획	10층 이하의 층	• 바닥면적 1,000[m²] 이내마다 구획 • 자동식 소화설비(스프링클러설비) 설치 시 바닥면적 3,000[m²] 이내마다 구획	내화구조의 바닥 및 벽, 방화문 또는 자동방화셔터로 구획
	11층 이상의 층	• 바닥면적 200[m²] 이내마다 구획 • 자동식 소화설비(스프링클러설비) 설치 시 바닥면적 600[m²] 이내마다 구획 • 벽 및 반자의 실내에 접하는 마감이 불연재료인 경우 바닥면적 500[m²] 이내마다 구획 • 벽 및 반자의 실내에 접하는 마감이 불연재료이면서 자동식 소화설비(스프링클러설비) 설치 시 바닥면적 1,500[m²] 이내마다 구획	
층별 구획	매 층마다 구획(단, 지하 1층에서 지상으로 직접 연결하는 경사로 부위는 제외)		
기 타	필로티나 그 밖에 이와 비슷한 구조의 부분을 주차장으로 사용하는 경우 그 부분은 건축물의 다른 부분과 구획할 것		

011

건축물의 피난·방화구조 등의 기준에 관한 규칙상 내화구조로 옳지 않은 것은?

① 벽의 경우에는 철골철근콘크리트조로서 두께가 10[cm] 이상인 것
② 기둥의 경우에는 철근콘크리트조로서 그 작은 지름이 15[cm] 이상인 것(다만, 고강도 콘크리트를 사용하는 경우가 아님)
③ 바닥의 경우에는 철재의 양면을 두께 5[cm] 이상의 철망모르타르 또는 콘크리트로 덮은 것
④ 지붕의 경우에는 철골철근콘크리트조

내화구조

내화구분		내화구조의 기준
벽	모든 벽	• 철근콘크리트조 또는 철골·철근콘크리트조로서 두께가 10[cm] 이상인 것 • 골구를 철골조로 하고 그 양면을 두께 4[cm] 이상의 철망모르타르(그 바름바탕을 불연재료로 한 것으로 한정) 또는 두께 5[cm] 이상의 콘크리트 블록·벽돌 또는 석재로 덮은 것 • 철재로 보강된 콘크리트 블록조·벽돌조 또는 석조로서 철재에 덮은 콘크리트 블록 등의 두께가 5[cm] 이상인 것 • 벽돌조로서 두께가 19[cm] 이상인 것 • 고온·고압의 증기로 양생된 경량기포 콘크리트 패널 또는 경량기포 콘크리트 블록조로서 두께가 10[cm] 이상인 것
	외벽 중 비내력벽	• 철근콘크리트조 또는 철골·철근콘크리트조로서 두께가 7[cm] 이상인 것 • 골구를 철골조로 하고 그 양면을 두께 3[cm] 이상의 철망모르타르 또는 두께 4[cm] 이상의 콘크리트 블록·벽돌 또는 석재로 덮은 것 • 철재로 보강된 콘크리트 블록조·벽돌조 또는 석조로서 철재에 덮은 콘크리트 블록 등의 두께가 4[cm] 이상인 것 • 무근콘크리트조·콘크리트 블록조·벽돌조 또는 석조로서 두께가 7[cm] 이상인 것
기 둥		작은 지름이 25[cm] 이상인 것. 다만, 고강도 콘크리트(설계기준강도가 50[MPa] 이상인 콘크리트)를 사용하는 경우에는 국토교통부장관이 정하여 고시하는 고강도 콘크리트 내화성능 관리기준에 적합해야 한다. • 철근콘크리트조 또는 철골·철근콘크리트조 • 철골을 두께 6[cm](경량골재를 사용하는 경우 5[cm]) 이상의 철망모르타르 또는 두께 7[cm] 이상의 콘크리트 블록·벽돌 또는 석재로 덮은 것 • 철골을 두께 5[cm] 이상의 콘크리트로 덮은 것
바 닥		• 철근콘크리트조 또는 철골·철근콘크리트조로서 두께가 10[cm] 이상인 것 • 철재로 보강된 콘크리트 블록조·벽돌조 또는 석조로서 철재에 덮은 콘크리트 블록 등의 두께가 5[cm] 이상인 것 • 철재의 양면을 두께 5[cm] 이상의 철망모르타르 또는 콘크리트로 덮은 것
지 붕		• 철근콘크리트조 또는 철골·철근콘크리트조 • 철재로 보강된 콘크리트 블록조·벽돌조 또는 석조 • 철재로 보강된 유리블록 또는 망입유리로 된 것

012

건축물의 피난·방화구조 등의 기준에 관한 규칙 및 건축법령상 소방관진입창의 기준으로 옳은 것은?

① 3층 이상 11층 이하인 층에 각각 1개소 이상 설치할 것. 이 경우 소방관이 진입할 수 있는 창의 가운데에서 벽면 끝까지의 수평거리가 50[m] 이상인 경우에는 50[m] 이내마다 소방관이 진입할 수 있는 창을 추가로 설치해야 한다.

② 창문의 가운데에 지름 30[cm] 이상의 삼각형을 야간에도 알아볼 수 있도록 빛 반사등으로 붉은색으로 표시할 것

③ 창문의 한쪽 모서리에 타격지점을 지름 3[cm] 이상의 원형으로 표시할 것

④ 창문의 크기는 폭 75[cm] 이상, 높이 1.1[m] 이상으로 하고, 실내 바닥면으로부터 창의 아랫부분까지의 높이는 80[cm] 이내로 할 것

소방관진입창의 설치기준

• 2층 이상 11층 이하인 층에 각각 1개소 이상 설치할 것. 이 경우 소방관이 진입할 수 있는 창의 가운데에서 벽면 끝까지의 수평거리가 40[m] 이상인 경우에는 40[m] 이내마다 소방관이 진입할 수 있는 창을 추가로 설치해야 한다.

• 소방차 진입로 또는 소방차 진입이 가능한 공터에 면할 것

• 창문의 가운데에 지름 20[cm] 이상의 역삼각형을 야간에도 알아볼 수 있도록 빛 반사 등으로 붉은색으로 표시할 것

• 창문의 한쪽 모서리에 타격지점을 지름 3[cm] 이상의 원형으로 표시할 것

• 창문의 크기는 폭 90[cm] 이상, 높이 1.2[m] 이상으로 하고, 실내 바닥면으로부터 창의 아랫부분까지의 높이는 80[cm] 이내로 할 것

• 다음의 어느 하나에 해당하는 유리를 사용할 것
  - 플로트판유리로서 그 두께가 6[mm] 이하인 것
  - 강화유리 또는 배강도유리로서 그 두께가 5[mm] 이하인 것
  - 위에 해당하는 유리로 구성된 이중 유리로서 그 두께가 24[mm] 이하인 것

013

내화건축물과 비교한 목조건축물의 화재특성에 관한 설명으로 옳은 것은?

① 공기의 유입이 불충분하여 발염연소가 억제된다.

② 건축물의 구조와 특성상 열이 외부로 방출되는 것보다 축적되는 것이 많다.

③ 화재 시 연기 등 연소생성물이 계단이나 복도 등을 따라 상층부로 이동하는 경향이 많다.

④ 화염의 분출면적이 크고 복사열이 커서 접근하기 어렵다.

목조건축물의 화재특성

• 화염의 분출면적이 크고 복사열이 커서 접근하기 어렵다.
• 최성기를 지나면 지붕과 벽이 무너진다.
• 최성기에 이르면 연기의 색깔은 흑색으로 변한다.

014

건축물의 피난·방화구조 등의 기준에 관한 규칙상 지하층의 비상탈출구의 기준으로 옳은 것은?(단, 주택의 경우에는 해당되지 않음)

① 비상탈출구의 유효너비는 0.6[m] 이상으로 하고, 유효높이는 1.2[m] 이상으로 할 것

② 비상탈출구는 출입구로부터 2[m] 이상 떨어진 곳에 설치할 것

③ 지하층의 바닥으로부터 비상탈출구의 아랫부분까지의 높이가 1.1[m] 이상이 되는 경우에는 벽체에 발판의 너비가 26[cm] 이상인 사다리를 설치할 것

④ 피난층 또는 지상으로 통하는 복도나 직통계단까지 이르는 피난통로의 유효너비는 0.75[m] 이상으로 하고, 피난통로의 실내에 접하는 부분의 마감과 그 바탕은 불연재료로 할 것

비상탈출구의 설치기준

- 비상탈출구의 유효너비는 0.75[m] 이상으로 하고, 유효높이는 1.5[m] 이상으로 할 것
- 비상탈출구의 문은 피난방향으로 열리도록 하고, 실내에서 항상 열 수 있는 구조로 해야 하며, 내부 및 외부에는 비상탈출구의 표시를 할 것
- 비상탈출구는 출입구로부터 3[m] 이상 떨어진 곳에 설치할 것
- 지하층의 바닥으로부터 비상탈출구의 아랫부분까지의 높이가 1.2[m] 이상이 되는 경우에는 벽체에 발판의 너비가 20[cm] 이상인 사다리를 설치할 것
- 비상탈출구는 피난층 또는 지상으로 통하는 복도나 직통계단에 직접 접하거나 통로 등으로 연결될 수 있도록 설치해야 하며, 피난층 또는 지상으로 통하는 복도나 직통계단까지 이르는 피난통로의 유효너비는 0.75[m] 이상으로 하고, 피난통로의 실내에 접하는 부분의 마감과 그 바탕은 불연재료로 할 것
- 비상탈출구의 진입부분 및 피난통로에는 통행에 지장이 있는 물건을 방치하거나 시설물을 설치하지 않을 것
- 비상탈출구의 유도등과 피난통로의 비상조명등의 설치는 소방법령이 정하는 바에 의할 것

015

건축물의 피난 · 방화구조 등의 기준에 관한 규칙상 피난안전구역의 구조 및 설비기준으로 옳지 않은 것은?(단, 초고층건축물과 준초고층건축물에 한함)

① 피난안전구역의 내부마감재료는 불연재료로 설치할 것
② 건축물의 내부에서 피난안전구역으로 통하는 계단은 피난계단의 구조로 설치할 것
③ 비상용 승강기는 피난안전구역에서 승하차할 수 있는 구조로 설치할 것
④ 피난안전구역의 높이는 2.1[m] 이상일 것

피난안전구역의 구조 및 설비기준

- 피난안전구역의 내부마감재료는 불연재료로 설치할 것
- 건축물의 내부에서 피난안전구역으로 통하는 계단은 특별피난계단의 구조로 설치할 것
- 비상용 승강기는 피난안전구역에서 승하차할 수 있는 구조로 설치할 것
- 피난안전구역에는 식수공급을 위한 급수전을 1개소 이상 설치하고 예비전원에 의한 조명설비를 설치할 것
- 관리사무소 또는 방재센터 등과 긴급연락이 가능한 경보 및 통신시설을 설치할 것
- 피난안전구역의 높이는 2.1[m] 이상일 것

016

건축물의 피난 · 방화구조 등의 기준에 관한 규칙상 건축물에 설치하는 계단의 기준 중 (   )에 들어갈 내용으로 옳은 것은?(단, 연면적 200[m²]를 초과하는 건축물임)

> 초등학교의 계단인 경우에는 계단 및 계단참의 유효너비는 (ㄱ)[cm] 이상, 단높이는 (ㄴ)[cm] 이하, 단너비는 (ㄷ)[cm] 이상으로 할 것

① ㄱ : 120, ㄴ : 16, ㄷ : 26
② ㄱ : 120, ㄴ : 18, ㄷ : 30
③ ㄱ : 150, ㄴ : 16, ㄷ : 26
④ ㄱ : 150, ㄴ : 18, ㄷ : 30

건축물에 설치하는 계단의 설치기준(건피방 제15조)

① 초등학교의 계단인 경우에는 계단 및 계단참의 유효너비는 150[cm] 이상, 단높이는 16[cm] 이하, 단너비는 26[cm] 이상으로 할 것
② 중 · 고등학교의 계단인 경우에는 계단 및 계단참의 유효너비는 150[cm] 이상, 단높이는 18[cm] 이하, 단너비는 26[cm] 이상으로 할 것
③ 문화 및 집회시설(공연장 · 집회장 및 관람장에 한한다) · 판매시설 기타 이와 유사한 용도에 쓰이는 건축물의 계단인 경우에는 계단 및 계단참의 유효너비를 120[cm] 이상으로 할 것
④ ①부터 ③까지의 건축물 외의 건축물의 계단으로서 다음의 어느 하나에 해당하는 층의 계단인 경우에는 계단 및 계단참은 유효너비를 120[cm] 이상으로 할 것
  ㉠ 계단을 설치하려는 층이 지상층인 경우 : 해당 층의 바로 위층부터 최상층(상부층 중 피난층이 있는 경우에는 그 아래층을 말한다)까지의 거실 바닥면적의 합계가 200[m²] 이상인 경우
  ㉡ 계단을 설치하려는 층이 지하층인 경우 : 지하층 거실 바닥면적의 합계가 100[m²] 이상인 경우
⑤ 기타의 계단인 경우에는 계단 및 계단참의 유효너비를 60[cm] 이상으로 할 것

017

메테인(Methane)의 완전 연소반응식이 다음과 같을 때, 메테인의 발열량[kcal]은?(다만, 표준상태에서 메테인, 이산화탄소, 물의 생성열은 각각 17.9[kcal], 94.1[kcal], 57.8[kcal]이다)

> $CH_4 + 2O_2 \rightarrow CO_2 + 2H_2O + Q\text{kcal}$

① 187.7[kcal]
② 191.8[kcal]
③ 201.4[kcal]
④ 229.3[kcal]

해설

메테인의 발열량(생성물 − 반응물)

$$CH_4 + 2O_2 \rightarrow CO_2 + 2H_2O + Q$$

$17.9[kcal]$ $94.1[kcal]$ $(2 \times 57.8)[kcal]$

∴ 메테인의 발열량 $= 94.1[kcal] + (2 \times 57.8)[kcal] - 17.9[kcal]$

                       $= 191.8[kcal]$

018

제1인산암모늄의 열분해 생성물 중 부촉매 소화작용에 해당하는 것은?

① NH_3
② HPO_3
③ H_3PO_4
④ NH_4^+

해설

제3종 분말소화약제의 소화효과

• 열분해 시 암모니아와 수증기에 의한 질식효과
• 열분해에 의한 냉각효과
• 유리된 암모늄이온(NH_4^+)에 의한 부촉매효과
• 메타인산(HPO_3)에 의한 방진작용
• 셀룰로오스에 의한 탈수효과

019

화재 시 발생하는 일산화탄소(CO)에 관한 설명으로 옳지 않은 것은?

① 일산화탄소의 농도는 분해 생성물의 양에 반비례한다.
② 공기가 부족할 때 또는 환기량이 적을수록 증가한다.
③ 셀룰로오스계 가연물 연소 시 또는 화재하중이 클수록 증가한다.
④ OH 라디칼은 일산화탄소의 산화에 결정적인 요소이다.

해설

일산화탄소(CO)

• 일산화탄소는 유기물이 불완전연소 시 발생하므로 공기의 양에 따라 다르다.
• 공기가 부족할 때 또는 환기량이 적을수록 증가한다.
• 셀룰로오스계 가연물 연소 시 또는 화재하중이 클수록 증가한다.

020

가연성 액화가스 저장탱크 주변 화재로 BLEVE 발생 시 Fire Ball 형성에 영향을 미치는 요인이 아닌 것은?

① 높은 연소열
② 넓은 폭발범위
③ 높은 증기밀도
④ 연소 상한계에 가까운 조성

해설

Fire Ball

• Fire Ball : BLEVE(비등액체증기 폭발) 및 UVCE(자유공간 증기운 폭발) 등에 의한 가연성 증기가 확산하여 공기와의 혼합이 폭발범위에 이르렀을 때 커다란 공의 형태로 폭발하는 것이다.
• Fire Ball 형성에 영향을 미치는 요인
 - 높은 연소열
 - 넓은 폭발범위
 - 낮은 증기밀도
 - 유출되는 형태에 따라 증기-공기 혼합물의 조성

021

연소범위(폭발범위)에 관한 설명으로 옳지 않은 것은?

① 불활성 가스를 첨가할수록 연소범위는 좁아진다.
② 온도가 높아질수록 폭발범위는 넓어진다.
③ 혼합기를 이루는 공기의 산소농도가 높을수록 연소범위는 좁아진다.
④ 가연물의 양과 유동상태 및 방출속도 등에 따라 영향을 받는다.

해설

연소범위(폭발범위)

• 온도(압력)가 상승할수록 연소범위는 넓어진다.
• 불활성 가스를 첨가할수록 연소범위는 좁아진다.
• 공기의 산소농도가 높을수록 연소범위는 넓어진다.
• 가연물의 양과 유동상태 및 방출속도 등에 따라 영향을 받는다.

022

연소 시 산소공급원의 역할에 관한 설명으로 옳은 것은?

① 염소(Cl_2)는 조연성 가스로서 산소공급원의 역할을 할 수 있다.
② 일산화탄소(CO)는 불연성 가스로서 산소공급원의 역할을 할 수 없다.
③ 이산화질소(NO_2)는 가연성 가스로서 산소공급원의 역할을 할 수 있다.
④ 수소(H_2)는 인화성 가스로서 산소공급원의 역할을 할 수 있다.

해설

연소 시 산소공급 역할

항목 종류	가스 구분	연소의 3요소 역할
염 소	조연성	산소공급원
일산화탄소	가연성	가연물
이산화질소	불연성	–
수 소	가연성	가연물

023

분말소화약제인 탄산수소나트륨 84[g]이 1[atm], 270[℃]에서 분해되었다. 이때, 분해 생성된 이산화탄소의 부피[L]는 약 얼마인가?

① 11.1[L]   ② 22.3[L]
③ 28.6[L]   ④ 44.6[L]

해설

탄산수소나트륨의 열분해반응식

$2NaHCO_3 \rightarrow Na_2CO_3 + CO_2 + H_2O$

$2 \times 84[g]$ ⤫ $44[g]$
$84[g]$ x

$\therefore x = \dfrac{84[g] \times 44[g]}{2 \times 84[g]} = 22[g]$

이상기체 상태방정식을 적용하여 부피를 구하면

$$PV = nRT = \dfrac{W}{M}RT, \quad V = \dfrac{WRT}{PM}$$

여기서 P : 압력[atm] V : 부피[L]
　　　M : 분자량 W : 무게[g]
　　　R : 기체상수(0.082[L·atm/g-mol·K])
　　　T : 절대온도(273 + [℃])

$\therefore V = \dfrac{WRT}{PM} = \dfrac{22[g] \times 0.08205 \times (273 + 270)[K]}{1[atm] \times 44[g/g-mol]}$

$= 22.28[L]$

024

가시거리의 한계치를 연기의 농도로 환산한 감광계수[m^{-1}]와 가시거리[m]에 관한 설명으로 옳은 것은?

① 감광계수 0.1은 연기감지기가 작동할 정도이다.
② 감광계수 0.3은 가시거리 2이다.
③ 감광계수 1은 어두침침한 것을 느끼는 정도이다.
④ 감광계수로 표시한 연기의 농도와 가시거리는 비례 관계를 갖는다.

해설

감광계수

감광계수[m^{-1}]	가시거리[m]	상 황
0.1	20~30	연기감지기가 작동할 때의 정도
0.3	5	건물 내부에 익숙한 사람이 피난에 지장을 느낄 정도
0.5	3	어두침침한 것을 느낄 정도
1	1~2	거의 앞이 보이지 않을 정도
10	0.2~0.5	화재 최성기 때의 정도
30	–	출화실에서 연기가 분출될 때의 연기농도

025

분말소화기의 특성에 관한 설명으로 옳지 않은 것은?

① 분말소화약제의 분해 반응 시 발열반응을 한다.
② 축압식 소화기는 소화분말을 채운 용기에 이산화탄소 또는 질소가스로 축압시킨다.
③ 인산암모늄 소화기의 열분해 생성물은 메타인산, 암모니아, 물이다.
④ 제3종 분말소화기는 A급, B급, C급 화재에 모두 적응성이 있다.

해설

소화약제는 열분해할 때 흡열반응을 하므로 소화약제로 사용한다.

026

지름 100[mm]인 관 내의 물이 평균유속 5[m/s]로 흐를 때, 유량[m³/s]은 약 얼마인가?

① 0.039[m³/s]　　② 0.39[m³/s]
③ 3.9[m³/s]　　④ 39[m³/s]

해설

유 량

$$Q = uA$$

여기서, Q : 유량[m³/s]
　　　　u : 유속[m/s]
　　　　A : 단면적$\left(\dfrac{\pi}{4}d^2 = \dfrac{\pi}{4}(0.1[\text{m}])^2 = 0.00785[\text{m}^2]\right)$

∴ $Q = u\,A = 5[\text{m/s}] \times 0.00785[\text{m}^2] = 0.039[\text{m}^3/\text{s}]$

027

유체의 점성에 관한 설명으로 옳지 않은 것은?

① 동점성계수의 MLT 차원은 L^2T^{-1}이다.
② 동점성계수는 점성계수와 유체의 밀도로 나타낼 수 있다.
③ 점성계수와 동점성계수의 단위는 같다.
④ 점성은 유체에 전단응력이 작용할 때 변형에 저항하는 정도를 나타내는 유체의 성질로 정의된다.

해설

점성계수

• 동점성계수의 차원

$$동점도 \quad \nu = \dfrac{\mu}{\rho}([\text{cm}^2/\text{s}], [\text{L}^2\text{T}^{-1}])$$

여기서, μ : 점성계수　　　　ρ : 유체의 밀도
• 점성계수의 단위 : $0.01[\text{g/cm} \cdot \text{s}]$
• 점성은 유체에 전단응력이 작용할 때 변형에 저항하는 정도를 나타내는 유체의 성질로 정의된다.

028

Darcy-Weisbach 공식에서 마찰손실수두에 관한 설명으로 옳은 것은?

① 관의 직경에 반비례한다.
② 관의 길이에 반비례한다.
③ 마찰손실계수에 반비례한다.
④ 유속의 제곱에 반비례한다.

해설

Darcy-Weisbach식

$$H = \dfrac{\Delta p}{\gamma} = \dfrac{flu^2}{2gD}$$

여기서, H : 마찰손실[m]
　　　　ΔP : 압력차[N/m²]
　　　　γ : 유체의 비중량(물의 비중량 = 9,800[N/m²])
　　　　f : 관마찰계수
　　　　l : 관의 길이[m]
　　　　u : 유체의 유속[m/s]
　　　　D : 관의 직경[m]
　　　　g : 중력가속도(9.8[m/s²])

∴ 마찰손실수두는 관의 직경에 반비례하고 마찰손실계수, 관의 길이, 유속의 제곱에 비례한다.

029

다음 그림에서 유량이 Q인 물이 방출되고 있다. 이때, 방출유량을 4배 높이기 위한 수위로 옳은 것은?(단, 방출구의 직경 변화는 없고, 점성 등의 영향은 무시한다)

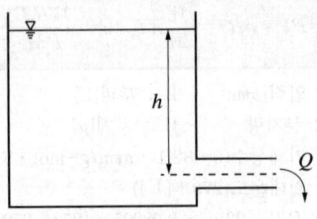

① 2h　　　　　② 4h
③ 8h　　　　　④ 16h

수위(H)

- 연속방정식 $Q = Au = \left(\dfrac{\pi}{4} \times d^2\right) \times \sqrt{2gh}\,[\mathrm{m^3/s}]$

- 방출구의 직경변화가 없으므로 $d = d_1$이고, 유출면적 $A = A_1$이다.

변화 전 유출면적 $A = \dfrac{Q}{\sqrt{2gh}}$

변화 후 유출면적 $A_1 = \dfrac{Q_1}{\sqrt{2gh_1}} = \dfrac{4Q}{\sqrt{2gh_1}}$

$A = A_1$에서 $\dfrac{Q}{\sqrt{2gh}} = \dfrac{4Q}{\sqrt{2gh_1}}$ 이므로

$\dfrac{\sqrt{2gh_1}}{\sqrt{2gh}} = \dfrac{4Q}{Q}$, $\dfrac{\sqrt{h_1}}{\sqrt{h}} = 4$, $\dfrac{h_1}{h} = 4^2$

$\therefore\ h_1 = 16h$

030

모세관 현상에서 대기압 P_a를 고려하여 액체의 상승높이를 구하는 공식으로 옳은 것은?(단, 표면장력 σ, 접촉각 θ, 단위체적당 비중량 γ, 모세관 직경 d이다)

① $\dfrac{4\sigma\cos\theta}{\gamma d} - \dfrac{P_a}{\gamma}$

② $\dfrac{4\sigma\cos\theta}{\gamma d} - P_a$

③ $\dfrac{4\sigma\cos\theta}{\gamma d} - \dfrac{4P_a}{d}$

④ $\dfrac{4\sigma\cos\theta}{\gamma d} - \dfrac{4P_a}{\gamma}$

액체의 상승 높이

$$\dfrac{4\sigma\cos\theta}{\gamma d} - \dfrac{P_a}{\gamma}$$

여기서, σ : 표면장력([dyne/cm], [N/m])

θ : 접촉각

γ : 비중량[N/m³]

d : 직경[m]

P_a : 대기압

031

관수로 흐름의 손실 중 미소손실이 아닌 것은?

① 관마찰손실
② 급확대손실
③ 점차확대손실
④ 밸브에 의한 손실

관마찰손실

- 주손실 : 관로마찰에 의한 손실
- 부차적 손실(미소손실) : 급격한 확대 및 축소손실, 관부속품(밸브)에 의한 손실

032

펌프의 상사법칙으로 옳은 것을 모두 고른 것은?(단, 펌프의 비속도는 일정하다)

> ㄱ. 유량은 회전수 비에 비례한다.
> ㄴ. 전양정은 회전수 비의 제곱에 비례한다.
> ㄷ. 펌프의 축동력은 회전수 비의 4승에 비례한다.

① ㄱ   ② ㄷ
③ ㄱ, ㄴ   ④ ㄴ, ㄷ

펌프의 상사법칙

- 유량 : $Q_2 = Q_1 \times \dfrac{N_2}{N_1} \times \left(\dfrac{D_2}{D_1}\right)^3$

  → 유량은 회전수에 비례한다.

- 전양정 : $H_2 = H_1 \times \left(\dfrac{N_2}{N_1}\right)^2 \times \left(\dfrac{D_2}{D_1}\right)^2$

  → 전양정은 회전수의 제곱에 비례한다.

- 동력 : $P_2 = P_1 \times \left(\dfrac{N_2}{N_1}\right)^3 \times \left(\dfrac{D_2}{D_1}\right)^5$

  → 동력은 회전수의 3승에 비례한다.

여기서, N : 회전수[rpm]

D : 내경[mm]

033

직경 0.5[m]의 수평관에 1[m³/s]의 유량과 2.2[kgf/cm²]의 압력으로 송수하기 위한 펌프의 소요동력[kW]은 약 얼마인가?(단, 펌프 효율은 85[%]이며, 관내 마찰손실은 무시한다)

① 15.2[kW] ② 253.6[kW]
③ 268.9[kW] ④ 283.6[kW]

해설

펌프의 소요동력

$$P = \frac{\gamma HQ}{\eta}[kW]$$

여기서, γ : 물의 비중량(9.8[kN/m³])

H : 전양정

– 연속방정식 $Q = uA = \frac{\pi}{4}d^2 u$에서

유속 $u = \frac{4Q}{\pi d^2} = \frac{4 \times 1[m^3/s]}{\pi \times (0.5[m])^2} = 5.09[m/s]$

– 베르누이 방정식 $\frac{P}{\gamma} + \frac{u^2}{2g} + Z = H$에서

$H = \frac{P}{\gamma} + \frac{u^2}{2g}$

$= \frac{2.2 \times 10^4 [kg_f/m^2]}{1,000[kg_f/m^3]} + \frac{(5.09[m/s])^2}{2 \times 9.8[m/s^2]} + 0$

$= 23.32[m]$

∴ 소요동력 $P = \frac{\gamma QH}{\eta}$

$= \frac{9.8 \times 1 \times 23.32}{0.85}$

$= 268.85[kW]$

034

직경 40[mm] 호스로 200[L/min]의 물이 분출되고 있다. 이 호스의 직경을 20[mm]로 줄이면 분출속도[m/s]는 약 얼마나 증가하는가?

① 1.95[m/s] ② 4.95[m/s]
③ 7.95[m/s] ④ 12.95[m/s]

해설

분출속도

• 연속방정식 $Q = Au = \left(\frac{\pi}{4} \times d^2\right)u[m^3/s]$

• 분출속도 $u_1 = \frac{4Q}{\pi d_1^2} = \frac{4 \times \left(\frac{0.2}{60}\right)[m^3/s]}{\pi \times (0.04[m])^2} = 2.65[m/s]$

• 연속방정식에 의해 호스의 직경이 변하더라도 유량은 일정 $(Q_1 = Q_2)$하다.

$\left\{\frac{\pi}{4} \times (0.04[m])^2\right\} \times 2.65[m/s] = \left\{\frac{\pi}{4} \times (0.02[m])^2\right\} \times u_2$

$u_2 = \frac{\left\{\frac{\pi}{4} \times (0.04[m])^2\right\}}{\left\{\frac{\pi}{4} \times (0.02[m])^2\right\}} \times 2.65[m/s] = 10.6[m/s]$

∴ 분출속도 증가량

$u_2 - u_1 = 10.6[m/s] - 2.65[m/s] = 7.95[m/s]$

035

소화원리 중 화학적 소화방법에 해당하는 것은?

① 질식소화 ② 냉각소화
③ 희석소화 ④ 억제소화

해설

화학적 소화방법 : 억제소화

036

소화약제와 주된 소화방법의 연결이 옳은 것은?

① 합성계면활성제포 – 냉각소화
② CHF₂CF₃ – 냉각소화
③ NH₄H₂PO₄ – 억제소화
④ CF₃Br – 억제소화

해설

주된 소화효과

소화약제	구 분	소화효과
합성계면활성제포	포소화약제	질식소화
CHF₂CF₃	HFC-125	억제소화
NH₄H₂PO₄	제3종 분말	질식소화
CF₃Br	할론 1301	억제소화

037

방호대상물이 서고이며 체적이 80[m³]인 방호구역에 전역방출방식의 이산화탄소 소화설비를 설치하고자 한다. 이산화탄소 소화설비의 화재안전성능기준(NFSC 106)에 의해 산정한 최소 약제량[kg]은?

- 방호구역 내 모든 물체는 가연성이다.
- 방호구역의 개구부 총면적은 2[m²]이다.
- 개구부에는 자동개폐장치가 설치되어 있다.
- 설계농도[%]는 고려하지 않는다.

① 130[kg] ② 140[kg]
③ 150[kg] ④ 160[kg]

해설

심부화재 방호대상물(종이, 목재, 석탄, 섬유류, 합성수지류 등)
- 자동폐쇄장치가 설치되어 있을 경우

약제저장량[kg] = 방호구역 체적[m³] × 필요가스량[kg/m³]

- 자동폐쇄장치가 설치되어 있지 않을 경우

약제저장량[kg] = 방호구역 체적[m³] × 필요가스량[kg/m³] + 개구부 면적[m²] × 가산량(10[kg/m²])

- 방호구역의 체적 1[m³]에 대한 소화약제의 양(필요가스량)

방호대상물	방호구역의 체적 1[m³]에 대한 소화약제의 양(필요가스량)	설계농도
유압기기를 제외한 전기설비, 케이블실	1.3[kg/m³]	50[%]
체적 55[m³] 미만의 전기설비	1.6[kg/m³]	50[%]
서고, 전자제품 창고, 목재가공품 창고, 박물관	2.0[kg/m³]	65[%]
고무류·면화류 창고, 모피 창고, 석탄 창고, 집진설비	2.7[kg/m³]	75[%]

∴ 약제저장량 = 80[m³] × 2.0[kg/m³] = 160[kg]

038

소화약제로 사용된 4[℃]의 물이 모두 200[℃] 과열수증기로 변화하였다면, 물은 약 몇 배 팽창하였는가?(단, 화재실은 대기압 상태로 화재발생 전후 압력의 변화는 없으며, 과열수증기는 이상기체로 가정한다. 4[℃]에서의 물의 밀도 = 1[g/cm³], H 및 O의 원자량은 각각 1과 16이다)

① 1,700배 ② 1,928배
③ 2,156배 ④ 2,383배

해설

부피팽창률

- 4[℃] 물의 질량이 1[kg]일 때 부피(V_1)를 계산한다.

밀도 $\rho = \dfrac{W}{V_1}$ 에서

부피 $V_1 = \dfrac{W}{\rho} = \dfrac{1[kg]}{1,000[kg/m^3]} = 0.001[m^3]$

- 200[℃] 과열수증기는 이상기체로 가정하므로 이상기체 상태방정식을 적용하여 부피(V_2)를 계산한다.

수증기(H_2O)의 분자량은 18, 대기압(P)은 10,332[kg_f/m²]이고, 이상기체 상태방정식 $PV_2 = WRT$에서

$V_2 = \dfrac{WRT}{P}$

$= \dfrac{1[kg] \times \dfrac{848}{18}[kg_f \cdot m/kg \cdot K] \times (273+200)[K]}{10,332[kg_f/m^2]}$

$= 2.1568[m^3]$

∴ 부피팽창률 $\dfrac{V_2}{V_1} = \dfrac{2.1568[m^3]}{0.001[m^3]} = 2,156.8$

039

제3종 분말소화약제의 소화효과는 다음과 같다. 제3종 분말소화약제가 다른 분말소화약제와 달리 일반(A급) 화재에도 적용이 가능한 이유로 옳은 것을 모두 고른 것은?

ㄱ. 열분해 시 흡열반응에 의한 냉각효과
ㄴ. 열분해 시 발생되는 불연성가스에 의한 질식효과
ㄷ. 메타인산의 방진효과
ㄹ. Ortho 인산에 의한 섬유소의 탈수, 탄화 작용
ㅁ. 분말 운무에 의한 열방사의 차단효과
ㅂ. 열분해 시 유리된 NH_4^+에 의한 부촉매효과

① ㄱ, ㄴ
② ㄷ, ㄹ
③ ㄹ, ㅁ, ㅂ
④ ㄱ, ㄴ, ㄷ, ㄹ, ㅁ, ㅂ

해설

제3종 분말소화약제

① 소화효과

소화효과	적용 이유
질식효과	열분해 시 암모니아, 수증기에 의해 화재면을 덮어 산소공급 차단
냉각효과	열분해에 의한 흡열반응
부촉매효과	열분해 시 유리된 암모늄이온(NH_4^+)에 의한 부촉매효과
방진효과	메타인산(HPO_3)에 의한 방진효과
탈수효과	Ortho 인산에 의한 셀룰로오스의 탈수, 탄화 작용

② A급 화재 적용성 있는 작용
　㉠ 탈수, 탄화 작용
　　㉮ Ortho 인산에 의한 셀룰로오스를 연소하기 어려운 불활성 탄소와 물로 분해
　　㉯ 물에 의한 냉각효과
　㉡ 방진효과
　　㉮ 메타인산(HPO_3)이 화재면에서 피막을 형성
　　㉯ 피막이 산소공급 차단에 의한 질식소화

040

화재현장에서 15[℃]의 물이 100[℃]의 수증기로 모두 바뀌었다고 가정할 때, 소화약제로 사용된 물의 냉각효과에 관한 설명으로 옳지 않은 것은?

① 물 1[kg]당 흡수한 현열은 약 355.3[kJ]이다.
② 물 1[kg]당 흡수한 용융잠열은 약 80[kcal]이다.
③ 물 1[kg]당 흡수한 증발잠열은 약 2,253[kJ]이다.
④ 물 1[kg]당 흡수한 총열은 약 624[kcal]이다.

해설

$$15[℃] 물 \xrightarrow{Q_1} 100[℃] 물 \xrightarrow{Q_2} 100[℃] 수증기$$

$Q = Q_1(현열) + Q_2(잠열) = mC_p\Delta t + \gamma \cdot m$

• 현열$(Q_1) = mC_p\Delta t$
$$= 1[kg] \times 1[kcal/kg \cdot ℃] \times (100-15)[℃]$$
$$= 85[kcal] \Rightarrow 355.64[kJ]$$

> $1[kcal] = 4.184[kJ]$

• 용융잠열은 0[℃]의 얼음이 0[℃]의 물로 변할 때 80[kcal]가 필요하다. 그런데 이 문제는 15[℃]의 물을 화재현장에 방사하므로 용해잠열은 없다.
• 증발잠열$(Q_2) = \gamma \cdot m = 539[kcal/kg] \times 1[kg]$
$$= 539[kcal] = 2,255.18[kJ]$$
• 총열량$(Q) = Q_1(현열) + Q_2(잠열)$
$$= 85[kcal] + 539[kcal] = 624[kcal] = 2,610.8[kJ]$$

041

충전비가 1.6인 고압식 이산화탄소 소화설비에 필요한 약제량이 230[kg]일 때, 68[L] 표준용기는 몇 개가 필요한가?

① 4개　　② 5개
③ 6개　　④ 7개

해설

용기의 개수

$$충전비 = \frac{용기의 내용적[L]}{약제의 중량[kg]}$$

• 약제의 중량$[kg] = \dfrac{용기의 내용적[L]}{충전비} = \dfrac{68[L]}{1.6[L/kg]}$
$$= 42.5[kg]$$

• 용기의 병수 $= \dfrac{전체 약제량[kg]}{용기의 약제중량[kg]} = \dfrac{230[kg]}{42.5[kg]}$
$$= 5.41 \Rightarrow 6병$$

042

할로겐화합물 소화약제 중 오존파괴지수(ODP)가 0인 소화약제가 아닌 것은?

① HCFC-124　　② HFC-23
③ FC-3-1-10　　④ FK-5-1-12

해설

오존파괴지수(ODP)

소화약제	오존파괴지수
할론1301	10
할론1211	3
할론2402	6
할론104	1.1
FC-3-1-10	0
HCFC BLEND A(NAFS-Ⅲ)	0.044
HCFC-124	0.022
HFC-125	0
HFC-227ea(FM-200)	0
HFC-23	0
HFC-236fa	0
FIC-13I1	–
FK-5-1-12	0

※ HFC계열은 오존파괴지수가 0이다.

043

콘덴서의 직렬 및 병렬 접속에 관한 설명으로 옳지 않은 것은?

① 직렬 접속 시 정전용량이 큰 콘덴서에 전압이 더 많이 걸린다.
② 직렬 접속 시 합성 정전용량은 감소한다.
③ 병렬 접속 시 총 전하량은 각 콘덴서의 전하량의 합과 같다.
④ 병렬 접속 시 합성 정전용량은 각 콘덴서의 정전용량의 합과 같다.

• 콘덴서의 직렬 접속

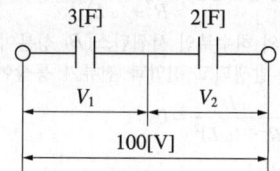

- 직렬로 접속된 콘덴서의 합성 정전용량 $C = \dfrac{C_1 C_2}{C_1 + C_2}$

  에서 $C = \dfrac{3[\text{F}] \times 2[\text{F}]}{3[\text{F}] + 2[\text{F}]} = 1.2[\text{F}]$

- 전기량 $Q = CV$ 에서 $Q = 1.2[\text{F}] \times 100[\text{V}] = 120[\text{C}]$

- V_1 에 걸리는 전압 $V_1 = \dfrac{Q}{C_1}$ 에서 $V_1 = \dfrac{120[\text{C}]}{3[\text{F}]} = 40[\text{V}]$

- V_2 에 걸리는 전압 $V_2 = \dfrac{Q}{C_2}$ 에서 $V_2 = \dfrac{120[\text{C}]}{2[\text{F}]} = 60[\text{V}]$

∴ 따라서, 콘덴서의 직렬 접속 시 정전용량이 작은 콘덴서에 전압이 더 많이 걸린다.

• 콘덴서의 직렬 접속 시 합성 정전용량 $C = \dfrac{C_1 C_2}{C_1 + C_2}$ 이므로

  합성 정전용량은 감소한다.
• 콘덴서의 병렬 접속 시 총 전하량은 각 콘덴서의 전하량의 합($Q = Q_1 + Q_2$)과 같다.
• 콘덴서의 병렬 접속 시 합성 정전용량은 각 콘덴서의 정전용량의 합($C = C_1 + C_2$)과 같다.

044

동종 금속 도선의 두 점 간에 온도차를 주고 고온 쪽에서 저온 쪽으로 전류를 흘리면, 줄열 이외에 도선 속에서 열이 발생하거나 흡수가 일어나는 현상은?

① 제베크효과　　② 톰슨효과
③ 펠티에효과　　④ 핀치효과

• 제베크효과 : 다른 두 종류의 금속 양단을 접속하여 그 접합점에 온도차를 주면 기전력이 발생하는 현상
• 톰슨효과 : 동종 금속 도선의 두 점 간에 온도차를 주고 고온 쪽에서 저온 쪽으로 전류를 흘리면, 줄열 이외에 도선 속에서 열이 발생하거나 흡수가 일어나는 현상
• 펠티에효과 : 다른 두 종류의 금속 양단을 접속하여 양 접속점에 전류를 흘리면 한쪽은 열이 발생하고, 다른 한쪽은 열을 흡수하는 현상
• 핀치효과 : 유동성 도전 물질의 경우에는 통전이 되고 있는 각 부분의 상호 작용력에 의해서 통전 방향과 직각 방향에 수축이 발생하고 경우에 따라 파괴 현상이 생기는 현상

045

자기력선의 성질에 관한 설명으로 옳지 않은 것은?

① 자기력선은 서로 교차하지 않는다.
② 자계의 방향은 자기력선 위의 한 점에서의 접선 방향이다.
③ 자기력선의 밀도는 자계의 세기와 같다.
④ 자기력선은 자석 내부에서는 S극에서 나와 N극으로 들어간다.

자기력선
• 자기력선은 서로 평행하며 교차하지 않는다.
• 자계의 방향은 자기력선 위의 한 점에서의 접선 방향이다.
• 자기력선의 밀도는 자계의 세기와 같다.
• 자기력선은 자석 내부에서는 N극에서 나와 S극으로 들어간다.

046

자기장 내에 존재하는 도체에 전류를 흘릴 때 도체가 받는 자기력의 방향을 결정하는 법칙은?

① 렌츠의 법칙
② 플레밍의 왼손 법칙
③ 플레밍의 오른손 법칙
④ 암페어의 오른나사 법칙

법칙의 정의
- **렌츠의 법칙** : 유도 기전력의 방향은 자속의 변화를 방해하려는 방향으로 발생한다는 법칙
- **플레밍의 왼손 법칙** : 자계 중의 도체에 전류를 흘리면 전자력이 발생하는데 이 전자력의 방향을 결정하는 법칙(전동기)
- **플레밍의 오른손 법칙** : 자계 중의 도체가 운동했을 때 유도 기전력의 방향을 결정하는 법칙
- **암페어의 오른나사 법칙** : 전류의 방향을 오른나사가 진행하는 방향으로 하면, 이때 발생하는 자계의 방향은 오른나사의 회전 방향이 되는 법칙

047

한국전기설비규정(KEC)에 따른 전선의 식별에서 상과 색상이 옳은 것을 모두 고른 것은?

> ㄱ. L_1 : 검은색
> ㄴ. L_2 : 갈색
> ㄷ. L_3 : 회색
> ㄹ. N : 파란색

① ㄹ   ② ㄴ, ㄷ
③ ㄷ, ㄹ   ④ ㄱ, ㄴ, ㄷ, ㄹ

전선의 색상

상(문자)	색 상
L_1	갈 색
L_2	흑 색
L_3	회 색
N	청 색
보호도체	녹색-노란색

048

다음 회로에서 공진 시 임피던스의 값은?

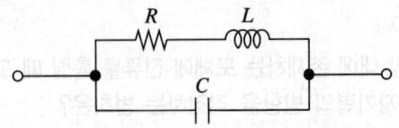

① $R - \dfrac{1}{\sqrt{LC}}$ ② $R + \dfrac{1}{\sqrt{LC}}$

③ $\dfrac{RC}{L}$ ④ $\dfrac{L}{RC}$

임피던스 값
$R-L$ 직렬회로와 C회로의 병렬회로
- 병렬회로의 어드미턴스(Y)

$$Y = \frac{1}{R+j\omega L} + j\omega C = \frac{R - j\omega L}{(R+j\omega L)(R-j\omega L)} + j\omega C$$

$$= \frac{R - j\omega L}{R^2 - (j\omega L)^2} + j\omega C = \frac{R - j\omega L}{R^2 + (\omega L)^2} + j\omega C$$

$$= \frac{R}{R^2 + (\omega L)^2} + \frac{-j\omega L}{R^2 + (\omega L)^2} + j\omega C$$

$$= \frac{R}{R^2 + (\omega L)^2} + j\left(\omega C - \frac{\omega L}{R^2 + (\omega L)^2}\right) = G + jB$$

$\therefore$ 컨덕턴스 $G = \dfrac{R}{R^2 + (\omega L)^2}$

서셉턴스 $B = \omega C - \dfrac{\omega L}{R^2 + (\omega L)^2}$

- 어드미턴스의 허수부인 서셉턴스(B) 성분이 "0"이 되어야 병렬공진이 발생되고 전압과 전류가 동상이 된다.

$$B = \omega C - \frac{\omega L}{R^2 + (\omega L)^2} = 0$$

$$\omega C = \frac{\omega L}{R^2 + (\omega L)^2} \text{에서 } \omega C\{R^2 + (\omega L)^2\} = \omega L$$

$$CR^2 + \omega^2 CL^2 = L$$

$$\omega^2 CL^2 = L - CR^2$$

$$\omega^2 = \frac{L - CR^2}{CL^2} = \frac{1}{CL} - \left(\frac{R}{L}\right)^2$$

$$\therefore \text{각주파수 } \omega = \sqrt{\frac{1}{CL} - \left(\frac{R}{L}\right)^2}$$

- 병렬공진 시 어드미턴스(Y)에서 컨덕턴스(G)의 성분만 나타난다.

$$Y = \frac{R}{R^2 + (\omega L)^2} = \frac{R}{R^2 + \left(\sqrt{\frac{1}{CL} - \left(\frac{R}{L}\right)^2}\, L\right)^2}$$

$$= \frac{R}{R^2 + \left(\frac{1}{CL} - \frac{R^2}{L^2}\right)L^2} = \frac{R}{R^2 + \frac{L^2}{CL} - \frac{R^2 L^2}{L^2}}$$

$$= \frac{R}{R^2 + \frac{L}{C} - R^2} = \frac{R}{\frac{L}{C}} = \frac{RC}{L}$$

임피던스(Z)는 어드미턴스(Y)의 역수이다.

$$\therefore Z = \frac{1}{Y} = \frac{1}{\frac{RC}{L}} = \frac{L}{RC}$$

049

다음 회로에서 단자 C, D 간의 전압을 40[V]라고 하면, 단자 A, B 간의 전압[V]은?

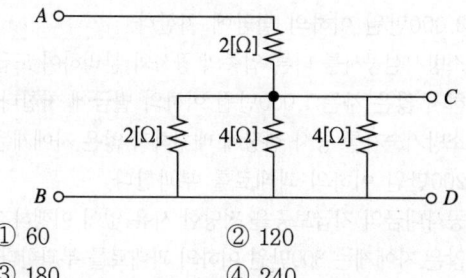

① 60   ② 120
③ 180   ④ 240

해설

저항의 직·병렬회로
• 먼저 단자 $C-D$ 간의 합성저항을 구한다.

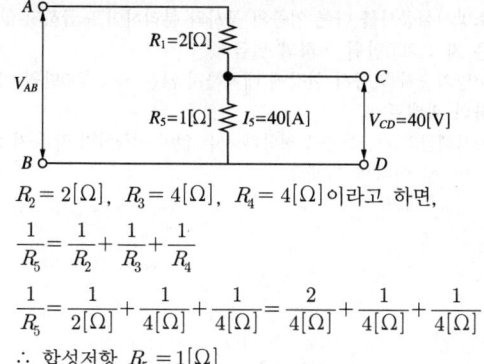

$R_2 = 2[\Omega]$, $R_3 = 4[\Omega]$, $R_4 = 4[\Omega]$이라고 하면,

$$\frac{1}{R_5} = \frac{1}{R_2} + \frac{1}{R_3} + \frac{1}{R_4}$$

$$\frac{1}{R_5} = \frac{1}{2[\Omega]} + \frac{1}{4[\Omega]} + \frac{1}{4[\Omega]} = \frac{2}{4[\Omega]} + \frac{1}{4[\Omega]} + \frac{1}{4[\Omega]}$$

∴ 합성저항 $R_5 = 1[\Omega]$

• 단자 $C-D$간에 흐르는 전류(I_5)를 구한다.

전류 $I_5 = \dfrac{V_{CD}}{R_5} = \dfrac{40[V]}{1[\Omega]} = 40[A]$

• 단자 $A-B$의 저항은 직렬로 접속되어 있으므로 각 저항에 흐르는 전류는 같다. 따라서, 직렬회로의 합성저항(R_6)을 구한다.

∴ 합성저항 $R_6 = R_1 + R_5 = 2[\Omega] + 1[\Omega] = 3[\Omega]$

• 단자 $A-B$ 간의 전압을 구한다.

∴ 전압 $V_{AB} = I_6 R_6 = 40[A] \times 3[\Omega] = 120[V]$

050

유도전동기 기동 시 상당 임피던스가 동일한 고정자 권선의 접속을 △결선에서 Y결선으로 변환할 때의 선전류 비($\dfrac{I_Y}{I_\triangle}$)는?

① $\dfrac{1}{\sqrt{3}}$ ② $\dfrac{1}{3}$

③ $\sqrt{3}$ ④ 3

해설

선전류 비
△결선과 Y결선
임피던스는 Z, 상전압은 V_p, 상전류는 I_p일 때

• △결선
 - 선간전압 $V_l = V_p$
 - 선전류 $I_\triangle = \sqrt{3}\,I_p$에서 $I_\triangle = \dfrac{\sqrt{3}\,V_p}{Z} = \dfrac{\sqrt{3}\,V_l}{Z}$

• Y결선
 - 선간전압 $V_l = \sqrt{3}\,V_p$
 - 선전류 $I_Y = I_p$에서 $I_Y = \dfrac{V_p}{Z} = \dfrac{V_l}{\sqrt{3}\,Z}$

∴ 선전류 크기의 비 $\dfrac{I_Y}{I_\triangle} = \dfrac{\dfrac{V_l}{\sqrt{3}\,Z}}{\dfrac{\sqrt{3}\,V_l}{Z}} = \dfrac{1}{\sqrt{3}} \times \dfrac{1}{\sqrt{3}} = \dfrac{1}{3}$

제3과목   **소방관련법령**

051

소방기본법령상 소방기술 및 소방산업의 국제경쟁력과 국제적 통용성을 높이기 위하여 소방청장이 추진하는 사업으로 명시되지 않은 것은?

① 소방기술 및 소방산업의 국제 협력을 위한 조사·연구
② 소방기술과 안전관리에 관한 교육 및 조사·연구
③ 소방기술 및 소방산업의 국외시장 개척
④ 소방기술 및 소방산업에 관한 국제 전시회, 국제 학술회의 개최 등 국제 교류

053

소방시설공사업법령상 벌칙에 관한 내용으로 옳은 것은?

① 공사감리 결과보고서의 제출을 거짓으로 한 자는 3,000만원 이하의 벌금에 처한다.

② 소방시설공사를 다른 업종의 공사와 분리하여 도급 하지 않은 자는 1,000만원 이하의 벌금에 처한다.

③ 소방기술자를 공사 현장에 배치하지 않은 자에게는 200만원 이하의 과태료를 부과한다.

④ 공사대금의 지급보증을 정당한 사유 없이 이행하지 않은 자에게는 300만원 이하의 과태료를 부과한다.

해설
벌 칙
- 공사감리 결과보고서의 제출을 거짓으로 한 자 : 1년 이하의 징역 또는 1,000만원 이하의 벌금
- 소방시설공사를 다른 업종의 공사와 분리하여 도급하지 않은 자 : 300만원 이하의 벌금
- 소방기술자를 공사 현장에 배치하지 않은 자 : 200만원 이하의 과태료
- 공사대금의 지급보증을 정당한 사유 없이 이행하지 않은 자 : 200만원 이하의 과태료

해설
소방청장이 추진하는 사업
- 소방기술 및 소방산업의 국제 협력을 위한 조사·연구
- 소방기술 및 소방산업에 관한 국제 전시회, 국제 학술회의 개최 등 국제 교류
- 소방기술 및 소방산업의 국외시장 개척
- 그 밖에 소방기술 및 소방산업의 국제경쟁력과 국제적 통용성을 높이기 위하여 필요하다고 인정하는 사업

052

소방기본법령상 소방대의 소방지원활동에 해당하지 않는 것은?

① 산불에 대한 예방·진압 등 지원 활동

② 자연재해에 따른 급수·배수 및 제설 등 지원 활동

③ 집회·공연 등 각종 행사 시 사고에 대비한 근접대기 등 지원 활동

④ 끼임, 고립 등에 따른 위험제거 및 구출 활동

해설
소방지원활동
- 활동권자 : 소방청장, 소방본부장 또는 소방서장
- 활동 내용
  - 산불에 대한 예방·진압 등 지원 활동
  - 자연재해에 따른 급수·배수 및 제설 등 지원 활동
  - 집회·공연 등 각종 행사 시 사고에 대비한 근접대기 등 지원 활동
  - 화재, 재난·재해로 인한 피해복구 지원 활동
  - 그 밖에 행정안전부령으로 정하는 활동

Plus one | **생활안전활동**
- **활동권자** : 소방청장, 소방본부장 또는 소방서장
- **활동 내용**
  - 붕괴, 낙하 등이 우려되는 고드름, 나무, 위험구조물 등의 제거활동
  - 위해동물, 벌 등의 포획 및 퇴치 활동
  - 끼임, 고립 등에 따른 위험제거 및 구출 활동
  - 단전사고 시 비상전원 또는 조명의 공급
  - 그 밖에 방치하면 급박해질 우려가 있는 위험을 예방하기 위한 활동

054

소방시설공사업법령상 소방시설공사 분리 도급의 예외로 명시되지 않은 것은?(단, 다른 조건은 고려하지 않음)

① 연소방지설비의 살수구역을 증설하는 공사인 경우

② 연면적이 1,000[m²] 이하인 특정소방대상물에 비상경보설비를 설치하는 공사인 경우

③ 국방 및 국가안보 등과 관련하여 기밀을 유지해야 하는 공사인 경우

④ 재난 및 안전관리 기본법에 따른 재난의 발생으로 긴급하게 착공해야 하는 공사인 경우

해설

소방시설공사 분리 도급의 예외
- 재난 및 안전관리 기본법 제3조 제1호에 따른 재난의 발생으로 긴급하게 착공해야 하는 공사인 경우
- 국방 및 국가안보 등과 관련하여 기밀을 유지해야 하는 공사인 경우
- 소방시설공사에 해당하지 않는 공사인 경우
- 연면적이 1,000[m²] 이하인 특정소방대상물에 비상경보설비를 설치하는 공사인 경우
- 국가첨단전략산업 경쟁력 강화 및 보호에 관한 특별조치법 제2조 제1호에 따른 국가첨단전략기술 관련 연구시설·개발시설 또는 그 기술을 이용하여 제품을 생산하는 시설 공사인 경우
- 그 밖에 국가유산수리 및 재개발·재건축 등의 공사로서 공사의 성질상 분리하여 도급하는 것이 곤란하다고 소방청장이 인정하는 경우

055

소방시설공사업법령상 2차 위반 시 100만원 이하의 과태료를 부과하는 경우를 모두 고른 것은?(단, 가중 또는 감경 사유는 고려하지 않음)

> ㄱ. 방염처리업자가 방염성능기준 미만으로 방염을 한 경우
> ㄴ. 감리업자가 소방시설공사의 감리를 위하여 소속 감리원을 소방시설공사 현장에 배치 후 소방본부장이나 소방서장에게 배치통보를 하지 않은 경우
> ㄷ. 소방시설공사 등의 도급을 받은 자가 해당 공사를 하도급할 때 미리 관계인과 발주자에게 하도급 등의 통지를 하지 않은 경우

① ㄱ, ㄴ   ② ㄱ, ㄷ
③ ㄴ, ㄷ   ④ ㄱ, ㄴ, ㄷ

해설

과태료 개별기준

위반행위	근거 법조문	과태료 금액 (단위 : 만원)		
		1차 위반	2차 위반	3차 이상 위반
법 제6조, 제6조의2 제1항, 제7조 제3항, 제13조 제1항 및 제2항 전단, 제17조 제2항을 위반하여 신고를 하지 않거나 거짓으로 신고한 경우	법 제40조 제1항 제1호	60	100	200
법 제8조 제3항을 위반하여 관계인에게 지위승계, 행정처분 또는 휴업·폐업의 사실을 거짓으로 알린 경우	법 제40조 제1항 제2호	60	100	200
법 제8조 제4항을 위반하여 관계 서류를 보관하지 않은 경우	법 제40조 제1항 제3호		200	
법 제12조 제2항을 위반하여 소방기술자를 공사 현장에 배치하지 않은 경우	법 제40조 제1항 제4호		200	
법 제14조 제1항을 위반하여 완공검사를 받지 않은 경우	법 제40조 제1항 제5호		200	
법 제15조 제3항을 위반하여 3일 이내에 하자를 보수하지 않거나 하자보수계획을 관계인에게 거짓으로 알린 경우	법 제40조 제1항 제6호			
1) 4일 이상 30일 이내에 보수하지 않은 경우			60	
2) 30일을 초과하도록 보수하지 않은 경우			100	
3) 거짓으로 알린 경우			200	
법 제17조 제3항을 위반하여 감리 관계 서류를 인수·인계하지 않은 경우	법 제40조 제1항 제8호		200	
법 제18조 제2항에 따른 배치통보 및 변경통보를 하지 않거나 거짓으로 통보한 경우	법 제40조 제1항 제8호의2	60	100	200
법 제20조의2를 위반하여 방염성능기준 미만으로 방염을 한 경우	법 제40조 제1항 제9호		200	
법 제20조의3 제2항에 따른 방염처리능력 평가에 관한 서류를 거짓으로 제출한 경우	법 제40조 제1항 제10호		200	

위반행위	근거 법조문	과태료 금액 (단위 : 만원)		
		1차 위반	2차 위반	3차 이상 위반
법 제21조의3 제2항에 따른 도급 계약 체결 시 의무를 이행하지 않은 경우(하도급 계약의 경우에는 하도급받은 소방시설업자는 제외한다)	법 제40조 제1항 제10호의3	200		
법 제21조의3 제4항에 따른 하도급 등의 통지를 하지 않은 경우	법 제40조 제1항 제11호	60	100	200
법 제21조의4 제1항에 따른 공사 대금의 지급보증, 담보의 제공 또는 보험료 등의 지급을 정당한 사유 없이 이행하지 않은 경우	법 제40조 제1항 제11호의2	200		
법 제26조 제2항에 따른 시공능력 평가에 관한 서류를 거짓으로 제출한 경우	법 제40조 제1항 제13호의2	200		
법 제26조의2 제1항 후단에 따른 사업수행능력 평가에 관한 서류를 위조하거나 변조하는 등 거짓이나 그 밖의 부정한 방법으로 입찰에 참여한 경우	법 제40조 제1항 제13호의3	200		
법 제31조 제1항에 따른 명령을 위반하여 보고 또는 자료 제출을 하지 않거나 거짓으로 보고 또는 자료 제출을 한 경우	법 제40조 제1항 제14호	60	100	200

056

소방시설공사업법령상 소방시설업의 업종별 등록기준 중 기계 및 전기분야 소방설비기사 자격을 함께 취득한 사람을 주된 기술인력으로 볼 수 있는 경우는?

① 전문 소방시설설계업과 화재위험평가 대행업을 함께 하는 경우

② 일반 소방시설설계업과 전문 소방시설공사업을 함께 하는 경우

③ 전문 소방시설설계업과 전문 소방시설공사업을 함께 하는 경우

④ 전문 소방시설설계업과 일반 소방시설공사업을 함께 하는 경우

주된 기술인력

업종별	주된 기술인력
전문 소방시설설계업	소방기술사
일반 소방시설설계업	소방기술사, 기계 및 전기분야 소방설비기사
전문 소방시설공사업	소방기술사, 기계 및 전기분야 소방설비기사
일반 소방시설공사업	소방기술사, 기계 및 전기분야 소방설비기사
화재위험평가대행업	소방기술사

057

소방시설 설치 및 관리에 관한 법령상 중앙소방기술심의 위원회의 심의사항을 모두 고른 것은?

> ㄱ. 화재안전기준에 관한 사항
> ㄴ. 소방시설의 설계 및 공사감리의 방법에 관한 사항
> ㄷ. 소방시설공사의 하자를 판단하는 기준에 관한 사항

① ㄱ, ㄴ ② ㄱ, ㄷ
③ ㄴ, ㄷ ④ ㄱ, ㄴ, ㄷ

해설
중앙소방기술심의위원회의 심의사항
• 화재안전기준에 관한 사항
• 소방시설의 구조 및 원리 등에서 공법이 특수한 설계 및 시공에 관한 사항
• 소방시설의 설계 및 공사감리의 방법에 관한 사항
• 소방시설공사의 **하자를 판단하는 기준**에 관한 사항
• 신기술·신공법 등 검토·평가에 고도의 기술이 필요한 경우로서 중앙위원회에 심의를 요청한 사항
• 그 밖에 소방기술 등에 관하여 **대통령령으로 정하는 사항**

058

소방시설 설치 및 관리에 관한 법령상 특정소방대상물 중 근린생활시설에 해당하는 것은?

① 같은 건축물에 해당 용도로 쓰는 바닥면적의 합계가 800[m²]인 슈퍼마켓
② 같은 건축물에 해당 용도로 쓰는 바닥면적의 합계가 600[m²]인 테니스장
③ 같은 건축물에 해당 용도로 쓰는 바닥면적의 합계가 500[m²]인 공연장
④ 같은 건축물에 해당 용도로 쓰는 바닥면적의 합계가 700[m²]인 금융업소

해설
근린생활시설
- 같은 건축물에 해당 용도로 쓰는 바닥면적의 합계가 1,000[m²] 미만인 슈퍼마켓
- 같은 건축물에 해당 용도로 쓰는 바닥면적의 합계가 500[m²] 미만인 테니스장
- 같은 건축물에 해당 용도로 쓰는 바닥면적의 합계가 300[m²] 미만인 공연장
- 같은 건축물에 해당 용도로 쓰는 바닥면적의 합계가 500[m²] 미만인 금융업소

059

소방시설 설치 및 관리에 관한 법령상 소방청장 및 시·도지사가 처분 전에 청문을 해야 하는 경우가 아닌 것은?

① 소방시설관리사 자격의 취소 및 정지
② 방염성능검사 결과의 취소 및 검사 중지
③ 우수품질인증의 취소
④ 전문기관의 지정취소 및 업무정지

해설
청문 등
- **시행권자** : 소방청장 또는 시·도지사
- **대 상**
 - 소방시설관리사 자격의 취소 및 정지
 - 소방시설관리업의 등록취소 및 영업정지
 - 소방용품의 형식승인 취소 및 제품검사 중지
 - 성능인증의 취소
 - 우수품질인증의 취소
 - 전문기관의 지정취소 및 업무정지

060

소방시설 설치 및 관리에 관한 법령상 소방시설 등의 자체점검에 관한 설명으로 옳지 않은 것은?

① 해당 특정소방대상물의 소방시설 등이 신설된 경우, 관계인은 건축법에 따라 건축물을 사용할 수 있게 된 날부터 30일 이내에 최초점검을 실시해야 한다.
② 스프링클러가 설치된 특정소방대상물이나 제연설비가 설치된 터널은 종합점검 대상이다.
③ 자체점검의 면제를 신청하려는 관계인은 자체점검의 실시 만료일 3일 전까지 자체점검 면제신청서를 소방본부장 또는 소방서장에게 제출해야 한다.
④ 관리업자가 자체점검을 실시한 경우 그 점검이 끝난 날부터 10일 이내에 소방시설 등 점검표를 첨부하여 소방시설 등 자체점검 실시결과 보고서를 관계인에게 제출해야 한다.

해설
소방시설 등의 자체점검
- 자체점검 구분 및 대상, 점검자의 자격

점검 구분	점검대상	점검자의 자격 (주된 인력)
최초 점검	소방시설이 새로 설치되는 경우	• 소방시설관리업에 등록된 기술인력 중 소방시설관리사 • 소방안전관리자로 선임된 소방시설관리사 또는 소방기술사
작동 점검	• 간이스프링클러설비(주택전용 간이스프링클러설비는 제외)가 설치된 특정소방대상물 • 자동화재탐지설비가 설치된 특정소방대상물	• 관계인 • 관리업에 등록된 기술인력 중 소방시설관리사 • 소방시설공사업법 시행규칙 별표 4의2에 따른 특급점검자 [24.12.01 시행] • 소방안전관리자로 선임된 소방시설관리사 또는 소방기술사
	이외에 영 제5조에 따른 특정소방대상물	• 관리업에 등록된 기술인력 중 소방시설관리사 • 소방안전관리자로 선임된 소방시설관리사 또는 소방기술사

점검 구분	점검대상	점검자의 자격 (주된 인력)
작동 점검	**[작동점검 제외되는 특정소방대상물]** • 특정소방대상물 중 화재의 예방 및 안전관리에 관한 법률 제24조 제1항에 해당하지 않는 특정소방대상물(소방안전관리자를 선임하지 않는 대상을 말한다) • 위험물안전관리법에 따른 위험물 제조소 등 • 화재의 예방 및 안전관리에 관한 법률 시행령 별표 4 제1호 가목의 특급소방안전관리대상물	
종합 점검	• 해당 특정소방대상물의 소방시설 등이 신설된 경우 • 스프링클러설비가 설치된 특정소방대상물 • 물분무 등 소화설비[호스릴(Hose Reel) 방식의 물분무 등 소화설비만을 설치한 경우는 제외]가 설치된 연면적 5,000[m²] 이상인 특정소방대상물(위험물 제조소 등은 제외) • 다중이용업소의 안전관리에 관한 특별법 시행령에 따른 단란주점영업, 유흥주점영업, 영화상영관, 비디오물감상실업, 복합영상물제공업, 노래연습장업, 산후조리원, 고시원업, 안마시술소로서 연면적이 2,000[m²] 이상인 것(위험물 제조소 등은 제외) • 제연설비가 설치된 터널 • 공공기관 중 연면적(터널·지하구의 경우 그 길이와 평균폭을 곱하여 계산된 값)이 1,000[m²] 이상인 것으로서 옥내소화전설비 또는 자동화재탐지설비가 설치된 것. 다만, 소방기본법 제2조 제5호에 따른 소방대가 근무하는 공공기관은 제외한다.	• 관리업에 등록된 기술인력 중 소방시설관리사 • 소방안전관리자로 선임된 소방시설관리사 또는 소방기술사

• 자체점검의 횟수 및 시기

점검 구분	점검횟수 및 점검시기 등
최초 점검	소방시설이 새로 설치되는 경우 건축물을 사용할 수 있게 된 날부터 60일 이내에 점검을 실시한다.
작동 점검	1) 점검횟수 　연 1회 이상 2) 점검시기 　종합점검 대상은 종합점검을 받은 달부터 6개월이 되는 달에 실시한다.

점검 구분	점검횟수 및 점검시기 등
작동 점검	3) 2)에 해당하지 않는 특정소방대상물은 특정소방대상물의 사용승인일(건축물의 경우에는 건축물관리대장 또는 건물 등기사항증명서에 기재되어 있는 날, 시설물의 경우에는 시설물의 안전 및 유지관리에 관한 특별법 제55조 제1항에 따른 시설물통합정보관리체계에 저장·관리되고 있는 날을 말하며, 건축물관리대장, 건물 등기사항증명서 및 시설물통합정보관리체계를 통해 확인되지 않는 경우에는 소방시설완공검사증명서에 기재된 날을 말한다)이 속하는 달의 말일까지 실시한다. 다만, 건축물관리대장 또는 건물 등기사항증명서 등에 기입된 날이 다른 경우에는 건축물관리대장에 기재되어 있는 날을 기준으로 점검한다.
종합 점검	1) 점검횟수 　① 연 1회 이상 　② 특급소방안전관리대상물 : 반기에 1회 이상 　③ ①에도 불구하고 소방본부장 또는 소방서장은 소방청장이 소방안전관리가 우수하다고 인정한 특정소방대상물에 대해서는 3년의 범위에서 소방청장이 고시하거나 정한 기간 동안 종합점검을 면제할 수 있다. 다만, 면제기간 중 화재가 발생한 경우는 제외한다. 2) 점검시기 　① 해당 특정소방대상물의 소방시설 등이 새로 설치되는 경우 　② ①을 제외한 특정소방대상물은 건축물의 사용승인일이 속하는 달에 실시한다. 다만, 공공기관의 안전관리에 관한 규정 제2조 제2호 또는 제5호에 따른 학교의 경우에는 해당 건축물의 사용승인일이 1월에서 6월 사이에 있는 경우에는 6월 30일까지 실시할 수 있다. 　③ 건축물 사용승인일 이후 종합점검 대상에 해당하게 된 때에는 그다음 해부터 실시한다. 　④ 하나의 대지경계선 안에 2개 이상의 자체점검 대상 건축물 등이 있는 경우에는 그 건축물 중 사용승인일이 가장 빠른 연도의 건축물의 사용승인일을 기준으로 점검할 수 있다.

• **이행계획 완료의 연기신청 등(규칙 제24조)**
 - 연기신청 : 이행기간의 만료 3일 전까지 소방시설 등의 자체점검결과 이행계획 완료 연기신청서에 기간 내에 이행계획을 완료함이 곤란함을 증명할 수 있는 서류(전자문서로 된 서류를 포함)를 첨부하여 소방본부장 또는 소방서장에게 제출해야 한다.
 - 연기신청서를 제출받은 소방본부장 또는 소방서장은 연기 신청받은 날부터 3일 이내에 완료기간의 연기 여부를 결정하여 소방시설 등의 자체점검 결과 이행계획 완료 연기신청 결과 통지서를 연기신청을 한 자에게 통보해야 한다.
• 자체점검을 실시한 경우에는 그 점검이 끝난 날부터 **10일 이내**에 별지 제9호 서식의 소방시설 등 자체점검 실시결과보고서에 소방시설 등 점검표를 **관계인에게 제출**해야 한다.

061

소방시설 설치 및 관리에 관한 법령상 성능위주설계를 해야 하는 특정소방대상물(신축하는 것만 해당)로 옳지 않은 것은?

① 연면적 30,000[m²] 이상인 철도 및 도시철도 시설
② 길이가 5,000[m] 이상인 터널
③ 30층 이상(지하층을 포함)이거나 지상으로부터 높이가 120[m] 이상인 아파트 등
④ 연면적 100,000[m²] 이상인 창고시설

해설

성능위주설계를 해야 하는 특정소방대상물의 범위
• 연면적 20만[m²] 이상인 특정소방대상물. 다만, 아파트 등은 제외한다.
• 50층 이상(지하층은 제외)이거나 지상으로부터 높이가 200[m] 이상인 아파트 등
• 30층 이상(지하층을 포함)이거나 지상으로부터 높이가 120[m] 이상인 특정소방대상물(아파트 등은 제외)
• 연면적 3만[m²] 이상인 특정소방대상물로서 다음의 어느 하나에 해당하는 특정소방대상물
 – 철도 및 도시철도 시설
 – 공항시설
• 창고시설 중 연면적 10만[m²] 이상인 것 또는 지하층의 층수가 2개 층 이상이고 지하층의 바닥면적의 합계가 3만[m²] 이상인 것
• 하나의 건축물에 **영화상영관이 10개 이상**인 특정소방대상물
• 지하연계 복합건축물에 해당하는 특정소방대상물
• 터널 중 수저(水底)터널 또는 길이가 5,000[m] 이상인 것

062

소방시설 설치 및 관리에 관한 법령상 300만원 이하의 과태료가 부과되는 자는?

① 소방시설관리사증을 다른 사람에게 빌려준 자
② 방염성능검사에 합격하지 않은 물품에 합격표시를 한 자
③ 형식승인을 받은 후 해당 소방용품에 대하여 형상 등의 일부를 변경하면서 변경승인을 받지 않은 자
④ 자체점검을 실시한 후 그 점검결과를 거짓으로 보고한 자

해설

벌 칙
• 소방시설관리사증을 다른 사람에게 빌려준 자 : 1년 이하의 징역 또는 1,000만원 이하의 벌금
• 방염성능검사에 합격하지 않은 물품에 합격표시를 한 자 : 300만원 이하의 벌금
• 형식승인을 받은 후 해당 소방용품에 대하여 형상 등의 일부를 변경하면서 변경승인을 받지 않은 자 : 1년 이하의 징역 또는 1,000만원 이하의 벌금
• 자체점검을 실시한 후 그 점검결과를 거짓으로 보고한 자 : 300만원 이하의 과태료

063

화재의 예방 및 안전관리에 관한 법령상 보일러 등의 설비 또는 기구 등의 위치·구조 등에 관한 설명으로 옳지 않은 것은?

① 화목 등 고체 연료를 사용할 때에는 연통의 배출구는 사업장용 보일러 본체보다 1[m] 이상 높게 설치해야 한다.
② 주방설비에 부속된 배출덕트는 0.5[mm] 이상의 아연도금강판 또는 이와 같거나 그 이상의 내식성 불연재료로 설치해야 한다.
③ 사업장용 보일러 본체와 벽·천장 사이의 거리는 0.6[m] 이상이어야 한다.
④ 난로의 연통은 천장으로부터 0.6[m] 이상 떨어지고, 연통의 배출구는 건물 밖으로 0.6[m] 이상 나오게 설치해야 한다.

해설

보일러 등의 설비 또는 기구 등의 위치·구조
• 화목 등 고체 연료를 사용할 때에는 연통의 배출구는 보일러 본체보다 2[m] 이상 높게 설치해야 한다.
• 주방설비에 부속된 배출덕트(공기 배출통로)는 0.5[mm] 이상의 아연도금강판 또는 이와 같거나 그 이상의 내식성 불연재료로 설치해야 한다.
• 보일러 본체와 벽·천장 사이의 거리는 0.6[m] 이상이어야 한다.
• 연통은 천장으로부터 0.6[m] 이상 떨어지고, 연통의 배출구는 건물 밖으로 0.6[m] 이상 나오도록 설치해야 한다.

064

화재의 예방 및 안전관리에 관한 법령상 300만원 이하의 벌금에 처해지는 자는?

① 화재예방안전진단 결과를 제출하지 않은 진단기관
② 실무교육을 받지 않은 소방안전관리자 또는 소방안전관리보조자
③ 소방안전관리자를 선임하지 않은 소방안전관리대상물의 관계인
④ 근무자 또는 거주자에게 피난유도 안내정보를 정기적으로 제공하지 않은 소방안전관리대상물의 관계인

해설

벌 칙

- 화재예방안전진단 결과를 제출하지 않은 진단기관 : 300만원 이하의 과태료
- 실무교육을 받지 않은 소방안전관리자 또는 소방안전관리보조자 : 100만원 이하의 과태료
- 소방안전관리자를 선임하지 않은 소방안전관리대상물의 관계인 : 300만원 이하의 벌금
- 근무자 또는 거주자에게 피난유도 안내정보를 정기적으로 제공하지 않은 소방안전관리대상물의 관계인 : 300만원 이하의 과태료

065

화재의 예방 및 안전관리에 관한 법령상 소방안전관리자에 관한 설명으로 옳은 것은?

① 신축된 소방안전관리대상물의 관계인은 해당 소방안전관리대상물의 사용승인일로부터 20일 이내에 신규 소방안전관리자를 선임해야 한다.
② 소방안전관리자 선임 연기신청서를 제출받은 소방본부장 또는 소방서장은 7일 이내에 소방안전관리자 선임 기간을 정하여 2급 또는 3급 소방안전관리대상물의 관계인에게 통보해야 한다.
③ 소방안전관리자는 소방안전관리자로 선임된 날부터 3개월 이내에 실무교육을 받아야 하며, 그 이후에는 2년마다 1회 이상 실무교육을 받아야 한다.
④ 건설현장 소방안전관리대상물의 공사시공자는 소방안전관리자를 선임한 날부터 14일 이내에 소방본부장 또는 소방서장에게 선임신고를 해야 한다.

해설

소방안전관리자

- **소방안전관리자 선임신고 기준**
  - 신축·증축·개축·재축·대수선 또는 용도변경으로 해당 특정소방대상물의 소방안전관리자를 신규로 선임해야 하는 경우 : 해당 특정소방대상물의 사용승인일(건축물의 경우에는 건축물을 사용할 수 있게 된 날)
  - 증축 또는 용도변경으로 인하여 특정소방대상물이 소방안전관리대상물로 된 경우 또는 특정소방대상물의 소방안전관리등급이 변경된 경우 : 증축공사의 사용승인일 또는 용도변경 사실을 건축물관리대장에 기재한 날
  - 특정소방대상물을 양수하거나 경매, 환가, 압류재산의 매각 그 밖에 이에 준하는 절차에 의하여 관계인의 권리를 취득한 경우 : 해당 권리를 취득한 날 또는 관할 소방서장으로부터 소방안전관리자 선임 안내를 받은 날(새로 권리를 취득한 관계인이 종전의 특정소방대상물의 관계인이 선임신고한 소방안전관리자를 해임하지 않는 경우를 제외한다)
  - 관리의 권원이 분리된 특정소방대상물의 경우 : 관리의 권원이 분리되거나 소방본부장 또는 소방서장이 관리의 권원을 조정한 날
  - 소방안전관리자의 해임, 퇴직 등으로 해당 소방안전관리자의 업무가 종료된 경우 : 소방안전관리자가 해임된 날, 퇴직한 날 등 근무를 종료한 날
  - 소방안전관리업무를 대행하는 자를 감독할 수 있는 사람을 소방안전관리자로 선임한 경우로서 그 업무대행 계약이 해지 또는 종료된 경우 : 소방안전관리업무 대행이 끝난 날
- 건축물의 사용승인으로부터 30일 이내에 신규 소방안전관리자를 선임해야 한다.
- 소방안전관리자 선임 연기신청서를 제출받은 소방본부장 또는 소방서장은 **3일 이내**에 소방안전관리자 선임기간을 정하여 2급 또는 3급 소방안전관리대상물의 관계인에게 통보해야 한다(규칙 제14조).
- 소방안전관리자는 소방안전관리자로 선임된 날부터 **6개월** 이내에 실무교육을 받아야 하며, 그 이후에는 2년마다 1회 이상 실무교육을 받아야 한다(규칙 제29조).
- 건설현장 소방안전관리대상물의 공사시공자는 소방안전관리자를 선임한 경우에는 선임한 날부터 **14일 이내**에 소방본부장 또는 소방서장에게 신고해야 한다.

066

화재의 예방 및 안전관리에 관한 법령상 특수가연물에 관한 설명으로 옳지 않은 것은?

① 10,000[kg] 이상의 석탄·목탄류는 특수가연물에 해당한다.

② 특수가연물인 가연성 고체류 또는 가연성 액체류를 저장하는 장소에는 특수가연물 표지에 품명과 인화점을 표시해야 한다.

③ 살수설비를 설치한 경우 특수가연물(발전용 석탄·목탄류 제외)은 15[m] 이하의 높이로 쌓아야 한다.

④ 특수가연물(발전용 석탄·목탄류 제외)을 실외에 쌓는 경우, 쌓는 부분 바닥면적의 사이는 3[m] 또는 쌓는 높이 중 큰 값 이상으로 간격을 두어야 한다.

해설

특수가연물

• 10,000[kg] 이상의 석탄·목탄류는 특수가연물에 해당한다.
• 특수가연물을 저장 또는 취급하는 장소의 표지 내용
  – 품 명
  – 최대저장수량
  – 단위부피당 질량 또는 단위체적당 질량
  – 관리책임자 성명, 직책, 연락처
  – 화기취급의 금지표시가 포함된 특수가연물 표시
• 쌓는 기준(석탄·목탄류를 발전용으로 저장하는 경우는 제외)

구 분	높 이	쌓는 부분의 바닥면적	
살수설비를 설치하거나 방사능력 범위에 해당 특수가연물이 포함되도록 대형수동식소화기를 설치하는 경우	15[m] 이하	석탄·목탄류의 경우	300[m²] 이하
		석탄·목탄류 외의 경우	200[m²] 이하
그 외의 경우	10[m] 이하	석탄·목탄류의 경우	200[m²] 이하
		석탄·목탄류 외의 경우	50[m²] 이하

• 쌓는 부분의 바닥면적 사이는 실내의 경우 1.2[m] 또는 쌓는 높이의 1/2 중 큰 값 이상으로 간격을 두어야 하며, 실외의 경우 3[m] 또는 쌓는 높이 중 큰 값 이상으로 간격을 둘 것

067

위험물안전관리법령상 탱크안전성능시험자가 30일 이내에 시·도지사에게 변경신고를 해야 하는 경우가 아닌 것은?

① 영업소 소재지의 변경
② 보유장비의 변경
③ 대표자의 변경
④ 상호 또는 명칭의 변경

해설

탱크 시험자가 중요사항 변경 시 첨부서류

• **영업소 소재지의 변경** : 사무소의 사용을 증명하는 서류와 위험물탱크 안전성능시험자 등록증
• **기술능력의 변경** : 변경하는 기술인력의 자격증과 위험물탱크 안전성능시험자 등록증
• **대표자의 변경** : 위험물탱크 안전성능시험자 등록증
• **상호 또는 명칭의 변경** : 위험물탱크 안전성능시험자 등록증

068

위험물안전관리법령상 옥외저장소에 관한 설명으로 옳지 않은 것은?

① 옥외저장소를 설치하는 경우, 그 설치장소를 관할하는 시·도지사의 허가를 받아야 한다.

② 옥외저장소에는 제2류 위험물 및 제5류 위험물을 저장할 수 있다.

③ 옥외저장소에 선반을 설치하는 경우 선반의 높이는 6[m]를 초과하지 않아야 한다.

④ 알코올류를 저장하는 옥외저장소에는 살수설비 등을 설치해야 한다.

옥외저장소
- 옥외저장소를 설치하는 경우, 그 설치장소를 관할하는 시·도지사의 허가를 받아야 한다.
- 옥외저장소에 저장할 수 있는 위험물
  - 제2류 위험물 중 **황** 또는 **인화성 고체**(인화점이 0[℃] 이상인 것에 한함)
  - 제4류 위험물 중 **제1석유류**(인화점이 0[℃] 이상인 것에 한함)·**알코올류·제2석유류·제3석유류·제4석유류 및 동식물유류**
  - **제6류 위험물**
  - 제2류 위험물 및 제4류 위험물 중 특별시·광역시·특별자치시·도 또는 특별자치도의 조례로 정하는 위험물(관세법 규정에 따른 보세구역 안에 저장하는 경우로 한정한다)
- 옥외저장소에 선반을 설치하는 경우 선반의 높이는 6[m]를 초과하지 않아야 한다.
- 인화성 고체, 제1석유류 또는 알코올류를 저장 또는 취급하는 옥외저장소에는 해당 위험물을 적당한 온도로 유지하기 위한 살수설비 등을 설치해야 한다.

069

위험물안전관리법령상 과태료 처분에 해당하지 않는 경우는?

① 관할 소방서장의 승인을 받지 않고 지정수량 이상의 위험물을 90일 동안 임시로 저장한 경우
② 제조소 등 설치자의 지위를 승계한 날부터 30일 이내에 시·도지사에게 그 사실을 신고하지 않은 경우
③ 제조소 등의 관계인이 안전관리자를 해임한 날부터 30일 이내에 다시 안전관리자를 선임하지 않은 경우
④ 제조소 등의 정기점검을 한 날부터 30일 이내에 점검결과를 시·도지사에게 제출하지 않은 경우

벌 칙
- 관할 소방서장의 승인을 받지 않고 지정수량 이상의 위험물을 90일 동안 임시로 저장한 경우 : 500만원 이하의 과태료
- 제조소 등 설치자의 지위를 승계한 날부터 30일 이내에 시·도지사에게 그 사실을 신고하지 않은 경우 : 500만원 이하의 과태료
- 제조소 등의 관계인이 안전관리자를 해임한 날부터 30일 이내에 다시 안전관리자를 선임하지 않은 경우 : 1,500만원의 벌금
- 제조소 등의 정기점검을 한 날부터 30일 이내에 점검결과를 시·도지사에게 제출하지 않은 경우 : 500만원 이하의 과태료

070

위험물안전관리법령상 이동탱크저장소의 위치구조 및 설비의 기준 중 이동저장탱크의 구조에 관한 조문의 일부이다. ( )에 들어갈 숫자로 옳은 것은?

> 압력탱크(최대상용압력의 (ㄱ)[kPa] 이상인 탱크를 말한다) 외의 탱크는 70[kPa]의 압력으로, 압력탱크는 최대상용압력의 (ㄴ)배의 압력으로 각각 (ㄷ)분 간의 수압시험을 실시하여 새거나 변형되지 않을 것

① ㄱ : 20, ㄴ : 1.1, ㄷ : 5
② ㄱ : 20, ㄴ : 1.5, ㄷ : 5
③ ㄱ : 46.7, ㄴ : 1.1, ㄷ : 10
④ ㄱ : 46.7, ㄴ : 1.5, ㄷ : 10

이동탱크저장소의 구조
① 탱크의 재료 : 두께 3.2[mm] 이상의 강철판
② 수압시험
  - ㉠ **압력탱크**(최대상용압력이 **46.7[kPa]** 이상인 탱크) 외의 탱크 : **70[kPa]**의 압력으로 **10분간**
  - ㉡ **압력탱크** : **최대상용압력의 1.5배**의 압력으로 **10분간**
③ 이동저장탱크는 그 내부에 **4,000[L]** 이하마다 **3.2[mm]** 이상의 강철판 또는 이와 동등 이상의 강도·내열성 및 내식성이 있는 금속성의 것으로 **칸막이**를 설치해야 한다.
④ 칸막이로 구획된 각 부분에 설치 : 맨홀, 안전장치, 방파판을 설치(용량이 2,000[L] 미만 : 방파판 설치 제외)
  - ㉠ 안전장치의 작동압력
    - 상용압력이 20[kPa] 이하인 탱크 : 20[kPa] 이상 24[kPa] 이하의 압력
    - 상용압력이 20[kPa]를 초과 : 상용압력의 1.1배 이하의 압력
  - ㉡ 방파판
    - 두께 1.6[mm] 이상의 강철판
    - 하나의 구획부분에 2개 이상의 방파판을 이동탱크저장소의 진행방향과 평행으로 설치하되, 각 방파판은 그 높이 및 칸막이로부터의 거리를 다르게 할 것
⑤ 방호틀 : 두께 2.3[mm] 이상의 강철판

071

위험물안전관리법령상 위험물시설의 안전관리자에 관한 설명으로 옳지 않은 것은?

① 제조소 등에 있어서 위험물취급자격자가 아닌 자는 안전관리자 또는 그 대리자가 참여한 상태에서 위험물을 취급해야 한다.
② 시·도지사, 소방본부장 또는 소방서장은 안전관리자가 안전교육을 받지 않은 때에는 그 교육을 받을 때까지 그 자격으로 행하는 행위를 제한할 수 있다.
③ 안전관리자가 되려는 사람은 16시간의 강습교육을 받아야 한다.
④ 지정수량 5배 이하의 제4류 위험물만을 취급하는 제조소에서는 소방공무원 경력 3년인 자를 안전관리자로 선임할 수 있다.

해설

위험물 교육과정, 교육대상자 등

교육과정	교육대상자	교육시간	교육시기	교육기관
강습교육	안전관리자가 되려는 사람	24시간	최초 선임되기 전	안전원
	위험물운반자가 되려는 사람	8시간	최초 종사하기 전	안전원
	위험물운송자가 되려는 사람	16시간	최초 종사하기 전	안전원
실무교육	안전관리자	8시간 이내	가. 제조소 등의 안전관리자로 선임된 날부터 6개월 이내 나. 가목에 따른 교육을 받은 후 2년마다 1회	안전원
	위험물운반자	4시간	가. 위험물운반자로 종사한 날부터 6개월 이내 나. 가목에 따른 교육을 받은 후 3년마다 1회	안전원
	위험물운송자	8시간 이내	가. 이동탱크저장소의 위험물운송자로 종사한 날부터 6개월 이내 나. 가목에 따른 교육을 받은 후 3년마다 1회	안전원
	탱크시험자의 기술인력	8시간 이내	가. 탱크시험자의 기술인력으로 등록한 날부터 6개월 이내 나. 가목에 따른 교육을 받은 후 2년마다 1회	기술원

072

다중이용업소의 안전관리에 관한 특별법령상 피난설비 중 비상구 설치예외에 관한 조문의 일부이다. ( )에 들어갈 내용으로 옳은 것은?

- 주된 출입구 외에 해당 영업장 내부에서 피난층 또는 지상으로 통하는 직통계단이 주된 출입구 중심선으로부터 수평거리고 영업장의 긴 변 길이의 (ㄱ) 이상 떨어진 위치에 별도로 설치된 경우
- 피난층에 설치된 영업장[영업장으로 사용하는 바닥면적이 (ㄴ)[m²] 이하인 경우로서 영업장 내부에 구획된 실(室)이 없고, 영업장 전체가 개방된 구조의 영업장을 말한다]으로서 그 영업장의 각 부분으로부터 출입구까지의 수평거리가 (ㄷ)[m] 이하인 경우

① ㄱ : 1/2, ㄴ : 33, ㄷ : 10
② ㄱ : 1/2, ㄴ : 66, ㄷ : 20
③ ㄱ : 2/3, ㄴ : 33, ㄷ : 10
④ ㄱ : 2/3, ㄴ : 66, ㄷ : 20

해설

비상구 설치예외

- 주된 출입구 외에 해당 영업장 내부에서 피난층 또는 지상으로 통하는 직통계단이 주된 출입구 중심선으로부터 수평거리로 영업장의 긴 변 길이의 1/2 이상 떨어진 위치에 별도로 설치된 경우
- 피난층에 설치된 영업장[영업장으로 사용하는 바닥면적이 33[m²] 이하인 경우로서 영업장 내부에 구획된 실(室)이 없고, 영업장 전체가 개방된 구조의 영업장을 말한다]으로서 그 영업장의 각 부분으로부터 출입구까지의 수평거리가 10[m] 이하인 경우

073

다중이용업소의 안전관리에 관한 특별법령상 안전관리 기본계획(이하 "기본계획")에 관한 설명으로 옳지 않은 것은?

① 소방청장은 기본계획을 관계 중앙행정기관의 장과 협의를 거쳐 5년마다 수립해야 한다.
② 기본계획은 수립지침에는 화재 등 재난 발생 경감대책이 포함되어야 한다.
③ 소방청장은 기본계획을 수립하면 행정안전부장관에게 보고해야 한다.
④ 소방청장은 매년 연도별 안전관리계획을 전년도 12월 31일까지 수립해야 한다.

해설

소방청장은 수립된 기본계획 및 연도별 계획을 중앙행정기관의 장과 시·도지사에게 통보해야 한다.

074

다중이용업소의 안전관리에 관한 특별법령상 1,000만 원의 이행강제금을 부과하는 경우를 모두 고른 것은? (단, 가중 또는 감경 사유는 고려하지 않음)

ㄱ. 실내장식물에 대한 교체 또는 제거 등 필요한 조치명령을 위반한 경우
ㄴ. 영업장의 내부구획에 대한 보완 등 필요한 조치명령을 위반한 경우
ㄷ. 다중이용업소의 사용금지 또는 제한 명령을 위반한 경우

① ㄱ, ㄴ   ② ㄱ, ㄷ
③ ㄴ, ㄷ   ④ ㄱ, ㄴ, ㄷ

해설

이행강제금 개별기준

위반행위	근거 법조문	이행강제금 금액 (단위 : 만원)
법 제9조 제2항에 따른 안전시설 등에 대하여 보완 등 필요한 조치명령을 위반한 경우 가. 안전시설 등의 작동·기능에 지장을 주지 않는 경미한 사항 나. 안전시설 등을 고장상태로 방치한 경우 다. 안전시설 등을 설치하지 않은 경우	법 제26조 제1항	200 600 1,000
법 제10조 제3항에 따른 실내장식물에 대한 교체 또는 제거 등 필요한 조치명령을 위반한 경우	법 제26조 제1항	1,000
법 제10조의2 제3항에 따른 영업장의 내부구획에 대한 보완 등 필요한 조치명령을 위반한 자	법 제26조 제1항	1,000
법 제15조 제2항에 따른 화재안전조사 조치명령을 위반한 자 가. 다중이용업소의 공사의 정지 또는 중지 명령을 위반한 경우 나. 다중이용업소의 사용금지 또는 제한 명령을 위반한 경우 다. 다중이용업소의 개수·이전 또는 제거명령을 위반한 경우	법 제26조 제1항	200 600 1,000

075

다중이용업소의 안전관리에 관한 특별법령상 다중이용업소에 대한 화재위험 평가대상에 관한 조문의 일부이다. ( )에 들어갈 내용으로 옳은 것은?

• (ㄱ)[m²] 지역 안에 다중이용업소가 50개 이상 밀집하여 있는 경우
• 5층 이상인 건축물로서 다중이용업소가 (ㄴ)개 이상 있는 경우
• 하나의 건축물에 다중이용업소로 사용하는 영업장 바닥면적의 합계가 (ㄷ)[m²] 이상인 경우

① ㄱ : 1,000, ㄴ : 10, ㄷ : 2,000
② ㄱ : 1,000, ㄴ : 40, ㄷ : 2,000
③ ㄱ : 2,000, ㄴ : 10, ㄷ : 1,000
④ ㄱ : 2,000, ㄴ : 40, ㄷ : 1,000

해설

화재위험평가 실시대상지역
• 2,000[m²] 지역 안에 다중이용업소가 50개 이상 밀집하여 있는 경우
• 5층 이상인 건축물로서 다중이용업소가 10개 이상 있는 경우
• 하나의 건축물에 다중이용업소로 사용하는 영업장 바닥면적의 합계가 1,000[m²] 이상인 경우

제4과목 위험물의 성질·상태 및 시설기준

076

제1류 위험물 중 질산칼륨에 관한 설명으로 옳지 않은 것은?

① 물, 글리세린, 에탄올, 에터에 잘 녹는다.
② 무색 또는 백색 결정이거나 분말이다.
③ 강산화제이며 가열하면 분해하여 산소를 방출한다.
④ 흑색화약, 불꽃류, 금속열처리제, 산화제 등으로 사용된다.

해설

질산칼륨
• 무색 또는 백색 결정이거나 분말이다.
• 물, 글리세린에 잘 녹으나, 알코올에는 녹지 않는다.
• 강산화제이며 가열하면 분해하여 산소를 방출한다.
• 흑색화약, 불꽃류, 금속열처리제, 산화제 등으로 사용된다.

077

제1류 위험물 중 아염소산나트륨에 관한 설명으로 옳지 않은 것은?

① 섬유, 펄프의 표백, 살균제, 염색의 산화제, 발염제로 사용된다.

② 가열, 충격, 마찰에 의해 폭발적으로 분해한다.

③ 산을 가할 경우는 ClO_2 가스가 발생한다.

④ 무색 결정성 분말도 조해성이 있고, 비극성 유류에 잘 녹는다.

아염소산나트륨

• 무색의 결정성 분말로서 극성용매에 잘 녹는다.

• 염산과 반응하면 **이산화염소(ClO_2)**의 유독가스가 발생한다.

$$3NaClO_2 + 2HCl \rightarrow 3NaCl + 2ClO_2 + H_2O_2$$

• 황, 유기물, 이황화탄소 등과 접촉 또는 혼합에 의하여 발화 또는 폭발한다.

• 암모니아, 아민류와 반응하여 폭발성의 물질을 생성한다.

• 섬유, 펄프의 표백, 살균제, 염색의 산화제, 발염제로 사용된다.

078

제2류 위험물 중 황에 관한 설명으로 옳지 않은 것은?

① 물에 불용이고, 알코올에 난용이다.

② 공기 중에서 연소하기 쉽다.

③ 미세한 분말상태로 공기 중에 부유하면 분진폭발을 일으킨다.

④ 전기의 도체로 마찰에 의해 정전기가 발생할 우려가 있다.

황

• 황색의 결정 또는 미황색의 분말이다.

• 물이나 산에는 녹지 않으나 알코올에는 조금 녹고, **고무상황**을 **제외**하고는 CS_2에 **잘 녹는다.**

• 공기 중에서 연소하면 **푸른빛**을 내며 **아황산(이산화황)가스(SO_2)**가 발생한다.

$$S + O_2 \rightarrow SO_2 \uparrow$$

• 상온에서 아염소산나트륨($NaClO_2$)과 혼합하면 발화위험이 높다.

• 분말상태로 밀폐 공간에서 공기 중 부유 시 **분진폭발**을 일으킨다.

• 전기의 부도체로 마찰에 의해 정전기가 발생할 우려가 있다.

079

제2류 위험물 중 주석분에 관한 설명으로 옳은 것은?

① 뜨겁고 진한 염산과 반응하여 수소가 발생된다.

② 염기와 서서히 반응하여 산소가 발생된다.

③ 미세한 조각이 대량으로 쌓여 있더라도 자연발화 위험이 없다.

④ 공기나 물속에서 녹이 슬기 쉽다.

주석분

• 제2류 위험물의 금속분이다.

• 은백색의 청색광택이다.

• 금속분이므로 자연발화의 위험이 있다.

• 진한 염산과 반응하여 수소가 발생된다.

$$Sn + 2HCl \rightarrow SnCl_2 + H_2$$

080

제3류 위험물 중 리튬에 관한 설명으로 옳은 것은?

① 건조한 실온의 공기에서 반응하며, 100[℃] 이상으로 가열하면 휘백색 불꽃을 내며 연소한다.

② 주기율표상 알칼리토금속에 해당한다.

③ 상온에서 수소와 반응하여 수소화합물을 만든다.

④ 습기가 존재하는 상태에서는 은색으로 변한다.

리튬

• 리튬의 불꽃색상 : 적색

• 주기율표상 알칼리금속이다.

• 상온에서 수소와 반응하여 수소화합물을 만든다.

$$2Li + H_2 \rightarrow 2LiH$$

• 물과 반응

$$2Li + 2H_2O \rightarrow 2LiOH + H_2 \uparrow$$

081

제3류 위험물 중 알킬알루미늄에 관한 설명으로 옳은 것은?

① 물, 산과 반응하지 않는다.
② 탄소 수가 $C_1 \sim C_4$까지 공기 중에 노출되면 자연발화한다.
③ 저장탱크에 희석안정제로 헥세인, 벤젠, 톨루엔, 알코올 등을 넣어둔다.
④ 무색의 투명한 액체 또는 고체로 독성이 있다.

알킬알루미늄
• 무색의 투명한 액체이다.
• 물이나 산과 반응한다.

> **Plus one** 트라이메틸알루미늄의 반응식
> • 공기(산소)와 반응
> $2(CH_3)_3Al + 12O_2 \rightarrow Al_2O_3 + 9H_2O + 6CO_2 \uparrow$
> • 물과 반응
> $(CH_3)_3Al + 3H_2O \rightarrow Al(OH)_3 + 3CH_4 \uparrow$
> • 염산과 반응
> $(CH_3)_3Al + 3HCl \rightarrow AlCl_3 + 3CH_4$
> • 염소와 반응
> $(CH_3)_3Al + 3Cl_2 \rightarrow AlCl_3 + 3CH_3Cl$
>   (염화메틸)

• 알킬기의 탄소 1개에서 4개까지의 화합물은 반응성이 풍부하여 공기와 접촉하면 **자연발화**를 일으킨다.
• 알킬기의 탄소수가 5개까지는 점화원에 의해 불이 붙고, 탄소수가 6개 이상인 것은 공기 중에서 서서히 산화하여 흰 연기가 난다.
• 벤젠이나 헥세인으로 희석시킨다.
• 저장 용기의 상부는 **불연성 가스**로 봉입해야 한다.

082

탄화칼슘 10[kg]이 물과 반응하여 발생시키는 아세틸렌 부피[m³]는 약 얼마인가?(단, 원자량 Ca는 40, C는 12, 반응 시 온도와 압력은 30[℃], 1[atm]으로 가정한다)

① 3.15[m³]
② 3.50[m³]
③ 3.88[m³]
④ 4.23[m³]

아세틸렌의 부피

$$CaC_2 + 2H_2O \rightarrow Ca(OH)_2 + C_2H_2 \uparrow$$

64kg ⟍ ⟋ 26kg
10kg ⟋ ⟍ x

$$x = \frac{10[kg] \times 26[kg]}{64[kg]} = 4.06[kg]$$

이상기체 상태방정식을 적용하면

$$PV = nRT = \frac{W}{M}RT$$

여기서, P : 압력[atm]
V : 부피[L]
n : mol수[kg-mol](무게/분자량)
W : 무게[kg]
M : 분자량[kg/kg-mol]
R : 기체상수(0.082[m³ · atm/kg-mol · K])
T : 절대온도(273+[℃])[K]

$$\therefore V = \frac{WRT}{PM}$$
$$= \frac{4.06[kg] \times 0.082[m^3 \cdot atm/kg-mol \cdot K] \times (273+30)[K]}{1[atm] \times 26[kg/kg-mol]}$$
$$= 3.88[m^3]$$

083

제4류 위험물 중 다이에틸에터(Diethyl Ether)에 관한 설명으로 옳지 않은 것은?

> ㄱ. 무색투명한 액체로서 휘발성이 매우 높고 마취성을 가진다.
> ㄴ. 강환원제와 접촉 시 발열·발화한다.
> ㄷ. 물에 잘 녹는 물질로 유지 등을 잘 녹이는 용제이다.
> ㄹ. 건조·여과·이송 중에 정전기 발생·축적이 용이하다.

① ㄱ, ㄹ
② ㄴ, ㄷ
③ ㄱ, ㄴ, ㄹ
④ ㄱ, ㄴ, ㄷ, ㄹ

다이에틸에터(Diethyl Ether, 에터)

· 물 성

화학식	$C_2H_5OC_2H_5$	인화점	$-40[℃]$
지정수량	$50[L]$	착화점	$180[℃]$
분자량	74.12	증기비중	2.55
비 중	0.7	연소범위	$1.7\sim48[\%]$
비 점	$34[℃]$		

· 휘발성이 강한 무색투명한 특유의 향이 있는 액체이다.
· **물에 약간 녹고**, 알코올에 잘 녹으며 발생된 증기는 **마취성**이 있다.
· 공기와 장기간 접촉하면 **과산화물**이 생성되므로 **갈색병**에 저장해야 한다.

> 과산화물 생성을 방지하기 위하여 40[mesh]의 구리망을 넣어준다.

· 에터는 전기불량도체이므로 **정전기 발생**에 주의한다.
· 건조 · 여과 · 이송 중에 정전기 발생 · 축적이 용이하다.

085

제5류 위험물 중 유기과산화물에 포함되는 물질은?

① 벤조일퍼옥사이드 – $(C_6H_5CO)_2O_2$
② 질산에틸 – $C_2H_5ONO_2$
③ 나이트로글라이콜 – $C_2H_4(ONO_2)_2$
④ 트라이나이트로페놀 – $C_6H_2(NO_2)_3OH$

제5류 위험물의 구분

종 류	화학식	품 명
벤조일퍼옥사이드	$(C_6H_5CO)_2O_2$	유기과산화물
질산에틸	$C_2H_5ONO_2$	질산에스터류
나이트로글라이콜	$C_2H_4(ONO_2)_2$	질산에스터류
트라이나이트로페놀	$C_6H_2(NO_2)_3OH$	나이트로화합물

086

제6류 위험물인 질산의 용도로 옳지 않은 것은?

① 의 약
② 비 료
③ 표백제
④ 셀룰로이드 제조

질산의 용도 : 의약, 비료, 페인트, 잉크, 셀룰로이드 제조

084

4[mol]의 나이트로글리세린[$C_3H_5(ONO_2)_3$]이 폭발할 때 생성되는 질소의 양[g]은?(단, 원자량 C는 12, H는 1, O는 16, N는 14이다)

① $32[g]$ ② $168[g]$
③ $180[g]$ ④ $528[g]$

나이트로글리세린의 분해반응식

$4C_3H_5(ONO_2)_3 \rightarrow 12CO_2 + 10H_2O + 6N_2 + O_2\uparrow$
　4[mol]　　　　　　　　　　　6[mol]
∴ 질소 6[mol]의 질량은 6[mol] $\times$ 28[g/mol] = 168g

087

제6류 위험물에 관한 설명으로 옳지 않은 것은?

① 과염소산은 무색의 유동성 액체이다.
② 과산화수소의 농도가 36[wt%] 미만인 것은 위험물에 해당되지 않는다.
③ 질산의 비중이 1.49 미만인 것은 위험물에 해당되지 않는다.
④ 산소를 많이 포함하여 다른 가연물의 연소를 도우며, 가연성이다.

제6류 위험물 : 불연성 액체

088

위험물안전관리법령상 제조소에서 저장 또는 취급하는 위험물의 주의사항을 표시한 게시판으로 옳은 것은?

① 트라이에틸알루미늄 – 물기주의 – 백색바탕에 청색문자
② 과산화나트륨 – 물기엄금 – 청색바탕에 백색문자
③ 질산메틸 – 화기주의 – 적색바탕에 백색문자
④ 적린 – 화기엄금 – 백색바탕에 적색문자

해설

위험물제조소의 주의사항 게시판

위험물의 종류	주의사항	게시판 표시
제1류 위험물 중 알칼리금속의 과산화물 (과산화나트륨)	물기엄금	청색바탕에 백색문자
제3류 위험물 중 금수성 물질		
제2류 위험물(적린)	화기주의	적색바탕에 백색문자
제2류 위험물 중 인화성 고체	화기엄금	적색바탕에 백색문자
제3류 위험물 중 자연발화성 물질(트라이에틸알루미늄)		
제4류 위험물		
제5류 위험물(질산메틸)		
제1류 위험물의 알칼리금속의 과산화물 외의 것과 제6류 위험물	별도의 표시를 하지 않는다.	

089

위험물안전관리법령상 제조소의 위치·구조 및 설비의 기준 중 위험물을 취급하는 건축물에 설치하는 환기설비의 기준으로 옳은 것은?

① 환기는 강제배기방식으로 할 것
② 환기구는 지붕 위 또는 지상 1.8[m] 이상의 높이에 설치할 것
③ 급기구는 높은 곳에 설치하고 가는 눈의 구리망 등으로 인화방지망을 설치할 것
④ 급기구가 설치된 실의 바닥면적이 115[m²]인 경우 급기구의 면적은 450[cm²] 이상으로 할 것

해설

환기설비

- 환기 : 자연배기방식
- 급기구는 해당 급기구가 설치된 실의 바닥면적 150[m²]마다 1개 이상으로 하되, 급기구의 크기는 800[cm²] 이상으로 할 것. 다만, 바닥면적이 150[m²] 미만인 경우에는 다음의 크기로 해야 한다.

바닥면적	급기구의 면적
60[m²] 미만	150[cm²] 이상
60[m²] 이상 90[m²] 미만	300[cm²] 이상
90[m²] 이상 120[m²] 미만	450[cm²] 이상
120[m²] 이상 150[m²] 미만	600[cm²] 이상

- 급기구는 낮은 곳에 설치하고 가는 눈의 구리망 등으로 인화방지망을 설치할 것
- 환기구는 지붕 위 또는 지상 2[m] 이상의 높이에 회전식 고정 벤틸레이터 또는 루프팬방식(Roof Fan : 지붕에 설치하는 배기장치)으로 설치할 것

090

위험물안전관리법령상 제조소의 위치·구조 및 설비의 기준 중 위험물을 취급하는 건축물에 설치하는 채광 및 조명설비의 기준으로 옳은 것은?(단, 예외규정은 고려하지 않는다)

① 채광설비는 난연재료로 할 것
② 연소의 우려가 없는 장소에 설치하되 채광면적을 제대로 할 것
③ 조명설비의 전선은 내화·내열전선으로 할 것
④ 조명설비의 점멸스위치는 출입구 내부에 설치할 것

해설

채광 및 조명설비

- 채광설비 : 불연재료로 하고 연소의 우려가 없는 장소에 설치하되 채광면적을 최소로 할 것
- 조명설비
  - 가연성 가스 등이 체류할 우려가 있는 장소의 조명등 : 방폭등
  - 전선 : 내화·내열전선
  - 점멸스위치 : 출입구 바깥 부분에 설치

091

위험물안전관리법령상 제조소의 위치·구조 및 설비의 기준 중 위험물을 취급하는 건축물 그 밖의 시설 주위에 3[m] 이상 너비의 공지를 보유해야 하는 경우를 모두 고른 것은?

> ㄱ. 아염소산나트륨 500[kg]
> ㄴ. 철분 5,000[kg]
> ㄷ. 부틸리튬 100[kg]
> ㄹ. 메틸알코올 5,000[L]

① ㄱ
② ㄴ, ㄷ
③ ㄱ, ㄴ, ㄷ
④ ㄴ, ㄷ, ㄹ

해설

제조소의 보유공지

• 보유공지 기준

취급하는 위험물의 최대수량	지정수량의 10배 이하	지정수량의 10배 초과
공지의 너비	3[m] 이상	5[m] 이상

• 보유공지

종 류	지정수량	지정수량의 배수	보유공지
아염소산나트륨	50[kg]	$\dfrac{500[kg]}{50[kg]} = 10$배	3[m] 이상
철 분	500[kg]	$\dfrac{5,000[kg]}{500[kg]} = 10$배	3[m] 이상
부틸리튬	10[kg]	$\dfrac{100[kg]}{10[kg]} = 10$배	3[m] 이상
메틸알코올	400[L]	$\dfrac{5,000[L]}{400[L]} = 12.5$배	5[m] 이상

092

위험물안전관리법령상 위험물제조소의 옥외에 있는 위험물취급탱크 3기가 다음과 같이 하나의 방유제 내에 있을 때, 방유제의 최소 용량[m³]은?

> • 등유 30,000[L]
> • 크레오소트유 20,000[L]
> • 기어유 5,000[L]

① 17[m³]
② 17.5[m³]
③ 18[m³]
④ 18.5[m³]

해설

제조소의 위험물 취급탱크 용량

• 위험물제조소의 옥외에 있는 위험물 취급탱크의 방유제의 용량
  – 1기일 때 : 탱크용량×0.5(50[%]) 이상
  – 2기 이상일 때 : 최대탱크용량×0.5 + (나머지 탱크 용량합계×0.1) 이상

• 위험물제조소의 옥내에 있는 위험물 취급탱크의 방유턱의 용량
  – 1기일 때 : 탱크용량 이상
  – 2기 이상일 때 : 최대탱크용량 이상

∴ 방유제의 용량 = (30,000[L]×0.5) + (20,000[L]×0.1)
                  + (5,000[L]×0.1)
                = 17,500[L] = 17.5[m³]

093

위험물안전관리법령상 제조소의 위치·구조 및 설비의 기준 중 피뢰침(산업표준화법에 따른 한국산업표준 중 피뢰설비 표준에 적합한 것)을 설치해야 하는 제조소는?(단, 제조소의 주위의 상황에 따라 안전상 피뢰침을 설치해야 하는 상황이다)

① 염소산칼륨 300[kg]을 취급하는 제조소
② 수소화칼슘 1,500[kg]을 취급하는 제조소
③ 과염소산 3,000[kg]을 취급하는 제조소
④ 이황화탄소 500[L]을 취급하는 제조소

해설

피뢰설비는 지정수량의 10배 이상을 취급하는 제조소에는 설치해야 한다. 단 제6류 위험물은 제외한다.

종 류	지정수량	지정수량의 배수	설치여부
염소산칼륨	50[kg]	배수 = $\dfrac{300[kg]}{50[kg]} = 6$배	미설치
수소화칼슘	300[kg]	배수 = $\dfrac{1,500[kg]}{300[kg]} = 5$배	미설치
과염소산	300[kg]	배수 = $\dfrac{3,000[kg]}{300[kg]} = 10$배	미설치 (제6류 위험물은 제외)
이황화탄소	50[L]	배수 = $\dfrac{500[L]}{50[L]} = 10$배	설 치

094

위험물안전관리법령상 지하저장탱크 용량이 40,000 [L]인 경우 탱크의 최대 지름[mm]은?

① 1,625[mm]

② 2,450[mm]

③ 3,200[mm]

④ 3,657[mm]

해설

지하탱크저장소

지하저장탱크는 용량에 따라 다음 표에 정하는 기준에 적합하게 강철판 또는 동등 이상의 성능이 있는 금속재질로 완전용입용접 또는 양면겹침이음용접으로 틈이 없도록 만드는 동시에, 압력탱크(최대상용압력이 46.7[kPa] 이상인 탱크를 말한다) 외의 탱크에 있어서는 70[kPa]의 압력으로, 압력탱크에 있어서는 최대상용압력의 1.5배의 압력으로 각각 10분간 수압시험을 실시하여 새거나 변형되지 않아야 한다. 이 경우 수압시험은 소방청장이 정하여 고시하는 기밀시험과 비파괴시험을 동시에 실시하는 방법으로 대신할 수 있다.

탱크용량[L]	탱크의 최대 지름[mm]	강철판의 최소 두께[mm]
1,000 이하	1,067	3.20
1,000 초과 2,000 이하	1,219	3.20
2,000 초과 4,000 이하	1,625	3.20
4,000 초과 15,000 이하	2,450	4.24
15,000 초과 45,000 이하	3,200	6.10
45,000 초과 75,000 이하	3,657	7.67
75,000 초과 189,000 이하	3,657	9.27
189,000 초과	–	10.00

095

위험물안전관리법령상 1인의 안전관리자를 중복하여 선임할 수 있는 경우, 행정안전부령이 정하는 저장소의 기준으로 옳은 것은?(단, 동일구 내에 있거나 상호 100[m] 이내의 거리에 있는 저장소로서 저장소의 규모, 저장하는 위험물의 종류 등을 고려하여 동일인이 설치한 경우이다)

① 10개 이하의 암반탱크저장소

② 35개 이하의 옥외탱크저장소

③ 30개 이하의 옥내저장소

④ 30개 이하의 옥외저장소

해설

위험물안전관리자 1인이 중복하여 선임할 수 있는 저장소 등 : 동일구 내에 있거나 상호 100[m] 이내의 거리에 있는 저장소로서 다음에 정하는 저장소

- 10개 이하의 옥내저장소
- 30개 이하의 옥외탱크저장소
- 옥내탱크저장소
- 지하탱크저장소
- 간이탱크저장소
- 10개 이하의 옥외저장소
- 10개 이하의 암반탱크저장소

096

위험물안전관리법령상 이동탱크저장소의 위치·구조 및 설비의 기준에 관한 설명으로 옳은 것을 모두 고른 것은?

ㄱ. 안전장치는 상용압력이 20[kPa] 이하인 탱크에 있어서는 20[kPa] 이상 24[kPa] 이하의 압력에서, 상용압력이 20[kPa]를 초과하는 탱크에 있어서는 상용압력의 1.1배 이하의 압력에서 작동하는 것으로 할 것

ㄴ. 옥내에 있는 상치장소는 벽·바닥·보·서까래 및 지붕이 내화구조 또는 난연재료로 된 건축물의 1층에 설치해야 한다.

ㄷ. 이동탱크저장소에 주입설비를 설치하는 경우에는 주입설비의 길이는 60[m] 이내로 하고, 분당 배출량은 200[L] 이하로 할 것

ㄹ. 이동저장탱크는 그 내부에 4,000[L] 이하마다 1.6 [mm] 이상의 강철판 또는 이와 동등 이상의 강도·내열성 및 내식성이 있는 금속성의 것으로 칸막이를 설치해야 한다.

① ㄱ

② ㄱ, ㄴ

③ ㄱ, ㄴ, ㄷ

④ ㄴ, ㄷ, ㄹ

이동탱크저장소

• 안전장치의 작동압력
  – 상용압력이 20[kPa] 이하인 탱크 : 20[kPa] 이상 24[kPa] 이하의 압력
  – 상용압력이 20[kPa]을 초과하는 탱크 : 상용압력의 1.1배 이하의 압력
• 옥내에 있는 상치장소는 벽・바닥・보・서까래 및 지붕이 내화구조 또는 불연재료로 된 건축물의 1층에 설치해야 한다.
• 이동탱크저장소에 주입설비를 설치하는 경우의 설치기준
  – 주입설비의 길이 : 50[m] 이내로 하고 그 끝부분에 축적되는 정전기 제거장치를 설치할 것
  – 분당배출량 : 200[L] 이하
• 이동저장탱크는 그 내부에 4,000[L] 이하마다 3.2[mm] 이상의 강철판 또는 이와 동등 이상의 강도・내열성 및 내식성이 있는 금속성의 것으로 칸막이를 설치해야 한다(다만, 고체인 위험물을 저장하거나 고체인 위험물을 가열하여 액체상태로 저장하는 경우에는 그렇지 않다).

097

위험물안전관리법령상 옥내저장소에 벤젠 20[L] 용기 200개와 폼산 200[L] 용기 20개를 저장하고 있다면, 이 저장소에는 지정수량 몇 배를 저장하고 있는가?(단, 용기에 가득 차 있다고 가정한다)

① 12배   ② 21배
③ 22배   ④ 26배

해설

지정수량의 배수

$$지정수량의\ 배수 = \frac{저장량}{지정수량} + \frac{저장량}{지정수량} + \cdots$$

• 지정수량

항목 \ 종류	벤 젠	폼 산
화학식	C_6H_6	HCOOH
품 명	제4류 위험물 제1석유류 (비수용성)	제4류 위험물 제2석유류 (수용성)
지정수량	200[L]	2,000[L]

∴ 지정수량의 배수 $= \dfrac{20[L] \times 200개}{200[L]} + \dfrac{200[L] \times 20개}{2,000[L]}$

         $= 22$배

098

위험물안전관리법령상 판매취급소의 위치・구조 및 설비의 기준으로 옳지 않은 것은?

① 제1종 판매취급소는 건축물의 1층에 설치할 것
② 제1종 판매취급소의 위험물을 배합하는 실의 바닥면적은 5[m²] 이상 15[m²] 이하로 할 것
③ 제2종 판매취급소의 용도로 사용하는 부분은 벽・기둥・바닥 및 보를 내화구조로 할 것
④ 제2종 판매취급소의 용도로 사용하는 부분에 상층이 있는 경우에 있어서는 상층의 바닥을 내화구조로 하는 동시에 상층으로의 연소를 방지하기 위한 조치를 강구할 것

해설

판매취급소의 기준

• 제1종 판매취급소(지정수량의 20배 이하)의 기준
  – 제1종 판매취급소는 건축물의 1층에 설치할 것
  – 제1종 판매취급소의 용도로 사용되는 건축물의 부분은 내화구조 또는 불연재료로 하고, 판매취급소로 사용되는 부분과 다른 부분과의 격벽은 내화구조로 할 것
  – 제1종 판매취급소의 용도로 사용하는 건축물의 부분은 보를 불연재료로 하고, 천장을 설치하는 경우에는 천장을 불연재료로 할 것
  – 위험물 배합실의 바닥면적은 6[m²] 이상 15[m²] 이하일 것
• 제2종 판매취급소(지정수량의 40배 이하)의 기준
  – 제2종 판매취급소의 용도로 사용하는 부분은 벽・기둥・바닥 및 보를 내화구조로 하고, 천장이 있는 경우에는 이를 불연재료로 하며, 판매취급소로 사용되는 부분과 다른 부분과의 격벽은 내화구조로 할 것
  – 제2종 판매취급소의 용도로 사용하는 부분에 있어서 상층이 있는 경우에는 상층의 바닥을 내화구조로 하는 동시에 상층으로의 연소를 방지하기 위한 조치를 강구하고, 상층이 없는 경우에는 지붕을 내화구조로 할 것

099

위험물안전관리법령상 소화설비 기준 중 소화난이도등급 I의 제조소 및 일반취급소에 설치해야 하는 소화설비로 옳은 것을 모두 고른 것은?

> ㄱ. 옥내소화전설비
> ㄴ. 옥외소화전설비
> ㄷ. 스프링클러설비

① ㄱ   ② ㄱ, ㄴ
③ ㄴ, ㄷ   ④ ㄱ, ㄴ, ㄷ

해설

소화난이도등급 I 의 제조소 등에 설치해야 하는 소화설비

제조소 등의 구분		소화설비
제조소 및 일반취급소		옥내소화전설비, 옥외소화전설비, 스프링클러설비 또는 물분무 등 소화설비(화재발생 시 연기가 충만할 우려가 있는 장소에는 스프링클러설비 또는 이동식 외의 물분무 등 소화설비에 한한다)
주유취급소		스프링클러설비(건축물에 한정한다), 소형수동식소화기 등(능력단위의 수치가 건축물 그 밖의 공작물 및 위험물의 소요단위의 수치에 이르도록 설치할 것)
옥내 저장소	처마높이가 6[m] 이상인 단층 건물 또는 다른 용도의 부분이 있는 건축물에 설치한 옥내저장소	스프링클러설비 또는 이동식 외의 물분무 등 소화설비
	그 밖의 것	옥외소화전설비, 스프링클러설비, 이동식 외의 물분무 등 소화설비 또는 이동식 포소화설비(포소화전을 옥외에 설치하는 것에 한한다)
옥외 탱크 저장소	지중탱크 또는 해상탱크 외의 것	황만을 저장·취급하는 것 → 물분무소화설비
		인화점 70[℃] 이상의 제4류 위험물만을 저장·취급하는 것 → 물분무소화설비 또는 고정식 포소화설비
		그 밖의 것 → 고정식 포소화설비(포소화설비가 적응성이 없는 경우에는 분말소화설비)
	지중탱크	고정식 포소화설비, 이동식 이외의 불활성가스소화설비 또는 이동식 이외의 할로젠화합물소화설비
	해상탱크	고정식 포소화설비, 물분무소화설비, 이동식 이외의 불활성가스소화설비 또는 이동식 이외의 할로젠화합물소화설비

제조소 등의 구분		소화설비
옥내 탱크 저장소	황만을 저장·취급하는 것	물분무소화설비
	인화점 70[℃] 이상의 제4류 위험물만을 저장·취급하는 것	물분무소화설비, 고정식 포소화설비, 이동식 이외의 불활성가스소화설비, 이동식 이외의 할로젠화합물소화설비 또는 이동식 이외의 분말소화설비
	그 밖의 것	고정식 포소화설비, 이동식 이외의 불활성가스소화설비, 이동식 이외의 할로젠화합물소화설비 또는 이동식 이외의 분말소화설비
옥외저장소 및 이송취급소		옥내소화전설비, 옥외소화전설비, 스프링클러설비 또는 물분무 등 소화설비(화재발생 시 연기가 충만할 우려가 있는 장소에는 스프링클러설비 또는 이동식 이외의 물분무 등 소화설비에 한한다)
암반 탱크 저장소	황만을 저장·취급하는 것	물분무소화설비
	인화점 70[℃] 이상의 제4류 위험물만을 저장·취급하는 것	물분무소화설비 또는 고정식 포소화설비
	그 밖의 것	고정식 포소화설비(포소화설비가 적응성이 없는 경우에는 분말소화설비)

100

다음은 위험물안전관리법령상 옮겨 담는 일반취급소의 특례기준이다. ( )에 알맞은 숫자로 옳은 것은?(단, 해당 일반취급소에 인접하여 연소의 우려가 있는 건축물은 없다)

> 일반취급소의 주위에는 높이 ( )[m] 이상의 내화구조 또는 불연재료로 된 담 또는 벽을 설치해야 한다.

① 1
② 2
③ 3
④ 4

해설

옮겨 담는 일반취급소의 특례기준

• 일반취급소의 주위에는 높이 2[m] 이상의 내화구조 또는 불연재료로 된 담 또는 벽을 설치해야 한다.
• 일반취급소에 지붕, 캐노피 그 밖에 위험물을 옮겨 담는 데 필요한 건축물을 설치하는 경우에는 지붕 등은 불연재료로 해야 한다.
• 지붕 등의 수평투영면적은 일반취급소의 부지면적의 1/3 이하여야 한다.

101

옥내소화전설비의 화재안전기술기준상 물올림장치의 설치기준 중 일부이다. ( )에 들어갈 것으로 옳은 것은?

> 수조의 유효수량은 (ㄱ)[L] 이상으로 하되, 구경 (ㄴ) [mm] 이상의 급수배관에 따라 해당 수조에 물이 계속 보급되도록 할 것

① ㄱ : 100, ㄴ : 15
② ㄱ : 100, ㄴ : 20
③ ㄱ : 200, ㄴ : 15
④ ㄱ : 200, ㄴ : 20

해설

물올림장치의 설치기준

[물올림장치]

- 주기능 : 풋밸브에서 펌프 임펠러까지에 항상 물을 충전시켜서 언제든지 펌프에서 물을 흡입할 수 있도록 대비시켜주는 부수설비
- 설치기준 : **수원의 수위가 펌프보다 아래에 있을 때**
- 수조의 유효수량 : **100[L] 이상**
- 수조의 급수배관 : 구경 15[mm] 이상
- 물올림배관 : 25[mm] 이상

102

옥외소화전설비의 화재안전기술기준에 따라 옥외소화전 3개가 다음 조건과 같이 설치된 경우, 펌프의 축동력[kW]은 약 얼마인가?

- 실양정 30[m]
- 배관 및 배관부속품의 마찰손실수두는 실양정의 30[%]
- 호스 길이는 40[m](호스 길이 100[m]당 마찰손실수두는 4[m])
- 펌프의 효율 75[%], 전달계수 1.1
- 주어진 조건 이외의 다른 조건은 고려하지 않고, 계산 결과값은 소수점 둘째 자리에서 반올림한다.

① 7.5[kW]
② 10.0[kW]
③ 11.0[kW]
④ 13.0[kW]

해설

축동력

$$P[\text{kW}] = \frac{\gamma \times Q \times H}{\eta}$$

여기서, γ : 물의 비중량(9.8[kN/m³])
　　　　Q : 유량(350[L/min] × 2 = 700[L/min]
　　　　　　　　　　　　= 0.7[m³]/60[s])
　　　　H : 펌프의 전양정[m]
　　　　η : 펌프의 효율(75[%])

$$\text{전양정 } H = h_1 + h_2 + h_3 + 25[\text{m}]$$

여기서, h_1 : 호스의 마찰손실수두(40[m] × $\frac{4}{100}$ = 1.6[m])
　　　　h_2 : 배관의 마찰손실수두(30[m] × 0.3 = 9[m])
　　　　h_3 : 실양정(30[m])
$\therefore H = h_1 + h_2 + h_3 + 25[\text{m}]$
　　　$= 1.6[\text{m}] + 9[\text{m}] + 30[\text{m}] + 25[\text{m}] = 65.6[\text{m}]$
$\therefore P[\text{kW}] = \frac{\gamma \times Q \times H}{\eta}$
　　　　$= \frac{9.8 \times 0.7/60 \times 65.6}{0.75} = 10.0[\text{kW}]$

103

옥내소화전설비의 화재안전기술기준상 옥상수조를 설치하지 않아도 되는 기준으로 옳은 것은?

① 압력수조를 가압송수장치로 설치한 경우
② 수원이 건축물의 최하층에 설치된 방수구보다 높은 위치에 설치된 경우
③ 건축물의 높이가 지표면으로부터 10[m]를 초과하는 경우
④ 고가수조를 가압송수장치로 설치한 경우

수원을 옥상에 1/3을 설치하지 않아도 되는 경우

- 지하층만 있는 건축물
- 고가수조를 가압송수장치로 설치한 경우
- 수원이 건축물의 최상층에 설치된 방수구보다 높은 위치에 설치된 경우
- 건축물의 높이가 지표면으로부터 10[m] 이하인 경우
- 주펌프와 동등 이상의 성능이 있는 별도의 펌프로서 내연기관의 기동과 연동하여 작동되거나 비상전원을 연결하여 설치한 경우
- 학교·공장·창고시설(옥상수조를 설치한 대상은 제외한다)로서 동결의 우려가 있는 장소에 있어서는 기동스위치에 보호판을 부착하여 옥내소화전함 내에 설치하는 경우 (ON-OFF방식)
- 가압수조를 가압송수장치로 설치한 경우

104

내화구조이고 물품 보관용 랙이 설치되지 않은 가로 50[m], 세로 30[m]인 창고에 라지드롭형 스프링클러헤드를 정방형으로 배치하는 경우 필요한 헤드의 최소 설치 개수는?(단, 특수가연물을 저장 또는 취급하지 않음)

① 84개
② 160개
③ 187개
④ 273개

스프링클러헤드의 설치기준

설치장소		설치기준
폭 1.2[m]를 초과하는 천장, 반자, 천장과 반자 사이, 덕트, 선반, 기타 이와 유사한 부분	무대부, 특수가연물을 저장 또는 취급하는 장소	수평거리 1.7[m] 이하
	비내화구조	수평거리 2.1[m] 이하
	내화구조	수평거리 2.3[m] 이하
아파트 등의 세대		수평거리 2.6[m] 이하
랙식 창고	라지드롭형 스프링클러헤드 설치	특수가연물을 저장·취급	수평거리 1.7[m] 이하
	비내화구조	수평거리 2.1[m] 이하
	내화구조	수평거리 2.3[m] 이하
	라지드롭형 스프링클러헤드(습식, 건식 외의 것)	랙 높이 3[m] 이하마다

- 정방형으로 설치 시 헤드 간의 거리
  $S = 2\,r\cos\theta = 2 \times 2.3[\text{m}] \times \cos 45° = 3.25[\text{m}]$
- 헤드의 개수
  - 가로 : $50[\text{m}] \div 3.25[\text{m}] = 15.38 \Rightarrow$ 16개
  - 세로 : $30[\text{m}] \div 3.25[\text{m}] = 9.23 \Rightarrow$ 10개
- ∴ 전체 헤드 수 = 16개 × 10개 = 160개

105

물분무소화설비의 화재안전기술기준상 고압의 전기기기가 있는 장소는 전기의 절연을 위하여 전기기기와 물분무헤드 사이에 거리를 두어야 한다. 전기기기의 전압[kV]에 따라 이격한 거리[cm]로 옳은 것은?

① 66[kV] - 60[cm]
② 120[kV] - 130[cm]
③ 150[kV] - 160[cm]
④ 200[kV] - 190[cm]

전기기기와 물분무헤드 사이의 거리

전압[kV]	거리[cm]
66 이하	70 이상
66 초과 77 이하	80 이상
77 초과 110 이하	110 이상
110 초과 154 이하	150 이상
154 초과 181 이하	180 이상
181 초과 220 이하	210 이상
220 초과 275 이하	260 이상

106

포소화설비의 화재안전기술기준상 용어의 정의로 옳지 않은 것은?

① "비확관형 분기배관"이란 배관의 측면에 분기호칭 내경 이상의 구멍을 뚫고 배관이음쇠를 용접 이음한 배관을 말한다.

② "포소화전설비"란 포소화전 방수구·호스 및 이동식 포노즐을 사용하는 설비를 말한다.

③ "주펌프"란 구동장치의 회전 또는 왕복운동으로 소화수를 가압하여 그 압력으로 급수하는 주된 펌프를 말한다.

④ "프레셔프로포셔너방식"이란 펌프의 토출관에 압입기를 설치하여 포소화약제 압입용 펌프로 포소화약제를 압입시켜 혼합하는 방식을 말한다.

해설

포소화약제의 혼합장치

• **펌프프로포셔너방식**(Pump Proportioner, 펌프혼합방식) : 펌프의 토출관과 흡입관 사이의 배관 도중에 설치한 흡입기에 펌프에서 토출된 물의 일부를 보내고 농도조정밸브에서 조정된 포소화약제의 필요량을 포소화약제 저장탱크에서 펌프 흡입 측으로 보내어 약제를 혼합하는 방식

• **라인프로포셔너방식**(Line Proportioner, 관로혼합방식) : 펌프와 발포기의 중간에 설치된 벤투리관의 벤투리작용에 따라 포소화약제를 흡입·혼합하는 방식. 이 방식은 옥외소화전에 연결 주로 1층에 사용하며 원액 흡입력 때문에 송수압력의 손실이 크고, 토출 측 호스의 길이, 포원액 탱크의 높이 등에 민감하므로 아주 정밀설계와 시공을 요한다.

• **프레셔프로포셔너방식**(Pressure Proportioner, 차압혼합방식) : 펌프와 발포기의 중간에 설치된 벤투리관의 벤투리작용과 펌프 가압수의 포소화약제 저장탱크에 대한 압력에 따라 포소화약제를 흡입·혼합하는 방식. 현재 우리나라에서는 3[%] 단백포 차압혼합방식을 많이 사용하고 있다.

• **프레셔사이드 프로포셔너방식**(Pressure Side Proportioner, 압입혼합방식) : 펌프의 토출관에 **압입기를 설치**하여 포소화약제 압입용 펌프로 포소화약제를 압입시켜 혼합하는 방식

• **압축공기포 믹싱챔버방식** : 물, 포소화약제 및 공기를 믹싱챔버로 강제주입시켜 챔버 내에서 포수용액을 생성한 후 포를 방사하는 방식

107

포소화설비의 화재안전성능기준상 특수가연물을 저장·취급하는 특정소방대상물 중 바닥면적이 200[m²]인 부분에 포헤드방식으로 포소화설비를 설치하는 경우 1분당 최소 방사량[L]은?(단, 포소화약제의 종류는 합성계면활성제포로 함)

① 740[L/min] ② 1,300[L/min]
③ 1,600[L/min] ④ 1,700[L/min]

해설

포헤드의 분당 방사량

소방대상물	포소화약제의 종류	바닥면적 1[m²]당 방사량
차고·주차장 및 항공기 격납고	단백포소화약제	6.5[L] 이상
	합성계면활성제포 소화약제	8.0[L] 이상
	수성막포소화약제	3.7[L] 이상
화재의 예방 및 안전관리에 관한 법률 시행령 별표 2의 특수가연물을 저장·취급하는 소방대상물	단백포소화약제	6.5[L] 이상
	합성계면활성제포 소화약제	6.5[L] 이상
	수성막포소화약제	6.5[L] 이상

∴ 최소 방사량 = 200[m²] × 6.5[L/min·m²] = 1,300[L/min]

108

피난기구의 화재안전기술기준상 설치장소별 피난기구 적응성에서 지상 4층 노유자시설에 적응성이 있는 피난기구를 모두 고른 것은?

ㄱ. 미끄럼대	ㄴ. 구조대
ㄷ. 완강기	ㄹ. 피난교
ㅁ. 피난사다리	ㅂ. 승강식 피난기

① ㄱ, ㄷ, ㄹ ② ㄱ, ㄷ, ㅁ
③ ㄴ, ㄹ, ㅂ ④ ㄴ, ㅁ, ㅂ

해설

피난기구의 적응성

층별 설치 장소별 구분	1층	2층	3층	4층 이상 10층 이하
1. 노유자시설	미끄럼대·구조대·피난교·다수인 피난장비·승강식 피난기			구조대¹⁾·피난교·다수인 피난장비·승강식 피난기
2. 의료시설·근린생활시설 중 입원실이 있는 의원·접골원·조산원	–	–	미끄럼대·구조대·피난용 트랩·다수인 피난장비·승강식 피난기	구조대·피난교·피난용 트랩·다수인 피난장비·승강식 피난기
3. 다중이용업소의 안전관리에 관한 특별법 시행령 제2조에 따른 다중이용업소로서 영업장의 위치가 4층 이하인 다중이용업소	–	미끄럼대·피난사다리·구조대·완강기·다수인 피난장비·승강식 피난기		
4. 그 밖의 것	–	–	미끄럼대·피난사다리·구조대·완강기·피난교·피난용 트랩·간이완강기²⁾·공기안전매트³⁾·다수인 피난장비·승강식 피난기	피난사다리·구조대·완강기·피난교·간이완강기²⁾·공기안전매트³⁾·다수인 피난장비·승강식 피난기

[비고]
1) 구조대의 적응성은 장애인 관련 시설로서 주된 사용자 중 스스로 피난이 불가한 자가 있는 경우 추가로 설치하는 경우에 한한다.
2), 3) 간이완강기의 적응성은 숙박시설의 3층 이상에 있는 객실에, 공기안전매트의 적응성은 공동주택에 추가로 설치하는 경우에 한한다.

109

창고시설의 화재안전기술기준상 피난유도선의 설치기준이다. ( )에 들어갈 것으로 옳은 것은?

- 피난유도선은 연면적 (ㄱ)[m²] 이상인 창고시설의 지하층 및 무창층에 다음의 기준에 따라 설치해야 한다.
- 각 층 직통계단 출입구로부터 건물 내부 벽면으로 (ㄴ)[m] 이상 설치할 것
- 화재 시 점등되며 비상전원 (ㄷ)분 이상 확보할 것

① ㄱ : 10,000, ㄴ : 10, ㄷ : 20
② ㄱ : 10,000, ㄴ : 20, ㄷ : 20
③ ㄱ : 15,000, ㄴ : 10, ㄷ : 30
④ ㄱ : 15,000, ㄴ : 20, ㄷ : 30

해설

창고시설 유도등의 화재안전기준
- 피난구유도등과 거실통로유도등은 대형으로 설치해야 한다.
- 피난유도선은 연면적 15,000[m²] 이상인 창고시설의 지하층 및 무창층의 설치기준
  - 광원점등방식으로 바닥으로부터 1[m] 이하의 높이에 설치할 것
  - 각 층 직통계단 출입구로부터 건물 내부 벽면으로 10[m] 이상 설치할 것
  - 화재 시 점등되며 비상전원 30분 이상을 확보할 것
  - 피난유도선은 소방청장이 정하여 고시하는 피난유도선 성능인증 및 제품검사의 기술기준에 적합한 것으로 설치할 것

110

자동화재탐지설비 및 시각경보장치의 화재안전성능기준상 다음 조건에 따른 계단에 설치해야 하는 연기감지기 (ㄱ)의 수와 경계구역(ㄴ)의 수는?

- 지하 2층에서 지상 25층 및 옥상층까지의 계단은 2개소이며, 계단 상호 간 수평거리 20[m]
- 층고 : 지하층 4[m], 지상층 3[m], 옥상층 3[m]
- 광전식(스포트형) 2종 감지기 설치

① ㄱ : 8개, ㄴ : 4개
② ㄱ : 8개, ㄴ : 6개
③ ㄱ : 14개, ㄴ : 4개
④ ㄱ : 14개, ㄴ : 6개

연기감지기 설치개수 및 경계구역 설정
- 연기감지기의 설치기준
  - 연기감지기(광전식 스포트형 감지기) 감지기의 부착높이에 따라 다음 [표]에 따른 바닥면적마다 1개 이상으로 할 것

부착높이	감지기의 종류[m²]	
	1종 및 2종	3종
4[m] 미만	150	50
4[m] 이상 20[m] 미만	75	–

  - 감지기는 복도 및 통로에 있어서는 보행거리 30[m](3종에 있어서는 20[m])마다, 계단 및 경사로에 있어서는 수직거리 15[m](3종에 있어서는 10[m])마다 1개 이상으로 할 것
- 복도, 통로의 경우

$$\text{감지기 설치개수} = \frac{\text{감지구역의 보행거리[m]}}{\text{감지기 1개의 설치 보행거리[m]}} \, [\text{개}]$$

- 계단, 경사로의 경우

$$\text{감지기 설치개수} = \frac{\text{감지구역의 수직거리[m]}}{\text{감지기 1개의 설치 수직거리[m]}} \, [\text{개}]$$

  - 지하층의 연기감지기 설치개수

$$= \frac{2\text{개 } 층 \times 4[\text{m}]}{15[\text{m}]} = 0.53\text{개} \fallingdotseq 1\text{개}$$

  - 지상층의 연기감지기 설치개수

$$= \frac{26\text{개 } 층 \times 3[\text{m}]}{15[\text{m}]} = 5.2\text{개} \fallingdotseq 6\text{개}$$

∴ 총 연기감지기 설치개수 = (1개 + 6개) × 2개소 = 14개
- 경계구역의 설정기준
  - 수평적 경계구역

구 분	기 준	예외 기준
층 별	층마다(2개 이상의 층에 미치지 않도록 할 것)	500[m²] 이하의 범위 안에서는 2개의 층을 하나의 경계구역으로 할 수 있다.
경계구역의 면적	600[m²] 이하	주된 출입구에서 그 내부 전체가 보이는 것에 있어서는 한 변의 길이가 50[m]의 범위에서 1,000[m²] 이하로 할 수 있다.
한 변의 길이	50[m] 이하	–

  - 수직적 경계구역

구 분	계단·경사로 기준	엘리베이터 승강로(권상기실이 있는 경우에는 권상기실)·린넨슈트·파이프 피트 및 덕트
높 이	45[m] 이하	
지하층 구분	지상층과 지하층을 구분(지하층의 층수가 1일 경우는 제외)	별도의 경계구역으로 설정

∴ 경계구역의 수

$$= \left\{ 1\text{개}(\text{지하층}) + \frac{26\text{개 } 층 \times 3[\text{m}]}{45[\text{m}]}(\text{지상층}) \right\} \times 2\text{개소}$$
$$= 5.46 \fallingdotseq 6\text{개}$$

111

화재안전기술기준상 비상방송설비의 음향장치 설치기준으로 옳지 않은 것은?

① 아파트 등의 경우 실내에 설치하는 확성기 음성입력은 1[W] 이상일 것
② 음량조정기를 설치하는 경우 음량조정기의 배선은 3선식으로 할 것
③ 조작부의 조작스위치는 바닥으로부터 0.8[m] 이상 1.5[m] 이하의 높이에 설치할 것
④ 창고시설에서 발화한 때에는 전 층에 경보를 발해야 한다.

공동주택의 비상방송설비 설치기준
- 확성기는 각 세대마다 설치할 것
- 아파트 등의 경우 실내에 설치하는 확성기 음성입력은 2[W] 이상일 것

112

비상조명등의 화재안전기술기준상 휴대용 비상조명등의 설치기준으로 옳지 않은 것은?

① 사용 시 자동으로 점등되는 구조일 것
② 건전지 및 충전식 배터리의 용량은 20분 이상 유효하게 사용할 수 있는 것으로 할 것
③ 외함은 난연성능이 있을 것
④ 지하상가 및 지하역사에는 수평거리 50[m] 이내마다 3개 이상 설치

휴대용 비상조명등의 설치기준
- 설치장소
  - 숙박시설 또는 다중이용업소에는 객실 또는 영업장 안의 구획된 실마다 잘 보이는 곳(외부에 설치 시 출입문 손잡이로부터 1[m] 이내의 부분) : 1개 이상 설치
  - 대규모점포(지하상가 및 지하역사는 제외), 영화상영관 : 보행거리 50[m] 이내마다 3개 이상 설치
  - 지하상가, 지하역사 : 보행거리 25[m] 이내마다 3개 이상 설치
- 설치높이 : 바닥으로부터 0.8[m] 이상 1.5[m] 이하
- 건전지 및 충전식의 배터리 용량 : 20분 이상

Plus one 비상조명등의 설치장소
특정소방대상물의 각 거실과 그로부터 지상에 이르는 **복도, 계단** 및 그 밖의 **통로**에 설치

 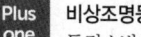

113

자동화재탐지설비 및 시각경보장치의 화재안전기술기준에 관한 설명으로 옳지 않은 것은?

① 광전식 분리형 감지기의 광축(송광면과 수광면의 중심을 연결한 선)은 나란한 벽으로부터 0.5[m] 이상 이격하여 설치할 것

② 청각장애인용 시각경보장치의 설치높이는 천장의 높이가 2[m] 이하인 경우에는 천장으로부터 0.15[m] 이내의 장소에 설치해야 한다.

③ 수신기는 화재로 인하여 하나의 층의 지구음향장치 또는 배선이 단락되어도 층의 화재통보에 지장이 없도록 각 층 배선 상에 유효한 조치를 할 것

④ 외기에 면하여 상시 개방된 부분이 있는 차고·주차장·창고 등에 있어서는 외기에 면하는 각 부분으로부터 5[m] 미만의 범위 안에 있는 부분은 경계구역의 면적에 산입하지 않는다.

해설

광전식 분리형 감지기의 광축(송광면과 수광면의 중심을 연결한 선)은 나란한 벽으로부터 0.6[m] 이상 이격하여 설치할 것

114

소방펌프의 설계 시 유량 0.8[m³/min], 양정 70[m]였으나 시운전 시 양정이 60[m], 회전수는 2,000[rpm]으로 측정되었다. 양정이 70[m]가 되려면 회전수는 최소 몇 [rpm]으로 조정해야 하는가?(단, 계산 결과값은 소수점 첫째 자리에서 반올림함)

① 1,852[rpm] ② 2,105[rpm]
③ 2,160[rpm] ④ 2,333[rpm]

해설

펌프의 상사법칙

- 유량 : $Q_2 = Q_1 \times \dfrac{N_2}{N_1} \times \left(\dfrac{D_2}{D_1}\right)^3$

- 전양정 : $H_2 = H_1 \times \left(\dfrac{N_2}{N_1}\right)^2 \times \left(\dfrac{D_2}{D_1}\right)^2$

- 동력 : $P_2 = P_1 \times \left(\dfrac{N_2}{N_1}\right)^3 \times \left(\dfrac{D_2}{D_1}\right)^5$

여기서, N : 회전수[rpm] D : 내경[mm]

∴ 양정이 $H_1 = 60[m]$, $H_2 = 70[m]$이고,
회전수 $N_1 = 2,000[rpm]$일 때

$$70[m] = \left(\frac{N_2}{2,000[rpm]}\right)^2 \times 60[m]$$

$$N_2 = 2,000[rpm] \times \sqrt{\frac{70[m]}{60[m]}} = 2,160.2[rpm]$$

115

자동화재탐지설비 및 시각경보장치의 화재안전기술기준상 배선의 기준으로 옳은 것은?

① P형 수신기 및 G.P형 수신기의 감지기회로의 배선에 있어서 하나의 공통선에 접속할 수 있는 경계구역은 6개 이하로 할 것

② 감지기회로 및 부속회로의 전로와 대지 사이 및 배선 상호 간의 절연저항은 1경계구역마다 직류 250[V]의 절연저항측정기를 사용하여 측정한 절연저항이 0.1[MΩ] 이상이 되도록 할 것

③ 감지기회로의 전로저항은 30[Ω] 이하가 되도록 할 것

④ 감지기회로의 도통시험을 위한 종단저항의 전용함을 설치하는 경우 그 설치높이는 바닥으로부터 2.0[m] 이내로 할 것

배선의 기준

- P형 수신기 및 G.P형 수신기의 감지회로의 배선에 있어서 하나의 **공통선**에 접속할 수 있는 경계구역은 **7개 이하**로 할 것
- 전원회로의 전로와 대지 사이 및 배선 상호 간의 절연저항은 전기사업법 제67조에 따른 전기설비기술기준이 정하는 바에 의하고, 감지기회로 및 부속회로의 전로와 대지 사이 및 배선 상호 간의 절연저항은 1경계구역마다 직류 250[V]의 절연저항측정기를 사용하여 측정한 절연저항이 0.1[MΩ] 이상이 되도록 할 것
- 자동화재탐지설비의 **감지기회로의 전로저항은 50[Ω] 이하**가 되도록 해야 하며, 수신기의 각 회로별 종단에 설치되는 감지기에 접속되는 배선의 전압은 감지기 정격전압의 80[%] 이상이어야 할 것
- 감지기회로의 도통시험을 위한 종단저항의 전용함을 설치하는 경우 그 설치높이는 바닥으로부터 1.5[m] 이내로 할 것

116

건설현장의 화재안전기술기준에 관한 설명으로 옳지 않은 것은?

① 용접·용단 작업 시 11[m] 이내에 가연물이 있는 경우 해당 가연물을 방화포로 보호할 것
② 비상경보장치는 피난층 또는 지상으로 통하는 각 층 직통계단의 출입구마다 설치할 것
③ 비상조명등이 설치된 장소의 조도는 각 부분의 바닥에서 1[lx] 이상이 되도록 할 것
④ 가스누설경보기는 지하층에 가연성 가스를 발생시키는 작업을 하는 부분으로부터 수평거리 15[m] 이내에 바닥으로부터 탐지부 상단까지의 거리가 0.3[m] 이하인 위치에 설치할 것

건설현장의 화재안전기술기준

- 용접·용단 작업 시 11[m] 이내에 가연물이 있는 경우 해당 가연물을 방화포로 보호할 것
- 비상경보장치는 피난층 또는 지상으로 통하는 각 층 직통계단의 출입구마다 설치할 것
- 비상조명등이 설치된 장소의 조도는 각 부분의 바닥에서 1[lx] 이상이 되도록 할 것
- 가스누설경보기는 지하층 또는 무창층 내부에 가연성 가스를 발생시키는 작업을 하는 부분으로부터 수평거리 10[m] 이내에 바닥으로부터 탐지부 상단까지의 거리가 0.3[m] 이하인 위치에 설치할 것

117

이산화탄소소화설비의 화재안전성능기준 및 화재안전기술기준에 관한 설명으로 옳은 것은?

① "전역방출방식"이란 소화약제 공급장치에 배관 및 분사헤드 등을 고정 설치하여 직접 화점에 소화약제를 방출하는 방식을 말한다.
② "설계농도"란 규정된 실험 조건의 화재를 소화하는 데 필요한 소화약제의 농도를 말한다.
③ 저장용기의 충전비는 고압식은 1.1 이상 1.4 이하로 한다.
④ 소화약제 저장용기는 온도가 40[℃] 이하이고, 온도 변화가 작은 곳에 설치해야 한다.

이산화탄소소화설비의 화재안전성능기준 및 화재안전기술기준

- **전역방출방식(Total Flooding System)** : 소화약제 공급장치에 배관 및 분사헤드 등을 설치하여 밀폐 방호구역 전체에 소화약제를 방출하는 방식
- **국소방출방식(Local Aplication Type System)** : 소화약제 공급장치에 배관 및 분사헤드 등을 설치하여 직접 화점에 소화약제를 방출하는 방식
- **이동식(호스릴식, Portable Installation)** : 소화수 또는 소화약제 저장용기 등에 연결된 호스릴을 이용하여 사람이 직접 화점에 소화수 또는 소화약제를 방출하는 방식
- 설계농도 : 방호대상물 또는 방호구역의 소화약제 저장량을 산출하기 위한 농도로서 소화농도에 안전을 고려하여 설정한 농도
- 소화농도 : 규정된 실험 조건의 화재를 소화하는 데 필요한 소화약제의 농도
- 저장용기의 충전비
  - 고압식 : 1.5 이상 1.9 이하
  - 저압식 : 1.1 이상 1.4 이하
- 소화약제 저장용기는 온도가 40[℃] 이하이고, 온도 변화가 작은 곳에 설치해야 한다.

118

할로겐화합물 및 불활성기체소화설비의 화재안전기술 기준상 사람이 상주하고 있는 곳에서 할로겐화합물 및 불활성기체소화약제의 최대허용설계농도[%]가 옳은 것을 모두 고른 것은?

```
ㄱ. FC-3-1-10 : 40[%]
ㄴ. HFC-125 : 10.5[%]
ㄷ. HFC-227ea : 10.5[%]
ㄹ. IG-100 : 43[%]
ㅁ. IG-55 : 30[%]
```

① ㄴ, ㄷ
② ㄹ, ㅁ
③ ㄱ, ㄴ, ㅁ
④ ㄱ, ㄷ, ㄹ

해설

할로겐화합물 및 불활성기체소화약제의 최대허용설계농도[%]

소화약제	최대허용설계 농도[%]	소화약제	최대허용설계 농도[%]
FC-3-1-10	40	FIC-13I1	0.3
HCFC BLEND A	10	FK-5-1-12	10
HCFC-124	1.0	IG-01	43
HFC-125	11.5	IG-100	43
HFC-227ea	10.5	IG-541	43
HFC-23	30	IG-55	43
HFC-236fa	12.5		

119

분말소화설비의 화재안전성능기준상 방호구역에 분말소화설비를 전역방출방식으로 설치하고자 한다. 방호구역의 조건이 다음과 같을 때 제3종 분말소화약제의 최소 저장량[kg]은?

```
• 방호구역의 체적은 200[m³]
• 방호구역의 개구부 면적은 4[m²]
• 자동폐쇄장치는 설치하지 않음
```

① 55.2[kg]
② 82.8[kg]
③ 130.8[kg]
④ 138.0[kg]

해설

전역방출방식일 때 약제량

$$\text{소화약제 저장량[kg]} = \text{방호구역 체적[m}^3\text{]} \times \text{필요약제량 [kg/m}^3\text{]} + \text{개구부 면적[m}^2\text{]} \times \text{가산량[kg/m}^2\text{]}$$

※ 개구부의 면적은 자동폐쇄장치가 설치되어 있지 않은 면적이다.

약제의 종류	방호구역의 체적 1[m³]에 대한 소화약제의 양(필요약제량)	가산량
제1종 분말	0.60[kg/m³]	4.5[kg/m²]
제2종 또는 제3종 분말	0.36[kg/m³]	2.7[kg/m²]
제4종 분말	0.24[kg/m³]	1.8[kg/m²]

$\therefore$ 약제량 $= 200[\text{m}^3] \times 0.36[\text{kg/m}^3] + (4[\text{m}^2] \times 2.7[\text{kg/m}^2])$
$= 82.8[\text{kg}]$

120

제연설비의 화재안전기술기준상 제연구역에 관한 기준이 아닌 것은?

① 하나의 제연구역의 면적은 1,000[m²] 이내로 할 것
② 통로상의 제연구역은 보행중심선의 길이가 60[m]를 초과하지 않을 것
③ 하나의 제연구역은 직경 50[m] 원 내에 들어갈 수 있을 것
④ 거실과 통로(복도를 포함한다)는 각각 제연구획할 것

해설

제연구역의 기준

• 하나의 제연구역의 면적을 1,000[m²] 이내로 할 것
• 거실과 통로(복도를 포함한다)는 각각 제연구획할 것
• 통로상의 제연구역은 보행중심선의 길이가 60[m]를 초과하지 않을 것
• 하나의 제연구역은 직경 60[m] 원 내에 들어갈 수 있을 것
• 하나의 제연구역은 2 이상의 층에 미치지 않도록 할 것. 다만, 층의 구분이 불분명한 부분은 그 부분을 다른 부분과 별도로 제연구획해야 한다.

121

연결송수관설비의 화재안전성능기준상 송수구와 방수구의 설치기준이다. ( )에 들어갈 내용으로 옳은 것은?

- 연결송수관설비의 송수구는 지면으로부터 높이가 (ㄱ)[m] 이상 (ㄴ)[m] 이하의 위치에 설치할 것
- 연결송수관설비의 송수구는 구경 (ㄷ)[mm]의 쌍구형으로 할 것
- 연결송수관설비의 (ㄹ)층 이상의 부분에 설치하는 방수구는 쌍구형으로 할 것

① ㄱ : 0.5, ㄴ : 1, ㄷ : 65, ㄹ : 11
② ㄱ : 0.5, ㄴ : 1, ㄷ : 80, ㄹ : 15
③ ㄱ : 0.8, ㄴ : 1.5, ㄷ : 65, ㄹ : 11
④ ㄱ : 0.8, ㄴ : 1.5, ㄷ : 80, ㄹ : 15

해설

송수구와 방수구의 설치기준

① 송수구의 설치기준
- ㉠ 소방차가 쉽게 접근할 수 있고 잘 보이는 장소에 설치할 것
- ㉡ 지면으로부터 높이가 **0.5[m] 이상 1[m] 이하**의 위치에 설치할 것
- ㉢ 송수구는 화재층으로부터 지면으로 떨어지는 유리창 등이 송수 및 그 밖의 소화작업에 지장을 주지 않는 장소에 설치할 것
- ㉣ 송수구로부터 연결송수관설비의 주배관에 이르는 연결배관에 개폐밸브를 설치한 때에는 그 개폐상태를 쉽게 확인 및 조작할 수 있는 옥외 또는 기계실 등의 장소에 설치할 것. 이 경우 개폐밸브에는 그 밸브의 개폐상태를 감시제어반에서 확인할 수 있도록 급수개폐밸브 작동표시 스위치(탬퍼스위치)를 다음의 기준에 따라 설치해야 한다.
  - 급수개폐밸브가 잠길 경우 탬퍼스위치의 동작으로 인하여 감시제어반 또는 수신기에 표시되어야 하며 경보음을 발할 것
  - 탬퍼스위치는 감시제어반 또는 수신기에서 동작의 유무확인과 동작시험, 도통시험을 할 수 있을 것
  - 탬퍼스위치에 사용되는 전기배선은 내화전선 또는 내열전선으로 설치할 것
- ㉤ **구경 65[mm]의 쌍구형**으로 할 것
- ㉥ 송수구에는 그 가까운 곳의 보기 쉬운 곳에 **송수압력범위**를 표시한 표지를 할 것

② 방수구의 설치기준
- ㉠ **11층 이상**에 설치하는 방수구는 **쌍구형**으로 할 것

  Plus one 단구형으로 설치할 수 있는 경우
  - 아파트의 용도로 사용되는 층
  - 스프링클러설비가 유효하게 설치되어 있고 방수구가 2개소 이상 설치된 층

- ㉡ 방수구의 설치 위치 : 바닥으로부터 높이 0.5[m] 이상 1[m] 이하
- ㉢ 방수구의 구경 : 구경 **65[mm]의 것**

122

소화기구 및 자동소화장치에 화재안전기술기준상 다음 조건에 따른 창고시설에 설치해야 하는 소형소화기의 최소 설치개수는?

- 소형소화기 1개의 능력단위는 3단위이다.
- 창고시설의 바닥면적은 가로 80[m]×75[m]이다.
- 주요구조부가 내화구조이고, 벽 및 반자의 실내에 면하는 부분이 난연재료로 되어 있다.
- 주어진 조건 이외의 다른 조건은 고려하지 않는다.

① 5개
② 10개
③ 20개
④ 34개

해설

소화기구의 능력단위

특정소방대상물	소화기구의 능력단위
위락시설	해당 용도의 바닥면적 30[m²] 마다 능력단위 1단위 이상
공연장·집회장·관람장·문화재·장례식장 및 **의료시설**	해당 용도의 바닥면적 50[m²] 마다 능력단위 1단위 이상
근린생활시설·판매시설·운수시설·숙박시설·노유자시설·전시장·**공동주택**·업무시설·방송통신시설·공장·**창고시설**·항공기 및 자동차 관련시설, 관광휴게시설	해당 용도의 바닥면적 100[m²] 마다 능력단위 1단위 이상
그 밖의 것	해당 용도의 바닥면적 200[m²] 마다 능력단위 1단위 이상

[비고] 소화기구의 능력단위를 산출함에 있어서 건축물의 주요구조부가 내화구조이고, 벽 및 반자의 실내에 면하는 부분이 불연재료·준불연재료 또는 난연재료로 된 특정소방대상물에 있어서는 위 표의 바닥면적의 2배를 해당 특정소방대상물의 기준면적으로 한다.

$$능력단위 = \frac{80[m] \times 75[m]}{100[m^2] \times 2배} = 30단위$$

소화기 1개의 능력단위가 3단위이므로

$$\therefore \ 소화기 \ 설치개수 = \frac{30단위}{3단위} = 10개$$

123

연결살수설비의 화재안전기술기준상 송수구를 단구형으로 설치할 수 있는 경우 하나의 송수구역에 부착하는 살수헤드의 수는 몇 개 이하인가?

① 10개   ② 15개
③ 20개   ④ 25개

해설

연결살수설비의 **송수구**는 구경 **65[mm]의 쌍구형**으로 할 것. 다만, 하나의 송수구역에 부착하는 살수헤드의 수가 **10개 이하**인 것은 **단구형**인 것으로 할 수 있다.

124

비상콘센트설비의 화재안전성능기준상 전원 및 콘센트에 관한 기준이 아닌 것은?

① 절연저항은 전원부와 외함 사이를 500[V] 절연저항계로 측정할 때 20[MΩ] 이상일 것
② 비상전원의 설치장소는 다른 장소와 방화구획할 것
③ 비상전원은 비상콘센트설비를 유효하게 30분 이상 작동시킬 수 있는 용량으로 할 것
④ 비상콘센트용의 풀박스 등은 방청도장을 한 것으로서, 두께 1.6[mm] 이상의 철판으로 할 것

해설

전원 및 콘센트의 기준

• 절연저항은 전원부와 외함 사이를 500[V] 절연저항계로 측정할 때 **20[MΩ]** 이상일 것
• 비상전원의 설치장소는 다른 장소와 방화구획할 것
• 비상전원은 비상콘센트설비를 유효하게 **20분 이상** 작동시킬 수 있는 용량으로 할 것
• 비상콘센트용의 풀박스 등은 방청도장을 한 것으로서, 두께 1.6[mm] 이상의 철판으로 할 것

125

무선통신보조설비의 화재안전성능기준 및 화재안전기술기준에 관한 설명으로 옳지 않은 것은?

① 누설동축케이블 및 안테나는 고압의 전로로부터 1.0[m] 이상 떨어진 위치에 설치해야 한다.
② 지하층으로서 특정소방대상물의 바닥부분 2면 이상이 지표면과 동일한 경우에는 해당 층에 한해 무선통신보조설비를 설치하지 않을 수 있다.
③ 분배기의 임피던스는 50[Ω]의 것으로 할 것
④ 증폭기에는 비상전원이 부착된 것으로 하고 해당 비상전원 용량은 무선통신보조설비를 유효하게 30분 이상 작동시킬 수 있는 것으로 할 것

해설

무선통신보조설비

• 누설동축케이블 및 안테나는 고압의 전로로부터 **1.5[m] 이상** 떨어진 위치에 설치할 것. 다만, 해당 전로에 정전기 차폐장치를 유효하게 설치한 경우에는 그렇지 않다.
• 지하층으로서 특정소방대상물의 바닥부분 2면 이상이 지표면과 동일한 경우에는 해당 층에 한해 무선통신보조설비를 설치하지 않을 수 있다.
• **분배기의 임피던스는 50[Ω]의 것으로 할 것**
• **증폭기에는 비상전원**이 부착된 것으로 하고 해당 비상전원 용량은 무선통신보조설비를 유효하게 **30분 이상** 작동시킬 수 있는 것으로 할 것
• 누설동축케이블 또는 동축케이블의 **임피던스는 50[Ω]**으로 하고, 이에 접속하는 안테나·분배기 기타의 장치는 해당 임피던스에 적합한 것으로 해야 한다.

소방시설관리사 1차 한권으로 끝내기

개정12판1쇄 발행	2024년 10월 05일(인쇄 2024년 07월 25일)
초 판 발 행	2013년 01월 07일(인쇄 2012년 10월 26일)
발 행 인	박영일
책 임 편 집	이해욱
편 저	이덕수
편 집 진 행	윤진영 · 남미희
표지디자인	권은경 · 길전홍선
편집디자인	정경일 · 이현진
발 행 처	(주)시대고시기획
출 판 등 록	제10-1521호
주 소	서울시 마포구 큰우물로 75[도화동 538 성지 B/D] 9F
전 화	1600-3600
팩 스	02-701-8823
홈 페 이 지	www.sdedu.co.kr
I S B N	979-11-383-7489-7(13500)
정 가	55,000원

THE LAST
모의고사

소방시설관리사 1차

CBT 모의고사

3회 무료쿠폰   ZZOJ-00000-CB25F

※ CBT모의고사는 쿠폰 등록 후 30일 이내에 사용 가능합니다.

응시방법

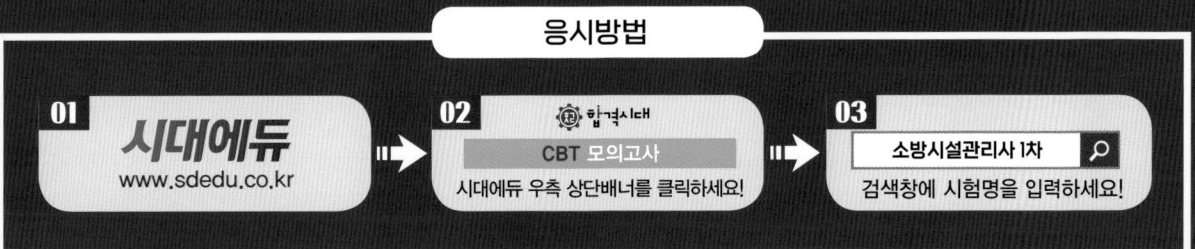

01 **시대에듀**
www.sdedu.co.kr

02 🎯 합격시대
CBT 모의고사
시대에듀 우측 상단배너를 클릭하세요!

03 소방시설관리사 1차 🔍
검색창에 시험명을 입력하세요!

www.sdedu.co.kr/pass_sidae

소방시설
관리사 1차
| 한권으로 끝내기

2권 이론 요약집+11개년 기출

시대에듀

발행일 2024년 10월 5일 | **발행인** 박영일 | **책임편집** 이해욱
편저 이덕수 | **발행처** (주)시대고시기획
등록번호 제10-1521호 | **대표전화** 1600-3600 | **팩스** (02)701-8823
주소 서울시 마포구 큰우물로 75[도화동 538 성지B/D] 9F
학습문의 www.sdedu.co.kr